U0382949

现行建筑设计规范大全

（含条文说明）

第1册

通用标准·民用建筑

本社编

中国建筑工业出版社

图书在版编目（CIP）数据

现行建筑设计规范大全(含条文说明)第1册 通用标准·民用建筑/本社编. —北京：中国建筑工业出版社，2014.1

ISBN 978-7-112-16127-0

Ⅰ.①现… Ⅱ.①本… Ⅲ.①建筑设计-建筑规范-中国②民用建筑-建筑设计-建筑规范-中国 Ⅳ.①TU202

中国版本图书馆 CIP 数据核字(2013)第 276283 号

责任编辑：何玮珂　孙玉珍

责任校对：刘　钰

现行建筑设计规范大全

（含条文说明）

第1册

通用标准·民用建筑

本社编

*

中国建筑工业出版社出版、发行(北京西郊百万庄)

各地新华书店、建筑书店经销

北京红光制版公司制版

北京圣夫亚美印刷有限公司印刷

*

开本：787×1092 毫米 1/16 印张：107 插页：2 字数：3860 千字

2014 年 7 月第一版 2014 年 7 月第一次印刷

定价：**235.00** 元

ISBN 978-7-112-16127-0

(24887)

出 版 说 明

《现行建筑设计规范大全》、《现行建筑结构规范大全》、《现行建筑施工规范大全》缩印本（以下简称《大全》），自 1994 年 3 月出版以来，深受广大建筑设计、结构设计、工程施工人员的欢迎。2006 年我社又出版了与《大全》配套的三本《条文说明大全》。但是，随着科研、设计、施工、管理实践中客观情况的变化，国家工程建设标准主管部门不断地进行标准规范制订、修订和废止的工作。为了适应这种变化，我社将根据工程建设标准的变更情况，适时地对《大全》缩印本进行调整、补充，以飨读者。

鉴于上述宗旨，我社近期组织编辑力量，全面梳理现行工程建设国家标准和行业标准，参照工程建设标准体系，结合专业特点，并在认真调查研究和广泛征求读者意见的基础上，对 2009 年出版的设计、结构、施工三本《大全》和配套的三本《条文说明大全》进行了重大修订。

新版《大全》将《条文说明大全》和原《大全》合二为一，即像规范单行本一样，把条文说明附在每个规范之后，这样做的目的是为了更加方便读者理解和使用规范。

由于规范品种越来越多，《大全》体量愈加庞大，本次修订后决定按分册出版，一是可以按需购买，二是检索、携带方便。

《现行建筑设计规范大全》分 4 册，共收录标准规范 193 本。

《现行建筑结构规范大全》分 4 册，共收录标准规范 168 本。

《现行建筑施工规范大全》分 5 册，共收录标准规范 304 本。

需要特别说明的是，由于标准规范处在一个动态变化的过程中，而且出版社受出版发行规律的限制，不可能在每次重印时对《大全》进行修订，所以在全面修订前，《大全》中有可能出现某些标准规范没有替换和修订的情况。为使广大读者放心地使用《大全》，我社在网上提供查询服务，读者可登录我社网站查询相关标准规范的制订、全面修订、局部修订等信息。

为不断提高《大全》质量、更加方便查阅，我们期待广大读者在使用新版《大全》后，给予批评、指正，以便我们改进工作。请随时登录我社网站，留下宝贵的意见和建议。

中国建筑工业出版社

2013年10月

欲查询《大全》中规范变更情况，或有意见和建议：请登录中国建筑出版在线网站(book.cabplink.com)。登录方法见封底。

目　录

1　通用标准

2　民用建筑

1

通　用　标　准

中华人民共和国国家标准

房屋建筑制图统一标准

Unified standard for building drawings

GB/T 50001—2010

主编部门：中华人民共和国住房和城乡建设部
批准部门：中华人民共和国住房和城乡建设部
施行日期：2 0 1 1 年 3 月 1 日

中华人民共和国住房和城乡建设部
公　告

第 750 号

关于发布行业标准《房屋建筑制图统一标准》的公告

现批准《房屋建筑制图统一标准》为国家标准，编号为GB/T 50001-2010，自 2011 年 3 月 1 日起实施。原《房屋建筑制图统一标准》GB/T 50001-2001 同时废止。

本标准由我部标准定额研究所组织中国计划出版社出版发行。

中华人民共和国住房和城乡建设部

二〇一〇年八月十八日

前　言

根据住房和城乡建设部《关于印发〈2008 年工程建设标准规范制订、修订计划（第一批）〉的通知》（建标〔2008〕102 号）的要求，由中国建筑标准设计研究院会同有关单位在原《房屋建筑制图统一标准》GB/T 50001—2001 的基础上修订而成的。

本标准在修订过程中，编制组经广泛调查研究，认真总结实践经验，参考有关国际标准和国外先进标准，并在广泛征求意见的基础上，最后经审查定稿。

本标准共分 14 章和 2 个附录，主要技术内容包括：总则、术语、图纸幅面规格与图纸编排顺序、图线、字体、比例、符号、定位轴线、常用建筑材料图例、图样画法、尺寸标注、计算机制图文件、计算机制图文件图层、计算机制图规则。

本标准修订的主要技术内容是：①增加了计算机制图文件、计算机制图图层和计算机制图规则等内容；②调整了图纸标题栏和字体高度等内容；③增加了图线等内容。

本标准由住房和城乡建设部负责管理，由中国建筑标准设计研究院负责具体技术内容的解释。执行过程中如有意见和建议，请寄送中国建筑标准设计研究院（地址：北京市海淀区首体南路 9 号主语国际 2 号楼，邮政编码：100048）。

本标准主编单位、参编单位、主要起草人和主要审查人：

主 编 单 位：中国建筑标准设计研究院

参 编 单 位：北京市建筑设计研究院
天津市建筑设计研究院
华东建筑设计研究院有限公司
中科院建筑设计研究有限公司
北京理正软件设计研究院有限公司
北京天正工程软件有限公司

主要起草人：孙国锋　张树君　杜志杰　赵贵华　卜一秋　韩慧卿　刘　欣　张凤新　徐　浩　吴　正　王冬松　陈　卫　林卫平

主要审查人：何玉如　费　麟　徐宇宾　白红卫　石定稷　苗　茁　刘　杰　王　鹏　董静茹　寇九贵　胡纯炀　张同亿

目　次

Contents

1 总 则

1.0.1 为了统一房屋建筑制图规则，保证制图质量，提高制图效率，做到图面清晰、简明，符合设计、施工、审查、存档的要求，适应工程建设的需要，制定本标准。

1.0.2 本标准是房屋建筑制图的基本规定，适用于总图、建筑、结构、给水排水、暖通空调、电气等各专业制图。

1.0.3 本标准适用于下列制图方式绘制的图样：

1 计算机制图；

2 手工制图。

1.0.4 本标准适用于各专业下列工程制图：

1 新建、改建、扩建工程的各阶段设计图、竣工图；

2 原有建筑物、构筑物和总平面的实测图；

3 通用设计图、标准设计图。

1.0.5 房屋建筑制图除应符合本标准的规定外，尚应符合国家现行有关标准的规定。

2 术 语

2.0.1 图纸幅面 drawing format

图纸幅面是指图纸宽度与长度组成的图面。

2.0.2 图线 chart

图线是指起点和终点间以任何方式连接的一种几何图形，形状可以是直线或曲线，连续和不连续线。

2.0.3 字体 font

字体是指文字的风格式样，又称书体。

2.0.4 比例 scale

比例是指图中图形与其实物相应要素的线性尺寸之比。

2.0.5 视图 view

将物体按正投影法向投影面投射时所得到的投影称为视图。

2.0.6 轴测图 axonometric drawing

用平行投影法将物体连同确定该物体的直角坐标系一起沿不平行于任一坐标平面的方向投射到一个投影面上，所得到的图形，称作轴测图。

2.0.7 透视图 perspective drawing

根据透视原理绘制出的具有近大远小特征的图像，以表达建筑设计意图。

2.0.8 标高 elevation

以某一水平面作为基准面，并作零点（水准原点）起算地面（楼面）至基准面的垂直高度。

2.0.9 工程图纸 project sheet

根据投影原理或有关规定绘制在纸介质上的，通过线条、符号、文字说明及其他图形元素表示工程形状、大小、结构等特征的图形。

2.0.10 计算机制图文件 computer aided drawing file

利用计算机制图技术绘制的，记录和存储工程图纸所表现的各种设计内容的数据文件。

2.0.11 计算机制图文件夹 computer aided drawing folder

在磁盘等设备上存储计算机制图文件的逻辑空间。又称为计算机制图文件目录。

2.0.12 协同设计 synergitic design

通过计算机网络与计算机辅助设计技术，创建协作设计环境，使设计团队各成员围绕共同的设计目标与对象，按照各自分工，并行交互式地完成设计任务，实现设计资源的优化配置和共享，最终获得符合工程要求的设计成果文件。

2.0.13 计算机制图文件参照方式 reference of computer aided drawing file

在当前计算机制图文件中引用并显示其他计算机制图文件（被参照文件）的部分或全部数据内容的一种计算机制图技术。当前计算机制图文件只记录被参照文件的存储位置和文件名，并不记录被参照文件的具体数据内容，并且随着被参照文件的修改而同步更新。

2.0.14 图层 layer

计算机制图文件中相关图形元素数据的一种组织结构。属于同一图层的实体具有统一的颜色、线型、线宽、状态等属性。

3 图纸幅面规格与图纸编排顺序

3.1 图 纸 幅 面

3.1.1 图纸幅面及图框尺寸应符合表 3.1.1 的规定及图 3.2.1-1～图 3.2.1-4 的格式。

表 3.1.1 幅面及图框尺寸（mm）

尺寸代号 \ 幅面代号	A0	A1	A2	A3	A4
$b\times l$	841×1189	594×841	420×594	297×420	210×297
c	10			5	
a	25				

注：表中 b 为幅面短边尺寸，l 为幅面长边尺寸，c 为图框线与幅面线间宽度，a 为图框线与装订边间宽度。

3.1.2 需要微缩复制的图纸，其一个边上应附有一段准确米制尺度，四个边上均附有对中标志，米制尺度的总长应为 100mm，分格应为 10mm。对中标志应画在图纸内框各边长的中点处，线宽 0.35 mm，并应伸入内框边，在框外为 5mm。对中标志的线段，于 l_1 和 b_1 范围取中。

3.1.3 图纸的短边尺寸不应加长，A0～A3幅面长边尺寸可加长，但应符合表3.1.3的规定。

表 3.1.3 图纸长边加长尺寸（mm）

幅面代号	长边尺寸	长边加长后的尺寸
A0	1189	1486（A0+1/4l） 1635（A0+3/8l） 1783（A0+1/2l） 1932（A0+5/8l） 2080（A0+3/4l） 2230（A0+7/8l） 2378（A0+l）
A1	841	1051（A1+1/4l） 1261（A1+1/2l） 1471（A1+3/4l） 1682（A1+l） 1892（A1+5/4l） 2102（A1+3/2l）
A2	594	743（A2+1/4l） 891（A2+1/2l） 1041（A2+3/4l） 1189（A2+l） 1338（A2+5/4l） 1486（A2+3/2l） 1635（A2+7/4l） 1783（A2+2l） 1932（A2+9/4l） 2080（A2+5/2l）
A3	420	630（A3+1/2l） 841（A3+l） 1051（A3+3/2l） 1261（A3+2l） 1471（A3+5/2l） 1682（A3+3l） 1892（A3+7/2l）

注：有特殊需要的图纸，可采用$b \times l$为841mm×891mm与1189mm×1261mm的幅面。

3.1.4 图纸以短边作为垂直边应为横式，以短边作为水平边应为立式。A0～A3图纸宜横式使用；必要时，也可立式使用。

3.1.5 一个工程设计中，每个专业所使用的图纸，不宜多于两种幅面，不含目录及表格所采用的A4幅面。

3.2 标 题 栏

3.2.1 图纸中应有标题栏、图框线、幅面线、装订边线和对中标志。图纸的标题栏及装订边的位置，应符合下列规定：

1 横式使用的图纸，应按图3.2.1-1、图3.2.1-2的形式进行布置；

2 立式使用的图纸，应按图3.2.1-3、图3.2.1-4的形式进行布置。

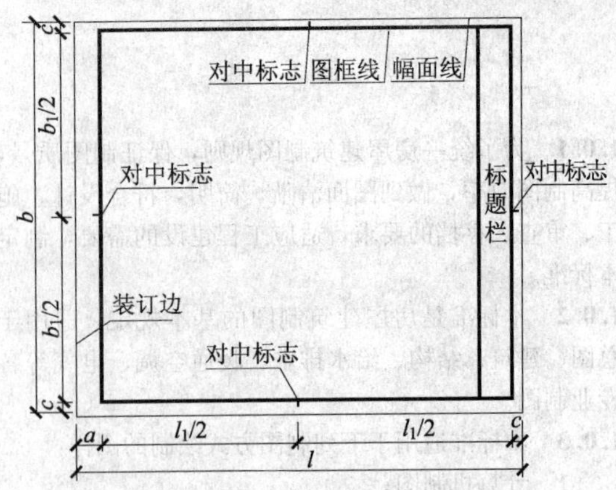

图 3.2.1-1 A0～A3横式幅面（一）

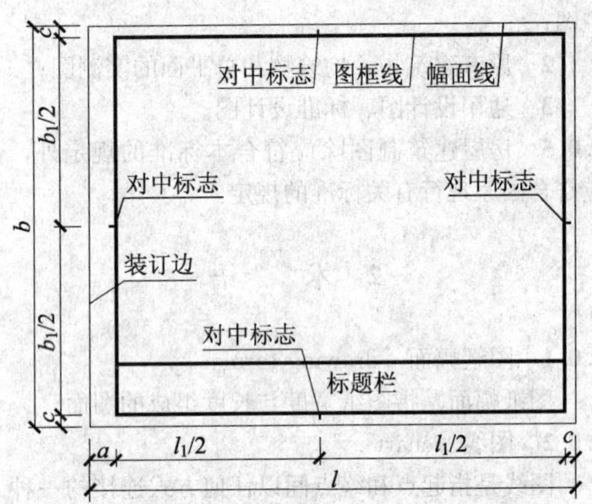

图 3.2.1-2 A0～A3横式幅面（二）

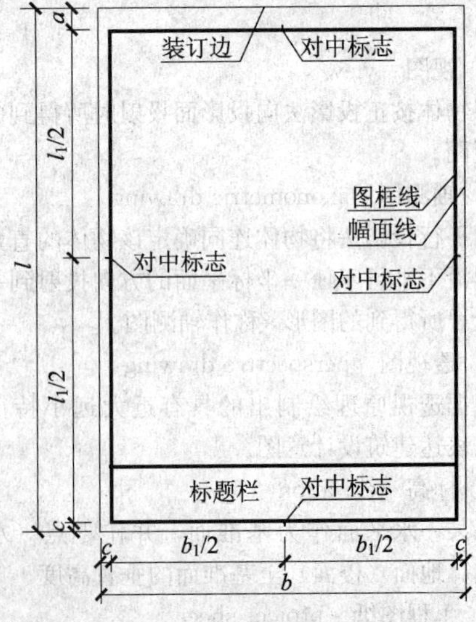

图 3.2.1-3 A0～A4立式幅面（一）

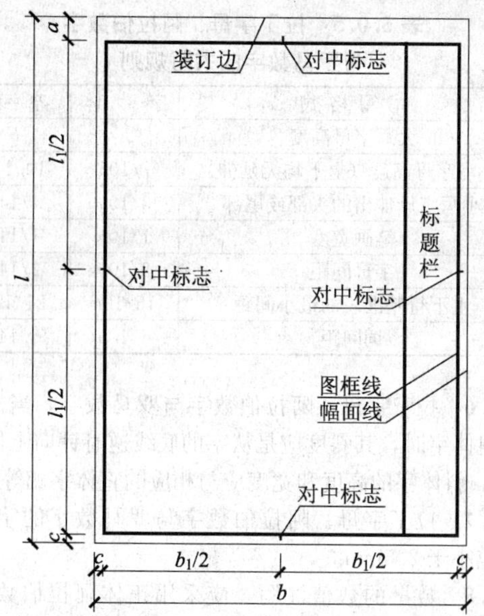

图 3.2.1-4　A0～A4 立式幅面（二）

3.2.2　标题栏应符合图 3.2.2-1、图 3.2.2-2 的规定，根据工程的需要选择确定其尺寸、格式及分区。签字栏应包括实名列和签名列，并应符合下列规定：

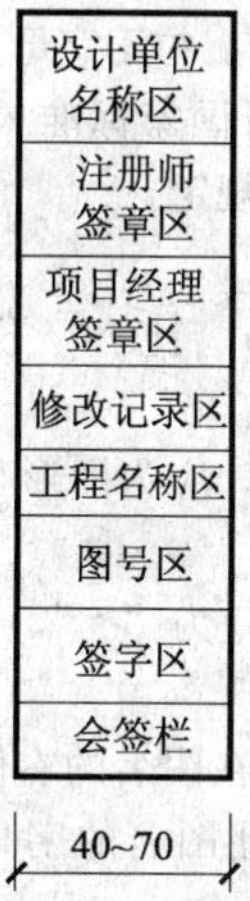

设计单位名称区
注册师签章区
项目经理签章区
修改记录区
工程名称区
图号区
签字区
会签栏

40~70

图 3.2.2-1　标题栏（一）

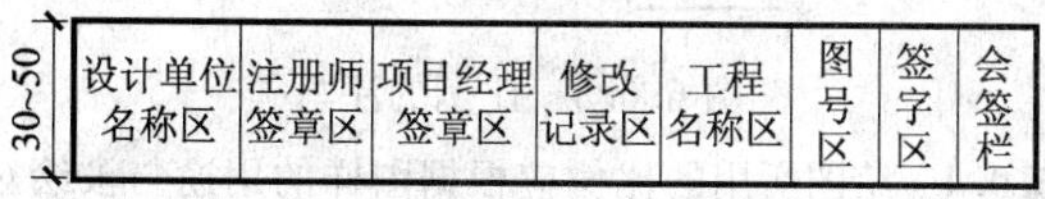

30~50

设计单位名称区	注册师签章区	项目经理签章区	修改记录区	工程名称区	图号区	签字区	会签栏

图 3.2.2-2　标题栏（二）

1　涉外工程的标题栏内，各项主要内容的中文下方应附有译文，设计单位的上方或左方，应加“中华人民共和国”字样；

2　在计算机制图文件中当使用电子签名与认证时，应符合国家有关电子签名法的规定。

3.3　图纸编排顺序

3.3.1　工程图纸应按专业顺序编排，应为图纸目录、总图、建筑图、结构图、给水排水图、暖通空调图、电气图等。

3.3.2　各专业的图纸，应按图纸内容的主次关系、逻辑关系进行分类排序。

4　图　　线

4.0.1　图线的宽度 b，宜从 1.4、1.0、0.7、0.5、0.35、0.25、0.18、0.13mm 线宽系列中选取。图线宽度不应小于 0.1mm。每个图样，应根据复杂程度与比例大小，先选定基本线宽 b，再选用表 4.0.1 中相应的线宽组。

表 4.0.1　线宽组（mm）

线宽比	线宽组			
b	1.4	1.0	0.7	0.5
$0.7b$	1.0	0.7	0.5	0.35
$0.5b$	0.7	0.5	0.35	0.25
$0.25b$	0.35	0.25	0.18	0.13

注：1　需要缩微的图纸，不宜采用 0.18mm 及更细的线宽。

2　同一张图纸内，各不同线宽中的细线，可统一采用较细的线宽组的细线。

4.0.2　工程建设制图应选用表 4.0.2 所示的图线。

表 4.0.2　图线

名称		线　型	线宽	用　途
实线	粗		b	主要可见轮廓线
	中粗		$0.7b$	可见轮廓线
	中		$0.5b$	可见轮廓线、尺寸线、变更云线
	细		$0.25b$	图例填充线、家具线
虚线	粗		b	见各有关专业制图标准
	中粗		$0.7b$	不可见轮廓线
	中		$0.5b$	不可见轮廓线、图例线
	细		$0.25b$	图例填充线、家具线
单点长画线	粗		b	见各有关专业制图标准
	中		$0.5b$	见各有关专业制图标准
	细		$0.25b$	中心线、对称线、轴线等
双点长画线	粗		b	见各有关专业制图标准
	中		$0.5b$	见各有关专业制图标准
	细		$0.25b$	假想轮廓线、成型前原始轮廓线
折断线	细		$0.25b$	断开界线
波浪线	细		$0.25b$	断开界线

4.0.3　同一张图纸内，相同比例的各图样，应选用相同的线宽组。

4.0.4　图纸的图框和标题栏线可采用表 4.0.4 的线宽。

表 4.0.4 图框和标题栏线的宽度（mm）

幅面代号	图框线	标题栏外框线	标题栏分格线
A0、A1	b	0.5b	0.25b
A2、A3、A4	b	0.7b	0.35b

4.0.5 相互平行的图例线，其净间隙或线中间隙不宜小于 0.2mm。

4.0.6 虚线、单点长画线或双点长画线的线段长度和间隔，宜各自相等。

4.0.7 单点长画线或双点长画线，当在较小图形中绘制有困难时，可用实线代替。

4.0.8 单点长画线或双点长画线的两端，不应是点。点画线与点画线交接点或点画线与其他图线交接时，应是线段交接。

4.0.9 虚线与虚线交接或虚线与其他图线交接时，应是线段交接。虚线为实线的延长线时，不得与实线相接。

4.0.10 图线不得与文字、数字或符号重叠、混淆，不可避免时，应首先保证文字的清晰。

5 字 体

5.0.1 图纸上所需书写的文字、数字或符号等，均应笔画清晰、字体端正、排列整齐；标点符号应清楚正确。

5.0.2 文字的字高应从表 5.0.2 中选用。字高大于 10mm 的文字宜采用 True type 字体，当需书写更大的字时，其高度应按 $\sqrt{2}$ 的倍数递增。

表 5.0.2 文字的字高（mm）

字体种类	中文矢量字体	True type 字体及非中文矢量字体
字高	3.5、5、7、10、14、20	3、4、6、8、10、14、20

5.0.3 图样及说明中的汉字，宜采用长仿宋体或黑体，同一图纸字体种类不应超过两种。长仿宋体的高宽关系应符合表 5.0.3 的规定，黑体字的宽度与高度应相同。大标题、图册封面、地形图等的汉字，也可书写成其他字体，但应易于辨认。

表 5.0.3 长仿宋字高宽关系（mm）

字高	20	14	10	7	5	3.5
字宽	14	10	7	5	3.5	2.5

5.0.4 汉字的简化字书写应符合国家有关汉字简化方案的规定。

5.0.5 图样及说明中的拉丁字母、阿拉伯数字与罗马数字，宜采用单线简体或 ROMAN 字体。拉丁字母、阿拉伯数字与罗马数字的书写规则，应符合表 5.0.5 的规定。

表 5.0.5 拉丁字母、阿拉伯数字与罗马数字的书写规则

书写格式	字 体	窄字体
大写字母高度	h	h
小写字母高度（上下均无延伸）	7/10h	10/14h
小写字母伸出的头部或尾部	3/10h	4/14h
笔画宽度	1/10h	1/14h
字母间距	2/10h	2/14h
上下行基准线的最小间距	15/10h	21/14h
词间距	6/10h	6/14h

5.0.6 拉丁字母、阿拉伯数字与罗马数字，当需写成斜体字时，其斜度应是从字的底线逆时针向上倾斜 75°。斜体字的高度和宽度应与相应的直体字相等。

5.0.7 拉丁字母、阿拉伯数字与罗马数字的字高，不应小于 2.5mm。

5.0.8 数量的数值注写，应采用正体阿拉伯数字。各种计量单位凡前面有量值的，均应采用国家颁布的单位符号注写。单位符号应采用正体字母。

5.0.9 分数、百分数和比例数的注写，应采用阿拉伯数字和数学符号。

5.0.10 当注写的数字小于 1 时，应写出各位的“0”，小数点应采用圆点，齐基准线书写。

5.0.11 长仿宋汉字、拉丁字母、阿拉伯数字与罗马数字示例应符合现行国家标准《技术制图——字体》GB/T 14691 的有关规定。

6 比 例

6.0.1 图样的比例，应为图形与实物相对应的线性尺寸之比。

6.0.2 比例的符号应为“：”，比例应以阿拉伯数字表示。

6.0.3 比例宜注写在图名的右侧，字的基准线应取平；比例的字高宜比图名的字高小一号或二号（图 6.0.3）。

平面图 1：100　　⑥ 1：20

图 6.0.3 比例的注写

6.0.4 绘图所用的比例应根据图样的用途与被绘对象的复杂程度，从表 6.0.4 中选用，并应优先采用表中常用比例。

表 6.0.4 绘图所用的比例

常用比例	1：1、1：2、1：5、1：10、1：20、1：30、1：50、1：100、1：150、1：200、1：500、1：1000、1：2000
可用比例	1：3、1：4、1：6、1：15、1：25、1：40、1：60、1：80、1：250、1：300、1：400、1：600、1：5000、1：10000、1：20000、1：50000、1：100000、1：200000

6.0.5 一般情况下，一个图样应选用一种比例。根据专业制图需要，同一图样可选用两种比例。

6.0.6 特殊情况下也可自选比例，这时除应注出绘图比例外，还应在适当位置绘制出相应的比例尺。

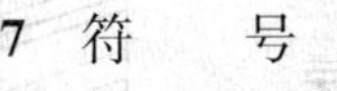

7 符　　号

7.1 剖 切 符 号

7.1.1 剖视的剖切符号应由剖切位置线及剖视方向线组成，均应以粗实线绘制。剖视的剖切符号应符合下列规定：

1 剖切位置线的长度宜为 6mm～10mm；剖视方向线应垂直于剖切位置线，长度应短于剖切位置线，宜为 4mm～6mm（图 7.1.1-1），也可采用国际统一和常用的剖视方法，如图 7.1.1-2。绘制时，剖视剖切符号不应与其他图线相接触；

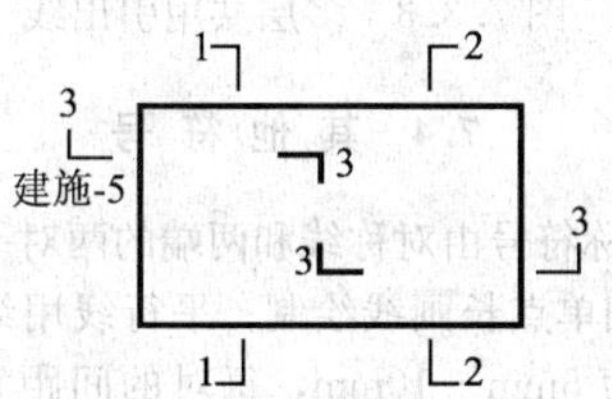

图 7.1.1-1　剖视的剖切符号（一）

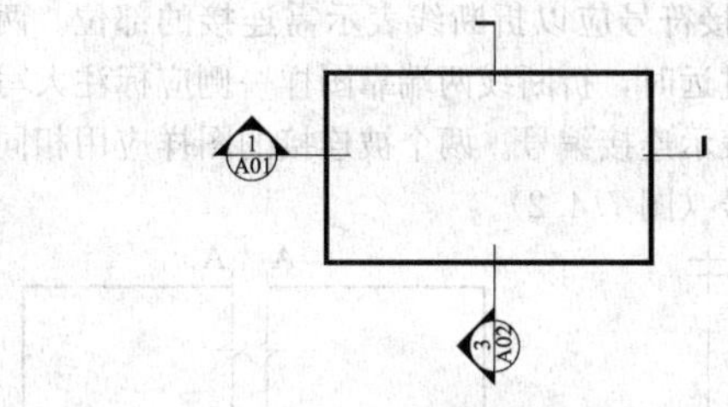

图 7.1.1-2　剖视的剖切符号（二）

2 剖视剖切符号的编号宜采用粗阿拉伯数字，按剖切顺序由左至右、由下向上连续编排，并应注写在剖视方向线的端部；

3 需要转折的剖切位置线，应在转角的外侧加注与该符号相同的编号；

4 建（构）筑物剖面图的剖切符号应注在±0.000标高的平面图或首层平面图上；

5 局部剖面图（不含首层）的剖切符号应注在包含剖切部位的最下面一层的平面图上。

7.1.2 断面的剖切符号应符合下列规定：

1 断面的剖切符号应只用剖切位置线表示，并应以粗实线绘制，长度宜为 6mm～10mm；

2 断面剖切符号的编号宜采用阿拉伯数字，按顺序连续编排，并应注写在剖切位置线的一侧；编号所在的一侧应为该断面的剖视方向（图 7.1.2）。

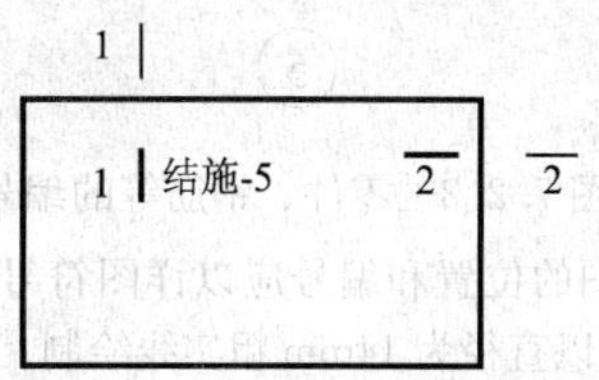

图 7.1.2　断面的剖切符号

7.1.3 剖面图或断面图，当与被剖切图样不在同一张图内，应在剖切位置线的另一侧注明其所在图纸的编号，也可以在图上集中说明。

7.2 索引符号与详图符号

7.2.1 图样中的某一局部或构件，如需另见详图，应以索引符号索引（图 7.2.1a）。索引符号是由直径为 8mm～10mm 的圆和水平直径组成，圆及水平直径应以细实线绘制。索引符号应按下列规定编写：

1 索引出的详图，如与被索引的详图同在一张图纸内，应在索引符号的上半圆中用阿拉伯数字注明该详图的编号，并在下半圆中间画一段水平细实线（图 7.2.1b）；

2 索引出的详图，如与被索引的详图不在同一张图纸内，应在索引符号的上半圆中用阿拉伯数字注明该详图的编号，在索引符号的下半圆用阿拉伯数字注明该详图所在图纸的编号（图 7.2.1c）。数字较多时，可加文字标注；

3 索引出的详图，如采用标准图，应在索引符号水平直径的延长线上加注该标准图集的编号（图 7.2.1d）。需要标注比例时，文字在索引符号右侧或延长线下方，与符号下对齐。

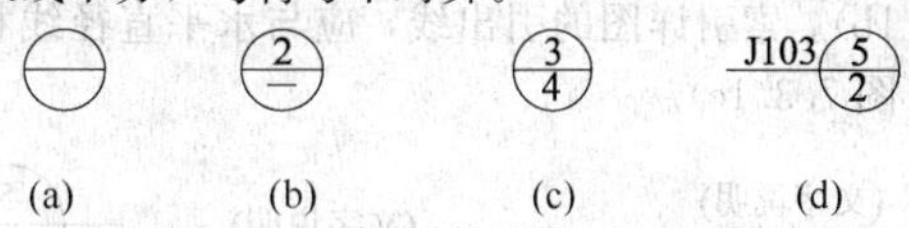

图 7.2.1　索引符号

7.2.2 索引符号当用于索引剖视详图，应在被剖切的部位绘制剖切位置线，并以引出线引出索引符号，引出线所在的一侧应为剖视方向。索引符号的编写应符合本标准第 7.2.1 条的规定（图 7.2.2）。

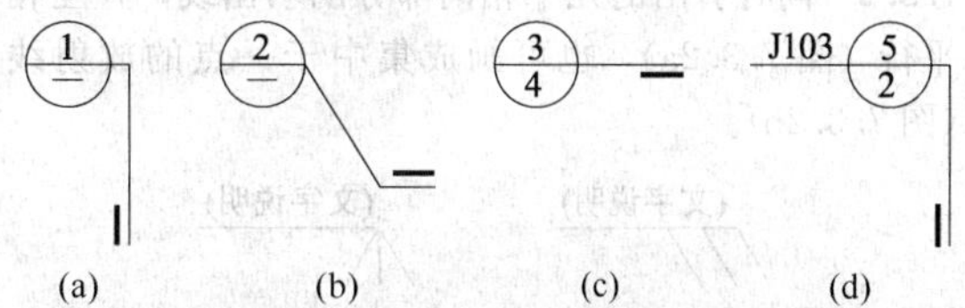

图 7.2.2　用于索引剖面详图的索引符号

7.2.3 零件、钢筋、杆件、设备等的编号宜以直径为 5mm～6mm 的细实线圆表示，同一图样应保持一致，其编号应用阿拉伯数字按顺序编写（图 7.2.3）。消火栓、配电箱、管井等的索引符号，直径宜为 4mm～6mm。

图 7.2.3 零件、钢筋等的编号

7.2.4 详图的位置和编号应以详图符号表示。详图符号的圆应以直径为 14mm 粗实线绘制。详图编号应符合下列规定：

1 详图与被索引的图样同在一张图纸内时，应在详图符号内用阿拉伯数字注明详图的编号（图 7.2.4-1）；

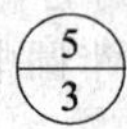

图 7.2.4-1 与被索引图样同在一张图纸内的详图符号

2 详图与被索引的图样不在同一张图纸内时，应用细实线在详图符号内画一水平直径，在上半圆中注明详图编号，在下半圆中注明被索引的图纸的编号（图 7.2.4-2）；

图 7.2.4-2 与被索引图样不在同一张图纸内的详图符号

7.3 引 出 线

7.3.1 引出线应以细实线绘制，宜采用水平方向的直线，与水平方向成 30°、45°、60°、90°的直线，或经上述角度再折为水平线。文字说明宜注写在水平线的上方（图 7.3.1a），也可注写在水平线的端部（图 7.3.1b）。索引详图的引出线，应与水平直径线相连接（图 7.3.1c）。

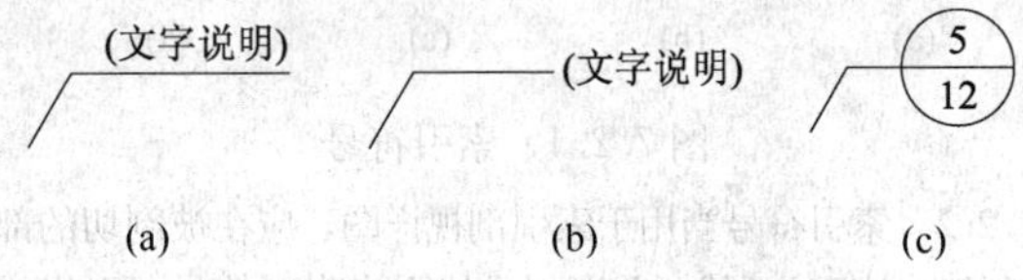

图 7.3.1 引出线

7.3.2 同时引出的几个相同部分的引出线，宜互相平行（图 7.3.2a），也可画成集中于一点的放射线（图 7.3.2b）。

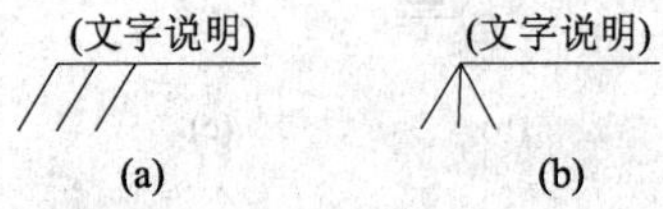

图 7.3.2 共用引出线

7.3.3 多层构造或多层管道共用引出线，应通过被引出的各层，并用圆点示意对应各层次。文字说明宜注写在水平线的上方，或注写在水平线的端部，说明的顺序应由上至下，并应与被说明的层次对应一致；如层次为横向排序，则由上至下的说明顺序应与由左至右的层次对应一致（图 7.3.3）。

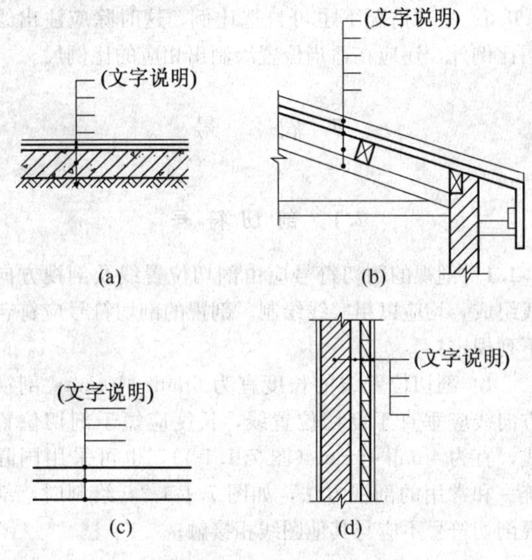

图 7.3.3 多层共用引出线

7.4 其 他 符 号

7.4.1 对称符号由对称线和两端的两对平行线组成。对称线用细单点长画线绘制；平行线用细实线绘制，其长度宜为 6mm～10mm，每对的间距宜为 2mm～3mm；对称线垂直平分于两对平行线，两端超出平行线宜为 2mm～3mm（图 7.4.1）。

7.4.2 连接符号应以折断线表示需连接的部位。两部位相距过远时，折断线两端靠图样一侧应标注大写拉丁字母表示连接编号。两个被连接的图样应用相同的字母编号（图 7.4.2）。

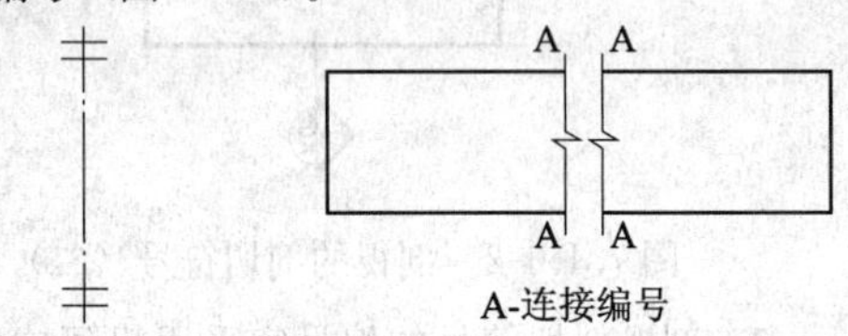

图 7.4.1 对称符号 图 7.4.2 连接符号

7.4.3 指北针的形状符合图 7.4.3 的规定，其圆的直径宜为24 mm，用细实线绘制；指针尾部的宽度宜为 3mm,指针头部应注“北”或“N”字。需用较大直径绘制指北针时，指针尾部的宽度宜为直径的 1/8。

7.4.4 对图纸中局部变更部分宜采用云线，并宜注明修改版次（图 7.4.4）。

图 7.4.3 指北针 图 7.4.4 变更云线

注：1 为修改次数

8 定位轴线

8.0.1 定位轴线应用细单点长画线绘制。

8.0.2 定位轴线应编号，编号应注写在轴线端部的圆内。圆应用细实线绘制，直径为8mm～10mm。定位轴线圆的圆心应在定位轴线的延长线上或延长线的折线上。

8.0.3 除较复杂需采用分区编号或圆形、折线形外，平面图上定位轴线的编号，宜标注在图样的下方或左侧。横向编号应用阿拉伯数字，从左至右顺序编写；竖向编号应用大写拉丁字母，从下至上顺序编写（图8.0.3）。

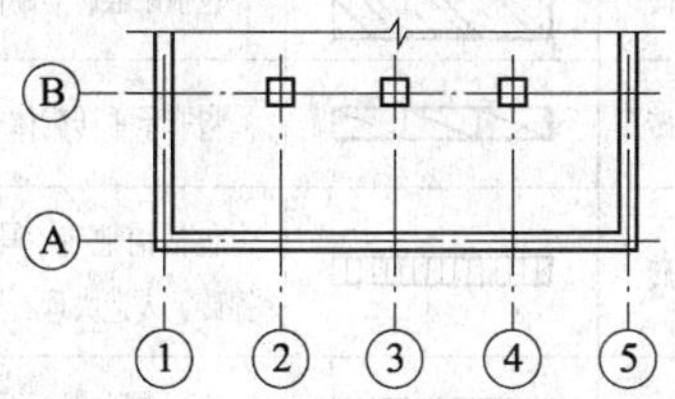

图8.0.3 定位轴线的编号顺序

8.0.4 拉丁字母作为轴线号时，应全部采用大写字母，不应用同一个字母的大小写来区分轴线号。拉丁字母的I、O、Z不得用做轴线编号。当字母数量不够使用，可增用双字母或单字母加数字注脚。

8.0.5 组合较复杂的平面图中定位轴线也可采用分区编号（图8.0.5）。编号的注写形式应为"分区号——该分区编号"。"分区号——该分区编号"采用阿拉伯数字或大写拉丁字母表示。

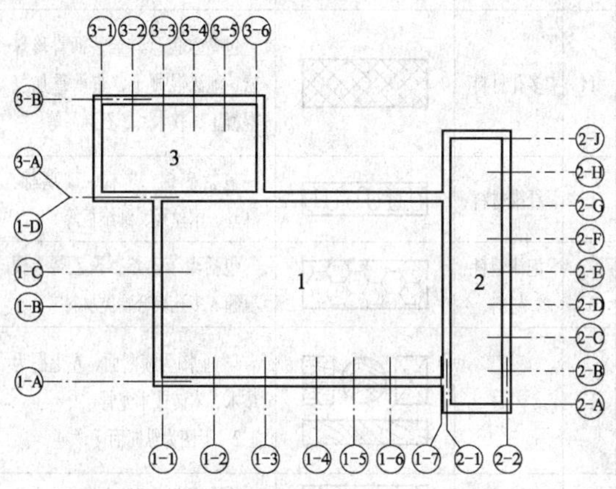

图8.0.5 定位轴线的分区编号

8.0.6 附加定位轴线的编号，应以分数形式表示，并应符合下列规定：

1 两根轴线的附加轴线，应以分母表示前一轴线的编号，分子表示附加轴线的编号。编号宜用阿拉伯数字顺序编写；

2 1号轴线或A号轴线之前的附加轴线的分母应以01或0A表示。

8.0.7 一个详图适用于几根轴线时，应同时注明各有关轴线的编号（图8.0.7）。

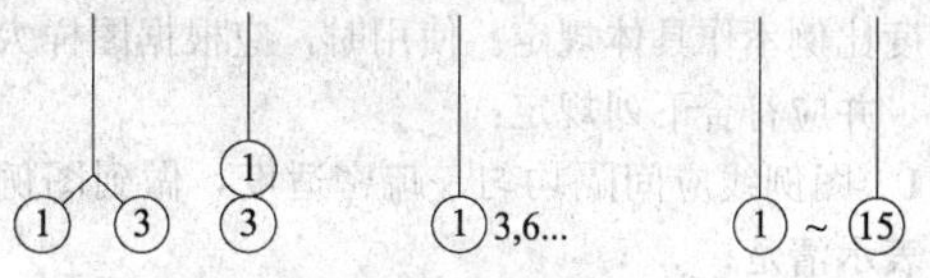

图8.0.7 详图的轴线编号

8.0.8 通用详图中的定位轴线，应只画圆，不注写轴线编号。

8.0.9 圆形与弧形平面图中的定位轴线，其径向轴线应以角度进行定位，其编号宜用阿拉伯数字表示，从左下角或－90°（若径向轴线很密，角度间隔很小）开始，按逆时针顺序编写；其环向轴线宜用大写阿拉伯字母表示，从外向内顺序编写（图8.0.9-1、图8.0.9-2）。

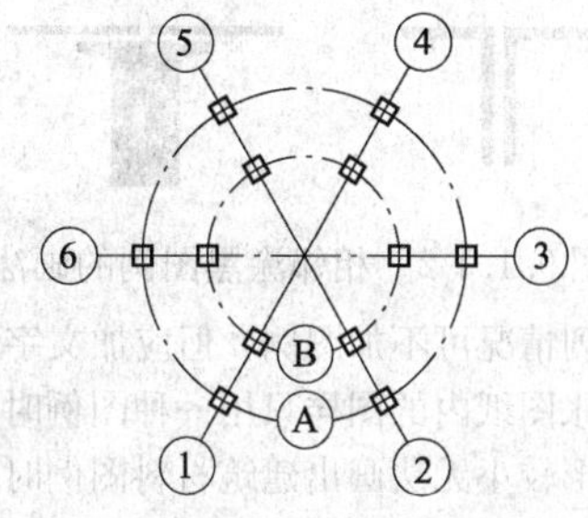

图8.0.9-1 圆形平面定位轴线的编号

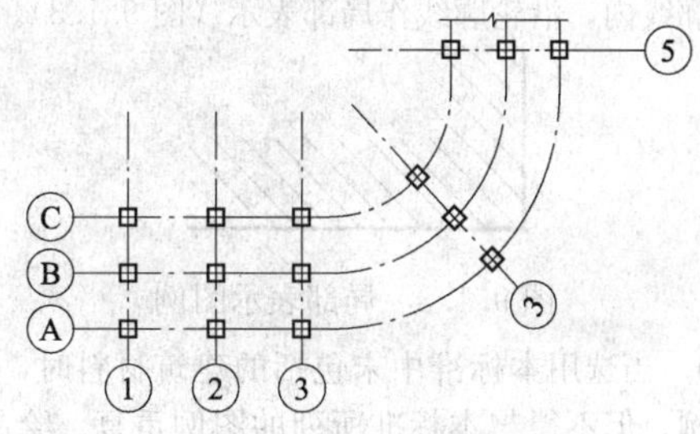

图8.0.9-2 弧形平面定位轴线的编号

8.0.10 折线形平面图中定位轴线的编号可按图8.0.10的形式编写。

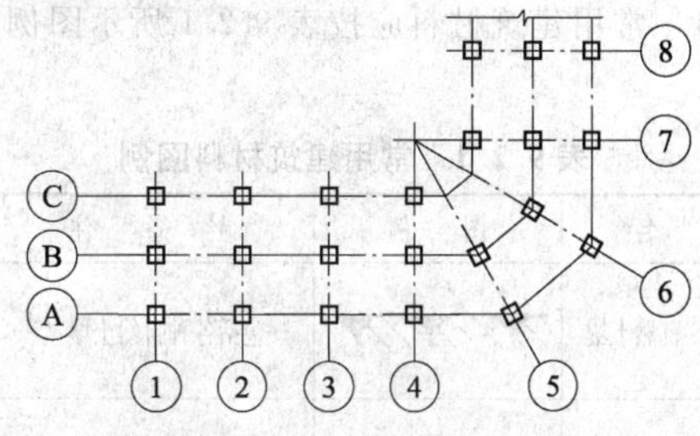

图8.0.10 折线形平面定位轴线的编号

9 常用建筑材料图例

9.1 一般规定

9.1.1 本标准只规定常用建筑材料的图例画法，对其尺度比例不作具体规定。使用时，应根据图样大小而定，并应符合下列规定：

1 图例线应间隔均匀、疏密适度，做到图例正确、表示清楚；

2 不同品种的同类材料使用同一图例时，应在图上附加必要的说明；

3 两个相同的图例相接时，图例线宜错开或使倾斜方向相反（图 9.1.1-1）；

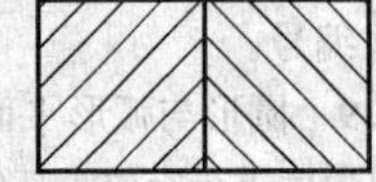

图 9.1.1-1 相同图例相接时的画法

4 两个相邻的涂黑图例间应留有空隙，其净宽度不得小于 0.5mm（图 9.1.1-2）。

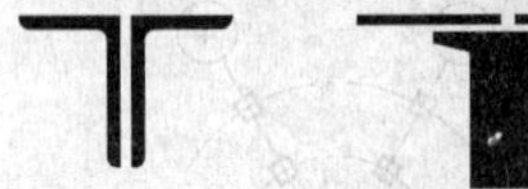

图 9.1.1-2 相邻涂黑图例的画法

9.1.2 下列情况可不加图例，但应加文字说明：

1 一张图纸内的图样只用一种图例时；

2 图形较小无法画出建筑材料图例时。

9.1.3 需画出的建筑材料图例面积过大时，可在断面轮廓线内，沿轮廓线作局部表示（图 9.1.3）。

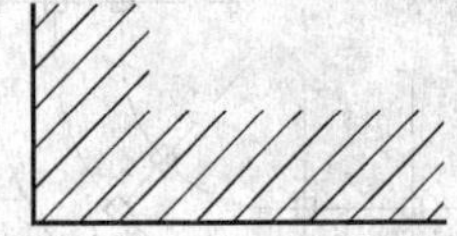

图 9.1.3 局部表示图例

9.1.4 当选用本标准中未包括的建筑材料时，可自编图例。但不得与本标准所列的图例重复。绘制时，应在适当位置画出该材料图例，并加以说明。

9.2 常用建筑材料图例

9.2.1 常用建筑材料应按表 9.2.1 所示图例画法绘制。

表 9.2.1 常用建筑材料图例

序号	名称	图 例	备 注
1	自然土壤		包括各种自然土壤
2	夯实土壤		—
3	砂、灰土		—
4	砂砾石、碎砖三合土	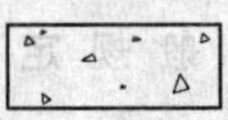	—

续表 9.2.1

序号	名称	图 例	备 注
5	石材		—
6	毛石		—
7	普通砖		包括实心砖、多孔砖、砌块等砌体。断面较窄不易绘出图例线时，可涂红，并在图纸备注中加注说明，画出该材料图例
8	耐火砖		包括耐酸砖等砌体
9	空心砖	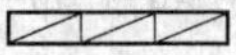	指非承重砖砌体
10	饰面砖	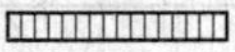	包括铺地砖、马赛克、陶瓷锦砖、人造大理石等
11	焦渣、矿渣	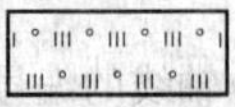	包括与水泥、石灰等混合而成的材料
12	混凝土		1 本图例指能承重的混凝土及钢筋混凝土 2 包括各种强度等级、骨料、添加剂的混凝土 3 在剖面图上画出钢筋时，不画图例线 4 断面图形小，不易画出图例线时，可涂黑
13	钢筋混凝土		
14	多孔材料		包括水泥珍珠岩、沥青珍珠岩、泡沫混凝土、非承重加气混凝土、软木、蛭石制品等
15	纤维材料	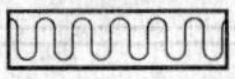	包括矿棉、岩棉、玻璃棉、麻丝、木丝板、纤维板等
16	泡沫塑料材料	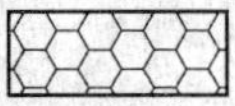	包括聚苯乙烯、聚乙烯、聚氨酯等多孔聚合物类材料
17	木材		1 上图为横断面，左上图为垫木、木砖或木龙骨 2 下图为纵断面
18	胶合板		应注明为×层胶合板
19	石膏板	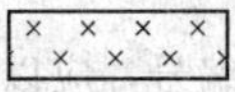	包括圆孔、方孔石膏板、防水石膏板、硅钙板、防火板等
20	金属		1 包括各种金属 2 图形小时，可涂黑
21	网状材料		1 包括金属、塑料网状材料 2 应注明具体材料名称
22	液体	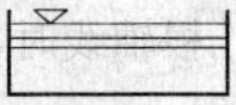	应注明具体液体名称

续表 9.2.1

序号	名称	图　例	备　注
23	玻璃		包括平板玻璃、磨砂玻璃、夹丝玻璃、钢化玻璃、中空玻璃、夹层玻璃、镀膜玻璃等
24	橡胶		—
25	塑料		包括各种软、硬塑料及有机玻璃等
26	防水材料		构造层次多或比例大时，采用上图例
27	粉刷		本图例采用较稀的点

注：序号1、2、5、7、8、13、14、16、17、18图例中的斜线、短斜线、交叉斜线等均为45°。

10　图样画法

10.1　投影法

10.1.1　房屋建筑的视图应按正投影法并用第一角画法绘制。自前方 A 投影应为正立面图，自上方 B 投影应为平面图，自左方 C 投影应为左侧立面图，自右方 D 投影应为右侧立面图，自下方 E 投影应为底面图，自后方 F 投影应为背立面图（图 10.1.1）。

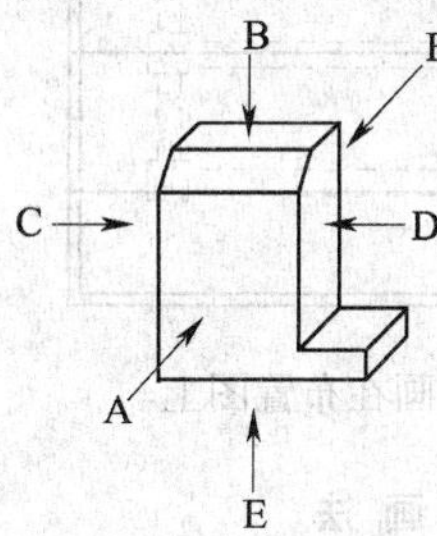

图 10.1.1　第一角画法

10.1.2　当视图用第一角画法绘制不易表达时，可用镜像投影法绘制（图 10.1.2a）。但应在图名后注写"镜像"二字（图 10.1.2b），或按图 10.1.2c 画出镜像投影识别符号。

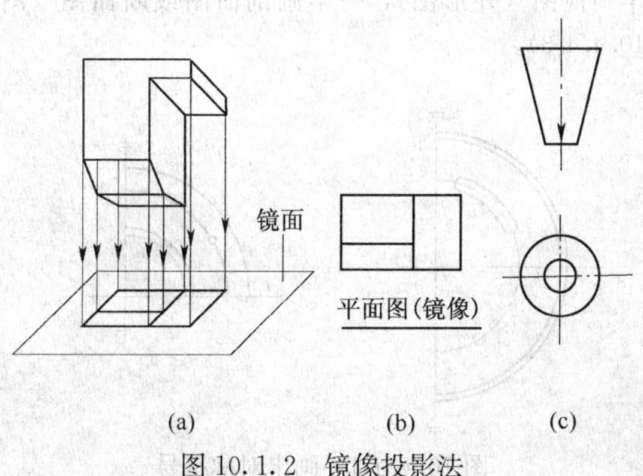

图 10.1.2　镜像投影法

10.2　视图布置

10.2.1　当在同一张图纸上绘制若干个视图时，各视图的位置宜按图 10.2.1 的顺序进行布置。

10.2.2　每个视图均应标注图名。各视图图名的命名，主要应包括平面图、立面图、剖面图或断面图、详图。同一种视图多个图的图名前加编号以示区分。平面图，以楼层编号，包括地下二层平面图、地下一层平面图、首层平面图、二层平面图。立面图以该图两端头的轴线号编号，剖面图或断面图以剖切号编号，详图以索引号编号。图名宜标注在视图的下方或一侧，并在图名下用粗实线绘一条横线，其长度应以图名所占长度为准（图 10.2.1）。使用详图符号作图名时，符号下不再画线。

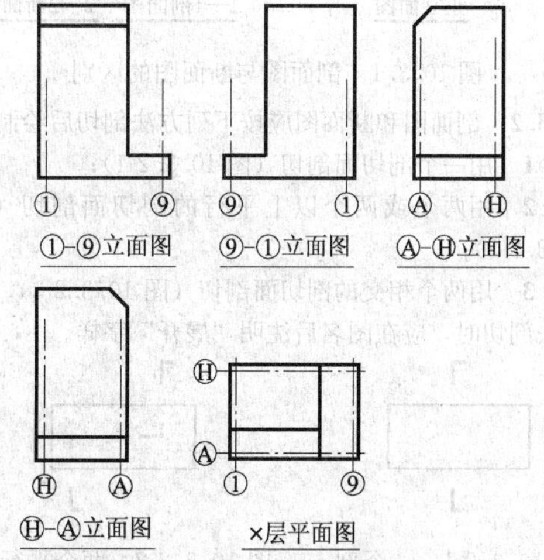

图 10.2.1　视图布置

10.2.3　分区绘制的建筑平面图，应绘制组合示意图，指出该区在建筑平面图中的位置。各分区视图的分区部位及编号均应一致，并应与组合示意图一致（图 10.2.3）。

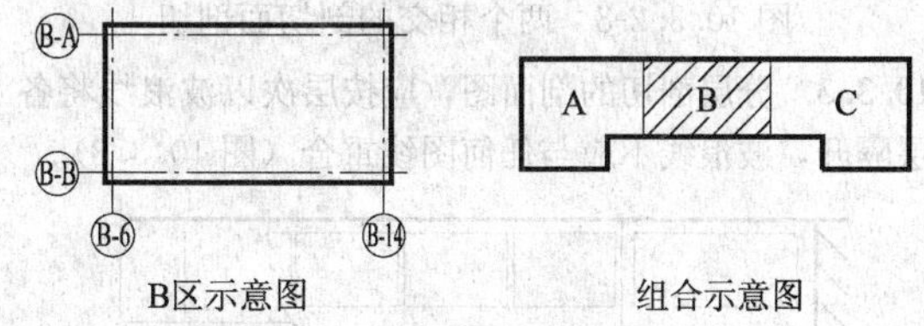

图 10.2.3　分区绘制建筑平面图

10.2.4　总平面图应反映建筑物在室外地坪上的墙基外包线，不应画屋顶平面投影图。同一工程不同专业的总平面图，在图纸上的布图方向均应一致；单体建（构）筑物平面图在图纸上的布图方向，必要时可与其在总平面图上的布图方向不一致，但必须标明方位；不同专业的单体建（构）筑物平面图，在图纸上的布图方向均应一致。

10.2.5　建（构）筑物的某些部分，如与投影面不平行，在画立面图时，可将该部分展至与投影面平行，再以正投影法绘制，并应在图名后注写“展开”字样。

10.2.6 建筑吊顶（顶棚）灯具、风口等设计绘制布置图，应是反映在地面上的镜面图，不是仰视图。

10.3 剖面图和断面图

10.3.1 剖面图除应画出剖切面切到部分的图形外，还应画出沿投射方向看到的部分，被剖切面切到部分的轮廓线用粗实线绘制，剖切面没有切到、但沿投射方向可以看到的部分，用中实线绘制；断面图则只需（用粗实线）画出剖切面切到部分的图形（图10.3.1）。

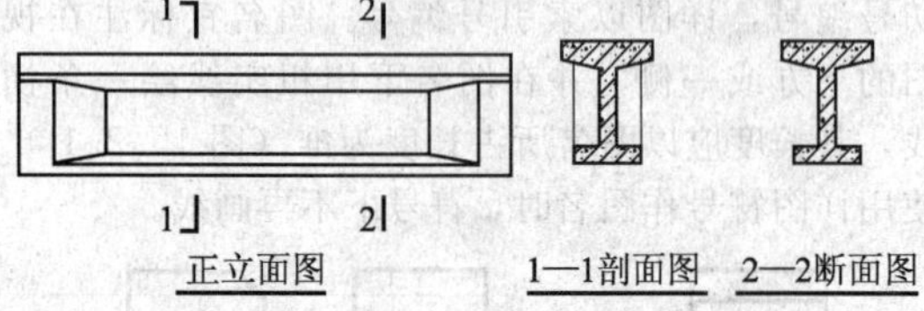

图 10.3.1 剖面图与断面图的区别

10.3.2 剖面图和断面图应按下列方法剖切后绘制：

1 用一个剖切面剖切（图10.3.2-1）；

2 用两个或两个以上平行的剖切面剖切（图10.3.2-2）；

3 用两个相交的剖切面剖切（图10.3.2-3）。用此法剖切时，应在图名后注明“展开”字样。

图 10.3.2-1 一个剖切面剖切　图 10.3.2-2 两个平行的剖切面剖切

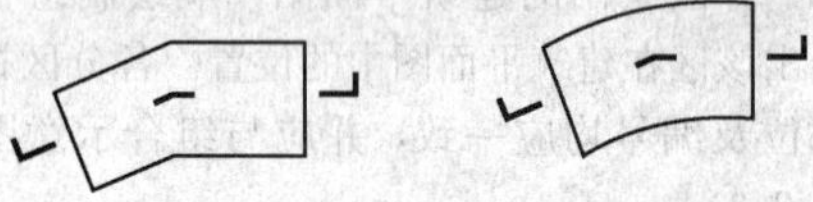

图 10.3.2-3 两个相交的剖切面剖切

10.3.3 分层剖切的剖面图，应按层次以波浪线将各层隔开，波浪线不应与任何图线重合（图10.3.3）。

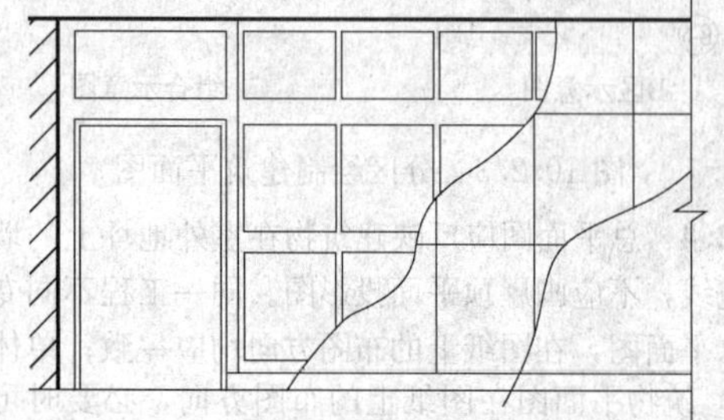

图 10.3.3 分层剖切的剖面图

10.3.4 杆件的断面图可绘制在靠近杆件的一侧或端部处并按顺序依次排列（图10.3.4-1），也可绘制在杆件的中断处（图10.3.4-2）；结构梁板的断面图可画在结构布置图上（图10.3.4-3）。

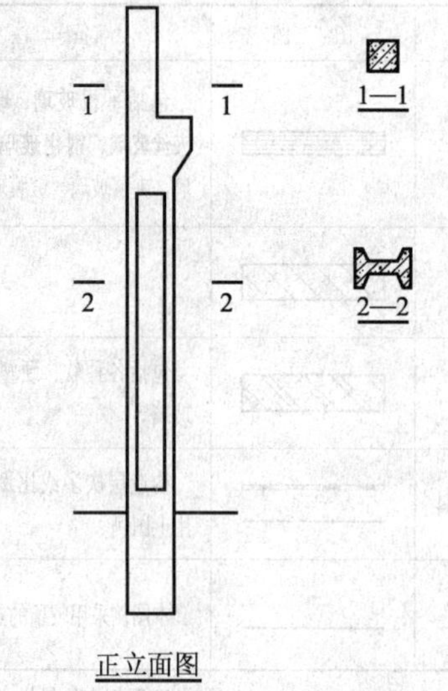

图 10.3.4-1 断面图按顺序排列

图 10.3.4-2 断面图画在杆件中断处

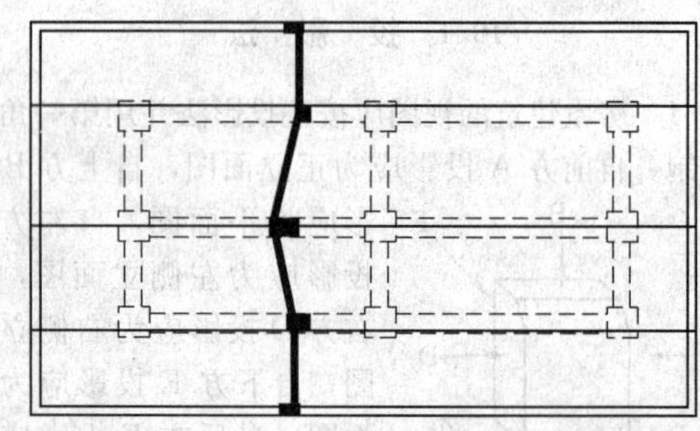

图 10.3.4-3 断面图画在布置图上

10.4 简化画法

10.4.1 构配件的视图有一条对称线，可只画该视图的一半；视图有两条对称线，可只画该视图的1/4，并画出对称符号（图10.4.1-1）。图形也可稍超出其对称线，此时可不画对称符号（图10.4.1-2）。对称的形体需画剖面图或断面图时，可以对称符号为界，一半画视图（外形图），一半画剖面图或断面图（图10.4.1-3）。

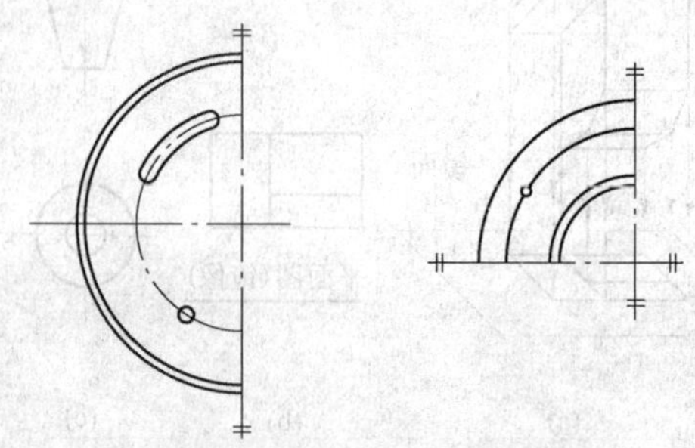

图 10.4.1-1 画出对称符号

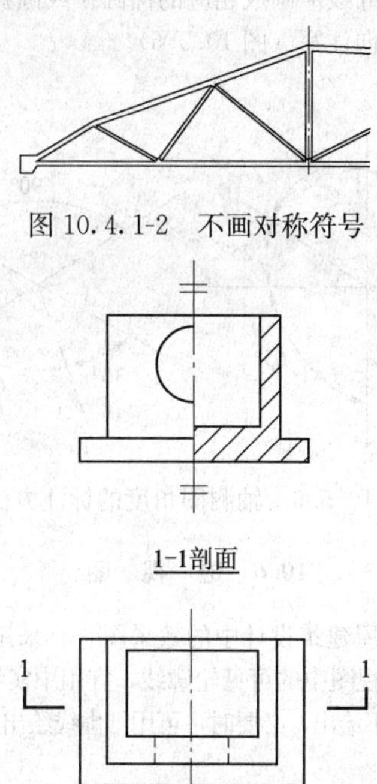

图 10.4.1-2 不画对称符号

图 10.4.1-3 一半画视图，一半画剖面图

10.4.2 构配件内多个完全相同而连续排列的构造要素，可仅在两端或适当位置画出其完整形状，其余部分以中心线或中心线交点表示（图 10.4.2a）。当相同构造要素少于中心线交点，则其余部分应在相同构造要素位置的中心线交点处用小圆点表示（图 10.4.2b）。

10.4.3 较长的构件，当沿长度方向的形状相同或按

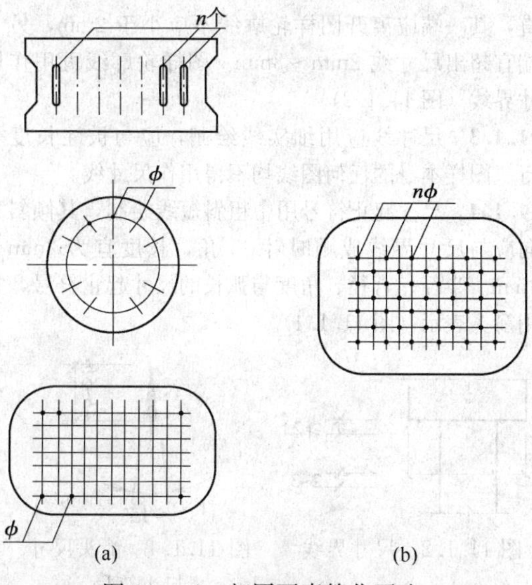

图 10.4.2 相同要素简化画法

一定规律变化，可断开省略绘制，断开处应以折断线表示（图 10.4.3）。

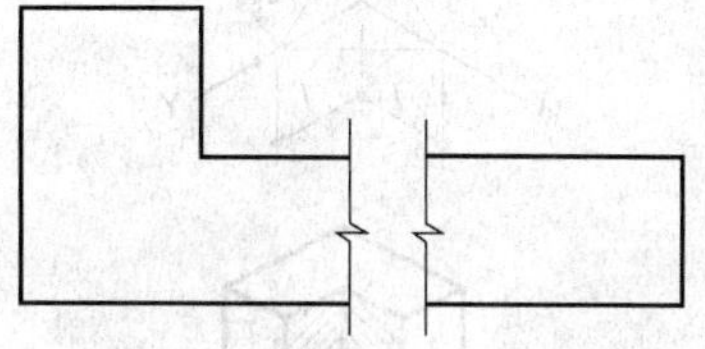

图 10.4.3 折断简化画法

10.4.4 一个构配件，如绘制位置不够，可分成几个部分绘制，并应以连接符号表示相连（图 7.4.2）。

10.4.5 一个构配件如与另一构配件仅部分不相同，该构配件可只画不同部分，但应在两个构配件的相同部分与不同部分的分界线处，分别绘制连接符号（图 10.4.5）。

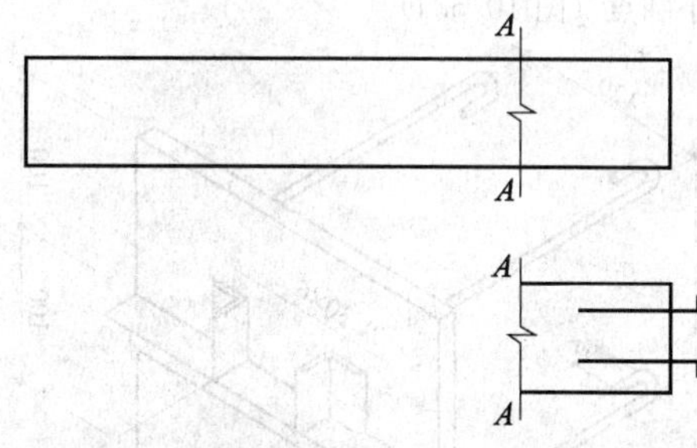

图 10.4.5 构件局部不同的简化画法

10.5 轴 测 图

10.5.1 房屋建筑的轴测图（图 10.5.1），宜采用正等测投影并用简化轴伸缩系数绘制。

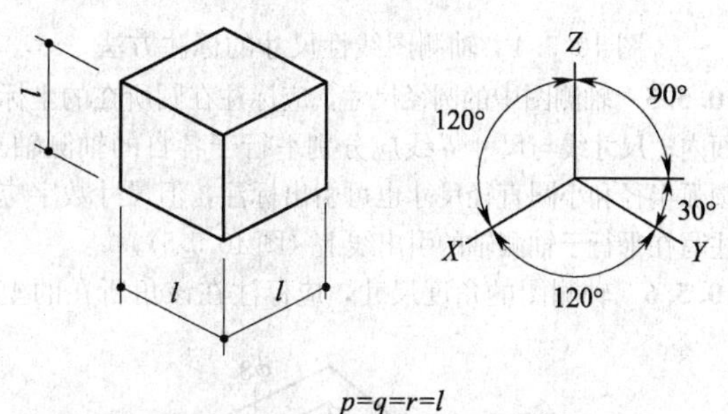

图 10.5.1 正等测的画法

10.5.2 轴测图的可见轮廓线宜用中实线绘制，断面轮廓线宜用粗实线绘制。不可见轮廓线不绘出，必要时，可用细虚线绘出所需部分。

10.5.3 轴测图的断面上应画出其材料图例线，图例线应按其断面所在坐标面的轴测方向绘制。如以 45°斜线为材料图例线时，应按图 10.5.3 的规定绘制。

10.5.4 轴测图线性尺寸，应标注在各自所在的坐标

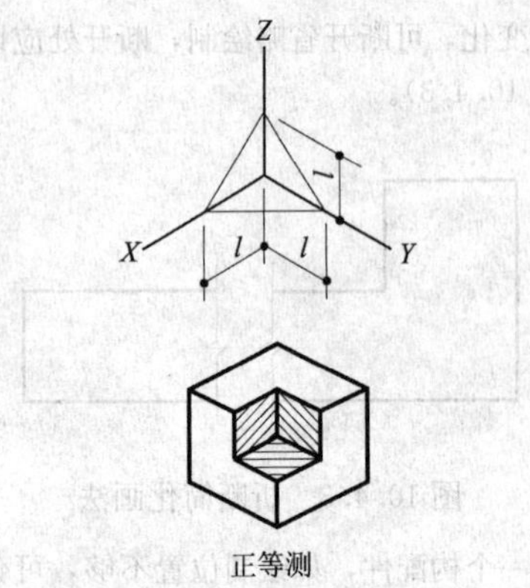

图 10.5.3　轴测图断面图例线画法

面内，尺寸线应与被注长度平行，尺寸界线应平行于相应的轴测轴，尺寸数字的方向应平行于尺寸线，如出现字头向下倾斜时，应将尺寸线断开，在尺寸线断开处水平方向注写尺寸数字。轴测图的尺寸起止符号宜用小圆点（图 10.5.4）。

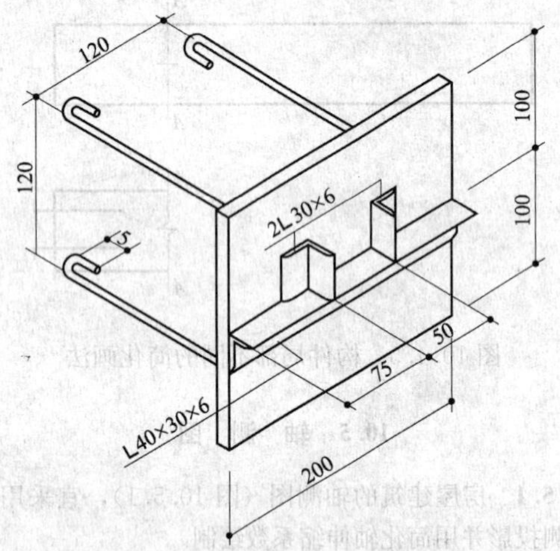

图 10.5.4　轴测图线性尺寸的标注方法

10.5.5　轴测图中的圆径尺寸，应标注在圆所在的坐标面内；尺寸线与尺寸界线应分别平行于各自的轴测轴。圆弧半径和小圆直径尺寸也可引出标注，但尺寸数字应注写在平行于轴测轴的引出线上（图 10.5.5）。

10.5.6　轴测图的角度尺寸，应标注在该角所在的坐标面内，尺寸线应画成相应的椭圆弧或圆弧。尺寸数字应水平方向注写（图 10.5.6）。

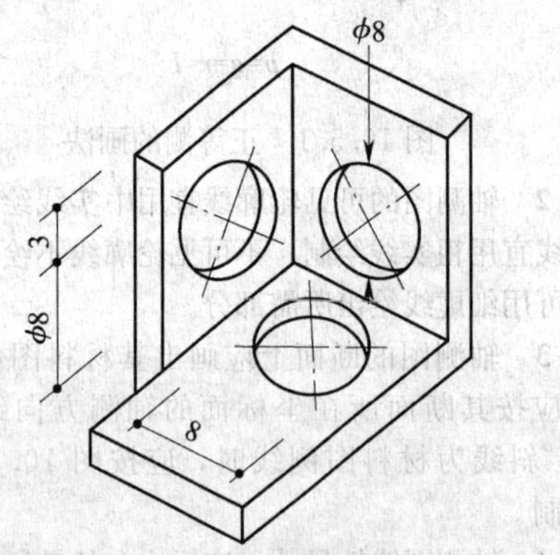

图 10.5.5　轴测图圆直径标注方法

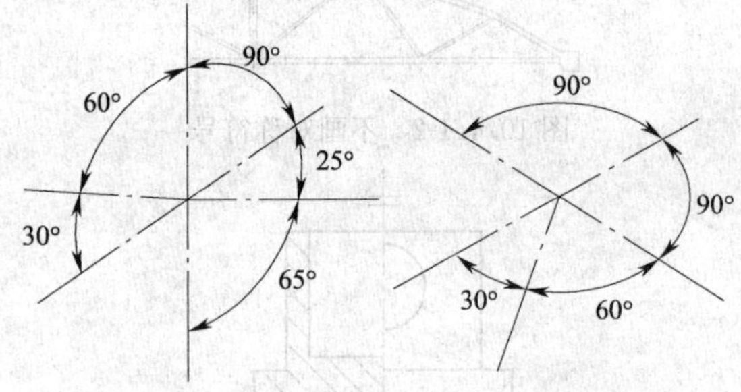

图 10.5.6　轴测图角度的标注方法

10.6　透　视　图

10.6.1　房屋建筑设计中的效果图，宜采用透视图。

10.6.2　透视图中的可见轮廓线，宜用中实线绘制。不可见轮廓线不绘出，必要时，可用细虚线绘出所需部分。

11　尺　寸　标　注

11.1　尺寸界线、尺寸线及尺寸起止符号

11.1.1　图样上的尺寸，应包括尺寸界线、尺寸线、尺寸起止符号和尺寸数字（图 11.1.1）。

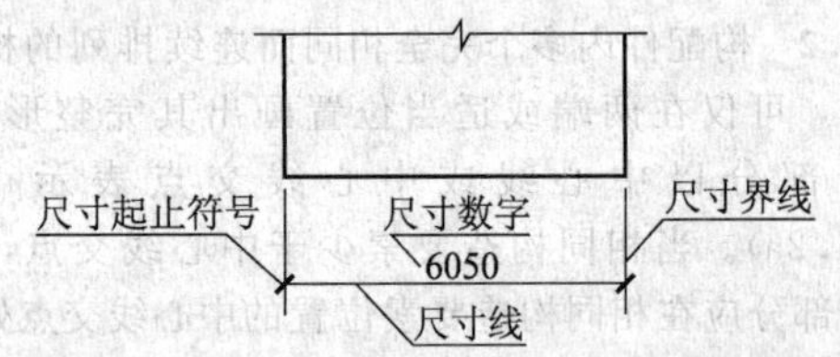

图 11.1.1　尺寸的组成

11.1.2　尺寸界线应用细实线绘制，应与被注长度垂直，其一端应离开图样轮廓线不应小于 2mm，另一端宜超出尺寸线 2mm～3mm。图样轮廓线可用作尺寸界线（图 11.1.2）。

11.1.3　尺寸线应用细实线绘制，应与被注长度平行。图样本身的任何图线均不得用作尺寸线。

11.1.4　尺寸起止符号用中粗斜短线绘制，其倾斜方向应与尺寸界线成顺时针 45°角，长度宜为 2mm～3mm。半径、直径、角度与弧长的尺寸起止符号，宜用箭头表示（图 11.1.4）。

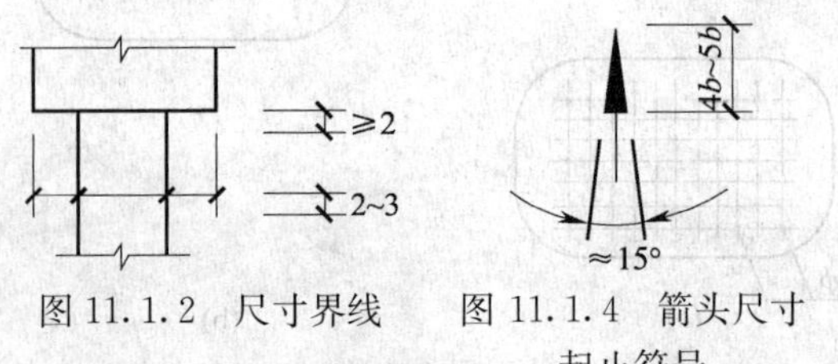

图 11.1.2　尺寸界线　　图 11.1.4　箭头尺寸起止符号

11.2 尺 寸 数 字

11.2.1 图样上的尺寸，应以尺寸数字为准，不得从图上直接量取。

11.2.2 图样上的尺寸单位，除标高及总平面以米为单位外，其他必须以毫米为单位。

11.2.3 尺寸数字的方向，应按图 11.2.3a 的规定注写。若尺寸数字在 30°斜线区内，也可按图 11.2.3b 的形式注写。

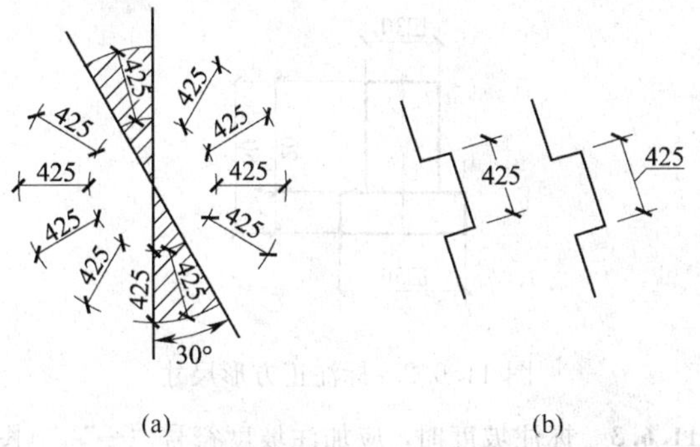

图 11.2.3 尺寸数字的注写方向

11.2.4 尺寸数字应依据其方向注写在靠近尺寸线的上方中部。如没有足够的注写位置，最外边的尺寸数字可注写在尺寸界线的外侧，中间相邻的尺寸数字可上下错开注写，引出线端部用圆点表示标注尺寸的位置（图 11.2.4）。

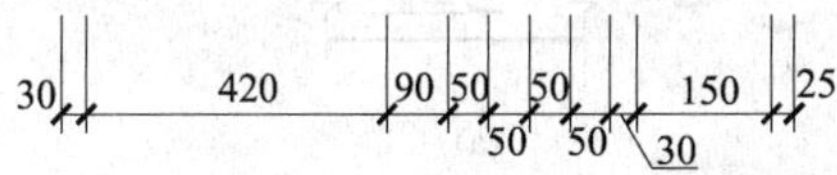

图 11.2.4 尺寸数字的注写位置

11.3 尺寸的排列与布置

11.3.1 尺寸宜标注在图样轮廓以外，不宜与图线、文字及符号等相交（图 11.3.1）。

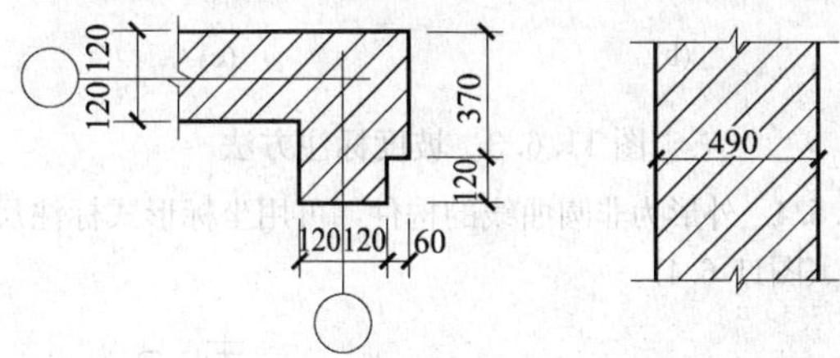

图 11.3.1 尺寸数字的注写

11.3.2 互相平行的尺寸线，应从被注写的图样轮廓线由近向远整齐排列，较小尺寸应离轮廓线较近，较大尺寸应离轮廓线较远（图 11.3.2）。

11.3.3 图样轮廓线以外的尺寸界线，距图样最外轮廓之间的距离，不宜小于 10mm。平行排列的尺寸线的间距，宜为 7mm～10mm，并应保持一致（图 11.3.2）。

11.3.4 总尺寸的尺寸界线应靠近所指部位，中间的分尺寸的尺寸界线可稍短，但其长度应相等（图 11.3.2）。

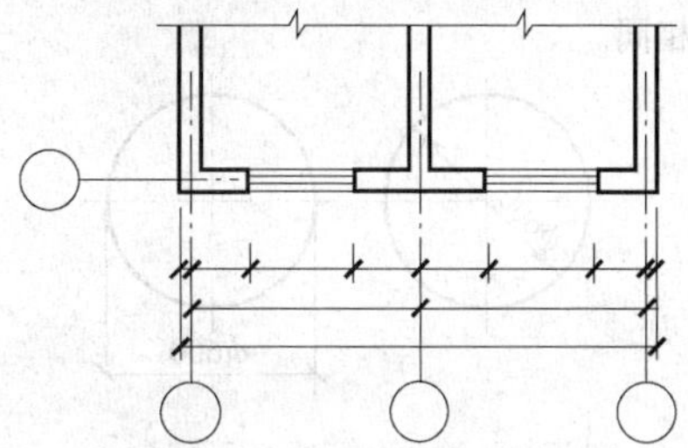

图 11.3.2 尺寸的排列

11.4 半径、直径、球的尺寸标注

11.4.1 半径的尺寸线应一端从圆心开始，另一端画箭头指向圆弧。半径数字前应加注半径符号“*R*”（图 11.4.1）。

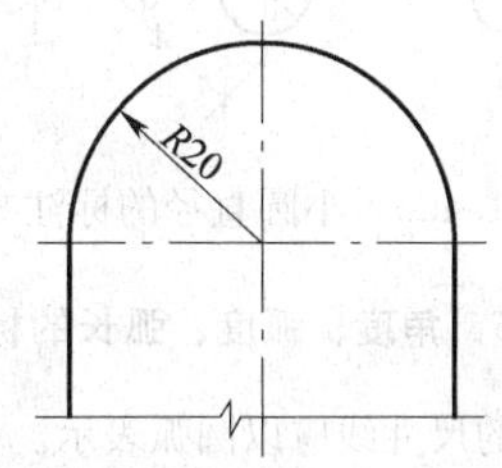

图 11.4.1 半径标注方法

11.4.2 较小圆弧的半径，可按图 11.4.2 形式标注。

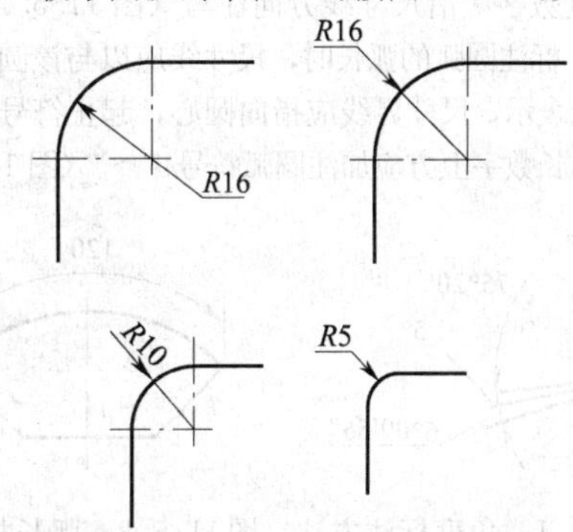

图 11.4.2 小圆弧半径的标注方法

11.4.3 较大圆弧的半径，可按图 11.4.3 形式标注。

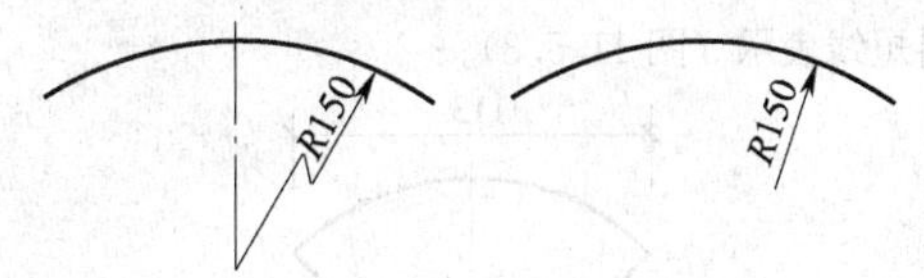

图 11.4.3 大圆弧半径的标注方法

11.4.4 标注圆的直径尺寸时，直径数字前应加直径符号“*ϕ*”。在圆内标注的尺寸线应通过圆心，两端画箭头指至圆弧（图 11.4.4）。

11.4.5 较小圆的直径尺寸，可标注在圆外（图 11.4.5）。

11.4.6 标注球的半径尺寸时，应在尺寸前加注符号“*SR*”。标注球的直径尺寸时，应在尺寸数字前加注符号“*Sϕ*”。注写方法与圆弧半径和圆直径的尺寸标注方法相同。

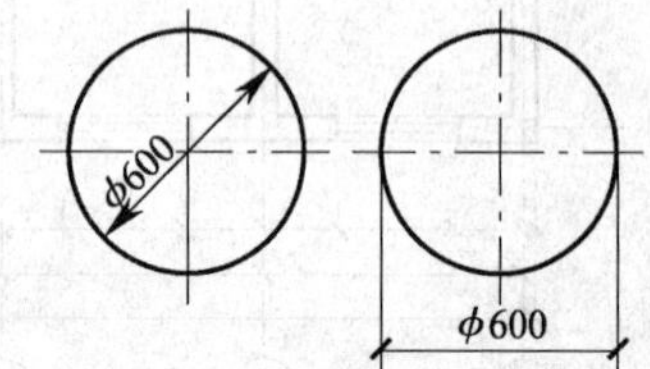

图 11.4.4　圆直径的标注方法

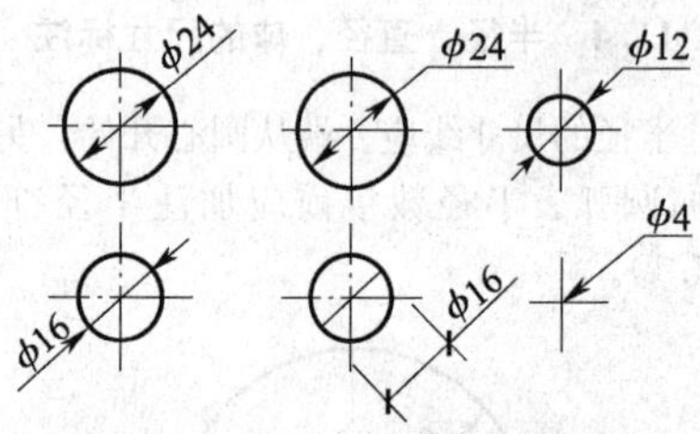

图 11.4.5　小圆直径的标注方法

11.5　角度、弧度、弧长的标注

11.5.1　角度的尺寸线应以圆弧表示。该圆弧的圆心应是该角的顶点，角的两条边为尺寸界线。起止符号应以箭头表示，如没有足够位置画箭头，可用圆点代替，角度数字应沿尺寸线方向注写（图 11.5.1）。

11.5.2　标注圆弧的弧长时，尺寸线应以与该圆弧同心的圆弧线表示，尺寸界线应指向圆心，起止符号用箭头表示，弧长数字上方应加注圆弧符号“⌒”(图 11.5.2)。

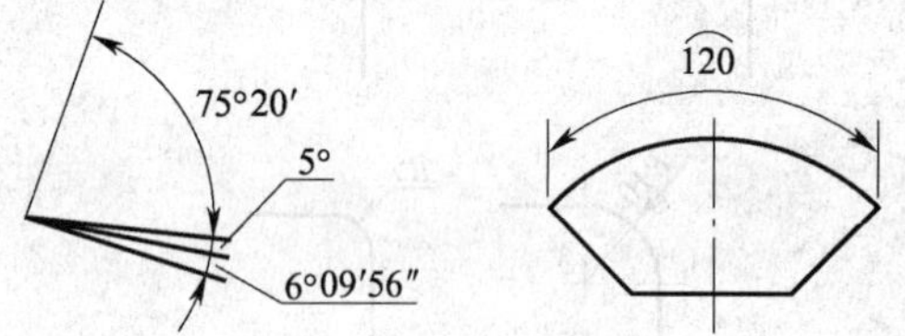

图 11.5.1　角度标注方法　图 11.5.2　弧长标注方法

11.5.3　标注圆弧的弦长时，尺寸线应以平行于该弦的直线表示，尺寸界线应垂直于该弦，起止符号用中粗斜短线表示（图 11.5.3）。

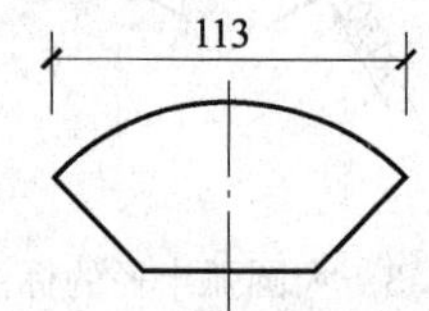

图 11.5.3　弦长标注方法

11.6　薄板厚度、正方形、坡度、非圆曲线等尺寸标注

11.6.1　在薄板板面标注板厚尺寸时，应在厚度数字前加厚度符号“*t*”(图 11.6.1)。

11.6.2　标注正方形的尺寸，可用“边长×边长”的形式，也可在边长数字前加正方形符号“□”(图 11.6.2)。

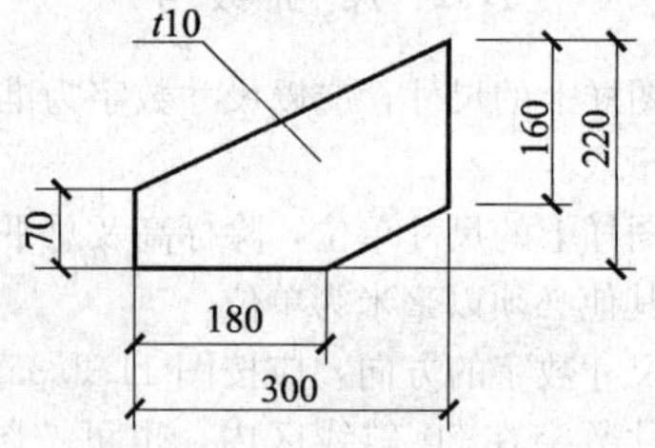

图 11.6.1　薄板厚度标注方法

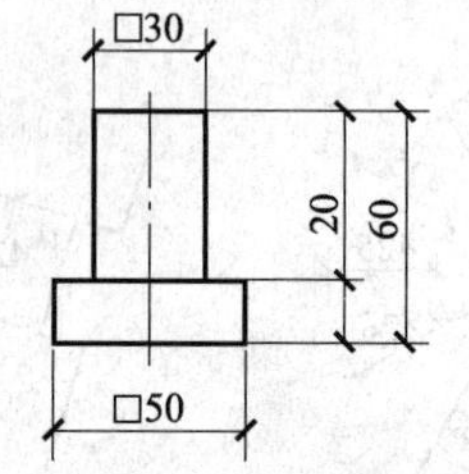

图 11.6.2　标注正方形尺寸

11.6.3　标注坡度时，应加注坡度符号“←”（图 11.6.3a、b)，该符号为单面箭头，箭头应指向下坡方向。坡度也可用直角三角形形式标注（图 11.6.3c)。

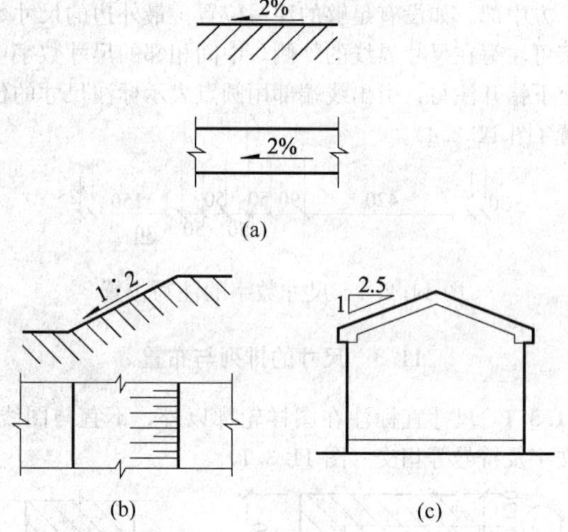

图 11.6.3　坡度标注方法

11.6.4　外形为非圆曲线的构件，可用坐标形式标注尺寸（图11.6.4)。

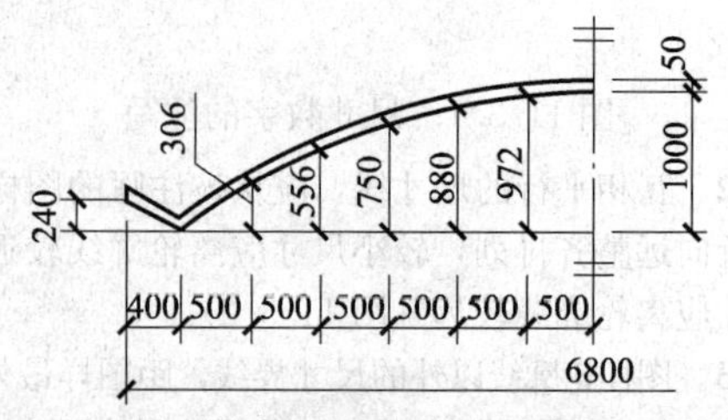

图 11.6.4　坐标法标注曲线尺寸

11.6.5　复杂的图形，可用网格形式标注尺寸（图 11.6.5)。

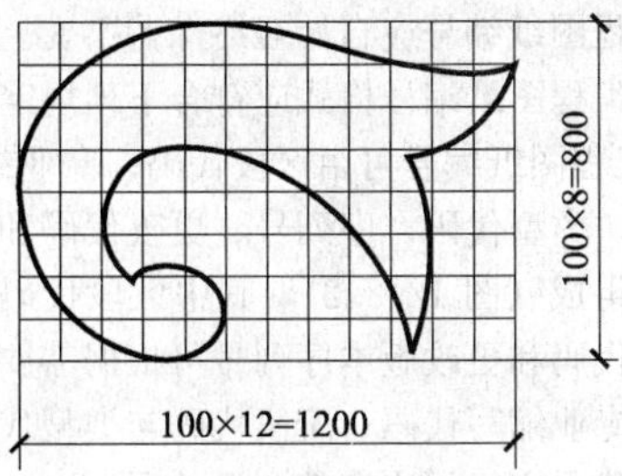

图 11.6.5　网格法标注曲线尺寸

11.7　尺寸的简化标注

11.7.1　杆件或管线的长度，在单线图（桁架简图、钢筋简图、管线简图）上，可直接将尺寸数字沿杆件或管线的一侧注写（图 11.7.1）。

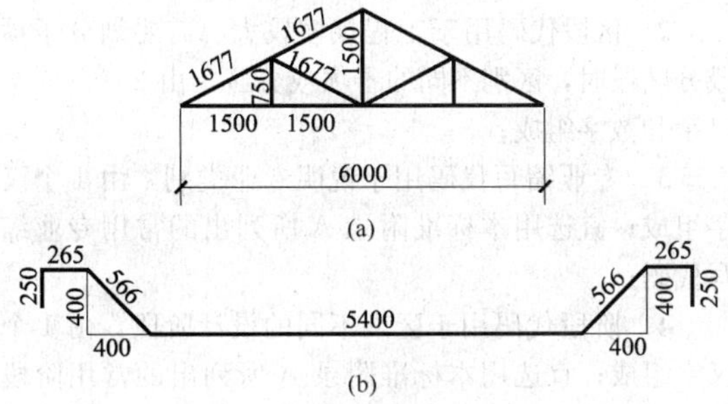

图 11.7.1　单线图尺寸标注方法

11.7.2　连续排列的等长尺寸，可用“等长尺寸×个数=总长”（图 11.7.2a）或“等分×个数=总长”（图 11.7.2b）的形式标注。

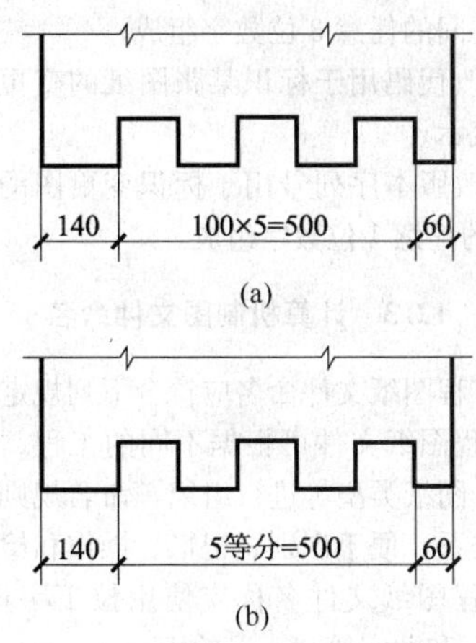

图 11.7.2　等长尺寸简化标注方法

11.7.3　构配件内的构造因素（如孔、槽等）如相同，可仅标注其中一个要素的尺寸（图 11.7.3）。

11.7.4　对称构配件采用对称省略画法时，该对称构配件的尺寸线应略超过对称符号，仅在尺寸线的一端画尺寸起止符号，尺寸数字应按整体全尺寸注写，其注写位置宜与对称符号对齐（图 11.7.4）。

11.7.5　两个构配件，如个别尺寸数字不同，可在同一图样中将其中一个构配件的不同尺寸数字注写在括号内，该构配件的名称也应注写在相应的括号内（图 11.7.5）。

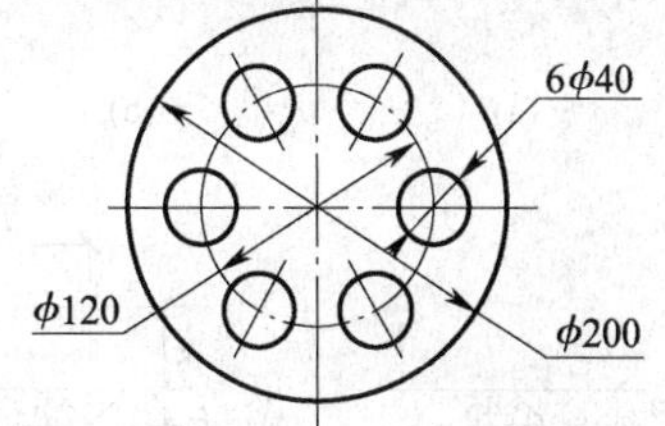

图 11.7.3　相同要素尺寸标注方法

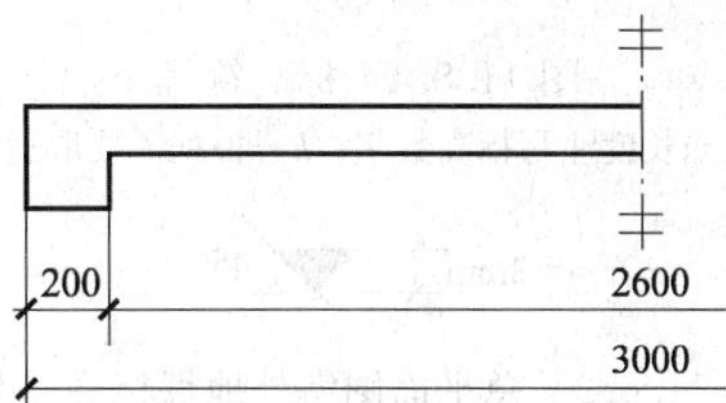

图 11.7.4　对称构件尺寸标注方法

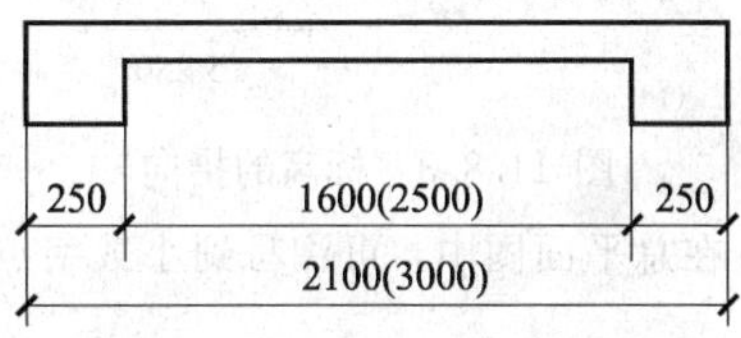

图 11.7.5　相似构件尺寸标注方法

11.7.6　数个构配件，如仅某些尺寸不同，这些有变化的尺寸数字，可用拉丁字母注写在同一图样中，另列表格写明其具体尺寸（图 11.7.6）。

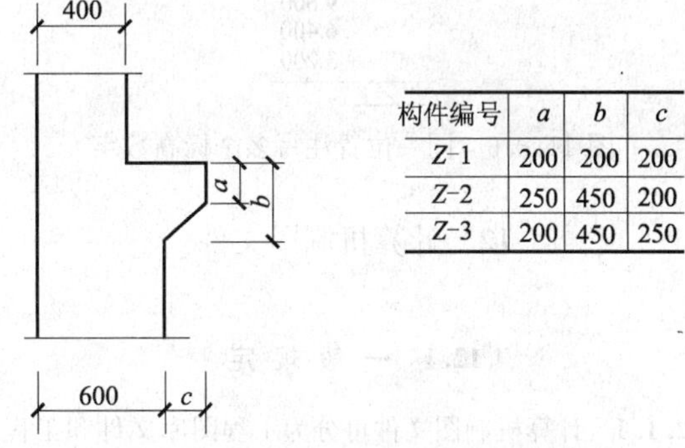

构件编号	*a*	*b*	*c*
Z-1	200	200	200
Z-2	250	450	200
Z-3	200	450	250

图 11.7.6　相似构配件尺寸表格式标注方法

11.8　标　　高

11.8.1　标高符号应以直角等腰三角形表示，按图 11.8.1a 所示形式用细实线绘制，当标注位置不够，也可按图 11.8.1b 所示形式绘制。标高符号的具体画法应符合图 11.8.1c、d 的规定。

11.8.2　总平面图室外地坪标高符号，宜用涂黑的三角形表示，具体画法应符合图 11.8.2 的规定。

11.8.3　标高符号的尖端应指至被注高度的位置。尖端宜向下，也可向上。标高数字应注写在标高符号的上侧或下侧（图 11.8.3）。

11.8.4　标高数字应以米为单位，注写到小数点以后

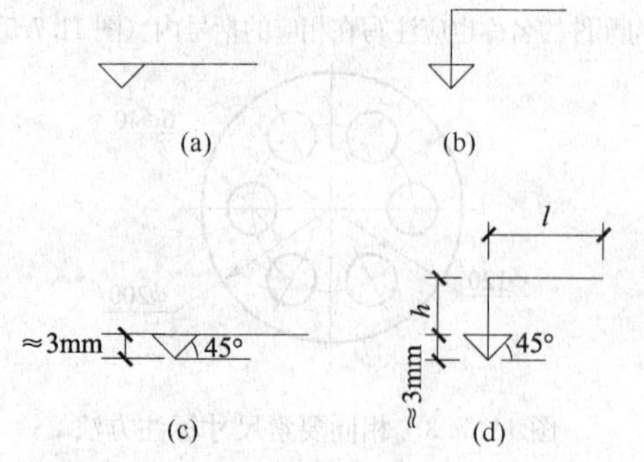

图 11.8.1　标高符号

l—取适当长度注写标高数字；*h*—根据需要取适当高度

图 11.8.2　总平面图室外地坪标高符号

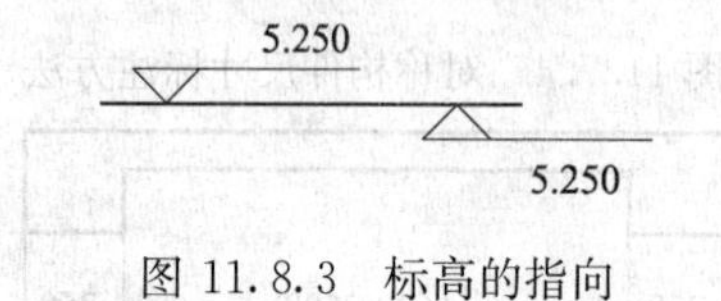

图 11.8.3　标高的指向

第三位。在总平面图中，可注写到小数字点以后第二位。

11.8.5　零点标高应注写成±0.000，正数标高不注“+”，负数标高应注“−”，例如 3.000、−0.600。

11.8.6　在图样的同一位置需表示几个不同标高时，标高数字可按图 11.8.6 的形式注写。

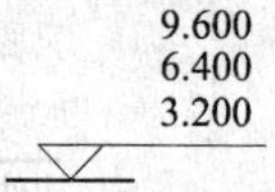

9.600
6.400
3.200

图 11.8.6　同一位置注写多个标高数字

12　计算机制图文件

12.1　一 般 规 定

12.1.1　计算机制图文件可分为工程图库文件和工程图纸文件。工程图库文件可在一个以上的工程中重复使用；工程图纸文件只能在一个工程中使用。

12.1.2　建立合理的文件目录结构，可对计算机制图文件进行有效的管理和利用。

12.2　工程图纸编号

12.2.1　工程图纸编号应符合下列规定：

1　工程图纸根据不同的子项（区段）、专业、阶段等进行编排，宜按照设计总说明、平面图、立面图、剖面图、详图、清单、简图等的顺序编号；

2　工程图纸编号应使用汉字、数字和连字符“-”的组合；

3　在同一工程中，应使用统一的工程图纸编号格式，工程图纸编号应自始至终保持不变。

12.2.2　工程图纸编号格式应符合下列规定：

1　工程图纸编号可由区段代码、专业缩写代码、阶段代码、类型代码、序列号、更改代码和更改版本序列号等组成（图 12.2.2），其中区段代码、类型代码、更改代码和更改版本序列号可根据需要设置。区段代码与专业缩写代码、阶段代码与类型代码、序列号与更改代码之间用连字符“-”分隔开；

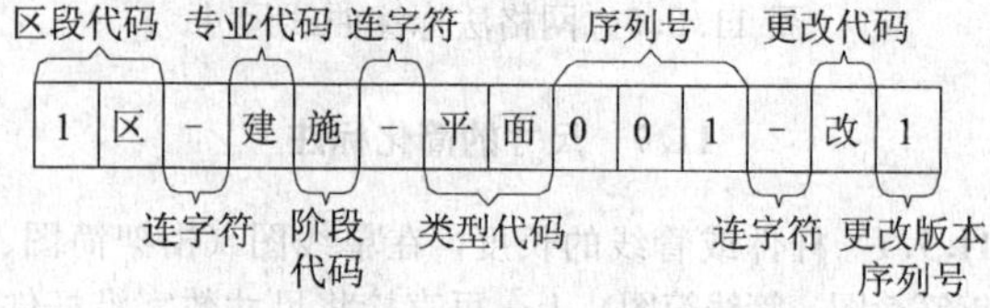

图 12.2.2　工程图纸编号格式

2　区段代码用于工程规模较大、需要划分子项或分区段时，区别不同的子项或分区，由 2 个～4 个汉字和数字组成；

3　专业缩写代码用于说明专业类别，由 1 个汉字组成；宜选用本标准附录 A 所列出的常用专业缩写代码；

4　阶段代码用于区别不同的设计阶段，由 1 个汉字组成；宜选用本标准附录 A 所列出的常用阶段代码；

5　类型代码用于说明工程图纸的类型，由 2 个字符组成；宜选用本标准附录 A 所列出的常用类型代码；

6　序列号用于标识同一类图纸的顺序，由 001～999之间的任意 3 位数字组成；

7　更改代码用于标识某张图纸的变更图，用汉字“改”表示；

8　更改版本序列号用于标识变更图的版次，由 1～9 之间的任意 1 位数字组成。

12.3　计算机制图文件命名

12.3.1　工程图纸文件命名应符合下列规定：

1　工程图纸文件可根据不同的工程、子项或分区、专业、图纸类型等进行组织，命名规则应具有一定的逻辑关系，便于识别、记忆、操作和检索。

2　工程图纸文件名称应使用拉丁字母、数字、连字符“-”和井字符“#”的组合。

3　在同一工程中，应使用统一的工程图纸文件名称格式，工程图纸文件名称应自始至终保持不变。

12.3.2　工程图纸文件命名格式应符合下列规定：

1　工程图纸文件名称可由工程代码、专业代码、类型代码、用户定义代码和文件扩展名组成（图 12.3.2-1），其中工程代码和用户定义代码可根据需要设置。专业代码与类型代码之间用连字符“-”分隔开；用户定义代码与文件扩展名之间用小数点“.”分隔开；

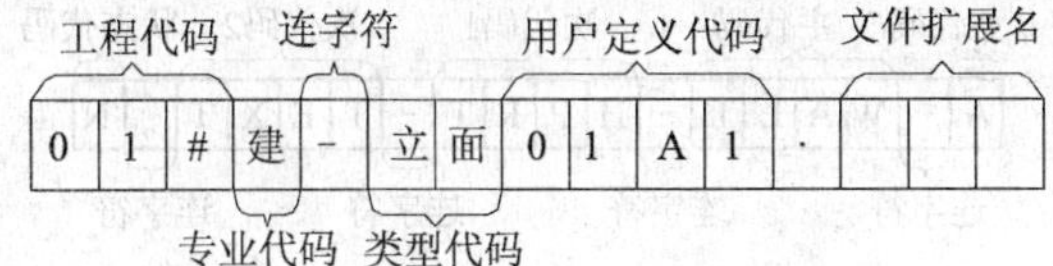

图 12.3.2-1　工程图纸文件命名格式

2　工程代码用于说明工程、子项或区段，可由2个～5个字符和数字组成；

3　专业代码用于说明专业类别，由1个字符组成；宜选用本标准附录A所列出的常用专业代码；

4　类型代码用于说明工程图纸文件的类型，由2个字符组成；宜选用本标准附录A所列出的常用类型代码；

5　用户定义代码用于说明工程图纸文件的类型，宜由2个字符～5个字符和数字组成，其中前两个字符为标识同一类图纸文件的序列号，后两位字符表示工程图纸文件变更的范围与版次（图 12.3.2-2）；

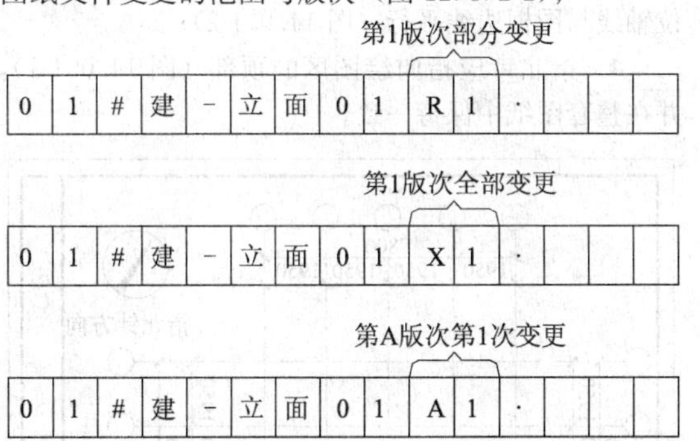

图 12.3.2-2　工程图纸文件变更范围与版次表示

6　小数点后的文件扩展名由创建工程图纸文件的计算机制图软件定义，由3个字符组成。

12.3.3　工程图库文件命名应符合下列规定：

1　工程图库文件应根据建筑体系、组装需要或用法等进行分类，并应便于识别、记忆、操作和检索；

2　工程图库文件名称应使用拉丁字母和数字的组合；

3　在特定工程中使用工程图库文件，应将该工程图库文件复制到特定工程的文件夹中，并应更名为与特定工程相适合的工程图纸文件名。

12.4　计算机制图文件夹

12.4.1　计算机制图文件夹宜根据工程、设计阶段、专业、使用人和文件类型等进行组织。计算机制图文件夹的名称可由用户或计算机制图软件定义，并应在工程上具有明确的逻辑关系，便于识别、记忆、管理和检索。

12.4.2　计算机制图文件夹名称可使用汉字、拉丁字母、数字和连字符“-”的组合，但汉字与拉丁字母不得混用。

12.4.3　在同一工程中，应使用统一的计算机制图文件夹命名格式，计算机制图文件夹名称应自始至终保持不变，且不得同时使用中文和英文的命名格式。

12.4.4　为满足协同设计的需要，可分别创建工程、专业内部的共享与交换文件夹。

12.5　计算机制图文件的使用与管理

12.5.1　工程图纸文件应与工程图纸一一对应，以保证存档时工程图纸与计算机制图文件的一致性。

12.5.2　计算机制图文件宜使用标准化的工程图库文件。

12.5.3　文件备份应符合下列规定：

1　计算机制图文件应及时备份，避免文件及数据的意外损坏、丢失等；

2　计算机制图文件备份的时间和份数可根据具体情况自行确定，宜每日或每周备份一次。

12.5.4　应采取定期备份、预防计算机病毒、在安全的设备中保存文件的副本、设置相应的文件访问与操作权限、文件加密，以及使用不间断电源（UPS）等保护措施，对计算机制图文件进行有效保护。

12.5.5　计算机制图文件应及时归档。

12.5.6　不同系统间图形文件交换应符合现行国家标准《工业自动化系统与集成　产品数据表达与交换》GB/T 16656 的规定。

12.6　协同设计与计算机制图文件

12.6.1　协同设计的计算机制图文件组织应符合下列规定：

1　采用协同设计方式，应根据工程的性质、规模、复杂程度和专业需要，合理、有序地组织计算机制图文件，并应据此确定设计团队成员的任务分工；

2　采用协同设计方式组织计算机制图文件，应以减少或避免设计内容的重复创建和编辑为原则，条件许可时，宜使用计算机制图文件参照方式；

3　为满足专业之间协同设计的需要，可将计算机制图文件划分为各专业共用的公共图纸文件、向其他专业提供的资料文件和仅供本专业使用的图纸文件；

4　为满足专业内部协同设计的需要，可将本专业的一个计算机制图文件分解为若干零件图文件，并建立零件图文件与组装图文件之间的联系。

12.6.2　协同设计的计算机制图文件参照应符合下列规定：

1　在主体计算机制图文件中，可引用具有多级引用关系的参照文件，并允许对引用的参照文件进行编辑、剪裁、拆离、覆盖、更新、永久合并的操作；

2　为避免参照文件的修改引起主体计算机制图文件的变动，主体计算机制图文件归档时，应将被引用的参照文件与主体计算机制图文件永久合并（绑定）。

13 计算机制图文件图层

13.0.1 图层命名应符合下列规定：

1 图层可根据不同用途、设计阶段、属性和使用对象等进行组织，在工程上应具有明确的逻辑关系，便于识别、记忆、软件操作和检索；

2 图层名称可使用汉字、拉丁字母、数字和连字符“-”的组合，但汉字与拉丁字母不得混用；

3 在同一工程中，应使用统一的图层命名格式，图层名称应自始至终保持不变，且不得同时使用中文和英文的命名格式。

13.0.2 图层命名格式应符合下列规定：

1 图层命名应采用分级形式，每个图层名称由2个～5个数据字段（代码）组成，第一级为专业代码，第二级为主代码，第三、四级分别为次代码1和次代码2，第五级为状态代码；其中第三级～第五级可根据需要设置；每个相邻的数据字段用连字符“-”分隔开；

2 专业代码用于说明专业类别，宜选用附录A所列出的常用专业代码；

3 主代码用于详细说明专业特征，主代码可以和任意的专业代码组合；

4 次代码1和次代码2用于进一步区分主代码的数据特征，次代码可以和任意的主代码组合；

5 状态代码用于区分图层中所包含的工程性质或阶段；状态代码不能同时表示工程状态和阶段，宜选用附录B所列出的常用状态代码；

6 中文图层名称宜采用图13.0.2-1的格式，每个图层名称由2个～5个数据字段组成，每个数据字段为1个～3个汉字，每个相邻的数据字段用连字符“-”分隔开；

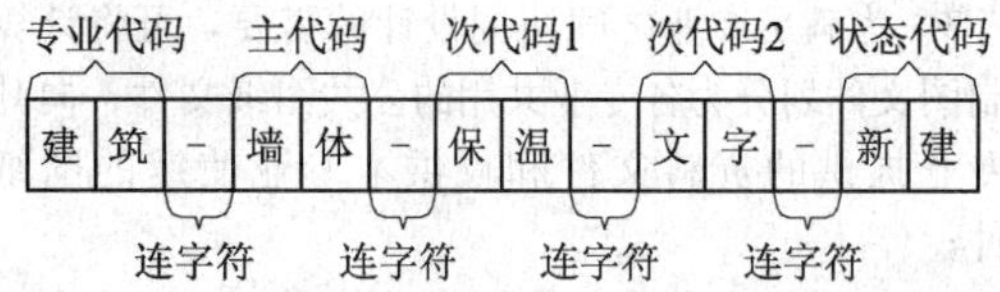

图13.0.2-1 中文图层命名格式

7 英文图层名称宜采用图13.0.2-2的格式，每个图层名称由2个～5个数据字段组成，每个数据字段为1个～4个字符，每个相邻的数据字段用连字符“-”分隔开；其中专业代码为1个字符，主代码、次代码1和次代码2为4个字符，状态代码为1个字符；

8 图层名称宜选用本标准附录A和附录B所列

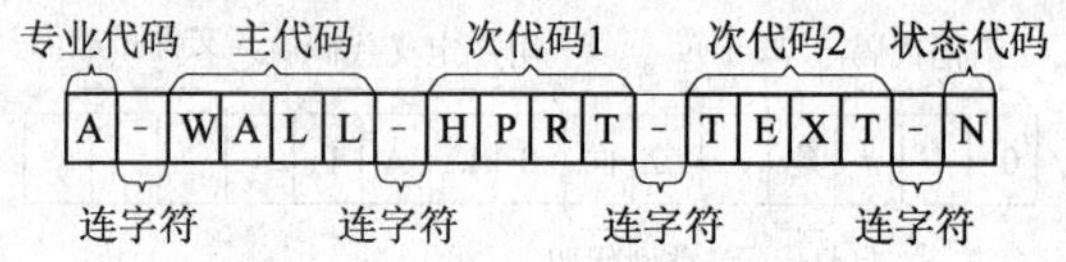

图13.0.2-2 英文图层命名格式

出的常用图层名称。

14 计算机制图规则

14.0.1 计算机制图的方向与指北针应符合下列规定：

1 平面图与总平面图的方向宜保持一致；

2 绘制正交平面图时，宜使定位轴线与图框边线平行（图14.0.1-1）；

3 绘制由几个局部正交区域组成且各区域相互斜交的平面图时，可选择其中任意一个正交区域的定位轴线与图框边线平行（图14.0.1-2）；

4 指北针应指向绘图区的顶部（图14.0.1-1），并在整套图纸中保持一致。

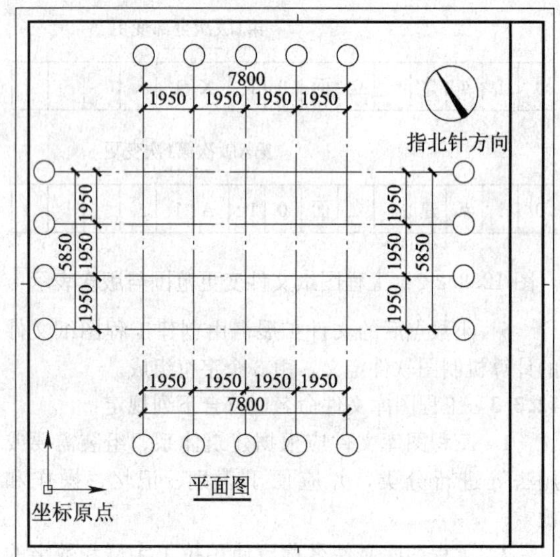

图14.0.1-1 正交平面图制图方向与指北针方向示意

14.0.2 计算机制图的坐标系与原点应符合下列规定：

1 计算机制图时，可选择世界坐标系或用户定义坐标系；

2 绘制总平面图工程中有特殊要求的图样时，也可使用大地坐标系；

3 坐标原点的选择，宜使绘制的图样位于横向坐标轴的上方和纵向坐标轴的右侧并紧邻坐标原点（图14.0.1-1、图14.0.1-2）；

4 在同一工程中，各专业应采用相同的坐标系与坐标原点。

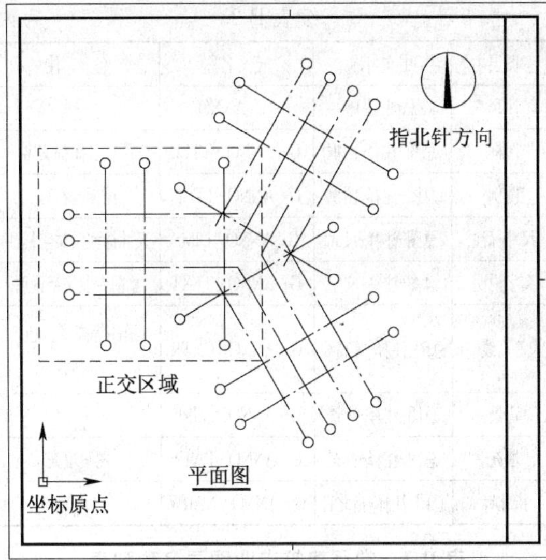

图 14.0.1-2　正交区域相互斜交的平面图制图方向与指北针方向示意

14.0.3　计算机制图的布局应符合下列规定：

1　计算机制图时，宜按照自下而上、自左至右的顺序排列图样；宜布置主要图样，再布置次要图样；

2　表格、图纸说明宜布置在绘图区的右侧。

14.0.4　计算机制图的比例应符合下列规定：

1　计算机制图时，采用1∶1的比例绘制图样时，应按照图中标注的比例打印成图；采用图中标注的比例绘制图样，应按照1∶1的比例打印成图；

2　计算机制图时，可采用适当的比例书写图样及说明中文字，但打印成图时应符合本标准第5.0.2条～第5.0.7条的规定。

附录A　常用工程图纸编号与计算机制图文件名称举例

表 A-1　常用专业代码列表

专业	专业代码名称	英文专业代码名称	备　注
总图	总	G	含总图、景观、测量/地图、土建
建筑	建	A	含建筑、室内设计
结构	结	S	含结构
给水排水	水	P	含给水、排水、管道、消防
暖通空调	暖	M	含采暖、通风、空调、机械
电气	电	E	含电气(强电)、通讯(弱电)、消防

表 A-2　常用阶段代码列表

设计阶段	阶段代码名称	英文阶段代码名称	备　注
可行性研究	可	S	含预可行性研究阶段
方案设计	方	C	—
初步设计	初	P	含扩大初步设计阶段
施工图设计	施	W	—

表 A-3　常用类型代码列表

工程图纸文件类型	类型代码名称	英文类型代码名称
图纸目录	目录	CL
设计总说明	说明	NT
楼层平面图	平面	FP
场区平面图	场区	SP
拆除平面图	拆除	DP
设备平面图	设备	QP
现有平面图	现有	XP
立面图	立面	EL
剖面图	剖面	SC
大样图(大比例视图)	大样	LS
详图	详图	DT
三维视图	三维	3D
清单	清单	SH
简图	简图	DG

附录B　常用图层名称举例

表 B-1　常用状态代码列表

工程性质或阶段	状态代码名称	英文状态代码名称	备　注
新建	新建	N	—
保留	保留	E	—
拆除	拆除	D	—
拟建	拟建	F	—
临时	临时	T	—
搬迁	搬迁	M	—
改建	改建	R	—
合同外	合同外	X	—
阶段编号	—	1～9	—
可行性研究	可研	S	阶段名称
方案设计	方案	C	阶段名称
初步设计	初设	P	阶段名称
施工图设计	施工图	W	阶段名称

表 B-2 常用总图专业图层名称列表

图层	中文名称	英文名称	备　注
总平面图	总图-平面	G-SITE	—
红线	总图-平面-红线	G-SITE-REDL	建筑红线
外墙线	总图-平面-墙线	G-SITE-WALL	—
建筑物轮廓线	总图-平面-建筑	G-SITE-BOTL	—
构筑物	总图-平面-构筑	G-SITE-STRC	—
总平面标注	总图-平面-标注	G-SITE-IDEN	总平面图尺寸标注及文字标注
总平面文字	总图-平面-文字	G-SITE-TEXT	总平面图说明文字
总平面坐标	总图-平面-坐标	G-SITE-CODT	—
交通	总图-交通	G-DRIV	—
道路中线	总图-交通-中线	G-DRIV-CNTR	—
道路竖向	总图-交通-竖向	G-DRIV-GRAD	—
交通流线	总图-交通-流线	G-DRIV-FLWL	—
交通详图	总图-交通-详图	G-DRIV-DTEL	交通道路详图
停车场	总图-交通-停车场	G-DRIV-PRKG	—
交通标注	总图-交通-标注	G-DRIV-IDEN	交通道路尺寸标注及文字标注
交通文字	总图-交通-文字	G-DRIV-TEXT	交通道路说明文字
交通坐标	总图-交通-坐标	G-DRIV-CODT	—
景观	总图-景观	G-LSCP	园林绿化
景观标注	总图-景观-标注	G-LSCP-IDEN	园林绿化标注及文字标注
景观文字	总图-景观-文字	G-LSCP-TEXT	园林绿化说明文字
景观坐标	总图-景观-坐标	G-LSCP-CODT	—
管线	总图-管线	G-PIPE	—
给水管线	总图-管线-给水	G-PIPE-DOMW	给水管线说明文字、尺寸标注及文字、坐标标注
排水管线	总图-管线-排水	G-PIPE-SANR	排水管线说明文字、尺寸标注及文字、坐标标注
供热管线	总图-管线-供热	G-PIPE-HOTW	供热管线说明文字、尺寸标注及文字、坐标标注
燃气管线	总图-管线-燃气	G-PIPE-GASS	燃气管线说明文字、尺寸标注及文字、坐标标注
电力管线	总图-管线-电力	G-PIPE-POWR	电力管线说明文字、尺寸标注及文字、坐标标注
通讯管线	总图-管线-通讯	G-PIPE-TCOM	通讯管线说明文字、尺寸标注及文字、坐标标注

续表 B-2

图层	中文名称	英文名称	备　注
注释	总图-注释	G-ANNO	—
图框	总图-注释-图框	G-ANNO-TTLB	图框及图框文字
图例	总图-注释-图例	G-ANNO-LEGN	图例与符号
尺寸标注	总图-注释-尺寸	G-ANNO-DIMS	尺寸标注及文字标注
文字说明	总图-注释-文字	G-ANNO-TEXT	总图专业文字说明
等高线	总图-注释-等高线	G-ANNO-CNTR	道路等高线，地形等高线
背景	总图-注释-背景	G-ANNO-BGRD	—
填充	总图-注释-填充	G-ANNO-PATT	图案填充
指北针	总图-注释-指北针	G-ANNO-NARW	—

表 B-3 常用建筑专业图层名称列表

图层	中文名称	英文名称	备　注
轴线	建筑-轴线	A-AXIS	—
轴网	建筑-轴线-轴网	A-AXIS-GRID	平面轴网、中心线
轴线标注	建筑-轴线-标注	A-AXIS-DIMS	轴线尺寸标注及文字标注
轴线编号	建筑-轴线-编号	A-AXIS-TEXT	—
墙	建筑-墙	A-WALL	墙轮廓线，通常指混凝土墙
砖墙	建筑-墙-砖墙	A-WALL-MSNW	—
轻质隔墙	建筑-墙-隔墙	A-WALL-PRTN	—
玻璃幕墙	建筑-墙-幕墙	A-WALL-GLAZ	—
矮墙	建筑-墙-矮墙	A-WALL-PRHT	半截墙
单线墙	建筑-墙-单线	A-WALL-CNTR	—
墙填充	建筑-墙-填充	A-WALL-PATT	—
墙保温层	建筑-墙-保温	A-WALL-HPRT	内、外墙保温完成线
柱	建筑-柱	A-COLS	柱轮廓线
柱填充	建筑-柱-填充	A-COLS-PATT	—
门窗	建筑-门窗	A-DRWD	门、窗
门窗编号	建筑-门窗-编号	A-DRWD-IDEN	门、窗编号
楼面	建筑-楼面	A-FLOR	楼面边界及标高变化处
地面	建筑-楼面-地面	A-FLOR-GRND	地面边界及标高变化处，室外台阶、散水轮廓
屋面	建筑-楼面-屋面	A-FLOR-ROOF	屋面边界及标高变化处、排水坡脊或坡谷线、坡向箭头及数字、排水口

续表 B-3

图层	中文名称	英文名称	备　注
阳台	建筑-楼面-阳台	A-FLOR-BALC	阳台边界线
楼梯	建筑-楼面-楼梯	A-FLOR-STRS	楼梯踏步、自动扶梯
电梯	建筑-楼面-电梯	A-FLOR-EVTR	电梯间
卫生洁具	建筑-楼面-洁具	A-FLOR-SPCL	卫生洁具投影线
房间名称、编号	建筑-楼面-房间	A-FLOR-IDEN	—
栏杆	建筑-楼面-栏杆	A-FLOR-HRAL	楼梯扶手、阳台防护栏
停车库	建筑-停车场	A-PRKG	—
停车道	建筑-停车场-道牙	A-PRKG-CURB	停车场道牙、车行方向、转弯半径
停车位	建筑-停车场-车位	A-PRKG-SIGN	停车位标线、编号及标识
区域	建筑-区域	A-AREA	—
区域边界	建筑-区域-边界	A-AREA-OTLN	区域边界及标高变化处
区域标注	建筑-区域-标注	A-AREA-TEXT	面积标注
家具	建筑-家具	A-FURN	—
固定家具	建筑-家具-固定	A-FURN-FIXD	固定家具投影线
活动家具	建筑-家具-活动	A-FURN-MOVE	活动家具投影线
吊顶	建筑-吊顶	A-CLNG	—
吊顶网格	建筑-吊顶-网格	A-CLNG-GRID	吊顶网格线、主龙骨
吊顶图案	建筑-吊顶-图案	A-CLNG-PATT	吊顶图案线
吊顶构件	建筑-吊顶-构件	A-CLNG-SUSP	吊顶构件，吊顶上的灯具、风口
立面	建筑-立面	A-ELEV	—
立面线 1	建筑-立面-线一	A-ELEV-LIN1	—
立面线 2	建筑-立面-线二	A-ELEV-LIN2	—
立面线 3	建筑-立面-线三	A-ELEV-LIN3	—
立面线 4	建筑-立面-线四	A-ELEV-LIN4	—
立面填充	建筑-立面-填充	A-ELEV-PATT	—
剖面	建筑-剖面	A-SECT	—
剖面线 1	建筑-剖面-线一	A-SECT-LIN1	—
剖面线 2	建筑-剖面-线二	A-SECT-LIN2	—
剖面线 3	建筑-剖面-线三	A-SECT-LIN3	—
剖面线 4	建筑-剖面-线四	A-SECT-LIN4	—
详图	建筑-详图	A-DETL	—
详图线 1	建筑-详图-线一	A-DETL-LIN1	—
详图线 2	建筑-详图-线二	A-DETL-LIN2	—
详图线 3	建筑-详图-线三	A-DETL-LIN3	—
详图线 4	建筑-详图-线四	A-DETL-LIN4	—

续表 B-3

图层	中文名称	英文名称	备　注
三维	建筑-三维	A-3DMS	—
三维线 1	建筑-三维-线一	A-3DMS-LIN1	—
三维线 2	建筑-三维-线二	A-3DMS-LIN2	—
三维线 3	建筑-三维-线三	A-3DMS-LIN3	—
三维线 4	建筑-三维-线四	A-3DMS-LIN4	—
注释	建筑-注释	A-ANNO	—
图框	建筑-注释-图框	A-ANNO-TTLB	图框及图框文字
图例	建筑-注释-图例	A-ANNO-LEGN	图例与符号
尺寸标注	建筑-注释-标注	A-ANNO-DIMS	尺寸标注及文字标注
文字说明	建筑-注释-文字	A-ANNO-TEXT	建筑专业文字说明
公共标注	建筑-注释-公共	A-ANNO-IDEN	—
标高标注	建筑-注释-标高	A-ANNO-ELVT	标高符号及文字标注
索引符号	建筑-注释-索引	A-ANNO-CRSR	—
引出标注	建筑-注释-引出	A-ANNO-DRVT	—
表格	建筑-注释-表格	A-ANNO-TABL	—
填充	建筑-注释-填充	A-ANNO-PATT	图案填充
指北针	建筑-注释-指北针	A-ANNO-NARW	—

表 B-4　常用结构专业图层名称列表

图层	中文名称	英文名称	备　注
轴线	结构-轴线	S-AXIS	—
轴网	结构-轴线-轴网	S-AXIS-GRID	平面轴网、中心线
轴线标注	结构-轴线-标注	S-AXIS-DIMS	轴线尺寸标注及文字标注
轴线编号	结构-轴线-编号	S-AXIS-TEXT	—
柱	结构-柱	S-COLS	—
柱平面实线	结构-柱-平面-实线	S-COLS-PLAN-LINE	柱平面图(实线)
柱平面虚线	结构-柱-平面-虚线	S-COLS-PLAN-DASH	柱平面图(虚线)
柱平面钢筋	结构-柱-平面-钢筋	S-COLS-PLAN-RBAR	柱平面图钢筋标注
柱平面尺寸	结构-柱-平面-尺寸	S-COLS-PLAN-DIMS	柱平面图尺寸标注及文字标注
柱平面填充	结构-柱-平面-填充	S-COLS-PLAN-PATT	—
柱编号	结构-柱-平面-编号	S-COLS-PLAN-IDEN	—
柱详图实线	结构-柱-详图-实线	S-COLS-DETL-LINE	—

续表 B-4

图层	中文名称	英文名称	备　注
柱详图虚线	结构-柱-详图-虚线	S-COLS-DETL-DASH	—
柱详图钢筋	结构-柱-详图-钢筋	S-COLS-DETL-RBAR	—
柱详图尺寸	结构-柱-详图-尺寸	S-COLS-DETL-DIMS	—
柱详图填充	结构-柱-详图-填充	S-COLS-DETL-PATT	—
柱表	结构-柱-表	S-COLS-TABL	—
柱楼层标高表	结构-柱-表-层高	S-COLS-TABL-ELVT	—
构造柱平面实线	结构-柱-构造-实线	S-COLS-CNTJ-LINE	构造柱平面图(实线)
构造柱平面虚线	结构-柱-构造-虚线	S-COLS-CNTJ-DASH	构造柱平面图(虚线)
墙	结构-墙	S-WALL	—
墙平面实线	结构-墙-平面-实线	S-WALL-PLAN-LINE	通常指混凝土墙，墙平面图(实线)
墙平面虚线	结构-墙-平面-虚线	S-WALL-PLAN-DASH	墙平面图(虚线)
墙平面钢筋	结构-墙-平面-钢筋	S-WALL-PLAN-RBAR	墙平面图钢筋标注
墙平面尺寸	结构-墙-平面-尺寸	S-WALL-PLAN-DIMS	墙平面图尺寸标注及文字标注
墙平面填充	结构-墙-平面-填充	S-WALL-PLAN-PATT	—
墙编号	结构-墙-平面-编号	S-WALL-PLAN-IDEN	—
墙详图实线	结构-墙-详图-实线	S-WALL-DETL-LINE	—
墙详图虚线	结构-墙-详图-虚线	S-WALL-DETL-DASH	—
墙详图钢筋	结构-墙-详图-钢筋	S-WALL-DETL-RBAR	—
墙详图尺寸	结构-墙-详图-尺寸	S-WALL-DETL-DIMS	—
墙详图填充	结构-墙-详图-填充	S-WALL-DETL-PATT	—
墙表	结构-墙-表	S-WALL-TABL	—
墙柱平面实线	结构-墙柱-平面-实线	S-WALL-COLS-LINE	墙柱平面图(实线)
墙柱平面钢筋	结构-墙柱-平面-钢筋	S-WALL-COLS-RBAR	墙柱平面图钢筋标注
墙柱平面尺寸	结构-墙柱-平面-尺寸	S-WALL-COLS-DIMS	墙柱平面图尺寸标注及文字标注
墙柱平面填充	结构-墙柱-平面-填充	S-WALL-COLS-PATT	—
墙柱编号	结构-墙柱-平面-编号	S-WALL-COLS-IDEN	—
墙柱表	结构-墙柱-表	S-WALL-COLS-TABL	—
墙柱楼层标高表	结构-墙柱-表-层高	S-WALL-COLS-ELVT	—
连梁平面实线	结构-连梁-平面-实线	S-WALL-BEAM-LINE	连梁平面图(实线)
连梁平面虚线	结构-连梁-平面-虚线	S-WALL-BEAM-DASH	连梁平面图(虚线)
连梁平面钢筋	结构-连梁-平面-钢筋	S-WALL-BEAM-RBAR	连梁平面图钢筋标注
连梁平面尺寸	结构-连梁-平面-尺寸	S-WALL-BEAM-DIMS	连梁平面图尺寸标注及文字标注
连梁编号	结构-连梁-平面-编号	S-WALL-BEAM-IDEN	—
连梁表	结构-连梁-表	S-WALL-BEAM-TABL	—
连梁楼层标高表	结构-连梁-表-层高	S-WALL-BEAM-ELVT	—
砌体墙平面实线	结构-墙-砌体-实线	S-WALL-MSNW-LINE	砌体墙平面图(实线)
砌体墙平面虚线	结构-墙-砌体-虚线	S-WALL-MSNW-DASH	砌体墙平面图(虚线)
砌体墙平面尺寸	结构-墙-砌体-尺寸	S-WALL-MSNW-DIMS	砌体墙平面图尺寸标注及文字标注
砌体墙平面填充	结构-墙-砌体-填充	S-WALL-MSNW-PATT	—
梁	结构-梁	S-BEAM	—
梁平面实线	结构-梁-平面-实线	S-BEAM-PLAN-LINE	梁平面图(实线)
梁平面虚线	结构-梁-平面-虚线	S-BEAM-PLAN-DASH	梁平面图(虚线)

续表 B-4

图层	中文名称	英文名称	备　注
梁平面水平钢筋	结构-梁-钢筋-水平	S-BEAM-RBAR-HCPT	梁平面图水平钢筋标注
梁平面垂直钢筋	结构-梁-钢筋-垂直	S-BEAM-RBAR-VCPT	梁平面图垂直钢筋标注
梁平面附加吊筋	结构-梁-吊筋-附加	S-BEAM-RBAR-ADDU	梁平面图附加吊筋钢筋标注
梁平面附加箍筋	结构-梁-箍筋-附加	S-BEAM-RBAR-ADDO	梁平面图附加箍筋钢筋标注
梁平面尺寸	结构-梁-平面-尺寸	S-BEAM-PLAN-DIMS	梁平面图尺寸标注及文字标注
梁编号	结构-梁-平面-编号	S-BEAM-PLAN-IDEN	—
梁详图实线	结构-梁-详图-实线	S-BEAM-DETL-LINE	—
梁详图虚线	结构-梁-详图-虚线	S-BEAM-DETL-DASH	—
梁详图钢筋	结构-梁-详图-钢筋	S-BEAM-DETL-RBAR	—
梁详图尺寸	结构-梁-详图-尺寸	S-BEAM-DETL-DIMS	—
梁楼层标高表	结构-梁-表-层高	S-BEAM-TABL-ELVT	—
过梁平面实线	结构-过梁-平面-实线	S-LTEL-PLAN-LINE	过梁平面图(实线)
过梁平面虚线	结构-过梁-平面-虚线	S-LTEL-PLAN-DASH	过梁平面图(虚线)
过梁平面钢筋	结构-过梁-平面-钢筋	S-LTEL-PLAN-RBAR	过梁平面图钢筋标注
过梁平面尺寸	结构-过梁-平面-尺寸	S-LTELM-PLAN-DIMS	过梁平面图尺寸标注及文字标注
楼板	结构-楼板	S-SLAB	—
楼板平面实线	结构-楼板-平面-实线	S-SLAB-PLAN-LINE	楼板平面图(实线)
楼板平面虚线	结构-楼板-平面-虚线	S-SLAB-PLAN-DASH	楼板平面图(虚线)
楼板平面下部钢筋	结构-楼板-正筋	S-SLAB-BBAR	楼板平面图下部钢筋(正筋)
楼板平面下部钢筋标注	结构-楼板-正筋-标注	S-SLAB-BBAR-IDEN	楼板平面图下部钢筋(正筋)标注

续表 B-4

图层	中文名称	英文名称	备　注
楼板平面下部钢筋尺寸	结构-楼板-正筋-尺寸	S-SLAB-BBAR-DIMS	楼板平面图下部钢筋(正筋)尺寸标注及文字标注
楼板平面上部钢筋	结构-楼板-负筋	S-SLAB-TBAR	楼板平面图上部钢筋(负筋)
楼板平面上部钢筋标注	结构-楼板-负筋-标注	S-SLAB-TBAR-IDEN	楼板平面图上部钢筋(负筋)标注
楼板平面上部钢筋尺寸	结构-楼板-负筋-尺寸	S-SLAB-TBAR-DIMS	楼板平面图上部钢筋(负筋)尺寸标注及文字标注
楼板平面填充	结构-楼板-平面-填充	S-SLAB-PLAN-PATT	—
楼板详图实线	结构-楼板-详图-实线	S-SLAB-DETL-LINE	—
楼板详图钢筋	结构-楼板-详图-钢筋	S-SLAB-DETL-RBAR	—
楼板详图钢筋标注	结构-楼板-详图-标注	S-SLAB-DETL-IDEN	—
楼板详图尺寸	结构-楼板-详图-尺寸	S-SLAB-DETL-DIMS	—
楼板编号	结构-楼板-平面-编号	S-SLAB-PLAN-IDEN	—
楼板楼层标高表	结构-楼板-表-层高	S-SLAB-TABL-ELVT	—
预制板	结构-楼板-预制	S-SLAB-PCST	—
洞口	结构-洞口	S-OPNG	—
洞口楼板实线	结构-洞口-平面-实线	S-OPNG-PLAN-LINE	楼板平面洞口(实线)
洞口楼板虚线	结构-洞口-平面-虚线	S-OPNG-PLAN-DASH	楼板平面洞口(虚线)
洞口楼板加强钢筋	结构-洞口-平面-钢筋	S-OPNG-PLAN-RBAR	楼板平面洞边加强钢筋
洞口楼板钢筋标注	结构-洞口-平面-标注	S-OPNG-RBAR-IDEN	楼板平面洞边加强钢筋标注
洞口楼板尺寸	结构-洞口-平面-尺寸	S-OPNG-PLAN-DIMS	楼板平面洞口尺寸标注及文字标注
洞口楼板编号	结构-洞口-平面-编号	S-OPNG-PLAN-IDEN	—
洞口墙上实线	结构-洞口-墙-实线	S-OPNG-WALL-LINE	墙上洞口(实线)

续表 B-4

图层	中文名称	英文名称	备　注
洞口墙上虚线	结构-洞口-墙-虚线	S-OPNG-WALL-DASH	墙上洞口(虚线)
基础	结构-基础	S-FNDN	—
基础平面实线	结构-基础-平面-实线	S-FNDN-PLAN-LINE	基础平面图(实线)
基础平面钢筋	结构-基础-平面-钢筋	S-FNDN-PLAN-RBAR	基础平面图钢筋
基础平面钢筋标注	结构-基础-平面-标注	S-FNDN-PLAN-IDEN	基础平面图钢筋标注
基础平面尺寸	结构-基础-平面-尺寸	S-FNDN-PLAN-DIMS	基础平面图尺寸标注及文字标注
基础编号	结构-基础-平面-编号	S-FNDN-PLAN-IDEN	—
基础详图实线	结构-基础-详图-实线	S-FNDN-DETL-LINE	—
基础详图虚线	结构-基础-详图-虚线	S-FNDN-DETL-DASH	—
基础详图钢筋	结构-基础-详图-钢筋	S-FNDN-DETL-RBAR	—
基础详图钢筋标注	结构-基础-详图-标注	S-FNDN-DETL-IDEN	—
基础详图尺寸	结构-基础-详图-尺寸	S-FNDN-DETL-DIMS	—
基础详图填充	结构-基础-详图-填充	S-FNDN-DETL-PATT	—
桩	结构-桩	S-PILE	—
桩平面实线	结构-桩-平面-实线	S-PILE-PLAN-LINE	桩平面图(实线)
桩平面虚线	结构-桩-平面-虚线	S-PILE-PLAN-DASH	桩平面图(虚线)
桩编号	结构-桩-平面-编号	S-PILE-PLAN-IDEN	—
桩详图	结构-桩-详图	S-PILE-DETL	—
楼梯	结构-楼梯	S-STRS	—
楼梯平面实线	结构-楼梯-平面-实线	S-STRS-PLAN-LINE	楼梯平面图(实线)
楼梯平面虚线	结构-楼梯-平面-虚线	S-STRS-PLAN-DASH	楼梯平面图(虚线)
楼梯平面钢筋	结构-楼梯-平面-钢筋	S-STRS-PLAN-RBAR	楼梯平面图钢筋

续表 B-4

图层	中文名称	英文名称	备　注
楼梯平面标注	结构-楼梯-平面-标注	S-STRS-RBAR-IDEN	楼梯平面图钢筋标注及其他标注
楼梯平面尺寸	结构-楼梯-平面-尺寸	S-STRS-PLAN-DIMS	楼梯平面图尺寸标注及文字标注
楼梯详图实线	结构-楼梯-详图-实线	S-STRS-DETL-LINE	—
楼梯详图虚线	结构-楼梯-详图-虚线	S-STRS-DETL-DASH	—
楼梯详图钢筋	结构-楼梯-详图-钢筋	S-STRS-DETL-RBAR	—
楼梯详图标注	结构-楼梯-详图-标注	S-STRS-DETL-IDEN	—
楼梯详图尺寸	结构-楼梯-详图-尺寸	S-STRS-DETL-DIMS	—
楼梯详图填充	结构-楼梯-详图-填充	S-STRS-DETL-PATT	—
钢结构	结构-钢	S-STEL	
钢结构辅助线	结构-钢-辅助	S-STEL-ASIS	—
斜支撑	结构-钢-斜撑	S-STEL-BRGX	—
型钢实线	结构-型钢-实线	S-STEL-SHAP-LINE	—
型钢标注	结构-型钢-标注	S-STEL-SHAP-IDEN	—
型钢尺寸	结构-型钢-尺寸	S-STEL-SHAP-DIMS	—
型钢填充	结构-型钢-填充	S-STEL-SHAP-PATT	—
钢板实线	结构-钢板-实线	S-STEL-PLAT-LINE	—
钢板标注	结构-钢板-标注	S-STEL-PLAT-IDEN	—
钢板尺寸	结构-钢板-尺寸	S-STEL-PLAT-DIMS	—
钢板填充	结构-钢板-填充	S-STEL-PLAT-PATT	—
螺栓	结构-螺栓	S-ABLT	—
螺栓实线	结构-螺栓-实线	S-ABLT-LINE	—
螺栓标注	结构-螺栓-标注	S-ABLT-IDEN	—
螺栓尺寸	结构-螺栓-尺寸	S-ABLT-DIMS	—

续表 B-4

图层	中文名称	英文名称	备　注
螺栓填充	结构-螺栓-填充	S-ABLT-PATT	—
焊缝	结构-焊缝	S-WELD	—
焊缝实线	结构-焊缝-实线	S-WELD-LINE	—
焊缝标注	结构-焊缝-标注	S-WELD-IDEN	—
焊缝尺寸	结构-焊缝-尺寸	S-WELD-DIMS	—
预埋件	结构-预埋件	S-BURY	—
预埋件实线	结构-预埋件-实线	S-BURY-LINE	—
预埋件虚线	结构-预埋件-虚线	S-BURY-DASH	—
预埋件钢筋	结构-预埋件-钢筋	S-BURY-RBAR	—
预埋件标注	结构-预埋件-标注	S-BURY-IDEN	—
预埋件尺寸	结构-预埋件-尺寸	S-BURY-DIMS	—
注释	结构-注释	S-ANNO	—
图框	结构-注释-图框	S-ANNO-TTLB	图框及图框文字
尺寸标注	结构-注释-标注	S-ANNO-DIMS	尺寸标注及文字标注
文字说明	结构-注释-文字	S-ANNO-TEXT	结构专业文字说明
公共标注	结构-注释-公共	S-ANNO-IDEN	—
标高标注	结构-注释-标高	S-ANNO-ELVT	标高符号及文字标注
索引符号	结构-注释-索引	S-ANNO-CRSR	—
引出标注	结构-注释-引出	S-ANNO-DRVT	—
表格线	结构-注释-表格-线	S-ANNO-TSBL-LINE	—
表格文字	结构-注释-表格-文字	S-ANNO-TSBL-TEXT	—
表格钢筋	结构-注释-表格-钢筋	S-ANNO-TSBL-RBSR	—
填充	结构-注释-填充	S-ANNO-PSTT	图案填充
指北针	结构-注释-指北针	S-ANNO-NSRW	—

表 B-5　常用给水排水专业图层名称列表

图层	中文名称	英文名称	备　注
轴线	给排水-轴线	P-AXIS	—
轴网	给排水-轴线-轴网	P-AXIS-GRID	平面轴网、中心线
轴线标注	给排水-轴线-标注	P-AXIS-DIMS	轴线尺寸标注及文字标注
轴线编号	给排水-轴线-编号	P-AXIS-TEXT	—
给水	给排水-给水	P-DOMW	生活给水
给水平面	给排水-给水-平面	P-DOMW-PLAN	—
给水立管	给排水-给水-立管	P-DOMW-VPIP	—
给水设备	给排水-给水-设备	P-DOMW-EQPM	给水管阀门及其他配件
给水管道井	给排水-给水-管道井	P-DOMW-PWEL	—

续表 B-5

图层	中文名称	英文名称	备　注
给水标高	给排水-给水-标高	P-DOMW-ELVT	给水管标高
给水管径	给排水-给水-管径	P-DOMW-PDMT	给水管管径
给水标注	给排水-给水-标注	P-DOMW-IDEN	给水管文字标注
给水尺寸	给排水-给水-尺寸	P-DOMW-DIMS	给水管尺寸标注及文字标注
直接饮用水	给排水-饮用	P-PTBW	—
直饮水平面	给排水-饮用-平面	P-PTBW-PLAN	—
直饮水立管	给排水-饮用-立管	P-PTBW-VPIP	—
直饮水设备	给排水-饮用-设备	P-PTBW-EQPM	直接饮用水管阀门及其他配件
直饮水管道井	给排水-饮用-管道井	P-PTBW-PWEL	—
直饮水标高	给排水-饮用-标高	P-PTBW-ELVT	直接饮用水管标高
直饮水管径	给排水-饮用-管径	P-PTBW-PDMT	直接饮用水管管径
直饮水标注	给排水-饮用-标注	P-PTBW-IDEN	直接饮用水管文字标注
直饮水尺寸	给排水-饮用-尺寸	P-PTBW-DIMS	直接饮用水管尺寸标注及文字标注
热水	给排水-热水	P-HPIP	热水
热水平面	给排水-热水-平面	P-HPIP-PLAN	—
热水立管	给排水-热水-立管	P-HPIP-VPIP	—
热水设备	给排水-热水-设备	P-HPIP-EQPM	热水管阀门及其他配件
热水管道井	给排水-热水-管道井	P-HPIP-PWEL	—
热水标高	给排水-热水-标高	P-HPIP-ELVT	热水管标高
热水管径	给排水-热水-管径	P-HPIP-PDMT	热水管管径
热水标注	给排水-热水-标注	P-HPIP-IDEN	热水管文字标注
热水尺寸	给排水-热水-尺寸	P-HPIP-DIMS	热水管尺寸标注及文字标注
回水	给排水-回水	P-RPIP	热水回水
回水平面	给排水-回水-平面	P-RPIP-PLAN	—
回水立管	给排水-回水-立管	P-RPIP-VPIP	—
回水设备	给排水-回水-设备	P-RPIP-EQPM	回水管阀门及其他配件
回水管道井	给排水-回水-管道井	P-RPIP-PWEL	—
回水标高	给排水-回水-标高	P-RPIP-ELVT	回水管标高
回水管径	给排水-回水-管径	P-RPIP-PDMT	回水管管径
回水标注	给排水-回水-标注	P-RPIP-IDEN	回水管文字标注

续表 B-5

图层	中文名称	英文名称	备　注
回水尺寸	给排水-回水-尺寸	P-RPIP-DIMS	回水管尺寸标注及文字标注
排水	给排水-排水	P-PDRN	生活污水排水
排水平面	给排水-排水-平面	P-PDRN-PLAN	—
排水立管	给排水-排水-立管	P-PDRN-VPIP	—
排水设备	给排水-排水-设备	P-PDRN-EQPM	排水管阀门及其他配件
排水管道井	给排水-排水-管道井	P-PDRN-PWEL	—
排水标高	给排水-排水-标高	P-PDRN-ELVT	排水管标高
排水管径	给排水-排水-管径	P-PDRN-PDMT	排水管管径
排水标注	给排水-排水-标注	P-PDRN-IDEN	排水管文字标注
排水尺寸	给排水-排水-尺寸	P-PDRN-DIMS	排水管尺寸标注及文字标注
压力排水管	给排水-排水-压力	P-PDRN-PRES	—
雨水	给排水-雨水	P-STRM	—
雨水平面	给排水-雨水-平面	P-STRM-PLAN	—
雨水立管	给排水-雨水-立管	P-STRM-VPIP	—
雨水设备	给排水-雨水-设备	P-STRM-EQPM	雨水管阀门及其他配件
雨水管道井	给排水-雨水-管道井	P-STRM-PWEL	—
雨水标高	给排水-雨水-标高	P-STRM-ELVT	雨水管标高
雨水管径	给排水-雨水-管径	P-STRM-PDMT	雨水管管径
雨水标注	给排水-雨水-标注	P-STRM-IDEN	雨水管文字标注
雨水尺寸	给排水-雨水-尺寸	P-STRM-DIMS	雨水管尺寸标注及文字标注
消防	给排水-消防	P-FIRE	消防给水
消防平面	给排水-消防-平面	P-FIRE-PLAN	—
消防立管	给排水-消防-立管	P-FIRE-VPIP	—
消防设备	给排水-消防-设备	P-FIRE-EQPM	消防给水管阀门及其他配件、消火栓
消防管道井	给排水-消防-管道井	P-FIRE-PWEL	—
消防标高	给排水-消防-标高	P-FIRE-ELVT	消防给水管标高
消防管径	给排水-消防-管径	P-FIRE-PDMT	消防给水管管径
消防标注	给排水-消防-标注	P-FIRE-IDEN	消防给水管文字标注
消防尺寸	给排水-消防-尺寸	P-FIRE-DIMS	消防给水管尺寸标注及文字标注

续表 B-5

图层	中文名称	英文名称	备　注
喷淋	给排水-喷淋	P-SPRN	自动喷淋
喷淋平面	给排水-喷淋-平面	P-SPRN-PLAN	—
喷淋立管	给排水-喷淋-立管	P-SPRN-VPIP	—
喷淋设备	给排水-喷淋-设备	P-SPRN-EQPM	喷淋管阀门及其他配件、喷头
喷淋管道井	给排水-喷淋-管道井	P-SPRN-PWEL	—
喷淋标高	给排水-喷淋-标高	P-SPRN-ELVT	喷淋管标高
喷淋管径	给排水-喷淋-管径	P-SPRN-PDMT	喷淋管管径
喷淋标注	给排水-喷淋-标注	P-SPRN-IDEN	喷淋管文字标注
喷淋尺寸	给排水-喷淋-尺寸	P-SPRN-DIMS	喷淋管尺寸标注及文字标注
水喷雾管	给排水-喷淋-喷雾	P-SPRN-SPRY	—
中水	给排水-中水	P-RECW	—
中水平面	给排水-中水-平面	P-RECW-PLAN	—
中水立管	给排水-中水-立管	P-RECW-VPIP	—
中水设备	给排水-中水-设备	P-RECW-EQPM	中水管阀门及其他配件
中水管道井	给排水-中水-管道井	P-RECW-PWEL	—
中水标高	给排水-中水-标高	P-RECW-ELVT	中水管标高
中水管径	给排水-中水-管径	P-RECW-PDMT	中水管管径
中水标注	给排水-中水-标注	P-RECW-IDEN	中水管文字标注
中水尺寸	给排水-中水-尺寸	P-RECW-DIMS	中水管尺寸标注及文字标注
冷却水	给排水-冷却	P-CWTR	循环冷却水
冷却水平面	给排水-冷却-平面	P-CWTR-PLAN	—
冷却水立管	给排水-冷却-立管	P-CWTR-VPIP	—
冷却水设备	给排水-冷却-设备	P-CWTR-EQPM	冷却水管阀门及其他配件
冷却水管道井	给排水-冷却-管道井	P-CWTR-PWEL	—
冷却水标高	给排水-冷却-标高	P-CWTR-ELVT	冷却水管标高
冷却水管径	给排水-冷却-管径	P-CWTR-PDMT	冷却水管管径
冷却水标注	给排水-冷却-标注	P-CWTR-IDEN	冷却水管文字标注
冷却水尺寸	给排水-冷却-尺寸	P-CWTR-DIMS	冷却水管尺寸标注及文字标注
废水	给排水-废水	P-WSTW	—
废水平面	给排水-废水-平面	P-WSTW-PLAN	—
废水立管	给排水-废水-立管	P-WSTW-VPIP	—

续表 B-5

图层	中文名称	英文名称	备　注
废水设备	给排水-废水-设备	P-WSTW-EQPM	废水管阀门及其他配件
废水管道井	给排水-废水-管道井	P-WSTW-PWEL	—
废水标高	给排水-废水-标高	P-WSTW-ELVT	废水管标高
废水管径	给排水-废水-管径	P-WSTW-PDMT	废水管管径
废水标注	给排水-废水-标注	P-WSTW-IDEN	废水管文字标注
废水尺寸	给排水-废水-尺寸	P-WSTW-DIMS	废水管尺寸标注及文字标注
通气	给排水-通气	P-PGAS	—
通气平面	给排水-通气-平面	P-PGAS-PLAN	—
通气立管	给排水-通气-立管	P-PGAS-VPIP	—
通气设备	给排水-通气-设备	P-PGAS-EQPM	通气管阀门及其他配件
通气管道井	给排水-通气-管道井	P-PGAS-PWEL	—
通气标高	给排水-通气-标高	P-PGAS-ELVT	通气管标高
通气管径	给排水-通气-管径	P-PGAS-PDMT	通气管管径
通气标注	给排水-通气-标注	P-PGAS-IDEN	通气管文字标注
通气尺寸	给排水-通气-尺寸	P-PGAS-DIMS	通气管尺寸标注及文字标注
蒸汽	给排水-蒸汽	P-STEM	—
蒸汽平面	给排水-蒸汽-平面	P-STEM-PLAN	—
蒸汽立管	给排水-蒸汽-立管	P-STEM-VPIP	—
蒸汽设备	给排水-蒸汽-设备	P-STEM-EQPM	蒸汽管阀门及其他配件
蒸汽管道井	给排水-蒸汽-管道井	P-STEM-PWEL	—
蒸汽标高	给排水-蒸汽-标高	P-STEM-ELVT	蒸汽管标高
蒸汽管径	给排水-蒸汽-管径	P-STEM-PDMT	蒸汽管管径
蒸汽标注	给排水-蒸汽-标注	P-STEM-IDEN	蒸汽管文字标注
蒸汽尺寸	给排水-蒸汽-尺寸	P-STEM-DIMS	蒸汽管尺寸标注及文字标注
注释	给排水-注释	P-ANNO	—
图框	给排水-注释-图框	P-ANNO-TTLB	图框及图框文字
图例	给排水-注释-图例	P-ANNO-LEGN	图例与符号
尺寸标注	给排水-注释-标注	P-ANNO-DIMS	尺寸标注及文字标注
文字说明	给排水-注释-文字	P-ANNO-TEXT	给排水专业文字说明
公共标注	给排水-注释-公共	P-ANNO-IDEN	—
标高标注	给排水-注释-标高	P-ANNO-ELVT	标高符号及文字标注
表格	给排水-注释-表格	P-ANNO-TABL	—

表 B-6　常用暖通空调专业图层名称列表

图层	中文名称	英文名称	备　注
轴线	暖通-轴线	M-AXIS	—
轴网	暖通-轴线-轴网	M-AXIS-GRID	平面轴网、中心线
轴线标注	暖通-轴线-标注	M-AXIS-DIMS	轴线尺寸标注及文字标注
轴线编号	暖通-轴线-编号	M-AXIS-TEXT	—
空调系统	暖通-空调	M-HVAC	—
冷水供水管	暖通-空调-冷水-供水	M-HVAC-CPIP-SUPP	—
冷水回水管	暖通-空调-冷水-回水	M-HVAC-CPIP-RETN	—
热水供水管	暖通-空调-热水-供水	M-HVAC-HPIP-SUPP	—
热水回水管	暖通-空调-热水-回水	M-HVAC-HPIP-RETN	—
冷热水供水管	暖通-空调-冷热-供水	M-HVAC-RISR-SUPP	—
冷热水回水管	暖通-空调-冷热-回水	M-HVAC-RISR-RETN	—
冷凝水管	暖通-空调-冷凝	M-HVAC-CNDW	—
冷却水供水管	暖通-空调-冷却-供水	M-HVAC-CWTR-SUPP	—
冷却水回水管	暖通-空调-冷却-回水	M-HVAC-CWTR-RETN	—
冷媒供液管	暖通-空调-冷媒-供水	M-HVAC-CMDM-SUPP	—
冷媒回水管	暖通-空调-冷媒-回水	M-HVAC-CMDM-RETN	—
热媒供水管	暖通-空调-热媒-供水	M-HVAC-HMDM-SUPP	—
热媒回水管	暖通-空调-热媒-回水	M-HVAC-HMDM-RETN	—
蒸汽管	暖通-空调-蒸汽	M-HVAC-STEM	—
空调设备	暖通-空调-设备	M-HVAC-EQPM	空调水系统阀门及其他配件
空调标注	暖通-空调-标注	M-HVAC-IDEN	空调水系统文字标注
通风系统	暖通-通风	M-DUCT	—
送风风管	暖通-通风-送风-风管	M-DUCT-SUPP-PIPE	—
送风风管中心线	暖通-通风-送风-中线	M-DUCT-SUPP-CNTR	—

续表 B-6

图层	中文名称	英文名称	备注
送风风口	暖通-通风-送风-风口	M-DUCT-SUPP-VENT	—
送风立管	暖通-通风-送风-立管	M-DUCT-SUPP-VPIP	—
送风设备	暖通-通风-送风-设备	M-DUCT-SUPP-EQPM	送风阀门、法兰及其他配件
送风标注	暖通-通风-送风-标注	M-DUCT-SUPP-IDEN	送风风管标高、尺寸、文字等标注
回风风管	暖通-通风-回风-风管	M-DUCT-RETN-PIPE	—
回风风管中心线	暖通-通风-回风-中线	M-DUCT-RETN-CNTR	—
回风风口	暖通-通风-回风-风口	M-DUCT-RETN-VENT	—
回风立管	暖通-通风-回风-立管	M-DUCT-RETN-VPIP	—
回风设备	暖通-通风-回风-设备	M-DUCT-RETN-EQPM	回风阀门、法兰及其他配件
回风标注	暖通-通风-回风-标注	M-DUCT-RETN-IDEN	回风风管标高、尺寸、文字等标注
新风风管	暖通-通风-新风-风管	M-DUCT-MKUP-PIPE	—
新风风管中心线	暖通-通风-新风-中线	M-DUCT-MKUP-CNTR	—
新风风口	暖通-通风-新风-风口	M-DUCT-MKUP-VENT	—
新风立管	暖通-通风-新风-立管	M-DUCT-MKUP-VPIP	—
新风设备	暖通-通风-新风-设备	M-DUCT-MKUP-EQPM	新风阀门、法兰及其他配件
新风标注	暖通-通风-新风-标注	M-DUCT-MKUP-IDEN	新风风管标高、尺寸、文字等标注
除尘风管	暖通-通风-除尘-风管	M-DUCT-PVAC-PIPE	—
除尘风管中心线	暖通-通风-除尘-中线	M-DUCT-PVAC-CNTR	—
除尘风口	暖通-通风-除尘-风口	M-DUCT-PVAC-VENT	—
除尘立管	暖通-通风-除尘-立管	M-DUCT-PVAC-VPIP	—

续表 B-6

图层	中文名称	英文名称	备注
除尘设备	暖通-通风-除尘-设备	M-DUCT-PVAC-EQPM	除尘阀门、法兰及其他配件
除尘标注	暖通-通风-除尘-标注	M-DUCT-PVAC-IDEN	除尘风管标高、尺寸、文字等标注
排风风管	暖通-通风-排风-风管	M-DUCT-EXHS-PIPE	—
排风风管中心线	暖通-通风-排风-中线	M-DUCT-EXHS-CNTR	—
排风风口	暖通-通风-排风-风口	M-DUCT-EXHS-VENT	—
排风立管	暖通-通风-排风-立管	M-DUCT-EXHS-VPIP	—
排风设备	暖通-通风-排风-设备	M-DUCT-EXHS-EQPM	排风阀门、法兰及其他配件
排风标注	暖通-通风-排风-标注	M-DUCT-EXHS-IDEN	排风风管标高、尺寸、文字等标注
排烟风管	暖通-通风-排烟-风管	M-DUCT-DUST-PIPE	—
排烟风管中心线	暖通-通风-排烟-中线	M-DUCT-DUST-CNTR	—
排烟风口	暖通-通风-排烟-风口	M-DUCT-DUST-VENT	—
排烟立管	暖通-通风-排烟-立管	M-DUCT-DUST-VPIP	—
排烟设备	暖通-通风-排烟-设备	M-DUCT-DUST-EQPM	排烟阀门、法兰及其他配件
排烟标注	暖通-通风-排烟-标注	M-DUCT-DUST-IDEN	排烟风管标高、尺寸、文字等标注
消防风管	暖通-通风-消防-风管	M-DUCT-FIRE-PIPE	—
消防风管中心线	暖通-通风-消防-中线	M-DUCT-FIRE-CNTR	—
消防风口	暖通-通风-消防-风口	M-DUCT-FIRE-VENT	—
消防立管	暖通-通风-消防-立管	M-DUCT-FIRE-VPIP	—
消防设备	暖通-通风-消防-设备	M-DUCT-FIRE-EQPM	消防阀门、法兰及其他配件
消防标注	暖通-通风-消防-标注	M-DUCT-FIRE-IDEN	消防风管标高、尺寸、文字等标注

续表 B-6

图层	中文名称	英文名称	备　注
采暖系统	暖通-采暖	M-HOTW	—
供水管	暖通-采暖-供水	M-HOTW-SUPP	—
供水立管	暖通-采暖-供水-立管	M-HOTW-SUPP-VPIP	—
供水支管	暖通-采暖-供水-支管	M-HOTW-SUPP-LATL	—
供水设备	暖通-采暖-供水-设备	M-HOTW-SUPP-EQPM	供水阀门及其他配件
供水标注	暖通-采暖-供水-标注	M-HOTW-SUPP-IDEN	供水管标高、尺寸、文字等标注
回水管	暖通-采暖-回水	M-HOTW-RETN	—
回水立管	暖通-采暖-回水-立管	M-HOTW-RETN-VPIP	—
回水支管	暖通-采暖-回水-支管	M-HOTW-RETN-LATL	—
回水设备	暖通-采暖-回水-设备	M-HOTW-RETN-EQPM	回水阀门及其他配件
回水标注	暖通-采暖-回水-标注	M-HOTW-RETN-IDEN	回水管标高、尺寸、文字等标注
散热器	暖通-采暖-散热器	M-HOTW-RDTR	—
平面地沟	暖通-采暖-地沟	M-HOTW-UNDR	—
注释	暖通-注释	M-ANNO	—
图框	暖通-注释-图框	M-ANNO-TTLB	图框及图框文字
图例	暖通-注释-图例	M-ANNO-LEGN	图例与符号
尺寸标注	暖通-注释-标注	M-ANNO-DIMS	尺寸标注及文字标注
文字说明	暖通-注释-文字	M-ANNO-TEXT	暖通专业文字说明
公共标注	暖通-注释-公共	M-ANNO-IDEN	—
标高标注	暖通-注释-标高	M-ANNO-ELVT	标高符号及文字标注
表格	暖通-注释-表格	M-ANNO-TABL	—

表 B-7　常用电气专业图层名称列表

图层	中文名称	英文名称	备　注
轴线	电气-轴线	E-AXIS	—
轴网	电气-轴线-轴网	E-AXIS-GRID	平面轴网、中心线
轴线标注	电气-轴线-标注	E-AXIS-DIMS	轴线尺寸标注及文字标注
轴线编号	电气-轴线-编号	E-AXIS-TEXT	—
平面	电气-平面	E-PLAN	—
平面照明设备	电气-平面-照明-设备	E-PLAN-LITE-EQPM	—

续表 B-7

图层	中文名称	英文名称	备　注
平面照明导线	电气-平面-照明-导线	E-PLAN-LITE-CIRC	—
平面照明标注	电气-平面-照明-标注	E-PLAN-LITE-IDEN	照明平面图的标注及文字
平面动力设备	电气-平面-动力-设备	E-PLAN-POWR-EQPM	—
平面动力导线	电气-平面-动力-导线	E-PLAN-POWR-CIRC	—
平面动力标注	电气-平面-动力-标注	E-PLAN-POWR-IDEN	动力平面图的标注及文字
平面通讯设备	电气-平面-通讯-设备	E-PLAN-TCOM-EQPM	—
平面通讯导线	电气-平面-通讯-导线	E-PLAN-TCOM-CIRC	—
平面通讯标注	电气-平面-通讯-标注	E-PLAN-TCOM-IDEN	通讯平面图的标注及文字
平面有线电视设备	电气-平面-有线-设备	E-PLAN-CATV-EQPM	—
平面有线电视导线	电气-平面-有线-导线	E-PLAN-CATV-CIRC	—
平面有线电视标注	电气-平面-有线-标注	E-PLAN-CATV-IDEN	有线电视平面图的标注及文字
平面接地	电气-平面-接地	E-PLAN-GRND	—
平面接地标注	电气-平面-接地-标注	E-PLAN-GRND-IDEN	接地平面图的标注及文字
平面消防设备	电气-平面-消防-设备	E-PLAN-FIRE-EQPM	—
平面消防导线	电气-平面-消防-导线	E-PLAN-FIRE-CIRC	—
平面消防标注	电气-平面-消防-标注	E-PLAN-FIRE-IDEN	消防平面图的标注及文字
平面安防设备	电气-平面-安防-设备	E-PLAN-SERT-EQPM	—
平面安防导线	电气-平面-安防-导线	E-PLAN-SERT-CIRC	—
平面安防标注	电气-平面-安防-标注	E-PLAN-SERT-IDEN	安防平面图的标注及文字
平面建筑设备监控设备	电气-平面-监控-设备	E-PLAN-EQMT-EQPM	—
平面建筑设备监控导线	电气-平面-监控-导线	E-PLAN-EQMT-CIRC	—

续表 B-7

图层	中文名称	英文名称	备　注
平面建筑设备监控标注	电气-平面-监控-标注	E-PLAN-EQMT-IDEN	建筑设备监控平面图的标注及文字
平面防雷	电气-平面-防雷	E-PLAN-LTNG	防雷平面图的设备及导线
平面防雷标注	电气-平面-防雷-标注	E-PLAN-LTNG-IDEN	防雷平面图的标注及文字
平面设备间设备	电气-平面-设间-设备	E-PLAN-EQRM-EQPM	—
平面设备间导线	电气-平面-设间-导线	E-PLAN-EQRM-CIRC	—
平面设备间标注	电气-平面-设间-标注	E-PLAN-EQRM-IDEN	设备间平面图的文字及标注
平面桥架	电气-平面-桥架	E-PLAN-TRAY	—
平面桥架支架	电气-平面-桥架-支架	E-PLAN-TRAY-FIXE	—
平面桥架标注	电气-平面-桥架-标注	E-PLAN-TRAY-IDEN	桥架平面图的标注及文字
系统	电气-系统	E-SYST	—
照明系统设备	电气-系统-照明-设备	E-SYST-LITE-EQPM	—
照明系统导线	电气-系统-照明-导线	E-SYST-LITE-CIRC	照明系统的母线及导线
照明系统标注	电气-系统-照明-标注	E-SYST-LITE-IDEN	照明系统的标注及文字
动力系统设备	电气-系统-动力-设备	E-SYST-POWR-EQPM	—
动力系统导线	电气-系统-动力-导线	E-SYST-POWR-CIRC	动力系统的母线及导线
动力系统标注	电气-系统-动力-标注	E-SYST-POWR-IDEN	动力系统的标注及文字
通讯系统设备	电气-系统-通讯-设备	E-SYST-TCOM-EQPM	—
通讯系统导线	电气-系统-通讯-导线	E-SYST-TCOM-CIRC	—
通讯系统标注	电气-系统-通讯-标注	E-SYST-TCOM-IDEN	通讯系统的标注及文字
有线电视系统设备	电气-系统-有线-设备	E-SYST-CATV-EQPM	—
有线电视系统导线	电气-系统-有线-导线	E-SYST-CATV-CIRC	—

续表 B-7

图层	中文名称	英文名称	备　注
有线电视系统标注	电气-系统-有线-标注	E-SYST-CATV-IDEN	有线电视系统的标注及文字
音响系统设备	电气-系统-音响-设备	E-SYST-SOUN-EQPM	—
音响系统导线	电气-系统-音响-导线	E-SYST-SOUN-CIRC	—
音响系统标注	电气-系统-音响-标注	E-SYST-SOUN-IDEN	音响系统的标注及文字
二次控制设备	电气-系统-二次-设备	E-SYST-CTRL-EQPM	—
二次控制主回路	电气-系统-二次-主回	E-SYST-CTRL-SMSY	—
二次控制导线	电气-系统-二次-导线	E-SYST-CTRL-CIRC	二次控制系统的母线及导线
二次控制标注	电气-系统-二次-标注	E-SYST-CTRL-IDEN	二次控制系统的标注及文字
二次控制表格	电气-系统-二次-表格	E-SYST-CTRL-TABS	—
消防系统设备	电气-系统-消防-设备	E-SYST-FIRE-EQPM	—
消防系统导线	电气-系统-消防-导线	E-SYST-FIRE-CIRC	—
消防系统标注	电气-系统-消防-标注	E-SYST-FIRE-IDEN	消防系统的标注及文字
安防系统设备	电气-系统-安防-设备	E-SYST-SERT-EQPM	—
安防系统导线	电气-系统-安防-导线	E-SYST-SERT-CIRC	—
安防系统标注	电气-系统-安防-标注	E-SYST-SERT-IDEN	安全防护系统的标注及文字
建筑设备监控设备	电气-系统-监控-设备	E-SYST-EQMT-EQPM	—
建筑设备监控导线	电气-系统-监控-导线	E-SYST-EQMT-CIRC	—
建筑设备监控标注	电气-系统-监控-标注	E-SYST-EQMT-IDEN	建筑设备监控系统的标注及文字
高低压系统设备	电气-系统-高低-设备	E-SYST-HLVO-EQPM	—

续表 B-7

图层	中文名称	英文名称	备　注
高低压系统导线	电气-系统-高低-导线	E-SYST-HLVO-CIRC	高低压系统的母线及导线
高低压系统标注	电气-系统-高低-标注	E-SYST-HLVO-IDEN	高低压系统的标注及文字
高低压系统表格	电气-系统-高低-表格	E-SYST-HLVO-FORM	—
注释	电气-注释	E-ANNO	—
图框	电气-注释-图框	E-ANNO-TTLB	图框及图框文字
图例	电气-注释-图例	E-ANNO-LEGN	图例与符号
尺寸标注	电气-注释-尺寸	E-ANNO-DIMS	尺寸标注及文字标注
文字说明	电气-注释-文字	E-ANNO-TEXT	电气专业文字说明
公共标注	电气-注释-公共	E-ANNO-IDEN	—
标高标注	电气-注释-标高	E-ANNO-ELVT	标高符号及文字标注
表格	电气-注释-表格	E-ANNO-TABL	—
孔洞	电气-注释-孔洞	E-ANNO-HOLE	孔洞及孔洞标注

本标准用词说明

1　为便于在执行本标准条文时区别对待，对要求严格程度不同的用词说明如下：

1) 表示很严格，非这样做不可的：
正面词采用“必须”，反面词采用“严禁”；

2) 表示严格，在正常情况下均应这样做的：
正面词采用“应”，反面词采用“不应”或“不得”；

3) 表示允许稍有选择，在条件许可时首先应这样做的：
正面词采用“宜”，反面词采用“不宜”；

4) 表示有选择，在一定条件下可以这样做的，采用“可”。

2　条文中指明应按其他有关标准执行的写法为：“应符合……的规定”或“应按……执行”。

引用标准名录

《技术制图——字体》GB/T 14691

《工业自动化系统与集成　产品数据表达与交换》GB/T 16656

中华人民共和国国家标准

房屋建筑制图统一标准

GB/T 50001—2010

条　文　说　明

修 订 说 明

《房屋建筑制图统一标准》GB/T 50001—2010 经住房和城乡建设部 2010 年 8 月 18 日以第 750 号公告批准发布。

本标准是在《房屋建筑制图统一标准》GB/T 50001—2001 的基础上修订而成，上一版的主编单位是中国建筑标准设计研究院，参编单位是东南大学交通学院、北方交通大学土建学院、天津市建筑设计院，主要起草人员是班焯、唐人卫、宋兆全、李雪梅、李宝瑜。

本标准修订的主要技术内容是：①增加了计算机制图文件、计算机制图图层和计算机制图规则等内容；②调整了图纸标题栏和字体高度等内容；③增加了图线等内容。

本标准修订过程中，编制组进行了深入调查研究，总结实践经验，认真分析了有关资料及数据，参考了有关国际标准。

为便于广大设计、施工、科研、学校等单位有关人员在使用本标准时能正确理解和执行条文规定，《房屋建筑制图统一标准》编制组按章、节、条顺序编制了本标准的条文说明，对条文规定的目的、依据以及执行中需注意的有关事项进行了说明。但是，本条文说明不具备与标准正文同等的法律效力，仅供使用者作为理解和把握标准规定的参考。

目　次

1 总　　则

1.0.1 本条文明确了本标准的制定目的。

1.0.2 本条文规定了在工程制图专业方面的适用范围。

1.0.3 本条文在原基础上进行了调整，明确了适用于计算机制图与手工制图两种方式。

1.0.4 本条文规定了适用的三大类工程制图，即①设计图、竣工图；②实测图；③通用设计图、标准设计图。

2 术　语

本章为新增章节。

2.0.7 本条文为新增条文，选自《民用建筑设计术语标准》GB/T 50504。

2.0.8 本条文为新增条文，选自《民用建筑设计术语标准》GB/T 50504。

2.0.14 利用图层可以对计算机制图文件中的实体数据进行分类管理、共享和交换，方便、有效地控制实体数据的显示、编辑、检索和打印输出。例如，可以将某一专业计算机制图文件中不同的设计信息分类存放到不同的图层中，分别为专业内部和相关专业之间的协同设计提供方便。

3 图纸幅面规格与图纸编排顺序

3.1 图 纸 幅 面

3.1.1 表 3.1.1 幅面及图框尺寸与《技术制图——图纸幅面和规格》GB/T 14689 规定一致，但图框内标题栏略有调整，见图3.2.1。

3.1.3 增加了长边加长尺寸的比例关系。

3.2 标 题 栏

3.2.1 鉴于当前各设计单位标题栏的内容增多，有时还需要加入外文的实际情况，提供了两种标题栏尺寸供选用。标题栏内容的划分仅为示意，给各设计单位以灵活性。

3.2.2 本条文增加了修改记录和注册师签章栏，为了避免因签字过于潦草而难以识别，保留了签字区应包含实名列和签名列的规定。同时，随着计算机技术的发展，越来越多的电子图作为最终设计成品发行，电子签名也逐渐得到应用，本条文增加了使用电子签名的相关要求。

3.3 图纸编排顺序

3.3.1 工程在初步设计阶段有设计总说明，图纸的编排顺序为图纸目录、设计总说明、总图、建筑图、结构图、给水排水图、暖通空调图、电气图等，而施工图设计阶段没有“设计总说明”一项。

3.3.2 图纸的编排顺序宜按专业设计说明、平面图、立面图、剖面图、大样图、详图、三维视图、清单、简图等的顺序编排。

4 图　　线

4.0.1 本条文去掉了线宽 2.0mm，增加了常用的线宽 0.25mm、0.18mm、0.13mm。调整了线宽比，即：特粗线：粗线：中粗线：细线＝4：3：2：1。

4.0.2 表 4.0.2 根据现行国家标准《技术制图——图线》GB/T 14691修正了部分图线的名称。

4.0.9 虚线与虚线交接如图 1，虚线与实线交接如图 2，虚线为实线延长线时如图 3。

图 1　虚线与虚线交接　　　图 2　虚线与实线交接

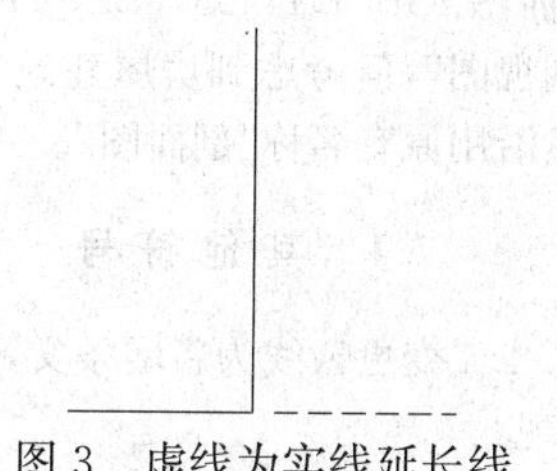

图 3　虚线为实线延长线

5 字　　体

5.0.2 所谓 True type 字体，中文名称全真字体。它具有如下优势：①真正的所见即所得字体。由于 True type 字体支持几乎所有输出设备，因而无论在屏幕、激光打印机、激光照排机上，还是在彩色喷墨打印机上，均能以设备的分辨率输出，因而输出很光滑。②支持字体嵌入技术。存盘时可将文件中使用的所有 True type 字体采用嵌入方式一并存入文件之中，使整个文件中所有字体可方便地传递到其他计算机中使用。嵌入技术可保证未安装相应字体的计算机能以原格式使用原字体打印。③操作系统的兼容性。MAC 和 PC 机均支持 True type 字体，都可以在同名软件中直接打开应用文件而不需要替换字体。

5.0.5 根据现行国家标准《技术制图——字体》GB/T 14691 的规定，修订了拉丁字母、阿拉伯数字和罗马数字的书写格式。

5.0.9 分数、百分数和比例数的注写，应采用阿拉伯数字和数学符号，例如：四分之三、百分之二十五和一比二十应分别写成 3/4、25％和 1：20。

5.0.10 注写小于1的数字,例如:0.01。

6 比 例

6.0.1 比例的大小,是指其比值的大小,如1∶50大于1∶100。

6.0.2 参照现行国家标准《技术制图——比例》GB/T 14690增加了文字,强调比例的符号为"∶",其他表示方法是不允许的,例如有建议用"1/100"来表示。比例应以阿拉伯数字表示,如1∶1、1∶2、1∶100等。

6.0.6 为了适应计算机绘图的需要,允许自选比例,但应绘制该比例的比例尺。

7 符 号

7.1 剖 切 符 号

7.1.1 对本条第1款、第4款的说明:

1 图7.1.1-2为新增国际统一和常用的剖视方法。

4 本条是为了明确剖切符号应注在±0.000标高的平面上。此外,根据现行国家标准《技术制图——剖视图和断面图》GB/T 17453,"SECTION"的中文名称确定为"剖视图",但考虑到房屋建筑专业的习惯叫法,决定仍然沿用原有名称"剖面图"。

7.4 其 他 符 号

7.4.4 图7.4.4变更云线为新增条文,仅在工程洽商或变更中出现。

8 定位轴线

8.0.4 当字母数量不够使用,可增用双字母或单字母加数字注脚,如AA、BA…YA或A1、B1…Y1。

8.0.5 定位轴线的编号方法适用于较大面积和较复杂的建筑物,一般情况下没有必要采用分区编号。故本条适用于"组合较复杂的平面图中",目的是指出其适用范围。

图8.0.5是一个分区编号的例图,具体如何分区要根据实际情况确定。例图中举出了一根轴线分属两个区,也可编为两个轴线号的表示方法。

8.0.6 两根轴线的附加轴线,应以分母表示前一轴线的编号,分子表示附加轴线的编号。编号宜用阿拉伯数字顺序编写,如:

(1/2) 表示2号轴线之后附加的第一根轴线;

(3/C) 表示C号轴线之后附加的第三根轴线。

1号轴线或A号轴线之前的附加轴线的分母应以01或0A表示,如:

(1/01) 表示1号轴线之前附加的第一根轴线;

 表示A号轴线之前附加的第三根轴线。

8.0.9 增加了弧形平面定位轴线的编号示例。

8.0.10 本条为折线形平面图定位轴线的编号示例,但没有规定具体的编号方法,可参照例图灵活处理。更复杂的平面如何编号,还有待从实际中总结归纳。

9 常用建筑材料图例

9.1 一 般 规 定

本节条文确定了本章的编制原则和使用规则。鉴于建筑材料生产的蓬勃发展,品种日益繁多,因此在编制图例时,不可能包罗万象,只能分门别类,将常用建材归纳为二十几个基本类型,作为图例,同时确定了如下使用规则:

1 采用同一图例但需要指出特定品种时,应附加必要的说明;

2 作为一种材料符号,不规定尺度比例,应根据图样大小予以掌握,使图例线疏密适度,尺度得当;

3 对本标准未包括在内的建筑材料,允许自行编制、补充图例。

9.1.1 不同品种的同类材料使用同一图例时,如某些特定部位的石膏板必须注明是防水石膏板时,应在图上附加必要的说明。

两个相邻的涂黑图例,如混凝土构件、金属件间,应留有空隙。

9.2 常用建筑材料图例

本节选定了27个图例,说明如下:

1 目前,多孔砖和空心砖已有明确界定。多孔砖是指有较小孔洞的承重粘土砖,空心砖则是指具有较大孔洞、作填充用的非承重粘土砖。因此,在图例说明中将多孔砖明确归于普通砖的项下,而空心砖为非承重砖,不包括多孔砖。

2 混凝土、钢筋混凝土及金属图例中明确规定,在图形较小时可以涂黑,与9.1.1条规定互相印证、互为补充。

3 表9.2.1中"泡沫塑料材料"一项,其填充图案已在国家标准中使用。但对手工制图来说,这种蜂窝状图案是难以绘制的,可以使用"多孔材料"图例增加文字说明或自行设定其他表示方法。

10 图样画法

10.1 投 影 法

10.1.1 根据现行国家标准《技术制图——投影法》GB/T 14692,界定了各视图的名称。

10.2 视 图 布 置

10.2.1 对视图配置作了比较明确的说明。

10.2.2 增加了"各视图图名的命名，主要应包括平面图、立面图、剖面图或断面图、详图。同一种视图多个图的图名前加编号以示区分。平面图，以楼层编号，包括地下二层平面图、地下一层平面图、首层平面图、二层平面图。立面图以该图两端头的轴线号编号，剖面图或断面图以剖切号编号，详图以索引号编号。"

10.2.5 圆形、折线形、曲线形等"建(构)筑物，如与投影面不平行，在画立面图时，可将该部分展至与投影面平行，再以正投影法绘制，并应在图名后注写'展开'字样"。

10.2.6 本条文为新增条文。

10.4 简化画法

10.4.1 本条文无修改。图 10.4.1-3 是把视图(即外形图)的左半边与剖面图的右半边拼合为一个图形，即把两个图形简化为一个图形。这既然是一种简化画法，因此在平面图中，剖切符号仍应按第 7.1.1 条的规定标注。

10.5 轴测图

10.5.1 2001 版中对于 6 种典型轴测绘图方法的规定，是基于手工绘图工具和手工绘图方法情况的绘图规范，在计算机辅助建筑设计成为绝对主流的状况下，除正等测之外的其余 5 种轴测几乎没有应用的必要。①计算机绘图原理：CAD 在"视图"工具中给出两种轴测显示的工具"三维视图"与"三维动态观察器"，前者可以得到 4 个角度的正等测轴测，后者可以得到任何角度的轴测，而尺寸标注不受观察角度影响。②中国在县以下不设正规建筑设计机构，中国对甲乙丙丁各级设计机构的资质要求，使得计算机辅助建筑设计在设计机构的覆盖率接近 100%。③在建筑工程设计中，使用轴测图的情况不多，即使用于个别效果图和复杂节点的表示，绝大多数用正等测就已经能清楚地表达设计意图和正确地传递设计信息。

11 尺寸标注

11.1 尺寸界线、尺寸线及尺寸起止符号

11.1.4 尺寸起止符号还坚持原规定：一般情况下均用斜短线，圆弧的直径、半径等用箭头。轴测图中用小圆点，效果还是比较好的。

11.2 尺寸数字

11.2.3 按例图所示，尺寸数字的注写方向和阅读方向规定为：当尺寸线为竖直时，尺寸数字注写在尺寸线的左侧，字头朝左；其他任何方向，尺寸数字也应保持向上，且注写在尺寸线的上方，如果在 30°斜线区内注写时，容易引起误解，故推荐采用两种水平注写方式。

图 11.2.3a 注写方式为软件默认方式，图 11.2.3b 注写方式较适合手绘操作。

11.4 半径、直径、球的尺寸标注

11.4.1 本条强调了半径符号 R 的加注，注意 $R20$ 不能注写为$R=20$ 或 $r=20$。

11.4.4 根据本条规定，注意 ϕ 不能注写为 $\phi=60$、$D=60$ 或$d=60$。

11.5 角度、弧度、弧长的标注

11.5.1 角度数字注写方向改为软件较易实现的沿尺寸线方向。

11.5.2 弧长数字的注写方法改为软件较易实现的在数字前方加注圆弧符号"⌒"的方式，尺寸界线也改为更容易理解的沿径向引出的方式。

11.6 薄板厚度、正方形、坡度、非圆曲线等尺寸标注

11.6.2 正方形符号"□"和直径符号"ϕ"的标注方法一样。

在土建制图中，尺寸链可以是封闭的，也可以是不封闭的，而机械制图中则规定尺寸链不得封闭。

11.6.3 注意坡度的符号是单面箭头，而不是双面箭头。

11.7 尺寸的简化标注

11.7.1 单线图上尺寸数字的注写和阅读方向，也应符合第 11.2.3 条的规定。

11.7.3 本条中所谓的相同构造要素，是指一个图样中形状、大小、构造相同的，而且均匀相等的孔、洞、钢筋等。此条是规定了尺寸的一种简化注法(见图 11.7.3)，而不涉及图样的简化画法。所以图中 6 个小圆圈均画出了，这并不与第 10.4.2 条矛盾。

11.8 标高

11.8.2 关于室外标高符号没有改动，仍按照原标准的写法。

11.8.3 当标高符号指向下时，标高数字注写在左侧或右侧横线的上方；当标高符号指向上时，标高数字注写在左侧或右侧横线的下方。

11.8.6 同时注写几个标高时，应按数值大小从上到下顺序书写。根据征求意见，括号取消。

12 计算机制图文件

12.1 一般规定

12.1.1 工程图库文件是指可以在一个以上的工程中重复使用的计算机制图文件，例如图框文件、图例文件等。

12.2 工程图纸编号

12.2.1 工程图纸"按照设计总说明、平面图、立面图、剖面图、详图、清单、简图等的顺序编号",符合通常的设计习惯,但并不是绝对的,因此不作为强制要求。

在我国房屋建筑工程中,普遍采用中文的工程图纸编号,因此规定"工程图纸编号应使用汉字、数字和连字符'-'的组合"。

工程图纸编号规则是基本原则,要求严格遵循。

12.2.2 本条编号格式是在工程图纸编号规则原则下,有关工程图纸编号格式的具体规定,与通行的国际标准(如《美国国家 CAD 标准》National CAD Standard)保持一致。

根据实际需要,允许自行定义工程图纸编号,但必须遵循工程图纸编号规则;如果采用图 12.2.2 的工程图纸编号格式,则代码数量、顺序、每项代码的含义、字数限制都应符合本条规定。

12.3 计算机制图文件命名

12.3.1 工程图纸文件的应用,需要依靠计算机技术实现,出于方便计算机识别和少占资源的考虑,规定"应使用拉丁字母、数字、连字符'-'和井字符'#'的组合";其中井字符"#"主要用于工程、子项分区的编号,比较符合我国房屋建筑工程图纸文件的命名习惯。

12.3.2 本条是在工程图纸文件命名规则原则下,有关工程图纸文件命名格式的具体规定,与通行的国际标准(如《美国国家 CAD 标准》National CAD Standard)保持一致。

为了便于应用,在本规范附录 A 表 A-1、表 A-3 中分别给出常用的专业代码和类型代码,与通行的国际标准(如《美国国家 CAD 标准》National CAD Standard)保持一致。

根据实际需要,允许自行定义工程图纸文件名称,但必须遵循工程图纸文件命名规则;如果采用图 12.3.2-1 的工程图纸文件命名格式,则代码数量、顺序、每项代码的含义、字数限制都应符合本条规定。

12.3.3 由于工程图库文件的用途、使用习惯存在较大差异,本条只规定了工程图库文件的命名规则,对具体的命名格式不作规定。

工程图库文件的应用,需要依靠计算机技术实现,出于方便计算机识别和少占资源的考虑,要求采用拉丁字母和数字的组合。

同一个工程图库文件可以在多项工程中重复使用,如果使用相同的名称容易造成混淆,还可能出现与特定工程图纸文件统一命名规则不符的情况,因此规定工程图库文件应复制到特定工程的文件夹中,并且更改为与特定工程相适合的工程图纸文件名。

12.4 计算机制图文件夹

12.4.1 由于计算机制图文件夹的用途、使用习惯、产生方式等存在较大差异,本条只规定了计算机制图文件夹的命名规则,对具体的命名格式不作规定。

12.4.2 目前我国房屋建筑工程中,计算机制图文件夹用汉字或拉丁字母命名的情况都很普遍,因此,使用汉字、拉丁字母、数字和连字符"-"的组合都是允许的,仅规定汉字与拉丁字母不得混用。

12.4.4 标准化的计算机制图文件夹,对工程内部、专业内部的协同设计具有重要作用,有必要加以说明。

12.5 计算机制图文件的使用与管理

12.5.1 "工程图纸文件应与工程图纸一一对应"的要求,既符合档案管理的规定,也便于查阅与重复利用。

12.5.2 本条是指工程图库文件的内容、格式应标准化,这样有利于重复利用工程图库文件和提高协同设计效率,例如属性图框文件。

12.5.3 计算机制图文件及数据的意外损坏、丢失,会给相关企业带来较大的损失,需要引起重视并采取备份等有效的预防手段。计算机制图文件备份的时间和份数可根据具体情况自行确定,以能保证文件的安全为原则,宜每日或每周备份一次。

12.5.4 对计算机制图文件的安全性,需要引起重视并采取有效的保护措施。

12.6 协同设计与计算机制图文件

12.6.1 本条对计算机制图文件的组织方式作出规定。

将"计算机制图文件划分为各专业共用的公共图纸文件、向其他专业提供的资料文件和仅供本专业使用的图纸文件",有利于同一工程中不同专业之间的分工协作。

将"本专业的一个计算机制图文件分解为若干零件图文件",有利于同一工程中专业内部的分工协作。

12.6.2 本条对计算机制图文件参照作出规定。专业内部采用文件参照方式进行协同设计和专业之间采用文件参照方式进行协同设计的示例见表 1、表 2。使用时可根据工程和任务分工情况,自行确定文件参照的具体方式。

使用计算机制图文件参照方式建立主体计算机制图文件与其他参照文件的引用关系,可在主体计算机制图文件中显示被引用的参照文件的内容,或引用多个参照文件组装成一个主体计算机制图文件,参照文件的修改结果将同步显示在引用它的主体计算机制图文件中;在主体计算机制图文件中,只记录与其他参照文件的引用关系,并不实际存放被引用的参照文件的内容,因此并不显著增加主体计算机制图文件的大小。

专业内部采用计算机制图文件参照方式进行协同设计的示例见表1。

表1　专业内部计算机制图文件参照示例表

工程图纸文件名称	主体文件内容	被引用的第一级参照文件内容	被引用的第二级参照文件内容
A-FP01（首层建筑平面图）	标注、图例、表格、说明	平面轴网	—
		第一单元户型平面	第一单元卫生间布置平面
			第一单元厨房布置平面
			第一单元家具布置平面
			第一单元基地平面
			第一单元楼梯平面
			第一单元电梯井平面
		第二单元户型平面	第二单元卫生间布置平面
			第二单元厨房布置平面
			第二单元家具布置平面
			第二单元基地平面
			第二单元楼梯平面
			第二单元电梯井平面
		……	……

专业之间采用计算机制图文件参照方式进行协同设计的示例见表2。

表2　专业之间计算机制图文件参照示例表

工程图纸文件名称	主体文件内容	被引用的第一级参照文件内容	被引用的第二级参照文件内容
S-FP01（首层结构平面图）	结构构件布置平面、结构构件钢筋布置平面、标注、图例、表格、说明	平面轴网	—
		平面柱网	—
		核心筒平面	核心筒设备留洞
		楼梯平面	—
		电梯井平面	电梯井设备留洞
		……	……

13　计算机制图文件图层

13.0.1　图层主要通过计算机技术实现应用，因此最好采用拉丁字母、数字和连字符“-”的组合。目前我国房屋建筑工程中，也存在使用中文图层名称的情况，因此允许使用包含汉字的组合，仅规定汉字与拉丁字母不得混用。

13.0.2　本条是在图层命名规则原则下，有关图层命名格式的具体规定，与通行的国际标准（如《美国国家CAD标准》National CAD Standard）保持一致。

次代码1和次代码2用于进一步区分主代码的数据特征，如墙体的保温层等，次代码可以和任意的主代码组合；

状态代码用于区分图层中所包含的工程性质（如新建、保留、拆除、临时等）或阶段（如方案、施工图等），但状态代码不能同时表示工程状态和阶段。

为了便于理解和应用图层命名格式，在图13.0.2-1和图13.0.2-2中分别给出中文图层命名格式和英文图层命名格式的示例。

为了便于应用和交流，在附录A表A-1中给出常用的专业代码，在附录B表B-1中给出常用的状态代码，在附录B表B-2～表B-7中分别给出常用的总图、建筑、结构、给排水、暖通、建筑电气专业图层名称列表，与通行的国际标准（如《美国国家CAD标准》National CAD Standard）保持一致。

根据实际需要，允许自行定义图层名称，但必须遵循图层命名规则；如果采用图13.0.2-1和图13.0.2-2的图层命名格式，则代码数量、顺序、每项代码的含义、字数限制都应符合本条规定。

14　计算机制图规则

14.0.1　规定指北针方向在同一工程的整套图纸中保持一致，便于同一专业内部和不同专业之间的计算机制图文件阅读、协作与交流。

14.0.2　规定“在同一工程中，各专业应采用相同的坐标系与坐标原点”，便于同一专业内部和不同专业之间的计算机制图文件阅读、协作与交流。

14.0.3　主要图样指平面图、立面图、剖面图等，次要图样指大样图、详图等。

14.0.4　绘制图样既可以采用1∶1的比例，也可以采用图中标注的比例，但无论采用哪种绘制方式，打印成图的图样实际比例应与标注比例一致，这就需要在打印时对计算机制图文件进行相应的比例缩放。

中华人民共和国国家标准

总图制图标准

Standard for general layout drawings

GB/T 50103—2010

主编部门：中华人民共和国住房和城乡建设部
批准部门：中华人民共和国住房和城乡建设部
施行日期：2 0 1 1 年 3 月 1 日

中华人民共和国住房和城乡建设部
公　　告

第 749 号

关于发布行业标准《总图制图标准》的公告

现批准《总图制图标准》为国家标准，编号为 GB/T 50103-2010，自 2011 年 3 月 1 日起实施。原《总图制图标准》GB/T 50103-2001 同时废止。

本标准由我部标准定额研究所组织中国计划出版社出版发行。

中华人民共和国住房和城乡建设部

二〇一〇年八月十八日

前　　言

根据原建设部《关于印发〈2007 年工程建设标准规范制订、修订计划（第一批）〉的通知》（建标〔2007〕125 号）的要求，由中国建筑标准设计研究院会同有关单位在原《总图制图标准》GB/T 50103-2001 的基础上修订而成的。

本标准在修订过程中，编制组经广泛调查研究，认真总结实践经验，参考有关国际标准和国外先进标准，并在广泛征求意见的基础上，最后经审查定稿。

本标准共分 3 章，主要技术内容包括：总则、基本规定、图例。

本标准修订的主要技术内容是：①调整了基本规定中图线内容、图纸比例；②调整增加了图例内容。

本标准由住房和城乡建设部负责管理，由中国建筑标准设计研究院负责具体技术内容的解释。执行过程中如有意见和建议，请寄送中国建筑标准设计研究院（地址：北京市海淀区首体南路 9 号主语国际 2 号楼，邮政编码：100048）。

本标准主编单位、参编单位和主要起草人及主要审查人：

主 编 单 位：中国建筑标准设计研究院

参 编 单 位：中国建筑设计研究院
中国中元国际工程公司
华东建筑设计研究院有限公司
铁道部第二勘测设计院建筑院

主要起草人：孙国峰　程述成　徐忠辉　史丽秀
蒋　靖　沈久忍　陈修礼　陆亚娟

主要审查人：何玉如　费　麟　徐宇宾　白红卫
石定稷　苗　茁　刘　杰　王　鹏
董静茹　寇九贵　胡纯炀　张同亿

目　次

Contents

1 总　　则

1.0.1 为了统一总图制图规则，保证制图质量，提高制图效率，做到图面清晰、简明，符合设计、施工、存档的要求，适应工程建设的需要，制定本标准。

1.0.2 本标准适用于下列制图方式绘制的图样：

1 计算机制图；

2 手工制图。

1.0.3 本标准适用于总图专业的下列工程制图：

1 新建、改建、扩建工程各阶段的总图制图（场地园林景观制图）；

2 原有工程的总平面实测图；

3 总图的通用图、标准图；

4 新建、改建、扩建工程各阶段场地园林景观设计制图。

1.0.4 总图制图除应符合本标准外，尚应符合国家现行有关标准的规定。

2 基 本 规 定

2.1 图　　线

2.1.1 图线的宽度 b 应根据图样的复杂程度和比例，按现行国家标准《房屋建筑制图统一标准》GB/T 50001 中图线的有关规定选用。

2.1.2 总图制图应根据图纸功能，按表 2.1.2 规定的线型选用。

表 2.1.2 图　　线

名称		线型	线宽	用途
实线	粗		b	1. 新建建筑物±0.00 高度可见轮廓线 2. 新建铁路、管线
	中		$0.7b$ $0.5b$	1. 新建构筑物、道路、桥涵、边坡、围墙、运输设施的可见轮廓线 2. 原有标准轨距铁路
	细		$0.25b$	1. 新建建筑物±0.00 高度以上的可见建筑物、构筑物轮廓线 2. 原有建筑物、构筑物、原有窄轨、铁路、道路、桥涵、围墙的可见轮廓线 3. 新建人行道、排水沟、坐标线、尺寸线、等高线
虚线	粗		b	新建建筑物、构筑物地下轮廓线
	中		$0.5b$	计划预留扩建的建筑物、构筑物、铁路、道路、运输设施、管线、建筑红线及预留用地各线
	细		$0.25b$	原有建筑物、构筑物、管线的地下轮廓线
单点长画线	粗		b	露天矿开采界限
	中		$0.5b$	土方填挖区的零点线
	细		$0.25b$	分水线、中心线、对称线、定位轴线
双点长画线			b	用地红线
			$0.7b$	地下开采区塌落界限
			$0.5b$	建筑红线
折断线			$0.5b$	断线
不规则曲线			$0.5b$	新建人工水体轮廓线

注：根据各类图纸所表示的不同重点确定使用不同粗细线型。

2.2 比　　例

2.2.1 总图制图采用的比例宜符合表2.2.1的规定。

表2.2.1 比　例

图　名	比　例
现状图	1∶500、1∶1000、1∶2000
地理交通位置图	1∶25000～1∶200000
总体规划、总体布置、区域位置图	1∶2000、1∶5000、1∶10000、1∶25000、1∶50000
总平面图、竖向布置图、管线综合图、土方图、铁路、道路平面图	1∶300、1∶500、1∶1000、1∶2000
场地园林景观总平面图、场地园林景观竖向布置图、种植总平面图	1∶300、1∶500、1∶1000
铁路、道路纵断面图	垂直：1∶100、1∶200、1∶500 水平：1∶1000、1∶2000、1∶5000
铁路、道路横断面图	1∶20、1∶50、1∶100、1∶200
场地断面图	1∶100、1∶200、1∶500、1∶1000
详图	1∶1、1∶2、1∶5、1∶10、1∶20、1∶50、1∶100、1∶200

2.2.2 一个图样宜选用一种比例，铁路、道路、土方等的纵断面图，可在水平方向和垂直方向选用不同比例。

2.3 计 量 单 位

2.3.1 总图中的坐标、标高、距离以米为单位。坐标以小数点标注三位，不足以"0"补齐；标高、距离以小数点后两位数标注，不足以"0"补齐。详图可以毫米为单位。

2.3.2 建筑物、构筑物、铁路、道路方位角（或方向角）和铁路、道路转向角的度数，宜注写到"秒"，特殊情况应另加说明。

2.3.3 铁路纵坡度宜以千分计，道路纵坡度、场地平整坡度、排水沟沟底纵坡度宜以百分计，并应取小数点后一位，不足时以"0"补齐。

2.4 坐 标 标 注

2.4.1 总图应按上北下南方向绘制。根据场地形状或布局，可向左或右偏转，但不宜超过45°。总图中应绘制指北针或风玫瑰图（图2.4.1）。

2.4.2 坐标网格应以细实线表示。测量坐标网应画成交叉十字线，坐标代号宜用"X、Y"表示；建筑坐标网应画成网格通线，自设坐标代号宜用"A、B"表示（图2.4.1）。坐标值为负数时，应注"－"号，为正数时，"＋"号可以省略。

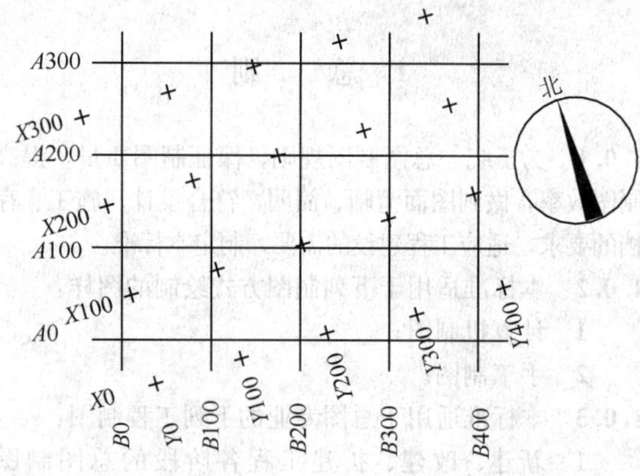

图2.4.1 坐标网格

注：图中 X 为南北方向轴线，X 的增量在 X 周线上；Y 为东西方向轴线，Y 的增量在 Y 轴线上。A 轴相当于测量坐标网中的 X 轴，B 轴相当于测量坐标网中的 Y 轴。

2.4.3 总平面图上有测量和建筑两种坐标系统时，应在附注中注明两种坐标系统的换算公式。

2.4.4 表示建筑物、构筑物位置的坐标应根据设计不同阶段要求标注，当建筑物与构筑物与坐标轴线平行时，可注其对角坐标。与坐标轴线成角度或建筑平面复杂时，宜标注三个以上坐标，坐标宜标注在图纸上。根据工程具体情况，建筑物、构筑物也可用相对尺寸定位。

2.4.5 在一张图上，主要建筑物、构筑物用坐标定位时，根据工程具体情况也可用相对尺寸定位。

2.4.6 建筑物、构筑物、铁路、道路、管线等应标注下列部位的坐标或定位尺寸：

1 建筑物、构筑物的外墙轴线交点；

2 圆形建筑物、构筑物的中心；

3 皮带走廊的中线或其交点；

4 铁路道岔的理论中心，铁路、道路的中线交叉点和转折点；

5 管线（包括管沟、管架或管桥）的中线交叉点和转折点；

6 挡土墙起始点、转折点墙顶外侧边缘（结构面）。

2.5 标 高 注 法

2.5.1 建筑物应以接近地面处的±0.00标高的平面作为总平面。字符平行于建筑长边书写。

2.5.2 总图中标注的标高应为绝对标高，当标注相对标高，则应注明相对标高与绝对标高的换算关系。

2.5.3 建筑物、构筑物、铁路、道路、水池等应按下列规定标注有关部位的标高：

1 建筑物标注室内±0.00处的绝对标高在一栋建筑物内宜标注一个±0.00标高，当有不同地坪标高以相对±0.00的数值标注；

2 建筑物室外散水，标注建筑物四周转角或两对角的散水坡脚处标高；

3 构筑物标注其有代表性的标高，并用文字注明标高所指的位置；

4 铁路标注轨顶标高；

5 道路标注路面中心线交点及变坡点标高；

6 挡土墙标注墙顶和墙趾标高，路堤、边坡标注坡顶和坡脚标高，排水沟标注沟顶和沟底标高；

7 场地平整标注其控制位置标高，铺砌场地标注其铺砌面标高。

2.5.4 标高符号应按现行国家标准《房屋建筑制图统一标准》GB/T 50001的有关规定进行标注。

2.6 名称和编号

2.6.1 总图上的建筑物、构筑物应注写名称，名称宜直接标注在图上。当图样比例小或图面无足够位置时，也可编号列表标注在图内。当图形过小时，可标注在图形外侧附近处。

2.6.2 总图上的铁路线路、铁路道岔、铁路及道路曲线转折点等，应进行编号。

2.6.3 铁路线路编号应符合下列规定：

1 车站站线宜由站房向外顺序编号，正线宜用罗马字表示，站线宜用阿拉伯数字表示；

2 厂内铁路按图面布置有次序地排列，用阿拉伯数字编号；

3 露天采矿场铁路按开采顺序编号，干线用罗马字表示，支线用阿拉伯数字表示。

2.6.4 铁路道岔编号应符合下列规定：

1 道岔用阿拉伯数字编号；

2 车站道岔宜由站外向站内顺序编号，一端为奇数，另一端为偶数。当编里程时，里程来向端宜为奇数，里程去向端宜为偶数。不编里程时，左端宜为奇数，右端宜为偶数。

2.6.5 道路编号应符合下列规定：

1 厂矿道路宜用阿拉伯数字，外加圆圈顺序编号；

2 引道宜用上述数字后加-1、-2编号。

2.6.6 厂矿铁路、道路的曲线转折点，应用代号JD后加阿拉伯数字顺序编号。

2.6.7 一个工程中，整套总图图纸所注写的场地、建筑物、构筑物、铁路、道路等的名称应统一，各设计阶段的上述名称和编号应一致。

3 图 例

3.0.1 总平面图例应符合表3.0.1的规定。

表 3.0.1 总平面图例

序号	名称	图 例	备 注
1	新建建筑物	X= Y= ① 12F/2D H=59.00m	新建建筑物以粗实线表示与室外地坪相接处±0.00外墙定位轮廓线 建筑物一般以±0.00高度处的外墙定位轴线交叉点坐标定位。轴线用细实线表示，并标明轴线号 根据不同设计阶段标注建筑编号，地上、地下层数，建筑高度，建筑出入口位置（两种表示方法均可，但同一图纸采用一种表示方法） 地下建筑物以粗虚线表示其轮廓 建筑上部（±0.00以上）外挑建筑用细实线表示 建筑物上部连廊用细虚线表示并标注位置
2	原有建筑物		用细实线表示
3	计划扩建的预留地或建筑物		用中粗虚线表示
4	拆除的建筑物		用细实线表示
5	建筑物下面的通道		—

续表 3.0.1

序号	名称	图例	备注
6	散状材料 露天堆场		需要时可注明材料名称
7	其他材料 露天堆场或 露天作业场		需要时可注明材料名称
8	铺砌场地		
9	敞棚或敞廊		
10	高架式料仓		—
11	漏斗式贮仓		左、右图为底卸式 中图为侧卸式
12	冷却塔（池）		应注明冷却塔或冷却池
13	水塔、贮罐		左图为卧式贮罐 右图为水塔或立式贮罐
14	水池、坑槽		也可以不涂黑
15	明溜矿 槽（井）		—
16	斜井或平硐		—
17	烟囱		实线为烟囱下部直径，虚线为基础，必要时可注写烟囱高度和上、下口直径
18	围墙及大门		—
19	挡土墙	5.00 1.50	挡土墙根据不同设计阶段的需要标注 墙顶标高 墙底标高
20	挡土墙上 设围墙		—
21	台阶及 无障碍坡道	1. 2.	1. 表示台阶（级数仅为示意） 2. 表示无障碍坡道

续表 3.0.1

序号	名称	图例	备注
22	露天桥式 起重机	G_n=(t)	起重机起重量 G_n，以吨计算 “+”为柱子位置
23	露天电动 葫芦	G_n=(t)	起重机起重量 G_n，以吨计算 “+”为支架位置
24	门式起重机	G_n=(t) G_n=(t)	起重机起重量 G_n，以吨计算 上图表示有外伸臂 下图表示无外伸臂
25	架空索道		“I”为支架位置
26	斜坡 卷扬机道		—
27	斜坡栈桥 （皮带廊等）		细实线表示支架中心线位置
28	坐标	1. X=105.00 Y=425.00 2. A=105.00 B=425.00	1. 表示地形测量坐标系 2. 表示自设坐标系 坐标数字平行于建筑标注
29	方格网 交叉点标高	−0.50 77.85 78.35	“78.35”为原地面标高 “77.85”为设计标高 “−0.50”为施工高度 “−”表示挖方（“+”表示填方）
30	填方区、 挖方区、 未整平区 及零线	+ − + −	“+”表示填方区 “−”表示挖方区 中间为未整平区 点划线为零点线
31	填挖边坡		—
32	分水脊线 与谷线		上图表示脊线 下图表示谷线
33	洪水淹没线		洪水最高水位以文字标注
34	地表 排水方向		—

续表 3.0.1

序号	名称	图例	备注
35	截水沟	 1 40.00	“1”表示1%的沟底纵向坡度，“40.00”表示变坡点间距离，箭头表示水流方向
36	排水明沟	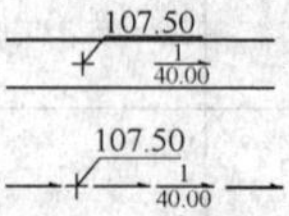 107.50 1 40.00 107.50 1 40.00	上图用于比例较大的图面 下图用于比例较小的图面 “1”表示1%的沟底纵向坡度，“40.00”表示变坡点间距离，箭头表示水流方向 “107.50”表示沟底变坡点标高（变坡点以“+”表示）
37	有盖板的排水沟	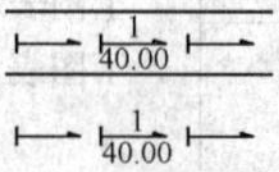 1 40.00 1 40.00	—
38	雨水口	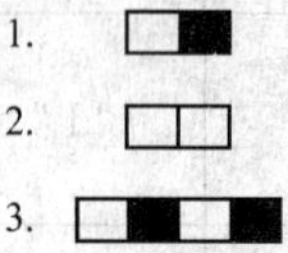 1. 2. 3.	1. 雨水口 2. 原有雨水口 3. 双落式雨水口
39	消火栓井		—
40	急流槽		箭头表示水流方向
41	跌水	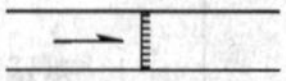	
42	拦水（闸）坝	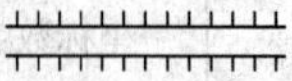	—
43	透水路堤	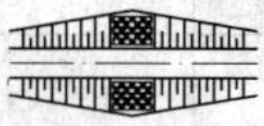	边坡较长时，可在一端或两端局部表示
44	过水路面	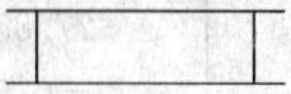	—
45	室内地坪标高	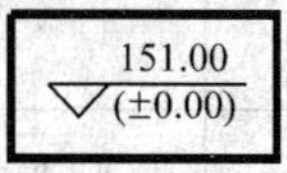 151.00 (±0.00)	数字平行于建筑物书写
46	室外地坪标高	 143.00	室外标高也可采用等高线
47	盲道	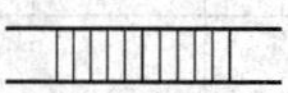	—
48	地下车库入口	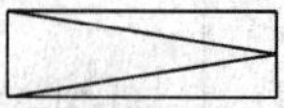	机动车停车场
49	地面露天停车场	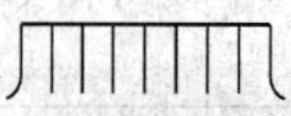	—
50	露天机械停车场	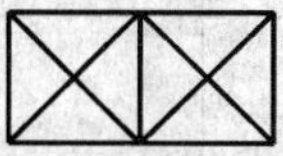	露天机械停车场

3.0.2 道路与铁路图例应符合表 3.0.2 的规定。

表 3.0.2 道路与铁路图例

序号	名称	图例	备注
1	新建的道路	0.30% 100.00 R=6.00 107.50	"R=6.00"表示道路转弯半径；"107.50"为道路中心线交叉点设计标高，两种表示方式均可，同一图纸采用一种方式表示；"100.00"为变坡点之间距离，"0.30%"表示道路坡度，─表示坡向
2	道路断面	1. 2. 3. 4.	1. 为双坡立道牙 2. 为单坡立道牙 3. 为双坡平道牙 4. 为单坡平道牙
3	原有道路		—
4	计划扩建的道路		—
5	拆除的道路		—
6	人行道		—
7	道路曲线段	JD α=95° R=50.00 T=60.00 L=105.00 R	主干道宜标以下内容： JD 为曲线转折点，编号应标坐标 α 为交点 T 为切线长 L 为曲线长 R 为中心线转弯半径 其他道路可标转折点、坐标及半径
8	道路隧道		—
9	汽车衡		—
10	汽车洗车台		上图为贯通式 下图为尽头式
11	运煤走廊		—

续表 3.0.2

序号	名称	图　　例	备　　注
12	新建的标准轨距铁路		—
13	原有的标准轨距铁路		—
14	计划扩建的标准轨距铁路		—
15	拆除的标准轨距铁路		—
16	原有的窄轨铁路	GJ762	—
17	拆除的窄轨铁路	GJ762	“GJ762”为轨距（以 mm 计）
18	新建的标准轨距电气铁路		—
19	原有的标准轨距电气铁路		—
20	计划扩建的标准轨距电气铁路		—
21	拆除的标准轨距电气铁路		—
22	原有车站		—
23	拆除原有车站		—
24	新设计车站		—
25	规划的车站		—
26	工矿企业车站		—
27	单开道岔	n	“1/n”表示道岔号数 n 表示道岔号
28	单式对称道岔	n	
29	单式交分道岔	1/n 3	
30	复式交分道岔	n	

续表 3.0.2

序号	名称	图例	备注
31	交叉渡线	n n n n	—
32	菱形交叉		
33	车挡		上图为土堆式 下图为非土堆式
34	警冲标		—
35	坡度标	GD112.00 6 8 110.00 180.00 56 44	"GD112.00"为轨顶标高，"6"、"8"表示纵向坡度为6‰、8‰，倾斜方向表示坡向，"110.00"、"180.00"为变坡点间距离，"56"、"44"为至前后百尺标距离
36	铁路曲线段	JD2 α–R–T–L	"JD2"为曲线转折点编号，"α"为曲线转向角，"R"为曲线半径，"T"为切线长，"L"为曲线长
37	轨道衡		粗线表示铁路
38	站台		—
39	煤台		粗线表示铁路
40	灰坑或检查坑		
41	转盘		
42	高柱色灯信号机	(1) (2) (3)	(1) 表示出站、预告 (2) 表示进站 (3) 表示驼峰及复式信号
43	矮柱色灯信号机		—
44	灯塔		左图为钢筋混凝土灯塔 中图为木灯塔 右图为铁灯塔
45	灯桥		—
46	铁路隧道		—
47	涵洞、涵管		上图为道路涵洞、涵管，下图为铁路涵洞、涵管 左图用于比例较大的图面，右图用于比例较小的图面

续表 3.0.2

序号	名称	图　　例	备　　注
48	桥梁		用于旱桥时应注明 上图为公路桥，下图为铁路桥
49	跨线桥		道路跨铁路
			铁路跨道路
			道路跨道路
			铁路跨铁路
50	码头		上图为固定码头 下图为浮动码头
51	运行的发电站		—
52	规划的发电站		—
53	规划的变电站、配电所		—
54	运行的变电站、配电所		—

3.0.3 管线图例应符合表 3.0.3 的规定。

表 3.0.3　管　线　图　例

序号	名称	图　　例	备　　注
1	管线	——代号——	管线代号按国家现行有关标准的规定标注 线型宜以中粗线表示
2	地沟管线	代号 代号	—
3	管桥管线	—+—代号—+—	管线代号按国家现行有关标准的规定标注
4	架空电力、电信线	—○—代号—○—	“○”表示电杆 管线代号按国家现行有关标准的规定标注

3.0.4 园林景观绿化应符合表 3.0.4 的规定。

表 3.0.4 园林景观绿化图例

序号	名称	图例	备注
1	常绿针叶乔木	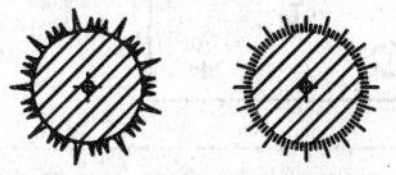	—
2	落叶针叶乔木	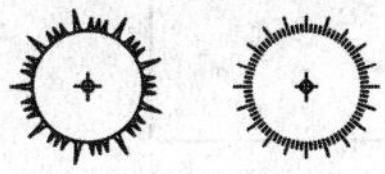	—
3	常绿阔叶乔木	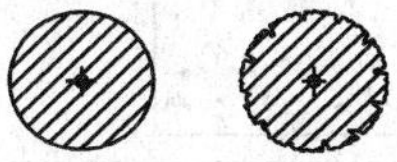	—
4	落叶阔叶乔木	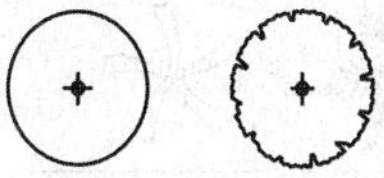	—
5	常绿阔叶灌木	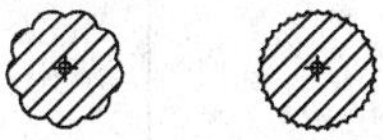	—
6	落叶阔叶灌木	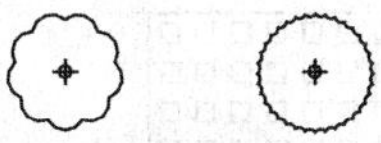	—
7	落叶阔叶乔木林		—
8	常绿阔叶乔木林	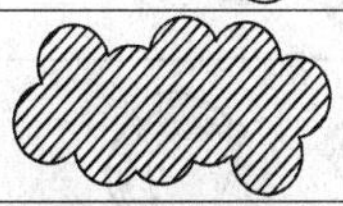	—
9	常绿针叶乔木林		—
10	落叶针叶乔木林	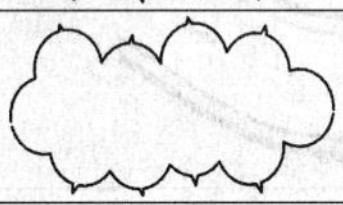	—
11	针阔混交林	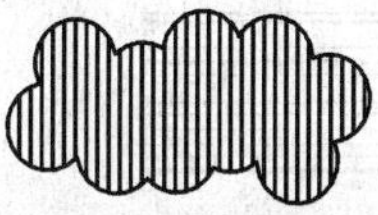	—
12	落叶灌木林	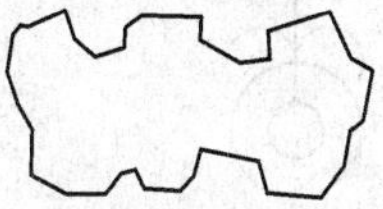	—
13	整形绿篱		—
14	草坪	1. 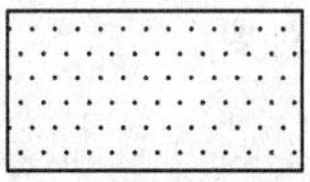 2. 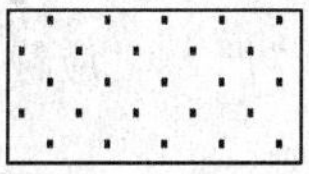 3. 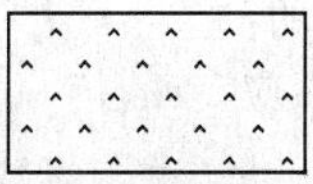	1. 草坪 2. 表示自然草坪 3. 表示人工草坪

续表 3.0.4

序号	名称	图 例	备 注
15	花卉		—
16	竹丛	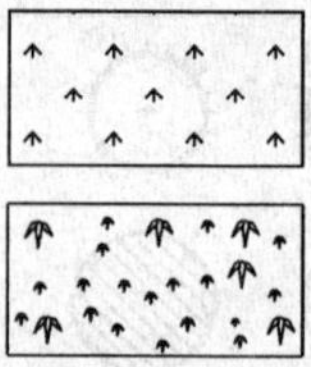	—
17	棕榈植物		—
18	水生植物	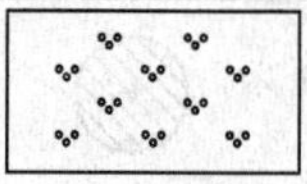	—
19	植草砖	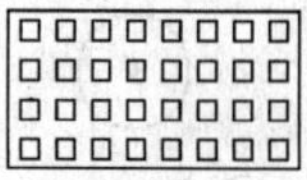	—
20	土石假山	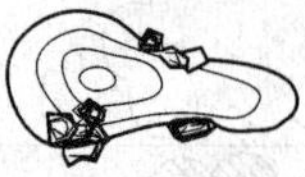	包括“土包石”、“石抱土”及假山
21	独立景石	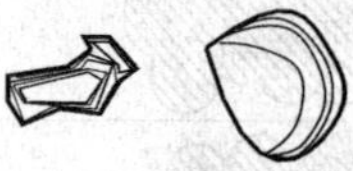	—
22	自然水体	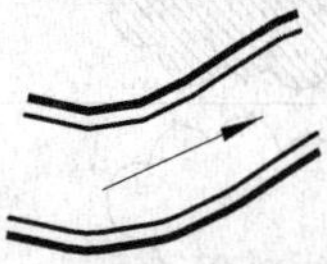	表示河流以箭头表示水流方向
23	人工水体	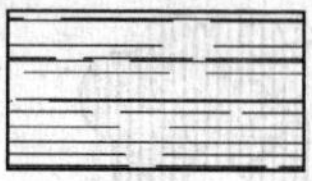	—
24	喷泉	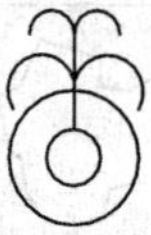	—

本标准用词说明

1 为便于在执行本标准条文时区别对待，对要求严格程度不同的用词说明如下：

1）表示很严格，非这样做不可的：
正面词采用“必须”，反面词采用“严禁”；

2）表示严格，在正常情况下均应这样做的：
正面词采用“应”，反面词采用“不应”或“不得”；

3）表示允许稍有选择，在条件许可时首先应这样做的：
正面词采用“宜”，反面词采用“不宜”；

4）表示有选择，在一定条件下可以这样做的，采用“可”。

2 条文中指明应按其他有关标准执行的写法为：“应符合……的规定”或“应按……执行”。

引用标准名录

《房屋建筑制图统一标准》GB/T 50001

中华人民共和国国家标准

总图制图标准

GB/T 50103—2010

条 文 说 明

修 订 说 明

《总图制图标准》GB/T 50103-2010 经住房和城乡建设部 2010 年 8 月 18 日以第 749 号公告批准发布。

本标准是在《总图制图标准》GB/T 50103-2001 的基础上修订而成，上一版的主编单位是中国建筑标准设计研究院，参编单位是机械工业部设计研究院，主要起草人员是陈景来。

本标准修订的主要技术内容是：①调整了基本规定中图线内容、图纸比例；②调整增加了图例内容。

本标准修订过程中，编制组进行了深入调查研究，总结实践经验，认真分析了有关资料及数据，参考了有关国际标准。

为便于广大设计、施工、科研、学校等单位有关人员在使用本标准时能正确理解和执行条文规定，《总图制图标准》编制组按章、节、条顺序编制了本标准的条文说明，对条文规定的目的、依据以及执行中需注意的有关事项进行了说明。但是，本条文说明不具备与标准正文同等的法律效力，仅供使用者作为理解和把握标准规定的参考。

目　次

1 总　　则

1.0.3 本条增加了场地园林景观设计制图的规定。

2 基本规定

2.1 图　　线

2.1.2 本次修订对表2.1.2中的图线做了补充，对各种图线的用途加以修正。如：实线一栏中，中粗线取消挡土墙可见轮廓线，因其图例已表示清晰；取消用地红线、建筑红线因其图例已表示清晰。细实线中增加±0.00高度以上的可见建筑物、构筑物轮廓线。虚线中，将不可见轮廓线改为地下轮廓线更为准确。双点长画线中增加了用地红线、建筑红线。将“波浪线”改为“不规则曲线”。

2.2 比　　例

2.2.1 表中增加场地园林景观的各类图纸所需的比例。

2.3 计量单位

2.3.1 总图坐标宜标注到小数点后三位，标高宜标注到小数点后两位，宜予明确区分。

2.4 坐标标法

2.4.4 坐标标注宜按设计不同阶段要求标注，明确建筑平面复杂时应标注三个以上坐标。

本节取消了原标准第2.4.7条和第2.4.8条。取消第2.4.7条的理由是坐标宜标注在图上已写入第2.4.4条内，列表方式不适用。取消第2.4.8条的原因是在一张图上如坐标数字的位数太多时，可将前面相同的位数省略，此规定不适用。

2.5 标高注法

2.5.1 明确建筑物接近地面处的±0.00标高的平面作为总平面，因民用建筑中设计标高变化多样，如±0.00位置较高时宜画接近地面层的建筑平面。

2.5.3 建筑物的±0.00标高在一栋建筑物内不宜标注多个，标注以0.00相对数值标注比较准确。

3 图　　例

图例部分在使用过程中需要补充、简化、调整。

3.0.1 本条根据原表3.0.1做了如下修改：

序号1新建建筑物区分不同阶段需标注的内容，并增加了外挑连廊等形式的图例及说明。

序号18取消原图例中实体与通透的区别。

序号19档土墙。

序号21台阶与无障碍坡道，后者为新增部分，图例有所修改。

序号28坐标标注明确地形测量坐标与自设坐标的区别。

序号31填挖边坡取消备注，原序号32护坡图例取消，边坡、护坡在图例上相同。

序号33洪水淹没线简化，最高水位以文字标注。

序号38雨水口中增加了原有雨水口、双落式雨水口。

序号44过水路面简化了图例。

序号45室内地坪标高（±0.00）位置调整。

序号46室外地坪标高只保留一种。

序号47～50为新增加图例。

3.0.2 本条根据原表3.0.2做了如下修改：

序号1新建道路中心线交叉点由“·”及“+”两种表示方法均可。

将原序号2、3合并为现序号2道路断面，不分城市型与郊区型。

取消原表3.0.2中8～10图例，因缘石类别在详图中体现，总图中无法区别。

序号7道路曲线段主干道应标注详细，其他道路曲线可从简。

序号11运煤走廊为新增图例。

取消原表3.0.2中序号15、16图例。

取消原表3.0.2中序号21、23，因现阶段已不设窄轨铁路。

序号18～21名称中取消了“有架线的”表述。

序号22～26为新增加的图例。

取消原表3.0.2中序号29～37图例。

取消原表3.0.2中序号44、45、55、56图例，因铁路水鹤已不存在，有关信号标注不在总图上标注。铁路图例与铁路工程制图图形符号尽量一致。

序号51～54为新增图例。

3.0.3、3.0.4 将原表3.0.3序号1～4列为表3.0.3管线图例；因园林景观设计需要，将序号5～16单独列为表3.0.4园林景观绿化图例，该表满足总图需要。种植详图根据园林景观设计另行补充。

中华人民共和国国家标准

建筑制图标准

Standard for architectural drawings

GB/T 50104—2010

主编部门：中华人民共和国住房和城乡建设部
批准部门：中华人民共和国住房和城乡建设部
施行日期：2 0 1 1 年 3 月 1 日

中华人民共和国住房和城乡建设部
公　告

第747号

关于发布行业标准《建筑制图标准》的公告

现批准《建筑制图标准》为国家标准，编号为GB/T 50104-2010，自2011年3月1日起实施。原《建筑制图标准》GB/T 50104-2001同时废止。

本标准由我部标准定额研究所组织中国计划出版社出版发行。

中华人民共和国住房和城乡建设部

二〇一〇年八月十八日

前　言

本标准是根据原建设部《关于印发〈2007年工程建设标准规范制订、修订计划（第一批）〉的通知》（建标〔2007〕125号）的要求，由中国建筑标准设计研究院会同有关单位，在《建筑制图标准》GB/T 50104-2001的基础上修订而成的。

本标准在修订过程中，标准编制组经广泛调查研究，认真总结实践经验，参考有关国际标准和国外先进标准，并广泛征求意见，最后经审查定稿。

本标准共分4章，主要技术内容包括：总则、一般规定、图例、图样画法。

本标准修订的主要内容是：

1. 调整了线宽组合；
2. 增加了需要索引的符号图样；
3. 增加或修改了图例。

本标准由住房和城乡建设部负责管理，由中国建筑标准设计研究院负责具体技术内容的解释。执行过程中如有意见和建议，请寄送中国建筑标准设计研究院（地址：北京市海淀区首体南路9号主语国际2号楼，邮政编码：100048），以便修订时参考。

本标准主编单位、参编单位、主要起草人和主要审查人：

主 编 单 位：中国建筑标准设计研究院

参 编 单 位：中国建筑设计研究院
中国航空规划建设发展有限公司
华东建筑设计研究院有限公司
北京理正软件设计研究院有限公司
北京天正工程软件有限公司

主要起草人员：顾　均　林　琳　韩光宗　熊　涛　沈朝晖　饶良修　张　晔　范一飞　吴　正　杨国平　林卫平

主要审查人员：何玉如　费　麟　徐宇宾　白红卫　石定稷　苗　茁　刘　杰　王　鹏　董静茹　寇九贵　胡纯炀　张同亿

目　次

Contents

1 总　　则

1.0.1 为了使建筑专业、室内设计专业制图规则，保证制图质量，提高制图效率，做到图面清晰、简明，符合设计、施工、存档的要求，适应工程建设的需要，制定本标准。

1.0.2 本标准适用于下列制图方式绘制的图样：

1 手工制图；

2 计算机制图。

1.0.3 本标准适用于建筑专业和室内设计专业的下列工程制图：

1 新建、改建、扩建工程的各阶段设计图、竣工图；

2 原有建筑物、构筑物等的实测图；

3 通用设计图、标准设计图。

1.0.4 建筑专业、室内设计专业制图，除应符合本标准外，尚应符合国家现行有关标准的规定。

2 一 般 规 定

2.1 图　　线

2.1.1 图线的宽度 b，应根据图样的复杂程度和比例，并按现行国家标准《房屋建筑制图统一标准》GB/T 50001 的有关规定选用图（2.1.1-1）～图（2.1.1-3）。绘制较简单的图样时，可采用两种线宽的线宽组，其线宽比宜为 b∶0.25b。

2.1.2 建筑专业、室内设计专业制图采用的各种图线，应符合表 2.1.2 的规定。

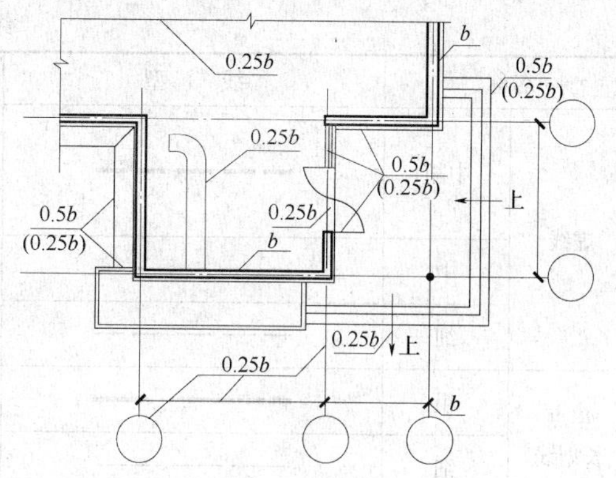

图 2.1.1-1　平面图图线宽度选用示例

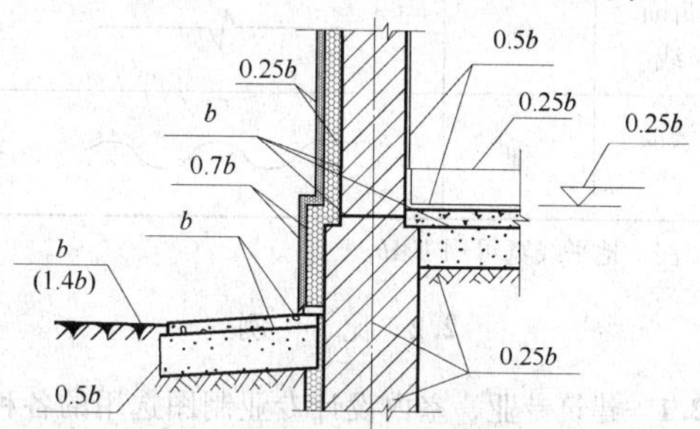

图 2.1.1-2　墙身剖面图图线宽度选用示例

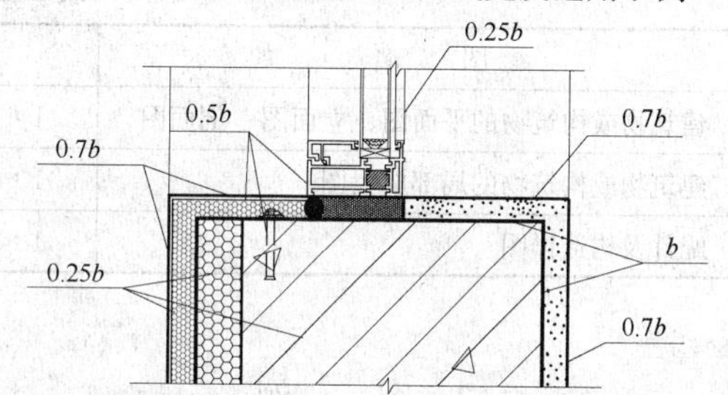

图 2.1.1-3　详图图线宽度选用示例

表 2.1.2　图　　线

名称		线　　型	线宽	用　　途
实线	粗	————	b	1. 平、剖面图中被剖切的主要建筑构造（包括构配件）的轮廓线 2. 建筑立面图或室内立面图的外轮廓线 3. 建筑构造详图中被剖切的主要部分的轮廓线 4. 建筑构配件详图中的外轮廓线 5. 平、立、剖面的剖切符号
	中粗	————	0.7b	1. 平、剖面图中被剖切的次要建筑构造（包括构配件）的轮廓线 2. 建筑平、立、剖面图中建筑构配件的轮廓线 3. 建筑构造详图及建筑构配件详图中的一般轮廓线
	中	————	0.5b	小于 0.7b 的图形线、尺寸线、尺寸界限、索引符号、标高符号、详图材料做法引出线、粉刷线、保温层线、地面、墙面的高差分界线等
	细	————	0.25b	图例填充线、家具线、纹样线等

续表 2.1.2

名称		线型	线宽	用途
虚线	中粗		0.7b	1. 建筑构造详图及建筑构配件不可见的轮廓线 2. 平面图中的起重机（吊车）轮廓线 3. 拟建、扩建建筑物轮廓线
	中		0.5b	投影线、小于 0.5b 的不可见轮廓线
	细		0.25b	图例填充线、家具线等
单点长划线	粗		b	起重机（吊车）轨道线
	细		0.25b	中心线、对称线、定位轴线
折断线	细		0.25b	部分省略表示时的断开界线
波浪线	细		0.25b	部分省略表示时的断开界线，曲线形构间断开界限构造层次的断开界限

注：地平线宽可用 1.4b。

2.2 比 例

2.2.1 建筑专业、室内设计专业制图选用的各种比例，宜符合表 2.2.1 的规定。

表 2.2.1 比 例

图 名	比 例
建筑物或构筑物的平面图、立面图、剖面图	1∶50、1∶100、1∶150、1∶200、1∶300
建筑物或构筑物的局部放大图	1∶10、1∶20、1∶25、1∶30、1∶50
配件及构造详图	1∶1、1∶2、1∶5、1∶10、1∶15、1∶20、1∶25、1∶30、1∶50

3 图 例

3.0.1 构造及配件图例应符合表 3.0.1 的规定。

表 3.0.1 构造及配件图例

序号	名称	图 例	备 注
1	墙体		1. 上图为外墙，下图为内墙 2. 外墙细线表示有保温层或有幕墙 3. 应加注文字或涂色或图案填充表示各种材料的墙体 4. 在各层平面图中防火墙宜着重以特殊图案填充表示
2	隔断		1. 加注文字或涂色或图案填充表示各种材料的轻质隔断 2. 适用于到顶与不到顶隔断
3	玻璃幕墙		幕墙龙骨是否表示由项目设计决定
4	栏杆		—

续表 3.0.1

序号	名称	图例	备注
5	楼梯	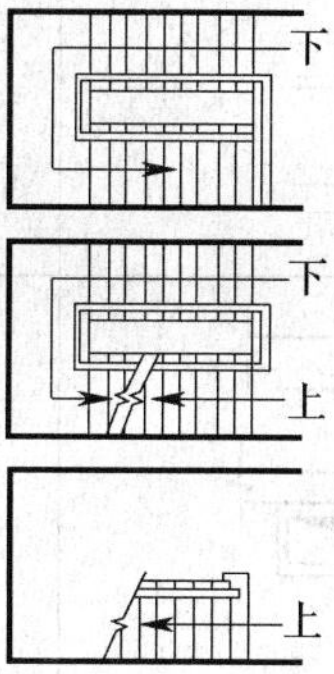 下 下 上 上	1. 上图为顶层楼梯平面，中图为中间层楼梯平面，下图为底层楼梯平面 2. 需设置靠墙扶手或中间扶手时，应在图中表示
6	坡道	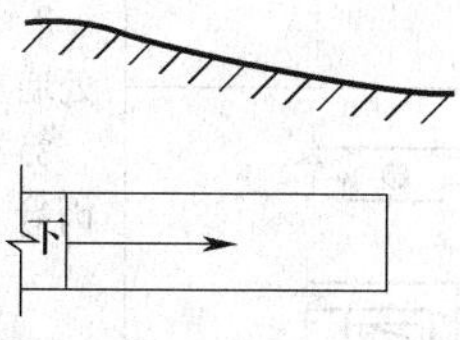 下	长坡道
		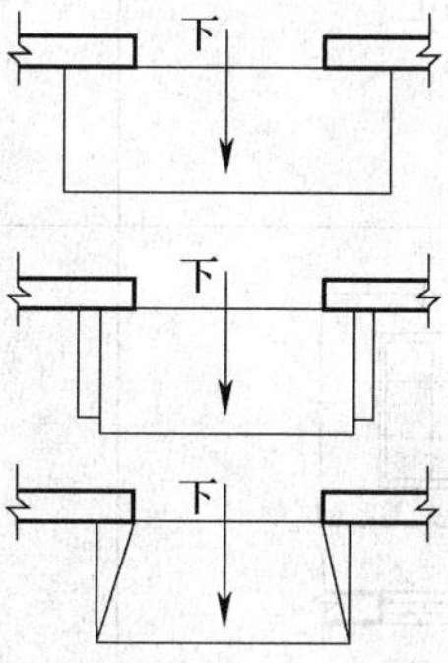 下 下 下	上图为两侧垂直的门口坡道，中图为有挡墙的门口坡道，下图为两侧找坡的门口坡道
7	台阶	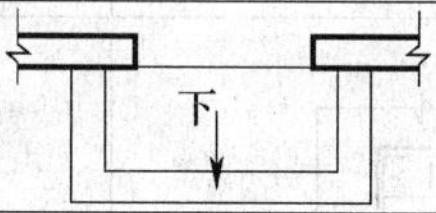 下	—
8	平面高差	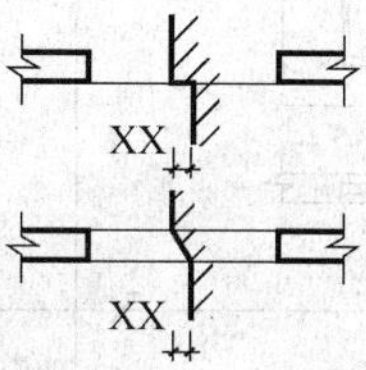 XX XX	用于高差小的地面或楼面交接处，并应与门的开启方向协调
9	检查口		左图为可见检查口，右图为不可见检查口
10	孔洞		阴影部分亦可填充灰度或涂色代替
11	坑槽		—
12	墙预留洞、槽	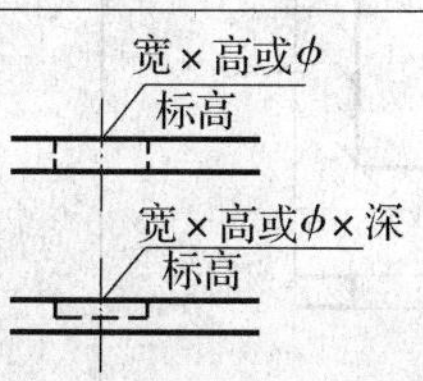 宽×高或ϕ 标高 宽×高或ϕ×深 标高	1. 上图为预留洞，下图为预留槽 2. 平面以洞（槽）中心定位 3. 标高以洞（槽）底或中心定位 4. 宜以涂色区别墙体和预留洞（槽）

续表 3.0.1

序号	名称	图 例	备 注
13	地沟		上图为有盖板地沟，下图为无盖板明沟
14	烟道		1. 阴影部分亦可填充灰度或涂色代替 2. 烟道、风道与墙体为相同材料，其相接处墙身线应连通 3. 烟道、风道根据需要增加不同材料的内衬
15	风道		
16	新建的墙和窗		—
17	改建时保留的墙和窗		只更换窗，应加粗窗的轮廓线
18	拆除的墙		—
19	改建时在原有墙或楼板新开的洞		—

续表 3.0.1

序号	名称	图　例	备　注
20	在原有墙或楼板洞旁扩大的洞		图示为洞口向左边扩大
21	在原有墙或楼板上全部填塞的洞		全部填塞的洞 图中立面填充灰度或涂色
22	在原有墙或楼板上局部填塞的洞		左侧为局部填塞的洞 图中立面填充灰度或涂色
23	空门洞	h=	h 为门洞高度
24	单面开启单扇门（包括平开或单面弹簧）		1. 门的名称代号用 M 表示 2. 平面图中，下为外，上为内 门开启线为 90°、60°或 45°，开启弧线宜绘出 3. 立面图中，开启线实线为外开，虚线为内开。开启线交角的一侧为安装合页一侧。开启线在建筑立面图中可不表示，在立面大样图中可根据需要绘出 4. 剖面图中，左为外，右为内 5. 附加纱扇应以文字说明，在平、立、剖面图中均不表示 6. 立面形式应按实际情况绘制
	双面开启单扇门（包括双面平开或双面弹簧）		
	双层单扇平开门		

续表 3.0.1

序号	名称	图　例	备　注
25	单面开启双扇门（包括平开或单面弹簧）	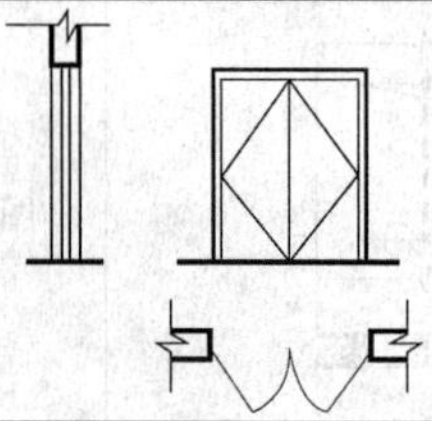	1. 门的名称代号用 M 表示 2. 平面图中，下为外，上为内 门开启线为 90°、60°或 45°，开启弧线宜绘出 3. 立面图中，开启线实线为外开，虚线为内开。开启线交角的一侧为安装合页一侧。开启线在建筑立面图中可不表示，在立面大样图中可根据需要绘出 4. 剖面图中，左为外，右为内 5. 附加纱扇应以文字说明，在平、立、剖面图中均不表示 6. 立面形式应按实际情况绘制
	双面开启双扇门（包括双面平开或双面弹簧）	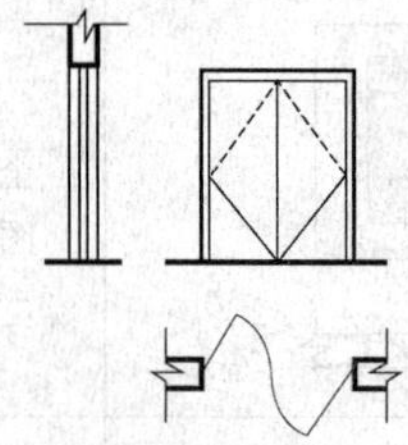	
	双层双扇平开门	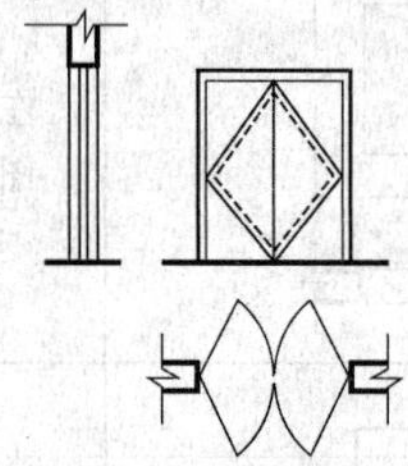	
26	折叠门	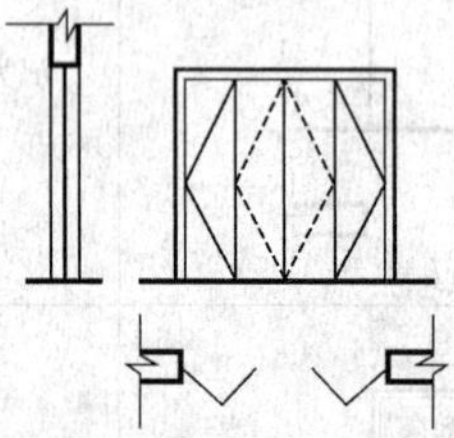	1. 门的名称代号用 M 表示 2. 平面图中，下为外，上为内 3. 立面图中，开启线实线为外开，虚线为内开。开启线交角的一侧为安装合页一侧 4. 剖面图中，左为外，右为内 5. 立面形式应按实际情况绘制
	推拉折叠门	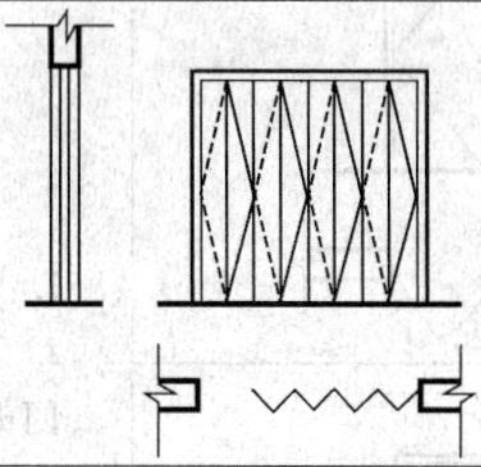	
27	墙洞外单扇推拉门	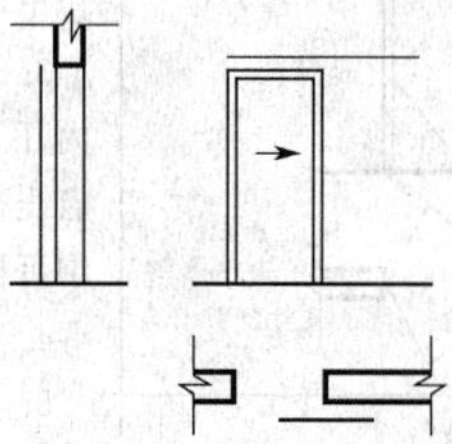	1. 门的名称代号用 M 表示 2. 平面图中，下为外，上为内 3. 剖面图中，左为外，右为内 4. 立面形式应按实际情况绘制
	墙洞外双扇推拉门	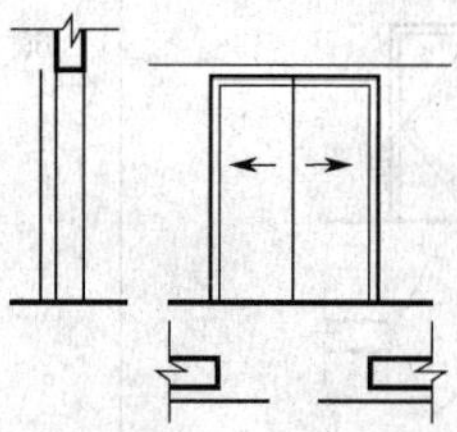	

续表 3.0.1

序号	名称	图　例	备　注
27	墙中单扇推拉门	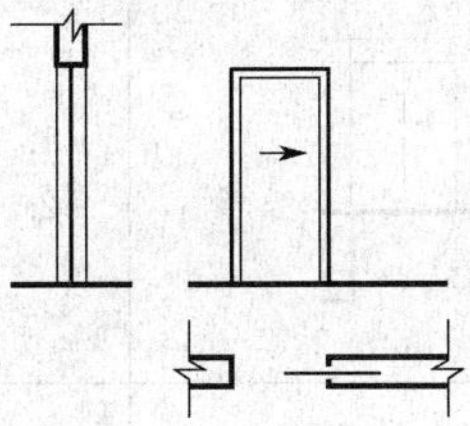	1. 门的名称代号用 M 表示 2. 立面形式应按实际情况绘制
	墙中双扇推拉门	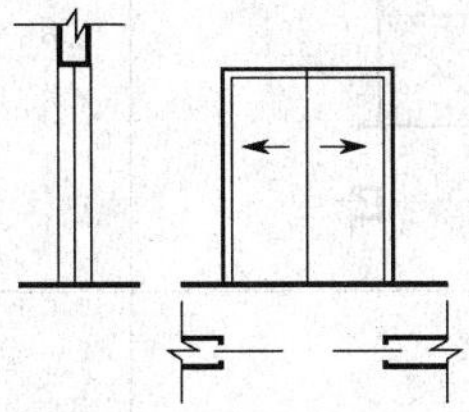	
28	推杠门	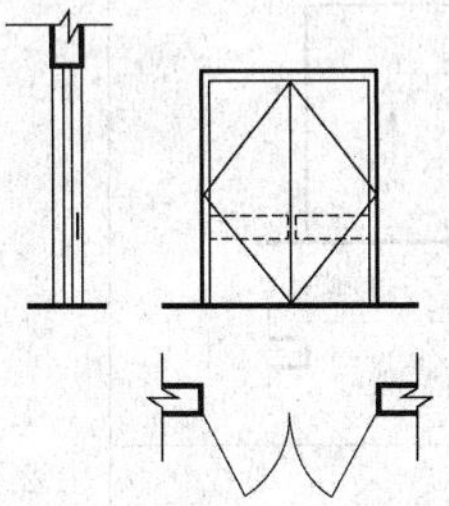	1. 门的名称代号用 M 表示 2. 平面图中，下为外，上为内门开启线为 90°、60°或 45° 3. 立面图中，开启线实线为外开，虚线为内开。开启线交角的一侧为安装合页一侧。开启线在建筑立面图中可不表示，在室内设计门窗立面大样图中需绘出 4. 剖面图中，左为外，右为内 5. 立面形式应按实际情况绘制
29	门连窗	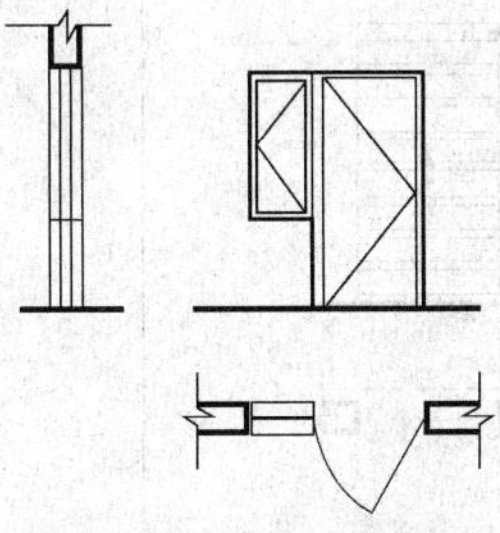	
30	旋转门	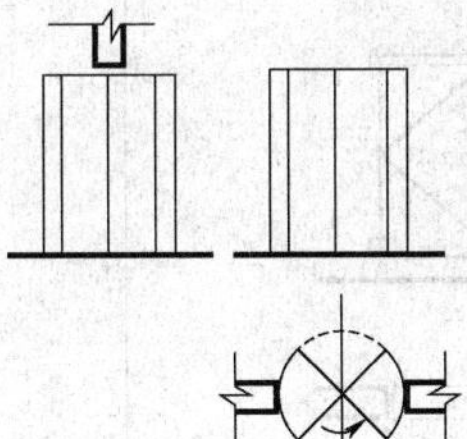	1. 门的名称代号用 M 表示 2. 立面形式应按实际情况绘制
	两翼智能旋转门	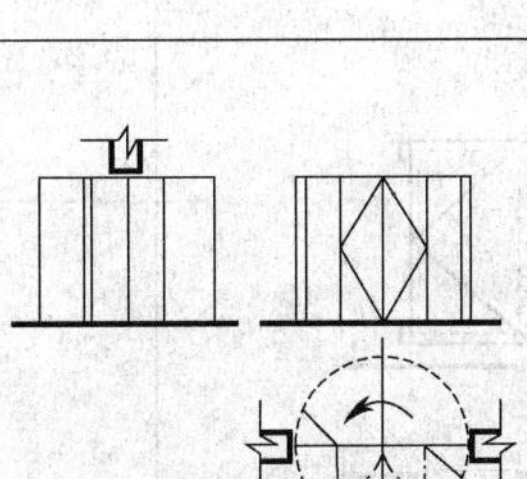	

续表 3.0.1

序号	名称	图例	备注
31	自动门	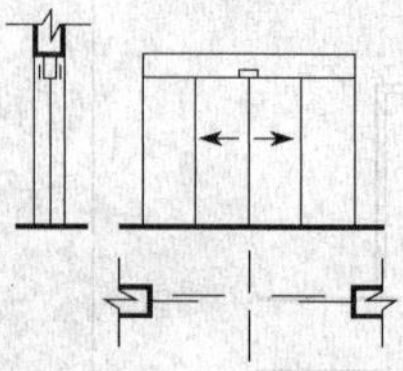	1. 门的名称代号用 M 表示 2. 立面形式应按实际情况绘制
32	折叠上翻门	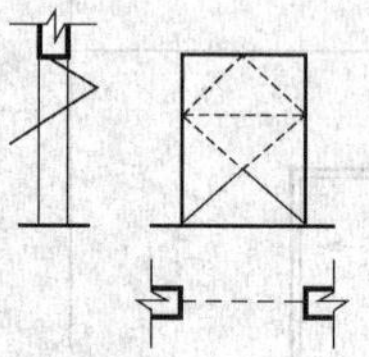	1. 门的名称代号用 M 表示 2. 平面图中，下为外，上为内 3. 剖面图中，左为外，右为内 4. 立面形式应按实际情况绘制
33	提升门	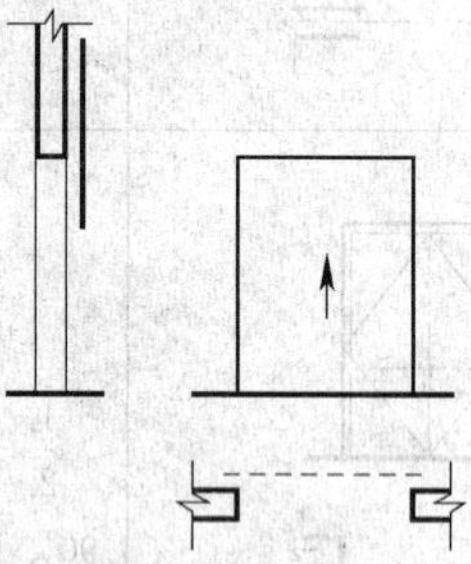	1. 门的名称代号用 M 表示 2. 立面形式应按实际情况绘制
34	分节提升门	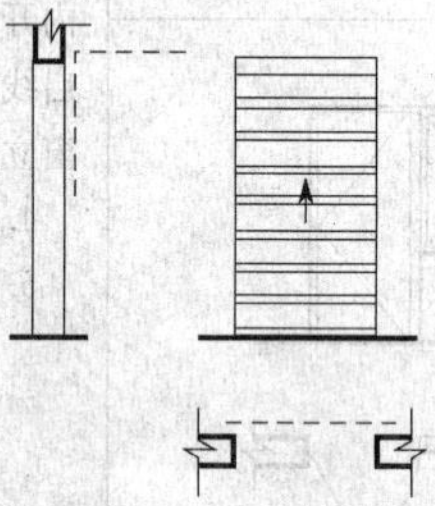	
35	人防单扇防护密闭门	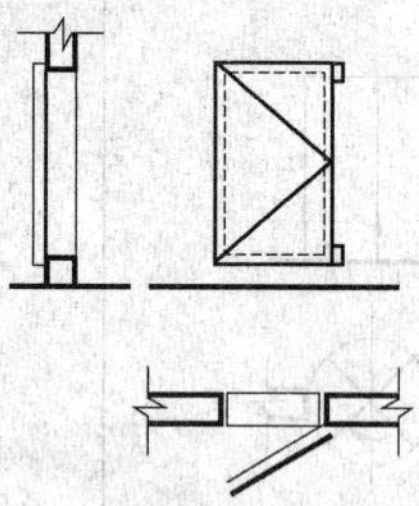	1. 门的名称代号按人防要求表示 2. 立面形式应按实际情况绘制
	人防单扇密闭门	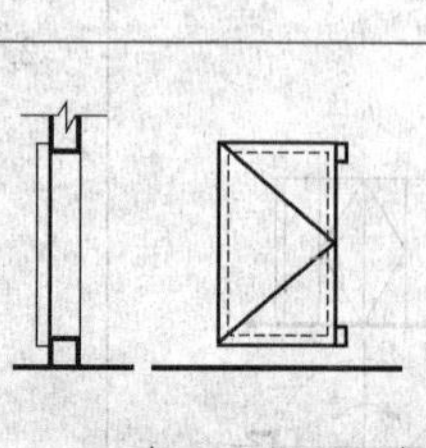	

续表 3.0.1

序号	名称	图　　例	备　注
36	人防双扇防护密闭门		1. 门的名称代号按人防要求表示 2. 立面形式应按实际情况绘制
	人防双扇密闭门		
37	横向卷帘门		—
	竖向卷帘门		
	单侧双层卷帘门		
	双侧单层卷帘门		

续表 3.0.1

<table>
<tr><th>序号</th><th>名称</th><th>图　例</th><th>备　注</th></tr>
<tr><td>38</td><td>固定窗</td><td> 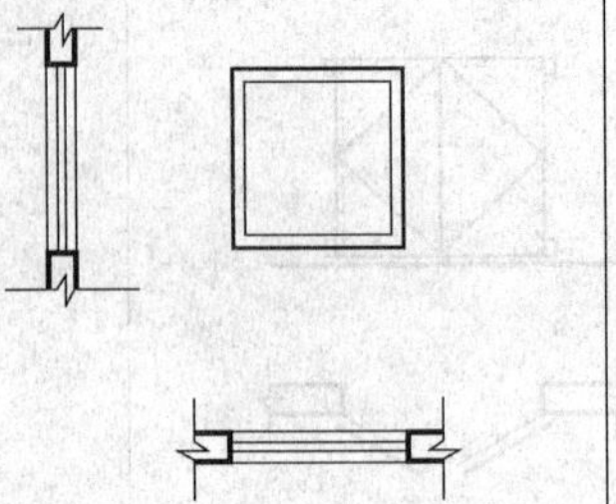</td><td rowspan="4">1. 窗的名称代号用C表示
2. 平面图中，下为外，上为内
3. 立面图中，开启线实线为外开，虚线为内开。开启线交角的一侧为安装合页一侧。开启线在建筑立面图中可不表示，在门窗立面大样图中需绘出
4. 剖面图中，左为外、右为内。虚线仅表示开启方向，项目设计不表示
5. 附加纱窗应以文字说明，在平、立、剖面图中均不表示
6. 立面形式应按实际情况绘制</td></tr>
<tr><td rowspan="2">39</td><td>上悬窗</td><td></td></tr>
<tr><td>中悬窗</td><td></td></tr>
<tr><td>40</td><td>下悬窗</td><td></td></tr>
<tr><td>41</td><td>立转窗</td><td> 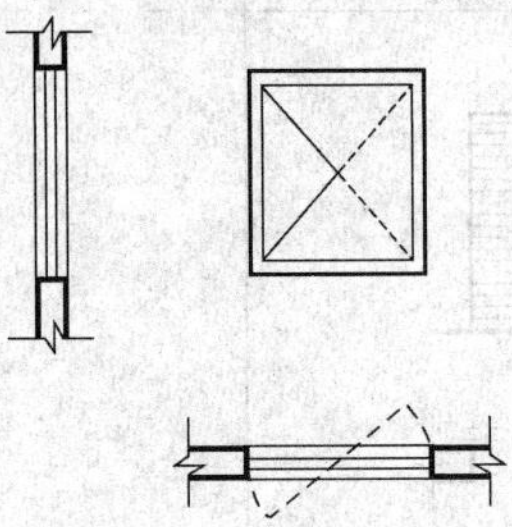</td><td rowspan="2">1. 窗的名称代号用C表示
2. 平面图中，下为外，上为内
3. 立面图中，开启线实线为外开，虚线为内开。开启线交角的一侧为安装合页一侧。开启线在建筑立面图中可不表示，在门窗立面大样图中需绘出
4. 剖面图中，左为外、右为内。虚线仅表示开启方向，项目设计不表示
5. 附加纱窗应以文字说明，在平、立、剖面图中均不表示
6. 立面形式应按实际情况绘制</td></tr>
<tr><td>42</td><td>内开平开内倾窗</td><td></td></tr>
</table>

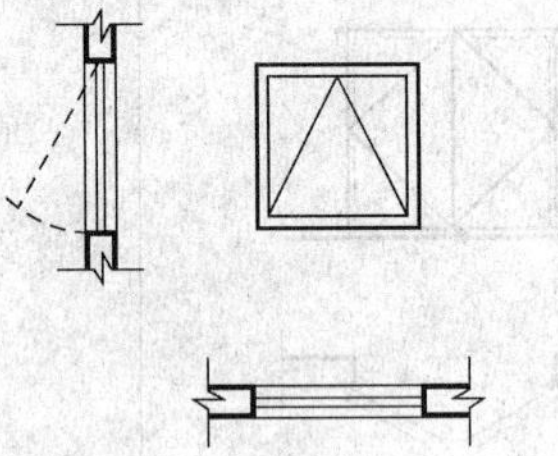

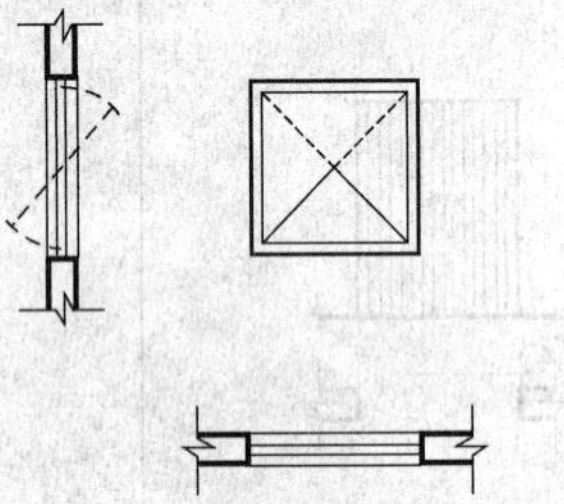

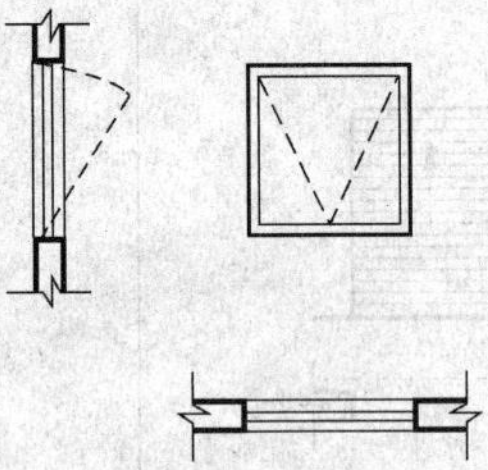

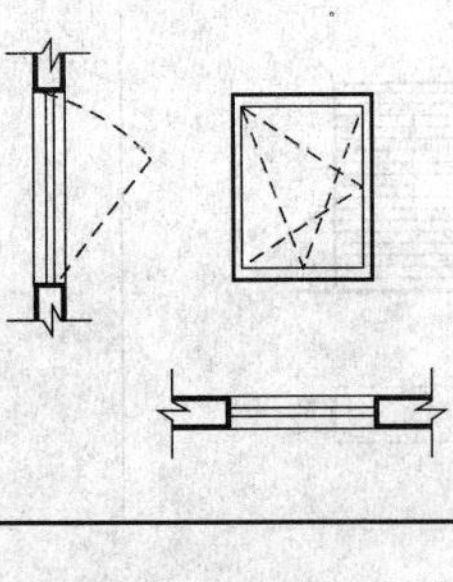

续表 3.0.1

序号	名称	图例	备注
43	单层外开平开窗	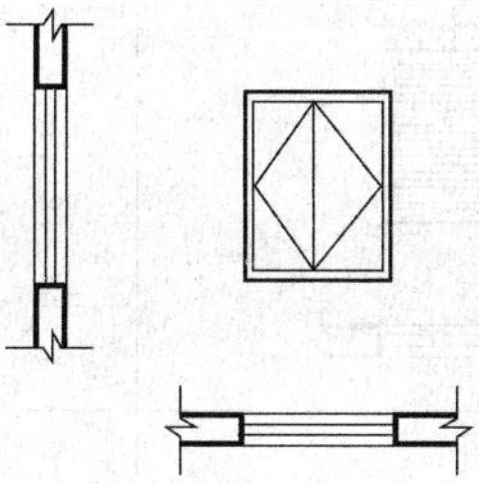	1. 窗的名称代号用C表示 2. 平面图中，下为外，上为内 3. 立面图中，开启线实线为外开，虚线为内开。开启线交角的一侧为安装合页一侧。开启线在建筑立面图中可不表示，在门窗立面大样图中需绘出 4. 剖面图中，左为外、右为内。虚线仅表示开启方向，项目设计不表示 5. 附加纱窗应以文字说明，在平、立、剖面图中均不表示 6. 立面形式应按实际情况绘制
	单层内开平开窗	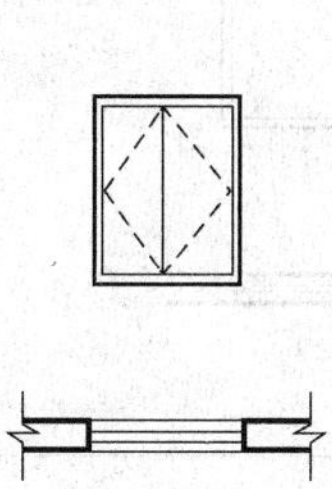	
	双层内外开平开窗	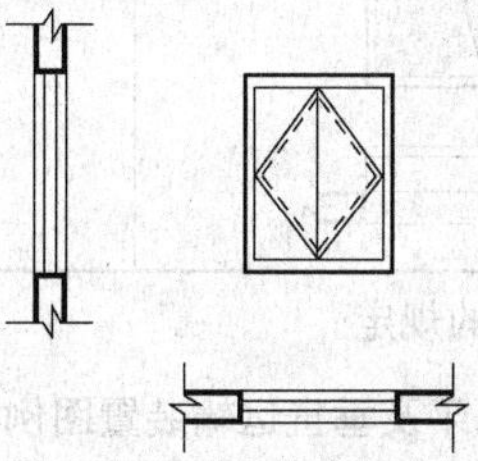	
44	单层推拉窗	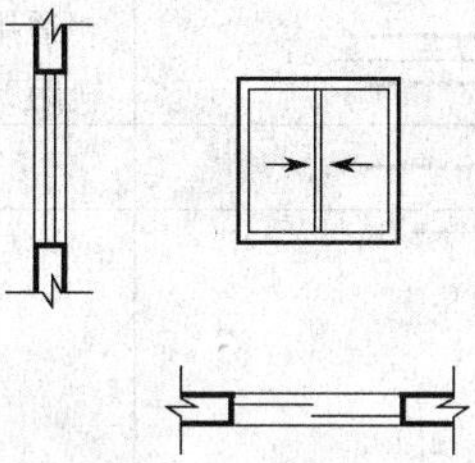	1. 窗的名称代号用C表示 2. 立面形式应按实际情况绘制
	双层推拉窗	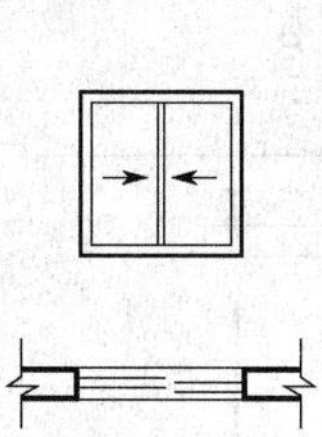	1. 窗的名称代号用C表示 2. 立面形式应按实际情况绘制
45	上推窗	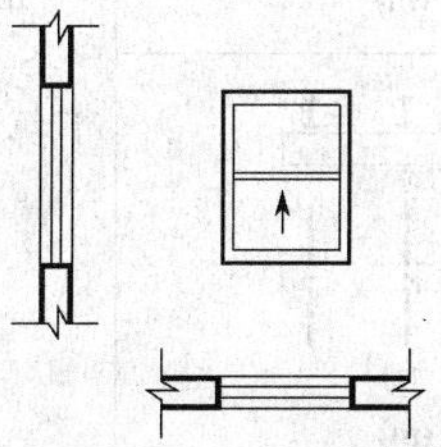	1. 窗的名称代号用C表示 2. 立面形式应按实际情况绘制

续表 3.0.1

序号	名称	图　例	备　注
46	百叶窗	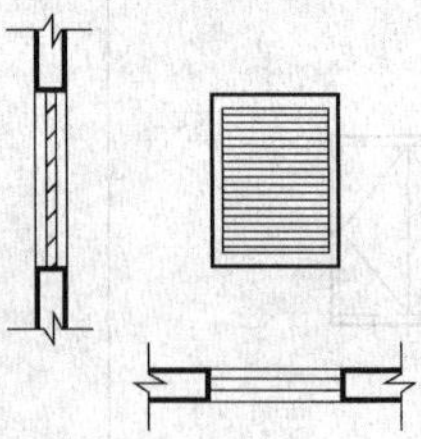	1. 窗的名称代号用C表示 2. 立面形式应按实际情况绘制
47	高窗	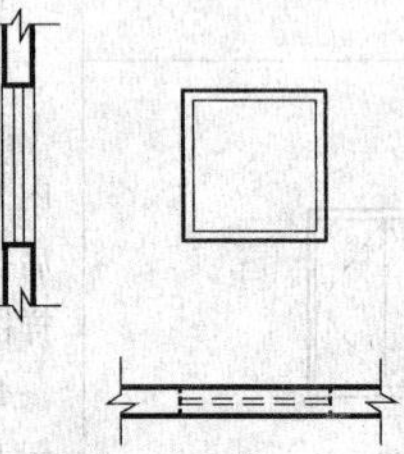	1. 窗的名称代号用C表示 2. 立面图中，开启线实线为外开，虚线为内开。开启线交角的一侧为安装合页一侧。开启线在建筑立面图中可不表示，在门窗立面大样图中需绘出 3. 剖面图中，左为外、右为内 4. 立面形式应按实际情况绘制 5. h 表示高窗底距本层地面高度 6. 高窗开启方式参考其他窗型
48	平推窗	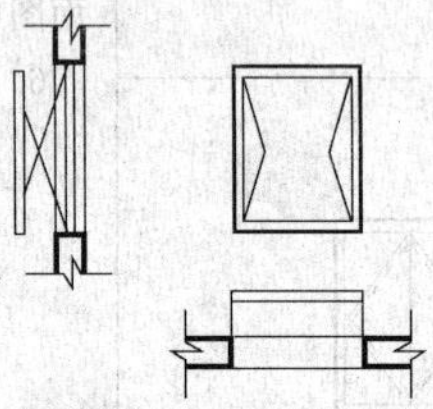	1. 窗的名称代号用C表示 2. 立面形式应按实际情况绘制

3.0.2 水平及垂直运输装置图例应符合表 3.0.2 的规定。

表 3.0.2 水平及垂直运输装置图例

序号	名称	图　例	备　注
1	铁路	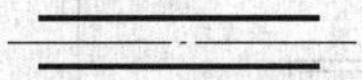	适用于标准轨及窄轨铁路，使用时应注明轨距
2	起重机轨道		—
3	手、电动葫芦	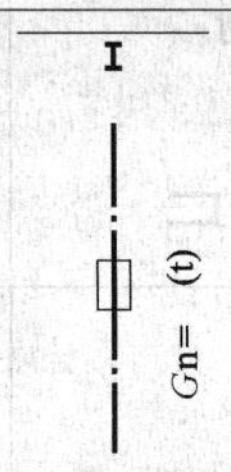 $Gn=$ (t)	1. 上图表示立面（或剖切面），下图表示平面 2. 手动或电动由设计注明 3. 需要时，可注明起重机的名称、行驶的范围及工作级别 4. 有无操纵室，应按实际情况绘制 5. 本图例的符号说明： Gn——起重机起重量，以吨（t）计算 S——起重机的跨度或臂长，以米（m）计算
4	梁式悬挂起重机	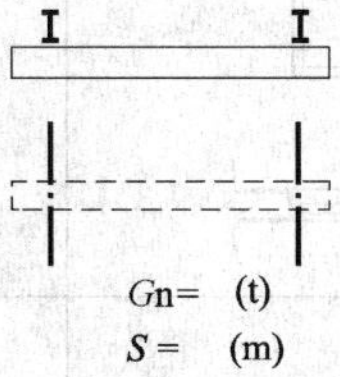 $Gn=$ (t) $S=$ (m)	
5	多支点悬挂起重机	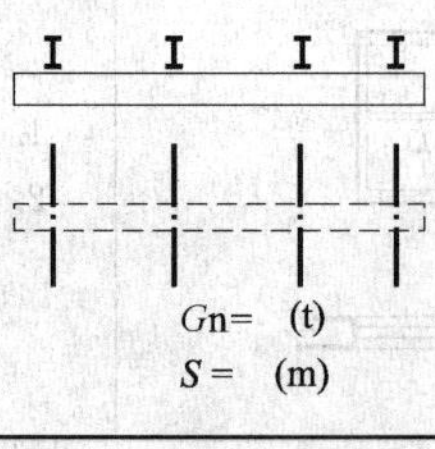 $Gn=$ (t) $S=$ (m)	

续表 3.0.2

序号	名称	图　　例	备　　注
6	梁式起重机	*Gn*=　(t) *S*=　(m)	1. 上图表示立面（或剖切面），下图表示平面 2. 手动或电动由设计注明 3. 需要时，可注明起重机的名称、行驶的范围及工作级别 4. 有无操纵室，应按实际情况绘制 5. 本图例的符号说明： *Gn*——起重机起重量，以吨（t）计算 *S*——起重机的跨度或臂长，以米（m）计算
7	桥式起重机	*Gn*=　(t) *S*=　(m)	1. 上图表示立面（或剖切面），下图表示平面 2. 有无操纵室，应按实际情况绘制 3. 需要时，可注明起重机的名称、行驶的范围及工作级别 4. 本图例的符号说明： *Gn*——起重机起重量，以吨（t）计算 *S*——起重机的跨度或臂长，以米（m）计算
8	龙门式起重机	*Gn*=　(t) *S*=　(m)	
9	壁柱式起重机	*Gn*=　(t) *S*=　(m)	1. 上图表示立面（或剖切面），下图表示平面 2. 需要时，可注明起重机的名称、行驶的范围及工作级别 3. 本图例的符号说明： *Gn*——起重机起重量，以吨（t）计算 *S*——起重机的跨度或臂长，以米（m）计算
10	壁行起重机	*Gn*=　(t) *S*=　(m)	

续表 3.0.2

序号	名称	图　　例	备　　注
11	定柱式起重机	Gn=　(t) S=　(m)	1. 上图表示立面（或剖切面），下图表示平面 2. 需要时，可注明起重机的名称、行驶的范围及工作级别 3. 本图例的符号说明： Gn——起重机起重量，以吨（t）计算 S——起重机的跨度或臂长，以米（m）计算
12	传送带		传送带的形式多种多样，项目设计图均按实际情况绘制，本图例仅为代表
13	电梯		1. 电梯应注明类型，并按实际绘出门和平衡锤或导轨的位置 2. 其他类型电梯应参照本图例按实际情况绘制
14	杂物梯、食梯		
15	自动扶梯	下 上　上	箭头方向为设计运行方向
16	自动人行道		
17	自动人行坡道	上	箭头方向为设计运行方向

4 图样画法

4.1 平面图

4.1.1 平面图的方向宜与总图方向一致。平面图的长边宜与横式幅面图纸的长边一致。

4.1.2 在同一张图纸上绘制多于一层的平面图时，各层平面图宜按层数由低向高的顺序从左至右或从下至上布置。

4.1.3 除顶棚平面图外，各种平面图应按正投影法绘制。

4.1.4 建筑物平面图应在建筑物的门窗洞口处水平剖切俯视，屋顶平面图应在屋面以上俯视，图内应包括剖切面及投影方向可见的建筑构造以及必要的尺寸、标高等，表示高窗、洞口、通气孔、槽、地沟及起重机等不可见部分时，应采用虚线绘制。

4.1.5 建筑物平面图应注写房间的名称或编号。编号应注写在直径为 6mm 细实线绘制的圆圈内，并应在同张图纸上列出房间名称表。

4.1.6 平面较大的建筑物，可分区绘制平面图，但每张平面图均应绘制组合示意图。各区应分别用大写拉丁字母编号。在组合示意图中需提示的分区，应采用阴影线或填充的方式表示。

4.1.7 顶棚平面图宜采用镜像投影法绘制。

4.1.8 室内立面图的内视符号（图 4.1.8-1）应注明

在平面图上的视点位置、方向及立面编号（图 4.1.8-2，4.1.8-3）。符号中的圆圈应用细实线绘制，可根据图面比例圆圈直径选择 8mm～12mm。立面编号宜用拉丁字母或阿拉伯数字。

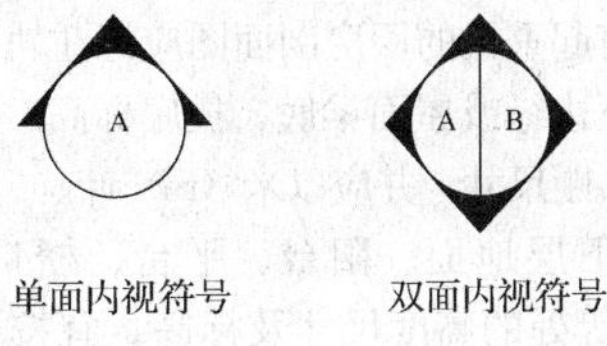

A
B D
C
四面内视符号

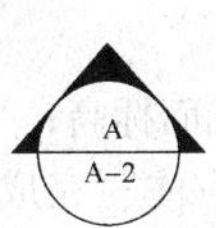

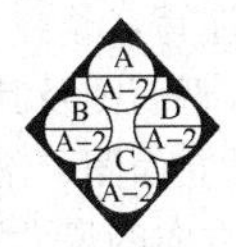

图 4.1.8-1　内视符号

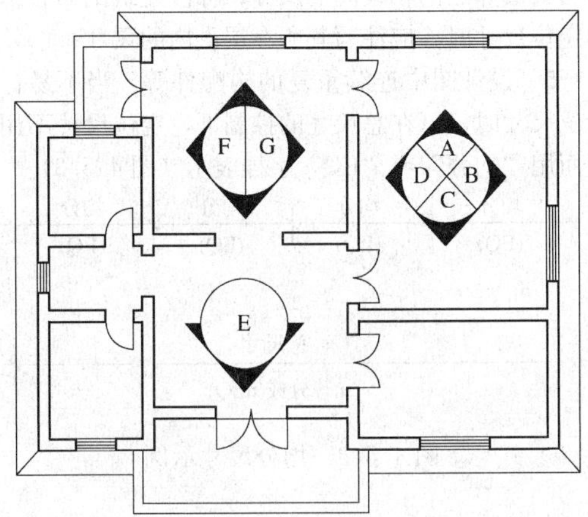

图 4.1.8-2　平面图上内视符号应用示例

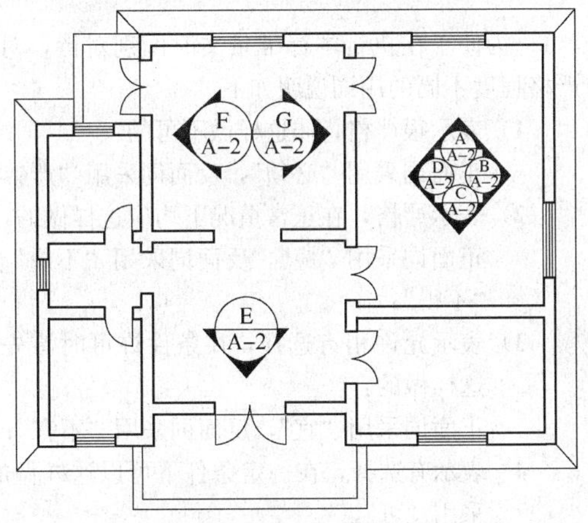

图 4.1.8-3　平面图上内视符号
（带索引）应用示例

4.2　立　面　图

4.2.1　各种立面图应按正投影法绘制。

4.2.2　建筑立面图应包括投影方向可见的建筑外轮廓线和墙面线脚、构配件、墙面做法及必要的尺寸和标高等。

4.2.3　室内立面图应包括投影方向可见的室内轮廓线和装修构造、门窗、构配件、墙面做法、固定家具、灯具、必要的尺寸和标高及需要表达的非固定家具、灯具、装饰物件等。室内立面图的顶棚轮廓线，可根据具体情况只表达吊平顶或同时表达吊平顶及结构顶棚。

4.2.4　平面形状曲折的建筑物，可绘制展开立面图、展开室内立面图。圆形或多边形平面的建筑物，可分段展开绘制立面图、室内立面图，但均应在图名后加注“展开”二字。

4.2.5　较简单的对称式建筑物或对称的构配件等，在不影响构造处理和施工的情况下，立面图可绘制一半，并应在对称轴线处画对称符号。

4.2.6　在建筑物立面图上，相同的门窗、阳台、外檐装修、构造做法等可在局部重点表示，并应绘出其完整图形，其余部分可只画轮廓线。

4.2.7　在建筑物立面图上，外墙表面分格线应表示清楚。应用文字说明各部位所用面材及色彩。

4.2.8　有定位轴线的建筑物，宜根据两端定位轴线号编注立面图名称。无定位轴线的建筑物可按平面图各面的朝向确定名称。

4.2.9　建筑物室内立面图的名称，应根据平面图中内视符号的编号或字母确定。

4.3　剖　面　图

4.3.1　剖面图的剖切部位，应根据图纸的用途或设计深度，在平面图上选择能反映全貌、构造特征以及有代表性的部位剖切。

4.3.2　各种剖面图应按正投影法绘制。

4.3.3　建筑剖面图内应包括剖切面和投影方向可见的建筑构造、构配件以及必要的尺寸、标高等。

4.3.4　剖切符号可用阿拉伯数字、罗马数字或拉丁字母编号（图 4.3.4）。

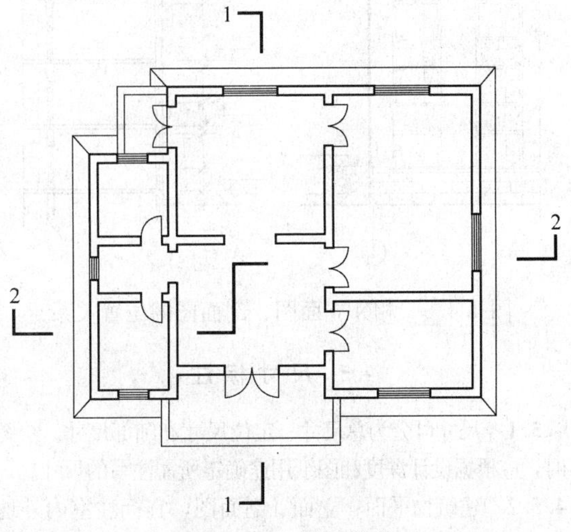

图 4.3.4　剖切符号

4.3.5 画室内立面时，相应部位的墙体、楼地面的剖切面宜绘出。必要时，占空间较大的设备管线、灯具等的剖切面，亦应在图纸上绘出。

4.4 其他规定

4.4.1 指北针应绘制在建筑物±0.000标高的平面图上，并应放在明显位置，所指的方向应与总图一致。

4.4.2 零配件详图与构造详图，宜按直接正投影法绘制。

4.4.3 零配件外形或局部构造的立体图，宜按现行国家标准《房屋建筑制图统一标准》GB/T 50001的有关规定绘制。

4.4.4 不同比例的平面图、剖面图，其抹灰层、楼地面、材料图例的省略画法，应符合下列规定：

1 比例大于1∶50的平面图、剖面图，应画出抹灰层、保温隔热层等与楼地面、屋面的面层线，并宜画出材料图例；

2 比例等于1∶50的平面图、剖面图，剖面图宜画出楼地面、屋面的面层线，宜绘出保温隔热层，抹灰层的面层线应根据需要确定；

3 比例小于1∶50的平面图、剖面图，可不画出抹灰层，但剖面图宜画出楼地面、屋面的面层线；

4 比例为1∶100～1∶200的平面图、剖面图，可画简化的材料图例，但剖面图宜画出楼地面、屋面的面层线；

5 比例小于1∶200的平面图、剖面图，可不画材料图例，剖面图的楼地面、屋面的面层线可不画出。

4.4.5 相邻的立面图或剖面图，宜绘制在同一水平线上，图内相互有关的尺寸及标高，宜标注在同一竖线上（图4.4.5）。

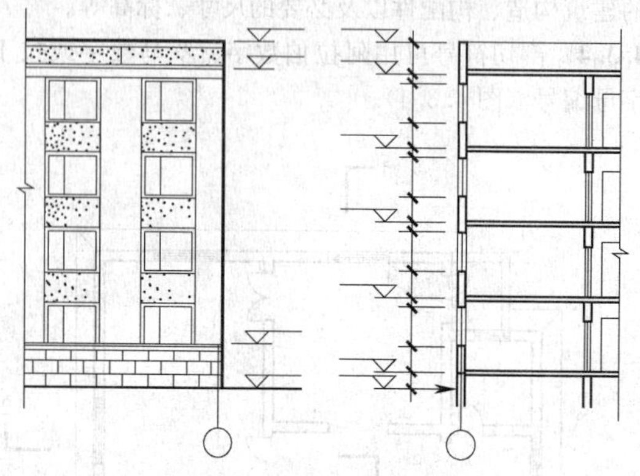

图4.4.5 相邻立面图、剖面图的位置关系

4.5 尺寸标注

4.5.1 尺寸可分为总尺寸、定位尺寸和细部尺寸。绘图时，应根据设计深度和图纸用途确定所需注写的尺寸。

4.5.2 建筑物平面、立面、剖面图，宜标注室内外地坪、楼地面、地下层地面、阳台、平台、檐口、层脊、女儿墙、雨棚、门、窗、台阶等处的标高。平屋面等不易标明建筑标高的部位可标注结构标高，应进行说明。结构找坡的平屋面，屋面标高可标注在结构板面最低点，并注明找坡坡度。有屋架的屋面，应标注屋架下弦搁置点或柱顶标高。有起重机的厂房剖面图应标注轨顶标高、屋架下弦杆件下边缘或屋面梁底、板底标高。梁式悬挂起重机宜标出轨距尺寸，并应以米（m）计。

4.5.3 楼地面、地下层地面、阳台、平台、檐口、屋脊、女儿墙、台阶等处的高度尺寸及标高，宜按下列规定注写：

1 平面图及其详图应注写完成面标高；

2 立面图、剖面图及其详图应注写完成面标高及高度方向的尺寸；

3 其余部分应注写毛面尺寸及标高；

4 标注建筑平面图各部位的定位尺寸时，应注写与其最邻近的轴线间的尺寸；标注建筑剖面各部位的定位尺寸时，应注写其所在层次内的尺寸；

5 设计图中连续重复的构配件等，当不易标明定位尺寸时，可在总尺寸的控制下，定位尺寸不用数值而用“均分”或“EQ”字样表示（图4.5.3）。

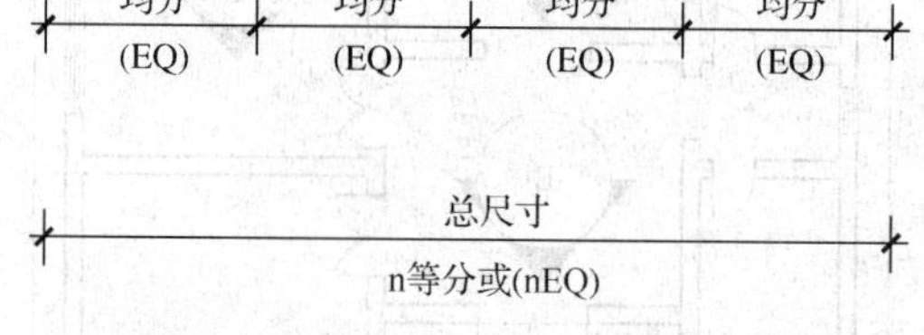

图4.5.3 均分尺寸示例

本标准用词说明

1 为便于在执行本标准条文时区别对待，对要求严格程度不同的用词说明如下：

1）表示很严格，非这样做不可的：
正面词采用“必须”，反面词采用“严禁”；

2）表示严格，在正常情况下均应这样做的：
正面词采用“应”，反面词采用“不应”或“不得”；

3）表示允许稍有选择，在条件许可时首先应这样做的：
正面词采用“宜”，反面词采用“不宜”；

4）表示有选择，在一定条件下可以这样做的，采用“可”。

2 本标准中指明应按其他有关标准执行的写法为：“应符合……的规定”或“应按……执行”。

引用标准名录

《技术制图——字体》GB/T 14691

《房屋建筑制图统一标准》GB/T 50001

中华人民共和国国家标准

建筑制图标准

GB/T 50104—2010

条 文 说 明

修 订 说 明

《建筑制图标准》GB/T 50104-2010，经住房和城乡建设部 2010 年 8 月 18 日以第 747 号公告批准发布。

本标准是在《建筑制图标准》GB/T 50104-2001 的基础上修订而成，上一版的主编单位是中国建筑标准设计研究院，参编单位是中国航空工业规划设计院，主要起草人员是顾均、曹声飞。

本标准修订的主要技术内容是：1. 调整了线宽组合；2. 增加了需要索引的符号图样；3. 增加或修改了图例。

本标准修订过程中，编制组进行了深入调查研究，总结实践经验，认真分析了有关资料及数据，参考了有关国际标准。

为便于广大设计、施工、科研、学校等单位有关人员在使用本标准时能正确理解和执行条文规定，《建筑制图标准》编制组按章、节、条顺序编制了本标准的条文说明，对条文规定的目的、依据以及执行中需注意的有关事项进行了说明。但是，本条文说明不具备与标准正文同等的法律效力，仅供使用者作为理解和把握标准规定的参考。

目　次

1 总　　则

1.0.1 本标准是在《建筑制图标准》GB/T 50104—2001（以下称原标准）基础上进行修编与补充，适用于建筑专业和室内设计专业。

2 一 般 规 定

2.1 图　　线

2.1.1 根据此次同时修订的《房屋建筑制图统一标准》GB/T 50001的规定，线宽组合有所改动，但非强制性条款。

3 图　　例

3.0.1 增加或修改了构造及配件图例。

3.0.2 增加或修改了水平及垂直运输装置图例。

4 图 样 画 法

4.1 平 面 图

4.1.8 根据室内设计在平面中标明所视立面的常用制图方式，在实际运用中，有时由于立面较多，为对照查找便利起见，通常立面编号还需加索引号。本标准增加了内视符号需要索引的图例，规定其画法和用法，并做示例。其他情况如：相邻 90°的两个方向、三个方向，可用多个单面内视符号或一个四面内视符号表示，此时四面内视符号中的四个编号格内，设计人可在要表示的方向格内注写两个或三个编号，其余为空格即可。内饰符号也可用于表示建筑内庭院立面。

4.2 立 面 图

4.2.8 立面图根据平面中两端定位轴线号编注立面图名称如：①～⑩立面图、Ⓐ～Ⓕ立面图。

4.2.9 室内立面图根据平面中内视符号的编号或字母确定名称如：①立面图、Ⓐ立面图。

4.5 尺 寸 标 注

4.5.1 根据设计中对各种尺寸的应用，归纳为总尺寸、定位尺寸、细部尺寸三种，并定义：

总尺寸——建筑物外轮廓尺寸，若干定位尺寸之和。

定位尺寸——轴线尺寸；建筑物构配件如：墙体、门、窗、洞口洁具等，相应于轴线或其他构配件确定位置的尺寸。

细部尺寸——建筑物构配件的详细尺寸。

4.5.3 对本条第 3 款说明如下；

3 所谓毛面尺寸及标高是指非建筑完成面尺寸及标高，如平面图中标注的墙体厚度尺寸，板底、梁底标高。

中华人民共和国国家标准

建筑给水排水制图标准

Standard for building water supply and drainage drawings

GB/T 50106—2010

主编部门：中华人民共和国住房和城乡建设部
批准部门：中华人民共和国住房和城乡建设部
施行日期：2 0 1 1 年 3 月 1 日

中华人民共和国住房和城乡建设部
公　告

第 746 号

关于发布行业标准《建筑给水排水制图标准》的公告

现批准《建筑给水排水制图标准》为国家标准，编号为 GB/T 50106－2010，自 2011 年 3 月 1 日起实施。原《给水排水制图标准》GB/T 50106－2001 同时废止。

本标准由我部标准定额研究所组织中国建筑工业出版社出版发行。

中华人民共和国住房和城乡建设部

2010 年 8 月 18 日

前　言

本标准是根据原建设部《关于印发〈2007 年工程建设标准规范制订、修订计划（第一批）〉的通知》（建标［2007］125 号）的要求，由中国建筑标准设计研究院会同有关单位在原《给水排水制图标准》GB/T 50106－2001 的基础上修订而成。

本标准在修订过程中，编制组经广泛调查研究，认真总结实践经验，参考有关国内标准和国外先进标准，并在广泛征求意见的基础上，修订本标准，最后经审查定稿。

本标准共分 4 章，主要技术内容包括：总则、基本规定、图例、图样画法。

本标准修订的主要内容是：

1　增加、修改了部分图例；

2　修改了图样画法的部分内容。

本标准由住房和城乡建设部负责管理，由中国建筑标准设计研究院负责具体技术内容的解释。执行过程中如有意见和建议，请寄送中国建筑标准设计研究院（地址：北京市海淀区首体南路 9 号主语国际 2 号楼，邮编：100048），以便今后修订时参考。

本标准主编单位：中国建筑标准设计研究院

本标准参编单位：中国建筑设计研究院机电专业设计研究院
华东建筑设计研究院有限公司
北京鸿业同行科技有限公司

本标准主要起草人员：李端文　贾　苇　杨世兴　冯旭东　钱江锋　瞿　迅　谷德性

本标准主要审查人员：罗继杰　崔长起　任向东　郑克白　伍果毅　薛英超　郑小梅　满孝新　王　婷　宋孝春

目　次

Contents

1 总　　则

1.0.1 为了统一建筑给水排水专业制图规则，保证制图质量，提高制图效率，做到图面清晰、简明，符合设计、施工、存档的要求，适应工程建设的需要，制定本标准。

1.0.2 本标准适用于计算机制图和手工制图方式绘制的图样。

1.0.3 本标准适用于建筑给水排水专业的下列工程制图：

1 新建、改建、扩建工程的各阶段设计图、竣工图；

2 总图设计图、竣工图；

3 原有建筑物、构筑物、总图的实测图；

4 通用设计图、标准设计图。

1.0.4 本制图标准应按下列规定与现行国家标准《房屋建筑制图统一标准》GB/T 50001 配合使用：

1 本标准有规定的，均应按本标准执行；

2 本标准无规定的，而现行国家标准《房屋建筑制图统一标准》GB/T 50001 有规定的内容，均应按现行国家标准《房屋建筑制图统一标准》GB/T 50001 的有关规定执行。

1.0.5 建筑给水排水专业制图，除应符合本标准外，尚应符合国家现行有关标准的规定。

2 基本规定

2.1 图　　线

2.1.1 图线的宽度 b，应根据图纸的类型、比例和复杂程度，按现行国家标准《房屋建筑制图统一标准》GB/T 50001 中的规定选用。线宽 b 宜为 0.7mm 或 1.0mm。

2.1.2 建筑给水排水专业制图，常用的各种线型宜符合表 2.1.2 的规定。

表 2.1.2 线　　型

名称	线型	线宽	用途
粗实线	————	b	新设计的各种排水和其他重力流管线
粗虚线	— — — —	b	新设计的各种排水和其他重力流管线的不可见轮廓线
中粗实线	————	$0.7b$	新设计的各种给水和其他压力流管线；原有的各种排水和其他重力流管线
中粗虚线	— — — —	$0.7b$	新设计的各种给水和其他压力流管线及原有的各种排水和其他重力流管线的不可见轮廓线
中实线	————	$0.5b$	给水排水设备、零（附）件的可见轮廓线；总图中新建的建筑物和构筑物的可见轮廓线；原有的各种给水和其他压力流管线
中虚线	— — — —	$0.5b$	给水排水设备、零（附）件的不可见轮廓线；总图中新建的建筑物和构筑物的不可见轮廓线；原有的各种给水和其他压力流管线的不可见轮廓线
细实线	————	$0.25b$	建筑的可见轮廓线；总图中原有的建筑物和构筑物的可见轮廓线；制图中的各种标注线
细虚线	— — — —	$0.25b$	建筑的不可见轮廓线；总图中原有的建筑物和构筑物的不可见轮廓线
单点长画线	—·—·—	$0.25b$	中心线、定位轴线
折断线	—∧—	$0.25b$	断开界线
波浪线	～～～	$0.25b$	平面图中水面线；局部构造层次范围线；保温范围示意线

2.2 比　　例

2.2.1 建筑给水排水专业制图常用的比例，宜符合表 2.2.1 的规定。

表 2.2.1 常 用 比 例

名称	比例	备注
区域规划图 区域位置图	1∶50000、1∶25000、1∶10000、1∶5000、1∶2000	宜与总图专业一致
总平面图	1∶1000、1∶500、1∶300	宜与总图专业一致
管道纵断面图	竖向 1∶200、1∶100、1∶50 纵向 1∶1000、1∶500、1∶300	—
水处理厂(站)平面图	1∶500、1∶200、1∶100	—
水处理构筑物、设备间、卫生间，泵房平、剖面图	1∶100、1∶50、1∶40、1∶30	—
建筑给水排水平面图	1∶200、1∶150、1∶100	宜与建筑专业一致
建筑给水排水轴测图	1∶150、1∶100、1∶50	宜与相应图纸一致
详图	1∶50、1∶30、1∶20、1∶10 1∶5、1∶2、1∶1、2∶1	—

2.2.2 在管道纵断面图中，竖向与纵向可采用不同的组合比例。

2.2.3 在建筑给水排水轴测系统图中，如局部表达有困难时，该处可不按比例绘制。

2.2.4 水处理工艺流程断面图和建筑给水排水管道展开系统图可不按比例绘制。

2.3 标　　高

2.3.1 标高符号及一般标注方法应符合现行国家标准《房屋建筑制图统一标准》GB/T 50001 的规定。

2.3.2 室内工程应标注相对标高；室外工程宜标注绝对标高，当无绝对标高资料时，可标注相对标高，但应与总图专业一致。

2.3.3 压力管道应标注管中心标高；重力流管道和沟渠宜标注管（沟）内底标高。标高单位以 m 计时，可注写到小数点后第二位。

2.3.4 在下列部位应标注标高：

1　沟渠和重力流管道：

1）建筑物内应标注起点、变径（尺寸）点、变坡点、穿外墙及剪力墙处；

2）需控制标高处；

3）小区内管道按本标准第 4.4.3 条或第 4.4.4 条、第 4.4.5 条的规定执行；

2　压力流管道中的标高控制点；

3　管道穿外墙、剪力墙和构筑物的壁及底板等处；

4　不同水位线处；

5　建（构）筑物中土建部分的相关标高。

2.3.5 标高的标注方法应符合下列规定：

1　平面图中，管道标高应按图 2.3.5-1 的方式标注；

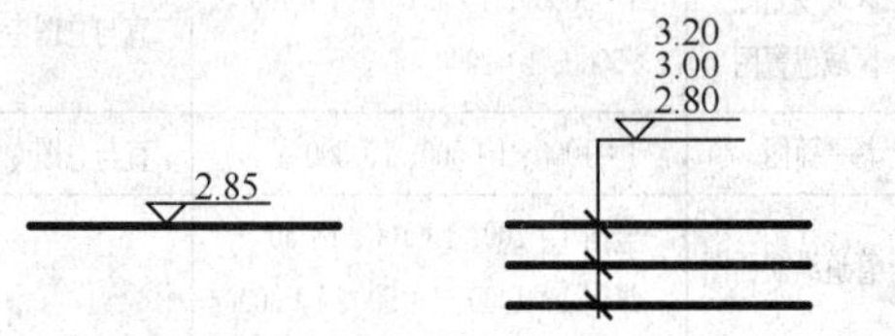

图 2.3.5-1　平面图中管道标高标注法

2　平面图中，沟渠标高应按图 2.3.5-2 的方式标注；

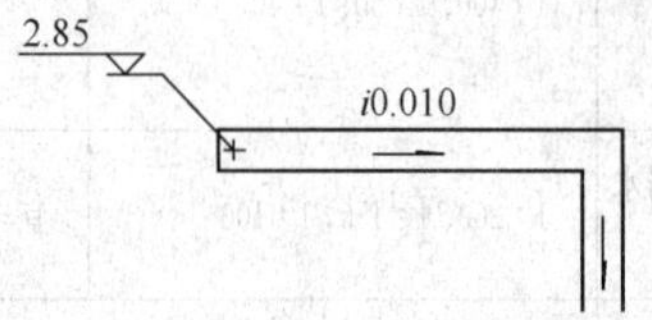

图 2.3.5-2　平面图中沟渠标高标注法

3　剖面图中，管道及水位的标高应按图 2.3.5-3 的方式标注；

4　轴测图中，管道标高应按图 2.3.5-4 的方式标注。

2.3.6 建筑物内的管道也可按本层建筑地面的标高加管道安装高度的方式标注管道标高，标注方法应为 $H+\times.\times\times$，H 表示本层建筑地面标高。

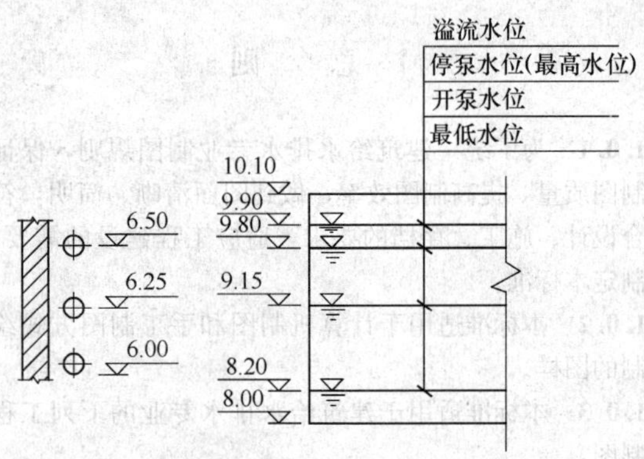

图 2.3.5-3　剖面图中管道及水位标高标注法

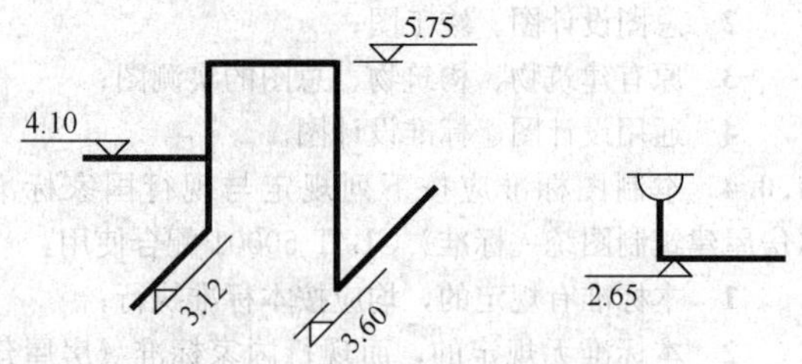

图 2.3.5-4　轴测图中管道标高标注法

2.4 管　　径

2.4.1 管径的单位应为 mm。

2.4.2 管径的表达方法应符合下列规定：

1　水煤气输送钢管（镀锌或非镀锌）、铸铁管等管材，管径宜以公称直径 *DN* 表示；

2　无缝钢管、焊接钢管（直缝或螺旋缝）等管材，管径宜以外径 *D*×壁厚表示；

3　铜管、薄壁不锈钢管等管材，管径宜以公称外径 *Dw* 表示；

4　建筑给水排水塑料管材，管径宜以公称外径 *dn* 表示；

5　钢筋混凝土（或混凝土）管，管径宜以内径 *d* 表示；

6　复合管、结构壁塑料管等管材，管径应按产品标准的方法表示；

7　当设计中均采用公称直径 *DN* 表示管径时，应有公称直径 *DN* 与相应产品规格对照表。

2.4.3 管径的标注方法应符合下列规定：

1　单根管道时，管径应按图 2.4.3-1 的方式标注；

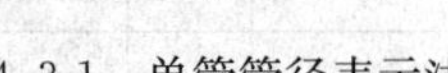

图 2.4.3-1　单管管径表示法

2　多根管道时，管径应按图 2.4.3-2 的方式标注。

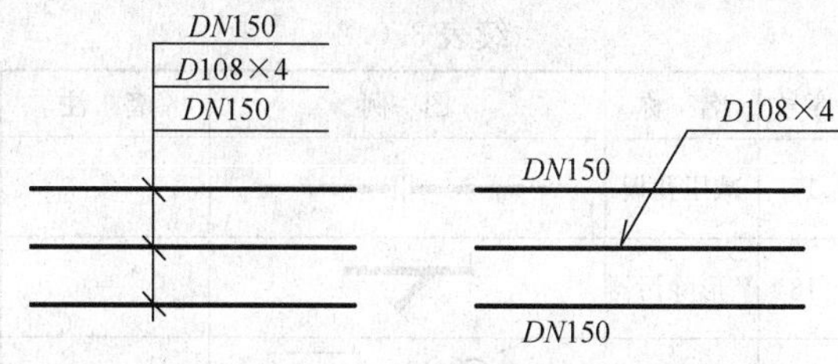

图 2.4.3-2　多管管径表示法

2.5　编　　号

2.5.1　当建筑物的给水引入管或排水排出管的数量超过一根时，应进行编号，编号宜按图 2.5.1 的方法表示。

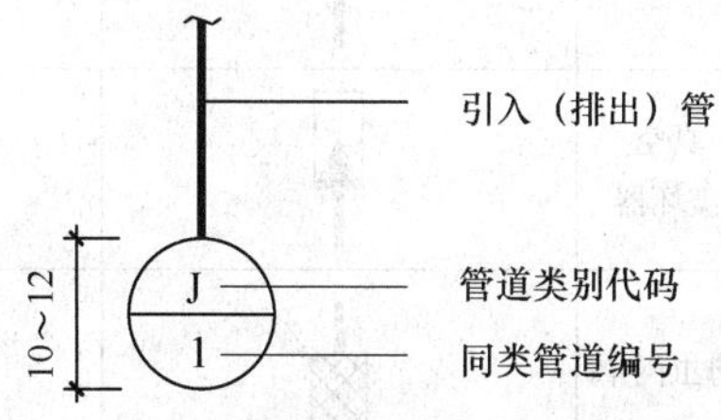

图 2.5.1　给水引入(排水排出)管编号表示法

2.5.2　建筑物内穿越楼层的立管，其数量超过一根时，应进行编号，编号宜按图 2.5.2 的方法表示。

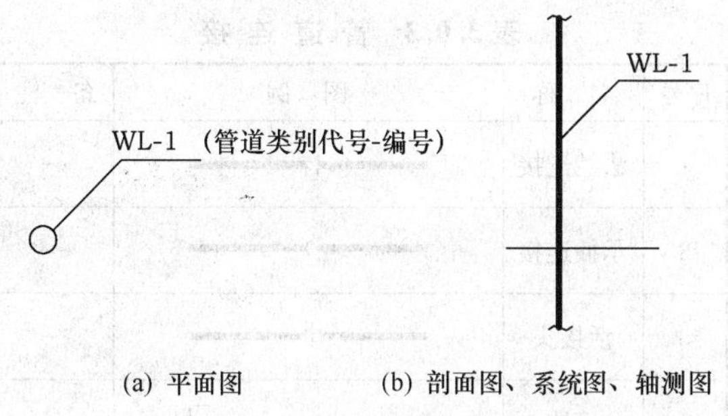

图 2.5.2　立管编号表示法

2.5.3　在总图中，当同种给水排水附属构筑物的数量超过一个时，应进行编号，并应符合下列规定：

1　编号方法应采用构筑物代号加编号表示；

2　给水构筑物的编号顺序宜为从水源到干管，再从干管到支管，最后到用户；

3　排水构筑物的编号顺序宜为从上游到下游，先干管后支管。

2.5.4　当给水排水工程的机电设备数量超过一台时，宜进行编号，并应有设备编号与设备名称对照表。

3　图　　例

3.0.1　管道类别应以汉语拼音字母表示，管道图例宜符合表 3.0.1 的要求。

表 3.0.1　管　　道

序号	名　　称	图　　例	备　　注
1	生活给水管	J	—
2	热水给水管	RJ	—
3	热水回水管	RH	—
4	中水给水管	ZJ	—
5	循环冷却给水管	XJ	—
6	循环冷却回水管	XH	—
7	热媒给水管	RM	—
8	热媒回水管	RMH	—
9	蒸汽管	Z	—
10	凝结水管	N	—
11	废水管	F	可与中水原水管合用
12	压力废水管	YF	—
13	通气管	T	—
14	污水管	W	—
15	压力污水管	YW	—
16	雨水管	Y	—
17	压力雨水管	YY	—
18	虹吸雨水管	HY	—
19	膨胀管	PZ	—
20	保温管		也可用文字说明保温范围
21	伴热管		也可用文字说明保温范围
22	多孔管		—
23	地沟管		—
24	防护套管		—
25	管道立管	XL-1 平面　XL-1 系统	X为管道类别 L为立管 1为编号
26	空调凝结水管	KN	—
27	排水明沟	坡向	—
28	排水暗沟	坡向	—

注：1　分区管道用加注角标方式表示；

2　原有管线可用比同类型的新设管线细一级的线型表示，并加斜线，拆除管线则加叉线。

3.0.2 管道附件的图例宜符合表3.0.2的要求。

表3.0.2 管道附件

序号	名 称	图 例	备 注
1	管道伸缩器		—
2	方形伸缩器		—
3	刚性防水套管		—
4	柔性防水套管		—
5	波纹管		—
6	可曲挠橡胶接头	单球 双球	—
7	管道固定支架		—
8	立管检查口		—
9	清扫口	平面 系统	—
10	通气帽	成品 蘑菇形	—
11	雨水斗	YD- YD- 平面 系统	—
12	排水漏斗	平面 系统	—
13	圆形地漏	平面 系统	通用。如无水封，地漏应加存水弯
14	方形地漏	平面 系统	—
15	自动冲洗水箱		—
16	挡墩		—

续表3.0.2

序号	名 称	图 例	备 注
17	减压孔板		—
18	Y形除污器		—
19	毛发聚集器	平面 系统	—
20	倒流防止器		—
21	吸气阀		—
22	真空破坏器		—
23	防虫网罩		—
24	金属软管		—

3.0.3 管道连接的图例宜符合表3.0.3的要求。

表3.0.3 管道连接

序号	名 称	图 例	备 注
1	法兰连接		—
2	承插连接		—
3	活接头		—
4	管堵		—
5	法兰堵盖		—
6	盲板		—
7	弯折管	高 低 低 高	—
8	管道丁字上接	高 低	—
9	管道丁字下接	高 低	—
10	管道交叉	低 高	在下面和后面的管道应断开

3.0.4 管件的图例宜符合表3.0.4的要求。

表3.0.4 管 件

序号	名 称	图 例
1	偏心异径管	
2	同心异径管	
3	乙字管	
4	喇叭口	
5	转动接头	
6	S形存水弯	
7	P形存水弯	
8	90°弯头	
9	正三通	
10	TY三通	
11	斜三通	
12	正四通	
13	斜四通	
14	浴盆排水管	

3.0.5 阀门的图例宜符合表3.0.5的要求。

表3.0.5 阀 门

序号	名 称	图 例	备 注
1	闸阀		—
2	角阀		—
3	三通阀		—
4	四通阀		—
5	截止阀		—

续表3.0.5

序号	名 称	图 例	备 注
6	蝶阀		—
7	电动闸阀		—
8	液动闸阀		—
9	气动闸阀		—
10	电动蝶阀		—
11	液动蝶阀		—
12	气动蝶阀		—
13	减压阀		左侧为高压端
14	旋塞阀	平面 系统	—
15	底阀	平面 系统	—
16	球阀		—
17	隔膜阀		—
18	气开隔膜阀		—
19	气闭隔膜阀		—
20	电动隔膜阀		—
21	温度调节阀		—
22	压力调节阀		—
23	电磁阀	M	—

续表 3.0.5

序号	名 称	图 例	备 注
24	止回阀		—
25	消声止回阀		—
26	持压阀		—
27	泄压阀		—
28	弹簧安全阀		左侧为通用
29	平衡锤安全阀		—
30	自动排气阀	平面 系统	—
31	浮球阀	平面 系统	—
32	水力液位控制阀	平面 系统	—
33	延时自闭冲洗阀		—
34	感应式冲洗阀		—
35	吸水喇叭口	平面 系统	—
36	疏水器		—

3.0.6 给水配件的图例宜符合表 3.0.6 的要求。

表 3.0.6 给 水 配 件

序号	名 称	图 例
1	水嘴	平面 系统
2	皮带水嘴	平面 系统
3	洒水(栓)水嘴	
4	化验水嘴	
5	肘式水嘴	
6	脚踏开关水嘴	
7	混合水嘴	
8	旋转水嘴	
9	浴盆带喷头混合水嘴	
10	蹲便器脚踏开关	

3.0.7 消防设施的图例宜符合表 3.0.7 的要求。

表 3.0.7 消 防 设 施

序号	名 称	图 例	备注
1	消火栓给水管	XH	—
2	自动喷水灭火给水管	ZP	—
3	雨淋灭火给水管	YL	—
4	水幕灭火给水管	SM	—
5	水炮灭火给水管	SP	—
6	室外消火栓		—
7	室内消火栓(单口)	平面 系统	白色为开启面
8	室内消火栓(双口)	平面 系统	—

续表 3.0.7

序号	名 称	图 例	备注
9	水泵接合器		—
10	自动喷洒头（开式）	平面 系统	—
11	自动喷洒头（闭式）	平面 系统	下喷
12	自动喷洒头（闭式）	平面 系统	上喷
13	自动喷洒头（闭式）	平面 系统	上下喷
14	侧墙式自动喷洒头	平面 系统	—
15	水喷雾喷头	平面 系统	—
16	直立型水幕喷头	平面 系统	—
17	下垂型水幕喷头	平面 系统	—
18	干式报警阀	平面 系统	—
19	湿式报警阀	平面 系统	—
20	预作用报警阀	平面 系统	—
21	雨淋阀	平面 系统	—

续表 3.0.7

序号	名 称	图 例	备注
22	信号闸阀		—
23	信号蝶阀		—
24	消防炮	平面 系统	—
25	水流指示器		—
26	水力警铃		—
27	末端试水装置	平面 系统	—
28	手提式灭火器		—
29	推车式灭火器		—

注：1 分区管道用加注角标方式表示；

2 建筑灭火器的设计图例可按现行国家标准《建筑灭火器配置设计规范》GB 50140 的规定确定。

3.0.8 卫生设备及水池的图例宜符合表 3.0.8 的要求。

表 3.0.8 卫生设备及水池

序号	名 称	图 例	备 注
1	立式洗脸盆		—
2	台式洗脸盆		—
3	挂式洗脸盆		—
4	浴盆		—
5	化验盆、洗涤盆		—
6	厨房洗涤盆		不锈钢制品

续表 3.0.8

序号	名 称	图 例	备 注
7	带沥水板洗涤盆		—
8	盥洗槽		—
9	污水池		—
10	妇女净身盆		—
11	立式小便器		—
12	壁挂式小便器		—
13	蹲式大便器		—
14	坐式大便器		—
15	小便槽		—
16	淋浴喷头		—

注：卫生设备图例也可以建筑专业资料图为准。

3.0.9 小型给水排水构筑物的图例宜符合表 3.0.9 的要求。

表 3.0.9 小型给水排水构筑物

序号	名 称	图 例	备 注
1	矩形化粪池	HC	HC 为化粪池
2	隔油池	YC	YC 为隔油池代号
3	沉淀池	CC	CC 为沉淀池代号
4	降温池	JC	JC 为降温池代号
5	中和池	ZC	ZC 为中和池代号

续表 3.0.9

序号	名 称	图 例	备 注
6	雨水口（单箅）		—
7	雨水口（双箅）		—
8	阀门井及检查井	J-×× W-×× Y-××　J-×× W-×× Y-××	以代号区别管道
9	水封井		—
10	跌水井		—
11	水表井		—

3.0.10 给水排水设备的图例宜符合表 3.0.10 的要求。

表 3.0.10 给水排水设备

序号	名 称	图 例	备 注
1	卧式水泵	或 平面 系统	—
2	立式水泵	平面 系统	—
3	潜水泵		—
4	定量泵		—
5	管道泵		—
6	卧式容积热交换器		—
7	立式容积热交换器		—
8	快速管式热交换器		—
9	板式热交换器		—
10	开水器		—
11	喷射器		小三角为进水端

续表 3.0.10

序号	名 称	图 例	备 注
12	除垢器		—
13	水锤消除器		—
14	搅拌器	M	—
15	紫外线消毒器	ZWX	—

3.0.11 给水排水专业所用仪表的图例宜符合表3.0.11的要求。

表 3.0.11 仪 表

序号	名 称	图 例	备 注
1	温度计		—
2	压力表		—
3	自动记录压力表		—
4	压力控制器		—
5	水表		—
6	自动记录流量表		—
7	转子流量计	平面 系统	—
8	真空表		—
9	温度传感器	T	—
10	压力传感器	P	—
11	pH 传感器	pH	—
12	酸传感器	H	—
13	碱传感器	Na	—
14	余氯传感器	Cl	—

3.0.12 本标准未列出的管道、设备、配件等图例，设计人员可自行编制并作说明，但不得与本标准相关图例重复或混淆。

4 图样画法

4.1 一般规定

4.1.1 图纸幅面规格、字体、符号等均应符合现行国家标准《房屋建筑制图统一标准》GB/T 50001 的有关规定。图样图线、比例、管径、标高和图例等应符合本标准第 2 章和第 3 章的有关规定。

4.1.2 设计应以图样表示，当图样无法表示时可加注文字说明。设计图纸表示的内容应满足相应设计阶段的设计深度要求。

4.1.3 对于设计依据、管道系统划分、施工要求、验收标准等在图样中无法表示的内容，应按下列规定，用文字说明：

1 有关项目的问题，施工图阶段应在首页或次页编写设计施工说明集中说明；

2 图样中的局部问题，应在本张图纸内以附注形式予以说明；

3 文字说明应条理清晰、简明扼要、通俗易懂。

4.1.4 设备和管道的平面布置、剖面图均应符合现行国家标准《房屋建筑制图统一标准》GB/T 50001 的规定，并应按直接正投影法绘制。

4.1.5 工程设计中，本专业的图纸应单独绘制。在同一个工程项目的设计图纸中，所用的图例、术语、图线、字体、符号、绘图表示方式等应一致。

4.1.6 在同一个工程子项目的设计图纸中，所用的图纸幅面规格应一致。如有困难时，其图纸幅面规格不宜超过 2 种。

4.1.7 尺寸的数字和计量单位应符合下列规定：

1 图样中尺寸的数字、排列、布置及标注，应符合现行国家标准《房屋建筑制图统一标准》GB/T 50001 的规定；

2 单体项目平面图、剖面图、详图、放大图、管径等尺寸应以 mm 表示；

3 标高、距离、管长、坐标等应以 m 计，精确度可取至 cm。

4.1.8 标高和管径的标注应符合下列规定：

1 单体建筑应标注相对标高，并应注明相对标高与绝对标高的换算关系；

2 总平面图应标注绝对标高，宜注明标高体系；

3 压力流管道应标注管道中心；

4 重力流管道应标注管道内底；

5 横管的管径宜标注在管道的上方；竖向管道的管径宜标注在管道的左侧；斜向管道应按现行国家标准《房屋建筑制图统一标准》GB/T 50001 的规定标注。

4.1.9 工程设计图纸中的主要设备器材表的格式，可按图4.1.9绘制。

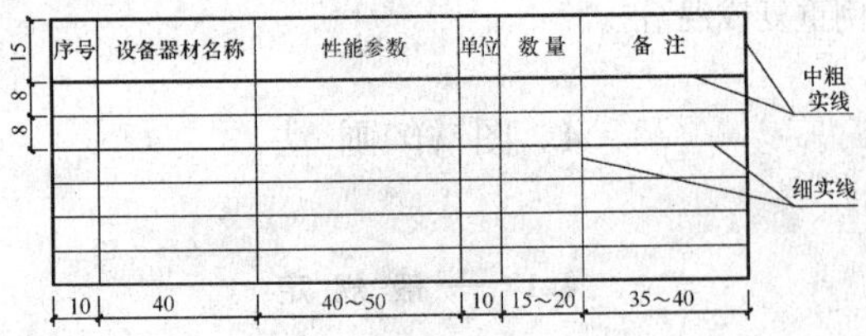

图4.1.9 主要设备器材表

4.2 图号和图纸编排

4.2.1 设计图纸宜按下列规定进行编号：

1 规划设计阶段宜以水规-1、水规-2……以此类推表示；

2 初步设计阶段宜以水初-1、水初-2……以此类推表示；

3 施工图设计阶段宜以水施-1、水施-2……以此类推表示；

4 单体项目只有一张图纸时，宜采用水初-全、水施-全表示，并宜在图纸图框线内的右上角标"全部水施图纸均在此页"字样(图4.2.1)；

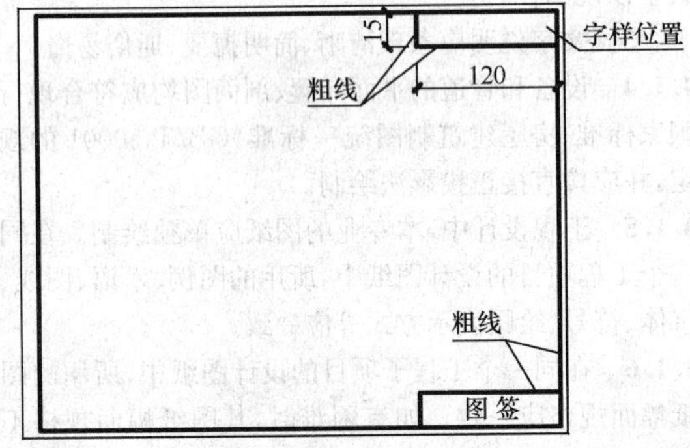

图4.2.1 只有一张图纸时的右上角字样位置

5 施工图设计阶段，本工程各单体项目通用的统一详图宜以水通-1、水通-2……以此类推表示。

4.2.2 设计图纸宜按下列规定编写目录：

1 初步设计阶段工程设计的图纸目录宜以工程项目为单位进行编写；

2 施工图设计阶段工程设计的图纸目录宜以工程项目的单体项目为单位进行编写；

3 施工图设计阶段，本工程各单体项目共同使用的统一详图宜单独进行编写。

4.2.3 设计图纸宜按下列规定进行排列：

1 图纸目录、使用标准图目录、使用统一详图目录、主要设备器材表、图例和设计施工说明宜在前，设计图样宜在后；

2 图纸目录、使用标准图目录、使用统一详图目录、主要设备器材表、图例和设计施工说明在一张图纸内排列不完时，应按所述内容顺序单独成图和编号；

3 设计图样宜按下列规定进行排列：

1）管道系统图在前，平面图、放大图、剖面图、轴测图、详图依次在后编排；

2）管道展开系统图应按生活给水、生活热水、直饮水、中水、污水、废水、雨水、消防给水等依次编排；

3）平面图中应按地面下各层依次在前，地面上各层由低向高依次编排；

4）水净化(处理)工艺流程断面图在前，水净化(处理)机房(构筑物)平面图、剖面图、放大图、详图依次在后编排；

5）总平面图应按管道布置图在前，管道节点图、阀门井剖面示意图、管道纵断面图或管道高程表、详图依次在后编排。

4.3 图样布置

4.3.1 同一张图纸内绘制多个图样时，宜按下列规定布置：

1 多个平面图时应按建筑层次由低层至高层的、由下而上的顺序布置；

2 既有平面图又有剖面图时，应按平面图在下，剖面图在上或在右的顺序布置；

3 卫生间放大平面图，应按平面放大图在上，从左向右排列，相应的管道轴测图在下，从左向右布置；

4 安装图、详图，宜按索引编号，并宜按从上至下、由左向右的顺序布置；

5 图纸目录、使用标准图目录、设计施工说明、图例、主要设备器材表，按自上而下、从左向右的顺序布置。

4.3.2 每个图样均应在图样下方标注出图名，图名下应绘制一条中粗横线，长度应与图名长度相等，图样比例应标注在图名右下侧横线上侧处。

4.3.3 图样中某些问题需要用文字说明时，应在图面的右下部位用"附注"的形式书写，并应对说明内容分条进行编号。

4.4 总　　图

4.4.1 总平面图管道布置应符合下列规定：

1 建筑物和构筑物的名称、外形、编号、坐标、道路形状、比例和图样方向等，应与总图专业图纸一致，但所用图线应符合本标准第2.1节的规定。

2 给水、排水、热水、消防、雨水和中水等管道宜绘制在一张图纸内。

3 当管道种类较多，地形复杂，在同一张图纸内将全部管道表示不清楚时，宜按压力流管道、重力流管道等分类适当分开绘制。

4 各类管道、阀门井、消火栓(井)、水泵接合器、洒水栓井、检查井、跌水井、雨水口、化粪池、隔油池、降温池、水表井等，应按本标准第2章和3章规定的图例、图线等进行绘制，并按本标准第 2.5.3 条的规定进行编号。

5 坐标标注方法应符合下列规定：

1）以绝对坐标定位时，应对管道起点处、转弯处和终点处的阀门井、检查井等的中心标注定位坐标；

2）以相对坐标定位时，应以建筑物外墙或轴线作为定位起始基准线，标注管道与该基准线的距离；

3）圆形构筑物应以圆心为基点标注坐标或距建筑物外墙（或道路中心）的距离；

4）矩形构筑物应以两对角线为基点，标注坐标或距建筑物外墙的距离；

5）坐标线、距离标注线均采用细实线绘制。

6 标高标注方法应符合下列规定：

1）总图中标注的标高应为绝对标高；

2）建筑物标注室内±0.00 处的绝对标高时，应按图 4.4.1 的方法标注；

图 4.4.1　室内±0.00 处的绝对标高标注

3）管道标高应按本标准第 4.4.3 条的规定标注。

7 管径标注方法应符合下列规定：

1）管径代号应按本标准第 2.4.2 条的规定选用；

2）管径的标注方法应符合本标准第 2.4.3 条的规定。

8 指北针或风玫瑰图应绘制在总图管道布图图样的右上角。

4.4.2 给水管道节点图宜按下列规定绘制：

1 管道节点图可不按比例绘制，但节点位置、编号、接出管方向应与给水排水管道总图一致。

2 管道应注明管径、管长及泄水方向。

3 节点阀门井的绘制应包括下列内容：

1）节点平面形状和大小；

2）阀门和管件的布置、管径及连接方式；

3）节点阀门井中心与井内管道的定位尺寸。

4 必要时，节点阀门井应绘制剖面示意图。

5 给水管道节点图图样见图 4.4.2 所示。

4.4.3 总图管道布置图上标注管道标高宜符合下列规定：

1 检查井上、下游管道管径无变径，且无跌水时，宜按图 4.4.3-1 的方式标注；

2 检查井内上、下游管道的管径有变化或有跌水时，宜按图 4.4.3-2 的方式标注；

3 检查井内一侧有支管接入时，宜按图 4.4.3-3 的方式标注；

4 检查井内两侧均有支管接入时，宜按图 4.4.3-4的方式标注。

4.4.4 设计采用管道纵断面图的方式表示管道标高时，管道纵断面图宜按下列规定绘制：

1 采用管道纵断面图表示管道标高时应包括下列图样及内容：

1）压力流管道纵断面图见图 4.4.4-1 所示；

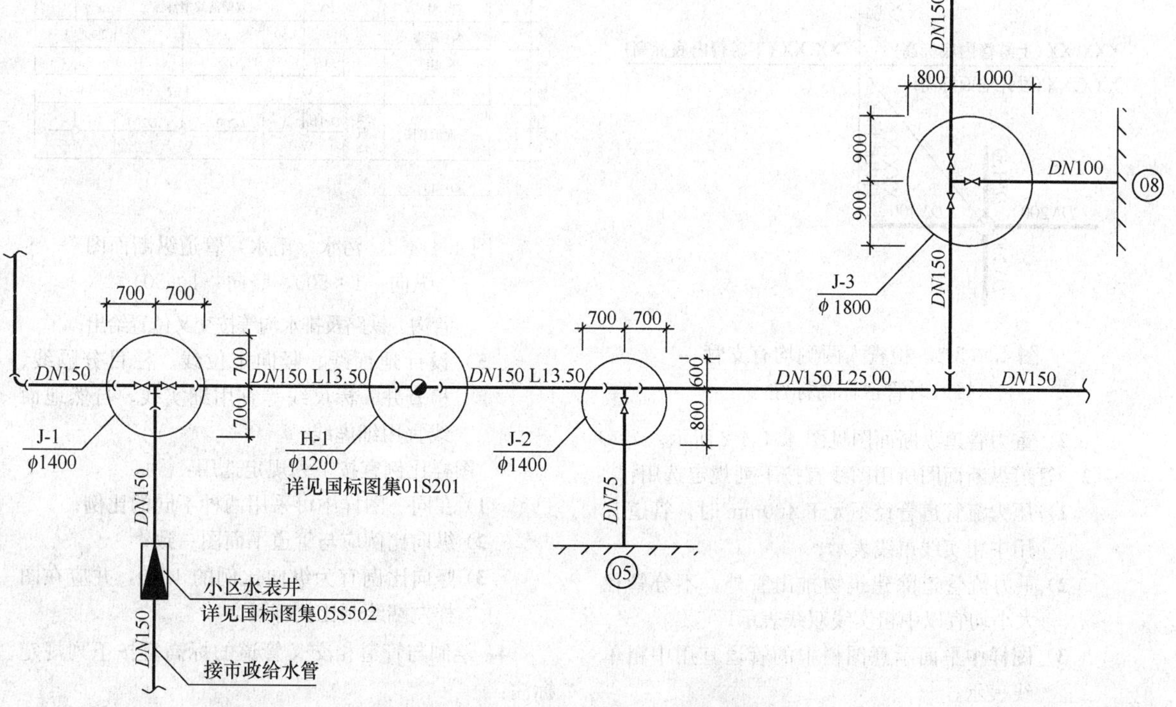

图 4.4.2　给水管道节点图图样

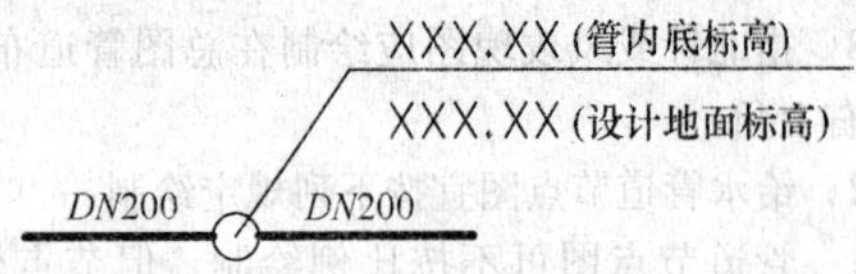

图 4.4.3-1　检查井上、下游管道管径无变径且无跌水时管道标高标注

XXX.XX (上游管内底标高)　XXX.XX (下游管内底标高)
XXX.XX (设计地面标高)
DN200　DN300

图 4.4.3-2　检查井上、下游管道的管径有变化或有跌水时管道标高标注

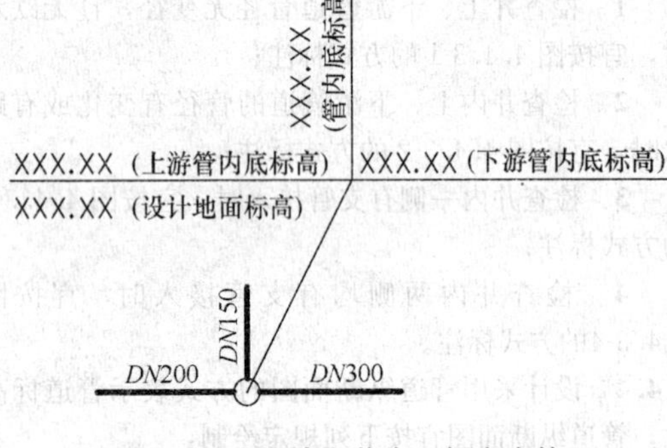

图 4.4.3-3　检查井内一侧有支管接入时管道标高标注

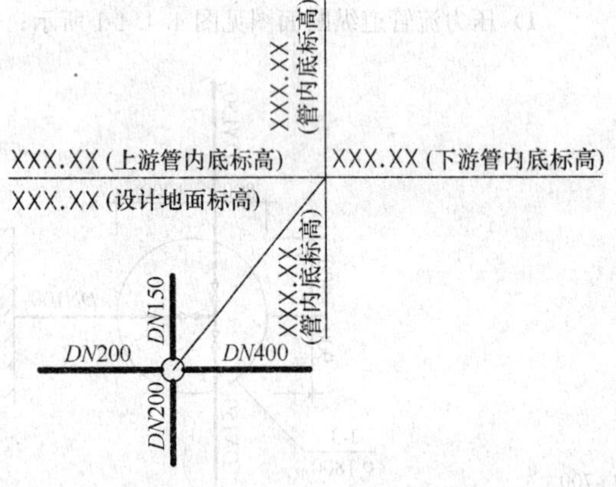

图 4.4.3-4　检查人两侧均有支管接入时管道标高标注

2）重力管道纵断面图见图 4.4.4-2 所示。

2　管道纵断面图所用图线宜按下列规定选用：

1）压力流管道管径不大于 400mm 时，管道宜用中粗实线单线表示；

2）重力流管道除建筑物排出管外，不分管径大小均宜以中粗实线双线表示；

3）图样中平面示意图栏中的管道宜用中粗单线表示；

4）平面示意图中宜将与该管道相交的其他管道、

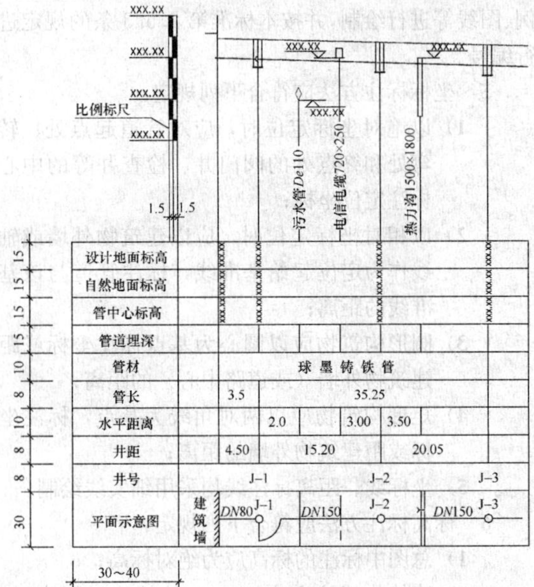

图 4.4.4-1　给水管道纵断面图
（纵向　1：500，竖向　1：50）

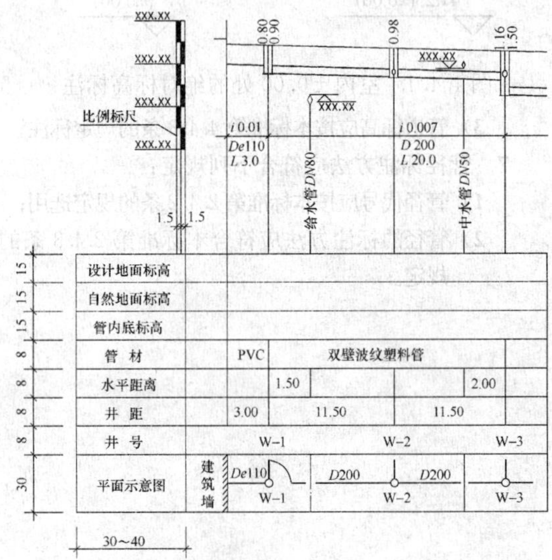

图 4.4.4-2　污水（雨水）管道纵断面图
（纵向　1：500，竖向　1：50）

管沟、铁路及排水沟等按交叉位置给出；

5）设计地面线、竖向定位线、栏目分隔线、检查井、标尺线等宜用细实线，自然地面线宜用细虚线。

3　图样比例宜按下列规定选用：

1）在同一图样中可采用两种不同的比例；

2）纵向比例应与管道平面图一致；

3）竖向比例宜为纵向比例的 1/10，并应在图样左端绘制比例标尺。

4　绘制与管道相交叉管道的标高宜按下列规定标注：

1）交叉管道位于该管道上面时，宜标注交叉管的管底标高；

2）交叉管道位于该管道下面时，宜标注交叉管的管顶或管底标高。

5 图样中的“水平距离”栏中应标出交叉管距检查井或阀门井的距离，或相互间的距离。

6 压力流管道从小区引入管经水表后应按供水水流方向先干管后支管的顺序绘制。

7 排水管道以小区内最起端排水检查井为起点，并应按排水水流方向先干管后支管的顺序绘制。

4.4.5 设计采用管道高程表的方法表示管道标高时，宜符合下列规定：

1 重力流管道也可采用管道高程表的方式表示管道敷设标高；

2 管道高程表的格式见表4.4.5所示。

表4.4.5 ××管道高程表

序号	管段编号		管长（m）	管径（mm）	坡度（%）	管底坡降（m）	管底跌落（m）	设计地面标高（m）		管内底标高（m）		埋深（m）		备注
	起点	终点						起点	终点	起点	终点	起点	终点	

注：表格线型见本标准图4.1.9。

4.5 建筑给水排水平面图

4.5.1 建筑给水排水平面图应按下列规定绘制：

1 建筑物轮廓线、轴线号、房间名称、楼层标高、门、窗、梁柱、平台和绘图比例等，均应与建筑专业一致，但图线应用细实线绘制。

2 各类管道、用水器具和设备、消火栓、喷洒水头、雨水斗、立管、管道、上弯或下弯以及主要阀门、附件等，均应按本标准第3章规定的图例，以正投影法绘制在平面图上，其图线应符合本标准第2.1.2条的规定。

管道种类较多，在一张平面图内表达不清楚时，可将给水排水、消防或直饮水管分开绘制相应的平面图。

3 各类管道应标注管径和管道中心距建筑墙、柱或轴线的定位尺寸，必要时还应标注管道标高。

4 管道立管应按不同管道代号在图面上自左至右按本标准第2.5.2条的规定分别进行编号，且不同楼层同一立管编号应一致。

消火栓也可分楼层自左至右按顺序进行编号。

5 敷设在该层的各种管道和为该层服务的压力流管道均应绘制在该层的平面图上；敷设在下一层而为本层器具和设备排水服务的污水管、废水管和雨水管应绘制在本层平面图上。如有地下层时，各种排出管、引入管可绘制在地下层平面图上。

6 设备机房、卫生间等另绘制放大图时，应在这些房间内按现行国家标准《房屋建筑制图统一标准》GB/T 50001的规定绘制引出线，并应在引出线上面注明“详见水施-××”字样。

7 平面图、剖面图中局部部位需另绘制详图时，应在平面图、剖面图和详图上按现行国家标准《房屋建筑制图统一标准》GB/T 50001的规定绘制被索引详图图样和编号。

8 引入管、排出管应注明与建筑轴线的定位尺寸、穿建筑外墙的标高和防水套管形式，并应按本标准第2.5.1条的规定，以管道类别自左至右按顺序进行编号。

9 管道布置不相同的楼层应分别绘制其平面图；管道布置相同的楼层可绘制一个楼层的平面图，并按现行国家标准《房屋建筑制图统一标准》GB/T 50001的规定标注楼层地面标高。

平面图应按本标准第2.3节和2.4节的规定标注管径、标高和定位尺寸。

10 地面层（±0.000）平面图应在图幅的右上方按现行国家标准《房屋建筑制图统一标准》GB/T 50001的规定绘制指北针。

11 建筑专业的建筑平面图采用分区绘制时，本专业的平面图也应分区绘制，分区部位和编号应与建筑专业一致，并应绘制分区组合示意图，各区管道相连但在该区中断时，第一区应用“至水施-××”，第二区左侧应用“自水施-××”，右侧应用“至水施-××”方式表示，并应以此类推。

12 建筑各楼层地面标高应以相对标高标注，并应与建筑专业一致。

4.5.2 屋面给水排水平面图应按下列规定绘制：

1 屋面形状、伸缩缝或沉降位置、图面比例、轴线号等应与建筑专业一致，但图线应采用细实线绘制。

2 同一建筑的楼层面如有不同标高时，应分别注明不同高度屋面的标高和分界线。

3 屋面应绘制出雨水汇水天沟、雨水斗、分水线位置、屋面坡向、每个雨水斗的汇水范围，以及雨水横管和主管等。

4 雨水斗应进行编号，每只雨水斗宜注明汇水面积。

5 雨水管应标注管径、坡度。如雨水管仅绘制系统原理图时，应在平面图上标注雨水管起始点及终止点的管道标高。

6 屋面平面图中还应绘制污水管、废水管、污水潜水泵坑等通气立管的位置，并应注明立管编号。当某标高层屋面设有冷却塔时，应按实际设计数量表示。

4.6 管道系统图

4.6.1 管道系统图应表示出管道内的介质流经的设备、管道、附件、管件等连接和配置情况。

4.6.2 管道展开系统图应按下列规定绘制：

1　管道展开系统图可不受比例和投影法则限制，可按展开图绘制方法按不同管道种类分别用中粗实线进行绘制，并应按系统编号。一般高层建筑和大型公共建筑宜绘制管道展开系统图。

2　管道展开系统图应与平面图中的引入管、排出管、立管、横干管、给水设备、附件、仪器仪表及用水和排水器具等要素相对应。

3　应绘出楼层(含夹层、跃层、同层升高或下降等)地面线。层高相同时楼层地面线应等距离绘制，并应在楼层地面线左端标注楼层层次和相对应楼层地面标高。

4　立管排列应以建筑平面图左端立管为起点，顺时针方向自左向右按立管位置及编号依次顺序排列。

5　横管应与楼层线平行绘制，并应与相应立管连接，为环状管道时两端应封闭，封闭线处宜绘制轴线号。

6　立管上的引出管和接入管应按所在楼层用水平线绘出，可不标注标高(标高应在平面图中标注)，其方向、数量应与平面图一致，为污水管、废水管和雨水管时，应按平面图接管顺序对应排列。

7　管道上的阀门、附件，给水设备、给水排水设施和给水构筑物等，均应按图例示意绘出。

8　立管偏置(不含乙字管和2个45°弯头偏置)时，应在所在楼层用短横管表示。

9　立管、横管及末端装置等应标注管径。

10　不同类别管道的引入管或排出管，应绘出所穿建筑外墙的轴线号，并应标注出引入管或排出管的编号。

4.6.3　管道轴测系统图应按下列规定绘制：

1　轴测系统图应以45°正面斜轴测的投影规则绘制。

2　轴测系统图应采用与相对应的平面图相同的比例绘制。当局部管道密集或重叠处不容易表达清楚时，应采用断开绘制画法，也可采用细虚线连接画法绘制。

3　轴测系统图应绘出楼层地面线，并应标注出楼层地面标高。

4　轴测系统图应绘出横管水平转弯方向、标高变化、接入管或接出管以及末端装置等。

5　轴测系统图应将平面图中对应的管道上的各类阀门、附件、仪表等给水排水要素按数量、位置、比例一一绘出。

6　轴测系统图应标注管径、控制点标高或距楼层面垂直尺寸、立管和系统编号，并应与平面图一致。

7　引入管和排出管均应标出所穿建筑外墙的轴线号、引入管和排出管编号、建筑室内地面线与室外地面线，并应标出相应标高。

8　卫生间放大图应绘制管道轴测图。多层建筑宜绘制管道轴测系统图。

4.6.4　卫生间采用管道展开系统图时应按下列规定绘制：

1　给水管、热水管应以立管或入户管为基点，按平面图的分支、用水器具的顺序依次绘制。

2　排水管道应按用水器具和排水支管接入排水横管的先后顺序依次绘制。

3　卫生器具、用水器具给水和排水接管，应以其外形或文字形式予以标注，其顺序、数量应与平面图相同。

4　展开系统图可不按比例绘图。

4.7　局部平面放大图、剖面图

4.7.1　局部平面放大图应按下列规定绘制：

1　本专业设备机房、局部给水排水设施和卫生间等按本标准第4.3.1条规定的平面图难以表达清楚时，应绘制局部平面放大图。

2　局部平面放大图应将设计选用的设备和配套设施，按比例全部用细实线绘制出其外形或基础外框、配电、检修通道、机房排水沟等平面布置图和平面定位尺寸，对设备、设施及构筑物等应按本标准第2.5.4条的规定自左向右、自上而下的进行编号。

3　应按图例绘出各种管道与设备、设施及器具等相互接管关系及在平面图中的平面定位尺寸；如管道用双线绘制时应采用中粗实线按比例绘出，管道中心线应用单点长画细线表示。

4　各类管道上的阀门、附件应按图例、按比例、按实际位置绘出，并应标注出管径。

5　局部平面放大图应以建筑轴线编号和地面标高定位，并应与建筑平面图一致。

6　绘制设备机房平面放大图时，应在图签的上部绘制“设备编号与名称对照表”(图4.7.1)。

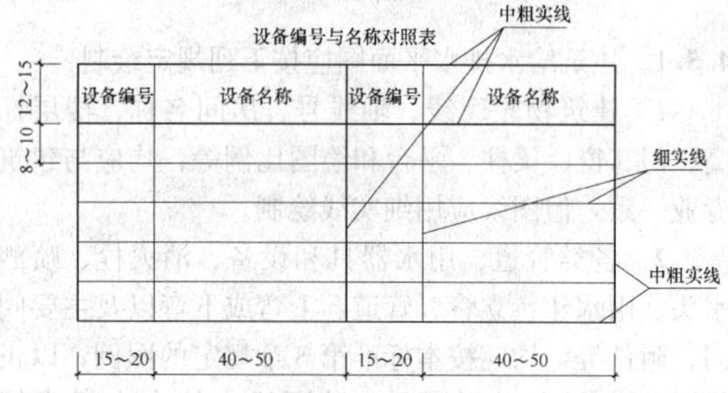

图4.7.1　设备编号与名称对照表

7　卫生间如绘制管道展开系统图时，应标出管道的标高。

4.7.2　剖面图应按下列规定绘制：

1　设备、设施数量多，各类管道重叠、交叉多，且用轴测图难以表示清楚时，应绘制剖面图。

2　剖面图的建筑结构外形应与建筑结构专业一致，应用细实线绘制。

3　剖面图的剖切位置应选在能反映设备、设施及管道全貌的部位。剖切线、投射方向、剖切符号编号、剖切线转折等，应符合现行国家标准《房屋建筑制图统一标准》GB/T 50001的规定。

4　剖面图应在剖切面处按直接正投影法绘制出沿投影方向看到的设备和设施的形状、基础形式、构筑物内部的设备设施和不同水位线标高、设备设施和构筑物各种管道连接关系、仪器仪表的位置等。

5 剖面图还应表示出设备、设施和管道上的阀门、附件和仪器仪表等位置及支架(或吊架)形式。剖面图局部部位需要另绘详图时,应标注索引符号,索引符号应按现行国家标准《房屋建筑制图统一标准》GB/T 50001 的规定绘制。

6 应标注出设备、设施、构筑物、各类管道的定位尺寸、标高、管径,以及建筑结构的空间尺寸。

7 仅表示某楼层管道密集处的剖面图,宜绘制在该层平面图内。

8 剖切线应用中粗线,剖切面编号应用阿拉伯数字从左至右顺序编号,剖切编号应标注在剖切线一侧,剖切编号所在侧应为该剖切面的剖示方向。

4.7.3 安装图和详图应按下列规定绘制:

1 无定型产品可供设计选用的设备、附件、管件等应绘制制造详图。无标准图可供选用的用水器具安装图、构筑物节点图等,也应绘制施工安装图。

2 设备、附件、管件等制造详图,应以实际形状绘制总装图,并应对各零部件进行编号,再对零部件绘制制造图。该零部件下面或左侧应绘制包括编号、名称、规格、材质、数量、重量等内容的材料明细表;其图线、符号、绘制方法等应按现行国家标准《机械制图 图样画法 图线》GB/T 4457.4、《机械制图 剖面符号》GB 4457.5、《机械制图 装配图中零、部件序号及其编排方法》GB/T 4458.2 的有关规定绘制。

3 设备及用水器具安装图应按实际外形绘制,对安装图各部件应进行编号,应标注安装尺寸代号,并应在该安装图右侧或下面绘制包括相应尺寸代号的安装尺寸表和安装所需的主要材料表。

4 构筑物节点详图应与平面图或剖面图中的索引号一致,对使用材质、构造做法、实际尺寸等应按现行国家标准《房屋建筑制图统一标准》GB/T 50001 的规定绘制多层共用引出线,并应在各层引出线上方用文字进行说明。

4.8 水净化处理流程图

4.8.1 初步设计宜采用方框图绘制水净化处理工艺流程图(图 4.8.1)。

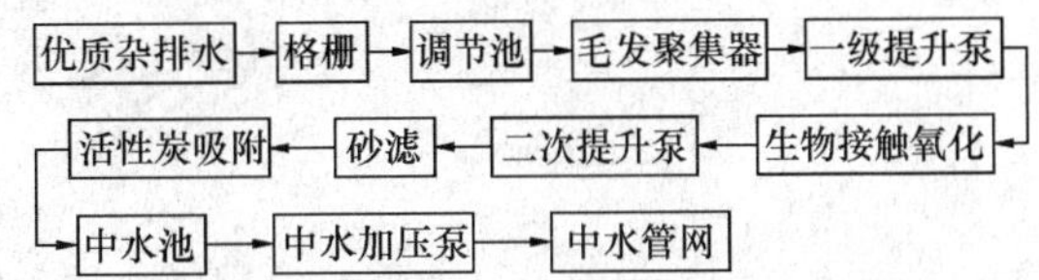

图 4.8.1 水净化处理工艺流程

4.8.2 施工图设计应按下列规定绘制水净化处理工艺流程断面图:

1 水净化处理工艺流程断面图应按水流方向,将水净化处理各单元的设备、设施、管道连接方式按设计数量全部对应绘出,但可不按比例绘制。

2 水净化处理工艺流程断面图应将全部设备及相关设施按设备形状、实际数量用细实线绘出。

3 水净化处理设备和相关设施之间的连接管道应以中粗实线绘制,设备和管道上的阀门、附件、仪器仪表应以细实线绘制,并应对设备、附件、仪器仪表进行编号。

4 水净化处理工艺流程断面图(图 4.8.2)应标注管道标高。

5 水净化处理工艺流程断面图应绘制设备、附件等编号与名称对照表。

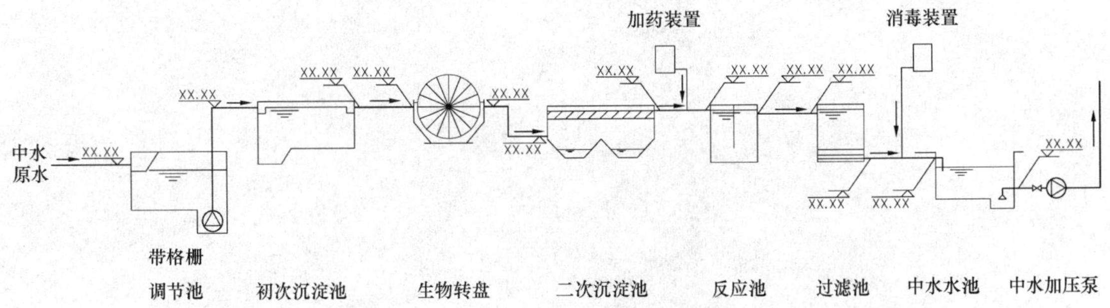

图 4.8.2 水净化处理工艺流程断面图画法示例

本标准用词说明

1 为便于在执行本标准条文时区别对待,对要求严格程度不同的用词说明如下:

1) 表示很严格,非这样做不可的用词:
正面词采用“必须”,反面词采用“严禁”;

2) 表示严格,在正常情况下均应这样做的用词:
正面词采用“应”,反面词采用“不应”或“不得”;

3) 表示允许稍有选择,在条件许可时首先应这样做的用词:
正面词采用“宜”,反面词采用“不宜”;

4) 表示有选择,在一定条件下可以这样做的用词,采用“可”。

2 本标准中指明应按其他有关标准执行的写法为:"应符合……的规定"或"应按……执行"。

引用标准名录

1 《房屋建筑制图统一标准》GB/T 50001

2 《建筑灭火器配置设计规范》GB 50140

3 《机械制图 图样画法 图线》GB/T 4457.4

4 《机械制图 剖面符号》GB 4457.5

5 《机械制图 装配图中零、部件序号及其编排方法》GB/T 4458.2

中华人民共和国国家标准

建筑给水排水制图标准

GB/T 50106—2010

条 文 说 明

制　订　说　明

《建筑给水排水制图标准》GB/T 50106－2010，经住房和城乡建设部2010年8月18日以第746号公告批准、发布。

本标准是在《给水排水制图标准》GB/T 50106－2001（以下简称原标准）的基础上修订而成的，上一版的主编单位是中国建筑标准设计研究院，参编单位是建设部建筑设计研究院，主要起草人员是贾苇、杨世兴、车爱晶。

为便于广大设计、施工、科研、学校等单位有关人员在使用本标准时能正确理解和执行条文规定，本编制组按章、节、条顺序编制了本标准的条文说明，对条文规定的目的、依据以及执行中需注意的有关事项进行了说明。但是，本条文说明不具备与标准正文同等的法律效力，仅供使用者作为理解和把握标准规定的参考。

目　次

1 总　　则

1.0.2 修改条文。明确本标准适合计算机制图，也适用于手工制图。

1.0.4 修改条文。绘制给水排水图样时，除遵守本标准外，对于图纸规格、图线、字体、符号、定位轴线及尺寸标注等均应遵守现行国家标准《房屋建筑制图统一标准》GB/T 50001 的规定。

2 基 本 规 定

2.2 比　　例

2.2.1 修改条文。对管道纵断面图的"竖向"、"纵向"的提法进行了修改。

2.2.4 修改条文。根据《建筑工程设计文件编制深度规定》（2008 年版），将"水处理流程图"改为"水处理工艺流程断面图"。

2.3 标　　高

2.3.4 修改条文。将沟渠和重力流管道的标高标注要求分为室内、室外两种情况。

2.3.5 修改条文。对剖面图中管道及水位的标高标注图示进行了修改。

2.3.6 修改条文。将标高标注中的"h"改为"H"，H 表示本层地面标高，如 $H+0.25$。

2.4 管　　径

2.4.2 修改条文。对铜管、不锈钢管的管径表示方法作了修改；删除了不常用的陶土管、耐酸陶瓷管、缸瓦管等。

1 水煤气输送钢管（镀锌或非镀锌）、铸铁管等管材，管径宜以公称直径 DN 表示，如 $DN15$、$DN50$ 等；

2 无缝钢管、焊接钢管（直缝或螺旋缝）等管材，管径宜以外径 $D\times$壁厚表示，如 $D108\times4$、$D159\times4.5$ 等；

3 铜管、薄壁不锈钢管等管材，管径宜以公称外径 Dw 表示，如 $Dw18$、$Dw67$ 等；

4 建筑给水排水塑料管材，管径宜以公称外径 dn 表示，如 $dn63$、$dn110$ 等；

5 钢筋混凝土（或混凝土）管，管径宜以内径 d 表示，如 $d230$、$d380$ 等。

2.5 编　　号

2.5.1 修改条文。对编号图示作了修改。

2.5.3 修改条文。对编号方法作了明确说明。编号方法采用构筑物代号加编号表示，如 J-10，J 表示给水阀门井，10 表示第 10 个。

3 图　　例

3.0.1～3.0.11 对原标准的图例作了部分修改和补充。其中，分区管道图例可采用加注角标方式表示，如 J_1、J_2、RJ_1、RJ_2、XH_1、XH_2、ZP_1、ZP_2……。

4 图 样 画 法

4.1 一 般 规 定

4.1.1 新增条文。目的是规范本专业图纸幅面规格、字体、符号的大小及要求，应遵守现行国家标准《房屋建筑制图统一标准》GB/T 50001 的各项规定。

4.1.2 修改条文。本条是对原标准第 4.1.1 条的补充。

4.1.3 新增条文。规定了设计施工说明的编写要求。

4.1.4 新增条文。明确本专业有关图纸的绘制方法。

4.1.5 本条由原标准第 4.1.2 条和第 4.1.3 条合并编写。

4.1.6 修改条文。本条是对原标准第 4.1.4 条的修改。

4.1.7 新增条文。明确图样中尺寸数字标注方法和计量单位的精确度要求。

4.1.8 新增条文。明确图样中标高和管径的分类和标注方法。

4.1.9 新增条文。规定了主要设备器材表的格式。

4.2 图号和图纸编排

4.2.1 修改条文。本条是对原标准第 4.1.5 条的修改。

4.2.2 修改条文。本条是对原标准第 4.1.6 条部分条款的修改。

4.2.3 修改条文。本条是对原标准第 4.1.6 条部分条款的修改。

4.3 图 样 布 置

4.3.1 新增条文。规定多个图样在同一张图纸内的排列原则。

4.3.2 新增条文。规定图样的图名和比例的标注位置。

4.3.3 新增条文。明确图样中某些特殊问题，不能以图样表示，但又需引起注意，且设计施工说明又未提到的问题，可在本图样中以"附注"形式说明。

4.4 总　　图

4.4.1 修改条文。本条是对原标准第 4.2.1 条的修改。

4.4.2 修改条文。本条是对原标准第 4.2.2 条的修改。

4.4.3 修改条文。本条是对原标准第 4.2.1 条第 7 款的修改。

4.4.4 修改条文。本条是原标准第 4.2.3 条的修改。

4.4.5 修改条文。本条是原标准第 4.2.4 条的修改。

4.5 建筑给水排水平面图

4.5.1 修改条文。本条是对原标准第 4.2.7 条的修改。其中，消火栓分楼层自左至右按顺序进行编号的方法，如首层用 H-101、H-102……，二层用 H-201、H-202……，其他各层以此类推。

4.5.2 修改条文。本条是对原标准第 4.2.8 条的修改。

4.6 管道系统图

4.6.1 新增条文。明确管道系统图的功能要求。

4.6.2 修改条文。本条是对原标准第 4.2.9 条的修改。

4.6.3 修改条文。本条是对原标准第 4.2.12 条的修改。

4.7 局部平面放大图、剖面图

4.7.1 修改条文。本条是对原标准第 4.2.10 条的修改。

4.7.2 修改条文。本条是对原标准第 4.2.11 条的修改。

4.7.3 修改条文。本条是对原标准第 4.2.13 条的修改。

4.8 水净化处理流程图

4.8.1、**4.8.2** 这两条是对原标准第 4.2.6 条的修改。

中华人民共和国国家标准

暖通空调制图标准

Standard for heating，ventilation
and air conditioning drawings

GB/T 50114—2010

主编部门：中华人民共和国住房和城乡建设部
批准部门：中华人民共和国住房和城乡建设部
施行日期：2 0 1 1 年 3 月 1 日

中华人民共和国住房和城乡建设部
公　　告

第745号

关于发布行业标准《暖通空调制图标准》的公告

现批准《暖通空调制图标准》为国家标准，编号为GB/T 50114－2010，自2011年3月1日起实施。原《暖通空调制图标准》GB/T 50114－2001同时废止。

本标准由我部标准定额研究所组织中国建筑工业出版社出版发行。

中华人民共和国住房和城乡建设部

2010年8月18日

前　　言

本标准是根据原建设部《2007年工程建设标准规范制订、修订计划（第一批）的通知》（建标［2007］125号）的要求，由中国建筑标准设计研究院会同有关单位在原《暖通空调制图标准》GB/T 50114－2001的基础上修订而成的。

本标准在修订过程中，编制组经广泛调查研究，认真总结实践经验，参考有关国际标准和国外先进标准，并广泛征求意见的基础上，修订本标准，最后经审查定稿。

本标准共分4章，主要技术内容包括：总则、一般规定、常用图例、图样画法。

本标准修订的主要内容是：

1　修改了总则和一般规定的部分内容；

2　增加、修改了部分常用图例；

3　调整了图样画法的部分内容。

本标准由住房和城乡建设部负责管理，由中国建筑标准设计研究院负责具体技术内容的解释。本规范在执行过程中如发现需要修改和补充之处，请将意见和有关资料寄送中国建筑标准设计研究院（北京市海淀区首体南路9号主语国际2号楼，邮政编码100048），以供修订时参考。

本标准主编单位：中国建筑标准设计研究院

本标准参编单位：华东建筑设计研究院有限公司
中科建筑设计研究院有限责任公司
北京鸿业同行科技有限公司

本标准主要起草人员：渠　谦　马伟骏　梁　韬　华　炜　朱　滨　喻银平　魏光远

本标准主要审查人员：罗继杰　崔长起　郑小梅　满孝新　王　婷　宋孝春　郑克白　任向东　薛英超　伍果毅

目次

Contents

1 总 则

1.0.1 为了统一暖通空调专业制图规则，保证制图质量，提高制图效率，做到图面清晰、简明，符合设计、施工、存档的要求，适应工程建设的需要，制定本标准。

1.0.2 本标准适用于下列制图方式绘制的图样：

1 手工制图；

2 计算机制图。

1.0.3 本标准适用于暖通空调专业的下列工程制图：

1 新建、改建、扩建工程的各阶段设计图、竣工图；

2 原有建筑物、构筑物等的实测图；

3 通用设计图、标准设计图。

1.0.4 暖通空调专业制图，除应符合本标准外，尚应符合国家现行有关标准的规定。

2 一 般 规 定

2.1 图 线

2.1.1 图线的基本宽度 b 和线宽组，应根据图样的比例、类别及使用方式确定。

2.1.2 基本宽度 b 宜选用 0.18、0.35、0.5、0.7、1.0mm。

2.1.3 图样中仅使用两种线宽时，线宽组宜为 b 和 $0.25b$。三种线宽的线宽组宜为 b、$0.5b$ 和 $0.25b$，并应符合表 2.1.3 的规定。

表 2.1.3 线 宽

线宽比	线宽组			
b	1.4	1.0	0.7	0.5
$0.7b$	1.0	0.7	0.5	0.35
$0.5b$	0.7	0.5	0.35	0.25
$0.25b$	0.35	0.25	0.18	(0.13)

注：需要缩微的图纸，不宜采用 0.18 及更细的线宽。

2.1.4 在同一张图纸内，各不同线宽组的细线，可统一采用最小线宽组的细线。

2.1.5 暖通空调专业制图采用的线型及其含义，宜符合表 2.1.5 的规定。

表 2.1.5 线型及其含义

名称		线型	线宽	一般用途
实线	粗	————	b	单线表示的供水管线
	中粗	————	$0.7b$	本专业设备轮廓、双线表示的管道轮廓
	中	————	$0.5b$	尺寸、标高、角度等标注线及引出线；建筑物轮廓
	细	————	$0.25b$	建筑布置的家具、绿化等；非本专业设备轮廓
虚线	粗	— — — —	b	回水管线及单根表示的管道被遮挡的部分
	中粗	— — — —	$0.7b$	本专业设备及双线表示的管道被遮挡的轮廓
	中	- - - - -	$0.5b$	地下管沟、改造前风管的轮廓线；示意性连线
	细	- - - - -	$0.25b$	非本专业虚线表示的设备轮廓等
波浪线	中	～～～	$0.5b$	单线表示的软管
	细	～～～	$0.25b$	断开界线
单点长画线		—·—·—	$0.25b$	轴线、中心线
双点长画线		—··—··—	$0.25b$	假想或工艺设备轮廓线
折断线		—\\/—	$0.25b$	断开界线

2.1.6 图样中也可使用自定义图线及含义，但应明确说明，且其含义不应与本标准发生矛盾。

2.2 比 例

2.2.1 总平面图、平面图的比例，宜与工程项目设计的主导专业一致，其余可按表 2.2.1 选用。

表 2.2.1 比 例

图 名	常用比例	可用比例
剖面图	1∶50、1∶100	1∶150、1∶200
局部放大图、管沟断面图	1∶20、1∶50、1∶100	1∶25、1∶30、1∶150、1∶200
索引图、详图	1∶1、1∶2、1∶5、1∶10、1∶20	1∶3、1∶4、1∶15

3 常用图例

3.1 水、汽管道

3.1.1 水、汽管道可用线型区分，也可用代号区分。水、汽管道代号宜按表 3.1.1 采用。

表 3.1.1　水、汽管道代号

序号	代　号	管道名称	备　　注
1	RG	采暖热水供水管	可附加 1、2、3 等表示一个代号、不同参数的多种管道
2	RH	采暖热水回水管	可通过实线、虚线表示供、回关系省略字母 G、H
3	LG	空调冷水供水管	—
4	LH	空调冷水回水管	—
5	KRG	空调热水供水管	—
6	KRH	空调热水回水管	—
7	LRG	空调冷、热水供水管	—
8	LRH	空调冷、热水回水管	—
9	LQG	冷却水供水管	—
10	LQH	冷却水回水管	—
11	n	空调冷凝水管	—
12	PZ	膨胀水管	—
13	BS	补水管	—
14	X	循环管	—
15	LM	冷媒管	—
16	YG	乙二醇供水管	—
17	YH	乙二醇回水管	—
18	BG	冰水供水管	—
19	BH	冰水回水管	—
20	ZG	过热蒸汽管	—
21	ZB	饱和蒸汽管	可附加 1、2、3 等表示一个代号、不同参数的多种管道
22	Z2	二次蒸汽管	—
23	N	凝结水管	—
24	J	给水管	—
25	SR	软化水管	—
26	CY	除氧水管	—
27	GG	锅炉进水管	—
28	JY	加药管	—
29	YS	盐溶液管	—
30	XI	连续排污管	—
31	XD	定期排污管	—
32	XS	泄水管	—

续表 3.1.1

序号	代　号	管道名称	备　　注
33	YS	溢水（油）管	—
34	R_1G	一次热水供水管	—
35	R_1H	一次热水回水管	—
36	F	放空管	—
37	FAQ	安全阀放空管	—
38	O1	柴油供油管	—
39	O2	柴油回油管	—
40	OZ1	重油供油管	—
41	OZ2	重油回油管	—
42	OP	排油管	—

3.1.2　自定义水、汽管道代号不应与本标准第 3.1.1 条的规定矛盾，并应在相应图面说明。

3.1.3　水、汽管道阀门和附件的图例宜按表 3.1.3 采用。

表 3.1.3　水、汽管道阀门和附件图例

序 号	名 称	图例	备 注
1	截止阀		—
2	闸阀		—
3	球阀		—
4	柱塞阀		—
5	快开阀		—
6	蝶阀		
7	旋塞阀		—
8	止回阀		
9	浮球阀		—
10	三通阀		—
11	平衡阀		—
12	定流量阀		—
13	定压差阀		—
14	自动排气阀		—
15	集气罐、放气阀		—
16	节流阀		—

续表 3.1.3

序号	名称	图例	备注
17	调节止回关断阀		水泵出口用
18	膨胀阀		—
19	排入大气或室外		—
20	安全阀		—
21	角阀		—
22	底阀		—
23	漏斗		—
24	地漏		—
25	明沟排水		—
26	向上弯头		—
27	向下弯头		—
28	法兰封头或管封		—
29	上出三通		—
30	下出三通		—
31	变径管		—
32	活接头或法兰连接		—
33	固定支架		—
34	导向支架		—
35	活动支架		—
36	金属软管		—
37	可屈挠橡胶软接头		—
38	Y形过滤器		—
39	疏水器		—

续表 3.1.3

序号	名称	图例	备注
40	减压阀		左高右低
41	直通型（或反冲型）除污器		—
42	除垢仪	E	—
43	补偿器		—
44	矩形补偿器		—
45	套管补偿器		—
46	波纹管补偿器		—
47	弧形补偿器		—
48	球形补偿器		—
49	伴热管		—
50	保护套管		—
51	爆破膜		—
52	阻火器		—
53	节流孔板、减压孔板		—
54	快速接头		—
55	介质流向	或	在管道断开处时，流向符号宜标注在管道中心线上，其余可同管径标注位置
56	坡度及坡向	i=0.003 或 i=0.003	坡度数值不宜与管道起、止点标高同时标注。标注位置同管径标注位置

3.2 风　道

3.2.1 风道代号宜按表 3.2.1 采用。

表 3.2.1 风 道 代 号

序号	代号	管道名称	备　注
1	SF	送风管	—
2	HF	回风管	一、二次回风可附加1、2区别

续表 3.2.1

序号	代号	管道名称	备　注
3	PF	排风管	—
4	XF	新风管	—
5	PY	消防排烟风管	—
6	ZY	加压送风管	—
7	P(Y)	排风排烟兼用风管	—
8	XB	消防补风风管	—
9	S(B)	送风兼消防补风风管	—

3.2.2 自定义风道代号不应与本标准表 3.2.1 的规定矛盾，并应在相应图面说明。

3.2.3 风道、阀门及附件的图例宜按表 3.2.3-1 和表 3.2.3-2 采用。

表 3.2.3-1　风道、阀门及附件图例

序号	名称	图　例	备　注
1	矩形风管	***×***	宽×高(mm)
2	圆形风管	ϕ***	ϕ直径(mm)
3	风管向上		—
4	风管向下		—
5	风管上升摇手弯		—
6	风管下降摇手弯		—
7	天圆地方		左接矩形风管，右接圆形风管
8	软风管		—
9	圆弧形弯头		—
10	带导流片的矩形弯头		—
11	消声器		—
12	消声弯头		—

续表 3.2.3-1

序号	名称	图　例	备　注
13	消声静压箱		—
14	风管软接头		—
15	对开多叶调节风阀		—
16	蝶　阀		—
17	插板阀		—
18	止回风阀		—
19	余压阀	DPV　DPV	—
20	三通调节阀		—
21	防烟、防火阀	***　***	***表示防烟、防火阀名称代号，代号说明另见附录 A 防烟、防火阀功能表
22	方形风口		—
23	条缝形风口		—
24	矩形风口		—
25	圆形风口		—
26	侧面风口		—
27	防雨百叶		—
28	检修门	J　J	—
29	气流方向		左为通用表示法，中表示送风，右表示回风

续表 3.2.3-1

序号	名称	图　例	备　注
30	远程手控盒	B	防排烟用
31	防雨罩		—

表 3.2.3-2　风口和附件代号

序号	代号	图　　例	备　注
1	AV	单层格栅风口，叶片垂直	—
2	AH	单层格栅风口，叶片水平	—
3	BV	双层格栅风口，前组叶片垂直	—
4	BH	双层格栅风口，前组叶片水平	—
5	C*	矩形散流器，*为出风面数量	—
6	DF	圆形平面散流器	—
7	DS	圆形凸面散流器	—
8	DP	圆盘形散流器	—
9	DX*	圆形斜片散流器，*为出风面数量	—
10	DH	圆环形散流器	—
11	E*	条缝形风口，*为条缝数	—
12	F*	细叶形斜出风散流器，*为出风面数量	—
13	FH	门铰形细叶回风口	—
14	G	扁叶形直出风散流器	—
15	H	百叶回风口	—
16	HH	门铰形百叶回风口	—
17	J	喷口	—
18	SD	旋流风口	—
19	K	蛋格形风口	—
20	KH	门铰形蛋格式回风口	—
21	L	花板回风口	—
22	CB	自垂百叶	—
23	N	防结露送风口	冠于所用类型风口代号前
24	T	低温送风口	冠于所用类型风口代号前
25	W	防雨百叶	—
26	B	带风口风箱	—
27	D	带风阀	—
28	F	带过滤网	—

3.3　暖通空调设备

3.3.1　暖通空调设备的图例宜按表 3.3.1 采用。

表 3.3.1　暖通空调设备图例

序号	名称	图　　例	备　　注
1	散热器及手动放气阀	15　15　15	左为平面图画法，中为剖面图画法，右为系统图（Y轴侧）画法
2	散热器及温控阀	15　15	—
3	轴流风机		—
4	轴（混）流式管道风机		—
5	离心式管道风机		—
6	吊顶式排气扇		—
7	水泵		—
8	手摇泵		—
9	变风量末端		—
10	空调机组加热、冷却盘管		从左到右分别为加热、冷却及双功能盘管
11	空气过滤器		从左至右分别为粗效、中效及高效
12	挡水板		—
13	加湿器		—
14	电加热器		—
15	板式换热器		—

续表 3.3.1

序号	名称	图例	备注
16	立式明装风机盘管		—
17	立式暗装风机盘管		—
18	卧式明装风机盘管		—
19	卧式暗装风机盘管		—
20	窗式空调器		—
21	分体空调器	室内机 室外机	—
22	射流诱导风机		—
23	减振器		左为平面图画法，右为剖面图画法

3.4 调控装置及仪表

3.4.1 调控装置及仪表的图例宜按表 3.4.1 采用。

表 3.4.1 调控装置及仪表图例

序号	名称	图例
1	温度传感器	T
2	湿度传感器	H
3	压力传感器	P
4	压差传感器	ΔP
5	流量传感器	F
6	烟感器	S
7	流量开关	FS
8	控制器	C
9	吸顶式温度感应器	T

续表 3.4.1

序号	名称	图例
10	温度计	
11	压力表	
12	流量计	F.M
13	能量计	E.M
14	弹簧执行机构	
15	重力执行机构	
16	记录仪	
17	电磁（双位）执行机构	
18	电动（双位）执行机构	
19	电动（调节）执行机构	
20	气动执行机构	
21	浮力执行机构	
22	数字输入量	DI
23	数字输出量	DO
24	模拟输入量	AI
25	模拟输出量	AO

注：各种执行机构可与风阀、水阀组合表示相应功能的控制阀门。

4 图 样 画 法

4.1 一 般 规 定

4.1.1 各工程、各阶段的设计图纸应满足相应的设计深度要求。

4.1.2 本专业设计图纸编号应独立。

4.1.3 在同一套工程设计图纸中，图样线宽组、图例、符号等应一致。

4.1.4 在工程设计中，宜依次表示图纸目录、选用图集（纸）目录、设计施工说明、图例、设备及主要材料表、总图、工艺图、系统图、平面图、剖面图、详图等，如单独成图时，其图纸编号应按所述顺序排列。

4.1.5 图样需用的文字说明，宜以“注:”、“附注:”或“说明:”的形式在图纸右下方、标题栏的上方书写，并应用“1、2、3……”进行编号。

4.1.6 一张图幅内绘制平、剖面等多种图样时，宜按平面图、剖面图、安装详图，从上至下、从左至右的顺序排列；当一张图幅绘有多层平面图时，宜按建筑层次由低至高，由下而上顺序排列。

4.1.7 图纸中的设备或部件不使用文字标注时，可进行编号。图样中仅标注编号时，其名称宜以“注:”、“附注:”或“说明:”表示。如需表明其型号（规格）、性能等内容时，宜用“明细表”表示（图4.1.7）。

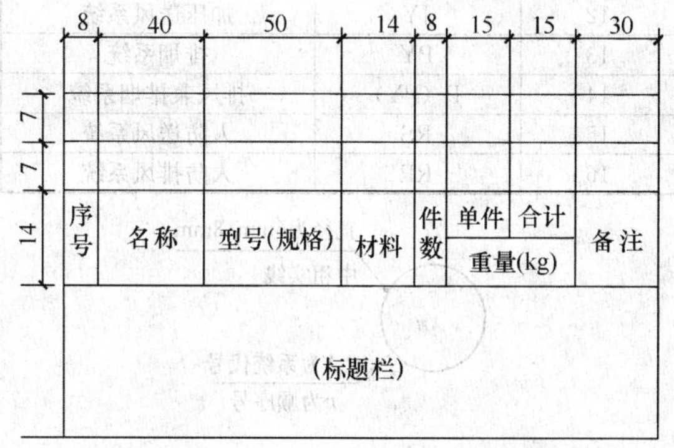

图 4.1.7 明细栏示例

4.1.8 初步设计和施工图设计的设备表应至少包括序号（或编号）、设备名称、技术要求、数量、备注栏；材料表应至少包括序号（或编号）、材料名称、规格或物理性能、数量、单位、备注栏。

4.2 管道和设备布置平面图、剖面图及详图

4.2.1 管道和设备布置平面图、剖面图应以直接正投影法绘制。

4.2.2 用于暖通空调系统设计的建筑平面图、剖面图，应用细实线绘出建筑轮廓线和与暖通空调系统有关的门、窗、梁、柱、平台等建筑构配件，并应标明相应定位轴线编号、房间名称、平面标高。

4.2.3 管道和设备布置平面图应按假想除去上层板后俯视规则绘制，其相应的垂直剖面图应在平面图中标明剖切符号（图 4.2.3）。

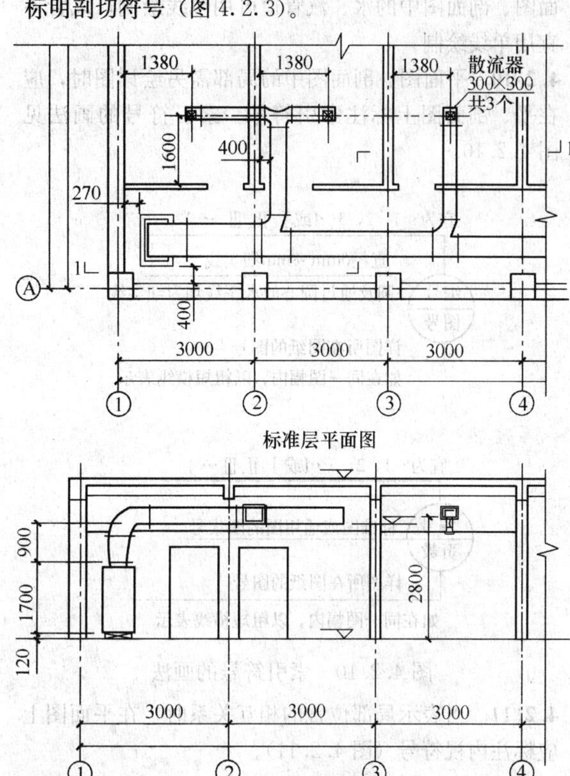

图 4.2.3 平、剖面示例

4.2.4 剖视的剖切符号应由剖切位置线、投射方向线及编号组成，剖切位置线和投射方向线均应以粗实线绘制。剖切位置线的长度宜为 6mm～10mm；投射方向线长度应短于剖切位置线，宜为 4mm～6mm；剖切位置线和投射方向线不应与其他图线相接触；编号宜用阿拉伯数字，并宜标在投射方向线的端部；转折的剖切位置线，宜在转角的外顶角处加注相应编号。

4.2.5 断面的剖切符号应用剖切位置线和编号表示。剖切位置线宜为长度 6mm～10mm 的粗实线；编号可用阿拉伯数字、罗马数字或小写拉丁字母，标在剖切位置线的一侧，并应表示投射方向。

4.2.6 平面图上应标注设备、管道定位（中心、外轮廓）线与建筑定位（轴线、墙边、柱边、柱中）线间的关系；剖面图上应注出设备、管道（中、底或顶）标高。必要时，还应注出距该层楼（地）板面的距离。

4.2.7 剖面图，应在平面图上选择反映系统全貌的部位垂直剖切后绘制。当剖切的投射方向为向下和向右，且不致引起误解时，可省略剖切方向线。

4.2.8 建筑平面图采用分区绘制时，暖通空调专业平面图也可分区绘制。但分区部位应与建筑平面图一致，并应绘制分区组合示意图。

4.2.9 除方案设计、初步设计及精装修设计外，平面图、剖面图中的水、汽管道可用单线绘制，风管不宜用单线绘制。

4.2.10 平面图、剖面图中的局部需另绘详图时，应在平、剖面图上标注索引符号。索引符号的画法见图4.2.10。

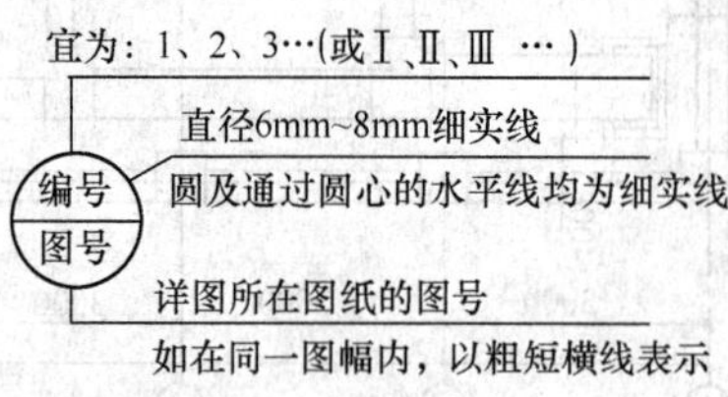

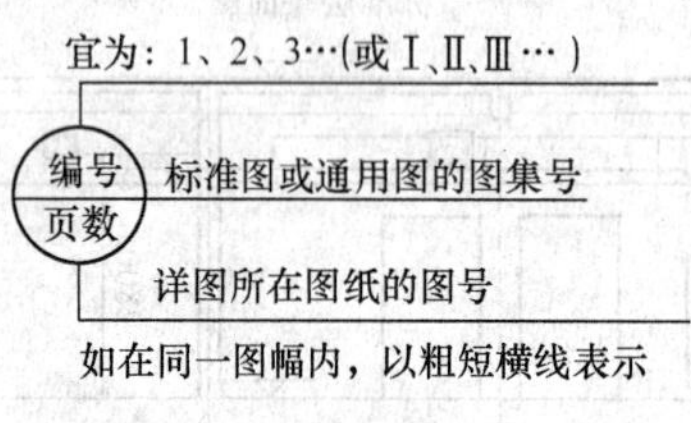

图4.2.10 索引符号的画法

4.2.11 当表示局部位置的相互关系时，在平面图上应标注内视符号（图4.2.11）。

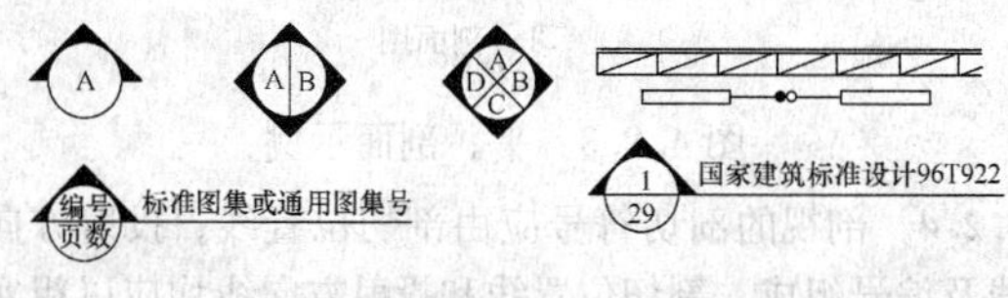

图4.2.11 内视符号画法

4.3 管道系统图、原理图

4.3.1 管道系统图应能确认管径、标高及末端设备，可按系统编号分别绘制。

4.3.2 管道系统图采用轴测投影法绘制时，宜采用与相应的平面图一致的比例，按正等轴测或正面斜二轴测的投影规则绘制，可按现行国家标准《房屋建筑制图统一标准》GB/T 50001绘制。

4.3.3 在不致引起误解时，管道系统图可不按轴测投影法绘制。

4.3.4 管道系统图的基本要素应与平、剖面图相对应。

4.3.5 水、汽管道及通风、空调管道系统图均可用单线绘制。

4.3.6 系统图中的管线重叠、密集处，可采用断开画法。断开处宜以相同的小写拉丁字母表示，也可用细虚线连接。

4.3.7 室外管网工程设计宜绘制管网总平面图和管网纵剖面图。

4.3.8 原理图可不按比例和投影规则绘制。

4.3.9 原理图基本要素应与平面图、剖视图及管道系统图相对应。

4.4 系统编号

4.4.1 一个工程设计中同时有供暖、通风、空调等两个及以上的不同系统时，应进行系统编号。

4.4.2 暖通空调系统编号、入口编号，应由系统代号和顺序号组成。

4.4.3 系统代号用大写拉丁字母表示（见表4.4.3），顺序号用阿拉伯数字表示如图4.4.3所示。当一个系统出现分支时，可采用图4.4.3（b）的画法。

表4.4.3 系统代号

序号	字母代号	系统名称
1	N	（室内）供暖系统
2	L	制冷系统
3	R	热力系统
4	K	空调系统
5	J	净化系统
6	C	除尘系统
7	S	送风系统
8	X	新风系统
9	H	回风系统
10	P	排风系统
11	XP	新风换气系统
12	JY	加压送风系统
13	PY	排烟系统
14	P（PY）	排风兼排烟系统
15	RS	人防送风系统
16	RP	人防排风系统

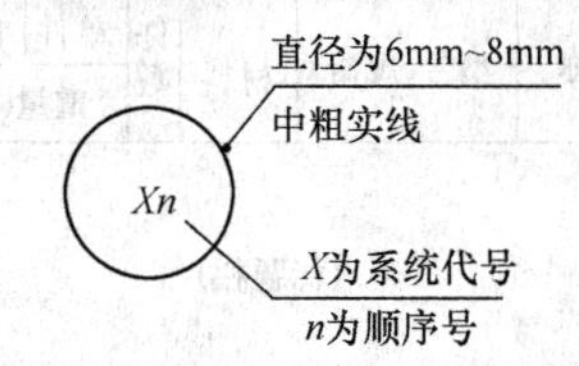

(a)

(b)

图4.4.3 系统代号、编号的画法

4.4.4 系统编号宜标注在系统总管处。

4.4.5 竖向布置的垂直管道系统，应标注立管号

(图 4.4.5)。在不致引起误解时，可只标注序号，但应与建筑轴线编号有明显区别。

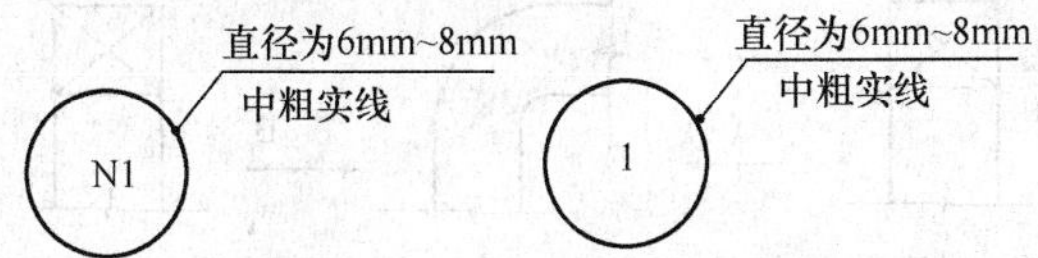

图 4.4.5　立管号的画法

4.5　管道标高、管径（压力）、尺寸标注

4.5.1　在无法标注垂直尺寸的图样中，应标注标高。标高应以 m 为单位，并应精确到 cm 或 mm。

4.5.2　标高符号应以直角等腰三角形表示。当标准层较多时，可只标注与本层楼（地）板面的相对标高（图 4.5.2）。

h+2.20

图 4.5.2　相对标高的画法

4.5.3　水、汽管道所注标高未予说明时，应表示为管中心标高。

4.5.4　水、汽管道标注管外底或顶标高时，应在数字前加“底”或“顶”字样。

4.5.5　矩形风管所注标高应表示管底标高；圆形风管所注标高应表示管中心标高。当不采用此方法标注时，应进行说明。

4.5.6　低压流体输送用焊接管道规格应标注公称通径或压力。公称通径的标记应由字母“*DN*”后跟一个以毫米表示的数值组成；公称压力的代号应为“*PN*”。

4.5.7　输送流体用无缝钢管、螺旋缝或直缝焊接钢管、铜管、不锈钢管，当需要注明外径和壁厚时，应用“*D*（或 *ϕ*）外径×壁厚”表示。在不致引起误解时，也可采用公称通径表示。

4.5.8　塑料管外径应用“*de*”表示。

4.5.9　圆形风管的截面定型尺寸应以直径“*ϕ*”表示，单位应为 mm。

4.5.10　矩形风管（风道）的截面定型尺寸应以“*A*×*B*”表示。“*A*”应为该视图投影面的边长尺寸，“*B*”应为另一边尺寸。*A*、*B* 单位均应为 mm。

4.5.11　平面图中无坡度要求的管道标高可标注在管道截面尺寸后的括号内。必要时，应在标高数字前加“底”或“顶”的字样。

4.5.12　水平管道的规格宜标注在管道的上方；竖向管道的规格宜标注在管道的左侧。双线表示的管道，其规格可标注在管道轮廓线内（图 4.5.12）。

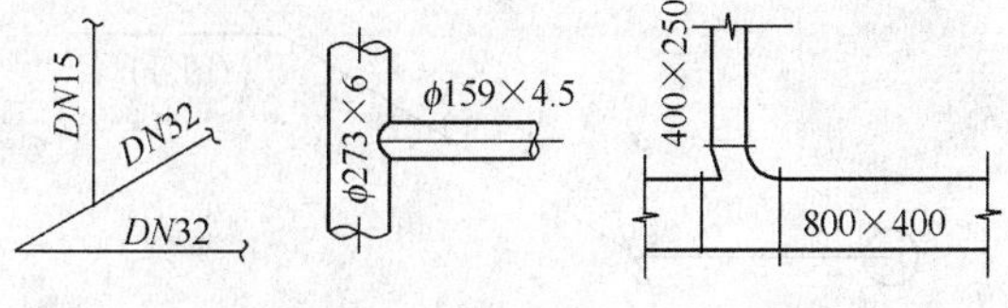

图 4.5.12　管道截面尺寸的画法

4.5.13　当斜管道不在图 4.5.13 所示 30°范围内时，其管径（压力）、尺寸应平行标在管道的斜上方。不用图 4.5.13 的方法标注时，可用引出线标注。

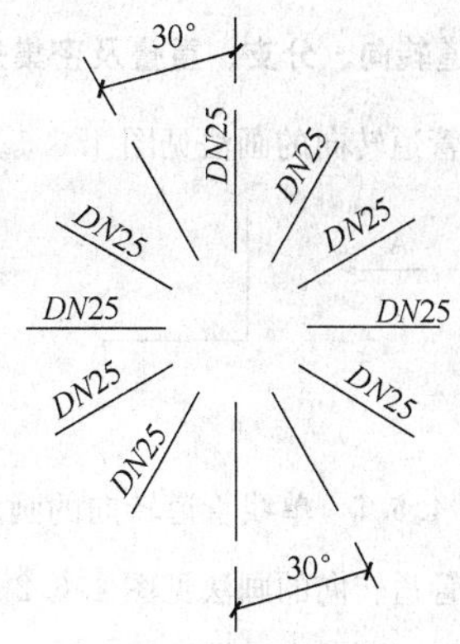

图4.5.13　管径（压力）的标注位置示例

4.5.14　多条管线的规格标注方法见图 4.5.14。

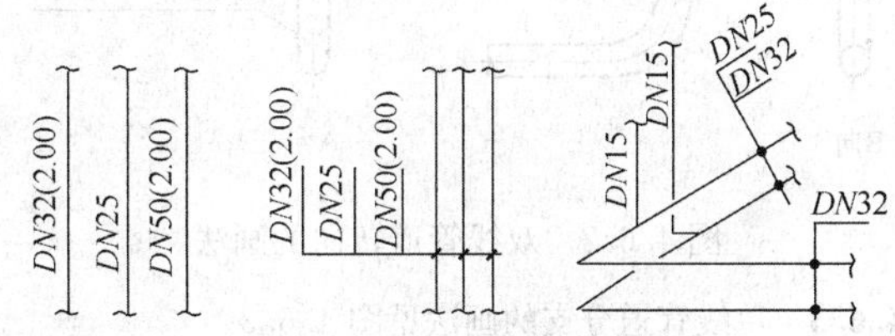

图 4.5.14　多条管线规格的画法

4.5.15　风口表示方法见图 4.5.15。

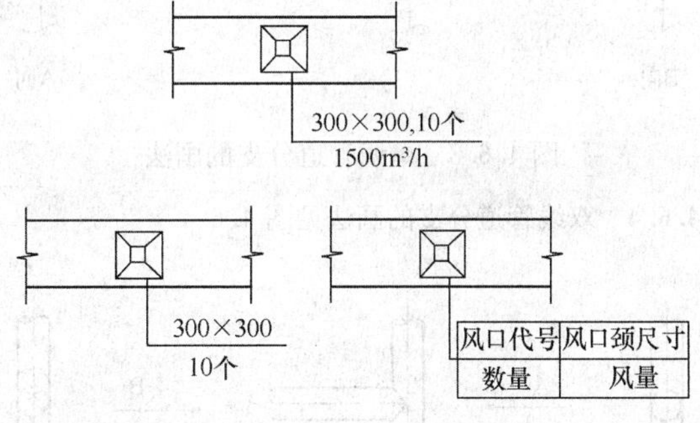

图 4.5.15　风口、散流器的表示方法

4.5.16　图样中尺寸标注应按现行国家标准的有关规定执行。

4.5.17　平面图、剖面图上如需标注连续排列的设备或管道的定位尺寸和标高时，应至少有一个误差自由段（图 4.5.17）。

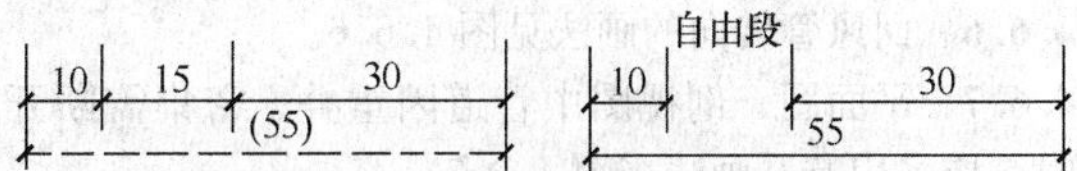

图 4.5.17　定位尺寸的表示方式

4.5.18　挂墙安装的散热器应说明安装高度。

4.5.19　设备加工（制造）图的尺寸标注应按现行国家标准《机械制图　尺寸注法》GB 4458.4 的有关规

定执行。焊缝应按现行国家标准《技术制图　焊缝符号的尺寸、比例及简化表示法》GB 12212 的有关规定执行。

4.6　管道转向、分支、重叠及密集处的画法

4.6.1　单线管道转向的画法见图 4.6.1。

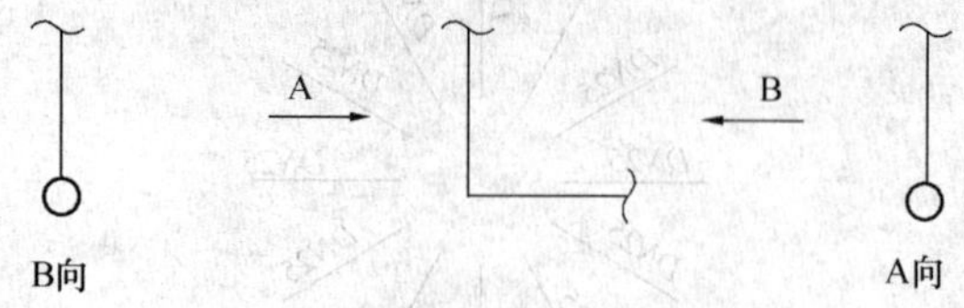

图 4.6.1　单线管道转向的画法

4.6.2　双线管道转向的画法见图 4.6.2。

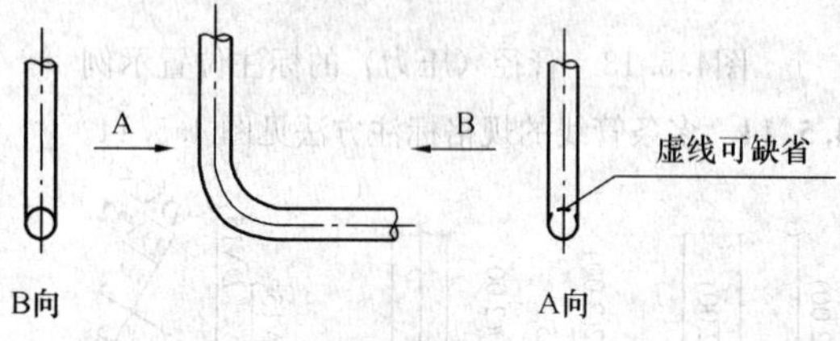

图 4.6.2　双线管道转向的画法

4.6.3　单线管道分支的画法见图 4.6.3。

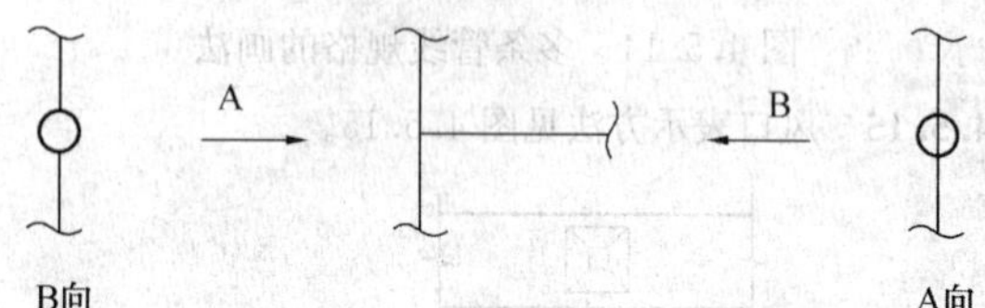

图 4.6.3　单线管道分支的画法

4.6.4　双线管道分支的画法见图 4.6.4。

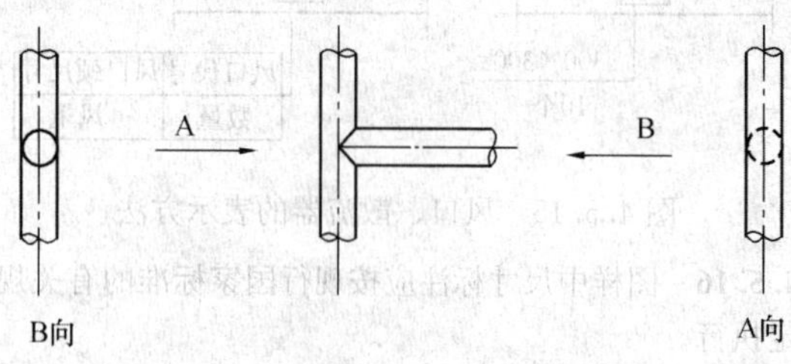

图 4.6.4　双线管道分支的画法

4.6.5　送风管转向的画法见图 4.6.5。

4.6.6　回风管转向的画法见图 4.6.6。

4.6.7　平面图、剖视图中管道因重叠、密集需断开时，应采用断开画法（图 4.6.7）。

4.6.8　管道在本图中断，转至其他图面表示（或由其他图面引来）时，应注明转至（或来自的）的图纸编号（图 4.6.8）。

4.6.9　管道交叉的画法见图 4.6.9。

4.6.10　管道跨越的画法见图 4.6.10。

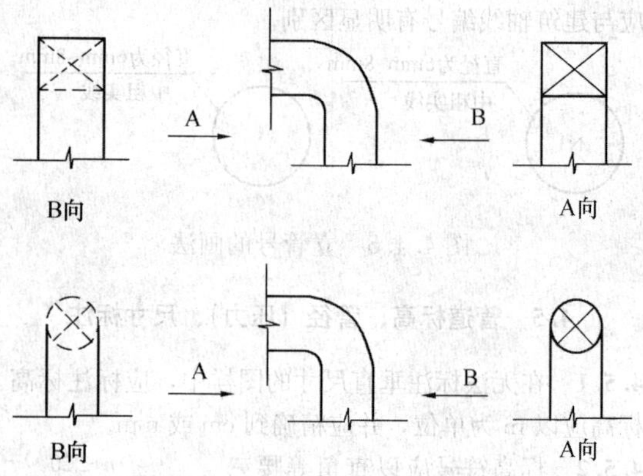

图 4.6.5　送风管转向的画法

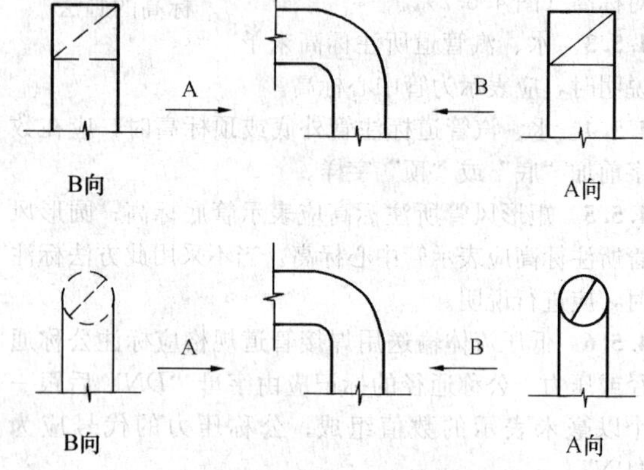

图 4.6.6　回风管转向的画法

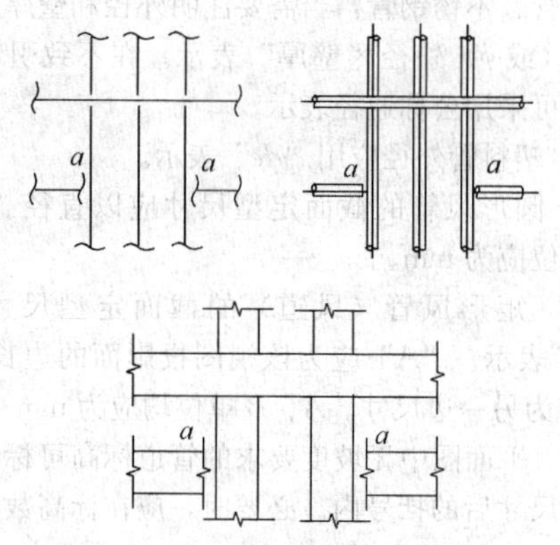

图 4.6.7　管道断开的画法

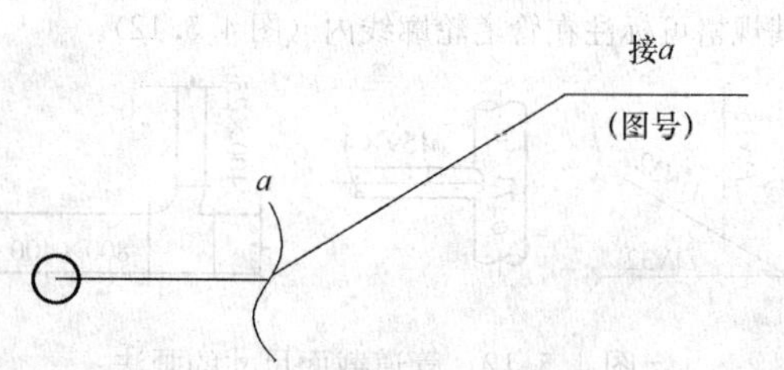

图 4.6.8　管道在本图中断的画法

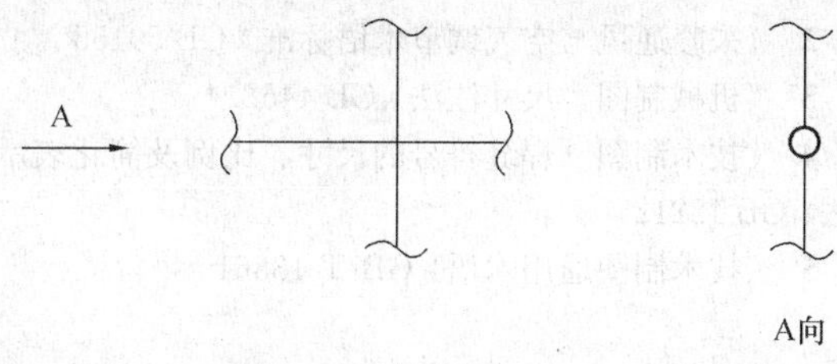

图 4.6.9 管道交叉的画法

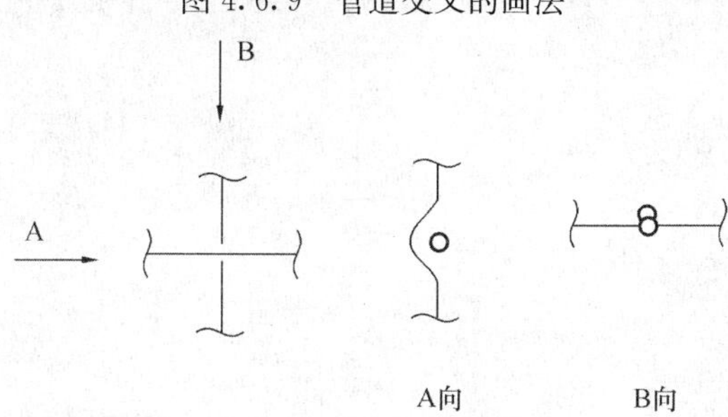

图 4.6.10 管道跨越的画法

附录 A 防烟、防火阀功能表

表 A 防烟、防火阀功能

符号		说明										
		防烟、防火阀功能表										
*** ***		防烟、防火阀功能代号										
阀体中文名称	功能	1	2	3	4	5	6 * 1	7 * 2	8 * 2	9	10	11 * 3
	阀体代号	防烟防火	风阀	风量调节	阀体手动	远程手动	常闭	电动控制一次动作	电动控制反复动作	70℃自动关闭	280℃自动关闭	阀体动作反馈信号
70℃防烟防火阀	FD * 4	√	√		√					√		
	FVD * 4	√	√	√	√					√		
	FDS * 4	√	√							√		√
	FDVS * 4	√	√	√	√					√		√
	MED	√	√	√	√			√		√		√
	MEC	√	√		√		√	√		√		√
	MEE	√	√	√	√				√	√		√
	BED	√	√	√	√	√		√		√		√
	BEC	√	√		√	√	√	√		√		√
	BEE	√	√	√	√	√			√	√		√

续表 A

符号		说明										
		防烟、防火阀功能表										
*** ***		防烟、防火阀功能代号										
阀体中文名称	功能	1	2	3	4	5	6 * 1	7 * 2	8 * 2	9	10	11 * 3
	阀体代号	防烟防火	风阀	风量调节	阀体手动	远程手动	常闭	电动控制一次动作	电动控制反复动作	70℃自动关闭	280℃自动关闭	阀体动作反馈信号
280℃防烟防火阀	FDH	√	√		√						√	
	FVDH	√	√	√	√						√	
	FDSH	√	√		√						√	√
	FVSH	√	√	√	√						√	√
	MECH	√	√		√		√	√			√	√
	MEEH	√	√	√	√				√		√	√
	BECH	√	√		√	√	√	√			√	√
	BEEH	√	√	√	√	√			√		√	√
板式排烟口	PS	√			√	√	√	√			√	√
多叶排烟口	GS	√			√	√	√	√			√	√
多叶送风口	GP	√			√	√	√	√		√		√
防火风口	GF	√			√					√		

注：1 除表中注明外，其余的均为常开型；且所用的阀体在动作后均可手动复位。

2 消防电源（24V DC），由消防中心控制。

3 阀体需要符合信号反馈要求的接点。

4 若仅用于厨房烧煮区平时排风系统，其动作装置的工作温度应当由 70℃改为 150℃。

本标准用词说明

1 为便于在执行本标准条文时区别对待，对要求严格程度不同的用词说明如下：

1） 表示很严格，非这样做不可的用词：

正面词采用“必须”，反面词采用“严禁”；

2） 表示严格，在正常情况下均应这样做的用词：

正面词采用“应”，反面词采用“不应”或“不得；

3） 表示允许稍有选择，在条件许可时首先应这样做的用词：

正面词采用“宜”，反面词采用“不宜”；

4） 表示有选择，在一定条件下可以这样做的用词，采用“可”。

2 本标准文中指明应按其他有关标准执行的写

法为："应符合……的规定"或"应按……执行"。

引用标准名录

1 《房屋建筑制图统一标准》GB/T 50001

2 《采暖通风与空气调节术语标准》GB 50155

3 《机械制图　尺寸注法》GB 4458.4

4 《技术制图　焊缝符号的尺寸、比例及简化表示法》GB 12212

5 《技术制图通用术语》GB/T 13361

中华人民共和国国家标准

暖通空调制图标准

GB/T 50114—2010

条 文 说 明

修 订 说 明

《暖通空调制图标准》GB/T 50114－2010，经住房和城乡建设部2010年8月18日以第745号公告批准、发布。

本标准是在《暖通空调制图标准》GB/T 50114－2001的基础上修订而成，上一版的主编单位是中国建筑标准设计研究院，主要起草人员是王为、渠谦。

本标准修订的主要技术内容是：1. 修改了总则和一般规定的部分内容；2. 增加、修改了部分常用图例；3. 调整了图样画法的部分内容。

本标准修订过程中，编制组进行了深入调查研究，总结实践经验，认真分析了有关资料及数据，参考了有关国际标准。

为便于广大设计、施工、科研、学校等单位有关人员在使用本标准时能正确理解和执行条文规定，《暖通空调制图标准》编制组按章、节、条顺序编制了本标准的条文说明，对条文规定的目的、依据以及执行中需注意的有关事项进行了说明。但是，本条文说明不具备与标准正文同等的法律效力，仅供使用者作为理解和把握标准规定的参考。

目　次

1 总　　则

1.0.4 本标准中“系统图”、“管道系统图”的解释均引用《技术制图通用术语》GB/T 13361－92 的“6.9 管系图”；“原理图”的解释引用该标准的“6.14 原理图”。

2 一 般 规 定

2.1 图　　线

2.1.3 表 2.1.3 中括号内数字表示慎用线宽。但如果能确保图纸在使用时，细线绘制的图样不会出现缺损，也可使用更细的线（笔）宽。

3 常 用 图 例

3.1 水、汽管道

3.1.1 表 3.1.1 以外的水、汽管道代号，可取管道内介质汉语名称拼音的首个字母，如与表内已有代号重复，应继续选取第 2、3 个字母，最多不超过 3 个。

3.1.2 采用非汉语名称标注管道代号时，须明确表明对应的汉语名称。

3.2 风　　道

3.2.1 表 3.2.1 以外的风道代号，可取管道功能汉语名称拼音的首个字母，如与表内已有代号重复，应继续选取第 2、3 个字母，最多不超过 3 个。

3.2.2 采用非汉语名称标注风道代号时，须明确表明对应的汉语名称。

3.2.3 表 3.2.3 中序号 8“软风管”是指较长的柔性管，如波纹管。序号 14“软接头”指较短的、隔振用的部件。

3.4 调控装置及仪表

3.4.1 表 3.4.1 中序号 1～3 图例中，“T、H、P”分别为“Temperature”、“Humidity”、“Pressure”的字头；序号 5 图例中“F”是英文“Flow”的字头。序号 12 图例中“F. M.”是英文“Flow Meter”的缩写；序号 13 图例中“E. M.”是英文“Energy Meter”的缩写。

4 图 样 画 法

4.1 一 般 规 定

4.1.8 “设备”通常指机组、换热器等，“材料”通常指管道、阀门等。

4.2 管道和设备布置平面图、剖面图及详图

4.2.1 “正投影法”见现行国家标准《技术制图通用术语》GB/T 13361－92 的 5.3 节。

4.2.6 墙线内的建筑轴线不宜作尺寸标注界线。柱中心线作尺寸标注界线时，应同时标注柱宽。

4.3 管道系统图、原理图

4.3.1 管道系统图是指“表示管道系统中介质的流向、流经的设备，以及管件等连接、配置状况的图样”（见《技术制图通用术语》GB/T 13361－92 的 6.9 节）。

4.4 系 统 编 号

4.4.2 入口编号是指由建筑外引入的管道系统编号。

4.4.3 表 4.4.3 以外的系统代号，可取系统汉语名称拼音的首个字母，如与表内已有代号重复，应继续选取第 2、3 个字母，最多不超过 3 个。采用非汉语名称标注系统代号时，须明确表明对应的汉语名称。

4.5 管道标高、管径（压力）、尺寸标注

4.5.6 “*PN*”后一般跟以“MPa”表示的数字，若该数字小数点后超过 2 位，则宜改为“kPa”或“Pa”表示的数字。如“*PN* 0.6”、“*PN* 20（kPa）”。

4.5.11 有坡度的管道标高，在始端或末端也可用括号内数字表示。

4.5.14 在同一套图纸中，应统一使用短斜线或圆点。

4.5.17 连续排列的设备，应标注需保证的安装尺寸，不宜标注过多的安装尺寸，造成施工安装时无所适从。

4.6 管道转向、分支、重叠及密集处的画法

4.6.5、**4.6.6** 手工制图时，线型可不分粗、细。

中华人民共和国国家标准

建筑电气制图标准

Standard for building electricity drawings

GB/T 50786—2012

主编部门：中华人民共和国住房和城乡建设部
批准部门：中华人民共和国住房和城乡建设部
施行日期：2 0 1 2 年 1 0 月 1 日

中华人民共和国住房和城乡建设部
公　　告

第1411号

关于发布国家标准《建筑电气制图标准》的公告

现批准《建筑电气制图标准》为国家标准，编号为GB/T 50786－2012，自2012年10月1日起实施。

本标准由我部标准定额研究所组织中国建筑工业出版社出版发行。

中华人民共和国住房和城乡建设部
2012年5月28日

前　　言

根据原建设部《关于印发〈二〇〇一～二〇〇二年度工程建设国家标准制订、修订计划〉的通知》（建标［2002］85号）的要求，标准编制组经广泛调查研究，认真总结实践经验，参考有关国际标准和国外先进标准，并在广泛征求意见的基础上，编制本标准。

本标准的主要技术内容是：1. 总则；2. 术语；3. 基本规定；4. 常用符号；5. 图样画法。

本标准由住房和城乡建设部负责管理，由中国建筑标准设计研究院负责具体技术内容的解释。执行过程中若有意见和建议，请寄送中国建筑标准设计研究院（地址：北京市海淀区首体南路9号主语国际2号楼；邮编：100048）。

本标准主编单位：中国建筑标准设计研究院
中国纺织工业设计院

本标准参编单位：中国航空规划建设发展有限公司
中国航天建筑设计研究院（集团）
上海现代设计集团上海建筑设计研究院有限公司

本标准主要起草人员：孙　兰　徐玲献　李道本　范景昌　翟华昆　丁　杰　王　勇　陈众励　陈泽毅　崔福涛　汪　浩

本标准主要审查人员：田有连　王素英　王金元　孙成群　邵民杰　张文才　王东林　张艺滨　费锡伦　熊　江　吴恩远

目　次

Contents

1 总 则

1.0.1 为统一建筑电气专业制图规则，保证制图质量，提高制图效率，做到图面清晰、简明，符合设计、施工、存档的要求，适应工程建设的需要，制定本标准。

1.0.2 本标准适用于建筑电气专业的下列工程制图：

1 新建、改建、扩建工程的各阶段设计图、竣工图；

2 通用设计图、标准设计图。

1.0.3 本标准适用于建筑电气专业的计算机制图和手工制图方式绘制的图样。

1.0.4 建筑电气专业制图除应符合本标准外，尚应符合国家现行有关标准的规定。

2 术 语

2.0.1 系统图 overview diagram

概略地表达一个项目的全面特性的简图，又称概略图。

2.0.2 项目 object

在设计、工艺、建筑、运行、维修和报废过程中所面对的实体。

2.0.3 简图 diagram

主要是通过以图形符号表示项目及它们之间关系的图示形式来表达信息。

2.0.4 电路图 circuit diagram

表达项目电路组成和物理连接信息的简图。

2.0.5 接线图（表） connection diagram (table)

表达项目组件或单元之间物理连接信息的简图（表）。

2.0.6 电气平面图 electrical plan

采用图形和文字符号将电气设备及电气设备之间电气通路的连接线缆、路由、敷设方式等信息绘制在一个以建筑专业平面图为基础的图内，并表达其相对或绝对位置信息的图样。

2.0.7 电气详图 electrical details

一般指用1∶20至1∶50比例绘制出的详细电气平面图或局部电气平面图。

2.0.8 电气大样图 electrical detail drawing

一般指用1∶20至10∶1比例绘制出的电气设备或电气设备及其连接线缆等与周边建筑构、配件联系的详细图样，清楚地表达细部形状、尺寸、材料和做法。

2.0.9 电气总平面图 electrical site plan

采用图形和文字符号将电气设备及电气设备之间电气通路的连接线缆、路由、敷设方式、电力电缆井、人（手）孔等信息绘制在一个以总平面图为基础的图内，并表达其相对或绝对位置信息的图样。

2.0.10 参照代号 reference designation

作为系统组成部分的特定项目按该系统的一方面或多方面相对于系统的标识符。

3 基 本 规 定

3.1 图 线

3.1.1 建筑电气专业的图线宽度（b）应根据图纸的类型、比例和复杂程度，按现行国家标准《房屋建筑制图统一标准》GB/T 50001的规定选用，并宜为0.5mm、0.7mm、1.0mm。

3.1.2 电气总平面图和电气平面图宜采用三种及以上的线宽绘制，其他图样宜采用两种及以上的线宽绘制。

3.1.3 同一张图纸内，相同比例的各图样，宜选用相同的线宽组。

3.1.4 同一个图样内，各种不同线宽组中的细线，可统一采用线宽组中较细的细线。

3.1.5 建筑电气专业常用的制图图线、线型及线宽宜符合表3.1.5的规定。

表3.1.5 制图图线、线型及线宽

<table>
<tr><th colspan="2">图线名称</th><th>线 型</th><th>线宽</th><th>一 般 用 途</th></tr>
<tr><td rowspan="6">实线</td><td>粗</td><td></td><td>b</td><td rowspan="2">本专业设备之间电气通路连接线、本专业设备可见轮廓线、图形符号轮廓线</td></tr>
<tr><td rowspan="2">中粗</td><td rowspan="2"></td><td>$0.7b$</td></tr>
<tr><td>$0.7b$</td><td rowspan="2">本专业设备可见轮廓线、图形符号轮廓线、方框线、建筑物可见轮廓</td></tr>
<tr><td>中</td><td></td><td>$0.5b$</td></tr>
<tr><td>细</td><td></td><td>$0.25b$</td><td>非本专业设备可见轮廓线、建筑物可见轮廓；尺寸、标高、角度等标注线及引出线</td></tr>
<tr><td style="display:none"></td></tr>
<tr><td rowspan="5">虚线</td><td>粗</td><td></td><td>b</td><td rowspan="2">本专业设备之间电气通路不可见连接线；线路改造中原有线路</td></tr>
<tr><td rowspan="2">中粗</td><td rowspan="2"></td><td>$0.7b$</td></tr>
<tr><td>$0.7b$</td><td rowspan="2">本专业设备不可见轮廓线、地下电缆沟、排管区、隧道、屏蔽线、连锁线</td></tr>
<tr><td>中</td><td></td><td>$0.5b$</td></tr>
<tr><td>细</td><td></td><td>$0.25b$</td><td>非本专业设备不可见轮廓线及地下管沟、建筑物不可见轮廓线等</td></tr>
<tr><td rowspan="2">波浪线</td><td>粗</td><td></td><td>b</td><td rowspan="2">本专业软管、软护套保护的电气通路连接线、蛇形敷设线缆</td></tr>
<tr><td>中粗</td><td></td><td>$0.7b$</td></tr>
<tr><td colspan="2">单点长画线</td><td></td><td>$0.25b$</td><td>定位轴线、中心线、对称线；结构、功能、单元相同围框线</td></tr>
<tr><td colspan="2">双点长画线</td><td></td><td>$0.25b$</td><td>辅助围框线、假想或工艺设备轮廓线</td></tr>
<tr><td colspan="2">折断线</td><td></td><td>$0.25b$</td><td>断开界线</td></tr>
</table>

3.1.6 图样中可使用自定义的图线、线型及用途，并应在设计文件中明确说明。自定义的图线、线型及用途不应与本标准及国家现行有关标准相矛盾。

3.2 比　　例

3.2.1 电气总平面图、电气平面图的制图比例，宜与工程项目设计的主导专业一致，采用的比例宜符合表3.2.1的规定，并应优先采用常用比例。

表3.2.1 电气总平面图、电气平面图的制图比例

序号	图　名	常用比例	可用比例
1	电气总平面图、规划图	1∶500、1∶1000、1∶2000	1∶300、1∶5000
2	电气平面图	1∶50、1∶100、1∶150	1∶200
3	电气竖井、设备间、电信间、变配电室等平、剖面图	1∶20、1∶50、1∶100	1∶25、1∶150
4	电气详图、电气大样图	10∶1、5∶1、2∶1、1∶1、1∶2、1∶5、1∶10、1∶20	4∶1、1∶25、1∶50

3.2.2 电气总平面图、电气平面图应按比例制图，并应在图样中标注制图比例。

3.2.3 一个图样宜选用一种比例绘制。选用两种比例绘制时，应做说明。

3.3 编号和参照代号

3.3.1 当同一类型或同一系统的电气设备、线路（回路）、元器件等的数量大于或等于2时，应进行编号。

3.3.2 当电气设备的图形符号在图样中不能清晰地表达其信息时，应在其图形符号附近标注参照代号。

3.3.3 编号宜选用1、2、3……数字顺序排列。

3.3.4 参照代号采用字母代码标注时，参照代号宜由前缀符号、字母代码和数字组成。当采用参照代号标注不会引起混淆时，参照代号的前缀符号可省略。参照代号的字母代码应按本标准表4.2.4选择。

3.3.5 参照代号可表示项目的数量、安装位置、方案等信息。参照代号的编制规则宜在设计文件里说明。

3.4 标　　注

3.4.1 电气设备的标注应符合下列规定：

1 宜在用电设备的图形符号附近标注其额定功率、参照代号；

2 对于电气箱（柜、屏），应在其图形符号附近标注参照代号，并宜标注设备安装容量；

3 对于照明灯具，宜在其图形符号附近标注灯具的数量、光源数量、光源安装容量、安装高度、安装方式。

3.4.2 电气线路的标注应符合下列规定：

1 应标注电气线路的回路编号或参照代号、线缆型号及规格、根数、敷设方式、敷设部位等信息；

2 对于弱电线路，宜在线路上标注本系统的线型符号，线型符号应按本标准表4.1.4标注；

3 对于封闭母线、电缆梯架、托盘和槽盒宜标注其规格及安装高度。

3.4.3 照明灯具安装方式、线缆敷设方式及敷设部位，应按本标准表4.2.1-1～表4.2.1-3的文字符号标注。

4 常用符号

4.1 图形符号

4.1.1 图样中采用的图形符号应符合下列规定：

1 图形符号可放大或缩小；

2 当图形符号旋转或镜像时，其中的文字宜为视图的正向；

3 当图形符号有两种表达形式时，可任选用其中一种形式，但同一工程应使用同一种表达形式；

4 当现有图形符号不能满足设计要求时，可按图形符号生成原则产生新的图形符号；新产生的图形符号宜由一般符号与一个或多个相关的补充符号组合而成；

5 补充符号可置于一般符号的里面、外面或与其相交。

4.1.2 强电图样宜采用表4.1.2的常用图形符号。

表4.1.2 强电图样的常用图形符号

序号	常用图形符号		说　明	应用类别
	形式1	形式2		
1	─⫻─	─/3─	导线组（示出导线数，如示出三根导线）Group of connections(number of connections indicated)	电路图、接线图、平面图、总平面图、系统图
2	─⌒⌒─		软连接 Flexible connection	
3	○		端子 Terminal	
4	▯▯▯▯▯▯		端子板 Terminal strip	电路图

续表 4.1.2

序号	常用图形符号		说　明	应用类别
	形式 1	形式 2		
5			T 型连接 T-connection	电路图、接线图、平面图、总平面图、系统图
6			导线的双 T 连接 Double junction of conductors	
7			跨接连接（跨越连接） Bridge connection	
8			阴接触件（连接器的）、插座 Contact，female（of a socket or plug）	电路图、接线图、系统图
9			阳接触件（连接器的）、插头 Contact，male（of a socket or plug）	电路图、接线图、平面图、系统图
10			定向连接 Directed connection	
11			进入线束的点 Point of access to a bundle（本符号不适用于表示电气连接）	电路图、接线图、平面图、总平面图、系统图
12			电阻器，一般符号 Resistor，general symbol	
13			电容器，一般符号 Capacitor，general symbol	
14			半导体二极管，一般符号 Semiconductor diode，general symbol	电路图
15			发光二极管（LED），一般符号 Light emitting diode（LED），general symbol	
16			双向三极闸流晶体管 Bidirectional triode thyristor；Triac	
17			PNP 晶体管 PNP transistor	
18			电机，一般符号 Machine，general symbol，见注 2	电路图、接线图、平面图、系统图
19			三相笼式感应电动机 Three-phase cage induction motor	电路图
20			单相笼式感应电动机 Single-phase cage induction motor 有绕组分相引出端子	

续表 4.1.2

序号	常用图形符号		说　明	应用类别
	形式 1	形式 2		
21			三相绕线式转子感应电动机 Induction motor，three-phase，with wound rotor	电路图
22			双绕组变压器，一般符号 Transformer with two windings，general symbol（形式 2 可表示瞬时电压的极性）	电路图、接线图、平面图、总平面图、系统图 形式 2 只适用电路图
23			绕组间有屏蔽的双绕组变压器 Transformer with two windings and screen	
24			一个绕组上有中间抽头的变压器 Transformer with center tap on one winding	
25			星形一三角形连接的三相变压器 Three-phase transformer，connection star-delta	
26			具有 4 个抽头的星形一星形连接的三相变压器 Three-phase transformer with four taps，connection：star-star	
27			单相变压器组成的三相变压器，星形一三角形连接 Three-phase bank of single-phase transformers，connection star-delta	
28			具有分接开关的三相变压器，星形一三角形连接 Three-phase transformer with tap changer	
29			三相变压器，星形一星形一三角形连接 Three-phase transformer，connection star-star-delta	电路图、接线图、系统图 形式 2 只适用电路图
30			自耦变压器，一般符号 Auto-transformer，general symbol	电路图、接线图、平面图、总平面图、系统图 形式 2 只适用电路图

续表 4.1.2

序号	常用图形符号 形式1	常用图形符号 形式2	说明	应用类别
31			单相自耦变压器 Auto-transformer, single-phase	
32			三相自耦变压器，星形连接 Auto-transformer, three-phase, connection star	
33			可调压的单相自耦变压器 Auto-transformer, single-phase with voltage regulation	电路图、接线图、系统图 形式 2 只适用电路图
34			三相感应调压器 Three-phase induction regulator	
35			电抗器，一般符号 Reactor, general symbol	
36			电压互感器 Voltage transformer	
37			电流互感器，一般符号 Current transformer, general symbol	电路图、接线图、平面图、总平面图、系统图 形式 2 只适用电路图
38			具有两个铁心，每个铁心有一个次级绕组的电流互感器 Current transformer with two cores with one secondary winding on each core，见注 3，其中形式 2 中的铁心符号可以略去	电路图、接线图、系统图 形式 2 只适用电路图
39			在一个铁心上具有两个次级绕组的电流互感器 Current transformer with two secondary windings on one core，形式 2 中的铁心符号必须画出	

续表 4.1.2

序号	常用图形符号 形式1	常用图形符号 形式2	说明	应用类别
40			具有三条穿线一次导体的脉冲变压器或电流互感器 Pulse or current transformer with three threaded primary conductors	
41			三个电流互感器（四个次级引线引出）Three current transformers	
42			具有两个铁心，每个铁心有一个次级绕组的三个电流互感器 Three current transformers with two cores with one secondary winding on each core，见注 3	电路图、接线图、系统图 形式 2 只适用电路图
43	L1、L3		两个电流互感器，导线 L1 和导线 L3；三个次级引线引出 Two current transformers on L1 and L3，three second-ary lines	
44	L1、L3		具有两个铁心，每个铁心有一个次级绕组的两个电流互感器 Two current transformers with two cores with one secondary winding on each core，见注 3	
45			物件，一般符号 Object, general symbol	电路图、接线图、平面图、系统图
46				
47	注 4			
48			有稳定输出电压的变换器 Converter with stabilized output voltage	电路图、接线图、系统图
49			频率由 f1 变到 f2 的变频器 Frequency converter, changing from f1 to f2（f1 和 f2 可用输入和输出频率的具体数值代替）	电路图、系统图
50			直流/直流变换器 DC/DC converter	电路图、接线图、系统图
51			整流器 Rectifier	
52			逆变器 Inverter	

续表 4.1.2

序号	常用图形符号		说　明	应用类别
	形式 1	形式 2		
53			整流器/逆变器 Rectifier/Inverter	电路图、接线图、系统图
54			原电池 Primary cell 长线代表阳极，短线代表阴极	
55			静止电能发生器，一般符号 Static generator, general symbol	电路图、接线图、平面图、系统图
56			光电发生器 Photovoltaic generator	电路图、接线图、系统图
57			剩余电流监视器 Residual current monitor	
58			动合（常开）触点，一般符号；开关，一般符号 Make contact, general symbol; Switch, general symbol	电路图、接线图
59			动断（常闭）触点 Break contact	
60			先断后合的转换触点 Change-over break before make contact	
61			中间断开的转换触点 Change-over contact with off-position	
62			先合后断的双向转换触点 Change-over make before break contact, both ways	
63			延时闭合的动合触点 Make contact, delayed closing（当带该触点的器件被吸合时，此触点延时闭合）	
64			延时断开的动合触点 Make contact, delayed opening（当带该触点的器件被释放时，此触点延时断开）	

续表 4.1.2

序号	常用图形符号		说　明	应用类别
	形式 1	形式 2		
65			延时断开的动断触点 Break contact, delayed opening（当带该触点的器件被吸合时，此触点延时断开）	电路图、接线图
66			延时闭合的动断触点 Break contact, delayed closing（当带该触点的器件被释放时，此触点延时闭合）	
67			自动复位的手动按钮开关 Switch, manually operated, push-button, automatic return	
68			无自动复位的手动旋转开关 Switch, manually operated, turning, stay-put	
69			具有动合触点且自动复位的蘑菇头式的应急按钮开关 Push-button switch, type mushroom-head, key by operation	
70			带有防止无意操作的手动控制的具有动合触点的按钮开关 Push-button switch, protected against unintentional operation	
71			热继电器，动断触点 Thermal relay or release, break contact	
72			液位控制开关，动合触点 Actuated by liquid level switch, make contact	
73			液位控制开关，动断触点 Actuated by liquid level switch, break contact	
74			带位置图示的多位开关，最多四位 Multi-position switch, with position diagram	电路图
75			接触器；接触器的主动合触点 Contactor; Main make contact of a contactor（在非操作位置上触点断开）	电路图、接线图

续表 4.1.2

序号	常用图形符号		说　明	应用类别
	形式 1	形式 2		
76	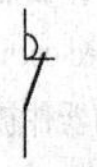		接触器；接触器的主动断触点 Contactor；Main break contact of a contactor（在非操作位置上触点闭合）	
77			隔离器 Disconnector；Isolator	电路图、接线图
78			隔离开关 Switch-disconnector；on-load isolating switch	
79			带自动释放功能的隔离开关 Switch-disconnector，automatic release；On-load isolating switch，automatic（具有由内装的测量继电器或脱扣器触发的自动释放功能）	
80			断路器，一般符号 Circuit breaker，general symbol	
81			带隔离功能断路器 Circuit breaker with disconnector（isolator）function	
82	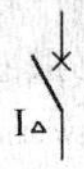		剩余电流动作断路器 Residual current operated circuit-breaker	
83			带隔离功能的剩余电流动作断路器 Residual current operated circuit-breaker with disconnector（isolator）function	电路图、接线图
84	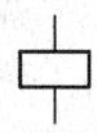		继电器线圈，一般符号；驱动器件，一般符号 Relay coil，general symbol；operating device，general symbol	
85	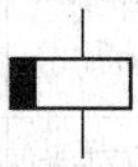		缓慢释放继电器线圈 Relay coil of a slow-releasing relay	
86	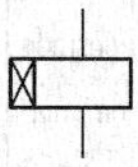		缓慢吸合继电器线圈 Relay coil of a slow-operating relay	
87	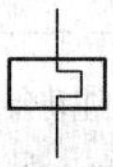		热继电器的驱动器件 Operating device of a thermal relay	
88			熔断器，一般符号 Fuse，general symbol	

续表 4.1.2

序号	常用图形符号		说　明	应用类别
	形式 1	形式 2		
89			熔断器式隔离器 Fuse-disconnector；Fuse isolator	
90			熔断器式隔离开关 Fuse switch-disconnector；On-load isolating fuse switch	电路图、接线图
91			火花间隙 Spark gap	
92			避雷器 Surge diverter；Lightning arrester	
93			多功能电器 Multiple-function switching device 控制与保护开关电器（CPS）（该多功能开关器件可通过使用相关功能符号表示可逆功能、断路器功能、隔离功能、接触器功能和自动脱扣功能。当使用该符号时，可省略不采用的功能符号要素）	电路图、系统图
94	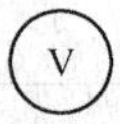 V		电压表 Voltmeter	
95	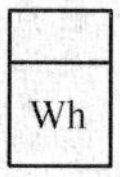 Wh		电度表（瓦时计）Watt-hour meter	电路图、接线图、系统图
96	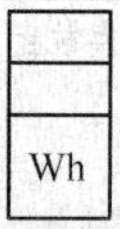 Wh		复费率电度表（示出二费率）Multi-rate watt-hour meter	
97			信号灯，一般符号 Lamp，general symbol，见注 5	
98			音响信号装置，一般符号（电喇叭、电铃、单击电铃、电动汽笛）Acoustic signalling device，general symbol	电路图、接线图、平面图、系统图
99			蜂鸣器 Buzzer	
100			发电站，规划的 Generating station，planned	
101			发电站，运行的 Generating station，in service or unspecified	总平面图
102			热电联产发电站，规划的 Combined electric and heat generated station，planned	

续表 4.1.2

序号	常用图形符号		说 明	应用类别
	形式 1	形式 2		
103			热电联产发电站，运行的 Combined electric and heat generated station, in service or unspecified	总平面图
104			变电站、配电所，规划的 Substation, planned（可在符号内加上任何有关变电站详细类型的说明）	
105			变电站、配电所，运行的 Substation, in service or unspecified	
106			接闪杆 Air-termination rod	接线图、平面图、总平面图、系统图
107			架空线路 Overhead line	总平面图
108			电力电缆井/人孔 Manhole for underground chamber	
109			手孔 Hand hole for underground chamber	
110			电缆梯架、托盘和槽盒线路 Line of cable ladder, cable tray, cable trunking	平面图 总平面图
111			电缆沟线路 Line of cable trench	
112			中性线 Neutral conductor	电路图、平面图、系统图
113			保护线 Protective conductor	
114			保护线和中性线共用线 Combined protective and neutral conductor	
115			带中性线和保护线的三相线路 Three-phase wiring with neutral conductor and protective conductor	

续表 4.1.2

序号	常用图形符号		说 明	应用类别
	形式 1	形式 2		
116			向上配线或布线 Wiring going upwards	平面图
117			向下配线或布线 Wiring going downwards	
118			垂直通过配线或布线 Wiring passing through vertically	
119			由下引来配线或布线 Wiring from the below	
120			由上引来配线或布线 Wiring from the above	
121			连接盒；接线盒 Connection box; Ju-nction box	平面图
122		MS	电动机启动器，一般符号 Motor starter, general symbol	电路图、接线图、系统图 形式 2 用于平面图
123		SDS	星三角启动器 Star-delta starter	
124		SAT	带自耦变压器的启动器 Starter with auto-transformer	
125		ST	带可控硅整流器的调节-启动器 Starter-regulator with thyristors	
126			电源插座、插孔，一般符号（用于不带保护极的电源插座）Socket outlet (power), general symbol; Receptacle outlet (power), general symbol，见注 6	平面图
127	3		多个电源插座（符号表示三个插座）Multiple socket outlet (power)	

续表 4.1.2

序号	常用图形符号 形式1	常用图形符号 形式2	说明	应用类别
128			带保护极的电源插座 Socket outlet（power）with protective contact	平面图
129			单相二、三极电源插座 Single phase two or three poles socket outlet（power）	
130			带保护极和单极开关的电源插座 Socket outlet（power）with protection pole and single pole switch	
131			带隔离变压器的电源插座 Socket outlet（power）with isolating transformer（剃须插座）	
132			开关，一般符号 Switch，general symbol（单联单控开关）	
133			双联单控开关 Double single control switch	
134			三联单控开关 Triple single control switch	
135	n		n联单控开关，n>3 n single control switch，n>3	
136			带指示灯的开关 Switch with pilot light（带指示灯的单联单控开关）	
137			带指示灯双联单控开关 Double single control switch with pilot light	
138			带指示灯的三联单控开关 Triple single control switch with pilot light	
139	n		带指示灯的n联单控开关，n＞3 n single control switch with pilot light，n>3	
140	t		单极限时开关 Period limiting switch，single pole	
141	SL		单极声光控开关 Sound and light control switch，single pole	
142			双控单极开关 Two-way single pole switch	

续表 4.1.2

序号	常用图形符号 形式1	常用图形符号 形式2	说明	应用类别
143			单极拉线开关 Pull-cord single pole switch	平面图
144			风机盘管三速开关 Three-speed fan coil switch	
145			按钮 Push-button	
146			带指示灯的按钮 Push-button with indicator lamp	
147			防止无意操作的按钮 Push-button protected against unintentional operation（例如借助于打碎玻璃罩进行保护）	
148			灯，一般符号 Lamp，general symbol，见注7	
149	E		应急疏散指示标志灯 Emergency exit indicating luminaires	
150			应急疏散指示标志灯（向右）Emergency exit indicating luminaires（right）	
151			应急疏散指示标志灯（向左）Emergency exit indicating luminaires（left）	
152			应急疏散指示标志灯（向左、向右）Emergency exit indicating luminaires（left、right）	
153			专用电路上的应急照明灯 Emergency lighting luminaire on special circuit	
154			自带电源的应急照明灯 Self-contained emergency lighting luminaire	
155			荧光灯，一般符号 Fluorescent lamp，general symbol（单管荧光灯）	
156			二管荧光灯 Luminaire with two fluorescent tubes	
157			三管荧光灯 Luminaire with three fluorescent tubes	

续表 4.1.2

序号	常用图形符号		说明	应用类别
	形式1	形式2		
158	n		多管荧光灯，n>3 Luminaire with many fluorescent tubes	平面图
159			单管格栅灯 Grille lamp with one fluorescent tubes	
160			双管格栅灯 Grille lamp with two fluorescent tubes	
161			三管格栅灯 Grille lamp with three fluorescent tubes	
162			投光灯，一般符号 Projector, general symbol	
163			聚光灯 Spot light	
164			风扇；风机 Fan	

注：1　当电气元器件需要说明类型和敷设方式时，宜在符号旁标注下列字母：EX-防爆；EN-密闭；C-暗装。

2　当电机需要区分不同类型时，符号"★"可采用下列字母表示：G-发电机；GP-永磁发电机；GS-同步发电机；M-电动机；MG-能作为发电机或电动机使用的电机；MS-同步电动机；MGS-同步发电机-电动机等。

3　符号中加上端子符号（○）表明是一个器件，如果使用了端子代号，则端子符号可以省略。

4　□可作为电气箱（柜、屏）的图形符号，当需要区分其类型时，宜在□内标注下列字母：LB-照明配电箱；ELB-应急照明配电箱；PB-动力配电箱；EPB-应急动力配电箱；WB-电度表箱；SB-信号箱；TB-电源切换箱；CB-控制箱、操作箱。

5　当信号灯需要指示颜色，宜在符号旁标注下列字母：YE-黄；RD-红；GN-绿；BU-蓝；WH-白。如果需要指示光源种类，宜在符号旁标注下列字母：Na-钠气；Xe-氙；Ne-氖；IN-白炽灯；Hg-汞；I-碘；EL-电致发光的；ARC-弧光；IR-红外线的；FL-荧光的；UV-紫外线的；LED-发光二极管。

6　当电源插座需要区分不同类型时，宜在符号旁标注下列字母：1P-单相；3P-三相；1C-单相暗敷；3C-三相暗敷；1EX-单相防爆；3EX-三相防爆；1EN-单相密闭；3EN-三相密闭。

7　当灯具需要区分不同类型时，宜在符号旁标注下列字母：ST-备用照明；SA-安全照明；LL-局部照明灯；W-壁灯；C-吸顶灯；R-筒灯；EN-密闭灯；G-圆球灯；EX-防爆灯；E-应急灯；L-花灯；P-吊灯；BM-浴霸。

4.1.3　弱电图样的常用图形符号宜符合下列规定：

1　通信及综合布线系统图样宜采用表 4.1.3-1 的常用图形符号。

表 4.1.3-1　通信及综合布线系统图样的常用图形符号

序号	常用图形符号		说明	应用类别
	形式1	形式2		
1	MDF		总配线架（柜）Main distribution frame	系统图、平面图
2	ODF		光纤配线架（柜）Fiber distribution frame	
3	IDF		中间配线架（柜）Mid distribution frame	
4	BD	BD	建筑物配线架（柜）Building distributor（有跳线连接）	系统图
5	FD	FD	楼层配线架（柜）Floor distributor（有跳线连接）	
6	CD		建筑群配线架（柜）Campus distributor	平面图、系统图
7	BD		建筑物配线架（柜）Building distributor	
8	FD		楼层配线架（柜）Floor distributor	
9	HUB		集线器 Hub	
10	SW		交换机 Switchboard	
11	CP		集合点 Consolidation point	
12	LIU		光纤连接盘 Line interface uni	
13	TP	TP	电话插座 Telephone socket	
14	TD	TD	数据插座 Data socket	
15	TO	TO	信息插座 Information socket	
16	nTO	nTO	n孔信息插座 Information socket with many outlets，n为信息孔数量，例如：TO—单孔信息插座；2TO—二孔信息插座	
17	MUTO		多用户信息插座 Information socket for many users	

2 火灾自动报警系统图样宜采用表 4.1.3-2 的常用图形符号。

表 4.1.3-2 火灾自动报警系统图样的常用图形符号

序号	常用图形符号 形式1	形式2	说明	应用类别
1	见注1		火灾报警控制器 Fire alarm device	
2	见注2		控制和指示设备 control and indicating equipment	
3			感温火灾探测器（点型）Heat detector（point type）	
4	N		感温火灾探测器(点型，非地址码型) Heat detector	
5	EX		感温火灾探测器（点型、防爆型）Heat detector	
6			感温火灾探测器（线型）Heat detector（line type）	
7			感烟火灾探测器（点型）Smoke detector（point type）	
8	N		感烟火灾探测器（点型、非地址码型）Smoke detector（point type）	
9	EX		感烟火灾探测器（点型、防爆型）Smoke detector（point type）	
10			感光火灾探测器（点型）Optical flame detector（point type）	平面图、系统图
11			红外感光火灾探测器（点型）Infra-red optical flame detector（point type）	
12			紫外感光火灾探测器（点型）UV optical flame detector（point type）	
13			可燃气体探测器（点型）Combustible gas detector（point type）	
14			复合式感光感烟火灾探测器(点型) Combination type optical flame and smoke detector（point type）	
15			复合式感光感温火灾探测器（点型）Combination type optical flame and heat detector（point type）	
16			线型差定温火灾探测器 Line-type rate-of-rise and fixed temperature detector	
17			光束感烟火灾探测器（线型，发射部分）Beam smoke detector（line type, the part of launch）	

续表 4.1.3-2

序号	常用图形符号 形式1	形式2	说明	应用类别
18			光束感烟火灾探测器（线型，接受部分）Beam smoke detector（line type, the part of reception）	
19			复合式感温感烟火灾探测器（点型）Combination type smoke and heat detector（point type）	
20			光束感烟感温火灾探测器（线型，发射部分）Infra-red beam line-type smoke and heat detector（emitter）	
21			光束感烟感温火灾探测器（线型，接受部分）Infra-red beam line-type smoke and heat detector（receiver）	
22			手动火灾报警按钮 Manual fire alarm call point	
23			消火栓启泵按钮 Pump starting button in hydrant	
24			火警电话 Alarm telephone	
25			火警电话插孔（对讲电话插孔）Jack for two-way telephone	
26			带火警电话插孔的手动报警按钮 Manual station with Jack for two-way telephone	平面图、系统图
27			火警电铃 Fire bell	
28			火灾发声警报器 Audible fire alarm	
29			火灾光警报器 Visual fire alarm	
30			火灾声光警报器 Audible and visual fire alarm	
31			火灾应急广播扬声器 Fire emergency broadcast loud-speaker	
32		L	水流指示器（组）Flow switch	
33	P		压力开关 Pressure switch	
34	70°C		70℃动作的常开防火阀 Normally open fire damper, 70℃ close	
35	280°C		280℃动作的常开排烟阀 Normally open exhaust valve, 280℃ close	
36	280°C		280℃动作的常闭排烟阀 Normally closed exhaust valve, 280℃ open	

续表 4.1.3-2

序号	常用图形符号 形式1	形式2	说　明	应用类别
37	Φ（方框）		加压送风口 Pressurized air outlet	平面图、系统图
38	Φ（方框）SE		排烟口 Exhaust port	

注：1 当火灾报警控制器需要区分不同类型时，符号“★”可采用下列字母表示：C-集中型火灾报警控制器；Z-区域型火灾报警控制器；G-通用火灾报警控制器；S-可燃气体报警控制器。

2 当控制和指示设备需要区分不同类型时，符号“★”可采用下列字母表示：RS-防火卷帘门控制器；RD-防火门磁释放器；I/O-输入/输出模块；I-输入模块；O-输出模块；P-电源模块；T-电信模块；SI-短路隔离器；M-模块箱；SB-安全栅；D-火灾显示盘；FI-楼层显示盘；CRT-火灾计算机图形显示系统；FPA-火警广播系统；MT-对讲电话主机；BO-总线广播模块；TP-总线电话模块。

3 有线电视及卫星电视接收系统图样宜采用表4.1.3-3的常用图形符号。

表 4.1.3-3　有线电视及卫星电视接收系统图样的常用图形符号

序号	常用图形符号 形式1	形式2	说　明	应用类别
1			天线，一般符号 Antenna, general symbol	电路图、接线图、平面图、总平面图、系统图
2			带馈线的抛物面天线 Antenna, parabolic, with feeder	
3			有本地天线引入的前端（符号表示一条馈线支路） Head end with local antenna	平面图、总平面图
4			无本地天线引入的前端（符号表示一条输入和一条输出通路） Head end without local antenna	
5			放大器、中继器一般符号 Amplifier, general symbol （三角形指向传输方向）	电路图、接线图、平面图、总平面图、系统图
6			双向分配放大器 Dual way distribution amplifier	
7			均衡器 Equalizer	平面图、总平面图、系统图
8			可变均衡器 Variable equalizer	
9	A		固定衰减器 Attenuator, fixed loss	电路图、接线图、系统图
10	A		可变衰减器 Attenuator, variable loss	
11		DEM	解调器 Demodulator	接线图、系统图 形式2用于平面图
12		MO	调制器 Modulator	
13		MOD	调制解调器 Modem	
14			分配器，一般符号 Splitter, general symbol（表示两路分配器）	电路图、接线图、平面图、系统图
15			分配器，一般符号 Splitter, general symbol（表示三路分配器）	
16			分配器，一般符号 Splitter, general symbol（表示四路分配器）	
17			分支器，一般符号 Tap-off, general symbol（表示一个信号分支）	
18			分支器，一般符号 Tap-off, general symbol（表示两个信号分支）	
19			分支器，一般符号 Tap-off, general symbol（表示四个信号分支）	
20			混合器，一般符号 Combiner, general symbol（表示两路混合器，信息流从左到右）	
21	TV	TV	电视插座 Television socket	平面图、系统图

4 广播系统图样宜采用表4.1.3-4的常用图形符号。

表 4.1.3-4　广播系统图样的常用图形符号

序号	常用图形符号	说　明	应用类别
1		传声器，一般符号 Microphone, general symbol	系统图、平面图
2	注1	扬声器，一般符号 Loudspeaker, general symbol	
3		嵌入式安装扬声器箱 Flush-type loudspeaker box	平面图
4	注1	扬声器箱、音箱、声柱 Loudspeaker box	

续表 4.1.3-4

序号	常用图形符号	说　明	应用类别
5		号筒式扬声器 Horn	系统图、平面图
6		调谐器、无线电接收机 Tuner; radio receiver	接线图、平面图、总
7	注2	放大器，一般符号 Amplifier, general symbol	平面图、系统图
8	M	传声器插座 Microphone socket	平面图、总平面图、系统图

注：1　当扬声器箱、音箱、声柱需要区分不同的安装形式时，宜在符号旁标注下列字母：C-吸顶式安装；R-嵌入式安装；W-壁挂式安装。

2　当放大器需要区分不同类型时，宜在符号旁标注下列字母：A-扩大机；PRA-前置放大器；AP-功率放大器。

5　安全技术防范系统图样宜采用表 4.1.3-5 的常用图形符号。

表 4.1.3-5　安全技术防范系统图样的常用图形符号

序号	常用图形符号 形式1	常用图形符号 形式2	说　明	应用类别
1			摄像机 Camera	平面图、系统图
2			彩色摄像机 Color camera	
3			彩色转黑白摄像机 Color to black and white camera	
4			带云台的摄像机 Camera with pan/tilt unit	
5	OH		有室外防护罩的摄像机 Camera with outdoor protective cover	
6	IP		网络（数字）摄像机 Network camera	
7	IR		红外摄像机 Infrared camera	
8	IR⊗		红外带照明灯摄像机 Infrared camera with light	
9	H		半球形摄像机 Hemispherical camera	
10	R		全球摄像机 Spherical camera	
11			监视器 Monitor	
12			彩色监视器 Color monitor	
13			读卡器 Card reader	
14	KP		键盘读卡器 Card reader with keypad	

续表 4.1.3-5

序号	常用图形符号 形式1	常用图形符号 形式2	说　明	应用类别
15			保安巡查打卡器 Guard tour station	平面图、系统图
16			紧急脚挑开关 Deliberately-operated device (foot)	
17			紧急按钮开关 Deliberately-operated device (manual)	
18			门磁开关 Magnetically operated protective switch	
19	B		玻璃破碎探测器 Glass-break detector (surface contact)	
20	A		振动探测器 Vibration detector (structural or inertia)	
21	IR		被动红外入侵探测器 Passive infrared intrusion detector	
22	M		微波入侵探测器 Microwave intrusion detector	
23	IR/M		被动红外/微波双技术探测器 IR/M dual-technology detector	
24	Tx - IR - Rx		主动红外探测器 Active infrared intrusion detector（发射、接收分别为Tx、Rx）	
25	Tx - M - Rx		遮挡式微波探测器 Microwave fence detector	
26	L		埋入线电场扰动探测器 Buried line field disturbance detector	
27	C		弯曲或振动电缆探测器 Flex or shock sensive cable detector	
28	LD		激光探测器 Laser detector	
29			对讲系统主机 Main control module for flat intercom electrical control system	
30			对讲电话分机 Interphone handset	
31			可视对讲机 Video entry security intercom	
32			可视对讲户外机 Video intercom outdoor unit	

续表 4.1.3-5

序号	常用图形符号		说　明	应用类别
	形式1	形式2		
33	(指纹识别器符号)		指纹识别器 Finger print verifier	平面图、系统图
34	◇M		磁力锁 Magnetic lock	
35	(E)		电锁按键 Button for electro-mechanic lock	
36	◇EL		电控锁 Electro-mechanical lock	
37	(投影机符号)		投影机 Projector	

6　建筑设备监控系统图样宜采用表 4.1.3-6 的常用图形符号。

表 4.1.3-6　建筑设备监控系统图样的常用图形符号

序号	常用图形符号		说　明	应用类别
	形式1	形式2		
1	T		温度传感器 Temperature transmitter	电路图、平面图、系统图
2	P		压力传感器 Pressure transmitter	
3	M	H	湿度传感器 Humidity transmitter	
4	PD	ΔP	压差传感器 Differential pressure transmitter	
5	GE *		流量测量元件（*为位号） Measuring component，flowrate	
6	GT *		流量变送器（*为位号） Transducer，flowrate	
7	LT *		液位变送器（*为位号） Transducer，level	
8	PT *		压力变送器（*为位号） Transducer，pressure	
9	TT *		温度变送器（*为位号） Transducer，temperature	
10	MT *	HT *	湿度变送器（*为位号） Transducer，humidity	
11	GT *		位置变送器（*为位号） Transducer，position	
12	ST *		速率变送器（*为位号） Transducer，speed	
13	PDT *	ΔPT *	压差变送器（*为位号） Transducer，differential pressure	

续表 4.1.3-6

序号	常用图形符号		说　明	应用类别
	形式1	形式2		
14	IT *		电流变送器（*为位号） Transducer，current	电路图、平面图、系统图
15	UT *		电压变送器（*为位号） Transducer，voltage	
16	ET *		电能变送器（*为位号） Transducer，electric energy	
17	A/D		模拟/数字变换器 Converter，A/D	
18	D/A		数字/模拟变换器 Converter，D/A	
19	HM		热能表 Heat meter	
20	GM		燃气表 Gas meter	
21	WM		水表 Water meter	
22	(M)-⋈		电动阀 Electrical valve	
23	[M]-⋈		电磁阀 Solenoid valve	

4.1.4　图样中的电气线路可采用表 4.1.4 的线型符号绘制。

表 4.1.4　图样中的电气线路线型符号

序号	线型符号		说　明
	形式1	形式2	
1	S	——S——	信号线路
2	C	——C——	控制线路
3	EL	——EL——	应急照明线路
4	PE	——PE——	保护接地线
5	E	——E——	接地线
6	LP	——LP——	接闪线、接闪带、接闪网
7	TP	——TP——	电话线路
8	TD	——TD——	数据线路
9	TV	——TV——	有线电视线路
10	BC	——BC——	广播线路
11	V	——V——	视频线路
12	GCS	——GCS——	综合布线系统线路
13	F	——F——	消防电话线路
14	D	——D——	50V以下的电源线路
15	DC	——DC——	直流电源线路
16	——⊘——		光缆，一般符号

4.1.5 绘制图样时，宜采用表4.1.5的电气设备标注方式表示。

表4.1.5 电气设备的标注方式

序号	标注方式	说明
1	$\frac{a}{b}$	用电设备标注 a—参照代号 b—额定容量（kW或kVA）
2	—a+b/c 注1	系统图电气箱（柜、屏）标注 a—参照代号 b—位置信息 c—型号
3	—a注1	平面图电气箱（柜、屏）标注 a—参照代号
4	a b/c d	照明、安全、控制变压器标注 a—参照代号 b/c—一次电压/二次电压 d—额定容量
5	$a-b\frac{c\times d\times L}{e}f$ 注2	灯具标注 a—数量 b—型号 c—每盏灯具的光源数量 d—光源安装容量 e—安装高度（m） "—"表示吸顶安装 L—光源种类，参见表4.1.2注5 f—安装方式，参见表4.2.1-3
6	$\frac{a\times b}{c}$	电缆梯架、托盘和槽盒标注 a—宽度（mm） b—高度（mm） c—安装高度（m）
7	a/b/c	光缆标注 a—型号 b—光纤芯数 c—长度
8	a b—c（d×e+f×g）i—jh 注3	线缆的标注 a—参照代号 b—型号 c—电缆根数 d—相导体根数 e—相导体截面（mm^2） f—N、PE导体根数 g—N、PE导体截面（mm^2） i—敷设方式和管径（mm），参见表4.2.1-1 j—敷设部位，参见表4.2.1-2 h—安装高度（m）
9	a—b（c×2×d）e—f	电话线缆的标注 a—参照代号 b—型号 c—导体对数 d—导体直径（mm） e—敷设方式和管径（mm），参见表4.2.1-1 f—敷设部位，参见表4.2.1-2

注：1 前缀"—"在不会引起混淆时可省略。
2 灯具的标注见第3.4.1条第3款的规定。
3 当电源线缆N和PE分开标注时，应先标注N后标注PE（线缆规格中的电压值在不会引起混淆时可省略）。

4.2 文字符号

4.2.1 图样中线缆敷设方式、敷设部位和灯具安装方式的标注宜采用表4.2.1-1～表4.2.1-3的文字符号。

表4.2.1-1 线缆敷设方式标注的文字符号

序号	名称	文字符号	英文名称
1	穿低压流体输送用焊接钢管（钢导管）敷设	SC	Run in welded steel conduit
2	穿普通碳素钢电线套管敷设	MT	Run in electrical metallic tubing
3	穿可挠金属电线保护套管敷设	CP	Run in flexible metal trough
4	穿硬塑料导管敷设	PC	Run in rigid PVC conduit
5	穿阻燃半硬塑料导管敷设	FPC	Run in flame retardant semiflexible PVC conduit
6	穿塑料波纹电线管敷设	KPC	Run in corrugated PVC conduit
7	电缆托盘敷设	CT	Installed in cable tray
8	电缆梯架敷设	CL	Installed in cable ladder
9	金属槽盒敷设	MR	Installed in metallic trunking
10	塑料槽盒敷设	PR	Installed in PVC trunking
11	钢索敷设	M	Supported by messenger wire
12	直埋敷设	DB	Direct burying
13	电缆沟敷设	TC	Installed in cable trough
14	电缆排管敷设	CE	Installed in concrete encasement

表4.2.1-2 线缆敷设部位标注的文字符号

序号	名称	文字符号	英文名称
1	沿或跨梁（屋架）敷设	AB	Along or across beam
2	沿或跨柱敷设	AC	Along or across column
3	沿吊顶或顶板面敷设	CE	Along ceiling or slab surface
4	吊顶内敷设	SCE	Recessed in ceiling
5	沿墙面敷设	WS	On wall surface
6	沿屋面敷设	RS	On roof surface
7	暗敷设在顶板内	CC	Concealed in ceiling or slab
8	暗敷设在梁内	BC	Concealed in beam
9	暗敷设在柱内	CLC	Concealed in column
10	暗敷设在墙内	WC	Concealed in wall
11	暗敷设在地板或地面下	FC	In floor or ground

表4.2.1-3 灯具安装方式标注的文字符号

序号	名称	文字符号	英文名称
1	线吊式	SW	Wire suspension type
2	链吊式	CS	Catenary suspension type
3	管吊式	DS	Conduit suspension type
4	壁装式	W	Wall mounted type
5	吸顶式	C	Ceiling mounted type
6	嵌入式	R	Flush type
7	吊顶内安装	CR	Recessed in ceiling
8	墙壁内安装	WR	Recessed in wall
9	支架上安装	S	Mounted on support
10	柱上安装	CL	Mounted on column
11	座装	HM	Holder mounting

4.2.2 供配电系统设计文件的标注宜采用表 4.2.2 的文字符号。

表 4.2.2 供配电系统设计文件标注的文字符号

序号	文字符号	名 称	单位	英文名称
1	U_n	系统标称电压，线电压（有效值）	V	Nominal system voltage
2	U_r	设备的额定电压，线电压（有效值）	V	Rated voltage of equipment
3	I_r	额定电流	A	Rated current
4	f	频率	Hz	Frequency
5	P_r	额定功率	kW	Rated power
6	P_n	设备安装功率	kW	Installed capacity
7	P_c	计算有功功率	kW	Calculate active power
8	Q_c	计算无功功率	kvar	Calculate reactive power
9	S_c	计算视在功率	kVA	Calculate apparent power
10	S_r	额定视在功率	kVA	Rated apparent power
11	I_c	计算电流	A	Calculate current
12	I_{st}	启动电流	A	Starting current
13	I_p	尖峰电流	A	Peak current
14	I_s	整定电流	A	Setting value of a current
15	I_k	稳态短路电流	kA	Steady-state short-circuit current
16	$\cos\varphi$	功率因数	—	Power factor
17	u_{kr}	阻抗电压	%	Impedance voltage
18	i_p	短路电流峰值	kA	Peak short-circuit current
19	S''_{KQ}	短路容量	MVA	Short-circuit power
20	K_d	需要系数	—	Demand factor

4.2.3 设备端子和导体宜采用表 4.2.3 的标志和标识。

表 4.2.3 设备端子和导体的标志和标识

序号	导 体		文字符号	
			设备端子标志	导体和导体终端标识
1	交流导体	第1线	U	L1
		第2线	V	L2
		第3线	W	L3
		中性导体	N	N
2	直流导体	正极	+或C	L+
		负极	−或D	L−
		中间点导体	M	M
3	保护导体		PE	PE
4	PEN导体		PEN	PEN

4.2.4 电气设备常用参照代号宜采用表 4.2.4 的字母代码。

表 4.2.4 电气设备常用参照代号的字母代码

项目种类	设备、装置和元件名称	参照代号的字母代码	
		主类代码	含子类代码
两种或两种以上的用途或任务	35kV开关柜	A	AH
	20kV开关柜		AJ
	10kV开关柜		AK
	6kV开关柜		—
	低压配电柜		AN
	并联电容器箱（柜、屏）		ACC
	直流配电箱（柜、屏）		AD
	保护箱（柜、屏）		AR
	电能计量箱（柜、屏）		AM
	信号箱（柜、屏）		AS
	电源自动切换箱（柜、屏）		AT
	动力配电箱（柜、屏）		AP
	应急动力配电箱（柜、屏）		APE
	控制、操作箱（柜、屏）		AC
	励磁箱（柜、屏）		AE
	照明配电箱（柜、屏）		AL
	应急照明配电箱（柜、屏）		ALE
	电度表箱（柜、屏）		AW
	弱电系统设备箱（柜、屏）		—
把某一输入变量（物理性质、条件或事件）转换为供进一步处理的信号	热过载继电器	B	BB
	保护继电器		BB
	电流互感器		BE
	电压互感器		BE
	测量继电器		BE
	测量电阻（分流）		BE
	测量变送器		BE
	气表、水表		BF
	差压传感器		BF
	流量传感器		BF
	接近开关、位置开关		BG
	接近传感器		BG
	时钟、计时器		BK
	湿度计、湿度测量传感器		BM
	压力传感器		BP
	烟雾（感烟）探测器		BR
	感光（火焰）探测器		BR
	光电池		BR
	速度计、转速计		BS
	速度变换器		BS
	温度传感器、温度计		BT
	麦克风		BX
	视频摄像机		BX
	火灾探测器		—
	气体探测器		—
	测量变换器		—
	位置测量传感器		BG
	液位测量传感器		BL

续表 4.2.4

项目种类	设备、装置和元件名称	参照代号的字母代码 主类代码	含子类代码
材料、能量或信号的存储	电容器	C	CA
	线圈		CB
	硬盘		CF
	存储器		CF
	磁带记录仪、磁带机		CF
	录像机		CF
提供辐射能或热能	白炽灯、荧光灯	E	EA
	紫外灯		EA
	电炉、电暖炉		EB
	电热、电热丝		EB
	灯、灯泡		
	激光器		—
	发光设备		
	辐射器		
直接防止（自动）能量流、信息流、人身或设备发生危险的或意外的情况，包括用于防护的系统和设备	热过载释放器	F	FD
	熔断器		FA
	安全栅		FC
	电涌保护器		FC
	接闪器		FE
	接闪杆		FE
	保护阳极（阴极）		FR
启动能量流或材料流，产生用作信息载体或参考源的信号。生产一种新能量、材料或产品	发电机	G	GA
	直流发电机		GA
	电动发电机组		GA
	柴油发电机组		GA
	蓄电池、干电池		GB
	燃料电池		GB
	太阳能电池		GC
	信号发生器		GF
	不间断电源		GU
处理（接收、加工和提供）信号或信息（用于防护的物体除外，见F类）	继电器	K	KF
	时间继电器		KF
	控制器（电、电子）		KF
	输入、输出模块		KF
	接收机		KF
	发射机		KF
	光耦器		KF
	控制器（光、声学）		KG
	阀门控制器		KH
	瞬时接触继电器		KA
	电流继电器		KC
	电压继电器		KV
	信号继电器		KS
	瓦斯保护继电器		KB
	压力继电器		KPR
提供驱动用机械能（旋转或线性机械运动）	电动机	M	MA
	直线电动机		MA
	电磁驱动		MB
	励磁线圈		MB
	执行器		ML
	弹簧储能装置		ML

续表 4.2.4

项目种类	设备、装置和元件名称	参照代号的字母代码 主类代码	含子类代码
提供信息	打印机	P	PF
	录音机		PF
	电压表		PV
	告警灯、信号灯		PG
	监视器、显示器		PG
	LED（发光二极管）		PG
	铃、钟		PB
	计量表		PG
	电流表		PA
	电度表		PJ
	时钟、操作时间表		PT
	无功电度表		PJR
	最大需用量表		PM
	有功功率表		PW
	功率因数表		PPF
	无功电流表		PAR
	（脉冲）计数器		PC
	记录仪器		PS
	频率表		PF
	相位表		PPA
	转速表		PT
	同位指示器		PS
	无色信号灯		PG
	白色信号灯		PGW
	红色信号灯		PGR
	绿色信号灯		PGG
	黄色信号灯		PGY
	显示器		PC
	温度计、液位计		PG
受控切换或改变能量流、信号流或材料流（对于控制电路中的信号，见K类和S类）	断路器	Q	QA
	接触器		QAC
	晶闸管、电动机启动器		QA
	隔离器、隔离开关		QB
	熔断器式隔离器		QB
	熔断器式隔离开关		QB
	接地开关		QC
	旁路断路器		QD
	电源转换开关		QCS
	剩余电流保护断路器		QR
	软启动器		QAS
	综合启动器		QCS
	星—三角启动器		QSD
	自耦降压启动器		QTS
	转子变阻式启动器		QRS
限制或稳定能量、信息或材料的运动或流动	电阻器、二极管	R	RA
	电抗线圈		RA
	滤波器、均衡器		RF
	电磁锁		RL
	限流器		RN
	电感器		—

续表 4.2.4

项目种类	设备、装置和元件名称	参照代号的字母代码	
		主类代码	含子类代码
把手动操作转变为进一步处理的特定信号	控制开关	S	SF
	按钮开关		SF
	多位开关（选择开关）		SAC
	启动按钮		SF
	停止按钮		SS
	复位按钮		SR
	试验按钮		ST
	电压表切换开关		SV
	电流表切换开关		SA
保持能量性质不变的能量变换，已建立的信号保持信息内容不变的变换，材料形态或形状的变换	变频器、频率转换器	T	TA
	电力变压器		TA
	DC/DC转换器		TA
	整流器、AC/DC变换器		TB
	天线、放大器		TF
	调制器、解调器		TF
	隔离变压器		TF
	控制变压器		TC
	整流变压器		TR
	照明变压器		TL
	有载调压变压器		TLC
	自耦变压器		TT
保护物体在一定的位置	支柱绝缘子	U	UB
	强电梯架、托盘和槽盒		UB
	瓷瓶		UB
	弱电梯架、托盘和槽盒		UG
	绝缘子		—
从一地到另一地导引或输送能量、信号、材料或产品	高压母线、母线槽	W	WA
	高压配电线缆		WB
	低压母线、母线槽		WC
	低压配电线缆		WD
	数据总线		WF
	控制电缆、测量电缆		WG
	光缆、光纤		WH
	信号线路		WS
	电力（动力）线路		WP
	照明线路		WL
	应急电力（动力）线路		WPE
	应急照明线路		WLE
	滑触线		WT
连接物	高压端子、接线盒	X	XB
	高压电缆头		XB
	低压端子、端子板		XD
	过路接线盒、接线端子箱		XD
	低压电缆头		XD
	插座、插座箱		XD
	接地端子、屏蔽接地端子		XE
	信号分配器		XG
	信号插头连接器		XG
	（光学）信号连接		XH
	连接器		—
	插头		

4.2.5 常用辅助文字符号宜按表 4.2.5 执行。

表 4.2.5 常用辅助文字符号

序号	文字符号	中文名称	英文名称
1	A	电流	Current
2	A	模拟	Analog
3	AC	交流	Alternating current
4	A、AUT	自动	Automatic
5	ACC	加速	Accelerating
6	ADD	附加	Add
7	ADJ	可调	Adjustability
8	AUX	辅助	Auxiliary
9	ASY	异步	Asynchronizing
10	B、BRK	制动	Braking
11	BC	广播	Broadcast
12	BK	黑	Black
13	BU	蓝	Blue
14	BW	向后	Backward
15	C	控制	Control
16	CCW	逆时针	Counter clockwise
17	CD	操作台（独立）	Control desk (independent)
18	CO	切换	Change over
19	CW	顺时针	Clockwise
20	D	延时、延迟	Delay
21	D	差动	Differential
22	D	数字	Digital
23	D	降	Down, Lower
24	DC	直流	Direct current
25	DCD	解调	Demodulation
26	DEC	减	Decrease
27	DP	调度	Dispatch
28	DR	方向	Direction
29	DS	失步	Desynchronize
30	E	接地	Earthing
31	EC	编码	Encode
32	EM	紧急	Emergency
33	EMS	发射	Emission
34	EX	防爆	Explosion proof
35	F	快速	Fast
36	FA	事故	Failure
37	FB	反馈	Feedback
38	FM	调频	Frequency modulation

续表 4.2.5

序号	文字符号	中文名称	英文名称
39	FW	正、向前	Forward
40	FX	固定	Fix
41	G	气体	Gas
42	GN	绿	Green
43	H	高	High
44	HH	最高（较高）	Highest（higher）
45	HH	手孔	Handhole
46	HV	高压	High voltage
47	IN	输入	Input
48	INC	增	Increase
49	IND	感应	Induction
50	L	左	Left
51	L	限制	Limiting
52	L	低	Low
53	LL	最低（较低）	Lowest（lower）
54	LA	闭锁	Latching
55	M	主	Main
56	M	中	Medium
57	M、MAN	手动	Manual
58	MAX	最大	Maximum
59	MIN	最小	Minimum
60	MC	微波	Microwave
61	MD	调制	Modulation
62	MH	人孔（人井）	Manhole
63	MN	监听	Monitoring
64	MO	瞬间（时）	Moment
65	MUX	多路复用的限定符号	Multiplex
66	NR	正常	Normal
67	OFF	断开	Open，Off
68	ON	闭合	Close，On
69	OUT	输出	Output
70	O/E	光电转换器	Optics/Electric transducer
71	P	压力	Pressure
72	P	保护	Protection
73	PL	脉冲	Pulse
74	PM	调相	Phase modulation
75	PO	并机	Parallel operation
76	PR	参量	Parameter
77	R	记录	Recording
78	R	右	Right

续表 4.2.5

序号	文字符号	中文名称	英文名称
79	R	反	Reverse
80	RD	红	Red
81	RES	备用	Reservation
82	R、RST	复位	Reset
83	RTD	热电阻	Resistance temperature detector
84	RUN	运转	Run
85	S	信号	Signal
86	ST	启动	Start
87	S、SET	置位、定位	Setting
88	SAT	饱和	Saturate
89	STE	步进	Stepping
90	STP	停止	Stop
91	SYN	同步	Synchronizing
92	SY	整步	Synchronize
93	SP	设定点	Set-point
94	T	温度	Temperature
95	T	时间	Time
96	T	力矩	Torque
97	TM	发送	Transmit
98	U	升	Up
99	UPS	不间断电源	Uninterruptable power supplies
100	V	真空	Vacuum
101	V	速度	Velocity
102	V	电压	Voltage
103	VR	可变	Variable
104	WH	白	White
105	YE	黄	Yellow

4.2.6 电气设备辅助文字符号宜按表 4.2.6-1 和表 4.2.6-2 执行。

表 4.2.6-1 强电设备辅助文字符号

强电	文字符号	中文名称	英文名称
1	DB	配电屏（箱）	Distribution board（box）
2	UPS	不间断电源装置（箱）	Uninterrupted power supply board（box）
3	EPS	应急电源装置（箱）	Electric power storage supply board（box）
4	MEB	总等电位端子箱	Main equipotential terminal box
5	LEB	局部等电位端子箱	Local equipotential terminal box
6	SB	信号箱	Signal box
7	TB	电源切换箱	Power supply switchover box
8	PB	动力配电箱	Electric distribution box
9	EPB	应急动力配电箱	Emergency electric power box

续表 4.2.6-1

强电	文字符号	中文名称	英文名称
10	CB	控制箱、操作箱	Control box
11	LB	照明配电箱	Lighting distribution box
12	ELB	应急照明配电箱	Emergency lighting board (box)
13	WB	电度表箱	Kilowatt-hour meter board (box)
14	IB	仪表箱	Instrument box
15	MS	电动机启动器	Motor starter
16	SDS	星-三角启动器	Star-delta starter
17	SAT	自耦降压启动器	Starter with auto-transformer
18	ST	软启动器	Starter-regulator with thyristors
19	HDR	烘手器	Hand drying

表 4.2.6-2 弱电设备辅助文字符号

弱电	文字符号	中文名称	英文名称
1	DDC	直接数字控制器	Direct digital controller
2	BAS	建筑设备监控系统设备箱	Building automation system equipment box
3	BC	广播系统设备箱	Broadcasting system equipment box
4	CF	会议系统设备箱	Conference system equipment box
5	SC	安防系统设备箱	Security system equipment box
6	NT	网络系统设备箱	Network system equipment box
7	TP	电话系统设备箱	Telephone system equipment box
8	TV	电视系统设备箱	Television system equipment box
9	HD	家居配线箱	House tele-distributor
10	HC	家居控制器	House controller
11	HE	家居配电箱	House Electrical distribution
12	DEC	解码器	Decoder
13	VS	视频服务器	Video frequency server
14	KY	操作键盘	keyboard
15	STB	机顶盒	Set top box
16	VAD	音量调节器	Volume adjuster
17	DC	门禁控制器	Door control
18	VD	视频分配器	Video amplifier distributor
19	VS	视频顺序切换器	Sequential video switch
20	VA	视频补偿器	Video compensator
21	TG	时间信号发生器	Time-date generator
22	CPU	计算机	Computer
23	DVR	数字硬盘录像机	Digital video recorder
24	DEM	解调器	Demodulator
25	MO	调制器	Modulator
26	MOD	调制解调器	Modem

4.2.7 信号灯和按钮的颜色标识宜分别按表 4.2.7-1 和表 4.2.7-2 执行。

表 4.2.7-1 信号灯的颜色标识

名 称	颜色标识	
状 态	颜 色	备 注
危险指示	红色（RD）	
事故跳闸	红色（RD）	
重要的服务系统停机	红色（RD）	
起重机停止位置超行程	红色（RD）	
辅助系统的压力/温度超出安全极限	红色（RD）	
警告指示	黄色（YE）	
高温报警	黄色（YE）	
过负荷	黄色（YE）	
异常指示	黄色（YE）	
安全指示	绿色（GN）	
正常指示	绿色（GN）	核准继续运行
正常分闸（停机）指示	绿色（GN）	设备在安全状态
弹簧储能完毕指示	绿色（GN）	设备在安全状态
电动机降压启动过程指示	蓝色（BU）	
开关的合（分）或运行指示	白色（WH）	单灯指示开关运行状态；双灯指示开关合时运行状态

表 4.2.7-2 按钮的颜色标识

名 称	颜色标识
紧停按钮	红色（RD）
正常停和紧停合用按钮	红色（RD）
危险状态或紧急指令	红色（RD）
合闸（开机）（启动）按钮	绿色（GN）、白色（WH）
分闸（停机）按钮	红色（RD）、黑色（BK）
电动机降压启动结束按钮	白色（WH）
复位按钮	白色（WH）
弹簧储能按钮	蓝色（BU）
异常、故障状态	黄色（YE）
安全状态	绿色（GN）

4.2.8 导体的颜色标识宜按表 4.2.8 执行。

表 4.2.8 导体的颜色标识

导体名称	颜色标识
交流导体的第1线	黄色（YE）
交流导体的第2线	绿色（GN）
交流导体的第3线	红色（RD）
中性导体 N	淡蓝色（BU）
保护导体 PE	绿/黄双色（GNYE）
PEN 导体	全长绿/黄双色（GNYE），终端另用淡蓝色（BU）标志或全长淡蓝色（BU），终端另用绿/黄双色（GNYE）标志
直流导体的正极	棕色（BN）
直流导体的负极	蓝色（BU）
直流导体的中间点导体	淡蓝色（BU）

5 图 样 画 法

5.1 一 般 规 定

5.1.1 同一个工程项目所用的图纸幅面规格宜一致。

5.1.2 同一个工程项目所用的图形符号、文字符号、参照代号、术语、线型、字体、制图方式等应一致。

5.1.3 图样中本专业的汉字标注字高不宜小于 3.5mm，主导专业工艺、功能用房的汉字标注字高不宜小于 3.0mm，字母或数字标注字高不应小于 2.5mm。

5.1.4 图样宜以图的形式表示，当设计依据、施工要求等在图样中无法以图表示时，应按下列规定进行文字说明：

1 对于工程项目的共性问题，宜在设计说明里集中说明；

2 对于图样中的局部问题，宜在本图样内说明。

5.1.5 主要设备表宜注明序号、名称、型号、规格、单位、数量，可按表 5.1.5 绘制。

表 5.1.5 主要设备表

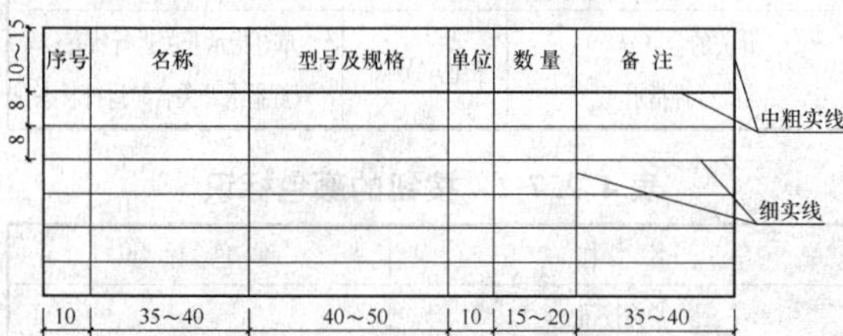

5.1.6 图形符号表宜注明序号、名称、图形符号、参照代号、备注等。建筑电气专业的主要设备表和图形符号表宜合并，可按表 5.1.6 绘制。

表 5.1.6 主要设备、图形符号表

序号	名称	图形符号	参照代号	型号及规格	单位	数量	备 注
10	35~40	20~30	15~20	40~50	10	15~20	35~40

注：表头行高 10~15，其余行高 8~15；表头下边线为中粗实线，其余为细实线。

5.1.7 电气设备及连接线缆、敷设路由等位置信息应以电气平面图为准，其安装高度统一标注不会引起混淆时，安装高度可在系统图、电气平面图、主要设备表或图形符号表的任一处标注。

5.2 图号和图纸编排

5.2.1 设计图纸应有图号标识。图号标识宜表示出设计阶段、设计信息、图纸编号。

5.2.2 设计图纸应编写图纸目录，并宜符合下列规定：

1 初步设计阶段工程设计的图纸目录宜以工程项目为单位进行编写；

2 施工图设计阶段工程设计的图纸目录宜以工程项目或工程项目的各子项目为单位进行编写；

3 施工图设计阶段各子项目共同使用的统一电气详图、电气大样图、通用图，宜单独进行编写。

5.2.3 设计图纸宜按下列规定进行编排：

1 图纸目录、主要设备表、图形符号、使用标准图目录、设计说明宜在前，设计图样宜在后；

2 设计图样宜按下列规定进行编排：

1）建筑电气系统图宜编排在前，电路图、接线图（表）、电气平面图、剖面图、电气详图、电气大样图、通用图宜编排在后；

2）建筑电气系统图宜按强电系统、弱电系统、防雷、接地等依次编排；

3）电气平面图应按地面下各层依次编排在前，地面上各层由低向高依次编排在后。

5.2.4 建筑电气专业的总图宜按图纸目录、主要设备表、图形符号、设计说明、系统图、电气总平面图、路由剖面图、电力电缆井和人（手）孔剖面图、电气详图、电气大样图、通用图依次编排。

5.3 图 样 布 置

5.3.1 同一张图纸内绘制多个电气平面图时，应自下而上按建筑物层次由低向高顺序布置。

5.3.2 电气详图和电气大样图宜按索引编号顺序布置。

5.3.3 每个图样均应在图样下方标注出图名，图名下应绘制一条中粗横线（0.7*b*），长度宜与图名长度相等。图样比例宜标注在图名的右侧，字的基准线应与图名取平；比例的字高宜比图名的字高小一号。

5.3.4 图样中的文字说明宜采用"附注"形式书写在标题栏的上方或左侧，当"附注"内容较多时，宜对"附注"内容进行编号。

5.4 系 统 图

5.4.1 电气系统图应表示出系统的主要组成、主要特征、功能信息、位置信息、连接信息等。

5.4.2 电气系统图宜按功能布局、位置布局绘制，连接信息可采用单线表示。

5.4.3 电气系统图可根据系统的功能或结构（规模）的不同层次分别绘制。

5.4.4 电气系统图宜标注电气设备、路由（回路）等的参照代号、编号等，并应采用用于系统的图形符号绘制。

5.5 电 路 图

5.5.1 电路图应便于理解电路的控制原理及其功能，可不受元器件实际物理尺寸和形状的限制。

5.5.2 电路图应表示元器件的图形符号、连接线、参照代号、端子代号、位置信息等。

5.5.3 电路图应绘制主回路系统图。电路图的布局应突出控制过程或信号流的方向，并可增加端子接线图（表）、设备表等内容。

5.5.4 电路图中的元器件可采用单个符号或多个符号组合表示。同一项工程同一张电路图，同一个参照代号不宜表示不同的元器件。

5.5.5 电路图中的元器件可采用集中表示法、分开表示法、重复表示法表示。

5.5.6 电路图中的图形符号、文字符号、参照代号等宜按本标准的第4章执行。

5.6 接线图（表）

5.6.1 建筑电气专业的接线图（表）宜包括电气设备单元接线图（表）、互连接线图（表）、端子接线图（表）、电缆图（表）。

5.6.2 接线图（表）应能识别每个连接点上所连接的线缆，并应表示出线缆的型号、规格、根数、敷设方式、端子标识，宜表示出线缆的编号、参照代号及补充说明。

5.6.3 连接点的标识宜采用参照代号、端子代号、图形符号等表示。

5.6.4 接线图中元器件、单元或组件宜采用正方形、矩形或圆形等简单图形表示，也可采用图形符号表示。

5.6.5 线缆的颜色、标识方法、参照代号、端子代号、线缆采用线束的表示方法等应符合本标准第4章的规定。

5.7 电气平面图

5.7.1 电气平面图应表示出建筑物轮廓线、轴线号、房间名称、楼层标高、门、窗、墙体、梁柱、平台和绘图比例等，承重墙体及柱宜涂灰。

5.7.2 电气平面图应绘制出安装在本层的电气设备、敷设在本层和连接本层电气设备的线缆、路由等信息。进出建筑物的线缆，其保护管应注明与建筑轴线的定位尺寸、穿建筑外墙的标高和防水形式。

5.7.3 电气平面图应标注电气设备、线缆敷设路由的安装位置、参照代号等，并应采用用于平面图的图形符号绘制。

5.7.4 电气平面图、剖面图中局部部位需另绘制电气详图或电气大样图时，应在局部部位处标注电气详图或电气大样图编号，在电气详图或电气大样图下方标注其编号和比例。

5.7.5 电气设备布置不相同的楼层应分别绘制其电气平面图；电气设备布置相同的楼层可只绘制其中一个楼层的电气平面图。

5.7.6 建筑专业的建筑平面图采用分区绘制时，电气平面图也应分区绘制，分区部位和编号宜与建筑专业一致，并应绘制分区组合示意图。各区电气设备线缆连接处应加标注。

5.7.7 强电和弱电应分别绘制电气平面图。

5.7.8 防雷接地平面图应在建筑物或构筑物建筑专业的顶部平面图上绘制接闪器、引下线、断接卡、连接板、接地装置等的安装位置及电气通路。

5.7.9 电气平面图中电气设备、线缆敷设路由等图形符号和标注方法应符合本标准第3章和第4章的规定。

5.8 电气总平面图

5.8.1 电气总平面图应表示出建筑物和构筑物的名称、外形、编号、坐标、道路形状、比例等，指北针或风玫瑰图宜绘制在电气总平面图图样的右上角。

5.8.2 强电和弱电宜分别绘制电气总平面图。

5.8.3 电气总平面图中电气设备、路灯、线缆敷设路由、电力电缆井、人（手）孔等图形符号和标注方法应符合本标准第3章和第4章的规定。

本标准用词说明

1 为便于在执行本标准条文时区别对待，对要求严格程度不同的用词说明如下：

1）表示很严格，非这样做不可的：
正面词采用“必须”，反面词采用“严禁”；

2）表示严格，在正常情况下均应这样做的：
正面词采用“应”，反面词采用“不应”或“不得”；

3）表示允许稍有选择，在条件许可时首先应这样做的：
正面词采用“宜”，反面词采用“不宜”；

4）表示有选择，在一定条件下可以这样做的，采用“可”。

2 条文中指明应按其他有关标准执行的写法为“应符合……的规定”或“应按……执行”。

引用标准名录

《房屋建筑制图统一标准》GB/T 50001

中华人民共和国国家标准

建筑电气制图标准

GB/T 50786—2012

条 文 说 明

制 订 说 明

《建筑电气制图标准》GB/T 50786－2012，经住房和城乡建设部2012年5月28日以第1411号公告批准、发布。

本标准制订过程中，编制组进行了调查研究，总结了实践经验，同时参考了国内外技术法规、技术标准，取得了制订本标准所必要的重要技术参数。

为便于广大设计、施工、科研、学校等单位有关人员在使用本标准时能正确理解和执行条文规定，《建筑电气制图标准》编制组按章、节、条顺序编制了本标准的条文说明，对条文规定的目的、依据以及执行中需注意的有关事项进行了说明。但是，本条文说明不具备与标准正文同等的法律效力，仅供使用者作为理解和把握标准规定的参考。

目　次

1 总　　则

1.0.1 建筑电气包括强电、弱电（智能化）两部分。强电包括：电源、变电所（站）、供配电系统、配电线路布线系统、常用设备电气装置、电气照明、电气控制、防雷与接地等；弱电（智能化）包括：信息设施系统、信息化应用系统、建筑设备管理系统、公共安全系统等。

信息设施系统（ITSI）包括通信接入系统、电话交换系统、信息网络系统、综合布线系统、室内移动通信覆盖系统、卫星通信系统、有线电视及卫星电视接收系统、广播系统、会议系统、信息导引及发布系统、时钟系统及其他相关的系统。

信息化应用系统（ITAS）包括工作业务应用系统、物业运营管理系统、公共服务管理系统、公众信息服务系统、智能卡应用系统、信息网络安全管理系统及其他业务功能所需要的应用系统。

建筑设备管理系统（BMS）是对建筑设备监控系统（BAS）和公共安全系统（PSS）等实施综合管理。

公共安全系统（PSS）包括火灾自动报警系统、安全技术防范系统和应急响应系统等。

1.0.2 新建、改建、扩建工程包括装修装饰工程。

1.0.4 本标准有规定的应按本标准执行，本标准无规定的应按现行国家标准《房屋建筑制图统一标准》GB/T 50001等有关规定执行。

建筑电气专业绘制的各设计阶段图样深度，应符合中华人民共和国住房和城乡建设部现行《建筑工程设计文件编制深度规定》的要求。

2 术　　语

2.0.1 概略图术语引用国家标准《电气技术用文件的编制　第1部分：规则》GB/T 6988.1－2008/IEC 61082－1：2006中第3.4.1条。

《电气简图用图形符号第1部分：一般要求》GB/T 4728.1－2005/IEC 60617database第2.2节中，概略图（含框图、单线简图等）表示系统、分系统、装置、部件、设备、软件中各项目之间的主要关系和连接的相对简单的简图，通常用单线表示。

根据上述两个标准的定义及目前建筑电气专业实际使用的现状，本规范将概略图和系统图的概念同时使用。设计人员根据实际工程情况绘制相应的系统图如低压配电系统图、火灾自动报警系统图（示例见本标准图4）、安全技术防范系统图等。

弱电系统如采用方框图形式表达其全面特性时，宜称为概略图。

2.0.2 项目术语摘自国家标准《电气技术用文件的编制　第1部分：规则》GB/T 6988.1－2008/IEC 61082－1：2006中第3.1.7条。

本规范条款中的项目包括电气设备、电气设备之间电气通路的连接线缆、保护槽管、元器件等。

电气设备包括强电设备和弱电设备。线缆包括电线电缆、控制电缆、弱电系统的电缆和光缆。

2.0.3 简图术语摘自国家标准《电气技术用文件的编制　第1部分：规则》GB/T 6988.1－2008/IEC 61082－1：2006中第3.3.2条。

2.0.4 电路图术语摘自国家标准《电气技术用文件的编制　第1部分：规则》GB/T 6988.1－2008/IEC 61082－1：2006中第3.4.3条。

《电气简图用图形符号第1部分：一般要求》GB/T 4728.1－2005/IEC 60617database第2.2节中，电路图表示系统、分系统、装置、部件、设备、软件等实际电路的简图，采用按功能排列的图形符号来表示各元件的连接关系，以表示功能而不需考虑项目的实际尺寸、形状或位置。

2.0.5 接线图（表）术语摘自国家标准《电气技术用文件的编制　第1部分：规则》GB/T 6988.1－2008/IEC 61082－1：2006中第3.4.4条、第3.4.8条。

《电气简图用图形符号　第1部分：一般要求》GB/T 4728.1－2005/IEC 60617database第2.2节中，接线图（包括单元接线图、互连接线图、端子接线图、电缆图等）表示或列出一个装置或设备的连接关系的简图。

2.0.6 建筑电气专业涉及的系统较多，一张电气平面图绘制不全，至少强电和弱电平面图应分别绘制。设计人员根据实际工程情况可绘制相应的电气平面图。例如，照明设备、连接线缆以及安装位置等信息绘制在一个建筑平面图内的图样称为照明平面图；综合布线系统设备、连接线缆以及安装位置等信息绘制在一个建筑平面图内的图样称为综合布线系统平面图。其他系统平面图表示法以此类推。

2.0.7 国家标准《民用建筑设计术语标准》GB/T 50504－2009中第2.4.10条将建筑详图定义为："对建筑物的主要部位或房间用较大的比例（一般为1∶20至1∶50）绘制的详细图样"。

电气详图根据建筑专业详图的定义，规定了使用比例。

2.0.8 国家标准《民用建筑设计术语标准》GB/T 50504－2009中第2.4.11条将建筑大样图定义为："对建筑物的细部或建筑构、配件用较大的比例（一般为1∶20、1∶10、1∶5等）将其形状、大小、材料和做法详细地表示出来的图样，又称节点详图"。

电气大样图根据建筑专业大样图的定义及本专业的特性，规定了使用比例。电气大样图包括建筑电气设备大样图和局部电气平面大样图。

2.0.9 国家标准《民用建筑设计术语标准》GB/T

50504-2009 中第 2.4.3 条将总平面图定义为："表示拟建房屋所在规划用地范围内的总体布置图，并反映与原有环境的关系和邻界的情况等"。

2.0.10 参照代号术语摘自国家标准《电气技术用文件的编制 第1部分：规则》GB/T 6988.1-2008/IEC 61082-1：2006 中第 3.1.8 条。

3 基本规定

3.1 图　　线

3.1.2 电气总平面图和电气平面图一般有本专业（包括强电和弱电，下同）设备轮廓线、图形符号轮廓线、本专业设备之间电气通路的连接线缆、非本专业设备轮廓线等，图样采用三种及以上的线宽绘制，可清楚表示上述项目之间的关系。系统图、电路图等以本专业设备为主，简单的系统图采用两种线宽绘制就可表示清楚。线宽的应用可见本标准表 3.1.5。

3.1.3 线宽组的具体数值可见《房屋建筑制图统一标准》GB/T 50001-2010 中表 4.0.1 的规定，每组线宽可分为 b、$0.7b$、$0.5b$、$0.25b$ 四种宽度。

3.1.4 当一个图样中需要采用五种及以上的线宽绘制时，一组线宽的图线不能满足绘制要求。采用两组及以上线宽组绘制图样时，$0.25b$ 细线可采用较细的线宽组的细线。如采用 b 为 0.7 和 0.5 的线宽组，$0.25b$ 细线分别为 0.18 和 0.13，图样中的细线可采用 0.18 和 0.13 两种线宽，也可统一采用 0.13 一种线宽。

3.1.5 为使图面清晰方便设计人员选用，主要使用的制图线型表 3.1.5 给出了两种线宽。该表中的连锁线包括气动、电动、机械、液压等联动线。

3.1.6 设计人员编制设计文件时，可以自定义图线、线型、图形符号等，但不应与本标准及国家现行的相关标准相矛盾。如本标准表 3.1.5 中已规定虚线线型为本专业设备之间电气通路不可见连接线、设备不可见轮廓线、地下电缆沟、排管区等，不应再在电气平面图中定义为应急电源线。

3.2 比　　例

3.2.1 民用建筑的主导专业为建筑专业；工业建筑的主导专业除建筑专业外，还应以工艺设计为主。

3.2.2 绘制电气总平面图、电气平面图、电气详图时，制图比例一般不包括图形符号。电气大样图中的所有元器件均应按比例绘制。

3.3 编号和参照代号

3.3.2 当电气设备的图形符号在图样中不会引起混淆时，可不标注其参照代号，例如电气平面图中的照明开关或电源插座，如果没有特殊要求时，可只绘制图形符号。当电气设备的图形符号在图样中不能清晰地表达其信息时，例如电气平面图中的照明配电箱，如果数量大于等于 2 且规格不同时，只绘制图形符号已不能区别，需要在图形符号附近加注参照代号 AL1、AL2……等。

3.3.3 采用 1、2、3……数字顺序排列，直观、便于统计。

3.3.4 参照代号里的数字应标注在字母代码之后，数字可对项目进行编号，也可附加特定含意。个位数采用单个数字表示，十位数采用两个数字表示，以此类推。

国家标准《工业系统、装置与设备以及工业产品结构原则与参照代号　第1部分：基本规则》GB/T 5094.1-2002/idt IEC 61346-1：1996 中第 5.2.1 条规定：前缀符号"＝"表示项目的功能信息，"－"表示项目的产品信息，"＋"表示项目的位置信息。

3.3.5 参照代号的应用应根据实际工程的规模确定，同一个项目其参照代号可有不同的表示方式。以照明配电箱为例，如果一个建筑工程楼层超过 10 层，一个楼层的照明配电箱数量超过 10 个，每个照明配电箱参照代号的编制规则为：

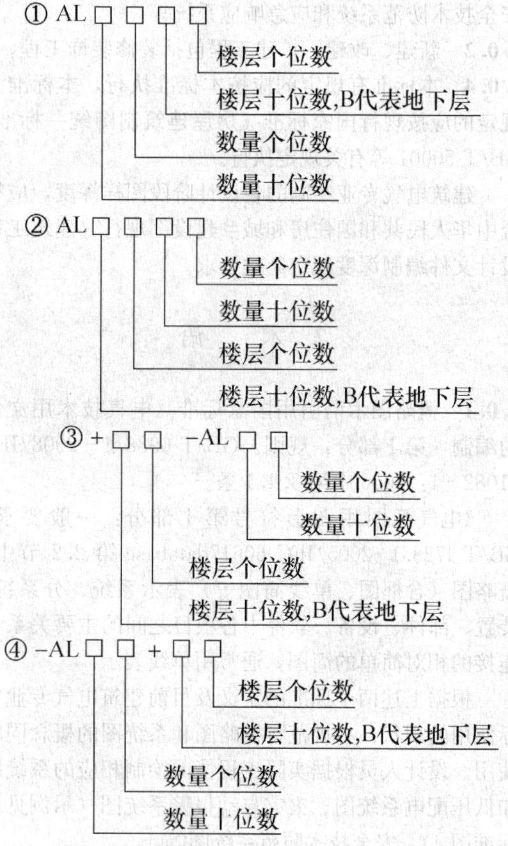

参照代号 AL11B2，ALB211，＋B2－AL11，－AL11＋B2，均可表示安装在地下二层的第 11 个照明配电箱。采用①②参照代号标注，因不会引起混淆，所以取消了前缀符号"－"。①②表示方式占用字符

少，但参照代号的编制规则需在设计文件里说明。采用③④参照代号标注，对位置、数量信息表示更加清晰、直观、易懂，且前缀符号国家标准有定义，参照代号的编制规则不用再在设计文件里说明。

上面介绍的4种参照代号的表示方式，可供设计人员选用，但同一项工程使用参照代号的表示方式应一致。

3.4 标 注

3.4.1 第1款 用电设备主要指电机、电加热器、空调机组等。此款适用于系统图、电气平面图标注。

第2款 电气箱（柜、屏）包括动力配电、照明配电、控制、信号箱（柜、屏）等。此款适用于系统图、电气平面图标注。

设备安装容量包括预留安装容量。

第3款 相同类型的照明灯具绘制在一张图纸上又不会与其他灯具混淆时，灯具的标注可在任一处图形符号附近完成。照明灯具的型号、光源种类可在设计说明或材料表里说明，也可标注在图样上。

此款适用于电气平面图标注。示例可见本标准图9照明平面图。

3.4.2 第1款 电气线路包括强电的电源线缆、控制线缆及敷设路由；弱电的火灾自动报警系统、安全技术防范系统等智能化各子系统的信号线缆及敷设路由。电气线路的信息，可标注在线路上，也可标注在线路引出线上。简单的弱电系统可不标注回路编号或参照代号。

当电气线路的标注不会引起混淆时，电气线路的信息可在系统图或电气平面图任一处标注完整，另一处可只标注回路编号或参照代号。

线缆型号一般由系列代号、材料代号和使用特性、结构特征组成。例如：BV、ZD-BV、YJY、WDZ-YJY、WDZN-YJY、SYWV等。当线缆的额定电压不会引起混淆时，标注可省略。

第2款 当多个弱电系统或一个弱电系统的信号、电源、控制线缆绘制在一张电气平面图内时，为表示清楚宜在本系统的信号线缆上标注线型符号。示例可见本标准图4火灾自动报警系统图和图10弱电系统平面图。

第3款 封闭母线的规格包括其额定载流量和外形尺寸。封闭母线在系统图上主要标注其额定载流量及导体（铜排）规格，在平面图上主要标注其外形尺寸。

4 常 用 符 号

4.1 图 形 符 号

4.1.1 第1款 图形符号在不改变其含义的前提下可放大或缩小，但图形符号的大小宜与图样比例相协调。

第2款 当图形符号旋转或镜像时，图形符号所包含的文字标注方位，宜为自设计文件下方或右侧为视图正向。

第4款 新的图形符号创建方法可参见《电气技术用文件的编制 第1部分：规则》GB/T 6988.1－2008/IEC 61082－1：2006。

4.1.2

1 图形符号主要依据《电气简图用图形符号》GB/T 4728.1－2005～GB/T 4728.5－2005/IEC 60617、《电气简图用图形符号》GB/T 4728.6－2008～GB/T 4728.11－2008/IEC 60617编制。

2 表4.1.2里序号45图形符号一般用于指示仪表等，序号46图形符号一般用于记录仪表等。

3 电源插座在图样中的布置示例见图1。

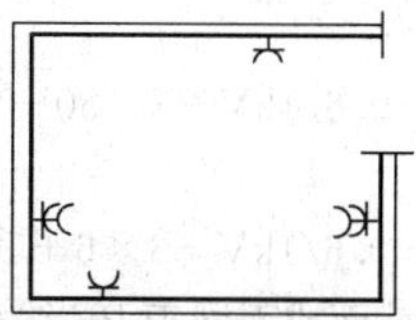

图1 电源插座在图样中的布置示例

4.1.3 第1款

1）通信及综合布线系统图形符号主要依据《电气简图用图形符号》GB/T 4728.9－2008/IEC 60617、GB/T 4728.11－2008/IEC 60617和行业标准《电信工程制图与图形符号规定》YD/T 5015－2007编制。

2）当设计文件说明时，TO可表示一个电话插座和一个数据插座。示例可见本标准图10。

3）电话插座在图样中的布置示例见图2，文字标注方位为自设计文件下方和右侧为视图正向。

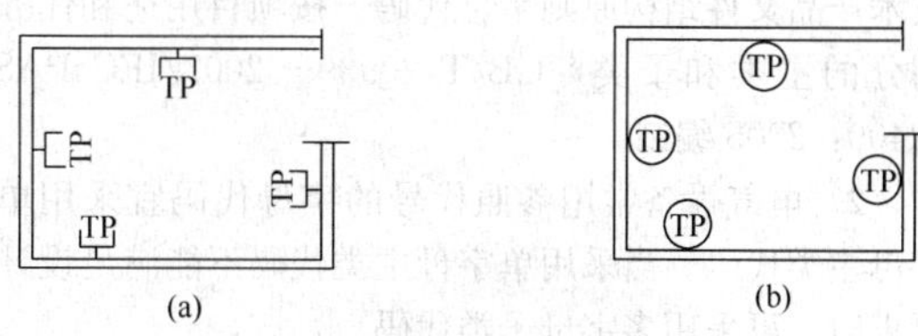

图2 电话插座在图样中的布置示例

第2款 火灾自动报警系统常用图形符号主要依据《消防技术文件用消防设备图形符号》GB/T 4327－2008和《火灾报警设备图形符号》GA/T 229。

第5款 安全技术防范系统常用图形符号主要依据行业标准《安全防范系统通用图形符号》GA/T 74－2000编制。

第6款 建筑设备监控系统常用图形符号主要依据《工业系统、装置与设备以及工业产品信号代号》

GB/T 16679－2009/IEC 61175：2005 编制。

4.1.4 当图样中的电气线路采用实线绘制不会引起混淆时，电气线路可不采用表 4.1.4 所示的线型符号。例如当综合布线系统单独绘制时，其线路可采用实线表示，其间或其上不用加 GCS 标注。

4.1.5

1 系统图电气箱（柜、屏）采用表 4.1.5 序号 2 标注方式时，如果参照代号已含有位置信息，标注 b 可省略。

2 线缆采用表 4.1.5 序号 8 标注方式时，标注内容应符合本标准第 3.4.2 条第 1 款的规定。

当电源线缆 N 和 PE 分开标注时，应先标注 N 后标注 PE。举例如下：

例 1：YJV－0.6/1kV－4×25＋1×16 或 YJV－0.6/1kV－3×25＋1×25＋1×16（N 线截面和相线截面一致）

例 2：YJV－0.6/1kV－3×50＋2×25（N 和 PE 线截面一致）。

例 3：YJV－0.6/1kV－3×6＋1×10＋1×6（N 线截面高于相线截面或不同于 PE 线截面时）。

例 4：BV－450/750V 3×2.5（单相相线、N 线和 PE 线截面一致）。

4.2 文字符号

4.2.3 设备端子和导体终端标识主要依据《人机界面标志标识的基本方法和安全规则　设备端子和特定导体终端标识及字母数字系统的应用通则》GB/T 4026－2004/IEC 60445：1999 编制。

4.2.4

1 电气设备常用参照代号的字母代码主要依据《工业系统、装置与设备以及工业产品结构原则与参照代号　第 2 部分：项目的分类与分类码》GB/T 5094.2－2003/IEC 61346－2：2000 和《技术产品和技术产品文件结构原则字母代码　按项目用途和任务划分的主类和子类》GB/T 20939－2007/IEC PAS 62400：2005 编制。

2 电气设备常用参照代号的字母代码宜采用单字母主类代码。当采用单字母主类代码不能满足设计要求时，可采用多字母子类代码。

4.2.6 为了区分不同的电气设备，可采用[　　]内填加不同的英文缩略语作为电气设备的图形符号。例如：[MEB]：等电位端子箱；[UPS]：不间断电源装置箱；[VAD]：音量调节器；[ST]：软启动器；[HDR]：烘手器。

4.2.7

1 信号灯和按钮的颜色标识主要依据《人-机界面标志标识的基本和安全规则　指示器和操作器的编码规则》GB/T 4025－2003/IEC 60073：1996 编制。

2 合闸（启动）按钮选择绿色时，分闸（停机）按钮必须选择红色；合闸（启动）按钮选择白色时，分闸（停机）按钮必须选择黑色。

4.2.8 导体的颜色标识主要依据《人机界面标志标识的基本和安全规则　导体的颜色或数字标识》GB 7947－2006/IEC 60446：1999 编制。

5 图样画法

5.1 一般规定

5.1.1 对于规模较大的建筑群或底部连体的建筑群，同一个工程项目可以是其中的一个子项目（一栋建筑物或上部独立的建筑物）。图纸幅面规格应符合现行国家标准《房屋建筑制图统一标准》GB/T 50001 的有关规定。如有困难时，同一个工程的图纸幅面规格不宜超过 2 种。

5.1.2 本标准第 4 章里有些图形符号有两种表示方式，参照代号的表示方式也不止一种。无论设计人员选择哪种方式绘制图纸，同一个工程项目所用的图形符号、文字符号、参照代号等表示方式应一致。

5.1.3 条文中规定的字高为完成纸质图样中的实际文字高度。如有困难时，本专业汉字标注字高不应小于 3.0mm。电气总平面图或电气平面图中除主导专业工艺、功能用房标注外，其他专业的文字标注字高不应小于 2.5mm。

5.1.5 表 5.1.5 适用于建筑电气工程初步设计和施工图设计，表格绘制数据可根据不同图幅不同工程特性做调整。该表为一个工程项目或一个子项目的主要电气设备表。

5.1.7 为简化设计，电气设备及连接线缆、敷设路由的安装高度可在系统图、电气平面图、主要设备表或图形符号表的任一处标注。例如家居配电箱，在主要设备表备注栏里注明暗装箱底边距地 1.8m，系统图、平面图里可不用再标注家居配电箱的安装高度。

5.2 图号和图纸编排

5.2.1 设计图纸加注图号标识是为了便于图纸管理与检索。设计阶段指规划、方案、初步设计、施工图设计、装修设计；设计信息指强电设计和弱电设计。简单的电气工程可不分强电、弱电出图；规模大的工程，强电、弱电宜分别出图。

5.2.2 第 1 款　初步设计阶段，图纸数量相对少，除建筑群多个工程子项目需分时间段出图或建设方有要求外，一般单体建筑或建筑群宜以一个工程项目为单位编写图纸目录。

第 2 款　施工图设计阶段，单体建筑工程项目一般以工程项目为单位编写图纸目录；建筑群工程项目一般以工程子项目（单体建筑）为单位编写图纸目录。

第 3 款　建筑群工程项目如有共用的电气详图、电气大样图、通用图，这些共用图宜单独编写图纸目录。

5.2.3　图纸目录包括使用的统一电气详图、电气大样图、通用图。图纸目录、主要设备表、图形符号、使用标准图目录宜以表格的形式绘制，便于查找。为使图面整洁，同一张图纸中上述表格的外形宽度尺寸宜一致。

图纸目录、主要设备表、图形符号、使用标准图目录、设计说明在一张图纸内编排不全时，应按所述内容顺序成图和编号。

为便于审图、施工，图纸宜绘制出本工程涉及的图形符号。

5.2.4　建筑电气专业总图的设计深度按现行的《建筑工程设计文件编制深度规定》执行，本条款只规定了图纸编排顺序。

5.3　图样布置

5.3.3　使用电气详图和电气大样图编号作图名时，编号下不再绘制中粗横线（0.7*b*）。图名和比例标注见图 3。

电气照明平面图　1:100　　　⑥ 1:20

图 3　图名和比例标注示例

5.3.4　现行国家标准《房屋建筑制图统一标准》GB/T 50001 规定图纸的标题栏应设置在图纸的下方或右侧。

5.4　系统图

5.4.1　电气系统图表达的是系统、分系统、装置、设备等的主要构成和他们之间的关系，不是全部组成、全部特征。各系统、分系统、装置、设备等的详细信息应在电路图、接线图（表）、电气平面图中表示。火灾自动报警系统图示例见图 4。

5.4.2　系统图应优先按功能布局绘制，图中可补充位置信息。当位置信息对理解其功能很重要时，可采用位置布局绘制。图纸表示的内容，应做到使信息、控制、能源和材料的流程清晰，易于辨认和读图。

5.4.3　供配电系统图按功能可绘制低压系统图、照明配电箱系统图；按结构（规模）可绘制供配电总系统图（见图 5 供配电系统图示例）、供配电分系统图（见图 6 10kV 供配电系统图示例、图 7 动力配电箱系统图示例、图 8 照明配电箱系统图示例）。

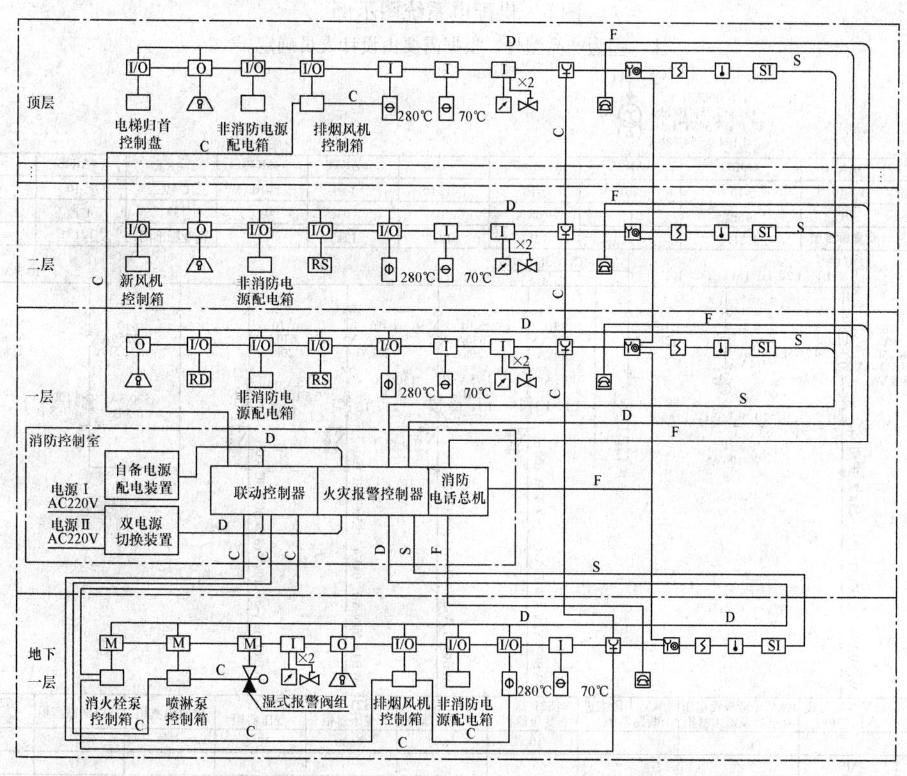

图 4　火灾自动报警系统图图示

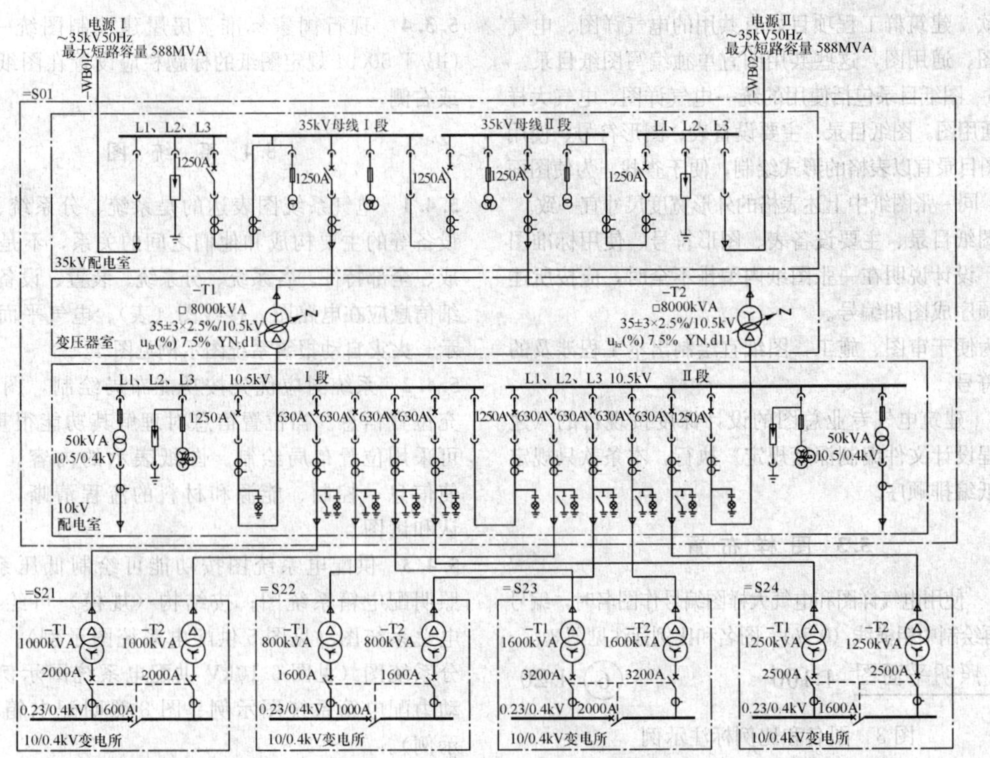

图 5　供配电系统图示例

注：□为产品型号，根据需要由设计人员确定。

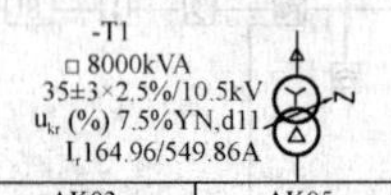

参照代号	-AK01	-AK03	-AK05	-AK07	-AK09	-AK11	-AK13	-AK15	-AK16	-AK14
配电柜型号	□-10	□-10	□-10	□-10	□-10	□-10	□-10	□-10	□-10	□-10
一次接线方案号	47改	46改	15	03	03	03	03	33	47改	03
二次电路图图号	企业标准图	1211	1212	1213	1213	1213	1213	企业标准图	1215	1213

用途	10kV Ⅰ段母线所用电柜	10kV Ⅰ段母线电压互感器及避雷器柜	10kV Ⅰ段主进断路器柜	=S21-T1变压器柜	=S22-T1变压器柜	=S23-T1变压器柜	=S24-T1变压器柜	联络隔离柜	联络断路器柜	=S21-T2变压器柜
装机容量(kVA)				1000	800	1600	1250			1000
备　注	-AP1									

图 6　10kV 供配电系统图示例

注：1. □为产品型号，根据需要由设计人员确定。

2. 一次接线方案号和二次电路图图号由设计人员根据实际情况确定。

图5采用单线示出供电系统由35kV总降站（＝S01）和10/0.4kV变电所（＝S21、＝S22、＝S23、＝S24）分供电系统组成。忽略各组成部分的实际方位，通过其接线示出35kV总降站由布置在35kV配电室的35kV配电系统、变压器室的35/10.5kV主变压器（－T1、－T2）、10kV配电室的10kV配电系统组成。该图按功能布局采用图形符号和参照代号绘制，方便了解供配电系统电能供给流程及结构，展示出系统、分系统、装置、设备等的主要构成和他们之间的关系，提供了供配电系统的总体印象。

图6为10kV供配电分系统的系统图，该图详细地绘制了10kV配电部分的一次电路信息，为编制二次电路图提供依据。通过提供一次主接线、一次设备、二次电路图、外部接线、设备型号、方案号等信息满足设备订货、布置、安装施工、运行及管理的需要。

当配电柜数量较多一张图纸中布置不全时，应为下一张图纸衔接标出导体断开点的识别字母。见图6右上侧的A。

图7是35kV总降站所用电的配电装置，该图垂直分支电路从左到右布置，电源进线在左侧。配电装置进线的接地型式为TN-C系统，出线的接地型式为TN-S系统，所以在图中绘制出相线、中性线和保护线的图形符号。该图表示出了元器件、参照代号、元器件规格等标注的方法。当电气箱系统图采用垂直方向表示时，文字标注于图形符号的左侧，回路容量和用途标注于图形符号下方。

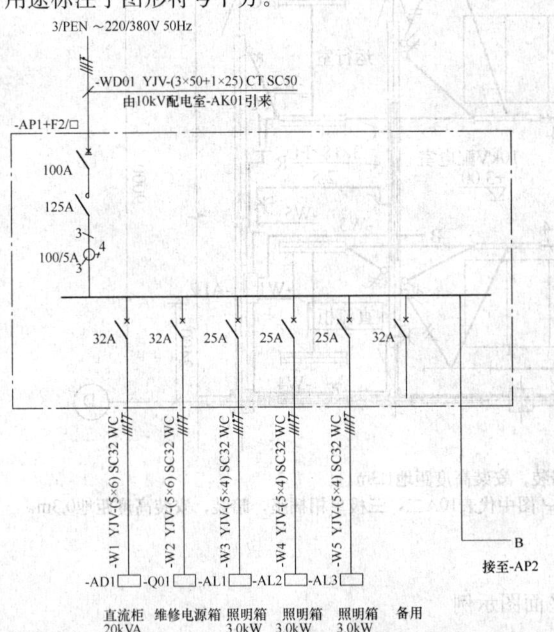

图7　动力配电箱系统图示例（垂直方向表示）

注：□为产品型号，根据需要由设计人员确定。

图8是35kV总降站10kV配电室二层照明系统的配电装置。该图水平分支电路自上而下布置，电源线进线在上部。该图表示出了元器件、参照代号、元器件规格标注等标注的方法。当电气箱系统图采用水平方向表示时，文字标注于图形符号的上方，回路容量和用途标注于图形符号右侧。

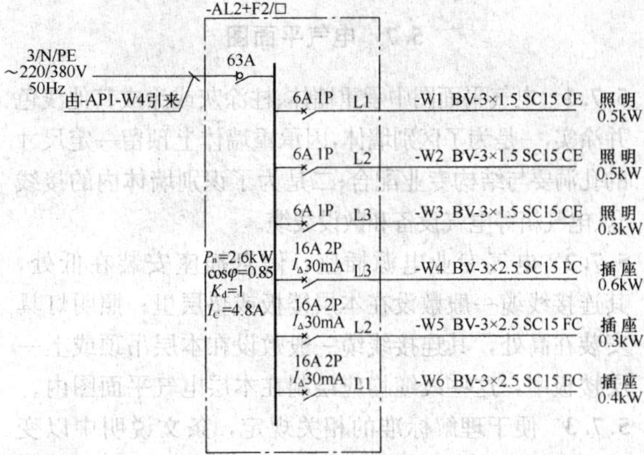

图8　照明箱配电系统图示例（水平方向表示）

注：□为产品型号，根据需要由设计人员确定。

5.4.4　系统图标注电气设备、路由（回路）等的参照代号、编号是为了便于位置检索和查找。

5.5　电　路　图

5.5.2　电路图一般包括图形符号、连接线、参照代号、端子代号及了解其功能必需的补充信息。

电路图中的元器件及其相互连接至少应表示控制电路的控制过程。

5.5.3　电路图的图形符号排列应整齐，电路连线应直通；依据功能关系，应将功能相关元件放到一起进行绘制；可在电路图中增加端子接线图（表），方便施工和维修。

5.5.4　同一个参照代号不宜表示不同的元器件是为了方便施工和维修

5.5.5　集中表示法：表示符号的组合可彼此相邻，用于简单的电路图。分开表示法：表示符号的组合可彼此分开，实现布局清晰。重复表示法：同一符号用于不同的位置。

为了便于理解和检索元器件在布置图中的位置，宜在电路图图样的某个位置列出元器件及符号表。

5.6　接线图（表）

5.6.1　单元接线图（表）一般由厂商提供或非标设备设计时绘制。单元接线图（表）应提供单元或组件内部的元器件之间的物理连接信息；互连接线图（表）应提供系统内不同单元外部之间的物理连接信息；端子接线图（表）应提供到一个单元外部物理连接的信息；电缆图（表）应提供装置或设备单元之间敷设连接电缆的信息。

5.6.2　线缆较多时标注其编号、参照代号便于查找，接线图（表）所示表示的端子顺序应方便其预定用途。

5.6.4 元器件、单元或组件采用简单图形表示，是为了简化图面突出其接线。例如控制箱元器件、单元或组件的布置及接线应有相应的图纸，标准控制箱的布置及接线图一般由厂商完成。

5.7 电气平面图

5.7.1 电气平面图中承重墙体、柱涂灰或涂成其他浅色并涂实，一是为了区别墙体，因承重墙体上预留一定尺寸的孔洞要与结构专业配合；二是为了识别墙体内的接线盒、电气箱等电气设备和敷设线缆。

5.7.2 电气专业电源插座、信息插座安装在低处，其连接线缆一般敷设在本层楼板或垫层里；照明灯具安装在高处，其连接线缆一般敷设在本层吊顶或上一层楼板中，这些线缆均应绘制在本层电气平面图内。

5.7.3 便于理解标准的相关规定，条文说明中以变电所为例，分别绘制出照明平面图（见图 9）和弱电系统平面图（见图 10）图示。配电箱暗装或明装可采用图示，画在墙体内为暗装，也可和照明开关、电源插座一样采用文字标注或说明。

电气平面图上线缆的根数如已文字说明且不会引起混淆时，可不用在线缆上示出其根数，示例可见本标准图 9。

5.7.5 使用功能不同的楼层，如地下一层、首层，一般电气设备配置也不一样，电气平面图应分别绘制。使用功能相同的楼层，如办公、住宅建筑的标准层，电气设备配置一样，电气平面图可只绘制一张，但每层电气箱的参照代号应表示清楚。

5.7.8 《建筑物防雷设计规范》GB 50057－2010 给出接闪器的定义：“由拦截闪击的接闪杆（原避雷针）、接闪带（原避雷带）、接闪线（原避雷线）、接闪网（原避雷网）以及金属屋面、金属构件等组成。”

建筑物的接闪器、引下线、断接卡、连接板、接地装置等应根据《建筑物防雷设计规范》GB 50057－2010 设置，其安装位置包括安装高度。

当接地平面图需单独绘制时，接地平面图宜在建筑物或构筑物建筑专业的地下平面图上绘制。

5.8 电气总平面图

5.8.2 电气总平面图涉及强电和弱电进出建筑物的相关信息，所以电气总平面图应根据工程规模、系统复杂程度及当地主管部门审批要求进行绘制，既可将强电和弱电绘制在一张图里，也可分别绘制。

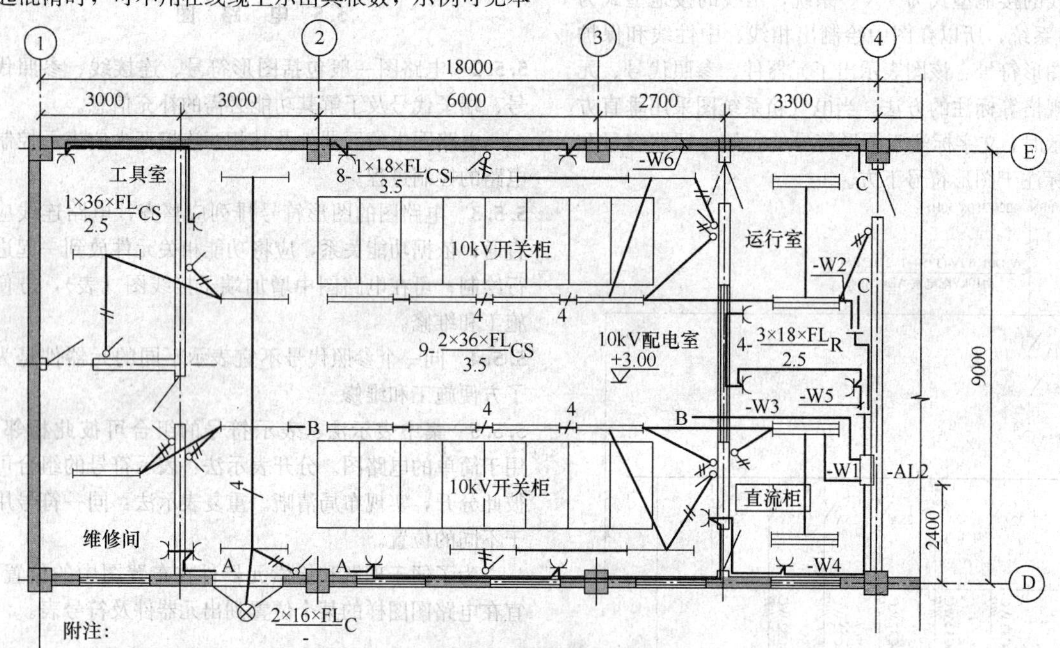

附注：

1.照明线路采用BV-3×1.5电线穿SC15管暗敷。灯开关为暗装，安装高度距地1.3m。

2.插座线路采用BV-3×2.5电线穿SC15 管暗敷。插座图例 ⋎ 图中代表10A二、三极单相插座，暗装，安装高度距地0.3m。

3.图中没标导线数均为3根。

二层照明平面图 1:100

图 9 照明平面图示例

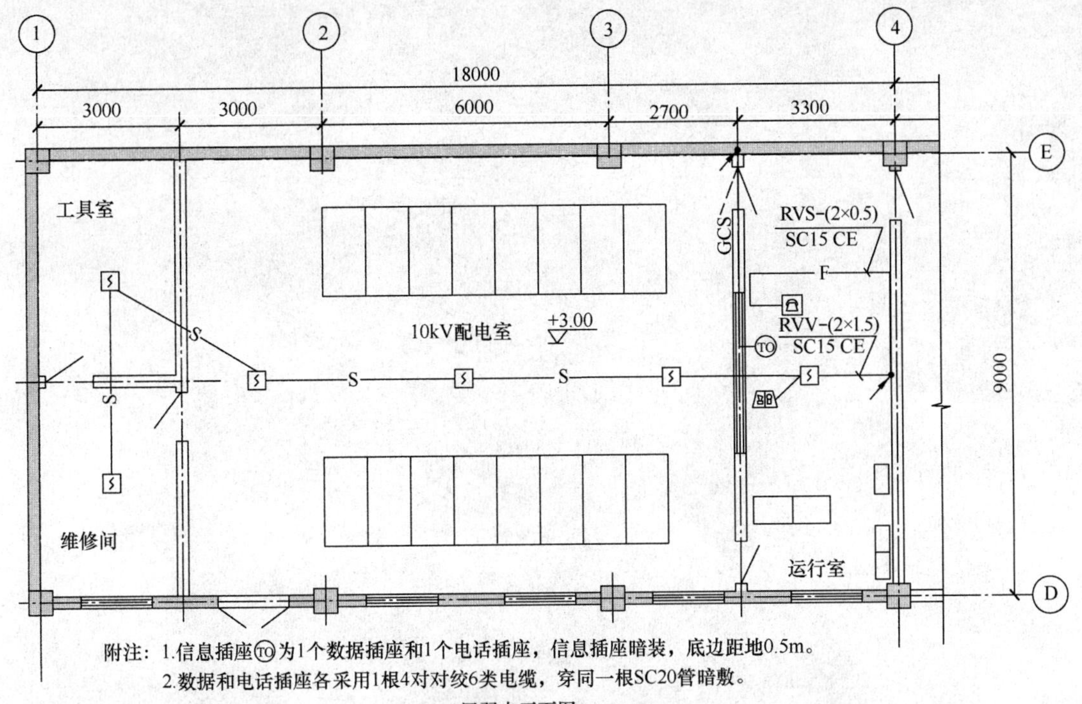

附注：1.信息插座Ⓣⓞ为1个数据插座和1个电话插座，信息插座暗装，底边距地0.5m。

2.数据和电话插座各采用1根4对对绞6类电缆，穿同一根SC20管暗敷。

二层弱电平面图　1:100

图 10　弱电系统平面图示例

中华人民共和国行业标准

供热工程制图标准

Drawing standard for heating engineering

CJJ/T 78—2010
J1137—2010

批准部门：中华人民共和国住房和城乡建设部
施行日期：2 0 1 1 年 8 月 1 日

中华人民共和国住房和城乡建设部
公　　告

第 844 号

关于发布行业标准《供热工程制图标准》的公告

现批准《供热工程制图标准》为行业标准，编号为 CJJ/T 78—2010，自 2011 年 8 月 1 日起实施。原《供热工程制图标准》CJJ/T 78—97 同时废止。

本标准由我部标准定额研究所组织中国计划出版社出版发行。

中华人民共和国住房和城乡建设部

二〇一〇年十二月十日

前　言

根据住房和城乡建设部《关于印发〈2008 年工程建设标准规范制订、修订计划（第一批）〉的通知》（建标〔2008〕102 号）的要求，标准编制组经广泛调查研究，认真总结实践经验，参考有关国际标准和国外的先进标准，并在广泛征求意见的基础上，修订了本标准。

本标准主要技术内容包括：总则、基本规定、制图、常用代号和图形符号、锅炉房图样画法、供热管网图样画法、热力站和中继泵站图样画法。

本次修订的主要内容为：

1. 增加了锅炉房、供热管网和热力站图样画法的一般规定，规定了各图样画法中的共同标准；

2. 反映近年来供热领域新技术和新产品的发展，增加了相关的图形符号；

3. 使各项规定更加适合于计算机制图的特点。

本标准由住房和城乡建设部负责管理，由哈尔滨工业大学负责具体技术内容的解释。执行过程中如有意见或建议，请寄送哈尔滨工业大学（地址：哈尔滨市南岗区黄河路 73 号哈尔滨工业大学，邮政编码：150090）。

本标准主编单位：哈尔滨工业大学

本标准参编单位：泛华建设集团有限公司
北京市煤气热力工程设计院有限公司
中国五洲工程设计有限公司
北京特泽热力工程设计有限责任公司

本标准主要起草人：邹平华　廖嘉瑜　刘　芃
金艺花　王　芃　牛小化

本标准主要审查人：王　淮　王传荣　孙延勋
段洁仪　王随林　杨　健
于黎明　张　敏　杨　明
鲁亚钦　王　水

目次

Contents

1 总　　则

1.0.1 为了统一供热工程制图方法、保证图面质量、提高工作效率、便于技术交流，制定本标准。

1.0.2 本标准适用于新建、扩建和改建供热工程的设计制图。

1.0.3 供热制图除应符合本标准外，尚应符合国家现行有关标准的规定。

2 基本规定

2.1 图纸幅面

2.1.1 图纸的幅面应符合图2.1.1的规定，图框线应采用粗实线，标题栏外框线应采用中实线，图幅线应采用细实线。基本幅面及图框尺寸应符合表2.1.1的规定。

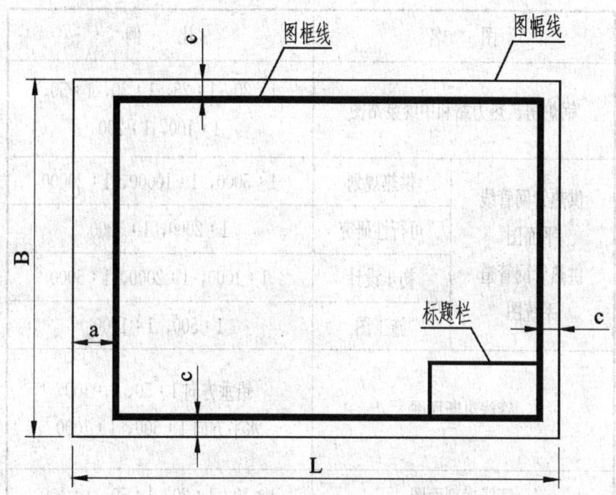

图2.1.1　图纸幅面格式

表2.1.1　基本幅面及图框尺寸（mm）

幅面代号	A0	A1	A2	A3	A4
B×L	841×1189	594×841	420×594	297×420	210×297
c	10			5	
a	25				

2.1.2 图纸幅面的短边（B）不应加长，长边（L）可加长。当幅面代号为A0、A2、A4时，加长尺寸应为150mm的整数倍；当幅面代号为A1、A3时，加长尺寸应为210mm的整数倍。

2.2 图　　线

2.2.1 图线的粗线宽度b宜从2.0mm、1.4mm、1.0mm、0.7mm、0.5mm中选取，并应根据图样的类别、比例大小及复杂程度选择b值。线宽可分为粗、中、细三种，其线宽比宜为b∶0.5b∶0.25b。

2.2.2 一张图样上同一线型宽度应保持一致，一套图中图样上的同一线型宽度宜保持一致。

2.2.3 常用线型及其用途应符合表2.2.3的规定。

表2.2.3　常用线型及其用途

名称		线型	用途
粗线	粗实线		1. 单线表示的管道 2. 设备平面图和剖面图中的设备轮廓线 3. 设备和零部件等的编号标志线 4. 剖切位置线
	粗虚线		1. 被遮挡的单线表示的管道 2. 设备平面图和剖面图中被遮挡设备的轮廓线
中线	中实线		1. 双线表示的管道 2. 设备及管道平面图和设备及管道剖面图中的设备轮廓线 3. 尺寸起止符
	中虚线		1. 被遮挡的双线表示的管道 2. 设备、管道平面图和剖面图中被遮挡设备的轮廓线 3. 拟建的设备和管道
细线	细实线		1. 可见建筑物和构筑物的轮廓线 2. 尺寸线和尺寸界线 3. 材料剖面、设备及附件等的图形符号 4. 设备、零部件及管路附件等的编号标志引出线 5. 单线表示的管道横剖面 6. 管道平面图和剖面图中的设备及管路附件的轮廓线
	细虚线		1. 被遮挡建筑物、构筑物的轮廓线 2. 拟建建筑物的轮廓线 3. 管道平面图和剖面图中被遮挡的设备及管路附件的轮廓线
	细点划线		1. 建筑物的定位轴线 2. 设备中心线 3. 管沟或沟槽中心线 4. 双线表示的管道中心线 5. 管路附件或其他零部件的中心线或对称轴线

续表 2.2.3

名称		线型	用途
细线	细折断线		1. 建筑物断开界线 2. 管道与建筑物、构筑物同时被剖切时的断开界线 3. 设备及其他部件断开界线
	细波浪线		1. 双线表示的非圆断面管道自由断开界线 2. 设备及其他部件自由断开界线
	细双点划线		1. 假想轮廓线 2. 保温结构外轮廓线

2.2.4 虚线、点划线、双点划线和折断线的画法应符合图 2.2.4 的规定。同一张图中虚线、点划线、双点划线的线段长及间隔应相同，点划线和双点划线的点应使间隔均分。虚线、点划线、双点划线应在线段上转折或交汇。当图纸幅面较大时，可采用线段较长和间隔较大的虚线、点划线或双点划线。

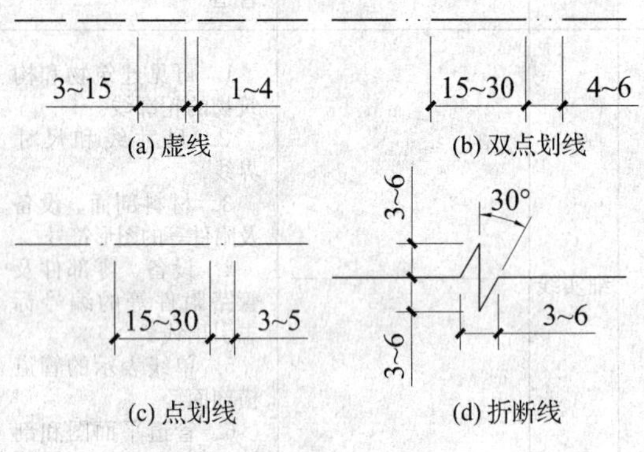

图 2.2.4 几种图线画法（mm）

2.3 字 体

2.3.1 图纸中的汉字宜采用长仿宋体，字高与字宽之比宜为 1∶0.7。汉字字高可从 20mm、14mm、10mm、7mm、5mm 和 3.5mm 中选取，且不应小于 3.5mm。大标题、图册封面等的汉字，也可用其他字体书写，但应易于辨认。

2.3.2 数字与字母宜采用直体。

2.3.3 同一张图样中，一种用途的汉字、数字和字母的字体与大小应相同；同一套图中，一种用途的汉字、数字和字母的字体、大小均宜相同。

2.4 比 例

2.4.1 比例应采用阿拉伯数字表示。当一张图上仅有一种比例时，应在标题栏中标注比例；当一张图上有多个图样采用几种不同比例时，应在图名的右侧或下方标注比例（图 2.4.1）。

平面图 1:100　　平面图
1:100

图 2.4.1 比例标注

2.4.2 当同一图样的铅垂方向和水平方向选用不同比例时，应分别标注两个方向的比例（图 2.4.2）。

管线剖面图 | 铅垂方向1:50
水平方向1:500

图 2.4.2 两个方向采用不同比例时的标注

2.4.3 同一对象不同的视图、剖面图宜采用同一比例。

2.4.4 常用比例应符合表 2.4.4 的规定。

表 2.4.4 常用比例

图名		比例
锅炉房、热力站和中继泵站图		1∶20，1∶25，1∶30，1∶50，1∶100，1∶200
供热管网管线平面图 供热管网管道系统图	供热规划	1∶5000，1∶10000，1∶20000
	可行性研究	1∶2000，1∶5000
	初步设计	1∶1000，1∶2000，1∶5000
	施工图	1∶500，1∶1000
管线纵断面图		铅垂方向 1∶50，1∶100 水平方向 1∶500，1∶1000
管线横剖面图		1∶10，1∶20，1∶50，1∶100
管线节点、检查室图		1∶20，1∶25，1∶30，1∶50
详图		1∶1，1∶2，1∶5，1∶10，1∶20

2.5 通用符号与设计分界线

2.5.1 指北针宜采用细实线圆内加指针表示（图 2.5.1）。圆的直径宜为 24mm，指针尾部宽度宜为 3mm，尖端应北向，指针应涂黑。当图面较大、需采用较大指北针时，指针尾部宽度宜为圆直径的 1/8。

2.5.2 箭头画法应符合图 2.5.2 的规定。

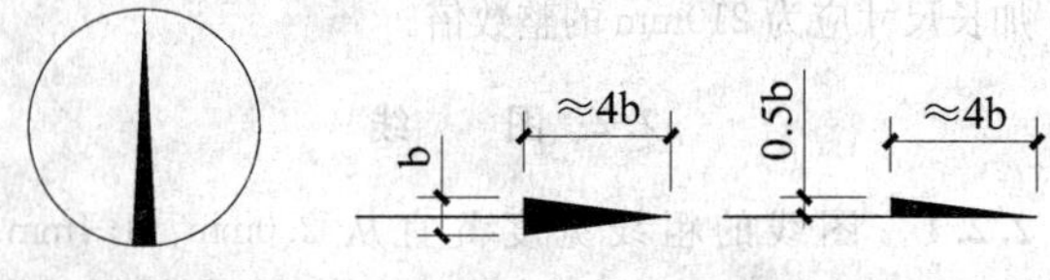

图 2.5.1 指北针　　图 2.5.2 箭头画法

2.5.3 管道坡度应采用单边箭头表示（图 2.5.3）。箭头应指向标高降低的方向，箭头直线部分宜比数字每端长出1mm～2mm。

0.002

图2.5.3　管道坡度

2.5.4　剖视符号应表示出剖切位置、剖视方向，并应标注剖视编号（图2.5.4）。标示方法符合下列规定：

1　剖切位置应采用粗实线表示，其长度宜为4mm～6mm；

2　剖视方向应采用箭头表示；

3　剖视编号应采用数字或字母标注在靠近箭尾处，任何方向和角度的剖视符号，其编号均应水平标注；

4　当剖切位置的转折处不会与其他图线发生混淆时，可不标注编号。

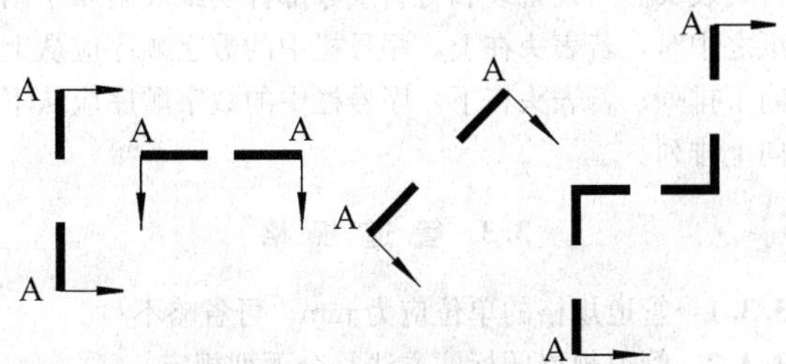

图2.5.4　剖视符号

2.5.5　标高符号及其标注方法符合下列规定：

1　标高符号应采用细实线绘制的等腰直角三角形，高宜为3mm；其顶角应落在被标注高度线或其延长线上，顶角可向上或向下［图2.5.5（a）］。

2　标高数值应标注在三角形底边及其延长线上，三角形底边的延长线之长L宜超出数字长度1mm～2mm［图2.5.5（a）］。

3　标高数值单位应为m。正标高可不注"＋"；负标高应注"－"；零点标高应注为±0.00或±0.000。

4　当图形复杂时，标高可采用引出线的形式标注［图2.5.5（b）］。

5　当标注平面标高时，所采用的等腰直角三角形顶角不应落在任何线上［图2.5.5（c）］，标高符号的线上应标注所在平面标高。

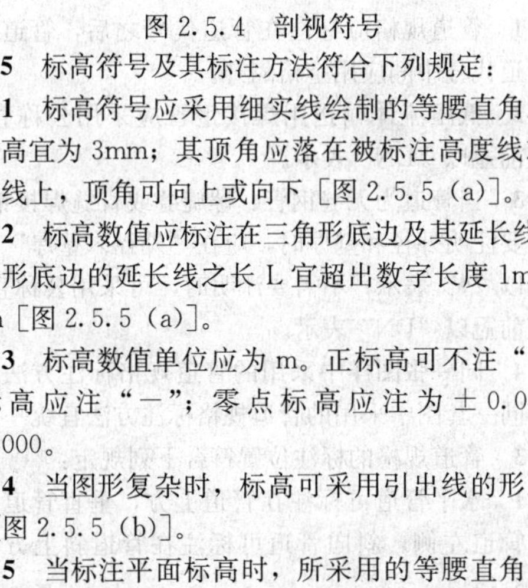

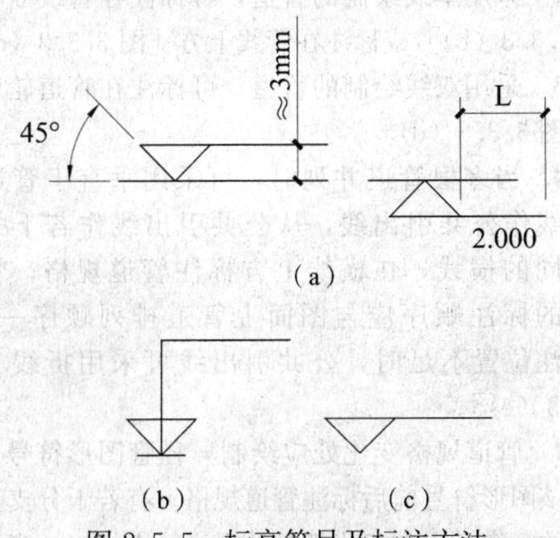

图2.5.5　标高符号及标注方法

2.5.6　圆形截面管道断开时应采用图2.5.6表示的折断符号。

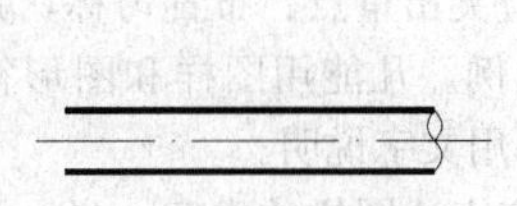

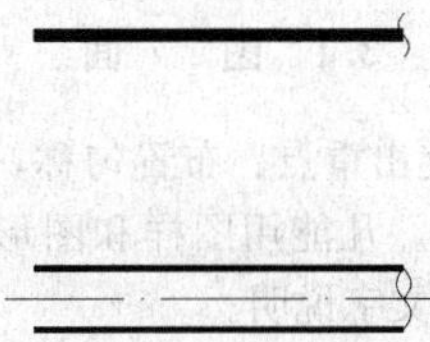

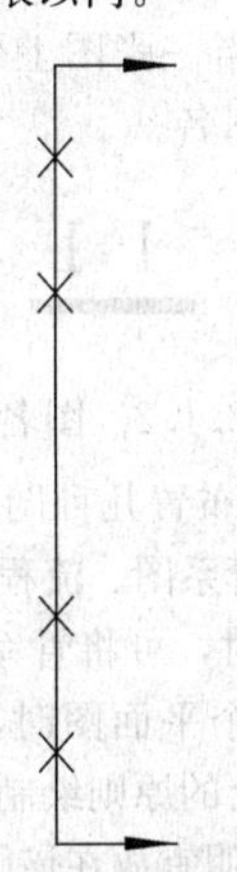

图2.5.6　管道折断符号

2.5.7　设计分界线应采用图2.5.7的标注方法，其中箭头应指向设计界限以内。

图2.5.7　设计分界线标志

2.6　设备和零部件等的编号

2.6.1　设备和零部件等的编号应符合下列规定：

1　编号标志引出线应采用细实线绘制，始端应指在编号件上，另一端应与编号标志相连（图2.6.1）；

2　编号标志引出线末端可采用直径为5mm～10mm的细实线圆作编号标志，并应在圆内标注编号，编号不应超出圆周［图2.6.1（a）］；

3　编号标志引出线末端可采用长度为5mm～10mm的水平粗实线作编号标志，并应在粗实线上标注编号，粗实线的长度应比编号两侧各长出1mm～2mm［图2.6.1（b）］；

4　编号应采用序号或代号加序号表示（图2.6.1）。

图2.6.1　设备和零部件等的编号

2.6.2　所有设备应进行编号，一套图中各图样上标注的设备编号应与设备明细表中的编号相一致。

3 制 图

3.1 图 面

3.1.1 图面应突出重点、布置匀称，并应合理选用图纸幅面及比例。凡能用图样和图形符号表达清楚的内容不得采用文字说明。

3.1.2 图名应表达图样的内容。当一张图上有几个图样时，应分别标注各自的图名。图名宜标注在图样的上方或下方正中，并在一套图中统一位置。图名下应采用粗实线，其长度宜比文字两边各长出1mm～2mm（图3.1.2）。当一张图上仅有一个图样时，应只在标题栏中标注图名。

1-1

图3.1.2 图名标注

3.1.3 当一张图上布置几种图样时，宜按平面图在下，剖面图在上，管系图、流程图或详图在右的原则绘制。当无剖面图时，可将管系图放在平面图上方。当一张图上布置几个平面图时，宜按下层平面图在下、上层平面图在上的原则绘制。

3.1.4 各图样的说明宜放在该图样的右侧或下方。

3.1.5 当采用简化画法时，符合下列规定：

1 两个或几个形状类似、尺寸不同的图形或图样，可绘制一个图形或图样；但应在需要标注不同尺寸处，用括号或表格给出各图形或图样对应的尺寸。

2 两个或几个相同的图形，可绘制其中一个图形，其余图形采用简化画法。

3.2 表 格

3.2.1 设备和主要材料表的格式宜按表3.2.1的规定执行。

表3.2.1 设备和主要材料表

序号	编号	名称	型号及规格	材质	单位	数量	质量（kg）		备注
							单件	总计	

3.2.2 设备表的格式宜按表3.2.2的规定执行。

表3.2.2 设备表

序号	编号	名称	型号及规格	单位	数量	质量（kg）	备注

3.2.3 材料或零部件明细表的格式宜按表3.2.3的规定执行。

表3.2.3 材料或零部件明细表

序号	编号	图号或标准图号及页号	名称及规格	材质	单位	数量	质量（kg）		备注
							单件	总计	

3.2.4 当设备表（表3.2.2）和材料或零部件明细表（表3.2.3）单独成页时，表头应设置于表格的上方，序号栏中的数字顺序应从上向下排列。设备和主要材料表、设备表、材料或零部件明细表的续表均应排列表头。当设备表和材料或零部件明细表附属于图纸之中时，若表头在上，序号栏中的数字顺序应从上向下排列；若表头在下，序号栏中的数字顺序应从下向上排列。

3.3 管 道 规 格

3.3.1 管道规格的单位应为mm，可省略不写。

3.3.2 管道规格的标注方法符合下列规定：

1 管道规格应标注在管道代号之后，管道规格与管道代号中间应用空格隔开。

2 低压流体输送用焊接钢管应采用公称直径，数值前冠以“DN”表示。

3 当管道为无缝钢管、螺旋缝或直缝焊接钢管，且需要注明外径和壁厚时，应在“外径×壁厚”数值前冠以“ϕ”表示；不需要注明时，可采用公称直径，数值前冠以“DN”表示。

4 同一张图样中采用的管道规格标注方法应统一，同一套图中采用的管道规格标注方法宜统一。

3.3.3 管道规格的标注位置符合下列规定：

1 水平管道可标注在管道上方，垂直管道可标注在管道左侧，斜向管道可标注在管道斜上方［图3.3.3（a）］。

2 采用单线绘制的管道，可标注在管线断开处［图3.3.3（b）］或标注在管线上方［图3.3.3（c）］。

3 采用双线绘制的管道，可标注在管道轮廓线内［图3.3.3（d）］。

4 当多根管道并列时，可采用垂直于管道的细实线作公共引出线，从公共引出线作若干条间隔相同的横线，在横线上方标注管道规格；管道规格的标注顺序应与图面上管道排列顺序一致；当标注位置不足时，公共引出线可采用折线［图3.3.3（e）］。

3.3.4 管道规格变化处应绘制异径管图形符号，并应在该图形符号前后标注管道规格。有若干分支且不变径的管道，应在起止管段处标注管道规格；当不变

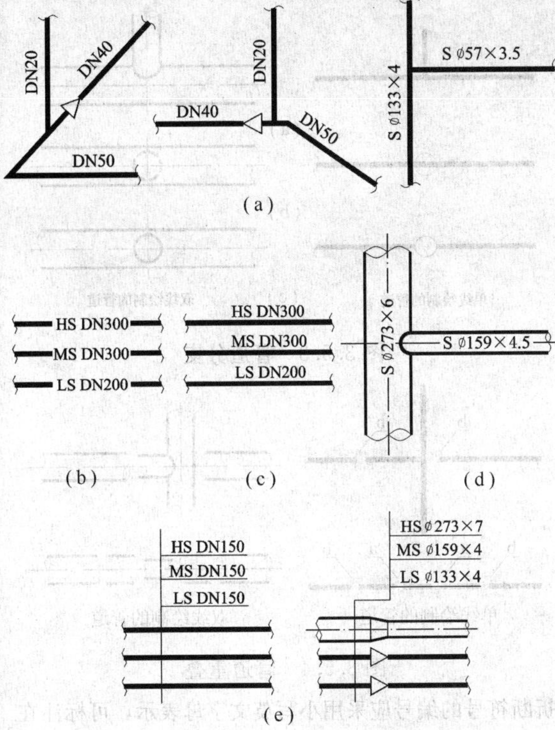

图 3.3.3 管道规格的标注

径的管道过长或分支数多时，尚应在其中间位置加注1～2处管道规格（图 3.3.4）。

图 3.3.4 分出支管和变径时管道规格的标注

3.4 尺 寸 标 注

3.4.1 尺寸标注应包括尺寸界线、尺寸线、尺寸起止符和尺寸数字。尺寸宜标注在图形轮廓线以外（图 3.4.1）。

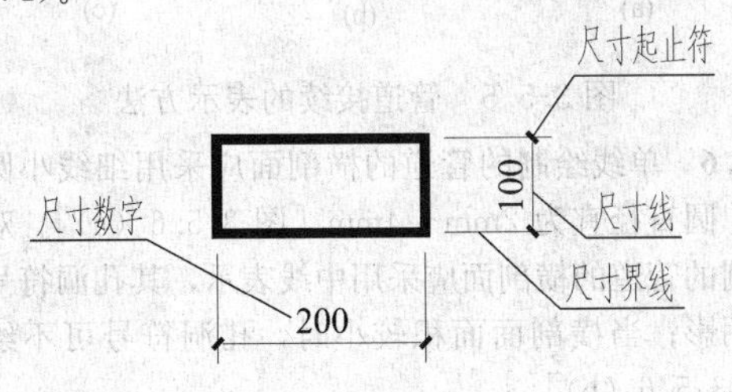

图 3.4.1 尺寸标注

3.4.2 尺寸界线宜与被标注长度垂直。尺寸界线的一端应由被标注的图形轮廓线或中心线引出，另一端宜超出尺寸线 3mm（图 3.4.2）。

3.4.3 尺寸线应与被标注的长度平行（半径、直径、角度及弧线的尺寸线除外）。多根互相平行的尺寸线，应从被标注图形轮廓线由近向远排列，小尺寸离轮廓线较近，大尺寸离轮廓线较远。尺寸线间距宜为 5mm～15mm，且宜均等。每一方向均应标注总尺寸

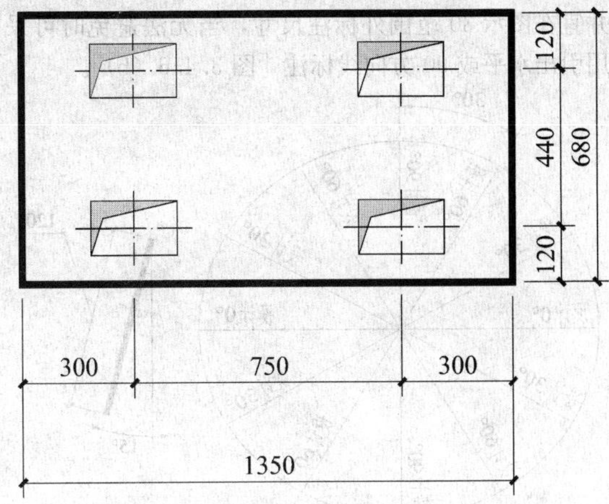

图 3.4.2 尺寸界线与尺寸线

（图 3.4.2）。

3.4.4 尺寸起止符的表示方式符合下列规定：

1 直线段的尺寸起止符可采用短斜线或箭头，短斜线应采用长度 3mm 的中实线，且其与尺寸线之间的角度应为 45°［图 3.4.4（a）、（b）］。一张图样中应采用一种尺寸起止符。当采用箭头位置不足时，可采用黑圆点或短斜线代替箭头［图 3.4.4（b）］。

2 角度、弧线、半径和直径的尺寸起止符应采用箭头表示［图 3.4.4（c）］。

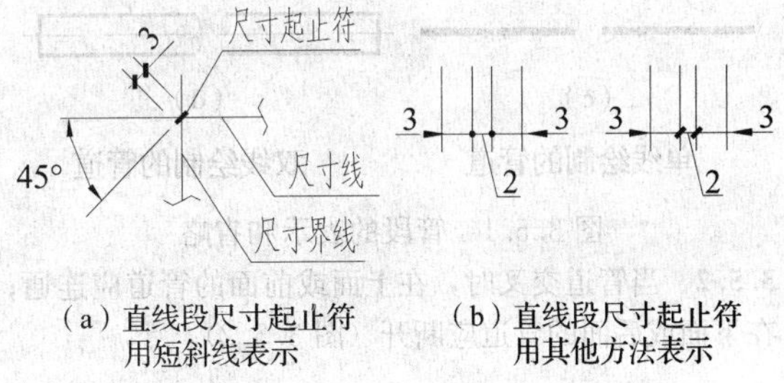

（a）直线段尺寸起止符用短斜线表示

（b）直线段尺寸起止符用其他方法表示

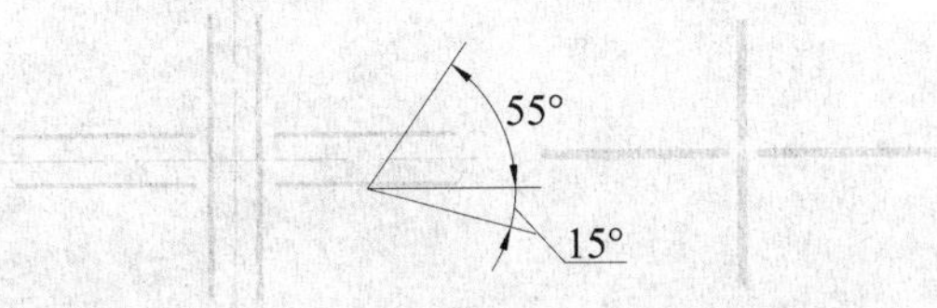

（c）角度和弧线尺寸起止符用箭头表示

图 3.4.4 尺寸起止符

3.4.5 尺寸数字的标注符合下列规定：

1 尺寸数字应以 mm 或 m 为单位，标注室外管线或管道长度时应以 m 为单位。

2 尺寸数字应标注在尺寸线的上方正中；当标注位置不足时，可引出标注［图 3.4.4（b）］。

3 尺寸数字应连续、清晰，不得被图线、文字或符号中断。

4 角度数字应水平方向标注［图 3.4.4（c）］。

3.4.6 尺寸数字应按图 3.4.6（a）所示的方向标注，

并宜在图示30°范围外标注尺寸，当无法避免时可采用引出水平或90°方向线标注［图3.4.6（b）］。

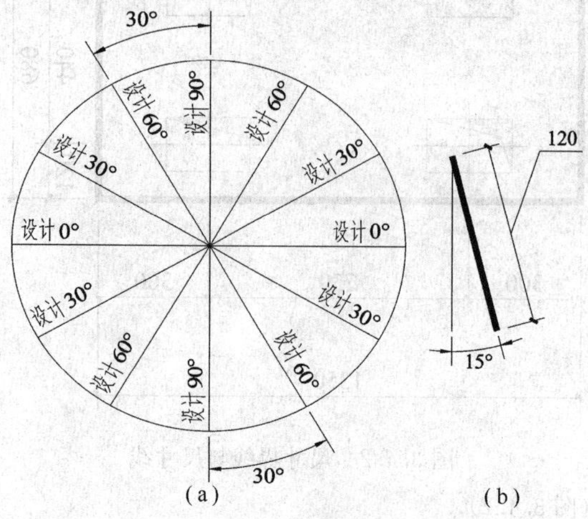

图3.4.6 尺寸数字的标注方向

3.5 管道画法

3.5.1 折断符号可表示一段管道［图3.5.1（a）、（b）］，也可表示省略一段管道［图3.5.1（c）、（d）］，省略管道应位于直线管道上。折断符号应成双对应。

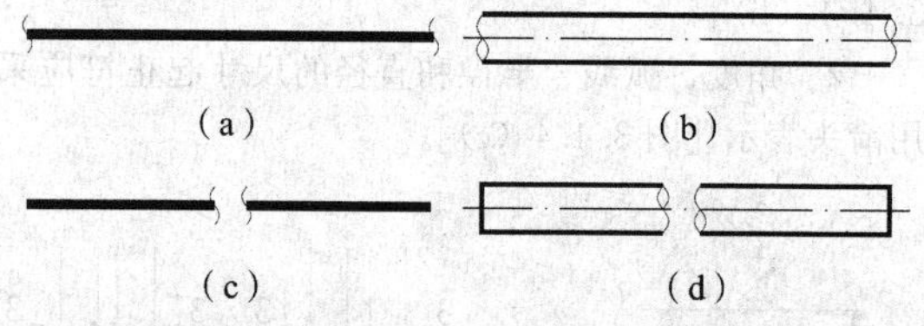

图3.5.1 管段的表示和省略

3.5.2 当管道交叉时，在上面或前面的管道应连通；在下面或后面的管道应断开（图3.5.2）。

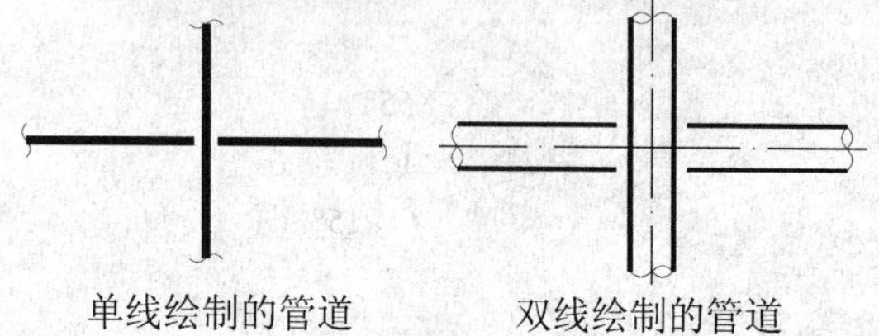

图3.5.2 管道交叉

3.5.3 当管道分支时，应表示出支管的方向（图3.5.3）。

3.5.4 当管道重叠、需要表示位于下面或后面的管道时，可将上面或前面的管道断开，并应断开在管道直线部分；若管道上、下、前、后关系明确，可不标注断开点编号（图3.5.4）。

3.5.5 管道接续的表示方法符合下列规定：

1 管道接续引出线应采用细实线绘制，始端应指在折断符号处，末端应为折断符号的编号（图3.5.5）。

2 当同一管道的两个折断符号在一张图样中时，

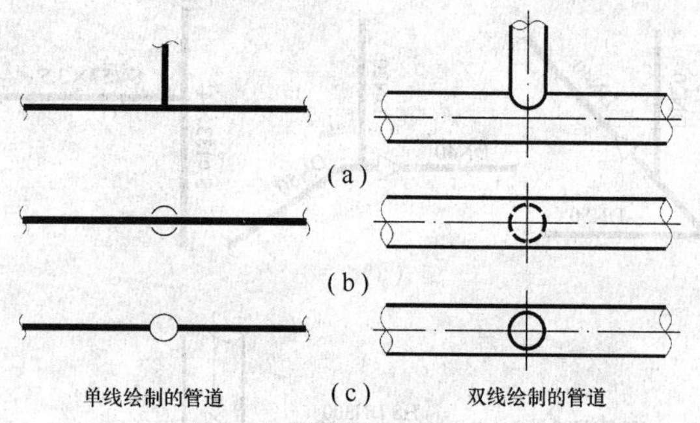

图3.5.3 管道分支

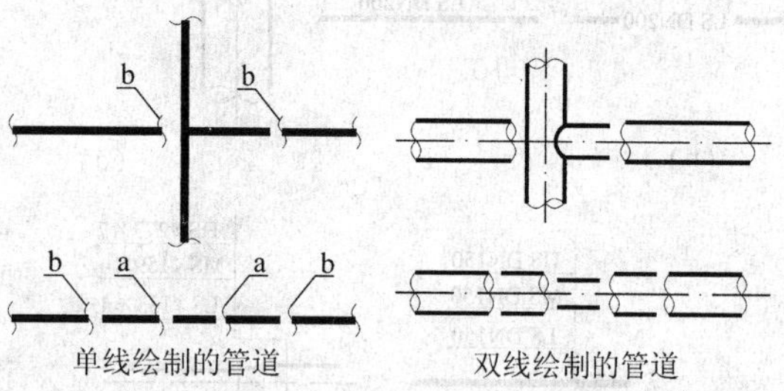

图3.5.4 管道重叠

折断符号的编号应采用小写英文字母表示，可标注在直径为5mm～8mm的细实线圆内［图3.5.5（a）］；也可标注在粗实线上方，且粗实线两端应超出编号1mm～2mm［图3.5.5（b）］。

3 当一根管道同一折断处的两个折断符号不在一张图中时，折断符号的编号应采用小写英文字母和图号表示，标注在直径宜为10mm～12mm的细实线圆内；上半圆内应标注用字母表示的折断处的编号，下半圆内应标注对应折断处所在图纸的图号［图3.5.5（c）］。

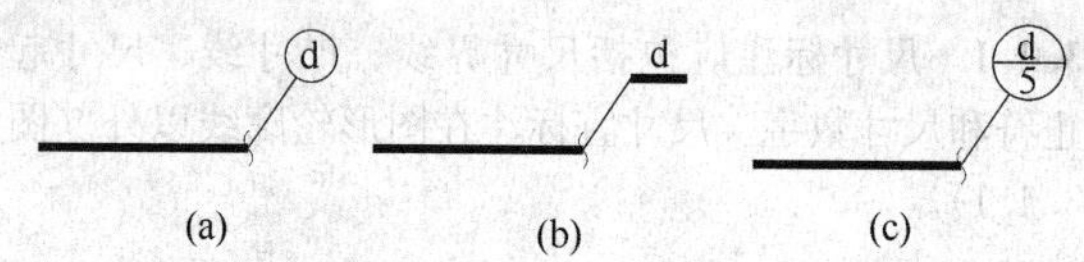

图3.5.5 管道接续的表示方法

3.5.6 单线绘制的管道的横剖面应采用细线小圆表示，圆直径宜为2mm～4mm［图3.5.6（a）］。双线绘制的管道的横剖面应采用中线表示，其孔洞符号应涂阴影；当横剖面面积较小时，孔洞符号可不绘制［图3.5.6（b）］。

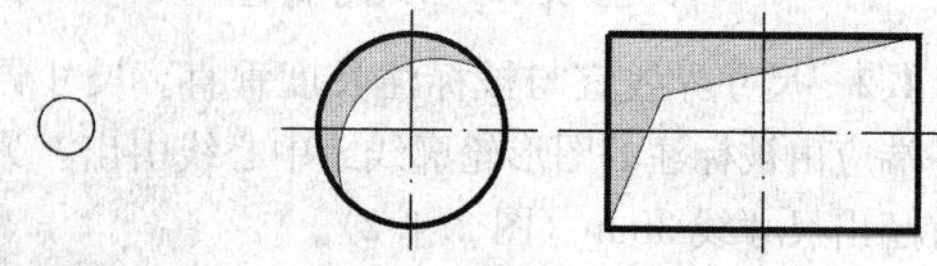

图3.5.6 管道横剖面

3.5.7 当管道转向时，90°弯头和非90°弯头的绘制应符合表3.5.7的规定。

表 3.5.7 管道转向画法

名称		单线绘制	双线绘制
90°弯头	正视一（弯头朝向观测者）		
	正视二（弯头背向观测者）		
	正视三 左视（与90°弯头正视一对应）		
	俯视		
非90°弯头	正视一（弯头朝向观测者）		

续表 3.5.7

名称		单线绘制	双线绘制
非90°弯头	正视二（弯头背向观测者）		
	正视三 左视（与非90°弯头正视一对应）		
	俯视		

3.6 阀门画法

3.6.1 管道图中常用阀门的画法应符合表 3.6.1 的规定，阀体长度、法兰直径、手轮直径及阀杆长度宜按比例采用细实线绘制，阀杆尺寸宜取其全开位置时的尺寸，阀杆方向应与设计一致。

表 3.6.1 管道图中常用阀门画法

名称	俯视	仰视	主视	侧视	轴测投影
蝶阀		—			
闸阀					
截止阀					
弹簧式安全阀	—	—		—	

注：本表以阀门与管道法兰连接为例编制。

3.6.2 电动、气动、液动、自动阀门等宜按比例绘制简化实物外形、附属驱动装置和信号传递装置。

3.6.3 其他阀门可采用本标准第 4.3.2 条的图形符号按照第 3.6.1 条、第 3.6.2 条的原则绘制。

3.7 设备画法

3.7.1 管道、设备平面图和剖面图中应按比例绘制设备的主要外形和轮廓。

3.7.2 系统图中的设备可采用图形符号或示意图表示。

4 常用代号和图形符号

4.1 一般规定

4.1.1 管道、管路附件和管线设施的代号应采用大写英文字母表示。

4.1.2 不同的管道应采用代号及管道规格来区别。当管道采用单线绘制且根数较少时，可采用不同线型加注管道规格来区别，但应列出所用线型并加以注释。

4.1.3 同一工程图样中所采用的代号和图形符号宜集中列出，并应加以注释。

4.1.4 设备、器具、阀门、管路附件和管道支座等图形符号中的粗实线均应表示相关的管道。

4.2 管道代号

4.2.1 管道代号应符合表 4.2.1 的规定。

表 4.2.1 管道代号

管道名称	代号	管道名称	代号
供热管线（通用）	HP	凝结水管（通用）	C
蒸汽管（通用）	S	有压凝结水管	CP
饱和蒸汽管	S	自流凝结水管	CG
过热蒸汽管	SS	排汽管	EX
二次蒸汽管	FS	给水管(通用)自来水管	W
高压蒸汽管	HS	生产给水管	PW
中压蒸汽管	MS	生活给水管	DW
低压蒸汽管	LS	锅炉给水管	BW
省煤器回水管	ER	溢流管	OF
连续排污管	CB	取样管	SP
定期排污管	PB	排水管	D
冲灰水管	SL	放气管	V
供水管（通用） 采暖供水管	H	冷却水管	CW
回水管（通用） 采暖回水管	HR	软化水管	SW

续表 4.2.1

管道名称	代号	管道名称	代号
一级管网供水管	H1	除氧水管	DA
一级管网回水管	HR1	除盐水管	DM
二级管网供水管	H2	盐液管	SA
二级管网回水管	HR2	酸液管	AP
空调用供水管	AS	碱液管	CA
空调用回水管	AR	亚硫酸钠溶液管	SO
生产热水供水管	P	磷酸三钠溶液管	TP
生产热水回水管 （或循环管）	PR	燃油管（供油管）	O
生活热水供水管	DS	回油管	RO
生活热水循环管	DC	污油管	WO
补水管	M	燃气管	G
循环管	CI	压缩空气管	A
膨胀管	E	氮气管	N
信号管	SI	—	—

注：油管代号可用于重油、柴油等；燃气管可用于天然气、煤气、液化气等，但应附加说明。

4.3 图形符号及代号

4.3.1 管系图和流程图中，设备和器具的图形符号应符合表 4.3.1 的规定。表中未列入的设备和器具可采用简化外形作为图形符号。

表 4.3.1 设备和器具图形符号

名称	图形符号
电动水泵	
蒸汽往复泵	
调速水泵	
真空泵	
水喷射器 蒸汽喷射器	
换热器 （通用）	

续表 4.3.1

名称	图形符号
套管式换热器	
管壳式换热器	
容积式换热器	
板式换热器	
螺旋板式换热器	
除污器（通用）	
过滤器	
Y型过滤器	
分汽缸 分（集）水器	
水封 单级水封	
多级水封	
安全水封	
闭式水箱	

续表 4.3.1

名称	图形符号
开式水箱	
电磁水处理仪	N S
热力除氧器 真空除氧器	
离心式风机	
消声器	
沉淀罐	
取样冷却器	
离子交换器 （通用）	
除砂器	
阻火器	
斜板锁气器	
锥式锁气器	
电动锁气器	M

4.3.2 阀门、控制元件和执行机构的图形符号应符合表4.3.2的规定。可利用表4.3.2中的阀门图形符号与控制元件或执行机构图形符号进行组合构成未列出的其他具有控制元件或执行机构的阀门的图形符号。

表4.3.2 阀门、控制元件和执行机构的图形符号

名 称	图形符号
阀门（通用）	
截止阀	
闸阀	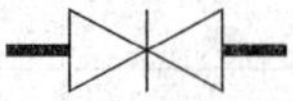
蝶阀	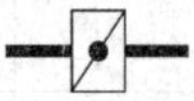
节流阀	
球阀	
减压阀	
安全阀（通用）	
角阀	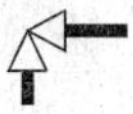
三通阀	
四通阀	
止回阀（通用）	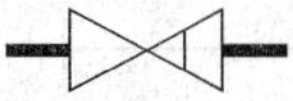
升降式止回阀	
旋启式止回阀	

续表4.3.2

名 称	图形符号
调节阀（通用）	
手动调节阀	
旋塞阀	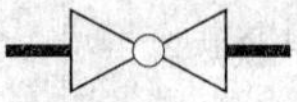
隔膜阀	
柱塞阀	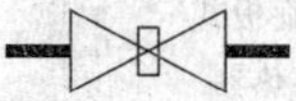
平衡阀	
底阀	
浮球阀	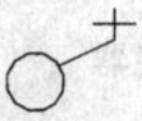
防回流污染止回阀	
快速排污阀	
疏水阀	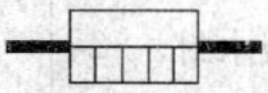
自动排气阀	
烟风管道手动调节阀	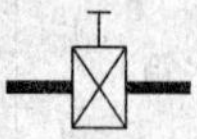

续表 4.3.2

名　称	图形符号
烟风管道蝶阀	
烟风管道插板阀	
插板式煤闸门	
插管式煤闸门	
呼吸阀	
自力式流量控制阀	F
自力式压力调节阀	P
自力式温度调节阀	T
自力式压差调节阀	
手动执行机构	
自动执行机构（通用）	
电动执行机构	M
电磁执行机构	

续表 4.3.2

名　称	图形符号
气动执行机构	
液动执行机构	
浮球元件	
弹簧元件	
重锤元件	
—	—

注：1　阀门（通用）图形符号适用于在一张图中不需要区别阀门类型的情况。

2　减压阀图形符号中的小三角形为高压端。

3　止回阀（通用）和升降式止回阀图形符号表示介质由空白三角形流向非空白三角形。

4　旋启式止回阀图形符号表示介质由黑点流向无黑点方向。

5　呼吸阀图形符号表示介质由上黑点流向下黑点方向。

4.3.3　阀门与管路连接方式的图形符号应符合表4.3.3的规定。

表 4.3.3　阀门与管路连接方式的图形符号

名　称	图形符号
通用连接	
焊接连接	
法兰连接	
螺纹连接	

注：通用连接的图形符号适用于在一张图中不需要区别连接方式的情况。

4.3.4　补偿器的图形符号及其代号应符合表4.3.4的规定。

4.3.5　其他管路附件的图形符号应符合表4.3.5的规定。

表 4.3.4　补偿器图形符号及其代号

名　称		图形符号 平面图	图形符号 纵断面图	代号
补偿器（通用）				E
方形补偿器	表示管线上补偿器节点			UE
	表示单根管道上的补偿器			
波纹管补偿器	表示管线上补偿器节点			BE
	表示单根管道上的补偿器			
套筒补偿器				SE
球型补偿器				BC
旋转补偿器				RE
一次性补偿器	表示管线上补偿器节点			SC
	表示单根管道上的补偿器			

注：1　球型补偿器成组使用，图形符号仅示出其中一个。

2　旋转补偿器成组使用，图形符号仅示出其中一个。

表 4.3.5　其他管路附件图形符号

名称	图形符号	名称	图形符号
同心异径管		法兰盘	
偏心异径管		法兰盖	
活接头		盲板	
丝堵		烟风管道挠性接头	
管堵		放气装置	

续表 4.3.5

名称	图形符号	名称	图形符号
减压孔板		放水装置、启动疏水装置	
可挠曲橡胶接头		经常疏水装置	

4.3.6 管道支座、支架和管架的图形符号及其代号应符合表 4.3.6 的规定。

表 4.3.6 管道支座、支架和管架的图形符号及其代号

名称		图形符号		代号
		平面图	纵断面图	
支座（通用）				S
支架、支墩				T
固定支座（固定墩）	单管固定			FS (A)
	多管固定			
	单管单向固定			—
	多管单向固定			
活动支座（通用）				MS
滑动支座				SS
滚动支座				RS
导向支座				GS
固定支架固定管架	单管固定			FT
	多管固定			
	单管单向固定			—
	多管单向固定		—	—

续表 4.3.6

名称		图形符号		代号
		平面图	纵断面图	
活动支架（通用） 活动管架（通用）				MT
滑动支架 滑动管架				ST
滚动支架 滚动管架				RT
导向支架 导向管架				GT
刚性吊架				RH
弹簧支吊架	弹簧支架			SH
	弹簧吊架			

注：图中管架的图形符号用于表示管道支座与支架（支墩）的组合体。

4.3.7 检测、计量仪表及元件的图形符号应符合表4.3.7的规定。

表 4.3.7 检测、计量仪表及元件图形符号

名称	图形符号
压力表（通用）	
压力控制器	
压力表座	
温度计（通用）	
流量计（通用）	
热量计	H
流量孔板	
冷水表	

续表 4.3.7

名称	图形符号
转子流量计	
液面计	
视镜	
—	—

注：1 冷水表图形符号是指左进右出。
2 液面计图形符号适用于各种类型的液面计，使用时应附加说明。

4.3.8 其他图形符号应符合表4.3.8的规定。

表 4.3.8 其他图形符号

名称	图形符号
裸管局部保温管	
保护套管	

续表 4.3.8

名称	图形符号
伴热管	
挠性管 软管	
地漏	
漏斗	
排水管	
排水沟	
排至大气 （放散管）	
—	—

4.3.9 敷设方式和管线设施的图形符号及其代号应符合表 4.3.9 的规定。

表 4.3.9 敷设方式和管线设施的图形符号及其代号

名称		图形符号		代号
		平面图	纵断面图	
架空敷设				—
管沟敷设				—
直埋敷设				—
套管敷设				C
管沟人孔				SF
管沟安装孔				IH
管沟通风孔	进风口			IA
	排风口			EA

续表 4.3.9

名称	图形符号		代号
	平面图	纵断面图	
检查室（通用） 入户井			W CW
保护穴			D
管沟方形补偿器穴			UD
操作平台			OP
水主、副检查室			—

注：图形符号中两条平行的中实线为管沟示意轮廓线。

4.3.10 热源和热力站的图形符号应符合表 4.3.10 的规定。

表 4.3.10 热源和热力站的图形符号

名　称	图形符号
供热热源（通用）	
锅炉房	HB
热电厂	CHP
热力站	②

注：热力站图形符号中的数字为热力站编号。

5 锅炉房图样画法

5.1 一 般 规 定

5.1.1 锅炉房设备布置图，热力系统管道布置图，鼓、引风及烟气处理系统管道布置图，上煤与除渣系统布置图的平面图和剖面图应按比例绘制。

5.1.2 锅炉房的流程图可不按比例绘制。

5.2 流 程 图

5.2.1 流程图中应表示出流程中各设备、管道和管路附件等的连接关系及过程进行的顺序。

5.2.2 流程图中应表示出流程中全部设备及相关的构筑物，并应标注设备编号或设备名称。设备和构筑物等可采用图形符号或简化轮廓线表示。相同设备图形应相同；同类型设备图形应相似。

5.2.3 流程图中各设备之间的相对位置关系及管道的连接方式宜与实际布置相符。

5.2.4 流程图中应绘制管道和阀门等管路附件、标注管道代号及规格，并宜注明介质流向。

5.2.5 管道与设备的接口方位宜与实际情况相符。

5.2.6 绘制带控制点的流程图时，应符合自控专业的制图规定。当自控专业不单另出图时，应绘制设备和管道上的就地仪表。

5.2.7 管线应采用水平方向或垂直方向的单线绘制，转折处应画成直角。管线不宜交叉，当有交叉时，主要管线应连通，次要管线应断开。管线不得穿越图形。

5.2.8 管线应采用粗实线绘制，设备应采用中实线绘制。

5.2.9 流程图上宜标注管道代号和图形符号，并应列出设备明细表。

5.2.10 当同时表示既有工程和扩建工程时，应标注设计分界线。

5.3 设备布置图

5.3.1 设备布置图中应采用平面图和剖面图表示出各种设备与建筑物等的相互关系。

5.3.2 平面图应分层绘制，并应在首层平面图上标注指北针。

5.3.3 设备布置图中应绘制相关的建筑物轮廓线及门、窗、梁、柱、平台等，且宜采用细实线绘制，并应标出建筑物定位轴线、轴线间尺寸和房间名称。在剖面图中应标注梁底、屋架下弦底标高及多层建筑的楼层标高。

5.3.4 设备布置图中应采用中实线和中虚线分别绘制可见和不可见部分设备的轮廓线，并应标注设备安装的定位尺寸及相关标高。

5.3.5 设备布置图中宜标注设备基础上表面标高。

5.3.6 设备布置图中应绘制设备的操作平台，并应标注各层上表面标高。

5.3.7 设备布置图中应绘制相关的管沟和排水沟等，并宜标注沟的定位尺寸和断面尺寸等。

5.3.8 非标准设备和需要详尽表达的部位应绘制详图。

5.4 热力系统管道布置图

5.4.1 热力系统管道布置图中应表示出管道以及与其相关的设备、管路附件、支架及建筑物等的相互关系。

5.4.2 热力系统管道布置图中应以平面图为主视图，并辅以左视图或正视图。当表示不清楚时，还应绘制局部视图。

5.4.3 平面图应分层绘制，并应在首层平面图上标注指北针。

5.4.4 相关的建筑物轮廓线及门、窗、梁、柱、平台等宜采用细实线绘制，并应标出建筑物定位轴线、轴线间尺寸和房间名称。在剖面图中应标注梁底、屋架下弦底标高及多层建筑的楼层标高。

5.4.5 当不单独绘制设备布置图时，设备的轮廓线应采用中线绘制，并应标注设备安装的定位尺寸及相关标高。

5.4.6 单线表示的管道应采用粗线绘制，双线表示的管道应采用中线绘制。应标注管道代号、规格及主要定位尺寸和标高。应采用箭头表示管道中的介质流向。

5.4.7 管路附件宜采用图形符号按比例绘制。

5.4.8 热力系统管道布置图中宜表示出阀门阀杆的安装方向，并应按比例绘制阀门手轮直径和全开时的阀杆位置。

5.4.9 热力系统管道布置图中应绘制管道支架，并应注明其安装位置，管道支架宜进行编号。支架一览表应表示出支架型式、承受的荷载及其支吊管道的规格。

5.5 鼓、引风及烟气处理系统管道布置图

5.5.1 鼓、引风及烟气处理系统管道布置图宜单独采用平面图和剖面图绘制。

5.5.2 设备轮廓线宜采用中线绘制，并应标注设备安装的定位尺寸及相关标高。

5.5.3 烟、风管道应采用中线绘制。管道及其附件应按比例逐件绘制，每根管道及附件均应编号，图上所注编号应与材料或零部件明细表中列出的编号相一致。

5.5.4 管道的长度、断面尺寸及支架的安装位置应在图中详细标注。

5.5.5 需要详尽表达的部位应绘制详图并编制材料或零部件明细表。

5.6 上煤与除渣系统布置图

5.6.1 上煤与除渣系统布置图中应绘制输煤廊、破碎间、受煤坑等建筑轮廓线、建筑物轴线及房间名称等，并应标注尺寸。

5.6.2 上煤与除渣系统布置图中应绘制设备简化轮廓线，并应标注设备定位尺寸及相关标高。

5.6.3 水力除渣系统的灰渣沟平面图中，应绘制锅炉房、沉渣池、灰渣泵房等建筑轮廓线，并应标注尺寸。

5.6.4 水力除渣系统平面图和剖面图中应绘制冲渣

水管及喷嘴等附件，并应标注灰渣沟的位置、长度、断面尺寸。图中应标注灰渣沟的坡度，并应标注其起止点、拐弯点、变坡点、交叉点的沟底标高。

5.6.5 沉渣池及灰渣泵房的设备布置图、管道平面图和剖面图的图样画法应符合本标准第5.3节和第5.4节中的相关规定。

5.6.6 胶带输送机安装图中应绘制由本机的导料槽至下一设备导料槽相接的落料管法兰之间的所有组成部件和与本机有关的导料槽、胶带、托辊、机架、滚筒、拉紧装置、清扫器、驱动装置等部件。当有圆弧段时，应注明圆弧段的始、终点位置、圆弧半径和弧线尺寸所在的弧面位置。应标注各部件的安装尺寸及头架和尾架的定位尺寸、相关标高，图上所注的零件编号应与零部件明细表中列出的编号相一致。

5.6.7 当绘制多斗提升机、埋刮板输送机和其他上煤、除渣等设备安装图时，应表示出设备与其基础之间的连接关系或安装方式，并宜在材料表中列出安装所需零部件和主要材料。

5.6.8 非标准设备、需要详尽表达的部位和零部件应绘制详图。

5.6.9 当布置相同的同类型、同规格设备时，宜在平面图上画出一个设备的轮廓线，其他设备可只绘制预埋件和孔洞。

6 供热管网图样画法

6.1 一 般 规 定

6.1.1 当将供热管网管道系统图的内容并入供热管网管线平面图时，可不另绘制供热管网管道系统图。

6.1.2 标注室外管线或管道的长度时应以m为单位。

6.2 供热管网管线平面图

6.2.1 供热管网管线平面图应在地形图或道路设计图的基础上绘制。地形图或道路设计图应表达下列内容：

1 反映现状地形、地貌、海拔标高等，并绘制指北针。

2 反映街区、有关的建筑物、构筑物、道路、铁路及河流，反映道路中心线、道路红线和建筑红线，并标注道路、铁路、河流及主要建筑物、构筑物名称。

3 反映相关的地下管线，并注明地下管线的名称、规格及位置。

4 对于无街区、道路等参照物的区域标注坐标。当采用测量坐标网时，绘制指北针。

6.2.2 供热管网管线平面图应标注管道中心线与道路中心线、建筑物或建筑红线的定位尺寸，并应标注与设计管线交叉或邻近的其他管线的名称、规格。

6.2.3 供热管网管线平面图应标注管线起始、终止、转角、分支等控制点的坐标。非90°转角应标注转角前后管道中心线之间小于180°的角度值。

6.2.4 供热管网管线平面图应标出管线的横剖面位置和编号。单热源枝状管网的剖视方向应从热源向热用户方向观看；多热源枝状管网和环状管网的剖视方向应为设计工况下从热源向热用户方向观看。当横剖面型式相同时，可不标注横剖面位置。

6.2.5 管道地上敷设时，可采用管线中心线代表管线，管道较少时可绘制出管道组示意图及其中心线；管沟敷设时，可绘制出管沟的中心线及其示意轮廓线；直埋敷设时，可绘制出管道组示意图及其管线中心线。不需区别敷设方式和不需表示管道组时，可采用管线中心线表示管线。

6.2.6 供热管网管线平面图应绘制管路附件或其检查室以及管线上为检查、维修、操作所设其他设施或构筑物，并标注上述各部位中心线的间隔尺寸。管线上节点宜采用代号加序号进行编号。

6.2.7 供热管网所在区域的地形图和道路设计图上的内容应采用细线绘制。当采用管线中心线代表管线时，管线中心线应采用粗线绘制。管沟敷设时，管沟轮廓线应采用中线绘制。

6.2.8 表示管道组时，可采用同一线型加注管道代号及规格，也可采用不同线型加注管道规格来表示各种管道。

6.2.9 供热管网管线平面图应注释所采用的线型、代号和图形符号。

6.2.10 当需要按管线分段绘制供热管网管线平面图时，应标注管线的起始点和终止点。

6.3 供热管网管道系统图

6.3.1 供热管网管道系统图应绘制热源、热用户等有关的建筑物和构筑物，并应标注其名称或编号。建筑物和构筑物的方位和管道走向应与管线平面图相对应。

6.3.2 供热管网管道系统图应绘制各种管道，并应标注管道的代号及规格。

6.3.3 供热管网管道系统图应绘制各种管道上的阀门、疏水装置、放水装置、放气装置、补偿器、固定支架或支座、转角点、管道上返点、下返点和分支点，并宜标注其编号。编号应与管线平面图上的编号相对应。

6.3.4 管道应采用单线绘制。当采用不同线型代表不同管道时，所采用的线型应与管线平面图上的线型相对应。

6.4 管线纵断面图

6.4.1 管线纵断面图应按管线的中心线展开绘制。

6.4.2 管线纵断面图应由管线纵断面示意图、管线平面展开图和管线敷设情况标注栏三部分组成，且三部分的相应部位应上下对齐。

6.4.3 管线纵断面示意图的绘制应符合下列规定：

1 距离和标高应按比例绘制，铅垂方向和水平方向应选用不同的比例，并应绘制铅垂方向的标尺。水平方向的比例应与管线平面图的比例一致。

2 纵断面示意图应绘制地形、管线的纵断面，且纵断面图的管线方位应与供热管网管线平面图一致。

3 纵断面示意图应绘制与热力管线交叉的其他管线、电缆、道路、铁路和沟渠等地下、地上构筑物，且应标注其名称、规格及与热力管线相关的标高，并应采用里程标注其位置。当热力管线与河流、湖泊交叉时，应标注河流、湖泊的设防标准相应频率的最高水位、航道底设计标高或稳定河底设计标高。

4 各节点和地形变化较大处除应标注地面标高外，直埋敷设的管道还应标注管底标高，管沟敷设的管道还应标注沟底标高，架空敷设的管道还应标注管架顶面标高。

5 直埋敷设时应按比例绘制管道敷设位置，管沟敷设时宜按比例绘制管沟的内轮廓，架空敷设时应按比例绘制管道的高度，以及支架和操作平台的位置。

6.4.4 管线纵断面图上的节点位置应与供热管网管线平面图一致。在管线平面展开图上的各转角点应表示出展开前的管线转角方向。非 90°角时应标注小于 180°的角度值（图 6.4.4）。

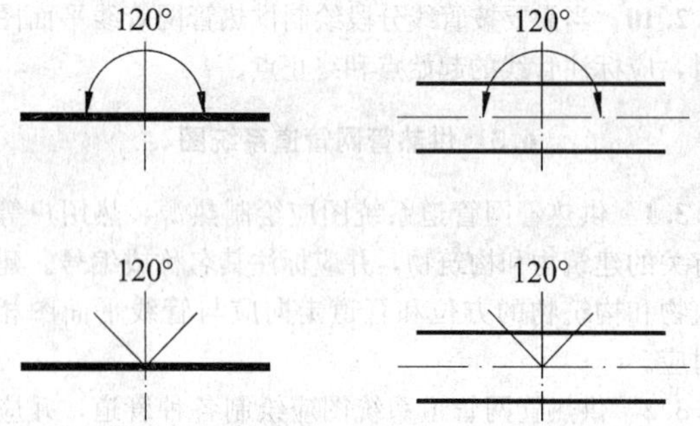

图 6.4.4 管线纵断面图上管线转角角度的标注

6.4.5 管线敷设情况标注栏应符合表 6.4.5 的规定。表头中所列栏目可根据管线敷设方式等情况编排与增减有关项目，标注栏右边沿管线可延续若干列，用于标注相应栏目的具体内容。

表 6.4.5 管线敷设情况标注栏

桩号			
节点编号			
设计地面标高（m）			
现状地面标高（m）			
管底标高（m）			
管道支架顶面标高（m）			
管沟内底标高（m）			
槽底标高（m）			
距离（m）			
里程（m）			
坡度 / 距离（m）			
横剖面编号			
管道代号及规格			

6.4.6 设计地面应采用细实线绘制，自然地面应采用细虚线绘制，地下水位线应采用双点划线绘制，其余图线应与供热管网管线平面图上采用的图线对应。

6.4.7 各点的标高数值应标注在图中管线敷设情况标注栏内该点对应竖线的左侧，标高数值书写方向应与竖线平行。一个点的前、后标高不同时，应在该点竖线左、右两侧标注其标高数值。

6.4.8 各管段的标高值和坡度数值至少应计算到小数点后第3位。

6.5 管线横剖面图

6.5.1 管线横剖面图的剖面编号应与供热管网管线平面图上的编号一致。

6.5.2 管线横剖面图上宜绘制管线中心线。

6.5.3 管线横剖面图上应绘制管道和保温结构外轮廓。管沟敷设时应绘制管沟内轮廓，直埋敷设时应绘制开槽轮廓。管沟及架空敷设时应绘制管架的简化外形轮廓。

6.5.4 管线横剖面图上应标注各管道中心线的间距，管道中心线与沟（槽）、管道支座或支架的相关尺寸和管沟、沟（槽）、管道支座或支架的轮廓尺寸，并应注明支架、支座的图号和型号。

6.5.5 管线横剖面图上应标明管道的代号和规格。当采用顶管或套管敷设时，应注明套管的材质和规格、套管的内底标高、供热管道在套管中的安装尺寸。

6.6 管线节点、检查室图

6.6.1 管线节点俯视图的方位宜与供热管网管线平面图上该节点的方位相同，并宜标注指北针。

6.6.2 检查室图应绘制检查室的内轮廓、人孔和集水坑的位置，还宜绘制爬梯。管沟敷设时，应绘制与检查室相连的一部分管沟及管沟相对检查室的平面和高度位置尺寸；地上敷设时，有操作平台的节点应绘制操作平台或有关构筑物的外轮廓和爬梯。

6.6.3 阀门的绘制应符合本标准第3.6节的有关规定，并应采用简化外形轮廓的方式绘制补偿器等管路附件。固定支架、滑动支架、导向支架可采用简化图形表示。

6.6.4 管线节点、检查室图应标注下列内容：

1 管道代号及规格。

2 各管道中心线间距、管道与检查室内轮廓的距离。

3 管路附件的主要外形尺寸。其中，阀门外形尺寸应包括阀体长度和阀杆长度；补偿器外形尺寸是指安装时的外形轮廓尺寸。

4 管路附件之间的安装尺寸。

5 人孔和检查室的内轮廓尺寸，操作平台的主要外轮廓尺寸。

6 检查室与相连管沟之间的定位尺寸。

7 地面、管底（直埋敷设时的管中心）以及与检查室相连的管沟内底标高、检查室内底的标高。

8 管道坡度、坡向、管道非90°转角角度。

9 供热介质流向。

6.6.5 管线节点、检查室图应绘制就地仪表和检测预留件。

6.6.6 管线节点、检查室图应列出设备材料表，并应注明设备规格、型号及其他技术数据。

6.6.7 管线节点、检查室图应说明横向型、万向型和旋转型补偿器的预变位方向及预变位尺寸。轴向型补偿器应列出不同温度下的安装尺寸。固定支座及滑动支座宜标出荷载值。

6.6.8 其他需要详尽表达的管线节点应绘制详图。

6.7 保温结构图

6.7.1 保温结构图应绘制出管道的防腐层、保温层和保护层的结构型式，应表示出相互关系并注明施工要求。

6.7.2 保温结构图应按管道规格列出保温层的厚度表，宜标注保护层的厚度并注明其他要求。

6.7.3 保温结构图应列出所用材料的主要技术指标。

6.7.4 管道外轮廓线应采用中实线绘制，保温结构外轮廓线应采用双点划线绘制。

6.7.5 当采用定型保温结构的保温管或预制保温管时，可不绘制保温结构图。当采用标准图中所示的保温结构时，可只给出标准图号，但应注明防腐层、保温层和保护层材料的主要技术指标，以及保温层和保护层的厚度。当对管路附件的保温有不同要求时，应在设计说明中加以说明或另绘详图。

6.8 水 压 图

6.8.1 水压图应绘制坐标系。纵坐标应表示高度和测压管水头；横坐标应表示管道的展开长度。纵坐标和横坐标的名称及所采用的单位应分别注明。

6.8.2 在坐标系下方应采用单线绘制有关的管道平面展开简图，并应标注分支点、中继泵站、末端热用户等关键点的里程值，里程值应从热源出口起计算。

6.8.3 在坐标系中应绘制沿管线的地形纵断面，并应标注各节点的地面标高。

6.8.4 水压图宜绘制典型热用户系统的充水高度及与供水温度汽化压力数值对应的水柱高度。

6.8.5 水压图应绘制静水压线及主干线的动水压线，必要时应绘制支干线的动水压线。应对管线各重要部位在供、回水管水压线上的对应点进行编号，并应标注水头的数值。各点的编号应与管道平面展开简图相对应。

6.8.6 静水压线、动水压线应采用粗线绘制，管道应采用粗实线绘制，热用户系统的充水高度应采用中实线绘制，热用户汽化压力的水柱高度应采用中虚线绘制，地形纵断面应采用细实线绘制。

7 热力站和中继泵站图样画法

7.1 一 般 规 定

7.1.1 设备布置图与管道布置图应按比例绘制。

7.1.2 非标准设计的设备和管路附件应按比例绘制安装图或大样图，图中需详细表达的部位应绘制详图。

7.2 流 程 图

7.2.1 流程图应符合本标准第5.2节的有关规定。

7.2.2 设备和管道在图面上的布局应匀称，线条应清晰。

7.2.3 管道与设备的接口方位宜与实际情况一致。

7.3 设备与管道布置图

7.3.1 设备与管道布置图中应采用平面图和剖面图表示出各种设备与建筑物等的相互关系。

7.3.2 建筑物轮廓线应与建筑图一致，并应标出定位轴线、房间名称，还应采用细线绘制出门、窗、梁、柱、平台等，并应标注平面标高。

7.3.3 首层平面图上应标注指北针。

7.3.4 设备布置图上的设备应按比例采用粗线绘制外轮廓并加以编号，且编号应与设备明细表及主要设备材料表中列出的编号相对应。设备布置图宜绘制出设备基础的轮廓，并应标注设备及设备基础的定位尺寸。

7.3.5 管道布置图应采用中线绘制设备外轮廓、采用粗线绘制管道。

7.3.6 管道布置图应标注设备、管道及管路附件的安装尺寸，并符合下列规定：

1 管道布置图应标注管道中心线与建筑、设备或管道间的距离；

2 阀门等管路附件可采用图形符号表示；

3 当不绘制管系图时，各种管道应标注管道的代号、规格和标高，并宜标注介质流向；

4 管道布置图应标注进出热力站管线的管道名称或代号及管道规格，并应采用箭头表示介质流向。

7.3.7 剖面图的剖切位置应反映管道与设备及附件等的连接、配置状况，并应符合下列规定：

1 剖面图应绘制建筑物的轮廓及门、窗、梁、柱、平台等，并应标注梁底、楼板及地面的标高；

2 设备应按比例绘制其外轮廓，并应标注接口的标高；

3 管道位置应按比例绘制，并应标注管道的标高；

4 剖面图应标注管道和管路附件的定位尺寸；

5 剖面图应采用图形符号绘制温度计、压力表、放气装置及放水装置。

7.3.8 管道支架应在平面图、剖面图上用图形符号表示，并宜绘制支吊点位置图。当支架类型较多时，宜编号并列表说明。

7.4 管 系 图

7.4.1 管系图可按轴测投影法绘制，布图方位应与平面图一致。

7.4.2 管系图应表示管道系统中介质的流向、流经的设备以及管路附件等的连接、配置状况。设备及管路附件的相对位置应与实际情况一致，管道、设备不得重叠绘制。

7.4.3 管道应采用单线绘制。

7.4.4 管道应标注管道代号和规格，并宜采用箭头表示介质流向。

7.4.5 当热力站为多层建筑时，管系图可分层绘制。当分层绘制时，管道断开处应采用字母或文字注明。

7.4.6 设备和需要特指的管路附件应编号，并应与设备和主要材料表中列出的编号一致。

7.4.7 管系图应绘制管道放气装置和放水装置。

7.4.8 管系图应绘制设备和管路上的就地仪表。当绘制带控制点的管系图时，应符合自控专业制图标准的相关规定。

7.4.9 管系图中宜注释管道代号和图形符号。

7.4.10 管系图中应标注管道的标高，并宜标注管道至热力站本层地面或楼板上表面的相对标高。

本标准用词说明

1 为便于在执行本标准条文时区别对待，对要求严格程度不同的用词说明如下：

1）表示很严格，非这样做不可的：
正面词采用“必须”，反面词采用“严禁”；

2）表示严格，在正常情况下均应这样做的：
正面词采用“应”，反面词采用“不应”或“不得”；

3）表示允许稍有选择，在条件许可时首先应这样做的：
正面词采用“宜”，反面词采用“不宜”；

4）表示有选择，在一定条件下可以这样做的，采用“可”。

2 条文中指明应按其他有关标准执行的写法为：“应符合……的规定”或“应按……执行”。

中华人民共和国行业标准

供热工程制图标准

CJJ/T 78—2010

条 文 说 明

修 订 说 明

《供热工程制图标准》CJJ/T 78—2010 经住房和城乡建设部 2010 年 12 月 10 日以第 844 号公告批准发布。

本标准是在《供热工程制图标准》CJJ/T 78—97 的基础上修订而成，上一版的主编单位是哈尔滨建筑大学，参编单位是沈阳市热力工程设计研究院、北京市煤气热力工程设计院、中国兵器工业第五设计研究院、中国环球化学工程公司，主要起草人员是邹平华、廖嘉瑜、张志武、张婉庚、蔡国勇。标准编制组对我国供热工程制图的实践经验进行了总结，对上一版标准进行了修订。

为便于广大设计、施工、科研、院校等单位的有关人员在使用本标准时能正确理解和执行条文规定，《供热工程制图标准》编制组按章、节、条的顺序编制了条文说明，对条文规定的目的、依据以及执行中需注意的有关事项进行了说明。但是，本条文说明不具备与标准正文同等的法律效力，仅供使用者作为理解和把握标准规定的参考。

目　次

1 总 则

1.0.1 本条阐述了供热工程制图标准编制的目的和意义。在制定本标准时参考了国内外的相关制图标准。

1.0.2 本标准规定了供热工程中热源、供热管网和热力站的制图要求。常用热源有供热锅炉房和热电厂。本标准不包括热电厂及电厂锅炉房的制图规定。本标准适用于新建、扩建或改建供热工程施工图的设计制图要求，供热规划、可行性研究、初步设计等各阶段的制图可参照执行。本标准只规定各阶段的制图要求，不涉及各阶段的设计深度。

1.0.3 本标准不包括与供热工程相关的土建、电气、自控等其他专业的制图要求。涉及供热锅炉房以外的其他热源供热系统的制图，可执行其他相关国家和行业标准。

2 基本规定

2.1 图纸幅面

2.1.1 表 2.1.1 给出的图纸基本幅面及图框尺寸符合国际标准《Technical Product Documentation—Size and Layout of Drawing Sheets》ISO 5457—1999 以及现行国家标准《技术制图　图纸幅面和格式》GB/T 14689—2008 的规定。考虑到目前各部门、各单位图纸中采用的标题栏尺寸和格式差别较大，很难统一，因此本标准中不予规定。

2.1.2 本条是对表 2.1.1 所给的基本幅面尺寸不能满足要求时提出的。为了便于计算机绘图及晒图机晒图，幅面的短边不应加长。加长尺寸取整数倍是为了便于使图纸规格划一和使用时记忆。长边加长后的尺寸与现行国家标准《房屋建筑制图统一标准》GB/T 50001—2001 所给出的加长幅面尺寸基本一致，与现行国家标准《道路工程制图标准》GB 50162—92 的规定相同。

为了制图时选用方便，规定了图纸幅面变化范围，但是一套图中采用的幅面形式应尽量减少。

2.2 图　　线

2.2.1 粗线宽度 b 的系列是考虑绘图常用的规格确定的。规定粗、中、细线的线宽比例使图面层次分明。考虑计算机制图方便、清晰，粗、中、细三种线宽的线宽比取为 b∶0.5b∶0.25b。

可根据图样的类别、比例大小及复杂程度选择基本线宽 b 值，因此基本线宽给出了多个值。图纸幅面较大时，宜选用较大的 b 值；图线较密时，宜选用较小的 b 值。如：城镇供热规模较大的供热规划图、可行性研究附图等可选用较大的 b 值。

2.2.3 表 2.2.3 中所列线型用途不同时，应绘制图形符号加以注释。在确定常用线型及其用途时考虑以下因素：

1 当单独绘制设备平面图和剖面图时，设备为主要内容，其轮廓线应采用粗线。对小型工程，可在设备及管道平面图和剖面图中同时表达设备与管道的布置，首先突出管道，应采用粗线；其次突出设备，应采用中线。

2 规定双线表示的管道采用中线是因为考虑两条距离很近的直线用粗线时在图面上所占比重太大，不美观。单线表示的管道应采用粗线。

2.2.4 虚线、点划线和双点划线的线段划长和间距给出一个取值范围，以供不同场合选用。划长较长时，可选较大间隔。

2.3 字　　体

2.3.1 参考现行国家标准《技术制图　字体》GB/T 14691—93 等标准，同时考虑制图的灵活性与图面的美观，规定汉字宜采用长仿宋体。本条参考现行国家标准《机械工程　CAD 制图规则》GB/T 14665—1998 第 5.6 条和《房屋建筑制图统一标准》GB/T 50001—2001 第 4.0.3 条。

2.3.2 数字和字母采用直体，比较美观，而且应用普遍。

2.3.3 例如：一张图中的图名、设计说明、图形符号等所用的汉字，可视为不同用途的汉字，其大小可以不同；同一套图中各图名可视为同一用途的汉字，其大小宜相同。

2.4 比　　例

2.4.2 同一图样铅垂方向和水平方向标注不同的比例与现行国家标准《技术制图　比例》GB/T 14690—93 的规定相同。另外，“铅垂方向”与“垂直方向”同义。现行国家标准《总图制图标准》GB/T 50103—2001 中使用“垂直方向”，本标准采用“铅垂方向”的名称。

2.4.4 对特大型城市的供热规划，绘制供热管网管线平面图和供热管网管道系统图时可采用 1∶30000，1∶50000 等更小的比例。

2.5 通用符号与设计分界线

2.5.1 指北针的指针涂黑，意指涂成均匀的浅黑色等。已规定指针尖端指向北向，因此不必注写汉字“北”。本条参考了国家现行标准《房屋建筑制图统一标准》GB/T 50001—2001 第 6.4.3 条和《电力工程制图标准》DL 5028—1993 第 3.7.1 条。

2.5.2 图 2.5.2 中箭头尾部宽度 b 与所在图样中图线的粗线宽度 b 一致。

2.5.4 参照现行国家标准《机械制图　图样画法　视图》GB/T 4458.1—2002，规定剖视编号应标注在表示剖视方向的箭头尾部。

2.5.5 图 2.5.5（c）所示等腰直角三角形常用于标注平面图上的地面标高及平面图上局部的池、坑底标高。现行国家标准《技术制图　管路系统的图形符号　管路》GB/T 6567.2—2008 规定表示标高的等腰直角三角形的高为 3.5mm～5mm，本标准按其下限取整。

2.5.7 设计分界线的规定参考现行行业标准《电力工程制图标准》DL 5028—1993 第 5.3.6 条。

2.6 设备和零部件等的编号

2.6.1 所规定的编号表示方法除适用于设备及零部件外，原则上也适用于供热工程制图中一切需要编号的情况，如管路附件、设备零部件和管线设施等的编号。

根据需要编号标志所用圆的直径可加大，粗实线可加长。

3 制　　图

3.1 图　　面

3.1.3 下层平面图在下，上层平面图在上的布置方式符合一般习惯。

3.1.5 在本条所指的情况下，采用简化制图方法有利于减少重复制图工作量和图纸数量。按本条规定两个或几个相同图形可绘制其中一个简化、完整的外形轮廓。在需要绘制其余图形处绘制最简单的几何图形。例如：在同一平面图上相同的水泵和风机等通用设备并列或对称布置时，可只绘制其中一台的简化外形轮廓，其余几台绘制基础的简化外形轮廓线。

3.2 表　　格

3.2.1～3.2.3 表 3.2.1～表 3.2.3 中各栏目尺寸不予规定。表 3.2.1 和表 3.2.3 中“质量”一项通常称为“重量”。根据现行国家标准《标准化工作导则　第 1 部分：标准的结构编写》GB/T 1.1—2009 中法定计量单位的规定采用“质量”。表 3.2.1 中当编号和序号相同时，可只填写一栏。表头中所列栏目可根据实际情况增减。

3.3 管 道 规 格

3.3.2 低压流体输送用焊接钢管的规格用公称直径表示，例如 DN20。输送流体用无缝钢管、螺旋缝或直缝焊接钢管的规格用外径×壁厚前冠以“ϕ”表示，例如 ϕ426×8。这是国际标准《Technical Drawings—Installations—Part1：Graphical Symbols for Plumbing，Heating，Ventilation and Ducting》ISO 4067/1—1988 和现行国家标准《技术制图　管路系统的图形符号　管路》GB/T 6567.2—2008 第 6.1.1 条等标准规定的方法。现行国家标准《管道元件　DN（公称尺寸）的定义和选用》GB/T 1047—2005 规定可用公称通径来表示各种管子和管路附件的规格。按照后一标准及设计工作的需要，对无缝钢管、螺旋缝或直缝焊接钢管可用公称直径来表达其规格，例如ϕ426×8，ϕ426×7 都可用 DN400 表示，可在材料表或设计说明中指出该公称直径所对应的外径和壁厚。“低压流体输送用焊接钢管”和“输送流体用无缝钢管”的名称分别取自现行国家标准《低压流体输送用焊接钢管》GB/T 3091—2008 和《输送流体用无缝钢管》GB 8163—2008。

3.3.3 单线绘制的管道在管线断开处标注其规格制图时比较麻烦，但在管道密集时占地方小，所以也被采用。多根管道并列时，当管道间的空隙足够标注管道规格时，可不采用引出线的标注方法。

3.4 尺 寸 标 注

3.4.2 现行国家标准《机械制图　图样画法　视图》GB/T 4458.1—2002 规定由被标注的图形轮廓线引出尺寸界线时，尺寸界线与轮廓线相连。现行国家标准《房屋建筑制图统一标准》GB/T 50001—2001 规定尺寸界线与轮廓线之间离开 2mm 以上。不论两者相连还是分开对图面效果影响不大。本标准对此不予规定，而只规定了尺寸界线超出尺寸线 3mm。

3.4.4 一张图样中应采用一种尺寸起止符，或用短斜线，或用箭头。这一规定与现行国家标准《机械制图　图样画法　视图》GB/T 4458.1—2002 和《机械工程 CAD 制图规则》GB/T 14665—1998 的规定相同。短斜线采用中实线，使其比较醒目。

3.4.5

1　管道长度可用 m 或 mm 为单位。室外管道长度较长，应以 m 为单位，减少注写数字的麻烦，使读图方便。

3.5 管 道 画 法

3.5.1 管道画法可根据图纸的比例、复杂度等选择用单线或双线绘制。本说明亦适用于第 3.5.2 条～第 3.5.4 条、第 3.5.7 条。

3.5.3 图 3.5.3 表示管道分支画法。其中（a）表示主管与分支管轴线均位于观测平面内；（b）表示主管轴线位于观测平面内，而分支管轴线垂直于观测平面，且背向观测者；（c）表示主管轴线位于观测平面内，而分支管轴线垂直于观测平面，且朝向观测者。

3.5.7 表 3.5.7 中用单线绘制表示管路的转向画法，可见现行国家标准《管路系统的图形符号　管路》GB/T 6567.2—2008。

90°以及非 90°的揻制、焊接和冲压弯头不分别制定图形符号，设计时应在材料表中说明。

3.6 阀门画法

3.6.1 常用阀门轴测投影图的画法，仅表示了阀门多种安装方位中的一种，其他安装方位的画法，可参照此画法按轴测投影法绘制，详见现行国家标准《管路系统的图形符号 管路、管件和阀门等图形符号的轴测图画法》GB/T 6567.5—2008。表 3.6.1 以阀门与管道法兰连接为例编制，对本标准第 4.3.3 条中其他连接方式的阀门可参照绘制。

4 常用代号和图形符号

4.1 一般规定

4.1.1 代号所采用的英文字母，来源于英文名称字头。在表 1 中分别给出了各代号的英文名称。大部分英文名称来源于现行行业标准《供热术语标准》CJJ 55。

4.1.3 一套图纸中所采用的代号和图形符号可放在图纸首页总说明中，也可分别放在各相关图纸的主要图样中。

4.2 管道代号

4.2.1 管道代号的英文名称见表 1。管道代号表示不同的管内介质、介质参数、管道的用途。管道代号尽可能采用一个字母，当采用一个字母造成混淆时才增加一个字母。

表中的高压蒸汽管，中压蒸汽管和低压蒸汽管系指一个系统中蒸汽压力不同的管道，没有确定的数值和界限。

表 1 管道代号的英文名称

中文名称	代号	英文名称
供热管线	HP	Heat-supply Pipeline
蒸汽管（通用）	S	Steam Pipe
饱和蒸汽管	S	Saturated Steam Pipe
过热蒸汽管	SS	Superheated Steam Pipe
二次蒸汽管	FS	Flash Steam Pipe
高压蒸汽管	HS	High-pressure Steam Pipe
中压蒸汽管	MS	Mid-pressure Steam Pipe
低压蒸汽管	LS	Low-pressure Steam Pipe
凝结水管（通用）	C	Condensate Pipe
有压凝结水管	CP	Condensate Pipe（By Pressure）
自流凝结水管	CG	Condensate Pipe（By Gravity）
排汽管	EX	Exhaust Pipe

续表 1

中文名称	代号	英文名称
给水管（通用）自来水管	W	Water Supply Pipe
生产给水管	PW	Process Water Supply Pipe
生活给水管	DW	Domestic Water Supply Pipe
锅炉给水管	BW	Boiler Feed-water Pipe
省煤器回水管	ER	Economizer Return Water Pipe
连续排污管	CB	Continuous Blowoff Pipe
定期排污管	PB	Periodic Blowoff Pipe
冲灰水管	SL	Sluice Water Pipe
采暖供水管（通用）	H	Hot-water Supply Pipe
采暖回水管（通用）	HR	Hot-water Return Pipe
一级管网供水管	H1	Hot-water Supply Pipe of Primary Circuit
一级管网回水管	HR1	Hot-water Return Pipe of Primary Circuit
二级管网供水管	H2	Hot-water Supply Pipe of Secondary Circuit
二级管网回水管	HR2	Hot-water Return Pipe of Secondary Circuit
空调用供水管	AS	Hot-water Supply Pipe for Air-conditioning
空调用回水管	AR	Hot-water Return Pipe for Air-conditioning
生产热水供水管	P	Process Hot-water Supply Pipe
生产热水回水管（或循环管）	PR	Process Hot-water Return Pipe
生活热水供水管	DS	Domestic Hot-water Supply Pipe
生活热水回水管	DC	Domestic Hot-water Return Pipe
补水管	M	Make-up Water Pipe for Heating System
循环管	CI	Circulation Pipe
膨胀管	E	Water Expansion Pipe
信号管	SI	Signal Pipe
溢流管	OF	Overflow Pipe
取样管	SP	Sampling Pipe
排水管	D	Drain Pipe
放气管	V	Vent Pipe
冷却水管	CW	Cooling-water Pipe
软化水管	SW	Softened Water Pipe
除氧水管	DA	Deaerated Water Pipe

续表 1

中文名称	代号	英文名称
除盐水管	DM	Demineralized Water Pipe
盐液管	SA	Saline Solution Pipe
酸液管	AP	Acid Pipe
碱液管	CA	Caustic Pipe
亚硫酸钠溶液管	SO	Sodium Sulphite Solution Pipe
磷酸三钠溶液管	TP	Trisodium Phosphate Solution Pipe
燃油管（供油管）	O	Oil Pipe
回油管	RO	Return Oil Pipe
污油管	WO	Waste Oil Pipe
燃气管	G	Gas Pipe
压缩空气管	A	Compressed Air Pipe
氮气管	N	Nitrogen Pipe

本条参考现行国家标准《技术制图　管路系统的图形符号　管路》GB/T 6567.2—2008 第 5 条制订。

4.3　图形符号及代号

4.3.1　本标准优先采用国际标准《Technical Drawings—Installations—Part1：Graphical Symbols for Plumbing，Heating，Ventilation and Ducting》ISO 4067/1—1984、现行国家标准《管路系统的图形符号　管件》GB/T 6567.3—2008 和《管路系统的图形符号　阀门和控制元件》GB/T 6567.4—2008 等规定的图形符号。尽管其中某些图形符号比较繁琐，本标准也未作变动。国际标准中尚未规定或几个有关标准的规定有差异的图形符号，则综合了国内制图习惯，根据简单、形象、容易绘制的原则，经归纳整理制定出来。

为了减少制图工作量和有利于计算机绘图，尽量不用、少用涂黑的图形符号。

表 4.3.1 中参照国际标准《Technical Drawings—Installations—Part1：Graphical Symbols for Plumbing，Heating，Ventilation and Ducting》ISO 4067/1—1984，对换热器（通用）规定了两个图形符号，可分别用于接管方位不同的场合。对型式多样、外形复杂的设备和器具（如锅炉、除尘器等）的图形符号未作规定，可绘制其简化外形。

4.3.2　表 4.3.2 中规定的图形符号用于供热管网管道系统图以及锅炉房、热力站和中继泵站的流程图、管系图等。

阀门（通用）的图形符号可代表任何型式的直通阀。它来源于国际标准《Technical Drawings—Installations—Part1：Graphical Symbols for Plumbing，Heating，Ventilation and Ducting》ISO 4067/1—1984 和现行国家标准《过程检测和控制流程图用图形符号和文字代号》GB 2625—1981。

将阀门的图形符号与控制元件或执行机构的图形符号组合可构成表中未列出的其他阀门的图形符号。例如：电动阀门为 [M]；角阀加上重锤元件构成重锤式安全阀；角阀加上弹簧元件构成弹簧式安全阀。

4.3.3　本条以及第 4.3.5 条中凡涉及法兰盘时采用图 1（a），而不采用图 1（b）的画法。此规定来源于国际标准《Technical Drawings—Simplified Representation of Pipelines—Part2：Isometric Projection》ISO 6412/2—1989，而且符合法兰连接管子端部不超出法兰盘面的实际情况。

图 1　法兰盘画法

4.3.4　同一管线平行敷设多根管道时可采用表 4.3.4 中表示管线上补偿器节点的图形符号，即将补偿器图形符号绘制在管线之外表示该处为补偿器节点。这种表示方法并不一定代表在该管线处各管道上都设有补偿器，具体情况见该处节点图。

补偿器的英文名称见表 2。

表 2　补偿器的英文名称

中文名称	代号	英文名称
补偿器（通用）	E	Expansion Joint
方形补偿器	UE	U-shaped Expansion Joint
波纹管补偿器	BE	Bellows Type Expansion Joint
套筒补偿器	SE	Sleeve Expansion Joint
球型补偿器	BC	Ball Joint Compensator
一次性补偿器	SC	Start-up Compensator
旋转补偿器	RE	Rotary Expansion Joint

球型补偿器和旋转补偿器两个或多个成组使用，表 4.3.4 中球型补偿器和旋转补偿器的图形符号表示的是成组使用补偿器中的一个补偿器。

4.3.5　现行行业标准《供热术语标准》CJJ 55 中供热管路附件的定义是："供热管路上的管件、阀门、补偿器、支座（架）和器具的总称"。在本章前几节中已分别给出了阀门、补偿器等的图形符号，所以本条给出的是除了前面已规定的其他管路附件的图形符号。

4.3.6　现行行业标准《供热术语标准》CJJ 55 中管

道支座的定义是："直接支承管道并承受管道作用力的管路附件"，管道支架的定义是："将管道及支座所承受的作用力传到建筑结构或地面的管道构件"。本标准中把管道支座与支架（支墩）的组合体称为"管架"。表中固定墩用于直埋敷设管道。

管道支座、支架和管架的英文名称见表3。

表3 管道支座、支架和管架的英文名称

中文名称	代号	英文名称
支座（通用）	S	Pipe Support
支架、支墩	T	Pipeline Trestle
固定支座 （固定墩）	FS (A)	Fixing Support (Anchorage)
活动支座（通用）	MS	Movable Support
滑动支座	SS	Sliding Support
滚动支座	RS	Roller Support
导向支座	GS	Guiding Support
固定支架 固定管架	FT	Fixing Trestle
活动支架（通用） 活动管架（通用）	MT	Movable Trestle
滑动支架 滑动管架	ST	Sliding Trestle
滚动支架 滚动管架	RT	Roller Trestle
导向支架 导向管架	GT	Guiding Trestle
刚性吊架	RH	Rigid Hook
弹簧支架 弹簧吊架	SH	Spring Hanger

4.3.9 敷设方式、管线设施的英文名称见表4，其中保护穴指直埋敷设时保护某些管路附件的构筑物。

需要时可在检查室或保护穴的图形符号内加上不同的管路附件的图形符号，用来区别不同的检查室或保护穴。管路附件的代号后面加上检查室的代号"W"或保护穴的代号"D"，用来表示不同的检查室或保护穴的代号。

表4 敷设方式、管线设施的英文名称

中文名称	代号	英文名称
套管敷设	C	Casing Pipe Installation
管沟人孔	SF	Safety Exit of Pipe Duct
管沟安装孔	IH	Installation Hole of Pipe Duct
管沟通风孔	IA	Inlet of Air of Pipe Duct
	EA	Exit of Air of Pipe Duct
检查室（通用）	W	Inspection Well
保护穴	D	Den
管沟方形补偿器穴	UD	U-shaped Expansion Joint Den
入户井	CW	Consumer Heat Inlet Well
操作平台	OP	Operating Platform

5 锅炉房图样画法

本章的规定原则上适用于燃气、燃油锅炉房的制图。有关燃气、燃油的专业设备与管道的制图应符合相关专业的设计制图要求。

本章所附图样属于同一工程。图样仅为画法示例，不是设计示范。本标准是对制图的规定，设计深度等不属于本标准内容，因此某些制图内容，如图形符号、设备和主要材料表等在图样中未给出。

5.2 流 程 图

图2为热力系统流程图画法示例（一）。图中省煤器的回水管一般由锅炉厂附带，用细线绘制。

图3为热力系统流程图画法示例（二）。

5.2.1 流程图反映系统的工作原理、各组成部分的关系及各个环节进行的顺序。可根据工程规模大小及复杂程度分别绘制热力系统，冷却水系统，鼓、引风及烟气处理系统，上煤系统和除渣系统等的流程图。一般情况下绘制热力系统流程图，对于燃油、燃气锅炉房还应绘制燃油、燃气系统图。

5.2.2 相关的构筑物指烟风系统的烟囱；上煤、除渣和湿法脱硫系统的沉淀池、受煤坑等土建工程。

5.2.5 "管道与设备的接口方位宜与实际情况相符"是指设备进、出口接管应在图上反映出来并要求符合原理。例如图4为换热器与进、出管道连接示意图，图4（a）是不正确的，图4（b）是正确的。

5.2.7 为了使图面清晰、条理清楚，尽量减少管线交叉。

5.3 设备布置图

设备布置图中包括热力系统，鼓、引风及烟气处理系统，上煤与除渣系统的所有设备。对于燃油、燃气锅炉房还包括燃油、燃气系统中的相关设备。

5.3.1 当系统较简单，设备和管道绘制在一起能够

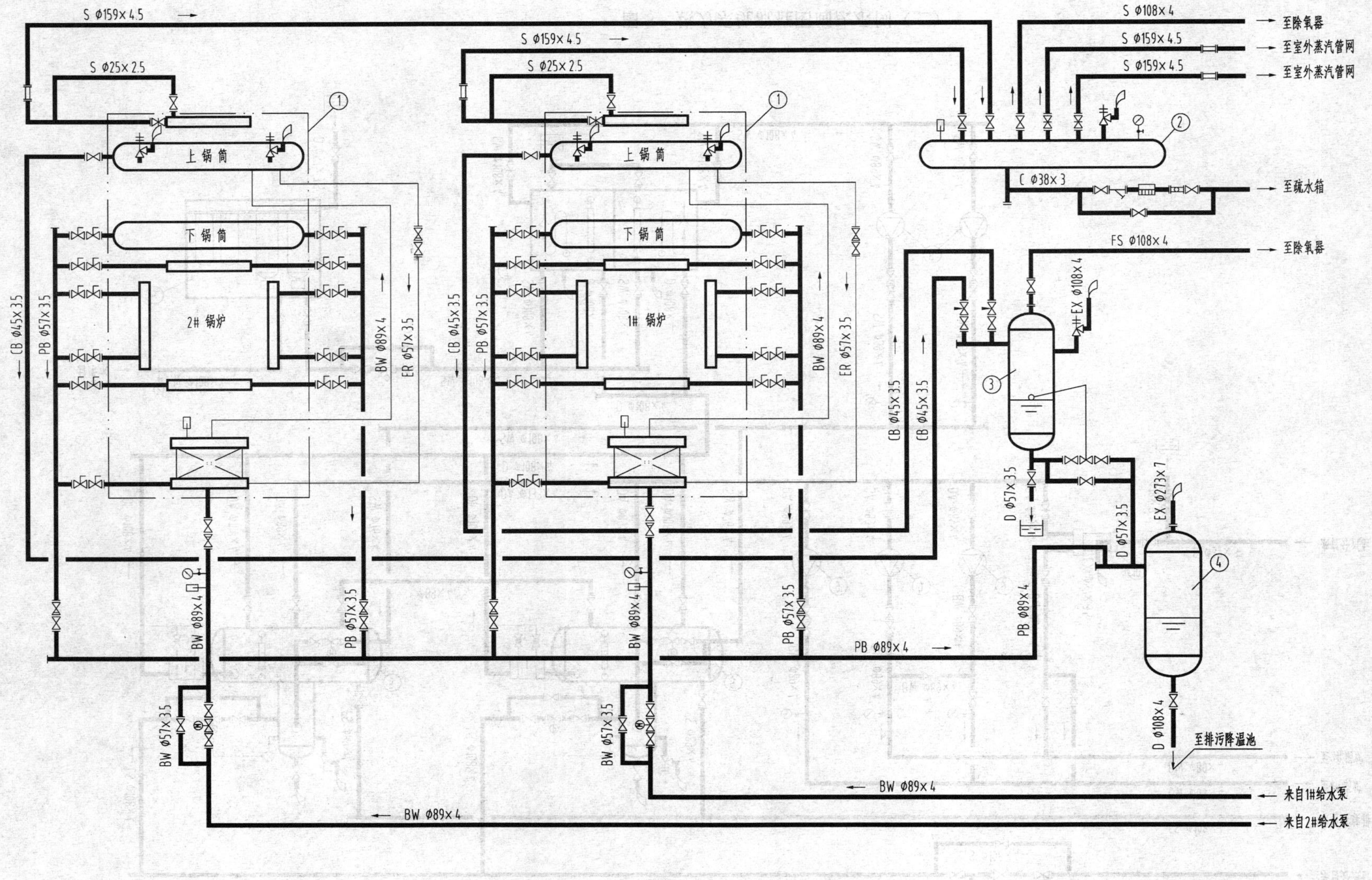

图 2　热力系统流程图画法示例（一）

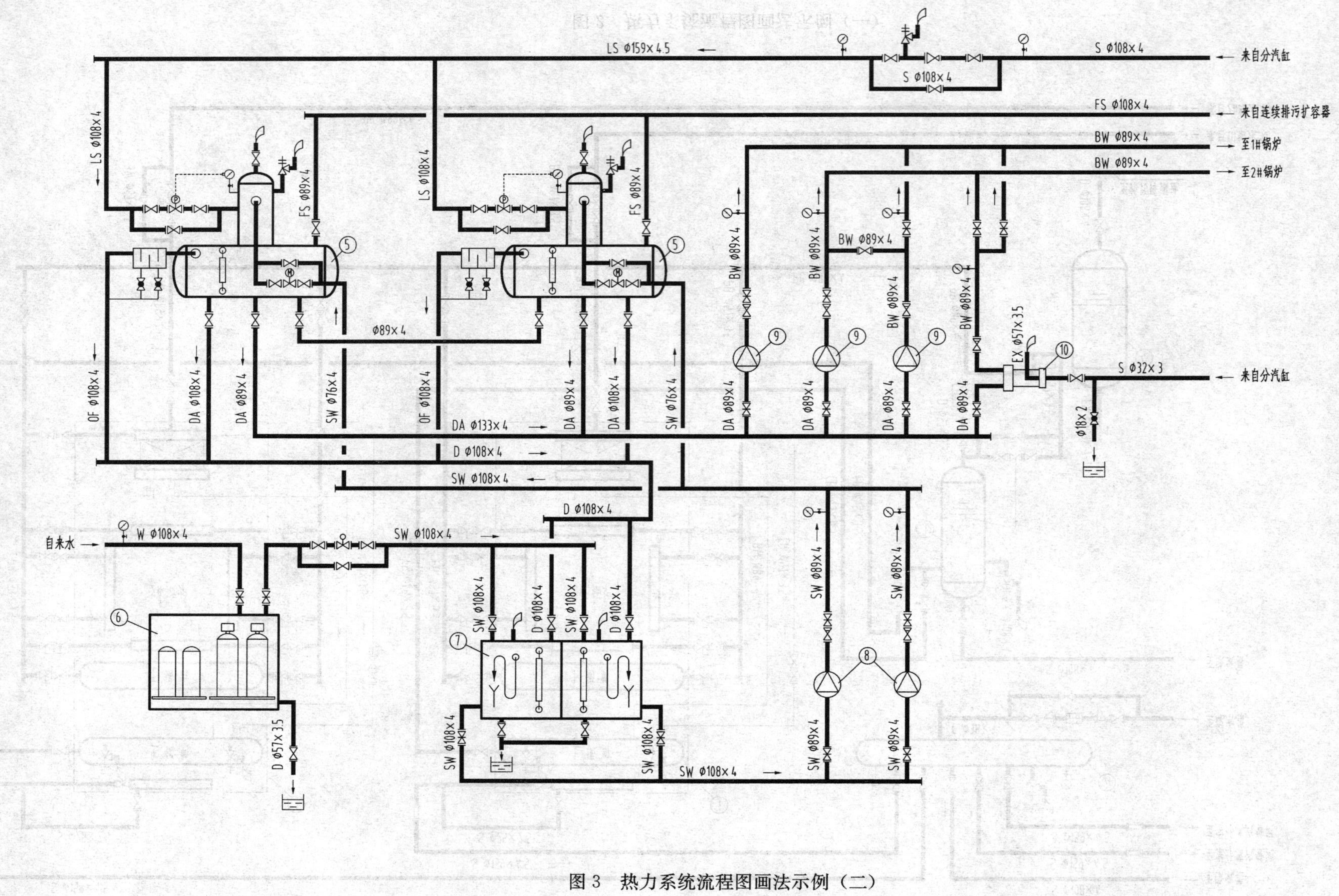

图3 热力系统流程图画法示例（二）

图4　换热器接管示意图

表示出各种设备、管道、管路附件及建筑物等的相互关系时，可不单独绘制设备布置图，而在热力系统布置图，鼓、引风及烟气处理系统，上煤与除渣系统布置图中表达相应设备的布置要求。

5.3.5　一般在剖面图中标注标高，如不绘制剖面图，可在平面图上标注设备基础上表面标高。

5.3.7　在土建图上有管沟和排水沟详图时，在设备布置图上应给出其位置。沟的定位尺寸和断面尺寸可根据情况标注。

5.4　热力系统管道布置图

图5为热力系统设备和管道布置平面图画法示例(一)。

图6为热力系统设备和管道布置平面图画法示例(二)。

图7为热力系统设备和管道布置剖面图画法示例。

5.4.6　当管道规格 DN>200 时宜采用双线绘制。

5.4.7　管路附件按比例绘制可以避免因空间尺寸不足而导致其安装、运行和使用时出现问题。

5.4.9　对于弹簧支架，支架一览表中还应有弹簧的安装荷载和弹簧的预压值。

5.5　鼓、引风及烟气处理系统管道布置图

图8为鼓风系统管道平面图画法示例。

图9为引风系统管道平面图画法示例。

图10为引风系统管道剖面图画法示例。

5.5.1　工程规模大而且复杂时，可单独绘制鼓风系统、引风系统及烟气处理系统图样。鼓、引风系统的设备应在设备、管道平面图和剖面图中表示。所以单独绘制鼓、引风系统管道布置图时重点表达对鼓、引风系统管道的安装要求。

5.6　上煤与除渣系统布置图

图11为上煤系统平面图画法示例。

图12为上煤系统剖面图画法示例。

5.6.6　当胶带输送机由设备厂家成套供应时，可以简化其布置图，仅标注滚筒、托辊、中间架、支腿等的布置尺寸即可。

5.6.7　安装图中宜采用细实线绘制设备的简化外形轮廓和土建基础；采用粗实线绘制支座和框架等；用短粗实线示意地脚螺栓；采用双点划线绘制预埋件。

5.6.9　同类型、同规格的设备，其布置相同时才可执行本条规定的简化制图。

6　供热管网图样画法

本章所附图样属于同一工程。图样仅为画法示例，不是设计示范。本标准是对制图的规定，设计深度等不属于本标准内容，因此某些制图内容，如图形符号、设备和主要材料表等在图样中未给出。

6.2　供热管网管线平面图

图13为供热管网管线平面图画法示例。图中给出了供热管道采用地上敷设、管沟敷设和直埋敷设时的画法示范。

6.2.1　现行行业标准《供热术语标准》CJJ 55中定义供热管线："输送供热介质的室外管道及其沿线的管路附件和附属构筑物的总称"。供热管网管线平面图上除了绘制供热管道以外，还要绘制沿线的附属构筑物。由于图上绘制的不是一条管线，而是若干条管线，所以全称为供热管网管线平面图，而不称为管线平面图。

条文中所指"相关的地下管线"及"构筑物"指对供热管线的敷设和运行产生影响的其他管线和构筑物。如给排水管道、燃气管道、电力电缆、通信线路、压缩空气管道和输油管道等管线以及地铁、涵洞等其他构筑物。

如需标注坐标网，应符合现行国家标准《总图制图标准》GB/T 50103—2001的规定。

6.2.3　如有足够的定位尺寸，可以不标注坐标。90°转角可不标注角度，以减少工作量；非90°转角标注小于180°的夹角，使一个转角的角度数值是唯一确定的。

6.2.4　对枝状管网规定管线横剖面的剖视方向应从热源向热用户方向观看；使所得到的图形是唯一的。这一规定参照了原苏联国家标准《热网　施工图》ГОСТ 21.605—82。现行行业标准《供热术语标准》CJJ 55中定义："环状管网是干线构成环状的供热管网"。按这一规定环形干线上任一点都可有两个管线横剖面，而且环状管网管段中水流方向随水力工况变化，为了使其管线横剖面是唯一的、确定的，规定对环状管网的横剖面按设计工况下水流方向从热源向热用户方向观看来绘制。这样规定不仅适用于多热源环状管网，也适用于多热源枝状管网。

横剖面型式相同是指管线上各管段不仅横剖面型式一致（或都是通行管沟，或都是半通行管沟，或都是不通行管沟，或都是直埋敷设），而且管道根数相同，但管道规格和安装尺寸不同的情况。此时只需绘制一个横剖面图，在该图上标注符号或字母，然后列表表达各横剖面的管道规格与安装尺寸。

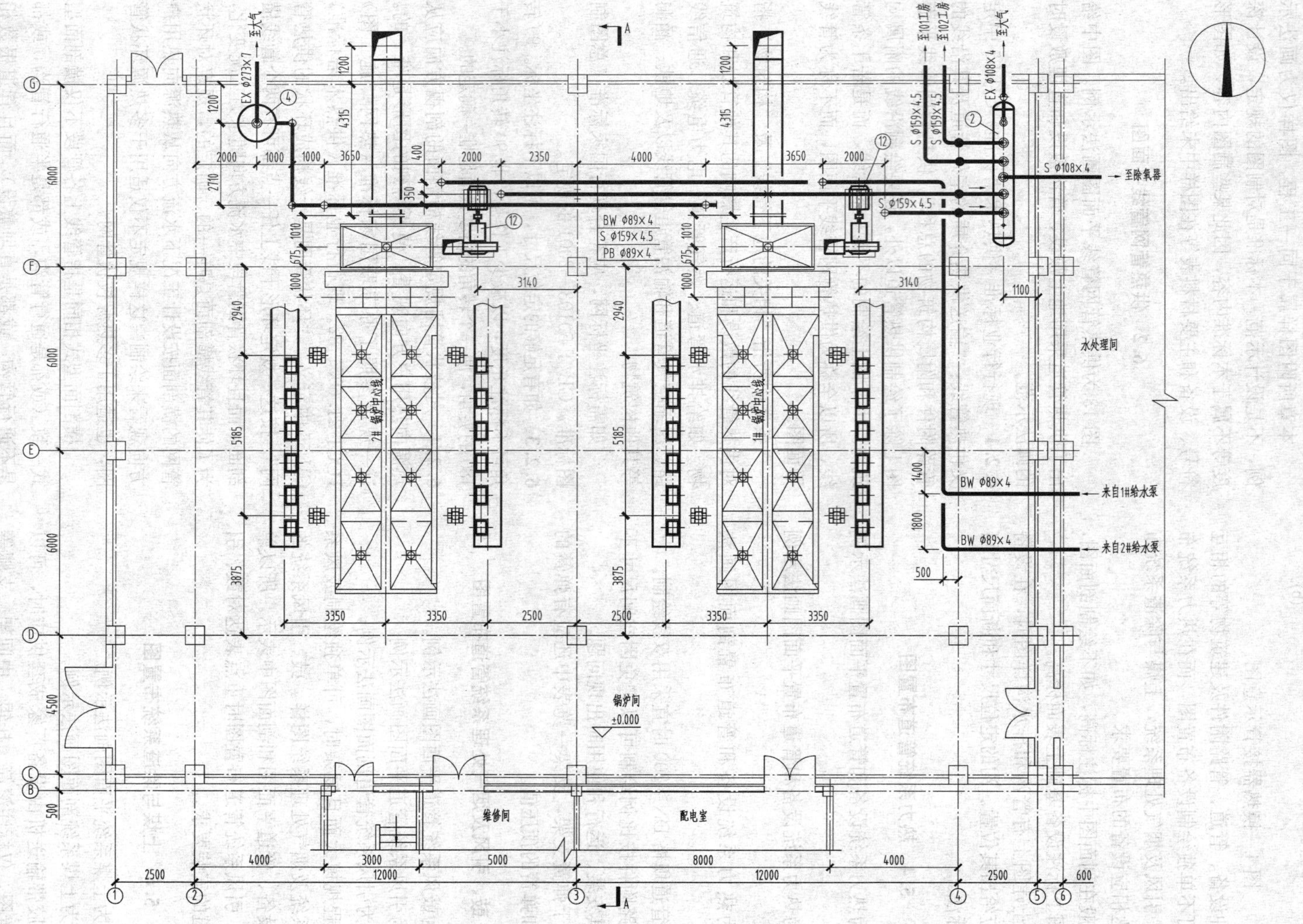

图5 热力系统设备和管道布置平面图画法示例（一）

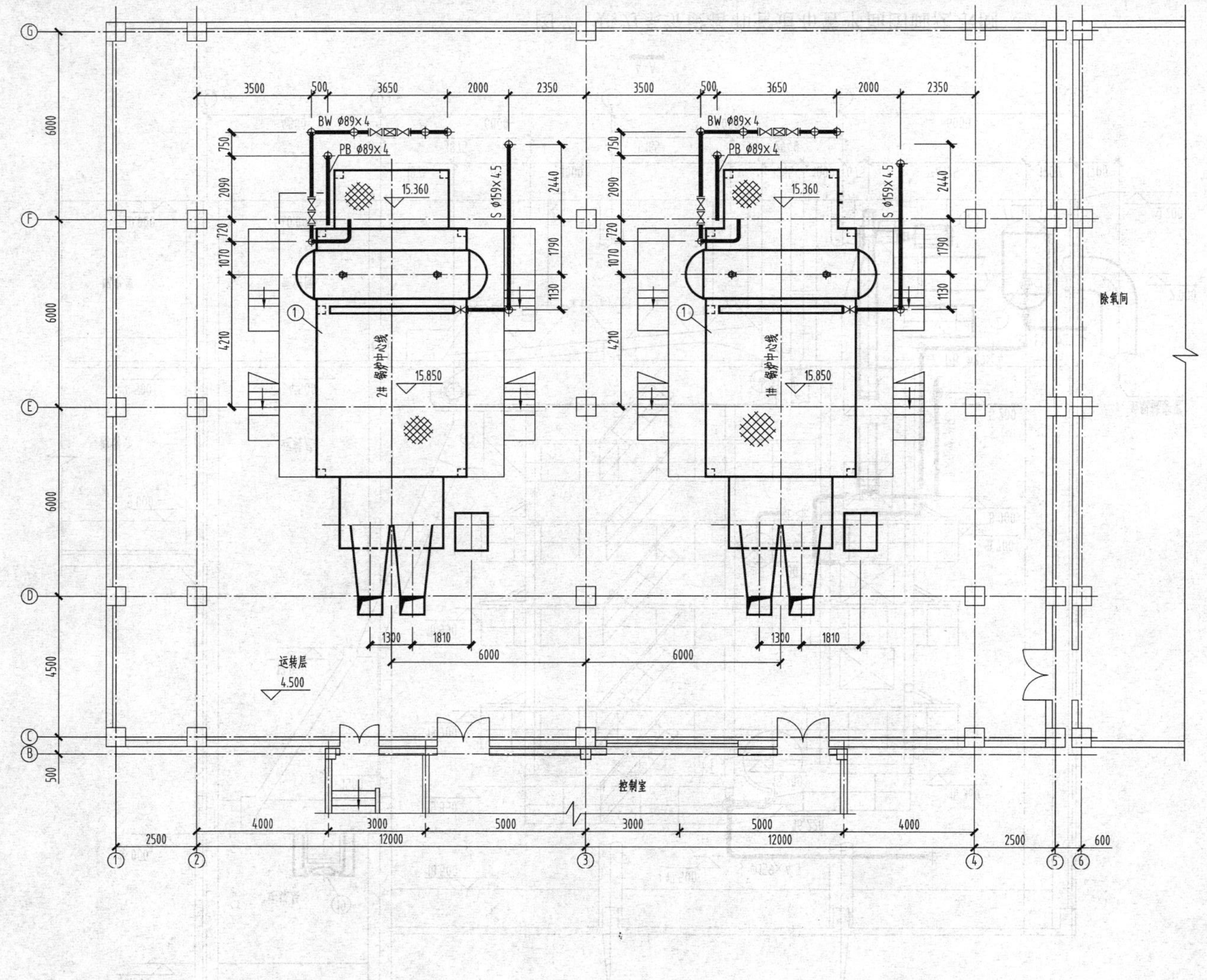

图6 热力系统设备和管道布置平面图画法示例（二）

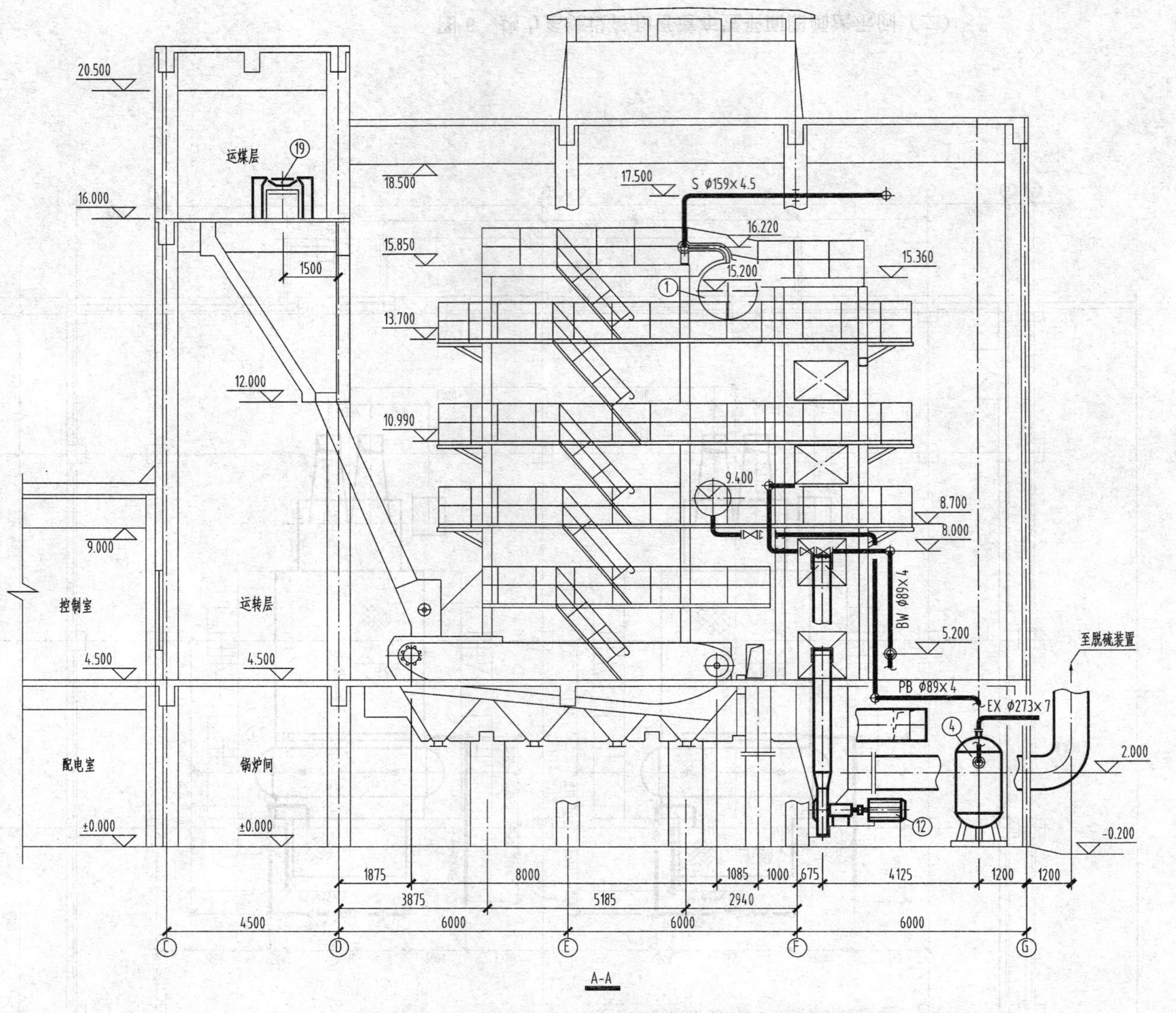

图 7　热力系统设备和管道布置平面图画法示例

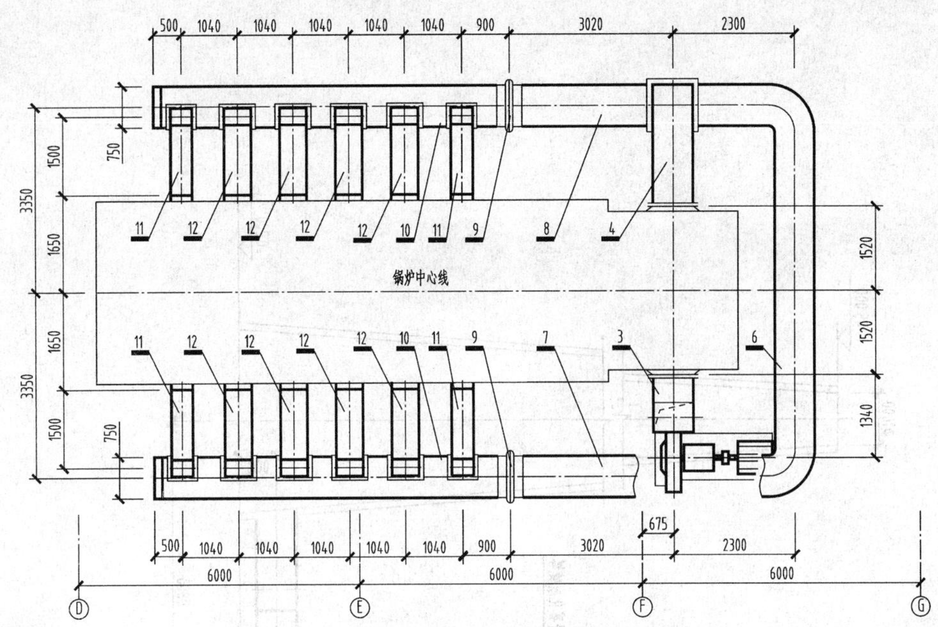

图 8　鼓风系统管道平面图画法示例

砖烟囱 H=45m
内径 φ1400

引风机间
-0.200

接锅炉烟气出口

接锅炉烟气出口

±0.000

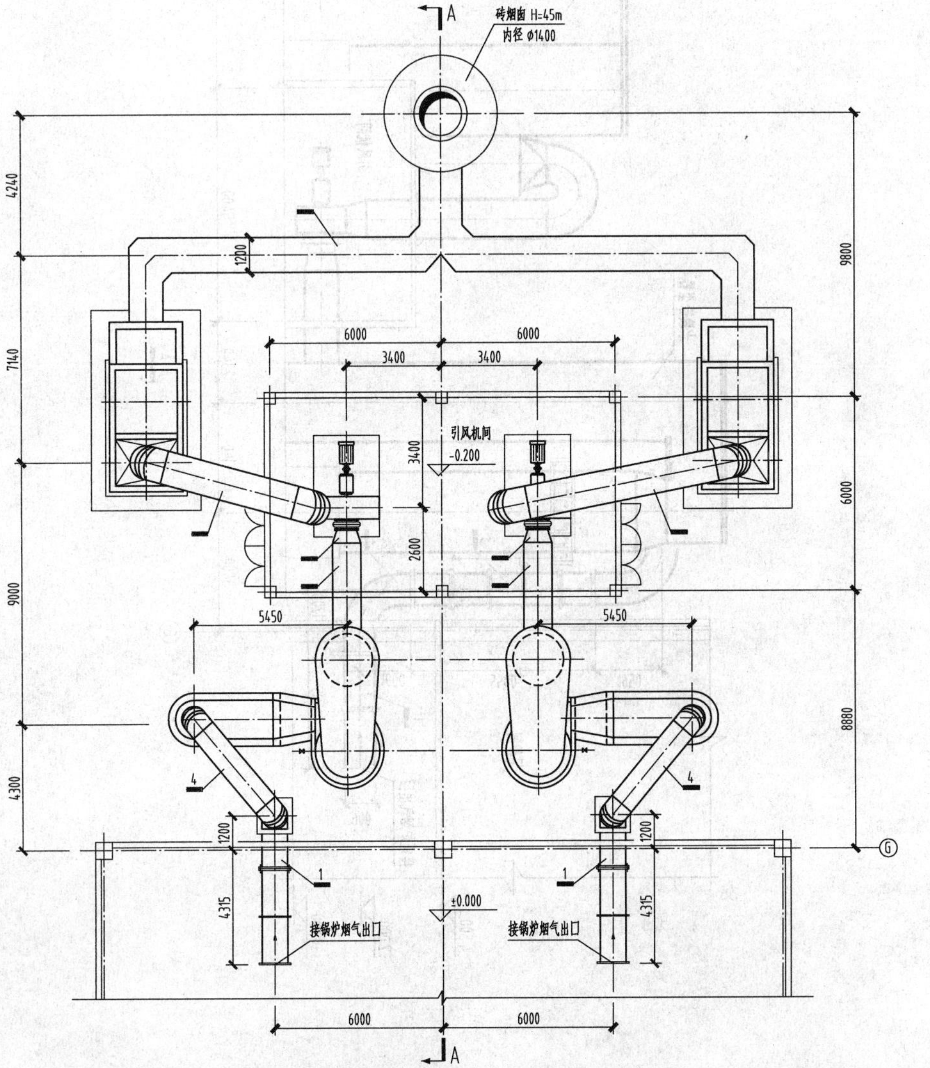

图 9　引风系统管道平面图画法示例

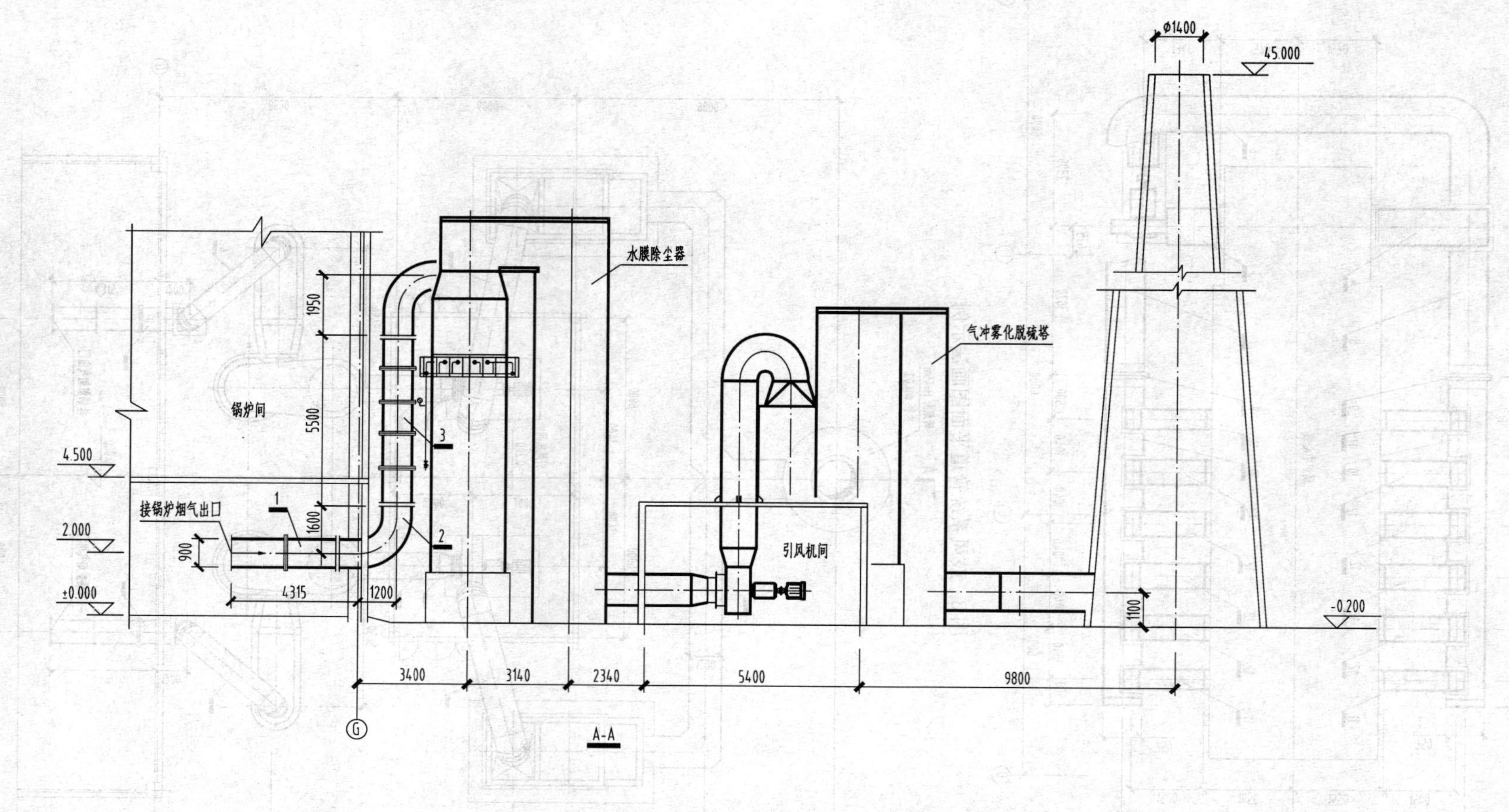

图 10　引风系统管道剖面图画法示例

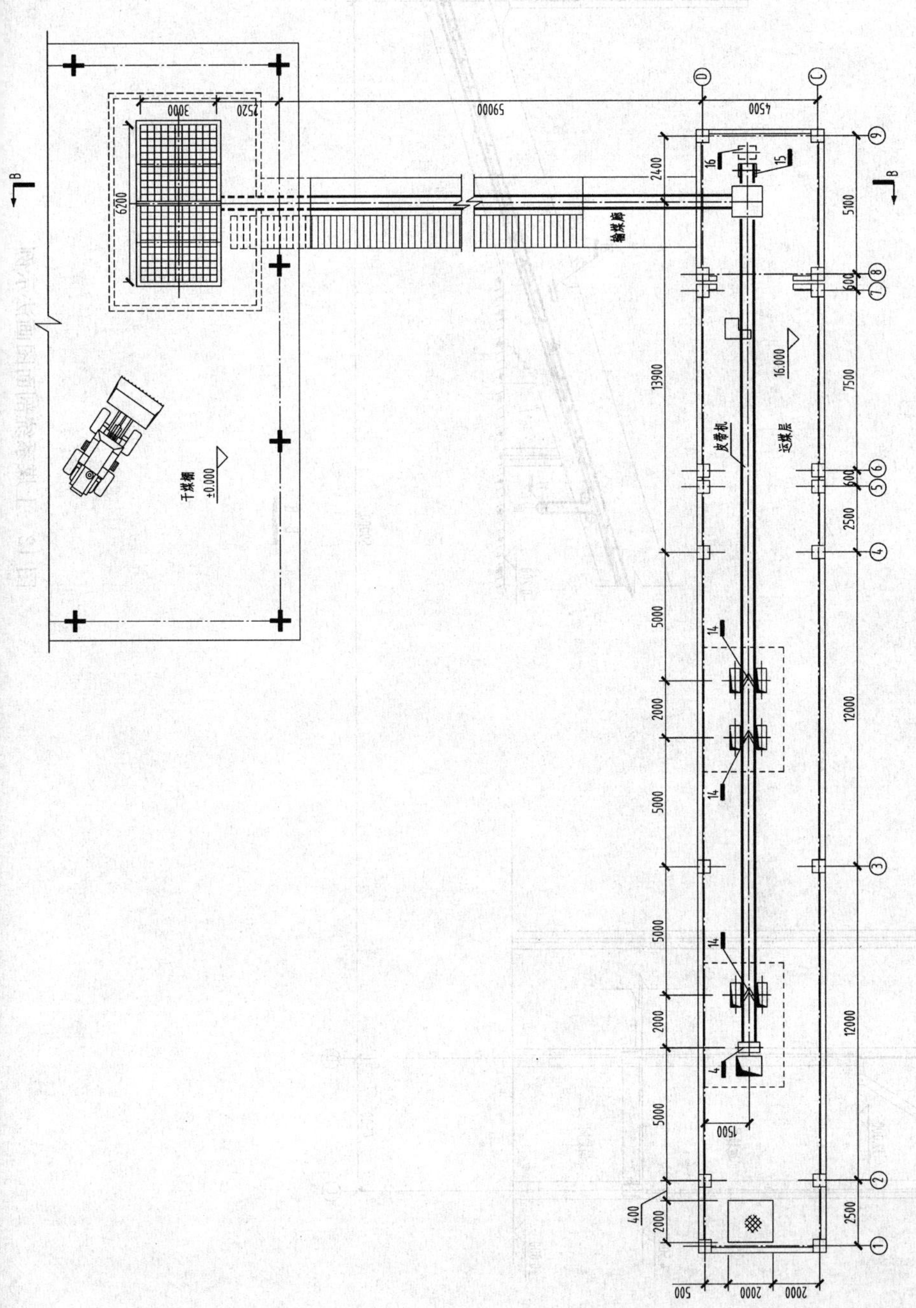

图 11 上煤系统平面图画法示例

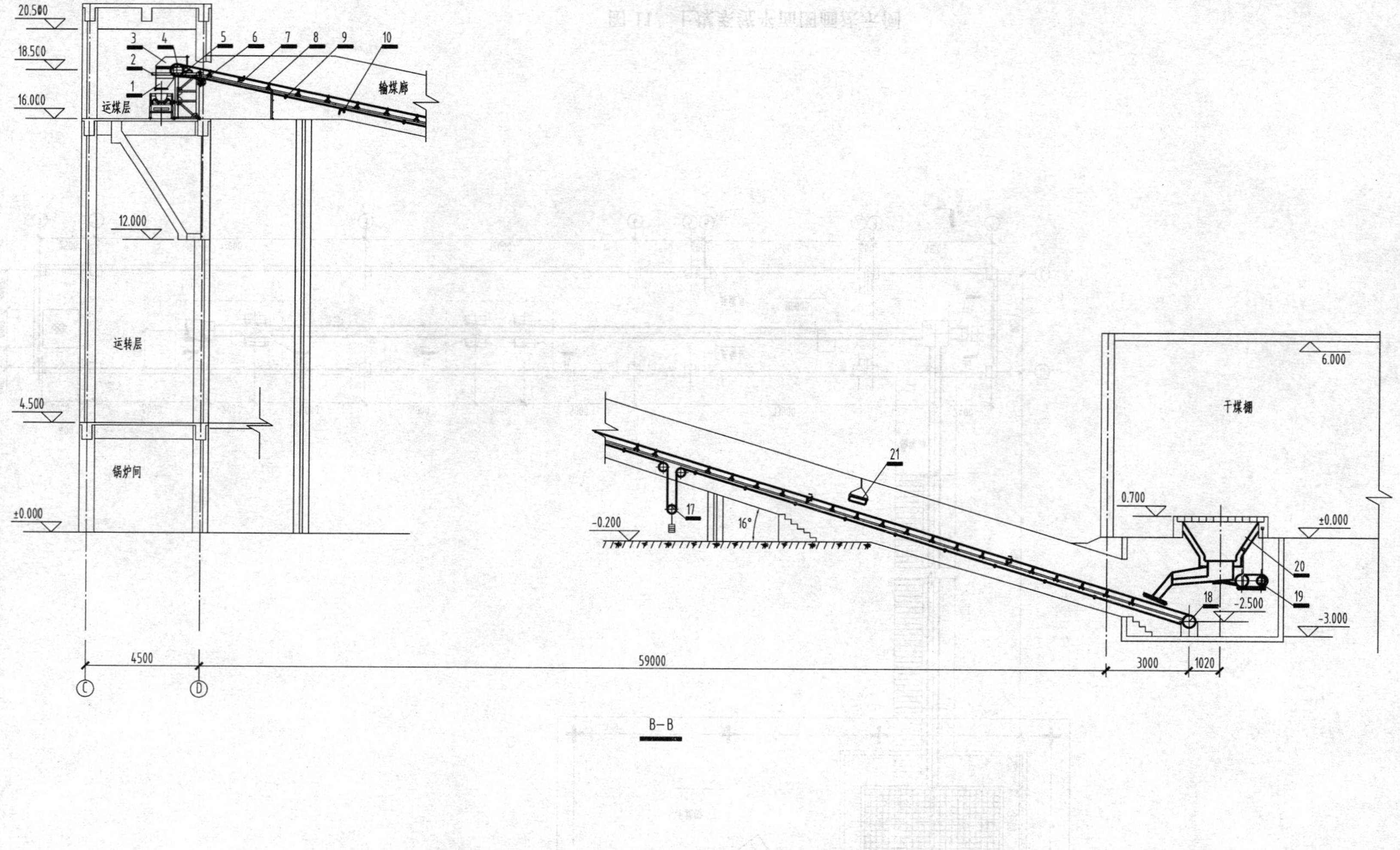

图 12　上煤系统剖面图画法示例

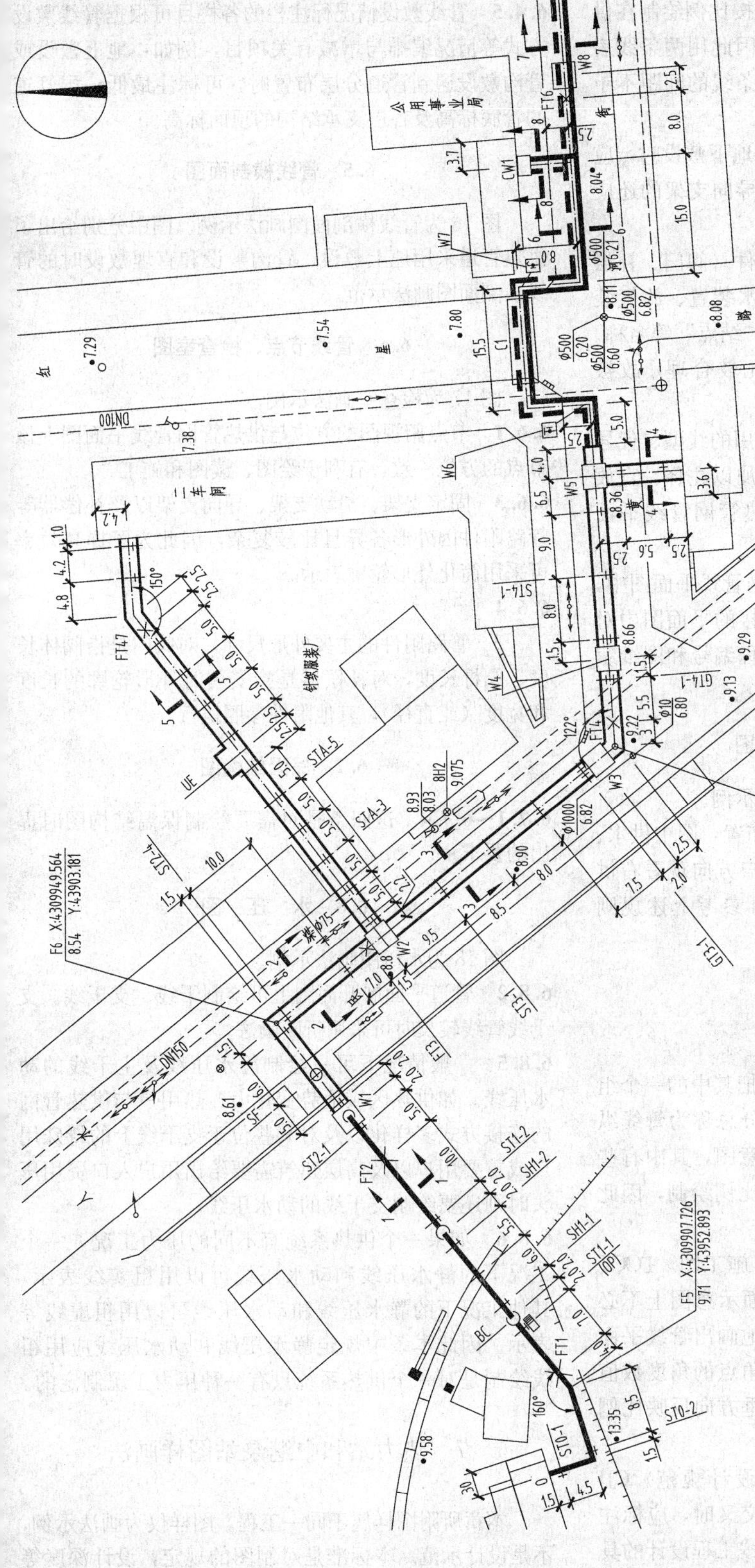

图 13 供热管网管线平面图画法示例

6.2.5 代表管沟宽度的两条轮廓线如按比例绘制在供热区域平面图上，将合并为一条线，因此用两条线表示管沟只能是示意轮廓线。图上这两条线的间距不予严格规定，但不能过宽。

6.2.6 地上敷设时，应绘制各管架；地下敷设时，应标注固定墩、固定支座等支座。设有导向支架的还应标注其定位尺寸。

管线上节点指管路上设有管路附件（阀门、补偿器、三通、弯头、除污器、疏水、放水装置、放气装置等）的部位。有“节点”、“接点”、“结点”等名称。其中“节点”用得较为普遍，而且比较合理，故被采用。

6.2.9 一套供热管网图纸中管道所采用的线型、代号和图形符号较多时则需要集中列出并加以注释，宜放在最主要的反映供热管网全貌的供热管网管线平面图上。

6.2.10 在按管线分段绘制的供热管网管线平面图中，管线起始点和终止点的编号应与其衔接的平面图中对应点的编号一致，并根据需要标注工程编号和图纸编号等。

6.3 供热管网管道系统图

图 14 为供热管网管道系统图画法示例。

一般情况下，如管道为水平并列布置，图中供水、回水管道的布置应符合从热源向热用户方向观看右供左回的规则；如管道为上下布置，可参考上述规则制图。

6.4 管线纵断面图

图 15 为管线纵断面图画法示例。

6.4.2 管线纵断面图由三部分组成。把其中的一个组成部分称为管线纵断面示意图，三部分总称为管线纵断面图。为了清晰表达管线纵断面示意图，其中有些部位，如检查室、人孔等无法严格按比例绘制，因此称为管线纵断面示意图亦有根据。

6.4.3 参照原苏联国家标准《热网　施工图》ГОСТ 21.605—82，管沟敷设时在管线纵断面示意图上不必画出管道，在管线纵断面图下部对应地画出管线平面展开图。管线平面展开图上所标注转角点的角度数值应与供热管网管线平面图上一致。铅垂方向反映比例的标尺的画法不予规定。

现行行业标准《城镇供热管网设计规范》CJJ 34—2010 要求热力管线与河流、湖泊交叉时，应标注河流、湖泊 50 年一遇的最高水位，或按工程设计的具体要求标示相应年限（频率）的最高水位、航道底设计标高或稳定河底设计标高。

6.4.4 所规定的两种管线转角符号可任选。90°角只要求绘制转角符号，不标注角度数值，是为了减少标注制图工作量。

6.4.5 管线敷设情况标注栏的各栏目可根据管线敷设方式等情况编排与增减有关项目，例如：地上敷设或管沟敷设遇到管道分层布置时，可标注最低一层管道的管底标高及各层支承结构的顶面标高。

6.5 管线横剖面图

图 16 为管线横剖面图画法示例。图中分别给出了供热管道采用地上敷设、管沟敷设和直埋敷设时的管线横剖面图画法示范。

6.6 管线节点、检查室图

图 17 为检查室画法示例。

6.6.1 节点俯视图的方位与供热管网管线平面图上该节点的方位一致，有利于绘图、读图和施工。

6.6.3 固定支架、滑动支架、导向支架以及补偿器等管路附件因外形各异且比较复杂，因此为了提高效率可采用简化外形轮廓表示。

6.6.4

3 管路附件的主要外形尺寸，对阀门是指阀体长度、阀杆长度，对补偿器是指安装时外形轮廓的长度和宽度（或直径），其他附件参照执行。

6.7 保温结构图

6.7.1～6.7.4 这四条是对需要绘制保温结构图时提出的要求。

6.8 水　压　图

图 18 为水压图画法示例。

6.8.2 管道平面展开简图上可绘制干线、支干线。支干线管线较长时可采用折断画法。

6.8.5 一般情况下可只绘制静水压线及主干线的动水压线。如供热区域地势变化大、热用户与供热管网的连接方式多样化以及对某些位于支干线上的特殊用户或重要用户以及高层建筑需要给出用户入口资用压头时则还要绘制支干线的动水压线。

6.8.6 如果一个供热系统有不同的压力工况，一个工况下的静水压线和动水压线可以用粗实线表示，其他工况下的静水压线和动水压线可以用粗虚线等表示。因此本条中规定静水压线和动水压线应用粗线绘制是对一个供热系统只有一种压力工况制定的。

7 热力站和中继泵站图样画法

本章所附图样属于同一工程。图样仅为画法示例，不是设计示范。本标准是对制图的规定，设计深度等不属于本标准内容，因此某些制图内容，如图形符号、设备和主要材料表等在图样中未给出。

7.1 一 般 规 定

本节规定了热力站图样应包括的基本图样及绘制

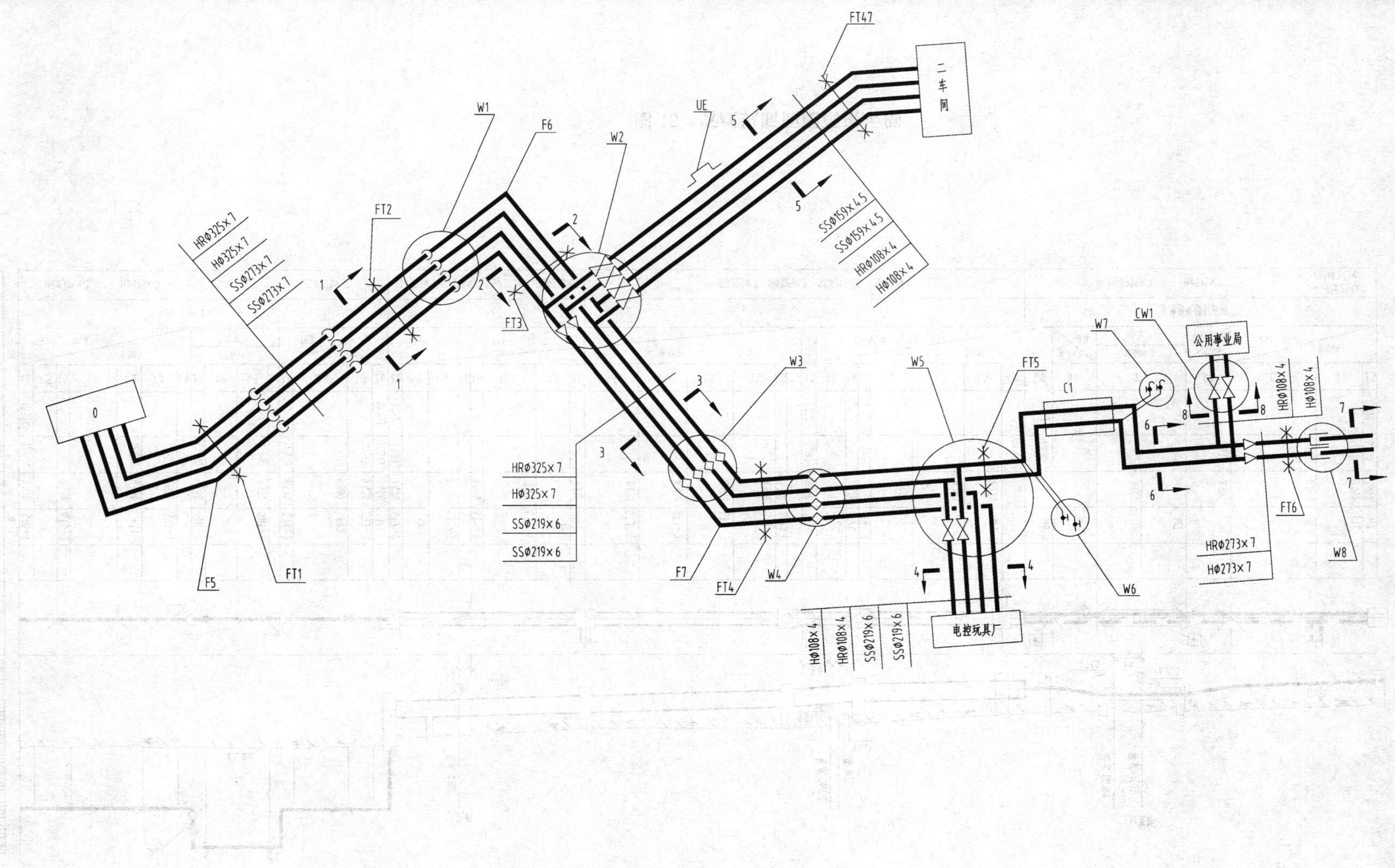

图 14 供热管网管道系统图画法示例

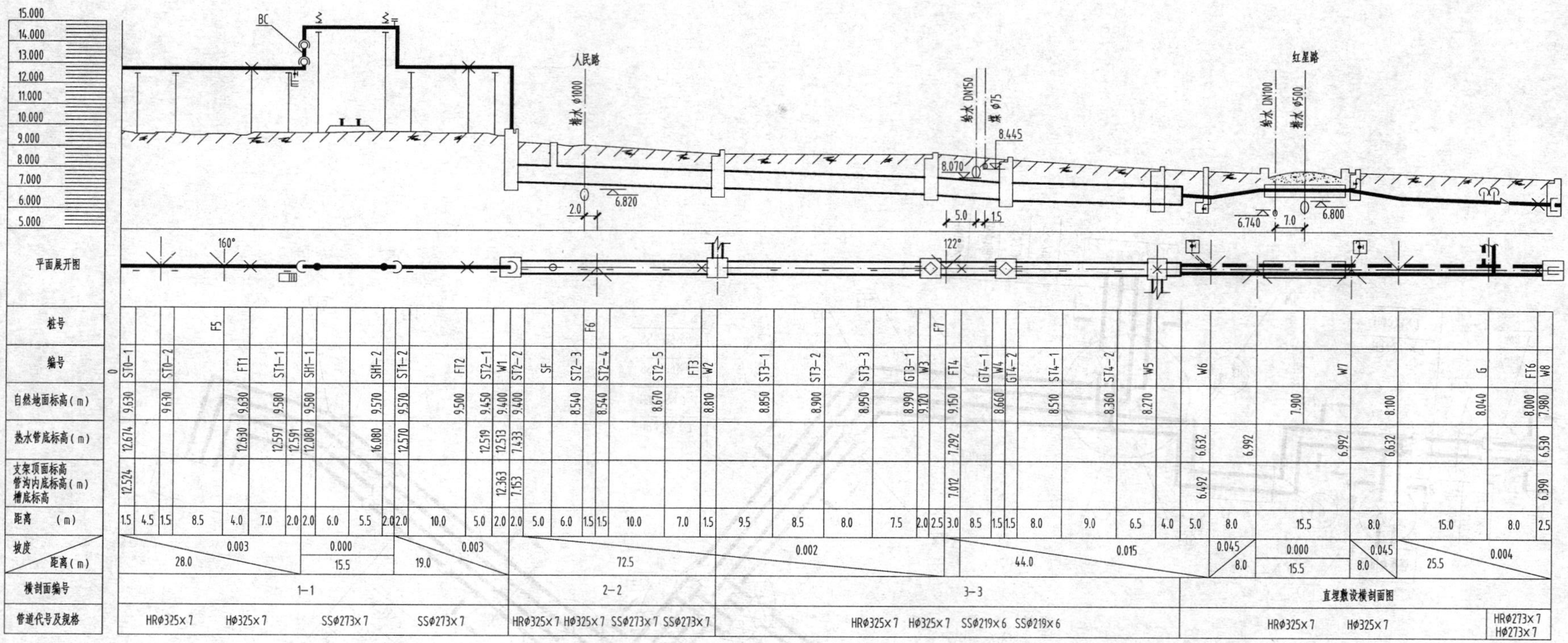

15.000
14.000
13.000
12.000
11.000
10.000
9.000
8.000
7.000
6.000
5.000

BC

人民路
排水 φ1000
6.820
2.0

给水 DN150
煤 φ75
8.445
8.070
5.0
1.5

红星路
给水 DN100
排水 φ500
6.740
7.0
6.800

平面展开图 160° 122°

桩号: F5, F6, F7

编号: 0, ST0—1, ST0—2, FT1, ST1—1, SH1—1, SH1—2, ST1—2, FT2, ST2—1, W1, ST2—2, SF, ST2—3, ST2—4, ST2—5, FT3, W2, ST3—1, ST3—2, ST3—3, GT3—1, W3, FT4, GT4—1, W4, GT4—2, ST4—1, ST4—2, W5, W6, W7, G, FT6, W8

自然地面标高（m）: 9.630, 9.630, 9.630, 9.580, 9.580, 9.570, 9.570, 9.500, 9.450, 9.400, 9.400, 8.540, 8.540, 8.670, 8.810, 8.850, 8.900, 8.950, 8.990, 9.120, 9.150, 8.660, 8.510, 8.360, 8.270, 7.900, 8.100, 8.040, 8.000, 7.980

热水管底标高（m）: 12.674, 12.630, 12.597, 12.591, 12.080, 16.080, 12.570, 12.519, 12.513, 7.433, 7.292, 6.632, 6.992, 6.992, 6.632, 6.530

支架顶面标高 / 管沟内底标高（m） / 槽底标高: 12.524, 12.363, 7.153, 7.012, 6.492, 6.390

距离（m）: 1.5, 4.5, 1.5, 8.5, 4.0, 7.0, 2.0, 2.0, 6.0, 5.5, 2.0, 2.0, 10.0, 5.0, 2.0, 2.0, 5.0, 6.0, 1.5, 1.5, 10.0, 7.0, 1.5, 9.5, 8.5, 8.0, 7.5, 2.0, 2.5, 3.0, 8.5, 1.5, 1.5, 8.0, 9.0, 6.5, 4.0, 5.0, 8.0, 15.5, 8.0, 15.0, 8.0, 2.5

坡度 / 距离（m）: 0.003 / 28.0; 0.000 / 15.5; 0.003 / 19.0; 72.5; 0.002; 0.015 / 44.0; 0.045 / 8.0; 0.000 / 15.5; 0.045 / 8.0; 0.004 / 25.5

横剖面编号: 1—1; 2—2; 3—3; 直埋敷设横剖面图

管道代号及规格: HRφ325×7, Hφ325×7, SSφ273×7, SSφ273×7; HRφ325×7, Hφ325×7, SSφ273×7, SSφ273×7; HRφ325×7, Hφ325×7, SSφ219×6, SSφ219×6; HRφ325×7, Hφ325×7; HRφ273×7, Hφ273×7

图 15　管线纵断面图画法示例

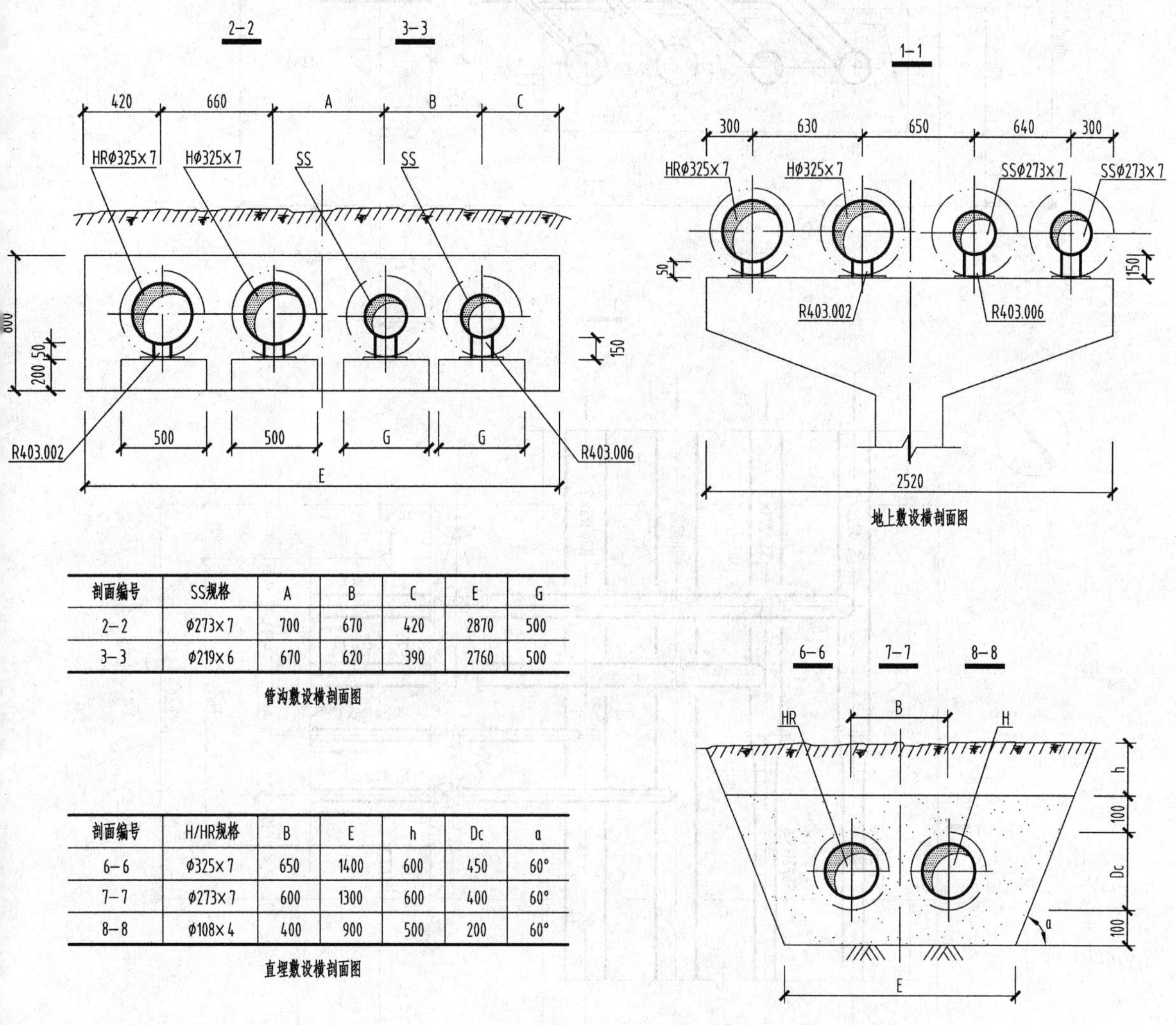

剖面编号	SS规格	A	B	C	E	G
2-2	φ273×7	700	670	420	2870	500
3-3	φ219×6	670	620	390	2760	500

管沟敷设横剖面图

剖面编号	H/HR规格	B	E	h	Dc	a
6-6	φ325×7	650	1400	600	450	60°
7-7	φ273×7	600	1300	600	400	60°
8-8	φ108×4	400	900	500	200	60°

直埋敷设横剖面图

图 16　管线横剖面图画法示例

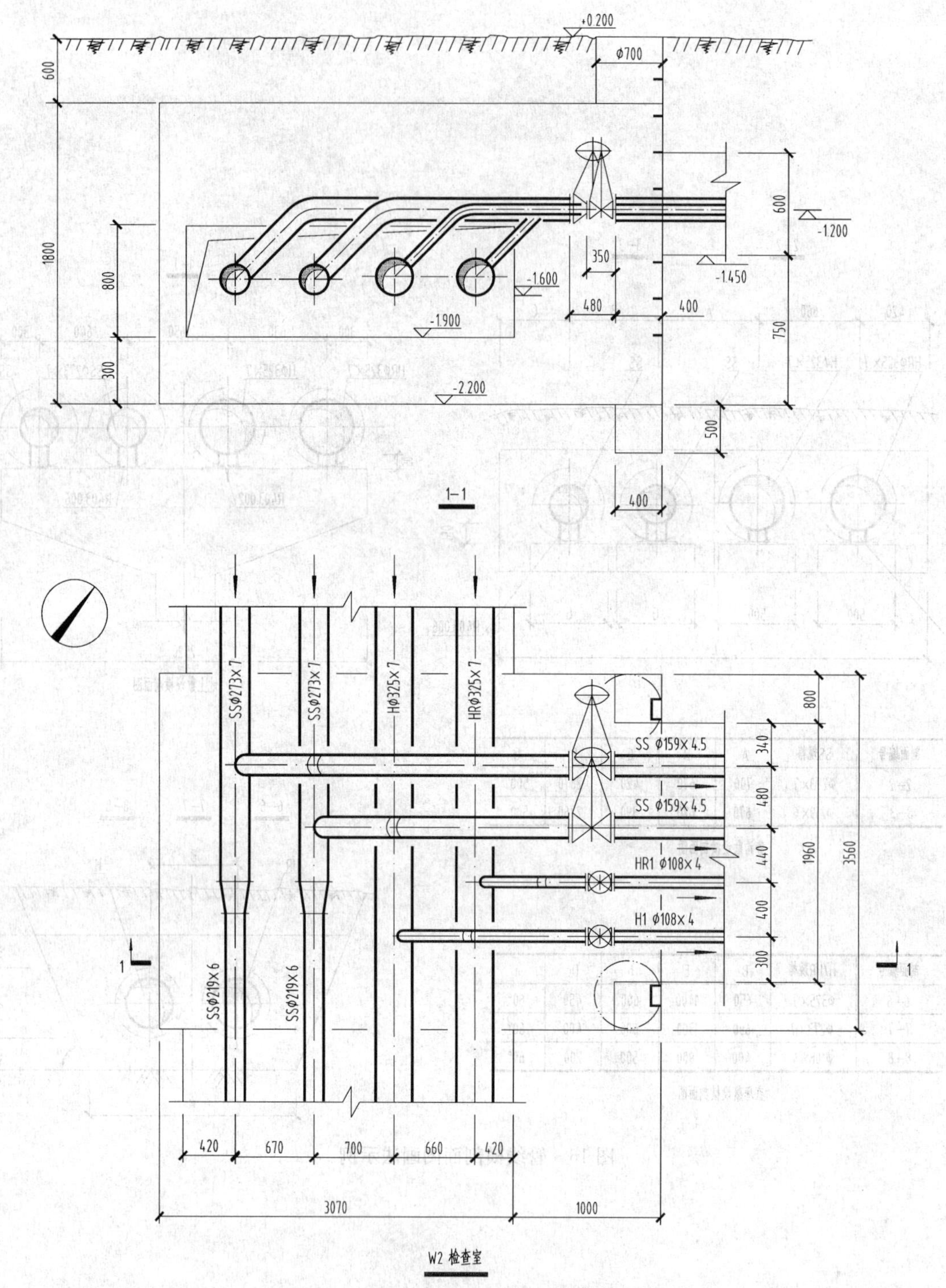

+0.200
Φ700
600
1800
800
300
600
-1.200
-1.450
350
-1.600
-1.900
480
400
750
-2.200
500
400
1-1
SSΦ273×7
SSΦ273×7
HΦ325×7
HRΦ325×7
SS Φ159×4.5
SS Φ159×4.5
HR1 Φ108×4
H1 Φ108×4
SSΦ219×6
SSΦ219×6
800
340
480
440
400
300
1960
3560
1
1
420
670
700
660
420
3070
1000
W2 检查室

图 17 检查室画法示例

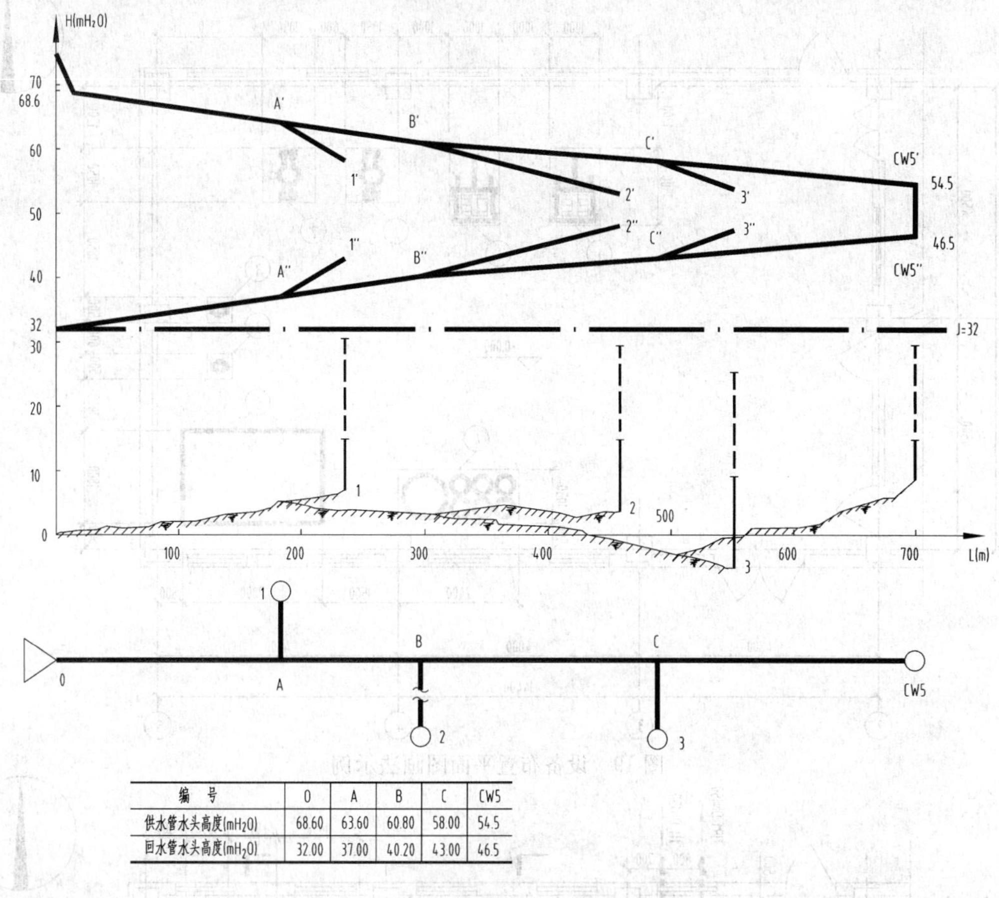

编　号	0	A	B	C	CW5
供水管水头高度(mH$_2$O)	68.60	63.60	60.80	58.00	54.5
回水管水头高度(mH$_2$O)	32.00	37.00	40.20	43.00	46.5

图 18　水压图画法示例

中的共性要求。根据实际工程需要，在图面表达清楚的前提下可适当增减本章所列的图样。

当一套图样中有管系图时，剖面图可简化。

当系统较简单，在平面图和剖面图上能充分反映出设备和管路之间的各方位尺寸时，可不绘制管系图。

7.2　流　程　图

7.2.1　流程图不反映设备和管路的空间相对位置关系。当系统较简单时，可仅绘制流程图而不绘制管系图。

7.3　设备与管道布置图

图 19 为设备布置平面图画法示例。

图 20 为管道布置平面图画法示例。

图 21 为管道布置剖面图画法示例。

根据工程复杂程度以及热力站的规模可绘制设备与管道布置图，或分别绘制管道布置图和设备布置图。当系统较简单时，可不单独绘制设备布置图，而在设备和管道布置图中表达相应设备的布置要求，充分反映出设备和管路之间的各方位尺寸，以满足施工安装的要求。

7.3.4　平面图上设备编号时，应与管系图上的设备编号一致。

7.3.8　工程复杂时，应绘制支架图。

7.4　管　系　图

图 22 为管系图画法示例。

7.4.1　轴测投影法为现行国家标准《技术制图　投影法》GB/T 14692—2008 规定的常用投影方法。正轴测投影法和斜轴测投影法均可采用。

管系图这一术语来源于现行国家标准《技术制图　通用术语》GB/T 13361—1992。其定义为："表示管道系统中介质的流向、流经的设备，以及管件等连接、配置状况的图样。"

7.4.6　特指的管路附件指制造、安装有特殊要求的管路附件。如无特殊要求，则它们不包括在需要特指的管路附件中，例如一般的三通、弯头等。

7.4.10　管系图中可标注管道管底或管道中心线的标高，但要加以说明。

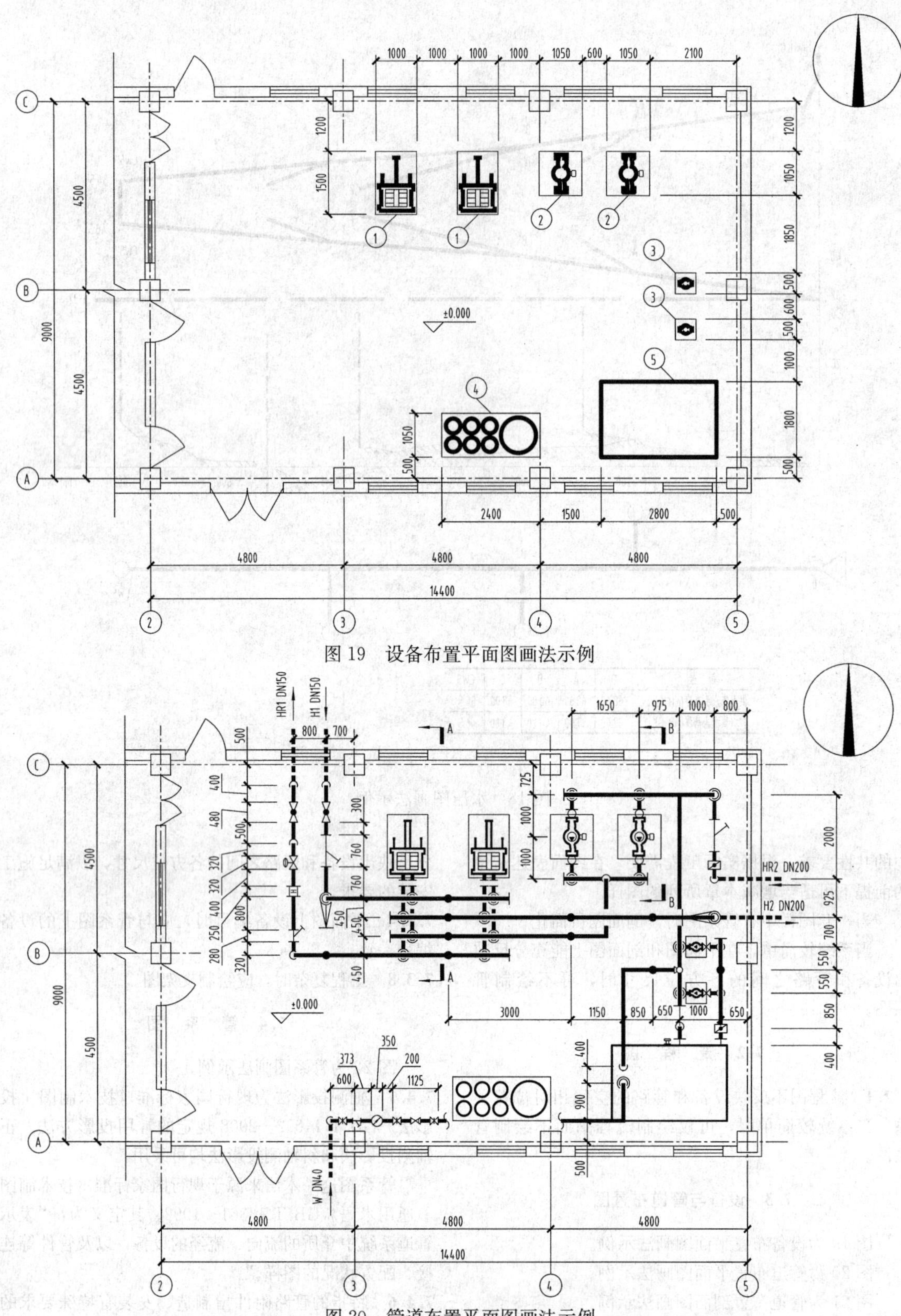

图 19　设备布置平面图画法示例

图 20　管道布置平面图画法示例

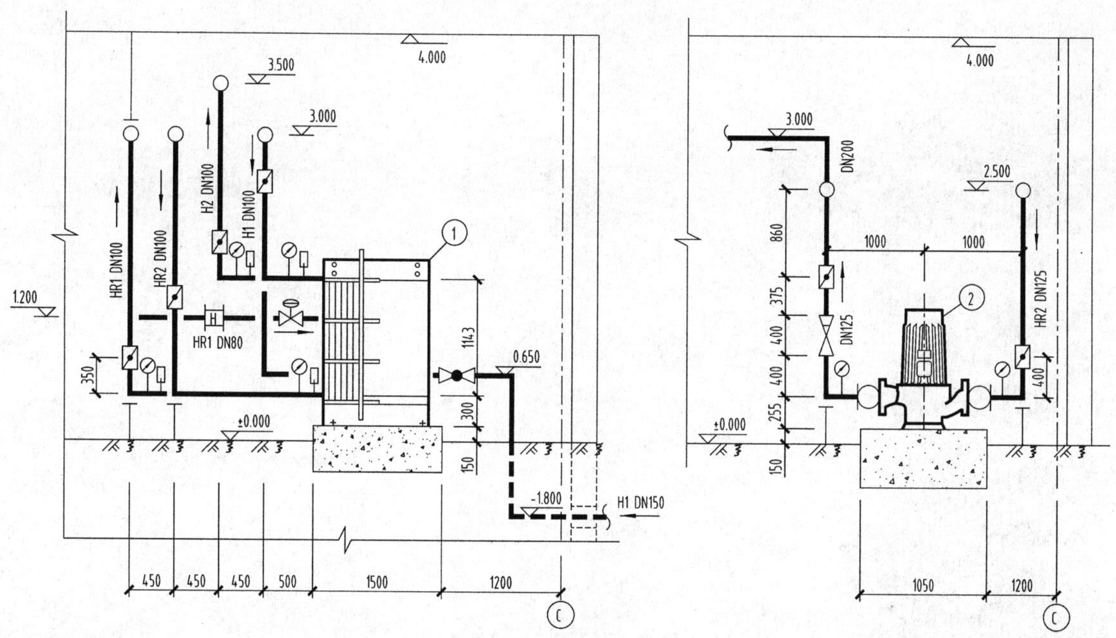

图 21　管道布置剖面图画法示例

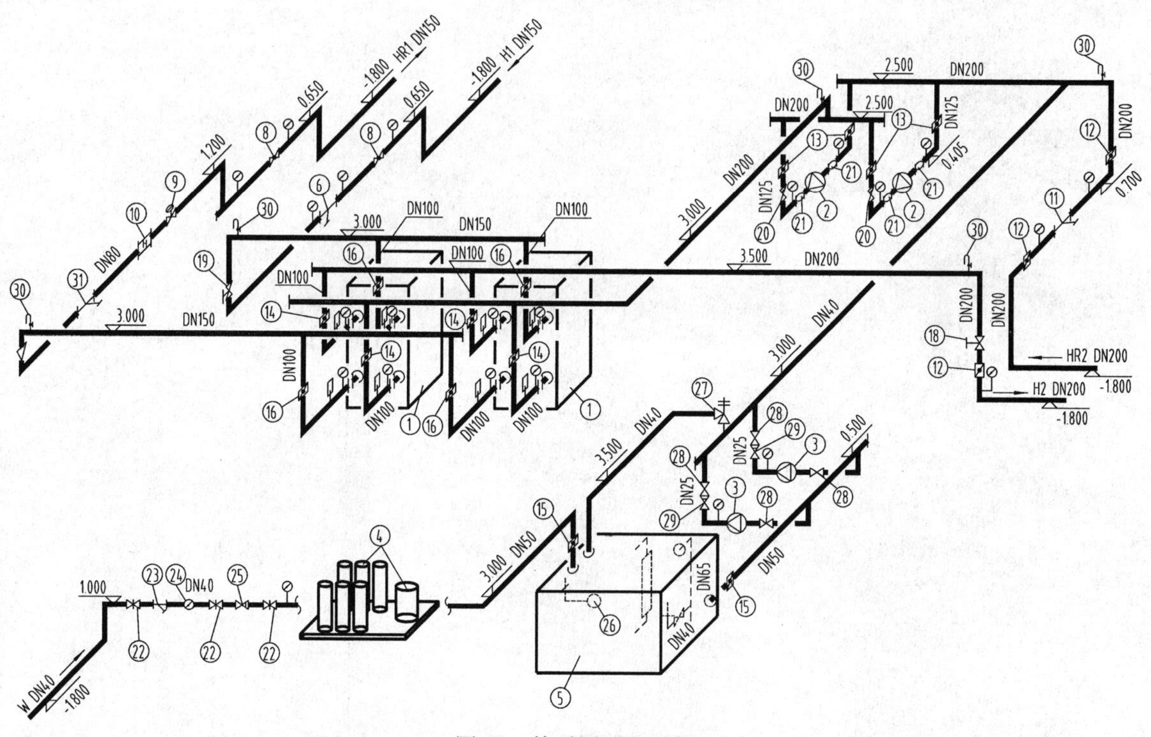

图 22　管系图画法示例

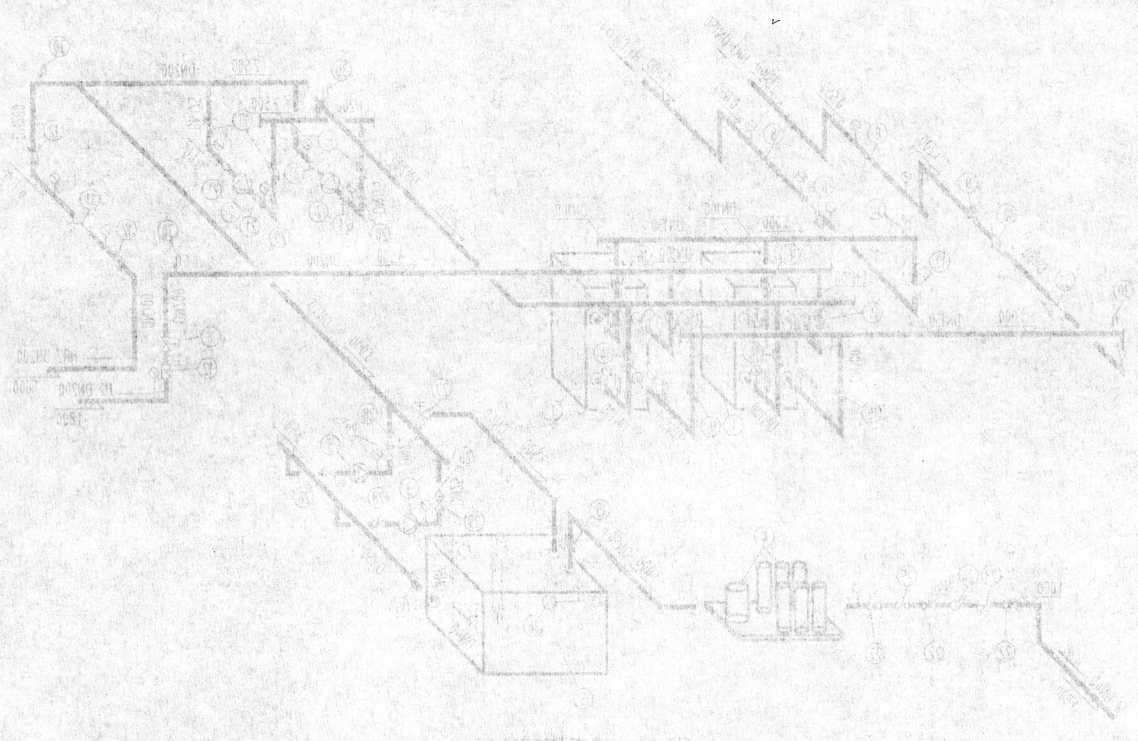

中华人民共和国国家标准

建筑模数协调标准

Standard for modular coordination of building

GB/T 50002—2013

主编部门：中华人民共和国住房和城乡建设部
批准部门：中华人民共和国住房和城乡建设部
施行日期：2 0 1 4 年 3 月 1 日

中华人民共和国住房和城乡建设部
公　告

第114号

住房城乡建设部关于发布国家标准《建筑模数协调标准》的公告

现批准《建筑模数协调标准》为国家标准，编号为GB/T 50002－2013，自2014年3月1日起实施。原《建筑模数协调统一标准》GBJ 2－86和《住宅建筑模数协调标准》GB/T 50100－2001同时废止。

本标准由我部标准定额研究所组织中国建筑工业出版社出版发行。

中华人民共和国住房和城乡建设部

2013年8月8日

前　言

本标准是根据住房和城乡建设部《关于印发〈2009年工程建设标准规范制订、修订计划〉的通知》（建标［2009］88号）的要求，由中国建筑标准设计研究院和中国建筑设计研究院会同有关单位在原《建筑模数协调统一标准》GBJ 2－86和《住宅建筑模数协调标准》GB/T 50100－2001的基础上共同修订而成的。

本标准在编制过程中，编制组经过广泛调查研究，认真总结实践经验，参考有关国际标准和国外先进标准，并在广泛征求意见的基础上，最后经审查定稿。

本标准共分5章，主要技术内容包括：总则、术语、模数、模数协调原则、模数协调应用等。

本次修订的主要技术内容是：1. 整合了《建筑模数协调统一标准》GBJ 2－86、《住宅建筑模数协调标准》GB/T 50100－2001的章节结构；2. 强调基本模数，取消了模数数列表，淡化3M概念；3. 强调模数网格与模数协调应用；4. 简化文字表述。

本标准由住房和城乡建设部负责管理，由中国建筑标准设计研究院负责具体技术内容的解释。执行过程中如有意见和建议，请寄送中国建筑标准设计研究院（北京市海淀区首体南路9号主语国际2号楼，邮政编码100048）。

本标准主编单位：中国建筑标准设计研究院
中国建筑设计研究院

本标准参编单位：北京梁开建筑设计事务所
同济大学
东南大学
住房和城乡建设部住宅产业化促进中心
中南建筑设计股份有限公司

本标准主要起草人员：林　琳　仲继寿　开　彦　周晓红　张　宏　淳　庆　樊　航　彭明英　宫文勇　李晓明　叶　明　林　莉

本标准主要审查人员：费　麟　徐正忠　寇九贵　蒋勤俭　孙定秩　吴　文　罗赤宇　贺　刚　王凤来　金　英

目　次

Contents

1 总 则

1.0.1 为推进房屋建筑工业化，实现建筑或部件的尺寸和安装位置的模数协调，制定本标准。

1.0.2 本标准适用于一般民用与工业建筑的新建、改建和扩建工程的设计、部件生产、施工安装的模数协调。

1.0.3 模数协调应实现下列目标：

1 实现建筑的设计、制造、施工安装等活动的互相协调；

2 能对建筑各部位尺寸进行分割，并确定各部件的尺寸和边界条件；

3 优选某种类型的标准化方式，使得标准化部件的种类最优；

4 有利于部件的互换性；

5 有利于建筑部件的定位和安装，协调建筑部件与功能空间之间的尺寸关系。

1.0.4 模数协调标准可在一个或若干个功能部位先期运用，先期运用部位应留出后期安装的模数化空间，后期应用部位应服从先期应用部位的边界条件。

1.0.5 建筑模数协调设计除应符合本标准外，尚应符合国家现行有关标准的规定。

2 术 语

2.0.1 模数 module

选定的尺寸单位，作为尺度协调中的增值单位。

2.0.2 基本模数 basic module

模数协调中的基本尺寸单位，用M表示。

2.0.3 扩大模数 multi-module

基本模数的整数倍数。

2.0.4 分模数 infra-modular size

基本模数的分数值，一般为整数分数。

2.0.5 定位线 location line

用来确定建筑部件的安装位置及其标志尺寸的线。

2.0.6 模数协调 modular coordination

应用模数实现尺寸协调及安装位置的方法和过程。

2.0.7 部件 element

建筑功能的组成单元，由建筑材料或分部件构成。在一个及以上方向的协调尺寸符合模数的部件称为模数部件。

2.0.8 分部件 component

作为一个独立单位的建筑制品，是部件的组成单元，在长、宽、高三个方向有规定尺寸。在一个及以上方向的协调尺寸符合模数的分部件称为模数分部件。

2.0.9 基准面 datum plane

部件或分部件按模数要求设立的参照面（系），包括为安装和建造的需要而设立的面。

2.0.10 安装基准面 erection datum plane

为部件或分部件的安装而设立的基准面。

2.0.11 辅助基准面 sub-datum plane

在基准面之间根据需要设置的其他基准面。

2.0.12 基准线 datum line

两个以上基准面的交线或其投影线。

2.0.13 调整面 coordination face

为使部件或分部件相互关联而设立的并可在位形上做调整的面。

2.0.14 模数数列 modular array

以基本模数、扩大模数、分模数为基础，扩展成的一系列尺寸。

2.0.15 模数网格 modular grid

用于部件定位的，由正交或斜交的平行基准线（面）构成的平面或空间网格，且基准线（面）之间的距离符合模数协调要求。

2.0.16 网格中断区 zone of grid

模数网格平面之间的一个间隔。网格中断区可以是模数的，也可以是非模数的。

2.0.17 模数空间 modular space

在一个及以上方向的协调尺寸符合模数的空间。

2.0.18 优先尺寸 preferred size

从模数数列中事先排选出的模数或扩大模数尺寸。

2.0.19 公差 tolerance

部件或分部件在制作、放线或安装时的允许偏差的数值。

2.0.20 制作公差 manufacturing tolerance

部件或分部件在生产制作时，与制作尺寸之间的允许偏差。

2.0.21 安装公差 erection tolerance

部件或分部件安装时，基准面或基准线之间的允许偏差。

2.0.22 位形公差 performance tolerance

在力学、物理、化学等作用下，部件或分部件所产生的位移和变形的允许偏差。

2.0.23 连接空间 joint space

安装时，为保证与相邻部件或分部件之间的连接所需要的最小空间，也称空隙。

2.0.24 装配空间 assembly space

定位时，部件或分部件的实际制作面与安装基准面之间产生的自由空间。

2.0.25 模数层高 modular storey height

连续两层楼板的模数定位基准面之间的垂直尺寸。

2.0.26 模数室内净高　modular room height

一个层高内，楼面模数定位基准面与装修后顶棚模数定位基准面之间的垂直尺寸。

2.0.27 模数楼盖厚度　modular floor height

楼盖的楼面模数定位基准面与该楼板下顶棚模数定位基准面之间的垂直尺寸。

2.0.28 标志尺寸　coordinating size

符合模数数列的规定，用以标注建筑物定位线或基准面之间的垂直距离以及建筑部件、建筑分部件、有关设备安装基准面之间的尺寸。

2.0.29 制作尺寸　manufacturing size

制作部件或分部件所依据的设计尺寸。

2.0.30 实际尺寸　actual size

部件、分部件等生产制作后的实际测得的尺寸。

2.0.31 技术尺寸　technical size

模数尺寸条件下，非模数尺寸或生产过程中出现误差时所需的技术处理尺寸。

3　模　　数

3.1　基本模数、导出模数

3.1.1　基本模数的数值应为 100mm（1M 等于 100mm）。整个建筑物和建筑物的一部分以及建筑部件的模数化尺寸，应是基本模数的倍数。

3.1.2　导出模数应分为扩大模数和分模数，其基数应符合下列规定：

1　扩大模数基数应为 2M、3M、6M、9M、12M……；

2　分模数基数应为 M/10、M/5、M/2。

3.2　模 数 数 列

3.2.1　模数数列应根据功能性和经济性原则确定。

3.2.2　建筑物的开间或柱距，进深或跨度，梁、板、隔墙和门窗洞口宽度等分部件的截面尺寸宜采用水平基本模数和水平扩大模数数列，且水平扩大模数数列宜采用 $2n$M、$3n$M（n 为自然数）。

3.2.3　建筑物的高度、层高和门窗洞口高度等宜采用竖向基本模数和竖向扩大模数数列，且竖向扩大模数数列宜采用 nM。

3.2.4　构造节点和分部件的接口尺寸等宜采用分模数数列，且分模数数列宜采用 M /10、M/5、M/2。

4　模数协调原则

4.1　模 数 网 格

4.1.1　模数网格可由正交、斜交或弧线的网格基准线（面）构成，连续基准线（面）之间的距离应符合模数（图 4.1.1-1），不同方向连续基准线（面）之间的距离可采用非等距的模数数列（图 4.1.1-2）。

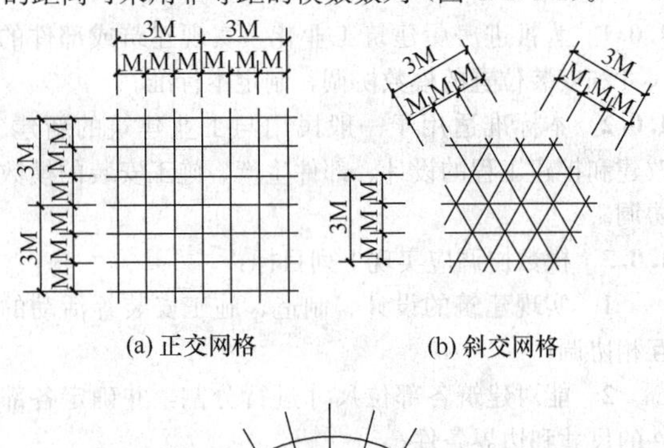

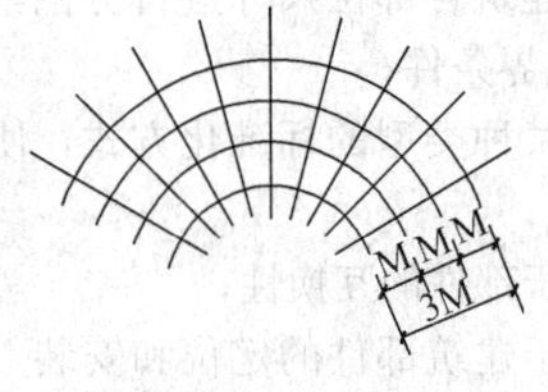

(c) 弧线网格

图 4.1.1-1　模数网格的类型

3M　3M

3M　M M M

3M　M M M

(a) 不同方向非等距

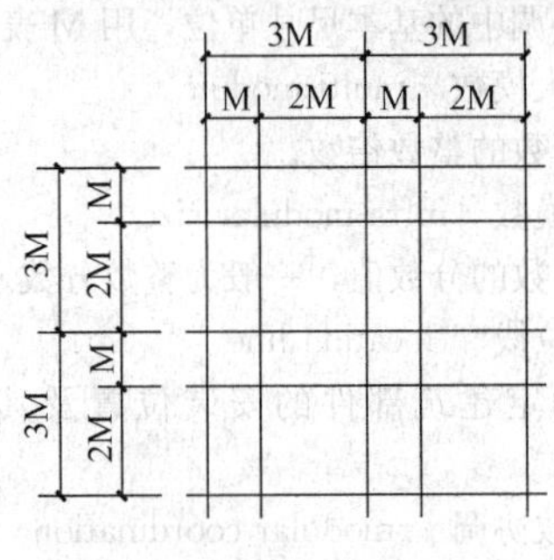

(b) 同方向非等距

图 4.1.1-2　模数数列非等距的模数网格

4.1.2　相邻网格基准面（线）之间的距离可采用基本模数、扩大模数或分模数，对应的模数网格分别称为基本模数网格、扩大模数网格和分模数网格（图 4.1.2）。

4.1.3　对于模数网格在三维坐标空间中构成的模数空间网格，其不同方向上的模数网格可采用不同的模数（图 4.1.3）。

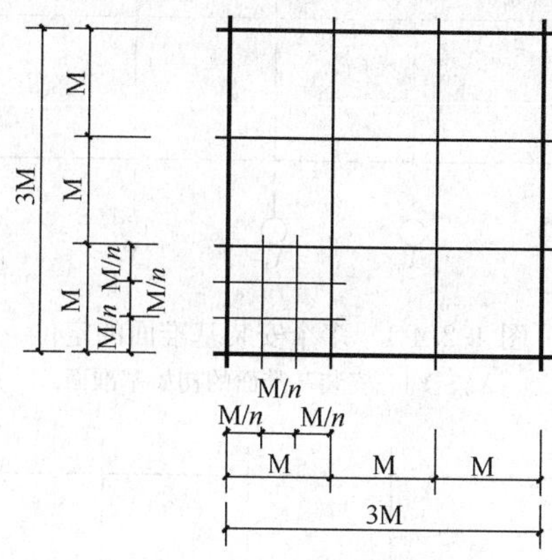

图 4.1.2 采用不同模数的模数网格

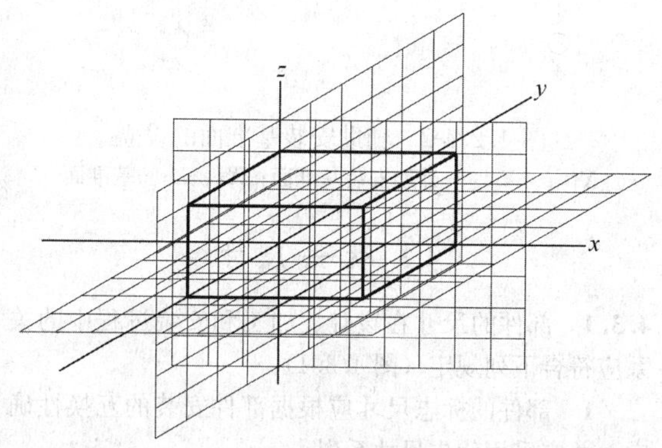

图 4.1.3 模数空间网格

4.1.4 模数网格可采用单线网格，也可采用双线网格（图 4.1.4）。

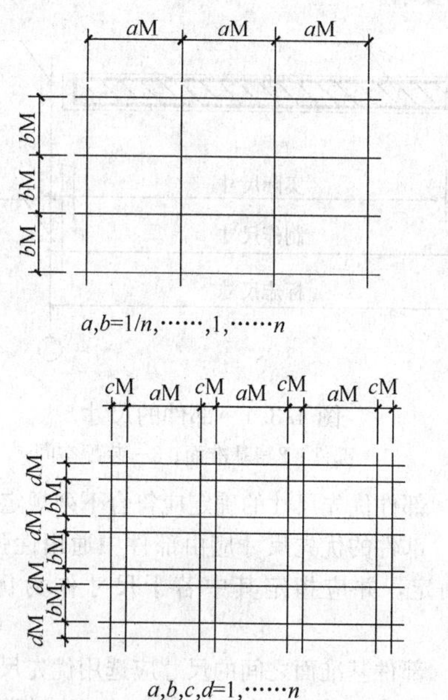

图 4.1.4 单线模数网格和双线模数网格

4.1.5 模数网格的选用应符合下列规定：

1 结构网格宜采用扩大模数网格，且优先尺寸应为 2*n*M、3*n*M 模数系列；

2 装修网格宜采用基本模数网格或分模数网格。隔墙、固定橱柜、设备、管井等部件宜采用基本模数网格，构造做法、接口、填充件等分部件宜采用分模数网格。分模数的优先尺寸应为 M/2、M/5。

4.2 部 件 定 位

4.2.1 部件的定位应符合下列规定：

1 每一个部件的位置都应位于模数网格内；

2 部件占用的模数空间尺寸应包括部件尺寸、部件公差，以及技术尺寸所必需的空间（图 4.2.1）。

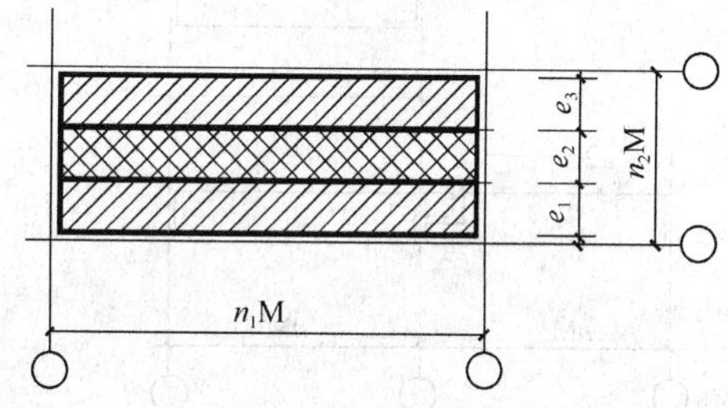

图 4.2.1 部件占用的模数空间

e_1、e_2、e_3—部件尺寸（可为模数尺寸或非模数尺寸）；

n_1M、n_2M—模数占用空间

4.2.2 部件定位可采用中心线定位法、界面定位法，或者中心线与界面定位法混合使用的方法（图 4.2.2-1、图 4.2.2-2）。定位方法的选择应符合下列规定：

1 应符合部件受力合理、生产简便、优化尺寸和减少部件种类的需要，满足部件的互换、位置可变的要求；

2 应优先保证部件安装空间符合模数，或满足一个及以上部件间净空尺寸符合模数。

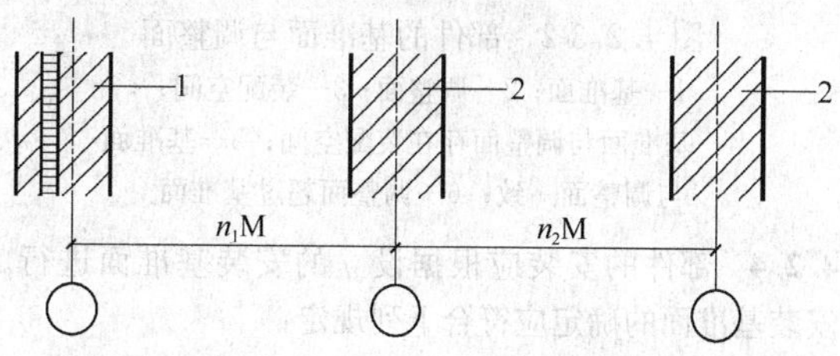

图 4.2.2-1 采用中心线定位法的模数基准面

1—外墙；2—柱、墙等部件

4.2.3 确定部件的基准面应符合下列规定：

1 两个以上的基准面宜相互平行或者正交，斜交时应标出基准面之间夹角的大小；

2 两个基准面之间的距离应符合模数要求，同一功能部位部件基准面的确定方法应统一（图 4.2.3-1）；

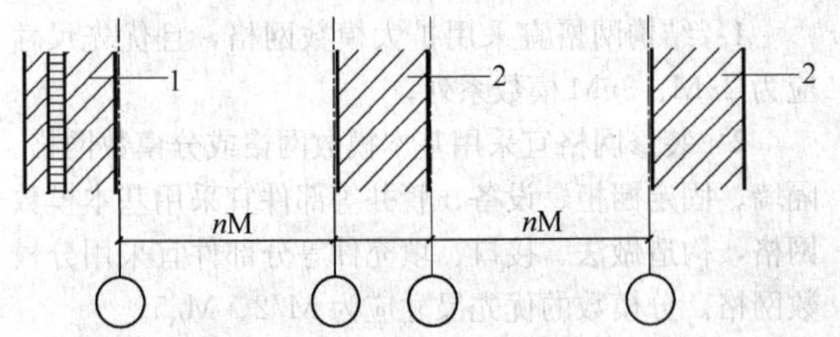

图 4.2.2-2 采用界面定位法的模数基准面

1—外墙；2—柱、墙等部件

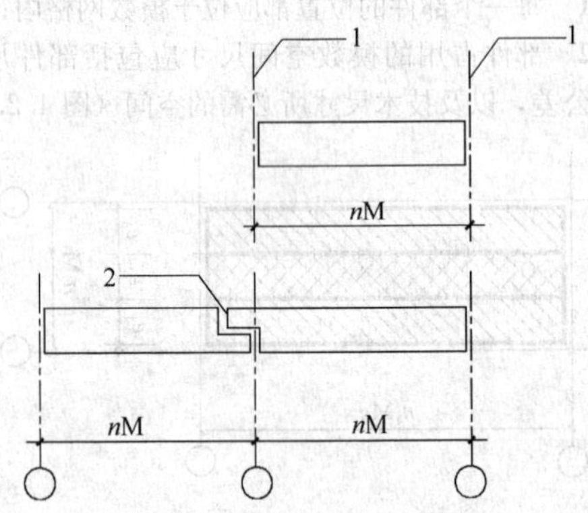

图 4.2.3-1 同一功能部位部件基准面的确定

1—基准面；2—调整面

3 相互关联的部件应根据与部件基准面的相对位置关系设置部件的调整面（图 4.2.3-2）。

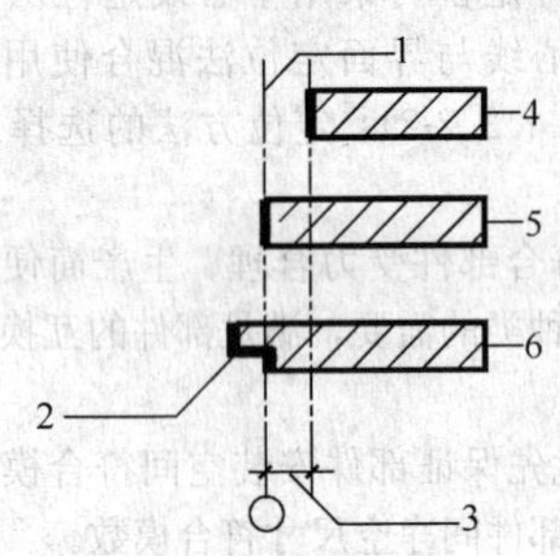

图 4.2.3-2 部件的基准面与调整面

1—基准面；2—调整面；3—装配空间；

4—基准面与调整面存在装配空间；5—基准面与调整面一致；6—调整面超过基准面

4.2.4 部件的安装应根据设立的安装基准面进行。安装基准面的确定应符合下列规定：

1 多个安装基准面（线）平行排列时，应以其中一个安装基准面（线）为初始基准面（线），其他安装基准面（线）应按与初始基准面（线）的相对距离确定自身所在位置（图 4.2.4-1）；

2 两个安装基准面之间可根据需要插入辅助基准面。辅助基准面应在安装基准面确定后设立（图 4.2.4-2）。

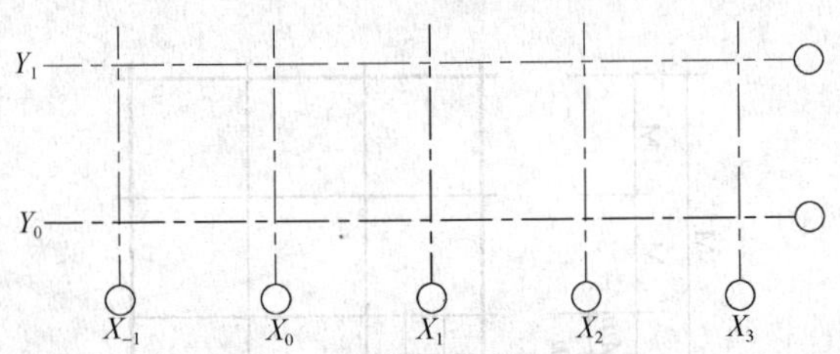

图 4.2.4-1 多个安装基准面的定位

X_0、Y_0—安装基准面的初始基准面

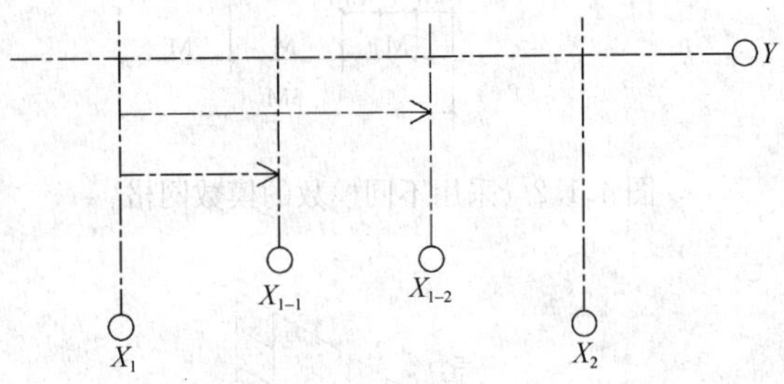

图 4.2.4-2 辅助安装基准面的设立

X_{1-1}、X_{1-2}—辅助安装基准面；X_1、X_2—基准面

4.3 优先尺寸

4.3.1 部件的尺寸在设计、加工和安装过程中的关系应符合下列规定（图 4.3.1）：

1 部件的标志尺寸应根据部件安装的互换性确定，并应采用优先尺寸系列；

2 部件的制作尺寸应由标志尺寸和安装公差决定；

3 部件的实际尺寸与制作尺寸之间应满足制作公差的要求。

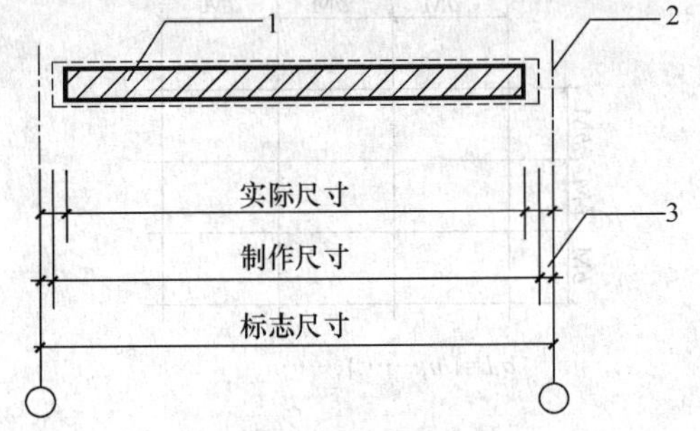

图 4.3.1 部件的尺寸

1—部件；2—基准面；3—装配空间

4.3.2 部件优先尺寸的确定应符合下列规定：

1 部件的优先尺寸应由部件中通用性强的尺寸系列确定，并应指定其中若干尺寸作为优先尺寸系列；

2 部件基准面之间的尺寸应选用优先尺寸；

3 优先尺寸可分解和组合，分解或组合后的尺寸可作为优先尺寸；

4 承重墙和外围护墙厚度的优先尺寸系列宜根据

1M的倍数及其与 M/2 的组合确定，宜为 150mm、200mm、250mm、300mm；

5 内隔墙和管道井墙厚度优先尺寸系列宜根据分模数或 1M 与分模数的组合确定，宜为 50mm、100mm、150mm；

6 层高和室内净高的优先尺寸系列宜为 nM；

7 柱、梁截面的优先尺寸系列宜根据 1M 的倍数与 M/2 的组合确定；

8 门窗洞口水平、垂直方向定位的优先尺寸系列宜为 nM。

4.4 模数网格协调

4.4.1 部件在模数网格中的定位应符合下列规定：

1 部件在单线网格中的定位应采用中心线定位法（图 4.4.1-1）或界面定位法（图 4.4.1-2）；

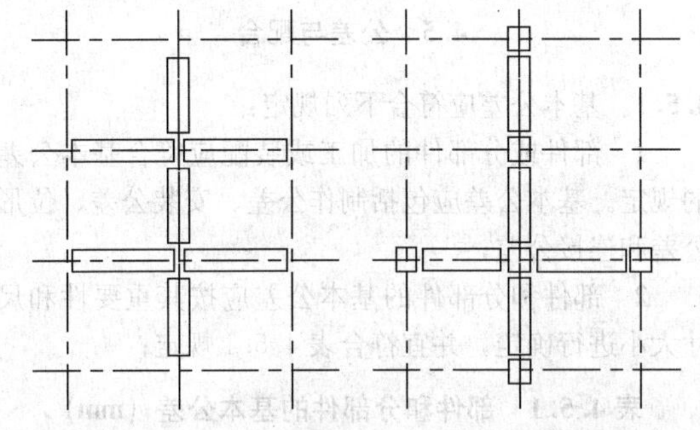

图 4.4.1-1 单线网格中的中心线定位法

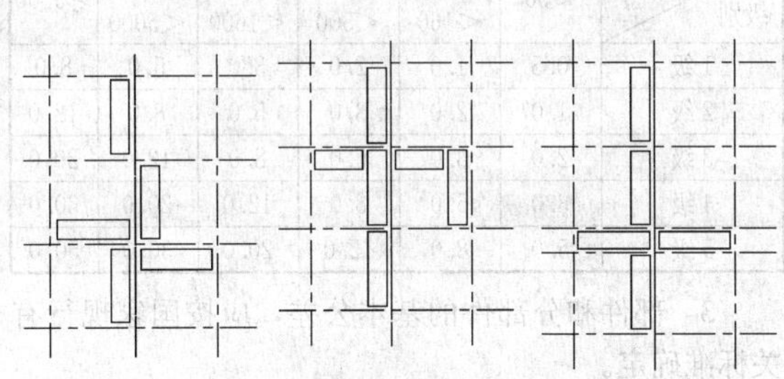

图 4.4.1-2 单线网格中的界面定位法

2 部件在双线网格中的定位应采用界面定位法（图 4.4.1-3）；

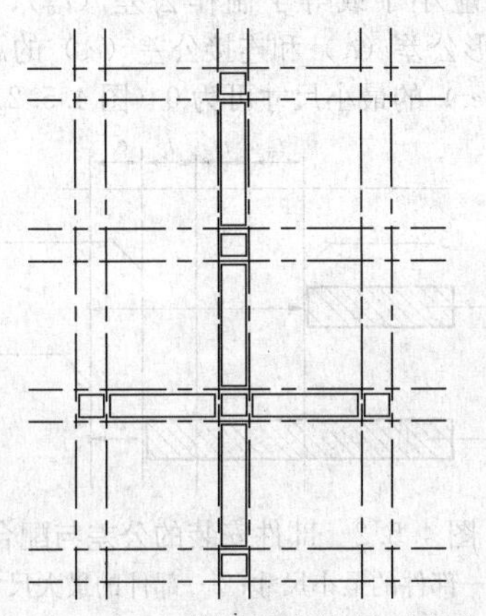

图 4.4.1-3 双线网格中的界面定位法

3 部件在双线网格和单线网格混合使用的模数网格中的定位，可采用中心线定位法或界面定位法，或同时使用两种定位方法（图 4.4.1-4、图 4.4.1-5）。

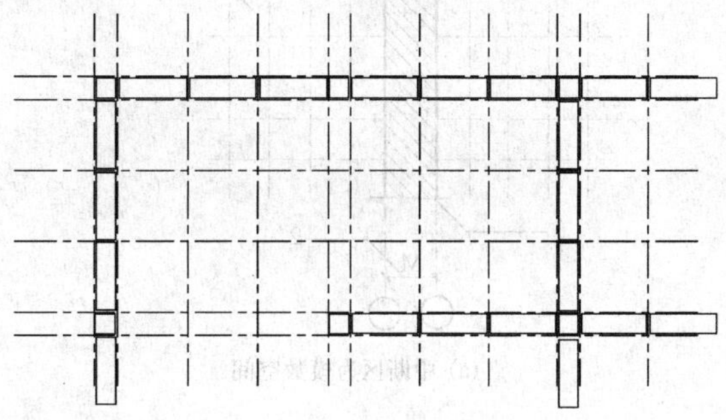

图 4.4.1-4 单线和双线网格混合使用中的界面定位法

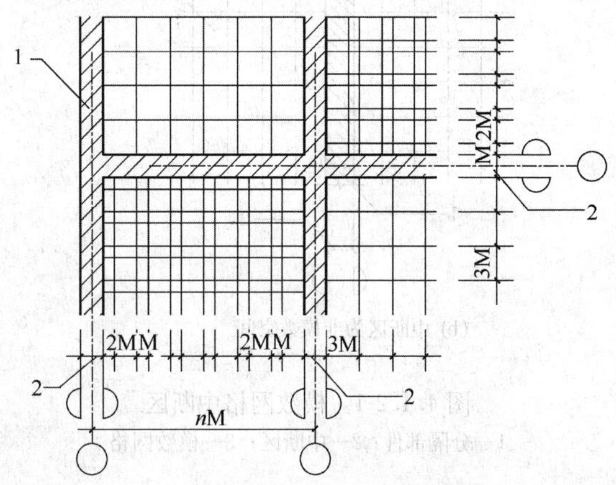

图 4.4.1-5 单线和双线网格混合使用时的中心线与界面定位法

1—结构墙；2—中断区

4.4.2 部件与模数网格或模数网格之间的调整宜符合下列规定：

1 部件与模数网格间的关系协调可从中心定位面开始，也可从界面定位面开始。单线网格的调整宜从部件的中心位置开始，双线网格宜从部件的面开始；

2 在同一建筑中，可采用多个模数网格，各模数网格间可重叠、交叉、中断，且相互可不平行，原点可相互独立；

3 模数网格间可用中断区调整两个或两个以上模数网格之间的关系，网格中断区可是模数的，也可是非模数的（图 4.4.2-1、图 4.4.2-2）。

4.4.3 部件所占空间的模数协调应按下列规定进行处理：

1 需要装配并填满模数部件的空间，应优先保证为模数空间；

2 不需要填满或不严格要求填满模数部件的空间，可以是非模数空间；

3 当模数部件用于填满非模数空间时，应采用技术尺寸空间处理。

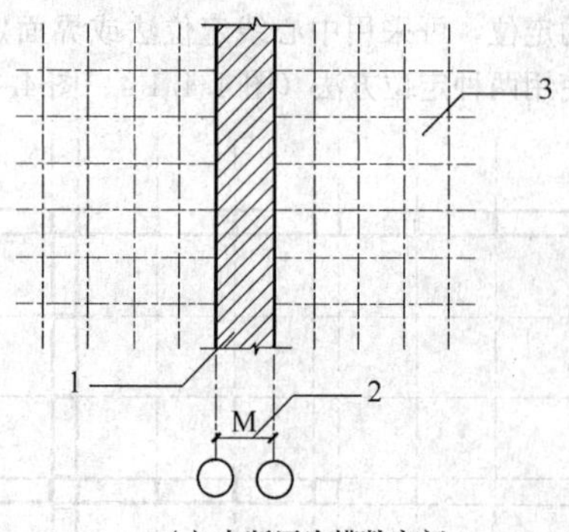

(a) 中断区为模数空间

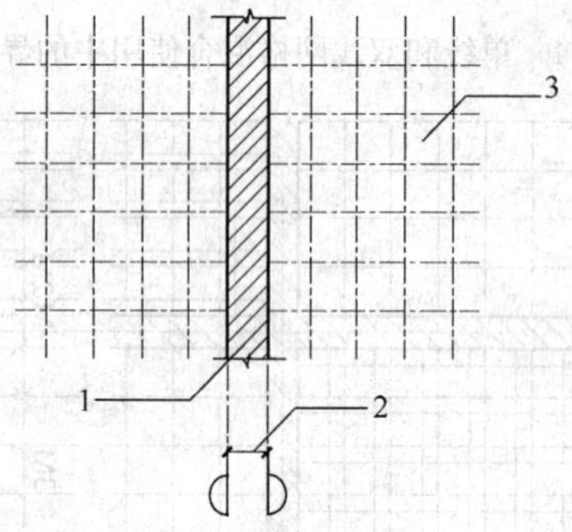

(b) 中断区为非模数空间

图 4.4.2-1　模数网格中断区

1—分隔部件；2—中断区；3—模数网格

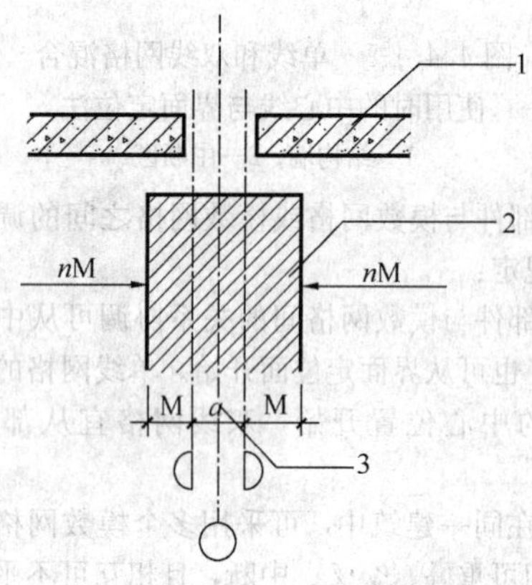

图 4.4.2-2　模数网格中断区

1—水平部件；2—垂直部件（承重支点）；3—非模数间隔中断区

4.4.4　部件安装后剩余空间的模数协调应按下列规定进行处理：

1　部件根据安装基准面定位时，应优先保证剩余空间为模数空间；

2　在模数空间中，上道工序部件的安装应为下道工序留出模数空间，下道工序安装部件的标志尺寸应符合模数空间的要求（图 4.4.4）。

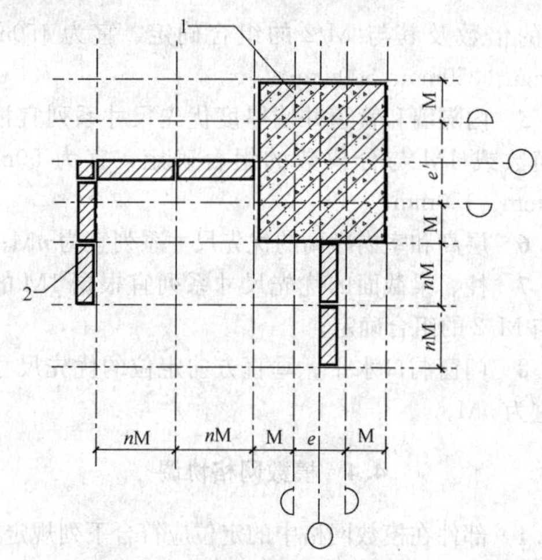

图 4.4.4　部件所占空间的模数协调

1—结构柱；2—墙板；e、e'—模数中断区

4.5　公差与配合

4.5.1　基本公差应符合下列规定：

1　部件或分部件的加工或装配应符合基本公差的规定。基本公差应包括制作公差、安装公差、位形公差和连接公差；

2　部件和分部件的基本公差应按其重要性和尺寸大小进行确定，并宜符合表 4.5.1 规定；

表 4.5.1　部件和分部件的基本公差（mm）

级别＼部件尺寸	<50	≥50 <160	≥160 <500	≥500 <1600	≥1600 <5000	≥5000
1级	0.5	1.0	2.0	3.0	5.0	8.0
2级	1.0	2.0	3.0	5.0	8.0	12.0
3级	2.0	3.0	5.0	8.0	12.0	20.0
4级	3.0	5.0	8.0	12.0	20.0	30.0
5级	5.0	8.0	12.0	20.0	30.0	50.0

3　部件和分部件的基本公差，应按国家现行有关标准确定。

4.5.2　公差与配合应符合下列规定：

1　部件的安装位置与基准面之间的距离（d），应满足公差与配合的状况，且应大于或等于连接空间尺寸，并应小于或等于制作公差（t_m）、安装公差（t_e）、位形公差（t_s）和连接公差（e_s）的总和，且连接公差（e_s）的最小尺寸可为 0（图 4.5.2）。

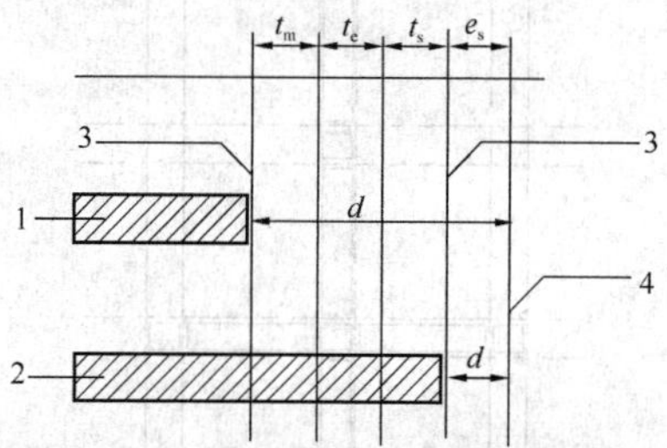

图 4.5.2　部件安装的公差与配合

1—部件的最小尺寸；2—部件的最大尺寸；3—安装位置；4—基准面

2　公差应根据功能部位、材料、加工等因素选定。在精度范围内，宜选用大的基本公差。

5　模数协调应用

5.1　一 般 规 定

5.1.1　模数协调应利用模数数列调整建筑与部件或分部件的尺寸关系，减少种类，优化部件或分部件的尺寸。

5.1.2　部件与安装基准面关联到一起时，应利用模数协调明确各部件或分部件的位置，使设计、加工及安装等各个环节的配合简单、明确，达到高效率和经济性。

5.1.3　主体结构部件和内装、外装部件的定位可通过设置模数网格来控制，并应通过部件安装接口要求进行主体结构、内装、外装部件和分部件的安装。

5.2　模数网格的设置

5.2.1　以基准面定位的主体结构时，其内部空间可采用模数装修网格表示。

5.2.2　当主体结构尺寸和模数装修网格不一致时，装修网格可被分隔为若干空间。模数结构网格和模数装修网格、不同尺寸模数网格宜适当叠加设置（图5.2.2）。

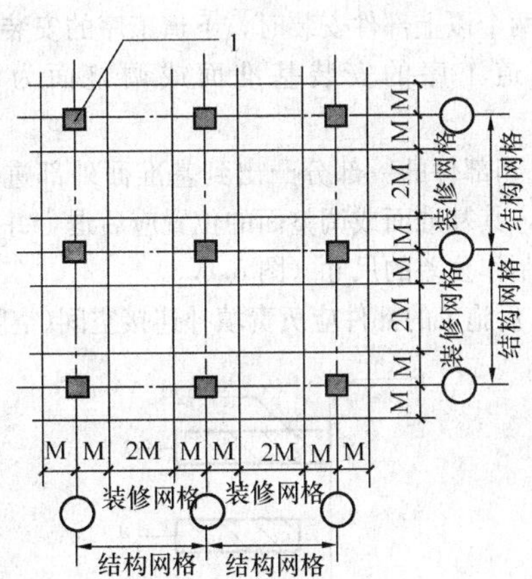

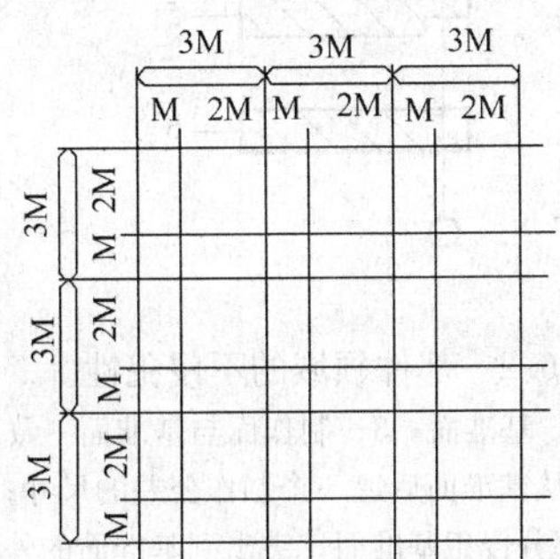

图 5.2.2　建筑定位轴线和模数网格的叠加

1—结构柱部件

5.3　主体结构部件的定位

5.3.1　对于主体结构部件的定位，宜采用中心线定位法或界面定位法。对于柱、梁、承重墙的定位，宜采用中心线定位法。对于楼板及屋面板的定位，宜采用界面定位法（图5.3.1）。

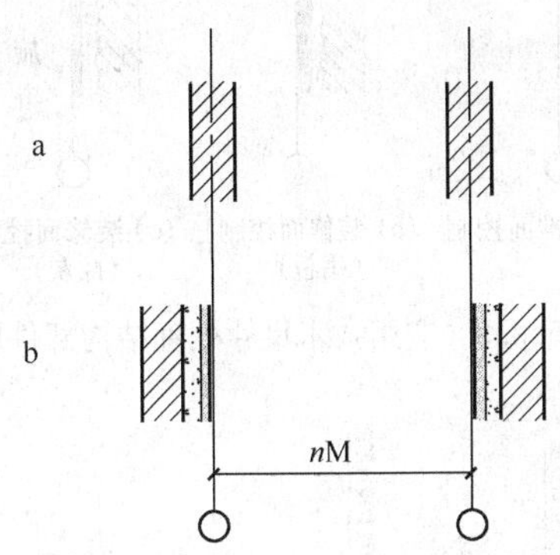

图 5.3.1　主体结构的定位

a—中心定位法；b—界面定位法

5.3.2　当主体结构部件的定位安装和内装部件的定位安装要求同时满足基准面定位时，主体结构墙体部件的安装厚度宜符合模数尺寸，中心线定位和界面定位可叠加为同一模数网格（图5.3.2）。

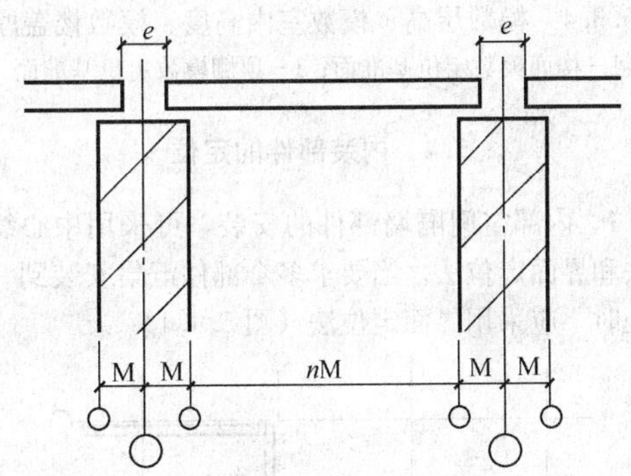

图 5.3.2　中心线定位法与界面定位法的叠加

e—网格中断区

5.3.3　在主体结构部件采用基准面进行定位时，应计算内装部件中基层和面层厚度，并宜采用技术尺寸进行处理（图5.3.3）。

5.3.4　建筑沿高度方向的部件或分部件定位应根据不同条件确定基准面并符合以下规定（图5.3.4）：

1　建筑层高和室内净高宜满足模数层高和模数室内净高的要求。

2　楼层的基准面可定位在结构面上，也可定位在楼面装修完成面或顶棚表面上，应根据部件安装的工艺、顺序和功能要求确定基准面。

3　模数楼盖厚度应包括楼面和顶棚两个对应的基准面之间。当楼板厚度的非模数因素不能占满模数空间时，余下的空间宜作为技术尺寸占用空。

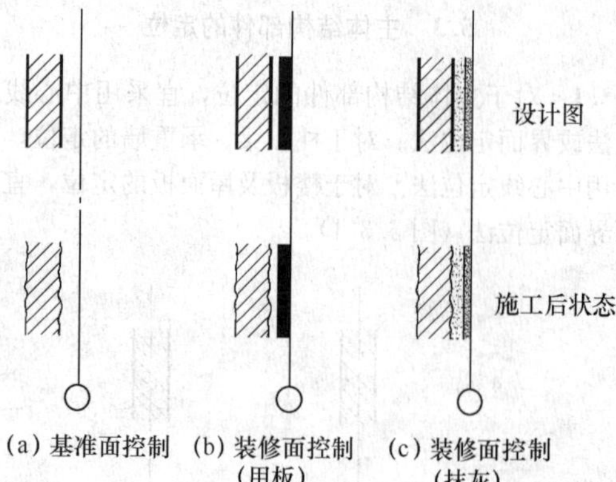

图 5.3.3　应用技术尺寸处理结构部件厚度

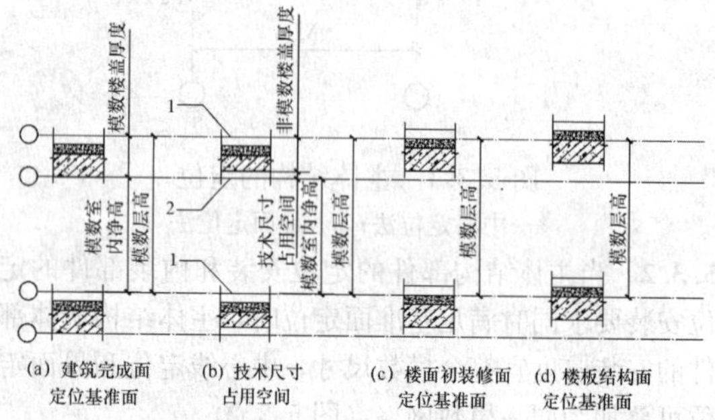

图 5.3.4　模数层高、模数室内高度、模数楼盖厚度

1—楼面模数定位基准面；2—顶棚模数定位基准面

5.4　内装部件的定位

5.4.1　内部空间隔墙部件的安装，可采用中心线定位法和界面定位法。当要求多个部件汇集安装到一条线上时，应采用界面定位法（图 5.4.1）。

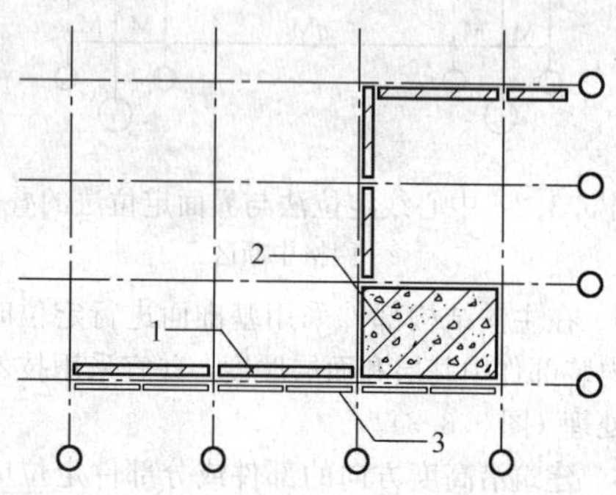

图 5.4.1　多个部件按界面定位法汇集安装

1—墙；2—结构柱；3—装饰墙板

5.4.2　对于板材、块材、卷材等装修面层的安装，当内装修面层所在一侧要求模数空间时，应采用界面定位法。装修面层的安装面材应避免剪裁加工，必要时可利用技术尺寸进行处理。

5.4.3　内装部件的尺寸的设计、加工应满足模数网格安装的要求。

5.5　外装部件的定位

5.5.1　外装部件的定位方法宜采用界面定位法。

5.5.2　外装部件的尺寸宜满足模数网格安装的要求。

5.6　安装接口

5.6.1　部件的制作尺寸应符合下列规定：

1　应设定安装基准面，并应根据安装基准面确定部件的标志尺寸，以及制作尺寸、制作公差和安装公差；

2　部件的实际尺寸宜小于制作尺寸；制作公差应控制在规定的公差范围之内，设计时应预先计算制作公差值（图 5.6.1）。

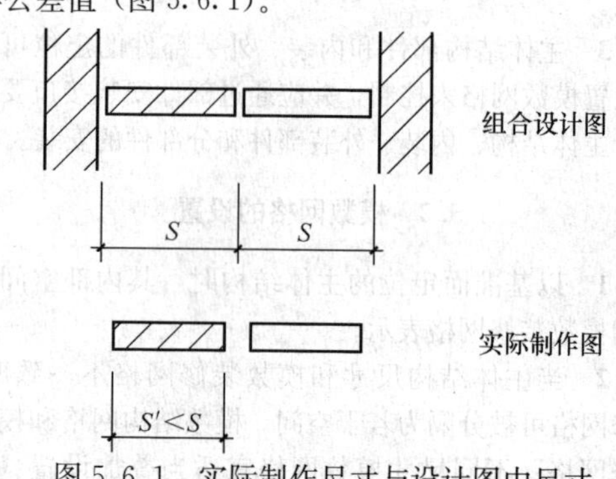

图 5.6.1　实际制作尺寸与设计图中尺寸

5.6.2　部件安装不得侵犯指定领域的部件基准面。两个或两个以上部件安装时，下道工序的安装基准面应以上道工序的安装基准面或调整面为准（图 5.6.2）。

5.6.3　当部件的一部分凸出到基准面外部进行接口安装时，其基准面或调整面的位置应后退，并应保持相当于制作公差的尺寸（图 5.6.3）。

5.6.4　后施工的部件应负责填补连接空间(空隙)。先

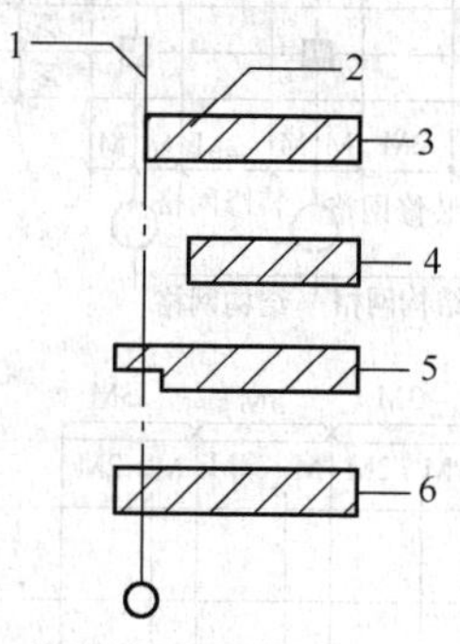

图 5.6.2　部件领域的不侵犯性

1—部件；2—基准面；3—制作面与基准面一致；
4—制作面从基准面后退一个制作公差的尺寸；
5—部件的一部分侵犯基准面，突出到基准面的外部；
6—部件侵犯指定领域的部件基准面

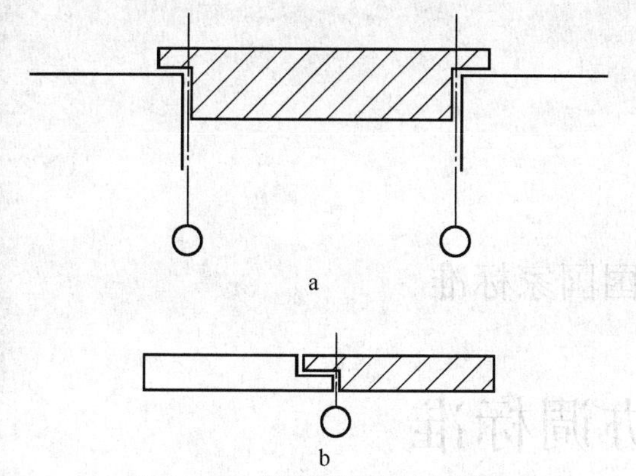

图 5.6.3　部件领域的凸出部分

施工的部件不得侵犯后施工部件的领域，施工完成面不得越过基准面(图 5.6.4)。

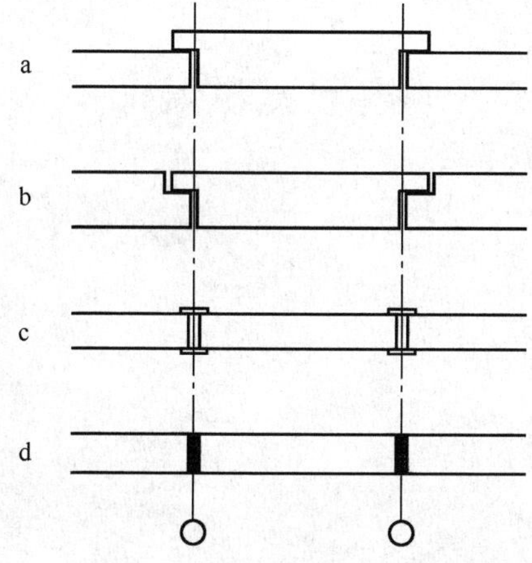

图 5.6.4　连接空间与严密安装

a、b、c—采用接口构造调整；d—采用填充体调整

5.6.5 大而重且不易加工的部件应先施工，没有安装公差或安装公差小的部件应先施工。

本标准用词说明

1 为便于在执行本标准条文时区别对待，对要求严格程度不同的用词说明如下：

1) 表示很严格，非这样做不可的：
正面词采用“必须”，反面词采用“严禁”；

2) 表示严格，在正常情况下均应这样做的：
正面词采用“应”，反面词采用“不应”或“不得”；

3) 表示允许稍有选择，在条件许可时首先应这样做的：
正面词采用“宜”，反面词采用“不宜”；

4) 表示有选择，在一定条件下可以这样做的，采用“可”。

2 条文中指明应按其他有关标准执行的写法为：“应符合……的规定”或“应按……执行”。

中华人民共和国国家标准

建筑模数协调标准

GB/T 50002—2013

条 文 说 明

修 订 说 明

《建筑模数协调标准》GB/T 50002－2013，经住房和城乡建设部 2013 年月 8 月 8 日以第 114 号公告批准、发布。

本标准是在《建筑模数协调统一标准》GBJ 2－86、《住宅建筑模数协调标准》GB/T 50100－2001 的基础上修订而成。上一版的主编单位是中国建筑标准设计研究所、中国建筑技术研究院。参编单位是燕山石油化学总公司设计院、同济大学、南京工学院、中国建筑东北设计院、陕西省建筑设计院、湖北工业建筑设计院、武汉煤矿设计研究院、上海市工程建设标准化委员会。主要起草人员是吕良芳、沈运柱、陈金寿、开彦、仲继寿、靳瑞冬、赵冠谦、姚国华、班焯、王勤芬、彭圣钦。

本标准修订的主要技术内容是：

1. 整合了《建筑模数协调统一标准》GBJ 2－86、《住宅建筑模数协调标准》GB/T 50100－2001 的章节结构。

2. 强调基本模数，取消了模数数列表，淡化 3M 概念。

3. 强调模数网格与模数协调应用。

4. 简化文字表述，力求接近工程实际。

本标准修订过程中，编制组进行了广泛的调查研究，总结了我国工程建设的实践经验，同时参考了国外先进技术法规、技术标准。

为便于广大设计、施工、科研、学校等单位有关人员在使用本标准时能正确理解和执行条文规定，《建筑模数协调标准》编制组按章、节、条顺序编制了本标准的条文说明，对条文规定的目的、依据以及执行中需注意的有关事项进行了说明。但是，本条文说明不具备与标准正文同等的法律效力，仅供使用者作为理解和把握标准规定的参考。

目　次

1 总 则

1.0.1 建筑工业化，是大多数国家解决大量性房屋建筑问题的关键。我国实现建筑产业现代化实际上是工业化、标准化和集约化的过程。没有标准化，就没有真正意义上的工业化；而没有系统的尺寸协调，就不可能实现标准化。

以住宅产业化为例，我国住宅发展的最终目标应是实行通用住宅体系化，积极推行定型化生产，系列化配套，社会化供应的部件发展模式。

模数协调工作是各行各业生产活动最基本的技术工作。遵循模数协调原则，全面实现尺寸配合，可保证房屋建设过程中，在功能、质量、技术和经济等方面获得优化，促进房屋建设从粗放型生产转化为集约型的社会化协作生产。这里是两层含义，一是尺寸和安装位置各自的模数协调，二是尺寸与安装位置之间的模数协调。

1.0.2 本标准适用于一般民用与工业建筑，不包括构筑物。之所以如此，一方面是便于与国际标准化组织/房屋建筑技术委员会（ISO/TC—59）对接，另一方面构筑物尽管与房屋建筑有相同之处，但由于其功能和工艺的特殊性，和建筑物存在不少差异，故不列入。

尽管工业建筑相对自成体系，但工业建筑除了工艺外，更容易实现工业化生产，包括主体结构和围护结构，如果是多层厂房内装也是普遍的。模数协调的基本原则与民用建筑相同。

本标准适用于编制建筑设计中的建筑、结构、设备、电气等工种技术文件及它们之间的尺寸协调原则，以协调各工种之间的尺寸配合，保证模数化部件和设备的应用。

同时，本标准也适用于确定建筑中所采用的建筑部件或分部件（如设备、固定家具、装饰制品等）需要协调的尺寸，以提供制定建筑中各种部件、设备的尺寸协调的原则方法，指导编制建筑各功能部位的分项标准，如：厨房、卫生间、隔墙、门窗、楼梯等专项模数协调标准，以制定各种分部件的尺寸、协调关系。

建筑中有特殊功能或特殊形体的部分，可按本标准原则采用其他方法解决。

1.0.3 建筑部件实现通用性和互换性是模数协调的最基本原则。就是把部件规格化、通用化，使部件可适用于常规的建筑，并能满足各种需求，使部件规格化又不限制设计自由。这样，该部件就可以进行大量定型的规模化生产，稳定质量，降低成本。通用部件使部件具有互换能力，互换时不受其材料、外形或生产方式的影响，可促进市场的竞争和部件生产水平的提高，适合工业化大生产，简化施工现场作业。

部件的互换性有各种各样的内容，包括：年限互换、材料互换、式样互换、安装互换等，实现部件互换的主要条件是确定部件的尺寸和边界条件，使安装部位和被安装部位达到尺寸间的配合。涉及年限互换主要指因为功能和使用要求发生改变，要对空间进行改造利用时，或者某些部件已经达到使用年限，需要用新的部件进行更换。

建筑的模数协调工作涉及各行各业，涉及的部件种类很多。因此，需要各方面共同遵守各项协调原则，制定各种部件或分部件的协调尺寸和约束条件。

1.0.4 实施模数协调的工作是一个渐进的过程，对于成熟的、重要的以及影响面较大的部位可先期运行，如厨房、卫生间、楼梯间等；重要的部件和分部件如门窗等，优先推行规格化、通用化，其他部位、部件和分部件等条件成熟后再予推行。

2 术 语

2.0.5 定位轴线是定位线的一种，常用于受力部件如结构柱、墙（基础）的定位。

2.0.7 根据部件在装配时是否进行与尺寸变化相关的加工，部件又区分为以下三种：

（a）一维部件：在一个方向的尺寸确定，且两个方向尺寸可现场变化的部件。

（b）二维部件：在两个方向的尺寸确定，且一个方尺寸向可现场变化的部件。

（c）三维部件：在三个方向的尺寸已经确定，并且按其尺寸进行装配的部件。

2.0.8 分部件

1 模数化分部件并不需要所有方向的尺寸都是符合模数的，分部件的一个或两个方向组装后没有模数配合的要求，就可以是非模数尺寸，如一片外墙的厚度。

2 建筑分部件还包括设备的零件、固定装置、接头和固定的家具等。

3 从我国习惯的建筑术语而言，建筑部件和分部件有以下区别：部件可以作为建筑的一个功能部分独立发挥作用，而分部件作为一个独立的建筑制品，不一定能够独立发挥作用；部件一般由分部件构成，从功能单位上讲部件比分部件大；部件可以只在一个方向上具有规定尺寸，而分部件则在三个方向上具有规定尺寸；部件可以在装配时进行尺寸相关的变化，而分部件一般不需要进行这种变化。

2.0.9 、2.0.10 基准面、安装基准面

根据基准面、安装基准面这一参照面（系），进行一个部件或分部件与另一个部件或分部件之间的尺寸和位置的协调。

3 模 数

3.1 基本模数、导出模数

3.1.2 本标准按不同内容分为基本模数、导出模数、模数数列，重点强调 1M＝100mm 基本模数的概念，扩大模数和分模数只是应用；考虑到我国习惯和与 ISO 6513：1982(E)“房屋建筑——模数协调——水平尺寸的优选扩大模数系列”中的 3M、6M、12M、15M、30M、60M 统一，原模数标准强调扩大模数 3M，本次修订依然保留 3M 系列，3M 模数不作为主推的模数系列，故取消原《建筑模数协调统一标准》第二章中的“第二节 模数数列的幅度”。

3.2 模 数 数 列

3.2.1～3.2.4 对原《建筑模数协调统一标准》第 2.3.1 条～第 2.3.5 条的内容表述进行简化，取消了模数数列的幅度的规定，强调了基本模数数列、扩大模数数列、分模数数列的适用范围，便于使用。我国传统模数系列习惯强调 3M，而不主张 2M，不能满足建筑发展的要求。本标准不做限定，以扩大选择性。

4 模数协调原则

4.1 模 数 网 格

4.1.3 房屋建筑一般都是三维空间内的实体，因此将三维空间看作是三个相交面的连续网格，可以用来直观地计量和定位房屋建筑及其构配件在三维空间的位置与尺寸（图 1）。

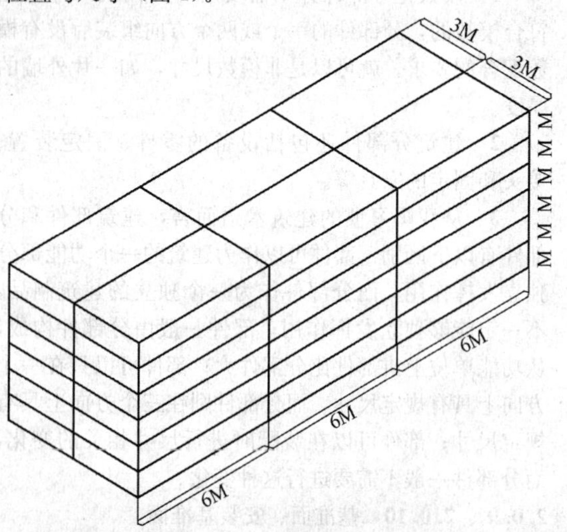

图 1 非等距模数数列在模数空间网格中的应用示例

4.1.4 单线网格可用于中心线定位，也可用于界面定位；双线网格常用于界面定位。

4.1.5 装修网格由装修部件的重复量和规格决定。

4.2 部 件 定 位

4.2.1 在模数空间内，当部件在某一方向的尺寸不是模数尺寸时，就需要技术尺寸来填充，满足模数空间的要求。

4.2.2 部件定位是指确定部件在模数网格中的位置和所占的领域。

部件定位主要依据部件基准面（线）、安装基准面（线）的所在位置决定，基准面（线）的位置确定可采用中心线定位法、界面定位法或以上两种方法的混合。

中心线定位法：指基准面（线）设于部件上（多为部件的物理中心线），且与模数网格线重叠的方法。

界面线定位法：指基准面（线）设于部件边界，且与模数网格线重叠的方法。

当采用中心线定位法定位时，部件的中心基准面（线）并不一定必须与部件的物理中心线重合，如偏心定位的外墙等。

当部件不与其他部件毗邻连接时，一般可采用中心定位法，如框架柱的定位。

当多部件连续毗邻安装，且需沿某一界面部件安装完整平直时，一般采用界面定位法，并通过双线网格保证部件占满指定领域。

为保证部件的互换性和位置可变性，可同时采用不同的定位方法（图 2）。

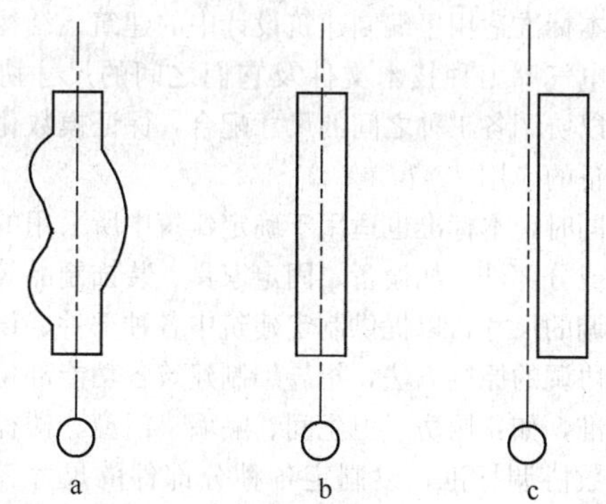

图 2 部件的中心线定位法和界面定位法

a—厚度方向不规则的采用中心定位线；

b—板状部件的中心定位线；

c—板状部件的界面定位线

在模数空间网格中，部件的定位根据其安装基准面的所在位置，采用中心线定位法、界面定位法或两种方式的混合。

为了保证上、下道工序的部件安装都能够处在模数空间网格之中，部件定位宜采用界面定位法。

4.2.3 基准面与调整面的形状无关，设定在调整面位置的基准面，原则上为平面。图 4.2.3-2 表示了基准面和调整面的三种关系。其中，调整面越过基准面的情况在实际工程中也很常见。如吊车梁（图 3）。

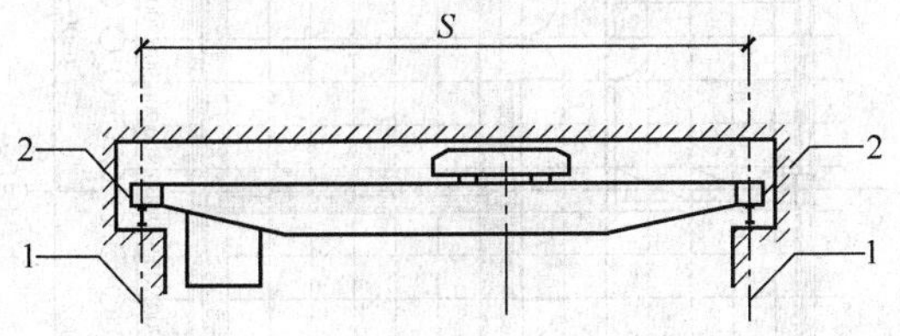

图 3　调整面越过基准面

1—基准面；2—调整面

4.2.4　本条规定了安装基准（面）线的确定方法。

1　相互平行的安装基准（面）线，如开间、进深方向的轴线，是建筑设计中应用最广泛的类型。如内隔墙、厨具、卫生洁具的安装就是以与之平行的承重墙体为初始基准面来定位安装的。

2　按照我国的施工图平面绘制习惯，通常多以图面左侧、下部的承重部件安装基准面为初始基准面，并统一给承重部件的安装基准面赋予定位轴线及轴线号。其他非承重构件则多以近邻定位轴线为初始基准面，通过与初始基准面之间的距离确定非承重部件的位置。

在两个安装基准面之间插入辅助安装基准面经常用于部件、设备管道安装工程和装修工程中。

对于由块材和面材（如瓷砖、马赛克等）等多个部件的集合为前提的部件，指示每一个基准面是不现实的，且在某些场合下也是没有什么意义的。对于这类部件的位置指定，可采用插入的方法，即在基准面与基准面之间插入另一组模数网格，均匀分割空间尺寸，此时安装的位置误差仍然根据基准面的位置确定。辅助安装基准面的应用，可有效地避免部件的现场剪裁。

4.3　优 先 尺 寸

4.3.1　部件的尺寸对部件的安装有着重要的意义。在指定领域中，部件基准面之间的距离，可采用标志尺寸、制作尺寸和实际尺寸来表示，对应着部件的基准面、制作面和实际面。部件预先假设的制作完毕后的面，称为制作面，部件实际制作完成的面称为实际面。

对于设计人员而言，更关心部件的标志尺寸，设计师根据部件的基准面来确定部件的标志尺寸。

对制造业者来说则关心部件的制作尺寸，必须保证制作尺寸符合基本公差的要求。

对承建商而言，则需要关注部件的实际尺寸，以保证部件之间的安装协调。

优先尺寸是从基本模数、导出模数和模数数列中事先挑选出来的模数尺寸。它与地区的经济水平和制造能力密切相关。优先尺寸越多，则设计的灵活性越大，部件的可选择性越强，但制造成本、安装成本和更换成本也会增加；优先尺寸越少，则部件的标准化程度越高，但实际应用受到的限制越多，部件的可选择性越低。

在指定领域的场合中，部件基准面与部件制作面之间的距离称为“连接空间”（亦称“空隙”），部件制作面和部件实际面之间的距离称为“误差”。

部件的安装应根据部件的标志尺寸以及部件公差，规定部件安装中的制作尺寸、实际尺寸和允许公差之间的尺寸关系。

4.3.2　本条规定了部件的优先尺寸的选用原则。

2　选择部件的优先尺寸，就是在保证基本需求的基础上，实行最少化参数，以便减少建筑部件的品种和规格，确保制造业经济、高效。

3　根据生产设备和部件装配的需要，对优先尺寸实行分解和组合的情况是常见的。为了取得模数空间，且有利于选择定型部件和系列部件，分解和组合后的尺寸仍可作为优先尺寸。

4　厚度的优选尺寸符合模数是为保证墙体部件围合后的空间符合模数空间的要求；考虑到新型墙体材料的应用、传统厚度墙体材料的存在以及经济等因素，外墙厚度的优先尺寸系列保留了 150、200、250、300 等尺寸系列。

5　内隔墙优先尺寸的选择应考虑材料、构造和后装部件的需要。

6　层高和室内净高的优先尺寸间隔为 1M。20M～22M 一般用于地下室、设备层和仓库等。小于 20M 一般用于吊顶或设备区高度。

室内净高也是内装部件高度标志尺寸。该标志尺寸的选择与施工工艺相关，可按结构基准面或建筑基准面确定。

7　柱截面尺寸通常根据结构计算确定的，在满足结构计算的前提下，梁、柱截面宜采用 1M 的倍数与 M/2 的组合确定，如柱子为 300、350、400……等，梁为 200、250、300……等；便于尺寸协调。

4.4　模数网格协调

4.4.1　新中国成立以来我国惯用的是单线网格，梁、柱、墙等结构部件的水平定位多采用中心线定位法，但因为结构部件的水平尺寸为非模数尺寸，获得的装配空间也是非模数空间，影响了装修部件的标准化和集成化。模数协调的重点已经转向结构和内装的协调发展，需要结构部件的尺寸符合模数的要求。如果不符合模数的要求，可通过网格间隔的方法保证内装的模数空间；而在剖面、立面的定位中，则多采用界面定位法，能够保证建筑部件的竖向界面间为模数空间。当板厚为非模数时，则需要通过技术尺寸来填补，如加吊顶或装饰线。

4.4.2　同一建筑可采用多个、多种模数网格，不同模数网格间的连接可采取设置中断区的方式来过渡。中断区可以是模数空间，也可以是非模数空间。

ϕ5mm，表示左右两边均为模数空间。

ϕ5mm，带半圆符号的一边表示模数空间，不带半圆符号的一边表示非模数空间。

模数网格中断区

中断区两侧为圆轴线标号的表示中断区为模数空间。

模数网格中断区

中断区两侧以半圆轴线标号的直边分别朝向中断区的表示中断区为非模数空间。

建筑墙体经常可以成为模数网格的中断区，隔墙分割开的不同空间可以是模数空间，也可一侧是模数空间。

4.4.3 模数部件用于填满非模数空间时，采用技术尺寸空间处理方法：比如厨房家具或设备的安装，墙面瓷砖的厚度应当视为技术尺寸空间。

4.5 公差与配合

4.5.1 公差是由部件或分部件制作、定位、安装中不可避免的误差引起的。公差一般包括制作公差、安装公差、位形公差及连接公差等几种。公差包含了尺寸的上限值和下限值之间的差。在设计中应当把公差的允许值考虑进去，并控制在合理的范围内，以保证在安装接缝、加工制作、放线定位中的误差发生在可允许的范围内。

表 4.5.1-2 中所列数值是从生产活动的经验中总结出来的，分为 5 个级别，分别根据部件或分部件的重要性和尺寸大小来确定。本表参照日本《建筑部件的基本公差》A0003—1963 编制，供选择应用。

部件和分部件的基本公差数值的选择，应根据相关行业标准同时考虑技术上的、经济上的条件来确定。

4.5.2 选择尽可能大的基本公差，可以降低对材料的要求，容易加工，提高工效。只要在满足相当精度和相应功能的条件下，此举是恰当的。

公差配合公式：$e_s \leqslant d \leqslant e_s + t_m + t_e + t_s$；部件的安装位置与基准面之间的距离（$d$），制作公差（$t_m$）、安装公差（$t_e$）、位形公差（$t_s$）、连接公差（$e_s$）。

5 模数协调应用

5.2 模数网格的设置

5.2.2 为了更好地指导利用模数协调方法进行设计和施工，将建筑定位轴线和模数网格线叠加在一起进行应用图示（图 4）。

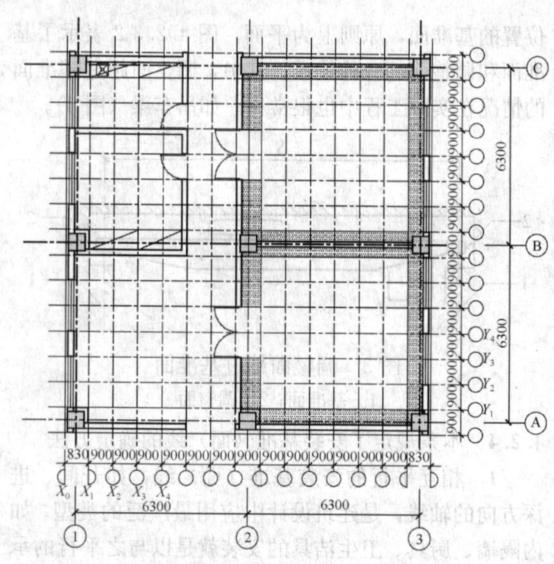

图 4 建筑定位轴线和模数网格线的叠加图示

5.3 主体结构部件的定位

5.3.1 采用中心线定位法时，内装修空间经常为非模数的，可通过调整墙体部件厚度来实现内装修空间为模数空间。

5.3.2 界面定位法的灵活应用有利于内装和外装部件的定位和安装，部件互换性和安装灵活性强。

5.3.3 主体结构面因厚度原因偏离装修基准面，此部分的厚度可做技术尺寸处理。主体结构基准面此时应与装修基准面重合。

5.3.4 连续两层楼板之间的垂直高度称为层高。为实现垂直方向的模数协调，达到可变、可改、可更新的目标，常需要将层高设计成模数层高，可定位在结构面上也可在建筑完成面上。

模数室内净高对于部件或分部件的选择以及墙面装修等非常重要，由此可实现灵活空间隔墙定制化、橱柜组合定制化、墙砖定制化等的设计。

楼板结构厚度一般不是基本模数的倍数，对于建筑设计重要的是装修完后的楼盖厚度，符合模数尺寸的楼盖厚度称为模数楼盖厚度。

5.4 内装部件的定位

5.4.1 内装部件包括非承重的隔墙部件、吊顶部件、地板部件、厨房部件、卫浴部件、固定家具部件和装饰面材、块材、板材等，应首先取得模数优化尺寸系列。在模数网格的原则指导下，完成安装的集成化和系列化，实现干法施工、垃圾减量。

内装部件的安装，当隔墙的一侧或两侧需要模数空间时，一般采用界面定位法；当在隔墙两侧需要模数空间时，可采用双线网格界面定位法。

5.4.2 对于板材、涂料、卷材等装修面层的安装，一般采用界面定位法。通过调整装修基层和面层的厚度，来实现装修面层所在一侧为模数空间。

5.5 外装部件的定位

5.5.2 外装部件包括墙体外表皮部件和屋面外表皮部件、阳台栏杆、遮阳部件、雨棚等。

5.6 安 装 接 口

5.6.5 安装接口是指相邻部件的连接点，需要用连接件加以固定和连接，使接口坚固、安全、美观。控制制作尺寸是保证接口合理、简易的关键，应严格执行。

中华人民共和国国家标准

厂房建筑模数协调标准

Standard for modular coordination of industrial buildings

GB/T 50006—2010

主编部门：中 国 机 械 工 业 联 合 会
批准部门：中华人民共和国住房和城乡建设部
施行日期：2 0 1 1 年 1 0 月 1 日

中华人民共和国住房和城乡建设部
公　告

第 815 号

关于发布国家标准《厂房建筑模数协调标准》的公告

现批准《厂房建筑模数协调标准》为国家标准，编号为 GB/T 50006—2010，自 2011 年 10 月 1 日起实施。原《厂房建筑模数协调标准》GBJ 6—86 同时废止。

本标准由我部标准定额研究所组织中国计划出版社出版发行。

中华人民共和国住房和城乡建设部

二〇一〇年十一月三日

前　言

本标准是根据原建设部《关于印发〈二〇〇一～二〇〇二年度工程建设国家标准制订、修订计划〉的通知》（建标〔2002〕85 号）的要求，由中国联合工程公司会同有关设计单位共同对《厂房建筑模数协调标准》GBJ 6—86（简称原标准）进行修订而成。

本标准在修订过程中，修订组在研究了原标准内容后，以单层和多层钢结构厂房为重点进行了广泛调查研究，认真总结实践经验，广泛征求全国各有关单位意见，最后经审查定稿。

本标准共分 5 章，主要内容包括：总则、术语和符号、基本规定、单层厂房和多层厂房。

本标准本次修订的主要技术内容是：

1. 对原标准的钢筋混凝土结构厂房内容进行了全面修订；

2. 增加了单层厂房的普通钢结构和轻型钢结构内容；

3. 增加了多层厂房的普通钢结构和轻型钢结构内容。

本标准由住房和城乡建设部负责管理，中国机械工业联合会负责日常管理，中国联合工程公司负责具体技术内容的解释。为不断完善本标准，使其适应经济与技术的发展，敬请各单位在执行本标准过程中，注意总结经验、积累资料，并及时将意见和有关资料寄往中国联合工程公司（地址：浙江省杭州市石桥路 338 号，邮政编码：310022，电子信箱：youmx@chinacuc.com 或 jiangch@chinacuc.com），以供今后修订时参考。

本标准组织单位、主编单位、参编单位、主要起草人和主要审查人：

组 织 单 位：中国机械工业勘察设计协会

主 编 单 位：中国联合工程公司

参 编 单 位：机械工业第九设计研究院
机械工业第五设计研究院
北京市工业设计研究院

主要起草人：姜传铁　尤明秀　钱世楷　柴　明　王　伟　王福杰　王　星　鲍常波　徐　辉

主要审查人：魏慎悟　谭泽先　向渊明　孙　明　肖　波　张作运　毛金旺　方大陪　吴　璟

目　次

Contents

1 总 则

1.0.1 为使厂房建筑主要构配件、组合件的几何尺寸符合建筑模数，达到标准化和系列化，有利于工业化生产，制定本标准。

1.0.2 本标准适用于下列情况：

1 设计装配式或部分装配式的钢筋混凝土结构、钢结构及钢筋混凝土与钢的混合结构厂房；

2 厂房建筑设计中相关专业之间的尺寸协调；

3 编制厂房建筑构配件通用设计图集。

1.0.3 同一地点各厂房建筑所采用的构配件类型宜统一。同一厂房所采用的构配件类型应统一。

1.0.4 厂房的体形宜规则、简单、轴线正交。

1.0.5 厂房建筑设计时，用途相同的建筑构配件应具有可换性。

1.0.6 厂房建筑设计除应符合本标准外，尚应符合国家现行有关标准的规定。

2 术语和符号

2.1 术 语

2.1.1 模数协调 modular coordination

以基本模数或扩大模数为基础实现尺寸协调。

2.1.2 联系尺寸 connecting size

由于上柱截面的技术要求，为了使其与桥式、梁式起重机或单梁悬挂起重机等起重设备正常运行所需要的与上柱之间的最小净空距离的协调，边柱外缘或厂房高低跨处的高跨上柱外缘与纵向定位轴线之间所设置的偏移值。

2.1.3 插入距 inserting size

由于上柱截面的技术要求或因变形缝处理等构造需要，在厂房某个跨度方向或柱距方向插入的两条定位轴线间的距离。

2.1.4 模数化尺寸 modular size

符合模数数列规定的尺寸。

2.1.5 技术尺寸 technical size

符合建筑功能、工艺技术要求的建筑构配件的截面或厚度在经济上处于最优状态下的最小尺寸数值。

2.1.6 标志尺寸 coordinating size

符合模数数列的规定，用以标注建筑物定位轴面、定位面或定位轴线、定位线之间的垂直距离，以及建筑构配件、建筑组合件、建筑制品、有关设备界限之间的尺寸。

2.2 符 号

M——基本模数，1M 为 100mm；

b_e——变形缝宽度；

a_c——联系尺寸；

a_i——插入距；

a_{op}——吊装墙板所需的净空尺寸；

a_n——构件与定位轴线之间的定位尺寸；

δ——墙体厚度；

b——构配件截面宽度；

h——构配件截面高度；

n——倍数。

3 基本规定

3.0.1 厂房建筑的平面和竖向协调模数的基数，宜取扩大模数 3M。

3.0.2 厂房建筑构件截面尺寸小于或等于 400mm 时，宜按 1/2M 进级；大于 400mm 时，宜按 1M 进级。

3.0.3 厂房建筑构件的纵横向定位，宜采用单轴线；当需设置插入距或联系尺寸时，可采用双轴线。

3.0.4 厂房建筑构件的竖向定位，可采用相应的设计标高线作为定位线。

3.0.5 钢筋混凝土结构和普通钢结构的单层厂房，宜采用柱脚为刚接和柱顶与屋架或屋面梁为铰接的排架结构体系；普通钢结构单层厂房亦可采用柱顶与屋架、屋面梁为刚接的框架结构体系；轻型钢结构的单层厂房，宜采用柱脚为铰接或刚接的门式刚架结构体系。

3.0.6 钢筋混凝土结构和普通钢结构的多层厂房，梁与柱子的连接处，宜采用横向为刚接和纵向为铰接或刚接的框架结构体系；轻型钢结构的多层厂房，梁与柱子的连接处，应采用横向为刚接或铰接和纵向为铰接的框架结构体系。

3.0.7 钢筋混凝土结构和普通钢结构单层厂房的屋盖，宜采用以板材铺设的无檩条结构体系；轻型钢结构的单层厂房的屋盖，宜采用以金属板材铺设的有檩条结构体系。

3.0.8 钢筋混凝土结构多层厂房的屋盖和楼盖，宜采用以板材铺设的无次梁结构体系；普通钢结构多层厂房的屋盖和楼盖，宜采用以板材铺设的无次梁结构体系；轻型钢结构的多层厂房的楼盖，宜采用钢承楼板，屋盖宜采用以金属板材铺设的有檩结构体系。

3.0.9 厂房建筑的墙体结构，宜选用其尺寸符合模数要求的金属板材和非金属板材或轻型砌体材料，并应与其主体结构形式相适应。

3.0.10 厂房建筑荷载的取值，应符合现行国家标准《建筑结构荷载规范》GB 50009 的有关规定。厂房建筑设计的屋面荷载和风荷载取值宜符合下列规定：

1 钢筋混凝土厂房和普通钢结构厂房的屋面荷载设计值，可采用 3.0、3.5、4.0、4.5、5.0、5.5、6.0kN/m²；

2 轻型钢结构厂房的屋面荷载设计值，可采用

0.6、1.0、1.4、1.8、2.3kN/m²；

3　风荷载宜采用基本风压标准值为 0.35、0.50、0.70、0.90kN/m²。

3.0.11　厂房建筑屋面坡度，宜采用 1∶5、1∶10、1∶15、1∶20、1∶30。

4　单层厂房

4.1　钢筋混凝土结构厂房的跨度、柱距和高度

4.1.1　钢筋混凝土结构厂房的跨度小于或等于 18m 时，应采用扩大模数 30M 数列；大于 18m 时，宜采用扩大模数 60M 数列(图4.1.1)。

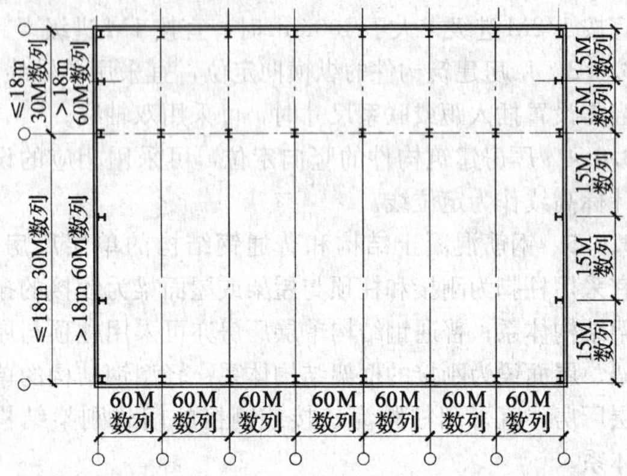

图 4.1.1　跨度和柱距示意图

4.1.2　钢筋混凝土结构厂房的柱距，应采用扩大模数 60M 数列(图 4.1.1)。

4.1.3　钢筋混凝土结构厂房自室内地面至柱顶的高度，应采用扩大模数 3M 数列[图 4.1.3(a)]。

有起重机的厂房，自室内地面至支承起重机梁的牛腿面的高度亦应采用扩大模数 3M 数列[图 4.1.3(b)]；当自室内地面至支承起重机梁的牛腿面的高度大于 7.2m 时，宜采用扩大模数 6M 数列。

预制钢筋混凝土柱自室内地面至柱底面的高度，宜采用模数化尺寸。

4.1.4　钢筋混凝土结构厂房山墙处抗风柱的柱距，宜采用扩大模数 15M 数列(图 4.1.1)。

4.2　钢筋混凝土结构厂房主要构件的定位

4.2.1　钢筋混凝土结构厂房墙、柱与横向定位轴线的定位，应符合下列规定：

1　除变形缝处的柱和端部柱以外，柱的中心线应与横向定位轴线相重合；横向变形缝处柱应采用双柱及两条横向定位轴线，柱的中心线均应自定位轴线向两侧各移 600mm，两条横向定位轴线间所需缝的宽度[图 4.2.1(a)]宜结合个体设计确定；

2　山墙内缘应与横向定位轴线相重合，且端部柱的中心线应自横向定位轴线向内移 600mm[图 4.2.1(b)]。

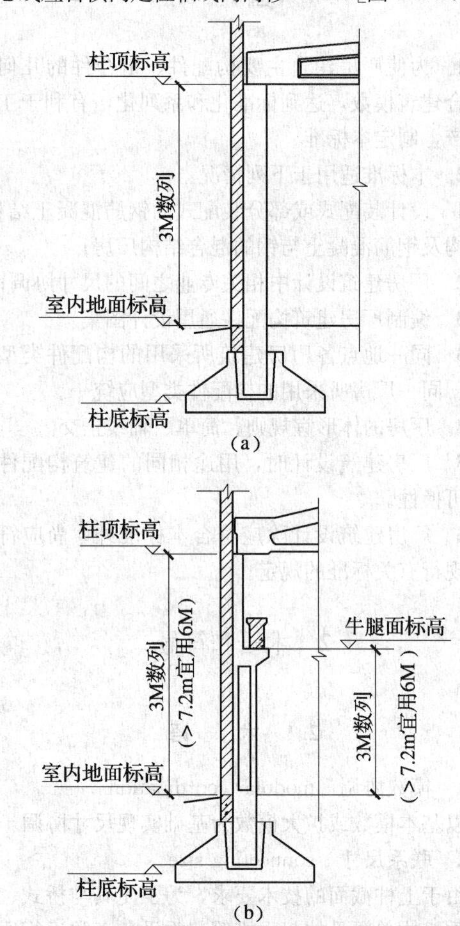

图 4.1.3　高度示意图

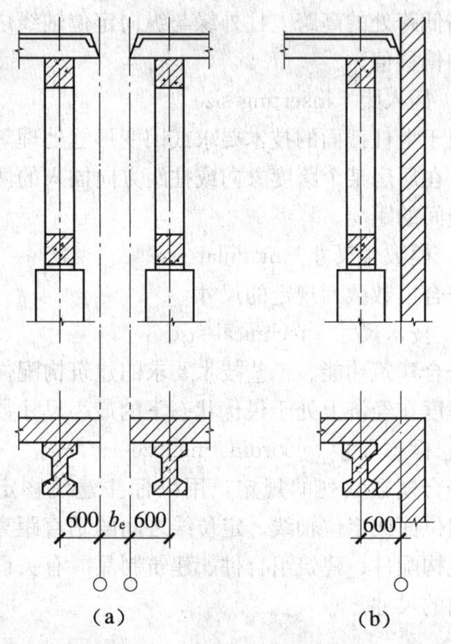

图 4.2.1　墙柱与横向定位轴线的定位

4.2.2　钢筋混凝土结构厂房墙、边柱与纵向定位轴线的定位，应符合下列规定：

1 边柱外缘和墙内缘宜与纵向定位轴线相重合[图4.2.2(a)]；

2 在有起重机梁的厂房中，当需满足起重机起重量、柱距或构造要求时，边柱外缘和纵向定位轴线间可加设联系尺寸[图4.2.2(b)]，联系尺寸应采用 3M 数列，但墙体结构为砌体时，联系尺寸可采用 1/2M 数列。

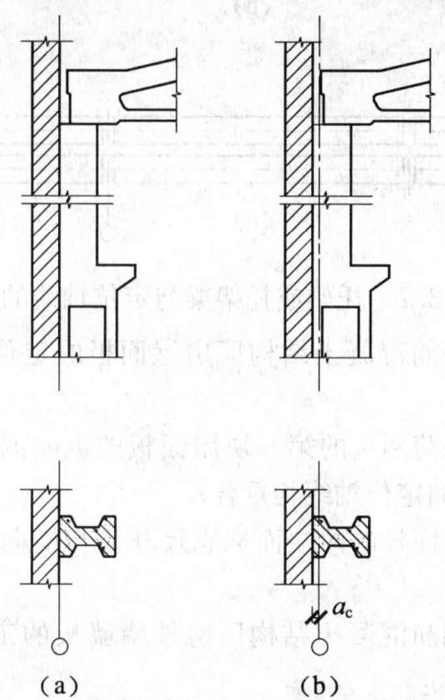

图 4.2.2 墙、边柱与纵向定位轴线的定位

4.2.3 钢筋混凝土结构厂房中柱与纵向定位轴线的定位，应符合下列规定：

1 等高厂房的中柱，宜设置单柱和一条纵向定位轴线，柱的中心线宜与纵向定位轴线相重合[图 4.2.3-1(a)]；

2 等高厂房的中柱，当相邻跨内需设插入距时，中柱可采用单柱及两条纵向定位轴线，插入距应符合 3M，柱中心线宜与插入距中心线相重合[图 4.2.3-1(b)]；

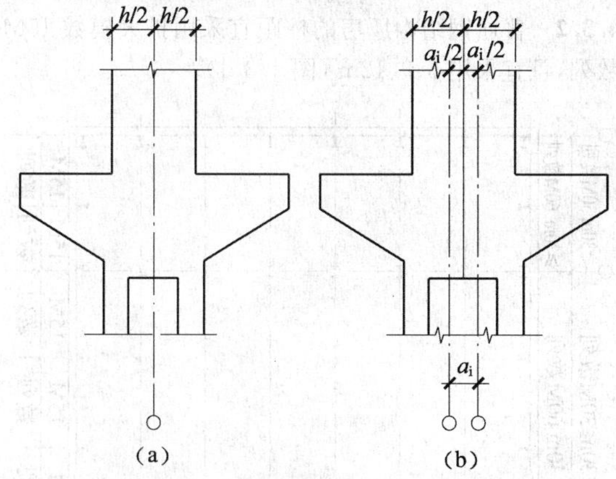

图 4.2.3-1 等高跨处中柱与纵向定位轴线的定位

3 高低跨处采用单柱时，高跨上柱外缘与封墙内缘宜与纵向定位轴线相重合[图 4.2.3-2(a)]；

当上柱外缘与纵向定位轴线不能重合时，应采用两条纵向定位轴线，插入距应与联系尺寸相同[图 4.2.3-2(b)]，也可等于墙体厚度[图 4.2.3-2(c)]或等于墙体厚度加联系尺寸[图 4.2.3-2(d)]；

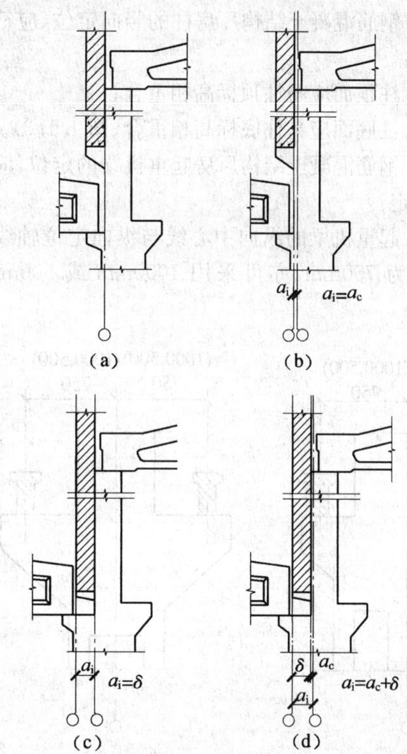

图 4.2.3-2 高低跨处中柱与纵向定位轴线的定位

4 当高低跨处采用双柱时，应采用两条纵向定位轴线，并应设插入距，柱与纵向定位轴线的定位可按边柱的有关规定确定(图 4.2.3-3)。

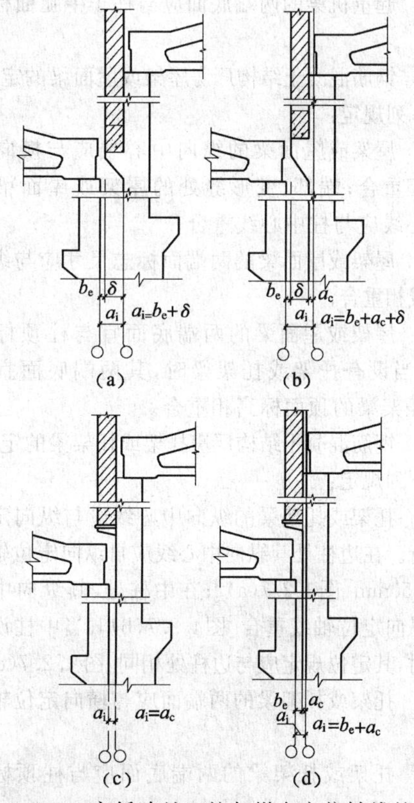

图 4.2.3-3 高低跨处双柱与纵向定位轴线的定位

4.2.4 钢筋混凝土结构厂房柱的竖向定位，应符合下列规定：

1 柱顶面应与柱顶标高相重合；

2 柱底面应与柱底标高相重合(图 4.1.3)。

4.2.5 钢筋混凝土结构厂房起重机梁的定位，应符合下列规定：

1 起重机梁的纵向中心线与纵向定位轴线间的距离宜为 750mm，亦可采用 1000mm 或 500mm(图 4.2.5)；

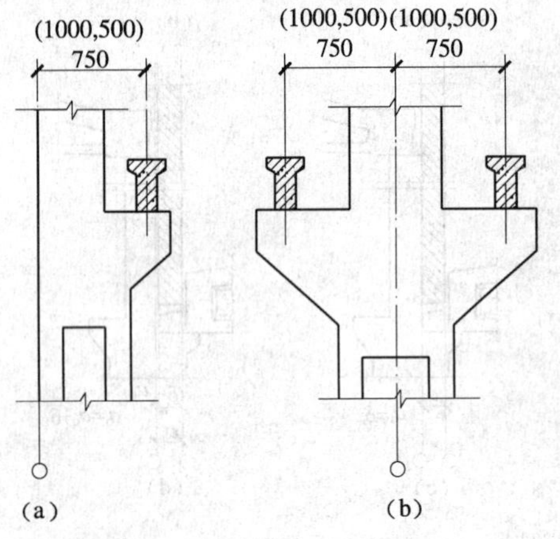

图 4.2.5 起重机梁与纵向定位轴线的定位

2 起重机梁的两端面标志尺寸应与横向定位轴线相重合；

3 起重机梁的两端底面应与柱子牛腿面标高相重合。

4.2.6 钢筋混凝土结构厂房屋架或屋面梁的定位，应符合下列规定：

1 屋架或屋面梁的纵向中心线应与横向定位轴线相重合；端部、变形缝处的屋架或屋面梁的纵向中心线应与柱中心线重合；

2 屋架或屋面梁的两端面标志尺寸应与纵向定位轴线相重合；

3 屋架或屋面梁的两端底面宜与柱顶标高相重合，当设有托架或托架梁时，其两端底面宜与托架或托架梁的顶面标高相重合。

4.2.7 钢筋混凝土结构厂房托架或托架梁的定位，应符合下列规定：

1 托架或托架梁的纵向中心线应与纵向定位轴线平行。在边柱处其纵向中心线应自纵向定位轴线向内移 150mm[图4.2.7(a)]；在中柱处，其纵向中心线应与纵向定位轴线重合[图4.2.7(b)]；当中柱设置插入距时，其定位规定应与边柱处相同[图 4.2.7(c)]；

2 托架或托架梁的两端面应与横向定位轴线相重合；

3 托架或托架梁的两端底面应与柱顶标高相重合。

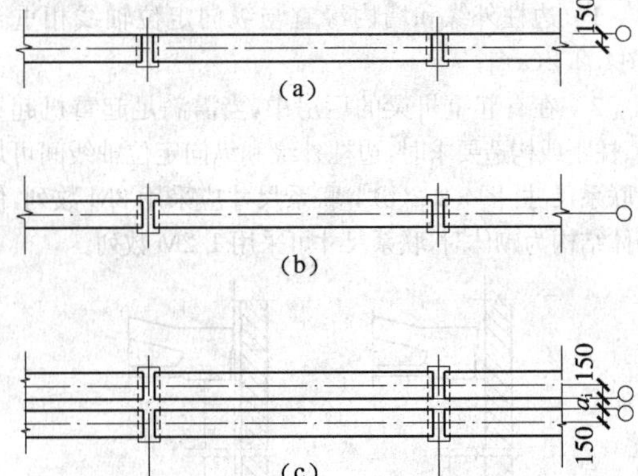

图 4.2.7 托架或托架梁与定位轴线的定位

4.2.8 钢筋混凝土结构厂房屋面板的定位，应符合下列规定：

1 每跨两边的第一块屋面板的纵向侧面标志尺寸宜与纵向定位轴线相重合；

2 屋面板的两端面标志尺寸应与横向定位轴线相重合。

4.2.9 钢筋混凝土结构厂房外墙墙板的定位，应符合下列规定：

1 外墙墙板的内缘宜与边柱或抗风柱外缘相重合；

2 外墙墙板的竖向定位及转角处的墙板处理宜结合个体设计确定。

4.3 普通钢结构厂房的跨度、柱距和高度

4.3.1 普通钢结构厂房的跨度小于 30m 时，宜采用扩大模数 30M 数列；跨度大于或等于 30m 时，宜采用扩大模数 60M 数列(图 4.3.1)。

4.3.2 普通钢结构厂房的柱距宜采用扩大模数 15M 数列，且宜采用 6、9、12m(图 4.3.1)。

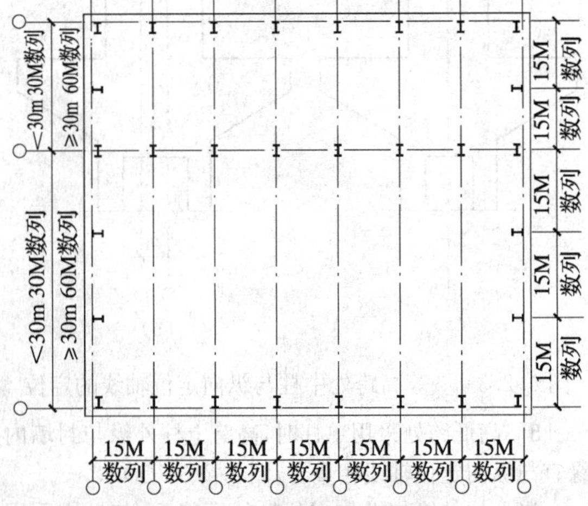

图 4.3.1 跨度和柱距示意图

4.3.3 普通钢结构厂房自室内地面至柱顶的高度应采用扩大模数 3M 数列(图 4.3.3)；有起重机的厂房，

自室内地面至支承起重机梁的牛腿面的高度宜采用基本模数数列(图 4.3.3)。

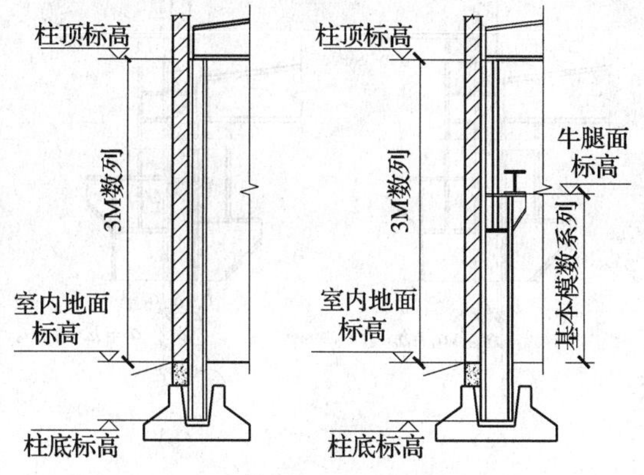

图 4.3.3 高度示意图

4.3.4 普通钢结构厂房山墙处抗风柱柱距,宜采用扩大模数 15M 数列(图 4.3.1)。

4.4 普通钢结构厂房主要构件的定位

4.4.1 普通钢结构厂房墙、柱与横向定位轴线的定位,应符合下列规定:

1 除变形缝处的柱和端部柱外,柱的中心线应与横向定位轴线相重合。

2 横向变形缝处柱宜采用双柱及两条横向定位轴线,轴线间缝的宽度应符合现行国家标准《建筑地基基础设计规范》GB 50007、《建筑抗震设计规范》GB 50011 的有关规定。采用大型屋面板时,柱的中心线均应自定位轴线向两侧各移 600mm (图 4.4.1)。

3 采用大型屋面板时,山墙内缘应与横向定位轴线相重合,且端部柱的中心线应自横向定位轴线向内移 600mm (图 4.4.1)。

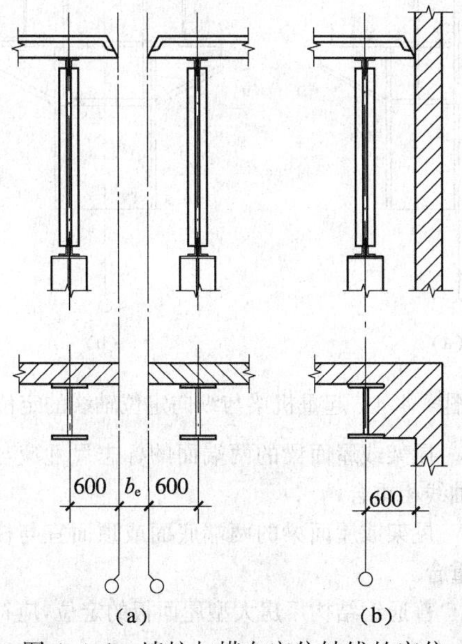

图 4.4.1 墙柱与横向定位轴线的定位

4.4.2 普通钢结构厂房墙、边柱与纵向定位轴线的定位,宜符合下列规定(图 4.4.2):

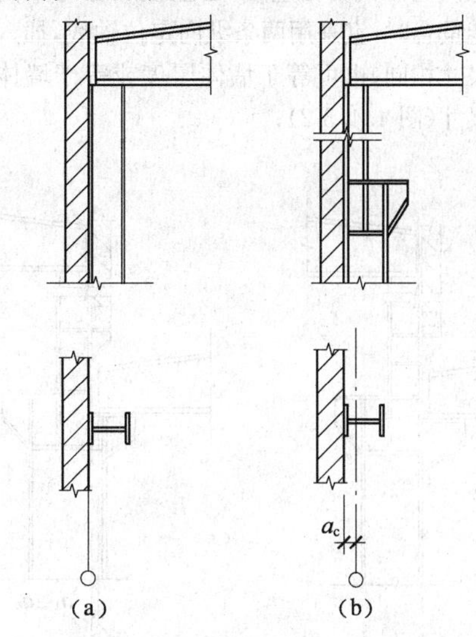

图 4.4.2 墙、边柱与纵向定位轴线的定位

1 边柱外缘和墙内缘宜与纵向定位轴线相重合;

2 在有起重机的厂房中,当需满足起重机重量、柱距或构造要求时,边柱外缘和纵向定位轴线间可加设联系尺寸。联系尺寸宜为 50mm 的整数倍数。

4.4.3 普通钢结构厂房中柱与纵向定位轴线的定位,宜符合下列规定:

1 等高厂房的中柱,宜设置单柱和一条纵向定位轴线,柱的中心线宜与纵向定位轴线相重合[图 4.4.3-1(a)];

2 等高厂房的中柱,当相邻跨内需设插入距时,中柱可采用单柱及两条纵向定位轴线,插入距应符合 50mm 的整数倍数,柱中心线宜与插入距中心线相重合[图 4.4.3-1(b)];

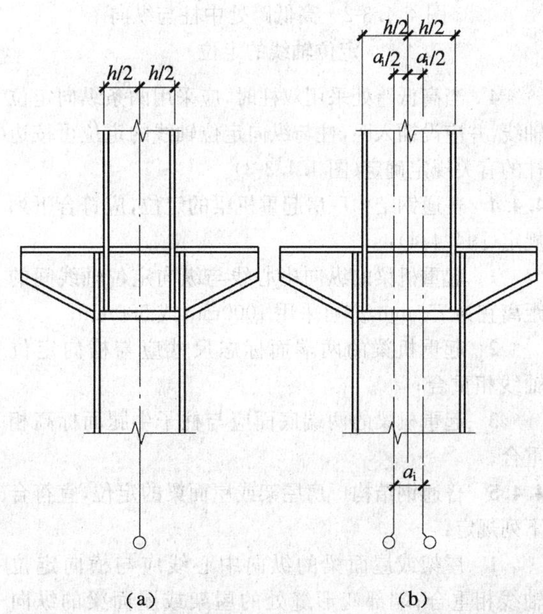

图 4.4.3-1 等高跨处中柱与纵向定位轴线的定位

3 高低跨处采用单柱时，高跨上柱外缘与封墙内缘宜与纵向定位轴线相重合；当上柱外缘与纵向定位轴线不能重合时，宜采用两条纵向定位轴线，插入距应与联系尺寸相同，也可等于墙体厚度或等于墙体厚度加联系尺寸(图 4.4.3-2)；

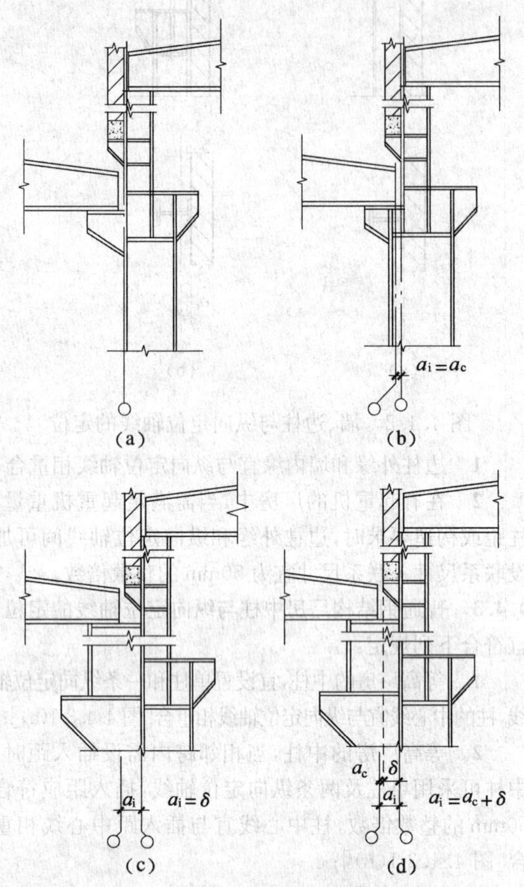

图 4.4.3-2 高低跨处中柱与纵向定位轴线的定位

4 当高低跨处采用双柱时，应采用两条纵向定位轴线，并应设插入距，柱与纵向定位轴线的定位可按边柱的有关规定确定(图 4.4.3-3)。

4.4.4 普通钢结构厂房起重机梁的定位，应符合下列规定(图4.4.4)：

1 起重机梁的纵向中心线与纵向定位轴线间的距离宜为 750mm，亦可采用 1000mm 或 500mm；

2 起重机梁的两端面标志尺寸应与横向定位轴线相重合；

3 起重机梁的两端底面应与柱子牛腿面标高相重合。

4.4.5 普通钢结构厂房屋架或屋面梁的定位，宜符合下列规定：

1 屋架或屋面梁的纵向中心线应与横向定位轴线相重合；端部变形缝处的屋架或屋面梁的纵向中心线应与柱中心线重合；

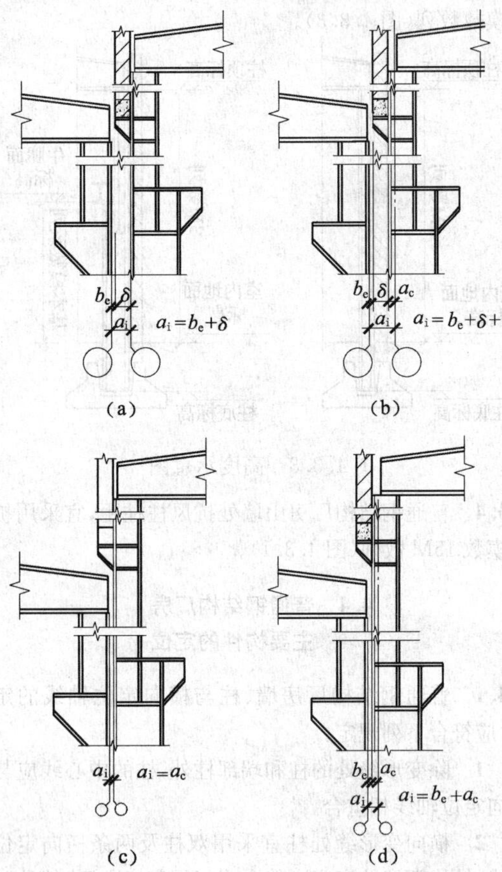

图 4.4.3-3 高低跨处双柱与纵向定位轴线的定位

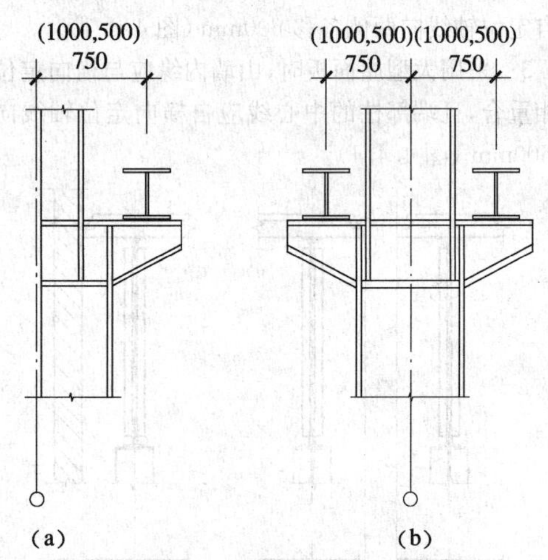

图 4.4.4 起重机梁与纵向定位轴线的定位

2 屋架或屋面梁的两端面的标志尺寸应与纵向定位轴线相重合；

3 屋架或屋面梁的两端底面或顶面宜与柱顶标高相重合。

4.4.6 普通钢结构厂房大型屋面板的定位，应符合下列规定：

1 每跨两边的第一块屋面板的标志尺寸的纵向侧面宜与纵向定位轴线相重合；

2 屋面板的两端面的标志尺寸应与横向定位轴线相重合。

4.4.7 普通钢结构厂房外墙墙板的定位，宜符合下列规定：

1 外墙墙板的内缘宜与边柱或抗风柱外缘相重合；

2 外墙墙板的两端面宜与横向定位轴线或抗风柱中心线相重合；

3 外墙墙板的竖向定位及转角处的墙板处理宜结合个体设计确定。

4.5 钢筋混凝土结构和普通钢结构厂房主要构件的尺度

4.5.1 柱的截面尺寸应为技术尺寸，长度宜为模数化尺寸。

4.5.2 起重机梁的截面尺寸应为技术尺寸，长度应为模数化尺寸。

4.5.3 屋架各杆件和屋面梁的截面尺寸应为技术尺寸，屋架和屋面梁的长度应为模数化尺寸，支承外挑天沟或檐口的外挑部分的长度应为技术尺寸。

4.5.4 托架各杆件和托架梁的截面尺寸应为技术尺寸，托架和托架梁的长度应为模数化尺寸，其端头高度宜采用模数化尺寸。

4.5.5 屋面板的高度应为技术尺寸，宽度和长度应为模数化尺寸。

4.5.6 外墙墙板的厚度应为技术尺寸，宽度和长度应为模数化尺寸。

4.6 轻型钢结构厂房的跨度、柱距和高度

4.6.1 轻型钢结构厂房的跨度小于或等于 18m 时，宜采用扩大模数 30M 数列；大于 18m 时，宜采用扩大模数 60M 数列。

4.6.2 轻型钢结构厂房的柱距宜采用扩大模数 15M 数列，且宜采用 6.0、7.5、9.0、12.0m。无起重机的中柱柱距宜采用 12、15、18、24m。

4.6.3 当生产工艺需要时，轻型钢结构厂房可采用多排多列纵横式柱网，同方向柱距（跨度）尺寸宜取一致，纵横向柱距可采用扩大模数 5M 数列，且纵横向柱距相差不宜超过 25%。

4.6.4 轻型钢结构厂房自室内地面至柱顶或房屋檐口的高度，应采用扩大模数 3M 数列。

有起重机的厂房，自室内地面至起重机梁的牛腿面高度，应采用扩大模数 3M 数列。

4.6.5 轻型钢结构厂房山墙处抗风柱柱距，宜采用扩大模数 5M 数列。

4.7 轻型钢结构厂房主要构件的定位

4.7.1 轻型钢结构厂房墙、柱与横向定位轴线的定位，应符合下列规定：

1 除变形缝处的柱和端部柱外，柱的中心线应与横向定位轴线重合；

2 横向变形缝处应采用双柱及两条横向定位轴线，柱的中心线均应自定位轴线向两侧各移 600mm，两条横向定位轴线间缝的宽度应采用 50mm 的整数倍数；

3 厂房两端横向定位轴线可与端部承重柱子中心线重合。当横向定位轴线与山墙内缘重合时，端部承重柱子的中心线与横向定位轴线间的尺寸应取 50mm 的整数倍数。

4.7.2 轻型钢结构厂房墙、柱与纵向定位轴线的定位，应符合下列规定：

1 厂房纵向定位轴线除边跨外，应与柱列中心线重合。当中柱柱列有不同柱子截面时，可取主要柱子的中心线作为纵向定位轴线；

2 厂房纵向定位轴线在边跨处应与边柱外缘重合；

3 厂房纵向设双柱变形缝时，其柱子中心线应与纵向定位轴线重合，两轴线间距离应取 50mm 的整数倍数。设单柱变形缝时，可不取柱子中心线，但应在柱子截面内。

4.8 其 他

4.8.1 厂房设横向变形缝时，应采用双柱及两条横向定位轴线。

4.8.2 等高厂房设纵向变形缝，当变形缝为伸缩缝时，可采用单柱并设两条纵向定位轴线，变形缝一侧的屋架或屋面梁应搁置在活动支座上［图 4.8.2(a)］；当变形缝为抗震缝时，应采用双柱及两条纵向定位轴线，其插入距宜为变形缝宽度或变形缝宽度与联系尺寸之和［图 4.8.2(b)］。

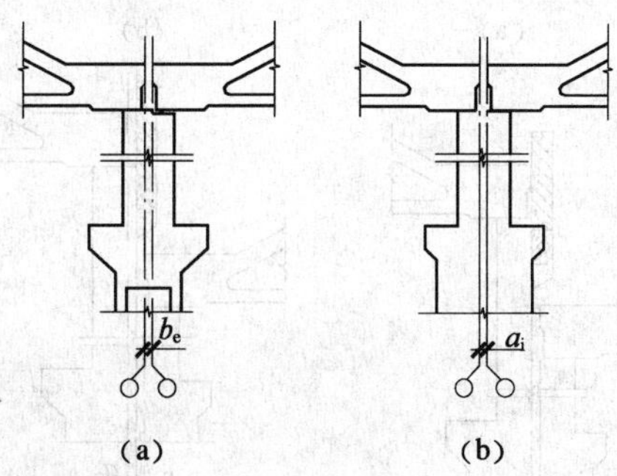

图 4.8.2 等高厂房的纵向变形缝

4.8.3 高低跨处单柱设变形缝时，低跨的屋架或屋面梁可搁置在活动支座上，高低跨处应采用两条纵向定

位轴线，并应设插入距(图 4.8.3)。

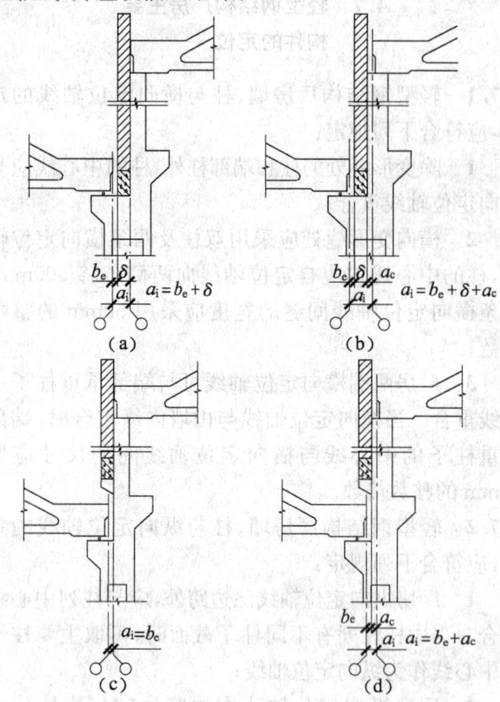

图 4.8.3 高低跨处的单柱纵向变形缝

4.8.4 不等高厂房的纵向变形缝，应设在高低跨处，并应采用双柱及两条纵向定位轴线(图 4.8.4)。

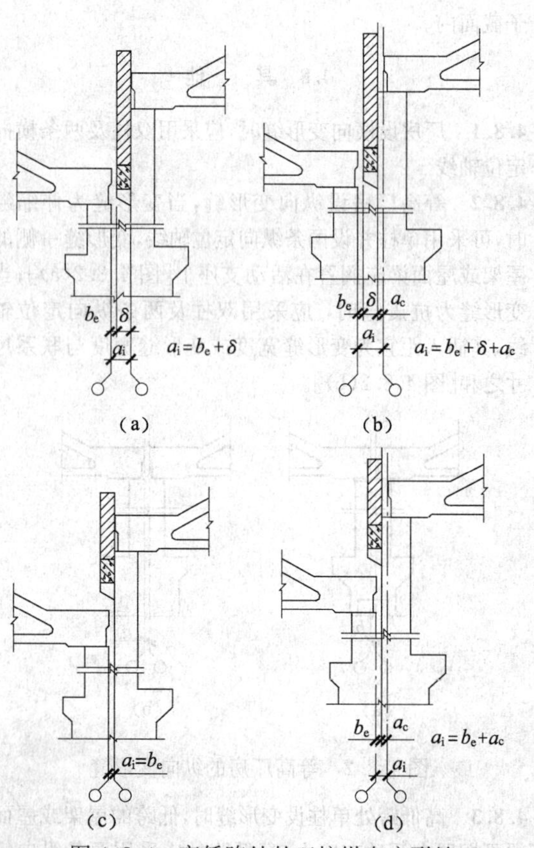

图 4.8.4 高低跨处的双柱纵向变形缝

4.8.5 厂房纵横跨处的连接，其变形缝设置应符合下列规定：

1 当山墙比侧墙低且长度不大于侧墙时，可采用双柱单墙设置变形缝，其插入距宜符合下列规定[图 4.8.5(a)、图 4.8.5(b)]：

1)外墙为砌体时，插入距宜为变形缝宽度与墙体厚度或变形缝宽度与联系尺寸及墙体厚度之和；

2)外墙为墙板时，插入距宜为吊装墙板所需的净空尺寸与墙体厚度或吊装墙板所需的净空尺寸与联系尺寸及墙体厚度之和；当吊装墙板所需的净空尺寸小于变形缝宽度时，可采用变形缝宽度；

2 当山墙比侧墙短而高时，应采用双柱双墙设置变形缝，其插入距宜符合下列规定[图 4.8.5(c)、图 4.8.5(d)]：

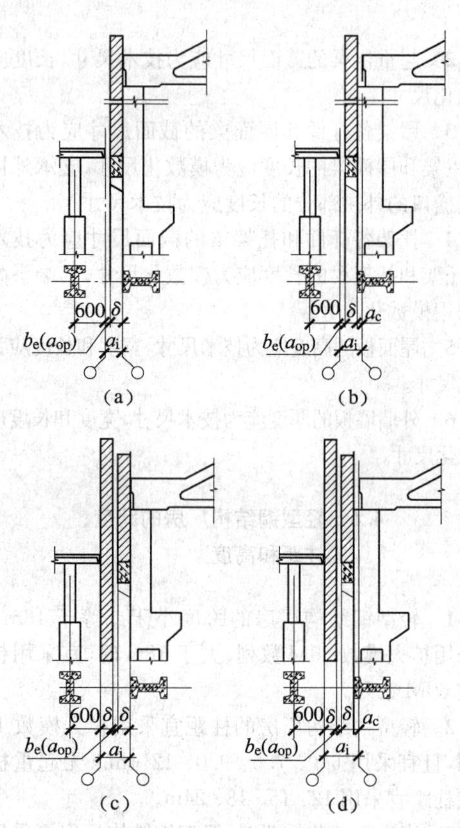

图 4.8.5 纵横跨处的连接

1)外墙为砌体时，插入距宜为变形缝宽度与两道墙体厚度或变形缝宽度与联系尺寸及两道墙体厚度之和；

2)外墙为墙板时，插入距宜为吊装墙板所需的净空尺寸与两道墙体厚度或吊装墙板所需的净空尺寸与联系尺寸及两道墙体厚度之和；当吊装墙板所需的净空尺寸小于变形缝宽度时，可采用变形缝宽度。

4.8.6 在工艺有高低要求的多跨厂房中，当高差不大于 1.5m 或高跨一侧仅有一个低跨且高差不大于 1.8m 时，不宜设置高度差。

4.8.7 在设有不同起重量起重机的多跨厂房中，各跨支承起重机梁的牛腿面标高宜相同。当中柱起重机梁面需设置走道板或制动构件时，各跨起重机梁面标高宜相同。

4.8.8 起重机起重量相同的各类起重机梁的端头高度宜相同。

4.8.9 不同跨度的屋架或屋面梁的端头高度宜相同。

5 多层厂房

5.1 钢筋混凝土结构和普通钢结构厂房的跨度、柱距和层高

5.1.1 钢筋混凝土结构和普通钢结构厂房的跨度小于或等于 12m 时，宜采用扩大模数 15M 数列；大于 12m 时宜采用 30M 数列，且宜采用 6.0、7.5、9.0、10.5、12.0、15.0、18.0m(图 5.1.1)。

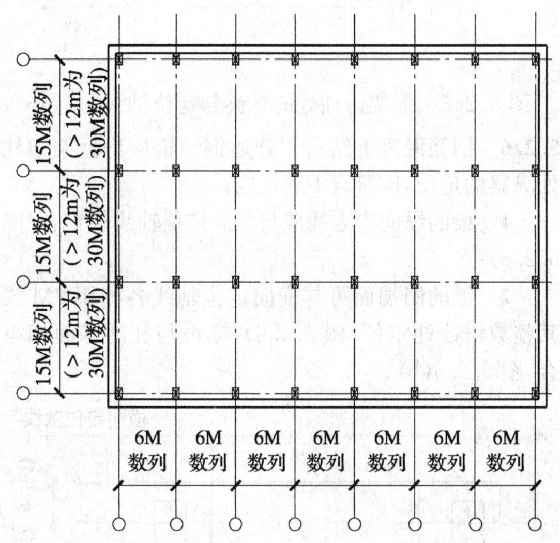

图 5.1.1 跨度和柱距示意图

5.1.2 钢筋混凝土结构和普通钢结构厂房的柱距，应采用扩大模数 6M 数列，且宜采用 6.0、6.6、7.2、7.8、8.4、9.0m(图 5.1.1)。

5.1.3 钢筋混凝土结构和普通钢结构内廊式厂房的跨度，宜采用扩大模数 6M 数列，且宜采用 6.0、6.6、7.2m；走廊的跨度应采用扩大模数 3M 数列，且宜采用 2.4、2.7、3.0m(图 5.1.3)。

5.1.4 钢筋混凝土结构和普通钢结构厂房各层楼、地面间的层高，应采用扩大模数 3M 数列。层高大于 4.8m 时，宜采用 5.4、6.0、6.6、7.2m 等数值(图 5.1.4)。

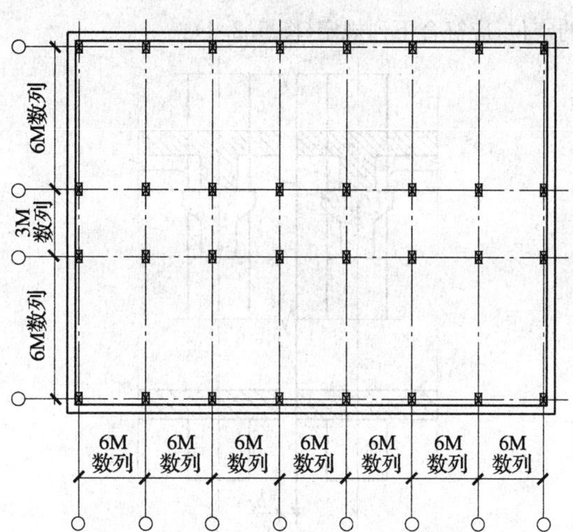

图 5.1.3 内廊式厂房跨度和柱距示意图

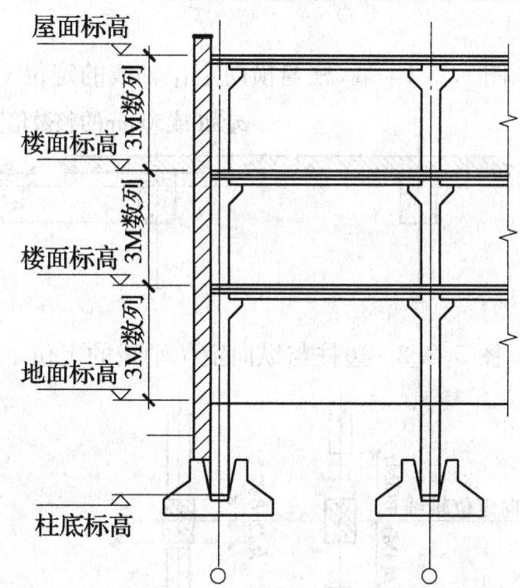

图 5.1.4 层高示意图

5.2 钢筋混凝土结构和普通钢结构厂房主要构件的定位及尺度

5.2.1 钢筋混凝土结构和普通钢结构厂房墙、柱与横向定位轴线的定位，应符合下列规定(图 5.2.1)：

1 柱的中心线应与横向定位轴线相重合；

2 横向变形缝处应采用加设插入距的双柱，并应设置两条横向定位轴线，柱的中心线应与横向定位轴线相重合。

5.2.2 钢筋混凝土结构和普通钢结构厂房墙柱与纵向定位轴线的定位，应符合下列规定：

1 边柱的外缘在下柱截面高度范围内与纵向定位轴线的定位尺寸 a_n 宜为 0 或 50mm 的整数倍数(图 5.2.2)；

2 顶层中柱的中心线应与纵向定位轴线相重合。

5.2.3 钢筋混凝土结构和普通钢结构厂房柱的竖向定位，应与层高一致，并应符合下列规定：

1 柱顶面应与柱顶标高相重合；

2 柱底面应与柱底标高相重合。

5.2.4 钢筋混凝土结构和普通钢结构厂房框架横梁

的定位，应符合下列规定（图 5.2.4）：

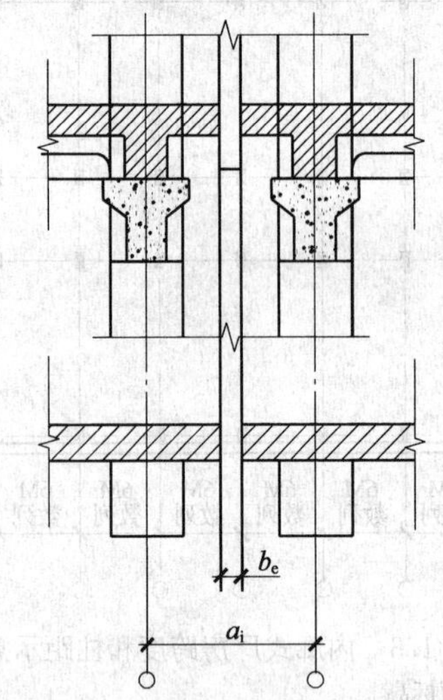

图 5.2.1　墙、柱与横向定位轴线的定位

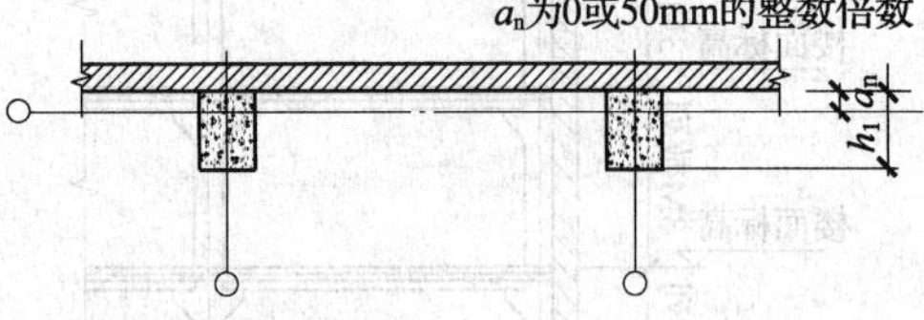

图 5.2.2　边柱与纵向定位轴线的定位

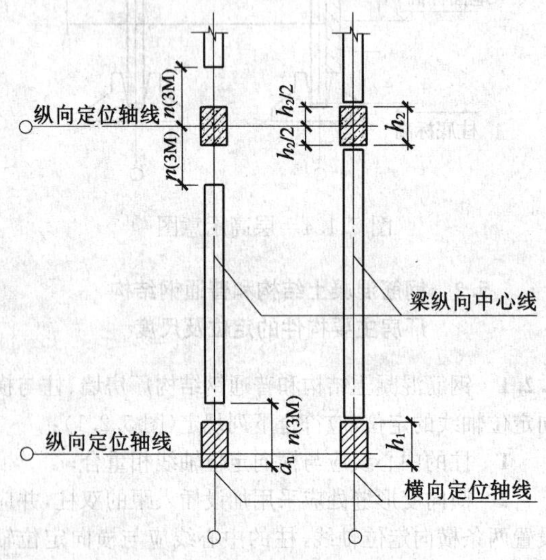

图 5.2.4　框架横梁与定位轴线的定位

1　梁的纵向中心线应与横向定位轴线相重合；

2　梁的两端面可在与纵向定位轴线各相距 3M 或其整数倍数处或顶层柱中心线处定位，亦可与下柱的侧面相重合；

3　梁的顶面或底面应与相应的设计标高相重合。

5.2.5　钢筋混凝土结构和普通钢结构厂房框架边柱处的纵梁的定位，宜符合下列规定：

1　当纵向定位轴线与边柱外缘相重合时，梁的上翼缘外侧和墙内缘均应与纵向定位轴线相重合，梁的上翼缘内侧距纵向定位轴线应为 3M 或其整数倍数［图 5.2.5(a)、(b)］；

2　当纵向定位轴线与边柱内缘相重合时，梁的上翼缘内侧应与纵向定位轴线相重合，梁的上翼缘外侧应与墙的内缘及边柱外缘相重合［图 5.2.5(c)］；

3　当纵向定位轴线位于边柱内外缘之间时，梁的内侧面可在距纵向定位轴线内侧 3M 或其整数倍数处定位；梁的外侧面可与纵向定位轴线相重合［图 5.2.5(d)］，亦可与边柱外缘相重合。

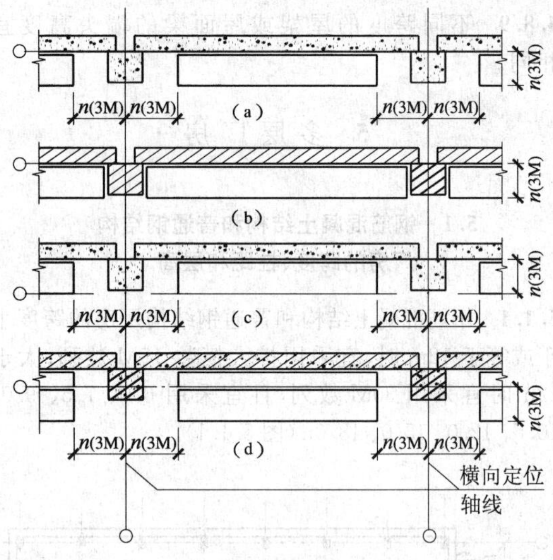

图 5.2.5　框架边柱处的纵梁与定位轴线的定位

5.2.6　钢筋混凝土结构和普通钢结构厂房框架中柱处纵梁的定位，应符合下列规定：

1　梁的纵向中心线应与纵向定位轴线相重合（图 5.2.6）；

2　梁的两端面可与横向定位轴线各相距 3M 或其整数倍数处定位（图 5.2.6），亦可与柱的侧面相重合［图 5.2.5(b)］。

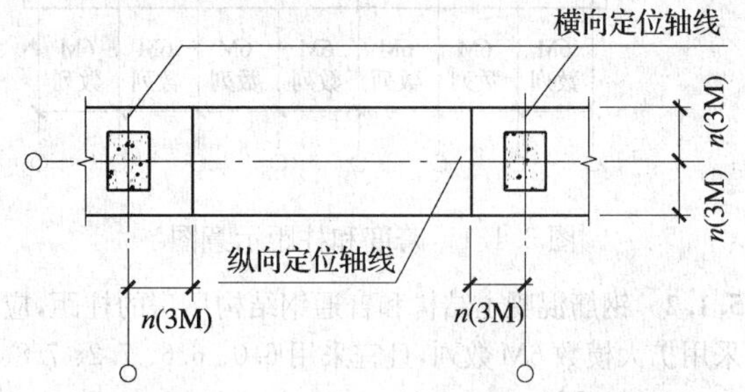

图 5.2.6　框架中柱处的纵梁与定位轴线的定位

5.2.7　钢筋混凝土结构和普通钢结构厂房楼板和屋面板的定位，应符合下列规定（图 5.2.7）：

1　楼板或屋面板的两端面可与横向定位轴线各相距为3M/2 处定位，亦可与横向定位轴线相重合，也可以框架横梁的侧面定位，也可以框架横梁的侧面定位，楼板或屋面板的两端面与框架横梁的侧面相重合；

2　楼板或屋面板的纵向一侧面宜与纵向定位轴

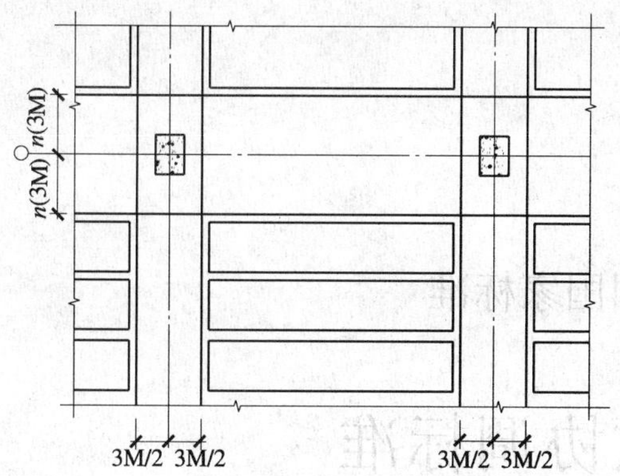

图 5.2.7 楼板(屋面板)与定位轴线的定位

线相距为 3M 或其整数倍数;

3 楼板或屋面板的檐口顶面应与其相应的设计标高相重合。

5.2.8 钢筋混凝土结构和普通钢结构厂房外墙墙板的定位,应符合下列规定(图 5.2.8):

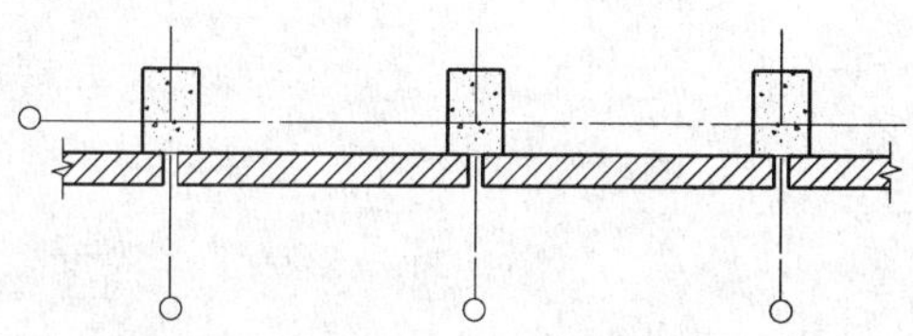

图 5.2.8 外墙墙板与定位轴线的定位

1 外墙墙板内缘宜与边柱外缘相重合;

2 外墙墙板的两端面宜与横向定位轴线相重合;

3 外墙墙板的竖向定位及转角处的墙板处理宜结合个体设计确定。

5.2.9 钢筋混凝土结构和普通钢结构厂房主要构件的尺度,应符合下列规定:

1 柱的截面尺寸应为技术尺寸,长度可采用模数化尺寸;

2 框架横梁的截面尺寸应为技术尺寸,长度可采用 50mm 的整数倍数尺寸;

3 框架边柱和中柱处的纵梁的截面尺寸应为技术尺寸,长度可采用模数化尺寸,亦可采用 50mm 的整数倍数尺寸;

4 楼板和屋面板的高度应为技术尺寸,宽度应为模数化尺寸,长度可采用模数化尺寸,亦可采用 50mm 的整数倍数尺寸;

5 外墙墙板的厚度应为技术尺寸,宽度和长度应为模数化尺寸。

5.3 轻型钢结构厂房的跨度、柱距、层高及主要构件的定位

5.3.1 轻型钢结构厂房的跨度、柱距,宜符合本标准第 4.6.1 和 4.6.2 条的规定。当有中间廊时,走廊跨度应取扩大模数 3M 数列,且宜采用 2.4、2.7、3.0m。走廊的纵向定位轴线宜取柱中心线或靠走廊一侧的边缘。

5.3.2 轻型钢结构厂房各层楼面、地面上表面间的层高,应采用扩大模数 3M 数列。层高大于 4.8m 时,宜采用 5.4、6.0、6.6、7.2m等数值。

5.4 其 他

5.4.1 厂房纵横跨处的连接,应采用双柱并设置含有变形缝的插入距(图 5.4.1)。插入距除应包括变形缝外,尚应包括山墙处柱宽之半、纵向边柱浮动幅度、墙体厚度以及施工所需的净空尺寸等。

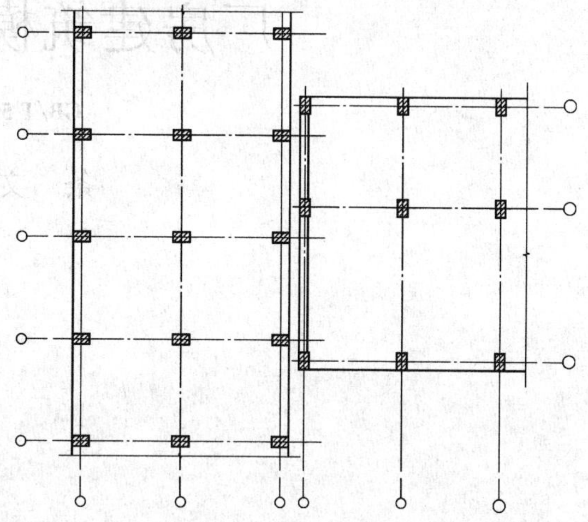

图 5.4.1 纵横跨处的连接

5.4.2 单体厂房的层高不宜超过两种。

5.4.3 四层及以下的厂房,柱截面尺寸不宜超过两种;四层以上的厂房,柱截面尺寸不宜超过三种。

本标准用词说明

1 为便于在执行本标准条文时区别对待,对要求严格程度不同的用词说明如下:

1)表示很严格,非这样做不可的:
正面词采用“必须”,反面词采用“严禁”;

2)表示严格,在正常情况下均应这样做的:
正面词采用“应”,反面词采用“不应”或“不得”;

3)表示允许稍有选择,在条件许可时首先应这样做的:
正面词采用“宜”,反面词采用“不宜”;

4)表示有选择,在一定条件下可以这样做的,采用“可”。

2 条文中指明应按其他有关标准执行的写法为:“应符合……的规定”或“应按……执行”。

引用标准名录

《建筑地基基础设计规范》GB 50007
《建筑结构荷载规范》GB 50009
《建筑抗震设计规范》GB 50011

中华人民共和国国家标准

厂房建筑模数协调标准

GB/T 50006—2010

条 文 说 明

修 订 说 明

《厂房建筑模数协调标准》(GB/T 50006—2010)，经住房和城乡建设部2010年11月3日以第815号公告批准发布。

本标准是对原《厂房建筑模数协调标准》GBJ 6—86进行修订而成。原标准主编单位是机械工业部第二设计研究院，参编单位是北京市建筑设计院、冶金工业部建筑研究总院、机械工业部第五设计研究院、南京工学院、同济大学、华东建筑设计院、上海市建筑工程局。主要起草人是胡跋奇、陆文英。

主编单位从2002年年中启动编制准备工作，筹建修订组。在原《厂房建筑模数协调标准》GBJ 6—86和调研的基础上，草拟编制大纲，并于同年10月上旬在杭州召开了首次会议。

第二次会议于2006年5月下旬在长春机械工业第九设计研究院召开。对递交的第一次初稿逐条进行了认真深入地讨论，经适当调整后于2007年8月份形成第二次初稿。

第三次会议于2007年9月下旬在北京市工业设计研究院召开。全体编委对递交的第二次初稿逐条进行了认真深入地讨论，形成征求意见稿。于2009年元月向全国25家相关科研、设计单位正式发函征求意见，同时在中国联合工程公司网站挂出电子版向公众公开征求意见。2009年6月，主编单位结合回收的意见和各位编委的意见形成送审稿。

送审稿审查会议于2009年10月在杭州召开，与会专家听取了修订组所作的送审报告，对本标准的编制工作和送审稿进行了认真审查并通过了送审稿。

修订组根据审查会的意见，对送审稿的条文及条文说明进行了个别修改，于2010年6月形成了报批稿并完成了报批报告等报批文件。

本标准修订过程中总结了原标准(GBJ 6—86)颁布实施20余年的实践经验，结合当前建筑技术、建筑材料的发展使用情况进行了补充完善。主要修订内容为：①对原标准的钢筋混凝土结构厂房内容进行了全面修订；增加了单层厂房的普通钢结构和轻型钢结构内容；增加了多层厂房的普通钢结构和轻型钢结构内容。②根据相关规范和标准新的技术要求，调整、充实和修改相关的条文。③在沿用原标准表述的前提下，对某些章节内的排序和内容适当地进行了调整和修改，使之更有条理，更为清晰、恰当。

为便于广大设计、施工、科研、学校等单位的有关人员在使用本标准时能正确理解和执行条文规定，《厂房建筑模数协调标准》编制组按章、节、条顺序编制了本标准的条文说明，对条文规定的目的、依据以及执行中需注意的有关事项进行了说明。但是，本条文说明不具备与标准正文同等的法律效力，仅供使用者作为理解和把握标准规定的参考。

目　次

1 总 则

1.0.1 本条在原标准条文的基础上，一是增加对厂房建筑组合件几何尺寸的要求，二是更加明确了模数协调的目的是使厂房建筑应符合建筑模数。主要构配件、组合件几何尺寸达到标准化、系列化，有利于工业化生产，体现了本标准的制定目的。

1.0.2 本条规定了本标准的适用范围。

1 在原标准条文中，本次增加了钢结构厂房(包括普通钢结构厂房和轻型钢结构厂房)，自20世纪90年代以来，由于我国钢铁产量的迅速增加以及钢结构在建筑工程中具有的显著优点，带动了钢结构厂房的大量增加，尤其是21世纪以来，轻型钢结构厂房增加更快，几乎每年有20%以上的递增率，已经有超过普通钢结构厂房及钢筋混凝土结构厂房的发展趋势，这次修订标准，理所当然的应将钢结构厂房列入，以符合当前的实际情况。

2 厂房建筑生产过程中，需要各专业密切配合，建筑本身是各专业有机联系的整体，建筑设计中主要专业之间尺寸协调时不应强调专业特性而有悖于建筑模数的基本要求。

在适用范围以外的厂房建筑设计中可不执行本标准的规定，但可参照本标准的基本原则，尽量符合建筑模数的要求，有利于建筑工业化生产。

3 本标准所指建筑构配件系一般意义上的建筑构配件(如门、窗等)和结构构配件(如柱、梁、屋架、楼板等)的总称。

1.0.3 本条修订时增加了在一个厂房内确定建筑方案时其构配件类型应统一的要求。这样，当一个建设场地内有多个厂房时，构配件类型的尽量统一，方具有可能性。目的在于减少同一施工现场所有同类构件的规格品种，加大生产批量，便于经营管理，加速施工进度，以突出标准化、系列化和通用化的优越性。

1.0.4 厂房体形“规则、简单”的要求较为抽象，“轴线正交”的要求具体，建筑设计时力求实现这些基本要求，建筑构配件、组合件的生产才有可能达到标准化、系列化。

1.0.5 用途相同的建筑构配件的可换性有助于厂房建筑工业化生产。

2 术语和符号

2.1 术 语

本标准中的专业术语含义尽量与国家标准《建筑模数协调统一标准》GBJ 2中的相同术语含义一致。对原标准的名词解释也作了个别修正，使其内容表述更为确切。这次修订稿中将吊车改为起重机，原因是与现行的机械行业标准中的用语取得一致，为此，将过去泛称的吊车梁也相应改为起重机梁。用语上避免混淆。将伸缩缝、抗震缝统一改为变形缝，使有关规定的适用条件更清楚，适用范围更广泛。

3 基本规定

3.0.1 本条对厂房建筑的平面和竖向协调模数的基数值作出一般规定，主要以《建筑模数协调统一标准》GBJ 2—86有关规定为依据，并适当考虑长期以来我国厂房建筑工程实际情况。目前轻钢结构因使用较多，灵活性较大，当生产需要时，也可采用8000mm为柱距，实际工程中已有先例。

3.0.3 一般情况下，厂房建筑构件的纵横向定位，采用单轴线；当需设置插入距或联系尺寸时可局部采用双轴线；允许单轴线定位和双轴线定位并存使用。

3.0.4 为了描述建筑构配件的空间位置，采用平面纵横向定位和竖向定位的三向定位法。目前的建筑制图习惯，竖向定位采用相应的设计标高线作为定位线。

3.0.5～3.0.8 关于普通钢结构和轻型钢结构的具体界限，尚无严格规定。目前业内习惯是按结构的主要受力构件的截面组成来区分，一般将以下结构称为轻型钢结构：①由轻型型钢做成的结构(包括热轧成型或焊接成型的各种轻型型钢)；②由冷弯薄壁型钢做成的结构；③由薄壁管件(圆形、方形、矩形管)做成的结构；④由薄钢板焊成的构件做成的结构；⑤由以上各种构件组成的结构。

轻型钢结构的主要特征是：①从截面分析来看，受力构件均采用薄壁构件，其厚薄是相对于构件的跨度或高度而言；②从结构耗材指标来看，轻钢结构一般仅为普通钢结构25%～50%，甚至更少；③轻型钢结构的屋面和墙体一般均用轻质材料，尤其是屋面只能用轻质板材。

轻钢结构这种结构形式已应用多年，与普通钢结构的结构形式相比较，具有明显区别。故在本条文内容中将两者分别列出以适应目前厂房建筑中的实际情况。这几条是对其成熟经验进行总结的基础上，以强调统一化和通用性为目的，在本次修订时增加了有关条文。

3.0.9 本条为新增条文，目前建筑物墙体结构多种多样，且工厂化、装配化程度愈来愈高，本条强调模数控制，且考虑与具体的厂房主体结构形式相适应。

3.0.10 本条第1、2款所述屋面荷载设计值不包括屋架或屋面梁的自重、支撑重量、天窗重量及悬挂起重机荷载。轻型钢结构厂房屋面按采用压型钢板或夹芯板的有檩屋面及采用发泡水泥复合板的无檩屋面两种情况考虑屋面荷载设计值。

3.0.11 考虑到建筑形式的多样化及新材料的不断出

现，以及不同地区、不同厂房生产使用条件，根据现行国家标准《屋面工程质量验收规范》GB 5027 的规定，增加了 1∶15、1∶20 和 1∶30，取消了原标准 1∶50 和 1∶100 的坡度。

4 单层厂房

4.1 钢筋混凝土结构厂房的跨度、柱距和高度

4.1.1 保留了原标准条文的内容，仅降低了文字的严格程度，取消了相应的注。

4.1.2 保留了原标准条文。

4.1.3 本条修订时考虑了下列因素：

1 保留了原条文的主旨，对牛腿面的高度予以强调，目的是有效减少柱子规格，并使之与工艺要求相协调。首先，结构设计应充分考虑到起重机轨道梁端头高度、钢轨型号和垫层厚度诸因素；其次，一方面需满足工艺起重高度的下限值，另一方面要符合牛腿面的设计高度为 3M 数列。与此同时，在必须满足起重机顶端（即起重机限界）与柱顶或下撑式屋架下弦底面（即建筑限界）之间安全间隙尺寸的条件下，柱顶高度（也意味着上柱高度）也应符合 300mm 的倍数要求。

2 关于自室内地面至地面以下柱底标高的高度，条文中注明柱底标高在室内地面下宜采用模数化尺寸，表示允许稍有选择，在条件许可时首先应符合模数数列。

3 在确定有起重机厂房的柱顶高度时，应注意根据产品随机技术文件所示尺寸与要求，进行叠加与组合，特别应注意其中列为起重机限界的"轨上尺寸（H）"及"侧方尺寸（B）"在各种情况下（指构件的制作及安装误差、屋架的变形挠度、屋架下的吊挂管道、厂房基础的不均匀沉降等）均能满足"安全尺寸"（即轨上间隙安全尺寸 C_h 值和侧方间隙安全尺寸 C_b 值）的要求。

4.1.4 本条规定抗风柱柱距的扩大模数数列，以利于山墙构件的标准化和系列化。

4.2 钢筋混凝土结构厂房主要构件的定位

4.2.1 以双柱双轴线处理变形缝，符合模数化网格设计的原理，其优越性在于既可保证所需缝隙的宽度，也可统一二者的处理方法，构件通用。

按本条规定，端部柱中心线自横向定位轴线向内移动的尺寸及横向变形缝处柱的中心线自横向定位轴线向两侧各移动 600mm。这样，既与水平协调模数协调一致，又有利于以外墙墙板为围护墙体时的施工操作。

4.2.2 本条规定是为了与水平协调模数互相协调一致，以减少外墙墙板的规格品种。但考虑到以砌体为围护结构时的情况依然具有普遍性，故仍规定了当围护结构为砌体时的联系尺寸可采用 1/2M 数列。

本条规定未从数值上明确起重机的起重量与跨度的定值与联系尺寸的关系，只强调应当据实际情况考虑。

4.2.3 在中柱处设置插入距的规定，是符合模数化网格设计原理的，它使定位问题得以简化，且有较大的灵活性。

等高厂房中的中柱，包括加设插入距的中柱，为减少其规格，推荐以柱中心定位。在某些情况下也可采取偏心定位。

高低跨处因围护结构有采用砌体与墙板的不同，插入距也随之有不同的处理，其间距因之各异。

4.2.5 起重机梁的定位与所用的起重机型号、起重量等所确定的技术尺寸有关系，原条文注有局限性，故应根据相关参数确定其不同数值。

4.2.7 当厂房建筑中局部采用托架或托架梁时，该托架或托架梁的竖向定位，应注意使托架或托架梁的两端顶面与柱顶标高相重合，此时托架或托架梁的两端底面距柱顶标高为 3M 数列。

4.2.9 外墙墙板的竖向定位之所以要结合个体设计确定，是因为首先各类车间的情况和要求不同，有的有通风管道或机械化运输管线以及其他装置等，均有在墙体上留孔的要求，而且数量较多，大小不一；其次，为使要求开孔的位置与墙板的水平接缝及其支承部分错开，并能与门洞、窗洞等更好的协调；此外，墙板尚有出檐与不出檐的不同建筑处理。鉴于上述各因素的考虑，竖向定位要结合个体设计确定。

转角处的墙板处理，因该处所需补充构件数量不多，体形也不大，宜结合个体设计处理，可使厂房建筑体形多样化。

4.3 普通钢结构厂房的跨度、柱距和高度

4.3.1 本条规定的是一般情况，在生产工艺有特殊要求时，跨度可采用 21、27、33m。

4.3.2 在一般厂房内，当起重机起重量小于或等于 100t，轨顶标高小于或等于 14m，边柱列的柱距宜采用 6m，中柱列的柱距可采用 6、12m。当起重机起重量小于或等于 125t，轨顶标高小于或等于 16m，或因地基条件较差，处理较困难时，其边柱列或中柱列的柱距宜采用 12m，当生产工艺有特殊要求时，也可采用 7.5、8.0、9.0m 或局部及全部采用更大的柱距。

4.3.3 本条是根据我国现有的工程实际情况制定的。

4.3.4 本条的确定主要是根据我国钢结构厂房设计的通用做法制定的。

4.4 普通钢结构厂房主要构件的定位

4.4.1 本条第2、3款中如不是采用大型屋面板时，联系尺寸600mm可改用3M。

4.4.2 在执行本条第2款时，应注意按选用的起重机规格根据产品样本，详细核算，注意校核安全净空尺寸，无论在何种情况下均应有安全保证。

4.4.3 本条第1、2款等高厂房的中柱，含加设插入距的中柱，为减少柱的种类，建议以柱中心线定位，在特殊情况下也可采用偏中心线定位；第3款高低跨处由于围护结构材料的不同，插入距和间距也随之调整；第4款是参照原标准第3.2.3条制定的，这也是钢结构厂房设计中的通用做法，符合我国工程实际情况。

4.4.4～4.4.7 这四条内容基本与钢筋混凝土单层厂房相同。

4.5 钢筋混凝土结构和普通钢结构厂房主要构件的尺度

4.5.1～4.5.6 根据定位原则而确定的构配件尺寸，均应为技术尺寸或模数化尺寸，由此导出的构件尺度符合模数协调原则，有利于主要构件的标准化和系列化。

4.6 轻型钢结构厂房的跨度、柱距和高度

4.6.1～4.6.5 这几条为新增内容，根据目前收集的轻型钢结构单层厂房的实例，其柱距、跨度等与钢筋混凝土单层厂房、普通钢结构单层厂房有所不同，除常用的6m柱距外，有不少采用7.5m及8m等柱距，它比钢筋混凝土单层厂房、普通钢结构单层厂房有更多的灵活性，在模数方面的规定宜相对放宽。条文中提出的采用模数值，归纳了目前多数厂房的实际情况，条文制定目的是促使轻型钢结构厂房能够向统一化和标准化方向发展，从长远看，是有利的。

4.8 其　　他

4.8.1～4.8.6 保留了原标准相关条文内容。

4.8.7、4.8.8 各跨起重机梁面标高相同，便于中柱起重机梁面设置走道板或制动构件；搁置起重机梁的牛腿面标高相同，可减少柱子的种类，也有利于牛腿处钢筋的处理，并便于施工。

4.8.9 保留了原标准相关条文内容。

5 多层厂房

5.1 钢筋混凝土结构和普通钢结构厂房的跨度、柱距和层高

5.1.1～5.1.4 原标准实施以来，预应力混凝土结构技术发展较快，我国的钢铁产量也有大幅度增长，随着工程技术的进步和结构承载力的提高，对厂房跨度(进深)和柱距(开间)的原有规定有了合理的突破。本次修订对厂房跨度(进深)进行了调整，增加了15、18m跨度规格；对厂房柱距(开间)进行了调整，增加了7.8、8.4、9.0m等几种规格。对多层厂房层高的规定仍保留原标准有关内容，并将原条文注列入正文中。

5.2 钢筋混凝土结构和普通钢结构厂房主要构件的定位及尺度

5.2.2 本条第1款浮动幅度采用50mm及其整数倍数，以与构件截面尺寸的进级值相一致。

5.2.4～5.2.7 在水平的两个方向中，有一个方向由于采用了两种协调空间的配合，所以有两种定位方法与两套构件尺度，供不同情况时选用。

5.2.9 对主要构件尺度的规定是与定位原则相适应的，目的是有利于推动主要构件的标准化和系列化。

5.3 轻型钢结构厂房的跨度、柱距、层高及主要构件的定位

5.3.1、5.3.2 这两条为新增内容，按目前收集到的轻型钢结构多层厂房的实例看来，跨度、柱距和层高一般均可参照轻型钢结构单层厂房的有关规定，实际工程中的灵活性还可更多一些，但为了促进厂房建筑向统一化、标准化的方向发展，本标准修订时，增加了本节内容。

5.4 其　　他

5.4.1～5.4.3 原标准是针对装配式钢筋混凝土结构多层厂房的规定，对减少构件类型，促进结构统一化，提高施工效率有推动作用。钢结构多层厂房基本上是工厂制作、现场安装，与装配式钢筋混凝土结构有相似特点，本次修订标准时仍保留原标准相关条文内容，使钢结构多层厂房向统一化方向发展。

中华人民共和国行业标准

房屋建筑室内装饰装修制图标准

Drawing standard for interior decoration
and renovation of building

JGJ/T 244—2011

批准部门：中华人民共和国住房和城乡建设部
施行日期：2 0 1 2 年 3 月 1 日

中华人民共和国住房和城乡建设部
公　　告

第 1053 号

关于发布行业标准《房屋建筑室内装饰装修制图标准》的公告

现批准《房屋建筑室内装饰装修制图标准》为行业标准，编号为 JGJ/T 244－2011，自 2012 年 3 月 1 日起实施。

本标准由我部标准定额研究所组织中国建筑工业出版社出版发行。

中华人民共和国住房和城乡建设部

2011 年 7 月 4 日

前　　言

根据住房和城乡建设部《关于印发〈2009 年工程建设标准规范制订、修订计划〉的通知》(建标[2009]88 号)的要求，标准编制组经广泛调查研究，认真总结实践经验，参考有关国际标准和国外先进标准，并在广泛征求意见的基础上，制定本标准。

本标准的主要技术内容是：1. 总则；2. 术语；3. 基本规定；4. 常用房屋建筑室内装饰装修材料和设备图例；5. 图样画法。

本标准由住房和城乡建设部负责管理，由东南大学建筑学院负责具体技术内容的解释。执行过程中如有意见或建议，请寄送东南大学建筑学院（地址：江苏省南京市四牌楼 2 号中大院，邮编：210096）。

本标准主编单位：东南大学建筑学院
江苏广宇建设集团有限公司

本标准参编单位：江苏省华夏天成建设股份有限公司
南京装饰工程有限公司
南京盛旺装饰设计研究所
南京林业大学艺术学院
江苏省装饰装修发展中心
东南大学成贤学院
南京航空航天大学机电学院
金陵科技学院建筑工程学院

本标准参加单位：浙江亚厦装饰股份有限公司

本标准主要起草人员：高祥生　刘荣君　夏　进　马晓波　潘　瑜　安婳娟　黄维彦　安　宁　郁建忠　徐　敏　高　枫　朱红明　曹　莹　朱杰栋　刘　洪　韩　颖　方　斌

本标准主要审查人员：王炜民　张青萍　沈俊强　王宏伟　何静姿　万成兴　宗　辉　朱　飞　吴祖林　李　晶　吴　雁　王　剑　孟　霞

目　次

Contents

1 总　　则

1.0.1 为统一房屋建筑室内装饰装修制图规则，保证制图质量，提高制图效率，做到图面清晰、简明，图示准确，符合设计、施工、审查、存档的要求，适应工程建设需要，制定本标准。

1.0.2 本标准适用于下列房屋建筑室内装饰装修工程制图：

1　新建、改建、扩建的房屋建筑室内装饰装修各阶段的设计图、竣工图；

2　原有工程的室内实测图；

3　房屋建筑室内装饰装修的通用设计图、标准设计图；

4　房屋建筑室内装饰装修的配套工程图。

1.0.3 本标准适用于下列制图方式绘制的图样：

1　计算机制图；

2　手工制图。

1.0.4 房屋建筑室内装饰装修的图纸深度应按本标准附录A执行。

1.0.5 房屋建筑室内装饰装修制图，除应符合本标准外，尚应符合国家现行有关标准的规定。

2 术　　语

2.0.1 房屋建筑室内装饰　interior decoration of building

在房屋建筑室内空间中运用装饰材料、家具、陈设等物件对室内环境进行美化处理的工作。

2.0.2 房屋建筑室内装修　interior renovation of building

对房屋建筑室内空间中的界面和固定设施的维护、修饰及美化。

2.0.3 索引符号　index symbol

图样中用于引出需要清楚绘制细部图形的符号，以方便绘图及图纸查找。

2.0.4 图号　numbering

表示本图样或被索引引出图样的标题编号。

2.0.5 剖视图　section

在房屋建筑室内装饰装修设计中表达物体内部形态的图样。它是假想用一剖切面（平面或曲面）剖开物体，将处在观察者和剖切面之间的部分移去后，剩余部分向投影面上投射得到的正投影图。

2.0.6 断面图　profile

假想用剖切面剖开物体后，仅画出物体与该剖切面接触部分的正投影而得到的图形。

2.0.7 详图　detail drawing

在工程制图中对物体的细部或构件、配件用较大的比例将其形状、大小、材料和做法详细表示出来的图样，在房屋建筑室内装饰装修设计中指表现细部形态的图样。又称"大样图"。

2.0.8 节点　joint detail

在房屋建筑室内装饰装修设计中表示物体重点部位构造做法的图样。

2.0.9 引出线　leader line

在房屋建筑室内装饰装修设计中为表示引出详图或文字说明位置而画出的细实线。

2.0.10 标高　elevation

在房屋建筑室内装饰装修设计中以本层室内地坪装饰装修完成面为基准点±0.000，至该空间各装饰装修完成面之间的垂直高度。

2.0.11 图例　legend

为表示材料、灯具、设备设施等品种和构造而设定的标准图样。

2.0.12 剖切符号　cutting symbol

用于表示剖视面和断面图所在位置的符号。

2.0.13 总平面图　interior site plan

在房屋建筑室内装饰装修中，表示需要设计的平面与所在楼层平面或环境的总体关系的图样。

2.0.14 综合布点图　comprehensive ceiling drawing

在房屋建筑室内装饰装修中，为协调顶棚装饰装修造型与设备设施的位置关系，而将顶棚中所有明装和暗藏设备设施的位置、尺寸与顶棚造型的位置、尺寸综合表示在一起的图样。

2.0.15 展开图　unfolded drawing

在房屋建筑室内装饰装修设计中，对于正投影难以表明准确尺寸的呈弧形或异形的平面图形，将其平面展开为直线平面后绘制的图样。

2.0.16 镜像投影　reflective projection

设想与顶界面相对的底界面为整片的镜面，该镜面作为投影面，顶界面的所有物象都映射在镜面上而呈现出顶界面的正投影图的一种方法。用镜像投影的方法可以表示顶棚平面图。

3 基本规定

3.1 图纸幅面规格与图纸编排顺序

3.1.1 房屋建筑室内装饰装修的图纸幅面规格应符合现行国家标准《房屋建筑制图统一标准》GB/T 50001的规定。

3.1.2 房屋建筑室内装饰装修图纸应按专业顺序编排，并应依次为图纸目录、房屋建筑室内装饰装修图、给水排水图、暖通空调图、电气图等。

3.1.3 各专业的图纸应按图纸内容的主次关系、逻辑关系进行分类排序。

3.1.4 房屋建筑室内装饰装修图纸编排宜按设计（施工）说明、总平面图、顶棚总平面图、顶棚装饰灯具布置图、设备设施布置图、顶棚综合布点图、墙体定位图、地面铺装图、陈设、家具平面布置图、部品部件平面布置图、各空间平面布置图、各空间顶棚平面图、立面图、部品部件立面图、剖面图、详图、节点图、装饰装修材料表、配套标准图的顺序排列。

3.1.5 各楼层的室内装饰装修图纸应按自下而上的顺序排列，同楼层各段（区）的室内装饰装修图纸应按主次区域和内容的逻辑关系排列。

3.2 图 线

3.2.1 房屋建筑室内装饰装修图纸中图线的绘制方法及图线宽度应符合现行国家标准《房屋建筑制图统一标准》GB/T 50001 的规定。

3.2.2 房屋建筑室内装饰装修制图应采用实线、虚线、单点长画线、折断线、波浪线、点线、样条曲线、云线等线型，并应选用表 3.2.2 所示的常用线型。

表 3.2.2 房屋建筑室内装饰装修制图常用线型

名称		线型	线宽	一般用途
实线	粗	━━━━━	b	1 平、剖面图中被剖切的房屋建筑和装饰装修构造的主要轮廓线 2 房屋建筑室内装饰装修立面图的外轮廓线 3 房屋建筑室内装饰装修构造详图、节点图中被剖切部分的主要轮廓线 4 平、立、剖面图的剖切符号
	中粗	─────	$0.7b$	1 平、剖面图中被剖切的房屋建筑和装饰装修构造的次要轮廓线 2 房屋建筑室内装饰装修详图中的外轮廓线
	中	─────	$0.5b$	1 房屋建筑室内装饰装修构造详图中的一般轮廓线 2 小于 $0.7b$ 的图形线、家具线、尺寸线、尺寸界线、索引符号、标高符号、引出线、地面、墙面的高差分界线等
	细	─────	$0.25b$	图形和图例的填充线

续表 3.2.2

名称		线型	线宽	一般用途
虚线	中粗	- - - - - -	$0.7b$	1 表示被遮挡部分的轮廓线 2 表示被索引图样的范围 3 拟建、扩建房屋建筑室内装饰装修部分轮廓线
	中	- - - - - -	$0.5b$	1 表示平面中上部的投影轮廓线 2 预想放置的房屋建筑或构件
	细	- - - - - -	$0.25b$	表示内容与中虚线相同，适合小于 $0.5b$ 的不可见轮廓线
单点长画线	中粗	—·—·—	$0.7b$	运动轨迹线
	细	—·—·—	$0.25b$	中心线、对称线、定位轴线
折断线	细	——\/\——	$0.25b$	不需要画全的断开界线
波浪线	细	～～～	$0.25b$	1 不需要画全的断开界线 2 构造层次的断开界线 3 曲线形构件断开界限
点线	细	………	$0.25b$	制图需要的辅助线
样条曲线	细	～	$0.25b$	1 不需要画全的断开界线 2 制图需要的引出线
云线	中	(云线)	$0.5b$	1 圈出被索引的图样范围 2 标注材料的范围 3 标注需要强调、变更或改动的区域

3.2.3 房屋建筑室内装饰装修的图线线宽宜符合现行国家标准《房屋建筑制图统一标准》GB/T 50001 的规定。

3.3 字 体

3.3.1 房屋建筑室内装饰装修制图中手工制图字体的选择、字高及书写规则应符合现行国家标准《房屋建筑制图统一标准》GB/T 50001 的规定。

3.4 比 例

3.4.1 图样的比例表示及要求应符合现行国家标准《房屋建筑制图统一标准》GB/T 50001 的规定。

3.4.2 图样的比例应根据图样用途与被绘对象的复杂程度选取。常用比例宜为 1∶1、1∶2、1∶5、1∶10、1∶15、1∶20、1∶25、1∶30、1∶40、1∶50、1∶75、1∶100、1∶150、1∶200。

3.4.3 绘图所用的比例，应根据房屋建筑室内装饰装修设计的不同部位、不同阶段的图纸内容和要求确定，并应符合表 3.4.3 的规定。对于其他特殊情况，可自定比例。

表 3.4.3 绘图所用的比例

比 例	部 位	图纸内容
1∶200～1∶100	总平面、总顶面	总平面布置图、总顶棚平面布置图
1∶100～1∶50	局部平面、局部顶棚平面	局部平面布置图、局部顶棚平面布置图
1∶100～1∶50	不复杂的立面	立面图、剖面图
1∶50～1∶30	较复杂的立面	立面图、剖面图
1∶30～1∶10	复杂的立面	立面放大图、剖面图
1∶10～1∶1	平面及立面中需要详细表示的部位	详图
1∶10～1∶1	重点部位的构造	节点图

3.4.4 同一图纸中的图样可选用不同比例。

3.5 剖 切 符 号

3.5.1 剖视的剖切符号应符合现行国家标准《房屋建筑制图统一标准》GB/T 50001 的规定。

3.5.2 断面的剖切符号应符合现行国家标准《房屋建筑制图统一标准》GB/T 50001 的规定。

3.5.3 剖切符号应标注在需要表示装饰装修剖面内容的位置上。

3.6 索 引 符 号

3.6.1 索引符号根据用途的不同，可分为立面索引符号、剖切索引符号、详图索引符号、设备索引符号、部品部件索引符号。

3.6.2 表示室内立面在平面上的位置及立面图所在图纸编号，应在平面图上使用立面索引符号（图 3.6.2）。

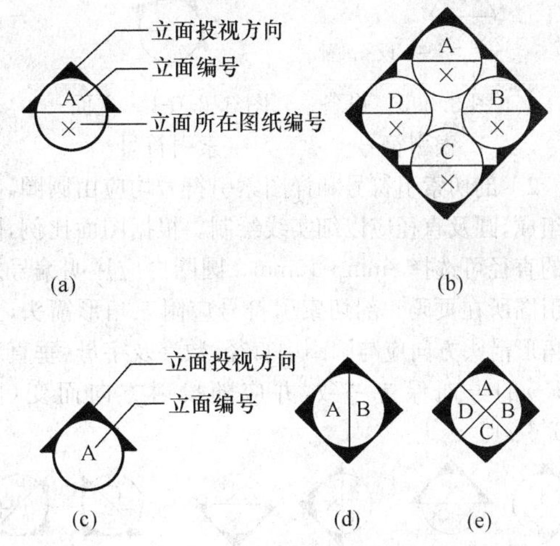

图 3.6.2 立面索引符号

3.6.3 表示剖切面在界面上的位置或图样所在图纸编号，应在被索引的界面或图样上使用剖切索引符号（图 3.6.3）。

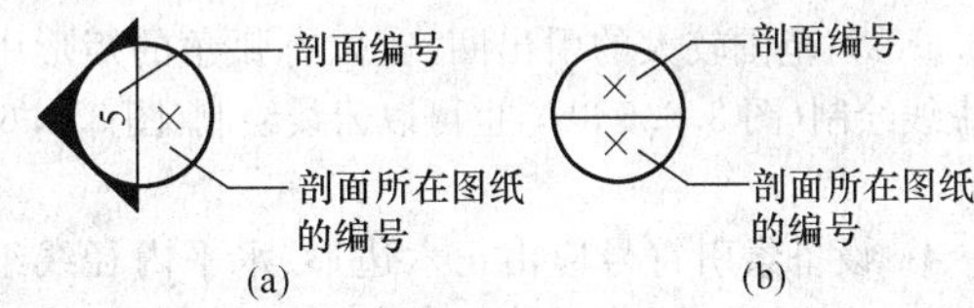

图 3.6.3 剖切索引符号

3.6.4 表示局部放大图样在原图上的位置及本图样所在页码，应在被索引图样上使用详图索引符号（图 3.6.4）。

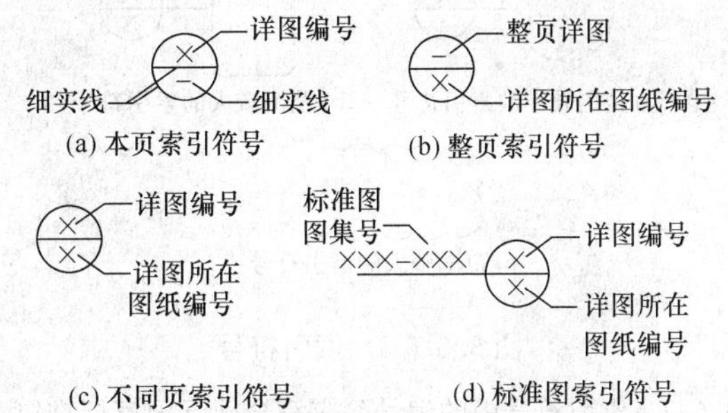

图 3.6.4 详图索引符号

3.6.5 表示各类设备（含设备、设施、家具、灯具等）的品种及对应的编号，应在图样上使用设备索引符号（图 3.6.5）。

3.6.6 索引符号的绘制应符合下列规定：

1 立面索引符号应由圆圈、水平直径组成，且圆圈及水平直径应以细实线绘制。根据图面比例，圆圈直径可选择 8mm～10mm。圆圈内应注明编号及索引图所在页码。立面索引符号应附以三角形箭头，且三角形箭头方向应与投射方向一致，圆圈中水平直径、数字及字母（垂直）的方向应保持不变（图3.6.6-1）。

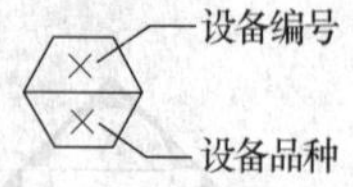

图 3.6.5　设备索引符号

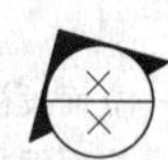

图 3.6.6-1　立面索引符号

2　剖切索引符号和详图索引符号均应由圆圈、直径组成，圆及直径应以细实线绘制。根据图面比例，圆圈的直径可选择 8mm～10mm。圆圈内应注明编号及索引图所在页码。剖切索引符号应附三角形箭头，且三角形箭头方向应与圆圈中直径、数字及字母（垂直于直径）的方向保持一致，并应随投射方向而变（图 3.6.6-2）。

图 3.6.6-2　剖切索引符号

3　索引图样时，应以引出圈将被放大的图样范围完整圈出，并应由引出线连接引出圈和详图索引符号。图样范围较小的引出圈，应以圆形中粗虚线绘制（图 3.6.6-3a）；范围较大的引出圈，宜以有弧角的矩形中粗虚线绘制（图 3.6.6-3b），也可以云线绘制（图 3.6.6-3c）。

4　设备索引符号应由正六边形、水平内径线组成，正六边形、水平内径线应以细实线绘制。根据图面比例，正六边形长轴可选择 8mm～12mm。正六边形内应注明设备编号及设备品种代号（图 3.6.5）。

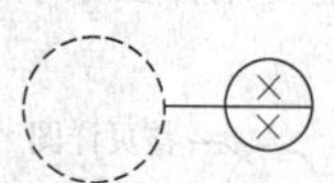

(a) 范围较小的索引符号

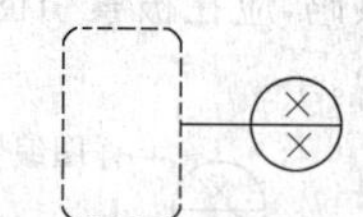

(b) 范围较大的索引符号

(c) 范围较大的索引符号

图 3.6.6-3　索引符号

3.6.7　索引符号中的编号除应符合现行国家标准《房屋建筑制图统一标准》GB/T 50001 的规定外，尚应符合下列规定：

1　当引出图与被索引的详图在同一张图纸内时，应在索引符号的上半圆中用阿拉伯数字或字母注明该索引图的编号，在下半圆中间画一段水平细实线（图 3.6.4a）。

2　当引出图与被索引的详图不在同一张图纸内时，应在索引符号的上半圆中用阿拉伯数字或字母注明该详图的编号，在索引符号的下半圆中用阿拉伯数字或字母注明该详图所在图纸的编号。数字较多时，可加文字标注（图 3.6.4c、图 3.6.4d）。

3　在平面图中采用立面索引符号时，应采用阿拉伯数字或字母为立面编号代表各投视方向，并应以顺时针方向排序（图 3.6.7）。

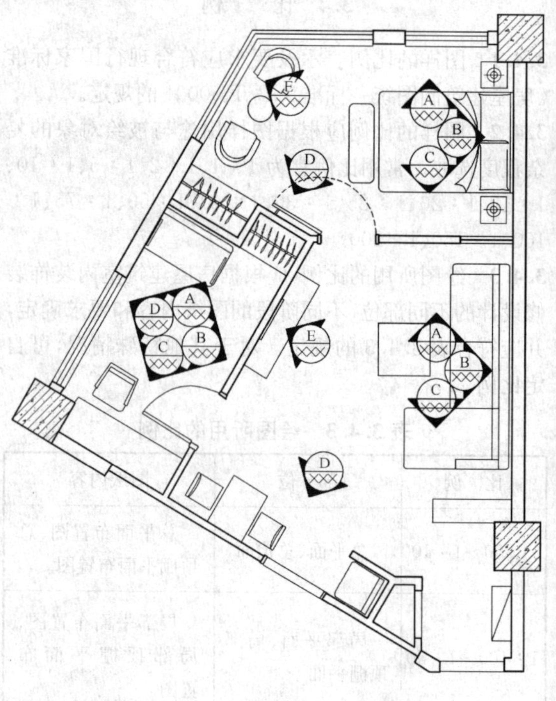

图 3.6.7　立面索引符号的编号

3.7　图名编号

3.7.1　房屋建筑室内装饰装修的图纸宜包括平面图、索引图、顶棚平面图、立面图、剖面图、详图等。

3.7.2　图名编号应由圆、水平直径、图名和比例组成。圆及水平直径均应由细实线绘制，圆直径根据图面比例，可选择 8mm～12mm（图 3.7.3）。

3.7.3　图名编号的绘制应符合下列规定：

1　用来表示被索引出的图样时，应在图号圆圈内画一水平直径，上半圆中应用阿拉伯数字或字母注明该图样编号，下半圆中应用阿拉伯数字或字母注明该图索引符号所在图纸编号（图 3.7.3-1）；

2　当索引出的详图图样与索引图同在一张图纸内时，圆内可用阿拉伯数字或字母注明详图编号，也可在圆圈内划一水平直径，且上半圆中应用阿拉伯数字或字母注明编号，下半圆中间应画一段水平细实线（图 3.7.3-2）。

图 3.7.3-1　被索引出的图样的图名编写

图 3.7.3-2　索引图与被索引出的图样同在一张图纸内的图名编写

3.7.4　图名编号引出的水平直线上方宜用中文注明

该图的图名，其文字宜与水平直线前端对齐或居中。比例的注写应符合本标准第3.4.2条的规定。

3.8 引 出 线

3.8.1 引出线的绘制应符合现行国家标准《房屋建筑制图统一标准》GB/T 50001的规定。

3.8.2 引出线起止符号可采用圆点绘制(图3.8.2a)，也可采用箭头绘制(图3.8.2b)。起止符号的大小应与本图样尺寸的比例相协调。

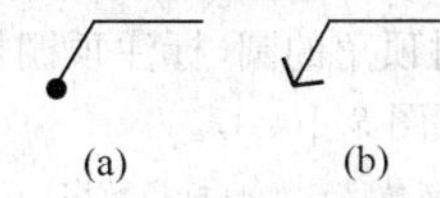

图3.8.2 引出线起止符号

3.8.3 多层构造或多个部位共用引出线，应通过被引出的各层或各部分，并应以引出线起止符号指出相应位置。引出线和文字说明的表示应符合现行国家标准《房屋建筑制图统一标准》GB/T 50001的规定(图3.8.3)。

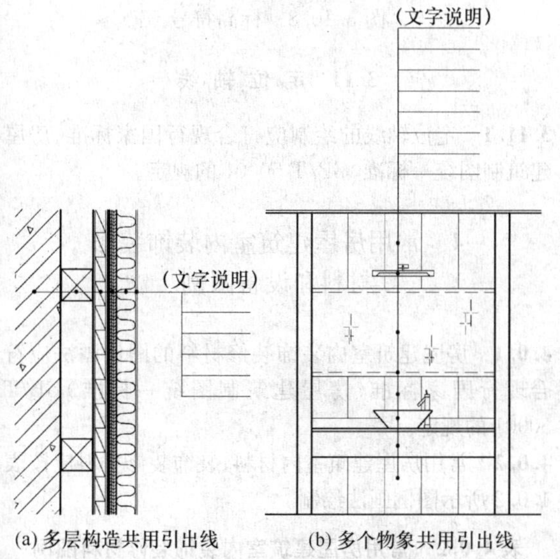

图3.8.3 共用引出线示意

3.9 其 他 符 号

3.9.1 对称符号应由对称线和分中符号组成。对称线应用细单点长画线绘制，分中符号应用细实线绘制。分中符号可采用两对平行线或英文缩写。采用平行线作为分中符号时(图3.9.1a)，应符合现行国家标准《房屋建筑制图统一标准》GB/T 50001的规定；采用英文缩写作为分中符号时，大写英文CL应置于对称线一端(图3.9.1b)。

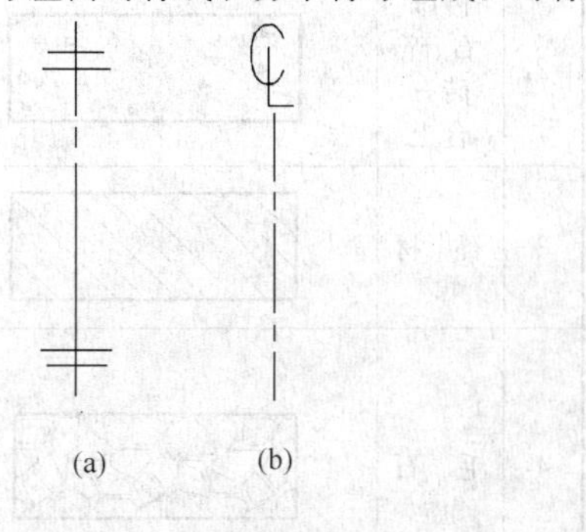

图3.9.1 对称符号

3.9.2 连接符号应以折断线或波浪线表示需连接的部位。两部位相距过远时，折断线或波浪线两端靠图样一侧应标注大写拉丁字母表示连接编号。两个被连接的图样应用相同的字母编号(图3.9.2)。

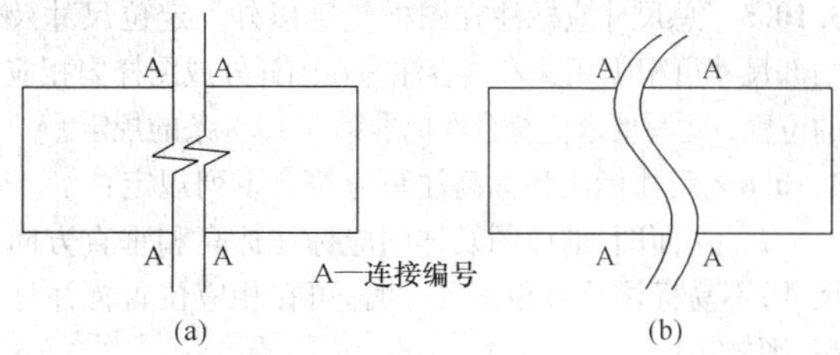

图3.9.2 连接符号

3.9.3 立面的转折应用转角符号表示，且转角符号应以垂直线连接两端交叉线并加注角度符号表示(图3.9.3)。

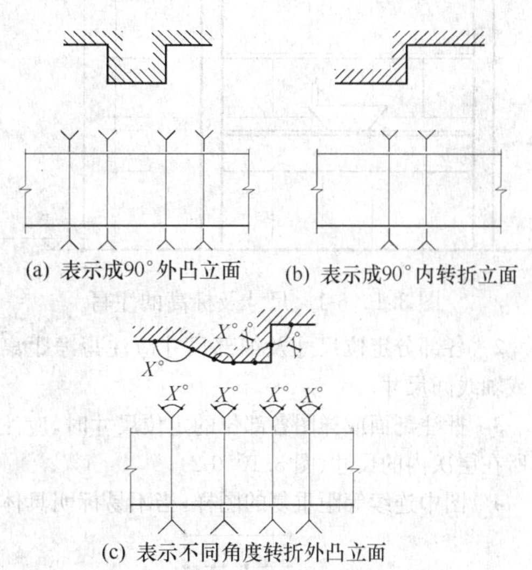

图3.9.3 转角符号

3.9.4 指北针的绘制应符合现行国家标准《房屋建筑制图统一标准》GB/T 50001的规定。指北针应绘制在房屋建筑室内装饰装修整套图纸的第一张平面图上，并应位于明显位置。

3.10 尺 寸 标 注

3.10.1 图样尺寸标注的一般标注方法应符合现行国家标准《房屋建筑制图统一标准》GB/T 50001的规定。

3.10.2 尺寸起止符号可用中粗斜短线绘制，并应符合现行国家标准《房屋建筑制图统一标准》GB/T

50001 的规定；也可用黑色圆点绘制，其直径宜为1mm。

3.10.3 尺寸标注应清晰，不应与图线、文字及符号等相交或重叠。

3.10.4 尺寸宜标注在图样轮廓以外，当需要注在图样内时，不应与图线、文字及符号等相交或重叠。当标注位置相对密集时，各标注数字应在离该尺寸线较近处注写，并应与相邻数字错开。标注方法应符合现行国家标准《房屋建筑制图统一标准》GB/T 50001 的规定。

3.10.5 总尺寸应标注在图样轮廓以外。定位尺寸及细部尺寸可根据用途和内容注写在图样外或图样内相应的位置。注写要求应符合本标准第3.10.3条的规定。

3.10.6 尺寸标注和标高注写应符合下列规定：

1 立面图、剖面图及详图应标注标高和垂直方向尺寸；不易标注垂直距离尺寸时，可在相应位置标注标高（图3.10.6-1）；

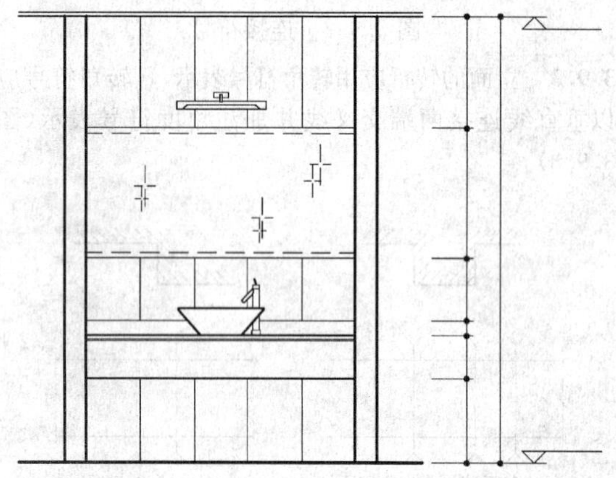

图3.10.6-1 尺寸及标高的注写

2 各部分定位尺寸及细部尺寸应注写净距离尺寸或轴线间尺寸；

3 标注剖面或详图各部位的定位尺寸时，应注写其所在层次内的尺寸（图3.10.6-2）；

4 图中连续等距重复的图样，当不易标明具体尺寸时，可按现行国家标准《建筑制图标准》GB/T 50104 的规定表示；

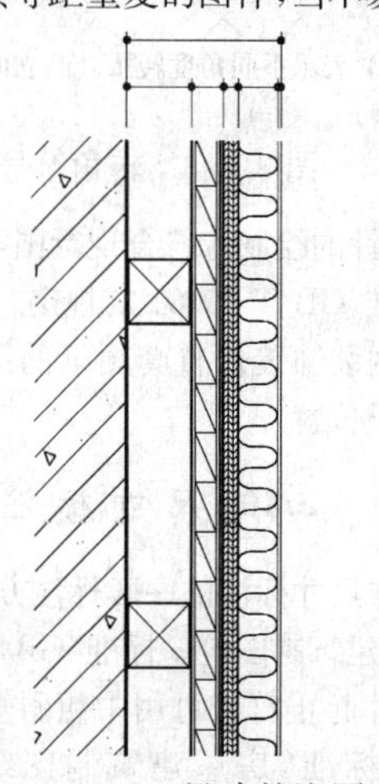

图3.10.6-2 尺寸的注写

5 对于不规则图样，可用网格形式标注尺寸，标注方法应符合现行国家标准《房屋建筑制图统一标准》GB/T 50001 的规定。

3.10.7 标高符号和标注方法应符合现行国家标准《房屋建筑制图统一标准》GB/T 50001 的规定。

3.10.8 房屋建筑室内装饰装修中，设计空间应标注标高，标高符号可采用直角等腰三角形，也可采用涂黑的三角形或90°对顶角的圆，标注顶棚标高时，也可采用CH符号表示（图3.10.8）。

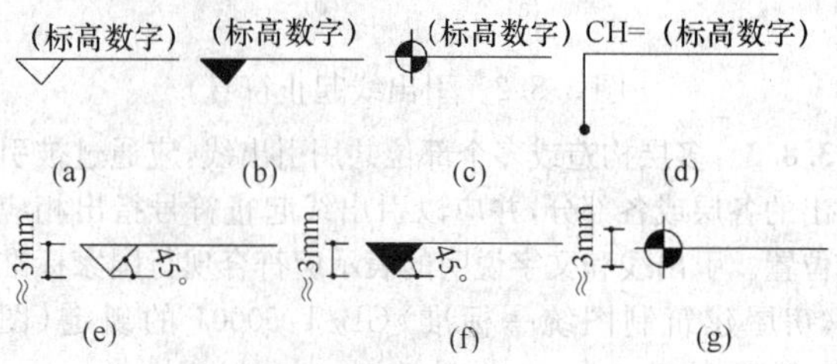

图3.10.8 标高符号

3.11 定位轴线

3.11.1 定位轴线的绘制应符合现行国家标准《房屋建筑制图统一标准》GB/T 50001 的规定。

4 常用房屋建筑室内装饰装修材料和设备图例

4.0.1 房屋建筑室内装饰装修材料的图例画法应符合现行国家标准《房屋建筑制图统一标准》GB/T 50001 的规定。

4.0.2 常用房屋建筑室内材料、装饰装修材料应按表4.0.2所示图例画法绘制。

表4.0.2 常用房屋建筑室内装饰装修材料图例

序号	名 称	图 例	备 注
1	夯实土壤		—
2	砂砾石、碎砖三合土		—
3	石 材		注明厚度
4	毛 石		必要时注明石料块面大小及品种

续表 4.0.2

序号	名　称	图　例	备　注
5	普通砖	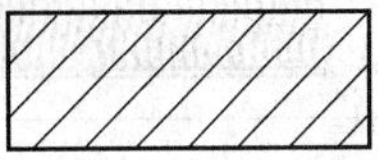	包括实心砖、多孔砖、砌块等。断面较窄不易绘出图例线时，可涂黑，并在备注中加注说明，画出该材料图例
6	轻质砌块砖	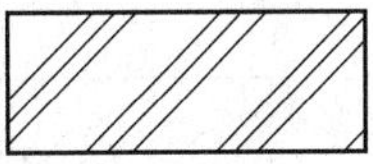	指非承重砖砌体
7	轻钢龙骨板材隔墙	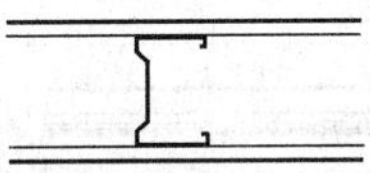	注明材料品种
8	饰面砖	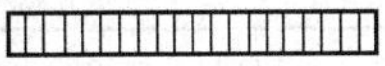	包括铺地砖、墙面砖、陶瓷锦砖等
9	混凝土	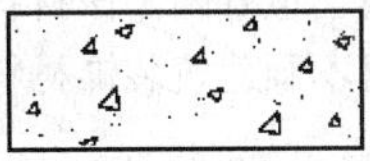	1　指能承重的混凝土及钢筋混凝土 2　各种强度等级、骨料、添加剂的混凝土 3　在剖面图上画出钢筋时，不画图例线 4　断面图形小，不易画出图例线时，可涂黑
10	钢筋混凝土	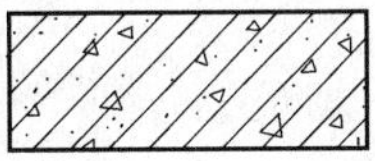	
11	多孔材料		包括水泥珍珠岩、沥青珍珠岩、泡沫混凝土、非承重加气混凝土、软木、蛭石制品等

续表 4.0.2

序号	名　称	图　例	备　注
12	纤维材料	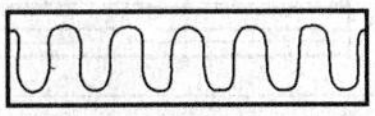	包括矿棉、岩棉、玻璃棉、麻丝、木丝板、纤维板等
13	泡沫塑料材料	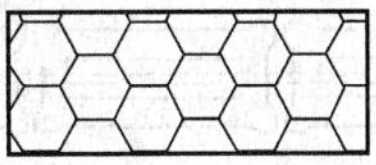	包括聚苯乙烯、聚乙烯、聚氨酯等多孔聚合物类材料
14	密度板	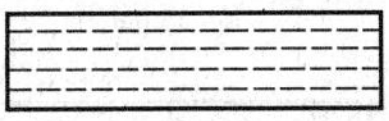	注明厚度
15	实木		表示垫木、木砖或木龙骨
			表示木材横断面
		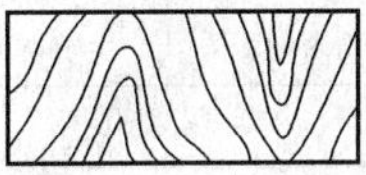	表示木材纵断面
16	胶合板	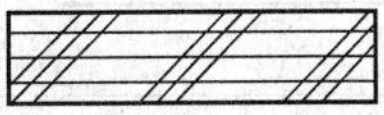	注明厚度或层数
17	多层板	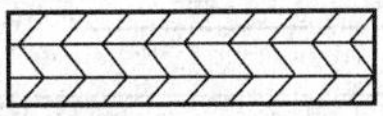	注明厚度或层数
18	木工板	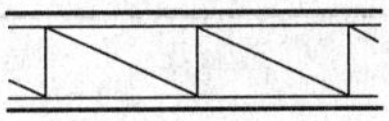	注明厚度
19	石膏板	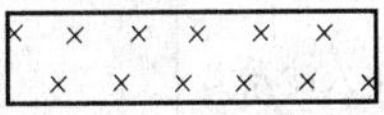	1　注明厚度 2　注明石膏板品种名称
20	金属	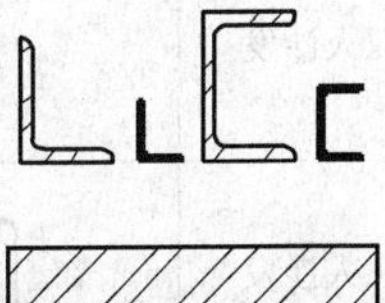	1　包括各种金属，注明材料名称 2　图形小时，可涂黑

续表 4.0.2

序号	名　称	图　例	备　注
21	液体	(平面)	注明具体液体名称
22	玻璃砖		注明厚度
23	普通玻璃	(立面)	注明材质、厚度
24	磨砂玻璃	(立面)	1　注明材质、厚度 2　本图例采用较均匀的点
25	夹层（夹绢、夹纸）玻璃	(立面)	注明材质、厚度
26	镜面	(立面)	注明材质、厚度
27	橡胶		—

续表 4.0.2

序号	名　称	图　例	备　注
28	塑料		包括各种软、硬塑料及有机玻璃等
29	地毯		注明种类
30	防水材料	(小尺度比例) (大尺度比例)	注明材质、厚度
31	粉刷		本图例采用较稀的点
32	窗帘	(立面)	箭头所示为开启方向

注：序号 1、3、5、6、10、11、16、17、20、23、25、27、28 图例中的斜线、短斜线、交叉斜线等均为 45°。

4.0.3　当采用本标准图例中未包括的建筑装饰材料时，可自编图例，但不得与本标准所列的图例重复，且在绘制时，应在适当位置画出该材料图例，并应加以说明。下列情况，可不画建筑装饰材料图例，但应加文字说明：

1　图纸内的图样只用一种图例时；

2　图形较小无法画出建筑装饰材料图例时；

3　图形较复杂，画出建筑装饰材料图例影响图纸理解时。

4.0.4　常用家具图例应按表 4.0.4 所示图例画法绘制。

表 4.0.4　常用家具图例

序号	名　称		图　例	备　注
1	沙发	单人沙发		
		双人沙发		
		三人沙发		

续表 4.0.4

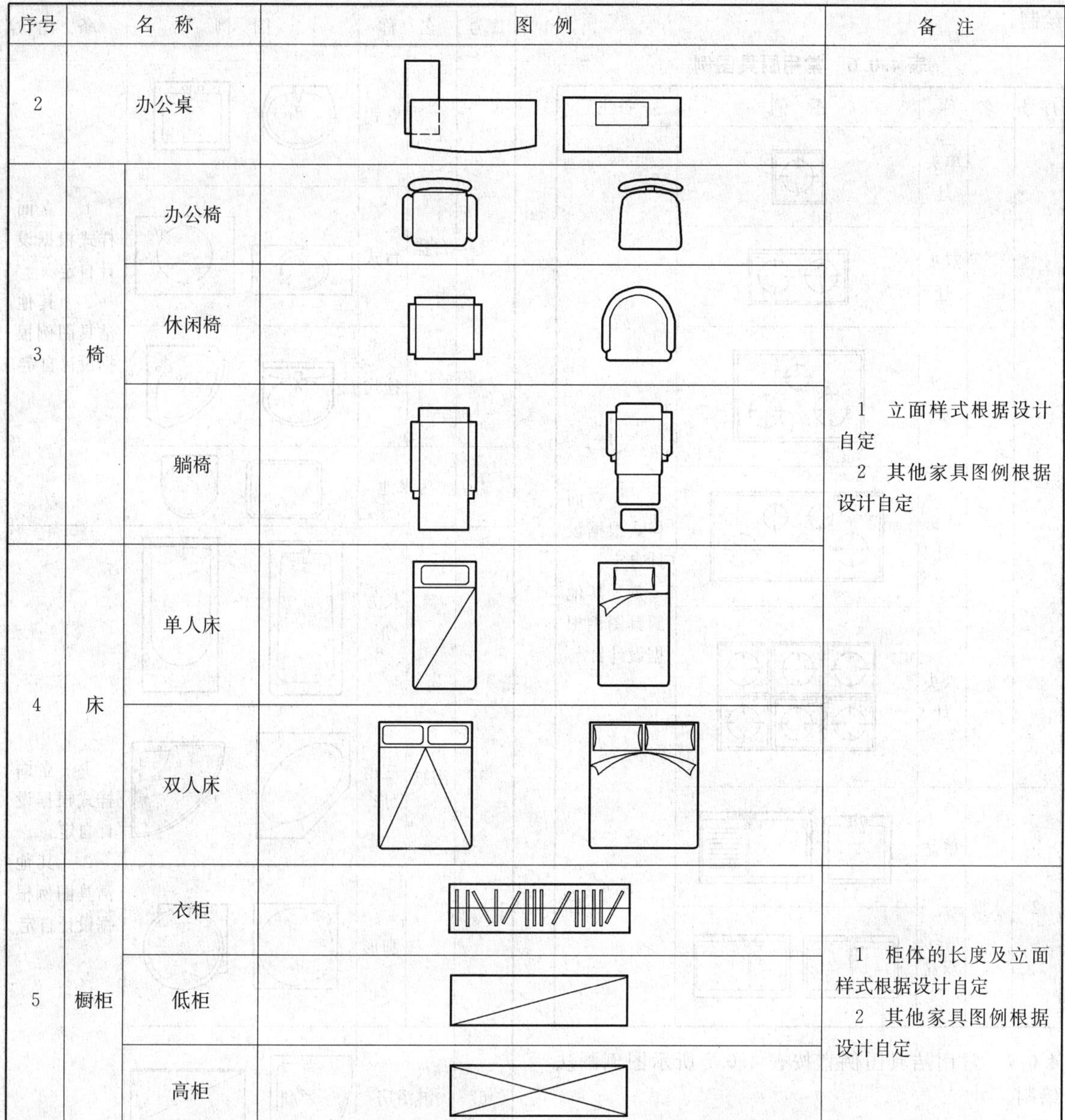

序号	名称		图例	备注
2	办公桌			
3	椅	办公椅		1 立面样式根据设计自定 2 其他家具图例根据设计自定
		休闲椅		
		躺椅		
4	床	单人床		
		双人床		
5	橱柜	衣柜		1 柜体的长度及立面样式根据设计自定 2 其他家具图例根据设计自定
		低柜		
		高柜		

4.0.5 常用电器图例应按表 4.0.5 所示图例画法绘制。

表 4.0.5 常用电器图例

序号	名 称	图 例	备 注
1	电 视	TV	1 立面样式根据设计自定 2 其他电器图例根据设计自定
2	冰箱	REF	
3	空调	A C	

续表 4.0.5

序号	名 称	图 例	备 注
4	洗衣机	W M	1 立面样式根据设计自定 2 其他电器图例根据设计自定
5	饮水机	WD	
6	电脑	PC	
7	电话	TEL	

4.0.6 常用厨具图例应按表 4.0.6 所示图例画法绘制。

表 4.0.6 常用厨具图例

序号	名称		图例	备注
1	灶具	单头灶		1 立面样式根据设计自定 2 其他厨具图例根据设计自定
		双头灶	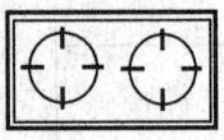	
		三头灶	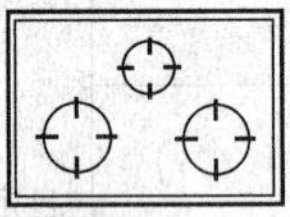	
		四头灶	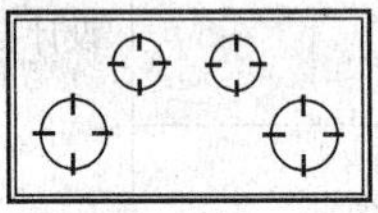	
		六头灶	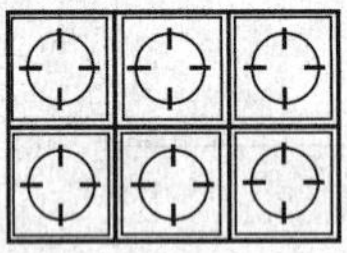	
2	水槽	单盆	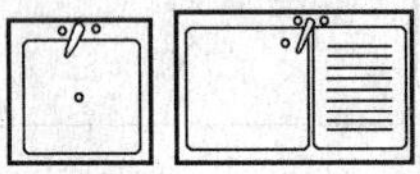	
		双盆	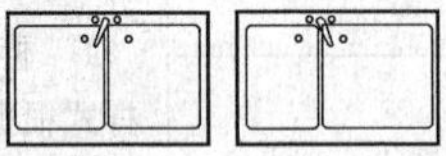	

4.0.7 常用洁具图例宜按表 4.0.7 所示图例画法绘制。

表 4.0.7 常用洁具图例

序号	名称		图例	备注
1	大便器	坐式	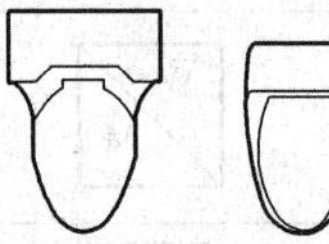	
		蹲式	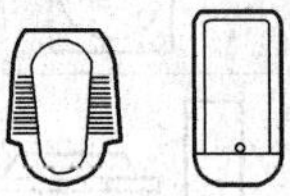	
2	小便器		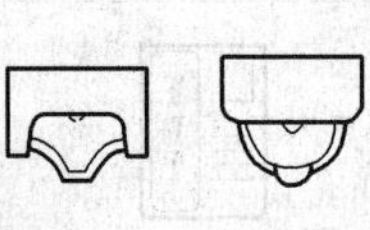	

续表 4.0.7

序号	名称		图例	备注
3	台盆	立式	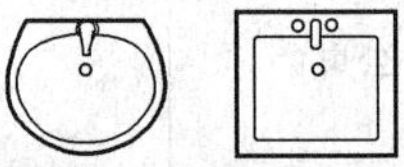	1 立面样式根据设计自定 2 其他洁具图例根据设计自定
		台式	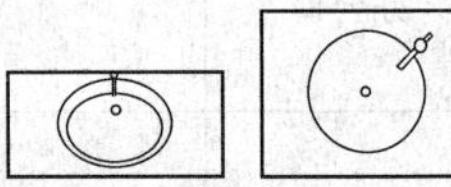	
		挂式	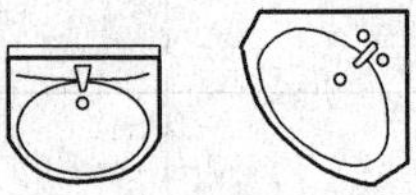	
4	污水池			
5	浴缸	长方形	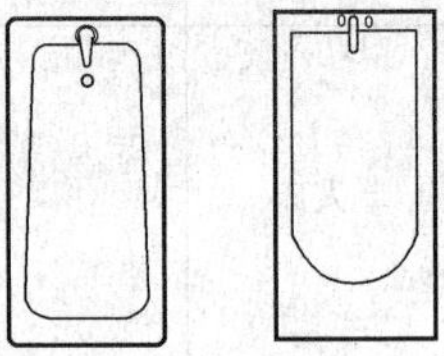	1 立面样式根据设计自定 2 其他洁具图例根据设计自定
		三角形	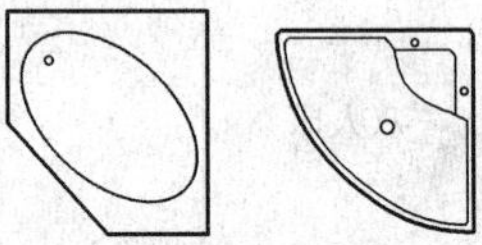	
		圆形	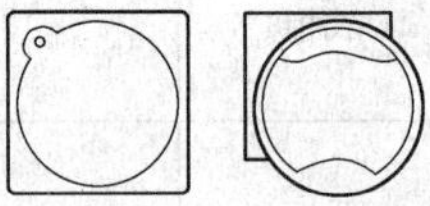	
6	淋浴房		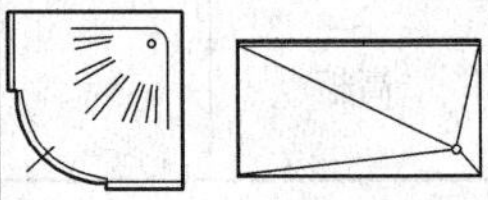	

4.0.8 室内常用景观配饰图例宜按表 4.0.8 所示图例画法绘制。

表 4.0.8 室内常用景观配饰图例

序号	名称	图例	备注
1	阔叶植物	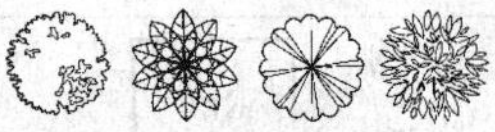	1 立面样式根据设计自定 2 其他景观配饰图例根据设计自定
2	针叶植物	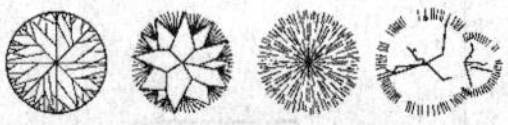	
3	落叶植物	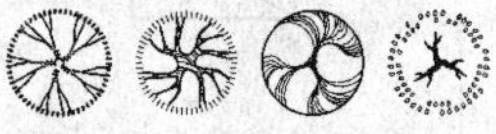	

续表 4.0.8

序号	名称		图例	备注
4	盆景类	树桩类		1 立面样式根据设计自定 2 其他景观配饰图例根据设计自定
		观花类		
		观叶类		
		山水类		
5	插花类			
6	吊挂类			
7	棕榈植物			
8	水生植物			
9	假山石			
10	草坪			
11	铺地	卵石类		
		条石类		
		碎石类		

4.0.9 常用灯光照明图例应按表 4.0.9 所示图例画法绘制。

表 4.0.9 常用灯光照明图例

序号	名称	图例
1	艺术吊灯	
2	吸顶灯	
3	筒灯	

续表 4.0.9

序号	名称	图例
4	射灯	
5	轨道射灯	
6	格栅射灯	（单头）
		（双头）
		（三头）
7	格栅荧光灯	（正方形）
		（长方形）
8	暗藏灯带	
9	壁灯	
10	台灯	
11	落地灯	
12	水下灯	
13	踏步灯	
14	荧光灯	
15	投光灯	
16	泛光灯	
17	聚光灯	

4.0.10 常用设备图例应按表 4.0.10 所示图例画法绘制。

表 4.0.10 常用设备图例

序号	名称	图例
1	送风口	（条形）
		（方形）

续表 4.0.10

序号	名 称	图 例
2	回风口	（条形）
		（方形）
3	侧送风、侧回风	
4	排气扇	
5	风机盘管	（立式明装）
		（卧式明装）
6	安全出口	EXIT
7	防火卷帘	F
8	消防自动喷淋头	
9	感温探测器	
10	感烟探测器	S
11	室内消火栓	（单口）
		（双口）
12	扬声器	

4.0.11 常用开关、插座图例应按表 4.0.11-1、表 4.0.11-2 所示图例画法绘制。

表 4.0.11-1 开关、插座立面图例

序号	名 称	图 例
1	单相二极电源插座	
2	单相三极电源插座	
3	单相二、三极电源插座	
4	电话、信息插座	（单孔）
		（双孔）

续表 4.0.11-1

序号	名 称	图 例
5	电视插座	（单孔）
		（双孔）
6	地插座	
7	连接盒、接线盒	
8	音响出线盒	M
9	单联开关	
10	双联开关	
11	三联开关	
12	四联开关	
13	锁匙开关	
14	请勿打扰开关	
15	可调节开关	
16	紧急呼叫按钮	

表 4.0.11-2 开关、插座平面图例

序号	名 称	图 例
1	（电源）插座	
2	三个插座	
3	带保护极的（电源）插座	
4	单相二、三极电源插座	
5	带单极开关的（电源）插座	
6	带保护极的单极开关的（电源）插座	
7	信息插座	C

续表 4.0.11-2

序号	名　称	图　例
8	电接线箱	J
9	公用电话插座	
10	直线电话插座	
11	传真机插座	F
12	网络插座	C
13	有线电视插座	TV
14	单联单控开关	
15	双联单控开关	
16	三联单控开关	
17	单极限时开关	t
18	双极开关	
19	多位单极开关	
20	双控单极开关	
21	按　钮	
22	配电箱	AP

5　图 样 画 法

5.1　投 影 法

5.1.1　房屋建筑室内装饰装修的视图，应采用位于建筑内部的视点按正投影法并用第一角画法绘制，且自A的投影镜像图应为顶棚平面图，自B的投影应为平面图，自C、D、E、F的投影应为立面图(图5.1.1)。

5.1.2　顶棚平面图应采用镜像投影法绘制，其图像中纵横轴线排列应与平面图完全一致(图5.1.2)。

5.1.3　装饰装修界面与投影面不平行时，可用展开图表示。

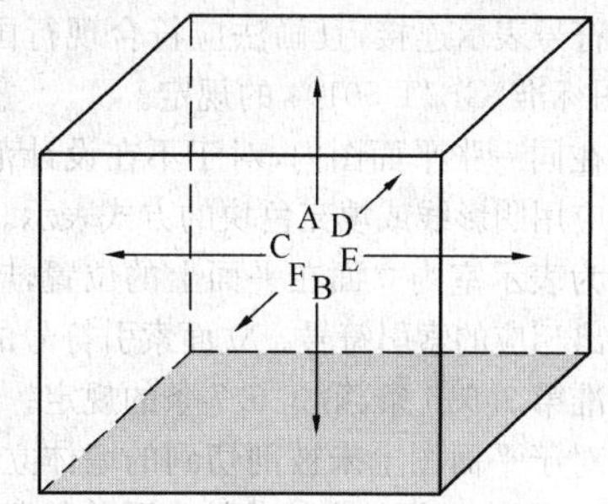

图 5.1.1　第一角画法

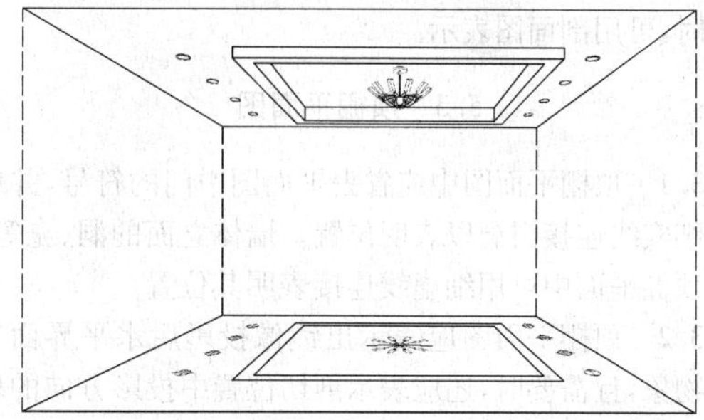

图 5.1.2　镜像投影法

5.2　平 面 图

5.2.1　除顶棚平面图外，各种平面图应按正投影法绘制。

5.2.2　平面图宜取视平线以下适宜高度水平剖切俯视所得，并根据表现内容的需要，可增加剖视高度和剖切平面。

5.2.3　平面图应表达室内水平界面中正投影方向的物象，且需要时，还应表示剖切位置中正投影方向墙体的可视物象。

5.2.4　局部平面放大图的方向宜与楼层平面图的方向一致。

5.2.5　平面图中应注写房间的名称或编号，编号应注写在直径为6mm细实线绘制的圆圈内，其字体大小应大于图中索引用文字标注，并应在同张图纸上列出房间名称表。

5.2.6　对于平面图中的装饰装修物件，可注写名称或用相应的图例符号表示。

5.2.7　在同一张图纸上绘制多于一层的平面图时，应按现行国家标准《建筑制图标准》GB/T 50104 的规定执行。

5.2.8　对于较大的房屋建筑室内装饰装修平面，可分区绘制平面图，且每张分区平面图均应以组合示意图表示所在位置。对于在组合示意图中要表示的分区，可采用阴影线或填充色块表示。各分区应分别用大写拉丁字母或功能区名称表示。各分区视图的分区部位及编号应一致，并应与组合示意图对应。

5.2.9　房屋建筑室内装饰装修平面起伏较大的呈弧形、曲折形或异形时，可用展开图表示，不同的转角面应用转角符号表示连接，且画法应符合现行国家标准《建筑制图标准》GB/T 50104 的规定。

5.2.10 在同一张平面图内，对于不在设计范围内的局部区域应用阴影线或填充色块的方式表示。

5.2.11 为表示室内立面在平面上的位置，应在平面图上表示出相应的索引符号。立面索引符号的绘制应符合本标准第 3.6.6 条、第 3.6.7 条的规定。

5.2.12 对于平面图上未被剖切到的墙体立面的洞、龛等，在平面图中可用细虚线连接表明其位置。

5.2.13 房屋建筑室内各种平面中出现异形的凹凸形状时，可用剖面图表示。

5.3 顶棚平面图

5.3.1 顶棚平面图中应省去平面图中门的符号，并应用细实线连接门洞以表明位置。墙体立面的洞、龛等，在顶棚平面中可用细虚线连接表明其位置。

5.3.2 顶棚平面图应表示出镜像投影后水平界面上的物象，且需要时，还应表示剖切位置中投影方向的墙体的可视内容。

5.3.3 平面为圆形、弧形、曲折形、异形的顶棚平面，可用展开图表示，不同的转角面应用转角符号表示连接，画法应符合现行国家标准《建筑制图标准》GB/T 50104 的规定。

5.3.4 房屋建筑室内顶棚上出现异形的凹凸形状时，可用剖面图表示。

5.4 立 面 图

5.4.1 房屋建筑室内装饰装修立面图应按正投影法绘制。

5.4.2 立面图应表达室内垂直界面中投影方向的物体，需要时，还应表示剖切位置中投影方向的墙体、顶棚、地面的可视内容。

5.4.3 立面图的两端宜标注房屋建筑平面定位轴线编号。

5.4.4 平面为圆形、弧形、曲折形、异形的室内立面，可用展开图表示，不同的转角面应用转角符号表示连接，画法应符合现行国家标准《建筑制图标准》GB/T 50104 的规定。

5.4.5 对称式装饰装修面或物体等，在不影响物象表现的情况下，立面图可绘制一半，并应在对称轴线处画对称符号。

5.4.6 在房屋建筑室内装饰装修立面图上，相同的装饰装修构造样式可选择一个样式绘出完整图样，其余部分可只画图样轮廓线。

5.4.7 在房屋建筑室内装饰装修立面图上，表面分隔线应表示清楚，并应用文字说明各部位所用材料及色彩等。

5.4.8 圆形或弧线形的立面图应以细实线表示出该立面的弧度感（图 5.4.8）。

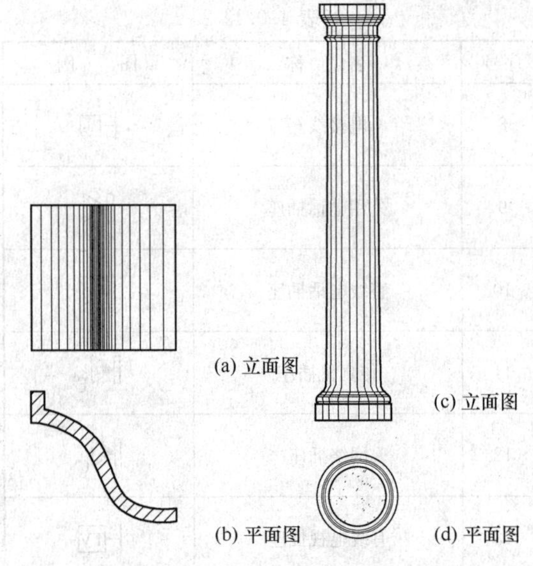

图 5.4.8 圆形或弧线形图样立面

5.4.9 立面图宜根据平面图中立面索引编号标注图名。有定位轴线的立面，也可根据两端定位轴线号编注立面图名称。

5.5 剖面图和断面图

5.5.1 房屋建筑室内装饰装修剖面图和断面图的绘制，应符合现行国家标准《房屋建筑制图统一标准》GB/T 50001 以及《建筑制图标准》GB/T 50104 的规定。

5.6 视 图 布 置

5.6.1 同一张图纸上绘制若干个视图时，各视图的位置应根据视图的逻辑关系和版面的美观决定（图 5.6.1）。

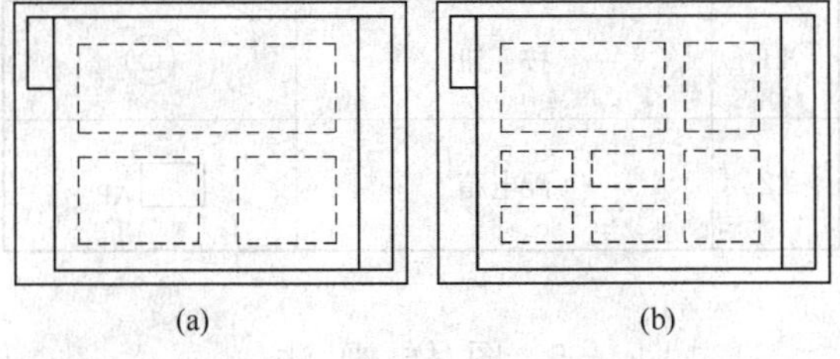

图 5.6.1 常规的布图方法

5.6.2 每个视图均应在视图下方、一侧或相近位置标注图名，标注方法应符合本标准第 3.7.2 条～第 3.7.4 条的规定。

5.7 其 他 规 定

5.7.1 房屋建筑室内装饰装修构造详图、节点图，应按正投影法绘制。

5.7.2 表示局部构造或装饰装修的透视图或轴测图，可按现行国家标准《房屋建筑制图统一标准》GB/T 50001 的规定绘制。

5.7.3 房屋建筑室内装饰装修制图中的简化画法，应符合现行国家标准《房屋建筑制图统一标准》GB/T 50001 的规定。

附录A 图纸深度

A.1 一般规定

A.1.1 房屋建筑室内装饰装修的制图深度应根据房屋建筑室内装饰装修设计的阶段性要求确定。

A.1.2 房屋建筑室内装饰装修中图纸的阶段性文件应包括方案设计图、扩初设计图、施工设计图、变更设计图、竣工图。

A.1.3 房屋建筑室内装饰装修图纸的绘制应符合本标准第1章～第4章的规定，图纸深度应满足各阶段的深度要求。

A.2 方案设计图

A.2.1 方案设计应包括设计说明、平面图、顶棚平面图、主要立面图、必要的分析图、效果图等。

A.2.2 方案设计的平面图绘制除应符合本标准第5.2节的规定外，尚应符合下列规定：

1 宜标明房屋建筑室内装饰装修设计的区域位置及范围；

2 宜标明房屋建筑室内装饰装修设计中对原房屋建筑改造的内容；

3 宜标注轴线编号，并应使轴线编号与原房屋建筑图相符；

4 宜标注总尺寸及主要空间的定位尺寸；

5 宜标明房屋建筑室内装饰装修设计后的所有室内外墙体、门窗、管道井、电梯和自动扶梯、楼梯、平台和阳台等位置；

6 宜标明主要使用房间的名称和主要部位的尺寸，并应标明楼梯的上下方向；

7 宜标明主要部位固定和可移动的装饰造型、隔断、构件、家具、陈设、厨卫设施、灯具以及其他配置、配饰的名称和位置；

8 宜标明主要装饰装修材料和部品部件的名称；

9 宜标注房屋建筑室内地面的装饰装修设计标高；

10 宜标注指北针、图纸名称、制图比例以及必要的索引符号、编号；

11 根据需要，宜绘制主要房间的放大平面图；

12 根据需要，宜绘制反映方案特性的分析图，并宜包括：功能分区、空间组合、交通分析、消防分析、分期建设等图示。

A.2.3 顶棚平面图的绘制除应符合本标准第5.3节的规定外，尚应符合下列规定：

1 应标注轴线编号，并应使轴线编号与原房屋建筑图相符；

2 应标注总尺寸及主要空间的定位尺寸；

3 应标明房屋建筑室内装饰装修设计调整过后的所有室内外墙体、管道井、天窗等的位置；

4 应标明装饰造型、灯具、防火卷帘以及主要设施、设备、主要饰品的位置；

5 应标明顶棚的主要装饰装修材料及饰品的名称；

6 应标注顶棚主要装饰装修造型位置的设计标高；

7 应标注图纸名称、制图比例以及必要的索引符号、编号。

A.2.4 方案设计的立面图绘制除应符合本标准第5.4节的规定外，尚应符合下列规定：

1 应标注立面范围内的轴线和轴线编号，以及立面两端轴线之间的尺寸；

2 应绘制有代表性的立面、标明房屋建筑室内装饰装修完成面的底界面线和装饰装修完成面的顶界面线、标注房屋建筑室内主要部位装饰装修完成面的净高，并应根据需要标注楼层的层高；

3 应绘制墙面和柱面的装饰装修造型、固定隔断、固定家具、门窗、栏杆、台阶等立面形状和位置，并应标注主要部位的定位尺寸；

4 应标注主要装饰装修材料和部品部件的名称；

5 标注图纸名称、制图比例以及必要的索引符号、编号。

A.2.5 方案设计的剖面图绘制除应符合本标准第5.5节的规定外，尚应符合下列规定：

1 方案设计可不绘制剖面图，对于在空间关系比较复杂、高度和层数不同的部位，应绘制剖面；

2 应标明房屋建筑室内空间中高度方向的尺寸和主要部位的设计标高及总高度；

3 当遇有高度控制时，尚应标明最高点的标高；

4 标注图纸名称、制图比例以及必要的索引符号、编号。

A.2.6 方案设计的效果图应反映方案设计的房屋建筑室内主要空间的装饰装修形态，并应符合下列规定：

1 应做到材料、色彩、质地真实，尺寸、比例准确；

2 应体现设计的意图及风格特征；

3 图面应美观，并应具有艺术性。

A.3 扩初设计图

A.3.1 规模较大的房屋建筑室内装饰装修工程，根据需要，可绘制扩大初步设计图。

A.3.2 扩大初步设计图的深度应符合下列规定：

1 应对设计方案进一步深化；

2 应能作为深化施工图的依据；

3 应能作为工程概算的依据；

4 应能作为主要材料和设备的订货依据。

A.3.3 扩大初步设计应包括设计说明、平面图、顶棚平面图、主要立面图、主要剖面图等。

A.3.4 平面图绘制除应符合本标准第5.2节的规定外，尚应标明或标注下列内容：

1 房屋建筑室内装饰装修设计的区域位置及范围；

2 房屋建筑室内装饰装修中对原房屋建筑改造的内容及定位尺寸；

3 房屋建筑图中柱网、承重墙以及需要装饰装修设计的非承重墙、房屋建筑设施、设备的位置和尺寸；

4 轴线编号，并应使轴线编号与原房屋建筑图相符；

5 轴线间尺寸及总尺寸；

6 房屋建筑室内装饰装修设计后的所有室内外墙体、门窗、管道井、电梯和自动扶梯、楼梯、平台、阳台、台阶、坡道等位置和使用的主要材料；

7 房间的名称和主要部位的尺寸，楼梯的上下方向；

8 固定的和可移动的装饰装修造型、隔断、构件、家具、陈设、厨卫设施、灯具以及其他配置、配饰的名称和位置；

9 定制部品部件的内容及所在位置；

10 门窗、橱柜或其他构件的开启方向和方式；

11 主要装饰装修材料和部品部件的名称；

12 房屋建筑平面或空间的防火分区和防火分区分隔位置，及安全出口位置示意，并应单独成图，当只有一个防火分区，可不注防火分区面积；

13 房屋建筑室内地面设计标高；

14 索引符号、编号、指北针、图纸名称和制图比例。

A.3.5 顶棚平面图的绘制除应符合本标准第5.3节的规定外，尚应标明或标注下列内容：

1 房屋建筑图中柱网、承重墙以及房屋建筑室内装饰装修设计需要的非承重墙；

2 轴线编号，并使轴线编号与原房屋建筑图相符；

3 轴线间尺寸及总尺寸；

4 房屋建筑室内装饰装修设计调整过后的所有室内外墙体、管井、天窗等的位置，必要部位的名称和主要尺寸；

5 装饰造型、灯具、防火卷帘以及主要设施、设备、主要饰品的位置；

6 顶棚的主要饰品的名称；

7 顶棚主要部位的设计标高；

8 索引符号、编号、指北针、图纸名称和制图比例。

A.3.6 立面图绘制除应符合本标准第5.4节的规定外，尚应绘制、标注或标明符合下列内容：

1 绘制需要设计的主要立面；

2 标注立面两端的轴线、轴线编号和尺寸；

3 标注房屋建筑室内装饰装修完成面的地面至顶棚的净高；

4 绘制房屋建筑室内墙面和柱面的装饰装修造型、固定隔断、固定家具、门窗、栏杆、台阶、坡道等立面形状和位置，标注主要部位的定位尺寸；

5 标明立面主要装饰装修材料和部品部件的名称；

6 标注索引符号、编号、图纸名称和制图比例。

A.3.7 剖面应剖在空间关系复杂、高度和层数不同的部位和重点设计的部位。剖面图应准确、清晰表示出剖到或看到的各相关部位内容，其绘制除应符合本标准第5.5节的规定外，尚应标明或标注下列内容：

1 标明剖面所在的位置；

2 标注设计部位结构、构造的主要尺寸、标高、用材、做法；

3 标注索引符号、编号、图纸名称和制图比例。

A.4 施工设计图

A.4.1 施工设计图纸应包括平面图、顶棚平面图、立面图、剖面图、详图和节点图。

A.4.2 施工图的平面图应包括设计楼层的总平面图、房屋建筑现状平面图、各空间平面布置图、平面定位图、地面铺装图、索引图等。

A.4.3 施工图中的总平面图除了应符合本标准第A.3.4条的规定外，尚应符合下列规定：

1 应全面反映房屋建筑室内装饰装修设计部位平面与毗邻环境的关系，包括交通流线、功能布局等；

2 应详细注明设计后对房屋建筑的改造内容；

3 应标明需做特殊要求的部位；

4 在图纸空间允许的情况下，可在平面图旁绘制需要注释的大样图。

A.4.4 施工图中的平面布置图可分为陈设、家具平面布置图、部品部件平面布置图、设备设施布置图、绿化布置图、局部放大平面布置图等。平面布置图除应符合本标准第A.3.4条的规定外，尚应符合下列规定：

1 陈设、家具平面布置图应标注陈设品的名称、位置、大小、必要的尺寸以及布置中需要说明的问题；应标注固定家具和可移动家具及隔断的位置、布置方向，以及柜门或橱门开启方向，并应标注家具的定位尺寸和其他必要的尺寸。必要时，还应确定家具上电器摆放的位置。

2 部品部件平面布置图应标注部品部件的名称、位置、尺寸、安装方法和需要说明的问题。

3 设备设施布置图应标明设备设施的位置、名称和需要说明的问题。

4 规模较小的房屋建筑室内装饰装修中陈设、家具平面布置图、设备设施布置图以及绿化布置图，可合并。

5 规模较大的房屋建筑室内装饰装修中应有绿化布置图，应标注绿化品种、定位尺寸和其他必要尺寸。

6 房屋建筑单层面积较大时，可根据需要绘制局部放大平面布置图，但应在各分区平面布置图适当位置上绘出分区组合示意图，并应明显表示本分区部位编号。

7 应标注所需的构造节点详图的索引号。

8 当照明、绿化、陈设、家具、部品部件或设备设施另行委托设计时，可根据需要绘制照明、绿化、陈设、家具、部品部件及设备设施的示意性和控制性布置图。

9 对于对称平面，对称部分的内部尺寸可省略，对称轴部位应用对称符号表示，轴线号不得省略；楼层标准层可共用同一平面，但应注明层次范围及各层的标高。

A.4.5 施工图中的平面定位图应表达与原房屋建筑图的关系，并应体现平面图的定位尺寸。平面定位图除应符合本标准第 A.3.4 条的规定外，尚应标注下列内容：

1 房屋建筑室内装饰装修设计对原房屋建筑或原房屋建筑室内装饰装修的改造状况；

2 房屋建筑室内装饰装修设计中新设计的墙体和管井等的定位尺寸、墙体厚度与材料种类，并注明做法；

3 房屋建筑室内装饰装修设计中新设计的门窗洞定位尺寸、洞口宽度与高度尺寸、材料种类、门窗编号等；

4 房屋建筑室内装饰装修设计中新设计的楼梯、自动扶梯、平台、台阶、坡道等的定位尺寸、设计标高及其他必要尺寸，并注明材料及其做法；

5 固定隔断、固定家具、装饰造型、台面、栏杆等的定位尺寸和其他必要尺寸，并注明材料及其做法。

A.4.6 施工图中的地面铺装图除应符合本标准第 A.3.4、A.4.4 条的规定外，尚应标注下列内容：

1 地面装饰材料的种类、拼接图案、不同材料的分界线；

2 地面装饰的定位尺寸、规格和异形材料的尺寸、施工做法；

3 地面装饰嵌条、台阶和梯段防滑条的定位尺寸、材料种类及做法。

A.4.7 房屋建筑室内装饰装修设计应绘制索引图。索引图应注明立面、剖面、详图和节点图的索引符号及编号，并可增加文字说明帮助索引。在图面比较拥挤的情况下，可适当缩小图面比例。

A.4.8 施工图中的顶棚平面图应包括装饰装修楼层的顶棚总平面图、顶棚装饰灯具布置图、顶棚综合布点图、各空间顶棚平面图等。

A.4.9 施工图中顶棚总平面图的绘制除应符合本标准第 A.3.5 条的规定外，尚应符合下列规定：

1 应全面反映顶棚平面的总体情况，包括顶棚造型、顶棚装饰、灯具布置、消防设施及其他设备布置等内容；

2 应标明需做特殊工艺或造型的部位；

3 应标注顶棚装饰材料的种类、拼接图案、不同材料的分界线；

4 在图纸空间允许的情况下，可在平面图旁边绘制需要注释的大样图。

A.4.10 施工图中顶棚平面图的绘制除应符合本标准第 A.3.5 条的规定外，尚应符合下列规定：

1 应标明顶棚造型、天窗、构件、装饰垂挂物及其他装饰配置和饰品的位置，注明定位尺寸、标高或高度、材料名称和做法；

2 房屋建筑单层面积较大时，可根据需要单独绘制局部的放大顶棚图，但应在各放大顶棚图的适当位置上绘出分区组合示意图，并应明显地表示本分区部位编号；

3 应标注所需的构造节点详图的索引号；

4 表述内容单一的顶棚平面，可缩小比例绘制；

5 对于对称平面，对称部分的内部尺寸可省略，对称轴部位应用对称符号表示，但轴线号不得省略；楼层标准层可共用同一顶棚平面，但应注明层次范围及各层的标高。

A.4.11 施工图中的顶棚综合布点图除应符合本标准第 A.3.5 条的规定外，还应标明顶棚装饰装修造型与设备设施的位置、尺寸关系。

A.4.12 施工图中顶棚装饰灯具布置图的绘制除应符合本标准第 A.3.5 条的规定外，还应标注所有明装和暗藏的灯具(包括火灾和事故照明灯具)、发光顶棚、空调风口、喷头、探测器、扬声器、挡烟垂壁、防火卷帘、防火挑檐、疏散和指示标志牌等的位置，标明定位尺寸、材料名称、编号及做法；

A.4.13 施工图中立面图的绘制除应符合本标准第 A.3.6 条的规定外，尚应符合下列规定：

1 应绘制立面左右两端的墙体构造或界面轮廓线、原楼地面至装修楼地面的构造层、顶棚面层、装饰装修的构造层；

2 应标注设计范围内立面造型的定位尺寸及细部尺寸；

3 应标注立面投视方向上装饰物的形状、尺寸及关键控制标高；

4 应标明立面上装饰装修材料的种类、名称、施工工艺、拼接图案、不同材料的分界线；

5 应标注所需的构造节点详图的索引号；

6 对需要特殊和详细表达的部位，可单独绘制其局部放大立面图，并应标明其索引位置；

7 无特殊装饰装修要求的立面，可不画立面图，但应在施工说明中或相邻立面的图纸上予以说明；

8 各个方向的立面应绘齐全，对于差异小、左右对称的立面可简略，但应在与其对称的立面的图纸上予以说明；中庭或看不到的局部立面，可在相关剖面图上表示，当剖面图未能表示完全时，应单独绘制；

9 对于影响房屋建筑室内装饰装修效果的装饰物、家具、陈设品、灯具、电源插座、通信和电视信号插孔、空调控制器、开关、按钮、消火栓等物体，宜在立面图中绘制出其位置。

A.4.14 施工图中的剖面图应标明平面图、顶棚平面图和立面图中需要清楚表达的部位。剖面图除应符合本标准第A.3.7条的规定外，尚应符合下列规定：

1 应标注平面图、顶棚平面图和立面图中需要清楚表达部分的详细尺寸、标高、材料名称、连接方式和做法；

2 剖切的部位应根据表达的需要确定；

3 应标注所需的构造节点详图的索引号。

A.4.15 施工图应将平面图、顶棚平面图、立面图和剖面图中需要更清晰表达的部位索引出来，并应绘制详图或节点图。

A.4.16 施工图中的详图的绘制应符合下列规定：

1 应标明物体的细部、构件或配件的形状、大小、材料名称及具体技术要求，注明尺寸和做法；

2 对于在平、立、剖面图或文字说明中对物体的细部形态无法交代或交代不清的，可绘制详图；

3 应标注详图名称和制图比例。

A.4.17 施工图中节点图的绘制应符合下列规定：

1 应标明节点处构造层材料的支撑、连接的关系，标注材料的名称及技术要求，注明尺寸和构造做法；

2 对于在平、立、剖面图或文字说明中对物体的构造做法无法交代或交代不清的，可绘制节点图；

3 应标注节点图名称和制图比例。

A.5 变更设计图

A.5.1 变更设计应包括变更原因、变更位置、变更内容等。变更设计可采取图纸的形式，也可采取文字说明的形式。

A.6 竣工图

A.6.1 竣工图的制图深度应与施工图的制度深度一致，其内容应能完整记录施工情况，并应满足工程决算、工程维护以及存档的要求。

本标准用词说明

1 为便于执行本标准条文时区别对待，对要求严格程度不同的用词说明如下：

1）表示很严格，非这样做不可的：

正面词采用“必须”，反面词采用“严禁”；

2）表示严格，在正常情况下均应这样做的：

正面词采用“应”，反面词采用“不应”或“不得”；

3）表示允许稍有选择，在条件许可时首先应这样做的：

正面词采用“宜”，反面词采用“不宜”；

4）表示有选择，在一定条件下可以这样做的用词，采用“可”。

2 条文中指明按其他有关标准执行的写法为：“应符合……的规定”或“应按……执行”。

引用标准名录

1 《房屋建筑制图统一标准》GB/T 50001

2 《建筑制图标准》GB/T 50104

中华人民共和国行业标准

房屋建筑室内装饰装修制图标准

JGJ/T 244—2011

条 文 说 明

制 定 说 明

《房屋建筑室内装饰装修制图标准》JGJ/T 244－2011，经住房和城乡建设部2011年7月4日以第1053号公告批准、发布。

本标准制定过程中，编制组进行了广泛的调查研究，总结了我国工程建设的实践经验，同时参考了国外先进技术法规、技术标准。

为便于广大设计、施工、科研、学校等单位有关人员在使用本标准时能正确理解和执行条文规定，《房屋建筑室内装修制图标准》编制组按章、节、条顺序编制了本标准的条文说明，对条文规定的目的、依据以及执行中需注意的有关事项进行了说明。但是，本条文说明不具备与标准正文同等的法律效力，仅供使用者作为理解和把握标准规定的参考。

目　次

1 总　　则

1.0.1 明确了本标准的制定目的。

1.0.2 规定了本标准适用房屋建筑室内装饰装修工程中的三大类工程制图，即：①设计图、竣工图；②实测图；③通用设计图、标准设计图。

本标准与现行国家标准《房屋建筑制图统一标准》GB/T 50001同属一个体系，《房屋建筑制图统一标准》GB/T 50001规定的内容原则上本标准不再重复。

1.0.3 明确了适用于计算机制图与手工制图两种方式。

2 术　　语

2.0.13 术语"总平面图"是根据房屋建筑室内装饰装修的特点解释。

3 基本规定

3.1 图纸幅面规格与图纸编排顺序

3.1.1 本条对图纸幅面作出规定：

1 虽然许多房屋建筑室内装饰装修设计单位在图纸幅面形式上各有特点，但《房屋建筑制图统一标准》GB/T 50001中对图纸幅面的规定都能适合房屋建筑室内装饰装修图纸图幅的规格，因此本条对房屋建筑室内装饰装修图纸幅面规格不另作规定；

2 由于有些房屋建筑室内装饰装修图纸需要在图框中设会签栏，有些不需要设会签栏，所以本条对会签栏的设置不作明确规定；

3 由于有的设计单位采用图框线，有的不采用图框线，且有无图框线不影响读图，故本条对图框线不作规定。

3.1.2 房屋建筑室内装饰装修通常需要给水排水、暖通空调、电气、消防等专业配合。

3.1.4 本条对房屋建筑室内装饰装修的图纸内容和编排顺序作出规定：

1 规模较大的房屋建筑室内装饰装修图纸内容不应少于本标准3.1.4条列出的项目，而规模较小的房屋建筑室内装饰装修如住房室内装饰装修通常无需绘制完整的配套图纸。

2 墙体定位图应反映设计部分的原始墙体与改造后的墙体关系，包括对现场的测绘和测绘后对原房屋建筑图墙体尺寸的修正。

3.2 图　　线

3.2.2 根据房屋建筑室内装饰装修制图的特点，在《房屋建筑制图统一标准》GB/T 50001基础上增加了点线、样条曲线和云线三种线型。

3.3 字　　体

3.3.1 说明如下：

1 对于手工制图的图纸，字体的选择及注写方法应符合现行国家标准《房屋建筑制图统一标准》GB/T 50001中字体的规定。

2 计算机绘图中可采用自行确定的常用字体，本标准对字体的选择不作强制性规定。

3.4 比　　例

3.4.3 由于房屋建筑室内装饰装修设计中的细部内容多，故常使用较大的比例。但在较大规模的房屋建筑室内装饰装修设计中，根据需要应采用较小的比例。

3.5 剖切符号

3.5.1 剖视的剖切符号应符合下列规定：

1 剖视的剖切符号应由剖切位置线、投射方向线和索引符号组成。剖切位置线位于图样被剖切的部位，以粗实线绘制，长度宜为8mm～10mm；投射方向线平行于剖切位置线，由细实线绘制，一段应与索引符号相连，另一段长度与剖切位置线平行且长度相等。绘制时，剖视剖切符号不应与其他图线相接触（图1）。也可采用国际统一和常用的剖视方法，如图2。

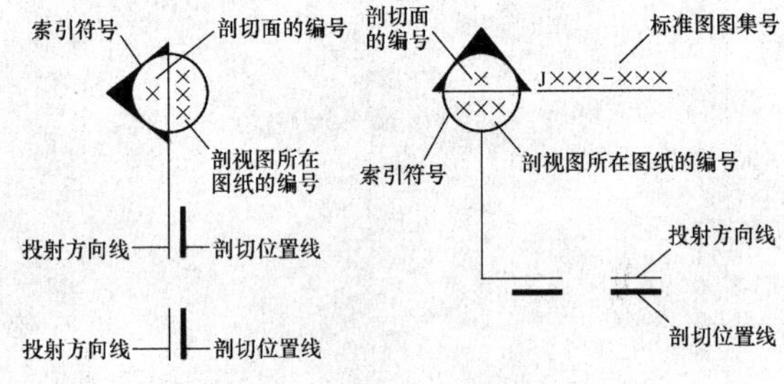

图1　剖视的剖切符号(一)

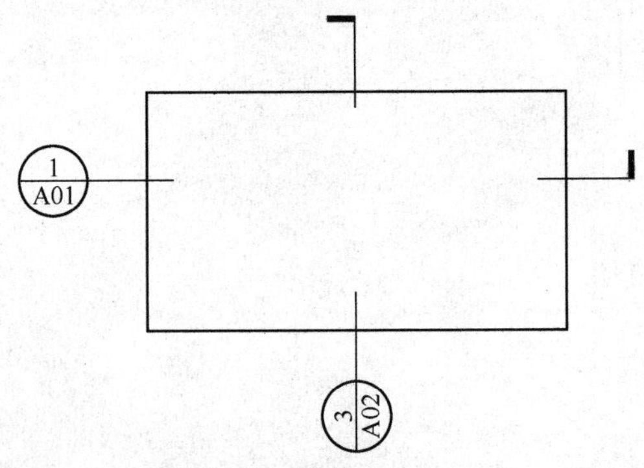

图2　剖视的剖切符号(二)

2 剖视的剖切符号的编号宜采用阿拉伯数字或字母，编写顺序按剖切部位在图样中的位置由左至右、由下至上编排，并注写在索引符号内。

3 索引符号内编号的表示方法应符合本标准第

3.6.7 条的规定。

3.5.2 采用由剖切位置线、引出线及索引符号组成的断面的剖切符号(图 3)应符合下列规定：

1 断面的剖切符号应由剖切位置线、引出线及索引符号组成。剖切位置线应以粗实线绘制，长度宜为 8mm～10mm。引出线由细实线绘制，连接索引符号和剖切位置线。

2 断面的剖切符号的编号宜采用阿拉伯数字或字母，编写顺序按剖切部位在图样中的位置由左至右、由下至上编排，并应注写在索引符号内。

3 索引符号内编号的表示方法应符合本标准第 3.6.7 条的规定。

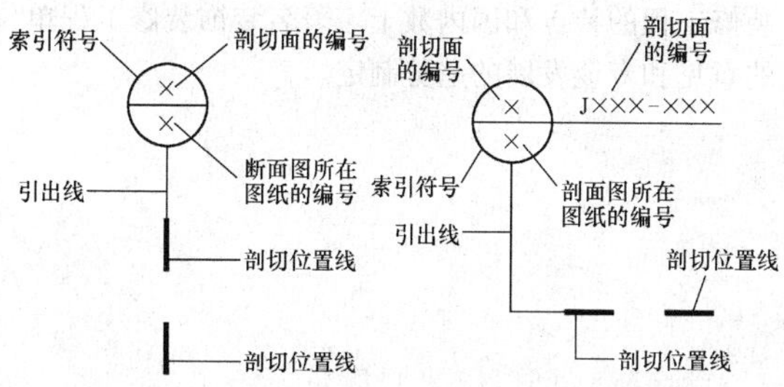

图 3 断面的剖切符号

本标准中的剖切符号沿用了现行国家标准《房屋建筑制图统一标准》GB/T 50001 的剖切符号，并根据目前国内各设计单位通常采用的形式进行梳理、制定。

根据房屋建筑室内装饰装修图纸大小差异较大的情况，本标准中的剖切符号的剖切位置线的长度规定为 8mm～10mm，制图时可酌情选择。

3.6 索 引 符 号

3.6.5 由于目前各设计单位内部通用的设备索引符号中设备品种的代号不一，故本标准未对此进行详细规定。

3.6.6 在使用索引符号时，有的圆内注字较多，故本条规定索引符号中圆的直径为 8mm～10mm；由于在立面索引符号中需表示出具体的方向，故索引符号需附有三角形箭头表示；当立面、剖面图的图纸量较少时，对应的索引符号可仅注图样编号，不注索引图所在页次；立面索引符号采用三角形箭头转动，数字、字母保持垂直方向不变的形式，是遵循了《建筑制图标准》GB/T 50104 中内视索引符号的规定；剖切索引符号采用三角形箭头与数字、字母同方向转动的形式，是遵循了《房屋建筑制图统一标准》GB/T 50001 中剖视的剖切符号规定。

3.6.7 房屋建筑室内装饰装修制图中，图样编号较复杂，允许出现数字和字母组合在一起编写的形式。

3.7 图 名 编 号

由于房屋建筑室内装饰装修图纸内容多且复杂，图号的规范编写有利于图纸的绘制、查阅和管理，故编制本节内容。

3.8 引 出 线

3.8.1 引出线的绘制及文字注写的要求应符合现行国家标准《房屋建筑制图统一标准》GB/T 50001 关于引出线的规定。

3.8.2 根据应用情况，引出线的起止符号可采用圆点或箭头的任意一种。

3.9 其 他 符 号

3.9.1 本条中规定的两种对称符号是在广泛调查国内房屋建筑室内装饰装修制图情况的基础上汇总提炼而成的，符号的样式具有普遍性，尺寸的确定以制图中最佳的图面效果为依据。

3.10 尺 寸 标 注

3.10.1 尺寸的基本标注方法应符合现行国家标准《房屋建筑制图统一标准》GB/T 50001 关于尺寸标注的规定。

3.10.7 由于目前的房屋建筑室内装饰装修制图对一般空间所采用的标高符号多为本标准中的四种，且对应用部位不加区分，故本条对这四种符号的使用亦不作规定。但同一套图纸中应采用同一种符号；对于±0.000 标高的设定，由于房屋建筑室内装饰装修设计涉及的空间类型复杂，故本条对±0.000 的设定位置为各空间本层室内地坪装饰装修完成面。特殊空间应在相关的设计文件中说明本设计中±0.000 的设定位置。

4 常用房屋建筑室内装饰装修材料和设备图例

4.0.1 房屋建筑室内装饰装修材料和设备的图例画法应符合现行国家标准《房屋建筑制图统一标准》GB/T 50001 关于图例的规定。

4.0.2～4.0.11 如在本标准收录的常用装饰装修材料、家具、电器、厨具、洁具、景观配饰、灯具、设备及电气图例中找不到房屋建筑室内装饰装修制图中需要的图例，可在相关专业的制图标准中选用合适的图例，或自行编制、补充图例。

5 图 样 画 法

5.1 投 影 法

5.1.1 因房屋建筑室内装饰装修制图表现建筑内部空间界面的装饰装修内容，故所采用的视点位于建筑内部。

5.4 立 面 图

5.4.2 本条文中所说的“需要时”是特指施工图阶段

的立面图绘制。

5.4.3 立面图上标注房屋建筑平面中的轴线编号是便于对照平面内容，但较小区域或平面转折较多的立面不宜采用此方法。

附录A 图纸深度

根据房屋建筑室内装饰装修在不同的设计阶段，对制图深度的要求不同，本章对每个阶段制图的要求作进一步规定。

A.1 一般规定

房屋建筑室内装饰装修的图纸深度与设计文件深度有所区别，不包括对设计说明、施工说明和材料样品表示内容的规定。

A.2 方案设计图

A.2.1 本条规定了在方案设计中应有设计说明的内容，但对设计说明的具体内容不作规定。

A.2.6 方案设计效果图的表现部位应根据业主委托和设计要求确定。

A.3 扩初设计图

A.3.3 本条规定了在扩初设计中应有设计说明的内容，但对设计说明的具体内容不作规定。

A.3.4～A.3.7 本部分内容根据房屋建筑室内装饰装修工程的特点和国内数十家著名装饰装修工程单位的意见和专业发展的趋势制定。

中华人民共和国行业标准

住宅厨房模数协调标准

Standard for modular coordination of residential kitchen

JGJ/T 262—2012

批准部门：中华人民共和国住房和城乡建设部
施行日期：２０１２年５月１日

中华人民共和国住房和城乡建设部
公　　告

第1245号

关于发布行业标准《住宅厨房模数协调标准》的公告

现批准《住宅厨房模数协调标准》为行业标准，编号为JGJ/T 262－2012，自2012年5月1日起实施。

本标准由我部标准定额研究所组织中国建筑工业出版社出版发行。

中华人民共和国住房和城乡建设部

2012年1月11日

前　　言

根据原建设部《关于印发一九九八年工程建设城建、建工行业标准制订、修订项目计划的通知》（建标［1998］59号）的要求，标准编制组经广泛调查研究，认真总结实践经验，参考有关国际标准和国内外先进标准，并在广泛征求意见的基础上，编制了本标准。

本标准的主要技术内容是：1. 总则；2. 术语；3. 厨房空间尺寸；4. 厨房部件和公差；5. 厨房设备、设施及接口。

本标准由住房和城乡建设部负责管理，由国家住宅与居住环境工程技术研究中心负责具体技术内容的解释。执行过程中如有意见或建议，请寄送国家住宅与居住环境工程技术研究中心（地址：北京市西城区车公庄大街19号，邮编：100044）。

本标准主编单位：国家住宅与居住环境工程技术研究中心

本标准参编单位：中国建筑设计研究院
中国建筑标准设计研究院
深圳华森建筑与工程设计顾问有限公司
雅世置业（集团）有限公司
博洛尼家居用品北京有限公司

本标准主要起草人员：仲继寿　靳瑞冬　张　岳　王　羽　班　焯　曹　颖　李　婕　韩亚非　张兰英　林建平　胡　璧　师前进　王路成　刘　水　郑岭芬　谷再平　郭　景　马韵玉　张伟民　张锡虎　张晓泉

本标准主要审查人员：孙克放　左亚洲　王　鹏　业祖润　朱显泽　陆伟伟　胡荣国　秦　铮　潘锦云

目　次

Contents

1 总 则

1.0.1 为促进住宅产业化与设计建造技术发展，实现住宅厨房空间与相关家具、设备设施尺寸的协调，制定本标准。

1.0.2 本标准适用于住宅厨房及其相关家具、设备设施的设计和安装。

1.0.3 住宅厨房参数与相关尺寸应根据模数原理取得协调一致，相关家具、设备设施及其部件尺寸应符合工业化生产及安装的要求。

1.0.4 住宅厨房参数及相关尺寸协调，除应符合本标准外，尚应符合国家现行有关标准的规定。

2 术 语

2.0.1 厨房参数 kitchen parameter

住宅厨房空间的净尺寸及推荐使用的数列。

2.0.2 基本模数 basic module

模数协调中的基本尺寸单位，其数值为100mm，符号为M，即1M等于100mm。

2.0.3 分模数 infra-modular size

导出模数的一种，其数值是基本模数的分倍数，分别是M/10（10mm）、M/5（20mm）和M/2（50mm）。

2.0.4 厨房设施 kitchen facility

进行炊事活动所需的燃气、给水、排水、通风、电气等管路及附件。

2.0.5 厨房设备 kitchen equipment

炊事活动所需使用的燃气灶、洗涤池、排油烟机、冰箱等产品。

2.0.6 厨房家具 kitchen furniture

炊事活动所需的操作台和储存柜等产品。

2.0.7 厨房部件 kitchen element

组成厨房设备、设施或家具的基本单元。

2.0.8 公差 tolerance

厨房部件在制作、定位和安装时的允许偏差的绝对值。其值是正偏差和负偏差的绝对值之和。

3 厨房空间尺寸

3.0.1 住宅厨房内部空间净尺寸应是基本模数的倍数，宜根据表3.0.1选用，并应优先选用黑线范围内净面积对应的平面净尺寸。

3.0.2 当需要对厨房内部空间进行局部分割时，可插入分模数M/2（50mm）或M/5（20mm）。

3.0.3 厨房室内装修地面至室内吊顶的净高度不应小于2200mm。

3.0.4 对于厨房空间的墙体，其厚度宜符合模数，并宜按模数网格布置。

表 3.0.1 厨房内部空间平面净尺寸（mm）和净面积（m²）系列

开间方向净尺寸 / 进深方向净尺寸	1500	1700	1800	2200	2500	2800	3100
2700	4.05 单排布置	4.59 L形布置	4.86 U形布置	5.94	6.75	7.56 U形布置（有冰箱）	8.37
3000	4.50	5.10 L形布置（有冰箱）	5.40 双排布置	6.60	7.50	8.40	9.30
3300	4.95 单排布置	5.61	5.94 双排布置（有冰箱）；U形布置（有冰箱）	7.26	8.25	9.34	10.23
3600	5.40	6.12	6.48	7.92	9.00	10.08	11.16
4100		6.97	7.38	9.02	10.25	11.48	12.71

3.0.5 厨房门窗位置、尺寸和开启方式不得妨碍厨房设施、设备和家具的安装与使用。

3.0.6 满足乘坐轮椅的特殊人群要求的厨房设计除应符合现行行业标准《城市道路和建筑物无障碍设计规范》JGJ 50的规定外，尚应符合下列规定：

1 厨房的净宽不应小于2000mm，且轮椅回转直径不应小于1500mm。

2 满足乘坐轮椅的特殊人群使用要求的厨房地柜台面下方空间净宽度不应小于600mm，高度不应小于650mm，深度不应小于350mm。

3 厨房的室内装修地面到吊柜底面的高度不应大于1200mm。

4 厨房部件和公差

4.1 厨房部件的尺寸

4.1.1 厨房部件的尺寸应是基本模数的倍数或是分模数的倍数，并应符合人体工程学的要求。

4.1.2 厨房部件高度尺寸应符合下列规定：

1 地柜（操作柜、洗涤柜、灶柜）高度应为750mm～900mm，地柜底座高度为100mm。当采用非嵌入灶具时，灶台台面的高度应减去灶具的高度。

2 在操作台面上的吊柜底面距室内装修地面的高度宜为1600mm。

4.1.3 厨房部件深度尺寸应符合下列规定：

1 地柜的深度可为600mm、650mm、700mm，

推荐尺寸宜为600mm。地柜前缘踢脚板凹口深度不应小于50mm。

2 吊柜的深度应为300mm～400mm，推荐尺寸宜为350mm。

4.1.4 厨房部件宽度尺寸应符合表4.1.4的规定。

表4.1.4 厨房部件的宽度尺寸（mm）

厨房部件	宽度尺寸
操作柜	600、900、1200
洗涤柜	600、800、900
灶柜	600、750、800、900

4.2 厨房部件的公差

4.2.1 厨房部件应根据部件大小和产品要求确定部件安装的精度。厨房部件的公差宜符合表4.2.1规定。

表4.2.1 厨房部件的公差（mm）

部件尺寸 / 公差级别	<50	≥50且<160	≥160且<500	≥500且<1600	≥1600且<5000
1级	0.5	1.0	2.0	3.0	5.0
2级	1.0	2.0	3.0	5.0	8.0
3级	2.0	3.0	5.0	8.0	12.0

5 厨房设备、设施及接口

5.1 一般规定

5.1.1 洗涤柜宜靠近竖向排水管布置，灶柜宜靠近排气道或排气口布置。

5.1.2 排气道及竖向管线的管井应沿着墙角布置。管线排列宜布置在厨房设备同一侧墙面或相邻墙面。

5.2 管道及接口

5.2.1 水平管道空间应位于橱柜及其他设备的背面，且应靠近地面处。管道空间的深度距墙面不宜大于100mm，高度范围应在自装修地面至700mm之间。

5.2.2 燃气管线与墙面的距离应根据不同管径进行设计，与墙面最小净距不应小于30mm。

5.2.3 厨房内的竖向排气道装修完成面外包尺寸宜为基本模数的倍数。进气口应朝向灶具方向。

5.2.4 以家具形式围合的洗涤柜、灶柜、操作柜，应预留相应接口。

5.3 照明及插座

5.3.1 厨房照明重点应在主要操作台面上。照明点宜在操作台区域、灶台和水池上方，厨房照明开关宜设置在厨房门外侧。

5.3.2 插座设置的高度应根据适用设备确定，且距室内装修地面的高度宜为300mm、1200mm、2100mm。

本标准用词说明

1 为便于执行本标准条文时区别对待，对要求严格程度不同的用词说明如下：

1）表示很严格，非这样做不可的：
正面词采用“必须”，反面词采用“严禁”；

2）表示严格，在正常情况下均应这样做的：
正面词采用“应”，反面词采用“不应”或“不得”；

3）表示允许稍有选择，在条件许可时首先应这样做的：
正面词采用“宜”，反面词采用“不宜”；

4）表示有选择，在一定条件下可以这样做的，采用“可”。

2 条文中指定应按其他有关标准执行的写法为：“应符合……的规定”或“应按……执行”。

引用标准名录

1 《城市道路和建筑物无障碍设计规范》JGJ 50

中华人民共和国行业标准

住宅厨房模数协调标准

JGJ/T 262—2012

条 文 说 明

制 定 说 明

《住宅厨房模数协调标准》JGJ/T 262－2012，经住房和城乡建设部2012年1月11日以第1245号公告批准、发布。

本标准制定过程中，编制组进行了厨房空间、设备设施系统等方面的调查研究，总结了我国住宅厨房工程建设领域的实践经验，同时参考了国外先进技术法规、技术标准，取得了重要技术参数。

为便于广大设计、施工等单位有关人员在使用本标准时能正确理解和执行条文规定，《住宅厨房模数协调标准》编制组按章、节、条顺序编制了本标准的条文说明，对条文规定的目的、依据以及执行中需注意的有关事项进行了说明。但是，本条文说明不具备与标准正文同等的法律效力，仅供使用者作为理解和把握标准规定的参考。

目 次

1 总　　则

1.0.1 制定本标准的目的是为了推进住宅工业化、产业化的发展，提高住宅的建造技术水平。住宅建筑的厨房空间是家具、设备设施及管道等较为集中的空间，遵循模数协调原则，实现尺寸配合，可保证厨房空间在功能、质量和经济效益方面获得优化，并使住宅的整个品质得到提升。

1.0.2 本标准主要适用于城市及村镇住宅厨房设计中的设计参数选取，厨房空间与各部件、部件与部件之间的模数尺寸的协调，以及厨房家具、设备、管线的设计和安装。

1.0.3 解决居住建筑建设领域的工业化问题，关键在于如何在建设的各个环节实现系统的尺寸协调。本标准通过对住宅厨房空间尺寸、部件及其接口尺寸的模数协调，使住宅厨房建造能够更好地满足住宅的工业化生产及安装要求，促使住宅建设从粗放型生产转化为集约型的社会化协作生产。

3 厨房空间尺寸

3.0.1 本条规定了厨房内部空间尺寸应是基本模数的倍数，这为推进厨房空间与家具、设施、设备尺寸的模数协调提供了条件。

表 3.0.1 中提出的是住宅厨房设计中常用的厨房内部空间净尺寸及净面积（指装修后的净尺寸）系列。

本表符合现行国家标准《住宅设计规范》GB 50096 的规定：住宅厨房使用面积不应小于 3.5m^2，但这个使用面积不包含管井和通风道面积，而本标准是包含了管井和通风道面积的。黑线范围内净面积所对应的尺寸为推荐尺寸系列，可以在单排、双排、L 形以及 U 形四种布局中，提供较为舒适、经济的厨房空间（表 1）。开间 2200mm 以上、进深 3600mm～4100mm 的厨房，面积较大，可容纳更多功能，适合于餐室型厨房、起居餐室型厨房及高档住宅厨房。

住宅厨房的平面布局应符合炊事活动的基本流程。本标准中所推荐的尺寸和净面积，是在住宅厨房设计经验总结的基础上提出的操作顺序合理、有利于提高空间使用率及操作效率的尺寸系列。

表 1　住宅厨房典型平面布置图例（mm）

类　型	图　　示	平面净尺寸
1　单排布置厨房（无冰箱）		1500×2700
2　单排布置厨房（有冰箱）		1500×3300
3　双排布置厨房（无冰箱）		1800×3000
4　双排布置厨房（有冰箱）		1800×3300
5　L 形布置厨房（无冰箱）		1700×2700
6　L 形布置厨房（有冰箱）		1700×3000
7　U 形布置厨房（无冰箱）		1800×2700
8　U 形布置厨房（有冰箱）		1800×3300
9　U 形布置厨房（有冰箱），该厨房满足乘坐轮椅的特殊人群的使用要求		2800×2700

3.0.2 本条所规定的局部分割时插入的分模数，是指用户对厨房空间进一步划分时所采用的隔断宜符合模数。为了使划分后的空间仍然符合模数协调要求，不对设备设施等的安装产生影响，采用分模数对厨房内部空间隔断进行界定是十分必要的。

3.0.3 规定净高的最小值有利于厨房设备、家具的合理布局，保证良好的自然通风及人们在厨房操作过程中的舒适性。

3.0.4 按模数网格设置厨房的墙体，有利于促进实现厨房内部空间与家具、设备及管线的模数协调。但在实际操作过程中，也会出现墙体厚度为非模数的情况。当构成厨房空间的墙体厚度为非模数尺寸时，厨房空间与相邻空间之间可用中断区调整模数网格之间的关系，即可将墙体置于网格中断区内，以保证厨房内部空间及相邻空间符合模数尺寸要求（图1）。

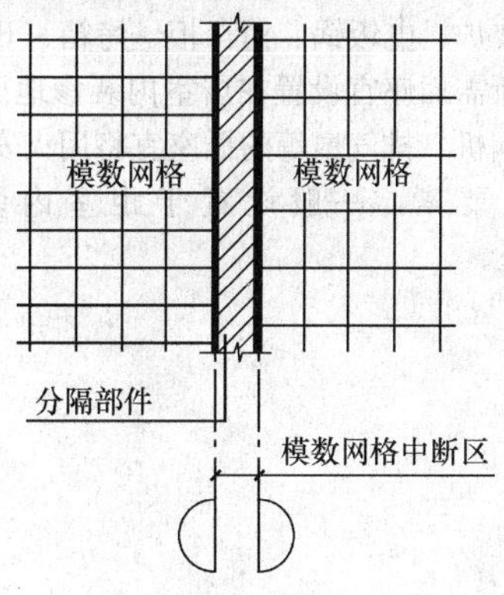

图1 模数网格中断区

3.0.5 厨房的门窗位置、尺寸及开启方式，直接影响空间的使用效率及舒适性，因此应尽可能地考虑空间使用的自由度，保证充足的有效空间。

3.0.6 通常情况下，无障碍空间除应考虑使用者有肢体障碍的情况外，还应考虑到盲人或有智力障碍的人群，以及由于年龄的增长出现各类生活不便的情况。而本标准中仅针对乘坐轮椅的肢体残疾人群对厨房空间的需求作出规定。

厨房设计中应为轮椅使用者留出足够的轮椅回转空间。本条规定了轮椅原地回转时所需的空间大小。在具体设计时，可将灶台、操作台下方空间凹进一定尺寸，以满足轮椅使用者的操作需求，并提供轮椅回转空间（图2）。

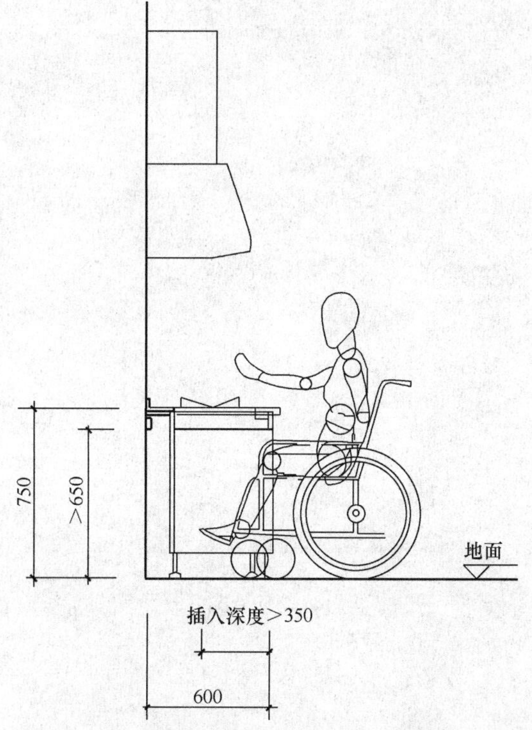

图2 满足轮椅使用要求的橱柜（单位：mm）

4 厨房部件和公差

4.1 厨房部件的尺寸

4.1.2、4.1.3 厨房家具、设备名称及尺寸如图3所示（包括操作台、洗涤台和灶台）。

4.1.3 本条所规定的厨房家具深度尺寸应包括台面板、灶具、烤箱等，只有手柄和开关可以凸出在外。

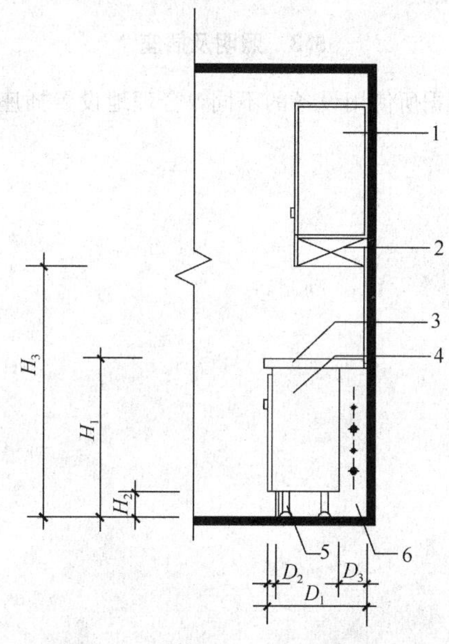

图3 厨房家具、设备名称及尺寸

1—吊柜；2—建议用于照明设备的空间；3—操作台面；4—地柜；5—底座；6—水平管道空间；H_1—地柜（操作柜、洗涤柜、灶柜）高度；H_2—地柜底座高度；H_3—吊柜底面距室内装修地面的高度；D_1—地柜的深度；D_2—地柜前缘踢脚板凹口深度；D_3—水平管道空间距墙面的深度

4.2 厨房部件的公差

4.2.1 在设计中应考虑到公差的允许值，并处理在合理的范围中，以保证在安装接缝、加工制作、放线定位中的误差处于允许的范围内，满足接口的功能、质量和美观要求。表4.2.1参照日本《建筑部件的基本公差》A003-1963编制，以供参考。表4.2.1中部件尺寸指与部件定位和安装相关的空间尺寸，与此无关的尺寸不需要满足表中的公差规定。同时，不同用户对美观、经济，以及不同的设备产品对安装精度要求的不同，在具体建设与安装中，公差级别高低的选择根据具体要求确定。

5 厨房设备、设施及接口

本章主要针对设施系统与设备、家具等的连接关系作出相应的规定。其基本原则是：

1 便于工业化生产。

2 节省空间，便于安装、维护和更新。

5.2 管道及接口

5.2.2 燃气管线与墙面的距离应根据不同管径进行设计，当燃气管径≤*DN*25 时，与墙面净距不小于 30mm；当燃气管径在 *DN*25～*DN*40 时，与墙面净距不小于 50mm；当燃气管径＝*DN*50 时，与墙面净距不应小于 70mm。

5.3 照明及插座

根据所使用设备的不同，合理地设置插座的位置，可减少电线穿绕，方便使用。一般来说，用于洗碗机、电冰箱的插座宜设置在距装修地面 300mm 的位置；微波炉、电饭锅、消毒柜、烤箱、开水壶等厨房小家电所需插座宜设置在居室内装修地面 1200mm 处；排油烟机、排气扇等的插座宜将用火安全性作为重要考虑要素，一般设置于距室内装修地面 2100mm 处。

中华人民共和国行业标准

住宅卫生间模数协调标准

Standard for module coordination of residential bathroom

JGJ/T 263—2012

批准部门：中华人民共和国住房和城乡建设部
施行日期：2 0 1 2 年 5 月 1 日

中华人民共和国住房和城乡建设部
公　　告

第 1246 号

关于发布行业标准《住宅卫生间模数协调标准》的公告

现批准《住宅卫生间模数协调标准》为行业标准，编号为 JGJ/T 263－2012，自 2012 年 5 月 1 日起实施。

本标准由我部标准定额研究所组织中国建筑工业出版社出版发行。

中华人民共和国住房和城乡建设部

2012 年 1 月 11 日

前　　言

根据原建设部《关于印发一九九八年工程建设城建、建工行业标准制订、修订项目计划的通知》（建标［1998］59 号）的要求，标准编制组经广泛调查研究，认真总结实践经验，参考有关国际和国内外先进标准，并在广泛征求意见的基础上，编制了本标准。

本标准的主要技术内容是：1. 总则；2. 术语；3. 卫生间空间尺寸；4. 卫生间部件和公差；5. 卫生间设备、设施及接口。

本标准由住房和城乡建设部负责管理，由国家住宅与居住环境工程技术研究中心负责具体技术内容的解释。执行过程中如有意见或建议，请寄送国家住宅与居住环境工程技术研究中心（地址：北京市西城区车公庄大街 19 号，邮编：100044）。

本标准主编单位：国家住宅与居住环境工程技术研究中心

本标准参编单位：中国建筑设计研究院
中国建筑标准设计研究院
深圳华森建筑与工程设计顾问有限公司
雅世置业（集团）有限公司
苏州有巢氏系统卫浴有限公司

本标准主要起草人员：靳瑞冬　仲继寿　王　羽　李　婕　张　岳　曹　颖　班　焯　张兰英　韩亚非　林建平　胡　璧　师前进　王路成　宫铁军　龙俊介　谷再平　郭　景　马韵玉　张伟民　张锡虎　张晓泉

本标准主要审查人员：孙克放　左亚洲　王　鹏　业祖润　朱显泽　陆伟伟　胡荣国　秦　铮　潘锦云

目　次

Contents

1 总 则

1.0.1 为促进住宅产业化与设计建造技术发展，实现住宅卫生间空间与相关家具、设备、设施尺寸的协调，制定本标准。

1.0.2 本标准适用于住宅卫生间及其相关家具、设备、设施的设计和安装。

1.0.3 住宅卫生间参数与相关尺寸应根据模数原理取得协调一致，相关家具、设备、设施及其部件尺寸应符合工业化生产及安装的要求。

1.0.4 住宅卫生间参数及相关尺寸协调，除应符合本标准外，尚应符合国家现行有关标准的规定。

2 术 语

2.0.1 卫生间参数 bathroom parameter

住宅卫生间空间的净尺寸及推荐使用的数列。

2.0.2 基本模数 basic module

模数协调中的基本尺寸单位，其数值为100mm，符号为M，即1M等于100mm。

2.0.3 分模数 infra-modular size

导出模数的一种，其数值是基本模数的分倍数，分别是M/10(10mm)、M/5(20mm)和M/2(50mm)。

2.0.4 卫生间设备 bathroom equipment

卫生间内所需使用的坐便器、洗面器、浴盆、淋浴器等洁具及洗衣机等产品。

2.0.5 卫生间设施 bathroom facility

卫生间所需的给水、排水、通风、电气等管路及附件。

2.0.6 卫生间家具 bathroom furniture

卫生间所需使用的与洗面器结合的洗面台、放置和储存洗浴用品及化妆品的镜箱、陈设柜和储存柜等产品。

2.0.7 整体卫生间 entirety bathroom

在有限的空间内实现洗面、淋浴、如厕等多种功能的独立卫生单元，也称整体卫浴。

2.0.8 卫生间部件 bathroom element

组成卫生间设备、设施或家具的基本单元。

2.0.9 公差 tolerance

卫生间部件在制作、定位和安装时的允许偏差的绝对值。其值是正偏差和负偏差的绝对值之和。

3 卫生间空间尺寸

3.0.1 住宅卫生间内部空间净尺寸应是基本模数的倍数，宜根据表3.0.1选用，并优先选用黑线范围内净面积对应的平面净尺寸。

3.0.2 当需要对卫生间内部空间进行局部分割时，可插入分模数M/2（50mm）或M/5（20mm）。

表3.0.1 卫生间内部空间平面净尺寸（mm）和净面积（m^2）系列

长度＼宽度	900	1200	1300	1500	1800
1300	1.32	1.44	1.56 便器、洗面器		
1500	1.35 便器		1.95 便器、洗面器		
1800	1.76	1.92	2.06	2.40 便器、洗面器、淋浴器	
2100	1.98	2.16	2.34	2.70 便器、洗面器、浴盆	2.88
2200	2.31	2.52	2.73	3.15 便器、洗面器、浴盆	3.36 便器、洗面器、淋浴器、洗衣机
2400	2.42	2.54	2.86	3.30 便器、洗面器、浴盆	3.52 便器、洗面器、淋浴器、洗衣机
2700	2.64	2.88	3.12	3.60 便器、洗面器、淋浴器（分室）	3.84
3000	2.70	3.60	3.90	4.50	5.40 便器、洗面器、浴盆、洗衣机（分室）
3200	2.88	3.84	4.16	4.80 便器、洗面器、浴盆、洗衣机	5.76
3400	3.06	4.08	4.42	5.10 便器、洗面器、浴盆、洗衣机（分室）	6.12

3.0.3 卫生间自室内装修地面至室内吊顶的净高度不应小于2200mm。

3.0.4 对于卫生间空间的墙体，其厚度宜符合模数，并应按模数网格布置。

3.0.5 卫生间门窗尺寸、位置和开启方式应方便使用，并应满足卫生间设备安装和使用的最小空间要求。

4 卫生间部件和公差

4.1 卫生间部件的尺寸

4.1.1 住宅卫生间部件的尺寸应是基本模数的倍数

或是分模数的倍数，并应符合人体工程学的要求。

4.1.2 整体卫生间应考虑产品尺寸与建筑空间尺寸的协调，其最小安装尺寸应符合下列规定：

1 整体卫生间有安装管道的侧面与墙面之间不应小于50mm；无安装管道的侧面与墙面之间不应小于30mm；

2 整体卫生间的底部与楼地面之间不应小于150mm；

3 整体卫生间的顶部与顶棚底部之间不应小于250mm。

4.1.3 满足乘坐轮椅的特殊人群要求的卫生间设计，除应符合现行行业标准《城市道路和建筑物无障碍设计规范》JGJ 50的规定外，尚应符合下列规定：

1 坐便器两侧应留有设置L形抓杆的空间，水平部分抓杆距室内装修地面高度应为650mm，垂直部分抓杆的顶端距室内装修地面高度应为1400mm。

2 洗面器下方应留出轮椅使用空间，净高度不应小于650mm，深度不应小于350mm，洗面器的挑出宽度不应小于600mm。距洗面器两侧和前缘50mm处宜设安全抓杆。洗面器前应留有1100mm×800mm的空间。

3 设备设施的开关应为低位式开关。

4 卫生间内应设求助呼叫按钮，安装高度距室内装修地面宜为400mm～500mm。

4.2 卫生间部件的公差

4.2.1 卫生间部件应根据其大小和产品要求确定精度。卫生间部件的公差宜符合表4.2.1规定。

表4.2.1 卫生间部件的公差（mm）

部件尺寸 / 公差级别	<50	≥50且<160	≥160且<500	≥500且<1600	≥1600且<5000
1级	0.5	1.0	2.0	3.0	5.0
2级	1.0	2.0	3.0	5.0	8.0
3级	2.0	3.0	5.0	8.0	12.0

5 卫生间设备、设施及接口

5.1 一般规定

5.1.1 卫生间设备及设施设计、管道井设置，应符合模数协调要求。卫生间管道井设置应便于装配、检查和维修。

5.1.2 卫生间设备可用中心线定位。

5.2 排水与管道及接口

5.2.1 便器排水口设置应符合下列规定：

1 对于坐便器排水口中心与侧墙装修完成面之间的距离，无立管时不应小于400mm，有立管时不应小于450mm。

2 坐便器采用下排水时，排水口中心与后墙装修完成面之间的距离宜为305mm、400mm和200mm，推荐尺寸宜为305mm；坐便器采用后排水时，排水口中心距地面高度宜为100mm和180mm，推荐尺寸宜为180mm。

3 蹲便器中心线与侧墙装修完成面之间的距离，无立管时不应小于400mm，有立管时不应小于450mm。排水口设置应保证蹲便器后边缘距装修完成墙面不小于200mm。

5.2.2 洗面器排水口中心线与侧墙装修完成面之间的距离不应小于350mm。洗面器侧面距其他洁具不应小于100mm。

5.3 排气道及接口

5.3.1 竖向排气管道宜设置在卫生间的里侧，其外包尺寸宜符合模数协调的要求。

5.3.2 卫生间内排气道与竖向排气道的接口直径应大于ϕ80mm。

5.4 照明及插座

5.4.1 卫生间插座应配置防溅水型插座，安装高度应适应不同设备设施的高度要求，可为300mm、1500mm、1800mm。满足残疾人与老年人等特殊人群需求的卫生间插座距室内装修地面高度，宜根据插座所服务设备、设施而定，且应满足轮椅使用者的高度要求，可为300mm、600mm、1200mm。

本规范用词说明

1 为便于在执行本标准条文时区别对待，对要求严格程度不同的用词说明如下：

1）表示很严格，非这样做不可的：
正面词采用“必须”，反面词采用“严禁”；

2）表示严格，在正常情况下均应这样做的：
正面词采用“应”，反面词采用“不应”或“不得”；

3）表示允许稍有选择，在条件许可时首先应这样做的：
正面词采用“宜”，反面词采用“不宜”；

4）表示有选择，在一定条件下可以这样做的，采用“可”。

2 条文中指定应按其他有关标准执行的写法为：“应符合……的规定”或“应按……执行”。

引用标准名录

1 《城市道路和建筑物无障碍设计规范》JGJ 50

中华人民共和国行业标准

住宅卫生间模数协调标准

JGJ/T 263—2012

条 文 说 明

制 定 说 明

《住宅卫生间模数协调标准》JGJ/T 263－2012，经住房和城乡建设部2012年1月11日以第1246号公告批准、发布。

本标准制定过程中，编制组进行了卫生间空间、设备、设施系统等方面的调查研究，总结了我国住宅卫生间工程建设领域的实践经验，同时参考了国外先进技术法规、技术标准，取得了重要技术参数。

为便于广大设计、施工等单位有关人员在使用本标准时能正确理解和执行条文规定，《住宅卫生间模数协调标准》编制组按章、节、条顺序编制了本标准的条文说明，对条文规定的目的、依据以及执行中需注意的有关事项进行了说明。但是，本条文说明不具备与标准正文同等的法律效力，仅供使用者作为理解和把握标准规定的参考。

目　次

1 总　　则

1.0.1 制定本标准的目的是为了推进住宅工业化、产业化的发展，提高住宅的建造技术水平。住宅建筑的卫生间空间是家具、设备、设施及管道等较为集中的空间，遵循模数协调准则，实现尺寸配合，可保证卫生间空间在功能、质量和经济效益方面获得优化，并使住宅的整个品质得到提升。

1.0.2 本标准主要适用于城市及村镇住宅卫生间设计中的设计参数选取，卫生间空间与家具、设备设施，家具、设备设施之间，以及各部件与部件之间的模数尺寸协调；同时适用于卫生间家具、设备、管线的设计和安装。

1.0.3 解决居住建筑建设领域的工业化问题，关键在于如何在建设的各个环节实现系统的尺寸协调。本标准通过对住宅卫生间空间尺寸、设备设施及其接口尺寸的模数协调，使住宅卫生间建造能够更好地满足住宅的工业化生产及安装要求，促使住宅建设从粗放型生产转化为集约型的社会化协作生产。

3 卫生间空间尺寸

3.0.1 本条规定了卫生间内部空间尺寸应是基本模数的倍数，这为推进卫生间空间与设备、家具尺寸的模数协调提供了条件。

表 3.0.1 总结了国家建筑标准设计图集《住宅卫生间》01 SJ 914 中的常用卫生间空间尺寸。按照一件到四件卫生设备集中配置的卫生间，给出不同尺寸的配置建议，力求保证使用功能和空间使用效率。黑线范围内净面积所对应的尺寸为推荐尺寸系列。

根据国家标准《住宅设计规范》GB 50096 的规定，三件卫生设备集中配置的卫生间，使用面积不小于 2.50m²；两件卫生设备集中配置的卫生间，使用面积分别不小于 1.80m²（便器和洗面器）和 2.00m²（便器和洗浴器或洗面器和洗浴器）；单设便器的不小于 1.10m²。同时，卫生间设备设施的配置，需符合国家标准《住宅卫生间功能及尺寸系列》GB/T 11977－2008 中 5.2“卫生间设施配置”的规定。表 3.0.1 的卫生间净面积是指装修后的净尺寸，含竖向排气道和管道井面积。

表 1　住宅卫生间典型平面布置图（mm）

类　型	图　　示	平面净尺寸
便器		1500×900
便器、洗面器		1500×1300
便器、洗面器、淋浴器		1800×1500
便器、洗面器、浴盆		2100×1500
便器、洗面器、淋浴器、洗衣机		2400×1800
便器、洗面器、浴盆		2700×1500
便器、洗面器、浴盆、洗衣机		3400×1500

3.0.2 本条所规定的局部分割时插入的分模数，是指用户对卫生间空间进一步划分时所采用的隔断应符合的模数。为了使划分后的空间仍然符合模数协调要求，不对设备设施等的安装产生影响，采用分模数对卫生间内部空间隔断的进行界定是十分必要的。

3.0.3 规定净高的最小值有利于卫生间设备合理布局，保证良好的自然通风及卫生间使用的舒适性。

3.0.4 按模数网格设置卫生间的墙体，有利于促进实现卫生间内部空间与家具、设备及管线尺寸的模数协调。但在实际建设过程中，也会出现墙体厚度为非模数的情况。当构成卫生间空间的墙体厚度为非模数尺寸时，卫生间空间与相邻空间之间可用中断区调整模数网格之间的关系，即可将墙体置于网格中断区内，以保证卫生间内部空间及相邻空间符合模数尺寸要求。

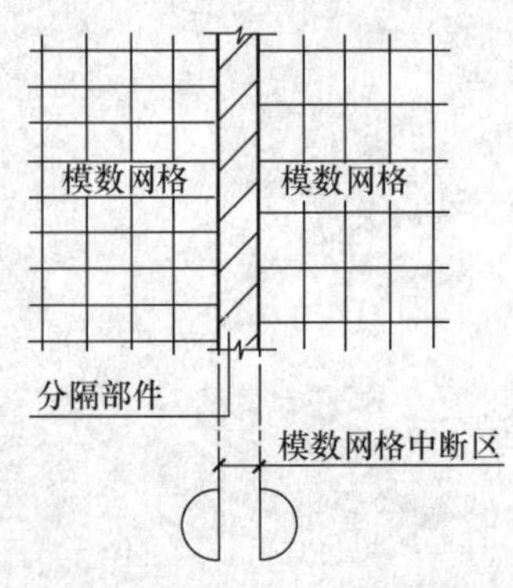

图 1　模数网格中断区

3.0.5 卫生间的门窗尺寸、位置及开启方式，直接影响空间的使用效率及舒适性，因此应尽可能地考虑空间使用的自由度，保证充足的有效空间。

4 卫生间部件和公差

4.1 卫生间部件的尺寸

4.1.2 整体卫生间是对一种新型工业化生产的卫浴间产品的类别统称，产品具有独立的框架结构及配套功能，一套成型的产品即是一个独立的功能单元。对于整体卫生间最小安装尺寸，本条提出相关的规定，目的是保证整体卫生间与安装空间有良好的定位和衔接。

4.1.3 通常情况下，无障碍空间除应考虑使用者有肢体障碍的情况外，还应考虑盲人或有智力障碍的人群，以及由于年龄的增长出现各类生活不便的情况。而标准中仅针对乘坐轮椅的肢体残疾人群对卫生间空间使用的需求作出规定。

条文中的1100mm×800mm是每个轮椅席位的最小尺寸，洗面器前设置空间尺寸不小于该尺寸是为了方便乘坐轮椅者的使用。

4.2 卫生间部件的公差

4.2.1 在设计中应当把公差的允许值考虑进去，并处理在合理的范围中，以保证在安装接缝、加工制作、放线定位中的误差处于可允许的范围内，满足接口的功能、质量和美观要求。

表4.2.1是参照日本《建筑部件的基本公差》A003－1963编制的，供选择应用。表中的部件尺寸指部件定位、安装时与其相关的空间尺寸，其他尺寸不需要满足表4.2.1的公差规定。公差级别由产品的档次和精度要求确定。

5 卫生间设备、设施及接口

本章主要对卫生间设备、设施的连接作出相应的规定。其基本原则是：

1 便于工业化生产。

2 节省空间，便于安装、维护和更替。

5.3 排气道及接口

本节相关内容仅针对设置统一的竖向排气道、各户安装独立的排气扇的住宅卫生间排气系统，不包括集中的机械排气送风系统或直排系统。竖向排气管道宜设置在卫生间的里侧，以便使卫生间外的新鲜空气能通过门扇下部的百叶或缝隙贯穿卫生间，更新室内空气。

5.4 照明及插座

本节主要对卫生间照明和插座作出规定。对于不同设备对插座高度的要求，防溅水型插座距室内装修地面高度有以下几类：洁身器宜为300mm，洗衣机宜为1500mm，剃须刀插座宜为1500mm，排气扇插座宜为1800mm等。同时，本节也对满足残疾人与老年人等特殊人群需求的卫生间插座作出了具体规定，根据设备对插座高度要求的不同作出不同的规定。

2

民　用　建　筑

中华人民共和国国家标准

民用建筑设计通则

Code for design of civil buildings

GB 50352—2005

主编部门：中华人民共和国建设部
批准部门：中华人民共和国建设部
施行日期：2 0 0 5 年 7 月 1 日

中华人民共和国建设部
公　　告

第 327 号

建设部关于发布国家标准《民用建筑设计通则》的公告

现批准《民用建筑设计通则》为国家标准，编号为GB 50352—2005，自 2005 年 7 月 1 日起实施。其中，第 4.2.1、6.6.3（1、4）、6.7.2、6.7.9、6.12.5、6.14.1条（款）为强制性条文，必须严格执行，原《民用建筑设计通则》JGJ 37—87 同时废止。

本规范由建设部标准定额研究所组织中国建筑工业出版社出版发行。

中华人民共和国建设部
2005 年 5 月 9 日

前　　言

本通则是根据建设部建标［2001］87 号文的要求，在《民用建筑设计通则》JGJ 37—87 的基础上修订而成的。修编组在广泛调查研究，认真总结实践经验，参考有关国际标准和国外先进标准，并在广泛征求意见的基础上，修订了本通则。

本通则的主要技术内容是：1. 总则；2. 术语；3. 基本规定；4. 城市规划对建筑的限定；5. 场地设计；6. 建筑物设计；7. 室内环境；8. 建筑设备。

修订的主要技术内容为：设计原则，设计使用年限，建筑气候分区对建筑基本要求，建筑突出物，建筑布局，室内环境；增加了术语，平面布置，建筑幕墙和室内外装修以及建筑设备等内容。

黑体字标志的条文为强制性条文，必须严格执行。

本通则由建设部负责管理和对强制性条文的解释，由中国建筑标准设计研究院负责具体技术内容的解释。

本通则在执行过程中，请各单位注意总结经验，积累资料，随时将有关意见和建议反馈给中国建筑标准设计研究院（北京市西外车公庄大街 19 号，邮政编码 100044），以供今后修订时参考。

本通则主编单位、参编单位和主要起草人：

主编单位：中国建筑设计研究院
中国建筑标准设计研究院

参编单位：中国城市规划设计研究院
中国建筑科学研究院
中国建筑西南设计研究院
中国建筑西北设计研究院
中南建筑设计院
北京市建筑设计研究院
上海市建筑设计研究院有限公司
甘肃省建筑设计研究院
清华大学建筑设计研究院
同济大学建筑设计研究院
广东省建筑科学研究院
广州市城市规划勘测设计研究院
重庆大学建筑城规学院
哈尔滨工业大学建筑学院

主要起草人：赵冠谦　崔　恺　张　华　顾　均
张树君　叶茂煦　朱昌廉　李桂文
郑国英　陈华宁　耿长孚　涂英时
章竞屋　李耀培　潘忠诚　袁奇峰
林若慈　赵元超　桂学文　方稚影
丁再励　王　为　孙　兰　杜志杰
张　播　孙　彤

目　次

1 总 则

1.0.1 为使民用建筑符合适用、经济、安全、卫生和环保等基本要求，制定本通则，作为各类民用建筑设计必须共同遵守的通用规则。

1.0.2 本通则适用于新建、改建和扩建的民用建筑设计。

1.0.3 民用建筑设计除应执行国家有关工程建设的法律、法规外，尚应符合下列要求：

1 应按可持续发展战略的原则，正确处理人、建筑和环境的相互关系；

2 必须保护生态环境，防止污染和破坏环境；

3 应以人为本，满足人们物质与精神的需求；

4 应贯彻节约用地、节约能源、节约用水和节约原材料的基本国策；

5 应符合当地城市规划的要求，并与周围环境相协调；

6 建筑和环境应综合采取防火、抗震、防洪、防空、抗风雪和雷击等防灾安全措施；

7 方便残疾人、老年人等人群使用，应在室内外环境中提供无障碍设施；

8 在国家或地方公布的各级历史文化名城、历史文化保护区、文物保护单位和风景名胜区的各项建设，应按国家或地方制定的保护规划和有关条例进行。

1.0.4 民用建筑设计除应符合本通则外，尚应符合国家现行的有关标准规范的规定。

2 术 语

2.0.1 民用建筑 civil building

供人们居住和进行公共活动的建筑的总称。

2.0.2 居住建筑 residential building

供人们居住使用的建筑。

2.0.3 公共建筑 public building

供人们进行各种公共活动的建筑。

2.0.4 无障碍设施 accessibility facilities

方便残疾人、老年人等行动不便或有视力障碍者使用的安全设施。

2.0.5 停车空间 parking space

停放机动车和非机动车的室内、外空间。

2.0.6 建筑基地 construction site

根据用地性质和使用权属确定的建筑工程项目的使用场地。

2.0.7 道路红线 boundary line of roads

规划的城市道路（含居住区级道路）用地的边界线。

2.0.8 用地红线 boundary line of land；property line

各类建筑工程项目用地的使用权属范围的边界线。

2.0.9 建筑控制线 building line

有关法规或详细规划确定的建筑物、构筑物的基底位置不得超出的界线。

2.0.10 建筑密度 building density；building coverage ratio

在一定范围内，建筑物的基底面积总和与占用地面积的比例（%）。

2.0.11 容积率 plot ratio，floor area ratio

在一定范围内，建筑面积总和与用地面积的比值。

2.0.12 绿地率 greening rate

一定地区内，各类绿地总面积占该地区总面积的比例（%）。

2.0.13 日照标准 insolation standards

根据建筑物所处的气候区、城市大小和建筑物的使用性质确定的，在规定的日照标准日（冬至日或大寒日）的有效日照时间范围内，以底层窗台面为计算起点的建筑外窗获得的日照时间。

2.0.14 层高 storey height

建筑物各层之间以楼、地面面层（完成面）计算的垂直距离，屋顶层由该层楼面面层（完成面）至平屋面的结构面层或至坡顶的结构面层与外墙外皮延长线的交点计算的垂直距离。

2.0.15 室内净高 interior net storey height

从楼、地面面层（完成面）至吊顶或楼盖、屋盖底面之间的有效使用空间的垂直距离。

2.0.16 地下室 basement

房间地平面低于室外地平面的高度超过该房间净高的1/2者为地下室。

2.0.17 半地下室 semi-basement

房间地平面低于室外地平面的高度超过该房间净高的1/3，且不超过1/2者为半地下室。

2.0.18 设备层 mechanical floor

建筑物中专为设置暖通、空调、给水排水和配变电等的设备和管道且供人员进入操作用的空间层。

2.0.19 避难层 refuge storey

建筑高度超过100m的高层建筑，为消防安全专门设置的供人们疏散避难的楼层。

2.0.20 架空层 open floor

仅有结构支撑而无外围护结构的开敞空间层。

2.0.21 台阶 step

在室外或室内的地坪或楼层不同标高处设置的供人行走的阶梯。

2.0.22 坡道 ramp

连接不同标高的楼面、地面，供人行或车行的斜坡式交通道。

2.0.23 栏杆 railing

高度在人体胸部至腹部之间，用以保障人身安全或分隔空间用的防护分隔构件。

2.0.24 楼梯 stair

由连续行走的梯级、休息平台和维护安全的栏杆（或栏板）、扶手以及相应的支托结构组成的作为楼层之间垂直交通用的建筑部件。

2.0.25 变形缝 deformation joint

为防止建筑物在外界因素作用下，结构内部产生附加变形和应力，导致建筑物开裂、碰撞甚至破坏而预留的构造缝，包括伸缩缝、沉降缝和抗震缝。

2.0.26 建筑幕墙 building curtain wall

由金属构架与板材组成的，不承担主体结构荷载与作用的建筑外围护结构。

2.0.27 吊顶 suspended ceiling

悬吊在房屋屋顶或楼板结构下的顶棚。

2.0.28 管道井 pipe shaft

建筑物中用于布置竖向设备管线的竖向井道。

2.0.29 烟道 smoke uptake；smoke flue

排除各种烟气的管道。

2.0.30 通风道 air relief shaft

排除室内蒸汽、潮气或污浊空气以及输送新鲜空气的管道。

2.0.31 装修 decoration；finishing

以建筑物主体结构为依托，对建筑内、外空间进行的细部加工和艺术处理。

2.0.32 采光 daylighting

为保证人们生活、工作或生产活动具有适宜的光环境，使建筑物内部使用空间取得的天然光照度满足使用、安全、舒适、美观等要求的技术。

2.0.33 采光系数 daylight factor

在室内给定平面上的一点，由直接或间接地接收来自假定和已知天空亮度分布的天空漫射光而产生的照度与同一时刻该天空半球在室外无遮挡水平面上产生的天空漫射光照度之比。

2.0.34 采光系数标准值 standard value of daylight factor

室内和室外天然光临界照度时的采光系数值。

2.0.35 通风 ventilation

为保证人们生活、工作或生产活动具有适宜的空气环境，采用自然或机械方法，对建筑物内部使用空间进行换气，使空气质量满足卫生、安全、舒适等要求的技术。

2.0.36 噪声 noise

影响人们正常生活、工作、学习、休息，甚至损害身心健康的外界干扰声。

3 基 本 规 定

3.1 民用建筑分类

3.1.1 民用建筑按使用功能可分为居住建筑和公共建筑两大类。

3.1.2 民用建筑按地上层数或高度分类划分应符合下列规定：

1 住宅建筑按层数分类：一层至三层为低层住宅，四层至六层为多层住宅，七层至九层为中高层住宅，十层及十层以上为高层住宅；

2 除住宅建筑之外的民用建筑高度不大于 24m 者为单层和多层建筑，大于 24m 者为高层建筑（不包括建筑高度大于 24m 的单层公共建筑）；

3 建筑高度大于 100m 的民用建筑为超高层建筑。

注：本条建筑层数和建筑高度计算应符合防火规范的有关规定。

3.1.3 民用建筑等级分类划分应符合有关标准或行业主管部门的规定。

3.2 设计使用年限

3.2.1 民用建筑的设计使用年限应符合表 3.2.1 的规定。

表 3.2.1 设计使用年限分类

类别	设计使用年限(年)	示　例
1	5	临时性建筑
2	25	易于替换结构构件的建筑
3	50	普通建筑和构筑物
4	100	纪念性建筑和特别重要的建筑

3.3 建筑气候分区对建筑基本要求

3.3.1 建筑气候分区对建筑的基本要求应符合表 3.3.1 的规定，中国建筑气候区划图见附录 A。

表 3.3.1 不同分区对建筑基本要求

分区名称		热工分区名称	气候主要指标	建筑基本要求
Ⅰ	ⅠA ⅠB ⅠC ⅠD	严寒地区	1 月平均气温 ≤−10℃ 7 月平均气温 ≤25℃ 7 月平均相对湿度 ≥50%	1. 建筑物必须满足冬季保温、防寒、防冻等要求 2. ⅠA、ⅠB 区应防止冻土、积雪对建筑物的危害 3. ⅠB、ⅠC、ⅠD 区的西部，建筑物应防冰雹、防风沙
Ⅱ	ⅡA ⅡB	寒冷地区	1 月平均气温 −10～0℃ 7 月平均气温 18～28℃	1. 建筑物应满足冬季保温、防寒、防冻等要求，夏季部分地区应兼顾防热 2. ⅡA 区建筑物应防热、防潮、防暴风雨，沿海地带应防盐雾侵蚀

续表 3.3.1

分区名称	热工分区名称	气候主要指标	建筑基本要求
Ⅲ	ⅢA ⅢB ⅢC	夏热冬冷地区	1月平均气温 0～10℃ 7月平均气温 25～30℃	1. 建筑物必须满足夏季防热，遮阳、通风降温要求，冬季应兼顾防寒 2. 建筑物应防雨、防潮、防洪、防雷电 3. ⅢA区应防台风、暴雨袭击及盐雾侵蚀
Ⅳ	ⅣA ⅣB	夏热冬暖地区	1月平均气温 ＞10℃ 7月平均气温 25～29℃	1. 建筑物必须满足夏季防热，遮阳、通风、防雨要求 2. 建筑物应防暴雨、防潮、防洪、防雷电 3. ⅣA区应防台风、暴雨袭击及盐雾侵蚀
Ⅴ	ⅤA ⅤB	温和地区	7月平均气温 18～25℃ 1月平均气温 0～13℃	1. 建筑物应满足防雨和通风要求 2. ⅤA区建筑物应注意防寒，ⅤB区应特别注意防雷电
Ⅵ	ⅥA ⅥB	严寒地区	7月平均气温 ＜18℃ 1月平均气温 0～－22℃	1. 热工应符合严寒和寒冷地区相关要求 2. ⅥA、ⅥB应防冻土对建筑物地基及地下管道的影响，并应特别注意防风沙 3. ⅥC区的东部，建筑物应防雷电
	ⅥC	寒冷地区		
Ⅶ	ⅦA ⅦB ⅦC	严寒地区	7月平均气温 ≥18℃ 1月平均气温 －5～－20℃ 7月平均相对湿度 ＜50%	1. 热工应符合严寒和寒冷地区相关要求 2. 除ⅦD区外，应防冻土对建筑物地基及地下管道的危害 3. ⅦB区建筑物应特别注意积雪的危害 4. ⅦC区建筑物应特别注意防风沙，夏季兼顾防热 5. ⅦD区建筑物应注意夏季防热，吐鲁番盆地应特别注意隔热、降温
	ⅦD	寒冷地区		

3.4 建筑与环境的关系

3.4.1 建筑与环境的关系应符合下列要求：

1 建筑基地应选择在无地质灾害或洪水淹没等危险的安全地段；

2 建筑总体布局应结合当地的自然与地理环境特征，不应破坏自然生态环境；

3 建筑物周围应具有能获得日照、天然采光、自然通风等的卫生条件；

4 建筑物周围环境的空气、土壤、水体等不应构成对人体的危害，确保卫生安全的环境；

5 对建筑物使用过程中产生的垃圾、废气、废水等废弃物应进行处理，并应对噪声、眩光等进行有效的控制，不应引起公害；

6 建筑整体造型与色彩处理应与周围环境协调；

7 建筑基地应做绿化、美化环境设计，完善室外环境设施。

3.5 建筑无障碍设施

3.5.1 居住区道路、公共绿地和公共服务设施应设置无障碍设施，并与城市道路无障碍设施相连接。

3.5.2 设置电梯的民用建筑的公共交通部位应设无障碍设施。

3.5.3 残疾人、老年人专用的建筑物应设置无障碍设施。

3.5.4 居住区及民用建筑无障碍设施的实施范围和设计要求应符合国家现行标准《城市道路和建筑物无障碍设计规范》JGJ 50 的规定。

3.6 停车空间

3.6.1 新建、扩建的居住区应就近设置停车场（库）或将停车库附建在住宅建筑内。机动车和非机动车停车位数量应符合有关规范或当地城市规划行政主管部门的规定。

3.6.2 新建、扩建的公共建筑应按建筑面积或使用人数，并根据当地城市规划行政主管部门的规定，在建筑物内或在同一基地内，或统筹建设的停车场（库）内设置机动车和非机动车停车车位。

3.6.3 机动车停车场（库）产生的噪声和废气应进行处理，不得影响周围环境，其设计应符合有关规范的规定。

3.7 无标定人数的建筑

3.7.1 建筑物除有固定座位等标明使用人数外，对无标定人数的建筑物应按有关设计规范或经调查分析确定合理的使用人数，并以此为基数计算安全出口的宽度。

3.7.2 公共建筑中如为多功能用途，各种场所有可能同时开放并使用同一出口时，在水平方向应按各部分使用人数叠加计算安全疏散出口的宽度，在垂直方向应按楼层使用人数最多一层计算安全疏散出口的宽度。

4 城市规划对建筑的限定

4.1 建筑基地

4.1.1 基地内建筑使用性质应符合城市规划确定的

用地性质。

4.1.2 基地应与道路红线相邻接，否则应设基地道路与道路红线所划定的城市道路相连接。基地内建筑面积小于或等于 3000m^2 时，基地道路的宽度不应小于 4m，基地内建筑面积大于 3000m^2 且只有一条基地道路与城市道路相连接时，基地道路的宽度不应小于 7m，若有两条以上基地道路与城市道路相连接时，基地道路的宽度不应小于 4m。

4.1.3 基地地面高程应符合下列规定：

1 基地地面高程应按城市规划确定的控制标高设计；

2 基地地面高程应与相邻基地标高协调，不妨碍相邻各方的排水；

3 基地地面最低处高程宜高于相邻城市道路最低高程，否则应有排除地面水的措施。

4.1.4 相邻基地的关系应符合下列规定：

1 建筑物与相邻基地之间应按建筑防火等要求留出空地和道路。当建筑前后各自留有空地或道路，并符合防火规范有关规定时，则相邻基地边界两边的建筑可毗连建造；

2 本基地内建筑物和构筑物均不得影响本基地或其他用地内建筑物的日照标准和采光标准；

3 除城市规划确定的永久性空地外，紧贴基地用地红线建造的建筑物不得向相邻基地方向设洞口、门、外平开窗、阳台、挑檐、空调室外机、废气排出口及排泄雨水。

4.1.5 基地机动车出入口位置应符合下列规定：

1 与大中城市主干道交叉口的距离，自道路红线交叉点量起不应小于 70m；

2 与人行横道线、人行过街天桥、人行地道（包括引道、引桥）的最边缘线不应小于 5m；

3 距地铁出入口、公共交通站台边缘不应小于 15m；

4 距公园、学校、儿童及残疾人使用建筑的出入口不应小于 20m；

5 当基地道路坡度大于 8%时，应设缓冲段与城市道路连接；

6 与立体交叉口的距离或其他特殊情况，应符合当地城市规划行政主管部门的规定。

4.1.6 大型、特大型的文化娱乐、商业服务、体育、交通等人员密集建筑的基地应符合下列规定：

1 基地应至少有一面直接临接城市道路，该城市道路应有足够的宽度，以减少人员疏散时对城市正常交通的影响；

2 基地沿城市道路的长度应按建筑规模或疏散人数确定，并至少不小于基地周长的 1/6；

3 基地应至少有两个或两个以上不同方向通向城市道路的（包括以基地道路连接的）出口；

4 基地或建筑物的主要出入口，不得和快速道路直接连接，也不得直对城市主要干道的交叉口；

5 建筑物主要出入口前应有供人员集散用的空地，其面积和长宽尺寸应根据使用性质和人数确定；

6 绿化和停车场布置不应影响集散空地的使用，并不宜设置围墙、大门等障碍物。

4.2 建筑突出物

4.2.1 建筑物及附属设施不得突出道路红线和用地红线建造，不得突出的建筑突出物为：

——地下建筑物及附属设施，包括结构挡土桩、挡土墙、地下室、地下室底板及其基础、化粪池等；

——地上建筑物及附属设施，包括门廊、连廊、阳台、室外楼梯、台阶、坡道、花池、围墙、平台、散水明沟、地下室进排风口、地下室出入口、集水井、采光井等；

——除基地内连接城市的管线、隧道、天桥等市政公共设施外的其他设施。

4.2.2 经当地城市规划行政主管部门批准，允许突出道路红线的建筑突出物应符合下列规定：

1 在有人行道的路面上空：

1）2.50m 以上允许突出建筑构件：凸窗、窗扇、窗罩、空调机位，突出的深度不应大于 0.50m；

2）2.50m 以上允许突出活动遮阳，突出宽度不应大于人行道宽度减 1m，并不应大于 3m；

3）3m 以上允许突出雨篷、挑檐，突出的深度不应大于 2m；

4）5m 以上允许突出雨篷、挑檐，突出的深度不宜大于 3m。

2 在无人行道的路面上空：4m 以上允许突出建筑构件：窗罩，空调机位，突出深度不应大于 0.50m。

3 建筑突出物与建筑本身应有牢固的结合。

4 建筑物和建筑突出物均不得向道路上空直接排泄雨水、空调冷凝水及从其他设施排出的废水。

4.2.3 当地城市规划行政主管部门在用地红线范围内另行划定建筑控制线时，建筑物的基底不应超出建筑控制线，突出建筑控制线的建筑突出物和附属设施应符合当地城市规划的要求。

4.2.4 属于公益上有需要而不影响交通及消防安全的建筑物、构筑物，包括公共电话亭、公共交通候车亭、治安岗等公共设施及临时性建筑物和构筑物，经当地城市规划行政主管部门的批准，可突入道路红线建造。

4.2.5 骑楼、过街楼和沿道路红线的悬挑建筑建造不应影响交通及消防的安全；在有顶盖的公共空间下不应设置直接排气的空调机、排气扇等设施或排出有害气体的通风系统。

4.3 建筑高度控制

4.3.1 建筑高度不应危害公共空间安全、卫生和景观，下列地区应实行建筑高度控制：

1 对建筑高度有特别要求的地区，应按城市规划要求控制建筑高度；

2 沿城市道路的建筑物，应根据道路的宽度控制建筑裙楼和主体塔楼的高度；

3 机场、电台、电信、微波通信、气象台、卫星地面站、军事要塞工程等周围的建筑，当其处在各种技术作业控制区范围内时，应按净空要求控制建筑高度；

4 当建筑处在本通则第1章第1.0.3条第8款所指的保护规划区内。

注：建筑高度控制尚应符合当地城市规划行政主管部门和有关专业部门的规定。

4.3.2 建筑高度控制的计算应符合下列规定：

1 第4.3.1条3、4款控制区内建筑高度，应按建筑物室外地面至建筑物和构筑物最高点的高度计算；

2 非第4.3.1条3、4款控制区内建筑高度：平屋顶应按建筑物室外地面至其屋面面层或女儿墙顶点的高度计算；坡屋顶应按建筑物室外地面至屋檐和屋脊的平均高度计算；下列突出物不计入建筑高度内：

1）局部突出屋面的楼梯间、电梯机房、水箱间等辅助用房占屋顶平面面积不超过1/4者；

2）突出屋面的通风道、烟囱、装饰构件、花架、通信设施等；

3）空调冷却塔等设备。

4.4 建筑密度、容积率和绿地率

4.4.1 建筑设计应符合法定规划控制的建筑密度、容积率和绿地率的要求。

4.4.2 当建设单位在建筑设计中为城市提供永久性的建筑开放空间，无条件地为公众使用时，该用地的既定建筑密度和容积率可给予适当提高，且应符合当地城市规划行政主管部门有关规定。

5 场地设计

5.1 建筑布局

5.1.1 民用建筑应根据城市规划条件和任务要求，按照建筑与环境关系的原则，对建筑布局、道路、竖向、绿化及工程管线等进行综合性的场地设计。

5.1.2 建筑布局应符合下列规定

1 建筑间距应符合防火规范要求；

2 建筑间距应满足建筑用房天然采光（本通则第7章7.1节采光）的要求，并应防止视线干扰；

3 有日照要求的建筑应符合本节第5.1.3条建筑日照标准的要求，并应执行当地城市规划行政主管部门制定的相应的建筑间距规定；

4 对有地震等自然灾害地区，建筑布局应符合有关安全标准的规定；

5 建筑布局应使建筑基地内的人流、车流与物流合理分流，防止干扰，并有利于消防、停车和人员集散；

6 建筑布局应根据地域气候特征，防止和抵御寒冷、暑热、疾风、暴雨、积雪和沙尘等灾害侵袭，并应利用自然气流组织好通风，防止不良小气候产生；

7 根据噪声源的位置、方向和强度，应在建筑功能分区、道路布置、建筑朝向、距离以及地形、绿化和建筑物的屏障作用等方面采取综合措施，以防止或减少环境噪声；

8 建筑物与各种污染源的卫生距离，应符合有关卫生标准的规定。

5.1.3 建筑日照标准应符合下列要求：

1 每套住宅至少应有一个居住空间获得日照，该日照标准应符合现行国家标准《城市居住区规划设计规范》GB 50180有关规定；

2 宿舍半数以上的居室，应能获得同住宅居住空间相等的日照标准；

3 托儿所、幼儿园的主要生活用房，应能获得冬至日不小于3h的日照标准；

4 老年人住宅、残疾人住宅的卧室、起居室，医院、疗养院半数以上的病房和疗养室，中小学半数以上的教室应能获得冬至日不小于2h的日照标准。

5.2 道　　路

5.2.1 建筑基地内道路应符合下列规定：

1 基地内应设道路与城市道路相连接，其连接处的车行路面应设限速设施，道路应能通达建筑物的安全出口；

2 沿街建筑应设连通街道和内院的人行通道（可利用楼梯间），其间距不宜大于80m；

3 道路改变方向时，路边绿化及建筑物不应影响行车有效视距；

4 基地内设地下停车场时，车辆出入口应设有效显示标志；标志设置高度不应影响人、车通行；

5 基地内车流量较大时应设人行道路。

5.2.2 建筑基地道路宽度应符合下列规定：

1 单车道路宽度不应小于4m，双车道路不应小于7m；

2 人行道路宽度不应小于1.50m；

3 利用道路边设停车位时，不应影响有效通行宽度；

4 车行道路改变方向时，应满足车辆最小转弯半径要求；消防车道路应按消防车最小转弯半径要求设置。

5.2.3 道路与建筑物间距应符合下列规定：

1 基地内设有室外消火栓时，车行道路与建筑物的间距应符合防火规范的有关规定；

2 基地内道路边缘至建筑物、构筑物的最小距离应符合现行国家标准《城市居住区规划设计规范》GB 50180 的有关规定；

3 基地内不宜设高架车行道路，当设置高架人行道路与建筑平行时应有保护私密性的视距和防噪声的要求。

5.2.4 建筑基地内地下车库的出入口设置应符合下列要求：

1 地下车库出入口距基地道路的交叉路口或高架路的起坡点不应小于 7.50m；

2 地下车库出入口与道路垂直时，出入口与道路红线应保持不小于 7.50m 安全距离；

3 地下车库出入口与道路平行时，应经不小于 7.50m 长的缓冲车道汇入基地道路。

5.3 竖 向

5.3.1 建筑基地地面和道路坡度应符合下列规定：

1 基地地面坡度不应小于 0.2%，地面坡度大于 8%时宜分成台地，台地连接处应设挡墙或护坡；

2 基地机动车道的纵坡不应小于 0.2%，亦不应大于 8%，其坡长不应大于 200m，在个别路段可不大于 11%，其坡长不应大于 80m；在多雪严寒地区不应大于 5%，其坡长不应大于 600m；横坡应为 1%～2%；

3 基地非机动车道的纵坡不应小于 0.2%，亦不应大于 3%，其坡长不应大于 50m；在多雪严寒地区不应大于 2%，其坡长不应大于 100m；横坡应为 1%～2%；

4 基地步行道的纵坡不应小于 0.2%，亦不应大于 8%，多雪严寒地区不应大于 4%，横坡应为 1%～2%；

5 基地内人流活动的主要地段，应设置无障碍人行道。

注：山地和丘陵地区竖向设计尚应符合有关规范的规定。

5.3.2 建筑基地地面排水应符合下列规定：

1 基地内应有排除地面及路面雨水至城市排水系统的措施，排水方式应根据城市规划的要求确定，有条件的地区应采取雨水回收利用措施；

2 采用车行道排泄地面雨水时，雨水口形式及数量应根据汇水面积、流量、道路纵坡等确定；

3 单侧排水的道路及低洼易积水的地段，应采取排雨水时不影响交通和路面清洁的措施。

5.3.3 建筑物底层出入口处应采取措施防止室外地面雨水回流。

5.4 绿 化

5.4.1 建筑工程项目应包括绿化工程，其设计应符合下列要求：

1 宜采用包括垂直绿化和屋顶绿化等在内的全方位绿化；绿地面积的指标应符合有关规范或当地城市规划行政主管部门的规定；

2 绿化的配置和布置方式应根据城市气候、土壤和环境功能等条件确定；

3 绿化与建筑物、构筑物、道路和管线之间的距离，应符合有关规范规定；

4 应保护自然生态环境，并应对古树名木采取保护措施；

5 应防止树木根系对地下管线缠绕及对地下建筑防水层的破坏。

5.5 工程管线布置

5.5.1 工程管线宜在地下敷设；在地上架空敷设的工程管线及工程管线在地上设置的设施，必须满足消防车辆通行的要求，不得妨碍普通车辆、行人的正常活动，并应防止对建筑物、景观的不利影响。

5.5.2 与市政管网衔接的工程管线，其平面位置和竖向标高均应采用城市统一的坐标系统和高程系统。

5.5.3 工程管线的敷设不应影响建筑物的安全，并应防止工程管线受腐蚀、沉陷、振动、荷载等影响而损坏。

5.5.4 工程管线应根据其不同特性和要求综合布置。对安全、卫生、防干扰等有影响的工程管线不应共沟或靠近敷设。利用综合管沟敷设的工程管线若互有干扰的应设置在综合管沟的不同沟（室）内。

5.5.5 地下工程管线的走向宜与道路或建筑主体相平行或垂直。工程管线应从建筑物向道路方向由浅至深敷设。工程管线布置应短捷，减少转弯。管线与管线、管线与道路应减少交叉。

5.5.6 与道路平行的工程管线不宜设于车行道下，当确有需要时，可将埋深较大、翻修较少的工程管线布置在车行道下。

5.5.7 工程管线之间的水平、垂直净距及埋深，工程管线与建筑物、构筑物、绿化树种之间的水平净距应符合有关规范的规定。

5.5.8 七度以上地震区、多年冻土区、严寒地区、湿陷性黄土地区及膨胀土地区的室外工程管线，应符合有关规范的规定。

5.5.9 工程管线的检查井井盖宜有锁闭装置。

6 建筑物设计

6.1 平面布置

6.1.1 平面布置应根据建筑的使用性质、功能、工艺要求，合理布局。

6.1.2 平面布置的柱网、开间、进深等定位轴线尺寸，应符合现行国家标准《建筑模数协调统一标准》GBJ 2 等有关标准的规定。

6.1.3 根据使用功能，应使大多数房间或重要房间布置在有良好日照、采光、通风和景观的部位。对有私密性要求的房间，应防止视线干扰。

6.1.4 平面布置宜具有一定的灵活性。

6.1.5 地震区的建筑，平面布置宜规整，不宜错层。

6.2 层高和室内净高

6.2.1 建筑层高应结合建筑使用功能、工艺要求和技术经济条件综合确定，并符合专用建筑设计规范的要求。

6.2.2 室内净高应按楼地面完成面至吊顶或楼板或梁底面之间的垂直距离计算；当楼盖、屋盖的下悬构件或管道底面影响有效使用空间者，应按楼地面完成面至下悬构件下缘或管道底面之间的垂直距离计算。

6.2.3 建筑物用房的室内净高应符合专用建筑设计规范的规定；地下室、局部夹层、走道等有人员正常活动的最低处的净高不应小于 2m。

6.3 地下室和半地下室

6.3.1 地下室、半地下室应有综合解决其使用功能的措施，合理布置地下停车库、地下人防、各类设备用房等功能空间及各类出入口部；地下空间与城市地铁、地下人行道及地下空间之间应综合开发，相互连接，做到导向明确、流线简捷。

6.3.2 地下室、半地下室作为主要用房使用时，应符合安全、卫生的要求，并应符合下列要求：

1 严禁将幼儿、老年人生活用房设在地下室或半地下室；

2 居住建筑中的居室不应布置在地下室内；当布置在半地下室时，必须对采光、通风、日照、防潮、排水及安全防护采取措施；

3 建筑物内的歌舞、娱乐、放映、游艺场所不应设置在地下二层及二层以下；当设置在地下一层时，地下一层地面与室外出入口地坪的高差不应大于10m。

6.3.3 地下室平面外围护结构应规整，其防水等级及技术要求除应符合现行国家标准《地下工程防水技术规范》GB 50108 的规定外，尚应符合下列规定：

1 地下室应在一处或若干处地面较低点设集水坑，并预留排水泵电源和排水管道；

2 地下管道、地下管沟、地下坑井、地漏、窗井等处应有防止涌水、倒灌的措施。

6.3.4 地下室、半地下室的耐火等级、防火分区、安全疏散、防排烟设施、房间内部装修等应符合防火规范的有关规定。

6.4 设备层、避难层和架空层

6.4.1 设备层设置应符合下列规定：

1 设备层的净高应根据设备和管线的安装检修需要确定；

2 当宾馆、住宅等建筑上部有管线较多的房间，下部为大空间房间或转换为其他功能用房而管线需转换时，宜在上下部之间设置设备层；

3 设备层布置应便于市政管线的接入；在防火、防爆和卫生等方面互有影响的设备用房不应相邻布置；

4 设备层应有自然通风或机械通风；当设备层设于地下室又无机械通风装置时，应在地下室外墙设置通风口或通风道，其面积应满足送、排风量的要求；

5 给排水设备的机房应设集水坑并预留排水泵电源和排水管路或接口；配电房应满足线路的敷设；

6 设备用房布置位置及其围护结构，管道穿过隔墙、防火墙和楼板等应符合防火规范的有关规定。

6.4.2 建筑高度超过 100m 的超高层民用建筑，应设置避难层（间）。

6.4.3 有人员正常活动的架空层及避难层的净高不应低于 2m。

6.5 厕所、盥洗室和浴室

6.5.1 厕所、盥洗室、浴室应符合下列规定：

1 建筑物的厕所、盥洗室、浴室不应直接布置在餐厅、食品加工、食品贮存、医药、医疗、变配电等有严格卫生要求或防水、防潮要求用房的上层；除本套住宅外，住宅卫生间不应直接布置在下层的卧室、起居室、厨房和餐厅的上层；

2 卫生设备配置的数量应符合专用建筑设计规范的规定，在公用厕所男女厕位的比例中，应适当加大女厕位比例；

3 卫生用房宜有天然采光和不向邻室对流的自然通风，无直接自然通风和严寒及寒冷地区用房宜设自然通风道；当自然通风不能满足通风换气要求时，应采用机械通风；

4 楼地面、楼地面沟槽、管道穿楼板及楼板接墙面处应严密防水、防渗漏；

5 楼地面、墙面或墙裙的面层应采用不吸水、不吸污、耐腐蚀、易清洗的材料；

6　楼地面应防滑，楼地面标高宜略低于走道标高，并应有坡度坡向地漏或水沟；

7　室内上下水管和浴室顶棚应防冷凝水下滴，浴室热水管应防止烫人；

8　公用男女厕所宜分设前室，或有遮挡措施；

9　公用厕所宜设置独立的清洁间。

6.5.2　厕所和浴室隔间的平面尺寸不应小于表6.5.2的规定。

表 6.5.2　厕所和浴室隔间平面尺寸

类　别	平面尺寸（宽度 m×深度 m）
外开门的厕所隔间	0.90×1.20
内开门的厕所隔间	0.90×1.40
医院患者专用厕所隔间	1.10×1.40
无障碍厕所隔间	1.40×1.80（改建用 1.00×2.00）
外开门淋浴隔间	1.00×1.20
内设更衣凳的淋浴隔间	1.00×（1.00+0.60）
无障碍专用浴室隔间	盆浴（门扇向外开启）2.00×2.25 淋浴（门扇向外开启）1.50×2.35

6.5.3　卫生设备间距应符合下列规定：

1　洗脸盆或盥洗槽水嘴中心与侧墙面净距不宜小于0.55m；

2　并列洗脸盆或盥洗槽水嘴中心间距不应小于0.70m；

3　单侧并列洗脸盆或盥洗槽外沿至对面墙的净距不应小于1.25m；

4　双侧并列洗脸盆或盥洗槽外沿之间的净距不应小于1.80m；

5　浴盆长边至对面墙面的净距不应小于0.65m；无障碍盆浴间短边净宽度不应小于2m；

6　并列小便器的中心距离不应小于0.65m；

7　单侧厕所隔间至对面墙面的净距：当采用内开门时，不应小于1.10m；当采用外开门时不应小于1.30m；双侧厕所隔间之间的净距：当采用内开门时，不应小于1.10m；当采用外开门时不应小于1.30m；

8　单侧厕所隔间至对面小便器或小便槽外沿的净距：当采用内开门时，不应小于1.10m；当采用外开门时，不应小于1.30m。

6.6　台阶、坡道和栏杆

6.6.1　台阶设置应符合下列规定：

1　公共建筑室内外台阶踏步宽度不宜小于0.30m，踏步高度不宜大于0.15m，并不宜小于0.10m，踏步应防滑。室内台阶踏步数不应少于2级，当高差不足2级时，应按坡道设置；

2　人流密集的场所台阶高度超过0.70m并侧面临空时，应有防护设施。

6.6.2　坡道设置应符合下列规定：

1　室内坡道坡度不宜大于1∶8，室外坡道坡度不宜大于1∶10；

2　室内坡道水平投影长度超过15m时，宜设休息平台，平台宽度应根据使用功能或设备尺寸所需缓冲空间而定；

3　供轮椅使用的坡道不应大于1∶12，困难地段不应大于1∶8；

4　自行车推行坡道每段坡长不宜超过6m，坡度不宜大于1∶5；

5　机动车行坡道应符合国家现行标准《汽车库建筑设计规范》JGJ 100的规定；

6　坡道应采取防滑措施。

6.6.3　阳台、外廊、室内回廊、内天井、上人屋面及室外楼梯等临空处应设置防护栏杆，并应符合下列规定：

1　栏杆应以坚固、耐久的材料制作，并能承受荷载规范规定的水平荷载；

2　临空高度在24m以下时，栏杆高度不应低于1.05m，临空高度在24m及24m以上（包括中高层住宅）时，栏杆高度不应低于1.10m；

注：栏杆高度应从楼地面或屋面至栏杆扶手顶面垂直高度计算，如底部有宽度大于或等于0.22m，且高度低于或等于0.45m的可踏部位，应从可踏部位顶面起计算。

3　栏杆离楼面或屋面0.10m高度内不宜留空；

4　住宅、托儿所、幼儿园、中小学及少年儿童专用活动场所的栏杆必须采用防止少年儿童攀登的构造，当采用垂直杆件做栏杆时，其杆件净距不应大于0.11m；

5　文化娱乐建筑、商业服务建筑、体育建筑、园林景观建筑等允许少年儿童进入活动的场所，当采用垂直杆件做栏杆时，其杆件净距也不应大于0.11m。

6.7　楼　　梯

6.7.1　楼梯的数量、位置、宽度和楼梯间形式应满足使用方便和安全疏散的要求。

6.7.2　墙面至扶手中心线或扶手中心线之间的水平距离即楼梯梯段宽度除应符合防火规范的规定外，供日常主要交通用的楼梯的梯段宽度应根据建筑物使用特征，按每股人流为0.55+（0～0.15）m的人流股数确定，并不应少于两股人流。0～0.15m为人流在行进中人体的摆幅，公共建筑人流众多的场所应取上限值。

6.7.3　梯段改变方向时，扶手转向端处的平台最小宽度不应小于梯段宽度，并不得小于1.20m，当有搬运大型物件需要时应适量加宽。

6.7.4 每个梯段的踏步不应超过18级，亦不应少于3级。

6.7.5 楼梯平台上部及下部过道处的净高不应小于2m，梯段净高不宜小于2.20m。

注：梯段净高为自踏步前缘（包括最低和最高一级踏步前缘线以外0.30m范围内）量至上方突出物下缘间的垂直高度。

6.7.6 楼梯应至少于一侧设扶手，梯段净宽达三股人流时应两侧设扶手，达四股人流时宜加设中间扶手。

6.7.7 室内楼梯扶手高度自踏步前缘线量起不宜小于0.90m。靠楼梯井一侧水平扶手长度超过0.50m时，其高度不应小于1.05m。

6.7.8 踏步应采取防滑措施。

6.7.9 托儿所、幼儿园、中小学及少年儿童专用活动场所的楼梯，梯井净宽大于0.20m时，必须采取防止少年儿童攀滑的措施，楼梯栏杆应采取不易攀登的构造，当采用垂直杆件做栏杆时，其杆件净距不应大于0.11m。

6.7.10 楼梯踏步的高宽比应符合表6.7.10的规定。

表6.7.10 楼梯踏步最小宽度和最大高度（m）

楼梯类别	最小宽度	最大高度
住宅共用楼梯	0.26	0.175
幼儿园、小学校等楼梯	0.26	0.15
电影院、剧场、体育馆、商场、医院、旅馆和大中学校等楼梯	0.28	0.16
其他建筑楼梯	0.26	0.17
专用疏散楼梯	0.25	0.18
服务楼梯、住宅套内楼梯	0.22	0.20

注：无中柱螺旋楼梯和弧形楼梯离内侧扶手中心0.25m处的踏步宽度不应小于0.22m。

6.7.11 供老年人、残疾人使用及其他专用服务楼梯应符合专用建筑设计规范的规定。

6.8 电梯、自动扶梯和自动人行道

6.8.1 电梯设置应符合下列规定：

1 电梯不得计作安全出口；

2 以电梯为主要垂直交通的高层公共建筑和12层及12层以上的高层住宅，每栋楼设置电梯的台数不应少于2台；

3 建筑物每个服务区单侧排列的电梯不宜超过4台，双侧排列的电梯不宜超过2×4台；电梯不应在转角处贴邻布置；

4 电梯候梯厅的深度应符合表6.8.1的规定，并不得小于1.50m；

表6.8.1 候梯厅深度

电梯类别	布置方式	候梯厅深度
住宅电梯	单台	≥B
	多台单侧排列	≥B^*
	多台双侧排列	≥相对电梯B^*之和并<3.50m
公共建筑电梯	单台	≥1.5B
	多台单侧排列	≥1.5B^*，当电梯群为4台时应≥2.40m
	多台双侧排列	≥相对电梯B^*之和并<4.50m
病床电梯	单台	≥1.5B
	多台单侧排列	≥1.5B^*
	多台双侧排列	≥相对电梯B^*之和

注：B为轿厢深度，B^*为电梯群中最大轿厢深度。

5 电梯井道和机房不宜与有安静要求的用房贴邻布置，否则应采取隔振、隔声措施；

6 机房应为专用的房间，其围护结构应保温隔热，室内应有良好通风、防尘，宜有自然采光，不得将机房顶板作水箱底板及在机房内直接穿越水管或蒸汽管；

7 消防电梯的布置应符合防火规范的有关规定。

6.8.2 自动扶梯、自动人行道应符合下列规定：

1 自动扶梯和自动人行道不得计作安全出口；

2 出入口畅通区的宽度不应小于2.50m，畅通区有密集人流穿行时，其宽度应加大；

3 栏板应平整、光滑和无突出物；扶手带顶面距自动扶梯前缘、自动人行道踏板面或胶带面的垂直高度不应小于0.90m；扶手带外边至任何障碍物不应小于0.50m，否则应采取措施防止障碍物引起人员伤害；

4 扶手带中心线与平行墙面或楼板开口边缘间的距离、相邻平行交叉设置时两梯（道）之间扶手带中心线的水平距离不宜小于0.50m，否则应采取措施防止障碍物引起人员伤害；

5 自动扶梯的梯级、自动人行道的踏板或胶带上空，垂直净高不应小于2.30m；

6 自动扶梯的倾斜角不应超过30°，当提升高度不超过6m，额定速度不超过0.50m/s时，倾斜角允许增至35°；倾斜式自动人行道的倾斜角不应超过12°；

7 自动扶梯和层间相通的自动人行道单向设置时，应就近布置相匹配的楼梯；

8 设置自动扶梯或自动人行道所形成的上下层贯通空间，应符合防火规范所规定的有关防火分区等要求。

6.9 墙身和变形缝

6.9.1 墙身材料应因地制宜，采用新型建筑墙体材料。

6.9.2 外墙应根据地区气候和建筑要求，采取保温、隔热和防潮等措施。

6.9.3 墙身防潮应符合下列要求：

1 砌体墙应在室外地面以上，位于室内地面垫层处设置连续的水平防潮层；室内相邻地面有高差时，应在高差处墙身侧面加设防潮层；

2 湿度大的房间的外墙或内墙内侧应设防潮层；

3 室内墙面有防水、防潮、防污、防碰等要求时，应按使用要求设置墙裙。

注：地震区防潮层应满足墙体抗震整体连接的要求。

6.9.4 建筑物外墙突出物，包括窗台、凸窗、阳台、空调机搁板、雨水管、通风管、装饰线等处宜采取防止攀登入室的措施。

6.9.5 外墙应防止变形裂缝，在洞口、窗户等处采取加固措施。

6.9.6 变形缝设置应符合下列要求：

1 变形缝应按设缝的性质和条件设计，使其在产生位移或变形时不受阻，不被破坏，并不破坏建筑物；

2 变形缝的构造和材料应根据其部位需要分别采取防排水、防火、保温、防老化、防腐蚀、防虫害和防脱落等措施。

6.10 门 窗

6.10.1 门窗产品应符合下列要求：

1 门窗的材料、尺寸、功能和质量等应符合使用要求，并应符合建筑门窗产品标准的规定；

2 门窗的配件应与门窗主体相匹配，并应符合各种材料的技术要求；

3 应推广应用具有节能、密封、隔声、防结露等优良性能的建筑门窗。

注：门窗加工的尺寸，应按门窗洞口设计尺寸扣除墙面装修材料的厚度，按净尺寸加工。

6.10.2 门窗与墙体应连接牢固，且满足抗风压、水密性、气密性的要求，对不同材料的门窗选择相应的密封材料。

6.10.3 窗的设置应符合下列规定：

1 窗扇的开启形式应方便使用，安全和易于维修、清洗；

2 当采用外开窗时应加强牢固窗扇的措施；

3 开向公共走道的窗扇，其底面高度不应低于2m；

4 临空的窗台低于0.80m时，应采取防护措施，防护高度由楼地面起计算不应低于0.80m；

5 防火墙上必须开设窗洞时，应按防火规范设置；

6 天窗应采用防破碎伤人的透光材料；

7 天窗应有防冷凝水产生或引泄冷凝水的措施；

8 天窗应便于开启、关闭、固定、防渗水，并方便清洗。

注：1 住宅窗台低于0.90m时，应采取防护措施；

2 低窗台、凸窗等下部有能上人站立的宽窗台面时，贴窗护栏或固定窗的防护高度应从窗台面起计算。

6.10.4 门的设置应符合下列规定：

1 外门构造应开启方便，坚固耐用；

2 手动开启的大门扇应有制动装置，推拉门应有防脱轨的措施；

3 双面弹簧门应在可视高度部分装透明安全玻璃；

4 旋转门、电动门、卷帘门和大型门的邻近应另设平开疏散门，或在门上设疏散门；

5 开向疏散走道及楼梯间的门扇开足时，不应影响走道及楼梯平台的疏散宽度；

6 全玻璃门应选用安全玻璃或采取防护措施，并应设防撞提示标志；

7 门的开启不应跨越变形缝。

6.11 建筑幕墙

6.11.1 建筑幕墙技术要求应符合下列规定：

1 幕墙所采用的型材、板材、密封材料、金属附件、零配件等均应符合现行的有关标准的规定；

2 幕墙的物理性能：风压变形、雨水渗漏、空气渗透、保温、隔声、耐撞击、平面内变形、防火、防雷、抗震及光学性能等应符合现行的有关标准的规定。

6.11.2 玻璃幕墙应符合下列规定：

1 玻璃幕墙适用于抗震地区和建筑高度应符合有关规范的要求；

2 玻璃幕墙应采用安全玻璃，并应具有抗撞击的性能；

3 玻璃幕墙分隔应与楼板、梁、内隔墙处连接牢固，并满足防火分隔要求；

4 玻璃窗扇开启面积应按幕墙材料规格和通风口要求确定，并确保安全。

6.12 楼 地 面

6.12.1 底层地面的基本构造层宜为面层、垫层和地基；楼层地面的基本构造层宜为面层和楼板。当底层地面或楼面的基本构造不能满足使用或构造要求时，可增设结合层、隔离层、填充层、找平层和保温层等其他构造层。

6.12.2 除有特殊使用要求外，楼地面应满足平整、耐磨、不起尘、防滑、防污染、隔声、易于清洁等要求。

6.12.3 厕浴间、厨房等受水或非腐蚀性液体经常浸湿的楼地面应采用防水、防滑类面层，且应低于相邻楼地面，并设排水坡坡向地漏；厕浴间和有防水要求的建筑地面必须设置防水隔离层；楼层结构必须采用现浇混凝土或整块预制混凝土板，混凝土强度等级不应小于C20；楼板四周除门洞外，应做混凝土翻边，其高度不应小于120mm。

经常有水流淌的楼地面应低于相邻楼地面或设门槛等挡水设施，且应有排水措施，其楼地面应采用不吸水、易冲洗、防滑的面层材料，并应设置防水隔离层。

6.12.4 筑于地基土上的地面，应根据需要采取防潮、防基土冻胀、防不均匀沉陷等措施。

6.12.5 存放食品、食料、种子或药物等的房间，其存放物与楼地面直接接触时，严禁采用有毒性的材料作为楼地面，材料的毒性应经有关卫生防疫部门鉴定。存放吸味较强的食物时，应防止采用散发异味的楼地面材料。

6.12.6 受较大荷载或有冲击力作用的楼地面，应根据使用性质及场所选用由板、块材料、混凝土等组成的易于修复的刚性构造，或由粒料、灰土等组成的柔性构造。

6.12.7 木板楼地面应根据使用要求，采取防火、防腐、防潮、防蛀、通风等相应措施。

6.12.8 采暖房间的楼地面，可不采取保温措施，但遇下列情况之一时应采取局部保温措施：

1 架空或悬挑部分楼层地面，直接对室外或临非采暖房间的；

2 严寒地区建筑物周边无采暖管沟时，底层地面在外墙内侧 0.50～1.00m 范围内宜采取保温措施，其传热阻不应小于外墙的传热阻。

6.13 屋面和吊顶

6.13.1 屋面工程应根据建筑物的性质、重要程度、使用功能及防水层合理使用年限，结合工程特点、地区自然条件等，按不同等级进行设防。

6.13.2 屋面排水坡度应根据屋顶结构形式，屋面基层类别，防水构造形式，材料性能及当地气候等条件确定，并应符合表 6.13.2 的规定。

6.13.3 屋面构造应符合下列要求：

1 屋面面层应采用不燃烧体材料，包括屋面突出部分及屋顶加层，但一、二级耐火等级建筑物，其不燃烧体屋面基层上可采用可燃卷材防水层；

2 屋面排水宜优先采用外排水；高层建筑、多跨及集水面积较大的屋面宜采用内排水；屋面水落管的数量、管径应通过验（计）算确定；

3 天沟、檐沟、檐口、水落口、泛水、变形缝和伸出屋面管道等处应采取与工程特点相适应的防水加强构造措施，并应符合有关规范的规定；

4 当屋面坡度较大或同一屋面落差较大时，应采取固定加强和防止屋面滑落的措施；平瓦必须铺置牢固；

表 6.13.2 屋面的排水坡度

屋面类别	屋面排水坡度（%）
卷材防水、刚性防水的平屋面	2～5
平瓦	20～50
波形瓦	10～50
油毡瓦	≥20
网架、悬索结构金属板	≥4
压型钢板	5～35
种植土屋面	1～3

注：1 平屋面采用结构找坡不应小于3%，采用材料找坡宜为2%；
2 卷材屋面的坡度不宜大于25%，当坡度大于25%时应采取固定和防止滑落的措施；
3 卷材防水屋面天沟、檐沟纵向坡度不应小于1%，沟底水落差不得超过200mm。天沟、檐沟排水不得流经变形缝和防火墙；
4 平瓦必须铺置牢固，地震设防地区或坡度大于50%的屋面，应采取固定加强措施；
5 架空隔热屋面坡度不宜大于5%，种植屋面坡度不宜大于3%。

5 地震设防区或有强风地区的屋面应采取固定加强措施；

6 设保温层的屋面应通过热工验算，并采取防结露、防蒸汽渗透及施工时防保温层受潮等措施；

7 采用架空隔热层的屋面，架空隔热层的高度应按照屋面的宽度或坡度的大小变化确定，架空层不得堵塞；当屋面宽度大于10m时，应设置通风屋脊；屋面基层上宜有适当厚度的保温隔热层；

8 采用钢丝网水泥或钢筋混凝土薄壁构件的屋面板应有抗风化、抗腐蚀的防护措施；刚性防水屋面应有抗裂措施；

9 当无楼梯通达屋面时，应设上屋面的检修人孔或低于10m时可设外墙爬梯，并应有安全防护和防止儿童攀爬的措施；

10 闷顶应设通风口和通向闷顶的检修人孔；闷顶内应有防火分隔。

6.13.4 吊顶构造应符合下列要求：

1 吊顶与主体结构吊挂应有安全构造措施；高大厅堂管线较多的吊顶内，应留有检修空间，并根据需要设置检修走道和便于进入吊顶的人孔，且应符合有关防火及安全要求；

2 当吊顶内管线较多，而空间有限不能进入检修时，可采用便于拆卸的装配式吊顶板或在需要部位设置检修手孔；

3 吊顶内敷设有上下水管时应采取防止产生冷凝水措施；

4 潮湿房间的吊顶，应采用防水材料和防结露、滴水的措施；钢筋混凝土顶板宜采用现浇板。

6.14 管道井、烟道、通风道和垃圾管道

6.14.1 管道井、烟道、通风道和垃圾管道应分别独立设置，不得使用同一管道系统，并应用非燃烧体材料制作。

6.14.2 管道井的设置应符合下列规定：

1 管道井的断面尺寸应满足管道安装、检修所需空间的要求；

2 管道井宜在每层靠公共走道的一侧设检修门或可拆卸的壁板；

3 在安全、防火和卫生方面互有影响的管道不应敷设在同一竖井内；

4 管道井壁、检修门及管井开洞部分等应符合防火规范的有关规定。

6.14.3 烟道和通风道的断面、形状、尺寸和内壁应有利于排烟（气）通畅，防止产生阻滞、涡流、窜烟、漏气和倒灌等现象。

6.14.4 烟道和通风道应伸出屋面，伸出高度应有利烟气扩散，并应根据屋面形式、排出口周围遮挡物的高度、距离和积雪深度确定。平屋面伸出高度不得小于0.60m，且不得低于女儿墙的高度。坡屋面伸出高度应符合下列规定：

1 烟道和通风道中心线距屋脊小于1.50m时，应高出屋脊0.60m；

2 烟道和通风道中心线距屋脊1.50～3.00m时，应高于屋脊，且伸出屋面高度不得小于0.60m；

3 烟道和通风道中心线距屋脊大于3m时，其顶部同屋脊的连线同水平线之间的夹角不应大于10°，且伸出屋面高度不得小于0.60m。

6.14.5 民用建筑不宜设置垃圾管道。多层建筑不设垃圾管道时，应根据垃圾收集方式设置相应设施。中高层及高层建筑不设置垃圾管道时，每层应设置封闭的垃圾分类、贮存收集空间，并宜有冲洗排污设施。

6.14.6 如设置垃圾管道时，应符合下列规定：

1 垃圾管道宜靠外墙布置，管道主体应伸出屋面，伸出屋面部分加设顶盖和网栅，并采取防倒灌措施；

2 垃圾出口应有卫生隔离，底部存纳和出运垃圾的方式应与城市垃圾管理方式相适应；

3 垃圾道内壁应光滑、无突出物；

4 垃圾斗应采用不燃烧和耐腐蚀的材料制作，并能自行关闭密合；高层建筑、超高层建筑的垃圾斗应设在垃圾道前室内，该前室应采用丙级防火门。

6.15 室内外装修

6.15.1 室内外装修应符合下列要求：

1 室内外装修严禁破坏建筑物结构的安全性；

2 室内外装修应采用节能、环保型建筑材料；

3 室内外装修工程应根据不同使用要求，采用防火、防污染、防潮、防水和控制有害气体和射线的装修材料和辅料；

4 保护性建筑的内外装修尚应符合有关保护建筑条例的规定。

6.15.2 室内装修应符合下列规定：

1 室内装修不得遮挡消防设施标志、疏散指示标志及安全出口，并不得影响消防设施和疏散通道的正常使用；

2 室内如需要重新装修时，不得随意改变原有设施、设备管线系统。

6.15.3 室外装修应符合下列规定：

1 外墙装修必须与主体结构连接牢靠；

2 外墙外保温材料应与主体结构和外墙饰面连接牢固，并应防开裂、防水、防冻、防腐蚀、防风化和防脱落；

3 外墙装修应防止污染环境的强烈反光。

7 室内环境

7.1 采光

7.1.1 各类建筑应进行采光系数的计算，其采光系数标准值应符合下列规定：

1 居住建筑的采光系数标准值应符合表7.1.1-1的规定。

表 7.1.1-1 居住建筑的采光系数标准值

采光等级	房间名称	侧面采光	
		采光系数最低值 C_{min}（%）	室内天然光临界照度（lx）
Ⅳ	起居室(厅)、卧室、书房、厨房	1	50
Ⅴ	卫生间、过厅、楼梯间、餐厅	0.5	25

2 办公建筑的采光系数标准值应符合表7.1.1-2的规定。

表 7.1.1-2 办公建筑的采光系数标准值

采光等级	房间名称	侧面采光	
		采光系数最低值 C_{min}（%）	室内天然光临界照度（lx）
Ⅱ	设计室、绘图室	3	150
Ⅲ	办公室 视屏工作室、会议室	2	100
Ⅳ	复印室、档案室	1	50
Ⅴ	走道、楼梯间、卫生间	0.5	25

3　学校建筑的采光系数标准值必须符合7.1.1-3的规定。

表 7.1.1-3　学校建筑的采光系数标准值

采光等级	房间名称	侧面采光	
		采光系数最低值 C_{min}(%)	室内天然光临界照度 (lx)
Ⅲ	教室、阶梯教室实验室、报告厅	2	100
Ⅴ	走道、楼梯间、卫生间	0.5	25

4　图书馆建筑的采光系数标准值应符合表7.1.1-4的规定。

表 7.1.1-4　图书馆建筑的采光系数标准值

采光等级	房间名称	侧面采光		顶部采光	
		采光系数最低值 C_{min}(%)	室内天然光临界照度 (lx)	采光系数平均值 C_{av}(%)	室内天然光临界照度 (lx)
Ⅲ	阅览室、开架书库	2	100	—	—
Ⅳ	目录室	1	50	1.5	75
Ⅴ	书库、走道、楼梯间、卫生间	0.5	25	—	—

5　医院建筑的采光系数标准值应符合表7.1.1-5的规定。

表 7.1.1-5　医院建筑的采光系数标准值

采光等级	房间名称	侧面采光		顶部采光	
		采光系数最低值 C_{min}(%)	室内天然光临界照度 (lx)	采光系数平均值 C_{av}(%)	室内天然光临界照度 (lx)
Ⅲ	诊室、药房、治疗室、化验室	2	100	—	—
Ⅳ	候诊室、挂号处、综合大厅病房、医生办公室(护士室)	1	50	1.5	75
Ⅴ	走道、楼梯间、卫生间	0.5	25	—	—

注：表 7.1.1-1 至 7.1.1-5 所列采光系数标准值适用于Ⅲ类光气候区。其他地区的采光系数标准值应乘以相应地区光气候系数。

7.1.2　有效采光面积计算应符合下列规定：

1　侧窗采光口离地面高度在 0.80m 以下的部分不应计入有效采光面积；

2　侧窗采光口上部有效宽度超过 1m 以上的外廊、阳台等外挑遮挡物，其有效采光面积可按采光口面积的 70%计算；

3　平天窗采光时，其有效采光面积可按侧面采光口面积的 2.50 倍计算。

7.2　通　　风

7.2.1　建筑物室内应有与室外空气直接流通的窗口或洞口，否则应设自然通风道或机械通风设施。

7.2.2　采用直接自然通风的空间，其通风开口面积应符合下列规定：

1　生活、工作的房间的通风开口有效面积不应小于该房间地板面积的1/20；

2　厨房的通风开口有效面积不应小于该房间地板面积的1/10，并不得小于 0.60m²，厨房的炉灶上方应安装排除油烟设备，并设排烟道。

7.2.3　严寒地区居住用房，厨房、卫生间应设自然通风道或通风换气设施。

7.2.4　无外窗的浴室和厕所应设机械通风换气设施，并设通风道。

7.2.5　厨房、卫生间的门的下方应设进风固定百叶，或留有进风缝隙。

7.2.6　自然通风道的位置应设于窗户或进风口相对的一面。

7.3　保　　温

7.3.1　建筑物宜布置在向阳、无日照遮挡、避风地段。

7.3.2　设置供热的建筑物体形应减少外表面积。

7.3.3　严寒地区的建筑物宜采用围护结构外保温技术，并不应设置开敞的楼梯间和外廊，其出入口应设门斗或采取其他防寒措施；寒冷地区的建筑物不宜设置开敞的楼梯间和外廊，其出入口宜设门斗或采取其他防寒措施。

7.3.4　建筑物的外门窗应减少其缝隙长度，并采取密封措施，宜选用节能型外门窗。

7.3.5　严寒和寒冷地区设置集中供暖的建筑物，其建筑热工和采暖设计应符合有关节能设计标准的规定。

7.3.6　夏热冬冷地区、夏热冬暖地区建筑物的建筑节能设计应符合有关节能设计标准的规定。

7.4　防　　热

7.4.1　夏季防热的建筑物应符合下列规定：

1　建筑物的夏季防热应采取绿化环境、组织有效自然通风、外围护结构隔热和设置建筑遮阳等综合措施；

2　建筑群的总体布局、建筑物的平面空间组织、剖面设计和门窗的设置，应有利于组织室内通风；

3 建筑物的东、西向窗户，外墙和屋顶应采取有效的遮阳和隔热措施；

4 建筑物的外围护结构，应进行夏季隔热设计，并应符合有关节能设计标准的规定。

7.4.2 设置空气调节的建筑物应符合下列规定：

1 建筑物的体形应减少外表面积；

2 设置空气调节的房间应相对集中布置；

3 空气调节房间的外部窗户应有良好的密闭性和隔热性；向阳的窗户宜设遮阳设施，并宜采用节能窗；

4 设置非中央空气调节设施的建筑物，应统一设计、安装空调机的室外机位置，并使冷凝水有组织排水；

5 间歇使用的空气调节建筑，其外围护结构内侧和内围护结构宜采用轻质材料；连续使用的空调建筑，其外围结构内侧和内围护结构宜采用重质材料；

6 建筑物外围护结构应符合有关节能设计标准的规定。

7.5 隔 声

7.5.1 民用建筑各类主要用房的室内允许噪声级应符合表7.5.1的规定。

表 7.5.1 室内允许噪声级（昼间）

建筑类别	房间名称	允许噪声级（A声级，dB）			
		特级	一级	二级	三级
住宅	卧室、书房	—	≤40	≤45	≤50
	起居室	—	≤45	≤50	≤50
学校	有特殊安静要求的房间	—	≤40	—	—
	一般教室	—	—	≤50	—
	无特殊安静要求的房间	—	—	—	≤55
医院	病房、医务人员休息室	—	≤40	≤45	≤50
	门诊室	—	≤55	≤55	≤60
	手术室	—	≤45	≤45	≤50
	听力测听室	—	≤25	≤25	≤30
旅馆	客 房	≤35	≤40	≤45	≤55
	会议室	≤40	≤45	≤50	≤50
	多用途大厅	≤40	≤45	≤50	—
	办公室	≤45	≤50	≤55	≤55
	餐厅、宴会厅	≤50	≤55	≤60	—

注：夜间室内允许噪声级的数值比昼间小10dB（A）。

7.5.2 不同房间围护结构（隔墙、楼板）的空气声隔声标准应符合表7.5.2规定。

表 7.5.2 空气声隔声标准

建筑类别	围护结构部位	计权隔声量（dB）			
		特级	一级	二级	三级
住宅	分户墙、楼板	—	≥50	≥45	≥40
学校	隔墙、楼板	—	≥50	≥45	≥40
医院	病房与病房之间	—	≥45	≥40	≥35
	病房与产生噪声房间之间	—	≥50	≥50	≥45
	手术室与病房之间	—	≥50	≥45	≥40
	手术室与产生噪声房间之间	—	≥50	≥50	≥45
	听力测听室围护结构	—	≥50	≥50	≥50
旅馆	客房与客房间隔墙	≥50	≥45	≥40	≥40
	客房与走廊间隔墙(含门)	≥40	≥40	≥35	≥30
	客房外墙（含窗）	≥40	≥35	≥25	≥20

7.5.3 不同房间楼板撞击声隔声标准应符合表7.5.3的规定。

表 7.5.3 撞击声隔声标准

建筑类别	楼板部位	计权标准化撞击声压级(dB)			
		特级	一级	二级	三级
住宅	分户层间	—	≤65	≤75	≤75
学校	教室层间	—	≤65	≤65	≤75
医院	病房与病房之间	—	≤65	≤75	≤75
	病房与手术室之间	—	—	≤75	≤75
	听力测听室上部	—	≤65	≤65	≤65
旅馆	客房层间	≤55	≤65	≤75	≤75
	客房与有振动房间之间	≤55	≤55	≤65	≤65

7.5.4 民用建筑的隔声减噪设计应符合下列规定：

1 对于结构整体性较强的民用建筑，应对附着于墙体和楼板的传声源部件采取防止结构声传播的措施；

2 有噪声和振动的设备用房应采取隔声、隔振和吸声的措施，并应对设备和管道采取减振、消声处理；平面布置中，不宜将有噪声和振动的设备用房设在主要用房的直接上层或贴邻布置，当其设在同一楼层时，应分区布置；

3 安静要求较高的房间内设置吊顶时，应将隔墙砌至梁、板底面；采用轻质隔墙时，其隔声性能应符合有关隔声标准的规定。

8 建筑设备

8.1 给水和排水

8.1.1 民用建筑给水排水设计应满足生活和消防等

要求。

8.1.2 生活饮用水的水质，应符合国家现行有关生活饮用水卫生标准的规定。

8.1.3 生活饮用水水池（箱）应与其他用水的水池（箱）分开设置。

8.1.4 建筑物内的生活饮用水水池、水箱的池（箱）体应采用独立结构形式，不得利用建筑物的本体结构作为水池和水箱的壁板、底板及顶板。生活饮用水池（箱）的材质、衬砌材料和内壁涂料不得影响水质。

8.1.5 埋地生活饮用水贮水池周围10m以内，不得有化粪池、污水处理构筑物、渗水井、垃圾堆放点等污染源，周围2m以内不得有污水管和污染物。

8.1.6 建筑给水设计应符合下列规定：

1 宜实行分质供水，优先采用循环或重复利用的给水系统；

2 应采用节水型卫生洁具和水嘴；

3 住宅应分户设置水表计量，公共建筑的不同用户应分设水表计量；

4 建筑物内的生活给水系统及消防供水系统的压力应符合给排水设计规范和防火规范有关规定；

5 条件许可的新建居住区和公共建筑中可设置管道直饮水系统。

8.1.7 建筑排水应遵循雨水与生活排水分流的原则排出，并应遵循国家或地方有关规定确定设置中水系统。

8.1.8 在水资源紧缺地区，应充分开发利用小区和屋面雨水资源，并因地制宜，将雨水经适当处理后采用入渗和贮存等利用方式。

8.1.9 排水管道不得布置在食堂、饮食业的主副食操作烹调备餐部位的上方，也不得穿越生活饮用水池部位的上方。

8.1.10 室内给水排水管道不得布置在遇水会引起燃烧、爆炸的原料、产品和设备的上面。

8.1.11 排水立管不得穿越卧室、病房等对卫生、安静有较高要求的房间，并不宜靠近与卧室相邻的内墙。

8.1.12 给排水管不应穿越配变电房、档案室、电梯机房、通信机房、大中型计算机网络中心、音像库房等遇水会损坏设备和引发事故的房间内。

8.1.13 给排水管穿越地下室外墙或地下构造物的墙壁处，应采取防水措施。

8.1.14 给水泵房、排水泵房不得设置在有安静要求的房间上面、下面和毗邻的房间内；泵房内应设排水设施，地面应设防水层；泵房内应有隔振防噪设置。消防泵房应符合防火规范的有关规定。

8.1.15 卫生洁具、水泵、冷却塔等给排水设备、管材应选用低噪声的产品。

8.2 暖通和空调

8.2.1 民用建筑中暖通空调系统及其冷热源系统的设计应满足安全、卫生和建筑物功能的要求。

8.2.2 室内空气设计参数及其卫生要求应符合现行国家标准《采暖通风与空气调节设计规范》GB 50019及其他相关标准的规定。

8.2.3 采暖设计应符合下列要求：

1 民用建筑采暖系统的热媒宜采用热水；

2 居住建筑采暖系统应有实现热计量的条件；

3 住宅楼集中采暖系统需要专业人员调节、检查、维护的阀门、仪表等装置不应设置在私有套型内；一个私有套型中不应设置其他套型所用的阀门、仪表等装置；

4 采暖系统中的散热器、管道及其连接件应满足系统承压要求。

8.2.4 通风系统应符合下列要求：

1 机械通风系统的进风口应设置在室外空气清新、洁净的位置；

2 废气排放不应设置在有人停留或通行的地带；

3 机械通风系统的管道应选用不燃材料；

4 通风机房不宜与有噪声限制的房间相邻布置；

5 通风机房的隔墙及隔墙上的门应符合防火规范的有关规定。

8.2.5 空气调节系统应符合下列要求：

1 空气调节系统的民用建筑，其层高、吊顶高度应满足空调系统的需要；

2 空气调节系统的风管管道应选用不燃材料；

3 空气调节机房不宜与有噪声限制的房间相邻；

4 空气调节系统的新风采集口应设置在室外空气清新、洁净的位置；

5 空调机房的隔墙及隔墙上的门应符合防火规范的有关规定。

8.2.6 民用建筑中的冷冻机房、水泵房、换热站等的设置应符合下列要求：

1 应预留大型设备的进入口；有条件时，在机房内适当位置预留吊装设施；

2 宜采用压光水泥地面，并应设置冲洗地面的上、下水设施；在设备可能漏水、泄水的位置，设地漏或排水明沟；

3 宜设置修理间、值班室、厕所以及对外通讯和应急照明；

4 设备布置应保证操作方便，并有检修空间；

5 应防止设备振动可能导致的不利影响；

6 有通风换气要求的房间，当室内只设置送风口或只设置排风口时，应能保证关门时室内空气可以流动；既有送风，又有排风的房间，送、排风口的位置应避免气流短路。

8.2.7 居住区集中锅炉房位置应防止燃料运输、噪声、污染物排放等对居住区环境的影响。建筑物、构筑物和场地布置应符合现行国家标准《锅炉房设计规范》GB50041的有关规定。

8.2.8 为民用建筑服务的燃油、燃气锅炉房（或其他有燃烧过程的设备用房）不宜设置在主体建筑中。需要设置在主体建筑中时，应符合有关规范和当地消防、安全等部门的规定。

8.3 建筑电气

8.3.1 民用建筑物内配变电所，应符合下列要求：

1 配变电所位置的选择，应符合下列要求：

1）宜接近用电负荷中心；

2）应方便进出线；

3）应方便设备吊装运输；

4）不应设在厕所、浴室或其他经常积水场所的正下方，且不宜与上述场所相贴邻；装有可燃油电气设备的变配电室，不应设在人员密集场所的正上方、正下方、贴邻和疏散出口的两旁；

5）当配变电所的正上方、正下方为住宅、客房、办公室等场所时，配变电所应作屏蔽处理。

2 安装可燃油油浸电力变压器总容量不超过1260kVA、单台容量不超过630kVA的变配电室可布置在建筑主体内首层或地下一层靠外墙部位，并应设直接对外的安全出口，变压器室的门应为甲级防火门；外墙开口部位上方，应设置宽度不小于1m不燃烧体的防火挑檐；

3 可燃油油浸电力变压器室的耐火等级应为一级，高压配电室的耐火等级不应低于二级，低压配电室的耐火等级不应低于三级，屋顶承重构件的耐火等级不应低于二级；

4 不带可燃油的高、低压配电装置和非油浸的电力变压器，可设置在同一房间内；

5 高压配电室宜设不能开启的距室外地坪不低于1.80m的自然采光窗，低压配电室可设能开启的不临街的自然采光窗；

6 长度大于7m的配电室应在配电室的两端各设一个出口，长度大于60m时，应增加一个出口；

7 变压器室、配电室的进出口门应向外开启；

8 变压器室、配电室等应设置防雨雪和小动物从采光窗、通风窗、门、电缆沟等进入室内的设施；

9 变配电室的电缆夹层、电缆沟和电缆室应采取防水、排水措施；

10 变配电室不应有与其无关的管道和线路通过；

11 变配电室、控制室、楼层配电室宜做等电位联结；

12 变配电室重地应设与外界联络的通信接口、宜设出入口控制。

8.3.2 配变电所防火门的级别应符合下列要求：

1 设在高层建筑内的配变电所，应采用耐火极限不低于2h的隔墙、耐火极限不低于1.50h的楼板和甲级防火门与其他部位隔开；

2 可燃油油浸变压器室通向配电室或变压器室之间的门应为甲级防火门；

3 配变电所内部相通的门，宜为丙级的防火门；

4 配变电所直接通向室外的门，应为丙级防火门。

8.3.3 柴油发电机房应符合下列要求：

1 柴油发电机房的位置选择及其他要求应符合本通则第8.3.1条的要求；

2 柴油发电机房宜设有发电机间、控制及配电室、储油间、备件贮藏间等；设计时可根据具体情况对上述房间进行合并或增减；

3 发电机间应有两个出入口，其中一个出口的大小应满足运输机组的需要，否则应预留吊装孔；

4 发电机间出入口的门应向外开启；发电机间与控制室或配电室之间的门和观察窗应采取防火措施，门开向发电机间；

5 柴油发电机组宜靠近一级负荷或变配电室设置；

6 柴油发电机房可布置在高层建筑裙房的首层或地下一层，并应符合下列要求：

1）柴油发电机房应采用耐火极限不低于2h或3h的隔墙和1.50h的楼板、甲级防火门与其他部位隔开；

2）柴油发电机房内应设置储油间，其总储存量不应超过8h的需要量，储油间应采用防火墙与发电机间隔开；当必须在防火墙上开门时，应设置能自行关闭的甲级防火门；

3）应设置火灾自动报警系统和自动灭火系统；

4）柴油发电机房设置在地下一层时，至少应有一侧靠外墙，热风和排烟管道应伸出室外。排烟管道的设置应达到环境保护要求；

7 柴油发电机房进风口宜设在正对发电机端或发电机端两侧；

8 柴油发电机房应采取机组消声及机房隔声综合治理措施。

8.3.4 智能化系统机房应符合下列要求：

1 智能化系统的机房主要有：消防控制室、安防监控中心、电信机房、卫星接收及有线电视机房、计算机机房、建筑设备监控机房、有线广播及（厅堂）扩声机房等；

2 智能化系统的机房可单独设置，也可合用设置，并应符合下列要求：

1）消防控制室、安防监控中心的设置应符合有关消防、安防规范；

2）消防控制室、安防监控中心宜设在建筑物的首层或地下一层，且应采用耐火极限不低于 2h 或 3h 的隔墙和耐火极限不低于 1.50h 或 2h 的楼板与其他部位隔开，并应设直通室外的安全出口；

3）消防控制室与其他控制室合用时，消防设备在室内应占有独立的工作区域，且相互间不会产生干扰；

4）安防监控中心与其他控制室合用时，风险等级应得到主管安防部门的确认；

5）智能化系统的机房宜铺设架空地板、网络地板或地面线槽；宜采用防静电、防尘材料；机房净高不宜小于 2.50m；

6）机房室内温度冬天不宜低于 18℃，夏天不宜高于 27℃；室内湿度冬天宜大于 30%，夏天宜小于 65%；

7）智能化系统的机房不应设在厕所、浴室或其他经常积水场所的正下方，且不宜与上述场所相贴邻；

3 智能化系统的重要机房应远离强磁场所；

4 智能化系统的设备用房应在初步设计中预留位置及线路敷设通道；

5 智能化系统的重要机房应做好自身的物防、技防；

6 智能化系统应根据系统的风险评估采取防雷措施，应做等电位联结。

8.3.5 电气竖井、智能化系统竖井应符合下列要求：

1 高层建筑电气竖井在利用通道作为检修面积时，竖井的净宽度不宜小于 0.80m；

2 高层建筑智能化系统竖井在利用通道作为检修面积时，竖井的净宽度不宜小于 0.60m；多层建筑智能化系统竖井在利用通道作为检修面积时，竖井的净宽度不宜小于 0.35m；

3 电气竖井、智能化系统竖井内宜预留电源插座，应设应急照明灯，控制开关宜安装在竖井外；

4 智能化系统竖井宜与电气竖井分别设置，其地坪或门槛宜高出本层地坪 0.15～0.30m；

5 电气竖井、智能化系统竖井井壁应为耐火极限不低于 1h 的不燃烧体，检修门应采用不低于丙级的防火门；

6 电气竖井、智能化系统竖井内的环境指标应保证设备正常运行。

8.3.6 线路敷设应符合下列要求：

1 线路敷设应符合现行国家标准《建筑电气工程施工质量验收规范》GB 50303 的规定；

2 智能化系统的缆线宜穿金属管或在金属线槽内敷设；

3 暗敷在楼板、墙体、柱内的缆线（有防火要求的缆线除外），其保护管的覆盖层不应小于 15mm；

4 楼板的厚度、建筑物的层高应满足强电缆线及智能化系统缆线水平敷设所需的空间，并应与其他专业管线综合。

本通则用词说明

1 为便于在执行本通则条文时区别对待，对要求严格程度不同的用词说明如下：

1）表示很严格，非这样做不可的用词：
正面词采用“必须”；反面词采用“严禁”。

2）表示严格，在正常情况下均应这样做的用词：
正面词采用“应”；反面词采用“不应”或“不得”。

3）表示允许稍有选择，在条件许可时，首先应这样做的用词：
正面词采用“宜”；反面词采用“不宜”。
表示有选择，在一定条件下可以这样做的，采用“可”。

2 通则中指定应按其他有关标准、规范执行时，写法为：“应符合……规定”或“应按……执行”。

中华人民共和国国家标准

民 用 建 筑 设 计 通 则

GB 50352—2005

条 文 说 明

目　次

1 总 则

1.0.1 根据建设部《关于印发二○○○年至二○○一年度工程建设国家标准制订、修订计划》建标［2001］87号文的通知，对《民用建筑设计通则》JGJ 37—87进行修订。《民用建筑设计通则》JGJ 37—87自1987年颁布实施以来，在规范编制、工程设计、标准设计等方面发挥了重大作用。但随着国家经济技术的发展和进步，人民生活水平的提高，21世纪初期对各项民用建筑工程在功能和质量上有更高、更新的要求。原《通则》定位是“各类民用建筑设计必须遵守的共同规则”，在建设部制订《城乡规划、城镇建设、房屋建筑工程建设标准体系》的“建筑设计专业”中本通则处于第二层次——通用标准，根据其通用性和重要性，建设部将其提升为国家标准，作为民用建筑工程使用功能和质量的重要通用标准之一，主要确保建筑物使用中的人民生命财产的安全和身体健康，维护公共利益，并要保护环境，促进社会的可持续发展。本通则是民用建筑设计和民用建筑设计规范编制必须共同执行的通用规则。本着“增”、“留”、“删”、“改”四原则对原《通则》进行修订。

1.0.2 本通则适用于新建、扩建和改建的民用建筑设计。原《通则》只适用于城市，由于国民经济的发展，我国城乡经济和技术水平都有了很大提高，无论是城市还是村镇，对民用建筑工程质量都不能放松，根据防火规范等有关规定适用于新建、扩建和改建的民用建筑工程，本通则作为国家标准也应适用于城乡。乡镇建筑一般规模小、标准低，但所订日照、通风、采光、隔声等标准在乡镇广大地区更容易做到，地方上也可根据本通则内容和具体情况制订地方标准或实施细则。

1.0.3 根据原《通则》中的设计基本原则和现代要求，加以补充和发展。如增加了人、建筑、环境的相互关系，可持续发展的要求；体现以人为本原则等，这些要求无量的指标，但作为设计的重要理念和原则，不可忽视。国家有关的工程建设的法律、法规主要是指《建筑法》、《城市规划法》、《建设工程质量管理条例》、《建设工程勘察设计管理条例》等。

2 术 语

2.0.10 “用地面积”指详细规划确定的一定范围内的用地面积。

2.0.11 容积率主要反映用地的开发强度，由城市规划确定。通常“建筑面积总和”指地上部分建筑面积总和，“用地面积”指详细规划确定的一定用地范围内的面积；但国内有个别城市，根据当地具体情况，是以地上和地下的建筑面积总和来计算的。地面架空层是否计入总建筑面积，按各地区规划行政主管部门的规定办理。

2.0.12 绿地率中的“地区总面积”为独立开发地区（如城市新区、居住区、工业区等）。绿地率不同于绿化覆盖率，后者包括树冠覆盖的范围和屋面的绿化。地下室（或半地下室）上有覆土层的是否计入绿地面积，各地区有不同的规定，如北京地区覆土层在3.0m以上的可计入绿地面积，重庆地区覆土层在1.20m以上的可计入绿地面积等等。北京地区为了鼓励屋面绿化，规定屋面绿化可以1/4计入绿地面积。因此，应根据各地规划行政主管部门的具体规定来计算绿地面积。

2.0.14 顶层的层高计算有几种情况，当为平屋面时，因屋面有保温隔热层和防水层等，其厚度变化较大，不便确定，故以该层楼面面层（完成面）至屋面结构面层的垂直距离来计算。当为坡顶时，则以坡向低处的结构面层与外墙外皮延长线的交点作为计算点。平屋面有结构找坡时，以坡向最低点计算，详见图2.0.14。

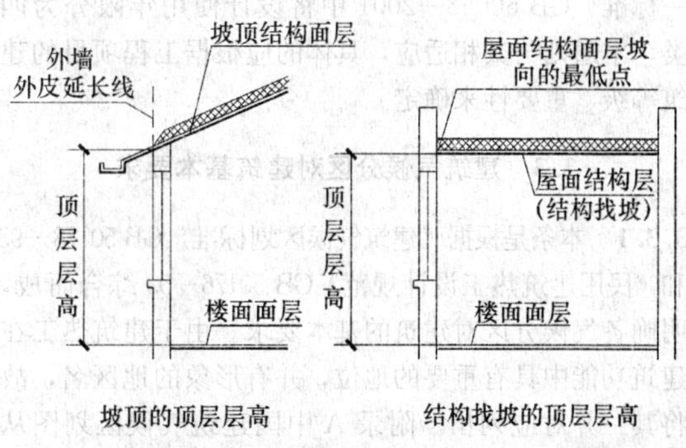

图 2.0.14 层高

2.0.15 室内净高中的有效使用空间是指不影响使用要求的空间净高，有时是算至楼板底面，有时是算至梁的底面，有时是算至屋架下悬构件的下缘，或算至下悬管道的下缘，详见本通则第6.2.2条。

3 基本规定

3.1 民用建筑分类

3.1.1 民用建筑分类因目的不同而有各种分法，如按防火、等级、规模、收费等不同要求有不同的分法。本通则分按使用功能分为居住建筑和公共建筑两大类，其具体分类应符合建筑技术法规或有关标准。

3.1.2 民用建筑按层数或高度分类是按照《住宅设计规范》GB 50096、《建筑设计防火规范》GBJ 16、《高层民用建筑设计防火规范》GB 50045来划分的。超高层建筑是根据1972年国际高层建筑会议确定高度100m以上的建筑物为超高层建筑。注中阐明了本条按层数和建筑高度分类是取决于防火规范规定，故其计算方法按现行的《建筑设计防火规范》GBJ 16与《高层民用建筑设计防火规范》GB 50045 执行。

3.1.3 民用建筑等级划分因行业不同而有所不同，在市场经济体制下，不宜在本通则内作统一规定。在专用建筑设计规范中都结合行业主管部门要求来划分。如交通建筑中一般按客运站的大小划为一级至四级，体育场馆按举办运动会的性质划为特级至丙级，档案馆按行政级别划分为特级至乙级，有的只按规模大小划为特大型至小型来提出要求，而无等级之分。因此，本通则不能统一规定等级划分标准，设计时应符合有关标准或行业主管部门的规定。

3.2 设计使用年限

3.2.1 在国务院颁布的《建设工程质量管理条例》第二十一条中规定，设计文件要"注明工程合理使用年限"，现业主已提出这方面的要求，有的地方已作出规定。民用建筑合理使用年限主要指建筑主体结构设计使用年限，根据新修订《建筑结构可靠度设计统一标准》GB 50068—2001 中将设计使用年限分为四类，本通则与其相适应，具体的应根据工程项目的建筑等级、重要性来确定。

3.3 建筑气候分区对建筑基本要求

3.3.1 本条是根据《建筑气候区划标准》GB 50178—93和《民用建筑热工设计规范》GB 50176—93 综合而成，明确各气候分区对建筑的基本要求。由于建筑热工在建筑功能中具有重要的地位，并有形象的地区名，故将其一并对应列出。附录 A 中国建筑气候区划图从《建筑气候区划标准》GB 50178—93 附图 2.1.2 摘引。

3.4 建筑与环境的关系

3.4.1 建筑与环境的关系应以"人与自然共生"、"人与社会共生"作为基本出发点，贯彻可持续发展的战略，树立整体观念、生态观念和发展的观念，人—建筑—环境应共生互惠、协调发展。因此，建筑与环境一方面为保证人们的安全、卫生和健康，应选择无灾害危险和对人体无害的环境；另一方面，建筑工程也不应破坏当地生态环境，不应排放三废等造成各种危害而引起公害，并应进一步绿化和美化环境，提高环境设施水平。

3.5 建筑无障碍设施

3.5.1～3.5.4 主要根据已经颁布实施的《城市道路和建筑物无障碍设计规范》JGJ 50—2001 规定的无障碍实施范围和设计要求而确定。该规范也是通用标准，规定了无障碍实施范围和设计要求，本通则不再详细引用。

3.6 停车空间

3.6.1～3.6.2 随着国民经济的发展和人民生活水平的提高，家庭拥有轿车越来越多，同时，我国是自行车王国，必须解决机动车和非机动车停车空间问题，否则会造成道路或场地阻塞，存在交通安全的隐患，破坏市容，给人民生活造成不便。因此，在居住区、公共场所应建停车场，或在民用建筑内附建停车库，或统筹建设公用的停车场、停车库。由于全国各地的经济发展水平和生活水平差异很大，各类民用建筑停车位的数量不宜作统一规定，应由当地行政主管部门根据当地的具体条件来制定。停车库设计应符合《汽车库建筑设计规范》JGJ 100—98、《汽车库、修车库、停车场设计防火规范》GB 50067—97 等有关规范的规定。

3.7 无标定人数的建筑

3.7.1 建筑物应按防火规范有关规定计算安全疏散楼梯、走道和出口的宽度和数量，以便在火灾等紧急情况下人员迅速安全疏散。有标定人数的建筑物（剧场、体育场馆等），可按标定的使用人数计算；对于无标定人数的建筑物（商场、展览馆等）因所处城市、地段、规模等不同，使用人数有很大的不同，除非有专用设计规范规定外，应经过调查分析，确定合理的使用人数，主要是人员密度，以此为基数，计算出有足够的安全出口。

4 城市规划对建筑的限定

4.1 建筑基地

4.1.1 用地性质反映了城市规划对基地内建筑功能的要求。在实际情况中，一个建设项目往往具有不同的使用功能。同一基地内如果出现不同使用功能的建筑，或者同一建筑由不同的功能部分组成，其主要功能应当与城市规划所确定的用地性质符合。

4.1.2 基地应与道路红线相邻接。由于基地可能的形状与周边状况比较复杂，因此对连接部分的长度未作规定，但其连接部分的最小宽度是维系基地对外交通、疏散、消防以及组织不同功能出入口的要素，应按基地使用性质、基地内总建筑面积和总人数而定。$3000m^2$ 是小型商场、幼儿园、小户型多层住宅的规模，以此为界规定基地内道路不同要求。

4.1.4 本条系指两个相邻建筑基地边界线的情况。建设单位为了获得用地的最大权益，常常不顾相邻基地建筑物之间的防火间距、消防通路以及通风、采光和日照等需要，而将建筑物紧接边界线建造，因而造成各种有碍安全卫生的后患和民事纠纷。

第 1 款后半条是指有防火墙分隔的联排式住宅及

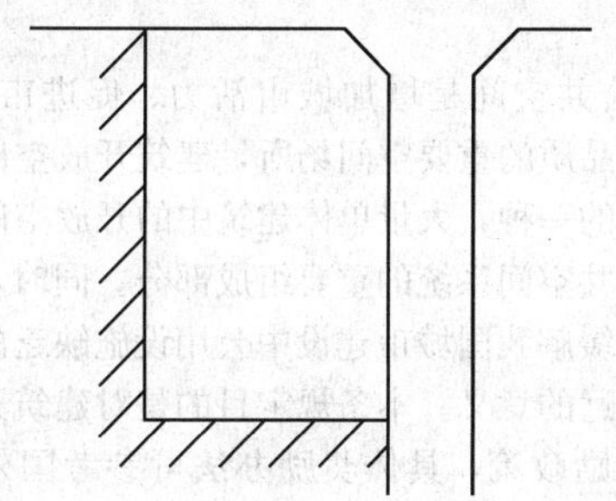

图 4.1.2-1　基地与道路红线相邻接

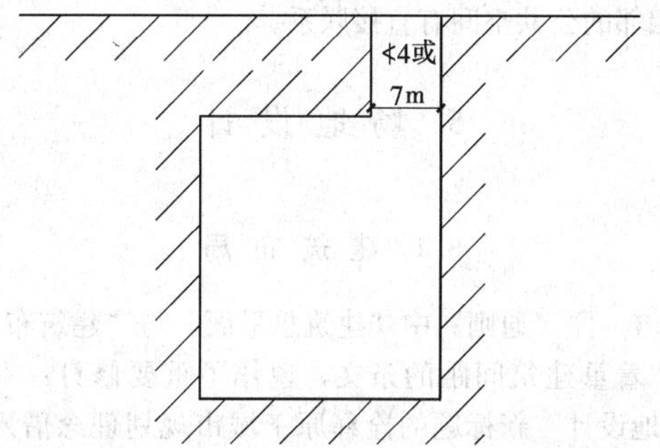

图 4.1.2-2　一条基地道路与城市道路相连接

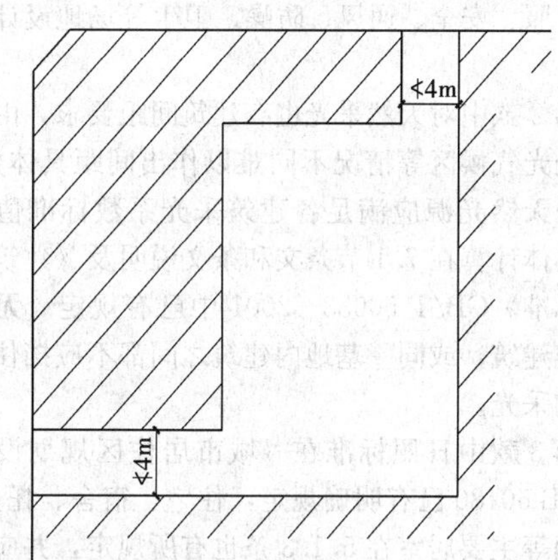

图 4.1.2-3　两条基地道路与城市道路相连接

商店建筑等，其前后应留有空地或道路。

第 2 款在具体执行时比较复杂，但原则上双方应各留出建筑日照间距的一半，当城市规划已按详细规划控制建筑高度时则可按控制建筑高度的日照间距办理。如某区规定建筑控制高度不超过 18m，则相邻基地边界线两边的建筑应按 18m 建筑高度留出建筑日照间距的一半。至于高层建筑地区，理应由城市总体规划布局上统一解决，不应要求邻地建筑也按高层的日照间距退让。为了保障有日照要求建筑的合法权益，对于体形比较复杂的建筑和高层建筑，有条件的地区可以进行日照分析，在日照分析时应将周围基地已建、在建和拟建建筑的影响考虑在内。

第 3 款的内容在我国民法通则里也有规定。民法通则第 80 条规定：国家所有的土地，可以依法由全民所有制单位使用，也可以依法由集体所有制单位使用，国家保护它的使用收益和权利；使用单位有管理、保护和合理利用的义务。民法通则第 83 条规定：不动产的相邻各方，应当按照有利生产、方便生活、团结互助、公平合理的精神，正确处理截水、排水、通行、通风、采光等方面的相邻关系。给相邻方造成妨碍或损失的，应当停止侵害，排除妨碍，赔偿损失。

4.1.5 本条各款是维护城市交通安全的基本规定。第 1 款是按大中城市的交通条件考虑的。70m 距离的起量点是采用交叉口道路红线的交点而不是交叉口道路平曲线（拐弯）半径的切点，这是因为已定的平曲线半径本身就常常不符合标准。70m 距离是由下列因素确定的：道路拐弯半径占 18～21m；交叉口人行横道宽占 4～10m；人行横道边离停车线宽约 2m；停车、候驶的车辆（或车队）的长度；交叉口设城市公共汽车站规定的距离（一般离交叉口红线交点不小于 50m）。综合以上各因素，基地道路的出入口位置离城市道路交叉口的距离不小于 70m 是合理的。当然上述情况是指交叉口前车行道上行方向一侧。在车行道下行方向的一侧则无停车、候驶的要求，但仍需受其他各因素的制约。距离地铁出入口、公共交通站台原规定偏小，参照有关城市的规定适当加大了距离。

4.1.6 人员密集建筑的基地对人员疏散和城市交通的安全极为重要。由于建筑使用性质、特点和人员密集程度不一，故本条文只作一般规定，专用建筑设计规范和当地城市规划行政主管部门应根据具体情况作进一步规定。图 4.1.6 为基地周长 1/6 沿城市道路的示意图。

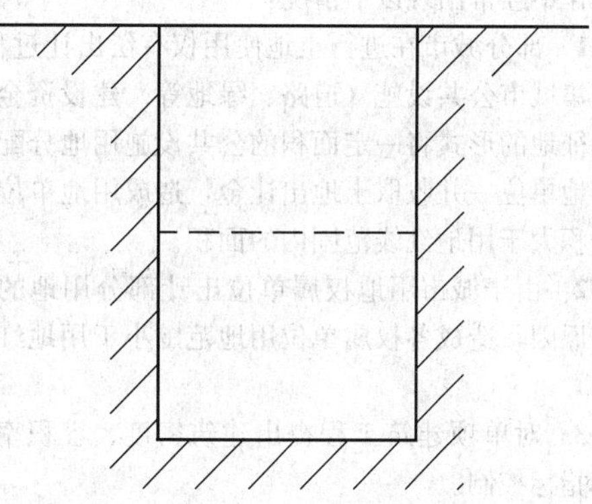

图 4.1.6　基地周长 1/6 沿城市道路

4.2 建筑突出物

4.2.1 不允许突出道路红线和用地红线的建筑突出物

规定建筑的任何突出物均不得突出道路红线和用地红线。因为道路红线以内的地下、地面的空间均为城市公共空间，一旦允许突出，影响人流、车流交通安全、城市空间景观及城市地下管网敷设等。用地红线是各类建筑工程项目用地的使用权属范围的边界线，规定建筑的任何突出物均不得突出用地红线是防止侵犯邻地的权益。

4.2.2 允许突出道路红线的建筑突出物是指临街（道路）的建筑可以在不妨碍城市人流、车流交通安全条件下突出一些建筑突出物。

4.2.3 因城市规划需要，各地城市规划行政主管部门常在用地红线范围之内另行划定建筑控制线，以控制建筑物的基底不超出建筑控制线，但对突出建筑控制线的建筑突出物和附属设施各地因情况不同，要求也不相同，故不宜作统一规定，设计时应符合当地规划的要求。

4.3 建筑高度控制

4.3.2 本条建筑高度计算只对在有建筑高度控制要求的控制区内而言，与3.1.2条计算建筑高度来分类不是一个概念。

4.4 建筑密度、容积率和绿地率

4.4.1 建筑密度、建筑容积率和绿地率是控制用地和环境质量的三项重要指标，在城市规划行政主管部门审定用地规划、实施用地开发建设管理的工作中收到良好效果，具有较强的可操作性。居住区控制指标参照《城市居住区规划设计规范》GB 50180—93（2002年局部修订），其他性质用地由于各地情况差异较大，故不作统一规定，以当地城市规划行政主管部门编制的相关城市规划文件为依据。

三项指标的使用均在一定区域范围内进行，在实际操作中经常出现以下情况：

1 部分城市在进行土地使用权有偿出让过程中，为筹集城市公共设施（道路、绿地等）建设资金，常以代征地的形式将一定面积的公共设施用地分配到相邻用地单位一并收取土地出让金，造成用地单位的征地面积大于用地红线范围内的面积。

2 由于城市用地权属单位出让部分用地的使用权等原因，造成各权属单位用地范围小于用地红线范围。

3 对单项建筑工程提出建筑密度、容积率、绿地率指标控制。

4 对于城市中的某个区域提出平均容积率和绿地率控制指标。

上述情况的出现造成对三项指标定义中的“用地面积”（绿地率定义中为“地区总面积”）产生多种理解，使得计算建筑密度、容积率、绿地率等三项指标的标准不统一。为便于统一管理标准，广泛适应各种情况和保障公平的土地使用权益，本通则所指的建筑密度、容积率、绿地率均为详细规划或相关法规所确定。

4.4.2 公共空间是增加城市活力、促进市民交流、提高城市品质的重要空间场所，建筑开放空间是城市公共空间的一种，大量单体建筑中的开放空间是形成多层次公共空间系统的重要组成部分。同时，建筑开放空间对缓解我国城市建设中公用设施缺乏的形势具有积极深远的意义。本条规定目的是对建筑开放空间的一种鼓励政策，具体奖励办法可参考国外相关条例，并根据当地城市建设和管理的实际情况，依据我国相关法规制定。本条所指的开放空间应与城市街道或相邻的公共空间有直接联系。

5 场地设计

5.1 建筑布局

5.1.1 原《通则》中“建筑总平面”与“建筑布局”章节着重建筑间距的条文，现作了重要修订：本文“场地设计”新标题的诠释原于城市规划理念借入和注册建筑师场地设计知识教育的体系确定。

5.1.2 本条各款重点强调建筑环境应满足防火、采光、日照、安全、通风、防噪、卫生等场地设计的要求。

第2款中对天然采光也有建筑间距要求，由于各地所处光气候区等情况不同难以作出间距具体数据。原则是天然光源应满足各建筑采光系数标准值之规定，具体计算在7.1节条文和条文说明及《建筑采光设计标准》GB/T 50033—2001中已有规定。无论是相邻地建筑，或同一基地内建筑之间都不应挡住建筑用房的采光。

第3款中日照标准在《城市居住区规划设计规范》GB 50180已有明确规定，住宅、宿舍、托儿所、幼儿园等主要居室在5.1.3条也有所规定，并应执行当地城市规划行政主管部门依照日照标准制定的相应建筑间距的规定。

5.1.3 本条对需要日照的建筑制定日照标准：住宅、托幼、中小学教室、病房等居室应符合《城市居住区规划设计规范》GB 50180等有关规范的规定。住宅居住空间是指起居室和卧室。宿舍原《通则》规定较高，现修改成与住宅一致的日照标准。

5.2 道　路

5.2.1 按消防、公共安全等要求对基地内道路的一般规定。

5.2.2 根据原《民用建筑设计通则》JGJ 37—87条文，提示路边设停车位及转弯半径等要求。

5.2.3 提示基地内道路的设置应符合防火规范、城规规范等要求，一些大城市在大型基地内有设高架通路的，为此提示设置高架通路的一般要求。

5.2.4 地下车库也是大型基地规划停车的一种思路，为此提示地下车库设置要求；并应符合现行的行业标准《汽车库建筑设计规范》JGJ 100 的规定。

5.3 竖 向

5.3.1 第1～4款道路坡度的确定系根据《城市用地竖向规划规范》CJJ 83—99及《城市居住区规划设计规范》GB 50180—93（2002年局部修订）有关纵坡和横坡坡度的限制，山区和丘陵地区有特殊要求，也应符合上述规范的要求。第5款无障碍人行道路设计应符合《城市道路和建筑物无障碍设计规范》JGJ 50—2001有关规定。

5.4 绿 化

5.4.1 第1款绿地面积指标在《城市居住区规划设计规范》GB 50180—93（2002年局部修订）等规范中有所规定，各地也有所规定。第4款古树是指树龄100年以上的树木。名木指树种珍贵、稀有或者具有重要历史价值和纪念意义的树木。

5.5 工程管线布置

由于现代民用建筑的设施愈加复杂，民用建筑与工业建筑的区别亦愈加模糊，此次修编将原"管线"一词改为"工程管线"，明确本标准所规定的管线均为与工程设计有关的工程管线。

5.5.1 工程管线的地下敷设有利于环境的美观及空间的合理利用，并使地面上车辆、行人的活动及工程管线自身得以安全保证。

作为应首先考虑的敷设方式在此次修编中增加并首条列出。有些地区由于地质条件差等原因，工程管线不得不在地上架空敷设，设计上要解决工程管线的架空敷设对交通、人员、建筑物及景观带来的安全及其他问题。同样工程管线在地上设置的设施，如：变配电设施、燃气调压设施、室外消火栓等不仅要满足相关专业规范或标准的规定，在总图、建筑专业设计上也要解决这些地上设施可能对交通、人员、建筑物及景观带来的安全及其他问题。

5.5.2 此条亦是新增的原则性条款，以确保工程管线在平面位置和竖向高程系统的一致，避免与市政管网互不衔接的情况。

5.5.3 综合管沟敷设工程管线的方式，对人们日常出行、生活干扰较少，优点明显。为保证综合管沟内的各工程管线正常运行，应将互有干扰的工程管线分设于综合管沟的不同小室内。

5.5.7 此条款的修编除保留原标准中工程管线之间的水平、垂直净距及埋深要符合有关规范规定的说法外，另根据现行的《城市居住区规划设计规范》GB 50180—93的有关条款，增加了工程管线与建筑物、构筑物及绿化树种的水平净距的规定。

5.5.9 工程管线检查井井盖的丢失，造成了许多社会问题，故此次修编特别增加此条，要求井盖宜能锁闭，以防井盖的丢失造成行人伤亡或车辆损毁。

6 建筑物设计

6.1 平面布置

6.1.2 标准化、模数化是现代建筑设计的一条基本原则，针对目前在设计中的随意性和忽视建筑基本原理的倾向，特提出在平面布置中柱网、开间、进深等定位轴线尺寸应符合《建筑模数协调统一标准》GBJ 2的规定。

6.1.4 建筑的使用寿命长达几十年，甚至上百年，在设计时很难预料今后的变化，为了体现可持续发展原则和节约资源，在设计中强调平面布置的灵活性和弹性，为今后的改扩建提供条件。

6.1.5 我国是多震区国家，对地震区建筑平面布置的特殊性提出了要求。

6.2 层高和室内净高

6.2.1 新增条文。鉴于各类性质建筑的层高按使用要求有较大的不同，具体到每个建筑也存在差异性，所以不宜作统一的规定，应结合具体项目的使用功能、工艺要求并符合有关建筑设计规范的规定。

6.2.2 基本保留了原规范第4.1.1条中第一款的内容。本条款对室内净高计算方法作出规定。除一般规定外，对楼板或屋盖的下悬构件（如密肋板、薄壳模楼板、桁架、网架以及通风管道等）影响有效使用空间者，规定应按楼地面至构件下缘（肋底、下弦或管底等）之间的垂直距离计算。

6.2.3 基本保留了原规范第4.1.1条中第二款的内容。建筑物各类用房的室内净高按使用要求有较大的不同，不宜作统一的规定，应符合有关建筑设计规范的规定。地下室、辅助用房、走道等空间带有共同性，规定最低处不应小于2m的净高是考虑到人体站立和通行必要的高度和一定的视距。国内外规范一般按此规定。

6.3 地下室和半地下室

地下室、半地下室已作为重要的使用空间广泛应用于民用建筑，本节根据近年来的工程实践，在原条文的基础上，针对地下空间的使用功能、防水、防火三方面对原条文进行了补充。

6.3.1 本条为新增条文。地下空间往往是综合开发利用，本款强调了各功能之间的协调性。为了提高地下空间的利用率，在可能的情况下，应为各类地下空间的连接提供条件。由于在地下缺乏明确的参照系和人对地下空间的恐惧，特别强调地下空间布置应具有明确的导向性和充分考虑其对人的心理影响。

6.3.2 本条为新增条文。由于地下室、半地下室在防火疏散和自然采光通风方面存在先天不足，结合工程实践，从安全、卫生角度对地下空间的使用进行一些限定是十分必要的。

6.3.3 本条是对原规范第4.6.2条第二款的修订。鉴于新的《地下工程防水技术规范》GB 50108已对地下室、半地下室的防水作了明确具体的规定，在此不再作详细的规定。保留了原条文中的两款，仅对个别文字进行了修改。

6.3.4 本条为新增条文。为了强调地下室、半地下室防火设计的特殊性，特增此条。

6.4 设备层、避难层和架空层

6.4.1 设备层的净高应根据设备和管线敷设高度及安装检修需要来确定，不宜作统一规定。设备层内各种机械设备和管线在运行中产生的热量，或跑、冒、滴、漏等现象会增加室内的温湿度，影响设备正常运转和使用，也不利于操作和维修人员正常工作。因此规定设备层应有自然通风或机械通风。当设于地下室又无机械通风装置时，应在外墙设出风口或通风道，其面积应满足送、排风量计算的要求。

当上部建筑管线转换至下部不同使用功能的房间时，为防止漏、滴和隔声，以及方便检修宜在上下部之间设置设备层。

对高层民用建筑或裙房中设置锅炉房、变压器、柴油发电机房等设备用房，无论对其设置层数、位置、安全出口以及管道穿过隔墙、防火墙和楼板等在防火规范中分别都有规定，本条作原则性提示。

6.4.2 建筑高度超过100m的高层建筑，应设置避难层（间）。而《高层民用建筑防火规范》GB 50045—95中6.1.13条已规定超过100m的公共建筑应设置避难层。北京、上海已建100m以上的高层住宅也已有设置了避难层（间）的。依据为超过100m以上的高层住宅（包括单元式或长廊式），要将人员在尽短的时间里疏散到室外，是件不容易的事情。加拿大有关研究部门提出以下数据，使用一座宽1.10m的楼梯，将高层建筑的人员疏散到室外，所用时间见表1。

表1 不同层数、人数的高层建筑，使用楼梯疏散需要的时间

建筑层数	疏 散 时 间（min）		
	每层240人	每层120人	每层60人
50	131	66	33
40	105	52	26
30	78	39	20
20	51	25	13
10	38	19	9

除18层及18层以下的塔式高层住宅和单元式高层住宅以外的高层民用建筑，每个防火分区的疏散楼梯都不会少于两座，即便是剪刀楼梯的塔式高层建筑，其疏散楼梯也是两个。从表1中数字可以看出，疏散时间可以减少1/2。即使这样，当层数在30层以上的高层住宅时，要将人员在尽短的时间疏散同样是有困难的。故本条规定建筑高度超过100m的超高层民用建筑，均应设置避难层（间）。

6.5 厕所、盥洗室和浴室

6.5.1 本条是对建筑物的公用厕所、盥洗室、浴室及住宅卫生间作出的规定。卫生用房的地面防水层，因施工质量差而发生漏水的现象十分普遍，这些规定对于保证其使用功能和卫生条件是必要的。跃层住宅中允许将卫生间布置在本套内的卧室、起居室（厅）、厨房上层。这类用房在设计上要求满足这些规定，以改变设计上对其处理不善或过于简陋的局面，如加强通风换气防止污气逸散、楼地面严密防水、防渗漏等基本要求。第2款卫生设备的配置因各类建筑使用性质不同，本条不作统一规定，应按单项建筑设计规范的规定执行。公用厕所男女厕位根据女性上厕所时间长的特点，应适当增加女厕的蹲（坐）位数和建筑面积，男蹲（坐、站）位与女蹲（坐）位比例以1∶1～2∶3为宜，商业区以2∶3为宜。第6款在有较高管理水平的情况下，可以不设高差或地漏。

6.5.2 本条规定了厕所和浴室隔间的低限尺寸，关于浴厕隔间的平面尺寸，在各地设计实践和标准设计中，一般厕所隔间为0.9m×1.20(1.40)m，淋浴隔间为1.00(1.10)m×1.20m。根据选用和建立通用产品标准的原则，表6.5.2规定了隔间平面尺寸，考虑了人的使用空间及卫生设备的安装、维护。本条同时增加了医院患者专用厕所隔间和无障碍专用厕所与浴室隔间平面尺寸。表中隔间尺寸以中-中尺寸计（轻质薄板），如采用较厚砌筑材料，尺寸应适当加大。

6.5.3 卫生设备间距规定依据以下几个尺度：供一个人通过的宽度为0.55m；供一个人洗脸左右所需尺寸为0.70m，前后所需尺寸（离盆边）为0.55m；供一个人捧一只洗脸盆将两肘收紧所需尺寸为0.70m；隔间小门为0.60m宽；各款规定依据如下：

1 考虑靠侧墙的洗脸盆旁留有下水管位置或靠墙活动无障碍距离；

2 弯腰洗脸左右尺寸所需；

3 一人弯腰洗脸，一人捧洗脸盆通过所需；

4 二人弯腰洗脸，一人捧洗脸盆通过所需；

7 门内开时两人可同时通过；门外开时，一边开门另一人通过，或两边门同时外开，均留有安全间隙；双侧内开门隔间在4.20m开间中能布置，外开门在3.90m开间中能布置；

8 此外沿指小便器的外边缘或小便槽踏步的外

边缘。内开门时两人可同时通过，均能在 3.60m 开间中布置。

6.6 台阶、坡道和栏杆

6.6.1 “室内台阶步数不应少于 2 级”，从安全考虑应设 2 级以上，但目前在住宅或公共建筑大空间中营造相对独立空间升一级或降一级的情况很常见，应采取一些注意安全的措施。台阶高度超过 0.70m（约 4～5 级，4×0.15＝0.60m）且侧面临空时，人易跌伤，故需采取防护措施。

6.6.3 第 2 款阳台、外廊等临空处栏杆高度应超过人体重心高度，才能避免人体靠近栏杆时因重心外移而坠落。据有关单位 1980 年对我国 14 个省人体测量结果：我国男子平均身高为 1656.03mm，换算成人体直立状态下的重心高度是 994mm，穿鞋子后的重心高度为 994＋20＝1014mm，因此在国标《固定式工业防护栏杆》中规定：“防护栏杆的高度不得低于 1050mm”，故本条规定 24m 以下临空高度（相当于低层、多层建筑的高度）的栏杆高度不应低于 1.05m，超过 24m 临空高度（相当于高层及中高层住宅的高度）的栏杆高度不应低于 1.10m，对于高层建筑，因高空俯视会有恐惧感，所以加高至 1.10m。注中说明当栏杆底部有宽度大于或等于 0.22m，且高度低于或等于 0.45m 的可踏部位，按正常人上踏步情况，人很容易踏上并站立眺望（不是攀登），此时，栏杆高度如从楼地面或屋面起算，则至栏杆扶手顶面高度会低于人的重心高度，很不安全，故应从可踏部位顶面起计算，见图 6.6.3-1。

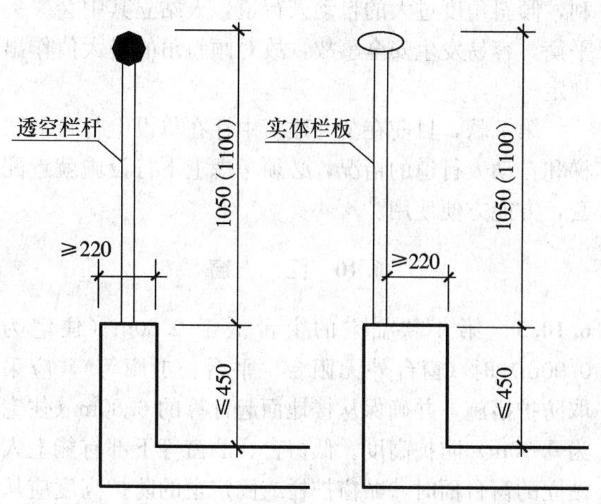

图 6.6.3-1 栏杆高度计算

第 4、5 款为保护少年儿童生命安全，他们专用活动场所的栏杆应采用防止攀登的构造，如不宜做横向花饰、女儿墙防水材料收头的小沿砖等。做垂直栏杆时，杆件间的净距不应大于 0.11m，以防头部带身体穿过而坠落。近几年，在商场等建筑中，有的栏杆垂直杆件间的净距在 0.20m 左右，时有发生儿童坠落事故，因此少年儿童能去活动的场所，单做垂直栏杆时，杆件间的净距也不应大于 0.11m，见图 6.6.3-2。

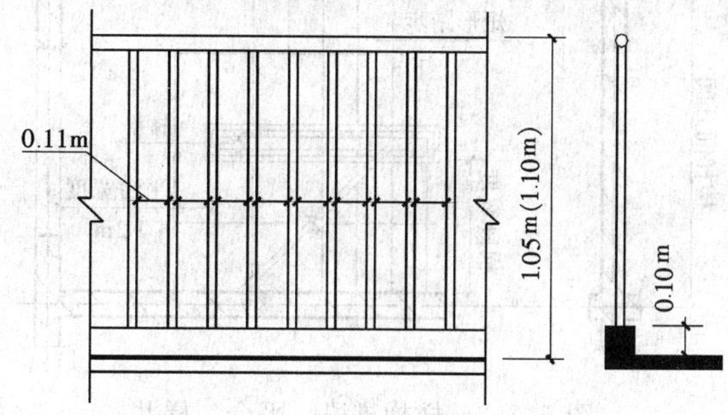

图 6.6.3-2 垂直栏杆

本条也参照了 ISO/DIS 12055《房屋建筑——建筑物的护栏系统和栏杆》标准。

6.7 楼 梯

6.7.2 楼梯梯段宽度在防火规范中是以每股人流为 0.55m 计，并规定按两股人流最小宽度不应小于 1.10m，这对疏散楼梯是适用的，而对平时用作交通的楼梯不完全适用，尤其是人员密集的公共建筑（如商场、剧场、体育馆等）主要楼梯应考虑多股人流通行，使垂直交通不造成拥挤和阻塞现象。此外，人流宽度按 0.55m 计算是最小值，实际上人体在行进中有一定摆幅和相互间空隙，因此本条规定每股人流为 0.55m＋(0～0.15)m，0～0.15m 即为人流众多时的附加值，单人行走楼梯梯段宽度还需要适当加大，见图 6.7.2。

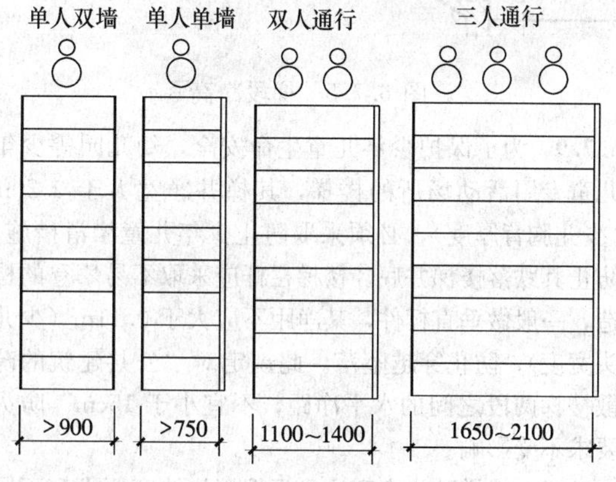

图 6.7.2 楼梯梯段宽度

6.7.3 梯段改变方向时，扶手转向端处的平台最小宽度不应小于梯段宽度，并不得小于 1.20m，当有搬运大型物件需要时应适量加宽，以保持疏散宽度的一致，并能使家具等大型物件通过，见图 6.7.3。

6.7.5 由于建筑竖向处理和楼梯做法变化，楼梯平台上部及下部净高不一定与各层净高一致，此时其净高不应小于 2m，使人行进时不碰头。梯段净高一般应满足人在楼梯上伸直手臂向上旋升时手指刚触及上

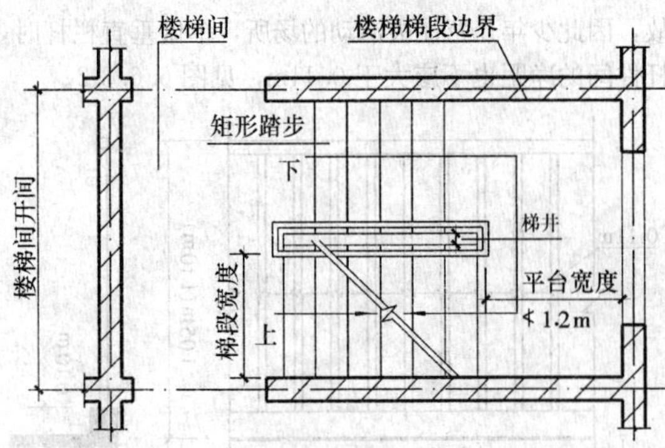

图 6.7.3 楼梯梯段、平台、梯井

方突出物下缘一点为限，为保证人在行进时不碰头和产生压抑感，故按常用楼梯坡度，梯段净高宜为 2.20m，见图 6.7.5。

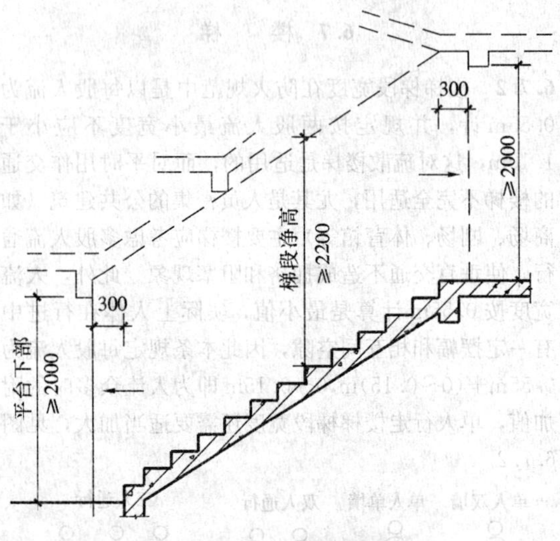

图 6.7.5 梯段净高

6.7.9 为了保护少年儿童生命安全，幼儿园等少年儿童专用活动场所的楼梯，其梯井净宽大于 0.20m（少儿胸背厚度），必须采取防止少年儿童攀滑措施，防止其跌落楼梯井底。楼梯栏杆应采取不易攀登的构造，一般做垂直杆件，其净距不应大于 0.11m（少儿头宽度），防止穿越坠落。此规定对"公共建筑的疏散楼梯两段之间的水平净距，不宜小于 15cm"防火要求不受影响。

6.7.10 楼梯踏步高宽比是根据楼梯坡度要求和不同类型人体自然跨步（步距）要求确定的，符合安全和方便舒适的要求。坡度一般控制在 30°左右，对仅供少数人使用服务楼梯则放宽要求，但不宜超过 45°。步距是按 $2r+g=$ 水平跨步距离公式，式中 r 为踏步高度，g 为踏步宽度，成人和儿童、男性和女性、青壮年和老年人均有所不同，一般在 560～630mm 范围内，少年儿童在 560mm 左右，成人平均在 600mm 左右。按本条规定的踏步高宽比能反映楼梯坡度和步距，见表 2。

表 2 楼梯坡度及步距（m）

楼梯类别	最小宽度	最大高度	坡度	步距
住宅共用楼梯	0.26	0.175	33.94°	0.61
幼儿园、小学等	0.26	0.15	29.98°	0.56
电影院、商场等	0.28	0.16	29.74°	0.60
其他建筑等	0.26	0.17	33.18°	0.60
专用疏散楼梯等	0.25	0.18	35.75°	0.61
服务楼梯、住宅套内楼梯	0.22	0.20	42.27°	0.62

6.8 电梯、自动扶梯和自动人行道

6.8.1 第 2 款规定是考虑平时使用一台电梯，另一台备用便于检修保养，人流高峰时两台同时使用，以节省能源。

第 4 款是参照 ISO 4190/1：1990、ISO 4190/2：1982、ISO 4190/3：1982 国际标准及国家标准《电梯主要参数及轿厢、井道、机房的型式与尺寸》(GB/T 7025.1～7025.3—1997）的规定而制订的。

6.8.2 第 2 款，乘客在设备运行过程中进出自动扶梯或自动人行道，有一个准备进入和带着运动惯性走出的过程，为保障乘客安全，出入口需设置畅通区。一些公共建筑如商场，常有密集人流穿过畅通区，应增加人流通过的宽度，适当加大畅通区深度。

第 6 款参照《自动扶梯和自动人行道的制造与安装安全规范》GB 16899 的规定而制定。因倾斜角度过大的自动扶梯，会造成人的心理紧张，对安全不利，倾斜角度过大的自动人行道，人站立其中会失去平衡，容易发生安全事故，故对倾斜角的最大值作出规定。

第 7 款，目前在公共建筑中存在单设上行自动扶梯和自动人行道的情况，必须考虑上下行设施就近配套，方能方便使用。

6.10 门 窗

6.10.3 第 4 款临空的窗台低于 0.80m（住宅为 0.90m）时（窗台外无阳台、平台、走廊等），应采取防护措施，并确保从楼地面起计算的 0.80m（住宅为 0.90m）防护高度。低窗台、凸窗等下部有能上人站立的窗台面时，贴窗护栏或固定窗的防护高度应从窗台面起计算，这是为了保障安全，防止过低的宽窗台面使人容易爬上去而从窗户坠地。

6.10.4 第 3 款双面弹簧门来回开启，如无可透视的玻璃面，容易碰撞人。

第 4 款防火规范规定疏散用的门不应采用侧拉门，严禁采用转门，因此应另设普通平开门作安全疏散出口。电动门和大型门由于机械传动装置失灵时也影响到日常使用和疏散安全，因此应另设普通门，也

可在大门上开设平开门作安全疏散。

第6款设计中尽量减少人体冲击在玻璃上可能造成的伤害，允许使用受冲击后破碎、但不伤人的玻璃，如夹层玻璃和钢化玻璃，并应有防撞击标志。

6.11 建筑幕墙

6.11.1～6.11.2 有关规范是《建筑幕墙》JG 3035、《玻璃幕墙工程技术规范》JGJ 102—2003、《金属与石材幕墙工程技术规范》JGJ 133—2001等。

6.12 楼地面

6.12.1 新增条文。根据《建筑地面设计规范》GB 50037—96中有关条文，本条规定楼（地）面的基本构造层次，而其他层次则按需要设置。

填充层主要是针对楼层地面遇有暗敷管线、排水找坡、保温和隔声等使用要求。同时须指出并非为了暗敷管线而设填充层，相反因设计为了其他目的增设填充层，此时，管线有可能在填充层中暗敷。

6.12.2 本条文是对原规范第4.4.4条第一款增加了隔声和防污染的基本要求。

6.12.3 本条文是对原规范第4.4.4条第二款的修订。根据《建筑地面设计规范》GB 50037—96和《建筑地面工程施工质量验收规范》GB 50209—2002的有关条款明确和强调对厕浴间、厨房等有水或有浸水可能的楼地面应采取防水构造和排水措施的要求。

6.12.4 本条文保留了原规范第4.4.4条第三款的内容。

筑于基土上的地面防潮措施分两种情况：(1)对由于基土中毛细管水上升的受潮，一般采用混凝土类地面垫层或防潮层；(2)对南方湿热空气产生的地面结露一般采用加强通风做架空地面，或采用有一定吸湿性和热惰性大的面层材料等措施。

6.12.5 本条文基本保留了原规范第4.4.4条第四款的内容。根据《建筑地面设计规范》GB 50037—96增加了气味的影响，尤其是吸味较强的烟、茶等物品不一定有毒性，但影响到物品的气味和质量，工程中应防止采用散发异味的楼地面材料。

部分建材目前属于发展中的材料，其产品及特性均在不断变化，它们的化合过程也比较复杂，所以在设计裸装状况下的食品或药物可能直接接触楼地面时，材料的毒性须经当地有关卫生防疫部门鉴定。

6.12.6 本条文基本保留了原第五款的内容。

6.12.7 新增条文。本条文是对木板楼地面材料需进行必要的防腐、防蛀等处理和构造要求。

6.12.8 新增条文。根据《建筑地面设计规范》GB 50037—96中第3.0.12条编制。

6.13 屋面和吊顶

6.13.2 本条文是对原规范第4.4.1条的修订。各类屋面采用的屋顶结构形式、屋面基层类别、防水构造措施和材料性能存在较大的差别，所以屋顶的排水坡度应根据上述因素结合当地气候条件综合确定。各类屋面的排水坡度除了要满足大于最小坡度外，同时也尽量不要超过最大排水坡度，并应符合有关规范的规定。

6.13.3 第3款为新增条文。天沟、檐沟、檐口、水落口、泛水、变形缝和伸出屋面管道等处，是当前屋面防水工程渗漏最严重的部位，因此应针对屋面形式和部位的不同，采取相应的加强防水构造措施，并应符合有关规范的规定。

第4款为新增条文。当屋面坡度超过一定坡度或屋面坡度虽未超过一定坡度，但由于屋面面积大，可形成较大高差，均容易发生滑落，故应采取防止滑落措施。

第7款是对原规范第4.4.2条第四款的修订，并与现行有关规范相一致。

6.14 管道井、烟道、通风道和垃圾管道

6.14.2 本条对管道井规定一般设计要求。管道井一般靠每层公共走道一侧布置，如旅馆、办公楼等，但也有在房间内部布置的，如实验室、住宅等。靠公共走道布置时，应尽可能在靠公共走道一侧墙面上设检修洞口，以防止相邻用房之间造成不安全的联通体，同时也便于管理和维修。有关防火要求应符合防火规范的要求。居住建筑、公共建筑竖向管道井应有足够的操作空间。

6.14.4 烟道和通风道伸出屋面高度由多种因素决定，由于各种原因屋面上并非总是处于负压。如果伸出高度过低，容易产生排出气体因受风压而向室内倒灌，特别是顶层用户，因管道高度不足而造成倒灌现象比较普遍，为此，必须规定一个最低高度。

6.14.5 多年来民用建筑中的垃圾管道、垃圾倒灰口、垃圾掏灰口成为污染环境的主要部位。垃圾管道堵塞，倒灰口、掏灰口部位尘土飞扬，有机垃圾腐烂、脏臭、蛆蝇滋生，造成环境卫生恶劣。近年来，随着人民生活水平不断提高，袋装、盒装半成品食品丰富多彩，一些大中城市取消垃圾道，改用袋装垃圾，加之物业管理行业已从居住小区进入办公楼等公共建筑，实践证明收效甚佳。本条规定民用建筑不宜设置垃圾管道，要求低层和多层建筑根据垃圾收集方式设置相应设施，如袋装垃圾在室外设垃圾分类和暂放位置。中高层和高层建筑不设垃圾管道时，必须设置封闭的收集垃圾的空间，以便采取其他的清运方式，避免利用电梯搬运垃圾，造成二次污染，而垃圾间最好有冲洗排污设施，以利清洁。

6.14.6 本条是对设垃圾管道时的规定。垃圾管道中应有排气管伸出屋面，以排除垃圾臭味。考虑垃圾管道和垃圾斗的寿命及卫生安全，必须采用耐腐蚀、防

潮和非燃烧体的材料，垃圾斗和出垃圾门必须关闭严密，避免上层垃圾下落时尘土从门（斗）缝扬出及散发臭味。

6.15 室内外装修

6.15.1 第3款室内外装修工程应采用防火、防污染、防潮、防水、不产生有害气体和射线的装修材料和辅料。应符合现行的国家标准《建筑内部装修设计防火规范》GB 50222、《民用建筑工程室内环境污染控制规范》GB 50325等有关标准的规定。

7 室内环境

7.1 采 光

7.1.1 本标准采用采光系数作为采光标准值（见《建筑采光设计标准》GB/T 50033—2001）。采光系数虽是相对值，但当各采光系数标准值确定后，该地区的临界照度也是一个定值，因此，室内的天然光照度就是一个确定值。采用采光系数作为采光的评价指标，是因为它比用窗地面积比作为评价指标能更客观、准确地反映建筑采光的状况，因为采光除窗洞口外，还受诸多因素的影响，窗洞口大，并非一定比窗洞口小的房间采光好；比如一个室内表面为白色的房间比装修前的采光系数就能高出一倍，这说明建筑采光的好坏是由与采光有关的各个因素决定的，在建筑采光设计时应进行采光计算，窗地面积比只能作为在建筑方案设计时对采光进行估算。窗地面积比 A_c/A_d 见表3。

表3 窗地面积比 A_c/A_d

采光等级	侧面采光 侧 窗	顶部采光 平天窗
Ⅰ	1/2.5	1/6
Ⅱ	1/3.5	1/8.5
Ⅲ	1/5	1/11
Ⅳ	1/7	1/18
Ⅴ	1/12	1/27

注：1 计算条件：(1) Ⅲ类光气候区；(2) 普通玻璃单层铝窗；(3) Ⅰ～Ⅳ级为清洁房间，Ⅴ级为一般污染房间。

2 其他条件下的窗地面积比应乘以相应的系数。

在进行采光计算时，对于以晴天居多的Ⅰ、Ⅱ、Ⅲ类光气候区，北向房间除应考虑GB/T 50033—2001中规定的各种计算参数外，还需要考虑由对面建筑物立面产生的反射光增量系数。侧面采光的北向房间，当室外对面建筑物外立面为浅色时，反射光增量系数 K_r 值可参照表4，并加在GB/50033—2001的5.0.2条侧面采光的计算公式中。

表4 侧面采光北向房间的室外建筑物反射光增量系数 K_r 值

D_d/H_d	1.5	2.0	2.5	3.0	5.0
	1.0	1.2	1.6	1.5	1.0

注：表中 D_d——窗对面遮挡物与窗的距离；H_d——窗对面遮挡物距工作面的平均高度。

7.1.2 第1款保留原条文，将原规定0.50m改为0.80m，因为《建筑采光设计标准》GB/T 50033中将民用建筑采光计算工作面定为距地面0.80m，低于该高度的窗洞口在采光计算时不考虑。

第2款原标准和《建筑采光设计标准》GB/T 50033对本条均作了相应规定，故此条文保持不变。

第3款平天窗采光与侧窗采光相比具有较高的采光效率，按照窗地面积比表1对平天窗和侧窗采光所需的窗地面积比进行比较，可以得出：Ⅰ、Ⅱ、Ⅲ、Ⅳ、Ⅴ采光等级所需的侧窗面积分别为平天窗的2.4、2.4、2.2、2.6、2.3倍。这说明在达到相同采光系数的情况下，所需的平天窗面积比侧窗小，即平天窗的采光效率高，平天窗与侧窗相比较，取2.5倍的有效窗面积比较合适。

7.2 通 风

7.2.1 建筑物室内的 CO_2、各种异味、饮食操作的油烟气、建筑材料和装饰材料释放的有毒、有害气体等在室内积聚，形成了空气污染。室内空气污染物主要有甲醛、氨、氡、二氧化碳、二氧化硫、氮氧化物、可吸入颗粒物、总挥发性有机物、细菌、苯等，这些污染导致了人们患上各种慢性病，引起传染病传播，专家称这些慢性病为“建筑物综合症”或“建筑现代病”。这些病的普遍性和它的危害性，已引起世界各国对空气环境健康的关注。这也使得建筑通风成了十分重要的建筑设计原则。

建筑通风主要是通过开设窗口、洞口，或设置垂直向、水平向通风道，使室内污浊空气自然地或者通过机械强制地排出室外，净化室内空气或实现室内空气零污染。我们应通过建筑通风设计贯彻执行国家现行关于室内空气质量的相关标准。

建筑通风另一作用是通风降温。夏季可以通过建筑的合理空间组合、调整门窗洞口位置、利用建筑构件导风等处理手法，使建筑内形成良好的穿堂风，达到降温的目的。

为此，建筑物内各类用房均应有建筑通风。建筑内采用气密窗，或窗户加设密封条时，房间应加设辅助换气设施。

7.2.2 从可持续发展、节约能源的角度以及当今社会人们追求自然的心理需求，建筑通风应推崇和提倡直接的自然通风。人员经常生活、休息、工作活动的空间（如居室、厨房、儿童活动室、中小学生教室、学生公寓宿舍、育婴室、养老院、病房等）应采用直接自然通风。其通风口面积的最低限值是参照了美国、日本及我国台湾省建筑法规中的有关规定。

厨房炉灶上方应安装专用排油烟装置是依据中国人的饮食操作而产生严重的油烟污染所必需的。我国城镇居民住宅厨房均应自行购买并安装专用排油烟装置，并将排油烟装置与垂直或水平排烟道可靠连接。

7.2.3 严寒地区和寒冷地区的建筑冬季均需采暖保温。采暖期内建筑物各用房的外窗、外门都要封闭，而且要封闭整个采暖期，一方面是冬季室内污染相当严重，另一方面又不能开窗换气造成热能大量损失。因此，严寒地区居住用房，严寒和寒冷地区的厨房应设置竖向或水平向自然通风道或通风换气设施（如窗式通风装置等）。

7.2.5 由于空气是流动的，只有科学、合理地组织气流流动，才能达到排污通风的作用。厨房、卫生间的排污、通风目前我国已有了明确的技术规定。而当前对住宅厨卫进风的技术和装置尚无明确规定。厨房、卫生间的门的下方常设有效面积不小于 0.02m^2 的进风固定百叶或留有距地 15mm 高的进风缝是为了组织进风，促进室内空气循环。

7.3 保 温

7.3.2 建筑物围护结构的外表面积越大，其散热面越大。建筑物体形集中紧凑，平面立面凹凸变化少，平整规则有利于减少外表散热面积。为此，《民用建筑节能设计标准（采暖居住建筑部分）》JGJ 26 对采暖建筑的体形系数规定如下："宜控制在 0.3 及 0.3 以下；若体形系数大于 0.3，则屋顶和外墙应加强保温。"

《夏热冬冷地区居住建筑节能标准》JGJ134 对夏热冬冷地区采暖空调建筑的体形系数规定如下："条形建筑物的体形系数不应超过 0.35，点式建筑物的体形系数不应超过 0.40。"从我国采暖地区和夏热冬冷地区的居住建筑设计来看，上述两个规范对建筑设计的约束较大。这样就要求建筑师在执行规范要求下进行建筑创作。

7.3.5 是指《民用建筑节能设计标准（采暖居住建筑部分）》JGJ 26、《公共建筑节能设计标准》GB 50189 等节能设计标准的规定。

7.3.6 是指《夏热冬冷地区居住建筑节能设计标准》JGJ 134、《夏热冬暖地区居住建筑节能设计标准》JGJ 75、《公共建筑节能设计标准》GB 50189 等节能设计标准的规定。

7.4 防 热

7.4.1 建筑物的夏季防热措施应实施综合防治，这里主要指以下几方面：(1) 在建筑物的群体布置中将建筑物的主要用房迎着夏季主导风向布置，以利季风直接通过窗洞口进入室内。(2) 绿化建筑物也是行之有效的防热措施，可以在建筑物的东、西向墙种植可攀爬的植物，通过竖向绿化吸热，减少太阳辐射热传入室内。也可以在建筑物的屋顶上种植绿化，设置棚架廊亭，建水池、喷泉等以降温，调节小气候。(3) 在建筑物的外窗设置活动式外遮阳，包括铝制、木制、金属制的百叶卷帘（浅色），可以有效地减少太阳辐射热进入室内。(4) 建筑隔热主要通过采用轻质保温隔热材料，采用双玻窗、节能墙体，屋顶和地面硬质铺装改为可保持水分的保水性材料铺装等措施提高外墙、外窗、屋顶的隔热性能，满足室内温度的稳定性要求。建筑隔热设计应符合节能设计标准的规定。

7.4.2 本条规定设置空气调节的建筑物一般要求，其中城镇住宅数量和质量近 20 年有了长足的发展，人们对居住空间热环境质量的追求也不断提高。我国南方地区住宅装有空调防热的已达到相当高的数量。夏热冬冷地区居民住宅需要冬天保温、夏天防热，空调的数量也达到较高的水平。我国严寒地区和寒冷地区的居民住宅一直以要求保温为主，但是随着近几年全球气候变暖，造成了这些地区夏季持续出现高温的现象，使得这些地区的居民住宅也部分地安装了空调。综上所述，我国城镇居住建筑装置空调设备成了带有一定普遍性的需求。为此，设计带有家用空调的建筑时，还应考虑如下设计原则：

1 应根据当地热源、冷源等资源情况，用户对设备运行费用的承担能力，设备的稳定性等条件，合理、科学地确定空调方式及设备的选型，尤其要从节能、节资的角度合理比选确定。

2 设有空调的建筑，其建筑的平面和剖面设计应合理处理好设备及其附件和管线所用空间和位置，即要保证系统良好使用，节约设备管线所占空间，又要不影响室内外空间的功能和环境美观。

3 应符合《采暖通风与空气调节设计规范》GB 50019、《夏热冬冷地区居住建筑节能设计标准》JGJ 134、《夏热冬暖地区居住建筑节能设计标准》JGJ 75、《公共建筑节能设计标准》GB 50189等中有关建筑耗热量、耗冷量指标和采暖、空调全年用电量等节能综合指标的限值要求。

4 未设置集中空调的建筑，应统一设计分体机的室外机搁置板，并使其位置有利于空调器夏季排热、冬季吸热，并应使冷凝水有组织排水，避免冷凝水造成不利影响。

7.5 隔 声

7.5.1～7.5.3 该三条文根据国标《民用建筑隔声设计规范》GBJ 118，对几类建筑中主要用房的室内允许噪声级、空气声隔声标准及撞击声隔声标准作了规定。其中，特级——特殊标准；一级——较高标准；二级——一般标准；三级——最低标准。

7.5.4 本条对民用建筑中关键部位的隔声减噪设计作出规定，但在具体设计时尚应按国标《民用建筑隔声设计规范》GBJ 118及单项建筑设计规范中有关规定执行。

8 建筑设备

8.1 给水和排水

8.1.1 本条根据《建筑给水排水设计规范》GB 50015—2003要求提出。满足该条要求也就是使建筑给排水工程达到适用、经济、卫生、安全的基本要求。

8.1.2 为了确保人民生命健康安全，生活饮用水的水质必须符合国家标准，并确保其不受污染。任何为了获取某种利益而可能造成水质污染的做法均应杜绝。

8.1.6 我国水资源并不富有，有些地区严重缺水，所以从可持续发展的战略目标出发，必须采取一切有效措施节约用水。管网压力过大不仅会损坏供水附件，同时也会造成水量的大量浪费，所以必须引起重视。

8.1.7 设置中水系统是节约用水的一个重要措施，世界上许多缺水的国家都在发展中水系统。但由于投资等原因，目前国内还不能全面普及，所以各地应根据当地的条件及有关规定执行。

8.1.8 开发利用雨水资源，在国际上缺水国家已有很好的经验，我国政府也十分重视，如北京市已印发相关文件要求进行雨水资源利用以缓解水资源紧缺状况，减轻城镇排水压力，改善水生态环境。

8.1.9 为了确保饮食卫生，提出该条要求，防止由于管道漏水、结露滴水而造成污染食品和饮用水水质的事故。另外，设在这些部位的管道也较难维护、检修。

8.1.11 减少噪声污染是为了提高人民的生活质量，给人们创造一个良好的生活环境。

8.1.12 为了保证供电安全，避免因管道漏水而影响变配电设备的正常运行。同时，档案室等有严格防水要求的房间，为保存档案和珍贵的资料不被水浸渍，也必须这样做。

8.1.13 为了防止渗漏，影响地下室或地下构筑物的使用。

8.2 暖通和空调

8.2.1 暖通空调系统设计的目的是为民用建筑提供舒适的生活、工作环境。

8.2.2 应根据建筑物的主要功能选取适用的国家标准及其空气参数和新风换气量标准。

8.2.3 民用建筑采暖系统：

第1款若利用蒸汽余热或热源为蒸汽时，应设置（汽-水）换热器或采用蒸汽喷射泵系统，以保证采暖系统的热媒为热水；

第2款集中采暖系统的热计量应以用户可自主调节室温为基础；

第3款应减少住宅私有化后可能产生的物业管理与住户、住户与住户间的纠纷；

第4款避免因压力过大产生漏水等事故。

8.2.5 空气调节系统：

第1款确定层高、吊顶高度位置时，应能满足空调、通风管道高度的要求（风管截面的短边尺寸不宜小于长边尺寸的1/4）。

8.2.6 冷冻机房、水泵房、换热站等：

第1款民用建筑中使用大型设备、不能通过门洞进入时，应在首层外围护结构上预留孔、洞，高度应满足设备下垫木等移动装置所需；需要更换、维修的重型设备上方如果预留吊装设施，高度应满足大型设备吊绳夹角的要求。

第4款设备有阀门、执行机构等的操作面以及需要观测的显示仪表面，应有不小于400mm的间距；高大设备周围宜有不小于700mm的通道。制冷机、锅炉、换热器等，应留有清扫或更换管束的操作面积。

第5款设置在民用建筑中的冷冻机房、水泵房、换热站等设备，宜优先选用转动平稳、噪声低的产品，否则应根据减振原理设置减振台座；在机房内采用消声措施，进出机房的管道亦应采取相应的消声措施。对于高噪声的机电设备宜设置隔声间或隔声罩。

第6款当只设置一个送风口或排风口时，可以利用门上百叶或门缝满足空气流动的要求。

8.2.7 锅炉房的位置，在设计时应配合建筑总图专业：靠近热负荷比较集中的地区，便于燃料贮运、灰渣排出（煤、灰运输道路与人流交通道路分开），有利于减少烟尘和噪声对环境的影响。

8.2.8 锅炉房一般应为地上独立的建筑物。不得不与主体建筑相连或设置在主体建筑的地下、设备层、楼顶时，锅炉（或其他有燃烧过程的设备）台数、容量、运行参数、使用燃料等必须符合当地消防、安全管理部门的规定及建筑设计防火规范、锅炉安全技术监察规程的规定。

8.3 建筑电气

建筑电气包括强电及智能化系统，民用建筑的强电包括：10kV及以下配变电系统、动力系统、照明系统、控制系统、建筑物防雷接地系统、线路敷设等；民用建筑的智能化系统包括：火灾自动报警及消防联动系统、安全防范系统、通信网络系统、信息网络系统、监控与管理系统、综合布线系统、防雷与接地、线路敷设等。

火灾自动报警及消防联动系统：自动和手动报警、防排烟、疏散（包括应急照明和火灾应急广播等）、灭火装置控制等。

安全防范系统：周界防护、电子巡查、视频监控、访客对讲、出入口控制、入侵报警和停车场管理等。

通信网络系统：卫星接收及有线电视、电话等。

信息网络系统：计算机网络、控制网络等。

监控与管理系统：建筑设备监控、表具数据自动抄收及远传、物业管理等。

8.3.1 第12款变配电室等重地应加强自身的安全防范措施。

8.3.2 第3款配变电所内如无可燃性设备，又为一个防火分区，配变电所内部相通的门可为普通门。

8.3.3 第6款2h的隔墙引自《高层民用建筑设计防火规范》GB 50045—95（2001年版）中第4.1.3.1：柴油发电机应采用耐火极限不低于2h的隔墙和1.50h的楼板与其他部位隔开。3h的隔墙引自《建筑设计防火规范》GBJ 16—87（2001年版）第四节民用建筑中设置燃油、燃气锅炉房、油浸电力变压器室和商店的规定第5.4.1条一、……并应采用无门窗洞口的耐火极限不低于3h的隔墙……。

8.3.4 第2款2项2h的隔墙和1.50h的楼板引自《高层民用建筑设计防火规范》GB 50045—95（2001年版）中第4.1.4条。3h的隔墙和2h的楼板引自《建筑设计防火规范》GBJ 16—87（2001年版）第10.3.3条。

第3款机房重地及有特殊要求的设备，应远离强电强磁场所，保证系统正常运行。如果避免不了或达不到技术指标，机房应做屏蔽处理。

第4款工程设计人员应根据建设方书面设计要求，在土建施工过程中，预留智能化系统设备用房、预留信息出入建筑物的通道，预留信息数据进出智能化系统机房的水平及垂直通道。管线进出建筑物处应做防水处理，金属管道应做接地。

第5款机房重地应做好自身的安全防范措施，加强与外界的联系，防止非法者入内。

物防（实体防范）——安全防范的物质载体和实物基础，延长和推迟风险事件发生的主要防范手段（包括各种建筑物、构筑物，各种实体防护屏障、器具、设备、系统等）。

技防（技术防范）——将现代科学技术融入人防和物防之中，使人防和物防在探测、延迟、反应三个基本环节中不断增加科技含量，不断提高探测、延迟、反应的能力和协调功能。它是一种新的安全防范手段，是人防和物防手段的延伸和加强，是人防和物防在技术措施上的补充和强化（包括各种现代电子设备、通信及信息系统网络等）。

第6款智能化系统应采取防直击雷、防感应雷、防雷击电磁脉冲等措施，但应根据系统的风险评估配置防雷设备。

8.3.5 第1、2款电气竖井应上下贯通，位于布线中心，便于管线敷设。竖井的面积应根据各个工程在竖井中安装设备的多少确定；应考虑设备、管线的间距及操作维修距离。电气人员与土建人员协商：竖井开大门，利用公共通道作操作维修空间，减小电气竖井的占有面积。电气竖井、智能化系统竖井的最小尺寸见图8.3.5-1、8.3.5-2、8.3.5-3。

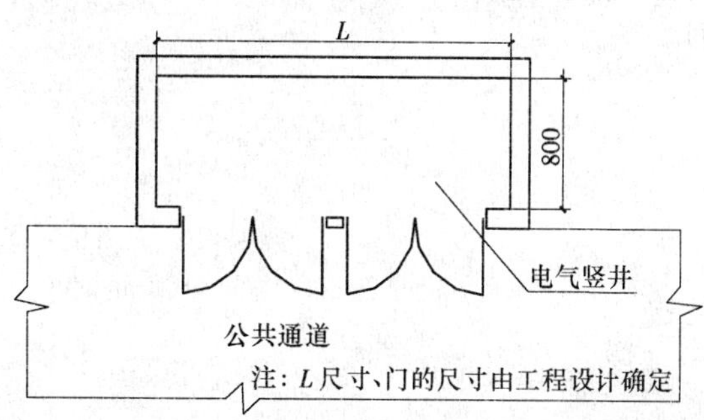

图8.3.5-1 高层建筑电气竖井最小尺寸

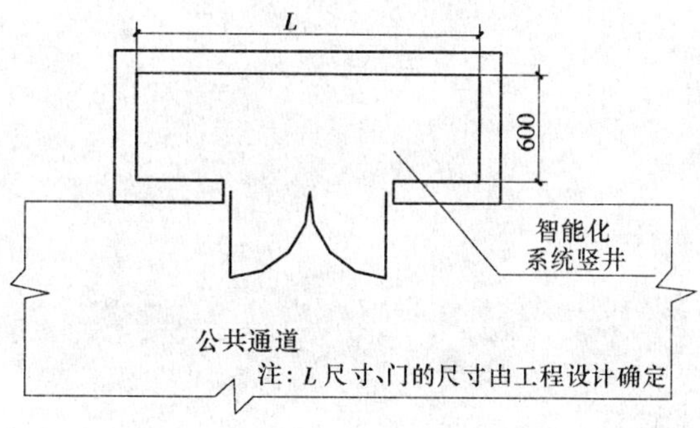

图8.3.5-2 高层建筑智能化竖井最小尺寸

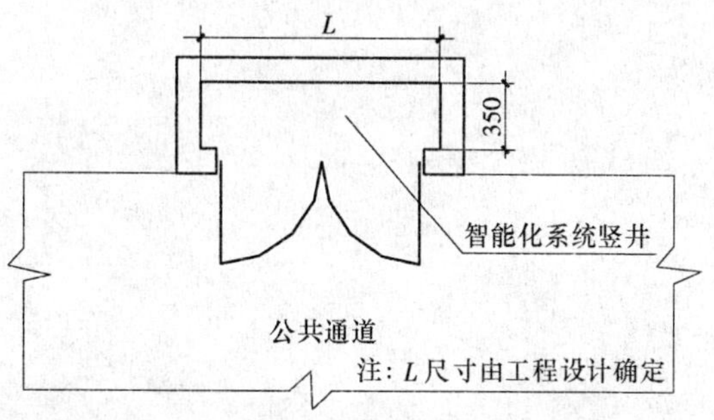

图8.3.5-3 多层建筑智能化竖井最小尺寸

第3款考虑竖井内设备、管线较多及维修人员的方便，要求竖井内安装照明及电源插座。

第4款竖井分别设置是为了减少电磁干扰，系统维护方便、维修方便、施工方便。

8.3.6 第2款智能化系统由于各种原因，施工滞后，系统的支管线以明敷、吊顶内安装居多。缆线穿金属管及金属线槽安装，既加强机械强度又增强抗干扰能力。

第 3 款给出暗敷缆线保护管覆盖层最小尺寸。见图 8.3.6。

第 4 款随着智能化系统的发展，建筑物内智能化系统的设置越来越多，管线敷设也随之增多。以住宅工程为例，预制楼板的使用、智能化系统的增加、用电负荷的提高、热能分户计量的实施等，都给线路敷设带来一定的难度，土建专业应根据具体工程的实际情况，给建筑电气线路及其他专业的管路敷设留出空间。

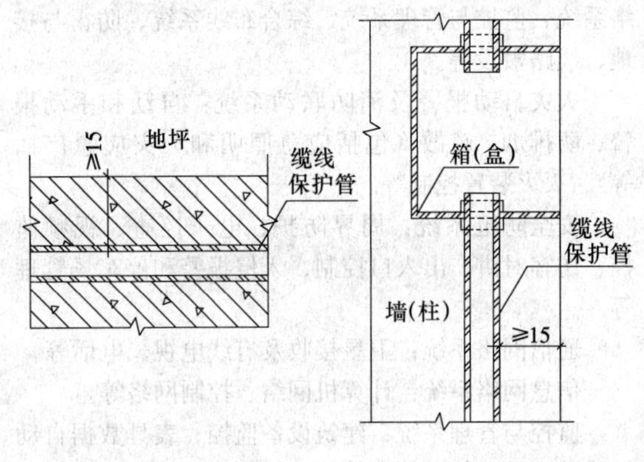

图 8.3.6　暗敷缆线保护管覆盖层最小尺寸

中华人民共和国国家标准

民用建筑设计术语标准

Standard for terminology of civil architectural design

GB/T 50504—2009

主编部门：中华人民共和国住房和城乡建设部

批准部门：中华人民共和国住房和城乡建设部

施行日期：２００９年１２月１日

中华人民共和国住房和城乡建设部
公　　告

第302号

关于发布国家标准《民用建筑设计术语标准》的公告

现批准《民用建筑设计术语标准》为国家标准，编号为GB/T 50504—2009，自2009年12月1日起实施。

本标准由我部标准定额研究所组织中国计划出版社出版发行。

中华人民共和国住房和城乡建设部
二〇〇九年五月十三日

前　　言

根据原建设部《关于印发〈2005年工程建设标准规范制订、修订计划（第一批）〉的通知》（建标函〔2005〕84号）的要求，本标准编制组在深入调查研究、广泛收集资料、认真总结经验、参考有关国际标准和国外先进标准，并广泛征求意见的基础上，制定了本标准。

本标准的主要技术内容：总则、通用术语、专用术语。

本标准由中华人民共和国住房和城乡建设部负责管理，同济大学建筑设计研究院负责具体技术内容的解释。本标准在执行过程中，如发现需要修改和补充之处，请将意见和资料函寄同济大学建筑设计研究院（地址：上海市四平路1239号，邮政编码：200092），以便今后修订时参考。

本标准主编单位、参编单位、主要起草人和主要审查人：

主 编 单 位：同济大学建筑设计研究院
中国建筑标准设计研究院

参 编 单 位：清华大学建筑设计研究院
上海建筑设计研究院有限公司

主要起草人：罗小未　王建强　车学娅　俞蕴洁　顾　均　张　华　朱　茜　刘　庆　宫力维　陈华宁　金　峻　桑　椹

主要审查人：魏敦山　赵冠谦　高冀生　董丹申　叶谋兆　沈国尧　欧阳康　陈云琪　孔志成　高小平　姜文源

目次

Contents

1 总 则

1.0.1 为统一和规范民用建筑设计的术语，并有利于国内外的合作和交流，制定本标准。

1.0.2 本标准适用于房屋建筑工程中民用建筑的设计、教学、科研、管理及其他相关领域。

1.0.3 使用民用建筑设计术语时，除应符合本标准的规定外，尚应符合国家现行有关标准的规定。

2 通用术语

2.1 基本术语

2.1.1 建筑设计　architectural design; building design

广义的建筑设计是指设计一个建筑物(群)要做的全部工作，包括场地、建筑、结构、设备、室内环境、室内外装修、园林景观等设计和工程概预算。狭义的建筑设计是指解决建筑物使用功能和空间合理布置、室内外环境协调、建筑造型及细部处理，并与结构、设备等工种配合，使建筑物达到适用、安全、经济和美观。

2.1.2 建筑学　architecture

研究建筑物及其环境的学科，旨在总结人类建筑活动的经验，创造人工空间环境，在文化艺术、技术等方面对建筑进行研究。

2.1.3 建筑　architecture; building

既表示建筑工程的营造活动，又表示营造活动的成果——建筑物，同时可表示建筑类型和风格。

2.1.4 建筑物　building

用建筑材料构筑的空间和实体，供人们居住和进行各种活动的场所。

2.1.5 构筑物　construction

为某种使用目的而建造的、人们一般不直接在其内部进行生产和生活活动的工程实体或附属建筑设施。

2.1.6 建筑师　architect

指受过专业教育或训练，并以建筑设计为主要职业的人。

2.1.7 建筑结构设计　structural design

为确保建筑物能承担规定的荷载，并保持其刚度、强度、稳定性和耐久性进行的设计。

2.1.8 建筑设备设计　building service design

对建筑物中给水排水、暖通空调、电气和动力等设备设计的总称。

2.1.9 场地设计　site design; site layout

对建筑用地内的建筑布局、道路、竖向、绿化及工程管线等进行综合性的设计，又称为总图设计或总平面设计。

2.1.10 建筑构造设计　construction design

对建筑物中的部件、构件、配件进行的详细设计，以达到建造的技术要求并满足其使用功能和艺术造型的要求。

2.1.11 建筑标准设计　standard design

按照有关技术标准，对具有通用性的建筑物及其建筑部件、构件、配件、工程设备等进行的定型设计。

2.1.12 建筑室内设计　interior design

为满足建筑室内使用和审美要求，对室内平面、空间、材质、色彩、光照、景观、陈设、家具和灯具等进行布置和艺术处理的设计。

2.1.13 建筑防火设计　fire prevention design; fire protection design

在建筑设计中采取防火措施，以防止火灾发生和蔓延，减少火灾对生命财产的危害的专项设计。

2.1.14 人防设计　air defense design; civil defense design

在建筑设计中对具有预定战时防空功能的地下建筑空间采取防护措施，并兼顾平时使用的专项设计。

2.1.15 建筑节能设计　energy-efficiency design; energy-saving design

为降低建筑物围护结构、采暖、通风、空调和照明等的能耗，在保证室内环境质量的前提下，采取节能措施，提高能源利用率的专项设计。

2.1.16 无障碍设计　barrier-free design

为保障行动不便者在生活及工作上的方便、安全，对建筑室内外的设施等进行的专项设计。

2.2 建筑分类

2.2.1 建筑类型　building type

将建筑按照不同的分类方法区分成不同的类型，以使相应的建筑标准、规范对同一类型的建筑加以技术上或经济上的规定。

2.2.2 民用建筑　civil building

供人们居住和进行各种公共活动的建筑的总称。

2.2.3 居住建筑　residential building

供人们居住使用的建筑。

2.2.4 公共建筑　public building

供人们进行各种公共活动的建筑。

2.2.5 工业建筑　industrial building

以工业性生产为主要使用功能的建筑。

2.2.6 农业建筑　agricultural building

以农业性生产为主要使用功能的建筑。

2.3 设计前期工作、设计依据、设计程序

2.3.1 设计前期工作　pre-design study; pre-design programming

一个建设项目的初期策划阶段的工作。工作内容主要包括提出项目建议书或项目申请报告，编制可行性研究报告，做出项目评估报告。

2.3.2 项目建议书　project proposal

项目设计前期最初的工作文件。建设项目需政府审批时，由项目主管单位或业主对拟建项目提出的轮廓设想，从宏观上说明拟建项目建设的必要性，同时初步分析项目建设的可行性和投资效益。

2.3.3 可行性研究　feasibility study

建设项目投资决策前进行技术经济论证的一种科学方法。通过对项目有关的工程、技术、环境、经济及社会效益等方面条件和情况进行调查、研究、分析，对建设项目技术上的先进性、经济上的合理性和建设上的可行性，在多方案分析的基础上做出比较和综合评价，为项目决策提供可靠依据。

2.3.4 项目评估　project appraisal; project assessment

对拟建项目的可行性研究报告进行评价，审查项目可行性研究的可靠性、真实性和客观性，对最终决策项目投资是否可行进行认可，确认最佳投资方案。

2.3.5 概念设计　conceptual design; concept design

对设计对象的总体布局、功能、形式等进行可能性的构想和分

析，并提出设计概念及创意。

2.3.6 设计依据 design basis

整个设计过程应遵照执行并以此为据的法律性文件、工程建设标准和相关资料。

2.3.7 工程建设标准 construction standard

为在工程建设领域内获得最佳秩序所制定的统一的、重复使用的技术要求和准则。

2.3.8 规划设计条件 planning and design conditions

城市规划管理部门对工程建设项目土地使用的具体要求。

2.3.9 设计任务书 design assignment statement; design program

由建设方编制的工程项目建设大纲，向受托设计单位明确建设单位对拟建项目的设计内容及要求。

2.3.10 设计合同 design contract

各方当事人针对工程设计事宜所签订的具有约束力的协议。

2.3.11 地形图 topographical map

通过测量编制而成的，反映建设用地实际地形、地貌、地物的平面图。

2.3.12 用地红线图 map of red line; map of property line

城市规划管理部门签发的、规定建设用地范围的平面图。

2.3.13 方案设计 schematic design

对拟建的项目按设计依据的规定进行建筑设计创作的过程，对拟建项目的总体布局、功能安排、建筑造型等提出可能且可行的技术文件，是建筑工程设计全过程的最初阶段。

2.3.14 初步设计 preliminary design; design development

在方案设计文件的基础上进行的深化设计，解决总体、使用功能、建筑用材、工艺、系统、设备选型等工程技术方面的问题，符合环保、节能、防火、人防等技术要求，并提交工程概算，以满足编制施工图设计文件的需要。

2.3.15 施工图设计 working drawing; construction drawing

在已批准的初步设计文件基础上进行的深化设计，提出各有关专业详细的设计图纸，以满足设备材料采购、非标准设备制作和施工的需要。

2.4 主要设计文件与技术经济指标

2.4.1 设计文件 design document

以批准的可行性研究报告和可靠的设计基础资料为依据，分阶段编制的设计说明书、计算书、图纸、主要设备材料表及工程概预算等文件的总称。

2.4.2 建筑设计说明 description of architectural design; design description

由文字与表格或简图组成的对建筑设计进行说明的设计文件。

2.4.3 总平面图 site plan

表示拟建房屋所在规划用地范围内的总体布置图，并反映与原有环境的关系和邻界的情况等。

2.4.4 竖向布置图 vertical planning

表示拟建房屋所在规划用地范围内场地各部位标高的设计图。

2.4.5 土方图 earth work drawing; earth work planning

表示拟建房屋所在规划用地范围内场地平整所需土方挖填量的设计图。

2.4.6 管线综合图 integral pipelines longitudinal and vertical drawing

表示建筑设计所涉及的工程管线平面走向和竖向标高的布置图。

2.4.7 平面图 plan

用一水平的剖切面沿门窗洞位置将房屋剖切后，对剖切面以下部分所做的水平投影图。

2.4.8 立面图 elevation

在与房屋主要外墙面平行的投影面上所做的房屋正投影图。

2.4.9 剖面图 section

用垂直于外墙水平方向轴线的铅垂剖切面，将房屋剖切所得的正投影图。

2.4.10 建筑详图 architectural details

对建筑物的主要部位或房间用较大的比例（一般为1：20至1：50）绘制的详细图样。

2.4.11 建筑大样图 architectural detail drawing

对建筑物的细部或建筑构、配件用较大的比例（一般为1：20、1：10、1：5等）将其形状、大小、材料和做法详细地表示出来的图样，又称节点详图。

2.4.12 建筑模型 model of building; building model

以三维空间表达建筑设计意图，并按一定比例制作的模拟建筑及周边环境的实体。

2.4.13 透视图 perspective drawing

根据透视原理绘制出的具有近大远小特征的图像，以表达建筑设计意图。

2.4.14 技术经济指标 technical and economic index

反映或评价一个设计项目是否经济合理，是否满足相关技术标准要求的指标。

2.4.15 投资估算 investment estimation; estimated cost

根据现有的资料和一定的方法，对工程项目建设费用的投资额进行的估计。是项目评价与投资决策的重要依据。

2.4.16 初步设计概算 estimated cost of preliminary design

根据初步设计文件编制的工程项目建设费用的概略计算，是初步设计文件的组成部分。

2.4.17 施工图预算 estimated cost at working drawing phase

根据施工图设计文件和建筑工程预算定额编制的工程项目建设费用的详细预算。

2.4.18 建筑密度 building density; building coverage ratio

在一定范围内，建筑物的基底面积占用地面积的百分比。

2.4.19 容积率 plot ratio; floor area ratio

在一定范围内，建筑面积总和与用地面积的比值。

2.4.20 绿地率 green space ratio

在一定范围内，各类绿地总面积占该用地总面积的百分比。

2.4.21 建筑面积 floor area

指建筑物（包括墙体）所形成的楼地面面积。

2.4.22 使用面积 usable floor area; floorage

建筑面积中减去公共交通面积、结构面积等，留下可供使用的面积。

2.4.23 使用面积系数 usable area coefficient

建筑物中使用面积与建筑面积之比，即使用面积/建筑面积（%）。

2.4.24 模数 modular

选定的尺寸单位，作为尺度协调中的增值单位。

2.4.25 开间 bay width

建筑物纵向两个相邻的墙或柱中心线之间的距离。

2.4.26 进深 depth

建筑物横向两个相邻的墙或柱中心线之间的距离。

2.4.27 建筑高度 building height

建筑物室外地面到建筑物屋面、檐口或女儿墙的高度。

2.4.28 建筑间距 spacing of building; building spacing

两栋建筑物或构筑物外墙面之间的最小的垂直距离。

2.4.29 层高 story height

建筑物各楼层之间以楼、地面面层（完成面）计算的垂直距离。

对于平屋面，屋顶层的层高是指该层楼面面层（完成面）至平屋面的结构面层（上表面）的高度；对于坡屋面，屋顶层的层高是指该层楼面面层（完成面）至坡屋面的结构面层（上表面）与外墙外皮延长线的交点计算的垂直距离。

2.4.30 室内净高 net story height；floor to ceiling height

从楼、地面面层（完成面）至吊顶或楼盖、屋盖底面之间的有效使用空间的垂直距离。

2.4.31 标高 elevation

以某一水平面作为基准面，并作零点（水准原点）起算地面（楼面）至基准面的垂直高度。

2.4.32 室内外高差 indoor-outdoor elevation difference

一般指自室外地面至设计标高±0.000之间的垂直距离。

2.5 通用空间

2.5.1 建筑空间 space

以建筑界面限定的、供人们生活和活动的场所。

2.5.2 多功能厅 multi-functional hall/space

可提供多种使用功能的空间。

2.5.3 餐厅 dining space/room/hall

建筑物中专设的就餐空间或用房。

2.5.4 厨房 kitchen

加工制作及烹饪食品的炊事用房。

2.5.5 备餐间 pantry

厨房制作完成的餐食在送餐前的准备房间。

2.5.6 卫生间 washroom；restroom；toilet；lavatory

供人们进行便溺、盥洗、洗浴等活动的房间。

2.5.7 盥洗室 lavatory；washroom

供人们进行洗漱、洗衣等活动的房间。

2.5.8 更衣室 dressing-room；locker

供人们更换衣服用的房间。

2.5.9 浴室 bathroom

供人们洗浴用的房间。

2.5.10 库房（储藏室） stockroom；storage room

专门用于存储物品的房间。

2.5.11 设备用房 equipment room machine room

独立设置或附设于建筑物中用于设置建筑设备的房间。

2.5.12 车库 garage；indoor parking

用于停放车辆的室内空间。

2.5.13 停车场 parking lot

停放机动车或非机动车的露天场地。

2.5.14 门厅 lobby；entrance room

位于建筑物入口处，用于人员集散并联系建筑室内外的枢纽空间。

2.5.15 门廊 porch

建筑物入口前有顶棚的半围合空间。

2.5.16 走廊（走道） corridor；passage

建筑物中的水平交通空间。

2.5.17 楼梯间 staircase

设置楼梯的专用空间。

2.5.18 楼梯井（梯井） stairwell

由楼梯的梯段和休息平台内侧面围成的空间。

2.5.19 电梯厅（候梯厅） elevator hall

供人们等候电梯的空间。

2.5.20 电梯井 elevator shaft/core

电梯轿厢运行的井道。

2.5.21 电梯机房 elevator machine room

用以安装电梯曳引机和有关设备的房间。

2.5.22 前室 anteroom

房间及楼电梯间前的过渡空间。

2.5.23 中庭 atrium

建筑中贯通多层的室内大厅。

2.5.24 回廊 cloister

围绕中庭或庭院的走廊。

2.5.25 管道井 pipe shaft

建筑物中用于布置竖向设备管线的井道。

2.5.26 标准层 typical floor

平面布置相同的楼层。

2.5.27 设备层 mechanical floor

建筑物中专为设置暖通、空调、给水排水和电气等的设备和管道且供人员进入操作的空间层。

2.5.28 架空层 elevated storey

仅有结构支撑而无外围护结构的开敞空间层。

2.5.29 避难层 refuge storey

建筑高度超过100m的高层建筑，为消防安全专门设置的供人们疏散避难的楼层。

2.5.30 门斗 air lock

建筑物入口处两道门之间的空间。

2.5.31 平台 terrace

高出室外地面，供人们进行室外活动的平整场地，一般设有固定栏杆。

2.5.32 庭院 courtyard

附属于建筑物的室外围合场地，可供人们进行室外活动。

2.5.33 天井 patio

被建筑围合的露天空间，主要用以解决建筑物的采光和通风。

2.5.34 屋顶花园 roof garden

种植花草的上人屋面。

2.5.35 裙房 podium

与高层建筑相连的，建筑高度不超过24m的附属建筑。

2.5.36 过街楼 overhead building

跨越道路上空并与两边建筑相连接的建筑物。

2.5.37 骑楼 colonnade

建筑底层沿街面后退且留出公共人行空间的建筑物。

2.5.38 连廊 corridor；covered passage

连接建筑之间的走廊。

2.5.39 地下室 basement

室内地平面低于室外地平面的高度超过室内净高的1/2的房间。

2.5.40 半地下室 semi-basement

室内地平面低于室外地平面的高度超过室内净高的1/3，且不超过1/2的房间。

2.5.41 壁橱（柜） closet

建筑室内与墙壁结合而成的落地贮藏空间。

2.6 建筑部件与构件

2.6.1 基础 foundation

建筑物底部与地基接触并把上部荷载传递给地基的部件。

2.6.2 柱 column

主要承受房屋竖向荷载并有一定截面尺寸的点状支撑构件。

2.6.3 梁 beam

将楼面或屋面荷载传递到柱、墙上的横向构件。

2.6.4 过梁 lintel

设置在门窗或洞口上方的承受上部荷载的构件。

2.6.5 楼板 floor；slab

直接承受楼面荷载的板，也是建筑物中水平方向分隔空间的构件。

2.6.6 屋（顶）盖 roof；roof system

建筑物顶部起遮盖作用的围护部件。

2.6.7 承重墙 structural wall; bearing wall

直接承受外加荷载和自重的墙体。

2.6.8 非承重墙 partition wall

一般情况下仅承受自重的墙体。

2.6.9 活动隔断 movable partition

灵活分隔室内空间的设施。

2.6.10 幕墙 curtain wall

由金属构架与板材组成的,不承担主体结构荷载与作用的建筑外围护结构。

2.6.11 楼梯 stairs; staircase

由连续行走的梯级、休息平台和维护安全的栏杆(或栏板)、扶手以及相应的支托结构组成的作为楼层之间垂直交通用的建筑部件。

2.6.12 栏杆 railing; balustrade

高度在人体胸部与腹部之间,用于保障人身安全或分隔空间的防护分隔构件。

2.6.13 电梯 elevator; lift

以电力驱动,运送人员或物品,做垂直方向移动的机械装置。

2.6.14 自动扶梯 escalator

以电力驱动,自动运送人员上下楼层的阶梯式机械装置。

2.6.15 自动人行道 moving walkway; pedestrian conveyor

以电力驱动,水平或斜向自动运送人员的步道式机械装置。

2.6.16 阳台 balcony; veranda

附设于建筑物外墙设有栏杆或栏板,可供人活动的室外空间。

2.6.17 雨篷 canopy

建筑出入口上方为遮挡雨水而设的部件。

2.6.18 门 door

位于建筑物内外或内部两个空间的出入口处可启闭的建筑部件,用以联系或分隔建筑空间。

2.6.19 窗 window

为采光、通风、日照、观景等用途而设置的建筑部件,通常设于建筑物墙体上。

2.6.20 天窗 skylight

设在建筑物屋顶的窗。

2.6.21 老虎窗 roof window; dormer

设在建筑物坡屋顶上具有特定形式的侧窗。

2.6.22 烟道 flue(烟囱 chimney)

排除建筑物内有害烟气的管道。

2.6.23 通风道 ventilating trunk

建筑物内用于组织进排风的管道。

2.6.24 檐口 eaves

屋面与外墙墙身的交接部位,作用是方便排除屋面雨水和保护墙身,又称屋檐。

2.6.25 挑檐 overhanging eaves

建筑屋盖挑出墙面的部分。

2.6.26 女儿墙 parapet

建筑外墙高出屋面的部分。

2.6.27 天沟 gutter

屋面上用于排除雨水的流水沟。

2.6.28 勒脚 plinth

在房屋外墙接近地面部位特别设置的饰面保护构造。

2.6.29 散水 apron

沿建筑外墙周边的地面,为避免建筑外墙根部积水而做的一定宽度向外找坡的保护面层。

2.6.30 明沟 drainage

沿建筑外墙周边的地面,为汇集排放雨水而设的排水沟渠。

2.6.31 台阶 step

联系室内外地坪或楼层不同标高而设置的阶梯形踏步。

2.6.32 坡道 ramp

联系室内外地坪或楼层不同标高而设置的斜坡。

2.6.33 窗井 window well

为使地下室获得采光通风,在外墙外侧设置的一定宽度的下沉空间。

2.6.34 变形缝 deformation joint

防止建筑物在某些因素作用下引起开裂甚至破坏而预留的构造缝。

2.6.35 屋面防水 roof waterproofing

防止雨水渗漏的屋面构造。

2.6.36 地下室防水 basement waterproofing

为防止地面水渗透和地下水侵蚀,在地下室的外墙、底板和顶板处采取的防水措施。

2.6.37 屋面排水 roof drainage system

使屋面雨水顺利安全排出的构造方式。

2.6.38 雨水口 water outlet

供屋面雨水下泄的洞口。

2.6.39 雨水管 down pipe

将屋面雨水有组织地排向室外的管道。

2.6.40 水簸箕 drainage dustpan

位于屋面雨水管正下方,保护屋面的构件。

2.6.41 泛水 flashing

为防止水平楼面或水平屋面与垂直墙面接缝处的渗漏,由水平面沿垂直面向上翻起的防水构造。

2.6.42 顶棚 ceiling

建筑物房间内的顶板。

2.6.43 窗台 window sill

建筑物的窗户下部的台面。

2.6.44 墙裙 dado

设于室内墙面或柱身下部一定高度的特殊保护面层。

2.6.45 踢脚 baseboard; skirting board

设于室内墙面或柱身根部一定高度的特殊保护面层。

2.6.46 卷帘 rolling

用页片、栅条、金属网或帘幕等材料制成,可向左右或上下卷动的部件。

3 专用术语

3.1 居 住

3.1.1 住宅 residential building; dwelling house; apartment

供家庭居住使用的建筑。

3.1.2 酒店式公寓 service apartment

提供酒店式管理服务的住宅。

3.1.3 别墅 villa

一般指带有私家花园的低层独立式住宅。

3.1.4 宿舍 dormitory

有集中管理且供单身人士使用的居住建筑。

3.1.5 老年人住宅 dwelling for the elderly

供老年人居住使用的,并配置无障碍设施的专用住宅。

3.1.6 商住楼 commercial residential building

下部商业用房与上部住宅组成的建筑。

3.1.7 低层住宅 low-rise dwelling/apartment/house/building

一至三层的住宅。

3.1.8 多层住宅　multi-stories dwelling/apartment/house/building

四至六层的住宅。

3.1.9 中高层住宅　medium high dwelling/apartment/house/building

七至九层的住宅。

3.1.10 高层住宅　high-rise dwelling/apartment/building

十层及十层以上的住宅。

3.1.11 单元式住宅　apartment building

由几个住宅单元组合而成，每个单元均设有楼梯或楼梯与电梯的住宅。

3.1.12 塔式住宅　apartment tower/building

以共用楼梯或共用楼梯、电梯为核心布置多套住房，且其主要朝向建筑长度与次要朝向建筑长度之比小于2的住宅。

3.1.13 通廊式住宅　corridor apartment/house

由共用楼梯或共用楼梯、电梯通过内、外廊进入各套住房的住宅。

3.1.14 跃层式住宅　duplex apartment house

套内空间跨越两楼层及以上，且设有套内楼梯的住宅。

3.1.15 联排式住宅　row house;terrace house

跃层式住宅套型在水平方向上组合而成的低层或多层住宅。

3.1.16 套型　dwelling unit type

按不同使用面积、居住空间和厨卫组成的成套住宅单位。

3.1.17 居住空间　habitable space

卧室、起居室(厅)的使用空间。

3.1.18 卧室　bed room

供居住者睡眠、休息的空间。

3.1.19 起居室(厅)　living room

供居住者会客、娱乐、团聚等活动的空间。

3.1.20 客厅　parlor

专门用于会客的空间。

3.2 教　育

3.2.1 教育建筑　educational building

供人们开展教学活动所使用的建筑物。

3.2.2 托儿所、幼儿园　nursery;kindergarten

供学龄前婴幼儿保育和教育的场所。

3.2.3 小学校　elementary school;primary school

实施初等教育的场所。

3.2.4 中学校　middle school;secondary school

实施中等普通教育的场所。

3.2.5 职业技术学校　professional school

实施职业技术教育的场所。

3.2.6 特殊教育学校　special education school

专门对残障儿童、青少年实施特殊教育的场所。

3.2.7 高等院校　university/college

实施高等教育的场所。

3.2.8 教学用房　teaching rooms

供教学专用的房间。

3.2.9 教室　classroom

学校内进行课程讲授与学习的空间。

3.2.10 风雨操场　indoor athletic space

有顶棚和外墙的供学生进行室内文体活动的场所。

3.2.11 健身房　gymnasium

设有健身器具，供健身活动用的专用房间。

3.2.12 实训楼　professional training building

学校内进行职业实习和专业技术训练的教育建筑。

3.2.13 实验教室　laboratory

学校内进行观察、实验和教学使用的专用教室。

3.2.14 语言教室　language laboratory/classroom

设有语言学习用的教育器材的专用教室。

3.2.15 阶梯教室　lecture theatre

地面以台阶状逐步升高以创造良好的视线，用以学校中进行合班上课的公共教室。

3.2.16 幼儿活动室　kindergarten activity room

供幼儿室内游戏、进餐、上课等日常活动的房间。

3.2.17 幼儿寝室　kindergarten dormitory

供幼儿睡眠的房间。

3.2.18 幼儿音体活动室　kindergarten musical and multi-activity room

用于全园开展音乐、舞蹈、体育、游戏等各项活动的房间。

3.2.19 晨检室　morning physical examination room

早晨幼儿入园(所)时进行健康检查的房间。

3.2.20 隔离室　isolation room

对病儿进行观察、治疗和临时隔离的房间。

3.3 办公科研

3.3.1 办公建筑　office building

办理行政事务和从事业务活动的建筑。

3.3.2 办公室　office

从事办公活动的房间。

3.3.3 公寓式办公楼　office apartment

由一种或数种平面单元组成，单元内设有办公、会客空间、卧室、厨房和卫生间等房间的办公建筑。

3.3.4 酒店式办公楼　service office building

以酒店经营模式管理的，平面形式参照客房布置，兼有办公和居住功能的办公建筑。

3.3.5 科学实验建筑　scientific and experimental building

用于从事科学研究和实验工作的建筑。

3.3.6 实验用房　experiment room;laboratory

直接用于从事科学研究和实验工作的用房，包括通用实验室、专用实验室和研究工作室。

3.3.7 通用实验室　general experiment room/laboratory

适用于多学科、以实验台模式进行经常性科学研究和实验工作的实验室。

3.3.8 专用实验室　special experiment room

有特定环境要求，以精密、大型、特殊实验装置为主或专为某种科学实验而设置的实验室。

3.4 商业金融

3.4.1 商业建筑　commercial building

供人们进行商业活动的建筑。

3.4.2 百货商店　department store

销售多种类型商品的综合商店。

3.4.3 专业商店　boutigue

专售某一种类型商品的商店。

3.4.4 菜市场　market

销售菜、肉类、禽蛋、水产等副食品的商场(店)。

3.4.5 自选商场(超级市场)　supermarket

货架开放，顾客可直接挑选商品的商场(店)。

3.4.6 联营商场　affiliated market(shopping mall)

集中各店铺、摊位在一起的营业场所，也可与百货营业厅并存或附有饮食、修理等服务业铺位的商场。

3.4.7 商业街　shopping street

商业空间沿街布置，供人们进行购物、餐饮、娱乐、休闲等活动的场所。

3.4.8 饮食广场 food court

指在某一区域内，由众多餐饮店组成的饮食场所。

3.4.9 餐馆 restaurant

接待顾客就餐或宴请宾客的营业性场所。

3.4.10 快餐店 fast food restaurant；refreshment store

在短时间内能供应冷热饮食的营业性场所。

3.4.11 食堂 canteen

设于机关、学校、厂矿等单位，供应员工、学生就餐的场所。

3.4.12 旅馆 hotel

为宾客提供住宿的设施。

3.4.13 招待所 hostel

以接待内部宾客为主的住宿设施。

3.4.14 汽车旅馆 motel

主要为驾车旅客服务的住宿设施。

3.4.15 金融建筑 financial building

进行货币资金流通及信用业务有关活动的建筑，包括银行、储蓄所、证券交易所、保险公司等。

3.4.16 银行 bank

供信用机构承担信用中介，处理存款、贷款、汇兑、贴现、储蓄等业务的专门建筑。

3.5 文化娱乐、文物、园林

3.5.1 文化娱乐建筑 cultural and recreation building

供人们休闲娱乐及传播文化的公共活动场所。

3.5.2 文化宫(文化中心) cultural palace/center

供群众进行文化教育及娱乐活动的场所。

3.5.3 剧院 theatre

专为演出、排练和观看各类剧种表演的建筑。

3.5.4 音乐厅 concert hall

专供演奏声乐、器乐的建筑。

3.5.5 电影院 cinema；movie theater

以放映和观看电影为主要功能的建筑。

3.5.6 观众厅 auditorium

容纳观众观看各类演出的室内空间。

3.5.7 池座 stalls

与舞台同层的观众席。

3.5.8 楼座 tier

设置在池座上层的观众席。

3.5.9 包厢 box

在观众厅两侧或后部，分隔成独立小间的观众席。

3.5.10 舞台 stage

为观众展示演出活动的台式空间。

3.5.11 化妆室 dressing room

供演员化妆用的房间。

3.5.12 放映室 projection room

放映机工作的专用房间。

3.5.13 舞台天桥 overhead cat walk

又称工作天桥或工作通廊，是工作人员安装、操纵和检修舞台上部机械设备的地方，也是安放舞台灯光的部位。

3.5.14 视线设计 sight line planning

观演建筑中，为合理满足观众看得清、看得好的要求而进行的视觉条件设计，是评价观众厅质量的主要内容。

3.5.15 少年宫(少儿活动中心) youth palace/center

供少年儿童举办各种活动的校外教育场所。

3.5.16 图书馆 library

收集、整理、保管、研究和利用书刊资料、多媒体资料等，以借阅方式为主的文化建筑。

3.5.17 特藏书库 rare-book stacks

收藏经鉴定列为国家或地方级的珍贵文献，收藏珍善本图书、音像资料、电子出版物等重要文献资料，对安全防范或保存条件有特殊要求的库房。

3.5.18 熏蒸室 fumigation room

用气化化学药品对藏品进行杀虫、灭菌工作的专用房间。

3.5.19 档案馆 archives

收集、保管、研究和提供利用档案资料的建筑物。

3.5.20 博物馆 museum

供搜集、保管、研究和陈列、展览有关自然、历史、文化、艺术、科学和技术方面的实物或标本之用的公共建筑。

3.5.21 展览馆 exhibition room

展出临时性陈列品的公共建筑。

3.5.22 美术馆 art museum

专供搜集、保管、研究和陈列美术作品的公共建筑。

3.5.23 科技馆 science museum

传播科技知识，展示科技成果，观众与展品可互动的公共建筑。

3.5.24 会展中心 meeting & exhibition center

会议中心和展览建筑的综合体。

3.5.25 纪念性建筑 monumental architecture

具有纪念性意义的建筑物或构筑物。

3.5.26 历史建筑 historical building

有一定历史、科学、艺术价值，反映城市历史风貌及地方特色的建筑物或构筑物。

3.5.27 保护建筑 listed building for conservation

具有较高历史、科学和艺术价值，作为文物保护单位进行保护的建筑物或构筑物。

3.5.28 园林建筑 landscape architecture

园林中供人游览、观赏、休憩并构成景观的建筑物或构筑物的统称。

3.5.29 园林小品 garden embellishment

园林中供休息、装饰、景观照明、展示和为园林管理及方便游人之用的小型设施或构筑物。

3.6 医疗卫生

3.6.1 医疗卫生建筑 medical building

对疾病进行诊断、治疗与护理，承担公共卫生的预防与保健，从事医学教学与科学研究的建筑设施以及其辅助用房的总称。

3.6.2 医院 hospital

实施诊断、治疗、护理、预防保健及紧急救治的医疗场所。

3.6.3 综合医院 general hospital

设置多种病科，进行医疗卫生保健工作的医院。

3.6.4 专科医院 special hospital

设置专门病科的医院。

3.6.5 急救中心 emergency care centre

对突发性危重患者做院前急救、院内急救和重症监护及康复等急救全过程在内的实体，以院前抢救服务为特长，具有进行综合性急救和专科急救的全部急救功能的中枢急救指挥系统。

3.6.6 门诊部 outpatient department

为非住院患者进行诊断与治疗的部门。

3.6.7 急诊部 emergency department

对急症病人进行抢救、观察和处置的部门。

3.6.8 诊室 consulting room

医师诊察病人病情的房间，是门诊部的主要基本单元。

3.6.9 候诊室 waiting lounge

门诊病人等候医生诊察与治疗的空间。

3.6.10 住院部 ward

为病人提供住院观察、诊断与治疗的医疗部门。

3.6.11 护理单元 nursing unit

对同一病种住院病人进行诊断治疗和护理工作的一个病区，构成病房的基本单元。护理单元的规模以病床数作为标准。

3.6.12 医技部 medical technology department

运用医疗设备对病人进行检查、诊断、治疗的部门。

3.6.13 手术部 operation department

由多个手术室、辅助医疗用房、消毒洗手间等组成的医疗部门。

3.6.14 中心消毒供应部 sterilization centre

为全院各科室所用的医疗器械、敷料等进行集中清洗、灭菌、消毒与制作的部门。

3.6.15 理疗室 therapeutic department

应用力、电、光、热、声等各种物理手段为病人进行物理治疗的医疗部门。

3.7 体 育

3.7.1 体育建筑 sports building

作为体育竞技、体育教学、体育娱乐和体育锻炼等活动之用的建筑。

3.7.2 体育场 stadium

具有可供体育比赛和其他表演用的宽敞的室外场地，同时也为大量观众提供座席的建筑。

3.7.3 体育馆 gymnasium

配备有专门设备而供能够进行球类、室内田径、冰上运动、体操(技巧)、武术、拳击、击剑、举重、摔跤、柔道等单项或多项室内竞技比赛和训练的体育建筑。

3.7.4 游泳馆 natatorium hall

提供室内游泳、跳水、水球和花样游泳等体育活动的建筑。

3.7.5 竞赛区 arena

由观众席围合的运动场地及其辅助区域，包括竞技场地和缓冲区。

3.7.6 看台 grandstand

供观众观看比赛的台阶式坐席设施。

3.7.7 记者席 press seats

在正式比赛中，看台座位中供文字记者和广播电视记者等媒体记者使用的专用座位。

3.7.8 训练房(馆) practice room

供体育项目训练用的房间或建筑。

3.7.9 热身场地 warming up area

体育竞赛时，可供运动员在正式比赛之前热身活动的区域。

3.7.10 兴奋剂检测室 stimulant control room

在正式体育比赛中，对运动员是否服用违禁药物进行测试取样的专用房间。

3.7.11 游泳池 swimming pool

供游泳比赛或训练的专用水池，在满足技术条件的前提下，也可以进行其他水上项目的比赛和训练。

3.7.12 跳水池 diving pool

供跳水比赛和训练的专用水池。

3.7.13 训练池 training pool

供训练用的水池。

3.7.14 池壁 pool edge

游泳设施各种水池的垂直壁面，需根据不同项目要求设置有关标志和设施。

3.7.15 池岸 beach area

游泳设施水池边以及水池之间的区域。

3.8 交 通

3.8.1 交通建筑 transportation building

为交通运输服务的公共建筑。

3.8.2 航空港 airport

为空运服务的公共建筑及有关区域和设施。

3.8.3 航站楼 air terminal

航空港内供旅客及其行李做陆空交换的建筑物(群)。

3.8.4 铁路客运站 railway station

办理铁路客运业务，为乘车旅客服务的建筑和设施。

3.8.5 长途汽车客运站 long-distance bus station

办理长途公路客运业务，为乘长途汽车旅客服务的建筑和设施。

3.8.6 地铁(轻轨)站 subway station

办理地铁(轻轨)客运业务，为乘客服务的建筑和设施。

3.8.7 港口客运站 port passenger station

办理水路客运业务，为乘船旅客服务的建筑和设施。

3.8.8 城市轮渡站 ferry station

办理城市轮渡客运业务，为乘船旅客服务的建筑和设施。

3.8.9 站前广场 station plaza

交通建筑前供旅客进出车站集散用的场地。

3.8.10 站台 station platform

站场内供旅客上下车、运送和装卸行包，以及满足站内工作人员作业需要而设置的平台，又称月台。

3.8.11 候车(机、船)室 waiting room

旅客乘车(机、船)前的等候和中转旅客的休息大厅。

3.8.12 行李房 luggage room

办理行李和包裹托运、存放和提取手续的用房。

3.8.13 小件寄存处 left-luggage deposit

办理旅客随身携带物品的临时寄存的用房。

3.8.14 公共交通枢纽 public transport terminal

多条交通线路或多种交通工具汇集及旅客换乘的场所。现代城市的公共交通枢纽多采用综合立体换乘枢纽站的方式。

3.9 民政、宗教、司法

3.9.1 民政建筑 civil administration building

为人们提供民政事务服务的建筑。

3.9.2 养老院 home for the aged

为老年人提供集体居住，并具有相对完整的配套服务设施的场所。

3.9.3 儿童福利院 child welfare facilities

为孤残儿童提供照料、特殊教育、医疗、康复、国内外收养、家庭寄养等服务的场所。

3.9.4 殡仪馆 funeral parlor

提供遗体处理、火化、悼念和骨灰寄存等活动的场所。

3.9.5 悼念厅 mourning hall

举行遗体告别仪式和追悼会的场所。

3.9.6 火化间 crematory house

火化遗体的专用房间。

3.9.7 骨灰寄存处 cremains casket deposit

短期寄存骨灰并提供有关服务的场所。

3.9.8 司法建筑 judicial building

对行政诉讼、民事和刑事案件进行侦查、审判和处置的场所。

3.9.9 检察院 procuratorate

主要承担民事、刑事、行政、经济案件的侦察、预审、批捕和起诉，并对监狱、拘留所工作进行检察、监督的国家及地方各级检察机关的专用办公建筑。

3.9.10 法院 court of justice

行政诉讼、刑事或民事等案件的各级审判用房及法官办公的专用建筑。

3.9.11 公安局 public security bureau

为保障社会秩序、公共财产、公民权利等社会整体治安的国家及地方各级公安部门的专用办公建筑。

3.9.12 派出所 police station

公安部门基层机构(管理户籍和基层治安)的专用办公建筑。

3.9.13 监狱 prison

国家刑罚的执行机关、监禁罪犯服刑的场所。

3.9.14 看守(拘留)所 detain station

公安部门短期关押嫌疑人及违反治安管理人的专用场所。

3.9.15 宗教建筑 religious building

与各类宗教活动相关的建筑,包括佛教寺院、道观、清真寺、教堂等。

3.9.16 佛教寺院 Buddhist temple

放置佛教偶像及为佛教僧众和信徒从事佛教活动的聚居修行场所。

3.9.17 道观 Taoism temple

放置道教偶像及为道士和信徒从事其道教活动的聚居修行场所。

3.9.18 清真寺 mosque

伊斯兰教徒举行宗教活动的场所。

3.9.19 教堂 church

基督教或天主教放置宗教偶像、举行礼拜和重要宗教仪式的场所。

3.10 广播电视、邮政电信

3.10.1 广播电台 broadcasting station

编制和发送广播节目的建筑。

3.10.2 播音室 broadcasting studio

广播电台或广播站用来进行广播节目的特设房间。具有隔声和吸声的特殊构造,室内装有传声器、扩声器和录放设备。

3.10.3 录音室 recording room

广播电台进行录音的专用房间。

3.10.4 电视台 television broadcasting station

制作、加工和播出电视节目的建筑。一般由演播室、后期制作室、节目播出和电视微波天线塔等组成。

3.10.5 演播室 telecasting hall/room

用于电视节目制作的场所。

3.10.6 广播电视塔 broadcasting tower

用作广播和电视节目信号发射或信号收转的建(构)筑物。一般由天线、塔体和塔座组成。

3.10.7 邮政局 post-office

专门办理信件、包裹等的收寄和传递,报刊发行、汇兑及邮政储蓄等业务的建筑。

3.10.8 电信局 tele-communication office

利用电子设施来传送语音、文字、图像等信息业务的建筑。

3.11 建筑物理

3.11.1 建筑物理 architectural physics

研究建筑的物理环境科学,包括建筑热工学、建筑声学和建筑光学的学科。

3.11.2 建筑声源 reference sound source

具有稳定的功率输出和宽带频谱的声源,又称参考声源。它的主要用途是在用比较法测量噪声源声功率时作为参考声源,亦可在厅堂声场分布测量和现场隔声测量时作为声源用。

3.11.3 建筑声学 architectural acoustics

研究建筑物声环境的学科,包括厅堂音质设计与建筑物环境噪声控制两大部分,目的是创造符合人们听闻要求的声环境。

3.11.4 混响声 reverberation sound

当声源在室内连续稳定地辐射声波时,除直达声以外,经一次和多次反射声叠加的声波。

3.11.5 混响时间 reverberation time

当室内声场达到稳定状态后,声源停止发声,平均声能密度自原始值衰变到其百万分之一所需要的时间,即声源停止发声后下降60dB所需要的时间,以秒(s)计。

3.11.6 计权隔声量 weighted sound reduction index

评价建筑物及建筑构件空气声隔声等级的数值,单位:分贝(dB)。

3.11.7 建筑隔声 sound insulation

为改善建筑物室内声环境,隔离噪声的干扰而采取的措施。

3.11.8 建筑吸声 sound absorption

房间内各个表面、物体和房间内空气对声音的吸收,又称房间吸声。

3.11.9 噪声 noise

影响人们正常生活、工作、学习、休息,甚至损害身心健康的外界干扰声。

3.11.10 建筑光学 architectural lighting

研究天然光和人工光在城市和建筑中的合理利用,创造良好的光环境,满足人们工作、生活、美化环境和保护视力等要求的应用学科,是建筑物理的组成部分。

3.11.11 采光 daylighting

为保证人们生活、工作或生产活动具有适宜的光环境,使建筑物内部使用空间取得天然光照度,满足使用、安全、舒适、美观等要求的技术。

3.11.12 采光系数 daylight factor

在室内给定平面上的一点,由直接或间接地接收来自假定和已知天空亮度分布的天空漫射光而产生的照度与同一时刻该天空半球在室外无遮挡水平面上产生的天空漫射光照度之比。

3.11.13 采光系数标准值 standard value of daylight factor

室内和室外天然光临界照度时的采光系数值。

3.11.14 眩光 glare

由于视野中的亮度分布或亮度范围的不适宜,或存在极端的对比,以致引起不舒适感觉或降低观察细部或目标的能力的视觉现象。

3.11.15 光幕反射 veiling reflection

视觉对象的镜面反射,致使视觉对象的对比降低,以致部分地或全部地难以看清细部。

3.11.16 可见光反射率 visible reflectivity

在可见光谱(380nm～780nm)范围内,玻璃反射的光通量与入射在玻璃上的光通量之比。

3.11.17 可见光透射比 visible transmittance

在可见光谱(380nm～780nm)范围内,透过玻璃的光通量与投射在其表面上的可见光光通量之比。

3.11.18 太阳能透过率 sun transmittance

在太阳光谱(280nm～2500nm)范围内,紫外光、可见光和近红外光能量透过玻璃的太阳辐射能量与入射在玻璃上的太阳辐射能量比。

3.11.19 太阳能反射率 sun reflectivity

在太阳光谱(280nm～2500nm)范围内,玻璃反射紫外光、可见光和红外光能量与入射在玻璃上的太阳辐射能量之比。

3.11.20 建筑热工学 building thermotics

研究建筑物室内外热湿作用对建筑围护结构和室内热环境的影响,研究、设计改善热环境的措施,提高建筑物的使用质量的学科。

3.11.21 围护结构 building envelope

建筑物及房间各面的围挡物。

3.11.22 围护结构传热系数 overall heat transfer coefficient

在稳态条件下，围护结构两侧空气温度差为1K，单位时间内通过单位面积传递的热量。单位：W/(m^2·K)。

3.11.23 外墙平均传热系数 average overall heat transfer coefficient of external walls

外墙主体部位和周边热桥部位的传热系数平均值。按外墙各部位的传热系数对其面积的加权平均计算求得。单位：W/(m^2·K)。

3.11.24 热阻(R) thermal resistance

表示围护结构本身或其中某层材料阻抗传热能力的物理量。

3.11.25 围护结构表面换热阻(R_i、R_e) surface thermal resistance of building envelope

围护结构两侧表面空气边界层阻抗传热能力的物理量，为表面换热系数的倒数。在内表面，称为内表面换热阻(R_i)；在外表面，称为外表面换热阻(R_e)。

3.11.26 围护结构传热阻(R_0) total thermal resistance

围护结构(包括两侧空气边界层)阻抗传热能力的物理量，为结构热阻(R)与两侧表面换热阻之和。单位：(m^2·K)/W。

3.11.27 围护结构热惰性指标(D) thermal inertia index of building envelope

表征围护结构反抗温度波动和热流波动能力的无纲量指标，其值等于材料层热阻与蓄热系数的乘积。

3.11.28 材料蓄热系数 material heat store coefficient

当某一足够厚度的单一材料层一侧受到环境热作用时，表面温度将按同一周期波动，通过表面的热流波幅与表面温度波幅的比值。单位：W/(m^2·K)。

3.11.29 遮阳系数(SC) shading coefficient

相同条件下，透过玻璃窗的太阳能总透过率与透过3mm透明玻璃的太阳能总透过率之比。

3.11.30 建筑物体形系数(S) shape coefficient of building

建筑物与室外大气接触的外表面面积与其所包围的体积的比值。

3.11.31 窗墙面积比 area ratio of window to wall

窗户洞口面积与房间立面单元面积的比值。

3.11.32 窗地面积比 area ratio of glazing to floor

窗洞口面积与地面面积之比。

3.11.33 换气次数 air change time per hour

建筑物在单位时间内室内空气的更换次数。单位：次/h。

3.11.34 采暖耗煤量指标(Q_C) index of coal consumption for heating

在采暖期室外平均温度条件下，为保持室内计算温度，单位建筑面积在一个采暖期内消耗的标准煤量。单位：kg/m^2。

3.11.35 空调年耗电量(E_C) annual cooling electricity consumption

按照夏季室内热环境设计标准和设定的计算条件，计算出的单位建筑面积空调设备每年所要消耗的电能。

3.11.36 采暖年耗电量(E_h) annual heating electricity consumption

按照冬季室内热环境设计标准和设定的计算条件，计算出的单位建筑面积采暖设备每年所要消耗的电能。

3.11.37 采暖度日数(HDD18) heating degree day based on 18℃

一年中，当某天室外日平均温度低于18℃时，将低于18℃的度数乘以1天，并将此乘积累加。

3.11.38 空调度日数(CDD26) cooling degree day based on 26℃

一年中，当某天室外日平均温度高于26℃时，将高于26℃的度数乘以1天，并将此乘积累加。

3.11.39 典型气象年(TMY) typical meteorological year

以近30年的月平均值为依据，从近10年的资料中选取一年各月接近30年的平均值作为典型气象年。由于选取的月平均值在不同的年份，资料不连续，还需要进行月间平滑处理。

3.11.40 建筑遮阳 building sun shading

利用建筑构件或材料特性遮挡阳光辐射的设施。

3.11.41 建筑保温 building heat preservation

通过建筑手段减少室内热量损失的综合技术措施。

3.11.42 内保温 internal thermal insulation

将保温层布置在外墙靠室内一侧的构造方法。

3.11.43 外保温 external thermal insulation

将保温层布置在外墙靠室外一侧的构造方法。

3.11.44 气密性 air tightness

结构两侧有空气压力差时，单位时间透过单位表面积(或长度)的空气泄漏量的性能。表示围护结构或整个房间的透气性指标。气密性越好，透过的空气泄漏量越小。

3.11.45 建筑防热 buildings thermal shading

抵挡夏季室外热作用，防止室内过热所采取的建筑设计综合措施。

3.11.46 围护结构热工性能权衡判断 building envelope trade-off option

当建筑设计不能完全满足规定的围护结构热工设计要求时，计算并比较参照建筑和所设计建筑的全年采暖和空气调节能耗，判定围护结构的总体热工性能是否符合节能设计要求。

3.11.47 参照建筑 reference building

对围护结构热工性能进行权衡判断时，作为计算全年采暖和空气调节能耗用的假想建筑。

3.11.48 绿色建筑 green building

在建筑的全寿命周期内，最大限度地节约资源(节能、节地、节水、节材)，保护环境和减少污染，为人们提供健康、适用和高效的使用空间，与自然和谐共生的建筑。

3.12 建筑设备

3.12.1 建筑电气工程 building electrical engineering

电气装置、布线系统和用电设备的组合，用以满足建筑物预期的使用功能和安全要求。

3.12.2 公用接地系统 common earthing system

将各部分防雷装置、建筑物金属构建、低压配电保护线(PE)、等电位连接带、设备保护接地、屏蔽体接地、防静电接地及接地装置等连接在一起的接地系统。

3.12.3 建筑设备自动化系统(BAS) building equipment automation system

将建筑物或建筑群内的空调与通风、变配电、照明、给排水、热源与热交换、冷冻和冷却及电梯和自动扶梯等系统，以集中监视、控制和管理为目的构成的综合系统。

3.12.4 通信网络系统(CNS) communication network system

由应用计算机技术、通信技术、多媒体技术、信息安全技术和行为科学等先进技术及设备构成的信息网络平台。借助于这一平台实现信息共享、资源共享和信息的传递与处理，并在此基础上开展各种应用业务。

3.12.5 智能化集成系统(IIS) intelligentized integration system

将不同功能的建筑智能化系统，通过统一的信息平台实现集成，以形成具有信息汇集、资源共享及优化管理等综合功能的系统。

3.12.6 火灾报警系统(FAS) fire alarm system

由火灾探测系统、火灾自动报警及消防联动系统和自动灭火系统等部分组成,实现建筑物的火灾自动报警及消防联动。

3.12.7 安全防范系统(SAS) security alarm system

根据建筑安全防范管理的需要,综合运用电子信息技术、计算机网络技术、视频安防监控技术和各种现代安全防范技术构成的用于维护公共安全、预防刑事犯罪及灾害事故为目的的,具有报警、视频安防监控、出入口控制、安全检查、停车场(库)管理的安全技术防范体系。

3.12.8 监控中心 monitoring and controlling center

对建筑物(群)进行消防、安防及机电设备进行监控的中心机房,通常位于建筑物一层或其他可直达室外的部位。

3.12.9 暖通工程(HVAC) heating; ventilation and air conditioning

为改善建筑室内环境,以达到适宜的室内温湿度及工作条件的工程技术。

3.12.10 采暖 heating;space heating

使室内获得热量并保持一定温度,以达到适宜的生活条件或工作条件的技术,也称供暖。

3.12.11 通风 ventilation

采用自然或机械方法,对室内空间进行换气,以达到卫生、舒适、安全的室内环境。

3.12.12 空气调节 air conditioning

使房间或封闭空间的空气温度、湿度、洁净度和气流速度等参数,达到给定要求的技术。

3.12.13 集中式空气调节系统 central air conditioning system

集中进行空气处理、输送和分配的空气调节系统,又称全空气系统。

3.12.14 新风系统 fresh air system

为满足卫生要求而向各空气调节房间供应经过集中处理的室外空气的系统。

3.12.15 风机盘管加新风系统 primary air ventilator coil system

以风机盘管机组作为各房间的空调末端装置,同时用集中处理的新风系统满足各房间新风需要量的空气-水系统。

3.12.16 制冷 refrigeration

用人工方法从一物质或空间移出热量,以便为空气调节、冷藏和科学研究等提供冷源的技术。

3.12.17 冰蓄冷 ice storage

利用用电峰谷及差价,在夜间用制冰机制成一定数量的冰预先贮存,以备白天空调系统运行时使用的技术。

3.12.18 防烟系统 smoke protection system

采用机械加压送风方式或自然通风方式,防止烟气进入疏散通道的系统。

3.12.19 排烟系统 smoke extraction system

采用机械排烟方式或自然通风方式,将烟气排至建筑物外的系统。

3.12.20 给水系统 water supply system

由取水、输水、水质处理和配水等设施所组成的系统。

3.12.21 排水系统 plumbing system

由收集、输送、处理污水、雨水等设施所组成的系统。

3.12.22 中水系统 reclaimed water system

将各种排水经处理并达到规定的水质标准后回用的水系统。

3.12.23 管道直饮水 pipe in direct drinking water

把自来水或达到生活饮用水标准的水源水经过深度处理后可直接饮用的水,通过管网及供水设施送至用户。

3.12.24 雨水利用系统 rain utilization system

雨水入渗系统、收集回用系统、调蓄排放系统的总称。

3.12.25 热水供应系统 hot water supply system

由热交换器、管网及配件等组成,供给建筑物或配水点所需热水的系统。

3.12.26 消火栓系统 fire hydrant system

由消防水泵、消火栓、管网及压力传感器、消防控制电路等组成,火灾时消防水泵启动,向管网供应消防用水扑灭火灾的系统。

3.12.27 气体灭火系统 gas fire extinguishing system

由喷头、管道、气体钢瓶、火灾探测器、消防控制电路等组成,灭火介质为气体的灭火系统。

3.12.28 泡沫灭火系统 foam extinguishing system

由泡沫发生器、比例混合器、泡沫液储罐、管网及配件、供水设施、消防控制电路等组成,灭火介质为泡沫的灭火系统。

3.12.29 水喷雾灭火系统 water spray fire extinguishing system

由水源、供水设备、管道、雨淋阀组、过滤器和水雾喷头、火灾探测器、消防控制电路等组成,向保护对象喷射水雾灭火或防护冷却的灭火系统。

3.12.30 细水雾灭火系统 water mist fire extinguishing system

具有一个或多个能够产生细水雾的喷头,并与供水设备或雾化介质相连,可用于控制、抑制及扑灭火灾的灭火系统。

3.12.31 自动喷水灭火系统 sprinkler automatic systems

由洒水喷头、报警阀组、水流报警装置(水流指标器或压力开关)等组件,以及管道、供水设施组成,并能在发生火灾时喷水的自动灭火系统。

3.12.32 自动消防炮灭火系统 automatic fire monitor extinguishing system

能自动完成火灾探测、火灾报警、火源瞄准和喷射灭火剂灭火的消防炮灭火系统。

3.12.33 大空间智能型主动喷水灭火系统 automatic water extinguishing device in large-space site

由智能型灭火装置(大空间智能灭火装置、自动扫描射水灭火装置、自动扫描射水高空水炮灭火装置)、信号阀组、水流指示器等组件以及管道、供水设施组成,能在发生火灾时自动探测着火部位并主动喷水的灭火系统。

3.12.34 虹吸式屋面雨水排水系统 roof siphonic drainage systems

按虹吸满管压力流原理设计,管道内雨水的流速、压力等可有效控制和平衡的屋面雨水排水系统。一般由虹吸式雨水斗、管材(连接管、悬吊管、立管、排出管)、管件、固定件等组成。

中华人民共和国国家标准

民用建筑设计术语标准

GB/T 50504—2009

条 文 说 明

目　次

1 总　　则

1.0.2 本标准主要收录了房屋建筑工程中常用的民用建筑设计通用术语和专用术语。古建筑的专用术语由于其特殊性，未予收录。

2 通用术语

2.1 基本术语

2.1.3 在我国，建筑作为营造成果时常与"建筑物"、"房屋"通用；在西方国家，只有具备设计与营造艺术的才称建筑。

2.1.6 中国建筑师需通过国家考试并注册方成为注册建筑师。

2.2 建筑分类

2.2.1 按照建筑的使用功能及属性进行分类，一般分为民用建筑、工业建筑和农业建筑；按照建筑的层数或高度进行分类，一般分为低层建筑、多层建筑、高层建筑和超高层建筑。另外还有按照建筑的规模、重要程度、复杂程度等的分类方法。相应的建筑设计规范、建筑设计防火规范、工程勘察设计收费标准等建筑标准、规范对不同的建筑类型有不同的规定。

2.3 设计前期工作、设计依据、设计程序

2.3.1 计划经济时期，设计前期工作由国家、省、市各级计委、建委制定，建筑师并不参与此阶段工作。改革开放后，国家开始推行社会主义市场经济，并逐步与国际建筑市场接轨，中国建筑师也开始像国外建筑师一样，受雇于业主或协助业主做建筑项目的开发、策划等设计前期工作。

2.3.2 为了加强建设项目的设计前期工作，对项目的可行性进行充分的论证，国家从20世纪80年代初期规定了在基本建设程序中增加项目建议书这一步骤。项目建议书经批准后，可以进行可行性研究工作。自2004年国家投资体制改革后，项目建议书仍为需要政府审批的建设项目必要的基本建设程序步骤。对于政府核准的建设项目，建设单位需提出项目申请报告。而属于政府备案的建设项目，建设单位则需提供相关的说明材料。

2.3.3 国家从20世纪80年代初期将可行性研究工作正式纳入基本建设程序，规定大中型项目、重大技术改造项目、利用外资和引进技术、设备项目等都要进行可行性研究。承担可行性研究的单位应是经过资格审定的规划、设计和工程咨询单位。凡通过可行性研究的建设项目，可编制向上级报送的可行性研究报告。由于可行性研究报告是建设项目最终决策和进行设计的重要依据，要求它必须有一定的深度和准确性。

2.3.4 可行性研究报告编制上报后，由决策部门组织有资格的单位、专家对可行性研究报告进行评估。评估单位、专家在评估工作完成后，汇总各方面的评估结果写出评估报告。评估报告对建设项目的可行性研究报告做出结论性的意见和建议，报送决策单位。

2.3.5 概念设计是近年来引进的设计方法和设计程序，常用于大中型建设项目设计前期工作中对项目的初步研究和假想题目的学术性探讨。与实施方案不同，建筑的概念设计更强调建筑师的设计理念和创意。

2.3.6 设计依据是整个设计工作的基础和导则。作为设计依据的法律性文件有相关法规、政策文件、政府有关部门的批文及审查意见、工程建设标准、设计合同、设计任务书、地质勘察报告及有关设计资料等。

2.3.7 按照我国的标准化法，我国工程建设标准分为国家标准、行业标准、地方标准、企业标准四级。四级标准的编制原则是下一级的标准规定的技术要求不得低于上一级的标准，国家标准是市场准入标准。工程建设标准从法律属性上还分强制性标准和推荐性标准两类。本条所指的工程建设标准是技术标准，不同于为国家投资建设项目所制定的旨在控制建设规模、投资水平的建设标准。

2.3.8 规划设计条件的内容主要有征地面积、用地面积、总建筑面积、容积率、建筑密度、绿地率、建筑后退红线距离、建筑控制高度、机动车及非机动车停放数量、建设基地与市政道路的连接方向和市政管线的接口位置等。

2.3.9 设计任务书是工程设计的主要设计依据，其内容主要有建设规模、功能要求、工艺要求、设备设施水平、装修标准等。设计竞赛常由竞赛组织方提出设计任务书，此时的设计任务书一般只对设计竞赛的内容和规则进行规定，并不具有委托设计的意图。

2.3.10 设计合同中，应确定设计内容，规定提交勘察、设计基础资料、设计文件的时间和设计的质量要求，以及其他协作条件等条款。设计合同中，应依据国家有关规定，确定设计费用及支付方式，并明确产生合同纠纷时的解决方法及途径。

2.3.11 地形图中应标明方向与坐标，地形的高程与等高线，水系的走向与范围，以及现有房屋、道路、铁路、树木、管线等地物的位置。

2.3.12 由于常以红线表示建设用地的边界线，亦称作红线图。用地红线图中城市规划管理部门给出红线的拐点坐标或相应的尺寸，以确定建设用地的范围。

2.3.15 从20世纪50年代开始，国务院以及国家中财委、计委、建委对我国基本建设工作所发的历次文件中，规定基本建设工作的设计程序一般分为初步设计、技术设计和施工图设计三个阶段，或初步设计（或称扩大初步设计）、施工图设计两个阶段。这种划分设计阶段的规定至今是我国基本建设工作的设计程序。而本标准主要针对民用建筑工程所编制，根据住房与城乡建设部颁布的《建筑工程设计文件编制深度规定》(2008年版)，民用建筑工程的设计程序一般分为方案设计、初步设计和施工图设计三个阶段。因此本标准将方案设计、初步设计和施工图设计三个建筑术语收录。

2.4 主要设计文件与技术经济指标

2.4.1 各阶段设计文件的内容与深度应执行住房和城乡建设部颁布的《建筑工程设计文件编制深度规定》。

2.4.13 根据物体的主要面与画面的相对关系不同，透视图分为：有一个灭点（消失点）的透视图；有两个灭点的透视图和有三个灭点的透视图。简称：一点透视、二点透视和三点透视。

2.4.14 不同类型的设计项目有不同的指标规定。城市规划设计、居住区规划设计、公共建筑设计、住宅建筑设计等都有相应的设计技术经济指标规定。

2.4.21 建筑面积是衡量建筑规模的一种指标，也是控制建筑设计经济性的一个重要数据。建筑面积的计算应按照国家统一规定进行，这样指标和数据才有可比性。

2.4.23 使用面积系数常用在公共建筑与居住建筑设计的经济分析中。这个系数一般越大越好，说明面积利用率越高，也就越经济。

2.4.27 建筑高度的计算根据日照、消防、旧城保护、航空净空限制等不同要求，略有差异。

2.4.28 规划设计时应综合考虑防火、防震、日照、通风、采光、视

线干扰、防噪、绿化、卫生、管线埋设、建筑布局形式以及节约用地等要求，确定合理的建筑间距。

2.4.31 标高分为相对标高和绝对标高。相对标高是假定建筑物某一楼（地）面的完成表面为起始点，称为相对标高的零点，高于它的楼（地）面标高为“正”值，低于它的楼（地）面标高为“负”值。相对标高一般表示建筑物各楼层地面及主要构件等与首层室内地面的高度关系。绝对标高是相对于某海平均海平面的高差，在中国以青岛黄海的平均海平面为起始点。绝对标高一般用在地形图与总图设计中。

2.5 通用空间

2.5.17 楼梯间一般分为敞开楼梯间、封闭楼梯间和防烟楼梯间。

2.6 建筑部件与构件

2.6.3 梁又细分为主梁(main beam)、次梁(secondary beam)、井字梁(cross beam)等。主梁是指将楼盖荷载传递到柱、墙上的梁；次梁是指将楼面荷载传递到主梁上的梁；井字梁是指由同一平面内相互正交或斜交的梁所组成的结构构件，又称交叉梁或格形梁。

2.6.9 一般有推拉式、折叠式、悬挂式等木制隔板或玻璃隔断，也有用家具、屏风、陈设等活动构件作为临时分隔室内空间的设施。

2.6.10 常见的有玻璃幕墙、石材幕墙、复合材料板幕墙和各种金属幕墙等。

2.6.11 楼梯形式可分为单跑楼梯、双跑楼梯、三跑楼梯、剪刀楼梯、螺旋楼梯、曲线楼梯及折线楼梯等；按材料分有木楼梯、钢楼梯、混凝土楼梯以及其他一些新型材料组合的楼梯；按结构形式分常见的有板式楼梯、梁式楼梯、悬挑楼梯等。

2.6.12 栏杆一般为透空构件，实心的防护构件称为栏板。

2.6.19 窗有多种形式，如转角窗、凸窗（飘窗）、落地窗等。

2.6.22 在厨房、锅炉房的炉灶部位都需设置烟道，烟道超出屋面的部分，称为烟囱。烟道上端为防风雨倒灌，常设置风帽。低层建筑一般设独立烟道，多层或高层建筑则多用子母烟道。

2.6.23 在卫生间、浴室、厨房等散发水气、油烟或有害气体的房间，人多的房间以及寒冷地区冬季门窗关闭的房间，都应设置通风道，以调节空气。

2.6.32 应是符合一定坡度使用要求的斜坡道。礓礤(ramp)是坡道斜面做成带有若干锯齿槽状的防滑坡道。

2.6.35 在建筑屋面构造层内加一层或几层防水材料（称防水层），防水层下面有找平层，上面有保护层，以防止屋面雨水渗漏至室内。

2.6.37 将汇水面积较大的平屋面分成若干部分，分别排向排水沟槽。排水方式可分为内排水和外排水。

2.6.38 于屋面檐口处或排水沟槽最低点设若干屋面排水出口，且通向雨水立管（称为有组织排水——指雨水由管道收集后排放），或由滴水管排出[称为无组织排水——指雨水由滴水口（管）直接排放至室外地面]。

2.6.42 有的房间顶棚直接为楼板，或者为吊顶。

3 专用术语

3.1 居 住

3.1.1 一般配置家具和必要的生活用具，供家庭居住使用的建筑称为住宅。

3.1.19 起居室是住宅内最主要的房间，它是家庭居住者活动的中心。有的起居室还兼有用餐的功能。中国传统住宅中的堂屋与起居室有相似之处。

3.2 教 育

3.2.5 职业技术学校按其学历的高低一般可分为初等职业技术学校、中等职业技术学校、高等职业技术学校。

3.2.6 特殊教育学校一般由政府、企业事业组织、社会团体、其他社会组织及公民个人依法举办。按接受教育对象的不同可分为盲人学校、聋哑学校、智障学校等。

3.2.10 学校内的风雨操场是上体育课，进行体操、器械运动、球类活动及比赛等体育活动，并兼作表演、演出、集会等各种集体活动的场所。

3.2.12 实训楼是近年来在专业技术学校中新出现的一种建筑类型，主要用于专业技能的培训。

3.2.13 实验教室应配置相应的器材室、实验准备室、管理人员室等。

3.3 办公科研

3.3.1 办公建筑的构成一般包括普通办公室、高级办公室、会议室、打字室、绘图室、档案室、资料室以及会客室、收发室等。

3.3.2 办公室一般可分为以下几种类型：

1 单间式办公室：以一个开间（亦可以几个开间）和以一个进深为尺度而隔成的独立办公空间形式。

2 大空间式办公室：指空间大而敞开不加分隔或以灵活隔断分隔的办公室。

3 单元式办公室：由接待空间、办公空间、专用卫生间以及服务空间等组成的相对独立的办公空间形式。

3.3.8 专用实验室的特定环境要求为：恒温、恒湿、洁净、无菌、吸声、隔声、防振、防辐射、防电磁干扰等。

3.4 商业金融

3.4.12 旅馆通常包括饮食或其他服务，也称为宾馆、酒店等。按设施、设备、环境和服务质量划分等级。

3.4.14 汽车旅馆通常设有充足的车位，规模较大的汽车旅馆也有较完备的饮食和娱乐服务，并附公厕、加油站之类的设施。

3.4.16 银行是经营货币资本、充当债务人和债务人中介的企业营业机构，分为中央银行、汇兑银行、储蓄银行、信托银行和普通银行等几类。在我国，它具有动员闲散资金、集中信贷、组织结算、调节货币流通、代理国库等职能。

3.5 文化娱乐、文物、园林

3.5.1 文化娱乐建筑包括剧院、电影院、音乐厅、曲艺场、游乐场、歌舞厅、棋室、保龄球及台球室、舞厅、儿童游乐场等。

3.5.2 文化宫（文化中心）应具备举办讲座、展览、阅览、演出，向群众进行宣传教育，并组织和辅导群众业余艺术表演和文艺创作等活动的功能。一般包括群众活动用的观演、游艺、交谊、展览和阅览用房等；学习辅导用的排练厅、美术书法教室、普通教室等；专业工作用的文艺、美术、音乐、舞蹈、戏曲、摄影等工作室以及群众文化研究室、指导办公室和行政管理用房。小型的称为文化馆、艺术馆、文化站。

3.5.3 剧院可区分为：歌剧院、舞剧院、话剧院、地方戏剧（曲）院、木偶剧院、儿童剧院等。一般剧院由为观众服务用房（观众厅、休息厅、小商店、舞厅、饮食店、游戏室、录像室等）、为演出服务用房（舞台、化妆室、工作室等）以及办公管理、设备技术用房等组成。

3.5.4 音乐厅平面一般采用扇形、矩形或不规则形，演奏大厅的声学设计要求较高，体积小于 $25000m^3$ 的音乐厅，最好不用扩音系统而用建筑声学进行声学设计。

3.5.5 电影院的设计取决于影片系统，可分为 35mm 普通银幕影片，35mm 变形法宽银幕影片，70mm 宽胶片影片，180°、360°环幕影片以及数字电影。电影院可分为单厅式或多厅式影院、独立式影院、附建式影院、汽车电影院。电影院由观众厅、公共区域、放映机房、管理、设备用房以及为观众服务的其他用房组成。

3.5.10 舞台大体可分为传统的箱形舞台和观众可以从三面观看表演的伸出式(半岛式)舞台。箱形舞台一般包括主台及侧台、乐池等，在大型剧院中，有时还设有后舞台。

3.5.11 化妆室是剧院后台中最主要的部分，所占面积较大，数量也较多。化妆室有单人、双人和集体化妆室之分。

3.5.15 少年宫(少儿活动中心)一般由科技活动部分(无线电、航模、天文、气象等)、文艺活动部分(讲演、排练、琴房、绘画、书法、舞蹈、游艺等)、体育活动部分、公共活动部分(阅览、电影、剧场等)及办公辅助用房组成。属于同一类机构的还有少年活动站、少年之家、少年科技馆(站)等。

3.5.17 特藏书库的藏书范围包括珍本、善本、手稿、特种文献、地方文献、声像资料、缩微资料等。一般不作流通参考，只供特殊研究，需要有特殊的存放设备和规定的恒温、恒湿环境。

3.5.18 熏蒸室为图书馆、档案馆的技术用房。

3.5.19 档案馆可按其收集档案的性质分为综合档案馆和专门档案馆。收集、保管、研究和提供多种门类档案资料的档案馆为综合档案馆，收集、整理、保管、提供利用某一专业领域或某种载体形态档案资料的为专门档案馆。

3.5.20 博物馆可分为综合性博物馆和专科性博物馆两类。如历史博物馆、自然博物馆等。博物馆一般由陈列区、藏品库区、技术和办公用房、观众服务设施等组成。陈列区包括基本陈列室、专题陈列室、临时展室、室外陈列场、报告厅及其他辅助用房组成。一般应使展出具有灵活性，可以全部开放，也可局部开放。

3.5.21 展览馆可分为综合展览馆和专业展览馆，一般由展览区、观众服务区、展品储存加工区和办公后勤区组成。有许多国家参加的规模宏大的产品、技术、文化、艺术展览及娱乐活动的临时建筑称国际博览会，同样也属展览馆类建筑。

3.5.25 纪念性建筑以精神功能为主，纪念性建筑有：纪念堂、纪念碑、纪念柱、纪念塔、纪念雕像、纪念亭和纪念庭园等。

3.5.29 园林小品一般没有内部空间，体量小巧，造型别致，富有特色。园林小品有供休息的小品如园椅、园凳、园桌，装饰性小品如园灯、雕塑，展示性小品和服务性小品如垃圾箱、指路牌、导游牌等。

3.6 医疗卫生

3.6.1 医疗卫生建筑可分为三类：

1 医疗预防机构：包括医院、疗养院、疾病控制中心、妇幼保健机构及各类防治所；

2 卫生防疫、药政机构：包括卫生防疫站、药政机构及中心血库；

3 医疗医学教学机构：包括医科、卫生学校、培训基地以及各类医疗、医学研究机构。

3.6.2 医院按性质可分为综合医院、专科医院、儿科医院、中医医院和社区医院。医院的组成为：门诊部、急诊部、住院部、诊断医疗技术部、行政后勤服务部。有些医院兼作教学医院。

3.6.4 专科医院通常有传染病院、精神病院、口腔医院、结核病院、妇产医院、康复中心和疗养院等。

3.6.5 急救中心一般分为三种基本模式：

1 独立急救中心；

2 医科大学急救中心；

3 综合医院急救中心。

3.6.6 门诊部的主要用房包括各科诊室、诊断与治疗部分、候诊室、挂号室、取药收费处等。

3.6.7 急诊部包括急诊诊室、抢救室、留观病房(观察室)与检查、治疗、处置部分。急诊部一般 24h 工作，其位置应明显易找，夜间能自成独立的工作系统。

3.6.9 候诊室可分为厅式候诊、廊式候诊、廊室结合分科二次候诊等形式。候诊空间应紧邻诊察、治疗室。

3.6.10 住院部包括入院管理部分与病房部分，也有将中心供应室与手术室设在住院部的建筑内。

3.6.11 护理单元一般由 35 张～45 张病床(专科病房或因教学科研需要者可小于 30 床)、抢救室、病人厕所、盥洗室、浴室、护士站、医生办公室、处置室、治疗室、医护人员值班室、男女更衣室、医护人员厕所以及配餐室、库房、污洗室组成。还可根据需要配备病人餐室兼活动室、主任医生办公室、换药室、病人、家属谈话室、探视用房、教学医院的示教室。

3.6.12 医技部是医院住院部与门、急诊部的技术支持中心，主要包括放射科、治疗科、检验科、理疗科、机能诊断科、中西药房以及中心消毒供应部等。

3.6.13 手术室可分为有菌手术室与无菌手术室，其标准是按照每立方毫米体积中所含细菌粒的数量来区分。

3.6.14 中心消毒供应部主要包括：接收室、洗涤室、消毒室、敷料制作室、无菌储存室、分发室和备用物品储存室。

3.6.15 光疗、电疗、水疗、蜡疗、体疗和针灸等都属于理疗的范畴。

3.7 体 育

3.7.1 体育建筑一般由场地、设施、附属用房等组成，有的还设有观众席。体育建筑类型日渐繁多，如体育场等田径类建筑；体育馆等球类、体操类建筑；游泳池馆等水上运动建筑；冰球场馆等冰上运动建筑；滑雪场等雪地运动建筑；以及赛车场、赛马场、射箭射击场、高尔夫球场等。

3.7.2 体育场是设有田径场、足球场和固定看台的大型室外体育建筑，是开展体育运动的重要场所。田径场一般包括 6 条～8 条 400m 长的半圆式径赛跑道和田赛场地。田赛场地主要安排在弯道围成的半圆形场地和直道场地上，场地中心为足球场，场地长轴应以南北向为主，也可稍偏一定角度。体育场观众容量较大，要做好人流组织及疏散设计，看台下空间的合理利用也应予充分重视。

3.7.3 体育馆广义上是供室内体育比赛和体育锻炼用的建筑，近年来渐趋专指提供室内体育比赛并设有观众坐席的建筑，同健身房、练习馆明确地区别开来，多兼作文艺演出、集会、展览以及训练等多种用途。

3.7.4 室外的称作游泳池(场)，室内的称作游泳馆(房)。主要由比赛池和练习池、看台、辅助用房及设施组成。

3.7.8 训练房(馆)是体育场附设的赛前热身和练习用的室内体育建筑。有球类、体操、游泳、滑冰、田径等训练房之分。空间大小应满足多种训练要求。

3.8 交 通

3.8.1 交通建筑按交通方式的不同又可分为航空港、铁路旅客站、长途汽车客运站、地铁(轻轨)客运站、港口客运站、城市轮渡客运站等类型。

3.8.12 行李房一般包括行包托取处及行包仓库，小站可集中设置，大站可将行包的托运处和提取处分开布置。

3.9 民政、宗教、司法

3.9.1 在我国，民政包括选举、行政区划、地政、户政、国籍、民工动员、婚姻登记、社团登记、优抚救济等。

3.9.2 养老院主要接待有自理能力的老人；老年人护理院主要接待无自理能力的老人；托老所是为老年人提供寄养的养老服务设施。

3.9.4 我国是一个地域辽阔的多民族国家，不同地区和不同民族的丧葬习俗各不相同，殡仪馆的建筑设计需要将丧葬习俗考虑在内。

3.9.9 检察院建筑组成主要为各机构的办公室、机要室、档案室、资料室和技术处理室，一般还要单独设立举报中心和控告、申诉、信访接待室。

3.9.10 法院建筑一般由办公和法庭两大部分组成。办公部分包括办公室、会议室、来访接待室、民事纠纷调停室和法律常识咨询室等；法庭部分包括法庭、合议庭、会议室、暂押处以及法官、律师、证人、证物、资料等用房。

3.9.14 公安部门对受侦查人（嫌疑人）在规定时间内的暂时关押，是一项紧急措施；对违反治安管理人的短期关押，是一项行政处罚。

3.9.16 佛教在两汉之际传入我国，其建筑在南北朝至隋唐达到高峰，如佛教寺院、塔、经幢及石窟寺等。

3.9.19 公元4世纪初基督教成为罗马帝国国教后，始建教堂。11世纪有罗马式教堂，12世纪有哥特式教堂，15世纪又有文艺复兴时期的古典式教堂，正教和其他东方教会还有拜占庭式等。

3.10 广播电视、邮政电信

3.10.1 广播电台的主要功能是把编制好的广播节目（包括新闻、评论、通讯、讲话、录音报导、文艺、实况等）直接播出或制成录音带播出。

3.10.3 录音室对建筑声学有较高要求，内部装备有完善的传声器和录放设备。

3.10.8 电信局一般分为无线通信建筑和有线通信建筑两大类。无线通信建筑为微波站、无线电台、卫星通信地面站等。有线通信建筑为市内电话局、长途电信枢纽站、电报局等。

3.11 建筑物理

3.11.7 建筑隔声包括两方面：一是隔离由空气传播来的噪声，另一方面是隔离由建筑结构传播的振动能量而辐射出来的噪声。

3.11.8 建筑吸声常用于室内音质设计和噪声控制工程中。前者靠建筑吸声满足最佳混响时间的要求，后者靠建筑吸声减噪，以达到一定的室内（外）环境的噪声标准。

3.11.21 围护结构分透明和不透明两部分，不透明围护结构有墙体、屋顶、楼板和地面等，透明围护结构有窗户、天窗和阳台门。按是否同室外空气直接接触以及在建筑物中的位置，又可分为外围护结构和内围护结构。

3.11.24 单一材料围护结构热阻 $R=\delta/\lambda_c$。δ 为材料层厚度(m)，λ_c 为材料的导热系数计算值[$W/(m^2 \cdot K)$]。多层材料围护结构热阻 $R=\sum(\delta/\lambda_c)$。单位为($m^2 \cdot K$)/W。

3.11.25 表面换热阻具体数值可按《民用建筑热工设计规范》GB 50176 取用。

3.11.27 单一材料围护结构热惰性指标 $D=R \cdot S$；多层材料围护结构热惰性指标 $D=\sum(R \cdot S)$。式中 R、S 分别为围护结构材料层的热阻和蓄热系数。D 值越大，温度波在其中的衰减越快，围护结构热稳定性越好。

3.11.28 材料蓄热系数可通过计算确定，或从《民用建筑热工设计规范》GB 50176 附录四附表 4.1 中查取。

3.11.30 建筑物的外表面积不包括地面和不采暖的楼梯间内墙和户门的面积。

3.11.31 房间立面单元面积指建筑层高与开间定位线围成的面积，窗墙面积比也可解释为窗户洞口面积与同朝向墙面总面积（包括窗面积在内）之比。

3.11.35 为了将夏季卧室和起居室的空气温度控制在设计指标26℃并保持每小时一次的通风换气量，空调设备或系统要消耗一定量的电能，将空调设备或系统消耗的电量除以建筑面积，就得到空调年耗电量 E_c，单位为($kW \cdot h$)/m^2。

3.11.36 为了将冬季卧室和起居室的空气温度控制在设计指标18℃并保持每小时一次的通风换气量，采暖设备或系统要消耗一定量的电能，将采暖设备或系统消耗的电量除以建筑面积，就得到采暖年耗电量 E_h，单位为($kW \cdot h$)/m^2。

3.11.37 由于室外空气温度的随时变化，每天都会有一个不同的日平均温度。将一年365d平均温度中低于18℃的日平均温度与18℃之间的差乘以1d，然后累加，就得到了以18℃为基准的采暖度日数HDD18。

3.11.38 由于室外空气温度的随时变化，每天都会有一个不同的日平均温度。将一年365d平均温度中高于26℃的日平均温度与26℃之间的差乘以1d，然后累加，就得到了以26℃为基准的空调度日数CDD26。

3.11.39 对建筑物进行全年动态能量模拟分析时，要输入气象资料。一般应用典型气象年、能量计算气象年等，居住建筑的节能设计标准采用典型气象年进行分析计算。

3.11.41 建筑保温包括综合措施和外围护结构保温两方面。综合措施：在总体规划中合理布置房屋位置、朝向，使其在冬季能获得日照而又不受冷风袭击；在单体设计时，应在满足功能要求的前提下采用体型系数小的方案。外围护结构保温：屋顶、外墙和外窗应有满足规定的传热系数，外窗还应满足气密性要求；地面应有一定的热阻以控制热损失。

3.11.45 建筑防热主要内容有：在城市规划中，正确地选择建筑物的布局形式和建筑物朝向；在建筑设计中选用适宜、有效的围护结构隔热方案；采用合理的窗户遮阳方式；争取良好的自然通风；注意建筑环境的绿化等以创造舒适的室内生活、工作环境。

3.11.46 围护结构热工性能权衡判断是一种性能化的设计方法。建筑节能要求围护结构的热工性能应满足规定的指标，但所设计的建筑物有时不能同时满足所有规定性指标，在这种情况下，可以通过不断调整设计参数并计算能耗，最终达到所设计建筑全年的空气调节和采暖能耗不大于参照建筑的能耗的目的。

3.11.47 参照建筑是计算全年空气调节和采暖能耗用的假想建筑，参照建筑的形状、大小、朝向以及内部划分和使用功能与所设计建筑完全一致，但围护结构热工参数和体型系数、窗墙面积比等重要参数应符合节能标准的规定指标。

3.12 建筑设备

3.12.10 采暖一般分为以下几种形式：

1 集中采暖：热源和散热设备分别设置，由热源通过管道向各个房间或各个建筑物供给热量的采暖方式。

2 局部采暖：为使室内局部区域或局部工作地点保持一定温度要求而设置的采暖。

3 连续采暖：对于全天使用的建筑物，使其室内平均温度全天均能达到设计温度的采暖方式。

4 间歇采暖：对于非全天使用的建筑物，仅在其使用时间内使室内平均温度达到设计温度，而在非使用时间内可自然降温的采暖方式。

3.12.11 通风一般分为以下两种形式：

1 自然通风：在室内外空气温差、密度差和风压作用下实现室内换气的通风方式。

2 机械通风：利用通风机械实现换气的通风方式。

3.12.24 雨水入渗系统：将雨水转化为土壤水，地面入渗、埋地管渠入渗、渗水池井入渗等的总称。收集回用系统：对雨水进行收集、储存、水质净化，把雨水转化为产品水，用于绿化浇洒、水景补水等。调蓄排放系统：把雨水排放的流量峰值减缓、延长排放时间。

3.12.34 虹吸式的排水系统能充分利用雨水的动能，具有水平管道不需要坡度，所需安装空间小的特点，一般适用于公共建筑、厂房和库房等大型屋面。

中华人民共和国国家标准

无障碍设计规范

Codes for accessibility design

GB 50763—2012

主编部门：中华人民共和国住房和城乡建设部
批准部门：中华人民共和国住房和城乡建设部
施行日期：2 0 1 2 年 9 月 1 日

中华人民共和国住房和城乡建设部
公　　告

第1354号

关于发布国家标准《无障碍设计规范》的公告

现批准《无障碍设计规范》为国家标准，编号为GB 50763－2012，自2012年9月1日起实施。其中，第3.7.3（3、5）、4.4.5、6.2.4（5）、6.2.7（4）、8.1.4条(款)为强制性条文，必须严格执行。原《城市道路和建筑物无障碍设计规范》JGJ 50－2001同时废止。

本规范由我部标准定额研究所组织中国建筑工业出版社出版发行。

中华人民共和国住房和城乡建设部

2012年3月30日

前　　言

本规范是根据住房和城乡建设部《关于印发〈2009年工程建设标准规范制订、修订计划〉的通知》（建标［2009］88号）的要求，由北京市建筑设计研究院会同有关单位编制完成。

本规范在编制过程中，编制组进行了广泛深入的调查研究，认真总结了我国不同地区近年来无障碍建设的实践经验，认真研究分析了无障碍建设的现状和发展，参考了有关国际标准和国外先进技术，并在广泛征求全国有关单位意见的基础上，通过反复讨论、修改和完善，最后经审查定稿。

本规范共分9章和3个附录，主要技术内容有：总则，术语，无障碍设施的设计要求，城市道路，城市广场，城市绿地，居住区、居住建筑，公共建筑及历史文物保护建筑无障碍建设与改造。

本规范中以黑体字标志的条文为强制性条文，必须严格执行。

本规范由住房和城乡建设部负责管理和对强制性条文的解释，由北京市建筑设计研究院负责具体技术内容的解释。

本规范在执行过程中，请各单位注意总结经验，积累资料，如发现需要修改和补充之处，请将有关意见和建议反馈给北京市建筑设计研究院（地址：北京市西城区南礼士路62号，邮政编码：100045），以便今后修订时参考。

本规范主编单位：北京市建筑设计研究院

本规范参编单位：北京市市政工程设计研究总院
上海市市政规划设计研究院
北京市园林古建设计研究院
中国建筑标准设计研究院
广州市城市规划勘测设计研究院
北京市残疾人联合会
中国老龄科学研究中心
重庆市市政设施管理局

本规范主要起草人员：焦　舰　孙　蕾　刘　杰　杨　旻　刘思达　聂大华　段铁铮　朱胜跃　赵　林　祝长康　汪原平　吕建强　褚　波　郭　景　易晓峰　廖远涛　王静奎　郭　平　杨　宏

本规范主要审查人员：周文麟　马国馨　顾　放　张东旺　吴秋风　刘秋君　殷　波　王奎宝　陈育军　张　薇　胡正芳　王可瀛

目　次

Contents

1 总 则

1.0.1 为建设城市的无障碍环境，提高人民的社会生活质量，确保有需求的人能够安全地、方便地使用各种设施，制定本规范。

1.0.2 本规范适用于全国城市新建、改建和扩建的城市道路、城市广场、城市绿地、居住区、居住建筑、公共建筑及历史文物保护建筑等。本规范未涉及的城市道路、城市广场、城市绿地、建筑类型或有无障碍需求的设计，宜按本规范中相似类型的要求执行。农村道路及公共服务设施宜按本规范执行。

1.0.3 铁路、航空、城市轨道交通以及水运交通相关设施的无障碍设计，除应符合本规范的要求外，尚应符合相关行业的有关无障碍设计的规定。

1.0.4 城市无障碍设计在执行本规范时尚应遵循国家的有关方针政策，符合城市的总体发展要求，应做到安全适用、技术先进、经济合理。

1.0.5 城市无障碍设计除应符合本规范外，尚应符合国家现行有关标准的规定。

2 术 语

2.0.1 缘石坡道 curb ramp

位于人行道口或人行横道两端，为了避免人行道路缘石带来的通行障碍，方便行人进入人行道的一种坡道。

2.0.2 盲道 tactile ground surface indicator

在人行道上或其他场所铺设的一种固定形态的地面砖，使视觉障碍者产生盲杖触觉及脚感，引导视觉障碍者向前行走和辨别方向以到达目的地的通道。

2.0.3 行进盲道 directional indicator

表面呈条状形，使视觉障碍者通过盲杖的触觉和脚感，指引视觉障碍者可直接向正前方继续行走的盲道。

2.0.4 提示盲道 warning indicator

表面呈圆点形，用在盲道的起点处、拐弯处、终点处和表示服务设施的位置以及提示视觉障碍者前方将有不安全或危险状态等，具有提醒注意作用的盲道。

2.0.5 无障碍出入口 accessible entrance

在坡度、宽度、高度上以及地面材质、扶手形式等方面方便行动障碍者通行的出入口。

2.0.6 平坡出入口 ramp entrance

地面坡度不大于1∶20且不设扶手的出入口。

2.0.7 轮椅回转空间 wheelchair turning space

为方便乘轮椅者旋转以改变方向而设置的空间。

2.0.8 轮椅坡道 wheelchair ramp

在坡度、宽度、高度、地面材质、扶手形式等方面方便乘轮椅者通行的坡道。

2.0.9 无障碍通道 accessible route

在坡度、宽度、高度、地面材质、扶手形式等方面方便行动障碍者通行的通道。

2.0.10 轮椅通道 wheelchair accessible path/lane

在检票口或结算口等处为方便乘轮椅者设置的通道。

2.0.11 无障碍楼梯 accessible stairway

在楼梯形式、宽度、踏步、地面材质、扶手形式等方面方便行动及视觉障碍者使用的楼梯。

2.0.12 无障碍电梯 wheelchair accessible elevator

适合行动障碍者和视觉障碍者进出和使用的电梯。

2.0.13 升降平台 wheelchair platform lift and stair lift

方便乘轮椅者进行垂直或斜向通行的设施。

2.0.14 安全抓杆 grab bar

在无障碍厕位、厕所、浴间内，方便行动障碍者安全移动和支撑的一种设施。

2.0.15 无障碍厕位 water closet compartment for wheelchair users

公共厕所内设置的带坐便器及安全抓杆且方便行动障碍者进出和使用的带隔间的厕位。

2.0.16 无障碍厕所 individual washroom for wheelchair users

出入口、室内空间及地面材质等方面方便行动障碍者使用且无障碍设施齐全的小型无性别厕所。

2.0.17 无障碍洗手盆 accessible wash basin

方便行动障碍者使用的带安全抓杆的洗手盆。

2.0.18 无障碍小便器 accessible urinal

方便行动障碍者使用的带安全抓杆的小便器。

2.0.19 无障碍盆浴间 accessible bathtub

无障碍设施齐全的盆浴间。

2.0.20 无障碍淋浴间 accessible shower stall

无障碍设施齐全的淋浴间。

2.0.21 浴间坐台 shower seat

洗浴时使用的固定坐台或活动坐板。

2.0.22 无障碍客房 accessible guest room

出入口、通道、通信、家具和卫生间等均设有无障碍设施，房间的空间尺度方便行动障碍者安全活动的客房。

2.0.23 无障碍住房 accessible housing

出入口、通道、通信、家具、厨房和卫生间等均设有无障碍设施，房间的空间尺度方便行动障碍者安全活动的住房。

2.0.24 轮椅席位 wheelchair accessible seat

在观众厅、报告厅、阅览室及教室等设有固定席位的场所内，供乘轮椅者使用的位置。

2.0.25 陪护席位 seats for accompanying persons

设置于轮椅席位附近，方便陪伴者照顾乘轮椅者使用的席位。

2.0.26 安全阻挡措施 edge protection

控制轮椅小轮和拐杖不会侧向滑出坡道、踏步以及平台边界的设施。

2.0.27 无障碍机动车停车位 accessible vehicle parking lot

方便行动障碍者使用的机动车停车位。

2.0.28 盲文地图 braille map

供视觉障碍者用手触摸的有立体感的位置图或平面图及盲文说明。

2.0.29 盲文站牌 bus-stop braille board

采用盲文标识，告知视觉障碍者公交候车站的站名、公交车线路和终点站名等的车站站牌。

2.0.30 盲文铭牌 braille signboard

安装在无障碍设施上或设施附近固定部位上，采用盲文标识以告知信息的铭牌。

2.0.31 过街音响提示装置 audible pedestrian signals for street crossing

通过语音提示系统引导视觉障碍者安全通行的音响装置。

2.0.32 语音提示站台 bus station with intelligent voice prompts

设有为视觉障碍者提供乘坐或换乘公共交通相关信息的语音提示系统的站台。

2.0.33 信息无障碍 information accessibility

通过相关技术的运用，确保人们在不同条件下都能够平等地、方便地获取和利用信息。

2.0.34 低位服务设施 low height service facilities

为方便行动障碍者使用而设置的高度适当的服务设施。

2.0.35 母婴室 mother and baby room

设有婴儿打理台、水池、座椅等设施，为母亲提供的给婴儿换尿布、喂奶或临时休息使用的房间。

2.0.36 安全警示线 safety warning line

用于界定和划分危险区域，向人们传递某种注意或警告的信息，以避免人身伤害的提示线。

3 无障碍设施的设计要求

3.1 缘 石 坡 道

3.1.1 缘石坡道应符合下列规定：

1 缘石坡道的坡面应平整、防滑；

2 缘石坡道的坡口与车行道之间宜没有高差；当有高差时，高出车行道的地面不应大于10mm；

3 宜优先选用全宽式单面坡缘石坡道。

3.1.2 缘石坡道的坡度应符合下列规定：

1 全宽式单面坡缘石坡道的坡度不应大于1：20；

2 三面坡缘石坡道正面及侧面的坡度不应大于1：12；

3 其他形式的缘石坡道的坡度均不应大于1：12。

3.1.3 缘石坡道的宽度应符合下列规定：

1 全宽式单面坡缘石坡道的宽度应与人行道宽度相同；

2 三面坡缘石坡道的正面坡道宽度不应小于1.20m；

3 其他形式的缘石坡道的坡口宽度均不应小于1.50m。

3.2 盲 道

3.2.1 盲道应符合下列规定：

1 盲道按其使用功能可分为行进盲道和提示盲道；

2 盲道的纹路应凸出路面4mm高；

3 盲道铺设应连续，应避开树木（穴）、电线杆、拉线等障碍物，其他设施不得占用盲道；

4 盲道的颜色宜与相邻的人行道铺面的颜色形成对比，并与周围景观相协调，宜采用中黄色；

5 盲道型材表面应防滑。

3.2.2 行进盲道应符合下列规定：

1 行进盲道应与人行道的走向一致；

2 行进盲道的宽度宜为250mm～500mm；

3 行进盲道宜在距围墙、花台、绿化带250mm～500mm处设置；

4 行进盲道宜在距树池边缘250mm～500mm处设置；如无树池，行进盲道与路缘石上沿在同一水平面时，距路缘石不应小于500mm，行进盲道比路缘石上沿低时，距路缘石不应小于250mm；盲道应避开非机动车停放的位置；

5 行进盲道的触感条规格应符合表3.2.2的规定。

表3.2.2 行进盲道的触感条规格

部 位	尺寸要求（mm）
面宽	25
底宽	35
高度	4
中心距	62～75

3.2.3 提示盲道应符合下列规定：

1 行进盲道在起点、终点、转弯处及其他有需要处应设提示盲道，当盲道的宽度不大于300mm时，提示盲道的宽度应大于行进盲道的宽度；

2 提示盲道的触感圆点规格应符合表3.2.3的规定。

表 3.2.3 提示盲道的触感圆点规格

部 位	尺寸要求（mm）
表面直径	25
底面直径	35
圆点高度	4
圆点中心距	50

3.3 无障碍出入口

3.3.1 无障碍出入口包括以下几种类别：

1 平坡出入口；

2 同时设置台阶和轮椅坡道的出入口；

3 同时设置台阶和升降平台的出入口。

3.3.2 无障碍出入口应符合下列规定：

1 出入口的地面应平整、防滑；

2 室外地面滤水箅子的孔洞宽度不应大于15mm；

3 同时设置台阶和升降平台的出入口宜只应用于受场地限制无法改造坡道的工程，并应符合本规范第3.7.3条的有关规定；

4 除平坡出入口外，在门完全开启的状态下，建筑物无障碍出入口的平台的净深度不应小于1.50m；

5 建筑物无障碍出入口的门厅、过厅如设置两道门，门扇同时开启时两道门的间距不应小于1.50m；

6 建筑物无障碍出入口的上方应设置雨棚。

3.3.3 无障碍出入口的轮椅坡道及平坡出入口的坡度应符合下列规定：

1 平坡出入口的地面坡度不应大于1∶20，当场地条件比较好时，不宜大于1∶30；

2 同时设置台阶和轮椅坡道的出入口，轮椅坡道的坡度应符合本规范第3.4节的有关规定。

3.4 轮 椅 坡 道

3.4.1 轮椅坡道宜设计成直线形、直角形或折返形。

3.4.2 轮椅坡道的净宽度不应小于1.00m，无障碍出入口的轮椅坡道净宽度不应小于1.20m。

3.4.3 轮椅坡道的高度超过300mm且坡度大于1∶20时，应在两侧设置扶手，坡道与休息平台的扶手应保持连贯，扶手应符合本规范第3.8节的相关规定。

3.4.4 轮椅坡道的最大高度和水平长度应符合表3.4.4的规定。

表 3.4.4 轮椅坡道的最大高度和水平长度

坡度	1∶20	1∶16	1∶12	1∶10	1∶8
最大高度（m）	1.20	0.90	0.75	0.60	0.30
水平长度（m）	24.00	14.40	9.00	6.00	2.40

注：其他坡度可用插入法进行计算。

3.4.5 轮椅坡道的坡面应平整、防滑、无反光。

3.4.6 轮椅坡道起点、终点和中间休息平台的水平长度不应小于1.50m。

3.4.7 轮椅坡道临空侧应设置安全阻挡措施。

3.4.8 轮椅坡道应设置无障碍标志，无障碍标志应符合本规范第3.16节的有关规定。

3.5 无障碍通道、门

3.5.1 无障碍通道的宽度应符合下列规定：

1 室内走道不应小于1.20m，人流较多或较集中的大型公共建筑的室内走道宽度不宜小于1.80m；

2 室外通道不宜小于1.50m；

3 检票口、结算口轮椅通道不应小于900mm。

3.5.2 无障碍通道应符合下列规定：

1 无障碍通道应连续，其地面应平整、防滑、反光小或无反光，并不宜设置厚地毯；

2 无障碍通道上有高差时，应设置轮椅坡道；

3 室外通道上的雨水箅子的孔洞宽度不应大于15mm；

4 固定在无障碍通道的墙、立柱上的物体或标牌距地面的高度不应小于2.00m；如小于2.00m时，探出部分的宽度不应大于100mm；如突出部分大于100mm，则其距地面的高度应小于600mm；

5 斜向的自动扶梯、楼梯等下部空间可以进入时，应设置安全挡牌。

3.5.3 门的无障碍设计应符合下列规定：

1 不应采用力度大的弹簧门并不宜采用弹簧门、玻璃门；当采用玻璃门时，应有醒目的提示标志；

2 自动门开启后通行净宽度不应小于1.00m；

3 平开门、推拉门、折叠门开启后的通行净宽度不应小于800mm，有条件时，不宜小于900mm；

4 在门扇内外应留有直径不小于1.50m的轮椅回转空间；

5 在单扇平开门、推拉门、折叠门的门把手一侧的墙面，应设宽度不小于400mm的墙面；

6 平开门、推拉门、折叠门的门扇应设距地900mm的把手，宜设视线观察玻璃，并宜在距地350mm范围内安装护门板；

7 门槛高度及门内外地面高差不应大于15mm，并以斜面过渡；

8 无障碍通道上的门扇应便于开关；

9 宜与周围墙面有一定的色彩反差，方便识别。

3.6 无障碍楼梯、台阶

3.6.1 无障碍楼梯应符合下列规定：

1 宜采用直线形楼梯；

2 公共建筑楼梯的踏步宽度不应小于280mm，踏步高度不应大于160mm；

3 不应采用无踢面和直角形突缘的踏步；

4 宜在两侧均做扶手；

5 如采用栏杆式楼梯，在栏杆下方宜设置安全阻挡措施；

6 踏面应平整防滑或在踏面前缘设防滑条；

7 距踏步起点和终点250mm～300mm宜设提示盲道；

8 踏面和踢面的颜色宜有区分和对比；

9 楼梯上行及下行的第一阶宜在颜色或材质上与平台有明显区别。

3.6.2 台阶的无障碍设计应符合下列规定：

1 公共建筑的室内外台阶踏步宽度不宜小于300mm，踏步高度不宜大于150mm，并不应小于100mm；

2 踏步应防滑；

3 三级及三级以上的台阶应在两侧设置扶手；

4 台阶上行及下行的第一阶宜在颜色或材质上与其他阶有明显区别。

3.7 无障碍电梯、升降平台

3.7.1 无障碍电梯的候梯厅应符合下列规定：

1 候梯厅深度不宜小于1.50m，公共建筑及设置病床梯的候梯厅深度不宜小于1.80m；

2 呼叫按钮高度为0.90m～1.10m；

3 电梯门洞的净宽度不宜小于900mm；

4 电梯出入口处宜设提示盲道；

5 候梯厅应设电梯运行显示装置和抵达音响。

3.7.2 无障碍电梯的轿厢应符合下列规定：

1 轿厢门开启的净宽度不应小于800mm；

2 在轿厢的侧壁上应设高0.90m～1.10m带盲文的选层按钮，盲文宜设置于按钮旁；

3 轿厢的三面壁上应设高850mm～900mm扶手，扶手应符合本规范第3.8节的相关规定；

4 轿厢内应设电梯运行显示装置和报层音响；

5 轿厢正面高900mm处至顶部应安装镜子或采用有镜面效果的材料；

6 轿厢的规格应依据建筑性质和使用要求的不同而选用。最小规格为深度不应小于1.40m，宽度不应小于1.10m；中型规格为深度不应小于1.60m，宽度不应小于1.40m；医疗建筑与老人建筑宜选用病床专用电梯；

7 电梯位置应设无障碍标志，无障碍标志应符合本规范第3.16节的有关规定。

3.7.3 升降平台应符合下列规定：

1 升降平台只适用于场地有限的改造工程；

2 垂直升降平台的深度不应小于1.20m，宽度不应小于900mm，应设扶手、挡板及呼叫控制按钮；

3 垂直升降平台的基坑应采用防止误入的安全防护措施；

4 斜向升降平台宽度不应小于900mm，深度不应小于1.00m，应设扶手和挡板；

5 垂直升降平台的传送装置应有可靠的安全防护装置。

3.8 扶 手

3.8.1 无障碍单层扶手的高度应为850mm～900mm，无障碍双层扶手的上层扶手高度应为850mm～900mm，下层扶手高度应为650mm～700mm。

3.8.2 扶手应保持连贯，靠墙面的扶手的起点和终点处应水平延伸不小于300mm的长度。

3.8.3 扶手末端应向内拐到墙面或向下延伸不小于100mm，栏杆式扶手应向下成弧形或延伸到地面上固定。

3.8.4 扶手内侧与墙面的距离不应小于40mm。

3.8.5 扶手应安装坚固，形状易于抓握。圆形扶手的直径应为35mm～50mm，矩形扶手的截面尺寸应为35mm～50mm。

3.8.6 扶手的材质宜选用防滑、热惰性指标好的材料。

3.9 公共厕所、无障碍厕所

3.9.1 公共厕所的无障碍设计应符合下列规定：

1 女厕所的无障碍设施包括至少1个无障碍厕位和1个无障碍洗手盆；男厕所的无障碍设施包括至少1个无障碍厕位、1个无障碍小便器和1个无障碍洗手盆；

2 厕所的入口和通道应方便乘轮椅者进入和进行回转，回转直径不小于1.50m；

3 门应方便开启，通行净宽度不应小于800mm；

4 地面应防滑、不积水；

5 无障碍厕位应设置无障碍标志，无障碍标志应符合本规范第3.16节的有关规定。

3.9.2 无障碍厕位应符合下列规定：

1 无障碍厕位应方便乘轮椅者到达和进出，尺寸宜做到2.00m×1.50m，不应小于1.80m×1.00m；

2 无障碍厕位的门宜向外开启，如向内开启，需在开启后厕位内留有直径不小于1.50m的轮椅回转空间，门的通行净宽不应小于800mm，平开门外侧应设高900mm的横扶把手，在关闭的门扇里侧设高900mm的关门拉手，并应采用门外可紧急开启的插销；

3 厕位内应设坐便器，厕位两侧距地面700mm处应设长度不小于700mm的水平安全抓杆，另一侧应设高1.40m的垂直安全抓杆。

3.9.3 无障碍厕所的无障碍设计应符合下列规定：

1 位置宜靠近公共厕所，应方便乘轮椅者进入和进行回转，回转直径不小于1.50m；

2 面积不应小于4.00m²；

3 当采用平开门，门扇宜向外开启，如向内开启，需在开启后留有直径不小于1.50m的轮椅回转空间，门的通行净宽度不应小于800mm，平开门应设高900mm的横扶把手，在门扇里侧应采用门外可紧急开启的门锁；

4 地面应防滑、不积水；

5 内部应设坐便器、洗手盆、多功能台、挂衣钩和呼叫按钮；

6 坐便器应符合本规范第3.9.2条的有关规定，洗手盆应符合本规范第3.9.4条的有关规定；

7 多功能台长度不宜小于700mm，宽度不宜小于400mm，高度宜为600mm；

8 安全抓杆的设计应符合本规范第3.9.4条的有关规定；

9 挂衣钩距地高度不应大于1.20m；

10 在坐便器旁的墙面上应设高400mm～500mm的救助呼叫按钮；

11 入口应设置无障碍标志，无障碍标志应符合本规范第3.16节的有关规定。

3.9.4 厕所里的其他无障碍设施应符合下列规定：

1 无障碍小便器下口距地面高度不应大于400mm，小便器两侧应在离墙面250mm处，设高度为1.20m的垂直安全抓杆，并在离墙面550mm处，设高度为900mm水平安全抓杆，与垂直安全抓杆连接；

2 无障碍洗手盆的水嘴中心距侧墙应大于550mm，其底部应留出宽750mm、高650mm、深450mm供乘轮椅者膝部和足尖部的移动空间，并在洗手盆上方安装镜子，出水龙头宜采用杠杆式水龙头或感应式自动出水方式；

3 安全抓杆应安装牢固，直径应为30mm～40mm，内侧距墙不应小于40mm；

4 取纸器应设在坐便器的侧前方，高度为400mm～500mm。

3.10 公 共 浴 室

3.10.1 公共浴室的无障碍设计应符合下列规定：

1 公共浴室的无障碍设施包括1个无障碍淋浴间或盆浴间以及1个无障碍洗手盆；

2 公共浴室的入口和室内空间应方便乘轮椅者进入和使用，浴室内部应能保证轮椅进行回转，回转直径不小于1.50m；

3 浴室地面应防滑、不积水；

4 浴间入口宜采用活动门帘，当采用平开门时，门扇应向外开启，设高900mm的横扶把手，在关闭的门扇里侧设高900mm的关门拉手，并应采用门外可紧急开启的插销；

5 应设置一个无障碍厕位。

3.10.2 无障碍淋浴间应符合下列规定：

1 无障碍淋浴间的短边宽度不应小于1.50m；

2 浴间坐台高度宜为450mm，深度不宜小于450mm；

3 淋浴间应设距地面高700mm的水平抓杆和高1.40m～1.60m的垂直抓杆；

4 淋浴间内的淋浴喷头的控制开关的高度距地面不应大于1.20m；

5 毛巾架的高度不应大于1.20m。

3.10.3 无障碍盆浴间应符合下列规定：

1 在浴盆一端设置方便进入和使用的坐台，其深度不应小于400mm；

2 浴盆内侧应设高600mm和900mm的两层水平抓杆，水平长度不小于800mm；洗浴坐台一侧的墙上设高900mm、水平长度不小于600mm的安全抓杆；

3 毛巾架的高度不应大于1.20m。

3.11 无障碍客房

3.11.1 无障碍客房应设在便于到达、进出和疏散的位置。

3.11.2 房间内应有空间能保证轮椅进行回转，回转直径不小于1.50m。

3.11.3 无障碍客房的门应符合本规范第3.5节的有关规定。

3.11.4 无障碍客房卫生间内应保证轮椅进行回转，回转直径不小于1.50m，卫生器具应设置安全抓杆，其地面、门、内部设施应符合本规范第3.9.3条、第3.10.2条及第3.10.3条的有关规定。

3.11.5 无障碍客房的其他规定：

1 床间距离不应小于1.20m；

2 家具和电器控制开关的位置和高度应方便乘轮椅者靠近和使用，床的使用高度为450mm；

3 客房及卫生间应设高400mm～500mm的救助呼叫按钮；

4 客房应设置为听力障碍者服务的闪光提示门铃。

3.12 无障碍住房及宿舍

3.12.1 户门及户内门开启后的净宽应符合本规范第3.5节的有关规定。

3.12.2 通往卧室、起居室（厅）、厨房、卫生间、储藏室及阳台的通道应为无障碍通道，并按照本规范第3.8节的要求在一侧或两侧设置扶手。

3.12.3 浴盆、淋浴、坐便器、洗手盆及安全抓杆等应符合本规范第3.9节、第3.10节的有关规定。

3.12.4 无障碍住房及宿舍的其他规定：

1 单人卧室面积不应小于7.00m²，双人卧室面积不应小于10.50m²，兼起居室的卧室面积不应小于16.00m²，起居室面积不应小于14.00m²，厨房面积不应小于6.00m²；

2 设坐便器、洗浴器（浴盆或淋浴）、洗面盆三件卫生洁具的卫生间面积不应小于4.00m²；设坐便器、洗浴器二件卫生洁具的卫生间面积不应小于3.00m²；设坐便器、洗面盆二件卫生洁具的卫生间面积不应小于2.50m²；单设坐便器的卫生间面积不应小于2.00m²；

3 供乘轮椅者使用的厨房，操作台下方净宽和高度都不应小于650mm，深度不应小于250mm；

4 居室和卫生间内应设求助呼叫按钮；

5 家具和电器控制开关的位置和高度应方便乘轮椅者靠近和使用；

6 供听力障碍者使用的住宅和公寓应安装闪光提示门铃。

3.13 轮 椅 席 位

3.13.1 轮椅席位应设在便于到达疏散口及通道的附近，不得设在公共通道范围内。

3.13.2 观众厅内通往轮椅席位的通道宽度不应小于1.20m。

3.13.3 轮椅席位的地面应平整、防滑，在边缘处宜安装栏杆或栏板。

3.13.4 每个轮椅席位的占地面积不应小于1.10m×0.80m。

3.13.5 在轮椅席位上观看演出和比赛的视线不应受到遮挡，但也不应遮挡他人的视线。

3.13.6 在轮椅席位旁或在邻近的观众席内宜设置1∶1的陪护席位。

3.13.7 轮椅席位处地面上应设置无障碍标志，无障碍标志应符合本规范第3.16节的有关规定。

3.14 无障碍机动车停车位

3.14.1 应将通行方便、行走距离路线最短的停车位设为无障碍机动车停车位。

3.14.2 无障碍机动车停车位的地面应涂有停车线、轮椅通道线和无障碍标志。

3.14.3 无障碍机动车停车位一侧，应设宽度不小于1.20m的通道，供乘轮椅者从轮椅通道直接进入人行道和到达无障碍出入口。

3.14.4 无障碍机动车停车位的地面应涂有停车线、轮椅通道线和无障碍标志。

3.15 低位服务设施

3.15.1 设置低位服务设施的范围包括问询台、服务窗口、电话台、安检验证台、行李托运台、借阅台、各种业务台、饮水机等。

3.15.2 低位服务设施上表面距地面高度宜为700mm～850mm，其下部宜至少留出宽750mm，高650mm，深450mm供乘轮椅者膝部和足尖部的移动空间。

3.15.3 低位服务设施前应有轮椅回转空间，回转直径不小于1.50m。

3.15.4 挂式电话离地不应高于900mm。

3.16 无障碍标识系统、信息无障碍

3.16.1 无障碍标志应符合下列规定：

1 无障碍标志包括下列几种：

1）通用的无障碍标志应符合本规范附录A的规定；

2）无障碍设施标志牌符合本规范附录B的规定；

3）带指示方向的无障碍设施标志牌符合本规范附录C的规定。

2 无障碍标志应醒目，避免遮挡。

3 无障碍标志应纳入城市环境或建筑内部的引导标志系统，形成完整的系统，清楚地指明无障碍设施的走向及位置。

3.16.2 盲文标志应符合下列规定：

1 盲文标志可分成盲文地图、盲文铭牌、盲文站牌；

2 盲文标志的盲文必须采用国际通用的盲文表示方法。

3.16.3 信息无障碍应符合下列规定：

1 根据需求，因地制宜设置信息无障碍的设备和设施，使人们便捷地获取各类信息；

2 信息无障碍设备和设施位置和布局应合理。

4 城 市 道 路

4.1 实 施 范 围

4.1.1 城市道路无障碍设计的范围应包括：

1 城市各级道路；

2 城镇主要道路；

3 步行街；

4 旅游景点、城市景观带的周边道路。

4.1.2 城市道路、桥梁、隧道、立体交叉中人行系统均应进行无障碍设计，无障碍设施应沿行人通行路径布置。

4.1.3 人行系统中的无障碍设计主要包括人行道、人行横道、人行天桥及地道、公交车站。

4.2 人 行 道

4.2.1 人行道处缘石坡道设计应符合下列规定：

1 人行道在各种路口、各种出入口位置必须设置缘石坡道；

2 人行横道两端必须设置缘石坡道。

4.2.2 人行道处盲道设置应符合下列规定：

1 城市主要商业街、步行街的人行道应设置盲道；

2 视觉障碍者集中区域周边道路应设置盲道；

3 坡道的上下坡边缘处应设置提示盲道；

4 道路周边场所、建筑等出入口设置的盲道应与道路盲道相衔接。

4.2.3 人行道的轮椅坡道设置应符合下列规定：

1 人行道设置台阶处，应同时设置轮椅坡道；

2 轮椅坡道的设置应避免干扰行人通行及其他设施的使用。

4.2.4 人行道处服务设施设置应符合下列规定：

1 服务设施的设置应为残障人士提供方便；

2 宜为视觉障碍者提供触摸及音响一体化信息服务设施；

3 设置屏幕信息服务设施，宜为听觉障碍者提供屏幕手语及字幕信息服务；

4 低位服务设施的设置，应方便乘轮椅者使用；

5 设置休息座椅时，应设置轮椅停留空间。

4.3 人行横道

4.3.1 人行横道范围内的无障碍设计应符合下列规定：

1 人行横道宽度应满足轮椅通行需求；

2 人行横道安全岛的形式应方便乘轮椅者使用；

3 城市中心区及视觉障碍者集中区域的人行横道，应配置过街音响提示装置。

4.4 人行天桥及地道

4.4.1 盲道的设置应符合下列规定：

1 设置于人行道中的行进盲道应与人行天桥及地道出入口处的提示盲道相连接；

2 人行天桥及地道出入口处应设置提示盲道；

3 距每段台阶与坡道的起点与终点 250mm～500mm 处应设提示盲道，其长度应与坡道、梯道相对应。

4.4.2 人行天桥及地道处坡道与无障碍电梯的选择应符合下列规定：

1 要求满足轮椅通行需求的人行天桥及地道处宜设置坡道，当设置坡道有困难时，应设置无障碍电梯；

2 坡道的净宽度不应小于 2.00m；

3 坡道的坡度不应大于 1∶12；

4 弧线形坡道的坡度，应以弧线内缘的坡度进行计算；

5 坡道的高度每升高 1.50m 时，应设深度不小于 2.00m 的中间平台；

6 坡道的坡面应平整、防滑。

4.4.3 扶手设置应符合下列规定：

1 人行天桥及地道在坡道的两侧应设扶手，扶手宜设上、下两层；

2 在栏杆下方宜设置安全阻挡措施；

3 扶手起点水平段宜安装盲文铭牌。

4.4.4 当人行天桥及地道无法满足轮椅通行需求时，宜考虑地面安全通行。

4.4.5 人行天桥桥下的三角区净空高度小于 2.00m 时，应安装防护设施，并应在防护设施外设置提示盲道。

4.5 公交车站

4.5.1 公交车站处站台设计应符合下列规定：

1 站台有效通行宽度不应小于 1.50m；

2 在车道之间的分隔带设公交车站时应方便乘轮椅者使用。

4.5.2 盲道与盲文信息布置应符合下列规定：

1 站台距路缘石 250mm～500mm 处应设置提示盲道，其长度应与公交车站的长度相对应；

2 当人行道中设有盲道系统时，应与公交车站的盲道相连接；

3 宜设置盲文站牌或语音提示服务设施，盲文站牌的位置、高度、形式与内容应方便视觉障碍者的使用。

4.6 无障碍标识系统

4.6.1 无障碍设施位置不明显时，应设置相应的无障碍标识系统。

4.6.2 无障碍标志牌应沿行人通行路径布置，构成标识引导系统。

4.6.3 无障碍标志牌的布置应与其他交通标志牌相协调。

5 城市广场

5.1 实施范围

5.1.1 城市广场进行无障碍设计的范围应包括下列内容：

1 公共活动广场；

2 交通集散广场。

5.2 实施部位和设计要求

5.2.1 城市广场的公共停车场的停车数在 50 辆以下时应设置不少于 1 个无障碍机动车停车位，100 辆以下时应设置不少于 2 个无障碍机动车停车位，100 辆以上时应设置不少于总停车数 2%的无障碍机动车停车位。

5.2.2 城市广场的地面应平整、防滑、不积水。

5.2.3 城市广场盲道的设置应符合下列规定：

1 设有台阶或坡道时，距每段台阶与坡道的起点与终点 250mm～500mm 处应设提示盲道，其长度应与台阶、坡道相对应，宽度应为 250mm～500mm；

2 人行道中有行进盲道时，应与提示盲道相连接。

5.2.4 城市广场的地面有高差时坡道与无障碍电梯的选择应符合下列规定：

1 设置台阶的同时应设置轮椅坡道；

2 当设置轮椅坡道有困难时，可设置无障碍电梯。

5.2.5 城市广场内的服务设施应同时设置低位服务设施。

5.2.6 男、女公共厕所均应满足本规范第 8.13 节的有关规定。

5.2.7 城市广场的无障碍设施的位置应设置无障碍标志，无障碍标志应符合本规范第 3.16 节的有关规定，带指示方向的无障碍设施标志牌应与无障碍设施标志牌形成引导系统，满足通行的连续性。

6 城市绿地

6.1 实施范围

6.1.1 城市绿地进行无障碍设计的范围应包括下列内容：

1 城市中的各类公园，包括综合公园、社区公园、专类公园、带状公园、街旁绿地等；

2 附属绿地中的开放式绿地；

3 对公众开放的其他绿地。

6.2 公园绿地

6.2.1 公园绿地停车场的总停车数在 50 辆以下时应设置不少于 1 个无障碍机动车停车位，100 辆以下时应设置不少于 2 个无障碍机动车停车位，100 辆以上时应设置不少于总停车数 2% 的无障碍机动车停车位。

6.2.2 售票处的无障碍设计应符合下列规定：

1 主要出入口的售票处应设置低位售票窗口；

2 低位售票窗口前地面有高差时，应设轮椅坡道以及不小于 1.50m×1.50m 的平台；

3 售票窗口前应设提示盲道，距售票处外墙应为 250mm～500mm。

6.2.3 出入口的无障碍设计应符合下列规定：

1 主要出入口应设置为无障碍出入口，设有自动检票设备的出入口，也应设置专供乘轮椅者使用的检票口；

2 出入口检票口的无障碍通道宽度不应小于 1.20m；

3 出入口设置车挡时，车挡间距不应小于 900mm。

6.2.4 无障碍游览路线应符合下列规定：

1 无障碍游览主园路应结合公园绿地的主路设置，应能到达部分主要景区和景点，并宜形成环路，纵坡宜小于 5%，山地公园绿地的无障碍游览主园路纵坡应小于 8%；无障碍游览主园路不宜设置台阶、梯道，必须设置时应同时设置轮椅坡道；

2 无障碍游览支园路应能连接主要景点，并和无障碍游览主园路相连，形成环路；小路可到达景点局部，不能形成环路时，应便于折返，无障碍游览支园路和小路的纵坡应小于 8%；坡度超过 8%时，路面应作防滑处理，并不宜轮椅通行；

3 园路坡度大于 8%时，宜每隔 10.00m～20.00m 在路旁设置休息平台；

4 紧邻湖岸的无障碍游览园路应设置护栏，高度不低于 900mm；

5 在地形险要的地段应设置安全防护设施和安全警示线；

6 路面应平整、防滑、不松动，园路上的窨井盖板应与路面平齐，排水沟的滤水箅子孔的宽度不应大于 15mm。

6.2.5 游憩区的无障碍设计应符合下列规定：

1 主要出入口或无障碍游览园路沿线应设置一定面积的无障碍游憩区；

2 无障碍游憩区应方便轮椅通行，有高差时应设置轮椅坡道，地面应平整、防滑、不松动；

3 无障碍游憩区的广场树池宜高出广场地面，与广场地面相平的树池应加箅子。

6.2.6 常规设施的无障碍设计应符合下列规定：

1 在主要出入口、主要景点和景区，无障碍游憩区内的游憩设施、服务设施、公共设施、管理设施应为无障碍设施；

2 游憩设施的无障碍设计应符合下列规定：

1）在没有特殊景观要求的前提下，应设为无障碍游憩设施；

2）单体建筑和组合建筑包括亭、廊、榭、花架等，若有台明和台阶时，台明不宜过高，入口应设置坡道，建筑室内应满足无障碍通行；

3）建筑院落的出入口以及院内广场、通道有高差时，应设置轮椅坡道；有三个以上出入口时，至少应设两个无障碍出入口，建筑院落的内廊或通道的宽度不应小于 1.20m；

4）码头与无障碍园路和广场衔接处有高差时应设置轮椅坡道；

5）无障碍游览路线上的桥应为平桥或坡度在 8%以下的小拱桥，宽度不应小于 1.20m，桥面应防滑，两侧应设栏杆。桥面与园路、广场衔接有高差时应设轮椅坡道。

3 服务设施的无障碍设计应符合下列规定：

1）小卖店等的售货窗口应设置低位窗口；

2）茶座、咖啡厅、餐厅、摄影部等出入口应为无障碍出入口，应提供一定数量的轮椅席位；

3）服务台、业务台、咨询台、售货柜台等应设有低位服务设施。

4 公共设施的无障碍设计应符合下列规定：

1）公共厕所应满足本规范第 8.13 节的有关规定，大型园林建筑和主要游览区应设置无障碍厕所；

2）饮水器、洗手台、垃圾箱等小品的设置应方便乘轮椅者使用；

3）游客服务中心应符合本规范第 8.8 节的有关规定；

4）休息座椅旁应设置轮椅停留空间。

5 管理设施的无障碍设计应符合本规范第 8.2 节的有关规定。

6.2.7 标识与信息应符合下列规定：

1 主要出入口、无障碍通道、停车位、建筑出入口、公共厕所等无障碍设施的位置应设置无障碍标志，并应形成完整的无障碍标识系统，清楚地指明无障碍设施的走向及位置，无障碍标志应符合第 3.16 节的有关规定；

2 应设置系统的指路牌、定位导览图、景区景点和园中园说明牌；

3 出入口应设置无障碍设施位置图、无障碍游览图；

4 危险地段应设置必要的警示、提示标志及安全警示线。

6.2.8 不同类别的公园绿地的特殊要求：

1 大型植物园宜设置盲人植物区域或者植物角，并提供语音服务、盲文铭牌等供视觉障碍者使用的设施；

2 绿地内展览区、展示区、动物园的动物展示区应设置便于乘轮椅者参观的窗口或位置。

6.3 附属绿地

6.3.1 附属绿地中的开放式绿地应进行无障碍设计。

6.3.2 附属绿地中的无障碍设计应符合本规范第 6.2 节和第 7.2 节的有关规定。

6.4 其他绿地

6.4.1 其他绿地中的开放式绿地应进行无障碍设计。

6.4.2 其他绿地的无障碍设计应符合本规范第 6.2 节的有关规定。

7 居住区、居住建筑

7.1 道 路

7.1.1 居住区道路进行无障碍设计的范围应包括居住区路、小区路、组团路、宅间小路的人行道。

7.1.2 居住区级道路无障碍设计应符合本规范第 4 章的有关规定。

7.2 居住绿地

7.2.1 居住绿地的无障碍设计应符合下列规定：

1 居住绿地内进行无障碍设计的范围及建筑物类型包括：出入口、游步道、休憩设施、儿童游乐场、休闲广场、健身运动场、公共厕所等；

2 基地地坪坡度不大于 5% 的居住区的居住绿地均应满足无障碍要求，地坪坡度大于 5% 的居住区，应至少设置 1 个满足无障碍要求的居住绿地；

3 满足无障碍要求的居住绿地，宜靠近设有无障碍住房和宿舍的居住建筑设置，并通过无障碍通道到达。

7.2.2 出入口应符合下列规定：

1 居住绿地的主要出入口应设置为无障碍出入口；有 3 个以上出入口时，无障碍出入口不应少于 2 个；

2 居住绿地内主要活动广场与相接的地面或路面高差小于 300mm 时，所有出入口均应为无障碍出入口；高差大于 300mm 时，当出入口少于 3 个，所有出入口均应为无障碍出入口，当出入口为 3 个或 3 个以上，应至少设置 2 个无障碍出入口；

3 组团绿地、开放式宅间绿地、儿童活动场、健身运动场出入口应设提示盲道。

7.2.3 游步道及休憩设施应符合下列规定：

1 居住绿地内的游步道应为无障碍通道，轮椅园路纵坡不应大于 4%；轮椅专用道不应大于 8%；

2 居住绿地内的游步道及园林建筑、园林小品如亭、廊、花架等休憩设施不宜设置高于 450mm 的台明或台阶；必须设置时，应同时设置轮椅坡道并在休憩设施入口处设提示盲道；

3 绿地及广场设置休息座椅时，应留有轮椅停留空间。

7.2.4 活动场地应符合下列规定：

1 林下铺装活动场地，以种植乔木为主，林下净空不得低于 2.20m；

2 儿童活动场地周围不宜种植遮挡视线的树木，保持较好的可通视性，且不宜选用硬质叶片的丛生植物。

7.3 配套公共设施

7.3.1 居住区内的居委会、卫生站、健身房、物业管理、会所、社区中心、商业等为居民服务的建筑应设置无障碍出入口。设有电梯的建筑至少应设置1部无障碍电梯；未设有电梯的多层建筑，应至少设置1部无障碍楼梯。

7.3.2 供居民使用的公共厕所应满足本规范第8.13节的有关规定。

7.3.3 停车场和车库应符合下列规定：

1 居住区停车场和车库的总停车位应设置不少于0.5%的无障碍机动车停车位；若设有多个停车场和车库，宜每处设置不少于1个无障碍机动车停车位；

2 地面停车场的无障碍机动车停车位宜靠近停车场的出入口设置。有条件的居住区宜靠近住宅出入口设置无障碍机动车停车位；

3 车库的人行出入口应为无障碍出入口。设置在非首层的车库应设无障碍通道与无障碍电梯或无障碍楼梯连通，直达首层。

7.4 居住建筑

7.4.1 居住建筑进行无障碍设计的范围应包括住宅及公寓、宿舍建筑（职工宿舍、学生宿舍）等。

7.4.2 居住建筑的无障碍设计应符合下列规定：

1 设置电梯的居住建筑应至少设置1处无障碍出入口，通过无障碍通道直达电梯厅；未设置电梯的低层和多层居住建筑，当设置无障碍住房及宿舍时，应设置无障碍出入口；

2 设置电梯的居住建筑，每居住单元至少应设置1部能直达户门层的无障碍电梯。

7.4.3 居住建筑应按每100套住房设置不少于2套无障碍住房。

7.4.4 无障碍住房及宿舍宜建于底层。当无障碍住房及宿舍设在二层及以上且未设置电梯时，其公共楼梯应满足本规范第3.6节的有关规定。

7.4.5 宿舍建筑中，男女宿舍应分别设置无障碍宿舍，每100套宿舍各应设置不少于1套无障碍宿舍；当无障碍宿舍设置在二层以上且宿舍建筑设置电梯时，应设置不少于1部无障碍电梯，无障碍电梯应与无障碍宿舍以无障碍通道连接。

7.4.6 当无障碍宿舍内未设置厕所时，其所在楼层的公共厕所至少有1处应满足本规范3.9.1条的有关规定或设置无障碍厕所，并宜靠近无障碍宿舍设置。

8 公共建筑

8.1 一般规定

8.1.1 公共建筑基地的无障碍设计应符合下列规定：

1 建筑基地的车行道与人行通道地面有高差时，在人行通道的路口及人行横道的两端应设缘石坡道；

2 建筑基地的广场和人行通道的地面应平整、防滑、不积水；

3 建筑基地的主要人行通道当有高差或台阶时应设置轮椅坡道或无障碍电梯。

8.1.2 建筑基地内总停车数在100辆以下时应设置不少于1个无障碍机动车停车位，100辆以上时应设置不少于总停车数1%的无障碍机动车停车位。

8.1.3 公共建筑的主要出入口宜设置坡度小于1∶30的平坡出入口。

8.1.4 建筑内设有电梯时，至少应设置1部无障碍电梯。

8.1.5 当设有各种服务窗口、售票窗口、公共电话台、饮水器等时应设置低位服务设施。

8.1.6 主要出入口、建筑出入口、通道、停车位、厕所电梯等无障碍设施的位置，应设置无障碍标志，无障碍标志应符合本规范第3.16节的有关规定；建筑物出入口和楼梯前室宜设楼面示意图，在重要信息提示处宜设电子显示屏。

8.1.7 公共建筑的无障碍设施应成系统设计，并宜相互靠近。

8.2 办公、科研、司法建筑

8.2.1 办公、科研、司法建筑进行无障碍设计的范围包括：政府办公建筑、司法办公建筑、企事业办公建筑、各类科研建筑、社区办公及其他办公建筑等。

8.2.2 为公众办理业务与信访接待的办公建筑的无障碍设施应符合下列规定：

1 建筑的主要出入口应为无障碍出入口；

2 建筑出入口大厅、休息厅、贵宾休息室、疏散大厅等人员聚集场所有高差或台阶时应设轮椅坡道，宜提供休息座椅和可以放置轮椅的无障碍休息区；

3 公众通行的室内走道应为无障碍通道，走道长度大于60.00m时，宜设休息区，休息区应避开行走路线；

4 供公众使用的楼梯宜为无障碍楼梯；

5 供公众使用的男、女公共厕所均应满足本规范第3.9.1条的有关规定或在男、女公共厕所附近设置1个无障碍厕所，且建筑内至少应设置1个无障碍厕所，内部办公人员使用的男、女公共厕所至少应各有1个满足本规范第3.9.1条的有关规定或在男、女公共厕所附近设置1个无障碍厕所；

6 法庭、审判庭及为公众服务的会议及报告厅等的公众坐席座位数为300座及以下时应至少设置1个轮椅席位，300座以上时不应少于0.2%且不少于2个轮椅席位。

8.2.3 其他办公建筑的无障碍设施应符合下列规定：

1 建筑物至少应有1处为无障碍出入口，且宜位于主要出入口处；

2　男、女公共厕所至少各有1处应满足本规范第3.9.1条或第3.9.2条的有关规定；

3　多功能厅、报告厅等至少应设置1个轮椅坐席。

8.3 教育建筑

8.3.1 教育建筑进行无障碍设计的范围应包括托儿所、幼儿园建筑、中小学建筑、高等院校建筑、职业教育建筑、特殊教育建筑等。

8.3.2 教育建筑的无障碍设施应符合下列规定：

1　凡教师、学生和婴幼儿使用的建筑物主要出入口应为无障碍出入口，宜设置为平坡出入口；

2　主要教学用房应至少设置1部无障碍楼梯；

3　公共厕所至少有1处应满足本规范第3.9.1条的有关规定。

8.3.3 接收残疾生源的教育建筑的无障碍设施应符合下列规定：

1　主要教学用房每层至少有1处公共厕所应满足本规范第3.9.1条的有关规定；

2　合班教室、报告厅以及剧场等应设置不少于2个轮椅坐席，服务报告厅的公共厕所应满足本规范第3.9.1条的有关规定或设置无障碍厕所；

3　有固定座位的教室、阅览室、实验教室等教学用房，应在靠近出入口处预留轮椅回转空间。

8.3.4 视力、听力、言语、智力残障学校设计应符合现行行业标准《特殊教育学校建筑设计规范》JGJ 76的有关要求。

8.4 医疗康复建筑

8.4.1 医疗康复建筑进行无障碍设计的范围应包括综合医院、专科医院、疗养院、康复中心、急救中心和其他所有与医疗、康复有关的建筑物。

8.4.2 医疗康复建筑中，凡病人、康复人员使用的建筑的无障碍设施应符合下列规定：

1　室外通行的步行道应满足本规范第3.5节有关规定的要求；

2　院区室外的休息座椅旁，应留有轮椅停留空间；

3　主要出入口应为无障碍出入口，宜设置为平坡出入口；

4　室内通道应设置无障碍通道，净宽不应小于1.80m，并按照本规范第3.8节的要求设置扶手；

5　门应符合本规范第3.5节的要求；

6　同一建筑内应至少设置1部无障碍楼梯；

7　建筑内设有电梯时，每组电梯应至少设置1部无障碍电梯；

8　首层应至少设置1处无障碍厕所；各楼层至少有1处公共厕所应满足本规范第3.9.1条的有关规定或设置无障碍厕所；病房内的厕所应设置安全抓杆，并符合本规范第3.9.4条的有关规定；

9　儿童医院的门、急诊部和医技部，每层宜设置至少1处母婴室，并靠近公共厕所；

10　诊区、病区的护士站、公共电话台、查询处、饮水器、自助售货处、服务台等应设置低位服务设施；

11　无障碍设施应设符合我国国家标准的无障碍标志，在康复建筑的院区主要出入口处宜设置盲文地图或供视觉障碍者使用的语音导医系统和提示系统、供听力障碍者需要的手语服务及文字提示导医系统。

8.4.3 门、急诊部的无障碍设施还应符合下列规定：

1　挂号、收费、取药处应设置文字显示器以及语言广播装置和低位服务台或窗口；

2　候诊区应设轮椅停留空间。

8.4.4 医技部的无障碍设施应符合下列规定：

1　病人更衣室内应留有直径不小于1.50m的轮椅回转空间，部分更衣箱高度应小于1.40m；

2　等候区应留有轮椅停留空间，取报告处宜设文字显示器和语音提示装置。

8.4.5 住院部病人活动室墙面四周扶手的设置应满足本规范第3.8节的有关规定。

8.4.6 理疗用房应根据治疗要求设置扶手，并满足本规范第3.8节的有关规定。

8.4.7 办公、科研、餐厅、食堂、太平间用房的主要出入口应为无障碍出入口。

8.5 福利及特殊服务建筑

8.5.1 福利及特殊服务建筑进行无障碍设计的范围应包括福利院、敬（安、养）老院、老年护理院、老年住宅、残疾人综合服务设施、残疾人托养中心、残疾人体训中心及其他残疾人集中或使用频率较高的建筑等。

8.5.2 福利及特殊服务建筑的无障碍设施应符合下列规定：

1　室外通行的步行道应满足本规范第3.5节有关规定的要求；

2　室外院区的休息座椅旁应留有轮椅停留空间；

3　建筑物首层主要出入口应为无障碍出入口，宜设置为平坡出入口。主要出入口设置台阶时，台阶两侧宜设置扶手；

4　建筑出入口大厅、休息厅等人员聚集场所宜提供休息座椅和可以放置轮椅的无障碍休息区；

5　公共区域的室内通道应为无障碍通道，走道两侧墙面应设置扶手，并满足本规范3.8节的有关规定；室外的连通走道应选用平整、坚固、耐磨、不光滑的材料并宜设防风避雨设施；

6　楼梯应为无障碍楼梯；

7　电梯应为无障碍电梯；

8　居室户门净宽不应小于900mm；居室内走道

净宽不应小于1.20m；卧室、厨房、卫生间门净宽不应小于800mm；

9 居室内宜留有直径不小于1.5m的轮椅回转空间；

10 居室内的厕所应设置安全抓杆，并符合本规范第3.9.4条的有关规定；居室外的公共厕所应满足本规范第3.9.1条的有关规定或设置无障碍厕所；

11 公共浴室应满足本规范第3.10节的有关规定；居室内的淋浴间或盆浴间应设置安全抓杆，并符合本规范第3.10.2及3.10.3条的有关规定；

12 居室宜设置语音提示装置。

8.5.3 其他不同建筑类别应符合国家现行的有关建筑设计规范与标准的设计要求。

8.6 体育建筑

8.6.1 体育建筑进行无障碍设计的范围应包括作为体育比赛（训练）、体育教学、体育休闲的体育场馆和场地设施等。

8.6.2 体育建筑的无障碍设施应符合下列规定：

1 特级、甲级场馆基地内应设置不少于停车数量的2%，且不少于2个无障碍机动车停车位，乙级、丙级场馆基地内应设置不少于2个无障碍机动车停车位；

2 建筑物的观众、运动员及贵宾出入口应至少各设1处无障碍出入口，其他功能分区的出入口可根据需要设置无障碍出入口；

3 建筑的检票口及无障碍出入口到各种无障碍设施的室内走道应为无障碍通道，通道长度大于60.00m时宜设休息区，休息区应避开行走路线；

4 大厅、休息厅、贵宾休息室、疏散大厅等主要人员聚集场宜设放置轮椅的无障碍休息区；

5 供观众使用的楼梯应为无障碍楼梯；

6 特级、甲级场馆内各类观众看台区、主席台、贵宾区内如设置电梯应至少各设置1部无障碍电梯，乙级、丙级场馆内坐席区设有电梯时，至少应设置1部无障碍电梯，并应满足赛事和观众的需要；

7 特级、甲级场馆每处观众区和运动员区使用的男、女公共厕所均应满足本规范第3.9.1条的有关规定或在每处男、女公共厕所附近设置1个无障碍厕所，且场馆内至少应设置1个无障碍厕所，主席台休息区、贵宾休息区应至少各设置1个无障碍厕所；乙级、丙级场馆的观众区和运动员区各至少有1处男、女公共厕所应满足本规范第3.9.1条的有关规定或各在男、女公共厕所附近设置1个无障碍厕所；

8 运动员浴室均应满足本规范第3.10节的有关规定；

9 场馆内各类观众看台的坐席区都应设置轮椅席位，并在轮椅席位旁或邻近的坐席处，设置1：1的陪护席位，轮椅席位数不应少于观众席位总数的0.2%。

8.7 文化建筑

8.7.1 文化建筑进行无障碍设计的范围应包括文化馆、活动中心、图书馆、档案馆、纪念馆、纪念塔、纪念碑、宗教建筑、博物馆、展览馆、科技馆、艺术馆、美术馆、会展中心、剧场、音乐厅、电影院、会堂、演艺中心等。

8.7.2 文化类建筑的无障碍设施应符合下列规定：

1 建筑物至少应有1处为无障碍出入口，且宜位于主要出入口处；

2 建筑出入口大厅、休息厅（贵宾休息厅）、疏散大厅等主要人员聚集场所有高差或台阶时应设轮椅坡道，宜设置休息座椅和可以放置轮椅的无障碍休息区；

3 公众通行的室内走道及检票口应为无障碍通道，走道长度大于60.00m，宜设休息区，休息区应避开行走路线；

4 供公众使用的主要楼梯宜为无障碍楼梯；

5 供公众使用的男、女公共厕所每层至少有1处应满足本规范第3.9.1条的有关规定或在男、女公共厕所附近设置1个无障碍厕所；

6 公共餐厅应提供总用餐数2%的活动座椅，供乘轮椅者使用。

8.7.3 文化馆、少儿活动中心、图书馆、档案馆、纪念馆、纪念塔、纪念碑、宗教建筑、博物馆、展览馆、科技馆、艺术馆、美术馆、会展中心等建筑物的无障碍设施还应符合下列规定：

1 图书馆、文化馆等安有探测仪的出入口应便于乘轮椅者进入；

2 图书馆、文化馆等应设置低位目录检索台；

3 报告厅、视听室、陈列室、展览厅等设有观众席位时应至少设1个轮椅席位；

4 县、市级及以上图书馆应设盲人专用图书室（角），在无障碍入口、服务台、楼梯间和电梯间入口、盲人图书室前应设行进盲道和提示盲道；

5 宜提供语音导览机、助听器等信息服务。

8.7.4 剧场、音乐厅、电影院、会堂、演艺中心等建筑物的无障碍设施应符合下列规定：

1 观众厅内座位数为300座及以下时应至少设置1个轮椅席位，300座以上时不应少于0.2%且不少于2个轮椅席位；

2 演员活动区域至少有1处男、女公共厕所应满足本规范第3.9节的有关规定的要求，贵宾室宜设1个无障碍厕所。

8.8 商业服务建筑

8.8.1 商业服务建筑进行无障碍设计的范围包括各类百货店、购物中心、超市、专卖店、专业店、餐饮建筑、旅馆等商业建筑，银行、证券等金融服务建筑，邮局、电信局等邮电建筑，娱乐建筑等。

8.8.2 商业服务建筑的无障碍设计应符合下列规定：

1 建筑物至少应有1处为无障碍出入口，且宜位于主要出入口处；

2 公众通行的室内走道应为无障碍通道；

3 供公众使用的男、女公共厕所每层至少有1处应满足本规范第3.9.1条的有关规定或在男、女公共厕所附近设置1个无障碍厕所，大型商业建筑宜在男、女公共厕所满足本规范第3.9.1条的有关规定的同时且在附近设置1个无障碍厕所；

4 供公众使用的主要楼梯应为无障碍楼梯。

8.8.3 旅馆等商业服务建筑应设置无障碍客房，其数量应符合下列规定：

1 100间以下，应设1间～2间无障碍客房；

2 100间～400间，应设2间～4间无障碍客房；

3 400间以上，应至少设4间无障碍客房。

8.8.4 设有无障碍客房的旅馆建筑，宜配备方便导盲犬休息的设施。

8.9 汽车客运站

8.9.1 汽车客运站建筑进行无障碍设计的范围包括各类长途汽车站。

8.9.2 汽车客运站建筑的无障碍设计应符合下列规定：

1 站前广场人行通道的地面应平整、防滑、不积水，有高差时应做轮椅坡道；

2 建筑物至少应有1处为无障碍出入口，宜设置为平坡出入口，且宜位于主要出入口处；

3 门厅、售票厅、候车厅、检票口等旅客通行的室内走道应为无障碍通道；

4 供旅客使用的男、女公共厕所每层至少有1处应满足本规范第3.9.1条的有关规定或在男、女公共厕所附近设置1个无障碍厕所，且建筑内至少应设置1个无障碍厕所；

5 供公众使用的主要楼梯应为无障碍楼梯；

6 行包托运处（含小件寄存处）应设置低位窗口。

8.10 公共停车场（库）

8.10.1 公共停车场（库）应设置无障碍机动车停车位，其数量应符合下列规定：

1 Ⅰ类公共停车场（库）应设置不少于停车数量2%的无障碍机动车停车位；

2 Ⅱ类及Ⅲ类公共停车场（库）应设置不少于停车数量2%，且不少于2个无障碍机动车停车位；

3 Ⅳ类公共停车场（库）应设置不少于1个无障碍机动车停车位。

8.10.2 设有楼层公共停车库的无障碍机动车停车位宜设在与公共交通道路同层的位置，或通过无障碍设施衔接通往地面层。

8.11 汽车加油加气站

8.11.1 汽车加油加气站附属建筑的无障碍设计应符合下列规定：

1 建筑物至少应有1处为无障碍出入口，且宜位于主要出入口处；

2 男、女公共厕所宜满足本规范第8.13节的有关规定。

8.12 高速公路服务区建筑

8.12.1 高速公路服务区建筑内的服务建筑的无障碍设计应符合下列规定：

1 建筑物至少应有1处为无障碍出入口，且宜位于主要出入口处；

2 男、女公共厕所应满足本规范第8.13节的有关规定。

8.13 城市公共厕所

8.13.1 城市公共厕所进行无障碍设计的范围应包括独立式、附属式公共厕所。

8.13.2 城市公共厕所的无障碍设计应符合下列规定：

1 出入口应为无障碍出入口；

2 在两层公共厕所中，无障碍厕位应设在地面层；

3 女厕所的无障碍设施包括至少1个无障碍厕位和1个无障碍洗手盆；男厕所的无障碍设施包括至少1个无障碍厕位、1个无障碍小便器和1个无障碍洗手盆；并应满足本规范第3.9.1条的有关规定；

4 宜在公共厕所旁另设1处无障碍厕所；

5 厕所内的通道应方便乘轮椅者进出和回转，回转直径不小于1.50m；

6 门应方便开启，通行净宽度不应小于800mm；

7 地面应防滑、不积水。

9 历史文物保护建筑无障碍建设与改造

9.1 实施范围

9.1.1 历史文物保护建筑进行无障碍设计的范围应包括开放参观的历史名园、开放参观的古建博物馆、使用中的庙宇、开放参观的近现代重要史迹及纪念性建筑、开放的复建古建筑等。

9.2 无障碍游览路线

9.2.1 对外开放的文物保护单位应根据实际情况设

计无障碍游览路线，无障碍游览路线上的文物建筑宜尽量满足游客参观的需求。

9.3 出 入 口

9.3.1 无障碍游览路线上对游客开放参观的文物建筑对外的出入口至少应设1处无障碍出入口，其设置标准要以保护文物为前提，坡道、平台等可为可拆卸的活动设施。

9.3.2 展厅、陈列室、视听室等，至少应设1处无障碍出入口，其设置标准要以保护文物为前提，坡道、平台等可为可拆卸的活动设施。

9.3.3 开放的文物保护单位的对外接待用房的出入口宜为无障碍出入口。

9.4 院 落

9.4.1 无障碍游览路线上的游览通道的路面应平整、防滑，其纵坡不宜大于1∶50，有台阶处应同时设置轮椅坡道，坡道、平台等可为可拆卸的活动设施。

9.4.2 开放的文物保护单位内可不设置盲道，当特别需要时可设置，且应与周围环境相协调。

9.4.3 位于无障碍游览路线上的院落内的公共绿地及其通道、休息凉亭等设施的地面应平整、防滑，有台阶处宜同时设置坡道，坡道、平台等可为可拆卸的活动设施。

9.4.4 院落内的休息座椅旁宜设轮椅停留空间。

9.5 服 务 设 施

9.5.1 供公众使用的男、女公共厕所至少应有1处满足本规范第8.13节的有关规定。

9.5.2 供公众使用的服务性用房的出入口至少应有1处为无障碍出入口，且宜位于主要出入口处。

9.5.3 售票处、服务台、公用电话、饮水器等应设置低位服务设施。

9.5.4 纪念品商店如有开放式柜台、收银台，应配备低位柜台。

9.5.5 设有演播电视等服务设施的，其观众区应至少设置1个轮椅席位。

9.5.6 建筑基地内设有停车场的，应设置不少于1个无障碍机动车停车位。

9.6 信息与标识

9.6.1 信息与标识的无障碍设计应符合下列规定：

1 主要出入口、无障碍通道、停车位、建筑出入口、厕所等无障碍设施的位置，应设置无障碍标志，无障碍标志应符合本规范第3.16节的有关规定；

2 重要的展览性陈设，宜设置盲文解说牌。

附录A 无障碍标志

表A 无障碍标志

黑色衬底无障碍标志	白色衬底无障碍标志
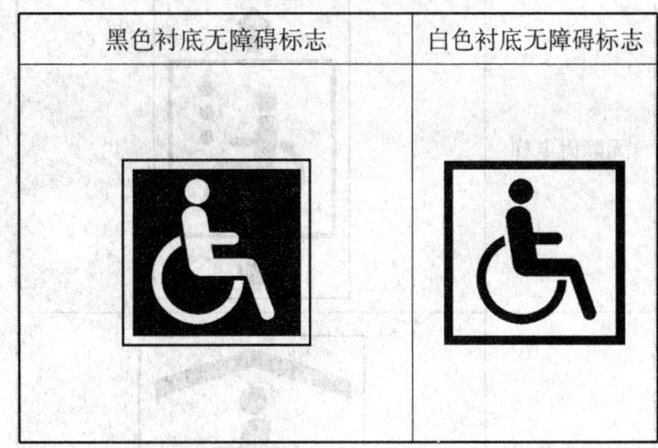	

附录B 无障碍设施标志牌

表B 无障碍设施标志牌

用于指示的无障碍设施名称	标志牌的具体形式
低位电话	
无障碍机动车停车位	
轮椅坡道	
无障碍通道	

续表 B

用于指示的无障碍设施名称	标志牌的具体形式
无障碍电梯	
无障碍客房	
听觉障碍者使用的设施	
供导盲犬使用的设施	
视觉障碍者使用的设施	
肢体障碍者使用的设施	

续表 B

用于指示的无障碍设施名称	标志牌的具体形式
无障碍厕所	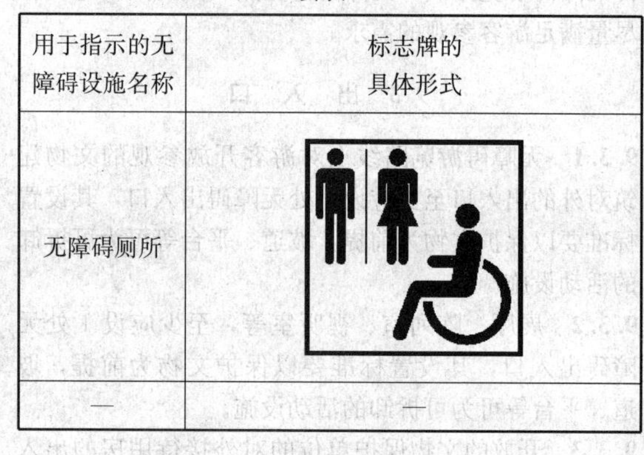
—	—

附录 C　用于指示方向的无障碍设施标志牌

表 C　用于指示方向的无障碍设施标志牌

用于指示方向的无障碍设施标志牌的名称	用于指示方向的无障碍设施标志牌的具体形式
无障碍坡道指示标志	
人行横道指示标志	
人行地道指示标志	
人行天桥指示标志	

续表 C

用于指示方向的无障碍设施标志牌的名称	用于指示方向的无障碍设施标志牌的具体形式
无障碍厕所指示标志	
无障碍设施指示标志	
无障碍客房指示标志	
低位电话指示标志	

本规范用词说明

1 为便于在执行本规范条文时区别对待，对要求严格程度不同的用词说明如下：

1) 表示很严格，非这样做不可的：
正面词采用“必须”，反面词采用“严禁”；

2) 表示严格，在正常情况下均应这样做的：
正面词采用“应”，反面词采用“不应”或“不得”；

3) 表示允许稍有选择，在条件许可时首先应这样做的：
正面词采用“宜”，反面词采用“不宜”；

4) 表示有选择，在一定条件下可以这样做的，采用“可”。

2 条文中指明应按其他有关标准执行的写法为：“应符合……的规定”或“应按……执行”。

引用标准名录

1 《特殊教育学校建筑设计规范》JGJ 76

中华人民共和国国家标准

无障碍设计规范

GB 50763—2012

条 文 说 明

制 订 说 明

《无障碍设计规范》GB 50763－2012经住房和城乡建设部2012年3月30日以第1354号公告批准、发布。

为便于广大设计、施工、科研、学校等有关单位人员在使用本规范时能正确理解和执行条文规定，《无障碍设计规范》编制组按章、节、条顺序，编制了本规范的条文说明，对条文规定的目的、依据以及执行中需注意的有关事项进行了说明，还着重对强制性条文的强制性理由作了解释。但是，本条文说明不具备与规范正文同等的法律效力，仅供使用者作为理解和把握规范规定时的参考。

目　次

1 总 则

1.0.1 本条规定了制定本规范的目的。

部分人群在肢体、感知和认知方面存在障碍，他们同样迫切需要参与社会生活，享受平等的权利。无障碍环境的建设，为行为障碍者以及所有需要使用无障碍设施的人们提供了必要的基本保障，同时也为全社会创造了一个方便的良好环境，是尊重人权的行为，是社会道德的体现，同时也是一个国家、一个城市的精神文明和物质文明的标志。

1.0.2 本条规定明确了本规范适用的范围和建筑类型。

因改建的城市道路、城市广场、城市绿地、居住区、居住建筑、公共建筑及历史文物保护建筑等工程条件较为复杂，故无障碍设计宜按照本规范执行。

《无障碍设计规范》虽然涉及面广，但也很难把各类建筑全部包括其中，只能对一般建筑类型的基本要求作出规定，因此，本规范未涉及的城市道路、城市广场、城市绿地、建筑类型或有无障碍需求的设计，宜执行本规范中类似的相关类型的要求。

农村道路及公共服务设施应根据实际情况，宜按本规范中城市道路及建筑物的无障碍设计要求，进行无障碍设计。

1.0.3 本条规定了专业性较强行业的无障碍设计。

铁路、航空、城市轨道交通以及水运交通等专业性较强行业的无障碍设计，均有相应行业颁发的无障碍设计标准。所以本条文规定其除应符合本规范外，还应符合相关行业的有关无障碍设计的规定，且应做到与本规范的合理衔接、相辅相成、协调统一。

1.0.4 本条规定了本规范的共性要求。

2 术 语

2.0.11 本条所指的无障碍楼梯不适用于乘轮椅者。

2.0.27 本条所指的无障碍机动车停车位不包含残疾人助力车的停车位。

3 无障碍设施的设计要求

3.1 缘石坡道

3.1.1 为了方便行动不便的人特别是乘轮椅者通过路口，人行道的路口需要设置缘石坡道，在缘石坡道的类型中，单面坡缘石坡道是一种通行最为便利的缘石坡道，丁字路口的缘石坡道同样适合布置单面坡的缘石坡道。实践表明，当缘石坡道顺着人行道路的方向布置时，采用全宽式单面坡缘石坡道（图 3-1）最为方便。其他类型的缘石坡道，如三面坡缘石坡道（图 3-2）等可根据具体情况有选择性地采用。

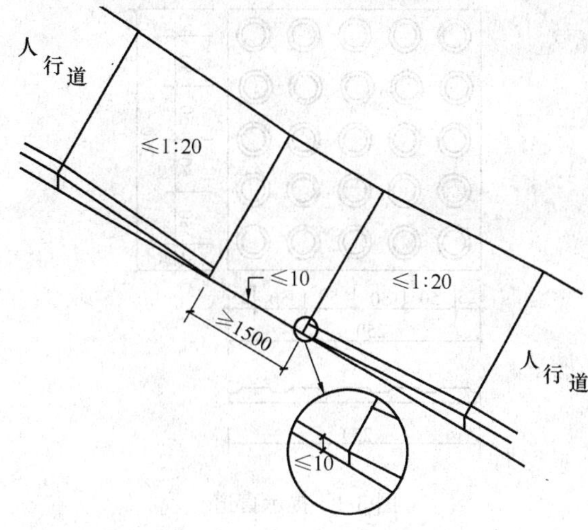

图 3-1 全宽式单面坡缘石坡道

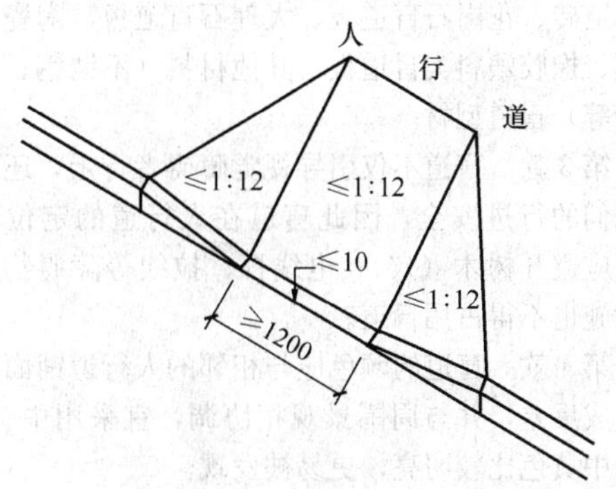

图 3-2 三面坡缘石坡道

3.2 盲 道

3.2.1 第 1 款 盲道有两种类型，一种是行进盲道（图 3-3），行进盲道应能指引视觉障碍者安全行走和顺利到达无障碍设施的位置，呈条状；另一种是在行进盲道的起点、终点及拐弯处设置的提示盲道（图 3-4），提示盲道能告知视觉障碍者前方路线的空间环境将发生变化，呈圆点形。目前以 250mm×250mm 的

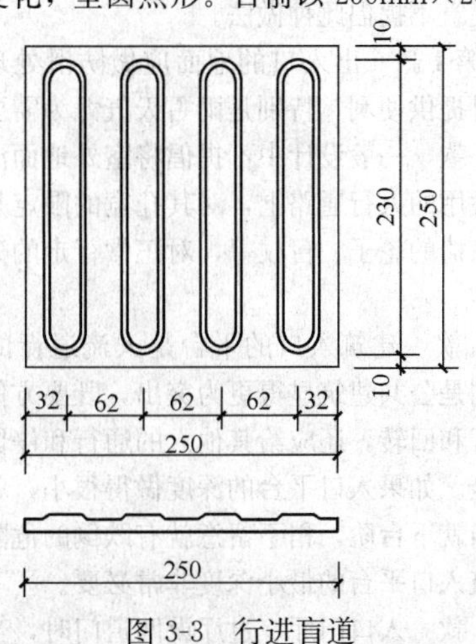

图 3-3 行进盲道

成品盲道构件居多。

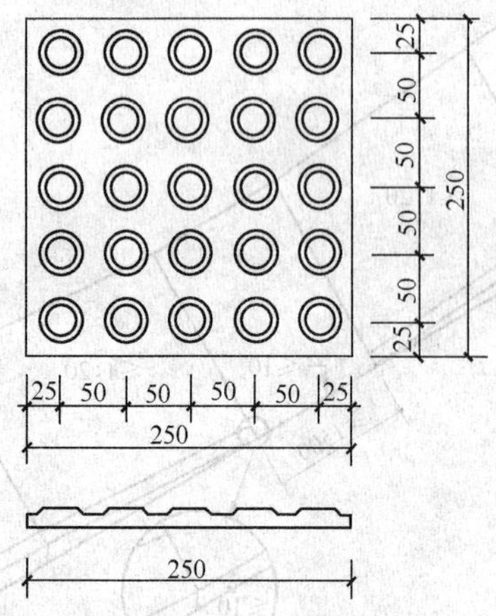

图 3-4　提示盲道

目前使用较多的盲道材料可分成5类：预制混凝土盲道砖、花岗石盲道板、大理石盲道板、陶瓷类盲道板、橡胶塑料类盲道板、其他材料（不锈钢、聚氯乙烯等）盲道型材。

第3款　盲道不仅引导视觉障碍者行走，还能保护他们的行进安全，因此盲道在人行道的定位很重要，应避开树木（穴）、电线杆、拉线等障碍物，其他设施也不得占用盲道。

第4款　盲道的颜色应与相邻的人行道铺面的颜色形成反差，并与周围景观相协调，宜采用中黄色，因为中黄色比较明亮，更易被发现。

3.3　无障碍出入口

3.3.1　第1款　平坡出入口，是人们在通行中最为便捷的无障碍出入口，该出入口不仅方便了各种行动不便的人群，同时也给其他人带来了便利，应该在工程中，特别是大型公共建筑中优先选用。

第3款　主要适用以下情况：在建筑出入口进行无障碍改造时，因为场地条件有限而无法修建坡道，可以采用占地面积小的升降平台取代轮椅坡道。一般的新建建筑不提倡此种做法。

3.3.2　第1款　出入口的地面应做防滑处理，为人们进出时提供便利，特别是雨雪天气尤为需要。

第2款　一般设计中不提倡将室外地面滤水箅子设置在常用的人行通路上，对其孔宽的限定是为了防止卡住轮椅的轮子、盲杖等，对正常行走的人也提供了便利。

第4款　建筑入口的平台是人流通行的集散地带，特别是公共建筑显得更为突出，既要方便乘轮椅者的通行和回转，还应给其他人的通行和停留带来便利和安全。如果入口平台的深度做得很小，就会造成推开门扇就下台阶，稍不留意就有跌倒的危险，因此限定建筑入口平台的最小深度非常必要。

第5款　入口门厅、过厅设两道门时，当乘轮椅者在期间通行时，避免在门扇同时开启后碰撞轮椅，因此对开启门扇后的最小间距作出限定。

3.3.3　调查表明，坡面越平缓，人们越容易自主地使用坡道。《民用建筑设计通则》GB 50352－2005规定基地步行道的纵坡不应小于0.2%，平坡入口的地面坡度还应满足此要求，并且需要结合室内外高差、建筑所在地的具体情况等综合选定适宜坡度。

3.4　轮椅坡道

3.4.1　坡道形式的设计，应根据周边情况综合考虑，为了避免乘轮椅者在坡面上重心产生倾斜而发生摔倒的危险，坡道不宜设计成圆形或弧形。

3.4.2　坡道宽度应首先满足疏散的要求，当坡道的宽度不小于1.00m时，能保证一辆轮椅通行；坡道宽度不小于1.20m时，能保证一辆轮椅和一个人侧身通行；坡道宽度不小于1.50m时，能保证一辆轮椅和一个人正面相对通行；坡道宽度不小于1.80m时，能保证两辆轮椅正面相对通行。

3.4.3　当轮椅坡道的高度在300mm及以内时，或者是坡度小于或等于1∶20时，乘轮椅者及其他行动不便的人基本上可以不使用扶手；但当高度超过300mm且坡度大于1∶20时，则行动上需要借助扶手才更为安全，因此这种情况坡道的两侧都需要设置扶手。

3.4.4　轮椅坡道的坡度可按照其提升的最大高度来选用，当坡道所提升的高度小于300mm时，可以选择相对较陡的坡度，但不得小于1∶8。在坡道总提升的高度内也可以分段设置坡道，但中间应设置休息平台，每段坡道的提升高度和坡度的关系可按照表3.4.4执行。在有条件的情况下将坡道做到小于1∶12的坡度，通行将更加安全和舒适。

3.4.5　本条要求坡道的坡面平整、防滑是为了轮椅的行驶顺畅，坡面上不宜加设防滑条或将坡面做成礓磋形式，因为乘轮椅者行驶在这种坡面上会感到行驶不畅。

3.4.6　轮椅在进入坡道之前和行驶完坡道，进行一段水平行驶，能使乘轮椅者先将轮椅调整好，这样更加安全。轮椅中途要调转角度继续行驶时同样需要有一段水平行驶。

3.4.7　轮椅坡道的侧面临空时，为了防止拐杖头和轮椅前面的小轮滑出，应设置遮挡措施。遮挡措施可以是高度不小于50mm的安全挡台，也可以做与地面空隙不大于100mm的斜向栏杆等。

3.5　无障碍通道、门

3.5.2　第4款　探出的物体包括：标牌、电话、灭火器等潜在对视觉障碍者造成危害的物体，除非这些物体被设置在手杖可以感触的范围之内，如果这些物体距地面的高度不大于600mm，视觉障碍者就可以用手杖感触到这些物体。在设计时将探出物体放在凹进的空间里也可以避免伤害。探出的物体不能减少无障碍通道的净宽度。

3.5.3 建筑物中的门的无障碍设计包括其形式、规格、开启宽度的设计，需要考虑其使用方便与安全。乘轮椅者坐在轮椅上的净宽度为750mm，目前有些型号的电动轮椅的宽度有所增大，所以当有条件时宜将门的净宽度做到900mm。

为了使乘轮椅者靠近门扇将门打开，在门把手一侧的墙面应留有宽度不小于400mm的空间，使轮椅能够靠近门把手。

推拉门、平开门的把手应选用横握式把手或U形把手，如果选用圆形旋转把手，会给手部残疾者带来障碍。在门扇的下方安装护门板是为了防止轮椅搁脚板将门扇碰坏。

推荐使用通过按钮自动开闭的门，门及周边的空间尺寸要求也要满足本条规定。按钮高度为0.90m～1.10m。

3.6 无障碍楼梯、台阶

3.6.1 楼梯是楼层之间垂直交通用的建筑部件。

第1款 如采用弧形楼梯，会给行动不便的人带来恐惧感，使其劳累或发生摔倒事故，因此无障碍楼梯宜采用直线形的楼梯。

第3款 踏面的前缘如有突出部分，应设计成圆弧形，不应设计成直角形，以防将拐杖头绊落掉和对鞋面刮碰。

第5款 在栏杆下方设置安全阻挡措施是为了防止拐杖向侧面滑出造成摔伤。遮挡措施可以是高度不小于50mm的安全挡台，也可以做与地面空隙不大于100mm的斜向栏杆等。

第7款 距踏步起点和终点250mm～300mm设置提示盲道是为了提示视觉障碍者所在位置接近有高差变化处。

第8款 楼梯踏步的踏面和梯面的颜色宜有区分和对比，以引起使用者的警觉并利于弱视者辨别。

3.6.2 台阶是在室外或室内的地坪或楼层不同标高处设置的供人行走的建筑部件。

第3款 当台阶比较高时，在其两侧做扶手对于行动不便的人和视力障碍者都很有必要，可以减少他们在心理上的恐惧，并对其行动给予一定的帮助。

3.7 无障碍电梯、升降平台

3.7.1 第1款 电梯是包括乘轮椅者在内的各种人群使用最为频繁和方便的垂直交通设施，乘轮椅者在到达电梯厅后，要转换位置和等候，因此候梯厅的深度做到1.80m比较合适，住宅的候梯厅不应小于1.50m。

第4款 在电梯入口的地面设置提示盲道标志是为了可以告知视觉障碍者电梯的准确位置和等候地点。

第5款 电梯运行显示屏的规格不应小于50mm×50mm，以方便弱视者了解电梯运行情况。

3.7.2 本条是规定无障碍电梯在规格和设施配备上的要求。为了方便乘轮椅者进入电梯轿厢，轿厢门开启的净宽度不应小于800mm。如果使用1.40m×1.10m的小型梯，轮椅进入电梯后不能回转，只能是正面进入倒退而出，或倒退进入正面而出。使用1.60m×1.40m的中型梯，轮椅正面进入电梯后，可直接回转后正面驶出电梯。医疗建筑与老人建筑宜选用病床专用电梯，以满足担架床的进出。

3.8 扶　　手

3.8.1 扶手是协助人们通行的重要辅助设施，可以保持身体平衡和协助使用者的行进，避免发生摔倒的危险。扶手安装的位置、高度、牢固性及选用的形式是否合适，将直接影响到使用效果。无障碍楼梯、台阶的扶手高度应自踏步前缘线量起，扶手的高度应同时满足其他规范的要求。

3.8.3 为了避免人们在使用扶手后产生突然感觉手臂滑下扶手的不安，当扶手为靠墙的扶手时，将扶手的末端加以处理，使其明显感觉利于身体稳定。同时也是为了利于行动不便者在刚开始上、下楼梯或坡道时的抓握。

3.8.4 当扶手安装在墙上时，扶手的内侧与墙之间要有一定的距离，便于手在抓握扶手时，有适当的空间，使用时会带来方便。

3.8.5 扶手要安装牢固，应能承受100kg以上的重量，否则会成为新的不安全因素。

3.9 公共厕所、无障碍厕所

3.9.1 此处的公共厕所指不设单独的无性别厕所，而是在男、女厕所内分设无障碍厕位的供公众使用的厕所。

3.9.2 无障碍厕位为厕所内的无障碍设施，本条规定了无障碍厕位的做法。

第1款 在公共厕所内，选择通行方便的适当位置，设置1个轮椅可进入使用的坐便器的专用厕位。专用厕位分大型和小型两种规格。在厕位门向外开时，大型厕位尺寸宜做到2.00m×1.50m，这样轮椅进入后可以调整角度和回转，轮椅可在坐便器侧面靠近后平移就位。小型厕位尺寸不应小于1.80m×1.00m，轮椅进入后不能调整角度和回转，只能从正面对着坐便器进行身体转移，最后倒退出厕位。因此，如果有条件时，宜选择2.00m×1.50m的大型厕位。

第2款 无障碍厕位的门宜向外开启，轮椅需要通行的区域通行净宽均不应小于800mm，当门向外开启时，门扇里侧应设高900mm的关门拉手，待轮椅进入后便于将门关上。

第3款 在坐便器的两侧安装安全抓杆（图3-5），供乘轮椅者从轮椅上转移到坐便器上以及拄拐杖者在起立时使用。安装在墙壁上的水平抓杆长度为700mm，安装在另一侧的水平抓杆一般为T形，这种T形水平抓杆的长度为550mm～600mm，可做成固定式，也可做成悬臂式可转动的抓杆，转动的抓杆可做水平旋转90°和垂直旋转90°两种，在使用前将抓杆转到贴近墙面上，不占空间，待轮椅靠近坐便器后再将抓杆转过来，协助乘轮椅者从轮椅上转换到坐便器上。这种可旋转的水平抓杆的长度可做到600mm～700mm。

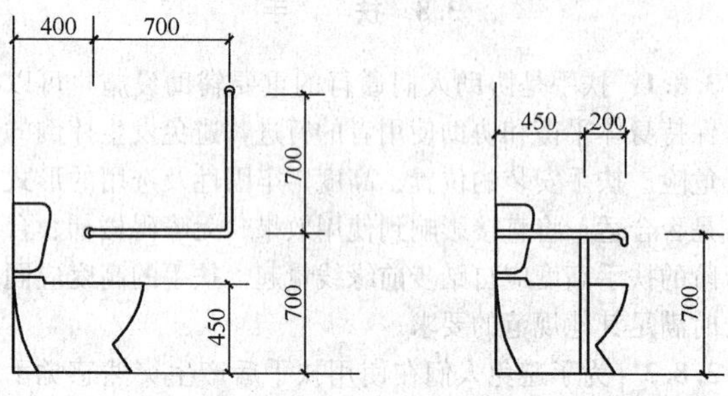

图3-5 坐式便器及安全抓杆

3.9.3 此处的无障碍厕所是无性别区分、男女均可使用的小型厕所。可以在家属的陪同下进入，它的方便性受到了各种人群的欢迎。尽量设在公共建筑中通行方便的地段，也可靠近公共厕所，并用醒目的无障碍标志给予区分。这种厕所的面积要大于无障碍专用厕位。

3.9.4 本条规定了厕所里的其他无障碍设施的做法。

第1款 低位小便器的两侧和上部设置安全抓杆，主要是供使用者将胸部靠住，使重心更为稳定。

第2款 无障碍洗手盆的安全抓杆可做成落地式和悬挑式两种，但要方便乘轮椅者靠近洗手盆的下部空间。水龙头的开关应方便开启，宜采用自动感应出水开关。

第3款 安全抓杆设在坐便器、低位小便器、洗手盆的周围，是肢体障碍者保持身体平衡和进行移动不可缺少的安全保护措施。其形式有很多种，一般有水平式、直立式、旋转式及吊环式等。安全抓杆要尽量少占地面空间，使轮椅靠近各种设施，以达到方便的使用效果。安全抓杆要安装牢固，应能承受100kg以上的重量。安装在墙上的安全抓杆内侧距墙面不小于40mm。

3.10 公共浴室

3.10.1 公共浴室无障碍设计的要求是出入口、通道、浴间及其设施均应该方便行动不便者通行和使用，公共浴室的浴间有淋浴和盆浴两种，无论是哪种，都应该保证有一个为无障碍浴间，另外无障碍洗手盆也是必备的无障碍设施。地面的做法要求防滑和不积水。浴间的入口最好采用活动的门帘，如采用平开门时，门扇应该向外开启，这样做一是可以节省浴间面积，二是在紧急情况时便于将门打开进行救援。

3.11 无障碍客房

3.11.1 无障碍客房应设在便于到达、疏散和进出的位置，比如设在客房区的底层以及靠近服务台、公共活动区和安全出口的位置，以方便使用者到达客房、参与各种活动及安全疏散。

3.11.2 客房内需要留有直径不小于1.50m的轮椅回转空间，可以将通道的宽度做到不小于1.50m，因为通道是客房使用者开门、关门及通行与活动的枢纽，在通道内存取衣物和从通道进入卫生间，也可以在客房床位的一侧留有直径不小于1.50m的轮椅回转空间，以方便乘轮椅者料理各种相关事务。

3.11.5 客房床面的高度、坐便器的高度、浴盆或淋浴座椅的高度，应与标准轮椅坐高一致，以方便乘轮椅者进行转移。在卫生间及客房的适当部位，需设救助呼叫按钮。

3.12 无障碍住房及宿舍

3.12.1、3.12.2 无障碍住房及宿舍户门及内门的设计要满足轮椅的通行要求。户内、外通道要满足无障碍的要求，达到方便、安全、便捷。在很多设计中，阳台的地坪与居室存在高差，或地面上安装有落地门框影响无障碍通行，可采取设置缓坡和改变阳台门安装方式来解决。

3.12.3 室内卫生间是极容易出现跌倒事故的地方，设计中要为使用者提供方便牢固的安全抓杆，并根据这些配置的要求调整洁具之间的距离。

3.12.4 根据无障碍使用人群的分类，在居住建筑的套内空间，有目的地设置相应的无障碍设施；若设计时还不能确认使用者的类型，则所有设施要按照规范一次设计到位。室内各使用空间的面积都略大于现行国家标准《住宅设计规范》GB 50096－1999中相应的最低面积标准，为轮椅通行和停留提供一定的空间。无障碍宿舍的设施和家具一般都是一次安装到位的，所有的要求需按照本规范详细执行。

3.13 轮椅席位

3.13.1 轮椅席位应设在出入方便的位置，如靠近疏散口及通道的位置，但不应影响其他观众席位，也不应妨碍公共通道的通行，其通行路线要便捷，要能够方便地到达休息厅和有无障碍设施的公共厕所。轮椅席位可以集中设置，也可以分地段设置，平时也可以用作安放活动座椅等使用。

3.13.3 影剧院、会堂等观众厅的地面有一定坡度，但轮椅席位的地面要平坦，否则轮椅倾斜放置会产生不安全感。为了防止乘轮椅者和其他观众座椅碰撞，在轮椅席位的周围宜设置栏杆或栏板，但也不应遮挡他人的视线。

3.13.4 轮椅席的深度为1.10m，与标准轮椅的长度基本一致，一个轮椅席位的宽度为800mm，是乘轮椅者的手臂推动轮椅时所需的最小宽度。

3.13.6 考虑到乘轮椅者大多有人陪伴出行，为方便陪伴的人在其附近。轮椅席位旁宜设置一定数量的陪护席位，陪护席位也可以设置在附近的观众席内。

3.14 无障碍机动车停车位

3.14.1 无论设置在地上或是地下的停车场地，应将通行方便、距离出入口路线最短的停车位安排为无障碍机动车停车位，如有可能宜将无障碍机动车停车位设置在出入口旁。

3.14.3 停车位的一侧或与相邻停车位之间应留有宽1.20m以上的轮椅通道，方便肢体障碍者上下车，相邻两个无障碍机动车停车位可共用一个轮椅通道。

3.15 低位服务设施

3.15.1～3.15.4 低位服务设施可以使乘轮椅人士或身材较矮的人士方便地接触和使用各种服务设施。除了要求它的上表面距地面有一定的高度以外，还要求它的下方有足够的空间，以便于轮椅接近。它的前方应留有轮椅能够回转的空间。

3.16 无障碍标识系统、信息无障碍

3.16.1 通用的无障碍标志是选用现行国家标准《标志用公共信息图形符号　第9部分：无障碍设施符号》GB/T 10001.9-2008中的无障碍设施标志。通用的无障碍标志和图形的大小与其观看的距离相匹配，规格为100mm×100mm～400mm×400mm。为了清晰醒目，规定了采用两种对比强烈的颜色，当标志牌为白色衬底时，边框和轮椅为黑色；标志牌为黑色衬底时，边框和轮椅为白色。轮椅的朝向应与指引通行的走向保持一致。

无障碍设施标志牌和带指示方向的无障碍设施标志牌也是无障碍标志的组成部分，设置的位置应该能够明确地指引人们找到所需要使用的无障碍设施。

3.16.2 盲文地图设在城市广场、城市绿地和公共建筑的出入口，方便视觉障碍者出行和游览；盲文铭牌主要用于无障碍电梯的低位横向按钮、人行天桥和人行地道的扶手、无障碍通道的扶手、无障碍楼梯的扶手等部位，帮助视觉障碍者辨别方向；盲文站牌设置在公共交通的站台上，引导视觉障碍者乘坐公共交通。

3.16.3 信息无障碍是指无论健全人还是行动障碍者，无论年轻人还是老年人，无论语言文化背景和教育背景如何，任何人在任何情况下都能平等、方便、无障碍地获取信息或使用通常的沟通手段利用信息。

在获取信息方面，视觉障碍者是最弱的群体，因此应给视觉障碍者提供更好的设备和设施来满足他们的日常生活需要。其中为视觉障碍者服务的设施包括盲道、盲文标识、语音提示导盲系统（听力补偿系统）、盲人图书室（角）等，为视觉障碍者服务的设备包括便携导盲定位系统、无障碍网站和终端设备、读屏软件、助视器、信息家居设备等。为视觉障碍者服务的设施应与背景形成鲜明的色彩对比。

盲道的设置位置具体见本规范的其他章节。盲文标识一般设置在视觉障碍者经常使用的建筑物的楼层示意图、楼梯、扶手、电梯按钮等部位。音响信号适用于城市交通系统。视觉障碍者图书室（角）是为视觉障碍者提供的专门获取信息的公共场所，应提供无障碍终端设备、读屏软件、助视器等设施。便携导盲定位系统是为视觉障碍者提供出行定位的好帮手，可以利用手机、盲杖等载体。为视觉障碍者服务的信息家居设备主要包括鸣响的水壶等生活设施。

为听觉障碍者服务的设施包括电子显示屏、同步传声助听设备、提示报警灯（音响频闪显示灯），为听觉障碍者服务的设备包括视频手语、助听设备、可视电话、信息家居设备等。

电子显示屏应设置在城市道路和建筑物明显的位置，便于人们在第一时间获取信息。同步传声助听设备是在建筑物中设置的一套音响加强传递系统，听觉障碍者持终端即可接听信息。提示报警灯（音响频闪显示灯）是为人员逃生时指示方向使用的，应设置在疏散路线上，同时应伴有语音提示。另外建议在有视频的地方加设视频手语解说，家居方面设置可视对讲门禁、提示报警灯等设备。

为全社会服务的设施应包括标识、标牌、楼层示意图、语音提示系统、电子显示屏、语言转换系统等。信息无障碍设施并非只适用于无障碍人士，实际它使我们社会上的每个人都在受益。信息无障碍的发展是全社会文明的标志，是社会进步的缩影。信息无障碍应使任何人在任何地点都能享受到信息的服务。如清晰的标识和标牌使一些初到陌生地方的人或语言障碍的外国人能准确找到目标。

标识和标牌安装的位置应统一，主要设置在人们行走时需要做出决定的地方，并且标识和标牌大小、图案应规范，避免安装在阴影区或者反光的地方，并且和周围的背景应有反差。楼层示意图应布置在建筑入口和电梯附近，宜同时附有盲文和语音提示设施。

4 城 市 道 路

4.1 实 施 范 围

4.1.1 城市道路进行无障碍设计的范围包括主干路、

次干路、支路等城市各级道路，郊区、区县、经济开发区等城镇主要道路，步行街等主要商业区道路，旅游景点、城市景观带等周边道路，以及其他有无障碍设施设计需求的各类道路，确保城市道路范围内无障碍设施布置完整，构建无障碍物质环境。

4.1.2、4.1.3 城市道路涉及人行系统的范围均应进行无障碍设计，不仅对无障碍设计范围给予规定，并进一步对城市道路应进行无障碍设计的位置提出要求，便于设计人员及建设部门进行操作。

4.2 人 行 道

4.2.1 第1款 人行道是城市道路的重要组成部分，人行道在路口及人行横道处与车行道如有高差，不仅造成乘轮椅者的通行困难，也会给人行道上行走的各类群体带来不便。因此，人行道在交叉路口、街坊路口、单位出入口、广场出入口、人行横道及桥梁、隧道、立体交叉范围等行人通行位置，通行线路存在立缘石高差的地方，均应设缘石坡道，以方便人们使用。

第2款 人行横道两端需设置缘石坡道，为肢体障碍者及全社会各类人士作出提示，方便人们使用。

4.2.2 第1、2款 盲道及其他信息设施的布置，要为盲人通行的连续性和安全性提供保证。因此在城市主要商业街、步行街的人行道及视觉障碍者集中区域（指视觉障碍者人数占该区域人数比例1.5%以上的区域，如盲人学校、盲人工厂、医院等）的人行道需设置盲道，协助盲人通过盲杖和脚感的触觉，方便安全地行走。

第3款 坡道的上下坡边缘处需设置提示盲道，为视觉障碍者及全社会各类人士作出提示，方便人们使用。

4.2.3 要满足轮椅在人行道范围通行无障碍，要求人行道中设有台阶的位置，同时应设有坡道，以方便各类人群的通行。坡道设置时应避免与行人通行产生矛盾，在设施布置时，尽量避免轮椅坡道通行方向与行人通行方向产生交叉，尽可能使两个通行流线相平行。

4.2.4 人行道范围内的服务设施是无障碍设施的重要部分，是保证残障人士平等参与社会活动的重要保障设施，服务设施宜针对视觉障碍者、听觉障碍者及肢体障碍者等不同类型的障碍者分别进行考虑，满足各类行动障碍者的服务需求。

4.3 人 行 横 道

4.3.1 第1款 人行横道设置时，人行横道的宽度要满足轮椅通行的需求。在医院、大剧院、老年人公寓等特殊区域，由于轮椅使用数量相对较多，人行横道的宽度还要考虑满足一定数量轮椅同时通行的需求，避免产生安全隐患。

第2款 人行横道中间的安全岛，会有高出车行道的情况，影响了乘轮椅者的通行，因此安全岛设置需要考虑与车行道同高或安全岛两侧设置缘石坡道，并从通行宽度方面给予要求，从而方便乘轮椅者通行。

第3款 音响设施需要为视觉障碍者的通行提供有效的帮助，在路段提供是否通行和还有多长的通行时间等信息，在路口还需增加通行方向的信息。通过为视觉障碍者提供相关的信息，保证他们过街的安全性。

4.4 人行天桥及地道

4.4.1 人行天桥及地道出入口处需设置提示盲道，针对行进规律的变化及时为视觉障碍者提供警示。同时当人行道中有行进盲道时，应将其与人行天桥及人行地道出入口处的提示盲道合理衔接，满足视觉障碍者的连续通行需求。

4.4.2 人行天桥及地道的设计，在场地条件允许的情况下，应尽可能设置坡道或无障碍电梯。当场地条件存在困难时，需要根据规划条件，在进行交通分析时，对行人服务对象的需求进行分析，从道路系统与整体环境要求的高度进行取舍判断。

人行天桥及地道处设置坡道，方便乘轮椅者及全社会各类人士的通行，当设坡道有困难时可设无障碍电梯，构成无障碍环境，完成无障碍通行。无障碍电梯需求量大或条件允许时，也可进行无障碍电梯设置，满足乘轮椅者及全社会各类人士的通行需求，提高乘轮椅者及全社会各类人士的通行质量。

人行天桥及地道处的坡道设置，是为了方便乘坐轮椅者能够靠自身力量安全通行。弧线形坡道布置，坡道两侧的长度不同，形成的坡度有差异，因此对坡道的设计提出相应的指标控制要求。

4.4.3 人行天桥和人行地道设扶手，是为了方便行动不便的人通行，未设扶手的人行天桥及地道，曾发生过老年人和行动障碍者摔伤事故，其原因并非

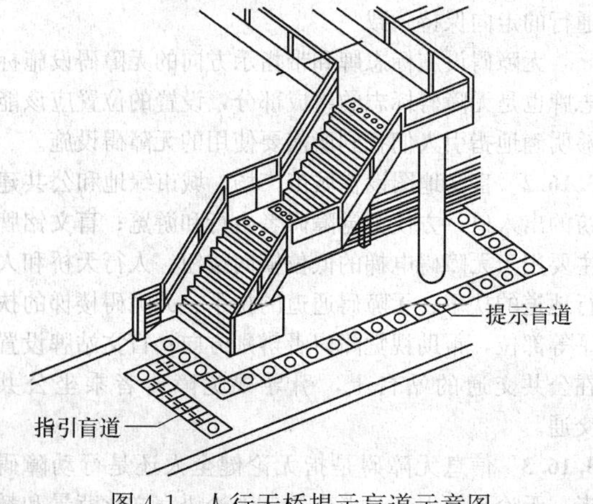

图4-1 人行天桥提示盲道示意图

技术、经济上的困难，而是未将扶手作为使用功能来重视。在无障碍设计中，扶手同样是重要设施之一。坡道扶手水平段外侧宜设置盲文铭牌，可使视觉障碍者了解自己所在位置及走向，方便其继续行走。

4.4.4 人行天桥及地道处无法满足弱势群体通行需求情况下，可考虑通过地面交通实现弱势群体安全通行的需求，体现无障碍设计的多样化及人性化。

4.4.5 人行天桥桥下的三角区，对于视觉障碍者来说是一个危险区域，容易发生碰撞，因此应在结构边缘设置提示盲道，避免安全隐患。

4.5 公交车站

4.5.1 公交车站处站台有效宽度应满足轮椅通行与停放的要求，并兼顾其他乘客的通行，当公交车站设在车道之间的分隔带上时，为了使行动不便的人穿越非机动车道，安全地到达分隔带上的公交候车站，应在穿行处设置缘石坡道，缘石坡道应与人行横道相对应。

4.5.2 在我国，视觉障碍者的出行，如上班、上学、购物、探亲、访友、办事等主要靠公共交通，因此解决他们出门找到车站和提供交通换乘十分重要，为了视觉障碍者能够方便到达公交候车站、换乘公交车辆，需要在候车站范围设置提示盲道和盲文站牌。

在公交候车站铺设提示盲道主要方便视觉障碍者了解候车站的位置，人行道中有行进盲道时，应与公共车站的提示盲道相连接。

为了给视觉障碍者提供更好的公交站牌信息，在城市主要道路和居住区的公交车站，应安装盲文站牌或有声服务设施，盲文站牌的设置，既要方便视觉障碍者的使用，又要保证安全，防止倒塌，且不易被人破坏。

4.6 无障碍标识系统

4.6.1～4.6.3 凡设有无障碍设施的道路人行系统中，为了能更好地为残障人士服务，并易于被残障人士所识别，应在无障碍设计地点显著位置上安装符合我国国家标准的无障碍标志牌，标志牌应反映一定区域范围内的无障碍设施分布情况，并提示现况位置。无障碍标识的布置，应根据指示、引导和确认的需求进行设计，沿通行路径布置，构成完整引导系统。

悬挂醒目的无障碍标志，一是使用者一目了然，二是告知无关人员不要随意占用。城市中的道路交通，应尽可能提供多种标志和信息源，以适合各种残障人士的不同要求。

无障碍设施标志牌可与其他交通设施标志牌协调布置，更好地为道路资源使用者服务。

5 城市广场

5.1 实施范围

5.1.1 城市广场的无障碍设计范围是根据《城市道路设计规范》CJJ 37 中城市广场篇的内容而定，并把它们分成公共活动广场和交通集散广场两大类。城市广场是人们休闲、娱乐的场所，为了使行动不便的人能与其他人一样平等地享有出行和休闲的权利，平等地参与社会活动，应对城市广场进行无障碍设计。

5.2 实施部位和设计要求

5.2.1 随着我国机动车保有量的增大，乘轮椅者乘坐及驾驶机动车出游的几率也随之增加。因此，在城市广场的公共停车场应设置一定数量的无障碍机动车停车位。无障碍机动车停车位的数量应当根据停车场地大小而定。

5.2.7 广场的无障碍设施处应设无障碍标志，带指示方向的无障碍设施标志牌应与无障碍设施标志牌形成引导系统，满足通行的连续性。

6 城市绿地

6.1 实施范围

6.1.1 在高速城市化的建设背景下，城市绿地与人们日常生活的关系日益紧密，是现代城市生活中人们亲近自然、放松身心、休闲健身使用频率最高的公共场所。随着其日常使用频率的加大，使用对象的增多，城市绿地的无障碍建设显得尤为突出，也成为创建舒适、宜居现代城市必要的基础设施条件之一。

依据现行行业标准《城市绿地分类标准》CJJ/T 85，城市绿地分为城市公园绿地、生产绿地、防护绿地、附属绿地、其他绿地（包括风景名胜区、郊野城市绿地、森林城市绿地、野生动植物园、自然保护区、城市绿化隔离带等）共五类。其中，城市公园绿地、附属绿地以及其他绿地中对公众开放的部分，其建设的宗旨是为人们提供方便、安全、舒适和优美的生活环境，满足各类人群参观、游览、休闲的需要。因此城市绿地的无障碍设施建设是非常重要的；城市绿地的无障碍设施建设应该针对上述范围实施。

6.2 公园绿地

6.2.1 本标准是基于综合性公园绿地设计编写的，其他类型的绿地设计可根据其性质和规模大小参照执行。

6.2.2 第3款 窗口前设提示盲道是为了帮助视觉障碍者确定窗口位置。

6.2.3 第1款 公园绿地主要出入口是游客游园的必经之路，应设置为无障碍出入口以便于行动不便者通行。因为行动障碍者、老人等行动不便的人行进速度较普通游客慢，在节假日或高峰时段，游客量急剧增大，游客混行可能引发交通受阻的情况，可设置无障碍专用绿色通道引导游客分流出入，可以避免相互间的干扰，有助于消除发生突发性事件时的安全隐患。

第2款 出入口无障碍专用通道宽度设置不应小于1.20m，以保证一辆轮椅和一个人侧身通过，条件允许的情况下，建议将无障碍专用通道宽度设置为1.80m，这样可以保证同时通行两辆轮椅。

第3款 出入口设置车挡可以有效减少机动车、人力三轮车对人行空间的干扰，但同时应确保游人及轮椅通过，实现出入口的无障碍通行。车挡设置最小间距是为了保证乘轮椅者通过，车挡前后需设置轮椅回转空间，供乘轮椅者调整方向。

6.2.4 中国园林大多为自然式山水园，公园也以山水园林居多，地形高差变化较大，山形水系丰富。因此实现所有道路、景点无障碍游览是很困难的，这就需要在规划设计阶段，根据城市绿地的场地条件以及城市园林规划部门意见来规划专门的游览路线，串联主要景区和景点，形成无障碍游览系统，以实现大部分景区的无障碍游览。无障碍游览路线的设置目的一方面是为了让乘轮椅者能够游览主要景区或景点，另一方面是为老年人、体弱者等行动不便的人群在游园时提供方便，提高游园的舒适度。无障碍游览路线包括无障碍主园路、无障碍支园路或无障碍小路。

第1款 无障碍游览主园路是无障碍游览路线的主要组成部分，它连接城市绿地的主要景区和景点，保证所有游人的通行。无障碍游览主园路人流量大，除场地条件受限的情况外，设计时应结合城市绿地的主园路设置，避免重复建设。无障碍游览主园路的设置应与无障碍出入口相连，一般应独立形成环路，避免游园时走回头路，在条件受限时，也可以通过无障碍游览支园路形成环路。根据《城市绿地设计规范》GB 50420-2007，“主路纵坡宜小于8%…… 山地城市绿地的园路纵坡应小于12%”。考虑到在城市绿地中轮椅长距离推行的情况，无障碍游览主园路的坡度定为5%，既能满足一部分乘轮椅者在无人帮助的条件下独立通行，也可以使病弱及老年人通行更舒适和安全。山地城市绿地在用地受限制，实施有困难的局部地段，无障碍游览主园路纵坡应小于8%。

第2款 无障碍游览支园路和小路是无障碍游览路线的重要组成部分，应能够引导游人到达城市绿地局部景点。无障碍游览支园路应能与无障碍游览主园路连接，形成环路；无障碍游览小路不能形成环路时，尽端应设置轮椅回转空间，便于轮椅掉头。通行轮椅的小路的宽度不小于1.20m。

第3款 当园路的坡度大于8%时，考虑到园林景观的需求，建议每隔10.00m～20.00m设置一处休息平台，以供行动不便的人短暂停留、休息。

第4款 乘轮椅者的视线水平高度一般为1.10m，为防止乘轮椅者沿湖观景时跌落水中，安全护栏不应低于900mm。

第5款 在地形险要路段设置安全警示线可以起到提示作用，提示游人尤其是视觉障碍者危险地段的位置，设置安全护栏可以防止发生跌落、倾覆、侧翻事故。

第6款 不平整和松动的地面会给轮椅的通行带来困难，积水地面和软硬相间的铺装给拄拐杖者的通行带来危险，因此无障碍游览园路的路面应平整、防滑、不松动。

6.2.5 无障碍休憩区是为方便行动不便的游客游园，为其在园内的活动或休憩提供专用的区域，体现以人为本的设计原则。在无障碍出入口附近或无障碍游览园路沿线设置无障碍游憩区可以使行动不便的游客便于抵达，并宜设置专用标识以区别普通活动区域。

第3款 广场树池高出广场地面，可以防止轮椅掉进树坑，如果树池与广场地面相平，加上与地面相平的箅子也可以防止轮椅的行进受到影响。

6.2.6 第2款 无障碍游憩设施主要是指为行动不便的人群提供必要的游憩、观赏、娱乐、休息、活动等内容的游憩设施，包括单体建筑、组合建筑、建筑院落、码头、桥、活动场等。

第2款2) 单体建筑和组合建筑均应符合无障碍设计的要求。入口有台明和台阶时，台明不宜过高，否则轮椅坡道会较长，甚至影响建筑的景观效果。室内地面有台阶时，应设置满足轮椅通行的坡道。

第2款3) 院落的出入口、院内广场、通道以及内廊之间应能形成连续的无障碍游线，有高差时，应设置轮椅坡道。为避免迂回，在有三个以上出入口时，应设两个以上无障碍出入口，并在不同方向。院落内廊宽度至少要满足一辆轮椅和一个行人能同时通行，因此宽度不宜小于1.20m。

第2款4) 码头只规定码头与无障碍园路和广场衔接处应满足无障碍设计的规定，连接码头与船台甲板以及甲板与渡船之间的专用设施或通道也应为无障碍的，但因为非本规范适用范围，条文并未列出。

第2款5) 无障碍游览路线上的园桥在无障碍园路、广场的衔接的地方、桥面的坡度、通行宽度以及桥面做法，应考虑到行动不便的人群的安全需要，桥面两侧应设栏杆。

第3款 服务设施包括小卖店、茶座、咖啡厅、餐厅、摄影部以及服务台、业务台、咨询台、售货柜台等，均应满足无障碍设计的要求。

第4款 公共设施包括公共厕所、饮水器、洗手台、垃圾箱、游客服务中心和休息座椅等，均应满足无障碍设计的要求。

第5款 管理设施主要是指各种面向游客的管理功能的建筑，如：管理处、派出所等，均应满足无障碍设计的要求。

6.2.7 公园绿地中应尽可能提供多种标志和信息源，以适合不同人群的不同需求。例如：以各种符号和标志帮助行动障碍者，引导其行动路线和到达目的地，使人们最大范围地感知其所处环境的空间状况，缩小各种潜在的、心理上的不安因素。

6.2.8 第1款 视觉障碍者可以通过触摸嗅闻和言传而领悟周围环境，感应周围的动物和植物，开阔思想和生活空间，增加生活情趣，感受大自然的赋予，因此大型植物园宜设置盲人植物区域或者植物角，使其游览更为方便和享受其中的乐趣。

第2款 各类公园的展示区、展览区也应充分考虑各种人群的不同需要，要使乘坐轮椅者便于靠近围栏或矮围墙，并留出一定数量便于乘坐轮椅者观看的窗口和位置。

7 居住区、居住建筑

7.1 道 路

7.1.1、7.1.2 居住区的道路与公共绿地的使用是否便捷，直接影响着居民的日常生活品质。2009年，我国老龄人口已超过1.67亿，且每年以近800万的速度增加，以居家为主的人口数量也随之增加。居住区的无障碍建设，满足了老年人、妇女儿童和残障人士出行和生活的无障碍需求，同时也反映了城市化发展以人为本的原则。本章中，道路和公共绿地的分类与《城市居住区规划设计规范》GB 50180一致。

7.2 居 住 绿 地

7.2.1 居住绿地是居民日常使用频率最高的绿地类型，在城市绿地中占有较大比重，与城市生活密切相关。老年人、儿童及残障人士日常休憩活动的主要场所就是居住区内的居住绿地。因此在具备条件的地坪平缓的居住区，所有对居民开放使用的组团绿地、宅间绿地均应满足无障碍要求；对地形起伏大，高差变化复杂的山地城市居住区，很难保证每一块绿地都满足无障碍要求，但至少应有一个开放式组团绿地或宅间绿地应满足无障碍要求。

7.2.2 第1款 无障碍出入口的设置位置应方便居民使用，当条件允许时，所有出入口最好都符合无障碍的要求。

第2款 居住绿地内的活动广场是老年人、儿童日常活动交流的主要场所，活动广场与相接路面、地面不宜出现高差，因景观需要，设计下沉或抬起的活动广场时，高差不宜大于300mm，并应采用坡道处理高差，不宜设计台阶；当设计高差大于300mm时，至少必须设置一处轮椅坡道，以便轮椅使用者通行；设计台阶时，每级台阶高度不宜大于120mm，以便老年人及儿童使用。

第3款 当居住区的道路设有盲道时，道路盲道应延伸至绿地入口，以便于视觉障碍者前往开放式绿地时掌握绿地的方位和出入口。

7.2.3 第1款 居住绿地内的游步道，老年人、乘轮椅者及婴儿车的使用频率非常高，为便于上述人群的使用，不宜设置台阶。游步道纵坡坡度是依据建设部住宅产业促进中心编写的《居住区环境景观设计导则》（2006版），并参考了日本的无障碍设计标准而制定的。当游步道因景观需要或场地条件限制，必须设置台阶时，应同时设置轮椅坡道，以保障轮椅通行。

第2款 居住绿地内的亭、廊、榭、花架等园林建筑，是居民、特别是老年人等行动不便者日常休憩交流的主要场所，因而上述休憩设施的地面不宜与周边场地出现高差，以便居民顺利通行进入。如因景观需要设置台明、台阶时，必须设置轮椅坡道。

第3款 在休息座椅旁要留有适合轮椅停留的空地，以便乘轮椅者安稳休息和交谈，避免轮椅停在绿地的通路上，影响他人行走。设置的数量不宜少于总数量的10%。

7.2.4 第1款 为保障安全，减少儿童攀爬机会，便于居民活动，林下活动广场应以高大荫浓的乔木为主，分枝点不应小于2.2m；对于北方地区，应以落叶乔木为主，且应有较大的冠幅，以保障活动广场夏季的遮阳和冬季的光照。

第2款 为便于对儿童的监护，儿童活动场周围应有较好的视线，所以在儿童活动场地进行种植设计时，注意保障视线的通透。在儿童活动场地周围种植灌木时，灌木要求选用萌发力强、直立生长的中高型树种，因为矮形灌木向外侧生长的枝条大都在儿童身高范围内，儿童在互相追赶、奔跑嬉戏时，易造成枝折人伤。一些丛生型植物，叶质坚硬，其叶形如剑，指向上方，这类植物如种植在儿童活动场周围，极易发生危险。

7.3 配套公共设施

7.3.1、7.3.2 居住区的配套公共建筑需考虑居民的无障碍出行和使用。重点是解决交通和如厕问题。特别是居家的行为障碍者经常光顾和停留的场所，如物业管理、居委会、活动站、商业等建筑，是居民近距离地解决生活需求、精神娱乐、人际交往的场所。无障碍设施的便利，能极大地提高居住区的生活品质。

7.3.3 随着社会经济的飞速发展，居民的机动车拥有量也在不断增加。停车场和车库的无障碍设计，在满足行为障碍者出行的基础上，也为居民日常的购物搬运提供便捷。

7.4 居住建筑

7.4.1 居住建筑无障碍设计的贯彻，反映了整体居民生活质量的提高。实施范围涵盖了住宅、公寓和宿舍等多户居住的建筑。商住楼的住宅部分执行本条规定。在独栋、双拼和联排别墅中作为首层单户进出的居住建筑，可根据需要选择使用。

7.4.2 第1款 居住建筑出入口的无障碍坡道，不仅能满足行为障碍者的使用，推婴儿车、搬运行李的正常人也能从中得到方便，使用率很高。入口平台、公共走道和设置无障碍电梯的候梯厅的深度，都要满足轮椅的通行要求。通廊式居住建筑因连通户门间的走廊很长，首层会设置多个出入口，在条件许可的情况下，尽可能多的设置无障碍出入口，以满足使用人群出行的方便，减少绕行路线。

第2款 在设有电梯的居住建筑中，单元式居住建筑至少设置一部无障碍电梯；通廊式居住建筑在解决无障碍通道的情况下，可以有选择地设置一部或多部无障碍电梯。

7.4.3 无障碍住房及宿舍的设置，可根据规划方案和居住需要集中设置，或分别设置于不同的建筑中。

7.4.4 低层（多层）住宅及公寓，因建设条件和资金的限制，很多建筑未设置电梯。在进行无障碍住房设计时，要尽量建于底层，减少无障碍竖向交通的建设量。另外要着重考虑的是，多层居住建筑首层无障碍坡道的设置，使其能真正达到无障碍入户的标准。已建多层居住建筑入口无障碍改造的工作，比高层居住建筑的改造要艰难，多因与原设计楼梯的设置发生矛盾，在新建建筑中要妥善考虑。

7.4.5 无障碍宿舍的设置，是满足行动不便人员参与学习和社会工作的需求。即使明确没有行为障碍者的学校和单位，也要设计至少不少于男女各1套无障碍宿舍，以备临时和短期需要，并可根据需要增加设置的套数。

8 公共建筑

8.1 一般规定

8.1.1 第1款 建筑基地内的人行道应保证无障碍通道形成环线，并到达每个无障碍出入口。在路口处及人行横道处均应设置缘石坡道，没有人行横道线的路口，优先采用全宽式单面坡缘石坡道。

8.1.2 建筑基地内总停车数是地上、地下停车数量的总合。在建筑基地内应布置一定数量的无障碍机动车停车位是为了满足各类人群无障碍停车的需求，同时也是为了更加合理地利用土地资源，在制定总停车的数量与无障碍机动车停车位的数量的比例时力求合理、科学。本规范制定的无障碍停车的数量是一个下限标准，各地方可以根据自己实际的情况进行适当地增加。当停车位的数量超过100辆时，每增加不足100辆时，仍然需要增加1个无障碍机动车停车位。

8.2 办公、科研、司法建筑

8.2.2 为公众办理业务与信访接待的办公建筑因其使用的人员复杂，因此应为来访和办理事务的各类人群提供周到完善的无障碍设施。

建筑的主要出入口最为明显和方便，应尽可能将建筑的主要出入口设计为无障碍出入口。主要人员聚集的场所设置休息座椅时，座椅的位置不能阻碍人行通道，在临近座位旁宜设置一个无障碍休息区，供使用轮椅或者童车、步行辅助器械的人使用。当无障碍通道过长时，行动不便的人需要休息，因此在走道超过60.00m处宜设置一个休息处，可以放置座椅和预留轮椅停留空间。法庭、审判庭等建筑内为公众服务的会议及报告厅还应设置轮椅坐席。凡是为公众使用的厕所，都应该满足本规范第3.9节的有关规定的要求，并尽可能设计独立的无障碍厕所，为行动不便的人在家人的照料下使用。

8.2.3 除第8.2.2条包括的办公建筑以外，其他办公建筑不论规模大小和级别高低，均应做无障碍设计。尽可能将建筑的主要出入口设计为无障碍出入口，如果条件有限，也可以将其他出入口设计为无障碍出入口，但其位置应明显，并有明确的指示标识。建筑内部也需做必要的无障碍设施。

8.3 教育建筑

8.3.2 第1款 教育建筑的无障碍设计是为了满足行动不便的学生、老师及外来访客和家长使用。因此，在这些人群使用的停车场、公共场地、绿地和建筑物的出入口部位，都要进行无障碍设计，以完成教育建筑及环境的无障碍化。

第2款 教育建筑室内竖向交通的无障碍化，便于行为障碍者到达不同的使用空间。主要教学用房如教室、实验室、报告厅及图书馆等是为所有教师和学生使用的公共设施，在教育建筑中的使用频率很高，其无障碍的通行很重要。

8.3.3 第1款 为节省行为障碍者的时间和体力，无障碍厕所或设有无障碍厕位的公共厕所应每层设置。

第2款 合班教室、报告厅轮椅席的设置，宜靠近无障碍通道和出入口，减少与多数人流的交叉。报告厅的使用会持续一定的时间，建筑设计中要考虑就近设置卫生间，并满足无障碍的设计要求。

第3款 有固定座位的教室、阅览室、实验教室等教学用房，室内预留的轮椅回转空间，可作为临时的轮椅停放空间。教室出入口的门宽均应满足无障碍设计中轮椅通行的要求。

8.4 医疗康复建筑

8.4.1 医院是为特殊人群服务的建筑，所需的无障碍设施应设计齐全、实施到位。无障碍设施的设置会大大提高人们就医的便捷性，缩短就医时间，改善就医环境，而且可以从心理上改善很多行为障碍者就医的畏难情绪。

8.4.2 第4款 建筑内的无障碍通道按照并行两辆轮椅的要求，宽度不小于1.8m；若有通行推床的要求按照现行行业标准《综合医院建筑设计规范》JGJ 49的有关规定设计。

第7款 无障碍电梯的设置是解决医疗建筑竖向交通无障碍化的关键，在新建建筑中一定要设计到位。改建建筑在更换电梯时，至少要改建1部为无障碍电梯。

第8款 无障碍厕所的设置，会更加方便亲属之间的互相照顾，在医疗建筑中有更多的使用人群，各层都宜设置。

第9款 母婴室的设置，被认为是城市文明的标准之一。在人流密集的交通枢纽如国际机场、火车站等场所已提供了这种设施。儿童医院是哺乳期妇女和婴儿较为集中的场所，设置母婴室可以减少一些在公众场合哺乳、换尿布等行为的尴尬，也可以避免母婴在公共环境中可能引起的感染，对母亲和孩子的健康都更为有利。

第10款 服务设施的低位设计是医疗建筑无障碍设计的细节体现，其带来的便利不仅方便就医者，也大大减少了医务人员的工作量。

8.4.3 很多大型医院已经装置了门、急诊部的文字显示器以及语言广播装置，这对于一般就诊者提供了很大的便捷，同时减少了行为障碍者的心理压力。候诊区在设置正常座椅的时候，要预留轮椅停留空间，避免轮椅停留在通道上的不安全感以及造成的交通拥堵。

8.4.4 医技部着重为诊疗过程中提供的无障碍设计，主要体现在低位服务台或窗口、更衣室的无障碍设计，以及文字显示器和语言广播装置的设置。

8.4.7 其他如办公、科研、餐厅、食堂、太平间等用房，因使用和操作主要是内部工作人员，所以要注重无障碍出入口的设置。

8.5 福利及特殊服务建筑

8.5.1 福利及特殊服务建筑是指收养孤残儿童、弃婴和无人照顾的未成年人的儿童福利院，及照顾身体健康、自理有困难或完全不能自理的孤残人员和老年人的特殊服务设施。

来自民政部社会福利和慈善事业促进司的最新统计显示，截至2009年，全国老年人口有1.67亿，占总人口的12.5%。我国老龄化进入快速发展阶段，老年人口将年均增加800万人～900万人。预计到2020年，我国老年人口将达到2.48亿，老龄化水平将达到17%。到2050年进入重度老龄化阶段，届时我国老年人口将达到4.37亿，约占总人口30%以上，也就是说，三四个人中就有1位老人。全国老龄工作委员会办公室预测，到2030年，中国将迎来人口老龄化高峰。不同层次的托老所和敬老院的缺口还很大。

随着政府和社会力量的关注，福利及特殊服务建筑的需求的加大，建设量也会增加。考虑到使用人群的特殊性，无障碍设计是很重要的部分，不仅仅是解决使用、提高舒适度和便于服务的问题，甚至还会关系到使用者的生命安全。

8.5.2 第3款 入口台阶高度和宽度的尺寸要充分考虑老年人和儿童行走的特点进行设计，适当增加踏步的宽度、降低踏步的高度，保证安全。台阶两侧设置扶手，使视力障碍、行动不便而未乘坐轮椅的使用者抓扶。出入口要优先选用平坡出入口。

第4款 大厅和休息厅等人员聚集场所，要考虑使用者的身体情况，长久站立会疲乏。预留轮椅的停放区域，并提供休息座椅，给予使用者人文关怀，还可以避免人流聚集时的人车交叉，提供安静而安全的等候环境。

第5款 无障碍通道两侧的扶手，根据使用者的身体情况安装单层或双层扶手。室外的连通走道要考虑老年人行走缓慢、步态不稳的特点，选用坚固、防滑的材料，在适当位置设置防风避雨的设施，提供停留、休息的区域。

第8、9款 居室内外门、走道的净宽要考虑轮椅和担架床通行的宽度。根据相关规范与标准，养老建筑和儿童福利院的生活用房的使用面积，宜大于$10m^2$，短边净尺寸宜大于3m，在布置室内家具时，要预留轮椅的回转空间。

第10、11款 卫生间和浴室因特殊的使用功能和性质，极易发生摔倒等安全问题。根据无障碍要求设置相应的扶手抓杆等助力设施，可以减少危险的发生。在装修选材上，也要遵守平整、防滑的原则。

第12款 有条件的建筑在居室内宜设置显示装置和声音提示装置，对于听力、视力障碍和退化的使用者，可以提供极大的便利。

8.5.3 不同建筑类别的特殊设计要求，应符合《老年人建筑设计规范》JGJ 122、《老年人居住建筑设计标准》GB/T 50340及《儿童福利院建设标准》、《老年养护院建设标准》、《老年日间照料中心建设标准》等有关的建筑设计规范与设计标准。

8.6 体育建筑

8.6.1 本条规定了体育建筑实施无障碍设计的范围，

体育建筑作为社会活动的重要场所之一，各类人群应该得到平等参与的机会和权利。因此，体育场馆无障碍设施完善与否直接关系到残障运动员能否独立、公平、有尊严地参与体育比赛，同时也影响到行动不便的人能否平等地参与体育活动和观看体育比赛。因此，各类体育建筑都应该进行无障碍设计。

8.6.2 本条为体育建筑无障碍设计的基本要求。

特级及甲级体育建筑主要举办世界级及全国性的体育比赛，对无障碍设施提出了更高的要求，因此在无障碍机动车停车位、电梯及厕所等的要求上也更加严格。乙级及丙级体育建筑主要举办地方性、群众性的体育活动，也要满足最基本的无障碍设计要求。

根据比赛和训练的使用要求确定为不同的功能分区，每个功能分区有各自的出入口。要保证运动员、观众及贵宾的出入口各设一个无障碍出入口。其他功能分区，比如竞赛管理区、新闻媒体区、场馆运营区等宜根据需要设置无障碍出入口。

所有检票进入的观众出入口都应为无障碍通道，各类人群由无障碍出入口到使用无障碍设施的通道也应该是无障碍通道，当无障碍通道过长时，行动不便的人需要休息，因此在走道超过 60.00m 处宜设置一个休息处，可以放置座椅和预留轮椅停留空间。

主要人员聚集的场所设置休息座椅时，座椅的位置不能阻碍人行通道，在临近座位旁宜设置一个无障碍休息区，供使用轮椅或者童车、步行辅助器械的人使用。

无障碍的坐席可集中设置，也可以分区设置，其数量可以根据赛事的需要适当增加，为了提高利用率，可以将一部分活动坐席临时改为无障碍的坐席，但应该满足无障碍坐席的基本规定。在无障碍坐席的附近应该按照 1∶1 的比例设置陪护席位。

8.7 文化建筑

8.7.1 本条规定了文化类建筑实施无障碍设计的范围。宗教建筑泛指新建宗教建筑物，文物类的宗教建筑可参考执行。其他未注明的文化类的建筑类型可以参考本节内容进行设计。

8.7.2 本条为文化类建筑内无障碍设施的基本要求。

文化类建筑在主要的通行路线上应畅通，以满足各类人员的基本使用需求。

建筑物主要出入口无条件设置无障碍出入口时，也可以在其他出入口设置，但其位置应明显，并有明确的指示标识。

主要人员聚集的场所设置休息座椅时，座椅的位置不能阻碍人行通道，在临近座位旁宜设置一个无障碍休息区，供使用轮椅或者童车、步行辅助器械的人使用。除此以外，垂直交通、公共厕所、公共服务设施等均应满足无障碍的规定。

8.7.3 图书馆和文化馆内的图书室是人员使用率较高的建筑，而且人员复杂，因此在设计这类建筑时需对各类人群给予关注。安有探测仪的入口的宽度也应能满足乘轮椅人顺利通过。书柜及办公家具的高度应根据轮椅乘坐者的需要设置。县、市级及以上的图书馆应设置盲人图书室（角），给盲人提供同样享有各种信息的渠道。专门的盲人图书馆内可配有盲人可以使用的电脑、图书，盲文朗读室、盲文制作室等。

8.8 商业服务建筑

8.8.1 商业服务建筑范围广泛、类别繁多，是接待社会各类人群的营业场所，因此应进行无障碍设计以满足社会各类人群的需求。这样不仅创建了更舒适和安全的营业环境，同时还能吸引顾客为商家扩大盈利。

8.8.2 有楼层的商业服务建筑，当设置人、货两用电梯时，这种电梯也宜满足无障碍电梯的要求。

调查表明无障碍厕所非常方便行动障碍者使用，大型商业服务建筑，如果有条件可以优先考虑设置这种类型的无障碍公共厕所。

凡是有客房的商业服务建筑，应根据规模大小设置不同数量的无障碍客房，以满足行动不便的人外出办事、旅游居住的需要。平时无障碍客房同样可以为其他人服务，不影响经营效益。

银行、证券等营业网点，应按照相关要求设计和建设无障碍设施，其业务台面的要求要符合无障碍低位服务设施的有关规定。

邮电建筑指邮政建筑及电信建筑。邮政建筑是指办理邮政业务的公共建筑，包括邮件处理中心局、邮件转运站、邮政局、邮电局、邮电支局、邮电所、代办所等。电信建筑包括电信综合局、长途电话局、电报局、市内电话局等。以上均应按照相关要求设计和建设无障碍设施，其业务台面的要求，要符合无障碍低位服务设施的有关规定。

8.9 汽车客运站

8.9.1 汽车客运站建筑是与各类人群日常生活密切相关的交通类建筑，因此应进行无障碍设计以协助旅客通畅便捷地到达要去的地方，满足社会各类人群的需求。

8.9.2 站前广场是站房与城市道路连接的纽带，车站通过站前广场吸引和疏散旅客，因此站前广场当地面存在高差时，需要做轮椅坡道，以保证行动障碍者实现顺畅通行。

建筑物主要出入口旅客进出频繁，宜设置成平坡出入口，以方便各类人群。

站房的候车厅、售票厅、行包房等是旅客活动的主要场所，应能用无障碍通道联系，包括检票口也应满足乘轮椅者使用。

8.10 公共停车场（库）

8.10.1 本节涉及的公共停车场（库）是指独立建设的社会公共停车场（库），属于城市基础设施范畴。新修订的《机动车驾驶证申领和使用规定》，已于2010年4月1日起正式施行。通过此次修订，允许五类残障人士可以申领驾照，该规定实施后将有越来越多的残障人士可以自行驾驶汽车走出家门。除此之外，还有携带乘轮椅的老人、病人、残障人士驾车出行的情况。因此配套的停车设施是非常需要的，可以为这些人群的出行带来更多的方便。公共停车场（库）必须安排一定数量的无障碍机动车停车位以满足各方面的需求。但同时我国又是人口大国，城市的机动车保有量也越来越多，为了更加合理地利用土地资源，在制定总停车的数量与无障碍机动车停车位的数量的比例上要合理、科学。本规范制定的无障碍停车的数量是一个下限标准，各地方可以根据自己实际的情况进行适当地增加。

8.10.2 有楼层的公共停车库的无障碍机动车停车位宜设在与公共交通道路同层的位置，这样乘轮椅者可以方便地出入停车库。如果受条件限制不能全部设在地面层，应能通过无障碍设施通往地面层。

9 历史文物保护建筑无障碍建设与改造

9.1 实施范围

9.1.1 在以人为本的和谐社会，历史文物保护建筑的无障碍建设与改造是必要的；在科学技术日益发展的今天，历史文物保护建筑的无障碍建设与改造也是可行的。但由于文物保护建筑及其环境所具有的历史特殊性及不可再造性，在进行无障碍设施的建设与改造中存在很多困难，为保护文物不受到破坏必须遵循一些最基本的原则。

第一，文物保护建筑中建设与改造的无障碍设施，应为非永久性设施，遇有特殊情况时，可以将其移开或拆除；且无障碍设施与文物建筑应采取柔性接触或保护性接触，不可直接安装固定在原有建筑物上，也不可在原有建筑物上进行打孔、锚固、胶粘等辅助安装措施，不得对文物建筑本体造成任何损坏。

第二，文物保护建筑中建设与改造的无障碍设施，宜采用木材、有仿古做旧涂层的金属材料、防滑橡胶地面等，在色彩和质感上与原有建筑物相协调的材料；在设计及造型上，宜采用仿古风格；且无障碍设施的体量不宜过大，以免影响古建环境氛围。

第三，文物保护建筑基于历史的原因，受到其原有的、已建成因素的限制，在一些地形或环境复杂的区域无法设置无障碍设施，要全面进行无障碍设施的建设和改造，是十分困难的。因此，应结合无障碍游览线路的设置，优先进行通路及服务类设施的无障碍建设和改造，使行动不便的游客可以按照设定的无障碍路线到达各主要景点外围参观游览。在游览线路上的，有条件进行无障碍设施建设和改造的主要景点内部，也可以进行相应的改造，使游客可以最大限度地游览设定在游览线路上的景点。

第四，各地各类各级文物保护建筑，由于其客观条件各不相同，因此无法以统一的标准进行无障碍设施的建设和改造，需要根据实际情况进行相应的个性化设计。对于一些保护等级高或情况比较特殊的文物保护建筑，在对其进行无障碍设施的建设和改造时，还应在文物保护部门的主持下，请相关专家作出可行性论证并给予专业性的建议，以确保改造的成功和文物不受到破坏。

9.2 无障碍游览路线

9.2.1 文物保护单位中的无障碍游览通路，是为了方便行动不便的游客而设计的游览路线。由于现状条件的限制，通常只能在现有的游览通道中选择有条件的路段设置。

9.3 出入口

9.3.1 在无障碍游览路线上的对外开放的文物建筑应设置无障碍出入口，以方便各类人群参观。无障碍出入口的无障碍设施尺度不宜过大，使用的材料以及设施采用的形式都应与原有建筑相协调；无障碍设施的设置也不能对普通游客的正常出入以及紧急情况下的疏散造成妨碍。无障碍坡道及其扶手的材料可选用木制、铜制等材料，避免与原建筑环境产生较大反差。

9.3.2、9.3.3 展厅、陈列室、视听室以及各种接待用房是游人参观活动的场所，因此也应满足无障碍出入口的要求，当展厅、陈列室、视听室以及各种接待用房也是文物保护建筑时，应该满足第9.3.1条的有关规定。

9.4 院落

9.4.1 文物保护单位中的无障碍游览通道，必要时可利用一些古建特有的建筑空间作为过渡或连接，因此在通行宽度方面可根据情况适度放宽限制。比如古建的前廊，通常宽度不大，在利用前廊作为通路时，只要突出的柱顶石间的净宽度允许轮椅单独通过即可。

9.4.3 文物保护单位中的休息凉亭等设施，新建时应该是无障碍设施，因此有台阶时应同时设置轮椅坡道，本身也是文物的景观性游憩设施在没有特殊景观要求时，也宜为无障碍游憩设施。

9.5 服 务 设 施

9.5.1 文物保护单位的服务设施应最大限度地满足各类游览参观的人群的需要，其中包括各种小卖店、茶座咖啡厅、餐厅等服务用房，厕所、电话、饮水器等公共设施，管理办公、广播室等管理设施，均应该进行无障碍设施的建设与改造。

9.6 信息与标识

9.6.1 对公众开放的文物保护单位，应提供多种标志和信息源，以适合人群的不同要求，如以各种符号和标志帮助引导行动障碍者确定其行动路线和到达目的地，为视觉障碍者提供盲文解说牌、语音导游器、触摸屏等设施，保障其进行参观游览。

中华人民共和国行业标准

民用建筑修缮工程查勘与设计规程

Specification for Engineering Examination and Design of Repairing Ciril Architecture

（2008 年 6 月确认继续有效）

JGJ 117—98

主编单位：上海市房屋土地管理局
批准单位：中华人民共和国建设部
施行日期：1 9 9 9 年 3 月 1 日

关于发布行业标准《民用建筑修缮工程查勘与设计规程》的通知

建标［1998］168号

根据建设部《关于印发城乡建设环境保护部1995年制、修订标准、规范、规程项目计划的通知》（［85］城科字第239号）的要求，由上海市房屋土地管理局主编的《民用建筑修缮工程查勘与设计规程》，经审查，批准为强制性行业标准，编号JGJ117—98，自1999年3月1日起施行。

本标准由建设部房地产标准技术归口单位上海市房屋科学研究院负责管理，由上海市房屋土地管理局负责具体解释工作。

本标准由建设部标准定额研究所组织中国建筑工业出版社出版。

中华人民共和国建设部

1998年9月14日

目　次

1 总　　则

1.0.1 为了在民用建筑修缮工程查勘与设计中贯彻执行国家的技术经济政策，恢复和改善原有房屋的使用功能，延长房屋的使用年限，做到技术先进，经济合理，安全适用，确保质量，制定本规程。

1.0.2 本规程适用于城市中原有低层和多层民用建筑修缮工程的查勘与设计。

1.0.3 民用建筑修缮工程的查勘与设计，除应符合本规程外，尚应符合国家现行的有关强制性标准的规定。

2 符　　号

2.0.1 地基与基础主要符号应符合下列规定：

（Ⅰ）作用和作用效应

M——最大弯矩；

M_a——a 向最大弯矩；

M_b——b 向最大弯矩；

P——梁底平均反力；

P_s——在荷载作用下基础底面单位面积上的土反力；

R_k——单桩竖向承载力标准值；

R_{ka}——压桩力标准值；

V——最大剪力。

（Ⅱ）计算指标

f_t——混凝土抗拉强度设计值；

f_y——锚杆抗拉强度设计值；

p——注浆压力；

q——倒梁的均布荷载设计值。

（Ⅲ）几何参数

A_1——a 向计算冲切荷载时取用的多边形面积；

A_2——b 向计算冲切荷载时取用的多边形面积；

A_p——桩身的截面面积；

a——a 向扩大部分的基础宽度；

a_1——a 向冲切破坏锥体最不利截面的上边长；

a_m——a 向的梯形冲切面平均宽度；

b——b 向扩大部分基础长度；基底宽度；基础总宽度；

b_1——b 向冲切破坏锥体最不利截面的上边长；

b_c——原基础的宽度；

b_m——b 向的梯形冲切面平均宽度；

b_n——新增基础梁的宽度；

d——锚杆直径；

h_0——基础的有效高度；

l——挑梁间距；

l_b——基底长度；

l_i——按土层划分的各段桩长；

n——每个桩孔所预埋锚杆的个数；

r——球形扩散半径；

r_0——注浆管半径；

S'——上部墙身传来荷载效应组合设计值；

t——注浆时间；

U_p——桩身周边长度；

V_s——土方量；

Δ_s——沉降差。

（Ⅳ）计算系数

e_0——砂土的空隙率；

K——安全系数；

k——砂土的渗透系数；

β——浆液粘度对水粘度比；

ψ——桩承载力的折减系数。

2.0.2 砌体结构主要符号应符合下列规定：

（Ⅰ）作用和作用效应

N_{com}——加固砖柱的受压承载力；

N_{ou}——砌体强度提高而增大的砖柱承载力；

σ_a——受拉肢型钢 A_a 的应力；

σ_s——受拉钢筋 A_s 的应力。

（Ⅱ）计算指标

f_i——新砌附壁柱的抗压强度设计值；

f'_a——加固型钢的抗压强度设计值；

f_c——新增附壁柱混凝土或砂浆的轴心抗压强度设计值；

f_{ou}——缀板的抗拉强度设计值。

（Ⅲ）几何参数

A'——原砖砌体受压部分的面积；

A_2——新砌附壁柱的截面面积；

A_a——受拉加固型钢的截面面积；

A'_a——受压加固型钢的截面面积；

A_c——新增附壁柱的截面面积；

a——钢筋 A_s 重心至截面较近边的距离；

a'——钢筋 A'_s 重心至截面较近边的距离；

h——截面高度；

$S_{c's}$——附壁柱受压部分的面积对钢筋 A_s 重心的面积矩；

S_s——砌体受压部分的面积对受拉钢筋 A_s 重心的面积矩。

（Ⅳ）计算系数

α——新增混凝土附壁柱的材料强度折减系数；

α_1——新浇混凝土的材料强度折减系数；

η_s——受压钢筋的强度系数；

ρ_{ou}——采用单肢缀板时的体积配筋率；

ρ_v——体积配筋率；

φ——高厚比 β 和轴向力的偏心距 e 对受压构件承载力的影响系数；

φ_n——高厚比和配筋率以及轴向力偏心距对网状配筋砖砌体受压构件承载力的影响系数。

2.0.3 木结构主要符号应符合下列规定：

（Ⅰ）作用效应

M_1——搁栅、檩条在 R_1 处的弯矩；

M_2——搁栅、檩条在 R_2 处的弯矩；

M_x——对构件截面 x 轴的弯矩设计值；

M_y——对构件截面 y 轴的弯矩设计值；

ω_x——按荷载短期效应组合计算的沿构件截面 x 轴方向的挠度；

ω_y——按荷载短期效应组合计算的沿构件截面 y 轴方向的挠度。

（Ⅱ）计算指标

R_1R_2——搁栅、檩条在螺栓处的反力。

（Ⅲ）几何参数

A_0——受压构件截面的计算面积；

k——受剪面的面数；

n_1——在 R_1 处螺栓数量；

n_2——在 R_2 处螺栓数量；

S——剪切面以上的毛截面面积对中和轴的面积矩；

s——螺栓间的距离；

W_{nx}——对构件截面 x 轴的净截面抵抗矩；

W_{ny}——对构件截面 y 轴的净截面抵抗矩。

（Ⅳ）计算系数

ψ——旧木材折减系数。

2.0.4 混凝土结构主要符号应符合下列规定：

（Ⅰ）作用和作用效应

M_1——单肢杆的弯矩；

M_a——外包钢构架应承担的弯矩；

M_u——加固梁上截面受弯承载力设计值；

N_1——受压肢杆的轴向力；

N_a——外包钢构架应承担的轴向力；

N_E——弯矩作用平面内的欧拉临界力；

V——构件斜截面上的最大剪力设计值；在配置弯起钢筋处的剪力设计值；

V_1——分到每一肢杆上的剪力；

σ_{s1}——外荷载标准值产生的标准弯矩 M_{1k} 引起的钢筋应力；

σ_{s2}——加固后，外荷载标准值产生的标准弯矩 M_{2k} 引起的钢筋应力。

（Ⅱ）计算指标

E_1——原混凝土构件的弹性模量；

E_2——新增混凝土构件的弹性模量；

E_a——加固型钢弹性模量；

EI——截面刚度；

f'——加固钢板抗压强度设计值；

f_a——加固钢板抗拉强度设计值；

f'_a——肢杆或加固型钢的抗压强度设计值；

f_{c1}——新增混凝土轴心抗压强度设计值；

f_{cm1}——加固混凝土弯曲抗压强度设计值；

f_{cv}——被粘混凝土抗剪强度设计值；

f_v——钢与钢粘接抗剪强度设计值；

f_{y1}——加固用受拉钢筋的抗拉强度设计值；

f'_{y1}——新增混凝土的纵向钢筋的抗压强度设计值；

f_{yv}——箍筋抗拉强度设计值。

（Ⅲ）几何参数

A_1——单肢压杆的截面面积；

A_a——型钢截面面积；

A'_a——加固型钢截面面积；

A_{a1}——单肢箍板截面面积；

A_c——混凝土截面面积；

A_{c1}——新增混凝土的截面面积；

A_{s1}——加固用受拉钢筋的截面面积；

A_{sb}——同一弯起平面内弯起钢筋的截面面积；

A'_{si}——新增纵向钢筋的截面面积；

a——原柱受拉钢筋和加固钢筋合力点至加固截面受拉边缘的距离；受拉与受压两侧型钢截面形心间的距离；

a_s——斜截面上弯起钢筋的切线与构件纵向轴线的夹角；

a'_s——原梁纵向受压钢筋的保护层厚度；

a'_{s1}——加固用受压钢筋合力点至受压边缘的距离；

b_1——加固后柱的截面宽度；受拉加固钢板的宽度；

b_u——箍板宽度；

c——拉、压肢杆轴线间的距离；

h_1——加固混凝土在受压面的宽度；

h_{01}——原柱受拉钢筋和加固用受拉钢筋合力点至加固截面受压边缘间的距离；加固后截面有效高度；

I_1——原混凝土受弯构件惯性矩；

I_2——新增混凝土受弯构件惯性矩；

I_c——原柱截面惯性矩；

L_u——箍板在梁侧混凝土的粘结长度；

n——每端箍板数量；

S——缀（箍）板轴线间的距离；

s——沿构件长度方向箍筋的间距；

t_a——受拉加固钢板厚度；

W_1——单肢压杆截面弹性抵抗矩；

W_a——外包钢构架肢件的截面弹性抵抗矩；

x_1——受拉或受压较小肢杆轴线与外包钢构架形心轴间的距离；

x_b——界限受压区高度；

ξ_b——相对界限受压区高度。

（Ⅳ）计算系数

a——新增混凝土和纵向钢筋的强度折减系数；截面刚度折减系数；

a_1——原混凝土受弯构件承载力分配系数；

a_2——新增混凝土受弯构件承载力分配系数；

γ——塑性系数；

ψ_c——原混凝土强度设计值折减系数；

ψ_y——原钢筋强度设计值折减系数。

2.0.5 钢结构主要符号应符合下列规定：

（Ⅰ）作用和作用效应

M_x——绕 x 轴的弯矩；绕强轴作用的最大弯矩；

M_y——绕 y 轴的弯矩。

（Ⅱ）几何参数

S——计算剪应力处以上毛截面对中和轴的面积矩；

W_{nx}——对 x 轴的净截面抵抗矩；

W_{ny}——对 y 轴的净截面抵抗矩；

W_x——整体截面毛截面的抵抗矩。

（Ⅲ）计算系数

γ_x——对 x 轴截面塑性发展系数；

γ_y——对 y 轴截面塑性发展系数；

ψ——折减系数。

3 基本规定

3.1 修缮查勘

3.1.1 修缮查勘前应具备下列资料：

（1）房屋地形图；

（2）房屋原始图纸；

（3）房屋使用情况资料；

（4）房屋完损等级以及定期的和季节性的查勘记录；

（5）历年修缮资料；

（6）城市建设规划和市容要求；

（7）市政管线设施情况。

3.1.2 修缮查勘应符合下列要求：

（1）房屋定期的或季节性的查勘所提供的损坏项目应进行重点抽查复核，运用观测、鉴别和测试等手段，明确损坏程度，分析损坏原因，研究不同的修缮标准和修缮方法，确定方案；

（2）在确定方案的基础上，应对需修房屋的部位、项目、数量、修缮方法、用料标准、旧料利用和改善要求等作详细的查勘记录。

3.1.3 修缮查勘时应查明房屋的下列情况：

（1）荷载和使用条件的变化；

（2）房屋渗漏程度；

（3）屋架、梁、柱、搁栅、檩条、砌体、基础等主体结构部分以及房屋外墙抹灰、阳台、栏杆、雨篷、饰物等易坠构件的完损情况；

（4）室内外上水、下水管线与电气设备的完损情况。

3.1.4 对承重的结构构件必须进行检测和鉴定。

3.1.5 发现危险点，影响住用安全时，由房屋安全鉴定单位必须及时通知房屋经营管理单位，应采取抢险解危技术措施。

3.2 修缮设计

3.2.1 修缮设计应根据修缮规模和技术繁简程度，分别制定设计文件。凡能用文字表达清楚时，可不绘施工图；当不易用文字表达清楚时，应绘施工图。

3.2.2 修缮设计应包括下列内容：

（1）房屋总平面图及房屋原设计图纸，并注明位置及周围建筑物的关系；

（2）修缮要求；

（3）修缮范围标准和方法；

（4）结构处理（含危险点处理）的技术要求；

（5）查勘记录；

（6）施工图；

（7）工程概（预）算。

3.2.3 修缮设计应根据当地对房屋抗震设防、防治虫害、预防火灾、抗洪防风和避雷等安全要求，提出相应的技术措施。

3.2.4 修缮设计时，应包括工程质量与施工安全的要求。

3.2.5 修缮设计应与施工密切配合，当施工过程中遇隐蔽工程或在拆修时与原修缮设计不符时，应及时修改修缮设计后，方可施工。

3.2.6 房屋修缮设计的荷载验算应按实际使用的情况和不利组合取值，并应符合现行国家标准《建筑结构荷载规范》（GBJ9）的规定。

3.2.7 房屋修缮设计的结构验算，应根据材料性能的变化，及时做抽样检测。

4 地基与基础

4.1 一般规定

4.1.1 当房屋有局部或整体下沉、水平位移、倾斜、开裂等现象，其允许变形值超过现行国家标准《建筑地基基础设计规范》（GBJ7）的规定时，应对其地基与基础进行检测、验算，分析原因，并应采取相应的加固补强措施。

4.1.2 验算地基与基础时应具备下列资料：

（1）工程地质资料；

（2）房屋的建筑和结构图纸；

（3）房屋沉降观测资料；

（4）房屋开裂、倾斜等检测资料；

（5）周围环境和邻近建筑物的变化情况；

（6）房屋四周管线及地下设施资料。

4.1.3 地基承载力的确定可参考原有房屋附近的地质资料，亦可采用现场井探、荷载试验、静力触探和动力触探等技术方法确定。

4.1.4 在软土地基上的民用多层房屋建造10年以上，上部结构的整体刚度完好，其地基承载力，可按原建造时的承载力提高10%～20%取用。

4.1.5 地基与基础加固时应考虑对邻近建筑物的影响。

4.2 地基补强

4.2.1 地基局部承载力不能满足要求时，其地基可采取下列补强措施：

(1) 水泥灌浆：采用普通硅酸盐水泥，水泥浆的水灰比可分为单液水泥或双液水泥硅化进行灌浆；

(2) 硅化补强：采用带孔眼的注浆管将硅酸钠为主剂的混合溶液灌入土中，进行土体固化。

4.2.2 注浆压力不应大于0.6MPa，注浆孔距宜为1m。灌注速率水泥浆为40～50L/min，硅酸钠为30L/min。

4.2.3 注浆浆液的球形扩散半径应按下式验算：

$$r=\sqrt[3]{\frac{3kpr_0t}{\beta\cdot e_0}} \tag{4.2.3}$$

式中 r——球形扩散半径（mm）；

k——砂土的渗透系数（mm/s）；

p——注浆压力（MPa）；

r_0——注浆管半径（mm）；

t——注浆时间（s）；

β——浆液粘度与水粘度之比；

e_0——砂土的孔隙率。

4.2.4 当地基条件较复杂时，注浆压力、注浆孔距，应通过现场注浆试验，并按各地经验确定。

4.2.5 采用注浆地基补强时其效果测定，应在施工结束10d后，采用静力触探或贯入法作现场测定；地基承载力不能满足设计要求时应进行补孔压浆。

4.3 基础托换

4.3.1 基础托换可采用树根桩法或锚杆静压桩法。

4.3.2 树根桩承载力应按下式验算（桩端未达硬土或砂土层时，桩端承载力不计）：

$$R_k=\psi(q_PA_P+u_P\Sigma q_{si}l_i) \tag{4.3.2}$$

式中 R_k——单桩竖向承载力标准值（N）；

ψ——桩承载力的折减系数（按本规程第4.3.3条的规定采用）；

q_P——桩端土的承载力标准值（N），可按地质资料或地区经验确定；

A_p——桩身的截面面积（mm^2）；

u_P——桩身周边长度（mm）；

q_{si}——桩周土的摩擦力标准值（N），可按地质资料或地区经验确定；

l_i——按土层划分的各段桩长（mm）。

4.3.3 树根桩承载力折减系数ψ应符合下列规定：

(1) 单桩ψ宜取1.0；

(2) 当桩间距大于6d时，不计入群桩效应，ψ宜取1.0；

(3) 当桩间距小于或等于6d时，计入群桩效应，ψ宜取0.8～0.9。对于桩间距小于6d，而桩数大于9根时，可视作一假想深体实基础处理，应按现行国家标准《建筑地基基础设计规范》（GBJ7—89）第8.6.6条验算。

4.3.4 单根树根桩承载力亦可由静压承载力试验确定。

4.3.5 树根桩的倾角小于6°时，可按竖向承载力计算。

4.3.6 树根桩承受竖向和水平向荷载，桩内必须配置统长钢筋笼，混凝土强度不应低于C20（图4.3.6）。

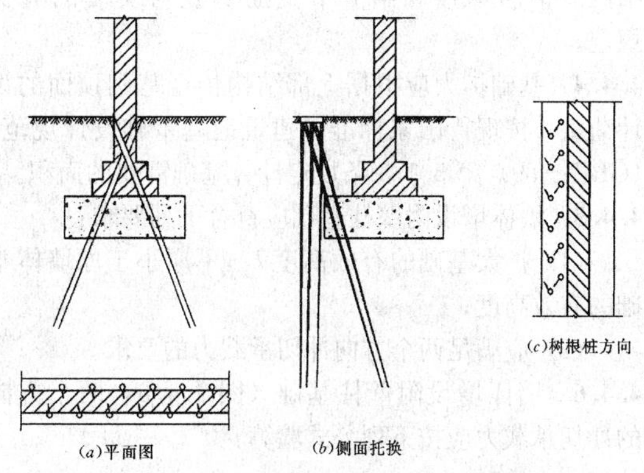

图 4.3.6 树根桩托换条形基础

4.3.7 圆形截面树根桩，其直径不宜小于200mm。

4.3.8 锚杆静压桩承载力应按本规程公式4.3.2验算。

4.3.9 钢锚杆的直径应按下式验算：

$$d\geqslant\sqrt[2]{\frac{KR_{ka}}{n\pi f_y}} \tag{4.3.9}$$

式中 d——锚杆直径（mm）；

K——安全系数，取1.2；

R_{ka}——静压桩承载力标准值（N），按本规程公式4.3.2计算，其桩承载力的折减系数ψ宜取1.0；

n——每个桩孔所预埋锚杆的个数；

f_y——锚杆抗拉强度设计值（MPa）。

4.3.10 锚杆设计应符合下列要求：

(1) 锚杆形式应采用带墩粗头的杆螺栓；

(2) 混凝土基础与锚杆的粘结剂应用高强粘结材料；

(3) 锚杆埋深应大于或等于10倍的锚杆直径。

4.3.11 锚杆静压桩封头应采用早强微膨胀混凝土，强度等级不应小于C30。

4.4 基础扩大

4.4.1 本节适用于基础扩大，包括墙体增设附壁柱基础、挑梁式加固条形基础、加宽砌体条形基础和扩大独立基础等。

4.4.2 扩大部分的基础底标高应与原基础基底标高持平。

4.4.3 基础扩大的连接应符合下列要求：

(1) 新旧基础应连成一体；

(2) 基础扩大的垫层厚度应与原基础相同；

(3) 基础的扩大部分的用料强度等级：块材不应低于MU7.5，水泥砂浆不应低于M10，混凝土不应低于C15；

(4) 新旧钢筋接头应符合现行国家标准《混凝土结构工程施工及验收规范》(GBJ50204—92) 第三章第四节钢筋焊接和第五节钢筋绑扎与安装的有关规定。

4.4.4 基础扩大应根据上部结构传至基础顶面的设计荷载，按现行国家标准《建筑地基基础设计规范》(GBJ7—89) 第5.1.5条规定计算基础需要的面积。

4.4.5 墙体增设附壁柱基础应符合下列要求：

(1) 扩大基础的有效高度 h_0，不应小于原墙体基础的有效高度；

(2) 应满足两个方向冲切承载力的要求。

4.4.6 墙体增设附壁柱基础（图4.4.6）两个方向的冲切承载力应按下列公式验算：

$$h_0 \geqslant \frac{P_s A_1}{0.6 f_t a_m} \quad (4.4.6\text{-}1)$$

$$h_0 \geqslant \frac{P_s A_2}{0.6 f_t b_m} \quad (4.4.6\text{-}2)$$

$$a_m = a_1 + \frac{h_0}{2} \quad (4.4.6\text{-}3)$$

$$b_m = b_1 + h_0 \quad (4.4.6\text{-}4)$$

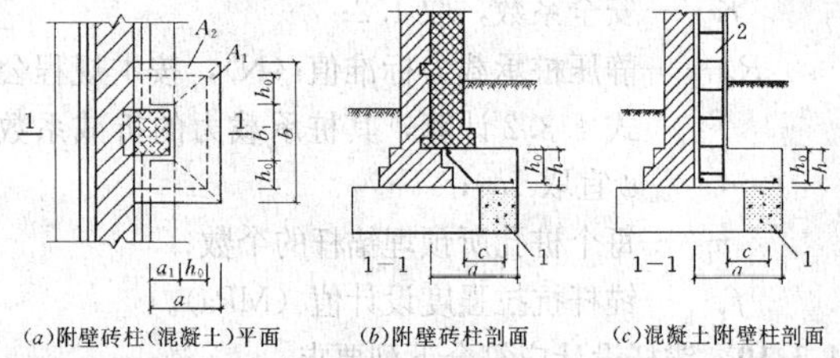

图 4.4.6 墙体增设附壁柱基础
1—素混凝土；2—新加钢筋混凝土

式中 h_0——基础的有效高度 (mm)；

P_s——在荷载作用下基础底面单位面积上的土反力 (MPa)（可扣除基础自重及其上部的土重）；

A_1、A_2——a 向和 b 向计算冲切荷载时，取用的多边形面积 (mm^2)；

f_t——混凝土抗拉强度设计值(MPa)；

a_m、b_m——a 向和 b 向的梯形冲切面平均宽度 (mm)；

a_1——a 向冲切破坏锥体最不利截面的上边长 (mm)；

b_1——b 向冲切破坏锥体最不利截面的上边长 (mm)。

4.4.7 墙体增设附壁柱，其基础底部配筋，两个方向的最大弯矩 M 应按下列公式验算：

$$a\text{ 向}: M_a = \frac{1}{6} P_s (a - a_1)^2 (2b + b_1) \quad (4.4.7\text{-}1)$$

$$b\text{ 向}: M_b = \frac{1}{24} P_s (b - b_1)^2 (2a + a_1) \quad (4.4.7\text{-}2)$$

式中 M_a、M_b——a 向和 b 向最大弯矩 (N·mm)；

a——a 向扩大部分基础宽度 (mm)；

b——b 向扩大部分基础长度 (mm)。

4.4.8 墙体增设附壁柱扩大基础，其钢筋直径不得小于8mm，钢筋间距不得大于200mm。

4.4.9 挑梁式加固条形基础（图4.4.9）应符合下列要求：

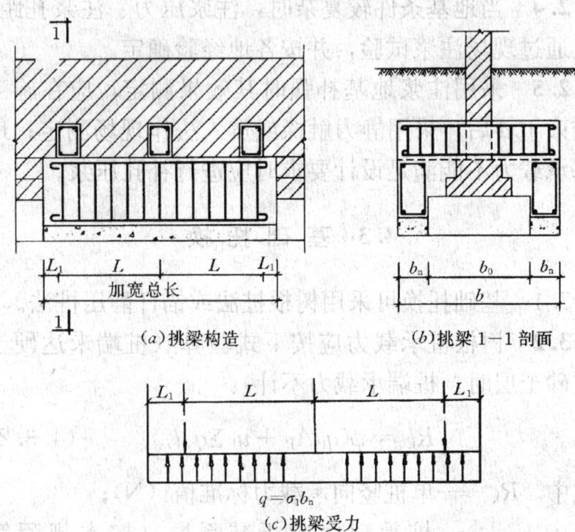

图 4.4.9 挑梁式加固条形基础
b_0—原基础宽度；b_n—基梁宽度

(1) 挑梁位置应设在原基础顶面，间距 l 宜取1200～1500mm；

(2) 增加钢筋混凝土条形基础，其顶面应与原墙身基础顶面持平；

(3) 挑梁下的基础梁上下配筋不应少于2根，其直径应为 10mm；

(4) 挑梁应按倒悬梁计算。

4.4.10 挑梁式加固条形基础的梁底平均反力应按下列公式验算：

$$P=\frac{S'l}{b} \quad (4.4.10\text{-}1)$$

$$b=2b_n+b_0 \quad (4.4.10\text{-}2)$$

式中 P——梁底平均反力（N/mm）；

S'——上部墙身传来荷载效应组合设计值（N/mm）；

l——挑梁间距（mm）；

b——基础总宽度（mm）；

b_n——新增基础梁的宽度（mm）；

b_0——原基础的宽度（mm）。

4.4.11 挑梁式加固条形基础，挑梁的最大弯矩和剪力应按下列公式验算：

$$最大弯矩\ M=\frac{1}{2}\cdot\frac{S'l}{b}b_n(b-b_n) \quad (4.4.11\text{-}1)$$

$$最大剪力\ V=\frac{S'l}{b}b_n \quad (4.4.11\text{-}2)$$

式中 M——最大弯矩（N·mm）；

V——最大剪力（N）。

4.4.12 挑梁式加固条形基础与墙体接触面的局部抗压强度应按现行国家标准《砌体结构设计规范》(GBJ3—88) 第 4.2.1 至 4.2.6 条执行。

4.4.13 挑梁式加固条形基础，其挑梁下的基础梁，应以挑梁为支座的连续倒梁进行验算，倒梁的均布荷载设计值应按下式验算：

$$q=\frac{S'}{b}b_n \quad (4.4.13)$$

式中 q——倒梁的均布荷载设计值（N/mm）。

4.4.14 加强砌体条形基础的验算应符合本规程第 4.4.13 条的规定，并应将倒梁作为倒板计算（图 4.4.14）。

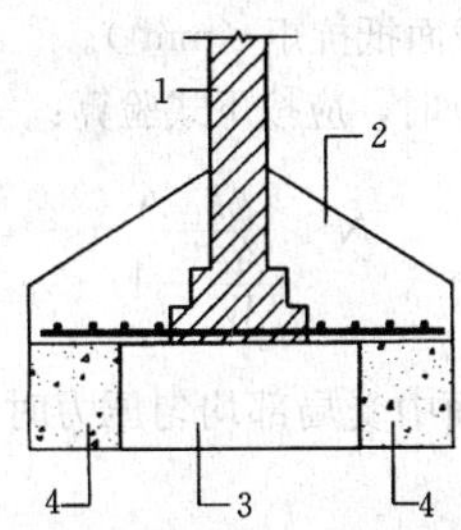

图 4.4.14 加宽砌体条形基础

1—原墙体；2—新浇捣钢筋混凝土放脚；3—原基础；4—加宽混凝土基础

4.4.15 加宽砌体条形基础的横向配筋直径不应小于 8mm，钢筋间距不应大于 200mm；纵向配筋直径不应小于 6mm，其间距不应大于 200mm。

4.4.16 扩大混凝土柱下独立基础（图 4.4.16）应符合下列要求：

(1) 增加厚度不宜小于 150mm；

(2) 原基础顶面四边加宽，每边不应小于 80mm，并应加插四根钢筋，其直径应大于或等于 16mm，用直径 6mm 的箍筋，箍筋间距为 100mm 加以固定。

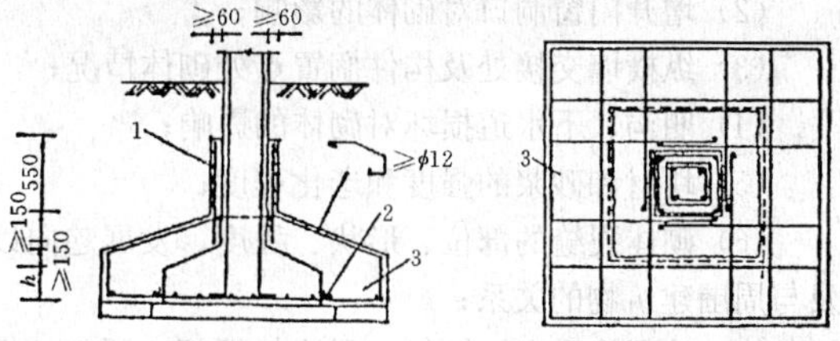

图 4.4.16 扩大混凝土柱下独立基础

1—新加 4 根直径大于 16mm 钢筋，5 根 6mm 箍筋；2—焊接底钢筋；3—新加混凝土部分

4.5 掏土纠偏

4.5.1 房屋整体倾斜，当其刚度尚符合使用功能要求时，可采用掏土纠偏的措施。

4.5.2 制定纠偏方案前应具备下列资料：

(1) 工程地质资料；

(2) 基础及上部结构的图纸；

(3) 建筑物的使用情况；

(4) 地下管线图；

(5) 建筑物的倾斜值。

4.5.3 掏土纠偏的土方量应按下式计算：

$$V_s=\frac{1}{2}l_b\cdot b\cdot\Delta s \quad (4.5.3)$$

式中 V_s——土方量（mm^3）；

l_b——基底长度（mm）；

b——基底宽度（mm）；

Δs——沉降差（mm）。

4.5.4 掏土孔口尺寸宜采用 300mm×400mm。掏土深度宜为2～4m，并应根据施工复位情况随时修正。孔距宜为 1～1.2m 或为开间的 1/3。

4.5.5 纠偏方案应包括下列内容：

(1) 房屋平面图、立面图、剖面图和基础图；

(2) 掏土孔的布置位置、孔口尺寸、孔的深度和工作沟的位置；

(3) 各孔的掏土量及掏土程序；

(4) 观测点的设置、观测仪器的要求及观测时间的说明；

(5) 纠偏施工说明。

5 砌体结构

5.1 一般规定

5.1.1 本章适用于下列砌体结构房屋的修缮：

（1）砖砌体，包括烧结粘土砖和承重粘土空心砖砌体；

（2）块材砌体，包括粉煤灰中型实心块材砌体；

（3）石砌体，包括各种料石和毛石砌体。

5.1.2 砌体结构房屋修缮时，应查明下列情况：

（1）砌体弓突、倾斜的范围和程度；

（2）增开门窗洞口对砌体的影响；

（3）纵横墙交接处及构件搁置点处砌体情况；

（4）明沟、下水道损坏对砌体的影响；

（5）块材和砂浆的强度和老化程度；

（6）砌体裂缝的部位、形状、程度、发展趋向以及与周围建筑物的关系；

（7）砖石柱弓突、倾斜、裂缝与根部、顶部的损坏情况；

（8）地基不均匀沉降和温差引起对砌体的影响。

5.1.3 砌体结构房屋的修缮部分采用混凝土或金属构件时，应分别按本规程第 7 章和第 8 章的有关规定执行。

5.1.4 砌体结构房屋的各构件损坏，经验算后，其强度、刚度或高厚比不符合要求的部分，应采取加固措施或拆除重砌。

5.1.5 因地基基础原因造成砌体结构房屋变形，应按本规程第 4 章中的有关规定执行。并应先处理地基基础，后进行砌体的修缮。

5.2 材 料

5.2.1 重砌的砌体材料强度指标，应符合现行国家标准《砌体结构设计规范》（GBJ3—88）第二章中“材料强度等级”和“砌体的计算指标”的有关规定。

5.2.2 砌体结构房屋修缮时，宜充分利用原有的块材，但不得使用严重风化、碱蚀、酥松的块材，并应对原有块材强度测试后再利用。

5.2.3 砌体修缮时，砌筑砂浆的强度等级，应比原砂浆强度等级提高一级。

5.2.4 选用旧块材作为承重构件，在复算时应根据使用年限、完损状况等因素，其强度设计值取折减系数 ψ 为 0.6～1.0。

5.3 砌体弓突、倾斜

5.3.1 当砌体遇下列情况之一时，必须进行承载力验算：

（1）砌体弓突（凹度）程度超过 100mm；

（2）砌体风化、剥落、酥松，块材截面削弱 1/5 及以上；

（3）砌体的高厚比 β 大于现行国家标准《砌体结构设计规范》（GBJ3—88）第五章表 5.1.1 墙、柱的允许高厚比 $[\beta]$ 值的规定值；

（4）多层房屋倾斜量每层超过层高的 1.5%或 30mm，或超过全高 0.7%或 50mm。

5.3.2 轴心受压砌体的承载力应按下式验算：

$$N \leqslant \varphi \psi f A \quad (5.3.2)$$

式中 N——轴向力设计值（N）；

φ——高厚比 β 和轴向力的偏心距 e 对受压构件承载力的影响系数，应按现行国家标准《砌体结构设计规范》（GBJ3—88）附录五的附表 5-1 至附表 5-5 执行，或按附录五的公式计算；

ψ——旧砌体折减系数，应按本规程第 5.2.4 条的规定采用；

f——砌体抗压强度设计值（MPa），应按现行国家标准《砌体结构设计规范》（GBJ3—88）第 2.1.1 条规定执行；

A——截面面积（mm^2）。

对各类砌体均可按毛截面计算；对带壁柱墙，其翼缘宽度可按下列规定采用：

多层房屋，当有门窗洞口时，可取窗间墙宽度；当无门窗洞口时，可取相邻壁柱间的距离；

单层房屋，可取壁柱宽加 2/3 墙高，但不大于窗间墙宽度和相邻壁柱间的距离。

5.3.3 偏心受压砌体轴向力的偏心距 e 按荷载标准值计算，并不宜超过 $0.7y$（y 为截面重心到轴向力所在偏心方向截面边缘的距离）。当 $0.7y < e \leqslant 0.95y$ 时，除按本规程公式 5.3.2 计算外，尚应按下式验算：

$$N_k \leqslant \frac{\psi f_{tm,k} A}{\frac{Ae}{W} - 1} \quad (5.3.3\text{-}1)$$

式中 N_k——轴心力标准值（N）；

$f_{tm,k}$——砌体的弯曲抗拉强度标准值（MPa），取 $f_{tm,k} = 1.5 f_{tm}$；

f_{tm}——砌体的弯曲抗拉强度设计值（MPa），应按现行国家标准《砌体结构设计规范》（GBJ3—88）第 2.2.2 条的规定执行；

e——偏心距（mm）；

W——截面抵抗矩（mm^3）。

当 $e > 0.95y$ 时，应按下式验算：

$$N \leqslant \frac{\psi f_{tm} A}{\frac{Ae}{W} - 1} \quad (5.3.3\text{-}2)$$

5.3.4 砌体截面中受局部均匀压力时的承载力应按下式验算：

$$N_l \leqslant \gamma \psi f A_l \quad (5.3.4)$$

式中 N_l——砌体局部受压面积上轴向力设计值（N）；

A_l——局部受压面积（mm^2）；

γ——砌体局部抗压强度提高系数，应按现行国家标准《砌体结构设计规范》

（GBJ3—88）第 4.2.2 条的规定执行。

5.3.5 砌体轴心受拉构件的承载力，应按下式验算：

$$N_t \leqslant \psi f_t A \quad (5.3.5)$$

式中 N_t——轴向拉力设计值（N）；

f_t——砌体轴向抗拉强度设计值（MPa），应按现行国家标准《砌体结构设计规范》（GBJ3—88）第 2.2.2 条表 2.2.2-1 和表 2.2.2-2 中的较小值执行。

5.3.6 砖石墙体弓突，可将弓突部分全部或局部拆除重砌。

5.3.7 墙、柱风化剥落，导致有效截面削弱的部位，应重新验算高厚比。

5.3.8 砌体高厚比超过规定值，可采取拆砌墙体增加墙体厚度，或增加附壁柱等修缮措施：

（1）新增砖附壁柱加固（图 5.3.8-1），其承载力

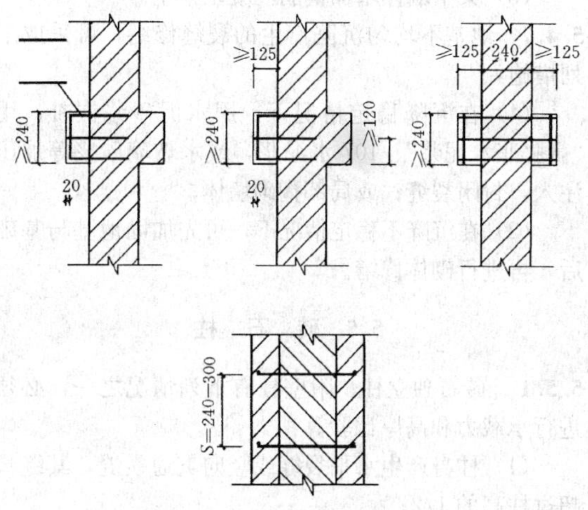

图 5.3.8-1 新增砖附壁柱加固

应按下式验算：

$$N \leqslant \varphi(\psi f A + 0.9 f_1 A_2) \quad (5.3.8\text{-}1)$$

式中 f_1——新砌附壁柱的抗压强度设计值（MPa）；

A_2——新砌附壁柱的截面面积（mm^2）。

（2）新增混凝土附壁柱加固（图 5.3.8-2），其轴心受压承载力应按下式验算：

$$N \leqslant \varphi_{com} \left[\psi f A + a \left(f_c A_c + \eta_s f'_y A'_s \right) \right] \quad (5.3.8\text{-}2)$$

式中 φ_{com}——组合砖砌体构件的稳定系数 φ_{com}，应按现行国家标准《砌体结构设计规范》（GBJ3—88）表7.2.3 执行；

a——新增混凝土附壁柱的材料强度折减系数，原砖砌体完好时取 0.95，原砖砌体有裂缝等损坏现象时取 0.90；

A_c——新增附壁柱的截面面积（mm^2）；

f_c——新增附壁柱混凝土或砂浆的轴心抗压强度设计值（MPa）。砂浆的轴心抗压强度设计值可取为同等强度等级混凝土设计值的 70%；

η_s——受压钢筋的强度系数，当为混凝土时可取 1.0，当为砂浆时可取 0.9；

A'_s——受压钢筋的截面面积（mm^2）；

f'_y——受压钢筋的强度设计值（MPa）。

（3）新增混凝土附壁柱加固，其偏心受压承载力，应按下列公式验算：

$$N \leqslant \psi f A' + a(f_c A'_c + n_s f'_y A'_s) - \sigma_s A_s \quad (5.3.8\text{-}3)$$

或 $$N_{en} \leqslant f S_s + a[f_c S_{c's} + n_s f'_y A'_s (h_0 - a')] \quad (5.3.8\text{-}4)$$

$$h_0 = h - a \quad (5.3.8\text{-}5)$$

式中 A'——原砖砌体受压部分的面积（mm^2）；

σ_s——受拉钢筋 A_s 的应力（MPa）；

A_s——距轴向力 N 较远侧钢筋的截面面积（mm^2）；

S_s——砌体受压部分的面积对受拉钢筋 A_s 重心的面积矩（mm^3）；

$S_{c's}$——附壁柱受压部分的面积对钢筋 A_s 重心的面积矩（mm^3）；

h_0——组合砖砌体构件截面的有效高度(mm)；

h——组合砌体构件的截面高度（mm）；

a'、a——分别为钢筋 A'_s 和 A_s 重心至截面较近边的距离（mm）。

（4）采用水泥砂浆钢筋网加固砌体（图 5.3.8-3），加厚砌体的受压承载力可按本规程公式 5.3.8-2 至公式 5.3.8-5 验算。

5.3.9 房屋部分墙体倾斜，可对倾斜部分的墙体拆除重砌。

5.4 砌 体 裂 缝

5.4.1 当砌体出现裂缝，并有下列情况之一时，必须进行承载力验算：

（1）砖石砌体竖向裂缝长度超过层高的 1/2，宽度大于 20mm，或长度超过层高 1/3 的多条竖向裂缝；

（2）门窗洞口、窗间墙有交叉裂缝、竖向裂缝或水平裂缝；

（3）梁支座下的砌体有竖向裂缝；

（4）房屋一端出现一条或多条 45°阶梯形斜裂缝，房屋中部底边出现正“八”字或倒“八”字形斜裂缝；

（5）混凝土屋盖下出现“一”字形或“八”字形裂缝。

5.4.2 砌体因受压产生的裂缝应按本规程公式 5.3.2 至公式 5.3.4 验算。

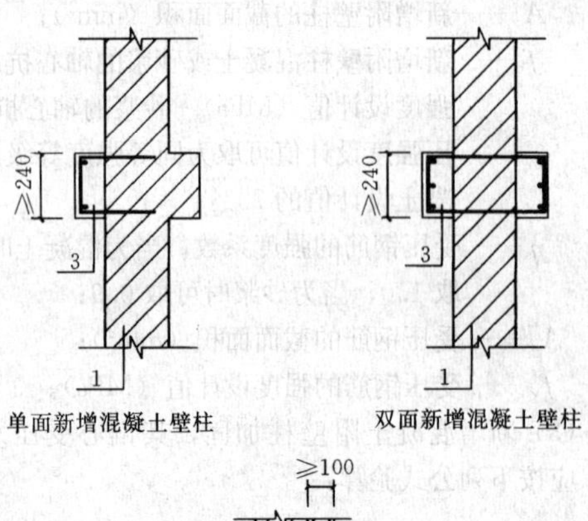

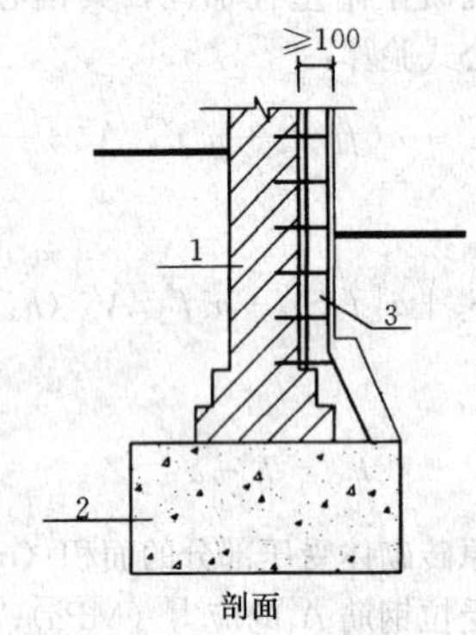

图 5.3.8-2 新增混凝土附壁柱加固

1—原砖柱；2—原墙基础；3—新增混凝土附壁柱

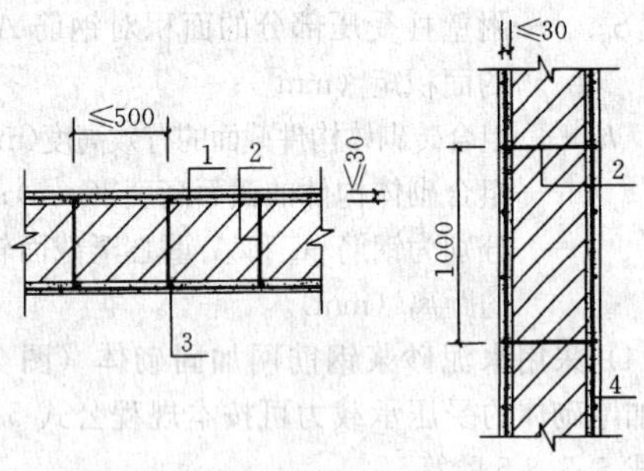

图 5.3.8-3 水泥砂浆钢筋网加固

1—水平分布钢筋；2—拉结钢筋；3—竖直向受力钢筋；4—砂浆层

5.4.3 砌体在受弯时产生裂缝应按下列公式进行承载力验算：

$$M=\psi f_{\mathrm{tm}}W \tag{5.4.3-1}$$

$$V\leqslant \psi f_{\mathrm{v}}bz \tag{5.4.3-2}$$

式中 M——弯矩设计值(N·mm)；

W——截面抵抗距(mm^3)；

V——剪力设计值(N)；

f_v——砌体的抗剪强度设计值(MPa),应按现行国家标准《砌体结构设计规范》(GBJ3—88)第 2.2.2 条表 2.2.2-1 执行；

b——截面宽度(mm)；

z——内力臂(mm),$z=I/S$,当截面为矩形时,$z=2h/3$；

I——截面惯性矩（mm^4）；

S——截面面积矩（mm^3）；

h——截面高度（mm）。

5.4.4 砌体沿通缝受剪产生裂缝应按下式进行承载力验算：

$$V\leqslant(\psi f_{\mathrm{v}}+0.18\sigma_{\mathrm{k}})A \tag{5.4.4}$$

式中 σ_k——恒荷载标准值产生的平均压应力(MPa)。

5.4.5 钢筋混凝土屋盖温度变化导致顶层墙体裂缝，可在屋盖上设置保温层或隔热层。

5.4.6 砌体受压、受弯和受剪强度不足产生的裂缝修缮，可采取下列措施：

(1) 局部拆砌墙体，应提高块材和砂浆强度等级；

(2) 在墙体一侧或二侧增加附壁柱，增大墙体截面面积；

(3) 梁下墙体增加钢筋混凝土梁垫。

5.4.7 地基不均匀沉陷产生的裂缝修缮，可采取下列措施：

(1) 在沉降稳定情况下，用水泥砂浆嵌补；用“微膨胀水泥浆”、107 水泥浆，或水玻璃砂浆等加压注入，封闭裂缝；或局部掏砌墙体；

(2) 在沉降不稳定情况下，可先加固地基与基础后，再进行砌体修缮。

5.5 砖石柱

5.5.1 砖石独立柱、附壁柱有下列情况之一，必须进行承载力和高厚比验算：

(1) 柱身产生水平裂缝或竖向贯通裂缝，其缝长超过柱高的 1/2；

(2) 梁支座下的柱体产生多条竖向裂缝；

(3) 产生倾斜，其倾斜量超过层高的 1/100（三层以上超过总高的 0.5/100)；

(4) 风化、剥落，导致有效截面削弱达 1/5 及其以上（平房达 1/4 及其以上）。

5.5.2 砖石柱的承载力应按本规程公式 5.3.2、公式 5.3.3-1 和公式 5.3.3-2 进行验算；高厚比的验算应符合现行国家标准《砌体结构设计规范》(GBJ3—88) 第 5.1.1 条的规定。

5.5.3 砖石柱和附壁柱修缮应符合下列要求：

(1) 砖柱截面小于 240mm×370mm，毛石柱截面较小的边长小于 400mm 和损坏严重时，可拆除重砌；

(2) 砖石柱可采用钢筋混凝土围套加固（图 5.5.3-1)，或钢筋砂浆面层组成的组合砌体加固，其承载力应按下式验算：

$$N\leqslant N_{\mathrm{com}}+2a_1\varphi_{\mathrm{n}}\frac{\rho_{\mathrm{v}}f_{\mathrm{y}}}{100}\Big(1-\frac{2e}{y}\Big)A \tag{5.5.3-1}$$

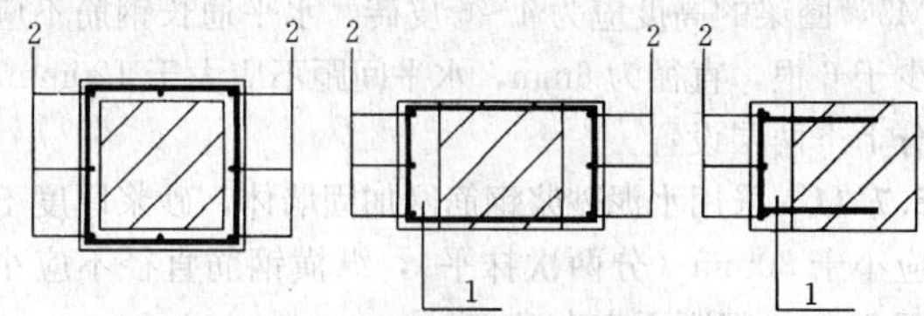

图 5.5.3-1　钢筋混凝土围套加固

1—新增混凝土；2—新增钢筋

式中　N_{com}——加固砖柱按组合砖砌体，按本规程公式 5.3.8-2 计算其受压承载力（N）；

a_1——新浇混凝土的材料强度折减系数。加固前原砖柱未损坏时，取$a_1=0.9$；部分损坏或受力较高时，取$a_1=0.7$；

φ_n——高厚比和配筋率以及轴向力偏心距对网状配筋砖砌体受压构件承载力的影响系数，应按现行国家标准《砌体结构设计规范》（GBJ3—88）附录五附表 5-6 执行；

ρ_v——体积配筋率；

f_y——受拉钢筋的强度设计值（MPa）；

y——截面重心到轴向力所在方向截面边缘的距离（mm）。

（3）采用外包角钢加固（图 5.5.3-2），其承载力应按下列公式验算：

①加固后为轴心受压

$$N \leqslant \varphi_{com}[fA' + af'_a A'_a] + N_{ou} \quad (5.5.3\text{-}2)$$

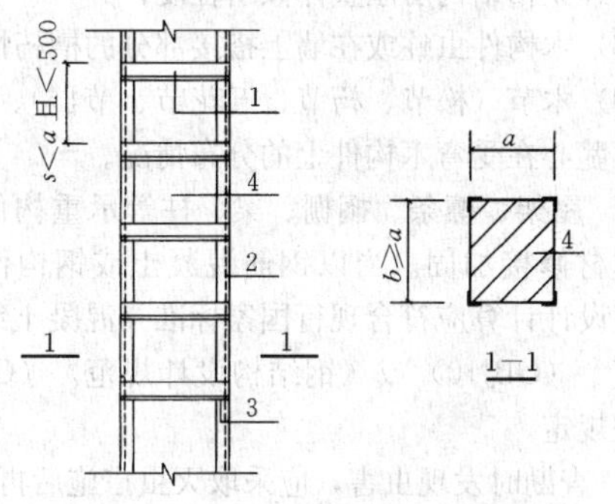

图 5.5.3-2　外包角钢加固

1—缀板；2—角钢；3—焊接；4—砌体

②加固后为偏心受压

$$N \leqslant fA' + af'_a A'_a - \sigma_a A_a + N_{ou} \quad (5.5.3\text{-}3)$$

$$N_{ou} = 2a_1\varphi_n \frac{\rho_{ou} f_{ou}}{100}\left(1 - \frac{2e}{y}\right)A \quad (5.5.3\text{-}4)$$

$$\rho_{ou} = \frac{2A_{oul}(a+b)}{abs} \quad (5.5.3\text{-}5)$$

式中　f'_a——加固型钢的抗压强度设计值（MPa）；

A'_a、A_a——分别为受压或受拉加固型钢的截面面积（mm^2）；

N_{ou}——砌体强度提高而增大的砖柱承载力（N），可按本规程公式 5.5.3-4 和公式 5.5.3-5 验算；

ρ_{ou}——体积配筋率，当取单肢缀板的截面面积为 A_{oul}，间距为 s 时，可按本规程公式 5.5.3-5 验算；

f_{ou}——缀板的抗拉强度设计值（MPa）；

σ_a——受拉肢型钢 A_a 的应力（MPa）。

5.6　圈梁和过梁

5.6.1　圈梁和过梁有下列情况之一，必须进行加固：

（1）圈梁和过梁有竖向裂缝；过梁砖砌体有松动；

（2）单层房屋檐口标高为 5～8m，无圈梁；二层及其以上房屋无圈梁；钢筋混凝土圈梁高度小于 120mm；

（3）钢筋砖过梁跨度大于 2m，砖砌平拱跨度大于 1.8m。

5.6.2　过梁修缮应符合下列要求：

（1）过梁跨度小于 1m，且裂缝不严重，可采用钢筋砖过梁加固；

（2）过梁跨度大于或等于 1m，且裂缝严重，可采用钢筋混凝土过梁加固。

5.7　构造要求

5.7.1　拆砌砌体时，承重砌体砂浆强度等级，不应小于 M5，块材强度等级不应小于 MU7.5。

5.7.2　砌体拆砌前，应做好构件的支撑。

5.7.3　砌体结构房屋修缮或拆砌时，对墙、柱和楼盖间应有可靠的拉结，并应符合下列要求：

（1）承重砌体厚度不应小于 190mm，空斗墙厚度不应小于 240mm，土墙厚度不应小于 250mm；

（2）砌体拆砌的新旧交接处可用直槎，结合应密实、牢固，在纵横交接处可采用钢筋拉结，中距为 500mm，设置直径为 4mm 的钢筋不应少于 2 根，或采用五皮一砖槎；

（3）预制钢筋混凝土板在砌体上的搁置长度不应小于 100mm；

（4）搁栅和檩条等搁置点不应小于砌体厚度的一半，且不应小于 70mm。

5.7.4　砌体修缮时，屋架或梁端的砌体处，应在屋架或梁端和砌体间设置混凝土或木垫块。混凝土垫块强度等级不应小于 C20，厚度和宽度均不应小于 180mm；木垫块不应小于 80mm×150mm，并作防腐处理。

5.7.5　砌体拆砌遇防潮层时，在基础上应重铺防潮层，其位置应高出室外地坪 50mm 以上，低于室内地坪 50mm，防潮材料可采用防水水泥砂浆，或用厚 80mm 的 C20 混凝土作防潮层（图 5.7.5）。

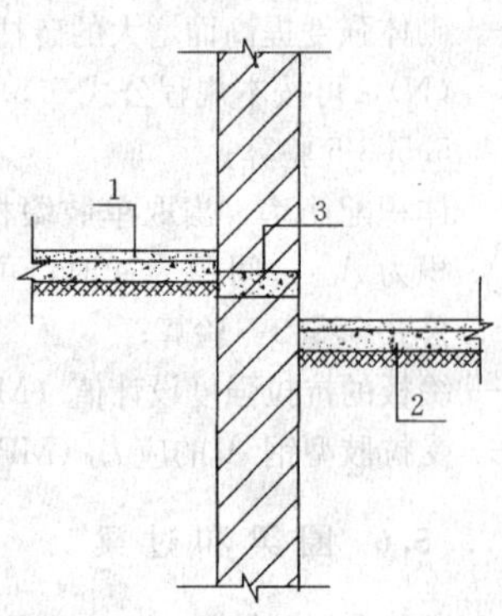

图 5.7.5　防潮层
1—室内地坪；2—室外
地坪；3—防潮层

5.7.6　新增砖附壁柱加固应符合下列要求：

（1）水平拉结钢筋，竖向配筋直径不应小于6mm，其水平间距不应大于200mm，竖向间距应为300～500mm；

（2）混合砂浆应采用M5～M10，砖应采用MU7.5以上；

（3）附壁柱宽度不应小于240mm，厚度不应小于120mm。

5.7.7　墙、柱采用钢筋混凝土围套加固，应符合下列要求：

（1）混凝土强度等级不应低于C20，截面宽度不应小于250mm，厚度不应小于50mm；钢筋保护层厚度不应小于25mm；

（2）受压钢筋的配筋率不应小于0.25%，纵向钢筋直径不应小于12mm；

（3）箍筋的直径应采用6～8mm，间距不应大于250mm。

5.7.8　砖柱外包角钢应插入基础，其顶部应有可靠的锚固措施。角钢不应小于50mm×50mm×5mm。

5.7.9　修缮砖砌过梁应符合下列要求：

（1）砖砌平拱用竖砖砌筑部分的高度不应小于240mm；

（2）钢筋砖过梁底面砂浆层处的钢筋，其直径不应小于6mm，间距不应大于120mm，钢筋伸入支座砌体内不应小于240mm，砂浆层厚度不应小于20mm，采用M10水泥砂浆；

（3）钢筋混凝土过梁端部的支承长度不应小于240mm。

5.7.10　增设圈梁应符合下列要求：

（1）圈梁应连续设置在同一水平上，形成封闭，并伸入内墙；

（2）钢筋混凝土圈梁的高度不应小于120mm，纵向钢筋不应少于4根，直径为8mm，箍筋间距不应大于300mm；

（3）钢筋砖圈梁砌筑的砂浆强度等级不应小于M5，圈梁的高度应为4～6皮砖，水平通长钢筋不应少于6根，直径为6mm，水平间距不应大于120mm，分上下两层设置。

5.7.11　采用水泥砂浆钢筋网加固墙体，砂浆厚度不应小于30mm（分两次抹平），纵横钢筋直径不应小于6mm，间距不应大于200mm。

5.7.12　修缮空斗墙时，有下列情况之一，应改为实砌墙：

（1）地震烈度为六度以上的地区；

（2）地基可能产生较大的不均匀沉降；

（3）长期处于潮湿环境中；

（4）地下管道较多。

6　木　结　构

6.1　一 般 规 定

6.1.1　木结构房屋修缮时，应查明下列情况：

（1）梁、搁栅、檩条等构件中部挠曲、开裂程度；

（2）构件节点（木榫）联结情况；

（3）构件进墙搁置部分的长度及端部腐朽程度；

（4）平顶下挠、松动程度；

（5）屋架垂直度、水平移位、挠曲、开裂和铁件锈蚀程度，以及杆件、剪刀撑完整情况；

（6）木柱弯曲、开裂和柱身柱根腐朽程度；

（7）立帖结构房屋整体倾斜程度；

（8）木构件虫蛀或在墙上搭接部分的槽朽情况；

（9）木节（松节、朽节、五花节、节群）、斜纹、扭纹、髓心在受弯木构件上的分布情况。

6.1.2　屋架、檩条、搁栅、梁、柱等承重构件损坏应用木材修接加固。当以钢筋混凝土或钢构件代替时，其设计计算应符合现行国家标准《混凝土结构设计规范》（GBJ10）或《钢结构设计规范》（GBJ17）的有关规定。

6.1.3　查勘时发现虫害，应采取灭虫措施后再修。

6.1.4　利用旧木材修接时，应检验其材性、材质和木节等情况，按使用要求分别选择使用。

6.2　材　　料

6.2.1　新换或修接承重构件选用新木材，其木材的选材要求和含水率，应符合现行国家标准《木结构设计规范》（GBJ5—88）第2.1.1和2.1.3条的规定。

6.2.2　国产常用木材的强度设计值和弹性模量（N/mm^2）的取值应符合现行国家标准《木结构设计规范》（GBJ5—88）第三章第二节的规定。

6.2.3　选用旧木材作为承重构件或旧木结构构件，在验算时应视其材质、材种、材性和使用条件、部位、年限等情况，综合分析，强度设计值可取折减系数ψ值的0.6～0.8进行折减，弹性模量可取折减系数ψ值的0.6～0.9进行折减（整体构件换新木材的ψ值系数取1.0）。

6.2.4 旧木构件的强度和稳定，经验算不符合要求时，应换新或采取加固措施。

6.3 柱

6.3.1 木柱有下列情况之一，必须进行承载力验算：

（1）木柱腐朽变质，截面损坏深度大于1/5以上；

（2）断面偏小，柱身弯曲超过1/150以上，或倾斜大于1/100以上；

（3）经检验蛀蚀深度大于方料厚度或圆木直径的1/5以上。

6.3.2 轴心受压构件的承载能力应按下列公式验算：

（1）按强度

$$\sigma_c = \frac{N}{A_n} \leqslant \psi f_c \qquad (6.3.2\text{-}1)$$

（2）按稳定

$$\frac{N}{\varphi A_0} \leqslant \psi f_c \qquad (6.3.2\text{-}2)$$

式中 f_c——木材顺纹抗压强度设计值（MPa）；

σ_c——轴心受压应力设计值（MPa）；

N——轴心压力设计值（N）；

A_n——受压构件的净截面面积（mm^2）；

A_0——受压构件截面的计算面积（mm^2）；

φ——轴心受压构件稳定系数；

ψ——旧木材折减系数，应按本规程第6.2.3条的规定采用。

6.3.3 受压构件截面的计算面积，应按现行国家标准《木结构设计规范》(GBJ5—88) 第4.1.3条执行。

6.3.4 轴心受压构件的稳定系数和长细比，应按现行国家标准《木结构设计规范》（GBJ5—88）第4.1.4和4.1.5条的规定执行。

6.3.5 木柱夹接应符合下列要求：

（1）平缝对头夹板连接的夹板厚度不得小于木柱宽度的1/2，其长度不得小于原木柱宽度的5倍，接缝上下应各用直径12～16mm螺栓紧固，每头不应少于2个（图6.3.5-1）；

（2）搭接榫夹板连接和斜面搭接榫夹板连接的接缝中间应用直径12～16mm螺栓紧固，不应少于2个(图6.3.5-2、图6.3.5-3)；

（3）接柱头的断面不得小于原柱；螺栓间距s_0、s_0'、s_1，均不得少于7d；

（4）搭接榫夹板连接和斜面搭接榫夹板连接不宜用于偏心受压柱；

（5）木柱夹板连接不得用铁丝代替螺栓。

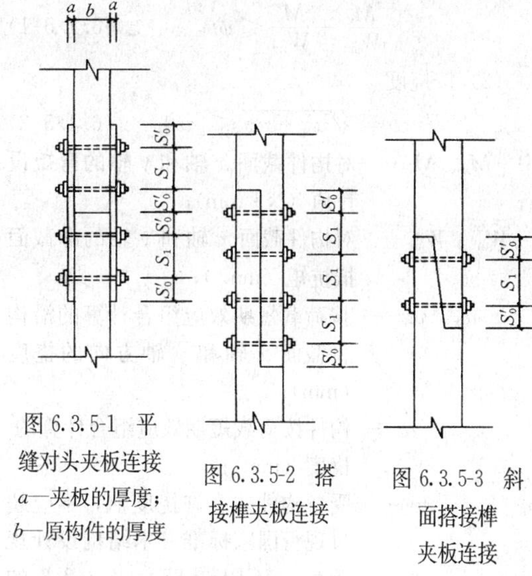

图6.3.5-1 平缝对头夹板连接
a—夹板的厚度；
b—原构件的厚度

图6.3.5-2 搭接榫夹板连接

图6.3.5-3 斜面搭接榫夹板连接

6.3.6 轴心受压木柱根部腐朽小于800mm可改用砖柱或混凝土接柱，并用铁夹板和螺栓紧固，固定宜用直径12～16mm螺栓，数量不应少于2个。

6.4 梁、搁栅、檩条

6.4.1 梁、搁栅、檩条等有下列情况之一，必须进行承载力验算：

（1）中部有斜裂缝或水平裂缝；

（2）梁、搁栅挠度在1/200～1/120间，檩条挠度在1/150～1/100间；

（3）端部腐朽或蛀蚀超过高度的1/4以上，支承长度少于原长度1/2以上。

6.4.2 旧梁、旧搁栅、旧檩条受弯构件的抗弯承载能力，应按下式验算：

$$\sigma_m = \frac{M}{W_n} \leqslant \psi f_m \qquad (6.4.2)$$

式中 f_m——木材抗弯强度设计值（MPa）；

σ_m——受弯应力设计值（MPa）；

M——弯矩设计值（N.mm）；

W_n——净截面抵抗矩（mm^3）。

6.4.3 受弯构件的抗剪承载能力，应按下式验算：

$$\tau = \frac{VS}{Ib} \leqslant \psi f_v \qquad (6.4.3)$$

式中 f_v——木材顺纹抗剪强度设计值（MPa）；

τ——受剪应力设计值（MPa）；

V——剪力设计值（N）；

I——毛截面惯性矩（mm^4）；

b——截面宽度（mm）；

S——剪切面以上的毛截面面积对中和轴的面积矩（mm^3）。

6.4.4 受弯构件的挠度验算，应按现行国家标准《木结构设计规范》(GBJ5—88) 公式4.2.3执行。

6.4.5 双向受弯构件，应按下列公式验算：

（1）按承载能力

$$\frac{M_x}{W_{nx}}+\frac{M_y}{W_{ny}}\leqslant \psi f_m \qquad (6.4.5\text{-}1)$$

（2）按挠度

$$w=\sqrt{w_x^2+w_y^2}\leqslant [w] \qquad (6.4.5\text{-}2)$$

式中 M_x、M_y——对构件截面 x 轴和 y 轴的弯矩设计值（N·mm）；

W_{nx}、W_{ny}——对构件截面 x 轴和 y 轴的净截面抵抗矩（mm^3）；

w_x、w_y——按荷载短期效应组合计算的沿构件截面 x 轴和 y 轴方向的挠度（mm）；

w——构件按荷载短期效应组合计算的挠度（mm）；

$[w]$——受弯构件的容许挠度值，不应超过现行国家标准《木结构设计规范》（GBJ5—88）表 3.2.3 的规定。

6.4.6 新换受弯构件应符合现行国家标准《木结构设计规范》（GBJ5—88）表 3.2.3 的规定；加固受弯构件最大容许挠度值应符合本规程表 6.4.6 的规定。

加固受弯构件最大容许挠度值

表 6.4.6

序号	构件名称	最大容许挠度值
1	檩　条	1/150（1/100）
2	椽　条	1/120（1/100）
3	抹灰吊顶中的受弯构件	1/200（1/120）
4	楼板和搁栅（包括梁）	1/200（1/120）

注：有（　）的容许挠度值是危险构件标准。

6.4.7 搁栅、檩条等构件腐朽、蛀蚀，可采用拆换或夹板连接加固。

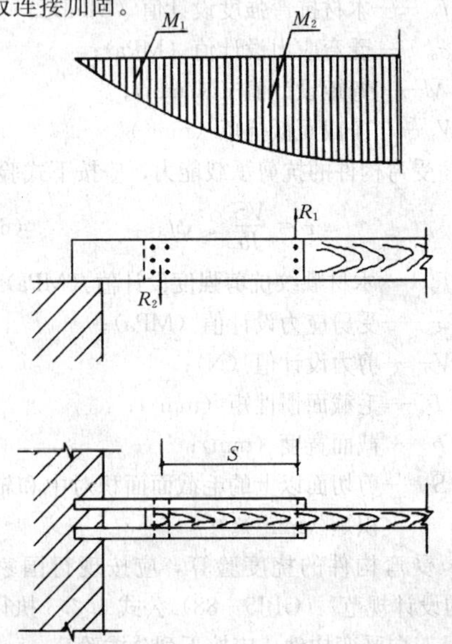

图 6.4.9 搁栅、檩条夹接螺栓受力

6.4.8 采用双剪连接或单剪连接的连接木材最小厚度和螺栓每一剪面的设计承载力应符合现行国家标准《木结构设计规范》（GBJ5—88）第 5.2.1 至 5.2.5 条的规定；采用旧木材时，应按本规程第 6.2.3 条的规定进行折减。

6.4.9 搁栅、檩条终端夹板进墙或绑接加固及其螺栓数量，应按下列公式验算（图 6.4.9）。

$$R_1=\frac{M_1}{s} \quad R_2=\frac{M_2}{s} \qquad (6.4.9\text{-}1)$$

式中 R_1、R_2——搁栅、檩条在螺栓处的反力（N）；

M_1、M_2——搁栅、檩条在 R_1 和 R_2 处的弯矩（N. mm）；

s——螺栓间的距离（mm）。

$$n_1=\frac{R_1}{kN_v} \quad n_2=\frac{R_2}{kN_v} \qquad (6.4.9\text{-}2)$$

式中 n_1、n_2——在 R_1 和 R_2 处螺栓数量（个）；

N_v——每一剪面的设计承载力（N）；

k——受剪面的面数，双受剪面 $k=2$，单受剪面 $k=1$。

6.4.10 梁、搁栅、檩条断面过小或挠度过大，可采用钢拉杆加固，其断面按计算确定（图 6.4.10）。

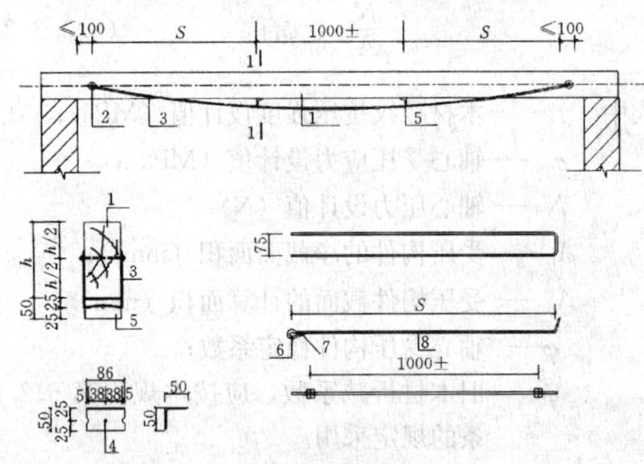

图 6.4.10 钢拉杆加固

1—原搁栅或檩条；2—直径 6mm 螺栓销；3—直径 8mm 环铁；4—直径 12mm 螺栓（双帽）；5—角铁；6—直径 18mm 孔；7—电焊；8—直径 8mm 光元钢

6.4.11 扶梯平台进墙搁栅腐朽时，应按本规程第 6.4.7 条的规定进行处理；扶梯木梁的下端部腐朽，可将腐朽部分及相应的木踏步改为砖砌踏步，或素混凝土踏步；扶梯木斜梁与踏步的连接采用铁夹板连接的螺栓，其直径为 12mm，且不应少于 2 个。

6.5 屋　架

6.5.1 屋架有下列情况之一，必须进行承载力验算：

（1）支撑系统松动失稳、变形，导致屋架倾斜，其倾斜量超过屋架高度的 4%；

（2）上、下弦杆断裂或产生斜裂缝；或产生弯曲变形；

(3) 上、下弦杆因腐朽变质，有效截面减少达1/5及其以上；

(4) 屋架端节点腐朽，有效截面减少达 1/5 及其以上；

(5) 主要节点，或上、下弦杆连接松动失效；

(6) 钢拉杆松脱，或严重锈蚀，截面减少达 1/5 及其以上。

6.5.2 轴心受压弦杆的构件承载能力和稳定应按本规程第 6.3.2 至 6.3.4 条的规定进行验算。

6.5.3 轴心受拉弦杆的构件承载能力应按下式验算：

$$\sigma_t = \frac{N}{A_n} \leqslant \psi f_t \qquad (6.5.3)$$

式中 N——轴心拉力设计值（N）；

f_t——木材顺纹抗拉强度设计值（MPa）；

A_n——受拉构件的净截面面积（mm^2），计算 A_n 时应将分布在 150mm 长度上的缺孔投影在同一截面上扣除；

σ_t——轴心受拉应力设计值（MPa）。

6.5.4 拉弯和压弯构件的承载能力，应按现行国家标准《木结构设计规范》（GBJ5—88）第 4.3.1 和 4.3.2 条执行；复算旧构件和利用旧木材时，应按本规程第 6.2.3 条取 ψ 值系数折减。

6.5.5 屋架下弦受拉木夹板断裂，或螺栓间剪面开裂可重换木夹板，其截面和所用螺栓数量均应相符(图 6.5.5)。

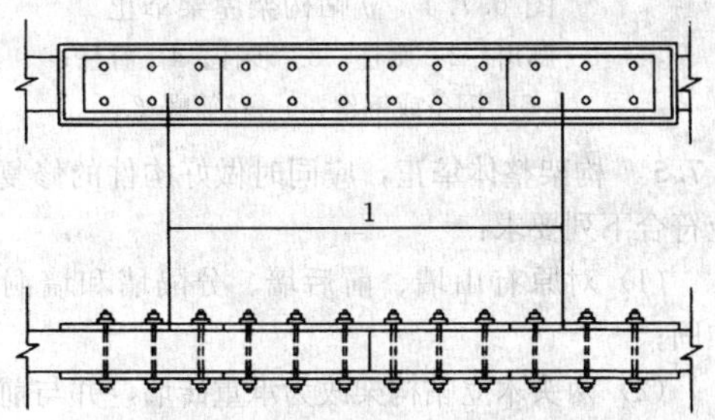

图 6.5.5 下弦两侧加夹板

1—新加木夹板

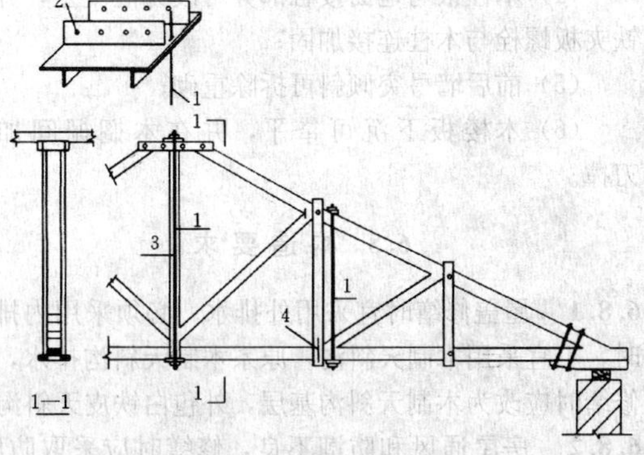

图 6.5.6 木竖杆加固

1—加固拉杆；2—木螺丝孔；3—原有木拉杆有危险缺陷；4—原有夹板有剪面开裂

6.5.6 屋架受拉木竖杆开裂或螺孔拉裂，用圆钢拉杆加固时(图 6.5.6)，应按本规程第 8 章的有关规定计算。

6.5.7 屋架斜杆中部弯曲变形，应加夹板或撑木减少斜杆的自由长度，增加其稳定性（图 6.5.7）。

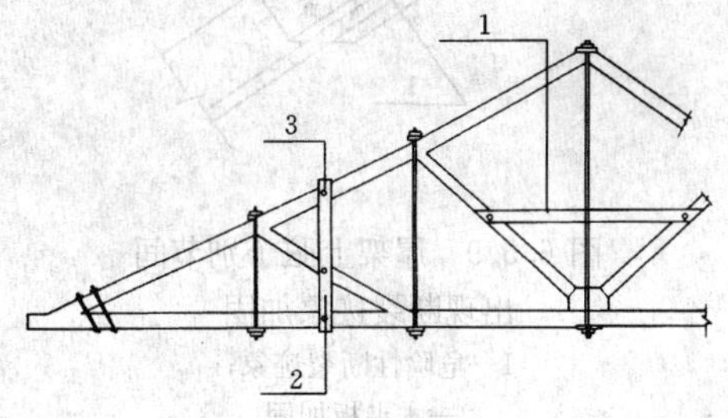

图 6.5.7 屋架斜杆加固

1—新加撑木；2—新加夹板；3—直径 12mm 螺栓

6.5.8 屋架端部节点裂缝进行局部加固，应在附近完好部位增设木夹板，再用钢拉杆与端部抵承角钢联结，必要时采用铁箍箍紧受剪面（图 6.5.8-1、6.5.8-2）。

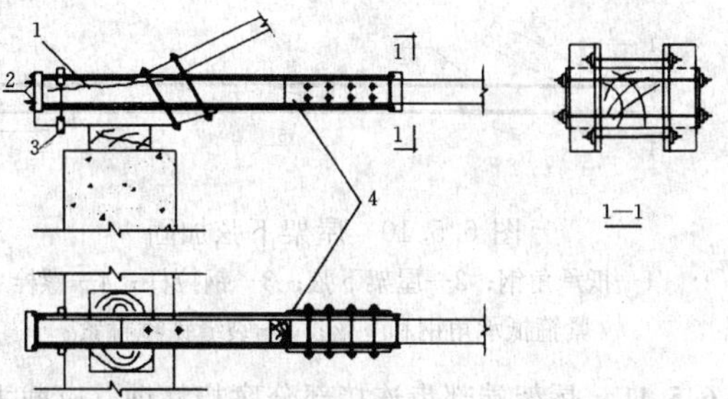

图 6.5.8-1 端节点局部加固

1—剪面裂缝；2—电焊；3—铁箍；4—加固木夹板

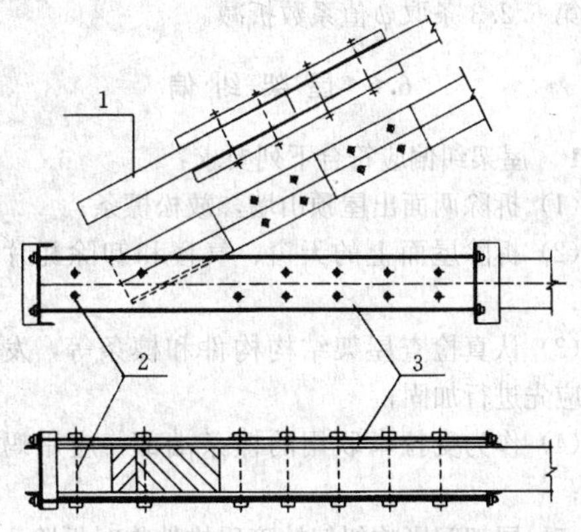

图 6.5.8-2 端节点加固

1—新换方木；2—抵承填块；3—木夹板

6.5.9 屋架上弦个别节间出现危险性断裂迹象时，可采用木夹板和螺栓联结加固（图 6.5.9）。

6.5.10 屋架下弦用料过小而下垂开裂，可采用钢拉杆加固，其作法是在屋架端部用铁箍箍紧，两端加抵承角钢，联结四根钢拉杆，加强下弦受拉强度（图 6.5.10）。钢拉杆的断面应按计算确定，并应对下弦

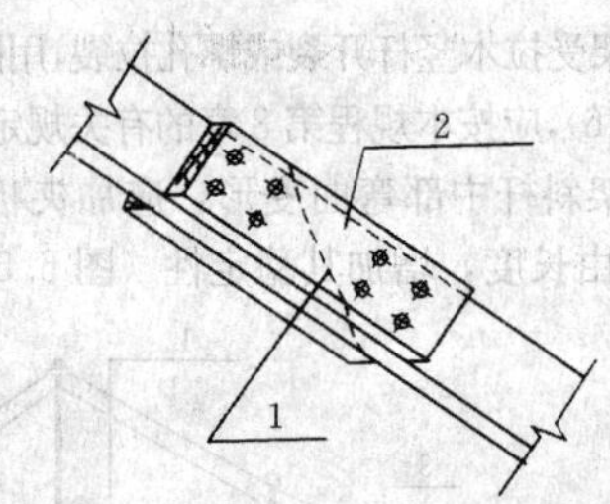

图 6.5.9　屋架上弦个别节间出现断裂迹象加固

1—危险性断裂迹象；2—木夹板加固

杆的端部型钢支承处进行局部承压验算。

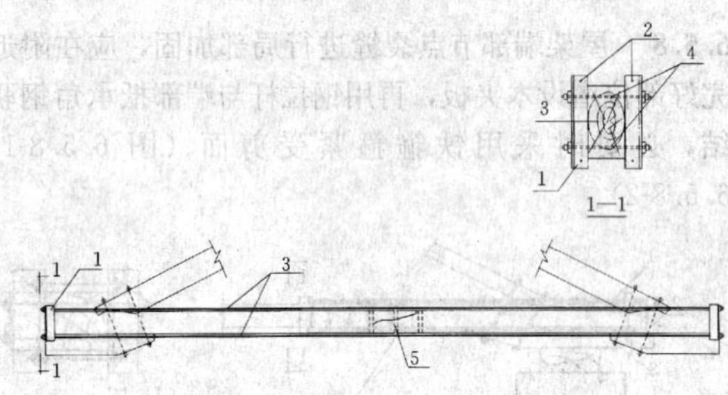

图 6.5.10　屋架下弦加固

1—抵承角钢；2—屋架下弦；3—钢拉杆；4—螺栓紧箍抵承角钢和下弦；5—裂缝铁箍箍紧

6.5.11　屋架端部齿连接部分腐朽蛀蚀，应截去腐朽部分，按原规格换新，用木夹板连接。齿连接验算应按现行国家标准《木结构设计规范》（GBJ5—88）第五章第一节中有关规定执行。利用旧木材时应按本规程第 6.2.3 条取 ψ 值系数折减。

6.6　屋 架 纠 偏

6.6.1　屋架纠偏应符合下列要求：

（1）拆除两面出屋顶山墙，放松檩条；

（2）拆除屋面上的天窗、气楼和卸除瓦片等附属物；

（3）认真检查屋架结构构件和檩条等，发现腐朽，应先进行加固；

（4）作为受拉牵联用的檩条端部，应用蚂蝗搭搭牢；

（5）屋架间影响纠偏的障碍构件临时拆除，纠偏后予以修复。

6.6.2　查勘设计时应对每榀屋架的杆件、节点仔细检查，对腐朽、松动等部位应采取加固措施，保证纠偏施工时着力点的牢固可靠。

6.6.3　设计垂直支撑和水平支撑，或加固原支撑，应符合现行国家标准《木结构设计规范》（GBJ5—88）第 6.5.1 至 6.5.8 条的规定。

6.7　立帖构架籿正

6.7.1　立帖构架房屋整幢（整排）倾斜，可用整体籿正修复。

6.7.2　查勘设计时应检查下列各点，并对损坏部位采取相应加固措施：

（1）围护和分隔结构与承重结构的关系；

（2）屋盖、楼盖、地基基础的变形情况；

（3）单向、双向或交叉倾斜的程度；

（4）构件、杆件等节点的变形及损坏情况；

（5）相邻房屋情况。

6.7.3　对拉力相反的支撑构件，阻碍立帖构架移动的构件，以及屋面上的附属物、临时装置等应暂时拆除，待籿正后予以修复。

6.7.4　在籿正时，应对立帖构架屋架的脊柱、步柱、廊柱与廊川的受力点可能发生的损坏提出相应安全措施（图 6.7.4）。

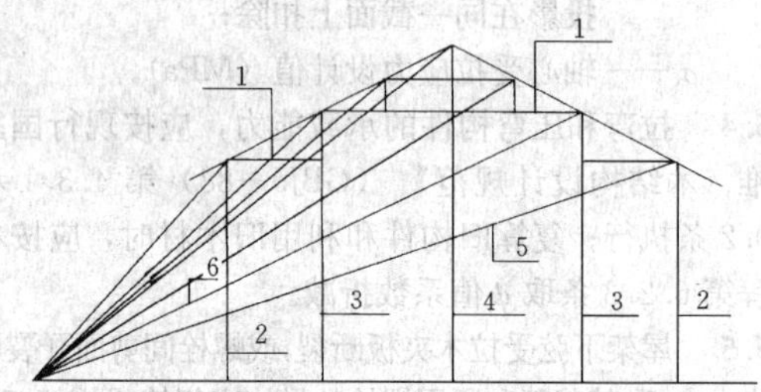

图 6.7.4　立帖构架屋架籿正

1—廊川；2—廊柱；3—步柱；4—脊柱；5—钢条或钢丝；6—花篮螺丝

6.7.5　构架整体籿正，应同时做好构件的修复，并应符合下列要求：

（1）对原有山墙、前后墙、分隔墙和墙洞修复加固；

（2）两头木立帖构架改为承重砖墙，并与前后墙连接成整体；必要时，可在中间加纵向墙；

（3）搁栅、檩条、穿柱搁栅进榫等部位可用铁曲尺或扁铁螺栓加固；

（4）木柱根与地面接触部分可改为混凝土，并用铁夹板螺栓与木柱连接加固；

（5）前后墙弓突倾斜可拆除重砌；

（6）木楼板下沉可籿平，并在木搁栅间加剪刀撑。

6.8　构 造 要 求

6.8.1　屋盖修缮时宜采用外排水；必须采用内排水时，不宜采用木制天斜沟。原系木制天斜沟排水，在修缮时应改为木制天斜沟基层，外包白铁皮天斜沟。

6.8.2　房屋通风和防潮不良，修缮时应采取防腐、防虫蛀等措施。

6.8.3　在风灾地区，房屋进行修缮设计时，应加强建筑物的抗风能力，对天窗和老虎窗的高度和跨度应减小，两端和中间应改为砖墙；对檩条与桁架、檩条与墙体、门窗与墙体等节点处应锚固。

6.8.4　梁、搁栅、檩条的搁置长度不应小于砖墙厚度的1/2，且不小于70mm。

6.8.5　螺栓材料应采用符合现行国家标准《普通碳素结构钢技术条件》(GB700)规定的Ⅰ级钢。钢拉杆和螺栓的直径应按规定计算确定，且不得小于12mm。

6.8.6　结构中的钢材部分，在修缮时应除锈，涂刷防锈漆和油漆保养。

6.8.7　结构中承重构件的修接、夹接所用的螺栓数量、规格应按计算确定。

6.8.8　房屋修缮时，木结构直接与墙体接触以及容易受潮部位，均应按本章第10节的规定进行处理。

6.8.9　采用钢夹板夹接时，其厚度不应小于6mm，各种铁件均应涂刷防锈漆等。

6.9　防　火

6.9.1　木结构房屋修缮时，所采取的防火措施应符合现行国家标准《木结构设计规范》（GBJ5—88）第八章第二节"木结构的防火"的规定。

6.9.2　成排相连的木结构房屋，在条件许可时应结合修缮改为每三间设一道防火墙。

6.9.3　与火源相邻的木构件，在修缮时，应增设砖墙或石棉板等防火隔墙。

6.9.4　经常受强烈幅射热的烟囱、壁炉、炉灶等木构件应采用耐火的遮热板防护，木构件的温度不应大于50℃。

6.9.5　有防火要求的木构件均应涂刷防火涂料。

6.10　防腐和防虫

6.10.1　构件修接、拆换时所采用的木材应严格控制其含水率，不得用湿材。

6.10.2　设计时，应注意改善构件的自然通风条件，特别是屋盖、顶棚和架空地板等应增设通风口。

6.10.3　对埋入砖墙中的檩条、搁栅等构件端部与砖墙接触紧靠的木柱、门窗樘等构件和接触地坪的柱根等，必须作防腐处理。

6.10.4　查勘时，应详细检查和向住用户调查了解有关虫蛀情况，发现虫害应联系有关单位先施药灭虫。

6.10.5　外露木材均应涂刷油漆或防腐处理。

6.10.6　木材防腐防虫的处理方法应按现行国家标准《木结构设计规范》（GBJ5—88）第八章第一节"木结构的防腐防虫"的规定执行。

7　混凝土结构

7.1　一般规定

7.1.1　混凝土构件修缮时，应查明下列情况：

（1）混凝土的强度等级，风化、酥松、碳化、剥落状况以及钢筋的数量和锈蚀程度；

（2）柱、梁、板中部、端部和悬臂构件、板根部的裂缝程度；

（3）构件挠曲、位移程度。

7.1.2　混凝土强度等级应按现行国家标准《混凝土结构设计规范》（GBJ10—89）第2.1.3至2.1.6条执行，并根据安全要求、使用部位、损坏程度、施工情况和新旧混凝土粘结牢固程度等情况，综合分析，取0.7～1.0的ψ_c值系数进行折减。

7.1.3　钢筋强度应按现行国家标准《混凝土结构设计规范》（GBJ10—89）第2.2.2至2.2.5条执行，并视构件部位、保养情况和使用条件等，综合分析，取0.7～0.9的ψ_y值系数进行折减。

7.1.4　混凝土受弯构件，凡新旧混凝土结合牢固可靠时，可按叠合式受弯构件计算其承载力，并应符合现行国家标准《混凝土结构设计规范》（GBJ10—89）第7.5.1至7.5.18条的规定。凡新旧混凝土结合不可靠时，可按下列公式分别计算其承载力的分配系数：

$$\alpha_1 = \frac{E_1 I_1}{E_1 I_1 + E_2 I_2} \tag{7.1.4-1}$$

$$\alpha_2 = \frac{E_2 I_2}{E_1 I_1 + E_2 I_2} \tag{7.1.4-2}$$

式中　α_1——原混凝土受弯构件承载力分配系数；

α_2——新增混凝土受弯构件承载力分配系数；

E_1——原混凝土构件的弹性模量（MPa）；

E_2——新增混凝土构件的弹性模量（MPa）；

I_1——原混凝土受弯构件惯性矩（mm^4）；

I_2——新增混凝土受弯构件惯性矩（mm^4）。

7.1.5　混凝土构件的验算，除应符合现行国家标准《混凝土结构设计规范》（GBJ10）的规定外，尚应符合下列要求：

（1）构件截面积计算，应采用原构件实际有效面积和加固部分的面积；

（2）构件荷载计算，应根据使用的实际情况，按现行国家标准《建筑结构荷载规范》（GBJ9）的规定执行；

（3）加固后增加的重量，应与有关构件和基础同时进行验算。

7.1.6　混凝土结构在查勘设计时应查明其结构体系，柱、梁、板的配筋数量和质量，以及混凝土的实际强度，混凝土构件损坏情况，可按下列方法检测分析：

（1）混凝土的强度可采用回弹法、钻芯取样法、超声回弹综合法和拉拔法等方法测定；

（2）混凝土柱、梁、板等构件的截面，应采用实际量测确定；

（3）混凝土构件的裂缝宽度，可采用裂缝测定仪、放大镜、超声仪、千分表和定期观察等方法测定；

(4) 混凝土构件的垂直度和挠度，可采用经纬仪、靠尺等测定；

(5) 混凝土构件中的钢筋数量及保护层厚度，可用仪器测定或开凿实测；

(6) 混凝土碳化深度可采用喷洒酚酞酒精液测定。

7.2 材　料

7.2.1 混凝土结构修缮的钢筋宜采用Ⅰ级钢或Ⅱ级钢。

7.2.2 混凝土结构修缮的水泥宜采用硅酸盐水泥或微膨胀水泥，标号不宜低于425号。

7.2.3 混凝土结构修缮的混凝土强度等级，应比原混凝土强度等级提高一级，并不应低于C20，混凝土中不应掺加粉煤灰等混合材料。

7.2.4 混凝土用的砂、石应符合现行行业标准《普通混凝土用砂质量标准及检验方法》(JGJ52) 和《普通混凝土用碎石或卵石质量标准及检验方法》(JGJ53) 的规定。

7.2.5 混凝土结构修缮所采用的连接材料，应符合下列要求：

(1) 粘结用化学浆液与混凝土粘结固化后，其抗拉和抗剪强度应高于被粘结混凝土的强度；

(2) 采用焊接的焊条质量应符合现行国家标准《碳素钢焊条》(GB5117) 或《低合金钢焊条》(GB5118) 的规定；

(3) 焊条型号应与被焊钢材的强度相适应；

(4) 采用螺栓连接时，螺栓应采用Ⅰ级钢制作。

7.3 柱

7.3.1 混凝土柱有下列情况之一，必须进行承载力验算：

(1) 柱有纵、横向裂缝；或有交叉裂缝；或一侧有水平裂缝，另一侧混凝土被压碎，主筋外露的；

(2) 保护层开裂，主筋外露，钢筋严重锈蚀，截面减少；

(3) 柱的倾斜量超过高度的1/100；

(4) 柱有酥松、碳化、起鼓等，其破坏面超过全面积的1/3。

7.3.2 混凝土柱的承载力验算应按现行国家标准《混凝土结构设计规范》(GBJ10) 的规定执行；对原混凝土、原钢筋强度的折减系数应按本规程第7.1.2和7.1.3条的规定执行。

7.3.3 混凝土柱强度不足，可采用增加截面和采用湿式、干式外包型钢与粘钢进行加固。

7.3.4 增加截面加固混凝土柱，其正截面承载力应按下列公式验算，其不同受压情况并应符合下列要求：

(1) 轴心受压

$$N \leqslant \varphi[\psi_c f_c A_c + \psi_y f'_y A'_s + a(f_{c1} A_{c1} + f'_{y1} A'_{s1})] \quad (7.3.4\text{-}1)$$

式中 N——混凝土柱加固后的轴向力设计值 (N)；

φ——构件稳定系数，应符合现行国家标准《混凝土结构设计规范》(GBJ10) 的规定；

ψ_c、ψ_y——分别为原混凝土和原钢筋的强度设计值折减系数，应按本规程第7.1.2和7.1.3条的规定采用；

f_c、f_{c1}——分别为原柱混凝土轴心抗压强度设计值和新增混凝土轴心抗压强度设计值 (MPa)；

A_c、A_{c1}——分别为原柱混凝土截面面积和新增混凝土截面面积 (mm^2)；

f'_y、f'_{y1}——分别为原柱纵向钢筋的抗压强度设计值和新增混凝土的纵向钢筋的抗压强度设计值 (MPa)；

A'_s、A'_{s1}——分别为原柱纵向钢筋的截面面积和新增纵向钢筋的截面面积 (mm^2)；

a——加固部分混凝土与原柱协同工作时，新增混凝土和纵向钢筋的强度折减系数，取0.8。

(2) 大偏心受压

$$N \leqslant \Psi_c f_{cm} b(x - h_1) + f'_y A'_s - \Psi_y f_y A_s + 0.9(f_{cm1} b_1 h_1 + f'_{y1} A'_{s1} - f_{y1} A_{s1}) \quad (7.3.4\text{-}2)$$

$$N_e \leqslant f_{cm} b(x - h_1)\left(h_{01} - \frac{x - h_1}{2}\right) + f'_y A'_s(h_{01} - h_1 - a'_s) + 0.9[f_{cm1} b_1 h_1 + (h_{01} - h_1/2) + f'_{y1} A'_{s1}(h_{01} - a'_{s1})] \quad (7.3.4\text{-}3)$$

$$e = \eta e_i + \frac{h}{2} - a \quad (7.3.4\text{-}4)$$

式中 f_{cm}、f_{cm1}——分别为原柱和加固混凝土弯曲抗压强度设计值 (MPa)；

x——混凝土受压区高度 (mm)；

h_1——加固混凝土在受压面的厚度 (mm)；

b、b_1——分别为原柱和加固后柱的截面宽度 (mm)；

A_s、A_{s1}——分别为原柱受拉钢筋和加固用受拉钢筋的截面面积 (mm^2)；

f_y、f_{y1}——分别为原柱受拉钢筋和加固用受拉钢筋的抗拉强度设计值 (MPa)；

e——轴向力作用点至受拉钢筋合力点的距离（mm）；

η——偏心受压构件考虑挠曲影响的轴向力偏心距增大系数；

e_i——初始偏心距（mm）；

h_{01}——原柱受拉钢筋和加固用受拉钢筋合力点至加固截面受压边缘间的距离（mm）。当两合力点接近时，可近似取为原柱的有效高度 h_0；

a'_{s1}——加固用受压钢筋合力点至受压边缘的距离（mm）；

a——原柱受拉钢筋和加固钢筋的合力点至加固截面受拉边缘的距离（mm）。

（3）小偏心受压

当新增截面加固钢筋混凝土为小偏心受压构件时，应按现行国家标准《混凝土结构设计规范》（GBJ10）进行其正截面承载力的计算。新增受压区混凝土及纵向钢筋抗压强度设计值和纵向钢筋受拉强度设计值应乘以折减系数 0.9；原受压混凝土和纵向钢筋抗压强度设计值应分别按本规程第 7.1.2 和 7.1.3 条规定的 ψ 值系数进行折减。

7.3.5 混凝土柱可采取单侧、双侧或四周增加钢筋混凝土截面进行加固（图 7.3.5）。

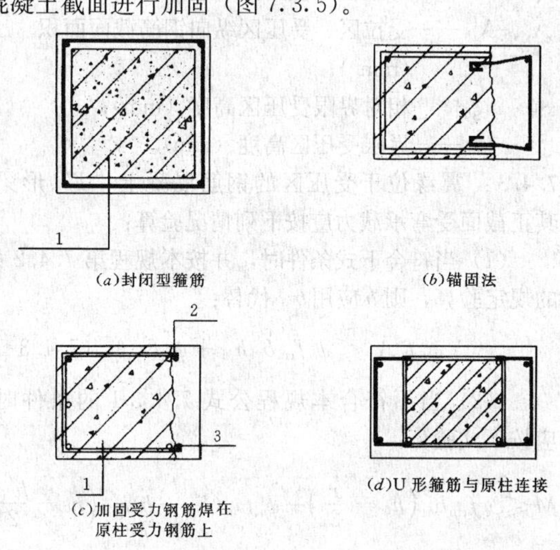

图 7.3.5　加固钢筋与构件钢筋的连接

1—原柱；2—连接短筋；3—加固筋

7.3.6 湿式外包钢混凝土柱（图 7.3.6-1、7.3.6-2），应按下列公式验算：

（1）截面刚度（EI）

$$EI = E_c I_c + 0.5 E_a A'_a a^2 \qquad (7.3.6\text{-}1)$$

式中 E_c、I_c——分别为原柱混凝土弹性模量(MPa)及原柱截面惯性矩(mm^4)；

E_a——加固型钢弹性模量（MPa）；

A'_a——加固柱一侧外包型钢截面面积（mm^2）；

a——受拉与受压两侧型钢截面形心间的距离（mm）。

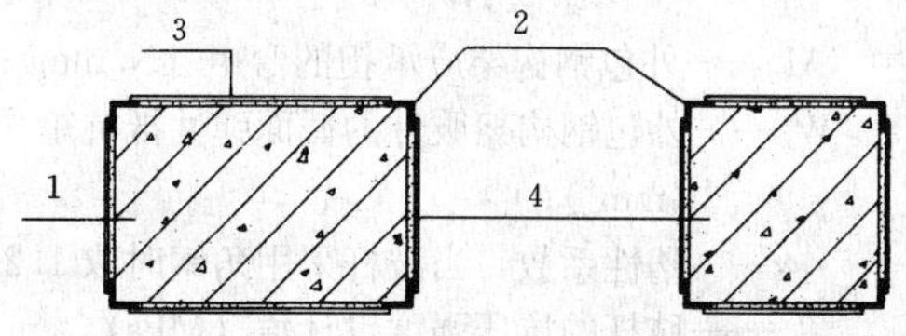

图 7.3.6-1　混凝土柱外角钢加固

1—原混凝土柱；2—角钢；3—缀板；4—填充砂浆

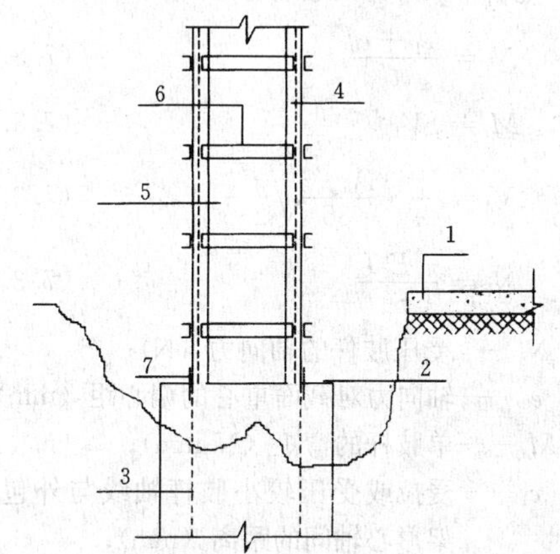

图 7.3.6-2　外角钢加固剖面

1—混凝土地坪；2—基础顶；3—基础钢筋；4—加固型钢；5—混凝土柱；6—缀板；7—焊接

（2）轴心受压柱的承载力

$$N \leqslant \varphi(\Psi_c f_c A_c + \Psi_y f'_y A'_y + f'_a A'_a) \qquad (7.3.6\text{-}2)$$

式中 f'_a——加固型钢的抗压强度设计值（MPa）；

A'_a——加固型钢截面面积（mm^2）。

（3）偏心受压柱的承载力验算应按现行国家标准《混凝土结构设计规范》（GBJ10）的规定执行，其外包钢承载力应乘以强度折减系数 0.9。原柱混凝土和钢筋应按本规程第 7.1.2 和 7.1.3 条的规定分别乘以折减系数 ψ_c 和 ψ_y。

7.3.7 干式外包钢架与原柱所受外力应按下列公式验算，其总承载力为钢架承载力与原混凝土柱承载力之和。外包钢架与原柱所受外力应按其各自的刚度比例进行分配。

（1）外包钢架承担的轴向力

$$N_a = \frac{E_a A_a}{E_a A_a + \alpha E_c A_c} N \qquad (7.3.7\text{-}1)$$

式中 N_a——外包钢构架应承担的轴向力（N）；

E_a、A_a——分别为型钢弹性模量（MPa）和截面面积（mm^2）；

E_c、A_c——分别为混凝土弹性模量（MPa）和截面面积（mm^2）；

α——截面刚度折减系数，取 0.8。

（2）肢杆承载力

$$\frac{N_a}{A_a} \pm \frac{M_a}{\gamma W_a} \leqslant f'_a \quad (7.3.7\text{-}2)$$

式中 M_a——外包钢构架应承担的弯矩（N. mm）；

W_a——外包钢构架肢件的截面弹性抵抗矩（mm^3）；

γ——塑性系数，当肢杆采用角钢时取 1.2；

f'_a——肢杆的抗压强度设计值（MPa）。

（3）单肢杆稳定性

$$\frac{N_1}{\varphi A_1} + \frac{M_1}{\gamma W_1(1-0.8N_1/N_E)} \leqslant f'_a \quad (7.3.7\text{-}3)$$

$$N_1 = \frac{x_1 + e_0}{c} \quad (7.3.7\text{-}4)$$

$$M_1 = SV_1 \quad (7.3.7\text{-}5)$$

$$V_1 = \frac{1}{2} \cdot \frac{A_a f'_a}{85}\sqrt{\frac{f'_y}{235}} \quad (7.3.7\text{-}6)$$

$$N_E = \frac{\pi^2 E_a I_a}{S^2} \quad (7.3.7\text{-}7)$$

式中 N_1——受压肢杆的轴向力（N）；

e_0——轴向力对截面重心的偏心距（mm）；

M_1——单肢杆的弯矩（N. mm）；

x_1——受拉或受压较小肢杆轴线与外包钢构架形心轴间的距离（mm）；

c——拉、压肢杆轴线间的距离（mm）；

S——缀板轴线间的距离（mm）；

V_1——分到每一肢杆上的剪力（N）；

φ——肢杆在弯矩作用平面内的轴心受压稳定系数；

A_1、W_1——分别为单肢压杆的截面面积（mm^2）和截面弹性抵抗矩（mm^3）；

N_E——弯矩作用平面内的欧拉临界力（N）；

I_a——单肢杆对 x 轴或 y 轴的惯性矩（mm^4）。

（4）缀板设计

$$M_2 = V_1 S \quad (7.3.7\text{-}8)$$

式中 M_2——缀板端部弯矩（N. mm）。

7.3.8 混凝土柱表面出现酥松、剥落、裂缝、孔洞、蜂窝等损坏，可采用喷射混凝土修缮。

7.4 梁、板

7.4.1 混凝土梁、板有下列情况之一，必须进行承载力验算：

（1）梁、板挠度大于 $l/150$；

（2）梁、板保护层剥落、钢筋外露、严重锈蚀、截面减少；

（3）梁裂缝宽度超过现行国家标准《混凝土结构设计规范》（GBJ10—89）表 3.3.4 规定的最大裂缝宽度允许值；

（4）简支梁、连续梁端部产生明显裂缝；或跨中部位底面产生横断裂缝，其一侧向上延伸达梁高的 2/3 及其以上；或上面产生多条明显水平裂缝；或连续梁在支座附近产生明显的竖向裂缝；或在支座与集中荷载部位之间产生明显的水平裂缝或斜裂缝；或悬臂梁、板根部产生明显的裂缝；

（5）框架在梁柱节点产生明显的竖向裂缝或斜裂缝、交叉裂缝；

（6）现浇板上面周边产生裂缝或下面产生交叉裂缝；预制板下面产生横向裂缝。

7.4.2 现浇混凝土梁、板的正截面受弯承载力应按下列公式验算：

$$M \leqslant \psi_c f_{cm} bx\left(h_0 - \frac{x}{2}\right) + \psi_y f'_y A'_s (h_0 - a'_s) \quad (7.4.2\text{-}1)$$

式中 h_0——截面有效高度（mm）。

混凝土受压区高度应按下式确定：

$$\psi_c f_{cm} bx = \psi_y f_y A_s - \psi_y f'_y A'_s \quad (7.4.2\text{-}2)$$

混凝土受压区的高度尚应符合下列公式的要求：

$$x \leqslant \zeta_b h_0 \quad (7.4.2\text{-}3)$$

$$x \geqslant 2a'_s \quad (7.4.2\text{-}4)$$

$$\zeta_b = \frac{x_b}{h_0} \quad (7.4.2\text{-}5)$$

式中 M——弯距设计值（N. mm）；

A_s、A'_s——受拉区、受压区纵向钢筋截面面积（mm^2）；

ζ_b——相对界限受压区高度（mm）；

x_b——界限受压区高度（mm）。

7.4.3 翼缘位于受压区的钢筋混凝土“T”形梁，其正截面受弯承载力应按下列情况验算：

（1）当符合下式条件时，并按本规程第 7.4.2 条的规定验算，则 b 应用 b'_f 代替：

$$\psi_y f_y A_s \leqslant \psi_c f_{cm} b'_f h'_f + \psi_y f'_y A'_s \quad (7.4.3\text{-}1)$$

（2）当不符合本规程公式 7.4.3-1 的条件时，应按下式验算：

$$M \leqslant \psi_c f_{cm} bx\left(h_0 - \frac{x}{2}\right) + \psi_c f_{cm}(b'_f - b)h'_f\left(h_0 - \frac{h'_f}{2}\right) + \psi_y f'_y A'_s (h_0 - a'_s) \quad (7.4.3\text{-}2)$$

（3）混凝土受压区高度应按下式确定：

$$\psi_c f_{cm}[bx + (b'_f - b)h'_f] = \psi_y f_y A_s - \psi_y f'_y A'_s \quad (7.4.3\text{-}3)$$

式中 h'_f——“T”形截面受压区的翼缘高度（mm）；

b'_f——“T”形截面受压区的翼缘宽度（mm），其数值应按现行国家标准《混凝土结构设计规范》（GBJ10—89）第 4.1.7 条采用。

7.4.4 钢筋混凝土板损坏，可采用增加板的混凝土厚度进行加固，并应符合下列要求：

(1) 在钢筋混凝土板上部采取加大截面进行分离式加固时（图 7.4.4-1），其正截面承载力应按新旧混凝土板叠加方法计算，其分配系数应按本规程公式 7.1.4-1 和公式 7.1.4-2 验算，其正截面承载力应按本规程公式 7.4.2-1 验算；

(2) 在钢筋混凝土板上部采取加大截面进行整体式加固时（图 7.4.4-2），其正截面承载力应按叠合式受弯构件计算。

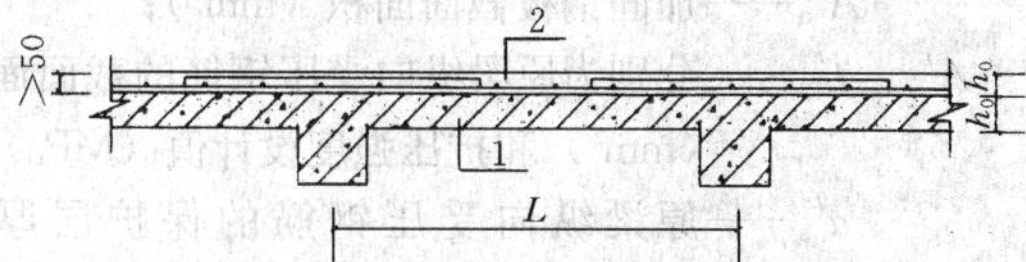

图 7.4.4-1　钢筋混凝土板分离式加固

1—原钢筋混凝土；2—新浇钢筋混凝土

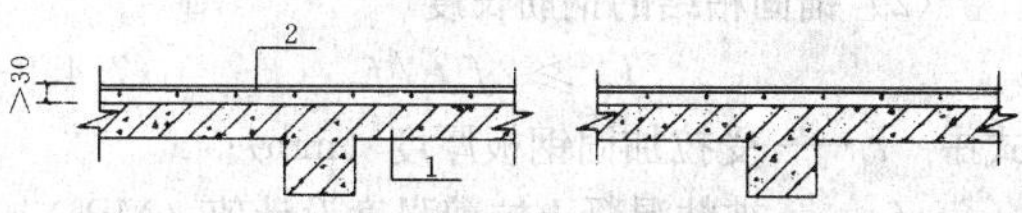

图 7.4.4-2　钢筋混凝土板整体式加固

1—原钢筋混凝土；2—新浇钢筋混凝土

7.4.5　混凝土梁强度不足，可采用湿式外包型钢或增加钢筋进行加固（图 7.4.5-1、图 7.4.5-2），其增加型钢或钢筋应按下列公式验算：

$$f_{cm}bx = f_y A_s + 0.9 f_{y1} A_{s1} \quad (7.4.5\text{-}1)$$

$$M_u = f_{cm}bx\left(h_{01} - \frac{x}{2}\right) \quad (7.4.5\text{-}2)$$

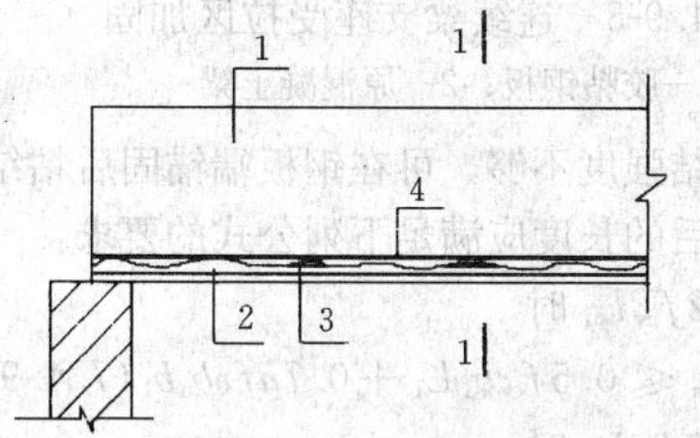

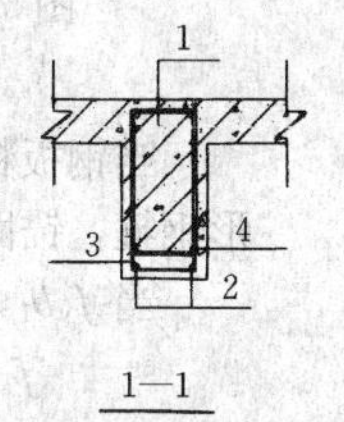

图 7.4.5-1　增补钢筋

1—混凝土梁；2—新补钢筋；3—焊接短钢；4—原受力钢筋

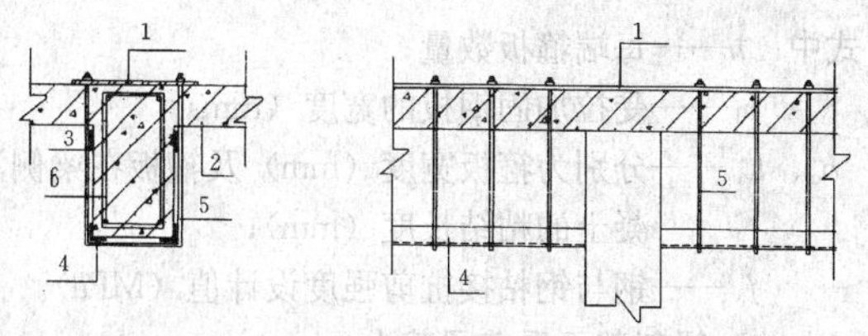

图 7.4.5-2　外包型钢加固

1—铁板；2—混凝土；3—扁钢；4—角钢；5—U 形螺栓；6—原受力钢筋

式中　h_{01}——加固后截面的有效高度（mm），即原筋和增补筋的合力点至受压边缘间的距离。当增补筋面积不很大时，可近似用原梁的有效截面高度 h_0 替代；

M_u——加固梁上截面受弯承载力设计值(N·mm)。

钢筋应力验算：

$$\sigma_s = \sigma_{s1} + \sigma_{s2} \leqslant 0.8 f_y \quad (7.4.5\text{-}3)$$

$$\sigma_{s1} = \frac{M_{1k}}{0.87 A_s h_0} \quad (7.4.5\text{-}4)$$

$$\sigma_{s2} = \frac{M_{2k}}{0.87(A_s + A_{s1}) h_{01}} \quad (7.4.5\text{-}5)$$

式中　σ_{s1}——外荷载标准值产生的标准弯矩 M_{1k} 引起的钢筋应力（MPa）；

σ_{s2}——加固后，外荷载标准值产生的标准弯矩 M_{2k} 引起的钢筋应力（MPa）；

M_{1k}——外荷载标准值产生的标准弯矩（N.mm）；

M_{2k}——加固后，外荷载标准值产生的标准弯矩（N.mm）。

7.4.6　现浇混凝土梁支座抗弯承载力不足时，可在上部新加钢筋进行加固（图 7.4.6）；其正截面承载力验算应按本规程第 7.4.2 和 7.4.3 条的规定执行。

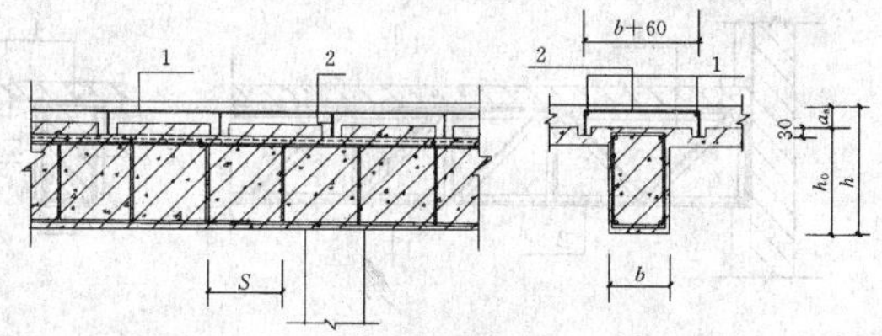

图 7.4.6　梁上部新加钢筋加固

1—新加负筋；2—新加箍筋

7.4.7　钢筋混凝土梁抗弯、抗剪承载力均不足时，可在梁四面用钢筋混凝土围套加固（图 7.4.7）；其正截面承载力的验算应按本规程第 7.4.2 和 7.4.3 条的规定执行；其斜截面受剪承载力应按下列公式验算：

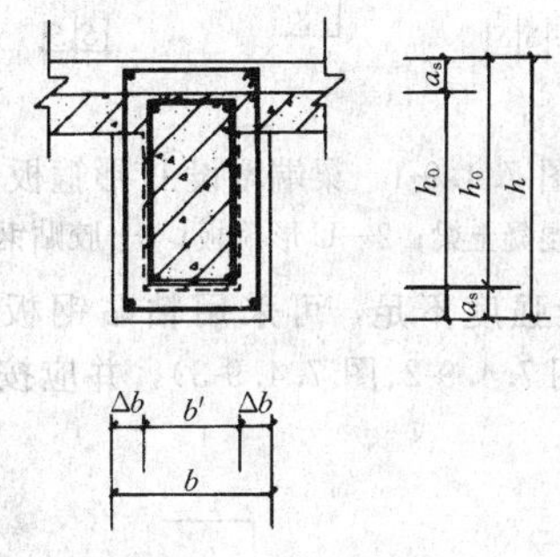

图 7.4.7　梁四面围套加固

梁仅配有箍筋时

$$V = V_{cs} \leqslant 0.07\psi_c f_c b h_0 + 1.5\psi_y f_{yv} \frac{A_{sv}}{s} h_0 \quad (7.4.7\text{-}1)$$

式中　V——构件斜截面上的最大剪力设计值（N）；

V_{cs}——构件斜截面上混凝土和箍筋的受剪承载力设计值（N）；

A_{sv}——同一截面内箍筋的全部截面面积(mm^2)；

s——沿构件长度方向箍筋的间距（mm）；

f_{yv}——箍筋抗拉强度设计值（MPa），应按现行国家标准《混凝土结构设计规范》(GBJ10—89）表 2.2.3-1 和表 2.2.3-2 执行。

梁配有箍筋和弯起钢筋时

$$V \leqslant V_{cs} + 0.8\psi_y f_y A_{sb} \sin a_s \quad (7.4.7\text{-}2)$$

式中 V——在配置弯起钢筋处的剪力设计值（N），应按现行国家标准《混凝土结构设计规范》(GBJ10—89）第 4.2.5 条执行；

A_{sb}——同一弯起平面内弯起钢筋的截面面积(mm^2)；

a_s——斜截面上弯起钢筋的切线与构件纵向轴线的夹角。

7.4.8 梁的抗弯、抗剪承载力不足，在高度有限制的情况下，可用钢围套加固（图 7.4.8)，其钢桁架的验算应按现行国家标准《钢结构设计规范》(GBJ17）的规定执行。

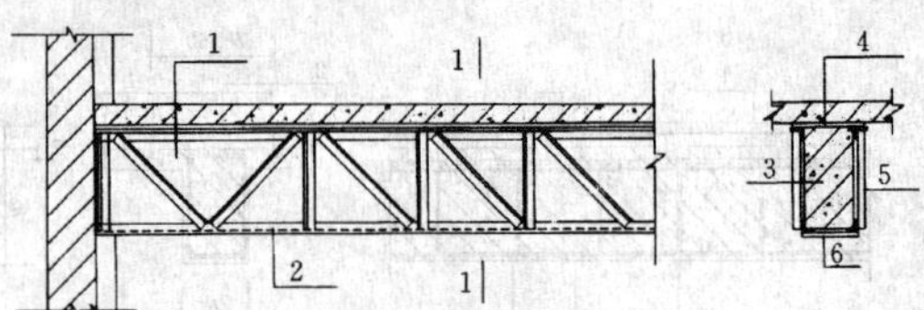

图 7.4.8 钢围套加固

1—原钢筋混凝土梁；2—新设型钢桁架；3—原有梁；4—上弦缀板；5—腹杆角钢；6—下弦缀板

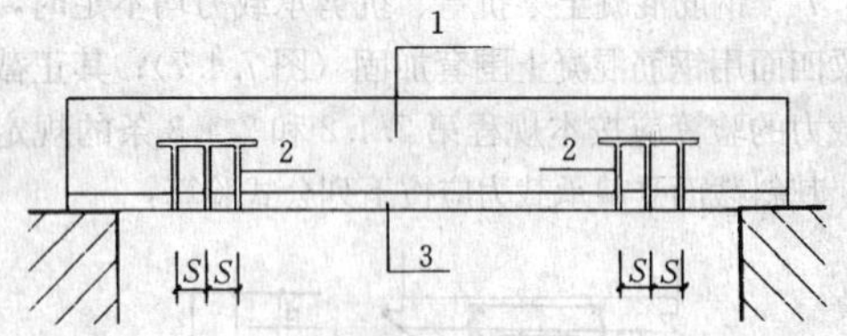

图 7.4.9-1 梁端增设 U 形箍板

1—混凝土梁；2—U 形箍板；3—胶贴钢板

7.4.9 梁强度不足，可采用粘贴钢板加固（图 7.4.9-1、图 7.4.9-2、图 7.4.9-3)，并应按下列公式验算：

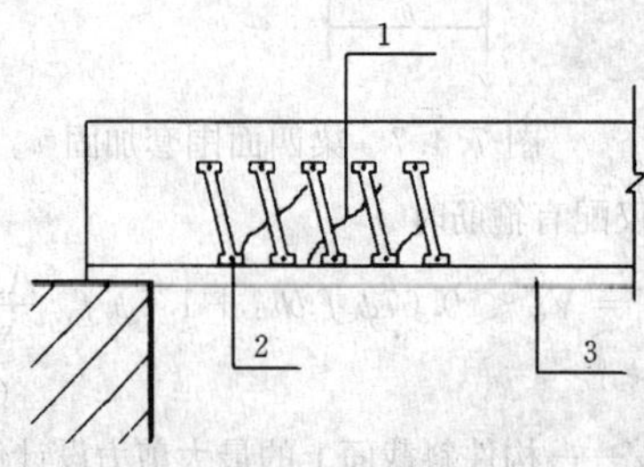

图 7.4.9-2 受剪箍板加固

1—裂缝；2—膨胀螺栓；3—带状钢板

(1) 承载力

$$f_{cm}bx = f_y A_s + 0.9 f_a A'_a - f'_y A'_s \quad (7.4.9\text{-}1)$$

$$M_u = f_{cm}bx\left(h_{01} - \frac{x}{2}\right) + f'_y A'_s(h_{01} - a'_s) \quad (7.4.9\text{-}2)$$

$$(f_y A_s + 0.9 f_a A_a - f'_y A'_s = f_{cm}bx) \quad (7.4.9\text{-}3)$$

式中 f_a——加固钢板抗拉强度设计值（MPa）；

A'_a——加固钢板截面面积（mm^2）；

A'_s、f'_y——分别为原梁纵向受压钢筋的截面面积（mm^2）和抗压强度设计值（MPa）；

a'_s——原梁纵向受压钢筋的保护层厚度（mm）；

x——混凝土受压区高度（mm）。

(2) 锚固粘结的钢筋长度

$$L_1 \geqslant 2 f_a t_a / f_{cv} \quad (7.4.9\text{-}4)$$

式中 t_a——受拉加固钢板厚度（mm）；

f_{cv}——被粘混凝土抗剪强度设计值（MPa）。

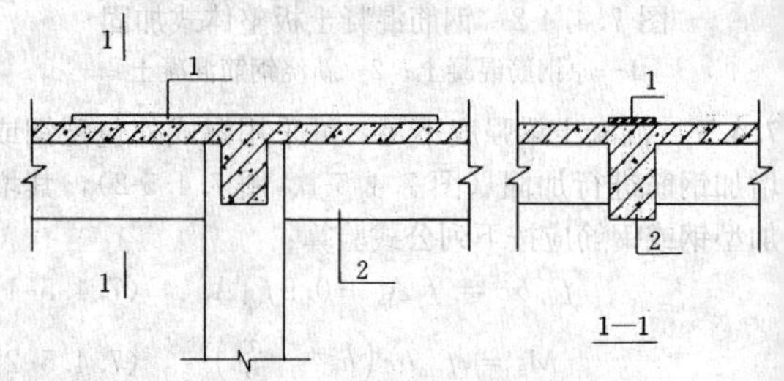

图 7.4.9-3 连续梁支座受拉区加固

1—胶粘钢板；2—原混凝土梁

当钢板粘结强度不够，可在钢板端锚固后粘结 U 形钢箍，锚固后的长度应满足下列公式的要求：

当 $f_v b_1 \leqslant 2 f_{cv} L_u$ 时

$$f_a A_a \leqslant 0.5 f_{cv} b_1 L_1 + 0.7 n f_v b_u b_1 \quad (7.4.9\text{-}5)$$

当 $f_v b_1 > 2 f_{cv} L_u$ 时

$$f_a A_s \leqslant (0.5 b_1 L_1 + n b_u L_u) f_{cv} \quad (7.4.9\text{-}6)$$

式中 n——每端箍板数量；

b_1——受拉加固钢板的宽度（mm）；

b_u、L_u——分别为箍板宽度（mm）及箍板在梁侧混凝土的粘结长度（mm）；

f_v——钢与钢粘接抗剪强度设计值（MPa）。

(3) 梁斜截面受剪承载力

$$V \leqslant V_{cs} + 2 f_a A_{a1} L_u / S \quad (7.4.9\text{-}7)$$

同时，必须满足下式的条件：

$$\frac{L_u}{S} \geqslant 1.5 \quad (7.4.9\text{-}8)$$

式中 V——斜截面受剪承载力设计值（N）；

V_{cs}——构件斜截面受剪承载力设计值（N）；

A_{a1}——单肢箍板截面面积（mm^2）；

S——箍板轴线间的距离（mm）。

（4）受弯梁正截面受压区

$$f_{cm}bx = f_y A_s - f'_y A'_s - 0.9 f'_a A'_a \quad (7.4.9\text{-}9)$$

$$M_u = f_{cm}bx\left(h_0 - \frac{x}{2}\right) + f'_y A'_s (h_0 - a'_s) + 0.9 f'_a A'_a \left(h_0 - \frac{b_1}{2}\right) \quad (7.4.9\text{-}10)$$

式中 f'_a——加固钢板抗压强度设计值（MPa）；

A'_a——加固钢板截面面积（mm^2）。

（5）连续梁支座受拉区加固，应按本条上述各规定计算。

7.5 构造要求

7.5.1 混凝土构件修缮时，应将混凝土保护层凿毛，露出主钢筋，冲洗干净，表面应涂刷水泥浆。原钢筋与新钢筋应焊接牢固后再灌浇新混凝土。

7.5.2 混凝土柱加固应符合下列要求：

（1）混凝土柱加固的厚度不应小于60mm，喷射混凝土厚度不应小于50mm，石子直径不应大于20mm，混凝土强度等级不应小于C30；

（2）加固纵向钢筋，宜用螺纹钢筋，直径应为14～25mm，箍筋不应小于8mm；

（3）新增纵向钢筋与原纵向钢筋间的净距不应小于20mm，并用短筋焊接牢固，短筋间距不应大于500mm，直径不应小于20mm，长度不应小于100mm，并设置封闭式箍筋或U形箍筋；

（4）柱的纵向钢筋下端应锚入基础（图7.5.2），锚固长度不应小于25d，上部应穿过楼板与上柱锚固；

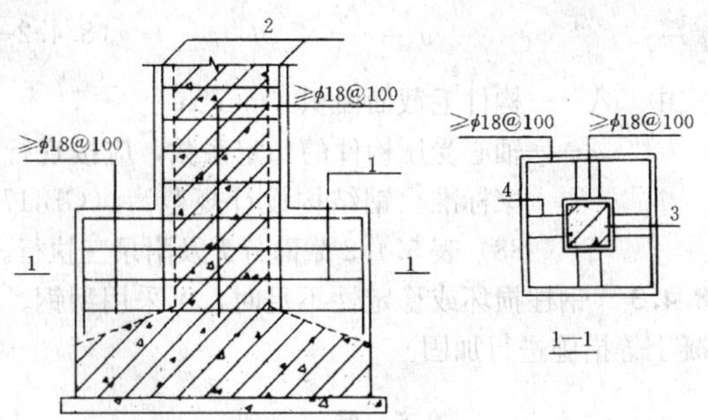

图7.5.2 新加柱钢筋下端锚入基础

1—12口筋；2—新加柱套钢筋；3—原有柱子；4—12口筋 ϕ12

（5）采用角钢加固时，其角钢厚度应为5～8mm，角钢边长不应小于7.5mm，扁钢截面不应小于25mm×3mm；角钢与扁钢应焊接牢固，角钢两端应有可靠的锚固。采用外包混凝土厚度不应小于50mm。

7.5.3 混凝土板的加固混凝土厚度不应小于30mm，钢筋直径宜为6～8mm。

7.5.4 混凝土梁加固应符合下列要求：

（1）加固的受力钢筋宜采用螺纹钢筋，直径应为12～25mm，并采用封闭式或U型的箍筋，其直径不应小于8mm；

（2）加固的纵向钢筋与原纵向钢筋的净间距不应小于20mm，焊接用短钢筋直径不应小于20mm，长度不应小于120mm，短筋间距不应大于500mm，箍筋直径应为6～8mm，间距不应小于原箍筋的间距；

（3）梁加固的纵向钢筋与柱纵向钢筋应焊接牢固，并应直接焊在柱的纵向钢筋上；加固纵向钢筋应伸入支座两端，并不应少于120mm（图7.5.4）。

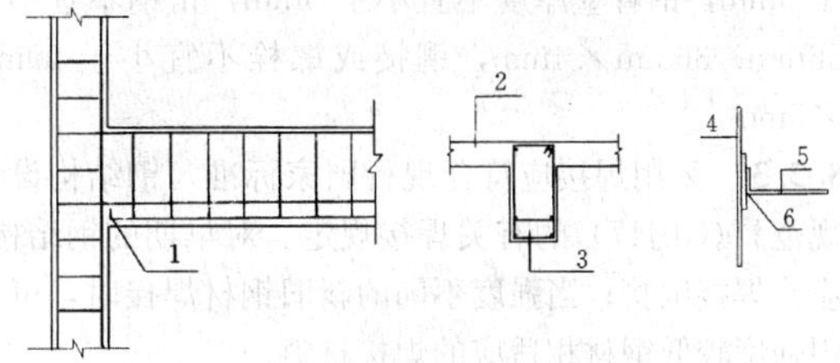

图7.5.4 纵向钢筋焊接加固

1—柱上钢板与梁新增钢筋焊接处；2—原混凝土；3—新混凝土；4—原柱主钢筋；5—新增主钢筋；6—钢板焊接处

7.5.5 粘钢加固应符合下列要求：

（1）混凝土强度等级不得小于C15；

（2）粘钢钢板厚度宜为2～6mm；

（3）钢板表面抹浆厚度不应小于20mm；

（4）粘钢加固必须采用高强耐久性好的粘结剂。在受压区采用侧向粘钢加固时，其钢板宽度不应大于梁高1/3；受拉区，不应大于1000mm。粘钢在加固点外的锚固长度在受拉区不应小于钢板厚度的80δ，且不应小于300mm；在受压区不应小于60δ，且不应小于250mm；

（5）钢板及其邻近交接处的混凝土表面应进行密封、防水、防腐处理。

8 钢结构

8.1 一般规定

8.1.1 钢结构房屋修缮时，应查明下列情况：

（1）梁、柱、檩条等变形、位移、挠曲程度；

（2）构件锈蚀程度；

（3）结构各节点焊接牢固程度；

（4）屋架等构件支承长度和稳定性不足等情况。

8.1.2 损坏严重的钢结构房屋修缮时，应对原有钢材进行取样试验，重新确定其设计强度。

8.1.3 修换或加固钢构件验算钢材的强度设计值，应符合现行国家标准《钢结构设计规范》（GBJ17—88）第三章第二节“设计指标”中有关规定。

8.1.4 旧钢构件的截面净面积应以完好部分进行计算。

8.1.5 旧钢材强度设计值应视构件的部位、保养情况和使用条件等进行综合分析，分别以折减系数 ψ 值进行折减：构件取 0.80～0.90；铆接件取 0.80～0.90；单面连接构件取 0.75。

8.2 材 料

8.2.1 钢构件修换或加固宜采用Ⅰ级钢材。

8.2.2 钢构件修换或加固，采用的钢板厚度不宜小于 3mm，钢管壁厚度不宜小于 3mm，角钢不宜小于 56mm×36mm×4mm，铆接或螺栓不宜小于 50mm×5mm。

8.2.3 采用焊接应符合现行国家标准《钢结构设计规范》(GBJ17) 的有关焊接规定。对早期的钢结构，应作焊接试验；当强度不同的新旧钢材焊接时，可采用强度较低钢材相适应的焊接材料。

8.2.4 采用铆接或螺栓时，接头的一端铆钉或螺栓数不应少于两个。

8.3 梁、搁栅、檩条

8.3.1 梁、檩条有下列情况之一，必须进行承载力验算：

(1) 梁或檩条表面锈蚀深度大于 1/5 的厚度；

(2) 梁出现侧向位移或挠曲；

(3) 梁焊缝局部开裂或螺栓、铆钉个别断裂、松动。

8.3.2 受弯构件的抗弯强度应按下式验算：

$$\frac{M_x}{\gamma_x W_{nx}}+\frac{M_y}{\gamma_y W_{ny}}\leqslant \psi f \qquad (8.3.2)$$

式中 M_x、M_y——绕 X 轴和 Y 轴的弯距 (N·mm) (对工字形截面：X 轴为强轴，Y 轴为弱轴)；

ψ——折减系数，应按本规程第 8.1.5 条的规定采用；

γ_x、γ_y——对 x 轴和 y 轴截面塑性发展系数，应按现行国家标准《钢结构设计规范》(GBJ17—88) 第 4.1.1 条执行；

W_{nx}、W_{ny}——对 X 轴和 Y 轴的净截面抵抗距 (mm^3)；

f——钢材的抗弯强度设计值 (MPa)。

8.3.3 受弯构件的抗剪强度 τ 应按下式验算：

$$\tau=\frac{VS}{It_w}\leqslant \psi f_v \qquad (8.3.3)$$

式中 τ——剪应力 (MPa)；

V——计算截面沿腹板平面作用的剪力 (N)；

S——计算剪应力处以上毛截面对中和轴的面积矩 (mm^3)；

I——毛截面惯性矩 (mm^4)；

t_w——腹板厚度 (mm)；

f_v——钢材的抗剪强度设计值 (MPa)。

8.3.4 受弯构件的整体稳定性应按下式验算：

$$\frac{M_x}{\varphi_b W_x}\leqslant \psi f \qquad (8.3.4)$$

式中 M_x——绕强轴作用的最大弯矩 (N·mm)；

φ_b——整体稳定性系数，应按现行国家标准《钢结构设计规范》(GBJ17—88) 附录一执行；

W_x——整体截面毛截面的抵抗矩 (mm^3)。

8.3.5 钢梁强度或稳定性不足时，可采用增设型钢、组合梁和支撑、系杆等措施进行加固。

8.4 柱

8.4.1 钢柱有下列情况之一，必须进行承载力验算：

(1) 柱身倾斜、位移；

(2) 钢材锈蚀深度超过 1/5 的厚度，或柱脚严重锈蚀；

(3) 柱与梁或屋架搁置点位移变形；

(4) 钢柱变形、柱身弯曲、联接件松动或焊缝裂开。

8.4.2 钢柱轴心受压或受拉应按下列公式验算：

(1) 强度

$$\sigma=\frac{N}{A_n}\leqslant \psi f \qquad (8.4.2\text{-}1)$$

式中 σ——正应力 (MPa)；

N——轴心拉力或轴心压力 (N)；

A_n——构件净截面面积 (mm^2)。

(2) 稳定性

$$\sigma=\frac{N}{\varphi A}\leqslant \psi f \qquad (8.4.2\text{-}2)$$

式中 A——构件毛截面面积 (mm^2)；

φ——轴心受压构件的稳定系数，应按现行国家标准《钢结构设计规范》(GBJ17—88) 表 5.1.2 截面分类及附录三执行。

8.4.3 钢柱损坏或稳定性不足时，可采用型钢、混凝土等措施进行加固。

8.5 屋 架

8.5.1 屋架有下列情况之一，必须进行承载力验算：

(1) 屋架侧向倾斜，其倾斜量超过屋架高度的 4/100；

(2) 上下弦弯曲变形；

(3) 上下弦钢材严重锈蚀，使有效截面面积减少达 1/5 及其以上；

(4) 焊缝局部断裂或铆钉螺栓松动局部断裂，杆件松动失效。

8.5.2 屋架强度、稳定性不足，或产生倾斜时，可采用增设型钢，加固弦杆、支撑、系杆和纠偏等措施进行加固。

8.6 钢构件焊接和螺栓连接

8.6.1 螺栓或铆钉松动、折断或焊接开裂，均应修缮、换新、加固或加焊。

8.6.2 钢材焊接时，应采用相应的焊条；薄壁轻型构件焊接时，应采用直径较小的焊条。

8.6.3 连接计算应按现行国家标准《钢结构设计规范》（GBJ17-88）第七章中有关规定执行。

8.6.4 旧构件焊缝验算，应扣除开裂、气孔等部分，以有效的净焊缝长作为焊缝长度（l_w）计算；断裂、弯偏、松动、歪斜的铆钉或螺栓验算时，应剔除损坏部分，以有效的截面作为连接计算依据，并应符合本规程第 8.1.5 条的规定，取系数 ψ 折减。

8.7 钢构件保养

8.7.1 钢构件修缮后应除锈，并刷防锈漆。

8.7.2 采用混凝土或砂浆做保护层时，内层的钢构件应刷防锈漆。

8.7.3 采用混凝土或砂浆做保护层时，应采用不小于直径 4mm 钢筋或钢丝网作为拉结筋。

9 房屋修漏

9.1 一般规定

9.1.1 本章适用于屋面、外墙及地下室渗漏的查勘与设计。

9.1.2 房屋修漏应根据渗漏情况、部位和使用要求等查明原因，制定有效的修缮方案。

9.1.3 房屋修漏应同时检查其结构、基层和保温层的牢固、平整等情况，凡有缺陷，应先补强后修漏。

9.1.4 房屋修漏的设计和施工，应符合现行国家标准《屋面工程技术规范》（GB50207）、《房屋渗漏修缮技术规程》（CJJ62）和《地下防水工程施工及验收规范》（GBJ208）的规定。

9.2 材料

9.2.1 坡屋面修漏时应利用原有的平瓦和小青瓦。

9.2.2 房屋修漏采用的油毡不应低于 350 号，硅酸盐水泥标号不应低于 325 号，钢筋不应低于Ⅰ级钢，镀锌薄板厚度不应小于 0.44mm。

9.2.3 防水卷材、防水涂料和密封材料应具有良好的弹塑性、粘结性、抗渗透及耐腐蚀的性能。

9.2.4 各种防水材料使用前应对其技术性能进行复测，不得使用质量不合格的防水材料。

9.3 屋面

9.3.1 坡屋面渗漏修缮，可采取下列措施：

（1）平瓦、小青瓦屋面少量渗漏，可局部检修。渗漏或损坏严重时（包括屋脊、压顶、泛水、气窗等），应予翻修；

（2）冷摊瓦、石棉瓦或白铁屋面修缮时，应增设屋面板及油毡层；

（3）屋面坡度小于 26 度时，应铺设油毡防水层。屋面坡度大于 45 度时，或风力较大的地区，应用铜丝将瓦片与挂瓦条绑扎牢固。

9.3.2 柔性防水层屋面渗漏修缮，可采取下列措施：

（1）混凝土屋面渗漏，应根据房屋结构、防水等级和使用要求等，采用卷材或涂膜防水法修缮；

（2）混凝土屋面修缮时，应对基层起砂、空鼓、酥松等部分清除干净，并修补平整、牢固；

（3）采用卷材或涂膜防水法修缮混凝土屋面时，应对天沟、檐口、女儿墙、山墙、落水洞口、阴阳角（转角）、管道、烟囱等处的防水层同时修复；

（4）混凝土平屋面基层裂缝，可采用聚氯乙烯、聚氨脂、氯丁水泥等材料进行填嵌密封；

（5）混凝土屋面渗漏，应做到排水畅通，屋面坡度不应小于 2%，落水洞口坡度不应小于 5%，并呈凹坑；

（6）原有卷材、涂膜防水层有起鼓、褶皱、脱空、龟裂、张口等局部损坏，可采取切割、钻眼或挖补等法修补；

（7）涂膜防水层的最小厚度：沥青不应小于 8mm，高聚物改性沥青不应小于 3mm，合成高分子不应小于 2mm，均应分遍涂刷；

（8）对有隔热层的防水层，应按有关规定设置排气孔。

9.3.3 刚性防水层屋面渗漏修缮，可采取下列措施：

（1）原刚性防水层屋面或混凝土平屋面严重渗漏，在结构承载力许可情况下，可采用浇捣钢筋混凝土或钢丝网混凝土等刚性材料修缮；

（2）重铺刚性防水层前，应将基层起砂、起鼓、脱空、酥松等部分清除干净，并用水泥砂浆修补平整。防水层混凝土强度等级不应低于 C30，厚度不应小于 40mm，钢筋不应低于Ⅰ级，钢筋直径不应小于 4mm，间距不应大于 200mm 的双向钢筋；

（3）重铺刚性防水层，应设分格缝，其间距不应大于 6m，分格缝应用柔性防水膏嵌实；

（4）刚性防水层局部裂缝和女儿墙、山墙、檐沟、天沟、管道等处渗漏，可采用填嵌柔性防水膏、铺贴防水卷材或防水涂膜等方法修缮。

9.4 外墙面

9.4.1 外墙面渗漏修缮，可采取下列措施：

（1）外墙面大面积渗水，可采用无色透明的抗水剂等材料涂刷，修后外墙色泽应与原外墙协调一致；

（2）外墙面局部渗水，可采用表面涂刷防水胶或合成高分子防水涂料修缮；

（3）外墙面裂缝，可采用与墙面同色的合成高分子材料或密封材料嵌填，做到粘牢、密封；

（4）门窗框渗漏，可将渗漏处凿开并用密封材料嵌填；

（5）新旧建筑物外墙接缝处渗水,可采用防水胶水泥嵌缝修缮。

9.4.2 砖砌体防潮层渗水，可采用掏砌原防潮层的砖墙，重铺油毡沥青防潮层，或采用高压注浆方法修缮。

9.5 地 下 室

9.5.1 结构性裂缝渗漏，应在结构稳定后修缮。

9.5.2 地下室渗漏修缮，可采取下列措施：

（1）水压较大的裂缝，可采用埋管导引或灌浆堵漏，或用水泥胶浆等速凝材料直接（分段）堵漏；

（2）水压较小的裂缝，可采用速凝材料直接堵漏；

（3）混凝土蜂窝、麻面，孔洞较小，水压不大，可采用速凝材料堵漏；孔洞较大，水压较大，可采用埋管导引法堵漏。

9.5.3 修漏用的防水混凝土抗渗等级应高于原设计的要求，其配合比应通过试验确定。

10 房屋装饰

10.1 一 般 规 定

10.1.1 房屋装饰的修缮应符合经济、美观和满足使用功能的要求。

10.1.2 房屋原有装饰完好部分应充分利用。室外装饰的修缮，其形式、用料、色泽应与周围环境相协调。

10.1.3 在查勘各种装饰损坏时，应同时检查其基层的牢固程度，在不能满足要求时应予加固。

10.1.4 房屋装饰不得损坏原有房屋结构，当需改变结构时必须进行验算。

10.1.5 房屋装饰的修缮应符合现行国家标准《建筑设计防火规范》(GBJ16）的有关规定。

10.1.6 房屋装饰工程的饰面修缮应符合现行行业标准《建筑装饰工程施工及验收规范》(JGJ73）的有关规定。

10.2 材 料

10.2.1 木门窗修缮宜用木质较好的材料，其含水率不得大于15％。

10.2.2 钢门窗修缮的钢材宜用Ⅰ级钢。

10.2.3 抹灰用的材料不得使用熟化时间少于15d的石灰膏，并不得含有未熟化的颗粒和其他杂物。

10.2.4 胶合硬木地板可采用专用胶粘剂。

10.2.5 油漆、涂料和各类壁纸等应选择有省、市级以上批准认可的合格证明材料。

10.3 门 窗

10.3.1 木门窗翘曲、变形、开关不灵等修缮，可采取下列措施：

（1）木门窗扇翘曲、变形，可采用硬木楔或竹楔进行樽校平正；

（2）木门窗樘子松动，可增加预埋木砖（50mm×20mm×200mm）固定。

10.3.2 木门窗扇腐朽修缮，可采取下列措施：

（1）木门窗扇上下冒头、梃、芯腐朽，可进行“接梃换冒”局部拆换（图10.3.2-1、图10.3.2-2、图10.3.2-3）；

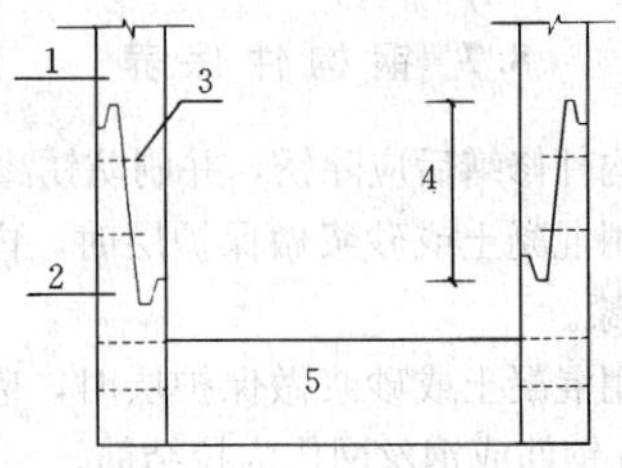

图10.3.2-1 双面接梃换冒
1—旧梃；2—新梃；3—木螺丝；4—梃连接有效长度；5—新换冒头

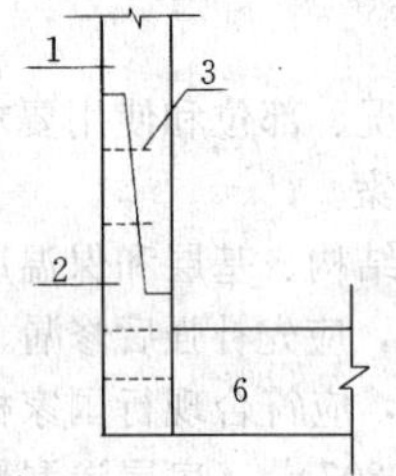

图10.3.2-2 斜接法
1—旧梃；2—新梃；3—木螺丝；6—冒头

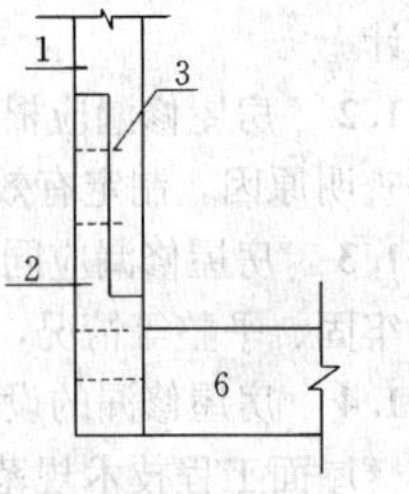

图10.3.2-3 半接法
1—旧梃；2—新梃；3—木螺丝；6—冒头

（2）木门窗扇上下冒榫头折断，可采用“铁曲尺”加固联结；腐朽严重时，可全部换新；

（3）木门窗樘子腐朽，可采用局部修接樘子脚，或拆换木樘子上下槛。

10.3.3 木门窗渗水，可采取硅胶密封剂涂刷，加钉盖缝条、披水板、拖水冒头，樘子下槛做出水槽、出水洞，或内开窗改为外开窗等措施进行修缮。

10.3.4 钢门窗变形、开关不灵、锈蚀、渗水等修缮，可采取下列措施：

（1）钢门窗内外框翘曲、变形，可予校正，使内外框垂直、平正；

（2）钢门窗内外框锈蚀，可采用同规格型号的新料局部拆换，并焊接牢固；

（3）钢门窗渗水，可采取硅胶密封剂涂刷，增加上披水、天盘做滴水漕，或钢门窗下槛钻出水孔等措施进行修缮。

10.3.5 铝合金等新型材料的门窗损坏，应按原样修复。

10.4 楼 地 面

10.4.1 楼地面垫层出现起壳、碎裂等损坏，可采用局部修补，其垫层厚度应与原垫层相同，但楼地面垫层最小厚度不得小于本规程表 10.4.1 的规定。

楼地面垫层最小厚度（mm） 表 10.4.1

名称	灰土垫层	砂垫层	碎（卵）石垫层	碎砖垫层	三合土垫层	混凝土垫层
最小厚度	100.00	60.00	60.00	100.00	100.00	60.00

10.4.2 楼地面面层损坏，可采用局部修补或全部重做，其厚度应与原面层相同，面层混凝土强度等级不应低于 C20。其他水磨石、地砖、马赛克等面层损坏，可采用原规格材料修补。

10.4.3 木楼地板损坏应按原样修缮完整。

10.4.4 木楼地板挠度过大，应检查原因，必要时可增添搁栅或加厚木地板。

10.4.5 硬木小条楼地板和塑料面板，应采用粘结材料与毛地板胶粘牢固。

15.5 抹 灰

10.5.1 室内外抹灰损坏，可按原规格材料和原式样进行修缮，或根据使用和所处环境改用其他材料。

10.5.2 外墙抹灰时，对窗台、窗楣、雨篷、阳台、压顶和突出腰线等的修缮设计，应做流水坡度和滴水处理。

10.5.3 两种不同结构相连接处，其基体表面的抹灰，应在接缝处作防止裂缝处理。

10.6 饰 面 板

10.6.1 饰面板风化、剥落或与刮糙层脱壳等宜根据不同情况，采取下列修缮措施：

（1）墙面及饰面材料开裂，可采用环氧树脂砂浆灌补密实；

（2）饰面材料与刮糙层起壳、脱落可采用环氧树脂螺栓锚固等加固。

10.6.2 用聚合物水泥浆镶贴釉面砖，其配合比应由试验确定。

10.6.3 原有各种花饰局部损坏，可取样制作后重新粘贴完整。

10.7 油漆、刷浆、玻璃

10.7.1 房屋各种装饰的油漆、刷浆有起壳、脱落和房屋各种金属构件有锈蚀等，可分别情况采取全部或局部铲除原油漆，清净底子和除锈后重新油漆或刷浆。

10.7.2 油漆面层数可根据使用情况与房屋等级决定，可做一底二面。

10.7.3 采用裱糊胶粘材料应具有防霉和耐久性能；对经常潮湿的墙体表面裱糊时还应采用具有防水性能的壁纸和胶粘材料。

10.7.4 钢、木门窗玻璃破碎，应根据所处的层高及玻璃面积的大小分别采用 2～5mm 玻璃配全。

11 电 气 照 明

11.1 一 般 规 定

11.1.1 本章适用于室内的照明线路、低压电器、接地故障保护、防雷装置的修缮。

11.1.2 电气照明装置修缮除应符合本规程外，尚应符合现行国家标准《民用建筑电气设计规程》（JGJ/T16)、《建筑防雷设计规范》(GB50057)、《电气装置安装工程施工及验收规范》(GBJ232)、《建筑电气安装工程质量检验评定标准》(GBJ303) 的规定。

11.1.3 电气照明与防雷装置修缮时，应查明下列情况：

（1）原有线路走向、负载容量和电度表容量；

（2）原配电系统的接地故障保护型式和接地系统的接地电阻情况；

（3）原有防雷装置的接地电阻情况。

11.1.4 修缮设计时应绘制配电线路系统图，并应包括下列内容：

（1）配电系统图应注明电源进户位置、进户方式、电度表安装部位、计量方式、容量、线路保护形式和导线敷设方式；

（2）接地平面图应注明接地装置的部位、数量、测试结果；

（3）防雷装置平面图应注明防雷接闪器的型式，防雷引下线的部位、数量、防雷接地装置的形式和测试结果。

11.1.5 修缮时对电流互感器、表具等计量电器的本体不得随意拆改。

11.2 材 料

11.2.1 拆换导线、管材、电器和镀锌钢材等，均应有产品合格证及必要的技术资料。

11.2.2 拆换进户管应采用电工瓷管、阻燃型硬质塑料管、厚壁钢管或镀锌钢管。

11.2.3 拆换室内明（暗）敷电管，除应采用规定的管材外，尚可采用薄壁电管、阻燃型半硬质塑料管。

11.2.4 明敷导线应采用双股、三股塑料护套线、木质槽板或阻燃型塑料槽板。

11.2.5 拆换导线应采用绝缘铜（铝）芯线，其耐压等级应与工作电压相符。

11.2.6 拆换避雷针应采用镀锌圆钢或镀锌钢管。拆换避雷带（网）应采用镀锌扁钢或镀锌圆钢。

11.2.7 拆换室外人工接地装置，水平敷设应采用镀锌扁钢或镀锌圆钢；垂直敷设应采用镀锌角钢、镀锌圆钢或镀锌钢管。

11.3 线路保护装置

11.3.1 线路保护装置有下列情况之一，必须拆换：

（1）国家有关部门明确淘汰的产品；

（2）熔断器的标称额定电流小于线路负载电流；

（3）熔断器接线柱金属导电部分氧化、腐蚀；

（4）熔断器壳或盖断裂、破碎；

（5）总开关容量小于负载装接容量；

（6）总开关接触不良，极面拉弧；

（7）总开关操作机构失灵，不能正常通、断电路；

（8）正常使用超过一个大修周期。

11.3.2 拆换线路保护装置时，应对线路负载进行计算，并检查配电系统的接地故障保护系统形式，使线路保护装置与接地故障保护系统相配合。

11.3.3 原末端配电箱无漏电保护开关的，修缮时应增设漏电保护开关。

11.3.4 安装在不适宜部位的配电箱（板），修缮时应将其移装于干燥、通风、安全及便于维修的部位。

11.4 导线与电管

11.4.1 导线有下列情况之一，必须拆换：

（1）使用不规范的导线；

（2）导线安全载流量小于该导线上负载的电流；

（3）导线绝缘层龟裂或导线裸露等损坏；

（4）导线敷设不规范或有隐患。

11.4.2 导线拆换应符合下列要求：

（1）对负载进行计算，不得出现前小后大的现象；

（2）每一分路宜控制在10～15A；

（3）照明分路与插座分路分开，单独设置回路。

11.4.3 拆换电管内导线，其最小长度不应少于2个接线盒距离，且管内导线不得有接头。

11.4.4 明敷导线拆换长度不应少于2个节点距离(开关至灯位或接线盒至接线盒)。

11.4.5 局部拆换导线，在同一回路中应采用同一种材质导线。

11.4.6 管材及槽板线有下列情况之一，应予拆换：

（1）磁管、塑料电管碎裂；

（2）金属管锈蚀、穿孔致导线裸露，或锈蚀深度大于本规程表11.4.6的规定，或长度大于100mm；

金属管腐蚀深度（mm） 表11.4.6

管径 \ 腐蚀深度 \ 管材	厚壁钢管	镀锌钢管	薄壁钢管
15	2	2	1
20	2	2	1
25	2	2.5	1
32	2	2.5	1
40	2	3	1

（3）管材凹陷，严重变形；

（4）使用不规范管材；

（5）使用在潮湿环境下的明敷电管，正常养护不能维持一个大修周期；

（6）槽板盖板开裂、破损致导线裸露，或开裂长度大于100mm。

11.4.7 管材拆换时其长度不应小于300mm，槽板拆换时其长度不应小于200mm。

11.4.8 照明开关、插座、灯座，有下列情况之一，必须拆换：

（1）外壳破损及带电部分裸露；

（2）开关额定电流小于负载电流；

（3）开关、插座、灯头接触不良，且无法修复；

（4）正常使用超过一个大修周期。

11.4.9 拆换起居室和卧室内插座，应选用二、三极组合插座；厨房和卫生间内应选用防溅式三极插座。

11.4.10 每套住宅内应设置1个以上三极插座。

11.4.11 为配合土建修缮施工而影响到的电气部分应按本章第3和第4两节中有关规定执行。

11.5 防雷与接地装置

11.5.1 避雷带（网）、避雷针锈蚀深度或长度大于本规程表11.5.1的规定，应予拆换。

避雷带（网）、避雷针锈蚀深、长度（mm）

表11.5.1

用途	规格 \ 材料 \ 腐蚀程度	锈蚀深度 镀锌扁钢	圆钢	镀锌钢管	锈蚀长度
避雷带	25×4	2.5	—	—	300
	ϕ3	—	1	—	200
避雷针	20	—	—	2	50
	25	—	—	2	50
	32	—	—	2	50

11.5.2 避雷带（网）、避雷针应按原样和原位置修复。

11.5.3 避雷带（网）拆换长度不应小于 2 个支持点距离。

11.5.4 避雷针拆换长度不应小于 1m。

11.5.5 拆换避雷带（网）（针）的材料应符合本规程第 11.2.6 条的要求。

11.5.6 为配合土建修缮施工而影响的避雷装置，应按原样拆换或修复，并保证其电气连续性。

11.5.7 避雷接地电阻应符合现行国家标准《建筑防雷设计规范》（GB50057）的要求。经实测后不能满足时应增加接地极数量，或增设接地装置。

11.6 接地故障保护

11.6.1 对原接地故障保护系统，在修缮时应按原系统修复，不应随意改动。

11.6.2 对用金属管（水管、电管、煤气管）作 PE 线（接地保护线）的，应改用绝缘导线作 PE 线。改动后的 PE 线宜与相同回路的负荷导线一同敷设，或穿管，或明敷。

11.6.3 相线与相应的 PE 线最小截面应符合本规程表 11.6.3 的要求，但最小截面当有机械保护时应大于或等于 2.5mm²，无机械保护时应大于或等于 4.0mm²。

相线与相应的 PE 线最小截面　表 11.6.3

相线截面 S（mm²）	相应 PE 线最小截面 Sp（mm²）
$S\leqslant16$	$Sp=S$
$S\leqslant35$	$Sp=16$
$S>35$	$Sp=S/2$

注：保护线（PE 线）与相线材料相同时，上表有效。

11.6.4 当原系统采用绝缘导线作 PE 线时应与负荷导线一同敷设，其拆换标准应按本规程第 11.4.1 条的有关规定执行。

11.6.5 原配电系统无接地故障保护的，在修缮时必须设置接地故障保护，并同配电线路保护相适应。新设置的接地故障保护应按现行行业标准《民用建筑电气设计规范》（JGJ/T16）中有关规定执行。

11.6.6 接地故障保护应测试其接地电阻 $R_{地}$。当接地故障保护为 TA-C-S 系统时，$R_{地}\leqslant4\Omega$；为 TT 系统时，接地电阻宜选择 $R_{地}\leqslant1\Omega$。

11.6.7 当实测接地电阻 $R_{地}$ 不能满足时，宜采用就近增设接地极，或按现行行业标准《民用建筑电气设计规范》（JGJ/T16）中有关规定执行。

11.6.8 接地极材料的选用应符合本规程第 11.2.7 条的规定。

12 给水排水和暖通

12.1 一般规定

12.1.1 本章适用于室内给排水管道、卫生洁具、采暖管道和设备，以及通风管道的查勘修缮。

12.1.2 给排水、卫生、采暖和通风工程查勘修缮，除应符合本规程外，尚应符合现行国家标准《建筑给水排水设计规范》（GBJ15）和《采暖与卫生工程施工及验收规范》（GBJ242）的有关规定。

12.1.3 室内给水、排水、采暖、通风管道的修缮查勘与设计，应先分别查清管道走向，出具管道系统图，注明原有管道各管段的管径、长度、配水点种类和额定设计流量等。

12.1.4 消防管道及附件的修缮，应符合现行国家标准《建筑设计防火规范》（GBJ16）的有关规定。

12.2 材　料

12.2.1 给排水、卫生洁具、采暖和通风等设备、管道的材料均应符合国家规定的安全、技术标准。

12.2.2 拆换给水管宜采用镀锌钢管或给水塑料管。当管径大于 80mm 时，可采用给水铸铁管。使用其他材质给水管的化学性能应符合国家规定的卫生要求。

12.2.3 拆换采暖管应采用镀锌钢管、焊接钢管或无缝钢管。

12.2.4 拆换排水管可采用镀锌钢管、排水铸铁管、钢筋水泥管或塑料管等。

12.2.5 给水管、采暖管和排水管的管件应与管材相适应，不得用其他材料的管件代替。

12.2.6 拆换通风管，应采用镀锌钢板或薄钢板。

12.3 给 水 管 道

12.3.1 给水管道有下列情况之一，应全部拆换：

（1）镀锌钢管的摩擦阻力大于本规程图（12.3.1）所示值；

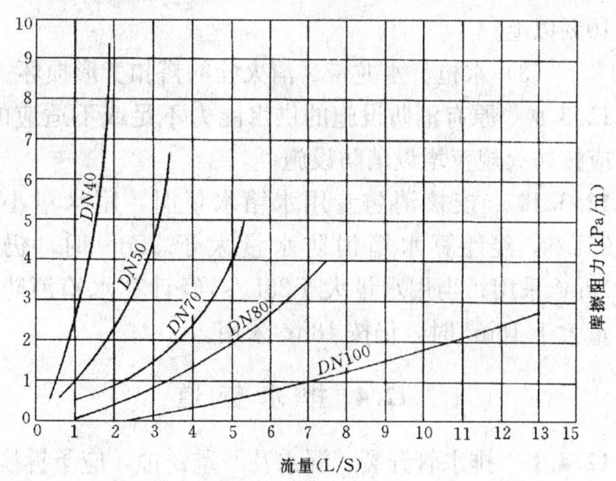

图 12.3.1　镀锌钢管摩擦阻力值

（2）镀锌钢管被腐蚀深度大于本规程表 12.3.1 时，经局部拆换的长度超过总长的 30%；

（3）配水点流量小、压力低，有断水现象，经水力计算后引入口压力不能满足设计流量；

（4）正常养护不能维持一个大修周期；

（5）经破坏性测试检查的管道。

镀锌钢管腐蚀深度　　表 12.3.1

钢管直径（mm）	腐蚀深度（mm）
15～20	1.00
25～32	1.20
40～70	1.30
80～150	1.50

12.3.2　局部拆换管道的立管、干管长度不宜小于 500mm，支管长度不宜小于 300mm。

12.3.3　拆换的给水管道除经水力计算重新确定的管径外，不宜改变原有管道的管径。

12.3.4　过门口的给水管道拆换时，应改线敷设。如不能改线时，应做防结露或保温处理。

12.3.5　埋设的给水管道拆换时，室内管道的埋深：北方地区不得小于 400mm，南方地区应视气候温度情况敷设。室外管道的埋深，不应被地面上车辆损坏，且应在当地冻土层以下，并做防腐处理。

12.3.6　由城市给水管网直接供水的室内给水管道，应在接近用水高峰时测定引入管的压力。当压力值不能使最不利配水点流量达到额定流量 50%时，应根据水力计算结果改变管径，或增设加压设备。

12.3.7　因房屋使用要求增加供水量时，应校核引入管的最大供水量，以及水箱和泵房的容量。

12.3.8　消防箱及设备损坏应予检修，凡有下列情况之一，应予拆换：

（1）消火栓阀杆锈蚀，启用困难；

（2）水龙带霉变、虫蛀穿孔占水龙带总长的 10%以上；

（3）水枪、水龙带、消火栓的搭扣变形损坏。

12.3.9　原有消防设施的供水能力不足或不适应的，应按防火规范增设消防设施。

12.3.10　校核消防专用水箱水量时，用水量小于 25L/s，经计算水箱消防水量大于 $12m^3$ 时，仍按 $12m^3$ 采用；当用水量大于25L/s，经计算水箱消防水量大于 $18m^3$ 时，仍按 $18m^3$ 采用。

12.4　排 水 管 道

12.4.1　排水管开裂、漏水及严重锈蚀，应予拆换。

12.4.2　镀锌钢管、焊接钢管外表面腐蚀深度大于本规程表 12.3.1 所示值时，应予拆换。

12.4.3　支管流量小于本规程表 12.4.3 所示值时，应予拆换。当一根立管有 1/2 以上支管需拆换时，宜拆换该立管上所有支管。

12.4.4　排水立管断面缩小 1/3 及其以上时，应全部拆换。

12.4.5　排水立管局部拆换的长度不宜小于 1.50m；当拆换长度超过立管长度 25%，或立管上有 1/3 以上支管需拆换时，宜将该立管全部拆换。

排水支管最小流量　　表 12.4.3

卫生器具名称	最小流量(L/s)	卫生器具名称	最小流量(L/s)
污　水　盆	0.20	单格洗涤盆	0.40
双格洗涤盆	0.60	大便器(自闭式冲洗阀)	0.90
大便器(高水箱)	0.90	大便器(低水箱)	1.20
大便槽(每樽位)	0.90	小便槽(每米长)	0.03
小便器(手动冲洗阀)	0.03	小便器(自动冲洗阀)	0.10
洗　脸　盆	0.15	浴　盆	0.40

12.4.6　通气管损坏应予检修；凡开裂、腐蚀严重的应予拆换。

12.4.7　通气管不得接入烟道或风道内。

12.4.8　原有排水立管无检查口，应增设检查口，并应符合设计规范规定。

12.4.9　凡拆换过立管的排出管应同时拆换；在排出管和立管的连接处，应有防止堵塞的措施。

12.4.10　增设卫生洁具时，应校核各排水管段的排水流量，其流量不得大于本规程表 12.4.10 的规定。

无专用透气立管的排水立管临界流量值(L/s,)　　表 12.4.10

管　径(mm)	50	75	100	150
立管的临界流量值(管径 50mm)	1.00	2.50	4.50	10.00

12.4.11　铸铁排水管除建筑设计对色调有特殊要求外，均应涂刷沥青一遍。

12.5　卫 生 洁 具

12.5.1　卫生洁具及冲洗水箱的部件损坏，应予检修；凡锈蚀严重、漏水或开关失灵影响正常使用的部件，应予拆换。

12.5.2　根据需要增加大、小便槽樽位长度时，应校核冲洗水箱的容量。

12.5.3　各类钢铁构件、设备均应作防腐处理，锈蚀严重的应予拆换。

12.6　采暖管道、设备

12.6.1　拆换采暖管道，应使用无裂纹、砂眼、重皮和不超过允许的凸瘤、凹面等缺陷的钢管。利用旧管材时，不得使用腐蚀严重、结水垢管径缩小的管子；腐蚀麻面轻微的管子，可安装在明配管网上，不得使用在隐蔽部位。

12.6.2　采暖管道管径小于或等于 32mm 的，应用螺纹连接；管径大于 32mm 的，应用焊接或法兰连接。

12.6.3　蒸汽采暖的凝结水管堵塞面积超过 25%时，应予拆换；疏水器、放汽阀等配件损坏应检修，失灵的应拆换。

12.6.4 校核采暖管道热膨胀量时采用的安装温度应按－5℃取值，当管道架空敷设于室外时，应按采暖室外计算温度取值。

12.6.5 采暖管道均应有防腐措施。

12.6.6 采暖管道有下列情况之一，应作保温处理：

(1)管道敷设在室外，非采暖房间、外门内及可能冻结的地方；

(2)管道敷设在地沟、闷顶或阁楼内；

(3)管道内的热媒必须保持一定参数；

(4)管道散热引起室内温度过高；

(5)热媒温度高于人体卫生、安全标准，且又安装在易于使人烫伤的地方。

12.6.7 管道保温层、保护层局部损坏，应予修复；破损严重或虽损坏不严重，但保温结构能耗过大的，应予重做。

12.6.8 保温宜用非燃烧型材料，保温层厚度应以周围空气温度25℃时保温层表面温度不高于55℃为原则进行计算。

12.6.9 在原设计条件下室内温度低于设计温度3℃时，应校核采暖设备的供热能力，并采取相应的技术措施。

12.6.10 柱形散热器片部分开裂、渗漏，应采用相同型号规格予以局部拆换；如无原型号规格时，可拆换整个散热器，但不得改变原有散热器的散热面积。

12.6.11 钢串片、翼形散热器的肋片损坏面积超过原面积10%时，应补足散热面积。

12.6.12 使用中的部分散热器不热时，应查清原因，对有空气滞留或异物阻塞等应采取相应的技术措施予以修复；对管道堵塞、漏水、漏汽和锈蚀严重的，应予拆换。

12.6.13 各类阀门启闭困难、失灵的应拆换；集气罐、自动排气阀等漏水、漏汽、腐蚀严重的应拆换。

12.6.14 在检修采暖设备的同时，应对除污器进行检修，损坏的应予拆换。原设备无除污器的应增设。除污器宜设置在水泵、热交换器和室外管网引入口的入口处。

12.7 通风管道

12.7.1 各类通风阀门、送风口、散流器查勘前，应了解原设计风量分配情况，并对各送风点进行风量测试，分别作好记录。

12.7.2 新增通风管道的尺寸，宜通过阻力计算确定，并进行阻力平衡。

12.7.3 通风管道锈蚀、损坏，或腐蚀深度达壁厚的1/2，应予拆换。

12.7.4 各类调节阀损坏、失灵，应予拆换。

12.7.5 防火阀门应检查装置方向，校核易熔体技术性能，凡与实际不符时应予拆换。

12.7.6 风口不得穿过防火房间；必须穿过时，应在风管上装置防火阀门。

12.7.7 凡房屋需提高防火等级时，应对原有通风管道采取相应的技术措施。

12.7.8 散流器、送风口的转动部件和调节装置等损坏，应予修复或拆换。

12.7.9 根据需要更改送风口个数、位置及管道走向移位等，应通过计算决定，不得轻易改变原设计的气流组织形式(原气流组织设计明显不符合目前使用状况要求的除外)。

12.7.10 检修与房屋装饰相结合的风口应与其他工种配合进行，首先满足气流组织要求。

12.7.11 各类回风口的挡灰网在修缮时应予拆换。

12.7.12 风管的隔热层、防潮层损坏应重做；防潮层损坏应将隔热层一并重做，重做范围距损坏部位边缘不宜小于500mm。

12.7.13 风管保温层外有结露，应重新校核隔热层厚度，可采用增加隔热层厚度，或全部重做隔热层修复。隔热层厚度应根据当地气候条件和风管内介质温度决定。

12.7.14 风管隔热层宜选用非燃性保温材料，并应符合现行国家标准《建筑设计防火规范》(GBJ16)的有关规定。局部重做时应选用原有隔热层种类或热工性能相接近的材料。

12.7.15 消声设备损坏，应修复或拆换。噪声过大应校核通风系统噪声源的声功率级和消声设备的消声量。

12.7.16 噪声源的声功率级宜采用实测值，无实测数据时可通过计算确定。

12.7.17 管道的自然衰减不能有效消除噪声时，应增设消声设备，并通过消声计算确定。

12.7.18 管内风速小于5m/s时，可不计算气流再生噪声量；管内风速大于8m/s时，可不计算噪声的自然衰减量。

12.7.19 通过室式消声器的风速，不宜大于5m/s；通过消声弯头的风速，不宜大于8m/s；通过其他类型的消声器的风速，不宜大于10m/s。

12.7.20 增设消声设备后，应校核风管系统的阻力平衡情况及通风机的风压。

12.7.21 通风管道修缮后的风量平衡与原设计要求不宜大于10%。

附录A 本规程用词说明

A.0.1 为便于在执行本规程条文时区别对待，对于要求严格程度不同的用词说明如下：

(1)表示很严格，非这样做不可的：

正面词采用“必须”；反面词采用“严禁”。

(2)表示严格，在正常情况下均应这样做的：

正面词采用“应”；反面词采用“不应”或“不得”。

(3)表示允许稍有选择，在条件许可时首先应这样做的：

正面词采用“宜”或“可”；反面词采用“不宜”。

A.0.2 条文中指明必须按其他有关标准执行的写法为“应按……执行”，或“应符合……要求或规定”。

附加说明

本规程主编单位和主要起草人名单

主 编 单 位:上海市房屋土地管理局

主要起草人:钟永钧　方金柏　林　驹　金锦祥　柳维炯　姚镇华　俞鹤根　秦再柏　韦　威

中华人民共和国行业标准

民用建筑修缮工程查勘与设计规程

Specification for Engineering Examination and Design of Repairing Ciril Architecture

JGJ 117—98

条 文 说 明

（2008年6月确认继续有效）

前　言

根据原城乡建设环境保护部（85）城科字第239号文的要求，由上海市房屋土地管理局主编的《民用建筑修缮工程查勘与设计规程》(JGJ117—98)，经建设部1998年9月14日以建标［1998］第168号文批准发布。

为了便于广大设计、施工、科研、学校等单位的有关人员在使用本规程时能正确理解和执行条文的规定，《民用建筑修缮工程查勘与设计规程》编写组按章、节、条的顺序编制了本规程条文说明，供国内使用者参考。在使用中如发现本条文说明有欠妥之处，请将意见函寄上海市房屋土地管理局总工程师室（地址：上海市浦东新区崂山西路201号，邮政编码：200120)。

本条文说明由建设部标准定额研究所组织出版，仅供国内使用，不得外传和翻印。

目　次

1 总 则

1.0.1 本条是根据国家有关房屋修缮政策和房屋修缮特点而编写的。

房屋修缮工程查勘与设计是具体贯彻房屋修缮政策和确定修缮范围的重要环节，它所提供的设计文件，既是修缮工程制订方案和编制预算的依据，又是指导施工的具体任务书，其工作好坏直接关系到投资的合理与浪费，因此，制定本规程的目的是要求在房屋修缮中做到技术先进、经济合理、安全适用和确保质量，并以此作为本行业有关设计与施工人员工作依据的基本技术法规。

根据房屋修缮查勘与设计特点，它不同于新建设计，其具体内涵系对确认需修的房屋作详尽的查勘，以提高房屋完好等级和改善使用功能的要求。

1.0.2 本条所指修缮工程系根据原城乡建设环境保护部以城住字（84）第677号文发布的《房屋修缮范围和标准》，对修缮工程分为翻修、大修、中修、小修和综合维修五类。翻修是对原有房屋全部拆除，另行设计，重新建造的工程；大修是需牵动或拆换部分主体结构，但不需全部拆除的工程；中修是需牵动或拆换少量主体结构，保持原房的规模和结构的工程；综合维修是对成片多幢（大楼为单中上）大、中、小修一次性应修尽修的工程。由于其中的“小修”是以及时修复小损小坏的日常养护工程，不属本规程查勘与设计的范围。

1.0.3 房屋修缮工程情况复杂，特别是在房屋翻修，或原结构构件加固拆换，或地基基础加固补强，较多取之于实践经验，因此本条规定在设计计算时除应符合本规程外，尚应符合国家现行的有关强制性标准的规定。

3 基本规定

3.1 修缮查勘

3.1.1 房屋修缮工程是在原有房屋和有住用户使用的情况下进行的，因此本条规定查勘前应收集与工程有关的各项资料，主要是为查勘与设计创造良好的条件。

本条内所指的“房屋完损等级”，系按原城乡建设环境保护部1984年11月8日城住字（84）第678号文颁发的《房屋完损等级评定标准》中有关规定，对房屋完损情况，根据各类房屋的结构、装修、设备等组成部分的完好、损坏程度，分成完好房、基本完好房、一般损坏房、严重损坏房和危险房五类。

本条所指的“定期的和季节性的查勘记录”系按原城乡建设环境保护部城住字（84）第675号文发布的《房屋修缮技术管理规定》中将查勘鉴定分为三类：一类为定期查勘鉴定（每隔1～3年一次）；二类为季节性查勘鉴定（按雨季、风季、冰雪季、台汛季节等）；三类为工程查勘鉴定（指对需要修缮的项目提出具体意见和修缮方案）。

3.1.2 由于房屋结构、类型、装饰和设备等的不同，一等二等好差房屋的修缮范围和标准不同，以及房屋经营管理单位（包括住用户）提出的要求不同，因此，本条规定在详细查勘前，按原城乡建设环境保护部城住字（84）第675号文发布的《房屋修缮技术管理规定》中的有关规定，对房屋损坏情况进行调查研究，试查有代表性的房屋，根据不同的损坏情况和原有房屋提高完好等级的要求（有些陈旧属暂时维持的房屋，修缮后不可能也不必要达到全部完好等级），在保证质量及使用安全的前提下，研究如何节约材料，充分利用旧料，提出不同的修缮标准和修缮方法，这样便于统一查勘与设计标准，为详细查勘树立样板，使修缮查勘与设计取得更大的经济与社会效益。

3.1.3～3.1.4 条文系根据历年房屋修缮实际经验，对涉及到主体结构部位作重点查勘，并对承重结构构件作检测和鉴定的规定，以确保房屋修后的住用安全。

3.2 修缮设计

3.2.1 根据房屋修缮工程的特点，一般民用房屋的大修、中修和综合维修的主体构件拆换是少量的，甚至有的仅绑接加固，而更多的损坏是屋面漏水、内外墙面抹灰剥落，门窗、楼地面、水电等装饰设备的局部损坏修补。在修缮方法上一般均能用文字、数字说明表达清楚，即可作为施工的依据，不另行绘图，只有在工程较大，或房屋翻修、立面变更、平面重新分隔或改装、结构构件拆换加固，或各种设备和管道变更等，用文字无法表达清楚时，必须绘制施工图，这是与新建设计的根本不同点。

3.2.2～3.2.4 为了查勘与设计更好地指导施工，并为施工服务，因此条文对设计单位在修缮设计的内容和有关相应的质量、安全措施等方面作了必要的规定。

3.2.5 查勘与设计应力求正确，但由于修缮工程的特点，特别是一些隐蔽工程不易发现，因此本条规定在施工过程中设计与施工应密切联系配合，发现问题及时变更设计，加以解决。

3.2.6 由于大量旧房屋改变了原有的用途，为了确保住用安全，本条规定在修缮时计算荷载应考虑实际荷载，包括活荷载。

4 地基与基础

4.1 一般规定

4.1.2 地基岩土的性质比较复杂，其物理、力学指标的离散性大，目前国内常用的勘察方法，尚不能完全反映地基岩土的全貌，对地基与基础的补强加固等设计理论还没有较完善的计算理论方法，尤其是对旧房的地基与基础的加固补强，更为困难。造成旧房地基与基础损坏的原因，有原勘察不完整、原设计方案不当、原施工质量低劣、上层建筑物的改建变更使用、地下水道损坏和临近建筑物的影响等因素，因此，对旧房地基与基础的修缮查勘和设计有一定的难度。本条针对旧房的上述复杂性提出应具备的有关资料，主要使修缮查勘和设计能较好地适应实际，并制定出切实可行的修缮方案和技术措施。

4.1.3 本条提出国内目前较常用且已取得成功经验的勘察方法。随着我国技术的不断发展，各地可根据自身的条件选择相应的方法，以取得地基与基础的有效资料。选择的方法应充分考虑到原有建筑物的重要性。

4.1.4 房屋使用数年后，地基土承载力及弹性模量也有所提高。据上海市民用建筑设计院 1973 年出版的《房屋结构设计手册》一书中作了如下规定："建造七年以上，软土地基的承载能力可提高 20%以上"。1991 年上海市房屋勘察建筑设计所的"上海老建筑物天然地基荷载作用下，承载力增长规律研究报告"中建议：没有暗浜等不良现象，可按地基原有的承载力［R］乘以增长系数（m）1.3～1.5。综合近年国内对地基承载力增长的研究表明，地基承载力的增加受以下几个因素的影响：①基底压力：原建筑物基底实际压力愈接近于地基允许承载力，地基土的强度提高比例就愈大；②载荷作用时间：建筑物一般要达到一定的使用年限，才能考虑压实效应及地基承载力的提高，载荷作用时间条件为砂类土不少于 3 年，粉土不少于 5 年，粘土不少于 8 年；③土质：土质不同，地基土的承载力提高也不同，通常砂类土承载力增长幅度较粘性土稍大。因此本条规定按原建造时承载力提高 10%～20%作为验算的依据。

此外，根据上海同济大学高大钊主编的《软土地基理论与实践》一书中有关对原有房屋地基承载力的增值，下表可供参考：

建筑物修建时间（年）	地基承载力估算值（kPa）
10～20	$f'=$（1.1～1.15）R
20～30	$f'=$（1.15～1.25）R
30～50	$f'=$（1.25～1.35）R

注：f'——既有建筑物增层、改建时地基承载力设计值；
R——既有建筑物原设计时地基承载力设计值。

4.2 地 基 补 强

4.2.1 本条规定的地基补强措施都是国内较常用的几种。广州、上海、福州等城市的房修部门在处理暗浜、旧河道和粘性土、粉砂土等软土地基补强积累了不少实际经验并都取得了较好的效果。

本条提出地基补强的措施适用于砂土、砂砾石和软粘土，对于湿陷性黄土等特殊的地基应按照国家有关规范执行。

4.2.2 由于浆液的扩散能力与灌浆压力的大小密切相关，灌浆压力越大，扩散能力也大，可使钻孔数减少，且高灌浆压力可使软弱材料的密度、强度和不透水性等得到改善，但灌浆压力过高时，可能导致地基及其上部结构的破坏，故本条提出的灌浆压力不宜大于 0.6MPa，此系根据上海地区的施工实践提出的，适用于浅层的粘性土和砂土地基。在施工时一般应先进行灌浆试验，用逐步提高压力的方法进行，求得注浆压力与注浆量的关系，当压力升到某一数位，而注浆量突然增大时，表面地层结构发生破坏，可把此时的压力值作为确定压力允许值的依据。

本条提出的灌注速率系根据中国建筑工业出版社《地基处理手册》及上海的施工实践制定的。

4.2.3 本条采用公式是参照中国建筑工业出版社 1993 年出版的《地基处理手册》中提出浆液在砂层中的渗透公式。历年来修缮专业施工队伍基本上都采用此公式计算注浆浆液的球形扩散半径（r）进行验算，并按土质情况作为修正的依据。

4.2.4 本条规定地基补强的效果测定，一般可通过下述方法对浆液的球形扩散半径进行判断：①钻孔压水或注水，求出灌浆体的渗透性；②钻孔取样，检查孔隙充浆情况。

4.3 基 础 托 换

4.3.2～4.3.4 采用树根桩加固基础的工程，取得成功经验的有上海东湖宾馆加层、玉田新村 9 号房、南京东路冠龙照相材料公司和百乐门总汇的改建等的基础加固。上海市同济大学和上海市勘察设计院作了科学试验，总结了"软土中树根桩试验研究"报告。在实际工程中，单根树根桩的承载力可由静载试验确定，或由本规程公式 4.3.2 计算。如在树根桩径较小，孔底沉泥不易清除的情况下，可按下式计算：

$$R_{\mathrm{k}}=U_{\mathrm{p}}(\Sigma q_{si}l_i)$$

若树根桩支承于硬土或砂层上，则仍按本规程公式 4.3.2 计算。

4.3.9 本条规定的计算公式系根据锚杆总拉力大于压桩力的原则而确定，压桩力应大于 1.5 倍的单桩设计承载力。

4.3.10 本条规定锚杆埋深应大于或等于 10 倍的锚杆直径，系根据冶金工业部建筑研究总院地质系通过现场抗拔试验和有限的计算得出。

4.3.11 锚杆静压桩的封桩应在不卸荷的条件下进行，桩表面凿毛以保证锚杆静压桩的托换效果。

4.4 基 础 扩 大

4.4.1 在基础加固中，加宽或加大基础底面积的方法，常用于基础底面积太小而产生过大沉降或不均匀沉降的处理，它与地基补强有异曲同工之效。因此，在修缮查勘与设计时可视房屋的实际情况加以选择。如在房屋加层或增加荷载使用此法时，应考虑基础的扩大部分与原基础的不同受力情况。

4.4.2～4.4.4 条文规定基础扩大查勘与设计的基本构造措施和设计荷载计算的原则。

4.4.9～4.4.13 挑梁式加固条形基础，在我国有些地区称“穿梁式”，也有称“增设基础梁加固砖基础”。考虑到此种方法适宜于加固条形砖基础，故条文采用此名称。

其中第4.4.9条第（1）点条款规定的挑梁间距l宜取1200～1500mm系根据一般底面窗台位置离基础顶面大于1200～1500mm，故按此间距设置，以保证应力扩散和满足局部承压强度。在制定挑梁间距时，应注意避开较大的门、窗洞所在位置。

在第4.4.9条第（1）点和第（2）点中所称基础顶面与一般定义的基础顶为±0.00的概念有所不同，主要指原基础的大放脚的顶面标高。

4.4.14～4.4.15 采用钢混凝土加固砌体条形基础，使基础适应上部结构荷载，其特点是施工简便。当原基础宽度大于800mm时，穿底筋较困难，可采取打孔插筋（长度不应少于300mm）和环氧树脂砂浆稳固的措施。如在原基础的钢筋混凝土条形基础的情况下，可采取凿出底板底筋，用焊接搭接的措施，焊接应大于10d。

4.4.16 扩大混凝土柱下独立基础可参照新建基础计算，其新扩大基础的钢筋与原基础的钢筋连接法也可采取凿出底板底筋，用焊接搭接的措施，焊接应大于10d。在不能保证新旧基础可靠联接的情况下，可按壳体基础设计。

4.5 掏土纠偏

4.5.1 掏土纠偏是从沉降较少的基础下掏土，迫使基础下沉，此法所用设备少，纠偏速度快，费用低，是纠偏的一种常用方法。一般用于软粘土、淤泥质土、杂填土等土质，广州、福州等城市的房修部门均有成熟的经验。

4.5.3 本条所列计算公式仅为参考值，因为在取土时，随着基底剩余土逐渐减少，土承受压力P_0和极限承载P_n在上述土质下，侧向挤出量相应增加取土值、取土率，应结合观测实际情况作进一步的修正。

5 砌体结构

5.1 一般规定

5.1.1 我国地域辽阔，各地砌体结构房屋的构造形式、材料等种类繁多，经调查分析各地情况，基本上归纳为本条所包括的块材种类。凡不属于本条规定的材料制作的块材，各地区可通过试验，确定有关计算指标，满足使用功能，提出合理有效的修缮方法和牢固经济的情况下，可参考应用本规程。

5.1.2 本条规定的查明项目，主要根据上海等城市历年修缮实际经验制定的，是房屋修缮查勘与设计必不可少的一个步骤。

5.1.4 本条规定砌体结构各构件损坏，经验算其强度、刚度或高厚比不符合规定的部分采取局部修缮加固的措施，防止大拆大建，以节约国家资源。

5.1.5 因地基基础造成房屋的变形，是指地基承载力不足或基础本身强度不够而引起上部房屋的变形、损坏，且有继续发展的趋势，应按本条规定执行。对因其他因素，如开挖、打桩等造成基础滑移引起上部房屋损坏，在其趋势已稳定的情况下，可不按本条规定执行。

5.2 材料

5.2.1 近年来国家规范对砌体材料的安全系数有所提高，如以此标准评定原有建筑物的材料，可能导致大量旧构件不能满足要求，也不可能全部拆换，故本条仅规定对拆除重砌的砌体材料应满足现行国家标准的规定。

5.2.2 房屋修缮工程与新建工程不同，后者全部采用新材料，而修缮工程将有大量旧材料必须加以充分利用，为保证砌体的修缮质量，因此本条规定对拆下的旧块材质量应进行鉴别后分别利用。

5.2.3 根据天津、西安、南京、无锡、沈阳、广州等城市的房屋修缮情况，旧房屋的块材和砂浆强度等级普遍较低。为提高砌体的承载能力，加强新旧砌体的联结，本条规定砌体修缮时使用的砂浆应比原砂浆强度等级提高一级的要求。

5.2.4 由于房屋砌体构件使用年限、使用功能、环境条件、荷载情况和块材、砂浆的质量等不同，其完损程度差异也大，情况复杂，故本条规定验算强度时均乘以折减系数ψ，可由设计人员根据当地实际情况和旧砌体质量在0.6～1.0范围内取值。

5.3 砌体弓突、倾斜

5.3.1 本条系根据历年来的修缮实际经验和原城乡建设环境保护部颁发的《危险房屋鉴定标准》（CJ13）确定，其中砌体高厚比β如有增大，势必引起构件的承载力明显降低，故规定凡大于国家现行规范的规定值时必须进行强度与刚度的验算。

5.3.2～5.3.5 条文规定的计算公式均以原砌体和加固部分共同作用进行计算。由于施工条件、新旧砌体结合程度等不可能为紧密的整体，故在各计算公式中列入折减系数，使计算符合砌体结构加固的实际情况。

5.3.8 新增砖和混凝土附壁柱加固的承载力验算是参照历年修缮经验为依据。本规程公式 5.3.8-1 中对新砌附壁柱的承载力 f_1A_2 乘以 0.9 系数，是考虑到新、旧砌体共同工作时可能出现有差异，为安全起见，确定此系数。

5.4 砌体裂缝

5.4.1 本条系根据上海等地区历年房屋修缮实际经验和原城乡建设环境保护部颁发的《危险房屋鉴定标准》(CJ13) 确定。

5.4.3～5.4.4 条文规定承载力计算主要根据国家现行规范的规定。由于旧构件使用年限、环境条件、荷载以及砌筑砂浆质量等因素，故采用折减系数 ψ 值，由设计人员根据不同情况进行取值。

5.5 砖石柱

5.5.1 本条系根据历年各地修缮经验和原城乡建设环境保护部颁发的《危险房屋鉴定标准》(CJ13) 确定。

5.5.3 当砖石柱截面面积小于 240mm×370mm 或毛石柱截面较小的边长小于 400mm 时，考虑到原柱的截面较小，受荷也不大，如采用其他方法修缮，施工较繁，经济效益也不好，故本条规定拆除重砌方法。条文中有关"严重损坏"是指按本规程第 5.5.1 条所列的情况，经验算不能满足要求的。

5.6 圈梁和过梁

5.6.1 本条系根据历年各地修缮经验和原城乡建设环境保护部颁发的《危险房屋鉴定标准》(CJ13) 确定。

5.6.2 本条规定系一般修缮部门常用修法，各地可根据当地实际情况参照运用，以确保质量和住用安全。

5.7 构造要求

5.7.2 本条规定对有关构件的支撑，不仅要保证支撑能承受原构件的荷载，而且要在支撑中考虑原建筑物的整体稳定。

5.7.3 本条对新旧砌体的交接处可用直槎，这是与新建施工要求不同之处。主要是砌体结构只能部分拆砌，以及受施工条件的影响，所以采用直槎联结，并在砌体中放置不少于 2d4 钢筋，中距为 500mm，上下每隔 1000mm 设一道。

5.7.5 本条规定防潮层的构造作法适用于一般房屋，即室外地坪低于室内地坪 50mm 以上。在旧城区有些老旧民房的室内地坪低于室外地坪的为数也不少，此类房屋可不按本条规定采用。

5.7.12 根据地震后的资料所得，在地震烈度为 6 度的情况下，有相当数量的空斗墙损坏，故本条作此规定。

6 木结构

6.1 一般规定

6.1.1 本条系根据房修部门大量调查资料对木结构房屋的倒塌主要由于节点（特别是端节点）腐朽、虫蛀造成的。其次，检查构件挠度是否过大，结构是否变形是判断木结构是否处于正常状态的有效方法之一。正常情况下，木结构一、二年后的变形大致趋于稳定，以后变形的增量很少，如变形在不断增大，说明结构有问题的预兆，必须引起查勘的注意。再次，对木构件的裂缝，虽然一般情况下木材的顺纹干缩裂缝不影响构件的承载力，但这些裂缝如与受剪面重合或通过螺栓孔时，在某些情况下将使构件处于危险状态，甚至导致破坏，必须引起查勘设计时注意。

6.2 材料

6.2.2 本条规定国产常用木材的强度设计值和弹性模量的取值应符合现行国家标准《木结构设计规范》(GBJ5—88) 第三章第二节的规定，如各地有采用进口木材时，其强度设计值和弹性模量应按表 6.2.2 选用。

表 6.2.2 进口木材（树种）的强度设计值和弹性模量（MPa）

木材名称	等级	抗弯 f_m	顺纹抗压及承压 f_c	顺纹抗拉 f_t	顺纹抗剪 f_y	横纹承压 $f_{c'o'}$ 全表面	局部表面及齿面	拉力螺栓垫板下面	弹性模量 E
美洲松木、道格拉斯枞木	一级	17.00	15.00	9.50	1.60	2.30	3.50	4.60	10 000
美洲松木、南方松木、挪威松木、道格拉斯枞木	二级	13.00	12.00	8.50	1.40	1.90	2.90	3.80	10 000
道格拉斯枞木、挪威松木	三级	11.00	10.00	7.00	1.20	1.80	2.70	3.60	9 000

6.2.3 木材的强度、弹性模量的衰减是随着时间、使用条件、木材的本身材质等多种因素变化的，目前国内的一些试验尚不足以定量反映，根据历年修缮的实际经验，本条规定强度设计值的折减系数 ψ 为 0.6～0.8，弹性模量折减系数 ψ 为 0.6～0.9，各地可按当地实际情况，综合分析后参照取值。

6.3 柱

6.3.1 本条系根据历年修缮经验和原城乡建设环境保护部颁发的《危险房屋鉴定标准》(CJ13) 确定。

6.3.2 本条系参照现行国家标准《木结构设计规范》(GBJ5—88) 的有关规定确定。

6.3.5 本条系根据历年修缮经验对木柱夹接应有的

各项技术要求，其中规定不得用铁丝代替螺栓，主要是在潮湿地区铁丝较易锈蚀，即使在干燥时，因木材含水量的降低，木材断面缩小，原捆紧的铅丝亦会松动而失效，故作此规定。

6.3.6 根据上海等城市修缮部门的经验，木柱根部腐朽一般小于300mm可改用砖柱，在300～800mm宜改用混凝土柱，故本条作此规定。

6.4 梁、搁栅、檩条

6.4.1 本条系根据原城乡建设环境保护部颁发的《危险房屋鉴定标准》（GJ13）以及上海等城市房修部门的修缮经验确定。

6.4.2～6.4.5 条文规定的抗弯强度设计值和抗剪强度设计值均根据现行国家标准《木结构设计规范》（GBJ5—88）确定。旧木材的强度通过折减系数ψ进行验算。

6.4.8 当采用单剪连接绑接加固时，考虑其扭转力矩，因此不宜用于独立的梁、搁栅，一般应用于上铺楼板的梁、搁栅为宜。

6.5 屋　架

6.5.1 本条系根据历年修缮经验和原城乡建设环境保护部颁发的《危险房屋鉴定标准》（CJ13）确定。其中特别应检查的是木屋架的下弦接头有无拉开，下弦接头木夹板螺栓孔附近有无裂缝，屋架端节点的受剪面及其附近是否开裂，还有屋架平面外有无侧移及支撑体系是否健全和松动。这些都是房修部门多年来修缮实际中经常发现的。房屋在使用中经常有住用户为搭置搁楼而拆除支撑体系，或因原设计中支撑布置不当，或施工质量不好，或上弦接头设计不妥等都将使木屋架的空间刚度减弱，造成屋架平面外显著倾斜，使结构处于危险之中，在查勘与设计中必须加以注意。

6.5.3 本条系根据现行国家标准《木结构设计规范》（GBJ5—88）确定。

6.5.5～6.5.11 条文系根据历年常用的修缮方法，各地可根据实际情况参照执行。

6.8 构造要求

6.8.1 大量调查资料表明木结构的损坏是由于受潮引起的腐朽、虫柱，采用内排水时由于排水管的堵塞或防水层的损坏造成渗漏，故本条规定屋盖修缮宜用外排水。

7 混凝土结构

7.1 一般规定

7.1.1 本条系根据历年来对混凝土结构房屋修缮查勘的实践经验确定。

7.1.2～7.1.3 条文规定旧混凝土和旧钢筋强度取值的折减系数系根据实测试验统计资料，并结合历年修缮工程经验确定。

7.1.4 新旧混凝土结合牢固可靠系指在新浇捣混凝土前，对原有混凝土构件表面凿成4mm深的人工粗糙面，以确保新旧混凝土的结合牢固。本条规定承载力分配系数的计算公式仅适用于混凝土受弯构件。

7.1.6 本条规定对原有混凝土构件的检测方法系根据历年来修缮查勘实践经验确定。

7.2 材　料

7.2.1 修缮加固用的钢材宜用Ⅰ级钢或Ⅱ级钢，主要是考虑到成本低，易于加工和焊接。

7.2.2～7.2.3 条文规定采用普通硅酸盐水泥或微膨胀水泥的修缮材料系根据各地区加固工程实践总结经验确定。对水泥标号不宜低于425号系与修缮加固用混凝土强度等级不低于C20相对应。通过调查表明：混凝土结构加固工程，将混凝土强度等级比原结构构件的强度等级提高一级，有利于保证新浇混凝土与原混凝土间的粘结。

7.2.5 本条对有关混凝土结构连接时采用材料的要求，除应符合有关专门规范的同时，还对连接材料的强度提出了要求，以保证原混凝土构件达到设计承载力时，其连接材料尚未达到强度极限。

7.3 柱

7.3.1 本条规定系根据原城乡建设环境保护部颁发的《危险房屋鉴定标准》（CJ13）和国内各地区历年来修缮经验确定。

7.3.4 增加混凝土截面和钢筋截面加固混凝土柱，其承载力按新、旧混凝土共同作用。考虑到新、旧混凝土协同工作的程度稍有差异，即加固后的承载力不是新混凝土构件承载力和旧混凝土构件承载力的简单叠加，而应对新混凝土部分承载力予以适当折减（折减系数α）。折减系数α值在国内外的有关试验资料甚少，本条规定的折减系数α系根据国内各地区加固工程实践经验确定，推荐折减系数值为0.8。

7.3.6 根据有关资料表明，湿式外包钢加固混凝土柱，其外包型钢与原构件能完好共同工作时可按整体结构计算。如在实际工程中其整体作用有误差时，在计算上可采用安全折减系数0.9。

7.3.7 干式外包钢加固柱其受外力按各自的刚度比例进行分配，钢构架各杆件的承载力均按现行国家标准《钢结构设计规范》（GBJ17）的规定进行计算。

本条系对原混凝土柱加固厚度受条件限制时所采用的加固方法，目前已很少采用。据国内有关单位的试验资料表明，外包型钢与原混凝土柱结合面不能有效传递剪力，故不能作外包型钢与原混凝土柱共同作用的假设，干式外包钢加固柱的总承载力应为钢构架承载力与原混凝土柱承载力之和，这是根据上海地区和全国有关城市修缮工程的经验确定。

7.3.8 本条规定喷射混凝土修缮法系上海地区常用的经验，各地区可根据本地区实际情况参照执行。

7.4 梁、板

7.4.1 本条规定系根据原城乡建设环境保护部颁发的《危险房屋鉴定标准》（CJ13）和国内各地区历年来的修缮经验确定。关于明显裂缝的定量问题，混凝土裂缝有微裂和宏观裂缝，微裂是肉眼不可见的，肉眼可见的裂缝一般在0.05mm（实际最佳视力可见0.02mm），大于0.05mm的裂缝称为宏观裂缝。又根据国内外设计规范及有关试验资料，对于无侵蚀介质、无防渗要求的民用建筑，混凝土最大裂缝宽度的控制标准为0.3mm。为此，本条中所指明显裂缝系宽度大于0.3mm的裂缝。

7.4.2～7.4.3 钢筋混凝土梁（包括“T”形梁）、板的正截面受弯承载力的验算公式与现行国家标准《混凝土结构设计规范》（GBJ10）中的有关计算原理与基本假定相吻合，结合历年修缮的实际经验，对旧混凝土和旧钢筋的强度设计值分别取折减系数ψ_c、ψ_y确定。

7.4.4 本条分别列出钢筋混凝土板承载力部分失效或完全失效而产生损坏时采取增加钢筋混凝土板厚度的加固措施，对新、旧混凝土结合不可靠时，按新、旧钢筋混凝土板刚度分配系数分别计算其正截面承载力。对新、旧混凝土结合牢固时，则按新、旧钢筋混凝土板共同作用的原理计算其正截面承载力，并要求同时满足规定的有关构造要求。

7.4.5 湿式外包型钢加固混凝土梁的正截面承载力计算均按现行国家标准《混凝土结构设计规范》（GBJ10）和《钢结构设计规范》（GBJ17）的规定执行，考虑到一定的安全储备，对外包型钢的强度取降低系数0.9。

7.4.6 现浇混凝土梁支座抗弯承载力不足，可增加梁厚度进行加固，但新、旧混凝土应结合牢固可靠。可按新、旧混凝土梁共同作用的原理计算其正截面承载力，同时应满足规定的有关构造要求。

7.4.7 钢筋混凝土梁抗弯、抗剪承载力不足时，当采用梁四面用钢筋混凝土围套加固时，其正截面受弯承载力的计算与钢筋混凝土梁正截面受弯承载力的计算相同；其斜截面的受剪承载力的计算与现行国家标准《混凝土结构设计规范》（GBJ10）中的有关计算原理与基本假定相吻合，考虑到旧混凝土和旧钢筋的强度设计值应分别以系数ψ_c、ψ_y进行折减。

7.4.8 钢围套（钢桁架）加固钢筋混凝土梁的抗弯、抗剪承载力不足的措施目前采用不多，只有当梁的高度受到限制的情况下才使用。加固钢桁架的承载力计算原理、基本假设及计算公式均符合现行国家标准《钢结构设计规范》（GBJ17）的规定。本条规定加固后的钢桁架系单独承载，不考虑钢桁架与原混凝土梁的共同作用，因为考虑到原钢筋混凝土梁抗弯、抗剪承载力不足，即说明原钢筋混凝土梁承载力已部分失效或完全失效，而钢的弹性模量与钢筋混凝土的弹性模量存在很大的差异，且此时钢桁架与原混凝土梁的分别承载力又是一个变量。为此，将原钢筋混凝土梁的部分承载力作安全储备，也是出于偏安全考虑。

7.4.9 梁正截面强度不足，可采取在受拉、受压区表面粘贴钢板加固的措施，此时截面受弯承载力计算应按现行国家标准《混凝土结构设计规范》（GBJ17）规定执行，其受压区高度应按本规程公式7.4.9-1确定，并对加固钢板强度乘以0.9系数，目的是在计算上留有一定的附加安全储备。

受拉钢板在其加固点外，如果受力上完全不需要的钢板，则其锚固长度L_1计算公式7.4.9-4系按锚固区的粘结受剪承载力必须大于钢板的受拉承载力确定的。锚固区剪应力近似按三角形分布，剪应力分布不平均系数取2。

对于加设U型箍板锚固，当箍板与补强钢板间的粘结受剪承载力小于或等于箍板与混凝土间的粘结受剪承载力时，锚固承载力为加固钢板与混凝土间的粘结受剪承载力及箍板与加固钢板间的粘结受剪承载力之和，即本规程公式7.4.9-5；反之，锚固承载力为加固钢板和箍板与混凝土间的粘结受剪承载力之和，即本规程公式7.4.9-6。

7.5 构造要求

7.5.1～7.5.4 条文规定的构造要求是为了确保混凝土梁、板、柱加固时，新、旧混凝土的整体性强，结构牢固，同时也方便施工。工程实践表明，按此构造措施，对新、旧混凝土的结合效果是良好的。

8 钢结构

8.1 一般规定

8.1.1 本条系根据历年房屋修缮中常见的几种损坏情况而确定。

8.1.2 本条规定了钢结构损坏严重时，必须对其强度设计值重新取样试验，主要是为保证结构或构件在原有情况下的可靠度。

8.1.5 本条规定的折减系数ψ值系根据历年房屋修缮的实践而确定。各地区可按当地实际情况，综合分析后分别取值。

8.2 材料

8.2.1 本条规定采用Ⅰ级钢材，是民用房屋修缮中最常用的，其成本低并易加工和焊接。

8.2.2 本条系根据多年房屋修缮工程经验确定，同时也与现行国家标准《钢结构设计规范》（GBJ17）中有关在钢结构的受力构件及其连接中用料相符。

8.2.3 根据国内有关资料，当强度不同的新旧钢材焊接时使用焊缝强度高型焊条比用焊缝强度低型焊条提高不多，设计时只能取用焊缝强度低型焊条的焊缝强度设计值。此外，从连接的韧性和经济上考虑，故本条规定宜采用低强度钢材相适应的焊接材料。

8.2.4 根据实践，对修缮钢构件接头端的铆钉或螺栓数应不少于两个，因为一般只允许在组合构件的缀条中采用一个螺栓（或铆钉），而这种组合构件在民用房屋中较少。

8.3 梁、搁栅、檩条

8.3.1 本条系根据国内各地区历年来的修缮经验和原城乡建设环境保护部颁发的《危险房屋鉴定标准》（CJ13）确定。

8.3.2～8.3.4 条文规定受弯构件抗弯强度、抗剪强度和整体稳定性的验算系根据现行国家标准《钢结构设计规范》（GBJ17）确定。对旧钢构件的强度设计值应按各地实际情况以折减系数 ψ 分别取值。条文规定中未考虑在全截面上发展塑性，未考虑内力重分布，也不考虑直接承受动力荷载作用的受弯构件。

8.3.5 钢梁强度或稳定性不足时，其加固措施较多，本条规定系常用的措施，凡能满足钢结构强度和稳定性要求时，各地区可根据当地实际情况以及过去已有的经验参照本规定执行。

8.4 柱

8.4.1 本条系根据国内各地区历年房屋修缮经验和原城乡建设环境保护部颁发的《危险房屋鉴定标准》（CJ13）确定。

8.4.2 本条系根据现行国家标准《钢结构设计规范》（GBJ17）确定，对旧钢柱的强度设计值应以折减系数 ψ 分别取值。

8.4.3 本条规定是国内常用的加固措施，其中采用混凝土加固的应按本规程第7章中有关规定执行。

8.5 屋　架

8.5.1 本条系根据国内各地区历年房屋修缮经验和原城乡建设环境保护部颁发的《危险房屋鉴定标准》（CJ13）确定。

8.5.2 本条规定系国内常用的加固措施，各地区可根据当地实际情况和经验参照执行。

8.6 钢构件焊接和螺栓连接

8.6.2 本条规定是为了达到经济合理的要求，选择焊条型号与构件钢材的强度相适应，即要求焊接后的焊缝强度和主体金属强度相一致。

8.6.4 本条对旧构件的有效焊缝验算的规定，主要是确保构件焊缝的有效性，以及原有结构的强度和稳定性。

9 房 屋 修 漏

9.1 一 般 规 定

9.1.2 根据房屋不同的渗漏水现象，在修缮前必须查清渗漏水的部位，找准漏水点，这是关键。房屋的渗漏水检查方法一般以目视直观查看为主。房屋的渗漏水现象在检查的同时还应进行原因分析，只有查明原因，才能采用科学的、先进的、有效的技术措施，并结合当地的实际情况，制定出解决房屋渗漏水的修缮方案。

9.1.3 本条规定主要目的是在保证房屋防水基层牢固的前提下进行房屋修漏，这也是房屋修漏的必要条件。

9.2 材　料

9.2.1～9.2.3 条文对房屋修漏材料质量、型号、厚度和性能的规定，主要是保证房屋修漏质量，使其能维护一个大修周期。其次，对防水材料的性能进行鉴定，也是防止伪劣材料的混用。

9.2.4 本条规定对防水材料的技术性能进行复测，目的是防止伪劣材料的混用。各种防水材料检验的物理性能指标见附录A。

9.3 屋　面

9.3.1 本条第(1)点针对目前国内尚有一定数量的平瓦屋面和小青瓦屋面的民用居住房屋，其中有一部分建造年久，屋面瓦常发生风化、碎裂现象，也有一些屋面刚度不足，屋脊也会出现裂缝，损坏情况不一，这些损坏都能导致屋面渗漏水。为此，在屋面修漏时，可根据实际情况，采取局部检修或翻修。屋面少量渗漏，是指屋面瓦风化情况不严重，瓦片破碎现象不多，屋脊裂缝在2mm以内，但有渗漏水现象，可采取局部检修（裂缝宽度在2mm以内一般不会导致明显的渗漏，故以此为限）。反之，则指屋面渗漏水或损坏严重，应予翻修。本条第(2)点是对一般民用居住房屋所作的规定，对原屋面没有屋面板及防水层的，在修缮时应增设屋面板，这样有利于增做油毡防水层及增强整个屋面的刚度，使原屋面的防水效果更好。对于临时建筑、棚户简屋则不受此条限制。本条第(3)点对屋面坡度过小容易导致在大雨或风力的作用下屋面倒进水所作的规定。增设油毡防水层是为了使屋面能起到防水作用。对风大地区和坡度大于45度的屋面，瓦片应用铜丝穿扎在挂瓦条上，并要求进行全扎或隔张穿扎，这是为了避免由于风力（吸力）的作用或瓦片下滑（坡度过大）造成掀落，导致危险及渗漏水的措施。

9.3.2 本条第(1)点规定混凝土平屋面采用卷材、涂膜材料作防水层的做法，各地均较普遍使用，且一般使用周期可达十年。本条第(3)点针对屋面中比较容易渗漏的部位一般是天沟、檐口、女儿墙、山墙、落水洞口、阴阳角、伸出屋面管道和烟囱等处，因此作了明确的技术规定。本条第(4)点对混凝土平屋面基层裂缝是造成渗漏的主要原因之一，往往在修缮屋面时注意不够，因此本款明确规定在修缮屋面防水层前，必须对屋面基层裂缝进行处理。本条第(5)点针对部分混凝土平屋面由于设计或施工原因，屋面坡度或落水洞口坡度达不到规范要求，造成排水不畅，因此规定在修缮防水层渗漏前，应用填充材料使屋面和落水洞口坡度分别达到2%和5%以上，使屋面能排水畅通。本条第(7)点规定各种涂膜材料的最小厚度，主要是为了有效地防水和达到一定的使用周期。本条第(8)点对屋面隔热层的干燥程度处理不妥往往造成屋面防水层起鼓、空脱，因此规定有隔热层的防水层应设置排气孔。

9.3.3 本条第(1)点针对刚性防水层屋面的优点是渗漏点容易确定、检修方便、使用时期长，同时还可作活动场地，因此规定在混凝土屋面结构的承载力许可情况下，宜采用刚性材料修复，但应严格按规定施工，保证质量，提高防水性能。

9.4 外墙面

9.4.1 本条第(1)点针对在外墙面渗漏修漏时往往只注重堵漏效果，忽视所用材料色泽的协调，影响房屋和居住小区的优美环境，因此规定在选用外墙材料时，应注意其色调与房屋周围环境协调一致。本条第(2)点规定采用防水胶或合成高分子防水涂料修缮外墙面局部渗水，因为合成高分子防水涂料是以合成橡胶或合成树脂为主要成膜物质，具有理想的防水防渗效果。本条第(3)和第(4)点外墙面裂缝和门窗框渗漏主要是施工、温差或不均匀沉降造成，故要求采用柔性较好的密封材料或其他合成高分子材料修缮，以提高抗渗漏的有效性。本条第(5)点所指新旧建筑物外墙连接缝渗水应在新旧建筑物都相对稳定的前提下，采用规定的方法修缮是有效的；反之，则不宜采用此法。

9.4.2 建造年久的民用居住房屋，其防潮层损坏引起的渗水较为普遍，影响居住。本条规定采用掏砌防潮层的方法，但必须注意每次掏砌砖墙的长度不应大于1m，以防止墙体下沉。对采用防水浆液注入防潮层以提高抗渗能力的做法，国外应用较多，但国内尚在试验阶段。

9.5 地下室

9.5.1 地下室渗漏是目前房屋质量中常见病之一，修缮的方法较多，但难度也较大，其中房屋不均匀沉降是造成地下室渗水的主要原因之一，因此本条规定应在房屋沉降稳定后再进行修缮。

9.5.2 本条第（1）点所列水压较大的裂缝是指水位在2～4m，渗漏面积较大，裂缝较深，水流较急，可采用埋管导引的方法修漏。具体做法是将引水管穿透卷材层至墙面内引走孔洞漏水，用速凝材料灌满孔洞，挤压密实，堵塞完成后经检查无渗漏时，将管拔出堵眼，再用水泥砂浆分层抹平（图9.5.2-1）。本条第(2)点所列水压较小的裂缝是指水位在2m左右，渗漏点水压较小，渗漏面积不大，则可采用速凝防水材料直接堵塞（图9.5.2-2）。

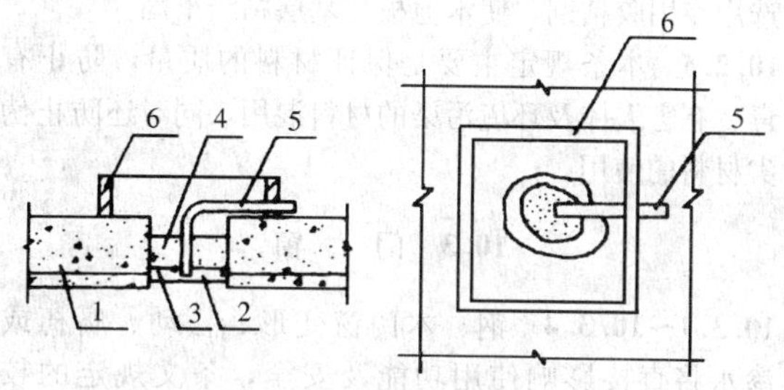

图9.5.2-1 埋管导引堵漏

1—基层；2—碎石层；3—卷材；4—速凝材料；5—引水管；6—挡水墙

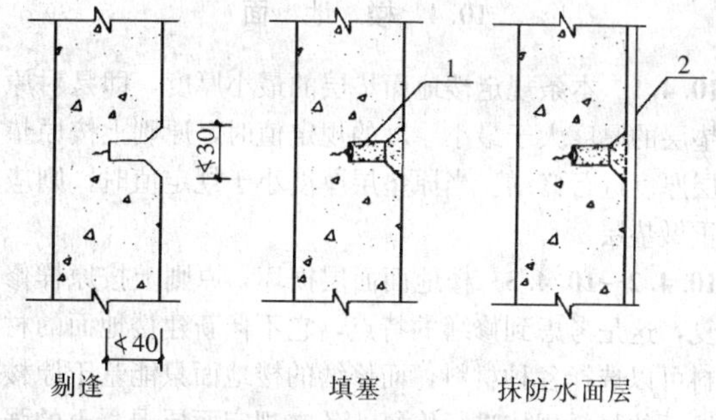

图9.5.2-2 速凝材料堵漏

1—速凝材料；2—防水砂浆

10 房屋装饰

10.1 一般规定

10.1.1～10.1.2 房屋修缮的特点之一是零星分散，一般损坏什么就修什么。为此，对这些零星修补工程作此规定，主要是根据实际情况出发，为求符合经济、美观，与原有装饰相协调。

10.1.3 房屋各种装饰在修缮时，其基层牢固是装饰修缮的必要条件，故本条作此规定。

10.1.5 房屋装饰的修缮材料必须是安全、对人体无害和无环境污染，因为房屋的装饰材料往往置于建筑的表面，对上述要求至关重要。

10.2 材 料

10.2.1 本条对木材含水率的规定，主要是要求采用较干燥的木材制作，以减少因木材干缩所造成的松弛、变形和裂缝的危害，保证工程质量。

10.2.2 本条对钢材的规定，主要是Ⅰ级钢易加工，且成本较低。

10.2.3 本条对规定抹灰用的石灰膏熟化时间不得少于15d，因为石灰膏未达到15d的熟化时间即用来抹灰（刷粉在墙面或平顶），则未经充分熟化的石灰膏遇到空气中的水分将进一步熟化，导致未熟的石灰爆裂，影响装饰效果。

10.2.4 由于市场木地板胶粘剂品种很多，本条规定选用专用胶粘剂，使木地板与基层粘结牢固。

10.2.5 本条规定主要是保证材料的质量，防止有毒、有害人体及环境污染的材料混用，同时还防止伪劣材料的使用。

10.3 门 窗

10.3.1～10.3.4 钢、木门窗变形、松动、腐朽或渗水将直接影响使用功能及安全，条文规定的校正变形、加固和对腐朽、渗水的修缮方法可节约材料，这在各地区积累了不少经验，其修缮的效果是良好的。

10.4 楼 地 面

10.4.1 本条规定楼地面垫层的最小厚度，即是对原垫层的厚度大于最小厚度的规定值时，原则上按原垫层厚度进行修缮。当原垫层厚度小于规定值时，则应重做垫层。

10.4.2～10.4.3 楼地面面层损坏，原则上按原样修复，这是考虑到修缮的特点，它不像新建楼地面的材料可以选择各种材料，而修缮的楼地面只能基于原楼地面的材料规格进行修复。条文规定面层混凝土的强度等级不应低于C20，这是基于修缮的混凝土强度应比原混凝土强度高一级的因素考虑的。

10.4.4 木楼地板的结构牢固是修缮木楼地板的关键，为此，在修缮时遇木楼地板挠度过大，必须对其结构进行加固。

10.4.5 硬木小条楼地板和塑料面板与其基层的粘结，在选择胶粘剂时，应充分考虑粘结材料与楼地板面层、基层的材料相吻合。

10.5 抹 灰

10.5.2 对外墙抹灰的修缮查勘与设计，应注意有否雨水滞留的部位，并采取能使雨水迅速排除和导向阻碍雨水侵入的措施，从而阻止雨水侵入室内。

10.6 饰 面 板

10.6.1 饰面板的损坏情况多样，有风化剥落、残缺、起壳或裂缝等，其修缮的原则应是按原样镶贴完整。但是，当原有饰面板的材料及规格比较特殊，修缮面积又太大，既要保留又要牢固，此时可采取本条规定的修缮方法。对于采用环氧树脂螺栓锚固法加固饰面材料与刮糙层起壳的方法，是根据上海市房屋科学研究院研究提供的资料，经上海地区运用并取得良好的效果。例如：1983年上海中百一店大楼外墙面砖修缮和福州大楼等工程均运用此技术，时间最长的已有12年之久。但在运用环氧树脂螺栓锚固法时，必须注意空心砖墙不能运用此技术。

10.7 油漆、刷浆、玻璃

10.7.1～10.7.2 房屋的油漆、刷浆修缮在制定修缮方案时，必须注意所用的材料应与原材料相吻合，包括新旧油漆或刷浆之间、分度油漆或刷浆之间，水性材料与油性材料不能混用。条文推荐的油漆面层度数可做一底二面是修缮工程最常用的。当然，要求较高的房屋可提高标准。

10.7.4 本条规定的玻璃厚度是民用房屋常用的标准。

11 电 气 照 明

11.1 一 般 规 定

11.1.1 目前各地民用房屋用电情况较混乱，电线老化、导线超负荷工作等现象较普遍，为确保用电安全，故在房屋修缮的同时对室内电气照明、接地故障保护装置和防雷装置损坏的修缮作了规定。

11.1.2 电气照明、接地和防雷的修缮查勘与设计、施工操作，以及竣工验收，必须按国家现行有关规范执行。对本规程未作规定的事项，应按国家现行有关规范、标准执行。

11.1.3 由于用电器具的普及，用户乱接乱拉电线的现象比较普遍，造成线路的实际容量大大超过导线及电度表的额定容量，而用户又常采用随意加大熔断保护器的熔体以维持线路工作，使线路保护装置形同虚设，配电系统长期超负荷工作，是火灾、人身安全等事故的极大隐患。

此外，民用房屋的照明电气往往对接地故障保护不够重视或遗漏，有些早期的民用房屋根本无接地故障保护系统，而接地故障保护的装置能使220/380V电压电网发生单相接地或与设备外壳相碰时，防止人身被电击或电气火灾，以保证设备和线路的热稳定性。故本条规定应查明的重点内容，以便及时修复和补充完善。

11.1.4 本条规定修缮设计时应绘制配电系统图、接地平面图和防雷装置平面图，其目的一方面便于指导施工，另一方面可作为下一次修缮的可靠资料。

11.1.5 计量电器用于监视及反映配电系统的工作状况，直接关系到用电安全，计量电器又反映用户的用电量，是国家向用户收取电费的依据，故本条规定计量电器的本体不得随意拆改。

11.2 材　料

11.2.1 本条规定主要是要求在电气工程中严禁使用伪劣产品及“三无”产品。

11.2.2 进户管有一大部分是暴露在室外，所使用的材料应从耐腐蚀角度来考虑的，故本条作此规定。

11.2.5 铝芯线在使用中故障率较高，主要是机械强度差，接头处易氧化，加以施工时工艺没有到位，故在选用铝芯绝缘导线时，其工作环境是很重要的。

11.3 线路保护装置

11.3.1 本条第（8）点规定是一个经验数据。总开关使用寿命包括机械寿命和电气寿命两部分，机械寿命常以开关通断动作次数来判定，电气寿命常以开关触头在最大分断电流下烧蚀程度和分断时间来判定，在无专业仪器和专业设备的条件下是很难判定的。其次，各生产开关厂家对开关的理论寿命长短不一。根据上海9个区大修工程的调查，基本上在一个大修周期（10年左右）拆换一次总开关，并收到良好的效果。

11.3.2 本条所指线路保护装置是指短路保护和接地故障保护。保护装置的形式与接地保护形式相符，目的是在发生接地故障时，保护装置能在规定时间内(固定设备和供电线路最大切断故障时间为5s，移动式和手提设备及供电线路包括插座，最大切断故障时间为0.4s，条件是系统对地电压为220V）自动切断电源。短路故障电流大于接地故障电流，能使保护装置动作，而接地故障电流受制于接地形式、PE线的截面及接地电阻大小，故本条指出，在拆换、修缮保护装置时应重点考虑与接地故障保护系统的配合。保护装置整定值的选取，应按现行国家标准《民用建筑电气设计规范》(JGJ/T16）中有关公式计算。

11.3.3 本条主要出发点是从人身安全考虑，因漏电开关的整定值一般为毫安级，利用残余电流就能使其动作，切断故障电源。

11.3.4 配电箱（电表箱）原设计一般都设在公用部位，而目前乱占乱用公用部位，或移作他用的情况较普遍，用户往往从自身利益考虑，盲目搬移配电箱（板）或电表箱等，故本条规定在修缮工程中发现配电箱（板）或电表箱安装在不适宜部位的，应进行移装。

11.4 导线与电管

11.4.1 本条第(1)点所指的不规范是在修缮工作中常遇有些用户使用漆包线、电话线，甚至用铁丝代替绝缘导线等情况，影响导线耐压等级或绝缘强度等，应在修缮工程中予以拆换。本条第(4)点所指导线敷设不规范是指明敷导线高度过低又无机械保护的，以及护套线直接埋设在粉刷层内的。

11.4.2 本条第（2）点规定的每一分路宜控制在10～15A，主要从实用性考虑：（1）导线常用截面使用量最大的是1.0～1.5mm²，其安全载流量应按表11.4.2选用；（2）与熔断器熔体标称值吻合。本条第(3)点规定主要考虑到插座回路的负载随机性较大，故障率高，分开设置后，当插座回路发生故障时，不会波及到照明回路。

表 11.4.2　安全载流量 (A)

导线截面(mm²)	明线装置		钢管布线						塑料管布线						护套线			
			2根		3根		4根		2根		3根		4根		二芯		三芯	
	Cu	Al	Cu	Al	Cu	Al	Cu	Al	Cu	Al	Cu	Al	Cu	Al	Cu	Al	Cu	Al
1.0	18	—	13	—	12	—	10	—	11	—	10	—	10	—	11	—	10	—
1.5	23	16	17	13	16	12	15	10	15	12	14	11	12	10	14	12	16	8

注：本表数据摘自《电工手册》；Cu—铜，Al—铝。

11.4.6 本条第(2)点规定的锈蚀长度是指累计长度。本条第（4）点所指不规范管材系本规程第11.2.2和11.2.3条规定之外的管材。

11.4.7 本条主要考虑两个方面：一是经济性，有些管材整体较好，但局部损坏，若全部拆换则过于浪费。二是可操作性，长度300mm以上对于钢管铰丝扣，或塑料电管套接，均能操作。

11.4.9～11.4.10 目前家用电器普及，而洗衣机、电冰箱等家电产品又长期处于潮湿环境下工作，单相三极插座其中有一极是接PE线（接地保护线）的，一旦发生漏电，线路保护装置将动作，切断故障电源，故条文作此规定。

11.5 防雷与接地装置

11.5.2 本条规定按原样修复是指不改动、不移位，如遇房屋加层或局部加层，需设置防雷装置的，可按新建设计处理。

11.5.6 本条所指的避雷装置，系包括避雷带（网）、避雷针，以及利用建筑的金属构筑物和构件作防雷用的装置。

11.6 接地故障保护

11.6.1 民用房屋的接地系统一般常用TH系统和TT系统。TH系统中又分为TH-S、TH-C-S和TN-C三种系统。接地系统与线路故障保护的设置应是相配合的，目的是当发生接地故障时，线路保护装置能在规定时间内自动切断故障电，达到保护人身安全的目的。如随意改变原接地系统，可能造成两种后果：其一是一个配电系统中出现两个接地系统，其二是接地系统与线路保护装置不配合，故障发生时保护装置不动作，故本条规定接地故障保护系统应修复，不应随意改动。

11.6.2 虽然现行国家标准《民用建筑电气设计规范》(JGJ/T16)中对PE线的选用未作硬性规定，但在修缮工程中，由于拆换导线、管材等项工作的实施，对利用管材（水、电、煤）作PE线的系统，很难保证其有良好的电气连续性。对于部分拆换电管，而该管同时又是PE线的，因内部穿有导线，难以实施电焊等可靠连接手段，故本条作出改用绝缘导线作PE线的规定。

11.6.3 本条所列的表11.6.3系摘自现行国家标准《民用建筑电气设计规范》(JGJ/16)。

12 给水排水和暖通

12.2 材 料

12.2.2～12.2.3 由于本规程所涉及的范围是多层民用房屋，且大多是居住用房，镀锌钢管是目前我国经济条件下为保证生活饮用水水质而采用的主要管材。同时，根据现行国家标准《建筑给水排水设计规范》(GBJ15—88) 1997年局部修订中第2.5.1条第五款规定："根据水质要求和建筑使用要求等因素生活给水管可采用铜管、聚丁烯管、铝塑复合管、涂塑钢管或钢塑复合管等材料。"

注：(2) 镀锌钢管、镀锌无缝钢管应采用热浸锌工艺生产。

12.2.4 过去某些地区排水管使用缸瓦管，这种材质的机械性能较差，容易损坏，不能适应目前建筑对设备的要求，故不列入本条范围之内。

12.3 给 水 管 道

12.3.1 如给水管的摩擦阻力超过图12.3.1所示的数值，则说明给水管管内结垢已很严重，在规范规定的流速控制范围内已不能达到额定的供水能力。虽然此时的给水系统可能对正常使用的影响不显著，但这种影响会急剧恶化，使给水系统的管网不足维持一个大修周期，故本条第(1)点规定应予拆换。本条第(2)点规定是经调查证明：给水管最易产生腐蚀的地方为螺纹连接处，如用螺纹根部的管径减去表12.3.1所列的腐蚀深度后，基本上已超过管壁厚的一半，如不加以拆换会很快地发生渗漏，导致管道破坏。

另外，房屋从查勘与设计到修缮施工有一个时间过程，在查勘的过程中，为不影响其正常使用，不可能对每段管段都作检查，故在局部拆换长度达到一定比例后，为保证修缮工程的质量，需拆换整个系统的管道。

12.3.3 本条规定重新确定管径一般有两种情况，一是为改善房屋的使用功能而改变设计流量，另外是用户为使用方便自行对给水管进行更改。这两种情况一般都需经过水力计算，确定其管径，使之更加合理。

12.3.6 就本规程涉及的范围而言，大量的配水点为洗涤盆，其额定配水流量为0.2L/s，经过调查发现，当其流量减少至0.1L/s时，并不影响正常使用，故本条规定以50%作为采取措施的界限。

改变管径或增设加压设备需经比较后才能决定，如管道的使用状态还有其他情况，应结合本章其他条款加以处理。

12.4 排 水 管 道

12.4.4 排水立管断面缩小1/3以上时，在额定的排水流量时会产生柱塞流，此时在柱塞流下方的卫生设备如无专用透气管，将会产生污水上冒的现象，影响正常使用，故本条规定应全部拆换。

12.4.10 本条规定系经调查统计多层民用房屋绝大部分无专用排水透气管，故立管流量不得超过表12.4.10的规定。如房屋设有专用排水透气管的，其排水立管的排水流量可以超过此表范围，但必须校核排水管的排水能力。

12.6 采暖管道、设备

12.6.9 在原设计条件下如室内温度低于设计温度3℃时人体会产生冷感，影响房屋的舒适性，故本条规定应校核采暖设备的供热能力，并采取相应的技术措施。

12.7 通 风 管 道

12.7.1～12.7.2 如果了解原有风量的分配情况，特别是改变了管道系统之后再作风量平衡是很困难的，故条文规定应在修缮查勘前了解原设计风量分配情况。

12.7.11 调查中发现，空调系统中回风口的挡灰网是系统阻力增加的主要原因，故本条规定挡灰网在修缮时应予拆换。

12.7.12～12.7.13 防潮层损坏后，水汽进入隔热层而使隔热效果严重恶化，故条文规定防潮层损坏时应重做隔热层。

12.7.15～12.7.19 随着房屋设备的老化，系统的噪声也会随之增加，故条文规定在修缮过程中应加以解决，保证房屋住用的舒适性。

附录A 防水材料检验的物理性能指标

A.1 防 水 卷 材

A.1.1 沥青防水卷材应检验拉力、耐热度、柔性、不透水性。其物理性能应符合表 A.1.1 的要求。

表 A.1.1 沥青防水卷材物理性能

项目	性能要求				
	Ⅰ类		Ⅱ类	Ⅲ类	Ⅳ类
	350号	500号			
拉力(纵向)(N)	≥340	≥440	≥280	≥500	≥550
耐热度(℃)	85	85	85	85	85
柔性(冷弯性)(℃)	18	18	10	10	10
不透水性(MPa/h)	0.1/0.5	0.15/0.5	0.1/24	0.1/24	0.1/24
断裂延伸率(%)	—	—	≥2	≥2	≥2

注：1. Ⅰ类指纸胎体；Ⅱ类指玻纤毡胎体；Ⅲ类指麻布胎体；Ⅳ类指聚酯毡胎体。

2. 表中Ⅱ、Ⅲ、Ⅳ类卷材目前尚无国家标准，其性能要求均为国内较好水平指标，现场检测可按此表或现行行业有关标准执行。

A.1.2 高聚物改性沥青防水卷材应检验拉伸性能、耐热度、柔性、不透水性。其物理性能应符合表 A.1.2 的要求。

表 A.1.2 高聚物改性沥青防水卷材物理性能

项目		性能要求			
		Ⅰ类	Ⅱ类	Ⅲ类	Ⅳ类
拉伸性能	拉力（纵向）(N)	≥400	≥400	≥50	≥200
	延伸率（%）	≥30	≥5	≥200	≥3
耐热度（85±2℃ 2h）		不流淌，无集中性气泡			
柔性（−5～−25℃）		绕规定直径圆棒无裂纹			
不透水性	压力（MPa）	≥0.2			
	保持时间（min）	≥30			

注：1. Ⅰ类指聚酯毡胎体；Ⅱ类指麻布胎体；Ⅲ类指聚乙烯膜胎体；Ⅳ类指玻纤毡胎体。

2. 表中柔性的温度范围系表示不同档次产品的低温性能。

A.1.3 合成高分子防水卷材应检验拉伸强度、断裂伸长率、低温弯折性，不透水性。其物理性能应符合表 A.1.3 的要求。

表 A.1.3 合成高分子防水卷材物理性能

项目		性能要求		
		Ⅰ类	Ⅱ类	Ⅲ类
拉伸强度（MPa）		≥7	≥2	≥9
断裂伸长率（%）	不加胎体	≥450	≥100	—
低温弯折性		−40℃	−20℃	−20℃
		无裂纹		
不透水性	压力（MPa）	≥0.3	≥0.2	≥0.3
	保持时间（min）	≥30		
热老化保持率（80±2℃ 168h）	拉伸强度（%）	≥80		
	断裂伸长率（%）	≥70		

注：Ⅰ类指弹性体卷材；Ⅱ类指塑性体卷材；Ⅲ类指加筋卷材。

A.2 防水涂料和胎体增强材料

A.2.1 防水涂料应检验延伸率、固体含量、柔性、耐热度、不透水性。其物理性能应符合表 A.2.1.1 至 A.2.1.3 的要求。

表 A.2.1.1 沥青基防水涂料质量

项目		质量要求
固体含量（%）		≥50
耐热度（80±2℃ 5h）		无流淌、起泡和滑动
柔性（10±1℃）		4mm厚，绕 ϕ20mm 圆棒无裂纹、断裂
不透水性	压力（MPa）	≥0.1
	保持时间（min）	≥30min 不渗透
延伸(20±2℃拉伸)（mm）		≥4.0

表 A.2.1.2 高聚物改性沥青防水涂料质量

项目		质量要求
固体含量（%）		≥43
耐热度（80±2℃ 5h）		无流淌、起泡和滑动
柔性（−10℃）		2mm厚，绕 ϕ10mm 圆棒无裂纹、断裂
不透水性	压力（MPa）	≥0.1
	保持时间（min）	≥30min 不渗透
延伸（20±2℃拉伸）（mm）		≥4.5

表 A.2.1.3 合成高分子防水涂料质量

项目		质量要求	
		Ⅰ类	Ⅱ类
固体含量（%）		≥94	≥65
拉伸强度（MPa）		≥1.65	≥0.5
断裂延伸率（%）		≥300	≥400
柔性		−30℃弯折无裂纹	−20℃弯折无裂纹
不透水性	压力（MPa）	≥0.3	≥0.1
	保持时间（min）	≥30min 不渗透	≥30min 不渗透

注：Ⅰ类为反应固化型：Ⅱ类为挥发固化型。

A.2.2 胎体增强材料应检验拉力、延伸率。其物理性能应符合表 A.2.2 的要求。

表 A.2.2 胎体增强材料质量

项目		质量要求		
		Ⅰ类	Ⅱ类	Ⅲ类
		均匀、无团状、平整无折皱		
拉力（N/宽 50mm）	纵向	≥150	≥45	≥90
	横向	≥100	≥35	≥50
延伸率（%）	纵向	≥10	≥20	≥3
	横向	≥20	≥25	≥3

注：Ⅰ类为聚酯无纺布；Ⅱ类为化纤无纺布；Ⅲ类为玻纤布。

中华人民共和国国家标准

建筑地面设计规范

code for design of ground surface and floor of building

GB 50037—96

主编部门：中华人民共和国机械工业部
批准部门：中华人民共和国建设部
施行日期：1 9 9 7 年 1 月 1 日

关于发布国家标准
《建筑地面设计规范》的通知
建标［1996］404号

根据国家计委计综［1987］2390号文的要求，由机械工业部会同有关部门共同修订的《建筑地面设计规范》，已经有关部门会审。现批准《建筑地面设计规范》GB 50037—96为强制性国家标准，自一九九七年一月一日起施行。原国家标准《工业建筑地面设计规范》TJ 37—79同时废止。

本规范由机械工业部负责管理，其具体解释等工作由机械工业部第二设计研究院负责。出版发行由建设部标准定额研究所负责组织。

中华人民共和国建设部

一九九六年七月二十六日

修订说明

本规范是根据国家计委计综（1987）2390号文的要求，由机械工业部负责主编，具体由机械工业部第二设计研究院会同有关单位对原国家标准《工业建筑地面设计规范》TJ 37—79共同修订而成，经建设部1996年7月26日以建标［1996］404号文批准，并会同国家技术监督局联合发布。

这次修订的主要内容有：增加了民用建筑地面、有空气洁净度要求、防油渗要求和采暖房间保温要求等地面的设计内容；修订了承载力极限状态时混凝土垫层厚度计算公式、计算方法和压实填土地基的质量控制指标；增订了混凝土垫层厚度选择表和行之有效的各类地面材料；修改了符号、计量单位和基本术语。有关地面防腐蚀内容，将其划归现行国家标准《工业建筑防腐蚀设计规范》。在本规范的修订过程中，规范修订组进行了广泛的调查研究，认真总结我国近年来地面设计与材料、施工等方面的实践经验，针对主要技术问题开展了科学研究与试验验证工作，并广泛地征求了全国有关单位的意见，最后由我部会同有关部门审查定稿。

本规范在执行过程中如发现需要修改和补充之处，请将意见和有关资料寄送机械工业部第二设计研究院（浙江省杭州市石桥路338号，邮政编码：310022），并抄送机械工业部，以便今后修订时参考。

1996年6月

目　次

1 总　　则

1.0.1 为使建筑地面设计能满足生产特征、建筑功能和使用的要求，充分利用地方材料、工业废料，节约木材、水泥、钢材和贵重材料，做到技术先进、经济合理、安全适用，制订本规范。

1.0.2 本规范适用于一般工业与民用建筑中的底层地面和楼层地面以及散水、明沟、踏步、台阶和坡道等的设计。

1.0.3 建筑地面设计除执行本规范外，尚应符合国家现行有关标准、规范的规定。

2 术语、符号

2.1 术　　语

2.1.1 面层　surface course

建筑地面直接承受各种物理和化学作用的表面层。

2.1.2 结合层　combined course

面层与其下面构造层之间的连接层。

2.1.3 找平层　troweling course

在垫层或楼板面上进行抹平找坡的构造层。

2.1.4 隔离层　isolating course

防止建筑地面上各种液体或地下水、潮气透过地面的构造层。

2.1.5 防潮层　moisture-proot course

防止建筑地基或楼层地面下潮气透过地面的构造层。

2.1.6 填充层　filler course

在钢筋混凝土楼板上设置起隔声、保温、找坡或暗敷管线等作用的构造层。

2.1.7 垫　层　under layer

在建筑地基上设置承受并传递上部荷载的构造层。

2.1.8 缩　缝　shrinkage crack

防止混凝土垫层在气温降低时产生不规则裂缝而设置的收缩缝。

2.1.9 伸　缝　stretching crack

防止混凝土垫层在气温升高时在缩缝边缘产生挤碎或拱起而设置的伸胀缝。

2.1.10 纵向缩缝　lengthwise shrinkage crack

平行于施工方向的缩缝。

2.1.11 横向缩缝　crosswise stretching crack

垂直于施工方向的缩缝。

2.2 符　　号

符号及涵义

条　号	符号	涵　　义
2.2.1	h	混凝土垫层厚度
2.2.2	h_1	P_1 作用下按承载能力极限状态设计时的厚度
2.2.3	h_i	P_i 作用下按承载能力极限状态设计时的厚度
2.2.4	E_o	压实填土地基的变形模量
2.2.5	L	混凝土垫层的相对刚度半径
2.2.6	β	综合刚度系数
2.2.7	S	荷载基本组合的设计值
2.2.8	S_s	荷载短期组合的设计值
2.2.9	S_{os}	位于多个荷载计算中心的组合等效荷载
2.2.10	S_o	荷位区内最大的当量圆形荷载
2.2.11	S_i	位于荷位区内任一当量圆形荷载
2.2.12	S_{oi}	P_i 当量圆形荷载的等效值
2.2.13	r	圆形荷载支承面的半径或当量圆半径
2.2.14	r_j	圆形或当量圆形的计算半径
2.2.15	h'	垫层以上各构造层的总厚度
2.2.16	k_c	荷位系数
2.2.17	R_{omax}	荷位区半径
2.2.18	R_{oi}	以 S_o 为计算中心与荷位区内第 i 个荷载之间的距离
2.2.19	α_{oi}	荷载影响角

3 地 面 类 型

3.0.1 地面类型的选择，应根据生产特征、建筑功能、使用要求和技术经济条件，经综合技术经济比较确定。

当局部地段受到较严重的物理或化学作用时，应采取局部措施。

3.0.2 底层地面的基本构造层宜为面层、垫层和地基；楼层地面的基本构造层宜为面层和楼板。当底层地面和楼层地面的基本构造层不能满足使用或构造要求时，可增设结合层、隔离层、填充层、找平层等其它构造层。

选择地面类型时，所需要的面层、结合层、填充层、找平层的厚度和隔离层的层数，可按本规范附录 A 中不同材料及其特性采用。

3.0.3 有清洁和弹性要求的地段，地面类型的选择应符合下列要求：

3.0.3.1 有一般清洁要求时，可采用水泥石屑面层、石屑混凝土面层。

3.0.3.2 有较高清洁要求时，宜采用水磨石面层或涂刷涂料的水泥类面层，或其它板、块材面层等。

3.0.3.3 有较高清洁和弹性等使用要求时，宜采用菱苦土或聚氯乙烯板面层，当上述材料不能完全满足使用要求时，可局部采用木板面层，或其它材料面层。菱苦土面层不应用于经常受潮湿或有热源影响的地段。在金属管道、金属构件同菱苦土的接触处，应采取非金属材料隔离。

3.0.3.4 有较高清洁要求的底层地面，宜设置防潮层。

3.0.3.5 木板地面应根据使用要求，采取防火、防腐、防蛀等相应措施。

3.0.4 有空气洁净度要求的建筑地面，其面层应平整、耐磨、不起尘，并易除尘、清洗。其底层地面应设防潮层。面层应采用不燃、难燃或燃烧时不产生有毒气体的材料，并宜有弹性与较低的导热系数。面层应避免眩光，面层材料的光反射系数宜为0.15～0.35。必要时尚应不易积聚静电。

空气洁净度为100级、1000级、10000级的地段，地面不宜设变形缝。

3.0.5 空气洁净度为100级垂直层流的建筑地面，应采用格栅式通风地板，其材料可选择钢板焊接后电镀或涂塑、铸铝等。通风地板下宜采用现浇水磨石、涂刷树脂类涂料的水泥砂浆或瓷砖等面层。

3.0.6 空气洁净度为100级水平层流、1000级和10000级的地段宜采用导静电塑料贴面面层、聚氨酯等自流平面层。导静电塑料贴面面层宜用成卷或较大块材铺贴，并应用配套的导静电胶粘合。

3.0.7 空气洁净度为10000级和100000级的地段，可采用现浇水磨石面层，亦可在水泥类面层上涂刷聚氨酯涂料、环氧涂料等树脂类涂料。

现浇水磨石面层宜用铜条或铝合金条分格，当金属嵌条对某些生产工艺有害时，可采用玻璃条分格。

3.0.8 生产或使用过程中有防静电要求的地段，应采用导静电面层材料，其表面电阻率、体积电阻率等主要技术指标应满足生产和使用要求，并应设置静电接地。

导静电地面的各项技术指标应符合现行国家标准《电子计算机机房设计规范》的有关规定。

3.0.9 有水或非腐蚀性液体经常浸湿的地段，宜采用现浇水泥类面层。底层地面和现浇钢筋混凝土楼板，宜设置隔离层；装配式钢筋混凝土楼板，应设置隔离层。

经常有水流淌的地段，应采用不吸水、易冲洗、防滑的面层材料，并应设置隔离层。

3.0.10 隔离层可采用防水卷材类、防水涂料类和沥青砂浆等材料。

防潮要求较低的底层地面，亦可采用沥青类胶泥涂覆式隔离层或增加灰土、碎石灌沥青等垫层。

3.0.11 湿热地区非空调建筑的底层地面，可采用微孔吸湿、表面粗糙的面层。

3.0.12 采暖房间的地面，可不采取保温措施，但遇下列情况之一时，应采取局部保温措施：

3.0.12.1 架空或悬挑部分直接对室外的采暖房间的楼层地面或对非采暖房间的楼层地面；

3.0.12.2 当建筑物周边无采暖通风管沟时，严寒地区底层地面，在外墙内侧0.5～1.0m范围内宜采取保温措施，其热阻值不应小于外墙的热阻值。

3.0.13 季节性冰冻地区非采暖房间的地面以及散水、明沟、踏步、台阶和坡道等，当土壤标准冻深大于600mm，且在冻深范围内为冻胀土或强冻胀土时，宜采用碎石、矿渣地面或预制混凝土板面层。当必须采用混凝土垫层时，应在垫层下加设防冻胀层。

位于上述地区并符合以上土壤条件的采暖房间，混凝土垫层竣工后尚未采暖时，应采取适当的越冬措施。

防冻胀层应选用中粗砂、砂卵石、炉渣或炉渣石灰土等非冻胀材料。其厚度应根据当地经验确定，亦可按表3.0.13选用。

防冻胀层厚度　　表3.0.13

土壤标准冻深(mm)	防冻胀层厚度(mm)	
	土壤为冻胀土	土壤为强冻胀土
600～800	100	150
1200	200	300
1800	350	450
2200	500	600

注：土壤的标准冻深和土壤冻胀性分类，应按现行国家标准《建筑地基基础设计规范》的规定确定。

采用炉渣石灰土作防冻胀层时，其重量配合比宜为7:2:1(炉渣:素土:熟化石灰)，压实系数不宜小于0.85，且冻前龄期应大于30d。

3.0.14 有灼热物件接触或受高温影响的底层地面，可采用素土、矿渣或碎石等面层。当同时有平整和一定清洁要求时，尚应根据温度的接触或影响状况采取相应措施：300℃以下时，可采用粘土砖面层；300～500℃时，可采用块石面层；500～800℃时，可采用耐热混凝土或耐火砖等面层；800～1400℃局部地段，可采用铸铁板面层。上述块材面层的结合层材料宜采用砂或炉渣。

3.0.15 要求不发生火花的地面，宜采用细石混凝土、水泥石屑、水磨石等面层，但其骨料应为不发生火花的石灰石、白云石和大理石等，亦可采用不产生静电作用的绝缘材料作整体面层。

3.0.16 生产和储存食品、食料或药物且有可能直接与地面接触的地段，面层严禁采用有毒性的塑料、涂料或水玻璃类等材料。材料的毒性应经有关卫生防疫部门鉴定。

生产和储存吸味较强的食物时，应避免采用散发异味的地面材料。

3.0.17 生产过程中有汞滴落的地段，可采用涂刷涂料的水泥类面层或较聚氯乙烯板整体面层。底层地面应采用混凝土垫层，楼层地面应加强其刚度及整体性。地面应有一定的坡度。

3.0.18 防油渗地面类型的选择，应符合下列要求：

3.0.18.1 楼层地面经常受机油直接作用的地段，应采用防油渗混凝土面层，现浇钢筋混凝土楼板上可不设防油渗隔离层；预制钢筋混凝土楼板和有较强机械设备振动作用的现浇钢筋混凝土楼板上应设置防油渗隔离层。

3.0.18.2 受机油较少作用的地段，可采用涂有防油渗涂料的水泥类整体面层，并可不设防油渗隔离层。防油渗涂料应具有耐磨性能，可采用聚合物砂浆、聚酯类涂料等材料。

3.0.18.3 防油渗混凝土地面，其面层不应开裂，面层的分格缝处不得渗漏。

3.0.18.4 对露出地面的电线管、接线盒、地脚螺栓、预埋套管及墙、柱连接处等部位应增加防油渗措施。

3.0.19 经常承受机械磨损、冲击作用的地段，地面类型的选择应符合下列要求：

3.0.19.1 通行电瓶车、载重汽车、叉式装卸车及从车辆上倾卸物件或在地面上翻转小型零部件等地段，宜采用现浇混凝土垫层兼面层或细石混凝土面层。

3.0.19.2 通行金属轮车、滚动坚硬的圆形重物，拖运尖锐金属物件等磨损地段，宜采用混凝土垫层兼面层、铁屑水泥面层。垫层混凝土强度不低于C25。

3.0.19.3 行驶履带式或带防滑链的运输工具等磨损强烈的地段，宜采用砂结合的块石面层、混凝土预制块面层、水泥砂浆结合铸铁板面层或钢格栅加固的混凝土面层。预制块混凝土强度不低于C30。

3.0.19.4 堆放铁块、钢锭、铸造砂箱等笨重物料及有坚硬重物经常冲击的地段，宜采用素土、矿渣、碎石等面层。

注：磨损强烈的地段也可采用经过可靠性验证的其它新型耐磨、耐冲击的地面材料。

3.0.20 地面上直接安装金属切削机床的地段，其面层应具有一定的耐磨性、密实性和整体性要求。宜采用现浇混凝土垫层兼面层或细石混凝土面层。

3.0.21 有气垫运输的地段，其面层应致密不透气、无缝、不易起尘。宜采用树脂砂浆、耐磨涂料、现浇高级水磨石等面层；地面坡度不应大于1‰，且不应有连续长坡。表面平整度用2m靠尺检查时，空隙不应大于2mm。

3.0.22 公共建筑中，经常有大量人员走动或小型推车行驶的地段，其面层宜采用耐磨、防滑、不易起尘的无釉地砖、大理石、花岗石、水泥花砖等块材面层和水泥类整体面层。

3.0.23 室内环境具有较高安静要求的地段，其面层宜采用地毯、塑料或橡胶等柔性材料。

3.0.24 供儿童及老年人公共活动的主要地段，面层宜采用木地板、塑料或地毯等暖性材料。

3.0.25 使用地毯的地段，地毯的选用应符合下列要求：

3.0.25.1 经常有人员走动或小型推车行驶的地段，宜采用耐磨、耐压性能较好、绒毛密度较高的尼龙类地毯。

3.0.25.2 卧室、起居室地面宜用长绒、绒毛密度适中和材质柔软的地毯。

3.0.25.3 有特殊要求的地段，地毯纤维应分别满足防霉、防蛀和防静电等要求。

3.0.26 舞池地面宜采用表面光滑、耐磨和略有弹性的木地板、水磨石等面层材料。迪斯科舞池地面宜采用耐磨和耐撞击的水磨石和花岗石等面层材料。

3.0.27 有不起尘、易清洗和抗油腻沾污要求的餐厅、酒吧、咖啡厅等地面，宜采用水磨石、釉面地砖、陶瓷锦砖、木地板或耐沾污地毯等。

3.0.28 室内体育用房、排练厅和表演舞厅等应采用木地板等弹性地面。

室内旱冰场地面应采用具有坚硬耐磨和平整的现浇水磨石、耐磨水泥砂浆等面层材料。

3.0.29 存放书刊、文件或档案等纸质库房，珍藏各种文物或艺术品和装有贵重物品的库房地面，宜采用木板、塑料、水磨石等不起尘、易清洁的面层。底层地面应采取防潮和防结露措施。

注：装有贵重物品的库房，采用水磨石地面时，宜在适当范围内增铺柔性面层。

3.0.30 确定建筑地面面层厚度时，除应符合对有关材料特性和施工的规定外，尚需遵守下列要求：

3.0.30.1 水泥砂浆面层配合比为1:2，水泥标号不宜低于425号。

3.0.30.2 块石面层的块石应为有规则的截锥体，其顶面部分应粗琢平整，其底面积不应小于顶面积的60%。

3.0.30.3 三合土面层配合比宜为1:2:4（熟化石灰:砂:碎砖），灰土面层配合比宜为2:8或3:7（熟化石灰:粘性土）。

3.0.30.4 水磨石面层水泥标号不应低于425号，石子粒径宜为6～15mm，其分格不宜大于1m。

3.0.30.5 防油渗混凝土配合比和复合添加剂的使用需经试验确定。

3.0.30.6 面层涂料的涂刷和喷涂，不得少于三遍，其配合比和制备及施工，必须严格按各种涂料的要求进行。

3.0.31 建筑地面结合层材料及其厚度应根据面层的种类按本规范附录A中表A.0.2确定。以水泥为胶结料的结合层材料，拌合时可掺入适量化学胶（浆）材料。当铸铁板面层其灼热物件温度为800℃以上时，不宜采用1:2水泥砂浆作结合层。

3.0.32 建筑地面填充层材料的自重不应大于9kN/m^3。

3.0.33 建筑地面的找平层材料可用较低标号的水泥砂浆和强度等级C10～C15的混凝土。

3.0.34 采用防油渗胶泥玻璃纤维布作隔离层时，宜采用无碱玻璃纤维网格布，一布二胶总厚度宜为4mm。

4 地面的垫层

4.0.1 地面的垫层类型选择应符合下列要求：

4.0.1.1 现浇整体面层和以粘结剂或砂浆结合的块材面层，宜采用混凝土垫层。

4.0.1.2 以砂或炉渣结合的块材面层，宜采用碎石、矿渣、灰土或三合土等垫层。

4.0.2 地面的垫层最小厚度应符合表4.0.2的规定。

垫层最小厚度　　表4.0.2

垫层名称	材料强度等级或配合比	厚度(mm)
混凝土	≥C10	60
四合土	1:1:6:12(水泥:石灰膏:砂:碎砖)	80
三合土	1:3:6(熟化石灰:砂:碎砖)	100
灰　土	3:7或2:8(熟化石灰:粘性土)	100
砂、炉渣、碎(卵)石		60
矿　渣		80

注：① 一般民用建筑中的混凝土垫层最小厚度可采用50mm。

② 表中熟化石灰可用粉煤灰、电石渣等代替，砂可用炉渣代替，碎砖可用碎石、矿渣、炉渣等代替。

4.0.3 混凝土垫层的强度等级不应低于C10；混凝土垫层兼面层的强度等级不应低于C15。

4.0.4 混凝土垫层厚度应根据地面主要荷载确定，并应符合下列规定：

4.0.4.1 在同一地段内有两种或两种以上主要的地面荷载类型时，应分别求出厚度，并以其最大者作为该地段的垫层厚度。

4.0.4.2 当相邻地段所求出的垫层厚度不一致时，宜采用不同的厚度。当技术经济上较合理时，亦可采用同一厚度。

4.0.4.3 对有个别重荷载的地段，应采取局部加厚措施，但不得增加整个地段的垫层厚度。

4.0.5 当主要地面荷载为大面积密集堆料、普通金属切削机床或无轨运输车辆等时，混凝土垫层缩缝采用平头缝，垫层厚度可按本规范附录B采用。

4.0.6 需经计算确定地面混凝土垫层厚度时，应根据地面主要荷载支承面的数量、间距及几何形状，并按本规范附录C的规定进行。

4.0.7 周边加肋的混凝土垫层，采用平头缝构造的缩缝时，其垫层厚度可按本规范附录C公式(C.3.1)计算，此时式中应取 K_c 等于1.0。但厚度不宜大于120mm。

注：① 当按单个荷载确定时，尚应按现行国家标准《混凝土结构设计规范》验算板中冲切强度。

② 板边加肋不宜用于大面积密集堆放荷载的地段。

4.0.8 缩缝为平头缝构造的混凝土垫层，在垫层下采用灰土等作地基加固措施时，垫层厚度可乘以折减系数0.75，并应符合下列条件：

4.0.8.1 折减前的垫层厚度不应大于150mm。

4.0.8.2 折减后的垫层厚度不应小于60mm。

4.0.8.3 灰土的厚度不应小于150mm。

4.0.9 缩缝为企口缝构造的混凝土垫层厚度，可按本规范附录C公式(C.3.1)以临界荷位求出厚度再乘以折减系数0.8确定。

5 地面的地基

5.0.1 地面垫层应铺设在均匀密实的地基上。对淤泥、淤泥质土、冲填土及杂填土等软弱地基，应根据生产特征、使用要求、土质情况并按现行国家标准《建筑地基基础设计规范》的有关规定利用与处理，使其符合建筑地面的要求。

5.0.2 利用经分层压实的压实填土作地基的地面工程，在平整场地以前，应根据地面构造做法、荷载状况、填料性能、现场条件提出压实填土的质量要求。并应按有关工程施工及验收标准检验填土质量合格后，才允许作为地面的地基。

5.0.3 地面垫层下的填土应选用砂土、粉土、粘性土及其它有效填料，不得使用过湿土、淤泥、腐植土、冻土、膨胀土及有机物含量大于8%的土。填料的质量和施工要求，应符合现行国家标准《土方与爆破工程施工及验收规范》的规定。

5.0.4 压实填土地基的密实度、含水量应符合下列规定：

5.0.4.1 压实系数 λ_c 不应小于0.90。

5.0.4.2 控制含水量 W_o(%)应为：

$$W_o = W_{op} \pm 3 \qquad (5.0.4)$$

式中 W_{op}——土的最优含水量(%)，可按当地经验或取 $W_p \pm 2$，粉土可取14～18；W_p 为土的塑限。

5.0.4.3 压实系数应经现场试验确定。当无试验条件时，应要求施工压实机具、每层铺土厚度及每层压实遍数，均应符合表5.0.4的规定。

注：① 压实系数为土的控制干密度 ρ_d 与最大干密度 ρ_{dmax} 的比值。

② 土的最大干密度宜采用击实试验确定，或按现行国家标准《建筑地基基础设计规范》的有关规定计算，土的控制干密度可根据当地经验确定。

③ 重要工程或工程量较大时，尚应采用触探配合检验。如素填土 $N_{10}>20$ 等。

压实填土每层铺土厚度和压实遍数　表5.0.4

压实机具	每层铺土厚度(mm)	每层压实遍数
平　碾	200～300	6～8
羊足碾	200～350	8～16
蛙式打夯机	200～250	3～4
人工打夯	不大于200	3～4

注：① 本表适用于选用粉土、粘性土等作土料，对灰土、砂土类填料应按现行国家标准《建筑地基基础设计规范》的有关规定执行。

② 本表适用于填土厚度在2m以内的填土。

5.0.5 经处理后的淤泥、淤泥质土、冲填土或杂填土等软弱土质，在夯实之后尚应按具体情况分别采用卵石、砾石、碎石、碎砖、矿渣或砂等夯入土中进行地基表层加固处理，其厚度不宜小于60mm。基槽、基坑的回填土应按新填土处理。

5.0.6 直接受大气影响的室外堆场、散水及坡道等地面，当采用混凝土垫层时，宜在垫层下铺设水稳性较好的砂、炉渣、碎石、矿渣及灰土等材料，其厚度不宜小于本规范表4.0.2中的规定。

5.0.7 有大面积地面荷载的厂房、仓库及重要建筑物地面，应考虑地基可能产生的不均匀变形及其对建筑物的不利影响，并按现行国家标准《建筑地基基础设计规范》采取有关技术措施。

6 地面构造

6.0.1 建筑物的底层地面标高，应高出室外地面150mm，当有生产、使用的特殊要求或建筑物预期较大沉降量等其它原因时，可适当增加室内外高差。

6.0.2 当生产和使用要求不允许混凝土类面层开裂时，宜在混凝土顶面下20mm处配置直径为4mm、间距为150～200mm的钢筋网。

6.0.3 地面变形缝的设置应符合下列要求：

6.0.3.1 底层地面的沉降缝和楼层地面的沉降缝、伸缩缝及防震缝的设置，均应与结构相应的缝位置一致，且应贯通地面的各构造层。

6.0.3.2 变形缝应在排水坡的分水线上，不得通过有液体流经或积聚的部位。

6.0.4 变形缝的构造应考虑到在其产生位移或变形时，不受阻、不被破坏，并不破坏地面；材料选择应分别按不同要求采取防火、防水、保温、防虫害、防油渗等措施。

6.0.5 底层地面的混凝土垫层，应设置纵向缩缝、横向缩缝，并应符合下列要求：

6.0.5.1 纵向缩缝应采用平头缝或企口缝(图6.0.5(a)、(b))，其间距可采用3～6m。

6.0.5.2 纵向缩缝采用企口缝时，垫层的构造厚度不宜小于150mm，企口拆模时的混凝土抗压强度不宜低于3MPa。

6.0.5.3 横向缩缝宜采用假缝(图6.0.5(c))，其间距可采用6～12m；高温季节施工的地面，假缝间距宜采用6m。假缝的宽度宜为5～20mm；高度宜为垫层厚度的1/3；缝内应填水泥砂浆。

6.0.6 平头缝和企口缝的缝间不得放置隔离材料，必须彼此紧贴。

6.0.7 室外地面的混凝土垫层，宜设伸缝，其间距宜采用20～30m，缝宽20～30mm，缝内应填沥青类材料，沿缝两侧的混凝土边缘应局部加强。

6.0.8 大面积密集堆料的地面，混凝土垫层的纵向缩缝、横向缩缝，应采用平头缝，其间距宜采用6m。

6.0.9 在不同垫层厚度交界处，当相邻垫层的厚度比大于1、小于或等于1.4时，可采取连续式过渡措施

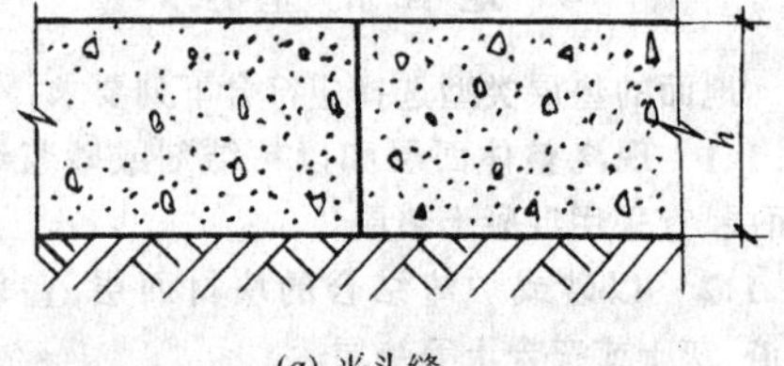

(a) 平头缝

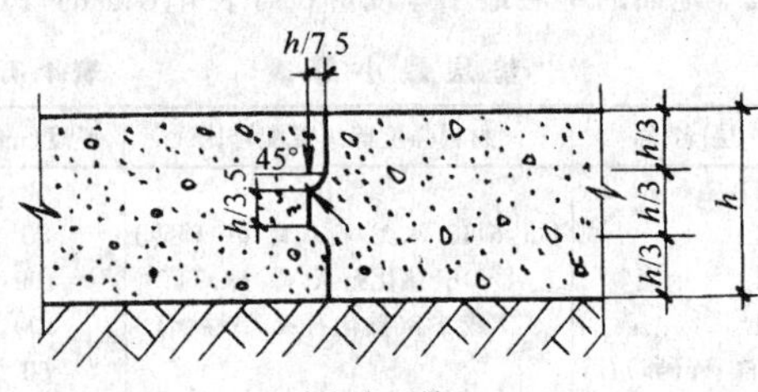

(b) 企口缝

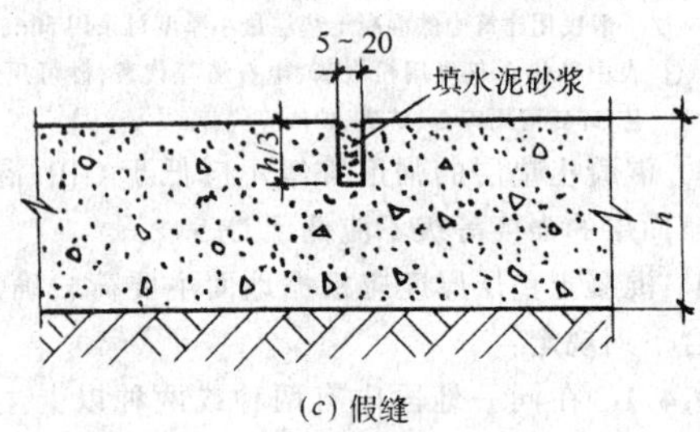

(c) 假缝

图6.0.5 平头缝、企口缝和假缝示意

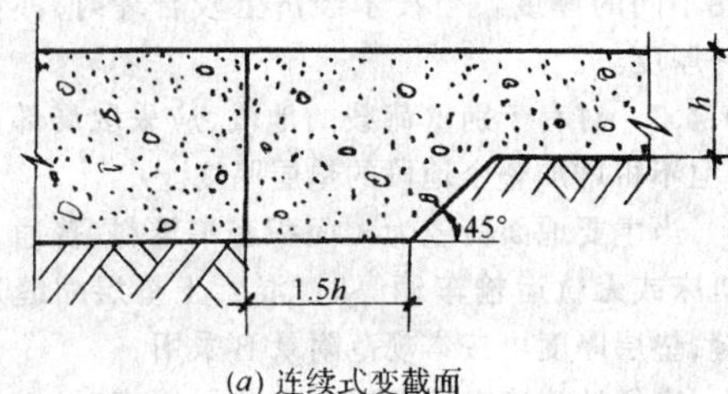

(a) 连续式变截面

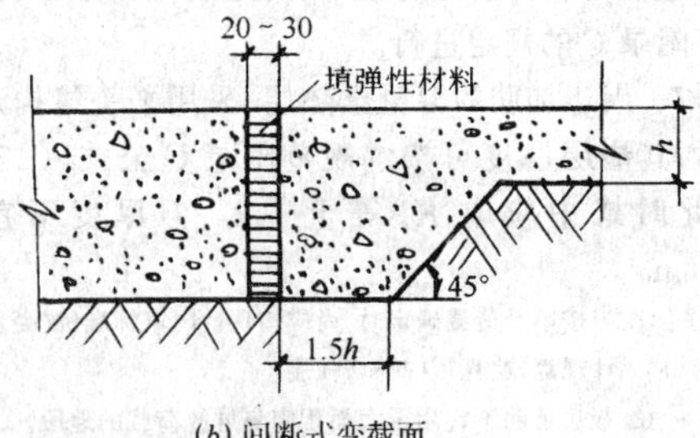

(b) 间断式变截面

图6.0.9 两种变截面形式

(图6.0.9(a))；当厚度比大于1.4时，可设置间断式沉降缝(图6.0.9(b))。

6.0.10 设置防冻胀层的地面，当采用混凝土垫层时，纵向缩缝、横向缩缝应采用平头缝，其间距不宜大于

3m。

6.0.11 混凝土垫层周边加肋时，宜用于室内，纵向缩缝、横向缩缝均应采用平头缝(图 6.0.11)，其间距宜为 6～12m，纵、横间距宜相等。高温季节施工时，其间距宜采用 6m。

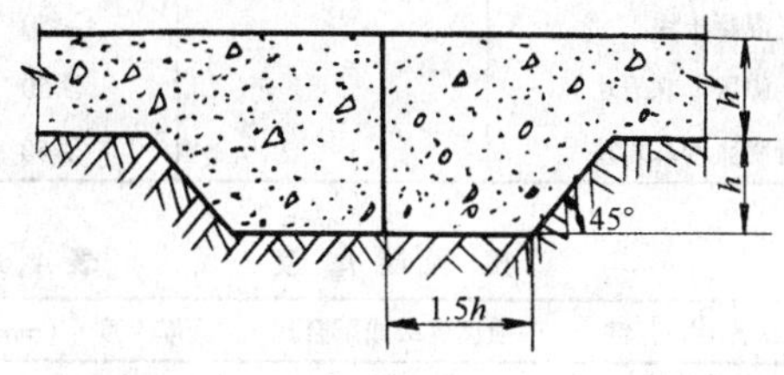

图 6.0.11 垫层周边加肋构造

6.0.12 铺设在混凝土垫层上的面层分格缝应符合下列要求：

6.0.12.1 沥青类面层、块材面层可不设缝。

6.0.12.2 细石混凝土面层的分格缝，应与垫层的缩缝对齐。

6.0.12.3 水磨石、水泥砂浆、聚合物砂浆等面层的分格缝，除应与垫层的缩缝对齐外，尚应根据具体设计要求缩小间距。主梁两侧和柱周宜分别设分格缝。

6.0.12.4 设有隔离层的面层分格缝，可不与垫层的缩缝对齐。

6.0.12.5 防油渗面层分格缝的做法宜符合下列要求：

(1) 分格缝的宽度可采用 15～20mm，其深度可等于面层厚度。

(2) 分格缝的嵌缝材料，下层宜采用防油渗胶泥，上层宜采用膨胀水泥砂浆封缝。

6.0.13 当有需要排除的水或其它液体时，地面应设朝向排水沟或地漏的排泄坡面。排泄坡面较长时，宜设排水沟。

排水沟或地漏应设置在不妨碍使用并能迅速排除水或其它液体的位置。

6.0.14 疏水面积较大，当排泄量较小、排泄时可以控制或不定时冲洗时，可仅在排水地漏周围的一定范围内，设置排泄坡面。

6.0.15 底层地面的坡度，宜采用修正地基高程筑坡。楼层地面的坡度，宜采用变更填充层、找平层的厚度或由结构起坡。

6.0.16 地面排泄坡面的坡度，应符合下列要求：

6.0.16.1 整体面层或表面比较光滑的块材面层，可采用 0.5%～1.5%。

6.0.16.2 表面比较粗糙的块材面层，可采用 1%～2%。

6.0.17 排水沟的纵向坡度，不宜小于 0.5%。

6.0.18 地漏四周、排水地沟及地面与墙面连接处的隔离层，应适当增加层数或局部采用性能较好的隔离层材料。地面与墙面连接处隔离层应翻边，其高度不宜小于 150mm。

6.0.19 有水或其它液体作用的地面与墙、柱等连接处，应分别设置踢脚板或墙裙。踢脚板的高度不宜小于 150mm。

6.0.20 有水或其它液体流淌的地段与相邻地段之间，应设置挡水或调整相邻地面的高差。

6.0.21 在踏步、坡道或经常有水、油脂、油等各种易滑物质的地面上，应考虑防滑措施。

6.0.22 有水或其它液体流淌的楼层地面孔洞四周和平台临空边缘，应设置翻边或贴地遮挡，高度不宜小于 100mm。

6.0.23 在有强烈冲击、磨损等作用的沟坑边缘，应采取加强措施。台阶、踏步边缘，可根据使用情况采取加强措施。

6.0.24 建筑物四周应设置散水、排水明沟或散水带明沟。散水的设置应符合下列要求：

6.0.24.1 散水的宽度，应根据土壤性质、气候条件、建筑物的高度和屋面排水型式确定，宜为 600～1000mm；当采用无组织排水时，散水的宽度可按檐口线放出 200～300mm。

6.0.24.2 散水的坡度可为 3%～5%。当散水采用混凝土时，宜按 20～30m 间距设置伸缝。散水与外墙之间宜设缝，缝宽可为 20～30mm，缝内应填沥青类材料。

附录 A 面层、结合层、填充层、找平层的厚度和隔离层的层数

A.0.1 面层厚度应符合表 A.0.1 的规定。

面 层 厚 度 **表 A.0.1**

面层名称	材料强度等级	厚 度(mm)
混凝土(垫层兼面层)	≥C15	按垫层确定
细石混凝土	≥C20	30～10
聚合物水泥砂浆	≥M20	5～10
水泥砂浆	≥M15	20
铁屑水泥	M40	30～35(含结合层)
水泥石屑	≥M30	20
防油渗混凝土	≥C30	60～70
防油渗涂料	—	5～7
耐热混凝土	≥C20	≥60
沥青混凝土	—	30～50
沥青砂浆	—	20～30
菱苦土(单层)	—	10～15
(双层)	—	20～25
矿渣、碎石(兼垫层)	—	80～150
三合土(兼垫层)	—	100～150
灰 土	—	100～150
预制混凝土板(边长≤500mm)	≥C20	≤100
普通粘土砖(平铺)	≥MU7.5	53
(侧铺)		115

续表

面层名称	材料强度等级	厚度(mm)
煤矸石砖、耐火砖(平铺)	≥MU10	53
(侧铺)		115
水泥花砖	≥MU15	20
现浇水磨石	≥C20	25~30(含结合层)
预制水磨石板	≥C15	25
陶瓷锦砖(马赛克)	—	5~8
地面陶瓷砖(板)	—	8~20
花岗岩条石	≥MU60	80~120
大理石、花岗石	—	20
块　石	≥MU30	100~150
铸铁板	—	7
木　板(单层)	—	18~22
(双层)	—	12~18
薄型木地板	—	8~12
格栅式通风地板	—	高300~400
软聚氯乙烯板	—	2~3
塑料地板(地毡)	—	1~2
导静电塑料板	—	1~2
聚氨酯自流平	—	3~4
树脂砂浆	—	5~10
地　毯	—	5~12

注：① 双层木地板面层厚度不包括毛地板厚，其面层用硬木制作时，板的净厚度宜为12~18mm。
② 本规范中沥青类材料均指石油沥青。
③ 防油渗混凝土的抗渗性能宜按照现行国家标准《普通混凝土长期性能和耐久性能试验方法》进行检测，用10号机油为介质，以试件不出现渗油现象的最大不透油压力为1.5MPa。
④ 防油渗涂料粘结抗拉强度为≥0.3MPa。
⑤ 铸铁板厚度系指面层厚度。

A.0.2 结合层厚度应符合表A.0.2的规定。

结合层厚度　　表A.0.2

面层名称	结合层材料	厚度(mm)
预制混凝土板	砂、炉渣	20~30
陶瓷锦砖(马赛克)	1:1水泥砂浆	5
	或1:4干硬性水泥砂浆	20~30
普通粘土砖、煤矸石砖、耐火砖	砂、炉渣	20~30
水泥花砖	1:2水泥砂浆	15~20
	或1:4干硬性水泥砂浆	20~30
块　石	砂、炉渣	20~50
花岗岩条石	1:2水泥砂浆	15~20
大理石、花岗石、预制水磨石板	1:2水泥砂浆	20~30
地面陶瓷砖(板)	1:2水泥砂浆	10~15
铸铁板	1:2水泥砂浆	45
	砂、炉渣	≥60
塑料、橡胶、聚氯乙烯塑料等板材	粘结剂	
木地板	粘结剂，木板小钉	
导静电塑料板	配套导静电粘结剂	

A.0.3 填充层厚度应符合表A.0.3的规定。

A.0.4 找平层厚度应符合表A.0.4的规定。

A.0.5 隔离层的层数应符合表A.0.5的规定。

填充层厚度　　表A.0.3

填充层材料	强度等级或配合比	厚度(mm)
水泥炉渣	1:6	30~80
水泥石灰炉渣	1:1:8	30~80
轻骨料混凝土	C7.5	30~80
加气混凝土块		≥50
水泥膨胀珍珠岩块		≥50
沥青膨胀珍珠岩块		≥50

找平层厚度　　表A.0.4

找平层材料	强度等级或配合比	厚度(mm)
水泥砂浆	1:3	≥15
混凝土	C10~C15	≥30

隔离层的层数　　表A.0.5

隔离层材料	层数(或道数)
石油沥青油毡	一~二层
沥青玻璃布油毡	一　层
再生胶油毡	一　层
软聚氯乙烯卷材	一　层
防水冷胶料	一布三胶
防水涂膜(聚氨酯类涂料)	二~三道
热沥青	二　道
防油渗胶泥玻璃纤维布	一布二胶

注：①石油沥青油毡不应低于350g。
② 防水涂膜总厚度一般为1.5~2mm。
③ 防水薄膜(农用薄膜)作隔离层时，其厚度为0.4~0.6mm。
④ 沥青砂浆作隔离层时，其厚度为10~20mm。
⑤ 用于防油渗隔离层可采用具有防油渗性能的防水涂膜材料。

附录B　混凝土垫层厚度选择表

B.0.1 混凝土垫层厚度选择见表B.0.1。

混凝土垫层厚度选择表　　表B.0.1

荷载类型		混凝土强度等级	混凝土垫层厚度(mm) 压实填土地基的变形模量 E_0(N/mm²) 8	20	40
大面积密集堆料(kN/m²)	20	C10	70	60	60
		C15	60	60	60
	30	C10	100	80	70
		C15	90	70	60
		C20	80	60	60
	50	C10	160	130	110
		C15	140	110	100
		C20	120	100	90
普通金属切削机床	卧式车床CW6163、转塔六角车床CQ31125、铲齿车床CB8925、半自动车床C7625、仿形车床C7125 摇臂钻床Z35、立式钻床Z575、卧式内拉床L6110	C10	160	140	120

续表

荷载类型		混凝土垫层厚度(mm)			
		混凝土强度等级	压实填土地基的变形模量 E_o(N/mm²)		
			8	20	40
普通金属切削机床	外圆磨床 M131W、内圆磨床 M250A、平面磨床 M7132H、无心磨床 M1080B、曲轴磨床 MQ8260				
	滚齿机 Y38、刨齿机 Y236、插齿机 Y75150、剃齿机 Y4245	C15	150	130	120
	立式铣床 X5032、卧式铣床 XA6140A、卧式镗床 TAX61T	C20	140	120	120
	牛头刨床 BC6063B、插床 B5032				
无轨运输车辆	2t 电瓶车、1t 叉式装卸车、2.5t 载重汽车	C10 C15	90 80	80 70	70 60
	4t 载重汽车、2t 叉式装卸车	C10 C15 C20	130 120 100	120 110 90	110 100 80
	3t 叉式装卸车	C10 C15 C20	140 130 110	130 120 100	120 110 90
	8t 载重汽车、5t 叉式装卸汽车、12t 三轴载重汽车	C10 C15 C20	160 150 140	150 140 130	140 130 120
吊车起重量(t)	≤1	C10 C15	80 70	70 60	60 60
	3	C10 C15 C20	100 90 80	90 80 70	80 70 60
	5	C10 C15 C20	120 110 100	110 100 90	100 90 90
	10~15	C10 C15 C20	140~160 130~150 120~140	130~150 120~140 110~130	120~140 110~130 100~120

注:① 当垫层上有现浇细石混凝土面层时,表列厚度应减去面层的厚度,但不应小于 60mm。

② 当混凝土垫层板边加肋或在垫层下设有灰土等地基加强层时,表列厚度可乘以折减系数 0.75;当同时采用板边加肋和地基加强层时,不宜作二次折减。折减后的厚度,对直接安装普遍金属切削机床的地段不宜小于 100mm。

③ 支承间距≤80cm、支承面积≥30×30(cm²)的物件,按投影面积计算的平均重量≤50kN/m²,垫层厚度也可按"大面积密集堆料"选用。

④ 利用吊车堆叠钢板、毛坯件及其它重物时,或用于检修设备的吊车当有专门检修场地时,或装配作业在专门台位上进行,或装配后的产品与地面接触面积很大时,表中吊车起重量不应作为选择垫层厚度的依据。

⑤ 压实填土地基的变形模量 E_o 的计算值,可按本规范表 C.1.5 选用。

⑥ 选用表列厚度时尚应结合当地气候、土质、填料、使用经验以及施工和养护条件,作出与使用要求相适应且经济合理的垫层厚度。

附录 C 混凝土垫层厚度计算

C.1 一 般 规 定

C.1.1 混凝土垫层厚度的计算应采用以概率理论为基础的极限状态设计方法,用分项系数的设计表达式进行计算。

C.1.2 混凝土垫层均应按承载能力极限状态设计,并满足正常使用极限状态的要求。

注:根据地基上混凝土板结构的特点,混凝土垫层正常使用极限状态,应为短期荷载作用下板面即将出现环形裂缝时的状态。

C.1.3 根据混凝土垫层破坏后可能产生后果(造成经济损失、产生社会影响等)的严重性,垫层应按表 C.1.3 划分三个安全等级和重要性系数。当按承载能力极限状态设计计算时,应根据具体情况适当选用。

混凝土垫层的安全等级和重要性系数 表 C.1.3

地面类别	安全等级	重要性系数 γ_o
重要的建筑地面	一 级	1.1
一般的建筑地面	二 级	1.0
次要的建筑地面	三 级	0.9

注:对于特殊建筑物地面,其安全等级可根据具体情况另行确定。

C.1.4 混凝土设计指标应按表 C.1.4 采用。

混凝土设计指标 表 C.1.4

混凝土强度等级	C10	C15	C20	C25	C30
抗拉强度 f_t(N/mm²)	0.65	0.90	1.10	1.30	1.50
弹性模量 E_c(N/mm²)	1.75×10^4	2.20×10^4	2.55×10^4	2.80×10^4	3.00×10^4

C.1.5 压实填土地基的变形模量 E_o 应按表 C.1.5 采用。

压实填土地基的变形模量(E_o) 表 C.1.5

填土类别	质量控制指标	变形模量 E_o(N/mm²)	
		土壤湿度正常者	土壤过湿者
砂 土	$N>30$ 密实	40	36
	$15<N\leqslant30$ 中密	32	28
	$10<N\leqslant15$ 稍密	24	18
粉 土	$5<N\leqslant10$ $I_p\leqslant10$	22	14
粘性土	$15<N_{10}\leqslant25$ $10<I_p\leqslant17$	20	10
	$N_{10}>25$ $I_p>17$	18	8
素填土	$N_{10}\geqslant20$	20	10

注:① 土壤过湿者系指压实后的填土持力层位于地下毛细水上升的高度范围内,或相对含水量 W_s($W_s=W/W_1$,W 为天然含水量,W_1 为液限)达到 0.55 时的状态。

② 各类土壤地下毛细水的上升高度一般为:砂土 0.3~0.5m,粉土 0.6m,粘性土 1.3~2.0m。

③ 素填土系指粘性土与粉土组成的压实填土。

④ 表中 N 为标准贯入试验锤击数;N_{10} 为轻便触探试验锤击数,I_p 为土的塑性指标。

C.1.6 按承载能力极限状态设计时,与混凝土垫层厚度相关的综合刚度系数 β 应按表 C.1.6 采用。

综合刚度系数 $\beta(\times 10^{-3} 1/\text{mm})$　　表 C.1.6

$E_o(\text{N/mm}^2)$ \ 混凝土强度等级	C10	C15	C20	C25	C30
8	1.50	1.19	1.03	0.94	0.89
20	2.63	2.09	1.80	1.64	1.56
40	4.20	3.34	2.89	2.63	2.49

注：当填土的变形模量介于表列数值之间时，综合刚度系数可用插入法取值。

C.1.7 在正常使用极限状态验算时，混凝土垫层的相对刚度半径 L 应按下式计算：

$$L = 0.33h\sqrt[3]{\frac{E_c}{E_o}} \quad (\text{C.1.7})$$

式中 L——相对刚度半径(mm)；

h——混凝土垫层厚度(mm)；

E_c——混凝土弹性模量(N/mm^2)，按 C.1.4 采用；

E_o——压实填土地基的变形模量(N/mm^2)，按 C.1.5 采用。

C.2 地面荷载计算

C.2.1 地面荷载可根据其支承面的数量、间距及几何形状，分为单个圆形荷载、单个当量圆形荷载、多个荷载和等效荷载。

C.2.2 凡符合下列情况之一者，应按单个圆形荷载计算：

(1) 只有一个支承面，其几何形状为圆形者。

(2) 有若干支承面，其几何形状为圆形且各支承面中心不在荷位区以内者。

C.2.3 当量圆形荷载应符合下列要求：

(1) 荷载支承面近似圆形，支承面长宽比 $a/b<2$ 的矩形或近似矩形时，可化作当量圆形，其荷载为当量圆形荷载。

(2) 当量圆半径可按下式计算：

$$r = 0.564\sqrt{A} \quad (\text{C.2.3})$$

式中 r——当量圆半径(mm)；

A——荷载支承面面积(mm^2)。

C.2.4 多个荷载与等效荷载的计算应符合下列规定：

(1) 单个等效荷载应为两个或两个以上单个当量圆形荷载的等效值，并可根据极限承载能力的等值要求按下式确定：

$$S_{oi} = S_o\left(\frac{h_i}{h_o}\right)^2 \quad (\text{C.2.4-1})$$

(2) 当荷载支承面为长宽比 $a/b \geqslant 2$ 的矩形或具有复杂的几何形状时，可按面积相等、形状相似的原则划分成若干个荷载计算单元，分别按式(C.2.3)化为若干个当量圆形荷载。

(3) 荷载当量圆半径不应大于混凝土垫层的相对刚度半径(即 $r \leqslant L$)。

(4) 当支承面为线形(即由圆柱状物件的侧面形成)时，其支承面计算宽度可取相对刚度半径的 1/10 计算，即 b(宽度)$=0.1L$。

(5) 最不利荷载应为荷位区内最大的单个等效荷载。

(6) 组合等效荷载应为荷位区内各单个等效荷载的总和，并可按下式计算。

$$S_{os} = S_o\left[1 + \sum_{i=1}^{n-1}\frac{2}{\pi}(\alpha_{oi} - \sin\alpha_{oi}\cos\alpha_{oi}) \times \frac{S_{oi}}{S_o}\right] \quad (\text{C.2.4-2})$$

式中 S_{os}——位于多个荷载计算中心的组合等效荷载；

S_o——位于多个荷载计算中心最不利荷载，为便于叙述，假定它为 S_o；

S_i——位于荷位区内的任一当量圆形荷载；

S_{oi}——以 S_o 为计算中心的荷位区内任一当量圆形单个等效荷载，均按式(C.2.4-1)求得；

h_o、h_i——分别为 S_o、S_i 作用下，通过式(C.3.1)求得的垫层厚度；

α_{oi}——荷载影响角，如图(C.2.10)所示。

C.2.5 圆形或当量圆形的计算半径，应符合下列规定：

(1) 面层为现浇细石混凝土或混凝土垫层兼面层时，计算半径 r_j 为：

$$r_j = r \quad (\text{C.2.5-1})$$

注：上述条件下，计算混凝土垫层厚度时，应以面层和垫层的总厚度作为计算厚度，并可按垫层的混凝土强度等级采用所需的设计值。

(2) 其它类型的面层，即面层与垫层不能共同受力时，计算半径 r_j 为：

$$r_j = r + h' \quad (\text{C.2.5-2})$$

式中 r——圆形荷载支承面的半径或当量圆半径(mm)；

h'——垫层以上各构造层的总厚度(mm)。

C.2.6 荷载设计值可按下列公式计算：

(1) 荷载基本组合的设计值 S：

$$S = \gamma_G C_G G_k + \sum_{i=1}^{n}\gamma_{Qi}C_{Qi}\varphi_{ci}Q_{ki} \quad (\text{C.2.6-1})$$

式中 G_k——永久荷载的标准值；

Q_{ki}——可变荷载的标准值；

γ_G——永久荷载的分项系数，取 $\gamma_G=1.2$；

γ_{Qi}——可变荷载的分项系数，取 $\gamma_Q=1.4$；

C_G、C_{Qi}——分别为荷载效应系数，均取 1.0；

φ_{ci}——搬运或装卸以及车轮起、刹车的动力系数，宜取 1.1～1.2。

(2) 荷载短期组合的设计值 S_s：

$$S_s = C_G G_k + \sum_{i=1}^{n}C_{Qi}\varphi_{ci}Q_{ki} \quad (\text{C.2.6-2})$$

C.2.7 临界荷位应为地面板在受荷状态下承载能力

最不利部位。本规定临界荷位应选择缩缝为平头缝构造的板角等最不利荷载(亦称计算中心荷载、控制荷载)作用的部位。

荷位系数应为板中极限承载能力与板角极限承载能力的比值 k_c。当荷载作用于临界荷位时,荷位系数 k_c 可取 2.0;当荷载作用于板中时,荷位系数 k_c 可取 1.0。

C.2.8 荷位区半径系指以计算中心为原点,地面荷载作用下弯矩影响最大的有效距离,可按下式计算:

$$R_{omax}=r_j+4.5L \tag{C.2.8}$$

式中 R_{omax}——荷位区半径(mm);

r_j——计算中心荷载支承面的当量圆形计算半径(mm);

L——相对刚度半径,按式(C.1.7)计算。

C.2.9 临界荷位区应为最不利荷载 S_o 作用于板角时,由夹角为 90°的荷位区半径 R_{omax} 所形成的 1/4 圆形区域(图 C.2.9(*a*))。

板中荷位区应为以最不利荷载 S_o 作用处为圆心,R_{omax} 为半径所形成的圆形区域(图 C.2.9(*b*))。

R_i 为 S_o 至 S_i 的距离。

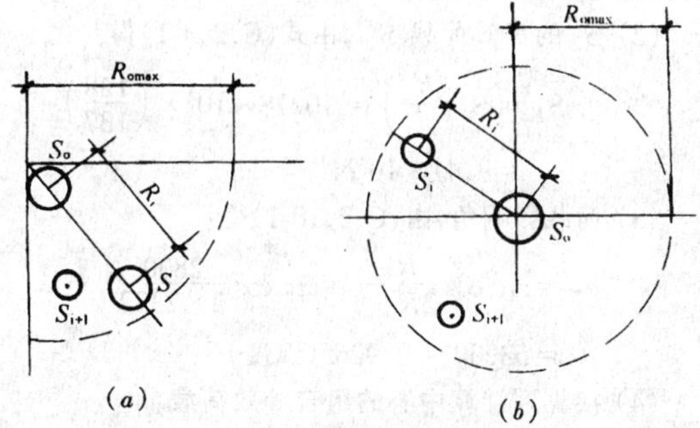

图 C.2.9 荷位区

C.2.10 荷载影响角应为以计算中心荷载为原点的指定夹角(图 C.2.10),可按下列公式计算:

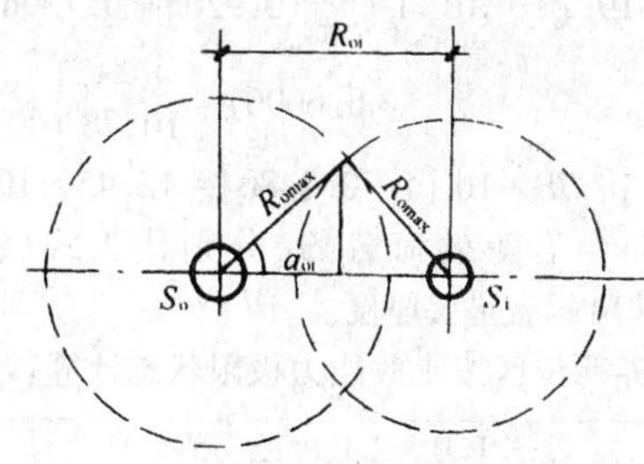

图 C.2.10 荷载影响角示意

$$\alpha_{oi}=\arccos\frac{R_{oi}}{2R_{omax}} \tag{C.2.10-1}$$

$$2r_j<R_{oi}\leqslant 2R_{omax} \tag{C.2.10-2}$$

注:为便于叙述,均假定 S_o 为计算中心,S_i 为荷位区半径内任荷载。

C.3 垫层厚度计算

C.3.1 缩缝为平头缝构造的混凝土垫层,单个圆形(或当量圆形)荷载作用下按承载能力极限状态设计时的厚度,应按下式计算:

$$h=\sqrt{\frac{\gamma_o k_c S}{14.24\times(\beta\cdot r_j+0.36)f_t}} \tag{C.3.1}$$

式中 h——垫层厚度(mm),分别为 h_o、h_i、h_{i+1}……;

S——荷载基本组合的设计值(N),分别为 S_o、S_i、S_{i+1}……;

γ_o——重要性系数,按表 C.1.3 采用;

k_c——荷位系数;$k_c=2.0$;

r_j——圆形或当量圆形荷载计算半径(mm);

f_t——混凝土抗拉强度设计值(N/mm²);

β——综合刚度系数(l/mm),按表 C.1.6 取值。

C.3.2 缩缝为平头缝结构的混凝土垫层厚度作板中抗裂度验算时,可按下式计算:

$$h_f=\sqrt{\frac{\gamma_o k_c S_s}{4.04\times\left(\frac{r_j}{L}+0.82\right)f_t}} \tag{C.3.2}$$

式中 h_f——混凝土垫层满足抗裂度要求的最小厚度(mm);

h——混凝土垫层满足极限承载能力要求的最小厚度(mm),按式(C.3.1)计算;

S_s——荷载短期组合的设计值(N),分别为 S_{so}、S_{si}、S_{si+1}……;

f_t——混凝土抗拉强度设计值,按表 C.1.4 采用;

L——混凝土垫层相对刚度半径(mm),按式(C.1.7)计算;

k_c——荷位系数,$k_c=1.0$。

注:可不作抗裂度验算的条件是:$r_j/L\leqslant 0.8$,但对荷载较大和地基强度较高时,不完全适用。

C.3.3 当 $r_j/L\leqslant 0.2$ 时,应按现行国家标准《混凝土结构设计规范》进行附加冲切验算。

C.4 计 算 实 例

C.4.1 例题。

地面上存放最大加工件额定重量为 14t,部件长 3.5m,重量由两个矩形支承面平均分担,支承面中心距离为 2.8m。基土为湿度正常的粉土。面层采用 30mm 厚的细石混凝土,可与垫层起共同作用,缩缝为平头缝构造,求混凝土垫层厚度(图 C.4.1-C.4.1-2)。

C.4.2 计算数据。

分别计算单个当量圆形荷载:

$Q_{k1}=Q_{k2}=1/2\times14\times10^4=7\times10^4$N

$G_k=0$(垫层自重忽略不计)

$\gamma_Q=1.4$

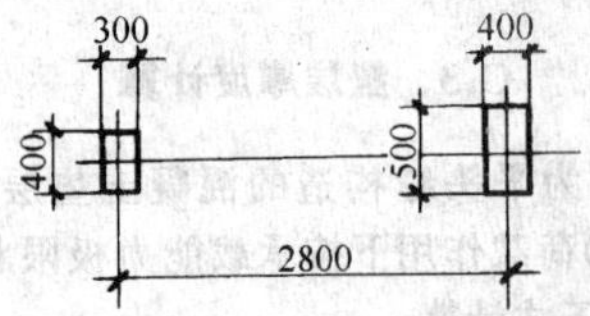

图 C.4.1-1 支承面平面图

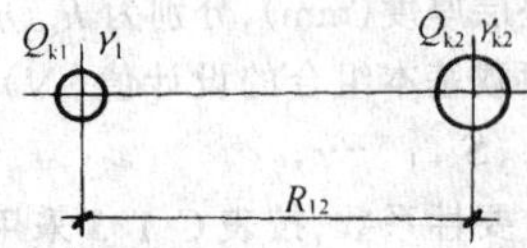

图 C.4.1-2 计算简图

$C_G = C_Q = 1.0$

$\varphi_c = 1.1$

由式(C.2.6-1)得：

$$S_1 = S_2 = \gamma_{Qi} C_{Qi} \varphi_{Ci} Q_{ki}$$
$$= 1.4 \times 1.1 \times 7 \times 10^4 = 10.78 \times 10^4 \mathrm{N}$$

由式(C.2.3)和(C.2.5-1)得：

$$r_{j1} = r_1 = 0.564\sqrt{A} = 0.564\sqrt{300 \times 400} = 195.4\mathrm{mm}$$
$$r_{j2} = r_2 = 0.564\sqrt{400 \times 500} = 252.2\mathrm{mm}$$

选用混凝土为 C20，即 $f_t = 1.1\mathrm{N/mm^2}$，$E_c = 2.55 \times 10^4 \mathrm{N/mm^2}$

湿度正常的粉土，由表 C.1.5 查得：$E_o = 22\mathrm{N/mm^2}$

C.4.3 临界荷位区按承载能力极限状态计算垫层厚度。

(1) 按临界荷位分别计算：

取：$\gamma_o = 1.0$，$k_c = 2.0$，$\beta = 1.91 \times 10^{-3} 1/\mathrm{mm}$（由表 C.1.6 查得）。

由式(C.3.1)得：

$$h_1 = \sqrt{\frac{\gamma_o k_c S_1}{14.24 \times (\beta \cdot r_j + 0.36 f_t)}}$$
$$= \sqrt{\frac{1.0 \times 2.0 \times 10.78 \times 10^4}{14.24 \times (1.91 \times 10^{-3} \times 195.4 \times 0.36) \times 1.10}}$$
$$= 137\mathrm{mm}$$

$$h_2 = \sqrt{\frac{1.0 \times 2.0 \times 10.78 \times 10^4}{14.24 \times (1.91 \times 10^{-3} \times 252.2 + 0.36) \times 1.10}}$$
$$= 128\mathrm{mm}$$

(2) 确定临界荷位区：

由式(C.1.7)得：

$$L = 0.33h\sqrt[3]{\frac{E_c}{E_o}}$$
$$= 0.33 \times 137\sqrt[3]{\frac{2.55 \times 10^4}{22}} = 474.9\mathrm{mm}$$

由式(C.2.8)得：

$$R_{\mathrm{omax}} = 195.4 + 4.5 \times 474.9 = 2332 < R_{12}$$

即第二个荷载不在临界荷位区内，由上面计算可知 $h_1 > h_2$，暂定板厚为 h_1，且 S_1 为最不利荷载。

C.4.4 正常使用极限状态抗裂度验算：

由式(C.2.6-2)得：

$$S_s = C_{Qi} \varphi_{ci} Q_{ki}$$
$$= 1.0 \times 1.1 \times 7.0 \times 10^4 = 7.7 \times 10^4 \mathrm{N}$$

代入式(C.3.2)得：

$$h_f = \sqrt{\frac{\gamma_o k_c S_s}{4.04(r_j/L + 0.82) f_t}}$$
$$= \sqrt{\frac{1.0 \times 1.0 \times 7.7 \times 10^4}{4.04 \times \left(\frac{195.4}{474.9} + 0.82\right) \times 1.10}}$$
$$= 119\mathrm{mm} < h_1$$

抗裂度验算满足要求。

本例 $r_j/L = 0.411 < 0.8$，且地基强度适中，故也可免于验算。

C.4.5 按组合等效荷载作用计算垫层厚度。

(1) 考虑两相邻荷载之间影响：

已知：$R_{12} = 2800\mathrm{mm}$，S_1 是按最不利荷载选定的计算中心。

荷位区半径由式(C.2.8)解出：$R_{\mathrm{omax}} < R_{12}$。

由此可见 S_2 在板中荷位区内，且满足 $2r_j \leqslant R_{12} \leqslant 2R_{\mathrm{omax}}$，故可按式(C.2.4-1)、(C.2.10-1)计算 S_2 的等效荷载和荷载影响角。

(2) S_2 的等效荷载 S_{12}，由式(C.2.4-1)得：

$$S_{12} = S_1\left(\frac{h_2}{h_1}\right)^2 = 10.78 \times 10^4 \times \left(\frac{128}{137}\right)^2$$
$$= 9.41 \times 10^4 \mathrm{N}$$

(3) 荷载影响角，由(C.2.10-1)得：

$$\alpha_{12} = \arccos\frac{R_{12}}{2R_{\mathrm{omax}}} = \arccos\frac{2800}{2 \times 2332}$$
$$= 53.09° = 0.9265(\text{弧度})$$

(4) 换算到计算中心的组合等效荷载：

由(C.2.4-2)得：

$$S_{1s} = S_1\left[1 + \frac{2}{\pi}(\alpha_{1,2} - \sin\alpha_{1,2}\cos\alpha_{1,2}) \times \frac{S_{12}}{S_1}\right]$$
$$= 10.78 \times 10^4\left[1 + \frac{2}{\pi}(0.9265 - 0.7996 \times 0.6006) \times \frac{9.41}{10.78}\right]$$
$$= 10.78 \times 10^4[1 + 0.2480] = 13.45 \times 10^4 \mathrm{N}$$

(5) 将组合等效荷载 S_{1s} 分别代入式(C.3.1)、(C.3.2)求出所需垫层厚度。

a. 临界荷位区按永载能力极限状态计算：

$$h_s = \sqrt{\frac{1.0 \times 2.0 \times 13.45 \times 10^4}{14.24 \times (1.91 \times 10^{-3} \times 195.4 \times 0.36) \times 1.10}}$$
$$= 153\mathrm{mm}$$

b. 板中荷位区作抗裂度验算：则 $h'_s = 145\mathrm{mm}$。

C.4.6 抗冲切验算：

$r_j/L = 195.4/474.9 = 0.411 > 0.2$，不需验算。

C.4.7 计算结果，由 h_1、h_f、h_s、h'_s 中可取 30mm 厚细石混凝土面层，130mm 厚 C20 级混凝土垫层，可起共同

作用，则总厚度为160mm。

附录D 本规范用词说明

D.0.1 为便于在执行本规范条文时区别对待，对要求严格程度不同的用词说明如下：

(1) 表示很严格，非这样做不可的：
正面词采用"必须"；
反面词采用"严禁"。

(2) 表示严格，在正常情况下均应这样做的：
正面词采用"应"；
反面词采用"不应"或"不得"。

(3) 表示允许稍有选择，在条件许可时首先应这样做的；
正面词采用"宜"或"可"；
反面词采用"不宜"。

D.0.2 条文中指定应按其它有关标准、规范执行时，写法为"应符合……的规定"或"应按……执行"。

附加说明

本规范主编单位、参加单位和主要起草人名单

主 编 单 位：机械工业部第二设计研究院

参 加 单 位：中国兵器工业第五设计研究院
电子工业部第十设计研究院
机械工业部第五设计研究院
华东建筑设计院
上海市建筑科学研究所
江苏省建筑工程局
同济大学

主要起草人：钱世楷 陆文英 施少连 史昭福
笪致远 缪世棻 张思浩 琚长征
范守中 张 桦 黄影虹 朱鹤鸣
熊杰民 申屠龙美 蒋大骅

中华人民共和国国家标准

建筑地面设计规范

GB 50037—96

条 文 说 明

修 订 说 明

本规范是根据国家计委计综（1987）2390 号文的要求，由机械工业部负责主编，具体由机械工业部第二设计研究院会同有关单位对原国家标准《工业建筑地面设计规范》TJ 37—79 共同修订而成，经建设部 1996 年 7 月 26 日以建标［1996］404 号文批准，并会同国家技术监督局联合发布。

这次修订的主要内容有：增加了民用建筑地面、有空气洁净度要求、防油渗要求和采暖房间保温要求等地面的设计内容；修订了承载力极限状态时混凝土垫层厚度计算公式、计算方法和压实填土地基的质量控制指标；增订了混凝土垫层厚度选择表和行之有效的各类地面材料；修改了符号、计量单位和基本术语。有关地面防腐蚀内容，将其划归现行国家标准《工业建筑防腐蚀设计规范》。在本规范的修订过程中，规范修订组进行了广泛的调查研究，认真总结我国近年来地面设计与材料、施工等方面的实践经验，针对主要技术问题开展了科学研究与试验验证工作，并广泛地征求了全国有关单位的意见，最后由我部会同有关部门审查定稿。

本规范在执行过程中如发现需要修改和补充之处，请将意见和有关资料寄送机械工业部第二设计研究院（浙江省杭州市石桥路 338 号，邮政编码：310022），并抄送机械工业部，以便今后修订时参考。

1996 年 6 月

目 次

1 总 则

1.0.1 本条提出了设计时必须遵循的原则。鉴于近年来宾馆、饭店、商厦等建筑大量引进国外材料、冲击国内市场，因此本规范提出优先选用国产材料的原则。此外，提出安全适用的要求。

1.0.2 本条规定了本规范的适用范围，除原有工业建筑外，增加民用建筑内容。工业企业的生产建筑和辅助生产建筑，系指冶金、机械、电器、电力、轻工、纺织、建材、交通和一般性化工等大、中、小型企业的生产车间、泵站和仓库等。民用建筑系指居住、商业和文教卫生等设施的建筑。常用室内外地面系指按使用（功能）要求划分，主要包括了承受上部荷载、磨损、冲击、防潮、防腐蚀、清洁、洁净、防滑、耐高温、防爆、防汞、防冻、防毒和防油渗等要求，其中洁净和防油渗是新增加的；民用建筑方面，仅在选材和构造上有区别于工业建筑；未包括隔热、保温、屏蔽、绝缘、防止放射线等。

1.0.3 材料和施工质量，是保证地面工程质量的关键。调查表明，不同程度上对地面工程不够重视，如在混凝土地面工程中存在着采用过期水泥、洗捣前对地基填土未按规定处理，混凝土养护不周、过早投入使用等现象。为了保证地面工程质量，凡原材料和制成品的质量要求，施工配合比、材料试验和检验方法，均需符合现行国家标准《建筑地面工程施工及验收规范》GB 50209—95 及有关标准、规范的规定。

对有特殊条件和要求的地面设计，除应符合本规范的要求外，尚应按现行有关标准、规范执行。如《工业建筑防腐蚀设计规范》GB 50046—95、《湿陷性黄土地区建筑规范》GBJ 25—90、《建筑设计防火规范》GBJ 16—87、《膨胀土地区建筑技术规范》GBJ 112—87、《民用建筑热工设计规程》JGJ 24—86、《方便残疾人使用的城市道路和建筑物设计规范》JGJ 50—88、《民用建筑隔声设计规范》GBJ 118—88、《电子计算机机房设计规范》GB 50174—93、《洁净厂房设计规范》GBJ 73—84、《建筑结构设计统一标准》GBJ 68—84、《建筑结构荷载规范》GBJ 9—87、《混凝土结构设计规范》GBJ 10—89、《建筑地基基础设计规范》GBJ 7—87、《普通混凝土长期性能和耐久性能试验方法》GBJ 82—85 等。

2 术语、符号

本章内容在原规范中仅作为名词解释列于附录，所用符号亦不够统一。现根据《工程建设技术标准编写暂行办法》（建设部（91）建标技字第 32 号文），结合本规范实际，独立成章，连同新增内容集中列出。

本规范采用了国家标准《建筑结构设计通用符号、计量单位和基本术语》GBJ 83—85 和《工程结构设计基本术语和通用符号》GBJ 32—90 的规定，并采用了《中华人民共和国计量单位使用方法》的规定。有关术语的涵义尽量采用了现代的概念来解释。涵义说明了术语所含的主要意义。与基本术语对应的英文术语属推荐使用。

3 地 面 类 型

3.0.1 本条是原规范第 5 条。提出了地面类型选择时应遵循的基本原则。选择何种地面类型需从两个方面考虑：一是在满足不同的主要生产要求的条件下，尽量减少地面的构造类型；二是采用不同的地面类型在技术经济上有明显的优越性时，需区别对待，不宜单纯强调减少地面类型。因此，本规范规定是强调全面考虑综合比较确定。

关于较严重的物理作用或特殊使用要求的地段，在一般情况下仅个别工段或设备部位（如高温车间炉前区、医院手术室等）需设防；对需要设防区段，也应根据主次，体现小面积重点设防原则。

3.0.2 系原规范第 4 条。本条规定地面的基本构造层次，而其他层次则按需要设置。

填充层是本次修订中增加的，主要针对楼层地面遇有暗敷管线、排水找坡、保温和隔声等使用要求。这一名称以往设计中已有使用。详见本规范附录 A.3 说明。必须指出并非为了暗敷管线而设填充层，相反因设计为了其他目的增设填充层，此时，管线有可能在填充层中暗敷。

3.0.3 系原规范第 9 条，适当增加部分行之有效的面层材料。有较高清洁要求，系指由于地面起尘而影响加工精度、设备使用寿命、产品质量以及人们居住和日常活动环境而言。其面层类型，原规范推荐有水磨石、木板、软聚氯乙烯板、菱苦土等，调查表明，除菱苦土少有使用外，水磨石地面的使用最为广泛。

菱苦土地面具有光洁不起尘，并有弹性、暖性等优点，在纺织系统中使用较多，其他系统和单位少有使用。菱苦土地面有怕潮和不耐冲击的缺点，使用范围有一定限制。

软聚氯乙烯板实际上不属于永久性铺地材料，往往是在原有水泥类面层上铺设以求清洁不起尘。

为解决水泥砂浆和混凝土面层易起灰的缺点，近年来各地发展了一些改进做法，如涂刷耐磨涂料，或加铺预制板块材面层，以改善使用条件。

节约木材是一项重要政策，应严格控制木板面层的使用范围。

3.0.4 本条有空气洁净度要求的地面是参照《洁净厂房设计规范》GBJ 73—84 中对地面设计提出的原则性规定。有空气洁净度要求的空间一般有空气调节设施，温度和湿度作用并不剧烈，但需考虑空调失灵等意外情况，有必要提出面层材料选用变形小的材料，以免产生裂损。

地面面层要求耐磨是为了尽量减少面层材料的发尘量。迄今国内建筑饰面材料的发尘量数据尚掌握得很少，难以按建材品种对其发尘量进行定量规定，只能定性控制。根据国内外多年实践经验，人们已认识到，室内空气的洁净度主要取决于对室外进入空气的过滤程度；另外，室内建筑饰面材料的发尘量与人体发尘量相比甚微，可见在这类地面面层设计时，已不宜过于追求发尘量小这个指标（国内早期设计中有此偏向），只能适可而止。

有空气洁净度要求的房间，一般人流路线曲折，对外总出入口少，封闭的内部空间使燃烧不完全而烟量较大，密布串连的风管系统又能引导烟火到处流窜，有很多不利于防火的因素。因此有必要提出"不燃、难燃或燃烧时不产生有毒气体"的规定，使地面尤其是面层材料不致成为火灾时的次生烟火源。

避免眩光是为了增加室内工作人员眼睛的舒适感。据了解，由于有空气洁净度要求，一般为封闭空间、加上室内气流速度（对人头部有影响）等关系，在其间工作人员常有心跳加快，神经衰弱等职业病症，设计时应改善工作环境，给人以舒适感。

有一定的弹性与较低的导热系数是为了增加工作人员脚部的舒适感，但不作硬性规定。美国曾有一论点认为，弹性地面与人鞋底接触面较大，有利于减少地面面层发尘量。

规定面层材料的光反射系数 ρ 为 0.15 至 0.35，比较抽象，据有关资料表明，如灰、红灰、草绿、墨绿、酱红等色能符合要求。面层色彩宜雅致柔和，与室内墙面、顶棚的色彩协调，避免引起视觉疲劳。

静电带电问题在现代某些有空气洁净度要求的工程中日益突出（地面则是空间六面体中重要组成部分），它与废品率、生产效率、人体劳保、防止火灾爆炸等有直接关系。静电的积聚很大程度上取决于室内装修材料，尤其是地面面层。因为静电带电起于摩擦，行走所发生的摩擦较为频繁，同时地面接近人体，考虑它的不易积累静电就更加重要了。目前人们的看法已逐渐趋向一致：即使单从提高生产效率、消除人员心理紧张（不受静电干扰）的角度出发，在这种情况下，地面面层也应防静电。

还应指出，有空气洁净度要求的地段，地面面层导静电、耐磨性等要求，应视空气洁净度的不同级别与不同行业（如半导体元器件、化工、医药、食品、化妆品行业等）的生产和使用性质予以区别对待。有洁净级别的并不都有导静电要求；并非级别越高时对地面耐磨要求越好。这就要求设计人员结合具体工程综合考虑，避免片面性。

对湿度有控制要求时，底层地面应设置防潮隔离层，起防潮和防止面层起鼓、脱落的作用。日本和我国的咸阳彩色显像管厂采用过聚乙烯薄膜（农用薄膜）作防潮隔离层，效果较好，材料易得，价格低廉，施工简便。作法详见《洁净室施工及验收规范》JGJ 71—90。

3.0.5 本条规定了空气洁净度为 100 级垂直层流的地面类型。铸铝通风地板曾用于北京 878 厂 04 号建筑，经过抛光十分光洁，但造价太高。钢板焊接后电镀或涂塑通风地板价格较低廉，较易制作，其强度、刚度亦不亚于铸铝。成都 773 厂垂直层流洁净室采用钢板焊接后电镀通风地板，上刷漆，使用效果尚好。当初用铸铝通风地板系考虑铝不易生锈（及耐磨），而在垂直层流的地段，金属一般不会生锈，看来不一定非用铝。究竟以何种通风地板为宜，应根据建设项目的具体情况选定。

塑料、铸铁等通风地板，或因较易变形、老化，或有效通风面积较小，缺点较多，故不予推荐。角铝框塑料板通风地板也用过，未获成功。

采用格栅通风地板，其有效通风面积及承受荷载能力是矛盾的两方面，应综合考虑，同时满足。

3.0.6 本条规定了空气洁净度为 100 级水平层流、1000 级、10000 级的地面类型。

据调查，60 年代初，北京 503 厂密闭厂房内，采用过聚醋酸乙烯乳液作地面面层，当时我国尚无洁净度分级，该厂房所要求的空气洁净度大约相当于现的今的 10000 级，此后不久，石家庄 13 所也用这种面层。其优点是耐磨、不起尘、不开裂、无缝、弹性较好，但施工麻烦，原料有毒，造价也高，难以推广，以后就不再用了。目前，这类地面已由聚氨酯自流平面层代替。

聚氨酯自流平地面在北京 878 厂 42 号建筑、中国科学院半导体所等处采用过，至今效果尚好。其材料一般采用双组分类型，甲料、乙料混合后涂布反应形成聚氨酯。它可在室温下固化，与基层有良好的附着力，不变形、不碎裂。表面光洁不滑，弹性良好，脚感舒适，易清扫，耐磨、耐水、耐油、耐腐蚀。其静电积聚弱于聚氯乙烯塑料，可作成导静电的，但技术上尚未完全过关。这种面层宜分层施工，每层厚约 1～1.5mm，总厚约 3～4mm，基层应十分平整、干燥，漆膜成型前有毒，施工时必须通风良好。

聚氨酯自流平地面可用导静电塑料贴面面层代替。1989 年建成的北京"松下"彩色显像管有限公司（生产电子枪）有空气洁净度要求的地段，即采用了这种地面，效果不错。所用为浙江金华电子材料厂产品，表面电阻率、体积电阻率均为 10^5～$10^6\Omega$，且较耐磨，施工简便，颇有发展前途，但其耐磨性、抗折强度尚需进一步提高，并应发展卷材或较大块材以减少接缝。另外，还应注意贴面块材的抗收缩性。这类地面贴面层的造价与聚氨酯自流平导静电面层相当。

70年代，在北京878厂40号建筑曾采用聚氯乙烯软板块状地面面层，现已被淘汰。因它静电积聚厉害，施工麻烦（板要先用温水泡软，板间要用塑料焊条焊严），易老化，粘贴不好时会起鼓，不耐硬性划伤，缺点较多；优点是较耐磨，不起尘，有一定的弹性，力学性能较好，耐腐蚀，故在国内早期曾应用较广。也有将其整卷浮铺在地面上的。

采用聚氯乙烯半硬质板粘贴在水泥砂浆基层用于有空气洁净度要求的地段，清洁、耐磨，有一定的硬度和强度，其静电积聚虽略低于聚氯乙烯软板，但仍有不良影响，故亦未予推荐。

3.0.7 本条规定了空气洁净度为100000级、10000级的地面类型。对这类地面设计要求不很高，但有一定的要求。

据调查，原机电部第十设计研究院设计空气洁净度为10000级、100000级的地面时，一般采用现浇彩色水磨石面层，也有在100000级地面采用现浇普通水磨石的。北京有色冶金设计研究总院设计中也采用现浇彩色水磨石面层。

所用的现浇彩色水磨石，不必采用白水泥、大理石石渣等较贵材料，但可略加颜料。

现浇水磨石面层为湿作业，又太费工，国外已不用或罕用。国外这类有空气洁净度要求的地面，广泛采用塑料成块贴面层，标准、成本偏高。现浇水磨石面层坚硬，脚感较差，不如踩于塑料面层上舒服。但现浇水磨石面层成本相对低廉，且能满足空气洁净度的相应要求，一般仍乐于采用。

现浇水磨石地面的面层分格嵌条问题，玻璃条在水磨时有崩掉一小块的危险，使凹下处易积灰尘，对空气洁净度不利；塑料条不耐磨；嵌铜条或铝合金条分格比较适宜。但必须注意到，铜或铝合金为金属材料，对有些生产工艺（如荧光粉的生产）有害，此时就只好采用玻璃嵌条了。

在水泥类面层上涂刷树脂类涂料，在具体工程上可避免现浇水磨石面层费工费时的湿作业，是解决这类洁净度要求的地面一种行之有效的做法。

3.0.8 本条规定了生产或使用过程中有防静电要求的地面设计原则。静电对现代不少生产部门带来危害，对产品的使用者也颇有影响，因而受到人们的关注。

物体带上静电，则带电体附近有电场而产生力学现象、放电现象、静电感应现象，从而引起生产障害、电击灾害、爆炸和火灾。因此生产或使用过程中有防静电要求的地面，必须采用导静电面层。

面层材料中加掺导电纤维防静电的效果较好。也有加导电粉末（如金属粉末）的，但面层表面磨损后，所加粉末颗粒会逸出，不宜用于有空气洁净度要求的地段。加导电纤维、导电粉末是用物理方法处理，较为耐久可靠。面层材料中加表面活性剂是用化学方法处理，时日一久，表面活性剂会逸失，拖洗地面时也会洗掉一些，致导静电性能逐渐减弱；且其导静电效果随空气的相对湿度而变，较潮湿的夏天比冬天好，冬天效果欠佳。此外，采用导静电涂料，涂层较不耐久，需定期涂刷。

物体的表面电阻率小于$10^5\Omega$时，人体接触交流电不安全，产生交流电事故；表面电阻率大于$10^9\Omega$时，则产生静电危害。表面电阻率以$10^5\sim10^7\Omega$为最佳值，范围越小越难作到。我国能作到$10^5\sim10^{8-9}\Omega$。凡表面电阻率满足要求的物体，其体积电阻率一般也能满足要求，有时只测定前者。

另外，摩擦或接触物体时，要求物体表面的起电压不小于一定值，例如10V，要求电荷半衰期小于某个值，例如1s，以使摩擦或接触带上静电后能很快释放掉。上述三项指标之间尚有对应关系。

静电接地是为了万一面层摩擦带电，可以泄掉，以免增加电容，突然放电，造成静电事故。静电接地对地泄漏电阻的大小需根据生产、使用情况决定，一般不大于$10^8\Omega$。

3.0.9 系原规范第10条。在食品、造纸、印染、选矿、水泥等工业建筑中，在居住和公共建筑中的厕所、浴室、厨室等地段，地面上经常有水作用，当水质无腐蚀性介质时，地面多数用现浇水泥类面层，如混凝土、水泥砂浆或水磨石等，均可满足使用要求。有防滑要求时切忌使用水磨石面层。

据设计单位反映，水和非腐蚀性液体作用的程度使用“浸湿”一词不易掌握，为此，本规范补充“流淌”一词，以示量的区别。在如何设置隔离层时，也有所区分。

采用装配式楼板者，因其整体性较差，板缝较多，在水和非腐蚀性液体流淌状况下，即使板面上做了结构整浇层，习惯上仍设置隔离层。至于结构整浇层能否相当于现浇钢筋混凝土楼板，尚缺乏经验。

据调查，在现浇钢筋混凝土楼板中因振捣不密实或温度收缩等原因楼板产生裂缝的情况也时有发生，底层地面因地基垫层等因素也常有地面开裂的现象出现。为此对设置隔离层的要求进一步提高，部分设计单位也希望扩大（放宽）设置隔离层的范围，故建议设计中可根据工程重要性和具体结构条件确定是否设置隔离层。

3.0.10 工业建筑中的地面防潮，主要指长期储存易潮物品的仓库地面，防止地下潮气和毛细水的渗透而言。对于防止地表面结露现象（俗称“返潮”）的问题，主要依靠控制与调节室内空气的温、湿度来解决。

据调研，仓库建筑地面防潮措施，主要取决于堆放物品的性质、贮存时间和地基土壤的潮湿状况等因素，三者既互相结合，又互相影响。如长期贮存易潮物品时，我国南方地区，一般需采用防潮地面；而北方地区，如物品存放时间不同，对地面的防潮要求也不同，一般工厂的成品或原材料仓库，由于物资周转快，对地面防潮要求并不突出。因此，对地面是否需要采取防潮措施，必须综合各项因素并结合当地实践经验进行分析，规范中很难作出具体规定。

据调查，普通混凝土地面可满足一般的防潮要求，但材料中毛细孔隙的存在而不能满足较高的防潮要求，因此以普通混凝土地面作为一个界限，且仅为一个相对标准。

在调查中，仍有单位建议对“有防潮要求”的尚应提供具体条件和指标，如在条文下加注土壤毛细水渗透高度。毛细水上升确会增加土壤湿度，但其数值却难以确定。一般公路设计和工程地质中所采用的是“危险高度”。在毛细水上升的危险高度范围内，土壤的湿度将达到液限的55%左右，从而对土壤的承载力产生显著影响。但对地面防潮来讲，所考虑的主要是土壤湿度状况对地面上堆放物品或室内环境湿度的影响，因此显然不应忽视“危险高度”以上毛细水的存在及其影响。据某些水文地质学的书籍介绍，粉土的毛细水上升极限高度可达1.2～3.5m，粘性土可达3.5～12m（按其塑性指数大小而定），数值都较大。同时必须指出，上层土壤中除毛细水分外尚含有汽态水，当地面上部的水蒸汽分压力较小时，可由土壤向地面转移、渗透。实践证明，仅靠铺设枕木、垫板等一般措施并不能可靠地保证地面防潮效果，因为虽然切断了毛细水上升的通路，但未能阻止毛细水的蒸发和汽态水的扩散，物品同样会吸湿受潮。

此外，毛细水的上升高度，是由地下水位的表面开始计算的，而一般工程地质较少作长期水文地质观测，尤其地表滞水随季节性变化而影响地下水位的变化，所以欲确定毛细水上升的真正高度是比较困难的，因此仅用土壤毛细水的上升高度来判断土壤的潮湿状况是不可靠和不现实的。目前在防潮工程中，一般均不以毛细水上升的极限高度作为设计依据。

地面防潮的构造做法很多，原规范规定是符合当前实际情况的，新规范扩大采用某些隔离层材料，将原油毡类材料改为“防水卷材类、防水涂料类”材料。聚氨酯防水涂料造价较高，常用于重要建设场所，暂不予推荐。沥青混凝土和沥青碎石用于防潮工程的实例很少，且沥青用量较大，密实性和抗渗性不如沥青砂浆，因此未予推荐。但我国部分地区沥青资源丰富，在垫层下增设碎石灌沥青的做法有一定效果和现实意义。灰土的抗渗性没有普通混凝土好，虽不能算作专门的防潮材料，但某些地区生活用房使用较多，有一定防潮作用，使用时应结合当地经验。某些仓库由于清洁卫生等要求不宜直接采用沥青砂浆作面层，则可将其作为隔离层，其上另加适宜的面层，防潮效果与沥青砂浆面层相同。涂刷热沥青防潮的做法简单易行，使用较普遍，据测验，单面涂刷热沥青的混凝土板（试件厚30mm），表面透湿量比不涂沥青者要小一半，甚至一半以下，说明涂层具有相当的防潮性能。由于沥青涂层厚度较小，韧性较差，因此宜用于防潮要求不太严格的地段。

隔离材料近年来发展较快，如防水冷胶料衬以玻璃纤维布的做法、聚氨酯类防水涂料等，均有待实践检验和进一步降低成本，本规范只作较笼统的推荐。

3.0.11 系新增条文。一般说来，地面结露现象应从控制室内空气的温、湿度来解决。事实上与地面面层材料的选用也有关系。因此本条首先强调气候湿热地区非空调建筑的底层地面，其次对选材上作了原则性规定以引起注意。对于高档有空调的民用建筑即使采用大理石地面也是不会结露的；相反多孔材料吸水后仍会释放出来影响室内卫生条件。因此设计者需因地制宜。

3.0.12 采暖房间地面保温措施的界限系新增条款。据调查，作为建筑六面体之一的地面离人体最近最直接，由于设计考虑不周，在采暖房间里脚部受冻的情况时有发生，究其原因系没有采取必要的保温措施。架空或悬挑部分的楼层地面因直接与大气接触，悬殊的温度使地板热量无法积聚，这一点比较容易理解接受。对底层地面位于外墙部位是否采取保温措施意见不完全一致。据新疆勘察设计院反映，那里一般没有采取措施而未发现不当。东北地区早已引起足够重视，并主张在外墙的内外两侧均要考虑，0.5～1.0m范围内仅是参考数字。考虑到严寒地区室外散水已按3.0.13条做防冻胀措施，有一定保温作用，故本规定仅在外墙内侧采取措施。地面保温问题还涉及室内环境温度对生产和使用要求能否得到满足，所以设计时需根据国家现行标准《民用建筑热工设计规程》JGJ24—86的有关规定，并结合当地经验进行。

3.0.13 原规范第14条。基土的冻胀程度取决于气温、土壤类别及其潮湿状况，当同时符合下列条件时，地面才需要采取防冻胀措施：

（1）季节性冰冻地区非采暖房间的地面，系指室外地面、非采暖的仓库建筑地面、散水坡及入口坡道等；

（2）土壤标准冻深大于600mm且在冻深范围内为冻胀或强冻胀土，按现行国家标准《地基基础设计规范》GBJ7—89规定，我国东北、西北及华北大部分地区均有可能构成上述条件。

用于防冻胀的材料很多，如砂、砂卵石、碎石、煤矸石、浮石、碎砖、贝壳、炉渣、矿渣、陶粒、灰土及炉渣石灰土等，凡是水稳性和冰冻稳定性好的材料都可以用，有封闭孔隙的材料则更好。本规范列了比较成熟的中粗砂、砂卵石、炉渣、炉渣石灰土等材料，但炉渣的颗粒大小亦有一定要求。据哈尔滨市筑路的经验，直径小于2mm的细炉渣不宜大于30%；炉渣石灰土作防冻胀材料，公路方面已有很成熟的经验，它不仅水稳性和冰冻稳定性较好，而且具有隔热和一定的后期强度。此外，砂卵石也有成熟的经验。为保证工程质量，本条文还对炉渣石灰土规定了相应的技术条件。碎石、矿渣地面本身就是理想的防冻胀层，只有在混凝土垫层下才需加设防冻胀层。

防冻胀层厚度的计算，需要许多有关气象和土壤方面的数据，而这些数据往往不易准确获得，且目前公路方面尚无通用的计算公式，设计时可依据有关因素凭经验确定，若工程量较大时则通过实地试验确定。为使设计有所遵循，本规范参照下列有关情况制订了防冻胀层厚度选用表：

（1）防冻胀层的最小厚度一般取 100mm。

（2）辽宁、吉林地区（土壤的标准冻深在－800～－1800mm）根据当地的实践经验，当混凝土垫层分仓不大于 2m×2m 时，防冻胀层厚度采用 150～250mm 即可。

（3）大庆油田土壤的标准冻深为－2200mm（1973 年～1976 年实测冻深为－1840～－2070mm），属粘性土，原系沼泽地带，是冻胀比较严重的典型地区。据大庆石化总厂设计院反映，曾在室外散水和大门入口台阶下填 300mm 左右的炉渣，仍有冻胀现象，严重的已经拱裂。

（4）根据实测，距地表 1/3 土壤冻深范围内的冻胀量，一般为全部冻胀量的 2/3，因此一般防冻胀层及其以上地面各构造层的总厚度，等于土壤标准冻深的 1/3 左右即可。

采用炉渣石灰土作防冻胀层时，压实系数不是主要的指标，要求有所降低，以免与施工验收规范发生矛盾。

3.0.14 本条根据一些设计单位的建议，参考国内外有关资料，适当增加耐热地面的可选种类。对于承受高温作用同时有平整和一定清洁要求的地段，原规范只推荐以砂结合的铸铁板面层一种做法。实际上砂铺粘土砖或块石、耐热混凝土地面均可承受 100℃以上的温度作用，并不乏应用实例。粘土砖易碎而少有使用。《工业建筑地面设计规范》（1965 年版）附录一指出，块石和普通粘土砖适宜作温度为 100～500℃的耐热地面面层。前苏联《建筑法规》规定，耐热混凝土地面允许受热达 800℃，砂铺块石地面允许受热达 500℃，砂铺粘土砖地面允许受热达 300℃。因此，根据地面使用中可能受到温度作用的不同程度，分别采用耐热混凝土、块石、粘土砖面层代替昂贵的铸铁板面层是经济合理而又可行的。

对于耐热混凝土，我国尚缺乏系统应用经验，使用前应取得混凝土材料的破坏温度及高温下的残余强度以满足使用要求的验证。

3.0.15 本条根据现行国家标准《建筑设计防火规范》GBJ 16—87 第 3.4.6 条规定："散发较空气重的可燃气体，可燃蒸汽的甲类厂房以及有粉尘、纤维爆炸危险的乙类厂房，应采用不发生火花的地面。"对是否采用不发生火花地面的界限，已作明确规定。

有关资料表明，地面上由于受重物坠落，铁质工具或搬动机器时的撞击、摩擦所产生的火花是发生灾害事故的原因之一，如沈阳某厂火灾是因盛放汽油的金属容器坠落地面而引起，陕西商洛地区某厂火灾是因检修工具击出火花而引起，天津某仓库火灾是因移动机器时摩擦地面而引起。因此需在一定范围内设置不发生火花地面。

不发生火花地面的面层种类较多，如粒径不大于 2mm 的粘土、铁钉不外露的木板、塑料板、橡胶软板和以不发生火花的石料制成的块石、混凝土、水泥石屑、水磨石以及沥青砂浆、沥青混凝土等。其中有机材料（如塑料、沥青等），虽属不发生火花，但使用时有静电问题，需相应采取防静电措施。根据取材难易、技术经济等综合因素，本规范推荐使用不发生火花的细石混凝土、水泥石屑、水磨石等水泥类面层，但要求骨料为不发生火花者，并经试验确定。骨料不发生火花试验方法可按现行国家标准《建筑地面工程施工及验收规范》GB 50209—95 的有关规定执行。

3.0.16 塑料及涂料的毒害性与其原材料、增塑剂、稳定剂有关。凡原料中含氯、苯成分者均有毒；增塑剂除 COP、POP 及环氧大豆油外均有毒；稳定剂中铅类稳定剂为好，但有毒；既可作增塑剂又可作稳定剂的有机锡也是有毒的。此外塑料的毒性还与其工艺聚合有关。

试验表明，塑料和涂料还影响到食品的气味，如上海食品公司腌腊部仓库地面的测试表明：将咸肉放在内表面涂有聚丙乙烯涂料的容器内，一周后肉就有很重的气味，无法食用；而采用环氧树脂涂料时则没有这个问题。所以该库采用了表面涂刷环氧树脂的水泥地面，效果尚好。"郑州号"万吨轮船上的冷藏库，也由于塑料饰面挥发出的气味影响了食品质量。

塑料及涂料目前属于发展中的材料，其产品及特性均在不断变化，它们的化合过程也比较复杂，所以在设计裸装状况下的食品或药物可能直接接触地面的地段时，材料的毒性须经当地有关卫生防疫部门鉴定。

水玻璃类材料的固化剂是具有毒性的氟硅酸钠，因此严禁采用。

气味的影响尤其对吸味较强的烟、茶等物品为敏感，不一定有毒性但影响质量，工程中应注意避免。

3.0.17 对在生产过程中使用汞的地段采用致密的材料做成无缝地面是很有必要的，但要真正做到"致密无缝"并非容易。因此，对地面汞污染的保护设计应予以足够重视。

金属汞在常温下为液体，由于具有比重大、导电性好、沸点高等特点，被广泛应用于工业及各类实验装置和仪表。在生产和操作过程中经常发生汞液溅落在工作台或地面上。一方面汞的流失是个浪费，另一方面它是一种容易挥发的剧毒物质。汞在常温下可蒸发，并随温度升高而加剧，从25℃室温升到30℃时汞的浓度就加倍，少量汞掉在地上，通过紫外线和荧光屏可以观察到同点燃香烟的冒烟现象类似，汞蒸气主要经过呼吸道及皮肤侵入人体，工人如经常工作在超过最高容许浓度环境中或因长期接触，即可引起慢性汞中毒，严重时可导致死亡。

地面对汞的吸附及其后不断蒸发，是造成车间空气中汞浓度较高的主要原因之一。汞易形成小滴钻入地面的缝隙，流散在地面上的汞滴如不及时清洗，因其比重大，也易渗透到地面材料的微孔中储存起来，成为面积很广的蒸发源；汞滴再被鞋底及运输工具摩擦使污染范围更广，蒸发也随表面积的增大而加快，因此，地面设计应针对上述问题采取必要而有效的措施。

据70年代对上海、天津、常州等地有关工厂的调查以及有关单位提供的资料：上海电工仪器厂，年用汞量2t左右，地面用加20%环氧的过氯乙烯地面涂料，地面设坡度坡向明沟，由于水磨石地面嵌条松动，缝内积汞，后经涂刷涂料，污染减少。天津化工厂汞的电解车间，汞泵处漏汞，石墨板撤换时带出许多汞，约占用汞量的25%，年耗汞量约18t，有40%的NaOH的溶液滴漏在地面上；地面操作层平台为木地板及水磨石，下层为水泥地面，设有水沟作冲汞用；地面上汞污染较严重，木地板易吸附汞，水磨石地面不够理想，下层地面较干燥致使汞蒸发速度加快；面积较大不易清扫，当年工人有中毒现象。上海医用仪表厂，生产工业温度计及体温表，年用汞10余吨，地面采用过氯乙烯地面涂料，与墙面交接处为圆弧形，有1%～2%的坡度坡向明沟，大大改善地面汞污染，底层车间的基层处理不好，涂膜易剥落影响使用。

针对上述情况，本规定体现两个方面，即重视地面材料的选用和采用合理的构造形式。

地面面层材料与汞吸附情况关系极大，选用不吸附或少吸附汞的地面材料，可减弱地面对汞的吸附，再加上及时清洗，可减少室内空气中含汞量并使其达到国家标准。迄今，尚无可以满足防汞要求的很理想的地面材料。如早期使用过的外表似乎很光洁的水磨石地面，对其表面若不采取任何防护措施或用其他致密材料代替，尤其重汞车间中是不宜采用的。近年来在实际应用中较行之有效的首推涂料地面和软聚氯乙烯塑料板、环氧树脂玻璃钢地面。

涂料地面，即在水泥基层上直接涂刷涂料，尚能满足一般防汞要求，其性能及清洗、施工、价格等方面优点很多，但耐磨性能不能令人满意，应尽量采用耐磨性能高的地面涂料。软聚氯乙烯板接缝焊接较难平整，缝处易积储流散汞，且易老化，与环氧树脂玻璃钢一样，在材料供应可能、施工又有保证的情况下是较理想的选材。

采用合理的构造形式十分重要，目的为便于用水冲洗回收又及时排除积存在地面上的汞珠。

3.0.18 在各类机械加工或清洗车间的地面上积聚大量油污的现象非常普遍。现在，底层地面尚未引起人们必要的重视，而楼层地面的渗漏油现象已被密切关注。80年代初据对7万m^2楼层地面的调查，凡采用普通混凝土或砂浆面层者，渗油率达100%。

混凝土的抗渗性能通常是指混凝土抵抗压力水渗透的能力，普通防水混凝土的性能是无法满足防油渗要求的。自70年代以来，曾先在混凝土中掺入三氯化铁、氢氧化铁，随后改掺木质素磺酸钙、糖蜜等外加剂以改善混凝土密实性、提高抗渗性。由于原材料质量和工程质量不稳定，施工麻烦又缺乏明确的施工及验收标准等问题，难以推广。防油渗问题依然是长期以来有待解决的问题。

1980年，本规范主编单位及其管理组组织开展了以上海建筑科研所为主，有一机部二院等单位参加的题为《楼面防油渗材料研究》的试验研究工作，历时四年，获得成果，并于1984年通过原机械工业部设计总院组织的技术成果专家鉴定。其成果包括防油渗混凝土、聚合物防油渗砂浆和防油渗胶泥及其施工技术。防油渗混凝土外加剂和胶泥系专门配制而成，进行定点生产供应。

成果鉴定以来，已先后在上海、江苏、浙江、河南、北京、辽宁等地扩大试点应用，总的说来收到较好效果，七年间累计施工防油渗混凝土地面面积约十余万平方米，防油渗胶泥嵌缝约70万延长米。

防油渗隔离层的设置是在总结近年来实践经验的基础上提出的。应当说防油渗混凝土作为主要防渗层具有比普通密实混凝土高出1～2倍的抗渗性能，基本上能满足正常使用要求。但考虑到机油的品种、数量、机械振动作用的影响以及结构整体性和施工条件等因素，必要时增加隔离层是十分有效的措施。

规范规定在一定条件下可采用具有耐磨防油性能的涂料面层，适用于油量少，机械磨损作用弱的场所。目前市场上涂料品种牌号较多，首推树脂类涂料较好，使用时注意检验。

地面裂缝在这里必须严格控制，浇筑混凝土时应分仓设缝，施工中还应保证按规定的操作程序及设计要求进行，否则难以达到防油渗要求。

防油渗地面的设计、施工，有待普及提高，由于有较高的技术要求，现阶段以专业施工队承担工程为宜。

3.0.19 原规范第6条，修订内容主要是将耐磨、耐撞击地面的分类，由原规范的4类归并为3类，并将原第8条内容并入本条第3类，使地面的磨损和撞击程度分类更加简单明了，相应地对于地面材料的选择更灵活、适用。原规范将行驶履带式运输工具地段与通行铁轮车等磨损严重的地段分为两种不同磨损程度的类别，实际上在磨损程度上和地面材料选择上这两类并无明显区别，设计中往往互相混用。原一机部标准《机械工业建筑设计技术规定》JBJ 7—81“地面面层选用表”中即将它们归为一类。前苏联建筑法规 CНиП Ⅱ-8.8-71“生产房间常用地面选用参考表”将混凝土、钢屑水泥和块石作为通行金属轮小车、履带式运输工具及拖运尖锐物体地面共同适用的推荐面层材料。同时还规定在地面拖运带尖锐棱角物体对地面的作用，相当于 10kg 重的坚硬物体从 1m 高处落下，作用到地面不同地点的撞击。这种把磨损和撞击作用联系起来分析的方法是有道理的。有鉴于上述原因，我们将磨损和撞击作用重新划分为中度磨损、强烈磨损即中度撞击、重撞击三个档次，界限就比较清楚了。

关于耐磨、耐撞击地面面层材料的选择，机电部北方院建议，在行驶履带式运输工具的地段，可采用整体高标号混凝土或预制高标号混凝土块代替块石。此建议与一机部标准及前苏联法规一致。而原规范规定，行驶履带式运输工具的地段宜用块石地面，局限性较大。我们将行驶履带式运输工具地段并入强烈磨损一类，并增加预制高标号混凝土块，可作为石料缺乏地区的代用材料。这样，材料选用更为灵活，也是经济合理的。

机电部一院、河北宣化及山东济宁两个推土机厂引进美国工业地面做法，采用 100×30 扁钢焊接格栅加固混凝土地面，供履带机械行走，使用效果比铸铁板面层好。据资料介绍，此类用金属格栅加固水泥类整体面层的作法，国外早有应用。机电部设计院建议推广使用钢屑水泥地面，用以取代水泥砂浆结合的铸铁板面层，既可提高地面的耐磨、耐撞击性及使用寿命，又可获得较好的经济效果。传统采用的铸铁板面层施工复杂、造价高，可以考虑更好的代用材料。近年来，在一些引进项目中采用了多种新型耐磨、耐撞击地面材料，如各类用于混凝土地面表面撒铺或浸渍的硬化剂，各种混凝土掺加剂，如减水剂、聚合物胶结材料、耐磨骨料等等。国内有关部门也在致力于耐磨、耐撞击地面材料的应用研究。如由机电部第二设计研究院和上海市建筑科学研究所共同研究的耐磨损、抗冲击、超高强混凝土整体面层和铁道部金化所的耐磨金属骨料，其技术成果均已通过专家鉴定。因此本规范允许在条件成熟的地方积极采用新材料新技术，以推动我国建筑业的发展进步。

3.0.20 原规范第 7 条。据调查，机床在加工过程中，毛坯、金属切削屑及工件等对地有撞击、磨损等机械作用，因此要求地面面层材料具有足够的强度和硬度；同时，普通金属切削机床在运转过程中，尚有机油滴落地面，并有渗透或严重渗透现象。如杭州汽轮机厂早年建成投产的第一汽轮机车间，十多年后为新增设备基础开挖基坑时，在基础周围地基土内渗出大量油腻很快形成如油坑一般；又如上海位于黄浦江边早期建设的某厂机械加工车间，由于大量机油通过渗透流出而使黄浦江水质受到污染。因此要求面层材料具有足够的强度、硬度，还需具有一定的密实性和抗渗性。规定采用现浇细石混凝土面层或垫层兼面层的构造类型之外又要求有一定的密实性和抗渗性，设计时注意适当提高面层混凝土强度等级，有条件时应积极采用耐磨耐撞击性能好、强度高并具有良好抗渗性能的新材料、新技术。

普通水泥砂浆面层易开裂、起壳及酥松等弊病，使用效果不佳，不予推荐。

3.0.21 本条规定了气垫运输地面的设计要求。气垫运输是一种先进的运输方式，国外已广泛运用，国内也已开始采用。为了以最少的空气用量达到最高的搬运性能，地面面层不应有松散透气的孔隙及过大的起伏不平，地面坡度会产生下滑力，增大运输阻力，故应加以限制。本条文是针对最常用的柔性气垫运输装置的性能编制的。

地面坡度国外资料有要求小于常规坡度，目的是使产生的水平分力很小，有利于气垫运输。

3.0.22 经常有大量人员走动和小型推车行驶的地段，主要指火车站、码头、机场和长途汽车站等建筑物的公共空间地面，那里每天都有成千上万人次的进出、走动，以及频繁的小车推行。在这种使用条件下，要求地面面层材料具有足够的强度和硬度；同时为避免在密集人流行进时绊倒、滑倒的伤害事故出现（尤其是老人和儿童），要求地面层必须平整、防滑，避免出现较大的缝隙。

3.0.23 室内环境有安静要求的地段，主要指民用建筑中各种阅览室、视听室和病房等空间的地面（不包括专业录音棚）。使用柔性地面面层材料（地毯、塑料和橡胶地毡等）能有效地降低走路的脚步声，适当吸收环境噪声。

3.0.24 供儿童及老年人公共活动的主要地段，指幼儿园、托儿所、少年宫、老年人之家和敬老院等经常活动的房间，如活动室、娱乐室和卧室等。儿童许多活动席地进行，地面面层材料导热系数过大，身体与地面接触时会感到冰冷，时间久了不利于儿童身体健康。此外，暖性地面材料一般略具有弹性或柔性，儿童意外跌倒时能起有效的缓冲和保护作用。

老年人受到身体状况的限制，腿脚血液循环缓慢，地面过冷（尤其是冬季），会使下肢体温下降，腿脚麻木，许多人还有可能引起腿关节酸痛。因此要求老年人公共活动的主要房间地面应是暖性面层。

3.0.25 地毯是一种比较高档的地面铺设材料，产品种类较多，运用范围较广，但是不同纤维组织和编织方式，适用的地段也不尽相同。经常有人员走动的地段，要求耐磨性能较好。绒毛密度低，绒毛较松，整体强度低，容易脱落，并且不易保持清洁，灰尘或污物等往往深入地毯根部，损坏地毯，缩短其使用寿命。在各种地毯类型中，化纤尼龙地毯坚韧，耐磨性能好，又容易去污。

卧室和起居室地面，由于平时人员走动较少，容易维护清洁，采用长绒地毯，感觉比较柔软、温暖舒适。

有些特殊要求的用房，如精密仪器设备用房和实验室等，需避免静电干扰。此外，一般防火要求很高的用房（如高档的贵宾客房等），地毯必须阻燃，经过防静电处理，避免静电放电自燃。环境潮湿时，需要选用防霉蛀的地毯。

3.0.26 目前社会上营业性和娱乐性舞厅中，主要以交谊舞和迪斯科为主。交谊舞舞步比较平缓，步伐以滑行和弧行为主，要求地面面层光滑，使舞步更加轻盈自如；地面略带弹性（如空铺木地板）更能体现舞者的节奏感。迪斯科节奏性强，强劲有力，动作力度大，对地面有一定的撞击力，要求地面有较高的强度。

3.0.27 餐厅、食堂、酒吧或咖啡厅等饮食空间需要保持清洁卫生的室内环境，地面的清洁卫生是一个主要方面。首先，必须保护空气的洁净，要求地面面层不起尘、不积尘，以免人员走动时扬起灰尘，需选用一些耐磨的地面面层材料；其次，饮食空间地面经常会溅污上各种油污，清洁工作往往比较繁重，因此，地面面层应选用耐清洗和耐粘污的材料。

3.0.28 室内体育用房地面是指在室内进行的篮球、排球、手球和体操等运动场地地面。运动员在运动中，常有跌倒、翻滚的情况出现，为保护运动员避免受伤，地面材料不应该太硬，应有适当的缓冲；另外，运动中常要做各种弹跳动作，地面略带弹性，有利于运动员水平的发挥，保护脚关节。排练厅和表演舞厅对地面要求同上。

旱冰运动所使用的旱冰鞋，其轮子一般用硬胶木或铁制成，硬度很高，滑旱冰时，旱冰鞋轮子对地面的撞击力和摩擦力较大，一般地面材料难以经得起长期的撞击和磨损，因此地面面层必须坚硬耐磨。其次，旱冰场是靠轮子在地面上滚动滑行，要求地面光滑，尽量降低摩擦系数，地面上任何起伏不平（冲浪式旱冰场除外）或缝隙都将增加阻力，影响正常滑行。

3.0.29 本条是针对某些库存物品具有特殊防护和卫生要求的地面设计问题。

纸质品、食品、药品以及珍藏物品的存放对库房有较高的环境要求，地面必须不起尘，容易保持清洁，如果地面容易积灰或容易磨损起灰，人员走动或空气流动时，会泛带灰土，地面且不易保持清洁，泛起的灰土积落在存放的物品上，会损坏物品；带有细菌的灰尘混入药品或食品中，会造成物品变质，损害人的健康。因此，尽量避免采用水泥类地面，如果采用水泥砂浆或混凝土地面，可在其上涂刷无毒性的地面涂料予以解决。地面涂料尚应具有较好的耐磨性能。

物品保护需要保持适当的环境温湿度，当温度为20℃，湿度为80%时，细菌容易繁殖，易生虫害。因此底层地面应注意防止潮湿和结露，避免产生高湿度环境。

装有精密或贵重仪器设备的房间需要洁净和良好保护的环境，确保仪器设备的维护和正党运行。地面起尘，空气中含尘量高，会影响精密仪器的精度及使用寿命。因此，要求选用不起尘、易清洁的地面面层材料。

水磨石地面硬度高，物品跌落时容易损伤，因此希望在仪器设备周围局部铺设柔性材料。

有关地面防潮、防结露可参见本规范第3.0.10条和第3.0.11条说明。

3.0.30 本条为新增条款。在确定建筑地面厚度时需要遵守的这些要求，都是通过大量调查后得到的经验做法，有的在原规范附录一中作为注意事项，有的是新增加的，如水磨石面层、防油渗混凝土、涂料等，目的是为了引起重视。

3.0.31 对结合层材料及厚度的确定载于附录A中的表A.0.2，掺入适量的化学胶（浆）材料可改善结合性能，且可节约水泥。铸铁面层上灼热物体温度大于800℃时，1∶2水泥砂浆在高温作用下性能降低，不宜采用，可用含泥量小于3%的砂作结合层，其厚度为20～30mm。

3.0.32 填充层一般用于楼板地面，用自重轻的材料作结合层，可减轻楼板结构的负荷。

3.0.33 找平层本身对材料强度要求不高，为节约工程造价，可用较低标号的水泥砂浆和强度等级较低的混凝土。

3.0.34 本条是针对在实际工程中用得较多、效果也较好的材料。

4 地面的垫层

4.0.1 新增条文，提出选择地面垫层类型时应符合的要求。

4.0.2 垫层最小厚度属一般构造规定，是根据施工条件、材料状况及经济效果而定的，并非指常用厚度，且与建筑性质无关。

混凝土垫层的最小厚度与基土的平整度、施工方法（如施工机具、操作、分仓大小等）和粗骨料等有关，而粗骨料的粒径大小是决定性的；一般采用中粒径（20～40mm）碎（卵）石、砾石。据施工单位反映，混凝土垫层的最小厚度虽可做到50mm，但比

60mm费工（如对基土的平整度要求较高等），因此，在目前施工条件下，最小厚度定60mm为宜。

四合土是一种低标号碎砖混凝土，是以碎砖代替碎石，在水泥用量较少的情况下，掺入石灰膏可增加施工和易性，其活性与碎砖有一定的结合作用。四合土垫层的配合比一般为1：1：6：12（水泥：石灰膏：砂：碎砖），在地方的中小厂已积累一些经验。由于粗骨料为粒径较大的碎砖，故最小厚度不宜小于80mm。

据调查，用于垫层的灰土配合比一般为2：8，最小厚度保留原规范规定，但习惯上趋于150mm和配合比趋于3：7。这表明，由于近年来经济状况越来越好，人们的质量意识普遍提高了。

4.0.3 混凝土垫层（包括垫层兼面层）的标号，根据70年代机械系统64个工程实例调查统计，采用100号者占25%，150号者占48%，200号者占20%。然而，进入80年代以来，75号已不再采用，采用100号者亦日渐减少，而200号者呈上升趋势。根据荷载和地基条件相同时测算不同标号与厚度关系进行经济比较可以得知：混凝土垫层标号越低则板越厚，反之亦然；就水泥用量而言，如以150号为100%，则100号为－4.5%，200号为＋7.5%，水泥用量之差仅在6%左右。按现行国家标准规定，将原称混凝土标号改为混凝土强度等级表示。

垫层采用强度等级较高的混凝土，水泥用量虽略有增加，但因厚度减小可节约石子、黄砂和人工，经济上合理，工程进度亦可加快，故本规范作此原则性规定。垫层兼面层时的混凝土强度等级原规范规定不应低于C15，基本上能满足一般施工操作和使用要求，但对于使用要求较高的地面，开始采用C20级随捣随抹面层，避免在C15级垫层上加做细石混凝土等面层，经济上比较合理。对于面层强度较高或很高要求的地面混凝土垫层，其强度等级需适当提高。

4.0.4 本条规定了正常使用条件下混凝土垫层厚度按主要地面荷载确定的原则。为了区别对待，规定相邻地段所求出的垫层厚度不一致时，宜采用不同的厚度；但有时相邻地段的厚度相差很小或者某些地段面积不大，为施工方便起见，也可采用相同的垫层厚度。为此要求设计者作全面的技术经济比较后确定。

对个别重荷载，应采取局部措施，如临时加垫枕木以扩大荷载支承面，或设置专门的大件翻身坑、加工台等予以解决。

垫层厚度适当考虑使用条件变化的可能性，出于两方面考虑，一是适应工艺调整要求，随着生产与技术的发展，原工艺过程需要调整，设备更迭或移位，运输方式与堆场变化，二是用途变更。生产特征和使用要求不同，出现与原设计垫层厚度不相适应的情况。但是这种可能性应是有条件的，同时要注意技术经济能力。就我国现阶段的经济实力而言，还不宜提倡，只在有充分依据时方可在设计阶段中适当考虑。作为本条文的注，以便引起注意。

4.0.5 工业建筑地面荷载，由于其支承面大小、数量、分布形式及作用部位等非常复杂，难以按等效荷载的方法归纳分级，而现行国家标准《建筑结构荷载规范》GBJ 9—87也未包括底层地面荷载及其取值大小、分布规律等，设计无法参照。

根据调查和实用性原则，将正常使用条件下的主要地面荷载分为堆料、设备（包括普通金属切削机床）和无轨运输车辆三类。吊车起重量的大小与地面荷载大小无直接关系，但在客观上存在着某种联系。例如，大吨位吊车厂房，其上部结构等级较高，地面设计也希望有相当的垫层厚度和略高的标准，尽管设备均有独立基础，或装配作业在专门台位上进行，或产品加工件与地面接触面积很大，但不足以此作为控制垫层厚度的依据。又如，吊车在不同的使用厂家或使用场所对其所在地面的重要性或重视程度也不一样。当吊车所在车间处于全厂生产的支柱地位时，其地面标准（含垫层厚度）可能获得适当提高，此时已不完全是技术因素所能左右了。致于利用吊车堆叠货物，如钢板、毛坯件及其他重物时，虽吊车起重量不大，但地面所承受的荷载却很大，以致引起地面构造选型的变更。这种情况一般都能理解并获得妥善处理。鉴于有关部门和单位，一再希望增加按吊车起重量选用相应垫层厚度的表格，并建议放大起重量档次，为此本规范针对中小型厂房基本情况，提供15t及其以下起重量时的垫层厚度选用范围，并提出应注意事项供设计参考。

4.0.6 有关通过计算确定垫层厚度的说明，参见本规范条文说明附录C。

4.0.7 本条保留原规范第28条规定。按等厚设计的混凝土板，在单个圆形荷载作用下其承载能力以板角最弱，板边次之，板中最强。板边加肋后改善了边角的受力性能。

1970年前后，通过对板边加肋板初步试验表明，加肋板的边角承载力有显著提高，但板中承载力略有降低。板中承载力降低的原因，主要是由于混凝土干缩和温度收缩受到边肋制约而板中产生拉应力所致。

北京第一机床厂曾采用板厚60mm，肋高120mm，肋宽100mm的加肋板垫层，下设150mm厚灰土加强层，共计8243m^2，与一般100mm厚垫层相比，可降低造价29%，人工17%及其他建筑材料。又北京轻工机修厂、天津拖拉机厂和内蒙集宁农机厂也曾做过加肋板垫层试验性表面，使用效果较好。

工业厂房地面荷载比较复杂，加肋板的板厚设计按板中荷位区确定，并辅之以板中冲切验算，肋高按半理论半经验方法定为板厚的两倍。如按单个荷载板中确定板厚时，则板和肋为等强；如板中采用二个或二个以上荷载计算板厚时，肋高偏于安全。

肋板用于工业厂房地面虽有一些经验，但试验数量有限，使用实例仅限于中小型车间，且由于施工较麻烦，因此还不能推广到有较大地面荷载的重型厂房地面。

4.0.8 本条保留原规范第29条规定，修改了部分文字。混凝土垫层下增设具有一定厚度和后期强度的半刚性材料，能够与垫层共同作用，提高地面的承载能力，由于计算理论尚不够完善，本规范根据若干试验和实践经验作了有条件的规定。

石灰类材料做地基加强层效果比较显著。如上海大隆机器厂试验，100mm厚混凝土垫层的板中实测极限承载力为：素土地基时12.2t；设有100mm厚二渣加强层时21.6t；设有150mm厚二渣加强层时加荷至23.5t未裂。又如浙江台州试验，120mm厚混凝土板角实测极限承载力为：素土地基时11.3t；设有100mm厚灰土层时15t；设有150mm厚灰土层时21t，台州试验还对板厚分别为100mm和150mm、灰土厚度分别为100mm和150mm，进行极限承载力对比测试。

各地试验表明，地基加强层较薄时（如100mm厚）或混凝土板较厚时（如150mm），地基加强层对提高极限承载力均不显著。因此，本规范对地基加强层最小厚度和混凝土垫层最大厚度同时作了规定。由于这方面对比试验数量较少，实践经验有限，本着求准不求全的精神，规定是有条件的。在此基础上经统计分析，板厚可减少25%，较为合理。

据调查，各地常用的地基加固材料种类很多，除灰土、二渣外的道渣、矿渣、天然级配砂石和手摆块石等，这些没有胶结料的松散材料，如要利用其强度，需进行级配、嵌锁和机械碾压，考虑到地面工程实际情况，本规范对没有胶结料的松散材料作地基表层加固时，不利用其强度。

4.0.9 本规范有关经计算或查表确定的混凝土垫层厚度，均以平头缝构造为准。由于企口缝能起传力作用，其边角承载能力远比平头缝高，在公路混凝土路面和机场道面工程中早已广泛应用，并取得显著经济效果。随着我国工业发展，重型厂房日益增多，产品或部件重达几十吨乃至几百吨，地面厚度相应要厚，厚地面采用企口缝构造经济意义较大，因此对厚度大于150mm的混凝土垫层提出企口缝构造设计规定。

采用企口缝时的垫层厚度，是按平头缝算出的厚度进行折减而得，折减系数是通过两种构造方案的荷位系数（以前称边角系数）换算而来，平头缝荷位系数为2.2，企口缝荷位系数据国内外资料为1.1～1.6之间。考虑到用于工业建筑尚缺乏经验，但另一方面其工作条件较路面和道面有利，本规范取企口缝荷位系数为1.5，换算成板厚折减系数为0.825，现取0.8。

5 地面的地基

5.0.1 本条保留原规范第32条的规定，是地面下地基的一般要求。考虑到我国幅员辽阔，土类繁多，而各种土的工程性质差别较大，就在同一场地，甚至同一幢建筑物也是如此。针对地基土的性质，对地面下基土层不论是原状土或填土都必须达到均匀密实的要求，只有这样才能避免因基土的不均匀沉降而导致地面下沉、起鼓、开裂等现象。

对于淤泥、淤泥质土、冲填土、杂填土以及其他高压缩性土层均属软弱地基，其变形特征是沉降量大、沉降差异大、沉降速度大和沉降延续时间长。如在其上直接铺设地面时，设计时必须考虑可能造成的危害。这要参照现行国家标准《建筑地基基础设计规范》GBJ 7—89第七章第二节的有关规定，根据不同情况可采取利用或换土、机械压夯等加固处理后，方可铺设地面。

据调查，有些工程达不到填土质量要求，如未进行分层压夯实，只作表面夯平，或在表面夯入碎石、矿渣，这仅解决表面薄薄一层，不能避免地基的不均匀沉降，日后便是导致地面开裂的主要原因之一。因此，对填土的质量要求应严格执行本章规定的各项条款。

5.0.2 本条主要目的在于提请设计人员进行地面设计时，注意到场地土的基土情况，必要时需在平整场地前提出压实填土的质量要求，以及参与对地面基土层的施工验收工作，即根据建筑物所在场地和地面设计类型，对回填土料的选择和压实要求、技术标准等进行质量控制，配合施工提出特殊的、附加的规定。实践表明，因基土层质量不符要求而地面已铺筑在即的情况时有发生，所以提出这样的要求是很有必要的。当然，一般说来，在平整场地的土方工程填方区施工时，均能按有关规范的规定执行，进行分层夯实或碾压。如能利用压实填土作地面下填上层，则可节省大量工程量，质量也有保证。

未经查明或质量不符合要求的不得作为基土层，这一点容易理解，但需认真执行。

5.0.3 本条提出了填土应选用的土类，同时规定了不得使用的某些土料。不得使用的土料主要是因其变形过大，压不密实，会引起地面沉陷过剧。按照全面质量管理方法，设计需进行事先指导并参与中间检查，因此，条文的规定是从设计角度对施工及验收的重要提示，防患于未然。据调查，由于填土未按施工及验收规范分层检查，或由于使用过湿土、有机物含量超标的土，因填后质量达不到要求，影响地面工程质量与进度而造成更大的经济损失。

5.0.4 本条对压实填土地基的密实度、含水量提出要求。

压实系数保留了原规范不应小于0.90的规定。据调查，压实系数为0.92时，填土层的承载力可达120kN/m^2，0.95～0.99时可达150kN/m^2，而对于室内地面下填土的压实系数一般采用0.90即可满足要求。

含水量是较难控制的指标，原则上需根据当地的实践经验确定。参照《建筑地基基础设计规范》后，本规范规定其控制含水量（%）W_o为（$W_{op}\pm3$），与建筑物主要承重结构墙柱基础下地基土的控制含水量相比，放宽一个百分点。W_{op}为土的最优含水量（%），可按当地经验或取$W_p\pm2$，粉土取14～18，W_p(%)为土的塑限。

土的压实系数为土的控制干密度ρ_d与最大干密度ρ_{dmax}的比值。其中最干大密度宜采用击实试验确定，当无试验资料时可按《建筑地基基础设计规范》中公式（6.3.3）计算规定；控制干密度是在控制含水量时进行压实的基土层通过击实试验测定，也可用公式（6.3.3）计算获得。

重要工程或工程量较大时，为保证工程质量，还规定了用触探配合控制干密度检验，是一个有效措施，《建筑地基基础设计规范》也推荐了这种方法。本规范规定，对于粘性土和粉土组成的素填土N_{10}定为20击以上，即相当于素填土承载力标准值不低于115kN/m^2，并与压实系数0.90的规定相呼应。

实践经验往往具有一定的科学性和参考价值，本规范表5.0.4规定了压实机具、每层铺土厚度和每层压实遍数三者的相互关系和应符合的条件，比较简便易行，但是还需进一步积累经验，逐步臻于完善。

表5.0.4适用于厚度在2m以内的填土，这仅为大体上的数值界限。事实上高填土的情况十分复杂，人们也比较关心。高填土以及按地基设计规范对淤泥、淤泥质土上覆较好的土层，均匀性和密实性较好的冲填土、建筑垃圾、性能稳定的工业废料，均可利用作为基土层，但应考虑回填厚度较深、质量难以控制和沉降延续时间长等特征，可能造成土层变形过大的危害，从而提出相应措施。

据调查，镇江火车站大楼的地面工程先铺预制混凝土块，后翻建永久性地面，未发生质量问题，效果较好。又如广州经济开发区邮电大楼设计中采用浮筏式地面以及有些地段利用未经扰动的软土地基，先铺砂垫层再浇混凝土，也取得一定经验。本规范对特殊的工程地质条件不包括在内。

5.0.5 本条是对经处理后的软弱土质回填后如何进行表层加固问题作出规定。

长期以来，人们习惯于素土夯实之后再夯入一层碎（卵）石或炉渣等材料，然后再做垫层，这种做法源于本规范1965版本的规定，到了1979年版本取消了这一规定，理由是：薄薄一层松散材料对提高地面板极限承载力不起作用（上海地区的试验结论）；在实际工程中这一层仅起找平作用，经碾压或夯入土中者不多，且比较马虎；此外水泥浆体过多地流入松散材料层影响垫层强度。但实践表明，这一措施的去留与否不是绝对的，总结两方面的经验教训，修订时有条件的针对软弱土质填土地基应采取这一措施，并对材料选择、最小厚度和一般不利用其强度作出规定。仅对具有后期强度的半刚性材料（如灰土、二渣）利用其强度时，在本规范第4.0.8条中有相应规定。

基土层加固措施可在施工图设计详图中根据土质情况加以注明。

5.0.6 本条保留原规范第34条规定。调查表明，直接受大气影响的地面，如室外地面、散水、明沟、散水带明沟和台阶、入口坡道等，尤其是填土地基极易引起沉降、开裂。为了保证工程质量，本规范规定在混凝土垫层下铺设砂、矿渣、碎石、炉渣、灰土及二渣等水稳性较好的材料予以加强。

这类地面的沉降、开裂几乎到处可见，有些还是处于非常重要的部位。原因在设计与施工两方面，就设计而言，有建筑物沉降引起，也有地下公共设施引起，还有季节性冰冻地区遇有冻胀土和强冻胀土且缺乏设计经验引起的等等。

5.0.7 本条引用《建筑地基基础设计规范》第七章第五节中部分内容并结合地面设计编写的。主要考虑大面积地面荷载对基土层可能产生的不均匀沉降以及由此对房屋上部结构产生不利影响，提请设计重视，并规定需采取相应的技术措施（包括对地基和对上部建筑结构的措施）。

6 地面构造

6.0.1 保留原规范第35条内容，增加了“建筑物预期较大沉降量等其他原因时，可适当增加室内外高差”，《民用建筑设计通则》JGJ37—87第3.3.3条规定，建筑物的底层地面，应高出室外地面至少150mm。与本规范是一致的。

6.0.2 新增条文。当生产和使用要求面层裂缝控制等级为一级时，在混凝土面层上层内配置Φ4@150～200双向钢筋网，保护层厚度为20mm。浇捣混凝土时注意随捣随提钢筋网。

6.0.3 地面变形缝的设置原则：

（1）地面沉降缝，伸缩缝，防震缝的设置，均应与结构相应的缝位置一致，且应贯通地面的各构造层。

（2）地面与墙体间可设变形缝，主要考虑墙体沉降较大时，地面边缘不被破坏。

（3）当排水坡分水线附近需设变形缝时，变形缝应设在排水坡的分水线处。不得将变形缝通过有液体流经或积存的地点。目的是防止流水倒灌缝内使填缝材料破坏。同时构造复杂，又将留有隐患。

6.0.4 变形缝的构造在选择材料时，按照建筑地面使用要求不同分别采用能够防水、防火、防虫蛀等无机材料。

6.0.5、6.0.6 分仓浇捣的做法，本规范明确定义为纵向、横向缩缝，构造形式包括平头缝、企口缝和假缝三种。

缩缝是为防止混凝土垫层在水化过程中或气温降低时产生不规则裂缝而设置的。调查资料表明，分缝间距过大或未分缝的混凝土地面，多有不规则的收缩裂缝。尤其在寒冷地区，混凝土地面施工后越过冬季才使用，如来不及安装采暖设备，就会导致厂房地面在未投产前就产生不规则的收缩裂缝。

纵向缩缝采用平头缝和企口缝，横向配以假缝，是对目前地面设计中广泛应用的等厚板设计方案而言，不仅改善了边角受力性能，而且施工方便。实践证明，缝的构造形式对板的承载能力影响很大，以黄河牌载重汽车后轮压在板边缘，分别测得紧贴平头缝和伸缩缝的沉降值，前者为 1.9mm，后者为 3.34mm；通过模型试验测得板中极限承载力，前者比后者高出 2.45～4.85 倍。由此可见，平头缝可大大提高地面板的承载力。因此，在构造上十分强调平头缝或企口缝的缝间不得设置任何隔离材料，必须彼此紧贴，这并非纯粹的构造问题，而与承载力密切相关，设计与施工时均应特别注意。

假缝是横向缩缝，其构造为上部有缝，下不贯通，目的是引导收缩裂缝集中于该处，断面下部晚些时间也可能开裂，但呈锯齿形且彼此紧贴，既可使承载力与纵向缩缝相当，又可避免边角起翘。施工毕，缝内用水泥砂浆（膨胀型砂浆更好）填嵌，以防垃圾进入。

缩缝的纵横向间距，或称地面板的分格大小。分格大既便于施工又可使相同面积内板边角薄弱环节相应减少，因此一般平板（不包括肋板）的分格大些，利多弊少。据北京、天津、四川和湖北等地区 64 个项目的调查，板的分格一般为 6m×6m，也有 6m×12m，9m×24m 或 12m×12m 等大分格做法，但大于 12m 者，有数例产生明显裂缝。吸取公路刚性路面经验，确定纵向缩缝间距为 3～6m。横向缩缝（假缝）的间距，一般采用 6m，可放大到 12m。总之，缩缝间距在设计时可根据气候及施工条件掌握。

6.0.7 伸缝是防止混凝土垫层在气温升高时，由于混凝土伸长，在缩缝边缘产生挤碎或拱起现象而设置的伸胀缝。由于室内地面温差较小，伸胀不如室外显著，本规范只规定在室外需设置伸缝。伸缝的构造形式对受力极为不利，规定应作构造处理，局部加强，不作计算。

伸缝的间距与刚性路面和机场道面十分类同。伸缝的设置与否，与板的厚薄、施工季节和当地的施工经验、养护条件等有关。有关资料表明，各国的规定不尽相同，瑞士规定板厚大于 189mm、美国 250mm、日本 250～300mm 时，可不设伸缝；英国 1969 年技术备忘录规定夏季施工时可取消伸缝；波兰 1972 年规定当施工气温大于 20℃ 伸缝间距为 50m，小于 20℃时为 25m。近年来趋向于伸缝间距增大或干脆不设，如第 14 届国际道路会议提出一般不再做伸缝。我国现行交通部标准《公路水泥混凝土路面设计规范》JTJ012—84 规定，胀缝（即伸缝）宜尽量少设或不设，设置时可根据板厚、施工温度、混凝土集料的膨胀性并结合当地经验确定，并规定：夏季施工，板厚等于或大于 200mm 时，可不设；但在邻近桥梁或其他固定构筑物处、变截面处等，均应设置胀缝。其他季节施工或采用膨胀性大的集料（如砂岩或硅酸质集料）时，宜设置胀缝，其间距一般为 100～200m，并对胀缝采取构造措施。考虑到室外地面板一般比路面板、道面板薄，且本身经验不多，故规定仍需设置，间距为 30m。

6.0.8 本条保留原规范第 39 条内容。

6.0.9 在不同垫层厚度交界处，由于地面承受的荷重不一样，在分缝处两者承载能力要相差很大，本条规定是为了加强板边承载能力垫层由厚到薄逐渐变化，以免薄板边缘地面破坏。

6.0.10 混凝土垫层的缩缝间距越小，对防冻胀越有利，但缝多了对板的受力不利，施工麻烦，可能出现高低不平现象。经调研分析后规定缩缝间距不宜大于 3m，垫层下虽然设置了防冻胀层，但仍有可能产生某些不均匀冻胀导致板与板之间产生错台现象，故纵向、横向缩缝均应采用平头缝，不应采用企口缝和假缝。

6.0.11 混凝土垫层板边加肋板（简称加肋板），目前尚无用于室外的经验，考虑到温度应力可能过分集中于板肋，暂规定仅用于室内。其纵向、横向缩缝，因与板的受力性能有关，规定采用平头缝，不宜采用企口缝和假缝，并不得采用伸缩。根据试验，无邻板时（自由边角）角隅的极限荷载为 43.5～68.3kN；当有邻板时（紧贴的平头缝）角隅的极限荷载为 105.5kN，两者承载能力要相差一倍左右。缩缝间距 6～12m 系根据试验和实践经验，结合柱网尺寸而定，当高温季度施工时，为防止板体产生过大收缩拉裂边肋而采用 6m。

6.0.12 铺设在混凝土垫层上的面层分格缝，主要目的是防止面层材料因温度变化而产生不规则裂缝。

（1）对沥青类材料的整体面层和铺在砂、沥青胶泥结合层上的板、块材面层，可只在混凝土垫层（或楼板）中设变形缝。调查表明上述规定还是符合实际的。

（2）细石混凝土面层和混凝土垫层是同类材料，收缩是一致的，面层和垫层结合紧密共同作用，因此细石混凝土面层的分格缝应与混凝土垫层的缩缝对齐。

（3）水磨石、水泥砂浆等面层的分格缝除了应与垫层的缩缝对齐外，还可根据具体设计缩小间距。从调查实例看，一般分格都小于 6～12m，水磨石面层有 1m×1m，2m×2m 等分格，或设计成各种图案。

（4）设有隔离层的混凝土，面层和垫层间有隔离层隔开，面层和垫层不能共同作用，因此面层的分格缝可不必和混凝土垫层缩缝对齐。

（5）增加对防油渗面层分格缝的做法。

6.0.13 对地面排泄坡面及地沟、地漏的位置提出了基本要求，特别要注意地漏的位置，不应设置在人流及运输途径的位置。

6.0.14 排泄面积虽然较大，但排泄量比较小，或排泄量可以控制，即排泄量和排泄时间上可以自由安排，亦即不定时的地面冲洗，采取扫、拖的办法帮助排泄时，可以仅在排水沟或地漏周围的一定范围内设置排泄坡面。

6.0.15 底层地面的坡面，如采用调整垫层厚度起坡，必然增加垫层混凝土的用量，而采用修正地基高度起坡，只是施工时增加些工作量而已。如果坡度较短，起坡量不大，增加垫层混凝土用量不多，为便于施工，也可调整垫层厚度起坡。

楼层地面的坡面，如果采用结构起坡，则增加楼面梁及楼面圈梁的复杂性，可采用调整找坡层或填充层的厚度起坡。如果坡面较长，采用调整找坡层或填充层的厚度，不仅增加了楼面自重，需相应提高楼板的承载力，而且楼板面下降较多，也造成楼面梁及楼面圈梁的复杂性，不如采取结构起坡为宜。

结构起坡在某种意义上是指楼板支承面为斜面支砂，如框架横梁上表面的纵向做成坡面，可以在预制楼板安装前砌筑或浇筑完成，也可在浇筑横梁时一次完成，由设计掌握。

6.0.16 地面排泄坡面的坡度，整体面层或光滑的块材面层坡度比原规范作适当调整，光滑面层原规定 1%～2%，这次修订为 0.5%～1.5%；粗糙面层原规范 2%～3%，这次修订为 1%～2%，这样修改后比较符合目前实际使用情况。

考虑到楼层坡面的形成因素，为不使构造太复杂，坡度可采取下限值；当楼层为现浇钢筋混凝土楼板又无填充层，全靠找平层找坡，且面层较光滑时，可采用 0.5%坡度，如公用厕所间、盥洗室、浴室等。

在不影响生产操作和通行的条件下，又要求迅速排除，可采用大坡度快排的办法。

6.0.17 排水沟是排除水或液体的必要途径。根据有关资料分析及多数工程实地观测，当排水沟的纵向坡度小于 0.5%时，不但施工不易做到，而且排水可能不畅，因而规定其坡度一般不小于 0.5%。

6.0.18 保持隔离层的整体性，是保证隔绝效果的关键，在地面转角处，地漏四周及排水沟等薄弱环节，保留了原规范增加隔离层层数的规定，随着新型防水材料的出现，局部采用性能较好的隔离层材料也可以。

6.0.19 基本保留原规范第 47 条内容，仅将最后液体有腐蚀性的内容取消。

6.0.20 保留原规范第 48 条内容，为防止流淌蔓延，实际工程中均设有挡水措施，尤其要限制相邻地段腐蚀性介质的流淌蔓延。凡设计遗漏后补的效果就差了。

6.0.21 防滑措施按具体情况可设置防滑条、网格面层或格栅式垫板等等。

6.0.22 对楼层地面，有设备、管道等穿过的预留孔洞四周和楼层平台、挑台的临空边缘，为防止物体、液体或垃圾杂物等沿洞口或边缘掉落，影响楼下生产、安全和卫生，应在洞口四周和平台、挑台临空边缘设置翻边或贴地遮挡。

6.0.23 在原规范第 54 条基础上，增加了经常受磕碰、撞击、摩擦等作用的室内外台阶、楼梯踏步边缘，也应该采取加强措施。

6.0.24 本条保留原规范第 53 条内容。建筑物四周地面散水、排水沟的设置要求应作为建筑地面设计的组成部分，不容忽视。

附录 A　面层、结合层、填充层、找平层的厚度和隔离层的层数

A.0.1 面层厚度（表 A.0.1）。

地面面层的厚度及有关材料强度等级是经规范修订组调研及查阅有关资料编制的，现将几种主要的面层厚度修订分述如下：

（1）按原规范基本保留的有 22 种，新增加防油渗混凝土、防油渗涂料、聚合物水泥砂浆、耐热混凝土、薄型木地板、格栅式通风地板、塑料地板（地毡）、导静电塑料板、聚氨酯自流平、树脂砂浆、地毯等 16 种面层。

（2）防油渗混凝土厚度 60～70mm，主要是根据抗油渗试验时油渗的深度和混凝土本身的强度等因素综合考虑而确定。

（3）格栅式通风地板系指地板下面有一定空间可以敷设电缆、各种管道、空调系统，能提供有用价值的使用空间，这些系统可以迅速、方便、灵活地改变布局。面层材料有木质和金属，性能有导电与不导电区别。

（4）聚氨酯自流平面层，系指聚氨酯涂料自流平地面，自流平是施工方法。据《洁净技术建筑设计》一书介绍：此涂料为双组分类型，甲料与乙料混合后涂布反应形成聚氨酯弹性胶。这种聚合物可在室温下干燥固化，不必加热加压，同混凝土等附着良好，不变形，不碎裂，易施工。其表面光洁不滑，弹性好，不易摔伤零件，易清扫，脚感舒适，耐水、耐油，耐腐蚀，耐磨，导（抗）静电作用弱于聚氯乙烯。施工时按生产厂配方将甲料、乙料混合，加入二甲苯搅拌，再加入高岭土等骨料，用台钻等机械（每分钟不

大于 500 转速）搅拌约 2～3min，拌匀后倒于水泥砂浆基层上刮平。初凝约 10～15min（夏季），其他季节略之。涂层厚一般 3～4mm。分层施工，每层厚度 1.2～1.5mm，各层（尤其是基层）宜用自流平方法施工，以使表面平整。各层操作间隔 24h，约 7d 后，漆膜才能终凝固化交付使用。漆膜成型前，含有较多异氰酸酯，有毒，须通风良好。施工时，忌与水、酸、碱、醇接触，以免材料变质。水泥砂浆基层的平整度：1m 靠尺内凹凸勿大于 2mm，且不多于一处。基层应充分干燥，无浮砂，收缩稳定。又应在地坪垫层内设防水层或防潮层，以免涂层因地下潮湿而起鼓破坏，且能保证基层及时干燥。

（5）地毯是一种比较高档的地面铺设材料，产品种类较多，有羊毛地毯、化纤尼龙地毯，还有导静电地毯等。

A.0.2 结合层厚度（表 A.0.2）。

（1）预制混凝土板、水磨石板，原称马赛克陶瓷锦砖等地面的结合层材料及厚度，保留了原规范的规定。

（2）新增加导静电塑料地板，导静电塑料地板的结合层材料为与面层材料相配套的粘结剂，一般由生产厂家配套供应。

A.0.3 填充层厚度（表 A.0.3）。

楼层地面填充层是用于钢筋混凝土楼板上起隔声、保温、找坡或暗敷管线等作用的构造层，是本次修订新增内容。

填充层材料常用水泥炉渣、水泥石灰炉渣、陶粒混凝土、天然轻骨料（如浮石等）混凝土，加气混凝土块、水泥膨胀珍珠岩块、沥青膨胀珍珠岩块等；设计时需结合使用要求和当地材料应用情况进行合理选配。

填充层材料自重要轻但又要具有一定强度，这样可减轻结构荷重又能形成平整坚实的表面。

填充层不宜过厚。楼层有时为了美观，照明管线和设备电源管线往往敷于楼面下，通常确定厚度时考虑大于埋管交叉处管径之和再追加 10～20mm，总厚度一般为 60～80mm。如不敷管线，最薄处常采用 30mm，当然还应根据使用功能进行设计计算而定。保温填充层的做法，可参照国家标准《空调房间围护结构》（J131）图集。浮筑式楼面填充层隔声效果较佳，尤其隔楼面撞击声效果，本规范虽未涉及，有条件时亦可采用。

（1）填充层的目的是解决楼面有排水找坡，保温和隔声等使用要求。填充层可以作为暗敷管线的通道，但另一方面，不可以因暗敷管线而增设填充层。通常，各种管线走结构层或高架处理。一般填充材料为水泥炉渣，石灰炉渣，轻骨料混凝土以及水泥珍珠岩块等。填充层材料自重应不大于 $9kN/m^3$，厚度 30～80mm，这些数据是根据常见工程的实际使用经验而确定的。

A.0.4 找平层厚度（表 A.0.4）。

找平层一般用于下列几种情况：

（1）当地面构造中有隔离层，因而要求垫层或楼板表面平整时；

（2）当地面构造中有松散材料的构造层，要求其表面有刚性时；

（3）当地面需要设置坡度并需利用找平层找坡时。

目前国内常用的找平层材料是 1∶3 水泥砂浆。地面坡度虽在条文中规定，应尽量采用修正地基高程或结构起坡，但当需要设坡的面积较小时，仍需利用找平层找坡，为节约水泥起见，推荐采用 C10 级混凝土，对于 C15 级可用于有一定刚性要求的场所。

水泥砂浆找平层的厚度，多数施工单位反映，太薄了做不出。实际上，找平层厚度是一个标志尺寸，可作为预算或备料的依据，在实际施工中有厚有薄。规范规定找平层厚度不小于 15mm，只定了下限值，跟个体设计中往往采用 20mm 厚并无矛盾。

A.0.5 隔离层的层数（表 A.0.5）。

隔离层用在楼地面的防水、防潮工程中，常用的隔离层材料是石油沥青油毡，一般为一毡二油，对防水、防潮要求较高时采用二毡三油或再生胶油毡，防潮要求较低时可采用热沥青二度。

目前防水材料比较多，亦可采用防水冷胶料作为防水、防潮用。当机床上楼时，楼面的隔离层，需考虑防油渗，因此隔离层必须选用防油渗胶泥玻璃纤维布，一布二胶，或防油渗胶泥二度，其总厚度不少于 3mm，太薄了起不到防油渗作用。

附录 B 混凝土垫层厚度选择表

保留了原规范附录五垫层厚度选择表的基本内容，增加了以吊车起重量为标志荷载的内容，对于这一点，设计选用时必须根据地面上实际作用着的荷载状况而定。

1. 关于大面积密集堆料，作为一种荷载形式，其含义是：

（1）是指在纵向、横向缩缝围成的一块地面上，所堆放的材料或其他物件占有较大面积的一种荷载形式，常见于仓库及某些生产车间。

（2）大面积密集堆料按其支承性质，可分为两类：一类是无明确搁置点的散装堆放，另一类是有明确搁置点的堆放。其数值为单位投影面上的平均值。

据调查，长期堆放的物料（包括成品、半成品及原材料），为了避免受潮或便于装卸，一般均有垫物，物料与地面不直接接触，即为有搁置点的堆放。因垫物支承面较小，对板的受力不利；因垫物材质不一，有枕木、石块，也有混凝土预制块，其宽度一般为200～300mm，间距一般不超过800mm。

从46个调查实例中，可看到荷载与板厚之间有一定关系：荷载小于或等于30kN/m^{2}时板厚为60～130mm，荷载为30～50kN/m^{2}时板厚为120～140mm，荷载大于50kN/m^{2}时板厚则大于160mm。

应当指出，这些地面虽仍在使用，但其中有些地面未能完全避免开裂，究其原因，荷载虽属大面积但从整个建筑物地面来看还存在不均匀性，在走道上及离墙柱一段距离的局部地面上不能堆放。在堆放区，基本上呈大面积均匀下沉，在非堆放区段下沉量要小得多，据观测约为前者的1/3左右。但从另一方面考察，后者似乎呈现局部鼓起现象，板面裂缝恰好出现在这一部位，且常为负弯矩所产生的统长裂缝。

表B.0.1即根据上述现象将大面积密集堆料按等效荷载的方法进行板厚计算，其技术条件为：

（1）物料按有搁置点的均匀堆放；

（2）每个荷载的支承面为（300×300）mm^2；

（3）每两个支承面中心距离为800mm；

（4）中间走道净宽1600mm范围内不堆放任何物料。

表中最大荷载为50kN/m^2，大于此值时，实际工程中往往缩小支承间距或增大支承面积，如这样做了地面板的受力状态可得到改善。但由于很不统一，并偏离前面所设定的计算技术条件，不便列入。

事实上，大面积密集堆放有其逐步形成过程，是变迁着的荷载。在均匀密集分布条件下，如同通过一层薄板直接作用在地基上，板是厚是薄并无多大实际意义，所以早期对地面均布荷载作用，主张垫层按最小构造厚度即可。鉴于荷载不均匀性客观存在，促使人们研究它，但至今仍不很成熟。在征求意见稿期间，有单位建议适当增加板厚，这要看那里的地基条件如何和人们的实践经验。当大面积密集堆放荷载超过地基土的承载能力时，不但地面会发生过大沉降，也将导致建筑物的不均匀沉降，甚至危及生产和使用安全。由此涉及人工地基领域。

2. 普通金属切削机床。

（1）根据70多个中小型工厂的调查，混凝土地面直接搁置的机床，其加工精度绝大多数为普通级，即普通金属切削机床。

（2）近年来，混凝土垫层兼面层的做法较多，混凝土强度等级一般为C15、C20，厚度大致在100～150mm，使用情况基本正常。重型车间中地面面层加做30mm厚的细石混凝土。

（3）以机床所允许的振动和变形程度来确定混凝土垫层厚度，目前还没有适用的计算方法。据有关资料对C20级混凝土60～150mm不同厚度的机床运行特征对比试验表明，板厚120mm已能满足使用要求，此时地基变形模量相当于20N/mm^2。

（4）机床发生过大振动或变形的情况，据分析，除与机床本身质量有关外，常与填土质量有关。表中系根据地基强弱适当扩大了板厚级差，是比较符合实际情况的。此外，据测试，机床安装在板边角要比板中所发生的振动和变形要成倍增加，而板边加肋后，两者比较接近，当设有灰土、二渣等地基加强层时，对提高地面刚度效果显著。

（5）本附录所列机床类型及代表型号是指加工精度为普通级的机床，如粗加工和半精加工的普通中小型车床、铣床、刨床、钻床、镗床、磨床等，其特性（重量和长度）是根据调查统计归纳而得。对于界限以上的机床，如加工精度要求较高、灵敏度高、振动较大、重量较重或床身刚度较差的少数机床，可参照《动力机器基础设计规范》GBJ40—79的规定设计。

原规范中对能耗较大、产品落后的机床型号已由性能更好的型号代表，随着科学技术的发展进步，在执行中仍需遵照机械电子工业部、国家计委、能源部等国家主管部门联合批准发布的节能新产品型号为准。

3. 无轨运输车辆。

（1）车辆荷载主要通过轮压传递给地面，其速度和交通量远不能与公路相比，一般可按静载考虑。计算方法是按多个荷载的等效荷载进行计算。

（2）表列垫层厚度的确定除按静载考虑外，所拟订的代表型号分别为跃进牌2.5t载重汽车、解放牌4t载重汽车、3t叉式装卸车和黄河牌8t载重汽车，根据轮距、轮迹圆当量半径和最大轮压，按本规范有关公式进行计算并经调查验证。此外，按地基土强弱对承载力影响较大的实际情况，适当调整板厚级差。

关于车轮轮迹当量圆半径（r）可按下式确定：

$$r=\sqrt{\frac{P}{\pi\rho}}$$

式中，P为车轮轮压，ρ为车轮在路面上的均布压力。这些数据在有关资料样本手册中可以直接查到。

4. 关于吊车起重量为标志荷载的情况，参见4.0.5的说明。

5. 关于压实填土地基变形模量，在表中根据土的性质，由弱到强分列为三个档次，相应的地基承载力大致是100kPa以下，100～200kPa和大于200kPa。鉴于地基强度对地面板承载能力的影响不十分敏感，因此在选用时也就比较粗略。

6. 表注⑥是关于选用表列厚度又如何才能作出与使用要求相适应且经济合理的垫层厚度问题，对此意见不十分统一，情况也较复杂。规范送审稿审查会议上作了讨论，最后，会议认为选用表列厚度时留有适当机动范围，虽有必要但应持慎重态度，以避免盲目性和主观随意性。

附录C 混凝土垫层厚度计算

C.1 一 般 规 定

1. 原规范采用安全系数进行设计。本规范按现行国家标准《建筑结构设计统一标准》GBJ68—84采用荷载分项系数、材料分项系数（为了简便，直接以材料强度设计值表达），结构重要性系数进行设计。

2. 本规范荷载分项系数是按现行国家标准《建筑结构荷载规范》GBJ9—87的规定取用，地面板重要性系数按现行国家标准《建筑结构设计统一标准》的规定取用，材料强度是按现行国家标准《混凝土结构设计规范》GBJ10—89的规定取用，计算公式中某些计算参数的取值，对有足够实测试验统计资料的原规范取值予以保留，对计算机解题结果进行分析归纳后确定。

3. 对极限状态的分类，系按《建筑结构设计统一标准》的规定，结合地面板的设计特点，仅规定按承载能力极限状态设计和满足正常使用极限状态的要求两项，此外，在一定条件下附加受冲切承载能力验算。承载能力极限状态设计是根据地面板的非线性有限元分析与研究结果给出的。

4. 表C.1.3中安全等级的选用，设计部门可根据工程实际情况和设计传统习惯选用。总的来讲，大多数工业与民用建筑地面的安全等级均属二级。

5. 压实填土地基变形模量E_{o}值，保留了原规范的取值方法，即按公路柔性路面的E_{o}值增加三倍采用；填土分类根据《建筑地基基础设计规范》规定取用，对原规范填土分类相应调整。

6. 按承载能力极限状态设计时的地面板的刚性特征值的确定，关系比较复杂，各种因素对板开裂情况和承载力发生影响，不但与板的平面尺度和板周边水平约束条件有关，而且与混凝土强度等级、板厚度、荷载接触面积大小、地基土变形模量等有关，应用有限元法研究地面板，用计算机进行计算，使得许多以前无法进行的大型数据计算成为可能，结合试验手段，取得承载力极限状态条件下的特征值，即令β为综合刚度系数。

7. 正常使用极限状态验算时的混凝土垫层相对刚度半径L值，保留原规范取值方法。

C.2 地 面 荷 载 计 算

1. 本规范鉴于《建筑结构荷载规范》没有对工业厂房地面荷载作出规定，为了进行混凝土地面板力学计算，首先要解决荷载问题，才能根据荷载大小和作用方式进行板厚计算。由于时间和经验不足，提供的近似方法有待进一步完善。

2. 地面荷载十分复杂，几乎无所不包，无确定的分布规律性，因为人们的生产活动，物件的流动比较活跃。为此，我们选择了地面上最常见的具有代表性的荷载形式。从直观上，大体分为大面积密集堆放荷载、普通金属切削机床、无轨运输车辆以及由吊车起重量为相对标志的荷载等四种；而从受力角度上，按荷载在地面上的支承面形状、数量和间距等条件分为单个圆形荷载、单个等效当量圆形荷载和多个当量圆形荷载的组合等效荷载等三种。原规范矩形（$a/b\leqslant2$和$a/b>2$）荷载均转化为当量圆形荷载和等效荷载代替。

针对地面板的厚度计算需要，有必要拟定地面荷载的计算方法，提出了特定含意的名词和术语，如当量圆形荷载、等效荷载、临界荷位、荷位系数；荷位区、荷位区半径等，以及对荷载设计值根据《建筑结构荷载规范》结合地面设计要求作出相应规定。上述词语均分别在条文中进行了定义，不再赘述。

3. 等效荷载，在实际工程中，可能是多个任意分布的不等值集中荷载，也可能是一个支承面较大的不均匀荷载，这种复杂形式作用下的试验资料还没有，仅有两个等径不等值圆形荷载的少量试验资料和四个对称荷载的理论研究参考资料。为了便于计算，对地面上作用复杂形式荷载时，均建议按本规范规定的划分原则和换算方法，归纳为一个等效荷载。

上述关于多个荷载的条件和原规范所规定的运算方法相似，但在理论上不相同。原规范采用荷载影响系数，本规范采用板在负荷状态下以板和地基的变形协调方程平衡上部荷载作用，并以荷载影响角替代原荷载影响系数。原规范为此编制了三项系数表，而本规范可直接计算，比较方便。

4. 关于多个荷载荷载单元划分的限制条件$r\leqslant1.0L$问题，如前所述，本规范有关承载力计算方法和占90%的实体试验与模型试验研究所提供的数据均表明，作用荷载为在小圆面积上均匀分布的“集中”荷载，并按此基本条件建立计算方程。因此当$r>1.0L$时，一方面缺乏足够的科学实验依据，另一方面可能导致较大的误差。

C.3 垫 层 厚 度 计 算

1. 承载能力极限状态计算，本规范为便于广大建筑设计人员使用，将其转化为控制最小板厚的计算。采用式（C.3.1）进行地面板设计，步骤简单，避免了原规范试算法中的反复计算工作。

承载力计算方法的基本条件是：

（1）混凝土地面板为等厚度的无限大板。

（2）地基为弹性地基，符合Winkler假说。

（3）作用荷载为在小圆面积上均匀分布的“集中”荷载，且只考虑柔性压盘的作用。

(4) 计算模型是建立在明确板内横推力或称薄膜力概念的基础上。这个横推力的数值随着板内裂缝的开展、变形的增大而增大，从而大大缓慢了板内裂缝的开展速度，提高了板的承载能力。但在通常设计中，并不需要直接引用这些条件，而可根据本附录中给出的板厚计算公式进行板厚计算。该计算式在不同程度上都作了简化处理。

2. 承载能力极限状态。在荷载不大的情况下，板底部就发生辐射形径向裂缝，随着荷载的增大，这些辐射形裂缝不断向外发展，板中央底部部分单元同样发生环向开裂，致使这部分单元成了双向开裂单元；在进一步加载过程中，半径为某一定值处板面初次发生环形裂缝（注意，此处板面存在着即将出现环形裂缝时的状态），进而板底辐射形径向裂缝继续向外发展和板面环形裂缝向下发展，直至板底径向裂缝发展到板面环形裂缝处，此时，板中央产生较大沉降，以致环形裂缝已近裂通和板中沉降大幅度增加，板已不能继续承载。本规范选定的极限状态是指板面即将出现环形裂缝时的状态。

无论是计算结果，还是试验现象，都说明，在圆形集中荷载作用下的地面混凝土大板，荷载处板底首先发生径向裂缝，当板面环向产生初裂缝时，板面初裂荷载总比板底初裂荷载高出三倍以上。而沉降量前者要比后者高出四倍以上。同时，说明裂缝的增长比荷载增长缓慢得多，而且离板最终丧失承载能力（破坏）还十分遥远，大约是板底初裂荷载的 8 倍多。

3. 正常使用极限状态。本规范考虑到计算荷载比较明确、单一，故只考虑荷载的短期效应组合。

地面板按裂缝控制一级进行验算，从严格的意义上说，即要求板面受拉边缘混凝土应力在荷载短期效应组合下，不出现拉应力（零应力或压应力），也就是说，构件是处于减压状态。但是，地面板的情况有所不同，在荷载作用下，板截面上正应力沿径向的分布表明，拉应力很小，正应力较大，压应力的合力也较大，且由于水平推力的产生，压应力与拉应力的合力不平衡，而使地面板处于压弯或偏心受压状态。板面径向应力是由板中央的压应力逐渐变小，而转为拉应力，而环裂处拉应力的增长相当缓慢。在这种条件下，板面出现开裂的概率也就很小了。

为在使用阶段抗裂验算与板厚计算方式相呼应，故在抗裂验算中也采用控制板厚的计算表达式。

近年来混凝土强度理论的研究表明，在平面应力状态下，压应力对开裂时的抗拉强度有影响，且与混凝土强度等级有关。当压应力较大时，将使开裂时的主拉应力值小于 f_t。虽在一般工程中尚不致使主拉应力的限值产生较大的降低，但在混凝土地面板中，如前所述，主拉应力的增长却十分缓慢，对控制环裂十分有利。在一般情况下，满足承载力极限状态设计的板厚，大体上能满足正常使用的极限状态，只有荷载支承面很大，混凝土强度等级较低时，或地基强度较高时，才需进行抗裂后验算。这个条件是：$r/L \geqslant 0.80$ 时，考虑到混凝土是非线性材料，在不配筋时，适当考虑塑性影响，以及参照有关试验结果，本规范才给出了以验算板厚为基础的简化公式。当然本规范不排斥采用更合理的方法进行验算。

据地面板产生裂缝的调查分析，如按原规范缩缝为平头缝构造进行设计施工，一般情况下是不会发生板面开裂的，所见裂缝，多数出于地基不均匀沉降引起，部分处于板角裂缝者，主要原因在于分仓缝没有按平头缝构造处理，而类似沉降缝又未按沉降缝进行局部加强，形成自由边角所致。所以，执行本规范时，务请注意到计算公式所适用的边界条件，施工单位也应密切配合。

4. 地面板受冲切破坏虽不多见，修补也并不费事，但应事先予以避免，为此本规范作出抗冲切验算规定及依据的条件。

此外，冲击荷载和多次重复荷载作用下的设计，主要表现在面层材料的强度和抗冲击韧性，是否满足使用要求，对板厚及裂缝产生的影响如何尚缺乏经验。

C.4 计 算 实 例

本例包含：

(1) 单个荷载，$a/b \leqslant 2$ 的矩形的当量圆形荷载，荷载当量圆半径的折算，板厚计算和抗裂验算。

(2) 两个荷载的等效换算和组合等效荷载的计算，考虑两相邻荷载的影响。

(3) 对于两个以上荷载的组合等效荷载换算提供了基本运算方法。

附：

关于地面板计算公式的建立

我国从 1971 年开始，为合理确定厂房混凝土地面板的厚度、建立地面板计算公式，进行了大量的试验研究和理论研究，取得了重大成果。在近 20 年的工作中，北京工业大学（叶于政、孙家乐）、四川省建科所（谢力子）、同济大学（蒋大骅、申屠龙美）、机电部第二设计院（陆文英、丁龙章）和其他有关单位（梁敏滔、张乾源、时永澄等），均为此作了许多工作并取得重要成果。本规范在修订期间，由主编单位会同同济大学完成了现在的计算公式。此次修订的目标旨在简化计算方法，方便使用。

下面分别简要介绍地面板的非线性有限元分析程序、SOGB 的基本情况和本规范计算公式的建立与原规范计算结果的对比情况。

一 SOGB 程 序

SOGB是在弹性有限元分析程序（即SOGA）基础上扩充编制的非线性有限元分析通用程序。关于SOGB详细内容参见“地面板的非线性有限元分析及其试验研究”一文（申屠龙美、庄家华、蒋大骅，1987）。

1. 强度准则。判断已知单元应力是否开裂、是否受压屈服的混凝土强度准则是丹麦人Ottosen（1977）提出的四参数破坏准则。根据对某一点应力的破坏条件来判断其在应力空间位于破坏曲面里边（未坏）还是正好位于破坏曲面上。

2. 混凝土的非线性性质。在SOGB计算中确定材料的弹性模量E和泊松比γ的值是参考Ottosen（1979）提出的材料本构关系。在计算中，以弹性模量的变化为条件来考虑对模型裂缝产生的影响。

3. 结构计算模型。

（1）计算简图的三个条件是：

①等厚度的无限大板；

②弹性地基；

③作用荷载各在小圆面积上均匀分布的“集中”荷载，只考虑柔性压盘的作用。

（2）坐标系是采用圆柱坐标γ、θ、z。本结构取板底中心处为轴对称坐标中心，z轴向上为正。结构的变形分量和应力分量均与θ无关。

（3）单元采用截面为三角形的圆环形单元。

4. 计算原则。

（1）单元结点序号i、j、m，按反时针定，由此求单元面积。

（2）位移模式。单元受荷后将产生位移，取线性位移模式，六个位移常数用克莱姆法则求解。计算结构结点位移和单元结点位移分别以矩阵〔δ〕〔σ〕^{e}写成。

（3）应变矩阵系根据几何关系建立。

（4）应力应变关系矩阵〔D〕由物理方程建立。当某一荷载作用下某一单元的〔D〕与在该单元应力状态下材料的物理性能有关，单元开裂后，它还与裂缝的开展情况有关，求解时应根据单元是否开裂，若开裂还要视开裂情况差异采用不同的方法进行，即区分未开裂单元和开裂单元，在开裂单元中又将区分径向开裂和环向开裂及径环向均发生开裂时的情况。

此外，SOGB还对环裂缝方向的确定和裂面效应系数的修正，进行了分析处理。

（5）由应变矩阵与应力应变关系矩阵之间的联系，建立起应力位移关系矩阵〔S〕。

（6）根据虚功原理建立单元刚度矩阵的第一分项〔K_1〕，又按照Winkler弹性假说，处理地基反力，建立单元刚度矩阵第二分项〔K_2〕。

（7）采用面积坐标，把单位面积上的荷载静力等效地移到结点上，建立荷载列阵〔R^2〕。

（8）最后，对于每一个需求位移的结点，都可用结点位移表示各自结点的平衡方程式，总合起来得到整个结构结点位移的线性方程组，即结构平衡方程组。此后，即可求解。

5. 用计算框图来说明计算步骤。

6. 计算结果。根据以往的试验，对五块板作了开始加载直到破坏的全过程分析，尤其对有一定代表性，且有实测数据的五棵松2＃板的计算结果为例，作为验证计算方法的依据。结果表明，裂缝的出现、开展及地面板破坏的一般特点地基反力及与板底竖向位移关系，径向弯矩、环向弯矩、径向剪力的大小，截面径向应力、环向应力的分布，水平推力的分布和发展情况，板中顶面单元的应力状态和板底沉降与荷载的关系，以及考虑裂缝影响和E、γ变化的计算结果，均与试验结果相符或相近或比较吻合。

7. 非线性有限元分析建议的混凝土板厚计算公式。有限元计算费时，为此，对以23个板例的计算结果为依据，利用计算机采用数值方法，以最小均方差为标准，进行曲线回归，提出近似计算公式。回归时，均以回归公式计算值与有限元程序计算值之比进行，由此得到：

极限承载能力P_u

$$P_u = 17234 \times (\frac{\mathrm{k} \cdot R_l}{E_c} + 3.60 \times 10^{-4}) f_t h^2 \tag{1}$$

其回归指标为：

平 均 值　0.974

标 准 差　0.159

变异系数　0.163

板面环向开裂荷载P_{crt}：

$$P_{crt} = 4.89 \times (\frac{R_l}{L} + 0.82) f_t h^2 \tag{2}$$

其回归指标为：

平均值　0.988

标准差　0.172

变异系数　0.174

二 关于本规范设计方法和与原规范比较

本规范采用极限状态的设计准则提出地面板的设计方法，即考虑承载能力和正常使用的极限状态两种方法。

1. 按承载能力的极限状态，对混凝土地面板有：

$$S \leqslant K_c S_u \tag{3}$$

式中 S——设计荷载；

S_u——板中荷载作用下板的极限承载力；

K_c——荷位系数。

为了与本规范所用符号一致，此处S即式（1）中的P_u，把式（1）代入式（3），并整理后得到板厚设计公式：

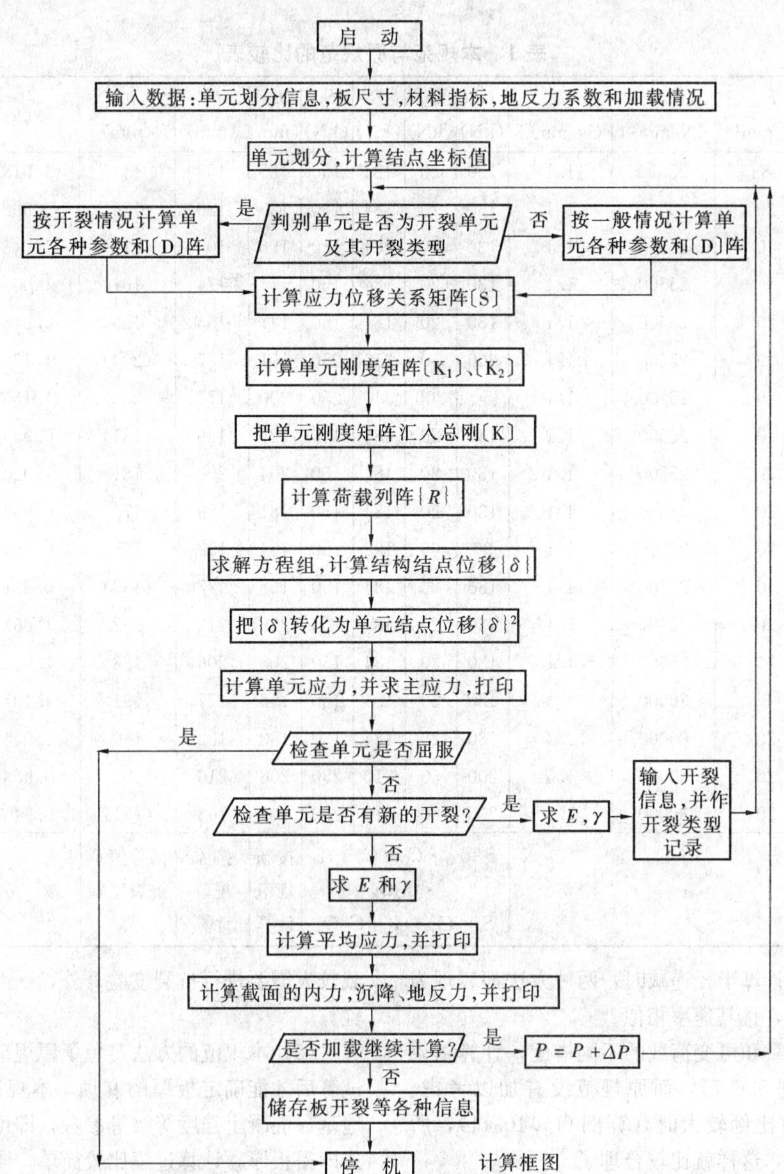

图1 法兰盘画法

$$h = \sqrt{\frac{\gamma_o K_c \cdot S}{14.24 \times (\beta_{rj} + 0.36) f_t}} \qquad (4)$$

需要说明的是，在整理过程中考虑到仍需沿用原规范地基变形模量 E_o，用综合刚度系数 β 替换式(1)中对应的参数。同时，根据工程实践经验对结构可靠度作了适当调整。

2. 按正常使用的极限状态——即混凝土板在永久荷载的标准值作用下板面即将出现环形裂缝时——验算板厚。取与式(4)相同的形式，有：

$$h_f = \sqrt{\frac{\gamma_o \cdot K_c \cdot S_s}{4.04 \times (\frac{r_j}{L} + 0.82) f_t}} \qquad (5)$$

式中 h_f 即为满足抗裂度要求的最小板厚。

如 $h_f \leqslant h$，则表明板厚 h 能保证板在正常使用时板面不发生开裂；$h_f > h$，则板面要出现裂缝，应按抗裂度要求增加板厚，或提高混凝土强度等级。板的相对刚度半径 L 保留原规范取值。

3. 本规范设计方法与原规范的比较，见表1。

从表1中的结果可看到，两种设计计算方法所得结果基本上是一致的。现对两种方法进行比较后说明如下：

(1) 两者对地基强弱与板厚的关系是一致的。但当地基较弱时，按本规范计算所得板厚略大于原规范5%左右，一般性地基时则比较接近，只有当地基强度较高时，按本规范承载能力极限状态计算所得板厚比原规范要薄，这种情况下很可能板厚受抗裂度控制(算例3.8.12.18)，按本规范抗裂度验算所得板厚与原规范就比较吻合了。

表1　本规范与原规范的比较表

编号	r_j (mm)	E_o (N/mm^2)	E_c (N/mm^2)	f_t (N/mm^2)	G_k (kN)	Q_k (kN)	S (kN)	S_s (kN)	h_1 (mm)	h_2 (mm)	h_f (mm)	h_1/h_2	β ($\times10^{-3}$/mm)
1	600	8	25500	1.1	130	20	184	150	155	153	144	1.013	1.03
2	600	20	25500	1.1	130	20	184	150	128	129	126	0.992	1.80
3	600	40	25500	1.1	130	20	184	150	106	105	(110)	1.048	2.89
4	400	8	25500	1.1	130	20	184	150	174	174	161	1.000	1.03
5	400	20	25500	1.1	130	20	184	150	147	155	146	0.948	1.80
6	400	20	25500	1.1	200	50	310	250	191	177	(200)	1.130	1.80
7	400	20	25500	1.1	50	200	340	250	200	177	(200)	1.130	1.80
8	400	40	25500	1.1	130	20	184	150	124	136	(131)	0.963	2.89
9	200	8	25500	1.1	130	20	184	150	204	200	181	1.020	1.03
10	200	20	25500	1.1	130	20	184	150	181	189	173	0.956	1.80
11	200	20	25500	1.1	90	60	192	150	184	159	173	0.864	1.80
12	200	40	25500	1.1	130	20	184	150	158	177	(163)	0.921	2.89
13	100	8	25500	1.1	130	20	184	150	225	212	192	1.061	1.03
14	100	20	25500	1.1	130	20	184	150	208	206	188	1.010	1.80
15	100	8	30000	1.5	130	20	184	150	196	177	191	1.101	0.89
16	100	20	30000	1.5	130	20	184	150	183	182	160	1.005	1.56
17	200	20	30000	1.5	200	50	310	250	208	216	196	0.963	1.56
18	400	20	30000	1.5	200	50	310	250	141	163	(154)	0.945	2.49
备注					$S=r_G\cdot C_G\cdot G_k+r_Q\cdot C_QQ_k$ $S_s=C_G\cdot G_k+C_QQ_k$				按新规范计算	按原规范计算	括号值系抗裂度验算		

（2）荷载圆计算半径递减时，两种方法都表现为板厚的相应递增，且其速率相似。

（3）永久荷载和可变荷载的不同搭配，计算结果是不同的（算例5.6.7），而原规范没有加以考虑。当可变荷载所占比例较大时（算例6.7.10.11），所得板厚有所增大，这样就比较合理了。

（4）本规范增加了抗裂度验算，需进行验算的条件是$r_j/L\geqslant0.80$，此外，除了因地基强度较高或因荷载较大需要进行抗裂度验算外，一般可不进行抗裂度验算。

（5）本规范的方法避免了原规范需经渐近法反复试算后才能确定板厚的麻烦。本规范只需已知荷载、地基、混凝土强度等级等参数，即可直接代入计算公式即得板厚，计算过程比较简单。同时，给出了满足抗裂度要求时验算板厚的简捷方法。

中华人民共和国国家标准

住 宅 建 筑 规 范

Residential building code

GB 50368—2005

主编部门：中华人民共和国建设部
批准部门：中华人民共和国建设部
施行日期：2 0 0 6 年 3 月 1 日

中华人民共和国建设部
公　　告

第 385 号

建设部关于发布国家标准《住宅建筑规范》的公告

现批准《住宅建筑规范》为国家标准，编号为 GB 50368—2005，自 2006 年 3 月 1 日起实施。本规范全部条文为强制性条文，必须严格执行。

本规范由建设部标准定额研究所组织中国建筑工业出版社出版发行。

中华人民共和国建设部

2005 年 11 月 30 日

前　　言

本规范根据建设部建标函［2005］84 号（关于印发《2005 年工程建设标准规范制订、修订计划（第一批）》的通知）的要求，由中国建筑科学研究院会同有关单位编制而成。

本规范是主要依据现行相关标准，总结近年来我国城镇住宅建设、使用和维护的实践经验和研究成果，参照发达国家通行做法制定的第一部以功能和性能要求为基础的全文强制的标准。

在编制过程中，广泛地征求了有关方面的意见，对主要问题进行了专题论证，对具体内容进行了反复讨论、协调和修改，并经审查定稿。

本规范的主要内容有：总则、术语、基本规定、外部环境、建筑、结构、室内环境、设备、防火与疏散、节能、使用与维护。

本规范由建设部负责管理和解释，由中国建筑科学研究院负责具体技术内容的解释。请各单位在执行过程中，总结实践经验，积累资料，随时将有关意见和建议反馈给中国建筑科学研究院（地址：北京市北三环东路 30 号；邮政编码：100013；E-mail：buildingcode@vip.sina.com）。

本规范主编单位：中国建筑科学研究院

参　加　单　位：中国建筑设计研究院
中国城市规划设计研究院
建设部标准定额研究所
建设部住宅产业化促进中心
公安部消防局

本规范主要起草人：袁振隆　王有为　童悦仲
林建平　涂英时　陈国义
（以下按姓氏笔画排列）
王玮华　刘文利　孙成群
张　播　李引擎　李娥飞
沈　纹　林海燕　林常青
郎四维　洪泰杓　胡荣国
赵文凯　赵　锂　梁　锋
黄小坤　曾　捷　程志军

目　次

1 总　则

1.0.1 为贯彻执行国家技术经济政策，推进可持续发展，规范住宅的基本功能和性能要求，依据有关法律、法规，制定本规范。

1.0.2 本规范适用于城镇住宅的建设、使用和维护。

1.0.3 住宅建设应因地制宜、节约资源、保护环境，做到适用、经济、美观，符合节能、节地、节水、节材的要求。

1.0.4 本规范的规定为对住宅的基本要求。当与法律、行政法规的规定抵触时，应按法律、行政法规的规定执行。

1.0.5 住宅的建设、使用和维护，尚应符合经国家批准或备案的有关标准的规定。

2 术　语

2.0.1 住宅建筑　residential building

供家庭居住使用的建筑（含与其他功能空间处于同一建筑中的住宅部分），简称住宅。

2.0.2 老年人住宅　house for the aged

供以老年人为核心的家庭居住使用的专用住宅。老年人住宅以套为单位，普通住宅楼栋中可设置若干套老年人住宅。

2.0.3 住宅单元　residential building unit

由多套住宅组成的建筑部分，该部分内的住户可通过共用楼梯和安全出口进行疏散。

2.0.4 套　dwelling space

由使用面积、居住空间组成的基本住宅单位。

2.0.5 无障碍通路　barrier-free passage

住宅外部的道路、绿地与公共服务设施等用地内的适合老年人、体弱者、残疾人、轮椅及童车等通行的交通设施。

2.0.6 绿地　green space

居住用地内公共绿地、宅旁绿地、公共服务设施所属绿地和道路绿地（即道路红线内的绿地）等各种形式绿地的总称，包括满足当地植树绿化覆土要求、方便居民出入的地下或半地下建筑的屋顶绿地，不包括其他屋顶、晒台的绿地及垂直绿化。

2.0.7 公共绿地　public green space

满足规定的日照要求、适合于安排游憩活动设施的、供居民共享的集中绿地。

2.0.8 绿地率　greening rate

居住用地内各类绿地面积的总和与用地面积的比率（%）。

2.0.9 入口平台　entrance platform

在台阶或坡道与建筑入口之间的水平地面。

2.0.10 无障碍住房　barrier-free residence

在住宅建筑中，设有乘轮椅者可进入和使用的住宅套房。

2.0.11 轮椅坡道　ramp for wheelchair

坡度、宽度及地面、扶手、高度等方面符合乘轮椅者通行要求的坡道。

2.0.12 地下室　basement

房间地面低于室外地平面的高度超过该房间净高的1/2者。

2.0.13 半地下室　semi-basement

房间地面低于室外地平面的高度超过该房间净高的1/3，且不超过1/2者。

2.0.14 设计使用年限　design working life

设计规定的结构或结构构件不需进行大修即可按其预定目的使用的时期。

2.0.15 作用　action

引起结构或结构构件产生内力和变形效应的原因。

2.0.16 非结构构件　non-structural element

连接于建筑结构的建筑构件、机电部件及其系统。

3 基本规定

3.1 住宅基本要求

3.1.1 住宅建设应符合城市规划要求，保障居民的基本生活条件和环境，经济、合理、有效地使用土地和空间。

3.1.2 住宅选址时应考虑噪声、有害物质、电磁辐射和工程地质灾害、水文地质灾害等的不利影响。

3.1.3 住宅应具有与其居住人口规模相适应的公共服务设施、道路和公共绿地。

3.1.4 住宅应按套型设计，套内空间和设施应能满足安全、舒适、卫生等生活起居的基本要求。

3.1.5 住宅结构在规定的设计使用年限内必须具有足够的可靠性。

3.1.6 住宅应具有防火安全性能。

3.1.7 住宅应具备在紧急事态时人员从建筑中安全撤出的功能。

3.1.8 住宅应满足人体健康所需的通风、日照、自然采光和隔声要求。

3.1.9 住宅建设的选材应避免造成环境污染。

3.1.10 住宅必须进行节能设计，且住宅及其室内设备应能有效利用能源和水资源。

3.1.11 住宅建设应符合无障碍设计原则。

3.1.12 住宅应采取防止外窗玻璃、外墙装饰及其他附属设施等坠落或坠落伤人的措施。

3.2 许可原则

3.2.1 住宅建设必须采用质量合格并符合要求的材

料与设备。

3.2.2 当住宅建设采用不符合工程建设强制性标准的新技术、新工艺、新材料时，必须经相关程序核准。

3.2.3 未经技术鉴定和设计认可，不得拆改结构构件和进行加层改造。

3.3 既有住宅

3.3.1 既有住宅达到设计使用年限或遭遇重大灾害后，需要继续使用时，应委托具有相应资质的机构鉴定，并根据鉴定结论进行处理。

3.3.2 既有住宅进行改造、改建时，应综合考虑节能、防火、抗震的要求。

4 外部环境

4.1 相邻关系

4.1.1 住宅间距，应以满足日照要求为基础，综合考虑采光、通风、消防、防灾、管线埋设、视觉卫生等要求确定。住宅日照标准应符合表4.1.1的规定；对于特定情况还应符合下列规定：

1 老年人住宅不应低于冬至日日照2h的标准；

2 旧区改建的项目内新建住宅日照标准可酌情降低，但不应低于大寒日日照1h的标准。

表4.1.1 住宅建筑日照标准

建筑气候区划	Ⅰ、Ⅱ、Ⅲ、Ⅶ气候区		Ⅳ气候区		Ⅴ、Ⅵ气候区
	大城市	中小城市	大城市	中小城市	
日照标准日	大寒日			冬至日	
日照时数(h)	≥2	≥3		≥1	
有效日照时间带（h）（当地真太阳时）	8～16			9～15	
日照时间计算起点	底层窗台面				

注：底层窗台面是指距室内地坪0.9m高的外墙位置。

4.1.2 住宅至道路边缘的最小距离，应符合表4.1.2的规定。

表4.1.2 住宅至道路边缘最小距离（m）

与住宅距离 \ 路面宽度			<6m	6～9m	>9m
住宅面向道路	无出入口	高层	2	3	5
		多层	2	3	3
	有出入口		2.5	5	—
住宅山墙面向道路		高层	1.5	2	4
		多层	1.5	2	2

注：1 当道路设有人行便道时，其道路边缘指便道边线；
2 表中“—”表示住宅不应向路面宽度大于9m的道路开设出入口。

4.1.3 住宅周边设置的各类管线不应影响住宅的安全，并应防止管线腐蚀、沉陷、振动及受重压。

4.2 公共服务设施

4.2.1 配套公共服务设施（配套公建）应包括：教育、医疗卫生、文化、体育、商业服务、金融邮电、社区服务、市政公用和行政管理等9类设施。

4.2.2 配套公建的项目与规模，必须与居住人口规模相对应，并应与住宅同步规划、同步建设、同期交付。

4.3 道路交通

4.3.1 每个住宅单元至少应有一个出入口可以通达机动车。

4.3.2 道路设置应符合下列规定：

1 双车道道路的路面宽度不应小于6m；宅前路的路面宽度不应小于2.5m；

2 当尽端式道路的长度大于120m时，应在尽端设置不小于12m×12m的回车场地；

3 当主要道路坡度较大时，应设缓冲段与城市道路相接；

4 在抗震设防地区，道路交通应考虑减灾、救灾的要求。

4.3.3 无障碍通路应贯通，并应符合下列规定：

1 坡道的坡度应符合表4.3.3的规定。

表4.3.3 坡道的坡度

高度（m）	1.50	1.00	0.75
坡度	≤1：20	≤1：16	≤1：12

2 人行道在交叉路口、街坊路口、广场入口处应设缘石坡道，其坡面应平整，且不应光滑。坡度应小于1：20，坡宽应大于1.2m。

3 通行轮椅车的坡道宽度不应小于1.5m。

4.3.4 居住用地内应配套设置居民自行车、汽车的停车场地或停车库。

4.4 室外环境

4.4.1 新区的绿地率不应低于30%。

4.4.2 公共绿地总指标不应少于1m²/人。

4.4.3 人工景观水体的补充水严禁使用自来水。无护栏水体的近岸2m范围内及园桥、汀步附近2m范围内，水深不应大于0.5m。

4.4.4 受噪声影响的住宅周边应采取防噪措施。

4.5 竖向

4.5.1 地面水的排水系统，应根据地形特点设计，地面排水坡度不应小于0.2%。

4.5.2 住宅用地的防护工程设置应符合下列规定：

1 台阶式用地的台阶之间应用护坡或挡土墙连

接，相邻台地间高差大于 1.5m 时，应在挡土墙或坡比值大于 0.5 的护坡顶面加设安全防护设施；

2 土质护坡的坡比值不应大于 0.5；

3 高度大于 2m 的挡土墙和护坡的上缘与住宅间水平距离不应小于 3m，其下缘与住宅间的水平距离不应小于 2m。

5 建 筑

5.1 套内空间

5.1.1 每套住宅应设卧室、起居室（厅）、厨房和卫生间等基本空间。

5.1.2 厨房应设置炉灶、洗涤池、案台、排油烟机等设施或预留位置。

5.1.3 卫生间不应直接布置在下层住户的卧室、起居室（厅）、厨房、餐厅的上层。卫生间地面和局部墙面应有防水构造。

5.1.4 卫生间应设置便器、洗浴器、洗面器等设施或预留位置；布置便器的卫生间的门不应直接开在厨房内。

5.1.5 外窗窗台距楼面、地面的净高低于 0.90m 时，应有防护设施。六层及六层以下住宅的阳台栏杆净高不应低于 1.05m，七层及七层以上住宅的阳台栏杆净高不应低于 1.10m。阳台栏杆应有防护措施。防护栏杆的垂直杆件间净距不应大于 0.11m。

5.1.6 卧室、起居室（厅）的室内净高不应低于 2.40m，局部净高不应低于 2.10m，局部净高的面积不应大于室内使用面积的 1/3。利用坡屋顶内空间作卧室、起居室（厅）时，其 1/2 使用面积的室内净高不应低于 2.10m。

5.1.7 阳台地面构造应有排水措施。

5.2 公共部分

5.2.1 走廊和公共部位通道的净宽不应小于 1.20m，局部净高不应低于 2.00m。

5.2.2 外廊、内天井及上人屋面等临空处栏杆净高，六层及六层以下不应低于 1.05m；七层及七层以上不应低于 1.10m。栏杆应防止攀登，垂直杆件间净距不应大于 0.11m。

5.2.3 楼梯梯段净宽不应小于 1.10m。六层及六层以下住宅，一边设有栏杆的梯段净宽不应小于 1.00m。楼梯踏步宽度不应小于 0.26m，踏步高度不应大于 0.175m。扶手高度不应小于 0.90m。楼梯水平段栏杆长度大于 0.50m 时，其扶手高度不应小于 1.05m。楼梯栏杆垂直杆件间净距不应大于 0.11m。楼梯井净宽大于 0.11m 时，必须采取防止儿童攀滑的措施。

5.2.4 住宅与附建公共用房的出入口应分开布置。住宅的公共出入口位于阳台、外廊及开敞楼梯平台的下部时，应采取防止物体坠落伤人的安全措施。

5.2.5 七层以及七层以上的住宅或住户入口层楼面距室外设计地面的高度超过 16m 以上的住宅必须设置电梯。

5.2.6 住宅建筑中设有管理人员室时，应设管理人员使用的卫生间。

5.3 无障碍要求

5.3.1 七层及七层以上的住宅，应对下列部位进行无障碍设计：

1 建筑入口；

2 入口平台；

3 候梯厅；

4 公共走道；

5 无障碍住房。

5.3.2 建筑入口及入口平台的无障碍设计应符合下列规定：

1 建筑入口设台阶时，应设轮椅坡道和扶手；

2 坡道的坡度应符合表 5.3.2 的规定；

表 5.3.2 坡道的坡度

高度（m）	1.00	0.75	0.60	0.35
坡度	≤1∶16	≤1∶12	≤1∶10	≤1∶8

3 供轮椅通行的门净宽不应小于 0.80m；

4 供轮椅通行的推拉门和平开门，在门把手一侧的墙面，应留有不小于 0.50m 的墙面宽度；

5 供轮椅通行的门扇，应安装视线观察玻璃、横执把手和关门拉手，在门扇的下方应安装高 0.35m 的护门板；

6 门槛高度及门内外地面高差不应大于 15mm，并应以斜坡过渡。

5.3.3 七层及七层以上住宅建筑入口平台宽度不应小于 2.00m。

5.3.4 供轮椅通行的走道和通道净宽不应小于 1.20m。

5.4 地 下 室

5.4.1 住宅的卧室、起居室（厅）、厨房不应布置在地下室。当布置在半地下室时，必须采取采光、通风、日照、防潮、排水及安全防护措施。

5.4.2 住宅地下机动车库应符合下列规定：

1 库内坡道严禁将宽的单车道兼作双车道。

2 库内不应设置修理车位，并不应设置使用或存放易燃、易爆物品的房间。

3 库内车道净高不应低于 2.20m。车位净高不应低于 2.00m。

4 库内直通住宅单元的楼（电）梯间应设门，严禁利用楼（电）梯间进行自然通风。

5.4.3 住宅地下自行车库净高不应低于2.00m。

5.4.4 住宅地下室应采取有效防水措施。

6 结　　构

6.1 一般规定

6.1.1 住宅结构的设计使用年限不应少于50年，其安全等级不应低于二级。

6.1.2 抗震设防烈度为6度及以上地区的住宅结构必须进行抗震设计，其抗震设防类别不应低于丙类。

6.1.3 住宅结构设计应取得合格的岩土工程勘察文件。对不利地段，应提出避开要求或采取有效措施；严禁在抗震危险地段建造住宅建筑。

6.1.4 住宅结构应能承受在正常建造和正常使用过程中可能发生的各种作用和环境影响。在结构设计使用年限内，住宅结构和结构构件必须满足安全性、适用性和耐久性要求。

6.1.5 住宅结构不应产生影响结构安全的裂缝。

6.1.6 邻近住宅的永久性边坡的设计使用年限，不应低于受其影响的住宅结构的设计使用年限。

6.2 材　　料

6.2.1 住宅结构材料应具有规定的物理、力学性能和耐久性能，并应符合节约资源和保护环境的原则。

6.2.2 住宅结构材料的强度标准值应具有不低于95%的保证率；抗震设防地区的住宅，其结构用钢材应符合抗震性能要求。

6.2.3 住宅结构用混凝土的强度等级不应低于C20。

6.2.4 住宅结构用钢材应具有抗拉强度、屈服强度、伸长率和硫、磷含量的合格保证；对焊接钢结构用钢材，尚应具有碳含量、冷弯试验的合格保证。

6.2.5 住宅结构中承重砌体材料的强度应符合下列规定：

1 烧结普通砖、烧结多孔砖、蒸压灰砂砖、蒸压粉煤灰砖的强度等级不应低于MU10；

2 混凝土砌块的强度等级不应低于MU7.5；

3 砖砌体的砂浆强度等级，抗震设计时不应低于M5；非抗震设计时，对低于五层的住宅不应低于M2.5，对不低于五层的住宅不应低于M5；

4 砌块砌体的砂浆强度等级，抗震设计时不应低于Mb7.5；非抗震设计时不应低于Mb5。

6.2.6 木结构住宅中，承重木材的强度等级不应低于TC11（针叶树种）或TB11（阔叶树种），其设计指标应考虑含水率的不利影响；承重结构用胶的胶合强度不应低于木材顺纹抗剪强度和横纹抗拉强度。

6.3 地基基础

6.3.1 住宅应根据岩土工程勘察文件，综合考虑主体结构类型、地域特点、抗震设防烈度和施工条件等因素，进行地基基础设计。

6.3.2 住宅的地基基础应满足承载力和稳定性要求，地基变形应保证住宅的结构安全和正常使用。

6.3.3 基坑开挖及其支护应保证其自身及其周边环境的安全。

6.3.4 桩基础和经处理后的地基应进行承载力检验。

6.4 上部结构

6.4.1 住宅应避免因局部破坏而导致整个结构丧失承载能力和稳定性。抗震设防地区的住宅不应采用严重不规则的设计方案。

6.4.2 抗震设防地区的住宅，应进行结构、结构构件的抗震验算，并应根据结构材料、结构体系、房屋高度、抗震设防烈度、场地类别等因素，采取可靠的抗震措施。

6.4.3 住宅结构中，刚度和承载力有突变的部位，应采取可靠的加强措施。9度抗震设防的住宅，不得采用错层结构、连体结构和带转换层的结构。

6.4.4 住宅的砌体结构，应采取有效的措施保证其整体性；在抗震设防地区尚应满足抗震性能要求。

6.4.5 底部框架、上部砌体结构住宅中，结构转换层的托墙梁、楼板以及紧邻转换层的竖向结构构件应采取可靠的加强措施；在抗震设防地区，底部框架不应超过2层，并应设置剪力墙。

6.4.6 住宅中的混凝土结构构件，其混凝土保护层厚度和配筋构造应满足受力性能和耐久性要求。

6.4.7 住宅的普通钢结构、轻型钢结构构件及其连接应采取有效的防火、防腐措施。

6.4.8 住宅木结构构件应采取有效的防火、防潮、防腐、防虫措施。

6.4.9 依附于住宅结构的围护结构和非结构构件，应采取与主体结构可靠的连接或锚固措施，并应满足安全性和适用性要求。

7 室内环境

7.1 噪声和隔声

7.1.1 住宅应在平面布置和建筑构造上采取防噪声措施。卧室、起居室在关窗状态下的白天允许噪声级为50dB（A声级），夜间允许噪声级为40dB（A声级）。

7.1.2 楼板的计权标准化撞击声压级不应大于75dB。

应采取构造措施提高楼板的撞击声隔声性能。

7.1.3 空气声计权隔声量，楼板不应小于40dB（分隔住宅和非居住用途空间的楼板不应小于55dB），分户墙不应小于40dB，外窗不应小于30dB，户门不应小于 25dB。

应采取构造措施提高楼板、分户墙、外窗、户门的空气声隔声性能。

7.1.4 水、暖、电、气管线穿过楼板和墙体时，孔洞周边应采取密封隔声措施。

7.1.5 电梯不应与卧室、起居室紧邻布置。受条件限制需要紧邻布置时，必须采取有效的隔声和减振措施。

7.1.6 管道井、水泵房、风机房应采取有效的隔声措施，水泵、风机应采取减振措施。

7.2 日照、采光、照明和自然通风

7.2.1 住宅应充分利用外部环境提供的日照条件，每套住宅至少应有一个居住空间能获得冬季日照。

7.2.2 卧室、起居室（厅）、厨房应设置外窗，窗地面积比不应小于 1/7。

7.2.3 套内空间应能提供与其使用功能相适应的照度水平。套外的门厅、电梯前厅、走廊、楼梯的地面照度应能满足使用功能要求。

7.2.4 住宅应能自然通风，每套住宅的通风开口面积不应小于地面面积的 5%。

7.3 防　潮

7.3.1 住宅的屋面、外墙、外窗应能防止雨水和冰雪融化水侵入室内。

7.3.2 住宅屋面和外墙的内表面在室内温、湿度设计条件下不应出现结露。

7.4 空气污染

7.4.1 住宅室内空气污染物的活度和浓度应符合表 7.4.1 的规定。

表 7.4.1 住宅室内空气污染物限值

污染物名称	活度、浓度限值
氡	≤200Bq/m³
游离甲醛	≤0.08mg/m³
苯	≤0.09mg/m³
氨	≤0.2mg/m³
总挥发性有机化合物（TVOC）	≤0.5mg/m³

8 设　备

8.1 一般规定

8.1.1 住宅应设室内给水排水系统。

8.1.2 严寒地区和寒冷地区的住宅应设采暖设施。

8.1.3 住宅应设照明供电系统。

8.1.4 住宅的给水总立管、雨水立管、消防立管、采暖供回水总立管和电气、电信干线（管），不应布置在套内。公共功能的阀门、电气设备和用于总体调节和检修的部件，应设在共用部位。

8.1.5 住宅的水表、电能表、热量表和燃气表的设置应便于管理。

8.2 给 水 排 水

8.2.1 生活给水系统和生活热水系统的水质、管道直饮水系统的水质和生活杂用水系统的水质均应符合使用要求。

8.2.2 生活给水系统应充分利用城镇给水管网的水压直接供水。

8.2.3 生活饮用水供水设施和管道的设置，应保证二次供水的使用要求。供水管道、阀门和配件应符合耐腐蚀和耐压的要求。

8.2.4 套内分户用水点的给水压力不应小于 0.05MPa，入户管的给水压力不应大于 0.35MPa。

8.2.5 采用集中热水供应系统的住宅，配水点的水温不应低于 45℃。

8.2.6 卫生器具和配件应采用节水型产品，不得使用一次冲水量大于 6L 的坐便器。

8.2.7 住宅厨房和卫生间的排水立管应分别设置。排水管道不得穿越卧室。

8.2.8 设有淋浴器和洗衣机的部位应设置地漏，其水封深度不得小于 50mm。构造内无存水弯的卫生器具与生活排水管道连接时，在排水口以下应设存水弯，其水封深度不得小于 50mm。

8.2.9 地下室、半地下室中卫生器具和地漏的排水管，不应与上部排水管连接。

8.2.10 适合建设中水设施和雨水利用设施的住宅，应按照当地的有关规定配套建设中水设施和雨水利用设施。

8.2.11 设有中水系统的住宅，必须采取确保使用、维修和防止误饮误用的安全措施。

8.3 采暖、通风与空调

8.3.1 集中采暖系统应采取分室（户）温度调节措施，并应设置分户（单元）计量装置或预留安装计量装置的位置。

8.3.2 设置集中采暖系统的住宅，室内采暖计算温度不应低于表 8.3.2 的规定：

表 8.3.2 采暖计算温度

空 间 类 别	采暖计算温度
卧室、起居室（厅）和卫生间	18℃
厨　房	15℃
设采暖的楼梯间和走廊	14℃

8.3.3 集中采暖系统应以热水为热媒，并应有可靠的水质保证措施。

8.3.4 采暖系统应没有冻结危险，并应有热膨胀补

偿措施。

8.3.5 除电力充足和供电政策支持外，严寒地区和寒冷地区的住宅内不应采用直接电热采暖。

8.3.6 厨房和无外窗的卫生间应有通风措施，且应预留安装排风机的位置和条件。

8.3.7 当采用竖向通风道时，应采取防止支管回流和竖井泄漏的措施。

8.3.8 当选择水源热泵作为居住区或户用空调（热泵）机组的冷热源时，必须确保水源热泵系统的回灌水不破坏和不污染所使用的水资源。

8.4 燃　　气

8.4.1 住宅应使用符合城镇燃气质量标准的可燃气体。

8.4.2 住宅内管道燃气的供气压力不应高于 0.2MPa。

8.4.3 住宅内各类用气设备应使用低压燃气，其入口压力必须控制在设备的允许压力波动范围内。

8.4.4 套内的燃气设备应设置在厨房或与厨房相连的阳台内。

8.4.5 住宅的地下室、半地下室内严禁设置液化石油气用气设备、管道和气瓶。十层及十层以上住宅内不得使用瓶装液化石油气。

8.4.6 住宅的地下室、半地下室内设置人工煤气、天然气用气设备时，必须采取安全措施。

8.4.7 住宅内燃气管道不得敷设在卧室、暖气沟、排烟道、垃圾道和电梯井内。

8.4.8 住宅内设置的燃气设备和管道，应满足与电气设备和相邻管道的净距要求。

8.4.9 住宅内各类用气设备排出的烟气必须排至室外。多台设备合用一个烟道时不得相互干扰。厨房燃具排气罩排出的油烟不得与热水器或采暖炉排烟合用一个烟道。

8.5 电　　气

8.5.1 电气线路的选材、配线应与住宅的用电负荷相适应，并应符合安全和防火要求。

8.5.2 住宅供配电应采取措施防止因接地故障等引起的火灾。

8.5.3 当应急照明在采用节能自熄开关控制时，必须采取应急时自动点亮的措施。

8.5.4 每套住宅应设置电源总断路器，总断路器应采用可同时断开相线和中性线的开关电器。

8.5.5 住宅套内的电源插座与照明，应分路配电。安装在 1.8m 及以下的插座均应采用安全型插座。

8.5.6 住宅应根据防雷分类采取相应的防雷措施。

8.5.7 住宅配电系统的接地方式应可靠，并应进行总等电位联结。

8.5.8 防雷接地应与交流工作接地、安全保护接地等共用一组接地装置，接地装置应优先利用住宅建筑的自然接地体，接地装置的接地电阻值必须按接入设备中要求的最小值确定。

9 防火与疏散

9.1 一 般 规 定

9.1.1 住宅建筑的周围环境应为灭火救援提供外部条件。

9.1.2 住宅建筑中相邻套房之间应采取防火分隔措施。

9.1.3 当住宅与其他功能空间处于同一建筑内时，住宅部分与非住宅部分之间应采取防火分隔措施，且住宅部分的安全出口和疏散楼梯应独立设置。

经营、存放和使用火灾危险性为甲、乙类物品的商店、作坊和储藏间，严禁附设在住宅建筑中。

9.1.4 住宅建筑的耐火性能、疏散条件和消防设施的设置应满足防火安全要求。

9.1.5 住宅建筑设备的设置和管线敷设应满足防火安全要求。

9.1.6 住宅建筑的防火与疏散要求应根据建筑层数、建筑面积等因素确定。

注：1 当住宅和其他功能空间处于同一建筑内时，应将住宅部分的层数与其他功能空间的层数叠加计算建筑层数。

2 当建筑中有一层或若干层的层高超过 3m 时，应对这些层按其高度总和除以 3m 进行层数折算，余数不足 1.5m 时，多出部分不计入建筑层数；余数大于或等于 1.5m 时，多出部分按 1 层计算。

9.2 耐火等级及其构件耐火极限

9.2.1 住宅建筑的耐火等级应划分为一、二、三、四级，其构件的燃烧性能和耐火极限不应低于表 9.2.1 的规定。

表 9.2.1 住宅建筑构件的燃烧性能和耐火极限（h）

构件名称		耐火等级			
		一级	二级	三级	四级
墙	防火墙	不燃性 3.00	不燃性 3.00	不燃性 3.00	不燃性 3.00
	非承重外墙、疏散走道两侧的隔墙	不燃性 1.00	不燃性 1.00	不燃性 0.75	难燃性 0.75
	楼梯间的墙、电梯井的墙、住宅单元之间的墙、住宅分户墙、承重墙	不燃性 2.00	不燃性 2.00	不燃性 1.50	难燃性 1.00
	房间隔墙	不燃性 0.75	不燃性 0.50	难燃性 0.50	难燃性 0.25

续表 9.2.1

<table>
<tr><th rowspan="2">构件名称</th><th colspan="4">耐火等级</th></tr>
<tr><th>一级</th><th>二级</th><th>三级</th><th>四级</th></tr>
<tr><td>柱</td><td>不燃性
3.00</td><td>不燃性
2.50</td><td>不燃性
2.00</td><td>难燃性
1.00</td></tr>
<tr><td>梁</td><td>不燃性
2.00</td><td>不燃性
1.50</td><td>不燃性
1.00</td><td>难燃性
1.00</td></tr>
<tr><td>楼板</td><td>不燃性
1.50</td><td>不燃性
1.00</td><td>不燃性
0.75</td><td>难燃性
0.50</td></tr>
<tr><td>屋顶承重构件</td><td>不燃性
1.50</td><td>不燃性
1.00</td><td>难燃性
0.50</td><td>难燃性
0.25</td></tr>
<tr><td>疏散楼梯</td><td>不燃性
1.50</td><td>不燃性
1.00</td><td>不燃性
0.75</td><td>难燃性
0.50</td></tr>
</table>

注：表中的外墙指除外保温层外的主体构件。

9.2.2 四级耐火等级的住宅建筑最多允许建造层数为3层，三级耐火等级的住宅建筑最多允许建造层数为9层，二级耐火等级的住宅建筑最多允许建造层数为18层。

9.3 防火间距

9.3.1 住宅建筑与相邻建筑、设施之间的防火间距应根据建筑的耐火等级、外墙的防火构造、灭火救援条件及设施的性质等因素确定。

9.3.2 住宅建筑与相邻民用建筑之间的防火间距应符合表9.3.2的要求。当建筑相邻外墙采取必要的防火措施后，其防火间距可适当减少或贴邻。

表9.3.2 住宅建筑与相邻民用建筑之间的防火间距（m）

<table>
<tr><th rowspan="3" colspan="3">建筑类别</th><th colspan="2">10层及10层以上住宅或其他高层民用建筑</th><th colspan="3">10层以下住宅或其他非高层民用建筑</th></tr>
<tr><th rowspan="2">高层建筑</th><th rowspan="2">裙房</th><th colspan="3">耐火等级</th></tr>
<tr><th>一、二级</th><th>三级</th><th>四级</th></tr>
<tr><td rowspan="3">10层以下住宅</td><td rowspan="3">耐火等级</td><td>一、二级</td><td>9</td><td>6</td><td>6</td><td>7</td><td>9</td></tr>
<tr><td>三级</td><td>11</td><td>7</td><td>7</td><td>8</td><td>10</td></tr>
<tr><td>四级</td><td>14</td><td>9</td><td>9</td><td>10</td><td>12</td></tr>
<tr><td colspan="3">10层及10层以上住宅</td><td>13</td><td>9</td><td>9</td><td>11</td><td>14</td></tr>
</table>

9.4 防火构造

9.4.1 住宅建筑上下相邻套房开口部位间应设置高度不低于0.8m的窗槛墙或设置耐火极限不低于1.00h的不燃性实体挑檐，其出挑宽度不应小于0.5m，长度不应小于开口宽度。

9.4.2 楼梯间窗口与套房窗口最近边缘之间的水平间距不应小于1.0m。

9.4.3 住宅建筑中竖井的设置应符合下列要求：

1 电梯井应独立设置，井内严禁敷设燃气管道，并不应敷设与电梯无关的电缆、电线等。电梯井井壁上除开设电梯门洞和通气孔洞外，不应开设其他洞口。

2 电缆井、管道井、排烟道、排气道等竖井应分别独立设置，其井壁应采用耐火极限不低于1.00h的不燃性构件。

3 电缆井、管道井应在每层楼板处采用不低于楼板耐火极限的不燃性材料或防火封堵材料封堵；电缆井、管道井与房间、走道等相连通的孔洞，其空隙应采用防火封堵材料封堵。

4 电缆井和管道井设置在防烟楼梯间前室、合用前室时，其井壁上的检查门应采用丙级防火门。

9.4.4 当住宅建筑中的楼梯、电梯直通住宅楼层下部的汽车库时，楼梯、电梯在汽车库出入口部位应采取防火分隔措施。

9.5 安全疏散

9.5.1 住宅建筑应根据建筑的耐火等级、建筑层数、建筑面积、疏散距离等因素设置安全出口，并应符合下列要求：

1 10层以下的住宅建筑，当住宅单元任一层的建筑面积大于650m²，或任一套房的户门至安全出口的距离大于15m时，该住宅单元每层的安全出口不应少于2个。

2 10层及10层以上但不超过18层的住宅建筑，当住宅单元任一层的建筑面积大于650m²，或任一套房的户门至安全出口的距离大于10m时，该住宅单元每层的安全出口不应少于2个。

3 19层及19层以上的住宅建筑，每个住宅单元每层的安全出口不应少于2个。

4 安全出口应分散布置，两个安全出口之间的距离不应小于5m。

5 楼梯间及前室的门应向疏散方向开启；安装有门禁系统的住宅，应保证住宅直通室外的门在任何时候能从内部徒手开启。

9.5.2 每层有2个及2个以上安全出口的住宅单元，套房户门至最近安全出口的距离应根据建筑的耐火等级、楼梯间的形式和疏散方式确定。

9.5.3 住宅建筑的楼梯间形式应根据建筑形式、建筑层数、建筑面积以及套房户门的耐火等级等因素确定。在楼梯间的首层应设置直接对外的出口，或将对外出口设置在距离楼梯间不超过15m处。

9.5.4 住宅建筑楼梯间顶棚、墙面和地面均应采用不燃性材料。

9.6 消防给水与灭火设施

9.6.1 8层及8层以上的住宅建筑应设置室内消防给水设施。

9.6.2 35层及35层以上的住宅建筑应设置自动喷水灭火系统。

9.7 消防电气

9.7.1 10层及10层以上住宅建筑的消防供电不应低于二级负荷要求。

9.7.2 35层及35层以上的住宅建筑应设置火灾自动报警系统。

9.7.3 10层及10层以上住宅建筑的楼梯间、电梯间及其前室应设置应急照明。

9.8 消防救援

9.8.1 10层及10层以上的住宅建筑应设置环形消防车道，或至少沿建筑的一个长边设置消防车道。

9.8.2 供消防车取水的天然水源和消防水池应设置消防车道，并满足消防车的取水要求。

9.8.3 12层及12层以上的住宅应设置消防电梯。

10 节能

10.1 一般规定

10.1.1 住宅应通过合理选择建筑的体形、朝向和窗墙面积比，增强围护结构的保温、隔热性能，使用能效比高的采暖和空气调节设备和系统，采取室温调控和热量计量措施来降低采暖、空气调节能耗。

10.1.2 节能设计应采用规定性指标，或采用直接计算采暖、空气调节能耗的性能化方法。

10.1.3 住宅围护结构的构造应防止围护结构内部保温材料受潮。

10.1.4 住宅公共部位的照明应采用高效光源、高效灯具和节能控制措施。

10.1.5 住宅内使用的电梯、水泵、风机等设备应采取节电措施。

10.1.6 住宅的设计与建造应与地区气候相适应，充分利用自然通风和太阳能等可再生能源。

10.2 规定性指标

10.2.1 住宅节能设计的规定性指标主要包括：建筑物体形系数、窗墙面积比、各部分围护结构的传热系数、外窗遮阳系数等。各建筑热工设计分区的具体规定性指标应根据节能目标分别确定。

10.2.2 当采用冷水机组和单元式空气调节机作为集中式空气调节系统的冷源设备时，其性能系数、能效比不应低于表10.2.2-1和表10.2.2-2的规定值。

表 10.2.2-1 冷水（热泵）机组制冷性能系数

类型		额定制冷量（kW）	性能系数（W/W）
水冷	活塞式/涡旋式	＜528 528～1163 ＞1163	3.80 4.00 4.20
	螺杆式	＜528 528～1163 ＞1163	4.10 4.30 4.60
	离心式	＜528 528～1163 ＞1163	4.40 4.70 5.10
风冷或蒸发冷却	活塞式/涡旋式	≤50 ＞50	2.40 2.60
	螺杆式	≤50 ＞50	2.60 2.80

表 10.2.2-2 单元式空气调节机能效比

类型		能效比（W/W）
风冷式	不接风管	2.60
	接风管	2.30
水冷式	不接风管	3.00
	接风管	2.70

10.3 性能化设计

10.3.1 性能化设计应以采暖、空调能耗指标作为节能控制目标。

10.3.2 各建筑热工设计分区的控制目标限值应根据节能目标分别确定。

10.3.3 性能化设计的控制目标和计算方法应符合下列规定：

1 严寒、寒冷地区的住宅应以建筑物耗热量指标为控制目标。

建筑物耗热量指标的计算应包含围护结构的传热耗热量、空气渗透耗热量和建筑物内部得热量三个部分，计算所得的建筑物耗热量指标不应超过表10.3.3-1的规定。

表 10.3.3-1 建筑物耗热量指标（W/m^2）

地名	耗热量指标	地名	耗热量指标
北京市	14.6	张家口	21.1
天津市	14.5	秦皇岛	20.8
河北省		保定	20.5
石家庄	20.3	邯郸	20.3

续表 10.3.3-1

地　名	耗热量指标	地　名	耗热量指标
唐　山	20.8	嫩　江	22.5
承　德	21.0	齐齐哈尔	21.9
丰　宁	21.2	富　锦	22.0
山西省		牡丹江	21.8
太　原	20.8	呼　玛	22.7
大　同	21.1	佳木斯	21.9
长　治	20.8	安　达	22.0
阳　泉	20.5	伊　春	22.4
临　汾	20.4	克　山	22.3
晋　城	20.4	江苏省	
运　城	20.3	徐　州	20.0
内蒙古		连云港	20.0
呼和浩特	21.3	宿　迁	20.0
锡林浩特	22.0	淮　阴	20.0
海拉尔	22.6	盐　城	20.0
通　辽	21.6	山东省	
赤　峰	21.3	济　南	20.2
满洲里	22.4	青　岛	20.2
博克图	22.2	烟　台	20.2
二连浩特	21.9	德　州	20.5
多　伦	21.8	淄　博	20.4
白云鄂博	21.6	兖　州	20.4
辽宁省		潍　坊	20.4
沈　阳	21.2	河南省	
丹　东	20.9	郑　州	20.0
大　连	20.6	安　阳	20.3
阜　新	21.3	濮　阳	20.3
抚　顺	21.4	新　乡	20.1
朝　阳	21.1	洛　阳	20.0
本　溪	21.2	商　丘	20.1
锦　州	21.0	开　封	20.1
鞍　山	21.1	四川省	
葫芦岛	21.0	阿　坝	20.8
吉林省		甘　孜	20.5
长　春	21.7	康　定	20.3
吉　林	21.8	西　藏	
延　吉	21.5	拉　萨	20.2
通　化	21.6	噶　尔	21.2
双　辽	21.6	日喀则	20.4
四　平	21.5	陕西省	
白　城	21.8	西　安	20.2
黑龙江		榆　林	21.0
哈尔滨	21.9	延　安	20.7

续表 10.3.3-1

地　名	耗热量指标	地　名	耗热量指标
宝　鸡	20.1	宁　夏	
甘肃省		银　川	21.0
兰　州	20.8	中　宁	20.8
酒　泉	21.0	固　原	20.9
敦　煌	21.0	石嘴山	21.0
张　掖	21.0	新　疆	
山　丹	21.1	乌鲁木齐	21.8
平　凉	20.6	塔　城	21.4
天　水	20.3	哈　密	21.3
青海省		伊　宁	21.1
西　宁	20.9	喀　什	20.7
玛　多	21.5	富　蕴	22.4
大柴旦	21.4	克拉玛依	21.8
共　和	21.1	吐鲁番	21.1
格尔木	21.1	库　车	20.9
玉　树	20.8	和　田	20.7

2　夏热冬冷地区的住宅应以建筑物采暖和空气调节年耗电量之和为控制目标。

建筑物采暖和空气调节年耗电量应采用动态逐时模拟方法在确定的条件下计算。计算条件应包括：

1）居室室内冬、夏季的计算温度；

2）典型气象年室外气象参数；

3）采暖和空气调节的换气次数；

4）采暖、空气调节设备的能效比；

5）室内得热强度。

计算所得的采暖和空气调节年耗电量之和，不应超过表 10.3.3-2 按采暖度日数 HDD18 列出的采暖年耗电量和按空气调节度日数 CDD26 列出的空气调节年耗电量的限值之和。

表 10.3.3-2　建筑物采暖年耗电量和空气调节年耗电量的限值

HDD18（℃·d）	采暖年耗电量 E_h（kWh/m²）	CDD26（℃·d）	空气调节年耗电量 E_c（kWh/m²）
800	10.1	25	13.7
900	13.4	50	15.6
1000	15.6	75	17.4
1100	17.8	100	19.3
1200	20.1	125	21.2
1300	22.3	150	23.0
1400	24.5	175	24.9
1500	26.7	200	26.8
1600	29.0	225	28.6
1700	31.2	250	30.5
1800	33.4	275	32.4

续表 10.3.3-2

HDD18 (℃·d)	采暖年耗电量 E_h (kWh/m²)	CDD26 (℃·d)	空气调节年耗电量 E_c (kWh/m²)
1900	35.7	300	34.2
2000	37.9		
2100	40.1		
2200	42.4		
2300	44.6		
2400	46.8		
2500	49.0		

3 夏热冬暖地区的住宅应以参照建筑的空气调节和采暖年耗电量为控制目标。

参照建筑和所设计住宅的空气调节和采暖年耗电量应采用动态逐时模拟方法在确定的条件下计算。计算条件应包括：

1）居室室内冬、夏季的计算温度；

2）典型气象年室外气象参数；

3）采暖和空气调节的换气次数；

4）采暖、空气调节设备的能效比。

参照建筑应按下列原则确定：

1）参照建筑的建筑形状、大小和朝向均应与所设计住宅完全相同；

2）参照建筑的开窗面积应与所设计住宅相同，但当所设计住宅的窗面积超过规定性指标时，参照建筑的窗面积应减小到符合规定性指标；

3）参照建筑的外墙、屋顶和窗户的各项热工性能参数应符合规定性指标。

11 使用与维护

11.0.1 住宅应满足下列条件，方可交付用户使用：

1 由建设单位组织设计、施工、工程监理等有关单位进行工程竣工验收，确认合格；取得当地规划、消防、人防等有关部门的认可文件或准许使用文件；在当地建设行政主管部门进行备案；

2 小区道路畅通，已具备接通水、电、燃气、暖气的条件。

11.0.2 住宅应推行社会化、专业化的物业管理模式。建设单位应在住宅交付使用时，将完整的物业档案移交给物业管理企业，内容包括：

1 竣工总平面图，单体建筑、结构、设备竣工图，配套设施和地下管网工程竣工图，以及相关的其他竣工验收资料；

2 设施设备的安装、使用和维护保养等技术资料；

3 工程质量保修文件和物业使用说明文件；

4 物业管理所必需的其他资料。

物业管理企业在服务合同终止时，应将物业档案移交给业主委员会。

11.0.3 建设单位应在住宅交付用户使用时提供给用户《住宅使用说明书》和《住宅质量保证书》。

《住宅使用说明书》应当对住宅的结构、性能和各部位（部件）的类型、性能、标准等做出说明，提出使用注意事项。《住宅使用说明书》应附有《住宅品质状况表》，其中应注明是否已进行住宅性能认定，并应包括住宅的外部环境、建筑空间、建筑结构、室内环境、建筑设备、建筑防火和节能措施等基本信息和达标情况。

《住宅质量保证书》应当包括住宅在设计使用年限内和正常使用情况下各部位、部件的保修内容和保修期、用户报修的单位，以及答复和处理的时限等。

11.0.4 用户应正确使用住宅内电气、燃气、给水排水等设施，不得在楼面上堆放影响楼盖安全的重物，严禁未经设计确认和有关部门批准擅自改动承重结构、主要使用功能或建筑外观，不得拆改水、暖、电、燃气、通信等配套设施。

11.0.5 对公共门厅、公共走廊、公共楼梯间、外墙面、屋面等住宅的共用部位，用户不得自行拆改或占用。

11.0.6 住宅和居住区内按照规划建设的公共建筑和共用设施，不得擅自改变其用途。

11.0.7 物业管理企业应对住宅和相关场地进行日常保养、维修和管理；对各种共用设备和设施，应进行日常维护、按计划检修，并及时更新，保证正常运行。

11.0.8 必须保持消防设施完好和消防通道畅通。

中华人民共和国国家标准

住宅建筑规范

GB 50368—2005

条文说明

目　次

1 总 则

1.0.1～1.0.3 阐述制定本规范的目的、适用范围和住宅建设的基本原则。本规范适用于新建住宅的建设、建成之后的使用和维护及既有住宅的使用和维护。本规范重点突出了住宅建筑节能的技术要求。条文规定统筹考虑了维护公众利益、构建和谐社会等方面的要求。

1.0.4 本规范的规定为对住宅建筑的强制性要求。当本规范的规定与法律、行政法规的规定抵触时，应按法律、行政法规的规定执行。

1.0.5 本规范主要依据现行标准制定。本规范条文有些是现行标准的条文，有些是以现行标准条文为基础改写而成的，还有些是根据规范的系统性等需要新增的。本规范未对住宅的建设、使用和维护提出全面的、具体的要求。在住宅的建设、使用和维护过程中，尚应符合相关法律、法规和标准的要求。

3 基 本 规 定

3.1 住宅基本要求

3.1.1～3.1.12 提出了住宅在规划、选址、结构安全、火灾安全、使用安全、室内外环境、建筑节能、节水、无障碍设计等方面的基本要求，体现了以人为本和建设资源节约型、环境友好型社会的政策要求。

3.2 许 可 原 则

3.2.1 《建设工程勘察设计管理条例》（国务院令第293号）第二十七条规定：设计文件中选用的材料、构配件、设备，应当注明其规格、型号、性能等技术指标，其质量要求必须符合国家规定的标准。本条据此对住宅建设采用的材料和设备提出了要求。

3.2.2 依据《建设工程勘察设计管理条例》（国务院令第293号）第二十九条和“三新”核准行政许可，当工程建设采用不符合工程建设强制性标准的新技术、新工艺、新材料时，必须按照《“采用不符合工程建设强制性标准的新技术、新工艺、新材料核准”行政许可实施细则》（建标［2005］124号）的规定进行核准。

3.2.3 当需要对住宅建筑拆改结构构件或加层改造时，应经具有相应资质等级的检测、设计单位鉴定、校核后方可实施，以确保结构安全。

3.3 既 有 住 宅

3.3.1 住宅的设计使用年限一般为50年。当住宅达到设计使用年限并需要继续使用时，应对其进行鉴定，并根据鉴定结论作相应处理。重大灾害（如火灾、风灾、地震等）对住宅的结构安全和使用安全造成严重影响或潜在危害。遭遇重大灾害后的住宅需要继续使用时，也应进行鉴定，并做相应处理。

3.3.2 改造、改建既有住宅时，应结合现行建筑节能、防火、抗震方面的标准规定实施，使既有住宅逐步满足节能、火灾安全和抗震要求。

4 外 部 环 境

4.1 相 邻 关 系

4.1.1 本条根据国家标准《城市居住区规划设计规范》GB 50180—93（2002年版）第5.0.2条制定。

住宅间距不但直接影响居住用地的建筑密度、开发强度和住宅室内外环境质量，更与人均建设用地指标及居民的阳光权益等密切相关，备受大众关注，是居住用地规划与建设中的关键性指标。根据国内外成熟经验，并结合我国实际情况，将住宅建筑日照标准（表4.1.1）作为确定住宅间距的基本指标。相关研究证实，采用此基本指标是可行的。根据我国所处地理位置与气候状况，以及居住区规划实践，除少数地区（如低于北纬25°的地区）由于气候原因，与日照要求相比更侧重于通风和视觉卫生，尚需作补充规定外，大多数地区只要满足本标准要求，其他如通风等要求基本能达到。

由于老年人的生理机能、生活规律及其健康需求决定了其活动范围的局限性和对环境的特殊要求，故规定老年人住宅不应低于冬至日日照2h的标准。执行本条规定时不附带任何条件。

“旧区改建的项目内新建住宅日照标准可酌情降低”，系指在旧区改建时确实难以达到规定的标准时才能这样做，且仅适用于新建住宅本身。同时，为保障居民的切身利益，规定降低后的住宅日照标准不得低于大寒日日照1h。

4.1.2 本条根据国家标准《城市居住区规划设计规范》GB 50180—93（2002年版）第8.0.5条制定。

为维护住宅建筑底层住户的私密性，保障过往行人和车辆的安全（不碰头、不被上部坠落物砸伤等），并利于工程管线的铺设，本条规定了住宅建筑至道路边缘应保持的最小距离。宽度大于9m的道路一般为城市道路，车流量较大，为此不允许住宅面向道路开设出入口。

4.1.3 本条根据国家标准《城市居住区规划设计规范》GB 50180—93（2002年版）第10.0.2条制定。

管线综合规划是住宅建设中必不可少的组成部分。管线综合的目的就是在符合各种管线技术规范的前提下，解决诸管线之间或与建筑物、道路和绿地之间的矛盾，统筹安排好各自的空间，使之各得其所，并为各管线的设计、施工及管理提供良好条件。如果管线受腐蚀、沉陷、振动或受重压，不但使管线本身受到破坏，也将对住宅建筑的安全（如地基基础）和居住生活质量（如供水、供电）造成极不利的影响。为此，应处理好工程管线与建筑物之间、管线与管线之间的合理关系。

4.2 公共服务设施

4.2.1 本条根据国家标准《城市居住区规划设计规范》GB 50180—93（2002年版）第6.0.1条制定。

居住用地配套公建是构成和提高住宅外部环境质量的重要组成部分。本条将原条文中的“文化体育设施”分列为“文化设施”和“体育设施”，目的是体现“开展大众体育，增强人民体质”的政策要求，适应人民群众日益增长的对相关体育设施的迫切需求。

4.2.2 本条根据国家标准《城市居住区规划设计规范》GB 50180—93（2002年版）第6.0.2条制定。

对居住用地配套公建设置规模提出了“必须与人口规模相对应”的要求；考虑到入住者的生活需求，提出了配套公建“应与住宅同步规划、同步建设”的要求。同时，考虑到配套公建项目类别多样，主管和建设单位各异，要求同时投入使用有一定难度，为此，提出“应与住宅同期交付”的要求。配套公建项目与设置方式应结合周边相关的城市设施统筹考虑。

4.3 道路交通

4.3.1 国家标准《城市居住区规划设计规范》GB 50180—93（2002年版）第8.0.1条中规定，小区道路应适于消防车、救护车、商店货车和垃圾车等的通行，即要求做到适于机动车通行，但通行范围不够明确。

随着生活水平提高，老年人口增多，购物方式改变及居住密度增大，在实践中出现了很多诸如机动车能进入小区，但无法到达住宅单元的事例，对急救、消防及运输等造成不便，降低了居住的方便性、安全性，也损害了居住者的权益。为此，提出“每个住宅单元至少应有一个出入口可以通达机动车”的要求。执行本条规定时，为保障居民出入安全，应在住宅单元门前设置相应的缓冲地段，以利于各类车辆的临时停放且不影响居民出入。

4.3.2 本条根据国家标准《城市居住区规划设计规范》GB 50180—93（2002年版）第8章的相关规定制定。

为保证各类车辆的顺利通行，规定了双车道和宅前路路面宽度，对尽端式道路、内外道路衔接和抗震设防地区道路设置提出了相应要求。因居住用地内道路往往也是工程管线埋设的通道，为此，道路设置还应满足管线埋设的要求。当宅前路有兼顾大货车、消防车通行的要求时，路面两边还应设置相应宽度的路肩。

4.3.3 本条根据行业标准《城市道路和建筑物无障碍设计规范》JGJ 50—2001的相关规定制定。

无障碍通路对老年人、残疾人、儿童和体弱者的安全通行极其重要，是住宅功能的外部延伸，故住宅外部无障碍通路应贯通。无障碍坡道、人行道及通行轮椅车的坡道应满足相应要求。

4.3.4 本条根据国家标准《城市居住区规划设计规范》GB 50180—93（2002年版）第8.0.6条制定，增加了自行车停车场地或停车库的要求。

自行车是常用的交通工具，具有轻便、灵活和经济的特点，且数量庞大。为此，本条提出居住用地应配置居民自行车停车场地或停车库的要求。执行本条时，尚应根据各城镇的经济发展水平、居民生活消费水平和居住用地的档次，合理确定机动车停车泊位、自行车停车位及其停车方式。

4.4 室外环境

4.4.1 本条根据国家标准《城市居住区规划设计规范》GB 50180—93（2002年版）第7.0.1条制定。

绿地率既是保证居住用地生态环境的主要指标，也是控制建筑密度的基本要求之一。为此，本条对新区的绿地率提出了要求。

4.4.2 本条根据国家标准《城市居住区规划设计规范》GB 50180—93（2002年版）第7.0.5条制定。

居住用地中的公共绿地总指标，以人均面积表示。本条规定的公共绿地总指标与国家标准《城市居住区规划设计规范》GB 50180—93（2002年版）中的小区级要求基本对应。

4.4.3 我国水资源总体贫乏，且分布不均衡，人均水资源占有量仅列世界第88位。目前，全国年缺水量约400亿立方米，用水形势相当严峻。为贯彻节水政策，杜绝不切实际地大量使用自来水作为人工景观水体补充水的不良行为，本条提出了“人工景观水体的补充水严禁使用自来水”的规定。常见的人工景观水体有人造水景的湖、小溪、瀑布及喷泉等，但属体育活动设施的游泳池不在此列。

为保障游人特别是儿童的安全，本条对无护栏的水体提出了相关要求。

4.4.4 噪声严重影响居民生活和环境质量，是目前备受各方关注的问题之一。对受噪声影响的住宅，应采取防噪措施，包括加强住宅窗户和围护结构的隔声性能，在住宅外部集中设置防噪装置等。

4.5 竖 向

4.5.1 本条根据国家标准《城市居住区规划设计规范》GB 50180—93（2002年版）第9.0.4条制定。

居住用地的排水系统如果规划不当，会造成地面积水，既污染环境，又使居民出行困难，还有可能造成地下室渗漏，并危及建筑地基基础的安全。为保证排水畅通，本条对地面排水坡度做出了规定。地面水的排水尚应符合国家标准《民用建筑设计通则》GB 50352—2005的相关规定。

4.5.2 本条根据行业标准《城市用地竖向规划规范》CJJ 83—99第5.0.3条、第9.0.3条制定。

本条提出了住宅用地的防护工程的相应控制指标，以确保建设基地内建筑物、构筑物、人、车以及防护工程自身的安全。

5 建 筑

5.1 套内空间

5.1.1 本条根据国家标准《住宅设计规范》GB 50096—1999（2003年版）第3.1.1条制定。明确要求每套住宅至少应设卧室、起居室（厅）、厨房和卫生间等四个基本空间。具体表现为独立门户，套型界限分明，不允许共用卧室、起居室（厅）、厨房及卫生间。

5.1.2 本条根据国家标准《住宅设计规范》GB 50096—1999（2003年版）第3.3.3条制定。要求厨房应设置相应的设施或预留位置，合理布置厨房空间。对厨房设施的要求各有侧重，如对案台、炉灶侧重于位置和尺寸，对洗涤池侧重于与给排水系统的连接，对排油烟机侧重于位置和通风口。

5.1.3 本条根据国家标准《住宅设计规范》GB 50096—1999（2003年版）第3.4.3条制定，增加了卫生间不应直接布置在下层住户的餐厅上层的要求，增加了局部墙面应有防水构造的要求。在近年房地产开发建设期间，开发单位常常要求设计者进行局部平面调整，此时如果忽视本规定，常会引起住户的不满和投诉。本条要求进一步严格区别套内外的界限。

5.1.4 本条根据国家标准《住宅设计规范》GB 50096—1999（2003年版）第3.4.1条、第3.4.2条制定。要求卫生间应设置相应的设施或预留位置。设置设施或预留位置时，应保证其位置和尺寸准确，并与给排水系统可靠连接。为了保证家庭饮食卫生，要求布置便器的卫生间的门不直接开在厨房内。

5.1.5 本条根据国家标准《住宅设计规范》GB 50096—1999（2003年版）第3.7.2条、第3.7.3条及第3.9.1条制定，集中表述对窗台、阳台栏杆的安全防护要求。

没有邻接阳台或平台的外窗窗台，应有一定高度才能防止坠落事故。我国近期因设置低窗台引起的法律纠纷时有发生。国家标准《住宅设计规范》GB 50096—1999（2003年版）明确规定："窗台的净高或防护栏杆的高度均应从可踏面起算，保证净高0.90m"。有效的防护高度应保证净高0.90m，距离楼（地）面0.45m以下的台面、横栏杆等容易造成无意识攀登的可踏面，不应计入窗台净高。当窗外有阳台或平台时，可不受此限。

根据人体重心稳定和心理要求，阳台栏杆应随建筑高度增高而增高。本条按住宅层数提出了不同的阳台栏杆净高要求。由于封闭阳台不改变人体重心稳定和心理要求，故封闭阳台栏杆也应满足阳台栏杆净高要求。

阳台栏杆设计应防止儿童攀登。根据人体工程学原理，栏杆的垂直杆件间净距不大于0.11m时，才能防止儿童钻出。

5.1.6 本条根据国家标准《住宅设计规范》GB 50096—1999（2003年版）第3.6.2条、第3.6.3条制定。

本条对住宅室内净高、局部净高提出要求，以满足居住活动的空间需求。根据普通住宅层高为2.80m的要求，不管采用何种楼板结构，卧室、起居室（厅）的室内净高不低于2.40m的要求容易达到。对住宅装修吊顶时，不应忽视此净高要求。局部净高是指梁底处的净高、活动空间上部吊柜的柜底与地面距离等。一间房间中低于2.40m的局部净高的使用面积不应大于该房间使用面积的1/3。

居住者在坡屋顶下活动的心理需求比在一般平屋顶下低。利用坡屋顶内空间作卧室、起居室（厅）时，若净高低于2.10m的使用面积超过该房间使用面积的1/2，将造成居住者活动困难。

5.1.7 本条根据国家标准《住宅设计规范》GB 50096—1999（2003年版）第3.7.5条制定。阳台是用水较多的地方，其排水处理好坏，直接影响居民生活。我国新建住宅中因上部阳台排水不当对下部住户造成干扰的事例时有发生，为此，要求阳台地面构造应有排水措施。

5.2 公共部分

5.2.1 本条根据国家标准《住宅设计规范》GB 50096—1999（2003年版）第4.1.4条、第4.2.2条制定。走廊和公共部位通道的净宽不足或局部净高过低将严重影响人员通行及疏散安全。本条根据人体工程学原理提出了通道净宽和局部净高的最低要求。

5.2.2 本条根据国家标准《住宅设计规范》GB 50096—1999（2003年版）第4.2.1条制定。外廊、内天井及上人屋面等处一般都是交通和疏散通道，人流较为集中，故临空处栏杆高度应能保障安全。本条按住宅层数提出了不同的栏杆净高要求。

5.2.3 本条根据国家标准《住宅设计规范》GB 50096—1999（2003年版）第4.1.2条、第4.1.3条、第4.1.5条制定，集中表述对楼梯的相关要求。楼梯梯段净宽系指墙面至扶手中心之间的水平距离。从安全防护的角度出发，本条提出了减缓楼梯坡度、加强栏杆安全性等要求。住宅楼梯梯段净宽不应小于1.10m的规定与国家标准《民用建筑设计通则》GB 50352－2005对楼梯梯段宽度按人流股数确定的一般规定基本一致。同时，考虑到实际情况，对六层及六层以下住宅中一边设有栏杆的梯段净宽要求放宽为不小于1.00m。

5.2.4 本条根据国家标准《住宅设计规范》GB 50096—1999(2003年版)第4.5.4条、第4.2.3条制定，提出住宅建筑出入口的设置及安全措施要求。

为了解决使用功能完全不同的用房在一起时产生的人流交叉干扰的矛盾，保证防火安全疏散，要求住宅与附建公共用房的出入口分开布置。分别设置出入口将造成建筑面积分摊量增加，这是正常情况，应在工程设计前期全面衡量，不可因此降低安全要求。

为防止阳台、外廊及开敞楼梯平台上坠物伤人，要求对其下部的公共出入口采取防护措施，如设置雨罩等。

5.2.5 本条根据国家标准《住宅设计规范》GB 50096—1999（2003年版）第4.1.6条制定。针对当前房地产开发中追求短期经济利益，牺牲居住者利益的现象，为了维护公众利益，保证居住者基本的居住条件，严格规定了住宅须设电梯的层数、高度要求。顶层为两层一套的跃层住宅时，若顶层住户入口层楼面距该住宅建筑室外设计地面的高度不超过16m，可不设电梯。

5.2.6 根据居住实态调查，随着居住生活模式变化，住宅管理人员和各种服务人员大量增加，若住宅建筑中不设相应的卫生间，将造成公共卫生难题。

5.3 无障碍要求

5.3.1 本条根据行业标准《城市道路和建筑物无障碍设计规范》JGJ 50—2001第5.2.1条制定，列出了七层及七层以上的住宅应进行无障碍设计的部位。该标准对高层、中高层住宅要求进行无障碍设计的部位还包括电梯轿厢。由于该规定对住宅强制执行存在现实问题，本条不予列入。对六层及六层以下设置电梯的住宅，也不列为强制执行无障碍设计的对象。

5.3.2 本条根据行业标准《城市道路和建筑物无障碍设计规范》JGJ 50—2001第7章相关规定制定。该规范规定高层、中高层居住建筑入口设台阶时，必须设轮椅坡道和扶手。本条规定不受住宅层数限制。本条按不同的坡道高度给出了最大坡度限值，并取消了坡道长度要求。

5.3.3 本条根据行业标准《城市道路和建筑物无障碍设计规范》JGJ 50—2001第7.1.3条制定。为避免轮椅使用者与正常人流的交叉干扰，要求七层及七层以上住宅建筑入口平台宽度不小于2.00m。

5.3.4 本条根据行业标准《城市道路和建筑物无障碍设计规范》JGJ 50—2001第7.3.1条制定，给出了供轮椅通行的走道和通道的最小净宽限值。

5.4 地下室

5.4.1 本条根据国家标准《住宅设计规范》GB 50096—1999（2003年版）第4.4.1条制定。住宅建筑中的地下室，由于通风、采光、日照、防潮、排水等条件差，对居住者健康不利，故规定住宅的卧室、起居室（厅）、厨房不应布置在地下室。其他房间如储藏间、卫生间、娱乐室等不受此限。由于半地下室有对外开启的窗户，条件相对较好，若采取采光、通风、日照、防潮、排水及安全防护措施，可布置卧室、起居室（厅）、厨房。

5.4.2 本条根据行业标准《汽车库建筑设计规范》JGJ 100—98的相关规定和住宅地下车库的实际情况制定。

汽车库内的单车道是按一条中心线确定坡度及转弯半径的，如果兼作双车道使用，即使有一定的宽度，汽车在坡道及其转弯处仍然容易发生相撞、刮蹭事故。因此，严禁将宽的单车道兼作双车道。

地下车库在通风、采光方面条件差，而集中存放的汽车由于其油箱储存大量汽油，本身是易燃、易爆因素。而且，地下车库发生火灾时扑救难度大。因此，设计时应排除其他可能产生火灾、爆炸事故的因素，不应将修理车位及使用或存放易燃、易爆物品的房间设置在地下车库内。

多项实例检测结果表明，住宅的地下车库中有害气体超标现象十分严重。如果利用楼（电）梯间为地下车库自然通风，将严重污染住宅室内环境，必须加以限制。

5.4.3 住宅的地下自行车库属于公共活动空间，其净高至少应与公共走廊净高相等，故规定其净高不应低于2.00m。

5.4.4 住宅的地下室包括车库、储藏间等，均应采取有效防水措施。

6 结构

6.1 一般规定

6.1.1 本条根据国家标准《建筑结构可靠度设计统一标准》GB 50068—2001第1.0.5条、第1.0.8条制定。按该标准规定，住宅作为普通房屋，其结构的设计使用年限取为50年，安全等级取为二级。考虑到住宅结构的可靠性与居民的生命财产安全密切相关，且住宅已经成为最为重要的耐用商品之一，故本条规定住宅结构的设计使用年限应取50年或更长时间，其安全等级应取二级或更高。

6.1.2 本条根据国家标准《建筑抗震设计规范》GB 50011—2001第1.0.2条和国家标准《建筑工程抗震

设防分类标准》GB 50223—2004 第 6.0.11 条制定。

抗震设防烈度是按国家规定的权限批准作为一个地区抗震设防依据的地震烈度。抗震设防分类是根据建筑遭遇地震破坏后，可能造成人员伤亡、直接和间接经济损失、社会影响的程度及其在抗震救灾中的作用等因素，对建筑物所作的设防类别划分。

住宅建筑量大面广，抗震设计时，应综合考虑安全性、适用性和经济性要求，在保证安全可靠的前提下，节约结构造价、降低成本。本条将住宅建筑的抗震设防类别定为"不应低于丙类"，与国家标准《建筑工程抗震设防分类标准》GB 50223—2004 第 6.0.11 条的规定基本一致，但措辞更严格，意味着住宅建筑的抗震设防类别不允许划为丁类。

6.1.3 本条主要依据国家标准《岩土工程勘察规范》GB 50021—2001、《建筑地基基础设计规范》GB 50007—2002 和《建筑抗震设计规范》GB 50011—2001 的有关规定制定。

在住宅结构设计和施工之前，必须按基本建设程序进行岩土工程勘察。岩土工程勘察应按工程建设各阶段的要求，正确反映工程地质条件，查明不良地质作用和地质灾害，取得资料完整、评价正确的勘察报告，并依此进行住宅地基基础设计。住宅上部结构的选型和设计应兼顾对地基基础的影响。

住宅应优先选择建造在对结构安全有利的地段。对不利地段，应力求避开；当因客观原因而无法避开时，应仔细分析，并采取保证结构安全的有效措施。禁止在抗震危险地段建造住宅。条文中所指的"不利地段"既包括抗震不利地段，也包括一般意义上的不利地段(如岩溶、滑坡、崩塌、泥石流、地下采空区等)。

6.1.4 本条根据国家标准《建筑结构可靠度设计统一标准》GB 50068—2001 的有关规定制定。

住宅结构在建造和使用过程中可能发生的各种作用的取值、组合原则以及安全性、适用性、耐久性的具体设计要求等，根据不同材料结构的特点，应分别符合现行有关国家标准和行业标准的规定。

住宅结构在设计使用年限内应具有足够的安全性、适用性和耐久性，具体体现在：1）在正常施工和正常使用时，能够承受可能出现的各种作用，如重力、风、地震作用以及非荷载效应（温度效应、结构材料的收缩和徐变、环境侵蚀和腐蚀等），即具有足够的承载能力；2）在正常使用时具有良好的工作性能，满足适用性要求，如可接受的变形、挠度和裂缝等；3）在正常维护条件下具有足够的耐久性能，即在规定的工作环境和预定的使用年限内，结构材料性能的恶化不应导致结构出现不可接受的失效概率；4）在设计规定的偶然事件发生时和发生后，结构能保持必要的整体稳定性，即结构可发生局部损坏或失效但不应导致连续倒塌。

6.1.5 本条是第 6.1.4 条的延伸规定，主要针对当前某些材料结构（如钢筋混凝土结构、砌体结构、钢—混凝土混合结构等）中比较普遍存在的裂缝问题，提出"住宅结构不应产生影响结构安全的裂缝"的要求。钢结构构件在任何情况下均不允许产生裂缝。

对不同材料结构构件，"影响结构安全的裂缝"的表现形态多样，产生原因各异，应根据具体情况进行分析、判断。在设计、施工阶段，均应针对不同材料结构的特点，采取相应的可靠措施，避免产生影响结构安全的裂缝。

6.1.6 本条根据国家标准《建筑边坡工程技术规范》GB 50330—2002 第 3.3.3 条制定，对邻近住宅的永久性边坡的设计使用年限提出要求，以保证相邻住宅的安全使用。所谓"邻近"，应以边坡破坏后是否影响到住宅的安全和正常使用作为判断标准。

6.2 材　　料

6.2.1 结构材料性能直接涉及到结构的可靠性。当前，我国住宅结构采用的主要材料有建筑钢材（包括普通钢结构型材、轻型钢结构型材、板材和钢筋等）、混凝土、砌体材料（砖、砌块、砂浆等）、木材、铝型材和板材、结构粘结材料（如结构胶）等。这些材料的物理、力学性能和耐久性能等，应符合国家现行有关标准的规定，并满足设计要求。住宅建设量大面广，需要消耗大量的建筑材料，建筑材料的生产又消耗大量的能源、资源，同时给环境保护带来巨大压力。因此，住宅结构材料的选择应符合节约资源和保护环境的原则。

6.2.2 本条根据国家标准《建筑结构可靠度设计统一标准》GB 50068—2001第 5.0.3 条和《建筑抗震设计规范》GB 50011—2001第 3.9.2 条制定。

住宅结构设计采用以概率理论为基础的极限状态设计方法。材料强度标准值应以试验数据为基础，采用随机变量的概率模型进行描述，运用参数估计和概率分布的假设检验方法确定。随着经济、技术水平的提高和结构可靠度水平的提高，要求结构材料强度标准值具有不低于 95%的保证率是必需的。

结构用钢材主要指型钢、板材和钢筋。抗震设计的住宅，对结构构件的延性性能有较高要求，以保证结构和结构构件有足够的塑性变形能力和耗能能力。

6.2.3 本条是住宅混凝土结构构件采用混凝土强度的最低要求。住宅用结构混凝土，包括基础、地下室、上部结构的混凝土，均应符合本条规定。

6.2.4 本条根据国家标准《建筑抗震设计规范》GB 50011—2001第 3.9.2 条和《钢结构设计规范》GB 50017—2003第 3.3.3 条制定，提出结构用钢材材质和力学性能的基本要求。

抗拉强度、屈服强度和伸长率，是结构用钢材的三项基本性能。硫、磷是钢材中的杂质，其含量多少对钢材力学性能（如塑性、韧性、疲劳、可焊性等）

有较大影响。碳素结构钢中，碳含量直接影响钢材强度、塑性、韧性和可焊性等；碳含量增加，钢材强度提高，但塑性、韧性、疲劳强度下降，同时恶化可焊性和抗腐蚀性。因此，应根据住宅结构用钢材的特点，要求钢型材、板材、钢筋等产品中硫、磷、碳元素的含量符合有关标准的规定。

冷弯试验值是检验钢材弯曲能力和塑性性能的指标之一，也是衡量钢材质量的一个综合指标。因此，焊接钢结构所采用的钢材以及混凝土结构用钢筋，均应有冷弯试验的合格保证。

6.2.5 本条根据国家标准《建筑抗震设计规范》GB 50011—2001第 3.9.2 条和《砌体结构设计规范》GB 50003—2001（2002 年局部修订）第 3.1.1、6.2.1 条制定。

砌体结构是住宅中应用最多的结构形式。砌体由多种块体和砂浆砌筑而成。块体和砂浆的种类、强度等级是砌体结构设计的基本依据，也是达到规定的结构可靠度和耐久性的重要保证。根据新型砌体材料的特点和我国近年来工程应用中出现的一些涉及耐久性、安全或正常使用中比较敏感的裂缝等问题，结合我国对新型墙体材料产业政策的要求，本条明确规定了砌体结构应采用的块体、砂浆类别以及相应的强度等级要求。

其他类型的块体材料（如石材等）的强度等级及其砌筑砂浆的要求，应符合国家现行有关标准的规定；对住宅地面以下或防潮层以下及潮湿房屋的砌体，其块体和砂浆的要求，应有所提高，并应符合国家现行有关标准的规定。

6.2.6 本条根据国家标准《木结构设计规范》GB 50005—2003的有关规定制定。

木结构住宅设计时，应根据结构构件的用途、部位、受力状态选择相应的材质等级，所选木材的强度等级不应低于 TC11（针叶树种）或 TB11（阔叶树种）。对胶合木结构，除了胶合材自身的强度要求外，承重结构用胶的性能尤为重要。结构胶缝主要承受拉力、压力和剪力作用，胶缝的抗拉和抗剪能力是关键。因此，为了保证胶缝的可靠性，使可能的破坏发生在木材上，必须要求结构胶的胶合强度不得低于木材顺纹抗剪强度和横纹抗拉强度。

木材含水率过高时，会产生干缩和开裂，对结构构件的抗剪、抗弯能力造成不利影响，也可引起结构的连接松弛或变形增大，从而降低结构的安全度。因此，制作木结构构件时，应严格控制木材的含水率；当木材含水率超过规定值时，在确定木材的有关设计指标（如各种木材的横纹承压强度和弹性模量、落叶松木材的抗弯强度等）时，应考虑含水率的不利影响，并在结构构造设计中采取针对性措施。

6.3 地基基础

6.3.1 地基基础设计是住宅结构设计中十分重要的一个环节。我国幅员辽阔，各地的岩土工程特性、水文地质条件有很大的差异。因此，住宅地基基础的选型和设计要以岩土工程勘察文件为依据和基础，因地制宜，综合考虑住宅主体结构的特点、地域特点、施工条件以及是否抗震设防地区等因素。

6.3.2 住宅建筑地基基础设计应满足承载力、变形和稳定性要求。

过去，多数工程项目只考虑地基承载力设计，很少考虑变形设计。实际上，地基变形造成建筑物开裂、倾斜的事例屡见不鲜。因此，设计原则应当从承载力控制为主转变到重视变形控制。地基变形计算值，应满足住宅结构安全和正常使用要求。地基变形验算包括进行处理后的地基。

目前，由于抗浮设计考虑不周引起的工程事故也很多，应在承载力设计过程中引起重视。

有关地基基础承载力、变形、稳定性设计的原则应符合国家标准《建筑地基基础设计规范》GB 50007—2002 第 3.0.4 条、第 3.0.5 条的规定；抗震设防地区的地基抗震承载力应取地基承载力特征值与地基抗震承载力调整系数的乘积，并应符合国家标准《建筑抗震设计规范》GB 50011—2001 第 4.2.3 条的规定。

6.3.3 实践表明，在地基基础工程中，与基坑相关的事故最多。因此，本条从安全角度出发予以强调。“周边环境”包括住宅建筑周围的建筑物、构筑物，道路、桥梁，各种市政设施以及其他公共设施。

6.3.4 桩基础在我国很多地区有广泛应用。桩基础的承载力和桩身完整性是基本要求。无论是预制桩还是现浇混凝土或现浇钢筋混凝土桩，由于在地下施工，成桩后的质量和各项性能是否满足设计要求，必须按照规定的数量和方法进行检验。

地基处理是为提高地基承载力、改善其变形性能或渗透性能而采取的人工处理方法。地基处理后，应根据不同的处理方法，选择恰当的检验方法对地基承载力进行检验。

桩基础、地基处理的设计、施工、承载力检验要求和方法，应符合国家现行标准《建筑地基基础设计规范》GB 50007、《建筑桩基技术规范》JGJ 94、《建筑基桩检测技术规范》JGJ 106、《建筑地基处理技术规范》JGJ 79 等的有关规定。

6.4 上部结构

6.4.1 本条对住宅结构体系提出基本概念设计要求。住宅结构的规则性要求和概念设计，应在建筑设计、结构设计的方案阶段得到充分重视，并应在结构施工图设计中体现概念设计要求的实施方法和措施。

抗震设计的住宅，对结构的规则性要求更加严格，不应采用严重不规则的建筑、结构设计方案。所谓严重不规则，对不同结构体系、不同结构材料、不同抗震设防烈度的地区，有不同的侧重点，很难细致地量化，但总体上是指：建筑结构体形复杂、多项实质性的控制指标超过有关规定或某一项指标大大超过规定，从而造成严重的抗震薄弱环节和明显的地震安全隐患，可能导致地震破坏的严重后果。

6.4.2 本条是对抗震设防地区住宅结构设计的总体要求。抗震设计的住宅，应首先确定抗震设防类别（不低于丙类），并根据抗震设防类别和抗震设防烈度确定总体抗震设防标准；其次，应根据抗震设防标准的要求，结合不同结构材料和结构体系的特点以及场地类别，确定适宜的房屋高度或层数限制、地震作用计算方法和结构地震效应分析方法、结构和结构构件的承载力与变形验算方法、与抗震设防目标相对应的抗震措施等。

6.4.3 无论是否抗震设计，住宅结构中刚度和承载力有突变的部位，对突变程度应加以控制，并应根据结构材料和结构体系的特点、抗震设防烈度的高低，采取可靠的加强措施，减少薄弱部位结构破坏的可能性。

错层结构、连体结构（立面有大开洞的结构）、带转换层的结构，由于其结构刚度、质量分布、承载力变化等不均匀，属于竖向布置不规则的结构；错层附近的竖向抗侧力构件、连体结构的连接体及其周边构件、带转换层结构的转换构件（如转换梁、框支柱、楼板）等，在地震作用下受力复杂，容易形成多处应力集中，造成抗震薄弱部位。鉴于此类结构的抗震设计理论和方法尚不完善，并且缺乏相应的工程实践经验，故规定9度抗震设计的住宅不应采用此类结构。

6.4.4 住宅砌体结构应设计为双向受力体系；无论计算模型是刚性方案、刚弹性方案还是弹性方案，均应采取有效的构造措施，保证结构的承载力和各部分的连接性能，从而保证其整体性，避免局部或整体失稳以致破坏、倒塌；抗震设计时，尚应采取措施保证其抗震承载能力和必要的延性性能，从而达到抗震设防目标要求。目前砌体结构以承载力设计为基础，以构造措施保证其变形能力等正常使用极限状态的要求，因此砌体结构的各项构造措施十分重要。

保证砌体结构整体性和抗震性能的主要措施，包括选择合格的砌体材料、合理的砌筑方法和工艺，限制建筑的体量，控制砌体墙（柱）的高宽比，控制承重墙体（抗震墙）的间距，在必要的部位采取加强措施（如在关键部位的灰缝内增设拉结钢筋，设置钢筋混凝土圈梁、构造柱、芯柱或采用配筋砌体等）。

6.4.5 底部框架、上部砌体结构住宅是我国目前经济条件下特有的一种结构形式，通过将上部部分砌体墙在底部变为框架而形成较大的空间，底部一般作为商业用房，上部仍然用作住宅。由于这种结构形式的变化，造成底部框架结构的侧向刚度比上部砌体结构的刚度小，且在结构转换层要通过转换构件（如托墙梁）将上部砌体墙承受的内力转移至下部的框架柱（框支柱），传力途径不直接。过渡层及其以下的框架结构是这种结构的薄弱部位，必需采取措施予以加强。根据理论分析和地震震害经验，这种结构在地震区应谨慎采用，故限制其底部大空间框架结构的层数不应超过2层，并应设置剪力墙。

底部框架-剪力墙、上部砌体结构住宅的设计应符合国家标准《建筑抗震设计规范》GB 50011—2001第7.1节、第7.2节和第7.5节的有关规定。

6.4.6 混凝土结构构件，都应满足基本的混凝土保护层厚度和配筋构造要求，以保证其基本受力性能和耐久性。

混凝土保护层的作用主要是：对受力钢筋提供可靠的锚固，使其在荷载作用下能够与混凝土共同工作，充分发挥强度；使钢筋在混凝土的碱性环境中免受介质的侵蚀，从而确保在规定的设计使用年限内具有相应的耐久性。

混凝土构件的配筋构造是保证混凝土构件承载力、延性以及控制其破坏形态的基本要求。配筋构造通常包括钢筋的种类和性能要求、配筋形式、最小配筋率和最大配筋率、配筋间距、钢筋连接方式和连接区段（位置）、钢筋搭接和锚固长度、弯钩形式等。

6.4.7 钢结构的防火、防腐措施是保证钢结构住宅安全性、耐久性的基本要求。钢材不是可燃材料，但是在高温下其刚度和承载力会明显下降，导致结构失稳或产生过大变形，甚至倒塌。

住宅钢结构中，除不锈钢构件外，其他钢结构构件均应根据设计使用年限、使用功能、使用环境以及维护计划，采取可靠的防腐措施。

6.4.8 在木结构构件表面包覆（涂敷）防火材料，可达到规定的构件燃烧性能和耐火极限要求。此外，木结构住宅应符合防火间距、房屋层数的要求，并采取有效的消防措施。

调查表明，正常使用条件下，木结构的破坏多数是由于腐朽和虫蛀引起的，因此，木结构的防腐、防虫，在结构设计、施工和使用阶段均应当引起高度重视。防止木结构腐朽，应根据使用条件和环境条件在设计上采取防潮、通风等构造措施。

木结构住宅的防火、防腐、防潮、防虫措施，应符合国家标准《木结构设计规范》GB 50005—2003的有关规定。

6.4.9 本条对住宅结构的围护结构和非结构构件提出要求。“围护结构”在不同专业领域的含义不同。本条中围护结构主要指直接面向建筑室外的非承重墙体、各类建筑幕墙（包括采光顶）等，相对于主体结构而言实际上属于“非结构构件”。围护结构和非结构构件的安全性和适用性应满足住宅建筑设计要求，并应符合国家现行有关标准的规定。对非结构构件的耐久性问题，由于材料性质、功能要求及更换的难易程度不同，未给出具体要求，但具体设计上应予以重视。

本条中非结构构件包括持久性的建筑非结构构件和附属机电设施。

长期以来，非结构构件的可靠性设计没有引起设计人员的充分重视。对非结构构件，应根据其重要性、破坏后果的严重性及其对建筑结构的影响程度，采取不同的设计要求和构造措施。对抗震设计的住宅，尚应对非结构构件采取抗震措施或进行必要的抗震计算。对不同功能的非结构构件，应满足相应的承载能力、变形能力（刚度和延性）要求，并应具有适应主体结构变形的能力；与主体结构的连接、锚固应牢固、可靠，要求锚固承载力大于连接件的承载力。

各类建筑幕墙的应用应符合国家现行标准《玻璃幕墙工程技术规范》JGJ 102、《金属与石材幕墙工程技术规范》JGJ 133、《建筑玻璃应用技术规程》JGJ 113等的规定。

7 室内环境

7.1 噪声和隔声

7.1.1 住宅应给居住者提供一个安静的室内生活环境，但是在现代城市中大部分住宅的外部环境均比较嘈杂，尤其是邻近主要街道的住宅，交通噪声的影响更为严重。因此，应在住宅的平面布置和建筑构造上采取有效的隔声和防噪声措施，例如尽可能使卧室和起居室远离噪声源，邻街的窗户采用隔声性能好的窗户等。

本条提出的卧室、起居室的允许噪声级是一般水平的要求，采取上述措施后不难达到。

7.1.2 楼板的撞击声隔声性能的优劣直接关系到上层居住者的活动对下层居住者的影响程度；撞击声压级越大，对下层居住者的影响就越大。计权标准化撞击声压级 75dB 是一个较低的要求，大致相当于现浇钢筋混凝土楼板的撞击声隔声性能。

为避免上层居住者的活动对下层居住者造成影响，应采取有效的构造措施，降低楼板的计权标准化撞击声压级。例如，在楼板的上表面敷设柔性材料，或采用浮筑楼板等。

7.1.3 空气声计权隔声量是衡量构件空气声隔声性能的指标。楼板、分户墙、户门和外窗的空气声计权隔声量的提高，可有效地衰减上下、左右邻室之间，及走廊、楼梯与室内之间的声音传递，并有效地衰减户外传入户内的声音。

本条规定的具体空气声计权隔声量都是较低的要求。为提高空气声隔声性能，应采取有效的构造措施，如采用更高隔声量的户门和外窗等。

外窗通常是隔声的薄弱环节，尤其是沿街住宅的外窗，应予以足够的重视。高隔声量的外窗对住宅满足本规范第 7.1.1 条的要求至关重要。

7.1.4 各种管线穿过楼板和墙体时，若孔洞周边不密封，声音会通过缝隙传递，大大降低楼板和墙体的隔声性能。对穿线孔洞的周边进行密封，属于施工细节问题，几乎不增加成本，但对提高楼板和墙体的空气声隔声性能很有好处。

7.1.5 电梯运行不可避免地会引起振动，这种振动对相邻房间的影响比较大，因此不应将卧室、起居室紧邻电梯井布置。但在住宅设计时，有时会受平面布局的限制，不得不将卧室、起居室紧邻电梯井布置。在这种情况下，为保证卧室、起居室的安静，应采取一些隔声和减振的技术措施，例如提高电梯井壁的隔声量、在电梯轨道和井壁之间设置减振垫等。

7.1.6 住宅建筑内的水泵房、风机房等都是噪声源、振动源，有时管道井也会成为噪声源。从源头入手是最有效的降低振动和治理噪声的方式。因此，给水泵、风机设置减振装置是降低振动、减弱噪声的有效措施。同时，还应注意水泵房、风机房以及管道井的有效密闭，提高水泵房、风机房和管道井的空气声隔声性能。

7.2 日照、采光、照明和自然通风

7.2.1 日照对居住者的生理和心理健康都非常重要。住宅的日照受地理位置、朝向、外部遮挡等外部条件的限制，常难以达到比较理想的状态。尤其是在冬季，太阳高度角较小，建筑之间的相互遮挡更为严重。

本条规定“每套住宅至少应有一个居住空间能获得冬季日照”，但未提出日照时数要求。

住宅设计时，应注意选择好朝向、建筑平面布置(包括建筑之间的距离、相对位置以及套内空间的平面布置)，通过计算，必要时使用日照模拟软件分析计算，创造良好的日照条件。

7.2.2 充足的天然采光有利于居住者的生理和心理健康，同时也有利于降低人工照明能耗。用采光系数评价住宅是否获取了足够的天然采光比较科学，但采光系数需要通过直接测量或复杂的计算才能得到。一般情况下，住宅各房间的采光系数与窗地面积比密切相关，因此本条直接规定了窗地面积比的限值。

7.2.3 住宅套内的各个空间由于使用功能不同，其照度要求各不相同，设计时应区别对待。套外的门厅、电梯前厅、走廊、楼梯等公共空间的地面照度，应满足居住者的通行等需要。

7.2.4 自然通风可以提高居住者的舒适感，有助于健康，同时也有利于缩短夏季空调器的运行时间。住宅能否获取足够的自然通风与通风开口面积的大小密切相关。一般情况下，当通风开口面积与地面面积之

比不小于1/20时，房间可获得较好的自然通风。

实际上，自然通风不仅与通风开口面积的大小有关，还与通风开口之间的相对位置密切相关。在住宅设计时，除了满足最小的通风开口面积与地面面积之比外，还应合理布置通风开口的位置和方向，有效组织与室外空气流通顺畅的自然通风。

7.3 防 潮

7.3.1 防止渗漏是住宅建筑屋面、外墙、外窗的基本要求。为防止渗漏，在设计、施工、使用阶段均应采取相应措施。

7.3.2 住宅室内表面（屋面和外墙的内表面）长时间的结露会滋生霉菌，对居住者的健康造成有害的影响。

室内表面出现结露最直接的原因是表面温度低于室内空气的露点温度。另外，表面空气的不流通也助长了结露现象的发生。因此，住宅设计时，应核算室内表面可能出现的最低温度是否高于露点温度，并尽量避免通风死角。

但是，要杜绝内表面的结露现象有时非常困难。例如，在我国南方的雨季，空气非常潮湿，空气所含的水蒸气接近饱和，除非紧闭门窗，空气经除湿后再送入室内，否则短时间的结露现象是不可避免的。因此，本条规定在“室内温、湿度设计条件下”（即在正常条件下）不应出现结露。

7.4 空 气 污 染

7.4.1 住宅室内空气中的氡、游离甲醛、苯、氨和总挥发性有机化合物（TVOC）等污染物对人体的健康危害很大，应对其活度、浓度加以控制。

氡的活度与住宅选址有关，其他几种污染物的浓度与建筑材料、装饰装修材料、家具以及住宅的通风条件有关。

8 设 备

8.1 一 般 规 定

8.1.1～8.1.3 给水排水系统、采暖设施及照明供电系统是基本的居住生活条件，并有利于居住者身体健康，改善环境质量。采暖设施主要是指集中采暖系统，也包括单户采暖系统。

8.1.4 为便于给水总立管、雨水立管、消防立管、采暖供回水总立管和电气、电信干线（管）的维修和管理，不影响套内空间的使用，本条规定上述管线不应布置在套内。

实践中，公共功能的管道、阀门、设备或部件设在套内，住户在装修时加以隐蔽，给维修和管理带来不便；在其他住户发生事故需要关闭检修阀门时，因设置阀门的住户无人而无法进入，不能正常维护，这样的事例较多。本条据此规定上述设备和部件应设在公共部位。

给水总立管、雨水立管、消防立管、采暖供回水总立管和电气、电信干线（管）应设置在套外的管井内或公共部位。对于分区供水横干管，也应布置在其服务的住宅套内，而不应布置在与其毫无关系的套内；当采用远传水表或IC水表而将供水立管设在套内时，供检修用的阀门应设在公用部位的横管上，而不应设在套内的立管顶部。公共功能管道其他需经常操作的部件，还包括有线电视设备、电话分线箱和网络设备等。

8.1.5 计量仪表的选择和安装方式，应符合安全可靠、便于计量和减少扰民的原则。计量仪表的设置位置，与仪表的种类有关。住宅的分户水表宜相对集中读数，且宜设置在户外；对设置在户内的水表，宜采用远传水表或IC卡水表等智能化水表。其他计量仪表也宜设置在户外；当设置在户内时，应优先采用可靠的电子计量仪表。无论设置在户外还是户内，计量仪表的设置应便于直接读数、维修和管理。

8.2 给 水 排 水

8.2.1 住宅生活给水系统的水源，无论采用市政管网，还是自备水源井，生食品的洗涤、烹饪，盥洗、淋浴、衣物的洗涤、家具的擦洗用水，其水质应符合国家现行标准《生活饮用水卫生标准》GB 5749、《城市供水水质标准》CJ/T 206的要求。当采用二次供水设施来保证住宅正常供水时，二次供水设施的水质卫生标准应符合现行国家标准《二次供水设施卫生规范》GB 17051的要求。生活热水系统的水质要求与生活给水系统的水质相同。管道直饮水具有改善居民饮用水水质，降低直饮水的成本，避免送桶装水引起的干扰，保障住宅小区安全的优点，在发达地区新建的住宅小区中已被普遍采用。其水质应满足行业标准《饮用净水水质标准》CJ 94的要求。生活杂用水指用于便器冲洗、绿化浇洒、室内车库地面和室外地面冲洗的水，在住宅中一般称为中水，其水质应符合国家现行标准《城市污水再生利用 城市杂用水水质》GB/T 18920、《城市污水再生利用 景观环境用水水质》GB/T 18921和《生活杂用水水质标准》CJ/T 48的相关要求。

8.2.2 为节约能源，减少居民生活饮用水水质污染，住宅建筑底部的住户应充分利用市政管网水压直接供水。当设有管道倒流防止器时，应将管道倒流防止器的水头损失考虑在内。

8.2.3 当市政给水管网的水压、水量不足时，应设置二次供水设施：贮水调节和加压装置。二次供水设施的设置应符合现行国家标准《二次供水设施卫生规范》GB 17051的要求。住宅生活给水管道的设置，应有防水质污染的措施。住宅生活给水管道、阀门及配件所涉及的材料必须达到饮用水卫生标准。供水管道（管材、管件）应符合现行产品标准的要求，其工作压力不得大于产品标准标称的允许工作压力。供水管道应选用耐腐蚀和安装连接方便可靠的管材。管道可采用塑料给水管、塑料和金属复合管、铜管、不锈钢管和球墨铸铁给水管等。阀门和配件的工作压力应大于或等于其所在管段的管道系统的工作压力，材质应耐腐蚀，经久耐用。阀门和配件应根据管径大小和所承受的压力等级及使用温度，采用全铜、全不锈钢、铁壳铜芯和全塑阀门等。

8.2.4 为确保居民正常用水条件，提高使用的舒适性，并节约用水，本条给出了套内分户用水点和入户管的给水压力限值。

国家标准《住宅设计规范》GB 50096—1999（2003年版）第6.1.2条规定：套内分户水表前的给水静水压力不应小于50kPa。但由于国家标准《建筑给水排水设计规范》GB 50015—2003第3.1.14条中已将给水配件所需流出水头改为最低工作压力要求，如洗脸盆由原要求流出水头为0.015MPa改为最低工作压力为0.05MPa，水表前最低工作压力为0.05MPa已满足不了卫生器具的使用要求，故改为对套内分户用水点的给水压力要求。当采用高位水箱或加压水泵和高位水箱供水时，水箱的设置高度应按最高层最不利套内分户用水点的给水压力不小于0.05MPa来考虑；当不能满足要求时，应设置增压给水设备。当采用变频调速给水加压设备时，水泵的供水压力也应按上述要求来考虑。

卫生器具正常使用的最佳水压为0.20～0.30MPa。从节水、噪声控制和使用舒适考虑，当住宅入户管的水压超过0.35MPa时，应设减压或调压设施。

8.2.5 住宅设置热水供应设施，是提高生活水平的重要措施，也是居住者的普遍要求。由于热源状况和技术经济条件不尽相同，可采用多种热水加热方式和供应系统；如采用集中热水供应系统，应保证配水点的最低水温，满足居住者的使用要求。配水点的水温是指打开用水龙头在15s内得到的水温。

8.2.6 住宅采用节水型卫生器具和配件是节水的重要措施。节水型卫生器具和配件包括：总冲洗用水量不大于6L的坐便器系统，两档式便器水箱及配件，陶瓷片密封水龙头、延时水嘴、红外线节水开关、脚踏阀等。住宅内不得使用明令淘汰的螺旋升降式铸铁水龙头、铸铁截止阀、进水阀低于水面的卫生洁具水箱配件、上导向直落式便器水箱配件等。建设部第218号“关于发布《建设部推广应用和限制禁止使用技术》的公告”中规定：对住宅建筑，推广应用节水型坐便器系统（≤6L），禁止使用冲水量大于等于9L的坐便器。本条对此做了更为严格的规定。

8.2.7 为防止卫生间排水管道内的污浊有害气体串至厨房内，对居住者卫生健康造成影响，当厨房与卫生间相邻布置时，不应共用一根排水立管，而应在厨房内和卫生间内分别设立管。

为避免排水管道漏水、噪声或结露产生凝结水影响居住者卫生健康，损坏财产，排水管道（包括排水立管和横管）均不得穿越卧室。排水立管采用普通塑料排水管时，不应布置在靠近与卧室相邻的内墙；当必须靠近与卧室相邻的内墙时，应采用橡胶密封圈柔性接口机制的排水铸铁管、双臂芯层发泡塑料排水管、内螺旋消音塑料排水管等有消声措施的管材。

8.2.8 住宅内除在设淋浴器、洗衣机的部位设置地漏外，卫生间和厨房的地面可不设置地漏。地漏、存水弯的水封深度必须满足一定的要求，这是建筑给水排水设计安全卫生的重要保证。考虑到水封蒸发损失、自虹吸损失以及管道内气压变化等因素，国外规范均规定卫生器具存水弯水封深度为50～100mm。水封深度不得小于50mm，对应于污水、废水、通气的重力流排水管道系统排水时内压波动不致于破坏存水弯水封的要求。在住宅卫生间地面如设置地漏，应采用密闭地漏。洗衣机部位应采用能防止溢流和干涸的专用地漏。

8.2.9 本条的目的是为了确保当室外排水管道满流或发生堵塞时，不造成倒灌，以免污染室内环境，影响住户使用。地下室、半地下室中卫生器具和地漏的排水管低于室外地面，故不应与上部排水管道连接，而应设置集水坑，用污水泵单独排出。

8.2.10 适合建设中水设施的住宅，是指水量较大且集中，就地处理利用并能取得较好的技术经济效益的工程。雨水利用是指针对因建设屋顶、地面铺装等地面硬化导致区域内径流量增加的情况，而采取的对雨水进行就地收集、入渗、储存、利用等措施。

建设中水设施和雨水利用设施的住宅的具体规模应按所在地的有关规定执行，目前国家无统一的要求。例如，北京市“关于加强中水设施建设管理的通告”中规定：建筑面积5万m^2以上，或可回收水量大于150m^3/d的居住区必须建设中水设施”；“关于加强建设工程用地内雨水资源利用的暂行规定”中规定：凡在本市行政区域内，新建、改建、扩建工程（含各类建筑物、广场、停车场、道路、桥梁和其他构筑物等建设工程设施，以下统称为建设工程）均应进行雨水利用工程设计和建设。

地方政府应结合本地区的特点制定符合实际情况的中水设施和雨水利用工程的实施办法。雨水利用工程的设计和建设，应以建设工程硬化后不增加建设区域内雨水径流量和外排水总量为标准。雨水利用设施应因地制宜，采用就地入渗与储存利用等方式。

8.2.11 为确保住宅中水工程的使用、维修，防止误饮、误用，设计时应采取相应的安全措施。这是中水工程设计中应重点考虑的问题，也是中水在住宅中能否成功应用的关键。

8.3 采暖、通风与空调

8.3.1 本条根据国家标准《采暖通风与空气调节设计规范》GB 50019—2003第 4.9.1 条制定。集中采暖系统节能除应采用合理的系统制式外，还应使房间温度可调节，即应采取分室（户）温度调节措施。按户进行用热量计量和收费是推进建筑节能工作的重要配套措施之一。本条要求设置分户（单元）计量装置；当目前设置有困难时，应预留安装计量装置的位置。

8.3.2 本条根据国家标准《住宅设计规范》GB 50096—1999（2003 年版）第 6.2.2 条制定，适用于所有设置集中采暖系统的住宅。考虑到居住者夜间衣着较少，卫生间采用与卧室相同的标准。

8.3.3 以热水为采暖热媒，在节能、温度均匀、卫生和安全等方面，均较为合理。

“可靠的水质保证措施”非常重要。长期以来，热水采暖系统的水质没有相关规定，系统中管道、阀门、散热器经常出现被腐蚀、结垢或堵塞的现象，造成暖气不热，影响系统正常运行。

8.3.4 本条根据国家标准《采暖通风与空气调节设计规范》GB 50019—2003第 4.3.11 条、第 4.8.17 条制定。当采暖系统设在可能冻结的场所，如不采暖的楼梯间时，应采取防冻结措施。对采暖系统的管道，应考虑由于热媒温度变化而引起的膨胀，采取补偿措施。

8.3.5 合理利用能源，提高能源利用效率，是当前的重要政策要求。用高品位的电能直接用于转换为低品位的热能进行采暖，热效率低，运行费用高，是不合适的。严寒、寒冷地区全年有 4～6 个月采暖期，时间长，采暖能耗高。近些年来由于空调、采暖用电所占比例逐年上升，致使一些省市冬夏季尖峰负荷迅速增长，电网运行困难，电力紧缺。盲目推广电锅炉、电采暖，将进一步劣化电力负荷特性，影响民众日常用电。因此，应严格限制应用直接电热进行集中采暖，但并不限制居住者选择直接电热方式进行分散形式的采暖。

8.3.6 本条根据国家标准《住宅设计规范》GB 50096—1999（2003 年版）第 6.4.2 条、第 6.4.3 条制定。厨房和卫生间往往是住宅内的污染源，特别是无外窗的卫生间。本条的目的是为了改善厨房、无外窗的卫生间的空气品质。住宅建筑中设有竖向通风道，利用自然通风的作用排出厨房和卫生间的污染气体。但由于竖向通风道自然通风的作用力，主要依靠室内外空气温差形成的热压，以及排风帽处的风压作用，其排风能力受自然条件制约。为了保证室内卫生要求，需要安装机械排气装置，为此应留有安装排气机械的位置和条件。

8.3.7 目前，厨房中排油烟机的排气管的排气方式有两种：一种是通过外墙直接排至室外，可节省空间并不会产生互相串烟，但不同风向时可能倒灌，且对周围环境可能有不同程度的污染；另一种方式是排入竖向通风道，在多台排油烟机同时运转的条件下，产生回流和泄漏的现象时有发生。这两种排出方式，都尚有待改进。从运行安全和环境质量等方面考虑，当采用竖向通风道时，应采取防止支管回流和竖井泄漏的措施。

8.3.8 水源热泵（包括地表水、地下水、封闭水环路式水源热泵）用水作为机组的热源（汇），可以采用河水、湖水、海水、地下水或废水、污水等。当水源热泵机组采用地下水为水源时，应采取可靠的回灌措施，回灌水不得对地下水资源造成破坏和污染。

8.4 燃 气

8.4.1 为了保证燃气稳定燃烧，减少管道和设备的腐蚀，防止漏气引起的人员中毒，住宅用燃气应符合城镇燃气质量标准。国家标准《城镇燃气设计规范》GB 50028—93（2002 年版）第 2.2 节中，对燃气的发热量、组分波动、硫化氢含量及加臭剂等都有详细的规定。

应特别注意的是，不应将用于工业的发生炉煤气或水煤气直接引入住宅内使用。因为这类燃气的一氧化碳含量高达 30%以上，一旦漏气，容易引起居住者中毒甚至死亡。

8.4.2 为了保证室内燃气管道的供气安全，应限制燃气管道的最高压力。目前，国内住宅的供气有集中调压低压供气和中压供气按户调压两种方式。两者在投资和安全方面各有优缺点。一般来说，低压供气方式比较安全，中压供气则节省投资。当采用中压进户时，燃气管道的最高压力不得高于 0.2MPa。

8.4.3 住宅内使用的各类用气设备应使用低压燃气，以保证安全。住宅内常用的燃气设备有燃气灶、热水器、采暖炉等，这些设备使用的都是 5kPa 以下的低压燃气。即使管道供气压力为中压，也应经过调压，降至低压后方可接入用气设备。低压燃气设备的额定压力是重要的参数，其值随燃气种类而不同。应根据不同燃气设备的额定压力，将燃气的入口压力控制在相应的允许压力波动范围内。

8.4.4 燃气灶应设置在厨房内，热水器、采暖炉等应设置在厨房或与厨房相连的阳台内。这样便于布置燃气管道，统一考虑用气空间的通风、排烟和其他安全措施，便于使用和管理。

8.4.5 液化石油气是住宅内常用的可燃气体之一。由于它比空气重（约为空气重度的 1.5～2 倍），且爆炸下限比较低（约为 2%以下），因此一旦漏气，就会流向低处，若遇上明火或电火花，会导致爆炸或火灾事故。且由于地下室、半地下室内通风条件差，故不应在其内敷设液化石油气管道，当然更不能使用液化石油气用气设备、气瓶。高层住宅内使用可燃气体作燃料时，应采用管道供气，严禁直接使用瓶装液化石油气。

8.4.6 住宅用人工煤气主要指焦炉煤气，不包括发生炉煤气和水煤气。由于人工煤气、天然气比空气轻，一旦漏气将浮上房间顶部，易排出室外。因此，不同于对液化石油气的要求，在地下室、半地下室内可设置、使用这类燃气设备，但应采取相应的安全措施，以满足现行国家标准《城镇燃气设计规范》GB 50028的要求。

8.4.7 本条根据国家标准《城镇燃气设计规范》GB 50028—93（2002年版）第7.2节的相关规定制定。卧室是居住者休息的房间，若燃气漏气会使人中毒甚至死亡；暖气沟、排烟道、垃圾道、电梯井属于潮湿、高温、有腐蚀性介质及产生电火花的部位，若管道被腐蚀而漏气，易发生爆炸或火灾。因此，严禁在上述位置敷设燃气管道。

8.4.8 为了保证燃气设备、电气设备及其管道的检修条件和使用安全，燃气设备和管道应满足与电气设备和相邻管道的净距要求。该净距应综合考虑施工要求、检修条件及使用安全等因素确定。国家标准《城镇燃气设计规范》GB 50028—93（2002年版）第7.2.26条给出了相关要求。

8.4.9 本条根据国家标准《城镇燃气设计规范》GB 50028—93（2002年版）第7.7节的相关规定制定。为了保证用气设备的稳定燃烧和安全排烟，本条对住宅排烟提出相应要求。烟气必须排至室外，故直排式热水器不应用于住宅内。多台设备合用一个烟道时，不论是竖向还是横向连接，都不允许相互干扰和串烟。烹饪操作时，厨房燃具排气罩排出的烟气中含有油雾，若与热水器或采暖炉排出的高温烟气混合，可能引起火灾或爆炸事故，因此两者不得合用烟道。

8.5 电 气

8.5.1 为保证用电安全，电气线路的选材、配线应与住宅的用电负荷相适应。

8.5.2 为了防止因接地故障等引起的火灾，对住宅供配电应采取相应的安全措施。

8.5.3 出于节能的需要，应急照明可以采用节能自熄开关控制，但必须采取措施，使应急照明在应急状态下可以自动点亮，保证应急照明的使用功能。国家标准《住宅设计规范》GB 50096—1999（2003年版）第6.5.3条规定："住宅的公共部位应设人工照明，除高层住宅的电梯厅和应急照明外，均应采用节能自熄开关。"本条从节能角度对此进行了修改。

8.5.4 为保证安全和便于管理，本条对每套住宅的电源总断路器提出相应要求。

8.5.5 为了避免儿童玩弄插座发生触电危险，安装高度在1.8m及以下的插座应采用安全型插座。

8.5.6 住宅建筑应根据其重要性、使用性质、发生雷电事故的可能性和后果，分为第二类防雷建筑物和第三类防雷建筑物。预计雷击次数大于0.3次/a的住宅建筑应划为第二类防雷建筑物。预计雷击次数大于或等于0.06次/a，且小于或等于0.3次/a的住宅建筑，应划为第三类防雷建筑物。各类防雷建筑物均应采取防直击雷和防雷电波侵入的措施。

8.5.7 住宅建筑配电系统应采用TT、TN-C-S或TN-S接地方式，并进行总等电位联结。等电位联结是指为达到等电位目的而实施的导体联结，目的是当发生触电时，减少电击危险。

8.5.8 本条根据国家标准《建筑物电子信息系统防雷技术规范》GB 50343—2004第5.2.5条、第5.2.6条制定，对建筑防雷接地装置做了相应规定。

9 防火与疏散

9.1 一 般 规 定

9.1.1 本条对住宅建筑周围的外部灭火救援条件做了原则规定。住宅建筑周围设置适当的消防水源、扑救场地以及消防车和救援车辆易达道路等灭火救援条件，有利于住宅建筑火灾的控制和救援，保护生命和财产安全。

9.1.2 本条规定了相邻住户之间的防火分隔要求。考虑到住宅建筑的特点，从被动防火措施上，宜将每个住户作为一个防火单元处理，故本条对住户之间的防火分隔要求做了原则规定。

9.1.3 本条规定了住宅与其他建筑功能空间之间的防火分隔和住宅部分安全出口、疏散楼梯的设置要求，并规定了火灾危险性大的场所禁止附设在住宅建筑中。

当住宅与其他功能空间处在同一建筑内时，采取防火分隔措施可使各个不同使用空间具有相对较高的安全度。经营、存放和使用火灾危险性大的物品，容易发生火灾，引起爆炸，故该类场所不应附设在住宅建筑中。

本条中的其他功能空间指商业经营性场所，以及机房、仓储用房等，不包括直接为住户服务的物业管理办公用房和棋牌室、健身房等活动场所。

9.1.4 本条对住宅建筑的耐火性能、疏散条件以及消防设施的设置做了原则性规定。

9.1.5 本条原则规定了各种建筑设备和管线敷设的防火安全要求。

9.1.6 本条规定了确定住宅建筑防火与疏散要求时应考虑的因素。建筑层数应包括住宅部分的层数和其他功能空间的层数。

住宅建筑的高度和面积直接影响到火灾时建筑内

人员疏散的难易程度、外部救援的难易程度以及火灾可能导致财产损失的大小，住宅建筑的防火与疏散要求与建筑高度和面积直接相关联。对不同建筑高度和建筑面积的住宅区别对待，可解决安全性和经济性的矛盾。考虑到与现行相关防火规范的衔接，本规范以层数作为衡量高度的指标，并对层高较大的楼层规定了折算方法。

9.2 耐火等级及其构件耐火极限

9.2.1 本条将住宅建筑的耐火等级划分为四级。经综合考虑各种因素后，对适用于住宅的相关构件耐火等级进行了整合、协调，将构件燃烧性能描述为“不燃性”和“难燃性”，以体现构件的不同性能要求。考虑到目前轻钢结构和木结构等的发展需求，对耐火等级为三级和四级的住宅建筑构件的燃烧性能和耐火极限做了部分调整。

9.2.2 根据住宅建筑的特点，对不同建筑耐火等级要求的住宅的建造层数做了调整，允许四级耐火等级住宅建至3层，三级耐火等级住宅建至9层。考虑到住宅的分隔特点及其火灾特点，本规范强调住宅建筑户与户之间、单元与单元之间的防火分隔要求，不再对防火分区做出规定。

9.3 防火间距

9.3.1 本条规定了确定防火间距时应考虑的主要因素，即应从满足消防扑救需要和防止火势通过“飞火”、“热辐射”和“热对流”等方式向邻近建筑蔓延的要求出发，设置合理的防火间距。在满足防火安全条件的同时，尚应体现节约用地和与现实情况相协调的原则。

9.3.2 本条规定了住宅建筑与相邻民用建筑之间的防火间距要求以及防火间距允许调整的条件。

9.4 防火构造

9.4.1 本条对上下相邻住户间防止火灾竖向蔓延的外墙构造措施做了规定。适当的窗槛墙或防火挑檐是防止火灾发生竖向蔓延的有效措施。

9.4.2 为防止楼梯间受到住户火灾烟气的影响，本条对楼梯间窗口与套房窗口最近边缘之间的水平间距限值做了规定。楼梯间作为人员疏散的途径，保证其免受住户火灾烟气的影响十分重要。

9.4.3 本条对住宅建筑中电梯井、电缆井、管道井等竖井的设置做了规定。

电梯是重要的垂直交通工具，其井道易成为火灾蔓延的通道。为防止火灾通过电梯井蔓延扩大，规定电梯井应独立设置，且在其内不能敷设燃气管道以及敷设与电梯无关的电缆、电线等，同时规定了电梯井井壁上除开设电梯门和底部及顶部的通气孔外，不应开设其他洞口。

各种竖向管井均是火灾蔓延的途径，为了防止火灾蔓延扩大，要求电缆井、管道井、排烟道、排气道等竖井应单独设置，不应混设。为了防止火灾时将管井烧毁，扩大灾情，规定上述管道井壁应为不燃性构件，其耐火极限不低于1.00h。本条未对“垃圾道”做出规定，因为住宅中设置垃圾道不是主流做法，从健康、卫生角度出发，住宅不宜设置垃圾道。

为有效阻止火灾通过管井的竖向蔓延，本条对竖向管道井和电缆井层间封堵及孔洞封堵提出了要求。可靠的层间封堵及孔洞封堵是防止管道井和电缆井成为火灾蔓延通道的有效措施。

同样，为防止火灾竖向蔓延，本条还对住宅建筑中设置在防烟楼梯间前室和合用前室的电缆井和管道井井壁上检查门的耐火等级做了规定。

9.4.4 为防止火灾由汽车库竖向蔓延至住宅，本条对楼梯、电梯直通住宅下部汽车库时的防火分隔做了规定。

9.5 安全疏散

9.5.1 本条规定了设置安全出口应考虑的主要因素。考虑到当前住宅建筑形式趋于多样化，本条不具体界定建筑类型，但对各类住宅安全出口做了规定，总体兼顾了住宅的功能需求和安全需要。

本条根据不同的建筑层数，对安全出口设置数量做出规定，兼顾了安全性和经济性的要求。本条规定表明，在一定条件下，对18层及以下的住宅，每个住宅单元每层可仅设置一个安全出口。

19层及19层以上的住宅建筑，由于建筑层数多，高度大，人员相对较多，一旦发生火灾，烟和火易发生竖向蔓延且蔓延速度快，而人员疏散路径长，疏散困难。故对此类建筑，规定每个单元每层设置不少于两个安全出口，以利于建筑内人员及时逃离火灾场所。

建筑安全疏散出口应分散布置。在同一建筑中，若两个楼梯出口之间距离太近，会导致疏散人流不均而产生局部拥挤，还可能因出口同时被烟堵住，使人员不能脱离危险而造成重大伤亡事故。

若门的开启方向与疏散人流的方向不一致，当遇有紧急情况时，会使出口堵塞，造成人员伤亡事故。疏散用门具有不需要使用钥匙等任何器具即能迅速开启的功能，是火灾状态下对疏散门的基本安全要求。

9.5.2 本条规定了确定户门至最近安全出口的距离时应考虑的因素，其原则是在保证人员疏散安全的条件下，尽可能满足建筑布局和节约投资的需要。

9.5.3 本条规定了确定楼梯间形式时应考虑的因素及首层对外出口的设置要求。建筑发生火灾时，楼梯间作为人员垂直疏散的惟一通道，应确保安全可靠。楼梯间可分为防烟楼梯间、封闭楼梯间和室外楼梯等，具体形式应根据建筑形式、建筑层数、建筑面积以及套房户门的耐火等级等因素确定。

楼梯间在首层设置直通室外的出口，有利于人员在火灾时及时疏散；若没有直通室外的出口，应能保证人员在短时间内通过不会受到火灾威胁的门厅，但不允许设置需经其他房间再到达室外的出口形式。

9.5.4 本条对住宅建筑楼梯间顶棚、墙面和地面材料做了限制性规定。

9.6 消防给水与灭火设施

9.6.1 本条将设置室内消防给水设施的建筑层数界限统一调整为8层。对于建筑层数较高的各类住宅建筑，其火势蔓延较为迅速，扑救难度大，必须设置有效的灭火系统。室内消防给水设施包括消火栓、消防卷盘和干管系统等。水灭火系统具有使用方便、灭火效果好、价格便宜、器材简单等优点，当前采用的主要灭火系统为消火栓给水系统。

9.6.2 自动喷水灭火系统具有良好的控火及灭火效果，已得到许多火灾案例的实践检验。对于建筑层数为35层及35层以上的住宅建筑，由于建筑高度高，人员疏散困难，火灾危险性大，为保证人员生命和财产安全，规定设置自动喷水灭火系统是必要的。

9.7 消防电气

9.7.1 本条对10层及10层以上住宅建筑的消防供电做了规定。高层建筑发生火灾时，主要利用建筑物本身的消防设施进行灭火和疏散人员。合理地确定供电负荷等级，对于保障建筑消防用电设备的供电可靠性非常重要。

9.7.2 火灾自动报警系统由触发器件、火灾报警装置及具有其他辅助功能的装置组成，是为及早发现和通报火灾，并采取有效措施控制和扑灭火灾，而设置在建筑物中或其他场所的一种自动消防设施。在发达国家，火灾自动报警系统的设置已较为普及。考虑到现阶段国内的实际条件，规定35层及35层以上的住宅建筑应设置火灾自动报警系统。

9.7.3 本条对10层及10层以上住宅建筑的楼梯间、电梯间及其前室的应急照明做了规定。为防止人员触电和防止火势通过电气设备、线路扩大，在火灾时需要及时切断起火部位及相关区域的电源。此时若无应急照明，人员在惊慌之中势必产生混乱，不利于人员的安全疏散。

9.8 消防救援

9.8.1 本条对10层及10层以上的住宅建筑周围设置消防车道提出了要求，以保证外部救援的实施。

9.8.2 为保证在发生火灾时消防车能迅速开到附近的天然水源（如江、河、湖、海、水库、沟渠等）和消防水池取水灭火，本条规定了供消防车取水的天然水源和消防水池，均应设有消防车道，并便于取水。

9.8.3 为满足消防队员快速灭火救援的需要，综合考虑消防队员的体能状况和现阶段国内的实际条件，规定12层及12层以上的住宅建筑应设消防电梯。

10 节 能

10.1 一般规定

10.1.1 在住宅建筑能耗中，采暖、空调能耗占有最大比例。降低采暖、空调能耗可以通过提高建筑围护结构的热工性能，提高采暖、空调设备和系统的用能效率来实现。本条列举了住宅建筑中与采暖、空调能耗直接相关的各个因素，指明了住宅设计时应采取的建筑节能措施。

10.1.2 进行住宅节能设计可以采取两种方法：第一种方法是规定性指标法，即对本规范第10.1.1条所列出的所有因素均规定一个明确的指标，设计住宅时不得突破任何一个指标；第二种方法是性能化方法，即不对本规范第10.1.1条所列出的所有因素都规定明确的指标，但对住宅在某种标准条件下采暖、空调能耗的理论计算值规定一个限值，所设计的住宅计算得到的采暖、空调能耗不得突破这个限值。

10.1.3 围护结构的保温、隔热性能的优劣对住宅采暖、空调能耗的影响很大，而围护结构的保温、隔热主要依靠保温材料来实现，因此必须保证保温材料不受潮。

设计住宅的围护结构时，应进行水蒸气渗透和冷凝计算；根据计算结果，判定在正常情况下围护结构内部保温材料的潮湿程度是否在可接受的范围内；必要时，应在保温材料层的表面设置隔汽层。

10.1.4 在住宅建筑能耗中，照明能耗也占有较大的比例，因此要注重照明节能。考虑到住宅建筑的特殊性，套内空间的照明受居住者的控制，不易干预，因此不对套内空间的照明做出规定。住宅公共场所和部位的照明主要受设计和物业管理的控制，因此本条明确要求采用高效光源和灯具并采取节能控制措施。

住宅建筑的公共场所和部位有许多是有天然采光的，例如大部分住宅的楼梯间都有外窗。在天然采光的区域为照明系统配置定时或光电控制设备，可以合理控制照明系统的开关，在保证使用的前提下同时达到节能的目的。

10.1.5 随着经济的发展，住宅的建造水准越来越高，住宅建筑内配置电梯、水泵、风机等机电设备已较为普遍。在提高居住者生活水平的同时，这些机电设备消耗的电能也很大，因此也应该注重这类机电设备的节电问题。

机电设备的节电潜力很大，技术也成熟，例如电梯的智能控制，水泵、风机的变频控制等都是可以采用的节电措施，并且能收到很好的效果。

10.1.6 建筑节能的目的是降低建筑在使用过程中的能耗，其中最主要的是降低采暖、空调和照明能耗。降低采暖、空调能耗有三条技术途径：一是提高建筑围护结构的热工性能；二是提高采暖、空调设备和系统的用能效率；三是利用可再生能源来替代常规能源。利用可再生能源是一种更高层次的"节能"技术途径。

在住宅建筑中，自然通风和太阳能热利用是最直接、最简单的可再生能源利用方式，因此在住宅建设中，提倡结合当地的气候条件，充分利用自然通风和太阳能。

10.2 规定性指标

10.2.1 本规范第10.1.2条规定进行住宅节能设计可以采取"规定性指标法"。建筑方面的规定性指标应包括建筑物的体形系数、窗墙面积比、墙体的传热系数、屋顶的传热系数、外窗的传热系数、外窗遮阳系数等。由于规定这些指标的目的是限制最终的采暖、空调能耗，而采暖、空调能耗又与建筑所处的气候密切相关，因此具体的指标值也应根据不同的建筑热工设计分区和最终允许的采暖、空调能耗来确定。各地的建筑节能设计标准都应依据此原则给出具体的指标。

10.2.2 随着建筑业的持续发展，空调应用进一步普及，中国已成为空调设备的制造大国。大部分世界级品牌都已在中国成立合资或独资企业，大大提高了机组的质量水平，产品已广泛应用于各类建筑。国家标准《冷水机组能效限定值及能源效率等级》GB 19577—2004、《单元式空气调节机能效限定值及能源效率等级》GB 19576—2004等将产品根据能源效率划分为5个等级，以配合我国能效标识制度的实施。能效等级的含义：1等级是企业努力的目标；2等级代表节能型产品的门槛（按最小寿命周期成本确定）；3、4等级代表我国的平均水平；5等级产品是未来淘汰的产品。确定能效等级能够为消费者提供明确的信息，帮助其进行选择，并促进高效产品的生产、应用。

表10.2.2-1冷水（热泵）机组制冷性能系数（*COP*）值和表10.2.2-2单元式空气调节机能效比（*EER*）值，是根据国家标准《公共建筑节能设计标准》GB 50189—2005第5.4.5条、第5.4.8条规定的能效限值。对于采用集中空调系统的居民小区，或者设计阶段已完成户式中央空调系统设计的住宅，其冷源的能效规定取为与公共建筑相同。具体来说，对照"能效限定值及能源效率等级"标准，冷水（热泵）机组取用标准GB 19577—2004"表2能源效率等级指标"中的规定值：活塞/涡旋式采用第5级，水冷离心式采用第3级，螺杆机则采用第4级；单元式空气调节机取用标准GB 19576—2004"表2能源效率等级指标"中的第4级。

10.3 性能化设计

10.3.1 本规范第10.1.2条规定进行住宅节能设计可以采取"性能化方法"。所谓性能化方法，就是直接对住宅在某种标准条件下的理论上的采暖、空调能耗规定一个限值，作为节能控制目标。

10.3.2 为了维持住宅室内一定的热舒适条件，建筑物的采暖、空调能耗与建筑所处的气候区密切相关，因此具体的采暖、空调能耗限值也应该根据不同的建筑热工设计分区和最终希望达到的节能程度确定。各地的建筑节能设计标准都应依据此原则给出具体的采暖、空调能耗限值。

10.3.3 住宅节能设计的性能化方法是对住宅在某种标准条件的理论上的采暖、空调能耗规定一个限值，所设计的住宅计算得到的采暖、空调能耗不得突破这个限值。采暖、空调能耗与建筑所处的气候密切相关，因此具体的限值应根据具体的气候条件确定。

目前，住宅节能设计的性能化方法的应用主要考虑三种不同的气候条件：第一种是北方严寒和寒冷地区的气候条件，在这种条件下只需要考虑采暖能耗；第二种是中部夏热冬冷地区的气候条件，在这种条件下不仅要考虑采暖能耗，而且也要考虑空调能耗；第三种是南方夏热冬暖地区的气候条件，在这种条件下主要考虑空调能耗。

性能化方法规定的采暖、空调能耗限值，是某种标准条件下的理论计算值。为了保证性能化方法的公正性和惟一性，应详细地规定标准计算条件。本条分别对在三种不同的气候条件下，计算采暖、空调能耗做了具体规定，并给出了采暖、空调能耗限值。这些规定和限值是进行住宅节能性能化设计时必须遵守的。

11 使用与维护

11.0.1 住宅竣工验收合格，取得当地规划、消防、人防等有关部门的认可文件或准许使用文件，并满足地方建设行政主管部门规定的备案要求，才能说明住宅已经按要求建成。在此基础上，住宅具备接通水、电、燃气、暖气等条件后，可交付使用。

11.0.2 物业档案是实行物业管理必不可少的重要资料，是物业管理区域内对所有房屋、设备、管线等进行正确使用、维护、保养和修缮的技术依据，因此必须妥为保管。物业档案的所有者是业主委员会。物业档案最初应由建设单位负责形成和建立，在物业交付使用时由建设单位移交给物业管理企业。每个物业管理企业在服务合同终止时，都应将物业档案移交给业主委员会，并保证其完好。

11.0.3 《住宅使用说明书》是指导用户正确使用住

宅的技术文件，所附《住宅品质状况表》不仅载明住宅是否已进行性能认定，还包括住宅各方面的基本性能情况，体现了对消费者知情权的尊重。

《住宅质量保证书》是建设单位按照政府统一规定提交给用户的住宅保修证书。在规定的保修期内，一旦出现属于保修范围内的质量问题，用户可以按照《住宅质量保证书》的提示获得保修服务。

11.0.4 用户正确使用住宅设备，不擅自改动住宅主体结构等，是保证正常安全居住的基本要求。鉴于住户擅自改动住宅主体结构、拆改配套设施等情况时有发生，本条对此做了严格限制。

11.0.5 不允许自行拆改或占用共用部位，既是为了维护公众居住权益，也是为了保证人员的生命安全。

11.0.6 住宅和居住区内按照规划建设的公共建筑和共用设施，是为广大用户服务的，若改变其用途，将损害公众权益。

11.0.7 对住宅和相关场地进行日常保养、维修和管理，对各种共用设备和设施进行日常维护、检修、更新，是保证物业正常使用所必需的，也是物业管理公司的重要工作内容。

11.0.8 近年来，居住小区消防设施完好率低和消防通道被挤占的情况比较普遍，尤其是小汽车大量进入家庭以来，停车占用消防通道的现象越来越多，一旦发生火灾，将给扑救工作带来巨大困难。本条据此规定必须保持消防设施完好和消防通道畅通。

中华人民共和国国家标准

住宅设计规范

Design code for residential buildings

GB 50096—2011

主编部门：中华人民共和国住房和城乡建设部
批准部门：中华人民共和国住房和城乡建设部
施行日期：2 0 1 2 年 8 月 1 日

中华人民共和国住房和城乡建设部
公　告

第1093号

关于发布国家标准《住宅设计规范》的公告

现批准《住宅设计规范》为国家标准，编号为GB 50096－2011，自2012年8月1日起实施。其中，第5.1.1、5.3.3、5.4.4、5.5.2、5.5.3、5.6.2、5.6.3、5.8.1、6.1.1、6.1.2、6.1.3、6.2.1、6.2.2、6.2.3、6.2.4、6.2.5、6.3.1、6.3.2、6.3.5、6.4.1、6.4.7、6.5.2、6.6.1、6.6.2、6.6.3、6.6.4、6.7.1、6.9.1、6.9.6、6.10.1、6.10.4、7.1.1、7.1.3、7.1.5、7.2.1、7.2.3、7.3.1、7.3.2、7.4.1、7.4.2、7.5.3、8.1.1、8.1.2、8.1.3、8.1.4、8.1.7、8.2.1、8.2.2、8.2.6、8.2.10、8.2.11、8.2.12、8.3.2、8.3.3、8.3.4、8.3.6、8.3.12、8.4.1、8.4.3、8.4.4、8.5.3、8.7.3、8.7.4、8.7.5、8.7.9条为强制性条文，必须严格执行。原《住宅设计规范》GB 50096－1999（2003年版）同时废止。

本规范由我部标准定额研究所组织中国建筑工业出版社出版发行。

中华人民共和国住房和城乡建设部

2011年7月26日

前　言

本规范是根据住房和城乡建设部《关于印发〈2008年工程建设标准规范制订、修订计划（第一批）〉的通知》（建标［2008］102）号的要求，中国建筑设计研究院会同有关单位共同对《住宅设计规范》GB 50096－1999（2003年版）进行修订而成。

本规范在修订过程中，修订组广泛调查研究，认真总结实践经验，参考有关国际标准和国外先进标准，并在充分征求意见的基础上，经多次讨论修改，最后经审查定稿。

本规范共分8章，主要技术内容是：总则；术语；基本规定；技术经济指标计算；套内空间；共用部分；室内环境；建筑设备。

本规范修订的主要内容是：

1. 修订了住宅套型分类及各房间最小使用面积，技术经济指标计算，楼、电梯及信报箱的设置等；

2. 增加了术语；

3. 扩展了节能、室内环境、建筑设备和排气道的内容。

本规范中以黑体字标志的条文为强制性条文，必须严格执行。

本规范由住房和城乡建设部负责管理和对强制性条文的解释，由中国建筑设计研究院负责具体技术内容的解释。本规范在执行过程中如发现需要修改和补充之处，请将意见和有关资料寄送中国建筑设计研究院国家住宅工程中心（北京市西城区车公庄大街19号，邮政编码：100044），以供今后修订时参考。

本规范主编单位：中国建筑设计研究院

本规范参编单位：中国中建设计集团有限公司
中国建筑科学研究院
北京市建筑设计研究院
中南建筑设计院股份有限公司
上海建筑设计研究院有限公司
中国城市规划设计研究院
清华大学建筑设计研究院有限公司
哈尔滨工业大学建筑学院
湖南省建筑科学研究院
广东省建筑科学研究院
重庆大学建筑城规学院
重庆市设计院

本规范参加单位：天津市城市规划设计研究院

国际铜业协会（中国）
大连九洲建设集团有限公司

本规范主要起草人员：林建平　赵冠谦　薛　峰　王　贺　曾　捷　孙敏生　林　莉　陈华宁　刘燕辉　仲继寿　李耀培　朱昌廉　张菲菲　叶茂煦　李桂文　周湘华　赵文凯　李正春　王连顺　胡荣国　李逢元　文　彪　朱显泽　曾　雁　张　磊　焦　燕　张广宇　满孝新　龙　灏　钟开健　张　播　桑　椹

本规范主要审查人员：徐正忠　窦以德　陈永江　陈玉华　储兆佛　符培勇　高　勇　洪声扬　路　红　罗文兵　毛姚增　戎向阳　伍小亭　杨德才　章海峰　张学洪　郑志宏　周晓红

目　次

Contents

1 总　　则

1.0.1 为保障城镇居民的基本住房条件和功能质量，提高城镇住宅设计水平，使住宅设计满足安全、卫生、适用、经济等性能要求，制定本规范。

1.0.2 本规范适用于全国城镇新建、改建和扩建住宅的建筑设计。

1.0.3 住宅设计必须执行国家有关方针、政策和法规，遵守安全卫生、环境保护、节约用地、节约能源资源等有关规定。

1.0.4 住宅设计除应符合本规范外，尚应符合国家现行有关标准的规定。

2 术　　语

2.0.1 住宅　residential building

供家庭居住使用的建筑。

2.0.2 套型　dwelling unit

由居住空间和厨房、卫生间等共同组成的基本住宅单位。

2.0.3 居住空间　habitable space

卧室、起居室（厅）的统称。

2.0.4 卧室　bed room

供居住者睡眠、休息的空间。

2.0.5 起居室（厅）　living room

供居住者会客、娱乐、团聚等活动的空间。

2.0.6 厨房　kitchen

供居住者进行炊事活动的空间。

2.0.7 卫生间　bathroom

供居住者进行便溺、洗浴、盥洗等活动的空间。

2.0.8 使用面积　usable area

房间实际能使用的面积，不包括墙、柱等结构构造的面积。

2.0.9 层高　storey height

上下相邻两层楼面或楼面与地面之间的垂直距离。

2.0.10 室内净高　interior net storey height

楼面或地面至上部楼板底面或吊顶底面之间的垂直距离。

2.0.11 阳台　balcony

附设于建筑物外墙设有栏杆或栏板，可供人活动的空间。

2.0.12 平台　terrace

供居住者进行室外活动的上人屋面或由住宅底层地面伸出室外的部分。

2.0.13 过道　passage

住宅套内使用的水平通道。

2.0.14 壁柜　cabinet

建筑室内与墙壁结合而成的落地贮藏空间。

2.0.15 凸窗　bay-window

凸出建筑外墙面的窗户。

2.0.16 跃层住宅　duplex apartment

套内空间跨越两个楼层且设有套内楼梯的住宅。

2.0.17 自然层数　natural storeys

按楼板、地板结构分层的楼层数。

2.0.18 中间层　middle-floor

住宅底层、入口层和最高住户入口层之间的楼层。

2.0.19 架空层　open floor

仅有结构支撑而无外围护结构的开敞空间层。

2.0.20 走廊　gallery

住宅套外使用的水平通道。

2.0.21 联系廊　inter-unit gallery

联系两个相邻住宅单元的楼、电梯间的水平通道。

2.0.22 住宅单元　residential building unit

由多套住宅组成的建筑部分，该部分内的住户可通过共用楼梯和安全出口进行疏散。

2.0.23 地下室　basement

室内地面低于室外地平面的高度超过室内净高的1/2的空间。

2.0.24 半地下室　semi-basement

室内地面低于室外地平面的高度超过室内净高的1/3，且不超过1/2的空间。

2.0.25 附建公共用房　accessory assembly occupancy building

附于住宅主体建筑的公共用房，包括物业管理用房、符合噪声标准的设备用房、中小型商业用房、不产生油烟的餐饮用房等。

2.0.26 设备层　mechanical floor

建筑物中专为设置暖通、空调、给水排水和电气的设备和管道施工人员进入操作的空间层。

3 基 本 规 定

3.0.1 住宅设计应符合城镇规划及居住区规划的要求，并应经济、合理、有效地利用土地和空间。

3.0.2 住宅设计应使建筑与周围环境相协调，并应合理组织方便、舒适的生活空间。

3.0.3 住宅设计应以人为本，除应满足一般居住使用要求外，尚应根据需要满足老年人、残疾人等特殊群体的使用要求。

3.0.4 住宅设计应满足居住者所需的日照、天然采光、通风和隔声的要求。

3.0.5 住宅设计必须满足节能要求，住宅建筑应能合理利用能源。宜结合各地能源条件，采用常规能源与可再生能源结合的供能方式。

3.0.6 住宅设计应推行标准化、模数化及多样化，并应积极采用新技术、新材料、新产品，积极推广工业化设计、建造技术和模数应用技术。

3.0.7 住宅的结构设计应满足安全、适用和耐久的要求。

3.0.8 住宅设计应符合相关防火规范的规定，并应满足安全疏散的要求。

3.0.9 住宅设计应满足设备系统功能有效、运行安全、维修方便等基本要求，并应为相关设备预留合理的安装位置。

3.0.10 住宅设计应在满足近期使用要求的同时，兼顾今后改造的可能。

4 技术经济指标计算

4.0.1 住宅设计应计算下列技术经济指标：

——各功能空间使用面积（m^2）；

——套内使用面积（m^2/套）；

——套型阳台面积（m^2/套）；

——套型总建筑面积（m^2/套）；

——住宅楼总建筑面积（m^2）。

4.0.2 计算住宅的技术经济指标，应符合下列规定：

1 各功能空间使用面积应等于各功能空间墙体内表面所围合的水平投影面积；

2 套内使用面积应等于套内各功能空间使用面积之和；

3 套型阳台面积应等于套内各阳台的面积之和；阳台的面积均应按其结构底板投影净面积的一半计算；

4 套型总建筑面积应等于套内使用面积、相应的建筑面积和套型阳台面积之和；

5 住宅楼总建筑面积应等于全楼各套型总建筑面积之和。

4.0.3 套内使用面积计算，应符合下列规定：

1 套内使用面积应包括卧室、起居室（厅）、餐厅、厨房、卫生间、过厅、过道、贮藏室、壁柜等使用面积的总和；

2 跃层住宅中的套内楼梯应按自然层数的使用面积总和计入套内使用面积；

3 烟囱、通风道、管井等均不应计入套内使用面积；

4 套内使用面积应按结构墙体表面尺寸计算；有复合保温层时，应按复合保温层表面尺寸计算；

5 利用坡屋顶内的空间时，屋面板下表面与楼板地面的净高低于 1.20m 的空间不应计算使用面积，净高在 1.20m～2.10m 的空间应按 1/2 计算使用面积，净高超过 2.10m 的空间应全部计入套内使用面积；坡屋顶无结构顶层楼板，不能利用坡屋顶空间时不应计算其使用面积；

6 坡屋顶内的使用面积应列入套内使用面积中。

4.0.4 套型总建筑面积计算，应符合下列规定：

1 应按全楼各层外墙结构外表面及柱外沿所围合的水平投影面积之和求出住宅楼建筑面积，当外墙设外保温层时，应按保温层外表面计算；

2 应以全楼总套内使用面积除以住宅楼建筑面积得出计算比值；

3 套型总建筑面积应等于套内使用面积除以计算比值所得面积，加上套型阳台面积。

4.0.5 住宅楼的层数计算应符合下列规定：

1 当住宅楼的所有楼层的层高不大于 3.00m 时，层数应按自然层数计；

2 当住宅和其他功能空间处于同一建筑物内时，应将住宅部分的层数与其他功能空间的层数叠加计算建筑层数。当建筑中有一层或若干层的层高大于 3.00m 时，应对大于 3.00m 的所有楼层按其高度总和除以 3.00m 进行层数折算，余数小于 1.50m 时，多出部分不应计入建筑层数，余数大于或等于 1.50m 时，多出部分应按 1 层计算；

3 层高小于 2.20m 的架空层和设备层不应计入自然层数；

4 高出室外设计地面小于 2.20m 的半地下室不应计入地上自然层数。

5 套 内 空 间

5.1 套 型

5.1.1 住宅应按套型设计，每套住宅应设卧室、起居室（厅）、厨房和卫生间等基本功能空间。

5.1.2 套型的使用面积应符合下列规定：

1 由卧室、起居室（厅）、厨房和卫生间等组成的套型，其使用面积不应小于 30m^2；

2 由兼起居的卧室、厨房和卫生间等组成的最小套型，其使用面积不应小于 22m^2。

5.2 卧室、起居室（厅）

5.2.1 卧室的使用面积应符合下列规定：

1 双人卧室不应小于 9m^2；

2 单人卧室不应小于 5m^2；

3 兼起居的卧室不应小于 12m^2。

5.2.2 起居室（厅）的使用面积不应小于 10m^2。

5.2.3 套型设计时应减少直接开向起居厅的门的数量。起居室（厅）内布置家具的墙面直线长度宜大于 3m。

5.2.4 无直接采光的餐厅、过厅等，其使用面积不宜大于 10m^2。

5.3 厨 房

5.3.1 厨房的使用面积应符合下列规定：

1　由卧室、起居室（厅）、厨房和卫生间等组成的住宅套型的厨房使用面积，不应小于4.0m²；

2　由兼起居的卧室、厨房和卫生间等组成的住宅最小套型的厨房使用面积，不应小于3.5m²。

5.3.2　厨房宜布置在套内近入口处。

5.3.3　厨房应设置洗涤池、案台、炉灶及排油烟机、热水器等设施或为其预留位置。

5.3.4　厨房应按炊事操作流程布置。排油烟机的位置应与炉灶位置对应，并应与排气道直接连通。

5.3.5　单排布置设备的厨房净宽不应小于1.50m；双排布置设备的厨房其两排设备之间的净距不应小于0.90m。

5.4　卫生间

5.4.1　每套住宅应设卫生间，应至少配置便器、洗浴器、洗面器三件卫生设备或为其预留设置位置及条件。三件卫生设备集中配置的卫生间的使用面积不应小于2.50m²。

5.4.2　卫生间可根据使用功能要求组合不同的设备。不同组合的空间使用面积应符合下列规定：

1　设便器、洗面器时不应小于1.80m²；

2　设便器、洗浴器时不应小于2.00m²；

3　设洗面器、洗浴器时不应小于2.00m²；

4　设洗面器、洗衣机时不应小于1.80m²；

5　单设便器时不应小于1.10m²。

5.4.3　无前室的卫生间的门不应直接开向起居室（厅）或厨房。

5.4.4　卫生间不应直接布置在下层住户的卧室、起居室（厅）、厨房和餐厅的上层。

5.4.5　当卫生间布置在本套内的卧室、起居室（厅）、厨房和餐厅的上层时，均应有防水和便于检修的措施。

5.4.6　每套住宅应设置洗衣机的位置及条件。

5.5　层高和室内净高

5.5.1　住宅层高宜为2.80m。

5.5.2　卧室、起居室（厅）的室内净高不应低于2.40m，局部净高不应低于2.10m，且局部净高的室内面积不应大于室内使用面积的1/3。

5.5.3　利用坡屋顶内空间作卧室、起居室（厅）时，至少有1/2的使用面积的室内净高不应低于2.10m。

5.5.4　厨房、卫生间的室内净高不应低于2.20m。

5.5.5　厨房、卫生间内排水横管下表面与楼面、地面净距不得低于1.90m，且不得影响门、窗扇开启。

5.6　阳台

5.6.1　每套住宅宜设阳台或平台。

5.6.2　阳台栏杆设计必须采用防止儿童攀登的构造，栏杆的垂直杆件间净距不应大于0.11m，放置花盆处必须采取防坠落措施。

5.6.3　阳台栏板或栏杆净高，六层及六层以下不应低于1.05m；七层及七层以上不应低于1.10m。

5.6.4　封闭阳台栏板或栏杆也应满足阳台栏板或栏杆净高要求。七层及七层以上住宅和寒冷、严寒地区住宅宜采用实体栏板。

5.6.5　顶层阳台应设雨罩，各套住宅之间毗连的阳台应设分户隔板。

5.6.6　阳台、雨罩均应采取有组织排水措施，雨罩及开敞阳台应采取防水措施。

5.6.7　当阳台设有洗衣设备时应符合下列规定：

1　应设置专用给、排水管线及专用地漏，阳台楼、地面均应做防水；

2　严寒和寒冷地区应封闭阳台，并应采取保温措施。

5.6.8　当阳台或建筑外墙设置空调室外机时，其安装位置应符合下列规定：

1　应能通畅地向室外排放空气和自室外吸入空气；

2　在排出空气一侧不应有遮挡物；

3　应为室外机安装和维护提供方便操作的条件；

4　安装位置不应对室外人员形成热污染。

5.7　过道、贮藏空间和套内楼梯

5.7.1　套内入口过道净宽不宜小于1.20m；通往卧室、起居室（厅）的过道净宽不应小于1.00m；通往厨房、卫生间、贮藏室的过道净宽不应小于0.90m。

5.7.2　套内设于底层或靠外墙、靠卫生间的壁柜内部应采取防潮措施。

5.7.3　套内楼梯当一边临空时，梯段净宽不应小于0.75m；当两侧有墙时，墙面之间净宽不应小于0.90m，并应在其中一侧墙面设置扶手。

5.7.4　套内楼梯的踏步宽度不应小于0.22m；高度不应大于0.20m，扇形踏步转角距扶手中心0.25m处，宽度不应小于0.22m。

5.8　门　窗

5.8.1　窗外没有阳台或平台的外窗，窗台距楼面、地面的净高低于0.90m时，应设置防护设施。

5.8.2　当设置凸窗时应符合下列规定：

1　窗台高度低于或等于0.45m时，防护高度从窗台面起算不应低于0.90m；

2　可开启窗扇窗洞口底距窗台面的净高低于0.90m时，窗洞口处应有防护措施。其防护高度从窗台面起算不应低于0.90m；

3　严寒和寒冷地区不宜设置凸窗。

5.8.3　底层外窗和阳台门、下沿低于2.00m且紧邻走廊或共用上人屋面上的窗和门，应采取防卫措施。

5.8.4　面临走廊、共用上人屋面或凹口的窗，应避免视线干扰，向走廊开启的窗扇不应妨碍交通。

5.8.5 户门应采用具备防盗、隔声功能的防护门。向外开启的户门不应妨碍公共交通及相邻户门开启。

5.8.6 厨房和卫生间的门应在下部设置有效截面积不小于 0.02m² 的固定百叶，也可距地面留出不小于 30mm 的缝隙。

5.8.7 各部位门洞的最小尺寸应符合表 5.8.7 的规定。

表 5.8.7 门洞最小尺寸

类 别	洞口宽度（m）	洞口高度（m）
共用外门	1.20	2.00
户（套）门	1.00	2.00
起居室（厅）门	0.90	2.00
卧室门	0.90	2.00
厨房门	0.80	2.00
卫生间门	0.70	2.00
阳台门（单扇）	0.70	2.00

注：1 表中门洞口高度不包括门上亮子高度，宽度以平开门为准。
2 洞口两侧地面有高低差时，以高地面为起算高度。

6 共用部分

6.1 窗台、栏杆和台阶

6.1.1 楼梯间、电梯厅等共用部分的外窗，窗外没有阳台或平台，且窗台距楼面、地面的净高小于 0.90m 时，应设置防护设施。

6.1.2 公共出入口台阶高度超过 0.70m 并侧面临空时，应设置防护设施，防护设施净高不应低于 1.05m。

6.1.3 外廊、内天井及上人屋面等临空处的栏杆净高，六层及六层以下不应低于 1.05m，七层及七层以上不应低于 1.10m。防护栏杆必须采用防止儿童攀登的构造，栏杆的垂直杆件间净距不应大于 0.11m。放置花盆处必须采取防坠落措施。

6.1.4 公共出入口台阶踏步宽度不宜小于 0.30m，踏步高度不宜大于 0.15m，并不宜小于 0.10m，踏步高度应均匀一致，并应采取防滑措施。台阶踏步数不应少于 2 级，当高差不足 2 级时，应按坡道设置；台阶宽度大于 1.80m 时，两侧宜设置栏杆扶手，高度应为 0.90m。

6.2 安全疏散出口

6.2.1 十层以下的住宅建筑，当住宅单元任一层的建筑面积大于 650m²，或任一套房的户门至安全出口的距离大于 15m 时，该住宅单元每层的安全出口不应少于 2 个。

6.2.2 十层及十层以上且不超过十八层的住宅建筑，当住宅单元任一层的建筑面积大于 650m²，或任一套房的户门至安全出口的距离大于 10m 时，该住宅单元每层的安全出口不应少于 2 个。

6.2.3 十九层及十九层以上的住宅建筑，每层住宅单元的安全出口不应少于 2 个。

6.2.4 安全出口应分散布置，两个安全出口的距离不应小于 5m。

6.2.5 楼梯间及前室的门应向疏散方向开启。

6.2.6 十层以下的住宅建筑的楼梯间宜通至屋顶，且不应穿越其他房间。通向平屋面的门应向屋面方向开启。

6.2.7 十层及十层以上的住宅建筑，每个住宅单元的楼梯均应通至屋顶，且不应穿越其他房间。通向平屋面的门应向屋面方向开启。各住宅单元的楼梯间宜在屋顶相连通。但符合下列条件之一的，楼梯可不通至屋顶：

1 十八层及十八层以下，每层不超过 8 户、建筑面积不超过 650m²，且设有一座共用的防烟楼梯间和消防电梯的住宅；

2 顶层设有外部联系廊的住宅。

6.3 楼 梯

6.3.1 楼梯梯段净宽不应小于 1.10m，不超过六层的住宅，一边设有栏杆的梯段净宽不应小于 1.00m。

6.3.2 楼梯踏步宽度不应小于 0.26m，踏步高度不应大于 0.175m。扶手高度不应小于 0.90m。楼梯水平段栏杆长度大于 0.50m 时，其扶手高度不应小于 1.05m。楼梯栏杆垂直杆件间净空不应大于 0.11m。

6.3.3 楼梯平台净宽不应小于楼梯梯段净宽，且不得小于 1.20m。楼梯平台的结构下缘至人行通道的垂直高度不应低于 2.00m。入口处地坪与室外地面应有高差，并不应小于 0.10m。

6.3.4 楼梯为剪刀梯时，楼梯平台的净宽不得小于 1.30m。

6.3.5 楼梯井净宽大于 0.11m 时，必须采取防止儿童攀滑的措施。

6.4 电 梯

6.4.1 属下列情况之一时，必须设置电梯：

1 七层及七层以上住宅或住户入口层楼面距室外设计地面的高度超过 16m 时；

2 底层作为商店或其他用房的六层及六层以下住宅，其住户入口层楼面距该建筑物的室外设计地面高度超过 16m 时；

3 底层做架空层或贮存空间的六层及六层以下住宅，其住户入口层楼面距该建筑物的室外设计地面高度超过 16m 时；

4 顶层为两层一套的跃层住宅时，跃层部分不

计层数，其顶层住户入口层楼面距该建筑物室外设计地面的高度超过 16m 时。

6.4.2 十二层及十二层以上的住宅，每栋楼设置电梯不应少于两台，其中应设置一台可容纳担架的电梯。

6.4.3 十二层及十二层以上的住宅每单元只设置一部电梯时，从第十二层起应设置与相邻住宅单元联通的联系廊。联系廊可隔层设置，上下联系廊之间的间隔不应超过五层。联系廊的净宽不应小于 1.10m，局部净高不应低于 2.00m。

6.4.4 十二层及十二层以上的住宅由二个及二个以上的住宅单元组成，且其中有一个或一个以上住宅单元未设置可容纳担架的电梯时，应从第十二层起设置与可容纳担架的电梯联通的联系廊。联系廊可隔层设置，上下联系廊之间的间隔不应超过五层。联系廊的净宽不应小于 1.10m，局部净高不应低于 2.00m。

6.4.5 七层及七层以上住宅电梯应在设有户门和公共走廊的每层设站。住宅电梯宜成组集中布置。

6.4.6 候梯厅深度不应小于多台电梯中最大轿箱的深度，且不应小于 1.50m。

6.4.7 电梯不应紧邻卧室布置。当受条件限制，电梯不得不紧邻兼起居的卧室布置时，应采取隔声、减振的构造措施。

6.5 走廊和出入口

6.5.1 住宅中作为主要通道的外廊宜作封闭外廊，并应设置可开启的窗扇。走廊通道的净宽不应小于 1.20m，局部净高不应低于 2.00m。

6.5.2 位于阳台、外廊及开敞楼梯平台下部的公共出入口，应采取防止物体坠落伤人的安全措施。

6.5.3 公共出入口处应有标识，十层及十层以上住宅的公共出入口应设门厅。

6.6 无障碍设计要求

6.6.1 七层及七层以上的住宅，应对下列部位进行无障碍设计：

1 建筑入口；

2 入口平台；

3 候梯厅；

4 公共走道。

6.6.2 住宅入口及入口平台的无障碍设计应符合下列规定：

1 建筑入口设台阶时，应同时设置轮椅坡道和扶手；

2 坡道的坡度应符合表 6.6.2 的规定；

表 6.6.2 坡道的坡度

坡度	1∶20	1∶16	1∶12	1∶10	1∶8
最大高度（m）	1.50	1.00	0.75	0.60	0.35

3 供轮椅通行的门净宽不应小于 0.8m；

4 供轮椅通行的推拉门和平开门，在门把手一侧的墙面，应留有不小于 0.5m 的墙面宽度；

5 供轮椅通行的门扇，应安装视线观察玻璃、横执把手和关门拉手，在门扇的下方应安装高 0.35m 的护门板；

6 门槛高度及门内外地面高差不应大于 0.015m，并应以斜坡过渡。

6.6.3 七层及七层以上住宅建筑入口平台宽度不应小于 2.00m，七层以下住宅建筑入口平台宽度不应小于 1.50m。

6.6.4 供轮椅通行的走道和通道净宽不应小于 1.20m。

6.7 信 报 箱

6.7.1 新建住宅应每套配套设置信报箱。

6.7.2 住宅设计应在方案设计阶段布置信报箱的位置。信报箱宜设置在住宅单元主要入口处。

6.7.3 设有单元安全防护门的住宅，信报箱的投递口应设置在门禁以外。当通往投递口的专用通道设置在室内时，通道净宽应不小于 0.60m。

6.7.4 信报箱的投取信口设置在公共通道位置时，通道的净宽应从信报箱的最外缘起算。

6.7.5 信报箱的设置不得降低住宅基本空间的天然采光和自然通风标准。

6.7.6 信报箱设计应选用信报箱定型产品，产品应符合国家有关标准。选用嵌墙式信报箱时应设计洞口尺寸和安装、拆卸预埋件位置。

6.7.7 信报箱的设置宜利用共用部位的照明，但不得降低住宅公共照明标准。

6.7.8 选用智能信报箱时，应预留电源接口。

6.8 共用排气道

6.8.1 厨房宜设共用排气道，无外窗的卫生间应设共用排气道。

6.8.2 厨房、卫生间的共用排气道应采用能够防止各层回流的定型产品，并应符合国家有关标准。排气道断面尺寸应根据层数确定，排气道接口部位应安装支管接口配件，厨房排气道接口直径应大于 150mm，卫生间排气道接口直径应大于 80mm。

6.8.3 厨房的共用排气道应与灶具位置相邻，共用排气道与排油烟机连接的进气口应朝向灶具方向。

6.8.4 厨房的共用排气道与卫生间的共用排气道应分别设置。

6.8.5 竖向排气道屋顶风帽的安装高度不应低于相邻建筑砌筑体。排气道的出口设置在上人屋面、住户平台上时，应高出屋面或平台地面 2m；当周围 4m 之内有门窗时，应高出门窗上皮 0.6m。

6.9 地下室和半地下室

6.9.1 卧室、起居室（厅）、厨房不应布置在地下室；当布置在半地下室时，必须对采光、通风、日照、防潮、排水及安全防护采取措施，并不得降低各项指标要求。

6.9.2 除卧室、起居室（厅）、厨房以外的其他功能房间可布置在地下室，当布置在地下室时，应对采光、通风、防潮、排水及安全防护采取措施。

6.9.3 住宅的地下室、半地下室做自行车库和设备用房时，其净高不应低于2.00m。

6.9.4 当住宅的地上架空层及半地下室做机动车停车位时，其净高不应低于2.20m。

6.9.5 地上住宅楼、电梯间宜与地下车库连通，并宜采取安全防盗措施。

6.9.6 直通住宅单元的地下楼、电梯间入口处应设置乙级防火门，严禁利用楼、电梯间为地下车库进行自然通风。

6.9.7 地下室、半地下室应采取防水、防潮及通风措施，采光井应采取排水措施。

6.10 附建公共用房

6.10.1 住宅建筑内严禁布置存放和使用甲、乙类火灾危险性物品的商店、车间和仓库，以及产生噪声、振动和污染环境卫生的商店、车间和娱乐设施。

6.10.2 住宅建筑内不应布置易产生油烟的餐饮店，当住宅底层商业网点布置有产生刺激性气味或噪声的配套用房，应做排气、消声处理。

6.10.3 水泵房、冷热源机房、变配电机房等公共机电用房不宜设置在住宅主体建筑内，不宜设置在与住户相邻的楼层内，在无法满足上述要求贴临设置时，应增加隔声减振处理。

6.10.4 住户的公共出入口与附建公共用房的出入口应分开布置。

7 室 内 环 境

7.1 日照、天然采光、遮阳

7.1.1 每套住宅应至少有一个居住空间能获得冬季日照。

7.1.2 需要获得冬季日照的居住空间的窗洞开口宽度不应小于0.60m。

7.1.3 卧室、起居室（厅）、厨房应有直接天然采光。

7.1.4 卧室、起居室（厅）、厨房的采光系数不应低于1%；当楼梯间设置采光窗时，采光系数不应低于0.5%。

7.1.5 卧室、起居室（厅）、厨房的采光窗洞口的窗地面积比不应低于1/7。

7.1.6 当楼梯间设置采光窗时，采光窗洞口的窗地面积比不应低于1/12。

7.1.7 采光窗下沿离楼面或地面高度低于0.50m的窗洞口面积不应计入采光面积内，窗洞口上沿距地面高度不宜低于2.00m。

7.1.8 除严寒地区外，居住空间朝西外窗应采取外遮阳措施，居住空间朝东外窗宜采取外遮阳措施。当采用天窗、斜屋顶窗采光时，应采取活动遮阳措施。

7.2 自 然 通 风

7.2.1 卧室、起居室（厅）、厨房应有自然通风。

7.2.2 住宅的平面空间组织、剖面设计、门窗的位置、方向和开启方式的设置，应有利于组织室内自然通风。单朝向住宅宜采取改善自然通风的措施。

7.2.3 每套住宅的自然通风开口面积不应小于地面面积的5%。

7.2.4 采用自然通风的房间，其直接或间接自然通风开口面积应符合下列规定：

1 卧室、起居室（厅）、明卫生间的直接自然通风开口面积不应小于该房间地板面积的1/20；当采用自然通风的房间外设置阳台时，阳台的自然通风开口面积不应小于采用自然通风的房间和阳台地板面积总和的1/20；

2 厨房的直接自然通风开口面积不应小于该房间地板面积的1/10，并不得小于0.60m^2；当厨房外设置阳台时，阳台的自然通风开口面积不应小于厨房和阳台地板面积总和的1/10，并不得小于0.60m^2。

7.3 隔声、降噪

7.3.1 卧室、起居室（厅）内噪声级，应符合下列规定：

1 昼间卧室内的等效连续A声级不应大于45dB；

2 夜间卧室内的等效连续A声级不应大于37dB；

3 起居室（厅）的等效连续A声级不应大于45dB。

7.3.2 分户墙和分户楼板的空气声隔声性能应符合下列规定：

1 分隔卧室、起居室（厅）的分户墙和分户楼板，空气声隔声评价量（R_W+C）应大于45dB；

2 分隔住宅和非居住用途空间的楼板，空气声隔声评价量（R_W+C_{tr}）应大于51dB。

7.3.3 卧室、起居室（厅）的分户楼板的计权规范化撞击声压级宜小于75dB。当条件受到限制时，分户楼板的计权规范化撞击声压级应小于85dB，且应在楼板上预留可供今后改善的条件。

7.3.4 住宅建筑的体形、朝向和平面布置应有利于噪声控制。在住宅平面设计时，当卧室、起居室（厅）布置在噪声源一侧时，外窗应采取隔声降噪措施；当居住空间与可能产生噪声的房间相邻时，分隔墙和分隔楼板应采取隔声降噪措施；当内天井、凹天井中设置相邻户间窗口时，宜采取隔声降噪措施。

7.3.5 起居室（厅）不宜紧邻电梯布置。受条件限制起居室（厅）紧邻电梯布置时，必须采取有效的隔声和减振措施。

7.4 防水、防潮

7.4.1 住宅的屋面、地面、外墙、外窗应采取防止雨水和冰雪融化水侵入室内的措施。

7.4.2 住宅的屋面和外墙的内表面在设计的室内温度、湿度条件下不应出现结露。

7.5 室内空气质量

7.5.1 住宅室内装修设计宜进行环境空气质量预评价。

7.5.2 在选用住宅建筑材料、室内装修材料以及选择施工工艺时，应控制有害物质的含量。

7.5.3 住宅室内空气污染物的活度和浓度应符合表7.5.3的规定。

表7.5.3 住宅室内空气污染物限值

污染物名称	活度、浓度限值
氡	≤200（Bq/m³）
游离甲醛	≤0.08（mg/m³）
苯	≤0.09（mg/m³）
氨	≤0.2（mg/m³）
TVOC	≤0.5（mg/m³）

8 建筑设备

8.1 一般规定

8.1.1 住宅应设置室内给水排水系统。

8.1.2 严寒和寒冷地区的住宅应设置采暖设施。

8.1.3 住宅应设置照明供电系统。

8.1.4 住宅计量装置的设置应符合下列规定：

1 各类生活供水系统应设置分户水表；

2 设有集中采暖（集中空调）系统时，应设置分户热计量装置；

3 设有燃气系统时，应设置分户燃气表；

4 设有供电系统时，应设置分户电能表。

8.1.5 机电设备管线的设计应相对集中、布置紧凑、合理使用空间。

8.1.6 设备、仪表及管线较多的部位，应进行详细的综合设计，并应符合下列规定：

1 采暖散热器、户配电箱、家居配线箱、电源插座、有线电视插座、信息网络和电话插座等，应与室内设施和家具综合布置；

2 计量仪表和管道的设置位置应有利于厨房灶具或卫生间卫生器具的合理布局和接管；

3 厨房、卫生间内排水横管下表面与楼面、地面净距应符合本规范第5.5.5条的规定；

4 水表、热量表、燃气表、电能表的设置应便于管理。

8.1.7 下列设施不应设置在住宅套内，应设置在共用空间内：

1 公共功能的管道，包括给水总立管、消防立管、雨水立管、采暖（空调）供回水总立管和配电和弱电干线（管）等，设置在开敞式阳台的雨水立管除外；

2 公共的管道阀门、电气设备和用于总体调节和检修的部件，户内排水立管检修口除外；

3 采暖管沟和电缆沟的检查孔。

8.1.8 水泵房、冷热源机房、变配电室等公共机电用房应采用低噪声设备，且应采取相应的减振、隔声、吸声、防止电磁干扰等措施。

8.2 给水排水

8.2.1 住宅各类生活供水系统水质应符合国家现行有关标准的规定。

8.2.2 入户管的供水压力不应大于0.35MPa。

8.2.3 套内用水点供水压力不宜大于0.20MPa，且不应小于用水器具要求的最低压力。

8.2.4 住宅应设置热水供应设施或预留安装热水供应设施的条件。生活热水的设计应符合下列规定：

1 集中生活热水系统配水点的供水水温不应低于45℃；

2 集中生活热水系统应在套内热水表前设置循环回水管；

3 集中生活热水系统热水表后或户内热水器不循环的热水供水支管，长度不宜超过8m。

8.2.5 卫生器具和配件应采用节水型产品。管道、阀门和配件应采用不易锈蚀的材质。

8.2.6 厨房和卫生间的排水立管应分别设置。排水管道不得穿越卧室。

8.2.7 排水立管不应设置在卧室内，且不宜设置在靠近与卧室相邻的内墙；当必须靠近与卧室相邻的内墙时，应采用低噪声管材。

8.2.8 污废水排水横管宜设置在本层套内；当敷设于下一层的套内空间时，其清扫口应设置在本层，并应进行夏季管道外壁结露验算和采取相应的防止结露的措施。污废水排水立管的检查口宜每层设置。

8.2.9 设置淋浴器和洗衣机的部位应设置地漏，设置洗衣机的部位宜采用能防止溢流和干涸的专用地漏。洗衣机设置在阳台上时，其排水不应排入雨水管。

8.2.10 无存水弯的卫生器具和无水封的地漏与生活排水管道连接时，在排水口以下应设存水弯；存水弯和有水封地漏的水封高度不应小于 50mm。

8.2.11 地下室、半地下室中低于室外地面的卫生器具和地漏的排水管，不应与上部排水管连接，应设置集水设施用污水泵排出。

8.2.12 采用中水冲洗便器时，中水管道和预留接口应设明显标识。坐便器安装洁身器时，洁身器应与自来水管连接，严禁与中水管连接。

8.2.13 排水通气管的出口，设置在上人屋面、住户平台上时，应高出屋面或平台地面 2.00m；当周围 4.00m 之内有门窗时，应高出门窗上口 0.60m。

8.3 采 暖

8.3.1 严寒和寒冷地区的住宅宜设集中采暖系统。夏热冬冷地区住宅采暖方式应根据当地能源情况，经技术经济分析，并根据用户对设备运行费用的承担能力等因素确定。

8.3.2 除电力充足和供电政策支持，或建筑所在地无法利用其他形式的能源外，严寒和寒冷地区、夏热冬冷地区的住宅不应设计直接电热作为室内采暖主体热源。

8.3.3 住宅采暖系统应采用不高于 95℃ 的热水作为热媒，并应有可靠的水质保证措施。热水温度和系统压力应根据管材、室内散热设备等因素确定。

8.3.4 住宅集中采暖的设计，应进行每一个房间的热负荷计算。

8.3.5 住宅集中采暖的设计应进行室内采暖系统的水力平衡计算，并应通过调整环路布置和管径，使并联管路（不包括共同段）的阻力相对差额不大于 15%；当不满足要求时，应采取水力平衡措施。

8.3.6 设置采暖系统的普通住宅的室内采暖计算温度，不应低于表 8.3.6 的规定。

表 8.3.6 室内采暖计算温度

用 房	温度（℃）
卧室、起居室（厅）和卫生间	18
厨房	15
设采暖的楼梯间和走廊	14

8.3.7 设有洗浴器并有热水供应设施的卫生间宜按沐浴时室温为 25℃设计。

8.3.8 套内采暖设施应配置室温自动调控装置。

8.3.9 室内采用散热器采暖时，室内采暖系统的制式宜采用双管式；如采用单管式，应在每组散热器的进出水支管之间设置跨越管。

8.3.10 设计地面辐射采暖系统时，宜按主要房间划分采暖环路。

8.3.11 应采用体型紧凑、便于清扫、使用寿命不低于钢管的散热器，并宜明装，散热器的外表面应刷非金属性涂料。

8.3.12 采用户式燃气采暖热水炉作为采暖热源时，其热效率应符合现行国家标准《家用燃气快速热水器和燃气采暖热水炉能效限定值及能效等级》GB 20665 中能效等级 3 级的规定值。

8.4 燃 气

8.4.1 住宅管道燃气的供气压力不应高于 0.2MPa。住宅内各类用气设备应使用低压燃气，其入口压力应在 0.75 倍～1.5 倍燃具额定范围内。

8.4.2 户内燃气立管应设置在有自然通风的厨房或与厨房相连的阳台内，且宜明装设置，不得设置在通风排气竖井内。

8.4.3 燃气设备的设置应符合下列规定：

1 燃气设备严禁设置在卧室内；

2 严禁在浴室内安装直接排气式、半密闭式燃气热水器等在使用空间内积聚有害气体的加热设备；

3 户内燃气灶应安装在通风良好的厨房、阳台内；

4 燃气热水器等燃气设备应安装在通风良好的厨房、阳台内或其他非居住房间。

8.4.4 住宅内各类用气设备的烟气必须排至室外。排气口应采取防风措施，安装燃气设备的房间应预留安装位置和排气孔洞位置；当多台设备合用竖向排气道排放烟气时，应保证互不影响。户内燃气热水器、分户设置的采暖或制冷燃气设备的排气管不得与燃气灶排油烟机的排气管合并接入同一管道。

8.4.5 使用燃气的住宅，每套的燃气用量应根据燃气设备的种类、数量和额定燃气量计算确定，且应至少按一个双眼灶和一个燃气热水器计算。

8.5 通 风

8.5.1 排油烟机的排气管道可通过竖向排气道或外墙排向室外。当通过外墙直接排至室外时，应在室外排气口设置避风、防雨和防止污染墙面的构件。

8.5.2 严寒、寒冷、夏热冬冷地区的厨房，应设置供厨房房间全面通风的自然通风设施。

8.5.3 无外窗的暗卫生间，应设置防止回流的机械通风设施或预留机械通风设置条件。

8.5.4 以煤、薪柴、燃油为燃料进行分散式采暖的住宅，以及以煤、薪柴为燃料的厨房，应设烟囱；上下层或相邻房间合用一个烟囱时，必须采取防止串烟的措施。

8.6 空 调

8.6.1 位于寒冷（B区）、夏热冬冷和夏热冬暖地区的住宅，当不采用集中空调系统时，主要房间应设置空调设施或预留安装空调设施的位置和条件。

8.6.2 室内空调设备的冷凝水应能有组织地排放。

8.6.3 当采用分户或分室设置的分体式空调器时，室外机的安装位置应符合本规范第5.6.8条的规定。

8.6.4 住宅计算夏季冷负荷和选用空调设备时，室内设计参数宜符合下列规定：

1 卧室、起居室室内设计温度宜为26℃；

2 无集中新风供应系统的住宅新风换气宜为1次/h。

8.6.5 空调系统应设置分室或分户温度控制设施。

8.7 电 气

8.7.1 每套住宅的用电负荷应根据套内建筑面积和用电负荷计算确定，且不应小于2.5kW。

8.7.2 住宅供电系统的设计，应符合下列规定：

1 应采用TT、TN-C-S或TN-S接地方式，并应进行总等电位联结；

2 电气线路应采用符合安全和防火要求的敷设方式配线，套内的电气管线应采用穿管暗敷设方式配线。导线应采用铜芯绝缘线，每套住宅进户线截面不应小于$10mm^2$，分支回路截面不应小于$2.5mm^2$；

3 套内的空调电源插座、一般电源插座与照明应分路设计，厨房插座应设置独立回路，卫生间插座宜设置独立回路；

4 除壁挂式分体空调电源插座外，电源插座回路应设置剩余电流保护装置；

5 设有洗浴设备的卫生间应作局部等电位联结；

6 每幢住宅的总电源进线应设剩余电流动作保护或剩余电流动作报警。

8.7.3 每套住宅应设置户配电箱，其电源总开关装置应采用可同时断开相线和中性线的开关电器。

8.7.4 套内安装在1.80m及以下的插座均应采用安全型插座。

8.7.5 共用部位应设置人工照明，应采用高效节能的照明装置和节能控制措施。当应急照明采用节能自熄开关时，必须采取消防时应急点亮的措施。

8.7.6 住宅套内电源插座应根据住宅套内空间和家用电器设置，电源插座的数量不应少于表8.7.6的规定。

表8.7.6 电源插座的设置数量

空 间	设置数量和内容
卧室	一个单相三线和一个单相二线的插座两组
兼起居的卧室	一个单相三线和一个单相二线的插座三组
起居室（厅）	一个单相三线和一个单相二线的插座三组
厨房	防溅水型一个单相三线和一个单相二线的插座两组
卫生间	防溅水型一个单相三线和一个单相二线的插座一组
布置洗衣机、冰箱、排油烟机、排风机及预留家用空调器处	专用单相三线插座各一个

8.7.7 每套住宅应设有线电视系统、电话系统和信息网络系统，宜设置家居配线箱。有线电视、电话、信息网络等线路宜集中布线，并应符合下列规定：

1 有线电视系统的线路应预埋到住宅套内。每套住宅的有线电视进户线不应少于1根，起居室、主卧室、兼起居的卧室应设置电视插座；

2 电话通信系统的线路应预埋到住宅套内。每套住宅的电话通信进户线不应少于1根，起居室、主卧室、兼起居的卧室应设置电话插座；

3 信息网络系统的线路宜预埋到住宅套内。每套住宅的进户线不应少于1根，起居室、卧室或兼起居室的卧室应设置信息网络插座。

8.7.8 住宅建筑宜设置安全防范系统。

8.7.9 当发生火警时，疏散通道上和出入口处的门禁应能集中解锁或能从内部手动解锁。

本规范用词说明

1 为便于在执行本规范条文时区别对待，对要求严格程度不同的用词，说明如下：

1）表示很严格，非这样做不可的用词：
正面词采用"必须"，反面词采用"严禁"；

2）表示严格，在正常情况下均应这样做的用词：
正面词采用"应"，反面词采用"不应"或"不得"；

3）表示允许稍有选择，在条件许可时首先应这样做的用词：
正面词采用"宜"，反面词采用"不宜"；

4）表示有选择，在一定条件下可以这样做的用词，采用"可"。

2 本规范中指明应按其他有关标准执行的写法为："应符合……的规定"或"应按……执行"。

中华人民共和国国家标准

住宅设计规范

GB 50096—2011

条文说明

制 定 说 明

《住宅设计规范》GB 50096－2011，经住房和城乡建设部2011年7月26日以第1093号公告批准、发布。

为便于广大设计、施工、科研、学校等单位的有关人员在使用本规范时能正确理解和执行条文规定，《住宅设计规范》编制组按章、节、条顺序编制了本规范条文说明，对条文的目的、依据以及执行中需注意的有关事项进行了说明。但是，本条文说明不具备与规范正文同等的法律效力，仅供使用者作为理解和把握规范规定的参考。在使用中如发现本条文说明有不妥之处，请将意见函寄中国建筑设计研究院。

目　次

1 总 则

1.0.1 城镇住宅建设量大面广，关系到广大城镇居民的切身利益，同时，住宅建设要求投入大量资金、土地和建材等资源，如何根据我国国情合理地使用有限的资金和资源，以满足广大人民对住房的要求，保障居民最低限度的居住条件，提高城镇住宅功能质量，使住宅设计符合适用、安全、卫生、经济等基本要求，是制定本规范的目的。

《住宅设计规范》GB 50096-1999（以下简称原规范）自1999年起施行至今已超过10年，2003年版完成局部修订，执行至今也已有7年，在我国住房商品化的全过程中发挥了巨大作用。但是，随着我国住房市场快速发展，住宅品质有了很大变化，部分条文已不适应当前情况，需要修改并补充新的内容；近年来新颁布或修订的相关法规，在表述和指标方面有所发展变化，需要对本规范的相应条文进行调整，避免执行中的矛盾；为落实国家建设节能省地型住宅的要求，贯彻高度重视民生与住房保障问题的精神，本规范也应进行修订，正确引导中小套型住宅设计与开发建设。

本次修订扩充了原来各章节的内容，修改了部分经济技术指标的低限要求和计算方法，以便进一步保证住宅设计质量，促进城镇住宅建设健康发展。

1.0.2 目前我国城镇住宅形式多样，但基本功能及安全、卫生要求是一样的，本规范对这些设计的基本要求作了明确的规定，故本规范适用于全国城镇新建、改建和扩建的各种类型的住宅设计。

1.0.3 住宅建设关系到民生以及社会和谐，国家对住宅建设非常重视，制定了一系列方针政策和法规，住宅设计时必须严格贯彻执行。本条阐述了住宅设计的基本原则，重点突出了保证安全卫生、节约资源、保护环境的要求，住宅设计时必须统筹考虑，全面协调，在我国城镇住宅建设可持续发展方面发挥其应有的作用。

1.0.4 住宅设计涉及建筑、结构、防火、热工、节能、隔声、采光、照明、给排水、暖通空调、电气等各种专业，各专业已有规范规定的内容，除必要的重申外，本规范不再重复，因此设计时除执行本规范外，尚应符合国家现行的有关标准的规定，主要有：

《民用建筑设计通则》GB 50352

《建筑设计防火规范》GB 50016

《高层民用建筑设计防火规范》GB 50045

《住宅建筑规范》GB 50368

《城市居住区规划设计规范》GB 50180

《建筑工程建筑面积计算规范》GB/T 50353

《安全防范工程技术规范》GB 50348

《建筑抗震设计规范》GB 50011

《建筑采光设计标准》GB/T 50033

《民用建筑隔声设计规范》GB 50118

《住宅信报箱工程技术规范》GB 50631

《民用建筑工程室内环境污染控制规范》GB 50325

《城镇燃气设计规范》GB 50028

《建筑给水排水设计规范》GB 50015

《城市道路和建筑物无障碍设计规范》JGJ 50

《严寒和寒冷地区居住建筑节能设计标准》JGJ 26

《夏热冬冷地区居住建筑节能设计标准》JGJ 134

《夏热冬暖地区居住建筑节能设计标准》JGJ 75

《电梯主要参数及轿厢、井道、机房的型式与尺寸》GB/T 7025.1

2 术 语

2.0.1 本定义提出了住宅的两个关键概念："家庭"和"房子"。申明"房子"的设计规范主要是按照"家庭"的居住使用要求来规定的。未婚的或离婚后的单身男女以及孤寡老人作为家庭的特殊形式，居住在普通住宅中时，其居住使用要求与普通家庭是一致的。作为特殊人群，居住在单身公寓或老年公寓时，则应另行考虑其特殊居住使用要求，在《住宅设计规范》GB 50096 中不需予以特别考虑。因为除了有《住宅设计规范》GB 50096 外，还有《老年人居住建筑标准》GB/T 50340 和《宿舍建筑设计规范》JGJ 36，这也是公寓和宿舍设计可以不执行《住宅设计规范》GB 50096 的原因之一。

由于本规范的条文没有出现"公寓"一词，所以本规范没有对公寓进行定义，但是规范执行中经常有关于如何区别"住宅"和"公寓"的疑问，在此作以下说明：

公寓一般指为特定人群提供独立或半独立居住使用的建筑，通常以栋为单位配套相应的公共服务设施。

公寓经常以其居住者的性质冠名，如学生公寓、运动员公寓、专家公寓、外交人员公寓、青年公寓、老年公寓等。公寓中的居住者的人员结构相对住宅中的家庭结构简单，而且在使用周期中较少发生变化。住宅的设施配套标准是以家庭为单位配套的，而公寓一般以栋为单位甚至可以以楼群为单位配套。例如，不必每套公寓设厨房、卫生间、客厅等空间，而且可以采用共用空调、热水供应等计量系统。但是不同公寓之间的某些标准差别很大，如老年公寓在电梯配置、无障碍设计、医疗和看护系统等方面的要求，要比运动员公寓高得多。目前，我国尚未编制通用的公寓设计标准。

2.0.12 本条所指的平台是住宅里常见的上人屋面，

或由住宅底层地面伸出的供人们室外活动的平台。不同于楼梯平台、设备平台、非上人屋面等情况。

2.0.15 凸窗既作为窗，在设计和使用时就应有别于地板（楼板）的延伸，也就是说不能把地板延伸出去而仍称之为凸窗。凸窗的窗台应只是墙面的一部分且距地面应有一定高度。凸窗的窗台防护高度要求与普通窗台一样，应按本规范的相关规定进行设计。

2.0.16 跃层住宅的主要特征就是一户人家的户内居住面积跨越两层楼面，此时连接上下层的楼梯就是户内楼梯，在楼梯的设计及消防要求上均有别于公共楼梯。跃层住宅可以位于楼房的下部、中部，也可设置于顶层。

3 基本规定

3.0.1 本规范只对住宅单体工程设计作出规定，但住宅与居住区规划密不可分，住宅的日照、朝向、层数、防火等与规划的布局、建筑密度、建筑容积率、道路系统、竖向设计等都有内在的联系。我国人口多土地少，合理节约用地是住宅建设中日益突出的重要课题。通过住宅单体设计和群体布置中的节地措施，可显著提高土地利用率，因此必须在设计时给予充分重视。

3.0.2 通过住宅设计，使“人、建筑、环境”三要素紧密联系在一起，共同形成一个良好的居住环境。同时因地制宜地创造可持续发展的生态环境，为居住区创造既便于邻里交往又赏心悦目的生活环境，是满足人居住活动中生理、心理的双重需要。

3.0.3 住宅是供人使用的，因此住宅设计处处要以人为本。本条文要求住宅设计在满足一般居住者的使用要求外，还要兼顾老年人、残疾人等特殊群体的使用要求。

3.0.4 居住者大部分时间是在住宅室内度过的，因此使住宅室内具有良好的通风、充足的日照、明亮的采光和安静私密的声环境是住宅设计的重要任务。

3.0.5 节能、环保是一件关乎国计民生的大事，世界各国都相当关注。我国政府高度重视资源环境问题，实施可持续发展战略，把节约资源、保护环境作为基本国策，努力建设资源节约型和环境友好型社会。随着我国城镇化步伐的加快，人民生活水平的持续提高，对住宅功能、舒适度等方面的要求越来越高，如果延续传统的建设模式，我国的土地、能源、资源和环境都将难以承受。因此住宅设计要注意满足节能要求，并合理利用能源，各地住宅建设可根据当地能源条件，积极采用常规能源与可再生能源结合的供能系统与设备。

3.0.6 我国住宅建筑量大面广，工业化与产业化是住宅发展的趋势，只有推行建筑主体、建筑设备与建筑构配件的标准化、模数化，才能适应工业化生产。目前建筑新技术、新产品、新材料层出不穷，国家正在实行住宅产业现代化的政策，提高住宅产品质量。因此，住宅设计人员有责任在设计中积极采用新技术、新材料、新产品。

3.0.7 随着住房市场的发展，住宅建筑的形式也不断创新，对住宅结构设计也提出了更高的要求。本条要求住宅设计在保证结构安全、可靠的同时，要满足建筑功能需求，使住宅更加安全、适用、耐久。

3.0.8 进入21世纪以来，全球城市火灾问题日益严重，其中居民住宅火灾发生率显著增加。住宅火灾不仅威胁人民生命安全，造成严重经济损失，而且给家庭带来巨大伤害，影响社会和谐稳定。因此，住宅设计符合防火要求是最重要且基本的要求之一，具有重要意义。住宅防火设计的主要依据是《建筑设计防火规范》GB 50016和《高层民用建筑设计防火规范》GB 50045。除防火之外，避震、防空、突发事件等的安全疏散要求也要予以满足。

3.0.9 本条要求建筑设计专业和建筑设备设计的各专业进行协作设计，综合考虑建筑设备和管线的配置，并提供必要的设置空间和检修条件。同时要求建筑设备设计也要树立建筑空间合理布局的整体观念。

3.0.10 住宅物质寿命一般不少于50年，而生活水平的提高，家庭结构的变化，人口老龄化的趋势，新技术和产品的不断涌现，又会对住宅提出各种新的功能要求，这将会导致对旧住宅的更新改造。如果在设计时充分考虑建筑和居住者全生命周期的使用需求，兼顾当前使用和今后改造的可能，将大大延长住宅的使用寿命，比新建住宅节省大量投资和材料。

4 技术经济指标计算

4.0.1 在住宅设计阶段计算的各项技术经济指标，是住宅从计划、规划到施工、管理各阶段技术文件的重要组成部分。本条要求计算的5项主要经济指标，必须在设计中明确计算出来并标注在图纸中。本次修编由原规范的7项经济指标简化为5项，并对其计算方法进行了部分修改，其主要目的是避免矛盾、体现公平、统一标准，反映客观实际。

4.0.2 住宅设计经济指标的计算方法有多种，本条要求采用统一的计算规则，这有利于方案竞赛、工程投标、工程立项、报建、验收、结算以及销售、管理等各环节的工作，可有效避免各种矛盾。本次修编针对本条的修改主要为以下几个方面。

1 原规范的“各功能空间使用面积”和“套内使用面积”两项指标的概念及其计算方法受到广大设计人员的普遍认同，本次修编未作修改。

2 本次修编取消了原规范中“住宅标准层使用面积系数”这项指标。该指标过去主要用于方案设计阶段的指标比较，其结果与工程设计实践中以栋为单位计算建筑面积存在一定误差。因此，本次不再继续使用。

3 根据现行国家标准《建筑工程建筑面积计算规范》GB/T 50353 中有关阳台面积计算方法，对原规范中套型阳台面积的计算方法进行了修改，明确规定其计算方法为：无论阳台为凹阳台、凸阳台、封闭阳台和不封闭阳台均按其结构底板投影净面积一半计算。

4 本次修编明确了套型总建筑面积的构成要素是套内使用面积、相应的建筑面积和套型阳台面积，保证了住宅楼总建筑面积与全楼各套型总建筑面积之和不会产生数值偏差。"套型总建筑面积"不同于原规范中的"套型建筑面积"指标，原规范中"套型建筑面积"反映的是标准层各种要素的计算结果；本次修编的"套型总建筑面积"反映的是整栋楼各种要素的计算结果。

5 本次修编增加了"住宅楼总建筑面积"这项指标，便于规划设计工作中经济指标的计算和数值的统一。

4.0.3 套内使用面积计算是计算住宅设计技术经济指标的基础，本条明确规定了计算范围：

1 套内使用面积指每套住宅户门内独自使用的面积，包括卧室、起居室（厅）、餐厅、厨房、卫生间、过厅、过道、贮藏室等各种功能空间，以及壁柜等使用空间的面积。根据本规范 2.0.14 条，壁柜定义为"建筑室内与墙壁结合而成的落地贮藏空间"，因此其使用面积应只计算落地部分的净面积，并计入套内使用面积。套型阳台面积单独计算，不列入套内使用面积之中。

2 跃层住宅的套内使用面积包括其室内楼梯，并将其按自然层数计入使用面积。

3 本条规定烟囱、排气道、管井等均不计入使用面积，反映了使用面积是住户真正能够使用的面积。该条规定，尤其对厨房、卫生间等小空间面积分析时更具准确性，能够正确反映设计的合理性。

4 正常的墙体按结构体表面尺寸计算使用面积，粉刷层可以简略，遇有各种复合保温层时，要将复合层视为结构墙体厚度扣除后再计算。

5 利用坡屋顶内作为使用空间时，对低于 1.20m 净高的不予计入使用面积；对 1.20m～2.10m 的计入 1/2；超过 2.10m 全部计入。坡屋顶无结构顶层楼板，不能利用坡屋顶空间时不计算其使用面积。

6 本次修编对原条文进行了修改，本条规定将坡屋顶内的使用面积列入套内使用面积中，加大了计算比值，将利用坡屋顶所获得的使用面积惠及全楼各套型，更好地体现公平性。同时，可以准确计算出参与公共面积分摊后的该套型总建筑面积。

4.0.4 原规范没有要求计算套型的总建筑面积，不能直观地反映一套住宅所涵盖的建筑面积到底是多少，本次修编对此给予明确：

1 原规范的套型面积计算方法是利用住宅标准层使用面积系数反求套型建筑面积，其计算参数以标准层为计算参数。本次修编以住宅整栋楼建筑面积为计算参数，该参数包括了本栋住宅楼地上的全部住宅建筑面积，但不包括本栋住宅楼的套型阳台面积总和，这样更能够体现准确性和合理性，保证各套型总建筑面积之和与住宅楼总建筑面积一致。

本栋住宅楼地上全部住宅建筑面积包括了供本栋住宅楼使用的地上机房和设备用房建筑面积，以及当住宅和其他功能空间处于同一建筑物内时，供本栋住宅楼使用的单元门厅和相应的交通空间建筑面积，不包括本栋住宅楼地下室和半地下室建筑面积。

2 本次修编以全楼总套内使用面积除以住宅楼建筑面积（包括本栋住宅楼地上的全部住宅建筑面积，但不包括本栋住宅楼的套型阳台面积），得出一个用来计算套型总建筑面积的计算比值。与原规范采用的住宅标准层使用面积系数含义不同，该计算比值相当于全楼的使用面积系数，采用该计算比值可避免同一套型出现不同建筑面积的现象。

3 利用计算比值的计算方法明确了套型总建筑面积为套内使用面积、通过计算比值反算出的相应的建筑面积和套型阳台面积之和。

4.0.5 本条规定了住宅楼层数的计算依据，主要用于明确住宅楼的层数，便于执行本规范的相关规定。

1 本条规定考虑到与现行相关防火规范和现行国家标准《住宅建筑规范》GB 50368 的衔接，以层数作为衡量高度的指标，并对层高较大的楼层规定了计算和折算方法。建筑层数应包括住宅部分的层数和其他功能空间的层数。住宅建筑的高度和面积直接影响到火灾时建筑内人员疏散的难易程度、外部救援的难易程度以及火灾可能导致财产损失的大小，住宅建筑的防火与疏散，因此要求与建筑高度和面积直接相关联。对不同建筑高度和建筑面积的住宅区别对待，可解决安全性和经济性的矛盾。

2 本条考虑到与现行国家标准《房产测量规范 第1单元：房产测量规定》GB/T 17986.1 的衔接，规定了高出室外地坪小于 2.20m 的半地下室和层高小于 2.20m 的架空层和设备层不计入自然层数。

5 套内空间

5.1 套 型

5.1.1 住宅按套型设计是指每套住宅的分户界限应明确，必须独门独户，每套住宅至少包含卧室、起居室（厅）、厨房和卫生间等基本功能空间。本条要求将这些基本功能空间设计于户门之内，不得与其他套型共用或合用。这里要进一步说明的是：基本功能空间不等于房间，没有要求独立封闭，有时不同的功能空间会部分地重合或相互“借用”。当起居功能空间和卧室功能空间合用时，称为兼起居的卧室。

5.1.2 本次修编删除了原规范对住宅套型的分类。经过对原规范一类套型最小使用面积的论证和适当减小，重新规定了套型最小使用面积分别不应小于$30m^2$和$22m^2$，主要依据如下：

1 本条明确了设计规范主要是按照“家庭”的居住使用要求来规定的。本条规定的低限标准为统一要求，不因地区气候条件、墙体材料等不同而有差异。

2 套型最小使用面积，不应是各个最小房间面积的简单组合。即使在工程设计理论和实践中，可能设计出更小的套型，但是这种套型是不能满足最低使用要求的。此外，未婚的或离婚后的单身男女以及孤寡老人作为家庭的特殊形式，居住在普通住宅中时，其居住使用要求与普通家庭是一致的。作为特殊人群，居住在单身公寓或老年公寓时，则应另行考虑其特殊居住使用要求，由其他相关规范作出规定。

3 原规范规定的由卧室、起居室（厅）、厨房和卫生间等组成的住宅套型，虽然组成空间数不变，但因为综合考虑我国中小套型住房建设的国策，以及住宅部品技术产业化、集成化和家电设备技术更新等因素，各种住宅部品及家电尺寸有所减小，对各功能空间尺度的要求也相应减小。所以将原规范规定不应小于$34m^2$下调为不应小于$30m^2$。其具体测算方法是：

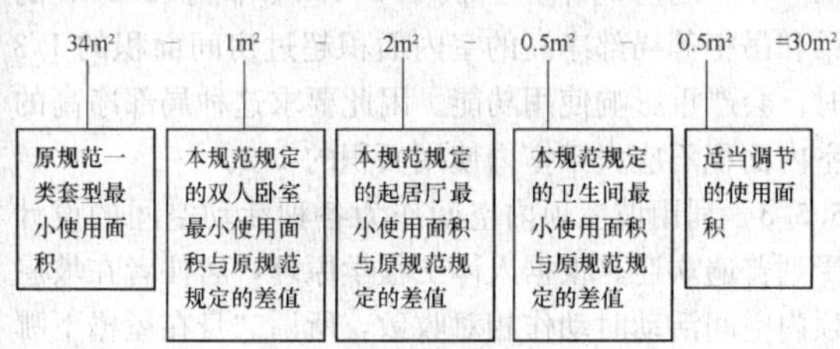

4 明确了基本功能空间不等于房间，没有要求独立封闭，有时不同的功能空间会部分地重合或相互“借用”。当起居功能空间和卧室功能空间合用时，称为兼起居的卧室等概念以后，提出了采用兼起居的卧室的最小套型，不应小于$22m^2$。其具体测算方法是：

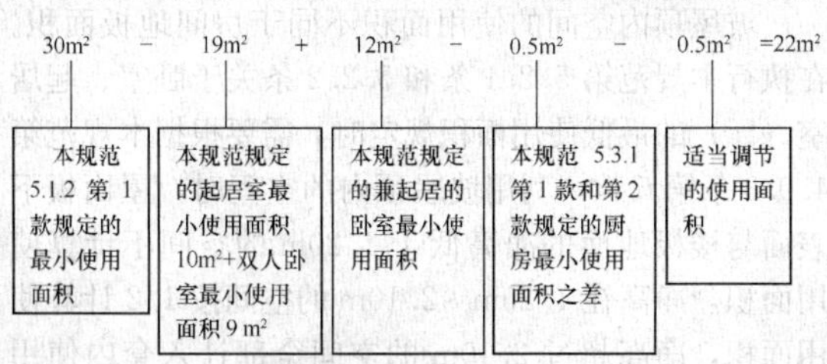

5.2 卧室、起居室（厅）

5.2.1 卧室的最小面积是根据居住人口、家具尺寸及必要的活动空间确定的。原规范规定双人卧室不小于$10m^2$。单人卧室不小于$6m^2$，本次修编分别减小为$9m^2$和$5m^2$。其依据为：

1 本规范综合考虑我国中小套型住房建设的国策，以及住宅部品技术产业化、集成化和家电设备技术更新等因素，各种住宅部品及家电尺寸有所减小，对各功能空间尺度的要求也相应减小。所以将原规范规定的双人及单人卧室的使用面积分别减小$1m^2$。

2 在小套型住宅设计中，允许采用一种兼有起居活动功能空间和睡眠功能空间为一室的“卧室”，这种兼起居的卧室需要在双人卧室的面积基础上至少增加一组沙发和摆设一个小餐桌的面积（$3m^2$）才能保证家具的布置，所以规定兼起居的卧室为$12m^2$。

5.2.2 起居室（厅）是住宅套型中的基本功能空间，由于本规范5.2.1第1款的条文说明所列的原因，将起居室（厅）的使用面积最小值由原规范的$12m^2$减小为$10m^2$。

5.2.3 起居室（厅）的主要功能是供家庭团聚、接待客人、看电视之用，常兼有进餐、杂物、交通等作用。除了应保证一定的使用面积以外，应减少交通干扰，厅内门的数量如果过多，不利于沿墙面布置家具。根据低限度尺度研究结果，3m以上直线墙面保证可布置一组沙发，使起居室（厅）中能有一相对稳定的使用空间。

5.2.4 较大的套型中，起居室（厅）以外的过厅或餐厅等可无直接采光，但其面积不能太大，否则会降低居住生活标准。

5.3 厨　　房

5.3.1 本次修编厨房的使用面积不再进行分类规定，而是规定其使用面积分别不应小于$4m^2$和$3.5m^2$。其依据是：根据对全国新建住宅小区的调查统计，厨房使用面积普遍能达到$4m^2$以上，所以本次修编对由卧室、起居室（厅）、厨房和卫生间等组成的住宅套型的厨房使用面积未进行修改，仍明确其最小使用面积为$4m^2$。对由兼起居的卧室、厨房和卫生间等组成的住宅套型的厨房面积则规定为$3.5m^2$。

5.3.2 厨房布置在套内近入口处，有利于管线布置及厨房垃圾清运，是套型设计时达到洁污分区的重要保证，应尽量做到。

5.3.3 厨房应设置洗涤池、案台、炉灶及排油烟机等设施或为其预留位置，才能保证住户正常炊事功能要求。

现行国家标准《城镇燃气设计规范》GB 50028规定，设有直排式燃具的室内容积热负荷指标超过$0.207kW/m^3$时，必须设置有效的排气装置，一个双眼灶的热负荷约为（8～9）kW，厨房体积小于$39m^3$时，体积热负荷就超过$0.207kW/m^3$。一般住宅厨房的体积均达不到$39m^3$（约大于$16m^2$），因此均必须设置排油烟机等机械排气装置。

5.3.4 厨房设计时若不按操作流程合理布置，住户实际使用时或改造时都将带来极大不便。排油烟机的位置只有与炉灶位置对应并与排气道直接连通，才能最有效地发挥排气效能。

5.3.5 单排布置的厨房，其操作台最小宽度为0.50m，考虑操作人下蹲打开柜门、抽屉所需的空间或另一人从操作人身后通过的极限距离，要求最小净宽为1.50m。双排布置设备的厨房，两排设备之间的距离按人体活动尺度要求，不应小于0.90m。

5.4 卫 生 间

5.4.1 本次修编不再进行分类和规定设置卫生间的个数，仅规定了每套住宅应配置的卫生设备的种类和件数，强调至少应配置便器、洗浴器、洗面器三件卫生设备或为其预留设置位置及条件，以保证基本生活需求。

本次修编明确规定集中配置便器、洗浴器、洗面器三件卫生设备的卫生间使用面积不应小于2.50m^2，比原规范规定数值减小0.5m^2。其修改依据是：由于住宅集成化技术的不断成熟，设备成套技术的不断推广，提高了卫生间面积的利用效率。

5.4.2 本条规定了卫生设备分室设置时几种典型设备组合的最小使用面积。卫生间设计时除应符合本条规定外，还应符合本规范5.4.1条对每套住宅卫生设备种类和件数的规定。为适应卫生间成套设备集成技术和卫生设备组合多样化的要求，本次修编增加了两种空间划分类型，并规定了最小使用面积。由不同设备组合而成的卫生间，其最小面积的规定依据是：以卫生设备低限尺度以及卫生活动空间计算最低面积；对淋浴空间和盆浴空间作综合考虑，不考虑便器使用与淋浴活动的空间借用；卫生间面积要适当考虑无障碍设计要求和为照顾儿童使用时留有余地。

5.4.3 无前室的卫生间，其门直接开向厅或厨房的这种布置方法问题突出，诸如"交通干扰"、"视线干扰"、"不卫生"等，本条规定要求杜绝出现这种设计。

5.4.4 卫生间的地面防水层，因施工质量差而发生漏水的现象十分普遍，同时管道噪声、水管冷凝水下滴等问题也很严重。因此，本条规定不得将卫生间直接布置在下层住户的卧室、起居室（厅）、厨房和餐厅的上层。

5.4.5 在跃层住宅设计中允许将卫生间布置在本套内的卧室、起居室（厅）、厨房或餐厅的上层，尽管在使用上无可非议，对其他套型也毫无影响，但因布置了多种设备和管线，容易损坏或漏水，所以本条要求采取防水和便于检修的措施，减少或消除对下层功能空间的不良影响。

5.4.6 洗衣为基本生活需求，洗衣机是普遍使用的家用设备，属于卫生设备，通常设置在卫生间内。但是在实际使用中有时设置在阳台、厨房、过道等位置。本条文强调，在住宅设计时，应明确设计出洗衣机的位置及专用给排水接口和电插座等条件。

5.5 层高和室内净高

5.5.1 把住宅层高控制在2.80m以下，不仅是控制投资的问题，更重要的是关系到住宅节地、节能、节水、节材和环保。把层高相对统一，在当前住宅产业化发展的初期阶段很有意义，例如对发展住宅专用电梯、通风排气竖管、成套橱柜等均有现实意义，有一个明确的层高，这类产品的主要参数就可以确定。

2.80m层高的规定，在全国执行已有多年，对于普通住宅更需进一步要求控制层高，以便节能。

5.5.2 卧室和起居室（厅）是住宅套内活动最频繁的空间，也是大型家具集中的场所，本条要求其室内净高不低于2.40m，以保证基本使用要求。在国际上，把室内净高定位2.40m的国家很多，如：美国、英国、日本和我国的香港地区，参照这些国家和地区的标准，室内净高定为2.40m是可行的。

另外，据对空气洁净度测试的有关资料分析，不同层高的住宅中，冬季室内空气中的CO_2的浓度值没有明显变化。

卧室、起居室（厅）的室内局部净高不应低于2.10m，是指室内梁底处的净高、活动空间上部吊柜的柜底与地面的距离等，只有控制在2.10m或以上，才能保证居民的基本活动并具有安全感。

在一间房间中，当低于2.40m、高于2.10m的梁和吊柜等局部净高的室内面积超过房间面积的1/3时，会严重影响使用功能。因此要求这种局部净高的室内面积不应大于室内使用面积的1/3。

5.5.3 利用坡屋顶内空间作为各种活动空间的设计受到普遍欢迎。根据人体工程学原理，居住者在坡屋顶内空间活动时动作相对收敛，所谓"身在屋檐下哪能不低头"，因此，室内净高要求略低于普通房间的净高要求。但是利用坡屋顶内空间作卧室、起居室（厅）时，仍然应有一定的高度要求，特别是需要直立活动的部位，如果净高低于2.10m的空间超过一半时，使用困难。

坡屋顶内空间的使用面积不同于房间地板面积。在执行本规范第5.2.1条和5.2.2条关于卧室、起居室（厅）的最低使用面积规定时，需要根据本规范第4.0.3条第5款"利用坡屋顶内的空间时，屋面板下表面与楼板地面的净高低于1.20m的空间不计算使用面积，净高在1.20m～2.10m的空间按1/2计算使用面积，净高超过2.10m的空间全部计入套内使用面积"的规定，保证卧室、起居室（厅）的最小使用面积标准符合要求。

5.5.4 厨房和卫生间人流交通较少，室内净高可比卧室和起居室（厅）低。但有关燃气设计安装规范要求厨房不低于2.20m；卫生间从空气容量、通风排气的高度要求等考虑也不应低于2.20m。另外从厨、卫设备的发展看，室内净高低于2.20m不利于设备及管线的布置。

5.5.5 厨房、卫生间面积较小，顶板下的排水横管即使靠墙设置，其管底（特别是存水弯）的底部距楼、地面净距若太低，常常造成碰撞并且妨碍门、窗户开启。本条对此作出相关规定。

5.6 阳 台

5.6.1 阳台是室内与室外之间的过渡空间，在城镇居住生活中发挥了越来越重要的作用。本条要求每套住宅宜设阳台，住宅底层和退台式住宅的上人屋面层可设平台。

5.6.2 阳台是儿童活动较多的地方，栏杆（包括栏板的局部栏杆）的垂直杆件间距若设计不当，容易造成事故。根据人体工程学原理，栏杆垂直净距应小于0.11m，才能防止儿童钻出。同时为防止因栏杆上放置花盆而坠落伤人，本条要求可搁置花盆的栏杆必须采取防止坠落措施。

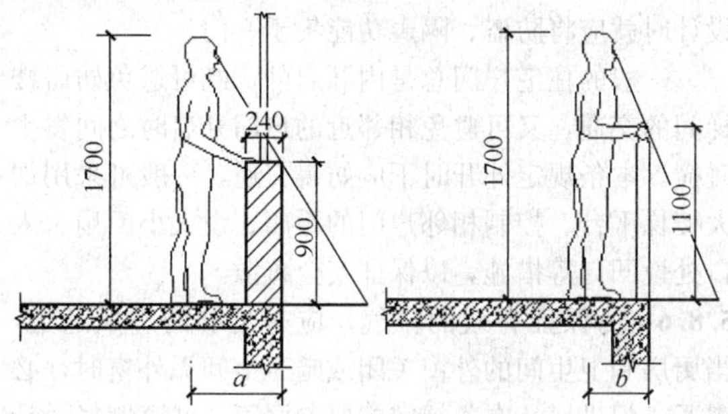

图1 窗台与阳台的防护高度要求不同

5.6.3 阳台栏杆的防护高度是根据人体重心稳定和心理要求确定的，应随建筑高度增高而增高。阳台（包括封闭阳台）栏杆或栏板的构造一般与窗台不同，且人站在阳台前比站在窗前有更加靠近悬崖的眩晕感，如图1所示，人体距离建筑外边沿的距离 b 明显小于 a，其重心稳定性和心理安全要求更高。所以本条规定阳台栏杆的净高不应按窗台高度设计。

此外，强调封闭阳台栏杆的高度不同于窗台高度的另一理由是本规范相关条文一致性的需要。封闭阳台也是阳台，本规范在“面积计算”、“采光、通风窗地比指标要求”、“隔声要求”、“节能要求”、“日照间距”等方面的规定，都是不同于对窗户的规定的。

本次修编还对原规范中关于建筑层数的定义进行了修改，使之与现行国家标准《住宅建筑规范》GB 50368相一致，在本条文中不再出现“高层住宅”、“中高层住宅”等词。

5.6.4 七层及七层以上住宅以及寒冷、严寒地区住宅的阳台采用实体栏板，可以防止冷风从阳台灌入室内，还可防止物品从过高处的栏杆缝隙处坠落伤人。

5.6.5 由于住宅部品生产技术的不断成熟，现在已有大量成熟的晾衣部品，在其安装时不会造成漏水、滴水现象。实态调查表明，居民多数将施工过程中安装的晒衣架拆除，造成浪费。所以本次修编不再要求“设置晾晒衣物的设施”。

顶层住宅阳台若没有雨罩，就会给晾晒衣物带来不便。同时，阳台上的雨水、积水容易流入室内，故规定顶层阳台应设置雨罩。

各套住宅之间毗邻的阳台分隔板是套与套之间明确的分界线，对居民的领域感起保证作用，对安全防范也有重要作用，在设计时明确分隔，可减少管理上的矛盾。

5.6.6 实态调查表明，由于阳台及雨罩排水组织不当，造成上下层的干扰十分严重，如上层浇花、冲洗阳台而弄脏下层晾晒的衣服甚至浇淋到他人身上的事故常常引发邻里矛盾，故阳台、雨罩均应做有组织排水。本次修编将本条修改为“应采取防水措施”，主要是针对容易漏水的关键节点要求采取防水措施。

5.6.7 当阳台设置洗衣机设备时，为方便使用要求设置专用给排水管线、接口和插座等，并要求设置专用地漏，减少溢水的可能。在这种情况下，阳台是用水较多的地方。如出现洗衣设备跑漏水现象，容易造成阳台漏水。所以，本条规定该类阳台楼地面应做防水。为防止严寒和寒冷地区冬季将给排水管线冻裂。本条规定应封闭阳台，并应采取保温措施，防止以上现象的发生。

5.6.8 当阳台设置空调室外机时，如安装措施不当，会降低空调室外机排热效果，降低制冷工效，会对居民在阳台上的正常活动以及对室外和其他住户环境造成影响。因此，本条对阳台或建筑外墙空调室外机的设置作出了具体规定。其中本条第2款规定在排出空气一侧不应有遮挡物，不包括百叶。但空调室外机所设置的百叶仅是装饰物，叶片间距太小，会影响空调室外机散热，因此在满足一定的视线遮挡效果时，叶片间距越大越好。

5.7 过道、贮藏空间和套内楼梯

5.7.1 套内入口的过道，常起门斗的作用，既是交通要道，又是更衣、换鞋和临时搁置物品的场所，是搬运大型家具的必经之路。在大型家具中沙发、餐桌、钢琴等尺度较大，本条规定在一般情况下，过道净宽不宜小于1.20m。

通往卧室、起居室（厅）的过道要考虑搬运写字台、大衣柜等的通过宽度，尤其在入口处有拐弯时，门的两侧应有一定余地，故本条规定该过道不应小于1.00m。通往厨房、卫生间、贮藏室的过道净宽可适当减小，但也不应小于0.90m。

5.7.2 套内合理设置贮藏空间或位置对提高居室空间利用率，使室内保持整洁起到很大作用。居住实态调查资料表明，套内壁柜常因通风防潮不良造成贮藏物霉烂，本条规定对设置于底层或靠外墙、靠卫生间等容易受潮的壁柜应采取防潮措施。

5.7.3 套内楼梯一般在两层住宅和跃层内作垂直交通使用。本条规定套内楼梯的净宽，当一边临空时，其净宽不应小于0.75m；当两侧有墙面时，墙面之间净宽不应小于0.90m（见图2），此规定是搬运家具和日常手提东西上下楼梯最小宽度。

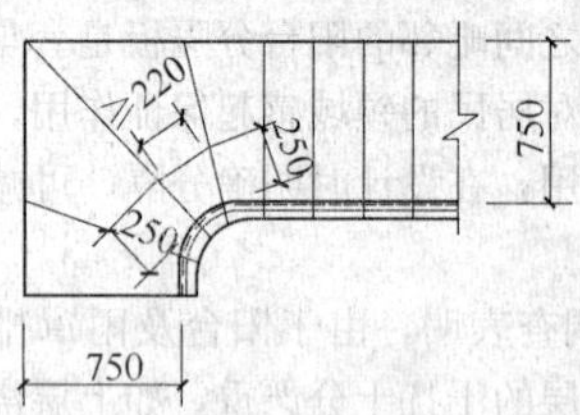

(a)一边临空扇形楼梯

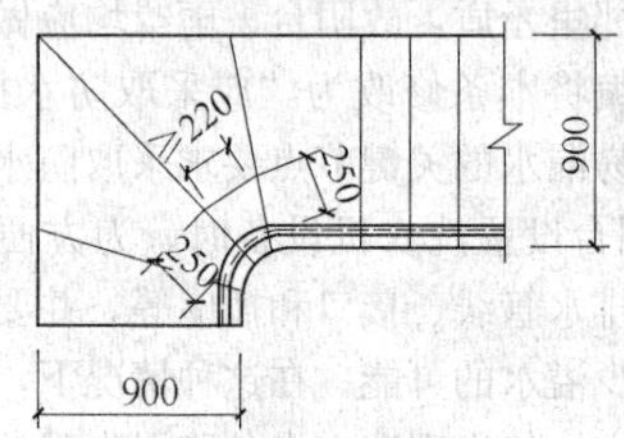

(b)两边墙面扇形楼梯

图2 一边临空与两侧有墙的楼梯净宽要求不同

此外，当两侧有墙时，为确保居民特别是老人、儿童上下楼梯的安全，本条规定应在其中一侧墙面设置扶手。

5.7.4 扇形楼梯的踏步宽度离内侧扶手中心0.25m处的踏步宽度不应小于0.22m，是考虑人上下楼梯时，脚踏扇形踏步的部位，如图2所示。

5.8 门 窗

5.8.1 没有邻接阳台或平台的外窗窗台，如距地面净高较低，容易发生儿童坠落事故。本条规定当窗台低于0.90m时，采取防护措施。有效的防护高度应保证净高0.90m，距离楼（地）面0.45m以下的台面、横栏杆等容易造成无意识攀登的可踏面，不应计入窗台净高。

5.8.2 本条规定的依据是：

1 窗台净高低于或等于0.45m的凸窗台面，容易造成无意识攀登，其有效防护高度应从凸窗台面起算，高度不应低于净高0.90m；

2 实态调查表明，当出现可开启窗扇执手超出一般成年人正常站立所能触及的范围，就会出现攀登至凸窗台面关闭窗扇的情况，如可开启窗扇窗洞口底距凸窗台面的净高小于0.90m，容易发生坠落事故。所以本条规定可开启窗扇窗洞口底距窗台面的净高低于0.90m时，窗洞口处应有防护措施，其防护高度从窗台面起算不应低于0.90m；

3 实态调查表明，严寒和寒冷地区凸窗的挑板或两侧壁板，在实际工程中由于施工困难，普遍未采取保温措施，会形成热桥，对节能非常不利。所以本条规定严寒和寒冷地区不宜设置凸窗。

5.8.3 从安全防范和满足住户安全感的角度出发，底层住宅的外窗和阳台门均应有一定防卫措施，紧邻走廊或共用上人屋面的窗和门同样是安全防范的重点部位，应有防卫措施。

5.8.4 住宅凹口的窗和面临走廊、共用上人屋面的窗常因设计不当，引起住户的强烈不满，本条规定采取措施避免视线干扰。面向走廊的窗、窗扇不应向走廊开启，否则应保证一定高度或加大走廊宽度，以免妨碍交通。

5.8.5 为保证居住的安全性，本次修编明确规定住宅户门应具备防盗、隔声功能。住宅实态调查发现，由于原规范中“安全防卫门”概念模糊未明确其应具有防盗功能，普遍被住户加装一层防盗门，而加装的防盗门只能向外开启，妨碍楼梯间的交通，本条规定设计时就应将防盗、隔声功能集于一门。

一般的住宅户门总是内开启的，既可避免妨碍楼梯间的交通，又可避免相邻近的户门开启时之间发生碰撞。本条规定外开时不应妨碍交通，一般可采用加大楼梯平台、控制相邻户门的距离、设大小门扇、入口处设凹口等措施，以保证安全疏散。

5.8.6 为保证有效的排气，应有足够的进风通道，当厨房和卫生间的外窗关闭或暗卫生间无外窗时，必需通过门进风。本条规定主要参照了《城镇燃气设计规范》GB 50028对设有直接排气式或烟道排气式燃气热水器房间的规定。厨房排油烟机的排气量一般为$300m^3/h$～$500m^3/h$，有效进风截面积不小于$0.02m^2$，相当于进风风速4m/s～7m/s，由于排油烟机有较大风压，基本可以满足要求。卫生间排风机的排气量一般为$80m^3/h$～$100m^3/h$，虽风压较小，但有效进风截面积不小于$0.02m^2$，相当于进风风速1.1m/s～1.4m/s，也可以满足要求。

5.8.7 本次修编根据住宅实态调查数据仅将户门洞口宽度增大为1.00m，其余未作改动。住宅各部位门洞的最小尺寸是根据使用要求的最低标准结合普通材料构造提出的，未考虑门的材料构造过厚或有特殊要求。

6 共用部分

6.1 窗台、栏杆和台阶

6.1.1 公共部分的楼梯间、电梯厅等处是交通和疏散的重要通道，没有邻接阳台或平台的外窗窗台如距地面净高较低，容易发生儿童坠落事故。原规范只在

"套内空间"规定了本条文，执行中发现有理解为住宅共用部分的窗台栏杆高度执行《民用建筑设计通则》GB 50352 的情况，本条特别提出共用部分的窗台栏杆也应执行本规范。

6.1.2 公共出入口台阶高度超过 0.70m 且侧面临空时，人易跌伤，故需采取防护措施。

6.1.3 外廊、内天井及上人屋面等处一般都是交通和疏散通道，人流较集中，特别在紧急情况下容易出现拥挤现象，因此临空处栏杆高度应有安全保障。根据国家标准《中国成年人人体尺寸》GB/T 10000 资料，换算成男子人体直立状态下的重心高度为 1006.80mm，穿鞋后的重心高度为 1006.80mm＋20mm＝1026.80mm，因此对栏杆的最低安全高度确定为 1.05m。对于七层及七层以上住宅，由于人们登高和临空俯视时会产生恐惧的心理，而产生不安全感，适当提高栏杆高度将会增加人们心理的安全感，故比六层及六层以下住宅的要求提高了 0.05m，即不应低于 1.10m。对栏杆的开始计算部位应从栏杆下部可踏部位起计，以确保安全高度。栏杆间距等设计要求与本规范 5.6.2 条的规定一致。

6.1.4 公共出入口的台阶是老年人、儿童等摔伤事故的多发地点，本条对台阶踏步宽度、高度等作出的相关规定，保证了老人、儿童行走在公共出入口时的安全。

6.2 安全疏散出口

6.2.1～6.2.3 根据不同的建筑层数，对安全出口设置数量作出的相关规定，兼顾了住宅建筑安全性和经济性的要求。关于剪刀梯作为疏散口的设计要求，应执行《高层民用建筑设计防火规范》GB 50045 的规定。

6.2.4 在同一建筑中，若两个楼梯出口之间距离太近，会导致疏散人流不均而产生局部拥挤，还可能因出口同时被烟堵住，使人员不能脱离危险而造成重大伤亡事故。因此，建筑安全疏散出口应分散布置并保持一定距离。

6.2.5 若门的开启方向与疏散人流的方向不一致，当遇有紧急情况时，不易推开，会导致出口堵塞，造成人员伤亡事故。

6.2.6 对于住宅建筑，根据实际疏散需要，规定设置的楼梯间能通向屋面，并强调楼梯间通屋顶的门要易于开启，而不应采取上锁或钉牢等不易打开的做法，以利于人员的安全疏散。

6.2.7 十层及十层以上的住宅建筑，除条文里规定的两种情况外，每个住宅单元的楼梯间均应通至屋顶，各住宅单元的楼梯间宜在屋顶相连通，以便于疏散到屋顶的人，能够经过另一座楼梯到达室外，及时摆脱灾害威胁。对于楼层层数不同的单元，则不在本条的规定范围内，其安全疏散设计则应执行其他规范。

6.3 楼 梯

6.3.1 楼梯梯段净宽系指墙面装饰面至扶手中心之间的水平距离。梯段最小净宽是根据使用要求、模数标准、防火规范的规定等综合因素加以确定的。这里需要说明，将六层及六层以下住宅梯段最小净宽定为 1.00m 的原因是：①为满足防火规范规定的楼梯段最小宽度为 1.10m，一般采用 2.70m 或 2.60m（不符合 3 模）开间楼梯间，楼梯面积较大。如采用 2.40m 开间楼梯间，每套可增加 1.00m^2 左右使用面积，但楼梯宽度只能做到 1m 左右；②2.40m 开间符合 3 模，与 3 模其他参数能协调成系列，在平面布置中不出现半模数，与 3.60m 等参数可组成扩大模数系列，有利于减少构件，也有利于工业化制作，平面布置也比较适用、灵活；③据分析，只要保证楼梯平台宽度能搬运家具，2.40m 是能符合使用要求的；④参照国内外有关规范，1999 年经与公安部协调，在《建筑设计防火规范》GB 50016 中规定了"不超过六层的单元式住宅中，一边设有栏杆的疏散楼梯，其最小净宽可不小于 1m"。但其他的住宅楼梯梯段最小净宽仍为 1.10m。

6.3.2 踏步宽度不应小于 0.26m，高度不应大于 0.175m 时，坡度为 33.94°，这接近舒适性标准，在设计中也能做到。按层高 2.80m 计，正好设 16 步。

6.3.3 楼梯平台净宽系指墙面装饰面至扶手中心之间的水平距离。实际调查证明，楼梯平台的宽度是影响搬运家具的主要因素，如平台上有暖气片、配电箱等凸出物时，平台宽度要从凸出面起算。楼梯平台的结构下缘至人行通道的垂直高度系指结构梁（板）的装饰面至地面装饰面的垂直距离。调查中发现有的住宅入口楼梯平台的垂直高度在 1.90m 左右，行人经过时容易碰头，很不安全。

规定入口处地坪与室外设计地坪的高差不应小于 0.10m，第一是考虑到建筑物本身的沉陷；第二是为了保证雨水不会侵入室内。当住宅建筑带有半地下室、地下室时，更要严防雨水倒灌。此外，本条对楼梯平台净宽、楼梯平台的结构下缘至人行通道的垂直高度都作出了相关规定。

6.3.4 我国目前大多数住宅的剪刀梯平台普遍过于狭窄，日常搬运大型家具困难，特别是急救时担架难以水平回转；高层建筑虽有电梯，但往往一栋楼只有一部能容纳普通担架，需要通过联系廊和疏散楼梯搬运伤病员。因此，本条文从保障居民生命安全的角度，要求住宅剪刀梯休息平台进深加大到 1.30m。

6.3.5 楼梯井宽度过大，儿童往往会在楼梯扶手上做滑梯游戏，容易产生坠落事故，因此规定楼梯井宽度大于 0.11m，必须采取防止儿童攀滑的措施。

6.4 电　　梯

6.4.1 电梯是七层及七层以上住宅的主要垂直交通工具。多少层开始设置电梯是个居住标准的问题，各国标准不同。在欧美一些国家，一般规定四层起应设置电梯，原苏联、日本及我国台湾省的规范规定六层起应设置电梯。我国1954年《建筑设计规范》中规定："居住房间在五层以上或最高层的楼板面高出地平线在17公尺以上时，应有电梯设备"。1987年，《住宅建筑设计规范》GBJ 96规定了七层（含七层）以上应设置电梯。我国已步入老龄化社会，应该对老年群体给予更多的关注，为此，本规范中规定"住户入口层楼面距室外地面的高度超过16m的住宅必须设置电梯"。本次修订特别对三种工程设计中没有严格执行设置电梯规定的情况进一步明确限定。其理由是：

1 如底层为层高4.50m的商店或其他用房，以2.80m层高的住宅计算，(2.80m×4)(最高住户入口层楼面标高)+4.50m(底层用房层高)+0.30m(室外高差)=16m。也就是说，上部的住宅只能作五层。此时以16m作为是否设置电梯的限值。

2 当设置一个架空层时，如六层住宅采用2.70m层高，即：2.20m(架空层)+0.10m(室内外高差)+(2.70m×5)=15.80m<16m，可以不设置电梯。如六层住宅采用2.80m层高并架空层时，若不采取一定措施则不能控制在16m的规定范围内，即2.20m(架空层)+0.10m(室内外高差)+(2.80m×5)=16.30m>16m。本规范对有架空层或储存空间的住宅严格规定，不设置电梯的住宅，其住户入口层楼面距该建筑物室外地面的高度不得超过16m。

3 在住宅建筑顶层若布置两层一套的跃层住宅(设置户内楼梯者)，跃层部分的入口处距该建筑物室外地面的高度若超过16m。实践证明，顶层住户的一次室内登高超出了规定的范围，所以必须设置电梯。

除了以上三种情况外，原规范允许山地、台地住宅的中间层有直通室外地面入口，如果该入口具有消防通道作用时，其层数由该中间层起计算。由于这种情况正在逐步减少，同时涉及如何设消防通道和消防电梯等问题。由防火规范统一规定，本规范不再放宽条件。

6.4.2 十二层及十二层以上的住宅，每栋楼设置电梯不应少于两台，主要考虑到其中的一台电梯进行维修时，居民可通过另一部电梯通行。住宅要适应多种功能需要，因此，电梯的设置除考虑日常人流垂直交通需要外，还要考虑保障病人安全、能满足紧急运送病人的担架乃至较大型家具等需要。

6.4.3、6.4.4 十二层及十二层以上的住宅每个住宅单元只设置一部电梯时，在电梯维修期间，会给居民带来极大不便，只能通过联系廊或屋顶连通的方式从其他单元的电梯通行。当一栋楼只有一部能容纳担架的电梯时，其他单元只能通过联系廊到达这电梯运输担架。在两个住宅单元之间设置联系廊并非推荐做法，只是一种过渡做法。在实际操作中，联系廊的设计会带来视线干扰、安全防范、使部分居室厨房失去自然通风和直接采光等问题，此种设置电梯的方法虽较经济，但属低水平。所以，理想的方案是设置两台电梯，且其中一台可以容纳担架。

对于一栋十二层的住宅，各单元联通的屋面可以视为联系廊；对于一栋十八层的住宅，联系廊的设置可有两种方案：方案一，在十二层设置第一个联系廊，根据联系廊的间隔不能超过五层的规定，十七层必须设置第二个联系廊；方案二，在十四层设置第一个联系廊，各单元的联通屋面即可以视为第二个联系廊。

近来，有些一梯两户的方案将十二层以上相邻单元的两户住宅北阳台连通，这种做法也能起到紧急疏散的目的，但需要相关住户之间认可。这种做法从设计上不属于联系廊的做法。

6.4.5 为了使用方便，高层住宅电梯应在设有户门或公共走廊的每层设站。隔一层或更多层设站的方式，既不合理，对居民也不公平。

6.4.6 电梯是人们使用频繁和理想的垂直通行设施，根据国家标准《电梯主参数及轿厢、井道、机房的型式与尺寸》GB/T 7025.1的规定："单台电梯或多台并列成排布置的电梯，候梯厅深度不应小于最大的轿箱深度"。近几年来部分六层及以下住宅设置了电梯，电梯厅的深度不小于1.50m，即可满足载重量为630kg的电梯对候梯厅深度的要求。

6.4.7 本条对电梯在住宅单元平面布局中的位置，提出了相关的限定条件。电梯机房设备产生的噪声、电梯井道内产生的振动、共振和撞击声对住户干扰很大，尤其对最需要安静的卧室的干扰就更大。

原规范要求"电梯不应与卧室、起居室（厅）紧邻布置"，本次修编考虑到我国中小套型住宅建设的实际情况，在小套型住宅单元平面设计时，满足这一要求确有一定困难。特别是，在做由兼起居的卧室、厨房和卫生间等组成的最小套型组合时，当受条件限制，电梯不得不紧邻兼起居的卧室布置的情况很多。考虑到"兼起居的卧室"实际上有部分起居空间，可以尽量在起居空间部分相邻电梯，并采取双层分户墙或同等隔声效果的构造措施。因此，在广泛征求意见基础上，本条适当放宽了特定条件。

6.5 走廊和出入口

6.5.1 外廊是指居民日常必经之主要通道，不包括单元之间的联系廊等辅助外廊。从调查来看，严寒和寒冷地区由于气候寒冷、风雪多，外廊型住宅都做成封闭外廊（有的外廊在墙上开窗户，也有的做成玻璃窗全封闭的挑廊）；另夏热冬冷地区，因冬季很冷，风雨较多，设计标准也规定设封闭外廊。故本条规定在住宅中作为主要通道的外廊宜做封闭外廊。由于沿外廊一侧通常布置厨房、卫生间，封闭外廊需要良好通风，还要考虑防火排烟，故规定封闭外廊要有能开启的窗扇或通风排烟设施。

6.5.2 为防止阳台、外廊及开敞楼梯平台物品下坠伤人，要求设在下部的公共出入口采取安全措施。

6.5.3 在住宅建筑设计中，有的对出入口门头处理很简单，各栋住宅出入口没有自己的特色，形成千篇一律，以至于住户不易识别自己的家门。本条规定要求出入口设计上要有醒目的标识，包括建筑装饰、建筑小品、单元门牌编号等。按照防火规范的规定，十层及十层以上定为高层住宅，其入口人流相对较大，同时信报箱等公共设施需要一定的布置空间，因此对十层及十层以上住宅作出了设置入口门厅的规定。

6.6 无障碍设计要求

6.6.1 本条系根据行业标准《城市道路和建筑物无障碍设计规范》JGJ 50 第 5.2.1 条制订，列出了七层及七层以上的住宅应进行无障碍设计的部位。该标准对七层及七层以上住宅要求进行无障碍设计的部位还包括电梯轿厢。由于该规定对住宅强制执行存在现实问题，本条未将电梯轿厢列入强制条款。对六层及六层以下设置电梯的住宅，也不列为强制执行无障碍设计的对象。此外原来规定的无障碍设计的部位还包括无障碍住房，由于本规范仅针对住宅单体建筑设计，故不要求对每栋住宅都做无障碍住房设计。

6.6.2 七层及七层以上住宅入口设置台阶时，必须按照无障碍设计的要求设置轮椅坡道和扶手。

6.6.3 为保证轮椅使用者与正常人流能同时进行并避免交叉干扰，提出本规定。

6.6.4 本条列出了供轮椅通行的走道和通道的最小净宽限值。

6.7 信 报 箱

6.7.1 目前全国有些地区的住宅信报箱发展滞后，安装率低，使得人们的基本通信权利无法得到保障。自 2009 年 10 月 1 日起施行的《中华人民共和国邮政法》在第二章第十条对信报箱的设置提出了具体要求。同年，住房和城乡建设部发布建标［2009］88号文，开始组织《住宅信报箱工程技术规范》的编制工作，该规范已经批准发布，编号为 GB 50631－2010。本规范编制组与《住宅信报箱工程技术规范》编制组协调后，新增了本节内容。信报箱作为住宅的必备设施，其设置应满足每套住宅均有信报箱的基本要求。

6.7.2 在住宅设计时，根据信报箱的安装形式留出必要的安装空间，能避免后期安装时占用消防通道和对建筑结构造成破坏。将信报箱设置于地面层主要步行入口处，既方便投递、保证邮件安全，又便于住户收取。

6.7.3 根据实态调查，大多数住宅楼的门禁系统将邮递员拒之门外，造成了投递到户的困难。因此要求将信报箱设置在门禁系统外。同时要求充分考虑信报箱使用空间尺度，满足信报投递、收取等功能需求。

6.7.4 通道的净宽系指通道墙面装饰面至信报箱表面的最外缘的水平距离。因此，当通道墙面及信报箱上有局部突出物时，仍要求保证通道的净宽。

6.7.5 信报箱的设置，无论在住宅室内或室外，都需要避免遮挡住宅基本空间的门窗洞口。

6.7.6 信报箱的质量受使用材料、加工工艺等因素的影响，其使用年限、防火等级、抗震等差别很大，因此要求选用符合国家现行有关标准规定的定型产品。由于嵌入式信报箱需与墙体结合，设计时应根据选用的产品种类，生产厂家提供的安装说明文件，预留安装条件。

6.7.7 信报箱可借用公共照明，但不能遮挡公共照明。

6.7.8 智能信报箱需要连接电源，因此必须预留电源接口，既避免给后期安装带来不便并增加成本，又不会影响室内美观和结构安全。

6.8 共用排气道

6.8.1 我国的城镇住宅大多数是集合式住宅，密度高、排气量大，采用共用竖向排气系统更有利于高空排放，减少污染。

6.8.2 为保证排气道的工程质量，要求选择排气道产品时特别注意其排气量、防回流构造、严密性等性能指标。我国目前住宅使用的共用排气道，一般是竖向排气道，利用各层住户的排油烟机向管道增压排气。由于各层住户的排油烟机输出压力不相等，容易产生上下层之间的回流。因此，应采用能够防止各层回流的定型产品。同时，层数越多的住宅，要求排气道的截面越大，如果排气管道截面太小，竖向排气道中的压力大于支管压力，也容易产生回流。因此，断面尺寸应根据层数确定。排气道支管及其接口直径太小，会造成管道局部压力过大，产生回流。所以提出最小直径要求。

6.8.3 在进行厨房设计以及排气道安装时，需正确安排共用排气道的位置和接口方向，以保证排气管的正确接入和排气顺畅。

6.8.4 厨房和卫生间的烟气性质不同，合用排气道会互相串味。另外，由于厨房和卫生间气体成分不同，分别设置也可避免互相混合产生的危险。

6.8.5 风帽既要满足气流排放的要求，又要避免产生排气道进水造成的渗、漏等现象。如在可上人屋面或邻近门窗位置设置竖向通风道的出口，可能对周围环境产生影响，本条参考了对排水通气管的有关规定，对出口高度提出要求。

6.9 地下室和半地下室

6.9.1 住宅建筑中的地下室由于通风、采光、日照、防潮、排水等条件差，对居住者健康不利，故规定住宅建筑中的卧室、起居室、厨房不应布置在地下室。但半地下室有对外开启的窗户，条件相对较好，若采取采光、通风、日照、防潮、排水、安全防护措施，可布置卧室、起居室（厅）、厨房。

6.9.2 住宅建筑中地下室及半地下室可以布置其他如贮藏间、卫生间、娱乐室等房间。

6.9.3 住宅的地下车库和设备用房，其净高至少应与公共走廊净高相等，所以不能低于2.00m。

6.9.4 当住宅地上架空层及半地下室做机动车停车位时，应符合行业标准《汽车库建筑设计规范》JGJ 100的相关规定。考虑到住宅的空间特性，以及住宅周围以停放的小型汽车为主，本条规定参照了《汽车库建筑设计规范》JGJ 100中对小型汽车的净空的规定。

6.9.5 考虑到住户使用方便，便于搬运家具等大件物品，地上住宅楼、电梯宜与地下车库相连通。此外，目前从地下室进入住户层的门安全监控不够健全，存在安全隐患，因此要求采取防盗措施。

6.9.6 地下车库在通风、采光方面条件差，且集中存放的汽车中储存有大量汽油，本身易燃、易爆，故规定要设置防火门。且汽车库中存在的汽车尾气等有害气体可能超标，如果利用楼、电梯间为地下车库自然通风，将严重污染住宅室内环境，必须加以限制。

6.9.7 住宅的地下室包括车库，储存间，一般含有污水和采暖系统的干管，采取防水措施必不可少。此外，采光井、采光天窗处，都要做好防水排水措施，防止雨水倒流进入地下室。

6.10 附建公共用房

6.10.1 在住宅区内，为了节约用地，增加绿化面积和公共活动场地面积，方便居民生活等，往往在住宅主体建筑底层或适当部位布置商店及其他公共服务设施。今后在住宅建筑中附建为居住区（甚至为整个地区）服务的公共设施会日益增多，可以允许布置居民日常生活必需的商店、邮政、银行、餐馆、修理行业、物业管理等公共用房。所以，附建公共用房是住宅主体建筑的组成部分，但不包括大型公共建筑。为保障住户的安全，防止火灾、爆炸灾害的发生，要严格禁止布置存放和使用火灾危险性为甲、乙类物品的商店、车间和仓库，如石油化工商店、液化石油气钢瓶贮存库等。根据防护要求，还应按建筑设计防火规范的有关规定对在住宅建筑中布置产生噪声、振动和污染环境的商店、车间和娱乐设施加以限制。

6.10.2 住宅建筑内布置易产生油烟的餐饮店，使住宅内进出人员复杂，其营业时间与居民的生活作息习惯矛盾较大，不便管理，且产生的气味及噪声也对邻近住户产生不良影响，因此，本条作出了相关规定。

6.10.3 水泵房、冷热源机房、变配电机房等公共机电用房都会产生较大的噪声，故不宜设置于住户相邻楼层内，也不宜设置在住宅主体建筑内；当受到条件限制必须设置在主体建筑内时，可设置在架空楼层或不与住宅套内房间直接相邻的空间内，并需作好减振、隔声措施，其隔声性能应符合本规范第7.3.1条和第7.3.2条的要求。

6.10.4 要求住户的公共出入口与附建公共用房的出入口分开布置，是为了解决使用功能完全不同的用房在一起时产生的人流交叉干扰的矛盾，使住宅的防火和安全疏散有了确实保障。

7 室 内 环 境

7.1 日照、天然采光、遮阳

7.1.1 日照对人的生理和心理健康都非常重要，但是住宅的日照又受地理位置、朝向、外部遮挡等许多外部条件的限制，很不容易达到比较理想的状态。尤其是在冬季，太阳的高度角较小，在楼与楼之间的间距不足的情况下更加难以满足要求。由于住宅日照受外界条件和住宅单体设计两个方面的影响，本条规定是在住宅单体设计环节为有利于日照而要求达到的基本物质条件，是一个最起码的要求，必须满足。事实上，除了外界严重遮挡的情况外，只要不将一套住宅的居住空间都朝北布置，就应能满足这条要求。

本条文规定"每套住宅至少应有一个居住空间能获得冬季日照"，没有规定室内在某特定日子里一定要达到的理论日照时数，这是因为本规范主要针对住宅单体设计时的定性分析提出要求，而日照的时数、强度、角度、质量等量化指标受室外环境影响更大，因此，住宅的日照设计，应执行《城市居住区规划设计规范》GB 50180等其他相关规范、标准提出的具体指标规定。

7.1.2 为保证居住空间的日照质量，确定为获得冬季日照的居住空间的窗洞不宜过小。一般情况下住宅所采用的窗都能符合要求，但在特殊情况下，例如建筑凹槽内的窗、转角窗的主要朝向面等，都要注意避免因窗洞开口宽度过小而降低日照质量。工程设计实践中，由于强调满窗日照，反而缩小窗洞开口宽度的例子时有发生。因此，需要对最小窗洞尺寸作出规定。

7.1.3 卧室和起居室（厅）具有天然采光条件是居住者生理和心理健康的基本要求，有利于降低人工照明能耗；同时，厨房具有天然采光条件可保证基本的炊事操作的照明需求，也有利于降低人工照明能耗；因此条文对三类空间是否有天然采光提出了相应要求。

7.1.4～7.1.6 由于居住者对于卧室、起居室（厅）、厨房、楼梯间等不同空间的采光需求不同，条文对住宅中不同的空间分别提出了不同要求，条文中对于楼梯间采光系数和窗地面积比的要求是以设置采光窗为前提的。

住宅采光以"采光系数"最低值为标准，条文中采光系数的规定为最低值。采光系数的计算位置以及计算方法等相关规定按现行国标《建筑采光设计标准》GB/T 50033 执行。条文中采光系数和窗地面积比值是按Ⅲ类光气候区单层普通玻璃钢窗为计算标准，其他光气候区或采用其他类型窗的采光系数最低值和窗地面积比按现行国家标准《建筑采光设计标准》GB/T 50033 执行。

用采光系数评价住宅是否获得了足够的天然采光比较科学，但由于采光系数需要通过直接测量或复杂的计算才能得到。在一般情况下，住宅各房间的采光系数与窗地面积比密切相关，为了与《住宅建筑规范》相关条款的协调，本条文中给出了'采光系数'的同时，也规定了窗地面积比的限值。

7.1.7 由于在原规范中，该条文以表格"注"的方式表达，要求不够明确，因此，本次修编时将相关要求编入了条文。

7.1.8 住宅采用侧窗采光时，西向或东向外窗采取外遮阳措施能有效减少夏季射入室内的太阳辐射对夏季空调负荷的影响和避免眩光，因此条文中作了相关规定。同时在制定本条款时，还参考了《民用建筑热工设计规范》GB 50176 以及寒冷地区、夏热冬冷地区和夏热冬暖地区相关"居住建筑节能设计标准"对于外窗遮阳的规定和把握尺度，因此条文中的相关规定是最低要求，设计时可执行相应的国家标准或地方标准。

由于住宅采用天窗、斜屋顶窗采光时，太阳辐射更为强烈，夏季空调负荷也将更大，同时兼顾采光和遮阳要求，活动的遮阳装置效果会比较好。因此条文作了相关规定。

7.2 自 然 通 风

7.2.1 卧室和起居室（厅）具有自然通风条件是居住者的基本需求。通过对夏热冬暖地区典型城市的气象数据进行分析，从 5 月到 10 月，有的地区室外平均温度不高于 28℃的天数占每月总天数高达 60%～70%，最热月也能达到 10%左右，对应时间段的室外风速大多能达到 1.5m/s 左右。当室外温度不高于 28℃时，室内良好的自然通风，能保证室内人员的热舒适性，减少房间空调设备的运行时间，节约能源，同时也可以有效改善室内空气质量，有助于健康。因此，本条文对卧室和起居室（厅）作了相关规定。

由于厨房具有自然通风条件可以保证炊事人员基本操作时和炊事用可燃气体泄露时所需的通风换气。根据居住实态调查结果分析，90%以上的住户仅在炒菜时启动排油烟机，其他作业如煮饭、烧水等基本靠自然通风，因此，条文对厨房作了相关规定。

7.2.2 室内外之间自然通风既可以是相对外墙窗之间形成的对流的穿堂风，也可以是相邻外墙窗之间形成的流通的转角风。将室外风引入室内，同时将室内空气引导至室外，需要合理的室内平面设计、室内空间合理的组织以及门窗位置与大小的精细化设计。因此，本条文提出了相关要求。

当住宅设计条件受限制，不得已采用单朝向住宅套型时，可以采取户门上方设通风窗、下方设通风百叶等有效措施，最大限度地保证卧室、起居室（厅）内良好的自然通风条件。在实践过程中，有的单朝向住宅安装了带有通风口的防盗门或防盗户门，这样也可以通过开启门上的通风口，在不同的时间段获得较好的自然通风，改善室内环境。当单朝向住宅户门一侧为防火墙和防火门时，在户门或防火墙上开设自然通风口有一定困难，因此，对于单朝向住宅改善自然通风的措施，要求的尺度确定为"宜"。

7.2.3 本条规定是对整套住宅总的自然通风开口面积的要求，与《住宅建筑规范》GB 50368 相关规定一致。使用时，既要保证整套住宅总的自然通风开口面积，也要保证有自然通风要求房间的自然通风开口面积。

7.2.4 本条文基本为原规范的保留条文。条文中通风开口面积是最低要求。为避免有自然通风要求房间开向室外的自然通风开口面积或开向阳台的自然通风开口面积不够，影响自然通风效果，条文对有自然通风要求房间的直接自然通风开口面积提出了要求；同时为避免设置在有自然通风要求房间外的阳台或封闭阳台的外窗的自然通风开口面积不够，影响自然通风效果，条文对阳台或封闭阳台外窗的自然通风开口面积也提出了要求。

7.3 隔声、降噪

7.3.1 本条文规定的室内允许噪声级标准是在关窗条件下测量的指标，包括了对起居室（厅）的等效连续 A 声级的在昼间和夜间的要求。

住宅应给居住者提供一个安静的室内生活环境，但是在现代城镇中，尤其是大中城市中，大部分住宅的室外环境均比较嘈杂，特别是邻近主要街道的住宅，交通噪声的影响较为严重。同时住宅的内部各种设备机房动力设备的振动会传递到住宅房间，动力设备振动所产生的低频噪声也会传递到住宅房间，这都会严重影响居住质量。特别是动力设备的振动产生的低频噪声往往难以完全消除。因此，住宅设计时，不仅针对室外环境噪声要采取有效的隔声和防噪声措施，而且卧室、起居室（厅）也要布置在远离可能产生噪声的设备机房（如水泵房、冷热机房等）的位置，且做到结构相互独立也是十分必要的措施。

7.3.2 为便于设计人员在设计中选择相应的构造、部品、产品和做法，条文中规定的分户墙和分户楼板的空气声隔声性能指标是计权隔声量＋粉红噪声频谱修正量（R_W+C），该指标是实验室测量的空气声隔声性能。条文中规定的分隔住宅和非住宅用途空间的楼板空气声隔声性能指标是计权隔声量＋交通噪声频谱修正量（R_W+C_{tr}），该指标也是实验室测量的空气声隔声性能。

7.3.3 原规范采用的计权标准化撞击声压级标准是现场综合各种因素后的现场测量指标，设计人员在设计时采用计权标准化撞击声压级标准设计难以把握最终的隔声效果。为便于设计人员在设计中选择相应的构造、部品、产品和做法，条文中对楼板的撞击声隔声性能采用了计权规范化撞击声压级作为控制指标，该指标是实验室测量值。

7.3.4 本条文中所指噪声源为室外噪声。条文中所指隔声降噪措施为加大窗间距、设置隔声窗、设置隔声板等措施。在住宅设计时，居住空间与可能产生噪声的房间相邻布置，分隔墙或楼板采取隔声降噪措施十分必要。同时卧室与卫生间相邻布置时，排水管道、卫生器具等设备设施在使用时也会产生很大噪声，因此除选用噪声更小的产品外，将排水管道、卫生器具等设备设施布置在远离卧室一侧会对减少噪声起到较好的作用。

7.3.5 由于电梯机房设备产生的噪声以及电梯井道内产生的振动和撞击声对住户有很大干扰，因此在住宅设计时尽量避免起居室（厅）紧邻电梯井道和电梯机房布置十分必要。当受条件限制起居室（厅）紧邻电梯井道、电梯机房布置时，需要采取提高电梯井壁隔声量的有效的隔声、减振技术措施，需要采取提高电梯机房与起居室（厅）之间隔墙和楼板隔声量的有效的隔声、减振技术措施，需要采取电梯轨道和井壁之间设置减振垫等有效的隔声、减振技术措施。

7.4 防水、防潮

7.4.1 防止渗漏是住宅建筑屋面、外墙、外窗的基本要求。为防止渗漏，在设计、施工、使用阶段均应采取相应措施。住宅防水不仅仅地下室要采取措施，地上也要采取措施，原规范仅在共用部分对地下室和半地下室有防水要求，不够全面。此次规范修编与《住宅建筑规范》GB 50368 协调，加入了相关规定。

7.4.2 住宅室内表面（屋面和外墙的内表面）长时间的结露会滋生霉菌，对居住者的健康造成有害的影响。室内表面出现结露最直接的原因是表面温度低于室内空气的露点温度。另外，表面空气的不流通也助长了结露现象的发生。因此，住宅设计时，要核算室内表面可能出现的最低温度是否高于露点温度，并尽量避免通风死角。但是，要杜绝内表面的结露现象有时非常困难。例如，在我国南方的雨季，空气非常潮湿，空气所含的水蒸气接近饱和，除非紧闭门窗，空气经除湿后再送入室内，否则短时间的结露现象是不可避免的。因此，本条规定在“设计的室内温度、湿度条件下”（即在正常条件下）不应出现结露。

7.5 室内空气质量

7.5.1～7.5.3 因使用的室内装修材料、施工辅助材料以及施工工艺不合规范，造成建筑物建成后室内环境污染长期难以消除，是目前较为普遍的问题。为杜绝此类问题，严格按照《民用建筑工程室内环境污染控制规范》GB 50325 和现行国家标准关于室内建筑装饰装修材料有害物质限量的相关规定，选用合格的装修材料及辅助材料十分必要。同时，鼓励选用比国家标准更健康环保的材料，鼓励改进施工工艺。

保障室内空气质量是一个综合性的问题，其中设计阶段是一个关键环节。第 7.5.1 条、7.5.2 条和 7.5.3 条这三个条款存在相互的逻辑关系，第 7.5.1 条是设计阶段要进行的工作，第 7.5.2 条是工作内容中要关注的几个主要方面，第 7.5.3 条是工作的目标。第 7.5.3 条的控制标准摘自《民用建筑工程室内环境污染控制规范》GB 50325 的相关规定。

调查表明，室内空气污染物中主要的有毒有害气体（氡气污染除外）一般是装修材料及其辅料和家具等释放出的，其中，板材、涂料、油漆以及各种胶粘剂均释放出甲醛气体、非甲烷类挥发性有机气体。氨气主要来源于混凝土外加剂中，其次源于室内装修材料中的添加剂和增白剂。同时由于使用的建筑材料、施工辅助材料以及施工工艺不合规范，也会使建筑室内环境的污染长期难以消除。

另外，室内装修时，即使使用的各种装修材料均满足各自的污染物环保标准，但是如果过度装修使装修材料中的污染大量累积时，室内空气污染物浓度依然会超标。为解决这一问题，在室内装修设计阶段及主体建筑设计阶段进行室内环境质量预评价十分必要。预评价时可综合考虑室内装修设计方案和空间承载量、装修材料的使用量、建筑材料、施工辅助材料、施工工艺、室内新风量等诸多影响室内空气质量的因素，对最大限度能够使用的各种装修材料的数量作出预算，也可根据工程项目设计方案的内容，分析和预测该工程项目建成后存在的危害室内环境质量因素的种类和危害程度，并提出科学、合理和可行的技术对策，作为工程项目改善设计方案和项目建筑材料供应的主要依据，从而根据预评价的结果调整装修设计方案。

其次，住宅室内空气污染物中的氡主要来源于无机建筑材料和建筑物地基（土壤和岩石）。对于室内氡的污染，只要建筑材料和装修材料符合国家限值要求，由建筑材料和装修材料释放出的氡，就不会使其含量超过规定限值。然而建筑物地基（土壤和岩石）中的氡会长期通过地下室外墙和地板的缝隙向室内渗透，因此科学的选址以及环境评价十分重要。同时在建筑物地基有氡污染的地区，建筑物地板和地下室外墙的设计可以采取一些隔绝和建立主动或被动式的通风系统等措施防止土壤中的氡进入建筑内部。

8 建筑设备

8.1 一般规定

8.1.1～8.1.3 给水排水系统、严寒和寒冷地区的住宅采暖设施和照明供电系统，是有利于居住者身体健康的最基本居住生活设施，是现代居家生活的重要组成部分，因此规定应予设置。

8.1.4 按户分别设置计量仪表是节能节水的重要措施。设置的分户水表包括冷水表、中水表、集中热水供应时的热水表、集中直饮水供应时的水表等。

根据现行行业标准《供热计量技术规程》JGJ 173，对于集中采暖和集中空调的居住建筑，其水系统提供的热量既可以按楼栋设置热量表作为热量结算点，楼内住户按户进行热量分摊，每户需有相应的装置作为对整栋楼的耗热量进行户间分摊的依据；也可以在每户安装热量表作为热量结算点。无论是按户分摊还是每户安装热量表结算，均统称为分户热计量。

8.1.5 建筑设备设计应有建筑空间合理布局的整体观念。设计时首先由建筑设计专业按本规范第 3.0.9 条要求综合考虑建筑设备和管线的配置，并提供必要的空间条件，尤其是公共管道和设备、阀门等部件的设置空间和管理检修条件，以及强弱电竖井等。

需要建筑设计预留安装位置的户内机电设备有：采用地板采暖时的分集水器、燃气热水器、分户设置的燃气采暖炉或制冷设备、户配电箱、家居配线箱等。

8.1.6 本条提出了应进行详细综合设计的主要部位和需进行综合布置的主要设施。

计量仪表的选择和安装的原则是安全可靠、便于读表、检修和减少扰民。需人工读数的仪表（如分户计量的水表、热计量表、电能表等）一般设置在户外。对设置在户内的仪表（如厨房燃气表、厨房卫生间等就近设置生活热水立管的热水表等）可考虑优先采用可靠的远传电子计量仪表，并注意其位置有利于保证安全，且不影响其他器具或家具的布置及房间的整体美观。

8.1.7 公共的管道和设备、部件如设置在住宅套内，不仅占用套内空间的面积、影响套内空间的使用，住户装修时往往将管道等加以隐蔽，给维修和管理带来不便，且经常发生无法进入户内进行维护的实例，因此本条规定不应设置在住宅套内。

雨水立管指建筑物屋面等公共部位的雨水排水管，不包括仅为各户敞开式阳台服务的各层共用雨水立管。屋面雨水管如设置在室内（包括封闭阳台和卫生间或厨房的管井内），使公共共用管道占据了某些住户的室内空间，下雨时还有噪声扰民等问题，因此规定不应设置在住宅套内。但考虑到为减少首层地面下的水平雨水管坡度占据的空间，往往需要在靠建筑物外墙就近排出室外，且敞开式阳台已经不属于室内，对住户影响不大，因此将设置在此处的屋面公共雨水立管排除在规定之外。当阳台设置屋面雨水管时，还应注意按《建筑给水排水设计规范》GB 50015 的规定单独设置，不能与阳台雨水管合用。

当给水、生活热水采用远传水表或 IC 水表时，立管设置在套内卫生间或厨房，但立管检修阀一般设置在共用部分（例如管道层的横管上），而不设置在套内立管的部分。

采暖（空调）系统用于总体调节和检修的部件设置举例如下：环路检修阀门设置在套外公共部分；立管检修阀设置在设备层或管沟内；共用立管的分户独立采暖系统，与共用立管相连接的各分户系统的入口装置（检修调节阀、过滤器、热量表等）设置在公共管井内。

配电干线、弱电干线（管）和接线盒设置在电气管井中便于维护和检修。当管线较少或没有条件设置电气管井时，宜将电气立管和设备设置在共用部分的墙体上，确有困难时，可在住宅的分户墙内设置电气暗管和暗箱，但箱体的门或接线盒应设置在共用部分的空间内。

采暖管沟和电缆沟的检查孔不得设置在套内，除考虑维修和管理因素外，还考虑了安全问题。

8.1.8 设置在住宅楼内的机电设备用房产生的噪声、振动、电磁干扰，对住户的休息和生活影响很大，也是居民投诉的热点。本规范的第 6.10.3 条也有相关规定。

8.2 给水排水

8.2.1 住宅各类生活供水系统的水源，无论来自市政管网还是自备水源井，生食品的洗涤、烹饪，盥洗、淋浴、衣物的洗涤以及家具的擦洗用水水质都要符合国家现行标准《生活饮用水卫生标准》GB 5749、《城市供水水质标准》CJ/T 206 的规定。当采用二次供水设施来保证住宅正常供水时，二次供水设施的水质卫生标准要符合现行国家标准《二次供水设施卫生规范》GB 17051 的规定。生活热水系统的水质要求与生活给水系统的水质相同。管道直饮水水质要符合行业标准《饮用净水水质标准》CJ 94 的规定。

生活杂用水指用于便器冲洗、绿化浇洒、室内车库地面和室外地面冲洗的水，可使用建筑中水或市政再生水，其水质要符合国家现行标准《城市污水再生利用 城市杂用水水质》GB/T 18920、《城市污水再生利用 景观环境用水水质》GB/T 18921 的相关规定。

8.2.2、8.2.3 入户管的给水压力的最大限值规定为 0.35MPa，为强制性条文，与现行国家标准《住宅建筑规范》GB 50368 一致，并严于现行国家标准《建筑给水排水设计规范》GB 50015 的相关规定。推荐用水器具规定的最低压力不宜大于 0.20MPa，与现行国家标准《民用建筑节水设计标准》GB 50555 一致，其目的都是要通过限制供水的压力，避免无效出流状况造成水的浪费。超过压力限值，则要根据条文规定的严格程度采取系统分区、支管减压等措施。

提出最低给水水压的要求，是为了确保居民正常用水条件，可根据《建筑给水排水设计规范》GB 50015 提供的卫生器具最低工作压力确定。

8.2.4 住宅设置热水供应设施，以满足居住者洗浴的需要，是提高生活水平的必要措施，也是居住者的普遍要求。由于热源状况和技术经济条件不尽相同，可采用多种加热方式和供应系统，如：集中热水供应系统、分户燃气热水器、太阳能热水器和电热水器等。当不设计热水供应系统时，也需预留安装热水供应设施的条件，如预留安装热水器的位置、预留管道、管道接口、电源插座等。条件适宜时，可设计太阳能热水系统或为安装太阳能热水设施预留接口条件。

配水点水温是指打开用水龙头约 15s 内的得到的水温。为避免使用热水时需要放空大量冷水而造成水和能源的浪费，集中生活热水系统应在分户热水表前设置循环加热系统，无循环的供水支管长度不宜超过 8m，这与协会标准《小区集中生活热水供应设计规程》CECS 222－2007 的规定一致，但略有放宽（该规程认为不循环支管的长度应控制在 5m～7m）。当热水用水点距水表或热水器较远时，需采取其他措施，例如：集中热水供水系统在用水点附近增加热水和回水立管并设置热水表；户内采用燃气热水器时，在较远的卫生间预留另设电热水器的条件，或设置户内热水循环系统。循环水泵控制可以采用用水前手动控制或定时控制方式。

8.2.5 采用节水型卫生器具和配件是住宅节水的重要措施。节水型卫生器具和配件包括：总冲洗用水量不大于 6L 的坐便器，两档式便器水箱及配件，陶瓷片密封水龙头、延时水嘴、红外线节水开关、脚踏阀等。住宅内不得使用明令淘汰的螺旋升降式铸铁水龙头、铸铁截止阀、进水阀低于水面的卫生洁具水箱配件、上导向直落式便器水箱配件等。建设部公告第 218 号《关于发布〈建设部推广应用和限制禁止使用技术〉的公告》中规定：对住宅建筑，推广应用节水型坐便器（不大于 6L），禁止使用冲水量大于等于 9L 的坐便器。

管道、阀门和配件应采用铜质等不易锈蚀的材料，以保证检修时能及时可靠关闭，避免渗漏。

8.2.6 为防止卫生间排水管道内的污浊有害气体串至厨房内，对居住者卫生健康造成影响，因此本条规定当厨房与卫生间相邻布置时，不应共用一根排水立管，而应分别设置各自的立管。

为避免排水管道漏水、噪声或结露产生凝结水影响居住者卫生健康，损坏财产，因此排水管道（包括排水立管和横管）均不得穿越卧室空间。

8.2.7 排水立管的设置位置需避免噪声对卧室的影响，本条规定排水立管不应布置在卧室内，也包含利用卧室空间设置排水立管管井的情况。普通塑料排水管噪声较大，有消声功能的管材指橡胶密封圈柔性接口机制的排水铸铁管、双壁芯层发泡塑料排水管、内螺旋消声塑料排水管等。

8.2.8 推荐住宅的污废水排水横管设置于本层套内以及每层设置污废水排水立管的检查口，是为了检修和疏通管道时避免影响下层住户。同层排水系统的具体做法，可参考协会标准《建筑同层排水系统技术规程》CECS 247－2008。

排水横管必须敷设于下一层套内空间时，只有采取相应的技术措施，才能在排水管道发生堵塞时，在本层内疏通，而不影响下层住户，例如可采用能代替浴缸存水弯、并可在本层清掏的多通道地漏等。此外，有些地区在有些季节会出现管道外壁结露滴水，需采取防止的措施。

8.2.9 本条规定了必须设置地漏的部位和对洗衣机地漏的性能的要求。洗衣机设置在阳台上时，如洗衣废水排入阳台雨水管，雨水管在首层地面排至散水，漫流至室外地面或绿地，会造成污染、影响植物的生长。

8.2.10 在工程实践中，尤其是二次装修的住宅工程，经常忽略洗盆等卫生器具存水弯的设置。实际上，在设计中即便采用无水封的直通地漏（包括密封型地漏）时，也需在下部设置存水弯。本条针对此问题强调了存水弯的设置，并针对污水管内臭味外溢的常见现象，强调无论是有水封的地漏，还是管道设置的存水弯，都要保证水封高度不小于 50mm。

8.2.11 低于室外地面的卫生间器具和地漏的排水管，不与上部排水管合并而设置集水设施，用污水泵单独排出，是为了确保当室外排水管道满流或发生堵塞时不造成倒灌。

8.2.12 使用中水冲厕具有很好的节水效益。我国水资源短缺的形势非常严峻，缺水城镇的住宅应推广使用中水冲厕。中水的水质要求低于生活饮用水，因此为了保障用水安全，在中水管道上和预留接口部位应设明显标识，主要是为了防止洁身器用水与中水管误接，对健康产生不良影响。

8.2.13 在有错层设计的住宅时，顶层住户有可上人的平台或其窗下为下一层的屋面，如这些位置设置排水通气管的出口，可能对住户环境产生影响，实践中有不少为此问题而投诉的实例。本条参考了《建筑给水排水设计规范》GB 50015 对排水通气管的有关规定，增加了对顶层用户平台通气管要求，对其出口高度作出了规定。

8.3 采　　暖

8.3.1 "采暖设施"包括集中采暖系统和分户或分室设置的采暖系统或采暖设备。"集中采暖"系指热源和散热设备分别设置，由集中热源通过管道向各个建筑物或各户供给热量的采暖方式。

严寒和寒冷地区以城市热网、区域供热厂、小区锅炉房或单幢建筑物锅炉房为热源的集中采暖方式，从节能、采暖质量、环保、消防安全和住宅的卫生条件等方面，都是严寒和寒冷地区采暖方式的主体。即使某些地区具备设置燃油或燃用天然气分散式采暖方式的条件，但除较分散的低层住宅以外，仍推荐采用集中采暖系统。

夏热冬冷地区的采暖要求引自《夏热冬冷地区居住建筑节能设计标准》JGJ 134。该区域冬季湿冷、夏季酷热，随着经济发展，人民生活水平的不断提高，对采暖的需求逐年上升。对于居住建筑选择设计集中采暖（空调）系统方式，还是分户采暖（空调）方式，应根据当地能源、环保等因素，通过仔细的技术经济分析来确定。同时，因为该地区的居民采暖所需设备及运行费用全部由居民自行支付，所以，还应考虑用户对设备及运行费用的承担能力。因此，没有对该地区设置采暖设施作出硬性规定，但最低标准是按本规范第 8.6.1 条的规定，在主要房间预留设置分体式空调器的位置和条件，空调器一般具有制热供暖功能，较适合用于夏热冬冷地区供暖。

8.3.2 本条引自《严寒和寒冷地区居住建筑节能设计标准》JGJ 26 和《夏热冬冷地区居住建筑节能设计标准》JGJ 134。直接电热采暖，与采用以电为动力的热泵采暖，以及利用电网低谷时段的电能蓄热、在电网高峰或平峰时段采暖有较大区别。

用高品位的电能直接转换为低品位的热能进行采暖，热效率较低，不符合节能原则。火力发电不仅对大气环境造成严重污染，还产生大量温室气体（CO_2），对保护地球、抑制全球气候变暖不利，因此它并不是清洁能源。

严寒、寒冷、夏热冬冷地区采暖能耗占有较高比例。因此，应严格限制应用直接电热进行集中采暖的方式。但并不限制居住者在户内自行配置电热采暖设备，也不限制卫生间等设置"浴霸"等非主体的临时电采暖设施。

8.3.3 住宅采暖系统包括集中热源和各户设置分散热源的采暖系统，不包括以电能为热源的分散式采暖设备。采用散热器或地板辐射采暖，以不高于 95℃的热水作为采暖热媒，从节能、温度均匀、卫生和安全等方面，均比直接采用高温热水和蒸汽合理。

长期以来，热水采暖系统中管道、阀门、散热器经常出现被腐蚀、结垢和堵塞现象。尤其是住宅设置热计量表和散热器恒温控制阀后，对水质的要求更高。除热源系统的水质处理外，对于住宅室内采暖系统的水质保证措施，主要是指建筑物采暖入口和分户系统入口设置过滤设备、采用塑料管材时对管材的阻气要求等。

金属管材、热塑性塑料管、铝塑复合管等，其可承受的长期工作温度和允许工作压力均不相同，不同类型的散热器能够承受的压力也不同。采用低温辐射地板采暖时，从卫生、塑料管材寿命和管壁厚度等方面考虑，要求的水温要低于散热器采暖系统。因此，采暖系统的热水温度和系统压力应根据各种因素综合确定。

8.3.4 根据《严寒和寒冷地区居住建筑节能设计标准》JGJ 26 的有关规定，本条特别强调房间的热负荷计算，是为了避免采用估算数值作为集中采暖系统施工图的依据，导致房间的冷热不均、建设费用和能源的浪费。同时，负荷计算结果还可为管道水力平衡计算提供依据。

8.3.5 系统的热力失匀和水力失调是影响房间舒适和采暖系统节能的关键。本条强调进行水力平衡计算，力求通过调整环路布置和管径达到系统水力平衡。当确实不能满足水力平衡要求时，也应通过计算才能正确选用和设置水力平衡装置。

水力平衡措施除调整环路布置和管径外，还包括设置平衡装置（包括静态平衡阀和动态平衡阀等），这些要根据工程标准、系统特性正确选用，并在适当的位置正确设置，例如当设置两通恒温控制阀的双管系统为变流量系统时，各并联支环路就不应采用自力式流量控制阀（也称定流量阀或动态平衡阀）。

8.3.6 本条规定了采暖最低计算温度，根据《住宅建筑规范》GB 50368，本条为强制性条文。其中楼梯间和走廊温度，为有采暖设施时的计算数值，如不采暖则无最低计算温度要求。根据《严寒和寒冷地区居住建筑节能设计标准》JGJ 26，严寒（A）区和严寒（B）区楼梯间宜采暖。

8.3.7 随着生活水平的提高，经常的热水供应（包括集中热水供应和设置燃气或电热水器）在有洗浴器的卫生间越来越普遍，沐浴时室温应相应提高，因此推荐有洗浴器的卫生间室温能够达到浴室温度。但如按 25℃设置热水采暖设施，不沐浴时室温偏高，既不舒适也不节能。当采用散热器采暖时，可利用散热器支管的恒温控制阀随时调节室温。当采用低温热水地面辐射采暖时，由于采暖地板热惰性较大，难以快速调节室温，且设计室温过高、负荷过大，加热管也难以敷设。因此，可以按一般卧室室温要求设计热水采暖设施，另设置“浴霸”等电暖设施在沐浴时临时使用。

8.3.8 套内采暖设施配置室温自动调控装置是节能和保证舒适的重要手段之一。这与《严寒和寒冷地区居住建筑节能设计标准》JGJ 26和《供热计量技术规程》JGJ 173的相关规定一致。根据户内采暖系统的类型、分户热计量（分摊）方式和调控标准，可选择分室温控或分户总体温控两种方法。

对于散热器采暖，除户内采用具有整体控温功能的通断时间面积法进行分户热计量（分摊）外，一般采用在每组散热器设置恒温控制阀（又称温控阀、恒温器等）的方式。恒温控制阀是一种自力式调节控制阀，可自主调节室温，满足不同人群的舒适要求，同时可以利用房间内获得的自由热，实现自动恒温功能。安装恒温控制阀不仅保持了适宜的室温，同时达到节能目的。

对于热水地面辐射供暖系统，各环路的调控阀门一般集中在分水器处，在各房间设置自力式恒温控制阀较困难。一般可采用各房间设置温度控制器设定，监测室内温度，对各支路的电热阀进行控制，保持房间的设定温度；或选择在有代表性的部位（如起居室），设置房间温度控制器，控制分水器前总进水管上的电动或电热两通阀的开度。

8.3.9 条文中对室内采暖系统制式的推荐，与《严寒和寒冷地区居住建筑节能设计标准》JGJ 26的相关规定一致。

住宅集中采暖设置分户热计量设施时，一般采用共用立管的分户独立循环的双管或单管系统。采用散热器热分配计法等进行分户热计量时，可以采用垂直双管或单管系统。住宅各户设置独立采暖热源时，分户独立系统可以是水平双管或单管式。

无论何种形式，双管系统各组散热器的进出口温差大，恒温控制阀的调节性能好（接近线性），而单管系统串联的散热器越多，各组散热器的进出口温差越小，恒温控制阀的调节性能越差（接近快开阀）。双管系统能形成变流量水系统，循环水泵可采用变频调节，有利于节能。设置散热器恒温控制阀时，双管系统应采用高阻力型可利于系统的水力平衡，因此，推荐采用双管式系统。

当采用单管系统时，为了改善恒温控制阀的调节性能，应设跨越管，减少散热器流量、增大温差。但减小流量使散热器平均温度降低，则需增加散热器面积，也是单管系统的缺点之一。单管系统本身阻力较大，各组散热器之间无水力平衡问题，因此采用散热器恒温控制阀时应采用低阻力型。

8.3.10 地面辐射供暖系统推荐按主要房间划分地面辐射采暖的环路，与《严寒和寒冷地区居住建筑节能设计标准》JGJ 26的相关规定一致。其目的是能够对主要房间进行分室调节和温控。当采用发热电缆地面辐射采暖时，采暖环路则是指发热电缆回路。

8.3.11 要求采用体型紧凑的散热器，是为了少占用住宅户内的使用空间。为改善卫生条件，散热器要便于清扫。针对部分钢制散热器的腐蚀穿孔，在住宅中采用后造成漏水的问题，本条强调了采用散热器耐腐蚀的使用寿命，应不低于钢管。

8.3.12 本规范提出了户式燃气采暖热水炉设计选用时对热效率的要求，表1引自《家用燃气快速热水器和燃气采暖热水炉能效限定值及能效等级》GB 20665，该标准第4.2条规定了热水器和采暖炉能效限定值为表1中能效等级的3级。

表1　热水器和采暖炉能效等级

<table>
<tr><th colspan="2" rowspan="3">类型</th><th rowspan="3">热负荷</th><th colspan="3">最低热效率值（%）</th></tr>
<tr><th colspan="3">能效等级</th></tr>
<tr><th>1</th><th>2</th><th>3</th></tr>
<tr><td colspan="2" rowspan="2">热水器</td><td>额定热负荷</td><td>96</td><td>88</td><td>84</td></tr>
<tr><td>≤50%额定热负荷</td><td>94</td><td>84</td><td>—</td></tr>
<tr><td colspan="2" rowspan="2">采暖炉
（单采暖）</td><td>额定热负荷</td><td>94</td><td>88</td><td>84</td></tr>
<tr><td>≤50%额定热负荷</td><td>92</td><td>84</td><td>—</td></tr>
<tr><td rowspan="4">热采暖炉
（两用型）</td><td rowspan="2">供暖</td><td>额定热负荷</td><td>94</td><td>88</td><td>84</td></tr>
<tr><td>≤50%额定热负荷</td><td>92</td><td>84</td><td>—</td></tr>
<tr><td rowspan="2">热水</td><td>额定热负荷</td><td>96</td><td>88</td><td>84</td></tr>
<tr><td>≤50%额定热负荷</td><td>94</td><td>84</td><td>—</td></tr>
</table>

8.4 燃　气

8.4.1 本条引自现行国家标准《城镇燃气设计规范》GB 50028。

8.4.2 考虑到除燃气灶外，热水器等用气设备也可能设置在厨房或与厨房相连的阳台内，因此，户内燃气立管设置在燃气灶和燃气设备旁可减少支管长度，要尽量避免穿越其他房间，对于保持户内美观和安全都有好处，实际工程也都如此，本条对此作出了相应规定。住宅立管明装设置是指不宜设置在不便于检查的水管管井等密闭空间内，更不允许设置在通风排气道内。如必须设置在水管管井内，管井还需设置燃气浓度监测报警设施等，见现行国家标准《城镇燃气设计规范》GB 50028。

8.4.3 本条根据现行国家标准《城镇燃气设计规范》GB 50028整理。考虑到浴室使用热水器时门窗较密闭，一旦有燃气发生泄漏等事故，难以及时发现，很不安全，因此浴室内不允许设置有可能积聚有害气体的设备。要求厨房等安装燃气设备的房间“通风良好”，是指能符合本规范第5.3节的规定，有直接采光和自然通风，且燃气灶和其他燃气设备能符合本规范第8.5节的规定。允许安装燃气设备的“其他非居住房间”，是指一些大户型住宅、别墅等为燃气设备等单独设置的、有与其他空间分隔的门、有自然通风且确实能保证无人居住的设备间等，不包括目前一般住宅中不能保证无人居住的起居室、餐厅以及与之相通的过道等。

8.4.4 根据现行国家标准《城镇燃气设计规范》GB 50028的有关规定整理。

8.4.5 本条规定了住宅每套的燃气用量和最低设计燃气用量的确定原则，即使设有集中热水供应系统，也应预留住户选择采用单户燃气热水器的条件。

8.5 通　　风

8.5.1 本条给出排油烟机排气的两种出路。通过外墙直接排至室外，可节省设置排气道的空间并不会产生各层互相串烟，但不同风向时可能倒灌，且对墙体可能有不同程度的污染，因此应采取相应措施。当通过共用排气道排出屋面时，本规范第6.8.5条另有规定。

8.5.2 房间“全面通风”是相对于炉灶排油烟机等“局部排风”而言。严寒地区、寒冷地区和夏热冬冷地区的厨房，在冬季关闭外窗和非炊事时间排油烟机不运转的条件下，应有向室外排除厨房内燃气或烟气的自然排气通路。厨房不开窗时全面通风装置应保证开启，因此应采用最安全和节能的自然通风。自然通风装置指有避风、防雨构造的外墙通风口或通风器等。

8.5.3 当卫生间不采用机械通风，仅设置自然通风的竖向通气道时，主要依靠室内外空气温差形成的热压，室外气温越低热压越大。但在室内气温低于室外气温的季节（如夏季），就不能形成自然通风所需的作用力，因此要求设置机械通风设施或预留机械通风（一般为排气扇）条件。

8.5.4 燃气设备的烟气排放，已经在本章第8.4节和本节作出了明确规定。煤、薪柴、燃油等燃烧时，产生气体更加有害，也需有排烟设施。除了在外墙上开洞通过设备的排烟管道直接向室外排放外，一般应设置竖向烟囱。

烟囱有两种做法：一种是每户独用一个排气孔道直出屋面，这种做法比较安全，使用效果也较好，但占用面积较多；另一种做法是各层合用一个排气道，这种做法较省面积，但也可能串烟，发生事故。最好采用由主次烟气道组合的排气道，它占用面积较少，并能防止串烟。因此，本条规定必须采取防止串烟的措施。

8.6 空　　调

8.6.1 随着人民生活水平的提高，包括北方寒冷（B）区在内，夏季使用空调设备已经非常普及，参考各地区居住建筑节能设计标准的有关条文，本条规定至少要在主要房间设置空调设施或预留设置空调设施的位置和条件。

8.6.2 室内空调设备的冷凝水可以采用专用排水管或就近间接排入附近污水或雨水地面排水口（地漏）等方式，有组织地排放，以免无组织排放的凝水影响室外环境。

8.6.3 住宅内各用户对夏季空调的运行时间和全日间歇运行要求差距很大。采用分散式空调器的节能潜力较大，且机电一体化的分体式空调器（包括风管机和多联机）自动控制水平较高，根据有关调查研究，它比集中空调更加节能和控制灵活。另外，当采用集中空调系统分户计量时，还应考虑电价因素，以免给日后的物业管理造成难度。因此目前住宅采用分户或分室设置的分体式空调器较多。

室外机的安装位置直接涉及节能、安全，以及对室外和其他住户环境的影响问题，因此暖通专业应按本规范第5.6.7条的设置原则向建筑专业提出或校核建筑专业确定的空调室外机的设置位置，使其达到最佳。

8.6.4 26℃和新风换气次数只是一个计算参数，在设备选择时计算空调负荷，在进行围护结构热工性能综合判断时用来计算空调能耗，并不等同于实际的室内热环境。实际的室温和通风换气是由住户自己控制的。

8.6.5 室温控制是分户计量和保证舒适的前提。采用分室或分户温度控制可根据采用的空调方式确定。一般集中空调系统的风机盘管可以方便地设置室温控制设施，分体式空调器（包括多联机）的室内机也均具有能够实现分室温控的功能。风管机需调节各房间风量才能实现分室温控，有一定难度。因此，也可将温度传感器设置在有代表性房间或监测回风的平均温度，粗略地进行户内温度的整体控制。

8.7 电　　气

8.7.1 每套住宅的用电负荷因套内建筑面积、建设标准、采暖（或过渡季采暖）和空调的方式、电炊、洗浴热水等因素而有很大的差别。本规范仅提出必须达到的下限值。每套住宅用电负荷中应包括：照明、插座，小型电器等，并为今后发展留有余地。考虑家用电器的特点，用电设备的功率因数按0.9计算。

8.7.2 本条强调了住宅供电系统设计的安全要求。

1 在TN系统中，壁挂空调的插座回路可不设置剩余电流保护装置，但在TT系统中所有插座回路均应设置剩余电流保护装置。

2 导线采用铜芯绝缘线，是指每套住宅的进户线和户内分支回路，对干线的选材未作规定。每套住宅进户线是限定每套住宅最大用电量的关键参数，综合考虑每套住宅的基本用电需求、适当留有发展余地、住宅进户线一般为暗管一次敷设到位难以改造等因素，提出每套住宅进户线的最小截面。

3 住宅套内线路分路分类配线，是为了减小线路温升，满足用电需求、保证用电安全和减少电气火灾的危险。

5 “总等电位联结”是用来均衡电位，降低人体受到电击时的接触电压的，是接地保护的一项重要措施。“局部等电位联结”，是为了防止出现危险的接触电压。

局部等电位联结包括卫生间内金属给排水管、金属浴盆、金属采暖管以及建筑物钢筋网和卫生间电源插座的PE线，可不包括金属地漏、扶手、浴巾架、肥皂盒等孤立金属物。尽管住宅卫生间目前多采用铝塑管、PPR等非金属管，但考虑住宅施工中管材更换、住户二次装修等因素，还是要求设置局部等电位接地或预留局部等电位接地端子盒。

6 为了避免接地故障引起的电气火灾，住宅建筑要采取可靠的措施。由于防火剩余电流动作值不宜大于500mA，为减少误报和误动作，设计中要根据线路容量、线路长短、敷设方式、空气湿度等因素，确定在电源进线处或配电干线的分支处设置剩余电流动作保护或报警装置。当住宅建筑物面积较小，剩余电流检测点较少时，可采用剩余电流动作保护装置或独立型防火剩余电流动作报警器。当有集中监测要求时，可将报警信号连至小区消防控制室。当剩余电流检测点较多时，也可采用电气火灾监控系统。

8.7.3 为保证安全和便于管理，本条对每套住宅的电源总断路器提出了相应要求。

8.7.4 为了避免儿童玩弄插座发生触电危险，本条规定安装高度在1.8m及以下的插座采用安全型插座。

8.7.5 原规范规定公共部分照明采用节能自熄开关，以实现人在灯亮，人走灯灭，达到节电目的。但在应用中也出现了一些新问题：如夜间漆黑一片，对住户不方便；在设置安防摄像场所（除采用红外摄像机外），达不到摄像机对环境的最低照度要求；较大声响会引起大面积公共照明自动点亮，如在夜间经常有重型货车通过时频繁亮灭，使灯具寿命缩短，也达不到节能效果；具体工程中，楼梯间、电梯厅有无外窗的条件也不相同。此外，应用于住宅建筑的节能光源的声光控制和应急启动技术也在不断发展和进步。因此，本条强调住宅公共照明要选择高效节能的照明装置和节能控制。设计中要具体分析，因地制宜，采用合理的节能控制措施，并且要满足消防控制的要求。

8.7.6 电源插座的设置应满足家用电器的使用要求，尽量减少移动插座的使用。但住宅家用电器的种类和数量很多，因套内空间、面积等因素不同，电源插座的设置数量和种类差别也很大，我国尚未有统一的家用电器电源线长度的统一标准，难以统一规定插座之间的间距。为方便居住者安全用电，本条规定了电源插座的设置数量和部位的最低标准，这是对应本规范第5.1.2条的最小套型提出的。

8.7.7 住宅的信息网络系统可以单独设置，也可利用有线电视系统或电话系统来实现。三网融合是今后的发展方向，IPTV、ADSL等技术可利用有线电视系统和电话系统来实现信息通信，住宅建筑电话通信系统的设置需与当地电信业务经营者提供的运营方式相结合。住宅建筑信息网络系统的设计要与当地信息网络的现有水平及发展规划相互协调一致，根据当地公共通信网络资源的条件决定是否与有线电视或电话通信系统合一。

每套住宅设置家居配线箱应是今后的发展方向，但对于较小住宅套型设置有电视、电话和信息网络线路即可，因此提出“宜设置”家居配线箱。

8.7.8 根据《安全防范工程技术规范》GB 50348，对于建筑面积在50000m²以上的住宅小区，要根据建筑面积、建设投资、系统规模、系统功能和安全管理要求等因素，设置基本型、提高型、先进型的安全防范系统。在有小区集中管理时，可根据工程具体情况，将呼救信号、紧急报警和燃气报警等纳入访客对讲系统。

8.7.9 门禁系统必须满足紧急逃生时人员疏散的要求。当发生火警或需紧急疏散时，住宅楼疏散门的防盗门锁须能集中解除或现场顺疏散方向手动解除，使人员能迅速安全疏散。设有火灾自动报警系统或联网型门禁系统时，在确认火情后，须在消防控制室集中解除相关部位的门禁。当不设火灾自动报警系统或联网型门禁系统时，要求能在火灾时不需使用任何工具就能从内部徒手打开出口门，以便于人员的逃生。

中华人民共和国国家标准

住宅性能评定技术标准

Technical standard for performance assessment of residential buildings

GB/T 50362—2005

主编部门：中华人民共和国建设部

批准部门：中华人民共和国建设部

施行日期：2 0 0 6 年 3 月 1 日

中华人民共和国建设部
公　　告

第387号

建设部关于发布国家标准《住宅性能评定技术标准》的公告

现批准《住宅性能评定技术标准》为国家标准，编号为GB/T 50362－2005，自2006年3月1日起实施。

本标准由建设部标准定额研究所组织中国建筑工业出版社出版发行。

中华人民共和国建设部
2005年11月30日

前　　言

本标准是根据建设部建标［1999］308号文的要求，由建设部住宅产业化促进中心与中国建筑科学研究院会同有关单位组成编制组共同编制完成的。

在本标准的编制过程中，编制组在调研国内外大量相关材料的基础上，结合我国住宅的实际情况，进行了针对性的研究，并将拟订的《住宅性能评定技术标准》在许多新建的住宅项目中进行试评，不断调整、完善、提高后，提出征求意见稿。在全国范围内广泛征求意见，并反复修改形成送审稿，最后经建设部标准定额司会同有关部门会审定稿。

本标准是目前我国惟一的有关住宅性能的评定技术标准，适合所有城镇新建和改建住宅；反映住宅的综合性能水平；体现节能、节地、节水、节材等产业技术政策，倡导土建装修一体化，提高工程质量；引导住宅开发和住房理性消费；鼓励开发商提高住宅性能。住宅性能级别要根据得分高低和部分关键指标双控确定。

本标准共分8章和5个附录，依次为总则、术语、住宅性能认定的申请和评定、适用性能的评定、环境性能的评定、经济性能的评定、安全性能的评定和耐久性能的评定及附录。

本标准由建设部负责管理，由建设部住宅产业化促进中心负责具体技术内容的解释。

为了提高本标准的质量，请各单位在执行本标准的过程中注意总结经验、积累资料，随时将有关的意见反馈给建设部住宅产业化促进中心（通信地址：北京市三里河路9号，邮政编码：100835）及中国建筑科学研究院（通信地址：北京市北三环东路30号，邮政编码：100013），以供今后修订时参考。

本标准主编单位、参编单位和主要起草人：

主 编 单 位：建设部住宅产业化促进中心
中国建筑科学研究院

参 编 单 位：北京市城市开发集团有限责任公司
北京建筑工程学院

主要起草人：童悦仲　王有为　吕振瀛　娄乃琳
夏靖华　曾　捷　方天培　陶学康
邸小坛　刘美霞　崔建友　林海燕
李引擎　徐　伟　孟小平　袁政宇
王宏伟　刘长滨

目　次

1 总　则

1.0.1 为了提高住宅性能，促进住宅产业现代化，保障消费者的权益，统一住宅性能评定指标与方法，制定本标准。

1.0.2 住宅建设必须符合国家的法律法规，正确处理与城镇规划、环境保护和人身安全与健康的关系，推广节约能源、节约用水、节约用地、节约用材、防治污染的新技术、新材料、新产品、新工艺，按照可持续发展的方针，实现经济效益、社会效益和环境效益的统一。

1.0.3 本标准适用于城镇新建和改建住宅的性能评审和认定。

1.0.4 本标准将住宅性能划分成适用性能、环境性能、经济性能、安全性能和耐久性能五个方面。每个性能按重要性和内容多少规定分值，按得分分值多少评定住宅性能。

1.0.5 住宅性能按照评定得分划分为A、B两个级别，其中A级住宅为执行了国家现行标准且性能好的住宅；B级住宅为执行了国家现行强制性标准但性能达不到A级的住宅。A级住宅按照得分由低到高又细分为1A、2A、3A三等。

1.0.6 申请性能评定的住宅必须符合国家现行有关强制性标准的规定。

1.0.7 住宅性能评定除应符合本标准外，尚应符合国家现行的有关标准的规定。

2 术　语

2.0.1 住宅适用性能　residential building applicability

由住宅建筑本身和内部设备设施配置所决定的适合用户使用的性能。

2.0.2 建筑模数　construction module

建筑设计中，统一选定的协调建筑尺度的增值单位。

2.0.3 住区　residential area

城市居住区、居住小区、居住组团的统称。

2.0.4 无障碍设施　barrier-free facilities

居住区内建有方便残疾人和老年人通行的路线和相应设施。

2.0.5 住宅环境性能　residential building environment

在住宅周围由人工营造和自然形成的外部居住条件的性能。

2.0.6 视线干扰　interference of sight line

因规划设计缺陷，使宅内居住空间暴露在邻居视线范围之内，给居民保护个人隐私带来的不便。

2.0.7 智能化系统　intelligence system

现代高科技领域中的产品与技术集成到居住区的一种系统，由安全防范子系统、管理与监控子系统和通信网络子系统组成。

2.0.8 住宅经济性能　residential building economy

在住宅建造和使用过程中，节能、节水、节地和节材的性能。

2.0.9 住宅安全性能　residential building safety

住宅建筑、结构、构造、设备、设施和材料等不危害人身安全并有利于用户躲避灾害的性能。

2.0.10 污染物　pollutant

对环境及人身造成有害影响的物质。

2.0.11 住宅耐久性能　residential building durability

住宅建筑工程和设备设施在一定年限内保证正常安全使用的性能。

2.0.12 设计使用年限　design working life

设计规定的结构、防水、装修和管线等不需要大修或更换，不影响使用安全和使用性能的时期。

2.0.13 主控项目　dominant item

建筑工程中的对安全、卫生、环境保护和公众利益起决定性作用的检测项目。

2.0.14 耐用指标　permanent index

体现材料或设备在正常环境使用条件下使用能力的检测指标。

3 住宅性能认定的申请和评定

3.0.1 申请住宅性能认定应按照国务院建设行政主管部门发布的住宅性能认定管理办法进行。

3.0.2 评审工作应由评审机构组织接受过住宅性能认定工作培训，熟悉本标准，并具有相关专业执业资格的专家进行。评审工作采取回避制度，评审专家不得参加本人或本单位设计、建造住宅的评审工作。评审工作完成后，评审机构应将评审结果提交相应的住宅性能认定机构进行认定。

3.0.3 评审工作包括设计审查、中期检查、终审三个环节。其中设计审查在初步设计完成后进行，中期检查在主体结构施工阶段进行，终审在项目竣工后进行。

3.0.4 住宅性能评定原则上以单栋住宅为对象，也可以单套住宅或住区为对象进行评定。评定单栋和单套住宅，凡涉及所处公共环境的指标，以对该公共环境的评价结果为准。

3.0.5 申请住宅性能设计审查时应提交以下资料：

1　项目位置图；

2　规划设计说明；

3　规划方案图；

4　规划分析图（包括规划结构、交通、公建、绿化等分析图）；

5　环境设计示意图；

6　管线综合规划图；

7　竖向设计图；

8　规划经济技术指标、用地平衡表、配套公建设施一览表；

9　住宅设计图；

10　新技术实施方案及预期效益；

11　新技术应用一览表；

12　项目如果进行了超出标准规范限制的设计，尚需提交超限审查意见。

3.0.6　进行中期检查时，应重点检查以下内容：

1　设计审查意见执行情况报告；

2　施工组织与现场文明施工情况；

3　施工质量保证体系及其执行情况；

4　建筑材料和部品的质量合格证或试验报告；

5　工程施工质量；

6　其他有关的施工技术资料。

3.0.7　终审时应提供以下资料备查：

1　设计审查和中期检查意见执行情况报告；

2　项目全套竣工验收资料和一套完整的竣工图纸；

3　项目规划设计图纸；

4　推广应用新技术的覆盖面和效益统计清单（重点是结构体系、建筑节能、节水措施、装修情况和智能化技术应用等）；

5　相关资质单位提供的性能检测报告或经认定能够达到性能要求的构造做法清单；

6　政府部门颁发的该项目计划批文和土地、规划、消防、人防、节能等施工图审查文件；

7　经济效益分析。

3.0.8　住宅性能的终审一般由2组专家同时进行，其中一组负责评审适用性能和环境性能，另一组负责评审经济性能、安全性能和耐久性能，每组专家人数3～4人。专家组通过听取汇报、查阅设计文件和检测报告、现场检查等程序，对照本标准分别打分。

3.0.9　本标准附录评定指标中每个子项的评分结果，在不分档打分的子项，只有得分和不得分两种选择。在分档打分的子项，以罗马数字Ⅲ、Ⅱ、Ⅰ区分不同的评分要求。为防止同一子项重复得分，较低档的分值用括弧（　）表示。在使用评定指标时，同一条目中如包含多项要求，必须全部满足才能得分。凡前提条件与子项规定的要求无关时，该子项可直接得分。

3.0.10　本标准附录中，评定指标的分值设定为：适用性能和环境性能满分为250分，经济性能和安全性能满分为200分，耐久性能满分为100分，总计满分1000分。各性能的最终得分，为本组专家评分的平均值。

3.0.11　住宅综合性能等级按以下方法判别：

1　A级住宅：含有“☆”的子项全部得分，且适用性能和环境性能得分等于或高于150分，经济性能和安全性能得分等于或高于120分，耐久性能得分等于或高于60分，评为A级住宅。其中总分等于或高于600分但低于720分为1A等级；总分等于或高于720分但低于850分为2A等级；总分850分以上，且满足所有含有“★”的子项为3A等级。

2　B级住宅：含有“☆”的子项中有一项或多项未能得分，或虽然含有“☆”的子项全部得分，但某方面性能未达到A级住宅得分要求的，评为B级住宅。

4　适用性能的评定

4.1　一般规定

4.1.1　住宅适用性能的评定应包括单元平面、住宅套型、建筑装修、隔声性能、设备设施和无障碍设施6个评定项目，满分为250分。

4.1.2　住宅适用性能评定指标见本标准附录A。

4.2　单元平面

4.2.1　单元平面的评定应包括单元平面布局、模数协调和可改造性、单元公共空间3个分项，满分为30分。

4.2.2　单元平面布局（15分）的评定应包括下述内容：

1　单元平面布局和空间利用；

2　住宅进深和面宽。

评定方法：选取各主要住宅套型进行审查（主要套型总建筑面积之和不少于总住宅建筑面积的80%），每个套型抽查一套。

4.2.3　模数协调和可改造性（5分）的评定应包括下述内容：

1　住宅平面模数化设计；

2　空间的灵活分隔和可改造性。

评定方法：检查各单元的标准层。

4.2.4　单元公共空间（10分）的评定应包括下述内容：

1　单元入口进厅或门厅的设置；

2　楼梯间的设置；

3　垃圾收集设施。

评定方法：检查各单元。

4.3　住宅套型

4.3.1　住宅套型的评定应包括套内功能空间设置和布局、功能空间尺度2个分项，满分为75分。

4.3.2　套内功能空间设置和布局（45分）的评定应

包括下述内容：

1 套内卧室、起居室（厅）、餐厅、厨房、卫生间、贮藏室、阳台等功能空间的配置、布局和交通组织；

2 居住空间的自然通风、采光和视野；

3 厨房位置及其自然通风和采光。

评定方法：选取各主要住宅套型进行审查（各主要套型总建筑面积之和不少于总住宅建筑面积的80%），每个套型抽查一套。

4.3.3 功能空间尺度（30分）的评定应包括下述内容：

1 功能空间面积的配置；

2 起居室（厅）的连续实墙面长度；

3 双人卧室的开间；

4 厨房的操作台长度；

5 贮藏空间的使用面积；

6 功能空间净高。

评定方法：选取各主要住宅套型进行审查（各主要套型总建筑面积之和不少于总住宅建筑面积的80%），每个套型抽查一套。

4.4 建筑装修

4.4.1 建筑装修（25分）的评定应包括下述内容：

1 套内装修；

2 公共部位装修。

评定方法：在全部住宅套型中，现场随机抽查5套住宅进行检查。

4.5 隔声性能

4.5.1 隔声性能（25分）的评定应包括下述内容：

1 楼板的隔声性能；

2 墙体的隔声性能；

3 管道的噪声量；

4 设备的减振和隔声。

评定方法：审阅检测报告。

4.6 设备设施

4.6.1 设备设施的评定应包括厨卫设备、给排水与燃气系统、采暖通风与空调系统和电气设备与设施4个分项，满分为75分。

4.6.2 厨卫设备（17分）的评定应包括下述内容：

1 厨房设备配置；

2 卫生设施配置；

3 洗衣机、家务间和晾衣空间的设置。

评定方法：选取各主要住宅套型进行审查（各主要套型总建筑面积之和不少于总住宅建筑面积的80%），每个套型抽查一套。

4.6.3 给排水与燃气系统（20分）的评定应包括下述内容：

1 给排水和燃气系统的设置；

2 给排水和燃气系统的容量；

3 热水供应系统，或热水器和热水管道的设置；

4 分质供水系统的设置；

5 污水系统的设置；

6 管道和管线布置。

评定方法：对同类型住宅楼，抽查一套住宅。

4.6.4 采暖、通风与空调系统（20分）的评定应包括下述内容：

1 居住空间的自然通风状态；

2 采暖、空调系统和设施；

3 厨房排油烟系统；

4 卫生间排风系统。

评定方法：选取各主要住宅套型进行审查（各主要套型总建筑面积之和不少于总住宅建筑面积的80%），每个套型抽查一套。

4.6.5 电气设备与设施（18分）的评定应包括下述内容：

1 电源插座数量；

2 分支回路数；

3 电梯的设置；

4 楼内公共部位人工照明。

评定方法：选取各主要住宅套型进行审查（各主要套型总建筑面积之和不少于总住宅建筑面积的80%），每个套型抽查一套。

4.7 无障碍设施

4.7.1 无障碍设施的评定应包括套内无障碍设施、单元公共区域无障碍设施和住区无障碍设施3个分项，满分为20分。

4.7.2 套内无障碍设施（7分）的评定应包括下述内容：

1 室内地面；

2 室内过道和户门的宽度。

评定方法：对不同类型住宅楼，各抽查一套住宅进行现场检查。

4.7.3 单元公共区域无障碍设施（5分）的评定应包括下述内容：

1 电梯设置；

2 公共出入口。

评定方法：对不同类型住宅楼，各抽查一个单元进行现场检查。

4.7.4 住区无障碍设施（8分）的评定应包括下述内容：

1 住区道路；

2 住区公共厕所；

3 住区公共服务设施。

评定方法：现场检查。

5 环境性能的评定

5.1 一 般 规 定

5.1.1 住宅环境性能的评定应包括用地与规划、建筑造型、绿地与活动场地、室外噪声与空气污染、水体与排水系统、公共服务设施和智能化系统7个评定项目，满分为250分。

5.1.2 住宅环境性能的评定指标见本标准附录B。

5.2 用 地 与 规 划

5.2.1 用地与规划的评定应包括用地、空间布局、道路交通和市政设施4个分项，满分为70分。

5.2.2 用地（12分）的评定内容应包括：

1 原有地形利用；

2 自然环境及历史文化遗迹保护；

3 周边污染规避与控制。

评定方法：审阅地方政府有关土地使用、规划方案等批准文件和现场检查。

5.2.3 空间布局（18分）的评定内容应包括：

1 建筑密度；

2 住栋布置；

3 空间层次；

4 院落空间。

评定方法：审阅住区规划设计文件和现场检查。

5.2.4 道路交通（34分）的评定内容应包括：

1 道路系统构架；

2 出入口选择；

3 住区道路路面及便道；

4 机动车停车率；

5 自行车停车位；

6 标示标牌；

7 住区周边交通。

评定方法：审阅规划设计文件和现场检查。

5.2.5 市政设施（6分）的评定内容应为：

市政基础设施。

评定方法：审阅有关市政设施的文件和现场检查。

5.3 建 筑 造 型

5.3.1 建筑造型的评定应包括造型与外立面、色彩效果和室外灯光3个分项，满分为15分。

5.3.2 造型与外立面（10分）的评定内容应包括：

1 建筑形式；

2 建筑造型；

3 外立面。

评定方法：审阅有关的设计文件和现场检查。

5.3.3 色彩效果（2分）的评定内容应为：

建筑色彩与环境的协调性。

评定方法：审阅有关的设计文件和现场检查。

5.3.4 室外灯光（3分）的评定内容应为：

室外灯光与灯光造型。

评定方法：审阅有关的设计文件和现场检查。

5.4 绿地与活动场地

5.4.1 绿地与活动场地的评定应包括绿地配置、植物丰实度与绿化栽植和室外活动场地3个分项，满分为45分。

5.4.2 绿地配置（18分）的评定内容应包括：

1 绿地配置；

2 绿地率；

3 人均公共绿地面积；

4 停车位、墙面、屋顶和阳台等部位绿化利用。

评定方法：审阅环境与绿化设计文件及现场检查。

5.4.3 植物丰实度及绿化栽植（19分）的评定内容应包括：

1 人工植物群落类型；

2 乔木量；

3 观赏花卉；

4 树种选择；

5 木本植物丰实度；

6 植物长势。

评定方法：审阅环境与绿化设计文件及现场检查。

5.4.4 室外活动场地（8分）的评定内容应包括：

1 硬质铺装；

2 休闲场地的遮荫措施；

3 活动场地的照明设施。

评定方法：审阅环境与绿化设计文件及现场检查。

5.5 室外噪声与空气污染

5.5.1 室外噪声与空气污染的评定应包括室外噪声和空气污染2个分项，满分为20分。

5.5.2 室外噪声（8分）的评定内容应包括：

1 室外等效噪声级；

2 室外偶然噪声级。

评定方法：审阅室外噪声检测报告和现场检查。

5.5.3 空气污染（12分）的评定内容应包括：

1 排放性局部污染源；

2 开放性局部污染源；

3 辐射性局部污染源；

4 溢出性局部污染源；

5 空气污染物浓度。

评定方法：审阅空气污染检测报告和现场检查。

5.6 水体与排水系统

5.6.1 水体与排水系统的评定应包括水体和排水系统2个分项，满分为10分。

5.6.2 水体（6分）的评定内容应包括：

1 天然水体与人造景观水体水质；

2 游泳池水质。

评定方法：审阅水质检测报告和现场检查。

5.6.3 排水系统（4分）的评定内容应为：

雨污分流排水系统。

评定方法：审阅雨污排水系统设计文件和现场检查。

5.7 公共服务设施

5.7.1 公共服务设施的评定应包括配套公共服务设施和环境卫生2个分项，满分为60分。

5.7.2 配套公共服务设施（42分）的评定内容应包括：

1 教育设施；

2 医疗设施；

3 多功能文体活动室；

4 儿童活动场地；

5 老人活动与服务支援设施；

6 露天体育活动场地；

7 游泳馆（池）；

8 戏水池；

9 体育场馆或健身房；

10 商业设施；

11 金融邮电设施；

12 市政公用设施；

13 社区服务设施。

评定方法：审阅规划设计文件和现场检查。

5.7.3 环境卫生（18分）的评定内容应包括：

1 公共厕所数量与建设标准；

2 废物箱配置；

3 垃圾收运；

4 垃圾存放与处理。

评定方法：审阅规划设计文件和现场检查。

5.8 智能化系统

5.8.1 智能化系统的评定应包括管理中心与工程质量、系统配置和运行管理3个分项，满分为30分。

5.8.2 管理中心与工程质量（8分）的评定内容应包括：

1 管理中心；

2 管线工程；

3 安装质量；

4 电源与防雷接地。

评定方法：审阅智能化系统设计文档和现场检查。

5.8.3 系统配置（18分）的评定内容应包括：

1 安全防范子系统；

2 管理与监控子系统；

3 信息网络子系统。

评定方法：审阅智能化系统设计文档和现场检查。

5.8.4 运行管理（4分）的评定内容应为：

运行管理方案、制度和工作条件。

评定方法：审阅运行管理的有关文档和现场检查。

6 经济性能的评定

6.1 一般规定

6.1.1 住宅经济性能的评定应包括节能、节水、节地、节材4个评定项目，满分为200分。

6.1.2 住宅经济性能的评定指标见本标准附录C。

6.2 节 能

6.2.1 节能的评定应包括建筑设计、围护结构、采暖空调系统和照明系统4个分项，满分为100分。

6.2.2 建筑设计（35分）的评定应包括下述内容：

1 建筑朝向；

2 建筑物体形系数；

3 严寒、寒冷地区楼梯间和外廊采暖设计；

4 窗墙面积比；

5 外窗遮阳；

6 再生能源利用。

评定方法：审阅设计资料（包括施工图和热工计算表）和现场检查。

6.2.3 围护结构（35分）的评定应包括下述内容：

1 外窗和阳台门的气密性；

2 外墙、外窗和屋顶的传热系数。

评定方法：审阅设计资料（包括施工图和热工计算表）和现场检查。

6.2.4 采暖空调系统（20分）的评定应包括下述内容：

1 分户热量计量与装置；

2 采暖系统的水力平衡措施；

3 空调器位置；

4 空调器选用；

5 室温控制；

6 室外机位置。

评定方法：审阅设计图纸和有关文件。

6.2.5 照明系统（10分）的评定应包括下述内容：

1 照明方式的合理性；

2 高效节能照明产品应用；

3 节能控制型开关应用；

4 照明功率密度值（*LPD*）。

评定方法：审阅设计图纸和有关文件。

6.3 节 水

6.3.1 节水的评定应包括中水利用、雨水利用、节水器具及管材、公共场所节水措施和景观用水5个分项，满分为40分。

6.3.2 中水利用（12分）的评定应包括下述内容：

1 中水设施；

2 中水管道系统。

评定方法：审阅设计图纸和有关文件。

6.3.3 雨水利用（6分）的评定应包括下述内容：

1 雨水回渗；

2 雨水回收。

评定方法：审阅设计图纸。

6.3.4 节水器具及管材（12分）的评定应包括下述内容：

1 便器一次冲水量；

2 便器分档冲水功能；

3 节水器具；

4 防漏损管道系统。

评定方法：审阅设计图纸和现场检查。

6.3.5 公共场所节水措施（6分）的评定应包括下述内容：

1 公用设施的节水措施；

2 绿化灌溉方式。

评定方法：现场检查。

6.3.6 景观用水（4分）的评定内容应为：

水源利用情况。

评定方法：审阅设计图纸。

6.4 节 地

6.4.1 节地的评定应包括地下停车比例、容积率、建筑设计、新型墙体材料、节地措施、地下公建和土地利用7个分项，满分为40分。

6.4.2 地下停车比例（8分）的评定内容应为：

地下或半地下停车比例。

评定方法：审阅设计图纸。

6.4.3 容积率（5分）的评定内容应为：

容积率的合理性。

评定方法：审阅设计图纸和有关文件。

6.4.4 建筑设计（7分）的评定应包括下述内容：

1 住宅单元标准层使用面积系数；

2 户均面宽与户均面积比值。

评定方法：审阅设计图纸。

6.4.5 新型墙体材料（8分）的评定内容应为：

用以取代黏土砖的新型墙体材料应用情况。

评定方法：审阅设计图纸和有关文件。

6.4.6 节地措施（5分）的评定内容应为：

采用新设备、新工艺、新材料，减少公共设施占地的情况。

评定方法：审阅设计图纸和现场检查。

6.4.7 地下公建（5分）的评定内容应为：

住区公建利用地下空间的情况。

评定方法：审阅设计图纸和现场检查。

6.4.8 土地利用（2分）的评定内容应为：

充分利用荒地、坡地和不适宜耕种土地的情况。

评定方法：现场检查。

6.5 节 材

6.5.1 节材的评定应包括可再生材料利用、建筑设计施工新技术、节材新措施和建材回收率4个分项，满分为20分。

6.5.2 可再生材料利用（3分）的评定内容应为：

可再生材料的利用情况。

评定方法：审阅设计图纸和有关文件。

6.5.3 建筑设计施工新技术（10分）的评定内容应为：

高强高性能混凝土、高效钢筋、预应力钢筋混凝土、粗直径钢筋连接、新型模板与脚手架应用、地基基础、钢结构新技术和企业的计算机应用与管理技术的利用情况。

评定方法：审阅设计图纸和有关文件。

6.5.4 节材新措施（2分）的评定内容应为：

采用节约材料的新技术、新工艺的情况。

评定方法：审阅施工记录。

6.5.5 建材回收率（5分）的评定内容应为：

使用回收建材的比例。

评定方法：审阅设计图纸和有关文件。

7 安全性能的评定

7.1 一 般 规 定

7.1.1 住宅安全性能的评定应包括结构安全、建筑防火、燃气及电气设备安全、日常安全防范措施和室内污染物控制5个评定项目，满分为200分。

7.1.2 住宅安全性能的评定指标见本标准附录D。

7.2 结 构 安 全

7.2.1 结构安全的评定应包括工程质量、地基基础、荷载等级、抗震设防和外观质量5个分项，满分为70分。

7.2.2 工程质量（15分）的评定内容应为：

结构工程（含地基基础）设计施工程序和施工质量验收与备案情况。

评定方法：审阅施工图设计文件及审查结论，施工许可、施工资料及施工验收资料。

7.2.3 地基基础（10分）的评定内容应为：

地基承载力计算、变形及稳定性计算，以及基础的设计。

评定方法：审阅施工图设计文件及审查结论。

7.2.4 荷载等级（20分）的评定内容应为：

楼面和屋面活荷载设计取值，风荷载、雪荷载设计取值。

评定方法：审阅施工图设计文件及审查结论。

7.2.5 抗震设防（15分）的评定内容应为：

抗震设防烈度和抗震措施。

评定方法：审阅施工图设计文件及审查结论。

7.2.6 结构外观质量（10分）的评定内容应为：

结构的外观质量与构件尺寸偏差。

评定方法：现场检查。

7.3 建筑防火

7.3.1 建筑防火的评定应包括耐火等级、灭火与报警系统、防火门（窗）和疏散设施4个分项，满分为50分。

7.3.2 耐火等级（15分）的评定内容应为：

建筑实际的耐火等级。

评定方法：审阅认证资料及现场检查。

7.3.3 灭火与报警系统（15分）的评定应包括下述内容：

1 室外消防给水系统；

2 防火间距、消防交通道路及扑救面质量；

3 消火栓用水量及水柱股数；

4 消火栓箱标识；

5 自动报警系统与自动喷水灭火装置。

评定方法：审阅设计文件及现场检查。

7.3.4 防火门（窗）（5分）的评定内容应为：

防火门（窗）的设置及功能要求。

评定方法：审阅相关资料及现场检查。

7.3.5 疏散设施（15分）的评定应包括下述内容：

1 安全出口数量及安全疏散距离、疏散走道和门的净宽；

2 疏散楼梯的形式和数量，高层住宅的消防电梯；

3 疏散楼梯的梯段净宽；

4 疏散楼梯及走道的标识；

5 自救设施的配置。

评定方法：审阅相关文件及现场检查。

7.4 燃气及电气设备安全

7.4.1 燃气及电气设备安全的评定应包括燃气设备安全和电气设备安全2个分项，满分为35分。

7.4.2 燃气设备安全（12分）的评定应包括下述内容：

1 燃气器具的质量合格证；

2 燃气管道的安装位置及燃气设备安装场所的排风措施；

3 燃气灶具熄火保护自动关闭功能；

4 燃气浓度报警装置；

5 燃气设备安装质量；

6 安装燃气装置的厨房、卫生间的结构防爆措施。

评定方法：审阅燃气设备相关资料、施工验收资料、设计文件和现场检查。

7.4.3 电气设备安全（23分）的评定应包括下述内容：

1 电气设备及相关材料的质量认证和产品合格证；

2 配电系统与电气设备的保护措施和装置；

3 配电设备与环境的适用性；

4 防雷措施与装置；

5 配电系统的接地方式与接地装置；

6 配电系统工程的质量；

7 电梯安全性认证及相关资料。

评定方法：审阅配电系统设计文件及设备相关资料、施工记录、验收资料和现场检查。

7.5 日常安全防范措施

7.5.1 日常安全防范措施的评定应包括防盗设施、防滑防跌措施和防坠落措施3个分项，满分为20分。

7.5.2 防盗设施（6分）的评定内容应为：

防盗户门及有被盗隐患部位的防盗网、电子防盗等设施的质量与认证手续。

评定方法：审阅产品合格证和现场检查。

7.5.3 防滑防跌措施（2分）的评定内容应为：

厨房、卫生间等的防滑与防跌措施。

评定方法：审阅设计文件、产品质量文件和现场检查。

7.5.4 防坠落措施（12分）的评定应包括下述内容：

1 阳台栏杆或栏板、上人屋面女儿墙或栏杆的高度及垂直杆件间水平净距；

2 外窗窗台面距楼面或可登踏面的净高度及防坠落措施；

3 楼梯栏杆垂直杆件间水平净距、楼梯扶手高度，非垂直杆件栏杆的防攀爬措施；

4 室内顶棚和内外墙面装修层的牢固性，门窗安全玻璃的使用。

评定方法：审阅设计文件，质量、耐久性保证文件和现场检查。

7.6 室内污染物控制

7.6.1 室内污染物控制的评定应包括墙体材料、室内装修材料和室内环境污染物含量3个分项，满分为

25分。

7.6.2 墙体材料（4分）的评定内容应为：

墙体材料的放射性污染及混凝土外加剂中释放氨的含量。

评定方法：审阅产品合格证和专项检测报告。

7.6.3 室内装修材料（6分）的评定内容应为：

人造板及其制品有害物质含量，溶剂型木器涂料有害物质含量，内墙涂料有害物质含量，胶粘剂有害物质含量，壁纸有害物质含量，花岗石及其他天然或人造石材的放射性污染。

评定方法：审阅产品合格证和专项检测报告。

7.6.4 室内环境污染物含量（15分）的评定内容应为：

室内氡浓度，室内甲醛浓度，室内苯浓度，室内氨浓度，室内总挥发性有机化合物（TVOC）浓度。

评定方法：审阅专项检测报告，必要时进行复验。

8 耐久性能的评定

8.1 一般规定

8.1.1 住宅耐久性能的评定应包括结构工程、装修工程、防水工程与防潮措施、管线工程、设备和门窗6个评定项目，满分为100分。

8.1.2 住宅耐久性能的评定指标见本标准附录E。

8.2 结构工程

8.2.1 结构工程的评定应包括勘察报告、结构设计、结构工程质量和外观质量4个分项，满分为20分。

8.2.2 勘察报告（5分）的评定应包括下述内容：

1 勘察报告中与认定住宅相关的勘察点的数量；

2 勘察报告提供地基土与土中水侵蚀性情况。

评定方法：审阅勘察报告。

8.2.3 结构设计（10分）的评定应包括下述内容：

1 结构的设计使用年限；

2 设计确定的技术措施。

评定方法：审阅设计图纸。

8.2.4 结构工程质量（3分）的评定内容应为：

主控项目质量实体检测情况。

评定方法：审阅检测报告。

8.2.5 外观质量（2分）的评定内容应为：

围护构件外观质量缺陷。

评定方法：现场检查。

8.3 装修工程

8.3.1 装修工程的评定应包括装修设计、装修材料、装修工程质量和外观质量4个分项，满分为15分。

8.3.2 装修设计（5分）的评定内容应为：

外装修的设计使用年限和设计提出的装修材料耐用指标要求。

评定方法：审阅设计文件。

8.3.3 装修材料（4分）的评定内容应为：

装修材料耐用指标检验情况。

评定方法：审阅检验报告。

8.3.4 装修工程质量（3分）的评定内容应为：

装修工程施工质量验收情况。

评定方法：审阅验收资料。

8.3.5 外观质量（3分）的评定内容应为：

装修工程的外观质量。

评定方法：现场检查。

8.4 防水工程与防潮措施

8.4.1 防水工程的评定应包括防水设计、防水材料、防潮与防渗漏措施、防水工程质量和外观质量5个分项，满分为20分。

8.4.2 防水设计（4分）的评定应包括下述内容：

1 防水工程的设计使用年限；

2 设计对防水材料提出的耐用指标要求。

评定方法：审阅设计文件。

8.4.3 防水材料（4分）的评定应包括下述内容：

1 防水材料的合格情况；

2 防水材料耐用指标的检验情况。

评定方法：审阅材料检验报告。

8.4.4 防潮与防渗漏措施（5分）的评定应包括下述内容：

1 首层墙体与地面的防潮措施；

2 外墙的防渗措施。

评定方法：审阅设计文件。

8.4.5 防水工程质量（4分）的评定应包括下述内容：

1 防水工程施工质量验收情况；

2 防水工程蓄水、淋水检验情况。

评定方法：审阅验收资料。

8.4.6 外观质量（3分）的评定内容应为：

防水工程外观质量和墙体、顶棚与地面潮湿情况。

评定方法：现场检查。

8.5 管线工程

8.5.1 管线工程的评定应包括管线工程设计、管线材料、管线工程质量和外观质量4个分项，满分为15分。

8.5.2 管线工程设计（7分）的评定应包括下述内容：

1 设计使用年限；

2 设计对管线材料的耐用指标要求；

3 上水管内壁材质。

评定方法：审阅设计文件。

8.5.3 管线材料（4分）的评定应包括下述内容：

1 管线材料的质量；

2 管线材料耐用指标的检验情况。

评定方法：审阅材料质量检验报告。

8.5.4 管线工程质量（2分）的评定内容应为：

工程质量验收合格情况。

评定方法：审阅施工验收资料。

8.5.5 外观质量（2分）的评定内容应为：

管线及其防护层外观质量和上水水质目测情况。

评定方法：现场检查。

8.6 设 备

8.6.1 设备的评定应包括设计或选型、设备质量、设备安装质量和运转情况4个分项，满分为15分。

8.6.2 设计或选型（4分）的评定应包括下述内容：

1 设备的设计使用年限；

2 设计或选型时对设备提出的耐用指标要求。

评定方法：审阅设计资料。

8.6.3 设备质量（5分）的评定应包括下述内容：

1 设备的合格情况；

2 设备耐用指标的检验情况（包括型式检验结论）。

评定方法：审阅产品合格证和检验报告。

8.6.4 设备安装质量（3分）的评定内容应为：

设备安装质量的验收情况。

评定方法：审阅验收资料。

8.6.5 运转情况（3分）的评定内容应为：

设备运转情况。

评定方法：现场检查。

8.7 门 窗

8.7.1 门窗的评定应包括设计或选型、门窗质量、门窗安装质量和外观质量4个分项，满分为15分。

8.7.2 设计或选型（5分）的评定应包括下述内容：

1 设计使用年限；

2 耐用指标要求情况。

评定方法：审阅设计资料。

8.7.3 门窗质量（4分）的评定应包括下述内容：

1 门窗质量的合格情况；

2 门窗耐用指标的检验情况（含型式检验结论）。

评定方法：审阅相关资料和检验报告。

8.7.4 门窗安装质量（3分）的评定内容应为：

门窗安装质量的验收情况。

评定方法：审阅验收资料。

8.7.5 外观质量（3分）的评定内容应为：

门窗的外观质量。

评定方法：现场检查。

附录A 住宅适用性能评定指标

表 A.0.1 住宅适用性能评定指标（250分）

评定项目及分值	分项及分值	子项序号	定性定量指标		分值
单元平面（30）	单元平面布局（15）	A01	平面布局合理、功能关系紧凑、空间利用充分	Ⅲ很合理	10
				Ⅱ合理	(7)
				Ⅰ基本合理	(4)
		A02	平面规整，平面设凹口时，其深度与开口宽度之比<2		2
		A03	平面进深、户均面宽大小适度		3
	模数协调和可改造性（5）	A04	住宅平面设计符合模数协调原则		3
		A05	结构体系有利于空间的灵活分隔		2
	单元公共空间（10）	A06	门厅和候梯厅有自然采光，窗地面积比≥1/10		2
		A07	单元入口处设进厅或门厅	Ⅲ门厅或进厅使用面积：高层、中高层≥18m²；多层≥6m²，并设独立信报间	3
				Ⅱ门厅或进厅使用面积：高层、中高层≥15m²；多层≥4.5m²，并设信报箱	(2)
				Ⅰ门厅或进厅使用面积：高层≥15m²；中高层≥10m²；多层≥3.5m²	(1)
		A08	电梯候梯厅深度不小于多台电梯中最大轿厢深度，且≥1.5m		1
		A09	楼梯段净宽≥1.1m，平台宽≥1.2m，踏步宽度≥260mm，踏步高度≤175mm		2
		A10	高层住宅每层设垃圾间或垃圾收集设施，且便于清洁		2
住宅套型（75）	套内功能空间设置和布局（45）	A11	☆套内居住空间、厨房、卫生间等基本空间齐备		7
		A12	套内设贮藏空间、用餐空间以及阳台，配置有	Ⅲ书房（工作室）、贮藏室、独立餐厅以及入口过渡空间	5
				Ⅱ书房（工作室）及入口过渡空间	(3)
				Ⅰ入口过渡空间	(2)
		A13	功能空间形状合理，起居室、卧室、餐厅长短边之比≤1.8		5
		A14	起居室（厅）、卧室有自然通风和采光，无明显视线干扰和采光遮挡，窗地面积比不小于1/7		5
		A15	☆每套住宅至少有1个居住空间获得日照。当有4个以上居住空间时，其中有2个或2个以上居住空间获得日照		6
		A16	起居室、主要卧室的采光窗不朝向凹口和天井		3
		A17	套内交通组织顺畅，不穿行起居室（厅）、卧室		3
		A18	套内纯交通面积≤使用面积的1/20		2
		A19	餐厅、厨房流线联系紧密		2
		A20	☆厨房有直接采光和自然通风，且位置合理，对主要居住空间不产生干扰		3
		A21	★3个及3个以上卧室的套型至少配置2个卫生间		2
		A22	至少设1个功能齐全的卫生间		2

续表 A.0.1

评定项目及分值	分项及分值	子项序号	定性定量指标		分值
住宅套型(75)	功能空间尺度(30)	A23	主要功能空间面积配置合理		7
		A24	起居室（厅）供布置家具、设备的连续实墙面长度≥3.6m		5
		A25	双人卧室开间≥3.3m		5
		A26	厨房操作台总长度≥3.0m		4
		A27	贮藏空间（室）使用面积≥3m²		4
		A28	起居室、卧室空间净高≥2.4m，且≤2.8m		5
建筑装修(25)	套内装修(17)	A29	门窗和固定家具采用工厂生产的成型产品		2
		A30	装修做法	★Ⅱ装修到位	15
				Ⅰ厨房、卫生间装修到位	(10)
	公共部位装修(8)	A31	门厅、楼梯间或候梯厅装修	Ⅲ很好	4
				Ⅱ好	(3)
				Ⅰ较好	(2)
		A32	住宅外部装修	Ⅲ很好	4
				Ⅱ好	(3)
				Ⅰ较好	(2)
隔声性能(25)	楼板(6)	A33	楼板计权标准化撞击声压级	★Ⅱ≤65dB	3
				Ⅰ≤75dB	(2)
		A34	楼板的空气声计权隔声量	★Ⅲ≥50dB	3
				Ⅱ≥45dB	(2)
				Ⅰ≥40dB	(1)
	墙体(15)	A35	分户墙空气声计权隔声量	★Ⅲ≥50dB	6
				Ⅱ≥45dB	(4)
				Ⅰ≥40dB	(3)
		A36	含窗外墙的空气声计权隔声量	Ⅲ≥40dB	3
				Ⅱ≥35dB	(2)
				Ⅰ≥30dB	(1)
	墙体(15)	A37	户门空气声计权隔声量	Ⅲ≥40dB	3
				Ⅱ≥30dB	(2)
				Ⅰ≥25dB	(1)
		A38	与卧室和书房相邻的分室墙空气声计权隔声量	Ⅲ≥40dB	3
				Ⅱ≥35dB	(2)
				Ⅰ≥30dB	(1)
	管道(2)	A39	排水管道平均噪声量≤50dB		2
	设备(2)	A40	电梯、水泵、风机、空调等设备采取了减振、消声和隔声措施		2
设备设施(75)	厨卫设备(17)	A41	厨房按“洗、切、烧”炊事流程布置，管道定位接口与设备位置一致，方便使用		3
		A42	厨房设备成套配置		4
		A43	卫生间平面布置有序、管道定位接口与设备位置一致，方便使用		3
		A44	卫生间沐浴、便溺、盥洗设施配套齐全		4
		A45	洗衣机位置设置合理，并设有洗衣机专用水嘴与地漏，有晾衣空间		3
	给排水与燃气系统(20)	A46	给排水与燃气设施完备		2
		A47	给排水、燃气系统的设计容量满足国家标准和使用要求		2
		A48	热水供应系统	Ⅱ设24小时集中热水供应，采用循环热水系统	4
				Ⅰ预留热水管道和热水器位置	(2)
		A49	室内排水系统	排水设备和器具分别设置存水弯，存水弯水封深度≥50mm	2

续表 A.0.1

评定项目及分值	分项及分值	子项序号	定性定量指标		分值
设备设施(75)	给排水与燃气系统(20)	A50	室内排水系统	排水立管检查口设在管井内时，有方便清通的检查门或接口	1
		A51		不与会所和餐饮业的排水系统共用排水管，在室外相连之前设水封井	2
		A52	管道、管线布置采用暗装，布置合理；燃气管道及计量仪表暗装时，采用相应的安全措施		1
		A53	厨房和卫生间立管集中设在管井内，管井紧邻卫生间和厨房布置		2
		A54	户内计量仪表、阀门和检查口等的位置方便检修和日常维护		2
		A55	给水总立管、雨水立管、消防立管和公共功能的阀门及用于总体调节和检修的部件，设在共用部位		2
	采暖、通风与空调系统(20)	A56	在自然状态下居住空间通风顺畅，外窗可开启面积不小于该房间地面面积的1/20		4
		A57	严寒、寒冷地区设置采暖系统和设备，夏热冬冷地区有采暖和空调措施，夏热冬暖地区有空调措施		2
		A58	空调室外机位置和风口等设施布置合理，冷凝水单独有组织排放		1
		A59	新风系统	Ⅲ设有组织的新风系统，新风经过滤、加热加湿（冬季）或冷却去湿（夏季）等处理后送入室内，新风量≥每人每小时30m³。室内湿度夏季≤70%，冬季≥30%。	4
				Ⅱ设有组织的新风系统，新风经过滤处理。新风量≥每人每小时30m³	(3)
				Ⅰ设有组织的换气装置	(2)
		A60	厨房设竖向和水平烟（风）道有组织地排放油烟，竖向烟（风）道最不利点最大静压≤−1.0Pa，如达不到时，6层以上住宅在屋顶设机械排风装置		3
		A61	严寒、寒冷和夏热冬冷地区卫生间设竖向风道		2
		A62	暗卫生间及严寒、寒冷和夏热冬冷地区卫生间设机械排风装置		3
		A63	采暖供回水总立管、公共功能的阀门和用于总体调节和检修的部件，设在共用部位		1

续表 A.0.1

评定项目及分值	分项及分值	子项序号	定性定量指标		分值
设备设施（75）	电气设备与设施（18）	A64	除布置洗衣机、冰箱、排风机械、空调器等处设专用单相三线插座外，电源插座数量满足：	Ⅲ起居室、卧室、书房、厨房≥4组；餐厅、卫生间≥2组；阳台≥1组	6
				Ⅱ起居室、卧室、书房、厨房≥3组；餐厅、卫生间≥2组；阳台≥1组	(5)
				Ⅰ起居室、书房≥3组；卧室、厨房≥2组；卫生间≥1组；餐厅≥1组	(4)
		A65	每套住宅的空调电源插座、普通电源插座与照明应分路设计，厨房电源插座和卫生间设独立回路。分支回路数量为：	Ⅲ分支回路数≥7，预留备用回路数≥3	6
				Ⅱ分支回路数≥6	(5)
				Ⅰ分支回路数≥5	(4)
		A66	电梯设置	6层及以下多层住宅设电梯	2
		A67		☆7层及以上住宅设电梯，12层及以上至少设2部电梯，其中1部为消防电梯	2
		A68	楼内公共部位设人工照明，照度≥30lx		1
		A69	电气、电讯干线（管）和公共功能的电气设备及用于总体调节和检修的部件，设在共用部位		1
无障碍设施（20）	套内无障碍设施（7）	A70	户内同层楼（地）面高差≤20mm		2
		A71	入户过道净宽≥1.2m，其他通道净宽≥1.0m		3
		A72	户内门扇开启净宽度≥0.8m		2
	单元公共区域无障碍设施（5）	A73	7层及以上住宅，每单元至少设一部可容纳担架的电梯，且为无障碍电梯		2
		A74	单元公共出入口有高差时设轮椅坡道和扶手，且坡度符合要求		3
	住区无障碍设施（8）	A75	住区内各级道路按无障碍要求设置，并保证通行的连贯性		2
		A76	公共绿地的入口、道路及休息凉亭等设施的地面平整、防滑，地面有高差时，设轮椅坡道和扶手		2
		A77	公共服务设施的出入口通道按无障碍要求设计		2
		A78	公用厕所至少设一套满足无障碍设计要求的厕位和洗手盆		2

附录B 住宅环境性能评定指标

表 B.0.1 住宅环境性能评定指标（250分）

评定项目及分值	分项及分值	子项序号	定性定量指标		分值
用地与规划（70）	用地（12）	B01	因地制宜、合理利用原有地形地貌		4
		B02	重视场地内原有自然环境及历史文化遗迹的保护和利用		4
		B03	☆远离污染源，避免和有效控制水体、空气、噪声、电磁辐射等污染		4
	空间布局（18）	B04	按照住区规模，合理确定规划分级，功能结构清晰，住宅建筑密度控制适当，保持合理的住区用地平衡		4
		B05	住栋布置满足日照与通风的要求、避免视线干扰		6
		B06	空间层次与序列清晰，尺度恰当		4
		B07	院落空间有较强的领域感和可防卫性，有利于邻里交往与安全		4
	道路交通（34）	B08	道路系统架构清晰、顺畅，避免住区外部交通穿行，满足消防、救护要求；在地震设防地区，还应考虑减灾、救灾要求		6
		B09	出入口选择合理，方便与外界联系		4
		B10	住区内道路路面及便道选材和构造合理		4
		B11	机动车停车率	★Ⅲ≥1.0，且不低于当地标准	8
				Ⅱ≥0.6，且不低于当地标准	(6)
				Ⅰ≥0.4，且不低于当地标准	(4)
		B12	自行车停车位隐蔽、使用方便		4
		B13	标示标牌	Ⅲ出入口设有小区平面示意图，主要路口设有路标。各组团、栋及单元(门)、户和公共配套设施、场地有明显标志，标牌夜间清晰可见	4
				Ⅱ主出入口设有小区平面示意图，各组团、栋及单元（门）、户有明显标志，标牌夜间清晰可见	(3)
				Ⅰ各组团、栋及单元（门）、户有明显标志	(2)
		B14	住区周边设有公共汽车、电车、地铁或轻轨等公共交通场站，且居民最远行走距离<500m		4
	市政设施（6）	B15	☆市政基础设施（包括供电系统、燃气系统、给排水系统与通信系统）配套齐全、接口到位		6
建筑造型（15）	造型与外立面（10）	B16	建筑形式美观、体现地方气候特点和建筑文化传统，具有鲜明居住特征		3
		B17	建筑造型简洁实用		3
		B18	外立面	Ⅲ立面效果好	4
				Ⅱ立面效果较好	(2)
				Ⅰ立面效果尚可	(1)
	色彩效果（2）	B19	建筑色彩与环境协调		2
	室外灯光（3）	B20	有较好的室外灯光效果，避免对居住生活造成眩光等干扰；在城市景观道路、景观区范围内的住宅有较好的灯光造型		3

续表 B.0.1

评定项目及分值	分项及分值	子项序号	定性定量指标		分值
绿地与活动场地(45)	绿地配置(18)	B21	绿地配置合理，位置和面积适当，集中绿地与分散绿地相结合		4
		B22	绿地率	Ⅱ≥35%	6
				☆Ⅰ≥30%	(4)
		B23	人均公共绿地面积(m^2/人)	Ⅲ组团≥1.0、小区≥1.5、居住区≥2.0	6
				Ⅱ组团≥0.8、小区≥1.3、居住区≥1.8	(4)
				Ⅰ组团≥0.5、小区≥1.0、居住区≥1.5	(3)
		B24	充分利用建筑散地、停车位、墙面（包括挡土墙）、平台、屋顶和阳台等部位进行绿化，要求有上述6种场地中的4种或4种以上		2
	植物丰实度与绿化栽植(19)	B25	乔木—草本型、灌木—草本型、乔木—灌木—草本型、藤本型等人工植物群落类型3种及以上，植物配置多层次		2
		B26	乔木量≥3株/100m^2 绿地面积		4
		B27	观赏花卉种类丰富，植被覆盖裸土		2
		B28	选择适合当地生长与易于存活的树种，不种植对人体有害、对空气有污染和有毒的植物		2
		B29	木本植物丰实度	Ⅲ木本植物种类：华北、东北、西北地区不少于32种；华中、华东地区不少于48种；华南、西南地区不少于54种	6
				Ⅱ木本植物种类：华北、东北、西北地区不少于25种；华中、华东地区不少于45种；华南、西南地区不少于50种	(4)
绿地与活动场地(45)	植物丰实度与绿化栽植(19)	B29	木本植物丰实度	Ⅰ木本植物种类：华北、东北、西北地区不少于20种；华中、华东地区不少于40种；华南、西南地区不少于45种	(3)
		B30	植物长势良好，没有病虫害和人为破坏，成活率98%以上		3
	室外活动场地(8)	B31	绿地中配置占绿地面积10%～15%的硬质铺装		3
		B32	硬质铺装休闲场地有树木等遮荫措施和地面水渗透措施		3
		B33	室外活动场地设置有照明设施		2
室外噪声与空气污染(20)	室外噪声(8)	B34	等效噪声级	Ⅲ白天≤50dB（A）；黑夜≤40dB (A)	4
				Ⅱ白天≤55dB（A）；黑夜≤45dB (A)	(3)
				Ⅰ白天≤60dB（A）；黑夜≤50dB (A)	(2)
		B35	黑夜偶然噪声级	Ⅲ≤55dB (A)	4
				Ⅱ≤60dB (A)	(3)
				Ⅰ≤65dB (A)	(2)
	空气污染(12)	B36	无排放性污染源或虽有局部污染源但经过除尘脱硫处理		3
		B37	采用洁净燃料，无开放性局部污染源		3
		B38	无辐射性局部污染源		2
		B39	无溢出性局部污染源，住区内的公共饮食餐厅等加工过程设有污染防治措施		2
		B40	空气污染物控制指标日平均浓度不超过标准值（mg/m^3）：飘尘为0.30、SO_2 为0.15、NO_x 为0.10、CO为4.0		2

续表 B.0.1

评定项目及分值	分项及分值	子项序号	定性定量指标		分值
水体与排水系统(10)	水体(6)	B41	天然水体与人造景观水体（水池）水质符合国家《景观娱乐用水水质标准》GB 12941中C类水质要求		3
		B42	游泳馆（或游泳池、儿童戏水池）设有水循环和消毒设施，符合《游泳池给水排水设计规范》CECS14和《游泳场所卫生标准》GB 9667要求		3
	排水系统(4)	B43	设有完善的雨污分流排水系统，并分别排入城市雨污水系统（雨水可就近排入河道或其他水体）		4
公共服务设施(60)	配套公共服务设施(42)	B44	教育设施的配置符合《城市居住区规划设计规范》GB 50180或当地规划部门对教育设施设置的规定		3
		B45	设置防疫、保健、医疗、护理等医疗设施		3
		B46	设置多功能文体活动室		3
		B47	儿童活动场地兼顾趣味、益智、健身、安全合理等原则统筹布置		3
		B48	设置老人活动与服务支援设施		3
		B49	结合绿地与环境设置露天健身活动场地		3
		B50	设置游泳馆或游泳池		5
		B51	设置儿童戏水池		2
		B52	设置体育场馆或健身房		5
		B53	设置商店、超市等购物设施		3
		B54	设置金融邮电设施		3
		B55	设置市政公用设施		3
		B56	设置社区服务设施		3
	环境卫生(18)	B57	设置公共厕所（公共设施中附有对外开放的厕所时可计入此项），并达到《城市公共厕所规划和设计标准》CJJ 14一类标准		3
		B58	主要道路及公共活动场地均匀配置废物箱，其间距小于80m，且废物箱防雨、密闭、整洁，采用耐腐蚀材料制作		3
		B59	垃圾收运	Ⅱ高层按层、多层按幢设置垃圾容器（或垃圾桶），生活垃圾采用袋装化收集，保持垃圾容器（或垃圾桶）清洁、无异味，每日清运	4
				Ⅰ按幢设置垃圾容器（或垃圾桶），生活垃圾采用袋装化收集，保持垃圾容器（或垃圾桶）清洁、无异味，每日清运	(2)
		B60	垃圾存放与处理	Ⅱ垃圾分类收集与存放，设垃圾处理房，垃圾处理房隐蔽、全密闭、保证垃圾不外漏，有风道或排风、冲洗和排水设施，采用微生物处理，处理过程无污染，排放物无二次污染，残留物无害	8
				Ⅰ设垃圾站，垃圾站隐蔽、有冲洗和排水设施，存放垃圾及时清运，不污染环境，不散发臭味	(5)
智能化系统(30)	管理中心与工程质量(8)	B61	管理中心位置恰当，面积与布局合理，机房建设符合国家同等规模通信机房或计算机机房的技术要求		2
		B62	管线工程质量合格		2
		B63	设备与终端产品安装质量合格，位置恰当，便于使用与维护		2
		B64	电源与防雷接地工程质量合格		2

续表 B.0.1

评定项目及分值	分项及分值	子项序号	定性定量指标		分值
智能化系统(30)	系统配置(18)	B65	安全防范子系统	Ⅲ子系统设置齐全，包括闭路电视监控、周界防越报警、电子巡更、可视对讲与住宅报警装置。子系统功能强，可靠性高，使用与维护方便	6
				Ⅱ子系统设置较齐全，可靠性高，使用与维护方便	(4)
				Ⅰ设置可视或语音对讲装置、紧急呼救按钮，可靠性高，使用与维护方便	(3)
		B66	管理与监控子系统	Ⅲ子系统设置齐全，包括户外计量装置或IC卡表具、车辆出入管理、紧急广播与背景音乐、给排水、变配电设备与电梯集中监视、物业管理计算机系统。子系统功能强，可靠性高，使用与维护方便	6
				Ⅱ子系统设置较齐全，可靠性高，使用与维护方便	(4)
				Ⅰ设置物业管理计算机系统、户外计量装置或IC卡表具	(3)
		B67	信息网络子系统	Ⅲ建立居住小区电话、电视、宽带接入网（或局域网）和网站，采用家庭智能控制器与通信网络配线箱。客厅、卧室与书房均安装电话、电视与宽带网插座，卫生间安装电话插座，位置合理。每套住宅不少于二路电话	6
				Ⅱ建立居住小区电话、电视、宽带接入网，采用通信网络配线箱。客厅、卧室与书房均安装电话、电视与宽带网插座，位置恰当。每套住宅不少于二路电话	(4)
				Ⅰ建立居住小区电话、电视与宽带接入网。每套住宅内安装电话、电视与宽带网插座，位置恰当	(3)
	运行管理(4)	B68	提出运行管理的实施方案，有完善的管理制度，合理配置运行管理所需的办公与维护用房、维护设备及器材等		4

附录C 住宅经济性能评定指标

表 C.0.1 住宅经济性能评定指标（200分）

评定项目及分值	分项及分值	子项序号	定性定量指标			分值
节能(100)	建筑设计(35)	C01	住宅建筑以南北朝向为主			5
		C02	建筑物体形系数	符合当地现行建筑节能设计标准中体形系数规定值		6
		C03	严寒、寒冷地区楼梯间和外廊采暖设计	采暖期室外平均温度为0℃～-6.0℃的地区，楼梯间和外廊不采暖时，楼梯间和外廊的隔墙和户门采取保温措施		4
				采暖期室外平均温度在-6.0℃以下的地区，楼梯间和外廊采暖，单元入口处设置门斗或其他避风措施		
		C04	符合当地现行建筑节能设计标准中窗墙面积比规定值			6
		C05	外窗遮阳	夏热冬冷地区的南向和西向外窗设置活动遮阳设施		8
				夏热冬暖、温和地区	Ⅱ南向和西向的外窗有遮阳措施，遮阳系数 $S_W \leqslant 0.90Q$	
					Ⅰ南向和西向的外窗有遮阳措施，遮阳系数 $S_W \leqslant Q$	(6)
		C06	再生能源利用	太阳能利用	Ⅱ与建筑一体化	6
					Ⅰ用量大，集热器安放有序，但未做到与建筑一体化	(4)
				利用地热能、风能等新型能源		(6)
	围护结构(35)(注1)	C07	外窗和阳台门（不封闭阳台或不采暖阳台）的气密性	Ⅱ5级		5
				Ⅱ4级		(3)
		C08	严寒寒冷地区和夏热冬冷地区外墙的平均传热系数	Ⅲ $K \leqslant 0.70Q$ 或符合65%节能目标		10
				Ⅱ $K \leqslant 0.85Q$		(8)
				☆Ⅰ $K \leqslant Q$		(7)
		C09	严寒寒冷地区和夏热冬冷地区外窗的传热系数	Ⅲ $K \leqslant 0.90Q$		10
				Ⅱ $K \leqslant 0.95Q$		(8)
				☆Ⅰ $K \leqslant Q$		(7)
		C10	严寒寒冷地区、夏热冬冷地区和夏热冬暖地区屋顶的平均传热系数	Ⅲ $K \leqslant 0.85Q$ 或符合65%节能指标		10
				Ⅱ $K \leqslant 0.90Q$		(8)
				☆Ⅰ $K \leqslant Q$		(7)
	综合节能要求(70)(注2)	C11	北方耗热量指标	Ⅲ $q_H \leqslant 0.80Q$ 或符合65%节能标准		70
				Ⅱ $q_H \leqslant 0.90Q$		(57)
				☆Ⅰ $q_H \leqslant Q$		(49)
			中、南部耗热量指标	Ⅲ $E_h + E_C \leqslant 0.80Q$		70
				Ⅱ $E_h + E_C \leqslant 0.90Q$		(57)
				☆Ⅰ $E_h + E_C \leqslant Q$		(49)

续表 C.0.1

评定项目及分值	分项及分值	子项序号	定性定量指标		分值
节能（100）	采暖空调系统（20）	C12	采用用能分摊技术与装置		5
		C13	集中采暖空调水系统采取有效的水力平衡措施		2
		C14	预留安装空调的位置合理，使空调房间在选定的送、回风方式下，形成合适的气流组织	Ⅲ气流分布满足室内舒适的要求	4
				Ⅱ生活或工作区 3/4 以上有气流通过	(3)
				Ⅰ生活或工作区 3/4 以下 1/2 以上有气流通过	(2)
		C15	空调器种类	Ⅲ达到国家空调器能效等级标准中 2 级	4
				Ⅱ达到国家空调器能效等级标准中 3 级	(3)
				Ⅰ达到国家空调器能效等级标准中 4 级	(2)
		C16	室温控制情况	房间室温可调节	3
		C17	室外机的位置	Ⅱ满足通风要求，且不易受到阳光直射	2
				Ⅰ满足通风要求	(1)
	照明系统（10）	C18	照明方式合理		3
		C19	采用高效节能的照明产品（光源、灯具及附件）		2
		C20	设置节能控制型开关		3
		C21	照明功率密度（*LPD*）满足标准要求		2
节水（40）	中水利用（12）	C22	建筑面积 5 万 m^2 以上的居住小区，配置了中水设施，或回水利用设施，或与城市中水系统连接，或符合当地规定要求；建筑面积 5 万 m^2 以下或中水来源水量或中水回用水量过小（小于 $50m^3/d$）的居住小区，设计安装中水管道系统等中水设施		12
	雨水利用（6）	C23	采用雨水回渗措施		3
		C24	采用雨水回收措施		3
	节水器具及管材（12）	C25	使用≤6L 便器系统		3
		C26	便器水箱配备两档选择		3
		C27	使用节水型水龙头		3
		C28	给水管道及部件采用不易漏损的材料		3
	公共场所节水措施（6）	C29	公用设施中的洗面器、洗手盆、淋浴器和小便器等采用延时自闭、感应自闭式水嘴或阀门等节水型器具		3
		C30	绿地、树木、花卉使用滴灌、微喷等节水灌溉方式，不采用大水漫灌方式		3
	景观用水（4）	C31	不用自来水为景观用水的补充水		4
节地（40）	地下停车比例（8）	C32	地下或半地下停车位占总停车位的比例	Ⅲ≥80%	8
				Ⅱ≥70%	(7)
				Ⅰ≥60%	(6)
	容积率（5）	C33	合理利用土地资源，容积率符合规划条件		5
	建筑设计（7）	C34	住宅单元标准层使用面积系数，高层≥72%，多层≥78%		5
		C35	户均面宽值不大于户均面积值的 1/10		2

续表 C.0.1

评定项目及分值	分项及分值	子项序号	定性定量指标		分值
节地（40）	新型墙体材料（8）	C36	采用取代黏土砖的新型墙体材料		8
	节地措施（5）	C37	采用新设备、新工艺、新材料而明显减少占地面积的公共设施		5
	地下公建（5）	C38	部分公建（服务、健身娱乐、环卫等）利用地下空间		5
	土地利用（2）	C39	利用荒地、坡地及不适宜耕种的土地		2
节材（20）	可再生材料利用（3）	C40	利用可再生材料		3
	建筑设计施工新技术（10）	C41	高强高性能混凝土、高效钢筋、预应力钢筋混凝土技术、粗直径钢筋连接、新型模板与脚手架应用、地基基础技术、钢结构技术和企业的计算机应用与管理技术	Ⅲ采用其中 5～6 项技术	10
				Ⅱ采用其中 3～4 项技术	(8)
				Ⅰ采用其中 1～2 项技术	(6)
	节材新措施（2）	C42	采用节约材料的新工艺、新技术		2
	建材回收率（5）	C43	使用一定比例的再生玻璃、再生混凝土砖、再生木材等回收建材	Ⅲ使用三成回收建材	5
				Ⅱ使用二成回收建材	(4)
				Ⅰ使用一成回收建材	(3)

注：1 夏热冬暖地区住宅外墙的平均传热系数和外窗的传热系数必须符合建筑节能设计标准中规定值，分值按Ⅰ档 7 分取值。

2 当建筑设计和围护结构的要求都满足时，不必进行综合节能要求的检查和评判。反之，就必须进行综合节能要求的检查和评判，两者分值相同，仅取其中之一。

附录 D 住宅安全性能评定指标

表 D.0.1 住宅安全性能评定指标（200 分）

评定项目及分值	分项及分值	子项序号	定性定量指标	分值
结构安全（70）	工程质量（15）	D01	☆结构工程（含地基基础）设计施工程序符合国家相关规定，施工质量验收合格且符合备案要求	15
	地基基础（10）	D02	岩土工程勘察文件符合要求，地基基础满足承载力和稳定性要求，地基变形不影响上部结构安全和正常使用，并满足规范要求	10
	荷载等级（20）	D03	Ⅱ楼面和屋面活荷载标准值高出规范限值且高出幅度≥25%；并满足下列二项之一： （1）采用重现期为 70 年或更长的基本风压，或对住宅建筑群在风洞试验的基础上进行设计； （2）采用重现期为 70 年或更长的最大雪压，或考虑本地区冬季积雪情况的不稳定性，适当提高雪荷载值按本地区基本雪压增大 20% 采用	20
			Ⅰ楼面和屋面活荷载标准值符合规范要求；基本风压、雪压按重现期 50 年采用，并符合建筑结构荷载规范要求	(16)
	抗震设防（15）	D04	Ⅱ抗震构造措施高于抗震规范相应要求，或采取抗震性能更好的结构体系、类型及技术	15
			☆Ⅰ抗震设计符合规范要求	(12)

续表 D.0.1

评定项目及分值	分项及分值	子项序号	定性定量指标		分值
结构安全（70）	外观质量（10）	D05	构件外观无质量缺陷及影响结构安全的裂缝，尺寸偏差符合规范要求		10
	耐火等级（15）	D06	Ⅱ高层住宅不低于一级，多层住宅不低于二级，低层住宅不低于三级		15
			Ⅰ高层住宅不低于二级，多层住宅不低于三级，低层住宅不低于四级		（12）
建筑防火（50）	灭火与报警系统（15）（注）	D07	☆室外消防给水系统、防火间距、消防交通道路及扑救面质量符合国家现行规范的规定		5
		D08	消防卷盘水柱股数	Ⅱ设置2根消防竖管，保证2支水枪能同时到达室内楼地面任何部位	4
				Ⅰ设置1根消防竖管，或设置消防卷盘，其间距保证有1支水枪能到达室内楼地面任何部位	（3）
		D09	消火栓箱标识	Ⅱ消火栓箱有发光标识，且不被遮挡	2
				Ⅰ消火栓箱有明显标识，且不被遮挡	（1）
		D10	自动报警系统与自动喷水灭火装置	Ⅱ超出消防规范的要求，高层住宅设有火灾自动报警系统与自动喷水灭火装置；多层住宅设火灾自动报警系统及消防控制室或值班室	4
				Ⅰ高层住宅按规范要求设有火灾自动报警系统及自动喷水灭火装置	（3）
	防火门（窗）（5）	D11	防火门（窗）的设置符合规范要求		4
		D12	防火门具有自闭式或顺序关闭功能		1
	疏散设施（15）（注）	D13	安全出口的数量及安全疏散距离，疏散走道和门的净宽符合国家现行相关规范的规定		2
		D14	疏散楼梯的形式和数量符合国家现行相关规范的规定，高层住宅按规范规定设置有消防电梯，并在消防电梯间及其前室设置应急照明		5
		D15	疏散楼梯设施	Ⅱ公共楼梯梯段净宽：高层住宅设防烟楼梯间≥1.3m；低层与多层≥1.2m	3
				Ⅰ公共楼梯梯段净宽：高层住宅设封闭楼梯间≥1.2m，不设封闭楼梯间≥1.3m；低层与多层≥1.1m	（2）
		D16	疏散楼梯及走道标识	Ⅱ设置火灾应急照明，且有灯光疏散标识	2
				Ⅰ设置火灾应急照明，且有蓄光疏散标识	（1）
		D17	自救设施	Ⅱ高层住宅每层配有3套以上缓降器或软梯；多层住宅配有缓降器或软梯	3
				Ⅰ高层住宅每层配有2套缓降器或软梯	（2）

续表 D.0.1

评定项目及分值	分项及分值	子项序号	定性定量指标		分值
燃气及电气设备安全（35）	燃气设备（12）	D18	燃气器具为国家认证的产品，并具有质量检验合格证书		2
		D19	燃气管道的安装位置及燃气设备安装场所符合国家现行相关标准要求，并设有排风装置		2
		D20	燃气灶具有熄火保护自动关闭阀门装置		2
		D21	安装燃气设备的房间设置燃气浓度报警器		2
		D22	燃气设备安装质量验收合格		2
		D23	安装燃气装置的厨房、卫生间采取结构措施，防止燃气爆炸引发的倒塌事故		2
	电气设备（23）	D24	电气设备及主要材料为通过国家认证的产品，并具有质量检验合格证书		2
		D25	配电系统有完好的保护措施，包括短路、过负荷、接地故障、防漏电、防雷电波入侵、防误操作措施等		2
		D26	配电设备选型与使用环境条件相符合		2
		D27	防雷措施正确，防雷装置完善		2
		D28	配电系统的接地方式正确，用电设备接地保护正确完好，接地装置完整可靠，等电位和局部等电位连接良好		2
		D29	导线材料采用铜质，支线导线截面不小于 $2.5mm^2$，空调、厨房分支回路不小于 $4mm^2$		3
		D30	导线穿管	Ⅱ配电导线保护管全部采用钢管，满足防火要求	3
				Ⅰ配电导线保护管采用聚乙烯塑料管（材质符合国家现行标准规定，但吊顶内严禁使用），满足防火要求	（2）
		D31	电气施工质量按有关规范验收合格		3
		D32	电梯安装调试良好，经过安全部门检验合格		4
日常安全防范措施（20）	防盗措施（6）	D33	防盗户门	Ⅱ具有防火、防撬、保温、隔声功能，并具有良好的装饰性	4
				Ⅰ具有防火、防撬、保温功能	（3）
		D34	在有被盗隐患部位设防盗网、电子防盗等设施，对直通地下车库的电梯采取安全防范措施		2
	防滑防跌措施（2）	D35	厨房、卫生间以及起居室、卧室、书房等地面和通道采取防滑防跌措施		2
	防坠落措施（12）	D36	中高层、高层住宅阳台栏杆（栏板）和上人屋面女儿墙（栏杆），其从可踏面起算的净高度≥1.10m（低层与多层住宅≥1.05m）；栏杆垂直杆件间净距≤0.11m，非垂直杆件栏杆有防儿童攀爬措施		3
		D37	窗外无阳台或露台的外窗，当从可踏面起算的窗台净高或防护栏杆的高度＜0.9m时有防护措施，放置花盆处采取防坠落措施		3
		D38	楼梯栏杆垂直杆件的净距≤0.11m；从踏步中心算起的扶手高度≥0.9m；当楼梯水平段栏杆长度＞0.5m时，其扶手高度≥1.05m；非垂直杆件栏杆设防攀爬措施		3
		D39	室内外抹灰工程、室内外装修装饰物牢靠，门窗安全玻璃的使用符合相关规范的要求		3

续表 D.0.1

评定项目及分值	分项及分值	子项序号	定性定量指标	分值
室内污染物控制（25）	墙体材料（4）	D40	☆墙体材料的放射性污染、混凝土外加剂中释放氨的含量不超过国家现行相关标准的规定	4
	室内装修材料（6）	D41	☆人造板及其制品有害物质含量、溶剂型木器涂料有害物质含量、内墙涂料有害物质含量、胶粘剂有害物质含量、壁纸有害物质含量、室内用花岗石及其他天然或人造石材的有害物质含量不超过国家现行相关标准的规定	6
	室内环境污染物含量（15）	D42	☆室内氡浓度、室内游离甲醛浓度、室内苯浓度、室内氨浓度和室内总挥发性有机化合物（TVOC）浓度不超过国家现行相关标准的规定	15
注：在灭火与报警系统、疏散设施分项中，对6层及6层以下的住宅，分别无子项D08～D09、D16要求，可直接得分。				

附录E 住宅耐久性能评定指标

表 E.0.1 住宅耐久性评定指标（100分）

评定项目及分值	分项及分值	子项序号	定性定量指标	分值
结构工程（20）	勘察报告（5）	E01	Ⅱ该住宅的勘查点数量符合相关规范的要求	3
			Ⅰ该栋住宅的勘察点数量与相邻建筑可借鉴勘察点总数符合相关规范要求	(2)
		E02	确定了地基土与土中水的侵蚀种类与等级，提出相应的处理建议	2
	结构设计（10）	E03	Ⅱ结构的耐久性措施比设计使用年限50年的要求更高	5
			☆Ⅰ结构的耐久性措施符合设计使用年限50年的要求	(3)
		E04	Ⅱ结构设计（含基础）措施（包括材料选择、材料性能等级、构造做法、防护措施）普遍高于有关规范要求	5
			Ⅰ结构设计（含基础）措施符合有关规范的要求	(3)
	结构工程质量（3）	E05	Ⅱ全部主控项目均进行过实体抽样检测，检测结论为符合设计要求	3
			Ⅰ部分主控项目进行过实体抽样检测，检测结论为符合设计要求	(2)
	外观质量（2）	E06	Ⅱ现场检查围护构件无裂缝及其他可见质量缺陷	2
			Ⅰ现场检查围护构件个别点存在可见质量缺陷	(1)

表 E.0.1

评定项目及分值	分项及分值	子项序号	定性定量指标	分值
装修工程（15）	装修设计（5）	E07	Ⅲ外墙装修（含外墙外保温）的设计使用年限不低于20年，且提出全部装修材料的耐用指标	5
			Ⅱ外墙装修（含外墙外保温）的设计使用年限不低于15年，且提出部分装修材料的耐用指标	(3)
			Ⅰ外墙装修（含外墙外保温）的设计使用年限不低于10年，且提出部分装修材料的耐用指标	(1)
	装修材料（4）	E08	Ⅱ设计提出的全部耐用指标均进行了检验，检验结论为符合要求	4
			Ⅰ设计提出的部分耐用指标进行了检验，检验结论为符合要求	(2)
	装修工程质量（3）	E09	按有关规范的规定进行了装修工程施工质量验收，验收结论为合格	3
	外观质量（3）	E10	现场检查，装修无起皮、空鼓、裂缝、变色、过大变形和脱落等现象	3
防水工程与防潮措施（20）	防水设计（4）	E11	Ⅱ设计使用年限，屋面与卫生间不低于25年，地下室不低于50年	3
			☆Ⅰ设计使用年限，屋面与卫生间不低于15年，地下室不低于50年	(2)
	防水材料（4）	E12	设计提出防水材料的耐用指标	1
		E13	全部防水材料均为合格产品	2
		E14	Ⅱ设计要求的全部耐用指标进行了检验，检验结论符合相应要求	2
			Ⅰ设计要求的主要耐用指标进行了检验，检验结论符合相应要求	(1)
	防潮与防渗漏措施（5）	E15	外墙采取了防渗漏措施	2
		E16	首层墙体与首层地面采取了防潮措施	3
防水工程与防潮措施（20）	防水工程质量（4）	E17	按有关规范的规定进行了防水工程施工质量验收，验收结论为合格	2
		E18	全部防水工程（不含地下防水）经过蓄水或淋水检验，无渗漏现象	2
	外观质量（3）	E19	现场检查，防水工程排水口部位排水顺畅，无渗漏痕迹，首层墙面与地面不潮湿	3
管线工程（15）	管线工程设计（7）	E20	Ⅲ管线工程的最低设计使用年限不低于20年	3
			Ⅱ管线工程的最低设计使用年限不低于15年	(2)
			Ⅰ管线工程的最低设计使用年限不低于10年	(1)
		E21	Ⅱ设计提出全部管线材料的耐用指标	3
			Ⅰ设计提出部分管线材料的耐用指标	(2)
		E22	上水管内壁为铜质等无污染、使用年限长的材料	1
	管线材料（4）	E23	管线材料均为合格产品	2
		E24	Ⅱ设计要求的耐用指标均进行了检验，检验结论为符合要求	2
			Ⅰ设计要求的部分耐用指标进行了检验，检验结论为符合要求	(1)
	管线工程质量（2）	E25	按有关规范的规定进行了管线工程施工质量验收，验收结论为合格	2

续表 E.0.1

评定项目及分值	分项及分值	子项序号	定性定量指标	分值
管线工程（15）	外观质量（2）	E26	现场检查，全部管线材料防护层无气泡、起皮等，管线无损伤；上水放水检查无锈色	2
设备（15）	设计或选型（4）	E27	Ⅲ设计使用年限不低于20年且提出设备与使用年限相符的耐用指标要求	4
			Ⅱ设计使用年限不低于15年且提出设备与使用年限相符的耐用指标要求	(3)
			Ⅰ设计使用年限不低于10年且提出设备的耐用指标要求	(2)
	设备质量（5）	E28	全部设备均为合格产品	2
		E29	Ⅱ设计或选型提出的全部耐用指标均进行了检验（型式检验结果有效），结论为符合要求	3
			Ⅰ设计或选型提出的主要耐用指标进行了检验（型式检验结果有效），结论为符合要求	(2)
	设备安装质量（3）	E30	设备安装质量按有关规定进行验收，验收结论为合格	3
	运转情况（3）	E31	现场检查，设备运行正常	3
门窗（15）	设计或选型（5）	E32	Ⅲ设计使用年限不低于30年	3
			Ⅱ设计使用年限不低于25年	(2)
			Ⅰ设计使用年限不低于20年	(1)
		E33	Ⅱ提出与设计使用年限相一致的全部耐用指标	2
			Ⅰ提出部分门窗的耐用指标	(1)
	门窗质量（4）	E34	门窗均为合格产品	2
		E35	Ⅱ设计或选型提出的全部耐用指标均进行了检验（型式检验结果有效），结论为符合要求	2
			Ⅰ设计或选型提出的部分耐用指标进行了检验（型式检验结果有效），结论为符合要求	(1)

续表 E.0.1

评定项目及分值	分项及分值	子项序号	定性定量指标	分值
门窗（15）	门窗安装质量（3）	E36	按有关规范进行了门窗安装质量验收，验收结论为合格	3
	外观质量（3）	E37	现场检查，门窗无翘曲、面层无损伤、颜色一致、关闭严密、金属件无锈蚀、开启顺畅	3

本标准用词说明

1 为了便于执行本标准条文时区别对待，对要求严格程度不同的用词说明如下：

1） 表示很严格，非这样做不可的用词：

正面词采用“必须”；反面词采用“严禁”。

2） 表示严格，在正常情况下均应这样做的词：

正面词采用“应”，反面词采用“不应”或“不得”。

2 标准中指定应按其他有关标准、规范执行时，写法为：“应符合……的规定”或“应按……执行”。

中华人民共和国国家标准

住宅性能评定技术标准

GB/T 50362—2005

条 文 说 明

目　次

1 总 则

1.0.1、1.0.2 住宅与人民的生活休戚相关。住宅建设关系到国家的环境、资源和发展，同时关系到消费者的安全、健康和生活质量。随着我国经济的发展和引导住宅合理消费政策的实施，居住者对住宅的要求愈来愈高。为引导住宅的发展，促进住宅产业现代化，需要制定一个统一的住宅性能评价方法和标准。以提高住宅的品质，营造舒适、安全、卫生的居住环境，保障消费者权益，适应国家的可持续发展。

1.0.3 本标准所指的住宅包括城镇新建和改建住宅。对既有住宅通过可靠性评估后，也可参照本标准进行性能评定。

1.0.4、1.0.5 本标准从规划、设计、施工、使用等方面，将住宅的性能要求分成5个方面，即适用性能、环境性能、经济性能、安全性能和耐久性能。通过5个方面的综合评定，体现住宅的整体性能，以保障消费者的居住质量。标准的性能指标以现行国家相关标准为依据，有些指标适当提高，以满足人民生活日益发展和提高的要求，标准中将A级住宅的性能按得分高低细分成3等，目的是为了引导住宅性能的发展与提高，同时也可适应不同人群对居住质量的要求。

1.0.6 申请性能评定的住宅必须符合国家现行强制性标准的规定，不符合者不能申请性能评定。

2 术 语

本标准的主要术语是根据与住宅的规划、设计、施工、质量检测等有关的国家现行技术标准给出的。其中适用性能、环境性能、经济性能、安全性能和耐久性能的内涵与其他标准有所不同，本标准另作了解读。

4 适用性能的评定

4.1 一 般 规 定

4.1.1 住宅适用性能的评定，既要考虑满足居住的功能性要求，也要考虑满足居住的舒适性要求，以提高住宅的内在品质。住宅的适用性能主要针对单元平面、住宅套型、建筑装修、隔声性能、设备设施、无障碍设施6个方面进行评定。与适用性能相关的保温隔热性能因涉及到住宅使用阶段的节能，在经济性能章节进行规定；防水的耐久性是反映防水质量的重要参数，故防水性能在耐久性能章节进行规定。

4.2 单 元 平 面

4.2.2 住宅单元平面的设计应根据居住活动的基本要求和活动规律，来布局和确定住宅功能空间的总体关系。使工作、睡眠、交流、餐食、盥洗等饮食起居的各种活动在一定的面积和空间内得到最充分、适用和经济的安排。

1 空间布局合理，动静分区，电梯、楼梯和排水管井不邻近居住空间布置，垃圾间位置避免串味和污染环境。

2 平面布置比较紧凑，能够充分利用空间，有利于减少公摊面积。

3 楼层单元平面应规整，无过分凹凸现象，体形系数不宜过大，平面布置应兼顾节能和卫生通风要求。

4 平面进深和户均面宽应适当，兼顾节地和舒适的要求。

5 对单元平面进行评定，是针对占总住宅建筑面积80%以上的各主要套型，主要套型满足要求即可按附录A得分。

4.2.3 遵循住宅建筑模数的协调原则，可保证住宅建设过程中，在功能、质量和经济效益方面获得优化，促进住宅建设从粗放型生产转化为集约型的社会化协作生产。强调住宅的可改造性，是考虑在住宅全寿命周期内，能通过适当改造，适应不断变化的居住要求。

1 住宅设计应符合住宅建筑模数的规定。厨房、卫生间部品类型多，条件复杂，应当充分注意模数尺寸的配合，特别是隔墙的位置尺寸定位，应能满足厨具及配件定型尺寸的要求。

2 采用大开间结构体系是可灵活分隔、易改造的前提条件，保证分隔方式的多样化；对非承重墙可采用易分隔的轻质材料，以便于拆装。

3 对模数协调和可改造性进行评定时，应检查各单元的标准层平面图。

4.2.4 单元公共空间是指从单元入口到住宅户门的公共空间。

1 多层住宅底层设进厅和高层住宅底层设门厅，可为居民提供交往、停留的空间，也为设置信报箱、管理间等设施提供空间。

2 候梯厅的进深要方便物品搬运，且使候梯不觉拥挤，因此候梯厅的进深不应小于轿厢的深度。

3 楼梯踏步的宽窄和高低决定了楼梯的坡度，它直接影响到人上下楼梯的安全和舒适程度，楼梯平台宽度对方便物品搬运尤为重要。

4 垃圾道在住宅中已被取消，对于多层住宅袋装垃圾应在室外设固定的存放地点，此内容在环境性能指标里有要求。对于高层住宅，袋装垃圾在每层应有固定的存放地点；垃圾收集空间或垃圾间的设置应满足卫生要求，应避免浊气、虫蝇的滋生，避免对住户的生活造成影响。

5 对单元公共空间进行评定时，应检查各单元的标准层平面图和首层平面图。

4.3 住宅套型

4.3.2 套内功能空间的设置和布局，既要满足功能上的要求，也要满足使用便利和卫生的要求，设计时应合理、有效地组织各功能区块，注重动静分区、洁污分区、提高使用效率。

1 卧室、起居室（厅）、厨房、卫生间是住宅的必要功能空间，为方便使用并增强居住的舒适度，还可设置书房、贮藏空间、用餐空间及入口过渡空间。

2 功能空间不应采用过分狭长的形状，为保证空间的有效利用、家具的设置以及采光和视觉的效果，起居室、卧室、餐厅等功能空间的长短边长度比不应大于1.8。

3 起居厅、卧室是家庭的主要活动空间，具有卫生和隐私的要求，因此，应有良好的自然通风、采光和视野景观，且不受邻居视线干扰。

4 本条为住宅最基本卫生要求，每套住宅必须有良好的日照，当有超过4个居住空间时，至少应有2个空间获得日照，以保证居室的卫生条件。关于居住空间日照时间，按现行国家标准《城市居住区规划设计规范》GB 50180中住宅建筑日照标准执行。

5 凹口处容易形成涡流，受污染的空气不容易消散，起居室、卧室若朝向凹口开窗，容易使得空气在户间交叉流动，造成串味和疾病的传播。

6 室内交通路线应短而便捷，要保证各功能空间的完整性，避免穿越。特别是不应穿行主要居住空间。

7 交通路线指从入口到达各功能空间的线路，线路越短，则表明平面组织合理，空间利用率高。交通面积是指无法设置家具，为交通使用的纯通道面积，如过大，则居室空间的有效利用率较低。

8 餐厅、厨房同属家庭公用空间，有紧密的功能上的联系，因此餐厅和厨房不应分离过远。

9 从卫生和安全的角度考虑，厨房应有自然采光和通风，且最好邻近出入口，以便蔬菜、食品和垃圾的出入。

10 对于三个及三个以上卧室的住宅，家庭人口偏多，为减少卫生间使用紧张的矛盾，照顾主人隐私和方便客人使用，一般设二个或二个以上的卫生间，其中一间为主卧室专用。卫生间的位置应方便使用，一般来讲应紧靠卧室，若有两个卫生间，共用卫生间可设在起居厅旁。

11 功能齐全的卫生间应考虑洗浴、便溺、化妆、洗面等各种需要，洗面和便溺应作适当分隔，相互空间位置和安装尺寸应符合人体工程学的要求。每套住宅至少应设一个功能齐全的卫生间。

12 对套内功能空间设置和布局进行评定，是针对占总住宅建筑面积80%以上的各主要套型，主要套型满足要求即可按附录A得分。

4.3.3 功能空间尺度的评定，既要满足使用功能上的要求，也要满足舒适度的要求。

1 住宅各功能空间的面积分配比例应适当，避免大而不当的现象产生。

2 起居厅是住宅内部的主要公共空间，为方便起居厅的使用，满足家具和设备摆放的要求，对起居厅连续实墙面的长度提出了基本要求；同时起居厅还应减少交通穿行的干扰，厅内门的数量不宜过多，门的位置宜集中布置。

3 双人卧室指可安排双人居住的卧室，按家具的摆放和使用舒适程度的要求，对开间尺寸提出了基本要求。

4 厨房操作台总长度指可用于炊事操作的台面长度总和。指洗、切、烧工序连续操作的有效长度，不含冰箱的宽度。

5 贮藏空间包括贮藏室、壁柜及吊柜等；壁柜及吊柜属于家具类，可由工厂预制、现场装配，住宅内除宜设贮藏室以外，可充分利用边角空间设置壁柜和吊柜。

6 在现行国家标准《住宅设计规范》GB 50096中要求，普通住宅层高宜为2.8m，控制住宅层高主要目的是为了住宅节地、节能、节材，节约资源。适当提高室内净高可改善居住的舒适度，特别在夏热地区，提高室内净高有利于自然通风散热，但在采暖地区室内净高过大不利于节能，因此应适度掌握。

7 对功能空间尺度进行评定，是针对占总住宅建筑面积80%以上的各主要套型，主要套型满足要求即可按附录A得分。

4.4 建筑装修

4.4.1 住宅作为完整的产品应包括装修，将毛坯房交付给住户，很难保证住宅整体的品质，在住宅投诉与住宅纠纷中，很多情况是因为住户对毛坯房进行装修的质量没有保证引起的。因此为保证住宅的品质，对新建住宅提倡土建装修一体化，以推广应用工业化装修技术，提高装修施工水平。向消费者提供精装修商品房，是今后住宅产业发展的方向。装修到位的做法，能有效保证住宅的品质。在我国城镇中，集合式住宅占绝大多数，装修到位作为评定3A等级的一票否决指标，主要针对集合式住宅而言。

1 门窗和固定家具采用工厂生产的成型产品，有利于提高效率、保证部品质量和最终的装修质量。减少现场加工量，有利于减少工地废料和环境污染。

2 为保证住宅的品质，防止因二次装修带来的质量问题，提倡由开发商对新建住宅进行一次装修。

厨房、卫生间的装修受管道、设备、防水等诸多因素的影响，涉及的专业工种较多，要求也比较复杂，因此厨房、卫生间装修到位将有效避免因二次装修带来的质量问题。

3 门厅、楼梯间或候梯厅的装修应注重实用、美观、易清洁，装修档次应与住宅的档次相匹配。

4 住宅外部装修包括建筑外立面、单元入口等，装修应注重实用、美观、耐候、耐污染、易清洁，装修档次应与住宅的档次相匹配。

5 对建筑装修进行评定时，应由专家现场抽查5套不同楼栋、不同类型的住宅进行检查。

4.5 隔声性能

4.5.1 住宅声环境的影响因素十分复杂，隔声性能的评定主要注重围护结构的隔声性能和设备、管道的噪声情况。目前我国住宅声环境质量离标准的规定尚有一定的差距，这与我国住宅建筑构造简单、门窗气密性不高、设备管道处置不妥有关系。楼板撞击声的防治是我国住宅的老大难问题，其主要原因是我国的楼板结构过于简单所致。本条提出了不同等级的要求，目的是促进住宅改进构造做法，增强隔声性能，切实改善住宅的声环境。

1 楼板的撞击声声压级的测试方法按照现行国家标准《建筑隔声测量规范》GBJ75进行，楼板的空气声计权隔声量按照建筑外墙的隔声测量方法进行。

2 计权隔声量为A声压级差。分户墙、分室墙、含窗外墙、户门的测试方法按照现行国家标准《建筑隔声测量规范》GBJ 75进行。

3 当采用塑料排水管时，排水管道冲水时的噪声会影响住户休息，如管道设在管井里，将有效减轻此类噪声。

4 电梯、水泵、风机、空调等设备安装时应采取设减振垫、减振支架、减振吊架等减振措施，设备机房还应采取有效隔声降噪措施。

5 终审时，应提供相关的检测报告，3A等级住宅应实地抽查、检测，按现场测试数据进行判定。

4.6 设备设施

4.6.1 设备设施的配置是居住功能质量的重要保证，居民生活水平的提高和住宅品质的提高，很大程度上依靠设备设施配置水平的提高。

4.6.2 厨卫设备的评定包括以下内容：

1 厨房应按“洗、切、烧”炊事流程布置炊事设备，管道接口定位应与设备配置相适应，方便连接，并能减少支管段的长度。

2 厨房设备成套是指厨房应配备有橱柜、灶台、油烟机、洗涤池、吊柜、调理台等设备，并应预留冰箱、微波炉等炊事设备的放置空间。

3 洗浴和便器之间或洗面和便器之间宜有一定的分隔，避免干扰。相应的管道定位接口应与之配套，方便连接，并能减少支管段的长度。

4 卫生设备齐全指浴缸（或淋浴盘）、洗面台、便器等基本设备齐备，配套设备有梳妆镜、贮物柜等。

5 洗衣机可视情况设于专用洗衣机位、卫生间、厨房、阳台或家务间内，应方便使用。当设在卫生间时，应与其他卫生器具有一定的间隔。洗衣机的电源、水源、排水口应是专用的，且方便使用。有条件时可设专用的家务间。晾晒衣物应考虑卫生的要求，因此最好安排在阳光能直晒的区域，如南面的阳台或露台。

6 对厨卫设备进行评定，是针对占总住宅建筑面积80%以上的各主要套型，主要套型满足要求即可按附录A得分。

4.6.3 给水、排水和燃气系统的评定包括以下内容：

1 给水、排水和燃气应设有管道系统和相应的设备设施。

2 给水系统的水质、水量和水压应满足国家标准和使用要求，燃气系统的气质、气量和气压应满足国家标准和使用要求，排水系统的设置应满足国家标准和使用要求。

3 为提高生活质量，住宅要求有室内热水供应，条件允许时可设24小时集中热水供应系统，并应采用至少是干管循环系统（循环到户表前）。或设户式热水系统，预留热水器的位置，并安装好相应的管道。

4 地漏、卫生器具排水、厨房排水、洗衣机排水等应分别设置存水弯，器具自带存水弯的除外，存水弯水封深度不小于50mm。

5 为方便排水管道日常清通，排水立管检查口的设置应方便操作，立管设在管井里时，应预留检查门，或将检查口引在侧墙上。

6 会所和餐饮业排水系统的使用时间和污水性质与住宅有一定区别，为防止噪声传播和老鼠、蟑螂等对住户的影响，应尽量将两者的排水系统分开。

7 住宅给水管、电线管、排水管等不应暴露在居住空间中，燃气管及计量表具隐蔽敷设时，应采取一定的通风安全措施。

8 住宅应设集中管井，管井内的各种管线、管道布置合理、整齐，管井设在卫生间、厨房等管道集中的部位。避免出现主干管明装在住宅内的现象。

9 户内计量仪表、阀门等的设置应方便检修和日常维护，当设在吊顶或管井里时，应预留检查门（口），且位置方便操作。

10 为单元服务的给水总立管、雨水立管、消防立管和公共功能的阀门及用于总体调节和检修的部件应设置在户外，如地下室、单元楼道、室外管廊、室外阀门井里，使得系统维护、维修时不影响住户的生活。

11 住宅套型的些微差异不会影响给水、排水和燃气系统的设置，所以对给水、排水和燃气系统的评定，只需对不同类型的住宅楼，各抽查一套住宅进行检查即可。

4.6.4 采暖、通风与空调系统的评定包括以下内容：

1 各居住空间不得存在通风短路和死角部位，通风顺畅是指在夏季各外窗开启情况下，居室内部应有适当的自然风。

2 严寒、寒冷地区设置的采暖系统应是集中采暖系统或户式采暖系统；夏热冬冷地区应设置的采暖和空调措施，可以是热泵式分体空调，或有条件时设集中采暖系统、户式采暖系统；夏热冬暖地区应有空调措施。温和地区的住宅，此条可直接得分。

3 合理设置空调室外机、室内风机盘管、风口和相关的阀门管线，合理设置空调系统的冷凝水管、冷媒管，穿外墙时应对管孔进行处理，满足位置合理和美观的要求。冷凝水应单独设管道系统有组织排放。

4 随着住宅外围护结构气密性能的提高，住宅新风的补给大多需要通过开窗通风来实现，而在有些天气情况下，开窗引入新风既无法保证新风的质量(包括洁净度、温湿度)，又不利于节能，因此应根据舒适度要求的不同，与住宅档次相匹配，分级设置新风系统或换气装置。

5 竖向烟（风）道最不利点的最大静压是指在所有各楼层同时开启排油烟机的情况下，最不利层接口处的最大静压。如不满足要求，应在屋顶设免维护机械排风装置或集中机械排风装置，集中机械排风装置是指设置屋顶风机等供烟道排风的动力装置。高层住宅尤其应当设置上述设备。

6 严寒、寒冷和夏热冬冷地区卫生间设置竖向风道，有利于即使在冬季不开窗的情况下，也能快速排除卫生间内的污浊空气和湿气，能有效避免污浊空气和湿气进入其他室内空间。其他地区的明卫生间不作要求，此条可得分。

7 严寒、寒冷和夏热冬冷地区的卫生间因冬季不便开窗通风，因此应和暗卫生间一样设机械排风装置。其他地区的明卫生间不作要求，此条可得分。

8 采暖供回水总立管、公共功能的阀门和用于总体调节和检修的部件，设在共用部位。

9 对采暖、通风与空调系统进行评定，是针对占总住宅建筑面积80%以上的各主要套型，主要套型满足要求即可按附录A得分。

4.6.5 电气设备设施的评定，应着眼于既满足目前的需要，又考虑未来发展的需要，在满足功能要求和安全要求的基础上，方便使用，可按不同档次要求进行配置。

1 电源插座的数量以“组”为单位，插座的“一组”指一个插座板，其上可能有多于一套插孔，一般为两线和三线的配套组。考虑居民生活水平的不断提高，用电设备不断增多，为方便使用、保证用电安全，电源插座的数量应尽量满足需要，插座的位置应方便用电设备的布置。对于空调和厨房、卫生间内的固定专用设备，还应根据需要配置多种专用插座。

2 对分支回路作出规定，可以使套内负荷电流分流，减少线路的温升和谐波危害，从而延长线路寿命和减少电气火灾危险。

3 上楼梯超过4层，成年人已感到辛苦，老年人及儿童更加困难，我国现行国家标准《住宅设计规范》GB 50096规定7层及以上住宅必须设电梯，国外发达国家一般定为4层以上住宅设电梯，因此为提高住宅的舒适度，对多层住宅也提出设置电梯的要求。

4 公共部位的照明，本着节能和满足相应舒适度的要求，规定人工照明的照度要求。住宅底层门厅和大堂的设计，不应有眩光现象。

5 电气、电信干线（管）和公共功能的电气设备及用于总体调节和检修的部件，设在共用部位。

6 对电气设备设施进行评定，是针对占总住宅建筑面积80%以上的主要套型，主要套型满足要求即可按附录A得分。对于公共部位的照明，应对楼梯间、电梯厅、楼梯前室、电梯前室、地下车库、电梯机房、水箱间等部位各随机抽查一处，满足要求即可按附录A得分。

4.7 无障碍设施

4.7.1 住宅满足残疾人和老年人的需求，是体现对人的最大关怀，是时代进步的要求。因此除在特殊的专用住宅中，要体现对特殊人群的关怀以外，尚应在普通住宅中创造基本条件，满足无障碍的要求。

4.7.2 套内无障碍设施的评定包括以下内容：

1 户内地面应尽可能保持在一个平面上，尽量不要出现台阶和高差，以便于老人、儿童、残疾人行走，而且方便人们夜晚行走。考虑到卫生间、阳台等处的防水要求，允许高差≤20mm。

2 户内过道的宽度，既要考虑搬运大型家具的要求，也要考虑老年人、残疾人使用轮椅通行的需要。此条参考了国家现行标准《住宅设计规范》GB 50096和《老年人建筑设计规范》JGJ 122—99。

3 此条参考了《老年人建筑设计规范》JGJ 122—99的要求，800mm的净宽能满足轮椅的进出要求。

4 对套内无障碍设施进行评定，是指对不同类型的住宅楼各抽查一套住宅，进行现场检查，根据现场情况进行评分。

4.7.3 单元公共区域无障碍设施的评定包括以下内容：

1 此条参考了《老年人建筑设计规范》JGJ 122—99

的要求。7层及以上住宅，至少保证有一部电梯的电梯厅及轿厢尺寸，满足轮椅和急救担架进出方便，且为无障碍电梯。6层及以下住宅此项可直接得分。

2 现行国家标准《住宅设计规范》GB 50096规定设置电梯的住宅，单元公共出入口，当有高差时，应设轮椅坡道和扶手；对于不设电梯的住宅，可考虑首层为老年人和残疾人使用的套型，单元公共出入口有高差时，也应设轮椅坡道和扶手，从室外直达首层的户门。

3 对单元公共区域无障碍设施进行评定，是指对不同类型的住宅楼各抽查一个单元，进行现场检查，根据现场情况进行评分。

4.7.4 住区无障碍设施的评定包括以下内容：

1 为方便乘轮椅者和婴儿车的通行，住区内的无障碍通行设施应保证统一性、连贯性。

2 此条引自《城市道路和建筑物无障碍设计规范》JGJ 50—2001中6.2.2的规定。为便于残疾人、老年人享用公共活动场所，应设置方便轮椅通行的坡道和轮椅席位，地面也要求平整、防滑、不积水。

3 此条引自《城市道路和建筑物无障碍设计规范》JGJ 50—2001中6.2.4的规定。满足无障碍要求的厕位和洗手盆可设在会所等公共场所，可在男、女卫生间分别各设置一套，或设一个残疾人专用卫生间。

4 住区的公共服务设施应方便残疾人、老年人的使用，其出入口应满足无障碍通行的要求。

5 对住区无障碍设施进行评定，是指现场检查住区的公共区域无障碍设施的设置情况，根据现场情况进行评分。

5 环境性能的评定

5.2 用地与规划

5.2.2 结合场地的原有地形、地貌与地质，因地制宜地利用土地资源。控制建设活动对原有地形地貌的破坏，通过科学合理的设计与施工尽可能地保护原有地表土；地表径流不对场地地表造成破坏；减少对地下水与场地土壤的污染等。若住区周边环境优美，其主要房间、客厅开窗的位置、大小应有利于良好的视野与景观。

按照国家文物保护法规、确定对场地内的文物进行保护的方案。在人文景观方面，重视历史文化保护区内的空间和环境保护；对场地及周边环境的动植物原有生态状况进行调查，以尽量减少建设活动对原有生态环境的破坏。建筑形态和造型上尊重周围已经形成的城市空间、文化特色和景观。

大气污染源是指排放大气污染物的设施或指排放大气污染物的建筑构造（如车间等）。远离污染源，避免住区内空气污染。本条还包括避免和有效控制水体、噪声、电磁辐射等污染。若住区附近或住区内存在污染源，且对居住生活带来一定影响，不能评定为A级住宅。

5.2.3 住栋布置应优先选用环境条件良好的地段，注意合理的组合尺度及组团空间的营造，较好地形成小气候环境，方便日照、通风。住栋布置朝向满足住宅采光、通风、日照、防西晒的要求，住栋间距满足现行国家标准《城市居住区规划设计规范》GB 50180中关于住宅建筑日照标准的规定。

空间层次与序列清晰、尺度恰当，是指住宅布置与组合的合理性，住区规划应尽可能形成层次清晰的室外空间序列。

5.2.4 住区道路系统构架清晰，小区路、组团路、宅间路分级明确。交通合理，人流、车流区分明确，既具通达性又不受外来干扰，避免区外交通穿越并与城市公交系统有机衔接。

机动车主出入口设置合理，方便与外界的联系，符合现行国家标准《城市居住区规划设计规范》GB 50180的要求。

机动车出入口的设置满足：(1) 与城市道路交接时，交角不宜小于75°；(2) 距相邻城市主干道交叉口距离，自道路红线交叉点起不小于80m，次干道不小于70m；(3) 距地铁出入口、人行横道线、人行过街天桥、人行地道边缘不小于30m；(4) 距公交站边缘不小于15m；(5) 距学校、公园、儿童及残疾人等使用的建筑出入口不小于20m；(6) 距城市道路立体交叉口的距离或其他特殊情况应由当地主管部门确定。

满足消防、防盗、防卫空间层次的要求，无安全巡逻和视线死角。

机动车停车率是住区内停车位数量与居住户数的比率（%）。本标准主要考虑到发达地区的现状与发展趋势。目前我国私人汽车拥有量快速增长，但各地区发展不平衡，因此各地区可根据具体情况确定机动车停车率，但若低于本标准的数值要扣分。低层住宅应带有车位，其数量可以统计在内。

我国住区自行车拥有量很大，应合理规划设计自行车停车位，方便居民使用。高层住宅自行车停车位可设置在地下室；多层住宅自行车停车位可设置在室外，自行车停车位距离主要使用人员的步行距离≤100m。自行车在露天场所停放，应划分出专用场地并安装车架，周边或场内进行绿化，避免阳光直射，但要有一定的领域感。若多层住宅在楼内设置自行车停放场，要求使用方便，且隐蔽。

按要求设置标示标牌，标示标牌的位置应醒目，标牌夜间清晰可见，且不对行人交通及景观环境造成妨害。标志的色彩、造型设计应充分考虑其所在地区建筑、景观环境以及自身功能的需要。标志的用材应经久耐用，不易破损，方便维修。各种标志应确定统一的格调和背景色调以突出住区的识别性。

住区与外界交通方便，周围至少有一条公共交通线路，距离住区少于 5 分钟步行距离（约 400m 范围）有公共交通设施。

5.2.5 对 A 级住区要求市政基础设施（包括供电系统、燃气系统、给排水系统与通信系统）必须配套齐全、接口到位。

5.3 建筑造型

5.3.2 建筑形式美观、新颖，具有现代居住建筑风格，能体现地方气候特点和建筑文化传统。

建筑造型在空间变化和体形上均有灵活而宜人的处理，造型设计不得在采光、通风、视线干扰、节能等方面严重影响或损害住宅使用功能，不过多地采用无功能意义的多余构件和装饰。

外立面：Ⅲ级　外立面简洁，具有现代风格。室外设施的位置合适，保持住区景观的整体效果。对暴露在外墙的各种管道及设备均有必要的细部处理，不影响外立面造型效果。对外装空调的位置及洞口、支架形式均进行了有效的造型处理，并有组织排水；避免水迹、锈迹、加建阳台、露台及外设防盗设施对造型的影响；防盗网均应设在窗的室内一侧。Ⅱ级　外立面造型美观，但有些防盗网装在室外（卷帘式除外）或生活阳台设在临主要道路立面上。Ⅰ级总体状况与Ⅱ级类似，但外立面上多处存有金属锈迹与水迹，影响立面效果。

5.3.4 住区室外灯光设计的目的主要有 4 个方面：(1) 增强对物体的辨别性；(2) 提高夜间出行的安全度；(3) 保证居民晚间活动的正常开展；(4) 营造环境氛围。照明作为景观素材进行设计，既要符合夜间使用功能，又要考虑白天的造景效果，选择造型优美的灯具。

5.4 绿地与活动场地

5.4.2 住区绿地布局合理，各级游园及绿地配置均匀，并在设计中考虑区内外绿地的有机联系，方便居民活动使用。

住区绿地是指住区、小区游园、宅旁绿地、公共服务设施所属绿地和道路绿地（即道路红线内的绿地），但不包括屋顶和晒台的人工绿地；住区绿地占住区用地的比率（%）为绿地率。建设部 1993 年《关于印发〈城市绿化规划建设指标的规定〉的通知》（建城［1993］784 号）提出："新建住区内绿地占住区总用地比率不低于 30%"。根据《国务院关于加强城市绿化建设的通知》中确定的城市绿化工作目标和主要任务："到 2005 年，全国城市规划建成区绿地率达到 30%以上，绿化覆盖率达到 35%以上，人均公共绿地面积达到 $8m^2$ 以上，城市中心区人均公共绿地达到 $4m^2$ 以上；到 2010 年，城市规划建成区绿地率达到 35%以上，绿化覆盖率达到 40%以上，人均公共绿地面积达到 $10m^2$ 以上，城市中心区人均公共绿地达到 $6m^2$ 以上"。提高住区绿地率，对于整个城市的发展也将起到积极的作用。因此本标准将绿地率设定为 35%与 30%两档。

根据住区不同的规划组织结构类型，设置相应的中心公共绿地。住区公共绿地至少有一边与相应级别的道路相邻。应满足有不少于 1/3 的绿地面积在标准日照阴影范围之外。块状、带状公共绿地同时应满足宽度不小于 8m，面积不少于 $400m^2$ 的要求。参见现行国家标准《城市居住区规划设计规范》GB 50180。

居住小区内建筑散地、墙面（包括挡土墙）、平台、屋顶、阳台和停车场 6 种场地应充分绿化，既可增加住区的绿化量，又不影响建筑及设施的使用。平台绿化要把握"人流居中，绿地靠窗"的原则，即将人流限制在平台中部，以防止对平台首层居民的干扰。绿地靠窗设置，并种植一定数量的灌木和乔木，减少户外人员对室内居民的视线干扰。屋顶绿地分为坡屋面和平屋面绿化两种，应种植耐旱、耐移栽、生命力强、抗风力强、外形较低矮的植物。坡屋面多选择贴伏状藤本或攀缘植物。平屋顶以种植观赏性较强的花木为主，并适当配置水池、花架等小品，形成周边式和庭园式绿化。停车场绿化可分为：周界绿化、车位间绿化和地面绿化及铺装。总之，本条评定内容遵循"可绿化的用地均应绿化"的要求提出。

5.4.3 充分发挥植物的各种功能和观赏特点，合理配置，常绿与落叶、速生与慢生相结合，构成多层次的复合生态结构，达到人工配置的植物群落自然和谐。栽植多类型植物群落和植物配置的多层次，有助于增加绿量，可一定程度上减少环境绿化养护费。

为了提高绿化景观环境质量，减少绿化的维护成本，住区内的绿化应重视乔木数量，切实增加绿化面积。本条要求乔木量≥3 株/$100m^2$ 绿地面积，可以按住区（总乔木量/总绿地面积）来计算。

全国根据气候条件和植物自然分布特点，按华北、东北、西北为一个区，华中、华东为一个区，华南、西南为一个区，将城市绿化植物配置分成三个大区，计算木本植物种类；并根据我国目前城市住区绿化植物数量和植物引种水平的调查，确定本标准植物种类。

5.4.4 绿地中配置适当的硬质铺装，一般占绿地面积的 10%～15%，发挥绿地综合功能的作用。

5.5 室外噪声与空气污染

5.5.2 当住区临近交通干线，或不能远离固定的设备噪声源，应采取隔离和降噪措施，如采取道路声屏障、低噪声路面、绿化降噪、限制重载车通行等；对产生噪声干扰的固定的设备噪声源采取隔声和消声措施。住区周围无明显噪声源时，可免于检测。若存在噪声干扰，应提供具有相应检测资质单位的检测数据。检测依据为现行国家标准《城市区域环境噪声标准》GB 13096，测量方法依据为现行国家标准《城市区域环境噪声测量方法》GB/T 14623。测点选取：(1) 住区内能代表大多数住户环境噪声特征的测点两个，两个测点间的距离不小于小区长向距离的 1/3；(2) 住区周边道路中噪声和交通流量最高的一条道路所邻近的住宅前；(3) 住户投诉受到噪声干扰的区域。

在偶然噪声测量有困难的住区，可采用下述间接计算方式，如下表 1 所示。

表 1　偶然噪声测量的间接计算方式

噪声发源地		方向与屏障情况	距离(≤km)		
			≤55dB	＞55dB,且≤60dB	＞60dB,且≤65dB
机场	中型机场	顺跑道爬升方向	25	20	14
		顺跑道降落方向	17	14	10
		侧跑道方向	5	4	3
	大型机场	顺跑道爬升方向	40	30	20
		顺跑道降落方向	25	20	14
		侧跑道方向	7	6	5
码头		前面无屏障	1.5	1.0	0.3
		前面有屏障	1	0.5	0.2
铁路		与铁路方向垂直,无屏障	4	3	2
		前面有屏障	3	2	1
有强烈噪声工厂		前面无屏障	0.3	0.2	0.1
		前面有屏障	0.2	0.1	0.05
城市主干路		前面无屏障	0.4	0.3	0.1
		前面有屏障	0.3	0.2	0.05
锅炉、风机、酒店		前面无屏障	0.4	0.2	0.1
		前面有屏障	0.1	—	—

5.5.3　排放性局部污染源包括：1km 范围内大型采暖锅炉或工业烟囱，无除尘脱硫设备；除尘与脱硫均指按照国家标准设计与施工并经验收合格的装置，其治理污染范围为 100%。

开放性局部污染源包括：距离住区 500m 范围内非封闭污水沟塘、饮食摊点（使用非洁净燃料），非封闭垃圾站等。洁净燃料包括：油类（重油小于 25%）、天然气、人工煤气、液化石油气等。

辐射性局部污染源包括：地表土壤及近地岩石中含强放射物质、附近有强电磁辐射源等。

溢出性局部污染源包括：距离住区 300m 范围内无水洗公共厕所、汽车修理厂、电镀厂、小型印染厂等。

住区内空气中有害物质的含量不应超过标准值（必要时可实际测定）。要求住区规划设计有利于空气流通，停车场布局合理，以减少汽车尾气对住户的污染。采取有效的措施，减少住区内污染物的排放等。

空气中主要污染物有飘尘、二氧化硫、氮氧化物、一氧化碳等。空气中的粒子状污染物数量大、成分复杂，对人体危害最大的是 10μm 以下的浮游状颗粒物，称为飘尘。国家环境质量标准规定居住区飘尘日平均浓度低于 0.3mg/m^3，年平均浓度低于 0.2mg/m^3。二氧化硫（SO_2）主要由燃煤及燃料油等含硫物质燃烧产生。国家环境质量标准规定，居住区二氧化硫日平均浓度低于 0.15mg/m^3，年平均浓度低于 0.06mg/m^3。空气中含氮的氧化物有一氧化二氮（N_2O）、一氧化氮（NO）、二氧化氮（NO_2）、三氧化二氮（N_2O_3）等，其中占主要成分的是一氧化氮和二氧化氮。氮氧化物污染主要来源于生产、生活中所用的煤、石油等燃料燃烧的产物（包括汽车及一切内燃机燃烧排放的 NO_x）。NO_x 对动物的影响浓度大致为 1.0mg/m^3，对患者的影响浓度大致为 0.2mg/m^3。国家环境质量标准规定，居住区氮氧化物日平均浓度低于 0.10mg/m^3，年平均浓度低于 0.05mg/m^3。一氧化碳（CO）是无色、无味的气体。主要来源于含碳燃料、卷烟的不完全燃烧，其次是炼焦、炼钢、炼铁等工业生产过程所产生的。我国空气环境质量标准规定居住区一氧化碳日平均浓度低于 4.0mg/m^3。

5.6　水体与排水系统

5.6.2　居住区内天然水体水质应根据其功能满足现行国家标准《景观娱乐用水水质标准》GB 12941 中相应水质的标准。人造景观用水体（水池）水质应满足该标准中 C 类水质的要求。

在现行国家标准《室外排水设计规范》GBJ 14 中要求："新建地区排水系统宜采用（雨、污）分流制"。雨水应排入城市雨水管网或就近排入河道或天然水体。污水则应排入城市污水管网系统。当居住区远离城市污水管网系统时，必须单独设置污水处理设施。污水经处理后必须满足《污水排入城市下水道水质标准》CJ 3082—1999、《城市污水处理厂污水污泥排放标准》(CJ 3025)。两种情况满足其中一种即可得分。

5.7 公共服务设施

5.7.2 教育设施的配置应符合《城市居住区规划设计规范》GB 50180 中对教育设施设置的规定。

提供居住区级范围内的医疗卫生服务。社区健康服务中心、门诊部分为市级、区级或镇级医院的派出机构，提供儿科、内科、妇幼与老年保健。该条应符合《城市居住区规划设计规范》GB 50180 对医疗卫生服务设施设置的规定。居住区周围 1km 以内有镇级以上医院的此项亦得分。

儿童游乐场应该在景观绿地中划出固定的区域，一般均为开敞式。游乐场地必须阳光充足，空气清洁，能避开强风的袭扰。应与住区的主要交通道路相隔一定距离，减少汽车噪声的影响并保障儿童的安全。儿童游乐场周围不宜种植遮挡视线的树木，保持较好的可通视性。儿童游乐场设施的选择应能吸引和调动儿童参与游戏的热情，兼顾实用性与美观。色彩可鲜艳但应与周围环境相协调。游戏器械选择和设计应尺度适宜，避免儿童被器械划伤或从高处跌落，可设置保护栏、柔软地垫、警示牌等。

设置老人活动与服务支援设施，包括活动设施、休息座椅等。室外健身器材要考虑老年人的使用特点，要采取防跌倒措施。座椅的设计应满足人体舒适度要求。

居住区结合绿地与环境配置，设置露天体育健身活动场地。健身活动场地包括运动区和休息区。运动区应保证有良好的日照和通风，地面宜选用平整防滑适于运动的铺装材料，同时满足易清洗、耐磨、耐腐蚀的要求。休息区布置在运动区周围，供健身运动的居民休息和存放物品。休息区宜种植遮阳乔木，并设置适量的座椅。

居住区游泳池设计必须符合游泳池设计的相关规定。游泳池不宜做成正规比赛用池，池边尽可能采用优美的曲线，以加强水的动感。

设置社区服务设施，一般情况下 0.6～1 万人应设一处社区服务中心，设置与居民日常生活密切的居委会、社区管理机构等。

5.7.3 在《城镇环境卫生设施设置标准》CJJ 27—2005 中规定公共厕所设置数量“居住用地，每平方公里 3～5 座”，参照此标准，本标准规定居住小区内公共厕所设置要求每 30 公顷 1 座以上，不足 30 公顷至少设置 1 座。为提高小区内环境卫生水平，本标准要求小区内公共厕所达到三类标准（《城市公共厕所设计标准》CJJ 14—2005）；为方便公众入厕，鼓励小区内公共设施如商店等设置厕所并对外开放；本标准规定小区内商店等设施有对外开放的厕所可作为小区内公共厕所来评定。

在《城镇环境卫生设施设置标准》CJJ 27—2005 中规定废物箱“一般道路设置间隔 80～100m”，并要求“废物箱一般设置在道路的两旁和路口，废物箱应美观、卫生、耐用并能防雨、阻燃”。本标准按《城镇环境卫生设施设置标准》CJJ 27—2005 有关要求执行。

垃圾容器一般设在居住单元出入口附近隐蔽的位置，其外观色彩及标志应符合垃圾分类收集的要求。垃圾容器分为固定式和移动式两种。普通垃圾箱的规格为高 600～800mm，宽 500～600mm。放置在公共广场的要求较大，高宜在 900mm 左右，直径不宜超过 750mm。垃圾容器应选择美观与功能兼备，并且与周围景观相协调产品，要求坚固耐用，不易倾倒。一般可采用不锈钢、木材、石材、混凝土、GRC、陶瓷材料制作。

垃圾存放与处理Ⅱ档做到减少垃圾处理负载，实现垃圾资源化与垃圾减量化。利用微生物对有机垃圾进行分解腐熟而形成的肥料，实现垃圾堆肥化。生活垃圾减量化、资源化是生活垃圾管理的重要目标，而生活垃圾的分类收集是实现这一目标的基础，也是生活垃圾管理的发展趋势。要求居住区具有生活垃圾分类收集设施，将生活垃圾中可降解的有机垃圾进行分类收集的设施；对可燃垃圾进行单独分类收集的设施；对生活垃圾中的煤灰进行单独分类收集的设施。若居住区规模较小时，不宜建垃圾处理房，但使用生活垃圾分类收集，做到存放垃圾及时清运，也可计入Ⅱ档。

5.8 智能化系统

5.8.2 居住区应设立管理中心，当居住区规模较大时，可设立多个分中心。管理中心的控制机房宜设置于居住区的中心位置并远离锅炉房、变电站（室）等。管理中心的控制机房的建筑和结构应符合国家对同等规模通信机房、计算机房及消防控制室的相关技术要求。机房地面应采用防静电材料，吊顶后机房净高应能满足设备安装的要求。控制机房的室内温度宜控制在 18～27℃，湿度宜控制在 30%～65%。控制机房应便于各种管线的引入，宜设有可直接外开的安全出口。

应将智能化系统管线纳入居住区综合管网的设计中，并满足居住区总平面规划和房屋结构对预埋管路的要求。采用优化技术，如选用总线技术、电力线传输技术与无线技术等，减少户内外管线数量。

系统装置安装应符合相应的标准规范的规定，如现行国家标准《电气装置安装工程 电缆线路施工及验收规范》GB 50168、《建筑电气工程施工质量验收规范》GB 50303 与《民用闭路监视电视系统工程技术规范》GB 50198 等。

应根据不同的地区和系统，提出符合规定的接地与防雷方案，并应满足现行国家标准《建筑物防雷设计规范》GB 50057—94（2000 年版）中的相关要求。居住区智能化系统宜采用集中供电方式，对于家庭报警及自动抄表系统必须保证市电停电后的 24h 内正常工作。

5.8.3 按居住区内安装安全防范子系统配置的不同，分为Ⅲ、Ⅱ、Ⅰ三档。通过在居住区周界、重点部位与住户室内安装安全防范装置，并由居住区物业管理中心统一管理。目前可供选用的安全防范装置主要有：闭路电视监控系统、周界防越报警系统、电子巡更装置、可视对讲装置与住宅报警装置等。应依据小区的市场定位、当地的社会治安情况以及是否封闭式管理等因素，综合考虑技防人防，确定系统，提高居住区安全防范水平。技术要求遵照《居住区智能化系统配置与技术要求》CJ/T 174—2003。

管理与监控子系统按居住区内安装管理与监控装置配置的不同，分为Ⅲ、Ⅱ、Ⅰ三档。管理与监控系统主要有：户外计量装置或 IC 卡表具、车辆出入管理、紧急广播装置与背景音乐、给排水、变配电设备与电梯集中监视、物业管理计算机系统等。应依据小区的市场定位来选用，充分考虑运行维护模式及可行性。技术要求遵照《居住区智能化系统配置与技术要求》CJ/T 174—2003。

信息网络子系统由居住区宽带接入网、控制网、有线电视网、电话交换网和家庭网组成，提倡采用多网融合技术。建立居住区网站，采用家庭智能终端与通信网络配线箱等。信息网络系统配置差距很大，Ⅲ级配置用于高档豪华型居住区，Ⅱ级配置用于舒适型商品住宅，Ⅰ级配置用于适用型商品住宅或经济适用房。应依据小区的市场定位来选用，充分考虑运行维护模式及可行性。

6 经济性能的评定

6.1 一 般 规 定

6.1.1 在试行稿《商品住宅性能评定方法与指标体系》中，经济性能主要包括住宅性能成本比和住宅日常运行能耗两部分内容。

由于在实际操作中，难于拿到性能成本比的真实数据，故在编写本标准时删除了这部分内容。根据国际上提出可持续发展的最新动态，本着国家提出的坚持扭转高消耗、高污染、低产出的状况，全面转变经济增长方式的要求，按照建设部的“四节”要求，把经济性能的评定列为节能、节水、节地和节材 4 个项目，“原指标体系”住宅日常运行能耗中的采暖、制冷、照明能耗，已包含在节能项目中，日常维修费用已包含在耐久性能中。

6.2 节 能

6.2.1 建筑节能在我国已有 10 年以上的工作实践，3 本不同建筑气候地区的节能规范也陆续问世，它是可持续发展中的一个重要内容。对住宅节能而言，主要就建筑设计、围护结构、采暖空调系统和照明系统 4 个方面展开评定，其重要性系“四节”之最，所以分值的权重也最大。

6.2.2 建筑设计是建筑节能的首要环节。

住宅朝向以满足采光、通风、日照和防西晒为原则。建筑物朝向对太阳辐射得热量和空气渗透热量都有影响。

由于太阳高度角和方位角的变化规律，南北朝向的建筑夏季可以减少太阳辐射得热，冬季可以增加辐射得热，是最有利的建筑朝向。出于规划的各种需求，本条放宽为偏南北朝向。

建筑物体形系数是指建筑物的外表面积和外表面积所包的体积之比。体形系数的大小对建筑能耗的影响非常显著。研究资料表明，体形系数每增大 0.01，耗能量指标就增加 2.5%。体形系数越小，单位建筑面积对应的外表面积越小，外围护结构的传热损失越小。从降低建筑能耗的角度出发，应该将体形系数控制在一个较低的水平上。但是体形系数还与建筑造型、平面布局和采光通风有关，过小的体形系数会制约建筑师的创造性，造成建筑造型呆板，平面布局困难，甚至损害建筑功能，因此对不同地区应有不同的标准。对夏热冬冷和夏热冬暖地区，还对条式建筑和点式建筑制定了不同标准，意在留给建筑师较多的创作空间。

楼梯间和外廊是建筑物内部的节能薄弱部位，严寒、寒冷地区对此应有必要的规定。

普通窗户的保温隔热性能比外墙差很多，夏季白天通过窗户进入室内的太阳辐射热也比外墙多得多。窗墙面积比越大，则采暖和空调的能耗也越大。地处寒冷地区的北京市建筑测试表明，采暖期间门窗耗热量占建筑总耗热量的 40%～53%。因此，减少窗口面积是节能的有效途径。为此，从节能的角度出发，必须限制窗墙面积比，一般应以满足室内采光要求作为窗墙面积比的确定原则。近年来住宅建筑的窗墙面积比有越来越大的趋势，因为购买者都希望自己的住宅更加通透明亮。当超过规定数值时，也可通过单框双玻或中空玻璃等措施来提高外窗的热工性能。在武汉、长沙的部分住宅小区已采用中空玻璃，其另一目的是隔声的需要。

夏季透过窗户进入室内的太阳辐射热构成了空调负荷的主要部分，设置外遮阳是减少太阳辐射热进入室内的一个有效措施。冬季透过窗户进入室内的太阳辐射热可以减少采暖负荷。所以设置活动式遮阳是比较合理的。

常用遮阳设施的太阳辐射热透过率见表 2。

外窗遮阳仅考虑夏热冬冷、夏热冬暖和温和地区。遮阳系数 S_W 按《夏热冬暖地区居住建筑节能设计标准》JGJ 75—2003 的规定计算。

再生能源系指太阳能、地热能、风能等新型能源，取之不尽、用之不竭又无污染。尤其太阳能利用已有一定的基础，其中与建筑一体化的工作开展得不甚理想，既不美观又不安全，为此设 2 个档次进行评分。

表 2　常用遮阳设施的太阳辐射热透过率（%）

外窗类型	窗帘内遮阳		活动外遮阳	
	浅色较紧密织物	浅色紧密织物	铝制百叶卷帘（浅色）	金属或木制百叶卷帘（浅色）
单层普通玻璃窗 3+6mm 厚玻璃	45	35	9	12
单框双层普通玻璃窗： 3+6mm 厚玻璃 6+6mm 厚玻璃	 42 42	 35 35	 9 13	 13 15

6.2.3　建筑物是通过围护结构与外界空气进行热交换的，所以围护结构是建筑节能的重要环节，所给的分值也比较高。

外窗和阳台门的气密性过去是按《建筑外窗空气渗透性能分级及其检测方法》GB 7107—86 规定执行：在 10Pa 压差下，每小时每米缝隙的空气渗透量在 1.5～2.5m^3 之间为Ⅲ级，0.5～1.5m^3 之间为Ⅱ级，级别越小越好，《建筑外窗气密性能分级及检测方法》GB/T 7107—2000 分为Ⅴ级（空气渗透量≤0.5m^3），Ⅳ级（0.5～1.5m^3），Ⅲ级（1.5～2.5m^3）等 3 个级别，级别越大越好，本条设置Ⅴ级和Ⅳ级两档。

外墙、外窗和屋顶的平均传热系数在 3 本节能标准中都有明文规定，本条设置达标和提高 3 个档次，目的是鼓励开发商把住宅的保温隔热做得再超前一点，表中的 K 为实际设计值，Q 为地区节能设计标准限值。

当设计的居住建筑不符合体形系数、窗墙面积比和围护结构传热系数的有关规定时，就应采用动态方法计算建筑物的节能综合指标，不同建筑地区有不同的计算方法，如同围护结构一样设置 3 个档次。

6.2.4　居住建筑选择集中采暖、空调系统，还是分户采暖、空调，应根据当地能源、环保等因素，通过仔细的技术经济分析来确定。

建设部 2005 年 11 月 10 日颁布了第 143 号令《民用建筑节能管理规定》，其中第十二条规定“采用集中采暖制冷方式的新建民用建筑应当安设建筑物室内温度控制和用能计量设施，逐步实行基本冷热价和计量冷热价共同构成的两部制用能价格制度。”

居住建筑采用分散式（户式）空气调节器（机）进行空调（及采暖）时，若用户自行购置空调器，分值系满分；若开发商配置时，其能效等级应按目前节能评价水平中的 2 级、3 级及 4 级分别给予不同分值（目前的 5 级预计今后会淘汰）。

对分体空调室外安放搁板时，应充分考虑其位置利于空调器夏季排放热量、冬季吸收热量，并应防止对室内产生热污染及噪声污染。

6.2.5　照明节能也属建筑节能的一个分支。四条内容系根据国标《建筑照明设计标准》的内容归纳出来的。*LPD* 指照明功率密度，即每平方米的照明功率不能超过标准规定。

6.3　节　水

6.3.1　水是维持地球生态和人类生存的基础性自然资源，但是我国水资源安全形势十分严峻，资源相对不足是制约发展的突出矛盾。我国人均水资源拥有量仅为世界平均水平的 1/4，600 多个城市中 400 多个缺水，其中 110 个严重缺水。我国的水资源量呈现出南方地区为水质型缺水，北方地区为水量加水质复合型缺水的特点。住宅用水是整体水耗的一个重要分支，因此在住宅的规划设计中考虑节水有十分积极的意义，不仅排位在节能后，分值也较高。选择了中水利用、雨水利用、节水器具及管材、公共场所节水和景观用水 5 个分项来评定。

6.3.2　中水利用是节水最显著的一项措施。目前较普遍的现象是，一方面大家知道供水紧张，另一方面又把优质水用于绿化、洗车、洗路和冲便器，而这些用水是完全能用中水取代的。北京、深圳、济南等城市都已明确规定，建筑面积 5 万 m^2 以上的居住小区，必须建立中水设施。有些城市正在建设规模颇大的中水供水管网。鉴于此，除了要求建立中水设施，也可安装中水管道。目前，对中水的水质安全及价格等问题，专家们也有不同看法，针对缺水的现状，还是制定了此条。

中水系统的设置应进行技术经济分析，应符合当地政府相关法规要求，并非要一刀切。所以写明要符合当地政府的有关规定要求。

6.3.3　雨水利用是节水中的重要措施。发达国家对此非常重视，且在产业化方面发展很快。中国的年平均降雨量为 840mm，约为世界平均降雨量，但在时空上分布很不均匀，对雨水回渗采取将透水地面用于停车场、道路的做法，对绿化及生态均有好处。对雨水回收虽涉及到收集装置、水处理、回用装置等许多环节，但成本不大，还应提倡，最好结合当地的降雨情况决定采用与否。

6.3.4 卫生间用水量占家庭用水60%～70%，便器用水占家庭用水的30%～50%，对此，对便器和水龙头作了规定。

2002年全国城市公共供水系统的管网漏损率达21.5%，全国城市供水年漏损量近100亿m^3，所以提高管道用材质量，减少漏损也是一项重要措施。

6.3.5 公共场所用水浪费是一种常见现象。除了采用延时自闭、感应自闭水嘴或阀门等节水器具外，主要应防止绿化灌溉浪费用水。大量种植草坪是一种严重耗水的设计，在干旱缺水地区应予限制。

6.3.6 水景是当今住宅建设中的一种时尚，规模不一，小型有喷泉、叠流、瀑布等；中型的有溪流、镜池等；大型的有水面、人工湖等。调查表明，较多的补充水系采用自来水，这是一种浪费，其代价是由居民来承担的。本条规定景观用水不准利用自来水作为补充水。

6.4 节　地

6.4.1 虽然我国地大物博，但可供生存生活的土地与世界人口第一大国的现实情况相比，土地资源显得十分紧张，节地也是评价住宅建设必须考虑的一大问题。本项目选择地下停车比例、容积率、建筑设计、新型墙体材料、节地措施、地下公建和土地利用7个分项进行评价。

6.4.2 随着国民经济的高速发展，私人小汽车拥有量也快速增长，各地制订的标准差异也很大，停车位太少满足不了需求，停车位太多又浪费了资源，加上停车方式有地下、半地下、地面和停车楼多种形式，给制订标准带来了困难。《城市居住区规划设计规范》GB 50180（2002年版）对居民停车率只作了10%的下限指标，出于对地面环境的考虑，又规定地面停车率不宜超过10%。

现有的大中城市的停车率远超过10%，若再考虑地面停车率时，以10%为指标显然是不合适的。本条在强调利用地下空间资源放置部分小汽车的同时，出于节地的考虑隐含着在地面还是可以存放部分小汽车。请注意，在环境性能中所称之停车率系指居住区内居民汽车的停车位数量与居住户数的比率（%）；此处所称的地下停车比例，系指地下停车位数量占停车数量总数的比例。

6.4.3 容积率是每公顷住区用地上拥有的各类建筑的建筑面积（万m^2/hm^2）或以住区总建筑面积（万m^2）与住区用地（万m^2）的比值表示。它是开发商最敏感的一个数字。容积率过小，土地资源利用率低，造成单位住宅成本过高；容积率过大，可能产生人口密度过高、居住环境质量下降、建筑造价过高等问题。因而，对容积率的评定要综合考虑经济、环境以及未来发展等多种因素。实际上住宅性能认定前，容积率已由规划部门严格审批，在此强调是突出节地的重要性。

6.4.4 使用面积系数是指住宅建筑总使用面积与总建筑面积之比，本指标体系的使用面积系数是根据经验数字而确定的，高层住宅因分摊的公用面积多，使用面积系数较低，而多层住宅分摊的公用面积少，使用面积系数偏高。户均面宽值不大于户均面积的1/10是为了保证一定的进深，这也是节地的一个重要措施。

6.4.5 墙体材料改革国家已有明文规定，其核心是用新型墙材取代实心黏土砖，改变我国数千年毁田烧砖的历史，实际上也是节地的一种表现形式。这项政策目前限于国家已正式公布的170个城市，其他地区暂不受此约束。

6.4.6 科技发展日新月异，建筑业中的新设备、新工艺、新材料不断涌现，有的采用后可大大地节约土地，如采用厢式变压器，仅占地约20m^2，可替代过去占地约200m^2的配电室，对节地作用是明显的。

6.4.7 公建的日照等要求不如居室那么高，所以把部分公建置于地下乃是节地的一种途径。

6.5 节　　材

6.5.1 贯彻可持续发展方针，节约资源、节约材料是一个很重要的环节，本项目选择可再生材料利用、建筑设计施工新技术、节材新措施和建材回收率4个分项进行评价。

6.5.2 可再生材料系指钢材、木材、竹材等。

6.5.3 建筑设计施工新技术中的高强高性能混凝土、高效钢筋、预应力钢筋混凝土、粗直径钢筋连接、新型模板与脚手架应用、地基基础、钢结构新技术和企业的计算机应用与管理技术均涉及到节材的内容，据英国管理资料介绍，单是企业的计算机应用及管理就可减少材料浪费30%。由于涉及内容较多，各项工程选用新技术情况不一，所以采用按选用数量多少分级评分的办法。

6.5.5 现在欧美等发达国家对于建筑物均有“建材回收率”的规定，也就是通常指定建筑物必须使用三至四成以上的再生玻璃、再生混凝土砖、再生木材等回收建材。1993年日本的混凝土块的再利用率约为七成，营建废弃物的五成均经过回收再循环使用，有些欧洲国家甚至以八成回收率为目标。考虑到我国这方面工作尚处于起步阶段，采用较低指标、分级评分的办法。

7　安全性能的评定

7.1 一 般 规 定

7.1.1 住宅是居民日常生活起居的空间，在建筑结构上应是安全可靠的，且应具有足够的防火、抗风及抗地震等防灾功能，并能防止发生安全事故。本标准根据国内外的设计经验，从结构安全、建筑防火、燃气及电气设备安全、日常安全防范措施和室内污染物控制5个项目，对住宅安全性能进行评定。

7.2 结构安全

7.2.1 在结构安全评定项目中，除了审阅住宅结构的设计与施工应满足相关规范规定外，本标准还关注荷载取值、设计使用年限，以及实际工程质量情况等，评定包括工程质量、地基基础、荷载等级、抗震设防和外观质量。

7.2.2 我国工程建设中出现的质量事故，很多是由于不按基本建设程序办事造成的。因此，在评定中首先应审阅设计、施工程序是否符合国家相关文件规定，经有关部门批准的工程项目文件和设计文件是否齐全，勘察单位的资质是否与工程的复杂程度相符。施工质量与建筑材料的质量、结构施工的项目管理、施工监理、质量验收等有关，施工质量应经过验收合格，并在质量监督部门备案。

在住宅性能评定中，申报单位应提供的施工验收文件和记录如下：

1）地基与基础工程隐蔽验收记录：基础挖土验槽记录，地基勘测报告及地基土承载力复查记录，各类基础填埋前隐蔽验收记录。

2）主体结构工程隐蔽验收记录：砌体内配筋隐蔽验收记录，沉降、伸缩、抗震缝隐蔽验收记录，砌体内构造柱、圈梁隐蔽验收记录，主体承重结构钢筋、钢结构隐蔽验收记录。

3）主要建筑材料质量保证资料：钢材出厂合格证及试验报告，焊接试（检）验报告，水泥出厂合格证及试验报告，墙体材料出厂合格证及试验报告，构件出厂合格证及试验报告，混凝土及砂浆试验报告。

7.2.3 地基承载力的评定以有关部门出具的勘探报告为依据，并考察设计与地质勘察提供的内容是否相符或实际采用的持力层是否合理、安全，对满足有关设计规范的要求，评定工作主要对已经过主管部门审核、批准的有关资料基本认可，仅对重点或可疑项目进行抽查，如现场查看建筑是否存在基础沉降或超长等问题及由此产生的裂缝。对处于湿陷性黄土地区的住宅，尚应评定在设计中是否采取有效措施防止管道渗漏，以免造成地基沉陷问题。

7.2.4 在现行国家标准《建筑结构荷载规范》GB 50009中，已将楼面活荷载的取值从原1.5kN/m²提高为2.0kN/m²。由于规范规定的活荷载值是最小值，且从长远考虑民用建筑的楼面活荷载宜留有一定的裕度，故在住宅性能评定中，对有的住宅设计将楼面和屋面活荷载比规范规定值高出25%进行设计，可评给较高得分。此外，楼面荷载还包括公共走廊、门厅、阳台及消防疏散楼梯等的荷载取值。

我国幅员广大，在南方风荷载是住宅建筑结构的主要荷载之一，但在北方雪荷载是住宅屋面结构的主要荷载之一。是否合理确定上述荷载的大小及其分布将直接影响住宅结构的安全性和经济性。本标准鼓励对风荷载、雪荷载进行研究，如对住宅建筑群在风洞试验的基础上进行设计，对本地区冬季积雪情况不稳定开展研究。也可根据现行国家标准《建筑结构荷载规范》GB 50009附录D合理采用重现期为70年或100年的最大风压或雪压，以提升住宅结构防风或防雪灾的安全性，取70年将与目前我国土地出让期为70年相呼应。由于我国的住宅建筑在北方冬季受雪荷载的问题突出，在南方夏季受风荷载突出，故在住宅性能评定中，除了满足设计规范要求，若在风荷载或雪荷载取值中有一项采用高于规范规定值时，即可评给较高分值。

7.2.5 抗震设计的评定主要审阅经过主管部门审核、批准的有关资料，进行认可；审查抗震设防烈度、结构体系与体型、结构材料和抗震措施是否符合现行国家标准《建筑抗震设计规范》GB 50011的规定，含基础构造规定和抗震构造措施，整体结构的抗震验算，上部结构的构造规定及抗震构造措施等。对抗震设防8度以上的地区，要重点审查地基抗震验算。并提倡在住宅设计中采取抗震性能更好的结构体系、类型及技术。

7.2.6 对预制板、现浇梁、板、柱检查其尺寸是否与设计相符；是否存在由于施工等原因产生的裂缝，如基础沉降、温度、收缩及建筑超长等引起的裂缝，以及外观质量；对梁、板尚应检查挠度是否与设计相符，并满足设计规范要求。

7.3 建筑防火

7.3.1 本项目评定各类住宅在耐火等级、灭火与报警系统、防火门（窗）和安全疏散设施等方面的设计与施工质量。其主要的依据是现行国家标准《建筑设计防火规范》GBJ 16—87（2001年版）和《高层民用建筑设计防火规范》GB 50045—95（2001年版）。

7.3.2 建筑物的耐火等级是由其主要建筑构件的燃烧性能和耐火极限值确定的。其中低层、多层建筑分为四个耐火等级，高层建筑分为两个耐火等级。评定时，根据现行国家标准《建筑设计防火规范》GBJ 16—87（2001年版）和《高层民用建筑设计防火规范》GB 50045—95（2001年版）中的有关规定，通过审阅设计资料和现场检查的方法评定住宅各类构件实际达到的耐火度。只有当建筑物的构件均等于或大于该耐火等级的规范要求值时，被评定的耐火等级才是成立的。现行国家标准《住宅建筑规范》GB 50368—2005 中有关住宅建筑构件的燃烧性能和耐火极限的规定见表 3。

表 3　住宅建筑构件的燃烧性能和耐火极限（h）

构件名称		耐火等级			
		一级	二级	三级	四级
墙	防火墙	不燃性 3.00	不燃性 3.00	不燃性 3.00	不燃性 3.00
	非承重外墙、疏散走道两侧的隔墙	不燃性 1.00	不燃性 1.00	不燃性 0.75	难燃性 0.75
	楼梯间的墙、电梯井的墙、住宅单元之间的墙、住宅分户墙、承重墙	不燃性 2.00	不燃性 2.00	不燃性 1.50	难燃性 1.00
	房间隔墙	不燃性 0.75	不燃性 0.50	难燃性 0.50	难燃性 0.25
柱		不燃性 3.00	不燃性 2.50	不燃性 2.00	难燃性 1.00
梁		不燃性 2.00	不燃性 1.50	不燃性 1.00	难燃性 1.00
楼板		不燃性 1.50	不燃性 1.00	不燃性 0.75	难燃性 0.50
屋顶承重构件		不燃性 1.50	不燃性 1.00	难燃性 0.50	难燃性 0.25
疏散楼梯		不燃性 1.50	不燃性 1.00	不燃性 0.75	难燃性 0.50

注：表中外墙指除外保温层外的主体构件。

7.3.3　为了保证住宅建筑着火后能够被早期发现和被施于有效的灭火救助，所以要求住宅建筑必须设有室外消火栓系统和便于消防车靠近的消防道路。关于住宅建筑与相邻民用建筑之间防火间距的要求，应按现行国家标准《住宅建筑规范》GB 50368—2005 执行，见表 4。当建筑相邻外墙采取必要的防火措施后，其防火间距可适当减少或贴邻。对住宅而言，只有超过六层的建筑，规范才开始要求设室内消防给水。评定要根据相应规范要求检验消防竖管的位置和数量以及消火栓箱的辨认标识。一般只有在高档的高层住宅中，规范才要求设置自动报警系统与自动喷水灭火装置，执行本条时，只要被评定的住宅设有自动报警系统并且质量合格，就应给予相应的分值。对 6 层及 6 层以下的住宅，无火灾自动报警与自动喷水要求。

按现行国家标准《建筑灭火器配置设计规范》GBJ 140 的规定，对高级住宅，10 层及 10 层以上的普通住宅，尚有配置建筑灭火器的要求。

表 4　住宅建筑与住宅建筑及其他民用建筑之间的防火间距（m）

建筑类别			10层及10层以上住宅或其他高层民用建筑		10层以下住宅或其他非高层民用建筑		
			高层建筑	裙房	耐火等级		
					一、二级	三级	四级
10层以下住宅	耐火等级	一、二级	9	6	6	7	9
		三级	11	7	7	8	10
		四级	14	9	9	10	12
10层及10层以上住宅			13	9	9	11	14

7.3.4　在住宅建筑中，防火门、窗的设置及功能要求应按照本标准条文说明第 7.3.1 条中所列现行国家标准的规定进行评定。

7.3.5　在建筑防火方面，防火分区是为防止局部火灾迅速扩大蔓延的一项防火措施，防火规范对各类民用建筑防火分区的允许最大建筑面积等有具体规定。考虑到住宅设计在平面布置上的特点，各楼层的建筑面积一般不会很大，这样就使得对住宅建筑进行防火分区的划分意义不大了。按照现行国家标准《住宅建筑规范》GB 50368—2005 的做法，本评定标准亦不对住宅建筑的防火分区进行评定，但根据上述国家标准的规定按安全出口的数量控制每个住宅单元的面积，要求住宅建筑应根据建筑的耐火等级、建筑层数、建筑面积、疏散距离等因素设置安全出口，并应符合下列要求：

1　10 层以下的住宅建筑，当住宅单元任一层建筑面积大于 $650m^2$，或任一住户的户门至安全出口的距离大于 15m 时，该住宅单元每层安全出口不应少于 2 个；

2　10 层及 10 层以上但不超过 18 层的住宅建筑，当住宅单元任一层建筑面积大于 $650m^2$，或任一住户的户门至安全出口的距离大于 10m 时，该住宅单元每层安全出口不应少于 2 个；

3　19 层及 19 层以上住宅建筑，每个住宅单元每层安全出口不应少于 2 个；

4　安全出口应分散布置，两个安全出口之间的距离不应小于 5m；

5　楼梯间及前室的门应向疏散方向开启；安装有门禁系统的住宅，应保证住宅直通室外的门在任何时候能从内部徒手开启。

此外，任一层有2个及2个以上安全出口的住宅单元，户门至最近安全出口的距离应根据建筑耐火等级、楼梯间形式和疏散方式按防火规范确定。

住宅建筑的安全疏散还体现在垂直方向，因此要求疏散楼梯、消防电梯必须满足规范有关数量和宽度的要求。在《高层民用建筑设计防火规范》GB 50045—95（2001年版）中，对高层塔式住宅，12层及12层以上的单元式住宅和通廊式住宅有设置消防电梯的规定。为了保证疏散楼梯的辨识与通畅，还应审查应急照明和指示标识。目前国家规范对住宅尚未提出设置自救逃生装置的要求。本条文从发展的角度，提出了该项评估内容，将有助于火灾中人员的逃生。

7.4 燃气及电气设备安全

7.4.1 本项目的评定包括燃气设备安全及电气设备安全两个分项。

7.4.2 燃气设备安全评定所依据的相关规范及条文说明如下：

1 燃气器具本身的质量是保证燃气使用安全和使用功能的物质基础，因此首先要确保产品质量，产品必须由国家认证批准的具有生产资质的厂家生产，而且每台设备应有质量检验合格证、检验合格标示牌、产品性能规格说明书、产品使用说明书等必须具备的文件资料。尤其需要注意的是，燃气器具的类型必须适应安装场所供气的品种。

2 居民生活用燃气管道的安装位置及燃气设备安装场所应符合现行国家标准《城镇燃气设计规范》GB 50028有关条款的要求。

3 在燃气燃烧过程中由于多种原因（如沸腾溢水、风吹）造成熄火，熄火后如不及时关闭气阀，燃气就会大量散出从而造成中毒或爆炸事故。有了熄火保护自动关闭阀门装置就可以防止上述事故的发生，提高使用燃气的安全性。

4 当安装燃气设备的房间因燃气泄漏达到燃气报警浓度时，燃气浓度报警器报警并自动关闭总进气阀，同时启动排风设备排风。这要求该设备既可以中止燃气泄漏又能将已泄漏的燃气排到室外，从而防止发生中毒和爆炸事故。由于对设备的要求高，增加的投资亦多，如果设备的质量得不到保证，反而会增加危险。因此本标准中没有列入“连锁关闭进气阀并启动排风设备”的要求。

5 燃气设备安装应由具备相应资质的专业施工单位承担，安装完成后应按施工图纸要求和国家现行标准《城镇燃气室内工程施工及验收规范》CJJ 94进行质量检查和验收。验收合格后才能交付使用。

6 安装燃气设备的厨房、卫生间应有泄爆面，万一发生爆炸可以首先破开泄爆面，释放爆炸压力，保护承重结构不受破坏，从而防止倒塌事故。为保护承重结构不受破坏，尚可采取现浇楼板、构造柱及其他增强结构整体稳定性的构造措施等。

7.4.3 电气设备安全的评定包括电气设备及材料、配电系统、防雷设施、电梯产品质量以及电气施工和电梯安装质量等。住宅配电系统的设计应符合现行国家标准《低压配电设计规范》GB 50054及《住宅设计规范》GB 50096的规定；配电系统的施工应按照现行国家标准“电气装置安装工程”系列规范及《建筑电气工程施工质量验收规范》GB 50303的规定执行。

1 电气设备及材料的质量是保证配电系统安全的最重要因素，因此我国对电气设备及主要电气材料产品实行强制性产品认证。本条要求工程中使用的电气设备及主要材料，其生产厂家不仅具有电气产品生产的资质，而且其生产的产品名称和系列、型号、规格、产品标准和技术要求等均通过国家强制性产品认证。此外，本条还要求使用的产品是厂家的合格产品。

2 本条是为了保证用电的人身安全和配电系统的正常运行，要求配电系统具有完好的保护功能和措施。这些保护应包括短路、过负荷、接地故障、漏电、防雷电波等高电位入侵，防误操作等。

3 本条要求电气设备及主要材料的型号、技术参数、功能和防护等级应与其所安装场所的环境对产品的要求相适应。这里的环境主要包括地理位置、海拔高度、日晒、风、雨、雪、尘埃、温度、湿度、盐雾、腐蚀性气体、爆炸危险、火灾危险等。

4 本条评定建筑物是否按规范要求设置防雷措施，这些措施应包括防直接雷、感应雷和防雷电波入侵。设置的防雷措施应齐全，防雷装置的质量和性能应满足相关规范及地方法规的要求。

5 本条评定配电系统接地方式是否合适，接地做法是否满足接地功能要求；等电位连接、带浴室的卫生间局部等电位连接是否符合设计和规范要求；接地装置是否完整，性能是否满足要求；材料和防腐处理是否合格。

6 本条指的工程质量应包括两个方面，一是配电系统设计质量是否满足安全性能要求；二是施工是否按照设计图纸施工，且满足施工质量的要求。在施工质量中强调配电线路敷设，配电线路的材质、规格是否满足设计要求，线路敷设是否满足防火要求，防火封堵是否完善。明确要求配电线路的导体用铜质，支线导体截面不小于2.5mm^2，空调、厨房分支回路不小于4mm^2。施工记录、质量验收是否合格等。

7 电梯产品符合国家质量标准要求，电梯安装、调试符合现行国家标准《电梯安装验收规范》GB 10060的质量要求，且应获得有关安全部门检验合格。

7.5 日常安全防范措施

7.5.1 住宅设计的日常安全防范措施从防盗措施、防滑防跌措施和防坠落措施3个分项来评定。具体评定要求和指标主要按照现行国家标准《住宅设计规范》GB 50096有关条款及设计经验作出规定。

7.5.2 防盗户门、防盗网、电子防盗等设施的质量直接影响其防盗的效果，而厂家的产品合格证是其质量的基本保证。审阅防盗设施的产品合格证是保证防盗设施质量的有效方法。现场检查主要是检查防盗设施的观感质量以及其安装部位的合理性和全面性。多层或高层住宅底层的防盗护栏应设有可以从室内开启逃生的装置。

7.5.3 本条参照现行国家标准《民用建筑设计通则》GB 50352—2005对楼地面的有关规定进行评定。

审阅设计文件主要是审核防滑材料和防跌设施设计的合理性和全面性。审阅产品质量文件主要是审核厂家对于使用的防滑材料和防跌设施的产品质量保证文件。现场检查主要是检查防滑材料和防跌设施是否符合设计要求。

7.5.4 本条依据现行国家标准《住宅设计规范》GB 50096对门窗设计、楼梯设计及上人屋面设计等的有关规定进行评定。

1 控制阳台栏杆（栏板）和上人屋面女儿墙（栏杆）的高度，以及垂直杆件间水平净距，是防止儿童发生坠落事故的重要环节。对非垂直杆件栏杆的要求，可参照对垂直栏杆的规定执行，且有防儿童攀爬措施。

2 外窗是指窗外无阳台或露台的窗户。净高是指从楼面或窗台下可登踏面至窗台面的垂直高度。控制其高度是防止窗台低造成人员跌落。

3 楼梯扶手高度是指楼梯踏步中心或休息平台地面至栏杆扶手顶面的垂直高度。控制楼梯栏杆垂直杆件间的水平净距其目的同前所述。

4 室内顶棚和内外墙面装修层的牢固性是建筑装修工程中最基本的要求，而高层住宅的外墙外表面装修层如果不牢固将对人身安全形成很大的潜在危害，因此必须切实保证其牢固性，其耐久性也同样重要。饰面砖应达到国家现行标准《建筑工程饰面砖粘结强度检验标准》JGJ 110的规定指标，以质检报告为依据。室内外装修装饰物牢靠包括电梯厅等部位的大型灯具及门窗应使用安全玻璃等。

7.6 室内污染物控制

7.6.1 由于造成住宅建筑室内空气污染的主要来源是所采用的建筑材料，包括无机建筑材料和有机建筑材料两大类。本项目主要从墙体材料放射性污染及有害物质含量、室内装修材料有害物质含量和室内环境污染物含量3个分项来评定室内污染物控制情况。

7.6.2 放射线危害人体健康主要通过两种途径：一是从外部照射人体，称为外照射；另一是放射性物质进入人体后从人体内部照射人体，称为内照射。现行国家标准《建筑材料放射性核素限量》GB 6566分别用外照射指数 I_γ 和内照射指数 I_{Ra} 来限制建筑材料产品中核素的放射性污染，如下式所示：

$$I_\gamma = \frac{C_{Ra}}{370} + \frac{C_{Th}}{260} + \frac{C_k}{4200}$$

$$I_{Ra} = \frac{C_{Ra}}{200}$$

式中 C_{Ra}、C_{Th} 和 C_k——建筑材料中天然放射性核素 Ra^{226}、Th^{232} 和 K^{40} 的放射性比活度。

按照GB 6566—2001的规定：对于建筑主体材料（包括水泥与水泥制品、砖瓦、混凝土、混凝土预制构件、砌块、墙体保温材料、工业废渣、掺工业废渣的建筑材料及各种新型墙体材料）需同时满足 $I_\gamma \leqslant 1.0$ 和 $I_{Ra} \leqslant 1.0$；对空心率大于25％的建筑主体材料需同时满足 $I_\gamma \leqslant 1.3$ 和 $I_{Ra} \leqslant 1.0$。评定时应审阅墙体材料放射性专项检测报告。

此外，规定对混凝土外加剂中释放氨的含量进行评定，评定的依据是现行国家标准《民用建筑工程室内环境污染控制规范》GB 50325和《混凝土外加剂中释放氨的限量》GB 18588，二者控制的指标是一致的，均为不大于0.10％。

7.6.3 本条规定的评定子项是室内装修材料有害物质含量，包括人造板及其制品、溶剂型木器涂料、内墙涂料、胶粘剂、壁纸、室内用花岗石及其他石材等6类材料。评定时要求审阅产品的合格证和专项检测报告，材料供应商应向设计人员和施工人员提供真实可靠的有害物质含量专项检测报告，设计人员和施工人员有责任选用符合相关标准规范要求的装修材料。涉及有害物质限量的标准主要有国家质量监督检验检疫总局于2001年发布的10项有害物质限量标准和现行国家标准《民用建筑工程室内环境污染控制规范》GB 50325第3章，二者的要求大部分是一致的。现将各类材料涉及的有害物质限量标准说明如下：

1 人造木板及其制品应有游离甲醛含量的检测报告，并应符合现行国家标准《室内装饰装修材料 人造板及其制品中甲醛释放限量》GB 18580的要求，同时应满足现行国家标准《民用建筑工程室内环境污染控制规范》GB 50325关于“Ⅰ类民用建筑工程的室内装修，必须采用 E_1 类人造木板及饰面人造木板”的要求。

2 溶剂型木器涂料的专项检测报告应符合现行国家标准《室内装饰装修材料 溶剂型木器涂料有害物质限量》GB 18581的要求，其中游离甲醛、苯、甲苯+二甲苯、总挥发性有机化合物（TVOC）等四项是各类溶剂型木器涂料都要检测的项目，如果属于聚氨酯类涂料，还应检测游离甲苯二异氰酸酯（TDI）的含量。

3 水性内墙涂料的专项检测报告应符合现行国家标准《室内装饰装修材料 内墙涂料中有害物质限量》GB 18582的要求，检测项目包括挥发性有机化合物（VOC）、游离甲醛、重金属等3项。现行国家标准《民用建筑工程室内环境污染控制规范》GB 50325只要求检测挥发性有机化合物（VOC）和游离甲醛两项。

4 胶粘剂的专项检测报告应符合现行国家标准《室内装饰装修材料 胶粘剂中有害物质限量》GB 18583的要求，其中一般要检测游离甲醛、苯、甲苯+二甲苯、总挥发性有机化合物（TVOC）等四项指标。如果属于聚氨酯类涂料，还应检测游离甲苯二异氰酸酯（TDI）的含量。

5 壁纸的专项检测报告应符合现行国家标准《室内装饰装修材料 壁纸中有害物质限量》GB 18585的要求，检测项目包括重金属、氯乙烯单体、甲醛等3项。

6 现行国家标准《建筑材料放射性核素限量》GB 6566对于装修材料（包括花岗石、建筑陶瓷、石膏制品、吊顶材料、粉刷材料及其他新型饰面材料）根据I_{γ}和I_{Ra}限值分成A、B和C三类，其限量与主体材料相比有所放宽：

A类：$I_{\gamma}\leqslant1.3$和$I_{Ra}\leqslant1.0$，产销与使用范围不受限制；

B类：$I_{\gamma}\leqslant1.9$和$I_{Ra}\leqslant1.3$，不可用于Ⅰ类民用建筑（如住宅、老年公寓、托儿所、医院和学校等）的内饰面，可用于Ⅰ类民用建筑的外饰面及其他一切建筑物的内、外饰面；

C类：满足$I_{\gamma}\leqslant2.8$但不满足A、B类要求的装修材料，只可用于建筑物的外饰面及室外其他用途。$I_{\gamma}>2.8$的花岗石只可用于碑石、海堤、桥墩等人类很少涉足的地方。

因此，室内用花岗石等石材的专项检测报告应符合现行国家标准《建筑材料放射性核素限量》GB 6566中A类的要求；室外用花岗石等石材应符合A类或B类的要求。

除以上常用材料外，住宅装修中所采用的木地板、聚氯乙烯卷材地板、化纤地毯、水性处理剂、溶剂等也有可能引入甲醛、氯乙烯单体、苯系物等有害物质。虽然此类材料未列入评定范围，如果用量较大也有可能导致本标准第7.6.4条规定的污染物含量超标，需要引起设计、施工单位的重视。

7.6.4 本条规定的评定子项是室内环境污染物含量，包括室内氡浓度、游离甲醛浓度、苯浓度、氨浓度、TVOC浓度等。这些污染物的浓度限量是依据现行国家标准《民用建筑工程室内环境污染控制规范》GB 50325作出规定的，见表5。污染物浓度限量，除氡外均应以同步测定的室外空气相应值为空白值。

评定时要求审阅空气质量专项检测报告，当室内环境污染物五项指标的检测结果全部合格时，方可判定该工程室内环境质量合格。室内环境质量验收不合格的住宅不允许投入使用。

表5 住宅室内空气污染物浓度限量

序号	项目	限量
1	氡	≤200Bq/m³
2	游离甲醛	≤0.08mg/m³
3	苯	≤0.09mg/m³
4	氨	≤0.2mg/m³
5	总挥发性有机化合物（TVOC）	≤0.5mg/m³

8 耐久性能的评定

8.1 一般规定

8.1.1 本条规定了申报性能评定住宅的耐久性评定项目和满分分数。

8.1.2 住宅耐久性能各分项的评定一般包括：设计要求、材料质量与性能、工程质量验收情况和现场检查情况。设计使用年限是住宅耐久性能评定的重要指标，本标准提出的有关设计使用年限是根据有关规范和调查统计数据得出的。

8.2 结构工程

8.2.2 勘察报告的质量关系到结构的安全性和基础工程的耐久性能，勘察点的数量、土壤与地下水的侵蚀种类与等级是反映勘察报告（与耐久性相关）质量的两个重要方面，为避免重复规定，本标准在安全性的评定中未规定勘察报告的评审，但在耐久性评审时，应审阅勘察报告有关结构安全性的项目。

8.2.3 现行国家标准《建筑结构可靠度设计统一标准》GB 50068规定的结构设计使用年限为5年、25年、50年和100年。根据我国住宅的特定情况，本规程将申报性能评定住宅的设计使用年限分为50年和100年两个档次。现行国家标准《混凝土结构设计规范》GB 50010和《砌体结构设计规范》GB 50003对设计使用年限为100年和50年结构的材料等级、构造要求、有害元素含量、防护措施等都有相应的规定，评审时可对照相应规范的规定核查设计确定的技术措施。现行国家标准的规定一般为下限规定，故设计采取的技术措施一般宜高于现行国家标准的规定。

8.2.4 结构工程施工质量验收合格是申报性能评定

住宅必须具备的条件，是评审组必须核查的分项。由于本标准第4章已有相应的规定，本条仅提出实体检测要求。

实体检测结果能直观地反映结构工程的质量情况，目前现行国家有关验收规范对实体检测已作出具体规定，检测工作应由具有相应资质的独立第三方进行。

8.2.5 现场检查是评审组对工程质量评审的措施之一，现场检查应以可见的外观质量为主。

8.3 装修工程

8.3.2 本标准只对住宅外墙装修（含外墙外保温）的设计使用年限提出要求。根据调查资料，外墙挂板、饰面、幕墙的合理使用寿命平均为40年。考虑地区差异，本标准提出的外墙装修的设计使用年限为10～20年。同时建议设计对装修材料耐用指标提出具体的要求，耐用指标是确定材料性能的关键因素。装修材料的耐用指标可分成抗裂性能、耐擦洗性能、防霉变能力、耐脱落性能、耐脱色性能、耐冲撞性能、耐磨性能等。设计可根据装修部位和预期使用年限确定相应的耐用指标。例如地面需要耐擦洗、耐磨和耐冲撞等。

8.3.3 材料为合格产品是对材料的基本要求，在任何情况下都不得使用不合格的材料。因本标准其他章节对装修材料还有要求，本节不再提出装修材料为合格产品的要求，实际上，装修材料应为满足相应耐久性检验指标要求的合格产品。

8.3.4 施工质量验收合格是对装修工程施工质量的基本要求。

8.3.5 参见本标准第8.2.5条条文说明。

8.4 防水工程与防潮措施

8.4.2 现行国家标准《屋面工程质量验收规范》GB 50207规定：屋面防水等级分成四级，对应的合理使用年限为Ⅰ级25年，Ⅱ级15年，Ⅲ级10年，Ⅳ级5年；本标准规定，申报性能认定住宅的屋面防水工程的设计使用年限不低于15年（相当于Ⅱ级），最高为不低于25年（相当于Ⅰ级）。卫生间防水工程的实际使用寿命一般高于屋面防水工程的实际使用寿命。本标准规定的卫生间防水工程设计使用年限，考虑了卫生器具和相应管线的实际使用寿命因素。地下工程的防水一旦出现渗漏很难修复，因此其设计使用年限不宜低于50年。一般来说，地下防水工程宜采取两种或两种以上的防水做法。

我国地域辽阔，气候情况差异较大，根据气候条件确定防水材料的耐用指标是必要的，如我国的东北等地区要考虑屋面防水材料的抗冻性能。

8.4.3 防水材料应为满足相应耐用指标要求的合格产品。

8.4.5 淋水或蓄水是检验防水工程质量最直观的方法之一，因此，对全部防水工程（不含地下室）均应进行淋水或蓄水检验。

8.4.6 我国现行国家标准对防水工程合格验收有明确的规定，现场检查时应符合现行国家标准的规定，同时应检查外墙是否渗漏，墙体、顶棚与地面是否潮湿。

8.5 管线工程

8.5.2 本条提出的管线工程设计使用年限为各类管线中最低的设计使用年限。根据调查，空调管道的合理使用寿命平均为20年，给水装置为40年，卫生间设施为20年，电气设施为40年。据此提出管线工程的最低设计使用年限作为评定的要求，且在所有管线中以设计使用年限最低的管线作为评定的对象。管线工程的实际使用年限总是低于结构的实际使用年限，在住宅使用过程中更换管线是不可避免的，设计时应考虑管线维修与更换的方便。在本标准其他章节已有关于方便管线更换的要求，本条不再规定。

上水管内壁为铜质的目的是为提高耐久性能和保证上水供水的质量，当有其他好的材料（无污染，寿命长）时可以使用。

8.5.3 参见本标准第8.4.3条条文说明。

8.6 设　　备

8.6.2 本条规定的设计使用年限针对各类设备中使用年限最低的设备。燃气设备的使用年限一般为6～8年，不在本标准限制的范围之内。电子设备更新换代周期短，更新换代的周期不可与设计使用年限混淆。

8.6.3 设备为合格产品只是对其质量的基本要求，设备应为满足耐用指标要求的合格产品。设备耐用指标的检验耗时长、费用高，因此型式检验结论可作为评审的依据。

8.6.4 设备的安装质量是工程施工质量的一部分，因此有安装质量合格的要求。

8.6.5 设备的质量可通过现场运行进行检验。

8.7 门　　窗

8.7.2 根据调查，门窗的使用寿命可到40年，本标准规定的门窗设计使用年限为无需大修的年限，该年限为20～30年。门窗上的易损可更换部件（如窗纱）不受该设计使用年限限制。

门窗反复开合或推拉的检验、外窗的耐候性能检验和门窗把手的检验等都可体现门窗的耐久性能。

8.7.3 门窗为合格产品只是对其质量的基本要求。门窗应为满足相应耐久性检验指标要求的合格产品。型式检验为产品生产定型时的检验。

8.7.4 门窗的安装质量对其使用性能有影响，对耐久性能也有影响。

中华人民共和国行业标准

轻型钢结构住宅技术规程

Technical specification for lightweight residential buildings of steel structure

JGJ 209—2010

批准部门：中华人民共和国住房和城乡建设部
施行日期：2 0 1 0 年 1 0 月 1 日

中华人民共和国住房和城乡建设部
公　　告

第 552 号

关于发布行业标准《轻型钢结构住宅技术规程》的公告

现批准《轻型钢结构住宅技术规程》为行业标准，编号为 JGJ 209－2010，自 2010 年 10 月 1 日起实施。其中，第 3.1.2、3.1.8、4.4.3、5.1.4、5.1.5 条为强制性条文，必须严格执行。

本规程由我部标准定额研究所组织中国建筑工业出版社出版发行。

中华人民共和国住房和城乡建设部

2010 年 4 月 17 日

前　　言

根据原建设部《关于印发〈2005 年工程建设标准规范制订、修订计划（第一批）〉的通知》（建标函［2005］84 号）的要求，规程编制组经广泛调查研究，认真总结实践经验，参考有关国际标准和国外先进标准，并在广泛征求意见的基础上，制定本规程。

本规程的主要技术内容是：1. 总则；2. 术语和符号；3. 材料；4. 建筑设计；5. 结构设计；6. 钢结构施工；7. 轻质楼板和轻质墙体与屋面施工；8. 验收与使用。

本规程中以黑体字标志的条文为强制性条文，必须严格执行。

本规程由住房和城乡建设部负责管理和对强制条文的解释，由中国建筑科学研究院负责具体技术内容的解释。执行过程中如有意见或建议，请寄送中国建筑科学研究院（地址：北京市北三环东路 30 号，邮编：100013）。

本规程主编单位：中国建筑科学研究院

本规程参编单位：清华大学
同济大学
天津大学
湖南大学
兰州大学
北京交通大学
住房和城乡建设部住宅产业化促进中心
住房和城乡建设部科技发展促进中心
国家住宅与居住环境工程技术研究中心
五洲工程设计研究院
北京市工业设计研究院
中国建筑材料科学研究总院
中冶集团建筑研究总院
北京华丽联合高科技有限公司
巴特勒（上海）有限公司
云南世博兴云房地产有限公司
北京大诚太和钢结构科技有限公司
宝业集团浙江建设产业研究院有限公司
上海宝钢建筑工程设计研究院

本规程主要起草人员：王明贵　石永久　陈以一
陈志华　舒兴平　周绪红
王能关　姜忆南　丁大益
汤荣伟　朱景仕　娄乃琳
任　民　高宝林　吴转琴
朱恒杰　王赛宁　张大力
何发祥　杨建行　张秀芳

本规程主要审查人员：马克俭　刘锡良　蔡益燕
张爱林　李国强　范　重
刘燕辉　谢尧生　尹敏达
李元齐　杨强跃

目次

Contents

1 总 则

1.0.1 为应用轻型钢结构住宅建筑技术做到安全适用、经济合理、技术先进、确保质量，制定本规程。

1.0.2 本规程适用于以轻型钢框架为结构体系，并配套有满足功能要求的轻质墙体、轻质楼板和轻质屋面建筑系统，层数不超过6层的非抗震设防以及抗震设防烈度为6～8度的轻型钢结构住宅的设计、施工及验收。

1.0.3 轻型钢结构住宅的设计、施工和验收，除应符合本规程外，尚应符合现行国家有关标准的规定。

2 术语和符号

2.1 术 语

2.1.1 轻型钢框架 light steel frame

轻型钢框架是指由小截面的热轧H型钢、高频焊接H型钢、普通焊接H型钢或异形截面型钢、冷轧或热轧成型的钢管等构件构成的纯框架或框架-支撑结构体系。

2.1.2 集成化住宅建筑 integrated residential building

在标准化、模数化和系列化的原则下，构件、设备由工厂化配套生产，在建造现场组装的住宅建筑。

2.1.3 导轨 track

在轻钢龙骨墙体中，布置在龙骨顶部或底部的为龙骨定位的槽形钢构件。

2.1.4 热桥 thermal bridge

围护结构中保温隔热能力较弱的部位，这些部位热阻较小，热传导较快。

2.1.5 低层钢结构住宅 low-rise residential buildings of steel structures

1～3层的钢结构住宅。

2.1.6 多层钢结构住宅 multi-story residential buildings of steel structures

4～6层的钢结构住宅。

2.2 符 号

2.2.1 作用及作用效应

F_{Ek}——水平地震作用标准值；

S_d——作用组合的效应设计值；

S_{Gk}——永久荷载效应标准值；

S_{Qk}——可变荷载效应标准值；

S_{wk}——风荷载效应标准值；

S_{Ehk}——水平地震作用效应标准值；

S_{GE}——重力荷载代表值效应的标准值；

w_0——基本风压；

w_k——风荷载标准值。

2.2.2 材料及结构抗力

E——钢材弹性模量；

f——钢材的抗拉、抗压和抗弯强度设计值；

f_y——钢材的屈服强度；

f_{yf}——钢构件翼缘板的屈服强度；

f_{yw}——钢构件腹板的屈服强度；

M_y——钢梁截面边缘屈服弯矩；

M_p——钢梁截面全塑性弯矩；

R_d——结构或结构构件的抗力设计值。

2.2.3 几何参数

b——钢构件翼缘自由外伸宽度；

h_b——梁截面高度；

h_c——柱截面高度；

h_w——钢构件腹板净高；

t_f——钢构件翼缘的厚度；

t_w——钢构件腹板的厚度。

2.2.4 系数

α_{max}——水平地震影响系数最大值；

β_{gz}——阵风系数；

γ_0——结构重要性系数；

γ_{Eh}——水平地震作用分项系数；

γ_G——永久荷载分项系数；

γ_Q——活荷载分项系数；

γ_w——风荷载分项系数；

γ_{RE}——承载力抗震调整系数；

μ_s——风荷载体型系数；

μ_z——风压高度变化系数；

ψ_Q——活荷载组合值系数；

ψ_w——风荷载组合值系数。

3 材 料

3.1 结构材料

3.1.1 轻型钢结构住宅承重结构采用的钢材宜为Q235－B钢或Q345－B钢，也可采用Q345－A钢，其质量应分别符合现行国家标准《碳素结构钢》GB/T 700和《低合金高强度结构钢》GB/T 1591的规定。当采用其他牌号的钢材时，应符合相应的规定和要求。

3.1.2 轻钢结构采用的钢材应具有抗拉强度、伸长率、屈服强度以及硫、磷含量的合格保证。对焊接承重结构的钢材尚应具有碳含量的合格保证和冷弯试验的合格保证。对有抗震设防要求的承重结构钢材的屈服强度实测值与抗拉强度实测值的比值不应大于0.85，伸长率不应小于20%。

3.1.3 钢材的强度设计值和物理性能指标应按现行国家标准《钢结构设计规范》GB 50017和《冷弯薄壁型钢结构技术规范》GB 50018的有关规定采用。

3.1.4 钢结构的焊接材料应符合下列要求：

1 手工焊接采用的焊条应符合现行国家标准《碳钢焊条》GB/T 5117 或《低合金钢焊条》GB/T 5118 的规定，选择的焊条型号应与主体金属力学性能相适应；

2 自动焊接或半自动焊接采用的焊丝和相应的焊剂应与主体金属力学性能相适应，并应符合现行国家有关标准的规定；

3 焊缝的强度设计值应按现行国家标准《钢结构设计规范》GB 50017 和《冷弯薄壁型钢结构技术规范》GB 50018 的有关规定采用。

3.1.5 钢结构连接螺栓、锚栓材料应符合下列要求：

1 普通螺栓应符合现行国家标准《六角头螺栓》GB/T 5782 和《六角头螺栓 C 级》GB/T 5780 的规定；

2 高强度螺栓应符合现行国家标准《钢结构用高强度大六角头螺栓》GB/T 1228、《钢结构用高强度大六角螺母》GB/T 1229、《钢结构用高强度垫圈》GB/T 1230、《钢结构用高强度大六角头螺栓、大六角螺母、垫圈技术条件》GB/T 1231 和《钢结构用扭剪型高强度螺栓连接副》GB/T 3632 的规定；

3 锚栓可采用现行国家标准《碳素结构钢》GB/T 700 中规定的 Q235 钢或《低合金高强度结构钢》GB/T 1591 中规定的 Q345 钢制成；

4 螺栓、锚栓连接的强度设计值、高强度螺栓的预拉力值以及高强度螺栓连接的钢材摩擦面抗滑移系数应按现行国家标准《钢结构设计规范》GB 50017 和《冷弯薄壁型钢结构技术规范》GB 50018 的有关规定采用。

3.1.6 轻型钢结构住宅基础用混凝土应符合现行国家标准《混凝土结构设计规范》GB 50010 的规定，混凝土强度等级不应低于 C20。

3.1.7 轻型钢结构住宅基础用钢筋应符合现行国家标准《混凝土结构设计规范》GB 50010 的规定。

3.1.8 不配钢筋的纤维水泥类板材和不配钢筋的水泥加气发泡类板材不得用于楼板及楼梯间和人流通道的墙体。

3.1.9 水泥加气发泡类板材中配置的钢筋（或钢构件或钢丝网）应经有效的防腐处理，且钢筋的粘结强度不应小于 1.0MPa。

3.1.10 楼板用水泥加气发泡类材料的立方体抗压强度标准值不应低于 6.0MPa。

3.1.11 轻质楼板中的配筋可采用冷轧带肋钢筋，其性能应符合国家现行标准《冷轧带肋钢筋》GB 13788 以及《钢筋焊接网混凝土结构技术规程》JGJ 114 的规定。

3.1.12 楼板用钢丝网应进行镀锌处理，其规格应采用直径不小于 0.9mm、网格尺寸不大于 20mm×20mm 的冷拔低碳钢丝编织网。钢丝的抗拉强度标准值不应低于 450MPa。

3.1.13 楼板用定向刨花板不应低于 2 级，甲醛释放限量应为 1 级，且应符合现行行业标准《定向刨花板》LY/T 1580 的规定。

3.2 围护材料

3.2.1 轻型钢结构住宅的轻质围护材料宜采用水泥基的复合型多功能轻质材料，也可以采用水泥加气发泡类材料、轻质混凝土空心材料、轻钢龙骨复合墙体材料等。围护材料产品的干密度不宜超过 800kg/m^3。

3.2.2 轻质围护材料应采用节地、节能、利废、环保的原材料，不得使用国家明令淘汰、禁止或限制使用的材料。

3.2.3 轻质围护材料应符合现行国家标准《民用建筑工程室内环境污染控制规范》GB 50325 和《建筑材料放射性核素限量》GB 6566 的规定，并应符合室内建筑装饰材料有害物质限量的规定。

3.2.4 轻质围护材料应满足住宅建筑规定的物理性能、热工性能、耐久性能和结构要求的力学性能。

3.2.5 轻质围护新材料及其应用技术，在使用前必须经相关程序核准，使用单位应对材料进行复检和技术资料审核。

3.2.6 预制的轻质外墙板和屋面板应按等效荷载设计值进行承载力检验，受弯承载力检验系数不应小于 1.35，连接承载力检验系数不应小于 1.50，在荷载效应的标准组合作用下，板受弯挠度最大值不应超过板跨度的 1/200，且不应出现裂缝。

3.2.7 轻质墙体的单点吊挂力不应低于 1.0kN，抗冲击试验不得小于 5 次。

3.2.8 轻质围护板材采用的玻璃纤维增强材料应符合我国现行行业标准《耐碱玻璃纤维网布》JC/T 841 的要求。

3.2.9 水泥基围护材料应满足下列要求：

1 水泥基围护材料中掺加的其他废料应符合现行国家有关标准的规定；

2 用于外墙或屋面的水泥基板材应配钢筋网或钢丝网增强，板边应有企口；

3 水泥加气发泡类墙体材料的立方体抗压强度标准值不应低于 4.0MPa；

4 用于采暖地区的外墙材料或屋面材料抗冻性在一般环境中不应低于 D15，干湿交替环境中不应低于 D25；

5 外墙材料、屋面材料的软化系数不应小于 0.65；

6 建筑屋面防水材料、外墙饰面材料与基底材料应相容，粘结应可靠，性能应稳定，并应满足防水抗渗要求，在材料规定的正常使用年限内，不得因外界湿度或温度变化而发生开裂、脱落等现象；

7 安装外墙板的金属连接件宜采用铝合金材料，

有条件时也可采用不锈钢材料，如用低碳钢或低合金高强度钢材料应做有效的防腐处理；

8 外墙板连接件的壁厚：当采用低碳钢或低合金高强度钢材料时，在低层住宅中不宜小于 3.0mm，多层住宅中不宜小于 4.0mm；当采用铝合金材料时尚应分别加厚 1.0mm；

9 屋面板与檩条连接的自钻自攻螺钉规格不宜小于 ST6.3；

10 墙板嵌缝粘结材料的抗拉强度不应低于墙板基材的抗拉强度，其性能应可靠。嵌缝胶条或胶片宜采用三元乙丙橡胶或氯丁橡胶。

3.2.10 轻钢龙骨复合墙体材料应满足下列要求：

1 蒙皮用定向刨花板不宜低于 2 级，甲醛释放限量应为 1 级；

2 蒙皮用钢丝网水泥板的厚度不宜小于 15mm，水泥纤维板（或水泥压力板、挤出板等）应配置钢丝网增强；

3 蒙皮用石膏板的厚度不应小于 12mm，并应具有一定的防水和耐火性能；

4 非承重的轻钢龙骨壁厚不应小于 0.5mm，双面热浸镀锌量不应小于 100g/m^2，双面镀锌层厚度不应小于 14μm，且材料性能应符合现行国家标准《建筑用轻钢龙骨》GB/T 11981 的规定；

5 自钻自攻螺钉的规格不宜小于 ST4.2，并应符合现行国家标准《十字槽盘头自钻自攻螺钉》GB/T 15856.1、《十字槽沉头自钻自攻螺钉》GB/T 15856.2、《十字槽半沉头自钻自攻螺钉》GB/T 15856.3、《六角法兰面自钻自攻螺钉》GB/T 15856.4 和《六角凸缘自钻自攻螺钉》GB/T 15856.5 的规定。

3.3 保温材料

3.3.1 用于轻型钢结构住宅的保温隔热材料应具有满足设计要求的热工性能指标、力学性能指标和耐久性能指标。

3.3.2 轻型钢结构住宅的保温隔热材料可采用模塑聚苯乙烯泡沫板（EPS 板）、挤塑聚苯乙烯泡沫板（XPS 板）、硬质聚氨酯板（PU 板）、岩棉、玻璃棉等。保温隔热材料性能指标应符合表 3.3.2 的规定。

表 3.3.2 保温隔热材料性能指标

检验项目 \ 品名	EPS 板	XPS 板	PU 板	岩棉	玻璃棉
表观密度(kg/m^3)	≥20	≥35	≥25	40-120	≥10
导热系数[W/(m·K)]	≤0.041	≤0.033	≤0.026	≤0.042	≤0.050
水蒸气渗透系数[ng/(Pa·m·s)]	≤4.5	≤3.5	≤6.5	—	—
压缩强度(MPa，形变 10%)	≥0.10	≥0.20	≥0.08	—	—
体积吸水率(%)	≤4	≤2	≤4	≤5	≤4

3.3.3 当使用 EPS 板、XPS 板、PU 板等有机泡沫塑料作为轻型钢结构住宅的保温隔热材料时，保温隔热系统整体应具有合理的防火构造措施。

4 建筑设计

4.1 一般规定

4.1.1 轻型钢结构住宅建筑设计应以集成化住宅建筑为目标，应按模数协调的原则实现构配件标准化、设备产品定型化。

4.1.2 轻型钢结构住宅应按照建筑、结构、设备和装修一体化设计原则，并应按配套的建筑体系和产品为基础进行综合设计。

4.1.3 轻型钢结构住宅建筑设计应符合现行国家标准对当地气候区的建筑节能设计规定。有条件的地区应采用太阳能或风能等可再生能源。

4.1.4 轻型钢结构住宅建筑设计应符合现行国家标准《住宅建筑规范》GB 50368 和《住宅设计规范》GB 50096 的规定。

4.2 模数协调

4.2.1 轻型钢结构住宅设计中的模数协调应符合现行国家标准《住宅建筑模数协调标准》GB/T 50100 的规定。专用体系住宅建筑可以自行选择合适的模数协调方法。

4.2.2 轻型钢结构住宅的建筑设计应充分考虑构、配件的模数化和标准化，应以通用化的构配件和设备进行模数协调。

4.2.3 结构网格应以模数网格线定位。模数网格线应为基本设计模数的倍数，宜采用优先参数为 6M（1M＝100mm）的模数系列。

4.2.4 装修网格应由内部部件的重复量和大小决定，宜采用优先参数为 3M。管道设备可采用 M/2、M/5 和 M/10。厨房、卫生间等设备多样、装修复杂的房间应注重模数协调的作用。

4.2.5 预制装配式轻质墙板应按模数协调要求确定墙板中基本板、洞口板、转角板和调整板等类型板的规格、截面尺寸和公差。

4.2.6 当体系中的部分构件难于符合模数化要求时，可在保证主要构件的模数化和标准化的条件下，通过插入非模数化部件适调间距。

4.3 平面设计

4.3.1 平面设计应在优先尺寸的基础上运用模数协调实现尺寸的配合，优先尺寸宜根据住宅设计参数与所选通用性强的成品建筑部件或组合件的尺寸确定。

4.3.2 平面设计应在模数化的基础上以单元或套型

进行模块化设计。

4.3.3 楼梯间和电梯间的平面尺寸不符合模数时，应通过平面尺寸调整使之组合成为周边模数化的模块。

4.3.4 建筑平面设计应与结构体系相协调，并应符合下列要求：

1 平面几何形状宜规则，其凹凸变化及长宽比例应满足结构对质量、刚度均匀的要求，平面刚度中心与质心宜接近或重合；

2 空间布局应有利于结构抗侧力体系的设置及优化；

3 应充分兼顾钢框架结构的特点，房间分隔应有利于柱网设置。

4.3.5 可采用异形柱、扁柱、扁梁或偏轴线布置墙柱等方式，宜避免室内露柱或露梁。

4.3.6 平面设计宜采用大开间。

4.3.7 轻质楼板可采用钢丝网水泥板或定向刨花板等轻质薄型楼板与密肋钢梁组合的楼板结构体系，建筑面层宜采用轻质找平层，吊顶时宜在密肋钢梁间填充玻璃棉或岩棉等措施满足埋设管线和建筑隔声的要求。

4.3.8 轻质楼板可采用预制的轻质圆孔板，板面宜采用轻质找平层，板底宜采用轻质板吊顶。

4.3.9 对压型钢板现浇钢筋混凝土楼板，应设计吊顶。

4.3.10 空调室外机应安装在预留的设施上，不得在轻质墙体上安装吊挂任何重物。

4.4 轻质墙体与屋面设计

4.4.1 根据因地制宜、就地取材、优化组合的原则，轻质墙体和屋面材料应采用性能可靠、技术配套的水泥基预制轻质复合保温条形板、轻钢龙骨复合保温墙体、加气混凝土板、轻质砌块等轻质材料。

4.4.2 应根据保温或隔热的要求选择合适密度和厚度的轻质围护材料，轻质围护体系各部分的传热系数K和热惰性指标D应符合当地节能指标，并应符合建筑隔声和耐火极限的要求。

4.4.3 外墙保温板应采用整体外包钢结构的安装方式。当采用填充钢框架式外墙时，外露钢结构部位应做外保温隔热处理。

4.4.4 当采用轻质墙板墙体时，外墙体宜采用双层中空形式，内层镶嵌在钢框架内，外层包裹悬挂在钢结构外侧。

4.4.5 当采用轻钢龙骨复合墙体时，用于外墙的轻钢龙骨宜采用小方钢管桁架结构。若采用冷弯薄壁C型钢龙骨时，应双排交错布置形成断桥。轻钢龙骨复合墙体应符合下列要求：

1 外墙体的龙骨宜与主体钢框架外侧平齐，外墙保温材料应外包覆盖主体钢结构；

2 对轻钢龙骨复合墙体应进行结露验算。

4.4.6 当采用轻质砌块墙体时，外墙砌体应外包钢结构砌筑并与钢结构拉结，否则，应对钢结构做保温隔热处理。

4.4.7 轻质墙体和屋面应有防裂、防潮和防雨措施，并应有保持保温隔热材料干燥的措施。

4.4.8 门窗缝隙应采取构造措施防水和保温隔热，填充料应耐久、可靠。

4.4.9 外墙的挑出构件，如阳台、雨篷、空调室外板等均应作保温隔热处理。

4.4.10 对墙体的预留洞口或开槽处应有补强措施，对隔声和保温隔热功能应有弥补措施。

4.4.11 非上人屋面不宜设女儿墙，否则，应有可靠的防风或防积雪的构造措施。

4.4.12 屋面板宜采用水泥基的预制轻质复合保温板，板边应有企口拼接，拼缝应密实可靠。

4.4.13 屋面保温隔热系统应与外墙保温隔热系统连续且密实衔接。

4.4.14 屋面保温隔热系统应外包覆盖在钢檩条上，屋檐挑出钢构件应有保温隔热措施。当采用室内吊顶保温隔热屋面系统时，屋面与吊顶之间应有通风措施。

5 结构设计

5.1 一般规定

5.1.1 轻型钢结构住宅结构设计应符合现行国家标准《工程结构可靠性设计统一标准》GB 50153的规定，住宅结构的设计使用年限不应少于50年，其安全等级不应低于二级。

5.1.2 轻型钢结构住宅的结构体系应根据建筑层数和抗震设防烈度选用轻型钢框架结构体系或轻型钢框架-支撑结构体系。

5.1.3 轻型钢结构住宅框架结构体系，宜利用镶嵌填充的轻质墙体侧向刚度对整体结构抗侧移的作用，墙体的侧向刚度应根据墙体的材料和连接方式的不同由试验确定，并应符合下列要求：

1 应通过足尺墙片试验确定填充墙对钢框架侧向刚度的贡献，按位移等效原则将墙体等效成交叉支撑构件，并应提供支撑构件截面尺寸的计算公式；

2 抗侧力试验应满足：当钢框架层间相对侧移角达到1/300时，墙体不得出现任何开裂破坏；当达到1/200时，墙体在接缝处可出现修补的裂缝；当达到1/50时，墙体不应出现断裂或脱落。

5.1.4 轻型钢结构住宅结构构件承载力应符合下列要求：

1 无地震作用组合 $\gamma_0 S_d \leqslant R_d$ (5.1.4-1)

2 有地震作用组合 $S_d \leqslant R_d/\gamma_{RE}$ (5.1.4-2)

式中：γ_0——结构重要性系数，对于一般钢结构住宅安全等级取二级，当设计使用年限不少于 50 年时，γ_0 取值不应小于 1.0；

S_d——作用组合的效应设计值，应按本规程第 5.1.5 条规定计算；

R_d——结构或结构构件的抗力设计值；

γ_{RE}——承载力抗震调整系数，按现行国家标准《建筑抗震设计规范》GB 50011 的规定取值。

5.1.5 作用组合的效应设计值应按下列公式确定：

1 无地震作用组合的效应：

$$S_d=\gamma_G S_{Gk}+\psi_Q\gamma_Q S_{Qk}+\psi_w\gamma_w S_{wk} \quad (5.1.5\text{-}1)$$

式中：γ_G——永久荷载分项系数，当可变荷载起控制作用时应取 1.2，当永久荷载起控制作用时应取 1.35，当重力荷载效应对构件承载力有利时不应大于 1.0；

γ_Q——楼（屋）面活荷载分项系数，应取 1.4；

γ_w——风荷载分项系数，应取 1.4；

S_{Gk}——永久荷载效应标准值；

S_{Qk}——楼（屋）面活荷载效应标准值；

S_{wk}——风荷载效应标准值；

ψ_Q、ψ_w——分别为楼（屋）面活荷载效应组合值系数和风荷载效应组合值系数，当永久荷载起控制作用时应分别取 0.7 和 0.6；当可变荷载起控制作用时应分别取 1.0 和 0.6 或 0.7 和 1.0。

2 有地震作用组合的效应：

$$S_d=\gamma_G S_{GE}+\gamma_{Eh}S_{Ehk} \quad (5.1.5\text{-}2)$$

式中：S_{GE}——重力荷载代表值效应的标准值；

S_{Ehk}——水平地震作用效应标准值；

γ_{Eh}——水平地震作用分项系数，应取 1.3。

3 计算变形时，应采用作用（荷载）效应的标准组合，即公式（5.1.5-1）和公式（5.1.5-2）中的分项系数均应取 1.0。

5.1.6 轻型钢结构住宅的楼（屋）面活荷载、基本风压应按照现行国家标准《建筑结构荷载规范》GB 50009 的规定采用。

5.1.7 需要进行抗震验算的轻型钢结构住宅，应按现行国家标准《建筑抗震设计规范》GB 50011 的有关规定执行。

5.1.8 轻型钢结构住宅在风荷载和多遇地震作用下，楼层内最大弹性层间位移分别不应超过楼层高度的 1/400 和 1/300。

5.1.9 层间位移计算可不计梁柱节点域剪切变形的影响。

5.2 构造要求

5.2.1 框架柱长细比应符合下列要求：

1 低层轻型钢结构住宅或非抗震设防的多层轻型钢结构住宅的框架柱长细比不应大于 $150\sqrt{235/f_y}$；

2 需要进行抗震验算的多层轻型钢结构住宅的框架柱长细比不应大于 $120\sqrt{235/f_y}$。

5.2.2 中心支撑的长细比应符合下列要求：

1 低层轻型钢结构住宅或非抗震设防的多层轻型钢结构住宅的支撑构件长细比，按受压设计时不宜大于 $180\sqrt{235/f_y}$；

2 需要进行抗震验算的多层轻型钢结构住宅的支撑构件长细比，按受压设计时不宜大于 $150\sqrt{235/f_y}$；

3 当采用拉杆时，其长细比不宜大于 $250\sqrt{235/f_y}$，但对张紧拉杆可不受此限制。

5.2.3 框架柱构件的板件宽厚比限值应符合下列要求：

1 低层轻型钢结构住宅或非抗震设防的多层轻型钢结构住宅的框架柱，其板件宽厚比限值应按现行国家标准《钢结构设计规范》GB 50017 有关受压构件局部稳定的规定确定；

2 需要进行抗震验算的多层轻型钢结构住宅中的 H 形截面框架柱，其板件宽厚比限值可按下列公式计算确定，但不应大于现行国家标准《钢结构设计规范》GB 50017 规定的限值。

1）当 $0\leqslant\mu_N<0.2$ 时：

$$\frac{b/t_f}{15\sqrt{235/f_{yf}}}+\frac{h_w/t_w}{650\sqrt{235/f_{yw}}}\leqslant 1,$$

$$且\ \frac{h_w/t_w}{\sqrt{235/f_{yw}}}\leqslant 130 \quad (5.2.3\text{-}1)$$

2）当 $0.2\leqslant\mu_N<0.4$ 且 $\frac{h_w/t_w}{\sqrt{235/f_{yw}}}\leqslant 90$ 时：

当 $\frac{h_w/t_w}{\sqrt{235/f_{yw}}}\leqslant 70$ 时，

$$\frac{b/t_f}{13\sqrt{235/f_{yf}}}+\frac{h_w/t_w}{910\sqrt{235/f_{yw}}}\leqslant 1 \quad (5.2.3\text{-}2)$$

当 $70<\frac{h_w/t_w}{\sqrt{235/f_{yw}}}\leqslant 90$ 时，

$$\frac{b/t_f}{19\sqrt{235/f_{yf}}}+\frac{h_w/t_w}{190\sqrt{235/f_{yw}}}\leqslant 1 \quad (5.2.3\text{-}3)$$

式中：μ_N——框架柱轴压比，柱轴压比为考虑地震作用组合的轴向压力设计值与柱截面面积和钢材强度设计值之积的比值；

b、t_f——翼缘板自由外伸宽度和板厚；

h_w、t_w——腹板净高和厚度；

f_{yf}——翼缘板屈服强度；

f_{yw}——腹板屈服强度。

3）当 $\mu_N\geqslant 0.4$ 时，应按现行国家标准《建筑抗震设计规范》GB 50011 的有关规定执行。

3 需要进行抗震验算的多层轻型钢结构住宅中的非H形截面框架柱，其板件宽厚比限值应按现行国家标准《建筑抗震设计规范》GB 50011 的有关规定执行。

5.2.4 框架梁构件的板件宽厚比限值应符合下列要求：

1 对低层轻型钢结构住宅或非抗震设防的多层轻型钢结构住宅的框架梁，其板件宽厚比限值应符合现行国家标准《钢结构设计规范》GB 50017 的有关规定；

2 需要进行抗震验算的多层轻型钢结构住宅中的H形截面梁，其板件宽厚比可按本规程 5.2.3 条第2款的规定执行；

3 需要进行抗震验算的多层轻型钢结构住宅中的非H形截面梁，其板件宽厚比应按现行国家标准《建筑抗震设计规范》GB 50011 的有关规定执行。

5.3 结构构件设计

5.3.1 轻型钢结构住宅的钢构件宜选用热轧H型钢、高频焊接或普通焊接的H型钢、冷轧或热轧成型的钢管、钢异形柱等。

5.3.2 轻型钢结构住宅的框架柱构件计算长度应按现行国家标准《钢结构设计规范》GB 50017 的有关规定计算。

5.3.3 轻型钢结构住宅构件和连接的承载力应按现行国家标准《钢结构设计规范》GB 50017 的有关规定计算，需要进行抗震验算的还应按现行国家标准《建筑抗震设计规范》GB 50011 的有关规定进行。

5.3.4 需要进行抗震验算的多层轻型钢结构住宅中的H形截面钢框架柱和梁的板件宽厚比，若不满足现行国家标准《建筑抗震设计规范》GB 50011 的有关规定，但符合本规程公式（5.2.3-1）～公式（5.2.3-3）的规定时，在抗震承载力计算中可取翼缘截面全部有效，腹板截面仅考虑两侧宽度各 $30t_w\sqrt{235/f_{yw}}$ 的部分有效，且钢材强度设计值应乘以0.75系数折减。

5.3.5 轻型钢结构住宅框架柱可采用钢异形柱。用H型钢可拼接成的异形截面如图5.3.5所示，其中L形截面柱的承载力可按本规程附录A计算。

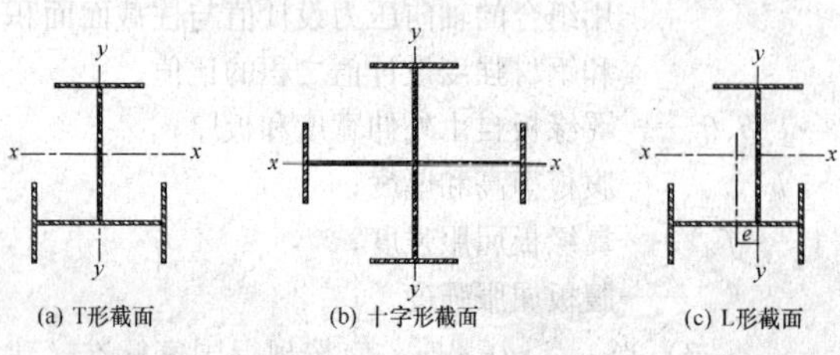

图 5.3.5 钢异形柱

5.3.6 轻型钢结构住宅的楼板应采用轻质板材，如钢丝网水泥板、定向刨花板、轻骨料圆孔板、配筋的加气发泡类水泥板等预制板材，也可部分或全部采用现浇轻骨料钢筋混凝土板。

5.3.7 应对轻质楼板进行承载力检验，受弯承载力检验系数不应小于1.35，并在荷载效应的标准组合作用下，板的受弯挠度最大值不应超过板跨度的1/200，且不应出现裂缝。

5.3.8 预制装配式轻质楼板与钢结构梁应有可靠连接。

5.3.9 对钢丝网水泥板或定向刨花板等轻质薄型楼板与密肋钢梁组合的楼板结构，在计算分析时，应根据实际情况对楼板平面内刚度作出合理的计算假定。

5.4 节点设计

5.4.1 钢框架梁柱节点连接形式宜采用高强度螺栓连接，高强度螺栓宜采用扭剪型。

5.4.2 对高强度螺栓连接节点，高强度螺栓的级别、大小、数量、排列和连接板等应按现行国家标准《钢结构设计规范》GB 50017 的规定进行计算和设计，需要进行抗震验算的还应满足现行国家标准《建筑抗震设计规范》GB 50011 的有关规定。

5.4.3 对焊接连接节点，焊缝的形式、焊接材料、焊缝质量等级、焊接质量保证措施等应按现行国家标准《钢结构设计规范》GB 50017 的有关规定进行计算和设计，需要进行抗震验算的还应符合现行国家标准《建筑抗震设计规范》GB 50011的有关规定。

5.4.4 需要进行抗震验算的节点，当构件的宽厚比不满足现行国家标准《建筑抗震设计规范》GB 50011 的规定但符合本规程 5.2.3 条2款规定时，可用 M_y 代替《建筑抗震设计规范》GB 50011 中的 M_p 进行验算。

5.4.5 H型钢梁、柱可采用外伸端板式全螺栓连接（图5.4.5），端板厚度和高强度螺栓数可按刚性节点设计计算。

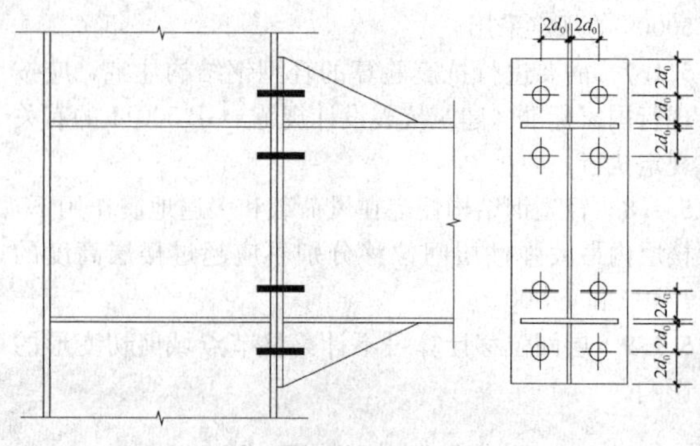

图 5.4.5 外伸端板式全螺栓连接

d_0——螺栓孔径

5.4.6 钢管柱与H型钢梁的刚性连接可采用柱带悬臂梁段式连接（图5.4.6），梁的拼接可采用全螺栓连接或焊接和螺栓连接相结合的连接形式。

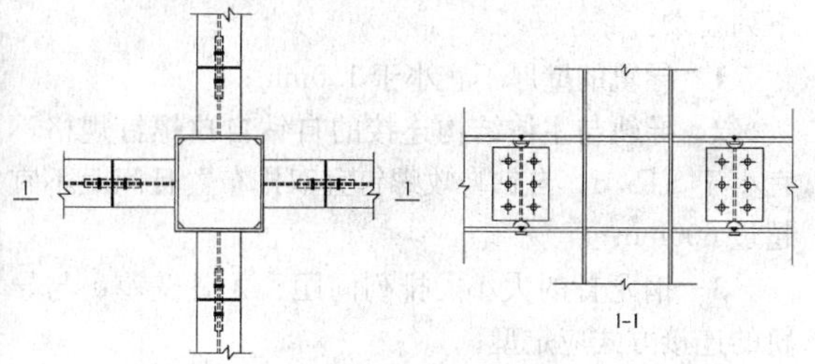

图5.4.6 柱带悬臂梁段式连接

5.4.7 钢管柱与H型钢梁的刚性连接可采用圆弧过渡隔板贯通式节点（图5.4.7-1），也可采用变宽度隔板贯通式节点（图5.4.7-2）。

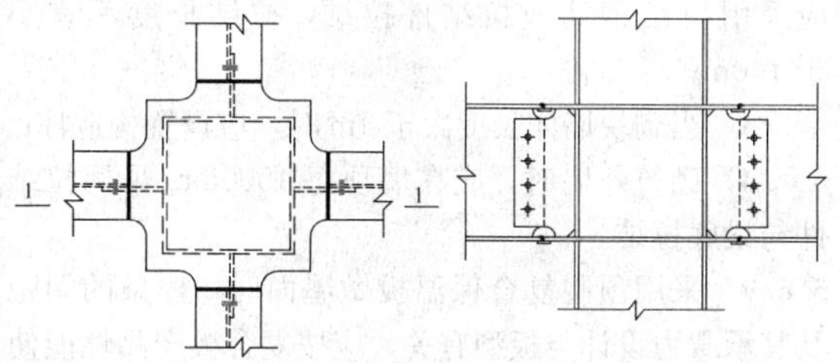

图5.4.7-1 圆弧过渡隔板贯通式节点

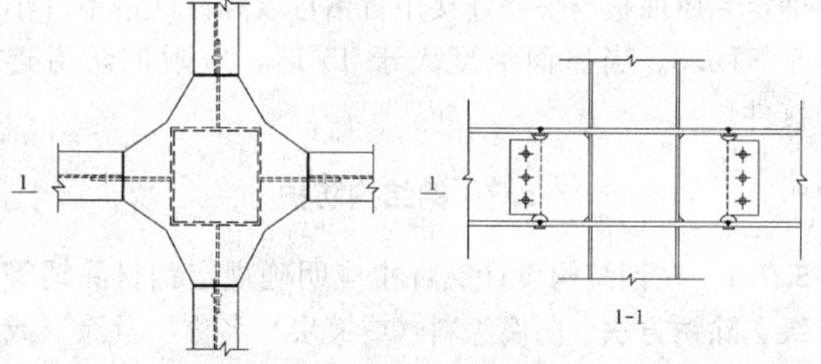

图5.4.7-2 变宽度隔板贯通式节点

5.4.8 钢管柱与H型钢梁的连接也可采用在柱外面加套筒的套筒式梁柱节点（图5.4.8），其构造应符

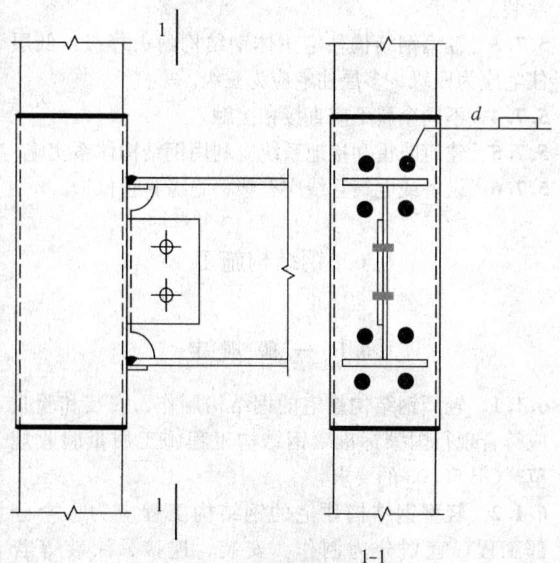

图5.4.8 套筒式梁柱节点

合下列要求：

1 套筒的壁厚应大于钢管柱壁厚与梁翼缘板厚最大值的1.2倍；

2 套筒的高度应高出梁上、下翼缘外60mm～100mm；

3 除套筒上、下端与柱焊接外，还应在梁翼缘上下附近对套筒进行塞焊，塞孔直径d不宜小于20mm。

5.4.9 钢柱脚可采用预埋锚栓与柱脚板连接的外露式做法，也可采用预埋钢板与钢柱现场焊接，并应符合下列要求：

1 柱脚板厚度不应小于柱翼缘厚度的1.5倍。

2 预埋锚栓的长度不应小于锚栓直径的25倍。

3 柱脚钢板与基础混凝土表面的摩擦极限承载力可按下式计算：

$$V = 0.4(N + T) \tag{5.4.9}$$

式中：N——柱轴力设计值；

T——受拉锚栓的总拉力，当柱底剪力大于摩擦力时应设抗剪件。

4 柱脚与底板间应设置加劲肋。

5 柱脚板与基础混凝土间产生的最大压应力标准值不应超过混凝土轴向抗压强度标准值的2/3。

6 对预埋锚栓的外露式柱脚，在柱脚底板与基础表面之间应留50mm～80mm的间隙，并应采用灌浆料或细石混凝土填实间隙。

7 钢柱脚在室内平面以下部分应采用钢丝网混凝土包裹。

5.5 地基基础

5.5.1 应根据住宅层数、地质状况、地域特点等因素，轻型钢结构住宅的基础形式可采用柱下独立基础或条形基础，当有地下室时，可采用筏板基础或独立柱基加防水板的做法，必要时也可采用桩基础。

5.5.2 基础底面应有素混凝土垫层，基础中钢筋的混凝土保护层厚度一般不应小于40mm，有地下水时宜适当增加混凝土保护层厚度。

5.5.3 地基基础的变形和承载力计算应按现行国家标准《建筑地基基础设计规范》GB 50007的规定进行。

5.5.4 当地基主要受力层范围内不存在软弱黏土层时，轻型钢结构住宅的地基及基础可不进行抗震承载力验算。

5.5.5 轻型钢结构住宅设有地下室时，地下室的钢柱宜采用钢丝网水泥砂浆包裹。地下室的防水应符合现行国家标准《地下工程防水技术规范》GB 50108的要求。

5.6 非结构构件设计

5.6.1 外围护墙、内隔墙、屋面、女儿墙、雨篷、太阳能支架、屋顶水箱支架，以及其他建筑附属设备等非结构构件及其连接，应满足抗风和抗震要求。

5.6.2 建筑附属设备体系的重力超过所在楼层重力的10%时，应计入整体结构计算。

5.6.3 作用于非结构构件表面上的风荷载标准值应按下式计算：

$$w_k = \beta_{gz}\mu_z\mu_s w_0 \tag{5.6.3}$$

式中：w_k——作用于非结构构件表面上的风荷载标准值（kN/m^2）；

β_{gz}——阵风系数；

μ_s——风荷载体型系数；

μ_z——风压高度变化系数；

w_0——基本风压（kN/m^2）。

式中各系数和基本风压应按现行国家标准《建筑结构荷载规范》GB 50009的规定采用，且 w_k 不应小于 $1.0kN/m^2$。

5.6.4 非结构构件自重产生的水平地震作用标准值应按下式计算：

$$F_{Ek} = 5.0\alpha_{max}G \tag{5.6.4}$$

式中：F_{Ek}——沿最不利方向施加于非结构构件重心处的水平地震作用标准值（kN）；

α_{max}——水平地震影响系数最大值：6度抗震设计时取0.04；7度抗震设计时取0.08，但当设计基本加速度为0.15g时取0.12；8度抗震设计时取0.16，但当设计基本加速度为0.30g时取0.24；

G——非结构构件的重力荷载代表值（kN）。

5.6.5 在外围护墙体及其连接的承载力极限状态计算中，应计算地震作用效应与风荷载效应的组合，组合系数应分别轮换取0.6与1.0。

5.6.6 采用预制轻质墙板做围护墙体应符合下列要求：

1 双层外墙时，其中外侧复合保温墙板应外包式挂在主体钢框架结构上，内侧墙板宜填充式镶嵌在钢框架之间且与柱内侧平齐，两墙板之间可留有一定的空隙；

2 外墙外挂节点形式和设计可按我国现行行业标准《金属与石材幕墙工程技术规范》JGJ 133的有关规定进行；

3 内隔墙镶嵌节点可采用U形金属夹间断固定在墙板上、下端与主体钢结构或楼板上；

4 内墙长度超过5m宜设置构造柱，外墙长度超过4m宜设置收缩缝；

5 门窗洞口宜有专用洞边板，洞口边、角部应有防裂措施。

5.6.7 采用轻钢龙骨复合墙板做围护墙体时，钢龙骨与上、下导轨应采用自钻自攻螺钉连接，并应符合下列要求：

1 导轨的壁厚不宜小于1.0mm；

2 导轨与主体结构连接的自钻自攻螺钉规格不宜小于ST5.5，自钻自攻螺钉宜双排布置且间距不宜超过600mm；

3 钢龙骨的大小、排列间距、龙骨壁厚、与导轨的连接方式应定型。

5.6.8 采用轻质砌块做围护墙体时应符合下列要求：

1 对外包钢结构砌筑的砌块应有可靠连接和咬槎；

2 轻质砌块墙体与钢柱相接处，每600mm高度应采用拉结钢筋或拉结件拉结，拉结长度不宜小于1.0m；

3 当砌块墙体长度大于4m时，应设置构造柱；

4 砌筑外墙时，应在墙顶每1500mm采用拉结件与梁底拉结。

5.6.9 采用预制复合保温板做屋面时，檩条的间距及其承载力设计与板型有关，应按复合板产品性能使用说明进行设计。屋檐挑板长度应按照产品使用说明确定。屋面板与檩条连接用自钻自攻螺钉规格不宜小于ST6.3。当屋面坡度大于45°时，应附加防滑连接件。

5.7 钢结构防护

5.7.1 在钢结构设计文件中应明确规定钢材除锈等级、除锈方法、防腐涂料（或镀层）名称、及涂（或镀）层厚度等要求。

5.7.2 除锈应采用喷砂或抛丸方法，除锈等级应达到Sa2.5，不得在现场带锈涂装或除锈不彻底涂装。

5.7.3 轻型钢结构住宅主体钢结构耐火等级：低层住宅应为四级，多层住宅应为三级。

5.7.4 不同金属不应直接相接触。

5.7.5 建筑防雷和接地系统应利用钢结构体系实施。

5.7.6 设备或电气管线应有塑料绝缘套管保护。

6 钢结构施工

6.1 一般规定

6.1.1 轻型钢结构住宅的钢结构制作、安装和验收应符合现行国家标准《钢结构工程施工质量验收规范》GB 50205的要求。

6.1.2 轻型钢结构住宅的钢结构工程应为一个分部工程，宜划分为制作、安装、连接、涂装等若干个分项工程，每个分项工程应包含一个或若干个检验批。

6.1.3 轻型钢结构住宅的钢结构工程施工前应编写施工组织设计文件，应建立项目质量保证体系，应有过程管理措施。

6.2 钢结构的制作与安装

6.2.1 钢结构制作、除锈和涂装应在工厂进行，钢构件在制作前应根据设计图纸编制构件加工详图，并应制定合理的加工流程。

6.2.2 钢结构所用材料（包括钢材、连接材料、涂装材料等）应具有质量证明文件，并应符合设计文件要求和现行国家有关标准的规定。

6.2.3 除锈应按设计文件要求进行，当设计文件未作规定时，宜选用喷砂或抛丸除锈方法，并应达到不低于Sa2.5级除锈等级。

6.2.4 除锈后的钢材表面经检查合格后，应在4h内进行涂装，涂装后4h内不得淋雨。

6.2.5 涂装时的环境温度和相对湿度应符合涂料产品说明书的要求，当产品说明书无要求时，环境温度宜在5℃～38℃之间，相对湿度不宜大于85%。

6.2.6 高强度螺栓摩擦面、埋入钢筋混凝土结构内的钢构件表面及密封构件内表面不应做涂装。待安装的焊缝附近、高强度螺栓节点板表面及节点板附近，在安装完毕后应予补涂。

6.2.7 钢构件的螺栓孔应采用钻成孔，严禁烧孔或现场气割扩孔。

6.2.8 高强度螺栓摩擦面的抗滑移系数应达到设计要求。

6.2.9 焊接材料在现场应有烘焙和防潮存放措施。

6.2.10 钢结构施工应有可靠措施确保预埋件尺寸符合设计允许偏差的要求。

6.2.11 钢结构安装顺序应先形成稳定的空间单元，然后再向外扩展，并应及时消除误差。

6.2.12 柱的定位轴线应从地面控制轴线直接上引，不得从下层柱轴线上引。

6.2.13 构件运输、堆放应垫平固牢，搬运构件时不得采用损伤构件或涂层的滑移拖运。

6.3 钢结构的验收

6.3.1 钢结构工程施工质量的验收应在施工单位自检合格的基础上，按照检验批、分项工程的划分，作为主体结构分部工程验收。

6.3.2 钢结构分部工程的合格应在各分项工程均合格的基础上，进行质量控制资料检查、材料性能复验资料检查、观感质量现场检查。各项检查均应要求资料完整、质量合格。

6.3.3 分项工程的合格应在所含检验批均合格的基础上，并应对资料的完整性进行检查。

6.3.4 检验批合格质量应符合下列要求：

1 主控项目应符合合格质量标准的要求；

2 一般项目其检验结果应有80%及以上的检验点符合合格质量标准的要求，且最大值不应超过其允许值的1.2倍；

3 质量检查记录、质量证明文件等资料应完整。

7 轻质楼板和轻质墙体与屋面施工

7.1 一般规定

7.1.1 轻质楼板、轻质墙体与屋面工程的施工应编制施工组织设计文件。施工组织设计文件应符合下列要求：

1 选用的楼板材料、墙体材料、屋面材料，以及防水材料、连接配件材料、防裂增强网片材料或粘接材料的种类、性能、规格或尺寸等，均应符合设计规定和材料性能要求，对预制楼板、屋面板和外墙板应进行结构性能检验，对外墙保温板和屋面保温板应进行热工性能检验；

2 施工方法应根据产品特点和设计要求编制，包括楼板、墙板和屋面板的具体吊装方法，楼板、墙板和屋面板与主体钢结构的连接方法，屋面和外墙立面的防水做法，基础防潮层做法，门、窗洞口做法，穿墙管线以及吊挂重物的加固构造措施等；

3 应详细制订施工进度网络图、劳动力投入计划和施工机械机具的组织调配计划，冬期或雨期施工应有保证措施；

4 应对施工人员进行技术培训和施工技术交底，应设专人对各工序和隐蔽工程进行验收；

5 应有安全、环保和文明施工措施；

6 应严格按设计图纸施工，不得在现场临时随意开凿、切割、开孔。

7.1.2 施工前准备工作应符合下列要求：

1 材料进场时，应有专人验收，生产企业应提供产品合格证和质量检验报告，板材不应出现翘曲、裂缝、掉角等外观缺陷，尺寸偏差应符合设计要求；

2 材料进场后，应按不同种类或规格堆放，并不得被其他物料污染，露天堆放时，应有防潮、防雨和防暴晒等措施；

3 墙板安装前，应先清理基层，按墙体排板图测量放线，并应用墨线标出墙体、门窗洞口、管线、配电箱、插座、开关盒、预埋件、钢板卡件、连接节点等位置，经检查无误，方可进行安装施工；

4 应对预埋件进行复查和验收；

5 应先做基础的防潮层，验收合格后方可施工墙体。

7.1.3 墙体与屋面施工应在主体结构验收后进行，内隔墙宜在做楼、地面找平层之前进行，且宜从顶层开始向下逐层施工，否则应有措施防止底层墙体由于累积荷载而损坏。

7.2 轻质楼板安装

7.2.1 有楼面次梁结构的，次梁连接节点应满足承载力要求，次梁挠度不应大于跨度的 1/200。对桁架式次梁，各榀桁架的下弦之间应有系杆或钢带拉结。

7.2.2 吊装应按楼板排板图进行，并应严格控制施工荷载，对悬挑部分的施工应设临时支撑措施。

7.2.3 大于 100mm 的楼板洞口应在工厂预留，对所有洞口应填补密实。

7.2.4 当采用预制圆孔板或配筋的水泥发泡类楼板时，板与钢梁搭接长度不应小于 50mm，并应有可靠连接，采用焊接的应对焊缝进行防腐处理。

7.2.5 当采用 OSB 板或钢丝网水泥板等薄型楼板时，板与钢梁搭接长度不应小于 30mm，采用自攻螺钉连接时，规格不宜小于 ST5.5，长度应穿透钢梁翼缘板不少于 3 圈螺纹，间距对 OSB 板不宜大于 300mm，对钢丝网水泥板应在板四角固定。

7.2.6 楼板安装应平整，相邻板面高差不宜超过 3mm。

7.3 轻质墙板安装

7.3.1 墙板施工前应做好下列技术准备：

1 设计墙体排板图（包含立面、平面图）；

2 确定墙板的搬运、起重方法；

3 确定外墙板外包主体钢结构的干挂施工方法；

4 制定测量措施；

5 制定高空作业安全措施。

7.3.2 外墙干挂施工应符合下列要求：

1 干挂节点应专门设计，干挂金属构件应采用镀锌或不锈钢件，宜避免现场施焊，否则应对焊缝做好有效的防腐处理；

2 外墙干挂施工应由专业施工队伍或在专业技术人员指导下进行。

7.3.3 双层墙板施工应符合下列要求：

1 双层墙板在安装好外侧墙板后，可根据设计要求安装固定好墙内管线，验收合格后方可安装内侧板；

2 双层外墙的内侧墙板宜镶嵌在钢框架内，与外层墙板拼缝宜错开 200mm～300mm 排列，并应按内隔墙板安装方法进行。

7.3.4 内隔墙板安装应符合下列要求：

1 应从主体钢柱的一端向另一端顺序安装，有门窗洞口时，宜从洞口向两侧安装；

2 应先安装定位板，并在板侧的企口处、板的两端均匀满刮粘结材料，空心条板的上端应局部封孔；

3 顺序安装墙板时，应将板侧榫槽对准另一板的榫头，对接缝隙内填满的粘结材料应挤紧密实，并应将挤出的粘结材料刮平；

4 板上、下与主体结构应采用 U 形钢卡连接。

7.3.5 建筑墙体施工中的管线安装应符合下列要求：

1 外墙体内不宜安装管线，必要时应由设计确定；

2 应使用专用切割工具在板的单面竖向开槽切割，槽深不宜大于板厚的 1/3，当不得不沿板横向开槽时，槽长不应大于板宽的 1/2；

3 管线、插座、开关盒的安装应先固定，方可用粘结材料填实、粘牢、平整；

4 设备控制柜、配电箱可安装在双层墙板上。

7.3.6 墙面整理和成品保护应符合下列要求：

1 墙面接缝处理应在门框、窗框、管线及设备安装完毕后进行；

2 应检查墙面：补满破损孔隙，清洁墙面，对不带饰面的毛坯墙应满铺防裂网刮腻子找平；

3 对有防潮或防渗漏要求的墙体，应按设计要求进行墙面防水处理；

4 对已完成抹灰或刮完腻子的墙面不得再进行任何剔凿；

5 在安装施工过程中及工程验收前，应对墙体采取防护措施，防止污染或损坏。

7.4 轻质砌块墙体施工

7.4.1 轻质砌块应采用与砌块配套的专用砌筑砂浆或专用胶粘剂砌筑，专用砌筑砂浆或专用胶粘剂应符合质量标准要求，并应提供产品质量合格证书和质量检测报告。

7.4.2 砌块施工前准备工作应符合下列要求：

1 进场砌块和配套材料堆放应有防潮或防雨措施，砌块下面应放置托板并码放成垛，堆放高度不宜超过 2m；

2 墙体施工前，应清理基层、测量放线，标明门窗洞口和预埋件位置，并应保护好预埋管线。

7.4.3 砌块施工应符合下列要求：

1 砌块应采用专用工具锯割，禁止砍剁；

2 砌块应进行排块，排列应拼缝平直，上、下层应交错布置，错缝搭接不应小于 1/3 块长，并且不应小于 100mm；

3 砌筑底部第一皮砌块时，应采用 1：3 水泥砂浆铺垫，各层砌块均应带线砌筑，并应保证砌筑砂浆或胶粘剂饱满均匀，缝宽宜为 2mm～3mm；

4 丁字墙与转角墙应同时砌筑，如不能同时砌筑，应留出斜槎或有拉结筋的直槎；

5 砌筑时应随时用水平尺和靠尺检查，发现超标应及时调整，在砌筑后 24 小时内不得敲击切凿墙体；

6 门窗洞口过梁宜采用与砌块同质材料的配筋过梁，否则应做保温隔热处理；

7 砌块墙体预埋管线应竖向开槽，槽深不宜大于墙厚的1/4，若横向开槽，槽深度不宜大于墙厚1/5。墙体开槽应采用专用工具切割，管线固定后应及时填浆密实缝隙；

8 外墙应抹防水砂浆和刮腻子，对刮完腻子的砌块墙体不得再进行任何剔凿，墙体验收前，应采取防护措施。

7.5 轻钢龙骨复合墙体施工

7.5.1 施工准备应符合下列要求：

1 运输和堆放轻钢龙骨或蒙皮用面板时应文明装卸，不得扔摔、碰撞，应防止变形；

2 锯割龙骨和面板应采用专用工具，切割后的龙骨和面板应边缘整齐、尺寸准确；

3 施工机具进场应提供产品合格证，安装工具或机具应保证能正常使用；

4 应先清理基层，按设计要求进行墙位置测量放线，应用墨线标出墙的中心线和墙的宽度线，弹线应清晰，位置应准确，检查无误后方可施工。

7.5.2 轻钢龙骨复合墙体施工应符合下列要求：

1 轻钢龙骨复合墙体施工应由专业施工队伍或在专业技术人员指导下进行；

2 龙骨的安装应符合以下要求：

1）应按放线位置固定上下槽型导轨到主体结构上，固定槽型导轨应采用六角头带法兰盘的自钻自攻螺钉，规格不宜小于ST5.5，间距不宜大于600mm，钉长应满足穿透钢梁翼板后外露不小于3圈螺纹；

2）竖向龙骨端部应安装在导轨内，龙骨与导轨壁用平头自钻自攻螺钉ST4.2固定，竖向龙骨应平直，不得扭曲，龙骨间距应符合专业设计要求或产品使用要求；

3）预埋管线应与龙骨固定。

3 面板的安装应符合下列要求：

1）面板宜竖向铺设，面板长边接缝应安装在竖龙骨上，对曲面隔墙，面板可横向铺设；

2）面板安装应错缝排列，接缝不应在同一根竖向龙骨上，面板间的接缝应采用专用材料填补；

3）安装面板时，宜采用不小于ST5.5的平头自钻自攻螺钉从板中部向板的四边固定，钉头略埋入板内，钉眼宜用石膏腻子抹平，钉长应满足穿透龙骨壁板厚度外露不小于3圈螺纹；

4）有防水、防潮要求的面板不得采用普通纸面石膏板，外墙的外表面应按设计要求做防水施工。

4 保温材料的安装应符合下列要求：

1）用聚苯板或聚氨酯板保温材料时，应采用专用自钻自攻螺钉将保温板与龙骨固定，若是单层保温板，应将保温板安装在龙骨外侧上，保温板铺设应连续、紧密拼接，不得有缝隙，验收合格后方可进行面板安装；

2）用玻璃棉或岩棉保温材料时，宜采用带有单面或双面防潮层的铝箔表层，防潮层应置于建筑物内侧，其表面不得有孔，防潮层应拉紧后固定在龙骨上，周边应搭接或锁缝，不得有缝隙，验收合格后方可进行面板安装；

3）不得采用将保温材料填充在龙骨之间的保温隔热做法。

7.6 轻质保温屋面施工

7.6.1 屋面施工前应符合下列要求：

1 设计屋面排板图；

2 确定屋面板搬运、起重和安装方法；

3 制定高空作业安全措施。

7.6.2 屋面施工应由专业施工队伍或由专业技术人员指导进行。

7.6.3 每块屋面板应至少有两根檩条支撑，板与檩条连接应按产品专业技术规定进行或采用螺栓连接。

7.6.4 屋面板与檩条当采用自钻自攻螺钉连接时，应符合下列要求：

1 螺钉规格不宜小于ST6.3；

2 螺钉长度应穿透檩条翼缘板外露不少于3圈螺丝；

3 螺钉帽应加扩大垫片；

4 坡度较大时应有止推件抗滑移措施。

7.6.5 屋面板侧边应有企口，拼缝处的保温材料应连续，企口内应有填缝剂，板应紧密排列，不得有热桥。

7.6.6 屋面板安装验收合格后，方可进行防水层或安装屋面瓦施工。

7.7 施工验收

7.7.1 轻质楼板工程的施工验收应按主体结构验收要求进行，可作为主体结构中的一个分项工程。

7.7.2 轻质墙体和屋面工程施工质量验收应按一个分部工程进行，其中应包含外墙、内墙、屋面和门窗等若干个分项工程。

7.7.3 轻质楼板安装平面水平度全长不宜超过10mm。

7.7.4 墙体施工允许偏差和检验方法应符合表7.7.4的规定。

表 7.7.4 墙体施工允许偏差和检验方法

<table>
<tr><th>序号</th><th colspan="3">项目</th><th>允许偏差（mm）</th><th>检验方法</th></tr>
<tr><td>1</td><td colspan="3">轴线位移</td><td>5</td><td>用尺量</td></tr>
<tr><td>2</td><td colspan="3">表面平整度</td><td>3</td><td>用2m靠尺和塞尺量</td></tr>
<tr><td rowspan="4">3</td><td rowspan="4">垂直度</td><td rowspan="2">每层</td><td>≤3m</td><td>3</td><td rowspan="2">用2m脱线板或吊线，尺量</td></tr>
<tr><td>>3m</td><td>5</td></tr>
<tr><td rowspan="2">全高</td><td>≤10m</td><td>10</td><td rowspan="2">用经纬仪或吊线，尺量</td></tr>
<tr><td>>10m</td><td>15</td></tr>
<tr><td>4</td><td colspan="3">门窗洞口尺寸</td><td>±5</td><td>用尺量</td></tr>
<tr><td>5</td><td colspan="3">外墙上下窗偏移</td><td>10</td><td>用经纬仪或吊线</td></tr>
</table>

7.7.5 分项工程质量标准应符合下列要求：

1 各检验批质量验收文件应齐全，施工质量验收应合格；

2 观感质量验收应合格；

3 有关结构性能或使用功能的进场材料检验资料应齐全，并应符合设计要求。

8 验收与使用

8.1 验 收

8.1.1 轻型钢结构住宅工程施工质量验收应在施工总承包单位自检合格的基础上，由施工总承包单位向建设单位提交工程竣工报告，申请工程竣工验收。工程竣工报告须经总监理工程师签署意见。

8.1.2 竣工验收应由建设单位组织实施，勘察单位、设计单位、监理单位、施工单位应共同参与。

8.1.3 轻型钢结构住宅工程施工质量验收应按检验批、分项工程、分部（或子分部）工程的划分，并应符合下列要求：

1 应符合现行国家标准《建筑工程施工质量验收统一标准》GB 50300、《钢结构工程施工质量验收规范》GB 50205 和其他相关专业验收规范的规定；

2 应符合工程勘察、设计文件的要求；

3 参加验收的各方人员应具备规定的资格；

4 应在施工单位自检评定合格的基础上进行；

5 隐蔽工程在隐蔽前应由施工单位通知有关单位验收并形成验收文件；

6 涉及结构安全的试块、试件以及有关材料，应按规定进行见证取样检测；

7 检验批的质量应按主控项目和一般项目验收；

8 对涉及结构安全和使用功能的重要分部工程应进行抽样检测；

9 承担见证取样检测及有关结构安全检测的单位应具有相应资质；

10 工程的观感质量应由验收人员通过现场检查，并应共同确认。

8.1.4 轻型钢结构住宅工程施工质量验收合格应符合下列要求：

1 应进行建筑节能专项验收，主要包括建筑物体形系数、窗墙面积比、各部分围护结构的传热系数、外墙遮阳系数等，均应符合现行国家标准《建筑节能工程施工质量验收规范》GB 50411 和建筑设计文件的要求；

2 各分部（或子分部）工程的质量均应验收合格；

3 质量控制资料应完整；

4 各分部（或子分部）工程有关安全和功能的检测资料应完整；

5 主要功能项目的抽查结果应符合相关专业质量验收规范的规定；

6 观感质量验收应符合要求。

8.1.5 工程验收合格后，建设单位应依照有关规定，向当地建设行政主管部门备案。

8.2 使用与维护

8.2.1 建设单位在工程竣工验收合格后，应取得当地规划、消防、人防等有关部门的认可文件和准许使用文件，并应在道路畅通，水、电、气、暖具备的条件下，将有关文件交给物业后方可交付使用。

8.2.2 建设单位交付使用时，应提供住宅使用说明书，住宅使用说明书中包含的使用注意事项应符合表8.2.2的规定。

表 8.2.2 使用注意事项

房屋部位	注 意 事 项
主体结构	钢结构不能拆除，不能渗水受潮，涂装层不得铲除，装修不得在钢结构上施焊
墙体	墙体不能拆除，改动非承重墙应经原设计单位批准。不得在外墙上安装任何挂件，外围护墙体饰面层不得破坏、受潮或渗水
防水层	厨房或卫生间的防水层，装修时不得破坏
门、窗	不得更改或加设门窗
阳台	不得加设阳台附属设施
烟道	设有烟道的，抽油烟机管应接入烟道内，不得封堵或拆除烟道

续表 8.2.2

房屋部位	注 意 事 项
空调机位	按原设计位置装置空调，不得随意打洞和安装空调或其他设备
供水设施	供水主立管不得移动、接分叉或毁坏
排水设施	排水主立管不得移动、接分叉或毁坏
供电设施	不得改动公共部位供配电设施
消防设施	消防设施不得遮掩或毁坏，不得阻碍消防通道，不得动用消防水源
保温构造	墙体、屋面、楼地面等的各类保温系统包括饰面层、加强层、保温层等均不得铲除和削弱。不得有渗水

8.2.3 用户在使用过程中，不得增大楼面、屋面原设计使用荷载。

8.2.4 物业应定期检修外墙和屋面防水层，应保证外围护系统正常使用。

附录 A L形截面柱的承载力计算公式

A.0.1 L形截面柱（图 A.0.1）的强度应按下列公式计算：

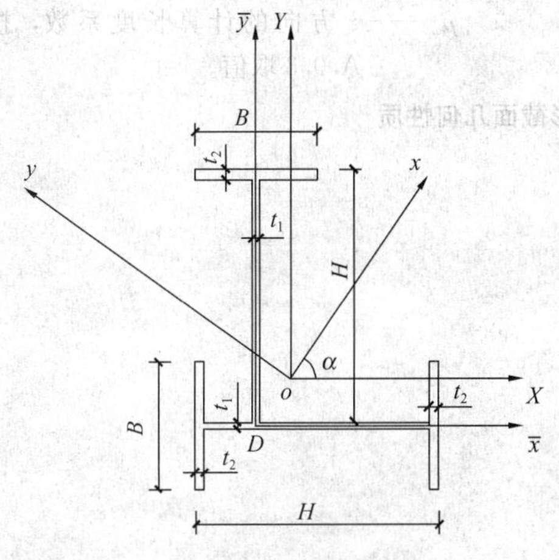

图 A.0.1 L形截面柱

$$\sigma=\frac{N}{A}\pm\frac{M_x}{I_x}y\pm\frac{M_y}{I_y}x\pm\frac{B_\omega}{I_\omega}\omega_s \quad (\text{A.0.1-1})$$

$$\tau=\frac{V_xS_y}{I_yt}+\frac{V_yS_x}{I_xt}+\frac{M_\omega S_\omega}{I_\omega t}+\frac{M_kt}{I_k} \quad (\text{A.0.1-2})$$

式中：N——柱轴向力；

M_x、M_y——绕柱截面形心主坐标轴 x、y 的弯矩；

V_x、V_y——柱截面形心主坐标轴 x、y 方向的剪力；

B_ω——弯曲扭转双力矩，$B_\omega=\int_A\sigma_\omega\omega_s\mathrm{d}A=E\frac{\mathrm{d}^2\Phi}{\mathrm{d}z^2}\int_A\omega_s^2\mathrm{d}A$；

M_z——扭矩，$M_z=GI_k\frac{\mathrm{d}\Phi}{\mathrm{d}z}-EI_\omega\frac{\mathrm{d}^3\Phi}{\mathrm{d}z^3}=M_k+M_\omega$；

Φ——截面的扭转角，以右手螺旋规律确定其正负号；

S_x、S_y——截面静矩；

I_x、I_y——截面轴惯性矩；

I_ω——翘曲常数，亦称为扇性矩或弯曲扭转惯性矩，$I_\omega=\frac{1}{3}\sum_A(\omega_{s,i}^2+\omega_{s,i}\omega_{s,i+1}+\omega_{s,i+1}^2)t_ib_i$；

I_k——扭转常数，$I_k=\sum_{i=1}^{n}I_{k,i}=\frac{1}{3}\sum_{i=1}^{n}b_it_i^3$；

S_ω——扇性静矩，$S_\omega=\int_0^s\omega_st\mathrm{d}s$；

ω_s——扇性坐标；

$\omega_{s,i}$、$\omega_{s,i+1}$——横截面中第 i 个板件两端点 i 和 $i+1$ 的扇形坐标；

b_i、t_i——第 i 个板件的宽度和厚度。

A.0.2 L形截面柱的轴心受压稳定性应符合下式要求：

$$\frac{N}{\varphi A}\leqslant f \quad (\text{A.0.2})$$

式中：φ——L形截面柱轴心受压的稳定系数，应根据L形截面柱的换算长细比 λ 按 b 类截面确定；

f——为材料设计强度。

A.0.3 L形截面柱（图 A.0.1）压弯稳定性应符合下式要求：

$$\frac{N}{\varphi A}+\frac{\beta_{tx}M_x}{\varphi_{bx}W_x}+\frac{\beta_{ty}M_y}{\varphi_{by}W_y}-\frac{2(\beta_yM_x+\beta_xM_y)}{i_0^2\varphi A}\leqslant f \quad (\text{A.0.3-1})$$

$$i_0^2=\frac{(I_x+I_y)}{A}+x_0^2+y_0^2 \quad (\text{A.0.3-2})$$

$$\beta_x=\frac{\int_A x(x^2+y^2)\mathrm{d}A}{2I_y}-x_0 \quad (\text{A.0.3-3})$$

$$\beta_y=\frac{\int_A y(x^2+y^2)\mathrm{d}A}{2I_x}-y_0 \quad (\text{A.0.3-4})$$

$$\varphi_{bx}=\frac{\pi^2EI_y}{W_xf_y(\mu_yl)^2}\left[\beta_y+\sqrt{\beta_y^2+\frac{I_\omega}{I_y}+\frac{GI_k}{\pi^2EI_y}(\mu_yl)^2}\right] \quad (\text{A.0.3-5})$$

$$\varphi_{by}=\frac{\pi^2 EI_x}{W_y f_y\ (\mu_x l)^2}\left[\beta_x+\sqrt{\beta_x^2+\frac{I_\omega}{I_x}+\frac{GI_k}{\pi^2 EI_x}\ (\mu_x l)^2}\right] \tag{A.0.3-6}$$

式中：f_y——材料屈服强度；

E——材料弹性模量；

G——材料剪变模量；

l——构件长度；

A——构件截面面积；

x_0、y_0——截面剪心坐标；

W_x、W_y——截面模量；

β_x——L 形截面关于 x 轴不对称常数，当 M_x 作用下受压区位于剪心同一侧时，β_x 和 M_x 取正号，反之则取负号；

β_y——L 形截面关于 y 轴不对称常数，当 M_y 作用下受压区位于剪心同一侧时，β_y 和 M_y 取正号，反之则取负号；

φ_{bx}、φ_{by}——分别为 x、y 轴的稳定系数，其值不大于1.0，且当稳定系数的值大于0.6时，应按现行国家标准《钢结构设计规范》GB 50017 的规定进行折减；

β_{tx}、β_{ty}——等效弯矩系数，按现行国家标准《钢结构设计规范》GB 50017 的规定取值；

μ_x、μ_y——分别为 x、y 方向的计算长度系数，按表 A.0.3 取值。

表 A.0.3 计算长度系数

约束条件	μ_x	μ_y	μ_ω
两端简支	1.0	1.0	1.0
两端固定	0.5	0.5	0.5
一端固定，一端简支	0.7	0.7	0.7
一端固定，一端自由	2.0	2.0	2.0

A.0.4 当 L 形截面柱采用图 A.0.1 形式时，截面几何性质按表 A.0.4 取值，换算长细比可按下列简化式计算：

$$\lambda=\frac{1}{\sqrt{0.44\alpha-0.62\sqrt{\alpha^2-2.27\ (\lambda_x^2+\lambda_y^2+\lambda_\omega^2)\ /\ (\lambda_x\lambda_y\lambda_\omega)^2}}} \tag{A.0.4-1}$$

$$\alpha=\frac{1}{\lambda_x^2}\ (1-y_0^2/i_0^2)+\frac{1}{\lambda_y^2}\ (1-x_0^2/i_0^2)+\frac{1}{\lambda_\omega^2} \tag{A.0.4-2}$$

$$\lambda_x=\frac{\mu_x lA}{I_x} \tag{A.0.4-3}$$

$$\lambda_y=\frac{\mu_y lA}{I_y} \tag{A.0.4-4}$$

$$\lambda_\omega=\frac{\mu_\omega l}{\sqrt{\frac{I_\omega}{Ai_0^2}+\frac{(\mu_\omega l)^2 GI_k}{\pi^2 EAi_0^2}}} \tag{A.0.4-5}$$

式中：λ_x、λ_y、λ_ω——分别为 x、y、z 方向的柱长细比；

μ_ω——z 方向的计算长度系数，按表 A.0.3 取值。

表 A.0.4 图 A.0.1 的 L 形截面几何性质

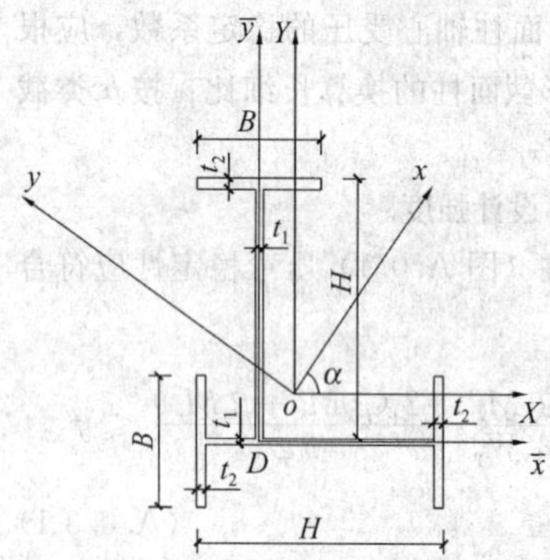

序号	$H\times B\times t_1\times t_2$ (mm)	截面面积 A (mm²)	形心坐标 (mm) $\bar{x}_0$	形心坐标 (mm) $\bar{y}_0$	剪心坐标 (mm) x_0	剪心坐标 (mm) y_0	夹角 α (°)	惯性矩 I_x (cm⁴)	惯性矩 I_y (cm⁴)	惯性矩 I_k (cm⁴)	惯性矩 I_ω (cm⁶)	惯性半径 (cm) i_x	惯性半径 (cm) i_y	不对称截面常数 i_0^2 (cm²)	不对称截面常数 β_x (cm)	不对称截面常数 β_y (cm)
1	100×50×5×7	1945	14.5	29.5	−24.7	−16.8	27.3	376.5	172	2.48	1095.7	4.40	2.97	37.1	4.07	2.15
2	150×75×5×7	2970	21.8	44.2	−37.5	−24.8	28.2	1303.0	826	3.75	8492.0	6.62	4.55	84.8	6.13	3.13
3	200×100×5.5×8	4468	29.2	58.9	−50.4	−32.8	28.5	3515.1	1680.9	7.23	41100	8.87	6.13	154.4	8.16	4.11
4	250×125×6×9	6213	36.6	73.7	−63.2	−40.8	28.7	7688.9	3708.0	12.55	141520	11.1	7.73	240.1	10.2	5.09
5	300×150×6.5×9	7774.5	43.7	88.1	−75.7	−48.8	28.8	13693.5	6602.9	16.22	354500	13.3	9.22	342.2	12.3	6.11
6	350×175×7×11	10444	51.5	103.4	−89.0	−56.8	29.0	25578.4	12469.6	30.98	933280	15.7	10.9	475.9	14.2	7.04
7	400×200×8×13	13888	59.0	118.4	−101.9	−65.0	29.0	44669.1	21800.9	57.04	2147100	17.9	12.5	624.7	16.3	8.03
8	450×200×9×14	16122	72.9	131.9	−124.2	−67.2	31.2	64926.0	29943.0	75.90	3002700	20.1	13.6	787.9	20.4	8.38
9	500×200×10×16	19120	86.9	145.7	−146.1	−68.9	32.8	95181.1	41980.9	113.9	4315300	22.3	14.8	978.5	24.5	8.62

注：表中形心坐标为工程坐标系 $\bar{x}D\bar{y}$ 中的坐标值，而剪心坐标为形心主坐标系中的坐标值。

本规程用词说明

1 为便于在执行本规程条文时区别对待，对要求严格程度不同的用词说明如下：

1)表示很严格，非这样做不可的：
正面词采用“必须”，反面词采用“严禁”；

2)表示严格，在正常情况下均应这样做的：
正面词采用“应”，反面词采用“不应”或“不得”；

3)表示允许稍有选择，在条件许可时，首先应这样做的：
正面词采用“宜”，反面词采用“不宜”；

4)表示有选择，一定条件下可以这样做的，采用“可”。

2 条文中指明应按其他有关标准执行的写法为：“应符合……的规定”或“应按……执行”。

引用标准名录

1 《建筑地基基础设计规范》GB 50007
2 《建筑结构荷载规范》GB 50009
3 《混凝土结构设计规范》GB 50010
4 《建筑抗震设计规范》GB 50011
5 《钢结构设计规范》GB 50017
6 《冷弯薄壁型钢结构技术规范》GB 50018
7 《住宅设计规范》GB 50096
8 《住宅建筑模数协调标准》GB/T 50100
9 《地下工程防水技术规范》GB 50108
10 《工程结构可靠性设计统一标准》GB 50153
11 《钢结构工程施工质量验收规范》GB 50205
12 《建筑工程施工质量验收统一标准》GB 50300
13 《民用建筑工程室内环境污染控制规范》GB 50325
14 《住宅建筑规范》GB 50368
15 《建筑节能工程施工质量验收规范》GB 50411
16 《碳素结构钢》GB/T 700
17 《钢结构用高强度大六角头螺栓》GB/T 1228
18 《钢结构用高强度大六角螺母》GB/T 1229
19 《钢结构用高强度垫圈》GB/T 1230
20 《钢结构用高强度大六角头螺栓、大六角螺母、垫圈技术条件》GB/T 1231
21 《低合金高强度结构钢》GB/T 1591
22 《钢结构用扭剪型高强度螺栓连接副》GB/T 3632
23 《碳钢焊条》GB/T 5117
24 《低合金钢焊条》GB/T 5118
25 《六角头螺栓 C级》GB/T 5780
26 《六角头螺栓》GB/T 5782
27 《建筑材料放射性核素限量》GB 6566
28 《建筑用轻钢龙骨》GB/T 11981
29 《冷轧带肋钢筋》GB 13788
30 《十字槽盘头自钻自攻螺钉》GB/T 15856.1
31 《十字槽沉头自钻自攻螺钉》GB/T 15856.2
32 《十字槽半沉头自钻自攻螺钉》GB/T 15856.3
33 《六角法兰面自钻自攻螺钉》GB/T 15856.4
34 《六角凸缘自钻自攻螺钉》GB/T 15856.5
35 《钢筋焊接网混凝土结构技术规程》JGJ 114
36 《金属与石材幕墙工程技术规范》JGJ 133
37 《耐碱玻璃纤维网布》JC/T 841
38 《定向刨花板》LY/T 1580

中华人民共和国行业标准

轻型钢结构住宅技术规程

JGJ 209—2010

条 文 说 明

制　订　说　明

《轻型钢结构住宅技术规程》JGJ 209－2010，经住房和城乡建设部 2010 年 4 月 17 日以第 552 号公告批准、发布。

本规程制订过程中，编制组进行了广泛的调查研究，总结了近几年我国钢结构住宅工程建设的实践经验，同时参考了国外先进技术法规、技术标准，并做了大量的有关材料性能、建筑和结构性能、节点连接等试验。

为便于广大设计、施工、科研、学校等单位有关人员在使用本规程时能正确理解和执行条文规定，《轻型钢结构住宅技术规程》编制组按章、节、条顺序编制了本规程的条文说明，对条文规定的目的、依据以及执行中需注意的有关事项进行了说明，还着重对强制性条文的强制性理由作了解释。但是，本条文说明不具备与标准正文同等的法律效力，仅供使用者作为理解和把握标准规定的参考。在使用中如果发现本条文说明有不妥之处，请将意见函寄中国建筑科学研究院。

目 次

1 总 则

自从2000年我国首次召开钢结构住宅技术研讨会以来，全国积极开展有关钢结构住宅的科研和工程实践活动。不仅有许多高等院校和科研院所进行了大量的专项科学技术研究，取得了丰富的成果，而且有许多企业进行了各种形式的新型建筑材料开发和钢结构住宅工程试点，积累了丰富的工程经验。近几年来，在我国出现的钢结构住宅建筑形式有：普通钢结构住宅工程、国外引进的冷弯薄壁型钢低层住宅工程，还有自主研发的轻钢框架配套复合保温墙板的低层和多层钢结构住宅工程等等。钢结构住宅的工程实践，有利于促进我国住宅产业化的进程，有利于整体提升我国建筑行业技术进步，有利于带动建材、冶金等相关产业的发展，有利于促进钢结构在建筑领域的应用，拉动内需。

为适应国家经济建设的需要，推广应用钢结构住宅建筑技术，规范钢结构住宅技术标准，实现钢结构住宅的功能和性能，结合我国城镇建设和建筑工程发展的实际情况，在广泛调查研究，认真总结近几年我国钢结构住宅建设经验，并在做了大量的有关材性、体系和节点等试验的基础上，由中国建筑科学研究院负责，组织有关设计、高校、科研和生产企业等单位，制定我国轻型钢结构住宅技术规程。

本规程适用于轻型钢结构住宅的设计、施工和验收，重点突出"轻型"。由轻型钢框架结构体系和配套的轻质墙体、轻质楼面、轻质屋面建筑体系所组成的轻型节能住宅建筑。可用于抗震或非抗震地区的不超过6层的钢结构住宅建筑。对公寓等其他建筑可参考使用。

本规程所说的"轻质材料"是指与传统的材料如钢筋混凝土相比干密度小一半以上。

本规程所指的轻型钢框架是指由小截面热轧H型钢、高频焊接H型钢、普通焊接H型或异形截面的型钢、冷轧或热轧成型的方（或矩、圆）形钢管组成的纯框架或框架-支撑结构体系。结合轻质楼板和利用墙体抗侧力等有利因素，能使钢框架结构体系不仅用钢量省，而且解决了可以建造多层结构的技术问题，尤其是能与我国现行规范体系保持一致，满足抗震要求，是一种符合中国国情的轻型钢结构住宅体系。

轻型钢结构住宅是一种专用建筑体系，轻型钢结构住宅的设计与建造必须要有材性稳定、耐候耐久、安全可靠、经济实用的轻质围护配套材料及其与钢结构连接的配套技术，尤其是轻质外围护墙体及其与钢结构的连接配套技术。由于其"轻型"，结构性能优越，建筑层数又不超过6层，易于抗震。只要配套材料和技术完善，则经济性较好，便于推广应用。

轻型钢结构住宅是一种新的建筑体系，涉及的材料是新型建筑材料，设计方法是"建筑、结构、设备与装修一体化"，强调"配套"：材料要配套、技术要配套、设计要配套，是在企业开发的专用体系基础上，按本规程的规定进行具体工程的设计、施工和验收。

对普通钢结构与现浇钢筋混凝土楼板结构体系的钢结构住宅，应按我国现行有关标准设计。对冷弯薄壁型钢低层住宅建筑，应按其专业标准执行。

3 材 料

3.1 结构材料

3.1.1 关于钢结构材料是引自现行国家标准《钢结构设计规范》GB 50017的规定。推荐轻型钢结构住宅宜采用Q235-B碳素结构钢以及Q345-B低合金高强度结构钢，主要是这两种牌号的钢材具有多年的生产与使用经验，材质稳定，性能可靠，经济指标较好。且B级钢材具有常温冲击韧性的合格保证，满足住宅环境的使用温度，没有必要使用更高级别或更高强度等级的钢材。当对冲击韧性不作交货保证时，也可以采用Q345-A。

3.1.2 该条是引自现行国家标准《钢结构设计规范》GB 50017和《建筑抗震设计规范》GB 50011的规定。

3.1.3 对于冷加工成型的钢材，当壁厚不大于6mm的材料强度设计值按现行国家标准《冷弯薄壁型钢结构技术规范》GB 50018的规定取值，但构件计算公式仍然采用现行国家标准《钢结构设计规范》GB 50017的规定。当壁厚大于6mm的材料设计强度和构件设计计算公式都按现行国家标准《钢结构设计规范》GB 50017的规定执行。

3.1.8 水泥纤维类材料中的纤维只能作为防裂措施，不能作为受力材料。这类材料中有的抗冻融性能差，易粉化，现实中的纤维材料性能差别很大，有的抗碱性能差，耐久性得不到保证。这类材料（包括水泥压力板、挤出板等）强度较高，但是易脆断。考虑到实际使用情况，用于室内环境作为楼板时应配置钢筋。

水泥加气发泡类材料抗压强度较低，一般仅有3MPa～8MPa，且孔隙率较大，易受潮，钢筋得不到保护，耐久性受影响。考虑到实际使用情况，本规范要求双层配筋并对钢筋作保护性处理，抗压强度不应小于6.0MPa。

以上两种材料属于新型建材（指与传统的钢筋混凝土比），它们具有轻质、高强特点，适用于预制装配施工，受到市场的欢迎。但开发者和使用者对其用途和性能不全了解。为规范这两类材料的用途，有必要对涉及结构安全性的新材料作出强制性规定。

3.1.10～3.1.13 这几条给出了当前轻质楼板选材的基本规定。

3.2 围护材料

3.2.1～3.2.6 围护材料是钢结构住宅技术的重点和难点，要求它质量轻、强度高、保温隔热性能好、经久耐用、经济适用。国外钢结构住宅及其住宅产业化之所以比我国成熟，主要是国外的建材业发达，可供选用的建材品种多、质量好、科技含量高，应用配套技术全面，能形成体系化。随着建筑工业化的发展，发达国家早在20世纪四五十年代便开始了墙体建筑材料的转变：即小块墙材向大块墙材转变，块体墙材向各种轻质板材和复合板材方向转变。墙体的材料是节能建筑的关键。轻质围护材料应采用节地、节能、利废和环保的材料，严禁使用国家明令禁止、淘汰或限制的材料。要坚持建筑资源可持续利用的科学发展观。

根据我国国情，建议围护材料采用以普通水泥为主要原料的复合型多功能预制轻质条形板材、轻质块体，或者是轻钢龙骨复合保温墙体等。围护材料产品的干密度不宜超过800kg/m^3，并以条形板为宜，便于施工安装。以保温为主要目的外墙板或屋面板，应选用密度较小的复合保温板材；以隔热为主要目的外墙板或屋面板，应选用密度较大的复合保温板材。产品质量及试验方法均按我国国家有关标准执行，外墙板受弯承载力、连接节点承载力的设计和试验应结合本规程第5.6节非结构构件设计的要求进行，承载力检验系数以及其他指标不应小于相关条文的规定。有关承载力性能的试验应按现行国家标准《混凝土结构工程施工质量验收规范》GB 50204的规定执行。

轻质围护材料应为专门生产厂家制造，生产厂家应有质量保证体系、有产品标准、有专业生产的工艺设备和技术、有产品使用安装工法，并具有试验和经专家论证、政府主管部门备案的资料和文件。使用单位应作材料复检和技术资料审核。

3.2.7 轻质墙板的单点吊挂力试验可参考我国现行行业标准《建筑隔墙用轻质条板》JG/T 169的有关规定进行。

3.2.9 水泥基的轻质围护材料，除了应满足一般性要求外，还应满足该条所列各款的专门规定。

3.2.10 轻钢龙骨复合墙体也是一种较好的围护体系，龙骨采用C型钢或小方钢管桁架结构体系，除了应满足一般性要求外，还应满足该条所列各款的专门规定。

3.3 保温材料

3.3.1、3.3.2 该节所列工程中常用的保温隔热材料，其性能指标取自我国现行相关标准规范的规定。

3.3.3 采用有机泡沫塑料作为保温隔热材料时，应对其有防火保护措施，如采用水泥浇筑的聚苯夹心复合板形式等。

4 建筑设计

4.1 一般规定

4.1.1 集成化住宅建筑是工业化和产业化的要求，而工业化的前提是标准化和模数化。轻型钢结构住宅建筑具有产业化的优势和特点，轻型钢结构住宅技术开发应以工业化为手段，以产业化为目标，进行产品和技术配套开发，形成房屋体系。此条为轻型钢结构住宅建筑技术方向性导则。

4.1.2 轻型钢结构住宅建筑的构件或配件及其应用技术，具有较高的工业化生产程度和较严谨的操作程序，难以现场复制。否则，其功能或性能得不到保证。因此建筑、结构、设备和装修设计应紧密配合，应综合考虑，实现一体化设计，避免现场随意改动。

4.1.3 轻型钢结构住宅是一种新的节能建筑体系，建筑设计必须进行节能专项设计，执行我国建筑节能政策。我国地域辽阔，从南到北气候差异较大，建筑节能指标要求不同，建筑节能设计应符合当地节能指标要求。

4.1.4 轻型钢结构住宅也是一种住宅，应满足住宅的基本功能和性能，应符合现行国家住宅建筑设计标准。

4.2 模数协调

模数协调就是设计尺寸协调和生产活动协调。它既能使设计者的建筑、结构、设备、电气等专业技术文件相互协调；又能达到设计者、制造业者、经销商、建筑业者和业主等人员之间的生产活动相互协调一致，其目的就是推行住宅产业化。产业化的前提是工业化，而工业化生产是在标准化指导下进行的。住宅有其灵活多样性特点，如何最大限度地采用通用化建筑构配件和建筑设备，通过模数协调，实现灵活多样化要求，是设计者要解决的问题。轻型钢结构住宅建筑设计和制造是易于实现产业化的，可以做到设计标准化、生产工厂化、现场装配化。本节旨在引导技术和产品开发以及设计和建造应以产业化为方向，实现建筑产品和部件的尺寸协调以及安装位置的模数协调。

4.3 平面设计

4.3.1 优先尺寸就是从模数数列中事先排选出的模数或扩大模数尺寸。在选用部件中对通用性强的尺寸关系，指定其中几种尺寸系列作为优先尺寸，其他部件应与已选定部件的优先尺寸关联配合。

4.3.4 住宅建筑平面设计在方案阶段应与钢结构专

业配合，便于结构专业布置梁柱，使结构受力合理、用材经济，充分发挥钢结构优势。

4.3.5 室内露柱或露梁影响使用和美观，在平面布置时，建筑和结构专业应充分配合，合理布置构件，或采用异形构件满足建筑使用要求。

4.3.6 住宅大开间布置，有利于住宅空间灵活分隔，具有可改性。

4.3.7～4.3.9 关于楼板的建筑做法，把它们归于平面设计中，供设计者参考。

4.4 轻质墙体与屋面设计

4.4.1、4.4.2 外墙和屋面属于外围护体系，是钢结构住宅建筑设计的重点之一，其设计应满足住宅建筑的功能和性能，并应与主体结构同寿命。

4.4.3 外围护墙体是建筑节能的关键，墙体要有一定的热阻值，才能达到保温隔热的效果。钢结构特点之一是钢材的导热系数远大于墙板的导热系数，其热阻相对很小，热量极易通过钢材传导流失，形成“热桥”。因此，要在钢结构部位增加热阻，采取隔热保温措施。该条给出了墙板式墙体可操作的强制性做法。

钢结构结合预制墙板装配的建筑体系，是近年来开发钢结构住宅建筑的主要形式之一。但这种新的建筑体系不为广大工程师们所熟悉，为规范这种建筑体系设计，有必要对涉及建筑主要功能性、适用性的设计方法作出强制性规定。

4.4.4～4.4.6 分别给出了轻质墙板式墙体、轻钢龙骨式墙体和砌块式墙体的建筑做法。

5 结构设计

5.1 一般规定

5.1.2 在结构体系中，也可以采用小型方钢管组成的格构式梁柱体系，与轻钢龙骨墙体结合，适用低层建筑，由专业公司进行设计。

5.1.3 国内外关于框架填充墙体抗侧力的研究表明，忽略填充墙体的侧向刚度作用，对抗震不利。填充墙使得结构的侧向刚度增大，同时也增大了地震作用。框架与填充墙之间的相互作用，使得钢框架的内力重分布。考虑填充墙的作用，不仅有利于结构抗震，而且还可利用填充墙体抗侧移，从而减少框架设计的用钢量，使结构轻型成为可能。中国建筑科学研究院曾对某企业生产的水泥基聚苯复合保温板、圆孔板以及轻钢龙骨填充墙体与钢框架共同抗侧力进行了足尺试验，通过与裸框架抗侧移性能的对比试验，按位移等效原理得出了不同墙体的等效交叉支撑计算公式，完全满足“小震不坏、中震可修、大震不脱落”要求，为该企业墙板的应用提供了试验依据。本规程规定，墙体的侧向刚度应根据墙体的材料和连接方式的不同由试验确定，并应满足当钢框架层间相对侧移角达到1/300时，墙体不得出现任何开裂破坏；当达到1/200时，墙体可在接缝处出现可以修补的裂缝；当达到1/50时，墙体不应出现断裂或脱落。试验应有往复作用过程，并应有等效支撑构件截面尺寸的计算公式，以便应用计算。墙体抗侧力试验应与实际应用一致，不进行抗侧力试验或试验达不到要求的不得利用墙体抗侧力进行结构计算。砌块墙体整体性能较差，应慎用其抗侧力。

5.1.4、5.1.5 依据现行国家标准《建筑结构荷载规范》GB 50009和《建筑抗震设计规范》GB 50011，结合轻型钢结构住宅建筑的特点，给出了荷载效应组合的具体表达式和相关系数，旨在统一和规范这类结构计算的输入条件。

5.1.9 轻型钢结构住宅的钢构件截面较小，变形主要是构件刚度控制，节点域变形可忽略不计。

5.2 构造要求

5.2.1 低层轻型钢结构住宅的框架柱长细比，无论有无抗震设防要求，都按现行国家标准《钢结构设计规范》GB 50017 的规定取150 $\sqrt{235/f_y}$，而没有按我国现行标准《门式刚架轻型房屋钢结构技术规程》CECS 102 的规定取柱长细比 180，主要是考虑低层建筑层数可能建到 3 层，框架柱长细比取值有所从严。几十年的工程实践证明，按 180 的柱长细比建造的轻钢房屋未见柱失稳直接破坏的报道，考虑到有利于推广轻型钢结构住宅新型建筑体系，没有按更严的规定取值。对非抗震的多层轻型钢结构住宅框架柱长细比按现行国家标准《钢结构设计规范》GB 50017 的规定取 150 $\sqrt{235/f_y}$。但是，对有抗震设防要求的多层轻型钢结构住宅框架柱长细比应按现行国家标准《建筑抗震设计规范》GB 50011 的规定执行。

5.2.2 支撑构件板件的宽厚比应按现行国家标准《钢结构设计规范》GB 50017 的规定取值。

5.2.3 同济大学对薄壁的 H 形截面构件进行了一定数量的试验研究和数值分析，结果表明，当构件截面翼缘宽厚比和腹板高厚比符合本公式的要求时，构件能满足 $V_u/V_e \geqslant 1$ 和$V_{50}/V_u \geqslant 0.75$ 两个条件，V_u 为考虑局部屈曲后的计算极限承载力，其中 V_e 为在轴力和弯矩共同作用下截面边缘屈服时的水平承载力，V_{50} 为构件在相对变形 1/50 的循环中尚能保持的水平承载力。满足上述两个条件，意味构件可以保持一定的延性，并且能继续承受作用于其上的重力荷载。研究结果已用于 5 层轻型钢结构试点房屋建设。以 Q235 钢为例，公式（5.2.3-1）和公式(5.2.3-3)表示如图 1 所示的阴影区域。

5.3 结构构件设计

5.3.2、5.3.3 本规程规定，冷加工成型的钢构件按

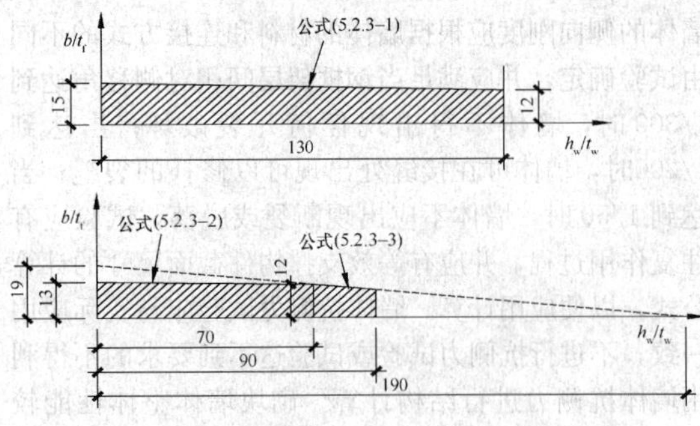

图 1　公式（5.2.3）应用图示

现行国家标准《钢结构设计规范》GB 50017 的规定进行设计计算，只是对壁厚不大于 6mm 的材料强度设计值按现行国家标准《冷弯薄壁型钢结构技术规范》GB 50018 的规定采用。

5.3.4　本条规定与第 5.2.3 条第 2 款配套使用。对于有地震作用组合，则考虑到大宽厚比构件的延性低于厚实截面，在采用现行国家标准《建筑抗震设计规范》GB 50011 仅用小震烈度进行结构抗震计算时，应考虑这种影响，对构件承载力考虑一个折减系数。经过一定数量的构件试验和 2 榀足尺框架反复加载试验，在此基础上，进行大量数值分析和基于等能量消耗的推导，提出该系数取 0.75 的建议。

5.3.5　此条提出的截面形式主要是解决钢结构住宅室内露柱的问题，有关 L 形截面柱的计算公式是根据中国建筑科学研究院的研究成果，其研究论文见："钢异形柱弯扭相关屈曲研究"，《钢结构》Vol. 21，2006；"钢异形柱轴心受压承载力实用计算研究"，《钢结构》Vol. 22，2007；"钢异形柱压弯组合实用计算研究"，《钢结构》Vol. 23，2008。陈绍蕃教授对公式进行了简化，见本规程附录 A 公式（A.0.4-1）。

另外，还可采用方钢管组合的异形柱，截面形式如图 2 所示，天津大学对此进行了研究其研究论文见"钢结构和组合结构异形柱"，《钢结构》，Vol. 21，2006；"十字形截面方钢管混凝土组合异形柱轴压承载力试验"，《天津大学学报》Vol. 39，2006；"十字形截面方钢管混凝土组合异形柱研究"，《工业建筑》，Vol. 37，2007；"方钢管混凝土组合异形柱的理论分析与试验研究"，天津大学博士论文，2008。在此推荐参考应用。

5.3.6～5.3.9　这些条文给出了轻质楼板的一些做法，还望在实践中推陈出新，日臻完善。使用单位应对轻质楼板做承载力复检和技术资料审核。如果用传统的现浇钢筋混凝土楼板，自重较大，钢材的用量有可能会增大，但技术上是可行的。

5.4　节 点 设 计

5.4.1～5.4.3　建议采用高强度螺栓连接，主要是体现和倡导钢结构装配化施工的特点，施工速度快，质量容易控制。无论是螺栓连接还是焊接，都要求设计人员进行设计和计算确定连接强度，不应让加工厂或施工单位做节点连接的"深化"设计。

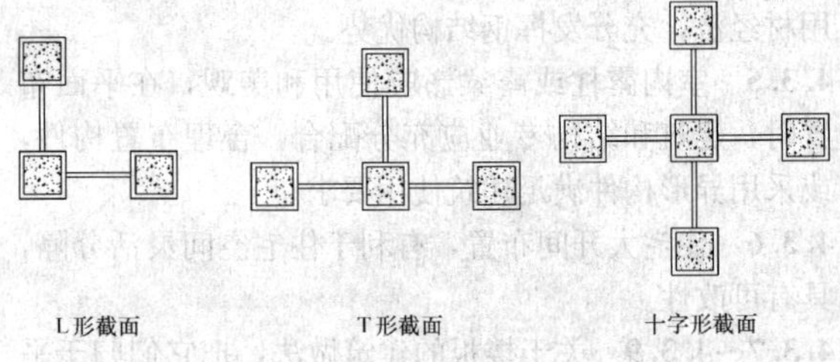

图 2　方钢管混凝土组合异形柱

5.4.4　本条规定考虑当构件的宽厚比不满足现行国家标准《建筑抗震设计规范》GB 50011 的规定但符合本规程 5.2.3 条 2 款规定时，构件截面当进入塑性，截面板件有可能就出现屈曲，无法达到截面全塑性弯矩 M_p，因此可用 M_y 代替《建筑抗震设计规范》GB 50011 中的 M_p 进行验算，这是引用同济大学的研究成果。

5.4.5　H 型钢梁、柱采用端板全螺栓式连接，可满足现场全装配施工的需要，而且能避免现场焊接质量不能保证的弊端，这方面的研究成果较多，我国现行标准《门式刚架轻型房屋钢结构技术规程》CECS 102 中也有较详细的设计计算公式，推荐给工程技术人员应用实践。

5.4.6、5.4.7　柱带外伸梁段后，将梁的现场连接外移，容易满足设计要求。柱横隔板贯通的节点形式是近几年来抗震研究的成果之一，由于在工厂施焊，焊缝质量容易得到保证，在此介绍几种节点连接方法供设计参考。

5.4.8　对小截面的方、矩形钢管柱，在梁柱连接节点处，当不方便加焊内横隔板时，可以采用外套筒式的节点加强方法进行梁柱连接。该条是根据中国建筑科学研究院的研究成果提出的套筒构造要求，在轻钢结构中有推广应用的实际意义。近几年来，我国同济大学、湖南大学、天津大学等都做了这方面的研究工作，并于 2008 年在武汉市进行了几十万平方米的钢结构住宅工程实践，在日本也有这方面的研究和实践报道，在此提出这种节点形式供设计参考。

5.4.9　该条对柱脚的做法建议是出于施工便利考虑的，按照此做法的柱脚为刚接柱脚。式中 T 可根据柱脚板下反力直线分布假定，按柱受力偏心距的大小确定。

5.5　地 基 基 础

5.5.1　轻钢住宅由于自重轻，基础相对节省，形式相对简单，一般做独立柱基或条形基础就能满足要求。

5.6 非结构构件设计

5.6.4 非结构构件的地震放大系数为5.0是依据现行国家标准《建筑抗震设计规范》GB 50011的规定计算得出，我国现行行业标准《金属与石材幕墙工程技术规范》JGJ 133对此也是这样规定的。

5.6.5 外围护结构构件所承受的风荷载效应和地震作用效应同时组合是参考我国现行行业标准《金属与石材幕墙工程技术规范》JGJ 133的规定。

5.6.6～5.6.8 分别给出了墙板式墙体、轻钢龙骨式墙体和轻质砌块墙体的构造要求，以满足围护结构安全性要求。

5.6.9 各生产厂家的屋面复合保温板结构和材料不同，生产厂家应对自己的产品有受弯承载力试验报告，给出产品使用说明。

5.7 钢结构防护

5.7.1、5.7.2 钢结构的寿命取决于防腐涂装施工质量，涂层的防护作用程度和防护时间长短取决于涂层质量，而涂层质量受到表面处理（除锈质量）、涂层厚度（涂装道数）、涂料品种、施工质量等因素的影响，这些因素的影响程度大致为表1所示：

表1 各种因素对涂层的影响

因 素	影响程度（%）
表面处理（除锈质量）	49.5
涂层厚度（涂装道数）	19.5
涂料品种	4.9
施工质量	26.1

钢材只有经过表面彻底清理去除铁锈、轧屑和油类等污染物，底层涂料才能永久地附着于钢材上并对它起有效的保护作用。因此本条要求采用喷砂或抛丸方法除锈，并严禁现场带锈涂装或除锈不彻底涂装。

5.7.3 此条规定来自现行国家标准《住宅建筑规范》GB 50368。

5.7.4 不同的金属接触后有可能发生电位腐蚀，如设备铜管若直接与钢结构材料相接触就有可能生锈。

6 钢结构施工

6.2 钢结构的制作与安装

6.2.4 经除锈后的钢材表面在检查合格后，应在4h内进行涂装，主要是防止钢材再度生锈，影响漆膜质量。

6.2.5 本条规定涂装时的温度以5℃～38℃为宜，只适合在室内无阳光直射的情况。如果在阳光直接照射下，钢材表面温度可能比气温高8℃～12℃，涂装时，当超过漆膜耐热性温度时，钢材表面上的漆膜就容易产生气泡而局部鼓起，使附着力降低。低于0℃时，钢材表面涂装容易使漆膜冻结不易固化。湿度超过85%时，钢材表面有露点凝结，漆膜附着力变差。

涂装后4h内不得淋雨，是因为漆膜表面尚未固化，容易被雨水冲坏。

7 轻质楼板和轻质墙体与屋面施工

7.1 一般规定

7.1.1 要求施工单位编制轻质楼板和轻质墙体与屋面分项工程的施工组织技术文件，提交材料选用说明、具体施工方法、施工进度计划、质量保证体系、安全施工措施等，这些是保证轻质楼板和轻质墙体与屋面工程施工安装质量的有效措施。施工组织技术文件应经设计或监理工程师审核确认后实施。

7.1.2 施工单位应重视轻质楼板、轻质墙板、轻质屋面板及施工配套材料的进场验收，对保证下一步安装工作顺利开展有着重要作用。安装墙板前，一定要先做基础地梁的防潮处理，阻断潮湿从地梁进入墙板内。该条要求对墙面管线开槽位置、预埋件、卡件位置及数量进行核查也是保证隐蔽工程安装质量的有效方法。

7.1.3 该条规定了墙体和屋面施工单位进入现场施工安装的交接作业面。对多层建筑，为防止墙体自重对底层累积，有可能造成底层墙体开裂，可以从顶层开始，逐层向下安装。或者每层墙体顶端预留一定的挠度变形缝隙也可。

7.2 轻质楼板安装

目前，工程中使用的轻质楼板主要有两类，一类是厚型的，如预制圆孔板、水泥加气发泡板。另一类是薄型板，如OSB板、钢丝网水泥板等。本节给出了这些楼板安装的基本要求，具体细则还应结合各专业设计进行。

7.3 轻质墙板安装

7.3.1、7.3.2 墙板安装除满足一般规定外，还应按该节专门规定进行施工，尤其是外挂墙板的安装，应由专业施工队伍或在专业技术人员指导下进行。

7.3.3 双层外墙有利于防止钢结构热桥，容易实现节能指标要求，在此给出了双层墙板的安装要求供参考。

7.3.4 内隔墙条形板的安装，在其他工程中应用较广，技术成熟，有专门规范指导，该条归纳了常见做法，便于指导轻钢住宅墙体工程。

7.3.5 该条强调墙板中不应现场随便开凿，应严格遵守建筑、结构和设备一体化设计规定，提前做好有关准备。外墙中通常不设计管线，避免破坏墙体功能。

7.3.6 墙板安装完毕后，应作门窗洞口专门处理，并配合门窗安装，对墙体进行一体化处理，再作建筑饰面施工，验收前应有成品保护措施。

7.4 轻质砌块墙体施工

7.4.1～7.4.3 砌块墙体技术较为成熟，本节归纳了简单要求，指导工程实践。外墙砌筑时，在钢结构梁柱位置应按设计要求作好热桥处理，用砌块包裹时应注意连接可靠。

7.5 轻钢龙骨复合墙体施工

7.5.1 要做好轻钢龙骨复合墙体的施工，首先要使用合格的制品和配套材料。提供产品合格证书和性能检测报告是工程验收质量保证内容之一。对材料进场有验收要求，同时对基层的清理和放线作出了具体规定，以保证安装工作的正确实施。轻钢龙骨复合墙体的安装应是在主体钢结构验收合格后进行。

7.5.2 轻钢龙骨复合墙体施工专业性较强，该条要求选择专业施工公司或在专业技术人员指导下进行安装。该条还对墙体安装过程中几个主要工序提出了具体要求，施工单位只要在墙体龙骨安装、两侧面板安装和复合墙体保温材料安装几个主要方面严格按照合理的工法操作，即可达到工程设计要求。

岩棉或玻璃棉不能填充在龙骨之间，如果这样做，龙骨与面板就有可能形成一道道热桥，不仅起不到保温隔热作用，而且在热冷交替变化下，会在墙体表面形成一道道阴影。该条第4款中第3）项的要求是对保温隔热做法的规定，保温隔热材料一定要覆盖钢结构。

7.6 轻质保温屋面施工

7.6.1、7.6.2 施工单位应根据屋面工程情况编制屋面板排板图，并应提出安全施工组织计划和在专业技术人员指导下进行屋面的安装。

7.6.3～7.6.5 屋面板一般宜采用水泥基的复合保温条形板，板侧边应有企口，便于拼缝填粘接腻子。屋面保温板应有最大悬挑长度试验确定的数据，应有承载最大跨度的试验数据，设计和安装时不应超过产品使用说明书规定的这些数据。

7.7 施工验收

轻质楼板和轻质墙体与屋面工程的施工质量验收重在过程，应做好施工前的组织设计，施工时落实过程监督，最后主要是外观检查和资料归档。

8 验收与使用

8.1 验收

8.1.3 本条提出了轻型钢结构住宅工程质量验收的基本要求，主要有：参加建筑工程质量验收各方人员应具备规定的资格；建筑工程质量验收应在施工单位检验评定合格的基础上进行；检验批质量应按主控项目和一般项目进行验收；隐蔽工程的验收；涉及结构安全的见证取样检测；涉及结构安全和使用功能的重要分部工程的抽样检验以及承担见证试验单位资质的要求；观感质量的现场检查等。

8.1.4 竣工验收是轻型钢结构住宅工程投入使用前的最后一次验收，也是最重要的一次验收。验收合格的条件有6个，首先是节能专项验收，该条给出了当前可操作的具体节能验收指标，如“建筑体形系数、窗墙面积比、各部分围护结构的传热系数和外窗遮阳系数”等内容，均应符合现行国家标准《建筑节能工程施工质量验收规范》GB 50411。另外，除了各分部工程应合格，并且有关的资料应完整以外，还须进行以下3个方面的检查。

涉及安全和使用功能的分部工程应进行检验资料的复查。不仅要全面检查其完整性，而且对分部工程验收时补充进行的见证抽样检验报告也要复核。这种强化验收的手段体现了对安全和主要使用功能的重视。

此外，对主要使用功能还须进行抽查。使用功能的检查是对建筑工程和设备安装工程最终质量的综合检验，也是用户最为关心的内容。

最后，还须由参加验收的各方人员共同进行观感质量检查，共同确认是否通过验收。

8.2 使用与维护

8.2.1 钢结构住宅竣工验收合格，取得当地规划、消防、人防等有关部门的认可文件或准许使用文件，并满足地方建设行政主管部门规定的备案要求，才能说明住宅已经按要求建成。在此基础上，住宅具备接通水、电、燃气、暖气等条件后，可交付使用。

物业档案是实行物业管理必不可少的重要资料，是物业管理区域内对所有房屋、设备、管线等进行正确使用、维护、保养和修缮的技术依据，因此必须妥为保管。物业档案的所有者是业主委员会，物业档案最初应由建设单位负责形成和建立，在物业交付使用时由建设单位移交给物业管理企业。每个物业管理企业在服务合同终止时，都应将物业档案移交给业主委员会，并保证其完好。

8.2.2 住宅使用说明书是指导用户正确使用住宅的技术文件，本条特别规定了住宅使用说明书中应包含的使用注意事项，对于保证钢结构住宅的使用寿命是非常重要的。

8.2.3 本条对用户正确使用提出了要求，保证住宅的安全。

8.2.4 本条对物业提出的要求，有利于保证钢结构住宅的使用寿命。

中华人民共和国国家标准

中小学校设计规范

Code for design of school

GB 50099—2011

主编部门：中华人民共和国住房和城乡建设部
批准部门：中华人民共和国住房和城乡建设部
施行日期：2 0 1 2 年 1 月 1 日

中华人民共和国住房和城乡建设部
公　　告

第 885 号

关于发布国家标准《中小学校设计规范》的公告

现批准《中小学校设计规范》为国家标准，编号为GB 50099－2011，自 2012 年 1 月 1 日起实施。其中，第 4.1.2、4.1.8、6.2.24、8.1.5、8.1.6 条为强制性条文，必须严格执行。原《中小学校建筑设计规范》GBJ 99－86 同时废止。

本规范由我部标准定额研究所组织中国建筑工业出版社出版发行。

中华人民共和国住房和城乡建设部

2010 年 12 月 24 日

前　　言

根据住房和城乡建设部《关于印发〈2008 年工程建设标准规范制订、修订计划（第一批）〉的通知》（建标［2008］102 号）的要求，由北京市建筑设计研究院和天津市建筑设计院会同有关单位在《中小学校建筑设计规范》GBJ 99－86（以下简称《原规范》）的基础上修订完成。

编制组经广泛调查研究，认真总结实践经验，参考有关国际标准和国外先进标准，并在广泛征求意见的基础上，最后经审查定稿。

本规范共分 10 章，主要技术内容包括总则，术语，基本规定，场地和总平面，教学用房及教学辅助用房，行政办公用房和生活服务用房，主要教学用房及教学辅助用房面积指标和净高，安全、通行与疏散，室内环境，建筑设备等。

本规范修订的主要技术内容是：

1　将适用范围扩展为城镇和农村中小学校（含非完全小学）的新建、改建和扩建工程的设计，不适用于中等师范和幼儿师范学校的建设；

2　适应教育部自 2007 年底起陆续颁布的小学、初中、高中全部课程的新课程标准，对学校设计的有关规定进行了修改和补充；

3　在相关章节中增加了安全保障方面的规定；

4　修改和补充了采用低投入、高效率而且成熟的新技术；

5　增加了“术语”和“基本规定”，取消了《原规范》的“附录一名词解释”。

本规范中以黑体字标志的条文为强制性条文，必须严格执行。

本规范由住房和城乡建设部负责管理和对强制性条文的解释，北京市建筑设计研究院负责对具体技术内容的解释。本规范在执行过程中，请各单位总结经验，积累资料，意见及有关资料请函寄北京市建筑设计研究院国家标准《中小学校设计规范》编制组（地址：北京市西城区南礼士路 62 号　邮编：100045），以便今后修订时参考。

本规范主编单位、参编单位、主要起草人和主要审查人：

主 编 单 位：北京市建筑设计研究院
天津市建筑设计院

参 编 单 位：中国建筑科学研究院
成都木原建筑设计院有限公司
西安建筑科技大学建筑设计研究院
北京大学青少年卫生研究所
江苏省教育建筑设计研究院
翰林（福建）勘察设计有限公司
广东省高教建筑规划设计院
清华大学建筑设计研究院
上海市高等教育建筑设计研究院
湖北省教育建筑设计院

主要起草人：黄　汇　刘祖玲　李宝瑜
陈　华　王小工　张绍刚
杨　红　白学晖　温海水
金　磊　余小鸣　牟子元
陈　彤　王　珏　邢金利
刘幸坤　刘占军　李志民
朱　明　林　武　刘玉龙

刘瑞光　姚　慧　何梅珍
杨　铁　马　军　刘　剀
赵建平
主要审查人：马国馨　沈国尧　张必信
谢映霞　林建平　高冀生
刘燕辉　郭　景　胡建中
韩叶祥　李晓纯　雷树恩
邱小勇

目　次

Contents

1 总 则

1.0.1 为使中小学校建设满足国家规定的办学标准，适应建筑安全、适用、经济、绿色、美观的需要，制定本规范。

1.0.2 本规范适用于城镇和农村中小学校（含非完全小学）的新建、改建和扩建项目的规划和工程设计。

1.0.3 中小学校设计应遵守下列原则：

1 满足教学功能要求；

2 有益于学生身心健康成长；

3 校园本质安全，师生在学校内全过程安全。校园具备国家规定的防灾避难能力；

4 坚持以人为本、精心设计、科技创新和可持续发展的目标，满足保护环境、节地、节能、节水、节材的基本方针；并应满足有利于节约建设投资，降低运行成本的原则。

1.0.4 中小学校的设计除应符合本规范的规定外，尚应符合国家现行有关标准的规定。

2 术 语

2.0.1 完全小学 elementary school

对儿童、少年实施初等教育的场所，共有 6 个年级，属义务教育。

2.0.2 非完全小学 lower elementary school

对儿童实施初等教育基础教育阶段的场所，设 1 年级～4 年级，属义务教育。

2.0.3 初级中学 junior secondary school

对青、少年实施初级中等教育的场所，共有 3 个年级，属义务教育。

2.0.4 高级中学 senior secondary school

对青年实施高级中等教育的场所，共有 3 个年级。

2.0.5 完全中学 secondary school

对青、少年实施中等教育的场所，共有 6 个年级，含初级中学和高级中学教育的学校。其中，1 年级～3 年级属义务教育。

2.0.6 九年制学校 9-year school

对儿童、青少年连续实施初等教育和初级中等教育的学校，共有 9 个年级，其中完全小学 6 个年级，初级中学 3 个年级。属义务教育。

2.0.7 中小学校 school

泛指对青、少年实施初等教育和中等教育的学校，包括完全小学、非完全小学、初级中学、高级中学、完全中学、九年制学校等各种学校。

2.0.8 安全设计 safety design

安全设计应包括教学活动的安全保障、自然与人为灾害侵袭下的防御备灾条件、救援疏散时师生的避难条件等。

2.0.9 本质安全 intrinsic safety

本质安全是从内在赋予系统安全的属性，由于去除各种早期危险及潜在隐患，从而能保证系统与设施可靠运行。

2.0.10 避难疏散场所 disaster shelter for evacuation

用作发生意外灾害时受灾人员疏散的场地和建筑。

2.0.11 学校可比总用地 comparable floor area for school

校园中除环形跑道外的用地，与学生总人数成比例增减。

2.0.12 学校可比容积率 comparable floor area ratio for school

校园中各类建筑地上总建筑面积与学校可比总用地面积的比值。

2.0.13 风雨操场 sports ground with roof

有顶盖的体育场地，包括有顶无围护墙的场地和有顶有围护墙的场馆。

3 基本规定

3.0.1 各类中小学校建设应确定班额人数，并应符合下列规定：

1 完全小学应为每班 45 人，非完全小学应为每班 30 人；

2 完全中学、初级中学、高级中学应为每班 50 人；

3 九年制学校中 1 年级～6 年级应与完全小学相同，7 年级～9 年级应与初级中学相同。

3.0.2 中小学校建设应为学生身心健康发育和学习创造良好环境。

3.0.3 接受残疾生源的中小学校，除应符合本规范的规定外，还应按照现行行业标准《城市道路和建筑物无障碍设计规范》JGJ 50的有关规定设置无障碍设施。

3.0.4 校园内给水排水、电力、通信及供热等基础设施应与中小学校主体建筑同步建设，并宜先行施工。

3.0.5 中小学校设计应满足国家有关校园安全的规定，并应与校园应急策略相结合。安全设计应包括校园内防火、防灾、安防设施、通行安全、餐饮设施安全、环境安全等方面的设计。

3.0.6 由当地政府确定为避难疏散场所的学校应按国家和地方相关规定进行设计。

3.0.7 多个学校校址集中或组成学区时，各校宜合建可共用的建筑和场地。分设多个校址的学校可依教学及其他条件的需要，分散设置或在适中的校园内集中建设可共用的建筑和场地。

3.0.8 中小学校建设应符合环境保护的要求，宜按绿色校园、绿色建筑的有关要求进行设计。

3.0.9 在改建、扩建项目中宜充分利用原有的场地、设施及建筑。

3.0.10 中小学校设计应与当地气候、地理环境、社会、经济、技术的发展水平、民族习俗及传统相适应。

3.0.11 环境设计、建筑的造型及装饰设计应朴素、安全、实用。

4 场地和总平面

4.1 场 地

4.1.1 中小学校应建设在阳光充足、空气流动、场地干燥、排水通畅、地势较高的宜建地段。校内应有布置运动场地和提供设置基础市政设施的条件。

4.1.2 中小学校严禁建设在地震、地质塌裂、暗河、洪涝等自然灾害及人为风险高的地段和污染超标的地段。校园及校内建筑与污染源的距离应符合对各类污染源实施控制的国家现行有关标准的规定。

4.1.3 中小学校建设应远离殡仪馆、医院的太平间、传染病院等建筑。与易燃易爆场所间的距离应符合现行国家标准《建筑设计防火规范》GB 50016 的有关规定。

4.1.4 城镇完全小学的服务半径宜为 500m，城镇初级中学的服务半径宜为 1000m。

4.1.5 学校周边应有良好的交通条件，有条件时宜设置临时停车场地。学校的规划布局应与生源分布及周边交通相协调。与学校毗邻的城市主干道应设置适当的安全设施，以保障学生安全跨越。

4.1.6 学校教学区的声环境质量应符合现行国家标准《民用建筑隔声设计规范》GB 50118 的有关规定。学校主要教学用房设置窗户的外墙与铁路路轨的距离不应小于 300m，与高速路、地上轨道交通线或城市主干道的距离不应小于 80m。当距离不足时，应采取有效的隔声措施。

4.1.7 学校周界外 25m 范围内已有邻里建筑处的噪声级不应超过现行国家标准《民用建筑隔声设计规范》GB 50118 有关规定的限值。

4.1.8 高压电线、长输天然气管道、输油管道严禁穿越或跨越学校校园；当在学校周边敷设时，安全防护距离及防护措施应符合相关规定。

4.2 用 地

4.2.1 中小学校用地应包括建筑用地、体育用地、绿化用地、道路及广场、停车场用地。有条件时宜预留发展用地。

4.2.2 中小学校的规划设计应合理布局，合理确定容积率，合理利用地下空间，节约用地。

4.2.3 中小学校的规划设计应提高土地利用率，宜以学校可比容积率判断并提高土地利用效率。

4.2.4 中小学校建筑用地应包括以下内容：

1 教学及教学辅助用房、行政办公和生活服务用房等全部建筑的用地；有住宿生学校的建筑用地应包括宿舍的用地；建筑用地应计算至台阶、坡道及散水外缘；

2 自行车库及机动车停车库用地；

3 设备与设施用房的用地。

4.2.5 中小学校的体育用地应包括体操项目及武术项目用地、田径项目用地、球类用地和场地间的专用甬路等。设 400m 环形跑道时，宜设 8 条直跑道。

4.2.6 中小学校的绿化用地宜包括集中绿地、零星绿地、水面和供教学实践的种植园及小动物饲养园。

1 中小学校应设置集中绿地。集中绿地的宽度不应小于 8m。

2 集中绿地、零星绿地、水面、种植园、小动物饲养园的用地应按各自的外缘围合的面积计算。

3 各种绿地内的步行甬路应计入绿化用地。

4 铺栽植被达标的绿地停车场用地应计入绿化用地。

5 未铺栽植被或铺栽植被不达标的体育场地不宜计入绿化用地。

6 绿地的日照及种植环境宜结合教学、植物多样化等要求综合布置。

4.2.7 中小学校校园内的道路及广场、停车场用地应包括消防车道、机动车道、步行道、无顶盖且无植被或植被不达标的广场及地上停车场。用地面积计量范围应界定至路面或广场、停车场的外缘。校门外的缓冲场地在学校用地红线以内的面积应计量为学校的道路及广场、停车场用地。

4.3 总 平 面

4.3.1 中小学校的总平面设计应包括总平面布置、竖向设计及管网综合设计。总平面布置应包括建筑布置、体育场地布置、绿地布置、道路及广场、停车场布置等。

4.3.2 各类小学的主要教学用房不应设在四层以上，各类中学的主要教学用房不应设在五层以上。

4.3.3 普通教室冬至日满窗日照不应少于 2h。

4.3.4 中小学校至少应有 1 间科学教室或生物实验室的室内能在冬季获得直射阳光。

4.3.5 中小学校的总平面设计应根据学校所在地的冬夏主导风向合理布置建筑物及构筑物，有效组织校园气流，实现低能耗通风换气。

4.3.6 中小学校体育用地的设置应符合下列规定：

1 各类运动场地应平整，在其周边的同一高程上应有相应的安全防护空间。

2 室外田径场及足球、篮球、排球等各种球类场地的长轴宜南北向布置。长轴南偏东宜小于20°，南偏西宜小于10°。

3 相邻布置的各体育场地间应预留安全分隔设施的安装条件。

4 中小学校设置的室外田径场、足球场应进行排水设计。室外体育场地应排水通畅。

5 中小学校体育场地应采用满足主要运动项目对地面要求的材料及构造做法。

6 气候适宜地区的中小学校宜在体育场地周边的适当位置设置洗手池、洗脚池等附属设施。

4.3.7 各类教室的外窗与相对的教学用房或室外运动场地边缘间的距离不应小于25m。

4.3.8 中小学校的广场、操场等室外场地应设置供水、供电、广播、通信等设施的接口。

4.3.9 中小学校应在校园的显要位置设置国旗升旗场地。

5 教学用房及教学辅助用房

5.1 一般规定

5.1.1 中小学校的教学及教学辅助用房应包括普通教室、专用教室、公共教学用房及其各自的辅助用房。

5.1.2 中小学校专用教室应包括下列用房：

1 小学的专用教室应包括科学教室、计算机教室、语言教室、美术教室、书法教室、音乐教室、舞蹈教室、体育建筑设施及劳动教室等，宜设置史地教室；

2 中学的专用教室应包括实验室、史地教室、计算机教室、语言教室、美术教室、书法教室、音乐教室、舞蹈教室、体育建筑设施及技术教室等。

5.1.3 中小学校的公共教学用房应包括合班教室、图书室、学生活动室、体质测试室、心理咨询室、德育展览室等及任课教师办公室。

5.1.4 中小学校的普通教室与专用教室、公共教学用房间应联系方便。教师休息室宜与普通教室同层设置。各专用教室宜与其教学辅助用房成组布置。教研组教师办公室宜设在其专用教室附近或与其专用教室成组布置。

5.1.5 中小学校的教学用房及教学辅助用房应设置的给水排水、供配电及智能化等设施除符合本章规定外，还应符合本规范第10章的规定。

5.1.6 中小学校的教学用房及教学辅助用房宜多学科共用。

5.1.7 中小学校教学用房及教学辅助用房中，隔墙的设置及水、暖、气、电、通信等各种设施的管网布线宜适应教学空间调整的需求。

5.1.8 各教室前端侧窗窗端墙的长度不应小于1.00m。窗间墙宽度不应大于1.20m。

5.1.9 教学用房的窗应符合下列规定：

1 教学用房中，窗的采光应符合现行国家标准《建筑采光设计标准》GB/T 50033的有关规定，并应符合本规范第9.2节的规定；

2 教学用房及教学辅助用房的窗玻璃应满足教学要求，不得采用彩色玻璃；

3 教学用房及教学辅助用房中，外窗的可开启窗扇面积应符合本规范第9.1节及第10.1节通风换气的规定；

4 教学用房及教学辅助用房的外窗在采光、保温、隔热、散热和遮阳等方面的要求应符合国家现行有关建筑节能标准的规定。

5.1.10 炎热地区的教学用房及教学辅助用房中，可在内外墙设置可开闭的通风窗。通风窗下沿宜设在距室内楼地面以上0.10m~0.15m高度处。

5.1.11 教学用房的门应符合下列规定：

1 除音乐教室外，各类教室的门均宜设置上亮窗；

2 除心理咨询室外，教学用房的门扇均宜附设观察窗。

5.1.12 教学用房的地面应有防潮处理。在严寒地区、寒冷地区及夏热冬冷地区，教学用房的地面应设保温措施。

5.1.13 教学用房的楼层间及隔墙应进行隔声处理；走道的顶棚宜进行吸声处理。隔声、吸声的要求应符合现行国家标准《民用建筑隔声设计规范》GB 50118的有关规定。

5.1.14 教学用房及学生公共活动区的墙面宜设置墙裙，墙裙高度应符合下列规定：

1 各类小学的墙裙高度不宜低于1.20m；

2 各类中学的墙裙高度不宜低于1.40m；

3 舞蹈教室、风雨操场墙裙高度不应低于2.10m。

5.1.15 教学用房内设置黑板或书写白板及讲台时，其材质及构造应符合下列规定：

1 黑板的宽度应符合下列规定：

1）小学不宜小于3.60m；

2）中学不宜小于4.00m；

2 黑板的高度不应小于1.00m；

3 黑板下边缘与讲台面的垂直距离应符合下列规定：

1）小学宜为0.80m~0.90m；

2）中学宜为1.00 m~1.10m；

4 黑板表面应采用耐磨且光泽度低的材料；

5 讲台长度应大于黑板长度，宽度不应小于

0.80m，高度宜为0.20m。其两端边缘与黑板两端边缘的水平距离分别不应小于0.40m。

5.1.16 主要教学用房应配置的教学基本设备及设施应符合表5.1.16的规定。

表5.1.16 主要教学用房的教学基本设备及设施

房间名称	黑板	书写白板	讲台	投影仪接口	投影屏幕	显示屏	展示园地	挂镜线	广播音箱	储物柜	教具柜	清洁柜	通信外网接口
普通教室	●	—	●	●	●	—	●	—	●	●	○	◎	○
科学教室	●	—	●	●	●	—	●	—	●	—	◎	—	—
化学、物理实验室	●	—	●	◎	◎	—	—	—	●	—	◎	—	—
解剖实验室	●	—	●	●	●	—	◎	◎	●	—	◎	◎	—
显微镜观察实验室	—	●	●	◎	◎	—	◎	◎	●	—	◎	—	—
综合实验室	●	—	●	◎	◎	—	—	—	●	—	—	—	—
演示实验室	●	—	●	●	●	◎	—	—	●	—	—	—	—
史地教室	●	—	●	●	●	—	◎	●	●	—	◎	—	—
计算机教室	—	●	●	●	●	—	—	—	●	—	—	—	◎
语言教室	●	—	●	●	●	—	—	—	●	—	—	—	◎
美术教室	—	●	●	●	●	—	◎	●	●	○	●	—	—
书法教室	●	—	●	●	●	—	◎	●	●	○	○	◎	—
现代艺术课教室	—	●	●	●	●	—	—	—	●	—	—	—	—
音乐教室	●	—	●	●	●	—	—	◎	●	—	○	—	○
舞蹈教室	—	—	—	—	—	—	—	○	●	◎	—	—	—
风雨操场	—	—	—	—	—	—	—	—	●	◎	—	—	—
合班教室（容2个班）	●	—	●	●	●	●	—	—	●	—	—	—	◎
阶梯教室	●	◎	●	●	●	●	◎	◎	●	—	—	—	◎
阅览室	—	—	—	●	●	—	◎	◎	●	—	—	—	—
视听阅览室	—	●	—	—	—	—	◎	—	●	—	—	—	◎
体质测试室	—	—	—	—	—	—	○	◎	●	◎	—	—	—
心理咨询室	—	—	—	—	—	—	◎	◎	—	—	●	—	○
德育展览室	—	—	—	—	—	—	●	●	◎	—	—	—	—
教师办公室	—	—	—	—	—	—	—	◎	●	◎	—	◎	◎

注：● 为应设置 ◎ 为宜设置 ○ 为可设置 — 为可不设置

5.1.17 安装视听教学设备的教室应设置转暗设施。

5.2 普通教室

5.2.1 普通教室内单人课桌的平面尺寸应为0.60m×0.40m。

5.2.2 普通教室内的课桌椅布置应符合下列规定：

1 中小学校普通教室课桌椅的排距不宜小于0.90m，独立的非完全小学可为0.85m；

2 最前排课桌的前沿与前方黑板的水平距离不宜小于2.20m；

3 最后排课桌的后沿与前方黑板的水平距离应符合下列规定：

1）小学不宜大于8.00m；

2）中学不宜大于9.00m；

4 教室最后排座椅之后应设横向疏散走道；自最后排课桌后沿至后墙面或固定家具的净距不应小于1.10m；

5 中小学校普通教室内纵向走道宽度不应小于0.60m，独立的非完全小学可为0.55m；

6 沿墙布置的课桌端部与墙面或壁柱、管道等墙面突出物的净距不宜小于0.15m；

7 前排边座座椅与黑板远端的水平视角不应小于30°。

5.2.3 普通教室内应为每个学生设置一个专用的小型储物柜。

5.3 科学教室、实验室

5.3.1 科学教室和实验室均应附设仪器室、实验员室、准备室。

5.3.2 科学教室和实验室的桌椅类型和排列布置应根据实验内容及教学模式确定，并应符合下列规定：

1 实验桌平面尺寸应符合表5.3.2的规定；

表5.3.2 实验桌平面尺寸

类别	长度(m)	宽度(m)
双人单侧实验桌	1.20	0.60
四人双侧实验桌	1.50	0.90
岛式实验桌(6人)	1.80	1.25
气垫导轨实验桌	1.50	0.60
教师演示桌	2.40	0.70

2 实验桌的布置应符合下列规定：

1）双人单侧操作时，两实验桌长边之间的净距不应小于0.60m；四人双侧操作时，两实验桌长边之间的净距不应小于1.30m；超过四人双侧操作时，两实验桌长边之间的净距不应小于1.50m；

2）最前排实验桌的前沿与前方黑板的水平距离不宜小于2.50m；

3）最后排实验桌的后沿与前方黑板之间的水平距离不宜大于11.00m；

4）最后排座椅之后应设横向疏散走道；自最后排实验桌后沿至后墙面或固定家具的净距不应小于1.20m；

5）双人单侧操作时，中间纵向走道的宽度不应小于0.70m；四人或多于四人双向操作时，中间纵向走道的宽度不应小于0.90m；

6）沿墙布置的实验桌端部与墙面或壁柱、管道等墙面突出物间宜留出疏散走道，净宽不宜小于0.60m；另一侧有纵向走道的实验桌端部与墙面或壁柱、管道等墙面突出物间可不留走道，但净距不宜小于0.15m；

7）前排边座座椅与黑板远端的最小水平视角不应小于30°。

Ⅰ 科学教室

5.3.3 除符合本规范第5.3.1条规定外，科学教室并宜在附近附设植物培养室，在校园下风方向附设种植园及小动物饲养园。

5.3.4 冬季获得直射阳光的科学教室应在阳光直射的位置设置摆放盆栽植物的设施。

5.3.5 科学教室内实验桌椅的布置可采用双人单侧的实验桌平行于黑板布置，或采用多人双侧实验桌成组布置。

5.3.6 科学教室内应设置密闭地漏。

Ⅱ 化学实验室

5.3.7 化学实验室宜设在建筑物首层。除符合本规范第5.3.1条规定外，化学实验室并应附设药品室。化学实验室、化学药品室的朝向不宜朝西或西南。

5.3.8 每一化学实验桌的端部应设洗涤池；岛式实验桌可在桌面中间设通长洗涤槽。每一间化学实验室内应至少设置一个急救冲洗水嘴，急救冲洗水嘴的工作压力不得大于0.01MPa。

5.3.9 化学实验室的外墙至少应设置2个机械排风扇，排风扇下沿应在距楼地面以上0.10m～0.15m高度处。在排风扇的室内一侧应设置保护罩，采暖地区应为保温的保护罩。在排风扇的室外一侧应设置挡风罩。实验桌应有通风排气装置，排风口宜设在桌面以上。药品室的药品柜内应设通风装置。

5.3.10 化学实验室、药品室、准备室宜采用易冲洗、耐酸碱、耐腐蚀的楼地面做法，并装设密闭地漏。

Ⅲ 物理实验室

5.3.11 当学校配置2个及以上物理实验室时，其中1个应为力学实验室。光学、热学、声学、电学等实验可共用同一实验室，并应配置各实验所需的设备和设施。

5.3.12 力学实验室需设置气垫导轨实验桌，在实验桌一端应设置气泵电源插座；另一端与相邻桌椅、墙壁或橱柜的间距不应小于0.90m。

5.3.13 光学实验室的门窗宜设遮光措施。内墙面宜采用深色。实验桌上宜设置局部照明。特色教学需要时可附设暗室。

5.3.14 热学实验室应在每一实验桌旁设置给水排水装置，并设置热源。

5.3.15 电学实验室应在每一个实验桌上设置一组包括不同电压的电源插座，插座上每一电源宜设分开关，电源的总控制开关应设在教师演示桌处。

5.3.16 物理实验员室宜具有设置钳台等小型机修装备的条件。

Ⅳ 生物实验室

5.3.17 除符合本规范第5.3.1条规定外，生物实验室还应附设药品室、标本陈列室、标本储藏室，宜附设模型室，并宜在附近附设植物培养室，在校园下风方向附设种植园及小动物饲养园。标本陈列室与标本储藏室宜合并设置，实验员室、仪器室、模型室可合并设置。

5.3.18 当学校有2个生物实验室时，生物显微镜观察实验室和解剖实验室宜分别设置。

5.3.19 冬季获得直射阳光的生物实验室应在阳光直射的位置设置摆放盆栽植物的设施。

5.3.20 生物显微镜观察实验室内的实验桌旁宜设置显微镜储藏柜。实验桌上宜设置局部照明设施。

5.3.21 生物解剖实验室的给水排水设施可集中设置，也可在每个实验桌旁分别设置。

5.3.22 生物标本陈列室和标本储藏室应采取通风、降温、隔热、防潮、防虫、防鼠等措施，其采光窗应避免直射阳光。

5.3.23 植物培养室宜独立设置，也可以建在平屋顶上或其他能充分得到日照的地方。种植园的肥料及小动物饲养园的粪便均不得污染水源和周边环境。

Ⅴ 综合实验室

5.3.24 当中学设有跨学科的综合研习课时，宜配置综合实验室。综合实验室应附设仪器室、准备室；当化学、物理、生物实验室均在邻近布置时，综合实验室可不设仪器室、准备室。

5.3.25 综合实验室内宜沿侧墙及后墙设置固定实验桌，其上装设给水排水、通风、热源、电源插座及网络接口等设施。实验室中部宜设100m² 开敞空间。

Ⅵ 演示实验室

5.3.26 演示实验室宜按容纳1个班或2个班设置。

5.3.27 演示实验室课桌椅的布置应符合下列规定：

1 宜设置有书写功能的座椅，每个座椅的最小宽度宜为0.55m；

2 演示实验室中，桌椅排距不应小于0.90m；

3 演示实验室纵向走道宽度不应小于0.70m；

4 边演示边实验的阶梯式实验室中，阶梯的宽度不宜小于1.35m；

5 边演示边实验的阶梯式实验室的纵向走道应

有便于仪器药品车通行的坡道，宽度不应小于0.70m。

5.3.28 演示实验室宜设计为阶梯教室，设计视点应定位于教师演示实验台桌面的中心，每排座位宜错位布置，隔排视线升高值宜为0.12m。

5.3.29 演示实验室内最后排座位之后，应设横向疏散走道，疏散走道宽度不应小于0.60m，净高不应小于2.20m。

5.4 史地教室

5.4.1 史地教室应附设历史教学资料储藏室、地理教学资料储藏室和陈列室或陈列廊。

5.4.2 史地教室的课桌椅布置方式宜与普通教室相同。并宜在课桌旁附设存放小地球仪等教具的小柜。教室内可设标本展示柜。在地质灾害多发地区附近的学校，史地教室标本展示柜应与墙体或楼板有可靠的固定措施。

5.4.3 史地教室设置简易天象仪时，宜设置课桌局部照明设施。

5.4.4 史地教室内应配置挂镜线。

5.5 计算机教室

5.5.1 计算机教室应附设一间辅助用房供管理员工作及存放资料。

5.5.2 计算机教室的课桌椅布置应符合下列规定：

1 单人计算机桌平面尺寸不应小于0.75m×0.65m。前后桌间距离不应小于0.70m；

2 学生计算机桌椅可平行于黑板排列；也可顺侧墙及后墙向黑板成半围合式排列；

3 课桌椅排距不应小于1.35m；

4 纵向走道净宽不应小于0.70m；

5 沿墙布置计算机时，桌端部与墙面或壁柱、管道等墙面突出物间的净距不宜小于0.15m。

5.5.3 计算机教室应设置书写白板。

5.5.4 计算机教室宜设通信外网接口，并宜配置空调设施。

5.5.5 计算机教室的室内装修应采取防潮、防静电措施，并宜采用防静电架空地板，不得采用无导出静电功能的木地板或塑料地板。当采用地板采暖系统时，楼地面需采用与之相适应的材料及构造做法。

5.6 语言教室

5.6.1 语言教室应附设视听教学资料储藏室。

5.6.2 中小学校设置进行情景对话表演训练的语言教室时，可采用普通教室的课桌椅，也可采用有书写功能的座椅。并应设置不小于20m^{2}的表演区。

5.6.3 语言教室宜采用架空地板。不架空时，应铺设可敷设电缆槽的地面垫层。

5.7 美术教室、书法教室

Ⅰ 美术教室

5.7.1 美术教室应附设教具储藏室，宜设美术作品及学生作品陈列室或展览廊。

5.7.2 中学美术教室空间宜满足一个班的学生用画架写生的要求。学生写生时的座椅为画凳时，所占面积宜为2.15m^2/生；用画架写生时所占面积宜为2.50m^2/生。

5.7.3 美术教室应有良好的北向天然采光。当采用人工照明时，应避免眩光。

5.7.4 美术教室应设置书写白板，宜设存放石膏像等教具的储藏柜。在地质灾害多发地区附近的学校，教具储藏柜应与墙体或楼板有可靠的固定措施。

5.7.5 美术教室内应配置挂镜线，挂镜线宜设高低两组。

5.7.6 美术教室的墙面及顶棚应为白色。

5.7.7 当设置现代艺术课教室时，其墙面及顶棚应采取吸声措施。

Ⅱ 书法教室

5.7.8 小学书法教室可兼作美术教室。

5.7.9 书法教室可附设书画储藏室。

5.7.10 书法条案的布置应符合下列规定：

1 条案的平面尺寸宜为1.50m×0.60m，可供2名学生合用；

2 条案宜平行于黑板布置；条案排距不应小于1.20m；

3 纵向走道宽度不应小于0.70m。

5.7.11 书法教室内应配置挂镜线，挂镜线宜设高低两组。

5.8 音乐教室

5.8.1 音乐教室应附设乐器存放室。

5.8.2 各类小学的音乐教室中，应有1间能容纳1个班的唱游课，每生边唱边舞所占面积不应小于2.40m^2。

5.8.3 音乐教室讲台上应布置教师用琴的位置。

5.8.4 中小学校应有1间音乐教室能满足合唱课教学的要求，宜在紧接后墙处设置2排～3排阶梯式合唱台，每级高度宜为0.20m，宽度宜为0.60m。

5.8.5 音乐教室应设置五线谱黑板。

5.8.6 音乐教室的门窗应隔声。墙面及顶棚应采取吸声措施。

5.9 舞蹈教室

5.9.1 舞蹈教室宜满足舞蹈艺术课、体操课、技巧课、武术课的教学要求，并可开展形体训练活动。每个学生的使用面积不宜小于 $6m^2$。

5.9.2 舞蹈教室应附设更衣室，宜附设卫生间、浴室和器材储藏室。

5.9.3 舞蹈教室应按男女学生分班上课的需要设置。

5.9.4 舞蹈教室内应在与采光窗相垂直的一面墙上设通长镜面，镜面含镜座总高度不宜小于 2.10m，镜座高度不宜大于 0.30m。镜面两侧的墙上及后墙上应装设可升降的把杆，镜面上宜装设固定把杆。把杆升高时的高度应为 0.90m；把杆与墙间的净距不应小于 0.40m。

5.9.5 舞蹈教室宜设置带防护网的吸顶灯。采暖等各种设施应暗装。

5.9.6 舞蹈教室宜采用木地板。

5.9.7 当学校有地方或民族舞蹈课时，舞蹈教室设计宜满足其特殊需要。

5.10 体育建筑设施

5.10.1 体育建筑设施包括风雨操场、游泳池或游泳馆。体育建筑设施的位置应邻近室外体育场，并宜便于向社会开放。

Ⅰ 风 雨 操 场

5.10.2 风雨操场应附设体育器材室，也可与操场共用一个体育器材室，并宜附设更衣室、卫生间、浴室。教职工与学生的更衣室、卫生间、淋浴室应分设。

5.10.3 当风雨操场无围护墙时，应避免眩光影响。有围护墙的风雨操场外窗无避免眩光的设施时，窗台距室内地面高度不宜低于 2.10m。窗台高度以下的墙面宜为深色。

5.10.4 根据运动占用空间的要求，应在风雨操场内预留各项目之间设置安全分隔的设施。

5.10.5 风雨操场内，运动场地的灯具等应设护罩。悬吊物应有可靠的固定措施。有围护墙时，在窗的室内一侧应设护网。

5.10.6 风雨操场的楼、地面构造应根据主要运动项目的要求确定，不宜采用刚性地面。固定运动器械的预埋件应暗设。

5.10.7 当风雨操场兼作集会场所时，宜进行声学处理。

5.10.8 风雨操场通风设计应符合本规范第 9.1.3 条的规定，应采用自然通风；当自然通风不满足要求时，宜设机械通风或空调。

5.10.9 体育器材室的门窗及通道应满足搬运体育器材的需要。

5.10.10 体育器材室的室内应采取防虫、防潮措施。

Ⅱ 游泳池、游泳馆

5.10.11 中小学校的游泳池、游泳馆均应附设卫生间、更衣室，宜附设浴室。

5.10.12 中小学校泳池宜为 8 泳道，泳道长宜为 50m 或 25m。

5.10.13 中小学校游泳池、游泳馆内不得设置跳水池，且不宜设置深水区。

5.10.14 中小学校泳池入口处应设置强制通过式浸脚消毒池，池长不应小于 2.00m，宽度应与通道相同，深度不宜小于 0.20m。

5.10.15 泳池设计应符合国家现行标准《建筑给水排水设计规范》GB 50015 及《游泳池给水排水工程技术规程》CJJ 122 的有关规定。

5.11 劳动教室、技术教室

5.11.1 小学的劳动教室和中学的技术教室应根据国家或地方教育行政主管部门规定的教学内容进行设计，并应设置教学内容所需要的辅助用房、工位装备及水、电、气、热等设施。

5.11.2 中小学校内有油烟或气味发散的劳动教室、技术教室应设置有效的排气设施。

5.11.3 中小学校内有振动或发出噪声的劳动教室、技术教室应采取减振减噪、隔振隔噪声措施。

5.11.4 部分劳动课程、技术课程可以利用普通教室或其他专用教室。高中信息技术课可以在计算机教室进行，但其附属用房宜加大，以配置扫描仪、打印机等相应的设备。

5.12 合班教室

5.12.1 各类小学宜配置能容纳 2 个班的合班教室。当合班教室兼用于唱游课时，室内不应设置固定课桌椅，并应附设课桌椅存放空间。兼作唱游课教室的合班教室应对室内空间进行声学处理。

5.12.2 各类中学宜配置能容纳一个年级或半个年级的合班教室。

5.12.3 容纳 3 个班及以上的合班教室应设计为阶梯教室。

5.12.4 阶梯教室梯级高度依据视线升高值确定。阶梯教室的设计视点应定位于黑板底边缘的中点处。前后排座位错位布置时，视线的隔排升高值宜为 0.12m。

5.12.5 合班教室宜附设 1 间辅助用房，储存常用教学器材。

5.12.6 合班教室课桌椅的布置应符合下列规定：

1 每个座位的宽度不应小于 0.55m，小学座位排距不应小于 0.85m，中学座位排距不应小于 0.90m；

2 教室最前排座椅前沿与前方黑板间的水平距离不应小于 2.50m，最后排座椅的前沿与前方黑板间的水平距离不应大于 18.00m；

3 纵向、横向走道宽度均不应小于 0.90m，当座位区内有贯通的纵向走道时，若设置靠墙纵向走道，靠墙走道宽度可小于0.90m，但不应小于0.60m；

4 最后排座位之后应设宽度不小于0.60m的横向疏散走道；

5 前排边座座椅与黑板远端间的水平视角不应小于30°。

5.12.7 当合班教室内设置视听教学器材时，宜在前墙安装推拉黑板和投影屏幕（或数字化智能屏幕），并应符合下列规定：

1 当小学教室长度超过9.00m，中学教室长度超过10.00m时，宜在顶棚上或墙、柱上加设显示屏；学生的视线在水平方向上偏离屏幕中轴线的角度不应大于45°，垂直方向上的仰角不应大于30°；

2 当教室内，自前向后每6.00m～8.00m设1个显示屏时，最后排座位与黑板间的距离不应大于24.00m；学生座椅前缘与显示屏的水平距离不应小于显示屏对角线尺寸的4倍～5倍，并不应大于显示屏对角线尺寸的10倍～11倍；

3 显示屏宜加设遮光板。

5.12.8 教室内设置视听器材时，宜设置转暗设备，并宜设置座位局部照明设施。

5.12.9 合班教室墙面及顶棚应采取吸声措施。

5.13 图 书 室

5.13.1 中小学校图书室应包括学生阅览室、教师阅览室、图书杂志及报刊阅览室、视听阅览室、检录及借书空间、书库、登录、编目及整修工作室。并可附设会议室和交流空间。

5.13.2 图书室应位于学生出入方便、环境安静的区域。

5.13.3 图书室的设置应符合下列规定：

1 教师与学生的阅览室宜分开设置，使用面积应符合本规范表7.1.1的规定；

2 中小学校的报刊阅览室可以独立设置，也可以在图书室内的公共交流空间设报刊架，开架阅览；

3 视听阅览室的设置应符合下列规定：

1）使用面积应符合本规范表7.1.1的规定；

2）视听阅览室宜附设资料储藏室，使用面积不宜小于12.00m²；

3）当视听阅览室兼作计算机教室、语言教室使用时，阅览桌椅的排列应符合本规范第5.5节及第5.6节的规定；

4）视听阅览室宜采用防静电架空地板，不得采用无导出静电功能的木地板或塑料地板；当采用地板采暖系统时，楼地面需采用与之相适应的构造做法；

4 书库使用面积宜按以下规定计算后确定：

1）开架藏书量约为400册/m²～500册/m²；

2）闭架藏书量约为500册/m²～600册/m²；

3）密集书架藏书量约为800册/m²～1200册/m²；

5 书库应采取防火、降温、隔热、通风、防潮、防虫及防鼠的措施；

6 借书空间除设置师生个人借阅空间外，还应设置检录及班级集体借书的空间。借书空间的使用面积不宜小于10.00m²。

5.14 学生活动室

5.14.1 学生活动室供学生兴趣小组使用。各小组宜在相关的专用教室中开展活动，各活动室仅作为服务、管理工作和储藏用。

5.14.2 学生活动室的数量及面积宜依据学校的规模、办学特色和建设条件设置。面积应依据活动项目的特点确定。

5.14.3 学生活动室的水、电、气、冷、热源及设备、设施应根据活动内容的需要设置。

5.15 体质测试室

5.15.1 体质测试室宜设在风雨操场或医务室附近。并宜设为相通的2间。体质测试室宜附设可容纳一个班的等候空间。

5.15.2 体质测试室应有良好的天然采光和自然通风。

5.16 心理咨询室

5.16.1 心理咨询室宜分设为相连通的2间，其中有一间宜能容纳沙盘测试，其平面尺寸不宜小于4.00m×3.40m。心理咨询室可附设能容纳1个班的心理活动室。

5.16.2 心理咨询室宜安静、明亮。

5.17 德育展览室

5.17.1 德育展览室的位置宜设在校门附近或主要教学楼入口处，也可设在会议室、合班教室附近，或在学生经常经过的走道处附设展览廊。

5.17.2 德育展览室可与其他展览空间合并或连通。

5.17.3 德育展览室的面积不宜小于60.00m²。

5.18 任课教师办公室

5.18.1 任课教师的办公室应包括年级组教师办公室和各课程教研组办公室。

5.18.2 年级组教师办公室宜设置在该年级普通教室附近。课程有专用教室时，该课程教研组办公室宜与专用教室成组设置。其他课程教研组可集中设置于行政办公室或图书室附近。

5.18.3 任课教师办公室内宜设洗手盆。

6 行政办公用房和生活服务用房

6.1 行政办公用房

6.1.1 行政办公用房应包括校务、教务等行政办公室、档案室、会议室、学生组织及学生社团办公室、文印室、广播室、值班室、安防监控室、网络控制室、卫生室（保健室）、传达室、总务仓库及维修工作间等。

6.1.2 主要行政办公用房的位置应符合下列规定：

1 校务办公室宜设置在与全校师生易于联系的位置，并宜靠近校门；

2 教务办公室宜设置在任课教师办公室附近；

3 总务办公室宜设置在学校的次要出入口或食堂、维修工作间附近；

4 会议室宜设在便于教师、学生、来客使用的适中位置；

5 广播室的窗应面向全校学生做课间操的操场；

6 值班室宜设置在靠近校门、主要建筑物出入口或行政办公室附近；

7 总务仓库及维修工作间宜设在校园的次要出入口附近，其运输及噪声不得影响教学环境的质量和安全。

6.1.3 中小学校设计应依据使用和管理的需要设安防监控中心。安防工程的设置应符合现行国家标准《安全防范工程技术规范》GB 50348 的有关规定。

6.1.4 网络控制室宜设空调。

6.1.5 网络控制室内宜采用防静电架空地板，不得采用无导出静电功能的木地板或塑料地板。当采用地板采暖时，楼地面需采用相适应的构造。

6.1.6 卫生室（保健室）的设置应符合下列规定：

1 卫生室（保健室）应设在首层，宜临近体育场地，并方便急救车辆就近停靠；

2 小学卫生室可只设1间，中学宜分设相通的2间，分别为接诊室和检查室，并可设观察室；

3 卫生室的面积和形状应能容纳常用诊疗设备，并能满足视力检查的要求；每间房间的面积不宜小于15m^2；

4 卫生室宜附设候诊空间，候诊空间的面积不宜小于20m^2；

5 卫生室（保健室）内应设洗手盆、洗涤池和电源插座；

6 卫生室（保健室）宜朝南。

6.2 生活服务用房

6.2.1 中小学校生活服务用房应包括饮水处、卫生间、配餐室、发餐室、设备用房，宜包括食堂、淋浴室、停车库（棚）。寄宿制学校应包括学生宿舍、食堂、浴室。

Ⅰ 饮 水 处

6.2.2 中小学校的饮用水管线与室外公厕、垃圾站等污染源间的距离应大于25.00m。

6.2.3 教学用建筑内应在每层设饮水处，每处应按每40人～45人设置一个饮水水嘴计算水嘴的数量。

6.2.4 教学用建筑每层的饮水处前应设置等候空间，等候空间不得挤占走道等疏散空间。

Ⅱ 卫 生 间

6.2.5 教学用建筑每层均应分设男、女学生卫生间及男、女教师卫生间。学校食堂宜设工作人员专用卫生间。当教学用建筑中每层学生少于3个班时，男、女生卫生间可隔层设置。

6.2.6 卫生间位置应方便使用且不影响其周边教学环境卫生。

6.2.7 在中小学校内，当体育场地中心与最近的卫生间的距离超过90.00m时，可设室外厕所。所建室外厕所的服务人数可依学生总人数的15%计算。室外厕所宜预留扩建的条件。

6.2.8 学生卫生间卫生洁具的数量应按下列规定计算：

1 男生应至少为每40人设1个大便器或1.20m长大便槽；每20人设1个小便斗或0.60m长小便槽；

女生应至少为每13人设1个大便器或1.20m长大便槽；

2 每40人～45人设1个洗手盆或0.60m长盥洗槽；

3 卫生间内或卫生间附近应设污水池。

6.2.9 中小学校的卫生间内，厕位蹲位距后墙不应小于0.30m。

6.2.10 各类小学大便槽的蹲位宽度不应大于0.18m。

6.2.11 厕位间宜设隔板，隔板高度不应低于1.20m。

6.2.12 中小学校的卫生间应设前室。男、女生卫生间不得共用一个前室。

6.2.13 学生卫生间应具有天然采光、自然通风的条件，并应安置排气管道。

6.2.14 中小学校的卫生间外窗距室内楼地面1.70m以下部分应设视线遮挡措施。

6.2.15 中小学校应采用水冲式卫生间。当设置旱厕时，应按学校专用无害化卫生厕所设计。

Ⅲ 浴 室

6.2.16 宜在舞蹈教室、风雨操场、游泳池（馆）附设淋浴室。教师浴室与学生浴室应分设。

6.2.17 淋浴室墙面应设墙裙，墙裙高度不应低于2.10m。

Ⅳ 食 堂

6.2.18 食堂与室外公厕、垃圾站等污染源间的距离应大于25.00m。

6.2.19 食堂不应与教学用房合并设置，宜设在校园的下风向。厨房的噪声及排放的油烟、气味不得影响教学环境。

6.2.20 寄宿制学校的食堂应包括学生餐厅、教工餐厅、配餐室及厨房。走读制学校应设置配餐室、发餐室和教工餐厅。

6.2.21 配餐室内应设洗手盆和洗涤池，宜设食物加热设施。

6.2.22 食堂的厨房应附设蔬菜粗加工和杂物、燃料、灰渣等存放空间。各空间应避免污染食物，并宜靠近校园的次要出入口。

6.2.23 厨房和配餐室的墙面应设墙裙，墙裙高度不应低于2.10m。

Ⅴ 学生宿舍

6.2.24 学生宿舍不得设在地下室或半地下室。

6.2.25 宿舍与教学用房不宜在同一栋建筑中分层合建，可在同一栋建筑中以防火墙分隔贴建。学生宿舍应便于自行封闭管理，不得与教学用房合用建筑的同一个出入口。

6.2.26 学生宿舍必须男女分区设置，分别设出入口，满足各自封闭管理的要求。

6.2.27 学生宿舍应包括居室、管理室、储藏室、清洁用具室、公共盥洗室和公共卫生间，宜附设浴室、洗衣房和公共活动室。

6.2.28 学生宿舍宜分层设置公共盥洗室、卫生间和浴室。盥洗室门、卫生间门与居室门间的距离不得大于20.00m。当每层寄宿学生较多时可分组设置。

6.2.29 学生宿舍每室居住学生不宜超过6人。居室每生占用使用面积不宜小于3.00m²。当采用单层床时，居室净高不宜低于3.00m；当采用双层床时，居室净高不宜低于3.10m；当采用高架床时，居室净高不宜低于3.35m。

注：居室面积指标内未计入储藏空间所占面积。

6.2.30 学生宿舍的居室内应设储藏空间，每人储藏空间宜为0.30m³～0.45m³，储藏空间的宽度和深度均不宜小于0.60m。

6.2.31 学生宿舍应设置衣物晾晒空间。当采用阳台、外走道或屋顶晾晒衣物时，应采取防坠落措施。

Ⅵ 设备用房

6.2.32 设备用房包括变电室、配电室、锅炉房、通风机房、燃气调压箱、网络机房、消防水池等。中小学校建设应充分利用社会协作条件设置，减少设备用房的建设。

7 主要教学用房及教学辅助用房面积指标和净高

7.1 面 积 指 标

7.1.1 主要教学用房的使用面积指标应符合表7.1.1的规定。

表7.1.1 主要教学用房的使用面积指标（m²/每座）

房间名称	小 学	中 学	备 注
普通教室	1.36	1.39	—
科学教室	1.78	—	—
实验室	—	1.92	—
综合实验室	—	2.88	—
演示实验室	—	1.44	若容纳2个班，则指标为1.20
史地教室	—	1.92	—
计算机教室	2.00	1.92	—
语言教室	2.00	1.92	—
美术教室	2.00	1.92	—
书法教室	2.00	1.92	—
音乐教室	1.70	1.64	—
舞蹈教室	2.14	3.15	宜和体操教室共用
合班教室	0.89	0.90	—
学生阅览室	1.80	1.90	—
教师阅览室	2.30	2.30	—
视听阅览室	1.80	2.00	—
报刊阅览室	1.80	2.30	可不集中设置

注：1 表中指标是按完全小学每班45人、各类中学每班50人排布测定的每个学生所需使用面积；如果班级人数定额不同时需进行调整，但学生的全部座位均必须在“黑板可视线”范围以内；

2 体育建筑设施、劳动教室、技术教室、心理咨询室未列入此表，另行规定；

3 任课教师办公室未列入此表，应按每位教师使用面积不小于5.0m²计算。

7.1.2 体育建筑设施的使用面积应按选定的体育项目确定。

7.1.3 劳动教室和技术教室的使用面积应按课程内容的工艺要求、工位要求、安全条件等因素确定。

7.1.4 心理咨询室的使用面积要求应符合本规范第5.16节的规定。

7.1.5 主要教学辅助用房的使用面积不宜低于表

7.1.5 的规定。

表 7.1.5 主要教学辅助用房的使用面积指标（m²/每间）

房间名称	小学	中学	备　　注
普通教室教师休息室	(3.50)	(3.50)	指标为使用面积/每位使用教师
实验员室	12.00	12.00	
仪器室	18.00	24.00	
药品室	18.00	24.00	
准备室	18.00	24.00	
标本陈列室	42.00	42.00	可陈列在能封闭管理的走道内
历史资料室	12.00	12.00	
地理资料室	12.00	12.00	
计算机教室资料室	24.00	24.00	
语言教室资料室	24.00	24.00	
美术教室教具室	24.00	24.00	可将部分教具置于美术教室内
乐器室	24.00	24.00	
舞蹈教室更衣室	12.00	12.00	

注：除注明者外，指标为每室最小面积。当部分功能移入走道或教室时，指标作相应调整。

7.2 净　　高

7.2.1 中小学校主要教学用房的最小净高应符合表 7.2.1 的规定。

表 7.2.1 主要教学用房的最小净高（m）

教　室	小　学	初　中	高　中
普通教室、史地、美术、音乐教室	3.00	3.05	3.10
舞蹈教室	4.50		
科学教室、实验室、计算机教室、劳动教室、技术教室、合班教室	3.10		
阶梯教室	最后一排（楼地面最高处）距顶棚或上方突出物最小距离为 2.20m		

7.2.2 风雨操场的净高应取决于场地的运动内容。各类体育场地最小净高应符合表 7.2.2 的规定。

表 7.2.2 各类体育场地的最小净高（m）

体育场地	田径	篮球	排球	羽毛球	乒乓球	体操
最小净高	9	7	7	9	4	6

注：田径场地可减少部分项目降低净高。

8 安全、通行与疏散

8.1 建筑环境安全

8.1.1 中小学校应装设周界视频监控、报警系统。有条件的学校应接入当地的公安机关监控平台。中小学校安防设施的设置应符合现行国家标准《安全防范工程技术规范》GB 50348 的有关规定。

8.1.2 中小学校建筑设计应符合现行国家标准《建筑抗震设计规范》GB 50011、《建筑设计防火规范》GB 50016 的有关规定。

8.1.3 学校设计所采用的装修材料、产品、部品应符合现行国家标准《建筑内部装修设计防火规范》GB 50222、《民用建筑工程室内环境污染控制规范》GB 50325 的有关规定及国家有关材料、产品、部品的标准规定。

8.1.4 体育场地采用的地面材料应满足环境卫生健康的要求。

8.1.5 临空窗台的高度不应低于 0.90m。

8.1.6 上人屋面、外廊、楼梯、平台、阳台等临空部位必须设防护栏杆，防护栏杆必须牢固、安全，高度不应低于 1.10m。防护栏杆最薄弱处承受的最小水平推力应不小于 1.5kN/m。

8.1.7 以下路面、楼地面应采用防滑构造做法，室内应装设密闭地漏：

1 疏散通道；

2 教学用房的走道；

3 科学教室、化学实验室、热学实验室、生物实验室、美术教室、书法教室、游泳池（馆）等有给水设施的教学用房及教学辅助用房；

4 卫生室（保健室）、饮水处、卫生间、盥洗室、浴室等有给水设施的房间。

8.1.8 教学用房的门窗设置应符合下列规定：

1 疏散通道上的门不得使用弹簧门、旋转门、推拉门、大玻璃门等不利于疏散通畅、安全的门；

2 各教学用房的门均应向疏散方向开启，开启的门扇不得挤占走道的疏散通道；

3 靠外廊及单内廊一侧教室内隔墙的窗开启后，不得挤占走道的疏散通道，不得影响安全疏散；

4 二层及二层以上的临空外窗的开启扇不得外开。

8.1.9 在抗震设防烈度为 6 度或 6 度以上地区建设的实验室不宜采用管道燃气作为实验用的热源。

8.2 疏散通行宽度

8.2.1 中小学校内，每股人流的宽度应按 0.60m 计算。

8.2.2 中小学校建筑的疏散通道宽度最少应为 2 股

人流，并应按 0.60m 的整数倍增加疏散通道宽度。

8.2.3 中小学校建筑的安全出口、疏散走道、疏散楼梯和房间疏散门等处每 100 人的净宽度应按表 8.2.3 计算。同时，教学用房的内走道净宽度不应小于 2.40m，单侧走道及外廊的净宽度不应小于 1.80m。

表 8.2.3 安全出口、疏散走道、疏散楼梯和房间疏散门每 100 人的净宽度（m）

所在楼层位置	耐火等级		
	一、二级	三级	四级
地上一、二层	0.70	0.80	1.05
地上三层	0.80	1.05	—
地上四、五层	1.05	1.30	—
地下一、二层	0.80	—	—

8.2.4 房间疏散门开启后，每樘门净通行宽度不应小于 0.90m。

8.3 校园出入口

8.3.1 中小学校的校园应设置 2 个出入口。出入口的位置应符合教学、安全、管理的需要，出入口的布置应避免人流、车流交叉。有条件的学校宜设置机动车专用出入口。

8.3.2 中小学校校园出入口应与市政交通衔接，但不应直接与城市主干道连接。校园主要出入口应设置缓冲场地。

8.4 校园道路

8.4.1 校园内道路应与各建筑的出入口及走道衔接，构成安全、方便、明确、通畅的路网。

8.4.2 中小学校校园应设消防车道。消防车道的设置应符合现行国家标准《建筑设计防火规范》GB 50016 的有关规定。

8.4.3 校园道路每通行 100 人道路净宽为 0.70m，每一路段的宽度应按该段道路通达的建筑物容纳人数之和计算，每一路段的宽度不宜小于 3.00m。

8.4.4 校园道路及广场设计应符合国家现行标准的有关规定。

8.4.5 校园内人流集中的道路不宜设置台阶。设置台阶时，不得少于 3 级。

8.4.6 校园道路设计应符合现行国家标准《建筑设计防火规范》GB 50016 的有关规定。

8.5 建筑物出入口

8.5.1 校园内除建筑面积不大于 200m^2，人数不超过 50 人的单层建筑外，每栋建筑应设置 2 个出入口。非完全小学内，单栋建筑面积不超过 500m^2，且耐火等级为一、二级的低层建筑可只设 1 个出入口。

8.5.2 教学用房在建筑的主要出入口处宜设门厅。

8.5.3 教学用建筑物出入口净通行宽度不得小于 1.40m，门内与门外各 1.50m 范围内不宜设置台阶。

8.5.4 在寒冷或风沙大的地区，教学用建筑物出入口应设挡风间或双道门。

8.5.5 教学用建筑物的出入口应设置无障碍设施，并应采取防止上部物体坠落和地面防滑的措施。

8.5.6 停车场地及地下车库的出入口不应直接通向师生人流集中的道路。

8.6 走 道

8.6.1 教学用建筑的走道宽度应符合下列规定：

1 应根据在该走道上各教学用房疏散的总人数，按照本规范表 8.2.3 的规定计算走道的疏散宽度；

2 走道疏散宽度内不得有壁柱、消火栓、教室开启的门窗扇等设施。

8.6.2 中小学校的建筑物内，当走道有高差变化应设置台阶时，台阶处应有天然采光或照明，踏步级数不得少于 3 级，并不得采用扇形踏步。当高差不足 3 级踏步时，应设置坡道。坡道的坡度不应大于 1∶8，不宜大于 1∶12。

8.7 楼 梯

8.7.1 中小学校建筑中疏散楼梯的设置应符合现行国家标准《民用建筑设计通则》GB 50352、《建筑设计防火规范》GB 50016 和《建筑抗震设计规范》GB 50011 的有关规定。

8.7.2 中小学校教学用房的楼梯梯段宽度应为人流股数的整数倍。梯段宽度不应小于 1.20m，并应按 0.60m 的整数倍增加梯段宽度。每个梯段可增加不超过 0.15m 的摆幅宽度。

8.7.3 中小学校楼梯每个梯段的踏步级数不应少于 3 级，且不应多于 18 级，并应符合下列规定：

1 各类小学楼梯踏步的宽度不得小于 0.26m，高度不得大于 0.15m；

2 各类中学楼梯踏步的宽度不得小于 0.28m，高度不得大于 0.16m；

3 楼梯的坡度不得大于 30°。

8.7.4 疏散楼梯不得采用螺旋楼梯和扇形踏步。

8.7.5 楼梯两梯段间楼梯井净宽不得大于 0.11m，大于 0.11m 时，应采取有效的安全防护措施。两梯段扶手间的水平净距宜为 0.10m～0.20m。

8.7.6 中小学校的楼梯扶手的设置应符合下列规定：

1 楼梯宽度为 2 股人流时，应至少在一侧设置扶手；

2 楼梯宽度达 3 股人流时，两侧均应设置扶手；

3 楼梯宽度达 4 股人流时，应加设中间扶手，中间扶手两侧的净宽均应满足本规范第 8.7.2 条的规定；

4 中小学校室内楼梯扶手高度不应低于 0.90m，

室外楼梯扶手高度不应低于1.10m；水平扶手高度不应低于1.10m；

5 中小学校的楼梯栏杆不得采用易于攀登的构造和花饰；杆件或花饰的镂空处净距不得大于0.11m；

6 中小学校的楼梯扶手上应加装防止学生溜滑的设施。

8.7.7 除首层及顶层外，教学楼疏散楼梯在中间层的楼层平台与梯段接口处宜设置缓冲空间，缓冲空间的宽度不宜小于梯段宽度。

8.7.8 中小学校的楼梯两相邻梯段间不得设置遮挡视线的隔墙。

8.7.9 教学用房的楼梯间应有天然采光和自然通风。

8.8 教室疏散

8.8.1 每间教学用房的疏散门均不应少于2个，疏散门的宽度应通过计算；同时，每樘疏散门的通行净宽度不应小于0.90m。当教室处于袋形走道尽端时，若教室内任一处距教室门不超过15.00m，且门的通行净宽度不小于1.50m时，可设1个门。

8.8.2 普通教室及不同课程的专用教室对教室内桌椅间的疏散走道宽度要求不同，教室内疏散走道的设置应符合本规范第5章对各教室设计的规定。

9 室内环境

9.1 空气质量

9.1.1 中小学校建筑的室内空气质量应符合现行国家标准《室内空气质量标准》GB/T 18883及《民用建筑工程室内环境污染控制规范》GB 50325的有关规定。

9.1.2 中小学校教学用房的新风量应符合现行国家标准《公共建筑节能设计标准》GB 50189的有关规定。

9.1.3 当采用换气次数确定室内通风量时，各主要房间的最小换气次数应符合表9.1.3的规定。

表9.1.3 各主要房间的最小换气次数标准

房间名称		换气次数（次/h）
普通教室	小学	2.5
	初中	3.5
	高中	4.5
实验室		3.0
风雨操场		3.0
厕所		10.0
保健室		2.0
学生宿舍		2.5

9.1.4 中小学校设计中必须对建筑及室内装修所采用的建材、产品、部品进行严格择定，避免对校内空气造成污染。

9.2 采光

9.2.1 教学用房工作面或地面上的采光系数不得低于表9.2.1的规定和现行国家标准《建筑采光设计标准》GB/T 50033的有关规定。在建筑方案设计时，其采光窗洞口面积应按不低于表9.2.1窗地面积比的规定估算。

表9.2.1 教学用房工作面或地面上的采光系数标准和窗地面积比

房间名称	规定采光系数的平面	采光系数最低值（%）	窗地面积比
普通教室、史地教室、美术教室、书法教室、语言教室、音乐教室、合班教室、阅览室	课桌面	2.0	1∶5.0
科学教室、实验室	实验桌面	2.0	1∶5.0
计算机教室	机台面	2.0	1∶5.0
舞蹈教室、风雨操场	地面	2.0	1∶5.0
办公室、保健室	地面	2.0	1∶5.0
饮水处、厕所、淋浴	地面	0.5	1∶10.0
走道、楼梯间	地面	1.0	—

注：表中所列采光系数值适用于我国Ⅲ类光气候区，其他光气候区应将表中的采光系数值乘以相应的光气候系数。光气候系数应符合现行国家标准《建筑采光设计标准》GB/T 50033的有关规定。

9.2.2 普通教室、科学教室、实验室、史地、计算机、语言、美术、书法等专用教室及合班教室、图书室均应以自学生座位左侧射入的光为主。教室为南向外廊式布局时，应以北向窗为主要采光面。

9.2.3 除舞蹈教室、体育建筑设施外，其他教学用房室内各表面的反射比值应符合表9.2.3的规定，会议室、卫生室（保健室）的室内各表面的反射比值宜符合表9.2.3的规定。

表9.2.3 教学用房室内各表面的反射比值

表面部位	反射比
顶　棚	0.70～0.80
前　墙	0.50～0.60
地　面	0.20～0.40
侧墙、后墙	0.70～0.80
课桌面	0.25～0.45
黑　板	0.10～0.20

9.3 照 明

9.3.1 主要用房桌面或地面的照明设计值不应低于表9.3.1的规定，其照度均匀度不应低于0.7，且不应产生眩光。

表9.3.1 教学用房的照明标准

房间名称	规定照度的平面	维持平均照度(lx)	统一眩光值UGR	显色指数Ra
普通教室、史地教室、书法教室、音乐教室、语言教室、合班教室、阅览室	课桌面	300	19	80
科学教室、实验室	实验桌面	300	19	80
计算机教室	机台面	300	19	80
舞蹈教室	地面	300	19	80
美术教室	课桌面	500	19	90
风雨操场	地面	300	—	65
办公室、保健室	桌面	300	19	80
走道、楼梯间	地面	100	—	—

9.3.2 主要用房的照明功率密度值及对应照度值应符合表9.3.2的规定及现行国家标准《建筑照明设计标准》GB 50034的有关规定。

表9.3.2 教学用房的照明功率密度值及对应照度值

房间名称	照明功率密度(W/m^2)		对应照度值(lx)
	现行值	目标值	
普通教室、史地教室、书法教室、音乐教室、语言教室、合班教室、阅览室	11	9	300
科学教室、实验室、舞蹈教室	11	9	300
有多媒体设施的教室	11	9	300
美术教室	18	15	500
办公室、保健室	11	9	300

9.4 噪声控制

9.4.1 教学用房的环境噪声控制值应符合现行国家标准《民用建筑隔声设计规范》GB 50118的有关规定。

9.4.2 主要教学用房的隔声标准应符合表9.4.2的规定。

表9.4.2 主要教学用房的隔声标准

房间名称	空气声隔声标准(dB)	顶部楼板撞击声隔声单值评价量(dB)
语言教室、阅览室	≥50	≤65
普通教室、实验室等与不产生噪声的房间之间	≥45	≤75
普通教室、实验室等与产生噪声的房间之间	≥50	≤65
音乐教室等产生噪声的房间之间	≥45	≤65

9.4.3 教学用房的混响时间应符合现行国家标准《民用建筑隔声设计规范》GB 50118的有关规定。

10 建 筑 设 备

10.1 采暖通风与空气调节

10.1.1 中小学校建筑的采暖通风与空气调节系统的设计应满足舒适度的要求，并符合节约能源的原则。

10.1.2 中小学校的采暖与空调冷热源形式应根据所在地的气候特征、能源资源条件及其利用成本，经技术经济比较确定。

10.1.3 采暖地区学校的采暖系统热源宜纳入区域集中供热管网。无条件时宜设置校内集中采暖系统。非采暖地区，当舞蹈教室、浴室、游泳馆等有较高温度要求的房间在冬季室温达不到规定温度时，应设置采暖设施。

10.1.4 中小学校热环境设计中，当具备条件时，应进行技术经济比较，优先利用可再生能源作为冷热源。

10.1.5 中小学校的集中采暖系统应以热水为供热介质，其采暖设计供水温度不宜高于85℃。

10.1.6 中小学校的采暖系统应实现分室控温；宜有分区或分层控制手段。

10.1.7 中小学校内各种房间的采暖设计温度不应低于表10.1.7的规定。

表10.1.7 采暖设计温度

房间名称		室内设计温度(℃)
教学及教学辅助用房	普通教室、科学教室、实验室、史地教室、美术教室、书法教室、音乐教室、语言教室、学生活动室、心理咨询室、任课教师办公室	18
	舞蹈教室	22
	体育馆、体质测试室	12～15
	计算机教室、合班教室、德育展览室、仪器室	16
	图书室	20

续表 10.1.7

房间名称		室内设计温度(℃)
行政办公用房	办公室、会议室、值班室、安防监控室、传达室	18
	网络控制室、总务仓库及维修工作间	16
	卫生室（保健室）	22
生活服务用房	食堂、卫生间、走道、楼梯间	16
	浴室	25
	学生宿舍	18

10.1.8 中小学校的通风设计应符合下列规定：

1 应采取有效的通风措施，保证教学、行政办公用房及服务用房的室内空气中 CO_2 的浓度不超过 0.15%；

2 当采用换气次数确定室内通风量时，其换气次数不应低于本规范表 9.1.3 的规定；

3 在各种有效通风设施选择中，应优先采用有组织的自然通风设施；

4 采用机械通风时，人员所需新风量不应低于表 10.1.8 的规定。

表 10.1.8 主要房间人员所需新风量

房间名称	人均新风量 ($m^3/(h \cdot 人)$)
普通教室	19
化学、物理、生物实验室	20
语言、计算机教室、艺术类教室	20
合班教室	16
保健室	38
学生宿舍	10

注：人均新风量是指人均生理所需新风量与排除建筑污染所需新风量之和，其中单位面积排除建筑污染所需新风量按 $1.1m^3/(h \cdot m^2)$ 计算。

10.1.9 除化学、生物实验室外的其他教学用房及教学辅助用房的通风应符合下列规定：

1 非严寒与非寒冷地区全年，严寒与寒冷地区除冬季外，应优先采用开启外窗的自然通风方式；

2 严寒与寒冷地区于冬季，条件允许时，应采用排风热回收型机械通风方式；其新风量不应低于本规范表 10.1.8 的规定；

3 严寒与寒冷地区于冬季采用自然通风方式时，应符合下列规定：

1）宜在外围护结构的下部设置进风口；

2）在内走道墙上部设置排风口或在室内设附墙排风道，此时排风口应贴近各层顶棚设置，并应可调节；

3）进风口面积不应小于房间面积的 1/60；当房间采用散热器采暖时，进风口宜设在进风能被散热器直接加热的部位；

4）当排风口设于内走道时，其面积不应小于房间面积的 1/30；当设置附墙垂直排风道时，其面积应通过计算确定；

5）进、排风口面积与位置宜结合建筑布局经自然通风分析计算确定。

10.1.10 化学与生物实验室、药品储藏室、准备室的通风设计应符合下列规定：

1 应采用机械排风通风方式。排风量应按本规范表 10.1.8 确定；最小通风效率应为 75%。各教室排风系统及通风柜排风系统均应单独设置。

2 补风方式应优先采用自然补风，条件不允许时，可采用机械补风。

3 室内气流组织应根据实验室性质确定，化学实验室宜采用下排风。

4 强制排风系统的室外排风口宜高于建筑主体，其最低点应高于人员逗留地面 2.50m 以上。

5 进、排风口应设防尘及防虫鼠装置，排风口应采用防雨雪进入、抗风向干扰的风口形式。

10.1.11 在夏热冬暖、夏热冬冷等气候区中的中小学校，当教学用房、学生宿舍不设空调且在夏季通过开窗通风不能达到基本热舒适度时，应按下列规定设置电风扇：

1 教室应采用吊式电风扇。各类小学中，风扇叶片距地面高度不应低于 2.80m；各类中学中，风扇叶片距地面高度不应低于 3.00m。

2 学生宿舍的电风扇应有防护网。

10.1.12 计算机教室、视听阅览室及相关辅助用房宜设空调系统。

10.1.13 中小学校的网络控制室应单独设置空调设施，其温、湿度应符合现行国家标准《电子信息系统机房设计规范》GB 50174的有关规定。

10.2 给 水 排 水

10.2.1 中小学校应设置给水排水系统，并选择与其等级和规模相适应的器具设备。

10.2.2 中小学校的用水定额、给水排水系统的选择，应符合现行国家标准《建筑给水排水设计规范》GB 50015 的有关规定。

10.2.3 中小学校的生活用水水质应符合现行国家标准《生活饮用水卫生标准》GB 5749 的有关规定。

10.2.4 在寒冷及严寒地区的中小学校中，教学用房的给水引入管上应设泄水装置。有可能产生冰冻部位的给水管道应有防冻措施。

10.2.5 当化学实验室给水水嘴的工作压力大于 0.02MPa，急救冲洗水嘴的工作压力大于 0.01MPa 时，应采取减压措施。

10.2.6 中小学校的二次供水系统及自备水源应遵循安全卫生、节能环保的原则，并应符合国家现行标准的有关规定。

10.2.7 中小学校的用水器具和配件应采用节水性能良好、坚固耐用，且便于管理维修的产品。室内消火栓箱不宜采用普通玻璃门。

10.2.8 实验室化验盆排水口应装设耐腐蚀的挡污箅，排水管道应采用耐腐蚀管材。

10.2.9 中小学校的植物栽培园、小动物饲养园和体育场地应设洒水栓及排水设施。

10.2.10 中小学校建筑应根据所在地区的生活习惯，供应开水或饮用净水。当采用管道直饮水时，应符合现行行业标准《管道直饮水系统技术规程》CJJ 110的有关规定。

10.2.11 中小学校应根据所在地的自然条件、水资源情况及经济技术发展水平，合理设置雨水收集利用系统。雨水利用工程应符合现行国家标准《建筑与小区雨水利用工程技术规范》GB 50400的有关规定。

10.2.12 中小学校应按当地有关规定配套建设中水设施。当采用中水时，应符合现行国家标准《建筑中水设计规范》GB 50336的有关规定。

10.2.13 化学实验室的废水应经过处理后再排入污水管道。食堂等房间排出的含油污水应经除油处理后再排入污水管道。

10.3 建筑电气

10.3.1 中小学校应设置安全的供电设施和线路。

10.3.2 中小学校的供、配电设计应符合下列规定：

1 中小学校内建筑的照明用电和动力用电应设总配电装置和总电能计量装置。总配电装置的位置宜深入或接近负荷中心，且便于进出线。

2 中小学校内建筑的电梯、水泵、风机、空调等设备应设电能计量装置并采取节电措施。

3 各幢建筑的电源引入处应设置电源总切断装置和可靠的接地装置，各楼层应分别设置电源切断装置。

4 中小学校的建筑应预留配电系统的竖向贯通井道及配电设备位置。

5 室内线路应采用暗线敷设。

6 配电系统支路的划分应符合以下原则：

1）教学用房和非教学用房的照明线路应分设不同支路；

2）门厅、走道、楼梯照明线路应设置单独支路；

3）教室内电源插座与照明用电应分设不同支路；

4）空调用电应设专用线路。

7 教学用房照明线路支路的控制范围不宜过大，以2个～3个教室为宜。

8 门厅、走道、楼梯照明线路宜集中控制。

9 采用视听教学器材的教学用房，照明灯具宜分组控制。

10.3.3 学校建筑应设置人工照明装置，并应符合下列规定：

1 疏散走道及楼梯应设置应急照明灯具及灯光疏散指示标志。

2 教室黑板应设专用黑板照明灯具，其最低维持平均照度应为500lx，黑板面上的照度最低均匀度宜为0.7。黑板灯具不得对学生和教师产生直接眩光。

3 教室应采用高效率灯具，不得采用裸灯。灯具悬挂高度距桌面的距离不应低于1.70m。灯管应采用长轴垂直于黑板的方向布置。

4 坡地面或阶梯地面的合班教室，前排灯不应遮挡后排学生视线，并不应产生直接眩光。

10.3.4 教室照明光源宜采用显色指数Ra大于80的细管径稀土三基色荧光灯。对识别颜色有较高要求的教室，宜采用显色指数Ra大于90的高显色性光源；有条件的学校，教室宜选用无眩光灯具。

10.3.5 中小学校照明在计算照度时，维护系数宜取0.8。

10.3.6 教学及教学辅助用房电源设置应符合下列规定：

1 各教室的前后墙应各设置一组电源插座；每组电源插座均应为220V二孔、三孔安全型插座。

2 教室内设置视听教学器材时，应配置接线电源。

3 各实验室内，教学用电应设置专用线路，并应有可靠的接地措施。电源侧应设置短路保护、过载保护措施的配电装置。

4 科学教室、化学实验室、物理实验室应设置直流电源线路和交流电源线路。

5 物理实验室内，教师演示桌处应设置三相380V电源插座。

6 电学实验室的实验桌及计算机教室的微机操作台应设置电源插座。综合实验室的电源插座宜设在靠墙的固定实验桌上。总用电控制开关均应设置在教师演示桌内。

7 化学实验室内，当实验桌上设置机械排风设施时，排风机应设专用动力电源，其控制开关宜设置在教师实验桌内。

10.3.7 行政和生活服务用房的电气设计应符合下列规定：

1 保健室、食堂的餐厅、厨房及配餐空间应设置电源插座及专用杀菌消毒装置。

2 教学楼内饮水器处宜设置专用供电电源装置。

3 学生宿舍居室用电宜设置电能计量装置。电能计量装置宜设置在居室外，并应设置可同时断开相线和中性线的电器装置。

4 盥洗室、淋浴室应设置局部等电位联结装置。

10.3.8 中小学校的电源插座回路、电开水器电源、室外照明电源均应设置剩余电流动作保护器。

10.4 建筑智能化

10.4.1 中小学校的智能化系统应包括计算机网络控制室、视听教学系统、安全防范监控系统、通信网络系统、卫星接收及有线电视系统、有线广播及扩声系统等。

10.4.2 中小学校智能化系统的机房设置应符合下列规定：

1 智能化系统的机房不应设在卫生间、浴室或其他经常可能积水场所的正下方，且不宜与上述场所相贴邻；

2 应预留智能化系统的设备用房及线路敷设通道。

10.4.3 智能化系统的机房宜铺设架空地板、网络地板，机房净高不宜小于2.50m。

10.4.4 中小学校应根据使用需要设置视听教学系统。

10.4.5 中小学校视听教学系统应包括控制中心机房设备和各教室内视听教学设备。

10.4.6 中小学校视听教学系统组网宜采用专业的线缆。

10.4.7 中小学校广播系统的设计应符合下列规定：

1 教学用房、教学辅助用房和操场应根据使用需要，分别设置广播支路和扬声器。室内扬声器安装高度不应低于2.40m。

2 播音系统中兼作播送作息音响信号的扬声器应设置在走道及其他场所。

3 广播线路敷设宜暗敷设。

4 广播室内应设置广播线路接线箱，接线箱宜暗装，并预留与广播扩音设备控制盘连接线的穿线暗管。

5 广播扩音设备的电源侧，应设置电源切断装置。

10.4.8 学校建筑智能化设计应符合现行国家标准《智能建筑设计标准》GB/T 50314的有关规定。

本规范用词说明

1 为便于在执行本规范条文时区别对待，对要求严格程度不同的用词说明如下：

1）表示很严格，非这样做不可的用词：
正面词采用“必须”，反面词采用“严禁”；

2）表示严格，在正常情况均应这样做的用词：
正面词采用“应”，反面词采用“不应”或“不得”；

3）表示允许稍有选择，在条件许可时首先应这样做的用词：
正面词采用“宜”，反面词采用“不宜”；

4）表示有选择，在一定条件下可以这样做的用词，采用“可”。

2 本规范中指明应按其他有关标准、规范执行的写法为：“应符合……的规定”或“应按……执行”。

引用标准名录

1 《建筑抗震设计规范》GB 50011

2 《建筑给水排水设计规范》GB 50015

3 《建筑设计防火规范》GB 50016

4 《建筑采光设计标准》GB/T 50033

5 《建筑照明设计标准》GB 50034

6 《民用建筑隔声设计规范》GB 50118

7 《电子信息系统机房设计规范》GB 50174

8 《公共建筑节能设计标准》GB 50189

9 《建筑内部装修设计防火规范》GB 50222

10 《智能建筑设计标准》GB/T 50314

11 《民用建筑工程室内环境污染控制规范》GB 50325

12 《建筑中水设计规范》GB 50336

13 《安全防范工程技术规范》GB 50348

14 《民用建筑设计通则》GB 50352

15 《建筑与小区雨水利用工程技术规范》GB 50400

16 《生活饮用水卫生标准》GB 5749

17 《室内空气质量标准》GB/T 18883

18 《城市道路和建筑物无障碍设计规范》JGJ 50

19 《管道直饮水系统技术规程》CJJ 110

20 《游泳池给水排水工程技术规程》CJJ 122

中华人民共和国国家标准

中小学校设计规范

GB 50099—2011

条 文 说 明

修 订 说 明

《中小学校设计规范》GB 50099－2011，经住房和城乡建设部2010年12月24日以第885号公告批准发布。

本规范是在《中小学校建筑设计规范》GBJ 99－86的基础上修订而成，上一版的主编单位是天津市建筑设计院，参编单位是北京市建筑设计院、西安冶金建筑学院、上海市民用建筑设计院、湖南大学、陕西省建筑设计院、中国建筑科学研究院、吉林省建筑设计院、四川省建筑勘测设计院、武汉市建筑设计院、福州市建筑设计院、内蒙古自治区建筑设计院、北京医科大学、山西医学院、哈尔滨医科大学，主要起草人是王绍箕、吴定京、张泽蕙、黄汇、张宗尧、王咏梅、闵玉林、陈世箖、陈述平、王正本、单明婉、张修美、董葭铭、赵秀兰、张绍纲、庞蕴凡、朱学梅、赵融、褚柏、王绍汉、许恒宽、关怀民、陆增懿、双全、王淑贤、郝同礼。

为便于广大设计、施工、科研、学校等单位有关人员在使用本标准时能正确理解和执行条文规定，《中小学校设计规范》编制组按章、节、条顺序编制了本规范的条文说明，对条文规定的目的、依据以及执行中需注意的有关事项进行了说明（还着重对强制性条文的强制性理由作了解释）。但是，本条文说明不具备与标准正文同等的法律效力，仅供使用者作为理解和把握规范规定的参考。

目　次

1 总　　则

1.0.1 《中华人民共和国义务教育法》规定：学校建设，应当符合国家规定的办学标准，适应教育教学需要；应当符合国家规定的选址要求和建设标准，确保学生和教职工安全。其后的条文提出了居住分散的适龄儿童、青少年的寄宿问题；具有接受普通教育能力的残疾适龄儿童、青少年随班就读问题；依法维护学校周边秩序，保护学生、教师、学校的合法权益，为学校提供安全保障的问题以及学校的安全制度和应急机制等问题，并明确规定了相关的原则。据此在对1986年制定的《中小学校建筑设计规范》（后简称《原规范》）的修订工作中对以上这些问题都分别进行细化，对相关的条文进行了修改，并增添了部分技术性的规定。

1.0.2 本规范修订中已将《原规范》适用范围中的中等师范学校和幼儿师范学校移出。《原规范》不含农村学校，修订中将农村学校纳入，有利于提升农村中小学校建筑建设的标准，构建城乡一元化的学校建设新格局。

2 术　　语

2.0.1、**2.0.3** 个别地区（如上海市、哈尔滨市）的学制规定完全小学为5年制，初级中学为4年制，本次修订规范在基地及用房量化的统计中未将其分别列为一类，具体指标由地方标准调整。

2.0.8 本规范所规定的安全设计是指在满足国家规范涉及的场地设计、无障碍设计、疏散空间设计、消防设计、抗震设计、防雷设计等具体内容的基础上，对校园内教学活动及生活方面的安全保障和对易发生的灾害及事故的防范所进行的综合防御设计。

2.0.9 以建筑环境中物质方面的基本性质为基础，在与人群密切联系的有关特性方面，校园环境及学校建筑本身应对师生实现安全保障。本质安全设计是从根源上预先避免建筑内外环境及设备、设施等全部可能发生的潜在危险，这是本质安全与传统安全最重要的区别。针对校园本质安全进行设计的重点强调在方案设计阶段及初步设计阶段杜绝学校建成使用后可能发生的风险。本质安全型的建筑不仅内在系统不易发生事故，还具有在灾害中自主调节、自我保护的能力。

2.0.11 小学五年级至高中二年级的部分体育课必须在环行跑道上完成，其占地面积有定制，与办学规模及学生总人数之间无线性比例关系。本规范将校园总用地中减除环形跑道占地后的用地界定为“学校可比总用地”，学校可比总用地随办学规模及学生总人数成比例增减。

2.0.12 这是一项新的指标。用这一指标衡量中小学校设计的土地利用率比较客观、公平。以校园总用地为基数的容积率不易直接表达中小学校设计土地利用率的实效。本规范规定以学校可比容积率作为判定学校设计土地利用率的一项基本参数。

3 基 本 规 定

3.0.1 依据教育部的规定确定本条文中的班额人数，并据此合理布置课桌椅，核定教学用房面积。每班学生人数过多，教室内前排侧边座位及后排座位的学生看不清黑板上的字和图，不能保证教学预期效果。座位拥挤，遇突发事件时，疏散不畅，安全也难以保障。应按此标准限制班额人数，并应根据生源情况逐步推行小班额制。小班额制是各国办学的趋势。小班额易于因材施教，易于使老师更细致地关心每一个学生，使每一个学生的身心和智力都能健康成长。

3.0.2 本条关注全体儿童、青少年的身心健康发育。2005年由教育部、国家体育总局、卫生部、国家民委、科技部共同组织的第5次对全国城市和乡村的1320所学校25个民族的38万多名男女学生的身高、体重等身体形态、生理技能、身体素质及健康状况进行了调研，发表了《2005年中国学生体质与健康调研报告》。与1985年的记载相比，（7～18）岁学生的身高普遍有所增长，城市男生增长49mm，农村男生增长58mm，城市女生增长35mm，农村女生增长45mm。除身高外，肩宽、体重等其他参数也有明显变化。本规范在与体型及发育相关条文的修订中，对尺度的规定都作了相应的调整。

3.0.3 《中华人民共和国义务教育法》第19条明确规定：“普通学校应当接受具有接受普通教育能力的适龄残疾儿童、少年随班就读，并为其学习、康复提供帮助”。学校建设应满足这一需求。为使学校资源物尽其用，目前阶段可由所在地的地方政府确定部分学校接受残疾生源，这些学校的设计必须符合本规范对设置无障碍设施的规定及现行行业标准《城市道路和建筑物无障碍设计规范》JGJ 50的有关规定。

3.0.4 配套基础设施是办学的基本条件。大部分配套基础设施（特别是管网）埋置于地下，在主体结构投入使用后再继续建设配套基础设施工程不但影响教学和生活，更会加大施工的难度和风险。为保障学校的教学、生活需要，创造健康的环境，必须具备水、电、通信等基础设施，本规范修订中增加了这一条文。设计和建造应符合这一建设需要。

3.0.5 “安全第一”是学校建设必须执行的基本原则。下列与校园安全相关的事故灾难个例触目惊心：

——1988年12月7日，莫斯科时间10时许，前苏联亚美尼亚加盟共和国北部发生里氏7级地震，截止到1989年3月，统计在24972名死亡者中，学生死亡近 6000 人；

——1994 年 12 月 8 日，新疆克拉玛依友谊馆火灾，因各种诱因（窒息、中毒、踩踏、烧灼等）致死亡者 323 人，80%以上为中小学生；

——2002 年 9 月 23 日 19 时许，内蒙古乌兰察布盟丰镇市第二中学三层的教学楼发生学生拥挤踩踏事故，造成 21 名学生死亡，43 名学生受伤；

——2004 年 9 月 1 日～3 日，俄罗斯别斯兰中学发生车臣武装恐怖分子的人质事件，共造成 326 人死亡，其中多数为中学生；

——2005 年 6 月 20 日，黑龙江宁安市沙兰镇中心小学在山洪中蒙难，117 人死亡，其中包括 105 名学生。

以上事例警示学校校园的安全设计是学校设计工作中最重要的工作，必须认真、细致地处理每一个细节。特别应关注普通教室与各种专用教室之间的通道、教室与厕所及开水间之间的通道、教室内从座位到门口的通道、从教室门口到楼梯口的通道（走道）、楼梯间以及从楼梯间到楼门（建筑出入口）的通道等疏散途径必须安全通畅。

依据现行国家标准《城市抗震防灾规划标准》GB 50413 及《建筑工程抗震设防分类标准》GB 50223 规定，中小学校的教学用房、学生宿舍和食堂的抗震设防类别应不低于重点设防类（乙类）。应按所在地区的抗震设防烈度确定其地震作用进行抗震计算，并按高于本地区抗震设防烈度 1 度的要求加强其抗震措施。

3.0.6 学校建筑属重点抗震设防类建筑，且其各种教室、风雨操场空间较大，并有开敞的体育场地，通常可被选定为城乡“固定避震疏散场所”，作为人员较长时间避震和进行集中性救援的场所。为此应在学校的体育用地处设置各种生命保障设施的固定接口。日本阪神大地震时，生还者中有百分之八十受益于学校的避难设施，这一经验值得我国借鉴。避灾疏散场所必须具备有保障的生命线系统，包括应急照明、应急水源、应急厕所、食品备用库、应急通信系统及避难空间的通风换气系统。

3.0.7 目前在提高土地利用率的方针指引下、我国大中城市很多新建居住区的容积率为 1.3～2.8。依此计算，每 1 平方公里内可布置一座 4 万～6 万人的居住区，其中有 880 名～1320 名初中学生和 1720 名～2580 名小学生，宜建设 2～3 所完全小学和 1 所初级中学或完全中学。由此，资源共享的策划和设计有很大的可操作空间。以图书馆为例，每个学校可以各自建设藏书量为 2 万册（完全小学）或 2 万册～4 万册（完全中学）的图书室，但也可以合建 1 座藏书量为 10 万册的水平较高的、稍具规模的图书馆。又以体育设施的建设为例，小学 1 年级～4 年级的“体育技能”和“运动参与”内容中都没有中长跑项目，不需要环行跑道。每所 24 班的小学设置 200m 环行跑道，占地 0.44 万 m^2，仅为每学期中长跑课时有限的五、六年级使用，效率太低。反之，由各校按课程标准规定自建篮、排球场等小场地，并共建有看台的中型（甚至是大型）运动场。在科学、公平地安排各校使用时间的前提下，可以明显提升整个地区各校体育设施的水平，也能充分发挥土地利用效益。

3.0.8 保护环境和节约资源是我国建设的国策，学校建设作为教育事业发展的一个重要方面，应率先做到不破坏环境并节约既有资源。对学校建设进行绿色设计需特别关注于以下 4 个方面：

1 校园规划及建筑设计满足中小学校的教学需要；

2 在建设、使用、改建、拆除的整个过程中对环境的影响减到最小；

3 节约土地、能源、水、材料等资源的消耗；

4 节约投资，提高建设项目的性价比，提高学校在全寿命周期内的经济性和运行效果。

进行绿色设计，把中小学校建设成为“绿色建筑”，符合社会发展的需要和国家建设的方针，也是全世界追求可持续发展的大趋势。同时，教育部制定的《环境教育课程指南》规定每所学校的建设本身就是该中小学校环境教育课程教材的一部分。所以，学校校园规划和建筑设计是否确实是绿色设计，将决定日后建成的学校将成为该校环境教育课程的“正面教材”还是“反面教材”。

3.0.9 在改建、扩建项目中宜充分利用原有的场地、设施及建筑。大拆大建，把场地全部推平再建，不但浪费，而且推除了原有的特色和文化痕迹。

3.0.10 我国各地区、各民族的各种条件及建造技能、特长的差异甚大，一方面要通过规范的规定使全民都能平等地受惠于国家的进步和发展；另一方面，要使学校建设项目因地制宜，植根于所在地域，宜采用当地乐于接受，易于推广的做法。

校园和学校建筑是校园文化的实体部分，对学生有熏陶作用。不同地区的学校应具有地方特色和民族传统，并适应自选课程的需要。继往开来，中小学校设计应创造条件使中华文化丰富、深厚的积淀得以世代传承。

4 场地和总平面

4.1 场　　地

4.1.2 本条对原条文有较大修改，并确定为强制性条文。

所谓自然灾害及人为风险高的地段指已知可能发生滑坡、泥石流、崩塌、地陷、地裂、雷暴、洪涝、冲塌、飓风、海啸等灾难的地段及地震断裂带上可能发生错位的部位。

校园周边环境质量以建校立项时的环境质量评估报告为依据。中小学校环境质量评估报告的内容应包括该地段的气候特征、空气洁净度、噪声级、地质条件、雷暴记录、电磁波辐射测定、土壤氡污染检验值等项。目前我国政府环境保护部门对各种污染源的防护距离的控制已有相关标准，在设计中应遵照执行。

4.1.3 学校是学生身心得以健康成长的园地，本条旨在保障师生安全及身心健康，应严格遵守。

1 殡仪馆、医院的太平间、传染病院是病源可能集中之处，长期为邻，对师生健康会造成威胁。

2 依据现行国家标准《建筑设计防火规范》GB 50016的有关规定，各类易燃易爆的危险场区的防护距离随危险品的类别及储放规模而不同，需区别处理。

4.1.4 本条规定强调学校布点要均匀，做到小学生上学时间控制在步行10min左右，中学生上学控制在步行15min～20min左右。

4.1.5 由于居住水平提高和人口增长率降低，一些地区居住人口密度降低，学生生源减少，成规模建制的学校布点稀，学生跨城市干道上学的现象并非罕见，极为危险。当城市干道的规划确定后学校选址时，学生生源尽量不跨城市干道；反之，在规划、建设城市干道时应同步规划建设适当的安全设施，以保障学生安全跨越。

4.1.6 本条规定的学校与铁路的距离300m，是二者间有建筑物遮挡时所需要的距离。当没有遮挡或学校处于流量大的铁路线转弯处或编组站附近时，距离需加大；当铁路的流量小或车速低时，此距离可缩小。本规范对高速路、地上轨道交通线或城市主干道作为噪声源规定的减噪距离是按照其对外廊式学校开窗教室的噪声干扰自然衰减距离确定的。

4.1.7 教学要防止受到噪声干扰。同时，学校音乐课、体育课、课间操，甚至全班集体朗读对周边近邻都可能造成噪声干扰。应在规划设计中通过对周边环境、用地形状认真调查、分析，合理布局，避免干扰近邻。若用地条件过差时，需对用地作相应调整。

4.1.8 本条对原条文进行了修改，并确定为强制性条文。

高压电线、长输天然气管道及石油管道都有爆燃隐患，危险性极大，故不得将校址选在这些管线的影响范围内。建校后亦不得在校园内过境穿越或跨越，以保障师生安全。

4.2 用　　地

4.2.1 《原规范》未将道路及广场、停车场用地单独列出。近年来，各地重视校园环境的交往功能、空间设计和停车场地，道路及广场、停车占地比例提高，本次修订在用地分类时将其作为一类用地予以布置和计量。

4.2.2 土地是不可再生资源，学校建设中应该提高土地利用率。地下空间值得大力开发。地下空间的利用也有其明显的困难，即：缺少天然采光、自然通风；需要防水或防潮；防火要求高；结构受地上建筑结构的限制；建安成本也较高。然而，光导技术和防水技术的日渐成熟。同时，下沉式花园的做法能更有效地使地下室获得天然采光和自然通风。这些都有益于解决利用地下空间的困难。地下建筑建安成本虽高一些，但与节约的土地价值相比还是值得的，中小学校设计应充分利用地下空间。

4.2.3 判断学校建设的土地利用率时，应将用地分作随学生人数成正比例增减的用地及与学生人数无比例关系的用地两部分进行比较：

随学生人数成正比例增减的用地包括建筑用地、绿化用地及部分体育用地，如篮球、排球、体操、体育游戏等场地等。不成比例增减的用地包括环形跑道等。18班与36班的初级中学的学生人数差一倍，但依教学需要，都应配置一个至少是200m的环行跑道，占地同为0.58公顷，占有学校用地中很大的份额。将此参数按人均用地对学校设计的土地利用率进行比较，对规模小的18班学校不公平。所以，这部分占地不可比。本规范提出一个新术语："学校可比总用地"，定位为学校总用地减除环行跑道的占地。

为科学地判断学校设计对土地利用的水平，提出一个新的指标："学校可比容积率"。即：

学校可比容积率＝学校地上建筑面积总和/学校可比总用地。

4.2.4 2 中小学校自行车库用以停放教工及中学生的自行车。机动车库只能满足本校公车和教职工的自用车。车库建筑和用地应与学校所在地的交通和经济条件协调，结合实际情况设置。

3 设备用房主要包括变配电室、应急发电机房、水泵房、锅炉房等，设施用房主要包括水处理设施、垃圾收集点等。当所在地的市政设施完备时，学校无需自备全部设备与设施用房；条件差时，应补充其不足。

4.2.5 表1为中小学校主要体育项目的用地指标。

表1　中小学校主要体育项目的用地指标

项目	最小场地（m）	最小用地（m^2）	备　注
广播体操	—	小学2.88/生	按全校学生数计算，可与球场共用
	—	中学3.88/生	
60m直跑道	92.00×6.88	632.96	4道
100m直跑道	132.00×6.88	908.16	4道
	132.00×9.32	1230.24	6道

续表1

项目	最小场地（m）	最小用地（m^2）	备 注
200m环道	99.00×44.20（60m直道）	4375.80	4道环形跑道；含6道直跑道
	132.00×44.20（100m直道）	5834.40	
300m环道	143.32×67.10	9616.77	6道环形跑道；含8道100m直跑道
400m环道	176.00×91.10	16033.60	6道环形跑道；含8道、6道100m直跑道
足球	94.00×48.00	4512.00	—
篮球	32.00×19.00	608.00	—
排球	24.00×15.00	360.00	—
跳高	坑5.10×3.00	706.76	最小助跑半径15.00m
跳远	坑2.76×9.00	248.76	最小助跑长度40.00m
立定跳远	坑2.76×9.00	59.03	起跳板后1.20m
铁饼	半径85.50的40°扇面	2642.55	落地半径80.00m
铅球	半径29.40的40°扇面	360.38	落地半径25.00m
武术、体操	14.00宽	320.00	包括器械等用地

注：体育用地范围计量界定于各种项目的安全保护区（含投掷类项目的落地区）的外缘。

4.2.6 绿地是保障学校环境质量的重要方面，同时可进行科学课、生物课及环境教育课的直观教学及实践活动。不得强调气候条件差或缺少土地而忽略绿地的设置。种植园、小动物饲养园及水面的设置应据学校所在地的气候等自然条件、学校周边条件、学校办学特色等因素综合考虑确定。

4.2.7 《原规范》将广场及道路用地以道路中心线为界分解至其他三种用地之中，但从功能需要及安全因素着眼，本规范在用地性质和用地面积等方面将其列为一类用地予以规定。道路及广场、停车场用地占学校总用地的比例较小，但有必要予以重视。目前一些学校修建了面积过大的广场，不但土地利用率过低，广场地面为硬铺装也有损于校园热环境质量。

4.3 总 平 面

4.3.1 应完善总平面设计工作的内容，以避免因该层次的工作不到位而留下隐患。可持续发展是我国的国策，应遵照绿色设计的原则，充分而且合理地利用场地原有的地形、地貌，不宜将学校用地全部推平后再建。应进行竖向设计。竖向设计必须体现科学性、经济性。在总平面设计阶段结合发展需要进行管网综合设计也是实现可持续发展必要的工作内容。

4.3.2 《原规范》本条归属第5章，现移入本章。

经医学测定，当学生在课间操和体育课结束后，利用短暂的几分钟上楼并立刻进入下一节课的学习时，4层（小学生）和5层（中学生）是疲劳感转折点。超过这个转折点，在下一节课开始后的5min～15min内，心脏和呼吸的变化会使注意力难以集中，影响教学效果，依此制定本条。中小学校属自救能力较差的人员的密集场所，建筑层数不宜过多，制定本条还旨在当发生突发意外事件时，利于学生安全疏散。

4.3.3 日照是学生健康发育的基本条件，日照时间长短直接关系学生的健康成长。我国卫生部的专题科研成果指出，人体只能通过每天有一定时间的日照才能合成维生素D，日照对抑制癌细胞的侵袭和体格的生长能发挥重要作用。直射阳光并能够抑制和杀灭部分校内易发传染病的病菌，日照时间对病菌的杀伤作用见表2。

表2 直射阳光对各种病菌的杀伤时间

气温（℃）	季节	肺炎菌	金葡萄球菌	链球菌	流感病毒	百日咳	结核菌
20～30	夏	10min	1h	10min	5min	20min	2h
0～10	冬	1h	3h	10min	20min	3h	10h
10～20	春秋	1h	2h	10min	20min	30min	5h

直射阳光对保护学生健康有重要作用，小学生有50%的课程在普通教室进行，中学生有41%的课程在普通教室进行，所以本规范规定了普通教室冬至日满窗日照时间。荷兰、瑞士、日本、俄罗斯等国家的法规对学校建设的日照时间也有所规定。

4.3.4 为满足科学课及生物课教学对适时观察盆栽植物生长过程的需要，本条文对科学教室和生物实验室利用直射阳光作出规定。

4.3.5 本条对原规范作了较大修改，旨在利用所在地的气候条件节能并改善校园环境微气候质量。

4.3.6 **1** 当用地起伏不平时，各种体育项目的场地宜依照自然地形顺势布置在不同的高度上，但每一项目用地，包括安全区及周边的甬道，必须在同一高程上。

2 限制纵轴的偏斜角度是因为田径场内常顺纵轴布置球场。若长轴东西向布置，当太阳高度角较低时，每场有一方必须面对太阳投射，或面对太阳接球，极易发生伤害事故，故规定宜将场地的长轴南北向布置。一般学校早晨第一节课不安排体育课，所以对南偏东的限制较松；下午课外活动时，凡当日无体育课的学生都集中在操场上锻炼，人数多，所以对南偏西的限制更严格。

4 场地排水系统设计的正确与否对体育场地的质量和寿命影响很大。在排水设计中针对不同的场地材料做法应采用不同的参数、坡度及技术措施。

4.3.7 在开窗的情况下，教室内朗读和歌唱声传至室外1m处的噪声级约80dB，上体育课时，体育场地边缘处噪声级约70dB~75dB，根据测定和对声音在空气中自然衰减的计算，教室窗与校园内噪声源的距离为25m时，教室内的噪声不超过50dB。

《原规范》规定控制两排教室的长边相对时的间距及教室的长边与运动场的间距，由于现在学校的教室楼不一定是矩形，故修订为控制各类教室的外窗与相对的教学用房或运动场地之间的距离，以避免噪声干扰，影响教学效果。

4.3.9 升旗仪式是学校每日或每周重要的爱国主义教学内容。旗杆、旗台应设置在校门附近可以看到的显要位置处。

5 教学用房及教学辅助用房

5.1 一 般 规 定

5.1.1~5.1.3 此3条分叙了《原规范》第3.1.1条的内容。

1 国家加大教育投入及现代化教学手段的飞速发展促进了学校建设走向现代化，各地区的许多学校建设了名目繁多的应用现代化教学手段的新型教室。若逐一建设，利用率不高，而且现代化教学器材更新周期很短，不应顺势加建专用教室。本规范定位于在普通教室、合班教室、计算机教室等教室内增设或更换、更新器材配置，满足教学手段进步和一室多功能的需求，以此避免各种教室的重复性建设。如：

1）当普通教室内配置了计算机和投影仪，学生可以获得影视直观的教学，也可以放映动画教学片；

2）当普通教室设网络接口，网络控制室编排的教学片可通过网络传至教室，构成“班班通教室”；

3）当普通教室内配置了多媒体装备，则成为多媒体教室；

4）当合班教室内配置了多媒体装备，则成为可多班一同上课的多媒体教室；

5）当普通教室或合班教室设置数字化教学器材，则成为数字化教室（或称为数字化实验室）；

6）当普通教室、计算机教室、合班教室或一般房间内配置了现代化教学装备和通信外网接口，则成为远程教育教室；

7）计算机教室增加敷设师生对讲线则可以兼作语言教室；

8）当合班教室（多班）配置音响设备，并将讲台扩大为表演台（区）时，则成为多功能教室。

2 在普通教室内或美术教室内难以完成书法教学的任务。调查发现大多数学校因未设书法教室，降低了书法课的教学效果。本规范修订了对书法教室的设置规定。

3 在风、雨、雪、雷暴等恶劣气候出现较多的地区，没有风雨操场难以完成体育教学任务，体育课程标准的新内容也对体育设施的设置提出了新的要求。本规范修订了对体育设施的设置规定。

4 本次修订还增加了一些专用教室和公共教学用房。

1）劳动教室和技术教室。为培养学生的劳动观念、动手能力和自主创新能力，应设置有专业设施的环境。多年来，世界上许多国家，特别是发达国家，将劳动技术课确定为中小学教育的重要课程。在我国台湾地区的学校中，不但在劳技课上教授学生掌握一些基础性的劳动技能，同时通过学生亲手为自己的学校创造有用之物，使学生体会到劳动的成就感，提升了学生的素质。在中小学校中设置劳动教室和技术教室是提高民族素质之必需。

2）心理咨询室、体质测试室和德育展览室。目的在于有针对性地、有效地关心、帮助每一个学生的身心健康成长。各校可以利用本校的办学特色进行德育展示、布置校史展览和德育课的其他教学内容展示。学校设计应重视这方面的发展需要。

5.1.6 提高教室的利用率是学校建设节约资源的重要方面，现代化教学器材在功能兼容性方面的飞速进步为多学科共用某些教学用房创造了条件。

5.1.7 教学内容及教学模式的变化很快，在发达国家有一些中小学校取消大部分专用教室，加大了各班专用的普通教室，在其中设置较通用的实验设施，学生的多数课程都能在本班的教室完成。任课老师和实验员在各班的教室间流动。这种教学模式能节约较多的建设资源，但需增加一些教学设备和器材的投入。在规模不大的农村学校的建设中，这种做法值得借鉴。同时，在高级中学选修课比例日渐提高的情况下，我国和一些发达国家的部分高级中学开始取消每班专用的普通教室，学生像大学生一样，流动于各种专用教室和图书馆或自习室之间。为适应多种教学模式的需要及教学模式可能发生的变化，新增本条。

5.1.8 前端侧窗窗端墙长度达到1.00m时可避免黑板眩光。过宽的窗间墙会形成从相邻窗进入的光线都无法照射的暗角，暗角处的课桌面亮度过低，学生视读困难。

5.1.9 **2** 教学中常有些课程内容与颜色有关，若安装彩色玻璃，则透过的有色光线导致学生不能正确地辨识颜色。

5.1.11 **2** 观察窗的大小、形状以从门外可看到教室内的教学活动和不致影响学生的注意力为原则。常采用的观察窗为圆形和竖向或水平的窄缝。为隔声，观察窗应嵌装玻璃。

5.1.12 地面潮湿或温度过低会导致学生患风寒等多种不易治愈的慢性病；而且在严寒地区的冬季，地面也是一个不可忽视的散热面，设保温层既有利于学生健康成长，也有利于节能。

5.1.17 每一节课的教学内容多次在黑板板书和幻灯投影间转换，虽然能提高和加深学生对授课内容的理解，但是使学生的视力受到伤害。2008年一些城市对学生视力测试的结果令人担忧。若不能方便地转暗，大多数课时拉着窗帘上课，不但有损于视力的发育，也使学生不能得到太阳光的免疫保健。转暗设施可依建设条件采用可调百叶或便于由教师控制开闭的窗帘等设施，也可采用专用设施。

5.2 普通教室

5.2.1 我国现行国家标准《学校课桌椅卫生标准》GB 7792规定了中小学校使用的课桌椅各有10种型号，桌面尺寸均为0.60m×0.40m，桌面高标准尺寸为0.76m～0.49m，其桌下净空、椅高、椅面的有效深度、椅宽、椅背的高宽都有相应的规定。本规范依据此标准的数据明确了单人课桌椅的平面尺寸。

5.2.2

2 目前，为适应现代化教学模式的需要，国家保障性投资使中小学校都能做到投影仪进教室。为了保护学生视力，把最前排课桌的前沿与黑板的水平距离较原规范规定增加了0.20m。

4 最后排课桌后沿之后的座椅空间与疏散宽度合计1.10m。

5 依据《2005年中国学生体质与健康调研报告》关于中小学生体形增大的现实，将纵向走道的最小宽度定为0.60m；较原规范加大了0.05m。

6 以正确姿势写字，学生两肘间的宽度为0.70m～0.80m，而课桌宽为0.60m，课桌两侧空间需各设0.10m的伸出余地及0.05m的间隙，故宜留出0.15m空间。

注：1 对于普通教室多课程共用的多功能化和多教室组合建成按年级开放式的布置方式，本规范未予列入。

2 普通教室的布置应控制以下11个平面尺度：

1）排距；

2）最前排课桌前沿与前方黑板间的距离；

3）最后排课桌后沿与前方黑板间的距离；

4）最后排课桌后的横走道宽度；

5）纵向走道宽度；

6）桌端与墙面或突出物间的净距；

7）前排边座椅与黑板远端的水平视角；

8）黑板长度；

9）讲台长度及宽度；

10）讲台两端边缘伸出黑板边的距离；

11）前窗端墙宽度。

5.2.3 现在学生每天需携带的书很多，还有体育课必须穿的运动服和运动鞋。书包过大、过重已是普遍性问题。为了减轻学生携带困难，应设置每个学生专用的储物柜，让学生存放不需每天带回家的书本、衣物。对于靠步行较远距离上学的农村学校，设置储物柜更为必要。

5.3 科学教室、实验室

5.3.1 为与教育部近年颁发文件的用词一致，本规范将《原规范》的自然教室改称为科学教室，并增加部分新的内容和要求。

5.3.2 本次修订依据我国教育部颁发的新教学要求，采用现行标准实验桌椅及通用的布置方式。

1 目前世界各国开辟了多种实验课的新内容，所需要的实验桌各不相同。本条规定的实验桌尺寸符合我国教育设备有关标准的规定。力学实验是物理课最基础的实验，利用气垫导轨的力学实验能使学生直观地认识一些力学现象的作用过程和结果，但该仪器设备支座需要较长的桌面搁置，所以此次修订增加了气垫导轨所需的实验桌。

2 实验桌布置主要指科学教室及物理、化学、生物实验室内的实验桌的布置。

Ⅰ 科学教室

5.3.3 科学课教学强调启发式教育和参与式学习，新课程要求学校设植物培养室和小型种植园、饲养园，故修订增加此条文。

5.3.4 依课程要求，学生需直接观察植物的栽种和生长过程，故至少应有一间科学教室可放置与授课内容相关的盆栽植物，其成活需要阳光。

Ⅱ 化学实验室

5.3.7 化学实验室的每个实验桌下都有给水排水管和排气管，如果设在首层，这些管线不致影响其他房间的使用，也易于检修。

5.3.8 当有害化学药品溅入眼中或接触皮肤时，需立即用急救冲洗水嘴冲洗。

5.3.9 《原规范》条文中无桌上通风排气装置的规定，现该装置的技术已成熟，从桌面排走污浊气体对学生健康有益。

Ⅲ 物理实验室

5.3.12 力学是中学物理教学的主要内容之一，因其实验器材的特点，对实验室的室内布置有一定的要求，故特别作出规定。

Ⅳ 生物实验室

5.3.18 生物显微镜观察实验室与解剖实验室对实验器材、设施及采光、照明等实验环境的需求差异较大，宜分开设置。

5.3.19 部分生物课程要求学生直接接触植物的栽种和生长过程，故实验室的朝向宜为南或东南，并在有阳光直射的一侧设置室外阳台或宽度不小于 0.35m 的室内窗台，以放置盆栽植物。

5.3.22 生物课经常需要分阶段结合教学展出相关的标本，通风不良、潮湿的环境中标本易霉变，阳光直射或闷热易使标本变质、干裂，生物标本多为有机物，应防虫，防鼠。本条强调了应有保护标本的必要措施。

Ⅴ 综合实验室

5.3.24 中学的理科教学中日益凸显各学科的综合性，十多年来，为了加深直观印象，培养创新思维能力，一些学校设立综合研习课，需有相应的实验教学用房。

5.3.25 物理化学和生物化学等多种综合研习课程所需要的实验桌及排列方式均不相同，故沿实验室周边贴墙布置各种管线的接口；在实验室中心部位宜留约 $100m^2$ 地面无固定装置的空间，用以设置学生的实验桌；实验桌及布置方式可随不同的实验需要及不同的教学模式变换。

Ⅵ 演示实验室

5.3.27 4、5 个别学校建成了一种较大的阶梯式实验室，老师与学生互动，学生随老师边演示边实验，效果比较好。

5.3.28 演示实验室应使每一个学生都能看清老师完成实验的全过程，宜建成阶梯教室。

5.4 史地教室

历史事件与地域划分、民族构成、自然资源分布相关，而且历史课和地理课的课时都不多，宜共用一间专用教室。部分与历史、地理背景相联系的政治时事课也可以在史地教室进行。

5.4.1 学校把与近期课程有关的挂图、岩石标本等展品在教室内、陈列室（廊）或与史地教室贴邻的走道内陈列，教学效果较好。

5.4.2 在许多学校中，小地球仪已成为必备的教学器材，故增加此条。

5.5 计算机教室

5.5.3 为减少粉尘，计算机教室应配置书写白板。

5.5.4 计算机教室设置通信外网接口便于接受远程教育。

5.6 语言教室

5.6.2 依据外语课的新教学要求增加本条。情景对话是语言课口语教学有效的教学手段，表演区的大小取决于可同时参与表演的学生人数。$20m^2$ 可供 2 人～4 人同时表演。

5.7 美术教室、书法教室

Ⅰ 美术教室

5.7.2 本条依据教学要求对《原规范》进行了补充。

5.7.3 写生课要求光源稳定，尽量避免直射阳光，窗宜朝北。当顶部采光时，也应避免阳光直射。

5.7.6 本条文的目的为避免环境色彩干扰学生对颜色的判断。

5.7.7 为适应现代艺术视听效果综合交融的需要，现代艺术课教室应配置音响设施，故新增设本条。

Ⅱ 书法教室

5.7.8 一些学校在建设时误认为在美术教室可以完成书法课的教学，没有设置书法教室。但美术教室与书法教室所采用的课桌椅不同，难以通用，使书法课不能正常进行。小学美术课可以在书法条案上进行，故小学书法教室可兼作美术教室。

5.7.10 依据调查成果，本条对《原规范》作了较大的修改和补充。

5.7.11 挂镜线宜设高低两组。高挂镜线可悬挂示范条幅，低挂镜线可悬挂学生的习作。

5.8 音乐教室

5.8.2 依据小学新课程标准的要求，低年级音乐课程内容有唱游课，故增加本条。该教室空间需满足 1 个班学生在教室内边唱边舞的要求。

5.8.4 音乐教室内设置合唱台是为了使教师和学生能互相看清练声时的口形，也可练习合唱或小件乐器合奏。合唱台宜紧贴后墙或侧墙布置。

5.8.6 一般音乐教室发出声音的声级约为 80dB，当对相邻教室有噪声影响时，就应该采用隔声的门窗及其他隔声减噪措施。

5.9 舞蹈教室

5.9.1 为适应新课程内容要求增加技巧、武术、形体训练课的需要，本条对《原规范》进行了修改。

5.9.3 舞蹈课或形体训练课对于男生和女生采用不同的课程内容、要求及训练方法，应该分开上课；同时，在舞蹈课和形体训练课上，必须对学生逐一进行辅导，学生人数宜少，因此规定该教室只容纳半个班的学生。

5.9.5 本条为保障学生安全。

5.10 体育建筑设施

5.10.1 《原规范》有关体育设施的内容仅为风雨操场，为适应体育课程教学的新需求，本规范将本节改为“体育建筑设施”，包括风雨操场、游泳池及游泳馆。

风雨操场宜与室外体育场地贴近布置。应方便体育教学、体育活动并服务于社会。

风雨操场可以不设围护墙，也可以设围护墙。有围护墙的风雨操场也称作体育馆。为使各校依据学校所在地的气候特点、自身办学需要及建设条件建设风雨操场，本规范修订不再对风雨操场的类型划分作出规定。

在气候区划图中Ⅲ、Ⅳ类地区宜建室外游泳池或有棚架的游泳池。

Ⅰ 风雨操场

5.10.6 用以固定运动器械的预埋件不应影响活动安全，故不得高出楼、地面的完成面。

5.10.8 调查中看到一些学校体育馆的门窗布置忽略了对自然通风的气流引导设计，降温、通风完全借助于空调，增加了运营费用。因此，设计人员应当重视体育馆室内自然通风设计。

5.10.9 体育器材室应设借用器材的窗口和易于搬运运动器械的门和通道。

Ⅱ 游泳池、游泳馆

5.10.12 游泳对学生健康发育有益，各地许多有条件的新建校建设了游泳池。泳道数量和长度按比赛池规定设置有益于使训练适应比赛要求，提高训练效果。

5.10.13 为防止发生意外，不得设置跳水池。为保障师生安全，对于仅供教学及一般训练用的游泳池，不宜设置深水区。游泳特色校可视学校的办学特色及救生能力确定深水区的设置。

5.11 劳动教室、技术教室

5.11.1 我国教育改革强调对学生进行全面素质教育，设劳动课和技术课。学生通过劳动课与技术课学习生存与生活本领，初步掌握制作和操作的基本知识和技能，提高动脑动手能力、理论与实际相结合的能力和自主创新能力。同时，劳动的成就感使学生热爱劳动，热爱学校，从而提高了对自身行为的控制力。

现行课程标准规定，各类中学必须设置木工、金工技术教室。木工、金工技术教室，应按每1名～2名学生一个工位布置；高级中学必修课为信息技术课和通用技术课。信息技术课和部分通用技术课可以在计算机教室进行。中小学校可以选修电子控制技术、建筑与建筑设计、简易机器人制作、现代农业技术、汽车驾驶与保养、服装及服装设计、家政课与生活技术课等课程。这些课程都需要专门的教室。劳动教室和技术教室内可分组布置或按工位布置。

5.11.2 中小学校设置的劳动课程、技术课程中，烹调、农艺等专业的教室会产生油烟、气味，易对邻近教室及校园造成污染，应设置有效的排气设施。

5.11.3 各类中学设置的技术课程中，木工、机加工、汽车及农机具修理、缝纫及部分手工艺品制作等专业的技术教室产生的噪声、振动可能对邻近的教学用房或校外相邻建筑造成干扰，设计中需认真处理，不得超出现行国家相关标准的规定。课程作业中不应造成电磁波污染。

5.11.4 信息技术课为高级中学必修课，宜充分利用计算机教室，但配套设施需增加设置。

5.12 合班教室

5.12.3 容纳2个班的合班教室采用平地面不致影响授课的视听效果，但超过2个班的合班教室应按视线升高值设计为阶梯形地面，以保证每一个学生都能清晰地获得授课内容。

5.12.8 为保护学生视力并达到教学实效，本规范增设此规定。

1 在装设了视听器材的教室授课时，一般不会整节课都进行课件播放，讲课时，教师写板书和学生记笔记都需要天然采光达标的环境；

2 教室的转暗设备可以选用遮光窗帘或通风遮光窗，也可以是专用转换设施；可以是手动的，也可以是遥控的；

3 若桌面有局部照明，在播放视听教材时便于记笔记。

5.13 图书室

5.13.1 图书室有益于提高学习效果和学生自主学习能力。调查中多数学校提出，需要重视中小学校图书室的阅览和借书环境，并针对中小学生的特点进行设计。

5.13.3 3 视听阅览室是各类学校图书室必须设置的阅览室。在规模较小的学校中，为提高房间利用率，可兼作为计算机教室、语言教室等教室使用。

5.14 学生活动室

5.14.1 结合学生的关注科目和办学特色，各校都成立一些学生的兴趣小组或社团。因为这些学生组织都分别和某一门课程有关，所以常在普通教室、相关的专用教室或场地开展活动。一般情况下，各小组或社团都需要一个小房间，作为管理用房，并可存放开展活动的用品。

5.14.2 学生活动室的活动内容、数量、位置、使用面积及构成特点依所在地的历史地理、文化传统、经济发展及学校办学特色确定。

依城乡学校目前的现状调查，各类学校学生活动室的使用面积（总计）不宜小于表3的规定。全面素质教育使学生兴趣活动小组日益活跃、发展，今后，学生活动室的总使用面积将会随之增加。

表3 学生活动室使用面积最小值（总计）

类 别	规模（班）	总面积（m^2）
非完全小学		25
完全小学	12	30
	18	36
	24	54
	30	72
初级中学	12	36
	18	54
	24	72
	30	90
高级中学	18	36
	24	72
	30	90
	36	108
九年制学校	18	36
	27	54
	36	72
	45	90
完全中学	18	36
	24	72
	30	90
	36	108

5.15 体质测试室

5.15.1 依据国务院批准的《学校卫生工作条例》和教育部发布的《国家学生体质健康标准》，各校都应设置体质测试室，定期为学生进行体质测试。

体质测试室的位置宜设在风雨操场或医务室附近。若建在风雨操场附近，可以方便地进行体能测试；若建在医务室附近，则可以由学校的卫生保健机构兼管体质测试的工作。

5.15.2 学生进行体质测试时，活动量较大，体质测试室应有良好的自然通风。

5.16 心理咨询室

5.16.1 目前，对于心理咨询工作有多种不同的做法，其中对学校建设要求差异较大的为以下两种：

1 强调学生私密性的做法是由学生单独面对计算机选择问卷，并快速回答计算机所提出的一系列问题，然后从计算机上得到忠告；

2 强调公开化的做法是把学生中共同的、相似的问题由老师提炼后提出，在全班讨论，寻找正确的、统一的解决途径；更有一些国家和地区的学校在合班教室内或设置较大的心理活动室，由学生分组自编自演心理剧，全班同学在互相观摩后进行研讨，共同用自己的力量化解自己的心结，使心理素质得到提高。

心理健康是中小学生健康成长重要的方面，也是全世界教育界极为关切的重点方面。在我国，心理关怀刚刚开始，设置心理咨询室是必要的起步措施，比较普及的做法是沙盘测试。

5.17 德育展览室

5.17.1 一些有革命传统或有历史传统的学校常把德育展览室和校史展览室合建。一些办学有特色的学校常把德育展览室和特色的成绩展览结合。各校不同，但展览与德育课程的内容应全面结合。德育展览的位置应便于全校学生观看。

5.18 任课教师办公室

5.18.1 一般情况，完全小学、非完全小学均为“年级组制”；初级中学及九年制学校多为“年级组制”；完全中学及高级中学则各校不同。

5.18.2 许多国家和地区的一些新建学校常把年级组教师办公室贴近该年级的教室布置，教学效果较好。

6 行政办公用房和生活服务用房

6.1 行政办公用房

6.1.1 本条规定了保证教学工作有序运转的各种行政办公用房，其中档案室、文印室、广播室、值班室、安防监控室、网络控制室、卫生室（保健室）、传达室各校只设一间，其使用面积一般为14.00m^2～32.00m^2；其他房间依学校的类别及规模确定。

教职员人数依据教育部《关于制定中小学教职工

编制标准的意见》设定。

6.1.2 5 广播室面向操场可配合课间操和在操场上集会时召唤全体师生。广播室承担在课间操及其他室外教学活动时同步播放课件的工作。

6.1.4 在我国，现代化教学手段已经成为镇以上各个学校不可或缺的教学手段。建设网络控制室可有效利用各种教学资源，使利用计算机的各个教学环节有序运转。网络控制室内，多个网络器材在一个较小的空间内运行，散热量大，宜设空调。

6.1.6 依据卫生部及教育部的有关规定，中小学校应设置卫生室或保健室。卫生室与保健室的资质不同，承担的工作范围也不同。

1 体育场地是最容易发生肢体伤害的地方，卫生室（保健室）在体育场地附近易于及时治疗。

2 出于保护隐私的目的，中学卫生室（保健室）宜分设2间。目前因儿童成熟较早，也有些小学生希望检查空间有所分隔。

3 视力检查要求6.00m长的空间；有镜面反射时可减小为3.50m。

6.2 生活服务用房

6.2.1 应认真调查学校周边的交通、市政及生活服务条件，因地制宜地确定食堂、停车库（棚）及设备用房等生活服务用房的设置。有关设备用房的设置应符合本规范第10章的有关规定。

Ⅰ 饮 水 处

6.2.2 旱厕、化粪池等设施对水质、土壤有污染。

Ⅱ 卫 生 间

6.2.8 1 本款条文依据教育部制定的“中小学校教学卫生基本标准”的规定制定，并根据调查成果进行调整。

1）通过调查，普遍的现象是课间女生卫生间排队，总有学生因如厕而在下一节课迟到，严重的是个别女生因不能及时如厕而致病。调查中凡15人～20人一个大便器的女生卫生间拥挤，排队，这和计算的结论接近（计算基本依据是：每个上午有3次课间休息，每次休息10分钟，除往返走路外，每个厕位仅供3名～5名女生使用。估计每个女生在每个上午、下午各如厕1次），故规定女生每13人设1个大便器。

依本条规定测算：男生每40人设3个厕位（1个大便器+2个小便斗）；女生每39人设3个厕位，接近1∶1。调查结果说明，本规范的规定基本上是可行的。

2）原1.00m长大便槽太短，不能供1个人使用，改为1.20m长；每个男生的体宽为0.60m，故小便槽每个厕位的长度改为0.60m。

6.2.15 无害化卫生厕所的设置技术进步很快，有的和沼气的利用相结合，有的采用大小便分离便器并烘干大便的措施，本规范不对其作出技术性规定，详见相关标准的规定。

作为中小学校，科学课、实验课等许多必修课程必须有给水排水系统的保证，有些学校因缺少必要的市政条件而无法提供水冲式卫生间的情况应该是暂时现象。

Ⅲ 浴 室

6.2.16 师生在风雨操场及舞蹈教室的活动量大，有淋浴的需求。对于不设学生浴室的学校，宜在体育教研组办公室附近设体育及舞蹈教师专用的浴室。

Ⅳ 食 堂

6.2.20 当前城镇学校的学生家长大部分是双职工，家长普遍要求让走读学生在学校吃午饭。调查中看到，大部分没有食堂的学校没有设置配餐室和发餐室，当社会送餐公司提供的午餐送到后，就在走道的地上分餐、发餐，很不卫生。所以规定应设配餐室、发餐室。

Ⅴ 学 生 宿 舍

6.2.24 由于地下室和半地下室的通风、采光、日照、湿度、排水、安全等各方面的条件不适于居住，宿舍设在地下室或半地下室不利于学生健康发育，特新增此强制性条文。

6.2.28 因学生宿舍中早晚学生如厕时间集中，盥洗室、卫生间及浴室的服务范围不宜过大，卫生洁具配置的数量宜略高于现行国家标准《宿舍建筑设计规范》JGJ 36的有关指标。

6.2.29 为保障学生健康，夜间关窗睡觉期间宜有15m³的空气量，人数超过6人时所需空间过大，不经济；人数过多也会互相干扰。

Ⅵ 设 备 用 房

6.2.32 设备用房的设置应结合所在地的市政基础设施的设置条件及管理、维护条件进行设计。

7 主要教学用房及教学辅助用房面积指标和净高

7.1 面 积 指 标

7.1.1 中小学校中许多非教学用房都有其相应的设计规范，本规范不作规定，本规范仅对主要教学用房及教学辅助用房的设计要求进行表述，故本章标题与

《原规范》相比，缩小了涉及面。

表7.1.1的注1表述的“黑板可视线”的范围按本规范第5.2节、5.3节及5.12节的有关规定界定。

7.1.2 场地面积见本规范第4.2.5条的条文说明。

7.1.3 因课程内容不同，劳动教室及技术教室的工艺跨行业范围很宽，所需使用面积差异很大，各行业有行业标准规定，本规范不作统一的规定。

7.2 净 高

7.2.1 净高指楼、地面完成面至结构梁底或板下突出物间的垂直距离。当室内顶棚或风道（管道）低于梁底时，净高计至顶棚或风道（管道）底。

净高按上课时学生所需要的空气量及教室使用面积确定。依据《中小学校教室换气卫生标准》GB/T 17226规定的每名学生每小时必要换气量计算所得净高见表7.2.1。如果所在地的气候能使教室全年都开窗上课，净高可适当调整，但不得低于3.00m。

8 安全、通行与疏散

8.1 建筑环境安全

8.1.3 建筑材料、装修和装饰材料可能使空气遭受物理性、化学性、生物性和放射性污染。

某些天然石材和矿物性水泥等材料都可能释放一定的放射性元素，特别是碱性花岗岩的放射性比活度是土壤的数倍；在设计中对于建筑材料、产品、部品、混凝土冬期施工添加的缓凝剂、保温隔热板材、人造板材、涂料、壁纸、胶粘剂等的采用及机械通风设施的择定若有疏漏则可能导致污染物（如甲醛、苯、氨、氡、细菌、病毒、可吸入颗粒物等）超标，对学生的皮肤、眼睛、上呼吸道、肺、脑、神经系统的伤害难以估计。故中小学校设计应严格执行有关可能影响环境质量的建材、产品、部品的采用规定。

8.1.5 为保障学生安全，新增设本条，并确定为强制性条文。

中小学生身高增高，重心上移，窗台也应随之相应升高。依据《2005年中国学生体质与健康调研报告》公布的学生身高，将临空窗台的最小允许高度确定为0.90m。这一高度比现行国家标准《民用建筑设计通则》GB 50352的规定提高了0.10m。

8.1.6 上人屋面栏杆的高度应从屋面至栏杆扶手顶面垂直高度计算，当上人屋面、外廊、楼梯、平台、阳台等临空部位的栏杆扶手以下有可蹬踏部位时，扶手高度应从可蹬踏部位顶面起计算。

现行国家标准《建筑结构荷载规范》GB 50009-2001（2006年版）中规定了栏杆顶部水平推力的荷载为1.0kN/m。由于学生平日嬉闹或应急疏散时，集中挤压、推搡栏杆的人数常超过2人/m，本规范加大为1.5kN/m，并应加强对防跌落栏杆的构造及安装设计，以防拥挤时跌落。

为保障学生安全，新增设本条，并确定为强制性条文。

8.1.8 2、3 总结近年来发生的多起安全事故的教训，针对中小学生在突发事件中难以自控的现象，规定各教学用房的疏散门均应向疏散方向开启，以避免出现数十人同时涌上，使疏散门难以开启的灾难性事件。

外开门窗可采用开启扇局部凹入教室的平面布置；也可利用长脚合页等五金，使开启扇开启180°。

4 学校应训练学生自己擦窗，这是生存的基本技能之一。为保障学生擦窗时的安全，规定为开启扇不应外开。为防止撞头，平开窗开启扇的下缘低于2m时，开启后应平贴在固定扇上或平贴在墙上。装有擦窗安全设施的学校可不受此限制。

8.1.9 近年来，许多城市的燃气管道敷设完善，学校中已普遍以燃气替代酒精灯作为实验用的热源。在实验室里，密集的燃气管一旦受到地震作用而破坏时，火灾将成为严重的次生灾害。这种可预见的隐患必须规避。对于在抗震设防烈度为6度或6度以上地区建设的学校难以回避采用燃气作为实验热源时，设计中应采用相应的保护性技术设施。

8.2 疏散通行宽度

8.2.1 依据教育部、卫生部等五部委发布的《2005年中国学生体质与健康调研报告》中有关中小学生体宽较1985年明显增宽0.05m的测定成果，本规范将中小学生每股人流的宽度规定为0.60m。

8.2.2 计算疏散宽度时，疏散路径的每处都宜以1股人流0.60m的整数倍计算。不足1股人流0.60m的宽度对发生意外灾害时没有逃生作用。在设计中疏散宽度满足需要的同时还有接近0.60m的余量时，拥挤时会多挤入一股人流，导致部分人侧身行走，更易发生踩踏事故。

8.2.4 依据现行国家标准《建筑设计防火规范》GB 50016的有关规定制定本条。

8.3 校园出入口

8.3.1 对于中小学校，校门应分两处设置。学校正门，一方面要防止早晨急于奔赴学校或下午放学时涌出学校的学生与过路的车辆发生冲撞；另一方面要使进出校门的自行车和小型机动车便于为步行出入的师生让路。大型机动车（运送厨房的主副食料、教学装备、房屋与设施维护工料运输用的大型机动车及垃圾运输车）应以次要校门为出入口，避免与步行的师生交叉。

8.3.2 校门口人流、车流交叉对学生安全是严重的威胁，校门前退让出一定的缓冲距离是重要的安全措施。同时据调查，校园主要出入口明显干扰城市交通。在城市里，干扰主要集中在三个时段：

1 早晨进校时，在校门前，近半数步行的和骑自行车的学生急于横穿道路进校；部分送学生上学的小汽车也同时停车，校门前的道路每天早晨堵塞近半小时；

2 下午放学前，接孩子的家长围着校门，家长的车堵塞校门前的机动车道，堵塞的时间长于早晨；

3 召开家长会的时候，家长驾车前来的数量远多于平时接送学生的汽车数量。学校没有客用停车场，堵车的时间比家长会的时间长。

为使师生人流及自行车流出入顺畅，校门宜向校内退让，构成校门前的小广场，起缓冲作用。退后场地的面积大小取决于学校所在地段的交通环境、学校规模及生源家庭情况。为解决家长的临时停车问题，若由学校建停车场则利用率过低，需由社区或城市管理部门结合周边的停车需要统一规划建设。

8.4 校园道路

8.4.5 中小学校学生的行动经常是群体行动，道路有台阶易发生踩踏事故。在人流集中的道路上设置台阶可能成为紧急疏散时的隐患，宜采用坡道等无障碍设施处理道路的高差。

8.5 建筑物出入口

8.5.3 为保障集中时段疏散的安全，《建筑设计防火规范》GB 50016 规定，在建筑外门的内外 1.40m 范围内不得设台阶。为创造条件使轮椅进出方便，本规范调整为 1.50m 范围内不宜设置台阶。

8.5.4 挡风间的深度不宜小于 2.10m。

8.6 走道

8.6.2 在走道内无天然采光处设置台阶易发生踩踏事故，中小学校设计应避免此类隐患。

8.7 楼梯

8.7.2 多个学校发生的踩踏事故说明，当梯段宽度不是人流宽度的整数倍时很不安全。2009 年 12 月湖南省某校楼梯间的踩踏事故使 8 名学生死亡，26 名学生受伤。该楼梯梯段宽度为 1.50m(2.5 股人流)，课后急拥下楼时，会挤入 3 人，必然有人侧身下行，极易跌倒。惨痛的教训不可重演。为保障疏散安全，本条规定，中小学校楼梯梯段宽度应为人流股数的整数倍。

应依据现行国家标准《民用建筑设计通则》GB 50352 的方法，并按本规范每股人流宽度的规定为 0.60m 计算楼梯梯段宽度。行进中人体摆幅仍为（0～0.15）m，计算每一梯段总宽度时可增加一次摆幅，但不得将每一股人流都增计摆幅。

8.7.7 下课时，特别是突发意外灾害紧急疏散时，在中间层楼层休息平台与下行梯段接口处，从走道出来急于下楼的人流与自上一层继续下楼的人流易发生冲撞挤踏事故，为防止此类隐患，增设此条文规定。

8.8 教室疏散

8.8.1 《原规范》规定了门口宽度。当门的构造做法不同时，实际疏散通行净宽度不同。为保障实际疏散能力，本规范依据现行国家标准《建筑设计防火规范》GB 50016 的有关规定，对教室疏散门的最小通行净宽度作出规定，并规定了开启方向。

9 室内环境

9.1 空气质量

9.1.1 中小学校建筑室内的空气质量对学生的发育和一生的健康很重要，质量过低时，既有突显性的征兆，也有隐性且难以排除的长期影响，必须按国家标准严格控制。

9.1.3 应测算各主要用房的面积与净高，对照本规范表 10.1.8 中师生对新风量的要求，计算所需的换气次数应符合表 9.1.3 的规定。

充足的新鲜空气保证学生能够健康成长，并能保证学生的听课质量。经测定，在换气不足的教室里，由于一个班学生新陈代谢的作用，第二节课以后，学生的注意力就因为缺氧而难以集中。根据日本就学校教室换气量多少对学生学习效率的影响分析显示，换气次数为 0.4 次/h 与 3.5 次/h 对比时，后者学生的学习效率可提高 5%～9%。同时，随着学生在教室停留时间的增加，换气量大的教室内学生的学习效率可提高 7%～10%。设计应认真执行本规范对换气的规定。

9.2 采光

9.2.1 学校教学用房采光的优劣直接影响视力发育、视觉功能、教学效果、环境质量和能源消耗，故必须为教学用房创造良好的光环境，充分利用天然光。本条文规定了中小学校建筑合理的采光系数和相应的窗地面积比。

制定本条文的依据如下：

1 采光系数最低值

1) 实测调查

根据实测调查 16 所学校教室采光效果，有 7 所采光系数为 0.5%～1.0%，占 44%；9 所为 1.0%～2.0%，占 56%，后者采光评价较好。

2) 参考国外标准

俄罗斯为 1.5%，英国、日本、荷兰均为 2%。

3) 国家标准《建筑采光设计标准》GB/T 50033 规定学校建筑中各类教室的采光系

数最低值标准为 2%。规定的这一标准只适用于Ⅲ类光气候区，其他光气候区的采光系数应乘以相应的光气候系数。

2 窗洞面积与地板面积之比（简称窗地比）只作为采光设计初步估计时用，不能作为采光设计的最后依据，最终采光窗尺寸由采光计算确定。

根据对 16 所学校的调查结果，1∶3～1∶4 的窗地比有 12 所，占 75%，1∶4～1∶5 有 2 所，占 12.5%。本规范根据现行国家标准《建筑采光设计标准》GB/T 50033 的规定，教室、实验室等教学用房的窗地面积比为 1∶5。

3 采光系数最低值应按照现行国家标准《建筑采光设计标准》GB/T 50033－2001 的第 5.0.2 条进行计算。

9.2.2 为防止学生书写时自身挡光，教室光线应自学生座位的左侧射入。根据现场调研结果，有南廊的双侧采光的教室，靠北窗形成的采光系数均大于靠南廊侧窗形成的采光系数。故有南廊的双侧采光的教室应以北侧窗为主要采光面，以此采光面决定安设黑板的位置。

9.2.3 室内各表面的反射比值主要依据现行国家标准《建筑采光设计标准》GB/T 50033 制定。

9.3 照 明

9.3.1 学校教学用房的照明标准是根据对我国各地 99 所学校的教学用房进行调查的结果，并参考 CIE 标准《国际照明委员会标准》及一些发达国家的标准，经综合分析研究后制定。学校教学用房的国内外照度标准值对比见表 4。

表 4 学校建筑国内外照度标准值对比（lx）

房间或场所			教 室	实验室	美术教室	采用视听教学器材的教室	教室黑板
调查	重点	照度范围	200～300 (66.6%)	200～300 (70%)	—	—	<150 (55%)
调查	重点	平均照度	232	295	196	300	170
调查	普查		200～300	200～300	200～300	200～300	—
调查	普查		(94.00%)	(94.80%)	(94.10%)	(90.70%)	
我国现行标准 GB 50034－2004			300	300	500	300	500 (黑板面)
CIE 标准 CIES 008/E－2001			300	500	500	500	500
			500(夜校、成人教育)		750		
美国 IESNA-2000			500	500	500	—	—
日本 JISZ 9125-2007			300	500	500～750	500	500
德国 DIN 5035-1990			300	500	500	500	—
			500				
俄罗斯 СНиП 23-05-95			300	300	—	400	500
本规范			300	300	500	300	500

注：CIE 标准为国际照明委员会制定的标准。

由表 4 可知：

1 教室的实测照度大多数在 200lx～300lx 之间，平均照度为 232lx。实际照度和设计照度均较低。我国现行国家标准《建筑照明设计标准》GB 50034 规定为 300lx，本规范依此将教室照度标准定为 300lx。

其他国家的情况：国际照明委员会（CIE）推荐的标准规定普通教室设计照度为 300lx；夜间使用的教室，如成人教育教室，照度为 500lx，德国与 CIE 标准相同，日本为 300lx。

2 实验室实测照度大多数在 200lx～300lx 之间，平均照度为 294lx。CIE、美国、日本和德国均在 500lx 以上，仅俄罗斯为 300lx。本规范根据我国实际情况采用与教室相同的 300lx 的标准值。

3 采用视听器材的教室的普查照度多在 200lx～300lx 之间，CIE、日本和德国均为 500lx，俄罗斯为 400lx，我国照明标准为 300lx。本规范采用与我国照明标准相同的 300lx。

4 舞蹈教室采用与普通教室相同的照度标准值。

5 美术教室的普查照度多在 200lx～300lx 之间，我国和多数国外标准为 500lx，因美术教室视觉工作精细，本规范采用与我国照明标准相同的标准值，确定为 500lx 的标准值。

6 风雨操场采用现行国家标准《建筑照明设计标准》GB 50034 中无彩电转播各种球类项目为 300lx 的标准，且现行建筑工程行业标准《体育场馆照明设计及检测标准》JGJ 153 中使用功能为训练、娱乐空间的照度标准也是 300lx。

7 办公室的照度标准采用我国照明设计标准，为 300lx。

8 教学用房区域为人员密集场所，学生同时下课，同时涌入走道和楼梯间。特别是，当发生突发意外事件时，未成年人在光线黯淡的走道、楼梯间中，容易造成混乱，发生冲撞踩踏事故。走道、楼梯间的照明值过低是近几年学校内发生踩踏事故的原因之一。故本条规定把走道、楼梯间的照明标准调整为 100lx。教学用房区域内的走道、楼梯间的应急照明标准值也应按照人员密集场所进行设计。

9 主要依据现行国家标准《建筑照明设计标准》GB 50034，确定学校建筑用房的统一眩光值 UGR 和显色指数 Ra。

10 UGR 是评价室内照明不舒适眩光的量化指标。《室内工作场所照明》标准 CIE S 008/E 的规定值可作为 CIE 成员国参照使用。我国也采用此评价方法。它是度量处于视觉环境中的照明装置发出的光引起人眼不舒适感主观反应的心理参量，其值可按 CIE 的 UGR 公式计算，公式已列于现行国家标准《建筑照明设计标准》GB 50034 的附录中。

11 一般显色指数是光源对八个一组色样（CIE1974 色样）的特殊显色指数平均值。符号用 Ra

表示，与参比标准光源相比较，显色性一致时，其显色指数 Ra 为 100，当 Ra 小于 100 的数时，即有显色失真的表现，其数值越小，颜色失真度越大。根据现行国家标准《建筑照明设计标准》GB 50034 规定，在长时间有人工作的房间，其照明光源的显色指数不应小于 80。

12 照度均匀度是指教室的最小照度与平均照度之比，不得小于 0.7。

9.4 噪声控制

9.4.2 依据现行国家标准《民用建筑隔声设计规范》GB 50118 的有关规定制定本条的标准。

9.4.3 设计对混响时间的处理直接影响讲课的清晰度。现行国家标准《民用建筑隔声设计规范》GB 50118 对主要教学用房的混响时间作出了明确的规定，中小学校设计应符合该标准的有关规定。

10 建筑设备

10.1 采暖通风与空气调节

10.1.2 各地能源结构和自然条件差别较大，采用适合当地的冷热源形式，可以达到节能的目的。

10.1.3 区域供热网建设在城镇的推进速度很快，学校的采暖系统纳入其中是学校建设之首选。农村学校及建设条件较困难的学校，宜在校内建设集中采暖系统，或采用学校所在地适宜的其他节能型采暖系统。

10.1.6 由于教学用房内各功能区内人员停留时间、时长各不相同，分区或分层控制有利于在维持一定舒适度的条件下节约能源。

10.1.7 采暖设计中可将室内设计温度提高 2℃，为学生和老师提供一定程度内对舒适度的选择，也为日后调整和发展留有余地。

10.1.8 中小学校的通风设计

1 卫生部规定室内 CO_2 最高允许浓度为 0.1%，鉴于教室内学生集中且基本为平静状态，故将 CO_2 允许浓度规定为 0.15%。

4 依室内 CO_2 浓度为 0.1%时的新风量 $31.8m^3/(h·人)$ 折算，浓度为 0.15%时新风量是 $18.3m^3/(h·人)$。此值的确定也参考了美国有关规定中对呼吸区最小新风量的要求。

10.1.9 新鲜空气对于学生的健康和听课时集中注意力是必要的保障。目前有两种违背科学的认识和做法：其一是误认为教室内安装空调是对学生的关怀，更是学校档次的标志；其二是为保温隔热，寒冷地区和严寒地区有些学校的教室整个冬季不开窗。本规范为保障学生健康成长，并保证教学效果，要求学校通风设计应执行本条规定。

3 换气方式：

各气候区中小学校在不同季节宜采用不同的换气方式：

在夏热冬暖地区，四季都可开窗；在夏热冬冷地区可采用开窗与开小气窗相结合的方式；在寒冷及严寒地区则在外墙和走道开小气窗或做通风道的换气方式。教室如在外墙开窗，风直接吹到学生身上，容易感冒，故以设风斗式小气窗为宜，或将进风口设在散热器后方，让新风经散热器加热后送入教室内。

参照前苏联学校建筑设计的卫生要求，其小气窗面积应不小于房间的 1/60。如在单内廊走道开窗，则可定时开启门的上亮窗及窗上小气窗。采暖地区的走道应采暖，以预热空气并提高学生活动时的热舒适度。走道窗的风压小，故窗开启面积宜增加一倍。

在寒冷或严寒地区设通风道换气时，需设可随时关闭的活门，以免散热过多。采暖设计亦应考虑所散热量的补给。

10.1.10 **3** 调研发现，学校实验室内发生的实验气体的密度除氢气外一般都大于空气的密度。实验室通风换气方式多为机械排风，换气次数为 3 次/h，补风为门窗渗透自然补风。采用 airpark 模拟计算软件，对以密度为 $2.55kg/m^3$ 的三氧化硫为实验气体，进行模拟计算，在实验室呼吸区域中，下排风比上排风三氧化硫浓度减少约 4.9%，由此得出结论：实验室采用下排风方式优于上排风方式。

10.2 给水排水

10.2.1 中小学校建筑设置配套的给水排水系统，是建筑物卫生要求的基本保证。调查发现，有些学校的卫生器具、设备选择不合理。本条规定强调选择卫生器具设备应与学校规模及建设条件相匹配。

10.2.4 在寒冷及严寒地区，给水管上应设泄水装置以防止在寒假期间由于停止使用导致管道冻裂，并可防止暑假及寒假期间管内存水变质。

10.2.5 本规范规定化学实验室宜建于首层。由于水压较高，造成实验室用水时发生溅水现象，不利于使用，因此有必要控制水嘴的工作压力。

急救冲洗水嘴是为当有害化学药品溅入学生眼中时，急救冲洗使用，故水压不能过大。减压可采取设置稳压水箱、节流塞、减压阀等措施。

10.2.6 增加本条旨在保证二次供水及自备水源的水质安全和节能环保。在设计中应注意以下几点：

1 中小学校二次供水的安全稳定，特别是保证水质安全对学生的健康成长至关重要。二次供水工程应符合现行国家标准《二次供水工程技术规程》CJJ140 的有关规定。

2 二次供水系统的加压水泵需长期连续工作，水泵产品的效率对降低能耗和运行费用起关键作用。

3 对水泵房噪声的控制不容忽视，此类噪声直接关系到学校的环境质量。学校建筑内水泵机组运行的噪声应符合现行国家标准《民用建筑隔声设计规范》GB 50118 的有关规定。由于加压泵房可能在运行中存在低频噪声，加压泵房宜独立建造，并布置在主体建筑以外。

10.2.7 采用节水型用水器具和配件是节水的重要措施。用水器具应符合现行城镇建设标准《节水型生活用水器具》CJ 164 标准的规定。

室内消火栓箱的玻璃门发生破裂时，容易使学生受到伤害，故本规范规定中小学校的室内消火栓箱不宜采用普通玻璃门。

10.2.8 学生在实验过程中，经常把废品倒入水槽内，致使排水管道堵塞。防止管道堵塞比较简单的方法是在水槽排水口处设置拦污箅。

早期化学实验室内排水管道采用耐腐蚀铅管，有些新（扩）建的学校采用排水铸铁管。当未将酸碱废液倒入废液罐（有的学校未设置废液罐）而倒入水槽内时，导致管道腐蚀。故本条规定排水管道应采用耐腐蚀管材。一般可采用塑料管。

10.2.10 饮用水供应是学校建筑的重要课题之一，学校必须为学生提供安全卫生、充足的饮用水以及相关设施。应根据地区差异及生活习惯合理设置饮用水的供应设施，传统的开水炉不能满足现代学校建设多元化的需要，一些学校采用桶装水或管道直饮水系统。需要强调的是，学校建筑的饮用水供应必须安全卫生，符合国家相关卫生标准的有关规定。

10.2.11 我国水资源匮乏，全国各地有各自不同的收集、利用雨水的措施，值得借鉴、采用和发展。特别是在我国教育改革推出的新课程标准中，学校建设因地制宜地节约资源是环境教育课程的重要内容，故中小学校设计应充分重视雨水收集利用系统的设计工作。

10.2.12 合理利用水资源、节约用水是我国的基本国策。利用中水是合理利用水资源、节约用水的一项重要措施。

应遵照学校所在地有关部门的规定和意见确定中水设施设置内容。一些学校所在地有地区集中建设的处理厂生产中水，并建有中水输送管网时，应设计中水利用系统。学校所在地若尚未建成该地区的集中处理设施，学校可建设小型处理站实现水的循环利用。

中水为再生水，主要用于绿化、冲厕及浇洒道路等，不得饮用。为确保中水的安全使用，防止学生误饮、误用，设计时应采取相应的安全措施。

10.3 建 筑 电 气

10.3.2 中小学校总平面布置应提供学校区域供电条件的设置。避免设置在湿洼地、排水不畅区域。应保证基本的供电条件。配电装置的安装和构造设计应安全、牢固，应设有防止意外触电的措施，且应维护方便。

1 为确保用电安全，用户与供电部门应设置明显断开点。供电部门无法用低压供电方式供电的学校建筑，应设置用户变配电设施。

2 学校建筑中，电梯、水泵、风机等各种耗电较大的机电设备的配置日增，应分别计量并采取节电措施。

4 为了用电的安全和可靠，学校建筑应预留电气管井，层配电设备应设置在电气管井内。

6 教学用房与非教学用房的配电线路应划分为不同支路控制。在调查中发现有些学校将教学用房与非教学用房建于同一栋建筑内，使用性质不同，使用的时间段也不同，为了节电和安全，应分路控制。教学用房的用电集中控制，上课时接通电源；下课时切断电源；放假期间统一切断电源。值班室或办公室等非教学用房则需正常供电。依据维护管理和使用特点的不同，两者应划分为不同的支路进行控制，互不影响。

10.3.3 根据调查，尚有个别学校不装设人工照明装置，这种做法既不安全，也不利于学生健康发育，且影响教学效果，故设本条规定。学校用房的照明，除满足教学需要及夜间学习外，冬天早晚和阴天时，可用于补充光线的不足。

1 学校建筑为人员密集场所，疏散走道、楼梯间应设置应急照明灯具，以保证疏散时必要的照度；并应沿疏散走道和在安全出口、人员密集场所的疏散门的正上方设置灯光疏散指示标志，以保证安全地定向疏散。

湖南湘乡市某中学的走道和楼梯间的照度没有达到标准，也未设事故照明。2009 年 12 月 7 日晚，晚自习后发生重大踩踏事故，血的教训应引以为戒。

2 根据调研，尚有部分学校的教室目前未设置黑板灯。为改善教学效果，教室应设置专用黑板照明灯。黑板面的垂直照度应高于课桌面的水平照度。依据现行国家标准《建筑照明设计标准》GB 50034，本规范规定为 500lx。

3 教室照明不应采用裸灯，因为裸灯产生眩光，损害学生的视力健康。教室应采用高效率的灯具。开敞式荧光灯的效率不应低于 75%；格栅式灯具效率不应低于 60%。

灯的不同悬挂高度，如距桌面 1.70m 和 1.90m 对桌面和黑板面照度及照度均匀度的影响甚微。为控制眩光，规定灯具悬挂高度距桌面不应低于 1.70m。

灯管排列方式对黑板照明有影响，横向（灯管长轴平行于黑板面）排列与纵向（灯管长轴垂直于黑板面）排列所得的桌面照度与照度均匀度大致相等；灯管横向排列时，黑板照度比纵向排列高，但对黑板照度均匀度影响不大。纵向灯管排列目的为减少眩光。

4 阶梯教室由于后排座位升高，设计时应注意前排灯的设置高度，不能使后排学生看黑板及屏幕时受眩光干扰。

10.3.4 教室应采用光效高、显色好、寿命长的节能光源。宜采用光效高达 90lm/W、寿命不低于 8000h 的细管径稀土三基色荧光灯。对识别颜色较高的教室（如美术教室），为防止颜色失真，宜采用显色指数大的高显性光源。

10.3.5 学校用房属于清洁房间，在使用荧光灯时，照明灯具应每月擦洗一次。故照明的维护系数值，根据现行国家标准《建筑照明设计标准》GB 50034 的有关规定，应选取 0.8。

10.3.6 根据教育部《中小学理科实验室装备规范》等四个教育行业标准，实验室演示桌上设单相交流电（220V）、三相四线（380V）和低压交、直流电源。学生电学实验桌上设单相 220V 二、三孔插座、低压交流连续可调电源、稳压直流连续可调电源。教学电源和学生电源可选用集控电源或分立电源，指标应能充分满足实验教学的需要。

6 综合实验室的室内布置特点是除黑板及讲台一侧外，其余三面沿墙均为贴墙布置的固定实验桌，水、电、气等各种设施均设置在固定实验桌上。

为防止学生将细物插入插座的孔中而触电，电源控制开关必须设在只有老师能控制的部位，便于及时处理。

10.3.7 **2** 寒冷地区冬季学生饮冷水不习惯，可视情况，供应热开水。

10.4 建筑智能化

10.4.1 中小学校的安全防范系统包括周界防护、电子巡查、视频监控、出入口控制、入侵报警等。

通信网络系统包括卫星接收及有线电视、电话等。

10.4.5 中小学校视听教学系统控制中心的设备包括计算机、服务器、控制器、音视频节目源、数字硬盘录像机等设备和控制软件。

教室内视听教学设备包括教室智能控制器、显示器、计算机、实物投影仪、扬声器等。

中华人民共和国国家标准

医院洁净手术部建筑技术规范

Architectural technical code for
hospital clean operating department

GB 50333—2002

主编部门：中华人民共和国卫生部
批准部门：中华人民共和国建设部
施行日期：2002年12月1日

中华人民共和国建设部
公　告

第 90 号

建设部关于发布国家标准《医院洁净手术部建筑技术规范》的公告

现批准《医院洁净手术部建筑技术规范》为国家标准，编号为GB 50333—2002，自2002年12月1日起实施。其中，第3.0.3、5.2.1、5.2.5、5.3.6、7.1.3（1）、7.1.4、7.1.9（4）、7.3.7、8.3.1（1）（2）、8.3.2（4）、8.3.4（2）、9.0.1、9.0.9条（款）为强制性条文，必须严格执行。

本规范由建设部标准定额研究所组织中国计划出版社出版发行。

中华人民共和国建设部

二〇〇二年十一月二十六日

前　言

本规范是根据建设部建标［2002］85号文的要求，由卫生部负责主编，具体由中国卫生经济学会医疗卫生建筑专业委员会会同有关设计、研究单位共同编制的。

在编制过程中，编制组进行了广泛的调查研究，认真总结实践经验，积极采纳科研成果，参照有关国际标准和国外技术标准，并在广泛征求意见的基础上，通过反复讨论、修改和完善，最后经审查定稿。

本规范包括10章和1个附录。主要内容是：规定了洁净手术部由洁净手术室和辅助用房组成，洁净手术部的洁净度分为四个等级；各用房的具体技术指标；对建筑环境、平面和装饰的原则要求；洁净手术室必须配置的基本装备及其安装要求；对作为规范核心内容的空气调节与空气净化部分，则详尽地规定了气流组织、系统构成及系统部件和材料的选择方案、构造和设计方法；还规定了适用于洁净手术部的医用气体、给水排水、配电和消防设施配置的原则；最后对施工、验收和检测的原则、制度、方法做了必要的规定。

本规范中以黑体字标志的条文为强制性条文，必须严格执行。

本规范由建设部负责管理和对强制性条文的解释，中国卫生经济学会医疗卫生建筑专业委员会负责具体技术内容的解释。在执行过程中，请各单位结合工程实践，认真总结经验，如发现需要修改或补充之处，请将意见和建议寄中国卫生经济学会医疗卫生建筑专业委员会［地址：北京市东城区黄化门43号；邮政编码：100009；电话：64076399、64076617（传真）］。

本规范主编单位、参编单位和主要起草人：

主编单位：中国卫生经济学会医疗卫生建筑专业委员会

参编单位：中国建筑科学研究院
解放军总后勤部建筑设计研究院
同济大学
中国航天工业总公司第一研究院第一设计部
上海市卫生建筑设计研究院
公安部天津消防科学研究所

主要起草人：许钟麟　梅自力　于　冬　沈晋明
郭大荣　唐文传　刘凤琴　严建敏
王铁林　倪照鹏　黄云树

目　次

1 总　　则

1.0.1 为使医院洁净手术部在设计、施工和验收方面既符合卫生学的标准，又满足空气洁净技术的要求，制定本规范。

1.0.2 本规范适用于医院新建、改建、扩建的洁净手术部（室）工程。

1.0.3 洁净手术部的建设必须遵守国家有关经济建设和卫生事业的法律、法规。

1.0.4 洁净手术部的建设应注重空气净化处理这一关键，加强关键部位的保护措施。在建筑上应以实用、经济为原则。

1.0.5 洁净手术部所用材料必须有合格证或试验证明，有有效期限的必须在有效期之内。所用设备和整机必须有专业生产合格证和铭牌；属于新开发的产品、工艺，应有鉴定材料或试验证明材料。

1.0.6 医院洁净手术部的建设除应执行本规范外，尚应符合国家有关强制性标准、规范的规定以及其他有关标准、规范的要求。

2 术　　语

2.0.1 洁净度100级　cleanliness class 100

大于等于0.5μm的尘粒数大于350粒/m^3（0.35粒/L）到小于等于3500粒/m^3（3.5粒/L）；大于等于5μm的尘粒数为0。

2.0.2 洁净度1000级　cleanliness class 1000

大于等于0.5μm的尘粒数大于3500粒/m^3（3.5粒/L）到小于等于35000粒/m^3（35粒/L）；大于等于5μm的尘粒数小于等于300粒/m^3（0.3粒/L）。

2.0.3 洁净度10000级　cleanliness class 10000

大于等于0.5μm的尘粒数大于35000粒/m^3（35粒/L）到小于等于350000粒/m^3（350粒/L）；大于等于5μm的尘粒数大于300粒/m^3（0.3粒/L）到小于等于3000粒/m^3（3粒/L）。

2.0.4 洁净度100000级　cleanliness class 100000

大于等于0.5μm的尘粒数大于350000粒/m^3（350粒/L）到小于等于3500000粒/m^3（3500粒/L）；大于等于5μm的尘粒数大于3000粒/m^3（3粒/L）到小于等于30000粒/m^3（30粒/L）。

2.0.5 洁净度300000级　cleanliness class 300000

大于等于0.5μm的尘粒数大于3500000粒/m^3（3500粒/L）到小于等于10500000粒/m^3（10500粒/L）；大于等于5μm的尘粒数大于30000粒/m^3（30粒/L）到小于等于90000粒/m^3（90粒/L）。

2.0.6 洁净手术部　clean operating department

由洁净手术室、洁净辅助用房和非洁净辅助用房组成的自成体系的功能区域。

2.0.7 交竣状态洁净室（空态）　as-built clean room

已建成并准备运行的、具有净化空调的全部设施及功能，但室内没有设备和人员的洁净室。

2.0.8 待工状态洁净室（静态）　at-rest clean room

室内净化空调设施及功能齐备，如有工艺设备，工艺设备已安装并可运行，但无工作人员时的洁净室。

2.0.9 运行状态洁净室（动态）　operational clean room

正常运行、人员进行正常操作时的洁净室。

2.0.10 局部100级洁净区　local clean zone with cleanliness class 100

以单向流方式，在室内局部地区建立的洁净度级别为100级的区域。

2.0.11 级别上限　upper class limit

级别含尘浓度的上限最大值。

2.0.12 浮游法细菌浓度　airborne bacterial concentration

简称浮游菌浓度。在空气中随机采样，对采样培养基经过培养得出菌落数（CFU），代表空气中的浮游菌数，个/m^3。

2.0.13 沉降法细菌浓度　depositing bacterial concentration

简称沉降菌浓度。用直径90mm培养皿在空气中暴露30min，盖好培养皿后经过培养得出的菌落数（CFU），代表空气中可以沉降下来的细菌数，个/皿。

2.0.14 表面染菌密度　density of surface contaminated bacterial

用特定方法擦拭表面并按要求培养后得出的菌落数（CFU），代表该表面沾染的细菌数，个/cm^2。

2.0.15 CFU　（Colong-Forming Units）

经培养所得菌簇形成单位的英文缩写。

2.0.16 自净时间　clean-down capability

在规定的换气次数条件下，洁净手术室从污染后（例如停机后或一台手术后）的低洁净度级别，恢复到固有静态高洁净度级别（例如开机后或另一台手术开始前要求的级别）的时间，min。

2.0.17 基本装备　basic equipment

为洁净手术室配备的与手术室平面布置和建筑安装有关的基本设施，不包括专用的、移动的和临时使用的医疗仪器设备。

2.0.18 竣工验收　completed acceptance

建设方对经过施工方调试使净化空调基本参数达到合格后的洁净手术部的施工、安装质量的检查认可。

2.0.19 综合性能评定　comprehensive performance judgment

由第三方对已竣工验收的洁净手术部的等级指标

和技术指标进行全面检测和评定。

2.0.20 手术区 operating zone

需要特别保护的手术台及其周围区域。Ⅰ级手术室的手术区是指手术台两侧边至少各外推 0.9m、两端至少各外推 0.4m 后（包括手术台）的区域；Ⅱ级手术室的手术区是指手术台两侧边至少各外推 0.6m、两端至少各外推 0.4m 后（包括手术台）的区域；Ⅲ级手术室的手术区是指手术台四边至少各外推 0.4m 后（包括手术台）的区域。Ⅳ级手术室不分手术区和周边区。Ⅰ级眼科专用手术室手术区每边不小于 1.2m。

2.0.21 周边区 surrounding zone

洁净手术室内除去手术区以外的其他区域。

3 洁净手术部用房分级

3.0.1 洁净手术部用房分为四级，并以空气洁净度级别作为必要保障条件。在空态或静态条件下，细菌浓度（沉降菌法浓度或浮游菌法浓度）和空气洁净度级别都必须符合划级标准。

3.0.2 洁净手术室的分级应符合表 3.0.2-1 的要求，洁净辅助用房的分级应符合表 3.0.2-2 的要求。

表 3.0.2-1 洁净手术室分级

等级	手术室名称	手术切口类别	适用手术提示
Ⅰ	特别洁净手术室	Ⅰ	关节置换手术、器官移植手术及脑外科、心脏外科和眼科等手术中的无菌手术
Ⅱ	标准洁净手术室	Ⅰ	胸外科、整形外科、泌尿外科、肝胆胰外科、骨外科和普通外科中的一类切口无菌手术
Ⅲ	一般洁净手术室	Ⅱ	普通外科（除去一类切口手术）、妇产科等手术
Ⅳ	准洁净手术室	Ⅲ	肛肠外科及污染类等手术

表 3.0.2-2 主要洁净辅助用房分级

等级	用房名称
Ⅰ	需要无菌操作的特殊实验室
Ⅱ	体外循环灌注准备室
Ⅲ	刷手间
	消毒准备室
	预麻室
	一次性物品、无菌敷料及器械与精密仪器的存放室
	护士站
	洁净走廊
	重症护理单元（ICU）
Ⅳ	恢复（麻醉苏醒）室与更衣室（二更）
	清洁走廊

3.0.3 洁净手术室的等级标准的指标应符合表 3.0.3-1 的要求，主要洁净辅助用房的等级标准的指标应符合表 3.0.3-2 的要求。

表 3.0.3-1 洁净手术室的等级标准（空态或静态）

等级	手术室名称	沉降法(浮游法)细菌最大平均浓度		表面最大染菌密度(个/cm²)	空气洁净度级别	
		手术区	周边区		手术区	周边区
Ⅰ	特别洁净手术室	0.2个/30min·φ90皿(5个/m³)	0.4个/30min·φ90皿(10个/m³)	5	100级	1000级
Ⅱ	标准洁净手术室	0.75个/30min·φ90皿(25个/m³)	1.5个/30min·φ90皿(50个/m³)	5	1000级	10000级
Ⅲ	一般洁净手术室	2个/30min·φ90皿(75个/m³)	4个/30min·φ90皿(150个/m³)	5	10000级	100000级
Ⅳ	准洁净手术室	5个/30min·φ90皿(175个/m³)		5	300000级	

注：1 浮游法的细菌最大平均浓度采用括号内数值。细菌浓度是直接所测的结果，不是沉降法和浮游法互相换算的结果。
2 Ⅰ级眼科专用手术室周边区按 10000 级要求。

表 3.0.3-2 洁净辅助用房的等级标准（空态或静态）

等级	沉降法(浮游法)细菌最大平均浓度	表面最大染菌密度(个/cm²)	空气洁净度级别
Ⅰ	局部：0.2个/30min·φ90皿(5个/m³)其他区域0.4个/30min·φ90皿(10个/m³)	5	局部100级其他区域1000级
Ⅱ	1.5个/30min·φ90皿(50个/m³)	5	10000级
Ⅲ	4个/30min·φ90皿(150个/m³)	5	100000级
Ⅳ	5个/30min·φ90皿(175个/m³)	5	300000级

注：浮游法的细菌最大平均浓度采用括号内数值。细菌浓度是直接所测的结果，不是沉降法和浮游法互相换算的结果。

3.0.4 根据需要与有关标准的规定，非洁净辅助用房应设置在洁净手术部的非洁净区。

3.0.5 当进行传染性疾病手术或为传染病患者进行手术时，应遵循传染病管理办法，同时应建立负压洁净手术室，或采用正负压转换形式的洁净手术室。

4 洁净手术部用房的技术指标

4.0.1 洁净手术部的各类洁净用房除细菌浓度（沉降菌法浓度或浮游菌法浓度）和洁净度级别应符合相应等级的要求外，主要技术指标还应符合表 4.0.1 的规定。

4.0.2 洁净手术部各类洁净用房技术指标的选用应符合下列原则：

1 相互连通的不同洁净度级别的洁净室之间，洁净度高的用房应对洁净度低的用房保持相对正压。最大静压差不应大于 30Pa，不应因压差而产生哨音。

2　相互连通的相同洁净度级别的洁净室之间，应按要求或按保持由内向外的气流方向，在两室之间保持略大于0的压差。

3　为防止有害气体外溢，预麻醉室或有严重污染的房间对相通的相邻房间应保持负压。

4　洁净区对与其相通的非洁净区应保持不小于10Pa的正压。

5　洁净区对室外或对与室外直接相通的区域应保持不小于15Pa的正压。

6　洁净手术室手术区（含Ⅰ级洁净辅助用房局部100级区）工作面高度截面平均风速和洁净手术室换气次数，是保证要求的洁净度并在运行中不超过规定的自净时间，所必须满足的指标。

7　眼科手术室的工作面高度截面平均风速比其他手术室宜降低1/3。

8　与手术室直接连通房间的温湿度与手术室的要求相同。

9　对技术指标的项目、数值、精度等有特殊要求的房间，应按实际要求设计，但不应低于表4.0.1的标准。

10　表4.0.1中未列出名称的房间可参照用途相近的房间确定其指标数值。

表4.0.1　洁净手术部用房主要技术指标

名称	最小静压差(Pa)		换气次数(次/h)	手术区手术台(或局部100级工作区)工作面高度截面平均风速(m/s)	自净时间(min)	温度(℃)	相对湿度(%)	最小新风量		噪声dB(A)	最低照度(lx)
	程度	对相邻低级别洁净室						(m³/h·人)	(次/h)		
特别洁净手术室 特殊实验室	++	+8	—	0.25～0.30	≤15	22～25	40～60	60	6	≤52	≥350
标准洁净手术室	++	+8	30～36	—	≤25	22～25	40～60	60	6	≤50	≥350
一般洁净手术室	+	+5	18～22	—	≤30	22～25	35～60	60	4	≤50	≥350
准洁净手术室	+	+5	12～15	—	≤40	22～25	35～60	60	4	≤50	≥350
体外循环灌注专用准备室	+	+5	17～20	—	—	21～27	≤60	—	3	≤60	≥150
无菌敷料、器械、一次性物品室和精密仪器存放室	+	+5	10～13	—	—	21～27	≤60	—	3	≤60	≥150
护士站	+	+5	10～13	—	—	21～27	≤60	60	3	≤60	≥150
准备室(消毒处理)	+	+5	10～13	—	—	21～27	≤60	30	3	≤60	≥200
预麻醉室	——	−8	10～13	—	—	22～25	30～60	60	4	≤55	≥150
刷手间	0～+	>0	10～13	—	—	21～27	≤65	—	3	≤55	≥150
洁净走廊	0～+	>0	10～13	—	—	21～27	≤65	—	3	≤52	≥150
更衣室	0～+	—	8～10	—	—	21～27	30～60	—	3	≤60	≥200
恢复室	0	0	8～10	—	—	22～25	30～60	—	4	≤50	≥200
清洁走廊	0～+	0～+5	8～10	—	—	21～27	≤65	—	3	≤55	≥150

注：1　“0～+5”表示该范围内除“0”外任一数字均可。

2　最小新风量还应符合7.1.6条的规定，产科手术室为全新风。

5　建　　筑

5.1　建筑环境

5.1.1　新建洁净手术部在医院内的位置，应远离污染源，并位于所在城市或地区的最多风向的上风侧；当有最多和接近最多的两个盛行风向时，则应在所有风向中具有最小风频风向（例如东风）的对面（则为西面）确定洁净手术部的位置。

5.1.2　洁净手术部应自成一区，并宜与其有密切关系的外科护理单元临近，宜与有关的放射科、病理科、消毒供应室、血库等路径短捷。

5.1.3　洁净手术部不宜设在首层和高层建筑的顶层。

5.2　洁净手术部平面布置

5.2.1　洁净手术部必须分为洁净区与非洁净区。洁净区与非洁净区之间必须设缓冲室或传递窗。

5.2.2　洁净区内宜按对空气洁净度级别的不同要求分区，不同区之间宜设置分区隔断门。

5.2.3　洁净手术部的内部平面和通道形式应符合便于疏散、功能流程短捷和洁污分明的原则，根据医院具体平面，在尽端布置、中心布置、侧向布置及环状布置等形式中选取洁净手术部的适宜布局；在单通道、双通道和多通道等形式中按以下原则选取合适的通道形式：

1　单通道布置应具备污物可就地消毒和包装的条件；

2　多通道布置应具备对人和物均可分流的

条件；

3 洁、污双通道布置可不受上述条件的限制；

4 中间通道宜为洁净走廊，外廊宜为清洁走廊。

5.2.4 Ⅰ、Ⅱ级洁净手术室应处于手术部内干扰最小的区域。

5.2.5 洁净手术部的平面布置应对人员及物品（敷料、器械等）分别采取有效的净化流程（图5.2.5）。净化程序应连续布置，不应被非洁净区中断。

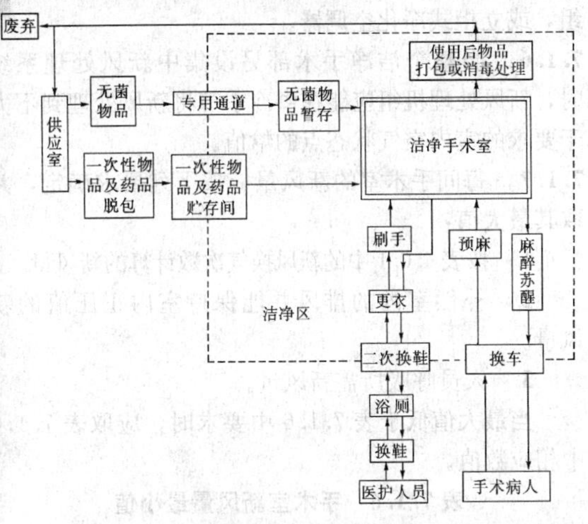

图5.2.5 洁净手术部人、物净化流程

5.2.6 人、物用电梯不应设在洁净区。当只能设在洁净区时，出口处必须设缓冲室。

5.2.7 在人流通道上不应设空气吹淋室。在换车处应设缓冲室。

5.2.8 负压洁净手术室和产生严重污染的房间与其相邻区域之间必须设缓冲室。

5.2.9 缓冲室应有洁净度级别，并与洁净度高的一侧同级，但不应高过1000级。缓冲室面积不应小于3m²。

5.2.10 每2～4间洁净手术室应单独设立1间刷手间，刷手间不应设门；刷手间也可设于洁净走廊内。

5.2.11 应有专用的污物集中地点。

5.2.12 洁净手术部不应有抗震缝、伸缩缝等穿越，当必须穿越时，应用止水带封闭。地面应做防水层。

5.3 建筑装饰

5.3.1 洁净手术部的建筑装饰应遵循不产尘、不积尘、耐腐蚀、防潮防霉、容易清洁和符合防火要求的总原则。

5.3.2 洁净手术部内地面应平整，采用耐磨、防滑、耐腐蚀、易清洗、不易起尘与不开裂的材料制作。可采用现浇嵌铜条的水磨石地面，以浅底色为宜；有特殊要求的，可采用有特殊性能的涂料地面。

5.3.3 洁净手术部内墙面应使用不易开裂、阻燃、易清洗和耐碰撞的材料。墙面必须平整、防潮防霉。Ⅰ、Ⅱ级洁净室墙面可用整体或装配式壁板；Ⅲ、Ⅳ级洁净室墙面也可用大块瓷砖或涂料。缝隙均应抹平。

5.3.4 洁净手术部内墙面下部的踢脚必须与墙面齐平或凹于墙面；踢脚必须与地面成一整体；踢脚与地面交界处的阴角必须做成$R \geqslant 40$mm的圆角。其他墙体交界处的阴角宜做成小圆角。

5.3.5 洁净手术部内墙体转角和门的竖向侧边的阳角应为圆角。通道两侧及转角处墙上应设防撞板。

5.3.6 洁净手术部内与室内空气直接接触的外露材料不得使用木材和石膏。

5.3.7 洁净手术部如有技术夹层，应进行简易装修，其地面、墙面应平整耐磨，地面应做好防水，顶、墙应做涂刷处理。

5.3.8 洁净手术部内严禁使用可持续挥发有机化学物质的材料和涂料。

5.3.9 洁净手术室的净高宜为2.8～3.0m。

5.3.10 洁净手术室的门，净宽不宜小于1.4m，并宜采用电动悬挂式自动推拉门，应设有自动延时关闭装置。

5.3.11 洁净手术室应采用人工照明，不应设外窗。Ⅲ、Ⅳ级洁净辅助用房可设外窗，但必须是双层密闭窗。

5.3.12 洁净手术室和洁净辅助用房内所有拼接缝必须平整严密。

5.3.13 洁净手术室应采取防静电措施。

5.3.14 洁净手术室和洁净辅助用房内必须设置的插座、开关、器械柜、观片灯等均应嵌入墙内，不突出墙面。

5.3.15 洁净手术室和洁净辅助用房内不应有明露管线。

5.3.16 洁净手术室的吊顶及吊挂件，必须采取牢固的固定措施。洁净手术室吊顶上不应开设人孔。

6 洁净手术室基本装备

6.0.1 每间洁净手术室的基本装备应符合表6.0.1的要求。

表6.0.1 洁净手术室基本装备

装备名称	最低配置数量
无影灯	1套/每间
手术台	1台/每间
计时器	1只/每间
医用气源装置	2套/每间
麻醉气体排放装置	1套/每间
免提对讲电话	1部/每间
观片灯（嵌入式）	3联/小型每间、4联/中型每间、6联/大型每间
清洗消毒灭菌装置	1套/每2间
药品柜（嵌入式）	1个/每间
器械柜（嵌入式）	1个/每间
麻醉柜（嵌入式）	1个/每间
输液导轨或吊钩4个	1套/每间
记录板	1块/每间

6.0.2 无影灯应根据手术室尺寸和手术要求进行配置，宜采用多头型；调平板的位置应在送风面之上，距离送风面不应小于5cm。

6.0.3 手术台长向应沿手术室长轴布置，台面中心点宜与手术室地面中心相对应。

6.0.4 手术室计时器宜采用麻醉计时、手术计时和一般时钟计时兼有的计时器，手术室计时器应有时、分、秒的清楚标识，并配置计时控制器；停电时能自动接通自备电池，自备电池供电时间不应低于10h。计时器宜设在患者不易看到的墙面上方，距地高度2m。

6.0.5 医用气源装置应分别设置在手术台病人头右侧顶棚和靠近麻醉机的墙面下部，距地高度为1.0～1.2m；麻醉气体排放装置也应设置在手术台病人头侧。

6.0.6 观片灯联数可按手术室大小类型配置，观片灯应设置在术者对面墙上。

6.0.7 器械柜、药品柜宜嵌入病人脚侧墙内方便的位置；麻醉柜应嵌入病人头侧墙内方便操作的位置。

6.0.8 输液导轨（或吊钩）应位于手术台上方顶棚上，与手术台长边平行，长度应大于2.5m，轨道间距宜为1.2m。

6.0.9 记录板为暗装翻板，小型记录板长500mm，宽400mm；大型记录板长800mm，宽400mm。记录板打开后离地1100mm，收折起来应和墙面齐平。

6.0.10 清洗消毒灭菌装置如不能设置在手术室内，亦可集中设于手术室的准备间或消毒间中。

6.0.11 如需设冷暖柜，应设在药品室内，冷柜温度为4±2℃，暖柜温度为50±2℃。

6.0.12 嵌入墙内的设备，应与墙面齐平，缝隙涂胶；或其正面四边应做不锈钢翻边。

7 空气调节与空气净化

7.1 净化空调系统

7.1.1 净化空调系统宜使洁净手术部处于受控状态，应既能保证洁净手术部整体控制，又能使各洁净手术室灵活使用。洁净手术室应与辅助用房分开设置净化空调系统；Ⅰ、Ⅱ级洁净手术室应每间采用独立净化空调系统，Ⅲ、Ⅳ级洁净手术室可2～3间合用一个系统；新风可采用集中系统。各手术室应设独立排风系统。有条件时，可在送、回、新、排风各系统上采用定风量装置。

7.1.2 Ⅲ级以上（含Ⅲ级）洁净手术室应采用局部集中送风的方式，即把送风口直接集中布置在手术台的上方。

7.1.3 净化空调系统空气过滤的设置，应符合下列要求：

1 **至少设置三级空气过滤。**

2 第一级应设置在新风口或紧靠新风口处，并符合7.3.10条规定。

3 第二级应设置在系统的正压段。

4 第三级应设置在系统的末端或紧靠末端的静压箱附近，不得设在空调箱内。

7.1.4 洁净用房内严禁采用普通的风机盘管机组或空调器。

7.1.5 准洁净手术室和Ⅲ、Ⅳ级洁净辅助用房，可采用带亚高效过滤器或高效过滤器的净化风机盘管机组，或立柜式净化空调器。

7.1.6 当整个洁净手术部另设集中新风处理系统时，新风处理机组应能在供冷季节将新风处理到不大于要求的室内空气状态点的焓值。

7.1.7 每间手术室的新风量应按下列要求确定，并取其最大值：

1 按表4.0.1中的新风换气次数计算的新风量。

2 补偿室内的排风并能保持室内正压值的新风量。

3 人员呼吸所需新风量。

当最大值低于表7.1.6中要求时，应取表7.1.6中相应数值。

表7.1.6 手术室新风量最小值

手术室级别	每间最小新风量（m^3/h）
Ⅰ	1000（眼科专用800）
Ⅱ、Ⅲ	800
Ⅳ	600

7.1.8 洁净手术室净化空调系统新风口的设置应符合下列要求：

1 应采用防雨性能良好的新风口，并在新风口处采取有效的防雨措施。

2 新风口进风速度应不大于3m/s。

3 新风口应设置在高于地面5m、水平方向距排气口3m以上并在排气口上风侧的无污染源干扰的清净区域。

4 新风口不应设在机房内，也不应设在排气口上方。

5 宜安装气密性风阀。

7.1.9 手术室排风系统的设置应符合下列要求：

1 手术室排风系统和辅助用房排风系统应分开设置。

2 各手术室的排风管可单独设置，也可并联，并应和送风系统联锁。

3 排风管上应设对≥1μm大气尘计数效率不低于80%的高中效过滤器和止回阀。

4 **排风管出口不得设在技术夹层内，应直接通向室外。**

5 每间手术室的排风量不宜低于200m^3/h。

7.1.10 手术室空调管路应短、直、顺，尽量减少管件，应采用气流性能良好、涡流区小的管件和静压箱。管路系统不应使用软管。

7.1.11 不得在Ⅰ、Ⅱ、Ⅲ级洁净手术室和Ⅰ、Ⅱ级洁净辅助用房内设置采暖散热器，但可用辐射散热板作为值班采暖。Ⅳ级洁净手术室和Ⅲ、Ⅳ级洁净辅助用房如需设采暖散热器，应选用光管散热器或辐射板散热器等不易积尘又易清洁的类型，并应设置防护罩。散热器的热媒应为不高于95℃的热水。

7.1.12 手术部使用的冷热源，应考虑整个洁净手术部或几间手术室净化空调系统能在过渡季节使用的可能性。

7.2 气 流 组 织

7.2.1 Ⅰ～Ⅲ级洁净手术室内集中布置于手术台上方的送风口，应使包括手术台的一定区域处于洁净气流形成的主流区内。送风口面积应不低于表 7.2.1 列出的数值，并不应超过其 1.2 倍。

表 7.2.1 洁净手术室送风口集中布置的面积

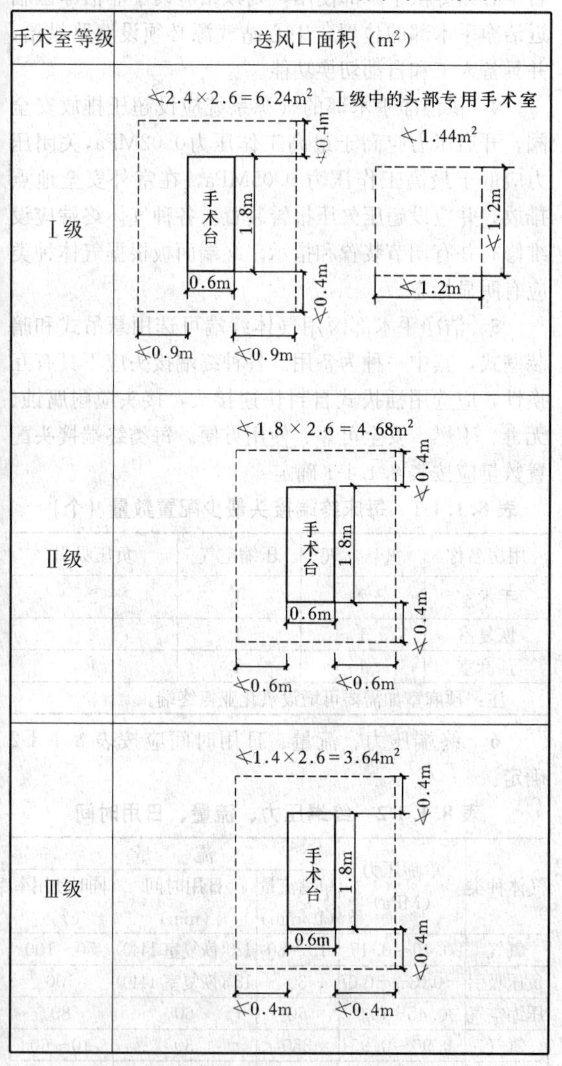

手术室等级	送风口面积（m^2）
Ⅰ级	≮2.4×2.6=6.24m^2；Ⅰ级中的头部专用手术室 ≮1.44m^2
Ⅱ级	≮1.8×2.6=4.68m^2
Ⅲ级	≮1.4×2.6=3.64m^2

7.2.2 100 级洁净区（室）的气流必须是单向流，高效过滤器满布比和洁净气流满布比应符合 7.2.3 条的规定，运行中工作区截面平均风速应符合表 4.0.1 的规定，速度均匀度宜符合 10.3.5 条的规定。

7.2.3 100 级洁净区末级高效过滤器集中布置时应符合下列要求：

1 当平行于装饰层或均流层布置在静压箱下部送风面上时，过滤器满布比应不小于 0.75。

$$过滤器满布比=\frac{高效过滤器净截面积}{布置高效过滤器截面的总面积}$$

2 当布置在静压箱侧面时，应单侧或对侧布置，侧面的过滤器满布比不应小于 0.75，静压箱内气流应有充分混合的措施。

3 当受到层高和不允许在室内维修的限制时，可采用有阻漏功能的送风面而把过滤器布置在静压箱之外，但应尽可能靠近静压箱，静压箱内气流应有充分混合的措施；洁净气流满布比应不小于 0.85。

$$洁净气流满布比=\frac{送风面上洁净气流通过面积}{送风面总面积}$$

7.2.4 低于 100 级的洁净区，当集中布置送风口时，送风口内末级高效过滤器可以集中布置，也可以分散布置，但在送风面上必须设置均流层。

7.2.5 洁净手术部所有洁净室，应采用双侧下部回风；在双侧距离不超过 3m 时，可在其中一侧下部回风，但不应采用四角或四侧回风。洁净走廊和清洁走廊可采用上回风。

7.2.6 下部回风口洞口上边高度不应超过地面之上 0.5m，洞口下边离地面不应低于 0.1m。Ⅰ级洁净手术室的回风口宜连续布置。室内回风口气流速度不应大于 1.6m/s，走廊回风口气流速度不应大于 3m/s。

7.2.7 洁净手术室均应采用室内回风，不设余压阀向走廊回风。

7.2.8 洁净手术室必须设上部排风口，其位置宜在病人头侧的顶部。排风口进风速度应不大于 2m/s。

7.2.9 Ⅰ、Ⅱ级洁净手术室内不应另外加设空气净化机组。

7.3 净化空调系统部件与材料

7.3.1 空调设备的选用除应满足防止微生物二次污染原则外，还应满足下列要求：

1 净化空调机组内表面及内置零部件应选用耐消毒药品腐蚀的材料或面层，材质表面应光洁。

2 内部结构应便于清洗并能顺利排除清洗废水，不易积尘和滋生细菌。

3 表面冷却器的冷凝水排出口，应设能自动防倒吸并在负压时能顺利排出冷凝水的装置。在除湿工况时，应在系统运行 3min 内排出水来。凝结水管不能直接与下水道相接。

4 各级空气过滤器前后应设置压差计，测量接管应通畅，安装严密。

5 不应采用淋水式空气处理器。当采用表面冷却器时，通过盘管所在截面的气流速度不应大于2m/s。

6　空调机组中的加湿器宜采用干蒸汽加湿器，在加湿过程中不应出现水滴。加湿水质应达到生活饮用水卫生标准。加湿器材料应抗腐蚀，便于清洁和检查。

7　加湿设备与其后的空调设备段之间要有足够的距离。Ⅰ～Ⅲ级洁净用房净化空调系统的高效过滤器之前系统内的空气相对湿度不宜大于75%。

8　空调机组箱体的密封应可靠。当机组内保持1000Pa的静压值时，洁净度等于或高于1000级的系统，箱体的漏风率不应大于1%；洁净度低于1000级的系统，箱体的漏风率不应大于2%。

7.3.2　风管应采用平整、光滑、坚固、耐侵蚀的材料制作。

7.3.3　消声器或消声部件的用材应能耐腐蚀、不产尘和不易附着灰尘，其填充料不应使用玻璃纤维及其制品。

7.3.4　软接头材料应为双层，里层光面朝里，外层光面朝外。

7.3.5　净化空调系统中的各级过滤器应采用一次抛弃型。

7.3.6　净化空调系统中使用的末级过滤器应符合下列要求：

1　不得用木框制品；

2　成品不应有刺激味；

3　使用风量不宜大于其额定风量的80%。

7.3.7　静电空气净化装置不得作为净化空调系统的末级净化设施。

7.3.8　当送风口集中布置时，末级过滤器宜采用钠焰法效率不低于99.99%的B类高效空气过滤器；当风口按常规分散布置时，Ⅳ级洁净手术室和Ⅲ、Ⅳ级洁净辅助用房的末级过滤器可用对≥0.5μm大气尘计数效率不低于95%的亚高效空气过滤器。

7.3.9　洁净手术室内的回风口必须设过滤层（器）。当系统压力允许时，应设对≥1μm大气尘计数效率不低于50%的中效过滤层（器），回风口百叶片应选用竖向可调叶片。必要时回风口可设置碳纤维过滤器。

7.3.10　系统中第一级的新风过滤，应采用对≥5μm大气尘计数效率不低于50%的粗效过滤器、对≥1μm大气尘计数效率不低于50%的中效过滤器和对≥0.5μm大气尘计数效率不低于95%的亚高效过滤器的三级过滤器组合。必要时，可单独设置新风管道，并加设吸附有害气体的装置。

7.3.11　制作风阀的轴和零件表面应镀锌或喷塑处理，轴套应为铜制，轴端伸出阀体处应密封处理，叶片应平整光滑，叶片开启角度应有标志，调节手柄固定时应可靠。

7.3.12　净化空调系统和洁净室内与循环空气接触的金属件必须防锈、耐腐，对已做过表面处理的金属件因加工而暴露的部分必须再做表面保护处理。

8　医用气体、给水排水、配电

8.1　医 用 气 体

8.1.1　气源及装置应符合下列要求：

1　供给洁净手术部用的医用气源，不论气态或液态，都应按日用量要求贮备足够的备用量，一般不少于3d。

2　洁净手术部可设下列几种气源和装置：氧气、压缩空气、负压吸引、氧化亚氮、氮气、二氧化碳和氩气以及废气回收等，其中氧气、压缩空气和负压吸引装置必须安装。气体终端气量必须充足、压力稳定、可调节。

3　洁净手术部用气应从中心供给站单独接入；若中心站专供手术部使用，则该站应设于非洁净区临近洁净手术部的位置。中心站气源必须设双路供给，并具备人工和自动切换功能。

4　供洁净手术部的气源系统应设超压排放安全阀，开启压力应高于最高工作压力0.02MPa，关闭压力应低于最高工作压力0.05MPa，在室外安全地点排放，并应设超压欠压报警装置。各种气体终端应设维修阀并有调节装置和指示。终端面板根据气体种类应有明显标志。

5　洁净手术部医用气体终端可选用悬吊式和暗装壁式，其中一种为备用。各种终端接头应不具有互换性，应选用插拔式自封快速接头，接头应耐腐蚀、无毒、不燃、安全可靠、使用方便。每类终端接头配置数量应按表8.1.1-1确定。

表8.1.1-1　每床终端接头最少配置数量（个）

用房名称	氧　气	压缩空气	负压吸引
手术室	2	1	2
恢复室	1	1	2
预麻室	1	1	1
注：预麻室如需要可增设氧化亚氮终端。			

6　终端压力、流量、日用时间应按表8.1.1-2确定。

表8.1.1-2　终端压力、流量、日用时间

气体种类	单嘴压力（MPa）	流　量		
		单嘴流量（L/min）	日用时间（min）	同时使用率（%）
氧气	0.40～0.45	10～80	120(恢复室1440)	50～100
负压吸引	−0.03～−0.07	30	120(恢复室1440)	100
压缩空气	0.45～0.9	60	60	80
氮气	0.90～0.95	230	30	10～60
氧化亚氮	0.40～0.45	4	120	50～100
氩气	0.35～0.40	0.5～15	120	80
二氧化碳	0.35～0.40	10	60	30

8.1.2 气体配管应符合下列要求：

1 洁净手术部的负压吸引和废气排放输送导管可采用镀锌钢管或非金属管，其他气体可选用脱氧铜管和不锈钢管；

2 气体在输送导管中的流速应不大于10m/s；

3 镀锌管施工中，应采用丝扣对接；

4 洁净手术部医用气体管道安装应单独做支吊架，不允许与其他管道共架敷设；其与燃气管、腐蚀性气体管的距离应大于1.5m且有隔离措施；其与电线管道平行距离应大于0.5m，交叉距离应大于0.3m，如空间无法保证，应做绝缘防护处理；

5 洁净手术部医用气体输送管道的安装支吊架间距应满足表8.1.2的规定。铜管、不锈钢管道与支吊架接触处，应做绝缘处理以防静电腐蚀；

表 8.1.2 支吊架间距

管道公称直径（mm）	4～8	8～12	12～20	20～25	≥25
支吊架间距（m）	1.0	1.5	2.0	2.5	3.0

6 凡进入洁净手术室的各种医用气体管道必须做接地，接地电阻不应大于4Ω。中心供给站的高压汇流管、切换装置、减压出口、低压输送管路和二次减压出口处都应做导静电接地，其接地电阻不应大于100Ω；

7 医用气体导管、阀门和仪表安装前应清洗内部并进行脱脂处理，用无油压缩空气或氮气吹除干净，封堵两端备用，禁止存放在油污场所；

8 暗装管道阀门的检查门应采取密封措施。管井上下隔层应封闭。医用气体管道不允许与燃气、腐蚀性气体、蒸汽以及电气、空调等管线共用管井；

9 吸引装置应有自封条件，瓶里液体吸满时能自动切断气源；

10 洁净手术室壁上终端装置应暗装，面板与墙面应齐平严密，装置底边距地1.0～1.2m，终端装置内部应干净且密封。

8.2 给水排水

8.2.1 给水设施应符合下列要求：

1 洁净手术部内的给水系统应有两路进口，管道均应暗装，并采取防结露措施；管道穿越墙壁、楼板时应加套管。

2 供给洁净手术部用水的水质必须符合生活饮用水卫生标准，刷手用水宜进行除菌处理。

3 洁净手术部内的盥洗设备应同时设置冷热水系统；蓄热水箱、容积式热交换器、存水槽等贮存的热水不应低于60℃；当设置循环系统时，循环水温应在50℃以上。

4 洁净手术部刷手间的刷手池应设置非手动开关龙头，按每间手术室不多于2个龙头配备。

5 给水管与卫生器具及设备的连接必须有空气隔断，严禁直接相连。

6 给水管道应使用不锈钢管、铜管或无毒给水塑料管。

8.2.2 排水设施应符合下列要求：

1 洁净手术部内的排水设备，必须在排水口的下部设置高水封装置。

2 洁净手术室内不应设置地漏，地漏应设置在刷手间及卫生器具旁且必须加密封盖。

3 洁净手术部应采用不易积存污物又易于清扫的卫生器具、管材、管架及附件。

4 洁净手术部的卫生器具和装置的污水透气系统应独立设置。

5 洁净手术室的排水横管直径应比常规大一级。

8.3 配 电

8.3.1 配电线路应符合下列要求：

1 洁净手术部必须保证用电可靠性，当采用双路供电源有困难时，应设置备用电源，并能在1min内自动切换。

2 洁净手术室内用电应与辅助用房用电分开，每个手术室的干线必须单独敷设。

3 洁净手术部用电应从本建筑物配电中心专线供给。根据使用场所的要求，主要选用TN—S系统和IT系统两种形式。

4 洁净手术部配电管线应采用金属管敷设，穿过墙和楼板的电线管应加套管，套管内用不燃材料密封。进入手术室内的电线管穿线后，管口应采用无腐蚀和不燃材料封闭。特殊部位的配电管线宜采用矿物绝缘电缆。

8.3.2 配电、用电设施应符合下列要求：

1 洁净手术部的总配电柜，应设于非洁净区内。供洁净手术室用电的专用配电箱不得设在手术室内，每个洁净手术室应设有一个独立专用配电箱，配电箱应设在该手术室的外廊侧墙内。

2 各洁净手术室的空调设备应能在室内自动或手动控制。控制装备显示面板应与手术室内墙面齐平严密，其检修口必须设在手术室之外。

3 洁净手术室内的电源宜设置漏电检测报警装置。

4 洁净手术室内禁止设置无线通讯设备。

5 洁净手术室内医疗设备用电插座，在每侧墙面上至少应安装3个插座箱，插座箱上应设接地端子，其接地电阻不应大于1Ω。如在地面安装插座，插座应有防水措施。

6 洁净手术室内照明灯具应为嵌入式密封灯带，灯带必须布置在送风口之外。只有全室单向流的洁净室允许在过滤器边框下设单管灯带，灯具必须有流线型灯罩。手术室内应无强烈反光，大型以上（含大型）手术室的照度均匀度（$\frac{\text{最低照度值}}{\text{平均照度值}}$）不宜低于0.7。

7 洁净手术室内可根据需要安装固定式或移动式摄像设备。

8.3.3 洁净手术室的配电总负荷应按设计要求计算，并不应小于 8kV·A。

8.3.4 洁净手术室必须有下列可靠的接地系统：

1 所有洁净手术室均应设置安全保护接地系统和等电位接地系统。

2 心脏外科手术室必须设置有隔离变压器的功能性接地系统。

3 医疗仪器应采用专用接地系统。

8.3.5 弱电系统应视需要设置或预留接口。

9 消 防

9.0.1 洁净手术部应设在耐火等级不低于二级的建筑物内。

9.0.2 洁净手术部宜划分为单独的防火分区。当与其他部位处于同一防火分区时，应采取有效的防火防烟分隔措施，并应采用耐火极限不低于 2.00h 的隔墙与其他部位隔开；与非洁净手术部区域相连通的门应采用耐火极限不低于乙级的防火门（直接通向敞开式外走廊或直接对外的门除外），或其他相应的防火技术措施。

9.0.3 洁净手术部的技术夹层与手术室、辅助用房等相连通的部位应采取防火防烟措施，其分隔体的耐火极限不应低于 1.00h。

9.0.4 当需要设置室内消火栓时，可不在手术室内设置消火栓，但设置在手术室外的消火栓应能保证 2 只水枪的充实水柱同时到达手术室内任何部位；当洁净手术部不需设室内消火栓时，应设置消防软管卷盘等灭火设施。

当需要设置自动喷水灭火系统时，可不在手术室内布置洒水喷头。

洁净手术部应设置建筑灭火器。

9.0.5 洁净手术部的技术夹层宜设置火灾自动报警装置。

9.0.6 洁净手术部应按有关建筑防火规范对无窗建筑或建筑物内的无窗房间的防排烟系统设置要求设计。

9.0.7 洁净区内的排烟口应有防倒灌措施。排烟口必须采用板式排烟口。

9.0.8 洁净区内的排烟阀应采用嵌入式安装方式，排烟阀表面应易于清洗、消毒。

9.0.9 洁净手术部内应设置能紧急切断集中供氧干管的装置。

10 施工验收

10.1 施 工

10.1.1 洁净手术部（室）的施工，应以净化空调工程为核心，取得其他工种的积极配合。

10.1.2 洁净手术室施工应按如下程序进行（其他辅助用房可参照此程序）：

10.1.3 各道施工程序均要进行记录，验收合格后方可进行下道工序。施工过程中要对每道工序制订具体施工组织设计。

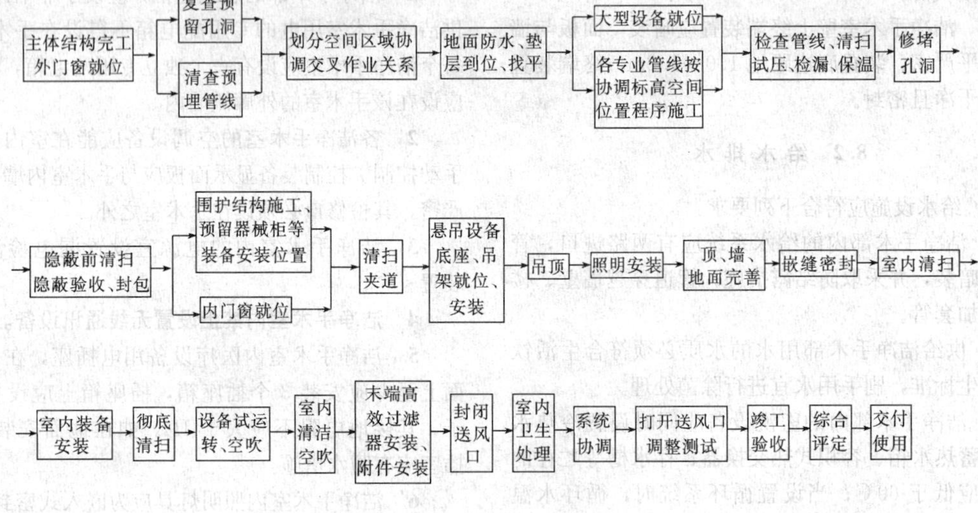

图 10.1.2 洁净手术室施工程序

10.2 工 程 验 收

10.2.1 医院的洁净手术部（室）均应按本节规定独立验收。

10.2.2 净化空调工程验收，分竣工验收和综合性能全面评定两个阶段。

10.2.3 验收的内容包括建设与设计文件、施工文件、施工记录、监理质检文件和综合性能的评定文件等。

10.2.4 洁净手术部的其他设施，应按设备说明书、合同书，由建设方对设备提供方和安装方分别进行验收。其中医用气体装置验收要求见附录A。

10.3 工程检验

10.3.1 竣工验收和综合性能全面评定的必测项目应符合表10.3.1的规定，其中风速风量和静压差应先测，细菌浓度应最后检测。

表 10.3.1 必测项目

竣工验收	综合性能全面评定
通风机的风量及转数 系统和房间风量及其平衡 系统和房间静压及其调整 自动调节系统联合运行 高效过滤器检漏 洁净度级别	Ⅰ级洁净手术室手术区和Ⅰ级洁净辅助用房局部100级区的工作面的截面风速 其他各级洁净手术室和洁净辅助用房的换气次数 静压差 所有集中送风口高效过滤器抽查检漏，Ⅰ级洁净用房抽查比例应大于50%，其他洁净用房应大于20% 洁净度级别 温湿度 噪声 照度 新风量 细菌浓度

10.3.2 不得以空气洁净度级别或细菌浓度的单项指标代替综合性能全面评定；不得以竣工验收阶段的调整测试结果代替综合性能全面评定的检验结果。

10.3.3 竣工验收和综合性能全面评定时的工程检测应以空态或静态为准。任何检验结果都必须注明状态。

10.3.4 竣工验收的检测可由施工方完成。综合性能全面评定的检测，必须由卫生部门授权的专业工程质量检验机构或取得国家实验室认可资质条件的第三方完成。

10.3.5 工作区截面风速的检验应符合下列要求：

1 对Ⅰ级洁净手术室达到100级洁净度的手术区和有局部100级的Ⅰ级洁净辅助用房中达到100级洁净度的区域应先测其工作区截面平均风速 $\overline{v}$，综合性能检测结果不应小于0.27m/s，并不应超过表4.0.1规定的风速上限1.2倍。截面平均风速 $\overline{v}$ 应按下式计算：

$$\overline{v}=\left(\sum_{i=1}^{n}v_i\right)/K \qquad (10.3.5\text{-}1)$$

式中 v_i——每个测点的速度（m/s）；

K——测点数。

2 速度均匀度 β 应按下式计算：

$$\beta=\frac{\sqrt{\dfrac{\sum(v_i-\overline{v})^2}{K-1}}}{\overline{v}}\leqslant 0.25 \qquad (10.3.5\text{-}2)$$

3 测点范围为送风口正投影区边界0.12m内的面积，均匀布点，测点平面布置见图10.3.5。测点高度距地0.8m，无手术台或工作面阻隔，测点间距不应大于0.3m。当有不能移动的阻隔时，测点可抬高至阻隔面之上0.25m。

4 检测仪器为微风速仪。

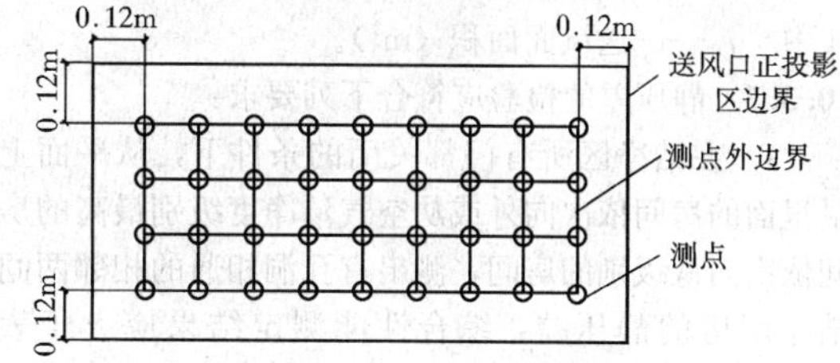

图 10.3.5 截面风速测点平面布置

10.3.6 换气次数的检验应符合下列要求：

1 对Ⅱ、Ⅲ、Ⅳ级洁净手术室和洁净辅助用房应通过检测送风口风量换算得出换气次数，综合性能检测结果不应小于表4.0.1规定范围的均值，并不应超过此范围上限的1.2倍或根据需要的设计值的1.2倍。

对于分散布置的送风口，对每个风口用套管法检测。

每一个风口的风量 q 按下式计算：

$$q=v\times f\times 3600 \qquad (10.3.6\text{-}1)$$

房间风量 Q 按下式计算：

$$Q=\sum q \qquad (10.3.6\text{-}2)$$

房间换气次数 n 按下式计算：

$$n=Q/Fh \qquad (10.3.6\text{-}3)$$

式中 v——每一个套管口上测得的平均风速（m/s）；

f——每一个套管口净面积（m^2）；

F——房间的净截面积（m^2）；

h——房间的净高（m）。

对于集中布置的送风口，应测出送风支管内的送风速度或送风面平均送风速度，换算出房间的换气次数。

2 当测送风面平均风速时，测点高度在送风面下方0.1m以内，测点之间距离不应超过0.3m。测点范围为送风口边界内0.05m以内的面积，均匀布点，测点断面布置见图10.3.6。

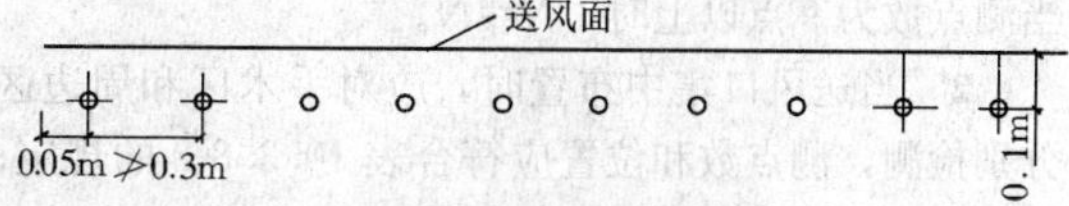

图 10.3.6 送风面速度测点断面布置

送风面平均风速 $\bar{v}$ 按下式计算：

$$\bar{v}=\left(\sum_{i=1}^{n}v_i\right)/K \qquad (10.3.6\text{-}4)$$

送风量 q 按下式计算：

$$q=\bar{v}\times f_0\times 3600 \qquad (10.3.6\text{-}5)$$

房间换气次数 n 按下式计算：

$$n=Q/Fh \qquad (10.3.6\text{-}6)$$

式中 f_0——送风面面积（m^2）。

10.3.7 静压差的检验应符合下列要求：

1 在洁净区所有门都关闭的条件下，从平面上最里面的房间依次向外或从空气洁净度级别最高的房间依次向低级别的房间，测出有孔洞相通的相邻两间洁净用房的静压差，综合性能测定结果应大于表4.0.1的规定值和符合4.0.2条的规定。

2 测定高度距地面0.8m，测孔截面平行于气流方向，测点选在无涡流无回风口的位置。检测仪器为读值分辨率可达到1Pa的斜管微压计或其他有同样分辨率的仪表。

10.3.8 洁净度级别的检验应符合下列要求：

1 Ⅰ级洁净手术室和洁净辅助用房检测前，系统应已运行15min，其他洁净房间应已运行40min。在确认风速、换气次数和静压差的检测无明显问题之后，再检测含尘浓度。对≥0.5μm和≥5μm的微粒，检测结果均应同时满足下列条件：各测点平均含尘浓度 $\overline{C}_i$ 中的最大值 $\overline{C}_{max}$ 不大于表3.0.3-1和表3.0.3-2中规定的级别上限浓度的80%；由各点平均含尘浓度 $\overline{C}_i$ 求出室平均浓度 $\overline{N}$，算出统计值 N，$N=\overline{N}+t\times\sigma_{\overline{N}}$，不大于表3.0.3-1和表3.0.3-2中规定的级别上限浓度的80%，则判定测定结果达到该洁净度级别。如果虽未超过级别上限但已大于该上限的80%，则应加大风量重测。

$$\sigma_{\overline{N}}=\sqrt{\frac{\Sigma(\overline{C}_i-\overline{N})^2}{K(K-1)}} \qquad (10.3.8\text{-}1)$$

置信度上限达95%时，单侧 t 分布系数见表10.3.8-1。

表 10.3.8-1 系数 t

测点数	2	3	4	5	6	7	8	9
系数 t	6.31	2.92	2.35	2.13	2.02	1.94	1.90	1.86

当测点数为9点以上时，$N=\overline{N}$。

2 当送风口集中布置时，应对手术区和周边区分别检测，测点数和位置应符合表10.3.8-2的规定；当附近有显著障碍物时，可适当避开。

当送风口分散布置时，按全室统一布点检测，测点可均布，但不应布置在送风口正下方。

表 10.3.8-2 测点位置表

区　域	最少测点数	手术区图示
Ⅰ级 洁净手术室手术区和洁净辅助用房局部100级区	5点（双对角线布点）	0.12m；0.12m；集中送风面正投影区
Ⅰ级 周边区	8点（每边内2点）	
Ⅱ～Ⅲ级 洁净手术室手术区	3点（单对角线布点）	0.12m；0.12m；集中送风面正投影区
Ⅱ级 周边区	6点（长边内2点，短边内1点）	
Ⅲ级 周边区	4点（每边内1点）	
Ⅳ级洁净手术室及分散布置送风口的洁净室 面积＞$30m^2$	4点（避开送风口正下方）	
面积≤$30m^2$	2点（避开送风口正下方）	

3 每次采样的最小采样量：100级区域为5.66L，以下各级区域为2.83L。

4 测点布置在距地面0.8m高的平面上，在手术区检测时应无手术台。当手术台已固定时，测点高度在台面之上0.25m。

5 在100级区域检测时，采样口应对着气流方向；在其他级别区域检测时，采样口均向上。

6 当检测含尘浓度时，检测人员不得多于2人，都应穿洁净工作服，处于测点下风向的位置，尽量少动作。

7 当检测含尘浓度时，手术室照明灯应全部打开。

8 检测仪器应为流率不小于2.83L/min的光散射式粒子计数器。

10.3.9 温湿度的检测应符合下列要求：

1 夏季工况应在当地每年最热月的条件下检测，冬季工况应在当地每年最冷月的条件下检测。

2 室内温湿度测定为距地面0.8m高的中心点，检测结果应符合表4.0.1的规定。检测仪器为可显示小数后一位的数字式温湿度测量仪。有温湿度波动范围要求的不适用本款的规定。

3 测出室内的温湿度之后，应同时测出室外温湿度。

10.3.10 噪声的检测应符合下列要求：

1 噪声检测宜在外界干扰较小的晚间进行，以A声级为准。不足$15m^2$的房间在室中心1.1m高处测一点，超过 $15m^2$ 的在室中心和四角共测 5 点，检测结果应符合表4.0.1的规定。检测仪器宜用带倍频程分析仪的声级计。

2　全部噪声测定之后，应关闭净化空调系统测定背景噪声，当背景噪声与室内噪声之差小于 10dB 时，室内噪声应按常规予以修正。

10.3.11　照度的检测应符合下列要求：

1　照度检测应在光源输出趋于稳定（新日光灯和新白炽灯必须已使用超过 10h，旧日光灯已点燃 15min，旧白炽灯已点燃 5min），不开无影灯，无自然采光条件下进行。

2　测点距地面0.8m，离墙面 0.5m，按间距不超过 2m 均匀布点，不刻意在灯下或避开灯下选点。各点中最小的照度值应符合表 4.0.1 的规定。对大型以上（含大型）手术室，应校核照度均匀度，并符合 8.3.2 条第 6 款的规定。

10.3.12　新风量的检测应符合下列要求：

1　新风量的检测应在室外无风或微风条件下进行。

2　通过测定新风口风速或新风管中的风速，换算成新风量，结果应在室内静压达到标准的前提下，不低于表 4.0.1 和 7.1.6 条的规定。

10.3.13　细菌浓度的检测应符合下列要求：

1　细菌浓度宜在其他项目检测完毕，对全室表面进行常规消毒之后进行。表面染菌密度为监测项目，按《医院消毒卫生标准》GB 15982 的方法检测，检测结果应符合表 3.0.3 的规定。

2　当送风口集中布置时，应对手术区和周边区分别检测；当送风口分散布置时，全室统一检测。测点布置原则可参照 10.3.8 条执行。

3　当采用浮游法测定浮游菌浓度时，细菌浓度测点数应和被测区域的含尘浓度测点数相同，且宜在同一位置上。每次采样应满足表 10.3.13-1 规定的最小采样量的要求，每次采样时间不应超过 30min。

表 10.3.13-1　浮游菌最小采样量

被测区域洁净度级别	最小采样量 m^3（L）
100 级	0.6（600）
1000 级	0.06（60）
10000 级	0.03（30）
100000 级	0.006（6）
300000 级	0.006（6）

4　当用沉降法测定沉降菌浓度时，细菌浓度测点数既要不少于被测区域含尘浓度测点数，又应满足表 10.3.13-2 规定的最少培养皿（不含对照皿）数的要求。

如沉降时间适当延长，则最少培养皿数可以按比例减少，但不得少于含尘浓度的最少测点数。

表 10.3.13-2　沉降菌最少培养皿数

被测区域洁净度级别	最少培养皿数（ϕ90，以沉降 30min 计）
100 级	13
1000 级	5
10000 级	3
100000 级	2
300000 级	2

5　采样点可布置在地面上或不高于地面0.8m的任意高度上。

6　不论用何种方法检测细菌浓度，都必须有 2 次空白对照。第 1 次对用于检测的培养皿或培养基条做对比试验，每批一个对照皿。第 2 次是在检测时，每室或每区 1 个对照皿，对操作过程做对照试验：模拟操作过程，但培养皿或培养基条打开后应又立即封盖。两次对照结果都必须为阴性。整个操作应符合无菌操作的要求。

7　采样后的培养基条或培养皿，应立即置于 37℃条件下培养 24h，然后计数生长的菌落数。菌落数的平均值均四舍五入进位到小数点后 1 位。

附录 A　医用气体装置验收要求

A.0.1　等于或大于 10MPa 的高压导管必须做强度试验，强度试验的试验压力应等于或大于 1.25 倍的最高工作压力；或抽取 5%焊接口进行探伤检查，检查结果应 100%合格。不合格可补焊但不超过 2 次，补焊后应扩大 1 倍的数量重新进行检查，直到 100%合格为止。

A.0.2　系统安装后应做气密检查。保压 24h 后平均每小时漏气率应不大于表 A.0.2 的规定。

表 A.0.2　漏气率（%）

气体名称	氧气	负压吸引	压缩空气	氧化亚氮	氮气	氩气
允许漏气率（A）	≤0.15	≤1.8	≤0.2	≤0.15	≤0.15	≤0.15

每小时平均漏气率（负压吸引时漏气率改为增压率）A 应按下式计算：

$$A=\frac{100}{t}\left(1-\frac{P_2T_1}{P_1T_2}\right) \qquad (A.0.2)$$

式中　P_1——试验开始压力（MPa）；

P_2——试验结束压力（MPa）；

T_1——试验开始温度（K）；

T_2——试验结束温度（K）；

t——试验时间（h）。

A.0.3　洁净手术部医用气体应按表 8.1.1-2 中的要求抽查抽气流量，吸引可用水来代替，其流量按下式计算：

$$B=V/t \quad (A.0.3)$$

式中 B——抽气流量（L/min）；

V——吸入瓶中水的容积（L）；

t——时间（min）。

抽查数量比例按1～5个手术室100%，5～10个手术室80%，10个以上70%，同时打开进行。

本规范用词说明

1 为便于在执行本规范条文时区别对待，对于要求严格程度不同的用词说明如下：

1）表示很严格，非这样做不可的用词：

正面词采用“必须”；反面词采用“严禁”。

2）表示严格，在正常情况下均应这样做的用词：

正面词采用“应”；反面词采用“不应”或“不得”。

3）表示允许稍有选择，在条件许可时，首先应这样做的用词：

正面词采用“宜”或“可”；反面词采用“不宜”或“不可”。

2 规范中指明应按其他有关标准、规范执行的写法为“应按……执行”或“应符合……的要求或规定”。

中华人民共和国国家标准

医院洁净手术部建筑技术规范

GB 50333—2002

条 文 说 明

目　次

1 总 则

1.0.1 1995年实施的《医院消毒卫生标准》GB 15982给出了细菌菌落总数允许值，如表1所列。

表1 细菌菌落总数卫生标准

环境类别	范 围	标 准		
		空气（个/m³）	物体表面（个/cm²）	医护人员手（个/cm²）
Ⅰ类	层流洁净手术室、层流洁净病房	≤10	≤5	≤5
Ⅱ类	普通手术室、产房、婴儿室、早产儿室、普通保护性隔离室、供应室无菌区、烧伤病房、重病监护病房	≤200	≤5	≤5
Ⅲ类	儿科病房、妇产科检查室、注射室、换药室、治疗室、供应室清洁区、急诊室、化验室、各类普通病房和房间	≤500	≤10	≤10
Ⅳ类	传染病科及病房	—	≤15	≤15

由于该标准只给出菌落数而无尘粒数的标准，而且菌落数为消毒后的静态指标，也偏大，所以该标准应是洁净手术部关于细菌数的最低标准，该标准有关卫生消毒的一般原则也应在洁净手术部中得到遵守。但这是不够的，洁净手术部必须从空气洁净技术角度来衡量，满足洁净手术部应有的综合性能指标，仅菌落这一单项指标合格而其他指标不合格，仍不是合格的洁净手术部，仅是合格的一般常规手术部。因为有关指标不合格，暂时合格的菌落指标也是保持不住的。

此外，洁净手术部和常规手术部的区别在于：

1 不仅要防止微生物对内或对外的污染（例如传染性疾病手术或患有传染病的病人手术），还要防止无生命微粒的对内污染。因为空气中的微生物都以微粒为载体，也是一种微粒，服从微粒的一般原理，要更好地防止微生物污染，就必须防止微粒的污染；

2 区别还在于不仅仍然实行常规的有效的消毒灭菌措施，还要采取空气洁净技术措施。前者主要针对表面灭菌，后者主要针对空气中的微粒（含有生命微粒）清除。在同时采取这两种措施时，有些常规消毒灭菌方法就不成为有效的了，例如紫外灯照射法。世界卫生组织对紫外灯照射法的不适用性就有明确说明。

1.0.3 下列标准规范所包含的条文，通过在本规范中引用而构成本规范的条文。本规范出版后，所示版本仍有效。使用本规范的各方应注意，使用下列规范的最新版本。

《空气过滤器》GB/T 14295—93

《高效空气过滤器》GB/T 13554—92

《洁净厂房设计规范》GB 50073—2001

《医院消毒卫生标准》GB 15982—95

《高层民用建筑设计防火规范》GB 50045—95

《通风与空调工程施工质量验收规范》GB 50243—2002

《综合医院建设标准》1996年

《医院洁净手术部建设标准》2000年

《建筑设计防火规范》GBJ 16—87

《采暖通风与空气调节设计规范》GBJ 19—87

《压缩空气站设计规范》GBJ 29—90

《火灾自动报警系统设计规范》GB 50116—98

《装饰工程施工及验收规范》GBJ 210—83

《通风与空调工程质量检验评定标准》GBJ 304—88

《综合医院建筑设计规范》JGJ 49—88

《洁净室施工及验收规范》JGJ 71—90

《民用建筑电气设计规范》JGJ/T 16—92

《自动喷水灭火系统设计规范》GB 50084—2001

《医用中心吸引系统通用技术条件》YY/T 0186—94

《医用中心供氧系统通用技术条件》YY/T 0187—94

1.0.4 对于有空调系统的洁净手术室，尘菌的85%～90%来源于空气，如果室内空气这一大环境没有处理好，就是没有抓住关键。但是另一方面理论研究和实践也证明，不一定全室都非达到同一个空气洁净度级别，这样会有相当浪费，如果能采取措施加强手术台这一关键区域的污染控制，则可收到事半功倍的作用，这就是所谓加强主流区意识。围护结构主要要满足不积尘、菌，容易清洁消毒，满足功能需要，不在于如何高级、复杂、豪华。

1.0.5 实际工程中不仅选用的材料有很多不规范、不合格的，甚至连空调器都被施工单位用从各处买来的部件在现场组装，当然说不上性能试验了。为了杜绝连大型机电设备都在现场拼装而不去选用正规厂家产品的做法，规范中特别强调整机（如空调器）必须是专业厂生产的，不得随便自己组装。

3 洁净手术部用房分级

3.0.1、3.0.2 手术部是由若干间手术室及为手术室服务的辅助房间组成的辅助区组建而成。辅助区内的用房又可分为直接或间接为手术室服务。直接为手术室服务的功能用房，包括无菌敷料存放室、麻醉室、泡刷手间、器械贮存室（消毒后的）、准备室和护士站等；间接为手术室服务的用房包括办公室、会议室、教学观摩室、值班室等。按照医院总体要求，直接为手术室服务的功能用房可设置净化空调系统，为洁净辅助用房，而且应设置在洁净区内。

洁净手术部各类洁净用房属生物洁净室，以控制有生命微粒为主要目标，故应以细菌浓度来分级，每皿菌落数不大于0.5个视为无菌程度高，定为特别洁净手术室。强调空气洁净度是必要保障条件，说明洁净手术室不同于一般的经消毒的普通手术室，若没有空气净化措施，则不能算是洁净用房，从而也点出洁净手术部的实质。

经济发达国家如瑞士，空调标准把手术室分为3个级别，德国医院标准分为2个级别，美国外科学会手术室分为3个级别，日本将手术部用房分为前区3个级别（高度清洁、清洁和准清洁）和后面2个区域（一般区域及防污染扩散区），英国分为2个级别。这些分区不是太少就是太多太乱。按照卫生部颁发的《医院分级管理办法（试行草案）》中的有关规定，3个级别医院所承担的手术内容不同，再考虑到我国当前地区差异还较大，为适应不同地区的情况，设置了4个洁净用房等级。以手术室来说，以标准洁净手术室作为基准，高一级的即特别洁净手术室作为最高级，低一级的为一般洁净手术室，而考虑到洁净技术在手术室的推广，特设最低一级即准洁净手术室。

3.0.3 由于本规范提倡采用集中送风口，充分利用主流区作工作区的做法，所以可以使工作区（即手术区）洁净度提高一级，细菌浓度比周边区降低一半以上。这就是手术区细菌最大污染度的概念。主流区污染度是指主流区（含工作区或手术区）浓度与涡流区浓度之比，由于按三区不均匀分布理论，三区中的回风口区很小，涡流区就相当周边区。当然，实际检测用的是工作面浓度，和各区的体积浓度略有差别。按照测定统计，Ⅰ、Ⅱ、Ⅲ级手术室手术区污染度为0.3、0.45、0.6，分别比计算值大0.2。为了简化，本规范污染度均按0.5计算。因此可区分手术区和周边区，分别给出标准。高级别洁净手术室的手术区，主要手术人员位于两侧边，为了洁净气流全部将其笼罩，两侧边至少外延0.9m，中等洁净的外延0.6m，低等的只要求笼罩手术台，故只外延0.4m。两端一般不站人，只要求笼罩到台边，都外延0.4m。

关于细菌浓度的标准是按上述原则并参考计算数据，取约1.5倍的安全系数后制订的。有了浮游菌再确定沉降菌。要说明的是如手术区为100级，周边区为1000级，由于该1000级受惠于集中送风的100级，该1000级的洁净效果要优于按10000级换气次数集中布置后中间1000级手术区的效果。

浮游菌指标瑞士Ⅰ级标准为≤10个/m³；美国外科学会Ⅰ级标准为35个/m³，Ⅱ级标准为175个/m³；又据1997年的欧盟（EU）GMP规定，100级（A类和B类）和10000、100000级的浮游菌指标分别为≤1、≤10和≤100、≤200个/m³。沉降菌指标分别为≤0.125、≤0.625和≤6.25、≤12.5个/30min·ϕ90皿。

以上这些标准都是动态指标，本标准为静态指标，所以应该只有前者几分之一，因此现在所订浮游菌和沉降菌数并不低。根据大量测定，实测达标菌浓数远低于现行的一些标准的值（浮游菌为5、100、500个/m³，沉降菌为1、3、10个/30min·ϕ90皿），就是100000级洁净室沉降菌为“0”的也不少。

表3.0.3中明确指出是“空态”——没有医疗设备的空房子或“静态”——已经安装了一些医疗设备如手术台、无影灯、气塔等条件下的检测，只定一种状态则有时不好操作，而这两种状态下的浓度差别在数据上几乎反映不出来。

眼科专用手术室虽为Ⅰ级，但由于要求集中送风面积小，因此对周边区只要求达到10000级。

洁净辅助用房的送风过滤器一般不用集中布置（有局部100级的除外），也没有固定集中的工作区，所以标准不再分工作区和周边区。

3.0.5 在最新版本的英国、日本等标准中都提及了传染病用的负压手术室设计问题。由于可采用调节排风量或增设排风机等简易、有效手段，可以使洁净手术室由正压变成负压，扩大了洁净手术室的用途。

4 洁净手术部用房的技术指标

4.0.2 洁净手术部各类洁净用房除去洁净度级别和细菌浓度两个标准外，主要技术指标包括静压差、截面风速、换气次数、自净时间、温湿度、噪声、照度和新风量。

1 关于静压差。工业厂房不同洁净室之间不小于5Pa和对室外不小于10Pa的规定偏小，特别是当两室相差1级以上时，理论计算的合适的数值见表2。

表2 建议采用的压差

目的		乱流洁净室与任何相通的相差一级的邻室（Pa）	乱流洁净室与任何相通的相差一级以上的邻室（Pa）	单向流洁净室与任何相通的邻室（Pa）	洁净室与室外（或与室外相通的房间）（Pa）
一般	防止缝隙渗透	5	5～10	5～10	15
严格	防止开门进人的污染	5	40或对缓冲室5	10或对缓冲室5	对缓冲室10
	无菌洁净室	5	对缓冲室5	对缓冲室5	对缓冲室10

因此本规范对相邻低级别房间可能相差1级也可能相差2级的高级别手术室，运行中的压差平均取8Pa，其他低级别房间与相邻低级别房间相差大多数只有1级，仍取5Pa。由于洁净区对非洁净区肯定相差2级以上，所以定为10Pa，而对室外则按上表取15Pa。

2 关于风速。垂直单向流洁净室的工作区截面风速按下限风速原则应为0.3m/s，但对于本规范集中布置送风口的Ⅰ级洁净用房的局部垂直单向流即俗称局部100级来说，由于气流向100级区以外扩散，而这种扩散又受到送风面有无阻挡壁、四边离墙远近等因素影响，从大量实测看，0.3m/s是一个较严的数。以前《空气洁净技术措施》将这一数值定为0.25m/s，但测点高度指定0.8m和1.5m两处，结果将取其平均。本规范和《洁净室施工及验收规范》一样，测点高度定在0.8m，考虑到上述局部集中布置送风口的原因，以及减少术中的切口失水，特将运行中此数值放宽为一个范围即0.25～0.3m/s。

眼科手术时如风速大，会加快结膜蒸发失水，所以对于眼科手术据经验降低约1/3。

3 关于换气次数。对于同一个洁净度可以有不同的换气次数，根据理论联系实际计算，静态100000级最少可小于10次，10000级可小于15次。虽然本规范是静态或空态条件，但是不能只按静态洁净度去考虑换气次数。因为换气次数应有两个功能，一是保证洁净度，一是保证自净时间，而后者往往被忽略。自净时间对于没有值班风机的早晨提前多少时间运行有重要意义，但长了要提前很多，是个浪费。对于手术室还有一个作用，就是第一台手术完了什么时间可以开始第二台手术的问题，如果要经过较长自净时间才能开始显然既耽误手术又降低了手术室的周转效率，所以希望自净时间越短越好，但是太短了势必要加大换气次数，也是不现实的。因此本规范确定局部100级的Ⅰ级手术室不大于15min，10000级不大于25min，100000级不大于30min，300000级普通手术不大于40min。从早晨开机来看，提前40min也不算太多，如果超过1h就长了。

本着以上原则，可以算出要求运行中的换气次数(如表4.0.1中所列)，就是考虑自净时间的“自净换气次数”，在我国军标洁净手术部规范中也是这样规定的。由于实践中存在把换气次数加大的现象，为减少这种浪费，因此规定了一个范围供选择，即根据手术室面积最多可扩大1.2倍的原则，换气次数上下限之间设定1.2倍的差别。这也是本规范的一个特点。

4 关于温湿度。22～25℃的温度范围是参照国外一些标准、文献的数据并根据我国国情确定的。美国1999年版供热、制冷和空调工程师学会《ASHRAE手册》的应用篇，要求净化空调系统能够保证手术室内的温度可在17～24℃范围内调节，而1991年版的则为20～24℃，这说明室温调节范围扩大了。但据国内一些手术室医生反映，夏天在25℃左右为好，冬天为使患者身体外露部分热损失小，最低21℃是必要的，所以本条取22～25℃。而对于人停留短暂或可能穿较多衣服的场合如辅助用房，把上下限放宽到21～27℃。

又据研究，相对湿度50%时，细菌浮游10min后即死亡；相对湿度更高或更低时，即使经过2h大部分细菌也还活着。在常温下，$\varphi \geqslant 60\%$可发霉；$\varphi \geqslant 80\%$则不论温度高低都要发霉（见图1和图2）。日本有关医院的标准，要求湿度保持在50%；德国标准则规定整个手术部内的相对湿度不超过65%。美国《ASHRAE手册》1999年版要求相对湿度为45%～55%，而1991年版的为50%～60%，这和美国建筑师学会出版的《医院和卫生设施的建造和装备导则》的要求一样。《导则》对产科手术室则放宽到45%～60%。上述数据表明，相对湿度为50%最理想。但考虑到国内的技术条件，本条把Ⅰ、Ⅱ级手术室相对湿度定在40%～60%，而Ⅲ、Ⅳ级的放宽到35%～60%。

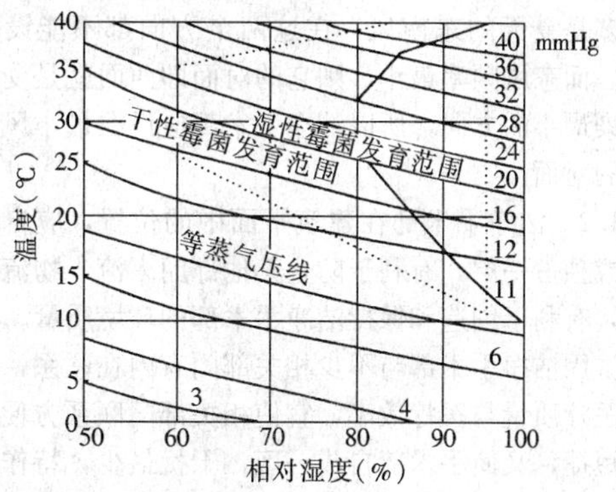

图1

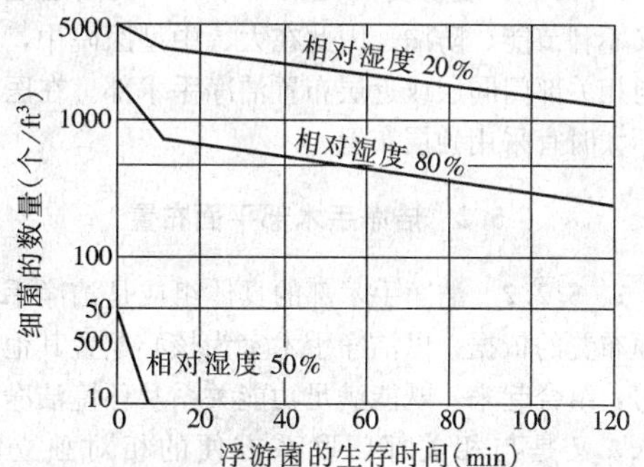

图2

对于洁净辅助用房有时只定上限，有时把下限放宽，上述《导则》对恢复室也要求为30%～60%，对麻醉气体储藏室、处置室则无要求。所以本条对有人的房间进一步放宽到30%～60%，而对于无人的房间则只规定上限。

5 关于噪声。瑞士对高级的无菌手术室定为50dB（A），一般无菌手术室定为45dB（A）；德国标准均为45dB（A）。

根据国内实践证明45dB（A）是可以实现的，所以本条对多数房间取≤50dB（A）这一标准，而对Ⅰ级手术室则取52dB（A），便于对不同工程情况区别对待。

6 关于照度。据国外文献介绍，手术室一般照度多在500 lx以上，高者达1500 lx，也有提出从

750～1500 lx的。而据后来实测，日本东海大学无菌手术室照度为 465 lx，准备室为 350 lx，前室为 420 lx，都未说明是最低照度，是平均照度的可能性大。本规范结合国情，手术室一般照明的最低照度取 350 lx，则平均照度在 500 lx 左右，而辅助用房则按洁净室最低标准取 150 lx。

5 建 筑

5.1 建 筑 环 境

5.1.1 以某城市为例，最多风向是冬天的西北风，次多是夏天的东南风，在这两个方向都不能设洁净区。而东风频率最小，则它的对面即西面就是受下风污染最小的方向，所以洁净手术部应设在最小风频东风的对面。

5.1.2 洁净手术部在建筑平面中的位置，应自成一区或独占一层，有利于防止其他部门人流、物流的干扰，有利于创造和保持洁净手术部的环境质量。

因洁净手术部与不少相关部门有内在联系，为提高医疗质量与医疗效率，宜使相关部门联系方便，途径短捷，又使手术部自成一区，干扰最少，特作此条规定。

5.1.3 由于首层易受到污染和干扰，而高层建筑顶层又不利节能、防漏。因此在大、中型医院中，宜采用与相关部门同层或近层布置洁净手术部。在医院规模不大时宜采用独层布置。

5.2 洁净手术部平面布置

5.2.1、5.2.2 洁净手术部的具体组成是洁净手术部平面布置的依据，以洁净手术室为核心配置其他辅助用房，组合起来，既能满足功能关系及环境洁净质量要求，又是与相关部门联系方便的相对独立的医疗区。

洁净手术部必须分为洁净区与非洁净区，不同洁净区之间必须设置缓冲室或传递窗，以控制各不同空气洁净度要求的区域间气流交叉污染，有效防止污染气流侵入洁净区。

5.2.3 洁净手术部平面组合的重要原则是功能流程合理、洁污流线分明并便于疏散。这样做有利于减少交叉感染，有效地组织空气净化系统，既经济又能满足洁净质量。

洁净手术室在手术部中的平面布置方法很多，形式不少，各有利弊，但必须符合功能流程合理与洁污流线分明的原则。各医院根据具体情况选择布置形式及适当位置。

1 尽端布置——洁净手术室布置在手术部尽端干扰少，有利于防止交叉感染。

2 侧面布置——洁净手术室布置在辅助用房的另一侧，彼此联系方便。

3 核心布置——洁净手术室设在手术部核心位置，相互联系方便，减少外部环境的影响。

4 环状布置——洁净手术室环形布置，中间设置为手术室直接服务的辅助用房，特别是无菌物料的供应用房，这样联系路线短捷，效率高。但路线组织较困难。

根据资料归纳分析，一般洁净手术部的流线组织有如下三种形式：

1 单通道布置：将手术后的污废物经就地初步消毒处理后，可进入洁净通道。

2 双通道布置：将医务人员、术前患者、洁净物品供应的洁净路线与术后的患者、器械、敷料、污物等污染路线严格分开。

3 多通道布置：当平面和面积允许时，多通道更利于分区，减少人、物流量和交叉污染。

5.2.4 在洁净手术部中不同洁净度的手术室，应使高级别的手术室处于干扰最小的区域，尽端往往是这种区域，这样有利洁净手术部的气流组织，避免交叉感染，使净化系统经济合理。

5.2.5 洁净手术室主要应控制细菌和病毒的污染。污染途径通常有如下几种：

1 空气污染——空气中细菌沉降，这一点已有空气净化系统控制；

2 自身污染——患者及工作人员自身带菌；

3 接触污染——人及带菌的器械敷料的接触。

由污染途径可见，人员本身是一个重要污染源，物品是影响空气洁净的媒介之一（洁净手术室中尘粒来源于人的占 80%以上）。所以进入洁净手术室的人员和物品应采取有效的净化程序，以及严格的科学管理制度来保证。同时净化程序不要过于繁琐，路线要短捷。

5.2.6 因人、物用电梯在运行过程中，将使非洁净的气流通过电梯井道污染洁净区，所以不应设在洁净区。如在平面上只能设在洁净区，在电梯的出口处必须设缓冲室隔离脏空气污染洁净区。

5.2.7、5.2.9 空气吹淋是利用有一定风速的空气，吹去人、物表面的沾尘，对保证洁净空间洁净度有一定效果。但是在洁净手术部（手术室）门口设置就不合适了，因为病人是不能经受高速气流吹淋的，同时吹淋室底面高出地面，影响手术车的推行；一个手术部往往有多间至 20 间手术室，有数十至一、二百医护人员几乎同时工作，即使设几间吹淋室也不够用，而且效果也不理想，而刷手后更不便吹淋，所以本条规定不得设空气吹淋室。缓冲室是位于洁净空间入口处的小室，一般有几个门，在同时间内只能打开一个门，目的是防止人、物出入时外部污染空气流入洁净间，可起到“气闸作用”，还具有补偿压差作用，所以在人、物出入处及不同洁净级别之间应设缓冲室。

作为缓冲室必须符合能起到缓冲作用的条件。

5.2.10 刷手间宜分散布置，以便清洁手后能最短距离进入手术室，防止远距离二次污染手的外表。所以一般宜在两个手术室之间设刷手间，内有刷手池；为避免刷手后开门污染，不应设门，因此，也可设在走廊侧墙处。

5.2.11 每个洁净手术部中一般有几个或20多个手术室不等，手术结束，处理后的污物应有专用的污物集中存放处理，以避免随意堆放，造成二次污染。

5.2.12 洁净手术部一般不应有抗震缝、伸缩缝、沉降缝等穿越，主要是为了保证洁净手术部的气密性，减少污染，有利于气流组织，简化建筑构造设计，节约投资。

5.3 建筑装饰

5.3.2、5.3.3 洁净手术室必须保证建筑的洁净环境，为防止交叉感染及积灰，吊顶、墙面、地面的装饰用材要求耐磨，不起尘、易清洗、耐腐蚀。随着科学的发展，能满足洁净手术室要求的新材料品种繁多，根据功能的实际需要及经济能力，合理选择。材料性质和实践表明，整体现浇水磨石仍是很好的地面材料；要求用浅色，是为了和清洗后的血液污染过的地面颜色接近。据到国外考察所见，美国医院仍有不少用瓷砖墙面，国内一些大医院也有仍用瓷砖的，效果没有问题。

5.3.4、5.3.5 在洁净手术部内为了便于清洗，避免产生污染物集聚的死角，要求踢脚与地面交界处必须为圆角，这也是《洁净室施工及验收规范》JGJ 71—90所强调的。为避免意外事故发生，要求阳角也做成圆角（但门洞上口这些地方可例外），墙上做防撞板。

5.3.6 外露的木质和石膏材料易吸湿变形、开裂、积灰、长菌、贮菌，所以要求在洁净手术室内不得使用这些材料。

5.3.7 由于技术夹层内安有净化设备并需经常更换，且有和手术室相通的机会，因此，要求夹层内干净、防尘，故其围护结构要按一定要求处理。

5.3.8 由于手术时间很长，持续挥发有机化学物质，对患者和医护人员都极不利；特别是有些洁净手术室及其辅助用房，如做试管婴儿的取卵子的手术室、在倒置显微镜和解剖显微镜下对卵子进行操作的实验室、卵子培育室等，必须绝对无毒无味，而常用的涂料、地面材料都会挥发出微量有害气体致卵子于死亡，因此在选用材料上要特别注意，如地面就宜避免使用涂料、上胶的做法，水磨石反倒安全。

5.3.9 洁净手术室的净高是根据无影灯的型号及气流组织形式来确定的，大量的实际数据统计表明2.8～3.0m之间是较合适的。

5.3.10 洁净手术室的重点在于空气净化及气流组织，为防止空气途径的污染，进入手术室的门需设置吊挂式自动推拉门，以减少外界气流干扰，避免地面出现凹槽积污。由于术中经常敞着门，使正压作用完全丧失，因此要求洁净手术室的门应有自动延时关闭装置。

5.3.11 手术室不应设外窗，应采用人工采光，主要是为避免室外光线对手术的影响及室外环境对手术室的污染。但对Ⅲ、Ⅳ级洁净辅助用房，其净化级别在100000级及其以下的，放宽到可设外窗，但必须是双层密闭的。

5.3.12 洁净手术室是以空气净化为手段，具有一定正压（或负压)，要求气密性良好，所以洁净手术室内所有拼缝必须平整严密。

5.3.14 为了避免突出与不平而积尘，墙面上的插销、药品柜、吊顶上的灯具等均应暗装，在不同材料的接缝处要求密封。

5.3.16 如果洁净手术室的吊顶上有人孔，则因技术夹层中由于漏风常形成正压，就会造成从人孔缝隙向手术室渗漏。同时，有人孔就意味着可允许维修人员爬上人孔，这对维持手术室的洁净是很不利的。所以人孔应设在手术室之外，如走廊上。

6 洁净手术室基本装备

6.0.1 洁净手术室基本装备是指需在手术室内部进行建筑装配、安装的设施，不包括可移动的或临时用的医疗设备、电脑及与其配套的设备，此外，洁净辅助用房内的装备设施也不在此基本装备之列。

基本装备包括可供手术室使用的最基本装备项目和数量，可在此基础上根据使用需要，有选择地适当增加，但不属于基本装备之列。

7 空气调节与空气净化

7.1 净化空调系统

7.1.1 本条强调各洁净手术室灵活使用，但不管手术部采用什么系统，要求整个手术部始终处于受控状态。不能因某洁净手术室停开而影响整个手术部的压力梯度分布，破坏各房之间的正压气流的定向流动，引起交叉污染。集中式空调系统不会出现这个问题。如采用分散式空调系统，各空调机组最好设定运行风量和正压风量两档。手术室关闭后仍希望维持正压风量运行。如采用分散空调机组与独立的新风（正压送风）组合系统（见图3)，可使每间手术室净化空调和维持正压两大功能分离，又能将整个洁净手术部联系在一起。手术部工作期间两个系统同时运行，不会像常规空调系统因保持室内正压，减少回风量或增加新风量，而引起系统的不稳定性。当手术部中只有部分手术室工作期间，只需运行部分手术室的独立空调机组和正压送风系统，既保证部分手术室正常工作，又保证整个手术部的正常压力分布和定向空气流动。在手术部非工作期间，只运行正压送风系统，维持整个手术部正压，可大大降低温湿度要求，保持其洁净无菌状态，使整个洁净手术部管理灵活、方便。德国标准 DIN 1946 第四部分修订稿也将采用这个系统。

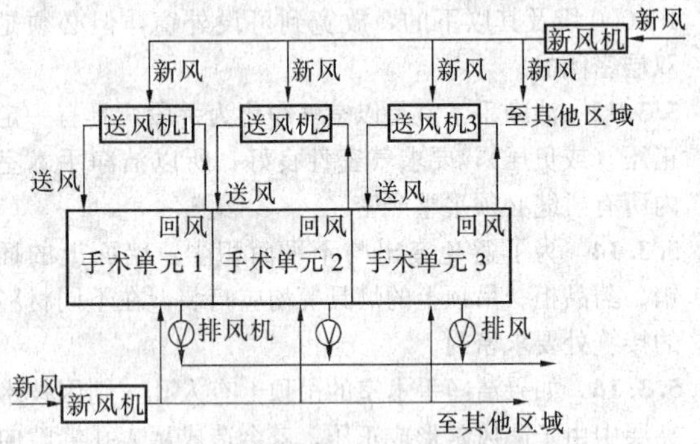

图 3　独立新风（正压送风）系统

为避免空气过滤器积尘对系统风量的影响，强调正常定风量运行状态，所以建议采用定风量装置。

7.1.2　洁净手术室由于保护区域较小，要求尽量采用局部送风的方式，即把送风口直接地集中布置在手术台的上方。Ⅰ级特别洁净手术室采用单向流气流方式，是挤排的原理；Ⅱ、Ⅲ级洁净手术室由于出风速度较低，不能有足够的动量以保持单向流，是一种低紊流度的置换气流；Ⅳ级准洁净手术室是混合送风气流，是稀释的原理。因此对送风口布置方式不作特殊的要求。

7.1.3　空气过滤是最有效、安全、经济和方便的除菌手段，采用合适的过滤器能保证送风气流达到要求的尘埃浓度和细菌浓度，以及合理的运行费用。1999 年版美国供热、制冷和空调工程师学会《ASHRAE 手册》和日本 1998 年出版的《医院设计和管理指南》规定，相当于我国Ⅲ、Ⅳ级手术室允许采用的两级过滤。根据我国国情，本条文再次强调至少三级过滤以及三级过滤器的常规设置位置。

如第三级过滤设置在紧靠末端的静压箱附近，应尽可能使送风面以上系统对 $\geqslant 0.5\mu m$ 微粒为封闭式系统。

7.1.4　大量国内外文献都报道过普通空调器和风机盘管机组在夏季运行工况中盘管和凝水盘的发霉和滋生细菌问题，引起室内细菌浓度和臭味极大增高，因此国外老版本标准明确表明禁止在手术室内使用这种设备。日本 1998 年出版的《医院设计和管理指南》规定，低级别的洁净手术室允许采用带不低于亚高效空气过滤器的空气循环机组。因此，本条文允许在准洁净手术室采用净化空调器和净化风机盘管机组。

7.1.6　国外新版本标准对室内湿度控制的要求都提高了。大量事实表明，尽管净化空调可以有效地过滤掉送风中的细菌，但仍须强调整个洁净手术部内的湿度控制，因为只要有适当的水分，细菌就有了营养源，就可以在系统中随时随地繁殖，最后会造成整个控制失败，因此要对湿度的危害引起高度重视。在设置独立新风处理机组时，强调其处理终状态点。在国内尚不能做到室内机组干工况运行时，希望有条件时处理后新风能承担室内一部分湿负荷。

7.1.7　手术室采用空调后，医护人员一直反映室内太闷，尤其是小手术室。日本 1998 年出版的《医院设计和管理指南》规定最小新风量为 5 次/h；美国 1999 年版《ASHRAE 手册》的应用篇中也规定最小新风量为 5 次/h；联邦德国标准 DIN 1946 第四部分给出病房每人 $70m^3/h$，手术室未给出，显然要高于此数，但给出了每间手术室新风总量为 $1200m^3/h$；瑞士标准采用每人 $80m^3/h$；考虑到排风系统的设置、设定的人数（特大型 12 人，大型 10 人，中型 8 人，小型 6 人）及每人最小 $60m^3/h$ 新风的规定，以上这些标准都较高，尤以德国的新风量最大。它的考虑是，手术室中哈龙用量为 500ml/h，如果新风达到 $1200m^3/h$，则可维持哈龙的浓度在 $\frac{500cm^3}{1200m^3} \approx 0.4ppm$，而麻醉医师附近将高于此浓度 10 倍即 4ppm，此数刚好低于该气体最高允许浓度 5ppm。本规范考虑的是：①可以参照德国的考虑，但对做小的普通手术的Ⅳ级手术室，麻醉剂用量可能都要少，而且麻醉气体释放不应是连续高浓度，而本规范规定排风是连续的，因此，可考虑减少新风量至其一半约 $600\ m^3/h$。②也是最主要的，即为了在开门状态下，室内气流能以一定速度外流，以抵制外部空气入侵。设Ⅰ级手术室保持向外气流速度为 0.1m/s，门开后面积为 $1.4\times1.9=2.66m^2$，则需 $956m^3/h$ 的新风；Ⅱ、Ⅲ级手术室保持 0.08m/s 流速，则需 $766m^3/h$。加之较普遍反映手术室较闷，因此本条将新风适当增加，除规定了新风换气次数和每人新风量外，对Ⅰ级、Ⅱ～Ⅲ级和Ⅳ级手术室的最小新风量分别定为 $1000m^3/h$（眼科专用手术室一般手术人员极少，房间也小，可以采用 $800m^3/h$）、$800m^3/h$ 和 $600m^3/h$，避免小手术室出现问题。

7.1.8　由于采集洁净、新鲜的室外新风对室内空气品质有独特的作用，因此本条文强调新风风口的设置和防雨性能。无防雨性能的新风风口不应采用。

本条文还强调洁净手术部非运行状态时的严密性，所以在新风口和排风管上宜安气密性风阀。

7.1.9　为有效、灵活地控制正压以及排走消毒气体、麻醉气体和不良气味，手术室排风系统可独立设置，并且应和送风机一样连续运行，所以要求排风与送风系统连锁。

为避免排风污染隐蔽空间，并增加该空间压力，造成向手术室的渗透，故不得把排风出口安在隐蔽空间（如技术夹层）内。

7.1.10 水分和尘埃是细菌滋长的必要营养源，过去对管路系统（尤其在管件和静压箱中）和过滤器上的湿度和尘埃积累的危害没有引起高度重视。为了减少这种积累，本条文对管路和静压箱的做法作了强调，并直接采用德国医院标准 DIN 1946 第四部分的有关要求。

7.1.11 考虑到散热器易积尘，运行时产生热对流气流和尘粒在墙的冷壁面上的热沉降，对室内净化不利，所以本条文对散热器使用场合和型式作出规定。

7.1.12 由于手术室的特殊性，设计手术室时要考虑到净化空调系统在过渡季节使用的冷热源的可能性，而不必启动大系统的冷热源。

7.2 气流组织

7.2.1 根据主流区理论，送风口集中布置后，在原空气洁净度级别的风量下，可使手术区级别提高一级，而室内其他区域仍为原级别，手术区细菌浓度则也降低了一半以上，所以作了本条规定。为控制规模，防止耗能增加太多，又对送风口面积上限作了规定。由于Ⅳ级手术室要求低，故不作此项规定。

7.2.2、7.2.3 鉴于静态测定时，高换气次数下也可以测出小于 3.5 粒/L 的结果，但这并不是真正意义上的 100 级，它的抗干扰性能很差，自净时间也长，就是因为它的气流为非单向流。根据对 100 级的要求，100 级一定按单向流设计。而为了达到单向流，满布比是重要条件。

当送风面采用阻漏层末端时，即具有阻漏功能：稀释阻漏、过滤阻漏、降压阻漏和阻隔阻漏，使送风面以上系统对≥0.5μm 微粒具有封闭系统的性质，从而可避免末端高效过滤器万一出现渗漏的危险，并且降低了层高，维修更换等工作可不在室内进行。

7.2.4 低于100级的洁净区的末级高效过滤器数量不多，为了送风面的出风较均匀，不论过滤器是分散布置还是集中布置，送风面上要有均流层（含孔板）。

7.2.5 采用双侧下回风是为了尽可能保证送风气流的二维运动，对 100 级区这一点更重要。据实验，四侧回风时，全室平均的乱流度要比两侧回风时大 13%以上，所以对于所有洁净用房都应采用两侧下回，不应采用四角或四侧回风。同时，采用四角回风面积太小，对于有局部 100 级的房间，不足以把回风速度控制在 1.6m/s 以下，势必要抬高回风口高度，有些工程回风口上边竟在 1.2m 左右，这是非常错误的做法。

超过 3m 宽的房间一般要在两面回风，如果只有一面设回风口则另一面工作时发生的污染将流经这一面的工作区，形成交叉污染，因此作了本条规定。

7.2.6 回风口高度必须使弯曲气流在工作面（0.7～0.8m）以下，同时单向流洁净室回风口要连续布置，才能减少紊流区；又为了减少风口叶片抖动的噪声，故回风速度要予限制，这一数值已为大量工程实测证明是可用的。为不影响卫生角的设置，并考虑回风口法兰边宽，所以回风口洞口下边不应太低，至少离地 0.1m。

7.2.7 为和各手术室尽可能设置独立机组的要求适合，方便控制，并减少手术室间通过走廊的交叉污染，故要求本室回风通过本室回风管循环解决。德国等标准也如此要求，而不用余压阀，这是较严的标准。

7.2.8 为了排除一部分较轻的麻醉气体和室内污浊空气，排风口应设在上部并靠近发生源的人的头部。

7.2.9 因为Ⅰ、Ⅱ级洁净手术室对洁净度的要求高，气流组织的质量要好，而作为局部净化设备的气流组织，不如全室送回风的好。所以要求不应直接在Ⅰ、Ⅱ级洁净手术室内设置其他净化设备。只有其他级别手术室因简易改造等原因，才允许设置这种局部净化设备，但要注意与净化空调系统的送风气流协调。

7.3 净化空调系统部件与材料

7.3.1 空调机（带制冷机，冷量在 16.3kW 以上）、空调器（带制冷机，冷量在 16.3kW 以下）、空调机组（不带制冷机）是净化空调系统最常用的重要部件，它的制作及选材应满足日常进行维护方面的特点，如清洗、消毒、更换过滤器、防锈、防腐、排水等均应有与普通常用空调设备不同的要求，本条针对这些原则提出了不同要求，大量工程实践已证实这些要求是可行的。例如：对于空调机组内不应采用淋水室，因为淋水室中的水质很差，尤其是水中的含菌量很高，菌种很杂，故不应作为冷却段使用；空调箱（器）中加湿器的下游应有足够的距离，便于水珠充分汽化，空气吸收水分，以保证管道和过滤器不受潮。美国相关标准甚至把本条第 7 款中的相对湿度值降低到 70%。考虑到有存水容器的喷雾式或电极式水加湿器的水质容易滋生细菌、变质，故推荐采用干蒸汽加湿器。但由于锅炉房生产的蒸汽中含有清洗剂、防腐剂、防垢剂等物质，使蒸汽含有不良气味，影响室内空气品质，甚至使室内人员发生加湿器热病，所以强调加湿水质应达到生活饮用水卫生标准，且加湿器结构应便于清洁。

7.3.3 空调系统采用的消声器，内表面应抗腐蚀，吸声材料不吸潮，并要求设置在第二级过滤器的上游，这在过去国内的《空气洁净技术措施》和德国标准 DIN 1946 第四部分第 5.5.7 条也明确地作了这样的规定。在吸声材料的选用上，不应采用玻璃纤维制品。

7.3.4 由于软接头不好保温，易有冷凝水在其表面产生，导致长霉。双层软接头对防止其表面长霉有一定作用。

7.3.5 所谓可清洗过滤器不仅增加维护工作量，而且洗后将严重改变过滤器性能，所以为保证系统空气处理性能的稳定，应采用一次抛弃型过滤器，国外也都如此。

7.3.6 手术室的室内环境相对湿度一般为50%～60%，对以防菌为主要目的是十分必要的。木质材料（包括经层压、胶合等材料）制作的外框易吸潮（层压、胶合也难例外），易产生霉变、开裂、变形等，故不能使用；由于手术室环境封闭，高效过滤器的刺激味不易散发出去，故选用产品时应注意异味问题。过滤器使用风量如超过额定风量将使阻力大增，寿命大减，因此不宜超过额定风量的80%。

7.3.7 由于洁净手术部是一个保障体系，静电除尘（净化器）难于实现多指标的这种体系，且除尘效率不高也不稳定外，又容易产生二次扬尘，故不得作为洁净手术室的末端净化装置，也不宜直接设置在洁净室内，日本空气清净协会的《空气净化手册》也明确说明了这一点。

7.3.8 净化空调系统应设有三级空气过滤装置，对于Ⅲ、Ⅳ级手术室可以采用≥0.5μm效率不小于95%，其除菌效率可达99.9%以上的亚高效空气过滤器作为末端装置，这不仅同样可以达到要求，而且节省投资及运行费用，特别适用于风口分散的低级别洁净房间。

7.3.9 洁净手术室的回风口中设置过滤层，既可以克服“黑洞”的缺点，又可以阻挡手术中散发的纤维尘进入管路系统，也使室内正压易于保持。有条件时，推荐设置碳纤维过滤层，以吸收室内回风中的异味。回风口的百叶片应选用竖向可调叶片，以减少横向叶片上的积尘；如采用对开多叶联动叶片，不仅可保持定风向，还可起到平衡各回风口的风量作用。

7.3.10 新风口的过滤器采用多级组合的形式，主要是为减少室外新风带入空调器中的尘粒，以降低第二级过滤器的含尘负荷。回风与新风混合前，两者的含尘浓度相差太大，室外新风经初级过滤器后的含尘浓度（≥0.5μm）是回风通路相应粒径的含尘浓度的500倍以上，使中效及高效过滤器没有足够的保护；如在新风通路上增设多级过滤器组成的过滤器段，使新风与回风两者的含尘浓度大体相当，这样才能真正起到保护系统中的部件和高效过滤器的目的；而新风通路上的过滤器，不仅投资少，而且更换或清洗要比高效过滤器大为简化，并对延长高效过滤器的使用周期，起到明显的效果。这一认识已经作为新风处理的新概念被正式提出。

7.3.11、7.3.12 净化空调系统和洁净室内与循环空气接触的金属件外表必须有保护层，这是针对手术室的特点提出的，手术室内所使用的药品、消毒剂性能各异，品种繁多，金属表面如受腐蚀，必将成为新的尘源。

8 医用气体、给水排水、配电

8.1 医 用 气 体

8.1.1 本条是关于气源及装置的要求。

1～3 洁净手术部医用气体气源一般由医院中心站供给。如氧气、负压吸引、压缩空气，因为不但手术室使用而普通病房也用。为保证手术部正常使用，防止其他部位用气的干扰，必须单独从中心站直接送来。

专供手术部使用的气源主要是氮气、氧化亚氮（笑气）、氩气、二氧化碳，这几种气体普通病房一般是不用的，为缩短管路，降低造价，减少管路损失，该站应设在离手术部较近的非洁净区，且运输方便、通风良好和安全可靠的部位。中心站气源要求设两路自动切换。

备用量是指中心站内备用气源不管是气态还是液态气都应有足够的贮存量。医用气体是为治疗、抢救病人之用，不应有断气现象，医院用气波动范围大，没有足够的贮存量就不能应付突然情况的出现。

4 中心站出来的管路中应设安全阀，防止中心站的压力升高而带来危险性。安全阀把升高的部分排放出去，以保证低压管路的安全，规定安全阀回应压力是为了保证管内压力流量恒定在一个指定值内。

手术室内各种气源设维修阀和调节装置，是为了当某一用气点维修时，不致影响别的部位正常使用，调节装置是扩大使用范围。末端有指示设施是让使用者可确认气源的可靠性，也可观察使用过程中的变化情况。

5 终端选配插拔式自封快速接头是为了使用方便；快速接头不允许有互换性是从结构上控制防止插错而出事故。

两个表中的参数是根据手术室内仪器及其他状态下使用的要求，如建设方有什么特殊要求与本表不一致可根据要求另设系统。

表格中压缩空气单嘴压力0.45～0.9MPa，0.45MPa为常用仪器，0.9MPa用于高速钻锯，如果同时安装有氮气系统则压缩空气只需0.45MPa就可以，不需设0.9MPa这一档；若不设氮气系统，压缩空气机选1.2～1.6MPa的无油设备，末端设2个接嘴，一个0.4MPa，另一个为0.9MPa。

终端一般设悬吊式和壁式两种设置，起到安全互补作用。

8.1.2 本条是关于配管的要求。

1 本款列出医用气体输送常用管材。吸引、废气排放管除可用镀锌钢管外，从发展来看，建议可选用脱氧铜管和不锈钢管。

2 气体在管道中流动摩擦发热，速度越高温度越高。如温度达到某一种材料的软化温度时，管道强度降低而破裂，所以要限定流速。

4 管道之间安全距离无法达到时，可用PVC绝缘管包起来以防静电击穿；管道的支吊架固定卡应做绝缘处理，以防静电腐蚀而击穿管道。

7 医用气体用于仪器和直接接触人体，为此要求管道、阀门、仪表都要进行脱脂，清除干净，保证管道内无油污、杂质，所在加工场地和存放场所应保持干净。安装时保证污物不侵入管内。

8 医用气体管件应加检修门，不应设在洁净区内，以防污染手术室。

管道井隔层要求封闭，主要防止管道、阀门泄漏气体进入地下室而不安全。

8.2 给水排水

8.2.1 本条是关于给水设施的要求。

1～3 洁净手术室内的给水，一是医护人员生活用水，刷手、清洗手术器具用水，所以需要冷热水兼有；二是用以冲刷墙壁、冲扫地面。水的质量直接影响室内的洁净度，影响到手术的质量。因此，供水要不间断，水量和水压要保证，并且水质要可靠。为提高洁净度，减少感染率，对水质标准要求较高的手术室，其刷手用水除符合饮用水标准外，还宜安装除菌过滤器及紫外线等水质消毒灭菌器。

据文献介绍，世界卫生组织推荐："水应高于60℃贮存，至少在50℃下循环。而对某些使用者而言，需要将水龙头出水温度降到40～45℃。为保证蓄水温度不利于肺炎双球菌的生长，这可以通过调温混合阀的使用来实现，该阀设定在靠近排放点的地方。"又据美国ASHRAE杂志2000年9月号（P46）介绍："在医疗卫生设施中，包括护理部，热水应在等于或高于60℃贮存，在需要循环的场合，回水至少在51℃"。

4 为防止手碰龙头而沾染细菌，在手术室均应设非手动开关的龙头。目前国内医院广泛采用肘式、脚踏式开关的龙头，还有膝式、光电及红外线控制的开关。刷手池应临近手术室，最好在单独的刷手间内。

5 给水管道不能直接连接到任何可能引起污染的卫生器具及设备上，除非在这种连接系统中，留有空气隔断装置或设有行之有效的预防回流装置。否则污染的水由于背压、倒流、超压控流等原因，从卫生器具和卫生设备倒流进给水系统污染饮用水，其结果是相当危险的。

6 镀锌钢管的腐蚀问题历来为人们所关注。由于锈水给饮用和管理带来许多问题，目前一些发达国家和地区早已禁止使用镀锌钢管，且已用不锈钢管等高级管来代替。我国上海市建委沪建材［98］第0141号文件规定从1998年5月1日起禁止设计镀锌给水钢管，推广使用塑料给水管。全国也即将禁用镀锌给水管。现在品牌较多的聚氯乙烯（PVC）管、聚乙烯（PE）管、聚丙烯（PP）管、聚丁烯（PB）管将均可在饮用水上使用。

8.2.2 本条是关于排水设施的要求。

1、2 洁净手术室内保持一定的洁净度，防止污染，其设备密封是至关重要的。盥洗设备的排水管道无水封时则与室外空气相通，所以设备的排水管必须设有水封。刷手池、地漏等不应设在手术室内，地漏、盥洗池应设在相邻的刷手间内，这样既方便管理使用，又达到洁净要求。地漏必须为高水封，必须带封盖，防臭防污染。密封的另一个意义是在室内通风系统正常工作时，使室内空气不外渗，在通风系统停止工作时，非洁净空气不倒灌。室内空气不经水封外渗，保证洁净室的洁净度、温湿度、正压值，减少能量的消耗。

3 洁净手术部内的卫生器具应用白瓷制造，不应用水泥、水磨石等制作。一般露明的存水弯可用镀铬、塑料等表面光滑材料；地漏不应用铸铁箅子，应用硬塑料、铜及镀铬件等表面光滑材料制作。北京市城乡建设委员会及规划委员会京建材［1998］48号文件规定，自1999年7月1日起禁止使用普通铸铁承插排水管。所以普通铸铁管严禁使用。最近有一种球墨铸铁管，其性能是强度高，也可采用。然而其表面也没有塑料光滑，塑料管阻力小耐磨性能好，可优先采用。

4 手术过程中污物量较大，为了防止排水管道堵塞，适当加大手术室排水管道口径，可减少日常的维修量。

8.3 配电

8.3.1 本条是关于配电线路的要求。

1～3 对洁净手术部的供电提出了具体要求，规定了具有两路不同电网电源从中心配电室后单独送到洁净手术部总配电柜内。这两路电源应有自动切换功能。同时也规定了从洁净手术部总配电柜至各个手术室及辅助用房的电源应单独敷设。各个手术室分开不许混用的接法，是为了确保各手术室互不影响。

4 凡必须保证不能断电的特殊动力部位，为在火灾发生时也不会因烧坏电线绝缘而短路，有条件者宜采用矿物绝缘电缆。

8.3.2 本条是关于配、用电设施的要求。

1、2 洁净手术部总配电柜设于非洁净区，洁净手术室的配电盘和电器检修口设于手术室外，是为了检修时工作人员不进手术室，以减少外来尘、菌的侵入而带来的交叉感染因素。

3 由于手术室配电的重要性，手术室用电设备应设置漏电检测报警装置。心脏外科手术室的配电盘必须加隔离变压器。手术部内常规照明灯电源不必通过隔离变压器。

4 为防止无线电通讯设备对电气设备的干扰而作此规定，但考虑到现代通讯技术的发展和现代医疗技术的需要，只规定在手术室内应注意这一点。

8.3.4 本条是关于接地的要求。用电设备功能不同其接地方式也不同，如插入体内接近心脏的电气器械，由于要防止微电击，宜采用功能性接地。

9 消 防

9.0.1 洁净手术部造价高，内部设备较昂贵，一旦失火，经济损失较大，因此对建筑防火要求不得低于二级耐火等级。

9.0.2 为适应单独防火分区的要求，建议洁净手术部设在同一层楼面，不要将洁净手术部设置在两个或多个楼面，便于防火防烟和医院管理。

洁净手术部与非洁净手术部区域如不采用耐火极限不低于乙级的防火门，还可采用防火卷帘。

9.0.3 因洁净手术部技术夹层设备、管线安装较多，发生火灾可能性较大，因此对防火有一定要求，而且夹层是更换高效过滤器场所，采用混凝土夹层比较合适。

9.0.4 洁净手术部消防设施，应结合洁净手术部所在建筑的性质、体积及耐火等级确定，当洁净手术部设在多层建筑中时必须符合本条要求。

9.0.5 洁净手术部的技术夹层或夹道等部位，一旦失火消防人员难以进入扑救，因此在条件允许时应同时设置消防装置。

9.0.6 洁净手术部大多数为无窗房间，路线较曲折，人员疏散与救火较困难，因此消防设施比一般要求更高。

9.0.7、9.0.8 洁净区内应消除一切影响空气净化的因素，排烟口直接与大气相通，如无防倒灌装置，室外空气容易进入洁净区，影响室内洁净度。排烟口暗装是为了防止积灰尘。

9.0.9 氧气是乙类助燃气体，当洁净手术部发生火灾时应切断氧气供应，并在消防中心显示。

10 施工验收

10.1 施 工

10.1.1～10.1.3 由于工程施工往往出现空调净化系统的施工与围护结构的施工不是一个单位承担的情况，给工程质量造成隐患，特强调洁净手术室的施工必须以空调净化为核心，统一指挥施工。

洁净手术部施工必须按程序进行，这也是考核施工方水平的一个尺度。

10.2 工 程 验 收

10.2.1～10.2.4 为保证质量，在洁净手术部（室）所在的建筑物验收之后，还应对其单独验收。由于发生过一些涉外施工单位借口有国外标准而自行验收完事的情况，所以本条强调医院的洁净手术部（室）都要按本节规定验收。

不论施工方有无完整的调试报告，都不能代替综合性能全面评定。

10.3 工 程 检 验

10.3.2 由于洁净室是多功能的综合整体，空气洁净度或细菌浓度单项指标不能反映洁净室可以投入使用的整体性能；又由于竣工验收主要考查施工质量，综合性能全面评定主要考查设计质量，因此不能互相代替，并且只有竣工验收之后才可进行全面评定。

10.3.5 关于工作区风速测点高度统一定在无手术台遮挡时0.8m高处，这是为了统一条件。因此测定时已有手术台的应搬开手术台，实在搬不开的，可在手术台上方 0.25m 处布置测点。为了使运行一段时间后风速仍能在规定范围之内，所以将综合性能评定的结果定在规定的下限之上；实际工程中施工方为了安全，把风速取的很高，这是浪费，因此规定不能超过高限 1.2 倍，这是按《洁净室施工及验收规范》JGJ 71—90 的规定制定的。

10.3.6 换气次数的检测要求。

1 鉴定验收结果的规定与不超过高限1.2倍的理由均同上。不超过根据需要的设计值的 1.2 倍，是考虑到设计的洁净室面积和人数均明显和本规范标准不同时，则换气次数也只能用设计值。而上一条的截面风速则无此问题，因为不论面积等有何变化，截面风速都是定值。

10.3.7 关于静压的值不能误解为越大越好，太大对人对开门对降低噪声都不利，故本条作了上限规定。英国卫生与社会服务部与医疗研究协会编写的《手术室超净送风系统》标准规定 30Pa 是不允许超过的界限。为了避免运行一段时间后压差下降到不合标准的水平，特规定综合性能评定的结果要大于（不是大于等于）标准规定值。

10.3.8 洁净度级别的检测要求。

1 对系统 t 只取到 9 点的值，是参照 209E 和 ISO/TC 209 确定的，因为 9 点以后实际上 $N \to \overline{N}$。

2 209D、209E 和我国《洁净室施工及验收规范》的测点计算方法是一样的，但由此得出的测点数偏少。若按 ISO/TC 209 的新规定确定，测点数 $K=\sqrt{A}$，A 为房间面积，不仅测定数可能更少而且和级别没有关系，也不很理想。参照这些规定，并考虑到手术室规划已定，所以做出了硬性规定，并指定了布置位置，这样可操作性和可比性均较好。

3 本标准没有对等速采样作规定。因为研究已表明，按现在仪器、方法采样，对≥0.5μm微粒的采样误差很小，对5μm微粒的误差也在允许范围内，所以最新的国际标准ISO/TC 209也只字未提等速采样，只提了和本条一样的要求。

10.3.9 温湿度的检测要求。

1 温湿度的测定结果只代表所测时间的工况，应同时注明当时的室外温湿度条件。当必须测定夏季或冬季工况的温湿度时，只能在当年最热月或最冷月进行。

10.3.12 新风量的检测要求。

2 在《洁净室施工及验收规范》和其他有关规范中，新风量可以有±10%的偏差。考虑到手术人员要在手术室内不间断地紧张工作数小时至十几个小时，而且已发生手术室护士晕倒的情况，所以本条规定只允许新风量不低于规定值，保持正偏差，并未规定上限。

10.3.13 细菌浓度的检测要求。

浮游法采样细菌时，由于气流以每秒几十米以上的速度从缝隙吹向培养基表面，如果时间太长则易将培养基吹干，微生物死亡，所以美国NASA标准建议采样时间不超过15min。国内一些研究报告指出，有些仪器允许30min，所以本条规定，不应超过30min。

中华人民共和国国家标准

老年人居住建筑设计标准

Code for design of residential building for the aged

GB/T 50340—2003

主编部门：中华人民共和国建设部
批准部门：中华人民共和国建设部
施行日期：2003年9月1日

中华人民共和国建设部
公　　告

第 149 号

建设部关于发布国家标准《老年人居住建筑设计标准》的公告

现批准《老年人居住建筑设计标准》为国家标准，编号为 GB/T 50340—2003，自 2003 年 9 月 1 日起实施。

本标准由建设部标准定额研究所组织中国建筑工业出版社出版发行。

中华人民共和国建设部
2003 年 5 月 28 日

前　言

根据建设部建标标［2000］50 号文要求，本标准编制组在广泛调查研究，认真总结实践经验的基础上，参照有关国际标准和国外先进标准，并经充分征求意见，制定了本标准。

本标准的主要技术内容是：1. 总则；2. 术语；3. 基地与规划设计；4. 室内设计；5. 建筑设备；6. 室内环境。主要规定了老年人居住建筑设计时需要遵照执行的各项技术经济指标，着重提出老年人居住建筑设计中需要特别注意的室内设计技术措施，包括：用房配置和面积标准；建筑物的出入口、走廊、公用楼梯、电梯、户门、门厅、户内过道、卫生间、厨房、起居室、卧室、阳台等各种空间的设计要求。

本标准由中国建筑设计研究院负责具体解释，执行中如发现需要修改和补充之处，请将意见和有关资料寄送中国建筑设计研究院居住建筑与设备研究所（北京市车公庄大街 19 号，邮政编码 100044）。

本标准主编单位：中国建筑设计研究院
民政部社会福利和社会事务司

本标准参编单位：中国老龄科学研究中心
北京市建筑设计研究院
中国老龄协会调研部
上海市老龄科学研究中心
上海市老年用房研究会
上海市工程建设标准化办公室
同济大学建筑与城市规划学院
青岛建筑工程学院建筑系
河南省建筑设计研究院

本标准主要起草人员：刘燕辉　开　彦　林建平
王　贺　何少平　常宗虎
程　勇　刘克维　郭　平
马利中　叶忠良　王勤芬
张剑敏　王少华　郑志宏

目　次

1 总　　则

1.0.1 为适应我国人口年龄结构老龄化趋势，使今后建造的老年人居住建筑在符合适用、安全、卫生、经济、环保等要求的同时，满足老年人生理和心理两方面的特殊居住需求，制定本标准。

1.0.2 老年人居住建筑的设计应适应我国养老模式要求，在保证老年人使用方便的原则下，体现对老年人健康状况和自理能力的适应性，并具有逐步提高老年人居住质量及护理水平的前瞻性。

1.0.3 本标准适用于专为老年人设计的居住建筑，包括老年人住宅、老年人公寓及养老院、护理院、托老所等相关建筑设施的设计。新建普通住宅时，可参照本标准做潜伏设计，以利于改造。

1.0.4 老年人居住建筑设计除执行本标准外，尚应符合国家现行有关标准、规范的要求。

2 术　　语

2.0.1 老年人　the aged people

按照我国通用标准，将年满 60 周岁及以上的人称为老年人。

2.0.2 老年人居住建筑　residential building for the aged

专为老年人设计，供其起居生活使用，符合老年人生理、心理要求的居住建筑，包括老年人住宅、老年人公寓、养老院、护理院、托老所。

2.0.3 老年人住宅　house for the aged

供以老年人为核心的家庭居住使用的专用住宅。老年人住宅以套为单位，普通住宅楼栋中可配套设置若干套老年人住宅。

2.0.4 老年人公寓　apartment for the aged

为老年人提供独立或半独立家居形式的居住建筑。一般以栋为单位，具有相对完整的配套服务设施。

2.0.5 养老院　rest home

为老年人提供集体居住，并具有相对完整的配套服务设施。

2.0.6 护理院　nursing home

为无自理能力的老年人提供居住、医疗、保健、康复和护理的配套服务设施。

2.0.7 托老所　nursery for the aged

为老年人提供寄托性养老服务的设施，有日托和全托等形式。

3 基地与规划设计

3.1 规　　模

3.1.1 老年人住宅和老年人公寓的规模可按表 3.1.1 划分。

表 3.1.1　老年人住宅和老年人公寓的规模划分标准

规　模	人　数	人均用地指标
小型	50 人以下	80～100m^2
中型	51～150 人	90～100m^2
大型	151～200 人	95～105m^2
特大型	201 人以上	100～110m^2

3.1.2 新建老年人住宅和老年人公寓的规模应以中型为主，特大型老年人住宅和老年人公寓宜与普通住宅、其他老年人设施及社区医疗中心、社区服务中心配套建设，实行综合开发。

3.1.3 老年人居住建筑的面积标准不应低于表 3.1.3 的规定。

表 3.1.3　老年人居住建筑的最低面积标准

类　型	建筑面积(m^2/人)	类　型	建筑面积(m^2/人)
老年人住宅	30	托老所	20
老年人公寓	40	护理院	25
养老院	25		

注：本栏目的面积指居住部分建筑面积，不包括公共配套服务设施的建筑面积。

3.2 选址与规划

3.2.1 中小型老年人居住建筑基地选址宜与居住区配套设置，位于交通方便、基础设施完善、临近医疗设施的地段。大型、特大型老年人居住建筑可独立建设并配套相应设施。

3.2.2 基地应选在地质稳定、场地干燥、排水通畅、日照充足、远离噪声和污染源的地段，基地内不宜有过大、过于复杂的高差。

3.2.3 基地内建筑密度，市区不宜大于 30%，郊区不宜大于 20%。

3.2.4 大型、特大型老年人居住建筑基地用地规模应具有远期发展余地，基地容积率宜控制在 0.5 以下。

3.2.5 大型、特大型老年人居住建筑规划结构应完整，功能分区明确，安全疏散出口不应少于 2 个。出入口、道路和各类室外场地的布置，应符合老年人活动特点。有条件时，宜临近儿童或青少年活动场所。

3.2.6 老年人居住用房应布置在采光通风好的地段，应保证主要居室有良好的朝向，冬至日满窗日照不宜小于 2 小时。

3.3 道路交通

3.3.1 道路系统应简洁通畅，具有明确的方向感和可识别性，避免人车混行。道路应设明显的交通标志及夜间照明设施，在台阶处宜设置双向照明并设扶手。

3.3.2 道路设计应保证救护车能就近停靠在住栋的出入口。

3.3.3 老年人使用的步行道路应做成无障碍通道系统，道路的有效宽度不应小于 0.90m；坡度不宜大于 2.5%；当大于 2.5%时，变坡点应予以提示，并宜在坡度较大处设扶手。

3.3.4 步行道路路面应选用平整、防滑、色彩鲜明的铺装材料。

3.4 场 地 设 施

3.4.1 应为老年人提供适当规模的绿地及休闲场地，并宜留有供老人种植劳作的场地。场地布局宜动静分区，供老年人散步和休憩的场地宜设置健身器材、花架、座椅、阅报栏等设施，并避免烈日暴晒和寒风侵袭。

3.4.2 距活动场地半径 100m 内应有便于老年人使用的公共厕所。

3.4.3 供老年人观赏的水面不宜太深，深度超过 0.60m 时应设防护措施。

3.5 停 车 场

3.5.1 专供老年人使用的停车位应相对固定，并应靠近建筑物和活动场所入口处。

3.5.2 与老年人活动相关的各建筑物附近应设供轮椅使用者专用的停车位，其宽度不应小于 3.50m，并应与人行通道衔接。

3.5.3 轮椅使用者使用的停车位应设置在靠停车场出入口最近的位置上，并应设置国际通用标志。

3.6 室外台阶、踏步和坡道

3.6.1 步行道路有高差处、入口与室外地面有高差处应设坡道。室外坡道的坡度不应大于 1/12，每上升 0.75m 或长度超过 9 m 时应设平台，平台的深度不应小于 1.50m 并应设连续扶手。

3.6.2 台阶的踏步宽度不宜小于 0.30m，踏步高度不宜大于 0.15m。台阶的有效宽度不应小于 0.90m，并宜在两侧设置连续的扶手；台阶宽度在 3m 以上时，应在中间加设扶手。在台阶转换处应设明显标志。

3.6.3 独立设置的坡道的有效宽度不应小于 1.50m；坡道和台阶并用时，坡道的有效宽度不应小于 0.90m。坡道的起止点应有不小于 1.50m×1.50m 的轮椅回转面积。

3.6.4 坡道两侧至建筑物主要出入口宜安装连续的扶手。坡道两侧应设护栏或护墙。

3.6.5 扶手高度应为 0.90m，设置双层扶手时下层扶手高度宜为 0.65m。坡道起止点的扶手端部宜水平延伸 0.30m 以上。

3.6.6 台阶、踏步和坡道应采用防滑、平整的铺装材料，不应出现积水。

3.6.7 坡道设置排水沟时，水沟盖不应妨碍通行轮椅和使用拐杖。

4 室 内 设 计

4.1 用房配置和面积标准

4.1.1 老年人居住套型或居室宜设在建筑物出入口层或电梯停靠层。

4.1.2 老年人居室和主要活动房间应具有良好的自然采光、通风和景观。

4.1.3 老年人套型设计标准不应低于表 4.1.3.1 和表 4.1.3.2 的规定。

表 4.1.3.1 老年人住宅和老年人公寓的最低使用面积标准

组合形式	老年人住宅	老年人公寓
一室套（起居、卧室合用）	25m²	22m²
一室一厅套	35m²	33m²
二室一厅套	45m²	43m²

表 4.1.3.2 老年人住宅和老年人公寓各功能空间最低使用面积标准

房间名称	老年人住宅	老年人公寓
起居室	12m²	
卧室	12m²（双人）10m²（单人）	
厨房	4.5m²	
卫生间	4m²	
储藏	1m²	

4.1.4 养老院居室设计标准不应低于表 4.1.4 的规定

表 4.1.4 养老院居室设计标准

类 型	最低使用面积标准		
	居室	卫生间	储藏
单人间	10m²	4m²	0.5m²
双人间	16m²	5m²	0.6m²
三人以上房间	6m²/人	5m²	0.3m²/人

4.1.5 老年人居住建筑配套服务设施的配置标准不应低于表 4.1.5 的规定。

表 4.1.5 老年人居住建筑配套服务设施用房配置标准

用房		项目	配置标准
餐厅		餐位数	总床位的60%～70%
		每座使用面积	$2m^2$/人
医疗保健用房		医务、药品室	$20～30m^2$
		观察、理疗室	总床位的1%～2%
		康复、保健室	$40～60m^2$
服务用房	公用	公用厨房	$6～8m^2$
		公用卫生间（厕位）	总床位的1%
		公用洗衣房	$15～20m^2$
		公用浴室（浴位）（有条件时设置）	总床位的10%
	公共	售货、饮食、理发	100床以上设
		银行、邮电代理	200床以上设
		客房	总床位的4%～5%
		开水房、储藏间	$10m^2$/层
休闲用房		多功能厅	可与餐厅合并使用
		健身、娱乐、阅览、教室	$1m^2$/人

4.2 建筑物的出入口

4.2.1 出入口有效宽度不应小于1.10m。门扇开启端的墙垛净尺寸不应小于0.50m。

4.2.2 出入口内外应有不小于1.50m×1.50m的轮椅回转面积。

4.2.3 建筑物出入口应设置雨篷，雨篷的挑出长度宜超过台阶首级踏步0.50m以上。

4.2.4 出入口的门宜采用自动门或推拉门；设置平开门时，应设闭门器。不应采用旋转门。

4.2.5 出入口宜设交往休息空间，并设置通往各功能空间及设施的标识指示牌。

4.2.6 安全监控设备终端和呼叫按钮宜设在大门附近，呼叫按钮距地面高度为1.10m。

4.3 走 廊

4.3.1 公用走廊的有效宽度不应小于1.50m。仅供一辆轮椅通过的走廊有效宽度不应小于1.20m，并应在走廊两端设有不小于1.50m×1.50m的轮椅回转面积。

4.3.2 公用走廊应安装扶手。扶手单层设置时高度为0.80～0.85m，双层设置时高度分别为0.65m和0.90m。扶手宜保持连贯。

4.3.3 墙面不应有突出物。灭火器和标识板等应设置在不妨碍使用轮椅或拐杖通行的位置上。

4.3.4 门扇向走廊开启时宜设置宽度大于1.30m、深度大于0.90m的凹廊，门扇开启端的墙垛净尺寸不应小于0.40m。

4.3.5 走廊转弯处的墙面阳角宜做成圆弧或切角。

4.3.6 公用走廊地面有高差时，应设置坡道并应设明显标志。

4.3.7 老年人居住建筑各层走廊宜增设交往空间，宜以4～8户老年人为单元设置。

4.4 公 用 楼 梯

4.4.1 公用楼梯的有效宽度不应小于1.20m。楼梯休息平台的深度应大于梯段的有效宽度。

4.4.2 楼梯应在内侧设置扶手。宽度在1.50m以上时应在两侧设置扶手。

4.4.3 扶手安装高度为0.80～0.85m，应连续设置。扶手应与走廊的扶手相连接。

4.4.4 扶手端部宜水平延伸0.30m以上。

4.4.5 不应采用螺旋楼梯，不宜采用直跑楼梯。每段楼梯高度不宜高于1.50m。

4.4.6 楼梯踏步宽度不应小于0.30m，踏步高度不应大于0.15m，不宜小于0.13m。同一个楼梯梯段踏步的宽度和高度应一致。

4.4.7 踏步应采用防滑材料。当设防滑条时，不宜突出踏面。

4.4.8 应采用不同颜色或材料区别楼梯的踏步和走廊地面，踏步起终点应有局部照明。

4.5 电 梯

4.5.1 老年人居住建筑宜设置电梯。三层及三层以上设老年人居住及活动空间的建筑应设置电梯，并应每层设站。

4.5.2 电梯配置中，应符合下列条件：

1 轿厢尺寸应可容纳担架。

2 厅门和轿门宽度应不小于0.80m；对额定载重量大的电梯，宜选宽度0.90m的厅门和轿门。

3 候梯厅的深度不应小于1.60m，呼梯按钮高度为0.90～1.10m。

4 操作按钮和报警装置应安装在轿厢侧壁易于识别和触及处，宜横向布置，距地高度0.90～1.20m，距前壁、后壁不得小于0.40m。有条件时，可在轿厢两侧壁上都安装。

4.5.3 电梯额定速度宜选0.63～1.0m/s；轿门开关时间应较长；应设置关门保护装置。

4.5.4 轿厢内两侧壁应安装扶手，距地高度0.80～0.85m；后壁上设镜子；轿门宜设窥视窗；地面材料应防滑。

4.5.5 各种按钮和位置指示器数字应明显，宜配置轿厢报站钟。

4.5.6 呼梯按钮的颜色应与周围墙壁颜色有明显区别；不应设防水地坎；基站候梯厅应设座椅，其他层站有条件时也可设置座椅。

4.5.7 轿厢内宜配置对讲机或电话，有条件时可设置电视监控系统。

4.6 户门、门厅

4.6.1 户门的有效宽度不应小于 1m。

4.6.2 户门内应设更衣、换鞋空间，并宜设置座凳、扶手。

4.6.3 户门内外不宜有高差。有门槛时，其高度不应大于 20mm，并设坡面调节。

4.6.4 户门宜采用推拉门形式且门轨不应影响出入。采用平开门时，门上宜设置探视窗，并采用杆式把手，安装高度距地面 0.80～0.85m。

4.6.5 供轮椅使用者出入的门，距地面 0.15～0.35m 处宜安装防撞板。

4.7 户内过道

4.7.1 过道的有效宽度不应小于 1.20m。

4.7.2 过道的主要地方应设置连续式扶手；暂不安装的，可设预埋件。

4.7.3 单层扶手的安装高度为 0.80～0.85m，双层扶手的安装高度分别为 0.65m 和 0.90m 。

4.7.4 过道地面及其与各居室地面之间应无高差。过道地面应高于卫生间地面，标高变化不应大于 20mm，门口应做小坡以不影响轮椅通行。

4.8 卫生间

4.8.1 卫生间与老年人卧室宜近邻布置。

4.8.2 卫生间地面应平整，以方便轮椅使用者，地面应选用防滑材料。

4.8.3 卫生间入口的有效宽度不应小于 0.80m。

4.8.4 宜采用推拉门或外开门，并设透光窗及从外部可开启的装置。

4.8.5 浴盆、便器旁应安装扶手。

4.8.6 卫生洁具的选用和安装位置应便于老年人使用。便器安装高度不应低于 0.40m；浴盆外缘距地高度宜小于 0.45m。浴盆一端宜设坐台。

4.8.7 宜设置适合坐姿的洗面台，并在侧面安装横向扶手。

4.9 公用浴室和卫生间

4.9.1 公用卫生间和公用浴室入口的有效宽度不应小于 0.90m，地面应平整并选用防滑材料。

4.9.2 公用卫生间中应至少有一个为轮椅使用者设置的厕位。公用浴室应设轮椅使用者专用的淋浴间或盆浴间。

4.9.3 坐便器安装高度不应低于 0.40m，坐便器两侧应安装扶手。

4.9.4 厕位内宜设高 1.20m 的挂衣物钩。

4.9.5 宜设置适合轮椅坐姿的洗面器，洗面器高度 0.80m，侧面宜安装扶手。

4.9.6 淋浴间内应设高 0.45m 的洗浴座椅，周边应设扶手。

4.9.7 浴盆端部宜设洗浴坐台。浴盆旁应设扶手。

4.10 厨　房

4.10.1 老年人使用的厨房面积不应小于 4.5m²。供轮椅使用者使用的厨房，面积不应小于 6m²，轮椅回转面积宜不小于 1.50m×1.50m。

4.10.2 供轮椅使用者使用的台面高度不宜高于 0.75m，台下净高不宜小于 0.70m、深度不宜小于 0.25m。

4.10.3 应选用安全型灶具。使用燃气灶时，应安装熄火自动关闭燃气的装置。

4.11 起居室

4.11.1 起居室短边净尺寸不宜小于 3m。

4.11.2 起居室与厨房、餐厅连接时，不应有高差。

4.11.3 起居室应有直接采光、自然通风。

4.12 卧　室

4.12.1 老年人卧室短边净尺寸不宜小于 2.50m，轮椅使用者的卧室短边净尺寸不宜小于 3.20m。

4.12.2 主卧室宜留有护理空间。

4.12.3 卧室宜采用推拉门。采用平开门时，应采用杆式门把手。宜选用内外均可开启的锁具。

4.13 阳　台

4.13.1 老年人住宅和老年人公寓应设阳台，养老院、护理院、托老所的居室宜设阳台。

4.13.2 阳台栏杆的高度不应低于 1.10m。

4.13.3 老年人设施的阳台宜作为紧急避难通道。

4.13.4 宜设便于老年人使用的晾衣装置和花台。

5 建筑设备

5.1 给水排水

5.1.1 老年人居住建筑应设给水排水系统，给水排水系统设备选型应符合老年人使用要求。宜采用集中热水供应系统，集中热水供应系统出水温度宜为 40～50℃。

5.1.2 老年人住宅、老年人公寓应分套设置冷水表和热水表。

5.1.3 应选用节水型低噪声的卫生洁具和给排水配件、管材。

5.1.4 公用卫生间中，宜采用触摸式或感应式等形式的水嘴和便器冲洗装置。

5.2 采暖、空调

5.2.1 严寒地区和寒冷地区的老年人居住建筑应设集中采暖系统。夏热冬冷地区有条件时宜设集中采暖系统。

5.2.2 各种用房室内采暖计算温度不应低于表5.2.2的规定。

表5.2.2 各种用房室内采暖计算温度

用房	卧室起居室	卫生间	浴室	厨房	活动室	餐厅	医务用房	行政用房	门厅走廊	楼梯间
计算温度	20℃	20℃	25℃	16℃	20℃	20℃	20℃	18℃	18℃	16℃

5.2.3 散热器宜暗装。有条件时宜采用地板辐射采暖。

5.2.4 最热月平均室外气温高于和等于25℃地区的老年人居住建筑宜设空调降温设备，冷风不宜直接吹向人体。

5.3 电　气

5.3.1 老年人住宅和老年人公寓电气系统应采用埋管暗敷，应每套设电度表和配电箱并设置短路保护和漏电保护装置。

5.3.2 老年人居住建筑中医疗用房和卫生间应做局部等电位联结。

5.3.3 老年人居住建筑中宜采用带指示灯的宽板开关，长过道宜安装多点控制的照明开关，卧室宜采用多点控制照明开关，浴室、厕所可采用延时开关。开关离地高度宜为1.10m。

5.3.4 在卧室至卫生间的过道，宜设置脚灯。卫生间洗面台、厨房操作台、洗涤池宜设局部照明。

5.3.5 公共部位应设人工照明，除电梯厅和应急照明外，均应采用节能自熄开关。

5.3.6 老年人住宅和老年人公寓的卧室、起居室内应设置不少于两组的二极、三极插座；厨房内对应吸油烟机、冰箱和燃气泄漏报警器位置设置插座；卫生间内应设置不少于一组的防溅型三极插座。其他老年人设施中宜每床位设置一个插座。公用卫生间、公用厨房应对应用电器具位置设置插座。

5.3.7 起居室、卧室内的插座位置不应过低，设置高度宜为0.60～0.80m。

5.3.8 老年人住宅和老年人公寓应每套设置不少于一个电话终端出线口。其他老年人设施中宜每间卧室设一个电话终端出线口。

5.3.9 卧室、起居室、活动室应设置有线电视终端插座。

5.4 燃　气

5.4.1 使用燃气的老年人住宅和老年人公寓每套的燃气用量，至少按一台双眼灶具计算。每套设燃气表。

5.4.2 厨房、公用厨房中燃气管应明装。

5.5 安全报警

5.5.1 以燃气为燃料的厨房、公用厨房，应设燃气泄漏报警装置。宜采用户外报警式，将蜂鸣器安装在户门外或管理室等易被他人听到的部位。

5.5.2 居室、浴室、厕所应设紧急报警求助按钮，养老院、护理院等床头应设呼叫信号装置，呼叫信号直接送至管理室。有条件时，老年人住宅和老年人公寓中宜设生活节奏异常的感应装置。

6 室内环境

6.1 采　光

6.1.1 老年人居住建筑的主要用房应充分利用天然采光。

6.1.2 主要用房的采光窗洞口面积与该房间地面积之比，不宜小于表6.1.2的规定。

表6.1.2 主要用房窗地比

房间名称	窗地比
活动室	1/4
卧室、起居室、医务用房	1/6
厨房、公用厨房	1/7
楼梯间、公用卫生间、公用浴室	1/10

6.1.3 活动室必须光线充足，朝向和通风良好，并宜选择有两个采光方向的位置。

6.2 通　风

6.2.1 卧室、起居室、活动室、医务诊室、办公室等一般用房和走廊、楼梯间等应采用自然通风。

6.2.2 卫生间、公用浴室可采用机械通风；厨房和治疗室等应采用自然通风并设机械排风装置。

6.2.3 老年人住宅和老年人公寓的厨房、浴室、卫生间的门下部应设有效开口面积大于0.02m² 的固定百叶或不小于30mm的缝隙。

6.3 隔　声

6.3.1 老年人居住建筑居室内的噪声级昼间不应大于50dB，夜间不应大于40dB，撞击声不应大于75dB。

6.3.2 卧室、起居室内的分户墙、楼板的空气声的计权隔声量应大于或等于45dB；楼板的计权标准撞击声压级应小于或等于75dB。

6.3.3 卧室、起居室不应与电梯、热水炉等设备间及公用浴室等紧邻布置。

6.3.4 门窗、卫生洁具、换气装置等的选定与安装部位，应考虑减少噪声对卧室的影响。

6.4 隔热、保温

6.4.1 老年人居住建筑应保证室内基本的热环境质量，采取冬季保温和夏季隔热及节能措施。夏热冬冷地区老年人居住建筑应符合《夏热冬冷地区居住建筑节能设计标准》JGJ134—2001 的有关规定。严寒和寒冷地区老年人居住建筑应符合《民用建筑节能设计标准（采暖居住建筑部分）》JGJ26 的有关规定。

6.4.2 老年人居住的卧室、起居室宜向阳布置，朝西外窗宜采取有效的遮阳措施。在必要时，屋顶和西向外墙应采取隔热措施。

6.5 室内装修

6.5.1 老年人居住建筑的室内装修宜采用一次到位的设计方式，避免住户二次装修。

6.5.2 室内墙面应采用耐碰撞、易擦拭的装修材料，色调宜用暖色。室内通道墙面阳角宜做成圆角或切角，下部宜作 0.35m 高的防撞板。

6.5.3 室内地面应选用平整、防滑、耐磨的装修材料。卧室、起居室、活动室宜采用木地板或有弹性的塑胶板；厨房、卫生间及走廊等公用部位宜采用清扫方便的防滑地砖。

6.5.4 老年人居住建筑的门窗宜使用无色透明玻璃，落地玻璃门窗应装配安全玻璃，并在玻璃上设有醒目标示。

6.5.5 老年人使用的卫生洁具宜选用白色。

6.5.6 养老院、护理院等应设老年人专用储藏室，人均面积 0.60m^2 以上。卧室内应设每人分隔使用的壁柜，设置高度在 1.50m 以下。

6.5.7 各类用房、楼梯间、台阶、坡道等处设置的各类标志和标注应强调功能作用，应醒目、易识别。

本规范用词说明

1 为便于在执行本规范条文时区别对待，对要求严格程度不同的用词，说明如下：

1）表示很严格，非这样做不可的用词：

正面词采用“必须”；

反面词采用“严禁”。

2）表示严格，在正常情况下均应这样做的用词：

正面词采用“应”；

反面词采用“不应”或“不得”。

3）表示允许稍有选择，在条件许可时，首先应这样做的用词：

正面词采用“宜”；

反面词采用“不宜”。

表示有选择，在一定条件下可以这样做的，采用“可”。

2 条文中指定按其他有关标准、规范执行时，写法为“应符合……的规定”或“应按……执行”。

中华人民共和国国家标准

老年人居住建筑设计标准

GB/T 50340—2003

条 文 说 明

目　次

1 总　　则

1.0.1 随着我国国民经济稳步发展，人民生活水平不断提高，人的寿命相应延长，同时，随着计划生育国策的实施，我国人口年龄结构发生变化，目前我国60岁以上的老年人口已大于1.32亿，老龄化发展趋势明显。为适应这种发展变化，适时编制老年人居住建筑设计标准，可及时满足社会发展需要，体现社会文明和进步，并为老年人居住建筑的建设提供依据。

1.0.2 我国传统的养老模式主要是以居家养老为主，设施养老为辅。目前，随着社会文明进步，家庭养老社会化趋向明显，同时，社会养老强调以人为本，为老年人提供家庭式服务。针对这种养老模式要求，本标准要求老年人居住建筑的设计，应充分考虑早期发挥健康老年人的自理能力，日后为方便护理老年人留有余地。

1.0.3 本标准适用于设计各类为老年人服务的居住建筑时遵照执行，包括老年人住宅、老年人公寓及养老院、护理院、托老所等。但不包括以上建筑的附属建筑如附属医院、办公楼等。根据国际经验，真正方便老年人的设计，应是在建造普通住宅时充分考虑人在不同生命阶段的各种需要，以便多数人能够在家中养老。因此本标准可供新建普通住宅时参照，在普通住宅做方便老年人的潜伏设计，以利于改造。

1.0.4 老年人居住建筑设计涉及建筑、结构、防火、热工、节能、隔声、采光、照明、给水排水、暖通空调、电气等多专业，对各专业已有规范规定，本标准除必要的重申外，不再重复，因此，设计时除执行本标准外，尚应符合国家现行有关标准、规范的要求。主要有：

《住宅设计规范》GB50096—1999

《老年人建筑设计规范》JGJ122—99

《综合医院建筑设计规范》JGJ49—88

《疗养院建筑设计规范》JGJ40—87

《建筑内部装修设计防火规范》GB50222—95

《城市道路和建筑物无障碍设计规程》JGJ50—2001

《民用建筑工程室内环境污染控制规范》GB50325—2001

《夏热冬冷地区居住建筑节能设计标准》JGJ134—2001

3 基地与规划设计

3.1 规　　模

3.1.1 在老年人住宅和老年人公寓的基地选择与规划设计时需要确定规模，以便相应确定各项指标，本条将其划分为四种规模，便于规划设计时控制用地。对于以套为单位设置在普通住宅区中的老年人住宅，其指标不受本规定限制。

3.1.2 根据老年人居住生活实态调查，多数老年人不愿意生活在老年人过于集中的环境中，因此要求新建老年人住宅和老年人公寓的规模应以中型为主，以便与周围居住环境协调。我国近期正在开发的一些特大型老年人住宅和老年人公寓，往往自成体系，与周围的普通住宅、其他老年人设施及社区医疗中心、社区服务中心等重复建设，或者配套不完善，本条要求在条件允许时，实行综合开发。

3.1.3 老年人居住建筑的居住部分必须保证一定的面积标准，才能满足老年人的生活要求。根据国外相关资料分析统计及国内调查统计，确定了表3.1.3的最低面积标准规定。其中除老年人住宅以外，均为居住部分的平均建筑面积低限值。老年人住宅的最低面积标准指集中设置的老年人住宅中的单人套型面积。对于以套为单位设置在普通住宅区中的老年人住宅还应满足《住宅设计规范》的要求。

3.2 选址与规划

3.2.1 中小型老年人居住建筑一般直接为特定的居住区服务，因此基地选址宜与居住区配套设置，需选择在交通方便，基础设施完善，临近医疗点的地段。大型、特大型老年人居住建筑其服务半径经常放射到整个区域，可利用的设施较少，因此基地选址时从综合开发的角度出发，需为相应配套设施留有余地。

3.2.2 老年人是对抗自然环境侵害的弱势群体，因此其生活基地的选择需要特殊考虑，特别是日照、防止噪声干扰、场地条件等要优于一般居住区。

3.2.3 由于老年人对日照等的特殊要求，以及在专门建设的老年人社区中，老年人不愿意过分集中生活、老年人居住建筑层数不宜过高等原因，其基地内建筑密度应比一般居住区小，在郊区建设的老年人居住建筑更应提供良好条件。对于市镇改建、插建的老年人居住建筑，如受现状条件限制，其建筑密度应符合居住区规划设计规范的要求。

3.2.4 大型、特大型老年人居住建筑一般采用分期建设，其建设周期较长，根据国际同类建筑的建设经验，各种为老年人服务的配套设施要求越来越高，因此本条要求，在规划阶段对基地用地预留远期发展余地。

3.2.5 老年人居住建筑一般分为居住生活、医疗保健、辅助服务、休闲娱乐等功能分区，特别是大型、特大型老年人居住建筑，规划时要求结构完整，分区明确，注意安全疏散出口不应少于2个，以保证防灾疏散安全。老年人反应较迟钝，动作缓慢，因此供其使用的出入口、道路和各类室外场地的布置，应符合老年人的这些活动特点。同时，老年人特别需要老少同乐的生活气氛，国际上提倡建设老年人与青少年一起活动的“三明治”建筑，本条要求条件允许时，将老年人居住建筑临近布置在儿童或青少年活动场所周围。

3.2.6 阳光是人类生存和保障人体健康的基本要素之一，在居室内获得充足的日照是保证行动不便的老人身心健康的重要条件。因此，本条规定老年人居住用房应布置在采光通风好的地段，应保证主要居室有良好的朝向，冬至日满窗日照不宜小于2小时。

3.3 道路交通

3.3.1 根据老年人居住生活实态调查，多数老年人存在视力障碍、方向感减弱等困难，老年人迷失方向或发生交通事故的情况越来越多。因此要求道路系统简洁通畅，具有明确的方向感和可识别性，尽量人车分流，确保老年人步行安全。道路应设明显的交通标志及夜间照明设施，在台阶处宜设置双向照明。

3.3.2 老年人是发生高危疾病和各种家庭事故频率最高的人群，因此，要求老年人居住建筑区中的各种道路直接通达所有住栋的出入口，以保证救护车最大限度靠近事故地点。

3.3.3 老年人中使用轮椅代步的比例较高。因此，步行道路要求足够的有效宽度并符合无障碍通道系统设计要求。同时应照顾行动不便的老人，在步行道路出现高差时设缓坡，变坡点给予提示，并宜在坡度较大处设扶手。

3.3.4 对于老年人，在步行中摔倒是极其危险的，因此要求步行道路应选用平整、防滑的铺装材料，以保证老年人行动安全。

3.4 场地设施

3.4.1 在国内外资料综合分析中发现，绿地、水面、休闲、健身设施是老年人居住建筑室外环境的基本要素，本条要求充分考虑老年人活动特点，在场地布置时动静分区，一般将运动项目场地作为“动区”，与供老年人散步、休憩的“静区”适当隔离，并要求在“静区”设置花架、座椅、阅报栏等设施，并避免烈日暴晒和寒风侵袭，以满足修身养性的需求。

3.4.2 根据老年人居住实态调查，室外活动时担心找厕所难的现象十分普遍，因此，从老年人生理和心理需求出发，在距活动场地半径100m内设置公共厕所十分必要。

3.4.3 老年人在低头观察事物时，发生昏厥导致事故的频率较高，因此本条规定，老年人居住区中供老年人观赏的水面不宜太深，当深度超过0.60m时，应设置栏杆、格栅、防护网等装置，保护老年人安全。

3.5 停车场

3.5.1 我国交通法规对老年人驾驶机动车的年龄限制已经放宽，根据国际经验，老年驾车者将越来越多，因此要求在老年人居住建筑的停车场中为其留有相对固定的停车位，一般在靠近建筑物和活动场所入口处。

3.5.2 老年人中的轮椅使用者乘车或驾车的机会明显增加，在老年人居住建筑中属于经常性活动，因此，要求与老年人活动相关的各建筑物附近设置供其专用的停车位，并保证足够的宽度方便上下车。

3.5.3 本条根据国际通用建筑物无障碍设计原则。

3.6 室外台阶、踏步和坡道

3.6.1 根据《城市道路和建筑物无障碍设计规范》JGJ50—2001规定，老年人居住建筑的步行道路有高差处、入口与室外地面有高差处应属无障碍设计范围，本条与其规定一致。

3.6.2 台阶是老年人发生摔伤事故的多发地，因此，通常采用加大踏步宽度，降低踏步高度的做法方便老年人蹬踏。同时，必须注意保证台阶的有效宽度大于普通通道，避免发生碰撞，特别是对持拐杖的老人，轻微的碰撞可能产生致命的危险。扶手不仅能协助轮椅使用者，也对持拐杖的老人、视力障碍老人等在台阶处的行走带来安全与方便。因此规定在台阶两侧设置连续的扶手；台阶宽度在3m以上时，宜在中间加设扶手。

3.6.3 老年人居住建筑的各种坡道应进行无障碍设计，特别是独立设置的坡道，其最小净宽应满足轮椅使用者要求；坡道和台阶并用时，要兼顾轮椅使用者和步行老人的安全与方便。因此，坡道的有效宽度不应小于0.90m。坡道的起止点应有不小于1.50m×1.50m的轮椅回转面积。

3.6.4 在坡道两侧安装连续的扶手，以便持拐杖的老人和轮椅使用者安全移动，并且保持重心稳定。坡道两侧设置护栏或护墙可防止拐杖头和轮椅前轮滑出栏杆外。

3.6.5 设置双层扶手，使在坡道上行走的老年人和轮椅使用者可以借助扶手使力，提高使用的方便性。

3.6.6 为了保证老年人行走安全，台阶、踏步和坡道还应采用防滑、平整的铺装材料，特别需要防止出现积水，积水除增加滑倒危险外，容易引起老年人为避开积水身体失去平衡的事故。

3.6.7 坡道或坡道转折处常设置排水沟，排水沟盖若处理不当，会卡住通行轮椅和拐杖头，造成行动不便或引发摔伤事故。

4 室内设计

4.1 用房配置和面积标准

4.1.1 老年人居住套型或居室应尽量安排在可以直

接通向室外的楼层或电梯停靠层，当没有电梯通达时，其位置不应高于三层。

4.1.2 老年人居室应保证阳光充足，空气清新卫生并有良好的景观，利于老年人颐养身心。

4.1.3 在《住宅设计规范》第3.1.2条中规定一类住宅，居室数量为2时，最小使用面积为34m²。但考虑到目前我国平均居住水平和老年人住宅的发展现状，供单身老年人居住的，卧室、起居室合用的小户型住宅会成为一种发展方向。

各功能空间的使用面积标准均为最低标准，是在参照《住宅设计规范》规定的套内空间面积基础上，考虑到护理及使用轮椅的需要而制定的最小使用面积。

老年人公寓可以设置公用小厨房或公用餐厅等，因此对厨房最小面积不作规定。由于老年人的杂物比年轻人多，所以一定要在老年人套型内设计储物空间。

4.1.4 在养老院中，居室是老年人长时间居住的场所，因此生活空间不宜太小。储藏面积包括独立的储藏间面积及居室内壁柜所需面积。

4.1.5 老年人居住建筑中的配套服务设施应为老年人提供老有所养、老有所医、老有所乐、老有所学、老有所为的服务，因此要考虑餐厅、医疗用房、公共服务用房、健身活动用房及其他用房等。表4.1.5.1列举了各类用房应包括的主要空间和面积，设计时应根据具体情况补充。

4.2 建筑物的出入口

4.2.1 参照《住宅设计规范》第3.9.5条的规定，公用外门洞口最小宽度为1.2m。加装门扇开启后的最大有效宽度可达1.10m，可以满足轮椅使用者通过。预留0.50m宽的门垛可以保证轮椅使用者有足够的开关门空间。

4.2.2 为避免发生交通干扰，应在出入口门扇开启范围之外留出轮椅回转面积。

4.2.3 设置雨篷既可以防雨又可以防止出入口上部物体坠落伤人。雨篷覆盖范围应尽量大，保证出入口平台不积水。

4.2.4 采用推拉门既节省了门扇开启的空间，又减少了出入人流的交通干扰，特别便于轮椅使用者和使用拐杖的人使用。当设置自动门时，要保证轮椅通过的时间。

4.2.5 出入口外部的形象设计要鲜明，易于识别。门厅是老年人从居室到室外的交通枢纽和集散地，因此可结合门厅设置休息空间，并设置保卫、传达、邮电等服务设施以及醒目易懂的指示标牌。

4.2.6 为方便老年人使用并便于管理，各种感应器、摄像头、呼叫和报警按钮宜相对集中地设在大门附近。

4.3 走 廊

4.3.1 公用走廊的宽度应保证老年人在使用轮椅和拐杖时能够安全通行。公用走廊的有效宽度在1.50m以上时可以保证轮椅转动180°以及轮椅和行人并行通过。当不能保证1.50m的有效宽度时，也可以设计为1.20m，但应在走廊的两端（防火分区的尽端）设置轮椅回转空间。

4.3.2 根据老年人的身体尺度和行为特点，应在走廊中可能造成不稳定姿势的地方设置扶手。设置双层扶手时，上层扶手的高度适合老年人站立和行走，下层扶手适合轮椅使用者和儿童使用。

4.3.3 灭火器和标识板等宜嵌墙安装，当墙面出现柱子和消火栓等突出物时，应采取相应措施保持扶手连贯并保证1.20m的有效宽度。

4.3.4 为防止给走廊上通行的人造成危险，平开门开向走廊时应设凹室，使门扇不在走廊内突出，同时应保证门扇开启端留有0.40m宽的墙垛，方便轮椅使用者使用。

4.3.5 走廊转弯处凸角部分要通过切角或圆弧来保证视线，并使轮椅容易转弯。

4.3.6 由于建筑用地等客观原因产生高差时，应设置平缓坡道。如果公用走廊宽度大于2.40m，可与坡道同时设置踏步。

4.3.7 受气候和身体条件的限制，老年人外出行动不便，社会交往减少，因此，应利用公用走廊增加老年人活动交往空间，创造融洽的邻里关系。

4.4 公用楼梯

4.4.1 考虑到老年人使用拐杖和在他人帮助下行走的情况，公用楼梯的有效宽度应比普通住宅适当加宽。

4.4.2 由于老年人使用楼梯扶手时的手臂用力方向不同，所以应在楼梯两侧设置扶手。

4.4.3 楼梯扶手的高度参照《住宅设计规范》第4.1.3条的规定，考虑到安全的要求，定位0.90m高。如果扶手在中途或端部突然断开，老年人就有可能发生踏空和羁绊等危险，所以扶手应连续设置，并应与走廊扶手相连接。

4.4.4 楼梯上下口的扶手和扶手端部都应保证有0.30m以上的水平部分，扶手端部应向下或向墙壁方向弯曲，以免挂住衣物，发生危险。

4.4.5 老年人的动作不灵活，采用螺旋楼梯或在梯段转折处加设踏步，会使老年人边旋转边上下走动，容易造成踩空等事故，应避免使用这种形式的楼梯。供老年人使用的楼梯每上升1.50m宜设休息平台。为缩短老年人从楼梯跌落时的距离，不宜采用直跑楼梯。

4.4.6 老年人使用的楼梯应比普通楼梯平缓，但踏步太高或太低都不好，（踏步高＋踏步宽×2）的值宜保持在0.70～0.85m之间。在同一楼梯中，如果踏步尺寸发生变化，会给老年人上下楼梯带来困难，也容易发生危险，所以同一楼梯梯段应保证踏步高度和进深一致。

4.4.7 楼梯地面应使用防滑材料，并在踏步边沿处设置防滑条。防滑条如果太厚会有羁绊的危险，因此防滑条和踏面应保持在同一平面上。

4.4.8 老年人视力下降，如果台阶处光线太暗或颜色模糊，会发生羁绊或踏空的危险。因此使用不同颜色和材料区别楼梯踏步和走廊地面，并设置局部照明，以便于看清楚。

4.5 电梯

4.5.1 在多层住宅和公寓中，为使老年人上下楼方便，应设置电梯。老年人居住套型和老年人活动用房应设在电梯停靠层上。在单元式住宅中，如果每单元只设一部电梯，则应在老年人居住的楼层用联廊连通，便于互相交替使用。

4.5.2

1 老年人在家中突发疾病的情况很多，需要及时救助，因此电梯轿厢尺寸应能满足搬运担架所需的最小尺寸。

2 轮椅和担架的最小通过宽度为0.80m。

3 应保证电梯厅有适当的空间，便于老年人和轮椅使用者出入电梯，尤其是当轿厢尺寸小于1.50m×1.50m时，轮椅需要在电梯厅内回转。另外，还要考虑搬运家具和担架等的需要。

4 在轿厢侧壁横向安装的操作板便于坐在轮椅上的人使用。为方便上肢动作不便的老年人使用，最好在轿厢两侧同时安装操作板。

4.5.3 宜选用低速、变频电梯以减小运行中的眩晕感。老年人行动较慢，为避免电梯关门时给老年人造成恐慌和伤害，应采用延时按钮和感应式关门保护装置。

4.5.4 轿厢后壁上设置镜子可以让轮椅使用者不用转身就能看到身后的情况；轿门上设置窥视窗可以让轿厢内外的人在开轿门之前互相看到。这两种措施都可以避免出入电梯的人流冲撞。

4.5.5 由于老年人视力下降，宜配置大型显示器和报层音响装置，用声音通报电梯升降方向和所达楼层。

4.5.6 防水地坎易使老年人出入电梯时发生羁绊，也会给轮椅的通行造成障碍，因此宜采取暗装的防水构造措施。

4.5.7 无论是在电梯出现故障时，还是轿厢内的老年人发生意外，都可通过监控和对讲设备及时发现并采取措施。

4.6 户门、门厅

4.6.1 户门是关系到老年人外出方便与否的重要部位，尤其是对于使用拐杖和轮椅的老年人，宽一些的户门可以方便出入。另外，对老年人实施护理、救助等行动时也需要宽一些的户门可以方便设备进出。

4.6.2 现在很多人有进门换鞋的习惯，因此在户门和门厅处有必要合理安排更衣、换鞋空间，并安装扶手、座凳。

4.6.3 由于住宅装修越来越普遍，常有因装修产生的材质和高差变化，为方便老年人出入，应尽量减少高差。

4.6.4 老年人常常需要外界的帮助和护理，安全性就显得比私密性更重要。老年人居住的套型户门上设置探视窗，可以使护理人员和邻里及时观察到户内的异常情况，从而及时救助。使用平开门时应选用杆式把手，避免选用球形把手。杆式把手应向内侧弯。

4.6.5 在出入户门时，轮椅的脚踏板常常会碰撞门扇，损伤户门，所以应在相应高度安装耐撞击的保护挡板。

4.7 户内过道

4.7.1 过道是连接房间之间的交通空间。老年人随着下肢及视力功能的下降，行动时需要各种辅助设施。为使老年人能借助拐杖、轮椅或他人看护行走，应保证足够的过道宽度。

4.7.2 为保证老年人行走的安全，过道应设连续的扶手。对于一些健康老年人，出于减少依赖性和心理负担的考虑，可以在建房时预留安装扶手的构造，并标明位置，以便在需要时安装。

4.7.3 在大多数情况下，单层设置的扶手就可以满足各类群体的需要。有条件时可设置双层扶手，上层扶手的高度适合老年人站立和行走，下层扶手适合轮椅使用者和儿童使用。

4.7.4 在过道与厨房、卫生间之间有高差时，应使用不同的颜色和材质予以区分，但应注意不要因高差和材质的变化导致羁绊和打滑等情况。

4.8 卫生间

4.8.1 老年人去卫生间的次数较一般人频繁，因此，卫生间应设置在距离老年人卧室近的地方。

4.8.2 老年人使用的卫生间应方便轮椅进出，地面不应有过高的地坎或门轨等突出物。卫生间的地面易积水，地面应采用防水、防滑材料。

4.8.3 轮椅的最小通过宽度为0.80m。

4.8.4 为使老年人在卫生间内发生意外时能得到及时的发现和救助，卫生间的门应能够顺利地打开，应采用推拉门或外开门，并安装可以从外部打开的锁。

4.8.5 扶手的安装位置因老年人衰老和病变的部位

不同而变化。如果预留扶手安装埋件时，埋件位置应留出可变余地（见图4.8.5-1、图4.8.5-2）。

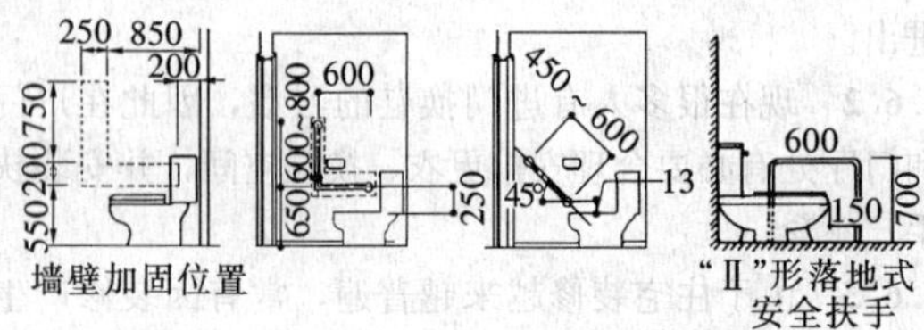

图4.8.5-1 坐便器扶手的预留及安装位置

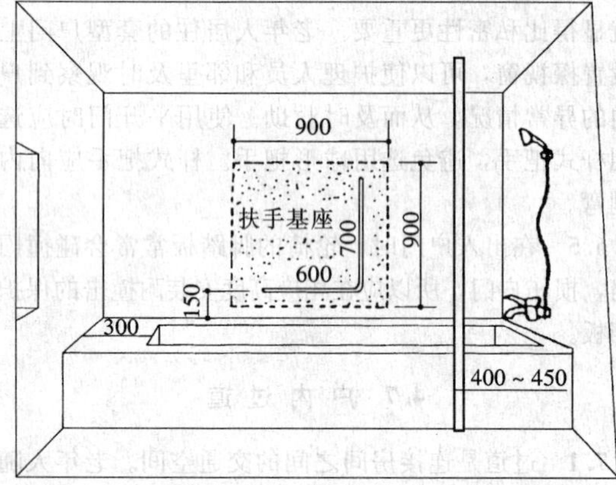

图4.8.5-2 浴盆扶手的预留及安装位置

4.8.6 由于老年人腰腿及腕力功能下降，应选用高度适当的便器和浴缸。浴缸边缘应加宽并设洗浴坐台。洗浴坐台可以固定设置，也可以使用活动装置，当老年人无法独自入浴时，可以较容易地在他人的帮助下洗浴。

4.8.7 洗面台的高度应适当降低，可以让老年人坐着洗脸。洗面台下应留有足够的腿部空间，即使轮椅使用者也可以方便地使用。在洗面台侧面应安装横向扶手，可同时用作毛巾撑杆。

4.9 公用浴室和卫生间

4.9.1 老年人身体机能下降，行动不灵活，公用浴室门口出入的人较多，如有高差和积水等情况，易发生摔倒等事故，因此门洞应适当加宽并选用平整防滑的地面材料。

4.9.2 现在使用轮椅的老年人越来越多，因此在公用浴室和卫生间中应设置供轮椅使用者使用的设施。

4.9.3 由于老年人的腰腿功能下降，因此老年人使用的公用卫生间不应设蹲便器。坐便器的高度应适当，并在坐便器两侧靠前位置设置易于抓握的扶手。

4.9.4 设置较低的挂衣钩适于坐姿的人和轮椅使用者取挂物品。

4.9.5 洗面器下部应留有足够的腿部空间，便于轮椅使用者使用。侧面安装扶手既可以帮助老年人行动，又可以挂放物品（见图4.9.5-1、图4.9.5-2）。

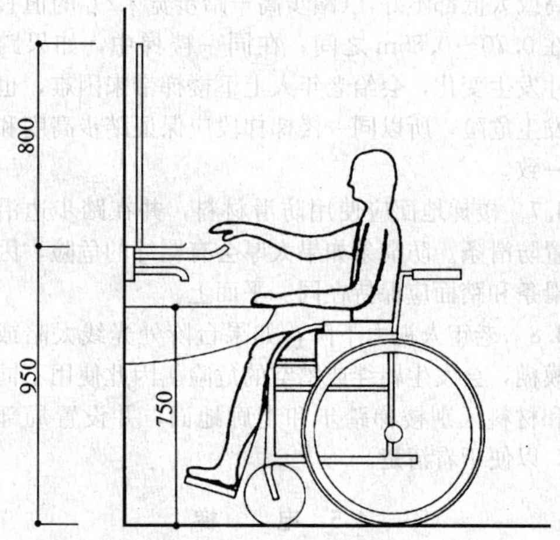

图4.9.5-1 轮椅使用者使用的洗面器

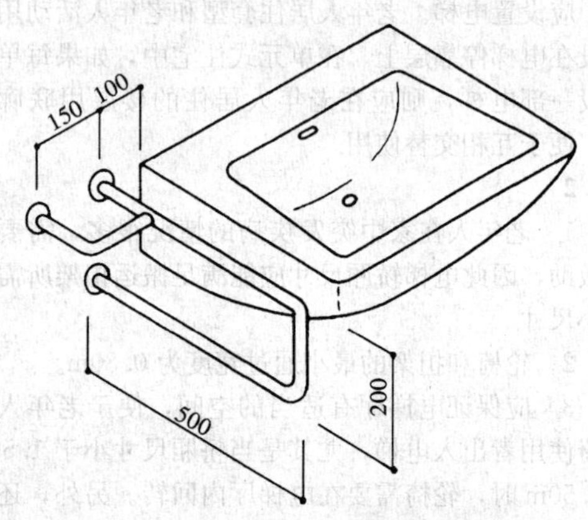

图4.9.5-2 洗面器侧面的扶手

4.9.6 老年人在洗浴时易摔倒，设置座椅和扶手可以使老年人安全舒适地洗浴。浴盆旁应设扶手，方便老年人跨越出入浴盆。

4.9.7 浴盆边缘宜适当加宽，老年人可以坐在浴盆边缘出入。浴盆端部应设洗浴坐台，可以使老年人在他人的帮助下洗浴。

4.10 厨 房

4.10.1 厨房中操作繁多，应充分考虑操作的安全性和方便性。老年人使用的厨房宜适当加大。轮椅使用者使用的厨房应留有轮椅回转面积。

4.10.2 应合理配置洗涤池、灶具、操作台的位置。操作台的安装尺寸以方便老年人和轮椅使用者使用为原则。

4.10.3 厨房中的燃气和明火是最危险的因素，老年人使用的厨房应设置自动报警、关闭燃气装置。

4.11 起 居 室

4.11.1 起居室（有时兼作餐厅）是全家团聚的中心场所，老年人一天中大部分时间在这里度过。为使全家人感觉舒适，应充分考虑布置家具和活动的空间。

4.11.2 老年人经常在起居室、餐厅和厨房之间活动，餐厅、厨房装修后的地面与起居室地面之间应保持平整，避免发生羁绊的危险。

4.11.3 参照《住宅设计规范》第3.2.2条的规定，起居室应能直接采光和自然通风，并宜有良好的视野景观。

4.12 卧 室

4.12.1 卧室是个人休息和放松的重要空间，应保证卧室的面积和舒适度。

4.12.2 随着机体的衰老，老年人行动不方便，常常会在卧室里接受医疗和护理，因此老年人的主卧室宜留有足够的护理空间。

4.12.3 推拉门对于轮椅使用者来说尤其方便。为使老年人在卧室中发生意外时能得到外界的救助，应选用可从外部开启的门锁。

4.13 阳 台

4.13.1 阳台是近在咫尺的户外活动空间，对丰富老年人的生活无疑是非常难得的，阳台作为放松和愉悦心情的空间，应保证其适当的面积。

4.13.2 为防止老年人产生眩晕，减少恐高心理，增加安全感，阳台栏杆的高度比一般住宅的要求略高。

4.13.3 在相邻两户阳台隔墙上宜设可开关的门，在发生紧急情况时老年人可以通过邻室逃生或救护人员可以通过邻室到老人家里救助。

4.13.4 阳台除了用于晾晒衣物以外，还可以用来种植花草和享受日光浴等户外生活。

5 建 筑 设 备

5.1 给 水 排 水

5.1.1 在居住建筑中老年人使用水的频率比其他年龄段的人高，应配备方便的给水排水系统及符合老年人生理、心理特征的设备系统。目前各种局部供热水设备的操作普遍比较复杂，不利于老年人使用，因此，一般情况下宜采用集中热水供应系统，并保证集中热水供应系统出水温度适合老年人简单操作即可使用。

5.1.2 老年人住宅和老年人公寓一般分套出售或者出租，从方便计量科学管理的角度出发，设计时应分别设置冷水表和热水表。

5.1.3 老年人一般睡眠不深，微小的响声都会影响睡眠，因此，应选用流速小，流量控制方便的节水型、低噪声的卫生洁具和给排水配件、管材。

5.1.4 老年人在公用卫生间中往往精神紧张，手忙脚乱。因此，公用卫生间中的水嘴和便器等宜采用触摸式或感应式等自动化程度较高、操作方便的型式，以减少负担。

5.2 采 暖、空 调

5.2.1 集中采暖系统是使用和管理上符合老年人特点和习惯的采暖系统，要求在老年人居住建筑应用。夏热冬冷地区采用临时局部采暖的情况较多，但使用不便而且容易引起事故，本条要求有条件时宜设集中采暖系统。

5.2.2 老年人体质较差，对室内温度要求较高，本条要求各种用房室内采暖计算温度应符合表5.2.2的规定。表中各项指标比一般居住建筑规定略高。

5.2.3 散热器常常成为房间中凸出的障碍物，造成老年人行动不便或者碰伤事故，因此主张暗装。地板采暖既没有凸出的散热器，而且暖气从脚下上升，符合老年人生理要求，有条件时宜采用。

5.2.4 参照《住宅设计规范》第6.4.5条的规定，最热月平均室外气温高于和等于25℃地区的老年人居住建筑应预留空调设备的位置和条件。由于老年人体质弱，抵抗气温变化能力差，本标准要求相应地区的老年人住宅应预留空调设备的位置和条件，其他老年人居住建筑的空调设备宜一次安装到位。老年人温度感知能力下降，冷风直接吹向人体会导致老年人受凉感冒或者引发关节疼痛，需在设计时注意。

5.3 电 气

5.3.1 用电安全是老年人住宅和老年人公寓设计中应特别注意的问题，明装电气系统容易受到各种破坏导致漏电，所以应采用埋管暗敷，应每套设电度表以便计量管理，分套设配电箱并设置短路保护有利于电路控制与维修，并且有效控制各种电气线路事故。

5.3.2 人体皮肤潮湿时阻抗下降，沿金属管道传导的较小电压即可引起电击伤亡事故。在老年人居住建筑中医疗用房和卫生间等房间做局部等电位联结，可使房间处于同一电位，防止出现危险的接触电压。

5.3.3 老年人因视力障碍和手脚不灵活等问题常常在寻找电气开关时发生困难或危险，因此需要采用带指示灯的宽板开关。当过道距离长时，安装多点控制开关可以避免老年人关灯后在黑暗的走廊中行走。在浴室、厕所采用延时开关可帮助老人安全返回卧室。开关离地高度在1.10m左右是老年人最顺手的地方。

5.3.4 脚灯作为夜间照明用灯，既不会产生眩光，又能使老年人在夜间活动时减少羁绊和摔倒等危险。在厨房操作台和洗涤池前常会使用玻璃器皿和刀具，老年人的视力减弱，因此增加局部照明可以减少被划伤的危险。

5.3.5 老年人居住建筑公共部位的照明质量，关系到老年人行动方便与安全。一般的开关除了使用不便外容易产生"长明灯"，造成灯具寿命短，中断照明现象严重。因此除电梯厅和应急照明外，均应采用节能自熄开关。

5.3.6 老年人居住建筑中如果电气插座的数量和位置不合理。容易造成拉明线甚至出现妨碍老年人活动的各种"飞线"，是电气火灾或绊倒老年人的隐患。本条要求老年人住宅和老年人公寓的卧室、起居室内应设置足够数量的插座；卫生间内应设置不少于一组的防溅型三极插座。其他主要电气设备的对应位置应设置插座；其他老年人设施中宜每床位设置一个插座。公用卫生间、公用厨房应对应用电器具位置设置插座。

5.3.7 起居室和卧室内电器用具较多，一般插座距地 0.40m 左右，老年人弯腰使用有困难，因此应在较高的位置设置安全插座，方便老年人使用。

5.3.8 电话已经成为我国人民生活的必需品，特别是老年人行动不便，电话是其对外交流的重要工具，各方人士也可通过电话对老年人进行照顾，并提供各种服务，因此老年人住宅和老年人公寓应每套设置一个以上电话终端出线口。其他老年人设施中宜每间卧室设一个电话终端出线口。

5.3.9 有线电视在我国已经十分普及，根据老年人居住实态调查，在家中看电视是老年人居住生活中最重要的活动之一。本条要求卧室、起居室、活动室应设置有线电视终端插座。

5.4 燃 气

5.4.1 使用燃气烹饪最符合我国老年人家庭的饮食要求，预计在老年人住宅、老年人公寓中燃气将继续作为主要燃料，因此每套住宅或公寓至少按一台双眼灶具计算用量并设燃气表独立计量。

5.4.2 为了防止燃气泄漏并引起爆炸和火灾，要求老年人居住建筑的厨房、公用厨房中燃气管应明装。

5.5 安全报警

5.5.1 老年人由于操作燃具失误较多，而且反应迟钝，难以及时发现燃气泄漏，十分危险，因此要求以燃气为燃料的厨房、公用厨房，应设燃气泄漏报警装置。同时由于老年人反应能力和救险能力弱，因此要求燃气泄漏报警装置采用户外报警式，将蜂鸣器安装在户门外以便其他人员帮助。

5.5.2 及时发现老年人出现的各种突发事故并及时救助，是老年人居住建筑的重要功能，目前各种先进的手段越来越多，但最基本的是在居室、浴室、厕所设紧急报警求助按钮以及在养老院、护理院等床头设呼叫信号装置，并把呼叫信号直接送至有关管理部门。有条件时，老年人住宅和老年人公寓中宜设生活节奏异常的感应装置，这种装置能及时反映老年人生活节奏异常，如上厕所间隔时间过长，在卧室时间过长等等，并立即报告有关人员，以便及时采取救助措施。

6 室 内 环 境

6.1 采 光

6.1.1 老年人视力减退，睡眠时间减少，对时光极其珍惜，往往偏爱明亮的房间。因此，居住建筑的主要用房应充分利用天然采光，有益于身体健康，给老年人更多的光明和未来。

6.1.2 为了保证老年人居住建筑的主要用房有充分的天然采光，根据国内外相关资料，提出表 6.1.2 的规定，要求保证各房间的窗地比低限值。该比值比一般居住建筑要求略高。

6.1.3 根据 6.1.2 的规定，活动室的窗地比要求较高，同时活动室面积较大，一般的朝向和单向布置难以满足要求，因此宜选择有两个采光方向的位置。

6.2 通 风

6.2.1 老年人居住建筑中的卧室、起居室、活动室、医务诊室、办公室等用房和走廊、楼梯间等是老年经常活动的空间，因此，应采用自然通风，以便老年人在自然环境中自由呼吸空气。

6.2.2 受条件限制，卫生间、公用浴室等私密性较强的房间有时不能自然通风，所以允许采用机械通风；厨房和治疗室仅靠自然通风往往不能满足快速排除污染空气的要求，因此要求同时设机械排风装置。

6.2.3 老年人住宅、老年人公寓的厨房及采用机械通风的浴室、卫生间等在进行机械排气时，需要由门进风，以便保持负压，有利于整套房子的气流组织。因此要求这些房间的门下部应设有效开口面积大于 $0.02m^2$ 的固定百叶或不小于 30mm 的缝隙以利进风。

6.3 隔 声

6.3.1 老年人睡眠较轻，易受干扰，在休息时需要较安静的环境。因此，有效控制老年人居住建筑的环境噪声对老年人的健康是非常重要的。

6.3.2 《住宅设计规范》要求分户墙、楼板的空气声的计权隔声量应大于或等于 40dB；本标准考虑老年人对空气噪声干扰的心理承受能力较弱，提高标准，定为大于或等于 45dB。对楼板的计权标准撞击声压级的规定与《住宅设计规范》一致，要求小于或等于 75dB。

6.3.3 电梯、热水炉等设备间及公用浴室等是老年人居住建筑中产生噪声最严重的地方，电梯的升降振动声音，热水炉的蒸汽排气声等对卧室、起居室的干扰极大地影响老年人的身心健康。一般的隔声、减震措施效果不佳。因此规定这些房间不应相互紧邻布置。

6.3.4 根据老年人居住实态调查，普遍反映受到门窗的开启声、卫生洁具给排水噪声、厨房或卫生间换气装置的振动声音等干扰。本条要求在选定门窗开启形式及其他设备时要选择低噪声的形式。同时对安装部位，应考虑减少噪声对卧室的影响，特别应远离睡眠区域。

6.4 隔热、保温

6.4.1 老年人居住建筑应保证室内基本的热环境质量，夏热冬冷地区除符合《夏热冬冷地区居住建筑节能设计标准》JGJ134—2001 的有关规定外，在设计中还应注重建筑布置向阳、避风，保证主要居室有充足的日照，以利于冬季保温；避免东、西晒，合理组织自然通风，以利夏季隔热、防热。严寒和寒冷地区除符合《民用建筑节能设计标准（采暖居住建筑部分)》JGJ26 的有关规定外，还应注重建筑节能设计，建筑体型应简洁，体型系数不宜大于 0.3。

6.4.2 阳光是保障老年人身心健康的重要条件，在具体设计中，应尽量选择好朝向、好的建筑平面布置以创造具有良好日照条件的居住空间。另外，从节能的原则出发，老年人居住建筑的卧室、起居室一般不宜朝西开窗，但在特殊场地或特殊建筑体型的情况下，西窗需采取遮阳和防寒措施。屋顶和西向外墙还应采取隔热措施，保证传热系数符合要求。

6.5 室内装修

6.5.1 与普通住宅不同，老年人居住建筑的室内装修设计需要专业设计，大量的装修项目关系到老年人的生命安全和生理、心理健康。而且室内装修设计必须与建筑设计统一协调，否则无法全面体现建筑对老年人关怀的思想，因此，要求采用一次到位的设计方式，不应采用提供空壳由住户二次装修的设计方案。

6.5.2 老年人行动不便，常常扶着墙走，搬动物体时由于年老体衰经常碰壁。所以室内墙面应采用耐碰撞、易擦拭的装修材料。同时室内通道阳角部位宜做成圆角或切角墙面，以免碰撞脱落。

6.5.3 老年人身体平衡功能较差，室内地面略有不平或太滑容易引起事故。卧室、起居室、活动室采用木地板或有弹性的塑胶板还可避免走动时发出噪声，特别是防止持拐杖者走路发出的声音对左邻右舍的影响；厨房、卫生间及走廊等公用部位用水频繁，而且经常需清扫，因此需采用清扫方便和防滑的地砖。

6.5.4 老年人视力减退，对光线的敏感度降低，有色玻璃或反光玻璃容易造成老年人的视觉误差，不利于老年人的身心健康。现在建筑设计中经常使用落地玻璃门窗，易造成错觉发生事故，因此落地玻璃门窗应装配安全玻璃，并在玻璃上设有醒目标示或图案。

6.5.5 老年人身体各方面机能衰退，多有疾病。机体出现异常或病变后，常常可以通过粪便等排出物的异常状况反映出来，因此，老年人使用的卫生洁具宜选用白色，易于及时发现老年人的病情，并易于清洁。

6.5.6 根据老年人居住实态调查，多数老人有保留某种旧物的习惯，而且存量较大，这些旧物对他人的生活会有不良影响，而对老人自己却十分宝贵，因此在养老院、护理院等采用集体居住的建筑中，应设老年人专用储藏室，并且保证人均有足够的面积。卧室内应设每人分隔使用的壁柜，设置高度应在 1.50m 以下，便于老年人频繁使用。

6.5.7 在老年人居住建筑的各类用房、楼梯间、台阶、坡道等处设置的各类标志和标注经常结合室内装修，过于突出装饰效果，不符合老年人生理、心理要求。本条要求强调功能作用，达到醒目、易识别，正确指引老人，方便生活的目的。

中华人民共和国国家标准

养老设施建筑设计规范

Design code for buildings of elderly facilities

GB 50867—2013

主编部门：中华人民共和国住房和城乡建设部
批准部门：中华人民共和国住房和城乡建设部
施行日期：2 0 1 4 年 5 月 1 日

中华人民共和国住房和城乡建设部
公　　告

第142号

住房城乡建设部关于发布国家标准《养老设施建筑设计规范》的公告

现批准《养老设施建筑设计规范》为国家标准，编号为GB 50867－2013，自2014年5月1日起实施。其中，第3.0.7、5.2.1条为强制性条文，必须严格执行。

本规范由我部标准定额研究所组织中国建筑工业出版社出版发行。

中华人民共和国住房和城乡建设部

2013年9月6日

前　　言

根据原建设部《关于印发〈2004年工程建设国家标准规范制定、修订计划〉的通知》（建标［2004］67号）和住房和城乡建设部《关于同意哈尔滨工业大学主编养老设施建筑设计规范》（建标标函［2010］3号）的要求，规范编制组经广泛调查研究，认真总结实践经验，参考有关国际标准和国外先进标准，并在广泛征求意见的基础上，编制本规范。

本规范的主要技术内容是：1. 总则；2. 术语；3. 基本规定；4. 总平面；5. 建筑设计；6. 安全措施；7. 建筑设备。

本规范中以黑体字标志的条文为强制性条文，必须严格执行。

本规范由住房和城乡建设部负责管理和对强制性条文的解释，由哈尔滨工业大学负责具体技术内容的解释。执行过程中如有意见或建议，请寄送哈尔滨工业大学国家标准《养老设施建筑设计规范》编制组（地址：哈尔滨市南岗区西大直街66号建筑学院1505信箱，邮编：150001）。

本规范主编单位：哈尔滨工业大学

本规范参编单位：上海市建筑建材业市场管理总站
上海现代建筑设计（集团）有限公司
上海建筑设计研究院有限公司
河北建筑设计研究院有限责任公司
中南建筑设计院股份有限公司
华通设计顾问工程有限公司
中国建筑西北设计研究院有限公司
华侨大学
全国老龄工作委员会办公室
苏州科技学院设计研究院有限公司
北京来博颐康投资管理有限公司

本规范参加单位：雍柏荟老年护养（杭州）有限公司

本规范主要起草人员：常怀生　郭　旭　王大春　崔永祥　蒋群力　俞　红　王仕祥　陆　明　卫大可　邢　军　于　戈　安　军　李　清　梁龙波　余　倩　李健红　陈　旸　陈华宁　施　勇　殷　新　唐振兴　苏志钢　李桂文　邹广天

本规范主要审查人员：黄天其　陈伯超　刘东卫　孟建民　李邦华　沈立洋　周燕珉　王　镛　赵　伟　陆　伟　全珞峰　张　陆

目　次

Contents

1 总 则

1.0.1 为适应我国养老设施建设发展的需要，提高养老设施建筑设计质量，使养老设施建筑适应老年人体能变化和行为特征，制定本规范。

1.0.2 本规范适用于新建、改建和扩建的老年养护院、养老院和老年日间照料中心等养老设施建筑设计。

1.0.3 养老设施建筑应以人为本，以尊重和关爱老年人为理念，遵循安全、卫生、适用、经济的原则，保证老年人基本生活质量，并按养老设施的服务功能、规模等进行分类分级设计。

1.0.4 养老设施建筑设计除应符合本规范外，尚应符合国家现行有关标准的规定。

2 术 语

2.0.1 养老设施 elderly facilities

为老年人提供居住、生活照料、医疗保健、文化娱乐等方面专项或综合服务的建筑通称，包括老年养护院、养老院、老年日间照料中心等。

2.0.2 老年养护院 nursing home for the aged

为介助、介护老年人提供生活照料、健康护理、康复娱乐、社会工作等服务的专业照料机构。

2.0.3 养老院 home for the aged

为自理、介助和介护老年人提供生活照料、医疗保健、文化娱乐等综合服务的养老机构，包括社会福利院的老人部、敬老院等。

2.0.4 老年日间照料中心 day care center for the aged

为以生活不能完全自理、日常生活需要一定照料的半失能老年人为主的日托老年人提供膳食供应、个人照顾、保健康复、娱乐和交通接送等日间服务的设施。

2.0.5 养护单元 nursing unit

为实现养护职能、保证养护质量而划分的相对独立的服务分区。

2.0.6 亲情居室 living room for family members

供入住老年人与前来探望的亲人短暂共同居住的用房。

2.0.7 自理老人 self-helping aged people

生活行为基本可以独立进行，自己可以照料自己的老年人。

2.0.8 介助老人 device-helping aged people

生活行为需依赖他人和扶助设施帮助的老年人，主要指半失能老年人。

2.0.9 介护老人 under nursing aged people

生活行为需依赖他人护理的老年人，主要指失智和失能老年人。

3 基 本 规 定

3.0.1 各类型养老设施建筑的服务对象及基本服务配建内容应符合表3.0.1的规定。其中，场地应包括道路、绿地和室外活动场地及停车场等；附属设施应包括供电、供暖、给排水、污水处理、垃圾及污物收集等。

表 3.0.1 养老设施建筑的服务对象及基本服务配建内容

养老设施	服务对象	基本服务配建内容
老年养护院	介助老人、介护老人	生活护理、餐饮服务、医疗保健、康复娱乐、心理疏导、临终关怀等服务用房、场地及附属设施
养老院	自理老人、介助老人、介护老人	生活起居、餐饮服务、医疗保健、文化娱乐等综合服务用房、场地及附属设施
老年日间照料中心	介助老人	膳食供应、个人照顾、保健康复、娱乐和交通接送等服务用房、场地及附属设施

3.0.2 养老设施建筑可按其配置的床位数量进行分级，且等级划分宜符合表3.0.2的规定。

表 3.0.2 养老设施建筑等级划分

规模 / 设施 / 等级	老年养护院（床）	养老院（床）	老年日间照料中心（人）
小型	≤100	≤150	≤40
中型	101～250	151～300	41～100
大型	251～350	301～500	—
特大型	>350	>500	—

3.0.3 对于为居家养老者提供社区关助服务的社区老年家政服务、医疗卫生服务、文化娱乐活动等养老设施建筑，其建筑设计宜符合本规范的相关规定。

3.0.4 养老设施建筑基地应选择在工程地质条件稳定、日照充足、通风良好、交通方便、临近公共服务设施且远离污染源、噪声源及危险品生产、储运的区域。

3.0.5 养老设施建筑宜为低层或多层，且独立设置。小型养老设施可与居住区中其他公共建筑合并设置，其交通系统应独立设置。

3.0.6 养老设施建筑中老年人用房的主要房间的采光窗洞口面积与该房间楼（地）面面积之比宜符合表3.0.6的规定。

表 3.0.6 老年人用房的主要房间的采光窗洞口面积与该房间楼（地）面面积之比

房间名称	窗地面积之比
活动室	1∶4
起居室、卧室、公共餐厅、医疗用房、保健用房	1∶6
公用厨房	1∶7
公用卫生间、公用沐浴间、老年人专用浴室	1∶9

3.0.7 二层及以上楼层设有老年人的生活用房、医疗保健用房、公共活动用房的养老设施应设无障碍电梯，且至少1台为医用电梯。

3.0.8 养老设施建筑的地面应采用不易碎裂、耐磨、防滑、平整的材料。

3.0.9 养老设施建筑应进行色彩与标识设计，且色彩柔和温暖，标识应字体醒目、图案清晰。

3.0.10 养老设施建筑中老年人用房建筑耐火等级不应低于二级，且建筑抗震设防标准应按重点设防类建筑进行抗震设计。

3.0.11 养老设施建筑及其场地均应进行无障碍设计，并应符合现行国家标准《无障碍设计规范》GB 50763的规定，无障碍设计具体部位应符合表3.0.11的规定。

表 3.0.11 养老设施建筑及其场地无障碍设计的具体部位

室外场地	道路及停车场	主要出入口、人行道、停车场
	广场及绿地	主要出入口、内部道路、活动场地、服务设施、活动设施、休憩设施
建筑	出入口	主要出入口、入口门厅
	过厅和通道	平台、休息厅、公共走道
	垂直交通	楼梯、坡道、电梯
	生活用房	卧室、起居室、休息室、亲情居室、自用卫生间、公用卫生间、公用厨房、老年人专用浴室、公用沐浴间、公共餐厅、交往厅
	公共活动用房	阅览室、网络室、棋牌室、书画室、健身室、教室、多功能厅、阳光厅、风雨廊
	医疗保健用房	医务室、观察室、治疗室、处置室、临终关怀室、保健室、康复室、心理疏导室

3.0.12 养老设施建筑应进行节能设计，并应符合现行国家相关标准的规定。夏热冬冷地区及夏热冬暖地区老年人用房地面应避免出现返潮现象。

4 总平面

4.0.1 养老设施建筑总平面应根据养老设施的不同类别进行合理布局，功能分区、动静分区应明确，交通组织应便捷流畅，标识系统应明晰、连续。

4.0.2 老年人居住用房和主要公共活动用房应布置在日照充足、通风良好的地段，居住用房冬至日满窗日照不宜小于2h。公共配套服务设施宜与居住用房就近设置。

4.0.3 养老设施建筑的主要出入口不宜开向城市主干道。货物、垃圾、殡葬等运输宜设置单独的通道和出入口。

4.0.4 总平面内的道路宜实行人车分流，除满足消防、疏散、运输等要求外，还应保证救护车辆通畅到达所需停靠的建筑物出入口。

4.0.5 总平面内应设置机动车和非机动车停车场。在机动车停车场距建筑物主要出入口最近的位置上应设置供轮椅使用者专用的无障碍停车位，且无障碍停车位应与人行通道衔接，并应有明显的标志。

4.0.6 除老年养护院外，其他养老设施建筑的总平面内应设置供老年人休闲、健身、娱乐等活动的室外活动场地，并应符合下列规定：

1 活动场地的人均面积不应低于1.20m^2；

2 活动场地位置宜选择在向阳、避风处，场地范围应保证有1/2的面积处于当地标准的建筑日照阴影之外；

3 活动场地表面应平整，且排水畅通，并采取防滑措施；

4 活动场地应设置健身运动器材和休息座椅，宜布置在冬季向阳、夏季遮荫处。

4.0.7 总平面布置应进行场地景观环境和园林绿化设计。绿化种植宜乔灌木、草地相结合，并宜以乔木为主。

4.0.8 总平面内设置观赏水景的水池水深不宜大于0.6m，并应有安全提示与安全防护措施。

4.0.9 老年人集中的室外活动场地附近应设置公共厕所，且应配置无障碍厕位。

4.0.10 总平面内应设置专用的晒衣场地。当地面布置困难时，晒衣场地也可布置在上人屋面上，并应设置门禁和防护设施。

5 建筑设计

5.1 用房设置

5.1.1 养老设施建筑应设置老年人用房和管理服务

用房，其中老年人用房应包括生活用房、医疗保健用房、公共活动用房。不同类型养老设施建筑的房间设置宜符合表 5.1.1 的规定。

表 5.1.1　不同类型养老设施建筑的房间设置

房间类别			用房配置	老年养护院	养老院	老年日间照料中心	备注
老年人用房	生活用房	居住用房	卧室	□	□	○	—
			起居室	—	○	△	
			休息室	—	—	□	—
			亲情居室	△	△	—	附设专用卫浴、厕位设施
		生活辅助用房	自用卫生间	△	□	○	—
			公用卫生间	□	□	□	—
			公用沐浴间	□	—	□	附设厕位
			公用厨房	—	△	—	—
			公共餐厅	□	□	□	可兼活动室，并附设备餐间
			自助洗衣间	△	△	—	—
			开水间	□	□	—	—
			护理站	□	□	○	附设护理员值班室、储藏间，并设独立卫浴
			污物间	□	□	○	—
			交往厅	□	□	○	—
		生活服务用房	老年人专用浴室	—	△	—	附设厕位
			理发室	□	□	△	—
			商店	△/○	△/○	—	中型及以上宜设置
			银行、邮电、保险代理	△/○	△/○	—	大型、特大型宜设置
	医疗保健用房	医疗用房	医务室	□	□	○	—
			观察室	△	△	—	中型、大型、特大型应设置
			治疗室	△	△	—	大型、特大型宜设置
			检验室	△	△	—	大型、特大型宜设置
			药械室	□	□	—	—
			处置室	□	□	—	—
			临终关怀室	△	△	—	大型、特大型应设置
		保健用房	保健室	□	△	△	—
			康复室	□	△	△	—
			心理疏导室	△	△	△	—

续表 5.1.1

房间类别			用房配置	老年养护院	养老院	老年日间照料中心	备注
老年人用房	公共活动用房	活动室	阅览室	○	△	△	—
			网络室	○	△	△	—
			棋牌室	□	□	□	—
			书画室	○	△	△	—
			健身室	—	□	△	—
			教室	○	△	△	—
		多功能厅		△	△	○	—
		阳光厅/风雨廊		△	△	—	—
管理服务用房		总值班室		□	□	—	—
		入住登记室		□	□	△	—
		办公室		□	□	□	—
		接待室		□	□	—	—
		会议室		△	△	○	—
		档案室		□	□	△	—
		厨房		□	□	□	—
		洗衣房		□	□	△	—
		职工用房		□	□	□	可含职工休息室、职工沐浴间、卫生间、职工食堂
		备品库		□	□	△	—
		设备用房		□	□	□	—

注：表中□为应设置；△为宜设置；○为可设置；—为不设置。

5.1.2　养老设施建筑各类用房的使用面积不宜小于表 5.1.2 的规定。旧城区养老设施改建项目的老年人生活用房的使用面积不应低于表 5.1.2 的规定，其他用房的使用面积不应低于表 5.1.2 规定的 70%。

表 5.1.2　养老设施建筑各类用房最小使用面积指标

用房类别		老年养护院（m²/床）	养老院（m²/床）	老年日间照料中心（m²/人）	备注
老年人用房	生活用房	12.0	14.0	8.0	不含阳台
	医疗保健用房	3.0	2.0	1.8	—
	公共活动用房	4.5	5.0	3.0	不含阳光厅/风雨廊
管理服务用房		7.5	6.0	3.2	—

注：对于老年日间照料中心的公共活动用房，表中的使用面积指标是指独立设置时的指标；当公共活动用房与社区老年活动中心合并设置时，可以不考虑其面积指标。

5.1.3　老年养护院、养老院的老年人生活用房中的居住用房和生活辅助用房宜按养护单元设置，且老年养护院养护单元的规模宜不大于 50 床；养老院养护单元的规模宜为（50～100）床；失智老年人的养护单元宜独立设置，且规模宜为10床。

5.2 生 活 用 房

5.2.1 老年人卧室、起居室、休息室和亲情居室不应设置在地下、半地下，不应与电梯井道、有噪声振动的设备机房等贴邻布置。

5.2.2 老年人居住用房应符合下列规定：

1 老年养护院和养老院的卧室使用面积不应小于6.00m²/床，且单人间卧室使用面积不宜小于10.00m²，双人间卧室使用面积不宜小于16.00m²；

2 居住用房内应设每人独立使用的储藏空间，单独供轮椅使用者使用的储藏柜高度不宜大于1.60m；

3 居住用房的净高不宜低于2.60m；当利用坡屋顶空间作为居住用房时，最低处距地面净高不应低于2.20m，且低于2.60m高度部分面积不应大于室内使用面积的1/3；

4 居住用房内宜留有轮椅回转空间，床边应留有护理、急救操作空间。

5.2.3 老年养护院每间卧室床位数不应大于6床；养老院每间卧室床位数不应大于4床；老年日间照料中心老年人休息室宜为每间4人～8人；失智老年人的每间卧室床位数不应大于4床，并宜进行分隔。

5.2.4 失智老年人用房的外窗可开启范围内应采取防护措施，房间门应采用明显颜色或图案进行标识。

5.2.5 老年养护院和养老院的老年人居住用房宜设置阳台，并应符合下列规定：

1 老年养护院相邻居住用房的阳台宜相连通；

2 开敞式阳台栏杆高度不低于1.10m，且距地面0.30m高度范围内不宜留空；

3 阳台应设衣物晾晒装置；

4 开敞式阳台应做好雨水遮挡及排水措施；严寒及寒冷地区、多风沙地区宜设封闭阳台；

5 介护老年人中失智老年人居住用房宜采用封闭阳台。

5.2.6 老年人自用卫生间的设置应与居住用房相邻，并应符合下列规定：

1 养老院的老年人自用卫生间应满足老年人盥洗、便溺、洗浴的需要；老年养护院、老年日间照料中心的老年人自用卫生间应满足老年人盥洗、便溺的需要；卫生洁具宜采用浅色；

2 自用卫生间的平面布置应留有助厕、助浴等操作空间；

3 自用卫生间宜有良好的通风换气措施；

4 自用卫生间与相邻房间室内地坪不应有高差，地面应选用防滑耐磨材料。

5.2.7 老年人公用厨房应具备天然采光和自然通风条件。

5.2.8 老年人公共餐厅应符合下列规定：

1 公共餐厅的使用面积应符合表5.2.8的规定；

2 老年养护院、养老院的公共餐厅宜结合养护单元分散设置；

3 公共餐厅应使用可移动的、牢固稳定的单人座椅；

4 公共餐厅布置应能满足供餐车进出、送餐到位的服务，并应为护理员留有分餐、助餐空间；当采用柜台式售饭方式时，应设有无障碍服务柜台。

表5.2.8 养老设施建筑的公共餐厅使用面积（m²/座）

老年养护院	1.5～2.0
养老院	1.5
老年日间照料中心	2.0

注：1 老年养护院公共餐厅的总座位数按总床位数的60%测算；养老院公共餐厅的总座位数按总床位数的70%测算；老年日间照料中心的公共餐厅座位数按被照料老人总人数测算。

2 老年养护院的公共餐厅使用面积指标，小型取上限值，特大型取下限值。

5.2.9 老年人公用卫生间应与老年人经常使用的公共活动用房同层、邻近设置，并宜有天然采光和自然通风条件。老年养护院、养老院的每个养护单元内均应设置公用卫生间。公用卫生间洁具的数量应按表5.2.9确定。

表5.2.9 公用卫生间洁具配置指标（人/每件）

洁具	男	女
洗手盆	≤15	≤12
坐便器	≤15	≤12
小便器	≤12	—

注：老年养护院和养老院公用卫生间洁具数量按其功能房间所服务的老人数测算；老年日间照料中心的公用卫生间洁具数量按老人总数测算，当与社区老年活动中心合并设置时应相应增加洁具数量。

5.2.10 老年人专用浴室、公用沐浴间设置应符合下列规定：

1 老年人专用浴室宜按男女分别设置，规模可按总床位数测算，每15个床位应设1个浴位，其中轮椅使用者的专用浴室不应少于总床位数的30%，且不应少于1间；

2 老年日间照料中心，每15～20个床位宜设1间具有独立分隔的公用沐浴间；

3 公用沐浴间内应配备老年人使用的浴槽（床）或洗澡机等助浴设施，并应留有助浴空间；

4 老年人专用浴室、公用沐浴间均应附设无障碍厕位。

5.2.11 老年养护院和养老院的每个养护单元均应设护理站，且位置应明显易找，并宜适当居中。

5.2.12 养老设施建筑内宜每层设置或集中设置污物间，且污物间应靠近污物运输通道，并应有污物处理及消毒设施。

5.2.13 理发室、商店及银行、邮电、保险代理等生活服务用房的位置应方便老年人使用。

5.3 医疗保健用房

5.3.1 医疗用房中的医务室、观察室、治疗室、检验室、药械室、处置室，应按现行行业标准《综合医院建筑设计规范》JGJ 49执行，并应符合下列规定：

1 医务室的位置应方便老年人就医和急救；

2 除老年日间照料中心外，小、中型养老设施建筑宜设观察床位；大型、特大型养老设施建筑应设观察室；观察床位数量应按总床位数的 1%～2%设置，并不应少于2床；

3 临终关怀室宜靠近医务室且相对独立设置，其对外通道不应与养老设施建筑的主要出入口合用。

5.3.2 保健用房设计应符合下列规定：

1 保健室、康复室的地面应平整，表面材料应具弹性，房间平面布局应适应不同康复设施的使用要求；

2 心理疏导室使用面积不宜小于 10.00m²。

5.4 公共活动用房

5.4.1 公共活动用房应有良好的天然采光与自然通风条件，东西向开窗时应采取有效的遮阳措施。

5.4.2 活动室的位置应避免对老年人卧室产生干扰，平面及空间形式应适合老年人活动需求，并应满足多功能使用的要求。

5.4.3 多功能厅宜设置在建筑首层，室内地面应平整并设休息座椅，墙面和顶棚宜做吸声处理，并应邻近设置公用卫生间及储藏间。

5.4.4 严寒、寒冷地区的养老设施建筑宜设置阳光厅。多雨地区的养老设施建筑宜设置风雨廊。

5.5 管理服务用房

5.5.1 入住登记室宜设置在主要出入口附近，并应设置醒目标识。

5.5.2 老年养护院和养老院的总值班室宜靠近建筑主要出入口设置，并应设置建筑设备设施控制系统、呼叫报警系统和电视监控系统。

5.5.3 厨房应有供餐车停放及消毒的空间，并应避免噪声和气味对老年人用房的干扰。

5.5.4 职工用房应考虑工作人员休息、洗浴、更衣、就餐等需求，设置相应的空间。

5.5.5 洗衣房平面布置应洁、污分区，并应满足洗衣、消毒、叠衣、存放等需求。

6 安全措施

6.1 建筑物出入口

6.1.1 养老设施建筑供老年人使用的出入口不应少于两个，且门应采用向外开启平开门或电动感应平移门，不应选用旋转门。

6.1.2 养老设施建筑出入口至机动车道路之间应留有缓冲空间。

6.1.3 养老设施建筑的出入口、入口门厅、平台、台阶、坡道等应符合下列规定：

1 主要入口门厅处宜设休息座椅和无障碍休息区；

2 出入口内外及平台应设安全照明；

3 台阶和坡道的设置应与人流方向一致，避免迂绕；

4 主要出入口上部应设雨篷，其深度宜超过台阶外缘 1.00m 以上；雨篷应做有组织排水；

5 出入口处的平台与建筑室外地坪高差不宜大于 500mm，并应采用缓步台阶和坡道过渡；缓步台阶踢面高度不宜大于 120mm，踏面宽度不宜小于 350mm；坡道坡度不宜大于 1/12，连续坡长不宜大于 6.00m，平台宽度不应小于 2.00m；

6 台阶的有效宽度不应小于 1.50m；当台阶宽度大于 3.00m 时，中间宜加设安全扶手；当坡道与台阶结合时，坡道有效宽度不应小于 1.20m，且坡道应作防滑处理。

6.2 竖向交通

6.2.1 供老年人使用的楼梯应符合下列规定：

1 楼梯间应便于老年人通行，不应采用扇形踏步，不应在楼梯平台区内设置踏步；主楼梯梯段净宽不应小于 1.50m，其他楼梯通行净宽不应小于 1.20m；

2 踏步前缘应相互平行等距，踏面下方不得透空；

3 楼梯宜采用缓坡楼梯；缓坡楼梯踏面宽度宜为 320mm～330mm，踢面高度宜为 120mm～130mm；

4 踏面前缘宜设置高度不大于 3mm 的异色防滑警示条；踏面前缘向前凸出不应大于 10mm；

5 楼梯踏步与走廊地面对接处应用不同颜色区分，并应设有提示照明；

6 楼梯应设双侧扶手。

6.2.2 普通电梯应符合下列规定：

1 电梯门洞的净宽度不宜小于 900mm，选层按钮和呼叫按钮高度宜为 0.90m～1.10m，电梯入口处宜设提示盲道。

2　电梯轿厢门开启的净宽度不应小于800mm，轿厢内壁周边应设有安全扶手和监控及对讲系统。

3　电梯运行速度不宜大于1.5m/s，电梯门应采用缓慢关闭程序设定或加装感应装置。

6.3　水平交通

6.3.1　老年人经过的过厅、走廊、房间等不应设门槛，地面不应有高差，如遇有难以避免的高差时，应采用不大于1/12的坡面连接过渡，并应有安全提示。在起止处应设异色警示条，临近处墙面设置安全提示标志及灯光照明提示。

6.3.2　养老设施建筑走廊净宽不应小于1.80m。固定在走廊墙、立柱上的物体或标牌距地面的高度不应小于2.00m；当小于2.00m时，探出部分的宽度不应大于100mm；当探出部分的宽度大于100mm时，其距地面的高度应小于600mm。

6.3.3　老年人居住用房门的开启净宽应不小于1.20m，且应向外开启或推拉门。厨房、卫生间的门的开启净宽不应小于0.80m，且选择平开门时应向外开启。

6.3.4　过厅、电梯厅、走廊等宜设置休憩设施，并应留有轮椅停靠的空间。电梯厅兼作消防前室（厅）时，应采用不燃材料制作靠墙固定的休息设施，且其水平投影面积不应计入消防前室（厅）的规定面积。

6.4　安全辅助措施

6.4.1　老年人经过及使用的公共空间应沿墙安装安全扶手，并宜保持连续。安全扶手的尺寸应符合下列规定：

1　扶手直径宜为30mm～45mm，且在有水和蒸汽的潮湿环境时，截面尺寸应取下限值；

2　扶手的最小有效长度不应小于200mm。

6.4.2　养老设施建筑室内公共通道的墙（柱）面阳角应采用切角或圆弧处理，或安装成品护角。沿墙脚宜设350mm高的防撞踢脚。

6.4.3　养老设施建筑主要出入口附近和门厅内，应设置连续的建筑导向标识，并应符合下列规定：

1　出入口标识应易于辨别。且当有多个出入口时，应设置明显的号码或标识图案；

2　楼梯间附近的明显位置处应布置楼层平面示意图，楼梯间内应有楼层标识。

6.4.4　其他安全防护措施应符合下列规定：

1　老年人所经过的路径内不应设置裸放的散热器、开水器等高温加热设备，不应摆设造型锋利和易碎饰品，以及种植带有尖刺和较硬枝条的盆栽；易与人体接触的热水明管应有安全防护措施；

2　公共疏散通道的防火门扇和公共通道的分区门扇，距地0.65m以上，应安装透明的防火玻璃；防火门的闭门器应带有阻尼缓冲装置；

3　养老设施建筑的自用卫生间、公用卫生间门宜安装便于施救的插销，卫生间门上宜留有观察窗口；

4　每个养护单元的出入口应安装安全监控装置；

5　老年人使用的开敞阳台或屋顶上人平台在临空处不应设可攀登的扶手；供老年人活动的屋顶平台女儿墙的护栏高度不应低于1.20m；

6　老年人居住用房应设安全疏散指示标识，墙面凸出处、临空框架柱等应采用醒目的色彩或采取图案区分和警示标识。

7　建筑设备

7.1　给水与排水

7.1.1　养老设施建筑宜供应热水，并宜采用集中热水供应系统。热水配水点出水温度宜为40℃～50℃。热水供应应有控温、稳压装置。有条件采用太阳能的地区，宜优先采用太阳能供应热水。

7.1.2　养老设施建筑应选用节水型低噪声的卫生洁具和给排水配件、管材。

7.1.3　养老设施建筑自用卫生间、公用卫生间、公用沐浴间、老年人专用浴室等应选用方便无障碍使用与通行的洁具。

7.1.4　养老设施建筑的公用卫生间宜采用光电感应式、触摸式等便于操作的水嘴和水冲式坐便器冲洗装置。室内排水系统应畅通便捷。

7.2　供暖与通风空调

7.2.1　严寒和寒冷地区的养老设施建筑应设集中供暖系统，供暖方式宜选用低温热水地板辐射供暖。夏热冬冷地区应配设供暖设施。

7.2.2　养老设施建筑集中供暖系统宜采用不高于95℃的热水作为热媒。

7.2.3　养老设施建筑应根据地区的气候条件，在含沐浴的用房内安装暖气设备或预留安装供暖器件的位置。

7.2.4　养老设施建筑有关房间的室内冬季供暖计算温度不应低于表7.2.4的规定。

表7.2.4　养老设施建筑有关房间的室内冬季供暖计算温度

房间	居住用房	生活辅助用房	含沐浴的用房	生活服务用房	活动室多功能厅	医疗保健用房	管理服务用房
计算温度（℃）	20	20	25	18	20	20	18

7.2.5　养老设施建筑内的公用厨房、自用与公用卫生间，应设置排气通风道，并安装机械排风装置，机

械排风系统应具备防回流功能。

7.2.6 严寒、寒冷及夏热冬冷地区的公用厨房，应设置供房间全面通风的自然通风设施。

7.2.7 严寒、寒冷及夏热冬冷地区的养老设施建筑内，宜设置满足室内卫生要求的机械通风，并宜采用带热回收功能的双向换气装置。

7.2.8 最热月平均室外气温高于25℃地区的养老设施建筑，应设置降温设施。

7.2.9 养老设施建筑内的空调系统应设置分室温度控制措施。

7.2.10 养老设施建筑内的水泵和风机等产生噪声的设备，应采取减振降噪措施。

7.3 建 筑 电 气

7.3.1 养老设施建筑居住用房及公共活动用房宜设置备用照明，并宜采用自动控制方式。

7.3.2 养老设施建筑居住、活动及辅助空间照度值应符合表7.3.2的规定，光源宜选用暖色节能光源，显色指数宜大于80，眩光指数宜小于19。

表7.3.2 养老设施建筑居住、活动及辅助空间照度值

房间名称	居住用房	活动室	卫生间	公用厨房	公共餐厅	门厅走廊
照度值（lx）	200	300	150	200	200	100～150

7.3.3 养老设施建筑居住用房至卫生间的走道墙面距地0.40m处宜设嵌装脚灯。居住用房的顶灯和床头照明宜采用两点控制开关。

7.3.4 养老设施建筑照明控制开关宜选用宽板翘板开关，安装位置应醒目，且颜色应与墙壁区分，高度宜距地面1.10m。

7.3.5 养老设施建筑出入口雨篷底或门口两侧应设照明灯具，阳台应设照明灯具。

7.3.6 养老设施建筑走道、楼梯间及电梯厅的照明，均宜采用节能控制措施。

7.3.7 养老设施建筑的供电电源应安全可靠，宜采用专线配电，供配电系统应简明清晰，供配电支线应采用暗敷设方式。

7.3.8 养老院宜每间（套）设电能计量表，并宜单设配电箱，配电箱内宜设电源总开关，电源总开关应采用可同时断开相线和中性线的开关电器。配电箱内的插座回路应装设剩余电流动作保护器。

7.3.9 养老设施建筑的电源插座距地高度低于1.8m时，应采用安全型电源插座。居住用房的电源插座高度距地宜为0.60m～0.80m；厨房操作台的电源插座高度距地宜为0.90m～1.10m。

7.3.10 养老设施建筑的居住用房、公共活动用房和公共餐厅等应设置有线电视、电话及信息网络插座。

7.3.11 养老设施建筑的公共活动用房、居住用房及卫生间应设紧急呼叫装置。公共活动用房及居住用房的呼叫装置高度距地宜为1.20m～1.30m，卫生间的呼叫装置高度距地宜为0.40m～0.50m。

7.3.12 养老设施建筑以及室外活动场所（地）应设置视频安防监控系统或护理智能化系统。在养老设施建筑的各出入口和单元门、公共活动区、走廊、各楼层的电梯厅、楼梯间、电梯轿厢等场所应设置安全监控设施

7.3.13 安全防护

1 养老设施建筑应做总等电位联结，医疗用房和卫生间应做局部等电位联结；

2 养老设施建筑内的灯具应选用Ⅰ类灯具，线路中应设置PE线；

3 养老设施建筑中的医疗用房宜设防静电接地；

4 养老设施建筑应设置防火剩余电流动作报警系统。

本规范用词说明

1 为便于在执行本规范条文时区别对待，对要求严格程度不同的用词说明如下：

1）表示很严格，非这样做不可的用词：
正面词采用“必须”，反面词采用“严禁”；

2）表示严格，在正常情况下均应这样做的用词：
正面词采用“应”，反面词采用“不应”或“不得”；

3）表示允许稍有选择，在条件许可时首先应这样做的用词：
正面词采用“宜”，反面词采用“不宜”；

4）表示有选择，在一定条件下可以这样做的用词，采用“可”。

2 条文中指明应按其他有关标准执行的写法为：“应符合……的规定”或“应按……执行”。

引用标准名录

1 《无障碍设计规范》GB 50763

2 《综合医院建筑设计规范》JGJ 49

中华人民共和国国家标准

养老设施建筑设计规范

GB 50867—2013

条 文 说 明

制 订 说 明

《养老设施建筑设计规范》GB 50867－2013，经住房和城乡建设部2013年9月6日以第142号公告批准、发布。

本规范制订过程中，编制组进行了广泛深入的调查研究，认真总结了我国不同地区近年来养老设施建设的实践经验，同时参考了国外先进技术法规、技术标准，通过实地调研和广泛征求全国有关单位的意见及多次修改，取得了符合中国国情，可操作性较强的重要技术参数。

为便于广大设计、施工、科研、学校等单位有关人员在使用本规范时能正确理解和执行条文规定，《养老设施建筑设计规范》编制组按章、节、条顺序编制了本规范的条文说明，对条文规定的目的、依据以及执行中需要注意的有关事项进行了说明，还着重对强制性条文的强制性理由做了解释。但是，本条文说明不具备与规范正文同等的法律效力，仅供使用者作为理解和把握规范规定的参考。

目　次

1 总 则

1.0.1 随着我国社会经济的发展，城乡老年人的生活水平和医疗水平不断提高，老年人的寿命呈现出高龄化倾向，家庭模式空巢化现象也显得越来越突出，众多介护老人长期照料护理服务需求日益迫切。据第六次全国人口普查统计显示，我国60岁及以上人口为1.78亿人，占总人口的13.26%，预计到2050年我国老龄化将达到峰值，60岁以上的老年人数量将达到4.37亿人。截止到2009年80岁以上高龄老年人达到1899万人，占全国人口的1.4%，年均增速达5%，快于老龄化的增长速度，也高于世界平均3%的水平。我国城乡老年空巢家庭超过50%，部分大中城市老年空巢家庭达到70%，而各类老年福利机构3.81万个，床位266.2万张，养老床位总数仅占全国老年人口的1.59%，不仅低于发达国家5%～7%的比例，也低于一些发展中国家2%～3%的水平。可见，我国目前已进入老龄化快速发展阶段，关注养老与养老机构建设已是当前最大民生问题之一。中国老龄事业发展"十二五"规划及我国社会养老服务体系"十二五"规划中也针对目前我国老龄化发展的现状，从机构养老、社区养老和居家养老三个方面提出了今后五年的发展建设目标和任务。因此，适时编制养老设施建筑设计规范，为养老设施建筑的设计和管理提供技术依据，以满足当今老年人对社会机构养老的迫切需要，是编制本规范的根本前提和目的。

1.0.2 根据《社会养老服务体系建设规划（2011—2015年）》，我国的社会养老服务体系主要由居家养老、社会养老和机构养老等三个有机部分组成。本规范主要针对机构养老和社区养老设施，机构养老主要包括老年养护院、养老院等，社区养老主要包括老年日间照料中心。由于区域发展和人口结构的变化，出现的将既有建筑改、扩建为养老设施的建筑，如原幼儿园、小学、医院等改造为养老设施项目，其建筑设计可以按本规范执行。

1.0.3 本条提出了养老设施建筑设计的理念、原则。养老设施建筑需要针对自理、介助（即半自理的、半失能的）和介护（即不能自理的、失能的、需全护理的）等不同老年人群体的养老需求及其身体衰退和生理、心理状况以及养护方式，进行个性化、人性化设计，切实保证老年人的基本生活质量。

1.0.4 本条规定是为了明确本标准与相关标准之间的关系。这里的"国家现行有关标准"是指现行的工程建设国家标准和行业标准。与养老设施建筑有关的规划及建筑结构、消防、热工、节能、隔声、照明、给水排水、安全防范、设施设备等设计，除需要执行本规范外，还需要执行其他相关标准。例如《城镇老年人设施规划规范》GB 50437、《建筑设计防火规范》GB 50016、《无障碍设计规范》GB 50763、《老年人社会福利机构基本规范》MZ 008等。

2 术 语

2.0.1 养老设施是专项或综合服务的养老建筑服务设施的通称。为满足不同层次、不同身体状况的老年人的需求，根据养老设施的床位数量、设施条件和综合服务功能，养老设施建筑划分为老年养护院、养老院、老年日间照料中心等。

2.0.2～2.0.4 为使术语反映时代特点，并与相关标准表述内容一致，规定了各类养老设施建筑的内涵。如老年养护院以接待患病或健康条件较差，需医疗保健、康复护理的介助、介护老年人为主。这也与《老年养护院建设标准》建标144－2010中的表述："老年养护院是指为失能老年人提供生活照料、健康护理、康复娱乐、社会工作等服务的专业照料机构"是一致的。养老院为自理、介助、介护老年人提供集中居住和综合服务，它包括社会福利院的老人部、敬老院等。老年日间照料中心通常设置在居住社区中，例如社区的日托所、老年日间护理中心（托老所）等，是一种适合介助老年人的"白天入托接受照顾和参与活动，晚上回家享受家庭生活"的社区居家养老服务新模式。与《社区老年人日间照料中心建设标准》建标143－2010："社区老年人日间照料中心是指为以生活不能完全自理、日常生活需要一定照料的半失能老年人为主的日托老年人提供膳食供应、个人照顾、保健康复、娱乐和交通接送等日间服务的设施"的内容一致。

2.0.5 在老年养护院和养老院中，为便于老年人养护及管理，通常将老年人养护设施分区设置，划分为相对独立的护理单元。养护单元内包括老年人居住用房、餐厅、公共浴室、会见聊天室、心理咨询室、护理员值班室、护士工作室等用房。从消防与疏散角度考虑，养护单元最好与防火分区结合设计。

2.0.6 为了体现对失能老年人的人文关怀，满足入住失能老年人与前来探望的子女短暂居住，共享天伦之乐，感受家庭亲情需要的居住用房。通常养老院和老年养护院设置亲情居室。

2.0.7～2.0.9 根据老年人的身体衰退状况、行为能力特征，根据国家现行有关标准，将老年人按自理老人，介助老人和介护老人等行为状态区分，以科学地、动态地反映老年人的体能变化及行为障碍状态，力求建筑设计充分体现适老性。

3 基 本 规 定

3.0.1 本条规定了养老设施的服务对象及基本服务配置。需要强调的是，养老设施的服务配置应当在适应当前、预留发展、因地制宜的原则指导下，在满足服务功能和社会需求基础上，尽可能综合布设并充分利用社会公共设施。

3.0.2 根据我国民政部颁布的现行行业标准《老年人社会福利机构基本规范》MZ 008，以及建设标准《老年养护院建设标准》建标 144－2010、《社区老年人日间照料中心建设标准》建标143－2010，养老设施可以根据配建和设施规模划分等级。国家和各地的民政部门在养老设施管理规定中将提供居养和护理的养老机构按床位数分级，以便于配置人员和设施。因此，建设标准主要满足养老设施的规划建设和项目投资的需要。本规范根据现行国家标准《城镇老年人设施规划规范》GB 50437 分级设置的规定，并参考国内外养老机构的建设情况，根据养老设施建筑用房配置要求将养老设施中的老年养护院和养老院按其床位数量分为小型、中型、大型和特大型四个等级，主要满足建筑设计的最低技术指标。老年日间照料中心按照社区人口规模 10000 人～15000 人、15000 人～30000 人、30000 人～50000 人分为小型、中型和大型三个等级，按照 2015 年全国老龄化水平的预测值 15.3%，并根据小型、中型和大型的社区老年人日间照料中心的建筑面积分别按照老年人人均房屋建筑面积 $0.26m^2$、$0.32m^2$、$0.39m^2$ 进行估算，则三类的面积规模分别为 $300m^2$～$800m^2$、$800m^2$～$1400m^2$、$1400m^2$～$2000m^2$。同时根据现行国家标准《城镇老年人设施规划规范》GB 50437 中对托老所的配建规模及要求，托老所不应小于 10 床位，每床建筑面积不应小于 $20m^2$。综合以上因素，考虑到老年人日间照料中心多为社区层面的养老设施，且应与其他养老设施的等级划分相协调，因此本规范将老年日间照料中心确定小型和中型两个等级，分别为小于或等于 40 人和 41 人～100 人。

根据以上原则分级，配合规划形成的养老设施网络能够基本覆盖城镇各级居民点，满足老年人使用的需求；其分级的方式也能够与现行国家标准《城市居住区规划设计规范》GB 50180 取得良好的衔接，利于不同层次的设施配套。在实际运作中可以和现有的以民政系统管理为主的老年保障网络相融合，如大型、特大型养老设施与市（地区）级要求基本相同，中型养老设施则相当于规模较大辐射范围较广的区级设施，而小型养老设施则与居住区级的街道和乡镇规模相一致，这样便于民政部门的规划管理。

3.0.3 本规范中的老年养护院、养老院和老年日间照料中心是社会养老机构设施。为适应我国“以家庭养老为基础，以社区养老为依托，以机构养老为支撑”的养老发展模式，社区中为居家养老者提供社区关助服务的养老设施，如老年家政服务中心（站）、老年活动中心（站）、老年医疗卫生服务中心（站）、社区老年学园（大学）等，可以从实际出发独立设置或合设于社区服务中心（站）、社区活动中心（站）、社区医疗服务中心（站）、老年学园（大学）等社区配套的公共服务场所内，并且在条件许可的情况，其建筑设计可以按本规范执行。

3.0.4 养老设施建筑基地选择，一方面要考虑到老年人的生理和心理特点，对阳光、空气、绿化等自然条件要求较高，对气候、风向及周边生活环境敏感度较强等；另一方面还应考虑到老年人出行方便和子女探望的需要，因此基地要选择在工程地质条件稳定、日照充足、通风良好、交通方便、临近公共服务设施及远离污染源、噪声源及危险品生产、储运的区域。

3.0.5 考虑到老年人特殊的体能与行为特征，养老设施建筑宜为低层或多层并独立设置，以便于紧急情况下的救助与疏散，以及减少外界的干扰。受用地等条件所限，社区内的小型养老设施可以与其他公共设施建筑合并设置，但需要具备独立的交通系统，便于安全疏散。

3.0.6 老年人由于长时间生活在室内，因此老年人用房的朝向和阳光就非常重要。本规范规定养老设施建筑主要用房的窗地比，以保证良好朝向和采光。

3.0.7 为了便于老年人日常使用与紧急情况下的抢救与疏散，养老设施的二层及以上楼层设有老年人用房时，需要以无障碍电梯作为垂直交通设施，且至少 1 台能兼作医用电梯，以便于急救时担架或医用床的进出。

3.0.8 为保证老年人的行走安全及方便，对养老设施建筑中的地面材料提出了设计要求，以防止老年人滑倒或因滑倒引起的碰伤、划伤、扭伤等。

3.0.9 考虑到老年人视力、反应能力等不断衰退，强调色彩和标识设计非常必要。色彩柔和、温暖，易引起老年人注意与识别，既提高老年人的感受能力，也从心理上营造了一种温馨和安全感。标识的字和图案都要比一般场所的要大些，方便识别。

3.0.10 针对老年人行动能力弱、自救能力差的特点，专门提出养老设施建筑中老年人用房可按重点公建做好抗震与防火等安全设计。

3.0.11 老年人体能衰退的特征之一，表现在行走机能弱化或丧失，抬腿与迈步行为不便或需靠轮椅等扶助，因此，新建及改扩建养老设施的建筑和场地都需要进行无障碍设计，并且按现行国家标准《无障碍设计规范》GB 50763 执行。本规范对养老设施相应用房设置提出了进行无障碍设计的具体位置，以方便设计与提高养老设施建筑的安全性。

3.0.12 夏热冬冷地区及夏热冬暖地区养老设施的老年人用房的地面，在过渡季节易出现地面湿滑的返潮现象，为防止老年人摔伤，特做此规定。

4 总 平 面

4.0.1 养老设施一般包括生活居住、医疗保健、休闲娱乐、辅助服务等功能，需要按功能关系进行合理布局。明确动静分区，减少干扰。合理组织交通，沿老年人通行路径设置明显、连续的标识和引导系统，以方便老年人使用。

4.0.2 保证养老设施的居住用房和主要公共活动用房充足的日照和良好的通风对老年人身心健康尤为重要。考虑到地域的差异，日照时间按当地城镇规划要求执行，其中老年人的起居室、活动室应满足日照2h，卧室宜满足日照2h。公共配套服务设施与居住用房就近设置，以便服务老年人的日常生活。

4.0.3 城市主干道往往交通繁忙、车速较快，养老设施建筑的主要出入口开向城市主干道时，不利于保证老年人出行安全。货物、垃圾、殡葬等运输最好设置具有良好隔离和遮挡的单独通道和出入口，避免对老年人身心造成影响。

4.0.4 考虑到老年人出行方便和休闲健身等安全，养老设施中道路要尽量做到人车分流，并应当方便消防车、救护车进出和靠近，满足紧急时人群疏散、避难逃生需求，并且应设置明显的标志和导向系统。

4.0.5 考虑介助老年人的需要，在机动车停车场距建筑物主要出入口最近的位置上设置供轮椅使用者专用的无障碍停车位，明显的标志可以起到强化提示的功能。

4.0.6 满足老年人室外活动需求，室外活动场地按人均面积不低于 1.20m^2 计算，且保证一定的日照和场地平整、防滑等条件。根据老年人活动特点进行动静分区，一般将运动项目场地作为动区，设置健身运动器材，并与休憩静区保持适当距离。在静区根据情况进行园林设计，并设置亭、廊、花架、座椅等设施，座椅布置宜在冬季向阳、夏季遮荫处，可便于老年人使用。

4.0.7 为创造良好的景观环境，养老设施建筑总平面需要根据各地情况适宜做好庭院景观绿化设计。

4.0.8 老年人低头观察事物，易发生头晕摔倒事件。因此，养老设施建筑总平面中观赏水景的水深不宜超过 0.60m，且水池周边需要设置栏杆、格栅等防护措施。

4.0.9 根据老年人生理特点，养老设施需要在老年人集中的室外活动场地附近设置便于老年人使用的公共厕所，且考虑轮椅使用者的需要。

4.0.10 为保证老年人身体健康，满足老年人衣服、被褥等清洗晾晒要求，总平面布置时需要设置专用晾晒场地。当室外地面晾衣场地设置困难时，可利用上人屋面作为晾衣场地，但需要设置栏栅、防护网等安全防护设施，防止老年人误入。

5 建筑设计

5.1 用房设置

5.1.1 根据老年人使用情况，养老设施建筑的内部用房可以划分为两大类：即老年人用房和管理服务用房。

老年人用房是指老年人日常生活活动需要使用的房间。根据不同功能又可划分为三类：即生活用房、医疗保健用房、公共活动用房。各类用房的房间在无相互干扰且满足使用功能的前提下可合并设置。

生活用房是老年人的生活起居及为其提供各类保障服务的房间，包括居住用房、生活辅助用房和生活服务用房。其中居住用房包括卧室、起居室、休息室、亲情居室；生活辅助用房包括自用卫生间、公用卫生间、公用沐浴间、公用厨房、公共餐厅、自助洗衣间、开水间、护理站、污物间、交往厅；生活服务用房包括老年人专用浴室、理发室、商店和银行、邮电、保险代理等房间。

医疗保健用房分为医疗用房和保健用房。医疗用房为老年人提供必要的诊察和治疗功能，包括医务室、观察室、治疗室、检验室、药械室、处置室和临终关怀室等房间；保健用房则为老年人提供康复保健和心理疏导服务功能，包括保健室、康复室和心理疏导室。

公共活动用房是为老年人提供文化知识学习和休闲健身交往娱乐的房间，包括活动室、多功能厅和阳光厅（风雨廊）。其中活动室包括阅览室、网络室、棋牌室、书画室、健身室和教室等房间。

管理服务用房是养老设施建筑中工作人员管理服务的房间，主要包括总值班室、入住登记室、办公室、接待室、会议室、档案室、厨房、洗衣房、职工用房、备品库、设备用房等房间。

为提高养老设施建筑用房使用效率，在满足使用功能和相互不干扰的前提下，各类用房可合并设置。

5.1.2 本条面积指标分为两部分。老年养护院、养老院按每床使用面积规定，老年日间照料中心按每人使用面积规定。

老年养护院、养老院的面积指标是参照《城镇老年人设施规划规范》GB 50437 中规定的各级老年护理院、养老院的配建指标，以及《老年养护院建设标准》建标 144－2010 中规定的五类养护院每床建筑面积指标综合确定的，即老年养护院、养老院的每床建筑面积标准为45m^2/床。以上建筑面积标准乘以平均使用系数 0.60，得出每床使用面积标准。又根据《老年养护院建设标准》建标 144－2010 中规定的各类用房使用面积指标，确定老年养护院的各类用房每床使用面积标准。同时根据养老院开展各项工作的实际需求，结合对各地调研数据的认真分析和总结，确定养老院的各类用房使用面积标准。

老年日间照料中心的面积指标是参照《社区老年人日间照料中心建设标准》建标 143－2010 中规定的各类用房使用面积的比例综合确定的。各地可根据实际业务需要在总使用面积范围内适当调整。

5.1.3 为便于为老年人提供各项服务和有效的管理，养老院、老年养护院的老年人生活用房中的居住用房和生活辅助用房宜分单元设置。经调研，养老设施中能够有效照料和巡视自理老年人的服务单元规模为100人左右，考虑到一些养老院中可能有一部分老年人为介助老年人，并结合国内外家庭养老发展方向，其养护单元的老年人数量宜适当减少，因此本条确定老年养护院养护单元的规模宜不大于50床；养老院养护单元的规模宜为50床～100床；介护老年人中的失智老年人，护理与服务方式较为特殊，其养护单元宜独立设置，参照国内外有关资料其规模宜为10床。

5.2 生活用房

5.2.1 居住用房是老年人久居的房间，强调本条主要考虑设置在地下、半地下的老年人居住用房的阳光、自然通风条件不佳和火灾紧急状态下烟气不易排除，对老年人的健康和安全带来危害。噪声振动对老年人的心脑功能和神经系统有较大影响，远离噪声源布置居住用房，有利于老年人身心健康。

5.2.2 据调查现在实际老年人居住用房普遍偏小。由于老年人动作迟缓，准确度降低以及使用轮椅和方便护理的需要，特别是对文化层次越来越高的老年人，生活空间不宜太小。日本老年看护院标准单人间卧室10.80m²，香港安老院标准每人6.50m²等，本规范参照国内外标准综合确定了面积指标。

5.2.3 根据目前国内经济状况和现有养老院调查情况，本规范规定每卧室的最多床位数标准。其中规定失智老人的床位进行适当分隔，是为了避免相互影响及发生意外损伤。

5.2.4 为防止介护老年人中失智老年人发生高空坠落等意外发生，本条规定失智老年人养护单元用房的外窗可开启范围内设置防护措施。房间门采用明显颜色或图案加以显著标识，以便于失智老年人记忆和辨识。

5.2.5 老年养护院相邻居室的阳台平时可分开使用，紧急情况下可以连通，以便于防火疏散与施救。开敞式阳台栏杆高度不低于1.10m，且距地面0.30m高度范围内不留空，并做好雨水遮挡和排水措施，以保证介助老年人使用安全。考虑地域特征，寒冷地区、多风沙地区，阳台设封闭避风设置。介护老年人中失智老年人居室的阳台采用封闭式设置，以便于管理服务。

5.2.6 老年人身患泌尿系统病症较普遍，自用卫生间位置与居室相邻设置，以方便老年人使用。卫生洁具浅色最佳，不仅感觉清洁而且易于随时发现老年人的某些病变。卫生间的平面布置要考虑可能有护理员协助操作，留有助厕、助浴空间。自用卫生间需要保证良好的自然通风换气、防潮、防滑等条件，以提高环境卫生质量。

5.2.7 养老设施建筑的公用厨房，保证天然采光和自然通风条件，以提高安全性和方便性。

5.2.8 老年人多依赖于公共餐厅就餐，本规范参照《老年养护院建设标准》建标144－2010中的相关标准，规定最低配建面积标准。老年养护院和养老院的公共餐厅结合养护单元分散设置，与老年人生活用房的距离不宜过长，便于老年人就近用餐。老年人的就餐习惯、体能心态特征各异，且行动不便，因此公共餐厅需使用可移动的单人座椅。在空间布置上为护理员留有分餐、助餐空间，且应设有无障碍服务柜台，以便于更好地为老年人就餐服务。

5.2.9 养老设施建筑中除自用卫生间外，还需在老年人经常活动的生活服务用房、医疗保健用房、公共活动用房等设置公用卫生间，且同层、临近、分散设置，并应考虑采光、通风及男女性别特点。老年养护院、养老院的每个养护单元内均应设置公用卫生间，以方便老年人使用。

5.2.10 当用地紧张时，小型养老设施的老年人专用浴室，可男女合并设置分时段使用；介助和介护的老年人，多有助浴需要，应留有助浴空间；公用沐浴间一般需要结合养护单元分散设置，规模可按总床位数测算。

5.2.11 护理站是护理员值守并为老年人提供护理服务的房间。规定每个养护单元均设护理站，是为了方便和及时为介助和介护老年人服务。

5.2.12 污物间靠近污物运输通道，便于控制污染。

5.2.13 购物、取钱、邮寄等是老年人日常生活中必不可少的。因此，商店、银行、邮电及保险代理等用房，需就近居住用房设置，以方便老年人生活。

5.3 医疗保健用房

5.3.1 由于老年人疾病发病率高、突发性强，因此养老设施建筑均需要具有必要的医疗设施条件，并根据不同的服务类别和规模等级进行设置。医疗用房中的医务室、观察室、治疗室、检验室、药械室、处置室等，按《综合医院建筑设计规范》JGJ 49的相关规定设计，并尽可能利用社会资源为老年人就医服务。其中医务室临近生活区，便于救护车的靠近和运送病人；临终关怀室靠近医疗用房独立设置，可以避免对其他老年人心理上产生不良影响。由于老年人遗体的运送相对私密隐蔽，因此其对外通道需要独立设置。

5.3.2 养老设施建筑的保健用房包括保健室、康复室和心理疏导室等。其中保健室和康复室是老年人进行日常保健和借助各类康复设施进行康复训练的房间，房间应地面平整、表面材料具有一定弹性，可以防止和减轻老年人摔倒所引起的损伤，房间的平面形式应考虑满足不同保健和康复设施的摆放和使用要求。规定心理疏导室使用面积不小于10.00m²，是为了满足沙盘测试的要求，以缓解老年人的紧张和焦虑心理。

5.4 公共活动用房

5.4.1 公共活动用房是老年人从事文化知识学习、休闲交往娱乐等活动的房间，需要具有良好的自然采光和自然通风。

5.4.2 活动室通常要相对独立于生活用房设置，以避免对老年人居室产生干扰。其平面及空间形式需充分考虑多功能使用的可能性，以适合老年人进行多种活动的需求。

5.4.3 多功能厅是为老年人提供集会、观演、学习等文化娱乐活动的较大空间场所，为了便于老年人集散以及紧急情况下的疏散需要，多功能厅通常设置在建筑首层。室内地面平整且具有弹性，墙面和顶棚采用吸声材料，可以避免老年人跌倒摔伤和噪声的干扰。在多功能厅邻近设置公用卫生间和储藏间（仓库）等，便于老年人就近使用。

5.4.4 严寒地区和寒冷地区冬季时间较长，老年人无法进行室外活动，因此养老设施设置阳光厅，并保证其在冬季有充足的日照，以满足老年人日光浴的需要。夏热冬暖地区、温和地区和夏热冬冷地区（多雨多雪地区）降雨量较大，养老设施建筑设置风雨廊，以便于老年人进行室外活动。

5.5 管理服务用房

5.5.1 入住接待登记室设置在主入口附近，且有醒目的标识，便于老年人找到或其家属咨询、办理入住登记。

5.5.2 老年养护院和养老院的总值班室，靠近建筑主入口设置，从管理与安保要求出发，设置建筑设备设施控制系统、呼叫报警系统和电视监控系统，以便于及时发现和处置紧急情况。

5.5.3 厨房应当便于餐车的出入、停放和消毒，设置在相对独立的区域，并采用适当的防潮、消声、隔声、通风、除尘措施，以避免蒸汽、噪声和气味对老年人用房的干扰。

5.5.4 职工用房应含职工休息室、职工沐浴间、卫生间、职工食堂等，宜独立设置，既方便职工人员使用，并可避免对老年人用房的干扰。

5.5.5 洗衣房主要是护理服务人员为介护老年人清洁衣物和为其他老年人清洁公共被品等，为达到必要的卫生要求，平面布置需要做到洁污分区。洗衣房除具有洗衣功能外，还需要为消毒、叠衣和存放等功能提供空间。

6 安全措施

6.1 建筑物出入口

6.1.1 养老设施建筑的出入口是老年人集中使用的场所，考虑到老年人的体能衰退和紧急疏散的要求，专门规定了老年人使用的出入口数量。为方便轮椅出入及回转，外开平开门是最基本形式。如条件允许，推荐选用电动推拉感应门，且旁边增设外平开疏散门。

6.1.2 考虑老年人缓行、停歇、换乘等方便，养老设施建筑出入口至机动车道路之间需留有充足的避让缓冲空间。

6.1.3 出入口门厅、平台、台阶、坡道等设计的各项参数和要求均取自较高标准，目的是降低通行障碍，适应更多的老年人方便使用。

6.2 竖向交通

6.2.1 本条规定了养老设施建筑的楼梯设计要求。需要强调的是对反应能力、调整能力逐渐降低的老年人而言，在楼梯上行或下行时，如若踏步尺度不均衡，会造成行走楼梯的困难。而踏面下方透空，对于拄杖老年人而言，容易造成打滑失控或摔伤。通过色彩和照明的提示，引起过往老年人注意，可以提高通行安全的保障力。

6.2.2 电梯运行速度不大于 1.5m/s，主要考虑其启停速度不会太快，可减少患有心脏病、高血压等症老年人搭乘电梯时的不适感。放缓梯门关闭速度，是考虑老年人的行动缓慢，需留出更多的时间便于老年人出入电梯，避免因门扇突然关闭而造成惊吓和夹伤。

6.3 水平交通

6.3.1 养老设施建筑的过厅、走廊、房间的地面不应设有高差，如遇有难以避免的高差时，在高差两侧衔接处，要充分考虑轮椅通行的需要，并有安全提示装置。

6.3.2、6.3.3 走廊的净宽和房间门的尺寸是考虑轮椅和担架床、医用床进出且门扇开启后的净空尺寸。1.2m 的门通常为子母门或推拉门。当房门向外开向走廊时，需要留有缓冲空间，以防阻碍交通。在水平交通中既要保证老年人无障碍通行，又要保证担架床、医用床全程进出所有老年人用房。

6.3.4 由于老年人体能逐渐减弱，他们活动的间歇明显加密。在老年人的活动和行走场所以及电梯候梯厅等，加设休息座椅，对缓解疲劳，恢复体能大有裨益。同时老年人之间的交往无处不在，这些休息座椅也提供了老年人相互交流的机会，利于老年人的身心健康。但休息座椅的设置是有前提的，不能以降低消防前室（厅）的安全度为代价。

6.4 安全辅助措施

6.4.1 老年人因身体衰退常常在经过公共走廊、过厅、浴室和卫生间等处需借助安全扶手等扶助技术措施通行，本条文中专门规定了养老设施建筑中安全扶手的适宜设计尺寸，其中最小有效长度是考虑不小于老年人两手同时握住扶手的尺寸。

6.4.2 老年人行为动作准确性降低，转角与墙面的处理，利于保证老年人通行时的安全以及避免轮椅等助行设备的磕碰。

6.4.3 养老设施建筑的导向标识系统是必要的安全措施，它对于记忆和识别能力逐渐衰退的老年人来说更加重要。出入口标识、楼层平面示意图、楼梯间楼层标识等连续、清晰，可导引老年人安全出行与疏散，有效地减少遇险时的慌乱。

6.4.4 本条的主要目的是防止因日常疏忽导致老年人发生意外。

1 老年人行动迟缓，反应较慢，沿老年人行走的路线，做好各种安全防护措施，以防烫伤、扎伤、擦伤等。

2 防火门上设透明的防火玻璃，便于对老年人的行动观察与突发事件的救助。防火门的开关设有阻尼缓冲装置，以避免在门扇关闭时，容易夹碰轮椅或拐杖，造成伤害。

3 本规定主要是便于对老年人发生意外时的救助。

4 失智老年人行为自控能力差，在每个养护单元的出入口处设置视频监控、感应报警等安全措施，以防老年人走失及意外事故。

5 养老设施建筑的开敞阳台或屋顶上人平台上的临空处不应设可攀登扶手，防止老年人攀爬失足，发生意外。供老年人活动的屋顶平台女儿墙护栏高度不应低于1.20m，也是防止老年人意外失足，发生高空坠落事件。在医院及其他建筑的无障碍设计中，经常有双层扶手的使用需要，这在养老设施建筑的开敞阳台和屋顶上人平台上的临空处是禁止的。

6 为便于老年人在发生火灾时有序疏散及实施外部救援，在老年人居室设置了安全疏散指向图标。考虑到老年人视力减弱，在墙面凸出处、临空框架柱等特殊位置加以显著标识提示，增强辨识度和安全警示。

7 建筑设备

7.1 给水与排水

7.1.1 在寒冷、严寒、夏热冬冷地区由于气候因素应供应热水，其余地区可酌情考虑是否设置热水供应。为方便老年人使用，一般情况下采用集中热水供应系统，并保证集中热水供应系统出水温度适合、操作简单、安全。有条件的地方优先使用太阳能，既方便使用，也符合绿色、节能的理念。

7.1.2 世界卫生组织（WHO）研究了接触噪声的极限，比如心血管病的极限，是长期在夜晚接受50dB（A）的噪声；而睡眠障碍的极限较低，是42dB（A）；更低的是一般性干扰，只有35dB（A）。老年人大多患有心脏病、高血压、抑郁症、神经衰弱等疾病，对噪声很敏感，尤其是65dB（A）以上的突发噪声，将严重影响患者的康复，甚至导致病情加重。因此，需选用流速小，流量控制方便的节水型、低噪声的卫生洁具和给排水配件、管材。

7.1.3 为符合无障碍要求，方便轮椅的进出，自用卫生间、公用卫生间、公用沐浴间、老年人专用浴室等可以选用悬挂式洁具且下水管尽可能地进墙或贴墙。

7.1.4 由于老年人行动不便及记忆力衰退，需要选用具有自控、便于操作的水嘴和卫生洁具。

7.2 供暖与通风空调

7.2.1 “集中供暖”从节能、供暖质量、环保等因素来看，是供暖方式的主流，严寒和寒冷地区应用尤为普遍。从供暖舒适度及安全保护等角度出发，考虑使用低温地板辐射供暖系统对养老设施的适用性和实用性是比较好的。本条对于夏热冬冷地区的供暖系统形式未作明确规定，主要是考虑这些地区基本可以设置分体空调或多联中央空调来解决夏季供冷，冬季供热的问题。

7.2.2 采用集中供暖的养老设施建筑，常用的供暖系统形式为低温地板辐射供暖系统和散热器采暖系统。以高温热水或者蒸汽作为热源，由于其压力和温度均较高，系统运行故障发生时不便于排除，以不高于95℃的热水作为供暖热媒，从节能、温度均匀、卫生和安全等方面，均比直接采用高温热水和蒸汽合理。

7.2.3 当养老设施设有集中供暖系统时，公用沐浴间、老年人专用浴室需设置供暖设施。对于不设集中供暖系统的养老设施，公用沐浴间、老年人专用浴室需留有采暖设备安装空间，并根据当地的实际情况确定公用浴室的供暖方式。

7.2.4 根据养老设施建筑的使用特点，本条专门强调了有关房间的室内供暖计算温度。走道、楼梯间、阳光厅/风雨廊的室内供暖计算温度可以按18℃计算。考虑到老年人经常理发的需要，生活服务用房中的理发室可按20℃计算。

7.2.5 养老设施建筑的公用厨房和自用、公用卫生间的排气和通风，是老年人生活保障、个人卫生的重要需求。设置机械排风设施有利于室内污浊空气的快速排除。

7.2.6 严寒、寒冷及夏热冬冷地区的公用厨房，冬季关闭外窗和非炊事时间排气机械不运转的情况下，应有向室外自然排除燃气或烟气的通路。设置有避风、防雨构造的外墙通风口或通风器等可做到全面通风。

7.2.7 严寒、寒冷及夏热冬冷地区的养老设施建筑，冬季往往长时间关闭外窗，这对空气质量极为不利。而老年人又长期生活在室内，且体弱多病，抵抗力差等，非常需要更多更好的通风换气环境。通风换气量以使用单元体积为基础不低于 1.5 次/每小时的换气量为宜。

7.2.8 本条是为了提高养老设施在夏季的室内舒适性。

7.2.9 考虑到养老设施的使用特点，室温控制是保证舒适性的前提。采用分室温度控制，可根据采用的空调方式确定。一般集中空调系统的风机盘管可以方便地设置室温控制设施，分体式空调器（包括多联机）的室内机也均具有能够实现分室温控的功能。设置全空气空调系统的房间实现分室温控会有一定难度，设备投资相对加大，在经济不许可的条件下不推荐使用。

7.2.10 老年人对噪声和其他的干扰可能会更加敏感和脆弱。因此，对水泵和风机等设备所产生的噪声和其他干扰，需特别强调避免。

7.3 建筑电气

7.3.1、7.3.2 本条规定了养老设施建筑居住、活动和辅助空间的照明配置与照度值，考虑到老年人的视力较弱，其照度标准稍有提高。

7.3.3 设置脚灯既方便老年人夜间如厕，还可兼消防应急疏散标识照明。

7.3.4 从老年人特点出发，养老设施建筑的照明开关应当昼夜都易识别，安装高度方便轮椅使用者的使用。

7.3.5 考虑到老年人的行动安全，雨篷灯及门口灯可以不采用节能自熄开关。

7.3.6 为节约能源，同时考虑到老年人的行动特点，养老设施建筑公共交通空间的照明，均宜采用声光控开关控制。

7.3.7、7.3.8 养老设施建筑设专线配电，每间（套）设电能计量表并单设配电箱，主要是出于供电的可靠性和方便管理的考虑。老年人行动不便、视力与记忆力不好，经常停电会给老年人的安全生活带来隐患，但从实际情况考虑，可能有些地区供电条件不允许，故提出为宜。

7.3.9 养老设施建筑中的安全型电源插座，主要是从安全与使用方面考虑，以防老年人无意碰到或使用不当时，造成触电危险。养老设施建筑的居住用房插座高度的确定是以床头柜的高度为依据，厨房操作台电源插座的高度是以坐轮椅的人方便操作为依据。

7.3.10 从老年人的居住、活动规律和需要出发，配备电话、电视和信息网络终端口，为老年人创造良好的生活环境。

7.3.11 考虑老年人易出现突发状况，规定设置紧急呼叫的设施。高度分别按老年人站姿、坐姿或卧姿的不同状态来规定。

7.3.12 设置视频安防监控系统的目的是为了及时保护老年人的人身安全，养老设施建筑应根据功能需求设置相应的护理智能化系统。视频安防监控系统应设置在公共部位。对于老年人在卫生间洗澡、如厕易发生意外的情况，如有条件可设置红外探测报警仪或地面设置低卧位探测报警探头等。

7.3.13 老年人的安全是第一位的，因而做好电气安全防护是非常重要的。

中华人民共和国行业标准

档案馆建筑设计规范

Code for design of archives buildings

JGJ 25—2010

批准部门：中华人民共和国住房和城乡建设部
中 华 人 民 共 和 国 国 家 档 案 局
施行日期：2 0 1 1 年 2 月 1 日

中华人民共和国住房和城乡建设部
公　告

第 723 号

关于发布行业标准《档案馆建筑设计规范》的公告

现批准《档案馆建筑设计规范》为行业标准，编号为 JGJ 25－2010，自 2011 年 2 月 1 日起实施。其中第 6.0.5、7.3.2 条为强制性条文，必须严格执行。原《档案馆建筑设计规范》JGJ 25－2000 同时废止。

本规范由我部标准定额研究所组织中国建筑工业出版社出版发行。

中华人民共和国住房和城乡建设部

2010 年 8 月 3 日

前　言

根据住房和城乡建设部《关于印发〈2008 年工程建设标准规范制订、修订计划（第一批）〉的通知》（建标［2008］102 号）的要求，规范编制组经广泛调查研究，认真总结实践经验，参考有关国际标准和国外先进标准，并在广泛征求意见的基础上，修订本规范。

本规范的主要技术内容是：1. 总则；2. 术语；3. 基地和总平面；4. 建筑设计；5. 档案防护；6. 防火设计；7. 建筑设备。

本规范修订的主要技术内容是：1. 补充电子档案阅览、政府公开信息查阅、信息化技术等功能用房。2. 增加建筑节能、综合布线、供电等级、防水等级、安全防范、重要电子档案电磁安全屏蔽要求等技术内容。3. 调整术语、建筑设计、档案防护、防火设计、建筑设备中的部分条文。

本规范中以黑体字标志的条文为强制性条文，必须严格执行。

本规范由住房和城乡建设部负责管理和对强制性条文的解释，由国家档案局档案科学技术研究所负责具体技术内容的解释。执行过程中如有意见或建议，请寄送国家档案局档案科学技术研究所（地址：北京市宣武区永安路 106 号，邮编：100050）。

本规范主编单位：国家档案局档案科学技术研究所

本规范参编单位：中国建筑科学研究院
中国航空规划建设发展有限公司
住房和城乡建设部档案办公室

本规范主要起草人员：冯丽伟　杨战捷　韩光宗　常钟隽　王建库　姜　莉　姜中桥　周　萌　刘晓光　张振强

本规范主要审查人员：何玉如　郭嗣平　吴英凡　王良城　顾　均　祝敬国　孙　兰　李伯富　卢　求

目　次

Contents

1 总 则

1.0.1 为适应档案馆建设的需要，使档案馆建筑设计满足功能、安全、节能环保等方面的基本要求，制定本规范。

1.0.2 本规范适用于新建、改建、扩建的档案馆建筑设计。

1.0.3 档案馆可分特级、甲级、乙级三个等级。不同等级档案馆的适用范围及耐火等级要求应符合表1.0.3的规定。

表 1.0.3 档案馆等级与适用范围及耐火等级

等级	特级	甲 级	乙 级
适用范围	中央级档案馆	省、自治区、直辖市、计划单列市、副省级市档案馆	地（市）及县（市）档案馆
耐火等级	一级	一级	不低于二级

1.0.4 特级、甲级档案馆的抗震设计应符合现行国家标准《建筑工程抗震设防分类标准》GB 50223的规定。位于地震基本烈度七度及以上地区的乙级档案馆应按基本烈度设防，地震基本烈度六度地区重要城市的乙级档案馆宜按七度设防。

1.0.5 档案馆建筑的节能设计应符合现行国家标准《公共建筑节能设计标准》GB 50189的规定。

1.0.6 档案馆建筑设计除应符合本规范外，尚应符合国家现行有关标准的规定。

2 术 语

2.0.1 档案馆 archives

集中管理特定范围档案的专门机构。

2.0.2 中央级档案馆 national archives

收藏党和国家中央机构的以及具有全国意义档案的、并经国家有关部门批准建立的档案馆。

2.0.3 档案库区 area of repository

档案库及为其服务的更衣室、缓冲间和交通通道占用区域的总称。

2.0.4 馆区 archives area

档案馆各类业务用房及附属公共设施所占的整个区域。

2.0.5 档案库 archival repository

收藏档案的专门用房。

2.0.6 对外服务用房 opening areas for public

档案馆中对公众开放的用房，包含阅览室、展览厅、报告厅等。

2.0.7 利用者 user

查阅利用档案的人员。

2.0.8 缓冲间 buffer room

在进入档案库区或档案库的入口处，为减少外界气候条件对库内的直接影响而建的沟通库内外并能密闭的过渡房间。

2.0.9 封闭外廊 closed corridor

为减少外界气候对档案库的直接影响，在档案库外建的、用墙和窗与外界隔开的走廊（一面或多面以及绕一圈的环廊）。

2.0.10 档案装具 archives container

用于存放档案的器具，包括档案柜、档案架、密集架等。

2.0.11 主通道 main passageway

档案库内的主要交通、运输通道。

2.0.12 密集架 compact shelving

为节省空间而设计的可沿轨道水平移动的活动存储装置。

2.0.13 消毒室 disinfection room

用化学或物理方法杀虫、灭菌工作的专设房间。

2.0.14 珍贵档案 precious archives

具有重要凭证作用和价值的、不可替代的、年代久远的档案。

2.0.15 特藏库 repository for precious archives

存放珍贵档案的高标准的档案库。

2.0.16 母片库 repository for master

专门存放缩微母片的档案库。

3 基地和总平面

3.0.1 档案馆基地选址应纳入并符合城市总体规划的要求。

3.0.2 档案馆的基地选址应符合下列规定：

1 应选择工程地质条件和水文地质条件较好的地段，并宜远离洪水、山体滑坡等自然灾害易发生的地段；

2 应远离易燃、易爆场所和污染源；

3 应选择交通方便、城市公用设施较完备的地段；

4 应选择地势较高、场地干燥、排水通畅、空气流通和环境安静的地段。

3.0.3 档案馆的总平面布置应符合下列规定：

1 档案馆建筑宜独立建造。当确需与其他工程合建时，应自成体系并符合本规范的规定；

2 总平面布置宜根据近远期建设计划的要求，进行一次规划、建设，或一次规划、分期建设；

3 基地内道路应与城市道路或公路连接，并应符合消防安全要求；

4 人员集散场地、道路、停车场和绿化用地等室外用地应统筹安排；

5 基地内建筑及道路应符合现行行业标准《城

市道路和建筑物无障碍设计规范》JGJ 50 的规定。

4 建筑设计

4.1 一般规定

4.1.1 档案馆建筑应根据其等级、规模和功能设置各类用房，并宜由档案库、对外服务用房、档案业务和技术用房、办公用房和附属用房组成。

4.1.2 档案馆的建筑布局应按照功能分区布置各类用房，并应达到功能合理、流程便捷、内外相互联系又有所分隔，避免交叉。各类用房之间进行档案传送时，不应通过露天通道。

4.1.3 档案馆建筑设计应使各类档案及资料保管安全、调阅方便；查阅环境应安静；工作人员应有必要的工作条件。

4.1.4 四层及四层以上的对外服务用房、档案业务和技术用房应设电梯。两层或两层以上的档案库应设垂直运输设备。

4.1.5 锅炉房、变配电室、车库等可能危及档案安全的用房不宜毗邻档案库。

4.2 档案库

4.2.1 档案库可包括纸质档案库、音像档案库、光盘库、缩微拷贝片库、母片库、特藏库、实物档案库、图书资料库、其他特殊载体档案库等，并应根据档案馆的等级、规模和实际需要选择设置或合并设置。

4.2.2 档案库应集中布置、自成一区。除更衣室外，档案库区内不应设置其他用房，且其他用房之间的交通也不得穿越档案库区。

4.2.3 档案库区的平面布局应简洁紧凑。

4.2.4 档案库区或档案库入口处应设缓冲间，其面积不应小于 6m²；当设专用封闭外廊时，可不再设缓冲间。

4.2.5 档案库区内比库区外楼地面应高出 15mm，并应设置密闭排水口。

4.2.6 每个档案库应设两个独立的出入口，且不宜采用串通或套间布置方式。

4.2.7 档案库净高不应低于 2.60m。

4.2.8 档案库内档案装具布置应成行垂直于有窗的墙面。档案装具间的通道应与外墙采光窗相对应，当无窗时，应与管道通风孔开口方向相对应。

4.2.9 档案装具排列的各部分尺寸应符合下列规定：

1 主通道净宽不应小于 1.20m；

2 两行档案装具间净宽不应小于 0.80m；

3 档案装具端部与墙的净距离不应小于 0.60m；

4 档案装具背部与墙的净距离不应小于 0.10m。

4.2.10 档案装具的档案存储定额的计算指标应符合下列规定：

1 当采用五节档案柜时，库房每平方米（使用面积）存储档案长度不小于 2.70 延长米；

2 当采用双面档案架时，库房每平方米（使用面积）存储档案长度不小于 3.30 延长米；

3 当采用密集架时，库房每平方米（使用面积）存储档案长度不小于 7.20 延长米。

4.2.11 档案库楼面均布活荷载标准值不应小于 5kN/m²，采用密集架时不应小于 12kN/m²。

4.2.12 当档案库与其他用房同层布置且楼地面有高差时，应满足无障碍通行的要求。

4.2.13 母片库不应设外窗。

4.2.14 珍贵档案存储应专设特藏库。

4.3 对外服务用房

4.3.1 对外服务用房可由服务大厅（含门厅、寄存处等）、展览厅、报告厅、接待室、查阅登记室、目录室、开放档案阅览室、未开放档案阅览室、缩微阅览室、音像档案阅览室、电子档案阅览室、政府公开信息查阅中心、对外利用复印室和利用者休息室、饮水处、公共卫生间等组成。规模较小的档案馆可合并设置。

4.3.2 阅览室设计应符合下列规定：

1 自然采光的窗地面积比不应小于 1∶5；

2 应避免阳光直射和眩光，窗宜设遮阳设施；

3 室内应能自然通风；

4 每个阅览座位使用面积：普通阅览室每座不应小于 3.5m²；专用阅览室每座不应小于 4.0m²；若采用单间时，房间使用面积不应小于 12.0m²；

5 阅览桌上应设置电源；

6 室内应设置防盗监控系统。

4.3.3 缩微阅览室设计应符合下列规定：

1 应避免阳光直射；

2 宜采用间接照明，阅览桌上应设局部照明；

3 室内应设空调或机械通风设备。

4.4 档案业务和技术用房

4.4.1 档案业务和技术用房可由中心控制室、接收档案用房、整理编目用房、保护技术用房、翻拍洗印用房、缩微技术用房、音像档案技术用房、信息化技术用房组成，并应根据档案馆的等级、规模和实际需要选择设置或合并设置。

4.4.2 中心控制室设计应符合下列规定：

1 室内应设空调；

2 与其他用房的隔墙的耐火极限不应低于 2.0h，楼板的耐火极限不应低于 1.5h，隔墙上的门应采用甲级防火门。

4.4.3 接收档案用房可由接收室、除尘室、消毒室等组成。

4.4.4 消毒室设计应符合下列规定：

1 应采用单独的密闭门；

2 应设有单独的直达屋面外的排气管道，废气排放应符合国家现行有关环境保护标准的规定；

3 室内顶棚、墙面及楼、地面材料应易于清洁；

4 消毒室应在室内外分设控制开关，其排气管道不应穿越其他用房。

4.4.5 整理编目用房可由整理室、编目室、修史编志室、展览加工制作室、出版发行室组成。

4.4.6 保护技术用房可由去酸室、理化试验室、档案有害生物防治室、裱糊修复室、装订室、仿真复制室等组成。

4.4.7 裱糊修复室内应设电热装置、给水排水设施，并应采取相应的安全防护措施。

4.4.8 装订室内应设摆放裁纸设备、压力机及装订机的位置。

4.4.9 翻拍洗印用房应由翻拍室、冲洗室、印像放大室、水洗烘干室、翻版胶印室组成，其中翻拍室和冲洗室可与缩微用房的缩微摄影室和冲洗处理室合用。

4.4.10 缩微技术用房可由资料编排室、缩微摄影室（分大型机室和小型机室）、冲洗处理室、配药和化验室、质量检测室、校对编目室、拷贝复印室、放大还原室和备品库组成。缩微技术用房宜设于首层，应自成一区，并应符合下列规定：

1 缩微摄影室应远离振源及空气污染源。各设备之间严禁灯光干扰。室内地面应坚实平整，便于清洗，墙面不宜采用强反射材料。

2 拷贝复印室应环境清洁，地面应防止产生静电，门窗应密闭、防紫外光照射，并应有强制排风和空气净化设施。

3 冲洗处理室应严密遮光；室内墙面、地面和管道应采取防腐措施，并应有满足冲洗要求的水质、水压、水温和水量的设施设备；冲洗池污水应单独集中处理。

4.4.11 音像档案技术用房可由音像档案技术处理室、编辑室等组成。

4.4.12 信息化技术用房可由服务器机房、计算机房、电子档案接收室、电子文件采集室、数字化用房组成。数字化用房由档案前期处理室、纸质档案扫描室、其他载体档案数字化室、数字化质量检测室、档案中转室组成。

4.4.13 服务器机房和计算机房的设计应符合现行国家标准《电子信息系统机房设计规范》GB 50174 的规定。

4.5 办公用房和附属用房

4.5.1 办公用房应符合现行行业标准《办公建筑设计规范》JGJ 67 的规定。

4.5.2 附属用房可包括警卫室、车库、卫生间、浴室、医务室、变配电室、水泵房、电梯机房、空调机房、通信机房、消防用房等，并应根据档案馆的等级、规模和实际需要选择设置或合并设置。

5 档案防护

5.1 一般规定

5.1.1 档案防护内容应包括温湿度要求，外围护结构要求，防潮、防水、防日光及紫外线照射，防尘、防污染、防有害生物和安全防范等。

5.1.2 温湿度要求应根据档案的重要性和载体等因素确定。

5.1.3 音像、缩微、电子文件等非纸质档案储存库设计，除应符合本规范有关规定外，尚应满足使用保管的特殊要求。

5.2 温湿度要求

5.2.1 纸质档案库的温湿度要求应符合表 5.2.1 的规定。

表 5.2.1 纸质档案库的温湿度要求

用房名称	温　度（℃）	相对湿度（%）
纸质档案库	14～24	45～60

5.2.2 特藏库、音像磁带库、胶片库等特殊档案库的温湿度要求应符合表 5.2.2 的要求。

表 5.2.2 特殊档案库的温湿度要求

用房名称		温　度（℃）	相对湿度（%）
特藏库		14～20	45～55
音像磁带库		14～24	40～60
胶片库	拷贝片	14～24	40～60
	母片	13～15	35～45

5.2.3 档案库在选定温、湿度后，每昼夜温度波动幅度不得大于±2℃、相对湿度波动幅度不得大于±5%。

5.2.4 部分技术用房和对外服务用房温湿度要求应符合表 5.2.4 的规定。

表 5.2.4 部分技术用房和对外服务用房温湿度要求

用　房　名　称	温度（℃）	相对湿度（%）
裱糊室	18～28	50～70
保护技术试验室	18～28	40～60
复印室	18～28	50～65
音像档案阅览室	20～25	50～60
阅览室	18～28	—
展览厅	14～28	45～60
工作间（拍照、拷贝、校对、阅读）	18～28	40～60

5.3 外围护结构要求

5.3.1 档案库应减少外围护结构面积。外围护结构应根据其使用要求及室内温湿度、当地室外气象计算参数和有无采暖、通风、空调设备等具体情况，通过技术经济比较，合理确定其构造，并应符合下列规定：

1 当需要设置采暖设备时，外围护结构的传热系数应在现行国家标准《公共建筑节能设计标准》GB 50189 规定的基础上再降低 10％；

2 当需要设置空气调节设备时，外围护结构的传热系数应符合现行国家标准《公共建筑节能设计标准》GB 50189 的规定。

5.3.2 库房屋顶应采取保温、隔热措施，并应符合下列规定：

1 平屋顶上采用架空层时，基层应设保温、隔热层；架空层应通风流畅，其高度不应小于 0.30m；

2 炎热多雨地区的坡屋顶其下层为空间夹层时，内部应通风流畅。

5.3.3 档案库门应为保温门；窗的气密性能、水密性能及保温性能分级要求应比当地办公建筑的要求提高一级。

5.3.4 档案库每开间的窗洞面积与外墙面积比不应大于 1∶10，档案库不得采用跨层或跨间的通长窗。

5.4 防潮和防水

5.4.1 馆区内应排水通畅，不得出现积水。

5.4.2 室内外地面高差不应小于 0.50m；室内地面应有防潮措施。

5.4.3 档案库应防潮、防水。特藏库和无地下室的首层库房、地下库房应采取可靠的防潮、防水措施。屋面防水等级应为Ⅰ级；地下防水等级应为一级，并应设置机械通风或空调设备。

5.5 防日光直射和紫外线照射

5.5.1 档案库、档案阅览、展览厅及其他技术用房应防止日光直接射入，并应避免紫外线对档案、资料的危害。

5.5.2 档案库、档案阅览、展览厅及其他技术用房的人工照明应选用紫外线含量低的光源。当紫外线含量超过 75μW/lm 时，应采取防紫外线的措施。

5.6 防尘和防污染

5.6.1 档案馆区内的绿化设计，应有利于满足防尘、净化空气、降温、防噪声等要求。

5.6.2 档案库应防止有害气体和颗粒物对档案的危害。

5.6.3 锅炉房、除尘室、消毒室、试验室以及洗印暗室等的位置应合理安排，并应结合需要设置通风设备。

5.6.4 档案库楼、地面应平整、光洁、耐磨。档案库内部装修、档案装具和固定家具等应表面平整、构造简洁，并应选用环保材料。

5.7 有害生物防治

5.7.1 管道通过墙壁或楼、地面处均应用不燃材料填塞密实，其他墙身孔洞也应采取防护措施，底层地面应采用坚实地坪。

5.7.2 库房门与地面的缝隙不应大于 5mm，且宜采用金属门。

5.7.3 档案馆应设消毒室或配备消毒设备。

5.7.4 档案库外窗的开启扇应设纱窗。

5.8 安 全 防 范

5.8.1 档案馆建筑的外门及首层外窗均应有可靠的安全防护设施。

5.8.2 档案馆应设置入侵报警、视频监控、出入口控制、电子巡查等安全防范系统。

5.8.3 档案馆的重要电子档案保管和利用场所应满足电磁安全屏蔽要求。

6 防 火 设 计

6.0.1 档案馆建筑防火设计，应符合现行国家标准《建筑设计防火规范》GB 50016、《高层民用建筑设计防火规范》GB 50045 和《建筑内部装修设计防火规范》GB 50222 的有关规定。

6.0.2 档案库区中同一防火分区内的库房之间的隔墙均应采用耐火极限不低于 3.0h 的防火墙，防火分区间及库区与其他部分之间的墙应采用耐火极限不低于 4.0h 的防火墙，其他内部隔墙可采用耐火极限不低于 2.0h 的不燃烧体。档案库中楼板的耐火极限不应低于 1.5h。

6.0.3 供垂直运输档案、资料的电梯应临近档案库，并应设在防火门外；电梯井应封闭，其围护结构应为耐火极限不低于 2.0h 的不燃烧体。

6.0.4 特藏库宜单独设置防火分区。

6.0.5 特级、甲级档案馆和属于一类高层的乙级档案馆建筑均应设置火灾自动报警系统。其他乙级档案馆的档案库、服务器机房、缩微用房、音像技术用房、空调机房等房间应设置火灾自动报警系统。

6.0.6 馆区应设室外消防给水系统。特级、甲级档案馆中的特藏库和非纸质档案库、服务器机房应设惰性气体灭火系统。特级、甲级档案馆中的其他档案库房、档案业务用房和技术用房，乙级档案馆中的档案库房可采用洁净气体灭火系统或细水雾灭火系统。

6.0.7 档案库内不得设置明火设施。档案装具宜采用不燃烧材料或难燃烧材料。

6.0.8 档案馆库区建筑及每个防火分区的安全出口不应少于2个。

6.0.9 档案库区缓冲间及档案库的门均应向疏散方向开启，并应为甲级防火门。

6.0.10 库区内设置楼梯时，应采用封闭楼梯间，门应采用不低于乙级的防火门。

6.0.11 档案馆建筑应配置灭火器，并应符合现行国家标准《建筑灭火器配置设计规范》GB 50140 的规定。

7 建筑设备

7.1 给水排水

7.1.1 馆区内应设给水排水系统。

7.1.2 档案库区内不应设置除消防以外的给水点，且其他给水排水管道不应穿越档案库区。

7.1.3 给水排水立管不应安装在与档案库相邻的内墙上。

7.1.4 各类用房的污水排放，应符合国家规定的排放标准。

7.2 采暖通风和空气调节

7.2.1 档案库及档案业务和技术用房设置空调时，室内温湿度要求应符合本规范表5.2.1、表5.2.2和表5.2.4的规定。

7.2.2 档案库不宜采用水、汽为热媒的采暖系统。确需采用时，应采取有效措施，严防漏水、漏汽，且采暖系统不应有过热现象。

7.2.3 每个档案库的空调应能够独立控制。

7.2.4 通风、空调管道应有气密性良好的进、排风口。

7.2.5 母片库应设独立的空调系统。

7.3 电　气

7.3.1 档案馆供电等级应与档案馆的级别、建设规模相适应。

7.3.2 特级档案馆应设自备电源。

7.3.3 特级档案馆的档案库、变配电室、水泵房、消防用房等的用电负荷不应低于一级。

7.3.4 甲级档案馆宜设自备电源，且档案库、变配电室、水泵房、消防用房等的用电负荷不宜低于一级；乙级档案馆的档案库、变配电室、水泵房、消防用房等的用电负荷不应低于二级。

7.3.5 库区电源总开关应设于库区外，档案库的电源开关应设于库房外，并应设有防止漏电、过载的安全保护装置。

7.3.6 档案馆的电源线、控制线应采用铜质导体。

7.3.7 档案库、服务器机房、计算机房、缩微技术用房内的配电线路应穿金属管保护，并宜暗敷。

7.3.8 空调设备和电热装置应单独设置配电线路，并应穿金属管槽保护。

7.3.9 档案库灯具形式及安装位置应与档案装具布置相配合。缩微阅览室、计算机房照明宜防止显示屏出现灯具影像和反射眩光。

7.3.10 档案馆照明的照度标准应符合表7.3.10的规定。

表7.3.10 档案馆照明的照度标准

房间名称	参考平面及其高度	照度标准值（lx）
阅览室	0.75m 水平面	300
出纳台	0.75m 水平面	300
档案库	0.25m 垂直面	≥50
修裱、编目室	0.75m 水平面	300
计算机房	0.75m 水平面	300

7.3.11 档案馆建筑防雷设计应符合现行国家标准《建筑物防雷设计规范》GB 50057 的规定，且特级、甲级档案馆应为第二类防雷建筑物，乙级档案馆应为第三类防雷建筑物。

7.3.12 档案馆应适应档案信息化建设的要求，并应根据办公自动化及安全、保密等要求进行综合布线、预留接口，通信与计算机网络设施应满足工作需要。

本规范用词说明

1 为便于在执行本规范条文时区别对待，对要求严格程度不同的用词说明如下：

1）表示很严格，非这样做不可的：
正面词采用“必须”，反面词采用“严禁”；

2）表示严格，在正常情况下均应这样做的：
正面词采用“应”，反面词采用“不应”或“不得”；

3）表示允许稍有选择，在条件许可时首先应这样做的：
正面词采用“宜”，反面词采用“不宜”；

4）表示有选择，在一定条件下可以这样做的，采用“可”。

2 条文中指明应按其他有关标准执行的写法为“应符合……的规定”或“应按……执行”。

引用标准名录

1 《建筑设计防火规范》GB 50016

2 《高层民用建筑设计防火规范》GB 50045

3 《建筑物防雷设计规范》GB 50057

4 《建筑灭火器配置设计规范》GB 50140

5 《电子信息系统机房设计规范》GB 50174

6 《公共建筑节能设计标准》GB 50189

7 《建筑内部装修设计防火规范》GB 50222

8 《建筑工程抗震设防分类标准》GB 50223

9 《城市道路和建筑物无障碍设计规范》JGJ 50

10 《办公建筑设计规范》JGJ 67

中华人民共和国行业标准

档案馆建筑设计规范

JGJ 25—2010

条 文 说 明

制 订 说 明

《档案馆建筑设计规范》JGJ 25－2010，经住房和城乡建设部2010年8月3日以第723号公告批准、发布。

本规范是在《档案馆建筑设计规范》JGJ 25－2000的基础上修订而成，上一版的主编单位是国家档案局档案科学技术研究所，参编单位是内蒙古自治区建筑勘察设计研究院、中国建筑科学研究院，主要起草人是杨世诚、杨战捷、范祥、王振法、姬仓、林海燕。本次修订的主要技术内容是：1. 补充电子档案阅览、政府公开信息查阅、信息化技术等功能用房。2. 增加建筑节能、综合布线、供电等级、防水等级、安全防范、重要电子档案电磁安全屏蔽要求等技术内容。3. 调整术语、建筑设计、档案防护、防火设计、建筑设备中的部分条文。

本规范修订过程中，编制组进行了广泛的调查研究，总结了原规范实施以来我国档案馆工程建设的实践经验，同时参考了国外先进技术标准。

为便于广大设计、施工、科研、学校等单位的有关人员在使用本标准时能正确理解和执行条文规定，《档案馆建筑设计规范》编制组按章、节、条顺序编制了本标准的条文说明，对条文规定的目的、依据以及执行中需注意的有关事项进行了说明，还着重对强制性条文的强制理由做了解释。但是，本条文说明不具备与标准正文同等的法律效力，仅供使用者作为理解和把握标准规定的参考。

目　次

1 总 则

1.0.1 本条阐明了本规范的编制目的。

随着我国经济发展水平的不断提高和社会文化需求的发展，现代化档案馆的功能不仅仅局限于传统的保管和利用。档案馆建筑必须满足“五位一体功能”的需要，即档案馆是党和国家重要档案的保管基地和爱国主义教育的基地，是依法为公众提供档案信息服务的中心，是电子文件中心，同时又是公众了解政府公开信息、利用已公开现行文件的法定场所。档案馆建筑作为档案事业的基础，是档案事业持续稳定发展的保证。档案馆建筑应在满足档案馆的各项功能的前提下，以建筑为主、设备为辅来保证内部环境的稳定。原《档案馆建筑设计规范》JGJ 25－2000 由建设部和国家档案局共同批准，但是鉴于我国经济的高速发展、档案馆功能的不断扩展以及社会对档案信息的利用需求不断增强，有些条文已不能适应新的发展要求，如：一些新的功能用房和新的技术手段需要纳入，一些原有技术条款因严重影响了档案馆的使用功能而需要调整等。因此必须对规范进行必要修订，以发挥其应有的作用，促进档案馆事业的发展。

1.0.2 本条明确了本规范的适用范围。

本规范适用于各级综合档案馆和各类专业档案馆。其中，综合档案馆是按照行政区划或历史时期设置的管理规定范围内多种门类档案的具有文化事业机构性质的档案馆。专业档案馆是管理特定范围专业档案的档案馆。

1.0.3 本条划分了档案馆建筑的等级和适用范围，并依据档案馆建筑的重要性及长期和永久保存档案的使用要求，参考相关的建筑标准而确定了耐火等级。专业档案馆应根据本馆的相应行政级别选定建筑等级。

1.0.4 地震灾害对档案的破坏是巨大的，作为当地或本部门重要建筑的档案馆建筑必须做好抗震设计。特级、甲级档案馆的抗震设计应严格按照《建筑工程抗震设防分类标准》GB 50223 的要求执行；位于地震基本烈度七度及以上地区的乙级档案馆应按基本烈度设防，地震基本烈度六度地区重要城市的乙级档案馆可根据实际情况按七度设防。

1.0.5 为实现国家节约能源和保护环境的战略，贯彻有关建筑节能政策和法规，特列出本条意在强调建筑节能的重要性。

1.0.6 档案馆建筑设计涉及建筑、结构、防火、热工、节能、电气、照明、给水排水、暖通空调等，各种专业已有规范规定的内容，除必要的重申外，本规范不再重复，因此在设计时除执行本规范外，尚应符合国家现行的有关标准的规定。

3 基地和总平面

3.0.1 档案馆基地应符合城市规划的总体要求。

3.0.2 本条规定了档案馆的基地选址要求。

基地选址是档案馆建筑规划中首先要考虑的问题，应围绕档案馆的基本功能属性——收集、保管、利用进行，主要考虑档案保管的安全性，档案利用的开放性、社会性、文化性。

档案保管的安全性主要从基地的地质条件、地势、与其他建筑物的间距、远离危险源和污染源等几方面考虑。地震、海啸、洪水、泥石流、火灾等自然灾害对档案的破坏是毁灭性的，选择地质条件良好、尽量远离山河湖海、远离易燃易爆的危险源是档案馆选址工作首先考虑的问题。

档案利用的开放性、社会性要求基地的位置应便于档案利用，交通方便、所在区域城市公共设施比较完善。作为文化事业单位，应该为档案利用者提供一个安静、舒适的场所，所以基地的选址一定要避免和减少噪声的干扰，尽量远离噪声较大的厂房、影剧院、商场、体育馆等建筑物。

3.0.3 本条规定了档案馆总平面规划应满足的要求。

1 由于档案馆的功能特殊性，档案馆建筑与一般办公楼建筑的要求有很大不同，如库房的承重、层高、独立的空调系统、灭火系统等，所以档案馆建筑应该独立建造。对于一些规模较小的档案馆来说，在满足档案馆安全保管、便于利用等功能要求的前提下，可以与博物馆、图书馆等文化项目合建，但应有独立的管理区域。

2 档案馆的馆藏量是逐年增长的。建馆时需要考虑一定年限内的档案增长量。这个年限数确定得过短，库容量很快就会饱和；确定得过长，则又增大一次性投资，并长时间保持空库，也不经济合理。为此，要结合具体情况，在设计上考虑和保留各种扩建的可能性。一般扩建做法：

1）在总平面布置上预留水平方向的扩建用地，以便增建新的建筑。

2）设计时考虑建筑物垂直方向的扩建，在基础及结构设计中，保留增加层数的需要。

3 档案馆建筑中，总平面的道路布置应考虑便于大量档案的运送装卸以及消防应急使用。

4 本款规定了室外用地应统筹安排。

5 本款规定了档案馆区内道路、停车设施及建筑物应符合无障碍设计要求，充分考虑到残疾人及行动不便者等特殊人群的特殊要求。

4 建筑设计

4.1 一般规定

4.1.1 根据档案业务工作的实际需要，本条列出了档案馆建筑的主要功能用房，并指出配置各类用房的基本原则。

4.1.2 本条阐明了布置各类用房的位置应按照功能分区的原则进行，并对各类用房分布和联系提出了基本要求。

由于各类用房的业务功能不同，防护要求也不同。设计时要注意功能分区，区别内外联系，避免相互交叉。为了工作人员调卷方便，库房与阅览等业务用房不能距离太远，交通应便捷；为了保护档案原件，各部分之间的档案传送不应通过露天。有温湿度要求的房间尽量集中或分区集中布置，便于统一进行温湿度控制。

4.1.3 档案馆建筑设计应满足各类档案、资料的安全保管。档案馆工作的重点是以保存和利用为宗旨，为利用者提供方便，故必须有相应的与利用有关的业务用房，如目录室、复印室、休息室等，而这些房间都应设在阅览室的附近。

4.1.4 一般馆库为运送档案设置电梯时，应将其布置在档案库附近以便于使用，大型档案馆的垂直交通可分别选用客梯和货梯。为了防火安全，避免遇灾时扩大波及范围，还要注意将电梯设在库区防火门之外，这种做法还可以避免直通电梯井给各层库房温湿度控制带来的不利影响。

4.1.5 本条规定了锅炉房、变配电室、车库等火灾易发生区设置要求。锅炉房、变配电室、车库等是火灾易发生区，应当与库房区保持一定的安全距离，至少不应毗邻，以免火灾发生时直接威胁档案安全。

4.2 档案库

4.2.1 本条明确了档案库的基本组成，各档案馆可根据本馆的建筑规模并结合档案工作的实际需要合理设置。

4.2.2 档案库是档案馆建筑的重要组成部分，应集中布置、自成一区，以便于管理。

设立更衣室可以让工作人员更换或暂时存放衣物，不但有利于工作人员的身体健康，也可以避免将外部灰尘等带入库房，影响档案安全保管。

4.2.3 本条进一步说明设计时要注意功能分区。库区应以合理布局来避免与其他功能区相互交叉，真正做到既联系方便，又内外有别，有效地满足档案保管安全、使用方便的要求。

4.2.4 为使库区内温湿度尽可能保持稳定，库区人口处要求设置缓冲间，作为库区内外的过渡和分隔。在国内已建成的档案馆实例中，围绕库房区有设置封闭外廊或环廊的做法。凡经过封闭外廊或环廊进入库房，其目的也是为了在库区内外起缓冲和分隔的作用，尽量保持库区温湿度的稳定，因此，采用这些做法的库房可不另设缓冲间。

在一些馆库设计中，由于封闭外廊或环廊上的外窗玻璃面积过大，廊内温湿度明显地随室外气候条件起伏波动，不能很好起到缓冲和分隔的作用。如有的档案馆，由于南向、西向日照强烈，形成温室效应，大片玻璃吸收太阳辐射后反而使廊内形成了高温，其效果适得其反。

单设的缓冲间，应能使运送档案的小车转弯灵活。

4.2.5 此条是防止库区外使用水消防等出现有明水时，避免明水流入库区内。因此库区或库房的地面需比库区外或库房外的地面高出 15mm。另外地面高差为 15mm 时，档案小推车或乘轮椅的工作人员也能比较容易顺利通行。为应对万一有明水入库的情况，需在库内设置泄水孔和泄水管道向外排水，以保库内的安全。

4.2.6 为了安全抢救档案和人员撤出，本条作此规定。因为发生事故一般都是由一端开始，所以有两个出入口是安全的。

库房采用串通间或套房易出现与楼梯、电梯的距离超过 30m 的安全距离，且不易形成防火分区。

4.2.7 一些档案馆在档案库房设计时，由于没有考虑到档案装具及其他设备安装的因素，层高过低，在实际使用中造成库房净高不足，主要集中表现在两方面：一是空调、通风管道的底端与档案装具顶端重合；二是自动灭火系统如细水雾灭火系统需要一定的喷射高度，故只能降低档案装具的层数，牺牲档案的装载量，影响了库房的使用效率。

根据档案密集架相关标准的规定和我们实地调研的结果，档案装具的高度一般不超过 2.5m，故梁及管线下有效使用空间的净高 2.6m 完全可以满足档案装具如密集架等的使用要求。

4.2.8 本条规定便于档案装具合理布置、通风换气且便于合理利用自然光。

4.2.9 本条规定了档案装具的排列尺寸，便于合理排列装具、库内空气流通和档案人员工作。

4.2.10 《归档文件整理规则》于 2001 年 1 月 1 日发布实施，其中明确规定归档文件以件为单位，因此本条所述的档案存储量均以延长米为计量单位。

1 本条所述的档案单位存储量，均为调研和测算结果的综合值并加入了一定的保险系数，且均为低限，以密集架为例测算如下。

1）考虑到一些档案库净高不足等原因，密集架以 5 层计算；

2）每节密集架占地面积约为 $0.5m^2$，每个隔板净储存长度约为0.8m，单层双面储存长度约为1.6m；

3）密集架占地面积与库房使用面积的比例系数基本在0.5～0.7之间，取低限0.5；

4）由于档案实际存储中很难达到100%满载，故取保险系数0.9；

5）计算方法及结果：

1.6×5/0.5×0.5×0.9＝7.2延长米/平方米［每平方米（使用面积）存储档案长度］

五节柜和双面档案架可根据同样方法进行测算。

2 鉴于各地档案馆仍有一定数量的档案存储仍然以卷为计量单位，为了便于估算档案所需存储面积，对于“档案延长米/每平方米使用面积”与“卷数/每平方米使用面积”的换算做出如下解释：

国家档案局中央档案馆1983年发布的《中央档案馆接收档案的标准》中规定：“案卷厚度一般不超过2cm或100张。”据此我们取每卷档案平均厚度15mm，几种装具“档案延长米/每平方米使用面积”与“卷数/每平方米使用面积”的换算如下。

五节档案柜每平方米（使用面积）存储量不小于180卷，

2.70m÷0.015m/卷＝180卷；

双面档案架每平方米（使用面积）存储量不小于220卷，

3.30m÷0.015m/卷＝220卷；

档案密集架每平方米（使用面积）存储量不小于480卷，

7.20m÷0.015m/卷＝480卷。

4.2.11 采用五节箱（柜）的荷载是根据以往的使用经验，并参照了图书馆书库荷载而制定。

密集架荷载是以中央档案馆、中国第一历史档案馆、北京市档案馆等各种档案装满后实际称量，测算而得的。称量中最重的达980kg、轻的也达450kg～500kg，一般平均在600kg～800kg，取高值附加20%而定出12kN/m²。档案部门中曾经出现五节柜改成密集架装载时，由于原楼板承载能力不足造成楼板出现裂缝的危险情况。

4.2.12 为了运送档案小推车行进方便。

4.2.13 母片是最原始的复制件，要加强管理。

4.2.14 为保证珍贵档案的安全和有良好的环境条件而设计的珍贵档案库。

4.3 对外服务用房

4.3.1 对外服务用房是档案馆建筑中开展档案工作、对外服务的场所。本条介绍了其房间组成及设置原则。

4.3.2 本条根据档案馆阅览室的实际调查结果和管理人员的意见而制定，同时参考了图书馆建筑的相关要求。

普通阅览室每阅览座位使用面积指标，是参考了国际标准每座位5m²，根据中国人体型略小而取的最低面积。

4.3.3 本条根据缩微阅览室一般借助缩微阅读机而利用档案的实际情况制定。

4.4 档案业务和技术用房

4.4.1 技术业务用房是档案馆建筑中有关档案的整理编目、保护、信息化等部分的功能用房。本条介绍了其房间组成及设置原则。

4.4.2 本条依据安全和防火要求规定了中心控制室的设置要求。

4.4.3 本条明确了接收档案用房的组成。

4.4.4 本条规定了消毒室的设置要求。

入库文件需经消毒后方能入库。由于选用的消毒剂多为有毒物品，所以要求房门密闭，以免有毒气体外溢。消毒后的废气应通过直通屋面外的排气管道。为了不影响周围环境，废气应符合环境保护规定的标准。

4.4.5 本条明确了整理编目用房的组成。

4.4.6 本条明确了保护技术用房的组成。

4.4.7 根据裱糊修复室的工作要求制定。因室内必须有电源、水源和通风等设备，所以特别提出要采取安全防护措施。

4.4.8 结合国内已建的档案馆实例，本条提出装订室的具体要求。

4.4.9 本条明确了翻拍洗印用房的组成。

4.4.10 本条明确了缩微技术用房的组成，并根据实际工作需要提出相应的要求。

4.4.11 本条明确了音像档案技术用房的组成。

4.4.12 本条根据实际工作的需要，明确了信息化技术用房的组成。

4.4.13 服务器机房已经成为档案信息的一个重要存储场所，其设计要求如安全、温湿度等应严格按照《电子信息系统机房设计规范》GB 50174执行。

4.5 办公用房和附属用房

4.5.1 本条明确了办公用房应根据《办公建筑设计规范》JGJ 67的规定设计。

4.5.2 本条介绍了附属用房的房间组成。有关房间的设置可结合需要确定。

5 档案防护

5.1 一般规定

5.1.1 档案馆建筑应尽量减少外部环境各种因素对档案的影响和损坏，保证档案的安全。

5.1.2 档案库房的温湿度要求应根据档案的重要性

和载体的不同，满足各自的要求，对其他各项防护措施要分别设定，不能一刀切。

5.1.3 非纸质载体的档案材料保管库要根据各自载体材料的理化性质要求进行设计，创造适宜于不同载体保管的库房条件。

5.2 温湿度要求

5.2.1 档案馆是永久保管档案的基地，档案馆建筑是档案馆工作的基础。为有利于档案的长久保存和建筑档案馆时有所遵循，特制定本规定。各级、各类档案馆的纸质档案库均应依照表1执行。

表1 纸质档案库房的温湿度要求

用房名称	温 度（℃）	相对湿度（%）
纸质档案库	14～24	45～60

1 制定原则：

1）有利于档案的长期保存；

2）尽可能限制档案霉菌的生长繁殖；

3）参考设备和专用房间的特殊要求；

4）考虑我国经济条件的实际情况；

5）综合考虑我国地理位置和气候条件。

2 参考依据：

1）《纸、纸板和纸浆试样处理和试验的标准大气条件》GB/T 10739－2002规定的测定纸张物理强度的温度为23℃±1℃，相对湿度为50%±2%。

2）霉菌生长繁殖的最适宜温度范围为25℃～37℃，最低相对湿度要求见表2。

表2 最低相对湿度要求

霉 菌 名 称	相对湿度（%）
青霉（Ponicillium specos）	80～90
刺状毛霉（Mucor spinosa）	93
黑曲霉（Aspergillus niger）	88
灰绿曲霉（Aspergillus glaucor）	73
耐汗真菌（Saccharomyces）	60
黄曲霉（Aspergillus plarus）	90

3）尽量避开档案害虫最适温区的中心区。8℃～40℃是昆虫维持生命的有效温区。8℃～15℃是昆虫生长发育的起点。22℃～32℃是昆虫的最适温区。35℃～45℃是昆虫的最高有效温区。每一个虫种都有其生存和适宜的温区，表3列举了几种档案害虫维持生命的温度范围。

表3 几种档案害虫维持生命温度表

害虫名称	最低温度（℃）	最适温度（℃）	最高温度（℃）
书虱	0～3	25	32
花斑皮蠹	0	30～35	40～47
谷蠹	3～5	34	40.5～54.4
药材甲	0～－10	24～30	31～37
裸蛛甲	0～－10	25	32
黄蛛甲	0～－10	20～25	27～32

4）参考国际标准或部分外国国家档案馆温湿度管理现行规定（见表4）。

表4 国际标准或部分外国国家档案馆温湿度要求

档案馆或标准	温度（℃）	相对湿度（%）
ISO11799：2003(E)	14～18	35～50
美国国家档案馆	≤18(65 ℉)	35～45
英国国家档案馆	16～19	45～60
澳大利亚档案馆	18～22	45～55

3 几点说明：

1）库房温、湿度，根据节约能源的原则，在不同季节可选用14℃～24℃范围内的某一适当温度。

2）地下库温度可不受规定的限制。

3）办公及其他辅助用房不做规定。

5.2.2 根据档案的珍贵性和重要性设立的特藏库以及根据档案载体材料的特殊性设立的胶片库、磁带库，其温湿度要求不同于普通的纸质档案库。

5.2.3 对各类档案库的每日温湿度波动幅度作出规定，以利于库房环境的稳定。需要说明的是，档案库温、湿度在选定后，其波动幅度、极值不应超过表5.2.1和表5.2.2所要求的范围。

5.2.4 根据实际工作需要制定部分技术用房和对外服务用房的温湿度要求。

5.3 外围护结构要求

5.3.1 我国幅员广阔，各地气候条件不同，除参照当地传统习惯做法，为保证库房温湿度符合标准，对库房的外围护结构应通过热工计算确定其构造作法和具体尺寸。国家标准《公共建筑节能设计标准》GB 50189对公共建筑围护结构的热工性能提出了比以往更高的要求。在冬季的严寒和寒冷地区，室内外温差较大；为保持档案库内温湿度的稳定性，应提高库房外围护结构的热工性能。

5.3.2 为保证库房正常使用要求，屋顶应采取保温、隔热措施。

从国内一些调查实例来看，大部分最高一层的库房，在炎热地区其温度总要高于或在严寒地区则总要低于其他层库房。

在炎热地区采用架空隔热屋面时，应注意保持架空层内通风流畅，以达到散热降温的目的。有些馆库屋顶四周设了封闭的女儿墙，又无其他相应的通风措施，结果使架空层密不透风，效果不佳。另外，有些档案馆结合地区特点，在平屋顶上架设小青瓦坡屋面的作法，虽有利于防雨隔热，但坡屋面如采用木结构，则其耐火等级降低。

5.3.3 为维护库房内温湿度稳定，库房门应采用保温门，对窗的气密性、水密性及保温性提出更高要求。

5.3.4 为保持库内温湿度的稳定，对外墙上开窗面积提出要求加以限制，主要是防止出现过大或过多的玻璃面积。实践证明，开窗过大或过多时，弊端较多，诸如：受室外气候条件影响库内的温湿度易于上下波动；增大紫外线照射面；缝隙不严、密闭性差时，不利于防尘和防虫等。

在国内调查中，发现有些馆库因采用大面积玻璃窗形式而出现不良后果，同时也给改善库房的使用条件增加了很多不应有的困难。造成这个问题的原因有的是设计人员不合理地套用某种建筑形式，有的是一些地方上的政府官员不喜欢小窗，另外，一些档案馆选建于政府机关的大院中，这个问题就更加普遍。

5.4 防潮和防水

5.4.1 防止馆区内积水。

5.4.2 为保证底层库房的使用，地面必须防潮及避免地面结露。

5.4.3 为了更好地控制库房的湿度，各类档案库房均应做好防潮、防水；无地下室的首层库房、地下库房由于受到地下水的影响，库内湿度不易控制，必须采取防潮、防水措施；特藏库由于其内存档案的特殊性，更应采取防潮、防水措施以利于珍贵档案的保存。本条还对屋面防水等级和地下防水等级进行了规定。

5.5 防日光直射和紫外线照射

5.5.1 避免阳光直射和减少紫外线对档案的影响。光特别是太阳光对于档案纸张和某些字迹有很大的破坏作用。有资料介绍，光波短于 486nm 的光线即可以断裂 C—C 键，短于 358nm 的光线（紫外线）即可断裂有机物分子的线性饱和链。

5.5.2 本条规定了档案库、档案阅览、展览厅及其他技术用房的人工照明应选用紫外线含量低的光源，尽量避免或降低人工光源的紫外线对档案造成危害。当紫外线含量超过 75μW/lm 时，应采取防紫外线的措施；实际上，档案在展出、阅览或技术处理时，暴露在灯光下的时间更长，更应采取保护措施。“75μW/lm”的最高限值是参考了国际标准 ISO 11799：2003（E）以及博物馆、图书馆等部门相关标准而制定。

5.6 防尘和防污染

5.6.1 本条明确了档案馆区内的绿化设计应利于满足防尘、净化空气、降温、防噪声等要求。

5.6.2 本条明确了档案库房应防止有害气体和颗粒物对档案的危害。

5.6.3、5.6.4 此两条都是为了减少灰尘和有害气体对档案及技术处理过程的影响。从防尘和便于维持库内洁净考虑，要求地面应平整、光洁、耐磨。出于相同考虑，要求内粉刷面层光洁、不起灰尘和便于清扫。从调查中了解到若采用涂料或无光油漆时，可考虑添加防霉剂。采用环保材料可减少有害气体对档案、工作人员的伤害。

5.7 有害生物防治

5.7.1、5.7.2、5.7.4 此三条为防鼠及防有害昆虫的要求。

5.7.3 一方面档案库房温湿度控制不佳时，档案易生霉或发生虫害，另一方面新进馆的档案由于来源不同，情况复杂，上述两种情况均须对档案进行消毒，以确保档案的安全和工作人员的身体健康。

5.8 安全防范

5.8.1 设置必要的防盗设施。

5.8.2 档案馆的安全防范系统应该充分吸收利用现代的先进技术。

5.8.3 档案馆中重要的电子档案保管场所和利用场所应满足安全屏蔽要求，保障重要电子档案的保密安全。

6 防火设计

6.0.1 档案馆作为重要的文化设施是防火重点单位，必须按防火规范设计。

6.0.2 对库区围护结构的耐火极限提出了具体要求，以便万一出现火情时，最大限度地控制其危害范围。

6.0.3 本条规定了电梯的位置及其围护结构的耐火极限。

6.0.4 根据特藏库内保存档案的重要性，特别提出特藏库宜单独设立防火分区。

6.0.5 根据防火规范中的规定以及档案馆用房的特殊性和重要性作出的相应规定。火灾自动报警设施应是档案馆建筑最基本的应该具备的预警、保护措施，考虑到一些小型档案馆经济条件所限，不能将火灾自动报警设施覆盖全馆，但在一些重要用房必须设置。所以，将此条作为强制性条款也是无可厚非的。

《高层民用建筑设计防火规范》GB 50045 规定：

建筑高度超过 50m 的建筑物为一类建筑。建筑高度低于 100m 的一类高层档案楼的档案库、阅览室、办公室均应设火灾自动报警系统，考虑到乙级档案馆中一些规模较大地市级档案馆的建筑高度可能超过 50m。为了符合《高层民用建筑设计防火规范》GB 50045 的规定，本条提出乙级档案馆中的一类高层档案馆建筑应设置火灾自动报警设施。

6.0.6 根据档案的重要程度、载体种类的不同，消防系统应选择环保、成熟的技术产品。

细水雾灭火系统在各部门应用范围不断扩大，在档案部门的应用实例不断增多，且相关的国家标准也基本制定完成，故细水雾灭火系统的广泛应用前景是可以期待的。从环保性能和资源利用的角度考虑，细水雾灭火系统是其他灭火系统无法比拟的，它必将成为今后灭火系统的重要发展方向。

6.0.7 减少火灾隐患，防范火灾发生。

6.0.8～6.0.10 便于人员及时疏散和防止火势蔓延。

6.0.11 按照有关消防条文执行。

7 建筑设备

7.1 给水排水

7.1.1 本条阐明了馆区内应设必要的给水排水系统。

7.1.2、7.1.3 主要是防潮、防水要求，避免给水排水管道漏水影响库房安全使用。

7.1.4 防止污水排放造成环境污染。

7.2 采暖通风和空气调节

7.2.1 本条规定了档案库及业务和技术用房设置空调时，室内温湿度要求应符合本规范正文中表 5.2.1、表 5.2.2、表 5.2.4 的规定。

7.2.2 有条件的档案馆应采用热空气供应库房采暖。当采用水、汽为热媒的采暖系统时，应采取有效措施，严防漏水、漏汽，为防万一有漏水现象，库内应设置地漏和下水管道，保证库内不能积水。

7.2.3 考虑到库房存储的档案载体不同，对温湿度的要求不同，故本条要求每个库房的温湿度可独立调控。

7.2.4 使用通风和空调等机器设备时，管道系统应有良好的气密性。

7.2.5 母片库环境条件要求比较高，温度、湿度值较低，使用集中空调的馆库很难达到要求，所以必须有独立的空调系统，才能保持母片需要的温湿度。

7.3 电　　气

7.3.1 本条阐明了档案馆供电等级应与档案馆的级别、建设规模相适应。档案馆从建筑专业角度可分为档案库、对外服务用房、档案业务和技术用房、办公和附属用房几个部分。每个部分的供电等级是有区别的，重要部分的用房供电等级应当高，一般的用房供电等级就可低一些，这种做法一方面保证档案的保管安全，一方面降低投资成本和建成后的运营成本。

7.3.2 本条规定了特级档案馆应设自备电源。自备电源的设置是为了抵御自然灾害。考虑到特级档案馆的重要性，将本条列为强制性条款，以保证特级档案馆的正常运行。

7.3.3 本条规定了特级档案馆的供电要求。

7.3.4 本条规定了甲级、乙级档案馆的供电要求。

7.3.5 库房电源保护和控制设备要求设于库外是考虑库内无工作人员时，可从库外切断电源，防止因电气设备线路长期带电而引起事故。

7.3.6 档案库房供电导线采用铜芯导线是考虑铝芯导线在接头处接触电阻大，长期用电会因接触不良而产生火花，导致火灾危险，因此必须消除安全隐患。

7.3.7 配电电线不外露，保证安全。

7.3.8 安全要求。

7.3.9 依据照明设计要求，保证工作有良好照明环境。

7.3.10 本表照度标准值除档案库外参照最新国家照度标准进行了修订。档案库的照度“0.25m 垂直面不低于 50lx”，陈述如下：在库房离地 0.25m 垂直面处，档案人员在照度不低于 50lx 的情况下，可以看清档案卷盒立面上的标题文字，便于存取档案。在调研过程中，本规范编制组多次利用高精度照度计进行过实际测量，50lx 的照明条件，可以满足使用要求。在设计中可以根据本馆实际情况，适当提高。

7.3.11 随着极端气候发生频率的增加以及档案馆现代化设备广泛应用，雷害对建筑设备及生命财产的危害也呈逐年上升的趋势，根据档案馆等级采取相应的防雷措施，将有效地保护档案馆的安全。

7.3.12 根据档案信息化和办公自动化的建设需要，满足安全、保密、美观、整洁等要求的综合布线、预留接口以及通信与计算机网络设施，在档案馆建设项目实施前就要考虑设计，避免项目建成后反复改造施工影响工作的正常开展。

中华人民共和国行业标准

体育建筑设计规范

Design code for sports building

JGJ 31—2003

批准部门：中华人民共和国建设部
国 家 体 育 总 局
实施日期：2 0 0 3 年 1 0 月 1 日

中华人民共和国建设部
国 家 体 育 总 局
公 告

第 144 号

建设部、国家体育总局关于发布行业标准《体育建筑设计规范》的公告

现批准《体育建筑设计规范》为行业标准，编号为 JGJ 31—2003，自 2003 年 10 月 1 日起实施。其中，第 1.0.8、4.1.11、4.2.4、5.7.4 条为强制性条文，必须严格执行。

本规范由建设部标准定额研究所组织中国建筑工业出版社出版发行。

中华人民共和国建设部
国家体育总局
2003 年 5 月 3 日

前 言

根据建设部（83）城科字第 224 号文的要求，标准编制组在广泛调查研究、认真总结实践经验、参考有关国际标准和国外先进标准，并广泛征求意见基础上，制定了本规范。

本规范的主要技术内容是：1. 总则；2. 术语；3. 基地和总平面；4. 建筑设计通用规定；5. 体育场；6. 体育馆；7. 游泳设施；8. 防火设计；9. 声学设计；10. 建筑设备。

本规范由建设部负责管理和对强制性条文的解释，由主编单位负责具体技术内容的解释。

本规范主编单位：北京市建筑设计研究院（地址：北京市西城区南礼士路 62 号，邮政编码：100045）

本规范的主要起草人：马国馨 单可民 曹 越 魏春翊 孙东远 项端祈 马晓钧

目　次

1 总 则

1.0.1 为保证体育建筑的设计质量，使之符合使用功能、安全、卫生、技术、经济及体育工艺等方面的基本要求，制定本规范。

1.0.2 本规范适用于供比赛和训练用的体育场、体育馆、游泳池和游泳馆的新建、改建和扩建工程设计。

1.0.3 当体育建筑有多种用途（或功能）时，其技术标准应按其主要用途确定建筑标准，其他用途则适当兼顾。

1.0.4 体育建筑设计应为运动员创造良好的比赛和训练环境，为观众创造安全和良好的视听环境，为工作人员创造方便有效的工作环境。

1.0.5 体育建筑设计应结合我国国情，根据各地区的气候和地理差异、经济和技术发展水平、民族习惯以及传统因素，因地制宜地进行设计。应遵循可持续性发展的原则。

1.0.6 体育设施，尤其是为重大赛事所建的设施应充分考虑赛后的使用和经营，以保证最大地发挥其社会效益和经济效益。

1.0.7 体育建筑等级应根据其使用要求分级，且应符合表1.0.7规定。

表1.0.7 体育建筑等级

等 级	主要使用要求
特 级	举办亚运会、奥运会及世界级比赛主场
甲 级	举办全国性和单项国际比赛
乙 级	举办地区性和全国单项比赛
丙 级	举办地方性、群众性运动会

1.0.8 不同等级体育建筑结构设计使用年限和耐火等级应符合表1.0.8的规定。

表1.0.8 体育建筑的结构设计使用年限和耐火等级

建筑等级	主体结构设计使用年限	耐火等级
特级	＞100年	不低于一级
甲级、乙级	50～100年	不低于二级
丙级	25～50年	不低于二级

1.0.9 在进行正式比赛时，体育建筑设计必须符合国家体育主管部门颁布的各项体育竞赛规则中对建筑提出的要求。进行国际比赛时，同时还必须满足相关国际体育组织的有关标准和规定。

1.0.10 体育建筑设计除应符合本规范外，尚应符合国家现行有关强制性标准的规定。

2 术 语

2.0.1 体育建筑 sports building

作为体育竞技、体育教学、体育娱乐和体育锻炼等活动之用的建筑物。

2.0.2 体育设施 sports facilities

作为体育竞技、体育教学、体育娱乐和体育锻炼等活动的体育建筑、场地、室外设施以及体育器材等的总称。

2.0.3 体育场 stadium

具有可供体育比赛和其他表演用的宽敞的室外场地同时为大量观众提供座席的建筑物。

2.0.4 体育馆 sports hall

配备有专门设备而供能够进行球类、室内田径、冰上运动、体操（技巧）、武术、拳击、击剑、举重、摔跤、柔道等单项或多项室内竞技比赛和训练的体育建筑。主要由比赛和练习场地、看台和辅助用房及设施组成。体育馆根据比赛场地的功能可分为综合体育馆和专项体育馆；不设观众看台及相应用房的体育馆也可称训练房。

2.0.5 游泳设施 natatorial facilities

能够进行游泳、跳水、水球和花样游泳等室内外比赛和练习的建筑和设施。室外的称作游泳池（场），室内的称作游泳馆（房）。主要由比赛池和练习池、看台、辅助用房及设施组成。

2.0.6 竞赛区 arena

由观众席围合的运动场地及其辅助区域，包括竞技场地和缓冲区。

2.0.7 跑道 track

体育场内用作径赛的场地。正式比赛的跑道为全长400m的长圆形，并对场地方位、面层、规格有严格的要求。

2.0.8 合成面层 synthetic surface

用人工合成方法制成的地面面层，在田径及一些球类项目中，要求采用符合该项目要求的合成面层。

2.0.9 足球场 football pitch

供进行足球比赛的长方形场地。

2.0.10 看台 stands

体育设施中设置有观众席位，并能为观众提供良好的观看条件和安全方便的疏散条件的结构体。

2.0.11 观众席 seats for the spectator

体育设施中供观众观看比赛的席位。

2.0.12 视线 sightline

由观众眼睛至场地设计视点的连线。

2.0.13 视点 focus point

为保证观众的观看质量，在视线设计时，根据不同竞赛项目和不同标准，保证观众看到比赛场地的全部或绝大部分时所确定的场地设计平面位置。

2.0.14 视距 viewing distance

由观众眼睛到比赛场地中被观察物体的距离。

2.0.15 视角 angle of sight

观众视线与视平线之间的夹角，视角过大将造成视觉上的透视变形。

2.0.16 固定座席 fixing seating

体育设施中固定在看台结构上的观众席位。

2.0.17 活动座席 retractable seating

具有特殊构造可将座椅收纳和移动的座席。

2.0.18 记者席 press seats

在正式比赛中，看台座位中供文字记者和广播电视记者等媒体记者使用的专用座位。

2.0.19 包厢 box

在看台观众席中，为满足部分观众的特殊要求而设置的房间。一般由观看席位和休息室等构成。

2.0.20 座宽 seats width

观众席位的宽度。

2.0.21 排深 row depth

观众席位排与排之间的距离。

2.0.22 多功能使用 multi-purpose usage

体育设施满足多种体育项目的使用或除体育项目外其他功能的使用方式。

2.0.23 训练房 practice room

供体育项目训练用的厅室。

2.0.24 热身场地 warming up area

体育竞赛时，可供运动员在正式比赛之前热身活动的区域。其规格应符合各不同项目的要求。

2.0.25 兴奋剂检测室 doping control room

在正式体育比赛中，对运动员是否服用违禁药物进行测试取样的专用房间。

2.0.26 游泳池 swimming pool

供游泳比赛或训练的专用水池。比赛池的规格尺寸规则上有明确要求，在满足技术条件的前提下，也可以进行其他水上项目的比赛和训练。

2.0.27 跳水池 diving pool

供跳水比赛和训练的专用水池。其规格、设施均应满足规则的严格要求。

2.0.28 训练池 training pool

供训练用的水池，其规格及设施要求需根据其训练项目确定。

2.0.29 泳道 swimming lane

游泳池比赛时，用水面浮标和池底、池壁的标志线来加以界定的比赛活动区。

2.0.30 出发台 starting block

游泳池出发端的专用设施，其规格等需满足规则的要求。

2.0.31 触板 touch pads

正式游泳比赛时，安装在游泳池端线池壁的专用电子计时装置。

2.0.32 池壁 edge of the pool

游泳设施各种水池的垂直壁面，需根据不同项目要求设置有关标志和设施。

2.0.33 池岸 beach area

游泳设施水池边，以及水池之间的区域。

2.0.34 跳板 diving boards

跳板项目的比赛设施，分 1 m 和 3m两种，其跳板高度指自板面至水面，材料和面层应符合规则规定。

2.0.35 跳台 diving platform

跳台项目的比赛设施，分 5m、7.5m、10m 三种，跳台的设置、面层、水深、周围空间等均应满足规则的要求。

2.0.36 水下照明 underwater lighting

根据比赛项目和使用要求，安装在水池水下的照明器。

2.0.37 水下音响 underwater sound

根据比赛项目和使用要求，安装在水池水下的音响器材。

2.0.38 升降池底 adjustable floor

游泳池根据使用的不同要求通过变更池底高度调节水深的一种技术手段。

3 基地和总平面

3.0.1 体育建筑基地的选择，应符合城镇当地总体规划和体育设施的布局要求，讲求使用效益、经济效益、社会效益和环境效益。

3.0.2 基地选择应符合下列要求：

1 适合开展运动项目的特点和使用要求；

2 交通方便。根据体育设施规模大小，基地至少应分别有一面或二面临接城市道路。该道路应有足够的通行宽度，以保证疏散和交通；

3 便于利用城市已有基础设施；

4 环境较好。与污染源、高压线路、易燃易爆物品场所之间的距离达到有关防护规定，防止洪涝、滑坡等自然灾害，并注意体育设施使用时对周围环境的影响。

3.0.3 市级体育设施用地面积不应小于表 3.0.3 的规定。

表 3.0.3 市级体育设施用地面积

	100 万人口以上城市		50～100 万人口城市	
	规模（千座）	用地面积（10^3m^2）	规模（千座）	用地面积（10^3m^2）
体育场	30～50	86～122	20～30	75～97
体育馆	4～10	11～20	4～6	11～14
游泳馆	2～4	13～17	2～3	13～16
游泳池	—	—	—	—

续表 3.0.3

	20～50万人口城市		10～20万人口城市	
	规模（千座）	用地面积（10^3m^2）	规模（千座）	用地面积（10^3m^2）
体育场	15～20	69～84	10～15	50～63
体育馆	2～4	10～13	2～3	10～11
游泳馆	—	—	—	—
游泳池	—	12.5	—	12.5

注：当在特定条件下，达不到规定指标下限时，应利用规划和建筑手段来满足场馆在使用安全、疏散、停车等方面的要求。

3.0.4 总平面设计应符合下列要求：

1 全面规划远、近期建设项目，一次规划、逐步实施，并为可能的改建和发展留有余地；

2 建筑布局合理，功能分区明确，交通组织顺畅，管理维修方便，并满足当地规划部门的相关规定和指标；

3 满足各运动项目的朝向、光线、风向、风速、安全、防护等要求；

4 注重环境设计，充分保护和利用自然地形和天然资源（如水面、林木等），考虑地形和地质情况，减少建设投资。

3.0.5 出入口和内部道路应符合下列要求：

1 总出入口布置应明显，不宜少于二处，并以不同方向通向城市道路。观众出入口的有效宽度不宜小于0.15m/百人的室外安全疏散指标；

2 观众疏散道路应避免集中人流与机动车流相互干扰，其宽度不宜小于室外安全疏散指标；

3 道路应满足通行消防车的要求，净宽度不应小于3.5m，上空有障碍物或穿越建筑物时净高不应小于4m。体育建筑周围消防车道应环通；当因各种原因消防车不能按规定靠近建筑物时，应采取下列措施之一满足对火灾扑救的需要：

1）消防车在平台下部空间靠近建筑主体；

2）消防车直接开入建筑内部；

3）消防车到达平台上部以接近建筑主体；

4）平台上部设消火栓。

4 观众出入口处应留有疏散通道和集散场地，场地不得小于0.2m²/人，可充分利用道路、空地、屋顶、平台等。

3.0.6 停车场设计应符合下列要求：

1 基地内应设置各种车辆的停车场，并应符合表3.0.6的要求，其面积指标应符合当地有关主管部门规定。停车场出入口应与道路连接方便；

2 如因条件限制，停车场也可在邻近基地的地区，由当地市政部门统一设置。但部分专用停车场（贵宾、运动员、工作人员等）宜设在基地内；

表 3.0.6 停车场类别

等级	管理人员	运动员	贵宾	官员	记者	观众
特级	有	有	有	有	有	有
甲级	兼用		兼用		有	有
乙级	兼用					有
丙级	兼用					

3 承担正规或国际比赛的体育设施，在设施附近应设有电视转播车的停放位置。

3.0.7 基地的环境设计应根据当地有关绿化指标和规定进行，并综合布置绿化、花坛、喷泉、坐凳、雕塑和小品建筑等各种景观内容。绿化与建筑物、构筑物、道路和管线之间的距离，应符合有关规定。

3.0.8 总平面设计中有关无障碍的设计应符合现行行业标准《城市道路和建筑物无障碍设计规范》JGJ 50的有关规定。

4 建筑设计通用规定

4.1 一 般 规 定

4.1.1 体育建筑应根据所在地区、使用性质、服务对象、管理方式等合理确定建筑的等级和规模。

4.1.2 比赛建筑主要由比赛场地、练习场地、看台、各种辅助用房和设施等组成。应在根据竞赛规则和有关规定满足比赛使用的同时，兼顾训练的需要。训练建筑由运动场地和一些辅助用房及设施组成，可不设看台或仅设少量观摩席位。

4.1.3 确定建筑平面、剖面、结构选型和空间造型时，应根据建筑位置、项目特点和使用要求注意其合理性、经济性和先进性。

4.1.4 根据比赛和训练的使用要求，应确定建筑功能分区。可分为竞赛区、观众区、运动员区，竞赛管理区、新闻媒体区、贵宾区、场馆运营区等。应依据分区妥善安排运动场地、看台、各类用房和设施的位置，解决好各部分之间的联系和分隔要求。

4.1.5 根据功能分区应合理安排各类人员出入口。比赛用建筑和设施应保证观众的安全和有序入场及疏散，应避免观众和其他人流（如运动员、贵宾等）的交叉。

4.1.6 在同一场地上应能开展不同的运动项目。内部辅助用房应有一定的适应性和灵活性，当若干体育设施相连时，应考虑设备、附属设施的综合利用。

4.1.7 应结合运动项目的特点解决朝向、光线、风向、风速等对运动员和观众的影响。

4.1.8 根据当地气候条件，应充分利用自然通风和天然采光。

4.1.9 应合理确定围护结构，采取节能、节水措施。

4.1.10 在建筑处理上应考虑身材高大运动员的使用特点；对一般群众开放时，应考虑儿童、妇女、老人等不同使用对象的特殊要求。

4.1.11 应考虑残疾人参加的运动项目特点和要求，并应满足残疾观众的需求。

4.1.12 体育建筑应考虑维护管理的方便和经济性，使用中发生紧急情况和意外事件时应有安全、可靠的对策。

4.2 运动场地

4.2.1 运动场地包括比赛场地和练习场地，其规格和设施标准应符合各运动项目规则的有关规定；当规则对比赛场地和设施的规格尺寸有正负公差限制时，必须严格遵守。

4.2.2 运动场地界线外围必须按照规则满足缓冲距离、通行宽度及安全防护等要求。裁判和记者工作区域要求、运动场地上空净高尺寸应满足比赛和练习的要求。

4.2.3 场地设计应符合下列要求：

1 场地地面材料应满足不同比赛和训练的要求并符合规则规定；在多功能使用时，应考虑地面材料变更和铺设的可能性；

2 应满足运动项目对场地的背景、划线、颜色等方面的有关要求；

3 场地应满足不同比赛项目的照度要求；

4 应考虑场地运动器械的安装、固定、更换和搬运需求。

4.2.4 场地的对外出入口应不少于二处，其大小应满足人员出入方便、疏散安全和器材运输的要求。

4.2.5 室外场地应采取有效的排水措施，设置必要的洒水设备，并应符合本规范第10.1.5条的规定。

4.2.6 场地和周围区域的分隔应符合下列要求：

1 比赛场地与观众看台之间应有分隔和防护，保证运动员和观众的安全，避免观众对比赛场地的干扰；

2 室外练习场地外围及场地之间，应设置围网，以方便使用和管理。

4.2.7 室外运动场地布置方向（以长轴为准）应为南北向；当不能满足要求时，根据地理纬度和主导风向可略偏南北向，但不宜超过表4.2.7的规定。

表 4.2.7 运动场长轴允许偏角

北 纬	16°～25°	26°～35°	36°～45°	46°～55°
北偏东	0	0	5°	10°
北偏西	15°	15°	10°	5°

4.3 看 台

4.3.1 看台设计应使观众有良好的视觉条件和安全方便的疏散条件。

4.3.2 看台平面布置应根据比赛场地和运动项目，使多数席位处于视距短、方位好的位置。在正式比赛时，根据各项比赛的特殊需要应考虑划分专用座席区。

4.3.3 观众看台功能分类应符合表4.3.3的规定。

表 4.3.3 观众看台功能分类

<table>
<tr><th>等级</th><th>主席台</th><th>包厢</th><th>记者席</th><th>评论员席</th><th>运动员席</th><th>一般观众席</th><th>残疾观众席</th></tr>
<tr><td>特级</td><td>有</td><td>有</td><td>有</td><td>有</td><td>有</td><td>有</td><td>有</td></tr>
<tr><td>甲级</td><td>有</td><td>有</td><td>有</td><td>有</td><td>有</td><td>有</td><td>有</td></tr>
<tr><td>乙级</td><td>有</td><td rowspan="2">无</td><td colspan="3">兼用</td><td>有</td><td>有</td></tr>
<tr><td>丙级</td><td>有</td><td colspan="4">兼用</td><td>有</td></tr>
</table>

注：1 残疾观众（轮椅）席位数可按观众席位总数的2‰计算。位置应方便残疾观众入席及疏散；

2 贵宾包厢面积每间不宜小于2m×3m。

4.3.4 观众席位宜符合表4.3.4的规定。

表 4.3.4 观 众 席 位

<table>
<tr><th>部位
等级</th><th>主席台</th><th>记者席</th><th>评论员席</th><th>运动员席</th><th>一般观众</th></tr>
<tr><td>特级</td><td>移动扶手软椅</td><td colspan="3" rowspan="4">有背硬椅</td><td>有背硬椅</td></tr>
<tr><td>甲级</td><td>移动软椅</td><td>有背硬椅或无背方凳</td></tr>
<tr><td>乙级</td><td>有背软椅</td><td rowspan="2">无背方凳或无背条凳</td></tr>
<tr><td>丙级</td><td>有背硬椅</td></tr>
</table>

4.3.5 观众席尺寸不应小于表4.3.5的规定。

表 4.3.5 观众席最小尺寸

席位种类 规格	无背条凳	无背方凳	有背硬椅	有背软椅	活动软椅	扶手软椅
座宽（m）	0.42	0.45	0.48	0.50	0.55	0.60
排距（m）	0.72	0.75	0.80	0.85	1.00	1.20

注：1 记者席占2座2排，前排放工作台；

2 评论员席占3座2排，前排放工作台；

3 看台排距指净距，如首末排遇栏杆或靠背后倾有影响应适当加大；

4 一般观众座椅高度不宜小于0.35m，且不应超过0.55m；

5 座椅应安装牢固，并便于看台清扫，室外座椅还应防止座椅面积水。

4.3.6 观众席纵走道之间的连续座位数目，室内每排不宜超过 26 个；室外每排不宜超过 40 个。当仅一侧有纵走道时，座位数目应减半。

4.3.7 主席台的规模宜符合表 4.3.7 的规定。包厢的设置和位置可根据使用情况决定，主席台和包厢宜设单独的出入口，并选择视线较佳的位置。主席台应与其休息室联系方便，并能直接通达比赛场地，与一般观众席之间宜适当分隔。

表 4.3.7 主席台的规模

观众总规模（席）	10000 席以下	10000 席以上
主席台规模	1%～2%	0.5%～1%

4.3.8 看台安全出口和走道应符合下列要求：

1 安全出口应均匀布置，独立的看台至少应有二个安全出口，且体育馆每个安全出口的平均疏散人数不宜超过 400～700 人，体育场每个安全出口的平均疏散人数不宜超过 1000～2000 人。

注：设计时，规模较小的设施宜采用接近下限值；规模较大的设施宜采用接近上限值。

2 观众席走道的布局应与观众席各分区容量相适应，与安全出口联系顺畅。通向安全出口的纵走道设计总宽度应与安全出口的设计总宽度相等。经过纵横走道通向安全出口的设计人流股数应与安全出口的设计通行人流股数相等。

3 安全出口和走道的有效总宽度均应按不小于表 4.3.8 的规定计算。

表 4.3.8 疏散宽度指标

宽度指标（m/百人） 疏散部位 \ 观众座位数（个） / 耐火等级		室内看台		室外看台			
		3000～5000	5001～10000	10001～20000	20001～40000	40001～60000	60001 以上
		一、二级	一、二级	一、二级	一、二级	一、二级	一、二级
门和走道	平坡地面	0.43	0.37	0.32	0.21	0.18	0.16
	阶梯地面	0.50	0.43	0.37	0.25	0.22	0.19
楼梯		0.50	0.43	0.37	0.25	0.22	0.19

注：表中较大座位数档次按规定指标计算出来的总宽度，不应小于相邻较小座位数档次按其最多座位数计算出来的疏散总宽度。

4 每一安全出口和走道的有效宽度除应符合计算外，还应符合下列规定：

1）安全出口宽度不应小于 1.1m，同时出口宽度应为人流股数的倍数，4 股和 4 股以下人流时每股宽按 0.55m 计，大于 4 股人流时每股宽按 0.5m 计；

2）主要纵横过道不应小于 1.1m（指走道两边有观众席）；

3）次要纵横过道不应小于 0.9m（指走道一边有观众席）；

4）活动看台的疏散设计应与固定看台同等对待。

4.3.9 看台栏杆应符合下列要求：

1 栏杆高度不应低于 0.9m，在室外看台后部危险性较大处严禁低于 1.1m；

2 栏杆形式不应遮挡观众视线并保障观众安全。当设楼座时，栏杆下部实心部分不得低于 0.4m；

3 横向过道两侧至少一侧应设栏杆；

4 当看台坡度较大、前后排高差超过 0.5m 时，其纵向过道上应加设栏杆扶手；采用无靠背座椅时不宜超过 10 排，超过时必须增设横向过道或横向栏杆；

5 栏杆的构造做法应经过结构计算，以确保使用安全。

4.3.10 看台应进行视线设计，视点选择应符合下列要求：

1 应根据运动项目的不同特点，使观众看到比赛场地的全部或绝大部分，且看到运动员的全身或主要部分；

2 对于综合性比赛场地，应以占用场地最大的项目为基础；也可以主要项目的场地为基础，适当兼顾其他；

3 当看台内缘边线（指首排观众席）与比赛场地边线及端线（指视点轨迹线）不平行（即距离不等）时，首排计算水平视距应取最小值或较小值；

4 座席俯视角宜控制在 28°～30°范围内；

5 看台视点位置应符合表 4.3.10 的规定。

表 4.3.10 看台视点位置

项目	视点平面位置	视点距地面高度（m）	视线升高差 C 值（m/每排）	视线质量等级
篮球场	边线及端线	0	0.12	Ⅰ
		0	0.06	Ⅱ
		0.6	0.06	Ⅲ

续表 4.3.10

项目	视点平面位置	视点距地面高度（m）	视线升高差 C 值（m/每排）	视线质量等级
手球场	边线及端线	0	0.06	Ⅰ
		0.6	0.06	Ⅱ
		1.2	0.06	Ⅲ
游泳池	最外泳道外侧边线	水面	0.12	Ⅰ
		水面	0.06	Ⅱ
跳水池	最外侧跳板（台）垂线与水面交点	水面	0.12	Ⅰ
		水面	0.06	Ⅱ
足球场	边线端线（重点为角球点和球门处）	0	0.12	Ⅰ
		0	0.06	Ⅱ
田径场	两直道外侧边线与终点线的交点	0	0.12	Ⅰ
		0	0.06	Ⅱ
		0.6	0.06	Ⅲ

注：1 视线质量等级：Ⅰ级为较高标准（优秀）；
Ⅱ级为一般标准（良好）；
Ⅲ级为较低标准（尚可）。
2 田径场首排计算水平视距以终点线附近看台为准，同时应满足弯道及东直道外边线的视点高度在 1.2m 以下，并兼顾跑道外侧的跳远（及三级跳远）沙坑，视点宜接近沙面，在技术经济合理的原则下，可作适当调整。
3 冰球场地由于场地实心界墙的影响，在视点选择时既要确定实心界墙的上端，同时又要确定距界墙 3.5m 的冰面处。

4.3.11 看台各排地面升高应符合下列要求：

1 视线升高差（C 值）应保证后排观众的视线不被前排观众遮挡，每排 C 值不应小于 0.06m；

2 在技术、经济合理的情况下，视点位置及 C 值等可采用较高的标准，每排 C 值宜选用 0.12m。

4.3.12 室外看台上空的罩棚设计应符合下列要求：

1 罩棚的大小（覆盖观众看台的面积）可根据设施等级和使用要求等多种因素确定，主席台（贵宾席）、评论员和记者席等宜全部覆盖；

2 应合理确定罩棚的造型和结构型式，并防止或减少罩棚结构和支柱对观众观看比赛场地和大屏幕的影响；

3 当罩棚设检修天桥时，应有高度不低于 1.05m 的防护栏杆。

4.4 辅助用房和设施

4.4.1 辅助用房应包括观众（含贵宾、残疾人）用房、运动员用房、竞赛管理用房、新闻媒介用房、计时记分用房、广播电视用房、技术设备用房和场馆运营用房等，其功能布局应满足比赛要求，便于使用和管理，并应解决好平时与赛时的结合，具有通用性和灵活性。

4.4.2 观众用房应符合下列要求：

1 观众用房（含贵宾、残疾人）应与其看台区接近，面积应与其使用要求及使用人数相一致，并配置相应的服务设施；

2 一般观众休息区可根据场、馆性质和当地气候条件，采取位于室内、室外或室内外结合的方式；

3 贵宾休息区应与一般观众休息区分开，并设单独出入口；

4 观众用房最低标准应符合表 4.4.2-1 的规定。

表 4.4.2-1 观众用房标准

等级	包厢	贵宾休息区			观众休息区	厕所	残疾观众厕所	公用电话	急救室
		休息室	饮水设施	厕所					
特级	2～3m²/席	0.5～1.0 m²/人	有	见表 4.4.2-2	0.1～0.2 m²/人	见表 4.4.3-3	有	有	有
甲级							厕所内设专用厕位		
乙级	无								
丙级		无							

5 应设观众使用的厕所。厕所应设前室，厕所门不得开向比赛大厅，卫生器具应符合表 4.4.2-2 和表 4.4.2-3 的规定。

表 4.4.2-2 贵宾厕所厕位指标（厕位/人数）

贵宾席规模	100 人以内	100～200 人	200～500 人	500 人以上
每一厕位使用人数	20	25	30	35

注：男女比例 1∶1，男厕大小便厕位比例 1∶2。

表 4.4.2-3 观众厕所厕位指标

项目 \ 指标	男厕			女厕
	大便器（个/1000 人）	小便器（个/1000 人）	小便槽（m/1000 人）	大便器（个/1000 人）
指标	8	20	12	30
备注		二者取一		

注：男女比例 1∶1。

6 男女厕内均应设残疾人专用便器或单独设置专用厕所。

4.4.3 运动员用房应符合下列规定：

1 运动员用房应包括运动员休息室、兴奋剂检查室、医务急救室和检录处等；

2 运动员休息室应由更衣室、休息室、厕所、盥洗室、淋浴等成套组合布置，根据需要设置按摩台等；

3 医务急救室应接近比赛场地或运动员出入口，

门外应有急救车停放处；

4 检录处应位于比赛场地运动员入场口和热身场地之间；

5 运动员用房除比赛时运动员使用外，也应具有一般使用者利用的可能性；

6 运动员用房最低标准应符合表 4.4.3 规定。

表 4.4.3 运动员用房标准

等级	运动员休息室（m²）			兴奋剂检查室（m²）			医务急救（m²）	检录处（m²）
	更衣	厕所	淋浴	工作室	候检室	厕所		
特级	4套每套不少于80	不少于2个厕位	不少于4个淋浴位	不小于18	10	男女各一间，每间约4.5	不少于25	不小于500
甲级								不小于300
乙级	2套每套不少于60		不少于2个淋浴位				不小于15	不小于100
丙级	2套每套不少于40	不少1个厕位		无				室外

注：兴奋剂检查厕所须用坐式便器。

4.4.4 竞赛管理用房应符合下列要求：

1 竞赛管理用房应包括组委会、管理人员办公、会议、仲裁录放、编辑打字、复印、数据处理、竞赛指挥、裁判员休息室、颁奖准备室和赛后控制中心等。

2 竞赛管理用房最低标准应符合表 4.4.4-1 和表 4.4.4-2 的规定。

表 4.4.4-1 竞赛管理用房标准（一）

等级	组委会	管理人员办公	会 议	仲裁录放	编辑打字	复印
特级	不少于10间约20m²/间	不少于10间15m²/间	3～4间，约20～40m²/间	20～30m²	20～30m²	20～30m²
甲级	不少于5间约20m²/间	不少于5间约15m²/间	2间，大40m²，小20m²			
乙级	不少于5间约15m²/间		30～40m²	15m²	15m²	15m²
丙级	不少于5间约15m²/间		20～30m²		15m²	

3 根据实际需要安排场馆工作人员的休息及更衣室。

表 4.4.4-2 竞赛管理用房标准（二）

等级	数据处理			竞赛指挥室	裁判员休息室			赛后控制中心	
	电脑室	前室	更衣		更衣室	厕所	淋浴	男	女
特级	140m²	8m²	10m²	20m²	2套，每套不少于40m²			20m²	20m²
甲级	100m²	8m²	10m²		2套，每套不少于40m²				
乙级	60m²	5m²	8m²	10m²	2套，每套不少于40m²			20m²	
丙级	临时设置				2间，每间10m²		无	无	

4.4.5 新闻媒介用房应符合下列要求：

1 新闻媒介用房应包括新闻官员办公、记者工作用房、电传室、邮电所和无线电通讯机房等。

2 新闻媒介用房最低标准应符合表 4.4.5 的规定。

表 4.4.5 新闻媒介用房标准

等级	新闻官员办公（m²）	记者工作区（m²）		邮电所（m²）			照 片冲洗室（m²）
		休息室	采编室	公告室	营业厅	机房	
特级	20	50	100	100	100	30	30（临时设置）
甲级		30	70	70	50		
乙级		15	50	50	30	20	无
丙级	无		50	无			无

注：1 采编室大间可分隔为采访室和编写室；
2 邮电所机房为平时的电话总机室。

4.4.6 计时记分用房应符合下列要求：

1 计时记分用房应包括计时控制，计时与终点摄影转换，屏幕控制室，数据处理室等；

2 计时记分牌位置应能使全场绝大部分观众看清，其尺寸及显示方式宜根据不同项目特点和使用标准确定；

3 室外计时记分装置显示面宜朝北背阳，室内馆侧墙上计时记分装置底部距地应大于 2.5m，当置于赛场上空时，其位置和安放高度不应影响比赛；

4 控制室应能直视场地、裁判席和显示牌面；

5 控制室内应设升降旗的控制台；

6 计时记分用房最低标准应符合表 4.4.6 的规定。

表 4.4.6 计时记分用房标准

等级	计时控制（m²）	计时与终点摄影转换（m²）	显示屏幕控制室（m²）	数据处理室
特级	15	12	40	见表 4.4.4-2
甲级				
乙级				
丙级	临时设置			

4.4.7 广播电视用房应符合下列要求：

1 宜设置广播电视人员专用出入口和通道，出入口附近应能停放电视转播车，设置电视设备接线室，并提供临时电缆的铺放条件；

2 应考虑架设电视摄像机和微波天线位置；

3 广播电视用房配置标准应符合表 4.4.7 的规定；

4 播音室、评论员室应能直视比赛场地、主席台和显示牌等。

表 4.4.7 广播电视用房标准

<table>
<tr><th rowspan="2">等级</th><th colspan="3">广播和电视转播系统</th><th colspan="3">内场广播</th><th rowspan="2">闭路电视接口设备机房</th><th rowspan="2">电视发送室</th></tr>
<tr><th>播音室</th><th>评论员室</th><th>声控室</th><th>播音室</th><th>机房</th><th>仓库兼维修</th></tr>
<tr><td>特级</td><td>3～5 间
4m²/间</td><td>5～8 间
4m²/间</td><td>30m²</td><td>4m²</td><td>15m²</td><td rowspan="2">15m²</td><td rowspan="2">30m²</td><td rowspan="3">30m²</td></tr>
<tr><td>甲级</td><td>2～3 间
4m²/间</td><td>3～5 间
4m²/间</td><td>25m²</td><td>4m²</td><td>10m²</td></tr>
<tr><td>乙级</td><td colspan="2">8m²</td><td>15m²</td><td colspan="3" rowspan="2">10m²</td><td rowspan="2">无</td></tr>
<tr><td>丙级</td><td colspan="3">临时设置</td><td>无</td></tr>
<tr><td colspan="9">注：内场广播也可列入竞赛管理用房的范围。</td></tr>
</table>

4.4.8 技术设备用房应符合下列要求：

1 应包括灯光控制室，消防控制室，器材库，变配电室和其他机房等；

2 灯光控制室应能看到主席台、比赛场地和比赛场地上空的全部灯光；

3 消防控制室宜位于首层并与比赛场内外联系方便，应有直通室外的安全出口；

4 器材库和比赛、练习场地联系方便；器材应能水平或垂直运输；应有较好的通风条件；出入口大小及门的开启方向应符合器材的运输需要；

5 技术设备用房最低标准应符合表 4.4.8 规定。

表 4.4.8 技术用房配置标准

<table>
<tr><th>等级</th><th>灯光控制（m²）</th><th>消防控制（m²）</th><th>器材库（m²）</th><th>变配电室</th></tr>
<tr><td>特级</td><td rowspan="2">40</td><td rowspan="2">40</td><td rowspan="4">不小于300</td><td rowspan="4">按负荷决定</td></tr>
<tr><td>甲级</td></tr>
<tr><td>乙级</td><td>20</td><td>20</td></tr>
<tr><td>丙级</td><td colspan="2">10</td></tr>
</table>

6 当泵房、发电机房、空调机组等设备安放在场馆内时，应避免设备产生的噪声对比赛区和观众区的影响。

5 体 育 场

5.1 一 般 规 定

5.1.1 体育场规模分级应符合表 5.1.1 的规定。

表 5.1.1 体育场规模分级

等级	观众席容量（座）	等级	观众席容量（座）
特大型	60000 以上	中型	20000～40000
大型	40000～60000	小型	20000 以下
注：体育场的规模分级和本规范第 1.0.7 条规定的等级有一定对应关系，相关设施、设备及标准也应相匹配。			

5.1.2 体育场标准方位应符合表 5.1.2 和本规范第 4.2.7 条的规定。

表 5.1.2 体育场标准方位

名　称	标 准 方 位
运动场地	纵向轴平行南北方向，也可北偏东或北偏西
注：1 标准方位指位于北半球地区我国的体育场； 2 体育场的方位选择，主要为了避免太阳高度角较低时，对运动员和观众眩目，同时要考虑当地风力和风向对运动成绩的影响。见本规范第 4.2.7 的规定； 3 观众的主要看台最好位于西面，即观众面向东方。	

5.1.3 体育场的正式比赛场地应包括径赛用的周长 400m 的标准环形跑道、标准足球场和各项田赛场地。除直道外侧可布置跳跃项目的场地外，其他均应布置在环形跑道内侧。

因条件限制，可采用周长不短于 200m 的小型跑道，跑道内侧可设置非标准足球场，或篮球、排球、网球等场地，但这种场地不能作正规比赛用。

专用足球比赛场也可只设标准足球场，而不设环形跑道和田赛场地。

5.1.4 体育场的 400m 的径赛跑道应符合下列要求：

1 400m 环形跑道是由两个半圆（180°，半径 36～38m）的曲段（弯道），加上两个直段组成的长圆形，比赛按逆时针方向跑进；

2 新建体育场应采用 400m 标准跑道，弯道半径为 36.50m，两圆心距（直段）为 84.39m；

3 特殊情况采用双曲率弯道的 400m 跑道时，最小半径不应小于 24m。

5.2 径 赛 场 地

5.2.1 400m 标准跑道规格应符合表 5.2.1 的规定。

表 5.2.1 400m标准跑道规格

建筑等级	环形道				西直道			
	弯道半径（内沿m）	两圆心距（直段m）	每条分道宽度（m）	分道最少数量（条）	总长度（m）	其中起点准备区长度（m）	其中终点缓冲区长度（m）	分道最少数量（条）
特级甲级	36.50	84.39	1.22	8	140～150	5～10	25～30	8～10
乙级				8				8
丙级				6				8

注：1 跑道内沿周长为398.12m。表中弯道半径指弯道内沿线的内侧；
2 跑道内道第一分道的理论跑进路线周长为400.00m。是按距跑道内沿（不包括突道牙宽度）0.30m处的跑程计算的；
3 每条分道宽1.22m，含分道标志线宽0.05m位在各道的跑进的右侧。测量跑程除第一分道外，其他各分道按距相邻左侧分道标志线0.20m处丈量。分道的次序由内圈第一分道起向外侧顺序排列；
4 跑道内外侧安全区应距跑道不少于1.00m空间；
5 西直道设置100m短跑和110m跨栏跑的起点，以及所有径赛的同一终点。终点线位于直道与弯道交接处；
6 需要时，可在东直道设置第二起终点，供短跑训练或预赛；
7 当8分道时，可增加1～2分道，训练使用时宜避开内道，减小第一、二分道的地面磨损，以便延长整个跑道的寿命。

5.2.2 跑道道牙规格应符合表5.2.2的规定。

表 5.2.2 跑道道牙规格

道牙宽度（m）	道牙高度（m）	道牙材料	道牙标高
≥0.05	约0.05	金属或其他适当材料	跑道周长均在同一水平面上

注：1 比赛场的道牙应采用可装卸式构造，下部透空排水，在田赛助跑道与径赛跑道交错等处，应可临时拆走部分区段的道牙，以免妨碍比赛；
2 道牙上不应有凸出物。

5.2.3 跑道坡度应符合表5.2.3的规定。

表 5.2.3 跑道坡度

跑道横向坡度	跑道纵向坡度
不应大于1%，且向内侧低外侧高倾斜	不应大于0.1%，跑进方向的高低倾斜

注：西直道起点和终点的直道与弯道交接延伸区域，此处横向坡度延续不应大于1%。允许纵向局部坡度略大于0.1%，但起点与终点之间的纵向坡度不应大于0.1%。

5.2.4 跑道面层材料应符合表5.2.4的规定。

表 5.2.4 跑道面层材料

适应范围	跑道面层材料
国际国内正式比赛场及练习场	合成材料（塑胶一般厚12～13mm，局部加厚区18～25mm）
非正式比赛或练习场	采用煤渣、砖粉末、草坪及土等材料

注：1 田赛场地的助跑道地面材料与径赛跑道相同；
2 塑胶地面局部厚25mm系指跳高、撑竿跳高、跳远、三级跳远、障碍水池的起跳处和标枪起掷处；
3 正式比赛场及练习场的辅助区域可采用合成材料，厚度8mm，为节省造价，也可采用草地等地面；
4 塑胶地面色彩标记应遵守国际田联有关规定。

5.2.5 终点线的立柱应符合表5.2.5的规定。

表 5.2.5 终点线的立柱

终点柱规格	宽0.08m，厚0.04m，高约1.4m金属制、漆白色
终点柱位置	两根立柱位于西直道终点线延长线上分别距跑道边沿0.3m处

注：1 终点柱应采用可装卸式构造固定；
2 手工计时、电子计时都应设置终点柱。

5.2.6 跑道的所有分道线、起点线、终点线、抢道线等白色标志线宽0.05m，其位置及标记要求均应按《国际田联400m标准跑道标记方案》执行。

5.2.7 跑道长度丈量精度：环形跑道400m允许偏差+0.04m，西直道100m允许偏差+0.02m，均不得出现负偏差值。

5.2.8 障碍赛跑的跳跃水池和专用转换道应符合表5.2.8的规定。

表 5.2.8 障碍赛跳跃水池和专用转换道

跳跃水池	水池位于400m标准跑道的北弯道内侧或外侧，水池长3.66±0.02m，宽3.66±0.02m，深0.70m
专用转换道	转换道宽3.66m与标准跑道连接，用白色标志线标出，此段不设置突道牙，并按距离白线0.20m处丈量跑程长度

注：水池不使用时，宜在水池上加盖，并与周围地面齐平。

5.3 田赛场地

5.3.1 跳远和三级跳远场地应符合表5.3.1的规定。

表 5.3.1 跳远和三级跳远场地规格

名称		跳远	三级跳远
助跑道	起跳板尺寸	长1.21～1.22m，宽0.2±0.02m，厚0.10m	
	起点至起跳板线	≥40m，宜≥45m	
	起跳板线至沙坑近端	1～3m	≥11m（女子）≥13m（男子）
	起跳点至沙坑远端	≥10～12m	20m（女子），22m（男子）

续表 5.3.1

名　　称		跳远	三级跳远
落地区（沙坑）	宽（不含边框宽 0.05m）	2.75～3.00m	
	长（不含边框宽 0.05m）	≥9m	

注：1　助跑道材料和坡度与径赛规定相同；
　　2　起跳板用木料或其他坚硬材料制成，安装后与助跑道在同一水平面上，起跳板白色漆，起跳线凹槽填上橡皮泥等黏性物质；
　　3　沙坑边框上部用木材或水泥并覆软面（塑胶），面层最小厚 0.02m，沙面与边框、助跑道在同一水平面上；
　　4　起跳板位置根据跳远或三级跳远（男子、女子）放置，起跳位置不用时，应填上一块坚固的完全吻合的填补板，板面覆盖有与助跑道相同的合成材料。因此跳远、三级跳远可使用同一场地；
　　5　跳远、三级跳远两个场地并列布置的距离要求：并排沙坑侧边之间，或前后错排近端边之间为最小 0.30m。沙坑外安全区最小距离 1m。

5.3.2　跳高场地规格应符合表 5.3.2 的规定。

表 5.3.2　跳高场地规格

助跑道			落地区		
比赛等级	半径	材料、坡度	长	宽	材料
一般比赛	≥15m	材料与径赛跑道相同，坡度≤0.4%并朝向横杆中心	≥5m	≥3m	垫子
国内、国际正式比赛	≥20m				
条件允许	25m				

注：当堆沙时，沙坑深 0.3m，堆沙厚度至少 0.5m。

5.3.3　推铅球场地规格应符合表 5.3.3 的规定。

表 5.3.3　推铅球场地规格

投掷圈		扇形落地区		
直径(m)	材料	圆心角	长(半径)(m)	地面材料
2.135(±0.005)	钢圈、木抵趾板、水泥地	34.92°	25	可留下痕迹的材料

注：落地区线外安全区至少 2m。

5.3.4　掷铁饼和链球场地规格应符合表 5.3.4 的规定。

表 5.3.4　掷铁饼和链球场地规格

名称	投掷圈		护笼（护网）	落地区		
	直径（m）	材料	(m)	圆心角	长（半径）(m)	地面
掷铁饼	2.50(±0.005)	钢圈、水泥地	约 8×6 高≥4	34.92°	80	草地
掷链球	2.135(±0.005)		约 8×7 高≥7			

注：1　通常采用铁饼、链球共用投掷场地，是将掷铁饼直径 2.5m 投掷圈插入一个调整环就可变成直径 2.135m 的掷链球圈，同时共用护笼；
　　2　如利用推铅球投掷圈（直径 2.135m）拆去抵趾板，装上一个护笼就可改作链球投掷场地；
　　3　落地区线外至少有 2m 的安全区，并宜加隔离栅。

5.3.5　掷标枪场地规格应符合表 5.3.5 的规定。

表 5.3.5　掷标枪场地规格

助跑道			扇形落地区		
长	宽	投掷弧	圆心角	半径	地面
30～36.5m	4m	半径 8m	约 29°	100m	草地

注：1　白色标志线宽 0.05m，不含在助跑道宽度内；
　　2　投掷弧宽 0.07m，表面白色漆与助跑道齐平，用木料、金属或其他适宜材料制成；
　　3　落地区线外应至少有 1m 的安全区。

5.3.6　撑竿跳高场地规格应符合表 5.3.6 的规定。

表 5.3.6　撑竿跳高场地规格

助跑道			落地区		
宽	长	材料、坡度	长	宽	材料
1.22m(±0.01m)	≥45m(含插穴斗)	与径赛跑道同	5m	5m	垫子

注：1　助跑道白色标志线宽 0.05m，不包含在助跑道宽度内；
　　2　插穴、支架规格应符合国际田联《田径设施手册》有关规定，插穴不用时，要加盖板与地面齐平；
　　3　当堆沙时沙坑深 0.3m，堆沙的厚度至少 0.8m。

5.4　足球场地

5.4.1　足球场地规格应符合表 5.4.1 的规定。

表 5.4.1　足球场地规格

类别	使用性质	长（m）	宽（m）	地面材料及坡度
标准足球场	一般性比赛	90～120	45～90	天然草坪≤5/1000
	国际性比赛	100～110	64～75	
	国际标准场	105	68	
	专用足球场	105	68	
非标准足球场	业余训练和比赛	根据具体条件制定场地尺寸，但任何情况下长度均应大于宽度		天然草坪、人工草坪和土场地

注：1　非标准足球场虽不符合规则要求，但可开展群众性和青少年足球运动，便于将标准足球场划分为二个小足球场；
　　2　足球场地划线及球门规格应符合竞赛规则规定；
　　3　设置在田径场地内的足球场，其足球门架应采用装卸式构造。

5.4.2　足球场应提供较比赛场地更大的草坪区，其周围区域应符合表 5.4.2 的规定。

表 5.4.2　足球场周围区域规定

<table>
<tr><th rowspan="2">类别</th><th colspan="2">草坪延展区</th><th colspan="3">球门线摄像人员限止线</th><th rowspan="2">替补队员教练席距边线(m)</th><th colspan="3">广告牌</th></tr>
<tr><th>线外(m)</th><th>端线外(m)</th><th>距角旗(m)</th><th>距球门区线与端线交点(m)</th><th>距门柱(m)</th><th>距边线(m)</th><th>距球门线后角旗处(m)</th><th>距球门网贴地处(m)</th></tr>
<tr><td>标准足球场</td><td>≥1.5</td><td rowspan="2">≥2.0</td><td>≥2.0</td><td>≥3.5</td><td>≥6.0</td><td>≥5.0</td><td>≥5.0</td><td>≥3.0</td><td>≥3.5</td></tr>
<tr><td>非标准足球场</td><td>≥1.5</td><td colspan="7">不限</td></tr>
<tr><td colspan="10">注：1　当比赛场地周围有其他材料的通道时，交接处必须平整；
2　场地及其周围不应有任何可能伤及运动员和工作人员的潜在危险物。</td></tr>
</table>

5.5　比赛场地综合布置

5.5.1　比赛场地的综合布置应紧凑合理，在满足各项比赛要求和保证安全的前提下，应缩小场地总面积。

5.5.2　铁饼、链球、标枪、铅球的落地区应设在足球场内，投掷圈或助跑道应设在足球场端线之外。

5.5.3　跳高、铅球场地应设在跑道弯道与足球场端线之间的半圆区内。

5.5.4　跳远和三级跳远，撑竿跳高场地宜设在跑道直道的外侧，也可设在两个半圆区内。当设在直道外侧时起跑点距看台宜大于 5m。

5.5.5　各田赛项目至少应设置两个不同方位的场地，满足田赛比赛对场地阳光和风向的选择。

5.5.6　西直道外侧场地宽度应满足起终点裁判工作、颁奖仪式等活动的需要。

5.5.7　比赛场地和观众看台之间应采取有效的隔离措施。正式比赛场地外围应设置围栏或供记者和工作人员用的环形交通道或交通沟，其宽度不宜小于 2.5m，并用不低于 0.9m 的栏杆与比赛场地隔离。交通道（或沟）与观众席之间也应采取有效的隔离措施，但不应阻挡观众视线。沟内应有良好的排水措施。

5.5.8　比赛场地应有良好的排水条件，沿跑道内侧和全场外侧分别设一道环形排水明沟，明沟应有漏水盖板。足球场两端也宜各设一道排水沟与跑道内侧的环形排水沟相连。足球场草地下宜设置排水暗管（或盲沟）。

5.5.9　比赛场地内还应根据使用要求妥善设置各种通讯、信号、供电、给排水等管线和装置。

5.5.10　跑道的弯道圆心及足球场地位置标记，应设置埋于地下的永久性标桩。

5.6　练 习 场 地

5.6.1　练习场地的数量和标准，应根据比赛前热身需要、平时的专业训练和群众锻炼的需要确定。

5.6.2　热身练习场地应根据设施等级的使用要求确定，其最低要求应符合表 5.6.2 的规定。

表 5.6.2　热身练习场地最低要求

场 地 内 容	建筑等级			
	特级	甲级	乙级	丙级
400m 标准跑道，西直道 8 条，其他分道 4 条	1	1	—	—
200m 小型跑道，4 条分道	—	—	1	—
铁饼、链球、标枪场地	各 1	各 1	—	—
铅球场地	2	1	—	—
标准足球场	2	1	—	—
小型足球场	—	—	1	—

注：1　一个足球场可布置在跑道内侧区域，甲级体育场有条件时宜增设足球场一个。特级体育场宜将田赛、径赛、足球三项练习场分开设置；
2　场地地面材料应与比赛场相同。

5.6.3　根据气候条件和使用要求，必要时宜设置田径练习馆或防风雨练习场。

5.7　看台、辅助用房和设施补充规定

5.7.1　进行正式比赛的体育场，应采取适当措施减小比赛场地内的风速，使比赛能正常进行。

5.7.2　正式比赛时，应设置径赛自动计时系统。跑道终点线处地面至 1.5m 高度范围内的空间照度标准应不低于 1500Lx。

5.7.3　正式比赛时，应设置固定式大型电子计时记分牌一块，重大比赛时宜另设一块电视式屏幕显示活动图像，或者将二块牌的功能合一。田赛成绩分别由场地上临时安装的活动式小型记分牌显示。

5.7.4　比赛场地出入口的数量和大小应根据运动员出入场、举行仪式、器材运输、消防车进入及检修车辆的通行等使用要求综合解决。

5.7.5　比赛场地的出入口应符合下列要求：

1　至少应有二个出入口，且每个净宽和净高不应小于 4m；当净宽和净高有困难时，至少其中一个出入口满足宽度，高度要求；

2　供入场式用的出入口，其宽度不宜小于跑道最窄处的宽度，高度不低于 4m；

3　供团体操用的出入口，其数量和总宽度应满足大量人员的出入需要，在出入口附近设置相应的集散场地和必要的服务设施；

4　田径运动员进入比赛区的入口位置宜靠近跑

道起点，离开比赛区的出口宜靠近跑道终点；

5 足球运动员进入比赛区的出入口宜位于主席台同侧，并靠近运动员检录处及休息室。

5.7.6 举行重大比赛时，田径检录处宜设在练习场地或进入比赛区之前的区域。由运动员检录处至比赛场地应采用专用通道（或地道），并应采用塑胶或其他弹性材料地面。当不作永久性的时，可临时铺设塑胶地毯。

5.8 田 径 练 习 馆

5.8.1 田径练习馆的场地根据设施级别和使用要求，宜包括200m长的长圆形跑道，其内侧应设短跑和跨栏跑直跑道，以及跳高、撑竿跳高、跳远、三级跳远，和推铅球的场地。需要时也可设置少量观摩席位。

5.8.2 200m长圆形跑道应采用200m室内标准跑道的规格，其弯道半径应为17.50m（第一分道的跑程的计算半径），弯道倾斜角不应超过15°。

5.8.3 200m室内标准跑道规格应符合表5.8.3的规定。

表 5.8.3 200m 室内标准跑道规格

周长（m）	弯道半径（m）	两弯道圆心距（m）	过渡弯曲区长（m）	水平直道长（m）	弯道倾斜	分道数（条）	每分道宽（m）
内沿 198.140	17.204	44.994	10.022	35.000	10°09′25″	4～6	0.9～1.1
第一分道 200.00	17.500		10.108				

注：1 跑道内沿突道牙宽高各0.05m（弯道半径尺寸含道牙宽度）；

2 过渡弯曲区，即由水平直道延伸至弯道渐倾斜区，其弯曲半径根据其弯曲区长计算出；

3 弯道倾斜10°09′25″指弯道横向外侧高，内侧低的坡度，范围为弯道圆心角45°（4个区）；

4 弯道渐倾斜区范围为28°31′35″（4个区），由过渡弯曲区的水平道渐变到弯道10°09′25″，此段跑道横纵坡度均是变化的，并要求连接点圆滑；

5 直道纵向及内沿突道牙周长均为水平的，其倾斜最大不超过0.01%；

6 分道的跑进右侧划白色标志线宽0.05m，含在分道宽度内，计算跑程时，则按距离左侧标志线0.20m处丈量；

7 所有径赛的终点线位于直段与过渡弯曲区相接处，并且是第一分道的起跑线的延伸，与跑道垂直相交90°；

8 起跑线及抢道线位置等按竞赛规则及国际田联《田径设施手册》中有关规定办理；

9 跑道面层应采用塑胶材料。

5.8.4 室内直跑道规格应符合表5.8.4的规定。

表 5.8.4 室内直跑道规格

直道总长	其中起跑准备区	其中终点缓冲区	分道数	每分道宽
73～78m	3m	10～15m	≥6条	1.22m
			≤8条	≥1.25m

注：1 直跑道应位于长圆跑道的纵向轴线上；

2 直跑道用于60m短跑和50m、60m跨栏跑；

3 跑道的倾斜度：左右方向不超过1%，跑进方向不超过0.1%，局部0.25%；

4 跑道面层应采用塑胶材料。

5.8.5 室内田赛场地规格应符合表5.8.5的规定。

表 5.8.5 室内田赛场地规格

项目	助 跑 区	落 地 区
跳高	1 扇形，助跑长15～20m 2 起跳区应水平，起跑段坡度不超过0.25%（低或高）	垫子5m×3m
撑竿跳高	助跑道宽1.22m（≤1.25m），长40～45m	垫子5m×5m
跳远及三级跳远	1 助跳道宽1.22m(≤1.25m)，长40～45m 2 起跳板至沙坑近端应： ≥3m（跳远） ≥13m（男子三级跳） ≥11m（女子三级跳）	1 沙坑2.75m×7m×0.3m（宽×长×深） 2 应有移动盖，与周围地面平
推铅球	投掷圈直径2.135m（钢圈、木抵趾板、水泥地面）	圆心角34.92°扇形，长25m，底线边长9m，矩形用安全栏网，地面用可留下印痕的适当材料

注：助跑道地面应用塑胶面层，跳远、三级跳远的起跳板区塑胶面层厚应为20mm。

5.8.6 室内田径练习馆还应符合以下要求：

1 室内墙面要平整光滑，距地面至少2m高度内不应有突出墙面的物件或设施，以保证运动员安全；

2 在直道终点后缓冲段的尽端应有缓冲挂垫墙，应能承受运动员冲撞力；

3 地板电气插孔，临时安装用挂钩或插穴等，应有盖子与地面平；

4 从弯道过渡区到下一个直道开始前的弯道外缘应提供一个保护性的跑道；

5 如果跑道内缘的垂直下降超过0.10m，就要实施保护性措施；

6 训练馆应附有厕所、更衣、淋浴、库房等附属设施；

7 宜结合当地条件采用天然光和自然通风。

6 体 育 馆

6.1 一 般 规 定

6.1.1 体育馆规模分类应符合表6.1.1规定。

表6.1.1 体育馆规模分类

分类	观众席容量（座）	分类	观众席容量（座）
特大型	10000以上	中型	3000～6000
大型	6000～10000	小型	3000以下
注：体育馆的规模分类与本规范1.0.7条等级规定有一定对应关系，但不绝对化。			

6.1.2 当体育馆作为综合性设施进行多项竞技和训练使用时，应根据所开展的运动项目和相应的竞赛规则要求，合理确定比赛场地尺寸、设备标准和配套设施，并据此进行建筑设计。

6.1.3 当体育馆除体育项目外考虑多功能使用时，应符合下列要求：

1 应为多功能使用留有余地和灵活性；

2 在场地、出入口、相关专用设备、配套设施上提供可能性，并考虑原有专用场地面层的保护和拆卸；

3 屋盖结构应留有增加悬吊设备的余地；

4 应满足相关使用功能的安全要求。

6.1.4 当体育馆进行正式比赛时，除比赛场地外，应考虑竞赛规则或有关国际单项组织所提出的对热身场地和练习场地的要求。

6.1.5 当体育馆利用自然采光时，应考虑项目比赛和多功能使用时对光线的要求，配备必要的遮光和防止眩光措施。

6.1.6 学校用体育馆在场地尺寸、座席布置上应符合学校的教学要求和使用特点。

6.2 场 地 和 看 台

6.2.1 体育馆的比赛场地要求及最小尺寸应符合表6.2.1的规定。

表6.2.1 比赛场地要求及最小尺寸

分 类	要 求	最小尺寸（长×宽，m）
特大型	可设置周长200m田径跑道或室内足球、棒球等比赛	根据要求确定
大型	可进行冰球比赛或搭设体操台	70×40
中型	可进行手球比赛	44×24
小型	可进行篮球比赛	38×20
注：1 当比赛场地较大时，宜设置活动看台或临时看台来调整其不同使用要求，在计算安全疏散时应将这部分人员包括在内； 2 为适应群众性体育活动，场地尺寸可在此基础上相应调整。		

6.2.2 体育馆的场地设计除满足本规范第4.2.1、4.2.2、4.2.3条的规定外，还应提供其他多功能使用的可能性。

6.2.3 比赛场地的面层除应根据设施级别、项目和使用要求和室内项目的特点决定其材料、弹性、硬度、平整度、防滑、颜色、不反光等要求外，还应兼顾维护、管理、更换等方面的要求。

6.2.4 比赛场地周围应根据比赛项目的不同要求满足在高度、材料、色彩、悬挂护网等方面的要求，当场地周围有玻璃门窗时，应考虑防护措施。

6.2.5 场地出入口的数量除满足本规范第4.2.4条要求外，还应考虑体育馆在多功能使用时，设备和器材的出入、场地内观众的疏散等。

6.2.6 比赛场地及周围缓冲区、工作区的外轮廓形状应结合项目特点、座席布局方式、体育馆结构选型及体型等因素合理选定，以保证场地的使用效果和观众的视觉质量。

6.2.7 综合体育馆比赛场地上空净高不应小于15.0m，专项用体育馆内场地上空净高应符合该专项的使用要求。

6.2.8 体育馆看台观众席的布置形式应根据项目和使用特点、疏散方式、视觉质量、体育馆造型等多方面因素综合选定，其观众席、出入口、走道设置应符合本规范第4.3.4～第4.3.9条规定。

6.2.9 体育馆看台的视线和剖面设计，应遵守本规范第4.3.10、第4.3.11条规定。

6.2.10 当体育馆内设置活动看台时，应考虑其分区、形状、走道设置、与固定看台的联系、疏散方式、看台收纳方式等要求。

6.2.11 看台应预留残疾人轮椅席位，其位置应便于残疾观众入席及观看，应有良好的通行和疏散的无障碍环境，并应在地面或墙面设置明显的国际通用标志。

6.2.12 当比赛场地内因使用需设置大量临时座椅时，应同时考虑座椅的存放、搬运方式，并留有足够的储存空间。

6.2.13 应充分利用观众看台下部的空间作为辅助面积，并在条件允许时采用天然采光和自然通风。

6.2.14 比赛场地和观众厅内除应有固定的计时记分显示牌外，还应考虑一些比赛项目在比赛场地内临时设置计时记分牌的可能性。

6.3 辅助用房和设施

6.3.1 体育馆的辅助用房和设施应包括：观众用房、贵宾用房、运动员用房、竞赛组织工作用房、新闻工作用房、广播电视技术用房、计时记分用房、其他技术用房及体育器材库等。要求应符合本规范第4章第4.4节的有关规定。

6.3.2 当进行正式比赛时，辅助用房同时还应满足竞赛规则和有关国际单项体育组织提出的各项要求。在运动员用房、竞赛组织工作用房、新闻工作用房、计时记分用房、其他技术用房等用房的设计中，应具有一定通用性和灵活性，便于根据不同要求进行调整。

6.3.3 观众休息厅应满足使用、方便管理，其面积分配应与看台观众席的分区分布情况相一致。当体育馆多功能使用时，在观众使用部分宜根据其使用性质和特点，增加服务用房相关内容。

6.3.4 在比赛场地的运动员入口处宜设供赛前点名、成绩登记的检录处，面积应根据其使用要求确定。

6.4 练 习 房

6.4.1 体育馆练习房与比赛厅之间应联系方便，练习房的规格和内容应结合比赛和练习项目的要求确定，以满足比赛热身或平时练习要求。其更衣、淋浴、存衣等服务设施可以独立设置，也可与比赛厅合并集中设置。

6.4.2 训练场地净高不得小于10m。专项训练场地净高不得小于该专项对场地净高的要求。

6.4.3 训练房除应根据设施级别、使用对象、训练项目等合理决定场地大小、高度、地面材料和使用方式，并应符合下列要求：

1 训练房场地四周墙体及门、窗玻璃、散热片、灯具等应有一定的防护措施，墙体应平整、结实，2m以下应能承受身体的碰撞，并无任何突出的障碍物，墙体转角处应无棱角或呈弧形；

2 训练房应考虑减低噪声的措施；

3 训练房可根据需要设置简易的计时记分设备；

4 训练房宜充分结合当地条件，采用天然光和自然通风；

5 训练房应附有必需的厕所、更衣、淋浴、库房等附属设施，根据需要设置按摩室等；

6 训练房的门应向外开启并设观察窗；其高度、宽度应能适应维修设备的进出；

7 训练房可根据需要适当设置观摩席位（固定或活动）；

8 训练房的地面材料应根据训练项目和使用对象的情况而定；

9 当训练房面积较大时，应考虑用灵活隔断加以分隔使用的可能性。

7 游 泳 设 施

7.1 一 般 规 定

7.1.1 游泳设施规模分类应符合表7.1.1规定。

表 7.1.1 游泳设施规模分类

分类	观众容量（座）	分类	观众容量（座）
特大型	6000以上	中型	1500～3000
大型	3000～6000	小型	1500以下

注：游泳设施的规模分类与本规范第1.0.7条规定的等级有一定对应关系。

7.1.2 游泳比赛馆在观众容量、功能内容、平面方式、建筑体型和室内空间、结构型式等方面应根据使用、经济等因素确定。

7.1.3 结合重大赛事而建的大型以上游泳设施，除满足正式赛事的要求外，还应充分满足赛后的比赛和日常使用。

7.1.4 观众座席除应采用固定座席外，也可采用活动或临时座席，或在建筑设计中留有充分的余地。

7.1.5 当游泳设施进行多项水上项目赛事和训练时，可根据设施等级和使用性质，确定游泳池、跳水池的专用、合用或兼用，并满足各水上项目的技术要求。

7.1.6 当游泳设施的室内和室外部分，比赛和训练部分，体育和娱乐部分相连时，应满足辅助用房和设备的综合利用。

7.1.7 应根据城市规划、建筑群体、建筑造型等多方面因素确定游泳馆的结构选型。主体结构必须符合本规范第1.0.8条规定的设计使用年限。应有好的防腐蚀性能，围护结构及外墙门窗等必须从节能的要求出发，解决好隔汽、防潮、保温、隔热等要求，防止产生结露现象。

7.1.8 游泳设施各水池的设计应安全、可靠，不得产生下沉、漏水、开裂等现象。

7.2 比赛池和练习池

7.2.1 游泳比赛池规格按设施等级应符合表7.2.1的规定。

表 7.2.1 游泳比赛池规格

等级	比赛池规格(长×宽×深)(m)		池岸宽（m）		
	游泳池	跳水池	池侧	池端	两池间
特级、甲级	50×25×2	21×25×5.25	8	5	≥10
乙级	50×21×2	16×21×5.25	5	5	≥8
丙级	50×21×1.3		2	3	

注：1 甲级以上的比赛设施，游泳池和比赛池应分开设置；

2 当游泳池和跳水池有多种用途时，应同时符合各项目的技术要求。

7.2.2 比赛池应符合下列要求：

1 比赛池长度分为50m和25m两种。游泳池的长度指两端电子触板之间的距离，设计时应将触板厚度（9～10mm）计算在内。长度50m池的误差允许为+0.03m，25m池的允许误差为+0.02m。两端池壁自水面上0.3m至水下0.8m必须符合此要求。正式比赛池池深应符合表7.2.1的规定；

2 泳道宽度2.5m，最外一条分道线距池边至少50cm；

3 池壁及池岸应防滑，池岸、池身的阴阳交角均应按弧形处理，比赛池壁和池底应按规则设置标志线，标志线的位置和尺寸见图7.2.2所示，其标志线的国际标准见表7.2.2。两端池壁应设置浮标挂钩；

4 比赛池出发端应安装符合规则要求的出发台，其表面积至少50cm×50cm，前缘高出水面50～75cm，台面向前倾斜不超过10°，出发台应坚固而没有弹性，台面防滑，同时在水面上30～60cm处安装不突出池壁外的仰泳握手器，并有水平和垂直两种，出发台有标明泳道次序的号码，并按出发方向由右向左依次排列；

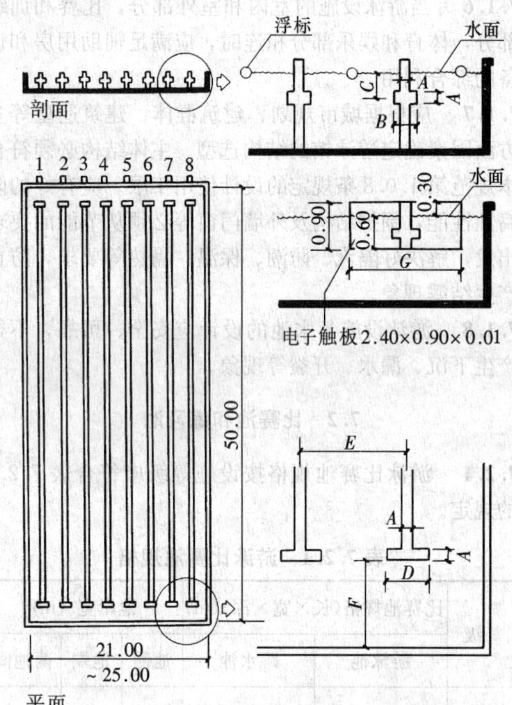

图7.2.2 标准比赛池平面、剖面

表7.2.2 泳道标志线标准

符号	表示内容	尺寸（m）
A	池底及池壁泳道标志线及两端横线宽度	0.20～0.30
B	池端标志线终点横线宽度	0.50
C	池壁泳道标志线中心横线深度	0.30
D	池底泳道两端横线宽度	1.00
E	各泳道标志线间距离	2.50
F	池底泳道两端横线距池端距离	2.00
G	电子触板规格	2.40×0.90×0.01

5 池身两侧应设置嵌入池身不少于四个的攀梯，攀梯不得突出池壁，其所在位置应不影响裁判工作，池壁水面下1.20m处宜设通长歇脚台，宽0.10～0.15m；

6 室外比赛池的长轴应符合第4.2.7条的规定；

7 正式比赛应设置自动计时装置，电子触板规格见表7.2.2，应露出水面30cm，浸入水中60cm，触板表面颜色鲜明，划有与池壁上相同的标志线。各泳道的触板应分开安装并易于装卸。

7.2.3 水球比赛池应符合下列要求：

1 水球比赛池最小尺寸应为33.0m×21.0m，场地内水深不得小于1.80m；

2 水球比赛池可采用符合尺寸和深度要求的比赛池或跳水池。

7.2.4 花样游泳比赛池应符合下列要求：

1 比赛区最小尺寸为12.0m×25.0m，奥运会和世界锦标赛要求30m×20m，其中12.0m×12.0m范围内最小水深为3.0m，其他部位最小水深2.5m；

2 池壁处允许水深为2.0m，最大向下倾斜深度为1.2m，对奥运会和世界锦标赛池底由水深3.0m过渡到2.5m的斜坡区，最小距离不得少于8m；

3 花样游泳比赛可采用符合比赛要求的标准比赛池。

7.2.5 跳水池及跳水设施应符合下列要求：

1 跳水池最小尺寸为16.0m×21.0m；

2 观众看台应设置在比赛跳台的两侧，避免布置在跳台后面和对面；

3 当跳水池与游泳比赛池合在一池并为群众使用时，在水深变换处应设分隔栏杆，以保证安全；

4 除1m跳台外，各种跳台的后面及两侧，必须用栏杆围住；栏杆最低高度应为1m，栏杆之间最小距离应为1.8m，栏杆距跳台前端应为0.8m，并安装在跳台外面；应有楼梯到达各层跳台，通向10m跳台的楼梯应设若干休息平台。跳台结构应有足够的刚度和稳定性能；

5 跳板与跳台上空的无障碍空间、与池壁间距离、下部水深、跳水设施间的距离等均应符合有关竞赛规则和国际泳联提出的要求；

6 跳水设施布置的方向应避免自然光或人工光源对运动员造成眩光，室外跳水池的跳板和跳台宜朝北设置；

7 沿布置跳水设施一侧的池壁应设出水池的台阶；

8　跳水池池底不应做活动底板，以保证安全；池底应平滑，宜采用深蓝色面层；

9　跳水池水面应有水面造波或喷水装置。

7.2.6　热身池应符合下列要求：

1　大型正式游泳比赛，邻近比赛池应有一个长50m、至少5条泳道、水深不小于1.2m的热身池，并至少在一端有出发台；

2　跳水池的跳水设施后方应有一个放松池，并配备相应淋浴设备。

7.2.7　池岸应符合下列要求：

1　池岸宽度应符合本规范表7.2.1的规定。池壁与平台间应设置构造合理、便于清扫和维护的溢水槽，槽上应设溢水箅子；

2　池岸材料应防滑并易于清洗，有一定排水坡度，溢水槽作为溢流回水时，不应排入池岸的脏水。正规比赛池因池两端需安装触板，可不设溢水槽；

3　池岸应设召回线和转身标志线立柱插孔；

4　游泳设施设有的广播设备及电源插座，应有必要的防水、防潮措施；

5　在池岸和水池交接处应有清晰易见的水深标志。

7.2.8　水下观察窗应符合下列要求：

1　专业训练和正式比赛的游泳池和跳水池的池壁宜设水下观察窗或观察廊，其位置和尺寸根据要求确定；

2　观察窗和观察廊的构造做法和选用材料应性能良好，安全可靠，与游泳池和跳水池联系方便，其外部廊道应为封闭的防水结构，并应设紧急泄水设施和人员安全疏散口。

7.3　辅助用房与设施

7.3.1　辅助用房与设施应符合以下要求：

1　应设有淋浴、更衣和厕所用房，其设置应满足比赛时和平时的综合利用，淋浴数目不应小于表7.3.1的规定；

表7.3.1　淋浴数目

使用人数	性　别	淋浴数目
100人以下	男	1个/20人
	女	1个/15人
100～300人	男	1个/25人
	女	1个/20人
300人以上	男	1个/30人
	女	1个/25人

2　应设有医务急救、广播用房；

3　技术设备用房应包括水处理室、水质检验室、水泵房、配电室等及有关机房及仓库等，当采用液氯等化学药物进行水处理时应有独立的加氯室及化学药品储存间，并防火、防爆，有良好通风；

4　竞赛组织用房应包括各项工作用房如检录室、兴奋剂检查室，工作人员和裁判用房等，还应包括设备用房，如电子服务系统、计算机、技术摄像、计时记分等用房；

5　应设控制中心，其位置应设于跳水池处的跳水设施一侧，面积不应小于5.0m×3.0m；在游泳池处应设于距终点3.5m处，面积不应小于6.0m×3.0m。地面高出池岸0.5～1.0m，并能不受阻碍地观察到比赛场区。

7.3.2　进入游泳跳水区前应设有强制预淋浴和消毒洗脚池（必要时设漫腰消毒池）等设施。消毒洗脚池长度不应小于2m，宽度与通道相同，深度不应小于0.2m。漫腰消毒池有效长度不宜小于1m，有效深度0.6～0.9m。

7.3.3　观众区与游泳跳水区及池岸间应有良好的隔离设施，观众的交通路线不应与运动员、裁判员及工作人员的活动区域交叉，供观众使用的设施不应与运动员合并使用。观众区的污水、污物不得进入池区内。

7.3.4　池厅内各种设备，包括计时记分和电器设备必须有防潮、防腐蚀措施。

7.4　训练设施

7.4.1　游泳设施的训练部分按使用可分为跳水训练馆、游泳训练馆、综合训练馆和陆上训练房等类型。

7.4.2　训练池应包括根据竞赛规则及国际泳联的规定的热身池和供初学和训练用的练习池，并应符合下列要求：

1　比赛用热身池应满足本规范第7.2.6条第1款的规定，平时可做训练池用；

2　成人初学池水深宜为0.90～1.35m，儿童初学池水深宜为0.60～1.10m。当利用标准比赛池时，可利用升降池底或其他措施来满足以上要求。

7.4.3　游泳和跳水的陆上训练房可根据需要确定，跳水训练房室内净高应考虑蹦床训练时所需要的高度。

7.4.4　训练设施使用人数可按每人$4m^2$水面面积计算。

8　防火设计

8.1　防　　火

8.1.1　体育建筑的防火设计除应按照现行国家标准《建筑设计防火规范》GBJ 16执行外，还应符合本章的规定。

8.1.2　室内比赛设施的耐火等级，应符合本规范第1.0.8条的规定。

8.1.3 防火分区应符合下列要求：

1 体育建筑的防火分区尤其是比赛大厅，训练厅和观众休息厅等大空间处应结合建筑布局、功能分区和使用要求加以划分，并应报当地公安消防部门认定；

2 观众厅、比赛厅或训练厅的安全出口应设置乙级防火门；

3 位于地下室的训练用房应按规定设置足够的安全出口。

8.1.4 室内、外观众看台结构的耐火等级，应与本规范第 1.0.8 条规定的建筑等级和耐久年限相一致。室外观众看台上面的罩棚结构的金属构件可无防火保护，其屋面板可采用经阻燃处理的燃烧体材料。

8.1.5 用于比赛、训练部位的室内墙面装修和顶棚(包括吸声、隔热和保温处理)，应采用不燃烧体材料。当此场所内设有火灾自动灭火系统和火灾自动报警系统时，室内墙面和顶棚装修可采用难燃烧体材料。

固定座位应采用烟密度指数 50 以下的难燃材料制作，地面可采用不低于难燃等级的材料制作。

8.1.6 比赛或训练部位的屋盖承重钢结构在下列情况中的一种时，承重钢结构可不做防火保护：

1 比赛或训练部位的墙面（含装修）用不燃烧体材料；

2 比赛或训练部位设有耐火极限不低于 0.5h 的不燃烧体材料的吊顶；

3 游泳馆的比赛或训练部位。

8.1.7 比赛训练大厅的顶棚内可根据顶棚结构、检修要求、顶棚高度等因素设置马道，其宽度不应小于 0.65m，马道应采用不燃烧体材料，其垂直交通可采用钢质梯。

8.1.8 比赛和训练建筑的灯控室、声控室、配电室、发电机房、空调机房、重要库房、消防控制室等部位，应采取下列措施中的一种作为防火保护：

1 采用耐火极限不低于 2.0h 的墙体和耐火极限不小于 1.5h 的楼板同其他部位分隔。门、窗的耐火极限不应低于 1.2h；

2 设自动水喷淋灭火系统。当不宜设水系统时，可设气体自动灭火系统，但不得采用卤代烷 1211 或 1301 灭火系统。

8.1.9 比赛、训练大厅设有直接对外开口时，应满足自然排烟的条件。没有直接对外开口时，应设机械排烟系统。

无外窗的地下训练室、贵宾室、裁判员室、重要库房、设备用房等应设机械排烟系统。

8.1.10 消火栓应按《建筑设计防火规范》GBJ 16 的规定设置。消火栓宜设在门厅、休息厅、观众厅的主要入口及靠近楼梯的明显位置。

8.1.11 自动喷水灭火系统的设置应符合下列要求：

1 贵宾室、器材库、运动员休息室等应按《建筑设计防火规范》GBJ—16 对体育馆的规定设自动喷水灭火系统，可按《自动喷水灭火系统设计规范》GB 50084 的中危险级Ⅰ级设计。

2 赛后用做其他用途的房间，应按平时使用功能确定设置自动喷水灭火系统。

8.1.12 甲级以上体育馆中当消火栓、自动喷水灭火系统还不能满足消防要求时，应设其他可行的消防给水设施。

8.2 疏散与交通

8.2.1 体育建筑应合理组织交通路线，并应均匀布置安全出口、内部和外部的通道，使分区明确，路线短捷合理。

8.2.2 体育建筑中人员密集场所走道的设置应符合本规范第 4.3.8 条的规定，其总宽度应通过计算确定。

8.2.3 疏散内门及疏散外门应符合下列要求：

1 疏散门的净宽度不应小于 1.4m，并应向疏散方向开启；

2 疏散门不得做门槛，在紧靠门口 1.4m 范围内不应设置踏步；

3 疏散门应采用推闩外开门，不应采用推拉门，转门不得计入疏散门的总宽度。

8.2.4 观众厅外的疏散走道应符合下列要求：

1 室内坡道坡度不应大于 1∶8，室外坡道坡度不应大于1∶10,并应有防滑措施。为残疾人设置的坡道，应符合现行行业标准《城市道路和建筑物无障碍设计规范》JGJ 50 的规定；

2 穿越休息厅或前厅时，厅内陈设物的布置不应影响疏散的通畅；

3 当疏散走道有高差变化时宜做坡道。当设置台阶时应有明显标志和采光照明。疏散通道上的大台阶应设便于人员分流的护栏；

4 疏散走道宜有天然采光和自然通风（设有排烟和事故照明者除外)。

8.2.5 疏散楼梯应符合下列要求：

1 踏步深度不应小于 0.28m，踏步高度不应大于 0.16m，楼梯最小宽度不得小于 1.2m，转折楼梯平台深度不应小于楼梯宽度。直跑楼梯的中间平台深度不应小于 1.2m；

2 不得采用螺旋楼梯和扇形踏步。踏步上下两级形成的平面角度不超过 10°，且每级离扶手 0.25m 处踏步宽度超过 0.22m 时，可不受此限。

8.2.6 观众席的安全出口上方和疏散走道出口、转折处应设疏散标志灯。疏散走道内应设疏散指示标志。疏散路线的疏散指示、导向标志灯、疏散标志灯，必须满足疏散时视觉连续的需要。

9 声学设计

9.0.1 体育建筑应根据其类别、等级、规模、用途和使用特点，确定其声学设计指标，并在设计中采用实现预定指标的相应措施。

9.0.2 体育建筑当有多种功能使用时，应按其主要功能确定声学指标，并通过扩声系统兼顾其他功能。

9.0.3 体育建筑的声学处理方案应结合结构形式、观众席和比赛场地的配置、扬声器设置以及防火、耐潮等要求。在处理比赛大厅内吸声、反射声和避免声学缺陷等问题时，应把自然声源、扩声扬声器作为主要声源。

9.0.4 体育建筑的建声与扩声设计应协调同步展开工作。

9.0.5 体育建筑广播电视用房的播音室、评论员室、声控室等应按要求做声学处理，使之达到预定的指标；练习房（馆）、运动员休息室、教练室等设置有线广播和对讲系统应根据设施等级确定。

9.0.6 体育建筑应符合所规定的允许噪声标准。体育比赛和体育设施产生的噪声对周围环境的影响应符合现行的《城市区域环境噪声标准》GB 3096 的规定。

9.0.7 体育场的主要声学指标宜符合表 9.0.7 的规定。

表 9.0.7 体育场声学设计指标推荐值

场内最大声压级（dB）	声场不均匀度（dB）	扩声系统传声增益（dB）	地区有效频率范围（Hz）
>90	<10	>10	100～1000
注：根据体育场不同规模，有关指标可有适当变动。			

9.0.8 体育场的声学设计在使用扩声系统时应符合下列要求：

1 在观众席有足够的声级，满足体育场所必需的功能和要求；

2 全部观众席被扩声所覆盖；

3 传送语言时有足够的清晰度、传播音乐时有一定的丰满度；

4 减少对场外的声干扰；

5 结构安全、操作方便、维修容易、抗风防雨、性能可靠。

9.0.9 体育馆的扩声设计指标应按现行行业标准《体育馆声学设计及测量规程》JGJ/T 131 的要求取值。有关设施可按现行行业标准《民用建筑电气设计规范》JGJ/T 16 的有关规定执行。

9.0.10 体育馆的混响时间应以 80%的观众数为满座，并以此作为设计计算和验收的依据。

9.0.11 综合体育馆比赛大厅按等级和容积规定的满场 500～1000Hz 混响时间指标及各频率混响时间相对于 500～1000Hz 混响时间的比值，宜符合表 9.0.11-1 和表 9.0.11-2 的规定。

表 9.0.11-1 综合体育馆比赛大厅满场 500～1000Hz 混响时间

综合体育馆等级	体育馆按等级在不同容积（m^3）下的混响时间（s）		
	>80000m^3	40000～80000m^3	<40000m^3
特级、甲级	1.70	1.40	1.30
乙级	1.90	1.50	1.40
丙级	2.10	1.70	1.50
注：所规定的混响时间指标允许±0.15s 的变动范围。			

表 9.0.11-2 各频率混响时间相对于 500～1000Hz 混响时间的比值

频率（Hz）	125	250	2000	4000
比值	1.0～1.2	1.0～1.1	0.9～1.0	0.8～0.9

9.0.12 游泳馆比赛厅按等级和每座容积规定的满场 500～1000Hz 混响时间及各频率混响时间相对于 500～1000Hz 混响时间的比值，宜符合表 9.0.12 和表 9.0.11-2 的规定。

表 9.0.12 游泳馆比赛于满场 500～1000Hz 混响时间

游泳馆等级	游泳馆按等级在不同每座容积（m^3/座）下的混响时间（s）	
	<25m^3/座	>25m^3/座
特级、甲级	<2.0	<2.5
乙级、丙级	<2.5	<3.0

9.0.13 有花样滑冰表演的溜冰馆，其比赛厅混响时间可按表 9.0.11-1 内容积大于 80000m^3 的综合体育馆比赛大厅的混响时间设计。冰球馆、速滑馆、网球馆、田径馆等专项体育馆比赛厅的混响时间可按游泳馆比赛厅的混响时间设计。

9.0.14 混响时间应按下式分别对 125Hz、250Hz、500Hz、1000Hz、2000Hz、4000Hz 六个频率进行计算，计算值取到小数点后一位。

$$T_{60}=\frac{0.161V}{-S\ln(1-\alpha)+4mV} \quad (9.0.14)$$

式中 T_{60}——混响时间（s）；

V——比赛厅（或房间）容积（m^3）；

S——室内总表面积（m^2）；

α——厅（室）内平均吸声系数；

m——空气中声减系数（m^{-1}）。

9.0.15 厅（室）内平均吸声系数应按下式计算：

$$\alpha = \frac{\Sigma S_i \alpha_i + \Sigma N_j \alpha_j}{S} \tag{9.0.15}$$

式中 S_i——厅（室）内部分的表面积（m^2）；

α_i——与表面 S_i 对应的吸声系数；

N_j——人或物体的数量；

α_j——与 N_i 对应的吸声量（m^2）。

9.0.16 比赛大厅和有关用房的噪声控制设计应从总体设计、平面布置以及建筑物的隔声、吸声、消声、隔振等方面采取措施，背景噪声不得超过相应的厅（室）背景噪声限值。

9.0.17 当体育馆比赛大厅、贵宾休息室、扩声控制室、评论员室和扩声播音室无人占用时，在通风、空调、调光等设备正常运转条件下，厅（室）的背景噪声限值宜符合表9.0.17的规定。

表9.0.17 体育馆比赛大厅等厅（室）的背景噪声限值

厅、室类别	体育馆不同等级厅、室的噪声限值	
	特级、甲级	乙级、丙级
比赛大厅	NR—35	NR—40
贵宾休息室	NR—30	NR—35
扩声控制室	NR—35	NR—40
评论员室	NR—30	NR—30
扩声播音室	NR—30	NR—30

9.0.18 噪声控制和其他声学应符合下列要求：

1 比赛大厅宜利用休息廊等隔绝外界噪声干扰，休息廊宜做吸声降噪处理；

2 贵宾休息室围护结构的计权隔声量 Rw 应根据其环境噪声情况确定；

3 电视评论员室之间的隔墙应有足够的计权隔声量 Rw 值；评论员室的混响时间在频率125～4000Hz的频率范围内不应大于0.5s，因而室内必须做吸声处理；

4 通往比赛大厅、贵宾休息室、扩声控制室、电视评论员室、扩声播音室等房间的送、回风管道均应采取消声、降噪和减振措施。风口处不宜有引起再生噪声的阻挡物；

5 空调机房、锅炉房等各种设备用房应远离比赛大厅、贵宾室等有安静要求的用房。当其与主体建筑相毗邻时，应采取有效的降噪、隔振措施。

9.0.19 体育馆内观众席和比赛场地内不得产生明显的回声、颤动回声和多重回声等音质缺陷，应在建筑和扩声系统设计时协同进行考虑。

9.0.20 有关体育馆扩声设计的一般要求，传声器与扬声器系统的设置和扩声控制室的指标和要求，应符合现行行业标准《体育馆声学设计及测量规程》JGJ/T 131的规定。

10 建筑设备

10.1 给水排水

10.1.1 体育建筑和设施应设室内外给排水及消防给水系统，并满足生活用水、空调用水、道路绿化用水、体育工艺用水及消防用水的要求，并选择与其等级和规模相适应的器具设备。

10.1.2 体育场馆的用水定额，应按现行国家标准《建筑给水排水设计规范》GBJ15的有关规定执行。

10.1.3 生活用水和游泳池补充水水质应符合现行《生活饮用水卫生标准》GB 5749的规定，游泳池池水的水质、水温、循环周期等以及给排水系统应符合有关标准的规定。

10.1.4 当采用非饮用水做冲洗和浇洒用水时，应用明显的标志标出。非饮用水管道不得与饮用水管道相连，并应符合现行国家标准《建筑中水设计规范》GB 50336中的规定。

10.1.5 足球场等场地应有养护草坪和跑道的喷洒装置。乙等以上体育场应设固定的喷洒系统，喷头应采用可升降、喷水角度可调型。在场地内采用360°旋转喷水，场地边缘或跑道内沿采用180°旋转喷水，在场地各角落采用90°旋转喷水。三种不同角度的喷水器应分别连接到各自的给水支管上。喷水系统应配套电控制器以及相应的水泵和贮水池等设施。

10.1.6 体育场比赛场地排水沟等设置应符合本规范第5.5.8条的规定。场地排水量以及体育场室外观众席的雨水排入环形排水沟的水量均应计算确定。室外比赛场区和练习场区应设排水管网，以排除排水沟、交通沟以及跳高、跳远的沙坑和障碍赛跑的跳跃水池等处的积水。

10.1.7 排水系统应根据室外排水系统的制度和有利于废水回收利用的原则，选择生活污水与废水的合流或分流，并根据各地的规定设置中水回用系统。场馆室内排水系统水平排出管较长时，应采取措施防止产生堵塞问题。

10.1.8 体育馆屋面的面积较大，雨水宜按压力流进行设计，其设计重现期应视体育馆等级合理选取。

10.1.9 在缺水地区，宜根据降雨情况采取雨水收集回用的措施。

10.1.10 体育场馆运动员和贵宾的卫生间、以及场馆内的浴室应设热水供应装置或系统。淋浴热水的加热设备，当采用燃气加热器时，不得设于淋浴室内（平衡式燃气热水器除外），并应设置可靠的通风排气设备。根据需要可以适当设置水按摩池或浴盆。

10.2 采暖通风和空气调节

10.2.1 室内采暖通风和空气调节设计应满足运动

员对比赛和训练的要求，为观众和工作人员提供舒适的观看和工作环境。

10.2.2 特级和甲级体育馆应设全年使用的空气调节装置，乙级宜设夏季使用的空气调节装置。乙级以上的游泳馆应设全年使用的空气调节装置。未设空气调节的体育馆、游泳馆应设机械通风装置，有条件时可采用自然通风。

10.2.3 比赛大厅空气调节设计参数宜按表10.2.3确定。

表10.2.3 比赛大厅空调设计参数

<table>
<tr><th colspan="2" rowspan="2">房间名</th><th colspan="3">夏　季</th><th colspan="3">冬　季</th><th rowspan="2">最小新风量（m³/h·人）</th></tr>
<tr><th>温度（℃）</th><th>相对湿度（%）</th><th>气流速度（m/s）</th><th>温度（℃）</th><th>相对湿度（%）</th><th>气流速度（m/s）</th></tr>
<tr><td colspan="2">体育馆</td><td>26～28</td><td>55～65</td><td>≯0.5
≯0.2①</td><td>16～18</td><td>≮30</td><td>≯0.5
≯0.2①</td><td>15～20②</td></tr>
<tr><td rowspan="2">游泳馆</td><td>观众区</td><td>26～29</td><td>60～70</td><td>≯0.5</td><td>22～24</td><td>≤60</td><td>≯0.5</td><td>15～20④</td></tr>
<tr><td>池区</td><td>26～29</td><td>60～70⑤</td><td>≯0.2③</td><td>26～28</td><td>60～70⑤</td><td>≯0.2</td><td>—</td></tr>
<tr><td colspan="9">注：①指乒乓球、羽毛球比赛时的风速，为建议值，乒乓球的高度范围取距地3m以下，羽毛球的高度范围取距地9m以下；
②新风量按厅内不准吸烟计；
③新泳馆池区气流速度主要是距地2.4m以内，跳水区包括运动员活动的所有空间在内；
④乙级以上游泳馆的风量还应满足过渡季排湿要求；
⑤池区相对湿度≯75%。</td></tr>
</table>

10.2.4 采暖地区场馆辅助房间室内设计温度应符合表10.2.4的规定。非采暖地区乙级及以上场馆的运动员休息室、裁判员休息室、医务室、练习房、检录处等辅助房间的冬季室内设计温度宜按表10.2.4执行。

表10.2.4 辅助房间室内设计温度（℃）

<table>
<tr><th rowspan="2">序号</th><th rowspan="2" colspan="2">房　间　名　称</th><th colspan="2">室内设计温度（℃）</th></tr>
<tr><th>冬季</th><th>夏　季①</th></tr>
<tr><td>1</td><td colspan="2">运动员休息室</td><td>20</td><td>25～27</td></tr>
<tr><td>2</td><td colspan="2">裁判员休息室</td><td>20</td><td>24～26</td></tr>
<tr><td>3</td><td colspan="2">医务室</td><td>20</td><td>26～28</td></tr>
<tr><td>4</td><td colspan="2">练习房</td><td>16</td><td>23～25</td></tr>
<tr><td rowspan="2">5</td><td rowspan="2">检录处</td><td>一般项目</td><td>20</td><td rowspan="2">25～27</td></tr>
<tr><td>体操</td><td>24</td></tr>
<tr><td>6</td><td colspan="2">观众休息厅</td><td>16</td><td>26～28</td></tr>
<tr><td>7</td><td colspan="2">一般库房、空调制冷机房</td><td>10</td><td>—</td></tr>
<tr><td colspan="5">注：①指有空气调节的体育馆。</td></tr>
</table>

10.2.5 比赛大厅有多功能活动要求时，空调系统的负荷应以最大负荷的情况计算，并能满足其他工作情况时调节的可能性。

10.2.6 空调系统的设置应符合下列要求：

1 大型体育馆比赛大厅可按观众区与比赛区、观众区与观众区分区布置空调系统；

2 游泳馆池厅的空气调节系统应和其他房间分开设置。乙级以上游泳馆池区和观众区也应分别设置空气调节系统。池厅对建筑其他部位应保持负压；

3 场馆休息厅在气象条件适当的地方应充分利用自然通风，根据使用要求和当地经济条件亦可设置空调系统；

4 运动员休息室、裁判员休息室等宜采用各房间可分别控制室温的系统；

5 计时记分牌机房、灯光控制室等应考虑通风和降温措施，降温宜采用独立的空气调节设备。

10.2.7 比赛大厅的气流组织应满足下列要求：

1 体育馆比赛大厅的气流组织应保证比赛场地所要求的气流速度，温度分布、速度分布应满足观众的舒适感。气流速度应符合表10.2.3的规定；

2 体育馆比赛大厅当采用侧送喷口时，宜采用可调节角度及可变风速的喷口。特级、甲级体育馆比赛大厅的气流组织，应满足举办不同比赛时进行调节的可能性；

3 游泳馆的气流组织应根据池区和观众区的不同，采取防结露要求进行设计。

10.2.8 体育场、馆的通风系统设置应符合下列要求：

1 比赛大厅中心顶部宜设置排风系统，并考虑和消防排烟系统相结合；

2 看台下经常有人活动的无外窗的房间应设机械通风系统，需要时可设空调系统；

3 场馆的厕所、更衣、淋浴室应设机械通风系统，厕所、更衣室有条件时可设空调系统。游泳池的排风系统宜设机械补风系统补入室外新风，冬季补风可设加热装置；

4 使用燃气设施的房间应设可靠的通风排气设备及安全报警装置，并应符合现行国家标准《城镇燃气设计规范》GB 50028的要求。

10.2.9 采暖系统除常规要求外，还应符合下列要求：

1 寒冷地区的游泳馆宜采用散热器采暖、低温热水地板辐射采暖和热风采暖相结合的方式，在外廊窗下设散热器，在池边运动员停留场所设辐射采暖装置。散热器应采用耐腐蚀产品。游泳馆应考虑玻璃结露的排水措施；

2 室内主席台、贵宾席根据要求可增设采暖设施；

3　体育场草坪可根据当地气候、设计标准等考虑设加热设施。

10.2.10　通风或空气调节系统必须采取消声减振措施，通过风口传入观众席和比赛厅的噪声应比室内允许的背景噪声标准低5dB。室内背景噪声标准应符合本规范第9.0.17条的规定。

10.2.11　系统和设备的设置应考虑节能的要求：

1　比赛大厅空调机组宜设双风机。新风管道与排风管道之间宜设置能量回收装置；

2　游泳馆空气调节系统宜采用全新风直流系统，在严寒和寒冷地区应设热回收装置；

3　冷热源的选择应根据各地不同的条件，采用适合当地的冷热源形式；

4　严寒和寒冷地区体育馆比赛大厅冬季宜采用散热器与空调送热风相结合的方式供暖。

10.2.12　乙级及以上体育馆、游泳馆的空调系统应设有自控装置，其余宜设自动监测装置。

10.3　电　气

10.3.1　体育建筑电力负荷应根据体育建筑的使用要求，区别对待，并应符合下列要求：

1　甲级以上体育场、体育馆、游泳馆的比赛厅（场）、主席台、贵宾室、接待室、广场照明、计时记分装置、计算机房、电话机房、广播机房、电台和电视转播、新闻摄影电源及应急照明等用电设备，电力负荷应为一级，特级体育设施应为特别重要负荷；

2　体育建筑的电气消防用电设备负荷等级应为该工程最高负荷等级；

3　1项中非比赛使用的电气设备及乙级以下体育建筑的用电设备为二级。

10.3.2　对各种不同电力负荷等级的供电方式，除应执行国家有关标准外，尚应符合当地供电的可能性。

10.3.3　仅在比赛期间才使用的大型用电设备宜设单独变压器供电。当电源电压偏差不能满足要求时，宜采用有载调压变压器。主要变配电室（间）、发电机房严禁设置于大量观众能达到的场所。

10.3.4　体育建筑和设施的照明设计，应满足不同运动项目和观众观看的要求以及多功能照明要求；在有电视转播时，应满足电视转播的照明技术要求；同时应做到减少阴影和眩光、节约能源、技术先进、经济合理、使用安全、维修方便。

10.3.5　体育建筑比赛场地照度标准应符合现行国家标准《民用建筑照明设计标准》GBJ 133 的规定。甲级以上体育建筑还应符合有关国际单项体育组织的规定。

体育建筑其他场所照明的照度标准应符合表10.3.5的规定。

表 10.3.5　体育建筑其他场所照明的照度标准

类　别		参考平面及其高度	照度标准值（Lx）		
			低	中	高
办公、会议室、贵宾室、接待室、医务、警卫、裁判用房		0.75m水平面	75	100	150
计算机房、广播机房、转播机房、电话机房、计时记分控制室、灯光室		控制台面	100	150	200
记者评论室、检录处、兴奋剂检查		桌　面	100	150	200
观众休息厅	开敞式	地　面	30	50	75
	房　间	地　面	50	75	100
走道、楼梯间、浴室、厕所		地　面	20	75	100
器材库		地　面	15	20	30

10.3.6　游泳池设置水下照明可采用下列指标：室内为1000～1100Lm/m^2（池面），室外为600～650Lm/m^2（池面）。

10.3.7　当比赛场地需进行彩色电视转播时，照度标准值应符合现行的国家标准《民用建筑照明设计标准》GBJ 133 的规定。

10.3.8　在需要进行新闻摄影、电视转播的场所，场地照明应采用高效金属卤化物灯，光源色温宜在2800～3500K（室内）和4500～6500K（室外或有天然采光的室内）内选取。光源一般显色指数 Ra 不应小于65。训练场地可以适当地降低要求。

10.3.9　照明计算时的维护系数应取0.55（室外）、0.70（室内）。室外照明计算尚应计入30%的大气吸收系数。

10.3.10　当运动场地采用气体放电灯光源时，应有克服频闪效应的措施；宜采取末端无功补偿措施；重要比赛场地的灯头末端电压偏移，相互间不宜大于±1%；线路保护元件的整定值应考虑气体放电灯启动特性的影响。对谐波的限制应符合《电能质量公用电网谐波》GB/T 14549—93 中的规定。

10.3.11　投光灯应根据被照面的要求，选用不同光束角配光。灯具防护等级应符合国家有关规范要求，室外投光灯防尘防水等级不应小于IP54。投光灯应有水平和垂直方向的调整刻度。

10.3.12　体育建筑的照明灯具最低安装高度和光束投射角，宜符合表10.3.12规定。

10.3.13　水下照明灯具上口宜布置在水面下0.3～0.5m，灯具间距宜为2.5～3.0m（浅水池）和3.5～

4.0m（深水池）。灯具应为防护型，并有可靠的安全接地措施。

表 10.3.12 灯具最低安装高度和光束投射角

运动项目或场馆	布置方式	最低安装高度和投射角	
		比　赛	训　练
足球场、田径场综合体育场	四塔多塔	投射角宜为 25°安装部位详见图 10.3.27-1、图 10.3.27-2	投射角 20°
足球场、田径场综合体育场	光带	1. 投射角宜为 25° 2. 与最近场地边线夹角宜≤65°	投射角 20°
室外篮、排球、网球场	灯杆	1. 投射角 25°以上 2. 灯杆 12m 以上	1. 投射角 20°以上 2. 灯杆 10m 以上
室内综合体育馆（训练馆）	侧光	投光灯最大光强宜控在与水平成 45°角度范围内	6m 以上（球类）
游泳馆	侧光	最大光强与垂直面（池中心）成 50°角度范围以内	

10.3.14 有电视转播照明的比赛场地，至少应有三级照度控制（即练习—比赛—电视转播）。为了防止电视转播时由于电源转换产生的瞬时停电现象，甲级及以上体育建筑，应有保证光源瞬时再点燃的技术措施。灯光设计应考虑不同运动项目的灯光控制区域。体育馆尚应考虑多功能照明的要求。以上应在灯光控制室内集中控制。灯光控制室位置应符合本规范第 4.4.8 条的规定。应设置应急照明。

10.3.15 通讯应符合下列要求：

1 下列部位应设电话：与比赛有关的房间；记者、评论员用房；管理、办公用房；各种技术用房；运动员休息、训练房、宿舍；观众休息大厅的公共电话间（不少于 2～4 部/万人）等；

2 电话用户数在 30 门以上宜设电话交换站。电话交换站位置应设于管理区，其技术要求应符合国家现行有关标准的规定；

3 甲级及以上体育建筑，宜设置供体育比赛时使用的调度电话。各种机房内宜设置对讲电话；

4 根据管理和工艺要求应设置电传及传真设施。

10.3.16 计时记分显示装置应满足不同运动项目的技术要求，同时应满足国际各单项组织的规定。显示方式应根据室内外光环境、比赛场地规模、视距和视野等因素选择。经常进行国际比赛的场（馆）应采用固定式电子计时记分显示装置，显示装置应符合下列要求：

1 计时记分显示装置负荷等级应为该工程最高级；

2 计时记分显示装置和控制室应符合本规范第 4.4.6 条规定；

3 计时记分控制室与总裁判席、计时记分牌（机房）、计算机房和分散地场地的计时记分装置之间，应有相互连通的信号传输管道，并应有足够的裕度；

4 应根据体育工艺设计，在比赛场地设置各类的计时记分装置；应根据工艺要求在该处或附近应预留电源及信号传输线连结端子。

10.3.17 体育建筑的比赛场地、运动员用房、竞赛管理用房等处应设置固定的扩声设备，该机房应符合本规范第 4.4.7 条要求，并应符合国家现行有关标准的规定。

10.3.18 甲级及以上等级体育建筑应有完整的有线电视系统（如双向传输、视频信号纳入有线电视等）。乙级及以下等级体育建筑可视具体情况而定。

10.3.19 乙级以上体育建筑，1 万人以上的专用足球场应有为安全防范使用的闭路电视监视系统。重要机房应有防盗报警措施。

10.3.20 超过 3000 座的体育馆必须设置火灾自动报警系统。其他体育建筑的火灾自动报警系统的设计，应按现行国家标准执行。

10.3.21 根据技术发展、投资和业主要求，甲级及以上的体育建筑中，宜设有体育竞赛综合信息管理系统，设备控制自动化系统等智能化系统。

10.3.22 包厢内的电气设施应包括：通讯和计算机接口、扬声器和调音器、无反向眩光的照明系统和调光器、火灾探测器、有线电视插口、与服务台的通讯联络系统等。

10.3.23 体育建筑的各种电气线路应为暗敷设。在仅专业维修人员可到达的场所可明设，但应有保护体，并采取防火措施。体育建筑的各种电线，宜采用铜芯导线。

10.3.24 户外电气设备、应有适应当地气候条件的防水、防尘、防潮、防虫、防盐雾腐蚀、防飓风等保护措施。高空安装的电气设备应牢固，并应创造良好的安装和维护条件。

10.3.25 供残疾人员使用的电气设备，应符合现行行业标准《城市道路和建筑物无障碍设计规范》JGJ 50 中的有关规定。

10.3.26 建筑物的防雷设计和各种电气设施的接地设计应按有关国家标准的规定执行。

10.3.27 体育场及足球场的灯光布置应根据其规模、标准、平、剖面体型和环境等因素，采用四塔、多塔、光带、混合式布光方式，并应符合下列要求：

1 四塔照明

1）灯塔高度：最下排投光灯至场地中心与地面夹角宜为 25°；

2）灯塔位置：球门中线与场地端线成15°与半场中心线与边线成5°的两线相交叉点后延长线形成的三角区内（图10.3.27-1）。

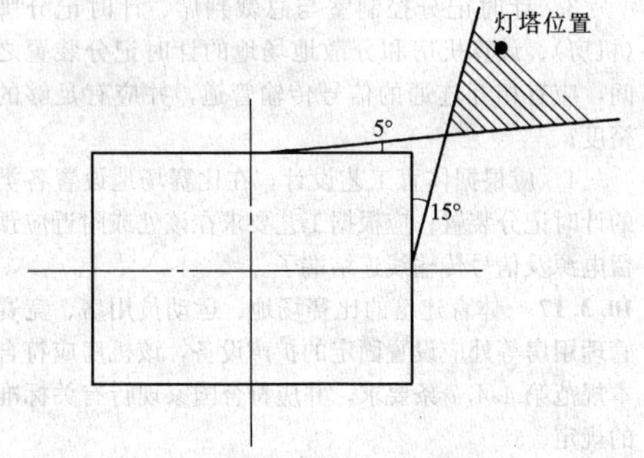

图10.3.27-1　四塔照明

2　多塔照明

1）四角灯塔布置范围同四塔式；

2）投射角大于25°；

3）甲线及以上体育场，不宜采用（图10.3.27-2）。

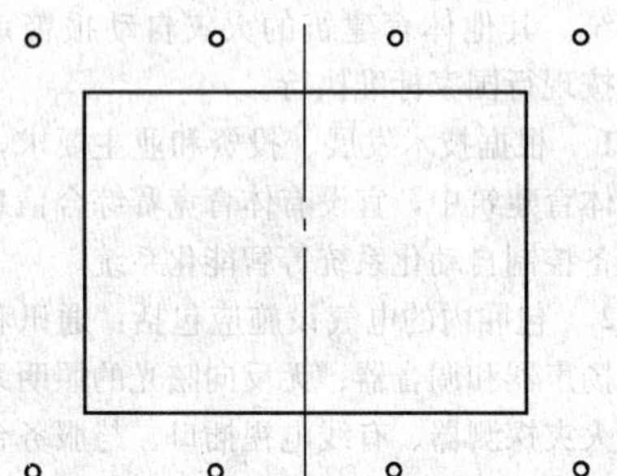

图10.3.27-2　多塔照明

3　光带照明

1）仅供足球比赛的光带长度大于球场端线10m以上；

2）甲级及以上综合体育场，光带长度大于或等于180m；

3）投射角最低为25°；

4）光带可连续布置，亦可根据计算分组布灯（图10.3.27-3）。

4　混合照明

1）灯塔布置范围同四塔式；

2）光带布置要求同光带式；

3）投射角分别同四塔式和光带式（图10.3.27-4）。

10.3.28　投光灯具应根据布光和眩光控制的需要分别采用宽光束、中光束、窄光束三种配光。室外投光灯组的风阻面积按各投光灯风阻面积之和计算；投光灯机械和电气的连接部分应能承受当地最大风速而无松动。

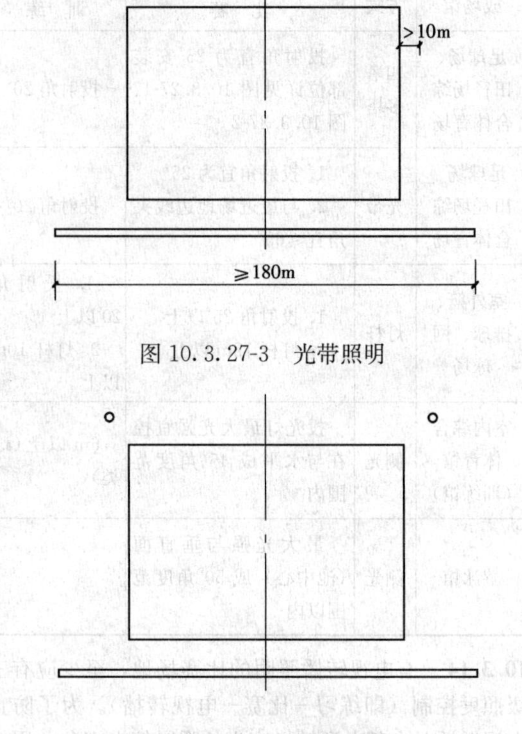

图10.3.27-3　光带照明

图10.3.27-4　混合照明

本规范用词说明

1　为便于在执行本规范条文时区别对待，对要求严格程度不同的用词，说明如下：

1）表示很严格，非这样做不可的：
正面词采用“必须”，
反面词采用“严禁”。

2）表示严格，在正常情况均应这样做的：
正面词采用“应”，
反面词采用“不应”或“不得”。

3）表示允许稍有选择，在条件许可时，首先应这样做的：
正面词采用“宜”，
反面词采用“不宜”。

表示有选择，在一定条件下可以这样做的，采用“可”。

2　条文中指定应按其他有关标准执行时的写法为“应符合……的要求或规定”或“应按……执行”。

中华人民共和国行业标准

体育建筑设计规范

JGJ 31—2003

条 文 说 明

前　言

《体育建筑设计规范》JGJ 31—2003，经建设部2003年5月3日以第144号公告批准，业已发布。

为便于广大设计、施工、科研、学校等单位的有关人员在使用本规范时能正确理解和执行条文规定，《体育建筑设计规范》编制组按章、节、条顺序编制了本规范的《条文说明》，供使用者参考。在使用中如发现本《条文说明》有不妥之处，请将意见函寄北京市建筑设计研究院。

目 次

1 总 则

1.0.1 随着我国的改革开放，人民生活水平的提高，闲暇时间的增加，体育和休闲事业有了很大的发展，因此体育设施也进入一个新的建设高潮。体育设施的建设投资大，影响面广，并存在使用功能、安全、卫生、技术、经济等方面的问题，将直接影响设施的质量。因此提出相关要求，在体育建筑设计中应遵照执行。

1.0.2 体育设施因体育项目使用性质、使用对象的不同而有很多类型，一个规范很难全部涵盖，经与各主管方面商讨，用本条对本规范所适用的范围予以界定。

1.0.3 在我国由计划经济向社会主义市场经济转变的过程中，体育的产业化也提上议事日程，因此本条界定体育建筑多功能使用时所应遵循的设计原则。

1.0.4 本条从使用环境的角度提出体育建筑的基本目标。

1.0.5 由于我国地域辽阔，民族众多，自然气候、地理条件有很大差异，如气温和温差、地质条件和抗震、雨雪、施工技术和管理水平等，在设计中需因地制宜，不能一概而论。近年来，可持续性发展的战略原则日益为人们所认识，因此在设计中须加强这方面的应用和探索。

1.0.6 由于体育设施的特殊使用方式和对象，因此对这些设施尤其是为特殊重大比赛所建的设施，在短期赛事之后，更长期的赛后使用问题就非常突出，国内外有许多正反方面的经验和教训，故作为独立的条文专门提出，以期引起各有关方面的重视。

1.0.7 本条是设施等级分级的基础。参考国家体育总局原体育设施标准管理处拟《公共体育场建设等级标准》（草案）中的规定，同时也与国家体育总局体育事业中期规划的建设目标分类要求大致协调。便于按不同要求区别对待，以保证其技术要求。

按照国际田联的分类规定，将世界杯、世界锦标赛和奥运会列为第一类；洲际、地区和区域锦标赛，洲际、地区和区域杯赛以及田联小组运动会列为第二类；把两个或两个以上，或几个会员联合举行的比赛，国际田联批准的国际邀请赛，地区协会批准的国际邀请赛和国家比赛作为第三类；一个会员特别批准的，外国运动员可以参加的其他比赛和国家比赛作为第四类；不分类的国内比赛作为第五类。也可以作为本条分类的对照参考。

1.0.8 本条参照《建筑结构可靠度设计统一标准》和《建筑设计防火规范》GBJ 16 制订。根据体育设施的特点及我国的经济状况和技术发展，此条的耐火等级有所提高。见表1。

表1 结构设计工程寿命

类别	设计工作寿命（年）	举 例
2	25	易于替换的结构构件
3	50	普通房屋和一般构筑物
4	100 及以上	纪念性建筑及其他特殊或需要建筑结构

1.0.9 由于体育建筑设计涉及有关体育项目竞赛规则中对于建筑设计的有关要求很多，除必要的在条文中予以强调外，一般性要求不再重复。另外有关竞赛规则和国际单项体育组织的有关规定，会随时有所修改，故使用中需及时参照有关标准和规定。

1.0.10 体育建筑设计涉及建筑结构、防火、热工、节能、隔声、采光、照明、给排水、暖通空调、强电、弱电、环保、卫生等各种专业，各专业已有规范规定的除必要的予以重申外，其他不再重复。

2 术 语

本章英文部分参照全国自然科学名词审定委员会公布之《建筑园林城市规划名词》（1996）以及有关资料的词条整理而成。同时也参照了国外有关出版物的相关词条，由于国际标准中没有这方面的统一规定，各英语国家使用词汇也不尽相同，故英语部分仅作为推荐英文对应词。

涉及体育方面的术语很多，尤其是涉及与体育竞赛规则有关的部分，考虑到本规范的使用对象，故只列出与建筑设计有关的方面。

3 基地和总平面

3.0.1 体育事业兼有社会化、产业化、公益化等方面的特征，体育设施的布局和建设都将对城市、区域、社区乃至学校、单位等产生较大影响，与人民群众的健身休闲有密切关系，因此在布局设点时，必须十分注意本条提出的四个效益。

3.0.2 本条提示体育设施一般占地较大，除各种设施本身占地以外，还必须留出足够的安全保护空间、集散空间、绿化空间与道路空间，按照国家体委和建设部1986年颁布的《城市公共体育设施用地定额指标暂行规定》中的计算方法，基地应包括体育设施用地和其他用地二部分，后者包括观众集散用地、道路用地、绿化和附属设施用地等。

3.0.3 本条根据国家体委和建设部在1986年颁布的《城市公共体育运动设施用地定额指标暂行规定》中有关指标摘编而成。从实际情况看，影响用地面积大小的因素很多，可参照该暂行规定的说明。普通高校体育设施的面积指标可参看1992年建设部、国家计委和国家教委颁发的《普通高等学校建筑规划面积指标》。当前许多地方也根据当地情况制定了相应法规，如厦门市人大在 2001 年的《厦门市体育设施建设与保护规定》中即要求市级公共体育设施每千人不低于 170m²。

另外本条还专门注明，在一些特殊情况下达不到相应指标下限时，应在规划和建筑手段上采用专门措施，以弥补面积指标上的不足。

3.0.4 体育中心由于占地较大，项目内容多，使用功能复杂，因财力和其他原因限制，常常分期分阶段实施，故本条提出了总平面设计的基本原则。国内、外一些体育中心的用地面积参见表 2。

表 2 国内外体育中心用地比较

序号	名　　称	建成时间	用地面积（万 m²）
1	北京工人体育场	1958	35
2	广州天河体育中心	1987	58.8
3	北京国家奥林匹克体育中心	1990	66.0
4	广州奥林匹克体育中心	2001	30.4
5	德国慕尼黑奥林匹克体育中心	1972	300
6	加拿大蒙特利尔奥林匹克体育中心	1976	50
7	希腊雅典奥林匹克体育中心	1982	110
8	韩国汉城蚕室体育中心	1976～1984	59.1

3.0.5 本条规定保证基地内部的交通疏散以及与城市公共道路的联系，按国家体育总局拟定《公共体育场建设等级标准》（草案）中的临街面的规定，如表 3 所示：

表 3 基地临街面

等　　级	临街面（侧）	等　　级	临街面（侧）
特级	4	乙级	2～4
甲级	4	丙级	1～2

消防管理部门提出，一些体育建筑周围常为一些低层建筑和裙房所包围，给消防扑救带来了困难。故专门针对这种情况提出了相应措施作为补充。

3.0.6 停车场的设置需根据体育设施的规模、使用特点、用地位置、交通状况和比赛特点等内容确定。因我国各地公安交通管理部门对停车指标要求不尽相同，故此处不再列出。

关于电视转播车的规格，见表 4 的数据，供参考。

表 4 电视转播车参考规格

类　型	宽（m）	长（m）	高（m）
国产	2.5	9.03	3.20
日产	2.6	9.55	3.75

3.0.7 国家体育总局拟定《公共体育场建设等级标准》（草案）中提出基地绿化面积不宜小于 25%（不包括足球场草地面积），因实际建设用地情况各不相同，且各地对绿化率计算方法也分别有所规定，故不另列出。

3.0.8 体育设施有众多人数参与，伤残人观看和参与体育活动也是其中的重要内容，同时这也体现了社会文明程度和社会对伤残人的关心，当前我国体育设施中完全满足《城市道路和建筑物无障碍设计规范》JGJ 50 要求的体育设施还较少，故专门列出本条予以强调。

4 建筑设计通用规定

4.1 一 般 规 定

4.1.1～4.1.2 体育建筑由于所在地区、使用性质、服务对象、管理方式等因素，呈现出多种多样的型制和模式，因此必须根据本条因地制宜、因时制宜、因使用制宜，合理确定其等级和规模，并以此为基础决定其内容和房间组成。

4.1.3 由于体育建筑使用的要求及结构大跨度、大空间的特点，因此在建筑体型和结构选型上都有一定特色，但如何掌握适度，在国内、外的体育设施建设中也有正反两面的实例。故本条提出必须因时、因地制宜，避免由于过分追求形式而影响使用或造成浪费的后果。

4.1.4～4.1.5 由于体育设施工艺复杂、使用人数多、安全要求严格，服务对象有不同类型，例如举办大型国际比赛时就需要满足一般观众、贵宾、运动员、记者、国际组织人员、赞助商、工作人员等不同人员的不同需求，国内一般比赛也应将观众和其他人流分开，而平时使用时又有另外的使用方式和要求，因此本条提出了功能分区和出入口安排的要求。

4.1.6 由于体育设施承担项目和使用对象的不同，除比赛场地的灵活性外，在其内部用房的布置和使用上，应有较大的适应性和灵活性，在有关专用设备的配备上具有通用性，以利提高场地和房间的利用率，并减少不必要的浪费。

4.1.7～4.1.9 按照可持续发展的原则，充分考虑环保节能、节水的各种措施。

4.1.10～4.1.11 体育设施还必须考虑特殊使用群体的一些特殊要求，以利于他们观看、参加比赛和使用这些设施，如条文中列出的高大运动员、伤残人观众和运动员，使用设施的儿童、妇女和老人等。设施设计应符合现行行业标准《城市道路和建筑物无障碍设计规范》JGJ 50 的规定。

4.1.12 本条主要涉及体育设施的维护管理和应急对策。

应急对策系指由于体育设施中进行激烈的对抗比赛、大量观众的感情宣泄，以及在使用过程中的突发事件都要求在设施的设计上、设备的安排上有安全、可靠的对策，使之能够适应紧急情况下观众的疏导、局面的控制以及对紧急事件的及时处理。

4.2 运动场地

4.2.1～4.2.2 本条规定了场地规格和设施标准的要求，其具体尺寸详见此后各章所述。另外也强调了对场地和设施规格尺寸的公差要求，因为这将直接影响到设施的等级以及所创造的成绩和记录能否为国家和相关国际组织承认的问题。

不同等级的比赛对于场地的缓冲区和工作区，以及场地上空净高的要求也直接影响到设施的等级和使用质量。有关要求在此后各章有所表述。

4.2.3 本条规定对体育设施比赛场地的要求。

4.2.4 本条规定场地出入口的要求。

当体育设施有多功能使用或可能举办大型庆典和活动时，更需对出入口的设施、尺寸、数量有所考虑。

4.2.5 本条指定室外场地的给排水要求，在本规范10.1给水排水中将有具体规定。

4.2.6 出于安全和保证比赛顺利进行的要求，本条对场地和周围区域的分隔规定了必要的措施，另国际足联等有关组织对于场地安全问题也有专门规定，可作为参考。

4.2.7 由于地形和用地尺寸的限制，在室外场地布置时会产生一些困难，本条规定了不同纬度下场地允许的偏转范围，在执行中比赛场地应比训练场地要求更严格，同时应考虑当地的风力和风向。

4.3 看　　台

4.3.1 本条说明观众看台所应满足的基本要求，视觉条件指通视无遮挡，观察对象分辨清楚，不变形失真等，疏散条件指观众能在规定的时间内安全、顺畅到达安全区域。

4.3.2 不同的竞赛项目对视距和看台方位有不同要求，所以多功能使用的设施需要满足特定项目的视觉质量，又应有一定的弹性和兼容性，以田径场和足球场为例，一般从足球比赛的视觉质量来作为评定标准，经研究最理想的位置是由足球场4个角以150m为半径划圆所形成的中心区域（接近以场地中心半径90m的正圆形）最大视距为190m。

4.3.3 本条说明对不同等级的体育设施中，看台的功能分类及设定要求，其数目及是否增设应视比赛及媒体要求及体育设施的使用特点而决定。

4.3.4 本条规定各种等级体育设施观众席位的建议标准，其造型及用材应根据适用、美观和经济可能决定。

4.3.5 本条提出各种观众席的最小尺寸要求，但在应用中需根据设施级别、设施标准等因素综合确定。

4.3.6 本条主要保证观众使用方便及安全疏散对观众席的连续座位数目所提出的最高数字规定，并与《建筑设计防火规范》的要求相一致。

4.3.7 对于主席台的要求在国外体育设施处理很不相同。国外对此处理比较一般，甚至有的不专门设置，国内则比较重视，尤其是在有重要比赛和活动时，主席台的设置、数量、安全等因素显得尤为突出，但在平时常被闲置，以致看台视觉质量最好的区域使用率不高，因此需根据设施的特点、级别等因素决定其数量及使用方式，表5是国内一些设施的主席台数量。

表5　国内一些设施主席台数量

（观众总数/主席台座位数）

	体　育　场	体　育　馆
广州天河体育中心	60151/589	8000/108
山东体育场	50000/300	
上海体育场	80000/600	
江西省体育馆		8000/50

4.3.8 在制订本条文时，根据消防主管部门意见要求应与《建筑设计防火规范》GBJ 16—87一致，故在条文说明中，将该规范的条文说明全文转录于后，以利于使用。另外参照制订了室外看台的安全疏散宽度要求。

《建筑设计防火规范》第5.3.5条说明：

这是一条专门对体育馆观众厅安全出口数目提出的规定要求。对于体育馆观众厅每个安全出口的平均疏散人数提出不宜超过400～700人这一规定要求，现作如下说明：

1　一、二级耐火等级的体育馆出观众厅的控制疏散时间，是根据容量规模的不同按3～4min考虑的，这主要是以国内一部分已建成的体育馆调查资料为依据的。如表6。

表6　部分体育馆观众厅疏散时间

名　称	座位总数（个）	疏散时间（min）	名　称	座位总数（个）	疏散时间（min）
首都体育馆	18000	4.6	天津体育馆	5300	4.0
上海体育馆	18000	4.0	福建体育馆	6200	3.0
辽宁体育馆	12000	3.3	河南体育馆	4900	4.1
南京体育馆	10000	3.2	无锡体育馆	5043	5.7
河北体育馆	10000	3.2	浙江体育馆	5420	3.2
山东体育馆	8600	4.2	广东韶关体育馆	5000	5.9
内蒙古体育馆	5300	3.0	景德镇体育馆	3400	4.2

另据对部分体育馆的实测结果是：2000～5000座的观众厅其平均疏散时间为3.17min；5000～20000座的观众厅其平均疏散时间为4min。所以这次修订规范时，决定将一、二级耐火等级体育馆出观众

厅的控制疏散时间定为 3～4min，作为安全疏散设计的一个基本依据。

2 因为体育馆观众厅容纳人数的规模变化幅度是比较大的，由三、四千人到一、两万人，所以观众厅每个安全出口平均担负的疏散人数也相应地有个变化的幅度，而这个变化又是和观众厅安全出口的设计宽度密切相关的。目前我国部分城市已建成的体育馆观众厅安全出口的设计情况如表 7。

表 7 体育馆观众厅安全出口的设计情况

名 称	观众厅人数（人）	出口数目（个）	出口总宽度（m）	每个出口的平均设计宽度（m）
首都体育馆	18000	22	58.6	2.66
上海体育馆	18000	24	66.0	2.75
辽宁体育馆	12000	24	54.4	2.27
南京五台山体育馆	10000	24	46.0	1.91
北京工人体育馆	15000	32	70.8	2.21
河北体育馆	10000	20	46.0	2.30
山东体育馆	8600	16	30.8	1.93
福建体育馆	6200	14	27.8	1.99
内蒙古体育馆	5300	10	27.0	2.70
河南体育馆	4900	8	17.6	2.20
广东韶关体育馆	5000	5	12.5	2.50
景德镇体育馆	3500	6	12.0	2.00

从表 7 来看，体育馆观众厅安全出口的平均宽度最小约为 1.91m；最大约为 2.75m。根据这样一种宽度和规定出观众厅的控制疏散时间所概算出来的每个安全出口的平均疏散人数分别为：(1.91/0.55)×37×3＝385 人和(2.75/0.55)×37×4＝740 人。所以这次修订规范时，决定将一、二级耐火等级体育馆观众厅安全出口平均疏散的人数定为 400～700 人。在具体工程的疏散设计中，设计人员可以按照上述计算的方法，根据不同的容量规模，合理地确定观众厅安全出口的数目、宽度，以满足规定的控制疏散时间的要求。如一座容量规模为 8600 人的一、二级耐火等级的体育馆，如果观众厅的安全出口设计是 14 个，则每个出口的平均疏散人数为 8600/14＝614 人，假如每个出口的宽度定为 2.20m（即四股人流），则每个安全出口需要的疏散时间为 614/(4×37)＝4.15min，超过 3.5min，不符合规范要求。因此应考虑增加安全出口的数目或加大安全出口的宽度。如果采取增加出口的数目的办法，将安全出口数目增加到 18 个，则每个安全出口的平均疏散人数为 8600/18＝478 人，每个安全出口需要的疏散时间则缩短为 478/(4×37)＝3.22min，不超过 3.5min 是符合规范要求的了。又如，容量规模为 20000 人的一座一、二级耐火等级的体育馆，如果观众厅的安全出口数目设计为 30 个，则每个安全出口的平均疏散人数为 20000/30＝667 人，如每个出口的宽度定为 2.20m，则每个出口需要的疏散时间为 667/(4×37)＝4.50min，超过了 4min，不符合规范要求。如把每个出口的宽度加大为 2.75m（即五股人流），则每个安全出口的疏散时间为 667/(5×37)＝3.60min，小于 4min 是符合规范要求的了。

3 体育馆的疏散设计中，要注意将观众厅安全出口的数目与观众席位的连续排数和每排的连续座位数联系起来加以综合考虑。在这方面原规范规定中是有所要求的，但是没有能够把两者之间的关系串通在一起，这样设计往往使人容易知其然而不知其所以然，在设计中就难免出现顾此失彼的现象。如图 1 所示一个观众席位区，观众通过两侧的两个出口进行疏散，其间共有可供四股人流通行的疏散走道，若规定出观众厅的控制疏散时间为 3.5min，则该席位区最多容纳的观众席位数为 4×37×3.5＝518 人。在这种情况下，安全出口的宽度就不应小于 2.20m；而观众席位区的连续排数如定为 20 排，则每一排的连续座位就不宜超过 518/20＝26 个。如果一定要增加连续座位数，就必须相应加大疏散走道和安全出口的宽度，否则就会违反“来去相等”的设计原则了。

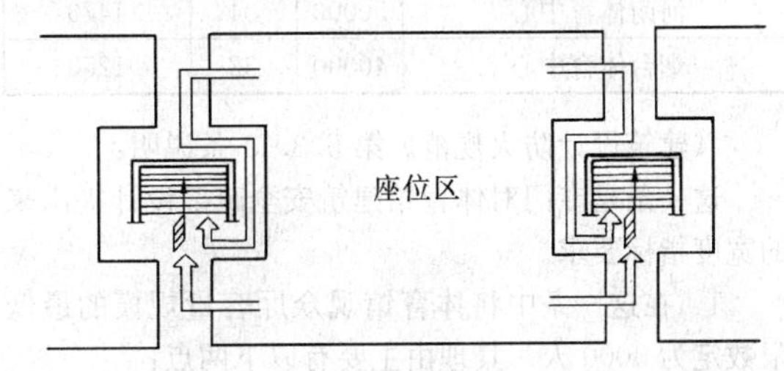

图 1 座位区示意图

体育场的安全出口数目和每个安全出口平均疏散人数提出不宜超过 1000～2000 人，这一规定要求是根据体育场的不同容量按 6～8min 作为安全疏散设计的基本依据，这也是以国内一部分体育场的资料为依据的，如表 8。

表 8 部分体育场观众疏散时间

名 称	座位总数（个）	疏散时间（min）	备注
北京工人体育场	70000	8	
上海体育场	80000	5.8（最大看台） 9.2（总计）	
广州天河体育场	60000	6.7（一般看台） 9（个别看台）	
山东体育中心	50000	10	
河南体育中心	50000	6.75	
新疆体育中心	36000	6	在建
商丘体育场	26000	5.8	

由于体育场规模相差较多，每个安全出口平均负担的人数也有一个幅度，表 9 为我国部分体育场安全出口数目和每个安全出口的平均人数，由于体育场体形及分区的不同，看台可能不完全一致，出口宽度一般最小为 4 股人流，最大多为 6 股人流，由此按控制疏散时间 6～8min 计算出每个安全出口的平均疏散人数分别为：(2.4/0.55)×40×6＝1046 和(3.3/0.55)×40×8＝1920，由此将体育场安全出口平均疏散的人数定为 1000～2000 人。

表 9　体育场安全出口和平均疏散人数

名　称	观众人数（人）	出口数目（个）	每口平均疏散人数（人）
北京工人体育场	70000	24	2917
广州天河体育场	60000	28	2142
上海体育场	80000	63	1269
北京国家奥林匹克体育中心	20000	20	1000
山东省体育场	50000	28	1785
陕西省体育场	52000	44	1181
河南体育中心	50000	34	1470
烟台体育中心	40000	32	1250

《建筑设计防火规范》第 5.3.11 条说明：

这一条是专门对体育馆建筑安全疏散设计提出来的宽度指标要求。

1　在这一条中将体育馆观众厅容量规模的最低限数定为 3000 人。其理由主要有以下两点：

1）根据调查了解，国内各大中城市早些时候建的或近年来新建的体育馆，其容量规模多在 3000 人以上，甚至有些大城市中的区段体育馆、大型企业的体育馆也都在 3000 人以上，如上海市的静安馆（3200 人）、卢湾馆（3200 人）、辽阳石油化工厂总厂体育馆（4000 人）等。

2）在这次修改中决定把剧院、电影院的观众厅与体育馆的观众厅在疏散宽度指标上分别规定的一个重要原因，就是考虑到两者之间在容量规模和室内空间方面的差异，所以在规定容量规模的适用范围时，理应拉开距离防止交叉现象，以免给设计人员带来无所适从的难处。

2　将体育馆观众厅容量规模的最高限数由原规范规定的 6000 人扩大到了 20000 人，这主要基于以下几个原因：

1）国内各大、中城市近年来陆续建成使用的体育馆有不少容量规模超过了 6000 人。如首都体育馆、上海体育馆、辽宁体育馆、南京五台山体育馆、山东体育馆、福建体育馆等，而且据了解目前尚有一些省会所在的城市，也正在进行容量规模为 6000～10000 人体育馆的设计与建设，如陕西西安、甘肃兰州、四川成都、湖北武汉等城市都在进行。同时今后随着形势的发展，国内的全运会将会在更多的城市中轮流举行；更多规模更大的国际性体育比赛（如规模盛大的亚运会等）也将在我国举行。为此，一些新的、规模较大的体育馆还是要设计和建设的，所以规范作上述改动是很有必要的。

2）从国内体育馆建设的实践证明：容量规模大的体育馆普遍存在着投资少、建设周期长、使用率和生产率低、经营管理费用大等问题。如上海体育馆的总投资达 3200 万元，建成投入使用以后，除了特别精彩的国际比赛能满座外，一般的国际比赛的上座率只有 60%～70%。擦一次玻璃窗就要用 1500 元，顶棚上的 108 根装饰金属格片油漆一次要用 11 万元，经常的全年维修费则多达 20 万元。大型体育馆的观赏质量、观赏效果都不如中、小型体育馆，同时由于比赛场地与观众席位距离较远，运动员的情绪与观众不易发生共鸣，也影响着竞技水平的发挥。

从国外的情况来看，目前多已不倾向建设大型馆了，尤其是电视广播事业发达的国家。从最近 18～22 届（1964～1980 年）的五届国际奥运会所使用的体育馆规模来看，绝大多数都是中、小型馆。只有 19 届奥运会建了一个容量规模超过 20000 人的体育馆。所以这次修改规范时将容量规模的上限定到 20000 人是较为合适的。

3　本条规定中的疏散宽度指标，按照观众厅容量规模的大小分为三档：3000～5000 人一档；5001～10000 人一档；10001～20000 人一档。其每个档次中所规定的宽度指标（m/百人），是根据出观众厅的疏散时间分别控制在 3min、3.5min 和 4min 这一基本要求来确定的。这样按照计算公式：

$$百人指标=\frac{单股人流宽度\times 100}{疏散时间\times 每分钟每股人流通过人数}$$

计算出来的一、二级耐火等级建筑观众厅中每百人所需要的疏散宽度为：

平坡地面：$B_1=0.55\times 100/3\times 43=0.426$ 取 0.43

$B_2=0.55\times 100/3.5\times 43=0.365$ 取 0.37

$B_3=0.55\times 100/4\times 43=0.319$ 取 0.32

阶梯地面：$B_1=0.55\times 100/3\times 37=0.495$ 取 0.50

$B_2=0.55\times 100/3.5\times 37=0.424$ 取 0.43

$B_3=0.55\times 100/4\times 37=0.371$ 取 0.37

4　根据规定的疏散宽度指标计算出来的安全出口总宽度，只是实际需要设计的概算宽度，在最后具体确定安全出口的设计宽度时，还需要对每个安全出口进行细致的核算和必要的调整，如一座容量规模为

10000 人的体育馆，耐火等级为二级。按上述规定疏散宽度指标计算出来的安全出口总宽度为 100×0.43＝43m。在具体确定安全出口时，如果设计 16 个安全出口，则每个出口的平均疏散人数为 625 人，每个出口的平均宽度为 43/16＝2.68m。如果每个出口的宽度采用 2.68m，那就只能通过 4 股人流，这样计算出来的疏散时间为：625/(4×37)＝4.22min，因为大于 3.5min，是不符合规范要求的，如果将每个出口的设计宽度调整为 2.75m，那就能够通过 5 股人流了，这样计算出来的疏散时间则是：625/(5×37)＝3.38min＜3.5min，是符合规范要求的了。但是这样反算出来的宽度指标则是 16×2.75/100＝0.44m/百人，比原指标调高了 2%。

5　规范表后面增加一条“注”，明确了采用指标进行计算和选定疏散宽度时的一条原则：即容量规模大的所计算出来的需要宽度，不应小于容量规模小的所计算出来的需要宽度。如果前者小于后者，应按最大者数据采用。如一座容量规模为 5400 人的体育馆，按规定指标计算出来的疏散宽度为 54×0.43＝23.22m，而一座容量规模为 5000 人的体育馆，按规定指标计算出来的疏散宽度则为 50×0.50＝25m，在这种情况下就明确采用后者数据为准。

6　体育馆观众厅内纵横走道的布置是疏散设计中的一个重要内容，在工程设计中应注意以下几点：

1）观众席位中的纵走道担负着把全部观众疏散到安全出口的重要功能，因此在观众席位中不设横走道的情况下，其通向安全出口的纵走道设计总宽度应与观众厅安全出口的设计总宽度相等。

2）观众席位中的横走道可以起到调剂安全出口人流密度和加大出口疏散流通能力的作用，所以一般容量规模超过 6000 人或每个安全出口设计的通过人流股数超过四股时，宜在观众席位中设置横走道。

3）经过观众席中的纵横走道通向安全出口的设计人流股数与安全出口设计的通行股数，应符合“来去相等”的原则。如安全出口设计的宽度为 2.2m，那么经过纵、横走道通向安全出口的人流股数不宜大于 4 股，超过了就会造成出口处堵塞以致延误了疏散时间。反之，如果经纵横走道通向安全出口的人流股数小于安全出口的设计通行股数，则不能充分发挥安全出口的疏散作用，在一定程度上造成浪费现象。

体育场的安全疏散设计可参照上述说明办理。在本条文中体育场的容量以 40000 人和 60000 人分档。主要考虑 40000 人作为大中型城市来说，该容量比较合适，且满足国际足联世界杯足球赛预选赛的要求。而对特大城市而言，一般容量都在 60000 人最大不超过 80000 人，因此据此制订了分档。而每个档次中所规定的宽度指标（m/百人）是根据国内外体育场设计和实测时间分别控制在 6min、7min、8min 的要求而确定的。

4.3.9　本条从使用和安全角度对于体育设施看台的栏杆提出应注意的各点。其中涉及安全的部分需要在执行中特别注意。

4.3.10　看台视线设计标准主要取决于视点平面位置、视点距地面高度和观众席前后排视线升高差（C 值）三个因素，本条规定了体育场、馆和游泳池三类建筑对典型场地的看台视线设计标准，其他运动项目的看台可参照执行。

体育场一般为田径、足球综合性场地，由于田径场地布置及运动特点比较复杂，需要对多个视点进行比较，并考虑看台设计的技术经济性，才能确定合理的视线设计标准，在实际设计工作中因为各个工程采用标准不同，对视线质量的评定也不一致。

本条对田径场视点选择的考虑如下：

1　西直道和终点线是各项径赛最重要的地点，选定西直道外边线与终点线的交点作为视点位置，并以终点线附近看台为首排计算水平视距，这样对全场绝大部分观众观看环形跑道上及其内侧范围内所有田径和足球比赛基本上不会有问题。假如看台内边线平面为椭圆形（即比赛场地外轮廓），环形跑道长轴偏东布置，看台内边距跑道远近不相同，其视线质量与设计视点处比较，有的要好一点，有的要差一点，但最低标准应能看到运动员胸部（距地 1.2m 上下）。

2　对于位于跑道外侧的田径项目来说，其场地距看台较上述计算视距较近时，有何影响应作具体分析。撑杆跳高项目，属于高空动作，任何位置都能看得到。障碍赛水池设在弯道外侧内侧均有，但使用机会很少，目前仅男子一项，影响不大。惟有跳远（含三级跳远），男女各二项，且较重要，按理论要求看到沙坑沙面，因此应适当兼顾，在条件许可时调整视点位置，按最佳效果设计。但当看台首排设计标高距场地较高，看台排数多或者有楼层看台时，计算结果看台逐排升高过大，技术经济上不合理，甚至不可行，在这种情况下，可不多考虑。因为从全局来看，首先，这毕竟是个别项目，部分位置的观众受到影响；其次实际情况往往比理论计算的要好些，观众必要时会自动调整自己的姿态，采取侧身、欠身甚至站起的方式，达到观看运动员落地的一刹那；第三，设计视点距地面高度规定±0，这一标准对径赛项目来说是高标准，其中就考虑到了对跑道外侧田径项目的不利因素，已有一定程度的兼顾。

另外，冰球场地由于界墙的遮挡和影响，视点的选择有一定特殊要求，故在条文中予以说明。

4.3.11　视线升高差（C 值）每排 0.12m 指后一排观众视线通过前一排观众头顶上空看到设计视点。C 值每排 0.06m，即每两排 C 值为 0.12m，指后一排观众视线须通过前一排两位观众头间空隙和前二排观众的头顶上空才能无阻挡地看到设计视点。

当C值采用小于0.12m时，在影剧院观众座席须前后排错位设置，但对体育场馆来说一般可不考虑，因为体育比赛场地大，观众视角大，无论是错位还是不错位排列，效果基本上相同，前一排观众对后一排观众都会有一定的视线阻挡，主要靠观众自行调整姿态解决。

另外关于视线设计有图解法、数解法（逐排推算法、直接计算法）等，此处不再详述。

4.3.12 室外看台一般设有罩棚以遮阳避雨，为观众提供较好的观看条件。国际足联对于世界杯足球赛观众席提出需有2/3以上座席为屋顶所覆盖，故本条对于罩棚设计的要点做出规定。

4.4 辅助用房和设施

4.4.1 本条列出了体育设施辅助用房的基本内容及布置原则，在实际操作中应根据设施等级、使用目的、运营方式等不同而区别对待。

4.4.2～4.4.3 以下各条对体育设施的相关用房按不同等级提出有关指标：

1 观众休息区面积指标

观众休息厅是比赛和其他活动时供观众休息的场所，也常是观众由观众厅内疏散出来最先到达的场所，因此既要考虑一定数量观众在这里休息、如厕、饮水、购物等要求，也要考虑观众由这里到设施外门的疏散，表10提出了国内一些室内馆的休息厅面积指标。但近年来随着体育产业化的发展，有关商服、娱乐、餐饮设施的增加也会带来观众休息区面积的变化。

表10 我国部分体育馆休息厅面积统计表

名 称	观众休息厅面积（m^2/人）
首都体育馆	0.32
上海体育馆	0.20
南京五台山体育馆	0.17
辽宁体育馆	0.18
山东体育馆	0.22

2 关于观众厕位指标的考虑

表11是我国一些体育馆厕所的数量统计，从使用情况看，由于观众使用时间集中，因此常产生排队现象，同时由于设施活动的多样性，使女性观众增加，也使女厕的拥挤程度增加。

表11 我国部分体育馆厕所器具数量统计表

名 称	男厕			女厕		备 注
	面积（m^2/1000）	蹲坑（个/100人）	小便槽（m/1000人）	面积（m^2/1000）	蹲坑（个/100人）	
首都体育馆	36	3.3	6.7	27	6	二、三层各4处，共16处
上海体育馆	40	3.2	7.5	15	4.9	二层男6处，女3处，共14处
南京五台山体育馆	33	1.2	8.0	19	4.6	二层男8处，女4处，共12处
辽宁体育馆	13	2	2.5	13	3.6	二层男4处，女4处
山东体育馆	14	1.4	4.9	11	2.8	二层男、女各2处，共4处
浙江体育馆	29	4.4	7.4	29	8.8	二层2处，共4处
福建体育馆	100	—	3.2	100	2.6	二层2处，共4处
北京工人体育馆	30	3.0	6.2	23	4.8	一层男女各2处，二层男女各4处，共12处

北京市建筑设计院20世纪80年代的调查提出男厕按每250人1个大便器3个小便斗，女厕所按每100人1个大便池即可，即每千人观众男厕设3个大便池，9个小便斗，女厕设5个大便池。

在1995年出版的建设设计资料集中提出参考指标见表12。

在《剧场建筑设计规范》JGJ 57—2000中提出：

男厕应按每100座设一个大便器，每40座设一个小便器或0.6m长小便槽，每150座设一个洗手盆。

女厕应按每25座设一个大便器，每150座设一个洗手盆。

男女厕所厕位数比率为1∶1。

国外有关的厕所参考指标如下：

德国足协提出千人指标为12，其中男女之比为3∶1，大小便器之比为1∶4。

澳大利亚悉尼奥运会主会场的厕所指标见表13。

表12 厕所卫生洁具数量参考表

项目／指标	男厕		女厕	男女比例
	大便器（个/1000人）	小便槽（m/1000人）	大便器（个/1000人）	
参考指标	3～4	6.4～6.5	5～6	2∶1～3∶1

表13 悉尼奥运会主会场厕所指标

	每个便器	每个洗手盆	每个小便器	男女比例		
				一般观众	包厢、团体	平均
男	600人	300人	70人	70∶30	60∶40	67∶33
女	35人	35人				

本条中观众厕位的指标即参考以上规定，结合当前的使用特点订出。其中男女比例考虑了设施的多功能使用和女性观众实际的增加而定为1∶1。

3 运动员用房中所列出的房间系根据比赛时的基本要求设置，运动员休息室需根据队员的多少、比赛队的数目和安排来合理设置。

此处附国际田联建议兴奋剂检查的内容和平面，见图2。

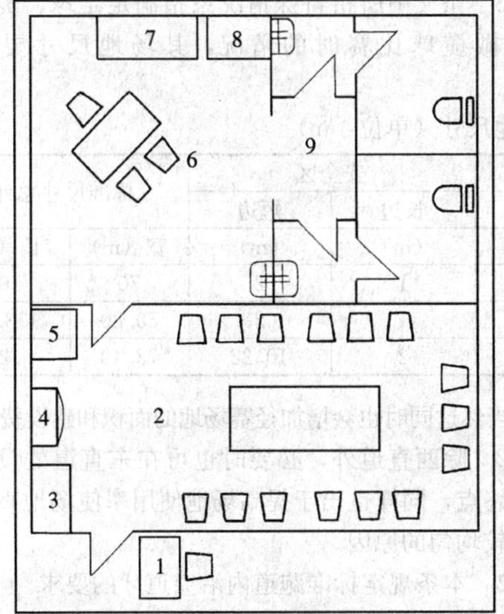

图2 兴奋剂检查室的分布、安装和设备

1—入口处；2—等候室；3—杂志；4—电视机；5—冰箱/饮料；6—兴奋剂检查官员室；7—仪器桌和柜；8—冰箱；9—厕所间

4.4.4 本条规定了作为比赛设施时，在竞赛管理用房方面的基本要求，由于比赛的规模和特点不同，在面积和内容上也会有所差别。

4.4.5 新闻媒介主要指新闻官员和图文记者的工作用房，本条提出了一些基本要求，新闻发布厅、新闻记者的餐饮服务等未列入其中。由于比赛项目和规模的不同，媒体和记录的数量也会有较大差别，需根据具体情况而定。另外，随着计算机技术的发展，网络化、数字化的特点，工作用房和内容还会有所变化和调整。

4.4.6 计时记分用房应根据不同竞赛项目对于计时、记分的不同要求而相应设置。

4.4.7 广播、电视等传媒是体育设施，尤其是比赛设施的重要使用对象，随着传输技术的发展，对于有关的设备和用房的要求也会越来越高，本条列出了主要的用房内容及配置标准。

4.4.8 本条指体育设施的技术用房的主要内容与基本面积标准，其中器材库的大小需视体育设施的规模、活动内容、管理方式有所调整。

5 体 育 场

5.1 一 般 规 定

5.1.1 本条根据体育场观众数量来区分其规模标准。一般说来容量较大的体育场相应承担级别较高的比赛。如国际足联就要求世界杯足球赛的预赛场地观众数不少于40000，决赛场地观众不少于60000，即是一例。

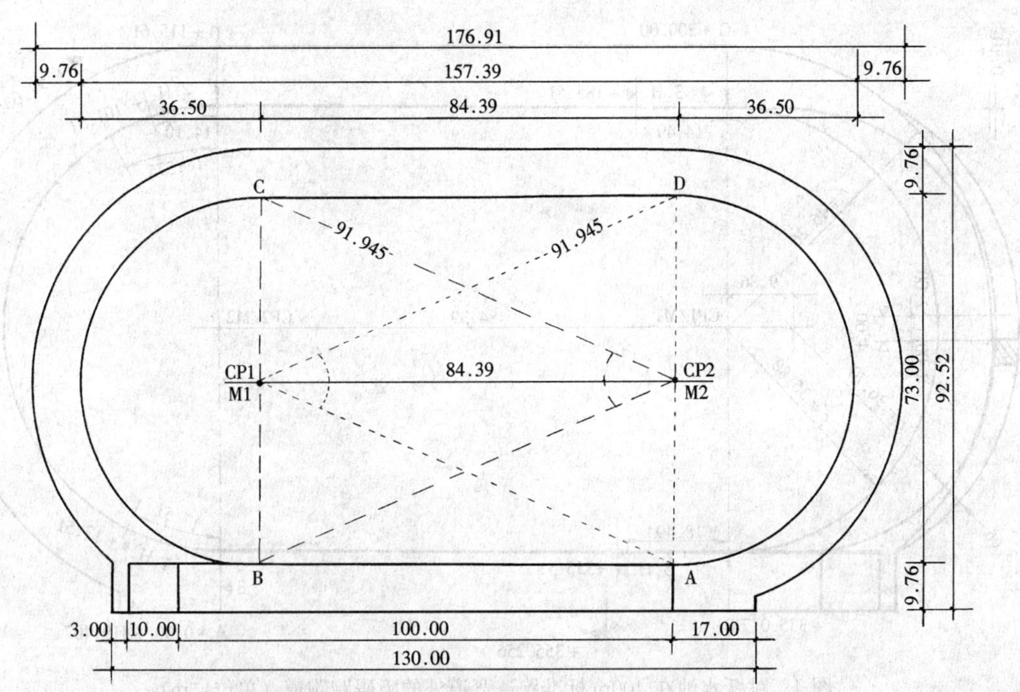

图3 400m标准跑道的形状和尺寸（半径为36.50m）

5.1.2 本条规定了体育场的标准方位应满足第4.2.7条规定：

1 方向是指运动场地的纵轴，即长向轴；

2 方位的确定需根据常年风向和风力、太阳高度角、用地的地形和尺寸等因素综合确定；

3 观众看台位置与运动场地密切相关，从比赛内容和使用频率比较，最佳看台位置应位于场地西侧，当观众席上有罩棚覆盖时，则要根据总平面布置，体育场体形、观众容量大小等因素综合确定。

5.1.3 本条对体育场的比赛场地设计的布置原则做出规定。只有符合规定规格和尺寸的标准场地，才能作为正规和国际比赛场地使用。

5.1.4 本条对体育场的径赛跑道的设计标准作原则规定：

1 400m标准跑道的形状和尺寸见图3所示；

2 国际田联提出新建400m标准跑道的弯道半径应为36.5m。但此前国内已建的跑道弯道半径有36m、37.898m等种类，仍可继续应用于正规比赛，特此说明。

3 条文中所指特殊情况系指满足足球、美式足球和橄榄球比赛时的情况，其场地尺寸要求见表14。

表14 用于其他体育活动的场地尺寸（单位：m）

1	运动项目	场地尺寸				安全区		标准尺寸总计	
		比赛规则规定		标准尺寸		长边	短边		
		宽（m）	长（m）	宽（m）	长（m）	（m）	（m）	宽（m）	长（m）
2	足球	45.90	90.120	68	105	1	2	70	109
3	美式足球	48.80	109.75	48.80	109.75	1	2	50.80	113.75
4	橄榄球	68.40	122.144	68.40	100	2	10.22	72.40	120

5.2 径赛场地

5.2.1 本条为400m标准跑道的规格说明。除条文中已说明的部分外，补充说明如下：

1 根据径赛规则规定，短程赛跑为分道跑，而中长程则为部分分道或不分道，因此跑道内圈（第一分道）尤其是西直道内道的使用率最高，相对各道面层磨损不均匀，因此设计分道时常按需要增加1～2条，在正式比赛时才利用内圈以延长跑道的使用寿命。当然这同时也会增加径赛场地的面积和建设费用。

2 除西直道外，必要时也可在东直道处设置第二起终点，同样也出于提高场地使用率使场地直道磨损比较均匀的原因。

5.2.2 本条规定标准跑道内沿突道牙的要求。

5.2.3 本条规定跑道纵横最大坡度的要求。

设计中常采用较大的坡度，利于场地排水，同时也便于当施工中存在正负误差时，其最后综合值也不会超出规定。

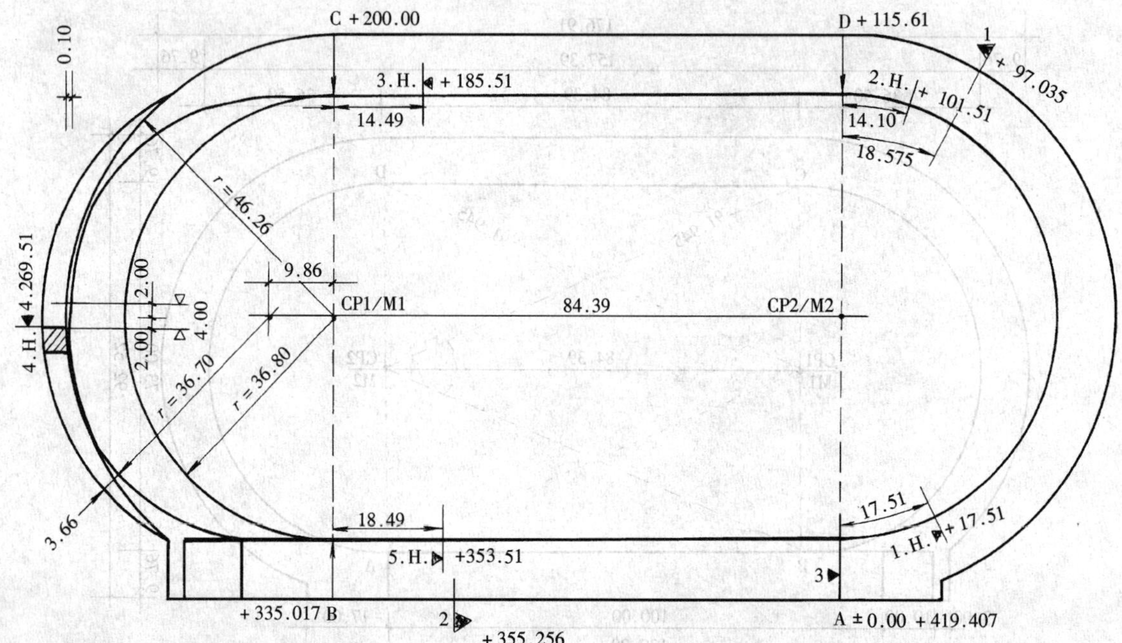

图4 跳跃水池在400m标准跑道弯道外的障碍跑跑道（单位：m）

1—2000m起点：+97.035m；2—3000m起点：+355.256m；3—终点线A是障碍跑每圈（+419.407m）的始和末

5.2.4 本条为跑道（包括田赛助跑道）面层材料的有关规定。

有关塑胶合成材料的构造性能等要求应符合国际田联《田径设施手册》中的有关规定。从施工方式看，有预制和现制两种方式，室外场地的跑道基层多采用沥青混凝土。跑道的坡度在基层施工时就应按规定要求做出，以保证最后塑胶面层厚度的均匀。

5.2.5 本条规定径赛终点线处立终点柱的要求。

5.2.6 跑道的标志线在竞赛规则和国际田联的有关规定中都有所说明，本处不再详述。

5.2.7 400m环形跑道的精度要求必须严格执行，并注意不允许出现负偏差值。

5.2.8 除本条中所规定的要求外，其布置方式可参考图4和图5。

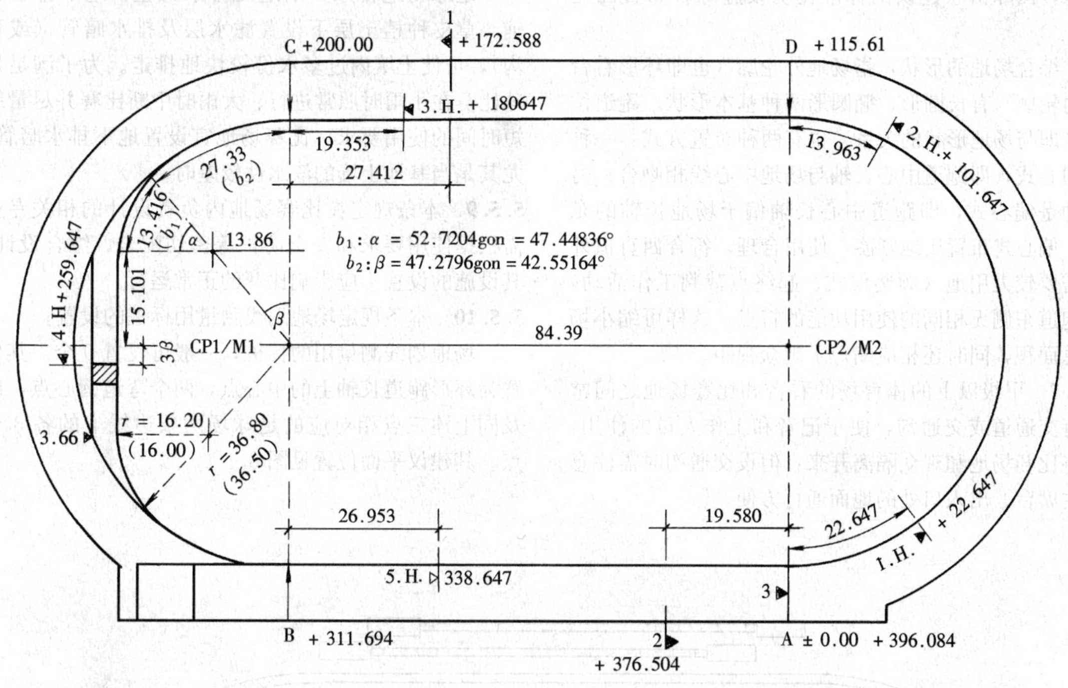

图5 跳跃水池在400m标准跑道弯道外的障碍跑跑道（单位：m）

1—3000m起点：＋172.588m；2—2000m起点：＋376.504m；3—终点线A是障碍跑每圈（＋396.084m）的始和末

5.3 田赛场地

5.3.1～5.3.6 本条规定田赛场地中跳远和三级跳远场地、跳高场地、推铅球场地、掷铁饼、链球场地、掷标枪场地、撑竿跳高场地的正规比赛要求。

1 跳远、三级跳远、跳高、撑竿跳高如采用堆沙而不是海绵包时，应注意附注中对堆沙厚度的要求。

2 铅球、铁饼、链球、标枪项目的落地区应用宽0.05m的白色标志线加以标示，其延线应通过投掷圈圆心，标志线外有足够的安全区。

3 当铁饼和链球合用防护网时，其防护网建议尺寸见图6。

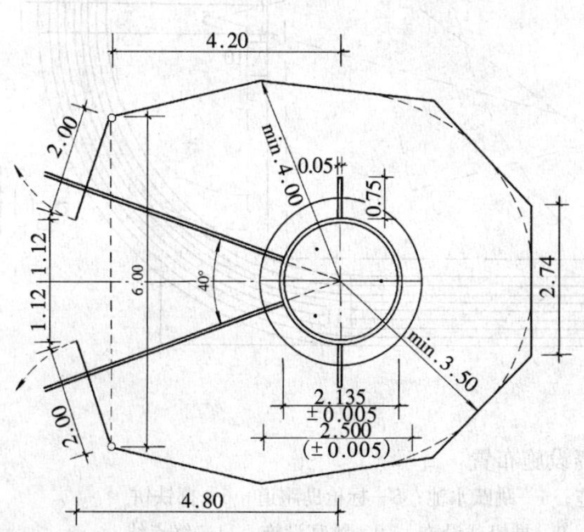

图6 铁饼和链球合用防护网平面（单位：m）

5.4 足球场地

5.4.1～5.4.2 本条主要依据规则和国际足联的要求规定足球场的规格、面层、允许坡度及周围区域的要求。应随时注意足球竞赛规则和国际足联有关规定的变化情况以便随时调整。

5.5 比赛场地综合布置

5.5.1～5.5.6 这些条文系根据田径和足球比赛规则规定涉及建筑的有关要求和场地布置方式的可能性。

体育场的比赛场地设计，需综合布置径赛跑道、足球场、各项田径场地，以及满足其使用要求和安全要求，国际田联建议的标准比赛设施综合布置图见图7。

综合场地的形状，指场地外轮廓（也即环形看台的内轮廓）有长圆形、椭圆形两种基本形状。跑道位置（即与场地形状的关系）也有两种布置方式：一种是同心式，即跑道中心长轴与场地中心线相吻合；另一种是偏心式，即跑道中心长轴偏于场地长轴的东侧。偏心式布置用地紧凑，使用合理，符合西直道外侧需要较大用地（颁奖仪式、起终点裁判工作活动）而跑道东侧无相同的使用功能的特点，这样可缩小场地总面积，同时还相应缩短了观众视距。

5.5.7 甲级以上的体育场的看台和比赛场地之间常设有交通道或交通沟，便于记者和工作人员的使用，并将比赛场地和观众隔离开来，但设交通沟时需注意在主席台、出入口处的地面通行方便。

5.5.8 本条规定比赛场地的排水要求。

比赛场地的排水设计很重要，由于场地面积大，地面坡度又受到竞赛规则限制，采用明沟式排水是最有效的方法，沿跑道内侧的内环明沟，用于排除跑道及其内侧（含足球场）范围内的雨水，沿交通道（或交通沟）的外环明沟，用于排除跑道外侧区域及看台的雨水。

足球场地排水，以地面排水为主，地下排水为辅。草皮种植土层下设置滤水层及排水暗管（或盲沟），可使土壤内过多水份较快地排走。为了满足足球比赛在小雨时照常进行、大雨时中断比赛并尽量缩短时间的使用要求，比赛场地宜设置地下排水暗管，尤其是当基地土壤的渗水性较差时。

5.5.9 本条规定在比赛场地内负责设计的相关专业需根据使用要求和安全防护等密切配合、综合设计，其设施的设置不应影响比赛的正常运行。

5.5.10 本条规定场地划线测量用标桩的设置。

场地划线测量用的标桩，一般可设置9个。其位置为环形跑道长轴上的中心点，两个弯道圆心点，以及同上述三点相对应的足球场两条边线上的各3个点。其建议平面位置见图8。

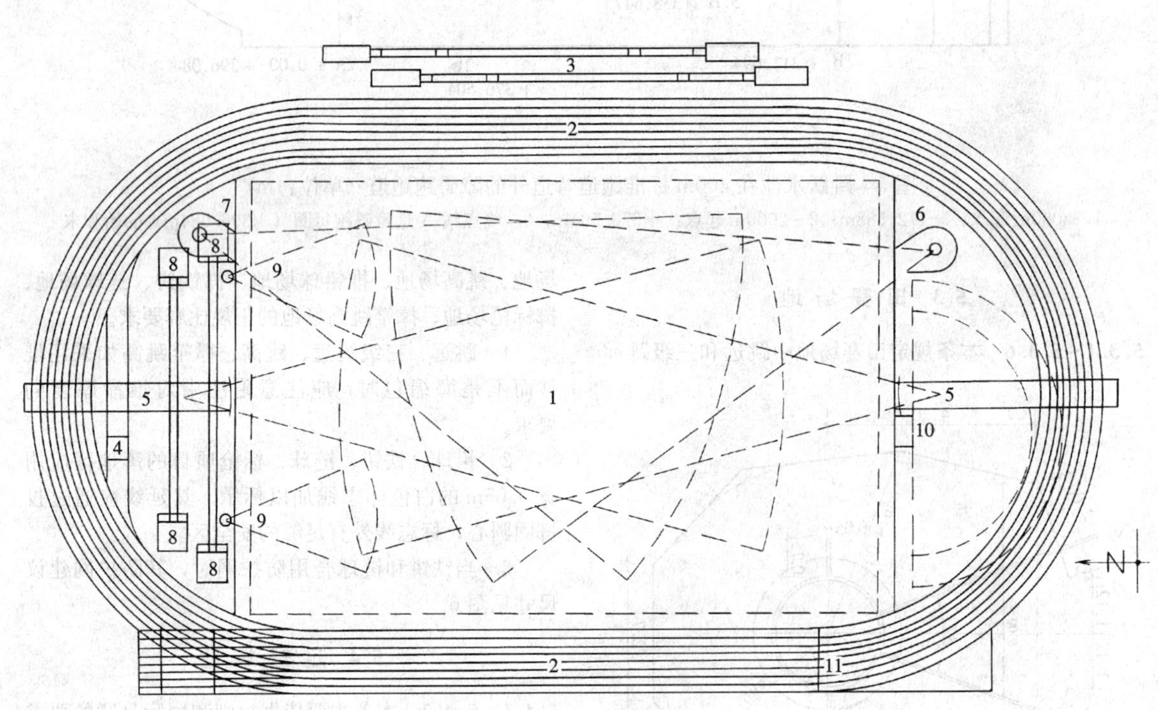

图7 标准比赛设施布置

1—足球场；2—标准跑道；3—跳远和三级跳远设施；4—跳跃水池；5—标枪助跑道；6—掷铁饼和掷链球设施；7—掷铁饼设施；8—撑竿跳高设施；9—推铅球设施；10—跳高设施；11—终点线

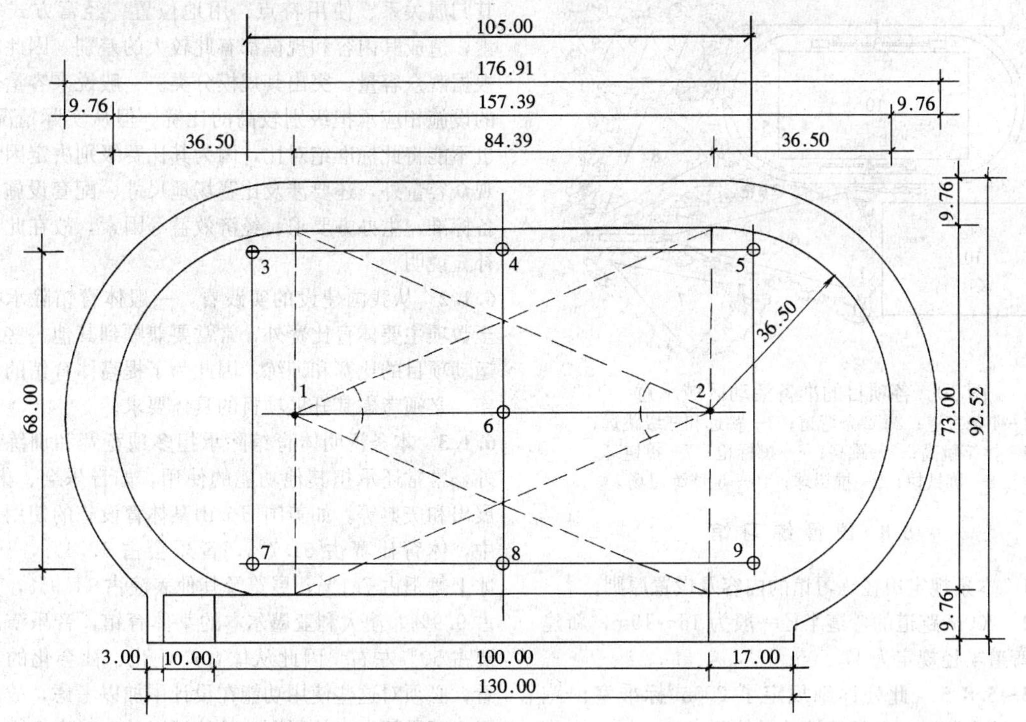

图 8　场地标桩平面位置（m）

5.6 练习场地

5.6.1 本条规定练习场地数量和标准的决定原则，是比赛场地的重要配套内容。

5.6.2 本条规定了不同等级体育场热身练习场地的最低数量和标准。具备这些内容，才能承担相应级别的比赛，在我国的建设实例中，常常重比赛场地而轻视练习场地的配套，在使用中就限制了比赛场地的使用级别。

有关练习场地设施的建议平面见图 9、图 10 所示。

练习场地应邻近比赛场地，二者之间应有专用通道或地道联系。田径练习场位于比赛场地西北侧便于运动员检录后到达跑道起点，足球练习场应接近运动员休息室。在实际应用实例中，因各种条件限制，也有许多因地制宜的举措。

5.7 看台、辅助用房和设施补充规定

5.7.1 体育场内风速过大，将影响比赛纪录能否被承认，因此，在建筑设计上也需要采取一些措施，如：

1　比赛场地四周或主导风向一面，可利用看台或其他构筑物挡风；

2　看台上、下直通场内外的出入口，或面向主导风向的开口，可采取封闭式门窗挡风；

3　利用看台上空的罩棚挡风，罩棚后部也可做成封闭式。

5.7.2 本条提出径赛计时系统的设置和该处空间照度的要求。

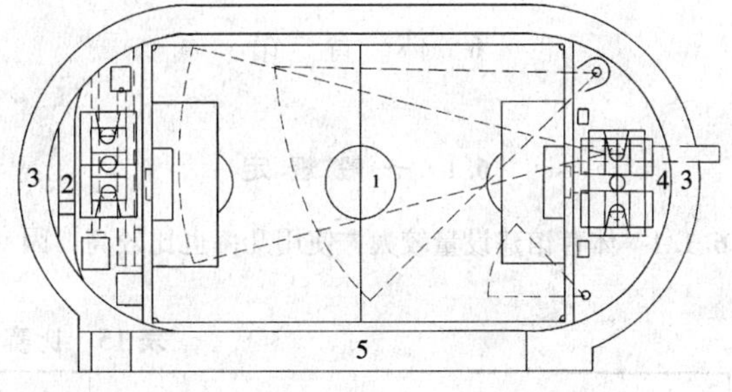

图 9　作为准备活动和训练场地的 400m 标准跑道示意

1—足球场（兼投掷项目落地区）；2—弓形区域内包括跳跃水池、撑竿跳高、跳远和三级跳远以及篮球、排球比赛场地；3—6 道的椭圆形跑道；4—弓形区域内包括铁饼/链球圈、铅球圈、跳高、标枪、两个排球场和一个篮球场；5—8 道直道

径赛终点计时有人工计时和全自动计时两种方式，正规和国际比赛应以后者为主，前者为辅，人工和自动计时同时使用，以防失误。对计时裁判台以及设置终点摄影机、机房设备等，详见国际田联有关规定。

5.7.3 本条规定体育场固定和临时电子计时记分牌的设置原则。

5.7.4～5.7.5 本条规定比赛场地出入口的设置原则。出入口的数量和具体设置位置，应根据使用要求及体育场所处总图位置布置具体决定。

5.7.6 本条规定检录处和检录专用通道的原则。具体设置位置需根据具体情况决定。

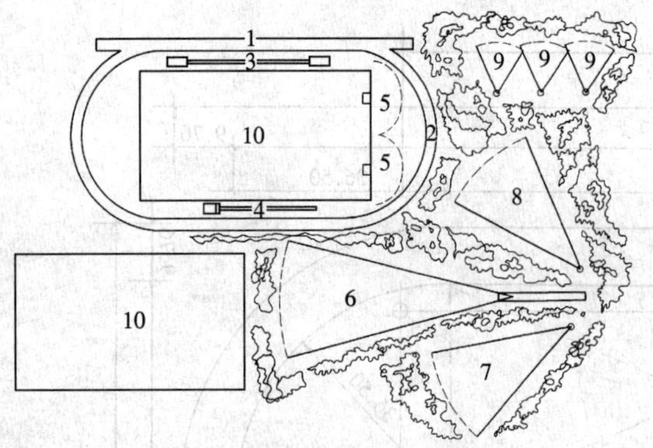

图 10　各项目的准备活动区域示意

1—4 条直道；2—2 条弯道；3—跳远和三级跳远；4—撑竿跳高；5—跳高；6—掷标枪；7—掷链球；8—掷铁饼；9—推铅球；10—足球练习场

5.8　田径练习馆

5.8.1　本条规定田径练习馆的内容及设置原则。

5.8.2　200m 跑道的弯道半径一般为 15～19m，新建跑道弯道半径规定为 17.50m。

5.8.3～5.8.5　此处详细规定了 200m 标准室内跑道、标准直跑道和田赛场地的具体要求。

5.8.6　本条规定练习馆一些需要注意的问题。

6　体　育　馆

6.1　一　般　规　定

6.1.1　体育馆建设量较大，使用几率也比较高，因其归属关系、使用特点、用地位置、经营方式等因素，造成其内容和规模都有此较大的差别。因此本条根据观众容量，突出其规模分类。一般说来容量较大的设施相应承担级别较高的比赛。但从实际情况看，也不能将此标准绝对比，因为其比赛级别决定因素除观众容量外，还要涉及比赛场地尺寸、配套设施、设备标准、主办方要求、经济效益等因素，故在此作出补充说明。

6.1.2　从我国建设的实践看，一般体育馆除承担一至数项主要体育比赛外，常常要兼顾到其他一些室内运动项目的比赛和训练，因此为了提高体育馆的使用率，必须考虑其开展项目的具体要求。

6.1.3　本条说明体育馆除承担多项竞赛和训练目的外，常常还承担其他功能的使用，如音乐会、集会、展出和庆典等。如美国旧金山某体育设施的使用比率中，体育比赛占 51.7%，音乐会占 19.4%，马戏、冰上舞蹈占 7.1%，展览及其他表演占 11.9%，其他占 9.9%。澳大利亚墨尔本的某体育馆，音乐演出则要占 50%左右。因此从体育产业化、社会化的角度看，必须对这些使用功能在设计中加以考虑，故本条提出了需要考虑的原则，除使用以外，对安全也必须予以足够重视。

6.1.4　国家体育总局颁布的体育项目竞赛规则和各国际单项体育组织对比赛、热身、训练场地都提出了要求，因此在设计中必须根据设施等级加以考虑。表 15 列出了一些室内项目的比赛场地尺寸，作为参考。由于竞赛规则的经常变动，因此在设计时必须密切注意。

表 15　比赛场地尺寸表（m）

项目	比赛区		缓冲区		比赛场地			面层要求	备注
	长	宽	边线外	底线外	长	宽	净高最小		
五人制足球	24～25	15～25					7	木质地板合成材料浅色	端线外宜设安全网或布帘
	38～42	18～22						合成材料浅色	
手球	40	20	2	2	44	22	7	木地板合成材料	球门后 3m 宜设安全网
			一边 2 一边＞4	＞2	46	27	9	合成材料	
排球	18	9	≥3	≥3	24	15	7	木地板 合成材料	
			5+3	8+3	40	25	12.5	合成材料	
篮球	28	15	2	2	32	19	7	木地板 合成材料	限制区的中圈颜色应与球场地面有明显区别
			6	5	40	25		木质地板浅色	

续表 15

项目	比赛区		缓冲区		比赛场地			面层要求	备注
	长	宽	边线外	底线外	长	宽	净高最小		
乒乓球	14	7					4	木质地板合成材料地面深红或深蓝色	场地周围设深色挡板
					八张球台最小 $1830m^2$				
羽毛球	13.4	双打 6.10 单打 5.18	2	2			9	木质地板合成材料浅色	
			场地间 8		55	19.5	12		
网　球	23.77	双打 10.97 单打 8.23	≥3.66	≥6.4			12	土质、沥青、水泥或合成材料	端线外有保护措施
			场地间 6.5						
体　操			2.5	2.5	40	25	6	木质地板	隔离挡板内不少于 40×70m(国际比赛)
			>4	>4	56	26	14		
艺术体操	26	12	1	1				木质地板地毯	
			2	2	50	30	15		
冰　球	65～70	35～40	2.5	2.5	60～61	26～34		人工冰面	界墙高 1.15～1.22

注：每一项目中，下面一行为国际比赛要求

6.1.5 从节能和可持续发展的角度看，目前体育馆采用天然采光的处理方式得到较广泛应用，它可以满足一些项目的训练以及平时维护管理时节约能源的需要，但同时也必须考虑一些项目的正式比赛或演出、会议时的遮光要求，相应有所对策。

6.1.6 学校用的体育馆除比赛功能外，更多是体育教学、体育训练以及学校的集会、演出，甚至还有对外开放的要求，因此，其使用特点与一般社会用体育馆还有所区别，必须在设计中予以注意。

6.2 场地和看台

6.2.1 本条根据比赛场地的大小和比赛项目的分类，提出各型比赛场地的建议尺寸，可供设计时选定。

其中大、中、小型的比赛场地的布置图见图 11、图 12、图 13 所示。

而为了适应训练活动的要求，有效利用场地，也可在建议尺寸基础上有所调整，如图 14 中提出的 38m×44m 和 38m×54m 的场地示意。

6.2.2 从国外体育设施多功能使用的实践看，属于体育方面的除球类、体操、冰球等内容外，还有室内田径、马术、自行车、拳击甚至一些水上项目，而其他内容的多功能使用则包括文艺演出（如流行音乐会、古典剧、大型剧）马戏杂技、展览会、庆典仪式等，因情况各不相同，故提出原则要求。

6.2.3 本条主要指出因不同比赛项目对于一般比赛和国际比赛都有不同要求（见表 15)。

6.2.4 不同比赛项目对比赛场地周围的背景、材料、色彩、防护等都有不同要求，本条作原则性表述。

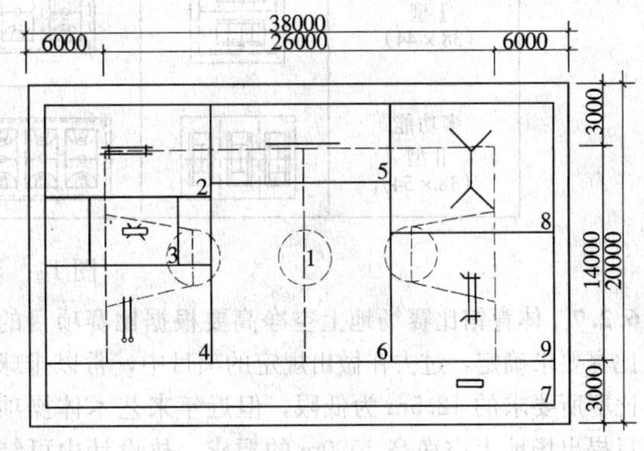

图 11　小型场地布置图（38m×20m）

1—篮球场地；2—双杠；3—鞍马；4—吊环；5—平衡木；6—自由体操；7—跳马；8—单杠；9—高低杠

6.2.5 当比赛场地内进行一般比赛时，运动员和工作人员的数目都较有限，设备数目也比较少，当进行集会、演出、典礼等大型活动时，人员和设备的出入和搬运都比较复杂，国内较大型馆一般都要承担此类内容，因此本条提出相应要求。

6.2.6 比赛场地的外轮廓形状，从使用和观看的角度以长方形最为理想，但由于各种原因，比赛场地的形状也有圆形、棱形、多边形、马蹄形等，这时必须充分注意观众观看时的视觉质量（即选取设计视点的位置），以及场地使用时的经济有效性。

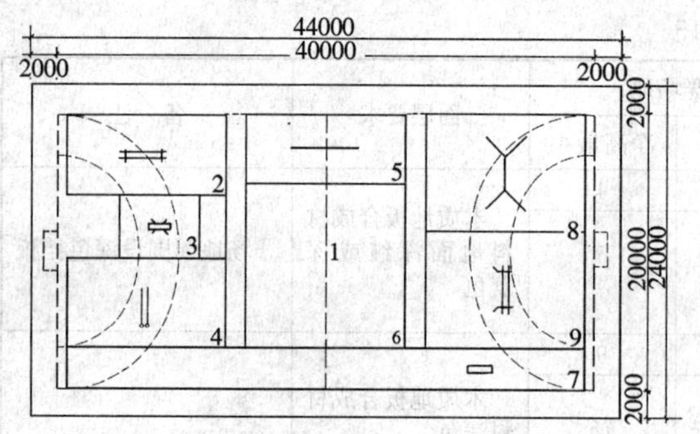

图 12　中型场地布置图（44m×24m）

1—手球场地；2—双杠；3—鞍马；4—吊环；
5—平衡木；6—自由体操；7—跳马；
8—单杠；9—高低杠

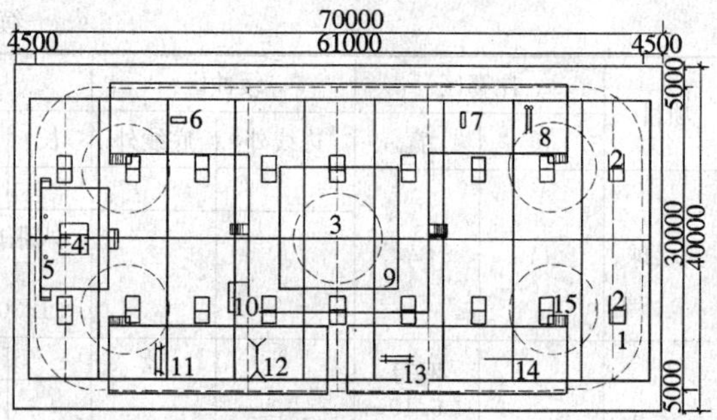

图 13　大型场地布置图（70m×40m）

1—冰球场；2—乒乓球台；3—体操台；4—发奖台；
5—旗杆；6—男女跳马；7—鞍马；8—吊环；
9—自由体操；10—钢琴；11—高低杠；12—单杠；
13—双杠；14—平衡木；15—台阶

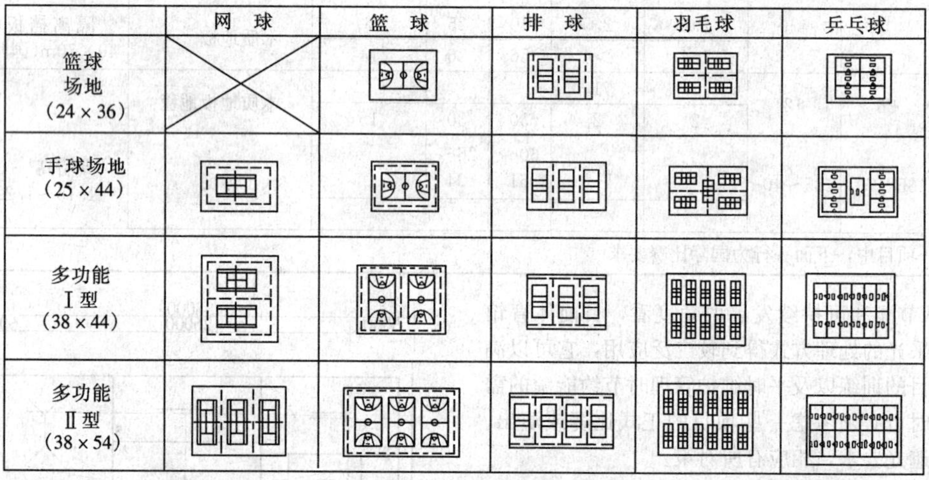

	网　球	篮　球	排　球	羽毛球	乒乓球
篮球场地（24×36）					
手球场地（25×44）					
多功能Ⅰ型（38×44）					
多功能Ⅱ型（38×54）					

图 14　训练场地布置

6.2.7　体育馆比赛场地上空净高要根据比赛项目的比赛要求确定，过去在做出规定的项目中，常以排球比赛所要求的 12.5m 为低限，但近年来艺术体操项目提出场地上空净高 15.0m 的要求，故设计中可结合有关使用要求考虑。

如体育馆仅为某一专项体育项目使用时，为了节约室内空间，也可按该专项的要求确定。

6.2.8～6.2.10　主要说明体育馆内看台观众席的布置原则，除座席布置的基本要求外，更多要考虑该馆的使用功能、视线设计和安全疏散。这些在建筑设计总规定中均已注明。

当比赛场地较大时，一般要利用活动座椅来作为调整和过渡，国外有的实例中，活动座席占了相当大的比重，这要根据其使用特点和使用对象来决定。国内北京大学生体育馆的看台利用活动座席提供必要的教学活动场地，都可作为参考。

6.2.11　由于体育馆的使用频率较高，使用对象广泛，因此伤残人的利用（指观看和参与活动）必须予以充分考虑。

6.2.12　本条提出使用临时座椅，如集会、演出使用时应注意的事项。

6.2.13　本条提出看台下空间利用问题。

6.2.14　由于一些项目要求在场内设置计时或记分设施，故本条提出比赛场地内设置临时计时记分设施的必要和可能性。

6.3　辅助用房和设施

6.3.1　体育馆的辅助用房和设施首先应满足本规范第四章第四节的原则规定。

6.3.2　当体育馆承担正式比赛时，由于各国际单项体育组织的不同需求，对相关用房都提出了十分具体的要求，但体育馆如果完全满足这些不同项目的不同要求又比较困难，甚至会造成较大的平时闲置和浪费，所以在国内、外的建设实践中，除必要的基本设施外，常在一些用房中留有较大的通用性和灵活性，有的利用可变化的隔断加以调整甚至可利用临时设施。

6.3.3　随着体育的产业化和社会化，体育馆多功能使用时的经济效益也越来越为人们所重视。在这个前提下，为了满足不同对象更多的娱乐休闲需求，在体育馆内增加服务、餐饮、商业、娱乐、甚至旅馆等内容的实例也越来越多，因此也给体育馆的设计带来了新的要求。

6.3.4 本条提出点名、检录处设置的必要。

6.4 练 习 房

6.4.1 从我国已建成体育馆的实际情况看，能否承担级别较高的比赛，在一定程度上受制于热身和训练场地是否配套，取决于其规格、内容和位置。因此热身和训练场地的设计是体育馆利用频度的关键因素之一。

作为练习房必备的更衣、淋浴、存衣等设施，为提高利用率，除单独设置外也可与比赛厅合并设置，这样设施集中使用，面积较大，其机动性和灵活性也更好。

6.4.2 本条提出训练场地的净高可以与比赛场地有所区别。表 16 为一些项目要求训练场地的最小高度，表 17 为一些项目要求场地周围最小留空尺寸的要求。

表 16 训练场地高度

项目	篮球	排球	羽毛球	手球	乒乓球	网球
高度	7m	7m	7m	6m	4m	8m
项目	冰球	体操	蹦床	艺术体操	举重	田径
高度	6m	6m	10m	10m	4m	9m

表 17 场地四周留空尺寸

项　　目	边线外留空	端线外留空	两场间留空
篮球场	2m	2m（适用吊篮）	4m
排球场	3m	3m	4m
羽毛球场	4m	4m	4m
手球场	6m	6m	6m
乒乓球场	2m	2m	1.5～2.0m
网球场	4.03m	7.115m	8m
冰球场		3m	界墙高 1.22m
体操场	2m	2m	

6.4.3 本条提出训练房在建筑设计中应注意的一些细节问题。

7 游 泳 设 施

7.1 一 般 规 定

7.1.1 游泳设施分室外、室内两类，按环境又可分为天然和人工，这里着重讨论人工游泳设施，其设施等级除按承担比赛的规模和类型除由本规范 1.0.7 条规定以外，按观众座席容量分类则如本条所述。从国内外游泳设施的使用实践看，规模分类和等级的分级一般存在着对应关系。国内外一些实例的简况见表 18。

表 18 国内外游泳设施实例

序号	名　　称	观众容量（座）	备　　注
1	俄罗斯莫斯科和平大街游泳馆	15000	游泳比赛池与跳水池在大厅中隔开
2	德国慕尼黑奥林匹克游泳馆	1600	
3	加拿大蒙特利尔奥林匹克游泳馆	2500	
4	希腊雅典奥林匹克游泳馆	室内 4500 室外 9250	室内馆与室外设施相邻
5	澳大利亚悉尼游泳馆	4000	比赛设施与娱乐设施共置一厅内
6	北京国奥中心游泳馆	6000	
7	广州天河游泳馆	3300	
8	上海浦东游泳馆	1600	
9	广东珠海体育中心游泳馆	2069	游泳比赛池与跳水池分厅设置
10	上海静安游泳馆	1100	比赛设施设于五层楼上
11	广东汕头游泳跳水馆	游泳 1200 跳水 800	游泳比赛池与跳水池分厅设置

7.1.2 在游泳设施的建议上，室内游泳馆的建设应予特别重视，因为从国内、外使用的实践看，由于非比赛期间观众座席的闲置，游泳区和跳水区的不同要求等，室内游泳馆在日常运行、使用管理上所需的费用较高，因此本条提出需要注意的若干要素：

1 观众容量：固定席位、临时座席的设置和数量；

2 功能内容：比赛设施、训练设施、娱乐设施、餐饮服务设施；

3 平面方式：各设施合置一大厅内，或分开设置；

4 体型和空间：根据不同设施的要求，合理安排空间，注意节能；

5 结构型式；与使用功能紧密结合。

7.1.3 对于大型以上的设施的赛后利用，是体育设施建设中不可回避的问题，而游泳设施由于其特殊性，国际性赛事数量有限，因此对赛后的利用更应予以充分重视，一般常见做法有：商业性利用；做训练设施用；做公益性设施等。

7.1.4 室内游泳设施的赛时和平时利用的主要关键在观众座席的如何使用上，因为平时使用并不需要占用大量面积和空间的座席。从国外游泳设施的使用情况看，常利用临时座席来满足大型国际赛事对观众席位的要求，在赛后拆除，使设施有合理、经济的规模和体积，国外一些实例见表 19 所示。

表 19 国外游泳设施的平时和赛时比较

序号	名　　称	比赛时席位数	平时固定席位	备　注
1	德国慕尼黑奥林匹克游泳馆	9000	1600	
2	加拿大蒙特利尔奥林匹克游泳馆	9000	2500	
3	西班牙巴塞罗那皮科内尔游泳池	10000	3000	室外设施
4	澳大利亚悉尼游泳馆	17000	4000	

7.1.5 为提高游泳设施，尤其是水池的利用率，在水池尺寸、水深等要素的确定上，常根据规则和使用要求，综合兼顾。如比赛池长度有的实例设计为 51m，便于用浮桥分割为两个 25m 的短池或池宽设计为 25m，也考虑了水池短向的利用。

7.1.6 本条主要考虑设施综合利用的经济性。

7.1.7 本条强调游泳馆、主体结构的防腐蚀性能和围护结构的热工性能。

7.2 比赛池和练习池

7.2.1 本条依据游泳竞赛规则以及国际泳联提出的要求，对不同等级的游泳、跳水设施的最小规格及池岸最小宽度加以规定。

7.2.2～7.2.7 这些条文基本按照有关竞赛项目的规则所提出的要求整理。

关于跳台的电梯问题目前国内一些设施采用楼梯和电梯结合的方式，但国外设电梯的实例比较少，故此处只提出楼梯的要求。

有关跳水设施对空间、距离、水深方面的要求见表 20 和图 15 所示，因有关国际组织经常修改相关规定，需密切注意，这里提出的数据仅供参考。

表 20 跳台跳水设施规格表

跳水设备的规格		尺寸单位（m）	跳　台									
			1m		3m		5m		7.5m		10m	
		长　度	5.00		5.00		6.00		6.00		6.00	
		宽　度	0.60		0.60（最好 1.50）		1.50		1.50		2.00	
		高　度	0.60～1.00		2.60～3.00		5.00		5.00		10.00	
A	从台垂直线向后到池壁距离	标号	A—1P1		A—3P1		A—5		A—7.5		A—10	
		最小值	0.75		1.25		1.25		1.50		1.50	
A-A	从台垂直线向后到下面台的垂直线距离	标　号					$\overline{AA}$5/1		$\overline{AA}$7.5/3/1		$\overline{AA}$10/5/3/1	
		最小值/最好					0.75/1.25		0.75/1.25		0.75/1.25	
B	从台垂直线到两侧池壁距离	标号	B—1P1		B—3P1		B—5		B—7.5		B—10	
		最小值/最好	2.30		2.80/2.90		3.25/3.75		4.25/4.50		5.25	
C	从台垂直线到邻近台垂直线间的距离	标　号	C1—1P1		C3—3P1 1P1	1/3P1	C—5/3/1 C5—3/5—1		C7.5—5/3/1		C10—7.5/5/3/1	
		最小值/最好	1.65/1.95		2.00/2.10		2.25/2.50		2.50		2.75	
D	从台垂直向前到池壁距离	标　号	D—1P1		D—3P1		D—5		D—7.5		D—10	
		最小值	8.00		9.50		10.25		11.00		13.50	
E	从台端（垂直线上）面到顶棚高度	标　号		E—1P1		E—3P1		E—5		E—7.5		E—10
		最小值/最好		3.25/3.50		3.25/3.50		3.25/3.50		3.25/3.50		4.00/5.00
F	从台垂直线到后上方和两侧上方无障碍物的空间距离	标　号	F—1P1	E—1P1	F—3P1	E—3P1	F—5	E—3	F—7.5	E—7.5	F—10	E—10
		最小值/最好	2.75	3.25/3.50	2.75	3.25/3.50	2.75	3.25/3.50	2.75	3.25/3.50	2.75	4.00/5.00
G	从台垂直线到前上方无障碍物的空间距离	标　号	G—1P1	E—1P1	G—3P1	E—3P1	G—5	E—5	G—7.5	E—7.5	G—10	E—10
		最小值/最好	5.00	3.25/3.50	5.00	3.25/3.50	5.00	3.25/3.50	5.00	3.25/3.50	6.00	4.00/5.00
H	在台垂直线下面的水深	标　号		H—1P1		H—3P1		H—5		H—7.5		H—10
		最小值/最好		3.20/3.30		3.50/3.60		3.70/3.80		4.10/4.50		4.50/5.00

续表 20

跳水设备的规格		尺寸单位（m）	跳台									
			1m		3m		5m		7.5m		10m	
		长 度	5.00		5.00		6.00		6.00		6.00	
		宽 度	0.60		0.60(最好 1.50)		1.50		1.50		2.00	
		高 度	0.60～1.00		2.60～3.00		5.00		5.00		10.00	
JK	在台垂直线每侧一定距离处的水深	标 号	J—1P1	K—1P1	J—3P1	K—3P1	J—5	K—5	J—7.5	K—7.5	J—10	K—10
		最小值/最好	4.50	3.10/3.20	5.50	3.40/3.50	6.00	3.60/3.70	8.00	4.00/4.40	11.00	4.25/4.75
LM	在台垂直线每侧一定距离处的水深	标号	L—1P1	M—1P1	L—3P1	M—3P1	L—5	M—5	L—7.5	M—7.5	L—10	M—10
		最小值/最好	1.40/1.90	3.10/3.20	1.80/2.30	3.40/3.50	3.0/3.50	3.60/3.70	3.75/4.50	4.0/4.40	4.50/5.25	4.25/4.75
N	在规定的范围外降低尺寸的最大角度	池深	30°									
		顶棚高度	30°									

注：尺寸 *C* 中为规定的跳台宽度，如台的宽度增加，则 *C* 值须增加台宽度的一半。

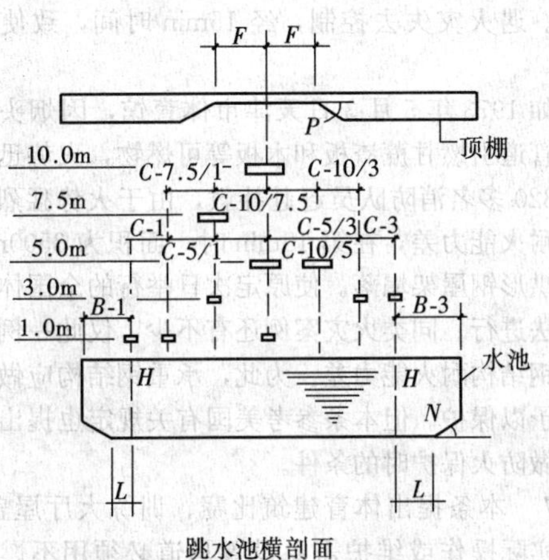

跳水池横剖面

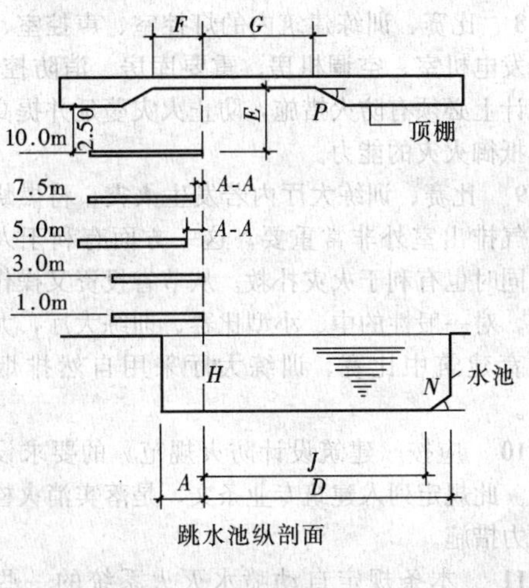

跳水池纵剖面

图 15　跳水池

7.2.8　为了改进训练工作以及电视转播的需要，游泳池和跳水池常设若干水下观察窗或廊，本条即对此提出了有关的要求。

国际泳联建议的跳水池观察窗位置见表 21 所示，观察窗的尺寸、位置参考数据见表 22 所示。

表 21　跳水池观察窗位置

跳台或跳板类别	观察窗中心至起跳点水平距离（m）	跳台或跳板类别	观察窗中心至起跳点水平距离（m）
1m 跳板	1.00	5m 跳台	2.00
3m 跳板	1.75	7.5m 跳台	2.50
1m 跳台	1.50	10m 跳台	2.50
3m 跳台	1.50		

表 22　观察窗尺寸位置参考值

	宽（m）	高（m）	距水面（m）
游泳池	1.00～2.00	0.50～0.80	0.30
跳水池	0.75～1.00	0.75	0.50

7.3　辅助用房与设施

7.3.1　本条提出游泳设施在辅助设施方面的基本要求，使用中应结合设施的等级、规模，进行相应的调整。

游泳设施的更衣室在面积和存衣柜数量的安排上，除满足比赛时运动员使用外，还应满足平时群众使用的要求。

国际游泳、体育和文娱设施委员会建议更衣柜数量如表 23 所示。

表 23　建议更衣柜数量

	衣柜数量/m^2 水面面积
室内设施	0.6～1.0
室外设施	0.2～0.3

7.3.2　本条根据游泳设施的公共卫生标准提出相应的强制淋浴和消毒措施。

7.3.3　本条的提出除满足游泳设施比赛时的分区、避免人流交叉外，也是保证该设施卫生标准的重要措施。

7.4 训练设施

7.4.1 本条说明游泳训练设施的种类。

7.4.2 比赛池旁的热身池，在平时使用时可兼作训练池等其他用途。就比赛热身而言，国际比赛规定了比赛池长、泳道数和水深，如条文所示，其他比赛未作明确规定。

为保证初学者的安全，本条对初学池的水深提出了建议数字，当利用超过此标准的水池作为初学池时，必须有相应的安全保护措施。

7.4.3 游泳设施的陆上训练房，根据不同项目会有所区别，故本条未作明确规定。

7.4.4 本条提出训练设施使用人数的参考计算方法。

8 防火设计

8.1 防火

8.1.1 现行《建筑设计防火规范》GBJ16 对体育建筑防火设计的一般性要求作了规定。设计过程中必须遵守。

本规范是体育建筑设计的专用性规范，体现了体育建筑特有的防火规定，是体育建筑防火设计重要的组成部分。设计过程中必须遵照执行。

8.1.2 详见本规范 1.0.8 条的条文说明。

8.1.3 根据体育建筑的具体要求，规定了防火分区确定的原则。

体育建筑是民用建筑中较为特殊的一种建筑形式。体育建筑的比赛、训练场馆的特点是占地面积大，设观众席位时容纳人员数量大。它的功能和具体使用要求，确定了建筑规模和布局形式。同样它的防火分区也必须满足功能分区和使用要求，才能作为体育建筑正常使用，这是体育建筑比赛、训练场馆存在的前提条件。因此，体育建筑如比赛大厅、训练厅和观众休息厅等大空间的防火分区的确定必须根据建筑布局、功能分区和使用要求来划定。由于这些空间会超出《建筑设计防火规范》GBJ16—87 的规定较多，所以还应有一系列的加强措施，并报当地消防主管部门审定。

由于比赛、训练场馆的项目功能不同和使用要求不同，具体防火分区面积不能是一个既定数值。

体育建筑终究属于民用建筑，所以本条文在强调了比赛、训练部位防火分区设定办法之后，对其他部分的防火分区划定还应按既定的民用建筑防火要求执行。

8.1.4 体育建筑的室外观众席位，一般较为重视结构自身的安全可靠性，容易忽视结构耐火等级的设计规定。观众看台下面为封闭使用空间后，存有相当大的火灾危险性，为此有必要强令规定其耐火等级。

本条还规定室外看台上罩棚结构可采用无防保护金属构件。但对其屋面板规定必须使用经阻燃处理的燃烧体材料。其原因是，当观众席上部有火情时，能保证人员撤离之前不会发生屋面板的塌落事故。

8.1.5 对比赛、训练部位室内装修的墙面和顶棚，使用的吸声、隔热、保温等材料，材质上不允许使用燃烧体材料，是防火设计的基本要求。条文上明确其室内装修的墙面和顶棚材料必须使用不燃烧体或难燃烧体，可大大延缓遇有火灾时的火势蔓延，有利于保障人员疏散安全。同时对座椅和地面也提出了相应要求。

8.1.6 屋盖承重钢结构中钢材属不燃烧体材料。在火灾初期阶段，温度超过 540℃时，钢材力学性能，如屈服点、抗压强度、弹性模量以及承载能力等都迅速下降。在纵向压力和横向拉力作用下，钢结构扭曲变形。遇火灾失去控制，经 15min 时间，致使屋盖塌落。

如 1973 年 5 月 3 日天津市体育馆，因烟头掉入通风管道引燃甘蔗渣板和木板等可燃物，火势迅速蔓延，320 多名消防队员赶赴扑救，由于火势猛烈，钢结构耐火能力差，在第 19min 时，面积为 $3500m^2$ 的主馆拱形钢屋架塌落。使原定次日举行的全国体操比赛无法进行。同类火灾案例还有不少，仅此一例足以说明钢结构耐火能力差。为此，承重钢结构应做防火涂料予以保护。但本条参考美国有关规定也提出钢结构不做防火保护时的条件。

8.1.7 本条提出体育建筑比赛、训练大厅屋盖内，由于实际操作或维护需要设置马道必须用不燃烧体材料。

8.1.8 比赛、训练建筑内的灯控室、声控室、配电室、发电机室、空调机房、重要库房、消防控制室，从设计上必须有防火措施，防止火灾蔓延并提高房间自身抵御火灾的能力。

8.1.9 比赛、训练大厅内若发生火灾，将燃烧产生的烟气排出室外非常重要。这一方面有利于人员疏散，同时也有利于火灾扑救。从节省投资又操作简便上讲，对一般性的中、小型比赛、训练大厅，尤其小型体育建筑中比赛、训练大厅采用自然排烟是可行的。

8.1.10 应按《建筑设计防火规范》的要求设置消火栓。此规定列入建筑专业条文，是落实消火栓设置的有力措施。

8.1.11 本条规定自动喷水灭火系统的一些特殊要求。

8.1.12 本条所指的其他可行的消防给水设施指水炮等。

8.2 疏散与交通

8.2.1 本条提出体育建筑设计时应合理组织交通路

线，均匀布置疏散出口、内部和外部的通道，使分区明确，路线短捷。这是满足体育建筑日常使用的基本要求。也是在火灾情况下，满足人员疏散需要的必备条件。正常和非正常情况下的使用要求有必然的一致性。

8.2.2 详见本规范第4.3.8条的条文说明。

8.2.3 本条主要是对疏散门设计提出的要求。

1 疏散门净宽度不小于1.4m，这和相应防火设计规范的要求是一致的。

疏散门必须向疏散方向开启，这一条非常重要，既可以保持疏散路线的通畅，又可以避免不必要的伤害。据有关文献介绍，美国20世纪40年代时某大饭店发生火灾，有关人员疏散到大门厅，但无法逃生，其原因是疏散外门向内开启，和人流疏散方向不一致。前沿的人和门又挨得很近很近，门根本打不开。由此引发了不必要的伤亡事故。疏散门正确的开启方向非同小可。

2 这个条文是为保证人员疏散路线畅通，不出现意外伤害事故而制定的。

3 为防范偷盗事故，疏散外门常常上了门锁，一旦遇火灾门打不开，由此造成大量人员伤亡。国内已发生过由此原因造成火灾时人员大量死亡的案例，是我们应记取的教训。

为此强调疏散外门设推闩式门锁。此锁的特点是，门的开启在于人体接触门扇，触动门闩门即被打开，但从外面无法开启，使用方便又有很高安全度。

8.2.4 本条规定体育建筑疏散走道的设计要求。

1 体育建筑的疏散通道设计不会都在同一标高，高程上的过渡一般较多用踏步或设坡道。本规范规定室内坡道的坡度最大不能超过1∶8，这是人员行走还能忍受的最大坡度，设计上必须重视此问题。

2 本条文目的在于疏散通道穿越休息厅或其他厅堂时，厅内的陈设物，不能使疏散路线的连续性被中断。这是保障疏散路线畅通的必要措施。

3 疏散通道上有高度变化时，为使人员尽快通过这些部位提倡设置坡道。当受限制不能设坡道而设台阶时，必须有明显标志和采光照明。这有利于提高人员通过时的速度，避免出现意外伤害。

4 具有天然采光和自然通风的走道，使用安全度高，日常维护管理简便，值得在设计中提倡。疏散走道达不到上述要求时，则必须设排烟措施和事故照明设施，目的是使疏散走道具有必要的安全性。

8.2.5 本条是对疏散楼梯设计的两点规定：

1 这是对楼梯设计的基本要求，值得注意的问题是楼梯平台宽度必须和楼梯宽度相同，若楼梯宽度小于1.20m时，则楼梯平台的最小宽度也不能小于1.20m。

2 扇形踏步的楼梯设计中有时选用，需按条文规定的要求设计以使人员使用不易跌跤。

8.2.6 本条是火灾情况下，对人员疏散起到重要指示作用的措施。有利于提高走道的通过能力，使人员尽快脱离危险地域。

9 声学设计

9.0.1 体育建筑的主要目的是为了提高全民体质和举行体育比赛，一般在声学方面的要求是保证语音听闻清晰即可。但目前绝大多数体育场、馆具有多用途的使用功能，因而须按其等级、规模和用途确定其相应的声学指标和达到设计指标的具体措施。

9.0.2 当体育建筑有多种功能使用时，如综合性体育馆应以语言清晰为主要目的，确定声学指标，其他功能可通过扩声系统的设计兼顾音质效果。

9.0.4 体育建筑的建声与扩声设计是相互制约和相辅相成的，为便于开展工作，避免矛盾，应尽可能由同一部门承接建声与扩声设计。但目前多数情况是分别由两个部门承接，在这种情况必须尽早介入，加强协调，否则会影响音质效果或造成不必要的浪费。

此外，目前建筑设计分为土建设计和装修设计两段，建声设计主要与装修设计和施工相关；而扩声设计也分系统设计和工程承包两阶段，为确保音质效果，重点主要在后一阶段。因此，也有相互协调的问题。

9.0.9 体育馆扩声设计指标按《体育馆声学设计及测量规程》JGJ/T31—2000的要求设计，在该规范中扩声特性指标分一级、二级和三级等三个等级，它所对应的体育建筑等级如下：

特级、甲级相应为一级；

乙级相应为二级；

丙级相应为三级。

9.0.10 由于体育馆的使用满座的情况较少，因此，以满座确定混响时间的指标是不切实际的。故以80%的观众数作为满场设计和验收的混响时间指标。

9.0.11 体育馆比赛厅内的混响时间取值与馆的等级和有效容积相关，前者有较为确切的规定，后者（容积大小的划分）则较为模糊，在《体育声学设计及测量规程》制定时，曾经过多次研讨并征求各方意见后才确定下来，现在看来仍不能说是完全恰当的，在设计时可按具体情况有适当的变动范围。

表9.0.11-1是根据与《体育馆声学设计及测量规程》JGJ/T31—2000协调一致而确定的。根据征求各地的意见，并考虑到以下实际情况，适当作了提升（即适当降低标准）：

1 体育馆的满场混响时间是以观众占80%满座作为达标值的，实际上就增加了达标所需的吸声量；

2 近年来，由于屋架结构形式的发展和空间处理的多样化、技术的进步使体育馆的每座容积有逐渐增大的趋势：在上世纪70~80年代和1990年亚运会期间建造的体育馆，每座所占容积均较小，如上海黄浦体育馆每座为 6.3m³，上海体育馆 7.8m³，杭州体育馆 7.0m³，广州天河体育馆 7.4m³，北京首都体育馆 8.3～9.1m³；亚运会期间的体育馆，如大学生体育馆 13.9m³，光彩体育馆 14.0m³，奥林匹克体育中心体育馆为 15.6m³，深圳体育馆为 12.3m³。当时《体育馆声学设计及测量规程》JGJ/T31—2000，正是根据上述状况制定的。但当前体育馆每座容积增加较多，如秦皇岛体育馆每座为 25m³，正建的新疆体育馆为 50m³，广州新建的九运会体育馆和其他体育馆也有类似情况，清华大学新建游泳馆每座为 90m³。

对此，对本标准作适当修改是符合我国实际情况的。

9.0.12 游泳馆比赛厅通常没有多功能使用的要求，混响时间不要太长，能有一定的语言清晰度即可，此外，游泳馆比赛厅的容积和每座容积量差距甚大，因此，用每座容积分两个档次，规定混响时间。

各频率混响时间相对于 500～1000Hz 混响时间的比例也是《体育馆声学设计及测量规程》JGJ/T31—2000 所规定的，目的是使混响时间频率特性规范化。否则频率特性差异太大，特别是低频过长，将严重影响清晰度。但考虑表 9.0.11-1 表内混响时间有所增加，因此，表 9.0.11-2 也作相应的变动。故将低频比值稍为降低，否则将使低频过长。

9.0.14 公式（9.0.14）内的空气中声衰减系数 m 和平均吸声系数 $\bar{\alpha}$ 可在《声学设计手册》和《实用建筑声学设计》两书内查得。

9.0.17 体育馆比赛厅和有关配套用房的室内背景噪声限值以国际通用噪声评价曲线 NR—表征，由该曲线可查得各倍频带的噪声声压级值。

9.0.18 围护结构所要求的计权隔声量 Rw，由毗邻房间的噪声级与室内的背景噪声限值之差求得。

10 建筑设备

10.1 给水排水

10.1.2 《建筑给水排水设计规范》对观众用水、运动员淋浴、道路绿化等均有规定。对足球场草地及跑道的用水，根据国内以往的经验，估算时场地可采用 10～12L/m²·次，跑道可采用 3～10L/m²·次，每日次数根据气候条件决定，但各地区降雨情况不同，应根据当地情况决定。冲洗游泳池池岸及更衣室地面为 1.5L/m²·次，每日一次（取自于国外资料）。

10.1.3 《游泳池给排水设计规范》CECS14：89 正在进行修订，修订的“送审稿”中要求：一、水质。世界级竞赛用游泳池的池水水质卫生标准，应符合国际业余游泳协会（FINA）关于游泳池水质卫生标准的规定。国家级竞赛用游泳池可参照上述规定执行，对非国家级的游泳池要求有所降低，也作出了规定。二、水温。①FINA 规定为 26±1℃（即 25～27℃）；②本规范中提出的游泳池温度为：竞赛游泳池为 25～27℃，训练游泳池、跳水池为 26～28℃；

《体育建筑空调设计》（贺绮华、邹月琴编著）一书中，列出了各国游泳馆所采用的设计水温，可以看出：对于比赛性游泳馆，各国采用的温度在 24～28℃之间，但采用的范围不同，书中提到：“我国大致采用 25～27℃，国际游泳池设计标准为 26～28℃。”

10.1.4 中水水质与饮用水差别很大，为防止饮用水被污染而发生事故，因此采取本条措施。《建筑中水设计规范》CECS30：91 即将被国标《建筑中水设计规范》所代替，在新编规范发布后，应按新规范执行。

10.1.5 现在足球场等草地喷水已由过去的大型升降式喷水器改为小型密集布置，美国产的小型洒水器已在近年建成的体育场和城市绿地中采用。喷水器不喷水时，喷水头下降，由于尺寸小，顶面不外露，不会影响场地正常使用，因此可在场地区域内设置。为了保证草地喷水的均匀性，不同喷水角度的喷头需采用不同的喷水延续时间，因此给水支管应分路设置。电控制器是为了根据场地的不同要求，设置不同的喷头模式，自动喷水。因喷头工作需要较高水压，需设水泵加压。分区越多，水泵容量和贮水池越小，但喷水延续时间越长，因此应根据情况酌情分区。

10.1.6 室外观众席的雨水量很大，有罩棚与无罩棚的雨水量也不同，因此需进行计算。

10.1.7 我国很多地方均为缺水城市，各城市对中水设施的建设有不同的规定，设计必须按当地的规定执行。

10.1.8 体育馆屋面面积很大，按压力流设计可减少雨水立管，便于布置管道，易于保证雨水的排除。在即将完成的《建筑给水排水设计规范》GBJ15—2002 中对设计重现期的取值有所规定，可按规范选取。

10.1.10 热水供应主要解决运动员淋浴等用水，水按摩池和浴盆是为了满足运动员训练后的恢复需要。

10.2 采暖通风和空气调节

10.2.2 特级和甲级体育馆要承担奥运会和单项国际比赛的任务，由于其重要性和观众人数很多，应设全年使用的空调装置。乙级也承担比较重要的比赛，观众人数也较多，比赛时间以夏秋为主，根据我国的气候，夏季必须设空气调节装置才能达到室内参数要求。游泳馆的室内参数一般需用空调装置才能达到冬夏的要求，因此要求乙级以上的游泳馆设全年使用的空气调节装置。因馆内人数多，当不设空调装置时，也应进行通风，为室内提供新鲜空气，排除室内异味和余热。

10.2.3 体育馆比赛大厅的设计温、湿度是根据我国多年来的使用情况确定的，这样的温度条件基本能够满足全国各地的要求；

游泳池池区温度是根据水温来确定的。国际泳联对水温有明确的要求，并要求空气温度最少比池水温度高2℃；欧盟委员会能源管理局SAVE项目（编号XVII/4.1031/S/94/114）在对欧洲5座游泳馆的综述报告中认为：池边空气温度的最佳值应比池水温度高1～2℃。因为人体刚出水面时，温度太低会有寒冷感，温度太高则建筑热损失增大。另外，池区空气与池水的温差还与池水的加热负荷及池水的蒸发率有关，而取1～2℃温差是比较合适的。池水温度为25～27℃，池区空气温度则取26～29℃，冬夏取值相同。观众区夏季27～28℃时，因游泳池厅内相对湿度较大，观众会产生闷热感，若温湿度均取下限值附近，则可以满足要求；但观众区与池区温湿度相差较大时，空调系统的气流组织设计难度很大，因此观众区冬季温度取值可偏高。设计者应根据工程的重要程度进行设计参数的选取。

游泳池的相对湿度。相对湿度过高，则使冬季围护结构表面容易结露，相对湿度过低，会加速刚出水面的游泳者皮肤表面水分的蒸发，使之产生寒冷感。一般为60%±10%较合适。为减少除湿的通风量可取60%～70%，但不应超过75%。

风速。国际羽联的直接答复为如下所述："我们在一份为奥运会的声明中规定了进行羽毛球比赛的要求，声明中提到：空气流动。在运动场地上必须避免产生风或其他的空气流动。当在空调正常使用的情况下，则应加以特别注意。在出入口应设二道门（气闸）。我们建议各个锦标赛的组织者根据不同的情况来确定比赛大厅内适合的温、湿度，同时也要注意，不论在任何地方都应使室内的环境不能产生不受欢迎的风，甚至是'微风'"。在我国申奥过程中，国家体育总局提供的国际乒联的要求是："场内的温度应低于25℃，或低于室外温度5℃。任何空调设备均不能产生气流。"若不产生气流，只能关闭比赛区空调送风装置，其结果是不能保证室内温度，甚至出现因温度过高而停赛的问题。根据我国多年的使用经验，场地内风速小于0.2m/s时，已不影响乒乓球和羽毛球的正常比赛，而且现在乒乓球的体积和重量均比以前增大，应更无问题。如果根据比赛时的现场条件，需停止空调送风，则再停止送风也无妨。

表中最小新风量的数值是考虑观众等人员的卫生要求而定的，按卫生部的规定：室内CO_2的允许浓度为0.1%，与此对应的新风量是$30m^3/h$ per。鉴于体育馆内人员停留时间较短，因此将CO_2允许浓度适当调高，以0.15%计算，则对应的新风量是$20m^3/h$ per。另外，体育馆、游泳馆一般内部空间较大，开赛前场内已充满新鲜空气，因此人均新风量还可适当减少。随着我国对室内空气品质要求的提高，本规范将过去设计中经常采用的最小新风量从过去的$10m^3/h$ per提高到$15m^3/h$ per至$20m^3/h$ per，其中特级、甲级体育馆应取上限值，在室内体积大或等级低的体育馆可取下限值。如果空调系统采用较好的过滤装置（如活性碳过滤器等），新风量还可减少，但应经计算确定。游泳馆与体育馆不同，除满足人员的卫生要求外，还应满足除湿所需的通风量。尤其是过渡季采用通风除湿时，要求的通风量可能比人员所需要的量大，因而设计新风量时可能会超过表中规定的数值。目前建设部和国家环保局均正在制定室内空气质量的新标准，国标《采暖通风与空气调节设计规范》GBJ19—87也正在修订中，若本规范与将来的标准有矛盾时，应以国家标准为准。

10.2.4 对于运动员而言，室温稍高一些为好，温度低则容易影响运动员的成绩。因为过去检录处设计温度偏低，体操运动员对此反映较大，体操运动员衣着单薄，在检录处停留时间不会很短，因此将温度值定得较高。

10.2.6

1 体育馆比赛大厅分区是为了便于分区进行控制与调节，满足比赛区和观众区的不同要求。

2 池厅的室内负荷和参数要求均与其他房间差别较大，应分设空调系统以满足使用要求。池厅内池区和观众区的参数要求不同，尤其是冬季差别较大，不得不分别设空调系统。

4 各房间设分别控制室温的系统，如风机盘管加新风系统等，可以满足各自的需要，尤其在国际比赛时，可满足各国运动员对温度的不同需要。

5 这些房间的发热量大，使用时间上与其他房间不一致，因此宜采用独立的降温设备，可根据各自的需要开停。

10.2.7

2 采用可调节角度及可变风速的喷口，目的为了满足冬季送热风、夏季送冷风时的不同要求。

3 游泳馆需防止池区和观众区互相干扰影响使用效果。池区和观众区之间没有分隔物，但其参数要求不同，极易相互干扰，因此气流组织按不同要求分别设计是非常重要的。对玻璃窗、吊顶等送热风可防止结露。

10.2.8

3 游泳馆的各个房间湿度较大，气味也较大。直接补充室外新风有利于排除室内余湿，保持室内空气新鲜。

10.2.9

1 外窗下设散热器有利于防止窗玻璃结露。游泳运动员出水后，在池边停留时常感觉寒冷，采用辐射采暖可达到感觉舒适、节约能源的目的。

2 主席台、贵宾席位置一般均在观众区的下部。当上部观众区温度升至过高时，往往会送一些温度较低的风至室内，下部温度则会偏低；另外，这些部位的人员一般均有条件更衣，因此衣着比观众少。基于以上原因，此处可增设采暖设施，提高局部区域温度。

10.2.11

1 比赛大厅设双风机是为便于过渡季使用全新风时进行切换调节。过渡季新风可设旁通风道，不经过热回收装置。

2 游泳馆夏季室内温度较高，回收热量少；冬季时，尤其是在寒冷和严寒地区，可回收热量可观，因此，应设置热回收装置。

3 由于各地能源结构和自然条件差别较大。采用适合当地的冷热源形式，可以达到节能的目的。在供电条件好的地区可以电制冷为主；天然气丰富的地区可以直燃型吸收式冷热机组供暖制冷；西部干燥地区可以水蒸发冷却空调降温；靠近江河湖海（和土壤源）的地区可以水源（地源）热泵供暖供冷等等。为了降低制冷机装机容量或使用低谷电，可以设置蓄冷装置。

4 寒冷地区的冬季，空调系统一般在观众入场前用热风进行预热，以补充散热器的不足。观众入场后，由于灯光和人体的散热，比赛大厅温度会升高，因此只需在比赛进行中以散热器维持场内温度。当后排观众区过热时，空调系统适当运行，送入较低温度的空气，既可以适当降低室内温度，又补充了新风。散热器还可在平时为一般使用功能服务。夜间及无人使用时，可调节或关闭一部分散热器（如某一支路），作为值班采暖用。而且采用散热器采暖，其运行成本较低，使用单位一般乐于接受。

10.3 电 气

10.3.1 本条是根据国家有关规范，并结合体育建筑的特殊性提出的。

10.3.2 由于全国各地的实际供电水平不同，对供电方式不宜作统一规定。对供电水平和质量较差地区，可能偶尔进行重要的单项国内、国际比赛，或者极少有大型的演出活动时，对于备用电源也允许采用临时增设应急发电机组方式解决。

又如，为大型计时记分装置和大型演出用电提供的专用变压器，为了减少变压器空载损耗，平时可以切断。

10.3.3 有些地区经常在夜间出现较大的电压偏移情况，或者长期电压偏低，通过技术经济比较，也可采用自动有载调压变压器。

尽管目前电力设备（如高压配电柜、变压器、低压配电柜等）的自身防火、防爆能力有很大的提高，但考虑到体育建筑属于人员密集场所，所以主要变配电室应尽量离开观众主要出入口、观众席台下。在调查中也曾发现，应急用柴油发电机组的排烟管出口距观众席休息厅过近，这是十分危险的。

10.3.4 本条文是体育建筑照明设计中必须遵守的最基本原则。

10.3.5 为了节省正文篇幅和本条文说明篇幅，请参阅《民用建筑照明设计标准》GBJ133 和《民用建筑电气设计规范》JGJ/T16—92。应当指出：我国电力供应能力，近年和今后会有大幅度提高，原国家照度标准，尤其是涉及到体育建筑部分，有些已经明显地偏低。因此，在执行中，可以适当地结合国家供电能力给予提高。而标准中的彩色电视转播中的照度标准，基本上符合国际通用标准，可以参照执行。

根据国际标准，终点摄像区域的垂直照度应≥1500Lx，有条件时，显色指数应予提高。

10.3.6 此条参照 CIE 最低推荐值制订。

10.3.7 为了节省正文篇幅和本条文说明篇幅，请参阅《民用建筑照明设计标准》GBJ133 和《民用建筑电气设计规范》JGJ/T16—92 中的有关条文。

为了适应将来高清晰彩色电视转播的要求，在甲级及以上等级的体育建筑照明设计中，某些指标可以适当的提高。

为了在电视图像中减少明暗对比，一般推荐背景照度（指观众席垂直照度）为场地垂直照度的 20%～25%。

10.3.8 本条室内光源色温值通常是指无天然采光的室内体育馆。室外或有天然采光的室内光源色温值按 CIE 标准。

考虑到提高一般光源的显色指数，会使高清晰度彩色电视图像色彩还原质量有明显的改善，故在甲级及以上的体育建筑中，供彩色电视转播用的光源一般显色指数可以提高到 $Ra\geqslant 80$ 以上。

10.3.9 本条主要是考虑到大型体育场中，由光源（灯具）至被照面的最远距离一般在 70～90m 之间，由于大气中水分扩散、人群散热、高温空气等不利用因素而提出的。我们作过一些实地测试，如观众入场前场地照度为 1000lx，当中场休息和下半场结束时，场地照度会降至 700～800lx 左右。故提出要考虑这个不利因素。

10.3.10 克服频闪效应的措施，一般有两种方法。一是在同一计算点（或瞄准点）要有来自三相不同的光源共同照明，二是每相所带来的光通量差别不要相差太大。

采取末端无功补偿措施，通常是将电容器置于泛光灯具一体内或临近电器箱内。

关于末端电压偏移，相互间不宜大于±1%的规定，也是总结了一些体育建筑的实际情况而提出的。一般说来，大型气体放电灯当电压偏移－5%时，其光通量衰减为－20%。我们在调查一个四塔照明的体育场中发现，四塔光照技术（功率、灯数、瞄准点、安装高度）完全一致，仅仅是供电距离不同（其四塔供电电缆完全一致），从观众席上就可以明显地感到前后半场地照度不同，经对末端电压测试，发现最少/最大电压相差为2%。

金属卤化物气体放电灯的启动电流约为正常运行电流的140%以上，尤其是集中开启时启动电流会更大，且启动时间约为3～4min，同时更有无功补偿用的电容器达不到技术指标的情况，故提出此条，在选择断路器保护特性时，引起注意。

10.3.11 条文中规定投光灯具的防尘防水IP54等级，是指在防雨罩棚下安装情况，如露天安装时，则不能低于IP55，装于较难维修的灯塔上或高雨量地区，其防护等级宜为IP56，高污染地区宜为IP65。

10.3.12 本文主要是从限制眩光角度出发而作出的规定，主要参照CIE标准。根据CIE最新对体育照明眩光指标的规定：GR_{max}不宜超过50。

10.3.13 水下灯具的安全防护措施，应遵守国家有关规定。

10.3.14 甲级及以上体育建筑照明控制比较复杂，通常采用可编程序控制和智能控制方式解决。甲级及以上体育建筑的应急照明系统，一般包括安全照明、备用照明和疏散照明。在可能有演出活动的室内体育馆内，疏散指示照明有条件时宜选减光型灯具，以利演出效果。由于在体育馆内人员疏散途径台阶，所以在有条件时，应在距台阶一定距离附近设埋地型疏散照明灯具。

10.3.15 本条是最起码的标准。甲级及以上体育建筑应适当地扩大电话设施和功能。条文规定观众休息厅设公用电话间，主要是为隔离环境噪声。

10.3.16 详见本规范中的体育工艺技术要求。

在方案设计阶段，就应十分明确计时记分工艺标准。一般工艺设计由专业设计院（公司）承担。

计时记分系统应满足竞赛规则和国际各单项体育组织提出的技术要求。

10.3.17 设计应符合国家有关体育场、馆扩声技术的标准。一般由专业设计院（公司）承担。

10.3.18 甲级以上体育建筑的有线电视系统的信号源应包括：

1 VHF+UFF（含FM）

2 SHF卫星电视信号

3 MMDS多路微波信号

4 自办闭路电视

甲级以下体育建筑可视当地具体情况而定，但必须留出扩展的接口。

10.3.19 乙级及以上体育建筑，1万人以上的专用足球场，以及应当地安全部门要求而设置的电视监视系统，主要考虑防止球场暴力、处理突发事件等安全需要。

通常摄像机应装于隐蔽处，其摄像机应有变焦方面功能。摄像机应能监视到主席台、全部观众席、观众席出入口、运动员出入口等处以及安全防范需要的部位，闭路电视控制室应远离强磁场。应有录像记录功能。

10.3.20 超过3000座位的体育馆设置火灾自动报警系统，是国家消防规范的强制性规定。由于其他类型、标准的体育建筑在国家消防规范中，目前没有制定强制性规定，因此方案设计阶段时，必须征求当地消防主管部门的意见。本条文中的建议内容仅供设计参考。

10.3.21 本条所提出的内容可根据具体项目、业主要求等因素自行决定标准。

10.3.22 本条文中的设施内容，可以根据业主要求增加。

10.3.23～24 本条说明电气线路敷设和户外电气设备安装时应注意的事项。

10.3.25 本条强调供残疾人员使用电气设备应注意的规定。

10.3.26 本条说明接地设计应注意的规定。

10.3.27 在使用光带、照明时应注意进行足球或曲棍球比赛时，灯光不能从端线方向照向球门区，应在端线左右各有15°的保护区，以免对比赛造成影响。

中华人民共和国行业标准

宿舍建筑设计规范

Code for design of dormitory building

JGJ 36—2005

J 480—2005

批准部门：中华人民共和国建设部

施行日期：2 0 0 6 年 2 月 1 日

中华人民共和国建设部
公　　告

第377号

建设部关于发布行业标准《宿舍建筑设计规范》的公告

现批准《宿舍建筑设计规范》为行业标准，编号为JGJ 36—2005，自2006年2月1日起实施。其中，第4.2.6、4.5.3、4.5.5、4.5.6、6.3.3（3）条（款）为强制性条文，必须严格执行。原《宿舍建筑设计规范（试行）》（JGJ 36—87）同时废止。

本规范由建设部标准定额研究所组织中国建筑工业出版社出版发行。

中华人民共和国建设部

2005年11月11日

前　　言

根据建设部建标［2003］104号文的要求，标准编制组经广泛调查研究，认真总结实践经验，参考有关国际标准和国外先进标准，并在广泛征求意见的基础上，修订了本规范。

本规范的主要技术内容是：1. 总则；2. 术语；3. 基地和总平面；4. 建筑设计；5. 室内环境；6. 建筑设备。

本规范修订的主要技术内容：1. 扩大规范的适用范围；2. 增加了术语；3. 重新规定了居室的分类标准及居室的最小人均使用面积和高度；4. 对辅助用房的组成、标准及设计要点进行了细化；5. 对楼梯、扶手、阳台栏板、门窗等部位的设计有明确要求；6. 对宿舍建筑的室内环境及建筑设备、与建筑设计有关的部分作了相应的规定。

本规范由建设部负责管理和对强制性条文的解释，由主编单位负责具体技术内容的解释。

本规范主编单位：中国建筑标准设计研究院（北京车公庄大街19号，邮编100044）

本规范参编单位：清华大学建筑设计研究院
同济大学建筑设计研究院
西安建筑科技大学建筑学院

本规范主要起草人员：顾　均　林　琳　张树君　宫力维　王建强　车学娅　俞蕴洁　肖　莉　黄传涛

目　次

1 总　　则

1.0.1 为使宿舍建筑设计符合适用、安全、卫生的基本要求，制定本规范。

1.0.2 本规范适用于新建、改建和扩建的宿舍建筑设计。

1.0.3 宿舍建筑设计除应符合本规范的规定外，尚应符合国家现行有关标准的规定。

2 术　　语

2.0.1 宿舍 dormitory

有集中管理且供单身人士使用的居住建筑。

2.0.2 居室 bedroom

供居住者睡眠、学习和休息的空间。

2.0.3 卫生间 bathroom

供居住者进行便溺、洗浴、盥洗等活动的空间。

2.0.4 盥洗室 washroom

专门用于洗漱的房间。

2.0.5 公共活动室（空间）activity room

供居住者会客、娱乐、小型集会等活动的空间。

2.0.6 使用面积 usable area

房间实际能使用的面积，不包括墙、柱等结构构造和保温层的面积。

2.0.7 阳台 balcony

供居住者进行室外活动，晾晒衣物等的空间。

2.0.8 走道（走廊）gallery

建筑物内的水平公共交通空间。

2.0.9 储藏空间 store space

储藏物品用的固定空间（如：壁柜、吊柜、专用储藏室等）。

3 基地和总平面

3.1 基　　地

3.1.1 宿舍不应建在易发生地质灾害的地区。

3.1.2 宿舍用地宜选择有日照条件，且采光、通风良好，便于排水的地段。

3.1.3 宿舍选址应防止噪声和各种污染源的影响，并应符合有关卫生防护标准的规定。

3.2 总 平 面

3.2.1 宿舍宜接近工作和学习地点，并宜靠近公用食堂、商业网点、公共浴室等方便生活的服务配套设施，其距离不宜超过250m。

3.2.2 宿舍附近应有活动场地、集中绿地、自行车存放处，宿舍区内宜设机动车停车位。

3.2.3 宿舍建筑的房屋间距应满足国家标准有关防火及日照的要求，且应符合各地城市规划行政主管部门的相关规定。

3.2.4 机动车不得在宿舍区内过境穿行。

3.2.5 宿舍区内公共交通空间、步行道系统及宿舍出入口，应按照现行的行业标准《城市道路和建筑物无障碍设计规范》JGJ 50的规定设置无障碍设施。

3.2.6 宿舍区内应设有明显的标识系统。

4 建 筑 设 计

4.1 一 般 规 定

4.1.1 宿舍内居室宜集中布置，通廊式宿舍水平交通流线不宜过长。

4.1.2 每栋宿舍应设置管理室、公共活动室和晾晒空间。宿舍内应设置盥洗室和厕所。公共用房的设置应防止对居室产生干扰。

4.1.3 宿舍半数以上居室应有良好朝向，并应具有住宅居室相同的日照标准。

4.1.4 宿舍内应设置消防安全疏散指示图以及明显的安全疏散标志。

4.1.5 每栋宿舍应在首层至少设置1间无障碍居室，或在宿舍区内集中设置无障碍居室。居室中的无障碍设施应符合现行行业标准《城市道路和建筑物无障碍设计规范》JGJ 50的要求。

4.2 居　　室

4.2.1 宿舍居室按其使用要求分为四类，各类居室的人均使用面积不宜小于表4.2.1的规定。

表4.2.1 居室类型与人均使用面积

项目＼人数＼类型		1类	2类	3类	4类	
每室居住人数（人）		1	2	3～4	6	8
人均使用面积（m^2/人）	单层床、高架床	16	8	5	—	—
	双层床	—	—	—	4	3
储藏空间		壁柜、吊柜、书架				

注：本表中面积不含居室内附设卫生间和阳台面积。

4.2.2 居室的床位布置尺寸不应小于下列规定：

1 两个单床长边之间的距离0.60m。

2 两床床头之间的距离0.10m。

3 两排床或床与墙之间的走道宽度1.20m。

4.2.3 居室应有储藏空间，每人净储藏空间不宜小于0.50m^3；严寒、寒冷和夏热冬冷地区可适当放大。

4.2.4 储藏空间的净深不应小于0.55m。设固定箱子架时，每格净空长度不宜小于0.80m，宽度不宜小于0.60m，高度不宜小于0.45m。书架的尺寸，其净深不应小于0.25m，每格净高不应小于0.35m。

4.2.5 贴临卫生间等潮湿房间的居室、储藏室的墙面应做防潮处理。

4.2.6 居室不应布置在地下室。

4.2.7 居室不宜布置在半地下室。

4.3 辅助用房

4.3.1 公共厕所应设前室或经盥洗室进入，前室和盥洗室的门不宜与居室门相对。公共厕所及公共盥洗室与最远居室的距离不应大于25m（附带卫生间的居室除外）。

4.3.2 公共厕所、公共盥洗室卫生设备的数量应根据每层居住人数确定，设备数量不应少于表4.3.2的规定。

表4.3.2 公共厕所、公共盥洗室内卫生设备数量

项 目	设备种类	卫生设备数量
男厕所	大便器	8人以下设一个；超过8人时，每增加15人或不足15人增设一个
	小便器或槽位	每15人或不足15人设一个
	洗手盆	与盥洗室分设的厕所至少设一个
	污水池	公用卫生间或盥洗室设一个
女厕所	大便器	6人以下设一个；超过6人时，每增加12人或不足12人增设一个
	洗手盆	与盥洗室分设的厕所至少设一个
	污水池	公用卫生间或盥洗室设一个
盥洗室（男、女）	洗手盆或盥洗槽龙头	5人以下设一个；超过5人时，每10人或不足10人增设一个

注：盥洗室不应男女合用。

4.3.3 居室内的附设卫生间，其使用面积不应小于2m²，设有淋浴设备或2个坐（蹲）便器的附设卫生间，其使用面积不宜小于3.50m²。附设卫生间内的厕位和淋浴宜设隔断。

4.3.4 夏热冬暖地区和温和地区应在宿舍建筑内设淋浴设施，其他地区可根据条件设分散或集中的淋浴设施，每个浴位服务人数不应超过15人。

4.3.5 宿舍建筑内的管理室宜设置在主要出入口处，其使用面积不应小于8m²。

4.3.6 宿舍建筑内宜在主要出入口处设置会客空间，其使用面积不宜小于12m²。

4.3.7 宿舍建筑内的公共活动室（空间）宜每层设置，100人以下，人均使用面积为0.30m²；101人以上，人均使用面积为0.20m²。公共活动室（空间）的最小使用面积不宜小于30m²。

4.3.8 宿舍建筑内设有公共厨房时，其使用面积不应小于6m²。公共厨房应有直接采光、通风的外窗和排油烟设施。

4.3.9 宿舍建筑内宜在每层设置开水设施，可设置单独的开水间，也可在盥洗室内设置电热开水器。

4.3.10 宿舍建筑内宜设公共洗衣房，也可在盥洗室内设洗衣机位。

4.3.11 居室附设卫生间的宿舍建筑宜在每层另设小型公共厕所，其中大便器、小便器及盥洗龙头等卫生设备均不宜少于2个。

4.3.12 宿舍建筑宜在底层设置集中垃圾收集间。

4.3.13 设有公共厕所、盥洗室的宿舍建筑内宜在每层设置卫生清洁间。

4.3.14 宿舍建筑宜集中设置地下或半地下自行车库。

4.4 层高和净高

4.4.1 居室在采用单层床时，层高不宜低于2.80m；在采用双层床或高架床时，层高不宜低于3.60m。

4.4.2 居室在采用单层床时，净高不应低于2.60m；在采用双层床或高架床时，净高不应低于3.40m。

4.4.3 辅助用房的净高不宜低于2.50m。

4.5 楼梯、电梯和安全出口

4.5.1 宿舍安全疏散应符合现行国家标准《建筑设计防火规范》GBJ 16、《高层民用建筑设计防火规范》GB 50045的规定。

4.5.2 通廊式宿舍和单元式宿舍楼梯间的设置应符合下列规定：

1 七层至十一层的通廊式宿舍应设封闭楼梯间，十二层及十二层以上的应设防烟楼梯间。

2 十二层至十八层的单元式宿舍应设封闭楼梯间，十九层及十九层以上的应设防烟楼梯间。七层及七层以上各单元的楼梯间均应通至屋顶。但十层以下的宿舍，在每层居室通向楼梯间的出入口处有乙级防火门分隔时，则该楼梯间可不通至屋顶。

3 楼梯间应直接采光、通风。

4.5.3 楼梯门、楼梯及走道总宽度应按每层通过人数每100人不小于1m计算，且梯段净宽不应小于1.20m，楼梯平台宽度不应小于楼梯梯段净宽。

4.5.4 宿舍楼梯踏步宽度不应小于0.27m，踏步高度不应大于0.165m。扶手高度不应小于0.90m。楼梯水平段栏杆长度大于0.50m时，其扶手高度不应小于1.05m。

4.5.5 小学宿舍楼梯踏步宽度不应小于0.26m，踏步高度不应大于0.15m。楼梯扶手应采用竖向栏杆，且杆件间净宽不应大于0.11m。楼梯井净宽不应大

于 0.20m。

4.5.6 七层及七层以上宿舍或居室最高入口层楼面距室外设计地面的高度大于 21m 时，应设置电梯。

4.5.7 宿舍安全出口门不应设置门槛，其净宽不应小于 1.40m。

4.6 门窗和阳台

4.6.1 宿舍门窗的选用应符合国家相关标准。

4.6.2 宿舍的外窗窗台不应低于 0.90m，当低于 0.90m 时应采取安全防护措施。

4.6.3 宿舍居室外窗不宜采用玻璃幕墙。

4.6.4 开向公共走道的窗扇，其底面距本层地面的高度不宜低于 2m。当低于 2m 时不应妨碍交通，并避免视线干扰。

4.6.5 宿舍的底层外窗、阳台，其他各层的窗台下沿距下面屋顶平台、大挑檐、公共走廊等地面低于 2m 的外窗，应采取安全防范措施，且应满足逃生救援的要求。

4.6.6 居室的窗应设吊挂窗帘的设施。卫生间、洗浴室和厕所的窗应有遮挡视线的措施。

4.6.7 居室的门宜有安全防范措施，严寒和寒冷地区居室的门宜具有保温性能。

4.6.8 居室和辅助房间的门洞口宽度不应小于 0.90m，阳台门洞口宽度不应小于 0.80m，居室内附设卫生间的门洞口宽度不应小于 0.70m，设亮窗的门洞口高度不应小于 2.40m，不设亮窗的门洞口高度不应小于 2.10m。

4.6.9 宿舍宜设阳台，阳台进深不宜小于 1.20m。各居室之间或居室与公共部分之间毗连的阳台应设分室隔板。

4.6.10 顶部阳台应设雨罩，高层和多层宿舍建筑的阳台、雨罩均应做有组织排水，雨罩应做防水，阳台宜做防水。

4.6.11 低层、多层宿舍阳台栏杆净高不应低于 1.05m；中高层、高层宿舍阳台栏杆净高不应低于 1.10m。

4.6.12 中高层、高层宿舍及寒冷、严寒地区宿舍的阳台宜采用实心栏板。

5 室内环境

5.1 自然通风和采光

5.1.1 宿舍内的居室、公共盥洗室、公共厕所、公共浴室和公共活动室应直接自然通风和采光，走廊宜有自然通风和采光。

5.1.2 采用自然通风的居室，其通风开口面积不应小于该居室地板面积的 1/20。

5.1.3 严寒地区的居室应设置通风换气设施。

5.1.4 宿舍的室内采光标准应符合表 5.1.4 采光系数最低值，其窗地比可按表 5.1.4 的规定取值。

表 5.1.4 室内采光标准

房间名称	侧面采光	
	采光系数最低值（%）	窗地面积比最低值（A_c/A_d）
居 室	1	1/7
楼梯间	0.5	1/12
公共厕所、公共浴室	0.5	1/10

注：1 窗地面积比值为直接天然采光房间的侧窗洞口面积 A_c 与该房间地面面积 A_d 之比；

2 本表按Ⅲ类光气候单层普通玻璃铝合金窗计算，当用于其他光气候区时或采用其他类型窗时，应按现行国家标准《建筑采光设计标准》GB/T 50033 的有关规定进行调整；

3 离地面高度低于 0.80m 的窗洞口面积不计入采光面积内。窗洞口上沿距地面高度不宜低于 2m。

5.2 隔 声

5.2.1 宿舍居室内的允许噪声级（A 声级），昼间应小于或等于 50dB，夜间应小于或等于 40dB，分室墙与楼板的空气声的计权隔声量应大于或等于 40dB，楼板的计权标准化撞击声压级宜小于或等于 75dB。

5.2.2 居室不应与电梯、设备机房紧邻布置；居室与公共楼梯间、公共盥洗室等有噪声的房间紧邻布置时，应采取隔声减振措施，其隔声量应达到国家相关规范要求。

5.3 节 能

5.3.1 宿舍应符合国家现行有关居住建筑节能设计标准。

5.3.2 宿舍应保证室内基本的热环境质量，采取冬季保温和夏季隔热及节约采暖和空调能耗的措施。

5.3.3 严寒地区宿舍不应设置开敞的楼梯间和外廊，其入口应设门斗或采取其他防寒措施；寒冷地区的宿舍不宜设置开敞的楼梯间和外廊，其入口宜设门斗或采取其他防寒措施。

5.3.4 寒冷地区居室的西向外窗应采取遮阳措施，东向外窗宜采取遮阳措施；夏热冬冷和夏热冬暖地区居室的东西向外窗应采取遮阳措施。

6 建筑设备

6.1 给水排水

6.1.1 宿舍应设给水排水系统。

6.1.2 宿舍给水系统应满足给水配件最低工作压力，

当不能达到时，应设置系统增压给水设备。

6.1.3 宿舍给水系统最低配水点的静水压力不宜大于 0.45MPa，超过时应进行竖向分区。水压大于 0.35MPa 的入户管或配水横管宜设减压设施。

6.1.4 宿舍宜设置热水供应，热水宜采用集中制备。条件不许可时，也可采用分散制备或预留安装热水供应设施的条件。

6.1.5 盥洗室、浴室、厕所及居室内附设卫生间的卫生器具和给水配件应采用节水性能良好及低噪声的产品。

6.1.6 盥洗室、浴室、厕所、居室内附设卫生间、公共洗衣房、公共开水间应设置地漏，其水封深度不得小于 50mm，洗衣机排水应设置专用地漏。

6.1.7 居室内附设卫生间的用水，宜单独计量。

6.1.8 地下室、半地下室中低于室外地面的卫生器具和地漏的排水管，不应与上部排水管连接，应设置集水坑用水泵排出。污水集水坑应设置排气管，并应采用密闭型井盖。

6.1.9 缺水城市和缺水地区的宿舍，应按当地有关规定配套建设中水设施。

6.2 暖通和空调

6.2.1 采暖地区的宿舍宜采用集中采暖系统，采暖热媒应采用热水。条件不许可时，也可采用分散式采暖方式。

6.2.2 集中采暖系统中，用于总体调节和检修的设施，不应设置于居室内。

6.2.3 以煤、燃油、燃气等为燃料，采用分散式采暖的宿舍应设烟囱，上下层或毗连居室不得共用单孔烟道。

6.2.4 宿舍公共浴室、公共厨房、公共开水间、无外窗的卫生间应设置有防回流构造的排气通风竖井，并安装机械排气装置。

6.2.5 卫生间的门宜在门下部设进风固定百叶，或门下留有进风缝隙。

6.2.6 宿舍每居室宜安装有防护网且可变风向的吸顶式电风扇。

6.2.7 最热月平均室外气温大于和等于 25℃的地区，可设置空调设备或预留安装空调设备的条件。

6.2.8 设置非集中空调设备的宿舍建筑，应对空调室外机的位置统一设计、安排。空调设备的冷凝水应有组织排放。

6.3 电　　气

6.3.1 宿舍每居室用电负荷标准应按使用要求确定，并不宜小于 1.5kW。

6.3.2 宿舍公共部分和供未成年人使用的宿舍居室用电应集中计量；供成年人使用的宿舍，其居室用电宜按居室单独计量。电表箱宜设置在居室外。

6.3.3 宿舍配电系统的设计，应符合下列安全要求：

1 宿舍电气系统应采取安全的接地方式，并进行总等电位联结；

2 电源插座应与照明分路设计。除空调电源插座外，其余电源插座回路应设置剩余电流保护装置；

3 供未成年人使用的宿舍，必须采用安全型电源插座；

4 有洗浴设施的卫生间应做局部等电位联结；

5 分室计量的居室应设置电源断路器，并应采用可同时断开相线和中性线的开关电器。

6.3.4 宿舍每居室电源插座的数量应按使用要求确定，且不应少于 2 个。电源插座不宜集中在一面墙上设置。居室内如设置空调器、洗浴用电热水器、机械换排气装置等，应另设专用电源插座。

6.3.5 宿舍应设置电话系统，宿舍的公用电话应每层设置。供成年人使用的宿舍，每居室应设电话插座。供未成年人使用的宿舍，每居室宜设电话插座。

6.3.6 宿舍应设置有线电视系统，公共活动室应设电视插座。供成年人使用的宿舍，每居室应设电视插座。供未成年人使用的宿舍，每居室宜设电视插座。

6.3.7 宿舍宜设置计算机网络系统。每居室宜设计算机插座。

6.3.8 宿舍公共场所及居室的照明，应采用节能灯具。

本规范用词说明

1 为便于在执行本规范条文时区别对待，对要求严格程度不同的用词说明如下：

1）表示很严格，非这样做不可的：
正面词采用“必须”；
反面词采用“严禁”；

2）表示严格，在正常情况下均应这样做的：
正面词采用“应”；
反面词采用“不应”或“不得”；

3）表示允许稍有选择，在条件许可时首先应这样做的：
正面词采用“宜”；
反面词采用“不宜”；
表示有选择，在一定条件下可以这样做的，采用“可”。

2 条文中指明应按其他有关标准执行的写法为“应符合……的规定”或“应按……执行”。

中华人民共和国行业标准

宿舍建筑设计规范

JGJ 36—2005

条 文 说 明

前　言

《宿舍建筑设计规范》（JGJ 36—2005）经建设部2005年11月11日以377号公告批准发布。

本规范第一版的主编单位是中国建筑标准设计研究所，参加单位是清华大学建筑系及土木建筑设计研究院、西安冶金建筑学院建筑系、同济大学建筑设计研究院。

为便于广大设计、施工、科研、学校等单位的有关人员在使用本规范时能正确理解和执行条文规定，《宿舍建筑设计规范》编制组按章、节、条顺序编制了本规范的条文说明，供使用者参考。在使用中如发现本条文说明有不妥之处，请将意见函寄中国建筑标准设计研究院。

目　次

1 总 则

1.0.1 为了适应全国机关、科研单位、工矿企业、学校宿舍建筑的发展和保证宿舍建筑设计基本质量，于1987年编制的《宿舍建筑设计规范》JGJ 36—87，经城乡建设环境保护部颁布执行至今已有18年，在提高和保证宿舍设计质量方面无疑起了重大作用。随着我国基本建设的快速发展和社会的不断进步，使用者对宿舍的基本要求也有了新的需求，国家教委对高校的学生宿舍也重新提高了居住质量和标准，故本规范须修改和调整。在编制与修改本规范过程中，编制组曾对若干个城市进行实地调查研究，收集了大量的宿舍建筑实例和图纸进行分析，同时参考了国内外有关宿舍方面的标准、规范和汇集了近年来设计中最新积累的经验，对宿舍建筑设计的基地和总平面、建筑设计、室内环境和建筑设备等在原规定的基础上进行修订、补充和调整或制定下限值，对专业术语给予确认，以保证宿舍符合适用、安全、卫生的基本要求。

1.0.2 本规范适用于新建、改建和扩建的宿舍建筑，包括学生宿舍、职工宿舍，不包括建筑工地等临时性宿舍。

1.0.3 有关无障碍、防火、热工、节能、宿舍内的水、暖、电、煤气设备，除执行本规范的规定外，尚应符合国家现行的有关标准的规定。

3 基地和总平面

3.1 基 地

3.1.1 宿舍建筑选址，应远离易发生灾害的地段(如：山体滑坡、泥石流、火山地等)；不宜建在河滩地、低洼地等易被洪水淹没地区。如必须建时，应有良好的防洪排涝措施。

3.1.2 宿舍用地的自然条件和周围环境应具备保证居住者身心健康的卫生条件。首先半数以上的居住空间应满足获得日照要求，其日照标准应符合现行国家标准《城市居住区规划设计规范》GB 50180 中关于住宅建筑日照标准的规定。

采光标准应符合本规范第5章第5.1.4条，采光系数最低值的规定，其窗地面积可按此表的规定取值。

宿舍的布局应组织好自然通风，这不仅是我国南方大部分地区特别需要与室外空气直接流通的自然通风；而且对预防和抑制传染性疾病的传播，起着重要和积极的作用，特别是人员密集的居室和内通廊式的宿舍，应特别考虑采取通风措施。

3.1.3 为避免各种噪声和污染源的有害影响，应符合现行国家标准《城市区域环境噪声标准》GB 3096 标准值及适用范围的规定，城市各类区域环境噪声标准值列于下表。

表1 城市5类环境噪声标准值
等效声级 LAeq (dBA)

类　别	昼　间	夜　间
0	50	40
1	55	45
2	60	50
3	65	55
4	70	55

注：1 0类标准适用于疗养区、高级别墅区、高级宾馆区等特别需要安静的区域。位于城郊和乡村的这一类区域分别按严于0类标准5dB执行。
2 1类标准适用于以居住、文教机关为主的区域。乡村居住环境可参照执行该类标准。
3 2类标准适用于居住、商业、工业混杂区。
4 3类标准适用于工业区。
5 4类标准适用于城市中的道路交通干线两侧区域，穿越城区的内河航道两侧区域。穿越城区的铁路主、次干线两侧区域的背景噪声（指不通过列车时的噪声水平）限值也执行该类标准。

3.2 总 平 面

3.2.1 宿舍区内公共用房服务半径不宜超过250m。按实际调查一般人步行速度每分钟80m，步行3min左右到达，对使用者较为方便。

3.2.2 据调查，宿舍附近若无运动场地，住宿人员在业余时间往往在道路上打球，既妨碍交通又不安全。因此，在宿舍附近宜设小型球场、小型器械场地和休息娱乐场地。因各地区和各单位条件不同，故不宜规定最小面积指标，由各建设单位根据具体情况设置。

关于自行车存放问题，各单位反映强烈。据调查，规模较大的学校，如清华大学、北京大学的学生人均1辆自行车。宿舍附近无存放处时，自行车在楼道内、宿舍前到处停放，既有碍观瞻，又不符合交通和防火安全要求。因此，应根据自行车的数量设存放处，面积按地上1.2m^2/辆至地下1.8m^2/辆计算。建于山地地区的宿舍，自行车的数量存放不作规定。建于厂区、园区内的机动车停车位，如在总体规划统一考虑，可不再另设。

3.2.3 进行总平面设计时应注意节约用地，满足房屋之间防火间距，但又要考虑居室的冬季日照时数，设计时应按国家有关标准和各地城市规划行政主管部门的规定执行。

3.2.4 没有过境汽车穿行，可保证宿舍区内安静的环境和行人安全。

3.2.5 宿舍区内的步行道路，交叉路口及宿舍楼出入口等设计应根据现行的行业标准《城市道路和建筑物无障碍设计规范》JGJ 50中的规定执行。

3.2.6 宿舍区的规划设计，涵盖了宿舍区内的各种公共服务设施、活动场地、若干楼群和道路，应对各个设施加以明显标识，小区入口宜有规划总图标志。

4 建筑设计

4.1 一般规定

4.1.1 内长廊宿舍的走廊中通风采光差、阴暗潮湿。长廊内交通以及人流穿越产生的噪声容易对较多的居室形成干扰，设计时应因地制宜，避免走廊过长，居室宜成组布置。

4.1.2 每栋宿舍设置管理室、公共活动室和晾晒空间是宿舍使用的基本要求。公共活动室可集中设置也可以分层设置。每间居室带阳台的宿舍，可不在楼内集中设置晾晒空间。设计时把那些干扰大的盥洗、厕、浴等辅助用房和楼梯间，按功能动静分区与居室隔开，避免相互干扰。

4.1.3 确定良好朝向的主要因素是日照和通风，设计时应尽量将好朝向布置为居室。各地自然条件不同，对朝向有不同要求。严寒地区如哈尔滨、长春等地，因冬季低气温时间长，为避免无日照的北向，而将宿舍东西向布置，以争取全部居室都能获得日照。炎热地区，则由于夏季炎热天数多，居室西向时，其热难挡。故应避免朝西布置居室。若不可避免时，应有遮阳设施，日照标准应按现行国家标准《城市居住区规划设计规范》GB 50180 执行。

4.1.4 宿舍内设置消防安全疏散指示图，在楼梯间、安全出口处应有明显标志，防止紧急状况下造成混乱以致人员伤亡。

4.1.5 宿舍首层应设置无障碍居室和卫生间，便于乘轮椅的残疾人使用。设计应符合现行行业标准《城市道路和建筑物无障碍设计规范》JGJ 50，但考虑大量宿舍男女分楼居住的现状，对《城市道路和建筑物无障碍设计规范》JGJ 50 的第 5.2.3 条适当调整。根据宿舍区规模以及单栋宿舍规模差异等具体情况，允许在宿舍区内集中设置无障碍居室，其总量应大于等于分设的数量之和，且应在首层。

4.2 居室

4.2.1 学校的学生、教师和企业科技人员的宿舍居室，都有学习的要求。因此，居室内除供睡眠或休息外，还应具备学习的条件，要求有安静、卫生的居住环境，减少相互干扰。企业职工的宿舍居室以居住为主。因此本规定按不同居住人数和要求，把居室分为 1、2、3、4 四类，以适应不同居住对象。据调查，近年建成的宿舍 1 类适用于博士研究生、教师和企业科技人员，2 类适用于高等院校的硕士研究生，3 类适用于高等院校的本、专科学生，4 类适用于中等院校的学生和工厂企业的职工。

高架床是近年来出现并广泛使用的一种下面学习，上面睡觉的组合家具。

4.2.2 本条基本遵照原规范和调查结果，尺寸适当放宽。具体见图 1。

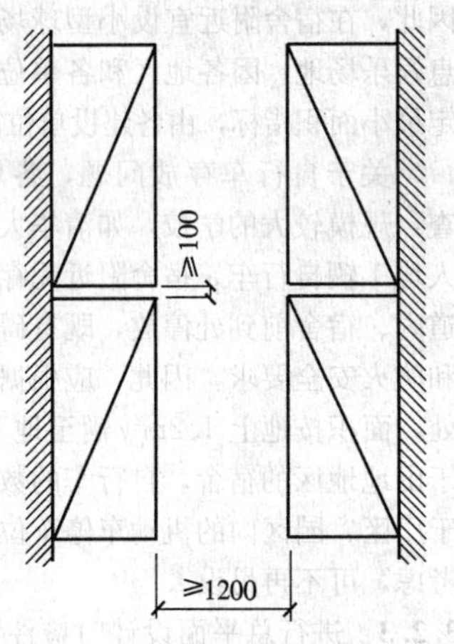

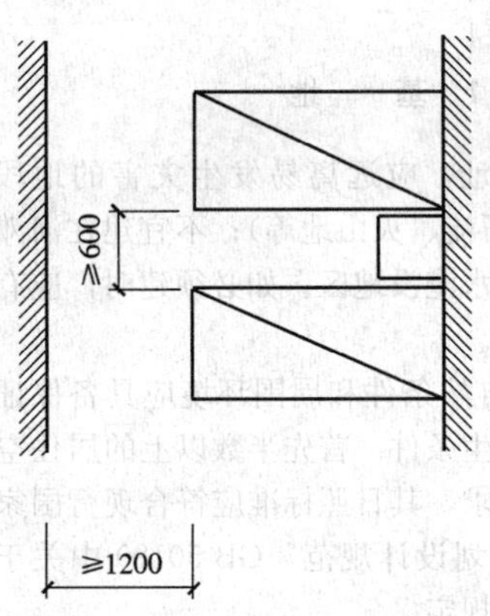

图 1 居室的床位布置尺寸

4.2.3 储藏空间包括壁柜、隔板、吊柜和箱架等，目前书架一般组合在家具内。根据不同居住对象，结合室内布置和空间利用，设计者可灵活选用。近年来新建宿舍在严寒、寒冷和夏热冬冷地区的贮藏量为 $0.50m^3$/人～$0.75m^3$/人，温和地区 $0.45m^3$/人～$0.5m^3$/人，夏热冬暖地区贮藏量为 $0.30m^3$/人～$0.45m^3$/人。为提高居住质量，改善居住条件，故本规范规定居室每人贮藏量不宜小于 $0.50m^3$。

4.2.4 居室的壁柜内无论是分格存放或吊挂衣服，其净深均不宜小于 0.55m。而居室需要有放置箱子的地方，根据箱子的一般尺寸，本规范作出固定箱子架尺寸的规定。

4.2.5 除了卫生间按规定做防水防潮处理外，对于贴邻卫生间的居室和储藏室墙面需做防潮处理，使墙面保持干燥。

4.2.6 地下室室内潮湿，通风和采光条件差，故居室不应设在地下室。

4.2.7 居室不宜设在半地下室，若条件限制，只能将居室设在半地下室时，应对采光、通风、防潮、排水及安全防护采取措施。

4.3 辅助用房

4.3.1 一般情况下，卫生间的门都不应正对居室门，但考虑到在平面布置时，难免会出现个别房间不可避免正对的现象，故条文中采用“不宜正对”的用词。对居室与卫生间的距离要求，主要是强调“以人为本”，方便居住者就近使用卫生间和盥洗室，若不作为严格用词，居室与卫生间的距离在25m以上，这对于居住者特别在冬天夜间使用很不方便，同时也对沿途的其他房间带来很大的干扰。随着社会的发展，生活水平的提高，生活设施的使用要求也应该随之提高。

4.3.2 根据近年来新建宿舍的实际调查，卫生间、盥洗室的卫生设备数量按照原有宿舍规定执行，基本能满足使用要求。原有表格中有设妇女卫生间的要求，但在大多数宿舍中，都没有女厕所内的妇女卫生间，该设备的实际使用意义不大，故取消此项卫生设备的要求。学生、工人的卫生间使用时间较为集中，故卫生设备在原有基础上略有提高。

4.3.3 附设卫生间的居室以4～6人为主，卫生间内若只考虑坐（蹲）便器、盥洗盆，$2m^2$的使用面积基本满足使用要求，但若设有淋浴或2个坐（蹲）便器时，$2m^2$使用面积的卫生间就很拥挤，难以满足2人以上同时使用，故面积宜放大。宿舍的卫生间与住宅内的卫生间的使用对象不同，坐便器和淋浴应设置隔断，可采用隔断门，也可设置隔帘，以避免同时使用时的尴尬。

4.3.4 设置淋浴设施主要是考虑夏季冲凉，并不一定供应洗浴热水，对于夏热冬暖和温和地区是很必要的，而在其他地区，若宿舍附近设有集中浴室，就不再强调，可根据条件设置。

4.3.5 宿舍建筑设管理室是为了保证宿舍的安全和公共卫生，同时也便于来客登记，收发信件。调查中发现，有些管理室同时兼供应日常小商品和微波炉加热等服务。所以应保证管理人员的基本面积要求，至少应能布置一张床、桌椅和储藏柜，不应小于$8m^2$。

4.3.6 根据近年来使用宿舍的调查，大多数宿舍，特别是学生宿舍，出于安全管理的考虑，一般都不允许外人进入居室，故应考虑集中会客空间。可利用底层门厅布置会客区，便于居住者接待亲戚、朋友等来访者。

4.3.7 宿舍内设置公共活动空间，可为居住者提供看电视、阅览、棋类、交往的活动空间，保证居室内的相对安静。特别是对于以睡眠为主的工厂企业职工宿舍，公共活动空间更为必要。由于使用的人数较多，同时又有可能满足不同的公共活动内容，故对活动室的面积提出一定的要求。

4.3.8 对于企、事业单位的单身宿舍，统一设置公共厨房是合情合理的，应满足最小使用面积要求；由于厨房在使用的过程中会产生有害气体，因此要求公共厨房能直接采光通风和安装排油烟设施，保证使用安全。

4.3.9 本条为新增条文。喝茶水是中国人的生活方式，一般饮水机不能满足泡茶的要求，而传统的做法是提着热水瓶到锅炉房附设开水房打开水，由于有一定的路程且须拎着热水瓶上下楼，既不方便也不安全。随着生产技术的发展，市场上供应的电开水器产品既安全又卫生，也不需占用很多的面积。调查中发现有不少宿舍已改善了开水供应的方式，有每层设置开水间的，也有在盥洗室开辟一角放置电开水器，减少了不安全的隐患。设计时可根据所在地区的具体情况设置。

4.3.10 本条为新增条文。随着生活水平的提高，现在洗衣的方式都是以洗衣机洗衣为主，洗衣房远离宿舍，不方便晾晒和收藏衣物；在被调查的宿舍中，80%以上的新建宿舍都在每层或底层集中设有洗衣房，洗衣房已成为宿舍不可缺少的辅助用房。

4.3.11 本条为新增条文。集体宿舍的卫生间使用时间比较集中，对于居室附设的卫生间，一般使用人数都在4～6人，难免会发生使用冲突的情况；另设小型公共卫生间，可使这种情况得到缓解，同时也为在公共活动室内活动的居住者带来方便。因为公共卫生间同时为所有居室服务，故设备的数量应满足最小的使用要求。

4.3.12 生活垃圾的收集直接关系到宿舍的卫生环境，以往的宿舍建筑缺少垃圾收集间，造成宿舍楼门口的脏乱；设置集中的垃圾间，可使垃圾有一个暂存之处，以便在规定的时间内统一运走。垃圾间也可根据总体布置情况，按宿舍组团在室外统一设置。设在建筑底层垃圾间的门最好直接对外开启，方便垃圾外运。垃圾间内应有必要的卫生条件，如设置冲洗水池，设置贴瓷砖墙面和地砖地面，便于冲洗。

4.3.13 本条主要是考虑到做清洁工作的水池和清洁工具应有独立的空间，否则放在公共厕所间或盥洗室内，占据了一定的位置，为居住者带来不方便，视觉上也不舒适。附设在居室内的卫生间因为是由居住者自己打扫的，故不在其范围内。

4.3.14 调查中发现宿舍门口停放有自行车，特别是学生宿舍自行车的数量更大，有些虽然在宿舍门口设有自行车棚，但很难避免车辆不按规矩停放的现象发生，在一定程度上破坏了周围的环境整洁，影响了道路交通。设有地下或半地下自行车库的宿舍，由于自行车统一停放在遮风避雨的车库内，地下室的楼梯能直通宿舍底层，给居住者带来方便，居住者愿意停放，宿舍周围没有乱停乱放的现象，使宿舍环境和道路交通得到了保证。由于宿舍楼内居住人数不同，自行车库（棚）的面积应按照实际情况配置，如大学城内学生宿舍宜基本保证停车数与学生数相同。

4.4 层高和净高

4.4.1 鉴于现行国家标准《住宅设计规范》GB 50096的第 3.6.1 条规定“普通住宅层高宜为 2.80m”，宿舍使用人数比住宅多，因此宿舍建筑采用单层床的居室层高不宜低于 2.80m 也是合适的。

调查中发现宿舍中采用双层床及高架床的现象非常普遍，层高普遍在 3.20～3.60m，按双层床及高架床的上下层人的活动空间分析，也考虑到各种气候条件，双层床及高架床的居室层高不宜低于 3.60m 是符合实际情况的。

4.4.2 居室内采用单层床时，依据中国建筑科学研究院《有关住宅净高与自然通风问题》研究报告中的测定数据，认为最低净高为 2.50m 是符合卫生要求的。故采用单层床的净高最低标准为 2.60m 是合适的。调查中也发现实际使用情况良好。

居室内采用双层床及高架床时，一般床面距楼地面高度为 1.70m，1.80m 高的人在上铺跪着整理床铺所需高度为 1.30m，坐着穿衣举手高度为 1.20m，加上夏天挂蚊帐，净高 3.40m 是能满足居住要求的。

4.4.3 辅助用房的净高不宜低于 2.50m。此高度符合淋浴器和高位水箱的低限安装高度。

4.5 楼梯、电梯和安全出口

4.5.1 宿舍建筑设计应符合现行国家标准《建筑设计防火规范》GBJ 16 与《高层民用建筑设计防火规范》GB 50045 的相关条款。

4.5.2 通廊式宿舍是利用走廊组织同层各个居室交通的宿舍类型，一般规模较大，不少于两部楼（电）梯。

单元式宿舍是围绕一个交通核组织居室的宿舍类型。常见平面布置为每层由一个交通核联系 2～4 个基本单位，每个基本单位由起居空间联系 2～4 个居室。单元式宿舍楼可以是一个单元构成，或多个单元拼联而成。

宿舍楼梯的使用较为集中，其安全性要求较高，现行国家标准《建筑设计防火规范》GBJ 16 有关宿舍楼梯的条文正在修订，而现行国家标准《高层民用建筑设计防火规范》GB 50045 中对高层宿舍的楼梯没有专条论述，故在征得以上两规范编制组专家的同意后，本规范仍保留原有规范的条文作为宿舍建筑楼梯设计的依据。

另外条文中增加宿舍楼梯能够直接采光的要求，以利于疏散，方便使用。

4.5.3 一般新建宿舍大多数为多层、高层建筑，楼梯门、楼梯和走道的设计总宽度以及净宽应满足紧急疏散要求。宿舍人员密集且使用集中（见表 2），针对大学生宿舍的调查结果显示：层数多的宿舍，特别是高层内长廊宿舍，楼梯日常使用普遍拥挤（见表 3）。因此，设计时还应充分考虑宿舍实际的日常使用情况，确定楼梯门、楼梯和走道的适宜宽度。

表 2 高层宿舍安全疏散情况调查

名　称	标准层建筑面积（m^2）	每层人数（人）	楼梯（电梯）数量	层数	楼梯疏散总人数（人）	每部楼梯疏散总人数（人）
长安大学学生宿舍	1851.3	312	2（3）	12	3432	1716
西北工业大学“旺园”2 号学生公寓	1340.82	252	2（4+1）	24	5796	2898
西北工业大学“旺园”3 号学生公寓	1224.72	124	2（4）	18	1860	930

表 3 多高层宿舍日常交通状况调查

宿舍名称	层数	电梯（部）	楼梯间宽（m）	楼梯间数量（个）	走道宽度（m）	标准层居人（人）	经常很拥挤	有时拥挤	不拥挤
西安建筑科技大学 1 号学生宿舍	7	0	3.6	2	2.1	320	30.5%	55.6%	13.9%
西北政法大学学生公寓	6	0	3.3	2	1.8	132	14.3%	67.9%	17.8%
西安交通大学 10 号学生公寓	12	2	3.6	2	2.1	108	63.4%	33.3%	3.3%
西北工业大学“旺园”2 号公寓	24	4	3.3	2	1.8	252	92.3%	7.7%	0

4.5.4 宿舍属于居住建筑，但又有公共建筑人员密集、人流交通量大和使用时间集中的特点，此条中宿舍楼梯的坡度值根据以上的使用特点并参照有关国家标准确定。

4.5.5 小学或为少年儿童使用的宿舍，楼梯踏步设计根据小学生的生理特点参照有关国家标准制定。不允许楼梯井净宽大于0.20m的要求，主要考虑未成年人的宿舍管理和防止儿童攀滑措施实施的难度。

4.5.6 综合国内宿舍建设的调查情况和宿舍使用者一般年龄等因素确定七层及七层以上宿舍应设电梯。这已是使用的最低要求。但由于宿舍采用单层床和采用双层床或高架床时层高变化很大，如采用高架床层高大于3.60m时，七层楼面距室外设计地面的高度很大等原因，必须同时限定居室入口层楼面距室外设计地面的高度。确定高度大于21m时，应设置电梯的理由：

$$3.70m\times5+2.20m+0.10m=20.8m$$

(3.70m层高、6层、设架空层2.2m、室内外高差0.1m)

$$3.90m\times5+1.50m=21m$$

(3.90m层高、6层、设半地下室室内外高差1.5m)

4.5.7 由于宿舍人员密集，其安全出口以及门的设置，应按照人员密集的公共场所要求进行设计。

4.6 门窗和阳台

4.6.2 宿舍的窗台一般在0.90m以上是考虑到供未成年人使用的宿舍的安全和管理。

4.6.3 宿舍居室如采用玻璃幕墙，对节能、私密性、舒适性均有影响，故不宜在宿舍居室采用玻璃幕墙。

4.6.5 在调研中发现，底层宿舍的外窗一般都做有安全防护栏杆，也可设置窗磁、门磁等先进的防护措施。考虑到紧急情况下室内人员的逃生，防护栏应能够向外开启。

4.6.6 保证生活的私密性是居住建筑的重要条件之一，所以在宿舍这样居住人员较为集中的场所，应保留此条规定。卫生间、洗浴室和厕所的窗扇玻璃可以设磨砂或压花玻璃以遮挡视线。

4.6.7 宿舍居住者的个人物品种类日益增多，价值不断提高，除加强宿舍管理之外，还应提高居室门的安全防卫性能；一般居室的采暖设计温度与楼梯间、走道有较大差异，所以从节能角度考虑，严寒和寒冷地区居室的门要用满足相应热工性能的保温门。

4.6.8 宿舍各部位门洞最小尺寸是根据使用要求的最低标准提出的，门的构造过厚或有特殊要求时，应留有余地。

4.6.9 晾晒衣被是单身宿舍须解决的问题。特别是南方地区气候湿热，日常换洗衣服较多，一般晾在阳台上较为方便。宿舍阳台最小满足1.2m的进深才能保证起码的活动及晾衣空间。另外考虑宿舍的安全防护和居住者的私密性，分室阳台之间应设分室隔板。

4.6.10 宿舍阳台大多是室外空间，防排水做得不好，晾衣、下雨都会使阳台积水，影响居室和下层空间的正常使用。

4.6.11 阳台栏杆高度是满足人体重心稳定和心理要求制定的。

4.6.12 中高层、高层宿舍及寒冷、严寒地区宿舍的阳台宜采用实心栏板。一是防止冬季冷风从阳台灌入室内，二是防止中高层宿舍物品坠落伤人，三是为寒冷、严寒地区封闭阳台预留条件。

5 室内环境

5.1 自然通风和采光

5.1.1 为提高居住质量，宿舍内的居室和公共盥洗、公共厕所、公共洗浴、公共活动室和公共厨房等辅助用房应有良好的自然通风和自然采光条件，以保持室内空气清洁。

5.1.2 居室的自然通风换气是通过窗户的开启部分进行的，由于窗户的形式及开启方式不同，实际的通风口的大小与窗户的面积不一致，为保证室内的空气质量故规定了通风口的面积。

5.1.3 严寒地区冬季寒冷，居室很少开窗换气，室内空气质量较差，不利健康。因此该地区宿舍的居室应设置通风换气设施，如气窗、通风道、换气扇、窗式或墙式通风器等，改善冬季室内空气质量。

5.1.4 宿舍建筑采光应以采光系数最低值为标准。本条应按现行国家标准《建筑采光设计标准》GB/T 50033的有关规定执行。本条适用于侧面采光，其采光面积以有效采光面积为准计算。离地面高度低于0.80m的窗洞口面积其光线照射范围低而小，所以获得的有效照度极小，故不计入采光面积内。窗洞口上沿距地面高度不宜低于2m，以免居室窗上沿过低而限制光照深度，影响室内照度的均匀性和宿舍居室一定深度达到的照度要求。当采光口上有深度大于1m以上的外廊、阳台、挑檐等遮挡物时，其有效采光面积可按采光面积的70%计算。

5.2 隔　声

5.2.1 宿舍建筑隔声设计应符合现行国家标准《民用建筑隔声设计规范》GBJ 118的有关规定。

5.2.2 电梯机房、空调机房设备产生的噪声，电梯井道内产生的振动和撞击声对住户的干扰很大，在设计中应尽量使居室远离噪声源，不得将机房布置在居室贴邻或其上，可用壁柜、卫生间等次要房间进行隔离。在不能满足隔声要求的情况下，应采取有效的隔声、减振措施。

5.3 节　能

5.3.1 严寒和寒冷地区宿舍建筑体形应简洁，平、立面不宜出现过多凹、凸面或错落，体形系数应有所控制。这是由于体形系数是衡量建筑热工特性的一个重要指标，它与建筑的层数、体量、形状等因素有关。体形系数越大，即发生向外传热的围护结构面积越大。现行行业标准《民用建筑节能设计标准》（采暖居住建筑部分）JGJ 26 标准的节能目标是 50%，随着建筑节能的深入，节能 65%的目标也将付诸实施，除控制体形系数外，还宜调低围护结构的传热系数。

为保证建筑室内热环境质量，提高居住舒适度，在现行行业标准《夏热冬冷地区居住建筑节能设计标准》JGJ 134 和《夏热冬暖居住建筑节能设计标准》JGJ 75 中分别规定了该地区建筑能耗的控制指标，及采取建筑、热工和空调、采暖的节能措施，以提高空调、采暖的利用效率，实现节能 50%的目标。

5.3.2 宿舍建筑应采取冬季保温和夏季隔热，以保证室内基本的热环境质量，节约采暖和空调的能耗。

如注重建筑的朝向，向阳、避风、充足的日照，利于冬季保温；避免东、西晒，合理组织自然通风，以利夏季隔热、防热以节约采暖和空调的能耗。

5.3.3 此条文规定也是为保证室内的热环境质量。开敞的楼梯间和外廊不利于冬季保温。

5.3.4 寒冷、夏热冬冷和夏热冬暖地区的夏季炎热，朝东、西的房间室温很高，居住条件差，为保证基本的室内热环境质量，居室朝西、朝东或东偏南与西偏南 45°，以及东偏北和西偏北范围内的外窗应采取遮阳措施，如设遮阳板，遮阳卷帘等活动外遮阳设施。

6 建筑设备

6.1 给水排水

6.1.1 给水排水系统是现代居住生活的最基本条件，宿舍作为密集型居住建筑应该设置。

6.1.2 为确保宿舍居住人员的正常用水条件，给水水压应满足所用不同配水器具最低的工作压力。通常使用的配水器具的最低的工作压力约为 0.05MPa。

6.1.3 宿舍居住人员密集，用水量较大，根据现行国家标准《建筑给水排水规范》GB 50015 所规定的最低配水点静水压力，一方面保证正常的用水，另一方面亦防止超压出流，起到节约用水的作用，同时减少用水噪声。

6.1.4 宿舍居住人员要有必要的洗浴条件，宿舍的热水加热方式和供应系统宜优先采用集中热水制备。当无条件采用集中热水制备时，也可采用分散热水制备或预留安装热水供应设施的条件。从节能及保护生态的角度出发，气候条件适宜的地区应推广使用绿色能源的热水制备，如太阳能热水器。

6.1.5 盥洗、洗浴、厕卫空间是宿舍建筑重要的组成部分，这些空间的设置是必需的。这些空间设置好与不好，都直接影响宿舍建筑的品质，甚至影响使用者的文明水准。至于公用为好还是居室专用为好，应依据不同的地区、不同的经济条件、不同的使用要求及不同的管理方式进行个案设计。但这些空间所使用的卫生器具和给水配件性能应是节水、卫生、安全、环保的。

6.1.6 条文中除规定了哪些房间及部位应设置地漏外，还提出地漏的性能要求，以防止污水管内的臭味外溢而影响室内环境。

6.1.7 单独计量对节水有利又便于管理。

6.1.8 此条是为了确保当室外排水管道满流或发生阻塞时不造成倒灌，并防止污水集水坑的气味外逸。

6.1.9 宿舍建筑常常成区集中建设，在缺水城市和缺水地区属于适合建设中水设施的工程项目，为了节约水资源特设本条。具体的设置条件，应依照现行国家标准《建筑中水设计规范》GB 50336 的规定执行。

6.2 暖通和空调

6.2.1 对于宿舍建筑居住人员密集且居室单元相对一致的特点，宿舍建筑采用用热水为热媒的集中采暖系统，从节能、采暖质量、环保、消防安全、使用安全及卫生条件几方面看均是合适的。

6.2.2 宿舍建筑集中采暖系统一般为集中计量，采暖管线多为竖向，居室内很难做到没有调节和检修的设施。但用于总体调节和检修的设施应避免设置于居室内，以防造成对居住人员的干扰和不便。

6.2.3 我国地域辽阔，各地经济条件差异很大。许多市政设施不完善的地区，宿舍建筑不能采取集中采暖系统而以煤、薪柴、燃油、燃气等为燃料，设置分散式采暖。煤、薪柴、燃油、燃气等燃烧时产生有害气体，对人的身体健康和安全都具有危害，故此类宿舍应设置烟囱。宿舍毗邻房间共用烟囱可节约建筑面积、减少工程造价，但应采取多排烟孔道组合的烟囱，防止烟气回流及相邻房间相互串烟而造成室内环境污染，甚至危及人员生命。

6.2.4 宿舍公共浴室、公用开水间由于使用中产生大量水蒸气，无排放通道则对室内环境有很大影响。若从外窗排出，对相邻的居室可能产生不利影响。无外窗的卫生间多是居室内的附设卫生间，无法直接对室外通风排气。故条文规定应设排气通风竖井将有害气体从屋顶排出，且竖井应有防回流构造，防止相邻房间串味。

6.2.5 为保证卫生间的有效排气，在其门下设一定的进风通道是必要的。具体门下的进风通道面积，应根据不同卫生间的空间体积进行设计。

6.2.6 我国大部分地区夏季均需在室内采取降温措施，在宿舍居室中安装电风扇是经济可行的方式。电风扇的形式要满足使用要求，同时要保证安全。如用吊扇由于无防护网存在不安全隐患，且居室的层高也要适当提高，增加了建筑造价。

6.2.7 根据现行国家标准《民用建筑热工设计规范》GB 50176 的热工分区，夏热冬暖和夏热冬冷地区的主要分区指标——最热月平均温度的下限是 25℃。据此作为安装空调设备或预留安装空调设备条件的界限。随着经济条件的提高越来越多的宿舍安装了空调设备，大大改善了居住条件。由于经济或其他原因安装不了空调设备的宿舍，如果预留了安装空调设备的条件，将为今后的持续发展打下基础。

6.2.8 分体空调设备的室外机若随意安装对建筑立面的美观有很大影响，应统一设计。冷凝水随意排放有碍环境卫生及他人的正常生活，应有组织排放。

6.3 电　　气

6.3.1 我国建筑近年来对电气的需求增长很快，宿舍中使用的各种电器数量也在增多，经调研在条文中制定一个最低用电负荷标准，作为居室用电的下限值。

1 用电负荷标准中，包括灯具和插座，考虑了小型电器；未计算空调器、电热水器等用电负荷较大，且不是宿舍必备的电器；

2 考虑家用电器的特点，用电设备的功率因数按 0.9 计算。

6.3.2 供未成年人使用的宿舍主要是指中小学的学生宿舍，中小学生尚无自主的经济能力，并从安全管理考虑，此类宿舍用电应集中计量。成年人可对自己的行为负责，且具有自主的经济能力，从节约能源、管理方便和较少干扰居住人员考虑，用电分居室计量、电表箱设在居室外是合理的。

6.3.3 本条文中的五条安全要求，都是宿舍配电系统的重要安全措施，应据此执行。

6.3.4 为安全用电和方便使用者，本条规定了每居室电源插座的最低数量，供小型移动电器使用。负荷较大的电器应另设专用电源插座。

6.3.5 电话已成为现代生活的必需品。由于插卡的方式使公用电话管理和收费更为简单，为方便使用，公用电话应每层设置；供成年人使用的宿舍居室内应设电话插座。中小学学生宿舍是否设置电话，应根据使用要求和管理方式确定。

6.3.6 “有线电视系统”包含了“电视共用天线系统”。宿舍电视系统的设置与电话系统在宿舍中设置的情况基本相同。

6.3.7 计算机网络系统的快速发展，推动了宿舍建筑中计算机网络系统的普及。由于宿舍使用对象不同，是否设置计算机网络系统，应根据使用要求和管理方式确定。

6.3.8 为节约能源，本条规定宿舍的照明应采用节能灯具。

中华人民共和国行业标准

图书馆建筑设计规范

Code for Design of Library Buildings

JGJ 38—99

主编单位：中国建筑西北设计研究院
批准部门：中华人民共和国建设部
　　　　　中华人民共和国文化部
　　　　　中华人民共和国教育部
施行日期：1 9 9 9 年 1 0 月 1 日

关于发布行业标准
《图书馆建筑设计规范》的通知
建标［1999］224号

根据建设部《关于印发一九九七年工程建设城建、建工行业标准制订、修订（第一批）项目计划的通知》（建标［1997］71号）的要求，由中国建筑西北设计研究院主编的《图书馆建筑设计规范》，经审查，批准为强制性行业标准，编号JGJ38—99，自1999年10月1日起施行。原部标准《图书馆建筑设计规范》JGJ38—87同时废止。

本标准由建设部建筑设计标准技术归口单位中国建筑技术研究院负责管理，中国建筑西北设计研究院负责具体解释，建设部标准定额研究所组织中国建筑工业出版社出版。

中华人民共和国建设部
中华人民共和国文化部
中华人民共和国教育部
1999年6月14日

前　言

根据建设部建标［1997］71号文的要求，标准编制组在广泛调查研究，认真总结实践经验，参考有关国际标准和国外先进标准，并广泛征求意见基础上，对原《图书馆建筑设计规范》JGJ38—87进行了修订。

本规范的主要技术内容是：1. 总则；2. 术语；3. 选址和总平面布置；4. 建筑设计；5. 文献资料防护；6. 消防和疏散；7. 建筑设备以及附录。

修订工作主要是对上述技术内容进行补充、完善和必要的修改，其中主要有：1. 增加了开架阅览的有关技术内容和规定；2. 增加了藏、阅空间合一，采用统一柱网、层高和荷载的有关技术内容和规定；3. 增加了计算机及网络技术在图书馆应用的有关技术内容和规定；4. 根据进一步的调查研究对藏书量设计估算指标进行了修订和补充；5. 对照现行防火规范修订和补充了相关内容。

本规范由建设部建筑设计标准技术归口单位中国建筑技术研究院建筑标准设计研究所归口管理，授权由主编单位负责具体解释。

本规范主编单位是：中国建筑西北设计研究院

（陕西省西安市西七路173号；邮政编码：710003）。

本规范参编单位是：清华大学建筑学院、东南大学、国家图书馆、上海图书馆、文化部文化设施建设管理中心。

本规范主要起草人员是：王天星、梁永直、高冀生、冯金龙、罗淑莲、金志舜、何大镛。

目 次

1 总　　则

1.0.1 为适应图书馆事业的发展，使图书馆建筑设计符合使用功能、安全、卫生等方面的基本要求，制定本规范。

1.0.2 本规范适用于公共图书馆、高等学校图书馆、科学研究图书馆及各类专门图书馆等的新建、改建和扩建工程的建筑设计。

1.0.3 图书馆建筑必须满足文献资料信息的采集、加工、利用和安全防护等功能要求，并为读者、工作人员创造良好的环境和工作条件。

1.0.4 图书馆建筑设计应结合图书馆的性质、特点及发展趋势，采用先进的管理方式，适应现代化服务的要求，并力求造型美观，与环境协调。

1.0.5 图书馆建筑设计除应符合本规范外，尚应符合国家现行有关强制性标准的规定。

2 术　　语

2.0.1 公共图书馆　Public Library

具备收藏、管理、流通等一整套使用空间和技术设备用房，面向社会大众服务的各级图书馆，如省、直辖市、自治区、市、地区、县图书馆，其特点是收藏学科广泛，读者成份多样。

2.0.2 高等学校图书馆　College Library

为教学和科研服务，具有服务性和学术性强的大专院校和专科学校，以及成人高等学校的图书馆，简称高校图书馆。

2.0.3 科学研究图书馆　Research Institution Library

具有馆藏专业性强，信息敏感程度高，采用开架的管理方式和广泛使用计算机和网络技术等先进的服务手段的各类科学研究院、所的图书馆，简称科研图书馆。

2.0.4 专门图书馆　Special Library

专门收藏某一学科或某一类文献资料，为专业人员服务的图书馆，如音乐图书馆、美术图书馆、地质图书馆等。

2.0.5 普通阅览室　General Reading Room

以书刊为主要信息载体供读者使用的阅览室，是图书馆中数量较多的一种阅览室。

2.0.6 特种阅览室　Special Reading Room

指“音像视听室”、“缩微阅览室”、“电子出版物阅览室”等。这类阅览室，读者须借助设备才能从载体中获取信息。对建筑设计有特殊要求。

2.0.7 开架阅览室　Open Stack Reading Room

藏书和阅览在同一空间中，允许读者自行取阅图书资料的阅览室。

2.0.8 文献资料　Document Literature

记录有知识和信息的一切载体，包括书刊资料和非书刊资料等多种形式，一般统称文献资料，系图书馆馆藏信息载体的总称。

2.0.9 非书资料　Non-print Materials

非印刷型的非书本式的资料。包括录音带、录像带、幻灯片、投影片、电影拷贝、缩微胶卷、图片、模型、智力玩具、机读磁盘、磁带、光盘等。

2.0.10 基本书库　Basic Stack Rooms

图书馆的主要藏书区，对全馆藏书起总枢纽、总调度作用，具有藏书量大，知识门类广的特点。基本书库的藏书内容范围、品种和数量反映一个馆的性质、规模和为读者服务的能力，常作为划分图书馆规模的指标。

2.0.11 辅助书库　Auxiliary Stacks

采用闭架管理时，图书馆中为读者服务的各种辅助性书库。如外借处、阅览室、参考室、研究室、分馆等部门所设置的书库。其藏书具有现实性、参考性、针对性强和利用率高、流通量大的特点。

2.0.12 特藏书库　Special Stacks

收藏珍善本图书、音像资料、电子出版物等重要文献资料、对保存条件有特殊要求的库房。

2.0.13 珍善本书库　Rare Book Stacks

收藏经鉴定列为国家或地方级珍贵文献、对安全防范和保存条件有特殊要求的库房。主要收藏刻本、写本、稿本、拓本、书画等古籍与珍品，是特藏库的一种。

2.0.14 磁带库　Tape Base

主要收藏录像带、录音带、机读磁盘、磁带和光盘等载体的库房。其存放库架和保存环境都有特殊要求。

2.0.15 开架书库　Open Stacks

允许读者入库查找资料并就近阅览的书库。此种书库除正常的书架外，在采光良好的区域还设有少量阅览座（厢）供读者使用。

2.0.16 密集书库　Compact Stacks

以密集书架收藏文献资料的库房。此种库房的荷载可按实际荷载选用，多设置在建筑物的地面层。

2.0.17 密集书架　Compact Bookshelf

为提高收藏量而专门设计的一种书架。若干书架安装在固定轨道上，紧密排列没有行距，利用电动或手动的装置，可以使任何两行紧密相邻的书架沿轨道分离，形成行距，便于提书。

2.0.18 积层书架　Stack-system Shelf

重叠组合而成的多层固定钢书架。附有小钢梯上下。其上层书架荷载经下层书架支柱传至楼、地面。上层书架之间的水平交通用书架层解决。

2.0.19 书架层　Stack Layer

书库内在两个结构层之间采用积层书架或多层书

架时，划分每层书架的层面。由于该层面一般直接支承在书架上，多为钢板或钢筋混凝土预制板，故又称甲板层或软层，以别于书库的结构层。

2.0.20 行道 Aisle

两排书架之间的距离，又称书架通道。其宽度与开架、闭架的管理方式有关。

2.0.21 书库提升、传送设备 Hoist In Stacks

在书库或密集藏书区为减轻工作人员劳动强度，提高传递速度而设于上、下楼层之间及水平传递图书（及索书条）的设备。它可以是手动、电动或机械传动。

2.0.22 典藏室 Book-Keeping Department

图书馆内部登记文献资料移动情况、统计全馆收藏量的专业部门。

2.0.23 计算机信息检索 Information Retrieval

计算机信息检索是利用计算机系统有效存储和快速查找的能力，发展起来的一种计算机应用技术。它可以根据用户要求从已存信息的集合中抽取出特定的信息，并具有插入、修改和删除某些信息的能力。图书或文献检索系统属于信息量较大而不常修改的二次性信息检索系统。

2.0.24 信息处理用房 Information Processing Room

满足图书馆信息技术服务功能的用房。它包括信息的显示、摄取、变换、传递、存储、识别、加工等所有的信息处理过程。

3 选址和总平面布置

3.1 选 址

3.1.1 馆址的选择应符合当地的总体规划及文化建筑的网点布局。

3.1.2 馆址应选择位置适中、交通方便、环境安静、工程地质及水文地质条件较有利的地段。

3.1.3 馆址与易燃易爆、噪声和散发有害气体、强电磁波干扰等污染源的距离，应符合有关安全卫生环境保护标准的规定。

3.1.4 图书馆宜独立建造。当与其它建筑合建时，必须满足图书馆的使用功能和环境要求，并自成一区，单独设置出入口。

3.2 总平面布置

3.2.1 总平面布置应功能分区明确、总体布局合理、各区联系方便、互不干扰，并留有发展用地。

3.2.2 交通组织应做到人、车分流，道路布置应便于人员进出、图书运送、装卸和消防疏散。并应符合现行行业标准《方便残疾人使用的城市道路和建筑物设计规范》JGJ50的有关规定。

3.2.3 设有少年儿童阅览区的图书馆，该区应有单独的出入口，室外应有设施较完善的儿童活动场地。

3.2.4 图书馆的室外环境除当地规划部门有专门的规定外，新建公共图书馆的建筑物基地覆盖率不宜大于40%。

3.2.5 除当地有统筹建设的停车场或停车库外，基地内应设置供内部和外部使用的机动车停车场地和自行车停放设施。

3.2.6 馆区内应根据馆的性质和所在地点做好绿化设计。绿化率不宜小于30%。栽种的树种应根据城市气候、土壤和能净化空气等条件确定。绿化与建筑物、构筑物、道路和管线之间的距离，应符合有关规定。

4 建筑设计

4.1 一 般 规 定

4.1.1 图书馆建筑设计应根据馆的性质、规模和功能，分别设置藏书、借书、阅览、出纳、检索、公共及辅助空间和行政办公、业务及技术设备用房。

4.1.2 图书馆的建筑布局应与管理方式和服务手段相适应，合理安排采编、收藏、外借、阅览之间的运行路线，使读者、管理人员和书刊运送路线便捷畅通，互不干扰。

4.1.3 图书馆各空间柱网尺寸、层高、荷载设计应有较大的适应性和使用的灵活性。藏、阅空间合一者，宜采取统一柱网尺寸，统一层高和统一荷载。

4.1.4 图书馆的四层及四层以上设有阅览室时，宜设乘客电梯或客货两用电梯。

4.1.5 图书馆各类用房除有特殊要求者外，应利用天然采光和自然通风。外墙、外门窗和屋顶等围护结构应区别使用要求，按照本规范第7.2.1条所规定的温度、湿度指标及当地室外气象计算参数和有、无采暖、通风、空气调节等具体情况，通过技术经济比较，确定合理的构造，并应符合下列规定：

1 当需要采暖时，围护结构的传热热阻值应符合现行国家标准《民用建筑热工设计规范》GB50176。

2 当需要空气调节时，围护结构的传热系数应按照现行国家标准《采暖通风与空气调节设计规范》GBJ19执行。

3 当无采暖和空气调节时，书库的外墙和屋顶的传热热阻值分别不应小于0.66m^2·K/W和0.90m^2·K/W。

4.1.6 各类用房的天然采光标准，不应小于表4.1.6中的规定。

4.1.7 各类用房在平面设计时，应按其噪声等级分区布置，其允许噪声级不应大于表 4.1.7 中的规定。

图书馆各类用房天然采光标准值　　表 4.1.6

房间名称	采光等级	室内天然光照度(lx)	采光系数最低值 C_{min}（%）	窗、地面积比 A_c/A_d			
				侧面采光	顶部采光		
				侧窗	矩形天窗	锯齿形天窗	平天窗
少年儿童阅览室 普通阅览室 珍善本舆图阅览室 开架书库 行政办公，业务用房 会议室（厅） 出纳厅 研究室 装裱整修，美工	Ⅲ	100	2	1/5	1/6	1/8	1/11
目录厅 陈列室 视听室 电子阅览室 缩微阅读室 报告厅（多功能厅） 复印室 读者休息	Ⅳ	50	1	1/7	1/10	1/12	1/18
闭架书库 门厅，走廊，楼梯间厕所 其他	Ⅴ	25	0.5	1/12	1/14	1/19	1/27

注：1. 此表为Ⅲ类光气候区的单层普通钢窗的采光标准，其他光气候区和窗型者应按现行国家标准《建筑采光设计标准》GB50033 中的有关规定修正；
2. 陈列室系指展示面的照度。电子阅览室、视听室、舆图室的描图台需设遮光设施。

图书馆内噪声级分区及允许噪声级标准　　表 4.1.7

分　区		房　间　名　称	允许噪声级 dB（A）
Ⅰ	静　区	研究室、专业阅览室、缩微、珍善本、舆图阅览室、普通阅览室、报刊阅览室	40
Ⅱ	较静区	少年儿童阅览室、电子阅览室、集体视听室、办公室	50
Ⅲ	闹　区	陈列厅（室）、读者休息区、目录厅、出纳厅、门厅、洗手间、走廊、其他公共活动区	55

4.1.8 电梯井道及产生噪声的设备机房，不宜与阅览室毗邻。并应采取消声、隔声及减振措施，减少其对整个馆区的影响。

4.1.9 建筑设计应进行无障碍设计，并应符合现行行业标准《方便残疾人使用的城市道路和建筑物设计规范》JGJ50 的有关规定。

4.1.10 建筑设计应与现代化科学技术密切结合，宜根据建设条件为建筑物的智能化和可持续发展提供可能性。

4.2 藏书空间

4.2.1 图书馆的藏书空间分为基本书库、特藏书库、密集书库和阅览室藏书四种形式，各馆可根据具体情况选择确定。

4.2.2 基本书库的结构形式和柱网尺寸应适合所采用的管理方式和所选书架的排列要求。框架结构的柱网宜采用 1.20m 或 1.25m 的整数倍模数。

4.2.3 各类图书馆藏书空间容书量设计估算指标应符合本规范附录 A 的规定。

4.2.4 书库的平面布局和书架排列应有利于天然采光、自然通风，并缩短提书距离；书库内书（报刊）架的连续排列最多档数应符合表 4.2.4-1 的规定；书（报刊）架之间，以及书（报刊）架与外墙之间的各类通道最小宽度应符合表 4.2.4-2 的规定。

书库书架连续排列最多档数　　表 4.2.4-1

条　　件	开　架	闭　架
书架两端有走道	9 档	11 档
书架一端有走道	5 档	6 档

4.2.5 书架宜垂直于开窗的外墙布置。书库采用竖向条形窗时，应对正行道并允许书架档头靠墙，书架连续档数应符合本规范第 4.2.4 条及表 4.2.4-1 的规定。书库采用横向条形窗，其窗宽大于书架之间的行道宽度时，书架档头不得靠墙，书（报刊）架与外墙之间应留有通道，其尺寸应符合本规范表 4.2.4-2 的

规定。

书架间通道的最小宽度（m）　　表 4.2.4-2

通道名称	常用书库		不常用书库
	开　架	闭　架	
主通道	1.50	1.20	1.00
次通道	1.10	0.75	0.60
档头走道（即靠墙走道）	0.75	0.60	0.60
行　道	1.00	0.75	0.60

注：1. 当有水平自动传输设备时，表中主通道宽度由工艺设备确定。

2. 布置书架平面时，标准双面书架每档按 0.45m（深）×1.00m（长）计算。

4.2.6 珍善本书库应单独设置。缩微、视听、电子出版物等非书资料应按使用方式确定存放位置，这些文献资料应设特藏书库收藏、保管。

4.2.7 书库库区可设工作人员更衣室、清洁室和专用厕所，但不得设在书库内。

4.2.8 书库、阅览室藏书区净高不得小于 2.40m。当有梁或管线时，其底面净高不宜小于 2.30m；采用积层书架的书库结构梁（或管线）底面之净高不得小于 4.70m。

4.2.9 书库内工作人员专用楼梯的梯段净宽不应小于 0.80m，坡度不应大于 45°，并应采取防滑措施。书库内不宜采用螺旋扶梯。

4.2.10 二层及二层以上的书库应至少有一套书刊提升设备。四层及四层以上不宜少于两套。六层及六层以上的书库，除应有提升设备外，宜另设专用货梯。书库的提升设备在每层均应有层面显示装置。

4.2.11 书库安装自动传输设备时，应符合设备安装的技术要求。

4.2.12 书库与阅览区的楼、地面宜采用同一标高。无水平传输设备时，提升设备（书梯）的位置宜邻近书刊出纳台。设备井道上传递洞口的下沿距书库楼、地面的高度不宜大于 0.90m。

4.2.13 书库荷载值的选择，应根据藏书形式和具体使用要求区别确定。

4.3 阅览空间

4.3.1 各类图书馆应按其性质、任务，或针对不同的读者对象分别设置各类阅览室。

4.3.2 阅览区域应光线充足、照度均匀，防止阳光直晒。东西向开窗时，应采取有效的遮阳措施。

4.3.3 阅览区的建筑开间、进深及层高，应满足家具、设备合理布置的要求，并应考虑开架管理的使用要求。

4.3.4 阅览区应根据工作需要在入口附近设管理（出纳）台和工作间，并宜设复印机、计算机终端等信息服务、管理和处理的设备位置。工作间使用面积不宜小于 10m²，并宜和管理（出纳）台相连通。

4.3.5 阅览区不得被过往人流穿行，独立使用的阅览空间不得设于套间内。

4.3.6 使用频繁，开放时间长的阅览室宜邻近门厅布置。

4.3.7 阅览桌椅排列的最小间隔尺寸应符合表 4.3.7 的规定。

阅览桌椅排列的最小间隔尺寸（m）　表 4.3.7

条件		最小间隔尺寸		备注
		开架	闭架	
单面阅览桌前后间隔净宽		0.65	0.65	适用于单人桌、双人桌
双面阅览桌前后间隔净宽		1.30～1.50	1.30～1.50	四人桌取下限六人桌取上限
阅览桌左右间隔净宽		0.90	0.90	
阅览桌之间的主通道净宽		1.50	1.20	
阅览桌后侧与侧墙之间净宽	靠墙无书架时	—	1.05	靠墙书架深度按 0.25m 计算
	靠墙有书架时	1.60	—	
阅览桌侧沿与侧墙之间净宽	靠墙无书架时	—	0.60	靠墙书架深度按 0.25m 计算
	靠墙有书架时	1.30	—	
阅览桌与出纳台外沿净宽	单面桌前沿	1.85	1.85	
	单面桌后沿	2.50	2.50	
	双面桌前沿	2.80	2.80	
	双面桌后沿	2.80	2.80	

4.3.8 珍善本阅览室与珍善本书库应毗邻布置。阅览和库房之间应设缓冲区，并设分区门。

4.3.9 舆图阅览室应能容纳大型阅览桌、描图台，并有完整的大片墙面和悬挂大幅舆图的设施。

4.3.10 缩微阅读机集中管理时，应设专门的缩微阅览室。室内家具设施和照明环境应满足缩微阅读的要求，缩微览阅室宜和缩微胶卷（片）的特藏书库相连通。缩微阅读机分散布置时，应设置专用阅览桌椅，每座位使用面积不应小于 2.30m²。

4.3.11 集体和个人使用的音像资料视听室宜自成区域，便于单独使用和管理，与其他阅览室之间互不干扰。

4.3.12 音像视听室应由视听室、控制室和工作间组成。视听室的座位数应按使用要求确定。每座位占使用面积不应小于 $1.50m^2$。当按视、听功能分别布置时，应采取防止音、像互相干扰的隔离措施。

4.3.13 电子出版物阅览室宜靠近计算机中心，并与电子出版物库相连通。

4.3.14 珍善本书、舆图、缩微、音像资料和电子出版物阅览室的外窗均应有遮光设施。

4.3.15 少年儿童阅览室应与成人阅览区分隔，单独设出入口，并应设儿童活动场地。

4.3.16 盲人读书室应设于图书馆底层交通方便的位置，并和盲文书库相连通。盲人书桌应便于使用听音设备。

4.3.17 各阅览区老年人及残疾读者的专用阅览座席应邻近管理（出纳）台布置。

4.3.18 阅览空间每座占使用面积设计计算指标应符合附录B的规定。

4.4 目录检索、出纳空间

4.4.1 目录检索包括卡片目录、书本目录和计算机终端目录三部分内容组成，各部分的比例各馆可根据实际需要确定。

4.4.2 目录检索空间应靠近读者出入口，并与出纳空间相毗邻。当与出纳共处同一空间时，应有明确的功能分区。

4.4.3 目录检索空间内目录柜的排列尺寸不应小于表4.4.3的规定。如利用过厅、交通厅或走廊设置目录柜时，查目区应避开人流主要路线。

目录柜排列最小间距（m）　　表 4.4.3

布置形式	使用方式	净距			通道净宽	
		目录台之间	目录柜与查目台之间	目录柜之间	端头走廊	中间通道
目录台放置目录盒	立式	1.20	—	0.60	0.60	1.40
	坐式	1.50	—	—	0.60	1.40
目录柜之间设查目台	立式	—	1.20	—	0.60	1.40
	坐式	—	1.50	—	0.60	1.40
目录柜使用抽拉板	立式	—	—	1.80	0.60	1.40

4.4.4 目录柜组合高度：成人使用者，不宜大于1.50m；少年儿童使用者，不宜大于1.30m。

4.4.5 目录检索空间内采用计算机检索时，每台微机所占用的使用面积按 $2.00m^2$ 计算。计算机检索台的高度宜为0.78～0.80m。

4.4.6 目录检索空间中目录柜所占用的面积可按本规范附录C所列公式计算。

4.4.7 中心（总）出纳台应毗邻基本书库设置。出纳台与基本书库之间的通道不应设置踏步；当高差不可避免时，应采用坡度不大于1∶8的坡道。出纳台通往库房的门，净宽不应小于1.40m，并不得设置门坎，门外1.40m范围内应平坦无障碍物。平开防火门应向出纳台方向开启。

4.4.8 出纳空间应符合下列规定：

1 出纳台内工作人员所占使用面积，每一工作岗位不应小于 $6.00\ m^2$，工作区的进深当无水平传送设备时，不宜小于4.00m；当有水平传送设备时，应满足设备安装的技术要求。

2 出纳台外读者活动面积，按出纳台内每一工作岗位所占使用面积的1.20倍计算，并不得小于 $18.00m^2$；出纳台前应保持宽度不小于3.00m的读者活动区。

3 出纳台宽度不应小于0.60m。出纳台长度按每一工作岗位平均1.50m计算。出纳台兼有咨询、监控等多种服务功能时，应按工作岗位总数计算长度。出纳台的高度：外侧高度宜为1.10～1.20m；内侧高度应适合出纳工作的需要。

4.5 公共活动及辅助服务空间

4.5.1 公共活动及辅助服务空间包括门厅、寄存处、陈列厅、报告厅、读者休息处（室）、饮水处、读者服务部及厕所等，可根据图书馆的性质、规模及实际需要确定。

4.5.2 门厅应符合下列规定：

1 应根据管理和服务的需要设置验证、咨询、收发、寄存和监控等功能设施；

2 多雨地区，其门厅内应有存放雨具的设备；

3 严寒及寒冷地区，其门厅应有防风沙的门斗；

4 门厅的使用面积可按每阅览座位 $0.05m^2$ 计算。

4.5.3 寄存处应符合下列规定：

1 位置应在读者出入口附近；

2 可按阅览座位的25%确定存物柜数量，每个存物柜占使用面积按 $0.15～0.20m^2$ 计算；

3 寄存处的出入口宜与读者主出入口分开。

4.5.4 陈列厅（室）应符合下列规定：

1 各类图书馆应有陈列空间。可根据规模、使用要求分别设置新书陈列厅（室）、专题陈列室或书刊图片展览处；

2 门厅、休息处、走廊兼作陈列空间时，不应影响交通组织和安全疏散；

3 陈列室应采光均匀，防止阳光直射和眩光。

4.5.5 报告厅应符合下列规定：

1 300座位以上规模的报告厅应与阅览区隔离，独立设置。建筑设计应符合有关厅堂设计规范的有关规定；

2　报告厅，宜设专用的休息处、接待处及厕所；

3　与阅览区毗邻独立设置时，应单独设出入口，避免人流对阅览区的干扰；

4　报告厅应满足幻灯、录像、电影、投影和扩声等使用功能的要求；

5　300座以下规模的报告厅，厅堂使用面积每座位不应小于0.80m²，放映室的进深和面积应根据采用的机型确定。

4.5.6　读者休息处的使用面积可按每个阅览座位不小于0.10m²计算。设专用读者休息处时，房间最小面积不宜小于15.00m²。规模较大的馆，读者休息处宜分散设置。

4.5.7　公用和专用厕所宜分别设置。公共厕所卫生洁具按使用人数男女各半计算，并应符合下列规定：

1　成人男厕按每60人设大便器一具，每30人设小便斗一具；

2　成人女厕按每30人设大便器一具；

3　儿童男厕按每50人设大便器一具，小便器两具；

4　儿童女厕按每25人设大便器一具；

5　洗手盆按每60人设一具；

6　公用厕所内应设污水池一个；

7　公用厕所中应设供残疾人使用的专门设施。

4.6　行政办公、业务及技术设备用房

4.6.1　图书馆行政办公用房包括行政管理用的各种办公室和后勤总务用的各种库房，维修间等，其规模应根据使用要求确定。可以组合在建筑中，也可以单独设置。建筑设计可按现行行业标准《办公建筑设计规范》JGJ67的有关规定执行。

4.6.2　图书馆的业务用房包括采编、典藏、辅导、咨询、研究、信息处理、美工等用房；技术设备用房包括电子计算机、缩微、照像、静电复印、音像控制、装裱维修、消毒等用房。

4.6.3　采编用房应符合下列规定：

1　位置应与读者活动区分开，与典藏室、书库、书刊入口有便捷联系；

2　平面布置应符合采购、交换、拆包、验收、登记、分类、编目和加工等工艺流程的要求；

3　拆包间应邻近工作人员入口或专设的书刊入口。进书量大者，入口处应设卸货平台；

4　每一工作人员的使用面积不宜小于10.00m²；

5　应配置足够的计算机网络、通信接口和电源插座。

4.6.4　典藏用房应符合下列规定：

1　当单独设置时，应位于基本书库的入口附近；

2　典藏室的使用面积，每一工作人员不宜小于6.00m²，房间的最小使用面积不宜小于15.00m²；

3　内部目录总量可按每种藏书两张卡片计算，每万张卡片占使用面积不宜小于0.38m²，房间的最小使用面积不宜小于15.00m²；

4　待分配上架书刊的存放量，可按每1000册图书或300种资料为一周转基数。其所占使用面积不应小于12.00m²。

4.6.5　图书馆可根据自身的职能范围，设置专题咨询和业务辅导用房，并应符合下列规定：

1　专题咨询和业务辅导用房的使用面积，可按每一工作人员不小于6.00m²分别计算；

2　业务辅导用房应包括业务资料编辑室和业务资料阅览室；

3　业务资料编辑室的使用面积，每一工作人员不宜小于8.00m²；

4　业务资料阅览室可按8～10座位设置，每座位占使用面积不宜小于3.50m²；

5　公共图书馆的咨询、辅导用房，宜分别配备不小于15.00m²的接待室。

4.6.6　图书馆设有业务研究室时，其使用面积可按每人/6.00m²计算，研究室内应配置计算机网络、通信接口和电源插座。

4.6.7　信息处理用房的使用面积可按每一工作人员不小于6.00m²计算，室内应配备足够数量的计算机网络、通信接口和电源插座。

4.6.8　美工用房应符合下列规定：

1　美工用房应包括工作间、材料库和洗手小间；

2　工作间应光线充足，空间宽敞，最好北向布置，其使用面积不宜小于30.00m²；

3　工作间附近宜设小库房存放美工用材料；

4　工作间内应设置给排水设施，或设小洗手间与之毗邻。

4.6.9　计算机网络管理中心的机房应位置适中，并不得与书库及易燃易爆物存放场所毗邻。机房设计应符合现行国家标准《电子计算机机房设计规范》GB50174的规定。

4.6.10　缩微与照像用房应符合下列规定：

1　缩微复制用房宜单独设置，建筑设计应符合生产工艺流程和设备的操作要求；

2　缩微复制用房应有防尘、防振、防污染措施，室内应配置电源和给、排水设施；宜根据工艺要求对室内温度、湿度进行调节控制；当采用机械通风时，应有净化措施；

3　照像室包括摄影室、拷贝还原工作间、冲洗放大室和器材、药品储存间；

4　摄影室、拷贝还原工作间应防紫外线和可见光，门窗应设遮光措施，墙壁、顶棚不宜用白色反光材料饰面；

5　冲洗放大室的地面、工作柜面和墙裙应能防酸碱腐蚀，门窗应设遮光措施，室内应有给、排水和通风换气设施；

6 应根据规模和使用要求分别设置胶片库和药品库。胶片库的温度、湿度应符合本规范第7.2.1条及表7.2.1-2的规定。

4.6.11 专用的复印机用房应有通风换气设施。室内温度、湿度可根据所选用的机型要求确定。小型复印机可分散设置在各借、阅区内，其位置应便于工作人员管理。

4.6.12 音像控制室（以下简称控制室）应符合下列规定：

1 幕前放映的控制室，进深不得小于3.00m，净高不得小于3.00m；

2 控制室的观察窗应视野开阔。兼作放映孔时，其窗口下沿距控制室地面应为0.85m，距视听室后部地面应大于1.80m；

3 幕后放映的反射式控制室，进深不得小于2.70m，地面宜采用活动地板。

4.6.13 装裱、整修用房应符合下列规定：

1 室内应光线充足，宽畅，有机械通风装置；

2 有给、排水设施和加热用的电源；

3 每工作岗位使用面积不应小于10.00m²，房间的最小面积不应小于30.00m²。

4.6.14 消毒室应符合下列规定：

1 消毒室仅适用于化学方法杀虫、灭菌；

2 消毒室面积不宜小于10.00m²，建筑构造应密封；

3 地面、墙面应易于清扫、冲洗。并应设机械排风系统。废水、废气的排放应符合现行国家标准《污水综合排放标准》GB89，《大气污染物排放标准》GB16279的有关规定；

4 当采用物理方法杀虫灭菌时，其消毒装置可靠近总（中心）出纳台设置。

4.6.15 图书馆配有卫星接收及微波通讯装置时，天线等接受装置除应符合现行行业标准《民用建筑电气设计规范》JGJ/T16的有关规定外，应在其附近设面积不小于15.00m² 的机房。机房建筑设计应满足设备安装的技术要求。

5 文献资料防护

5.1 防护内容

5.1.1 防护内容应包括围护结构保温、隔热、温度和湿度要求、防潮、防尘、防有害气体、防阳光直射和紫外线照射、防磁、防静电、防虫、防鼠、消毒和安全防范等。

5.1.2 书库、非书资料库的温度、湿度要求应根据图书馆的性质、规模、重要性及库房类型区别对待，在设计中妥善解决。

5.1.3 视听、缩微、电子出版物等非书资料贮存库除应符合本规范表7.2.1-2所指特藏库的有关规定外，还应根据使用保管的特殊要求进行设计。

5.2 温度、湿度要求

5.2.1 基本书库的温度不宜低于5℃和高于30℃；相对湿度不宜小于40%和大于65%。当不能满足时，应采取相应的建筑构造或设备处理。

5.2.2 特藏书库温度应保持在12～24℃之间，日较差不应大于±2℃，相对湿度应为45%～60%，日较差不应大于10%。缩微胶片库的温、湿度应按胶片保存时间（长期、短期）、胶片性质（母片、拷贝片）、胶片种类（黑白、彩色）、胶片类型（银盐醋酸片基、银盐聚酯片基）的不同分别确定；长期或永久保存的胶片库，温度应低于20℃，中期保存的胶片库，温度不应超过25℃，并应避免温度、湿度在短时间内周期性的剧烈变化。各类特藏库房空气调节设计参数应符合本规范第7.2.1条和表7.2.1-2的规定。

5.2.3 与特藏库毗邻的特藏阅览室，温度差不宜超过±2℃，湿度不宜超过±10%，为避免温、湿度的剧烈变化，两者之间应设缓冲间。

5.3 防水、防潮

5.3.1 书库和非书资料库内应防止地面、墙身返潮，不得出现结露现象。

5.3.2 书库和非书资料库的室外场地应排水通畅。室内不得有给、排水管道穿过。屋面雨水排除应采用有组织外排法。并不得将水箱等蓄水设施直接放在其屋面上。

5.3.3 建于地下水位较高地区时，书库和非书资料库一层地面当不设架空层时，地面基层应有可靠的防潮措施。

5.3.4 书库和非书资料库设于地下室时，地下室的防水（潮）设计应符合现行国家标准《地下工程防水技术规范》GBJ108的有关规定；当不设空气调节时，应有可靠的除湿装置。

5.4 防尘、防污染

5.4.1 图书馆的环境绿化应选择净化空气能力较强的树种。

5.4.2 书库、非书资料库的楼、地面应坚实耐磨；墙面和顶棚应表面光滑不易积灰尘。

5.4.3 书库的窗扇应能开启方便，并有防尘的密闭措施，严寒及多风沙地区应设双层窗和缓冲门。

5.4.4 特藏库应设固定窗，必须开启的少量窗扇应采取防尘的密闭措施；空气中有害气体含量超过标准的地区，特藏库的空调系统应具有净化措施。

5.4.5 合理安排锅炉房、除尘室、洗印暗室等用房的位置，并结合需要设置通风装置，以减少其产生的尘埃和有害气体对馆区的影响。

5.5 防日光和紫外线照射

5.5.1 书库、特藏库及阅览用房均应消除或减轻紫外线对文献资料的危害。

5.5.2 天然采光的书库、特藏库及其阅览室应选用防紫外线玻璃和采用遮阳措施，防止日光直射。

5.5.3 书库、特藏库及阅览室采用人工照明时，宜选用乳白色灯罩的白炽灯。当采用荧光灯时，应有过滤紫外线和安全防火措施。

5.6 防磁、防静电

5.6.1 图书馆内的磁带库应远离能够产生强磁干扰的电器设备。

5.6.2 非书资料库的楼、地面不应采用容易产生静电的材料。

5.7 防虫、防鼠

5.7.1 图书馆的绿化应选择不滋生、引诱害虫及生长飞扬物的植物。

5.7.2 多蚊虫及潮湿地区，无空气调节设备的书库应安装可拆卸的纱窗，窗纱型号不少于C1.6。采用去湿机时，排水口应有水封装置。

5.7.3 食堂、快餐室、食品小卖部应远离书库设置。

5.7.4 门下沿与楼地面之间的缝隙不得大于5mm，鼠患严重地区宜采用金属门或下沿包铁皮的木门。墙身通风口应用耐腐蚀的金属网封罩。

5.7.5 图书馆的消毒室及设施应符合本规范第4.6.14条及所选设备的技术要求。

5.7.6 白蚁危害严重地区，应对木制品及木结构等采取有效的防治措施。

5.8 安全防范

5.8.1 图书馆应设安全防盗装置。

5.8.2 陈列和贮藏珍贵文献资料的房间应能单独锁闭，并设自动报警装置。

5.8.3 采取开架管理的阅览室，宜设安全监控装置。

5.8.4 位于底层之重要部门的外门窗均应加防盗设施；当有外遮阳时，亦应做防盗处理；有地下室时，地下室的窗户及采光井应另加设防护设施。

5.8.5 图书馆的主要入口处、特藏库、重要设备室、网络管理中心以及馆区周围宜设置电视监控系统。

6 消防和疏散

6.1 耐火等级

6.1.1 图书馆建筑防火设计，除应符合本章所列条文外，尚应符合现行国家标准《建筑设计防火规范》GBJ16、《高层民用建筑设计防火规范》GB50045的有关规定；当建筑物附有平战结合的地下人防工程时，尚应符合现行国家标准《人民防空工程设计防火规范》GBJ98的有关规定。

6.1.2 藏书量超过100万册的图书馆、书库，耐火等级应为一级。

6.1.3 图书馆特藏库、珍善本书库的耐火等级均应为一级。

6.1.4 建筑高度超过24.00m，藏书量不超过100万册的图书馆、书库，耐火等级不应低于二级。

6.1.5 建筑高度不超过24.00m，藏书量超过10万册但不超过100万册的图书馆、书库，耐火等级不应低于二级。

6.1.6 建筑高度不超过24.00m，建筑层数不超过三层，藏书量不超过10万册的图书馆，耐火等级不应低于三级，但其书库和开架阅览室部分的耐火等级不得低于二级。

6.2 防火、防烟分区及建筑构造

6.2.1 基本书库、非书资料库应用防火墙与其毗邻的建筑完全隔离，防火墙的耐火极限不应低于3.00h。

6.2.2 基本书库、非书资料库，藏阅合一的阅览空间防火分区最大允许建筑面积：当为单层时，不应大于1500m²；当为多层，建筑高度不超过24.00m时，不应大于1000m²；当高度超过24.00m时，不应大于700m²；地下室或半地下室的书库，不应大于300m²。

当防火分区设有自动灭火系统时，其允许最大建筑面积可按上述规定增加1.00倍，当局部设置自动灭火系统时，增加面积可按该局部面积的1.00倍计算。

6.2.3 珍善本书库、特藏库，应单独设置防火分区。

6.2.4 采用积层书架的书库，划分防火分区时，应将书架层的面积合并计算。

6.2.5 书库、非书资料库、珍善本书库、特藏书库等防火墙上的防火门应为甲级防火门。

6.2.6 装裱、照像等业务用房不应与书库、非书资料库贴邻布置。书库内部不得设置休息、更衣等生活用房，不得设置复印、图书整修、计算机机房等技术用房。

6.2.7 书库楼板不得任意开洞，提升设备的井道井壁（不含电梯）应为耐火极限不低于2.00h的不燃烧体，井壁上的传递洞口应安装防火闸门。

6.2.8 书库、非书资料库，藏阅合一的藏书空间，当内部设有上下层连通的工作楼梯或走廊时，应按上下连通层作为一个防火分区，当建筑面积超过本规范第6.2.2条的规定时，应设计成封闭楼梯间，并采用乙级防火门。

6.2.9 图书馆的室内装修应符合现行国家标准《建

筑内部装修设计防火规范》GB50222 的有关规定。

6.3 消 防 设 施

6.3.1 藏书量超过 100 万册的图书馆、建筑高度超过 24.00m 的书库和非书资料库，以及图书馆内的珍善本书库，应设置火灾自动报警系统。

6.3.2 珍善本书库、特藏库应设气体等灭火系统。电子计算机房和不宜用水扑救的贵重设备用房宜设气体等灭火系统。

6.3.3 建筑灭火器配置应符合现行国家标准《建筑灭火器配置设计规范》GBJ140 的有关规定。

6.4 安 全 疏 散

6.4.1 图书馆的安全出口不应少于两个，并应分散设置。

6.4.2 书库、非书资料库、藏阅合一的藏书空间，每个防火分区的安全出口不应少于两个。但符合下列条件之一的，可设一个安全出口：

1 建筑面积不超过 100.00m² 的特藏库、胶片库和珍善本书库；

2 建筑面积不超过 100.00m² 的地下室或半地下室书库；

3 除建筑面积超过 100.00m² 的地下室外的相邻两个防火分区，当防火墙上有防火门连通，且两个防火分区的建筑面积之和不超过本规范第 6.2.2 条规定的一个防火分区面积的 1.40 倍时；

4 占地面积不超过 300.00m² 的多层书库。

6.4.3 书库、非书资料库的疏散楼梯，应设计为封闭楼梯间或防烟楼梯间，宜在库门外邻近设置。

6.4.4 超过 300 座位的报告厅，应独立设置安全出口，并不得少于两个。

7 建 筑 设 备

7.1 给 水 排 水

7.1.1 馆区内应设室内外给水、排水系统和消防给水系统，及相应的设施和设备。

7.1.2 书库内不应设置供水点。给排水管道不应穿过书库。生活污水立管不应安装在与书库相邻的内墙上。

7.1.3 在馆内适当位置宜设置饮水供应点。

7.1.4 缩微照像冲洗室的排水管道应耐酸、碱腐蚀，室外应设污水处理设施。

7.2 采暖、通风、空气调节

7.2.1 图书馆设置采暖或空气调节系统时，室内温度、湿度设计参数应分别符合表 7.2.1-1 及表 7.2.1-2 的规定。

(采暖地区) 图书馆各种用房冬季采暖室内设计温度　表 7.2.1-1

房间名称	冬季采暖室内计算温度（℃）
少年儿童阅览室	18～20
阅览室	18
珍善本书、舆图阅览室	
开架书库	
缩微阅览室	
研究室	
电子阅览室	
目录、出纳厅（室）	16～18
会议室	
视听室	
内部业务办公室	
装裱修整间	16～18
复印室	
陈列室	
读者休息室	
门厅、走廊、楼梯间	14～16
报告厅（多功能厅）	
陈列室	
书库	
厕所	
其他	—

图书馆室内空气调节设计参数　表 7.2.1-2

房间名称			材质	干球温度（℃）冬	干球温度（℃）夏	相对湿度（%）冬	相对湿度（%）夏	风速 m/s 冬	风速 m/s 夏
舆图、珍善本书库				12～24±2		45～60		—	—
特藏库	缩微资料库	母片及永久保存库（长期保存环境）	银盐醋酸片基	≤20		15～40		—	—
			银盐醋酸片基	≤20		30～40		—	—
		一般胶片库（中期保存环境）	银盐醋酸片基	≤25		15～60		—	—
			银盐醋酸片基	≤25		30～60		—	—
		彩色胶片库（长期保存环境）	银盐醋酸片基	≤2		15～30		—	—
			银盐醋酸片基	≤2		25～30		—	—
		彩色胶片库（短期保存环境）	银盐醋酸片基	≤10		15～60		—	—
			银盐醋酸片基	≤10		25～60		—	—
	唱片、光盘库			≤10		40～60		—	—
	磁带库		醋酸、聚酯	≤10		40～60		—	—

续表

房间名称	材质	干球温度（℃）		相对湿度（%）		风速 m/s	
		冬	夏	冬	夏	冬	夏
少年儿童阅览室		18～20	24～28	40～60	40～65	<0.2	<0.3
普通阅览室		18～20	24～28	40～60	40～65	<0.2	<0.3
装裱整修		18～20	24～28	40～60	40～65	<0.2	<0.3
研究室		18～20	24～28	40～60	40～65	<0.2	<0.3
目录厅、出纳厅		18～20	24～28	40～60	40～65	<0.2	<0.3
视听室		18～20	24～28	40～60	40～65	<0.2	<0.3
报告厅		18～20	24～28	40～60	40～65	<0.2	<0.3
美工室		20～22	24～28	40～60	40～65	<0.2	<0.3
会议室		18～20	24～28	40～60	40～65	<0.2	<0.3
缩微阅览室		18～20	24～28	40～60	40～65	<0.2	<0.3
电子阅览室		18～20	24～28	40～60	40～65	<0.2	<0.3
普通书库		18～20	24～28	40～60	40～65	<0.2	<0.3
公共活动空间		18～20	24～28	40～60	40～65	<0.2	<0.3
内部业务办公		18～20	24～28	40～60	40～65	<0.2	<0.3
电子计算机机房		18～20	24～28	40～60	40～65	<0.2	<0.3

7.2.2 书库集中采暖时，热媒宜采用温度低于100℃的热水，管道及散热器应采取可靠措施，严禁渗漏。

7.2.3 空气调节设备应有专门的机房，其位置应远离阅览区。机房门应为乙级防火门，风管进入书库时应设防火阀门。

7.2.4 馆内各种用房应有自然通风，阅览室应采取建筑措施或机械排风设备，在冬季门窗关闭情况下，满足室内通风换气的需要。

7.2.5 书库无空气调节系统时，应设机械通风设备。当地空气污染超标时，应有净化措施。

7.2.6 特藏库、缩微复制间的送风系统导入空气应进行净化处理。

7.2.7 书库、阅览室应保持气流均匀；采用机械通风时，阅览空间与工作空间的空气流速不应大于0.5m/s。

7.2.8 馆内各种用房通风、换气设计参数应符合表7.2.8的规定。

图书馆各种用房通风换气次数　　表 7.2.8

房间名称	通风换气次数（次/h）
陈列室	1～2
研究室	
目录、出纳厅（室）	
缩微照像室	
普通阅览室	1～2
内部业务用房	
报告厅	2
视听室	
珍善本书、舆图阅览室	
缩微阅览室	2
装裱修整间	
会议室	
书库	1～3
少年儿童阅览室	
读者休息室	3～5
复印室	5～10
消毒室	
厕所	

注 1. 普通阅览室和内部业务用房，寒冷地区冬季宜设机械通风装置；
2. 书库和少年儿童阅览室炎热地区书库宜设机械通风，高温季节每小时宜换气3次；霉雨季节窗应严密关闭；
3. 复印室、消毒室和厕所应设机械通风。

7.3 建筑电气

7.3.1 藏书量超过100万册的图书馆，其用电负荷等级不应低于二级；其他图书馆，用电负荷等级不应低于三级。

7.3.2 图书馆各种用房人工照明设计标准应符合表7.3.2的规定。

人工照明照度标准　　表 7.3.2

房间名称	照度标准（lx）	参考平面及其高度（m）
老年人阅览室	200～500	0.75（水平）
少年儿童阅览室		
珍善本、舆图阅览室		

续表

房间名称	照度标准(lx)	参考平面及其高度(m)
光盘检索室	150～300	0.75（水平）
普通阅览室		
装裱修整间	150～300	0.75（水平）
美工室		
研究室		
内部业务办公室	75～150	0.75（水平）
陈列室		
目录厅（室）		
出纳厅（室）		
视听室		
报告室		
缩微阅览室		
会议室		
读者休息室	50～100	0.75（水平）
开敞式运输传送设备		
电子阅览室		
书库	20～50（垂直照度）	0.25（垂直面）
门厅、走廊、楼梯间、厕所等	30～75	地面

注 1. 专业阅览、珍善本舆图阅览可设局部照明；
2. 陈列室应设局部照明；
3. 缩微阅览室的环境亮度与缩微阅读器屏幕亮度比宜为1∶3；
4. 开架书库设有研究厢的，应设局部照明。

7.3.3 图书馆的建筑电气设计，应对藏、借、阅、管各空间具有灵活互换的可能性；提供在各种空间（借、阅、业务工作等）应用电子计算机、视听、缩微、复印等技术设备的可能性。

7.3.4 图书馆应设应急照明、值班照明或警卫照明。

7.3.5 阅览区的照明可分区控制，阅览桌宜设局部照明。

7.3.6 书库照明宜选用不出现眩光的灯具，灯具与图书资料等易燃物的垂直距离不应小于0.50m。当采用荧光灯照明时，宜采用节电装置。

7.3.7 书库照明宜分区分架控制，每层电源总开关应设于库外。凡采用金属书架并在其上敷设220V线路、安装灯具及其开关插座等的书库，必须设防止漏电的安全保护装置。

7.3.8 书架行道照明应有单独开关，行道两端都有通道时设双控开关；书库楼梯照明也应采用双控开关。

7.3.9 外借量较大的出纳厅，可按需要设信号或屏幕显示装置。

7.3.10 图书馆中应在适当位置设公用电话。

7.3.11 图书馆应设事故紧急广播，宜设开、闭馆音响讯号装置。

7.4 综合布线

7.4.1 新建图书馆宜根据规模、性质及建设条件采用综合布线系统。布线系统应与图书馆业务的自动化、办公自动化、通信自动化、监控管理自动化、读者服务自动化等设施统一考虑。

7.4.2 图书馆建筑采用综合布线系统时，应按其计算机应用及发展规划进行设计。

7.4.3 综合布线系统应根据实际需要选择适当型级的综合布线系统，可参照现行的中国工程建设标准化协会标准《建筑与建筑群综合布线系统工程设计规范》CECS72∶97的有关规定。

附录A 藏书空间容书量设计估算指标

A.0.1 藏书空间每标准书架容书量设计估算指标应符合表A.0.1的规定。

藏书空间每标准书架容书量设计估算指标（册/架）表A.0.1

图书馆类型 / 藏书方式		公共图书馆		高等学校图书馆		少年儿童图书馆	增减度
		中文	外文	中文	外文	中文	
开架	社科	550	400	480	350	400～500（半开架）	±25%
	科技	520	370	460	330		
	合刊	250	270	220	240		
闭架	社科	640	400	560	350		
	科技	600	370	530	330		
	合刊	290	270	260	240		

注 1. 双面藏书时，标准书架尺寸定为1000mm×450mm，开架藏书按6层计，闭架按7层计，其中填充系数K均为75%；
2. 盲文书容量按表中指标1/4计算；
3. 密集书架藏书量约为普通标准架藏书量的1.5～2.0倍；
4. 合刊指期刊、报纸的合订本。期刊为每半年或全年合订本；报纸为每月合订本，按四开版面8～12版计。每平方米报刊存放面积可容合订本55～85册。

A.0.2 藏书空间单位使用面积容书架量设计计算指

标应符合表A.0.2的规定。

藏书空间单位使用面积容书架量设计计算指标（架/m^2） **表A.0.2**

	含本室内出纳台	不含本室内出纳台
开架藏书	0.5	0.55
闭架藏书	0.6	0.65

附录B 阅览空间每座占使用面积设计计算指标

B.0.1 阅览空间每座占使用面积设计计算指标应符合表B.0.1的规定。

阅览空间每座占使用面积设计计算指标（m^2/座） **表B.0.1**

名　称	面　积　指　标
普通报刊阅览室	1.8～2.3
普通阅览室	1.8～2.3
专业参考阅览室	3.5
非书本资料阅览室	3.5
缩微阅览室	4.0
珍善本书阅览室	4.0
舆图阅览室	5.0
集体视听室	1.5（2.0～2.5含控制室）
个人视听室	4.0～5.0
儿童阅览室	1.8
盲人读书室	3.5

注 1. 表中使用面积不含阅览室的藏书区及独立设置的工作间。
2. 集体视听室、如含控制室、可用2.00～2.50m^2/座，其他用房如办公、维修、资料库应按实际需要考虑。

附录C 目录柜占用面积计算公式

C.0.1 目录柜的占用面积，可按下列公式计算：

1. 无查目台时 $\alpha=18.40/n\cdot T$ C.0.1-1

2. 有查目台时 $\alpha=29.86/n\cdot T$ C.0.1-2

式中 α为每一万张卡片所占用的面积，单位为m^2/万张卡

n为每个目录屉的横向列数

T为所选用目录柜的总层数。

注 1：目录柜宽800mm，深450mm，横向五屉。
2：目录柜横向组合按每组5柜长4m计算，通道净宽按本规范表4.4.4的规定确定。
3：每屉容量按1000张国标标准卡片、充盈系数0.75计算。

本规范用词说明

1.0.1 为便于在执行本规范条文时区别对待，对于要求严格程度不同的用词说明如下：

1. 表示很严格，非这样作不可的：
正面词采用“必须”，反面词采用“严禁”；

2. 表示严格，在正常情况下均应这样作的：
正面词采用“应”，反面词采用“不应”或“不得”；

3. 表示允许稍有选择，在条件许可下应这样作的：
正面词采用“宜”，反面词采用“不宜”；

表示有选择，在一定条件下可以这样做的，采用“可”。

1.0.2 条文中指明应按其他有关标准执行的写法为“应按……执行”或“应符合……要求或规定”。

中华人民共和国行业标准

图书馆建筑设计规范

Code for Design of Library Buildings

JGJ 38—99

条 文 说 明

前　言

《图书馆建筑设计规范》JGJ 38—99，经建设部一九九九年六月十四日以建标［1999］224 号文批准，业以发布。

本规范第一版原主编单位是中国建筑西北设计研究院，参编单位是陕西省图书馆、湖南省图书馆、武汉大学图书情报学院、南京工学院。

为便于广大设计、施工、科研、学校等单位的有关人员在使用本规范时能正确理解和执行条文规定，《图书馆建筑设计规范》编制组按章、节、条顺序编制了本规范的条文说明，供国内使用者参考。在使用中如发现本规范及条文说明有不妥之处，请将意见函寄中国建筑西北设计研究院（西安市西七路 173 号，邮编 710003）。

目　次

1 总　　则

1.0.1 本规范是在《图书馆建筑设计规范》JGJ38—87（以下简称原规范）的基础上修订的，为了阐明本规范的修订目的，特作本条规定。《原规范》自1987年试行以来，对于指导我国的图书馆建筑设计工作起到了很好的作用。但《原规范》是根据当时的国情及图书馆尚停留在闭架管理，“以藏为主”的建馆模式下制定的。“八五”期间，随着我国经济建设的迅速发展，图书馆事业也发生了很大变化，开架管理、计算机在图书馆中的广泛应用和各种电子出版物的出现、图书馆服务手段的现代化，对图书馆建筑设计提出一系列新的课题。图书馆空间的灵活性、适应性越来越引起广大图书馆工作者的关注，传统图书馆正向着现代化图书馆过渡。改革开放二十多年来，在这方面已经积累了不少成功的经验。尤其是党的十四届六中全会决议中，明确提出要加强精神文明建设。而图书馆建设将成为大中城市文化建设的重点，为了适应这一形势发展的需要，有必要、也有条件对《原规范》在总结经验的基础上进行全面修订，指导今后的图书馆建筑设计，使图书馆建筑设计质量不断提高，更好满足使用功能、安全、卫生等方面适应新形势下的基本要求，使建设资金得到合理使用，发挥应有的社会效益。

本规范是对图书馆建筑设计的最基本要求。满足本规范的规定，可以保证图书馆建筑符合功能、安全和卫生等方面的基本要求。至于个别馆有更复杂的功能，更高的要求，完全允许其按工艺要求确定其建设标准。

1.0.2 为明确本规范的适用范围，特作本条规定。公共图书馆规定到县级（含少年儿童图书馆），高等学校图书馆则包括大学、学院、专科学校、成人教育学院等配套完整的图书馆。至于机关、部队、企业内部和工会俱乐部所属的图书馆可参照执行本规范中的有关内容执行。由于图书馆功能的扩展，信息载体的日新月异和人们获取手段的多样化，势必会出现全新概念的图书馆，而本规范的针对对象仍以书本为主要知识载体的图书馆，故删去了原规范中“其他各类型图书馆的建筑设计，应参照本规范有关条文执行”一句。

1.0.3、1.0.4 这两条对图书馆建筑设计的指导思想作原则性规定。即强调图书馆建筑设计，首先必须满足图书馆的功能要求，即文献资料信息的采集、加工、利用和安全防护的功能要求；为读者、工作人员创造良好的环境和工作条件。同时还应结合馆的性质和特点及发展趋势，为运用先进的管理方式、现代化的服务手段提供灵活性强、适应性高的空间。并力求造型美观，环境协调。突出以“读者为主，服务第一”的设计原则，较之于《原规范》“应结合国情和地方特点，使藏书接近读者”一句，更加具体和明确。

1.0.5 这一条阐明本规范与现行其他规范的关系。在现行标准中有国家标准，行业标准；有强制执行的标准，也有参照执行的标准。如《民用建筑设计通则》、防火规范等都是必须执行的强制性标准，设计中必须遵循。其他各类民用建筑设计规范等则为行业标准，行业标准有的可以参照相关内容，有的则完全与本规范无关。如图书馆建筑设计就不必执行医院建筑设计规范。这样界定，使规范的内容更准确。

2 术　　语

本章是根据1991年原国家技术监督局、建设部关于《工程建设国家标准发布程序问题的商谈纪要》的精神和《工程建设技术标准编写规定》的有关规定编写的。

主要拟定原则是列入本规范的术语是本规范专用的。在其他规范中未出现过的；或在其他学术界出现但定义不统一或不全面，容易造成误解者。考虑到本规范使用对象的特点，术语解释侧重于与建筑设计有关的方面。术语的编排为图书馆、阅览室、书库、书架、其他等类型分门别类阐述。

3 选址和总平面布置

3.1 选　　址

馆址的选择是建馆前期不容忽视的工作，它直接关系着建馆的成功与否。因此，在修订过程中，将原规范中第二章的标题“基地和总平面”改成现在的标题，强调选择馆址是建馆过程的必要环节，建筑师和图书馆专家应参与其中，发挥各自的专业特长，选好馆址。并在规范中列出选址的四条标准。

3.1.1 选择馆址，公共图书馆应根据当地的城市规划，关于文化建筑网点的布局及要求；大专院校的图书馆，则应服从于校园的总体规划。因为，已经批准实施的城市规划，或校园总体规划，具有一定的法律效力，其规划内容中已对交通组织和环境质量，都做了周密考虑，服从总体规划的要求，可以使图书馆与周围环境协调统一。

3.1.2 不论是公共图书馆，还是高校图书馆，过去总以为“环境安静”是至为重要的。但实际情况并非仅仅如此。有些图书馆虽然“环境安静”，但由于所处位置偏远，交通不便，读者不多；而有的馆虽然处于闹市中，但因位置适中，交通方便，反而门庭若市。另外，随着人们对地震、水患等各种自然灾害的深入了解，对图书馆的选址标准有了更深入的认识，因此提出选址应综合各种因素，周密考虑，不可单纯追求环境安静。应该选择位置适中，交通方便，环境相对安静，工程地质及水文地质条件较有利的地段。

3.1.3 环境污染已成为目前一个十分突出的问题，除了水质、大气以外，还有噪声、强电磁波等，都给环境带来一定程度的污染。国家对此十分重视，已颁布了多项法规。图书馆是人流集中，馆藏珍贵，对环境质量要求较高的单位，不容许发生水灾、爆炸或受到粉尘、大气污染、强电磁波干扰。因此，选址中应远离各种污染源，按照有关法规、满足防护距离的要求。

3.1.4 各类图书馆原则上应单独建造，特别是省市级以上的公共图书馆更应如此。至于县（区）级以下的图书馆，由于用地、资金、或隶属关系等原因需要合建时，应将性质相近的单位组合在一起，而且必须满足图书馆的使用功能和环境要求，自成一区，单独设置出入口。调查中发现，把图书馆和群众文化馆合建的为数不少；还有的地方，为了追求气派，扩大建设规模，硬将图书馆与一些使用性质毫不相关的项目搭配在一起，更有甚者，将职工宿舍，家属住宅也组合在图书馆建筑中，严重影响图书馆的使用功能和安全，今后应杜绝此种现象。

3.2 总平面布置

3.2.1 功能分区合理，是总平面布置的一项基本原则。至于图书馆有哪些功能区域，则随着经济建设的发展和小而全思想的被突破，发生了明显变化。在此之前，图书馆一般分馆区和生活福利区两大部分，随着生活服务社会化，住房商品化的发展，今后的福利区将会逐渐消失。至于县（区）级以下的馆，由于各种原因，还会保留部分职工住宅宿舍，则应与馆区截然分开，各自有独立的出入口。

3.2.2 这一条是针对总平面布置中的交通组织而定。安排各种出入口和场地内部的交通组织是总平面布置的主要工作内容之一，重要的原则是应做到人、车分流。道路布置应便于人员进出，图书运送、装卸和消防疏散。馆的主出入口应按照《方便残疾人使用的城市道路和建筑物设计规范》的要求，为残疾人和老年人等行动不便者设置坡道、扶手、盲文标志、音响信号等设施。

3.2.3 图书馆设有少年儿童阅览区时，由于少儿读者的使用特点不同于成人，为避免相互干扰，应将该区与馆区的其他区域分开，单独设出入口。为适应少儿的活动特点，室外应开辟一个专门活动场地，设置沙盘等游戏玩具、宣传栏、凉亭、花架和优美的绿化，使少儿读者的身心得到良好的陶冶。

3.2.4 这一条是新增加的内容。图书馆要求有较好的室外环境，有足够的绿化面积，因此建筑密度不宜过高。调查中发现，有的老馆由于不断扩建，使场地十分局促；有些新馆，由于征地不足，建筑密度过高，缺乏较好的环境质量。因此，建议在建新馆时，如果条件允许，最好控制建筑覆盖率在40%以下。保证有足够的绿化面积和读者户外活动场地。

3.2.5 无论是公共图书馆还是高校图书馆，汽车和自行车的停放，特别是读者使用的交通工具停放问题日趋尖锐，亟待解决。在国家未正式颁发相关法规之前，如上海、北京等大城市已有地方法规或统一规划，设计可以参照执行。或者在设计中按实际的统计数字确定车辆的存放数量和位置。最好将内部使用和外部使用的停车场分开设置。供外部使用的停车场，应接近出入口，位置宜隐蔽。自行车停车场应有防雨棚和停车架。自行车棚的面积可按下表选用。

表1 自行车单位停车面积

停车方式		单位停车面积 m^2/辆			
		单排一侧	单排两侧	双排一侧	双排两侧
垂直排列		2.10	1.98	1.86	1.74
斜排列	60°	1.85	1.73	1.67	1.55
	45°	1.84	1.70	1.65	1.51
	30°	2.20	2.00	2.00	1.80

注：地下停车场坡道一般为12%～14%坡度

对外使用的机动车停车场，如当地主管部门没有明确规定，可按每0.2停车位/100m^2建筑面积确定停车辆数，单位停车面积可按25～35m^2计算。

3.2.6 提高环境质量，重视绿化，已成为当前建筑设计界共同关心的问题。图书馆的环境绿化，不再是可有可无的事。应该根据馆的性质，所在地区的气候特点做好绿化设计。绿化覆盖率不宜小于30%，绿化的树种应有利于文献资料的保护，以能净化空气为佳。避免选用花絮飞扬，滋生昆虫或产生不良气味的树种。为防止高大树木的根系影响建筑物的安全和构筑物（如地沟、管线）妨碍树木生长，绿化与建筑物、构筑物、道路和管线之间的距离，应符合有关的规定。

4 建筑设计

4.1 一般规定

4.1.2 图书馆是功能性较强的民用建筑之一，建筑布局应与管理方式、服务手段相适应，合理安排采编、收藏、外借、阅览之间的运行路线，使读者、管理人员和书刊运送路线便捷畅通，互不干扰。设计要达到上述要求，首先必须有一个好的工艺设计，从使用功能上确定先进的管理方式和采用现代化的服务手段，合理安排各部门间的关系和日常工作流程，用以指导设计。在当前，从传统管理模式向现代管理模式转化的过渡阶段，尚没有一个定型的图书馆工艺要求为指南，供广大设计工作者遵循。为此，要求建筑师应与图书馆管理人员密切配合，发挥各自的专业特长，在进行建筑方案设计之前，首先提出一个符合本馆实际，切实可行的工艺流程方案和详尽的设计任务书。

4.1.3 各类图书馆随着管理模式的改变，服务手段的不断完善和现代化，对图书馆的建筑空间要求有较大的灵活性和适应性以满足功能调整变化的需要。特别是近十年来，开架管理逐步扩大，要求藏阅合一的综合空间越来越多。传统的藏、借、阅功能固定的馆舍，已远不能适应发展的需要。出现了柱网、层高、荷载统一的做法，即所谓“三统一”。这也是汲取国外模数式图书馆的特点为我所用。因此，在确定图书馆各空间的柱网、层高和荷载时，设计应从灵活性方面多加考虑，综合分析，慎重确定。当然，强调“三统一”并非涉及所有的空间，对于藏、阅合一的空间，功能经常发生调整变化空间，宜采用“三统一”的做法。至于功能相对稳定的空间，如办公、会议室，内部业务用房，则应按实际使用要求确定其柱网尺寸和层高，按结构荷载规范中的规定选用荷载。

4.1.4 四层及四层以上的阅览室用电梯作为垂直交通工具，目前已经成为大家的共识。有的馆还为读者安装了自动扶梯。这是因为一方面经济发展，建馆的条件改善了，建设资金较充裕，而更重要的是实行开架管理后，人们的观念改变了，从传统的“以藏为主”，转变为“以阅为主”，强调“读者为主、服务第一”。因此尽可能多地为读者创造方便舒适的阅览环境，提高文献资料的利用率，争取更大的社会效益，成为图书馆管理人员所追求的目标之一。另外，从人体的生理角度分析，正常人空手攀登高度13.50m，即感到腿软。何况读者中还有大量的老年人、行动不方便的残疾人，因此规定图书馆的四层及四层以上设有阅览室时，宜设乘客电梯或客货两用电梯。如受经济条件限制，可预留电梯井，至于用客梯还是客货两用梯则视资金情况而定。一般而言，客梯比客货两用梯装修等级高，也昂贵的多。

4.1.5 图书馆的使用特点是读者集中，开放时间长，现代化设备日益增多，室内空间开敞。因此照明、空调及设备用电量就比其他公共建筑大。而图书馆又是非营利性的事业单位，降低建筑物的日常运行费用，减轻单位的负担是设计必须认真考虑的问题。如无特殊要求，设计应尽量利用天然采光和自然通风，对围护结构的热工指标按有关规范的规定取值，达到节能的目的。

4.1.6 表4.1.6的内容摘自新修订的《建筑采光设计标准》。图书馆的各类用房的天然采光标准不应低于表中的规定。有些阅览室进深过大，双面采光尚不能满足标准要求时，可考虑用局部人工照明加以补充。

4.1.7，4.1.8 图书馆建筑要求使用环境安静，除在选址中予以考虑外，建筑平面布置时，宜根据各类用房的噪声等级，分区布置。对于产生噪声的设备用房，电梯井道等，除在平面布置上远离阅览区外，还应采取隔声构造措施，减少其对馆区的影响。

4.1.9 为方便老年人和行动不便的残疾读者，除总平面上要考虑对出入口、道路的特殊要求外，建筑设计中也要贯彻执行《方便残疾人使用的城市道路和建筑物设计规范》JGJ150的有关要求。

4.1.10 国际建协《芝加哥宣言》指出：“建筑及其建成环境在人类对自然环境的影响方面，扮演着重要的角色。符合可持续发展原理的设计，需要对资源和能源的使用效率，对健康的影响，对材料的选择方面进行综合思考”。“需要改变思想，以探求自然生态作为设计的重要依据”。图书馆建筑设计应该突破单学科的局限，对建筑物的结构、系统、服务和管理以及其间的内在联系，综合考虑，优化选择，提供一个投资合理，使用效率高，经常运行费用低，能适应发展的建筑设计。

4.2 藏书空间

4.2.1 图书馆事业在不断的发展，管理模式已由过去的闭架管理转向开架管理。为了适应这种新形势，藏书方式也突破了过去仅由基本书库、特藏库、密集书库三种藏书形式，扩大到包括阅览室藏书在内的四种形式，使各个学科分别形成相对独立的藏阅单元，充分发挥其高效、便捷的优越性。在这种形式下，要求把最近、最新、参考性最强的常用书分别放在相关的阅览室内施行开架管理，由读者自行提阅，并且定期更新调换。为了节约藏书面积，在开架量较大的大型馆舍中，通常将一些流通量很低，又暂不能剔除的呆滞书放入安装了电动或手动密集书架的密集书库。这就形成了藏书的四种基本形式。密集库因为荷载较大，宜安排在建筑的地面层。

4.2.2 图书馆书库的结构形式虽有多种多样，但近代新建馆舍的结构形式多采用钢筋混凝土框架系统。其柱网尺寸按1.20m或1.25m的倍数，多为7.50m×7.50m或7.20m×7.20m。这对结构体系而言是经济合理的，对图书馆功能而言，无论开架或闭架管理均能较好的满足使用要求。其他因地制宜的选用6.00m×6.00m或6.60m×6.60m等柱网的实例，也可供设计者参考。

4.2.3 藏书量的计算是确定藏书空间大小的依据。长期以来，一直沿用按单位建筑面积藏书册数作为设计指标。由于影响这一指标的因素很多，常使计算不够准确。本次修改为按开、闭架管理形式，每标准书架的藏书量和单位使用面积的容书架量两个指标，设计可按既定的管理模式，对照选用，作出较准确的估算。

4.2.4 书库及藏书区空间和柱网尺寸的确定应以平面布局设计的书架排列为依据。而书库排列的原则应是有利于通风、采光、方便查书、上架、提书、运书、防火、疏散，以及入库阅览等。在满足上述条件之下，争取最大的藏书容量。

表 4.2.4-1 提出书架在不同情况下的排列长度（按书架档数计），也是控制提书距离的一项必要措施。

由于近代图书馆建筑的结构系统多为框架结构体系，柱网多在 6.00～7.50m 之间，书库连续排架数实际已突破了原规范限制的最多数量。在调查中管理人员并未反映使用不便。本次修订时，经综合考虑建筑平面布局及设计等问题，调高原连续排架的最大限量。

表 4.2.4-2 规定了书架排列的最小净距离和库内主、次通道，靠墙一侧的档头走道等的最小宽度。次通道净宽在开架布置时将原 1.00m 改为 1.10m，以保证两人并排顺利通行。且符合《民用建筑设计通则》有关规定。

4.2.5 在基本书库设计中，长期以来沿袭着一种使外墙开窗对正各条书架行道的做法。行道净宽规定为 0.80m，故窗宽也只能限定在 0.80m 以内。有时为了扩大采光效果进一步又把窗台降低（距楼地面不超过 0.60m），因而构成狭长的条形窗。

随着开架阅览及入库阅览的发展，把书库（包括开架阅览室的固定藏书区）窗子做成大窗或水平连通的带形窗的设计也屡见不鲜。致使书架档头不能正对窗间墙。在这种情况下，书架与外墙之间应留出档头走道，即不得使书架档头直接紧靠窗子，以避免藏书受到日晒雨淋，或因距离散热片太近致使藏书遭受损伤，以及给开窗、关窗造成不便或对防盗安全及室外观瞻不利。

4.2.6 缩微资料数量不大时，可将装有缩微读物的各种盒子收藏在有多层抽屉的资料柜或带有许多小格的文件柜中，与缩微阅读设备临近放置。

缩微资料数量大时应设专门的特藏库，与缩微阅读室毗邻通连，以利管理。库内可采用和普通钢书架规格统一的架子（只是各层搁板换成存放缩微小盒的挂斗），与一般书库采取同样的排列。有条件时也可采用可启闭的密集书架（电动或手动），更有利于防火和防尘。

属于视听资料的录音片、录音带、电影片、录像带、幻灯片等也都可以使用上述形式的架子收藏，存放在视听资料库内待借，或存放在声像控制室里供演播时就近取用。

珍善本书及部分舆图资料在图书馆内属特藏珍品，从安全防护角度出发，应单独设库收藏并采取必要的安全防护措施。珍善本书库可与珍善本书阅览室毗连设置，也可分开单设。

以上各库，有的由于载体的材料特点，有的为了保护文献，延长使用寿命，在贮藏存放上都要求有良好的防护条件和较为稳定的温湿度。故应在一般书库之外，另设特藏库保管。要求较高的特藏库，可做成全封闭的库房，安装空调、人工照明，设置保安、报警、灭火系统（应为气体灭火系统）。设计中还应根据具体情况将各类有温湿度要求的用房集中或分区集中布置。

4.2.7 书库与出纳台之间可设置更衣室、厕所和清洁卫生间。有人耽心会因此加长出纳台和书库之间的距离，认为基本书库与出纳台之间越近越好，但是基于出纳工作的特点，从关心人的角度出发，考虑上述要求还是非常必要的。

以开架阅览为主的馆舍，在开架阅览室的管理台附近设置工作室，既可作业务工作之用，又可兼顾工作人员更衣、存包和休息之用，很受欢迎。

书库内要求防水，除消火栓外，应避免设有生活、工作水源。为防止暖气漏水，有条件的馆舍可改为暖风采暖。

综上所述，厕所及卫生间不应设于库内，也不应面向库内开门。为了防止书库进水，厕所及卫生间的地面应比同层书库地面降低 0.02～0.03m。

4.2.8 基本书库的净高（包括开架阅览室的固定藏书区）宜不少于 2.40m。但对于较大面积的开架阅览室的藏书区，考虑到总体空间尺度及采光、卫生、心理效果，其净高尺寸可另行确定。目前 2.60m、4.20m 也均有采用。有条件时，书库楼板应采用无梁楼盖，底板平整无突出构件（柱帽尽量缩小或无柱帽），是较理想的做法。凡板下有梁或设备管线通过时，梁底或设备管线最低表面（即最低坡高处）的局部净高不应小于 2.30m。采用积层书架时，书库净高不得低于 4.70m，目前生产的积层书架下层高 2.40m，上层高 2.15m，书架层板厚 0.05m，装配简单，空间经济。

4.2.9 为了便于库内工作人员提书、归书的方便，书库各楼层之间应设辅助楼梯。并分别对楼梯宽度与坡度规定了限值。所定限值与《民用建筑设计通则》专用服务楼梯相一致。同时也符合《建筑设计资料集》所推荐的“适宜坡度”范围。本条还规定必须采取防滑措施，这对常年提书、归书上下奔走于书库各楼层之间的工作人员来说也是一个安全的保障。

4.2.10 为馆内垂直运书，应设电动书梯或客货两用电梯。条件不具备者，也应设机械或半机械化的书斗或提升装置，四层及四层以上的提升设备宜不少于两台（载重不少于 100kg）六层及六层以上的书库应设置专用电梯（载重 500kg 以上）。

目前国内大量图书馆书库内使用的提升设备，主要是小书梯，但大都没有层面显示，这给使用带来极大的不便。为此在设备订购时，应明确提出要求增设层面显示。

4.2.11 对自动传输设备列了一条，目的在于提示要重视这方面的问题，同时也强调要满足其安装的技术规定，以使建筑设计更具有先进性。

4.2.12 规定书库与阅览室楼地面同一标高，目的是为了保证水平运书的通畅。书库提升设备一般应设在书库与出纳台相邻的适当位置，使之既便于采编部门把加工好的新书成批地运送入库（或通过典藏室入库），又便于日常借书、还书的上下运输。故应尽可能靠近出纳台设置（当有水平传送自动运书设备时也可随库内中心站设置）。

提升设备的门一般都是向外开启，便于书刊进出，但竖井井壁在各层书库内的传递口洞底高度需根据各馆实际需要确定。如无电梯时，应考虑经常有新编目书刊用书车运送入库，必须采用与各层楼板取平的洞口底面和比书车略高的洞口上平，以便书车通行。如只考虑用书斗运载索书条及借还书刊上下，则水平传递口洞底应高于书库各阶层楼面 0.90m（或略高于工作台的高度）为宜。

4.2.13 根据我国国家标准《建筑结构荷载规范》GBJ9—87 中第三章第一节关于民用建筑楼面均匀布置活荷载标准值的表 3.1.1 规定，藏书库活荷载应为 5.00kN，但在国内调查中了解到各地建馆对书库的荷载确定很不统一，少则 400kg/m^2，多则 800kg/m^2，为了安全及避免浪费，有必要提请有关部门统一标准。但又由于图书馆的发展，不仅藏书形式已经扩大到阅览室藏书，而且藏书设备也出现了多种类型产品，诸如密集书架、积层书架，对于书库荷载都有特定要求。故应根据藏书形式和具体使用要求区别确定。

4.3 阅览空间

4.3.2 阅览区域采光既要充足，又不宜过强，且要均匀，不产生光影和暗角。窗地比以不小于 1/5 为宜。平面布置中应争取阅览室有良好的朝向，为了防止阳光直射入室，特别是在我国南方地区应尽量避免东西向开窗。从调查中得知各地新建馆阅览区的采光不是不够，而是开窗过多、过大。造成光线过强。特别是在夏天，为了使光线柔和一些，还需要普遍设置窗帘，或采用可调式百页遮光窗帘，兼作通风。如在建筑上设置固定遮阳板时则一要讲求实效，二要注重观瞻。

4.3.3 建筑师和图书馆专业人员密切配合，除进行全馆的工艺流程设计之外，还应对阅览空间的家具设备进行排列，在大多数图书馆中，阅览空间所占面积比例最大，故应对它的平面尺寸进行认真排列，找出最通用、最灵活的开间和进深尺寸。

开架管理的专业阅览室，利用双面书架作为隔断把阅览空间分隔成若干凹室。如中间摆放一张 1m 宽的四人阅览桌时，两面除坐人阅览外，还应考虑一个读者通过所需要的间隔，总净宽不宜少于 3.10m{即 1.00m+(2×0.60m)+(2×0.45m)}。如中间安放双面六人阅览桌时，除考虑一个读者通过的间隔外，另外应有一个人站在书架前查书所需的间隔，总净宽不宜少于 3.70m，即{3.10m+(2×0.30m)}。

凹室式布置所形成的小阅览空间，给人以安静、稳定的感觉，很受读者欢迎。但必须使每个凹室空间都能采光充足，通风流畅。如果采用高侧窗必致使人感到闭塞和郁闷。

4.3.4 阅览室设工作间的必要性：

1. 书刊新旧更换上、下架时供临时放书。
2. 阅览区内部业务处理和业务议事。
3. 更衣、休息及存放办公用具。
4. 安置复印机，代读者快速复制资料。
5. 计算机信息查询、传输及打印。

工作间面积不小于 10.00m^2，是按管理人员每人 6.00m^2 的办公面积定额，另加不少于 4.00m^2 的存放面积确定的。

4.3.5，4.3.6 在图书馆的建筑设计中，对阅览空间的布局既要求平面紧凑，又应保持各个阅览室的独立使用和单独管理，切忌把两个（或两个以上）不同学科的阅览室作成相互穿通或内外套间的形式，致使某些阅览室形成穿堂或走道，严重影响阅览室的安静，造成管理上的混乱。

普通（综合）阅览室一般用来阅览普及性读物和书报。读者多，人流大，其位置宜接近门厅入口便于一般读者浏览，起到普及宣传作用。

报纸、期刊、普通等阅览室读者进出频繁，且开馆时间有连续性，所在位置应邻近门厅入口处。为便于节假日单独对外开放，宜设门直接通至室外。为了适应这一要求，温暖和炎热地区也有将报刊阅览布置在敞厅或门廊等处的，以读报栏的形式逐日更换，使其更加方便读者随时浏览，也颇受读者欢迎。

4.3.7 表 4.3.7 按照静止和活动状态下的人体尺度列出阅览桌椅排列间隔及各类通道最小宽度，作为阅览室的设计要求。表中所列之尺寸系根据清华大学《图书馆建筑设计》和《建筑设计资料集》所载有关阅览室家具布置排列尺寸综合拟定，并经过广泛征求意见提出的，符合我国标准人体尺度及阅览室的典型布局。在公共图书馆和高校图书馆的综合阅览室内，目前采用这种行列式，密排阅览桌的布局方式还有一定的必要。但在科研图书馆及公共图书馆以及高校图书馆内供专家、教授使用的专业阅览室，不妨采取打破千篇一律的呆板布局，适当采用一些非标设备和精巧的家具，灵活多样地布置一些美好的阅览环境，能够给人以清新舒畅的感受。结合室内设计的创新，在使用面积允许之下，各馆可根据自己的经济力量进行典型尝试。

少儿馆的儿童阅览室，阅览桌也可采用多种形式的家具造型和灵活多变的排列形式，使用明快协调的室内装修色彩，可以诱发儿童的兴趣，也利于兼作多种活动之用。

4.3.8 珍善本书阅览室使用的是珍藏文献，要求有严格的安全防范措施和空气调节要求。为了保证使用安全和在传递中避免温、湿度急骤变化对藏品造成损害，珍善本书阅览室宜和珍善本书库集中设置，所在位置应避免一般读者穿越，并应设分区门或缓冲间进行防护。

4.3.9 由于舆图有的篇幅很大，阅览室至少需备有一张大舆图台，舆图台的尺寸约 2.80m（长）×1.60m（宽）×0.80m（高）。除此之外还应留出整片墙面和悬挂舆图的固定设施。

4.3.10 集中设置的缩微阅览室应紧靠专藏缩微资料的特藏库，以方便管理，并可集中使用空调设备。条件允许时，应在各专业阅览室内分散配置显微阅读设备。建筑设计应尽量在上述阅览区域设置所需电源。出于保护缩微资料的原因，缩微阅览室最好北向设置，并有启闭方便的遮光设施。室内应设间接照明（如在顶棚内设置暗灯槽），且亮度要低。内墙面涂暗色无光泽涂料，以保证阅读机的屏幕上的所需亮度和读者视线不受干扰。为了便于读者作阅读笔记，阅读桌上还应设有局部照明，但阅读机自身带有复印功能的可以不设。

4.3.11，4.3.12 图书馆音像资料视听室的规模应根据实际使用需要设置，建筑布局及用房尺度按照功能要求、播放方式、设备选型及技术性能来确定。由于服务方式是通过直观手段（听觉或视觉）以图像和电声表达的，自身要求安静，同时要求不影响其他阅览用房，故所在位置应和一般阅览区有一定的分隔。“视觉”和“听觉”两类用房之间也要求有一定的分隔，避免相互干扰。由于使用时间集中，人流较大，电器设备多，还要重视防火及安全疏散。一般在 150 座以内的视听室，可以在馆内部占用走廊的一端，建筑物某层的一区，自成单元，便于单独使用和管理。规模较大的视听室（如 150～300 座之间）应和报告厅合用，或按报告厅的使用要求独立设置，自设出入口，便于单独开放。一般视听用房主要包括视听室和控制室两部分，按实际需要配备器材室、资料室和维修间（需设听觉室时可另设集体听音室和个人聆听间），进口处设管理台和办公室，视听室内采用的视听桌有单座型、双座型，桌上均带有电源开关和局部照明，便于读者笔记。视听室的房间尺度、地面坡度、座位排列、设备安装位置等，均需符合各类播放方式（如放映幻灯、书写投影、放电视、电影录像和播音等）对建筑设计的要求。由于视听室是在比较封闭条件下使用的，要求室内空气新鲜，故应设置通风换气装置，条件允许时宜设空调系统。为了保证使用效果，必须控制室内噪声级符合标准要求，并控制混响时间以保证语言的清晰度。

4.3.15 图书馆附设少年儿童阅览室时，馆舍入口应分别设置。内部除留出必要的工作联系通道外，应进行全面分隔，以免相互干扰并保证独立使用。在少儿部还应辟一间大阅览区兼作活动室，便于节假日组织少年儿童进行知识性的宣讲、竞赛、放录音、录像、举办展览、书评等符合儿童兴趣和爱好的集体活动。并应考虑陪同少儿的家长阅览和休息座椅。

4.3.16 有条件时应在盲人书桌上设置电源插头，以便为盲人读者利用听音设备收听音响资料。

4.3.17 残疾读者可同一般读者共同利用一般阅览室。但应在管理（出纳）台附近设置老年及残疾人专用座位，以便就近关注。

4.4 目录检索、出纳空间

4.4.1 当前，很多图书馆的目录检索都采用了计算机终端，不仅可以查找本馆的文献资料，还可以在网上查找其他馆的资料。可以肯定，今后会越来越广泛地应用。因此，在设计时应考虑计算机的终端的数量和读者使用计算机终端的要求。但在目前，尚不能全部用计算机检索取代传统的检索工具，卡片目录和书本式目录同样存在，只不过每本书的卡片数量会减少，两套或三套由各馆自行确定。在设计目录检索空间时，应对卡片书目和计算机终端数量全面考虑，合理确定面积和空间尺度。

4.4.2 目录检索空间应靠近读者入口或与出纳空间毗邻，或处于同一空间为好，方便使用。由于读者集中，流动性大，比较噪杂，不宜靠近阅览区。目录厅与出纳处合并设置，服务方便、空间开阔，是国内图书馆设计惯用的手法。为了避免由于读者过于集中造成混乱，在平面布置中应作好功能分区和人流疏导，使查目、咨询、借书、还书和等候各得其所。使家具设备按规定尺寸排列，让人流按工艺顺序通行，目录柜的设置要求顺序连贯，也可用做分隔视线的屏障。处理得当不仅馆容整齐，也有助于消除混乱现象。

目录厅内目录柜的排列要求整齐，按分类和笔划次序保持明显的延续关系，使读者一目了然。目录室的布置根据各馆的情况而定。目录使用频繁的柜子周围查目和通道的空间应相应放大，免得查目时互相妨碍。

计算机终端宜靠墙布置，便于接线，并应使显示屏避开窗户的直射光，照明的对比不宜太强，以免引起视觉疲劳。台子可选专用产品，每台的使用面积不宜小于 4.00m^2。

4.4.3，4.4.4 目录柜的选型应按服务对象和使用卡片目录的频繁程度而定。如读者目录的使用率较高，最好选用竖向屉数少的目录柜（有的采用开敞式目录盒）。其上顶高度按成人和儿童两类尺寸加以限制，分布在较大的目录检索空间中，避免读者使用时拥挤、干扰。而业务目录仅供内业人员使用，则宜选用竖向屉数较多的柜子，周围留出空间也无需过大。

随着各馆藏书量不断扩大，目录卡片也相应增加，故目录柜的选型也跟着向多屉型发展，目前多采用两层 5×5 屉目录柜组合，搁置在 0.50m 高的台座上，连续排列比较适用。这种目录柜如用于少儿馆时，只需另换一个高 0.30m 的低台座。随着阅览室开架管理，让读者能在各个阅览的目录柜中查到本阅览室的藏书，这种目录柜使用人数相对较少，要求轻便、灵活，宜采用 4×4 型目录柜，放在 0.50m 或 0.70m 的台座上。图书馆的工作人员中女同志比例较大，故供内业使用的目录柜，不宜使柜顶太高。如采用 3 个 4×4 或 4 个 3×3 型目录柜，下面承以 0.30m 高的台座，总高 1.50m 为好。根据以上的推荐选型，可归纳列表如下：

表 2　目录柜的选型及有关尺寸（m）

所在位置 / 使用对象 / 组合体及高度	目录厅		开架阅览室	内业用房
	成人	少儿		
目录柜屉型竖向组合套数	2-5×5型	2-5×5型	2-4×4型	4-3×3型 3-4×4型
目录柜组合高度	1.00	1.00	0.80	1.20
台桌（座）高	0.50	0.30	0.50、0.70	0.30
组合目录柜总高度	1.50	1.30	1.30、1.50	1.50

4.4.7　中心出纳台要求和书库靠近并连通，主要是为了缩短工作人员提书的往返距离，节省时间，提高工作效率，减轻工作人员的劳动强度。要求书库与出纳台之间不设踏步，主要是为了便于书车通行，此点往往不为设计人员所重视。由于书库与出纳厅（室）层高不同，致使出纳台内出现高差。不少图书馆的设计在此处采用踏步连接，这样单靠工作人员徒手提书往返，不仅非常劳累，而且容易发生跌伤事故，人为造成工艺流线不顺畅。本条规定当高差实在不可避免时可用坡道连接，但最大坡度不得超过 1∶8。

由于书库一般多为一个防火分区，故从消防角度考虑，要求如为防火门，应向出纳台方向平开，门外 1.40m 范围内应平坦无障碍物。

1. 出纳台内为出纳工作人员活动的空间，除办理借还手续外，还有联系书库的通道（人行和书车通行）和暂时存放常用书的书架、运书车、办公桌和放书袋卡的柜子（或旋盘）等。出纳台内进深尺寸（含出纳台宽度在内）无水平传送设备情况时，一般不宜小于 4.00m，当有水平的传送设备时按工艺布局的实际需要尺寸确定。总的情况是进深窄了，内部通行不便，进深太宽又会拉长工作路线。应根据工作岗位多少，结合任务频繁程度，在限量之间确定合宜深度。

2. 出纳台外为读者活动范围，包括借书、还书进行书目咨询（有时另设咨询台）、填写索书条、等候提书、翻阅提书内容和填写借书卡等活动，还需考虑新书推荐（通过展橱或壁龛展示）所占位置。由于每个出纳人员的服务能力按柜台长度计算为 1.50m 左右，即相当于每次接待并排 3 个读者同时索书、提书、办理借书手续。在借、还书高峰时间内（物别是高校图书馆课间），读者有时要集拢好儿层人之多，故出纳台外也应有充裕的位置才不致拥挤阻塞。经对不同规模各类图书馆的实例进行分析，确定出纳台外读者面积至少应按出纳内每工作岗位占使用面积的 1.20 倍计算较为适用。并进一步规定出纳台前应保持不小于 3.00m 宽的深度，这个尺寸是按借书高峰时出纳前站立至少三层等候借还书的读者，出纳台对面另有人正在查阅目录的情况下，中间尚能满足两人相对穿行所需要的总宽度确定的。

3. 出纳台长度根据一个人坐着不动服务时双臂在台面上的活动范围确定。按我国人体尺寸，如考虑向左右各跨一步活动服务时，其可达 2.40m 左右，但台子宜呈弧线，考虑到几个工作台组合时，以直线为佳，故确定每岗位按 1.50m 计算。

4.5　公共活动及辅助服务空间

4.5.2　根据调查资料，图书馆门厅的职能日益完善，一改传统图书馆仅为入口的面貌，增加了不少内容，如验证、咨询、监控等，故条文中予以扩展。并对门厅使用面积的计算给出指标。

4.5.3　在实行开架管理的图书馆中，读者存包问题，必须认真考虑。一是位置，二是规模。一般认为，宜与主入口分开，设在其附近为宜，方便读者使用，也有利于安全。根据上海图书馆和国家图书馆的使用情况，对存物柜数量和每个柜占用的面积计算确定出设计参数。

4.5.4　图书馆通过介绍书刊向读者推荐优秀作品、最新科学技术、宣传党和国家的方针政策，以达到利用馆藏为四化建设服务的目的。陈列也是介绍、推荐书刊的主要方式之一。陈列厅（室）位置的选择应注意：

1. 宜设在读者经常通过或逗留的地方，以吸引更多的读者注意；

2. 不应使发自陈列场所的噪声影响阅览室的安静。

图书馆的陈列内容大体可分为以下几大类：

1. 新书推荐、内容介绍、图书评价；

2. 时势宣传、图片展览；

3. 专题图书资料或重要文献陈列、展览；

4. 读者园地、心得交流。

第1、2两项宜在出纳厅、目录厅、门厅、走廊内进行。可结合室内环境设计，合理疏导人流，适当安排门窗，留出大片墙面设新书展示栏，布置陈列台、陈列柜，也可在墙面上设置嵌墙橱窗。第3项应专设陈列室，长期或定期开放。近年来国际文化交流、集体或私人赠书活动较多，也有必要进行短期的公开展示。

此外，各馆多配合新书推荐举办读者园地，交流学习心得，少年儿童图书馆多将此列为经常性的业务活动定期举办，可在阅览室、门厅、走廊或室外壁报栏上刊登。为了使展示墙面有一定的延续性和不受阳光照射，陈列厅最好采取顶部采光或朝北向采取高侧窗采光。

4.5.5 报告厅

1. 图书馆所设报告厅主要为了进行图书宣传、阅览辅导，举办各类学术活动之用。这类场所由于人员集中，电气线路多，不仅干扰大，而且安全因素也差。如设于馆舍内部，应和阅览区有一定的距离或进行分隔。设在楼层时，更应符合安全疏散的要求。经验证明300座的报告厅进行学术报告较为适用，使用、管理也灵活。另外，由于建筑空间不大，容易组织到馆舍当中。如果超过300座时，报告厅应和馆舍分开设置，避免给阅览区带来干扰。为了联系方便，可采用连廊相通。单设出入口和专用卫生间，便于单独对外开放。

2. 报告厅的使用上应尽可能满足多种视听功能的演播要求，如扩音、放幻灯和书写投影、放映电影、电视和录像，必要时还应装设同声翻译设备。建筑设计应采取相应的设施和技术处理，从各方面满足声、像播放的质量要求。其中放映室部分应符合放映工艺及《电影院建筑设计规范》中有关规定。

3. 300座以下报告厅的厅堂使用面积参照《电影院建筑设计规范》之规定每座不应小于0.80m^2，放映室使用面积包括其机修间及专用厕所在内建议不小于55.00m^2。大于300座且单独设置的报告厅，每座平均使用面积建议不小于1.80m^2。

4.5.6 各类图书馆（少年儿童图书馆或设于单位内部的科研图书馆除外）应按管理方式和使用要求设置读者休息室（处）。根据具体情况采取集中、分散布置或按阅览区的使用性质分层划片设置，也可区别对象把一般读者和专家、学生和教师的休息室分开设置。

读者休息也可利用过厅、楼梯厅或走廊的一角，避开人流路线作适当的陈设和安排。还可供应开水，使读者在长时间的阅读之后，有一个舒展体态恢复疲劳的场所。

4.5.7 图书馆的公共用厕所及内部工作人员厕所的位置安排和设备数量都很重要。平面布局应按人员活动范围确定厕所位置，确定那些是读者与工作人员合用，那些又是某些岗位专用。关于使用人员性别比例，读者按男女各半考虑，工作人员按实际人数计算，符合我国各地实际情况；卫生用具计算指标按男、女，成人及儿童分别加以规定。公厕同时应考虑残疾人读者，设专用厕所男女各一个。

4.6 行政办公、业务及技术设备用房

4.6.1 行政用房是图书馆中除业务办公用房外，与其他各部门联系最为频繁的部门。其中除值班保卫工作用房外，都不宜设在读者活动的交通线上。为了工作联系方便，行政用房宜设于底层。在大型馆舍中可占用一翼或一角，单独设门便利出入；如在馆舍楼外独立建造时，宜设走廊连通。行政办公用房的设计要求和使用面积应符合《办公楼建筑设计规范》有关规定。

4.6.2 图书馆的业务用房和技术设备用房。

1. 图书馆的业务用房是开展业务活动必不可少的职能部门。由于各部门的工作性质不同，应具备单独使用的工作环境，以避免相互干扰。另如采编工作，还有一整套工艺操作流程才能符合书籍编目加工的要求，因此除了应该保证这些用房有足够的使用面积外，还应按其使用性质考虑安静的工作环境和良好的通风、采光和日照条件。

2. 图书馆的技术设备用房，应根据各馆的规模、性质和实际需要设置。这部分用房的规模伸缩性较大，设备和管线设施也比较复杂。要求建筑设计必须符合工艺要求，整体布局经济合理，使用管理和安装维修方便，充分考虑采用现代科学技术的可能。改建、扩建也应作到因地制宜。新馆建设如因投资所限，不可能一次配套建齐时，要求设计在充分掌握资料的基础上，提出切实可行的扩建方案，以利日后发展。

4.6.3 采编用房

1. 采编用房是图书馆业务用房的重要组成部分。由于它要进行一系列的新书编目加工工作，所以需要比较安静的环境，所在位置应和读者活动区分开或设门分隔。由于经常有大量新书进馆，经过编目加工之后通过典藏或直接入库，所以它最好设在底层并和书库有方便的水平联系，或垂直运输设备。以减轻工作人员的劳动强度。

2. 采编工作有其固定的工艺流程，包括采购、交换、拆包、验收、登录、分类、编目、加工等程序，实践证明采用一种大空间、小隔断的布局型式比较适应采编用房的特点（例如中、外文图书的编目应当分室进行，打字、油印应设于小间内，财产帐目和办公用品应闭锁存放等）。

3. 进书量大的图书馆应专设拆包间，并设门直

通室外。如室内外高差较大时，门口应设卸车平台。图书馆计算机管理系统的应用日益普及，因而各使用部门均需安排计算机网络的通讯接口和足够的电源插座。书刊资料的采购、编目部门是图书馆中使用计算机较为集中的地方，因此这一点更显重要。

4.6.4 典藏是将加工完毕的书刊进行分配的地方，图书的进出数量多，频率高，摊堆占用的空间亦较大，因而典藏用房的最小面积不宜小于 15.00m²。

内部目录卡片数量是以图书的种数来确定的，一种图书可有若干复本，但目录卡片仅有一种，通常内部目录卡片每种图书配有二套，一套为分类目录，一套为书名目录，这对内部使用足可应付了。因而内部目录卡片的总数量应按每种藏书二张卡片计算。由于内部目录卡片柜一般均使用 10 格，按附录（C）列公式计算，得出每万张卡片所占使用面积不宜小于 0.38m²。最小房间不宜小于 15.00m²。

4.6.5 负有专题咨询和业务辅导任务的图书馆日常接待任务较多，有条件时应靠近各自的办公室另辟一个交谈空间（或接待室），便于随时接待来访者。

4.6.6 随着现代化进程的发展，图书馆已不再是仅仅借阅书刊的单一功能，情报服务和学术研究工作现正蓬勃开展，研究人员在图书馆工作人员的组成中所占的比例亦正逐步上升，研究用房必须予以单独考虑，每个研究人员的使用面积不宜小于 6.00m²。

4.6.7 计算机技术和通讯技术日益进步，图书馆已将成为信息收集、处理、输送、服务的重要场所。由于信息的采集、加工、不仅仅是图书采购、编目部门的事，还有一些人员亦在从事此类工作，例如索引、文摘等二次文献的生成即属此列，故宜设信息处理用房，信息处理用房的面积可按每人使用面积不宜小于 6.00m² 计算。

4.6.8 调查中看到不少图书馆随便安置一间房子作为美工室，有的不仅狭窄，且无给排水设施，也有的将美工工作室安置在楼顶层或地下室内，冬冷夏热，光线阴暗，更缺少器材贮藏间，以致画板随处堆放，室内杂乱不堪。工作人员用水极不方便，在对全馆一些宣传版面、橱窗布置时，不得不搬上搬下，增加体力劳动，有的因工作室太小不得不在露天工作。诸如以上情况，美术专业人员大都不愿留在图书馆工作。有的馆因缺少专业美工人员，致使内外环境美化、宣传、布置水平很低，室内装饰布置也很不协调。针对这种情况，本规范对美工用房提出了最低面积和室内设施要求。

4.6.9 图书馆采用计算机和电子通讯技术日渐广泛，而且成为网络，除用于读者服务外，还担负全馆的安全系统、设备运行管理系统和通讯系统的管理，有必要设网络管理中心，其位置应适中，并远离易燃易爆场所。由于多采用微机，适应性相应提高，对土建要求相应降低，一般洁净和温湿度环境即可满足。如果规模大，网络复杂，机房面积大于 140.00m² 者，设计应满足计算机机房设计规范的要求。

4.6.10 本条各款所作规定，都是考虑缩微照像在生产加工过程中为了保证产品质量，有利设备操作、养护的需要，对房屋、设备和装修提出的必要要求。其中特别是在给水方面，还要求有合格的水质和足够的水量；排水方面应采用耐腐蚀管道和做好污水处理；电压负荷应计算准确，满足需要，防止因电压不足影响拍摄效果。

4.6.11 集中设置专用复印机房，在操作过程中排出大量有害气体，有碍人体健康。应设独立的强制排风装置，使室内有害气体及时排出。室内温、湿度要适当。是否需要设置空调设备，应按所采用机型的要求和规定确定。地面应采取防静电绝缘措施。宜在阅览室内布置小型复印机，以便随时为读者就近服务。

4.6.12 一般的音像控制室（或称视听资料放映室）的位置、空间尺度、室内设施应和视听室的功能要求及所采取的播放方式配套设置。以放映录像和电影而言，采取幕前放映方式时，控制室应设于演播室的后部，准备工作可在天然采光条件下进行，而视听室则必须在全暗的环境下才能放映。相反，采取幕后放映方式时，控制室则应设在视听室的前部，并需在暗环境下进行，而观看演播则可在白昼开窗的情况下进行。两种放映方式除在控制室位置和天然采光方面有不同要求之外，另在房间进深、演播室地面高差上都有各自的要求和规定。如幕前放映方式要求控制室地面高出演播室后部地面不少于 1.80m，是为了避免后部通道有人走动时不致遮挡光束，银幕上免生人影；而幕后放映方式的控制室，地平只略高于演播室地平 0.30～0.50m 即可满足要求。另外幕后放映方式，由放映机射出的影像是通过一个反光镜射到银幕上的，反光镜靠近后墙安放，与放映机之间需要按镜头焦距调整距离至少相距 3.00m 左右，故控制室的进深，不应小于 4.00m。由于音像控制室面积一般均较小，但所安放的设备较多，因而线路的敷设及安装比较复杂、困难，为了便于初次安装和今后的维护，控制室的地面宜采用活动地板。

4.6.13 装是指装订，主要用于报刊装订；裱是指裱糊，主要用于字画、舆图的裱糊；修是指修补，主要用于线装书的修补；整是指整旧，主要用于对新旧精、平装书的修补整理。在大型图书馆中上述部门都应具备，但裱糊修补和装订整旧可分别或合并设置。一般图书馆只设装订修整用房即可。

4.6.14 图书馆采用物理方法进行传递消毒时，采取把读者归还的书刊送进一台设备，通过光照进行杀菌消毒。如采取灭菌室时，应注意不使光或射线外泄、渗透。而书库杀虫则多采用化学方法，如杀虫药剂对人体无害时，可在库内就地施放，否则必须在室外或消毒室内操作。对所采用的容器，严格要求密闭，防止药液呈气雾状外泄；如采用消毒间时，应设机械排风，室内墙面、地面应易于清扫或冲洗，并应按城市环保部门规定，在指定地点进行。

4.6.15 现在很多大型馆（如上海图书馆）都配有卫星接收和微波通讯装置，土建方面除考虑天线等装置外，还应在屋顶或距上述设备位置邻近处设机房，供操作管理。天线装置及机房的设计应满足相应规范的要求。

5 文献资料防护

5.1 防护内容

5.1.1～5.1.3 现代化图书馆中，除图书资料以外，还有大量的非书本资料，诸如光盘、软盘、磁带，它们共同构成图书馆的馆藏，统称文献资料。妥善保存这些文献资料，必须突破传统的观念，从仅着眼于对图书资料保存条件的研究深入到对非书资料保存条件的研究，对文献资料防护增添了新的内容。例如记录信息的磁带，如周围有较强的电磁场时，记录的信息会遭到破坏甚至全部丢失；光盘，胶片等保存中如带有静电，载体易吸附灰尘，损失载体，严重影响播放质量。因此，这一节中增加了“防磁，防静电”的要求。防护的对象不同，要求也不同，设计中必须区别对待，采取切实可行的防护措施。

5.2 温度、湿度要求

5.2.1 单就有利于书刊资料保护而言，基本书库在不设空调的情况下，温湿度以低些为好，但要适度，否则有使纸张水分冻结而易受损的可能。另外还考虑到工作人员和读者（开架时）身体健康的承受能力和建筑处理的可能性等因素，因此确定温度下限为5℃。

高温（库房温度在30℃以上）对图书的危害尤为严重。其主要表现为：温度过高，会使纸张中原有的水分迅速蒸发而干燥发脆，抗折性和其他机械强度降低，加速纸张老化。因此温度上限宜为30℃，相对湿度在40%～65%之间。超越上述限定时，应通过热工计算首先考虑采取建筑隔热、保温措施，其次再以空调设备手段进行解决。书库内标准温湿度的制定主要依据是：要有利于文献资料保存的耐久性，不利于有害生物（包括图书害虫、书库霉菌和家鼠）的生长和繁殖。

5.2.2 随着图书馆缩微技术的应用，缩微胶片保存量越来越多，而保存缩微品环境的温、湿度及其变化，对缩微品保存寿命有很大的影响，特别是湿度对缩微品的影响更大。因此，特藏库的温、湿度应符合有关规定的要求。在没有国家标准之前，参照国际标准ISO5466，对保存不同性质的缩微胶片的温度、湿度范围，在原规范的基础上做了必要的调整。调整部分如下：

将母片库修改为母片及永久保存库，因需要长期保存环境条件的不仅是母片，对需要永久保存的非母片也应具备长期保存的环境条件。该库的温度要求原为15～25℃，根据国际标准ISO5466改为最好低于20℃。

将短期保存环境修改为中期保存环境，这是原定温、湿度的设计参数适用于中期保存条件，该环境保存条件适用于保存使用期限至少为10年的缩微胶片。

5.2.3 将特藏书库改为特藏库，这将原特藏书库的范围扩大，包括缩微、视听、磁带库在内。缩微胶片、磁带等非书资料对环境变化的要求较高，当环境的温、湿度突然变化时，将发生涂层脱落，开裂或粘连。因此，与之毗连的特藏阅览室二者之间应设缓冲间。

5.3 防水、防潮

5.3.1～3 对任何书库来讲，围护结构内表面都不允许出现结露现象。在室内外温差很大地区，书库围护结构应采取有效的保温和隔潮措施。

为了使书库周围排水通畅，库内无渗水、漏水现象发生，一般可在书库周围设一定宽度的散水坡和排水沟。雨水可由此被引到远离库房的地方去，从而避免书库进水。更应避免给排水管道从书库地面以下通过，防止因管道渗漏造成后患。底层书库采用填实地面铺设防潮层的具体做法很多。如在三合土夯实垫层上做水泥砂浆找平，铺设沥青油毡防水层再做钢筋混凝土现浇地面等，可根据地下水位的高低来考虑。采用架空地面防潮效果更为可靠，这是由于基层和库房地面之间隔开一定的空间，使潮气和地下水不能直接通过地面层渗入库内，从而取得较好的防潮效果。

书库屋面一般都较高，宜采取有组织排水，但不应采取内落水做法，更不得采用暗管敷设。为了防止墙身受到雨淋和浸水，落水管也应采用塑料或金属等防锈蚀材料制作的管材。

有些设计，往往在多（高）层建筑物的顶层或屋面上设置给水设施（如高位水箱、水柜等），如果这类水箱间正好位于书库之上或有给排水管道穿过书库，都是不能容许的。

5.4 防尘、防污染

5.4.1 图书馆的庭园绿化对环境保护有积极的作用。绿色植物特别是树木，对烟灰、粉尘有明显的阻挡、过滤和吸附作用。经有关单位测定，工业区绿化得好，会使空气的降尘量降低23%～52%；飘尘量降低37%～60%。

各种植物吸尘能力有所差异。一般来说，针叶树比阔叶树、落叶树比常绿阔叶树的吸尘能力要强些。

其中吸尘能力较强的树种主要有刺槐、榆树、木槿、广玉兰、重阳木、女贞、大叶黄杨、楝树、构树、三角枫、桑树、夹竹桃等（以上各种树木叶片单位面积上的吸尘量均在 $5g/m^2$ 以上）。

此外矮小花卉和草坪的吸尘能力也较强。因此在这种意义上说绿色植物是大气的天然净化器和过滤器。

5.4.2、5.4.3 书库防尘主要包括防止库外灰尘的进入和避免库内围护结构（主要是地面）起尘。因此，除了要求库房门窗有良好的密闭性能外，严寒及多风砂地区应设缓冲门（门斗）。设计时缓冲门与入口在平面上应保持垂直关系。

为了使库房地面不易起尘，一般可采用水磨石地面或普通水泥地面上涂刷过氯乙烯等涂料。条件允许时特藏书库地面可铺设毡材或地毯。但采取水磨石地面或涂料饰面往往又和防潮有矛盾。设计时应根据当地条件，综合考虑各方面的利弊，选用合适的材料或分层处理。

防尘总的指标要求书库内空气飘尘量应在 $0.15mg/m^2$ 以下（标准浓度）。

5.4.4 本条较原规范有较大修改，将特藏书库修改为特藏库，将原特藏书库的范围扩大，包括缩微、视听、磁带库在内。缩微胶片、唱片、光盘、磁带等非书资料对环境中的灰尘和有害气体的含量限制要求较高，灰尘和有害气体对非书资料的损坏将是十分严重的。

如果缩微胶片上积有灰尘，就会划伤或盖住影像中的信息，影响阅读、拷贝和复印的效果。灰尘中的化学物质，在一定的温度和湿度条件下会与影像层发生化学反应，使缩微胶片受到损害。

对缩微胶片有危害的气体包括二氧化硫、硫化氢、过氧化物、溶剂中的挥发性气体以及其他活性气体等，这些有害气体在一定的温度、湿度条件下，可与片基或影像层发生化学反应，使片基缓慢分解而老化，使影像变色、消褪或在影像层生成彩色微斑等。

磁带、唱片、光盘吸附灰尘后，将造成信号的失落、失真、杂波干扰等，严重时还会造成磁带、唱片、光盘的划伤和播放机器的损坏。

由于灰尘和有害气体对非书资料危害较大，因此特藏库应尽量避免开窗，必须开设时应采取防尘和密闭措施。

设有空气调节系统的特藏库，应具有能除去灰尘和有害气体的过滤装置。除尘装置应能除去空气中85%的直径为 $0.35\mu m$ 的灰尘粒子。

利用绿化可以净化空气，吸收有害气体。树木的净化作用，主要是种植与此相关的植物，如吸收 SO_2 较强的植物有：米兰、连翘等；吸收 NO_2 能力较强的有植物：夹竹桃等；吸收 Cl_2 能力较强的植物有：美人蕉、柽柳、夹竹桃、黑枣、兰桉、女贞、银桦等。空调装置的净化主要是使用活性炭过滤器。

5.5 防日光和紫外线照射

5.5.2 利用透光材料的扩散和折射性能，如采用凹凸玻璃、毛玻璃、棱镜玻璃或空心玻璃砖等使直射阳光扩散，不仅可减弱阳光对图书资料的直接危害作用，而且可消除室内的眩光。另外，利用遮阳构件、遮阳百页、遮阳格片或窗帘进行调光、遮光，使用方便，操作也较灵活。

5.5.3 过滤紫外线的装置核心是紫外线吸收剂。其化学成分，主要有邻-羟基苯基苯并三唑类，邻-羟基二苯甲酮类，水杨酸酯类几种。使用方法通常可将它们掺入到合成的树脂中，压制成透明的紫外线滤光片（器），安装在日光灯灯具上。

在美国，有些图书馆为了保护图书免遭紫外线的危害，采取在日光灯固定装置上安装紫外线滤光器的办法，已取得一定效果。

5.6 防磁、防静电

5.6.1 磁带上的磁性层（即磁信号的运载体）是硬磁性体，硬磁性体一旦磁化，它将保留有较大的剩磁（即磁感应强度）。也就是硬磁性体离开磁场后，它的内部存贮了磁能，可以长久保留住记录的信息。而当磁带被外界电器设备所形成的足够强的磁场磁化后，也将被永久保留磁感应强度（磁带上即保留已录信息的磁信号），另外还有外界干扰的磁信号，磁带的播放或读取时两种信号都起作用，严重的影响播放或读取质量。而当外磁场强度达到一定强度时（磁场强度使磁带上各点的磁感应强度达到饱和值），磁带上记录的信息信号有被消掉的危险。变压器、电动机、无线电装置及其他电器设备形成的磁场有可能对磁带库中的磁带产生影响，解决的办法是两者保持一定的距离，或采取屏蔽措施。

5.6.2 有些非书资料库采用未做防静电处理的塑料地毡或化纤地毯地面，在人员活动中易产生静电。当非书资料的缩微胶片、磁带、唱片、光盘带有静电后，极易吸附尘土，将造成信号的失落、失真、杂波干扰等，造成磁带、唱片、光盘的划伤和播放机器的损坏；如带有静电的磁带在磁头附近放电会造成放电杂波，在图像上表现为极不规律的白点状干扰，当静电较强时会使磁带与磁鼓吸附在一起，而影响正常走带。

5.7 防虫、防鼠

5.7.1 据目前所知危害图书的害虫共有六个目 30 余种，如：缨尾目的毛衣鱼、蜚蠊目的东方蜚、齿虫目的书虱、等翅目的家白蚁、鞘翅目的花斑皮蠹、竹蠹、短鼻木象以及客居性鳞翅目的衣蛾等。

庭园绿化所种植的植物以驱虫或杀虫植物为好，

如皂角、樟树、除虫菊、百部、芸香等。另外还有些灭菌、防疫功能的植物，如丁香、柠檬、茉莉、米兰以及紫薇、野樱桃等。

5.7.2 采取可卸式纱窗，便于无蚊虫期卸下纱窗，有利于书库天然采光。下水口、地漏等应有水封装置，可免除害虫从下水管进入室内。

5.7.4 为防鼠患堵塞孔洞所用材料，最好使用碎玻璃或碎瓷片、河沙泥、石灰、水泥等物质。

另外，若使用含有1%浓度的毒菌锡（化学名称为三环已基氢化锡）的聚苯乙烯塑料板用于新建书库的墙壁和地板，可防鼠害。

5.7.6 基于防火等级的规定，图书馆原则上不允许用木结构，考虑到木材产地的县、区以下图书馆仍有可能就地取材。因此条文中除要求满足防火等级外，如为蚁害严重地区，应由专业部门对木材加以防治处理。

5.8 安全防范

5.8.1 珍贵书刊资料的陈列、展示和贮藏所设置的安全报警装置，比较经济的防护办法是将陈列柜单独和报警器线路连接起来，当偷盗者打开窗子或打碎窗玻璃时，电路接通报警器就发出声响。

5.8.2 采取开架管理的图书馆或阅览室，所设置的安全监测装置或探测系统，要求有一个狭窄的出口和一套包括屏幕和电子机械的特别设备，有人带书通过时便会发出声响警报。

5.8.3 书库窗子及地下室采光井可采用安装铁栅的办法进行防护。另如书库窗外加通风百页扇，既可通风，遮阳、防止飘雨进库，也可起到安全防盗作用。

5.8.4 设置电视监控系统，是一项有效的安全防范措施，但并不是所有馆，也不是馆的每个部门都设，应有所区别。省、市一级的图书馆，可以在读者主要入口，重要的库房和核心部门装设电子监控系统，该系统可以与消防控制室合并设置。

6 消防和疏散

原规范题为“防火和疏散”。结合目前消防法的公布，用“消防”一词取代“防火”一词。另外，参考其他民用规范之用语，改为“消防和疏散”较为妥贴。

原规范分为耐火等级、安全疏散、防火分隔及其他设施、消防四节。参照新颁布的防火规范章节安排顺序，修订稿改为耐火等级、防火分区和建筑构造、消防设施和安全疏散四节。以便于使用者能与防火规范相关章节对照使用，也使子规与母规的编排顺序一致。

6.1 耐火等级

6.1.1 明确本章与现行国家标准中几种防火规范之关系。

6.1.2 此条根据“高规”GB500453.0.1条及表3.0.1及第3.0.4条有关内容拟定。

6.1.3 这是本次修订时增加的内容，强调特藏库的耐火等级不得低于一级。

6.1.4 这是本次修订时增加的内容，因为对藏书量不超过100万册，建筑高度超过50.00m的图书馆“高规”，GB50045中未明确规定。

6.1.5 根据低规GBJ16等5.1.1条注释的有关内容拟定此题内容。

6.1.6 本条考虑县、及县以下的馆有可能采用砖木结构，故加以限定。即书库和开架阅览室的耐火等级不得低于二级。建筑的高度，对图书馆而言，无特殊意义，防火规范就高度的限制已有明确规定，故删去原规范第5.1.3条中，关于图书馆建筑高度的规定。

本节的主导思想是防火规范已明确者不再赘述。防火规范未明确或图书馆有特殊要求者，本规范予以补充。图书资料不论是失火或用水扑救都会造成不可挽回的损失，设计应贯彻“以防为主”的原则，规定馆舍的耐火等级，特别是书库及阅览室不得低于二级。正是基于这一指导思想。

6.2 防火、防烟分区和建筑构造

6.2.1 防火墙的耐火极限，“建规”GBJ16规定4.00h；“高规”GB50045规定为3.00h；考虑到今后的图书馆多采用钢筋混凝土框架结构填充墙体系，故按“高规”GB50045的要求修改。

6.2.2 这条讲防火分区，根据“高规”及“建规”防火分区之面积规定，综合而成。书库高度超过24.00m，防火面积为700.00m^2之规定系按照“建规”丙类物资的规定确定。

6.2.3 这是本次修订时新补充的内容，即珍善本库、特藏库为一个防火分区，便于使用气体灭火。

6.2.4 关于积层书架的书库在划分防火分区时，以前没有明确，使用中常无所适从，本次予以明确规定。

6.2.5 这条是本次修订时新增加的内容，因为本节第6.2.3条已明确应为一个防火分区，故防火门应与之配套。

6.2.6 《防火检查手册》（以下简称《手册》）第五篇、第四章、第一节、（二）之（4）条原文：“图书馆内的复印、装订、照像部门不要与书库、阅览室在同一层内布置。如在同一层内布置时，应采取分隔措施。”考虑复印设备将来采取轻便机型，分散布置方式对读者服务更为有利，故未强调复印部门应与书库阅览室分开布置，而重点规定装订与缩微照像部门不宜贴邻书库或阅览室布置。

《手册》该节（四）之（9）条规定：“重要书库内也不准设置办公、休息、更衣等生活用房。”

6.2.7 《手册》第五篇、第四章、第一节、（四）之（4）引用原文，加“采用乙级防火门”，并对竖井井壁的耐火极限作出不低于2小时的规定，以求与《建规》第4.2.9条内容相一致。

6.2.8 目前,图书馆设计中藏阅合一的空间常采用中庭等设计手法,书库等也常设上下层联系的楼梯,从“以防为主”的原则对此种类型的空间防火分区的面积的计算及楼梯间的设计加以限制。

6.2.9 目前已颁布《建筑内部装修防火设计规范》GB50222，可以遵照执行，故删去了原规范中关于装修设计防火要求的内容。

6.3 消防设施

6.3.1 本条参照《建规》GBJ16 和《高规》GB50045关于设置火灾自动报警系统的规定拟定。至于设不设自动喷淋系统，鉴于国家图书馆、上海图书馆等一些大馆均未设置的例子，由当地消防主管部门视情况具体确定。

6.3.2 本条参照《建规》GBJ16 和《高规》GB50045关于设置气体灭火系统的规定拟定。卤代烷类灭火剂由于污染大气，目前已限制使用。新的品种正在开发研制中，故正文中未明确气体灭火剂的名称、种类。只要求采用对人体无害，不污染环境的气体灭火剂。

6.3.3 《建筑灭火器配置设计规范》GBJ140已颁布，为提请设计者认真贯彻执行，本次修订时，增加了这条。

6.4 安全疏散

6.4.1 本条符合《建规》GBJ16第5.3.1条及《手册》第五篇、第四章、第一节、（三）之（1）的规定。强调两个安全出口的距离不宜太近，应在建筑物的不同方向上分散设置。

6.4.2 在开架管理越来越普及的情况下，藏阅合一空间的比例将越来越大，此类空间的安全出口设置，应同各类书库一样同等对待，参照《建规》GBJ16和《高规》GB50045关于安全出口的有关规定拟定出本条内容。

6.4.3 由于要求楼梯应设计成封闭楼梯，为便于建筑处理，故做此规定。疏散楼梯于库门外临近设置，既便于各层出纳台工作人员共同使用，也可避免库内工作人员相互串通。

7 建筑设备

7.1 给水排水

7.1.1 消防给水系统及相应的设施和设备，指与之配套的消防水池、泵房、室外水泵结合器等。设计可视馆的规模及城市公用设施的情况，具体设计确定。

7.1.2 因库内藏书不允许浸水受潮，且库内工作人员很少，又经常处于封闭状态，设了供水点，万一漏水未被发现，必导致泛滥成灾。故对必要的专用厕所和清洗设备也规定不得设于库内，给排水管道不准许穿过书库。不可避免时必须采取严防漏水措施。即使厕所和供水点设于库外，污水立管也宜避免在与书库相邻的隔墙上安装。

7.1.3 馆内为读者提供饮水条件非常必要，但供水点位置既应明显易找，又应不影响人流交通，一般设在休息室（处）较好。大馆宜分层设置，小馆可集中设置。饮水供应可视季节、地区和生活习惯提供开水或过滤水，目前开水以设电加热炉最为方便。

7.1.4 缩微底片在冲洗过程中使用的显影剂是酸性溶液，定影剂又属于碱性溶液，对金属管道及金属配件均有腐蚀作用。设计中应考虑上述管道及配件的防腐蚀措施。缩微量大的图书馆，应在缩微复制冲洗间室外设置污水处理设施。

7.2 采暖、通风、空气调节

7.2.1 本次修订时，对原表6.2.1-1的及表6.2.1-2内容做了修改。

采暖标准表中提高了少年儿童阅览室的标准，换气次数表中复印、消毒、厕所提高了标准，规定为5～10次。

空调标准表中，将视听资料与善本书库分开。在图书馆中收藏的视听资料其保存条件可不必像善本图书那样严格。但目前还没有国家标准，因磁带带基材料与胶片带基相同，现参照胶片库的一般环境要求制定；唱片、光盘的环境要求，根据我国实际情况制定，以利于节约能源。并增加了其他房间的空调标准，以便设计人员选用。

7.2.2 《手册》第五篇、第四章、第一节、（四）之（6），从防护安全出发对集中采暖的热媒温度规定为：热水采暖不超过130℃，蒸气采暖不超过110℃。由于图书馆是人员集中学习的场所，从卫生条件考虑热媒宜采用温度不超过100℃的热水采暖系统为妥。

图书馆的采暖系统要求管道无漏水，尤其是书库更不允许漏水现象发生。

例如采用焊接代替丝扣连接、采用严密性较好的散热器等比较可靠。在条件允许的情况下采用热风采暖更好。

7.2.3 此条即属设备要求，也是防火要求。《防火检查手册》第五篇、第四章、第一节、（四）之（6）有规定，全文同。

7.2.4，7.2.5 书库由于层高低，藏品既有蓄热量大又有容易吸潮的特点，必须经常保持良好的通风状态，才不致出现发霉、生虫等现象。最好的办法是开窗进行通风对流。但有阴雨季节或潮湿地区，经常开窗会使室外潮湿空气大量入侵，同时在多风砂地区又会造成灰尘入库。因此在外界气候不利的情况下书库又以密闭不开窗，甚至加上密封条盖缝措施为宜。所以书库在相当一个时间之内需要以机械设备进行通风换气。故书库以设置轴流风机为宜，因它不需管道系统，不致增加书库层高，但须相应设置进风口和适当的净化措施。

保持阅览室空气流通既是卫生要求也有利于夏季室内降温，首先应从建筑设计上很好地组织穿堂风。冬季在门窗关闭情况下由于读者集中，停留时间又长，空气最容易污浊。为了保持空气新鲜，应该从建筑设计上考虑采取简而易行，不靠另装设备的通风换气措施，例如门窗上部设腰头窗、外窗应有一定数量的可开启窗扇、或在固定窗上设置通风小窗扇等。因轴流风扇噪声较大，阅览室较少采用。

7.2.6 缩微复制无论在原材料贮存、照像拍片、冲洗烘干，以及封藏保存等各个阶段都不允许受到灰尘和有害气体的侵蚀和污染。灰尘吸附在胶片上能造成胶片划伤，有害气体如二氧化硫、硫化氢、氨基酸性气体等对胶片会起腐蚀作用。未干的油漆气味对胶片的损害也很大，都能严重影响制品质量，缩短制品寿命。故要求导入空气要进行过滤净化。

7.2.7 由于过大的空气流速会造成书刊自动翻页，故在采用机械通风设备时空气流速限定不得超过0.50m/s。

7.3 建筑电气

7.3.1 按城乡建设环境保护部《民用建筑电气设计规范》第一节“负荷分级及供电要求”分级。

7.3.2 图书馆各种用房人工照明设计参数根据《民用建筑电气设计规范》JGJ/T16 有关规定进行修订：

各类阅览室、研究室、装裱修整间等平均水平照度是为 150～300Lx；陈列室、目录厅、出纳厅、视听室、美工室、报告厅、会议室等平均水平照度定为 75～150Lx；读者休息室、缩微阅读室、电子出版物阅览室等平均水平照度定为 50～100Lx，上述各项的工作面高度均为 0.75m；书库的照度在垂直面离地 0.25m 处为 30～50Lx；门厅、走廊、楼梯间、厕所的地面照度为 30Lx。

7.3.3 各类图书馆在现代服务手段不断提高和扩充的条件下，一些现代化设备如复印机、缩微阅读机和各种听音设备和计算机，将会从集中设置过渡到分散设置，最终将在采编部、出纳厅和各类专业阅览室中普遍采用。故电气管线敷设和电源插头的设置，应考虑发展的需求。除此之外，在照明布线上也应为图书馆所经常出现的布置调整和以后提高照度的需要适当留有余地。

7.3.4 各类图书馆均属于公共建筑，而书库所保存的图书文献既属于易燃品又采用集中重叠存放，应按丙类高层厂房对待。故图书馆除应按防火规范要求设置指示标志外，还应设火灾事故照明。

图书馆应根据其性质、规模、重要性，按保卫工作的需要，在重要场所、重要的仓库应设值班照明，或警卫照明。

7.3.5 使用人数少、就座率低的专业阅览室，由于读者一般年龄较高，室内秩序好，易于管理，单人桌坐人少，便于监测。因此配备台灯进行局部补充照明既属必要也少损失。相反，在综合大阅览室内设局部照明时，经常发生窃书及丢失灯具，损坏电器等事故，况且大阅览室读者有时坐不满，在这种情况下采取分区照明可以节电。

7.3.6 由于各馆书库的设计不尽相同，因而规定书库照明要吸顶安装，似乎不妥，只需满足本规范中所作的规定即可。

7.3.7，7.3.8 大型书库，照明应分区控制，如主通道一个系统，书架陈列部分划片分设开关，以节约用电。

库内每条行道之间两端及库内工作人员通行的楼梯，应设双控开关，以利查找图书不走回头路便可随手关灯。凡是采用金属书架并在这种书架上敷设 220V 线路安装灯插座时必须设置安全保护装置，以防止发出漏电事故。

7.3.9 根据现今国内外图书馆的实际状况，在出纳台上使用对讲设备的几乎没有，索书信息的传递都采用计算机系统或现代通讯技术。

7.3.10 随着通讯技术的日益发展，图书馆内使用电话的门数日益增多，配设电话交换机组实属必要。由于电话线路的设计、施工、调试、开通均属市话局的管辖范围，因而必须征得市话局的同意。通常电话机房应包括交换机室、话务员室、蓄电池室、维修室等内容。机房的面积应根据机组的规模确定。

为了方便读者，在图书馆中应设置公用电话，公用电话应设置在门厅或走道等公共活动地点。

7.3.11 图书馆的电气设计应根据使用要求和各馆建设投资情况，适当考虑未来发展。对一些必要的用电设施和各种弱电系统的布线，如电钟、内线电话、闭路电视和事故紧急广播等，建馆设计应予一并解决。

7.4 综合布线

7.4.1～7.4.3 近几年，我国新建图书馆在计算机的应用、自动化、网络化建设上取得非常大的进展，新建图书馆其自动化方面的投资占整个图书馆建设投资的比例增长很快。因此，设计上如何考虑此类问题，有现实的经济意义。综合布线系统，是图书馆信息化、网络化、自动化的基础设施。它将建筑物中的弱电系统的布线，计算机网络等设备的布线，统一考虑，按照信息的传输要求，用一次布线连接建筑物内的所有的话音、数据、图像等传输设备。具有兼容性、开放性、灵活性、可靠性、先进性和经济性。

建筑采用综合布线系统时，应按照该馆计算机应用程度和发展规划进行设计。因此，首先应该有一个计算机应用的全面规划，确定计算机管理系统的总体结构。以上海图书馆为例，计算机管理系统包括流通、查询、索书、多媒体导读、古藉制作和检索、二次文献和全文献检索五个子系统。其目的在于：对外为读者提供良好的服务；对内实施完善的管理，并提供与国内外同行进行各种交流的功能。它的综合布线正是服从于这一总体规划。

综合布线是智能建筑的神经网络，不仅在图书馆建筑中，也在其他公共建筑中正在被广泛采用，为了规范设计，已经有地方性法规可资借鉴，相信在不久的将来，全国性的法规会很快出台，指导这方面的设计工作。

附录 A　藏书空间容书量设计估算指标

A.0.1　容书量指标是指书库单位使用面积能容纳图书的数量，单位为册/m^2。调查中发现由于书库容书量指标确定不当，造成图书馆实际藏书能力达不到设计的藏书数量，这类实例很多。影响书库容书量指标有多方面的因素，最后反映在书架搁板单位长度容书量(册/m)、填充系数(K)、书架层数以及书库单位面积放置的书架(单面书架长 m/m^2)几项因素上面。

搁板单位长度容书量取决于图书的平均厚度。近年来，由于现代科技、文化的发展，知识总量成倍增长，更新的速度逐渐加快，据 1987 年制定的“规范”说明中的统计，图书的平均厚度：中文为 1.37cm、西文为 2.83cm、日文为 2.50cm。据统计，经十余年的发展，外文书籍厚度变化不太大，而中文书籍厚度有较明显的增长。但总的趋势是不论中外书刊厚度均不断在增加，尤其高校、科研单位、学科专业书籍更新很快，故对藏书量的计算应做适当的补充和调整。

据对清华大学、复旦大学、郑州大学、西安建筑科技大学、哈尔滨工程大学、广州师范学院、杭州市党校图书馆及国家图书馆、陕西省馆、黑龙江省馆、杭州市馆、郑州市馆、深圳市南山馆、上海市南市馆等 25 余座图书馆的调查：

中文科技书平均厚度为 1.86cm。
中文社科书平均厚度为 1.76cm。
中文合刊本平均厚度为 3.83cm。
外文科技书平均厚度为 2.58cm。
(日文 1.77cm　俄文 2.51cm)。
外文社科书平均厚度为 2.40cm。
外文合刊本平均厚度为 3.54cm。
(日文 4.47cm　俄文 3.70cm)。

由以上基本数据，可计算出开架藏书及闭架藏书的每书架藏书量，如果再能知道每平方米藏书面积中有多少书架，即可较准确的知道每处藏书面积中实际可容纳多少册书籍。

为此计算每个标准书架的容书量要符合以下条件：

1. 前提条件：标准书架每格板净宽度定为 0.95m，共有七层，开架阅览根据实际情况，为了方便读者使用一般只用 6 层，而闭架书库书架使用 7 层。由于外文书籍较高大，一般开、闭架均以 6 层计算，此外每层格板中藏书填充系数开、闭架均定为 75%，(具体调研闭架藏书情况，填充系数实际也不可能再小)。

2. 计算公式：

$$每架藏书量=\frac{每格板净长度\times填充系数}{平均每册书厚度}\times每架层数\times双面$$

据公式计算结果。每标准架藏书量如下：

附表 A-1

高校图书馆	公共图书馆 ※	增减度
开架中文社科书：95÷1.76×0.75×6×2=486 册	552 册	±25%
开架中文科技书：95÷1.86×0.75×6×2=460 册	522 册	
开架中文合刊本：95÷3.83×0.75×6×2=223 册	253 册	
闭架中文社科书：95÷1.76×0.75×7×2=566 册	643 册	
闭架中文科技书：95÷1.86×0.75×7×2=536 册	609 册	
闭架中文合刊本：95÷3.83×0.75×7×2=260 册	295 册	
闭、开架外文社科书：95÷2.40×0.75×6×2=356 册	405 册	
闭、开架外文科技书：95÷2.58×0.75×6×2=331 册	376 册	
闭、开架外文合刊本：95÷3.54×0.75×6×2=242 册	275 册	

※　据杭州图书馆李明华同志提供的十余座图书馆的统计，公共图书馆平均书厚约为高校馆平均书厚的 88%。

根据开架藏书及闭架藏书的基本布局，选择多种布局平面方式，(书架间距、主、次通道、档头走道均符合表 4.2.4-2 的规定）计算出结果如下：

附表 A-2　藏书空间每平方米使用面积中含有书架量（架/m^2）

	含本室内出纳台	不含本室内出纳台
开架藏书	0.5	0.55
闭架藏书	0.6	0.65

注：每个标准书架基本尺寸：按外轮廓长度为 100cm，双面宽度为 45cm 计。

附录B 阅览空间每座占使用面积设计计算指标

表B.0.1中的指标，系指藏阅合一空间中计算阅览区的面积指标，也适用于闭架管理的阅览室。面积指标中包含了阅览桌椅及读者活动的交通面积，也包括了管理台，沿墙设置的工具书架、陈列柜、目录柜等所占使用面积。本次修订中，通过调研，认为表中指标仍然适用，故予保留。因为实行开架管理的藏阅合一空间，其面积由阅览座和开架书架两部分组成，其面积可按附录A、B中的指标分别计算而后相加。至于其布置方式日趋多样化，近年出版了不少这方面的资料，如《建筑设计资料集》等可供参考。

对于表中集体视听室的面积指标，据调查所得，认为视听室的辅助专业用房，并不与座位规模呈函数关系，而是依其功能要求决定，功能越多，设备越多，其辅助专业用房的使用面积也越大。因此，应依其工艺要求而定。故改为含控制室和不含控制室两种指标，供设计者选用。

附录C 目录柜占用面积计算公式

目录检索工具有卡片目录，书本目录和计算机终端检索。目录检索空间的使用面积，应由这三部分组成。书本式目录依书架的排列形式，取其面积指标确定，计算机终端则按2.00m^2/台计算。此处仅列出目录柜所占用的面积。它包括目录柜，查目台及其间走道等使用面积在内。以10000张国际标准卡片所需的面积表示，代表符合为X。

a的值随所选目录柜的规格和布置方式的不同而变化。但是当目录柜选定后，每目录柜所占使用面积是一个常数。以A表示目录柜所占的使用面积，q表示目录柜的工作容量，三者的关系应为：

$$a=10000\times A/q$$

按表4.4.3所列排列尺寸，对目录厅（室）各种实际可能的布置进行了排列、分析、计算得出：若目录柜间无查目台时，每个目录柜（采用横向五屉目录柜，平面尺寸为0.80m×0.45m）所需使用面积为1.38m^2（包括柜前读者活动面积及应摊的通道面积）。当设查目台时，每个目录柜所需使用面积为2.24m^2（坐式）。

对于标准目录柜，每屉容国际标准目录卡片1000张，考虑工作容量系数75%之后则为750张。设所选目录柜为$m\times T$屉，m为第个目录屉的横向列数，T为纵列目录柜目录屉的总层数（在同一目录室内，目录柜层数应相同，如不同时可取平均值折算）。则

$q=750\times m\times T$（卡片张数）

如果在排列时，选用的目录柜为$5\times T$系列，则目录卡片$q=750\times5\times T=3750T$（张），代入公式即得：

当无查目台时：$a=10000\times A/q$

$$=10000\times1.38/3750T=3.68/T$$

当有查目台时：$a=10000\times A/q$

$$=10000\times2.24/3750T=6/T$$

据此可按所选定目录柜的竖向屉数，求出在使用这种目录柜的情况下每万张卡片所需的使用面积（不同屉数按此换算）。

中华人民共和国行业标准

托儿所、幼儿园建筑设计规范

JGJ 39—87

（试　行）

主编单位：黑　龙　江　省　建　筑　设　计　院
批准部门：中华人民共和国城乡建设环境保护部
　　　　　中华人民共和国国家教育委员会
试行日期：1　9　8　7　年　1　2　月　1　日

关于批准发布《托儿所、幼儿园建筑设计规范》的通知

（87）城设字第466号

为适应托儿所、幼儿园建筑设计工作的需要，由黑龙江省建筑设计院主编的《托儿所、幼儿园建筑设计规范》，经城乡建设环境保护部和国家教育委员会审查批准为部颁标准，编号为JGJ 39—87，自1987年12月1日起试行。试行中如有问题和意见，请函告黑龙江省建筑设计院，供今后修订时参考。

城乡建设环境保护部

国家教育委员会

1987年9月3日

编制说明

本规范是根据城乡建设环境保护部（84）城设字178号关于《托儿所、幼儿园建筑设计规范》编制任务的通知，由黑龙江省建筑设计院负责编制的。

本规范在编制过程中，在全国各地进行了广泛的调查研究，收集了大量的图纸和资料，吸取了我国近年来托儿所、幼儿园建筑设计的实践经验，参考了国外有关规范和资料，多次征求了全国有关单位的意见，最后经专家审议，由有关主管部门会审定稿。

本规范共分四章和两个附录，主要内容有：总则、基地和总平面、建筑设计、建筑设备等。

本规范系初次编制，执行过程中望各单位结合本地的实际情况和工程实践，认真总结经验，积累资料，如发现需要修改和充实之处，请将意见和有关资料寄交黑龙江省建筑设计院《托儿所、幼儿园建筑设计规范》编制组，供修订时参考。

《托儿所、幼儿园建筑设计规范》编制组

1987年4月20日

目　次

第一章　总　　则

第 1.0.1 条　为保证托儿所、幼儿园建筑设计质量，使托儿所、幼儿园建筑符合安全、卫生和使用功能等方面的基本要求，特制订本规范。

第 1.0.2 条　本规范适用于城镇及工矿区新建、扩建和改建的托儿所、幼儿园建筑设计。乡村的托儿所、幼儿园建筑设计可参照执行。

第 1.0.3 条　托儿所、幼儿园是对幼儿进行保育和教育的机构。接纳不足三周岁幼儿的为托儿所，接纳三至六周岁幼儿的为幼儿园。

一、幼儿园的规模（包括托、幼合建的）分为：

大型：10个班至12个班。

中型：6个班至9个班。

小型：5个班以下。

二、单独的托儿所的规模以不超过5个班为宜。

三、托儿所、幼儿园每班人数：

1.托儿所：乳儿班及托儿小、中班15～20人，托儿大班21～25人。

2.幼儿园：小班20～25人，中班26～30人，大班31～35人。

第 1.0.4 条　托儿所、幼儿园的建筑设计除执行本规范外，尚应执行《民用建筑设计通则》以及国家和专业部门颁布的有关设计标准、规范和规定。

第二章　基地和总平面

第一节　基地选择

第 2.1.1 条　四个班以上的托儿所、幼儿园应有独立的建筑基地，并应根据城镇及工矿区的建设规划合理安排布点。托儿所、幼儿园的规模在三个班以下时，也可设于居住建筑物的底层，但应有独立的出入口和相应的室外游戏场地及安全防护设施。

第 2.1.2 条　托儿所、幼儿园的基地选择应满足下列要求：

一、应远离各种污染源，并满足有关卫生防护标准的要求。

二、方便家长接送，避免交通干扰。

三、日照充足，场地干燥，排水通畅，环境优美或接近城市绿化地带。

四、能为建筑功能分区、出入口、室外游戏场地的布置提供必要条件。

第二节　总平面设计

第 2.2.1 条　托儿所、幼儿园应根据设计任务书的要求对建筑物、室外游戏场地、绿化用地及杂物院等进行总体布置，做到功能分区合理，方便管理，朝向适宜，游戏场地日照充足，创造符合幼儿生理、心理特点的环境空间。

第 2.2.2 条　总用地面积应按照国家现行有关规定执行。

第 2.2.3 条　托儿所、幼儿园室外游戏场地应满足下列要求：

一、必须设置各班专用的室外游戏场地。每班的游戏场地面积不应小于60m^2。各游戏场地之间宜采取分隔措施。

二、应有全园共用的室外游戏场地，其面积不宜小于下式计算值：

室外共用游戏场地面积(m^2) = 180 + 20(N − 1)

注：①180、20、1为常数，N为班数(乳儿班不计)。

②室外共用游戏场地应考虑设置游戏器具，30m跑道、沙坑、洗手池和贮水深度不超过0.3m的戏水池等。

第 2.2.4 条　托儿所、幼儿园宜有集中绿化用地面积，并严禁种植有毒、带刺的植物。

第 2.2.5 条　托儿所、幼儿园宜在供应区内设置杂物院，并单独设置对外出入口。基地边界、游戏场地、绿化等用的围护、遮拦设施应安全、美观、通透。

第三章　建筑设计

第一节　一般规定

第 3.1.1 条　托儿所、幼儿园的建筑热工设计应与地区气候相适应，并应符合《民用建筑热工设计规程》中的分区要求及有关规定。

第 3.1.2 条　托儿所、幼儿园的生活用房必须按第3.2.1条、第3.3.1条的规定设置。服务、供应用房可按不同的规模进行设置。

一、生活用房包括活动室、寝室、乳儿室、配乳室、喂奶室、卫生间、(包括厕所、盥洗、洗浴)、衣帽贮藏室、音体活动室等。全日制托儿所、幼儿园的活动室与寝室宜合并设置。

二、服务用房包括医务保健室、隔离室、晨检室、保育员值宿室、教职工办公室、会议室、值班室（包括收发室）及教职工厕所、浴室等。全日制托儿所、幼儿园不设保育员值宿室。

三、供应用房包括幼儿厨房、消毒室、烧水间、洗衣房及库房等。

第 3.1.3 条　平面布置应功能分区明确，避免相互干扰，方便使用管理，有利于交通疏散。

第 3.1.4 条　严禁将幼儿生活用房设在地下室或半地下室。

第 3.1.5 条　生活用房的室内净高不应低于表3.1.5的规定。

生活用房室内最低净高（m）　　表 3.1.5

房间名称	净高
活动室、寝室、乳儿室	2.80
音体活动室	3.60

注：特殊形状的顶棚，最低处距地面净高不应低于2.20m。

第 3.1.6 条　托儿所、幼儿园的建筑造型及室内设计应符合幼儿的特点。

第 3.1.7 条　托儿所、幼儿园的生活用房应布置在当地最好日照方位，并满足冬至日底层满窗日照不少于3h（小时）的要求，温暖地区、炎热地区的生活用房应避免朝西，否则应设遮阳设施。

第 3.1.8 条 建筑侧窗采光的窗地面积之比，不应小于表3.1.8的规定。

窗地面积比 表 3.1.8

房间名称	窗地面积比
音体活动室、活动室、乳儿室	1/5
寝室、喂奶室、医务保健室、隔离室	1/6
其它房间	1/8

注：单侧采光时，房间进深与窗上口距地面高度的比值不宜大于2.5。

第 3.1.9 条 音体活动室、活动室、寝室、隔离室等房间的室内允许噪声级不应大于50dB，间隔墙及楼板的空气声计权隔声量（Rw）不应小于40dB，楼板的计权标准化撞击声压级（LnT,w）不应大于75dB。

第二节 幼儿园生活用房

第 3.2.1 条 幼儿园生活用房面积不应小于表3.2.1的规定。

生活用房的最小使用面积（m^2） 表 3.2.1

房间名称	大型	中型	小型	备注
活动室	50	50	50	指每班面积
寝室	50	50	50	指每班面积
卫生间	15	15	15	指每班面积
衣帽贮藏室	9	9	9	指每班面积
音体活动室	150	120	90	指全园共用面积

注：①全日制幼儿园活动室与寝室合并设置时，其面积按两者面积之和的80%计算。
②全日制幼儿园（或寄宿制幼儿园集中设置洗浴设施时）每班的卫生间面积可减少$2m^2$。寄宿制托儿所、幼儿园集中设置洗浴室时，面积应按规模的大小确定。
③实验性或示范性幼儿园，可适当增设某些专业用房和设备，其使用面积按设计任务书的要求设置。

第 3.2.2 条 寄宿制幼儿园的活动室、寝室、卫生间、衣帽贮藏室应设计成每班独立使用的生活单元。

第 3.2.3 条 单侧采光的活动室，其进深不宜超过6.60m。楼层活动室宜设置室外活动的露台或阳台，但不应遮挡底层生活用房的日照。

第 3.2.4 条 幼儿卫生间应满足下列规定：

一、卫生间应临近活动室和寝室，厕所和盥洗应分间或分隔，并应有直接的自然通风；

二、盥洗池的高度为0.50～0.55m，宽度为0.40～0.45m，水龙头的间距为0.35～0.4m。

三、无论采用沟槽式或坐蹲式大便器均应有1.2m高的架空隔板，并加设幼儿扶手。每个厕位的平面尺寸为0.80m×0.70m，沟槽式的槽宽为0.16～0.18m，坐式便器高度为0.25～0.30m。

四、炎热地区各班的卫生间应设冲凉浴室。热水洗浴设施宜集中设置，凡分设于班内的应为独立的浴室。

第 3.2.5 条 每班卫生间的卫生设备数量不应少于表3.2.5的规定。

每班卫生间内最少设备数量 表 3.2.5

污水池（个）	大便器或沟槽（个或位）	小便槽（位）	盥洗台（水龙头、个）	淋浴（位）
1	4	4	6～8	2

第 3.2.6 条 供保教人员使用的厕所宜就近集中，或在班内分隔设置。

第 3.2.7 条 音体活动室的位置宜临近生活用房，不应和服务、供应用房混设在一起。单独设置时，宜用连廊与主体建筑连通。

第三节 托儿所生活用房

第 3.3.1 条 托儿所分为乳儿班和托儿班。乳儿班的房间设置和最小使用面积应符合表3.3.1的规定，托儿班的生活用房面积及有关规定与幼儿园相同。

乳儿班每班房间最小使用面积（m^2） 表 3.3.1

房间名称	使用面积
乳儿室	50
喂奶室	15
配乳室	8
卫生间	10
贮藏室	6

第 3.3.2 条 乳儿班和托儿班的生活用房均应设计成每班独立使用的生活单元。托儿所和幼儿园合建时，托儿生活部分应单独分区，并设单独的出入口。

第 3.3.3 条 喂奶室、配乳室应符合下列规定：

一、喂奶室、配乳室应临近乳儿室。喂奶室还应靠近对外出入口。

二、喂奶室、配乳室应设洗涤盆。配乳室应有加热设施。使用有污染性的燃料时，应有独立的通风、排烟系统。

第 3.3.4 条 乳儿班卫生间应设洗涤池二个，污水池一个及保育人员的厕位（兼作倒粪池）一个。

第四节 服务用房

第 3.4.1 条 服务用房的使用面积不应小于表3.4.1的规定。

服务用房的最小使用面积（m^2） 表 3.4.1

房间名称	规模		
	大型	中型	小型
医务保健室	12	12	10
隔离室	2×8	8	8
晨检室	15	12	10

第 3.4.2 条 医务保健室和隔离室宜相邻设置，与幼儿生活用房应有适当距离。如为楼房时，应设在底层。医务保健室和隔离室应设上、下水设施；隔离室应设独立的厕所。

第 3.4.3 条 晨检室宜设在建筑物的主出入口处。

第 3.4.4 条 幼儿与职工洗浴设施不宜共用。

第五节 供应用房

第 3.5.1 条 供应用房的使用面积不应小于表3.5.1的规定。

供应用房最小使用面积(m^2)　　表 3.5.1

	房间名称	大　型	中　型	小　型
厨　房	主副食加工间	45	36	30
	主食库	15	10	15
	副食库	15	10	
	冷藏室	8	6	4
	配餐间	18	15	10
消毒间		12	10	8
洗衣房		15	12	8

第 3.5.2 条　厨房设计应符合下列规定。

一、托儿所、幼儿园的厨房与职工厨房合建时，其面积可略小于两部分面积之和。

二、厨房内设有主副食加工机械时，可适当增加主副食加工间的使用面积。

三、因各地燃料不同，烧火间是否设置及使用面积大小，均应根据当地情况确定。

四、托儿所、幼儿园为楼房时，宜设置小型垂直提升食梯。

第六节　防火与疏散

第 3.6.1 条　托儿所、幼儿园建筑的防火设计除应执行国家建筑设计防火规范外，尚应符合本节的规定。

第 3.6.2 条　托儿所、幼儿园的生活用房在一、二级耐火等级的建筑中，不应设在四层及四层以上，三级耐火等级的建筑不应设在三层及三层以上，四级耐火等级的建筑不应超过一层，平屋顶可做为安全避难和室外游戏场地，但应设有防护设施。

第 3.6.3 条　主体建筑走廊净宽度不应小于表3.6.3的规定。

走廊最小净宽度(m)　　表 3.6.3

房间名称	双面布房	单面布房或外廊
生活用房	1.8	1.5
服务供应用房	1.5	1.3

第 3.6.4 条　在幼儿安全疏散和经常出入的通道上，不应设有台阶。必要时可设防滑坡道，其坡度不应大于1:12。

第 3.6.5 条　楼梯、扶手、栏杆和踏步应符合下列规定：

一、楼梯除设成人扶手外，并应在靠墙一侧设幼儿扶手，其高度不应大于0.60m。

二、楼梯栏杆垂直线饰间的净距不应大于0.11m。当楼梯井净宽度大于0.20m时，必须采取安全措施。

三、楼梯踏步的高度不应大于0.15m，宽度不应小于0.26m。

四、在严寒、寒冷地区设置的室外安全疏散楼梯，应有防滑措施。

第 3.6.6 条　活动室、寝室、音体活动室应设双扇平开门，其宽度不应小于1.20m。疏散通道中不应使用转门、弹簧门和推拉门。

第七节　建筑构造

第 3.7.1 条　乳儿室、活动室、寝室及音体活动室宜为暖性、弹性地面。幼儿经常出入的通道应为防滑地面。卫生间应为易清洗、不渗水并防滑的地面。

第 3.7.2 条　严寒、寒冷地区主体建筑的主要出入口应设挡风门斗，其双层门中心距离不应小于1.6m。幼儿经常出入的门应符合下列规定：

一、在距地0.60～1.20m高度内，不应装易碎玻璃。

二、在距地0.70m处，宜加设幼儿专用拉手。

三、门的双面均宜平滑、无棱角。

四、不应设置门坎和弹簧门。

五、外门宜设纱门。

第 3.7.3 条　外窗应符合下列要求

一、活动室、音体活动室的窗台距地面高度不宜大于0.60m。距地面1.30m内不应设平开窗。楼层无室外阳台时应设护栏。

二、所有外窗均应加设纱窗。活动室、寝室、音体活动室及隔离室的窗应有遮光设施。

第 3.7.4 条　阳台、屋顶平台的护栏净高不应小于1.20m，内侧不应设有支撑。护栏宜采用垂直线饰，其净空距离不应大于0.11m。

第 3.7.5 条　幼儿经常接触的1.30m以下的室外墙面不应粗糙，室内墙面宜采用光滑易清洁的材料，墙角、窗台、暖气罩、窗口竖边等棱角部位必须做成小圆角。

第 3.7.6 条　活动室和音体活动室的室内墙面，应具有展示教材、作品和环境布置的条件。

第四章　建筑设备

第一节　给水与排水

第 4.1.1 条　托儿所、幼儿园应设室内给水排水系统。卫生设备的选型及系统的设计，均应符合幼儿的需要。

第 4.1.2 条　有热源条件时可设置或预留热水供应系统。

第二节　采暖与通风

第 4.2.1 条　采暖区托儿所、幼儿园应用低温热水集中采暖。热媒温度不宜超过95～70℃。幼儿用房的散热器必须采取防护措施。不具备集中采暖条件的二层以下房屋用壁炉、火墙采暖时，必须有高出屋面的通风、排烟等措施。

第 4.2.2 条　托儿所、幼儿园与其它建筑共用集中采暖时，宜有过渡季节采暖设施。

主要房间室内采暖计算温度及每小时换气次数　　表 4.2.4

房间名称	室内计算温度(℃)	每小时换气次数
音体活动室、活动室、寝室、乳儿室、办公室、喂奶室、医务保健室、隔离室	20	1.5
卫生间	22	3
浴室、更衣室	25	1.5
厨房	16	3
洗衣房	18	5
走廊	16	

第 4.2.3 条 托儿所、幼儿园生活用房应有良好的自然通风。厨房、卫生间等均应设置独立的通风系统。

第 4.2.4 条 主要房间室内采暖计算温度及每小时换气次数不应低于表4.2.4的规定。

第三节 电 气

第 4.3.1 条 幼儿用房选用的灯具应避免眩光。寄宿制托儿所、幼儿园的寝室宜设置夜间巡视照明设施。

第 4.3.2 条 活动室、乳儿室、音体活动室、医务保健室、隔离室及办公用房宜采用日光色光源的灯具照明，其余场所可采用白炽灯照明。当用荧光灯照明时，应尽量减少频闪效应的影响。医务保健室和幼儿生活用房可设置紫外线灯具。

第 4.3.3 条 照度标准不应低于表4.3.3的规定。

主要房间平均照度标准（lx） 表 4.3.3

房间名称	照度值	工作面
活动室、乳儿室、音体活动室	150	距地0.5m
医务保健室、隔离室、办公室	100	距地0.80m
寝室、喂奶室、配奶室、厨房	75	距地0.80m
卫生间、洗衣房	30	地面
门厅、烧火间、库房	20	地面

第 4.3.4 条 活动室、音体活动室可根据需要，预留电视天线插座，并设置带接地孔的、安全密闭的、安装高度不低于1.70m的电源插座。

第 4.3.5 条 在供应用房的电气设计中，应为各种机电和电热设备提供或预留电源。

第 4.3.6 条 托儿所、幼儿园应设置电话、电铃。

附录一 名词解释

1.全日制托儿所、幼儿园：幼儿白天在园、所生活的托儿所、幼儿园。

2.寄宿制托儿所、幼儿园：幼儿昼夜均在园所生活的托儿所、幼儿园。

3.活动室：供幼儿室内游戏、进餐、上课等日常活动的用房。

4.寝室：供幼儿睡眠的用房。

5.乳儿室：托儿所中供乳儿班玩耍、睡眠等日常生活的用房。

6.喂奶室：家长或保育员对乳儿哺乳的用房。

7.配奶室：配制乳儿食用乳汁的用房。

8.音体活动室：进行室内音乐、体育游戏活动、节目娱乐等活动的用房。

9.隔离室：对病儿进行观察、治疗的用房。

10.晨检室：早晨幼儿入园、入所时进行健康检查的用房。

附录二 本规范用词说明

一、执行本规范条文时，要求严格程度的用词说明如下，以便在执行过程中区别对待。

1. 表示很严格，非这样做不可的用词：
正面词一般采用“必须”；
反面词一般采用“严禁”。

2. 表示严格，在正常情况下均应这样做的用词：
正面词一般采用“应”；
反面词一般采用“不应”或“不得”。

3. 表示允许稍有选择、在条件许可时首先应这样做的用词：
正面词一般采用“宜”；
反面词一般采用“不宜”。

4. 表示一般情况下均应这样做，但硬性规定这样做有困难时，采用“应尽量”。

5. 表示允许有选择，在一定条件下可以这样作的，采用“可”。

二、条文中指明必须按其它有关标准、规范执行的写法为：

“应按……执行”或“应符合……要求或规定”。非必须按所指定的标准和规范执行的写法为“可参照……执行”。

附加说明

本规范编制单位和主要起草人名单：

编制单位： 黑龙江省建筑设计院

主要起草人： 孙传礼 贾世超 葛庆华 郭盛元 马洪骥

中华人民共和国城乡建设环境保护部部标准

疗养院建筑设计规范

JGJ 40—87

（试　行）

主编单位：福建省建筑设计院
批准部门：城乡建设环境保护部
试行日期：1988年1月1日

关于发布《疗养院建筑设计规范》为部标准的通知

（87）城设字第473号

根据我部（84）城设字第246号文件要求，由福建省建筑设计院编制的《疗养院建筑设计规范》，经审查同意为部标准，编号为JGJ 40—87，自1988年1月1日起试行。试行中如有问题和意见，请函告福建省建筑设计院，以便解释和供今后修订时参考。

中华人民共和国城乡建设环境保护部

1987年9月8日

编制说明

本规范系根据城乡建设环境保护部（84）城设字第246号文，关于制订《疗养院建筑设计规范》通知的要求，由福建省建筑设计院负责编制而成。

本规范编制过程中，对全国各地疗养院进行了比较广泛的调查研究，吸取了我国三十多年来疗养院建设的实践经验，同时广泛征求全国各有关单位的意见，经过几次研究修改，最后经过主管部门审查定稿。

本规范共分四章和附录一。主要内容有：总则、基地和总平面、建筑设计和建筑设备等。

《疗养院建筑设计规范》编制组

1987年1月

目　次

第一章 总 则

第 1.0.1 条 为了保证疗养院建筑设计在满足适用、安全、卫生和环境等方面的基本要求，特制定本规范。

第 1.0.2 条 本规范适用于综合性慢性疾病疗养院及专科疾病疗养院新建、扩建和改建的设计。传染性疾病疗养院，其特殊要求部分应按医院建筑设计规范中传染科有关规定执行，休养所可参照执行。

第 1.0.3 条 疗养院建筑设计除应按本规范的规定执行外，还应执行《民用建筑设计通则》以及国家或专业部门颁发的有关设计标准、规范和规定。

第二章 基地和总平面

第一节 基地选择

第 2.1.1 条 疗养院建设应符合城乡建设总体规划和疗养区综合规划的要求。

第 2.1.2 条 疗养院宜设在气候适宜，风景优美，具有利用某种天然疗养因子预防和治疗疾病条件的地区。

注：天然疗养因子系指含有负离子的新鲜空气、矿泉水、治疗泥等。

第 2.1.3 条 基地位置应是交通方便，环境幽静，日光充足，通风良好并具有电源、给排水条件和便于种植、造园之处。

第 2.1.4 条 基地应为总平面布置中的功能分区、主要出入口和供应入口的设置，以及庭园绿化、活动场地等的合理安排提供可能性。

第二节 总平面布置

第 2.2.1 条 疗养院由疗养、理疗、医技用房，以及文体活动场所、行政办公、附属用房等组成。

第 2.2.2 条 总平面设计应充分注意基地原有地貌、地物、园林、绿化、水面等的利用。

第 2.2.3 条 疗养院的疗养用房与理疗用房、营养食堂若分开布置时，宜用通廊联系。

第 2.2.4 条 疗养用房主要朝向的间距，除应符合当地日照要求外，最小间距不应小于12m。

第 2.2.5 条 疗养院绿化设计应结合当地条件和使用功能的要求，并选择能美化环境、净化空气的树种、花草。

第 2.2.6 条 疗养院可根据需要和地形条件，设置室外体育活动场地。

第 2.2.7 条 职工生活用房不应建在疗养院内，若建在同一基地，则应与疗养院分隔，并另设出入口。

第 2.2.8 条 当疗养院设在疗养区内，应充分利用该疗养区已有或准备建设的公用医疗设施、文体活动场所及其他公共设施。

第三章 建筑设计

第一节 一般规定

第 3.1.1 条 疗养院的建筑布局应功能分区明确，联系方便，并必须保证疗养用房具有良好的室内外环境。

第 3.1.2 条 疗养院建筑不宜超过四层，若超过四层应设置电梯。

第 3.1.3 条 疗养室室内净高不应低于2.60m。

第 3.1.4 条 主要用房应直接天然采光，其采光窗洞口面积与该房间地板面积之比（窗地比）不应小于表3.1.4的规定。

主要用房窗地比　　表 3.1.4

房间名称	窗地比
疗养员活动室	1/4
疗养室、调剂制剂室、医护办公室及治疗、诊断、检验等用房	1/6
浴室、盥洗室、厕所（不包括疗养室附设的卫生间）	1/10

注：窗洞口面积按单层钢侧窗计算，如采用其他类型窗应按窗结构挡光折减系数调整。

第 3.1.5 条 疗养院主要建筑物的坡道、出入口、走道应满足使用轮椅者的要求。

第 3.1.6 条 疗养、理疗、医技用房及营养食堂的外门外窗宜安装纱门纱窗。

第 3.1.7 条 疗养院主要用房的楼地面除有专门要求外，其面层应用不起尘、易清洁、防滑的材料。

第二节 疗养用房

第 3.2.1 条 疗养用房按病种及规模分成若干个互不干扰的护理单元，一般由以下房间组成：

一、疗养室、疗养员活动室；

二、医生办公室、护士站、治疗室、监护室（心血管疗区设）、护士值班室；

三、污洗室、库房、疗养员用厕所、浴室及盥洗室、开水间、医护人员专用厕所。

第 3.2.2 条 每护理单元的床位数，可根据疗养院的性质、医疗护理条件等具体情况确定，一般不宜少于40床，亦不宜多于75床。

第 3.2.3 条 疗养室宜面临风景点或绿化庭园，并保证大部分房间具有良好的朝向。

第 3.2.4 条 疗养室每间床位数一般为2～3床，最多不应超过4床。

第 3.2.5 条 疗养室如护理需要，床位两侧应留有间距；当为单面采光时，其单排床位数不应超过3床，并应符合下列规定：

一、床长边与装置采光窗外墙的墙面间距不应小于0.60m。

二、两床长边的间距不应小于0.85m。

三、靠通道的床端部与墙面间距不应小于1.05m。

第 3.2.6 条 疗养室附设卫生间时，卫生间的门宜向外开启，门锁装置应内外均可开启。

第 3.2.7 条 疗养室应设每人可分隔使用的壁橱，橱净深不宜小于0.50m。

第 3.2.8 条 疗养室宜设阳台，其净深不宜小于1.50m。长廊式阳台可根据需要做灵活的隔断予以分隔。

第 3.2.9 条 疗养室的门宽不应小于0.90m，并应设观察窗。

第 3.2.10 条 医护用房

一、护士站位置应设在护理单元的近中心处，护理单元较短时，可设在护理单元入口附近。

二、护士站与治疗室应有内门相通。

三、护士值班室内应有更衣装置。

四、心血管病疗区的监护室应靠近护士站。

第 3.2.11 条 公共设施

一、每一护理单元应设疗养员活动室，其面积按每床0.80m²计算，但不应小于40m²。

活动室必须光线充足，朝向和通风良好，并宜选择有两个采光方向的位置。活动室宜设阳台，其净深不应小于1.50m。

二、公用盥洗室应按6～8人设一个洗脸盆（或0.70m长盥洗槽）。

三、公用厕所应按男每15人设一个大便器和一个小便器（或0.60m长的小便槽），女每12人设一个大便器。大便器旁宜装助立拉手。

四、公用淋浴室应男女分别设置。炎热地区按8～10人设一个淋浴器，寒冷地区按15～20人设一个淋浴器。

五、凡疗养员使用的厕所和淋浴隔间的门扇宜向外开启。

六、护理单元内宜设供疗养员使用的晾衣设施，其位置应设在使用方便，易于管理及不妨碍观瞻处。

第三节 理疗用房

第 3.3.1 条 理疗用房一般由电疗、光疗、水疗、体疗、蜡疗、泥疗、针灸、按摩等疗室组成。各疗室应符合下列规定：

一、各疗室的设置应视疗养院的性质、规模及天然疗养因子资源等情况确定；

二、各疗室宜集中组合成独立区，水疗室、体疗室可单独设置；

三、各疗室宜有等候空间，治疗床的间距视各种疗法确定，但不应小于0.75m，床之间宜有活动分隔。

第 3.3.2 条 电疗室

一、高频、超高频、静电、电睡眠及四槽浴应单独设室。

二、高频、超高频室宜有屏蔽措施。医护人员工作台与治疗机中线的距离不应小于3m。

三、电睡眠室应有遮光隔声措施，治疗床之间应分隔，隔间净宽不应小于1.80m。

四、静电室应有通风换气设施。

五、地面应有绝缘，防潮措施。墙面应做不低于1.20m的绝缘墙裙。

六、暖气片宜嵌入墙内，并应设置非导电体的护栏。

七、各种管线应暗装。

八、四槽浴台座应有绝缘措施，给水管宜敷设于管沟内。数量较多的四槽浴治疗室室内地面排水宜采用带孔盖板的排水沟。

第 3.3.3 条 光疗室

一、紫外线治疗宜单独设室，并应有通风换气设施。

二、激光室墙面、顶棚应为深冷色调，窗玻璃应避免反光。

三、光疗室地面应有绝缘、防潮措施，墙面应有不低于1.20m的绝缘墙裙。

第 3.3.4 条 水疗室

一、水疗室由等候空间、医护办公室、浴室、更衣休息室、厕所、贮存室等组成。

二、更衣休息室应与各浴室有门相通，其休息床数与水疗设施使用人数比例为1:1～2:1，两平行休息床的间距不应小于0.60m。

三、盆浴室两平行浴盆间距宜为0.70m，浴盆应设上下盆扶手。

四、大池浴室、旋涡浴室的进口处应设淋浴喷头和洗脸盆。

1.大池宜做成矩形，旋涡浴池应做成圆形或椭圆形，深度宜为1.30m，拉手棒中线离池底高度宜为1.20m，池的溢水口底离池底高度宜为1.10m，池底应采用防滑、易清洗的面层材料。

2.在大池的适当位置应设带扶手的上下池台阶或固定便梯，旋涡浴池应设方便上下池的活动便梯。

五、设“8”字形（∞）槽浴者，槽壁上缘离地面高度宜为0.85m，槽深宜为0.50m。

六、脉冲水力按摩机浴室应有隔声措施。

七、淋浴室包括全身浴、坐浴、针状浴、雨状浴、直喷浴、扇形浴等。

1.操纵台应设在工作人员能看到每个淋浴者处；

2.操纵台与直喷浴、扇形浴的距离为3.50～4.00m。直喷浴墙上应装把手；

3.各淋浴位置之间宜用透明材料分隔，坐浴、针状浴、雨状浴的隔间中距不应小于1.10m，全身浴不应小于1.50m；

4.地面排水应坡向直喷浴处，排水沟宜采用带孔盖板。

八、浴室的墙面，顶棚应用防水面层材料，顶棚应防冷凝水下滴。

九、浴室的窗户应有视线遮挡措施，并应有通风排气设施。

第 3.3.5 条 体疗室

一、体疗室视需要可附设诊察室，气功室及贮存室等。

二、体疗室布置应避免其声响对邻近用房的干扰，若布置在楼层应采取隔声措施。

三、楼地面面层宜采用有弹性、耐磨损材料。

四、体疗室设有球类活动时，其窗户、灯具应有防护措施。体疗室墙面应采用耐碰撞、易擦拭的面层材料。

五、体疗室的净高应按体疗设施要求确定。

第 3.3.6 条 蜡疗室

一、蜡疗室由治疗、贮蜡、熔蜡、制蜡等部分组成。治疗部分应独自设室。规模较大的蜡疗室视需要可附设洗涤小间。

二、蜡疗室应防止其气味对周围用房的影响。熔蜡室应有通风换气设施。

第 3.3.7 条 泥疗室

一、泥疗室由治疗、贮泥、泥搅拌、泥加温、调泥、淋浴、厕所、洗涤等部分组成。治疗部分应男女分别设室。

二、设有原泥池进行全身泥疗的治疗房，应有上下池便道及抽排地下水的设施。

三、泥疗室宜设于底层，并应有良好通风。

第 3.3.8 条 针灸室与按摩室两平行治疗床的间距不应小于0.90m。针灸室应有通风换气设施。

第四节 医技用房

第 3.4.1 条 放射科用房

一、放射科用房由透视、摄片、暗室、登记、存片、办公、读片和候诊等部分组成。

二、放射用房应单独布置或布置在建筑物底层一翼的尽端。

三、一般透视、摄片室的面积不应小于24m²；200mA以上的X光诊断机机房每间面积不应小于36m²（包括控制台位置）。室内净高应满足设备安装的要求。

1.窗户及装有机械通风的通风口应有遮光措施；

2.地面面层应采用防潮、绝缘的材料，并宜设带有活动盖板的电缆地沟；

3.装有风扇者，其旋转部分离地不应低于2.20m，并不得影响X光机组的运行。

4.门的净宽不应小于1.10m；通向控制室的门的净宽不应大于0.70m；

5.四周墙体、楼面、顶盖及其相关设施必须达到卫生部门规定的防护要求。

四、暗室的位置应与摄片室相邻。

1.暗室与摄片室相邻的墙面应装置传片箱，箱内尺寸应能容纳最大胶片盒横放，应加防护措施；

2.暗室进口处、窗户及机械排风口应有遮光措施。墙面、顶棚应用较深色调；

3.洗片池内壁应用深色耐酸碱材料，池底用浅色耐酸碱材料，其断面应符合X光片夹子搁置要求。

五、存片室应有防潮、通风措施，其位置应与观片室相邻。规模较小者两室可合并。

第 3.4.2 条 检验科用房

一、检验用房包括临床、生化、洗涤等部分。根据疗养院规模大小可分设或合并设置。

二、显微镜观察台宜沿外窗设置，天平台应有防震措施。

三、生化检验室应设通风柜，并应有电源、水源及排水等设施。通风柜的排气管应高出屋面。

四、洗涤室宜靠近临床、生化检验室，洗涤池内壁及排水管应用耐酸碱材料。

第 3.4.3 条 功能检查用房

一、功能检查包括心功能检查、脑功能检查、基础代谢测定、超声波及肺功能检查等部分组成。可按实际需要设置，其位置应远离电磁干扰处或采取屏蔽措施。

二、脑功能检查室宜设于尽端，避免有穿过式交通。

三、基础代谢测定室应布置在较安静处。

四、超声波检查室应有遮光措施。

五、肺功能检查室应设洗涤池，墙裙应采用可冲洗的面层材料。

六、检查床旁应有放置仪器和操作的空间。一床独用净宽不应小于1.0m，两床共用净宽不应小于1.40m。检查室应有医师工作台位置。

七、地面应有绝缘防潮措施。

第 3.4.4 条 药剂用房

一、中药房由配方、贮药、整理加工、原药库、煎药等部分组成。

1.整理加工室宜紧靠中药原药库，并应有良好通风、排烟、除尘等条件；

2.配方、贮药、整理加工、原药库等应有防潮、防鼠害措施；

3.煎药室宜单独设置，并应有排烟、排气设施。

二、西药房由调剂室、普通制剂室（可按实际需要设置）及药库等部分组成。

1.调剂室应设领药处；

2.普通制剂室位置应邻近调剂室和药库，室内应设制剂台及洗涤池、台面及池壁应用耐酸碱材料；

3.普通制剂室的地面、墙面、顶棚和工作台应采用耐冲洗、易清洁材料；

4.易燃、易爆、剧毒和贵重药品存放必须有安全防护措施；

5.调剂室、药库应有防潮、防鼠害的措施，并避免阳光直射。

第 3.4.5 条 供应室

一、供应室由接收、洗涤、敷料制作、消毒、贮存、分发、工作人员更衣等部分组成。规模较小的疗养院可合并使用，但应避免洁污交叉。

二、洗涤池面层应采用耐酸碱材料。

三、敷料制作及消毒室应有通风换气设施。

第五节 营养食堂和洗衣房

第 3.5.1 条 营养食堂

一、营养食堂可根据疗养院规模及疗养员不同疾病对饮食的不同要求，进行适当分隔或分设。

二、少数民族疗养员的饮食应另设烹调室和餐室。

三、食堂应避免厨房噪声干扰及气味串通。

四、食堂进口处应设洗手盆。

五、除符合上列要求外，尚应符合有关规范的规定。

第 3.5.2 条 洗衣房

一、洗衣房由接收、分类、洗涤、烘干、缝补、烫平折叠、贮存分发及工作人员更衣休息等部分组成。

二、洗衣房平面应按洗衣工艺流程布置，工作人员出入口、污衣入口和洁衣出口应分别设置。

三、洗衣间应设带孔盖板排水沟。

四、除应设烘干房外，宜另设晒衣场。若晒衣场设在洗衣房屋面上时，应有垂直提升设施。

第六节 防火和疏散

第 3.6.1 条 疗养院建筑防火设计除应执行国家现行的建筑设计防火规范外，尚应符合本节所列各条之规定。

第 3.6.2 条 疗养院建筑物耐火等级一般不应低于二级，若耐火等级为三级者，其层数不应超过三层。

第 3.6.3 条 疗养院主要建筑物安全出口或疏散楼梯不应少于两个，并应分散布置，室内疏散楼梯应设置楼梯间。

第 3.6.4 条 建筑物内人流使用集中的楼梯，其净宽不应小于1.65m。

第 3.6.5 条 主要建筑物内应设置火灾事故照明和疏散指示标志。

第四章 建筑设备

第一节 给水排水

第 4.1.1 条 疗养院应有给水排水系统，并应有热水供应系统。

第 4.1.2 条 蜡疗室盆蜡制作，若采用热水熔蜡时，水温不应低于95℃；若采用压蜡机通蒸汽熔蜡制作蜡垫时，其底部集水坑应采用盖板排水沟排至室外除污井，蜡疗室应单独敷设不小于100mm管径的排水管，接至下水道。

第 4.1.3 条 泥疗室淋浴间应有热水供应。冲洗泥浆应先排至室外沉淀池后再排入下水道。

第 4.1.4 条 水疗室矿泉水温应为35～42℃。当水温过高时，应在进入水疗室前设降温池（塔）。

第 4.1.5 条 基地内应有污水处理设施，其污水净化方法则应根据使用性质、污染程度、排放标准等因素综合确定。

第二节 采暖通风

第 4.2.1 条 采暖区的疗养院应有热水采暖系统

第 4.2.2 条 疗养院各种用房的室内采暖设计温度应符合表4.2.2规定。

表 4.2.2

序号	房间名称	计算温度（℃）	序号	房间名称	计算温度（℃）
1	疗养室	18～20	12	办公室	18
2	治疗、诊断室	18～20	13	走道	16～18
3	X光透视、摄片室	22～25	14	蒸汽消毒室	16
4	体疗室	18	15	洗衣房、洗衣烫衣室	16～18
5	电疗、光疗、水疗、蜡疗室	22～25	16	食堂	16
6	泥疗治疗室	22	17	烹饪室	5
7	贮泥及调泥室	8～10	18	食具厨具洗涤室	16
8	按摩、针灸室	22～25	19	配膳室	16
9	X光操纵室及暗室	18	20	疗养员活动室	18
10	西药房调剂室	18	21	浴室、盆浴、池浴、淋浴	22～25
11	中药房煎药室	16			

第 4.2.3 条 一般用房、走廊和楼梯间等应采取自然通风。

第 4.2.4 条 疗养院下列用房应设有机械排风装置，其换气次数参照表4.2.4规定：

表 4.2.4

序号	房间名称		换气次数（次/时）	
			进气	排气
1	静电治疗室、紫外线光疗室		+4	-5
2	水疗室、浴室		+4	-5
3	蜡疗治疗室、熔蜡室		+4	-5
4	泥疗治疗室		+3	-5
5	针灸室		+1	-2
6	西药制剂室		+2	-2
7	供应室的敷料制作室		+2	-2
8	消毒室	污部	—	-4
		洁部	+2	—
9	放射科透视摄片室与暗室		+2	-3
10	营养厨房			-1～-1.5

第三节 电气

第 4.3.1 条 疗养室应使用光线均匀、减少眩光的照明灯具，每床位应装设一个插座，每疗养室装一、二只备用插座。

第 4.3.2 条 疗养院的人工照明光源一般采用白炽灯或荧光灯。各室人工照明装置照度标准推荐值见表4.3.2。

照度标准推荐值　　表 4.3.2

房间名称	平均照度（lx）
护士站、医生办公室、治疗室 药房、化验室、疗养员活动室	75～150
疗养室、中心供应室	30～50
污洗室、杂用库、走道	10～20
监护室、理疗室、X线诊断室	30～75

第 4.3.3 条 疗养室和护理单元走道除一般照明外，宜设置照度不超过2lx的夜间照明灯。走道照明不应有强烈光线射入疗养室。

第 4.3.4 条 根据需要护理单元可设置呼叫信号。

第 4.3.5 条 放射科用房、功能检查室、理疗科用房等应在入口处分别设置电源切断开关。

第 4.3.6 条 透视摄片室的门口应装置红色指示灯，其开关应与纪录台红色照明灯及X线机的开关联动。

第 4.3.7 条 X线机的电源电阻值（包括供电线路电阻）和其电源电压允许波动范围应满足制造厂规定。

第 4.3.8 条 X线机部件之铁皮、操作台、高压电缆金属保护套、电动床、管式立柱等金属部分除应接到接地干线外，还应就近设一组重复接地装置，其接地电阻不应大于4Ω。

第 4.3.9 条 在离静电治疗机3.0m以内不应设置任何金属物；设在静电治疗室中的采暖散热片应有防感应措施。

第 4.3.10 条 心电图和脑电图设备应设单独接地装置，其接地电阻不应大于4Ω。

第 4.3.11 条 非医用电气设备的零线不应与医用电气设备的接地线混用，可采用三相五线制，并应分别与接地网相连，医用电气设备的接地线宜采用铜线，医用与非医用插座型式应区别。

第 4.3.12 条 凡是带有金属外壳的移动式医用电气设备应设专用的保护接地（接零）线，不得与工作零线合用，且应采用铜芯线。

第 4.3.13 条 疗养楼根据楼房结构和周围环境宜设电视共用天线，疗养室内设电视插座。

第 4.3.14 条 水疗室电气设备选型及线路敷设应有防水、防潮措施。

附录一 本规范用词说明

一、执行本规范条文时，对于要求严格程度的用词说明如下：以便执行中区别对待。

1.表示很严格，非这样作不可的用词：

正面词采用“必须”；

反面词采用“严禁”。

2.表示严格，在正常情况下均应这样做的用词：

正面词采用“应”；

反面词采用“不应”或“不得”。

3.表示允许稍有选择，在条件许可时首先应这样做的用词：

正面词采用“宜”或“可”；

反面词采用“不宜”。

二、条文中指明必须按其他有关标准、规范执行的写法为，“应按…………执行”或“应符合……要求或规定”，非必须按所指定的标准和规范执行的写法为，“可参照……执行”。

附加说明

本规范主编单位、参编单位和主要起草人名单

主编单位：福建省建筑设计院

主要起草人：林维焜　陈家骅　汪滨藩　林元英　林佑南　王国松　唐兆琦

中华人民共和国城乡建设环境保护部
中　华　人　民　共　和　国　文　化　部　标准

文化馆建筑设计规范

JGJ 41—87

（试　行）

主编单位：吉　林　省　建　筑　设　计　院
批准部门：中华人民共和国城乡建设环境保护部
　　　　　中　华　人　民　共　和　国　文　化　部
试行日期：1　9　8　8　年　6　月　1　日

关于批准发布部标准《文化馆建筑设计规范》的通知

(87) 城标字第 657 号

为适应文化馆建筑设计工作的需要，由吉林省建筑设计院主编的《文化馆建筑设计规范》，经建设部和文化部审查，现批准为两部标准，编号为 JGJ 41—87，自 1988 年 6 月 1 日起试行。试行中如有问题和意见，请函告吉林省建筑设计院，以便解释和供今后修订参考。

中华人民共和国城乡建设环境保护部
中 华 人 民 共 和 国 文 化 部
1987 年 12 月 18 日

编 制 说 明

本规范系根据城乡建设环境保护部（86）城科字第 263 号文的通知，由吉林省建筑设计院主编，并会同西安冶金建筑学院共同编制的。

在编制过程中，对全国文化馆、群众艺术馆、文化站以及乡镇文化中心进行了大量的调查实测、统计分析，总结了工程实践及使用经验，还参照了国内的一些群众文化方面的理论研究资料，并广泛征求意见，几次修改后，经建设部、文化部共同审查定稿。

本规范共分五章和两个附录。主要内容有：总则、基地和总平面、建筑设计、防火和疏散、建筑设备等。

本规范在执行过程中如发现需要修改或补充之处，请将意见和有关资料寄交吉林省建筑设计院，以供修订时参考。

《文化馆建筑设计规范》编制组
1987 年 11 月 15 日

目　次

第一章　总　　则

第 1.0.1 条　为保证文化馆建筑设计质量，使文化馆建筑符合安全、卫生和使用功能等方面的基本要求，特制订本规范。

第 1.0.2 条　本规范适用于新建、扩建、改建的文化馆建筑设计。群众艺术馆、文化站等可参照执行。

第 1.0.3 条　文化馆的建筑设计，应根据当地经济发展水平，文化需求和民族文化传统等因素，在满足当前适用需要的基础上，适当考虑留有发展余地。

第 1.0.4 条　文化馆建筑设计除执行本规范外，尚应符合《民用建筑设计通则》以及国家和专业部门颁布的有关设计标准、规范和规定。

第二章　基地和总平面

第 2.0.1 条　新建文化馆宜有独立的建筑基地，并应符合文化事业和城市规划的布点要求。

第 2.0.2 条　文化馆基地的选址应满足下列要求：

一、位置适中、交通便利、便于群众活动的地段；

二、环境优美、远离污染源。

第 2.0.3 条　文化馆的总平面设计应符合下列要求：

一、功能分区明确，合理组织人流和车辆交通路线，对喧闹与安静的用房应有合理的分区与适当的分隔；

二、基地按使用需要，至少应设两个出入口。当主要出入口紧临主要交通干道时，应按规划部门要求留出缓冲距离；

三、在基地内应设置自行车和机动车停放场地，并考虑设置画廊、橱窗等宣传设施。

第 2.0.4 条　文化馆庭院的设计，应结合地形、地貌及建筑功能分区的需要，布置室外休息活动场地、绿化、建筑小品等，创造优美的空间环境。

第 2.0.5 条　当文化馆基地距医院、住宅及托幼等建筑较近时，馆内噪声较大的观演厅、排练室、游艺室等，应布置在离开上述建筑一定距离的适当位置，并采取必要的防止干扰措施。

第 2.0.6 条　文化馆建筑覆盖率、建筑容积率，应符合当地规划部门制订的规定。

第三章　建筑设计

第一节　一般规定

第 3.1.1 条　文化馆一般应由群众活动部分、学习辅导部分、专业工作部分及行政管理部分组成。各类用房根据不同规模和使用要求可增减或合并。

第 3.1.2 条　文化馆各类用房在使用上应有较大的适应性和灵活性，并便于分区使用统一管理。

第 3.1.3 条　文化馆设置儿童、老年人专用的活动房间时，应布置在当地最佳朝向和出入安全、方便的地方，并分别设有适于儿童和老年人使用的卫生间。

第 3.1.4 条　儿童活动室的设计应符合儿童心理特点，装饰活泼，色调明快。

第 3.1.5 条　群众活动用房应采用易清洁耐磨的地面；在严寒地区儿童和老年人活动室应做暖性地面。

第 3.1.6 条　五层及五层以上设有群众活动、学习辅导用房的文化馆建筑应设置电梯。

第 3.1.7 条　各类用房的窗洞口与该房间地面面积之比，不应低于表3.1.7的规定。

窗洞口与房间地面面积之比　　表 3.1.7

房　间　名　称	窗　地　比
展览、阅览用房 美术书法工作室、美术书法教室	1/4
游艺、交谊用房 文艺、音乐、舞蹈、戏曲等工作室 站室指导、群众文化研究部 普通教室、大教室、综合排练室	1/5

注：本表按单层钢侧窗计算，采用其他类型窗应调整窗地比。

第 3.1.8 条　各类用房的室内允许噪声级不应大于表3.1.8的规定。

室内允许噪声级（dB）　　表 3.1.8

房　间　名　称	允许噪声级（A声级）
录音室（有特殊安静要求的房间）	30
教室、阅览室等	50
游艺、交谊厅等	55

第二节　群众活动部分

第 3.2.1 条　群众活动部分由观演用房、游艺用房、交谊用房、展览用房和阅览用房等组成。

第 3.2.2 条　观演用房

一、观演用房包括门厅、观演厅、舞台和放映室等。

二、观演厅的规模一般不宜大于500座。

三、当观演厅规模超过300座时，观演厅的座位排列、走道宽度、视线及声学设计以及放映室设计，均应符合《剧场建筑设计规范》和《电影院建筑设计规范》的有关规定。

四、当观演厅为300座以下时，可做成平地面的综合活动厅，舞台的空间高度可与观众厅同高，并应注意音质和语言清晰度的要求。

第 3.2.3 条　游艺用房

一、游艺用房应根据活动内容和实际需要设置供若干活动项目使用的大、中、小游艺室，并附设管理及贮藏间等。当规模较大时，宜分别设置儿童游艺室及老年人游艺室。儿童游艺室室外宜附设儿童活动场地。

二、游艺室的使用面积不应小于下列规定：

大游艺室　　$65m^2$

中游艺室　　$45m^2$

小游艺室　　$25m^2$

第 3.2.4 条　交谊用房

一、交谊用房包括舞厅、茶座、管理间及小卖部等。

二、舞厅应设存衣间、吸烟室及贮藏间等。舞厅的活动面积每人按$2m^2$计算。

三、舞厅应具有单独开放的条件及直接对外的出入口。

四、舞厅应设光滑的地面、较好的室内装修与照明，并应有良好的音质条件。

五、茶座应附设准备间，准备间内应有开水设施及洗涤池。

第 3.2.5 条 展览用房

一、展览用房包括展览厅或展览廊、贮藏间等。每个展览厅的使用面积不宜小于$65m^2$。

二、展览厅内的参观路线应通顺，并设置可供灵活布置的展版和照明设施。

三、展览厅应以自然采光为主，并应避免眩光及直射光。

四、展览厅(廊)出入口的宽度及高度应符合安全疏散、搬运版面和展品的要求。

第 3.2.6 条 阅览用房

一、阅览用房包括阅览室、资料室、书报贮存间等。

二、阅览用房应设于馆内较安静的部位。

三、阅览室应光线充足，照度均匀，避免眩光及直射光。采光窗宜设遮光设施。

四、规模较大时，宜分设儿童阅览室。

五、阅览桌椅的排列间隔尺寸及每座使用面积指标，可参照《图书馆建筑设计规范》执行。

第三节 学习辅导部分

第 3.3.1 条 学习辅导部分由综合排练室、普通教室、大教室及美术书法教室等组成。其位置除综合排练室外，均应布置在馆内安静区。

第 3.3.2 条 综合排练室

一、综合排练室的位置应考虑噪声对毗邻用房的影响。

二、室内应附设卫生间、器械贮藏间。有条件者可设淋浴间。

三、沿墙应设练功用把杆，宜在一面墙上设置照身镜。

四、根据使用要求合理地确定净高，并不应低于3.6m。

五、综合排练室的使用面积每人按$6m^2$计算。

六、室内地面宜做木地板。

七、综合排练室的主要出入口宜设隔声门。

第 3.3.3 条 普通教室和大教室

一、普通教室每室人数可按40人设计，大教室以80人为宜。教室使用面积每人不小于$1.40m^2$。

二、课桌椅布置及有关尺寸，不得小于《中、小学校建筑设计规范》的有关规定。

三、普通教室及大教室均应设置黑板、讲台、清洁用具柜及挂衣钩；教室前后均应设电源插座。

四、大教室根据使用要求，可为阶梯式地面，并设置连排式课桌椅。

第 3.3.4 条 美术书法教室

一、美术书法教室宜为北向侧窗或天窗采光。

二、美术书法教室的设施，应按普通教室设置，并增设洗涤池。室内四角另增设电源插座。

三、美术书法教室的使用面积每人不小于$2.80m^2$，每室不宜超过30人。

第四节 专业工作部分

第 3.4.1 条 专业工作部分一般由文艺、美术书法、音乐、舞蹈、戏曲、摄影、录音等工作室，站室指导部，少年儿童指导部，群众文化研究部等组成。

第 3.4.2 条 美术书法工作室宜为北向采光，室内宜设挂镜线、遮光设施及洗涤池；使用面积不宜小于$24m^2$。

第 3.4.3 条 音乐工作室应附设1～2间琴房，每间使用面积不小于$6m^2$，并应考虑室内音质及隔声要求。

第 3.4.4 条 摄影工作室

一、摄影工作室应附设摄影室及洗印暗室。

二、暗室应有遮光及通风换气设施，并设置冲洗池及工作台等。

三、暗室应设培训实习间，根据规模可设置2～4个工作小间，每小间不小于$4m^2$。

第 3.4.5 条 录音工作室

一、录音工作室包括工作室、录音室及控制室；其位置应布置在馆内安静部位。

二、大、中型文化馆宜设专用录音室。

三、录音室和控制室的内部装修，均应考虑室内音质的要求。

四、录音室和控制室之间的墙壁上，应设隔声观察窗。

五、录音室和控制室均应采用隔声门窗。

第五节 行政管理部分

第 3.5.1 条 行政管理部分由馆长室、办公室、文印打字室、会计室、接待室及值班室等组成。其位置应设于对外联系和对内管理方便的部位。

第 3.5.2 条 行政管理部分的附属用房，包括仓库、配电间、维修间、锅炉房、车库等，应根据实际需要设置。

第四章 防火和疏散

第 4.0.1 条 文化馆的建筑防火设计除应执行国家现行防火规范外，尚应符合本章的有关规定。

第 4.0.2 条 文化馆的建筑耐火等级对于高层建筑不应低于二级，对于多层建筑不应低于三级。

第 4.0.3 条 观演厅、展览厅、舞厅、大游艺室等人员密集的用房宜设在底层，并有直接对外安全出口。

第 4.0.4 条 文化馆内走道净宽不应小于表4.0.4的规定。

走道最小净宽度（m） 表 4.0.4

部分	双面布房	单面布房
群众活动部分	2.10	1.80
学习辅导部分	1.80	1.50
专业工作部分	1.50	1.20

第 4.0.5 条 文化馆群众活动部分、学习辅导部分的门均不得设置门槛。

第 4.0.6 条 凡在安全疏散走道的门，一律向疏散方向开启，并不得使用旋转门、推拉门和吊门。

第 4.0.7 条 展览厅、舞厅、大游艺室的主要出入口宽度不应小于1.50m。

第 4.0.8 条 文化馆屋顶作为屋顶花园或室外活动场所时，其护栏高度不应低于1.20m。设置金属护栏时，护栏内设置的支撑不得影响群众活动。

第 4.0.9 条 人员密集场所和门厅、楼梯间以及疏散走道上，应设置事故照明和疏散指示标志。

第五章 建筑设备

第一节 给水排水

第 5.1.1 条 文化馆建筑应设室内给水排水系统。

第 5.1.2 条 群众活动部分及学习辅导部分应设置开水或消毒水供应设施。

第 5.1.3 条 文化馆建筑应分层设置厕所。

第二节 采暖与通风

第 5.2.1 条 采暖地区文化馆宜采用热水采暖。儿童活动房间的散热器应采取防护措施。

第 5.2.2 条 文化馆各种房间的采暖室内计算温度应符合表5.2.2的规定。

采暖室内计算温度（℃） 表 5.2.2

房间名称	室内计算温度
观演厅、展览厅、舞厅 阅览室、教室、专业工作室等 一般游艺室	16～18
乒乓球类游艺室	14～16
综合排练室	18～20

第 5.2.3 条 各类用房应有良好的自然通风。当不能满足要求时，可设机械排风。

第 5.2.4 条 厕所应有独立的通风排气设施。

第三节 电气

第 5.3.1 条 一般规模的文化馆宜为低压配电。其总配电装置应设于管理和进出线方便的部位。

第 5.3.2 条 文化馆各类用房的电气设计应考虑房间需要互换和增加设备内容的可能性。

第 5.3.3 条 配电线路应按不同用电场所适当分开。对群众活动部分、学习辅导部分、专业工作和行政管理部分，应根据规模和使用要求，分别划分支路。

第 5.3.4 条 观演厅舞台除设工作照明外，应适当设置演出照明。

第 5.3.5 条 观演厅应考虑演出及会议扩声装置。

第 5.3.6 条 各类用房室内线路应暗线敷设。

第 5.3.7 条 各类用房工作面上的平均照度推荐值应符合表5.3.7的规定。

各类用房工作面上的平均照度推荐值 表 5.3.7

房间名称		平均照度（lx）	备注
观演用房	观演厅	75～150	舞台应设工作照明
	舞台、侧台	50～100	
	化妆室	50～100	
	放映室	20～50	
游艺用房	游艺室	50～100	
交谊用房	舞厅、茶座	50～100	

续表

房间名称		平均照度（lx）	备注
展览用房	展览厅（廊）	75～150	宜设局部照明
阅览用房	阅览室	75～150	宜设局部照明
学习辅导用房	美术书法工作室	75～150	应设局部照明
	摄影工作室	75～150	应设工作照明
	录音工作室	50～100	
	其他部、室	50～100	
业务工作用房	综合排练室	75～150	
	普通教室	75～150	
	大教室	75～150	
	美术书法教室	100～200	应设局部照明

注：工作面高度为0.80m。

第 5.3.8 条 文化馆建筑应设置工作专用电话及公用电话。

附录一 名词解释

1.文化馆：文化馆是国家设立的县（自治县）、旗（自治旗）、市辖区的文化事业机构，隶属于当地政府；是开展社会主义宣传教育，组织辅导群众文化艺术（娱乐）活动的综合性文化部门和活动场所。

2.群众艺术馆：群众艺术馆是国家设立的省、自治区、直辖市、计划单列市（区）、地（州、盟）、市一级的文化事业机构；是组织指导群众文化艺术活动及研究群众艺术的部门。

3.文化站：文化站是乡（镇）人民政府、城市街道办事处、区公所一级的基层文化事业机构，隶属于乡(镇)政府、街道办事处、区公所；是当地开展综合性群众文化宣传娱乐活动、普及文化科学知识的组织辅导部门和活动场所。

4.观演厅：文化馆的观演厅主要是供群众文艺演出和欣赏所用。可举办文艺汇演、调演及音乐会、故事会、演讲会等，又可放映电影和录像，还可作为讲座课堂和报告的会场。它是综合性的演出和集会场所。

5.综合排练厅：综合排练厅是辅导群众排练舞蹈、戏剧、音乐活动的排练室，一般不考虑歌舞剧和戏剧武打排练使用。

6.画廊：文化馆的画廊是以绘画、书法为主，以文字为辅的活动版面组合而成的宣传设施。

7.橱窗：文化馆的橱窗是以展出美术、书法、摄影作品和画报剪贴、各种图片等宣传资料为主的宣传设施。

附录二 本规范用词说明

一、为便于在执行本规范条文时区别对待对于要求严格程度不同的用词说明如下：

1.表示很严格，非这样作不可的用词：正面词采用“必须”；反面词采用“严禁”。

2.表示严格，在正常情况下均这样作的用词：正面词采用“应”；反面词采用“不应”或“不得”。

3.表示允许稍有选择，在条件许可时，首先应这样作的用词”正面词采用“宜”或“可”；反面词采用“不宜”。

二、条文中指明必须按其他有关标准、规范执行的写法为“应按……执行”或“应符合……要求（或规定）”。非必须按所指定的标准和规范执行的写法为“可参照……执行”。

附加说明

本标准主编单位、参加单位和主要起草人名单

主编单位：吉林省建筑设计院

参加单位：西安冶金建筑学院

主要起草人：陈迷平　张宗尧　王正本　李京生

中华人民共和国建设部
中华人民共和国商业部 标准

商店建筑设计规范

JGJ 48—88

（试　行）

主编单位：中 南 建 筑 设 计 院
批准部门：中华人民共和国建设部
　　　　　中华人民共和国商业部
实行日期：1 9 8 9 年 4 月 1 日

关于发布专业标准《商店建筑设计规范》的通知

（88）建标字第223号

根据原城乡建设环境保护部（83）城科字第224号和原城乡建设环境保护部、商业部（83）城设字第189号文的要求，由中南建筑设计院负责编制的《商店建筑设计规范》，经审查，现批准为专业标准，编号JGJ 48—88，自1989年4月1日起实施。在实施过程中如有问题和意见，请函告中南建筑设计院。

中华人民共和国建设部
中华人民共和国商业部
1988年9月14日

目　次

第一章　总　　则

第 1.0.1 条　为保证商店建筑设计符合适用、安全、卫生等基本要求，特制定本规范。

第 1.0.2 条　本规范适用于全国城镇及工矿区新建、扩建和改建的商店建筑（含综合性建筑的商店部分）。

第 1.0.3 条　商店建筑设计应符合城市规划和环境保护的要求，并应合理地组织交通路线，方便群众和体现对残疾人员的关怀。

第 1.0.4 条　商店建筑的规模，根据其使用类别、建筑面积分为大、中、小型，应符合表1.0.4的规定。

商店建筑的规模　　　表 1.0.4

规模	类　　别		
	百货商店、商场建筑面积（m²）	菜市场类建筑面积（m²）	专业商店建筑面积（m²）
大型	>15000	>6000	>5000
中型	3000～15000	1200～6000	1000～5000
小型	<3000	<1200	<1000

第 1.0.5 条　商店建筑设计，除应符合本规范的规定外，还应符合《民用建筑设计通则》（JGJ37—87）以及国家和专业部门颁发的有关设计标准、规范和规定。

第二章　基地和总平面

第一节　选址和布置

第 2.1.1 条　大中型商店建筑基地宜选择在城市商业地区或主要道路的适宜位置。

大中型菜市场类建筑基地，通路出口距城市干道交叉路口红线转弯起点处不应小于70m。

小区内的商店建筑服务半径不宜超过300m。

第 2.1.2 条　商店建筑不宜设在有甲、乙类火灾危险性厂房、仓库和易燃、可燃材料堆场附近；如因用地条件所限，其安全距离应符合防火规范的有关规定。

第 2.1.3 条　大中型商店建筑应有不少于两个面的出入口与城市道路相邻接；或基地应有不小于1/4的周边总长度和建筑物不少于两个出入口与一边城市道路相邻接。

第 2.1.4 条　大中型商店基地内，在建筑物背面或侧面，应设置净宽度不小于4m的运输道路。基地内消防车道也可与运输道路结合设置。

第 2.1.5 条　新建大中型商店建筑的主要出入口前，按当地规划部门要求，应留有适当集散场地。

第 2.1.6 条　大中型商店建筑，如附近无公共停车场地时，按当地规划部门要求，应在基地内设停车场地或在建筑物内设停车库。

第二节　步行商业街

第 2.2.1 条　步行商业街内应禁止车辆通行，并应符合城市规划和消防、交通部门的有关规定。

第 2.2.2 条　原有城市道路改为步行商业街时，必须具备邻近道路能负担该区段车流量的条件。

第 2.2.3 条　步行商业街的宽度，根据不同情况，应符合下列规定：

一、改、扩建两边建筑与道路成为步行商业街的红线宽度不宜小于10m；

二、新建步行商业街可按街内有无设施和人行流量确定其宽度，并应留出不小于5m的宽度供消防车通行。

第 2.2.4 条　步行商业街长度不宜大于500m并在每间距不大于160m处，宜设横穿该街区的消防车道。

第 2.2.5 条　步行商业街上空如设有顶盖时，净高不宜小于5.50m，其构造应符合防火规范的规定，并采用安全的采光材料。

第 2.2.6 条　步行商业街两侧如为多层建筑，因交通功能而设置外廊、天桥和梯道时，应符合防火规范的规定。

第 2.2.7 条　步行商业街的各个出入口附近应设置停车场地。

第三章　建筑设计

第一节　一般规定

第 3.1.1 条　商店建筑按使用功能分为营业、仓储和辅助三部分。建筑内外应组织好交通，人流、货流应避免交叉，并应有防火、安全分区。

第 3.1.2 条　商店建筑的营业、仓储和辅助三部分建筑面积分配比例可参照表3.1.2的规定。

商店建筑面积分配比例　　　表 3.1.2

建筑面积（m²）	营业（%）	仓储（%）	辅助（%）
>15000	>34	<34	<32
3000～15000	>45	<30	<25
<3000	>55	<27	<18

注：①商店建筑，如营业部分混有大量仓储面积时，可仅采用其辅助部分配比。

②仓储及辅助部分建筑可不全部建在同一基地内。

③如城市设置集中商品储配库和社会服务设施等较完善时，可适当调减仓储、辅助部分配比。

第 3.1.3 条　商店建筑外部所有凸出的招牌、广告均应安全可靠，其底部至室外地面的垂直距离不应小于5m。

第 3.1.4 条　商店建筑，如设置外向橱窗时，应符合下列规定：

一、橱窗平台高于室内地面不应小于0.20m，高于室外地面不应小于0.50m；

二、橱窗应符合防晒、防眩光、防盗等要求；

三、采暖地区的封闭橱窗一般不采暖，其里壁应为绝热构造，外表应为防雾构造。

第 3.1.5 条　营业和仓储用房的外门窗应符合下列规定：

一、连通外界的底（楼）层门窗应采取防盗设施；

二、根据具体要求，外门窗应采取通风、防雨、防晒、保温等措施。

第 3.1.6 条　营业部分的公用楼梯、坡道应符合下列规定：

一、室内楼梯的每梯段净宽不应小于1.40m，踏步高度不应大于0.16m，踏步宽度不应小于0.28m；

二、室外台阶的踏步高度不应大于0.15m，踏步宽度不应小于0.30m；

三、供轮椅使用坡道的坡度不应大于1:12，两侧应设高度为0.65m的扶手，当其水平投影长度超过15m时，宜设休息平台。

第 3.1.7 条 大型商店营业部分层数为四层及四层以上时，宜设乘客电梯或自动扶梯；商店的多层仓库可按规模设置载货电梯或电动提升机、输送机。

第 3.1.8 条 营业部分设置的自动扶梯应符合下列规定：

一、自动扶梯倾斜部分的水平夹角应等于或小于30°；

二、自动扶梯上下两端水平部分3m范围内不得兼作它用；

三、当只设单向自动扶梯时，附近应设置相配伍的楼梯。

第 3.1.9 条 商店营业厅应尽可能利用天然采光。

第 3.1.10 条 营业厅内采用自然通风时，其窗户等开口的有效通风面积，不应小于楼地面面积的1/20，并宜根据具体要求采取有组织通风措施，如不够时应采用机械通风补偿。

第 3.1.11 条 设系统空调或采暖的商店营业厅的建筑构造应符合下列规定：

一、围护结构应符合建筑热工要求；

二、营业厅内应无明显的冷（热）桥构造缺陷和渗透的变形缝；

三、通风道、口应设消音、防火装置；

四、营业厅与空气处理室之间的隔墙应为防火兼隔音构造，并不得直接开门相通。

第二节 营业部分

第 3.2.1 条 普通营业厅设计应符合下列规定：

一、应按商品的种类、选择性和销售量进行适当的分柜、分区或分层，顾客较密集的售区应位于出入方便地段；

二、厅内柱网尺寸，根据商店规模大小、经营方式和结构选型而定，应便于柜台、货架布置并有一定灵活性。通道应便于顾客流动并有均匀的出入口。

第 3.2.2 条 普通营业厅内各售区面积可按不同商品种类和销售繁忙程度而定。营业厅面积指标可按平均每个售货岗位$15m^2$计（含顾客占用部分）；也可按每位顾客$1.35m^2$计。

注：营业厅内，如堆置大量商品时，应将指标计算以外的面积计入仓储部分。

第 3.2.3 条 普通营业厅内通道最小净宽度应符合表3.2.3的规定。

普通营业厅内通道最小净宽度　　表 3.2.3

通道位置	最小净宽度(m)
1.通道在柜台与墙面或陈列窗之间	2.20
2.通道在两个平行柜台之间，如：	
A.每个柜台长度小于7.50m	2.20
B.一个柜台长度小于7.50m，另一个柜台长度7.50～15m	3.00
C.每个柜台长度为7.50～15m	3.70
D.每个柜台长度大于15m	4.00
E.通道一端设有楼梯时	上下两个梯段宽度之和再加1m
3.柜台边与开敞楼梯最近踏步间距离	4m，并不小于楼梯间净宽度

注：①通道内如有陈设物时，通道最小净宽度应增加该物宽度。
②无柜台售区、小型营业厅可根据实际情况按本表数字酌减不大于20%。
③菜市场、摊贩市场营业厅宜按本表数字增加20%。

第 3.2.4 条 营业厅的净高应按其平面形状和通风方式确定，并应符合表3.2.4的规定。

营业厅的净高　　表 3.2.4

通风方式	自然通风			机械排风和自然通风相结合	系统通风空调
	单面开窗	前面敞开	前后开窗		
最大进深与净高比	2:1	2.5:1	4:1	5:1	不限
最小净高(m)	3.20	3.20	3.50	3.50	3.00

注：①设有全年不断空调、人工采光的小型厅或局部空间的净高可酌减，但不应小于2.40m。
②营业厅净高应按楼地面至吊顶或楼板底面之间的垂直高度计算。

第 3.2.5 条 营业厅内或近旁，为售货需要所附加的小间或场地应符合下列规定：

一、出售服装的柜台较多时应设试衣室；

二、检修钟表、电器、电子产品等的用地面积可按每一工作人员$6m^2$计；

三、出售乐器和音响器材等宜设试音室，其面积不应小于$2m^2$。

第 3.2.6 条 自选营业厅设计应符合下列规定：

一、综合性营业厅内宜分开设置工业制品类及食品类商品的自选场地；

二、厅前应设置顾客衣物寄存处、进厅闸位、供选购用盛器堆放位及出厅收款包装位等，其面积总数不宜小于营业厅面积的8%；

三、应根据厅内可容纳顾客人数，在出厅位按每100人设收款包装台1个（含0.60m宽顾客通过口）；

四、每个面积超过$1000m^2$的营业厅宜设闭路电视监控装置。

第 3.2.7 条 自选营业厅的面积指标可按每位顾客$1.35m^2$计（如用小车选购按$1.70m^2$计）。

第 3.2.8 条 自选营业厅内通道最小净宽度应符合表3.2.8的规定，并应按该厅设计容纳人数复核兼作疏散用的通道宽度。

自选营业厅内通道最小净宽度　　表 3.2.8

通道位置	最小净宽度(m)
1.通道在两个平行货架之间，如：	
A.靠墙货架长度不限，离墙货架长度小于15m	1.60(1.80)
B.每个货架长度小于15m	2.20(2.40)
C.每个货架长度为15～24m	2.80(3.00)
2.与各货架相垂直的通道，如：	
A.通道长度小于15m	2.40(3.00)
B.通道长度不小于15m	3.00(3.60)
3.货架与出入闸位间的通道	3.80(4.20)

注：①如采用货台、货区时，其周围留出的通道宽度，可按商品的选择性强弱等情况，调整上表所列数字。
②兼作疏散的通道应尽量直通至出厅口或安全门。
③括号内数字为使用小车选购时要求。

第 3.2.9 条 联营商场、商业中心类建筑设计，除商店建筑部分应符合本规范的规定外，饮食业、文娱建筑部分等还应符合各有关专项建筑设计规范的规定。

第 3.2.10 条 联营商场内连续排列店铺设计应符合下列规定：

一、各店铺的内业运输于营业时间内不应占用公共通道（内街），必要时可另设作业通道；

二、饮食店的灶台不宜面向公共通道，并应有良好排烟通风设施；

三、店铺内，如有面向公共通道营业的柜台，其前沿应后退道边线不小于0.50m；

四、各店铺的隔墙、吊顶等的饰面材料和构造不得降低商场建筑物的耐火等级规定，并不得任意添加设计规定以外的超载物；

五、各公共通道的安全出口及其间距等应符合防火规范的规定。

第 3.2.11 条 联营商场内连续排列店铺间的公共通道最小净宽度应符合表3.2.11的规定。

连续排列店铺间的公共通道最小净宽度 表 3.2.11

通道名称	最小净宽度（m）
1.主要通道	4.00(3.00)，并不小于通道长度的1/10(1/15)
2.次要通道	3.00(2.00)
3.内部作业通道(按需要)	1.80

注：①括号内数字为公共通道仅有一侧设铺面时的要求。
②主要通道长度按其两端安全出口间距离计。

第 3.2.12 条 大中型商店为顾客服务的设施应符合下列规定（不包括在营业厅面积指标内）：

一、顾客休息面积应按营业厅面积的1～1.40%计，如附设小卖柜台（含储藏）可增加不大于15m²的面积；

二、营业厅每1500m²宜设一处市内电话位置（应有隔声屏障），每处为1m²；

三、应设顾客卫生间；宜设服务问讯台。

第 3.2.13 条 大中型商店顾客卫生间设计应符合下列规定：

一、男厕所应按每100人设大便位1个、小便斗2个或小便槽1.20m长；

二、女厕所应按每50人设大便位1个，总数内至少有坐便位1～2个；

三、男女厕所应设前室，内设污水池和洗脸盆。洗脸盆按每6个大便位设1个，但至少设1个；如合用前室则各厕所间入口应加遮挡屏；

四、卫生间应有良好通风排气；

五、商店宜单独设置污洗、清洁工具间。

第三节 仓储部分

第 3.3.1 条 仓储部分应根据商店规模大小、经营需要而设置供商品短期周转的储存库房（总库房、分部库房、散仓）和与商品出入库、销售有关的整理、加工和管理等用房；该部分占商店总建筑面积的比例数可按第3.1.2条的规定。

第 3.3.2 条 库房设计应符合下列规定：

一、建筑物应符合防火规范的规定，并应符合防盗、通风、防潮、防晒和防鼠等要求；

二、分部库房、散仓应靠近营业厅内有关售区，便于商品的搬运，少干扰顾客。

第 3.3.3 条 食品类商店仓储部分尚应符合下列规定：

一、根据商品不同保存条件和商品之间存在串味、污染的影响，应分设库房或在库内采取有效隔离措施；

二、各种用房地面、墙裙等均应为可冲洗的面层，并严禁采用有毒和起化学反应的涂料。

三、如附设加工场，其设施应符合食品卫生法的规定。

第 3.3.4 条 库内存放商品应紧凑、有规律，货架或堆垛间通道净宽度应符合表3.3.4的规定。

库房内通道净宽度 表 3.3.4

通道位置	净宽度（m）
1.货架或堆垛端关与墙面内的通风通道	>0.30
2.平行的两组货架或堆垛间手携商品通道，按货架或堆垛宽度选择	0.70～1.25
3.与各货架或堆垛间通道相连的垂直通道，可通行轻便手推车	1.50～1.80
4.电瓶车通道(单车道)	>2.50

注：①单个货架宽度为0.30～0.90m，一般为两架并靠成组，堆垛宽度为0.60～1.80m。
②库内电瓶车行速不应超过75m/min，其通道宜取直，或设回车场地不宜小于6m×6m。

第 3.3.5 条 库房的净高应由有效储存空间及减少至营业厅垂直运距等确定，并应符合下列规定：

一、设有货架的库房净高不应小于2.10m；

二、设有夹层的库房净高不应小于4.60m；

三、无固定堆放形式的库房净高不应小于3m。

注：库房净高应按楼地面至上部结构主梁或桁架下弦底面间的垂直高度计算。

第 3.3.6 条 商店建筑的地下室、半地下室，如用作商品临时储存、验收、整理和加工场地时，应有良好防潮、通风措施。

第四节 辅助部分

第 3.4.1 条 辅助部分应根据商店规模大小、经营需要而设置。包括外向橱窗、办公业务和职工福利用房，以及各种建筑设备用房和车库等；该部分所占商店总建筑面积的比例数可按第3.1.2条的规定。

第 3.4.2 条 商店的办公业务和职工福利用房面积可按每个售货岗位配备3～3.50m²计。

第 3.4.3 条 商店内部用卫生间设计应符合下列规定：

一、男厕所应按每50人设大便位1个、小便斗1个或小便槽0.60m长；

二、女厕所应按每30人设大便位1个，总数内至少有坐便位1～2个；

三、盥洗室应设污水池1个，并按每35人设洗脸盆1个；

四、大中型商店可按实际需要设置集中浴室，其面积指标按每一定员0.10m²计。

第五节　专业商店

第 3.5.1 条　菜市场类建筑设计尚应符合下列规定：

一、如因基地所限而需场内设商品运输通道时，其宽度应包括顾客避让范围；

二、商品装卸和堆放场地应与垃圾废弃物场地相隔离；

三、场内净高应满足良好通风、排除异味的要求，其地面、货台和墙裙应采用易于冲洗的面层。

第 3.5.2 条　大中型书店建筑设计尚应符合下列规定：

一、营业厅宜按书籍的文种、科目等适当划分范围或层次，顾客较密集的售区应位于出入方便地段；

二、营业部分宜单独设置机关供应部和邮购业务部，并可按经营需要设置书展场地（可不占营业厅面积指标）；

三、设有较大的语音、声象售区时，宜设试听小室或利用书展室兼作试看室；

四、如采用开架书廊营业方式时，可充分利用空间设置夹层，其净高不应小于2.10m；

五、开架书廊和书库储存面积指标，可按400～500册/m²计；书库底层入口宜设汽车卸货平台。

第 3.5.3 条　粮油店建筑设计尚应符合下列要求：

一、营业厅内，应分设粮、油售区，收款发票台位面积可按15～20m²计（含顾客等候面积）；

二、粮油库房宜与营业厅隔开，并应采取防火、防潮、防鼠雀等措施，同时具有良好通风和易于清扫的地面；

三、一般粮油店库房面积可按不大于营业厅面积的200％计；如按规定存放量来确定面积时，则库房总面积可按粮油堆垛总面积的170％计（含通道和空位）。

第 3.5.4 条　中药店建筑设计尚应符合下列规定：

一、营业厅内，配售饮片的每个售货岗位面积指标可按20m²计（含顾客占用部分）；

二、营业部分如附设门诊时，面积指标可按每一医师10m²计（含顾客候诊面积），但单独诊室面积不宜小于12m²；

三、仓储部分建筑宜按各类药材、饮片及成药不同保存温湿度和防止霉变的要求而分设库房；

四、饮片、膏、剂加工场和煎药间均应符合卫生标准和消防规定。

第 3.5.5 条　西医药商店建筑设计尚应符合下列规定：

一、营业厅内，应按药品性质与医疗器材种类进行适当的分区、分柜；

二、营业部分如附设配方部时，应设专用调剂室，其面积为25～40m²（含储药小间，其设施可参照中小门诊部调剂室）。收方发药柜位面积宜为20m²（含顾客等候面积）；

三、仓储部分建筑应设置与商店规模相适应的整理包装间、检验间及按药品性质、医疗器材类别而分设库房；一般药品库应通风良好，空气干燥，无阳光直射和室温不大于30°C。

第 3.5.6 条　专业商店附设的作坊或工场部分建筑设计，应按生产工艺要求和防火、卫生有关规范进行设计。

第四章　防火与疏散

第一节　防　火

第 4.1.1 条　商店建筑防火与疏散设计，除应符合防火规范的规定外，尚应符合本章各项规定。

第 4.1.2 条　商店的易燃、易爆商品库房宜独立设置；存放少量易燃、易爆商品库房如与其它库房合建时，应设有防火墙隔断。

第 4.1.3 条　专业商店内附设的作坊、工场应限为丁、戊类生产，其建筑物的耐火等级、层数和面积应符合防火规范的规定。

第 4.1.4 条　综合性建筑的商店部分应采用耐火极限不低于3h的隔墙和耐火极限不低于1.50h的非燃烧体楼板与其它建筑部分隔开；商店部分的安全出口必须与其它建筑部分隔开。

注：多层住宅底层商店的顶楼板耐火极限可不低于1h。

第 4.1.5 条　商店营业部分的吊顶和一切饰面装修，应符合该建筑物耐火等级规定，并采用非燃烧材料或难燃烧材料。

第 4.1.6 条　大中型商业建筑中有屋盖的通廊或中庭（共享空间）及其两边建筑，各成防火分区时，应符合下列规定：

一、当两边建筑高度小于24m则通廊或中庭的最狭处宽度不应小于6m，当建筑高度大于24m则该处宽度不应小于13m；

二、通廊或中庭的屋盖应采用非燃烧体和防碎的透光材料，在两边建筑物支承处应为防火构造；

三、通廊或中庭的自然通风要求应符合第3.1.10条的规定。当为封闭中庭时应设自动排烟装置；

四、通廊或中庭的消防设施应符合防火规范的规定。

第 4.1.7 条　商店建筑内如设有上下层相连通的开敞楼梯、自动扶梯等开口部位时，应按上下连通层作为一个防火分区，其建筑面积之和不应超过防火规范的规定。

第 4.1.8 条　防火分区间应采用防火墙分隔，如有开口部位应设防火门窗或防火卷帘并装有水幕。

第二节　疏　散

第 4.2.1 条　商店营业厅的每一防火分区安全出口数目不应少于两个；营业厅内任何一点至最近安全出口直线距离不宜超过20m。

注：小面积营业室可设一个门的条件应符合防火规范的规定。

第 4.2.2 条　商店营业厅的出入门、安全门净宽度不应小于1.40m，并不应设置门槛。

第 4.2.3 条　商店营业部分的疏散通道和楼梯间内的装修、橱窗和广告牌等均不得影响设计要求的疏散宽度。

第 4.2.4 条　大型百货商店、商场建筑物的营业层在五层以上时，宜设置直通屋顶平台的疏散楼梯间不少于2座，屋顶平台上无障碍物的避难面积不宜小于最大营业层建筑面积的50％。

第 4.2.5 条　商店营业部分疏散人数的计算，可按每层营业厅和为顾客服务用房的面积总数乘以换算系数（人/m²）来确定：

第一、二层，每层换算系数为0.85；

第三层，换算系数为0.77；

第四层及以上各层，每层换算系数为0.60。

第 4.2.6 条 商店营业部分的底层外门、楼梯、走道的各自总宽度计算应符合防火规范的有关规定。

第五章 建筑设备

第一节 给水排水

第 5.1.1 条 商店的用水量标准，应根据商店的性质、卫生设备完善程度和当地气候条件等因素综合考虑确定，并应符合表5.1.1的规定。

商店用水量标准　表 5.1.1

用水项目	用水量
饮用水	2～4L/人·d
生活用水	20～30L/人·d

注：①生活用水包括洗刷、冲洗厕所用水。
②商店加工生产和空调冷却用水量可按实际需要确定。

第 5.1.2 条 给水应尽量利用自来水压力，当自来水压力不足时，应设内部贮水箱，其贮备量按日用水量确定。

第 5.1.3 条 空调设备的冷却用水量按工艺要求确定。冷却水系统应根据水量大小、气象条件、空调方式等情况而定。一般采用冷却循环用水。

第 5.1.4 条 给水管道不宜穿过橱窗、壁柜、木装修等设施；营业厅内的各种给、排水管道宜隐蔽敷设。

第 5.1.5 条 设置屋顶贮水箱和敷设管道，在冬季不采暖而又有可能冰冻的地区，应采取防冻措施。

第 5.1.6 条 副食品商店、菜市场等建筑内应设洒水栓和排水设施。

第 5.1.7 条 厕所内应设置有冲洗水箱或自闭阀冲洗的便器。

第 5.1.8 条 排出的污废水，应根据排水要求进行处理，达到规定的排放标准，才能排入城市下水道、明沟或自然水体。

第 5.1.9 条 商店的营业和仓储部分建筑的消防设施应符合防火规范的规定。

第二节 暖通空调

第 5.2.1 条 位于采暖地区的商店建筑，当室内经常有人逗留时，宜设置集中采暖。

注：采暖面积不大于1000m²的一般商店建筑，当无集中采暖热源或距热网较远时，可采用分散采暖(如火炉、火墙等)，但必须符合防火要求。

第 5.2.2 条 商店营业厅开启频繁的主要大门可设置风幕。但应符合下列规定：

一、严寒地区，大中型商店营业厅，当不可能设置门斗或前室时，可设热风幕；

二、寒冷地区，经过技术经济比较认为合理时，可设热风幕；

三、设有空气调节时，大中型商店应设空气幕，小型商店可设空气幕。

第 5.2.3 条 商店营业厅应根据其规模大小设计通风或空调：

一、小型商店营业厅应有良好的自然通风，如自然通风不能保证卫生条件时，应设置机械通风；

二、大中型百货商店营业厅空气温度不应高于32℃，当采用一般通风降温不能满足要求时，应设置空气调节；

三、专业商店应视供应对象、商品储存时间和要求，可设置空调。

第 5.2.4 条 当商店营业厅设置采暖通风时，室内空气计算参数宜按下列情况采用：

一、冬季采暖计算温度宜采用16～18℃，平均风速不应大于0.3m/s；

二、夏季通风室内计算温度应根据夏季通风室外计算温度按表5.2.4确定；

夏季通风室内计算温度（℃）　表 5.2.4

夏季通风室外计算温度(℃)	≤22	23	24	25	26	27	28
夏季通风室内计算温度(℃)	≤32	32					

三、除有特殊要求外，室内相对湿度可不予考虑。

第 5.2.5 条 当商店营业厅设置空气调节时，室内空气计算参数应符合表5.2.5规定。

空气调节室内空气计算参数　表 5.2.5

参数名称	夏季		冬季
	人工冷源	天然冷源	
干球温度(℃)	26～28	28～30	16～18
相对湿度(%)	55～65	65～80	30～50
平均风速(m/s)	0.2～0.5	＞0.5	0.1～0.3
CO_2浓度(%)	≯0.2		
最小新风量(m³/人·h)	8.5		

第 5.2.6 条 商店营业厅通风设备允许噪声，顶层宜取45～55dB（A），底层宜取50～60dB（A）；当周围环境噪声级较低时，采用下限允许值，当周围环境噪声级较高时，采用上限允许值。

第 5.2.7 条 当计算空气调节冷负荷时，营业厅人数应包括顾客和售货员两部分，顾客人数应按星期日平均流量计算。

第 5.2.8 条 当计算人体散热量时，应考虑顾客和售货员中成年男子、成年女子和儿童的比例及其散热量不同的群集系数，一般可取0.92。

第 5.2.9 条 商店营业厅空气调节宜采用低速全空气单风道系统；有条件时，可采用变风量系统。

第 5.2.10 条 商店营业厅空气调节，空气处理宜采用喷水室或带喷水的冷水表面式冷却器；冬季不应加湿。

第 5.2.11 条 机械送风系统（包括与热风采暖合并的系统）的送风方式应采用上侧送；当有吊顶可以利用时，可采用散流器直送。

第 5.2.12 条 大门热风幕或空气幕宜采用自上向下送风，条缝和孔口处的送风速度应保证气流射向地面；热风幕送风温度不宜超过50℃。

第三节 电 气

第 5.3.1 条 商店建筑电气负荷，根据其重要性和中断供电所造成的影响和损失程度而分级，并应符合下列规定：

一、大型百货商店、商场的营业厅、门厅、公共楼梯和主要通道的照明及事故照明应为一级负荷，自动扶梯和乘客电梯应为二级负荷；

二、高层民用建筑附设商店的电气负荷等级应与其相应的最高负荷等级相同；

三、中型百货商店、商场的营业厅、门厅、公共楼梯和主要通道的照明及事故照明、乘客电梯应为二级负荷，其余应为三级负荷；

四、凡不属于本条一至三款的其它商店建筑的电气负荷可为三级负荷；

五、在商店建筑中，当有大量一级负荷时，其附属的锅炉房、空调机房等的电力及照明可为二级负荷；

六、商店建筑中如设电话总机房，其交流电源负荷等级应与其电气设备之最高负荷等级相同；

七、商店建筑中的消防用电设备的负荷等级应符合相应防火规范的规定。

第 5.3.2 条 商店建筑的照明设计，为达到显示商品特点、吸引顾客和美化室内环境等目的，应符合下列要求：

一、照明设计应与室内设计和商店工艺设计统一考虑；

二、对照度、亮度在平面和空间均宜配置恰当，使一般照明、局部重点照明和装饰艺术照明能有机组合；

三、为表达不同商店、商场的营业厅的特定光色气氛和商品的真实性或强调性显色、立体感和质感，应合理选择光色间对比度、不同色温和照度要求。

第 5.3.3 条 各类商店建筑的一般照明，在距地面0.80m参考水平工作面处的推荐照度值可参照表5.3.3的规定。

一般照明推荐照度 **表 5.3.3**

房间或场所名称	推荐照度(lx)
百货自选商场（超级市场）的营业厅	150～300
百货商店、商场、文物字画商店、中西药店等的营业厅及选购用房	100～200
书店、服装店、钟表眼镜店、鞋帽店等的营业厅及选购用房	75～150
百货商店、商场的大门厅、广播室、电视监控室、美工室和试衣间	75～150
粮油店、副食店等的营业厅	50～100
值班室、换班室和一般工作室	30～75
一般商品库及主要的楼梯间、走道、卫生间	20～50
供内部使用的楼梯间、走道、卫生间、更衣室	10～20

注：①表中推荐照度适合任一种光源。
②设在地下层（室）内建筑物深处的商店营业厅，如无天然光或天然光不足时，宜将表中推荐照度提高一级。
③当采用荧光灯等气体放电光源时，其推荐照度不宜低于30lx。

第 5.3.4 条 大中型百货商店、商场宜设重点照明，各类商店、商场的收款台、修理台、货架柜（按需要）等宜设局部照明，橱窗照明的照度宜为营业厅照度2～4倍，货架柜的垂直照度不宜低于50lx。

第 5.3.5 条 商店、商场营业厅照明，除满足一般垂直照度外，柜台区的照度宜为一般垂直照度2～3倍（近街处取低值，厅内深处取高值）。

第 5.3.6 条 商店建筑营业厅内的照度和亮度分布应符合下列规定：

一、一般照明的均匀度（工作面上最低照度与平均照度之比）不应低于0.6；

二、顶棚的照度应为水平照度的0.3～0.9；

三、墙面的照度应为水平照度的0.5～0.8；

四、墙面的亮度不应大于工作区的亮度；

五、视觉作业亮度与其相邻环境的亮度比宜为3:1；

六、在需要提高亮度对比或增加阴影的地方可装设局部定向照明。

第 5.3.7 条 按不同商品类别来选择光源的色温和显色性，并应符合下列规定：

一、商店建筑主要光源的色温，在高照度处宜采用高色温光源，低照度处宜采用低色温光源；

二、按需反映商品颜色的真实性来确定显色指数Ra，一般商品Ra可取60～80，需高保真反映颜色的商品Ra宜大于80；

三、当一种光源不能满足光色要求时，可采用两种及两种以上光源混光的复合色；

四、各类商店建筑常用光源的色温、显色指数、特征及用途可参照表5.3.7的规定。

商店建筑常用光源的色温、显色指数、特征及用途 **表 5.3.7**

光源		色温(K)	显色指数(Ra)	主要特征	主要用途
白炽灯类	白炽灯	2400～3000	～100	·亮度高 ·发光效率低，发热大 ·稳重、温暖 ·寿命短	·营业厅部分照明、或主要商品的局部或重点照明 ·低照度营业厅可作一般照明 ·高照度面积大的营业厅，不宜作一般照明
	卤素灯	3000	～100		
气体放电灯类	荧光灯	6500（日光色） 4800（白色）	63～99	·扩散光、发光效率高 ·色温、显色性的种类多 ·寿命长	·营业厅的基本照明 ·可按各类商品要求，选择色温和显色性
	荧光水银灯	3300～4100	40～55	·发光效率高 ·单灯可获得较大光束 ·显色性差 ·寿命长	多用于商店外部照明
	金属钠盐灯	3800～6000	63～92	·效率高、显色性好 ·外管有透明和扩散型	·用于商店的入口 ·商店内的高顶棚 ·小瓦数用于局部照明和点光源

第 5.3.8 条 对防止变、退色要求较高的商品（如丝绸、文物、字画等）应采用截阻红外线和紫外线的光源。

第 5.3.9 条 一般商店营业厅在无具体工艺设计情况下有使用灵活性，除其基本的一般照明可作均匀布置外，可在适当位置预留插座，每组插座容量可按货柜、架为100～200W及橱窗为200～300W计算。

第 5.3.10 条 商店建筑应装设各类事故照明，并应符合下列规定：

一、大型百货商店、商场的营业厅（含高层民用建筑附设的这类商店营业厅）应装设供继续营业的事故照明，其照度不应低于一般照明推荐照度的10%；

二、中型百货商店、商场的营业厅：如由两个高压电源供电时，宜按一款处理；如由一个高压电源供电时，应装设供人员疏散用的事故照明，其照度不应低于0.5Lx，并应设置应急照明灯；供电方式宜与正常照明供电干线自低压配电柜或母干线上分开；

三、其他商店的营业厅，可按实际需要，装设供人员疏散的临时应急照明灯；

四、事故照明不作为正常照明的一部分使用时，必需采用能瞬时点燃的光源，其电源应为自动投入；如事故照明作为正常照明一部分使用时，其电源可不需自动投入，应将两者的配线及开关分开装设；

五、值班照明宜利用正常照明中能单独控制的一部分，或事故照明的一部分或全部。

第 5.3.11 条 商店建筑宜采用铝芯导线；大中型百货商店、商场的营业厅、电梯、自动扶梯、事故照明、易燃品库等则宜采用铜芯导线。

第 5.3.12 条 商店、商场的电脑系统、闭路电视系统、电话电声系统以及防火防盗系统等设计应执行有关专业规范、规程的规定。

附录一 名词解释

1.百货商店：销售多种类、多花色品种（以工业制品为主）

商　　场：民用商品的商店或商场。

2.专业商店：专售某一类商品的商店。

3.菜市场类：销售菜、肉类、禽蛋、水产和副食品的场、店。

4.自选商场：向顾客开放，可直接挑选商品，按标价付款的（超级市场）营业场所。

5.联营商场：集中各店铺、摊位在一起的营业场所，也可与百货营业厅并存或附有饮食、修理等服务业铺位。

6.步行商业街：供人们进行购物、饮食、娱乐、美容、憩息等而设置的步行街道。

附录二 本规范用词说明

一、为便于执行本规范条文时区别对待，对其中要求严格程度不同的用词说明如下：

1.表示很严格，非这样作不可的用词：

正面词采用“必须”；

反面词采用“严禁”。

2.表示严格，在正常情况下均应这样作的用词：

正面词采用“应”；

反面词采用“不应”或“不得”。

3.表示允许稍有选择，在条件许可时首先应这样作的用词：

正面词采用“宜”或“可”；

反面词采用“不宜”。

二、条文中指明必须按其他有关标准、规范执行的写法为“应按……执行”或“应符合……要求或规定”。非必须按所指定的标准或规范执行的写法为“可参照……执行”。

附加说明

本规范主编单位、参加单位和主要起草人名单

主编单位：中南建筑设计院

参加单位：重庆建筑工程学院

黑龙江商学院

主要起草人：俞蜀瑜　吴　冲　马世华

王支松　李声宏

标准技术归口单位：中国建筑技术发展中心建筑标准设计研究所

中华人民共和国建设部
中华人民共和国卫生部标准

综合医院建筑设计规范

JGJ 49—88

（试　行）

主编单位：上海市民用建筑设计院

批准部门：中华人民共和国建设部

中华人民共和国卫生部

试行日期：1989年4月1日

关于发布部标准《综合医院建筑设计规范》的通知

(88）建标字第263号

根据原城乡建设环境保护部（83）城科字第224号文及原城乡建设环境保护部、卫生部（83）城设字第154号文的要求，由上海市民用建筑设计院负责编制的《综合医院建筑设计规范》，经审查，现批准为部标准，编号JGJ 49—88，自1989年4月1日起实施。在实施过程中如有问题和意见，请函告上海市民用建筑设计院。

中华人民共和国建设部
中华人民共和国卫生部
1988年10月4日

目　次

第一章 总 则

第 1.0.1 条 为使综合医院建筑设计符合安全、卫生、使用功能等方面的基本要求，特制订本规范。

第 1.0.2 条 本规范适用于城镇新建、改建和扩建的综合医院建筑设计，其它专科医院可参照执行。

第 1.0.3 条 同时具备下列条件者为"综合医院"：

一、设置包括大内科、大外科等三科以上；

二、设置门诊和服务24小时的急诊；

三、设置正规病床。

第 1.0.4 条 医院规模、标准的确定，医技科室和专科病房的设置，应按照批准的设计任务书执行。

第 1.0.5 条 兼供残疾人使用的综合医院设计，应符合有关专业规范的规定。

第 1.0.6 条 综合医院的建筑设计除应执行本规范外，尚应符合《民用建筑设计通则》JGJ 37—87，以及国家和专业部门颁布的有关设计标准、规范和规定。

第二章 基地和总平面

第一节 基 地

第 2.1.1 条 综合医院选址，应符合当地城镇规划和医疗卫生网点的布局要求。

第 2.1.2 条 基地选择应符合下列要求：

一、交通方便，宜面临两条城市道路；

二、便于利用城市基础设施；

三、环境安静，远离污染源；

四、地形力求规整；

五、远离易燃、易爆物品的生产和贮存区；并远离高压线路及其设施；

六、不应邻近少年儿童活动密集场所。

第二节 总 平 面

第 2.2.1 条 总平面设计应符合下列要求：

一、功能分区合理，洁污路线清楚，避免或减少交叉感染；

二、建筑布局紧凑，交通便捷，管理方便；

三、应保证住院部、手术部、功能检查室、内窥镜室、献血室、教学科研用房等处的环境安静；

四、病房楼应获得最佳朝向；

五、应留有发展或改、扩建余地；

六、应有完整的绿化规划；

七、对废弃物的处理，应作出妥善的安排，并应符合有关环境保护法令、法规的规定。

第 2.2.2 条 医院出入口不应少于二处，人员出入口不应兼作尸体和废弃物出口。

第 2.2.3 条 在门诊部、急诊部入口附近应设车辆停放场地。

第 2.2.4 条 太平间、病理解剖室、焚毁炉应设于医院隐蔽处，并应与主体建筑有适当隔离。尸体运送路线应避免与出入院路线交叉。

第 2.2.5 条 环境设计

一、应充分利用地形、防护间距和其它空地布置绿化，并应有供病人康复活动的专用绿地。

二、应对绿化、装饰、建筑内外空间和色彩等作综合性处理；

三、在儿科用房及其入口附近，宜采取符合儿童生理和心理特点的环境设计。

第 2.2.6 条 病房的前后间距应满足日照要求，且不宜小于12m。

第 2.2.7 条 职工住宅不得建在医院基地内，如用地毗连时，必须分隔，另设出入口。

第三章 建筑设计

第一节 一 般 规 定

第 3.1.1 条 主体建筑的平面布置和结构形式，应为今后发展、改造和灵活分隔创造条件。

第 3.1.2 条 建筑物出入口

一、门诊、急诊、住院应分别设置出入口。

二、在门诊、急诊和住院主要入口处，必须有机动车停靠的平台及雨棚。如设坡道时，坡度不得大于1/10。

第 3.1.3 条 医院的分区和医疗用房应设置明显的导向图标。

第 3.1.4 条 电梯

一、四层及四层以上的门诊楼或病房楼应设电梯，且不得少于二台；当病房楼高度超过24m时，应设污物梯。

二、供病人使用的电梯和污物梯，应采用"病床梯"。

三、电梯井道不得与主要用房贴邻。

第 3.1.5 条 楼梯

一、楼梯的位置，应同时符合防火疏散和功能分区的要求。

二、主楼梯宽度不得小于1.65m，踏步宽度不得小于0.28m，高度不应大于0.16m。

三、主楼梯和疏散楼梯的平台深度，不宜小于2m。

第 3.1.6 条 三层及三层以下无电梯的病房楼以及观察室与抢救室不在同一层又无电梯的急诊部，均应设置坡道，其坡度不宜大于1/10，并应有防滑措施。

第 3.1.7 条 通行推床的室内走道，净宽不应小于2.10m；有高差者必须用坡道相接，其坡度不宜大于1/10。

第 3.1.8 条 半数以上的病房，应获得良好日照。

第 3.1.9 条 门诊、急诊和病房，应充分利用自然通风和天然采光。

第 3.1.10 条 主要用房的采光窗洞口面积与该用房地板面积之比，不宜小于表3.1.10的规定。

主要用房采光表　　表 3.1.10

名 称	比 值
诊查室、病人活动室、检验室、医生办公室	1/6
候诊室、病房、配餐室、医护人员休息室	1/7
更衣室、浴室、厕所	1/8

第 3.1.11 条　室内净高在自然通风条件下，不应低于下列规定：

一、诊查室2.60m，病房2.80m；

二、医技科室根据需要而定

第 3.1.12 条　护理单元的备餐室、浴厕、盥洗室等辅助用房的位置，应力求减少噪声对病房的影响。

第 3.1.13 条　室内装修和一般防护要求

一、一般医疗用房的地面、墙裙、墙面、顶棚，应便于清扫、冲洗，其阴阳角宜做成圆角。

二、手术室、无菌室、灼伤病房等洁净度要求高的用房，其室内装修应满足易清洁、耐腐蚀的要求；放射科、脑电图等用房的地面应防潮、绝缘。

三、生化检验室和中心实验室的部分化验台台面，通风柜台面，采血与血库的灌液室和洗涤室的操作台台面，病理科的染色台台面，均应采用耐腐蚀、易冲洗、耐燃烧的面层；相关的洗涤池和排水管亦应采用耐腐蚀材料。

四、药剂科的配方室、贮药室、中心药房、药库，均应采取防潮、防鼠等措施。

五、太平间、病理解剖室，均应采取防蚊、防蝇、防雀、防鼠以及防止其它动物侵入的措施。

第 3.1.14 条　厕所

一、病人使用的厕所隔间的平面尺寸，不应小于1.10m×1.40m，门朝外开，门闩应能里外开启。

二、病人使用的坐式大便器的坐圈宜采用"马蹄式"，蹲式大便器宜采用"下卧式"，大便器旁应装置"助立拉手"。

三、厕所应设前室，并应设非手动开关的洗手盆。

四、如采用室外厕所，宜用连廊与门诊、病房楼相接。

第二节　门诊用房

第 3.2.1 条　门诊部的出入口或门厅，应处理好挂号问讯、预检分诊、记帐收费、取药等相互关系，使流程清楚，交通便捷，避免或减少交叉感染。

第 3.2.2 条　候诊处

一、门诊应分科候诊，门诊量小的可合科候诊。

二、利用走道单侧候诊者，走道净宽不应小于2.10m，两侧候诊者，净宽不应小于2.70m。

第 3.2.3 条　诊查室的开间净尺寸不应小于2.40m，进深净尺寸不应小于3.60m。

第 3.2.4 条　妇、产科和计划生育

一、应自成一区，设单独出入口。

二、妇科和产科的检查室和厕所，应分别设置。

三、计划生育可与产科合用检查室，并应增设手术室和休息室。各室应有阻隔外界视线的措施。

第 3.2.5 条　儿科

一、应自成一区，宜设在首层出入方便之处，并应设单独出入口。

二、入口应设预检处，并宜设挂号处和配药处。

三、候诊处面积每病儿不宜小于1.50m²。

四、应设置仅供一病儿使用的隔离诊查室，并宜有单独对外出口。

五、应分设一般厕所和隔离厕所。

第 3.2.6 条　肠道科应自成一区，应设单独出入口、观察室、小化验室和厕所。宜设专用挂号、收费、取药处和医护人员更衣换鞋处。

第 3.2.7 条　处科换药室宜分无菌室和一般换药室。

第 3.2.8 条　门诊手术用房由手术室、准备室和更衣室组成；手术室平面尺寸不应小于3.30m×4.80m。

第 3.2.9 条　厕所按日门诊量计算，男女病人比例一般为6∶4，男厕每120人设大便器1个，小便器2个；女厕每75人设大便器1个。设置要求见第3.1.14条。

第三节　急诊用房

第 3.3.1 条　急诊部应设在门诊部之近旁，并应有直通医院内部的联系通路。

第 3.3.2 条　用房组成

一、必须配备的用房：

抢救室、诊查室、治疗室、观察室；

护士室、值班更衣室；

污洗室、杂物贮藏室。

二、可单独设置或利用门诊部、医技科室的用房及设施：

挂号室、病历室、药房、收费处；

常规检验室、X线诊断室、功能检查室、手术室；

厕所。

第 3.3.3 条　门厅兼作分诊时，其面积不宜小于24m²。

第 3.3.4 条　抢救室宜直通门厅，面积不应小于24m²；门的净宽不应小于1.10m。

第 3.3.5 条　观察室

一、宜设抢救监护室。

二、平行排列的观察床净距不应小于1.20m，有吊帘分隔者不应小于1.40m，床沿与墙面净距不应小于1m。

第四节　住院用房

第 3.4.1 条　出入院

一、住院部应设出入院处，并宜设置卫生处理等设施。

二、卫生处理包括接诊处、理发室、浴室、洁衣室（柜）、污衣室（桶）等，其相互关系应按流程布置。

三、浴室应设大便器、洗脸盆、淋浴器、浴盆各1个，浴盆仅应一端靠墙。

四、传染病科和病床较多的儿科，宜设置专用卫生处理设施，其设施同前款。传染病科不得设浴盆。

五、应设探望病人管理处；宜设小卖部。

第 3.4.2 条　护理单元的规模

一、一般为30～50床。专科病房或因教学科研需要者可少于30床。

二、一个护理单元宜为同一病科，性质相近的，病床数较少的可合并为一个护理单元。

三、传染病科应单独设置护理单元。

第 3.4.3 条　护理单元用房的配备

一、必须配备的：

病房、重病房；

病人厕所、盥洗室、浴室；

配餐室、库房、污洗室；

护士室、医生办公室、治疗室、男女更衣值班室、医护人员厕所。

二、根据需要配备的：

重点护理病房、病人餐室兼活动室；

主任医生办公室、换药室、处置室；

勤杂人员更衣休息室；

教学医院的示教室、小化验室。

第 3.4.4 条　病房

一、病床的排列应平行于采光窗墙面。单排一般不超过3床；特殊情况不得超过4床；双排一般不超过6床，特殊情况不得超过8床。

二、平行二床的净距不应小于0.80m，靠墙病床床沿同墙面的净距不应小于0.60m。

三、单排病床通道净宽不应小于1.10m双排病床（床端）通道净宽不应小于1.40m。

四、病房门应直接开向走道，不应通过其它用房进入病房。

五、重点护理病房宜靠近护士室，不宜超过4床；重病房宜近护士室，不得超过2床。

六、病房门净宽不得小于1.10m，门扇应设观察窗。

第 3.4.5 条　护士室宜以开敞空间与护理单元走道连通，到最远病房门口不应超过30m，并宜与治疗室以门相连。

第 3.4.6 条　配餐室应近餐车入口处，并宜有烧开水和热饭菜的设施。

第 3.4.7 条　护理单元的盥洗室和浴厕

一、设置集中使用厕所的护理单元，男女病人比例一般为6：4，男厕每16床设1个大便器和1个小便器；女厕每12床设1个大便器。

二、医护人员厕所应单独设置。

三、设置集中使用盥洗室和浴室的护理单元，每12～15床各设1个盥洗水嘴和淋浴器，但每一护理单元均不应少于2个。盥洗室和淋浴室应设前室。

四、附设于病房中的浴厕面积和卫生洁具的数量，根据使用要求确定。并宜有紧急呼叫设施。

第 3.4.8 条　污洗室应近污物出口处，并应有倒便设施和便盆、痰杯的洗涤消毒设施。

第 3.4.9 条　病房楼不宜设置垃圾管道；护理单元内不得设置垃圾管道。

第 3.4.10 条　监护病房

一、监护病房可分别设在护理单元内，亦可若干护理单元集中建立监护中心。

二、监护控制室的位置应便于观察病人。

三、监护病床的床间净距不应小于1m。

第 3.4.11 条　儿科病房

一、宜设在四层或四层以下。

二、应设配奶室和奶具消毒设施。宜设监护病房、新生儿病房、儿童活动室、母亲陪住室。

三、应设隔离病房和专用厕所，每病房不得多于2床。

四、病房的分隔墙应采用玻璃隔断。

五、儿童用房的窗和散热片应有安全防护措施。

六、浴厕设施应适合儿童使用。

第 3.4.12 条　妇、产科病房

一、妇、产二科合为一个单元时，妇科的病房、治疗室、浴厕应与产科的产休室、产前检查室、浴厕分别设置。

二、产房应自成一区，入口处应设卫生通过室和浴厕。

三、待产室应邻近产房，宜设专用厕所。

四、应设隔离待产室和隔离产房，如条件限制，两者可兼用。应设产期监护室。

五、一般产房平面净尺寸宜为4.20m×5.10m，剖腹产产房宜为5.40m×5.10m。两者的室内装修和设施均应与“无菌手术室”相同，但无观片灯装置。

六、洗手池的位置必须使医护人员在洗手时能观察临产产妇的动态。

第 3.4.13 条　产科的婴儿室

一、应近产房区和产休室。

二、婴儿室宜朝南，应设观察窗，并应有防鼠、防蚊蝇等措施。

三、洗婴池应贴邻婴儿室，水嘴离地面高度为1.20m并应有防止蒸气窜入婴儿室的措施。

四、宜设隔离婴儿室和隔离洗婴设施。

五、配乳室与奶具消毒室不得同护士室合用。

第 3.4.14 条　计划生育休息室

一、可自成一个护理单元，亦可同产科合为一个单元。

二、手术用房由手术室、更衣室、准备室和无菌贮藏室（柜）组成。

三、手术室平面尺寸宜为3.30m×4.80m，采暖、空调、室内装修和设施应与“无菌手术室”相同。

第 3.4.15 条　康复病房

一、可设于相关护理单元的尽端，或单独建立护理单元。

二、每一个护理单元不宜大于30床，每间病房不宜多于3床，病房内宜设浴厕。

三、走道两侧墙面宜装扶墙拉手。

第 3.4.16 条　肿瘤病房宜设于相关护理单元的尽端，或单独建立护理单元；每间病房不宜多于3床，并宜设少量单人病房。

第 3.4.17 条　灼伤病房

一、应设在环境良好，空气清洁之处。

二、可设于外科护理单元的尽端，自成一区，或单独建立一个单元。

三、由处理室、抢救室、治疗室、单人隔离病房、重点护理病房、康复病房、护士室、洗涤消毒室、消毒品贮藏室（柜）和器械室（柜）等组成。

四、入口处应设医护人员卫生通过室，应有换鞋、更衣、厕所和淋浴设施，宜设风淋。

五、重点护理病房和康复病房每间不应多于3床，设专用厕所，并应有防止交叉感染措施。

六、应设观察窗。

第 3.4.18 条　血液病房可设于内科护理单元内，亦可自成一区。可根据需要设置洁净病房。

洁净病房应自成一区，并符合下列要求：

一、由准备和康复病床、病人浴厕、净化室、护士室、洗涤消毒处和消毒品贮藏柜等组成；

二、入口处应设医护人员卫生通过室，应有换鞋、更衣、厕所和淋浴设施，宜设风淋。

三、病人浴厕应同时设有淋浴器和浴盆；

四、净化室仅供一病人使用，应符合三级净化标准，并在入口处设第二次换鞋、更衣处；

五、应设观察窗。

第 3.4.19 条　血液透析室

一、可设于内科护理单元内，自成一区，平面应按清洁区、半清洁区、污染区顺序布置，不得混淆。如条件限制，准备、洗手、化验可合于一室，洗涤、污物可合于一室。

二、医务人员入口应设于清洁区，并设卫生通过室；病人入口应设于污染区，并设换鞋、更衣处。

三、血液透析治疗室的室内装修和设施与“一般手术室”相同；治疗床（椅）之间的净距不得小于1.20m，通道净距不得小于1.30m。

四、洗涤室的墙面、墙裙、洗涤池应耐酸碱。洗涤池宜设专用冲洗设施。

五、宜设隔离透析治疗室和隔离洗涤池。

第五节 传染病用房

第 3.5.1 条 20床以下的一般传染病房，宜设在病房楼的首层，并设专用出入口，但其上一层不得设置产科和儿科护理单元；20床以上，或兼收烈性传染病者，必须单独建造病房，并与周围的建筑保持一定距离。

第 3.5.2 条 门诊

一、宜设在单独建造传染病房的首层；设于门诊部者应自成一区，并设单独出入口。

二、几个病种不得同时使用一间诊室。

三、平面应严格按照使用流程和洁污分区布置，病人与医护人员的通行路线以及诊查室的门宜分别设置。

四、应设隔离观察室；宜设专用化验室和发药处。

第 3.5.3 条 病房

一、平面应严格按照清洁区、半清洁区和污染区布置。

二、应设单独出入口和入院处理处。

三、需分别隔离的病种，应设单独通往室外的专用通道。

四、每间病房不得超过4床。两床之间的净距不得小于1.10m。

五、完全隔离房应设缓冲前室；盥洗、浴厕应附设于病房之内；并应有单独对外出口。

六、每一病区都应设医护人员的更衣室和浴厕，并应设家属探视处。

第 3.5.4 条 消毒室

一、传染病房应设消毒室。

二、消毒室面积不宜小于20m²，分发洁物和收受污物的门应分别设置。

三、消毒室宜单独设置工作人员淋浴设施。

第六节 手 术 部

第 3.6.1 条 用房组成

一、必须配备的：

一般手术室、无菌手术室、洗手室；

护士室、换鞋处、男女更衣室、男女浴厕；

消毒敷料和消毒器械贮藏室、清洗室、消毒室、污物室、库房。

二、根据需要配备的：

洁净手术室、手术准备室、石膏室、冰冻切片室；

术后苏醒室或监护室；

医生休息室、麻醉师办公室、男女值班室；

敷料制作室、麻醉器械贮藏室；

观察、教学设施；

家属等候处。

第 3.6.2 条 设置位置及平面布置

一、手术室应邻近外科护理单元，并应自成一区。

二、不宜设于首层；设于顶层者，对屋盖的隔热、保温和防水必须采取严格措施。

三、平面布置应符合功能流程和洁污分区要求（洁污分区见附录一）。

四、入口处应设卫生通过区；换鞋（处）应有防止洁污交叉的措施；宜有推床的洁污转换措施。

五、通往外部的门应采用弹簧门或自动启闭门。

第 3.6.3 条 手术室的间数及平面尺寸

一、按外科病床计算，每25～30床一间。

二、教学医院和以外科为重点的医院，每20～25床一间。

三、应根据分科需要，选用手术室平面尺寸；无体外循环装备的手术部，不应设特大手术室；平面尺寸不应小于表3.6.3的规定。

手术室平面最小净尺寸 表 3.6.3

手 术 室	平 面 净 尺 寸 (m)
特大手术室	8.10×5.10
大手术室	5.40×5.10
中手术室	4.20×5.10
小手术室	3.30×4.80

第 3.6.4 条 手术室的门窗

一、通向清洁走道的门净宽，不应小于1.10m。

二、通向洗手室的门净宽，不应大于0.80m；应设弹簧门。当洗手室和手术室不贴邻时，则手术室通向清洁走道的门必须设弹簧门或自动启闭门。

三、手术室可采用天然光源或人工照明。当采用天然光源时，窗洞口面积与地板面积之比不得大于1/7，并应采取有效遮光措施。

第 3.6.5 条 室内设施

一、面对主刀医生的墙面应设嵌装式观片灯。

二、病人视线范围内不应装置时钟。

三、无影灯装置高度一般为3～3.20m。

四、宜设系统供氧和系统吸引装置。

五、无影灯、悬挂式供氧和吸引设施，必须牢固安全。

六、手术室内不宜设地漏，否则应有防污染措施。

第 3.6.6 条 洗手室（处）

一、宜分散设置；洁净手术室和无菌手术室的洗手设施，不得和一般手术室共用。

二、每间手术室不得少于2个洗手水嘴，并应采用非手动开关。

第七节 放 射 科

第 3.7.1 条 X线诊断

一、X线诊断部分，由透视室、摄片室、暗室、观片室、登记存片室等组成；透视、摄片室前宜设候诊处。

二、摄片室应设控制室。

三、设有肠胃检查室者，应设调钡处和专用厕所。

四、悬挂式球管天轨的装置，应力求保持水平。

五、暗室宜与摄片室贴邻，并应有严密遮光措施；室内装修和设施，均应采用深色面层。

六、一般诊断室门的净宽，不应小于1.10m；CT诊断室的门，不应小于1.20m；控制室门净宽宜为0.70m。

第 3.7.2 条 X线治疗

一、治疗室应自成一区。

二、室内允许噪声不应超过50dB(A)。

三、钴60、加速器治疗室的出入口，应设"迷路"。

四、防护门和"迷路"的净宽不应小于1.2m。转弯处净宽不应小于2.10m。

第 3.7.3 条 防护

对诊断室、治疗室的墙身、楼地面、门窗、防护屏障、洞口、嵌入体和缝隙等所采用的材料厚度、构造均应按设备要求和防护专门规定有安全可靠的防护措施。

第八节 核医学科

第 3.8.1 条 设置位置和平面布置

一、宜单独建造；如与其他部门合建时，应设于建筑物的顶层或首层，自成一区，并应有单独出入口。

二、平面布置应按"三区制"（见附录二）原则顺序布置。

三、污染区应设于尽端，并应有贮运放射性物质及处理放射性废弃物的设施。

四、污染区人员出入口处应设卫生通过室。

第 3.8.2 条 实验室

一、分装、标记和洗涤室，应相互贴邻布置，并应联系便捷。

二、计量室不应与高、中活性实验室贴邻。

三、高、中活性实验室应设通风柜，通风柜的位置应有利于组织实验室的气流不受扩散污染。

四、通风柜排气口应高出50m范围内最高建筑物高度3～4m，并应设过滤装置。

第 3.8.3 条 治疗病房

一、应自成一区，每病室不得多于3床，平行两床的净距不应小于1.50m，病房内宜单设浴厕。

二、治疗室应接近病室。医生办公室、护士室、备餐室宜设于病房入口前部。

第 3.8.4 条 防护

一、贮源、分装、标记、高、中活性实验室、洗涤室、注射室、γ照相机室和治疗病房的防护，应符合有关规定要求。

二、实验室的地面、墙面、顶棚和实验台的台面、通风柜的内衬，均应采用易清洁、不吸附、无缝隙的材料。

三、γ照相机室应设专用候诊处；其面积应使候诊者相互间保持1m的距离。

第九节 检验科

第 3.9.1 条 检验科

一、临床检验室应设于近检验科入口处：为门诊服务的临床检验，应有标本采取室和等候处。

二、生化检验室应设通风柜、仪器室（柜）、药品室（柜）、防振天平台；并应有贮藏贵重药物和剧毒药品的设施。

三、细菌检验室应设于检验科的尽端。设无菌接种室时，应有前室；如设培养基室，操作台应右侧采光；接种室与细菌检验室、培养基室之间应设传递窗。

四、检验室应设洗涤设施，细菌检验应设专用洗涤设施；每一间检验室至少应装有一个非手动开关的洗涤池。

第十节 病理科

第 3.10.1 条 病理科由取材、制片、镜检、标本陈列、洗涤消毒，以及病理解剖等组成。

第 3.10.2 条 病理解剖室

一、病理解剖室宜和太平间合建，与停尸室宜有内门相通；并应设工作人员更衣及淋浴设施。

二、取材台和解剖台之一端均应安装水池，另一端应有冲洒装置；病理解台，应在距水池0.70m处泄水口。

三、病理解剖台两侧均可操作，教学医院应有观察设施。

第十一节 功能检查室

第 3.11.1 条 功能检查室

一、包括心电图、超声波、基础代谢等，宜分别设于单间内，无干扰的检查设施亦可置于一室。

二、检查床之间的净距，不应小于1.20m，并宜有隔断设施。

三、肺功能检查室应设洗涤池。

四、脑电图检查室宜采用屏蔽措施。

第十二节 内窥（内腔）镜室

第 3.12.1 条 内窥镜室

一、上、下消化道内窥镜不宜共用一室。

二、洗手池和洗涤池应分别设置，观片灯应固定于墙上，宜有悬挂软管的设施。

三、教学电视内窥镜室应另设电视室。

第十三节 理疗科

第 3.13.1 条 理疗科设计应按《疗养院建筑设计规范》JGJ40—87有关规定设计。

第十四节 血库

第 3.14.1 条 血库

一、宜临近手术部，并不得与产生放射线的用房贴邻。

二、由贮血、配血、清洗、消毒等室组成；规模较大者贮血与配血室宜分室，与走道之间应设前室。设于检验科的血库应有适当的卫生隔离。

三、有自采血的血库，应增设献血室、灌液室、血细胞分离室，以及献血员休息室，并应自成一区。

第十五节 药剂科

第 3.15.1 条 药房设置

一、医院规模较大者，门急诊药房与中心药房宜分别设置；医院规模较小者，可集中设一药房。

二、药库和中药煎药处均应单独设置。

第 3.15.2 条 门诊、急诊药房

一、中、西药房宜分开设置。

二、儿科和各传染病科门诊宜设单独发药处。

三、服务窗口中距不应小于1.20m。

四、中药贮药室应通中药配方室。

五、西药调剂室可与西药配方室合用，普通制剂室、分装室应贴邻调剂室。

六、无急诊药房应设急诊专用发药处。

第 3.15.3 条 药库

一、贵重药、剧毒药、限量药，以及易燃、易爆药物的贮藏处应有安全设施。

二、门的宽度应适应运输车的出入和冰箱的搬运。

三、中药加工整理处和晒药场应近中药库。

第十六节　中心（消毒）供应室

第 3.16.1 条 中心供应室由收受、分类、清洗、敷料制作、消毒、贮存、分发和更衣室等组成；规模较小时收受与分类可合用一室，贮存与分发可合用一室。

第 3.16.2 条 平面布置

一、应符合工艺流程和洁污分区的要求。

二、敷料制作的粉尘不得影响其它用房。

三、消毒室应贴邻贮存、分发室，并宜有传递窗相通。

四、清洗室应分别设置通用和专用洗涤池。

第十七节　辅　助　用　房

第 3.17.1 条 营养厨房

一、应在入口处设置营养办公室、配餐室和餐车停放室（处），并应有冲洗和消毒餐车的设施。

二、严禁设在有传染病科的病房楼内。

三、独立建造的营养厨房应有便捷的联系廊；设在病房楼中的营养厨房应避免蒸气、噪声和气味对病区的窜扰。

第 3.17.2 条 洗衣房

一、平面布置应符合收受、分类、浸泡消毒（传染科应单独设置）、洗衣、烘干、整补、熨烫、折叠、贮存、分发的工艺流程。

二、污衣入口和洁衣出口处应分别设置。

三、宜单独设置更衣、休息和浴厕。

第 3.17.3 条 太平间

一、尸体停放数宜按总病床数的2％计算。

二、存尸应有冷藏设施。最高一层存尸抽屉的下沿高度不宜大于1.30m。

三、宜设遗体告别室。

四、室内应防鼠。

第 3.17.4 条 焚毁炉应有消烟除尘的措施。

第四章　防火与疏散

第 4.0.1 条 综合医院的防火设计除应遵守国家现行建筑设计防火规范的有关规定外，尚应符合本章的要求。

第 4.0.2 条 医院建筑耐火等级一般不应低于二级，当为三级时，不应超过三层。

第 4.0.3 条 防火分区

一、医院建筑的防火分区应结合建筑布局和功能分区划分。

二、防火分区的面积除按建筑耐火等级和建筑物高度确定外；病房部分每层防火分区内，尚应根据面积大小和疏散路线进行防火再分隔；同层有二个及二个以上护理单元时，通向公共走道的单元入口处，应设乙级防火门。

三、防火分区内的病房、产房、手术部、精密贵重医疗装备用房等，均应采用耐火极限不低于1小时的非燃烧体与其他部分隔开。

第 4.0.4 条 楼梯

一、病人使用的疏散楼梯至少应有一座为天然采光和自然通风的楼梯。

二、病房楼的疏散楼梯间，不论层数多少，均应为封闭式楼梯间；高层病房楼应为防烟楼梯间。

第 4.0.5 条 安全出口

一、在一般情况下，每个护理单元应有二个不同方向的安全出口。

二、尽端式护理单元，或“自成一区”的治疗用房，其最远一个房间门至外部安全出口的距离和房间内最远一点到房门的距离，如均未超过建筑设计防火规范规定时，可设一个安全出口。

第 4.0.6 条 医疗用房应设疏散指示图标；疏散走道及楼梯间均应设事故照明。

第 4.0.7 条 供氧房宜布置在主体建筑的墙外；并应远离热源、火源和易燃、易爆源。

第五章　建筑设备

第一节　一般规定

第 5.1.1 条 设备管线的总平面设计，应统一规划，全面考虑，合理安排层次、走向、坡度等，并应力求适应维修和改、扩建的需要。

第 5.1.2 条 明设管道应排列整齐，并应根据不同用途以不同颜色分别标明。

第二节　给水排水和污水消毒处理

第 5.2.1 条 医院给水的水质，应符合《生活饮用水卫生标准》GB5749—85的规定。

第 5.2.2 条 生活用水量定额应符合表5.2.2的规定。

生活用水量　表 5.2.2

病　人	设施标准	最高用水量（升/日）	小时变化系数
每病床	集中厕所、盥洗	50～100	2.50～2
	集中浴室、厕所、盥洗	100～200	2.50～2
	集中浴室，病房设厕所、盥洗	200～250	2.50～2
	病房设浴室、厕所、盥洗	250～400	2
门急诊病人	厕所、洗手池	15～25	2.50

注：本表所列用水量不包括医疗装备、制药、厨房、洗衣房以及医院职工和病人陪同人员的生活用水。

第 5.2.3 条 下列用房的洗涤池，均应采用非手动开关。并应防止污水外溅：

一、诊查室、诊断室、产房、手术室、检验科、医生办公室、护士室、治疗室、配方室、无菌室；

二、其他有无菌要求或需要防止交叉感染的用房。

第 5.2.4 条 中心供应室、中药加工室、外科、口腔科的洗涤池和污洗池的排水管管径不得小于75mm。

第 5.2.5 条 穿越各类无菌室的管道应护封，不得明设。

第 5.2.6 条 洗婴池的热水供应应有控温、稳压装置。

第 5.2.7 条 X线片洗片池的漂洗池，应持续从池底进水，池面溢水。

第 5.2.8 条 热水用水量定额应符合表5.2.8的规定。

热水用水量　　表 5.2.8

病人	设施标准	65℃用水量（升/日）
每病床	集中厕所、盥洗	30～60
	集中浴室、厕所、盥洗	60～120
	集中浴室、病房设厕所、盥洗	120～150
	病房设浴室，厕所、盥洗	150～200
门急诊病人	洗手池	5～8

注：本表所列热水用水量不包括医疗装备、制药、厨房、洗衣房以及医院职工和病人陪同人员的热水用水。

第 5.2.9 条 医院污水必须按照《医院污水排放标准》GBJ48—83的要求进行消毒处理。

第 5.2.10 条 核医学科污水的排放应符合《放射卫生防护基本标准》GB4792—84的要求。在地面上未经处理的污水管道，应有防漏和防护措施。器皿洗涤和病人生活污水，应经过衰变等处理。

第三节 采暖和空调

第 5.3.1 条 针灸科诊查室、产房区、婴儿室、灼伤病房、血液病房、手术部、X线诊断室和治疗室、功能检查室、内窥镜室等用房，均应采用"早期采暖"。

第 5.3.2 条 室内采暖计算温度推荐值可参照表5.3.2的规定。

室内采暖计算温度　　表 5.3.2

用房名称	计算温度℃
诊查室、病人活动室、医生办公室、护士室	18～20
病房、病人厕所、治疗室、放射科诊断室	18～22
儿科病房、待产室	20～22
病人浴室、盥洗室	21～25
手术室、产房	22～26

第 5.3.3 条 用散热器采暖的，应采用热水作为介质，不应采用蒸气。散热器应便于清扫。

第 5.3.4 条 手术室、术后监护室、产房、监护病房、灼伤病房、血液透析室，以及高精度医疗装备用房等，宜采用空气调节。

第 5.3.5 条 下列用房在采用空调时，应符合相关净化要求：

一、抢救室、观察室、病房、专科病房和一般手术室的新风及回风，均应经初、中效过滤器处理；

二、血液病房、无菌手术室、无菌室和细菌培养室的新风及回风，均应经初效、中效过滤器处理；

三、洁净手术室的新风及回风，应经初效、中效和高效过滤器处理，并宜在手术区内组成层流气流；

四、灼伤病房、传染病房应采用直流式空调系统，排风应经过滤器处理后再排入大气。

第 5.3.6 条 灼伤病房、净化室、手术室、无菌室应保护空气正压。

第 5.3.7 条 空调用房的夏季室内计算温度宜采用25～27℃；其相对湿度为60%左右。

第 5.3.8 条 采用空调的手术室、产房工作区和灼伤病房的气流速度宜不大于0.2m/s。

第 5.3.9 条 核医学科的通风柜应采用机械排风，排风口的风速应保持1m/s左右。

第四节 电　气

第 5.4.1 条 医院供电宜采用二路电源，如受条件限制，下列用房应有自备电源供电。

急诊部的所有用房；

监护病房、产房、婴儿室、血液病房的净化室、血液透析室；

手术部、CT扫描室、加速器机房和治疗室、配血室，以及培养箱、冰箱，恒温箱和其它必须持续供电的精密医疗装备；

各部门的消防和疏散设施。

第 5.4.2 条 医疗装备电源的电压、频率允许波动范围和线路电阻，应符合设备要求，否则应采取相应措施。

第 5.4.3 条 放射科的医疗装备电源，应从变电所单独进线。

第 5.4.4 条 放射科、核医学科、功能检查室等部门的医疗装备电源，应分别设置切断电源的总闸刀。

第 5.4.5 条 照度推荐值可参照表5.4.5的规定。

照度推荐值　　表 5.4.5

用房名称	推荐照度（lx）
病房、监护病房	15～30
候诊室、病人活动室、放射科诊断室、核医学科、理疗室	50～100
诊查室、检验科、病理科、配方室、医生办公室、护士室、值班室	75～150
手术室、CT诊断室、放射科治疗室	100～200
夜间守护照明	5

第 5.4.6 条 成人病房照明宜采用一床一灯。

第 5.4.7 条 护理单元走道灯的装置，应避免对卧床病人产生眩光。

第 5.4.8 条 护理单元走道和病房应设"夜间照明"，床头部位照度不应大于0.10lx，儿科病房不应大于1lx。

第 5.4.9 条 儿科门诊和儿科病房的电源插座和开关的装置高度，离地面不得低于1.50m；病房内离最近病床的水平距离不应小于0.60m。

第 5.4.10 条 X线诊断室、加速器治疗室、核医学科扫描室和γ照相机室等用房，应设防止误入的红色信号灯，其电源应与机组连通。

第 5.4.11 条 成人病房和护士室之间应设呼叫信号装置。

第 5.4.12 条 教学医院宜有闭路电视设施。

第五节 系统供氧和系统吸引

第 5.5.1 条 供氧管道应采用紫铜管明设，铜焊或银焊焊接；穿过梁和墙时，应采用套管。

第 5.5.2 条 供氧管道不得与电缆、电话线和可燃气管道，敷设在同一管道井或管道沟内；并应单独接地。

第 5.5.3 条 吸引管道采用镀锌钢管，宜明设；坡向总管和缓冲真空罐的坡度不应小于3‰，并应避免上升坡度，否则应在管道低处转折点设小型集污罐。

第 5.5.4 条 系统供氧应设中断供氧的报警装置，吸引真空泵应有备用泵及自控装置。

附录一　手术部洁污分区

手术部洁污分区表

入口处以外	供应与准备					术后监护	一般手术	无菌手术	洁净手术	废弃物
家属等候处	石膏室、会议会诊室	换鞋处、衣帽领发处、更衣室、浴厕	敷料制作室、洗涤室、杂物贮藏室	护士室、医生休息室值班室	麻醉室、麻醉器械室消毒室、消毒品贮藏室、准备室	苏醒室、术后监护室	一般手术室、清创抢救室、洗手室	无菌手术室洗手室	洁净手术室洗手室	污物室
污染区		半清洁区		清洁区				无菌区		污染区

附录二　核医学科洁污分区

核医学科洁污分区表

分区	用房名称
清洁区	登记室、等候处、诊查室、非活性实验室、办公室、资料室、贮藏室
中间区	功能测定室、候诊处、扫描室、γ照相机室、计量室
污染区	卫生通过室、贮源室、分装(源)室、标记室、高活性实验室、中活性实验室、低活性实验室、动物实验室、洗涤室、注射室、治疗病房

附录三　本规范用词说明

一、为便于在执行本规范条文时区别对待，对要求严格程度不同的用词说明如下：

1.表示很严格，非这样作不可的用词：

正面词采用“必须”；

反面词采用“严禁”。

2.表示严格，在正常情况下均应这样作的用词：

正面词采用“应”；

反面词采用“不应”或“不得”。

3.表示允许稍有选择，在条件许可时首先应这样作的用词：

正面词采用“宜”或“可”；

反面词采用“不宜”。

二、条文中指明必须按其他有关标准、规范执行的写法为，“应按……执行”或“应符合……要求或规定”。非必须按所指定的标准和规范执行的写法为“可参照……执行”。

附加说明

本规范主编单位和主要起草人名单

主编单位：上海市民用建筑设计院

主要起草人：陶师鲁　郑光照　柴慧娟　陆寿云

医疗卫生咨询单位：北京医科大学

标准技术归口单位：中国建筑技术发展中心建筑标准设计所

中华人民共和国行业标准

剧场建筑设计规范

Design Code for Theater

JGJ 57—2000

主编单位　中国建筑西南设计研究院

批准部门　中华人民共和国建设部
　　　　　中华人民共和国文化部

施行日期　2 0 0 1 年 7 月 1 日

关于发布行业标准《剧场建筑设计规范》的通知

建标［2001］28号

根据建设部《关于印发一九九八年工程建设城建、建工行业标准制订、修订项目计划的通知》（建标［1998］59号）的要求，由中国建筑西南设计研究院主编的《剧场建筑设计规范》，经审查，批准为行业标准，其中3.0.2，5.3.1，5.3.5，5.3.7，6.7.2，6.7.4，6.7.8，6.7.13，6.7.14，8.1.1，8.1.2，8.1.3，8.1.4，8.1.5，8.1.7，8.1.8，8.1.9，8.1.10，8.1.11，8.1.12，8.2.2，8.3.1，8.3.2，8.3.3，8.4.1，10.3.13为强制性条文。该规范编号为JGJ57—2000，自2001年7月1日起施行，原标准《剧场建筑设计规范》JGJ 57—88（试行）同时废止。

本规范由建设部建筑设计标准技术归口单位中国建筑技术研究院负责管理，中国建筑西南设计研究院负责具体解释，建设部标准定额研究所组织中国建筑工业出版社出版。

中华人民共和国建设部
中华人民共和国文化部
2001年2月5日

前　言

根据建设部建标［1998］59号文的要求，标准编制组在广泛调查研究，认真总结实践经验，参考有关国际标准和国外先进标准，并广泛征求意见基础上，修定了本规范。

本规范的主要技术内容是：1. 总则；2. 术语；3. 基地和总平面；4. 前厅和休息厅；5. 观众厅；6. 舞台；7. 后台；8. 防火设计；9. 声学；10. 建筑设备。

修订的主要技术内容是：1. 术语；2. 面积指标；3. 防火设计；4. 增加了伸出式舞台、岛式舞台、舞台工艺设计和舞台结构荷载等内容。

本规范由建设部建筑设计标准技术归口单位中国建筑技术研究院建筑标准设计研究所归口管理，授权由主编单位负责具体解释。

本规范主编单位是：中国建筑西南设计研究院（地址：四川成都市星辉西路8号；邮政编码：610081）。

本规范参编单位是中国艺术科学技术研究所。

本规范主要起草人员是：成城、李布白、王化卿、赵培生、王鸿章、陈凤岩、王坤贵、苏培义、王明钰。

目　次

1 总 则

1.0.1 为保证剧场建筑设计满足使用功能、安全、卫生及舞台工艺等方面的基本要求，制定本规范。

1.0.2 本规范适用于剧场建筑的新建、改建和扩建设计。不适用于观众厅面积不超过 $200m^2$ 或观众容量不足 300 座的剧场建筑。

1.0.3 剧场建筑根据使用性质及观演条件可分为歌舞、话剧、戏曲三类。剧场为多功能时，其技术规定应按其主要使用性质确定，其他用途应适当兼顾。

1.0.4 剧场建筑规模按观众容量可分为：

特大型 1601 座以上；

大 型 1201～1600 座；

中 型 801～1200 座；

小 型 300～800 座。

话剧、戏曲剧场不宜超过 1200 座。歌舞剧场不宜超过 1800 座。

1.0.5 剧场建筑的等级可分为特、甲、乙、丙四个等级。特等剧场的技术要求根据具体情况确定；甲、乙、丙等剧场应符合下列规定：

1 主体结构耐久年限：甲等 100 年以上，乙等 51～100 年，丙等 25～50 年；

2 耐火等级：甲、乙、丙等剧场均不应低于二级；

3 室内环境标准及舞台工艺设备要求应符合本规范有关章节的相应规定。

1.0.6 剧场设计应进行舞台工艺设计；建筑设计与舞台工艺设计应紧密配合，互提设计参数。

1.0.7 剧场建筑设计除应符合本规范外，尚应符合国家现行的有关强制性标准的规定。

2 术 语

2.0.1 剧场 theater

设有演出舞台、观看表演的观众席及演员、观众用房的文娱建筑。

2.0.2 观众厅 auditorium

设有固定座席的为观看演出用的空间。

2.0.3 池座 stalls

与舞台同层的观众席。

2.0.4 楼座 balcony

池座上的楼层观众席。

2.0.5 包厢 box (in the auditorium)

沿观众厅侧墙或后墙隔成小间的观众席。

2.0.6 舞台 stage

剧场演出部分总称，包括主台、侧台、后舞台、乐池、台唇、耳台、台口、台仓、台塔。

2.0.7 台塔 fly tower

主台以上至栅顶的空间。它是舞台表演和机械运作的基本空间。

2.0.8 台仓 understage

舞台台面以下的空间。

2.0.9 镜框式舞台 proscenium stage

在观众厅和舞台之间设有台口分隔的舞台，是我国现有剧场舞台的基本形式。

2.0.10 台口 proscenium opening

舞台向观众厅的开口。

2.0.11 台唇 apron stage

台口线以外伸向观众席的台面。

2.0.12 乐池 orchestra pit

为歌剧舞剧表演配乐的乐队使用的空间，一般设在台唇的前面和下面。

2.0.13 主台 main stage

台口线以内的主要表演空间。

2.0.14 侧台 bay area

设在主台两侧，为迁换布景、演员候场、临时存放道具景片及车台的辅助区域。

2.0.15 后舞台 back stage

设在主台后面，可增加表演区纵深方向的舞台。

2.0.16 开敞式舞台 open stage

舞台表演区和观众席在一个空间内的舞台形式，包括伸出式舞台、岛式舞台、尽端式舞台。

2.0.17 伸出式舞台 thrust stage

舞台向观众厅伸出，主要表演区在观众席内，观众席三面环绕舞台。

2.0.18 岛式舞台 arena stage

舞台设在观众厅内，观众席四面环绕舞台。

2.0.19 台口墙轴线 axis of proscenium wall

土建设计图上标注的台口承重墙结构定位轴线。

2.0.20 台口线 curtain line

台口构造内侧边线在舞台面上的投影线，舞台机械定位以此为基准。

2.0.21 栅顶 grid; gridiron

俗称葡萄架，舞台上部为安装悬吊设备的专用工作层。

2.0.22 天桥 fly gallery

沿主台的侧墙、后墙墙身上部一定高度设置的工作走廊。一般舞台均设有多层天桥。

2.0.23 假台口（或活动台口）movable pretendnd stage door

安装舞台灯具的主要设施，也能将演出台口尺寸作适当调整以适应各种表演。

2.0.24 灯光渡桥 lighting bridge

与吊杆平行设置，可升降，安装、检修灯光用，在演出中能上人操作的桥式刚架。

2.0.25 渡桥码头 portal bridge

由天桥上伸出的平台或吊板。由此通往灯光渡桥或假台口上框。

2.0.26 大幕 proscenium curtain

分隔舞台与观众厅的软幕。其开启方式又分对开式、提升式、串叠式 蝴蝶式等。

2.0.27 檐幕 transverse curtain

主台上部的横条幕。

2.0.28 边幕 wings

主台两侧的边条幕。

2.0.29 前檐幕 fore-Proscenium curtain

大幕前面的檐幕。

2.0.30 纱幕 veil curtain

网眼纱制作的无缝幕，挂在台口的叫台口纱幕，挂在天幕灯区前的叫远景纱幕，也可以折叠成装饰衬幕。

2.0.31 防火幕 fire curtain

安装在台口处，当发生火灾时，可立刻下降将舞台与观众厅分隔开，防止火灾漫延的设施。

2.0.32 车台 stage wagon

在主台、侧台、后舞台之间，沿导轨前后左右行走的机械舞台；也有无导轨自由移动的小车台。

2.0.33 升降台 elevating stage

在舞台上可以升降台面的舞台机械。

2.0.34 转台 revolving stage

主要表演区能旋转的舞台机械。

2.0.35 升降乐池 orchestra lift

乐池地面可升降，增加舞台使用功能的乐池。

2.0.36 吊杆 batten

舞台上空悬吊幕布、景物、演出器材的杆状升降机械设备，有手动、电动、液压等多种传动方式。

2.0.37 吊点 point hoist

舞台上空悬吊演出器材或景物的升降点状机械设施。

2.0.38 天幕 cyclorama

悬挂在舞台远景区，表现天空景色的幕布。

2.0.39 面光桥 fore stage lighting gallery

在观众厅顶部安装灯具向舞台投射灯光的天桥。

2.0.40 耳光室 fore stage side lighting

在观众厅两侧安装灯具向舞台投射灯光的房间。

2.0.41 台口柱光架 lighting tower

在舞台口内两侧安装灯具的竖向刚架。

2.0.42 灯光吊笼 lighting (cable) basket

在舞台两侧上空设置的安装灯具的笼状吊架，可以升降或前后左右移动。

2.0.43 天桥侧光 fly gallery lighting

在舞台侧天桥上安装的灯光。

2.0.44 流动灯光 movable lighting

在舞台台面安装在灯架上可移动的灯光。

2.0.45 灯控室 lighting control room

控制舞台灯光的操作用房。

2.0.46 声控室 sound control room

控制电声系统的操作用房。

2.0.47 舞台监督指挥系统 Stage manager control system

舞台监督指挥演出的各种信号和双向对讲系统等。

2.0.48 舞台监视系统 stage monitoring (display) System

观察舞台演职员演出实况的电视监视系统。

3 基地和总平面

3.0.1 剧场基地选择应符合城镇规划要求，合理布点。

3.0.2 **剧场基地应至少有一面临接城镇道路，或直接通向城市道路的空地。**临接的城市道路可通行宽度不应小于剧场安全出口宽度的总和，并应符合下列规定：

1 800座及以下，不应小于8m；

2 801～1200座，不应小于12m；

3 1201座以上，不应小于15m。

3.0.3 剧场主要入口前的空地应符合下列规定：

1 剧场建筑从红线退后距离应符合城镇规划要求，并按不小于0.20m²/座留出集散空地；

2 当剧场前的集散空地不能满足前款规定，或剧场前面疏散口的宽度不能满足计算要求时，应在剧场后面或侧面另辟疏散口，并应设有与其疏散容量相适应的疏散通路或空地。剧场建筑后面及侧面临接道路可视为疏散通路，但其宽度不得小于3.50m。

3.0.4 剧场基地临接两条道路或位于交叉路口时，除主要临接道路应符合本规范第3.0.2条的规定且剧场基地前集散空地应符合第3.0.3条1款规定外，尚应满足车行视距要求，且主要入口及疏散口的位置应符合城市交通规划要求。

3.0.5 剧场基地应设置停车场，或由城镇规划统一设置。

3.0.6 剧场总平面设计应功能分区明确，避免人流与车流交叉。布景运输车辆应能直接到达景物出入口。

3.0.7 剧场总平面设计应为消防提供良好道路和工作场地及回车场地，并应设置照明。内部道路可兼作消防车道，其净宽不应小于3.50m，穿越建筑物时净高不应小于4.00m。

3.0.8 环境设计及绿化应符合城镇规划要求，并应充分进行绿化，创造良好的环境。

3.0.9 设备用房应防止对观众厅、舞台及周围环境的噪声干扰。

3.0.10 演员宿舍、餐厅、厨房等附建于剧场主体建筑时，必须形成独立的防火分区，并有单独的疏散通道及出入口。

3.0.11 总平面设计应符合无障碍设计要求，并应符合现行行业标准《城市道路和建筑物无障碍设计规范》JGJ 50的有关规定。

4 前厅和休息厅

4.0.1 前厅面积，甲等剧场不应小于0.30m^2/座，乙等剧场不应小于0.20m^2/座，丙等剧场不应小于0.18m^2/座。

4.0.2 休息厅面积，甲等剧场不应小于0.30m^2/座，乙等不应小于0.20m^2/座，丙等剧场不应小于0.18m^2/座。

当附设小卖部或冷饮部时，不应小于0.04m^2/座。

4.0.3 前厅与休息厅合一时，甲等剧场不应小于0.50m^2/座，乙等剧场不应小于0.30m^2/座，丙等剧场不应小于0.25m^2/座。

4.0.4 衣物存放面积不应小于0.04m^2/座。

4.0.5 剧场设吸烟室时，应符合下列规定：

1 有池座和楼座时应分层设置。

2 室内装修天棚应为A级材料，墙面和地面不得低于B_1级材料，并应符合本规范第8.4.1条的规定。

4.0.6 剧场应设观众使用的厕所，厕所应设前室。厕所门不得开向观众厅。男女厕所厕位数比率为1∶1，卫生器具应符合下列规定：

1 男厕：应按每100座设一个大便器，每40座设一个小便器或0.60m长小便槽，每150座设一个洗手盆；

2 女厕：应按每25座设一个大便器，每150座设一个洗手盆；

3 男女厕均应设残疾人专用蹲位。

5 观 众 厅

5.1 视 线 设 计

5.1.1 视线设计应使观众能看到舞台面表演区的全部。当受条件限制时，也应使视觉质量不良的座席的观众能看到80%表演区。

5.1.2 视点选择应符合下列规定：

1 镜框式台口剧场宜选在舞台面台口线中心台面处；

2 大台唇式、伸出式舞台剧场应按实际需要，将设计视点相应适当外移；

3 岛式舞台视点应选在表演区的边缘；

4 当受条件限制时，设计视点可适当提高，但不得超过舞台面0.30m；向大幕投影线或表演区边缘后移，不应大于1.00m。

5.1.3 视线升高设计应符合下列规定：

1 视线升高差“*c*”值应取0.12m；

2 隔排计算视线升高值时，座席排列应错排布置，保证视线直接看到视点；

3 儿童剧场、伸出式、岛式舞台剧场、露天剧场视线升高值可提高一些要求；

4 为满足较高音质要求，视线升高值设计宜采用较高要求。

5.1.4 舞台面距第一排座席地面的高度应符合下列规定：

1 镜框式舞台面，不应小于0.60m，且不应大于1.10m；

2 伸出式舞台面，宜为0.30～0.60m，附有镜框式舞台的突出式舞台，可与主台齐平。

3 岛式舞台台面，不宜高于0.30m，可与观众席地面齐平。

5.1.5 观众席对视点的最远视距，歌舞剧场不宜大于33m；话剧和戏曲剧场不宜大于28m；伸出式、岛式舞台剧场不宜大于20m。

5.1.6 镜框式舞台观众视线最大俯角，楼座后排不宜大于20°；靠近舞台的包厢或边楼座不宜大于35°。伸出式、岛式舞台剧场俯角不宜大于30°。

5.2 座 席

5.2.1 观众厅面积应符合下列规定：

1 甲等剧场不应小于0.80m^2/座；

2 乙等剧场不应小于0.70m^2/座；

3 丙等剧场不应小于0.60m^2/座。

注：大台唇式、伸出式、岛式舞台剧场不计舞台面积。

5.2.2 剧场均应设置有靠背的固定座椅，小包厢座位不超过12个时可设活动座椅。

5.2.3 座椅扶手中距，硬椅不应小于0.50m；软椅不应小于0.55m。

5.2.4 座席排距应符合下列规定：

1 短排法：硬椅不应小于0.80m，软椅不应小于0.90m，台阶式地面排距应适当增大，椅背到后面一排最突出部分的水平距离不应小于0.30m；

2 长排法：硬椅不应小于1.00m；软椅不应小于1.10m。台阶式地面排距应适当增大，椅背到后面一排最突出部分水平距离不应小于0.50m；

3 靠后墙设置座位时，楼座及池座最后一排座位排距应至少增大0.12m。

5.2.5 每排座位排列数目应符合下列规定：

1 短排法：双侧有走道时不应超过22座，单侧有走道时不应超过11座；超过限额时，每增加一座位，排距增大25mm；

2 长排法：双侧有走道时不应超过50座，单侧有走道时不应超过25座。

5.2.6　观众席应预留残疾人轮椅座席，座席深应为1.10m，宽为0.80m，位置应方便残疾人入席及疏散，并应设置国际通用标志。

5.3　走　道

5.3.1　观众厅内走道的布局应与观众席片区容量相适应，与安全出口联系顺畅，宽度符合安全疏散计算要求。

5.3.2　池座首排座位排距以外与舞台前沿净距不应小于1.50m，与乐池栏杆净距不应小于1m；当池座首排设置残疾人席时，应再增加不小于0.50m的距离。

5.3.3　两条横走道之间的座位不宜超过20排，靠后墙设置座位时，横走道与后墙之间座位不宜超过10排。

5.3.4　走道宽度除应符合计算外，尚应符合下列规定：

1　短排法边走道不应小于0.80m，纵走道不应小于1.00m，横走道除排距尺寸以外的通行净宽度不应小于1.00m；

2　长排法边走道不应小于1.20m。

5.3.5　观众厅纵走道坡度大于1∶10时应做防滑处理，铺设的地毯等应为B_1级材料，并有可靠的固定方式。坡度大于1∶6时应做成高度不大于0.20m的台阶。

5.3.6　座席地坪高于前排0.50m时及座席侧面紧临有高差之纵走道或梯步时应设栏杆，栏杆应坚固，不应遮挡视线。

5.3.7　楼座前排栏杆和楼层包厢栏杆高度不应遮挡视线，不应大于0.85m，并应采取措施保证人身安全，下部实心部分不得低于0.40m。

5.4　其　他

5.4.1　剧场观众厅兼放电影时，放映光学设计及放映室应符合现行行业标准《电影院建筑设计规范》JGJ 58的规定。

6　舞　台

6.1　一般规定

6.1.1　镜框台口箱型舞台的台口宽度、高度和主台宽度、进深、净高均应与演出剧种、观众厅容量、舞台设备、使用功能及建筑等级相适应。宜符合表6.1.1的规定。

6.1.2　台唇和耳台最窄处的宽度不应小于1.50m。

6.1.3　主台和台唇、耳台的台面应做木地板，台面应平整防滑。

6.1.4　主台上空应设栅顶和安装各种滑轮的专用梁，并应符合下列规定：

1　栅顶标高至主台台面的垂直距离（主台净高）：

台口和主台尺度　　表6.1.1

剧种	观众厅容量（座）	台口（m）		主台（m）		
		宽	高	宽	进深	净高
戏曲	500～800	8～10	5.0～6.0	15～18	9～12	12～16
	801～1000	9～11	5.5～6.5	18～21	12～15	13～17
	1001～1200	10～12	6.0～7.0	21～24	15～18	14～18
话剧	600～800	10～12	6.0～7.0	18～21	12～15	14～18
	801～1000	11～13	6.5～7.5	21～24	15～18	15～19
	1001～1200	12～14	7.0～8.0	24～27	18～21	16～20
歌舞剧	1200～1400	12～14	7.0～8.0	24～27	15～21	16～20
	1401～1600	14～16	8.0～10.0	27～30	18～24	18～25
	1601～1800	16～18	10.0～12.0	30～33	21～27	22～30

甲等剧场不应小于台口高度的2.5倍；乙等剧场不应小于台口高度的2倍加4.00m；丙等剧场不应小于台口高度的2倍加2.00m；

2　栅顶构造要便于检修舞台悬吊设备，栅顶的缝隙除满足悬吊钢丝绳通行外，不应大于30mm；

3　各种滑轮梁的标高，应使站在栅顶的工作人员便于安装、检修舞台悬吊设备；

4　由主台台面去栅顶的爬梯如超过2.00m以上，不得采用垂直铁爬梯。甲、乙等剧场上栅顶的楼梯不得少于2个，有条件的宜设工作电梯，电梯可由台仓通往各层天桥直达栅顶；

5　丙等剧场如不设栅顶，宜设工作桥，工作桥的净宽不应小于0.60m，净高不应小于1.80m，位置应满足工作人员安装、检修舞台悬吊设备的需要。

6.1.5　主台天桥应符合下列规定：

1　天桥应沿主台侧墙和后墙三面布置，边沿应有0.10m高的护板。甲等剧场不得少于3层。乙、丙等剧场不得少于2层；

2　第一层侧天桥标高，应使侧光射向表演区有良好的角度，还应保证主台与侧台间的洞口高度不妨碍布景通行；

3　第一层侧天桥栏杆应满足安装灯具的技术要求；

4　各层侧天桥除满足设备安装所占用的空间外，其通行净宽不应小于1.20m，后天桥通行净宽宜为0.60m。

6.1.6　舞台面至第一层天桥有配重块升降的部位应

设护网，护网构件不得影响配重块升降，护网应设检修门。

6.1.7 主台应分别设上场门和下场门，门的位置应使演员上下场和跑场方便，但应避免在天幕后墙开门。门的净宽不应小于1.50m，净高不应低于2.40m。

6.1.8 侧台应符合下列规定：

1 主台两侧均应布置侧台，位置应靠近主台前部，便于演员和景物通向表演区。两个侧台的总面积：甲等剧场不得小于主台面积的1/2；乙等剧场不得小于主台面积的1/3；丙等剧场不得小于主台面积的1/4。当丙等剧场受条件限制时可设一个侧台；

2 设有车台的侧台，其面积除满足车台停放外，还应有存放和迁换景物的工作面积，其面积不宜小于车台面积的1/3；

3 侧台与主台间的洞口净宽：甲等剧场不应小于8.00m；乙等剧场不应小于6.00m；丙等剧场不应小于5.00m；

侧台与主台间的洞口净高：甲等剧场不应小于7.00m；乙等剧场不应小于6.00m；丙等剧场不应小于5.00m；

4 设有车台的侧台洞口净宽，除满足车台通行宽度外，两边最少各加0.60m；

5 侧台进出景物的门，净宽不应小于2.40m，净高不应低于3.60m，门应隔声、不漏光。严寒和寒冷地区的侧台外门应设保温门斗，门外应设装卸平台和雨篷；当条件允许时，门外宜做成坡道；

6 甲等剧场的侧台与主台之间的洞口宜设防火幕。

6.1.9 后舞台面积和使用高度，应根据舞台工艺设计确定，并应符合下列规定：

1 后舞台与主台之间的洞口宜设防火隔音幕；

2 设有车载转台的后舞台洞口净宽，除满足车载转台通行外，两边最少各加0.60m。洞口净高应与台口高度相适应；

3 设有车载转台的后舞台，其面积除满足车载转台停放外，还应有存放和迁换景物的工作面积，其面积不宜小于车载转台面积的1/3；

4 后舞台应设吊杆和灯光等设备。

6.1.10 甲、乙等剧场应设台仓，台仓的面积、层高、层数应根据使用功能确定，并应符合下列规定：

1 台仓通往舞台和后台的门、楼梯要顺畅，并不得少于2个，应设明显的疏散标志和照明，便于演员上下场和工作人员通行；

2 台仓里为机械舞台而设的机坑、平台、通道和检修空间，必须设固定的工作梯和坚固连续的栏杆。

6.1.11 伸出式舞台应符合下列规定：

1 附在镜框式舞台的伸出式舞台除镜框台口外，在台口两边还应增设演员上下场口；

2 台面技术要求与镜框式舞台的主台同；

3 台面上空应设吊点，位置、数量应按舞台工艺设计确定；

4 表演区除顶光和脚光外，还应有来自三个方位的面光。

6.1.12 岛式舞台应符合下列规定：

1 台面技术要求应与镜框式舞台的主台相同；

2 台面上空应设吊点，位置、数量应按舞台工艺设计确定；

3 表演区除顶光和脚光外，还应有来自四个方位的面光；

4 表演区上下场通道不得少于2条。

6.2 乐 池

6.2.1 歌舞剧场舞台必须设乐池，其他剧场可视需要而定。乐池面积按容纳乐队人数计算，演奏员平均每人不应小于1.00m^2，伴唱每人不应小于0.25m^2。

甲等剧场乐池面积不应小于80.00m^2；乙等剧场乐池面积不应小于65.00m^2；丙等剧场乐池面积不应小于48.00m^2。

6.2.2 乐池开口进深不应小于乐池进深的2/3。

6.2.3 乐池进深与宽度之比不应小于1❋3。

6.2.4 乐池地面至舞台面的高度，在开口位置不应大于2.20m，台唇下净高不宜低于1.85m。

6.2.5 乐池两侧都应设通往主台和台仓的通道，通道口的净宽不宜小于1.20m，净高不宜小于2.00m。

6.2.6 乐池可做成升降乐池。

6.3 舞台机械

6.3.1 舞台工艺设计应向土建设计提供舞台机械的种类、位置、尺寸、数量、台上和台下机械布置所需的空间尺度、设备荷载、内力分析、预埋件、用电负荷及控制台位置等要求。土建设计应满足舞台机械安装、检修、运行和操作等使用要求。

6.3.2 舞台机械的设计、安装和运行应符合下列规定：

1 舞台机械运行必须采取技术措施，确保安全运行，在运行全过程中应有相应的声、光警示信号，但不得影响演出效果；

2 舞台机械可动台面与不动台面的缝隙不得大于5mm；高差不得大于±3mm；

3 舞台机械台面的水平摆动间隙不应大于5mm；倾斜高差不应大于±3mm。

6.3.3 舞台上部悬吊机械设备运行，除行程开关外，必须安装电源主回路的保护开关，确保安全。

6.3.4 台口内两侧，应留出存放对开大幕的空间位置。

6.3.5 土建设计应为防火幕和假台口预留运行空间，

应为各种导轨设置预埋件，在配重通过的各层天桥处应留洞，并为防火幕和假台口的卷扬机设置机座平台。

6.3.6 安装吊杆应符合下列规定：

1 建筑构件不得妨碍舞台任何悬吊设备的排列、安装和运行；

2 景物吊杆间距宜为0.20～0.30m；

3 灯光吊杆前后与相邻吊杆的间距不应小于0.50m；

4 吊杆钢丝绳的吊点间距不应大于5.00m；

5 吊杆的长度和吊点的数量及间距与台口和主台的宽度相适应；

6 吊杆的运行应有确保安全的保护装置，避免机械或电气损坏失灵、坠杆伤人。

6.3.7 装有假台口和灯光渡桥的舞台，天桥必须设置相应的码头与假台口或灯光渡桥相通。

6.3.8 乐池、伸出式舞台及岛式舞台的上空，应设相应数量的吊点，土建设计应为吊点的安装提供条件。

6.4 舞台灯光

6.4.1 面光桥应符合下列规定：

1 第一道面光桥的位置，应使光轴射到台口线与台面的夹角为45°～50°；

2 第二道面光桥的位置，应使光轴射到大台唇边沿或升降乐池前边沿与台面的夹角为45°～50°；

3 面光桥除灯具所占用的空间外，其通行和工作宽度：

甲等剧场不得小于1.20m；乙、丙等剧场不得小于1.00m；

4 面光桥的通行高度，不应低于1.80m；

5 面光桥的长度不应小于台口宽度，下部应设50mm高的挡板，灯具的射光口净高不应小于0.80m，也不得大于1.00m；

6 射光口必须设金属护网，固定护网的构件不得遮挡光柱射向表演区；护网孔径宜为35～45mm，铅丝直径不应大于1.0mm；

7 面光桥挂灯杆的净高宜为1.00m。两排挂灯杆的位置由舞台工艺确定；

8 甲等剧场可根据需要设第三道或第四道面光桥，乙、丙等剧场，如未设升降乐池，面光桥可只设1道。

6.4.2 耳光室应符合下列规定：

1 第一道耳光室位置应使灯具光轴经台口边沿，射向表演区的水平投影与舞台中轴线所形成的水平夹角不应大于45°，并应使边座观众能看到台口侧边框，不影响台口扬声器传声；

2 耳光室宜分层设置，第一层底部应高出舞台面2.50m；

3 耳光室每层净高不应低于2.10m，射光口净宽：甲、乙等剧场不应小于1.20m，丙等剧场不应小于1.00m；

4 射光口应设金属护网及应符合本规范第6.4.1条第6款规定；

5 甲等剧场可根据表演区前移的需要，设2道或3道耳光室；乙、丙等剧场当未设升降乐池时，可只设1道耳光室。

6.4.3 追光室应符合下列规定：

1 追光室应设在楼座观众厅的后部，左右各1个，面积不宜小于8.00m²，进深和宽度均不得小于2.50m；

2 追光室射光口的宽度、高度及下沿距地面距离应根据选用灯型进行计算；

3 追光室的室内净高不应小于2.20m，室内应设置机械排风；

4 甲等剧场应设追光室；乙、丙等剧场当不设追光室时，可在楼座观众厅后部或其他合适的位置预留追光电源，容量不得小于30A。

6.4.4 调光柜室应符合下列规定：

1 调光柜室应靠近舞台，其面积应与舞台调光回路数量相适应，甲等剧场不得小于30m²；乙等剧场不得小于25m²；丙等剧场不得小于20m²；

2 调光柜室室内净高不得小于2.50m，室内要有良好的通风。

6.4.5 调光回路应根据剧场类型和舞台大小配置。甲等歌舞剧场不应小于480回路；甲等话剧院不应小于360回路；甲等戏曲剧场不应小于240回路。

除可调回路外，各灯区宜配置1～3路直通电源。甲等以上的剧场，每回路容量不得小于30A，乙等及以下剧场不得小于20A。

6.4.6 灯光配线应符合下列规定：

1 由可控硅调光装置配出的舞台照明不宜采用多回路共用零线方式。当采用多回路共用零线方式时，则零线截面面积不应小于相线截面积；

2 由可控硅调光装置配出的舞台照明线路应远离电声、电视及通讯等线路。当两种线路必须平行敷设时，其间距应大于1.00m，当垂直交叉时，其间距应大于0.50m，并应采用屏蔽措施。

6.4.7 天幕地排灯区应设置相应调光回路，同时应设零线截面积不小于相线截面积的三相回路专用电源。其电源容量为：甲等剧场不得小于150A，乙等剧场不得小于100A，丙等剧场不得小于75A。

6.4.8 主台两侧的流动灯电源插座应分前、中、后设置在台板下带盖的专用电源盒内，盒内应按流动灯数量设置调光回路。

6.4.9 舞台侧光可安装在一层侧天桥上，舞台宽度在24m以上的甲、乙等剧场，可设置灯光吊笼或纵向灯光吊杆，数量和尺度应按舞台工艺确定。

6.4.10 不设假台口的丙等剧场应在台口两侧设置柱

光架。

6.5 舞台通讯与监督

6.5.1 舞台监督主控台应设置在舞台内侧上场口。

6.5.2 灯控室、声控室、舞台机械操作台、演员化妆休息室、候场室、服装室、乐池、追光灯室、面光桥、前厅、贵宾室等位置应设置舞台监督对讲终端器。

6.5.3 舞台监督系统的摄像机应在舞台演员下场口上方和观众席挑台（或后墙）同时设置，舞台内摄像机应配置云台。

6.5.4 灯控室、声控室、舞台监督主控台、演员休息室、贵宾室、前厅、观众休息厅等位置应设置监视器。凡为观众设置的监视器不得送入演职员监视专用的舞台内信号。

6.5.5 甲等剧场可设有红外舞台监视系统等。

6.6 演出技术用房

6.6.1 灯控室、声控室均应设在观众厅后部，通过监视窗口应能看到舞台表演区全部，面积不应小于$12m^2$；窗口宽度不应小于1.20m，窗口净高不应小于0.60m，声控室应能听到直达声。

6.6.2 同声翻译室的位置，宜设在观众厅周边，能看到舞台表演区，应有合适的监视窗口，每间面积不应小于$5m^2$。

6.6.3 功放室应远离调光柜室，宜设在靠近主扬声器组的位置，甲等剧场面积不应小于$12m^2$，乙等不应小于$10m^2$，丙等不应小于$8m^2$。功放室与声控室之间应敷设相应的控制管线。功放室应设有通风及空调装置。

6.6.4 台上机械控制室宜设在二层天桥中部，或在一层天桥上部设置专用的台上机械控制室；控制室应有三面玻璃窗，密闭防尘，操作时并能直接看到舞台全部台上机械的升降过程。面积按舞台工艺设计要求确定。

6.6.5 台下机械控制室，可设在电动吊杆控制室相对应的位置，应能直接看到舞台机械运行状况，其他技术要求同台上机械控制室，面积视舞台工艺需要而定。

6.6.6 各种舞台机械电源柜的数量、重量、使用面积和安装位置，按舞台工艺要求而定。

6.7 舞台结构荷载

6.7.1 舞台结构荷载采用标准值作为代表值。对频遇值和准永久值应按现行国家标准《建筑结构荷载规范》GBJ9的有关规定采用。

6.7.2 作用在主台和台唇台面上的结构荷载，应符合下列规定：

1 台面活荷载不应小于4.0kN/m²；

2 当有两层台仓时，在底层的楼板活荷载不应小于2.0kN/m²；

3 舞台面上设置的固定设施，应按实际荷载取用；

4 主台面上有车载转台等移动设施时，应按实际荷载计算。

6.7.3 升降乐池台面板的活荷载取值：不动时，不应小于4.0kN/m²；可动时，不应小于2.0kN/m²；

6.7.4 各种机械舞台台面的活荷载取值应按舞台工艺设计的实际荷载取用，不动时均不得小于4.0kN/m²，可动时不得小于2.0kN/m²。

6.7.5 假台口每层搁板的活荷载不应小于2.0kN/m²。

6.7.6 作用于栏杆的水平荷载应符合下列规定：

1 假台口上的栏杆不应小于1.0kN/m；

2 座席地坪高于前排0.50m及座席侧面紧邻有高差之纵走道或梯步所设置的栏杆不应小于1.0kN/m。

6.7.7 主台上部栅顶或工作桥的活荷载按舞台工艺设计的实际荷载取用，但最低不应小于2.0kN/m²。栅顶应与舞台结构部分牢固连接，保证在水平荷载作用下的稳定性。

6.7.8 天桥的活荷载及垂直向上、向下荷载，均应根据工艺设计的实际荷载计算，但安装吊杆卷扬机或放置平衡重的天桥活荷载不应小于4.0kN/m²；其他不安装卷扬机或放置平衡重的各层天桥不应小于2.0kN/m²；仅作通行使用的后天桥其活荷载不应小于1.5kN/m²。

6.7.9 舞台面至第一层天桥，凡有配重块升降的部位，均应设护网，护网承受的水平荷载不应小于0.5kN/m²。

6.7.10 布景吊杆应有4个或4个以上的悬挂点，吊杆可按1.5kN集中力作用于跨中点验算。

6.7.11 每根景物吊杆的活荷载应按不同台口宽度取用，并应符合下列规定：

台口宽度在12.00m以下的吊杆不得小于3.5kN；

台口宽度在12.00～14.00m的吊杆不得小于4.0kN；

台口宽度在14.00～16.00m的吊杆不得小于5.0kN；

台口宽度在16.00～18.00m的吊杆不得小于6.0kN；

台口宽度在18.00m以上的按实际荷载值取用。

6.7.12 每根灯光吊杆的活荷载按不同台口宽度取用：

台口宽度在12.00m以下的灯光吊杆不得小于5.0kN；

台口宽度在12.00～14.00m的灯光吊杆不得小

于 6.0kN；

台口宽度在 14.00～16.00m 的灯光吊杆不得小于 8.0kN；

台口宽度在 16.00～18.00m 的灯光吊杆不得小于 10.0kN；

台口宽度在 18.00m 以上及安装特殊灯具时应按实际荷载值取用。

6.7.13 面光桥的活荷载不应小于 2.5kN/m²，灯架活荷载不应小于 1.0kN/m。

6.7.14 主台上部为安装各种悬吊设备的梁、牛腿、平台的荷载，应按舞台工艺设计所提供的实际荷载取用。

7 后 台

7.1 演出用房

7.1.1 化妆室应靠近舞台布置，主要化妆室应与舞台同层。当在其他层设化妆室时，楼梯应靠近出场口，甲、乙等剧场有条件的应设置电梯，并应符合下列规定：

1 1～2 人的小化妆室，每间使用面积不应小于 12.0m²；4～6 人的中化妆室，每人不应少于 4.0m²；10 人以上的大化妆室，每人不应少于 2.5m²。

甲等剧场大、中、小化妆室均不宜少于 4 间，总面积不宜少于 200m²。

乙等剧场大、中、小化妆室均不宜少于 3 间，总面积不宜少于 160m²。

丙等剧场大、中、小化妆室均不宜少于 2 间，总面积不宜少于 110m²。

2 采光窗应设遮光设备。

3 化妆室应设洗脸盆，小化妆室每室 1 个，中化妆室每室不应少于 1 个，大化妆室每室不应少于 2 个。

4 甲、乙等剧场供主要演员使用的小化妆室应附设卫生间。

5 甲、乙等剧场的化妆室应设独立的空调系统或分体式空调装置。

7.1.2 服装室应按男、女分别设置。甲等剧场不应少于 4 间，使用面积不应少于 160m²；乙等剧场不应少于 3 间，使用面积不应少于 110m²；丙等剧场不应少于 2 间，使用面积不应少于 64m²。服装室的门，净宽不应小于 1.20m，净高不应低于 2.40m。

7.1.3 候场室应靠近出场口，门净宽不应小于 1.20m，净高不应小于 2.40m。

7.1.4 小道具室宜靠近演员上、下场口设置。

7.1.5 甲、乙等剧场应设乐队休息室和调音室，休息室和调音室位置应与乐池联系方便，并防止调音噪声对舞台演出的干扰。

7.1.6 盥洗室、浴室、厕所不应靠近主台，并应符合下列规定：

1 盥洗室洗脸盆应按每 6～10 人设一个；

2 淋浴室喷头应按每 6～10 人设一个；

3 后台每层均应设男、女厕所。男大便器每 10～15 人设一个，男小便器每 7～15 人设一个，女大便器每 10～12 人设一个。

7.1.7 后台应设灯光库房和维修间，面积视剧场规模而定。

7.1.8 后台跑场道地面标高应与舞台一致，净宽不得小于 2.10m；净高不得低于 2.40m。

7.1.9 当乙、丙等剧场后台跑场道兼做演员候场及休息用时，净宽不得小于 2.80m。

7.2 辅助用房

7.2.1 排练厅的大小应按不同剧种设定，当兼顾不同剧种使用要求时，厅内净高不得小于 6.00m。

7.2.2 乐队排练厅应按乐队规模大小设定；面积可按 2.0～2.4m²/人计。

7.2.3 合唱队排练厅地面应做成台阶式，每个合唱队演员所占面积可按 1.4m²/人计。

7.2.4 琴房每间不应小于 10.0m²，应设置空调，保持室内温湿度恒定。

7.2.5 排练厅、琴房不应靠近主台，并应防止声音对舞台演出的干扰。

7.2.6 木工间长不应小于 15m，宽不应小于 10m，净高不应低于 7m，门净宽不应小于 2.40m，净高不应小于 3.60m。

7.2.7 绘景间宜靠近木工间。长不应小于 18m，宽不应小于 12m，净高不应低于 9m。沿墙设置吊杆，三面或四面设工作天桥。

7.2.8 绘景间应设 3～5 个洗笔水池，地面应防水并设排水设施。

7.2.9 硬景库宜设在侧台后部，如设在侧台或后舞台下部，应设置大型运景电梯。

7.2.10 硬景库净高不应低于 6m，门净宽不应小于 2.40m，门净高不应低于 3.60m。

8 防火设计

8.1 防 火

8.1.1 甲等及乙等的大型、特大型剧场舞台台口应设防火幕。超过 800 个座位的特等、甲等剧场及高层民用建筑中超过 800 个座位的剧场舞台台口宜设防火幕。

8.1.2 舞台主台通向各处洞口均应设甲级防火门，或按本规范第 8.3.2 条规定设置水幕。

8.1.3 舞台与后台部分的隔墙及舞台下部台仓的周围墙体均应采用耐火极限不低于 2.5h 的不燃烧体。

8.1.4 舞台（包括主台、侧台、后舞台）内的天桥、渡桥码头、平台板、栅顶应采用不燃烧体，耐火极限不应小于 0.5h。

8.1.5 变电间之高、低压配电室与舞台、侧台、后台相连时，必须设置面积不小于 6m² 的前室，并应设甲级防火门。

8.1.6 甲等及乙等的大型、特大型剧场应设消防控制室，位置宜靠近舞台，并有对外的单独出入口，面积不应小于 12m²。

8.1.7 观众厅吊顶内的吸声、隔热、保温材料应采用不燃材料。观众厅（包括乐池）的天棚、墙面、地面装修材料不应低于 A_1 级，当采用 B_1 级装修材料时应设置相应的消防设施，并应符合本规范第 8.4.1 条规定。

8.1.8 剧场检修马道应采用不燃材料。

8.1.9 观众厅及舞台内的灯光控制室、面光桥及耳光室各界面构造均采用不燃材料。

8.1.10 舞台上部屋顶或侧墙上应设置通风排烟设施。当舞台高度小于 12m 时，可采用自然排烟，排烟窗的净面积不应小于主台地面面积的 5%。排烟窗应避免因锈蚀或冰冻而无法开启。在设置自动开启装置的同时，应设置手动开启装置。当舞台高度等于或大于 12m 时，应设机械排烟装置。

8.1.11 舞台内严禁设置燃气加热装置，后台使用上述装置时，应用耐火极限不低于 2.5h 的隔墙和甲级防火门分隔，并不应靠近服装室、道具间。

8.1.12 当剧场建筑与其他建筑合建或毗连时，应形成独立的防火分区，以防火墙隔开，并不得开门窗洞；当设门时，应设甲级防火门，上下楼板耐火极限不应低于 1.5h。

8.1.13 机械舞台台板采用的材料不得低于 B_1 级。

8.1.14 舞台所有布幕均应为 B_1 级材料。

8.2 疏 散

8.2.1 观众厅出口应符合下列规定；

1 出口均匀布置，主要出口不宜靠近舞台；

2 楼座与池座应分别布置出口。楼座至少有两个独立的出口，不足 50 座时可设一个出口。楼座不应穿越池座疏散。当楼座与池座疏散无交叉并不影响池座安全疏散时，楼座可经池座疏散。

8.2.2 观众厅出口门、疏散外门及后台疏散门应符合下列规定：

1 应设双扇门，净宽不小于 1.40m，向疏散方向开启；

2 紧靠门不应设门槛，设置踏步应在 1.40m 以外；

3 严禁用推拉门、卷帘门、转门、折叠门、铁栅门；

4 宜采用自动门闩，门洞上方应设疏散指示标志。

8.2.3 观众厅外疏散通道应符合下列规定：

1 坡度：室内部分不应大于 1∶8，室外部分不应大于1∶10，并应加防滑措施，室内坡道采用地毯等不应低于 B_1 级材料。为残疾人设置的通道坡度不应大于 1∶12；

2 地面以上 2m 内不得有任何突出物。不得设置落地镜子及装饰性假门；

3 疏散通道穿行前厅及休息厅时，设置在前厅、休息厅的小卖部及存衣处不得影响疏散的畅通；

4 疏散通道的隔墙耐火极限不应小于 1.00h；

5 疏散通道内装修材料：天棚不低于 A 级，墙面和地面不低于 B_1 级，不得采用在燃烧时产生有毒气体的材料；

6 疏散通道宜有自然通风及采光；当没有自然通风及采光时应设人工照明，超过 20m 长时应采用机械通风排烟。

8.2.4 主要疏散楼梯应符合下列规定：

1 踏步宽度不应小于 0.28m，踏步高度不应大于 0.16m，连续踏步不超过 18 级，超过 18 级时，应加设中间休息平台，楼梯平台宽度不应小于梯段宽度，并不得小于 1.10m；

2 不得采用螺旋楼梯，采用扇形梯段时，离踏步窄端扶手水平距离 0.25m 处踏步宽度不应小于 0.22m，宽端扶手处不应大于 0.50m，休息平台窄端不小于 1.20m；

3 楼梯应设置坚固、连续的扶手，高度不应低于 0.85m。

8.2.5 后台应有不少于两个直接通向室外的出口。

8.2.6 乐池和台仓出口不应少于两个。

8.2.7 舞台天桥、栅顶的垂直交通，舞台至面光桥、耳光室的垂直交通应采用金属梯或钢筋混凝土梯，坡度不应大于 60°，宽度不应小于 0.60m，并有坚固、连续的扶手。

8.2.8 剧场与其他建筑合建时应符合下列规定：

1 观众厅应建在首层或第二、三层；

2 出口标高宜同于所在层标高；

3 应设专用疏散通道通向室外安全地带。

8.2.9 疏散口的帷幕应采用 B_1 级材料。

8.2.10 室外疏散及集散广场不得兼作停车场。

8.3 消 防 给 水

8.3.1 超过 800 个座位的剧场，应设室内消火栓给水系统。

800 个座位以上，特等、甲等剧场应设室内消火栓给水系统。

机械化舞台台仓部位，应设置消火栓。

剧场超过 1500 个座位时，闷顶面光桥处，宜增设有消防卷盘的消火栓。

8.3.2 超过1500个座位的观众厅的闷顶内、净空高度不超过8m的观众厅、舞台上部（屋顶采用金属构件时）、化妆室、道具室、储藏室和贵宾室应设置闭式自动喷水灭火系统。

8.3.3 超过1500个座位的剧场，舞台的葡萄架下，应设雨淋喷水灭火系统。超过800座的剧场舞台葡萄架下宜设雨淋喷水灭火系统。

8.3.4 剧场内水幕系统设置应符合下列规定：

1 按本规范第8.2.1条规定设置的防火幕上部，应设防护冷却水幕系统；

2 按本规范第8.1.1条规定应设置防火幕有困难的部位，超过1500个座位的剧场舞台台口及与舞台相连的侧台、后台的门窗洞口，应设防火分隔水幕；

3 按本规范第8.1.1条规定宜设置防火幕有困难的部位，宜设防火分隔水幕。

8.3.5 剧场内设置的自动喷水灭火系统、雨淋灭火系统和水幕系统的设计，应按现行国家标准《自动喷水灭火系统设计规范》GBJ 84的规定执行。

8.3.6 雨淋喷水灭火系统和水幕系统在设置自动开启的同时，应设置手动开启装置。雨淋喷水灭火系统的雨淋阀和水幕系统的快开阀门，应位置明确，便于操作，并有明显的标志和保护装置。

8.3.7 剧场建筑灭火器配置应按现行国家标准《建筑灭火器配置设计规范》GBJ 140的有关规定执行。

8.4 火灾报警

8.4.1 甲等及乙等的大型、特大型剧场下列部位应设有火灾自动报警装置：观众厅、观众厅闷顶内、舞台、服装室、布景库、灯控室、声控室、发电机房、空调机房、前厅、休息厅、化妆室、栅顶、台仓、吸烟室、疏散通道及剧场中设置雨淋灭火系统的部位。甲等和乙等的中型剧场上述部位宜设火灾自动报警装置。当上述部位中设有自动喷水灭火系统（雨淋灭火系统除外）时，可不设火灾自动报警系统。

9 声学

9.1 声学设计

9.1.1 剧场设计应包括建筑声学设计；建筑声学设计应参与建筑、装饰设计全过程。

9.1.2 扩声设计应与建筑声学设计密切配合；装饰设计应符合声学设计要求。

9.1.3 自然声演出的剧场，声学设计应以建筑声学为主。

9.2 观众厅体形设计

9.2.1 观众厅每座容积宜符合表9.2.1的规定：

观众厅每座容积　　表9.2.1

剧场类别	容积指标（m^3/座）
歌剧	4.5～7.0
戏曲、话剧	3.5～5.5
多用途（不包括电影）	3.5～5.5

设置扩声系统时，每座容积可适当提高。

9.2.2 观众厅体形设计，应符合下列规定：

1 观众厅体形设计，应使早期反射声声场分布均匀、混响声场扩散，避免声聚焦、回声等声学缺陷。电声设计应避免电声源的声聚焦、回声等声学缺陷；

声学装饰应防止共振缺陷。

2 楼座下挑台开口的高度与挑台深度比，宜大于或等于1∶1.2，楼、池座后排净高应大于或等于2.8m。

9.2.3 观众厅声学设计应包括伸出式舞台空间。

9.2.4 剧场作音乐演出时，宜设置舞台声反射罩或声反射面。

9.3 观众厅混响设计

9.3.1 观众厅满场混响时间设定宜符合下列规定：

1 根据使用要求及不同体积，在500～1000Hz范围内宜符合表9.3.1-1的规定：

观众厅混响时间设置　　表9.3.1-1

使用条件	观众厅混响时间设置
歌舞	1.3～1.6s
话剧	（2000～10000m^3） 1.1～1.4s
戏曲	
多用途、会议	

2 混响时间频率特性，相对于500～1000Hz的比值宜符合表9.3.1-2的规定：

混响时间频率特性比值　表9.3.1-2

使用条件	125Hz	250Hz	2000Hz	4000Hz	8000Hz
歌舞	1.00～1.35	1.00～1.15	0.90～1.00	0.80～1.00	0.70～1.00
话剧	1.00～1.20	1.00～1.10			
戏曲					
多用途、会议					

上列混响时间及其频率特性，适用于600～1600座观众厅。

9.3.2 混响时间设计，采用125、250、500、1000、2000、4000、8000Hz等七个频率；设计与实测值的允许偏差，宜控制在10%以内。

9.3.3 伸出式舞台的舞台空间与观众厅合为同一混响空间，按同一空间进行混响设计。

9.3.4 舞台声学反射罩内的空间属观众厅空间的一部分，具有舞台反射罩（板）的观众厅的混响应另行设计。

9.3.5 舞台及乐池应作声学设计。

9.4 噪声控制

9.4.1 剧场内各类噪声对环境的影响，应按现行国家标准《城市区域环境噪声标准》GB 3096 执行。

9.4.2 观众席背景噪声应符合以下规定：

1 甲等≤NR25 噪声评价曲线；

2 乙等≤NR30 噪声评价曲线；

3 丙等≤NR35 噪声评价曲线；

9.4.3 设在群楼内或综合楼内的剧场，其振动噪声应符合国家有关环境噪声标准的规定。

9.4.4 升降乐池运行时的机械噪声，在观众席第一排中部应小于 60dB（A），其他舞台机械噪声，在观众席第一排中部应小于或等于 50dB（A）。

9.4.5 观众厅宜利用休息厅、前厅、休息廊等空间作为隔声降噪手段，必要时观众厅出入口应设置声闸、隔声门。

侧台直接通向室外的大门，应避免外界噪声的干扰，必要时设隔声门。

9.5 扩声系统设计

9.5.1 扩声系统声学要求应符合现行行业标准《扩声系统声学特性指标》GYJ25 的要求。

9.5.2 主扬声器组的直达声供声应覆盖全部观众席。

9.6 其　他

9.6.1 剧场辅助用房声学要求宜符合表 9.6.1 的规定。

剧场辅助用房声学要求　　表 9.6.1

<table>
<tr><th rowspan="3">房间名称</th><th colspan="6">声学特性</th></tr>
<tr><th colspan="3">房间要求</th><th rowspan="2">混响时间（s）T_{60}</th><th colspan="2">噪声（dB）</th></tr>
<tr><th>净高（m）</th><th>每席（间）面积（m²）</th><th>每席体积（m³）</th><th>背景噪声（NR）</th><th>隔声（R_w）</th></tr>
<tr><td>声控室</td><td>净高≥2.8</td><td>10～12/间</td><td>—</td><td>0.4（平直）</td><td>≤30</td><td>≥40</td></tr>
<tr><td>排练厅</td><td rowspan="3">净高≥6.0</td><td>—</td><td>—</td><td>—</td><td>≤35</td><td rowspan="3">≥45</td></tr>
<tr><td>乐队排练厅</td><td>2.0～2.4/席</td><td>8～10</td><td>1.0～1.2</td><td>≤30</td></tr>
<tr><td>合唱排练厅</td><td>1.2～1.4/席</td><td>5～7</td><td>—</td><td>≤35</td></tr>
<tr><td>琴房、调音室</td><td>净高≥2.8</td><td>≥10/间</td><td>—</td><td>0.4（平直）</td><td>≤30</td><td>≥45</td></tr>
<tr><td>同声翻译室</td><td>—</td><td>5～6/间</td><td>—</td><td>—</td><td>≤35</td><td>≥45</td></tr>
</table>

10 建筑设备

10.1 给水排水

10.1.1 剧场建筑应设置室内、室外给排水系统，并选择与其等级和规模相适应的器具设备。

10.1.2 化妆室、卫生间、淋浴室等，宜设置热水供应装置，前厅或休息厅宜设置观众饮水装置。

10.1.3 观众厅、乐池、台仓和机械化台仓底部应设置相应的消防排水设施。

10.1.4 剧场用水定额、给水排水系统的选择，应按现行国家标准《建筑给水排水设计规范》GBJ 15 的有关规定执行。

10.2 采暖、通风和空气调节

10.2.1 剧场内的观众厅、舞台、化妆室及贵宾室，甲等应设空气调节；乙等炎热地区宜设空气调节。未设空气调节的剧场，观众厅应设机械通风。

10.2.2 面光桥、耳光室、灯控室、声控室、同声翻译室应设机械通风或空气调节，厕所、吸烟室应设机械排风。前厅和休息厅不能进行自然通风时，应设机械通风。

10.2.3 剧场空气调节室内设计参数应符合表 10.2.3 的规定。

空气调节室内设计参数　　表 10.2.3

参数名称	夏季	冬季
干球温度（℃）	24～26	20～16
相对湿度（%）	50～70	≥30
平均风速（m/s）	0.2～0.5	0.2～0.3

10.2.4 夏季采用天然冷源降温时，室内温度应低于 30℃。

10.2.5 采暖地区未设空气调节的剧场，冬季室内采暖设计参数应符合表 10.2.5 的规定。

室内采暖设计参数　　表 10.2.5

房间名称	室内计算温度（℃）
前厅	12～14
观众厅	14～18
舞台	20～22
化妆室	20～22

10.2.6 室内稳定状态下的 CO_2 允许浓度应小于 0.25%（我国人体散发的 CO_2 量可按 0.02m³/人·h 计算）。

10.2.7 剧场最小新风量不应小于：甲等 15m³/人·h；乙等 12m³/人·h；丙等 10m³/人·h。

10.2.8 剧场内观众厅每人散热和散湿量可按表 10.2.8 选用。演员和舞台工作人员的散热、散湿量可按中等劳动强度考虑。

剧场内观众厅每人散热量和散湿量　　表 10.2.8

温度（℃）	16	17	18	19	20	25	26	27	28	29	30
显热（W/人）	88	83	80	77	75	60	56	52	48	43	38
潜热（W/人）	15	18	20	21	22	36	40	44	48	53	58
全热（W/人）	103	101	100	98	97	96	96	96	96	96	96
散湿量（g/人·h）	23	27	29	31	34	54	61	67	73	80	86

注：上表已考虑剧场建筑的群集系数。

10.2.9 计算照明热量，应考虑剧种、灯具种类、灯具平均耗电系数及灯具位置系数等因素。

10.2.10 剧场的空气调节系统应符合下列规定：

1 舞台、观众厅宜分系统设置，化妆室、灯控室、声控室、同声翻译室等可设独立系统或装置；

2 集中式系统宜用淋水室或带淋水的表冷器处理空气；

3 过渡季节应有不进行热、湿处理，仅作机械通风使用的可能；

4 舞台上冬季应有防止下降冷气流的措施。

10.2.11 剧场的送风方式应按具体条件选定，并应符合下列规定：

1 舞台、观众厅的气流组织应进行计算；布置风口时，应避免气流短路或形成死角；

2 舞台送风应送入表演区，但不得吹动幕布及布景。天桥下设置风管应隐蔽；

3 观众厅采用下送风时，应防止尘化。污物和水不得进入风口和风管。地下水位高的地区不宜采用地下风管。地下风道应设置清扫口；

4 舞台上的排风口应设在较高处，如有栅顶，应设在其上方。

10.2.12 剧场的通风与空气调节系统的安全措施应符合下列规定：

1 穿越防火分区的送回风管道应在防火墙两侧的管道中设置防火阀；

2 风管、消声器及其保温材料应采用不燃材料。

10.2.13 通风或空气调节系统，应采取消声减噪措施，通过风口传入观众席和舞台面的噪声应比室内允许噪声标准低 5dB。

10.2.14 通风、空气调节及制冷机房与观众厅和舞台邻近时，应采取隔声措施，其隔声能力应使传递到观众厅和舞台的噪声比允许噪声标准低 5dB。对动力设备应采取减振措施。

10.2.15 机械化舞台的台仓应设空气调节和排烟系统。

10.2.16 舞台的送风支管宜采用可伸缩的软管，使送风口可以移动。

10.2.17 观众厅闷顶或侧墙上部应设通风和排烟装置。

10.3 电　　气

10.3.1 剧场用电负荷分三级，并应符合下列规定：

1 一级负荷：应包括甲等剧场的舞台照明、贵宾室、演员化妆室、舞台机械设备、消防设备、电声设备、电视转播、事故照明及疏散指示标志等；

2 二级负荷：应包括乙、丙等剧场的消防设备、事故照明、疏散指示标志，甲等剧场观众厅照明、空调机房电力和照明、锅炉房电力和照明等；

3 三级负荷：不属于一、二级用电设备负荷均属三级负荷；

4 事故照明和疏散指示标志应采用带蓄电池的应急照明装置，连续供电时间不应小于 30min。

10.3.2 甲等剧场供电系统电压偏移应符合下列规定：

1 照明为＋5％～－2.5％；

2 电力为±5％。

10.3.3 当舞台照明采用可控硅作调光设备时，其电源变压器宜采用接线方式为 Δ/Y_0 的变压器。

10.3.4 需要电视转播或拍摄电影的剧场，在观众厅两侧宜装设容量不小于 10kW，电压为主 220/380V 三相四线制的固定供电点。

10.3.5 乐池内谱架灯、化妆室台灯照明、观众厅座位排号灯的电源电压不得大于 36V。

10.3.6 电声、电视转播设备应设屏蔽接地装置。其接地电阻不得大于 4Ω，屏蔽接地装置应和电源变压器工作接地装置在电路上完全分开。当单独设置接地极有困难时，可与电气装置接地合用一组接地极，接地电阻不应大于 1Ω，但屏蔽接地线应集中一点与变压器工作接地装置联接。

10.3.7 舞台演出过程中，可能频繁起动的交流电动机，当其起动冲击电流引起电源电压波动超过 3％时，宜采用与舞台照明负荷分开的变压器供电。

10.3.8 剧场各类房间照度的标准值宜符合表 10.3.8 的规定。

10.3.9 剧场绘景间和演员化妆室的工作照明的光源应与舞台照明光源色温接近。

10.3.10 各等级剧场观众厅照明应能渐亮渐暗平滑调节，其调光控制装置应能在灯控室和舞台监督台等多处设置。

剧场照度标准值　　　表 10.3.8

序号	房间名称	照度（lx）
1	楼梯走廊	15～30
2	前厅、休息厅	75～200
3	小卖部、冷饮、存衣	50～100
4	厕所、卫生间	50～100
5	接待室	75～150
6	行政管理房间	75～150
7	观众厅	75～150
8	化妆室	50～100
9	服装室	75～150
10	道具室	75～150
11	候场室	75～150
12	抢妆室	75～150
13	理发室（头部化妆）	100～300
14	排练室	100～200
15	布景仓库	15～30
16	服装室	75～150
17	布景道具服装制作间	100～200
18	绘景间	150～300
19	灯控室、调光柜室	75～150
20	声控室、功放室	75～150
21	电视转播室	75～150
22	消防控制室	75～150
23	水、暖、电、通机房	20～50

注：化妆室中化妆台加局部照明 200～300lx。

10.3.11 观众厅应设清扫场地用的照明（可与观众厅照明共用灯具），其控制开关应设在前厅值班室，或便于清扫人员操作的地点。

10.3.12 甲、乙等剧场应设置观众席座位排号灯。

10.3.13 剧场下列部位应设事故照明和疏散指示标志：

1 观众厅、观众厅出口；

2 疏散通道转折处以及疏散通道每隔 20m 长处；

3 台仓、台仓出口处；

4 后台演职员出口处。

10.3.14 消防控制室、发电机室、灯控室、调光柜室、声控室、功放室、空调机房、冷冻机房、配电间应设事故照明，其照度不应低于一般照明照度的50%。用于观众疏散的事故照明，其照度不应低于 0.5lx。

10.3.15 观众厅、前厅、休息厅、走廊等直接为观众服务的房间，其照明控制开关应集中单独控制。

10.3.16 舞台监督台应设通往前厅、休息厅、观众厅和后台的开幕讯号。

10.3.17 剧场防雷应符合现行国家标准《建筑防雷设计规范》GB50057 二类建筑防雷保护措施的规定。

本规范用词说明

1 为便于在执行本标准条文时区别对待，对要求严格程度不同的用词，说明如下：

1）表示很严格，非这样做不可的：
正面词采用“必须”，
反面词采用“严禁”。

2）表示严格，在正常情况均应这样做的：
正面词采用“应”，
反面词采用“不应”或“不得”。

3）表示允许稍有选择，在条件许可时，首先应这样做的：
正面词采用“宜”，
反面词采用“不宜”。

表示有选择，在一定条件下可以这样做的，采用“可”。

2 条文中指定按其他有关标准执行时的写法为“应符合……的规定”或“应按……执行”。

中华人民共和国行业标准

剧 场 建 筑 设 计 规 范

Design Code for Theater

JGJ 57—2000

条 文 说 明

前　言

《剧场建筑设计规范》（JGJ 57—2000），经建设部2001年2月5日以建标［2001］28号文批准，业已发布。

本规范第一版的主编单位是中国建筑西南设计研究院，参编单位是中国艺术科学技术研究所。

为便于广大设计、施工、科研、学校等单位的有关人员在使用本规范时能正确理解和执行条文规定，《剧场建筑设计规范》编制组按章、节、条顺序编制了本规范的条文说明，供国内使用者参考。在使用中如发现本条文说明有不妥之处，请将意见函寄中国建筑西南设计研究院。

目　次

1 总 则

1.0.1 本规范各章规定，在三个方面保证剧场设计的合理性，即安全、卫生及使用功能，要确保大量观众生命安全及卫生条件，同时还应满足观众视听要求及室内环境要求，满足演出工艺要求，在安全、卫生及技术合理方面提出最低限度的要求，在剧场建筑设计中应遵照执行。

1.0.2 本条规定本规范的适用范围

我国建国以来及解放前所建剧场绝大部分为箱形舞台、镜框式台口剧场，仅有的个别大台唇舞台剧场如天蟾舞台，后来也改建成镜框式台口。新建的伸出式舞台仅杭州的东坡剧场，是附建于箱型舞台的。

箱形舞台、镜框式台口剧场，舞台美术、舞台机械、舞台照明等工艺，正逐步发展、完善，建国以来已有大量的实践与研究。

随着戏剧艺术的发展，以及与其他艺术手段（如电影、电视）的竞争，为了增强戏剧艺术表现力以及加强与观众的思想感情交流，舞台已不满足于镜框式台口的限制。国外出现了伸出式、尽端式、大台唇式、岛式或半岛式等舞台。近年来我国很多种类戏剧表演也已经突出到台口以外，将乐池盖起来或设置升降乐池，扩大表演区，台口外两侧要求开门，满足演员在台口以外上、下场。在学术研究上，介绍这类剧场的信息较多，但在建筑设计、声学设计、灯光照明、舞台机械、通风空调等各专业技术领域内，还缺乏实质性的研究，实践上也很少有实例，还需要经过一段实践，总结出一些经验来才能作出一些规定。由于各种新型舞台在不同的技术领域里带来了很多特殊的要求，所以，本规范对伸出式舞台及岛式舞台，仅作出一些基本规定，这些规定在国外实践证明是成熟的，对于我国的国情，还要有一段探索、结合的时间。

1.0.3 歌剧、舞剧和话剧、戏曲在观演条件上不同：歌剧舞剧表演场面大，演员表演动作尺度大，表演区大，远景区大，要求主台进深、宽度与高度大，舞美设计、舞台照明、与舞台机械设备均较复杂，要求容纳较多观众，允许较远视距和较大俯角，而话剧、戏曲表演动作尺度小，表演区尺度小，要求能看清演员面部表情，所以要求视距较近，观众容量不允许过多，话剧的舞美设计与戏曲又有不同，目前也都在变化和发展中。目前有些戏曲表演逐渐吸取其他剧种舞美设计及照明技术，在设计这些剧场时，要注意到它们的不同与变化。

目前，我国大部分剧场用作各种剧种表演，以及开会、放电影、演奏音乐，但并不具备多功能厅堂的条件，如可变座席布局、可变观众厅容积、可变的声学材料条件，还不能称为多功能厅堂，只能称之为多用途的厅堂。在设计此类剧场时，应该使其技术标准按其主要使用性质而定。

1.0.4 划分剧场规模主要标准有两种：一种是根据观众厅面积进行划分。日本的“建筑标准法”和我国台湾的“建筑技术法规”均如此。另一种是根据观众容量进行划分。美国“统一建筑法规”（Uniform Building Code）、美国防火规范（NFPA National Fire Code）、加拿大国家建筑法规（National Building Code）都是按人数规定聚集场所的规模，前苏联剧场建筑设计标准与技术规定（Нормыи техничесике условия ироектирования зланий театров）是将分了类别的剧场，根据人数确定其规模。我们采用以人数确定剧场规模，与防火规范协调，计算依据统一。

我们将剧场规模定为四个类型是根据对全国剧场全面调查，综合建筑、声学等各方面的要求，经多次会议商定，其数据虽为约定性质，但与实际情况相符合，更便于按规模规定其技术标准。

话剧剧场要求视距近，要看清演员面部表情，观众容量不能过大，以不超过1200座为宜。歌舞剧场面大，表演动作尺度大，可以允许较远视距，俯角也可以较大，因之观众容量可以增大，但超过1800座以后视听条件均难保证。

前苏联规定大型歌剧院1800座，大型话剧院为1200座。

我国北京首都剧场观众容量为1227座，中央戏剧学院排演场为957座，原上海徐汇剧场是1238座，以上三者均为话剧剧场。

北京天桥剧场是1601座，武汉歌剧院为1586座，南宁剧场1725座，以上均为歌剧剧场。

伸出式舞台、岛式舞台剧场因视点低，视线升起较高，很难做成小型以上的剧场，一般是从100余座到数百座，但伸出式舞台和镜柜式舞台相结合的设计也可以做到1000座左右的多功能剧场。

1.0.5 剧场建筑质量划分为特、甲、乙、丙四个等级，便于区别对待，保证最低限度的技术要求，便于设计、验收；特等剧场是指代表国家的一些文娱建筑，如国家剧院，国家文化中心等，一般可不受本规范限制，其质量标准可根据具体要求而定，其他各等剧场的耐久年限、耐火等级、环境功能及舞台工艺设备等等级标准均应符合本规范的规定。

主体结构耐久年限的规定是根据“建筑结构可靠度设计统一标准”制定的，根据我国目前经济状况及技术发展状况，我们与防火规范高规及低规管理组商定将丙等剧场耐火等级从三级提高到二级。目前是可以做得到的。

一个剧场用类别、规模、等级三种划分，就较清楚地说明了剧场的性质、大小、档次，不单用大型、中型、小型笼统划分，这样就避免了混淆。

观众厅面积不超过200m² 和观众容量不足300座

说的是一回事。观众厅如按每人 $0.7m^2$ 计，300 人×$0.7m^2$/人＝$210m^2$。这么大小规模的聚集场所，在防火、疏散等各方面都可按一般建筑考虑，在视听功能方面也不必作很多处理，所以可不受本规范规定的限制。

1.0.6 我国剧场设计逐渐完善，舞美设计及舞台声、光、机械的设计、生产、安装、逐渐走向产业化，形成一定规模的生产能力，形成一个行业，而剧场的土建设计应该满足这些设备的安装使用和检修。过去，大多数建筑师对这些是不熟悉的，因而造成一些返工，浪费了投资。为了使剧场设计更合理、更经济，建筑师和舞台工艺设计的密切配合提到日程上来，首先在剧场设计中，应设置舞台工艺设计这个专业（目前这个专业在资质注册、管理上还有待完善），由这个专业进行舞台工艺各个工种的设计，土建设计应根据工艺设计所提出的各种条件和要求进行设计，这样就可以避免各种失误，拿出合理的设计来。

2 术 语

本章是原附录 1 名词解释部分移到本章，又根据全国各地反馈意见增加和补充的，英文部分参照了 1995 年英国舞台技术协会“New Theater Word”及我国中国舞台技术研究所搜集和整理的英、德、汉剧场词条，以及国家剧院各国参赛方案房间名称表整理而成的。由于国际标准中没有剧场这方面统一的规定，各国使用英文词汇不尽相同，暂以现在的英语词条作为推荐英文对应词。

3 基地和总平面

3.0.1 剧场建筑是一座城市或地区的文化艺术和科学技术的标志和象征的建筑，在城市规划上应置以与其相适应的重要位置，但目前，在布点上，新老城市差别很大，老城市过于集中。剧场本身因投资有限，投资途径不一，剧场的位置对其经营有影响，剧场又搞多种经营，剧场的分布设置与居民成分、文化水平及地区的交通状况有极大关系。所以确定服务半径及万人指标，实际上是一种形而上学的做法。目前这个阶段只能提按城市规划要求，合理布点。

3.0.2 本条规定保证剧场有疏散的道路，并保证疏散道路有一定的宽度。

我国 1954 年建筑设计规范规定剧场至少有一面临街，宽度不得小于 10m。

我国台湾“建筑技术规则”规定观众席 $1000m^2$ 以内临接道路不小于 12m，$1000m^2$ 以上者临接道路不小于 15m。

日本建筑标准法援引东京都条例规定如下：

观众席面积（m^2）	$A\leqslant150$	$180<A\leqslant200$	$200<A\leqslant300$	$300<A\leqslant600$	$600<A\leqslant1200$	$1200>A$
道路宽度（m）	4	5.4	6	8	11	15

注：A 为观众席面积。

这种规定的实质是疏散观众占去的道路宽度在理论上不得超过道路通行宽度的一半，且余下的宽度最小也不小于 3m。这样的规定，较之英国伦敦公共娱乐场所规程（Technical Regulation for Places of Public Entertainment in Greater London）规定临接道路宽度不小于安全出口宽度的总和更宽裕，保证街道通行的顺畅。

3.0.3 对于剧场前面空地的规定，一是规定建筑后退红线的距离，一是规定留出 $0.20m^2$/座的空地，其目的均在保证平时观众候场、集散对城市交通不致影响以及在灾情时迅速撤出剧场内的观众。我国 1954 年建筑设计规范规定 500 座以上剧场应退后红线至少 10m。根据调查我国新老城市剧场用地状况差别很大，在大城市中，一般剧场用地紧张，不易达到此数字，经多次会议“约定”减少此值。

日本建筑标准法规定，在观众厅面积小于或等于 $300m^2$ 时，剧场建筑应后退红线 1.5m；超过 $300m^2$，观众厅每增加 $10m^2$，后退距离增加 2.5cm，其计算公式可表示为：

$$d = 1.5 + [A(\text{观众厅面积}) - 300] \times \frac{0.025}{10}(\text{m})$$

台湾亦有类似规定，其规定为观众厅楼地面积在 $200m^2$ 以下，应自建筑红线退缩 1.5m，超过 $200m^2$ 时，按每增加 $10m^2$ 增加 2.5cm，即：

$$d = 1.5 + [A(\text{观众厅面积}) - 200] \times \frac{0.025}{10}(\text{m})$$

观众厅面积为 $1000m^2$，即相当于 1500 座的观众厅，如按上式计算，则后退距离为 3.5m，这个数目是很小的，其原因是台湾和日本城市用地更紧，故规定极为苛刻，相反前苏联规定就过宽，前面不小于 40m，两侧不小于 20m，这与其国土广阔有关。故规定这个数字应与本国国情相吻合。

如果后退红线不少于 6m，按其临街长度与后退红线距离计算与留出 $0.20m^2$/座空地是吻合的。

据我们调查，一些老的大中城市，如上海、广州、长沙等地一些老剧场正面及侧面均未退后红线，甚至在交叉口也是压红线而建的。这样，在疏散上给城市交通带来很大压力，造成城市交通阻碍滞，一旦发生灾情，更为危险，所以我们作了第二款的规定。

3.0.4 剧场建筑位于两条道路交叉口的地方时后退了红线以后，如果还不能满足车行视距的要求，那么应该再向后退。

各种等级道路车行视距规定不一，这里不好规定一个固定的数据。另外各地规定主要出入口距弯道切点或 20m，或 15m，在没有统一的规定之前，我们只规定主要出口及疏散位置应符合城市交通规划要求。

3.0.5 剧场应该设置停车场，但由于基地狭小，不足以设置停车场时，应该由城市规划统一考虑设置停车场。

3.0.6 剧场一般居于城市重要位置，又是大量人流瞬时聚集场所，要求处理好剧场人流车流与城市人流车流关系，在总平面内还要处理好内部人流、车流的关系，即观众和演员、后勤的关系，运输布景的车辆最好与观众人流分开，直接到达剧场后台的景物出入口，与辅助设备用房的关系功能应分区明确，互不干扰。

3.0.7 剧场总平面内部道路和空地及照明设置均应满足人员疏散、消防车辆通行及使用的要求。

3.0.8 1954 年建筑设计规范规定绿化面积不小于基地面积的 15%，儿童剧场不小于 50%，但根据我们对全国剧场的调查，很多剧场做不到，故未定量规定。目前，逐渐强调环境设计及绿化的重要性，我们作了修改、强调了绿化。

3.0.9 在基地较宽裕的情况下，凡机房、冷冻间、空调间、锅炉房等有振动和噪声的房间可以单独建。我们对上海的老剧场调查时发现，很多老剧场或改建以后的老剧场建筑覆盖率是 100%，即没有任何空地，辅助设备用房均设在主体建筑内，甚至一个风机房都要分设在两、三处，边楼梯间下的空间也作为设备用房。

这两种情况下都应该采取一定的技术措施，消声或减振，或满足一定间距要求，避免对观众厅和舞台的干扰。

3.0.10 演员宿舍及餐厅厨房等本不应建在主体建筑内。伦敦娱乐场所技术规程作了明确的规定，但我国新建的剧场有很多把后台演员化妆室上部建成演员招待所，有些还设了食堂，例如哈尔滨的北方剧场和改建的上海大舞台剧场。我国剧场投资紧，基地窄，为充分利用空间，把演员宿舍、餐厅厨房建在主体建筑中数量较多，它们对演出有干扰，在防火上也不安全。因此，规定要形成单独的防火分区，且有单独的疏散通道和出入口，互不干扰。

3.0.11 体现对残疾人的关怀，给残疾人到剧场活动提供方便。

4 前厅和休息厅

4.0.1～4.0.3 根据调查，有关前厅和休息厅的数据相差极大，我们把一些不合理的个别数据去掉，找出一些数据来比较。

前厅由 0.04m²/座到 0.44m²/座，其间相差 11 倍。

休息厅由 0.1m²/座到 0.75m²/座，其间相差 7.5 倍

这两个量在数学上是一个模糊量。由于影响因数很多，例如观众的社会地位不同，地方特点生活习惯不同，气候条件不同，建筑师的手法不同，而使其成为不确定值。剧场建筑很多量的规定含有这种随机成分，其数值大多属于“约定”性质（含有人们主观规定的成分——即通过某些机构、团体或权威提出，由某些会议或审查机构认可，通过并予以颁布）。

1954 年建筑设计规范规定门厅为 0.2m²/座，休息厅为 0.3m²/座。

前苏联规范规定：前厅 0.27～0.3m²/座，休息厅为 0.3m²/座。

前民主德国规范规定：前厅 0.15～0.18m²/座，休息厅 0.3m²/座。

美国防火规范规定：站立空间或等候空间 0.27m²/座。

加拿大国家建筑法规规定：站立空间 0.4m²/座。

以上规定范围相近，但对同一数据有不同的规定。

我们把对全国各地剧场调查数据拿来进行粗略的分析：

将 54 个剧场的前厅每座面积加起来取平均值 X=0.19m²/座。

将 48 个剧场的休息厅每座面积加起来取平均值 X=0.272m²/座。

以上数据与前民主德国规定近似。

为了更精确地确定这些数值，我们按聚类分析方法取首都剧场、杭州剧场等 10 个档次较高的剧场的数值作为甲等剧场数据分析：

前厅：计算平均值公式

$$\overline{X}=\frac{1}{n}\sum_{i=1}^{n}X_i$$

$$\overline{X}=0.306$$

计算均方根差公式

$$\sigma=\sqrt{\frac{1}{n-1}\sum_{i-1}^{n}(X_i-\overline{X})^2}$$

$$\sigma=0.088$$

用 σ 值修正

$$\overline{X}+\sigma=0.306+0.088=0.391$$

$$X-\sigma=0.306-0.088=0.218$$

同理，休息厅计算

$$\overline{X}=0.475 \qquad \sigma=0.013$$

$$\overline{X}+\sigma=0.475+0.136=0.611$$

$$X-\sigma=0.475-0.136=0.339$$

由上可以看出，我国一些档次较高的剧场前厅面积在 0.2～0.4m²/座之间变化，休息厅面积在 0.3～0.6m²/座之间变化。

另外，我们取上海大舞台、滨海剧场、红塔礼堂、顺义影剧院等 10 个档次较低的剧场为乙、丙等剧场数据分析：

前厅：$\overline{X}=0.14$　$\sigma=0.057$

$\overline{X}-\sigma=0.083$

休息厅：$\overline{X}=0.224$　$\sigma=0.075$

$\overline{X}+\sigma=0.299$

$\overline{X}-\sigma=0.149$

由此可以看到，前厅面积在 0.1～0.2m²/座之间变化，休息厅面积在 0.2～0.3m²/座之间变化。

前厅与休息厅合一的剧场，我们取上海艺术剧场、长江剧场、黄鹤楼剧场等 10 个剧场的数据来分析：

$\overline{X}=0.33$　　$\sigma=0.148$

$\overline{X}+\sigma=0.478$　$\overline{X}-\sigma=0.182$

由此看到剧场前厅与休息厅合一时，其面积在 0.2～0.5m²/座之间变化。

本规范本条的规定是参照这些调查数据又开了很多会议，由一些专家、权威讨论决定，含有“约定”的性质。规范只规定下限，在认为目前现状数据偏小时，可以稍稍“提高”一点；认为偏大时，可稍稍压小一点。

4.0.4 前苏联规范规定存衣为 0.04～0.08m²/座，其他国家规定类似。我国剧场设置存衣较少，南方应考虑存放雨具。随着生活提高，逐渐会增加存放衣物的要求，例如北京地区剧场及音乐厅在冬季开放暖气后大衣就很不好处置。我们仅规定下限。

4.0.5 各国规范对吸烟室都作了类似的规定，一般每座不少于 0.07m² 且总面积不小于 40m²，并设排风装置。我国专设吸烟室的较少，大多是规定在观众厅不准抽烟，在前厅和休息厅允许抽烟，这仍然会造成环境污染，因为剧场演出幕间休息时间较长，到前厅和休息厅去的人较多。

4.0.6 各等剧场都应设置厕所、卫生间。设在主体建筑内时一般放在观众厅的两侧。为避免污秽气息逸入观众厅，规定厕所门不得开向观众厅。新建的较大型剧场往往将厕所设置在前厅下面，如滨江剧场和安徽剧场。

本条卫生器具的规定，是参照给排水设计手册、前苏联规范和伦敦公共娱乐场所规程编写的。由于生活习惯不同，国外规定的数值较低。据调查，我国剧场厕所及卫生间设置，新建的优于老剧场，但不敷使用的居多，距本条规定数目不足的剧场为数不少。

考虑对残疾人的关怀，公共建筑均应设置残疾人设施，故有第三款的规定。

5 观众厅

5.1 视线设计

5.1.1 视线设计是观众厅设计中重要的一环，要保证观众在舒适状态下，看清舞台面上表演区的表演。不论采取何种方法、何种参数设计视线，均应保证这一最低限度的要求，这是保证观众卫生与健康的基本要求，过去我国建筑设计规范未作规定，其他西方国家也未作规定，只有前苏联和前民主德国作了规定。

本节所规定的视线标准，主要是针对镜框式台口剧场制订的，对于伸出式、岛式舞台，目前实践尚少，实质性的技术研究工作也做得不多。这些类型舞台因视点前移或视点降低，视线急剧升高。关于这些类型舞台剧场的视线设计，目前只作一些基本的规定，待进一步实践和研究后，再作详细规定。

视线设计应保证观众的卫生与健康，和观看演出的效果，但在实际工作中视线遮挡几乎是不可避免的。大多数剧场设计中都在不同程度上允许部分遮挡，完全无遮挡的视线设计会带来观众席升起过高，提高工程造价，限制观众厅的规模。因此，允许遮挡，但将遮挡在数量上限制在允许的限度内，这就是本条规定的意义。我们规定受条件限制时，也应使最偏座席的观众能看到 80% 表演区的表演，而避免提水平控制角的概念。

前苏联规定的水平控制角 35°～45°，前民主德国规定的 28°或二 B 规律（即在舞台中轴线上二倍台口宽度的一点，连台口两侧所形成的区域为座位布置区，不涉及舞台深度），或美国 Harold Burris－meyer & Edwarde・Cole 提出的台口线 100 度以内为座位布置区。这些都是定量地限制偏座，避免过偏座位引起视线水平遮挡。但据我们对国内 30 个剧场调查，由于台口变宽，我国剧场水平控制角其中有 12 个等于或大于 48°，占总数的 40%，超过 50°的有 9 个，占总数的 30%，有些水平控制角在 45°以内，但座位布置却超出 45°的范围。因此，无论 28°、35°、45°、48°的规定都失去了意义。规定的域值过宽，等于没有规定。另外设置了假台口的剧场一般均为档次较高的剧场，其水平控制角如以缩小了的尺寸来量度，那么将产生大批偏座，否则规模就限定很小。

用一个精确的量说明一个模糊量恰恰是违反了模糊数学中的“分析不尽原理”。用一个模糊概念表达一个模糊量却是适当的。

5.1.2 设计视点的选择，与视线设计质量及视线升高有较大的关系，在镜框式舞台剧场设计中一般习惯将视点定在大幕投影线的中心，就保证能看清大幕线以后舞台面上的表演。近年戏剧表演艺术发展要求突破台口，到台口线以外去表演，或设升降乐池，或在乐池上加盖板，或牺牲前几排座位加盖临时台子，因此有第二款的规定。具体前移多少，既要照顾到导演、舞美的要求，还要结合工程全面考虑，因为视点前移，会引起视线升高变陡。岛式舞台表演区较小，所以定在表演区的边缘。

本条第4款的规定是定量地限制垂直遮挡，提高视点，也就是承认视点以下可以看不清楚。视点后移，则视点前面可以看不清楚，但提高视点和视点向大幕线内后移都可以使视线升高曲线变缓，从而降低最后升起的高度，在工程实践上是有意义的。但具体规定"量"的时候，争论较多，我们参加和召开的多次会议也有不同的意见，又经广泛地调查，反复讨论，确定了目前的数据，可以试行。

广州友谊剧场的视线升高是将视点提高了30cm，池座最后升高2.0m。这种水平在我国较普遍，目前也是行得通的。

5.1.3 视线设计无遮挡，要求后一排观众视线穿过正前方最紧邻的观众的头顶。根据过去对我国成年人眼睛至头顶（不带帽）测量的平均值为12cm。我们对于视线升高常数作了这样的规定之后，便于以后的计算。隔排计算视线升高值时，座席就应该错排，才能保证视线从紧邻前排的两个脑袋之间穿过，直接看到视点。这是因为按每排视线升高12cm，视线升高曲线升高很大，工程造价提高。采用错排，C值按隔排12cm取值，视觉质量降低不多，但视线升高可以降低不少，这是常用的方法，在一些中、低档的剧场，是可行的。而采用每排12cm的工程实例较少。

前苏联规范规定歌剧院中的Ⅰ级剧院C值不小于8cm，Ⅱ级剧院不小于7cm，话剧院中的Ⅰ级剧院不小于7cm，Ⅱ级剧院不小于6cm。

第3款的规定是因为青少年C值虽小于12cm，但身高在7～13岁之间，由于发育迅速，年龄不同而差别很大，因而坐着的儿童眼高不是一个常数，而是一个变化很大的数值。各地儿童剧场、青少年宫剧场反映，由一个学校组织集体按年级入座，这个问题还不是很严重。若自由入场或数个学校集体按年级入座，问题就暴露出来了，遮挡严重，小一点的儿童就坐在椅子扶手上。为保证儿童身心发育正常，在设计儿童剧场时，其视线设计在可能条件下取高值。

伸出式舞台、岛式舞台表演区较小，规模也较小，视点又低，所以视线升高应采取较高标准。这类舞台视线升起很陡，所以具体采用什么值还应看具体工程具体要求，反复计算设计，求得合理方案。

第四款的规定有两个意义，一是当观众厅音质要求较高，以自然声为主时，采用较高的C值，地面升起坡度较大，有利于观众对直达声的吸收，另外也避免观众对声音的掠射吸收及排距共振。

前民主德国规范中提出："座位升高，对于音响具有同样意义，正如对于视觉质量一样"。要安排这样一个试验不易，因为要在各种界面条件不变的情况下，改变座椅的高度不易办到，至少在目前的条件下是不易办到的。我们可以从以前成功的例子反证过来，古代希腊剧场如底奥尼赛斯剧场和埃庇达鲁斯剧场的升起坡度是1∶2和1∶2.3，在露天条件下，上万名观众听得清楚，可以说明这个问题。

5.1.4 舞台面的高度影响设计视线升高高度，舞台面愈低、视线升起愈高；舞台面愈高，则视线升起愈低，但舞台面高度不得超过第一排观众坐着时的眼高。这个数值据调查在1.1～1.15m之间。舞台面比观众坐着眼高稍低，视觉效果较佳。

1954年我国建筑设计规范规定舞台面为0.8～1.2m高。

前苏联规范规定舞台面高在0.9～1.0m。

据我们调查，我国剧场舞台面高度大部分在1.0～1.1m,0.6m和1.35m的有极个别的例子。

伸出式舞台台面在0.30～0.60m，岛式舞台台面小于0.30m，均为国外实践的情况，我国这类实践很少，唯一建起的杭州东坡剧场的伸出式舞台是附在镜框式舞台上的，与主台平。

我国古典戏台面高度较高，大多在2.0m以上，那是因为站着看的缘故。

5.1.5 最远视距是衡量观众视觉质量指标之一。规定最远视距的因素之一是满足视觉生理学的要求。正常视力的眼睛，能看到的最小尺寸或间距等于视弧上的一分的刻度，换算成空间量度，距离15m可以看清最小尺寸为0.4cm，距离30m可以看清楚的最小尺寸为0.9cm。

要看清面部表情及化妆细部，不考虑其他因素，应使最远视距不超过20m，要观看真人的表演，最大不应超过30m。

决定观众厅最远视距因素还有观众厅的规模，其规模又受制于多种因素，此问题与技术无关，所以不可能单从视觉生理学一方面考虑。

1954年建筑设计规范规定最远视距不宜超过30m。

前苏联规范规定歌剧院Ⅰ级剧院不得超过30m，Ⅱ级剧院不得超过33m；话剧院Ⅰ级剧院不得超过24m，Ⅱ级不得超过27m。

我们调查的几个典型例子：

歌剧剧场：	
原天桥剧场	30m
中国剧院	34m
杭州剧场	37m
澌江剧场	29.9m
话剧剧场：	
首都剧场	28.8m
中央戏剧学院排演场	27m
原徐汇剧场	31m

上海艺术剧场　　　　21.5m

根据以上情况，又召开多次会议，我们规定了一个下限，歌舞剧场最远视距不超过33m，话剧和戏曲剧场不超过28m。

5.1.6 当视线升起过陡，楼座观众俯角超过30°时，从视觉生理学角度来讲，观众分辨形状能力就迅速减弱。另一方面，升起过陡，例如当排距为80cm，按30°计，每排就须升高49cm，对观众是不安全的。英国伦敦娱乐场所规程中规定俯角不得大于30°正是从“安全”这个角度出发。

前苏联规范规定，观众俯角不得大于25°，要求更严一些。但对于靠近舞台的侧座，却大大放宽了，规定歌剧院不得大于35°，话剧院不得大于40°。前苏联剧场沿用马蹄形包厢较多，临近台口，包厢的俯角虽然大了，但视距近多了，前苏联规范的规定是从“视觉”这个角度出发的。

我国剧场大多是池座加一层楼座，俯角最大也不会超过20°。原先有两层楼座的剧场，如上海大舞台和天蟾舞台，在改建时都将二层楼座改掉了，我国也有马蹄形多层包厢，这座包厢一般不超过两层，上面的一层包厢一般也不给观众用，而给灯光用。我们规定靠近舞台的包厢和边楼座不大于35°的俯角，是考虑到视距近了，在俯角规定上放宽了。

5.2 座　　席

5.2.1 观众厅每座面积是衡量观众厅设计合理与否的一个指标。其本身虽然也是不确定值，然而它的参变量不多，变动幅度不大，影响其变化的主要有两个因素：一是座位类型及其排列方式，如软椅与硬椅之别，排距大小之别，长排法与短排法之别等等，二是走道面积。

美国防火规范人身安全法一章规定，设置固定座位的，按固定座位的数目和需要服务性过道空间决定；没有固定座位的，按0.65m²/座计算。美国统一建筑法规规定没有固定座位的观众厅按0.64m²/座计算。

加拿大国家建筑法规规定，固定座位按实际情况定，没有固定座位的空间按0.75m²/座计算。

前苏联剧场规范规定，观众厅面积在0.65～0.70m²/座之间取值。前苏联电影院规范规定电影院观众厅为0.85m²/座，我国1954年建筑设计规范规定包厢每座面积不超过0.75m²，但池座及楼座均未规定。

这里我们采用另外一种方法进行验证。在全国剧场调查资料中，67个剧场的观众厅每座面积平均值为0.608≈0.61m²/座。

在我们调查的67个剧场中，观众厅每座面积在0.55～0.65m²/座的有40个，占总数的59.7%，说明这个数据有很大的现实性。在目前经济条件下，我国剧场采用硬座、短排法较多，与其他国家相比，每座面积较小，所以目前来讲，规定甲等剧场不小于0.8m²/座，乙等不小于0.7m²/座，丙等不小于0.6m²/座是符合国情的。

5.2.2 采用固定座椅是为疏散时，尤其是发生事故紧急疏散时避免造成混乱。建筑设计规范规定250座以上不得采用无靠背的座位，并均需固定于地面。伦敦规程规定第一排座位和最后一排座位及靠近出口的座位必须固定，其他可以为活动座位，也都是这个意思。小型包厢人数不超过12个，因人数有限，不致造成混乱，故可不固定。

5.2.3 本条规定是允许最小尺寸。各国规定略大于这个数目。

这次修订，根据我国现在的情况，稍稍提高，与国际标准相近。

5.2.4 排距规定，一方面影响观众观看演出舒适程度，一方面影响观众疏散，还影响观众厅视线升高。采用合理参数，对节约面积及降低观众厅地面升高均有关系。

建筑设计规范规定排距不小于80cm（指短排法）或排间净距不小于35cm。前苏联规范规定软椅排距不小于90cm，硬椅排距不小于85cm。有些国家（如美、英）不规定排距，而规定前后排间净距。伦敦规程和美国防火规范规定，前后排无阻碍间隙为30.48cm，香港娱乐场所规程规定30cm，日本东京都条例规定排距不小于85cm，大阪条例规定排距不小于80cm，台湾规定不小于85cm。

美国防火规范规定，长排法每排18座～46座时，排间净距为45.72cm～55.88cm。当排间净距由30.48cm增至50cm时，短排法就成了长排法了。这正好说明长排法和短排法的辩证关系。

结合我国具体情况，经过几次会议讨论，规定了本条数值。

在台阶式地面，因椅背有100°～106°的倾斜，对疏散观众的膝部有影响，所以要将排距适当增大。靠后墙设置座位时，因为同样原因，要将排距放宽12cm以上，否则，就等于缩小了排距。

长排法在国内使用不多，且宜在规模较小的剧场采用。

5.2.5 每排座位数目的规定是与防火规范规定相协调的。防火规范最新规定已经较原来规定放宽了，但据调查，仍然有大量剧场大大超过了这个规定。我们根据这一情况规定超过限额时，每增加一个座位，排距增大25mm，使得在增加座位时，排距加宽。美国防火规范规定，双边走道不超过14个，单边走道不超过7个。苏联规定双边走道不超过16～20个，单边走道不超过8～10个，因剧场级别而异。但据我们调查，国内剧场远远超过各国规范的规定数目。

伦敦规程规定超过限额14个或7个时，每增加一个或两个座位，排距增加1英寸（2.54cm），前苏联规定超过20个时排距增加5cm。我们认为前者的方法优于后者。我们参照这种方法规定，超过一个限额时排距增加2.5cm，但最多不超过22个和11个，这样就便使此项规定更合理。

我国防火规范在字义上没规定长排法，但它规定了当排距增至90cm时可增至50个座位，实际上当排距90cm时，排间净距已达50cm，满足了长排法的要求。

5.2.6 为残疾人欣赏文娱表演提供条件。

5.3 走 道

5.3.1 观众厅走道与出口的布置与联系，应顺畅地将所负担片区的观众迅速地疏散出去，避免迂回、交叉，宽度按每100人0.6m，与防火规范协调。

5.3.2 池座第一排距乐池栏杆的距离除满足通行疏散外，尚应保持一定距离，避免过近，水平视角过宽（正常人的水平视角为40°），导致观众转头过频，引起疲劳。前苏联规范规定，根据剧场等级性质不同，池座前排观众距离大幕线不小于4.5～6m。把台唇、乐池及第一排距乐池距离加起来恰好5m左右，不设乐池时将台唇与1.5m相加。在3m左右，稍稍小于这个规定值；如果将残疾人设在前排时，排距以外与乐池栏杆为1.00m时考虑残疾人轮椅行动及回转尺度要求，就应再加0.50m。

5.3.3 排数的规定是与防火规范协调的。台湾规定为15排，在排距大于95cm者为20排。苏联规定Ⅰ级剧场为16排，Ⅱ级剧场为20排。

5.3.4 关于走道的规定

美国防火规范规定的基数小，规定较宽，服务60座以上单侧有座位，走道为91.44cm宽，双侧有座位为106.68cm宽，且朝出口方向每增加1.52m，宽度增加3.8cm，服务60座以下的走道不小于76.2cm宽。

英国伦敦规程规定双边座位的纵走道不小于1.06m宽。香港规定1.05m宽。日本东京都条例规定不小于1.20m宽，且每增加60m^{2}观众厅面积，走道加宽10cm，大阪条例规定不小于1.20m宽，每增加50m^{2}观众厅面积，走道增加15cm宽。

台湾规定双边有座位，走道不小于0.95m宽，单边有座位走道不小于0.60m宽。

前苏联与我国建筑设计规范均规定每100人0.60m宽，前苏联规定两侧有座位的过道按等级不小于1.20m和1.10m宽，单侧有座位的过道按等级不小于1.00m和0.90m宽，我国建筑规范规定纵过道不小于1.00m宽。

从以上数据看，除美国规定较宽外，其余变动范围不大，美国规定过道随长度增加来增加宽度更辩证一些。

5.3.5 有关坡度的规定，各国规定相差甚大。我国1954年建筑设计规范规定室内坡度不大于1∶6，台湾规定不大于1∶10，但长度小于3m者可1∶8；前苏联规定不大于1∶7，出口处不大于1∶6；美国规定不大于1∶8；伦敦及香港规定不大于1∶10；日本东京都条例及大阪条例均规定不大于1∶10。由此看出，这个量也是一个模糊量，如果给一个确定值，也是一种约定关系，我们确定不大于1∶6，是与其他相关规范相协调。

5.3.6 楼座中间横过道因升起的坡度，前面露出半个椅背，观众在疏散时容易翻过去。看台侧面临过道处是指穿过楼座的疏散口的两边和后面，如不设栏杆，疏散的观众会跌下来。另外，凡高度超过50cm的台阶都应加设栏杆。竖固的栏杆系指钢或钢筋混凝土之类的栏杆。

5.3.7 楼座及包厢栏杆的高度，尤其是侧座，对视线的影响是非常敏感的，各国规定不尽一致。美国防火规范规定不低于66cm，英国和香港把它分成两部分即实心部分和实心部分上的护栏。伦敦规定实心部分不低于68.58cm，实心上的护栏不低于91.44cm。香港规定得更高，实心部分上的护栏应高于地面1.1m，这种标准易于引起视线遮挡，前苏联规定不低于75cm，没有明确实心部分与空心部分，我们根据目前实践，推荐不超过85cm。

楼座或包厢栏杆的设计应防止观众把小东西落下去，打伤下面观众。

6 舞 台

6.1 一般规定

6.1.1 主台净高是指舞台面到舞台上部最低构件下皮的高度，此高度必须满足高于台口的幕布和软景，吊在舞台上空不被前排池座观众视穿的要求，也相当于吊杆在舞台上运行时所必需的空间高度。

前苏联1958年《剧院设计标准与技术规定》对剧院的容量和舞台尺寸规定

（单位：m）

剧院种类	观众容量	台口		主台		
		宽	高	宽	进深	净高
小话剧院	600～800乙	10	6	21	18	16
	800甲	11	6	21	19	17
中话剧院	1000乙	11	6	21	19	17
	1000甲	12	7	24	21	20
大话剧院	1200甲	12	7	24	21	20
小歌剧院	1000乙	12	7	24	21	20
中歌剧院	1200乙	12	7	24	21	20
	1200甲	14	8	27	22	22
大歌剧院	1500甲	15	9	30	23	26
	1800甲	16	10	33	24	28

前民主德国 1956 年《剧院建筑规范及数据》

（单位：m）

台口		主台		
宽	高	宽	进深	净高
12～16		台口宽＋(2×4)	3/4 主台宽	2(台口高)＋4

台口尺度的确定与观众容量及剧种有关，主台尺度与台口有关。

从国外资料看，歌剧舞剧剧场，台口宽度为12～16m，台口越大，舞台尺寸也随之加大。

剧场观众容量太小，满足不了需要，也不经济。观众容量过大，由于人的视觉和听觉生理条件所限，不能保证良好的视听条件，不易获得良好的艺术效果，大量调查证明：

话剧戏曲剧场：800～1200 座为宜。

歌剧舞剧剧场：1200～1600 座为宜。

本条所规定的舞台尺寸，是经过在国内外调研，多次与全国各演出单位反复磋商讨论，结合我国经济状况，通过几次会议讨论同意的“约定”值。

6.1.2 台唇边沿到台口线的距离和耳台边沿到台口侧墙的距离，如小于 1.50m 不安全。在调研中得知，由于台唇和耳台进深不够，从台唇和耳台跌落到乐池的人次不少，造成不良后果，特加大尺寸，确保人身安全。

6.1.3 台面反光，影响观众视线，故台面宜刷无光涂料。台面不宜使用硬木地板，因为台面太硬、太滑，对舞蹈、武打和杂技表演不利，容易摔跤挫伤。

6.1.4 滑轮梁是舞台上空悬吊设备不可缺少的构造设施，栅顶是安装、检修悬吊设备不可缺少的工作层。过去许多剧场建设过程中都没有进行舞台工艺设计，大多数剧场是在建成后才考虑安装吊杆等设备，因此只能利用屋架下弦做栅顶，安装滑轮，不仅屋架的荷载不够，受力不合理，而且影响钢丝绳穿行，吊杆数量相应减少，使用不便，安装检修困难。

现代剧场的舞台屋架、滑轮梁、栅顶应当按照舞台工艺统盘考虑，针对功能需要分层设置，才能使用方便，达到满意的效果。

1 前苏联《剧场设计标准与技术规定》主台上空的净高为台口高度 2.6～2.8 倍。前民主德国《剧院建筑规范数据》规定主台净高为台口高度的 2 倍加 4m。

2 栅顶缝隙除满足固定的悬吊钢丝绳和电缆通过外，还可以在舞台上空任何位置临时增加悬吊点，满足使用要求。缝隙不得大于 30mm，是为了行走安全。德国和奥地利标准栅顶缝隙规定不大于 30mm。

3 前苏联规定滑轮梁上面要有 0.40m 空间，栅顶到滑轮梁的工作高度为 1.8m。

4 在演出进行中或幕间抢景时，主台表演区周围照度不够，如使用铁爬梯不安全，舞台上出现过使用垂直铁爬梯的伤亡事故，因此在舞台上一般不设置垂直铁爬梯。也有的剧场在一层天桥设铁制工作梯上栅顶，但位置选择不好，占用了安装吊杆的位置，特别是舞台上最需要吊杆的位置装不上吊杆，非常遗憾。深圳华侨艺术中心，将台口两侧上耳光面光的楼梯间，一直向上延伸到各层天桥，直达栅顶，向下可通往乐池和台仓，非常好用，可资借鉴。

国外舞台上大多都设有工作电梯，使用极为方便。

6.1.5 不少剧场主台四周都设置了天桥，岂不知台口上面的天桥妨碍了防火幕、台口纱幕、升降大幕和假台口的安装和使用，有的做完了还得拆掉。故主台上只能在侧墙和后墙三面布置天桥，如因特殊需要，在台口内侧设置天桥时，则在台口位置也应是断开的，特别在台口两侧要留出大幕的存放空间。

天桥边沿的护板，是防止东西掉下去伤人。一层天桥主要是安装侧光灯使用，有的剧场将电动吊杆操作台和控制柜也安置在一层侧天桥，非常拥挤，灯光人员与吊杆操作人员相互影响，干扰工作，因此建议甲、乙级剧场不得少于 3 层天桥。第一层给灯光使用；二层安装电动吊杆操作台和控制柜（或为手动吊杆操作平台）；三层安装电动卷扬机（或为手动吊杆增减配重铁平台）。丙级剧场如只做 2 层天桥，则应在一层侧天桥上面设置电动吊杆专用控制室。安装手动吊杆的剧场，吊杆配重铁块大都集中堆放在上层侧天桥或中层天桥上，天桥受力向下。有的剧场年久需要改造，将手动吊杆改为电动吊杆。然而安装卷扬机的天桥在吊杆负重时受力向上，因此出现天桥断裂现象，非常危险，不得不加固或返工重做，为此结构设计应考虑天桥受力的变向荷载。

如第一层天桥高了，侧光投射角不好，低了则妨碍布景出入，因此设计时应当慎重考虑和确定第一层天桥的高度。

在调研中看到有些天桥栏杆倾斜或临时加固，原因是剧团常在侧天桥栏杆上安装二道幕或系物，方向是对拉或斜吊，这是不允许的；如果考虑水平荷载，栏杆就必须加斜撑，这就影响天桥的使用和通行。

6.1.6 调研中发现有的剧场未设护网，发生过配重块掉下伤人的情况，应当引起重视。

6.1.7 有的剧场在主台后墙开门，演员和工作人员出入，影响天幕效果。如门的高度不够，妨碍演员的高头饰上下场。

6.1.8 许多剧场侧台外门门缝漏光，不隔声，不保温，影响演出效果。

6.1.9 后舞台安装吊杆的条件包括：滑轮梁、工作桥、工作梯的位置和使用净高等。

6.1.10 在调研中看到有的剧场虽有台仓，但台仓的层高不够，工作人员要低头弯腰在台仓内工作，出入口太小，位置也不好，只能容纳一个人钻入，上下极不方便，如遇火警或紧急疏散非常危险。

6.1.11

1 伸出式舞台如附在镜框舞台设置，在台口以外有相当大的表演区，伸出部分舞台两侧没有副台，由于上场演员较多，在演出完毕后撤离速度较慢，故应该在台口两边增设2个上下场台口，加快换场速度，也可加强演出效果。

2 伸出式舞台上空顶部和观众厅顶部是相连通的，舞台上部很难安装舞台吊杆，所以，要在舞台上部加装吊点机械设备以利于演出使用。

3 表演区在进行灯光设计时除顶光和脚光外，还应该按常规舞台考虑面光和两侧灯光，尤其两侧灯光更应注意，因为两侧都有观众，所以两侧灯光显得更为重要。

6.1.12 岛式舞台四面环绕观众，在设计时应该严格按照舞台工艺进行设计，台面与镜框式主舞台要求一致。岛式舞台上部与观众厅顶部为一整体，所以，很难在舞台上部加装舞台吊杆等设备，因此要求在设计时要考虑加装吊点机械设备。在灯光设计时，除顶光和脚光外，还应考虑舞台四周四个方位均应设置灯光。因为演员有可能面对不同方向的观众进行演出。表演区上下场通道规定主要考虑演出时，加快演员上下场速度。

6.2 乐　池

6.2.1

前苏联标准：乐队每人不得小于1.2m²

剧院种类	观众容量	乐队人数	乐池面积
能演歌剧的话剧院	1000人	50～60人	60～70m²
	1500人		
歌剧院	1500人	70人	84m²
	2000人	84人	100m²

前民主德国标准：乐队每人平均1.2m²

剧院种类	乐队规模	剧院种类	乐队规模
小歌剧和话剧院	38～42人	大歌剧	76人
歌舞表演	52人	特殊编制	96～120人

我国乐队人数与剧场规模、剧种及各种乐队传统习惯有关，可参看下表。

剧种名称	使用乐队种类	乐队规模
一般歌舞剧	双乐队	60人左右
大型歌舞剧	三管乐队	80～120人
小型歌剧、儿童剧	单管乐队	30～40人
京剧	京剧乐队	8～30人

6.2.2 乐池开口进深如小于乐池进深的2/3，声音出不去，效果不好。

6.2.3 乐池太深，声音效果不好，太浅又影响台唇下面的净高。乐池地面高度是一个很敏感的问题，既要满足乐队使用，又要考虑结构上的可能及声学上的要求，作设计时应详细推敲。

6.2.4 如乐池只在一侧开门，乐队上下拥挤，中间开门影响楼座视觉，故规定乐池应两侧开门。规定门的净宽和净高是为了定音鼓、低音大提琴的出入。

6.3 舞台机械

机械舞台在我国起步较晚，解放前的机械舞台极少，哈尔滨铁路系统有两个前苏联蕈形转台，大连有一个日本蕈形转台。但都不能使用。

50年代北京首都剧场设置了一个伞状转台，虽然功能比较简单，但由于是院场合一，所以经常使用。北京人艺用转台演出的戏有《带枪的人》、《青年一代》、《伊索》、《武则天》、《渔人之家》等。

80年代初，中央戏剧学院实验剧场自己设计建造了一个带升降倾斜块的鼓筒式转台和气垫车台，在我国戏剧舞台上增添了新的科技内容。当时演出的剧目有：《奥迪普斯王》、《桑树坪纪事》、《斯加班的诡计》等。

在80年代中期，北京建造的中国剧院是一个功能较多的机械舞台，它包括：

4个单层升降台；

4个双层子母台；

6块车台；

5个装在升降台上的小转台。

使用这个机械舞台演出的音乐舞蹈史诗《中国革命之歌》给舞台美术增添了许多动感艺术效果。

在80年代中期，四川省成都市建造的锦城艺术宫也安装了我国自行设计和制造的升降台。

80年代末，深圳大剧院从英国进口一套推拉升降转多功能混合机械舞台，由于剧院没有自己的剧团，加上其他原因，该机械舞台一直不能使用，到2000年经我国舞台科研人员共同努力，才使这套大型机械舞台全部运转，投入使用。

90年代北京建造的世纪剧场设置了一个日本三菱制造的鼓形转台。保利大厦的国际剧场，设置了英国TT公司的三块升降台，也一直没有使用，2000年我国舞台科研人员建议，在表演区后部又增加三块升降台，在后舞台增设一个直径为15.60m的车载转台。当表演区6块升降台下降后，转台可开到主台上进行演出，使用效果良好。

此外北京长安剧场在舞台前部设置一块长车台，在舞台后部设置了三块升降台，北京新建的评剧院也设置了升降台，北京中山公园音乐堂也设置了三块升降台。以上机械舞台全都是我国自行设计和制造的。

90年代末建成的上海歌剧院、东方电视台演播剧场都设置了比较完善的机械舞台。

总之我国目前有机械舞台的剧场还不多，运用机械舞台参与表演的更少，这与我国剧场和剧团的体制有关，绝大多数剧团都没有自己的剧场，而有机械舞台的剧场，又没有自己的剧团来使用这些机械舞台，过路剧团又使不上，因此在建设剧场时，做不做机械舞台？做什么样的机械舞台？都需要很好地进行研究，做出合理决策，否则将会造成严重浪费。

6.3.1 舞台工艺设计和土建设计的密切配合，是设计一个使用合理、运行安全的舞台空间的决定性条件，必须改变土建设计不熟悉舞台工艺和先进行土建设计，后添置舞台设备的做法。

6.3.2

1 演出中应该按照一定的程序来运行机械舞台，上一步动作未执行完毕下一步动作不应该开始，否则容易出现机械事故。所以，在此规定控制系统要求必须有互锁装置，确保系统的安全运行。采用各种技术措施，保障在出现事故时，立即停止运行。

2 机械舞台可动台面与不动台面的缝隙如果大于5mm，高差如果大于±3mm，不利于演员演出，尤其舞蹈演员在跳舞的过程中容易被缝隙或者高差台阶绊倒，造成受伤。

6.3.3 舞台上部悬吊机械设备运行过程中，在下部可能有许多演职员正在工作，所以上部机械运行的可靠性是直接关系到演出人员安全的重要因素。由于行程开关在长期运行过程有可能造成粘连等损坏现象，造成行程开关控制失灵，所以，在此要求在行程开关的后端应加设能切断主电机主电源回路的极限保护开关，主要是考虑在行程开关失灵后由极限开关强制切断电机主电源回路，迫使电机停止运转，以确保机械设备和演出人员的安全。

6.3.4 台口内侧在设计时应根据所选大幕型号及外型尺寸，为安装留有充分的空间。

6.3.5 土建设计应根据舞台工艺设计提供的工艺要求，为防火幕和假台口预留充分的运行空间。

6.3.6

1 很多剧场在设计时预先没有考虑悬吊设备的排列和运行条件，造成剧场建完以后无法安装悬吊设备或局部无法安装悬吊设备，这样就造成剧场建成以后无法使用或舞台局部无法使用，实际上是造成剧场建设上的浪费。

2 景物吊杆间距不能太小，原因是悬吊设备电机机座需要一定尺寸，转向滑轮需要一定的宽度尺寸，所以景物吊杆也不可能排得间距过小。但间距也不能排得过大，间距过大势必造成景幕吊杆数量减少，不能满足相对较大型剧目演出使用的要求。

3 灯光吊杆因为要考虑灯具散热问题，所以灯光吊杆前后要留出适当的距离，以保证灯具不至于烤坏前后悬挂的布景甚至发生火灾情况。

4 吊杆钢丝绳的吊点间距大于5.00m以后，由于两点之间距离过大，吊杆易产生较大挠度，影响挂幕效果。

5 吊杆的长度和吊点数量及吊点间距应根据台口和主台的宽度进行工艺设计。

6 在相当一部分吊杆的减速装置中采用了蜗轮蜗杆传动机构，利用其自身的自锁功能起到安全保护装置的作用。现在很多吊杆采用双抱闸系统来增加传动系统的安全。总之，吊杆下部是演员的表演区，无论采用何种保护装置，系统都应具有确保安全的保护措施。

6.3.7 在装有假台口和灯光渡桥的舞台，因为灯光工作人员需要经常上假台口和灯光渡桥调整灯光，所以，要求设置相应的码头，以便于灯光操作人员上下假台口和灯光渡桥。

6.3.8 伸出式舞台及岛式舞台的上空因无法安装吊杆等悬吊设备，而在演出中又经常需要安装一些灯光或布景等演出设备，所以，在此处需要安装一些单吊点机械设备，以备演出使用。

6.4 舞台灯光

6.4.1

1 第一面光桥角度如果太陡，演员脸部照度不够，影响演员演出效果。建筑设计一定要严格按照本条第一款设计。

2 第二面光桥角度的规定，主要考虑表演区前移，为保证前移表演区的演员脸部有足够的照度。

3 面光桥宽度规定主要考虑安装灯具后，留出便于人员走动与检修的位置。

4 面光桥高度规定主要考虑便于人员走动方便。

5 面光桥短了，安装的灯具就少，不够使用。射光口小了，灯光人员看不见表演区，不好对光。射光口大了，对建筑声学不利。下部挡板是防止面光桥上物体滚落伤人。

6 面光桥射光口设金属防护网主要是起安全防护作用。护网孔径太大，容易掉下相对较大的物体。孔径过小，光损失过大。规定护网铅丝直径是考虑光损失与遮挡问题。

7 下排灯架高度规定主要考虑悬挂各类通用型灯具所需的最小高度。特种灯具不在规定高度之内。

8 剧场应根据实际使用需要来确定面光桥数量。

6.4.2

1 大于45°，耳光射到表演区的进深不够，效果不好。

2 耳光室分层设置主要是便于检修灯具。第一层底部高度的规定主要是为人员通行与搬运器材留有一定的高度。

3 有不少剧场耳光室梁底太低，检修人员经常碰头通行不便。射光口宽度分等级主要是考虑悬挂灯具的数量不一样。

5 剧场应根据实际使用需要来确定耳光室数。

6.4.3

1 远距离追光灯灯体较长，此处仅对追光室前后进深的最小距离做了规定，设计时应根据具体选用灯型来确定前后进深距离。前后进深距离太小，不便于灯光人员的操作。投射光轴与舞台台口线夹角不宜过低，否则追光效果不好。

2 追光室射光口宽度及高度应根据选用的灯型使光轴能够射到舞台全区为设计依据，设计出射光口的宽度及高度。射光口距地面高度应根据灯架高度和追光灯射到舞台前沿的光轴俯角来确定。此条规定主要考虑使用操作方便。

3 追光室高度规定主要考虑操作人员操作。一般追光灯功率较大，相应散热量较大，因此应在室内设置低噪音机械排风装置。

6.4.4 调光柜室设置在舞台附近，主要考虑灯具距调光柜距离较近，电功率线路损失小，同时可节约工程造价。调光室面积应根据调光柜及开关柜实际尺寸进行设计。调光柜是由调光台控制进行灯光变化，所以调光台控制室与调光柜室之间应预留相应控制线管。调光柜室因调光柜散热量较大，设计时应考虑通风散热问题。

6.4.5 部分剧场分等级配置调光回路主要考虑各等级剧场配置灯数不同。各灯区配置直通回路主要考虑为临时增加特种灯具而设置的备用电源。

6.4.6 目前剧场使用的可控硅调光装置，均采用移相调压，会引起电流波形畸变，高次谐波系列分量增大，通过调光配电线路构成对可控硅触发电路的相互干扰和音视频等系统的干扰。若采用每回路灯双线配，火线从调光柜引出，零线返到调光柜附近的汇流排，实践证明，可有效抑制调光回路上产生的高次谐波磁场，降低上述干扰。

若采用三相四线配电，由于三波谐波系列电流相位相同，将构成零序电流叠加。试验表明，当可控硅移相调压至半压，并满载输出，此时电流波形畸变最为严重，可达 62%左右，此时三相零序电流叠加，可为相线电流的 1.86 倍左右。

参照国内各厂家关于舞台调光设备安装的技术规定，限制调光配电线路与电声、视频等系统线路最小距离的限制，是为了减弱可控硅调光设备对电声、弱电系统干扰，保证电声、弱电系统正常工作。

6.4.7 应按天幕宽度与高度计算出天幕灯数量。同时预留的三相专用电源是为演出时加装各种演出专用器材而设置的。

6.4.8 流动灯是根据演出需要临时架设的灯具。为了临时架设方便，应在舞台台口内侧幕条下方预留电源。为了防尘，电源应带盖板，不用时应将盖板盖上，同时盖板应与舞台地板高度一致。

6.4.9 灯光吊笼的品种规格型号颇多，一般吊笼都能上下升降，也有既能升降又能左右移动者，还有上下左右前后都能活动的吊笼，各有优缺点。

6.4.10 台口柱光是舞台灯光非常重要的一部分，有假台口的舞台，灯具安装在假台口上，没有假台口的舞台应设置台口柱光架。柱光架的位置应隐藏于台口大幕内侧，以观众不视穿为原则，一般情况在 2.00m 以下的部位不安装灯具，主要是便于人员走动时比较安全。柱光架有很多种形式，为便于检修灯具，一般都设有爬梯。

6.5 舞台通讯与监督

6.5.1 舞台监督主控台是舞台监督调度指挥演出的双向对讲系统，该系统具有群呼、点呼、声、光、通讯功能。一般甲、乙等剧场均应设置。

6.5.2 为了便于舞台监督指挥演出，必须在各演职员工作位置及贵宾室设置终端对讲器。

6.5.3 舞台监视系统是为了便于演职员及观众监视演出动态而设置。监视系统应设置一个舞台全景摄像机，一般全景摄像机安装在观众席挑台前沿附近，观众席不设挑台的可安装在观众席后墙上。为了便于灯光、音响操作人员及演员观察大幕闭合时舞台内部情况，可在舞台内下场台口上方安装一个带云台的摄像机，由工作人员专职控制切换，此路信号一般不向观众监视位置传送，仅供演职员监视使用。

6.5.4 监视器应根据演职员的工作位置来确定安装数量，安装位置与角度一定要便于演职员观看。贵宾室、前厅、观众厅休息室应视具体情况确定安装数量。舞台内摄像机是为演职员在大幕闭合时观察舞台内情况而设置，不应让观众看到此时的信号，因此，不应将此信号传送至观众观看的监视器。

6.6 演出技术用房

6.6.1 目前国内外新建剧场的灯控室、声控室一般都设在池座观众厅后部，主要是便于操作人员正面观看表演，配合剧场和演员动作进行操作。

灯控室和声控室应根据实际摆放设备所需面积而确定，并应留出相应的检修位置空间。监视窗口太小不利于操作人员观察演出。从监视窗操作人员应能观察舞台全景，不应有死角。

声控室窗户应能开启，便于电声操作人员能够听到现场直达声，以便操作。

6.6.2 根据现代演出的需要，考虑到一些演出可能需要同声翻译，所以加入此条款。同声翻译室数量和面积应根据情况确定。

6.6.3 功放室主要是为放置电声功率放大器而设置的。功率放大器与音箱距离越近，系统阻尼系数越高，电声重放失真越小。

6.6.4 台上机械控制室是指吊点、防火幕、大幕、假台口、吊杆、灯光吊笼、灯光渡桥、卷画幕、隔音幕等控制设备的操作房间，一般设置在舞台一侧。主要是便于操作人员能够观察到台上机械运行情况。

6.6.5 机械舞台控制台主要是指升降台、车台、转台、升降乐池等舞台机械设备的控制操作台，应由舞台工艺设计根据实际情况来确定位置，操作位置应有良好的观察舞台设备运行条件。

6.7 舞台结构荷载

在本章中增加荷载一节是为了解决目前剧场设计实践中遇到的问题，我国建筑结构荷载规范，对于剧场建筑中大量特殊的荷载尚未规定，土建设计人员对于剧场建筑结构的复杂性尚未充分认识，经与建筑结构荷载规范编制组商议，他们表示："在建筑专业设计规范中增添有关荷载的章节，对此我们目前持赞成态度"。

本章所规定的数据，来源有三，一是与荷载规范相协调，更进一步作了一些细节上的说明，二是与前苏联剧场设计标准与技术规定相协调，采用一些经实践证明了的可靠数据，三是根据建国五十年来，我国剧场建设中的一些经验数据，这些数据是多次会议所约定的，又经北京特种工程设计院、天津舞台科学技术研究所、天津舞台设备厂、甘肃工业大学机械二厂、杭州浙江舞台电子技术研究所、沈阳市旋转机电设备研究所等厂所生产的舞台设备技术性能验证，基本上是符合目前剧场建设实践的。

剧场建筑因其复杂性，有许多荷载的数据规定尚需进一步调查、研究、试验。我们目前的规定，大多是提示性的。

7 后 台

7.1 演 出 用 房

7.1.1 化妆室靠近舞台，主要是为了缩短演员上、下场的距离。国外有将化妆室设在楼上或台仓的，但都有专用电梯上下相通。

化妆室采光窗应设遮光设备，为了避免室外阳光对化妆室人工照明的干扰，保证化妆室照明与舞台灯光色温一致，化妆台灯和室内照明应采用白炽灯而不得选用日光灯。

7.1.2 对服装室门的净宽和净高的规定，主要考虑演员穿好服装、戴好头饰，特别是京剧演员穿好铠甲，戴上头盔出入方便。

7.1.4 为了演员上下场时取放道具方便。

7.1.6 为了避免上下水阀门、水箱器械发出的噪声对舞台演出的干扰。

7.2 辅 助 用 房

7.2.5 避免候场演员在排练厅练功、练琴，干扰舞台演出。

7.2.6～7.2.8 当剧场基地紧张时，木工间、绘景间等辅助用房可在城市其他基地设置。

8 防 火 设 计

8.1 防 火

8.1.1 关于剧场的防火问题首先是将舞台与其他区域分隔开来。

舞台内布幕、景片、道具均为易燃材料，灯具多、线路复杂，演出中往往还有效果烟火，舞台空间高大，适于燃烧，扑救困难，因此，舞台往往是剧场中火灾主要起源之一。

观众厅是大量观众聚集场所，观众厅的吊平顶内有大量线路和灯具，观众厅的装修材料有很多是可燃材料，所以首先应将舞台和观众厅隔开，分隔手段有三种：

（一）限定舞台台口墙，必须采用非燃材料，并具有一定耐火极限；各国规范规程均对这一点作了规定，总起来有三点：一是规定用非燃材料，二是用实心结构，三是规定耐火极限（或者规定材料的厚度，例如香港规程规定不小于370mm厚的砖墙）。伦敦规程规定耐火极限不小于2.0h，前苏联规定用防火墙隔开（4h）。

目前新建剧院舞台多为混合结构或框架结构，台口框架一般是钢筋混凝土的，台口梁上为填充墙。如采用轻质混凝土，则120mm厚即可满足1.5h耐火极限的要求。

（二）台口设防火幕，并设水幕保护。各国规范规程对此作了详尽的规定并有专门厂商生产商品供应。我国目前尚未建立专门的生产厂家，也未制订有关标准。据调查上海有三个剧场在30年代曾设防火幕，即上海艺术剧场（兰心）、人民大舞台、长江剧场设有防火幕，但目前均已停用，除上海艺术剧场还可启动外，其余两个已坏。80年代中央戏剧学院排演场设置了防火幕，中国剧院也增设了防火幕，其他新建剧场都还没有设置防火幕。在没有普遍采用防火幕的情况下，还缺乏设计、生产和操作使用的经验，还无法制订出符合我国国情的具体的条文。

然而，防火幕是一种有效的防火间隔手段，设置水幕保护防火幕可以降低其温升，减轻其构造断面及自重。这两点是肯定的，可以写进条文。当未设置防火幕时，也可设防火水幕带作为防火间隔，但应保证充足的消防水源。

除台口外，实际上还有很多孔、洞、门通向观众厅，如舞台通向面光桥及观众厅闷顶的门洞，通向位于观众厅的工作间，设置在耳光室附近的灯控室和扩声室。最近，由于戏曲艺术要求突出台口以外进行表演，要求在侧台唇上开门通向台唇表演区。要处理这些防火间隔上的薄弱环节，办法有二：一是加甲级防火门，二是加水幕分隔。另外就是将舞台和后台分隔开来，办法还是采用防火门和水幕。

据我们对上海老的剧场调查，舞台通向后台的门也多采用老式的带平衡重的防火门，仍能灵活从任一侧开启。解放前上海市二部局曾颁布“新建筑法规”，对消防设备要求甚严，故防火幕、防火门设施较完善。国内其他各地在这些地方都忽略了，未加任何防护处理的居多。

8.1.3 本条规定是将主台与后台，主台与台仓形成独立的防火间隔，其技术要求耐火极限 2.5h。这个耐火极限是一般 120mm 厚的砖砌体或 100mm 厚的加气混凝土都能达到的。这个规定比防火规范稍严一些。

8.1.4 舞台内天桥、平台、码头数量较多，堆放道具、放置灯具、平衡重等，线路较多，但至今仍有许多天桥、平台为木制的，极易引起火灾，同时堆放平衡重等重物，亦不安全。也避免采用金属结构。据调查，重庆某剧场天桥全部为钢板结构，易造成漏电危险，一旦失火，在 0.25h 可全部失去强度。本条规定采用非燃烧体，其耐火极限不小于 0.5h。

8.1.5 容量小的变压器在主体建筑内的例子很多，其优点是节约沟管线路，接近负荷中心，但必须形成独立的防火间隔，舞台既是负荷中心，在演出时又是聚集场所，我们又规定增加了前室。前室门设置甲级防火门，前室通风良好，可以迅速排除热空气烟雾，形成较完整的防火间隔。

8.1.6 据调查，我国剧场大部分尚未设置单独的消防控制室，仅有个别的剧场设置了消防控制室。其原因在于：一、大部分剧场仅在观众厅和舞台设置了消防栓，消防栓就地操作。二、个别设置了水幕和自动喷洒系统，其启闭阀门就设置在舞台台口墙或侧墙上。三、没有专职人员管理消防工作，一般由电工班或管道工班兼职，东北某剧场的雨淋系统启闭阀门在剧场主体建筑外的锅炉房里，要跑出剧场建筑去操作。

随着技术发展，装设感烟感温自动报警或手动报警系统，发出安全疏散指令；设置防火幕、自动喷水灭火系统，控制消防泵、排烟系统启闭、显示电源运行情况、与附近消防站的弱电联系等等；设置消防控制室，集中管理是非常必要的。消防控制室的面积不大，随装置设备情况而异，一般说来 12m^2 就够了，其位置应临近舞台，与消防机械联系方便。消防控制室要在独立的防火间隔里，并要有朝外出口，便于失火后消防人员操作。

前苏联规定消防控制室（设置交换台）共 30～50m^2。

前民主德国规定 10m^2，设在舞台附近。

美国防火规范规定每个舞台都要设消防值班室，其布置邻近舞台，并有以下功能：指示事故照明和动力回路的光信号装置，水幕的手动开关，自动喷洒系统的指示器，事故照明、正常照明及电源供给的公共系统，报警系统。

我国建筑设计防火规范与高层建筑防火规范对消防控制室的围护结构耐火性能均有规定。因剧场是大量人员聚集场所，防火性能应较一般建筑高，与高规协调一致。

8.1.7 观众厅吊顶内的吸音、隔热、保温材料一般是微孔材料，或松散材料，位置在两个地方，一是在屋面板下，因受屋面辐射热影响，容易起火。一是在吊平顶上，吊平顶正是灯具线路交错地方，吊平顶采用易燃材料非常普遍，这就造成容易起火的条件，苏州某影剧院观众厅吊顶起火，延及放映室前厅，故有本条规定。在剧场、音乐厅使用木装修作声反射板，扩散体往往是音乐家、声学家、建筑师首选材料，不用木材是不理想的。经阻燃处理的木材可视为 B_1 级材料，故有此条规定，况国际上木材经处理后耐火极限可大大提高，甚至在 3h 以上。但如采用 B_1 级材料时，应采取相应的消防措施，如在 B_1 级材料周围加自动喷洒系统。

8.1.8 观众厅吊顶内灯具线路交错，另有通风管道及消防设备均需经常检修，如未设置检修马道，工人则沿屋架及吊平顶结构构件行走，一是对检修工人不安全，二是对检修工作不利。检修工作做得好，对避免火灾有利。检修马道本身应是非燃材料，避免形成火源。

8.1.9 目前国内多数剧场的面光桥、耳光室设施简陋，通风不良，夏季因屋面辐射热影响，上海儿童剧场面光桥及耳光室工人截开风管，自设岗位送风。

面光桥本身多为钢木结构，加上聚光灯高温，灯具线路交错，极易发生火灾，故应采用不燃材料。在调查中见到用铁皮覆盖或用高压石棉板覆盖，后者优于前者。

8.1.10 舞台设置排烟孔，可将火灾烟焰及热量迅速排除，控制燃烧范围、方向和降低温度，便于自动喷洒系统迅速扑灭火焰，避免危及观众。各国规范规程均有规定，足见其重要性，虽然其数据不尽一致，但精神是相同的。

前苏联规定每 10m 高舞台设排烟孔不少于舞台面积的 2.5%，实际上按舞台高度算下来也在 5%的范围。美国防火规范规定为 5%，前民主德国规定为 5%～7%，香港规定为 1/6，伦敦规定为 1/10，台湾和日本规定应设排烟口或排烟设备，但未规定具体数字。

我国防火规范规定为 5%。我国新建剧场和上海的一些老剧场都有舞台排烟窗或排烟孔，但排烟窗，因不经常检修，已锈蚀而打不开，在东北地区很多剧场因冬季寒冷而干脆堵死，或因冰冻而无法打开，一遇火灾，便无法排烟。这些在设计时都应作考虑。为了避免自动开启装置失灵，应同时设置手动开启装置。

我国消防部门作过实测，火灾时如无机械抽力，烟气上升到 12m 高度之后，又会因冷却而下沉，故这次修订将自然排烟的高度规定为 12m。

8.1.11 舞台上禁止使用明火加热器，这是其他各国规范规程中均有明文规定的，但在后台使用这些小型加热器却很普遍，其原因在于后台用热水等是间歇的，集中所需热水量不大，使用固定大型供热设备经济上不合算。所以我们规定它在后台可以用，但必须在单独的防火间隔里，不能靠近服装室、化妆室、道具间等有大量易燃材料的房间。

8.1.12 大城市中心区用地紧张，剧场建筑多与其他建筑毗连修建，尤其是一些老的剧场，与其他建筑距离远远小于防火间距。在调查中看到上海、广州、长沙等地大量剧场两侧均与其他建筑相连，或者仅距一两米，窗户对着窗户，一旦发生火灾会互相蔓延，因此作出本条规定。伦敦规程对这种情况有明确的规定。合建即混合使用，亦即剧场建在其他用途的建筑物中，这种情况还会随着建筑技术发展有所增多，本条规定意义在于使在其他用途的建筑中的剧场形成独立的防火分区。

8.1.13 机械舞台（推拉、升降、转）已普遍采用，其台面因表演需要有弹性，一般均喜用木地板，故有此条规定。

8.1.14 据调查大量舞台火灾起源于舞台布幕被舞台灯光烤燃，故有此条规定。

8.2 疏　　散

剧场观众疏散包括观众从座位疏散到观众厅出口，又由观众厅出口疏散到剧场建筑物的出口（也就是疏散外门），然后又由此疏散到街上的城市人流这三部分组成。由建筑外门疏散到街上这部分，在基地总平面一章中已说明，本章仅说明在建筑物内部到建筑物出口的疏散。

制订疏散的标准是控制疏散所需要的时间。疏散时间与建筑物耐火等级、观众容量有关。耐火等级愈低，疏散时间愈短。一般建筑物结构构件的耐火极限均可保证观众有充裕的时间疏散出去，除三级耐火等级建筑吊平顶因材料耐火极限允许 0.15h（9min），其他建筑构件不会在观众在场时倒塌。影响观众生命安全的主要因素是燃烧以后的烟害、高热和缺氧，观众因中毒或窒息死亡，因而要控制在几分钟之内将观众厅的观众迅速安全地疏散到室外空间。关于控制疏散时间各国规定不尽一致，我们可以参考下表。

观众厅容量（座）	Ⅰ、Ⅱ级耐火等级	Ⅲ级耐火等级
≤1200	4min	＜3min
1201～2000	5min	—
2001～5000	6min	—

控制疏散时间的计算公式很多，建研院 1979 年在“体育馆比赛厅中视觉质量、视线及疏散问题的研究”一文中提出的疏散公式，对剧场也适用。

当外门大于内门时 $T=\dfrac{N}{A\Sigma b}+\dfrac{S}{V}$ （Ⅰ）

式中 T——控制疏散时间；

N——观众总容量；

A——单股人流通行能力（取 40～45 人/min）；

Σb——内门能通过的人流股数总和；

S——各内门到相应外门之距离的最大数值；

V——观众自内门到外门的平地行走速度，取 45m/min，此值是按不饱和人流 60m/min 和饱和人流30m/min速度的平均值。

按公式计算的控制疏散时间由两部分组成，即由观众席到观众厅出口为 $\dfrac{N}{A\Sigma b}$，由观众厅出口到建筑外门为$\dfrac{S}{V}$。

我们在条文中不规定控制疏散时间，而是规定疏散口等的宽度百人指标。根据百人指标算出疏散总宽度，既具体又便于检验。

计算内门疏散口总宽的公式为：

$$D=\frac{NW}{A\cdot T_a}\quad(\mathrm{m})\qquad（Ⅱ）$$

式中 D——内门疏散口总宽（m）；

W——单股人流宽度（可取 0.5m、0.55m 或 0.6m）。

根据公式（Ⅱ）可以推导出计算内门疏散口宽度百人指标。

$$d_1=\frac{D}{N}\cdot 100=\frac{N\cdot W}{A\cdot T_a}\cdot\frac{100}{N}=\frac{100W}{A\cdot T_a}\qquad（Ⅲ）$$

公式（Ⅱ）可由公式 $T=\dfrac{N}{A\Sigma b}+\dfrac{S}{V}$ 推导出，也可由 $T=\dfrac{N}{AB}$推导出，在前者，$\Sigma b=\dfrac{D}{W}$代入

则 $T=\dfrac{N\cdot W}{A\cdot D}+\dfrac{S}{V}$ $\quad T-\dfrac{S}{V}=\dfrac{N\cdot W}{A\cdot D}$

∵ $\dfrac{S}{V}$是内门至外门的控制疏散时间。

∴ $T_a=T-\dfrac{S}{V}$ $\quad$ ∴$T_a=\dfrac{N\cdot W}{A\cdot D}$

∴ $D=\dfrac{N\cdot W}{A\cdot T_a}$

用 $T=\dfrac{N}{AB}$也可导出公式（Ⅱ），在此公式中，B 为疏散口能通过的人流股数，$B=\dfrac{D}{W}$代入公式

$$T=\frac{N\cdot W}{A\cdot D}\qquad D=\frac{N\cdot W}{A\cdot T}$$

因为公式 $T=\dfrac{N}{A\cdot B}$适用分段计算，因此，在计算不同阶段的疏散宽度时，T 也按分段取值，这便于

解决以后疏散通道，疏散楼梯宽度百人指标的计算。

据我们对全国部分剧场调查，一般观众厅出入口的宽度总和及换算成百人指标，都能满足本规范及防火规范的规定，而且优于这些规定。疏散控制时间，也基本上满足规定要求，但不是很稳定，参见下表：

几个剧场的疏散时间

测量部位	上海艺术剧场	上海大舞台	上海南市影剧院	上海音乐厅	安徽剧场	苏州开明戏院
观众厅出口	1min20s	3min	3min	1min15s	1min39s	2min30s
建筑外门	2min17s	4min	4min	—	2min43s	2min20s

影响控制疏散时间的因素很多，因而其精确的程度有别，这些数据受观众满场程度、观众年龄成分以及演出效果（观众谢幕期间、陆陆续续有人退出观众厅）的影响。

设计剧场疏散的两个原则，一是保证疏散宽度与其负荷容量相适应，二是外出口不得小于内出口或通道宽度的总和，以保证疏散顺畅，不发生瓶颈现象。本规范与建筑设计防火规范规定观众厅内走道百人指标为0.6m，观众厅出口及疏散通道百人指标均在0.65m以上，就保证了在同样负荷下，外门及疏散通道宽度较宽，不会发生瓶颈现象。

然而，实际上，由于管理上的原因，只开几个主要大门，因而外出口小于内出口，或在加设门斗时，门斗开启宽度小于原出口宽度，后部或侧面没有疏散口，出口即入口。这种情形是存在的，而且为数不少。

建研院1979年发表的“体育馆比赛厅中视觉质量、视线及疏散问题的研究”提出另一个公式，计算外出口小于内出口的情况，也适用于剧场。

$$T=\frac{N}{AB}+\frac{S'}{V} \qquad (\text{Ⅳ})$$

式中 T——疏散总时间（min）；

N——疏散总人数；

A——单股人流通行能力；

B——外门可通过的人流股数总和；

V——观众自内门到外门的平均行走速度（45m/min）；

S'——使外门能达到人流饱满的几个最近的内门到外门距离的加权平均数（m）。

$$S'=\frac{b_1s_1+b_2s_2+\cdots\cdots+b_ms_m}{b_1+b_2+\cdots\cdots\cdots+b_m}$$

式中 b_1，$b_2\cdots b_m$——各最近内门能通过的人流股数；

s_1，$s_2\cdots s_m$——各最近内门至外门的距离（m）。

$\frac{S'}{V}$即这段行程平均费用的时间。

当外门总宽度小于内门总宽时，外门内停留的人数为

$$N-\left[AB\left(\frac{N}{A\Sigma b}-\frac{S'}{V}\right)\right]=N-B\left(\frac{N}{\Sigma b}-\frac{AS'}{V}\right)$$

若每人所需停留面积为0.25（m^2），也就考虑$1m^2$站4个人，则需要观众停留的等候面积可按下式计算：

$$F=0.25\left[N-B\left(\frac{N}{\Sigma b}-\frac{AS'}{V}\right)\right](m^2) \qquad (\text{Ⅴ})$$

式中 F——停留观众等候面积。

我们在第三章已经规定了前厅每座面积为0.18～0.3m^2，休息厅每座0.18～0.3m^2，合起来则有0.30～0.5m^2/座，无论是单独算前厅或前厅休息厅合起来算，作为部分观众的等候面积，都是足够的，这可以前后验证。

Ⅰ、Ⅱ级耐火等级建筑观众厅出口处控制疏散时间为2min，Ⅲ级耐火等级建筑观众厅出口控制疏散时间为1.5min。一般观众厅出口在1.5～1.8m宽，可以容三股人流通过。

公式Ⅱ $\qquad T_a=\frac{NW}{A\cdot D} \qquad N=T_a\cdot A\frac{D}{W}$

对一个出口，令$D=1.5$m，$W=0.5$m，$A=$43人/min

对于Ⅰ、Ⅱ级耐火建筑一个出口：$N=2\times\frac{1.5}{0.5}\times43=258$人

对于Ⅲ级耐火建筑一个出口：$N=1.5\times\frac{1.5}{0.5}\times43=193.5$人

这个推导证明防火规范的每安全出口平均疏散人数不应超过250人，对于Ⅰ、Ⅱ级耐火等级建筑是合适的，对于Ⅲ级耐火等级建筑，则稍大一些。

在求疏散外门、疏散通道、疏散楼梯的百人指标d_2时，只须将公式（Ⅲ）中的T_a换成T_b即可，$T_b=T-T_a$

即 $$d_2=\frac{100\cdot W}{A\cdot T_b}$$

从以上公式可以看出d_1、d_2与W取值成正比（W一般取0.6m）；与单股人流通行能力A成反比（A平坡地取45人/min，楼梯取40人/min）；与T_a或T_b成反比，耐火等级愈低，控制疏散时间愈短，要求的百人指标愈宽。例如：Ⅰ级耐火等级观众厅出口门宽百人指标：

$$d_1=\frac{100\times0.6}{45\times2}=0.6(\text{m})$$

疏散楼梯宽度百人指标：

$$d_2=\frac{100\times0.6}{40\times(4-2)}=0.75(\text{m})$$

Ⅱ级耐火等级疏散楼梯宽度百人指标：

$$d_2=\frac{100\times0.6}{40\times(3-1.5)}=1(\text{m})$$

我们与防火规范协调内门和外门、走道同样以此

值为准。

8.2.1 本条第一款的规定避免出口集中，造成负荷容量不均。舞台是火灾主要起源，所以尽量远离舞台。

楼座不足50座的极少，故楼座一般不少于两个独立的出口。近年陆续出现一些楼座直接跌落到池座的设计，如哈尔滨的展览馆剧场、合肥城南影剧院都是这种做法，事实上都有一部分楼座观众要穿过池座疏散。前苏联规范也有类似条文规定。

8.2.2 本条规定为使观众通过疏散口迅速疏散出去。在调查中发现一些老剧场在建筑入口用推拉铁栅的很多，而且为了检票方便，只开很小宽度。观众在场时一旦发生灾情，很容易造成堵塞。香港规程中明文规定未经发牌当局同意，不得使用这种门，在允许设置使用这种铁栅门时，在观众在场时，要全宽度打开。因为这是管理上的问题，本规范未作规定。

一些老的剧场均设有自动推棍，新建剧场反而没有安装自动推棍，因目前无商品供应。

本条规定的内容在伦敦规程、香港规程均有详细规定，前苏联规范和我国建筑规范也均有规定。

8.2.3 本条规定是为保证疏散通道的畅通，使观众在紧急状态下，迅速疏散出去，避免在紧急状况下，因建筑处理不当，使疏散观众发生错误判断，受到伤害。例如安装大片镜子和装饰性假门，均会给观众造成疏散方向的错误判断。

在紧急状态下，为使观众迅速顺利通过疏散通道，应保证疏散通道有正常的坡度和防滑表面，有良好的通风、照明，以及不致引起错觉的装修陈设。墙体有足够的耐火极限，可确保观众离去。其装修材料尤应谨慎采用，避免在燃烧时产生毒害，使观众窒息或中毒。

8.2.4 本条规定为保证观众和其他人员顺利通过疏散楼梯疏散出去，对楼梯形式、构件尺度作了规定，其他各国规范规程均有类似规定。

8.2.5～8.2.6 此两条规定均为保证在一个出口堵塞后，另有一个可供疏散。后台及乐池人员在一般状况下不会超过250人。但是机械化台仓，现在往往有大量群众演员经台仓升降台到主台表演，故有此条规定。

8.2.7 据调查，从舞台面至天桥、栅顶及面光桥、耳光室的垂直交通用垂直铁爬梯者甚多，有些甚至是木制的，至天桥、栅顶及面光桥、耳光室者多为带工具之工人，有时要携带灯具或工具，这种情况下易于发生事故，在紧急状况下更不利于工人疏散，故有本条之规定。我国“统一技术措施”规定消防梯倾角不大于73°，前苏联规定不大于60°，宽度不大于60cm。

8.2.8 剧场与其他建筑合建（即混合使用）时，应形成独立的防火分区。本条规定则是为其疏散规定专用的，便于寻找疏散通道。因为发生紧急事故时人们惯于往下跑而不会向上跑。第一款之规定仅规定“应”设置在底层或二、三层，与高规协调（目前已有建在高于三层的剧场）。美国防火规定人身安全法规定在装有完全的自动喷洒系统时可不受层次的限制。

8.2.9 从最近几次剧场灾难性的火灾看，保证疏散通道的畅通是重中之重，疏散口设有帷幕必须规定其为 B_1 级材料。

8.2.10 目前汽车发展迅速，停车成了问题，停车乱占疏散通道及室外集散广场几乎成了普遍现象，故有此条规定。

8.3 消 防 给 水

据有关资料介绍，仅在19世纪100年间，欧洲就烧毁了一千余座剧场。我国也有不少剧场毁于火灾：如北京1913年兴建的新式剧场“第一舞台”，规模很大，容量2400余座，于1937年毁于大火。又如1937年东北丹东“天柱舞台”，由于没有设置必要的消防安全措施，舞台发生火灾后，观众厅氧气很快被舞台抽走，因窒息、压死、烧死的观众达一千余人，以致酿成震惊世界的“满洲舞台”惨案。据统计，在400次剧场火灾中，有307次都是舞台失火引起的。剧场火灾，无论从人员伤亡，财产损失和它的政治影响来看都是很大的，因此剧场消防设计十分重要。合理设计消防系统，正确选用消防设备是剧场安全可靠的保证。

剧场消防给水，在新设计的剧场建筑中已被重视，现行“建筑设计防火规范”、“自动喷水灭火系统设计规范”和“高层民用建筑设计防火规范”等都有规定条文，本节所提出的条文是在以上三个规范基础上的补充和完善。

8.3.1 总则第1.0.4条、1.0.5条明确规定剧场建筑规模容量及剧场建筑质量的划分。300～800座规模的小剧场，它的性质、功能及发生火灾的危险性、影响等，与其他剧场一样。为了保持与《建筑设计防火规范》协调、一致，本规范只强调了800座以下的特等，甲等建筑质量的剧场应设室内消火栓给水系统。目前有的城市甚至在800座以下，乙等建筑质量标准的剧场也设置室内消火栓给水系统，如云南丽江剧场。另外，本条提出增设消火栓的具体位置有两处，是因为该处容易被忽视，而实际上又很重要的原因。

8.3.2 本条与有关规范条文一致，在调查及与本规范条文协调的原则下，综合提出在超过1500座位剧场应设闭式自动喷水灭火系统的部位。

8.3.3 本条文与有关规范条文一致，并提出“应”与“宜”的分界线。实际上据调查，舞台葡萄架下设置雨淋喷水系统是十分必要、十分有效的灭火措施。

8.3.4 剧场内水幕系统设置。

1 本条文主要是针对本规范第 8.1.1 条。

2 本条文在消防给水上的消防措施，与相关规范的协调，本款加强了对舞台台口灭火和制止火灾蔓延的措施要求。无论那一次剧场大的火灾，无不是舞台台口与观众厅之间的强大热对流而形成的恶果。

8.3.5 剧场建筑设计所涉及自动喷水灭火系统的应用范围、供水强度、水力计算都应按照现行国标《自动喷水灭火系统设计规范》GBJ84 执行，并应注意以下两点：

1 剧场舞台雨淋灭火系统的作用面积超过 $300m^2$ 时，应分为若干装设独立雨淋阀的放水区，放水区域重复相同的分界线，消防水量按最大一区的喷头同时喷水计算。

2 剧场舞台在葡萄架下侧安装开式喷头的雨淋系统；在葡萄架以上至屋面板的空间和四周边廊下仍安装闭式喷头系统。

8.3.6 本条与有关规范条文一致，在调查基础上，着重设置自动控制的同时，要求设置手动开启装置。剧场演出时，可将雨淋喷水系统与水幕系统的自动装置切换为人工控制状态，可以防止演出期间的误动作；非演出时间，又可将系统的电动联动装置回到自动状态。

另外，强调"自动与手动"装置应该有明显的标志和保护措施。据调查，该装置有设在舞台以外的房间内，还有用木柜锁住，又无标志，易造成事故。

8.3.7 在剧场建筑中这也是很重要的灭火措施，必须逐一按要求执行。

8.4 火灾报警

8.4.1 条文中要求设置探测器的地点，均属剧场容易起火部位。

9 声 学

9.1 声学设计

9.1.1 剧场设计应该有建筑声学专业参与。在建筑与装饰设计分离后，出现以装饰设计替代建筑声学设计，以致剧场视听条件下降。

9.1.2 当设置扩声系统时，应该有电声系统设计，这是厅堂音质设计的重要组成部分；在现代剧场中，电声系统已成为剧情的重要组成部分，扬声器系统及扩声系统设计直接影响整体音质。

9.1.3 以自然声演出为主的剧场，必须进行建筑声学设计。

剧场设计本身需要声、光、电、舞台机械等各工种的大力协作才能完成；由于各工种发展迅速，不少工种已形成行业，剧场设计应是以建筑设计为主的多专业协作的产品。

在声、光、舞台机械的发展中，电声的发展最快，建声的发展较慢，而电声的发展源于录音演播及歌舞厅的需要，向大功率、高恒定指向性、高灵敏度、宽频带的扬声器系统方向发展。

建声与电声设计的最大区别在于建声重视体形设计，混响设计及噪声控制；电声设计关心房间常数，体形设计不是其主题，因此以自然声为主的剧场的声学设计必须以建声设计为主。建声与电声设计的计算机软件很多，在我国已进入应用阶段。

9.2 观众厅体形设计

9.2.1 观众厅容积，由于出发点不同，有不同的限值。

1 建筑设计资料集

资料集 1（1964 年版本）

剧 种	容积指标（m^3/座）
戏曲 演讲	3.5～5.5
音乐 歌剧	6.0～9.0
多用途	4.5～6.5

资料集 2（1994 年版本）

剧 种	容积指标（m^3/座）
戏 曲	3.5～4.0
话 剧	4.5～5.0
歌 舞	5.0～6.0
多用途	3.5～5.0

2 建筑声学设计手册及原规范

原 规 范

剧 种	容积指标（m^3/座）
戏曲 话剧 多用途	3.5～5.5
歌 剧	4.5～7.0

建筑声学设计手册（1986 年版本）

剧 种	容积指标（m^3/座）
语 言	3.5～4.5
音 乐	6.0～8.0
多用途	2.8～4.3

3 其出发点大体有五个因素：

（1）将戏曲视为中国歌剧，与话剧分开对待；

（2）以自然声为主，按照声源的性质划分；

（3）以统计为依据，大、中型剧场有楼座为基点；

（4）国内外一般剧场的统计；

（5）现代剧场设计，不考虑古典剧场的观演关系。

4 本规范以统计学为依据，以大、中型剧场有楼座为基点，并具有固定观演关系的剧场为对象。规范数据采用最低标准。

剧场扩声是剧场声学重要组成，扬声器往往设于台口上方，其直达声要求服务于整个观众席。

另外，现代剧场的台口在不断增高，有电声剧场按自然声每座容积要求就不尽合理，故提出可适当提高。

9.2.2 观众厅体形音质设计，取决于声源的位置及其特性（指向性、声功率、频谱特性等），在广泛使用扩声系统情况下，有如下变化：

1 当不考虑原声源时，扬声器的位置及指向性不同；

2 扩声系统的音质及清晰度已成为厅堂音质的主题；

3 扩声系统的声反馈，除与系统有关外，与厅堂的建声设计有关。

4 当考虑原始声源时，拾音效果与原声源和话筒间的建声设计有关。

这些变化，使音质体形设计概念含混：

(1) 以点声源为基础的几何声学体形设计难以立足。

(2) 自然声演出的提法，缺乏普遍意义。

当前出现的情况：

(1) 不考虑建声设计，如北京保利大厦剧场无天棚；长沙世界乐园五洲大剧场棚索屋盖，无天棚；深圳欢乐谷剧场棚索屋盖，无天棚。此类剧场，大都音质不佳，观众听不清台词；

(2) 多用途剧场的扩声系统，有的剧场喜欢自带；

(3) 多用途剧场的扩声系统往往附有舞台反送系统。

因此，具有扩声系统的剧场厅堂音质设计，一般由声学专业与装修专业共同完成。

建声设计（自然声声场设计）首先是体形设计，即早期反射声声场设计，避免声学缺陷；为使楼池座后部空间的音质与观众厅相似，对后排净高作了相应要求；楼座挑台下开口高宽比不同于礼堂（礼堂可以附助扬声器补声），应以自然声演出为主考虑。

9.2.3 伸出式舞台空间的体形设计是建筑声学设计的重要组成部分，前区的早期反射声由此体形决定。

9.2.4 剧场舞台空间不利于自然声演出；声学反射罩（面）更有利于音乐声为观众席服务，反射罩内的空间与观众厅组成同一体积。

9.3 观众厅混响设计

观众厅混响设计是建立在点声源扩散声场理论上，对指向性声源（扬声器）的“等效混响”随声源指向性的变化而变。指向性声源能利用指向性改善回声，改善直达声与混响声能比，改善清晰度等。对于“电声系统”设计，厅堂音质设计属环境设计，即厅堂音质又受控于电声系统。

9.3.1 观众厅混响时间设置有如下变化：

1 话剧与戏曲很难区分，用同一混响时间域表示；

2 很多剧场属多用途，很难与话剧、戏曲剧场加以区分，故将此三类剧场的混响要求合而为一。

观众厅混响时间设置值修改表

<table>
<tr><td></td><td>原规范 T_R</td><td>现规范 T_R</td></tr>
<tr><td>歌　舞</td><td>1.2～1.5s</td><td>1.3～1.6</td></tr>
<tr><td>话　剧</td><td>0.9～1.2s</td><td rowspan="3">(2000～10000m^3)
1.1～1.4</td></tr>
<tr><td>戏　曲</td><td>1.0～1.4s</td></tr>
<tr><td>多用途、会议</td><td></td></tr>
</table>

关于观众厅混响时间频率特性，有如下观点：

1 各频率混响同时达到闻阈，即低频混响时间长于中高频，这满足听觉要求，但不满座时低频混响较长；

2 各频率混响同一衰减率，即各频率混响时间相等。这满足实感要求，但低频混响感觉较短；

3 高频空气吸收明显，高频混响时间允许低于中频；

4 低频混响时间的比例有相对减短的要求；

5 混响时间的比值要求比混响时间（500～1000Hz）的设置更重要。扩声时，由于扬声器系统追求平直的频率特性及系统的高扩声增益，声场声压级比自然声场高得多的特征，对混响频率特性的要求应有明显的改变，如混响特性要求平直，低频混响相对减短等。

混响时间频率特性比值

<table>
<tr><td>使用条件</td><td>125Hz</td><td>250Hz</td><td>2000Hz</td><td>4000Hz</td><td></td></tr>
<tr><td>同时到达闻阈</td><td>1.50</td><td>1.15</td><td>1.00</td><td>1.00</td><td rowspan="3"></td></tr>
<tr><td>同一衰减率</td><td>1.00</td><td>1.00</td><td>1.00</td><td>1.00</td></tr>
<tr><td>原规范</td><td>1.00～1.40</td><td>1.00～1.15</td><td colspan="2">0.80～1.00</td></tr>
<tr><td>歌　舞</td><td>1.00～1.30</td><td rowspan="3">1.00～1.10</td><td rowspan="3">0.90～1.00</td><td rowspan="3">0.80～1.00</td><td rowspan="3">建筑设计
资料集 2
(1994 年版本)</td></tr>
<tr><td>话剧、戏曲</td><td>1.00～1.10</td></tr>
<tr><td>多用途、戏曲</td><td>1.00～1.20</td></tr>
<tr><td>歌　舞</td><td>1.00～1.35</td><td>1.00～1.15</td><td>0.90～1.00</td><td>0.80～1.00</td><td rowspan="3">现规范</td></tr>
<tr><td>话剧、戏曲</td><td rowspan="2">1.00～1.20</td><td rowspan="2">1.00～1.10</td><td rowspan="2">0.90～1.00</td><td rowspan="2">0.80～1.00</td></tr>
<tr><td>多用途、会议</td></tr>
</table>

9.3.2 混响时间按六频段设计，与相关测试规范、声学材料（声学构造）相协调。国外有七频段设计（包括 80000Hz），这在电声设计中比较重要。

9.3.3 伸出式舞台空间属观众厅混响空间。

9.3.4 舞台反射罩（板）内的舞台空间与观众厅属同一混响空间，由于体积、面积的变化，应重新计算混响。一般情况下，大于原观众厅的混响时间，满足音乐演出的需要。

舞台混响及回声不仅影响自然声演出效果，还影响电声效果。舞台与观众厅的耦合混响直接影响中、前区的听音效果。舞台混响控制尚缺大量实践经验，但舞台混响控制已得到共识。

9.4 噪声控制

9.4.2 观众席背境噪声包括环境传入、空调、扩声背境、灯光等噪声，舞台机械属演出噪声，故另设。

根据我国噪声控制水平的提高及与国外接轨，将噪声控制标准在原规范的基础上提高 5dB。

建筑设计资料集 2（1994 年版本）

厅堂用途	选用标准	自然声	扩声
歌剧院、音乐厅 话剧院	合适标准	NR20	NR25
	最低标准	NR25	NR30
多用途厅堂	合适标准	NR25	NR30
	最低标准	NR30	NR35

建筑声学设计手册（1986 年版本）

环境	NR 曲线	dB（A）
音乐厅、剧院	15～20	25～30
测听室、录音室	10～20	20～30

9.4.3 舞台机械噪声，随舞台机械水平的提高，噪声有较大下降，以升降乐池为例，噪声可降至 47dB（A），现尚缺更低噪声的信息。

9.5 扩声系统设计

9.5.1 扩声系统声学要求仅与声学有关（包括建声），现已有声学标准，应按标准执行。关于电声设计的软件，市场也有供应。

9.5.2 扬声器系统的直达声对扩声音质十分重要，直达声为观众席服务是基本要求。当前出现建筑设计与建声、电声（扩声）、灯光设计分离的设计程序带来不良后果。重要剧场的设计，不应出现此类情况。

9.6 其　他

9.6.1 辅助用房声学要求，经几度修改后形成的新项，主要补缺剧院的要求。

10 建筑设备

10.1 给水排水

10.1.1 剧场是大量观众聚集的场所，剧场设置室内、室外给水排水系统，是公共建筑物卫生要求的基本保证。另外，据调查，卫生器具、设备选择不合理，屡见不鲜。本条规定强调选择卫生器具设备应与建筑物等级、规模相匹配。

10.1.2 演员在演出之后，必须进行盥洗及淋浴，尤其夏季演出时，所以必须设置热水供应。前厅或休息厅也宜为观众设置饮水装置。

10.1.3 据调查，很多设置了消防设施的剧场，未设置消防排水设施，因而在设备试车时和火灾后，造成大量积水而无法排除，或根本无法进行试车，故作本条规定。

10.1.4 该规范对给排水系统选择、用水量、水压都已有规定。

10.2 采暖、通风和空气调节

10.2.1 本条对乙等剧场的空气调节，根据不同地区作了两种规定。炎热地区，推荐设空气调节，但不硬性规定必须设。非炎热地区，标准可低些，有条件可以设空气调节，资金紧张也可采用机械通风。为了满足声学要求，剧场往往是封闭式的。封闭式建筑，自然通风效果很差，所以本条规定，凡未设空气调节的剧场，应设机械通风。

10.2.2 面光桥上和耳光室内，灯具多，电器线路多，发热量大，灯控室、声控室、同声翻译室的发热量也较大，且又处在内部，无外墙外窗，非常闷热，特别是夏季，操作人员往往赤膊在那儿工作。我们调查时，上述地方未考虑通风者，操作人员都强调工作条件太恶劣，要求采取措施改善，并希望新建剧场时一定要设机械通风。这既可改善工人的劳动条件，又可减少火灾的威胁。有条件设空气调节更好。厕所（这里指在主体建筑内的厕所）、吸烟室应设独立的排风系统。前厅和休息厅，一般都有大的外窗，可以进行自然通风。北方地区冬季为了减少热损失，往往把外窗关闭，在这种情况下，不能利用自然通风把前厅和休息厅的（香烟）烟气排除，应设机械通风。

10.2.3 征求意见稿中，曾对甲、乙等剧场分别规定了室内设计参数。在讨论该稿时，多数设计单位的代表认为，两组室内设计参数相差很小，既然有条件设空气调节，就不在乎那一点差别，而且两组参数中，相同部分较多，一致要求将两组参数合在一起，加大选择范围。选择室内设计参数时，在同样的室外气象条件下（如在同一城市），甲等剧场的温湿度舒适程度应比乙等高些，不同地方的甲、乙等剧场，室内设计参数应不相同。当无适当过渡空间时，一般夏季室内外温差最好不大于7℃，这样在夏季，室外气温高的地区，其甲等剧场的室内温度就有可能比室外气温低的乙等剧场的室内温度高一些。

夏季室内干球温度，原规定为25～28℃，执行之后，不少设计单位反映此温度偏高，建议改为24～26℃。调查国内近十年新建的部分剧场之后，认为该建议合理，故作了修改。

10.2.4 天然冷源包括地道风、地下水、山涧水等。本条规定室温低于30℃，是考虑到我国不少地区地下水温度较低，用天然冷源室温完全有可能低于此值。这里只规定上限温度，使室温允许值范围更大，设计时灵活性也更大。上海市电影发行公司颁发的《上海市新建（改建）影院（包括兼映剧场）验收办法》中规定："有空调设备的单位，在夏季室内温度达30℃时必须使用"。所以本条取30℃为上限温度。

10.2.5 根据我国实际情况，剧场一般未设存衣间，观众看戏时，往往不脱外衣，因此冬季观众厅室内温度规定得低一些。在采暖地区，设空气调节的观众厅，也可设集中采暖。采暖系统运行经济，冬季空气调节系统可以起换气作用（间歇使用即可）。东北地区的剧场，目前就是这种情况。

10.2.6 CO_2允许浓度应小于0.25%。在《新风与节能》一文中提到，室内CO_2允许浓度直接影响到人体健康，因此CO_2允许浓度值问题，一直受到人们的高度重视，允许浓度究竟取多少为宜，长期以来众说纷纭。第一个建议室内CO_2浓度取0.1%的是德国的佩滕科佛尔，他在上个世纪末提出了这个建议，该值长时间以来一直被美国、德国、日本等国作为技术标准允许浓度值采用，这一标准实际上是缺乏实验依据的。以后各国学者对室内CO_2允许浓度进行了实验和实测，由于结果出入较大，因此给各国制定合理的CO_2允许浓度标准造成了困难。一个最典型的例子就是日本空气调和卫生工程学会在制定《非住宅建筑设备节能设计技术指南》时，除规定"室内CO_2浓度的上限，采用使用时间平均为1000PPm"外，同时又明文规定"可高于此浓度"并以附注形式规定"可按日平均2000PPm，最大3000PPm考虑"。虽然CO_2浓度对人体的具体影响迄今尚有争议，实验、实测数据也不够充分，但是对于空气调节房间，最大CO_2允许浓度可取0.5%（5000PPm）这一点似乎争论不大。美国和西欧大多采用此值作标准，即采用0.5%为CO_2允许浓度的上限值，但是为了安全起见，采用0.25%作为各类空调建筑的允许浓度值。前苏联在宇宙飞船长达4个月的封闭环境中，也采用了0.2%～0.3%的允许CO_2浓度值。

在《上海红旗电影院卫生学初步调查报告》（上海第一医院等著）中提到：在空气中CO_2含量低于1%时，对人体无明显危害"。"在严寒、炎热天气，必须加强保暖（或采暖），开放冷气时可采用场内空气中CO_2含量不超过0.2%的标准"。"我们在8月9日（1978年）1～4场，10日第二场以发调查表形式，请观众反映对场内温热主观感觉，观众反映舒适的占调查的总人数中的66.5%～80%（此时场内温度在22.9～24.5℃之间，CO_2浓度在0.25%左右）。综上所述，采用0.25%作为CO_2浓度的允许值，从卫生要求的角度来看是足够安全的，从节能观点来看，由于新风量大幅度下降，也是可取的。至于我国人体散发CO_2量可按0.02m^3/h·人计算"。

10.2.7 关于最小新风量问题，虽然香港1977年的建筑法规公共娱乐场所部分仍规定每人最小新风量为30m^3/h，详《Places of Public Entertainment Regulations! Hong Kong》。前民主德国1979年出版的有关剧场空调、通风、采暖、防火技术规范中提到："新鲜空气量可以降到20～25m^3/h·人"。前苏联建筑法规《采暖通风和空气调节设计规范》（1975年）第4.6.8条及附录13规定："对于电影院、俱乐部、文化宫的观众及其他人员停留3小时以内的房间（新风量）应按20m^3/h·人采用"。但为了节能，各国对最小新风量的规定已大大下降。美国《Ashrae Handbook 1982 Applications》中提出，当不允许吸烟时，新风量9m^3/h·人（2.4L/s·人）即可满足要求。如果允许吸烟，则为16.92～25.56m^3/h·人（4.7～7.1L/s·人）。如果设备只是短时间使用，则上述新风量可稍稍降低。某些公共建筑的新风量标准为：

办公大楼	9m^3/h·人
图书馆、博物馆	9m^3/h·人
机场、汽车站	9m^3/h·人

可见美国的各种公共建筑新风量标准已大大下降。日本东京条例规定新风量为12.5m^3/h·m^2，以观众厅0.65m^2/人计算，则每人新风量为8.125m^3/h。《广州友谊剧院总结》中认为：剧院若作会议场所，持续时间达3～4h，且不免有听众吸烟，这时新风量不应小于10m^3/h·人。若纯作内部文艺活动，且为间歇使用时，则可取用7m^3/h·人，但如果使用对象以接待外宾为主，则新风量适当取大些是适宜的，即不小于10m^3/h·人。《空调房间必要新风量探讨》中，作者推荐影剧院最小新风量为："不允许吸烟时，8.5m^3/h·人"。我国的剧场内是禁止吸烟的，故最小新风量按10m^3/h·人选用是合适的。在征求意见稿中，曾对室落下细菌数及浮游粉尘量作了规定，国外一些国家对此也作了规定。因我国尚无这方面成熟的经验，也没有确切的计算方法，且观众带入室内粉尘及细菌数也很难测定，根据各设计单位的建议，暂不对室内粉尘及细菌数作规定，只要最小新风量大于10m^3/h·人即可。剧场建筑设计规范于1988年颁布之后，上海、北京等地设计单位推荐最小新风量不应小于15m^3/人·h，考虑到我国中小城市的实

际情况，故本次修订按不同等级分别规定。

10.2.8 本条人体散热散湿量，参阅《冷冻与空调》1983年第5期中“人体散热湿量”一文。本条表中所列数据，已考虑群聚系数，使用时不再分男、女、老、少计算。

10.2.9 本条中的平均耗电系数，不同于灯具的同时使用系数，目的是为了确定变压器等设备的容量及电缆大小。这个同时使用系数很高，但持续时间不长，若采用同时使用系数，必然使空调负荷偏大。平均耗电系数是指灯具每小时实际平均耗电量与灯具总容量之比。

舞台照明热量计算，国内所采用的方法很不一致，无法在规范中推荐。

山东省建筑设计院按下式计算：

$$Q = B_1 \times B_2 \times B_3 \times N \times 860$$
$$= 0.7 \times 0.6 \times 0.5 \times N \times 860$$
$$= 144.48N$$

式中 Q——舞台照明得热量(kcal/h)(1kcal=4186.8J)

N——灯具总容量（kW）；

B_1——灯具同时使用系数（取0.7）；

B_2——灯具调光系数（取0.6）；

B_3——灯具位置系数（取0.4）。

详《暖通空调》1979年第二期“采用地道风降温的几个问题”。也有设计院按下式计算：

$$Q = N \times 860 \times n_1 \times n_2 \text{(kcal/h)(1kcal} = 4186.8\text{J)}$$

式中 n_1——散热系数、考虑灯罩等因素；

n_2——同时使用系数。

n_1、n_2 如下表所示：

n_1、n_2 系数表

位置 系数	面光	流动光	耳光	顶光	侧光	脚光
n_1	0.6	0.5	0.5	0.66	0.5	1.0
n_2	0.5	1.0	0.5	0.6	0.6	1.0

上两式中的同时使用系数，实际均应为平均耗电系数。

剧场建筑可以考虑预冷、预热以减少设备容量，但没有成熟的计算方法，故规范中未提及。

10.2.10 剧场的空气调节系统：

1 舞台层高比观众厅高得多，烟囱抽力作用大，舞台的热量变化较大，观众厅热量相对稳定，如果舞台和观众厅合用一个空气调节系统，会给调试和运行带来不少困难。从安全角度来看，《伦敦娱乐场所技术规程》第5.43条中规定“设有防火幕的为舞台服务的任何机械送风系统应与观众厅送风系统完全分开”。因此本条规定舞台和观众厅的空气调节系统宜分开设置。

化妆室使用时间与舞台不同，往往早开晚关，可设独立的空气调节系统或整体式及分体式空气调节装置。

2 关于采用淋水式空调器问题，连续几版的大伦敦市会条例指定优先使用空气洗涤室或使用淋水式表冷器，这是从空气净化角度出发的。在《空调房间必要新风量探讨》中，作者指出，在控制室内气味方面，除导入新风稀释外，喷水室空气处理方式和设置活性炭过滤器已证明是有效的，水雾和活性炭对气味，CO_2 等物质的洗、吸收（附）作用可以使稀释臭气所需要的新风量减少，在影剧院、体育馆采用喷水室其效果十分明显。这次在征求意见稿的回信中，多数人认为“应用淋水室或带淋水的表冷器处理空气”规定得太严，由于受条件限制，有时很难办到，建议改“应”为“宜”。

3 为了节能，过渡季节将空气调节作为机械通风来使用的剧场不少。上海地区，观众厅的气流组织多数为上送下回，过渡季节不开冷冻机时，常将上部送风口作抽风口用。这就要求在设计空调系统时，设置吸送两用装置，即在总风管上，用旁通阀形式或在静压箱内设几扇调节门的办法，使原来的送风管变成排风管，送风口变成排风口。观众厅空气调节系统设吸送两用装置后，全年使用灵活。但在气流方向变换时，要考虑有足够的进风面积，不然观众厅内会产生较大负压，灰尘容易进入，门不易开关。由于风集中从后座入场门进入，脑后风对后座观众影响较大，而中间与前座的观众由于新风补充不均匀，仍然闷热。

4 关于防止下降冷气流问题，日本尾龟清四郎1978年所著《空调设备的设计》中指出，为防止舞台部分流入观众席的冷气流，舞台部分进行空调要注意风压平衡，沿墙设置放热器，防止冷气流下降。日本《空气调和卫生工学便览》第九版和第十版上都指出，舞台部分高达30m，其外壁冷，形成舞台冷气流，使大幕下部为正压，上部为负压，大幕向观众厅吹出。大幕张开的瞬间，舞台向观众厅有相当大的风速，大大影响观众厅的空气环境。为防止冷气流，应在外墙上设风管，冬季向上方吹出热风，或在风道位置上沿整个墙面配置散热器，或在舞台出入口设散热器，防止通过舞台向观众席吹去冷风，或在顶棚内设向下送风的单元式加热器，造成热空气幕隔断冷风。

10.2.11 剧场的送风方式：

1 舞台的空气调节，要为副台工作人员服务，更要为在演出区表演的演员服务。目前国内的舞台送风管，基本上都置于两侧天桥之下或副台内，只有极少数的剧场置于前天桥之下，如上海的人民大舞台，苏州的开明大戏院，长沙的湖南剧院。由于怕送风吹动幕布，基本上都不能将送风送入表演区，结果演员在表演时往往是夏季热得汗流满面，冬季冷得发抖。1983年1月12日正式启用的中山市中山纪念堂剧场，

1986年5月9日我们去调查时，剧场内正在开会，空调系统也在运行，结果是观众席温度尚可，但主席台（正是舞台上的演出区）上的人，却热得汗流浃背，手中扇子直摇。这些人仅是坐着就流汗，如演员要跳舞，其热的情况可想而知。究其原因，是舞台送风均在副台之内，演出区无送风。本条规定舞台送风应送入演出区，是要求空气调节设计者与舞台工艺人员密切配合，以便选择最合适的位置设置送风管，将风送入演出区，真正发挥舞台空气调节为演出服务的作用。

2 观众厅采用下送风时，要防止将地面上的灰尘吹起（如地面格栅风口），如污物和水可能进入风道、地沟，设计时应考虑人能定期进去打扫和消毒。我们调查时发现，一些地沟或静压室内很脏，能看见里面的垃圾、积水，甚至死老鼠，但无法清理出来，这样会污染送风空气，不符合卫生要求。

3 本条参照《伦敦娱乐场所技术规程》编写，其中第5.43条规定："建筑中所有部分都应有良好的通风，并应做到：(1) 尽可能不让烟火进入和蔓延开来；(2) 保持卫生条件；(3) 有利于烟气直接排到大气中去"。第5.45条规定："舞台上的排风口设在较高的位置，如有格栅（栅顶）则应在格栅的上方"。

10.2.12 本条是强调防火安全的重要性。

10.2.13 本条参照前苏联《电影院建筑设计规范》第3.15条编写，该条规定："设计中所采取的平面布置方案，构造处理以及隔声的特别措施，均应保证在观众厅和其他房间内的噪声级不超过表3中所列的允许值"。在表3后的附注中又规定："由通风设备、空调设备与热风供暖设备造成的允许噪声级应比表3所列数低5dB"。

10.2.14 本条参照《民用建筑采暖通风设计技术措施》（中国建筑科学院设计所、标准所编）第5.56条编写。

10.2.15 新增条文。

1990年投入使用的北京"21世纪剧场"和1998年开始部分投入使用的上海大剧院，其机械化舞台的台仓内，均设置了空调系统。在演出过程中，舞台升降时，上下空间会串通，如台仓不进行空调，则演员会感到太冷或太热。机械化舞台的台仓内，用电设备较多，发生火灾时，如不排烟，烟气有可能会进入舞台或观众厅。排烟量建议按台仓体积的6次/h换气计算。

10.2.17 新增条文。

我们1998年在杭州东坡大戏院调研时，看见该剧院观众厅天棚下2m处，设置了不少直径为250mm的排风口，经风管与屋面的5台屋顶风机相连，据说使用效果很好。这样做有几个好处：1. 火灾时可以排烟；2. 换场时可以机械通风，大大改善了观众厅空气品质；3. 平时能经常排除上部大量余热，可以预防火灾。有可能时，建议排烟与排风系统合用，但有关设施，要符号防火规范要求。

关于排烟量，参照"高层民用建筑设计防火规范"第8.4.2条中庭的排烟量计算方法，考虑到观众厅净空高度比中庭低，人员密集，且由于有座椅的障碍，火灾时人员疏散较困难。因此，建议观众厅以13次/h换气标准计算，或$90m^3/m^2 \cdot h$换气标准计算，两者取其大者。

10.3 电 气

10.3.1 本条规定把甲等剧场的舞台照明、电声、舞台机械设备等用电划入一级负荷，主要考虑到甲等剧场经常对外开放，演出大型剧目，上座率高等因素，一旦中断供电，造成不良的政治影响和经济损失。乙、丙等剧场的消防设备，从保障生命和财产安全考虑，按一级负荷供电是很需要的，但考虑到我国目前经济水平和供电水平有限，一律按一级负荷供电尚有困难，故条文作了适当放宽，将其列入二级负荷。

10.3.2 供电系统负荷变化是引起供电网络电压偏差的主要因素。剧场舞台照明和舞台机械设备的用电约占整个剧场用电负荷的70%以上。上述负荷随着剧情变化变动频繁且持续时间长，因而对电网供电质量影响较大。为确保演出效果，条文要求甲等剧场的电网电压偏移应符合下列规定：

照明：+5%～-2.5%　　　　电力：±5%

条文中未强调乙等、丙等剧场电网允许电压偏移范围的规定，是因为目前国内电网电压波动较大，若不增加自动调压设备，难以满足要求。供电部门对装设有载调压变压器限制较严，装设有载调压变压器除增加设备投资处，还要增加维护费用，有时还降低了供电可靠性。调查表明，现有国内乙等以下剧场均未装设有载调压装置。

10.3.3 可控硅调光装置在移相触发调压过程中，将使电源波形非正弦化，造成多项奇次谐波分量较大。实验表明采用Y/Y_0接线方式的电源变压器，在三相对称满负荷下，可控硅触发导通角在90度的情况时（即满载调至半电压输出的运行情况）波形畸变率高达60%以上，形成的三次谐波系列在变压器铁件中引起的热损失可达变压器额定输出容量的16%，变压器不能满载使用。若在同等条件下电源变压器采用△/Y接线方式，由于△形回路为不对称零序电热构成通路，零序磁通互相抵消，使之三次谐波系列产生的变压器铁件热损失仅为变压器额定容量的0.024%左右，变压器可以满载运行。另外，当负荷不对称分布时，Y/Y_0接线方式变压器，可使相电压偏移度达±14%左右，而△/Y接线方式的变压器各相电压最大偏移度为±0.6%左右。综上所述，剧场的电源变压器采用△/Y接线方式远比采用Y/Y_0接线方式为好。

注：文中的技术数据摘自航空工业部第四规划研究院编写的《电源线方式对晶闸管调光装置运行的影响》。

10.3.4 条文中供电点电源电压和容量由剧场使用单位提供。

10.3.5 乐池局部照明、化妆室局部照明、观众厅座位排号灯，均系人们易接触的电气设备，采用低压配电，可避免触电事故的发生，保障人身安全。本条规定参照了“电力设计规范”有关条文。

10.3.6 电声、电视转播、电影还声的设备外壳接地，均属于屏蔽接地，其功能在于将干扰源产生的电场限制在设备金属屏蔽层内部，并将感应所产生的电荷传入大地。电源变压器的工作接地在正常情况下，要流过各相的汇漏电流，在接地装置上产生电位变化，可引起电声、电视杂音水平提高，影响效果，故在条件许可时，宜将接地装置独立设置，并在电路上完全分开。

10.3.7 舞台照明光源，主要采用白炽灯和卤钨灯两类，它们对电源电压波动非常敏感，以白炽灯为例，当电源电压下降5%时，其输出光通量就要减少18%，而交流电机全压起动具有较大的冲击电流，引起电源电压波动，使舞台照明闪烁，影响演出效果。我们参照了一般工作照明对电力照明的负荷合用变压器的规定，要求电动机起动时变压器低压出线上的电压波动不超过额定电压的4%，且在一小时内起动次数不大于10次，考虑舞台照明质量要求高、观众多、影响面大，因而要求对灯光闪烁的限制应更严。条文中规定冲击电压波动不超过3%，是以灯光光通量变化不超过10%为依据的，试验表明，电压瞬时波动控制在3%以内时，白炽灯的闪烁就不明显了。

10.3.8 参照《电力设计规范》及北京照明学会的《民用建筑照明设计指南》编写。

10.3.9 使绘景、化妆效果与演出效果一致。

10.3.10 避免瞬时亮度变化造成观众视觉失能的不舒服感。

10.3.11 满足观众厅清扫需要。

10.3.12 便于观众寻找座位。

10.3.13 指导观众、演员及工作人员在发生事故时，迅速疏散出去。此类标志，目前尚未制订出统一标准。据调查，剧场疏散时间一般不大于4min。应急照明用蓄电池连续供电30min就可确保安全疏散。

10.3.14 剧场消防控制室、柴油发电机室、灯控室、扩声室、配电室均属发生火灾事故时仍应继续工作的场所，其照度不低于正常照度的50%，是参照国内外其他规范而规定的，事故疏散照明最低照度不低于0.5lx，保证紧急状态中的观众看清疏散方向。

10.3.15 便于剧场照明管理，防止观众随意扳动照明开关，损坏设备。

10.3.16 一般设计原则，电铃声过于噪杂，国外已禁用。

10.3.17 参照《建筑电气设计技术规程》有关条文编写。

中华人民共和国行业标准

电影院建筑设计规范

Code for architectural design of cinema

JGJ 58—2008
J 785—2008

批准部门：中华人民共和国建设部
施行日期：2 0 0 8 年 8 月 1 日

中华人民共和国建设部
公　　告

第820号

建设部关于发布行业标准《电影院建筑设计规范》的公告

现批准《电影院建筑设计规范》为行业标准，编号为JGJ 58—2008，自2008年8月1日起实施。其中，第3.2.7、4.6.1、4.6.2、6.1.2、6.1.3、6.1.5、6.1.6、6.1.8、6.1.12、6.2.2、7.2.5、7.3.4条为强制性条文，必须严格执行。原《电影院建筑设计规范（试行）》JGJ 58－88同时废止。

本规范由建设部标准定额研究所组织中国建筑工业出版社出版发行。

中华人民共和国建设部

2008年2月29日

前　　言

根据建设部建标［2004］66号文的要求，规范编制组在广泛调查研究，认真总结实践经验，参考有关国际标准和国外先进标准，并在广泛征求意见的基础上，对原行业标准《电影院建筑设计规范（试行）》JGJ 58－88进行了修订。

本规范的主要技术内容是：1. 总则；2. 术语；3. 基地和总平面；4. 建筑设计；5. 声学设计；6. 防火设计；7. 建筑设备。

修订的主要技术内容是：1. 总则、基地和总平面、建筑设计、声学设计、防火设计和建筑设备；2. 增加了术语、建筑设计一般规定、室内装修、噪声控制和扬声器布置等内容。

本规范由建设部负责管理和对强制性条文的解释，由主编单位负责具体技术内容的解释。

本规范主编单位：中广电广播电影电视设计研究院（北京市西城区南礼士路13号，邮政编码：100045）

中国电影科学技术研究所（北京市海淀区科学院南路44号，邮政编码：100086）

本规范参编单位：北京建筑工程学院

本规范主要起草人：刘世强　乔柏人　邱正选　黄义成　罗燕翎　陈　钧　王振颖　马思泽　郭晋生　宋　娜

目　次

1 总　　则

1.0.1 为保证电影院建筑的设计质量，使其满足适用、安全、卫生及电影工艺等方面的基本要求，制定本规范。

1.0.2 本规范适用于放映 35mm 的变形宽银幕、遮幅宽银幕及普通银幕三种画幅制式电影和数字影片的新建、改建、扩建电影院建筑设计。

1.0.3 当电影院有多种用途或功能时，应按其主要用途确定建筑标准。

1.0.4 电影院建筑应为观众创造安全和良好的视听环境，为工作人员创造方便有效的工作环境。

1.0.5 电影院建筑设计应遵循电影产业可持续性发展的原则，并应与电影院工艺设计紧密配合。

1.0.6 电影院建筑设计除应符合本规范外，尚应符合国家现行有关标准的规定。

2 术　语

2.0.1 普通银幕电影　standard film

影片宽度为 35mm，画面高宽比为 1∶1.375 的电影。

2.0.2 变形宽银幕电影　anamorphic film

拍摄或印片时用变形物镜使记录在感光胶片上的影像沿水平方向压缩，放映时再通过变形镜头使变形影像复原的、画面高宽比为 1∶2.35 的电影。

2.0.3 遮幅宽银幕电影　masking wide-screen film

拍摄时采用画面高宽比为 1∶1.85（或 1∶1.66）的片窗，放映时采用比放映普通银幕电影焦距更短的镜头，以获得宽银幕电影效果的电影。

2.0.4 设计视点　viewpoint

影厅垂直视线设计用的基准视点，定在银幕画面下缘中点。

2.0.5 最低设计视点高度　minimum height of viewpoint

银幕上各种制式画面中最低有效画面下缘距第一排观众席地面的高度。

2.0.6 最近视距　minimum viewing distance

观众厅第一排中心座位观众眼点（通常以椅背代替）至设计视点的水平距离。

2.0.7 最远视距　maximum viewing distance

观众厅最后一排中心座位观众眼点（通常以椅背代替）至设计视点的水平距离。

2.0.8 放映距离　projection distance

放映物镜至银幕中心的距离。

2.0.9 仰视角　vertical inclined viewing angle

观众厅第一排中心座位观众眼点的水平线与银幕上缘形成的垂直夹角。

2.0.10 斜视角　horizontal inclined viewing angle

观众厅第一排边座观看银幕中心的视线与银幕中轴线形成的水平夹角。

2.0.11 视线超高值（*c* 值）　exceeding value of vertical sight line

后排观众观看设计视点的视线与前排观众眼睛垂线之交点，与前排观众眼睛间的高度差。

2.0.12 水平放映角　horizontal projection angle

放映光轴与银幕中轴线夹角在水平面上的投影角。

2.0.13 垂直放映角　vertical projection angle

放映光轴与银幕中轴线的垂直夹角，分为放映仰角和放映俯角两种。

2.0.14 数字影片　digital movies

用数字方式发行和放映的电影。

3 基地和总平面

3.1 基　　地

3.1.1 电影院选址应符合当地总体规划和文化娱乐设施的布局要求。

3.1.2 基地选择应符合下列规定：

1 宜选择交通方便的中心区和居住区，并远离工业污染源和噪声源；

2 至少应有一面直接临接城市道路。与基地临接的城市道路的宽度不宜小于电影院安全出口宽度总和，且与小型电影院连接的道路宽度不宜小于 8m，与中型电影院连接的道路宽度不宜小于 12m，与大型电影院连接的道路宽度不宜小于 20m，与特大型电影院连接的道路宽度不宜小于 25m；

3 基地沿城市道路方向的长度应按建筑规模和疏散人数确定，并不应小于基地周长的 1/6；

4 基地应有两个或两个以上不同方向通向城市道路的出口；

5 基地和电影院的主要出入口，不应和快速道路直接连接，也不应直对城镇主要干道的交叉口；

6 电影院主要出入口前应设有供人员集散用的空地或广场，其面积指标不应小于 0.2m²/座，且大型及特大型电影院的集散空地的深度不应小于 10m；特大型电影院的集散空地宜分散设置。

3.1.3 基地的机动车出入口设置应符合现行国家标准《民用建筑设计通则》GB 50352 中的有关规定。

3.2 总　平　面

3.2.1 总平面布置应符合下列规定：

1 宜为将来的改建和发展留有余地；

2 建筑布局应使基地内人流、车流合理分流，并应有利于消防、停车和人员集散。

3.2.2 基地内应为消防提供良好道路和工作场地，并应设置照明。内部道路可兼作消防车道，其净宽不应小于4m，当穿越建筑物时，净高不应小于4m。

3.2.3 停车场（库）设计应符合下列规定：

1 新建、扩建电影院的基地内宜设置停车场，停车场的出入口应与道路连接方便；

2 贵宾和工作人员的专用停车场宜设置在基地内；

3 贴邻观众厅的停车场（库）产生的噪声应采取适当的措施进行处理，防止对观众厅产生影响；

4 停车场布置不应影响集散空地或广场的使用，并不宜设置围墙、大门等障碍物。

3.2.4 绿化设计应符合当地行政主管部门的有关规定。

3.2.5 场地应进行无障碍设计，并应符合国家现行行业标准《城市道路和建筑物无障碍设计规范》JGJ 50中的有关规定。

3.2.6 综合建筑内设置的电影院，应符合下列规定：

1 楼层的选择应符合现行国家标准《建筑设计防火规范》GB 50016及《高层民用建筑设计防火规范》GB 50045中的相关规定；

2 不宜建在住宅楼、仓库、古建筑等建筑内。

3.2.7 综合建筑内设置的电影院应设置在独立的竖向交通附近，并应有人员集散空间；应有单独出入口通向室外，并应设置明显标识。

4 建筑设计

4.1 一般规定

4.1.1 电影院的规模按总座位数可划分为特大型、大型、中型和小型四个规模。不同规模的电影院应符合下列规定：

1 特大型电影院的总座位数应大于1800个，观众厅不宜少于11个；

2 大型电影院的总座位数宜为1201～1800个，观众厅宜为8～10个；

3 中型电影院的总座位数宜为701～1200个，观众厅宜为5～7个；

4 小型电影院的总座位数宜小于等于700个，观众厅不宜少于4个。

4.1.2 电影院建筑的等级可分为特、甲、乙、丙四个等级，其中特级、甲级和乙级电影院建筑的设计使用年限不应小于50年，丙级电影院建筑的设计使用年限不应小于25年。各等级电影院建筑的耐火等级不宜低于二级。

4.1.3 电影院建筑应根据所在地区需求、使用性质、功能定位、服务对象、管理方式等多方面因素合理确定其规模和等级。

4.1.4 电影院宜由观众厅、公共区域、放映机房和其他用房等组成。根据电影院规模、等级以及经营和使用要求，各类用房可增减或合并。主要用房的分区设置应符合下列规定：

1 应根据功能分区，合理安排观众厅区、放映机房区的位置；对于多厅电影院应做到观众厅区相对集中；

2 应解决好各部分之间的联系和分隔要求。各类用房在使用上应有适应性和灵活性，应便于分区使用、统一管理。

4.1.5 人流组织应符合下列规定：

1 观众厅人流组织应合理，保证观众的有序入场及疏散，观众入场和疏散人流不得有交叉；

2 应合理安排放映、经营之间的运行路线，观众、管理人员和营业运送路线应便捷畅通，互不干扰。

4.1.6 各个观众厅、放映机房的层高设计应根据观众厅规模、工艺要求和技术经济条件综合确定。

4.1.7 电影院建筑外部应符合下列规定：

1 电影院出入口应设置明显的标识；

2 设有突出的广告牌等设施时，应安全可靠，且不应影响消防车辆的通行和人员疏散。

4.1.8 电影院设置电梯或自动扶梯不宜贴邻观众厅设置。当贴邻设置时，应采取隔声、减振等措施。

4.1.9 电影院建筑的节能设计应符合现行国家标准《公共建筑节能设计标准》GB 50189中的有关规定。

4.1.10 锅炉房或冷却塔不宜贴邻观众厅设置；当贴邻设置时，应采取消声、隔声及减振措施。

4.1.11 各类用房应按其噪声等级分区布置。有噪声的用房不宜与观众厅贴邻设置。当贴邻设置时，应采取消声、隔声及减振措施。

4.1.12 当观众厅屋面工程采用轻型屋面时，应采取隔声、减振措施。

4.1.13 电影院建筑应进行无障碍设计，并应符合国家现行行业标准《城市道路和建筑物无障碍设计规范》JGJ 50中的有关规定。

4.1.14 电影院建筑中的公共信息标志用图形符号，应符合现行国家标准《公共信息标志用图形符号》GB 10001中的有关规定。

4.2 观众厅

4.2.1 观众厅应符合下列规定：

1 观众厅的设计应与银幕的设置空间统一考虑，观众厅的长度不宜大于30m，观众厅长度与宽度的比例宜为(1.5±0.2)∶1；

2 楼面均布活荷载标准值应取3kN/m^2；

3 观众厅体形设计，应避免声聚焦、回声等声学缺陷；

4 观众厅净高度不宜小于视点高度、银幕高度与银幕上方的黑框高度（0.5～1.0m）三者的总和；

5 新建电影院的观众厅不宜设置楼座；

6 乙级及以上电影院观众厅每座平均面积不宜小于 1.0m²，丙级电影院观众厅每座平均面积不宜小于 0.6m²。

4.2.2 观众厅视距、视点高度、视角、放映角及视线超高值，应符合表 4.2.2 的规定（图 4.2.2-1、图 4.2.2-2）。

表 4.2.2 观众厅视距、视点高度、视角、放映角及视线超高值

项目 \ 电影院建筑的等级	特级	甲级	乙级	丙级
最近视距(m)	≥0.60*W*	≥0.60*W*	≥0.55*W*	≥0.50*W*
最远视距(m)	≤1.8*W*	≤2.0*W*	≤2.2*W*	≤2.7*W*
最高视点高度 h_0(m)	≤1.5	≤1.6	≤1.8	≤2.0
仰视角(°)	≤40		≤45	
斜视角(°)	≤35	≤40	≤45	
水平放映角(°)	≤3			
放映俯角(°)	≤6			
视线超高值 *c* (m)	*c* 值取 0.12m，需要时可增加附加值 *c*′			*c* 值可隔排取 0.12m

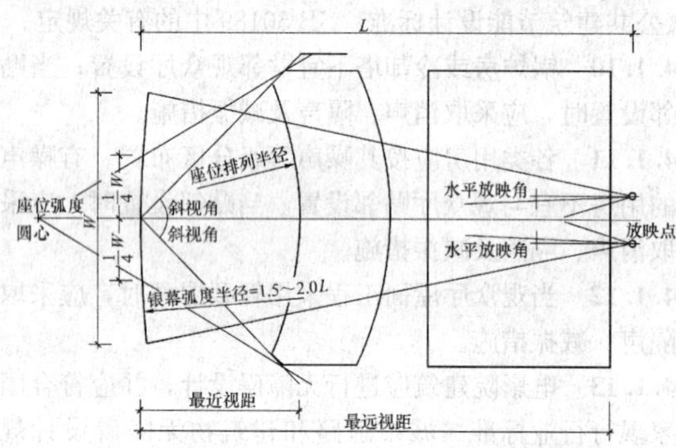

图 4.2.2-1 观众厅工艺设计平面图

W—银幕最大画面宽度（m）；*L*—放映距离（m）

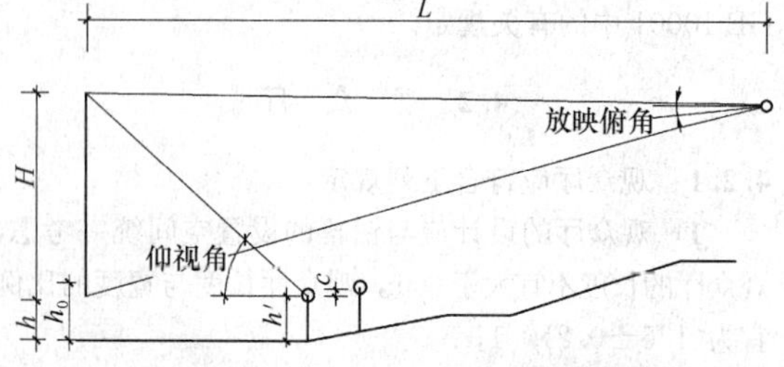

图 4.2.2-2 观众厅工艺设计剖面图

H—银幕最大画面高度（m）；*h*—设计视点高度（m）；h_0—最高视点高度（m）；*h*′—观众眼睛离地高度（m）；*c*—视线超高值（m）

4.2.3 观众厅的地面升高应满足无遮挡视线的要求，并可按下式计算（图 4.2.3）：

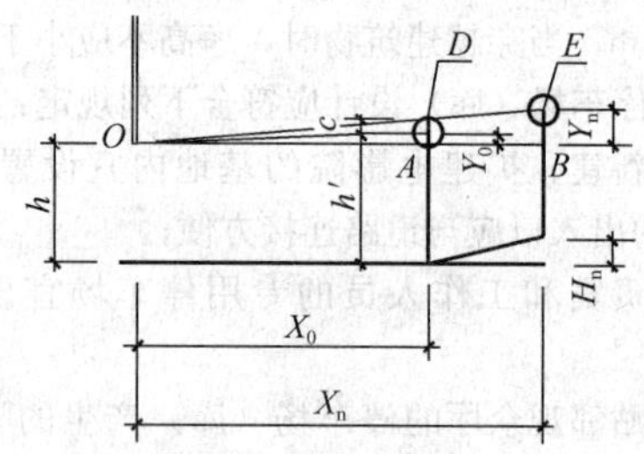

图 4.2.3 地面升高的无遮挡视线设计

$$Y_n = X_n / X_0 \cdot (Y_0 - c) \qquad (4.2.3)$$

式中 X_0——前一排观众眼睛到设计视点的水平距离（m）；

X_n——后一排观众眼睛到设计视点的水平距离（m）；

Y_0——前一排观众眼睛到设计视点的垂直距离（m）；

Y_n——后一排观众眼睛到设计视点的垂直距离（m）；

c——视线超高值，0.12m；

H_n——地面升高值（m）。

4.2.4 银幕设置应符合下列规定：

1 采用"等高法"画幅制式配置时，三种制式的银幕高度宜一致，左右宽度可根据画幅高宽比调整（图 4.2.4-1）。

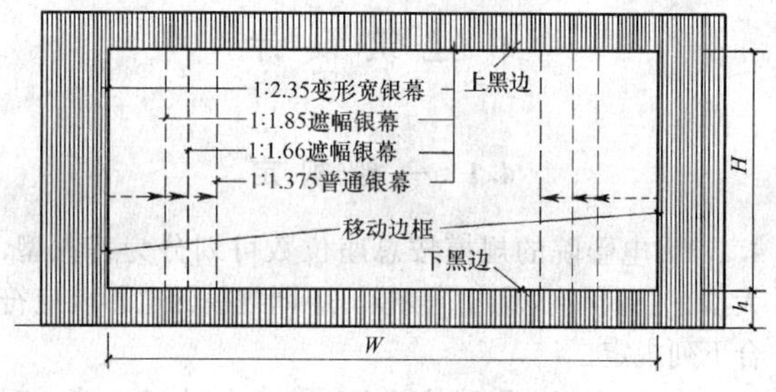

图 4.2.4-1 "等高法"银幕画幅制式配置

2 采用"等宽法"画幅制式配置时，应符合下列规定：

1） 宽银幕和遮幅幕的银幕宽度宜一致，上下高度可根据画幅高宽比调整（图 4.2.4-2）；

2） 普通幕和遮幅幕的高度宜一致，左右宽度可根据画幅高宽比调整（图 4.2.4-2）。

3 采用"等面积法"画幅制式配置时，应符合下列规定：

1） 宽银幕和遮幅幕的面积宜相等，高度可根据画幅高宽比调整（图 4.2.4-3）；

2） 普通幕和遮幅幕的高度宜相等，宽度可根据画幅高宽比调整（图 4.2.4-3）。

4 银幕画面宽度应由放映距离与放映机片门、

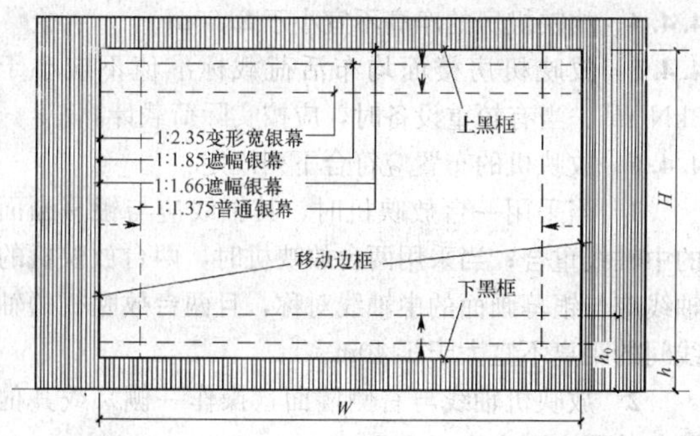

图 4.2.4-2 “等宽法”银幕画幅制式配置

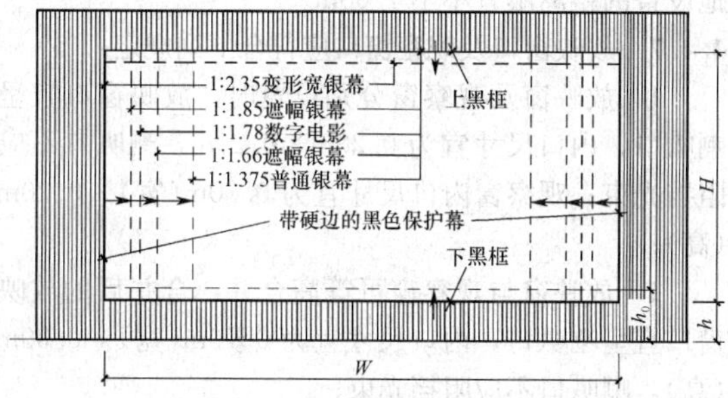

图 4.2.4-3 “等面积法”银幕画幅制式配置

放映镜头焦距之间的比例关系（图 4.2.4-4）确定。普通银幕画面宽度和变形宽银幕画面宽度可分别按式 4.2.4-1 和式 4.2.4-2 计算。

$$W_p = \frac{b \times L}{f} \quad (4.2.4\text{-}1)$$

$$W_b = \frac{b \times L}{f} \times 2 \quad (4.2.4\text{-}2)$$

式中 b——片门宽度（mm）；

W_p——普通银幕画面宽度（m）；

W_b——变形宽银幕画面宽度（m）；

f——镜头焦距（mm）；

L——放映距离（m）。

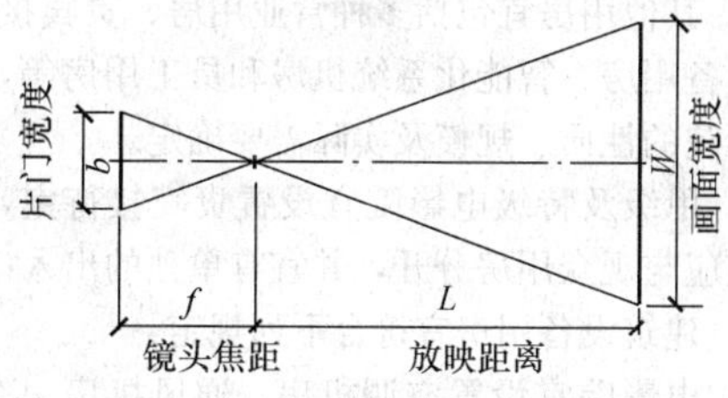

图 4.2.4-4 银幕画面尺寸设计

5 银幕应设置坚固的金属银幕架、幕轨、可调节画面的幕框，可设置保护幕。

6 宽银幕在水平方向呈弧面设计时，其曲率半径宜为放映距离 L 的 1.5～2 倍（图 4.2.2-1）。银幕弧面中点至幕后的墙面距离不宜小于 1.2m。当放映距离和银幕宽度的比值大于 1.5 且银幕宽度不超过 10m 时，银幕可为平面，银幕至幕后的墙面距离不宜小于 1.0m。

4.2.5 不同等级电影院的观众座席尺寸与排距宜符合表 4.2.5 的规定。

表 4.2.5 不同等级电影院的观众座席尺寸与排距

等级	特级	甲级	乙级	丙级	
座椅	软椅			软椅	硬椅
扶手中距（m）	≥0.56		≥0.54	≥0.52	≥0.50
净宽（m）	≥0.48		≥0.46	≥0.44	≥0.44
排距（m）	≥1.10	≥1.00	≥0.90	≥0.85	≥0.80

注：靠后墙设置座位时，最后一排排距为排距、椅背斜度的水平投影距离和声学装修层厚度三者之和。

4.2.6 每排座位的数量应符合下列规定：

1 短排法：两侧有纵走道且硬椅排距不小于 0.80m 或软椅排距不小于 0.85m 时，每排座位的数量不应超过 22 个，在此基础上排距每增加 50mm，座位可增加 2 个；当仅一侧有纵走道时，上述座位数相应减半；

2 长排法：两侧有走道且硬椅排距不小于 1.0m 或软椅排距不小于 1.1m 时，每排座位的数量不应超过 44 个；当仅一侧有纵走道时，上述座位数相应减半。

4.2.7 观众厅内走道和座位排列应符合下列规定：

1 观众厅内走道的布局应与观众座位片区容量相适应，与疏散门联系顺畅，且其宽度应符合本规范第 6.2.7 条的规定；

2 两条横走道之间的座位不宜超过 20 排，靠后墙设置座位时，横走道与后墙之间的座位不宜超过 10 排；

3 小厅座位可按直线排列，大、中厅座位可按直线与弧线两种方法单独或混合排列；

4 观众厅内座位楼地面宜采用台阶式地面，前后两排地坪相差不宜大于 0.45m；观众厅走道最大坡度不宜大于 1∶8。当坡度为 1∶10～1∶8 时，应做防滑处理；当坡度大于 1∶8 时，应采用台阶式踏步；走道踏步高度不宜大于 0.16m 且不应大于 0.20m；供轮椅使用的坡道应符合现行行业标准《城市道路和建筑物无障碍设计规范》JGJ 50 中的有关规定。

4.2.8 当观众厅内有下列情况之一时，座位前沿或侧边应设置栏杆，栏杆应坚固，其水平荷载不应小于 1kN/m，并不应遮挡视线：

1 紧临横走道的座位地坪高于横走道 0.15m 时；

2 座位侧向紧邻有高差走道或台阶时；

3 边走道超过地平面，并临空时。

4.3 公 共 区 域

4.3.1 公共区域宜由门厅、休息厅、售票处、小卖部、衣物存放处、厕所等组成。

4.3.2 门厅和休息厅应符合下列规定：

1 门厅和休息厅内交通流线及服务分区应明确，宜设置售票处、小卖部、衣物存放处、吸烟室和监控室等；

2 电影院门厅和休息厅合计使用面积指标，特、甲级电影院不应小于 $0.50m^2$/座；乙级电影院不应小于 $0.30m^2$/座；丙级电影院不应小于 $0.10m^2$/座；

3 电影院设有分层观众厅时，各层的休息厅面积宜根据分层观众厅的数量予以适当分配；

4 门厅或休息厅宜设有观众入场标识系统；

5 严寒及寒冷地区的电影院，门厅宜设门斗。

4.3.3 售票处应符合下列规定：

1 售票窗口的数量宜为每300座设一个，相邻两个售票窗口的中心距离不应小于0.90m，售票处的建筑面积宜按每窗口 $1.50\sim2.00m^2$ 计算；中型及其以上电影院宜设团体售票服务间；

2 售票处朝向室外的售票窗口，其窗口上部应设置雨篷；

3 售票处宜安装醒目的显示设施，可显示出节目单、厅号、映出时间表、价格表等。

4.3.4 电影院内宜设置小卖部或冷饮部，并应符合下列规定：

1 可根据观众厅的位置，就近分散设置，面积指标不应小于该区域观众厅 $0.04m^2$/座，并宜设置适当的等候区域；

2 柜台宜预留电源和给排水接口；

3 前后柜台宽度不宜小于0.70m，间距不宜小于1.10m。

4.3.5 电影院宜设置小件寄存柜或衣物存放处，衣物存放处面积指标不应小于 $0.04m^2$/座。

4.3.6 观众厅分层设置时，吸烟室宜分层设置。

4.3.7 电影院内宜设公用电话，并应有隔声屏障。

4.3.8 电影院内应设厕所，厕所的设置应符合现行行业标准《城市公共厕所设计标准》CJJ 14 中的有关规定。

4.4 放映机房

4.4.1 放映机房内应设置放映、还音、倒片、配电等设备或设施，机房内宜设维修、休息处及专用厕所。

4.4.2 各观众厅的放映机房宜集中设置。集中设置的放映机房每层不宜多于两处，并应有走道相通，走道宽度不宜小于1.20m。

4.4.3 当放映机房后墙处无设备时，放映机房的净深不宜小于2.80m，机身后部距放映机房后墙不宜小于1.20m。当放映机房为两侧放映时，放映机房的净深不宜小于4.80m。放映机镜头至放映机房前墙面宜为 $0.20\sim0.40m$。

4.4.4 放映机房的净高不宜小于2.60m。

4.4.5 放映机房楼面均布活荷载标准值不应小于 $3kN/m^2$。当有较重设备时，应按实际荷载计算。

4.4.6 放映机的布置应符合下列规定：

1 当采用一台放映机时，其轴线应与银幕画面的中轴线重合；当采用两台放映机时，两台放映机的轴线应与银幕画面的中轴线对称，且两台放映机的轴线间的距离不宜大于1.40m；

2 放映机轴线与右侧墙面（操作一侧）或其他设备的距离不宜小于1.20m；

3 放映机轴线与左侧墙面（非操作一侧）或其他设备的距离不宜小于1.00m。

4.4.7 放映窗口及观察窗口应符合下列规定：

1 放映窗及观察窗分别设置时，放映窗口宜呈喇叭口，内口尺寸宜为 $0.20m\times0.20m$，喇叭口不应阻挡光束；观察窗内口尺寸宜为 0.30m(宽) × 0.20m(高)；

2 放映窗与观察窗可等高合并，合并后的放映窗口宜呈喇叭口，内口尺寸宜为 0.70m(宽) × 0.30m(高)，喇叭口不应阻挡光束；

3 放映窗应安装光学玻璃，观察窗宜安装普通玻璃；

4 垂直放映角为 $0°$ 时，放映机镜头光轴距离机房地面高度应为1.25m；

5 放映窗口外侧的观众厅最后一排地坪前沿距离放映光束下缘不宜小于1.90m。

4.4.8 放映机房应有一外开门通至疏散通道，其楼梯和出入口不得与观众厅的楼梯和出入口合用。

4.4.9 放映机房应有良好通风，放映机背后墙上不宜开设窗户，当设有窗户时，应有遮光措施。

4.4.10 当放映机房楼（地）面高于室外地坪5m时，宜设影片提升设备。

4.5 其他用房

4.5.1 其他用房宜包括多种营业用房、贵宾接待室、建筑设备用房、智能化系统机房和员工用房等，可根据电影院的性质、规模及实际需要确定。

4.5.2 甲级及特级电影院宜设置贵宾接待室，贵宾接待室应与观众用房分开，并宜有单独的出入口。

4.5.3 建筑设备用房宜符合下列规定：

1 电影院宜设置空调机房、通风机房、冷冻机房、水泵房、变配电室、灯光控制室等；

2 各种设备用房的位置应接近电力负荷中心，运行、管理、维修应安全、方便，同时应避免其噪声和振动对公共区域和观众厅的干扰。

4.5.4 电影院可根据建筑等级和规模的需要设置智能化系统机房，宜包括消防控制室、安防监控中心、有线电视机房、计算机机房、有线广播机房及控制室；智能化系统机房可单独设置，也可合用设置。

4.5.5 员工用房应符合下列规定：

1 员工用房宜包括行政办公、会议、职工食堂、更衣室、厕所等用房，应根据电影院的实际需要设置；

2 员工用房的位置及出入口应避免员工人流路线与观众人流路线互相交叉。

4.6 室内装修

4.6.1 室内装修不得遮挡消防设施标志、疏散指示标志及安全出口，并不得妨碍消防设施和疏散通道的正常使用。

4.6.2 观众厅装修的龙骨必须与主体建筑结构连接牢固，吊顶与主体结构吊挂应有安全构造措施，顶部有空间网架或钢屋架的主体结构应设有钢结构转换层。容积较大、管线较多的观众厅吊顶内，应留有检修空间，并应根据需要，设置检修马道和便于进入吊顶的人孔和通道，且应符合有关防火及安全要求。

4.6.3 室内装修应符合下列规定：

1 观众厅室内装修应满足电影院声学要求；

2 室内装修所用材料应符合现行国家标准《民用建筑工程室内环境污染控制规范》GB 50325中的有关的规定；应采用防火、防污染、防潮、防水、防腐、防虫的装修材料和辅料；

3 观众厅室内装修选材应防止干扰光，应选用无反光饰面材料；

4 改建、扩建电影院观众厅的室内装修应保证建筑结构的安全性；

5 当观众吊顶内管线较多且空间有限不能进入检修时，可采用便于拆卸的装配式吊顶板或在需要部位设置检修孔；吊顶板与龙骨之间应连接牢靠。

4.6.4 观众厅的走道地面宜采用阻燃深色地毯。观众席地面宜采用耐磨、耐清洗地面材料。银幕边框、银幕后墙及附近的侧墙和银幕前方的顶棚应采用无光黑色或深色装修材料，台口、大幕及沿幕应采用无光黑色或深色装修材料。

4.6.5 放映机房的地面宜采用防静电、防尘、耐磨、易清洁材料。墙面与顶棚宜做吸声处理。

5 声学设计

5.1 基本要求

5.1.1 电影院建筑设计应包括声学设计，声学设计应贯穿电影院设计的全过程。

5.1.2 观众厅的声学设计应保证观众厅内达到合适的混响时间、均匀的声场、足够的响度，满足扬声器对观众席的直达辐射声能，保持视听方向一致，同时避免回声、颤动回声、声聚焦等声学缺陷并控制噪声的侵入。

5.1.3 观众厅内具有良好立体声效果的座席范围宜覆盖全部座席的2/3以上。

5.1.4 观众厅的后墙应采用防止回声的全频带强吸声结构。

5.1.5 银幕后墙面应做吸声处理。

5.2 观众厅混响时间

5.2.1 电影院观众厅混响时间，应根据观众厅的实际容积按下列公式计算或从图5.2.1中确定：

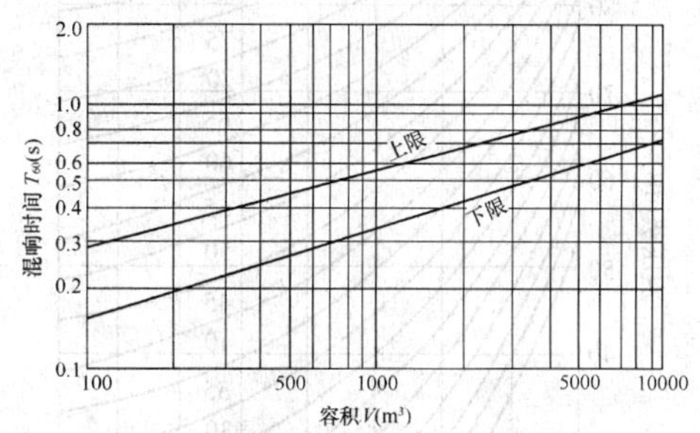

图5.2.1 电影院观众厅内所要求的混响时间与其容积的对应关系

500Hz时的上限公式为：

$$T_{60} \leqslant 0.07653V^{0.287353} \quad (5.2.1\text{-}1)$$

500Hz时的下限公式为：

$$T_{60} \geqslant 0.032808V^{0.333333} \quad (5.2.1\text{-}2)$$

式中 T_{60}——观众厅混响时间（s）；

V——观众厅的实际容积（m³）。

5.2.2 特、甲、乙级电影院观众厅混响时间的频率特性应符合表5.2.2的规定。

表5.2.2 特、甲、乙级电影院观众厅混响时间表的频率特性

f（Hz）	63	125	250	500	1000	2000	4000	8000
T_{60}^{f}/T_{60}^{500}	1.00～1.75	1.00～1.50	1.00～1.25	1.00	0.85～1.00	0.70～1.00	0.55～1.00	0.40～0.90

5.2.3 丙级电影院观众厅混响时间频率特性应符合表5.2.2中125Hz、250Hz、500Hz、1kHz、2kHz、4kHz的规定。

5.3 噪声控制

5.3.1 电影院内各类噪声对环境的影响，应按现行国家标准《城市区域环境噪声标准》GB 3096执行。

5.3.2 观众厅宜利用休息厅、门厅、走廊等公共空间作为隔声降噪措施，观众厅出入口宜设置声闸。

5.3.3 当放映机及空调系统同时开启时，空场情况下观众席背景噪声不应高于 NR 噪声评价曲线（图 5.3.3）对应的声压级（表 5.3.3）。

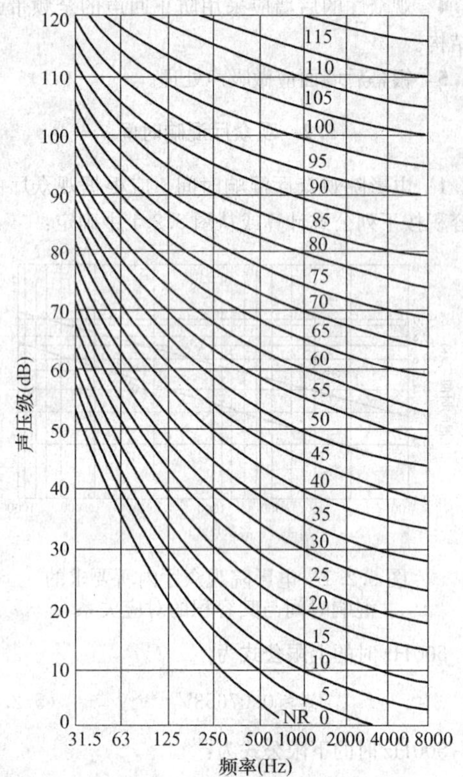

图 5.3.3 NR 噪声评价曲线

表 5.3.3 电影院观众席背景噪声的声压级

电影院等级	特级	甲级	乙级	丙级
观众席背景噪声（dB）	NR25	NR30	NR35	NR40

5.3.4 观众厅与放映机房之间隔墙应做隔声处理，中频（500～1000Hz）隔声量不宜小于 45dB。

5.3.5 相邻观众厅之间隔声量为低频不应小于 50dB，中高频不应小于 60dB。

5.3.6 观众厅隔声门的隔声量不应小于 35dB。设有声闸的空间应做吸声减噪处理。

5.3.7 设有空调系统或通风系统的观众厅，应采取防止厅与厅之间串音的措施。空调机房等设备用房宜远离观众厅。空调或通风系统均应采用消声降噪、隔振措施。

5.4 扬声器布置

5.4.1 银幕后电影还音扬声器应采用高、低分频的扬声器系统。系统中高频扬声器应为恒定指向性号筒扬声器，其水平指向性不宜小于 90°，垂直指向性不宜小于 40°。

5.4.2 扬声器的安装高度与倾斜角应以其高频扬声器的声辐射中心与声辐射轴线定位，声辐射中心宜置于银幕下沿高度的1/2～2/3处，声辐射轴线宜指向最后一排观众席距地面 1.10～1.15m 处。

5.4.3 扬声器及其支架应安装牢固，避免产生共振噪声。

5.4.4 立体声主声道扬声器的布置应符合下列规定：

1 银幕后宜设置 3 组或 5 组扬声器，扬声器的声辐射中心高度应一致；

2 扬声器间距应相等，且有足够大的距离，两侧扬声器的边距不宜超过银幕边框。

5.4.5 立体环绕声扬声器的布置应符合下列规定：

1 扬声器应设置在观众厅的侧墙与后墙，可按两路（左、右）或四路（左、右、左后、右后）布置，配置数量宜根据扬声器的放声距离、功率要求与指向性来确定，配置后的扬声器应能进行合理的阻抗串并联分配；

2 观众厅前区第一台扬声器的水平位置不宜超过第一排座席，前区扬声器与后区扬声器间的最大距离不应大于 17m，扬声器间距应一致，并应配合声学装修设计；

3 扬声器的安装高度，可以扬声器声辐射中心距地面高度为基准，根据观众厅的宽度，由下式计算

$$H = (W\sqrt{W^2 - 16} + 90)/6W \quad (5.4.5)$$

式中 H——扬声器声辐射中心距地面高度（m）；

W——观众厅的宽度（m）。

4 侧墙扬声器的声辐射轴线宜垂直指向其对面侧边座席 1.10～1.15m 处，后墙扬声器的声辐射轴线宜垂直指向观众席前排距地面 1.10～1.15m 处。

5.4.6 次低频声道扬声器的布置宜符合下列规定：

1 宜设置在银幕后中路主声道扬声器任意一侧地面，并做减振处理；

2 配置数量可根据扬声器的放声距离、功率要求来确定；

3 多台扬声器宜集中放置在一处，充分利用扬声器的互耦效应。

5.4.7 观众厅的声压级最大值与最小值之差不应大于 6dB，最大值与平均值之差不应大于 3dB。

6 防 火 设 计

6.1 防　　火

6.1.1 电影院建筑防火设计应符合现行国家标准《建筑设计防火规范》GB 50016 及《高层民用建筑设计防火规范》GB 50045 的规定。

6.1.2 当电影院建在综合建筑内时，应形成独立的防火分区。

6.1.3 观众厅内座席台阶结构应采用不燃材料。

6.1.4 观众厅、声闸和疏散通道内的顶棚材料应采

用A级装修材料，墙面、地面材料不应低于B1级。各种材料均应符合现行国家标准《建筑内部装修设计防火规范》GB 50222中的有关规定。

6.1.5 观众厅吊顶内吸声、隔热、保温材料与检修马道应采用A级材料。

6.1.6 银幕架、扬声器支架应采用不燃材料制作，银幕和所有幕帘材料不应低于B1级。

6.1.7 放映机房应采用耐火极限不低于2.0h的隔墙和不低于1.5h的楼板与其他部位隔开。顶棚装修材料不应低于A级，墙面、地面材料不应低于B1级。

6.1.8 电影院顶棚、墙面装饰采用的龙骨材料均应为A级材料。

6.1.9 面积大于100m^{2}的地上观众厅和面积大于50m^{2}的地下观众厅应设置机械排烟设施。

6.1.10 放映机房应设火灾自动报警装置。

6.1.11 电影院内吸烟室的室内装修顶棚应采用A级材料，地面和墙面应采用不低于B1级材料，并应设有火灾自动报警装置和机械排风设施。

6.1.12 电影院通风和空气调节系统的送、回风总管及穿越防火分区的送回风管道在防火墙两侧应设防火阀；风管、消声设备及保温材料应采用不燃材料。

6.1.13 室内消火栓宜设在门厅、休息厅、观众厅主要出入口和楼梯间附近以及放映机房入口处等明显位置。布置消火栓时，应保证有两支水枪的充实水柱同时到达室内任何部位。

6.1.14 电影院建筑灭火器配置应按现行国家标准《建筑灭火器配置设计规范》GB 50140中的有关规定执行。

6.1.15 电影院建筑设置自动喷水系统时，应按现行国家标准《自动喷水灭火系统设计规范》GB 50084中的有关规定设计系统及水量。

6.2 疏　　散

6.2.1 电影院建筑应合理组织交通路线，并应均匀布置安全出口、内部和外部的通道，分区应明确、路线应短捷合理，进出场人流应避免交叉和逆流。

6.2.2 观众厅疏散门不应设置门槛，在紧靠门口1.40m范围内不应设置踏步。疏散门应为自动推闩式外开门，严禁采用推拉门、卷帘门、折叠门、转门等。

6.2.3 观众厅疏散门的数量应经计算确定，且不应少于2个，门的净宽度应符合现行国家标准《建筑设计防火规范》GB 50016及《高层民用建筑设计防火规范》GB 50045的规定，且不应小于0.90m。应采用甲级防火门，并应向疏散方向开启。

6.2.4 观众厅外的疏散走道、出口等应符合下列规定：

1 电影院供观众疏散的所有内门、外门、楼梯和走道的各自总宽度均应符合现行国家标准《建筑设计防火规范》GB 50016及《高层民用建筑设计防火规范》GB 50045的规定；

2 穿越休息厅或门厅时，厅内存衣、小卖部等活动陈设物的布置不应影响疏散的通畅；2m高度内应无突出物、悬挂物；

3 当疏散走道有高差变化时宜做成坡道；当设置台阶时应有明显标志、采光或照明；

4 疏散走道室内坡道不应大于1∶8，并应有防滑措施；为残疾人设置的坡道坡度不应大于1∶12；

5 电影院疏散走道的防排烟设置应符合现行国家标准《建筑设计防火规范》GB 50016及《高层民用建筑设计防火规范》GB 50045的有关规定。

6.2.5 疏散楼梯应符合下列规定：

1 对于有候场需要的门厅，门厅内供入场使用的主楼梯不应作为疏散楼梯；

2 疏散楼梯踏步宽度不应小于0.28m，踏步高度不应大于0.16m，楼梯最小宽度不得小于1.20m，转折楼梯平台深度不应小于楼梯宽度；直跑楼梯的中间平台深度不应小于1.20m；

3 疏散楼梯不得采用螺旋楼梯和扇形踏步；当踏步上下两级形成的平面角度不超过10°，且每级离扶手0.25m处踏步宽度超过0.22m时，可不受此限；

4 室外疏散梯净宽不应小于1.10m；下行人流不应妨碍地面人流。

6.2.6 疏散指示标志应符合现行国家标准《消防安全标志》GB 13495和《消防应急灯具》GB 17945中的有关规定。

6.2.7 观众厅内疏散走道宽度除应符合计算外，还应符合下列规定：

1 中间纵向走道净宽不应小于1.0m；

2 边走道净宽不应小于0.8m；

3 横向走道除排距尺寸以外的通行净宽不应小于1.0m。

7 建 筑 设 备

7.1 给 水 排 水

7.1.1 电影院应设置给水排水系统。

7.1.2 放映机房、小卖部以及多种经营用房宜根据使用要求设置给水排水设施。

7.1.3 观众厅宜设置消防排水设施。

7.1.4 电影院用水定额、给水排水系统的选择，应按现行国家标准《建筑给水排水设计规范》GB 50015中的有关规定执行。

7.2 采暖通风和空气调节

7.2.1 特级、甲级电影院应设空气调节；乙级电影院宜设空气调节，无空气调节时应设机械通风；丙级电影院应设机械通风。

7.2.2 电影院主要用房空调采暖的室内设计参数应符合下列规定：

1 采暖地区冬季室内设计参数应符合表7.2.2-1的规定。

表 7.2.2-1 采暖室内设计参数

房间名称	室内设计温度(℃)	房间名称	室内设计温度(℃)
门厅	14～18	放映机房	16～20
休息厅	16～20	观众厅	16～20

2 观众厅空气调节室内设计参数应符合表7.2.2-2的规定。

表 7.2.2-2 空气调节室内设计参数

项　　目	夏　季	冬　季
干球温度（℃）	24～28	16～20
相对湿度（%）	55～70	≥30
工作区平均风速（m/s）	0.30～0.50	0.20～0.30

注：夏季采用天然冷源降温时，室内设计温度应低于30℃。

7.2.3 不同等级电影院的观众厅最小新风量不应小于下列规定：

表 7.2.3 电影院的观众厅最小新风量

电影院等级	特　级	甲　级	乙　级	丙　级
新风量[m³/(人·h)]	25	20	18	15

7.2.4 观众厅内人体散热、散湿量可按表7.2.4选用。

表 7.2.4 观众厅内人体散热、散湿量

温度(℃)	14	15	16	17	18	26	27	28	29	30
显热(W/人)	96	92	88	83	80	56	52	48	43	38
潜热(W/人)	15	15	15	18	20	40	44	48	53	58
全热(W/人)	111	107	103	101	100	96	96	96	96	96
散湿[g/(h·人)]	23	23	23	27	29	61	67	73	80	86

7.2.5 放映机房的空调系统不应回风。

7.2.6 放映机房的通风和带有新风的空气调节应符合下列规定：

1 凡观众厅设空气调节的电影院，其放映机房亦宜设空气调节；

2 机械通风或空气调节均应保持负压，其排风换气次数不应小于15次/h；

3 电影放映机的排风量可采用表7.2.6的数值。

表 7.2.6 电影放映机的排风量

	2kW氙灯	3kW氙灯	4kW氙灯	6kW氙灯	7kW氙灯
排风量[m³/(台·h)]	500	600	800	900	1000

7.2.7 通风和空气调节系统应按具体条件确定，并应符合规定：

1 单风机空气调节系统应考虑排风出路；不同季节进排风口气流方向需转换时，应考虑足够的进风面积；排风口位置的设置不应影响周围环境；

2 空气调节系统设计应考虑过渡季节不进行热湿处理，仅作机械通风系统使用时的需要；

3 观众厅应进行气流组织设计，布置风口时，应避免气流短路或形成死角；

4 采用自然通风时，应以热压进行自然通风计算，计算时不考虑风压作用。

7.2.8 通风和空气调节系统应符合下列安全、卫生规定：

1 制冷系统不应采用氨作制冷剂；

2 地下风道应采取防潮、防尘的技术措施，地下水位高的地区不宜采用地下风道；

3 观众用厕所应设机械通风。

7.2.9 通风或空气调节系统应采取消声减噪措施，应使通过风口传入观众厅的噪声比厅内允许噪声低5dB。

7.2.10 通风、空气调节和冷冻机房与观众厅紧邻时应采取隔声减振措施，其隔声及减振能力应使传到观众厅的噪声比厅内允许噪声低5dB。

7.3 电　气

7.3.1 电影院用电负荷和供电系统电压偏移宜符合下列规定：

1 特级电影院应根据具体情况确定；甲级电影院（不包括空气调节设备用电）、乙级特大型电影院的消防用电，事故照明及疏散指示标志等的用电负荷应为二级负荷；其余均应为三级负荷；

2 事故照明及疏散指示标志可采用连续供电时间不少于30min的蓄电池作备用电源；

3 对于特级和甲级电影院供电系统，其照明和电力的电压偏移均应为±5%。

7.3.2 疏散应急照明中疏散通道上的地面最低水平照度不应低于0.5lx；观众厅内的地面最低水平照度不应低于1.0lx；楼梯间内的地面最低水平照度不应低于5.0lx。消防水泵房、自备发电机室、配电室以及其他设备用房的应急照明的照度不应低于一般照明的照度。电影院其他房间的照度应符合现行国家标准《建筑照明设计标准》GB 50034的规定。

7.3.3 乙级及乙级以上电影院观众厅照明宜平滑或分档调节明暗。

7.3.4 乙级及乙级以上电影院应设踏步灯或座位排号灯，其供电电压应为不大于36V的安全电压。

7.3.5 观众厅及放映机房等处墙面及吊顶内的照明线路应采用阻燃型铜芯绝缘导线或铜芯绝缘电缆穿金属管或金属线槽敷设。

7.3.6 放映机房专用工艺电源应按照放映设备及配套的音响设备确定。

7.3.7 放映机房、保安监控设备用房及其他弱电系统控制机房内采用专用接地装置时，接地电阻值不应大于4Ω。采用共用接地装置时，接地电阻值不应大于1Ω。

7.3.8 电影院防雷措施应符合现行国家标准《建筑物防雷设计规范》GB 50057中的有关规定。

本规范用词说明

1 为便于在执行本规范条文时区别对待，对要求严格程度不同的用词说明如下：

1） 表示很严格，非这样做不可的：
正面词采用“必须”，反面词采用“严禁”；

2） 表示严格，在正常情况均应这样做的：
正面词采用“应”，反面词采用“不应”或“不得”；

3） 表示允许稍有选择，在条件许可时，首先应这样做的：
正面词采用“宜”，反面词采用“不宜”；
表示有选择，在一定条件下可以这样做的，采用“可”。

2 条文中指明按其他有关标准执行时的写法为：“应符合……的规定”或“应按……执行”。

中华人民共和国行业标准

电影院建筑设计规范

JGJ 58—2008

条 文 说 明

前　言

《电影院建筑设计规范》JGJ 58－2008，经建设部2008年2月29日以第820号公告批准发布。

本规范第一版JGJ 58－88（以下简称“原规范”）的主编单位是中国建筑西南设计院和中国电影科学技术研究所，参加单位有北京建筑工程学院、湖南大学、上海城市建设学院。

为便于广大设计、施工、科研、学校等单位的有关人员在使用本规范时能正确地理解和执行条文规定，《电影院建筑设计规范》编制组按章、节、条顺序编制了本规范的条文说明，供国内使用者参考。在使用中，如发现本条文说明有欠妥之处，请将意见函寄至主编单位：中广电广播电影电视设计研究院（北京市西城区南礼士路13号，邮政编码：100045）或中国电影科学技术研究所（北京市海淀区科学院南路44号，邮政编码：100086）。

目　次

1 总 则

1.0.1 随着电影技术的日益进步，电影工艺设计在电影院设计中的作用更显突出，特在本条中增加了“电影工艺”的基本要求。电影工艺即电影院建筑工艺，是指电影院观众厅和放映机房等功能的技术要求。

电影工艺设计专业是电影院建筑设计和电影技术之间交流和沟通的桥梁，建筑设计和工艺设计必须紧密配合，才能设计出合格的电影院来。过去电影院设计中出现一些失误，大都是没有电影工艺设计配合所致。所以本条强调了电影工艺设计的重要性。

1.0.2 随着数字电影的出现，电影院除了放映传统的三种电影之外，还应该能兼映数字电影，特在本条中增加了数字影片。数字影片是指用数字技术实现画面和声音的获取、记录、传输和重放的电影。

1.0.4 强调了视听环境和工作环境的重要性。

1.0.5 强调了电影产业的可持续发展。电影产业随着社会、经济的发展不断进步，电影院设计时，应考虑为电影产业发展带来的变化预留发展空间。电影工艺设计在电影院设计中的作用重大，在设计时应予以重视，做到与建筑设计的紧密结合。

2 术 语

本章是以原规范附录二名词解释部分为基础，略有取舍。现本章术语均选自《电影技术术语》GB/T 15769－1995，略有改动。

3 基地和总平面

3.1 基 地

3.1.1 电影院建筑是文化建筑类型的重要组成部分，特别是特、甲级大、中型电影院，对当地的文化建设起着重要作用，往往成为当地的重点文化设施，应设置在相适应的城市主要地段，目前是多厅影院发展的转折时期，国家鼓励电影院多种投资渠道和多种经营。电影院选址首先要进行人口密度趋势预测和市场容量的分析，特别是交通、人口密度、地段、多种经营状况等都对电影院经济产生极大影响，所以本条重点强调要符合当地规划、文化设施布点要求，同时要兼顾经济效益和社会效益。

3.1.2 本条规定基地选择设计的要求。

电影院的基地选择是指独立建造的电影院和建有电影院的综合建筑的基地选择。

1 电影院的基地选择应充分考虑到人、建筑、环境的基本原则。电影院作为人员密集场所，建筑的基地选择一方面为保证人员的安全、卫生和健康，应选择无害环境，另一方面也不应选择在会对当地环境产生破坏的基地，同时不妨碍当地城市交通，减少对相邻建筑的影响。另外现行《文化娱乐场所卫生标准》GB 9664 在选址上也作相同规定。

2 电影院建筑属于人员密集建筑，电影院的场地对人员疏散和城市交通的安全都极为重要，故此这里强调基地沿城市道路方向是为了保证电影院基地前有疏散的道路，并保证疏散道路有一定的宽度；这条规定的原则是疏散观众占去的道路宽度在理论上不得超过道路通行宽度的一半，且余下的宽度最小也不得小于 3m。

根据每百人室外平坡地面疏散宽度指标 0.60m，小型电影院不大于 700 座，道路宽度为 2×0.6×700/100＝8.40m，约 8m；中型电影院 701～1200 座，道路宽度 8～15m；大型电影院1201～1800 座，道路宽度 15～22m；特大型电影院 1800 座以上，道路宽度大于 22m。

为了方便统一，作如下调整：

小型：700 座以下，不应小于 8m；

中型：701～1200 座，不应小于 12m；

大型：1201～1800 座，不应小于 20m；

特大型：1801 座以上，不应小于 25m。

6 对于电影院前面空地的规定，其目的是保证观众候场、集散，对城市交通不致造成影响，以及在火灾或紧急情况下迅速疏散出电影院内的观众。

关于空地面积指标，各国均不相同。结合我国已有人员密集专用建筑设计，由于我国地区差异比较大，基本上采用$0.20m^2$/座。考虑到大型及以上电影院满场观众在 1200 人以上，除了满足上述指标外，其深度不应小于 10m，二者取其较大值。当散场人流的部分或全部仍需经主入口离去，则主入口空地须留足相应的疏散宽度。

3.1.3 本条要引起设计人员的注意，电影院属于人员密集场所，特别是随着人民生活水平提高，私人轿车增多，在进行电影院设计时，要重视电影院建筑基地机动车出入口位置的设计。

3.2 总 平 面

3.2.1 电影院建筑内人员较多，观众厅数量和占地较大，使用功能复杂，因投资费用和基地原因限制，常常分期、分阶段实施，应当坚持可持续发展原则，故本条提出了总平面布置的基本原则。

3.2.2 关于建筑基地内道路的设计要求，《民用建筑设计通则》明确了设计要求和规定，这里强调内部道路和空地，以及照明设施均应满足人员疏散、消防车辆通行及使用要求。

3.2.3 电影院的停车场（库）是指提供本建筑车辆停放以及以本建筑为目的地的外来车辆停放的场所。

停车场的设置，根据电影院的规模、使用特点、用地位置、交通状况等内容确定，当受条件限制时，停车场可设置在邻近基地的地区。因我国各地公安交通管理部门对停车指标要求不尽相同，在设计时，应参考当地的停车指标。

例如：北京市 1994 年实施的《北京市大中型公共建筑停车场建设管理暂行规定（修正）》中规定：建筑面积 2000m² 以上（含 2000m²）的电影院应设停车场，电影院每 100 座，小型汽车 1～3 辆，自行车 45 辆；剧院每 100 座，小型汽车 3～10 辆，自行车 45 辆；停车场的建筑面积：小型汽车按每车位 25m² 计算，自行车按每车位 1.2m² 计算。

再如：长沙市 2005 年实施的《长沙市建筑工程配建停车场（库）规划设置规则》中规定：建筑面积大于 500m² 的建筑物运营要求设置停车设施；电影院：机动车 2.5 车位/100 座，非机动车 35.0 车位/100 座；剧院：机动车 3.5 车位/100 座，非机动车 28.0 车位/100 座。

3.2.4 根据目前我国电影院现状的调查，很多电影院做不到当地绿化率的要求，且各地对绿化率计算方法也分别有所规定，故不作量化规定，目前主要强调环境设计及绿化的重要性。

3.2.5 电影院建筑内观众众多，老年人和行动不便的残疾观众也是其中的重要部分，这同时也体现了社会文明程度。当前我国电影院能完全满足这方面要求的还较少，故专门列出本条加以强调。

3.2.6 本条是对综合建筑内设置的电影院选址提出的要求。

综合建筑内设置的电影院：即选择在商厦、市场、广场等商业建筑内，可利用这些建筑中的餐饮、购物、休闲等各种设施，并且可以相互促进各自的使用效率，从而使双方获得更好的经济效益。从 20 世纪末开始的这种模式的多厅电影院已经从北京、上海等大城市向全国大中城市发展。建在商业建筑内的多厅电影院固然有许多好处，但也受到一些限制，如观众厅的平面尺寸要与原建筑的柱网模数相适应；观众厅的高度要与原建筑物的框架结构相配合；电影院的出入口要与原建筑相结合，以便观众集散等。

关于楼层的选择，这是一个很复杂的问题。目前电影院设在建筑物顶层的比较多，大都设在五层以上，也有设在十层以上的（见表 1），这需要根据通过当地消防部门的规定和许可。设在顶层对电影厅的高度较易解决，但对观众的出入较难解决好，所以除了从商场内部出入外，还应有至地面的单独出入口，并设有电梯，提高电影院专用疏散通行能力，并解决晚场电影商场停止营业后的交通疏散问题，同时在非正常情况下，能够尽快到达安全地带。

表 1　我国部分设在综合建筑三层以上与地下一层内的电影院的基本情况

电影院名称	规　模	建设地点	建设年代
上海环艺电影城	6 个电影厅	梅龙镇广场十层	1998 年
北京新东安影城	8 个电影厅	新东安市场五层	2000 年
浙江翠苑电影大世界	13 个电影厅	物美超市五层	2001 年
上海超极电影世界	4 个电影厅	美罗城五层	2001 年
上海永华电影城	12 个电影厅	港汇广场六层	2002 年
北京华星国际影城	4 个电影厅	电影科研大厦一至四层	2002 年
上海新天地国际影城	6 个电影厅	新天地五层	2002 年
北京紫光影城	10 个电影厅	蓝岛大厦五层	2003 年
上海浦东新世纪影城	8 个电影厅	八佰伴十层	2003 年
上海虹桥世纪电影城	4 个电影厅	上海城购物中心五层	2003 年
上海星美正大影城	7 个电影厅	正大广场八层	2003 年
北京影联东环影城	5 个电影厅	东环广场地下一层	2003 年
北京新世纪影院	6 个电影厅	东方广场地下一层	2003 年
北京首都时代影城	4 个电影厅	时代广场地下一层	2003 年
宁波时代电影大世界	12 个电影厅	华联大厦七至八层	2003 年
北京搜秀影城	4 个电影厅	搜秀城九层	2004 年
北京星美国际影城	7 个电影厅	时代金源购物中心五层	2004 年
上海上影华威电影城	6 个电影厅	新世界城十一至十二层	2005 年
南京新街口国际影城	9 个电影厅	南京德基广场七层	2005 年

4 建筑设计

4.1 一般规定

4.1.1 根据近年来已建成的多厅电影院来看，观众厅数量最少为4个，最多为10个左右。观众总容量从600余座到1500余座，只有个别的超过1500座。这些在目前来讲应该还是比较合适的。但是每个厅的平均容量则出入很大，最多的平均可达200多座/厅，最少的平均只有100多座/厅，所以有必要对电影院的规模进行调整。

《电影院建筑设计规范》JGJ 58－88曾对电影院的规模进行过分级，但那是20世纪80年代针对单厅、大厅作的规定。随着小厅、多厅电影院的出现，需要对此进行修改，现将多厅电影院的规模分级如下：

特大型：1801座以上，宜有11个厅以上，平均164座/厅；

大型：1201～1800座，宜有8～10个厅，平均150～180座/厅；

中型：701～1200座，宜有5～7个厅，平均140～171座/厅；

小型：700座以下，不宜少于4个厅，平均175座/厅。

从上可见，厅数仍维持在4～10厅，总容量则为700～1800座，比原规范略有增加。最主要的是每个厅的平均座位数有明显的变化，即平均为140～180座/厅。

4.1.2 电影院建筑质量划分为特、甲、乙、丙四个等级，以便于区别对待，保证最低限度的技术要求，便于设计、验收。四个等级电影院的设计使用年限、耐火等级、环境功能、电影工艺等标准均应符合本规范的规定。

4.1.3 电影院在场地选定后影响电影院等级和规模是有多种因素的，要综合考虑。从我国目前电影院建设实践看，经常出现两个方面的问题：一是追求过大规模和过高标准等级，造成在建设过程中资金准备不足，工期延长，质量标准不高，严重影响以后的经营使用；二是盲目追求规模过大、豪华型电影院，建完后观众过少，票房收入达不到预期值，资金回报期延长。上述两种情况均严重影响了电影院建设事业的发展，因此，必须因地制宜地合理确定建筑的等级和规模。

4.1.4 由于电影院的功能配置比较多，使用人员多，安全要求比较高，经营类型也不同，应结合建筑的实际情况，合理分布功能分区，特别是多厅影院的观众厅应集中布置：一是平面上集中，一是剖面上集中，有利于人员疏散和管理。另外强调放映机房集中，作为多厅影院，为了减少成本和方便放映工艺，建议集中布置。目前市场上有许多新建建筑，把观众厅和放映机房分散布置，造成很多不必要的人力成本浪费。因此，本条强调功能分区要合理，详见图1功能分区示意图。

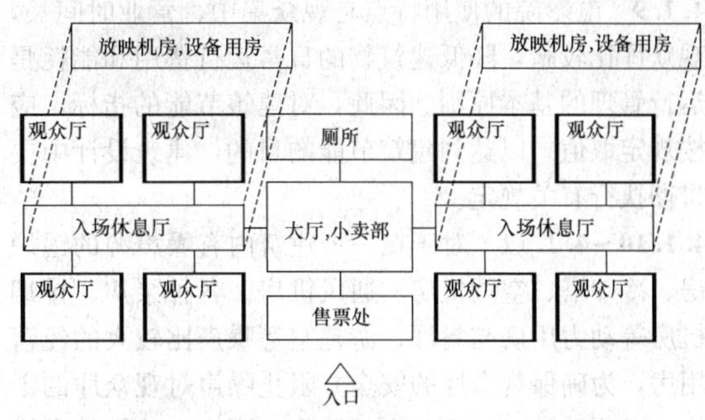

图1 功能分区示意图

4.1.5 电影院是功能性比较强的民用建筑之一，人员较多，需要合理安排观众入场和出场人流，以及放映、管理人员和营业之间的运行线路，使观众、管理人员和营业便捷、畅通、互不干扰。要达到上述设计要求，首先必须有一个好的功能布局，合理安排人员运行流程用以指导设计。当前，从传统单厅电影院向多厅电影院转化的过渡阶段，有的设计只考虑观众厅的出入人流，忽略了管理人员和营业人员的运行路线，顾此失彼，要么运行路线不简便，要么相互干扰，因此，在进行建筑方案设计之前，要合理组织安排人流线路。

4.1.6 由于多厅电影院建筑的规模、大小、使用要求有较大差异，观众厅又有空间大且无窗等特点，如何进行剖面层高设计，掌握适度，在国内外的电影院建筑中有正反两面的实例。因此，提出必须结合观众厅的规模、工艺要求及技术条件，确定各个观众厅和放映机房的层高。

另外，有的电影院用地紧张，需要观众厅上下两层布置时，应在同一位置，这样有利于结构安全和建筑节能。

休息厅、小卖部及卫生间等辅助用房，宜放在较大厅后排座位下的空间内，一是避免空间浪费，二是能创造出形态迥异的使用空间。

4.1.7 由于电影院既属于文化建筑，又属于娱乐建筑，人员比较多，电影海报广告更换比较频繁，夜间电影院的使用率更高，这是电影院的一大特点。因此，对出入口标识、广告作了规定。

4.1.8 由于电影院人流较大，随着人民生活水平提高，遵循“以人为本”和“观众为主，服务第一”的原则，结合经济水平的发展与电影院等级标准，电影院宜设置乘客电梯或自动扶梯。如受经济条件限制，可预留电梯井。本条规定主要强调电梯的运行会对观众厅的隔声、隔振产生影响，应采取必要的措施。

另外，乘客电梯的数量应通过设计和计算确定；主要乘客电梯应设置于门厅内易于看到且较为便捷的位置；自动扶梯上下两端水平部分 3m 范围内不应兼作它用；当只设单向自动扶梯时，附近应设置相配套的楼梯。

4.1.9 电影院的使用特点是观众集中，营业时间长，观众厅比较暗，降低建筑物的日常运行费用和能耗是运行管理的基本原则。因此，对建筑节能的指标，应按规定取值，以达到建筑节能的目的，建筑设计中要贯彻执行有关规定。

4.1.10～4.1.11 对于在一个建筑内有噪声源的锅炉房、冷却塔、空调机房、通风机房、各种泵房、排烟机房等动力用房与餐厅、游艺室等噪声比较大的经营用房，为确保观众厅的安全并阻止噪声对观众厅的干扰，必须采取一定的防火、消声、隔声、减振技术措施，或远离观众厅。

4.1.12 为避免暴雨和上人屋面对观众厅的噪声影响，作此规定。

4.1.13 为方便老年人和行动不便的残疾观众，除总平面上考虑对出入口、道路的特殊要求外，建筑设计中也要贯彻执行有关规定。

4.1.14 公共信息标志设施是多厅电影院建筑现代化程度、美化建筑的重要标志之一，特别是观众厅、经营用房较多，电影院建筑更应高度重视。电影院公共场所凡涉及人身财产安全以及指导人们行为的有关安全事项，管理单位应按规定设置相应的公共信息标志和安全标志，需要设置中、英文字说明的引导标志，应符合国家、行业标准的有关规定。

4.2 观 众 厅

4.2.1 观众厅基本要求。

1 过去原规范中观众厅的长度按照声音的延迟时间与距离关系确定厅长为 36～40m，并用厅后墙的反射面来加强后座的声级。但是随着电影立体声的出现，特别是模拟立体声又发展为数字立体声，上述做法就不适宜了，过长的延迟声会造成的声音和画面不同步，主扬声器与环绕扬声器的声相定位干扰，影响了数字立体声的应有效果。本规范的观众厅的尺度参照《数字立体声电影院的技术标准》GY/T 183－2002 规定，长度不宜大于 30m，长度与宽度的比例宜为（1.5±0.2）∶1。

2 观众厅楼面荷载除应考虑楼面均布活荷载外，还应考虑因增加台阶产生的静荷载。楼面均布活荷载标准值取自《建筑结构荷载规范》GB 50009。

6 乙级及以上电影院观众厅每座平均面积不宜小于 1.0m²，来源于现行的防火规范，考虑到地区和等级的差别，故此规定丙级电影院观众厅每座平均面积不宜小于 0.6m²。

4.2.2 观众厅视距、视点高度、视角、放映角及视线超高值。

1 视点选择的规定

各种画幅制式的高度 H 相等，则设计视点高度也统一为 h，但各画面高度不等时，则可按图 2 及公式设计。

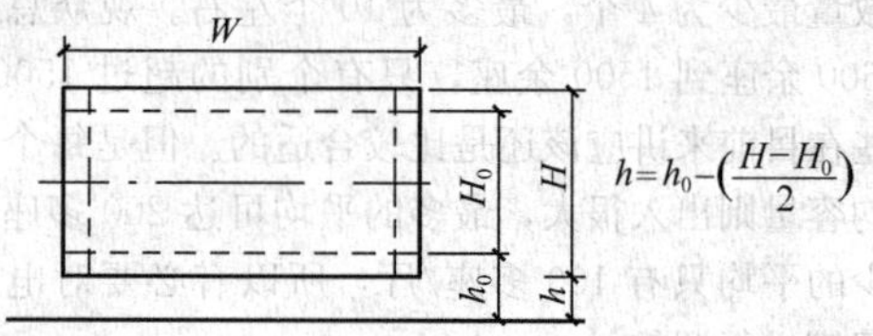

图 2 设计视点高度计算

注意：各画幅中心高度的水平轴线应为同一轴线，而不能将各画幅的下缘比齐。

2 视距的规定

视距改用 W 的倍数表示，因为这样更为明确，且不易误解。

本规范规定最近视距取 0.5～0.6W，最远视距取 1.8～2.2W（丙级电影院放宽至 2.7W）的依据是：与最近视距 0.6W 相对应的水平视角为 80°，与最远视距 1.8W 相对应的水平视角为 31°。从图 3 中可见水平视角 80°介乎双目周边视场和辨别视场之间，观众可以获得很好的视觉临场感；水平视角 31°也可达到辨别视场的大部分。所以银幕尺寸如果提供了不小于 31°且不大于 80°水平视角，即 0.6～1.8W，已被国内外业内公认为最佳的视觉范围。

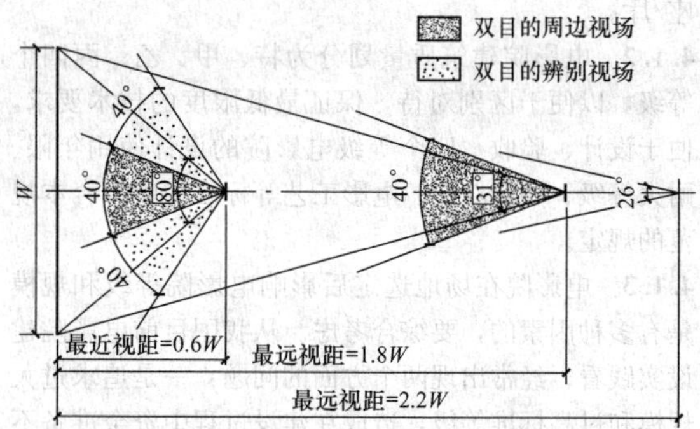

图 3 最近视距与最远视距

3 视线超高值 c＝0.12m，取自我国人体工程学，即人眼至头顶的高度，是用来计算视线无遮挡设计的一个参数。

但是在需要的时候，如后排座位下的高度不够利用，使用高靠背座椅时，都可以增加附加值 c'，以增加地面标高。但一定要注意，后排观众站起来时不能遮挡放映光束；也不能因此提高机房标高而使放映俯角超过 6°。

4 观众坐着时眼睛离地高度 $h'=1.15$m，也取自人体工程学坐姿为腓骨水平时地面至眼睛的高度。而在影院中实测时$h'=1.10$m，这是因为座椅向后有4°的倾斜。因此h'可取1.10～1.15m。

5 丙级电影院视线超高值可按隔排 0.12m 计算，但前、后排座位必须错位布置，且只有普通银幕能达到视线无遮挡，其他银幕视线仍有遮挡。

4.2.3 视线设计：从图 4.2.3 中可见观众厅的地面升高（H_n）应符合视线无遮挡的要求，即后一排观众的视线从前一排观众的头顶能够看到银幕画面的下缘，使视线不受遮挡。这条视线与银幕画面下缘的水平线形成两个相似三角△OAD△OBE。

因为△OAD与△OBE相似，所以

$$H_n = h-(h'+Y_n) = Y_0 - Y_n$$

其中：$Y_0 = h-h'$，$Y_n = X_n/X_0 \cdot (Y_0 - c)$

式中 H_n 可化为表格进行计算，如下表 2。

表 2 地面升高值计算表

所求点	X_n	$K_n=\frac{X_n}{X_{n-1}}$	$P_n=Y_{n-1}-c$	$Y_n=K_n\times P_n$	$H_n=Y_0-Y_n$
0	X_0	—	—	$Y_0=h-h'$	0
1	X_1	$K_1=\frac{X_1}{X_0}$	$P_1=Y_0-c$	$Y_1=K_1\times P_1$	$H_1=Y_0-Y_1$
2	X_2	$K_2=\frac{X_2}{X_1}$	$P_2=Y_1-c$	$Y_2=K_2\times P_2$	$H_2=Y_0-Y_2$
3	X_3	$K_3=\frac{X_3}{X_2}$	$P_3=Y_2-c$	$Y_3=K_3\times P_3$	$H_3=Y_0-Y_3$

4.2.4 银幕画幅制式配置

1 “等高法”：1957 年我国第一家宽银幕电影院——北京首都电影院首例使用宽银幕、遮幅银幕、普通银幕三幕统高的配置方法，后被称之为“等高法”。经过多年的实践和提高，“等高法”订入国家标准《电影院工艺设计——观众厅银幕的设置》GB 5302-85，其要点是：①变形宽银幕、遮幅银幕、普通银幕这三种画幅高度基本一致，这可由调整镜头焦距的方法来获得；②银幕四周应设有黑色边框，上下边框可以固定，左右边框应移动至画面所需的宽度处。“等高法”的优点是各种画面的银幕影像质量比较接近，而且都比较好；另一优点是银幕的上下黑边可以固定，只有左右黑框需要移动，结构简单、容易施工。目前大多数电影院仍采用此法。

2 “等宽法”：当电影院中出现小厅后，则“等高法”的遮幅银幕与普通银幕画面显得太小。于是出现了将银幕的宽度做成基本一样的“等宽法”。其要点是：①变形宽银幕与遮幅银幕画幅宽度应基本一致，而普通银幕则与遮幅银幕画幅高度基本一致，这可由调整镜头焦距的方法来获得；②银幕四周应设有黑色边框；通过移动上下、左右边框，使画面达到所需的画幅格式银幕的高度与宽度。“等宽法”的优点是突出了遮幅银幕加大的优势，给观众更强的临场感。但缺点也随之出现：此法遮幅银幕画面面积是变形宽银幕的 127%，因此在银幕宽度较大、氙灯光源不足的的情况下，银幕的亮度、均匀度等指标均很难达到要求，且上下、左右边框均需要移动，结构复杂，施工难度大。

3 “等面积法”：顾名思义，采用使宽银幕、遮幅银幕的面积基本统一的配置方法，其要点是：①通过改变变形宽银幕的高度与遮幅银幕的宽度，保证二种画幅格式银幕面积基本一致，这可由调整幕框与镜头焦距的方法来获得；同样，将普通银幕与遮幅银幕画幅高度设置为基本一致。②银幕四周应设有活动黑色边框，通过移动上下、左右边框，使画面达到所需的高度与宽度。“等面积法”的优点是充分利用观众厅的有效高度与宽度与氙灯光源的光效，确保各种画幅格式银幕的有效画面与银幕的亮度、均匀度等指标的有效提高，既加大了面积，又保证了质量；同时可以很方便地实现数字电影的画幅制式，满足电影数字化发展的需要。其缺点是：改变银幕的任意一种画幅格式，均需要改变银幕边框位置，增加了银幕边框的机械结构的复杂程度。

4 片门尺寸（mm）：

变形宽银幕 21.3×18.1

遮幅宽银幕 20.9×11.3；20.9×12.6

普通银幕 20.9×15.2

4.2.5 观众席座位尺寸与排距的排列尺度的规定基于三个方面的考虑：1）必须满足现行消防规范中的有关要求；2）应充分考虑观众观赏电影的舒适度，观众席座椅宜采用表面吸声的软椅；3）采用的软椅应具有良好的吸声性能。为此，按照电影院的等级划分，列出表 4.2.5 中的要求规定，其中丙级电影院的规定要求是为了适应投资规模小、经济条件差的农村乡镇电影院。对于高等级的特、甲级电影院，观众席的座距与排距，规定要求予以适当增大，例如，座距增至 0.56m，排距增至 1.00～1.10m。

4.2.7 主要强调观众厅内走道和座位的排列设计原则。

3 中厅、大厅弧线座位排列问题

过去曾有将座位弧线排列为：以 O 为圆心，以最后一排为半径 R，这样做的依据是每个观众都应面向银幕中心，但这样第一排的弧度太弯，两端的观众几乎成为“面对面”而不是面向银幕（见图 4），故现在已不再使用。为此，现在可采用下列两种方法：

1） 从斜视角的最边座，通过银幕宽度 1/4 处，与厅中轴线相交点为圆心，作为弧

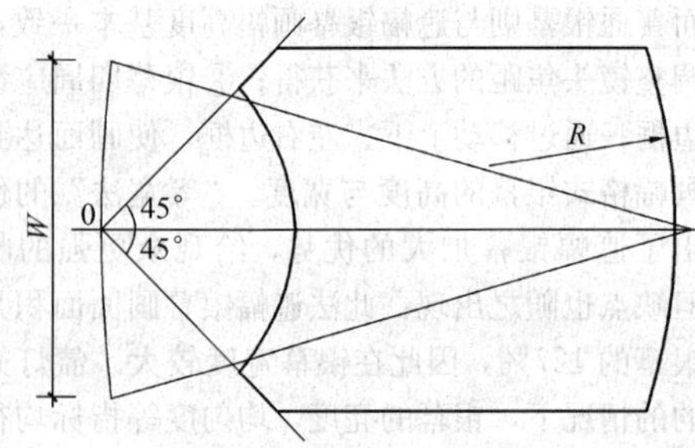

图 4　观众厅弧线座位排列（已不使用）

线排列的曲率半径（见图 5）。依据是最边座只需面向银幕宽度 1/4 处就可以了。

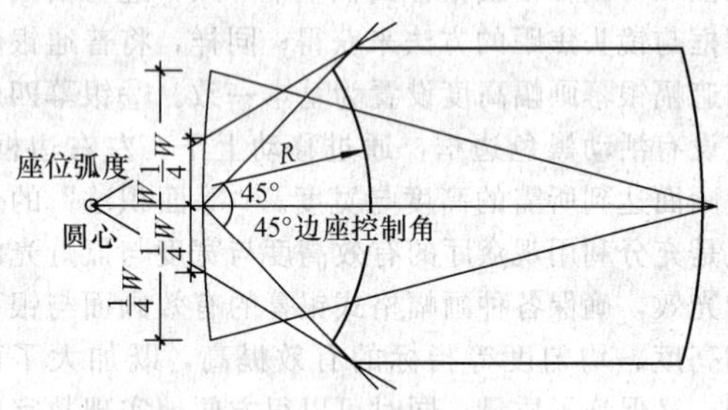

图 5　观众厅弧线座位排列做法 1

2） 原规范第 3.3.5 条对座位弧线排列曾规定为"观众厅正中一排或 1/2 厅长处弧线的曲率半径一般等于放映距离"，此法虽依据不足，但仍不失为解决问题的作图法（见图 6）。

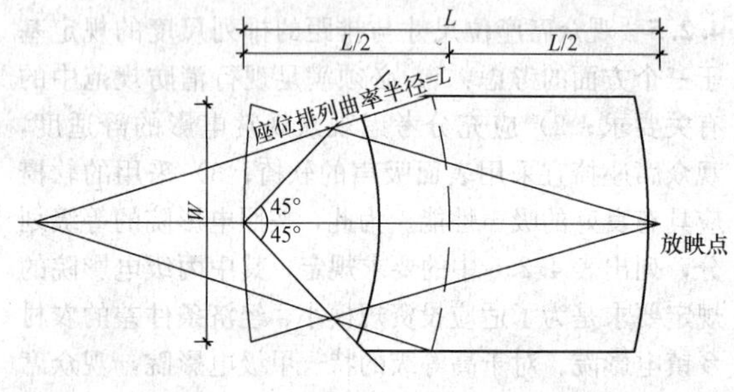

图 6　观众厅弧线座位排列做法 2

关于观众厅的大、中、小厅，应根据观众厅的建筑面积来划分，见表 3。大、中厅座位排列示意见图 7。

表 3　不同厅型观众厅的建筑面积

厅　型	建筑面积（m^2）	厅　型	建筑面积（m^2）
大厅	401 以上	小厅	200 以下
中厅	201～400		

4.3　公 共 区 域

4.3.2　本条是对电影院门厅和休息厅的设计要求。

1　门厅和休息厅是电影院的重要区域，一个多厅电影院通常是以门厅和休息厅为主骨架，其他区域均以此为中心和枢纽，将各种主要空间联系起来，在人流的集散、方向的转换、空间的过渡，与走道、楼梯等空间的连接等方面，起到交通枢纽和空间过渡的作用，是整个电影院的咽喉要道，是人流出入汇集的场所。门厅、休息厅内部功能分区和设施应当合理、适中。

2　关于门厅和休息厅的面积计算和分配是一个比较复杂的课题，由于每一个电影院的规模、等级不相同，建筑形式有分散设置，也有集中布置，门厅和休息厅分设也越来越多。经过大量已建电影院和剧场调查以及国内外规范比较，原规范面积指标比较恰当，因此，保留原来规范指标。关于人数计算的取值：电影院属有标定人数的建筑物，可按标定的使用人数计算。

另外关于门厅、休息厅合并设置时的面积指标，可参考《建筑设计资料集》中规定（表 4）。

表 4　门厅、休息厅合并设置时的面积指标

类　别	门厅兼休息厅		
等　级	特、甲级	乙级	丙　级
指标（m^2/座）	0.4～0.7	0.3～0.5	0.1～0.3

3　对于观众厅分层设置，各层休息厅面积人数取值可按每层标定人数来取值。

4　由于多厅电影院观众厅数量比较多，为了方便观众入场、等候，在门厅和各个观众厅入口要做到标识明显，指示明确。电影院的内部设施应充分表现电影特色，充分利用电影海报、宣传画及电影明星照片的广告效应，海报和宣传画应定期更新，以创造新片的热点和保持新鲜感。

观众入场标识系统主要有观众入场标识、多厅电影院分布图、安全出入口示意图、座位图等。

4.3.3　本条是对电影院售票处的设计要求。

根据大量的调研，售票处主要有以下三种布置：一是售票处独建在场地或门厅入口处；二是在主体建筑内辟一售票间，窗口向室外；三是影院门厅内设柜台式的售票处。这三种方式应当根据电影院的规模、等级以及所处的环境进行合理选择。当售票处独建在场地或门厅入口处时，应避免影响交通。

目前国内大部分电影院售票处均有显示设施，为方便观众购票，故此在设计时应当预留强弱电管线。售票处显示设施是电影院与其他建筑的重要区别，也是电影院特色之一。

随着经济的发展，售票处应以更亲切的开放式柜

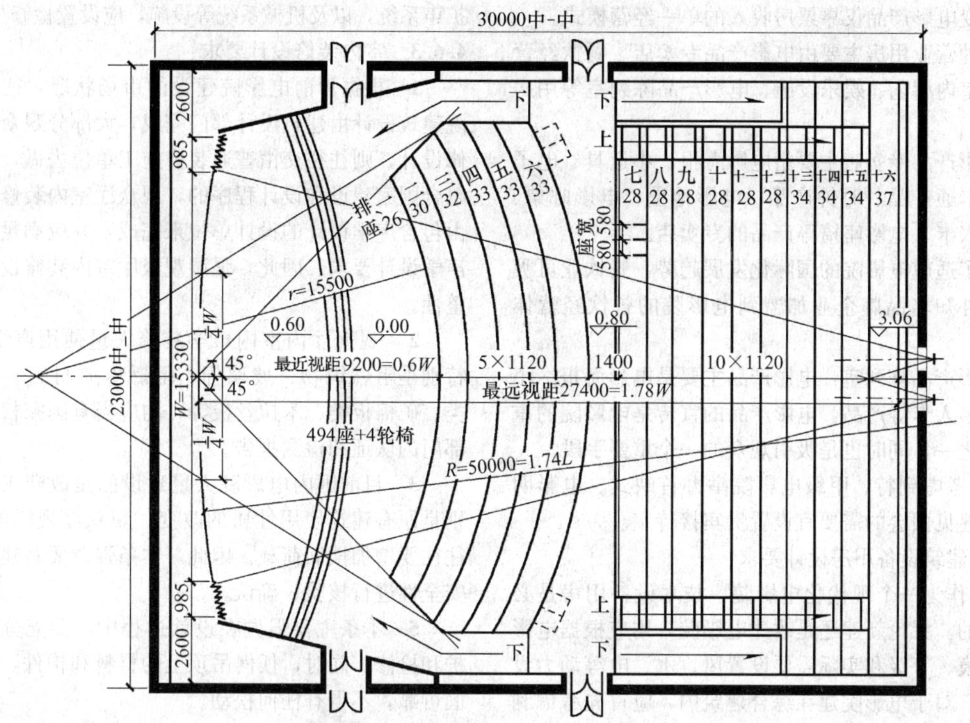

图7 大、中厅座位排列示意图

台取代传统的狭小窗口的设计，柜台式的售票处将被广泛使用，观众可以亲自在电脑显示屏上选择座位的位置，对号入座。

4.3.4 本条是对电影院小卖部的设计要求。

小卖部的销售收入是影院收入的重要来源，我国的影院还一直没有重视起来，同时，明快整洁的小卖部及特色食品和饮料是招揽观众的一个重要手段，国外的影院很重视爆米花的销售。目前国内外影院小卖部柜台分为前柜台、后柜台，后柜台上方设价目表和食品广告灯箱。

前柜台台面上设施主要有收银机、饮料机，前柜台正面有食品展示柜和爆米花保温柜，前柜台背面主要有分杯器、储冰槽和杆盖分配器等。

后柜台台面设施主要有：爆米花机、雪泥机、热饮机、热狗机、玉米脆片保温柜、热水器等，以及洗手盆和洗碗盆。

落地设施有制冰机和冰柜。

考虑到上述设备对小卖部前、后柜台宽度以及之间的距离，作了本条第3款的规定。

4.3.5 衣物存放处，北方地区使用比较多，南方地区应考虑存放雨具，随着人民生活水平的提高，对衣物存放处要求越来越多。面积指标保留原规范指标。

衣物存放处的布置主要由柜台和衣架组成，其布置方式有敞开式、半敞开式和滑动存衣架的方式。以下给出的面积指标供参考（见表5、表6）。

在调研过程中，发现很多多厅电影院均设置了自助式小件寄存柜，使用率比较高，故作此规定。

表5 《室内设计资料集》存衣处面积指标

1000～2000座观众	存衣处面积（m²/座）	柜台长度（m/百人）
最少～最多	0.04～0.10	0.80～1.82
一般	0.07～0.08	1.00～1.67

表6 《建筑设计资料集》存衣处面积指标

类 别	柜台以内面积	柜台以外面积	柜台长度
指标（m²/座）	0.04～0.08	0.07	1m/40～80座

4.3.6 吸烟有害健康，这是全世界的共识。考虑人性化设计和人文关怀，在公共场所集中设置吸烟室。国内外规范均有规定：一般不少于0.07m²/座，且总面积不少于40m²，并设置排风装置。我国电影院专设吸烟室的较少，大多是规定在公共区域或观众厅内不准吸烟。由于电影放映时间比较长，多片放映时间更长，因此，在门厅和休息厅宜设置吸烟室。

4.3.7 本条新增。经过多个电影院的调查，等级较高的电影院均设有固定电话，故作此规定。

4.5 其他用房

4.5.1 多种营业用房设计说明：

根据电影院规模和等级，灵活掌握设置多种营业用房，开发多层次电影市场。建立电影产品的多元营利模式，充分发挥电影产业带动相关产业发展的优势，改变电影产品仅靠票房收入的单一经营模式。

多种营业用房主要由电影产品专卖店、餐饮经营用房、室内游艺、娱乐设施、电影产品陈列室等用房组成。

电影产品专卖店主要指电影海报、小道具、电子产品、卡通产品、时钟产品、电影地毯、电影邮票、电影名人卡、电影座椅等产品的专卖店。

为了适应电影院的国际化发展趋势，餐饮业可吸引国内外知名品牌企业加盟到电影院的餐饮经营体系中。

电影产品陈列室：电影产品主要是电影海报、小道具、名人卡等产品，电影产品的宣传是电影院的重要特色之一，同时也是吸引观众的一个重要手段。

4.5.2 考虑到特、甲级电影院举办首映式、电影明星与影迷见面会的需要宜设置贵宾接待室。

4.5.3 建筑设备用房设计要求：

1 作为一个现代化电影院，技术设备用房是必不可少的。无论新建还是改建电影院，均应根据电影院的规模、等级和实际需要设置风、水、电等动力设备用房；对于电影院建在综合建筑内，应首先考虑利用电影院周围已有的技术设备设施。

多用途观众厅的扩声、灯光控制室，基本上都是设置在放映机房内，这有利于设备的操作与管理。对于要求有渐明渐暗场灯控制的调光设备和控制系统，通常也可以设置在放映机房内。

2 动力设备技术用房噪声比较大，应避免对观众厅的影响。

4.5.4 智能化系统的设计，是电影院建筑现代化的重要标志之一，考虑未来数字影院的发展，电影院可根据实际使用情况，增设卫星接收、有线电视机房、计算机机房等。

4.5.5 员工用房是电影院除了业务用房外，与其他部门联系最为频繁的房间。除了值班、保卫工作用房外，都不宜设置在观众活动的交通线上。为了联系方便，行政用房宜设置在底层或占电影院一角，单独设门，方便管理人员出入。

4.6 室内装修

4.6.1 目前电影院建筑设计单位，在进行观众厅内部疏散设计过程中，往往忽略声学装修厚度，使得原有满足疏散宽度的土建设计，在装修后不能满足疏散宽度要求。另外，观众厅通常有消火栓、疏散指示等设施，因此，对观众厅声学装修作此规定。

4.6.2 由于观众厅的声强比较高，有时会达到110～120dB，要求声学装修所有固定件、龙骨等连续、牢靠，不得有任何松动。另外，面积较大的观众厅结构体系往往采用空间网架或钢屋架，这些结构的下弦杆要有钢结构转换层，以便做吊杆。对于面积较大的观众厅吊顶内，特别是多用途观众厅，顶棚上灯光系统、扩声系统，以及机械系统等设施，应设置检修马道。

4.6.3 室内装修设计要求：

1 根据目前电影院建设的市场状况，往往电影院建筑设计由建筑设计部门完成，大部分观众厅的装修设计，则往往交由普通装修施工单位去做，这是不符合国家建设和设计程序的，观众厅室内装修设计应由包含声学设计的设计单位来完成，并应满足电影院声学设计要求。因此，强调观众厅室内装修设计的完整性。

2 观众厅内室内声学装修大量使用声学材料，特别是阻燃织物、玻璃棉、阻燃木质材料、石膏板类、矿棉板类、木拉丝板等，均应当有国家权威环境部门的认证和检测报告。

3 目前国内电影院大量建设的是改建工程，特别是原有建筑使用性质的改变，观众厅视线的升起，往往要增加楼面荷载。因此，本条强调要对建筑结构安全性进行核验、确认。

5 本条主要强调在设计过程中，要充分考虑维护和检修。同时，任何吊顶上的材料和构件，均应牢固可靠，不得有任何松动。

4.6.4 根据观众厅防止干扰光原则，强调银幕四周均应做无光、深色处理。

4.6.5 目前放映机房地面做法比较多，选用什么材料，应充分考虑管线的敷设和材料的耐久性。因此规定此条。

5 声学设计

5.1 基本要求

5.1.1 电影院声学设计应包括建声与电声两个方面设计工作。在电影院的设计中，声学设计与室内声学装修设计是相辅相成的，为了保证观众厅内的最佳声学效果，室内声学装修设计的材料选用与结构形式应服从建声设计要求，同时要根据电声设计要求给予电声设备安装合适的安装位置，既保证室内装饰效果，又满足声场音质效果。

5.1.2 建声与电声设计的相互配合是建成良好音质观众厅的重要条件，建声设计重在观众厅的体形设计与声学缺陷的消除、混响时间及其频率特性的控制以及噪声的抑制，电声设计重在控制房间常数，电声设备的选择与布置，确保观众厅内声场分布的均匀、声辐射方向的合理与电影还音音质良好。

5.1.3 在观众厅内要扩大电影立体声的聆听范围，须考虑以下几个方面因素：

1 观众厅体形设计要合适；

2 扬声器的安装位置与高度要符合观众厅声场客观条件；

3 扬声器的特性（指向性、频率特性、功率等）必须满足电影立体声还音的技术条件；

4 银幕后主声道扬声器与环绕声扬声器的相对距离要满足电影立体声的声像定位条件（不宜超过50ms 的声距离）。

5.1.4 观众厅后墙的全频带吸声，能有效地控制观众厅后墙回声及其对环绕声声场的干扰。

5.1.5 银幕后做中高频吸声材料能够有效控制银幕后中、高频反射声，有利于银幕后多组主扬声器的声像定位。

5.2 观众厅混响时间

5.2.1 1995 年 ISO/WD12610 提出了电影院混响时间的计算公式，即

$$RT_{60} \leqslant 0.027477V^{0.287353}\ (\mathrm{s})$$

式中 RT_{60}——混响时间（s）；

V——房间容积（立方英尺）。

广电总局电影局 1999 年 5 月公布试行的《数字立体声电影院技术规范》确定了混响时间上限的计算公式，并附有上、下限的图表。

广播影视行业标准《数字立体声电影院的技术标准》GY/T 183－2002，增加了混响时间的下限计算公式，建立了一套完整的电影观众厅混响时间计算公式。

小于 500m² 的小容积电影厅，其混响时间可在上限范围内选取。

5.2.2 关于混响时间的频率特性，特将我国及国外的几种标准制成下图（图 8）。

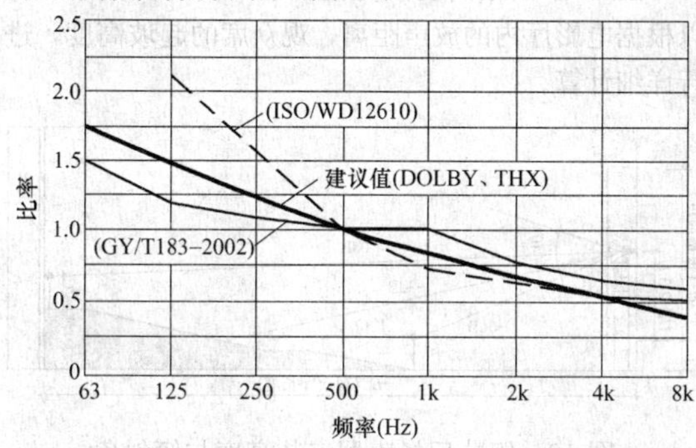

图 8 我国及国外的几种标准混响时间的频率特性

从上图中可见我国低频段曲线较国外翘的少，高频段较国外也降的少，这是历年来过度强调所谓“平直”所致（其实从图中可见，我国标准是“平”了些，但并不比其他标准“直”）。因此建议《电影院建筑设计规范》改用新的“建议值”。

随着数字立体声的发展和普及，对电影院建筑声学的要求越来越高，混响时间频率特性向两端各延伸一个倍频带完全必要。但是历来建声设计只考虑 6 个倍频带，为此可在计算时仍用 6 个倍频带，而在画曲线时两端按趋势各加一个倍频带，用虚线表示。待测试后与实测值相比较，供以后设计时参考。这样久而久之，即可找出 63Hz 和 8kHz 的设计值。

5.2.3 丙级电影院观众厅混响时间频率特性的建声设计按 6 个倍频带，与相关测试规范、声学材料或构造所提供的数据比较协调，设计计算相对要简单一些。

5.3 噪 声 控 制

5.3.3 观众厅噪声的评价。

NC 噪声评价曲线（见图 9）是美国 1957 年的噪声评价标准，后来已演变为 ISO 国际通用标准中的 NR 噪声评价曲线（见图 10）。电影院的噪声评价理应也使用 NR 曲线评价，但是历来电影业所用的测量仪器，如 DN60/RT60 实时频谱分析仪，B/K4417（或 4418）建筑声学分析仪，THX-R2 频谱分析仪等都仍使用 NC 噪声评价曲线，有的仪器还能将测量值 NC 曲线自动打印出测试报告，所以如何改用 NR 曲线需要慎重考虑。为此，特将两种噪声评价曲线并列以资比较。从两图中可以看出两种曲线在低频时 NR 低于 NC，到中频时渐趋接近，至高频中 NR 超过 NC。电影院常用的 NC25、NC30、NC35 曲线在 1000Hz 时比 NR 曲线各高 2dB，相差不是太悬殊。再看某影院用 THX-R2 频谱分析仪实测的测试报告（见图 11），图中所示的该影厅的噪声频谱和 NC25 曲线，说明该厅的噪声水平小于 NC25。为了改用 NR 曲线评价，特在该图上添加了 NR25 噪声评价曲线，而原噪声频谱正好落在 NR25 曲线上，说明该影厅的噪声水平也是符合 NR25 曲线的。因此，特在本规范修订中改用 NR 噪声评价曲线来评价电影院噪声水平，特此说明。

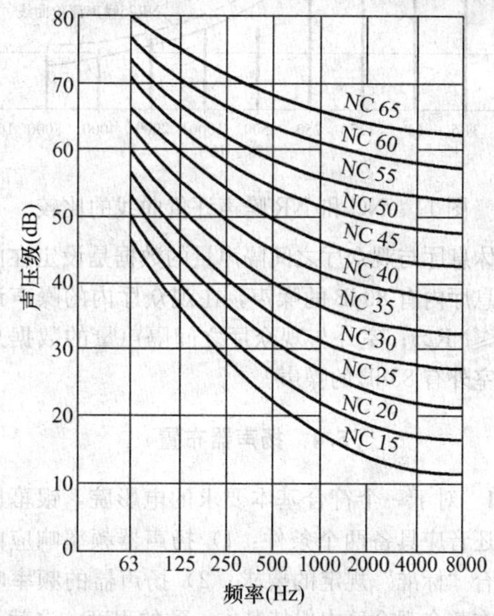

图 9 NC 噪声评价曲线

5.3.5 隔声量以影院等级划分没有必要，特别是含有多厅的电影院，相邻电影厅之间隔声量控制十分重要，本规范相邻电影厅的隔声量参照 THX 标准；门

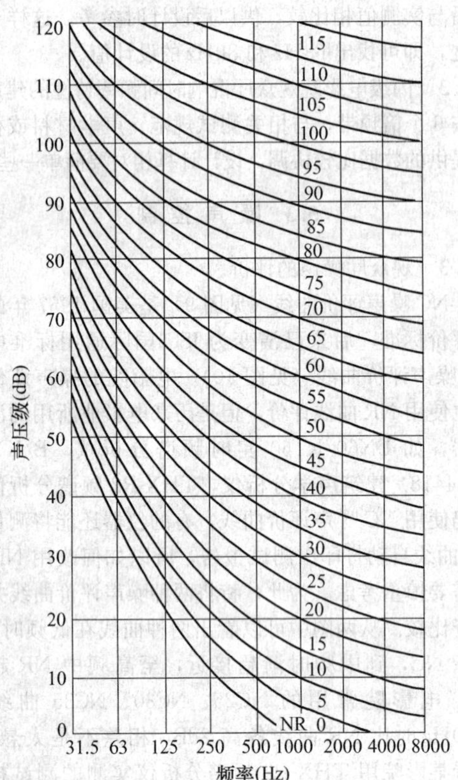

图 10 NR 噪声评价曲线

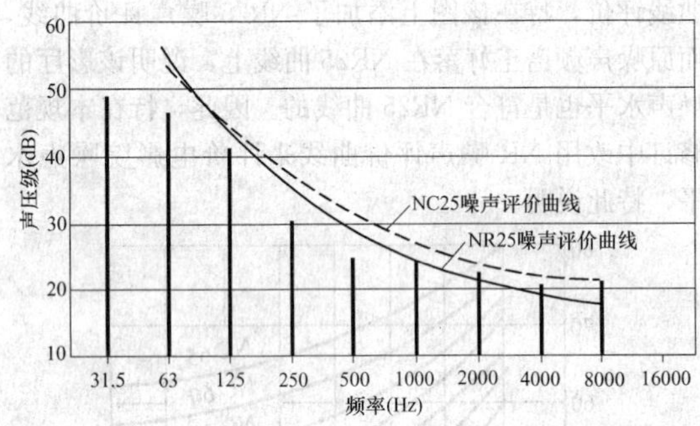

图 11 NC 和 NR 噪声评价曲线的比较

厅、休息厅与观众厅之间隔声量的数据是设定在门厅与休息厅内有 80dB 的噪声，在观众厅内的噪声评价曲线≤NR25；室外与观众厅之间隔声量的数据是设定在室外有 85dB 的噪声。

5.4 扬声器布置

5.4.1 对于一个符合基本要求的电影院，银幕后扬声器还音应具备两个条件：1）扬声器频率响应曲线应符合“标准”规定的要求；2）扬声器的频率响应应能在整个观众区内保持基本一致的程度。这就必须对所使用的扬声器提出一定的要求。

根据国际标准《电影录音控制室和室内影院 B 环电-声响应规范及测量》ISO 2969：1987（E）和国家广播电影电视行业标准《电影鉴定放映室声光技术条件》GY/T 112－93 中 B 环电-声响应要求，银幕后扬声器频率响应在 40～12500Hz 范围内，能符合这种规定要求的扬声器，最低要求应该是具有高、低音分频的二分频扬声器系统，对于要求更高的数字立体声电影还音，除了应采用二分频系统外，也可以使用三分频、四分频系统。

扬声器所发出的声音，在低频段，向各个方向的传播是均匀的，而在高频段，则随着频率的升高逐步集中在扬声器的正轴线方向上，偏离轴线越远，衰减越大，频率越高，偏轴衰减越大。为了克服扬声器的这一明显缺陷，有效地控制扬声器的水平与垂直辐射角度，保证扬声器对整个观众区均匀的声覆盖，均匀的频率响应，在本条款中特别强调提出应选用指向性恒定的高频号筒扬声器，而且规定：水平指向性不宜小于 90°，垂直指向性不宜小于 40°。

5.4.2 扬声器的安装高度与倾斜角直接影响到扬声器对观众厅的声覆盖是否均匀。在扬声器的声场中，声压级除了随着偏轴角度的增大而衰减外，还随着距离的增大而衰减，这就要求扬声器的辐射中心轴的方向必须对准观众厅内最远距离的座席，保证银幕后扬声器声音能最大限度地传到观众席最远位置。

因此选择合适的扬声器安放高度，控制好扬声器的辐射方向，保证距离的衰减与偏轴的衰减基本一致，就可以控制观众厅内的声场均匀度。本条款中所规定的观众席距地面 1.15m 处，是根据观众席上人耳距地的距离为 1.15m 而设定的。

图 12 示出距离衰减与偏轴衰减的计算关系。可以根据电影厅内的放声距离，观众席的起坡高度，进行详细计算。

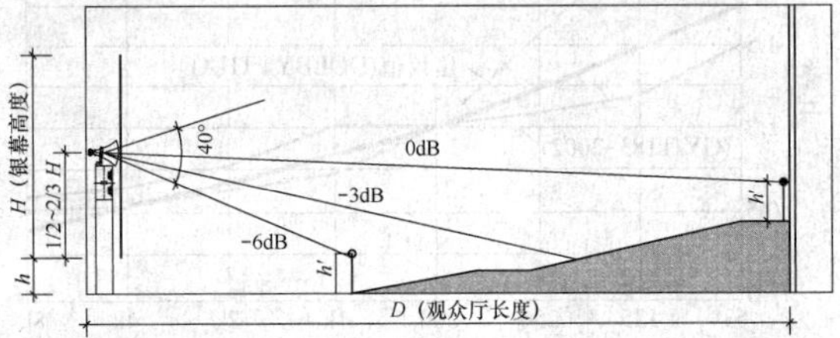

图 12 银幕后扬声器安装高度与倾斜角

5.4.3 扬声器的支架与箱体固定不牢，将会产生撞击声，金属声及其他共振噪声。直接影响电影还音质量，本条款提出此要求。

5.4.4 目前世界上实用的 35mm 电影立体声有三种，主要为 Dolby、DTS 与 SDDS 三种制式，并包括五种六声道或八声道立体声还音方式。

其中 Dolby 与 DTS 的四种还音方式影片在我国应用较多，SDDS 八声道还音方式影片在我国应用较少。因此，在本款中对银幕后扬声器数量的设置是符合我国国情的。图 13 示出了典型的电影立体声扬声器在观众厅内的布置方式。

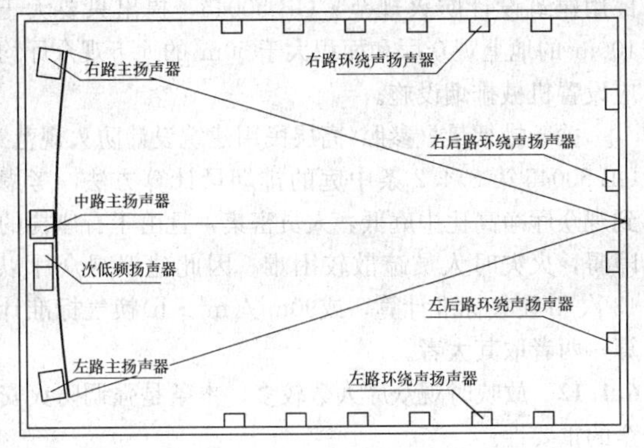

图 13　观众厅内电影立体声扬声器布置方式

1　置于银幕后三组（或五组）扬声器构成波阵面立体声重放系统使观众有明确的方位感，又能随画面的影像移动而感到声像移动，克服声像空洞现象，为保证银幕多组扬声器的声像一致，本条款规定，扬声器的声辐射中心高度应一致，间距相等。

2　在电影立体声的声道中，观众对立体声的聆听感受，很大程度来自声像的相对位置，而这相对位置则取决于观众对来自前面不同方向声音的声程差的分辨，特别是要让远离银幕的观众能感受到银幕后各声道音响与影像画面移动的一致性，感受到银幕后各声道音响的方位感，最理想的方式是拉大左、右两侧扬声器距离，扩大声场的动态平衡区。鉴于此，本条款中提出扬声器的间距要足够大的距离，并以不超出银幕画面为宜。

5.4.5　环绕声扬声器与主扬声器系统构成波阵面型平面环绕立体声系统。环绕声扬声器系统的良好设计可配合主扬声器的声像定位，增强整个电影立体声信息的空间感、分布感和方位感。

1　环绕声扬声器系统的声场设计应要求：在观众厅内有均匀的声波覆盖，要有足够的功率余量，这就需要根据观众厅的大小与所选取环绕声扬声器的灵敏度、额定功率、指向性特性等技术参数来计算环绕声扬声器的声场。环绕声扬声器的声场设计应按左（左后）、右（右后）二（四）路进行计算。当多台环绕声扬声器与功放输出连接时，必须注意多台环绕声扬声器并串后的最终阻抗是否能和功放的输出阻抗相匹配。环绕声扬声器并串后的最终阻抗应控制在4～16Ω。

2　环绕声水平位置确定，应保证主扬声器声场对环绕声声场的“优先效应”。一般考虑以下两个条件：① 与银幕要有一定距离，避免前区扬声器产生“环绕声从前方发出”效应；② 前区第一只扬声器与后墙扬声器间距的声延迟，应尽量控制在“优先效应”所规定的时域内，以便于在整个环绕声声场中，主扬声器声场“优先效应”的调整。鉴于“优先效应”，环绕声扬声器的前后位置如果超过17m，其前后声场的延时将超过50ms，这对主扬声器与环绕声扬声器的声场调整十分不利。因此在本条款中规定：观众厅前区第一台扬声器的水平位置不宜超过第一排座席，前区扬声器与后区扬声器间的最大距离不应大于17m。

3　环绕声扬声器的安装高度应选取适当，通常较高的扬声器安装位置有利于扩大立体声聆听范围，而且易于形成空间感。本条款中所给出的计算公式，是根据对国内近百个电影厅的计算，并结合THX推荐的环绕声扬声器高度计算公式而总结出的。

4　有了环绕声扬声器的安装高度，控制好扬声器的垂直辐射角，对于创造均匀的环绕声扬声器声场非常重要，控制原则为：扬声器中心轴对准的方向必须是距其最远距离的观众席，而观众席上人耳距地的距离为1.15m。扬声器的倾斜角的确定，可以利用扬声器的距离衰减差值（符合$1/r^2$定律）和偏轴衰减差值（指向特性）相互补偿获得。通常侧墙扬声器对称悬挂，只要安装高度符合规范中的公式要求，其倾斜角度θ值计算也十分方便（见图14）：

$$\theta = \tan^{-1}(H/W)$$

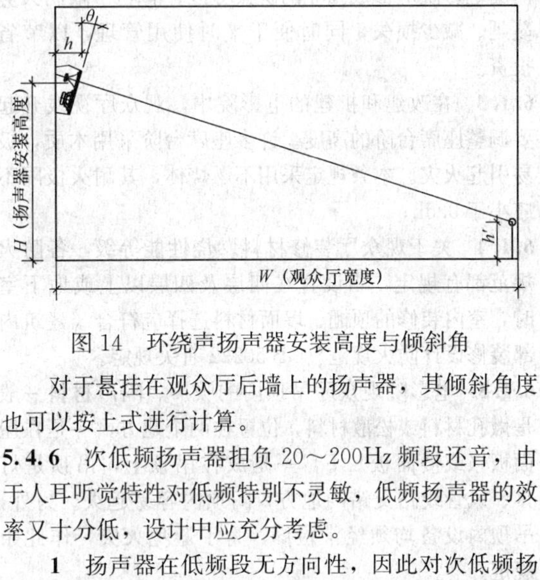

图 14　环绕声扬声器安装高度与倾斜角

对于悬挂在观众厅后墙上的扬声器，其倾斜角度也可以按上式进行计算。

5.4.6　次低频扬声器担负20～200Hz频段还音，由于人耳听觉特性对低频特别不灵敏，低频扬声器的效率又十分低，设计中应充分考虑。

1　扬声器在低频段无方向性，因此对次低频扬声器的安放位置要求并不十分严格，放在银幕后任意一个位置都可以，但是，为了避免由于对称安装而引起的房间驻波激发，本条款特别说明将次低频扬声器置于银幕后中路主声道扬声器任意一侧地面，以构成不对称的放置方法。有条件时也可利用障板固定连接，以使低频幅声能尽可能地向前辐射，减少声波的后辐射，造成不必要的声能损失。扬声器直接放在地面，利用地面反射声加强次低频的辐射声能。

2　次低频扬声器系统的声场设计主要应根据观众厅的大小、对低频效果声的要求与所选取扬声器的低频灵敏度、额定功率等技术参数来进行综合计算，必要时，必须增加扬声器与功率放大器数量，将二台、四台甚至八台扬声器组合在一块，用对应数台功放分别驱动，从而实现交叉互耦效应，成倍地提高系统效率。

6 防火设计

6.1 防 火

6.1.1 国家标准《建筑设计防火规范》GB 50016、《高层民用建筑设计防火规范》GB 50045以及《建筑内部装修设计防火规范》GB 50222对电影院建筑防火设计的一般性要求作了规定，设计过程中必须遵循。

本规范是电影院建筑设计的专用性规范，体现了电影院建筑特有的防火要求，是电影院建筑防火设计的重要组成部分，设计过程中必须遵循。

6.1.2 电影院建在综合建筑内防火分区的设计要求。

随着电影院的市场化和技术发展，电影院建在综合建筑内的情况会越来越多。本条强调建在综合建筑内的电影院应形成独立的防火分区，有利于限制火势蔓延、减少损失，同时便于平时使用管理，以节省投资。

6.1.3 在改建和扩建的电影院中，观众厅视线升起要调整座席台阶的高度。许多座席台阶采用木质，极易引起火灾。本条规定采用不燃烧体，其耐火极限不应小于0.5h。

6.1.4 关于观众厅装修材料燃烧性能等级，各防火规范都有规定，当设置在四层及四层以上或地下室时，室内装修的顶棚、墙面材料选择应符合《建筑内部装修设计防火规范》GB 50222有关规定。

6.1.5 电影院观众厅吊顶内的吸声、隔声材料一般是微孔材料或松散材料，位置在两个地方，一是在屋面板（或楼面板）下，一是放在吊顶上，吊顶是灯具、风管线路交错的地方，闷顶内容易起火。另外，吊顶内设备均须经常检修，为了避免火灾，作此条规定。

6.1.6 银幕架、扬声器支架均是观众厅重要设备承重构件，通常采用型钢结构，为了避免火灾严禁使用木质结构。银幕从材料上分为：布质银幕、白色涂料、银幕、塑料幕、玻珠银幕、金属幕等。另外，银幕前的大幕帘和沿幕，以及遮光门帘均以织物为主，极易燃烧，故作此条规定。

6.1.8 为了保障电影院内部装修的消防安全，提出本条规定。

6.1.9 大多火灾案例表明，绝大部分的人员死亡是由于吸入有毒气体和窒息死亡的，观众厅属于无窗房间，参照《建筑设计防火规范》GB 50016和《高层民用建筑设计防火规范》GB 50045，提出只要大于100m^{2}的地上观众厅和面积大于50m^{2}的地下观众厅均应设置机械排烟设施。

关于排烟量，参照《高层民用建筑设计防火规范》GB 50045第8.4.2条中庭的排烟量计算方法，考虑到观众厅净高比中庭低，人员密集，且由于有座椅的障碍，火灾时人员疏散较困难。因此建议观众厅以13次/h换气标准计算，或90m^3/(m^2·h)换气标准计算，两者取其大者。

6.1.12 放映时观众厅人数较多，本条是强调防火安全的重要性。

6.2 疏 散

6.2.1 本条提出电影院建筑设计时应合理组织交通线路，均匀布置疏散出口、内部和外部通道，使分区明确，线路便捷，既是满足电影院建筑日常使用的基本要求，也是在火灾和非正常情况下，满足人员疏散需要的必备条件。

6.2.2 本条主要是对观众厅疏散门设计提出的要求，为保证人员疏散路线快捷、畅通，不出现意外伤害事故制定的。

为防范偷盗事件的发生，疏散门常上了门锁，一旦火灾发生，门打不开，由此造成大量人员伤亡，国内已发生过火灾时由此原因造成人员大量死亡的案例，是我们应汲取的教训。为此强调疏散外门应设自动推闩式门锁。此锁的特点是人体接触门扇，触动门闩，门被打开，但从外面无法开启，使用方便又有很高的安全性。在实践中，通常一个观众厅两道疏散门，一道为出场门，一道为进场门。出场门上作推闩式门锁，门外无把手，人出去就进不来；进场门口通常有管理人员值班，可以没有锁，若带锁应是推闩式门锁，门外还要有把手。因此，门若有锁，应采用推闩式门锁。

6.2.3 本条疏散门数目和宽度规定应符合现行国家标准《建筑设计防火规范》GB 50016及《高层民用建筑设计防火规范》GB 50045的规定，门的净宽不应小于0.9m，疏散门必须为甲级防火门，并向疏散方向开启，这一条很重要。电影院观众厅之间的防火问题，首先是将观众厅与观众厅之间分隔开来，避免相互影响。使观众厅与观众厅形成独立的防火间隔，另外，要求出入场门均为甲级防火门。甲级防火门主要是指设置在观众厅隔墙上的门。

6.2.4 本条规定观众厅外的疏散走道、出口的设计要求：

1 本条提出与《建筑设计防火规范》GB 50016统一，观众厅座位数为每层观众厅的总合人数。

2 本条提出为了保证人员在观众厅外，穿越休息厅或其他房间时的走道疏散通畅，厅内的陈设物不能使疏散路线被中断。

3 疏散通道上有高差变化时，为了便于快速通行，提倡设置坡道，当受限制时，不能设坡道而设台阶时，必须有明显标示和采光照明，大台阶应有护栏，避免出现意外。

4 疏散通道设计时应尽量在统一标高上，若有高差变化，室内坡道不应大于 1∶8，这是人员行走可以忍受的最大坡度。

6.2.5 本条对疏散楼梯的设计要求：

1 本条的目的在于说明电影院内门厅和休息厅使用开敞的主楼梯或者自动扶梯旁边设置的配套楼梯，由于楼梯四周不封闭，在火灾情况下无法保证安全疏散。

2 这是对楼梯设计的基本要求，楼梯平台宽度与楼梯宽度相同，并且规定最小宽度为 1.20m，应满足两股人流同时通过。

3 扇形踏步的楼梯设计中有时选用，须按规范规定的要求设计，以便人员在紧急情况下不易摔倒。

4 有时在影院设计时做室外疏散楼梯，应满足楼梯净宽度不小于 1.10m，同时不应影响地面通行人流。

6.2.6 本条是火灾情况下对人员疏散起到重要指示作用的措施，有利于提高走道的通行能力，使人员尽快脱离危险地域。

6.2.7 本条的"走道宽度符合计算"是指观众厅走道按每百人平坡为 0.65m，台阶为 0.75m，分别计算走道宽度。

7 建筑设备

7.1 给水排水

7.1.4 《建筑给水排水设计规范》GB 50015 对给排水系统选择、用水量、水压都已有规定。

7.2 采暖通风和空气调节

7.2.1 本条对乙级电影院的空气调节，可根据不同地区气候条件和经济条件区别对待。炎热地区，推荐设空气调节，但不硬性规定必须设置；非炎热地区，标准可低些，有条件可以设空气调节，资金紧张也可设机械通风。丙级电影院规定应设机械通风。

7.2.2 冬季室内采暖计算温度及夏季室内空调计算参数给出的范围较大，设计时可根据电影院的等级和经济条件确定，根据现有的经济发展水平，原标准偏低，此次修订标准适当提高。天然冷源包括地道风、地下水、山涧水等。本条规定室温低于 30℃，是考虑我国不少地区地下水温度较低，用天然冷源完全有可能低于此值。这里只规定上限温度，使室温允许值范围更大，设计时灵活性也更大。上海市电影发行公司颁布的《上海市新建（改建）影院（包括兼映剧场）验收办法》中规定："有空调设备的单位，在夏季室内温度达 30℃时必须使用"。所以本条取 30℃为上限温度。

7.2.3 无论是工业建筑还是民用建筑，人员所需新风量都应根据室内的卫生要求、人员的活动和工作性质，以及在室内的停留时间等因素确定。卫生要求的最小新风量，民用建筑主要是对 CO_2 的浓度要求（可吸入颗粒物的要求可通过过滤措施达到）。

国家标准《文化娱乐场所卫生标准》GB 9664 规定，影剧院、音乐厅、录像厅(室)的新风量标准为：$\geqslant 20m^3/(h \cdot P)$，《剧场建筑设计规范》JGJ 57 规定最小新风量标准为 $10 \sim 15m^3/(h \cdot P)$。室内稳定状态下的 CO_2 允许浓度应小于 0.25%［我国人体散发的 CO_2 量可按每人每小时 $0.02m^3$/（人·h）计算］。

由于新风量的大小不仅与能耗、初投资和运行费用有关，而且关系到保证人员健康，本规范汇总了国内现行有关规范和标准的数据，并综合考虑了众多因素，也考虑了我国中小城市的实际情况，故本次修订按不同等级分别规定。

7.2.4 本条人体散热散湿量，参阅《冷冻与空调》1983 年第 5 期中"人体散热散湿量"一文。本条表中所列数据，已考虑群集系数，使用时不再分男、女、老、少计算。

7.2.5 本条考虑放映机房内放映机工作时散发毒气，宜排至建筑物外，因此空气调节不允许回风，以免影响整个系统，并保持负压，使其不散发进入其他部分。排风次数是根据毒气的散发量确定的。放映机的排风量根据灯的性质和种类按厂家提供的数据确定，一般不小于 15 次/h。

7.2.6 本条考虑观众厅设空气调节，则等级和要求较高，因此放映机房亦相应设带新风的空气调节。

7.2.7 观众厅的送风方式。

本条主要的目的是要求空调系统设计时，应充分考虑到合理的气流组织，以使整个观众厅的温湿度大致相同，避免产生冷热不均的现象，同时为了最大限度的节约能源，规定在过渡季节，空调系统不做除湿处理，可做机械通风系统使用。

7.2.8 1 氨制冷剂的缺点是毒性大（B_2 级），对人体有害，且对食品有污染作用，为安全起见，不应采用。

3 本条强调卫生、环保。放映前后厕所人员较多，为保证污秽气体迅速排走，强调设置机械通风。

7.2.9 本条参照前苏联《电影院建筑设计规范》第 3.15 条编写。

7.2.10 本条参照《民用建筑采暖通风设计技术措施》第 5.56 条编写。

7.3 电 气

7.3.1 作为人员密集的场所，从保障生命和财产安全考虑延长了蓄电池作为备用电源的供电时间。

对照明设备、电力设备包括工艺用电设备实际端电压的规定。此规定是为了避免电压偏差过大对设备使用工作运行状态、使用寿命和能耗的不利影响。

7.3.2 作为整个建筑物安全运行的动力设备机房、消防设备机房在发生火灾事故时仍应继续工作。作为人员密集的场所，从保障生命和财产安全考虑，并参照国内其他规范的规定。

7.3.8 电影还声的设备外壳接地属于屏蔽接地，其功能在于将干扰源产生的电场限制在设备金属屏蔽层内部，并将感应所产生的电荷传入大地。电影院接地技术要求及措施应符合国家和专业部门颁布的有关设计标准、规范和规定。

中华人民共和国行业标准

交通客运站建筑设计规范

Code for design of passenger transportation building

JGJ/T 60—2012

批准部门：中华人民共和国住房和城乡建设部
施行日期：2 0 1 3 年 3 月 1 日

中华人民共和国住房和城乡建设部
公　　告

第1513号

住房城乡建设部关于发布行业标准《交通客运站建筑设计规范》的公告

现批准《交通客运站建筑设计规范》为行业标准，编号为JGJ/T 60－2012，自2013年3月1日起实施。原行业标准《汽车客运站建筑设计规范》JGJ 60－99和《港口客运站建筑设计规范》JGJ 86－92同时废止。

本规范由我部标准定额研究所组织中国建筑工业出版社出版发行。

中华人民共和国住房和城乡建设部

2012年11月1日

前　　言

根据住房和城乡建设部《关于印发〈2009年工程建设标准规范制订、修订计划〉的通知》（建标[2009] 88号）的要求，规范编制组经广泛调查研究，认真总结实践经验，参考有关国际标准和国外先进标准，并在广泛征求意见的基础上，对原行业标准《汽车客运站建筑设计规范》JGJ 60－99和《港口客运站建筑设计规范》JGJ 86－92进行了修订。

本规范的主要技术内容是：1. 总则；2. 术语；3. 基本规定；4. 选址与总平面布置；5. 站前广场；6. 站房与室外营运区；7. 防火与疏散；8. 室内环境；9. 建筑设备。

本次修订的主要技术内容是：1. 明确了规范的适用范围；2. 增加了港口客运站部分的术语、四节一环保、无障碍设计、公共安全防范、室内环境等内容；3. 补充了节能与安检等内容；4. 取消了汽车客运站部分中行包廊的内容，调整了发车位的相关要求；5. 补充了滚装船客货运输和国际港口客运联检等内容；6. 修订了站房设计的相关内容；7. 修改了港口客运站旅客最高聚集人数的计算方法和港口客运站分级标准。

本规范由住房和城乡建设部负责管理，由甘肃省建筑设计研究院负责汽车客运站部分具体技术内容的解释，由大连市建筑设计研究院有限公司负责港口客运站部分具体技术内容的解释。执行过程中如有意见或建议，请寄送甘肃省建筑设计研究院（地址：甘肃省兰州市静宁路81号，邮编：730030）、大连市建筑设计研究院有限公司（地址：辽宁省大连市胜利路102号，邮编：116021）。

本规范主编单位：大连市建筑设计研究院有限公司
甘肃省建筑设计研究院

本规范参编单位：中交水运规划设计院有限公司
中交公路规划设计院有限公司
长安大学

本规范主要起草人员：乔松年　屈　刚　周立安　单　颖　章海峰　张三省　叶金华　毛明强　钟　诚　周银双　王可为　胡斌东　孙志坤　朱　健　袁卫宁　陈丽红　夏云峰　杜　冰

本规范主要审查人员：张家臣　赵元超　关　欣　刘　杰　朱　江　章竞屋　赵鸿珊　张正康　李廷文　王建军　耿　莼

目次

Contents

1 总 则

1.0.1 为保证交通客运站建筑设计符合适用、安全、节能、环保、卫生、经济等基本要求，制定本规范。

1.0.2 本规范适用于新建、扩建和改建的汽车客运站和港口客运站的建筑设计。不适用于汽车货运站、城市公共汽车站、水路货运站、城镇轮渡站、游艇码头等建筑设计。

1.0.3 交通客运站布局应符合城镇总体规划的要求，并应根据当地经济、交通发展条件，结合当地的气候、地理、地质、人文等特点，合理确定建筑形态。

1.0.4 交通客运站建筑设计除应符合本规范外，尚应符合国家现行有关标准的规定。

2 术 语

2.0.1 交通客运站 transportation terminal

为公众提供一种或几种形式的交通客运服务的公共建筑的总称。本规范所指交通客运站是为旅客办理水路、公路客运业务，一般由站前广场、站房、室外营运区等部分组成的建筑和设施的总称。

2.0.2 汽车客运站 bus terminal

办理汽车客运业务，为旅客提供公路运输服务的建筑和设施。

2.0.3 港口客运站 port terminal

办理水路客运业务，为旅客提供水路运输服务的建筑和设施。

2.0.4 年平均日旅客发送量 annual average daily passenger delivery volume

交通客运站统计年度平均每天的旅客发送量。

2.0.5 旅客最高聚集人数 maximum gathering passenger number

交通客运站设计年度中旅客发送量偏高期间内，每天最大同时在站人数的平均值。

2.0.6 站房 station building

交通客运站内候乘、售票、行包、驻站和办公等主要建筑用房的总称。

2.0.7 客运码头 passenger wharf

供客轮停靠、上下旅客的码头。

2.0.8 客货滚装码头 passenger-freight Ro-Ro wharf

供滚装船停靠，旅客、集装箱、散货、滚装车辆上下船的码头。

2.0.9 营运停车场 operation vehicle parking lot

站场内停放待发营运客车的场地。

2.0.10 乘降区 boarding zone

旅客上车与下车的区域。

2.0.11 社会停车场 public parking lot

供停放交通客运站营运车辆之外的其他社会车辆的场地。

2.0.12 候乘厅 lounge

旅客乘船乘车前的等候和中转旅客的休息大厅。

2.0.13 发车位 seat of operational vehicle

符合旅客和行包上车条件的停车位。

2.0.14 营运区 operation zone

向旅客开放使用的区域。

2.0.15 重点旅客 key passenger

需要提供特殊服务的旅客。

2.0.16 候乘风雨廊 corridor

供候乘旅客遮风避雨或休息的廊式建筑。

2.0.17 无性别卫生间 unisex toilet

专门为协助行动不能自理的人使用的厕所。

3 基 本 规 定

3.0.1 交通客运站建筑设计应采用安全、节能、节地、节水、节材和环保的先进、成熟技术。

3.0.2 交通客运站的建筑设计应采取综合措施，减少噪声和污水等对环境的影响。

3.0.3 汽车客运站的站级分级应根据年平均日旅客发送量划分，并应符合表3.0.3的规定。

表3.0.3 汽车客运站的站级分级

分 级	发车位（个）	年平均日旅客发送量（人/d）
一 级	≥20	≥10000
二 级	13～19	5000～9999
三 级	7～12	2000～4999
四 级	≤6	300～1999
五 级	—	≤299

注：1 重要的汽车客运站，其站级分级可按实际需要确定，并报主管部门批准；
2 当年平均日旅客发送量超过25000人次时，宜另建汽车客运站分站。

3.0.4 汽车客运站旅客最高聚集人数可按下式计算：

$$Q_{max} = F \times a \tag{3.0.4}$$

式中：Q_{max}——旅客最高聚集人数（人）；

F——设计年度平均日旅客发送量（人）；

a——计算百分比（%），按表3.0.4取值。

表3.0.4 计算百分比

设计年度平均日旅客发送量（人）	计算百分比（%）
≥15000	8
300～2000	15～20
10000～14999	10～8
5000～9999	12～10

续表 3.0.4

设计年度平均日旅客发送量（人）	计算百分比（%）
2000～4999	15～12
100～300	20～30
<100	30～50
—	—

3.0.5 港口客运站应按客运为主兼顾货运的原则进行设计。

3.0.6 港口客运站的站级分级应根据年平均日旅客发送量划分，并应符合表 3.0.6 的规定。

表 3.0.6 港口客运站的站级分级

分 级	年平均日旅客发送量（人/d）
一 级	≥3000
二 级	2000～2999
三 级	1000～1999
四 级	≤999

注：1 重要的港口客运站的站级分级，可按实际需要确定，并报主管部门批准；

2 国际航线港口客运站的站级分级，可按实际需要确定，并报主管部门批准。

3.0.7 港口客运站旅客最高聚集人数可按下列公式计算：

$$Q_{\max} = \sum_{i=1}^{n} \frac{h-h_i}{h} \cdot Q_i (当 h_1 = 0 时) \quad (3.0.7\text{-}1)$$

$$Q_i = A_i - a_i \quad (3.0.7\text{-}2)$$

式中：$Q_{\max}$—— 旅客最高聚集人数（人）；

Q_i——第 i 船旅客有效额定人数（人）；

A_i——第 i 船额定载客人数（人）；

a_i——第 i 船额定不需经站房登船的人数（人）；

h_i——第 i 船与首发船的检票时间间隔（h）；

h——检票前旅客有效候船时间段（取 2.0h）。

4 选址与总平面布置

4.0.1 交通客运站选址应符合城镇总体规划的要求，并应符合下列规定：

1 站址应有供水、排水、供电和通信等条件；

2 站址应避开易发生地质灾害的区域；

3 站址与有害物品、危险品等污染源的防护距离，应符合环境保护、安全和卫生等国家现行有关标准的规定；

4 港口客运站选址应具有足够的水域和陆域面积，适宜的码头岸线和水深。

4.0.2 总平面布置应合理利用地形条件，布局紧凑，节约用地，远、近期结合，并宜留有发展余地。

4.0.3 汽车客运站总平面布置应包括站前广场、站房、营运停车场和其他附属建筑等内容。

4.0.4 汽车进站口、出站口应满足营运车辆通行要求，并应符合下列规定：

1 一、二级汽车客运站进站口、出站口应分别设置，三、四级汽车客运站宜分别设置；进站口、出站口净宽不应小于 4.0m，净高不应小于 4.5m；

2 汽车进站口、出站口与旅客主要出入口之间应设不小于 5.0m 的安全距离，并应有隔离措施；

3 汽车进站口、出站口与公园、学校、托幼、残障人使用的建筑及人员密集场所的主要出入口距离不应小于 20.0m；

4 汽车进站口、出站口与城市干道之间宜设有车辆排队等候的缓冲空间，并应满足驾驶员行车安全视距的要求。

4.0.5 汽车客运站站内道路应按人行道路、车行道路分别设置。双车道宽度不应小于 7.0m；单车道宽度不应小于 4.0m；主要人行道路宽度不应小于 3.0m。

4.0.6 港口客运站总平面布置应包括站前广场、站房、客运码头（或客货滚装船码头）和其他附属建筑等内容。

5 站 前 广 场

5.0.1 站前广场宜由车行及人行道路、停车场、乘降区、集散场地、绿化用地、安全保障设施和市政配套设施等组成。

5.0.2 一、二级交通客运站站前广场的规模，当按旅客最高聚集人数计算时，每人不宜小于 1.5m²。其他站级交通客运站站前广场的规模，可根据当地要求和实际情况确定。

5.0.3 站前广场应与城镇道路衔接，在满足城镇规划的前提下，应合理组织人流、车流，方便换乘与集散，互不干扰。对于站前广场用地面积受限制的交通客运站，可采用其他方式完成人流的换乘与集散。

5.0.4 站前广场应设置社会停车场，并应合理划分城市公共交通、小型客车和小型货车的停车区域。出租车的等候区应独立设置。

5.0.5 站前广场的设计应符合现行国家标准《无障碍设计规范》GB 50763 的规定。人行区域的地面应坚实平整，并应防滑。

5.0.6 站前广场应设置排水、照明设施。

6 站房与室外营运区

6.1 一 般 规 定

6.1.1 站房应功能分区明确，人流、物流安排合理，有利于安全营运和方便使用。

6.1.2 站房宜由候乘厅、售票用房、行包用房、站务用房、服务用房、附属用房等组成，并可根据需要设置进站大厅。对于汽车客运站，还宜设置站台和发车位；对于港口客运站，还宜设置上下船廊道、驻站业务用房。

6.1.3 候乘厅、售票用房、行包用房等用房的建筑规模，应按旅客最高聚集人数确定。

6.1.4 站房内营运区建筑空间布局和结构选型应具有适当的灵活性、通用性和先进性，并应能适应改建和扩建的需要。

6.1.5 站房旅客入口处应留有设置防爆及安全检测设备的位置，并应预留电源。

6.1.6 站房与室外营运区应进行无障碍设计，并应符合现行国家标准《无障碍设计规范》GB 50763 的有关规定。

6.1.7 站房的节能设计应符合现行国家标准《公共建筑节能设计标准》GB 50189 的有关规定。

6.2 候乘厅

6.2.1 候乘厅可根据交通客运站的站级、旅客构成，设置普通候乘厅、重点旅客候乘厅。对于港口客运站，可根据需要设置候乘风雨廊和其他候船设施。

6.2.2 候乘厅的设计应符合下列规定：

1 普通旅客候乘厅的使用面积应按旅客最高聚集人数计算，且每人不应小于 1.1m^2；

2 一、二级交通客运站应设重点旅客候乘厅，其他站级可根据需要设置；

3 一、二级交通客运站应设母婴候乘厅，其他站级可根据需要设置，并应邻近检票口。母婴候乘厅内宜设置婴儿服务设施和专用厕所；

4 候乘厅内应设无障碍候乘区，并应邻近检票口；候乘厅与站台或上下船廊道之间应满足无障碍通行要求；

5 候乘厅座椅排列方式应有利于组织旅客检票；候乘厅每排座椅不应超过 20 座，座椅之间走道净宽不应小于 1.3m，并应在两端设不小于 1.5m 通道；港口客运站候乘厅座椅的数量不宜小于旅客最高聚集人数的 40%；

6 当候乘厅与入口不在同层时，应设置自动扶梯和无障碍电梯或无障碍坡道；

7 候乘厅的检票口应设导向栏杆，通道应顺直，且导向栏杆应采用柔性或可移动栏杆，栏杆高度不应低于 1.2m；

8 候乘厅内应设饮水设施，并应与盥洗间和厕所分设。

6.2.3 汽车客运站候乘厅内应设检票口，每三个发车位不应少于一个。当采用自动检票机时，不应设置单通道。当检票口与站台有高差时，应设坡道，其坡度不得大于 1∶12。

6.2.4 港口客运站室外候乘区应设避雨设施，并可单独设检票口。

6.2.5 港口客运站候乘风雨廊宜结合上下船通道设置，候乘风雨廊宽度不宜小于 1.3m，净高不应低于 2.4m，并可设检票口。

6.2.6 港口客运站候乘厅检票口与客运码头间，可根据需要设置平台、廊道或其他登船设施，并应设避雨设施，净高不应低于 2.4m。登船设施的安全防护栏杆高度不应低于 1.2 m。

6.3 售票用房

6.3.1 售票用房宜由售票厅、票务用房等组成。

6.3.2 售票厅的位置应方便旅客购票。四级及以下站级的客运站，售票厅可与候乘厅合用，其余站级的客运站宜单独设置售票厅，并应与候乘厅、行包托运厅联系方便。

6.3.3 售票厅的设计应符合下列规定：

1 售票窗口的数量应按旅客最高聚集人数的 1/120 计算，且一、二级港口客运站应按 30%折减；

2 售票厅的使用面积，应按每个售票窗口不应小于 15.0m^2 计算；

3 售票窗口的中距不应小于 1.5m，靠墙售票窗口中心距墙边不应小于 1.2m；

4 售票窗口窗台距地面高度宜为 1.1m，窗口宽度宜为 0.5m；

5 售票窗口前宜设导向栏杆，栏杆高度不宜低于 1.2m，宽度宜与窗口中距相同；

6 设自动售票机时，其使用面积应按 4.0m^2/台计算，并应预留电源；

7 一、二级交通客运站应至少设置一个无障碍售票窗口，并应符合现行国家标准《无障碍设计规范》GB 50763 的规定。

6.3.4 售票室使用面积可按每个售票窗口不小于 5.0m^2 计算，且最小使用面积不宜小于 14.0 m^2。

6.3.5 售票室室内工作区地面至售票口窗台面不宜高于 0.8m。

6.3.6 售票室应有防盗设施，且不应设置直接开向售票厅的门。

6.3.7 票据室应独立设置，使用面积不宜小于 9.0 m^2，并应有通风、防火、防盗、防鼠、防水和防潮等措施。

6.4 行包用房

6.4.1 交通客运站行包用房应根据需要设置行包托运厅、行包提取厅、行包仓库和业务办公室、计算机室、票据室、工作人员休息室、牵引车库等用房。

6.4.2 一、二级交通客运站应分别设置行包托运厅、行包提取厅，且行包托运厅宜靠近售票厅，行包提取厅宜靠近出站口；三、四级交通客运站的行包托运厅和行包提取厅，可设于同一空间内。

6.4.3 行包托运厅应留有设置安全检测设备的位置和电源，并应就近设置泄爆室或泄爆装置。

6.4.4 一、二级港口客运站宜有行包装卸运输设施的停放和维修场所。

6.4.5 行包用房的设计应符合下列规定：

1 港口客运站行包用房的使用面积，按设计旅客最高聚集人数计算时，国内每人宜为 0.1m²，国际每人不宜小于 0.3 m²；

2 行包仓库内净高不应低于 3.6m；

3 行包托运与提取受理处的门净宽不应小于 1.5m；受理柜台面高度不宜大于 0.5m，台面材料应耐磕碰；

4 行包受理口应有可关闭设施；

5 有机械作业的行包仓库，应满足机械作业的要求，其门的净宽度和净高度均不应小于 3.0m；

6 行包仓库应有利于运输工具通行和行包堆放；

7 不在同一楼层的行包用房，应设机械传输或提升装置；

8 国际客运的行包用房应独立设置，并应有海关和检验检疫监控设施及业务用房；

9 行包仓库应通风良好，并应有防火、防盗、防鼠、防水和防潮等措施。

6.5 站务用房

6.5.1 站务用房应根据交通客运站建筑规模及使用需要设置，其用房宜包括服务人员更衣室与值班室、广播室、补票室、调度室、客运办公用房、公安值班室、站长室、客运值班室、会议室等。

6.5.2 值班室应临近候乘厅，其使用面积应按最大班人数不小于 2.0m²/人确定，且最小使用面积不应小于 9.0 m²。

6.5.3 站房内应设广播室，且使用面积不宜小于 8.0 m²，并应有隔声、防潮和防尘措施。无监控设备的广播室宜设在便于观察候乘厅、站场、发车位的部位。

6.5.4 客运办公用房应按办公人数计算，其使用面积不宜小于 4.0m²/人。

6.5.5 一、二级汽车客运站在出站口处应设补票室，港口客运站在检票口附近宜设补票室。补票室的使用面积不宜小于 10.0m²，并应有防盗设施。

6.5.6 汽车客运站调度室应邻近站场和发车位，并应设外门。一、二级汽车客运站的调度室使用面积不宜小于 20.0m²；三、四级汽车客运站的调度室使用面积不宜小于 10.0m²。

6.5.7 公安值班室应布置在与售票厅、候乘厅、值班站长室联系方便的位置，其使用面积应由公安部门根据交通客运站等级、周边环境等确定，室内应设独立的通信设施，门窗应有安全防护设施。

6.6 服务用房与附属用房

6.6.1 站房内应设置旅客服务用房与设施，宜有问讯台（室）、小件寄存处、自助存包柜、邮政、电信、医务室、商业服务设施等，并应符合下列规定：

1 问讯台（室）应邻近旅客主要出入口；问讯室使用面积不宜小于 6.0m²，问讯台（室）前应有不小于 8.0m² 的旅客活动场地；

2 小件寄存处应有通风、防火、防盗、防鼠、防水和防潮等措施；

3 一、二级交通客运站站房内应设医务室；医务室应邻近候乘厅，其使用面积不应小于 10.0m²；

4 站房内可根据需要设置小型商业服务设施。

6.6.2 站房内应设厕所和盥洗室，并应设无障碍厕位，一、二级交通客运站宜设无性别厕所，并宜与无障碍厕所合用。一、二、三级交通客运站工作人员和旅客使用的厕所应分设，四级及以下站级的交通客运站，工作人员和旅客使用的厕所可合并设置。

6.6.3 旅客使用的厕所及盥洗室的设计应符合下列规定：

1 厕所应设前室，一、二级交通客运站应单独设盥洗室，并宜设置儿童使用的盥洗台和小便器；

2 厕所宜有自然采光，并应有良好通风；

3 厕所及盥洗室的卫生设施应符合现行行业标准《城市公共厕所设计标准》CJJ 14 的有关规定。

4 男女旅客宜各按 50%计算，一、二级交通客运站宜设置儿童使用的盥洗台和小便池。

6.6.4 一、二级交通客运站的厕所宜分散布置，候乘厅内厕所服务半径不宜大于 50.0m。

6.6.5 对于一、二级汽车客运站厕所的布置除应符合本规范第 6.6.3 和 6.6.4 条的规定外，还应在旅客出站口处设厕所，洁具数量可根据同时到站车辆不超过四辆确定。

6.6.6 交通客运站可根据需要设置设备用房、维修用房、洗车台、司乘休息室和职工浴室、食堂、仓库等附属用房，其设置应符合国家现行有关标准的规定。

6.6.7 有噪声和空气污染源的附属用房，应设置防护措施。

6.6.8 汽车客运站维修用房应按一级维护及小修规模设置。维修用房场地宜与城镇道路直通，并应与站场之间有隔离设施。

6.7 汽车客运站的营运停车场、发车位与站台

6.7.1 汽车客运站营运停车场容量应按站场面积和现行行业标准《汽车客运站级别划分和建设要求》JT/T 200 确定。

6.7.2 汽车客运站营运停车场的停车数大于 50 辆

时，其汽车疏散口不应少于两个，且疏散口应在不同方向设置，并应直通城市道路。停车数不超过 50 辆时，可只设一个汽车疏散口。

6.7.3 汽车客运站营运停车场内的车辆宜分组停放，车辆停放的横向净距不应小于 0.8m，每组停车数量不宜超过 50 辆，组与组之间防火间距不应小于 6.0m。

6.7.4 汽车客运站发车位和停车区前的出车通道净宽不应小于 12.0m。

6.7.5 汽车客运站营运停车场应合理布置洗车设施及检修台。通向洗车设施及检修台前的通道应保持不小于 10.0m 的直道。

6.7.6 汽车客运站营运停车场周边宜种植常绿乔木。

6.7.7 汽车客运站应设置发车位和站台，且发车位宽度不应小于 3.9m。

6.7.8 站台设计应有利旅客上下车和客车运转，单侧站台净宽不应小于 2.5m，双侧设站台时，净宽不应小于 4.0m。

6.7.9 发车位为露天时，站台应设置雨棚。雨棚宜能覆盖到车辆行李舱位置，雨棚净高不得低于 5.0m。

6.7.10 当站台雨棚设置承重柱时，应符合下列规定：

1 柱子与候乘厅外墙净距不应小于 2.5m；

2 柱子不得影响旅客交通、行包装卸和行车安全。

6.7.11 发车位地面设计应坡向外侧，坡度不应小于 0.5%。

6.8 客运码头与客货滚装码头

6.8.1 客运码头和客货滚装码头应为旅客提供安全、方便的上下船设施。对于客货滚装码头，还应为乘船车辆设置上下船的设施，且旅客和车辆的上下船设施应分开设置，并应符合现行行业标准《客滚船码头安全技术及管理要求》JT 366 和《滚装码头设计规范》JTS 165－6 的相关规定。

6.8.2 在客货滚装码头附近应设置乘船车辆待检停车场、安全检测设备和汽车待装停车场。汽车待装停车场应符合下列规定：

1 汽车待装停车场的停车数量不应小于同时发船所载车辆数量的 2 倍；

2 汽车待装停车场应为候船驾驶员设置必要的服务设施。

6.8.3 客运码头与客货滚装码头均应设置排水、照明设施。

6.9 国际港口客运用房

6.9.1 国际港口客运用房应由出境、入境、管理和驻站业务等用房组成。

6.9.2 出境、入境用房应包括售票、换票、候检、联检、签证、行包和其他服务用房等。出境、入境用房在条件允许情况下，可以互用。

6.9.3 出境、入境用房布置，应避免联检前的旅客及行李与联检后的旅客及行李的接触和混杂。

6.9.4 出境、入境用房布置应符合联检程序的要求，并宜具备适当的灵活性和通用性。联检通道净高不宜小于 4.0m。

6.9.5 出境、入境同一种联检用房宜同层布置。当分层布置时，其上下层连接应设自动扶梯和无障碍电梯。

6.9.6 联检用房及设施应符合下列规定：

1 联检用房及设施应包括边防检查、检验检疫、出入境管理、海关等办公业务用房及查验监控设施；

2 出境旅客的联检可按检验检疫、海关、行包托运、边防的流程布置；

3 入境旅客的联检可按检验检疫、出入境管理（落地签）、边防、行包提取、海关的流程布置。

6.9.7 管理用房应由客运站营运公司用房、物业用房等组成。

6.9.8 驻站业务用房应由边防、检验检疫、海关、海事、公安、船运公司等业务用房组成。

6.9.9 服务用房可由商业零售、餐饮、小件寄存、邮电、银行、免税店等组成。免税店及其仓库的设置应符合海关的相关规定。

6.9.10 候检厅、联检厅应分别设置厕所和盥洗室。

7 防火与疏散

7.0.1 交通客运站的防火和疏散设计应符合国家现行有关建筑防火设计标准的有关规定。

7.0.2 交通客运站的耐火等级，一、二、三级站不应低于二级，其他站级不应低于三级。

7.0.3 交通客运站与其他建筑合建时，应单独划分防火分区。

7.0.4 汽车客运站的停车场和发车位除应设室外消火栓外，还应设置适用于扑灭汽油、柴油、燃气等易燃物质燃烧的消防设施。体积超过 5000m^3 的站房，应设室内消防给水。

7.0.5 候乘厅应设置足够数量的安全出口，进站检票口和出站口应具备安全疏散功能。

7.0.6 交通客运站内旅客使用的疏散楼梯踏步宽度不应小于 0.28m，踏步高度不应大于 0.16m。

7.0.7 候乘厅及疏散通道墙面不应采用具有镜面效果的装修饰面及假门。

7.0.8 交通客运站消防安全标志和站房内采用的装修材料应分别符合现行国家标准《消防安全标志设置要求》GB 15630 和《建筑内部装修设计防火规范》GB 50222 的有关规定。

8 室内环境

8.0.1 候乘厅宜利用自然采光和自然通风，并应满足采光、通风和卫生要求，其外窗窗地面积比应符合现行国家标准《建筑采光设计标准》GB/T 50033 的规定，可开启面积应符合《公共建筑节能设计标准》GB 50189 的有关规定。当采用自然通风时，候乘厅净高不应低于 3.6m。

8.0.2 售票厅应有良好的自然采光和自然通风，其窗地面积比应符合现行国家标准《建筑采光设计标准》GB/T 50033 的规定。当采用自然通风时，售票厅净高不应低于 3.6m。

8.0.3 候乘厅室内空间应采取吸声降噪措施，背景噪声的允许噪声值（A 声级）不宜大于 55dB。

8.0.4 候乘厅的地面应防滑。严寒和寒冷地区的交通客运站售票室的地面，宜采取保温措施。

8.0.5 站房的吸声、隔热、保温等构造，不应采用易燃及受高温散发有毒烟雾的材料。

8.0.6 交通客运站室内建筑材料和装修材料所产生的室内环境污染物浓度限量应符合现行国家标准《民用建筑工程室内环境污染控制规范》GB 50325 的规定。

8.0.7 交通客运站应设标志标识引导系统的结构、构造应安全可靠，并应符合现行行业标准《交通客运图形符号、标志及技术要求》JT/T 471 的有关规定。

9 建 筑 设 备

9.1 给 水 排 水

9.1.1 交通客运站应设室内室外给水与排水系统。

9.1.2 交通客运站应设开水供应设施。对于严寒和寒冷地区，一、二级交通客运站的盥洗室应设热水供应系统，其他站级交通客运站的盥洗室宜设热水供应系统。

9.1.3 交通客运站入境候检旅客使用的厕所化粪池应单独设置。

9.1.4 一级汽车客运站应设置汽车自动冲洗装置，二、三级汽车客运站宜设汽车冲洗台。

9.1.5 交通客运站污废水的排放应符合国家现行有关标准的规定，含油废水应进行处理，达到排放标准后再排放。

9.1.6 国际客运站的口岸应设入境车辆清洗和消毒设施。

9.1.7 一、二级汽车客运站和使用设有卫生间的车辆的汽车客运站，应设置相应的污物收集、处理设施。

9.1.8 交通客运站宜设计中水工程和雨水利用工程。

9.2 供 暖 通 风

9.2.1 供暖地区的交通客运站，应设置集中供暖系统。四级及以下站级汽车客运站因地制宜，可采用其他供暖方式。

9.2.2 供暖室内计算温度应符合表 9.2.2 的规定。

表 9.2.2 供暖室内计算温度

房间名称	室内计算温度（℃）
候乘厅、售票厅、行包托运厅	14～16
重点旅客候乘厅、医务室、母婴候乘厅	18～20
办公用房	18～20
厕所、盥洗间、走廊	14～16
联检用房	18～20

9.2.3 严寒和寒冷地区的候乘厅、售票厅等，其供暖系统宜独立设置，并宜设置集中室温调节装置，非使用时段可调至值班供暖温度。

9.2.4 高大空间的候乘厅、售票厅，宜采用低温地板辐射供暖方式。

9.2.5 候乘厅、售票厅等人员密集场所应设通风换气装置，通风量应符合现行国家标准《采暖通风与空气调节设计规范》GB 50019 的有关规定。公共厕所应设机械排风装置，换气次数不应小于 10 次/h。

9.2.6 当候乘厅、售票厅采取机械通风时，冬季宜采用值班供暖与热风供暖相结合的供暖方式。

9.2.7 汽车客运站设在封闭或半封闭空间内时，发车位和站台宜设汽车尾气集中排放措施。

9.2.8 严寒和寒冷地区的一、二级交通客运站候乘厅、售票厅等，其通向室外的主要出入口宜设热空气幕。

9.2.9 一、二级交通客运站的候乘厅和国际候乘厅、联检厅，宜设舒适性空调系统。对高大空间宜采用分层空气调节系统。

9.3 电 气

9.3.1 交通客运站的电气设计应符合现行行业标准《民用建筑电气设计规范》JGJ 16 和《交通建筑电气设计规范》JGJ 243 的有关规定。

9.3.2 交通客运站的用电负荷应分为三级，并应符合表 9.3.2 的规定。

表 9.3.2 负荷的分级

负荷等级 / 适用场所 / 建筑类别	一级负荷	二级负荷	三级负荷
汽车客运站	—	一、二级汽车客运站主要用电负荷（包括：公共区域照明、管理用房照明及设备、电梯、送排风系统设备、排污水设备、生活水泵）	不属于一级和二级的用电负荷

续表 9.3.2

建筑类别 \ 适用场所 \ 负荷等级	一级负荷	二级负荷	三级负荷
港口客运站	一级港口客运站的通信、监控系统设备、导航设施用电	港口重要作业区一、二级港口客运站主要用电负荷（包括：公共区域照明、管理用房照明及设备、电梯、送排风系统设备、排污水设备、生活水泵）	不属于一级和二级的用电负荷

9.3.3 交通客运站的照明设计应符合现行国家标准《建筑照明设计标准》GB 50034 的规定。

9.3.4 交通客运站的检票口、售票台、联检工作台宜设局部照明，局部照明照度标准值宜为 500lx。

9.3.5 交通客运站应设置引导旅客的标志标识照明。

9.3.6 交通客运站站场车辆进站、出站口宜装设同步的声、光信号装置，其灯光信号应满足交通信号的要求。

9.3.7 交通客运站站场内照明不应对驾驶员产生眩光，眩光限制阈值增量（TI）最大初始值不应大于 15%。

9.3.8 交通客运站站内应设置通信、广播设备。一、二级交通客运站应设置专用通信网络机房及信息显示系统，并宜设计算机网络、综合布线、室内移动覆盖系统。其余站级交通客运站可根据需要设置。

9.3.9 候乘厅和售票厅内宜设交互式旅客信息查询系统。

9.3.10 交通客运站站场具有一个以上车辆进站口、出站口时，应用文字和灯光分别标明进站口及出站口。

9.3.11 交通客运站安全防范系统的设计应符合现行国家标准《安全防范工程技术规范》GB 50348 的有关规定。

9.3.12 交通客运站防雷接地设计应符合现行国家标准《建筑物防雷设计规范》GB 50057 的规定。港口客运站站房的防雷设计类别不应低于三类。

本规范用词说明

1 为便于在执行本规范条文时区别对待，对于要求严格程度不同的用词说明如下：

1） 表示很严格，非这样做不可的：
正面词采用“必须”，反面词采用“严禁”；

2） 表示严格，在正常情况下均应这样做的：
正面词采用“应”，反面词采用“不应”或“不得”；

3） 表示允许稍有选择，在条件许可时首先应这样做的：
正面词采用“宜”，反面词采用“不宜”；

4） 表示有选择，在一定条件下可以这样做的，采用“可”。

2 条文中指明应按其他有关标准执行的写法为：“应符合……的规定”或“应按……执行”。

引用标准名录

1 《采暖通风与空气调节设计规范》GB 50019
2 《建筑采光设计标准》GB/T 50033
3 《建筑照明设计标准》GB 50034
4 《建筑物防雷设计规范》GB 50057
5 《公共建筑节能设计标准》GB 50189
6 《建筑内部装修设计防火规范》GB 50222
7 《民用建筑工程室内环境污染控制规范》GB 50325
8 《安全防范工程技术规范》GB 50348
9 《无障碍设计规范》GB 50763
10 《消防安全标志设置要求》GB 15630
11 《民用建筑电气设计规范》JGJ 16
12 《交通建筑电气设计规范》JGJ 243
13 《城市公共厕所设计标准》CJJ 14
14 《滚装码头设计规范》JTS 165－6
15 《汽车客运站级别划分和建设要求》JT/T 200
16 《客滚船码头安全技术及管理要求》JT 366
17 《交通客运图形符号、标志及技术要求》JT/T 471

中华人民共和国行业标准

交通客运站建筑设计规范

JGJ/T 60—2012

条 文 说 明

修 订 说 明

《交通客运站建筑设计规范》JGJ/T 60－2012 经住房和城乡建设部 2012 年 11 月 1 日以第 1513 号公告批准、发布。

本规范是在原行业标准《汽车客运站建筑设计规范》JGJ 60-99 和《港口客运站建筑设计规范》JGJ 86－92 的基础上合并修订而成的，上一版的主编单位分别是甘肃省建筑设计研究院和大连市建筑设计研究院，参编单位分别是交通部水运规划设计院、西安公路学院、长江航务管理局和中国交通公路规划设计院，主要起草人员分别是章竞屋、罗永华、吴永明、程万平、史国忠和杨连级、李景奎、王恒山、曹振熙、曹大洲、沈永康、杨贵松、郑官振、董文彩。本次修订的主要技术内容是：1. 明确了本规范的适用范围；2. 增加了港口客运站部分的术语、四节一环保、无障碍设计、公共安全防范、室内环境等内容；3. 补充了节能与安检等内容；4. 取消了汽车客运站部分中行包廊的内容，调整了发车位的相关要求；5. 补充了滚装船客货运输和国际港口客运联检等内容；6. 修订了站房设计的相关内容；7. 修改了港口客运站旅客最高聚集人数的计算方法和港口客运站分级标准。

本规范修订过程中，编制组进行了大量的调查研究，总结了我国汽车客运和港口客运建筑的实践经验，同时参考了国外先进技术法规、技术标准。

为便于广大设计、施工、科研、学校等单位有关人员在使用规范时能正确理解和执行条文规定，《交通客运站建筑设计规范》编制组按章、节、条顺序编制了本规范的条文说明，对条文规定的目的、依据以及执行中需注意的有关事项进行了说明。但是，本条文说明不具备与规范正文同等的法律效力，仅供使用者作为理解和把握规范规定时的参考。

目　次

1 总 则

1.0.1 本规范是在原行业标准《汽车客运站建筑设计规范》JGJ 60－99和《港口客运站建筑设计规范》JGJ 86－92的基础上合并修订而成的。

本条明确规定了交通客运站建筑设计应遵循“适用、安全、节能、环保、卫生、经济”的基本原则。适用是指方便各种类别的旅客使用，功能流线合理，即“以人为本”。安全是指旅客人身财产的安全，包括候车候船、登车登船及运行中的安全，强调了安检措施。节能、环保是我国的基本国策，是指节约能源、节约水源、节约土地、节约电源，保护环境。卫生是指交通客运站站房、交通运输工具内，应满足旅客卫生的基本要求。经济是我国基本建设长期应遵守的方针。

1.0.2 本条明确了本规范的适用范围，系指新建、扩建和改建的汽车客运站和港口客运站。《铁路旅客车站建筑设计规范》已制定并实施，航空港客运站建筑设计规范也正在编制中，所以铁路旅客车站和航空港客运站建筑设计不在本规范内容之内。

1.0.3 交通客运站的布局需要充分考虑交通与城镇的发展和总体规划要求，并满足不同的气候条件，不同的地形、地貌，不同的人文背景等要求。

3 基本规定

3.0.3 表3.0.3所示为两种规模概念，可以对照引用，发车位是基建规模概念，可认为是静态规模；年平均日旅客发送量是统计规模，也可认为是动态规模。

目前客运汽车的单车载客座位数为40座～60座，当车站的日发送客运量超过25000人次时，车站的日发送班车需500多个班次，必然增加车站建设规模和征地的难度，也给车站和城镇交通增加压力。若按客流方向和城镇交通分区，分别设置汽车客运站，将更有利于缓解汽车客运压力和城镇交通压力。

3.0.4 汽车客运站为保证其建设的各个阶段基础数据的统一，本规范直接引用现行行业标准《汽车客运站级别划分和建设要求》JT/T 200中旅客最高聚集人数的计算公式。

3.0.5 根据对港口客运站使用情况的调查，港口客运站客运专用站极少，绝大多数是以客运为主，兼顾货运。目前，我国的客船船型大部分以客货船为主，即滚装客船。

3.0.6 港口客运站旅客上船出港需安检、候船、办理相关手续，需在客运站停留一定的时间，而下船进港则可以很快通过出港口疏散，基本上不需要进站而占用站房设施。因此，国内港口客运站的站级分级，按出港旅客人数来划分是适宜的。原有规范采用出港旅客聚集量来划分，因为出港旅客聚集量除了与出港旅客人数有关，还与港口客运站管理水平等很多因素有关，目前所采用模式的计算结果与现有港口客运站的实际调查结果差距较大。本规范按年平均日旅客发送量划分站级分级。部分港口客运站年平均日旅客发送量调查结果见表1。

表1 部分港口客运站年平均日出港旅客人数调查统计表

港口名称	年旅客发送量（万人）	发送天数（d）	年平均日旅客发送量（人/d）
大连港客运站	135.35	330	4101
大连湾新港客运站	110.2	340	3241
烟台环海路客运站	99.2	345	2875
重庆万州港客运站	70	365	1917
烟台北马路客运站	56.7	345	1633
大连港大连湾客运站	34.65	330	1050
大连新海航运有限公司客运站	21	262	801
武汉港客运站	10	200	500

3.0.7 原行业标准《港口客运站建筑设计规范》JGJ 86－92是以“设计旅客聚集量”划分站级和客运站建设规模。按原计算公式计算得到的结果不能客观反映出同时在站人数，K_1（聚集系数）、K_2（客运不平衡系数）也不能适应港口客运的变化。因此作为确定港口客运站建设规模的量化指标是不准确的。

本规范修订采用“年平均日旅客发送量”划分站级，采用“旅客最高聚集人数”确定客运站建设规模。

“旅客最高聚集人数”体现的是检票前出港旅客同时在站候船人数。经过实地调研，大多数港口客运站，乘船旅客在发船前2.0h～3.0h陆续进站，候船厅内旅客呈线性增长方式聚集；客运站通常检票时间为30min～40min，旅客候船时间一般在1.5h～2.5h；船只检票时刻，登船旅客大多数已经在候船厅内等候；在旅客发送偏高期间内，各船都能达到船只的额定载客人数。

为方便计算，取2.0h为旅客有效候船时间段。在此期间内，候船旅客的聚集量随着候船时间的延长而增加，通过建立时间与旅客候船聚集人数的线性比例函数关系，即可求得对每只船对应的旅客聚集人数。那么在旅客有效候船时间段内，港口客运站发船为单船时，则首发船检票时刻的聚集人数即为“旅客最高聚集人数”；当发船为多船时，后发船只与首发船只候船旅客出现重叠，此时首发船检票时刻对应的各船只的旅客聚集人数之和即为“旅客最高聚集人数”。

4 选址与总平面布置

4.0.1 本条规定了交通客运站站址的要求。

2 不良地质会对交通客运站构成安全隐患，甚至影响交通客运站的使用。

3 交通客运站需要为旅客提供安全、方便、舒适、优美的客运环境，选择站址时，应重视对外部环境的要求，应远离有毒和粉尘等有害品、危险品的污染物作业场地。

4 港口客运站站址具有足够的陆域面积、码头岸线和水深，可以满足站房、站前广场、停车场等设施的布置及发展要求；具有掩护条件良好的水域，可以满足客船靠码头及安全停泊的要求。

4.0.2 交通客运站一般建在城镇或交通便利地区，由于人口集中、建筑密集，城镇用地更为紧张，因此应充分利用站址的地形条件，布置紧凑，减少拆迁，远、近期结合并留有发展余地。

4.0.4 本条对汽车进站口、出站口提出了如下要求：

1 一、二级汽车客运站，日客运量较大，进出站车辆频繁，为避免车辆堵塞及安全事故，进出站口需要分别独立设置。三、四级汽车客运站，日发送班车量较少，进出站车辆密度较小，但按交通规则，也最好分别独立设置。对日发送班车不超过50辆的汽车客运站，可以适当放宽。进出站口宽度不能小于4.0m的规定，是根据目前客运汽车外形尺寸及运行安全距离确定的。

2 本款是为了防止大股客流与车流互相交叉干扰，保证旅客安全。

3 进站、出站口距公园、学校、托幼、残障人使用的建筑及人员密集场所的主要出入口的安全距离的确定，是从需要与现实的可能性角度，综合考虑确定的。

4 进站、出站口与城市主干道设置进出站车辆排队等候的缓冲空间，是为了减少频繁进出车辆对城市交通的干扰和保证行车的安全。

4.0.5 各行其道是效能规则之一。本条规定的车行道路宽度是参照公路设计标准及目前长途客车的外形尺寸和行驶安全距离而确定。主要人行道路指进出站的大股人流道路，其宽度应保证上下车旅客高峰时刻能迅速通过及疏散，避免因急于进出站的紧张心理而造成拥挤现象，保证车行和人行安全。

5 站前广场

5.0.1 本条规定了站前广场的组成内容，并增加了安全保障设施。站前广场是人流车流集散的公共区域，为保障人民生命财产安全，一般需要设置监控录像、治安报警岗亭等安全保障设施。

5.0.2 站前广场的面积可依据交通客运站的站级、到发旅客人数、旅客集散交通条件等确定。交通客运站用地一般比较紧张，对于有条件的地区，站前广场面积可以适当提高。其他站级交通客运站因规模较小，站前广场面积可以根据实际情况确定。

5.0.3 站前广场是交通客运站与城镇交通的衔接点。站前广场应该位于客运站旅客主要出入口的前方，并且由于站前广场车多人多，为保证旅客活动区不受行车影响和旅客的行走安全，需要将公交车站与出租车站靠近旅客出站口一侧，以便合理组织交通，充分利用城镇公共交通设施，使旅客能迅速、安全地到达和离开客运站。

5.0.6 由于站前广场面积较大，容易积水，影响使用，影响市容且不卫生。设计中一般要求广场纵向坡度不小于0.5%，以利排水，同时不能大于2.0%，避免产生车辆自动滑坡现象。广场内人行道路标高需要略高于车行道，并坡向行车道，坡度一般不小于0.5%，以便排水畅通，避免积水，便于旅客行走。

6 站房与室外营运区

6.1 一般规定

6.1.1 这是交通客运站站房设计的基本要求。进站与出站的人流、物流避免平面交叉，做到均匀分布、互不干扰，以利于安全和方便使用。

6.1.3 交通客运站的候乘厅、售票用房、行包用房等用房是旅客的主要活动区域，这些区域需要满足旅客同时在站最多人数的使用要求，因此按照旅客最高聚集人数计算这些空间的建筑规模是合理的。

6.1.4 为旅客服务的营运区在空间上要开敞、明亮，对区域内需分隔的部位如候乘厅可利用护栏或安全透明的隔断进行灵活划分，以增加视觉上的通透性和旅客的方位感，并增加了空间的变化和渗透性，使旅客流线通畅，引导旅客合理有序地流动。

对于新建港口客运站，在正常使用过程中，经营和管理可能会有变化，同时，为适应客流量的增长和航线的变化而改扩建等，都要改变某些建筑空间的使用功能。尤其是国际客运站，客流量变化波动较大，其联检手续简繁不等、检验设备和检验方式不断变化，需经常调整各使用空间布局，有时国际客运用房和国内客运用房需相互调剂使用等。站房的建筑空间和结构选型具有不同程度的灵活性和通用性，对方便使用和经济合理具有重要意义。

6.2 候乘厅

6.2.1 不同类别的旅客对候乘的环境和条件有不同

的要求，因此需设置普通旅客候乘厅和重点旅客候乘厅。

军人、团体、行动不便旅客候乘厅可根据站级和需要在普通旅客候乘厅内，利用护栏或安全透明隔断进行灵活分隔。一、二级交通客运站宜设母婴候乘厅，母婴候乘厅应邻近站台或单独设检票口，以方便这部分旅客检票、上车、上船。其他站级可视实际情况设置。

6.2.2 本条规定了候乘厅的设计要求。

1 普通旅客候乘厅人均使用面积保留了原有指标，仍不小于 1.1m²。实际调查普遍反映原有候乘厅人均使用面积是适宜的，无需再增加。

2 一、二级站重点旅客候乘厅的使用面积可根据实际使用情况确定。

3 一、二级站旅客较多，为方便妇女携带婴儿候乘，宜设母婴候乘厅，有条件时还要考虑配备婴儿床、婴儿车以及专用厕所和设置换尿布平台等服务设施。

5 为保持候乘秩序，在候乘厅内为旅客提供适量的座椅，是对出行旅客的人文关怀。我国很多候乘厅都采用了在排队检票位置的两侧设置座椅，使旅客能就座候乘休息，检票时起立顺序排队，达到休息与排队相结合的目的。两排座椅之间的通道应为排队及放置行李的水平空间，经过调查一些候乘厅的实际情况，1.3m 的间距可以满足基本需要。因此，将其定为最小间距。经调查，港口客运站其座椅数量按旅客最高聚集人数的 40%设置即可满足使用要求。

6 自动扶梯和电梯是一种既方便又安全的垂直交通工具，在当今的铁路客运站、民航候机楼及公共建筑中已广为应用，深受使用者的欢迎。交通客运站候乘厅人员密度大、时间性要求强、携带包裹较多，设在地面层使用方便，但是会增大占地面积，有的候乘厅会设在二层及以上楼层，对此，为方便旅客使用，本条规定了候乘厅设自动扶梯和供行动不便旅客使用的电梯或无障碍坡道。

7 交通客运站候乘厅检票口处，为保持检票秩序，避免出现拥挤、交叉等混乱现象，通常需要设导向栏杆，其宽度以通行一个旅客为宜，长度根据实际情况而定。采用柔性或可移动栏杆是出于安全方面的考虑，发生意外时，可迅速拆除或移动栏杆，形成疏散通道。

6.2.3 汽车客运站检票口设在三个车位中间，旅客分批检票后，可由左、中、右三个方向到达三个车位，人流不发生交叉，如两个车位设一个检票口，则将增加 50%检票口，如四个车位设一个检票口，就会人流交叉，造成客流混乱，规定三个车位设一个检票口是经济合理的。由于地形或设计原因，候车厅与站台有可能不在同一标高，检票口处于候车厅与站台之间，从旅客的心理及动态分析，检票口设踏步是不适宜的，如有高差，提示做缓坡，不但方便普通旅客同行，还可供残疾人轮椅通行。

6.2.5 候乘风雨廊是南方沿江的一些小型客运站常采用的一种候船形式，它是在码头一侧，用栏杆围起来带雨篷的长廊，旅客在此排队等候检票上船。这种候乘风雨廊的宽度应考虑旅客携带行李排队的要求，以便保持良好的秩序。

6.2.6 平台和廊道把候船厅和客船联系起来，平台和廊道均宜设避雨的顶盖，使旅客登船时避免日晒雨淋，并使旅客的安全得以保障，还可免去不必要的上下往返。

6.3 售票用房

6.3.2 四级及以下站级客运站客流量较少，在候乘厅布置售票窗口，既方便旅客又有效地利用了面积，还便于集中管理。

汽车客运站旅客大部分都习惯购完票就去候车，甚至立即检票上车，因此售票厅与候车厅虽分设，但需要联系方便，以满足旅客的需要，甚至可在检票口附近单设售票窗口。

港口客运站旅客大部分都习惯通过各种形式提前购票，开船前才到候船厅检票登船，售票厅和候船厅在使用程序上联系不甚密切，在管理上售票厅和候船厅对旅客的开放时间往往不相同，因此通常需要分开设置，便于管理和组织不同人流。

6.3.3 本条规定了售票厅的设计要求。

1 汽车客运站每个售票窗口每小时可售票数按原交通部部标为 120 张，90 年代后计算机进入售票活动，售票过程中钱钞支付过程所需时间不变，所不同的是定额撕票与计算机打票，这二者时差不是太大，故仍维持原指标 120 张/h 不变。

港口客运站售票方式摆脱了在站内集中售票的传统模式，出现了在市内、市外多点多种形式的售票方式，大大减少了售票厅购票人流，缓解了购票的压力。经测算，一、二级港口客运站售票窗口数目按 30%折减即可满足购票要求。

2 本款规定了售票厅的使用面积。售票厅内除具备购票与售票的功能外，还需要为旅客提供等候休息场所、问讯台，并宜设自动售票机、联运售票窗口、旅行社、公安值班室、售票人员专用厕所等空间。

3 经实地调查，售票室内为了保证安静的工作环境，每个售票窗口之间大都用玻璃隔断分隔成独立空间，其售票桌椅垂直窗口布置，连同人体活动空间大部分不小于 1.5m，有的甚至达到了 2.1m。同时还需要考虑旅客购票后走出和维持秩序所需空间，使购票人群的密度相对变小，改善售票和购票环境。

规定靠墙售票窗口中心距墙边不小于 1.2m，是为了防止将售票室布置在死角内形成暗房间，保障售票室工作环境有良好的自然通风(不适合用电风扇，防止吹散票据)及采光。

4 售票窗口窗台距地面高度，是根据售票台面的电脑设备和购票者站立高度等因素而确定的。

5 导向栏杆对排队购票维持购票秩序是有利的，其宽度应该考虑一股人流排队购票和购票后走出购票队列及维持秩序所需空间，其长度应该按实际需要确定。

7 设置无障碍售票窗口体现了对行动不便者的关怀。

6.3.4 售票室最小使用面积指标的确定主要是考虑售票室进深，除了售票台、通道外，还要放置办公桌椅等，所以其进深尺寸一般不小于 3.3m；按每个售票窗口中距 1.5m 计算，其最小使用面积为每个窗口不小于 $5.0m^2$。最少设置两个售票窗口的售票室，室内除办公桌椅外还设有票据柜，所以规定最小使用面积不小于 $14.0m^2$。

6.3.5 售票室内地面至售票窗口窗台高度是按坐着工作台面高度 0.8m 确定的，具体设计中，可将售票员工作位置地面局部抬高，也可将售票室全部抬高，使售票窗口内外均有一个合理的高度。

6.3.6 售票室内存用现金和有价票证，为保障安全和不受干扰，所以规定不能设置直接开向售票厅的门。

6.3.7 票据室独立设置，有利于安全保卫。票据为纸质乘车有价凭证，是财务结算的依据，需要采取基本保卫条件和通风、防火、防盗、防鼠、防水、防潮等措施。

6.4 行包用房

6.4.1 本条规定了行包用房的基本组成。经调查，近年来随着物流业的发展，旅客行包托运量减少，行包用房的组成可以根据实际需要设置。

6.4.2 托运与提取均为处理旅客行包的过程，一、二级站行包进出量较大，分别设置是有利营运管理，其他站级如能合并，无论对空间利用、提高劳动效益均是有利的。行包为随旅客出行的物品，托运用房靠近售票处，方便旅客购票后托运；行包提取用房布置在出站口附近，方便旅客提取。

6.4.4 行包在站内的运输工作量较大，劳动强度也较大，一、二级港口客运站考虑机械化转运(如皮带运输、叉车搬运等)，可以减轻劳动强度，提高工作效率。

6.4.5 本条规定了行包用房的设计要求。

1 港口客运站行包用房使用面积的确定。根据对13个港口客运站行包用房使用情况调查，普遍反映国内客运行包托运量随着物流、配货业的发展呈下降的趋势，致使行包用房使用面积过剩，行包用房人均使用面积由原规范每人不小于 $0.3m^2$ 改为 $0.1m^2$ 是适宜的。国际货运行包托运量较大，根据几个沿海有国际航运业务的港口的调查，普遍每人不小于 $0.3m^2$。其行包托运厅、行包提取厅、行包托运、提取仓库的使用面积可以根据实际使用情况确定。

汽车客运旅客行包多自行携带，汽车客运站的行包托运大多独立经营，行包数量与旅客人数并无直接关联，难以形成统一的与面积相关的数据，所以在本次规范编制中汽车客运站行包用房仍保留，但不作具体的数据控制。

3 本款的规定是便于旅客出入及自行托取方便，并按人体尺度及旅行包规格确定受理柜台面的高度。

8 出境旅客的行包需经联检后方可进入行包房，为避免与国内行包混杂，必须单独设置。根据相关部门要求还需要设置海关和检验检疫监控。

6.5 站务用房

6.5.1 本条规定了站务用房的基本组成，增加了服务人员更衣室、广播室和补票室。

6.5.2 服务人员更衣室与值班室是供服务员更衣和临时休息的地方，其使用面积根据人数确定，按每人 $2.0m^2$ 的使用面积是可以满足要求的。由于四级及以下站的服务人员很少，有时仅设一间服务员室，但也要有合理空间，故规定最小使用面积不小于 $9.0m^2$。

6.5.3 由于广播室设有播音机、扩音机以及必要的通信设备，所以本条规定最小使用面积不宜小于 $8.0m^2$。无监控设施的广播室其设置位置需要考虑候乘厅、站场、发车位在视野范围内，以便及时提示有关工作人员调整即时状态，以利站务管理。

6.5.4 客运办公用房使用面积按 $4.0m^2$/人，系根据现行行业标准《办公建筑设计规范》JGJ 67 的有关规定确定的。

6.5.5 一、二级汽车客运站发车多，到站车也多，为了控制到站旅客流向，方便旅客及管理事项，有必要设置补票室。港口客运站面积较大，一般售票厅与候船厅分开设置，距离较远，为方便旅客临时购票，站房内位于检票口附近宜设补票室。室内一般设有办公桌椅及票据柜等，故规定房间最小使用面积不小于 $10.0m^2$。由于室内存有票据及现金，故其门窗应有防盗设施。

6.5.6 汽车客运站调度室系站务活动指挥中心之一，设外门便于与站场或发车位上的站务人员及时联系。调度室联系、接待等业务较多，使用面积是按交通运输部的要求确定的。

6.5.7 站房内公安值班室负责交通客运站的治安工作，其位置应该根据安全保卫工作的需要设置在旅客相对集中的售票厅、候乘厅附近。其使用面积应根据公安部门有关规定确定。独立通信设施是公安工作的一般需要。

6.6 服务用房与附属用房

6.6.1 本条规定了旅客服务用房与设施的内容。

1 问讯台(室)应设在旅客容易发现的地方，如邻近主要出入口处，更为直接、方便地为旅客服务。结合客运站的服务设施，可以采用问讯台或问讯室的方式设置。问讯台(室)前的 8.0m² 面积是旅客聚集等候问讯所必需的面积。

3 一、二级交通客运站旅客及工作人员较多，应设医务室。其使用面积按一位医务人员处理日常医务工作所需陈设的最小面积计算。

4 小型商业服务设施是指设在旅客站房范围内，为方便及满足旅客的基本需求，专为候乘旅客服务的小型超市、商店、餐饮、书报杂志、娱乐等设施。站房内不能设置大型的商业设施(包括大型的零售、餐饮、娱乐等)，是因为客运站为人员密集的场所，这些设施在消防、安全等方面存在一定的隐患，一旦发生安全事故，会危及整个站房的安全。

6.6.3 本条规定了厕所、盥洗室的设计要求。

1 前室的设置是根据文明、卫生的要求考虑的，使厕所与其他空间有所缓冲，前室也可设置一些必要的洗手盆，设洗手盆的前室不能视为盥洗室，一、二级站应按规定另设盥洗室。

2 明确厕所宜有自然采光，不能置于暗室用人工照明，至于通风，这里提的是良好通风，即自然通风或其他形式通风均可，应注意不要将异味串入其他空间。

3 行业标准《城市公共厕所设计标准》CJJ 14－2005 的第 3.2.6 条对公共交通建筑内为顾客配置的卫生设施数量做了明确规定。汽车客运站和港口客运站内为旅客配置的厕所按此执行。当行业标准《城市公共厕所设计标准》CJJ 14 修订后，应按新的规定执行。

4 经调查，前期建成的一些交通客运站其厕所男、女旅客比例已不能满足当前的使用要求，为此调整了男、女旅客的比例为各 50%；当母婴候乘厅设有专用厕所时，应扣除其数量；

6.6.4 部分交通客运站使用面积较大，旅客分散，流线复杂，如果集中设置过大的厕所，因服务半径不合理，达不到方便旅客的要求，而且在卫生、管理等方面都有所不便。所以一、二级站的厕所应酌情合理分散设置，并规定了最大服务半径。

6.6.5 汽车客运站在出站口设置厕所是为了方便旅客。

6.6.6 本条规定了设备用房的组成。交通客运站设计可以根据实际需要确定。

6.6.7 有噪声和空气污染源的附属用房会造成对主体建筑的环境污染，所以应对其采取有效的防护措施，并应符合国家相关标准的规定。

6.6.8 维修车间设置规模及包括内容可以按照交通运输部行业标准执行。维修车间与站场虽然有业务联系，但工作内容是不同的，为了各自的安全生产，应该有所分隔。

6.7 汽车客运站的营运停车场、发车位与站台

6.7.1 汽车客运站营运停车场容量变化较大，应按有关行业标准设计。在改建、扩建项目中站场面积较小，可以考虑异地停车。

6.7.2 本条所规定的停车数量大于 50 辆，紧急情况时，疏散口不足，车辆疏散不出去，易造成混乱，因此，设计时应留有足够的疏散口。疏散口在不同方向设置，并直通城市道路，能保证车辆能迅速地疏散到安全地带。

6.7.3 分组停放，有利于停车的整齐存放，避免混乱。每组停车数量过多，增加车辆停放的困难，并不利于疏散。因此本条规定了每组停放车辆不宜超过 50 辆。组与组之间的通道宽度不小于 6.0m，是为满足车辆进出和防火安全距离的要求。

6.7.4 本条的规定为一般客车回车、调车之下限要求。按要求设一个疏散口的站，亦可作为消防车之回车场地。

6.7.5 洗车设施及检修台均有较严格的行车、停车位置要求，在进入就位前有一段直道有利安全操作。

6.7.8 站台设计必须为站务工作的三条流线创造良好的工作条件，站台净宽系指候车厅外墙突出物至站台另一侧的边缘或雨棚构造柱内侧面的净宽，单侧站台净宽考虑两股人流和一辆手推车通行的要求，双侧站台净宽考虑四股人流和一辆手推车通行的要求。

6.7.9 发车位露天时，站台应设置雨棚，站台雨棚是站台设计的一般要求，是对旅客的起码关怀，上下车不致受雨水浸淋影响。站台雨棚净高是按车顶装货平台离地高度及人工安全操作的最低要求和保证发车位处的通风采光，雨棚净高不小于 5.0m。

6.7.10 本条对车站雨棚承重柱的设置作了规定。

1 附墙柱突出墙面应保证净距，以免影响实际通道宽度；

2 站台雨棚下方面积较小，但人流、货流活动频繁，承重柱设置位置应注意人流、货流的活动规律。

6.7.11 发车位地坪坡向是为了方便发车，也有利发车位及时排水，方便旅客上下车。

6.8 客运码头与客货滚装码头

6.8.1 可以为旅客设置的上、下船设施有旅客登船船桥、登船梯及随水位升降的活动引桥等。有条件地区还可以设置现代化的登船机。滚装码头设置乘船车辆的登船设施，如活动引桥或专用斜坡道等。旅客和车辆的登船设施可以在平面上分开设置，也可以立交

分设。

6.8.2 客货滚装码头的车辆登船，按照候检、报检、安全检查、缴费、候船的流程设置。待检停车场应该满足车辆排队候检的需要。汽车待装停车场的停车数量至少是同时发船所载车辆数量的2倍。为驾驶员设置必要的服务设施包括厕所、小卖部、休息室等。

6.8.3 通常客运码头、客货滚装码头占地面积较大，容易积水，影响使用，且不卫生。设计中一般要求客运码头纵向坡度不应小于0.5%，以利排水，同时不宜大于2.0%，避免产生车辆自动滑坡现象。

6.9 国际港口客运用房

6.9.1 本条规定了国际港口客运用房的基本组成。

6.9.2 国际客运旅客出境与入境的流程基本相同，但方向相反。航班密度较低的国际客运站可以共用一套出境和入境用房及设施。入境流程还需设置办理落地签证手续的柜台和业务用房。

6.9.3 国际客运站出境和入境用房，无论是分别设置或是互用，还是国际国内合建，都应做到联检前后的旅客、行包不接触、不混杂，这是国际客运的特殊要求。为安全运营，组织好人流与货流，避免交叉，必要时可采用立交的方式解决。

6.9.4 国际客运因国际间航线客流量变化波动较大，其联检手续有简有繁，检查设备、手续不断更新，使用流程经常调整，因此，提出国际客运各种用房应联系紧密，流程合理，在满足当前要求的同时，布局上应有灵活性和通用性。

6.9.5 因出入境的旅客一般携带行包较多，并且都要自携行包通过各种检查，因此其用房宜设在同一楼层，避免旅客上下携带不方便。当入境和出境同一种使用程序的用房布置在不同楼层时，应设有运送旅客和行包的垂直运输设备，如自动扶梯、无障碍电梯等。

6.9.10 国际候检和联检，一般时间较长，为使联检前后的旅客互不接触，候检厅、联检厅均需单独设置厕所和盥洗室。

7 防火与疏散

7.0.2 交通客运站是人员密集的公共建筑，在设计时应尽可能采用较高的耐火等级。

7.0.4 汽车客运站人多、车多、火灾危险性较大，消防设施、灭火器材需要配套齐全。

7.0.6 交通客运站是人员密集的公共建筑，控制疏散楼梯踏步的尺寸，有利于紧急情况发生时安全疏散。其尺寸系根据现行国家标准《民用建筑设计通则》GB 50352的有关规定而确定。

7.0.7 镜子、不锈钢等建筑材料作为室内材料已屡见不鲜。但用于人员密集的公共场所，容易造成空间尺度概念及疏散方向的迷乱，因此规定候乘厅及疏散通道墙面装修中不能使用。

8 室内环境

8.0.1 为旅客候乘时有舒适、卫生的室内环境，并节约能源，候乘厅应有较好的自然采光和自然通风。

站房属于公共建筑，候乘厅内聚集旅客较多，从自然采光和自然通风要求考虑，应该有适宜的净高。调查发现，绝大多数候乘厅都在4.5m以上，少量小型候乘室净高在3.6m左右，但自然采光和自然通风效果不好。本条规定候乘厅净高不应低于3.6m，是对候乘厅净高下限值的规定，对于有条件的地区，站房净高可以根据站房面积及候乘人数适当提高。

8.0.2 为了保障购票者的身体健康，避免疾病的传染，节约能源，其基本的卫生条件应予保证，为此规定了交通客运站售票厅的净高不应低于3.6m的要求。

8.0.3 候乘厅系大跨度空间，旅客流动大、噪声大，应考虑吸声减噪措施，满足语音广播的清晰度。

8.0.5 火灾发生时除了产生明火外，还会产生有毒有害烟雾，对人员密集的场所危害更大，为此不得将那些易燃及受高温散发有毒烟雾的建筑材料用于候乘厅、售票厅内。

8.0.6 交通客运站室内建筑材料和装修材料应采用防火、防污染、防潮、防水、防腐、防虫的材料和辅料，降低室内环境污染物的浓度。

9 建筑设备

9.1 给水排水

9.1.2 严寒和寒冷地区的一、二级交通客运站大多位于大中城市，供热条件较好，可提供方便的热源。其他站级交通客运站盥洗室，有条件时，也应当设热水供应系统。

9.1.3 本条对交通客运站入境旅客联检厅化粪池的设置提出要求。入境旅客可能携带病菌，生活污水在排至市政管网之前应进行消毒处理，故化粪池应单独设置。

9.1.4 一级汽车客运站一般位于大中城市，行车路线长，车身易脏，为了保持市容及时清洗车身，需要设自动冲洗装置。二、三级站相对而言能将车冲洗干净即可，可以设置一般冲洗台。但无论采用哪种方式冲洗，都要考虑节约用水，减轻城市供水负担。

9.1.5 交通客运站污水需要进行处理，达到城市污水排放标准后，方可排入城市排水管网；站场冲洗及汽车冲洗所排放的含油废水及泥沙较多，未经处理就排放，必然污染城市环境或堵塞排水管井，为此规定应进行处理，达标后排放。

9.1.6 由于入境车辆可能携带病菌、泥沙污物，为保证入境车辆符合我国卫生检疫和环境卫生的要求，需要对入境车辆设置专用清洗和消毒设施。

9.1.7 随着运营车辆上服务设施的发展，已有部分较高等级的车辆上配备了卫生间，但由于在以往的汽车客运站建设中均未设置相关污废收集、处理设施，导致许多运营线路上卫生间功能无法正常使用。因此补充此条，以保证"车"与"站"发展的同步。

9.2 供暖通风

9.2.1 随着国民经济的发展及人民生活水平的提高，建筑的供暖系统已成为必要的配套设施，因此供暖地区的客运站均应设置供暖系统。四、五级汽车客运站大多处于中、小城乡地区，经过技术经济比较，不适合采用集中热供暖的，可因地制宜采用其他合适的供暖方式，但需注意安全防护及环境污染。

9.2.2 室内设计温度系依据现行国家标准《采暖通风与空气调节设计规范》GB 50019 确定，设计取值时应根据具体情况，在其上下限范围内取值。

9.2.3 候乘厅、售票厅等房间，当客运班次较少或夜间无人使用时，使其保持值班供暖温度可节约能源。设置独立供暖系统可在该系统总管上设置集中室温调节装置，便于分区管理。

9.2.4 高大空间由于温度梯度作用，要满足 2m 以下人员活动区的温度要求，2m 以上的温度就会随高度增加而升高，这将增加建筑的能耗。经调查，近年来采用了低温地板辐射供暖方式的高大空间，均取得了良好的效果。同时在相同热舒适条件下，室内设计温度可比对流供暖降低 2℃，减少了建筑物能耗。

9.2.5 通风换气的方式，当自然通风不满足要求时可采用机械通风。交通客运站人流较多，为避免厕所臭气外逸，一定要使其处于负压。

9.2.6 非工作时间，采用值班供暖系统将室内温度保持在 5℃左右，工作时间采用送风系统（热风）将室内温度提高到所需要的温度，这样比较灵活、经济、节能。

9.2.7 汽车客运站的发车位（站台）设于封闭或半封闭空间内时，汽车尾气对旅客健康影响较大，一般需要采取汽车尾气集中排放措施。

9.2.8 在严寒和寒冷地区一、二级站候乘厅、售票厅，通向室外的主要出入口，客流量大，外门开启频繁，导致供暖能耗增加，为保证室内温度，可以设置热空气幕。

9.2.9 随着我国国民经济的发展，人们对舒适度的要求逐步提高，一、二级客运站的候乘厅和国际候乘厅、联检厅等处的人员聚集量大，停留时间较长，设舒适性空调设施是需要的。夏季空调室内计算温度应符合现行国家标准《采暖通风与空气调节设计规范》GB 50019 的有关规定。对于高大空间宜采用分层空气调节系统，保持 2m 高度以下人员活动区域温度要求即可，以达到节约能源的目的。

9.3 电 气

9.3.2 本条明确规定了交通客运站用电负荷的分级，消防用电负荷分级按照国家现行相关标准执行。国际客运站供电负荷等级未作规定，但在设计时要注意安检和联检设备用电负荷的要求。

9.3.3 明确照明分类、有利设计、方便使用。

9.3.4 售票工作台等处增设局部照明是为了迅速、准确看清票据、钱款、证件等，提高工作效率。照度标准值（500lx）是按现行国家标准《建筑照明设计标准》GB 50034 要求确定的。

9.3.5 设置合理引导旅客的标志标识照明的目的是帮助旅客完成连贯、完整的活动，并帮助旅客方便迅速确定环境，引导旅客方便、快捷地到达所需之处。

9.3.6 车辆进站、出站口与城市道路或人行道有交汇点，为了安全应设同步声、光信号，并应符合交通信号的规定。

9.3.7 为驾驶员安全行车创造必要条件。眩光限制阈值增量（TI）最大初始值 15%是根据现行国家行业标准《城市道路照明设计标准》CJJ 45 中机动车交通道路照明标准值对支路要求而确定的。

9.3.8 通信、广播设备是交通客运站必要设施，其设备种类、数量及功能要求应与站级规模相适应。

一、二级交通客运站站务工作量较大，宜在售票、检票、行包、通信、显示、结算、调度等部位设计算机网络、综合布线等终端。其余站级可根据需要设置。

9.3.12 港口客运站位于江、河、湖、海岸边，雷电活动较频繁，因此要求各站级港口客运站均设防雷保护是必要的。

汽车客运站防雷设计应根据当地气象部门有关雷暴参数对建筑物进行防雷分类。

中华人民共和国行业标准

旅馆建筑设计规范

JGJ 62—90

主编单位：建 设 部 建 筑 设 计 院
批准部门：中华人民共和国建设部
中华人民共和国商业部
国　家　旅　游　局
施行日期：1 9 9 0 年 12 月 1 日

关于发布行业标准《旅馆建筑设计规范》的通知

(90)建标字310号

根据原城乡建设环境保护部(84)城科字第153号文及(84)城设字第162号文的要求，由建设部建筑设计院主编的《旅馆建筑设计规范》，经建设部、商业部、国家旅游局审查，现批准为行业标准，编号JGJ 62—90，自1990年12月1日起施行。在施行过程中如有问题和意见，请函告建设部建筑设计院。

当设计旅游涉外饭店时，应有明确的星级目标，其功能要求尚应符合有关规定。

建 设 部
商 业 部
国家旅游局
1990年6月20日

目　次

第一章　总　　则

第 1.0.1 条　为使旅馆建筑设计符合适用、安全、卫生等基本要求，特制定本规范。

第 1.0.2 条　本规范适用于新建、改建和扩建的至少设有 20 间出租客房的城镇旅馆建筑设计。有特殊需求的旅馆建筑设计，可参照执行。

第 1.0.3 条　根据旅馆的使用功能，按建筑质量标准和设备、设施条件，将旅馆建筑由高至低划分为一、二、三、四、五、六级 6 个建筑等级。

第 1.0.4 条　旅馆建筑设计除执行本规范外，尚应符合现行的《民用建筑设计通则》以及国家现行的有关标准、规范。

当设计旅游涉外饭店时，应有明确的星级目标，其功能要求尚应符合有关标准的规定。

第二章　基地和总平面

第 2.0.1 条　基地。

一、基地的选择应符合当地城市规划要求，并应选在交通方便、环境良好的地区。

二、在历史文化名城、风景名胜地区及重点文物保护单位附近，基地的选择及建筑布局，应符合国家和地方有关管理条例和保护规划的要求。

三、在城镇的基地应至少一面临接城镇道路，其长度应满足基地内组织各功能区的出入口、客货运输、防火疏散及环境卫生等要求。

第 2.0.2 条　总平面。

一、总平面布置应结合当地气候特征、具体环境，妥善处理与市政设施的关系。

二、主要出入口必须明显，并能引导旅客直接到达门厅。主要出入口应根据使用要求设置单车道或多车道，入口车道上方宜设雨棚。

三、不论采用何种建筑形式，均应合理划分旅馆建筑的功能分区，组织各种出入口，使人流、货流、车流互不交叉。

四、在综合性建筑中，旅馆部分应有单独分区，并有独立的出入口；对外营业的商店、餐厅等不应影响旅馆本身的使用功能。

五、总平面布置应处理好主体建筑与辅助建筑的关系。对各种设备所产生的噪声和废气应采取措施，避免干扰客房区和邻近建筑。

六、总平面布置应合理安排各种管道，做好管道综合，并便于维护和检修。

七、应根据所需停放车辆的车型及辆数在基地内或建筑物内设置停车空间，或按城市规划部门规定设置公用停车场地。

八、基地内应根据所处地点布置一定的绿化，做好绿化设计

第三章　建筑设计

第一节　一般规定

第 3.1.1 条　公共用房及辅助用房应根据旅馆等级、经营管理要求和旅馆附近可提供使用的公共设施情况确定。

第 3.1.2 条　建筑布局应与管理方式和服务手段相适应，做到分区明确、联系方便，保证客房及公共用房具有良好的居住和活动环境。

第 3.1.3 条　建筑热工设计应做到因地制宜，保证室内基本的热环境要求，发挥投资的经济效益。

第 3.1.4 条　建筑体型设计应有利于减少空调与采暖的冷热负荷，做好建筑围护结构的保温和隔热，以利节能。

第 3.1.5 条　采暖地区的旅馆客房部分的保温隔热标准应符合现行的《民用建筑节能设计标准》的规定。

第 3.1.6 条　锅炉房、冷却塔等不宜设在客房楼内，如必须设在客房楼内时，应自成一区，并应采取防火、隔声、减震等措施。

第 3.1.7 条　室内应尽量利用天然采光。

第 3.1.8 条　电梯。

一、一、二级旅馆建筑 3 层及 3 层以上，三级旅馆建筑 4 层及 4 层以上，四级旅馆建筑 6 层及 6 层以上，五、六级旅馆建筑 7 层及 7 层以上，应设乘客电梯。

二、乘客电梯的台数应通过设计和计算确定。

三、主要乘客电梯位置应在门厅易于看到且较为便捷的地方。

四、客房服务电梯应根据旅馆建筑等级和实际需要设置。五、六级旅馆建筑可与乘客电梯合用。

五、消防电梯的设置应符合现行的《高层民用建筑设计防火规范》的有关规定。

第 3.1.9 条　当旅馆建筑中采用方便残疾人设施时，应符合现行的《方便残疾人使用的城市道路和建筑物设计规范》的有关规定。

第二节　客房部分

第 3.2.1 条　客房。

一、客房类型分为：套间、单床间、双床间（双人床间）、多床间。

二、多床间内床位数不宜多于 4 床。

三、客房不宜设置在无窗的地下室内，当利用无窗人防地下空间做为客房时，必须设有机械通风设备。

四、客房内应设有壁柜或挂衣空间。

五、客房的隔墙及楼板应符合隔声规范的要求。

六、客房之间的送风和排风管道必须采取消声处理措施，设置相当于毗邻客房间隔墙隔声量的消声装置。

七、天然采光的客房间，其采光窗洞口面积与地面面积之比不应小于 1：8。

八、跃层式客房内楼梯允许设置扇形踏步，其内侧 0.25m 处的宽度不应小于 0.22m。

第 3.2.2 条　客房净面积不应小于表 3.2.2 的规定。

第 3.2.3 条　卫生间。

一、客房附设卫生间应符合表 3.2.3-1 的规定。

客房净面积　(m^2)　表 3.2.2

建筑等级	一级	二级	三级	四级	五级	六级
单床间	12	10	9	8		
双床间	20	16	14	12	12	10
多床间				每床不小于 4		

注：双人床间可按双床间考虑。

客房附设卫生间　表 3.2.3–1

建筑等级	一级	二级	三级	四级	五级	六级
净面积(m^2)	>5.0	>3.5	>3.0	>3.0	>2.5	
占客房总数百分比(%)	100	100	100	50	25	
卫生器具件数(件)	不应少于 3			不应少于 2		

二、对不设卫生间的客房，应设置集中厕所和淋浴室。每件卫生器具使用人数不应大于表 3.2.3–2 的规定。

每件卫生器具使用人数　表 3.2.3–2

每件卫生器具使用人数 / 卫生器具名称 / 使用人数变化范围		洗脸盆或水龙头	大便器	小便器或 0.6m 长小便槽	淋浴喷头	
					严寒地区寒冷地区	温暖地区炎热地区
男	使用人数 60 人以下	10	12	12	20	15
	超过 60 人部分	12	15	15	25	18
女	使用人数 60 人以下	8	10		15	10
	超过 60 人部分	10	12		18	12

三、当卫生间无自然通风时，应采取有效的通风排气措施。

四、卫生间不应设在餐厅、厨房、食品贮藏、变配电室等有严格卫生要求或防潮要求用房的直接上层。

五、卫生间不应向客房或走道开窗。

六、客房上下层直通的管道井，不应在卫生间内开设检修门。

七、卫生间管道应有可靠的防漏水、防结露和隔声措施，并便于检修。

第 3.2.4 条　室内净高。

一、客房居住部分净高度，当设空调时不应低于 2.4m；不设空调时不应低于 2.6m。

二、利用坡屋顶内空间作为客房时，应至少有 $8m^2$ 面积的净高度不低于 2.4m。

三、卫生间及客房内过道净高度不应低于 2.1m。

四、客房层公共走道净高度不应低于 2.1m。

第 3.2.5 条　客房层服务用房

一、服务用房宜设服务员工作间、贮藏间和开水间，可根据需要设置服务台。

二、一、二、三级旅馆建筑应设消毒间；四、五、六级旅馆建筑应有消毒设施。

三、客房层全部客房附设卫生间时，应设置服务人员厕所。

四、客房层开水间应设有效的排气措施；不应使蒸汽和异味窜入客房。

五、同楼层内的服务走道与客房层公共走道相连接处如有高差时，应采用坡度不大于 1：10 的坡道。

第 3.2.6 条　门、阳台。

一、客房入口门洞宽度不应小于 0.9m，高度不应低于 2.1m。

二、客房内卫生间门洞宽度不应小于 0.75m，高度不应低于 2.1m。

三、既做套间又可分为两个单间的客房之间的连通门和隔墙，应符合客房隔声标准。

四、相邻客房之间的阳台不应连通。

第三节　公 共 部 分

第 3.3.1 条　门厅。

一、门厅内交通流线及服务分区应明确，对团体客人及其行李等，可根据需要采取分流措施；总服务台位置应明显。

二、一、二、三级旅馆建筑门厅内或附近应设厕所、休息会客、外币兑换、邮电通讯、物品寄存及预订票证等服务设施；四、五、六级旅馆建筑门厅内或附近应设厕所、休息、接待等服务设施。

第 3.3.2 条　旅客餐厅。

一、根据旅馆建筑性质、服务要求、接待能力和旅馆邻近的公共饮食设施水平，应设置相应的专供旅客就餐的餐厅。

二、一、二级旅馆建筑应设不同规模的餐厅及酒吧间、咖啡厅、宴会厅和风味餐厅；三级旅馆建筑应设不同规模的餐厅及酒吧间、咖啡厅和宴会厅；四、五、六级旅馆建筑应设餐厅。

三、一、二、三级旅馆建筑餐厅标准不应低于现行的《饮食建筑设计规范》中的一级餐馆标准；四级旅馆建筑餐厅标准不应低于二级餐馆标准；五、六级旅馆建筑餐厅标准不应低于三级餐馆标准。

四、为旅客就餐的餐厅座位数，一、二、三级旅馆建筑不应少于床位数的 80%；四级不应少于 60%；五、六级不应少于 40%。

五、旅客餐厅的建筑设计除应符合上述各款规定外，还应按现行的《饮食建筑设计规范》中有关餐馆部分的规定执行。

第 3.3.3 条　会议室。

一、大型及中型会议室不应设在客房层。

二、会议室的位置、出入口应避免外部使用时的人流路线与旅馆内部客流路线相互干扰。

三、会议室附近应设盥洗室。

四、会议室多功能使用时应能灵活分隔为可独立使用的空间，且应有相应的设施和贮藏间。

第 3.3.4 条　商店。

一、一、二、三级旅馆建筑应设有相应的商店；四、五、六级旅馆建筑应设小卖部。设计时可参照现行的《商店建筑设计规范》执行。

二、商店的位置、出入口应考虑旅客的方便，并避免噪声对客房造成干扰。

第 3.3.5 条　美容室、理发室。

一、一、二级旅馆建筑应设美容室和理发室；三、四级旅馆建筑应设理发室。

二、理发室应分设男女两部，并妥善安排作业路线。

第 3.3.6 条　康乐设施。

一、康乐设施应根据旅馆要求和实际需要设置。

二、康乐设施的位置应满足使用及管理方便的要求，并不应使噪声对客房造成干扰。

三、一、二级旅馆建筑宜设游泳池、蒸汽浴室及健身房等。

第四节 辅助部分

第 3.4.1 条 厨房。

一、厨房应包括有关的加工间、制作间、备餐间、库房及厨工服务用户等。

二、厨房的位置应与餐厅联系方便，并避免厨房的噪声、油烟、气味及食品储运对公共区和客房区造成干扰。

三、厨房平面设计应符合加工流程，避免往返交错，符合卫生防疫要求，防止生食与熟食混杂等情况发生。

四、厨房的建筑设计除应符合上述各款规定外，还应按现行的《饮食建筑设计规范》中有关厨房部分的规定执行。

第 3.4.2 条 洗衣房。

一、各级旅馆应根据条件和需要设置洗衣房。

二、洗衣房的平面布置应分设工作人员出入口、污衣入口及洁衣出口，并避开主要客流路线。

三、洗衣房的面积应按洗作内容、服务范围及设备能力确定。

四、一、二、三级旅馆应设有衣物急件洗涤间。

第 3.4.3 条 设备用房。

一、旅馆应根据需要设置有关给排水、空调、冷冻、锅炉、热力、煤气、备用发电、变配电、防灾中心等机房，并应根据需要设机修、木工、电工等维修用房。

二、设备用房应首先考虑利用旅馆附近已建成的各种有关设施或与附近建筑联合修建。

三、各种设备用房的位置应接近服务负荷中心。运行、管理、维修应安全、方便并避免其噪声和振动对公共区和客房区造成干扰。

四、设备用房应考虑安装和检修大型设备的水平通道和垂直通道。

第 3.4.4 条 备品库。

一、备品库应包括家具、器皿、纺织品、日用品及消耗物品等库房。

二、备品库的位置应考虑收运、贮存、发放等管理工作的安全与方便。

三、库房的面积应根据市场供应、消费贮存周期等实际需要确定。

第 3.4.5 条 职工用房。

一、职工用房包括行政办公、职工食堂、更衣室、浴室、厕所、医务室、自行车存放处等项目，并应根据旅馆的实际需要设置。

二、职工用房的位置及出入口应避免职工人流路线与旅客人流路线互相交叉。

第四章 防火与疏散

第 4.0.1 条 旅馆建筑的防火设计除应执行现行的防火规范外，还应符合本章的规定。

第 4.0.2 条 高层旅馆建筑防火设计的建筑物分类应符合表 4.0.2 的规定。

建筑物的分类 表 4.0.2

建筑高度 \ 建筑等级	一级	二级	三级	四级	五级	六级
<50m	一类	一类	二类	二类	二类	二类
>50m	一类	一类	一类	一类	一类	一类

第 4.0.3 条 一、二类建筑物的耐火等级、防火分区、安全疏散、消防电梯的设置等均应按现行的《高层民用建筑设计防火规范》执行。

第 4.0.4 条 集中式旅馆的每一防火分区应设有独立的、通向地面或避难层的安全出口，并不得少于 2 个。

第 4.0.5 条 旅馆建筑内的商店、商品展销厅、餐厅、宴会厅等火灾危险性大、安全性要求高的功能区及用房，应独立划分防火分区或设置相应耐火极限的防火分隔，并设置必要的排烟设施。

第 4.0.6 条 旅馆的客房、大型厅室、疏散走道及重要的公共用房等处的建筑装修材料，应采用非燃烧材料或难燃烧材料，并严禁使用燃烧时产生有毒气体及窒息性气体的材料。

第 4.0.7 条 公共用房、客房及疏散走道内的室内装饰，不得将疏散门及其标志遮蔽或引起混淆。

第 4.0.8 条 各级旅馆建筑的自动报警及自动喷水灭火装置应符合现行的《火灾自动报警系统设计规范》、《自动喷水灭火系统设计规范》的规定。

第 4.0.9 条 消防控制室应设置在便于维修和管线布置最短的地方，并应设有直通室外的出口。

第 4.0.10 条 消防控制室应设外线电话及至各重要设备用房和旅馆主要负责人的对讲电话。

第 4.0.11 条 旅馆建筑应设火灾事故照明及明显的疏散指示标志，其设置标准及范围应符合防火规范的规定。

第 4.0.12 条 电力及照明系统应按消防分区进行配置，以便在火灾情况下进行分区控制。

第 4.0.13 条 当高层旅馆建筑设有垃圾道、污衣井时，其井道内应设置自动喷水灭火装置。

第五章 建筑设备

第一节 给水排水

第 5.1.1 条 给水排水设计除应符合现行的《建筑给水排水设计规范》及防火规范外，还应符合本节的各条规定。

第 5.1.2 条 给水。

一、给水设计应有可靠的水源和供水管道系统，以满足生活和消防用水要求，当仅有一条供水管或供水量不足时，应按有关防火规范和生活供水要求设置蓄水池。

二、生活用水定额应符合表 5.1.2 的规定。

生活用水定额　　　　表 5.1.2

建筑等级	用水量(升　最高日・每床)	小时变化系数
一级、二级	400～500	2.0
三级	300～400	
四级、五级	200～300	
六级	100～200	2.5～2.0

注：食堂、洗衣房、游泳池、理发室及职工用水等用水定额应按现行的《建筑给水排水设计规范》执行。

三、客房卫生间卫生器具给水配件处的静水压，最高不宜超过 350kPa（3.5kg／cm^2），水压超过上述规定时，应考虑分区供水或设减压装置。

四、水箱间和水泵房位置应尽量避免与客房及需要安静的房间（电子计算机房、消防中心等房间）毗邻，并应便于维修和管理。泵房及设备应采取消声和减震措施。高层建筑的水泵出水管应有消除水锤措施。

五、贮水池、高位水箱应有防污染措施，且容积不宜过大，以防水质变坏。

六、采用非饮用水做冲洗和浇洒等用水时，应用明显的标志，非饮用水管道不得与饮用水管道相连。

第 5.1.3 条　排水。

一、排水系统应根据室外排水系统的制度和有利于废水回收利用的原则，选择生活污水与废水的合流或分流。

二、地下室排水泵宜采用潜水泵，自动开、停。

三、厨房宜采用明沟排水。

第 5.1.4 条　热水。

一、热水系统应优先采用废热和城市热力管道为热源。有条件的地区可采用太阳能热水器，但一、二级旅馆建筑应有备用热源。加热设备宜采用容积式热交换器，并有一定贮备量。

二、生活热水用水定额应符合表 5.1.4 的规定。

三、集中热水供应系统加热前是否需要要软化，应根据水质、水量、使用要求等确定。

四、热水系统各用水点处的水压应与该处冷水水压基本相同，高层建筑热水系统的竖向分区应与冷水系统相同。

五、热水管道应设机械循环系统，一、二、三级旅馆建筑应连续供应热水、四、五、六级旅馆建筑宜定时供应热水。

生活热水用水定额　　　　表 5.1.4

建筑等级	65℃热水(升／最高日・床)
一级、二级	150～200
三级	120～150
四级、五级	100～120
六级	50～100

注：①食堂、洗衣房、游泳池、理发室及职工用水等用水定额应按现行的《建筑给水排水设计规范》执行。

②表内所列用水量已包括在表 5. 1. 2 生活用水定额中。

③集中热水供应系统的设计小时耗热量．一、二、三级旅馆建筑应根据使用热水的计算单位数、用水定额计算；四、五、六级及用于会议的旅馆应按卫生器具数、同时使用百分数计算。

第二节　暖 通 空 调

第 5.2.1 条　暖通空调设计除应符合现行的《采暖通风和空气调节设计规范》的规定外，还应符合下列各条规定。

第 5.2.2 条　一、二、三级旅馆建筑应设空调；四级旅馆建筑在夏季宜设降温空调；五六级旅馆建筑不宜设空调。室内暖通空调设计参数及噪声标准应符合表 5.2.2 的规定。

室内暖通空调设计参数及噪声标准　　　　表 5.2.2

参数	位置 ＼ 建筑等级 / 季节	一级 夏季	一级 冬季	二级 夏季	二级 冬季	三级 夏季	三级 冬季	四级 夏季	四级 冬季	五级 夏季	五级 冬季	六级 夏季	六级 冬季
温度(℃)	客房	24～25	22	25～26	22	26～27	20	27～28	20	－	18	－	18
	餐厅、宴会厅	24～25	22	24～25	22	26～27	20	26～27	20	－	18	－	18
相对湿度(%)	客房	50～60	40～50	55～65	40～50	<65	≥40	－					
	餐厅、宴会厅	55～65	40～50	55～65	40～50	<65	≥40						
新风量(m^3／h・p)	客房	50		40		30		－					
	餐厅、宴会厅	25		20		20							
停留区风速(m／s)	客房	≤0.25	≤0.15	≤0.25	≤0.15	≤0.25	≤0.15	－					
	餐厅、宴会厅	≤0.25	≤0.15	≤0.25	≤0.15	－							
空气含尘量(mg／m^3)	客房	<0.20		<0.35				－					
	餐厅、宴会厅	<0.35											
噪声标准(NR)	客房	30		35		35		50		－			
	餐厅、宴会厅	35		40		40		55					

第 5.2.3 条　空调系统。

一、严寒地区、寒冷地区和温暖地区（沿海地区除外）一、二、三级旅馆建筑客房的新风系统应有加湿措施。

二、客房内卫生间应保持负压。

三、一、二级旅馆建筑门厅出入口宜采用冷、热风空气幕；三、四级旅馆建筑宜采用循环风空气幕。

四、餐厅、宴会厅、商店等公共部分宜采用低速空调系统；三、四级旅馆建筑可采用独立机组空调。厨房宜采用直流式低速通风或空调系统。

五、厨房应保持负压，餐厅应维持正压。

六、新风系统宜采用二次过滤措施。

七、严寒地区公共建筑物宜设值班采暖。

第 5.2.4 条　冷源、热源。

一、严寒地区空调冷源宜优先考虑利用室外空气。

二、严禁采用氨制冷机，有条件时宜采用溴化锂吸收式制冷机。

三、空调冷、热水管的系统环路，应按建筑层数、使用规律及设备承受压力大小划分。

四、系统环路宜采用同程式系统，如采用导程式系统时，宜装设平衡阀。

五、冷冻水和冷却水应采取水质控制措施，蒸发器及冷凝器水侧的污垢系数应不大于 0.0001km^2℃／kCal (0.086m^2℃／kW)。

第 5.2.5 条 排烟、排风。

一、防排烟设计除应符合现行的《高层民用建筑设计防火规范》的规定外，四季厅内应考虑排烟，并宜与通风系统相结合，排烟量不小于 4 次／h 的换气量。

二、空调系统的新风与排风系统宜设冷热量回收装置。

三、地下室排水泵房及设备用房等应设机械排风。

四、一、二、三级旅馆建筑宜采用水路自动调节控制；四级旅馆建筑仅开停风机控制。

第三节 电 气

第 5.3.1 条 供电电源除应按现行的《民用建筑电气设计规程》及防火规范的有关规定执行外，尚应符合下列规定：

一、根据旅馆建筑等级、规模的不同，用电负荷分为三级，并应符合表 5.3.1−1 的规定。

用电负荷等级 表 5.3.1−1

负荷名称＼建筑等级	一、二级	三级	四、五、六级
电子计算机、电话、电声及录像设备电源、新闻摄影电源及部分旅客电梯等 地下室污水泵、雨水泵等 宴会厅、餐厅、康乐设施、门厅及高级客房等场所照明设备	一级负荷	二级负荷	三级负荷
其它用电设备	二级负荷	三级负荷	

二、一、二级旅馆建筑及三级高层旅馆建筑宜设应急发电机组，其发电机容量应能满足消防用电设备及事故照明的使用负荷。

三、在一、二级旅馆建筑中，由于电压偏移过大而不能满足要求时，宜采用有载自动调压变压器或采用其它调压措施。

四、用电负荷的确定，宜采用需用系数法，其需用系数及自然功率因数推荐值，可按表 5.3.1−2 采用。

电力负荷需用系数、功率因数 表 5.3.1−2

序号	负荷名称	需用系数 kX 平均值	需用系数 kX 推荐值	自然平均功率因数 cosφ 平均值	自然平均功率因数 cosφ 推荐值
1	总负荷	0.45	0.40～0.50	0.84	0.80
2	总电力负荷	0.55	0.50～0.60	0.82	0.80
3	总照明负荷	0.40	0.35～0.45	0.90	0.85
4	制冷机房	0.65	0.65～0.75	0.87	0.80
5	锅炉房	0.65	0.65～0.75	0.80	0.75
6	水泵房	0.65	0.60～0.70	0.86	0.80
7	通风机房	0.65	0.60～0.70	0.88	0.80
8	电梯	0.20	0.18～0.22	直流 0.50 交流 0.80	直流 0.40 交流 0.80
9	厨房	0.40	0.35～0.45	0.70～0.75	0.70
10	洗衣机房	0.30	0.30～0.35	0.60～0.65	0.70
11	窗式空调器	0.40	0.35～0.45	0.80～0.85	0.80
12	总同时使用系数 KC		0.92～0.94		

第 5.3.2 条 照明。

一、照度标准应按现行的《民用建筑照明设计标准》执行。

二、走道、门厅、餐厅、宴会厅、电梯厅等公共场所应设供清扫设备使用的插座。插座回路（包括客房插座）宜设漏电保护开关。供移动电器使用时，应选用带接地孔的插座。

三、一、二级旅馆建筑的公共场所如餐厅、宴会厅、门厅等宜设可控硅调光装置。

四、一、二级旅馆建筑客房内宜设有分配电箱或专用照明支路。

五、照明装置应选用高效光源及灯具。

第 5.3.3 条 电话和呼应信号。

一、一、二、三级旅馆建筑宜设自动交换机，每间客房宜装设电话分机，其分机号码宜与房间号一致。一、二级旅馆建筑的客房卫生间宜设副机，各级旅馆建筑的门厅、餐厅、宴会厅等公共场所及各设备用房值班室宜设电话分机。

二、除设有程控交换机的旅馆建筑外，一、二、三、四级旅馆建筑宜设呼应信号系统。

三、一、二、三级旅馆建筑应设世界钟系统。

第 5.3.4 条 广播和音响系统。

一、一、二、三级旅馆建筑及四、五级高层旅馆建筑宜设广播系统，其紧急广播应符合现行的《民用建筑电气设计规程》的规定。

二、一、二级旅馆在床头柜控制台上宜设有能收听不少于三套节目的接收设备。

三、一、二级旅馆建筑的多功能大厅等场所宜设独立式扩声系统。

四、一般广播系统馈电回路应按用户的性质分配，应急广播线路应按楼层和消防分区分配。

第 5.3.5 条 天线和闭路电视系统。

一、一、二、三、四级旅馆建筑应设有共用天线电视系统，并应能接收 VHF 及 UHF 全部电视频道的节目。在有调频广播的地区宜能接收 FM 调频广播。

二、一、二、三级旅馆建筑应设有闭路电视设备，有使用要求时可设自播节目设备及节目制作用房。

三、一、二、三级旅馆建筑有使用要求时，宜设保安监视闭路电视系统。

第5.3.6条 自动控制。

一、二级旅馆建筑空调设备、通风设备及给排水设备等宜设有自动控制及集中监控装置。三级旅馆建筑宜设有自动控制装置。

第5.3.7条 电子计算机管理系统。

一、二级旅馆建筑宜设有电子计算机管理系统。

附录一 本规范用词说明

一、为便于在执行本规范条文时区别对待，对于要求严格程度不同的用词，说明如下：

1.表示很严格，非这样做不可的用词：

正面词采用"必须"；

反面词采用"严禁"。

2.表示严格，在正常情况下均应这样做的用词：

正面词采用"应"；

反面词采用"不应"或"不得"。

3.表示允许稍有选择，在条件许可时首先应这样做的用词：

正面词采用"宜"或"可"；

反面词采用"不宜"。

二、条文中指明必须按其它有关标准和规范执行的写法为，"应按……执行"或"应符合……要求或规定"。非必须按所指定的标准和规范执行的写法为，"可参照……"。

附加说明

本规范主编单位和主要起草人名单

主编单位：建设部建筑设计院

主要起草人：刘福顺 张妙红 石唐生 郭 文 张国柱 杨世兴 张义士 王振声

中华人民共和国行业标准

饮食建筑设计规范

JGJ 64—89

主编单位：中国建筑东北设计院
辽宁省食品卫生监督检验所
批准部门：中华人民共和国建设部
中华人民共和国商业部
中华人民共和国卫生部
试行日期：1990年1月1日

关于发布行业标准《饮食建筑设计规范》的通知

(89)建标字第498号

根据原城乡建设环境保护部、商业部、卫生部(86)城科字第263号文的要求，由中国建筑东北设计院、辽宁省食品卫生监督检验所负责编制的《饮食建筑设计规范》，经审查，现批准为行业标准，编号JGJ 64—89，自1990年1月1日起实行。在实施过程中如有问题和意见，请函告中国建筑东北设计院。

中华人民共和国建设部
中华人民共和国商业部
中华人民共和国卫生部
1989年10月18日

目　次

第一章　总　　则

第 1.0.1 条　为保证饮食建筑设计的质量，使饮食建筑符合适用、安全、卫生等基本要求，特制定本规范。

第 1.0.2 条　本规范适用于城镇新建、改建或扩建的以下三类饮食建筑设计（包括单建和联建）：

一、营业性餐馆（简称餐馆）；

二、营业性冷、热饮食店（简称饮食店）；

三、非营业性的食堂（简称食堂）。

第 1.0.3 条　餐馆建筑分为三级。

一、一级餐馆，为接待宴请和零餐的高级餐馆，餐厅座位布置宽畅、环境舒适，设施、设备完善；

二、二级餐馆，为接待宴请和零餐的中级餐馆，餐厅座位布置比较舒适，设施、设备比较完善；

三、三级餐馆，以零餐为主的一般餐馆。

第 1.0.4 条　饮食店建筑分为二级。

一、一级饮食店，为有宽畅、舒适环境的高级饮食店，设施、设备标准较高；

二、二级饮食店，为一般饮食店。

第 1.0.5 条　食堂建筑分为二级。

一、一级食堂，餐厅座位布置比较舒适；

二、二级食堂，餐厅座位布置满足基本要求。

第 1.0.6 条　饮食建筑设计除应执行本规范外，尚应符合现行的《民用建筑设计通则》（JGJ37—87）以及国家或专业部门颁布的有关设计标准、规范和规定。

第二章　基地和总平面

第 2.0.1 条　饮食建筑的修建必须符合当地城市规划与食品卫生监督机构的要求，选择群众使用方便，通风良好，并具有给水排水条件和电源供应的地段。

第 2.0.2 条　饮食建筑严禁建于产生有害、有毒物质的工业企业防护地段内；与有碍公共卫生的污染源应保持一定距离，并须符合当地食品卫生监督机构的规定。

第 2.0.3 条　饮食建筑的基地出入口应按人流、货流分别设置，妥善处理易燃、易爆物品及废弃物等的运存路线与堆场。

第 2.0.4 条　在总平面布置上，应防止厨房（或饮食制作间）的油烟、气味、噪声及废弃物等对邻近建筑物的影响。

第 2.0.5 条　一、二级餐馆与一级饮食店建筑宜有适当的停车空间。

第三章　建 筑 设 计

第一节　一 般 规 定

第 3.1.1 条　餐馆、饮食店、食堂由餐厅或饮食厅、公用部分、厨房或饮食制作间和辅助部分组成。

第 3.1.2 条　餐馆、饮食店、食堂的餐厅与饮食厅每座最小使用面积应符合表3.1.2的规定。

餐厅与饮食厅每座最小使用面积　　表 3.1.2

等级	类别		
	餐馆餐厅 (m^2/座)	饮食店饮食厅 (m^2/座)	食堂餐厅 (m^2/座)
一	1.30	1.30	1.10
二	1.10	1.10	0.85
三	1.00	—	—

第 3.1.3 条　100座及100座以上餐馆、食堂中的餐厅与厨房（包括辅助部分）的面积比（简称餐厨比）应符合下列规定：

一、餐馆的餐厨比宜为1:1.1；食堂餐厨比宜为1:1；

二、餐厨比可根据饮食建筑的级别、规模、经营品种、原料贮存、加工方式、燃料及各地区特点等不同情况适当调整。

第 3.1.4 条　位于三层及三层以上的一级餐馆与饮食店和四层及四层以上的其他各级餐馆与饮食店均宜设置乘客电梯。

第 3.1.5 条　方便残疾人使用的饮食建筑，在平面设计和设施上应符合有关规范的规定。

第 3.1.6 条　饮食建筑有关用房应采取防蝇、鼠、虫、鸟及防尘、防潮等措施。

第 3.1.7 条　饮食建筑在适当部位应设拖布池和清扫工具存放处，有条件时宜单独设置用房。

第二节　餐厅、饮食厅和公用部分

第 3.2.1 条　餐厅或饮食厅的室内净高应符合下列规定：

一、小餐厅和小饮食厅不应低于2.60m；设空调者不应低于2.40m；

二、大餐厅和大饮食厅不应低于3.00m；

三、异形顶棚的大餐厅和饮食厅最低处不应低于2.40m。

第 3.2.2 条　餐厅与饮食厅的餐桌正向布置时，桌边到桌边（或墙面）的净距应符合下列规定：

一、仅就餐者通行时，桌边到桌边的净距不应小于1.35m；桌边到内墙面的净距不应小于0.90m；

二、有服务员通行时，桌边到桌边的净距不应小于1.80m；桌边到内墙面的净距不应小于1.35m；

三、有小车通行时，桌边到桌边的净距不应小于2.10m；

四、餐桌采用其他型式和布置方式时，可参照前款规定并根据实际需要确定。

第 3.2.3 条　餐厅与饮食厅采光、通风应良好。天然采光时，窗洞口面积不宜小于该厅地面面积的1/6。自然通风时，通风开口面积不应小于该厅地面面积的1/16。

第 3.2.4 条　餐厅与饮食厅的室内各部面层均应选用不易积灰、易清洁的材料，墙及天棚阴角宜作成弧形。

第 3.2.5 条　食堂餐厅售饭口的数量可按每50人设一个，售饭口的间距不宜小于1.10m，台面宽度不宜小于0.50m，并应采用光滑、不渗水和易清洁的材料，且不能留有沟槽。

第 3.2.6 条　就餐者公用部分包括门厅、过厅、休息室、洗手间、厕所、收款处、饭票出售处、小卖及外卖窗口等，除按第3.2.7条规定设置外，其余均按实际需要设置。

第 3.2.7 条 就餐者专用的洗手设施和厕所应符合下列规定：

一、一、二级餐馆及一级饮食店应设洗手间和厕所，三级餐馆应设专用厕所，厕所应男女分设。三级餐馆的餐厅及二级饮食店饮食厅内应设洗手池；一、二级食堂餐厅内应设洗手池和洗碗池；

二、卫生器具设置数量应符合表3.2.7的规定；

三、厕所位置应隐蔽，其前室入口不应靠近餐厅或与餐厅相对；

四、厕所应采用水冲式。所有水龙头不宜采用手动式开关。

卫生器具设置数量　　表 3.2.7

类别		器具			
		洗手间中洗手盆	洗手水龙头	洗碗水龙头	厕所中大、小便器
餐馆	一、二级	≤50座设1个 >50座时每100座增设1个			≤100座时设男大便器1个小便器1个女大便器1个>100座时每100座增设男大便器1个或小便器1个女大便器1个
	三级		≤50座设1个 >50座时每100座增设1个		
饮食店	一级	≤50座设1个 >50座时每100座增设1个			
	二级		≤50座设1个 >50座时每100座增设1个		
食堂	一级		≤50座设1个 >50座时每100座增设1个	≤50座设1个 >50座时每100座增设1个	
	二级		≤50座设1个 >50座时每100座增设1个	≤50座设1个 >50座时每100座增设1个	

第 3.2.8 条 外卖柜台或窗口临街设置时，不应干扰就餐者通行，距人行道宜有适当距离，并应有遮雨、防尘、防蝇等设施。外卖柜台或窗口在厅内设置时，不宜妨碍就餐者通行。

第三节 厨房和饮食制作间

第 3.3.1 条 餐馆与食堂的厨房可根据经营性质、协作组合关系等实际需要选择设置下列各部分：

一、主食加工间——包括主食制作间和主食热加工间；

二、副食加工间——包括粗加工间、细加工间、烹调热加工间、冷荤加工间及风味餐馆的特殊加工间；

三、备餐间——包括主食备餐、副食备餐、冷荤拼配及小卖部等。冷荤拼配间与小卖部均应单独设置；

四、食具洗涤消毒间与食具存放间。食具洗涤消毒间应单独设置；

五、烧火间。

第 3.3.2 条 饮食店的饮食制作间可根据经营性质选择设置下列各部分：

一、冷食加工间——包括原料调配、热加工、冷食制作、其他制作及冷藏用房等；

二、饮料（冷、热）加工间——包括原料研磨配制、饮料煮制、冷却和存放用房等；

三、点心、小吃、冷荤等制作的房间内容参照第3.3.1条规定的有关部分；

四、食具洗涤消毒间与食具存放间。食具洗涤消毒间应单独设置。

第 3.3.3 条 厨房与饮食制作间应按原料处理、主食加工、副食加工、备餐、食具洗存等工艺流程合理布置，严格做到原料与成品分开，生食与熟食分隔加工和存放，并应符合下列规定：

一、副食粗加工宜分设肉禽、水产的工作台和清洗池，粗加工后的原料送入细加工间避免反流。遗留的废弃物应妥善处理；

二、冷荤成品应在单间内进行拼配，在其入口处应设有洗手设施的前室；

三、冷食制作间的入口处应设有通过式消毒设施；

四、垂直运输的食梯应生、熟分设。

第 3.3.4 条 厨房和饮食制作间的室内净高不应低于3m。

第 3.3.5 条 加工间的工作台边（或设备边）之间的净距：单面操作，无人通行时不应小于0.70m，有人通行时不应小于1.20m；双面操作，无人通行时不应小于1.20m，有人通行时不应小于1.50m。

第 3.3.6 条 加工间天然采光时，窗洞口面积不宜小于地面面积的1/6；自然通风时，通风开口面积不应小于地面面积的1/10。

第 3.3.7 条 通风排气应符合下列规定：

一、各加工间均应处理好通风排气，并应防止厨房油烟气味污染餐厅；

二、热加工间应采用机械排风，也可设置出屋面的排风竖井或设有挡风板的天窗等有效自然通风措施；

三、产生油烟的设备上部，应加设附有机械排风及油烟过滤器的排气装置，过滤器应便于清洗和更换；

四、产生大量蒸汽的设备除应加设机械排风外，尚宜分隔成小间，防止结露并做好凝结水的引泄。

第 3.3.8 条 厨房和饮食制作间的热加工用房耐火等级不应低于二级。

第 3.3.9 条 各加工间室内构造应符合下列规定：

一、地面均应采用耐磨、不渗水、耐腐蚀、防滑易清洗的材料，并应处理好地面排水；

二、墙面、隔断及工作台、水池等设施均应采用无毒、光滑易洁的材料，各阴角宜做成弧形；

三、窗台宜做成不易放置物品的形式。

第 3.3.10 条 以煤、柴为燃料的主食热加工间应设烧火间，烧火间宜位于下风侧，并处理好进煤、出灰的问题。严寒与寒冷地区宜采用封闭式烧火间。

第 3.3.11 条 热加工间的上层有餐厅或其他用房时，其外墙开口上方应设宽度不小于1m的防火挑檐。

第四节　辅助部分

第 3.4.1 条　辅助部分主要由各类库房、办公用房、工作人员更衣、厕所及淋浴室等组成，应根据不同等级饮食建筑的实际需要，选择设置。

第 3.4.2 条　饮食建筑宜设置冷藏设施。设置冷藏库时应符合现行《冷库设计规范》（GBJ72—84）的规定。

第 3.4.3 条　各类库房应符合第3.1.6条规定。天然采光时，窗洞口面积不宜小于地面面积的1/10。自然通风时，通风开口面积不应小于地面面积的1/20。

第 3.4.4 条　需要设置化验室时，面积不宜小于12m²，其顶棚、墙面及地面应便于清洁并设有给水排水设施。

第 3.4.5 条　更衣处宜按全部工作人员男女分设，每人一格更衣柜，其尺寸为0.50×0.50×0.50m³。

第 3.4.6 条　淋浴宜按炊事及服务人员最大班人数设置，每25人设一个淋浴器，设二个及二个以上淋浴器时男女应分设，每淋浴室均应设一个洗手盆。

第 3.4.7 条　厕所应按全部工作人员最大班人数设置，30人以下者可设一处，超过30人者男女应分设，并均为水冲式厕所。男厕每50人设一个大便器和一个小便器，女厕每25人设一个大便器，男女厕所的前室各设一个洗手盆，厕所前室门不应朝向各加工间和餐厅。

第四章　建筑设备

第一节　给水排水

第 4.1.1 条　饮食建筑应设给水排水系统，其用水量标准及给水排水管道的设计，应符合现行《建筑给水排水设计规范》（GBJ15—88）的规定，其中淋浴用热水（40°C）可取40l/人次。

第 4.1.2 条　淋浴热水的加热设备，当采用煤气加热器时，不得设于淋浴室内，并设可靠的通风排气设备。

第 4.1.3 条　餐馆、饮食店及食堂设冷冻或空调设备时，其冷却用水应采用循环冷却水系统。

第 4.1.4 条　餐馆、饮食店及食堂内应设开水供应点。

第 4.1.5 条　厨房及饮食制作间的排水管道应通畅，并便于清扫及疏通，当采用明沟排水时，应加盖篦子。沟内阴角做成弧形，并有水封及防鼠装置。带有油腻的排水，应与其他排水系统分别设置，并安装隔油设施。

第二节　采暖、空调和通风

第 4.2.1 条　采暖

一、各类房间冬季采暖室内设计温度应符合表4.2.1的规定：

二、厨房和饮食制作间内应采用耐腐蚀和便于清扫的散热器。

冬季采暖房间室内设计温度　　表 4.2.1

房间名称	室内设计温度
餐厅、饮食厅	18～20°C
厨房和饮食制作间（冷加工间）	16°C
厨房和饮食制作间（热加工间）	10°C
干菜库、饮料库	8～10°C
蔬菜库	5°C
洗涤间	16～20°C

第 4.2.2 条　空调

一、一级餐馆的餐厅、一级饮食店的饮食厅和炎热地区的二级餐馆的餐厅宜设置空调，空调设计参数应符合表4.2.2的规定；

夏季空调设计参数　　表 4.2.2

房间名称	夏季室内设计温度（°C）	夏季室内相对湿度（%）	噪声标准（db）	新风量（m³/h·人）	工作地带风速（m/s）
一级餐厅、饮食厅	24～26	<65	NC40	25	<0.25
二级餐厅	25～28	<65	NC50	20	<0.3

二、一级餐馆宜采用集中空调系统，一级饮食店和二级餐馆可采用局部空调系统。

第 4.2.3 条　通风

一、厨房和饮食制作间的热加工间机械通风的换气量宜按热平衡计算，计算排风量的65%通过排风罩排至室外，而由房间的全面换气排出35%；

二、排气罩口吸气速度一般不应小于0.5m/s，排风管内速度不应小于10m/s；

三、厨房和饮食制作间的热加工间，其补风量宜为排风量的70%左右，房间负压值不应大于5Pa。

第 4.2.4 条　蒸箱以及采用蒸汽的洗涤消毒设施，供汽管表压力宜为0.2MPa。

第 4.2.5 条　厨房的排风系统宜按防火单元设置，不宜穿越防火墙。厨房水平排风道通过厨房以外的房间时，在厨房的墙上应设防火阀门。

第三节　电　　气

第 4.3.1 条　一级餐馆的宴会厅及为其服务的厨房的照明部分电力应为二级负荷。

第 4.3.2 条　厨房及饮食制作间的电源进线应留有一定余量。配电箱留有一定数量的备用回路及插座。电气设备、灯具、管路应有防潮措施。

第 4.3.3 条　主要房间及部位的平均照度推荐值宜符合表4.3.3的规定。

平均照度推荐值　　表 4.3.3

房间名称	推荐值（lx）
宴会用的餐厅	150～200～300
大餐厅	50～75～100
小餐厅	100～150～200
大、小饮食厅	50～75～100
厨房	100～150～200
饮食制作间	75～100～150
库房	30～50～75

第 4.3.4 条　厨房、饮食制作间及其他环境潮湿的场地，应采用漏电保护器。

第 4.3.5 条 餐馆、饮食店应设置市内直通电话，一级餐馆及一级饮食店宜设置公用电话。

第 4.3.6 条 一级餐馆的餐厅及一级饮食店的饮食厅宜设置播放背景音乐的音响设备。

附录一 名词解释

1.餐馆：凡接待就餐者零散用餐，或宴请宾客的营业性中、西餐馆，包括饭庄、饭馆、饭店、酒家、酒楼、风味餐厅、旅馆餐厅、旅游餐厅、快餐馆及自助餐厅等等，统称为餐馆。

2.饮食店：设有客座的营业性冷、热饮食店，包括咖啡厅、茶园、茶厅、单纯出售酒类冷盘的酒馆、酒吧以及各类小吃店等等，统称为饮食店。

3.食堂：设于机关、学校、厂矿等企事业单位、为供应其内部职工、学生等就餐的非盈利性场所，统称为食堂。

4.污染源：一般指传染性医院、易于孳生蚊、蝇的粪坑、污水池、牲畜棚圈、垃圾场等处所。

5.餐厅：餐馆、食堂中的就餐部分统称为餐厅。40座及40座以下者为小餐厅，40座以上者为大餐厅。

6.饮食厅：饮食店中设有客座接待就餐者的部分统称为饮食厅。40座及40座以下者为小饮食厅，40座以上者为大饮食厅。

7.就餐者：餐馆、饮食店的顾客和食堂就餐人统称为就餐者。

8.主食制作间：指米、面、豆类及杂粮等半成品加工处。

9.主食热加工间：指对主食半成品进行蒸、煮、烤、烙、煎、炸等的加工处。

10.副食粗加工间：包括肉类的洗、去皮、剔骨和分块；鱼虾等刮鳞、剪须、破腹、洗净；禽类的拔毛、开膛、洗净；海珍品的发、泡、择、洗；蔬菜的择拣、洗等的加工处。

11.副食细加工间：把经过粗加工的副食品分别按照菜肴要求洗、切、称量、拼配为菜肴半成品的加工处。

12.烹调热加工间：指对经过细加工的半成品菜肴，加以调料进行煎、炒、烹、炸、蒸、焖、煮等的热加工处。

13.冷荤加工间：包括冷荤制作与拼配两部分，亦称酱菜间、卤味间等。本规范统称为冷荤加工间。冷荤制作处系指把粗、细加工后的副食进行煮、卤、熏、焖、炸、煎等使其成为熟食的加工处；冷荤拼配处系指把生冷及熟食按照不同要求切块、称量及拼配加工成冷盘的加工处。

14.风味餐馆的特殊加工间：如烤炉间（包括烤鸭、鹅肉等）或其他加工间等，根据需要设置，其热加工间应按本规范要求处理。

15.备餐间：主、副食成品的整理、分发及暂时置放处。

16.付货处：主、副食成品、点心、冷热饮料等向餐厅或饮食厅的交付处。

17.小卖部：指烟、糖、酒与零星食品的出售处。

18.化验室：主要指自行加工食品的检验处。

19.库房：包括主食库、冷藏库、干菜库、调料库、蔬菜库、饮料库、杂品库以及养生池等。

附录二 本规范用词说明

一、为便于在执行本规范条文时区别对待，对要求严格程度不同的用词说明如下：

1.表示很严格，非这样做不可的：

正面词采用“必须”，反面词采用“严禁”。

2.表示严格，在正常情况下均应这样做的：

正面词采用“应”，反面词采用“不应”或“不得”。

3.表示允许稍有选择，在条件许可时首先应这样做的：

正面词采用“宜”或“可”，反面词采用“不宜”。

二、条文中指明应按其他有关标准、规范执行的，写法为“应按……执行”或“应符合……要求或规定”。非必须按所指定的标准、规范执行时，写法为“可参照……执行”。

附加说明

本规范主编单位和主要起草人名单

主编单位：中国建筑东北设计院、辽宁省食品卫生监督检验所

主要起草人：陈式桐、陈瑞璜、谭永凤、贾树学、赵先智、李兴林、李冠儒、王旭太

中华人民共和国行业标准

博物馆建筑设计规范

JGJ 66—91

主编单位：华 东 建 筑 设 计 院
批准部门：中华人民共和国建设部
　　　　　中华人民共和国文化部
施行日期：1 9 9 1 年 8 月 1 日

关于发布行业标准《博物馆建筑设计规范》的通知

建标〔1991〕329 号

各省、自治区、直辖市建委(建设厅)、文化厅(局)，文物局(文管局)，计划单列市建委、文化局，国务院有关部、委：

根据建设部(85)城科字第 239 号文和建设部、文化部(86)城设字第 96 号文的要求，由华东建筑设计院主编的《博物馆建筑设计规范》，业经审查，现批准为行业标准，编号 JGJ 66—91，自 1991 年 8 月 1 日起施行。

本标准由建设部建筑设计标准技术归口单位中国建筑技术发展研究中心(建筑标准设计研究所)归口管理，由华东建筑设计院负责解释。

中华人民共和国建设部

中华人民共和国文化部

1991 年 5 月 16 日

目　次

第一章 总 则

第 1.0.1 条 为适应博物馆建设的需要，保证博物馆建筑设计符合适用、安全、卫生等基本要求，特制定本规范。

第 1.0.2 条 本规范适用于社会历史类和自然历史类博物馆的新建和扩建设计。改建设计及其它类别博物馆设计可参照本规范有关条文执行。

第 1.0.3 条 博物馆分为大、中、小型。大型馆（建筑规模大于10000m^2）一般适用于中央各部委直属博物馆和各省、自治区、直辖市博物馆；中型馆（建筑规模为4000～10000m^2）一般适用于各系统省厅（局）直属博物馆和省辖市（地）博物馆；小型馆（建筑规模小于4000m^2）一般适用于各系统市（地）、县（县级市）局直属博物馆和县（县级市）博物馆。

注：建筑规模仅指博物馆的业务及辅助用房面积之和，不包括职工生活用房面积。

第 1.0.4 条 藏品库区和陈列区建筑的耐火等级不应低于二级。大、中型馆的耐久年限不应少于100年，小型馆的耐久年限不应少于50年。

第 1.0.5 条 博物馆建筑必须符合城镇文化建筑的规划布局要求，并应反映所在地区建筑艺术、科学技术和文化发展的先进水平。

第 1.0.6 条 博物馆建筑设计必须与完整的工艺设计相配合，满足藏品的收藏保管、科学研究和陈列展览等基本功能，并应设置配套的观众服务设施。

第 1.0.7 条 对古建筑的改建设计必须符合各项文物法规，保持原有建筑风貌，并应满足防火、防盗等安全要求。藏品库房以新建为宜。

第 1.0.8 条 博物馆建筑设计除应执行本规范外，尚应符合现行的《民用建筑设计通则》（JGJ 37）以及国家和专业部门颁布的有关设计标准、规范和规定。

第二章 基地和总平面

第 2.0.1 条 基地选择应符合下列要求：

一、交通便利、城市公用设施比较完备、具有适当的发展余地；

二、不应选在有害气体和烟尘影响较大的区域内，与噪声源及贮存易燃、易爆物场所的相关距离应符合有关部门的规定；

三、场地干燥，排水通畅、通风良好。

第 2.0.2 条 总平面布置应符合下列要求：

一、因地制宜，全面规划，一次或分期建设；

二、大、中型馆应独立建造。小型馆若与其它建筑合建，必须满足环境和使用功能要求，并自成一区，单独设置出入口；

三、馆区内宜合理布置观众活动、休息场地；

四、馆区内不应建造职工生活用房。若职工生活用房毗邻馆区建筑布置，必须加以分隔，并各设直通外部道路的出入口；

五、馆区内应功能分区明确，室外场地和道路布置应便于观众活动、集散和藏品装卸运送；

六、陈列室和藏品库房若临近车流量集中的城市主要干道布置，沿街一侧的外墙不宜开窗；必须设窗时，应采取防噪声、防污染等措施；

七、除当地规划部门有专门规定外，新建博物馆建筑的基地覆盖率不宜大于40%；

八、应根据建筑规模或日平均观众流量，设置自行车和机动车停放场地。

第三章 建 筑 设 计

第一节 一 般 规 定

第 3.1.1 条 博物馆应由藏品库区、陈列区、技术及办公用房、观众服务设施等部分组成。

第 3.1.2 条 观众服务设施应包括售票处、存物处、纪念品出售处、食品小卖部、休息处、厕所等。

第 3.1.3 条 陈列室不宜布置在4层或4层以上。大、中型馆内2层或2层以上的陈列室宜设置货客两用电梯；2层或2层以上的藏品库房应设置载货电梯。

第 3.1.4 条 藏品的运送通道应防止出现台阶，楼地面高差处可设置不大于1∶12的坡道。珍品及对温湿度变化较敏感的藏品不应通过露天运送。

第 3.1.5 条 当藏品库房、陈列室在地下室或半地下室时，必须有可靠的防潮和防水措施，配备机械通风装置。

第 3.1.6 条 藏品库房和陈列室内不应敷设给排水管道，在其直接上层不应设置饮水点、厕所等有可能积水的用房。

第 3.1.7 条 除特殊藏品或展品外，藏品库房和陈列室的楼面活荷载应按4kN/m^2设计。

第二节 藏 品 库 区

第 3.2.1 条 藏品库区应由藏品库房、缓冲间、藏品暂存库房、鉴赏室、保管装具贮藏室、管理办公室等部分组成。

第 3.2.2 条 藏品暂存库房、鉴赏室、贮藏室、办公室等用房应设在藏品库房的总门之外。

第 3.2.3 条 收藏对温湿度较敏感的藏品，应在藏品库区或藏品库房的入口处设缓冲间，面积不应小于6m^2。

第 3.2.4 条 大、中型馆的藏品宜按质地分间贮藏，每间库房的面积不宜小于50m^2。

第 3.2.5 条 重量或体积较大的藏品宜放在多层藏品库房的地面层上。

第 3.2.6 条 每间藏品库房应单独设门。窗地面积比不宜大于1/20。珍品库房不宜设窗。

第 3.2.7 条 藏品库房的开间或柱网尺寸应与保管装具的排列和藏品进出的通道相适应。

第 3.2.8 条 藏品库房的净高应为2.4～3m。若有梁或管道等突出物，其底面净高不应低于2.2m。

第 3.2.9 条 藏品库房不宜开设除门窗以外的其它洞口，必须开洞时应采取防火、防盗措施。

第三节 陈 列 区

第 3.3.1 条 陈列区应由陈列室、美术制作室、陈列装具贮藏室、进厅、观众休息处、报告厅、接待室、管理办公室、警卫值班室、厕所等部分组成。

第 3.3.2 条 陈列室应布置在陈列区内通行便捷的部分，并远离工程机房。陈列室之间的空间组织应保证陈列的系统性、顺序性、灵活性和参观的可选择性。

第 3.3.3 条 陈列室的面积、分间应符合灵活布置展品的要求，每一陈列主题的展线长度不宜大于300m。

第 3.3.4 条 陈列室单跨时的跨度不宜小于8m，多跨时的柱距不宜小于7m。室内应考虑在布置陈列装具时有灵活组合和调整互换的可能性。

第 3.3.5 条 陈列室的室内净高除工艺、空间、视距等有特殊要求外，应为3.5～5m。

第 3.3.6 条 除特殊要求采用全部人工照明外，普通陈列室应根据展品的特征和陈列设计的要求确定天然采光与人工照明的合理分布和组合。

第 3.3.7 条 陈列室应防止直接眩光和反射眩光，并防止阳光直射展品。展品面的照度通常应高于室内一般照度，并根据展品特征，确定光线投射角。

第 3.3.8 条 当陈列室面积较大时，室内宜有相应的吸声处理。

第 3.3.9 条 陈列室的地面应采用耐磨、防滑、易清洁的材料。有条件时可选用有利于减轻观众步行噪声的铺地材料。

第 3.3.10 条 大、中型馆内陈列室的每层楼面应配置男女厕所各一间，若该层的陈列室面积之和超过1000m²，则应再适当增加厕所的数量。男女厕所内至少应各设 2 只大便器，并配有污水池。

第 3.3.11 条 大、中型馆宜设置报告厅，位置应与陈列室较为接近，并便于独立对外开放。

第 3.3.12 条 报告厅宜按1～2m²/座设计，室内应设置电化教育设施。当规模大于或等于300座时，室内应作吸声处理。有条件时可设置空气调节。

第 3.3.13 条 大、中型馆宜设置教室和接待室，分间面积宜为50m²。小型馆的接待室兼作教学使用时，应设置电化教育设施。

第四节 技术及办公用房

第 3.4.1 条 技术及办公用房应由鉴定编目室、摄影室、熏蒸室、实验室、修复室、文物复制室、标本制作室、研究阅览室、行政管理办公室及其库房等部分组成。

第 3.4.2 条 大型馆必须设置熏蒸室、物理和化学实验室，位置应方便藏品的运送。中、小型馆若有馆际协作安排，可不设熏蒸室。

第 3.4.3 条 鉴定编目室、摄影室、修复室等用房应接近藏品库区布置。专用的研究阅览室及图书资料库应有单独的出入口与藏品库区相通。

第 3.4.4 条 鉴定编目室、实验室、修复室、文物复制室、标本制作室等用房的窗地面积比不应小于1/6，室内光线应稳定、柔和。

第四章 藏 品 防 护

第一节 一 般 规 定

第 4.1.1 条 藏品防护应包括温湿度、防潮、防水、光照、防烟尘、防有害气体、防虫、防鼠和防盗等要求。其他如防火、防雷等要求除应符合专业规范外，尚应执行本规范第五、六章的有关规定。

第 4.1.2 条 藏品库房和陈列室围护结构的保温和隔热要求应根据室内温湿度要求、当地室外气象的计算参数以及是否设置采暖、通风、空气调节等设备的具体情况合理确定。门窗应密闭，外墙的热惰性指标(D)不应小于4，屋顶的热惰性指标(D)不应小于3。

第 4.1.3 条 当藏品库房和陈列室设置采暖时，围护结构的总热阻(R_o)应按现行的《民用建筑热工设计规程》(JCJ 24)计算所得的最小总热阻的基数上，外墙再增加20%、屋顶再增加30%进行设计。

第 4.1.4 条 当藏品库房和陈列室设置空气调节时，围护结构的传热系数(K_o)可参照现行的《采暖通风与空气调节设计规范》(GBJ19)中推荐的数值采用。

第 4.1.5 条 当藏品库房和陈列室不设置采暖、通风与空气调节设备时，外墙的总热阻(R_o)不应小于0.66m²·K/W，屋顶的总热阻(R_o)不应小于0.90m²·K/W。

第 4.1.6 条 藏品库房应分别装置厚度不小于0.8mm的金属板窗、玻璃窗、金属板门和金属栅栏门；若设置采暖、空气调节设备时则应采取密闭保温措施。

第 4.1.7 条 绿化设计宜选用有利于降温、滞尘、净化空气的树种，不得选用易生虫害和飞花扬絮的树种，并应防止紧贴藏品库房和陈列室的散水坡或排水沟种植。

第二节 温 湿 度 要 求

第 4.2.1 条 收藏对温湿度变化较敏感珍品的库房应设置空气调节设备。

第 4.2.2 条 设置空气调节设备的藏品库房，冬季温度不应低于10°C，夏季温度不应高于26°C，相对湿度应保持基本稳定，并根据藏品材质类别确定参数，推荐值参照表4.2.2。

藏品相对湿度　　表 4.2.2

藏 品 材 质 类 别	相对湿度（%）
金银器、青铜器、古钱币、陶瓷、石器、玉器、玻璃等	40～50
纸质书画、纺织品、腊叶植物标本等	50～60
竹器、木器、藤器、漆器、骨器、象牙、古生物化石等	55～65
墓葬壁画等	45～55
一般动、植物标本等	40～60

第 4.2.3 条 未设空气调节设备的藏品库房，相对湿度不应大于70%，并宜控制昼夜间的相对湿度差不大于5%，贯彻恒湿变温的原则。

第三节 防 潮 和 防 水

第 4.3.1 条 屋顶的排水系统应严防渗漏；藏品库房的

地下层室内和地面层地面应有可靠的防潮措施。

第 4.3.2 条 水池、喷泉不应紧贴藏品库房和陈列室布置。

第四节 光 照 要 求

第 4.4.1 条 藏品库房的窗扇玻璃厚度不应小于3mm，并宜采用漫射玻璃或其它防止阳光直射的装置。收藏对光特别敏感藏品的库房可选用过滤紫外线、吸收红外线的玻璃，或在玻璃上进行滤膜处理。

第 4.4.2 条 藏品库房室内和对光特别敏感展品的照明应选用白炽灯，并有遮光装置。陈列室内的一般照明宜用紫外线少的光源。

第 4.4.3 条 陈列室的一般照度应根据展品类别确定，推荐值参照表4.4.3。

展品照度推荐值 表4.4.3

展 品 类 别	照度推荐值(lx)
对光不敏感：金属、石材、玻璃、陶瓷、珠宝、搪瓷、珐琅等	≤300(色温≤6500K)
对光较敏感：竹器、木器、藤器、漆器、骨器、油画、壁画、角制品、天然皮革、动物标本等	≤180(色温≤4000K)
对光特别敏感：纸质书画、纺织品、印刷品、树胶彩画、染色皮革、植物标本等	≤50(色温≤2900K)

第五节 防烟尘和防有害气体

第 4.5.1 条 若大气环境中的烟雾灰尘或有害气体的日平均浓度超过限值，设置通风或空气调节的藏品库房和陈列室应对新风采取过滤净化措施。浓度限值应符合表4.5.1的规定。

烟雾灰尘和有害气体浓度限值 表4.5.1

污 染 物 类 别	浓度限值(mg/m^2)
烟雾灰尘	0.15
二氧化硫(SO_2)	0.01
二氧化氮(NO_2)	0.01
臭氧(O_3)	0.01
一氧化氮(NO)	0.05
一氧化碳(CO)	4.00

第 4.5.2 条 锅炉房、熏蒸室、化学实验室等用房应与藏品库房和陈列室间隔一定的距离，废气排放应作净化处理。

第 4.5.3 条 固定的保管和陈列装具应表面平整，构造简洁紧密。

第六节 防虫和防鼠

第 4.6.1 条 食品小卖部、食品仓库等用房严禁靠近藏品库区和陈列区布置。未设空气调节设备的藏品库房和陈列室应在能开启的外门窗上装置可拆卸的纱扇。

第 4.6.2 条 藏品库房和陈列室的通风孔洞应加设防鼠、防虫装置。门与地面的缝隙不应大于5mm。有鼠地区的陈列室外门宜为金属门或下缘包覆金属板的木门。

第七节 防 盗

第 4.7.1 条 藏品库房的外窗和陈列室的地面层、二层外窗必须有可靠的安全防盗装置。

第 4.7.2 条 藏品库房和陈列室在外墙上的水平连续遮阳、不同标高建筑相连处的高侧外窗、地下室和半地下室的采光通风口等处应设安全防盗装置。

第 4.7.3 条 藏品库房和陈列室周围不应有可供攀缘入室的高大乔木、电杆、外水落管、墙板等物。藏品库区不宜设置室外楼梯。

第 4.7.4 条 藏品库房总门、珍品库房及珍品陈列室应设置安全监视系统和防盗自动报警系统。

第五章 防 火

第一节 建 筑 防 火

第 5.1.1 条 藏品库区的防火分区面积，单层建筑不得大于1500m²，多层建筑不得大于1000m²，同一防火分区内的隔间面积不得大于500m²。陈列区的防火分区面积不得大于2500m²，同一防火分区内的隔间面积不得大于1000m²。

第 5.1.2 条 藏品库房、陈列室的隔墙应为非燃烧体。防火分区内的隔间应采用耐火极限不低于3h的隔墙和乙级防火门分隔。封闭式竖井的围护结构应采用非燃烧体及丙级防火门。

第 5.1.3 条 藏品库房和陈列室内的固定装修应选用非燃烧体或阻燃材料。

第二节 安 全 疏 散

第 5.2.1 条 藏品库区的电梯和安全疏散楼梯应设在每层藏品库房的总门之外，疏散楼梯宜采用封闭楼梯间。

第 5.2.2 条 陈列室的外门应向外开启，不得设置门槛。

第三节 消 防 设 施

第 5.3.1 条 大、中型馆必须设置火灾自动报警系统。

第 5.3.2 条 珍品库房及大、中型馆内收藏纸质书画、纺织品等遇水即损藏品的库房应设置气体灭火装置。大型馆内的普通藏品库房和陈列室宜设置预防作用的自动喷水灭火系统。

第六章 建 筑 设 备

第一节 给 排 水

第 6.1.1 条 馆区内应有完整的排水系统将水就近排入城市的排水管网或水体。污水排放应符合国家及地方的规定。

第 6.1.2 条 中、小型馆雨水管道的暴雨量设计重现期宜采用一年，大型馆宜采用二年。

第 6.1.3 条 应根据结构形式和气候条件选择合适的屋面排水方式。藏品库房和陈列室的屋面应采用外排水系统，当必须采用内排水时应由管道将雨水以最短的距离引至室外。

第二节　暖　通　空　调

第 6.2.1 条　设置空气调节的藏品库房，室内温湿度应满足藏品防护的要求，符合第4.2.2条的规定。

第 6.2.2 条　藏品库房和陈列室的采暖宜采用热风系统。若使用以水或汽为热媒的采暖装置，应采取有效的措施防止渗漏。严禁明火采暖。

第 6.2.3 条　藏品库房和陈列室的采暖系统应分布合理，避免局部过热，藏品库房宜设置使室内相对湿度稳定在40%～65%的加湿装置。

第 6.2.4 条　通风和空气调节的风管及其保温材料应采用非燃烧体。风管不宜穿过防火墙，必须穿过时应在该处设置防火阀，风管穿过墙、板的空隙处应用非燃烧体填充严密。风管应有良好的气密性，连接处必须有可靠的密闭措施。

第 6.2.5 条　通风和空气调节的新风应经清洁过滤，在污染严重地区还应采取净化措施，符合第4.5.1条的规定。

第 6.2.6 条　空气调节设备宜安装在专门的机房内，并装置防火隔声门。机房内应采取消声、减振措施。

第 6.2.7 条　熏蒸室应设置独立的排风系统，废气排放应符合国家及地方的规定。

第三节　电　　气

第 6.3.1 条　大型馆的电气负荷不得低于二级，中、小型馆不得低于三级。防火、防盗报警系统应按一级电气负荷设计或设置应急备用电源。

第 6.3.2 条　监视和报警电气线路应与照明和动力电气线路分开设置，并敷设隐蔽。

第 6.3.3 条　藏品库房的电源开关应统一安装在藏品库区的藏品库房总门之外，并有防止漏电的安生保护装置。藏品库房内的照明宜分区控制。

第 6.3.4 条　藏品库房和陈列室的电气照明线路应采用铜芯绝缘导线暗线敷设，古建筑改建可为铜芯导线塑料护套明线敷设。防火、防盗报警系统的电气线路应采用铜芯导线，并装套钢管保护。

第 6.3.5 条　陈列室内应设置使用电化教育设施的电气线路和插座。

第 6.3.6 条　熏蒸室的电气开关必须在室外控制。

第 6.3.7 条　大型馆的陈列室应设置火灾事故照明和疏散导向标志。重要藏品库房宜有警卫照明。

第 6.3.8 条　大型馆不应低于二级防雷，中、小型馆不应低于三级防雷。珍品库房应为一级防雷。

附录一　名　词　解　释

1.博物馆建筑：供收集、保管、研究和陈列、展览有关自然、历史、文化、艺术、科学、技术方面的实物或标本之用的公共建筑。

2.馆区：对基地内各类建筑物及道路、广场、绿地等占用的整个区域的总称。

3.藏品库区：对藏品库房及为保管藏品而专设的房间、通道、场地等占用的空间的总称。

4.藏品库房：存放各类文物和标本的专设房间。

5.暂存库房：暂时存放尚未清理、消毒的各类文物和标本的专设房间。

6.珍品库房：存放各类具有较高历史、艺术、科学价值的一级藏品及保密性藏品、经济价值贵重藏品的专设藏品库房。

7.藏品库房总门：藏品库房及其室外通道、场地等所在区域的大门，位于藏品库区之内。

8.缓冲间：在藏品库区或藏品库房的入口处专设的过渡房间，主要用以防止藏品在短时间内经受较剧烈的温湿度变化。

9.装具：陈列和保管中使用的橱柜、台座、屏风、支架、板面、箱盒、镜框、瓶罐等器具。

10.熏蒸室：用化学药品气化的方法对文物和标本进行杀虫灭菌工作的专设房间。

11.陈列区：对陈列室及为参观、教育、休息而专设的房间、通道、场地等占用的空间的总称。

12.陈列室：陈列、展览各类文物和标本的专设房间。

13.技术用房：对藏品和展品进行科学研究、技术处理的专设房间。

附录二　用　词　说　明

一、为便于在执行本规范条文时区别对待，对于要求严格程度不同的用词，说明如下：

1.表示很严格，非这样作不可的，

正面词采用“必须”；

反面词采用“严禁”。

2.表示严格，在正常情况下均应这样作的；

正面词采用“应”；

反面词采用“不应”或“不得”。

3.表示允许稍有选择，在条件许可时，首先应这样作的：

正面词采用“宜”或“可”；

反面词采用“不宜”。

二、条文中指明按其它有关标准执行的写法为，“应按………执行”或“应符合………要求(或规定)”。非必须按所指定的标准执行的写法为，“可参照………的要求(或规定)”。

附加说明

本规范主编单位、参加单位和主要起草人名单

主编单位：华东建筑设计院

参加单位：中国历史博物馆

上海博物馆

主要起草人：范守中　李保国　费钦生　许德光　陈志伟　唐　林　潘德琦　王巧臣　屠涵海　刘焕泉

中华人民共和国行业标准

办公建筑设计规范

Design code for office building

JGJ 67—2006

J 556—2006

批准部门：中华人民共和国建设部

施行日期：2 0 0 7 年 5 月 1 日

中华人民共和国建设部
公　　告

第 510 号

建设部关于发布行业标准《办公建筑设计规范》的公告

现批准《办公建筑设计规范》为行业标准，编号为 JGJ 67—2006，自 2007 年 5 月 1 日起实施。其中，第 4.5.8、4.5.13、5.0.2 条为强制性条文，必须严格执行。原行业标准《办公建筑设计规范》JGJ 67—89 同时废止。

本规范由建设部标准定额研究所组织中国建筑工业出版社出版发行。

中华人民共和国建设部

2006 年 11 月 29 日

前　　言

根据建设部建标［2003］104 号文的要求，规范编制组在广泛调查研究，认真总结实践经验，参考有关国际标准和国外先进标准，并在广泛征求意见的基础上，修订了本规范。

本规范的主要技术内容是：1. 总则；2. 术语；3. 基地和总平面；4. 建筑设计；5. 防火设计；6. 室内环境；7. 建筑设备。

修订的主要技术内容是：1. 增加了术语；2. 增加和补充了室内环境的有关技术内容和规定；3. 增加和补充了办公建筑智能化及节能的有关技术内容和规定；4. 增加了无障碍设计要求的内容；5. 参照现行防火规范增加和补充了相关内容；6. 对办公建筑中部分技术经济指标进行了修订和补充。

本规范由建设部负责管理和对强制性条文的解释，由主编单位负责具体技术内容的解释。

本规范主编单位：浙江省建筑设计研究院（地址：杭州安吉路 18 号。邮政编码：310006）

本规范参编单位：浙江大学建筑设计研究院
江苏省建筑设计研究院
福建省建筑设计研究院

本规范主要起草人：方子晋　徐延峰　陈政恩　庄逸苏　吴藻生　姚国梁　沈介骏　张建良　谷玲玲

目　次

1 总 则

1.0.1 为保证办公建筑的设计质量，使其符合安全、卫生、适用以及技术、经济等方面的基本要求，制定本规范。

1.0.2 本规范适用于所有新建、改建、扩建的办公建筑的设计。

1.0.3 办公建筑设计应依据使用要求分类，并应符合表 1.0.3 的规定：

表 1.0.3 办公建筑分类

类别	示 例	设计使用年限	耐火等级
一类	特别重要的办公建筑	100 年或 50 年	一 级
二类	重要办公建筑	50 年	不低于二级
三类	普通办公建筑	25 年或 50 年	不低于二级

1.0.4 办公建筑设计除应符合本规范规定外，尚应符合国家现行有关标准的规定。

2 术 语

2.0.1 办公建筑 office building

供机关、团体和企事业单位办理行政事务和从事各类业务活动的建筑物。

2.0.2 公寓式办公楼 apartment-office building

由统一物业管理，根据使用要求，可由一种或数种平面单元组成。单元内设有办公、会客空间和卧室、厨房和厕所等房间的办公楼。

2.0.3 酒店式办公楼 hotel-office building

提供酒店式服务和管理的办公楼。

2.0.4 综合楼 multiple-use building

由两种及两种以上用途的楼层组成的公共建筑。

2.0.5 商务写字楼 business office budilding

在统一的物业管理下，以商务为主，由一种或数种单元办公平面组成的租赁办公建筑。

2.0.6 开放式办公室 open office space

灵活隔断的大空间办公空间形式。

2.0.7 半开放式办公室 semi-open office space

由开放式办公室和单间办公室组合而成的办公空间形式。

2.0.8 单元式办公室 unit-typed office space

由接待空间、办公空间、专用卫生间以及服务空间等组成的相对独立的办公空间形式。

2.0.9 单间式办公 office space in single moclule

一个开间（亦可以几个开间）和以一个进深为尺度而隔成的独立办公空间形式。

3 基地和总平面

3.1 基 地

3.1.1 办公建筑基地的选择，应符合当地总体规划的要求。

3.1.2 办公建筑基地宜选在工程地质和水文地质有利、市政设施完善且交通和通信方便的地段。

3.1.3 办公建筑基地与易燃易爆物品场所和产生噪声、尘烟、散发有害气体等污染源的距离，应符合安全、卫生和环境保护有关标准的规定。

3.2 总 平 面

3.2.1 总平面布置应合理布局、功能分区明确、节约用地、交通组织顺畅，并应满足当地城市规划行政主管部门的有关规定和指标。

3.2.2 总平面布置应进行环境和绿化设计。绿化与建筑物、构筑物、道路和管线之间的距离，应符合有关标准的规定。

3.2.3 当办公建筑与其他建筑共建在同一基地内或与其他建筑合建时，应满足办公建筑的使用功能和环境要求，分区明确，宜设置单独出入口。

3.2.4 总平面应合理布置设备用房、附属设施和地下建筑的出入口。锅炉房、厨房等后勤用房的燃料、货物及垃圾等物品的运输应设有单独通道和出入口。

3.2.5 基地内应设置机动车和非机动车停放场地(库)。

3.2.6 总平面设计应符合现行行业标准《城市道路和建筑物无障碍设计规范》JGJ 50 的有关规定。

4 建 筑 设 计

4.1 一 般 规 定

4.1.1 办公建筑应根据使用性质、建设规模与标准的不同，确定各类用房。办公建筑由办公室用房、公共用房、服务用房和设备用房等组成。

4.1.2 办公建筑应根据使用要求、用地条件、结构选型等情况按建筑模数选择开间和进深，合理确定建筑平面，提高使用面积系数，并宜留有发展余地。

4.1.3 五层及五层以上办公建筑应设电梯。

4.1.4 电梯数量应满足使用要求，按办公建筑面积每 5000m^2 至少设置 1 台。超高层办公建筑的乘客电梯应分层分区停靠。

4.1.5 办公建筑的体形设计不宜有过多的凹凸与错落。外围护结构热工设计应符合现行国家标准《公共建筑节能设计标准》GB 50189 中有关节能的要求。

4.1.6 办公建筑的窗应符合下列要求：

1 底层及半地下室外窗宜采取安全防范措施；

2 高层及超高层办公建筑采用玻璃幕墙时应设有清洁设施，并必须有可开启部分，或设有通风换气装置；

3 外窗不宜过大，可开启面积不应小于窗面积的30%，并应有良好的气密性、水密性和保温隔热性能，满足节能要求。全空调的办公建筑外窗开启面积应满足火灾排烟和自然通风要求。

4.1.7 办公建筑的门应符合下列要求：

1 门洞口宽度不应小于1.00m，高度不应小于2.10m；

2 机要办公室、财务办公室、重要档案库、贵重仪表间和计算机中心的门应采取防盗措施，室内宜设防盗报警装置。

4.1.8 办公建筑的门厅应符合下列要求：

1 门厅内可附设传达、收发、会客、服务、问讯、展示等功能房间（场所）。根据使用要求也可设商务中心、咖啡厅、警卫室、衣帽间、电话间等；

2 楼梯、电梯厅宜与门厅邻近，并应满足防火疏散的要求；

3 严寒和寒冷地区的门厅应设门斗或其他防寒设施；

4 有中庭空间的门厅应组织好人流交通，并应满足现行国家防火规范规定的防火疏散要求。

4.1.9 办公建筑的走道应符合下列要求：

1 宽度应满足防火疏散要求，最小净宽应符合表4.1.9的规定：

表4.1.9 走道最小净宽

走道长度（m）	走道净宽（m）	
	单面布房	双面布房
≤40	1.30	1.50
＞40	1.50	1.80

注：高层内筒结构的回廊式走道净宽最小值同单面布房走道。

2 高差不足两级踏步时，不应设置台阶，应设坡道，其坡度不宜大于1∶8。

4.1.10 办公建筑的楼地面应符合下列要求：

1 根据办公室使用要求，开放式办公室的楼地面宜按家具位置埋设弱电和强电插座；

2 大中型计算机房的楼地面宜采用架空防静电地板。

4.1.11 根据办公建筑分类，办公室的净高应满足：一类办公建筑不应低于2.70m；二类办公建筑不应低于2.60m；三类办公建筑不应低于2.50m。

办公建筑的走道净高不应低于2.20m，贮藏间净高不应低于2.00m。

4.1.12 办公建筑应进行无障碍设计，并应符合现行行业标准《城市道路和建筑物无障碍设计规范》JGJ 50的规定。

4.1.13 特殊重要的办公建筑主楼的正下方不宜设置地下汽车库。

4.2 办公室用房

4.2.1 办公室用房宜包括普通办公室和专用办公室。专用办公室宜包括设计绘图室和研究工作室等。

4.2.2 办公室用房宜有良好的天然采光和自然通风，并不宜布置在地下室。办公室宜有避免西晒和眩光的措施。

4.2.3 普通办公室应符合下列要求：

1 宜设计成单间式办公室、开放式办公室或半开放式办公室；特殊需要可设计成单元式办公室、公寓式办公室或酒店式办公室；

2 开放式和半开放式办公室在布置吊顶上的通风口、照明、防火设施等时，宜为自行分隔或装修创造条件，有条件的工程宜设计成模块式吊顶；

3 使用燃气的公寓式办公楼的厨房应有直接采光和自然通风；电炊式厨房如无条件直接对外采光通风，应有机械通风措施，并设置洗涤池、案台、炉灶及排油烟机等设施或预留位置；

4 酒店式办公楼应符合现行行业标准《旅馆建筑设计规范》JGJ 62的相应规定；

5 带有独立卫生间的单元式办公室和公寓式办公室的卫生间宜直接对外通风采光，条件不允许时，应有机械通风措施；

6 机要部门办公室应相对集中，与其他部门宜适当分隔；

7 值班办公室可根据使用需要设置；设有夜间值班室时，宜设专用卫生间；

8 普通办公室每人使用面积不应小于$4m^2$，单间办公室净面积不应小于$10m^2$。

4.2.4 专用办公室应符合下列要求：

1 设计绘图室宜采用开放式或半开放式办公室空间，并用灵活隔断、家具等进行分隔；研究工作室（不含实验室）宜采用单间式；自然科学研究工作室宜靠近相关的实验室；

2 设计绘图室，每人使用面积不应小于$6m^2$；研究工作室每人使用面积不应小于$5m^2$。

4.3 公共用房

4.3.1 公共用房宜包括会议室、对外办事厅、接待室、陈列室、公用厕所、开水间等。

4.3.2 会议室应符合下列要求：

1 根据需要可分设中、小会议室和大会议室；

2 中、小会议室可分散布置；小会议室使用面积宜为$30m^2$，中会议室使用面积宜为$60m^2$；

中小会议室每人使用面积：有会议桌的不应小于$1.80m^2$，无会议桌的不应小于$0.80m^2$；

3 大会议室应根据使用人数和桌椅设置情况确定

使用面积，平面长宽比不宜大于2∶1，宜有扩声、放映、多媒体、投影、灯光控制等设施，并应有隔声、吸声和外窗遮光措施；大会议室所在层数、面积和安全出口的设置等应符合国家现行有关防火规范的要求；

4 会议室应根据需要设置相应的贮藏及服务空间。

4.3.3 对外办事大厅宜靠近出入口或单独分开设置，并与内部办公人员出入口分开。

4.3.4 接待室应符合下列要求：

1 应根据需要和使用要求设置接待室；专用接待室应靠近使用部门；行政办公建筑的群众来访接待室宜靠近基地出入口，与主体建筑分开单独设置；

2 宜设置专用茶具室、洗消室、卫生间和贮藏空间等。

4.3.5 陈列室应根据需要和使用要求设置。专用陈列室应对陈列效果进行照明设计，避免阳光直射及眩光，外窗宜设遮光设施。

4.3.6 公用厕所应符合下列要求：

1 对外的公用厕所应设供残疾人使用的专用设施；

2 距离最远工作点不应大于50m；

3 应设前室；公用厕所的门不宜直接开向办公用房、门厅、电梯厅等主要公共空间；

4 宜有天然采光、通风；条件不允许时，应有机械通风措施；

5 卫生洁具数量应符合现行行业标准《城市公共厕所设计标准》CJJ 14的规定。

注：**1** 每间厕所大便器三具以上者，其中一具宜设坐式大便器；

2 设有大会议室（厅）的楼层应相应增加厕位。

4.3.7 开水间应符合下列要求：

1 宜分层或分区设置；

2 宜直接采光通风，条件不允许时应有机械通风措施；

3 应设置洗涤池和地漏，并宜设洗涤、消毒茶具和倒茶渣的设施。

4.4 服务用房

4.4.1 服务用房应包括一般性服务用房和技术性服务用房。一般性服务用房为档案室、资料室、图书阅览室、文秘室、汽车库、非机动车库、员工餐厅、卫生管理设施间等。技术性服务用房为电话总机房、计算机房、晒图室等。

4.4.2 档案室、资料室、图书阅览室应符合下列要求：

1 可根据规模大小和工作需要分设若干不同用途的房间，包括库房、管理间、查阅间或阅览室等；

2 档案室、资料室和书库应采取防火、防潮、防尘、防蛀、防紫外线等措施；地面应用不起尘、易清洁的面层，并有机械通风措施；

3 档案和资料查阅间、图书阅览室应光线充足、通风良好，避免阳光直射及眩光。

4.4.3 文秘室应符合下列要求：

1 应根据使用要求设置文秘室，位置应靠近被服务部门；

2 应设打字、复印、电传等服务性空间。

4.4.4 汽车库应符合下列要求：

1 应符合现行国家标准《汽车库、修车库、停车场设计防火规范》GB 50067和现行行业标准《汽车库建筑设计规范》JGJ 100的要求；

2 每辆停放面积应根据车型、建筑面积、结构形式与停车方式确定；

3 设有电梯的办公建筑，应至少有一台电梯通至地下汽车库；

4 汽车库内可按管理方式和停车位的数量设置相应的值班室、管理办公室、控制室、休息室、贮藏室、专用卫生间等辅助房间。

4.4.5 非机动车库应符合下列要求：

1 净高不得低于2.00m；

2 每辆停放面积宜为1.50～1.80m²；

3 300辆以上的非机动车地下停车库，出入口不应少于2个，出入口的宽度不应小于2.50m；

4 应设置推行斜坡，斜坡宽度不应小于0.30m，坡度不宜大于1∶5，坡长不宜超过6m；当坡长超过6m时，应设休息平台。

4.4.6 员工餐厅可根据建筑规模、供餐方式和使用人数确定使用面积，并应符合现行行业标准《饮食建筑设计规范》JGJ 64的有关规定。

4.4.7 卫生管理设施间应符合下列要求：

1 宜每层设置垃圾收集间：

1）垃圾收集间应有不向邻室对流的自然通风或机械通风措施；

2）垃圾收集间宜靠近服务电梯间；

3）宜在底层或地下层设垃圾分级集中存放处，存放处应设冲洗排污设施，并有运出垃圾的专用通道。

2 每层宜设清洁间，内设清扫工具存放空间和洗涤池，位置应靠近厕所间。

4.4.8 技术性服务用房应符合下列要求：

1 电话总机房、计算机房、晒图室应根据工艺要求和选用机型进行建筑平面和相应室内空间设计；

2 计算机网络终端、小型文字处理机、台式复印机以及碎纸机等办公自动化设施可设置在办公室内；

3 供设计部门使用的晒图室，宜由收发间、裁纸间、晒图机房、装订间、底图库、晒图纸库、废纸库等组成。晒图室宜布置在底层，采用氨气熏图的晒图机房应设独立的废气排出装置和处理设施。底图库设计应符合本规范第 4.4.2 条第 2 款的规定。

4.5 设 备 用 房

4.5.1 办公建筑设备用房除应执行本规范外，尚应符合国家现行有关标准的规定。

4.5.2 动力机房宜靠近负荷中心设置，电子信息机房宜设置在低层部位。

4.5.3 产生噪声或振动的设备机房应采取消声、隔声和减振等措施，并不宜毗邻办公用房和会议室，也不宜布置在办公用房和会议室的正上方。

4.5.4 设备用房应留有能满足最大设备安装、检修的进出口。

4.5.5 设备用房、设备层的层高和垂直运输交通应满足设备安装与维修的要求。

4.5.6 有排水、冲洗要求的设备用房和设有给排水、热力、空调管道的设备层以及超高层办公建筑的敞开式避难层，应有地面泄水措施。

4.5.7 雨水、燃气、给排水管道等非电气管道，不应穿越变配电间、弱电设备用房等有严格防水要求的电气设备间。

4.5.8 办公建筑中的变配电所应避免与有酸、碱、粉尘、蒸汽、积水、噪声严重的场所毗邻，并不应直接设在有爆炸危险环境的正上方或正下方，也不应直接设在厕所、浴室等经常积水场所的正下方。

4.5.9 高层办公建筑每层应设强电间，其使用面积不应小于 $4m^2$，强电间应与电缆竖井毗邻或合一设置。

4.5.10 高层办公建筑每层应设弱电交接间，其使用面积不应小于 $5m^2$。弱电交接间应与弱电井毗邻或合一设置。

4.5.11 弱电设备用房应远离产生粉尘、油烟、有害气体及贮存具有腐蚀性、易燃、易爆物品的场所，应远离强振源，并应避开强电磁场的干扰。

4.5.12 弱电设备用房应防火、防水、防潮、防尘、防电磁干扰。其中计算机网络中心、电话总机房地面应有防静电措施。

4.5.13 办公建筑中的锅炉房必须采取有效措施，减少废气、废水、废渣和有害气体及噪声对环境的影响。

5 防 火 设 计

5.0.1 办公建筑的防火设计除应执行本规范外，尚应符合现行国家标准《建筑设计防火规范》GB 50016、《高层民用建筑设计防火规范》GB 50045 等有关规定。

5.0.2 办公建筑的开放式、半开放式办公室，其室内任何一点至最近的安全出口的直线距离不应超过 30m。

5.0.3 综合楼内的办公部分的疏散出入口不应与同一楼内对外的商场、营业厅、娱乐、餐饮等人员密集场所的疏散出入口共用。

5.0.4 超高层办公建筑的避难层（区）、屋顶直升机停机坪等设置应执行国家和专业部门的有关规定。

5.0.5 机要室、档案室和重要库房等隔墙的耐火极限不应小于 2h，楼板不应小于 1.5h，并应采用甲级防火门。

6 室 内 环 境

6.1 一 般 规 定

6.1.1 办公建筑除应满足本规范采光、通风、保温、隔热、隔声和污染物控制等室内环境要求外，尚应符合国家现行有关标准的规定。

6.1.2 办公建筑室内环境设计应执行节约能源的国策。

6.2 室内小气候环境

6.2.1 办公建筑可按需采用不同类别的室内空调环境设计标准。其主要指标应符合本规范第 7.2.2 条的规定。

6.2.2 室内空气质量各项指标应符合现行国家标准《室内空气质量标准》GB/T 18883 的要求。

6.2.3 办公室应有与室外空气直接对流的窗户、洞口，当有困难时，应设置机械通风设施。

6.2.4 采用自然通风的办公室，其通风开口面积不应小于房间地板面积的 1/20。

6.2.5 设有全空调的办公建筑宜设吸烟室，吸烟室应有良好的通风换气设施。

6.2.6 办公建筑室内建筑材料和装修材料所产生的室内环境污染物浓度限量应符合现行国家标准《民用建筑工程室内环境污染控制规范》GB 50325 的规定。

6.3 室 内 光 环 境

6.3.1 办公室、会议室宜有天然采光，采光系数的标准值应符合表 6.3.1 的规定。

6.3.2 采光标准可采用窗地面积比进行估算，其比值应符合表 6.3.2 的规定。

表 6.3.1 办公建筑的采光系数最低值

采光等级	房间类别	侧面采光	
		采光系数最低值 C_{min}（%）	室内天然光临界照度（lx）
Ⅱ	设计室、绘图室	3	150
Ⅲ	办公室、视屏工作室、会议室	2	100
Ⅳ	复印室、档案室	1	50
Ⅴ	走道、楼梯间、卫生间	0.5	25

表 6.3.2 窗地面积比

采光等级	房间类别	侧面采光
Ⅱ	设计室、绘图室	1/3.5
Ⅲ	办公室、视屏工作室、会议室	1/5
Ⅳ	复印室、档案室	1/7
Ⅴ	走道、楼梯间、卫生间	1/12

注：1 计算条件：1）Ⅲ类光气候区；2）普通玻璃单层铝窗；3）其他条件下的窗地面积比应乘以相应的系数；

2 侧窗采光口离地面高度在 0.80m 以下部分不计入有效采光面积；

3 侧窗采光口上部有宽度超过 1m 以上的外廊、阳台等外部遮挡物时，其有效采光面积可按采光口面积的 70%计算。

6.3.3 办公室应进行合理的日照控制和利用，避免直射阳光引起的眩光。

6.3.4 办公室照明应满足办公人员视觉生理要求，满足工作的照度需要。照度标准值应符合本规范第 7.3.4 条的规定。

6.3.5 办公室应有良好的照明质量，其照明的均匀度、眩光程度等均应符合现行国家标准《建筑照明设计标准》GB 50034 的规定。

6.4 室内声环境

6.4.1 办公建筑主要房间室内允许噪声级应符合表 6.4.1 的规定。

表 6.4.1 室内允许噪声级

房间类别	允许噪声级（A 声级·dB）		
	一类办公建筑	二类办公建筑	三类办公建筑
办公室	≤45	≤50	≤55
设计制图室	≤45	≤50	≤50
会议室	≤40	≤45	≤50
多功能厅	≤45	≤50	≤50

6.4.2 办公建筑围护结构的空气声隔声标准（计权隔声量 dB）应符合表 6.4.2 的规定。

表 6.4.2 空气声隔声标准

围护结构部位	计权隔声量（dB）		
	一类办公建筑	二类办公建筑	三类办公建筑
办公用房隔墙	≥45	≥40	≥35

6.4.3 对噪声控制要求较高的办公建筑应对附着于墙体和楼板的传声源部件采取防止结构声传播的措施。

7 建筑设备

7.1 给水排水

7.1.1 办公建筑的生活用水水质及防污染措施应符合现行行业标准《饮用净水水质标准》CJ 94 和现行国家标准《建筑给水排水设计规范》GB 50015 的有关规定。

7.1.2 生活用水定额及小时变化系数可按表 7.1.2 确定。

表 7.1.2 生活用水定额及小时变化系数

序号	办公方式	单位	最高日生活用水定额（L）	使用时数（h）	小时变化系数 K_s
1	坐班制办公	每人每班	30～50	8～10	1.5～1.2
2	公寓式办公	每人每日	130～300	10～24	2.5～1.8
3	酒店式办公	每人每日	250～400	24	2.0

7.1.3 卫生器具进水管处的静水压不宜大于 0.35MPa。卫生器具和配件应采用节水性能良好的产品。

7.1.4 办公建筑如需设置热水系统，可根据办公性质选择系统运行方式。坐班制办公宜采用局部热水供应，酒店式办公宜采用集中热水供应。

7.1.5 办公建筑的饮用水供应设施（包括开水和饮用净水），应根据办公性质和办公人员的生活习惯设置。当采用管道直饮水系统时，应符合现行行业标准《管道直饮水系统技术规程》CJJ 110的规定。

7.1.6 饮用水定额及小时变化系数可按表 7.1.6 确定。

表 7.1.6 饮用水定额及小时变化系数

序号	办公方式	单位	最高日生活用水定额（L）	使用时数（h）	小时变化系数 K_s
1	坐班制办公	每人每班	1～2	8～10	1.5
2	公寓式办公	每人每日	5～7	10～24	1.5～1.2
3	酒店式办公	每人每日	3～5	24	1.2

7.1.7 水泵应采用低噪声产品。高层办公建筑的给水加压系统应有防水锤措施。

7.1.8 档案室、重要资料室、计算机网络中心和晒图室等服务用房如有给排水管道穿越，应采取严防漏水和结露的措施。

7.1.9 办公建筑中水系统的设计应按现行国家标准《建筑中水设计规范》GB 50336 执行。

7.2 暖 通 空 调

7.2.1 根据办公建筑的分类、规模及使用要求，宜设置集中采暖、集中空调或分散式空调，并应根据当地的能源情况，经过技术经济比较，选择合理的供冷、供热方式。

7.2.2 根据办公建筑分类，其室内主要空调指标应符合下列要求：

1 一类标准应符合下列条件：

1）室内温度：夏季应为 24℃，冬季应为 20℃；

室内相对湿度：夏季应小于或等于 55%，冬季应大于或等于 45%；

2）新风量每人每小时不应低于 $30m^3$；

3）室内风速应小于或等于 0.20m/s；

4）室内空气中含尘量应小于或等于 $0.15mg/m^3$。

2 二类标准应符合下列条件：

1）室内温度：夏季应为 26℃，冬季应为 18℃；

室内相对湿度：夏季应小于或等于 60%，冬季应大于或等于 30%；

2）新风量每人每小时不应低于 $30m^3$；

3）室内风速应小于或等于 0.25m/s；

4）室内空气含尘量应小于或等于 $0.15mg/m^3$。

3 三类标准应符合下列条件：

1）室内温度：夏季应为 27℃，冬季应为 18℃；

室内相对湿度：夏季应小于或等于 65%，冬季不控制；

2）新风量每人每小时不应低于 $30m^3$；

3）室内风速应小于或等于 0.30m/s；

4）室内空气含尘量应小于或等于 $0.15mg/m^3$。

7.2.3 采暖、空调系统的划分应符合下列要求：

1 采用集中采暖、空调的办公建筑，应根据用途、特点及使用时间等划分系统；

2 进深较大的区域，宜划分为内区和外区，不同的朝向宜划为独立区域；

3 全年使用空调的特殊房间，如计算机房、电话机房、控制中心等，应设独立的空调系统。

7.2.4 采暖、空调系统宜设置温度、湿度自控装置，对于独立计费的办公室应装分户计量装置。

7.2.5 办公建筑宜设集中或分散的排风系统，办公室的排风量不应大于新风量的 90%，卫生间、吸烟室应保持负压。

7.2.6 办公建筑不宜采用直接电热式采暖供热设备。

7.3 建 筑 电 气

7.3.1 办公建筑负荷等级应符合下列规定：

1 一类办公建筑和建筑高度超过 50m 的高层办公建筑的重要设备及部位按一级负荷供电；

2 二类办公建筑和高度不超过 50m 的高层办公建筑以及部、省级行政办公建筑的重要设备和部位按二级负荷供电；

3 三类办公建筑和除一、二级负荷以外的用电设备及部位均按三级负荷供电。

7.3.2 办公建筑的电源进线处应设置明显切断装置和计费装置。用电量较大时应设置变配电所。

7.3.3 办公建筑电气管线应暗敷，管材及线槽应采用非燃烧材料。

7.3.4 办公建筑的照度标准应符合现行国家标准《建筑照明设计标准》GB 50034 的规定，并符合表 7.3.4 办公建筑照明标准值。

表 7.3.4 办公建筑照明标准值

房间或场所	参考平面及其高度	照度标准值（lx）
普通办公室	0.75m 水平面	300
高档办公室	0.75m 水平面	500
会议室	0.75m 水平面	300
接待室、前台	0.75m 水平面	300
营业厅	0.75m 水平面	300
设计室	实际工作面	500
文件整理、复印、发行室	0.75m 水平面	300
资料、档案室	0.75m 水平面	200

7.3.5 办公建筑的照明应采用高效、节能的荧光灯及节能型光源，灯具应选用无眩光的灯具。

7.3.6 办公建筑配电回路应将照明回路和插座回路分开，插座回路应有防漏电保护措施。

7.3.7 办公建筑的防雷分类应符合下列规定：

1 二类防雷建筑物：

1）一类办公建筑；

2）预计雷击次数大于 0.3 次/a 的二类办公建筑。

2 三类防雷建筑物：

1）预计雷击次数大于或等于 0.012 次/a，且小于 0.06 次/a 的二类办公建筑；

2）预计雷击次数大于或等于 0.06 次/a，且小于或等于 0.3 次/a 的三类办公建筑。

7.3.8 办公建筑应有总等电位联结。接地装置采用联合接地体时，接地电阻值应按设备要求的最小值确定。

7.3.9 公寓式办公楼和酒店式办公楼内的卫生间应设局部等电位联结。

7.3.10 办公建筑的火灾自动报警、自动灭火、火灾事故照明、疏散指示标志、消防用电设备等电源与回路和消防控制室的设计应符合现行国家有关防火规范的规定。

7.4 建筑智能化

7.4.1 办公建筑智能化设计应符合现行国家标准《智能建筑设计标准》GB/T 50314 的规定。

7.4.2 办公建筑应设有信息通信网络系统，实现办公自动化功能。

7.4.3 信息通信网络系统的布线应采用综合布线系统，满足语音、数据、图像等信息传输要求。

7.4.4 一类办公建筑及高层办公建筑宜设置建筑设备监控系统及安全防范系统。

7.4.5 办公建筑内的大、中型会议室宜设扩声、投影等音响、声光系统。根据需要宜设同声传译及电视电话会议的功能。

7.4.6 有汽车库的办公建筑宜设置汽车库管理系统。

7.4.7 办公建筑内弱电机房的设备供电电源采用UPS集中供电方式时，应有电源隔离和过电压保护措施。

7.4.8 具有电子信息系统的办公建筑防雷设计应按现行国家标准《建筑物电子信息系统防雷技术规范》GB 50343 执行。

本规范用词说明

1 为便于在执行本规范条文时区别对待，对要求严格程度不同的用词说明如下：

1) 表示很严格，非这样做不可的：
正面词采用“必须”；
反面词采用“严禁”；

2) 表示严格，在正常情况下均应这样做的：
正面词采用“应”；
反面词采用“不应”或“不得”；

3) 表示允许稍有选择，在条件许可时首先应这样做的：
正面词采用“宜”；
反面词采用“不宜”；
表示有选择，在一定条件下可以这样做的，采用“可”。

2 条文中指定应按其他有关标准执行的写法为“应符合……的规定”或“应按……执行”。

中华人民共和国行业标准

办公建筑设计规范

JGJ 67—2006

条文说明

前　言

《办公建筑设计规范》JGJ 67—2006，经建设部2006年11月29日以510号公告批准，业已发布。

本规范第一版的主编单位是浙江省建筑设计研究院。为便于广大设计、施工、科研、学校等单位的有关人员在使用本规范时能正确理解和执行条文规定，《办公建筑设计规范》修订编制组按章、节、条顺序编制了本规范的条文说明，供使用者参考。在使用中如发现本条文说明有不妥之处，请将意见函寄浙江省建筑设计研究院（地址：杭州安吉路18号。邮政编码：310006）

目　次

1 总　　则

1.0.1 本规范是在《办公建筑设计规范》JGJ 67—89（以下简称原规范）的基础上修订的，为保证办公建筑符合功能、安全、卫生、技术、经济等方面的基本要求，阐明本规范的修订目的，作本条规定。

原规范自1990年实施以来，对于指导我国办公建筑设计工作，提高设计质量起了积极的作用。但是随着国民经济发展，原规范一些条文已不适应当前提高办公建筑设计质量的要求。国家已制定了新的办公用房建筑标准，与此相适应，原规范也应修改不适应的条文，补充各专业新的内容。同时为了加强立法，使本规范具有强制性法规的性质，增加了执行规范的保证措施，使其成为综合性的设计法规，规定了设计中基本的低限要求，实施后必将进一步保证办公建筑的设计质量。

1.0.2 为了明确本规范的适用范围特作本条规定。办公建筑因使用性质、单元平面组合、使用对象和管理模式等不同而有很多类型。改革开放以来，办公建筑不再是单一办理行政事务的行政性办公建筑，近年来，供商业（包括外贸）、金融、保险等各类公司、企业、经济集团从事商务活动的办公建筑层出不穷。其形式和管理模式也多种多样，但一个规范很难涵盖，经与有关主管部门商讨，并在调研中大多数设计单位认为，适用范围应包括新建、改建、扩建的办公建筑。

公寓式办公楼、酒店式办公楼除参照本规范执行外，还需执行住宅设计规范和旅馆建筑设计规范的相关条文。

1.0.3 目前国内部分国家行业标准，对本行业的建筑类型的分级、分类都作了相应的规定。为规范办公建筑的设计，特设本条文。

办公建筑的分类主要依据使用功能的重要性而定。本条文对办公建筑的主体结构的设计使用年限及耐火等级作了相应的规定。

对条文中所指“特别重要的办公建筑”，可以理解为：国家级行政办公建筑，部省级行政办公建筑，重要的金融、电力调度、广播电视、通信枢纽等办公建筑以及建筑高度超过该结构体系的最大适用高度的超高层办公建筑。

3 基地和总平面

3.1 基　　地

3.1.1 办公建筑基地的选择应根据当地城市规划和公共建筑布局的要求，因为已经批准实施的城市规划具有一定的法律效力，规划内容中已对城市交通、市政、环境和城市发展等重大因素作了周密的分析和考虑，尤其是当前有一些主要办公建筑大都体量较大，装饰标准较高，对城市面貌有一定影响，故其基地的选择应服从总体规划要求，由城市规划部门统一考虑基地问题。

3.1.2 办公建筑基地不仅要有一个适宜的环境，而且还要求交通方便，公共服务设施条件较好，有利于办公人员上下班和对外联系。随着人们对地震、水患等各种自然灾害的深入认识，办公建筑基地应综合各种因素，周密考虑，选择自然条件较为有利的地段。

3.1.3 环境污染已成为目前一个十分突出的问题，国家对此十分重视，已颁布了多项法规。办公建筑是人流集中，各类重要档案资料较多，对环境质量要求较高的单位，不允许发生爆炸或受到有害气体、粉尘的污染。因此，基地的选择应远离各种污染源和易爆易燃场所，按照有关法规，满足防护距离的要求。

3.2 总　平　面

3.2.1 功能分区合理，是总平面布置的一项基本原则。通过合理布局，使办公建筑与相邻的其他建筑有必要的间距，并具有良好的朝向和日照。近几年来办公建筑机动车辆有较大增加。因此，安排好各种出入口和场地内部的交通组织也是总平面布置的主要内容之一，做到人、车分流，交通流畅，道路布置便于人员进出。

3.2.2 提高环境质量，重视绿化已成为当前办公建筑设计一项重要工作，绿化环境已不是可有可无的事。应该根据基地情况、办公建筑性质和所在地区的气候特点做好绿化设计，其绿地覆盖率应符合当地有关规定。绿化布局和树种选择应有利于美化环境、净化空气和阻隔噪声，创造安静、卫生的良好环境。

本条还增加绿化与建筑物、构筑物、道路、管线之间的距离应符合有关规定的要求，防止植物根系影响建筑物安全和构筑物妨碍树木花草生长。本条与原规范2.2.1条内容基本一致。

3.2.3 本条与原规范2.2.2条基本相同。办公建筑与其他建筑合建在同一块基地内，为满足办公建筑的使用功能、交通畅顺和环境的要求，必须有合理的布局，自成一区，并宜有单独出入口。

随着我国经济的发展，目前，除一般的行政性办公建筑外，商务写字楼的趋势使高层办公建筑向多功能、综合性发展。高层办公建筑一般设有裙房，在裙房内设置商场、餐饮、文化娱乐和金融、旅游、电信等各类营业厅。还有如公寓式办公楼和酒店式办公楼，它们有可能与公寓和酒店合建在同一幢楼内的某些层面或区域中。以上这些办公建筑内容多，功能杂，消防疏散和设备机房都需在同一幢楼内解决。为合理安排它们之间的关系，避免互相干扰，有利于安全疏散，方便办公人员上下班，本条主要规定办公楼与其他功能用房合建时，总平面布置中办公用房应与裙房商场、餐饮、文化娱乐和各类营业厅等分别设置独自出入口。与公寓、酒店等同在一幢楼内的办公区域，其办公人员要求独立设置出入口可能有困难，因此条文中作宜独立设置的规定。

3.2.4 调查中，发现许多单位在总平面布置中没有安排好厨房、锅炉房、变配电间等附属设施的位置，造成交通流线混乱，尤其是一些改建、扩建的办公建筑，防火、卫生防护要求得不到满足，故特列出本条予以强调。

3.2.5 目前我国大中城市机动车数量迅猛增加，停车难的问题甚为突出，尤其一些大型公共建筑停车场地问题亟待解决。无论何种办公建筑，在基地中必须考虑汽车停放场地（库），并按当地的实际情况酌情考虑非机动车的停放场地（库）。北京、上海、广州、杭州、昆明等城市，有关部门已明确规定，凡建设大中型建筑时都必须配建停车场（库），并与主体工程同时设计、同时实施、同时交付使用。关于停车数量和位置的要求，因每一城市和地区情况不同，条文中要求设计时应根据该城市或地区已有的地方法规或统一规划执行。停车场地（库）最好将内部使用和外部使用的场所分开设置。有条件时汽车停车可充分利用社会停车设施。一些用地紧张的大中城市，为节约用地，应充分利用地下空间。

3.2.6 新增条文。为满足老年人、伤残人的特殊使用要求，方便他们参与各类社会活动和进行业务联系，并体现社会文明和社会对伤残人的关心，故总平面设计除执行本规范外，还必须执行方便残疾人使用的现行行业标准《城市道路和建筑物无障碍设计规范》JGJ 50。

4 建 筑 设 计

4.1 一 般 规 定

4.1.1 随着经济发展，我国办公建筑的使用性质、管理模式、建设规摸和标准发生了巨大变化，各种形式的办公建筑层出不穷。以前主要是行政办公建筑，而现在有商务写字楼、公寓式办公楼、酒店式办公楼和综合楼等不同形式的办公建筑，因此办公建筑所组成的各类用房也有所不同，一般由办公室用房、公共用房、服务用房和设备用房等组成。

根据《国家计委关于印发党政机关办公用房建设标准的通知》计投资［1999］2250 号文件（以下简称“国家计委文件”）中规定：“党政机关办公用房包括：办公室用房、公共服务用房、设备用房和附属用房”。目前新型的办公建筑中服务用房增加很多新内容，故本规范将“国家计委文件”中的公共服务用房分为两类：公共用房和服务用房。而“国家计委文件”中附属用房主要包括食堂、汽车库等，是指在主体建筑之外的独立建筑，但目前国内很多写字楼、办公楼都将食堂（餐厅）、汽车库结合到主楼中统一设计，因此本规范将它们归入服务用房中比较合适。

4.1.2 办公建筑（尤其是高层和超高层建筑）的标准层建筑平面的确定是非常重要的，它不仅应满足使用功能要求，还要有很好的经济性。因此，除选择好开间和进深外，还应提高平面的使用面积系数（K值）。“国家计委文件”中规定：“办公用房建筑总使用面积系数，多层建筑不应低于 60%，高层建筑不应低于 57%”。

4.1.3 随着国民经济发展，为了提高办公工作效率和体现对人的关怀，原规范规定：“六层及六层以上办公建筑应设电梯”已不能适应当前办公建筑现代化发展要求，故改为“五层及五层以上办公建筑应设电梯”。“国家计委文件”中也规定“新建的五层及五层以上的各级党政机关办公建筑应设置电梯”。

4.1.4 调查中，发现各地很多办公建筑的电梯数量严重不足，造成上、下班时间拥挤不堪，并影响办公工作效率。故对电梯的数量作了规定，根据 2003 年版《全国民用建筑工程设计技术措施》中对电梯数量的有关规定制定本条文见表 1：

表 1 电梯数量、主要技术参数表

标准 建筑类别		数量				额定载重量（kg）	额定速度（m/s）
		经济级	常用级	舒适级	豪华级		
办公	按建筑面积	6000 m^2/台	5000 m^2/台	4000 m^2/台	<4000 m^2/台	630 800 1000 1250 1600	0.63 1.00 1.60 2.50
	按办公有效使用面积	3000 m^2/台	2500 m^2/台	2000 m^2/台	<2000 m^2/台		
	按人数	350 人/台	300 人/台	250 人/台	<250 人/台		

注：本表的电梯台数不包括消防和服务电梯。

表 1 中，建筑标准分为四级，我国经济发展很快，对办公建筑要求也越来越高，采用“常用级”作为最低限是合适的，故本条规定电梯数量一般应按办公建筑面积每 5000m^2 设一台，此处“办公建筑面积”是指电梯所服务的总建筑面积，不包括裙房中商场、营业厅等面积。如果消防电梯或服务电梯是独立设置，那么该电梯无法与其他电梯共同发挥作用，故不能计算在电梯数量内，反之，可以计算在内。电梯载重量建议选择 1000kg 和大于 1000kg，因办公建筑上下班人流较为集中，大容量电梯能较好解决这个问题。电梯速度建议采用 1.60m/s 以上，大型高层或超高层办公建筑应采用中速或高速电梯。

4.1.6 第 1 款至第 3 款对原条文作了补充，增加了窗节能方面的要求。条文中提出可开启面积不应小于窗面积30%的数值，主要根据现行国家标准《公共建筑节能设计标准》GB 50189—2005 第4.2.8条提出的。

4.1.7 第2款：增加计算机中心机房门的防盗要求。因为计算机中心机房是整个办公建筑的核心部分，尤其是银行、证券公司、税务、海关等的计算机房更是要害部门。同时计算机中心机房的门还应考虑防火要求。

4.1.8 第1款：从目前和未来发展来看，大型写字楼、商务办公楼和公寓式、酒店式办公楼对门厅要求更高，在空间上有的设置了中庭，并增加了很多商务活动功能，如商业洽谈、电话、传真、邮政、银行、预订机票等，因此在本条中增加“商务中心、咖啡厅”等相关内容。

第4款：增加门厅的中庭空间设计的基本要求。

4.1.9 第1款：增加“走道宽度应满足防火疏散要求”。

表4.1.9中双面布房走道净宽（走道长度≤40m）改为1.50m（原条文为1.40m）。

4.1.10 当前办公建筑中大量出现“开放式办公室”和“低隔断写字间”，各种弱电和强电插座无法埋设在办公桌附近，必须考虑在地面内埋设管线和插座，通常采用网络地板综合布线。

大中型的计算机房大量的管线应在地下铺设，地面做成架空层有利于管线安装，并利用架空层作为空调风管，这样能更好地满足大型计算机房设备使用要求。

4.1.11 办公建筑的室内净高是指有中央空调的条件下，吊顶底的净高要求。若无空调时，净高应相应加大。原规范中规定走道净高不应低于2.10m，现在看来不能满足办公建筑的需要，本条改为2.20m。

4.1.13 考虑到安全因素，特增加本条文。

4.2 办公室用房

4.2.2 我国幅员辽阔，各地气候、日照均有差异，因此本条对朝向的问题不作一概而论，只要求根据当地气候等自然条件和能源、经济、卫生环境等多方面因素考虑，办公室宜有良好的朝向和自然通风。

地下室比较潮湿（尤其在南方和地下水位高的地区），自然通风不好，采光条件差，长期使用对人体健康不利。因此本条规定除少量的物业管理人员办公室外，办公室不宜布置在地下室。但对有较好的机械通风措施和人工采光的特殊建筑，本条不作严格规定。

半地下室有对外开放窗户井，但也应采取必要的采光、通风防潮措施后才能布置办公用房。

4.2.3 第1款：据对行政机关、团体、企事业单位、金融贸易、商业性开发以及小型公司的办公空间调查，将普通办公室按其办公空间形式归纳成单间式办公、开放式办公、半开放式办公、单元式办公、公寓式办公和酒店式办公六种形式。

第2款：商业开发性质的开放式或半开放式办公室，由于业主的性质与规模的不同，对面积的要求和平面的布置有很大的差别。为适应业主对平面灵活性的要求，减少二次装修中不必要的浪费，建议在吊顶布置上，将空调风口、灯具、火灾自动报警及自动灭火喷水等按其各自规范要求容纳在一个模块中，业主可根据自己的平面布局及面积要求，按模块划分不同的空间，以满足各自的要求。

第3款：由于公寓式办公室具备了居住建筑的部分特征，因此在厨房、卫生间的设置上作了相应规定。

第5款：单元式办公室一般空间较小，通风条件相对较差，因此在卫生间的设置上作了相应规定。

第8款：每人最小使用面积定额及单间办公室净面积要求的说明见本章附件。

4.2.4 第1款：设计部门办公室往往以专业组或工程设计组为单位配置，小组内信息沟通较多，有的设计部门以室（所）为办公单位，小组为其构成单元，小组间的联系也较频繁。因此开放式或半开放式办公室比较适合设计绘图室的使用要求。研究部门对办公室的要求有其特殊性，为便于思考，希望人少、安静，因此单间式办公室比较适合（实验室有较大房间，但实验室不属本规范的内容）。

第2款：提出设计绘图室和研究工作室每人最小使用面积指标的说明见本章附件。

4.3 公共用房

4.3.2 第2款：会议室每人最小使用面积指标的说明见本章附件。

第3款：大会议室情况比较复杂，不提面积指标。对有某些其他使用要求的会议室（电话、电视会议、学术报告厅、多功能厅和高级大会议室），条文中提出隔声、吸声、遮光、平面长宽比等设计要求，主要为了保证听觉和视觉的需要。

第4款：大会议室常常有多功能用途，因此应设临时放置桌椅、茶具等的贮藏和服务性空间。

4.3.3 近年来，政府部门为方便群众，将对外服务的部门集中在一个对外办事大厅中，这是提高办公效率的一种趋势，因此增加此条款。

对外办事大厅可设在办公建筑内，也可作为独立建筑存在。其出入口宜与内部办公人员出入口分设。规模较大的对外办事大厅，可为对外办事大厅设置配套性功能用房。

4.3.4 接待室由各部门根据使用需要而定。有些出租写字楼集中设几间接待室或间隔几层设一间接待室，供各租赁单位随时使用。另外接待室的面积大小和装修标准根据接待对象和规格而定，一些高级接待室往往附有专用卫生间等。

4.3.6 第3款：公用厕所应设前室，除设置洗手盆供盥洗外，还能使厕所不致直接暴露在外，阻挡视线和臭气外溢。有些男女厕所在入口处有一缓冲间（与走道等有一个过渡小间），在此情况下也可以不设前室而把洗手盆与厕所合设一间。

第5款：根据一些单位反映，年龄大的职工上厕所使用蹲坑较为困难，所以提出三只大便器以上者，其中一只宜设坐式大便器（或按适当比例配备）。如有些地区不习惯使用坐式大便器也可不设。

4.4 服务用房

4.4.1 本条文主要是提示办公建筑应根据需要可设置的一些服务用房。

4.4.2 档案室、资料室、图书阅览室等，其要求可塑性很大，应视规模与标准而变。存放人事、统计部门和重要机关的重要档案与资料的库房以及书刊多、面积大、要求高的科研单位图书阅览室，应分别按档案馆和图书馆建筑设计规范要求设计。

4.4.4 第3款：由于机动车辆逐渐增多，为方便驾乘人员顺利到达办公室，因此增加此条款。

4.4.5 参照及引用我国和日本建筑设计资料集，以及2003年版《全国民用建筑工程设计技术措施“规划、建筑”》中停车场部分有关自行车设计数据。

4.4.6 新增条文。由于现代办公的性质、节奏和工作时间的变化，一些办公楼内都设置了为员工服务的餐厅，特增加本条文。

4.4.7 由于垃圾管道容易滋生蝇虫，给办公建筑空间环境造成污染，因此取消了原规范中有关垃圾管道的条款。

4.4.8 第1款：电话总机房、计算机房、晒图室是专用设备用房，其产品更新换代快，应按所选机型、工艺要求和专项（专业）设计规范进行设计，本规范不作详细叙述。

第3款：无氨晒图机的要求与本条不一致，应根据设备要求具体设计。

4.5 设备用房

4.5.10 近年来办公建筑智能化程度不断提高，弱电设计内容越来越多，为了便于集中、安全地进行管理，高层办公建筑每层应设弱电交接间，根据现行国家标准《建筑与建筑群综合布线系统工程设计规范》12.3.2条的规定“交接间的面积不应小于5m²，如覆盖的信息插座超过200个时，应适当增加面积”。

4.5.11、4.5.12 为了保证计算机系统的正常运行、信息安全和计算机的使用寿命等，弱电机房位置应远离产生粉尘、有害气体、强振源等场所，避开强电磁场干扰。当无法避开强电磁场干扰时，应采取有效的电磁屏蔽措施。

附件： 面积计算

本规范第4.2.3条第8款、第4.2.4条第2款和第4.3.2条第2款提出的每人最小使用面积指标的主要依据如下：

参照有关标准、规范和手册，每人平均使用面积（常用面积定额）指标见表2（单位：m²/人）：

表2 每人平均使用面积（常用面积定额）指标

资料来源	办公室面积（m²）	会议室面积（m²）	
		有会议桌	无会议桌
原建工部1956年建筑设计规范	3.50（一般工作人员）		
建筑设计资料集第四册（1994年6月第二版）	3.50（一般办公室）	1.80	0.80
日本建筑设计资料集成（4）	3.50～3.70（小型事务所）		
日本建筑设计资料集成（2）		2.0～3.0（10～14人）1.50～2.50（100人左右）	1.0～2.0（500人以上）
党政机关办公用房建设标准［注］	不超过6.0（处、科级以下）		

注：国家发展计划委员会 计投资（1999）2250号文。

最小使用面积计算：

每人最小使用面积按“基本面积+辅助面积”两部分组成。基本面积为办公（会议）桌椅［*a*］及相距间隔所占面积［*b*］；辅助面积为办公桌行距之间的走道面积［*c*］和辅助家具［*d*］以及必要的活动空间所需面积的分摊数［*e*］（如其他交通、公用家具和开门位置所占的面积）。

1 办公：

1） 基本面积：

［*a*］常用三屉办公桌：1.20×0.65（长×宽，单位m。下同）=0.78m²；

［*b*］相距间隔按建筑设计资料集规定（下同）1.20×0.80=0.96m²。

2） 辅助面积：

［*c*］中间走道一半计（0.65+0.80）×1.2/2=0.87m²；

［*d*］常用橱1.20×0.5=0.60m²；

［*e*］按0.80m²计；

合计：4.01m²。

2 设计绘图室：

1） 基本面积（标准单元绘图桌面积）：

1.95×1.95=3.80m²。

2）辅助面积：

［c］中间走道一半计 1.95×1.20/2=1.17m²；

［e］按 1.0m²计；

合计：5.97 m²。

3 研究工作室：

以办公室 3.50m²为基数另加常用橱一只 0.50m²和增加必要活动空间所需面积 0.50m²，合计 4.50m²。

4 会议室：

无会议桌的最小使用面积参照下列专项规范：

1）《电影院建筑设计规范》JGJ 58—88 观众厅每座最小使用面积 0.80m²；

2）《图书馆建筑设计规范》JGJ 38—99 报告厅每座最小使用面积 0.80m²；

3）《旅馆建筑设计规范》JGJ 62（征求意见稿）会议室面积应按 0.70m²/座计。

有会议桌的最小使用面积计算比较困难，以建筑设计资料集平面分析的下限数 1.80m²为指标。

综上各项分析，以最小使用面积计算为基础，结合以常用开间和进深尺寸进行平面分析的数据，适当参考每人平面使用面积指标而得出办公室、设计绘图室、研究工作室和中、小会议室每人使用面积指标为：办公室 4m²，设计绘图室 6m²；研究工作室 5m²；中、小会议室内有会议桌为 1.80m²；无会议桌为 0.80m²。

原规范第 3.2.3 条第 5 款规定单间办公室净面积不宜小于 10m²。调查表明，目前单间办公室净面积大多为 15～20m²，个别为 14.40m²（3.60m×4m）和 15.12m²（3.60m×4.20m），如果单间净面积小于 10m²，既不经济，也不适用。

5 防火设计

5.0.2 本条为强制性条文。据调查，各地高层办公建筑设计中，大量出现开放式、半开放式办公室，这类房间面积大、人员集中、疏散距离远，且易燃的家具、低隔断很多，火灾危险性较大。因此，参照现行国家标准《高层民用建筑设计防火规范》GB 50045 的要求，对距离进行规定。

该条中“安全出口”是指房间开向疏散走道的出口。大空间办公室内套小房间时，小房间的门不能算安全出口。因此，距离应从小房间的最远点进行计算。

5.0.3 在综合楼内，除办公部分之外常带有对外营业的商场、餐厅、营业厅、舞厅和其他娱乐设施，这些地方往往人员较密集，如果它们的疏散楼梯和疏散出入口与办公部分共用，在紧急情况下就会造成拥挤、堵塞，若是为商场营业专用的办公室则不受此规定限制。

6 室内环境

6.1 一般规定

6.1.2 随着经济与科技的发展，办公建筑如何为办公人员提供高效率、舒适、安全、卫生的室内环境，如何提高办公建筑物理环境、化学环境和心理环境的质量已日益受到社会的重视和关注。近年来，我国已有越来越多的国家规范和标准对办公建筑的室内环境提出了新的标准。我国是一个人口众多且能源比较紧张的发展中国家，办公建筑在满足室内舒适度的同时，应注重节约能源。

6.2 室内小气候环境

6.2.3 由于人类活动和建筑装饰材料所产生的室内空气中的甲醛、氨、氡、二氧化碳、二氧化硫、氮氧化物、可吸入颗粒物、总挥发性有机物、细菌、苯等污染物导致人们患上各种疾病，引起传染病传播。这些疾病的普遍性和危害性尤其是 2003 年 SARS 疫病的发生引起了全世界对空气环境卫生前所未有的关注，建筑通风成了一条重要的设计原则。建筑通风主要指通过开设窗口、洞口，或通过机械方式通风换气，保证办公建筑各类用房均能达到规定的空气质量。

6.2.4 办公用房作为人们频繁活动的工作空间，宜采用直接自然通风，其通风面积的最低值参照美国、日本及我国台湾地区建筑法规的规定和国内专家的意见，普通可开启窗的通风面积与房间地面面积之比不应小于 1/20。

6.3 室内光环境

6.3.1、**6.3.2** 办公用房宜考虑天然采光。采光系数标准按现行国家标准《建筑采光设计标准》GB/T 50033执行。采光系数需进行计算，表 6.3.2 是为了方便建筑方案设计时对天然采光进行估算用。

6.3.3 日照控制是指按不同的地域、季节和办公楼的朝向，对直射阳光进行合理遮挡。其主要方式有室外设置遮阳板、窗玻璃采用各种形式的反射、节能玻璃、窗内安装遮阳百叶及采用将可见光引进建筑物内等。

6.3.4 本规范制定的办公建筑的照度标准比原规范有所提高。因为现代办公建筑一般进深较大，在相当程度上需要依靠人工照明来创造良好的视觉环境。而且室内照度标准随着时代和经济状况发展而提高，如美国的标准照度大约是日本的 2 倍，而我国的照度标准特别是公用场所的照度标准低于日本。表 3 为日本办公楼室内照度标准。

表 3 （日本 JIS 照度标准）办公楼

照度(1x)	场所			工作
2000	—			—
1500～750	办公室、营业室、设计室、制图室、门口大厅（白天）			·设计 ·制图 ·打字 ·计算 ·键控穿孔
750～500	—	办公室、干部办公室、会计室、印刷室、电话转接室、电子计算机室、控制室、诊察室 ·电子、机械室等配电盘 ·接待室		
500～200	集会室、接待室等候室、食堂整理室、娱乐室学习室、门卫室门口大厅（夜晚）电梯大厅			
200～150	—	书库、保险室、电房、讲厅、机械室、电梯、闲杂工作室	洗衣间、开水房、浴室、走廊、台阶、洗漱间、厕所	
150～50	饮茶室、休息室、值班室、更衣室、仓库、门口（车库）			
50～30	室内特殊的台阶			

注：1 主要工作面（没有特别指定时为地板上 0.85m）。走廊、室外等是指地板或地面。照度值为维持照度。

2 上表选自日本《建筑设计资料集成》/日本建筑学会编；重庆大学建筑城规学院译/中国建筑工业出版社 2003。

6.4 室内声环境

办公室内工作条件的质量很大程度上取决于噪声干扰的影响，所以控制室内噪声是办公室室内环境设计中不容忽视的一个重要课题。我国的《民用建筑隔声设计规范》GBJ 118—88 尚未对办公建筑作出专门规定，仅在旅馆建筑中有所提及。本规范在调研国内外相关标准和推荐值并结合我国工程实践的基础上，对办公建筑的声环境提出了相关规定条文。

6.4.1 根据我国现阶段经济发展水平，本规范制定了办公建筑主要房间室内允许噪声等级（表 6.4.1），此标准低于日本标准和北京市建筑设计研究院的推荐值，略高于我国旅馆建筑中的办公用房的现行标准。我国《民用建筑隔声设计规范》GBJ 118—88在旅馆建筑中有如下规定（见表 4）：

表 4 室内允许噪声级

房间名称	允许噪声级（dB）			
	特级	一级	二级	三级
客 房	≤35	≤40	≤45	≤55
会议室	≤40	≤45	≤50	
多用途大厅	≤40	≤45	≤50	—
办公室	≤45	≤50	≤55	
餐厅、宴会厅	≤50	≤55	≤60	—

北京市建筑设计研究院声学研究室的推荐值见表 5：

表 5 我国办公室、会议室允许噪声推荐值

房间类别		允许噪声	
		评价曲线 NC—NR—	单值（A 声级 dB）
办公	办公室	35	40
	设计室、制图室	40	45
会议	会议厅	25	30
	会议室	30	35
	多功能厅	35	40

日本建筑学会编制的日本室内噪声的适用等级见表 6：

表 6 日本室内噪声适用等级

建筑物	房间用途	噪声水准（dBA）			噪声等级		
		1 级	2 级	3 级	1 级	2 级	3 级
集中住宅	居室	35	40	45	N-35	N-40	N-45
宾馆	客房	35	40	45	N-35	N-40	N-45
办公地点	高官办公室	40	45	50	N-40	N-45	N-50
	会议室、接待室	35	40	45	N-35	N-40	N-45
学校	普通教室	35	40	45	N-35	N-40	N-45
医院	病房（个人）	35	40	45	N-35	N-40	N-45
音乐厅、演奏厅、歌剧厅		25	30	—	N-25	N-30	—
	剧场、多用大厅	30	35	—	N-30	N-35	—
	录音室	20	25	—	N-20	N-25	—

注：选自日本《建筑设计资料集成》。

6.4.2 本规范制定的办公建筑围护结构的空气声隔声标准略低于我国的住宅标准，与日本办公建筑标准相仿（见表 7、表 8）：

表 7 关于室内平均声压水准差的适用等级（日本）

建筑物	房间用途	部 位	适用等级			
			特 级	1 级	2 级	3 级
集中住宅	居 室	分户墙、楼板	D-55	D-50	D-45	D-40
宾馆	客 房	客房分隔墙、楼板	D-55	D-50	D-45	D-40
办公地点	业务上要求隐蔽一点的房间	房间隔墙	D-50	D-45	D-40	D-35
学校	普通教室	室内隔墙	D-45	D-40	D-35	D-30
医院	病房（个人）	室内隔墙	D-50	D-45	D-40	D-35

注：选自日本《建筑设计资料集成》。

表 8 我国民用建筑空气声隔声标准

建筑类别	围护结构部位	计权隔声量（dB）			
		特级	一级	二级	三级
住宅	分户墙及楼板		≥50	≥45	≥40
旅馆	客房与客房间隔墙	≥50	≥45	≥40	≥40
	客房与走廊间隔墙（包含门）	≥40	≥40	≥35	≥30
	客房外墙（包含窗）	≥40	≥35	≥25	≥20

注：摘自 GBJ 118—88《民用建筑隔声设计规范》。

7 建筑设备

7.1 给水排水

7.1.1 现行国家标准《建筑给水排水设计规范》GB 50015—2003中关于生活用水水质及防污染措施的要求已较详尽，为避免赘述或遗漏，本次修订删除原条文在这方面的阐述。

7.1.2 随着社会发展，办公建筑的类型不断增加，用水方式一般可以归纳为坐班制办公、公寓式办公和酒店式办公。公寓式办公用水量参照住宅，但使用时间可以少一些；酒店式办公用水量与酒店相近。

7.1.3 本条文修订着重考虑办公建筑的节水要求。据了解，舒适水压宜控制在 0.20～0.30MPa 的范围内，但分区太多对系统设计和运行管理不利，所以系统净水压设计仍参照国家标准《建筑给水排水设计规范》GB 50015—2003 中 3.3 章节的条文执行。

7.1.4 新增条文。由于坐班制办公用水时间短的特点，采用局部加热有利于节能和计量。酒店式办公用水有一定持续性，采用集中热水系统可节约一次性投资。公寓式办公采用局部或集中热水系统均可。

7.1.5 饮用水供应是较重要的课题。传统的开水炉已不适应现代办公建筑的多元化需要，设置中央管道直饮水（饮用净水）系统的建筑日益增多，但根据办公人员特别是坐班制办公人员的用水有间歇性大的特点，系统的卫生和防污染要求很高。本条文对管道直饮水系统终端的保鲜和抑菌提出特别要求。由于循环系统很难做到支管循环，所以一方面应尽量缩短支管长度，另一方面建议采用更先进的措施，如终端抑菌器等设备。"保鲜"是要求支管在设定的时间间隔内无水流流动时，系统有定时自动机械循环或自动泄水的功能。由于直饮水系统在我国的发展尚属起步阶段，如何满足终端饮水卫生和防止二次污染的措施将会随着办公智能化系统和自动化仪表的发展而不断完善，本条文只是提出保鲜的概念。

7.1.6 饮用水的用水定额参照国家标准《建筑给水排水设计规范》GB 50015 有关条文确定。但考虑到公寓式办公有烹饪用水的需要，酒店式办公用水时间较长，所以用水定额可适当增加。

7.1.8 办公服务用房内的重要物资和设备受潮引起的损失较大，在设计中应特别注意减少漏水和结露的可能性。

7.1.9 新增条文。随着全球性水资源的匮乏，节约用水已越来越成为社会的共识。我国缺水城市、缺水地区的建筑设置中水系统已不鲜见。但就办公建筑而言，公寓式办公建筑和酒店式办公建筑设置中水系统在经济上较合理；坐班制办公因洗涤废水量较小，投资中水系统所带来的节能效益可能不明显。因此办公建筑是否设置应遵照当地有关部门的意见和规定。

7.2 暖通空调

7.2.1 由于我国幅员辽阔，各地区气候条件及自然资源差异较大，对办公楼设置采暖或空调系统的方式，应视实际情况确定，并应根据各地能使用的能源情况，可采用煤、油、燃气、热网或电，并经过经济技术比较，来确定采暖或空调冷热源的方式及使用能源的种类。

7.2.2 原规范把办公室分为一般办公室和高级办公室二类，其温度、湿度、噪声、新风量均不同。根据本规范办公建筑的分类，将室内主要空调指标分为一类、二类、三类三个标准，规定了室内净空高度、照度、温度、湿度的不同要求。而在 2003 年 3 月 1 日实施的国家标准《室内空气质量标准》GB/T 8883—2002中，明确规定新风量每人每小时不小于 30m³，空气含尘量不大于 0.15mg/m³，以及空气中总挥发性有机物 TVOC 不大于 0.60mg/m³ 等指标，该标准明确规定的适用范围是住宅和办公楼。所以在本次修订中把空气质量的一些主要指标也写进去，以提供一个环保、健康的工作环境。新风量直接关系到人体的新陈代谢和健康。经过 SARS 以后，人们对通风换气和新风有了更深的认识和更高的要求。一般说来，新风量越大，室内的空气越新鲜。但是送入室内的新风必须经过过滤、冷却（或加热）、除湿（或加湿）等处理过程，达到规定的清洁度和温湿度。而新风的处理都需要消耗一定的能量，送入室内新风越多，消耗的能量也越多，从节能的角度看，新风量又不能过大。原标准中一般办公室新风的下限为 20m³/h·p，低于国家标准《室内空气质量标准》GB/T/8883—2002规定的 30m³/h·p。根据《公共建筑节能设计标准》GB 50189—2005规定，办公室的新风量统一规定为 30m³/h·p，故本规范中三类办公室的新风量统一取30m³/h·p。本规范中未列出的其他空气质量标准，应符合国家标准《室内空气质量标准》GB/T 18883—2002的相关规定。

7.2.4 根据《民用建筑节能管理规定》建设部 76 号

令“推行温度调节和户用热计量装置”的规定，办公楼集中采暖、空调系统应设置温度控制及分户计量装置，以达到节能的目的。

7.2.5 由于目前建筑门窗的密闭性较好，如办公楼内仅设置新风系统而无排风系统，会造成室内正压，新风送不进去，达不到设计规定的新风量。不少工程实践证明，在设置新风系统的同时，设置排风系统，才能使通风换气达到最佳效果，因此，本条文强调办公楼要设置排风系统。

7.2.6 对于电力有富裕，电价又较便宜的地区，可采用电加热设备采暖。但电力供应紧张的地区，不应采用这种方式采暖或供热。直接用电加热，无论从一次能效率，还是从能级利用来分析，绝对属于能源的不合理使用，这是无可争议的基本概念。从运行成本来分析，也是不合算的。因此，在能采用燃气、燃油的场所一般不宜采用电加热直接供热。

7.3 建筑电气

7.3.1 电力负荷等级的划分是决定建筑物供电方式的重要因素，对一、二级负荷应由两个电源独立供电，以保证供电可靠性。特殊的重要设备和部位还应配置UPS装置，如计算机中心、消防控制中心等。

重要设备及部位系指重要办公室、会计室、总值班室、主要通道的照明、各种场所事故照明、消防电梯、消防排烟、正压送风设施、紧急广播、消防水泵、火灾自动报警、自动灭火装置设备消防等的电力设施，以及电话总机房、计算机房、变配电所、柴油发电机房等部位。

7.3.2 供电部门无法用低压供电方式供电的办公建筑，应设置用户变配电所。为确保用电安全，用户与供电部门应设置明显断开点。

7.3.3 电气管线暗敷是考虑办公建筑的美观、大方，保证用电安全，因此应采用非燃烧管材，包括阻燃型塑料管。但塑料管不能在吊顶内敷设，主要是考虑小动物对其破坏。对于导线与管材的选用还应符合现行国家防火规范及防雷设计规范的要求。但对于办公楼内的设备用房可穿管明敷。

7.3.4 办公建筑的照度标准比原条文有所提高，主要是考虑改善办公室的工作环境。

7.3.5 采用节能型光源是节能的一个措施。办公室采用荧光灯，一方面光色接近于日光，显色性好，另一方面节省能源。

7.3.6 插座和照明回路分开，不但减少相互影响，而且保障用电安全。目前办公用电设备增多，插座数量、容量相应增加，原条文中规定标准间插座数量为2～3个，本次条文修改未作具体规定，可参照现行国家标准《智能建筑设计标准》GB/T 50314有关规定执行。插座回路安装防漏电保护措施，原条文中未作规定，修改中明确规定应考虑防漏电保护措施，目的是保证用电设备和人身安全，特别对可移动电气设备更为重要，同时与相应电气规范一致。

7.3.7 凡一类办公建筑均应按二类防雷建筑物考虑。

7.3.8 建筑物的总等电位联结和局部等电位联结，是保护接地的措施，涉及用电设备和人身安全。

7.3.9 强调在公寓式办公楼和酒店式办公楼内的卫生间设局部等电位措施，主要是因为该类型办公楼内的卫生间有洗浴设备，因此按住宅和酒店要求执行此规范。

7.4 建筑智能化

7.4.1 为了明确办公建筑智能化掌握的力度，本条文规定办公建筑智能化应按现行国家标准《智能建筑设计标准》GB/T 50314执行。原因一：办公建筑设计规范是作业规范，应服从技术规范标准要求；原因二：《智能建筑设计标准》GB/T 50314已较为详细写明各系统的有关内容，完全能满足办公建筑设计的要求。

7.4.3 综合布线系统是信息通信网络系统最优化的布线系统，它不但具有开放性、灵活性、实用性及可扩展功能，还具有安全可靠、经济合理的功能，能实现网络系统的信息资源共享，同时具有局域网连接的能力，还能保障系统有良好的安全防范措施，以满足办公自动化的数据、语音、图像的传输及数据处理的使用。

7.4.4 楼宇的自动化管理系统（BA）应能满足管理的需要。办公建筑内的水、电、空调等设备多而分散，如采用分散管理和就地控制、监视和测量，工作量大、面广。为了合理利用设备，节约能源，确保设备的安全运行，建筑设备监控系统是行之有效的手段。

安全防范系统的内容丰富，其主要子系统有：入侵报警、电视监控、出入口控制、巡更系统、重要部位防盗等。这些内容可根据办公建筑自行要求增减，具体配置必须遵照国家相关规范执行。

7.4.5 办公建筑内的大、中型会议室，具有多功能特征，用途广泛。调查中发现，较多会议室还用作员工培训、健身、娱乐、休闲等场所，功能复杂。会议室内设置音控室、光控室，目的是提高扩声、光控制能力及其他服务功能。

7.4.6 有汽车库的办公建筑设置汽车库管理系统是为了加强车库管理，能做到对出入车辆实施监控、计费、防盗报警等功能。

7.4.7 本条文是对计算机中心、电话总机房设置的供电电源的基本要求。

中华人民共和国行业标准

特殊教育学校建筑设计规范

Code for design of special education schools

JGJ 76—2003

批准部门：中华人民共和国建设部
　　　　　中华人民共和国教育部
实施日期：2 0 0 4 年 3 月 1 日

中华人民共和国建设部
中华人民共和国教育部
公　　告

第204号

建设部、教育部关于发布行业标准《特殊教育学校建筑设计规范》的公告

现批准《特殊教育学校建筑设计规范》为行业标准，编号为JGJ 76—2003，自2004年3月1日起实施。其中，第4.1.2（1）（2）（3）、4.3.4（3）、4.3.9（11）条（款）为强制性条文，必须严格执行。

本规范由建设部标准定额研究所组织中国建筑工业出版社出版发行。

中华人民共和国建设部
中华人民共和国教育部
2003年12月18日

前　　言

根据建设部建标［1999］309号文的要求，规范编制组在广泛调查研究，认真总结实践经验，参考有关国际标准和国外先进标准，并在充分征求意见的基础上，制定了本规范。

本规范的主要技术内容是：1. 总则；2. 术语；3. 选址及总平面布置；4. 建筑设计；5. 室外空间；6. 各类用房面积指标、层数、净高和建筑构造；7. 交通与疏散；8. 室内环境与建筑设备。

本规范由建设部负责管理和对强制性条文的解释，由主编单位负责具体技术内容的解释。

本规范主编单位：西安建筑科技大学（地址：陕西省西安市雁塔路13号西安建筑科技大学建筑学院，邮政编码710055）

本规范参编单位：西安交通大学建筑系
西安建筑科技大学建筑设计研究院
西部建筑抗震勘察设计研究院

本规范主要起草人员：张宗尧　李志民　陈　洋　杨安牧　张爱玲　周　典　张　锋　张定青　赵秀兰　马纯立　钟　珂

目　次

行动。

2.0.9 视知觉训练 sensory training

以低视力儿童为对象，训练手与眼的协调动作，以及文字的读与写。

2.0.10 盲道 sidewalk for the blind

在人行道上铺设一种固定形态的地砖，使视力残疾者产生不同的触感，诱导视力残疾者向前行走和辨别方向以及到达目的地的通道。

2.0.11 聋学校 school for the deaf person

对有听力及语言残疾儿童、青少年进行特殊教育的机构。聋学校除与普通学校具有相同的教育任务外，还有弥补聋生听觉缺陷，使其身心正常发展的特殊任务。

2.0.12 听力残疾 hearing handicapped

由于各种原因导致双耳不同程度的听力丧失，听不到或听不清周围环境及语言声音。听力残疾包括：听力完全丧失及有残留听力但辨音不清，不能进行听说及交往。

2.0.13 语言残疾 speech handicapped

由于各种原因导致的语言障碍（经治疗一年以上未愈者），不能进行正常的语言交往活动。

2.0.14 律动课 rhythmic course

内容包括音乐感受、舞蹈、体操、简单游戏、唱歌等。主要是利用学生残存的听觉锻炼他们的触觉、振动觉，发展动作机能，培养学生对韵律的初步感受能力、欣赏能力和表现能力，以促进学生身心健康发展。

2.0.15 听觉和语言训练 hearing and speech training

听觉训练是通过各种声音刺激受训练者的听觉器官，以期提高其感受和识别各种声音的能力的一种训练。语言训练是通过发音、看话、会话等训练，锻炼受训者对语言活动中的听觉或视觉信号的分辨力和理解力，形成和发展语言感受和表达能力。

2.0.16 看话 speech reading

聋人利用视觉信息，感知语言的一种技法，又称视话、读话。

2.0.17 弱智学校 school for the mental handicapped

为弱智儿童、青少年实施特殊教育的机构。从智力残疾儿童特点出发进行教学和训练，补偿其智力和适应行为缺陷，将他们培养成为能适应社会生活、自食其力的劳动者。

2.0.18 智力残疾 mental handicapped

智力明显低于一般人的水平，并显示适应行为障碍。智力残疾包括：在智力发育期间，由于各种原因导致的智力低下；智力发育成熟以后，由于各种原因引起的智力损伤和老年期的智力明显衰退导致的痴呆。

2.0.19 肢体残疾 physical handicapped

四肢残缺或者四肢躯干畸形、麻痹导致人体运动功能丧失或障碍。

3 选址及总平面布置

3.1 校 址 选 择

3.1.1 校址选择应从所在地区环境、校园周边环境及校园内部环境，综合分析确定。

3.1.2 学校所在地区环境应符合下列规定：

1 校址选择应避免自然灾害的影响；

2 校址应选择在卫生、无污染的地区，与各类污染源的距离，应符合国家有关防护距离的规定；

3 学校应选择在交通较为便利、公用设施较为完备的地区。

3.1.3 学校校园周边环境应符合下列规定：

1 学校应具有安静、安全、卫生又有利于学生生活与学习、健康成长的校园周边环境；

2 盲学校、聋学校校界处的噪声允许标准：昼间不应超过 60dB（A）、夜间不应超过 45dB（A）；

3 学校宜邻近文教设施、医疗机构、福利机构及公园绿地等地段；不应与娱乐场所、集贸市场、医院的传染病房及太平间等为邻；

4 学校周边应有便于安全通行及紧急疏散的校园外部道路，并应与城市道路相接；

5 学校出入口不宜设在车辆通行量大的街道一侧或与车辆出入频繁的单位为邻；

6 校园周边不应有无防护设施的河流、池沼、断崖及陡坡等地带。

3.1.4 学校校园内部环境应符合下列规定：

1 学校用地应有不少于学校规模所需的用地面积、适于建校的较为规整的地形与较为平坦的地貌；

2 学校用地范围内应阳光充足、空气清新、通风良好、排水通畅；

3 学校用地应有适于校舍建设与植物生长的土壤条件；

4 校园用地不应有架空变压输电线及城市热力管等管线穿越校区。

3.2 总平面布置及用地构成

3.2.1 新建、改建和扩建的学校，应根据有关部门批准的学校规划总平面图进行校舍的设计。

3.2.2 学校总平面设计，应按教学区、运动活动区、植物种植绿化区、康复训练及职业技术训练区、生活服务区等功能关系进行合理布置。

3.2.3 教学用房与学生宿舍应安排在校内安静区，应有良好的日照与自然通风，并应保证冬至日底层满窗日照不少于 3h。

3.2.4 教室不宜面对运动场布置，当必须面向运动场时，窗与运动场之间的距离不应小于 25m。

3.2.5 运动场地应根据学校规模设置：9～12 班时，应设置 200m 环形跑道及 4～6 股的 100m 直跑道的运动场；18～24 班规模时，尚需增设 1～2 个球类场地。

3.2.6 康复训练及职业技术训练场地应包括：体能训练、盲学校定向行走训练、职业训练场地等，其场地用地面积应为 $4m^2$/人，但总用地面积不应小于 $400m^2$。

3.2.7 校园内人车流线应合理分流，道路系统应简明通畅，车行范围应控制在一定区域内。

3.2.8 学校绿地应包括校园绿地及植物种植园地等成片绿地，绿地率不应小于 35%。

3.2.9 学校应作为向社区居民开放的残疾人康复、咨询指导中心。

3.2.10 总平面布置应预留一定面积的发展用地。

4 建 筑 设 计

4.1 一 般 规 定

4.1.1 特殊教育学校校舍，根据学校的类型、规模、教学活动及其特殊要求和条件宜分别设置各类教学、生活训练、劳动技术、康复训练、行政办公及生活服务等用房。

4.1.2 校舍的组合应符合下列规定：

1 应紧凑集中、布局合理、分区明确、使用方便、易于识别；

2 必须利于安全疏散；

3 盲学校、弱智学校校舍的功能分区、体部组合、水平及垂直联系空间应简洁明晰，流线通畅，严禁采用弧形平面组合；

4 盲学校、弱智学校的主要建筑物之间应用廊道或建筑体部联系。

4.1.3 教学用房的平面，宜布置成外廊或单内廊的形式。

4.1.4 各种教学用房和学生生活用房的设计，应提供安全和卫生的活动环境，并为补偿残疾学生的生理缺陷创造最佳条件。

4.1.5 各种教学用房的规格及使用面积，应根据班级额定人数、课桌椅尺寸、座位布置方式、各种通道的尺寸及必要的活动面积确定。

4.2 普 通 教 室

4.2.1 教室内课桌椅的布置应符合下列规定：

1 各种类型学校的普通教室应采用单人课桌椅；盲学校和弱智学校的课桌椅可面向黑板成排成行地布置，聋学校课桌椅应布置成面向黑板的圆弧形；各种教室的布置形式宜符合图 A.0.1 的规定；

2 盲学校普通教室的单人课桌平面尺寸不宜小于 0.80m×0.50m，桌的左右及前缘应设高度为 0.015m 的凸缘（图 A.0.1-1，图 A.0.1-2）；弱智学校普通教室的单人课桌平面尺寸不宜小于 0.60m×0.42m（图 A.0.1-3）；聋学校单人课桌平面应为梯形，其尺寸宜为上宽 0.50～0.55m，下宽 0.60m，深度 0.42m（图 A.0.1-4～6）；

3 成排成行布置的课桌间前后距离不应小于 0.50m，纵向走道宽度不应小于 0.60m，课桌端部与纵墙（或突出墙面的内壁柱及采暖设备）的距离不应小于 0.80m；

4 教室第一排课桌前缘至黑板的水平距离不宜小于 2.00m，最后一排课桌后缘与后墙的距离不应小于1.50m；当沿后墙面设有橱柜或水池时，则橱柜外边缘至最后一排课桌后缘间距离不应小 2.00m。

4.2.2 普通教室应设置黑板、讲台、清洁用具柜、窗帘盒、银幕挂钩、广播音箱、挂衣钩、雨具存放处。教室后墙面宜设张贴通知和学生作业用的陈列板、书柜。临窗处宜设置洗手盆或水池。

4.2.3 小学低年级教室附近附设卫生间时，盲学校应设置盲童专用的大小便器，弱智学校应设置洗手盆、洗体盆、存放衣物的贮藏柜橱，及护理人员协助的空间，还应设拉杆、扶手等辅助设施。

4.2.4 盲学校的普通教室设计应符合下列规定：

1 沿后墙应设置学生自用的书柜或书架；

2 低视生课桌桌面的坡度应可调节，并应设放大阅读设备；室内应配备遮光设施。

4.2.5 聋学校普通教室宜设置上下或左右推拉黑板。

4.2.6 弱智学校低年级普通教室沿后墙应设置一排存放玩具或模型的橱柜或格架，并留出室内游戏活动空间。

4.3 专用教学与公用学习用房

4.3.1 专用教学用房，按不同类别学校宜设有语言教室、地理教室、计算机教室、直观教室、音乐教室及唱游教室、实验室、手工教室、律动教室、美术及美工教室；公用学习用房宜包括视听电化教室、图书室等。

4.3.2 专用教室可设置在专用教学区内，或安排在使用频率较高的普通教室附近。公用学习用房则应位于教学区的适中部位，便于全校共同使用。

4.3.3 专用教室应与相关的辅助用房相连，各室之间应设门，门的宽度不应小于 1.00m。

4.3.4 语言教室的设计应符合下列规定：

1 盲学校语言教室的课桌规格为 0.55m×1.70m（双人用），不应采用跨座就位的方式；其布置方式应面向讲台成行成排的布置（图 A.0.2-1）；

2 语言教室前后排课桌间的距离不应小于 1.20m，课桌左右纵向通道不应小于 1.00m，课桌侧缘距纵墙的距离不应小于 0.80m；

3 语言教室楼（地）面下部应设暗装电缆槽或活动地板；

4 教室照明应采用荧光灯，其布置方式应采用灯管垂直于黑板的布置方式，其位置应设于课桌顶部；

5 室内应有良好的防尘措施，门窗应有密封措施，并设有换鞋处。

4.3.5 地理教室的设计应符合下列规定：

1 盲学校地理教室课桌规格不应小于 0.60m×0.80m（图 A.0.2-2），桌的左右及前缘应设置高度不小于 0.05m 的凸缘；

2 盲学校室内应有存放地球仪的橱柜及陈列各种立体地图的空间，其位置可沿侧墙或后墙设置，沿侧墙设置橱柜距课桌侧缘不应小于 1.20m，沿后墙则课桌距橱柜的尺寸不应小于 1.50m；

3 准备室应设有工作台及加工机具、材料、教材等存贮空间。

4.3.6 计算机教室的设计应符合下列规定：

1 计算机教室应按每人一机配备，数量取班级额定人数上限；

2 计算机教室的机台布置应采用显示屏平行于黑板的方式；其具体布置可见图 A.0.2-3；当采用计算机台设于教室中部布置形式时，其楼（地）面下部应设暗装电缆槽或活动地板；

3 室内应有良好的防尘措施。

4.3.7 直观教室的设计应符合下列规定：

1 直观教室室内除设置学生课桌外，沿墙应设置各种模型、标本教材教具等陈列橱柜；

2 直观教具室主要是陈列及存放各种大型模型、标本的房间，必要时学生可在本室内上课。

4.3.8 音乐教室及唱游教室的设计应符合下列规定：

1 音乐教室宜选定避免干扰其他教学用房的适当位置，否则，应采取有效的隔声措施；

2 盲学校达到九班规模时，其音乐教室应设置声乐教室和器乐教室各一间；

3 器乐教室及游戏教室内应设置讲台。

4.3.9 实验室的设计应符合下列规定：

1 各类特殊教育学校的实验室，在小学阶段作为自然教室，在中学阶段则作为物理、化学及生物实验室；各类实验室宜有较完备的电教设施；

2 九班规模的盲、聋学校均应设置两间实验室，其中一间作为化学实验室；

3 化学实验室所用的实验台的规格（双人用）：盲学校实验台应为 0.60m×2.00m（包括 0.60m×0.40m 的水池）（图 A.0.2-4）；聋学校、弱智学校实验台的规格应为 0.60m×1.60m（包括中部的 0.60m×0.40m 的水池）（图 A.0.2-5）；各类学校化学实验台的左、右及前缘均应设高度不小于 0.05m 的凸缘；

4 盲学校化学实验室的座位布置，采用面向黑板的 U 形布置形式；第一排实验台侧缘距黑板应为 2.00m，实验台与墙距离不应小于 1.00m，如沿后墙设置实验器材橱柜时，则实验台距橱柜的距离不应小于1.50m；

5 化学实验室应设排气扇或在实验台面上设置桌面排气装置；

6 化学实验室教师演示台不应小于0.60m×2.40m，演示台应设置一个事故急救冲洗水嘴，室内应根据功能的要求设置给水排水系统、通风管道和各种电源插座；

7 物理实验室室内应设有2～3个龙头的水池；

8 物理实验室的楼（地）面应设走线槽或活动地板；

9 物理实验室的门窗应有遮光设施；

10 生物实验室的实验台前缘应设仪器架，仪器架下面临实验台面应装设荧光灯管；

11 实验室的准备室应与实验室相邻，化学实验药品贮藏室严禁与实验管理员室相通。

4.3.10 盲学校手工教室的设计应符合下列规定：

1 盲学校手工教室是训练盲生触摸的重要课程，手工教室的课桌规格及布置形式与实验室相同（图A.0.2-6）；

2 手工教室沿后墙应设有玻璃橱柜存放范品（采用安全玻璃制作）；沿墙应设置具有2～3个水龙头的水池；

3 低视力生手工教室应在桌面上设可调光的局部照明灯具；

4 手工教室内设置电动加工机具时，除位置不应影响学生通行外，电动加工机具应保证使用的安全性（如在机具的周围设置防护围栏等）；

5 手工教室的准备室应与手工教室隔开，室内应设置水池、泥库、搅拌合泥机、压制机，并应配置动力电源。

4.3.11 聋学校美术教室及弱智学校美工教室的设计应符合下列规定：

1 美术教室的规格应满足学生采用画架作画时所需空间，室内沿后墙设置存放和陈列美术模型及展示学生作品的橱窗或展台；

2 美术教室的主要采光方向应为北向；在教室前后墙均应设置电源插座并应设有窗帘盒、挂镜线等；

3 美术教室的准备室，应能存放绘画用的消耗材料以及画架、画凳、各种模型、展示镜框等；

4 室内应设置2～3个龙头的水池及摆放工具的工作台。

4.3.12 聋学校及弱智学校律动教室的设计应符合下列规定：

1 律动教室的位置应避免对普通教室的干扰，否则，应采取有效的隔振防噪措施；

2 律动教室应有足够的面积以及规整的形状；墙面应平整、室内不得设柱；

3 室内净高不宜小于4.00m；并宜设置吸顶灯；

4 楼（地）面应为具有弹性的木地板；

5 室内应设通长的照身镜，其高度不宜小于2.10m，并且宜设于横墙墙面上；其余周边墙面上设置距墙至少0.40m，高度为0.90m的把杆；窗台高度不宜低于0.90m，并不得高于1.20m。

4.3.13 视听教室的设计应符合下列规定：

1 视听教室应设置遮光设施，并应在板前区设置操作台及悬吊屏幕；在使用投影屏幕时各课桌面应设置最低照度为60lx的局部照明；

2 视听教室的规模不宜超过50人。

4.3.14 图书室的设计应符合下列规定：

1 各类学校均应设有图书室，图书室包括书库、学生阅览室及教师阅览室，其中盲学校应分盲生阅览室及低视力生阅览室两类；阅览室应采用开架阅览方式；

2 盲生阅览室的阅览桌规格，4人用桌不应小于1.00m×1.60m；阅览桌的长轴应垂直于采光窗；两排阅览桌间的距离不应小于1.50m；纵向走道宽度不应小于1.10m；

3 盲生阅览室根据盲文、非盲文书籍、音响教材的配备设置相应的存储、阅览设施，并应设置用耳机听音的听音座位区，该区座位数应达到本室座位数的70%；

4 低视力生阅览室，室内应设有低视力阅读器、书籍文字放大装置、放映、听音设施等；

5 为增强放映效果，室内应设遮光设施。

4.4 生活训练用房

4.4.1 特殊学校均应设生活训练用房，包括生活训练教室、烹调实习教室、缝纫实习教室等。

4.4.2 生活训练教室（家政室）的设计应符合下列规定：

1 生活训练教室应设有客厅、卫生间，并配有沙发、茶几、家用电器等设施；

2 室内面积应宽敞，满足护理人员指导所需的使用空间。

4.4.3 烹调实习教室的设计应符合下列规定：

1 烹调实习教室的内部空间可分：教师讲解及操作示范区、准备工作区、学生操作及品尝区、餐具及炊具存放区；

2 教师讲解及操作区：在教师讲桌位置应设操作台，操作台上应设燃气灶、水源、电源等设施，讲桌周边应留有宽裕空间；

3 准备工作区：在食品加工烹制前的洗、切、配菜等加工场所应配有洗池、工作台等；

4 学生操作区：应设置炉灶及操作台，操作台上应设燃气灶、水源、电源等设施，并应有充裕的学生实习操作、教师指导等停留的空间；

5 学生品尝区：应摆设餐桌及椅子，它既作为学生品尝，也用于学生听讲讨论；其位置可安排在讲解操作示范区与学生操作区之间；

6 餐具及炊具存放区：餐具应存放在沿墙的橱柜内，分类摆放整齐；

7 烹调实习教室室内所设置的燃气、电、给排水管道线路宜暗装；室内应有良好的通风及排风措施，对操作时灶具处所产生的油烟、蒸汽应做到安全有效的排出；

8 室内地面、墙壁、顶棚应采用易清洗、不积灰尘的材料装修；

9 作为盲生使用的烹调实习教室，在灶前及洗池周边的地面应选用特殊材料或标志，以便盲生感知。

4.4.4 缝纫与剪裁实习室的设计应符合下列规定：

1 缝纫实习教室的内部空间可分为：教师讲解区、缝纫操作区、剪裁工作区、存贮及展示区；

2 教师讲解区：应设黑板、电教设备、大讲桌（也作为讲解及示范剪裁的工作台）、缝纫机等；

3 缝纫操作区：应满足供全班学生使用的缝纫机摆放空间，缝纫机周边有一定的空间，以供教师指导；当有用电动缝纫机时，应合理安排电线的走线方式；

4 剪裁工作区：应设大工作台，供划线及剪裁工作使用；

5 存贮及展示区：应沿墙设置玻璃橱柜，存放缝制加工工具、材料、成品或半成品等；

6 缝纫与剪裁实习室室内应设置后期加工的熨烫工作台、熨斗以及电源、水池等设施，并应设有成衣模型、镜、男女更衣小间等。

4.5 劳动技术与职业技术训练用房

4.5.1 劳动技术与职业技术训练用房，依不同类别学校应设置下列用房：劳技教室、工艺美术教室、木工实习室、金工实习室、手工艺实习室（竹工、木工、陶工等），美容美发实习室、针灸（按摩）室、调律室等。

4.5.2 劳动技术及职业技术训练用房应符合下列规定：

1 木工、金工劳技室内分为：授课区，操作区，材料、工具存放区及准备室等；

2 授课区应设有黑板、讲桌、电教器材及座椅；

3 学生操作区应有适合劳作用的工作台，工作台的布置应考虑操作间距及加工操作所需的采光与照明；

4 机械加工区应合理布置各种加工机械间的操作间距以及人行和材料、成品、运输的道路；

5 材料、工具应设置格架、柜等存放，其在教室位置应便于使用和管理，同时也考虑室外材料存放场地，便于材料的搬运；

6 在大型劳技教室中，应划出一个准备区或设置一个独立的准备室，其位置可靠近入口处，便于教师进行各种准备工作以及精密、贵重的工具、仪器的存放；

7 在机械周边必须设置安全护栏；各种机械设备的电源应进行集中管理，各种机械的启动开关等应有安全措施；

8 对加工成品，需进行喷涂处理时，应在相邻的室外进行；

9 木材加工所产生的木屑、刨花、锯末等，应通过真空吸附处理，室内应设置消防设施；

10 劳技教室应设置在教学楼的底层。

4.5.3 盲学校按摩教室的设计应符合下列规定：

1 盲学校按摩培训教室应设置讲台、课桌椅、人体模型、医疗器械、图书柜和电教器材等的存放空间；

2 室内应设置实习区，提供学生实习用的床位，床位间应设帷幔；

3 理疗教室应设置若干床位，床位间应设帷幔，并应设置诊疗桌、橱柜，橱柜中存放常用的医疗器械、模型、挂图以及必要的医护用具；

4 对外服务的理疗教室宜设在底层并应有独立的出入口，休息及等候空间。

4.6 康复训练及检测用房

4.6.1 康复训练用房，按不同类别学校应设有语训教室、听力检测室、智力检测室及视感知觉训练室等。

4.6.2 语言训练用房的设计应符合下列规定：

1 聋学校及弱智学校应设置语训教室；

2 完整体系的语训教室宜设置听觉语言训练室、听力检查室、无音室、操作室、个人训练室、小组训练室、观察室等，可根据需要设置其中部分或全部用房；

3 语训教室应设置教师及学生用桌椅、黑板、投影设施、镜子、存放教材资料的橱柜等；

4 聋学校小组式集体语训教室的布置形式应以半圆形面向教师形式为主，每生与教师交流有线路相通。

4.6.3 听力检测室的设计应符合下列规定：

1 听力检测应在安静环境中进行，检测室应有良好的隔声性能，其室内允许噪声级应小于或等于25dB（A）；

2 听力检测室应由设有听力检测仪、扬声器、桌椅、镜子的检测室，设有器械、桌椅、橱柜的控制室组成，中部可设单面可视玻璃观察窗。

4.7 办公与生活服务用房

4.7.1 办公用房宜设教学及行政办公室、广播与社团办公室、会议接待室、展览室、卫生保健室、咨询室、维修管理室、总务仓库、传达值班室等；生活服务用房应设教工值班室、学生宿舍、食堂、锅炉房、浴室、开水间、汽车库等。

4.7.2 卫生保健室的设计应符合下列规定：

1 卫生保健室应位于教学楼入口附近，房间宜为南向；医疗保健室入口净宽度不应小于1.20m；

2 室内应设置常用的医疗器械、健康检测、常备药品橱柜和洗手盆等；在检查床的周边应设活动帷幔；

3 保健室的近邻宜设有卫生间。

4.7.3 咨询室应设置在对外联系方便的位置，室内应设有存放、展示有关资料的橱柜及阅读资料的空间。

4.7.4 学生宿舍的设计应符合下列规定：

1 学生宿舍的设计必须符合防火与安全疏散要求；

2 学生宿舍不宜与教学楼合建，男女生宿舍应分区设置；各宿舍楼应设管理员室，各层均应设置居室、活动室、贮藏室、盥洗室、厕所等；

3 盲学校宿舍内应设单层床，每生应有独用的存贮空间；

4 聋学校宿舍内应在教工值班室内设置振动器唤醒聋生的装置；

5 值班室应设于宿舍入口处，并设有面向入口门厅的观察窗；

6 贮藏室、清洁用具室应接近管理员室设置，清洁用具室应设水池、拖布池等。

4.7.5 学生食堂的设计应符合下列规定：

1 食堂规模应按学生全员计算，餐厅应设餐桌、洗碗池、每人固定位置的餐具存放柜；

2 食堂应摆放固定餐桌；

3 盲学校及弱智学校低年级宜采用送饭菜到桌的就餐方式，餐桌间的走道宽度应满足送餐车的通行空间；聋学校、盲学校、弱智学校高年级学生应采用窗口购买饭菜方式，窗口数量宜满足学生购买需求；

4 地面应设防滑材料面层。

4.7.6 学生浴室的设计应符合下列规定：

1 浴室应靠近锅炉房设置；

2 浴室地面应采用防滑地面，室内各边角宜采用圆角；

3 盲学校和弱智学校使用的淋浴间应采用单管固定温度的温水喷淋，聋学校的淋浴间喷淋宜采用足踏式开关或扳手式开关控制。

4.7.7 厕所的设计应符合下列规定：

1 教职工厕所应与学生厕所分设；

2 厕所的位置应布置在方便使用、又较为隐蔽的部位，盲学校男女厕所左右相邻的相对位置应全校统一；

3 教学楼及学生宿舍内每层均应设置男女厕所，厕所应设有洗手池（盆）之前室，每间内不应少于2个蹲位；

4 室内外的厕所宜采用水冲厕所，厕所应有天然采光及自然通风条件；盲学校的冲水水箱应采用固定位置的扳手配件；

5 厕所内宜设宽度为0.90m的大便隔间，盲学校应设置宽度为1.20m的隔间；

6 盲学校的大便器两侧地面和小便器前方站立位置应设有厚度为0.010～0.015m的脚踏板，盥洗室水池下部脚踏处应设宽度不小于0.300m、高度为0.100～0.120m的踏台，室内地面应低于走廊的地平0.020m（高差变化处设坡），室内地坪应有排水坡度，低点应设地漏；

7 各类学校应设有无障碍卫生间，学生厕所应符合无障碍的要求，并应符合现行行业标准《城市道路和建筑物无障碍设计规范》JGJ 50的规定，还应留有护理人指导或协助所需空间。

5 室外空间

5.1 一般规定

5.1.1 特殊教育学校校园的室外空间应由以下几部分组成：

1 室外运动设施：运动场、球类场地，有条件的学校宜设置游泳池等；

2 室外教育设施：室外学习活动园地、游戏场地、动植物园地、康复训练场地等；

3 绿地设施；

4 其他室外设施：校门、前庭广场、道路等。

5.1.2 校内各种室外空间的设置应满足残疾学生的特点，确保使用上的功能关系及安全性。

5.1.3 室外空间与室内空间和半室外空间在功能上、空间上应具有连续性，各空间应相互协调形成良好的室外空间环境。

5.1.4 校园外部空间环境应与学校周边的景观环境相协调，形成良好的地域景观与空间。

5.2 室外运动设施

5.2.1 室外运动场的设计应符合下列规定：

1 田径场地及球类场地的长轴应为南北向；为避免对校舍和周边居民的噪声干扰，应在场地周围设置绿化带；

2 运动场地的表面材料应选用不起灰尘、表面平坦、具有一定弹性的地面材料，确保良好的排水性；

3 盲学校的田径场地的边界周围应绿化，弯道的转弯处应设置触感标志；

4 固定运动器械的设置应根据学生的特点，决定需要的种类、数量及位置；

5 在运动场地的周边和各项活动场地之间应设置隔离草坪。

5.2.2 体育器材库的设置应根据运动场地的规模、方便学生使用等因素决定其大小和位置，同时应设置运动场地维护管理所需工具仓库等设施。

5.2.3 在运动场周边适当的位置应设置学生用洗手池、洗脚池、厕所，并应在室内设置更衣室等设施。

5.2.4 屋顶设置运动场时，应设置高度不低于3.00m、网的孔径不大于0.05m且无法攀爬的安全网。当需要隔声时，应设置隔声板。

5.2.5 游泳池的设置应符合下列规定：

1 游泳池应设置在自然通风良好的地段，周边应设遮挡视线的屏障；

2 游泳池的长度和宽度应根据学校规模、条件以及向社区开放的需要决定；其深度应根据学生的身体状况决定，避免深度的急剧变化，并应在易于看到的位置标示出水的深度；

3 游泳池四壁及池底的表面材质应保证使用上的安全和卫生，应便于清扫和维护管理，排水孔处应设置防止产生吸入事故的保护装置。

5.2.6 游泳池的端部地面应有较为宽敞的活动场地，并应选用防滑地面材料。

5.2.7 盲学校在游泳池周边应设置防止学生不慎掉入泳池的设施。距游泳池边缘0.60m及距外屏障内侧0.60m范围内，地面材料的触感应有不同的处理。弱智学校在游泳池端部应考虑使用轮椅学生的出入水口。

5.2.8 应在可俯视全池的位置设置安全监视室。

5.2.9 入口、更衣、淋浴、卫生间等辅助设施的位置应符合使用流程；盲学校，各部分的位置路线应简洁、易于辨认、使用方便。弱智学校，为便于轮椅学生的使用，在高差处应设坡道。

5.3 室外教育设施

5.3.1 室外学习园地应符合下列规定：

1 室外游戏、训练场地应设置在有良好的日照、通风并对周围环境不产生干扰的场所；

2 游戏场宜分为游戏区和玩具活动区；盲校游戏区的边缘应设置宽度为1.50m以上的草坪；玩具活动区的游戏设施必须确保使用上的安全性；

3 游戏场地地面宜采用塑胶地面、橡胶砖、草坪等不致使人跌伤的材料铺面，并应有良好的排水性；

4 训练场地的位置应临近职业技术培训用房，共同构成职业技术培训的场地；

5 场地内应包括较宽裕的训练空间、准备空间和器材存放场所；场地内的简易、临时性设施应保证其安全性；

6 训练场地应有良好的排水设施；从训练场地进入培训用房的入口附近应设置洗手、洗脚水池。

5.3.2 康复训练场地应符合下列规定：

1 康复训练场地，应根据学生身体发育生长阶段的体能、运动健身技能等决定场地的面积、形状及设置器械的种类，宜临近室外运动场设置；

2 场地周边宜设置维护的扶手栏杆并设置一定数量的休息座椅；在器械的周边危险部位应有防止学生碰伤的保护措施；

3 盲校中作为定向行走训练场地时，在场地维护扶手栏杆内侧1.00m处的地面应有场地边界的触感标志；

4 场地的地面宜采用具有一定弹性的塑胶、橡胶砖等材料铺面，并应保证场地有良好的排水性。

5.3.3 动、植物园地应符合下列规定：

1 动、植物园地应设置在阳光充足、适于植物生长的位置；小动物饲养舍应合理地安排好饲养空间、观察空间、收藏空间以及动物排泄物的暂时保管场所等；

2 园地内种植及饲养的植物、动物等应便于动、植物的成长，以及管理上的方便；当设置水生植物及水生动物作为观察内容时，应采用池底水深不大于0.40m的水池；

3 种植的植物应结合土壤、气候等条件，应选择无刺、无毒、不生长各种寄生虫的树种，并应选择四季富有变化、形态相异的树木种植在适于观察的位置。

5.4 绿地设施

5.4.1 校园内的绿地应符合下列规定：

1 校园内的绿地应结合学校所在地区的气候特性、观察植物生态的需要以及降水、温度和湿度及土壤条件，选择易于管理的树木、花草等；

2 校园周边种植的树木，应构成地区景观的组成部分；校舍周边种植的树木，不应影响教室的采光与通风；

3 校园中的树木应结合所选树木的树形、高低、体量，进行点、线、面结合的立体配置，形成丰富的校园生态空间环境。

5.4.2 幼儿及小学低年级学生使用的游戏场、保育室及普通教室前面应种植草坪，并应合理选择品种。

5.4.3 花坛的设置应符合下列规定：

1 应选择易于管理、向阳及易于观察的场所；

2 对盲学校，应有效地选择有利于学生触觉及嗅觉的花木。

5.5 其他室外设施

5.5.1 校门的设计应符合下列规定：

1 校门的尺度应根据学校的规模、人流通过量的多少决定其出入口的大小，车行与人行的出入口必须分别设置；

2 校门的位置应退后城市干道红线 5.00m 以上，形成相应的缓冲空间；校门及两侧围墙的形式、绿化空间等，应结合校门周围的空间环境设定；

3 校门外应设置：车辆慢行、注意避让等指示牌；

4 选用手动门或电动门时，应保证安全性；

5 校门的人行出入口应设置盲道，并应与城市道路的盲道相通。

5.5.2 前庭广场的设计应符合下列规定：

1 校园前庭广场应规划好车行与人行的交通流线，设置全天候校车接送学生的上、下车场所；

2 在前庭广场内应设置师生使用的自行车存放处和外来机动车辆的停车场。停车台数可根据学校的规模和校车的台数设定；

3 在前庭广场内应设置校区标识向导图，盲校应设置触摸式向导图。并应设置通知、展示用橱窗。

5.5.3 道路的设计应符合下列规定：

1 应合理地规划校园内交通路线及消防车通道；

2 道路宽度、形状及路面铺装材料应根据学校的规模及使用学生的身体残疾特征确定；

3 盲学校校园内应设置盲道（图 B.0.1，图 B.0.2）；

4 校园内的道路应创造无障碍通行环境，道路有高差变化时，应设坡度不超过 1∶12 的坡道；高差超过 0.60m 时，坡道两侧应设高度为 0.60～0.65m 的扶手。

6 各类用房面积指标、层数、净高和建筑构造

6.1 各类用房面积指标

6.1.1 学校各类用房使用面积指标不应低于表 6.1.1 的规定：

表 6.1.1 学校各类用房使用面积指标（m^2）

房间名称	盲学校	聋学校	弱智学校
普通教室	54	54	52
语言教室	61	—	—
地理教室	61	—	—
微机教室	61	61	61
直观教室	61	—	—
音乐教室	40～60	—	—
实验室	61	55	61
手工教室	61	—	—
多功能活动室	120～180	120～180	120～180
语训教室	—	61	61
美术教室	—	55	61
科技活动室	—	19	—
律动教室	—	140	140
视听教室	—	61	61
音乐及唱游教室	—	—	61
生活与劳动	77	77	77
劳技教室	77	77	77
康复训练	77	77	77
体育康复训练教室	120	120	120
视力测验	19	—	—
听力测验	—	19	—
智商测验	—	—	19

注：1 本表中盲学校按每班 14 人、聋学校每班 14 人、弱智学校每班 12 人计算；
2 本标准不包括有关辅助用房的面积。

6.1.2 学生宿舍的使用面积，盲学校、弱智学校应按每床 $6m^2$ 计算，聋学校应按 $3m^2$ 计算。

6.2 层数、净高

6.2.1 教学及生活用房在无电梯情况下，盲学校学生用房不应设置在三层以上；聋学校学生用房不应设置在四层以上；弱智学生用房不应设置在二层以上。食堂、厨房、多功能活动室等用房宜为单层建筑。

6.2.2 学校主要房间的净高，不宜低于表 6.2.2 的规定。

表 6.2.2 主要用房净高（m）

房间名称	净高度		
	盲学校	聋学校	弱智学校
普通教室、实验室	3.20	3.20	3.20
多功能活动室	3.80	3.80	3.80
行政办公用房	2.80	2.80	2.80
宿舍	3.00	3.20	3.00
餐厅、厨房	3.60	3.60	3.60

6.3 建 筑 构 造

6.3.1 教学用房门的设计应符合下列规定：

1 普通教室、专用教室靠后墙的门宜设观察孔；

2 有通风要求房间的门均应设可开启的上亮；

3 盲学校、弱智学校的各种学生学习、生活、活动用房宜采用自动门、平开门、推拉门，严禁设置门槛；

4 盲学校房间名称标牌除应统一设置在门的开启一侧墙壁上部外，还应在门扇的中部设置，其高度宜为距地面 1.20～1.40m，名称标牌应有中文和

盲文；

5 门宜采用坚固、耐用的材料，并宜设置固定门扇的定门器。

6.3.2 教学用房窗的设计应符合下列规定：

1 教室、实验室的窗台高度不宜低于 0.80m，并不宜高于 1.00m；

2 教室、实验室靠外廊、单内廊一侧应设窗；但距地面 2.00m 范围内，窗开启后不应影响教室、走廊的使用和通行安全；

3 教室、实验室的窗间墙宽度不应大于 1.20m；

4 风沙较大地区的语言教室、计算机教室、普通教室及专用教室等，宜设防风沙窗；

5 二层以上的教学楼内外开启的窗，应考虑擦洗玻璃方便与安全；并应设置下腰窗；

6 夏热冬暖地区的教室、实验室、风雨操场的窗下部宜设置可开启的百叶窗。

6.3.3 严寒地区的教室、实验室的地面宜采用热工性能好的地面材料。

7 交 通 与 疏 散

7.0.1 校园、教学与生活用房应为无障碍通行环境，并应符合现行行业标准《城市道路和建筑物无障碍设计规范》JGJ 50 的规定。并应确保平时的安全顺畅及紧急情况下的安全疏散。

7.0.2 校舍入口的设计应符合下列规定：

1 入口处室内外高差，除应设置踏步外，尚应设置坡度不大于 1∶12 的坡道，坡道宽度不得小于 0.90m，每段坡道长度不得大于 9.00m；

2 盲学校、弱智学校校舍出入口，不应设置弹簧门或旋转门，盲学校应设触感标志（图 B.0.4）。

7.0.3 教学楼的门厅和走廊设计应符合下列规定：

1 教学楼宜设置门厅，在寒冷或风沙大的地区，教学楼门厅入口应设挡风间（门斗）或双道门，其深度不宜小于2.40m；

2 门厅和走廊内不得设踏步，当有高差变化时，应采用坡道连接；房间出入口与走廊有高差时，连接处应采用斜坡；其坡度均应符合现行行业标准 JGJ 50 的规定；

3 盲学校门厅和走廊的地面上，应设有引导学生通向楼梯或有关房间的触感标志（图 B.0.3）；走廊沿墙宜做踢脚线，颜色应与地面相区别；

4 教学用房走廊的净宽度：外廊不应小于 1.80m，内廊不应小于 2.40m（指扶手间的净距离）；行政及教师办公用房走廊的净宽度不应小于 1.50m；

5 盲学校的走廊，沿内墙两侧均应设置与墙牢固连接的连续扶手，距地面高度宜为 0.80～0.90m；扶手端部应向墙方向做成弧形连接；教学及生活用房的门厅或走廊、所设坡道的坡度不应大于 1∶8，供轮椅使用的坡道不应大于 1∶12；

6 室内坡道水平投影长度超过 15.00m 时，应设休息平台，平台宽度不应小于 1.20m；坡道应采用无凸状物的防滑地面；

7 兼作轮椅使用的坡道两侧应设置高低扶手，高扶手高度应为 0.90m，低扶手高度应为 0.65m，扶手应沿坡道及休息平台连续设置。

7.0.4 楼梯的设计应符合下列规定：

1 教学楼楼梯间应有直接天然采光；

2 宜采用双跑楼梯，盲学校、弱智学校不得采用直跑楼梯；

3 不得采用螺旋形或扇形踏步，踏步板边缘不得突出踢脚板；楼梯坡度不得大于 30°；

4 楼梯井的净宽度不应大于 0.20m；当超过 0.20m 时，必须采取安全防护措施；

5 室内楼梯的拦杆（或栏板）的高度不应小于 0.90m，水平部分及室外楼梯的栏杆（或栏板）的高度不应小于 1.10m；

6 盲学校楼梯梯段的净宽度（指扶手间的净距离）不应小于 1.80m；

7 盲学校楼梯间沿墙应设扶手，此扶手应与走廊墙面扶手相连接；

8 盲学校楼梯间上下起步处的地面及扶手均应设触感标志（图 B.0.5）。

7.0.5 阳台、外廊、上人屋面等临空处防护栏杆（或栏板）应符合下列规定：

1 栏杆（或栏板）高度不应小于 1.10m；

2 栏杆（或栏板）离楼面或屋面 0.10m 高度内不得留空；

3 栏杆不得采用易于攀登的花格，垂直杆件间净距不应大于 0.11m。

8 室内环境与建筑设备

8.1 一 般 规 定

8.1.1 学校各种教学及生活用房，应满足不同残疾学生所需的声、光、热、通风等物理环境及卫生条件。

8.1.2 在设计中应充分利用天然采光和自然通风。

8.1.3 学校配备各种设备器材的选用、安装、管线敷设及运行，应满足节能、方便与安全等要求。

8.1.4 各种外露的设备、器材、管道等的控制件等应考虑位置的安全性及使用的易操作性，并应结合残疾人特点选择适宜的设施。

8.2 采 光

8.2.1 学校各种教学用房采光系数最低值和窗地比不应小于表 8.2.1 的规定，某些区域应同时利用人工照明以补充照度。

表 8.2.1 各类用房的采光系数标准值及窗地面积比

房间类别	室内天然临界光照度(lx)	采光系数最低值 C_{min}（%）	侧窗窗地面积比
盲学校教室及专用教室	200	3	1/3.5
聋学校教室及专用教室	200	3	1/3.5
弱智学校教室及专用教室	150	2	1/5
教师办公用房	100	1	1/7
走道、楼梯、卫生间	50	1	1/7
注：表中所列采光系数最低值适用于我国Ⅲ类光气候区，其他地区应经过换算，采光系数标准值是根据室外临界照度为 5000lx 制定的。			

8.2.2 教室自然光线的主要入射方向应为学生座位的左侧。

8.2.3 侧窗采光房间的顶棚、远窗墙的墙面应采用浅色装修，室内各表面反射比值应符合表8.2.3的规定。

表 8.2.3 教室内各表面的反射比值

表面类别	反射比	表面类别	反射比
顶棚面	0.70～0.80	侧墙面及后墙面	0.70～0.80
前墙面	0.50～0.60	课桌面	0.30～0.50
地　面	0.20～0.30	黑板面	0.15～0.20

8.3 隔　　声

8.3.1 对不同残疾学生及不同教学用房，应通过平面布置和构造措施等创造良好的声环境，且应符合下列规定：

1 产生噪声房间（音乐教室、舞蹈教室、琴房、健身房）当与其他教学用房设于同一教学楼内时，应分区布置，并应采取隔声措施；

2 教学楼内的封闭走廊、门厅及楼梯间的顶棚，条件许可时宜设置吸声系数不小于 0.50（中频 500～1000Hz）的吸声材料或在走廊的顶棚、墙裙以上墙面设置吸声系数不小于 0.30 的吸声材料；吸声材料的选用，应符合防火的要求。

8.3.2 学校的声环境质量应达到下列要求：

1 有特殊安静要求的房间室内允许噪声级不应高于 35dB（A），一般房间不应高于 40dB（A）；

2 隔墙、楼板的空气隔声计权隔声量应大于 50dB（A），楼板计权标准化撞击声压级不应大于 75dB（A）。

8.4 采暖、通风与换气

8.4.1 严寒及寒冷地区的冬季采暖，宜采用集中热水采暖系统。

8.4.2 教学楼及学生宿舍冬季设备采暖设计温度应符合下列规定：

1 聋学校采暖设计温度应为 16～18℃；盲学校、弱智学校的普通教室采暖设计温度不应低于18℃；

2 盲学校的按摩教室，冬季室内采暖设计温度不宜低于 22℃。

8.4.3 盲学校、弱智学校可选用地板辐射采暖；当使用普通铸铁或钢散热器时，必须暗藏或设暖气罩。

8.4.4 夏热冬冷地区教室内应保证开窗通风时，气流应经教室中心区域，或设置空调。

8.4.5 严寒及寒冷地区，冬季室内换气次数不应低于表 8.4.5 的规定。

表 8.4.5 各主要房间的换气次数

房间名称	换气次数(次/h)	房间名称	换气次数(次/h)
普通教室、实验室	1	学生宿舍	2.5
保健室	2		

8.4.6 各种教学用房的换气、通风应符合下列规定：

1 夏热地区应采用开窗通风的方式，而温和地区应采用开窗与小气窗相结合的方式；

2 寒冷和严寒地区可采用在教室外墙和过道开小气窗或室内做通风道的换气方式；小气窗设在外墙时，其面积不应小于房间面积的 1/60；小气窗开向过道时，其开启面积应大于设在外墙上的小气窗的 2 倍；当在教室内设通风道时，其换气口设在顶棚或内墙上部，并安装可开关的活门；

3 室内二氧化碳浓度应低于 1.5‰。

8.5 给 水 与 排 水

8.5.1 校区内应设室内外给、排水系统和消防给水系统以及相应的设施。

8.5.2 在严寒及寒冷地区，教学用房的给水进户管上应装设泄水装置。

8.5.3 校内应在适当位置设置供应全校学习、生活、消防用的蓄水池，其容量应根据全校人数等因素计算。

8.5.4 教学楼的各层，应设符合卫生标准的饮用水供应点。

8.6 电 气 与 照 明

8.6.1 康复训练与职业技术训练用房的用电，应设专用回路，回路保护应采用漏电开关装置。

8.6.2 学校各种用房的一般照明照度标准值，不应低于表8.6.2的规定，其照度均匀度不应低于0.7。

表8.6.2 学校用房的照度标准值

学校类别	房 间 名 称	照度范围（lx）	规定照度的作业面
盲学校	普通教室、手工教室、地理教室及其他教学用房	400	桌面
聋学校	普通教室、语训教室及其他教学用房（低年级）	300	桌面
弱智学校	普通教室、语训教室及其他教学用房	150～200	桌面
办公用房等	保健室	200～300	桌面
	办公室	150	桌面
	饮水处、厕所、走道、楼梯间	50～75	桌面

8.6.3 盲学校室内照明用电源开关应一律设置在房间门开启一侧墙壁上，并应设置上下按键式开关。电源插座应一律设置在室内某一固定位置，并应使用安全插座。

8.6.4 教室黑板应设黑板灯。其垂直照度的平均值不应低于500lx。黑板面上的照度均匀度不应低于0.7。

8.6.5 教室照明光源宜采用荧光灯，不宜采用裸灯。灯具距桌面的最低悬挂高度不应低于1.80m。灯管排列应垂直于黑板布置。

8.6.6 低视力生教室每桌均应设局部照明，宜采用摇臂式灯具，地面应设走线槽。灯具照度不应低于100lx。

8.6.7 聋学校应加强教师面部照明，其垂直照度不宜小于300lx。

8.7 电教、信息网络设备

8.7.1 各类特殊教育学校所设的电教、信息网络系统应结合残疾人特点，分别设置相应的系统。

8.7.2 设有接收共用天线设施、闭路电视系统的学校，接收的各教室应有合理的线路设计。

8.7.3 聋学校设置灾害广播系统，可在报警系统上增设发出闪动信号的装置。

附录A 教学用房的座位布置

A.0.1 普通教室的室内布置

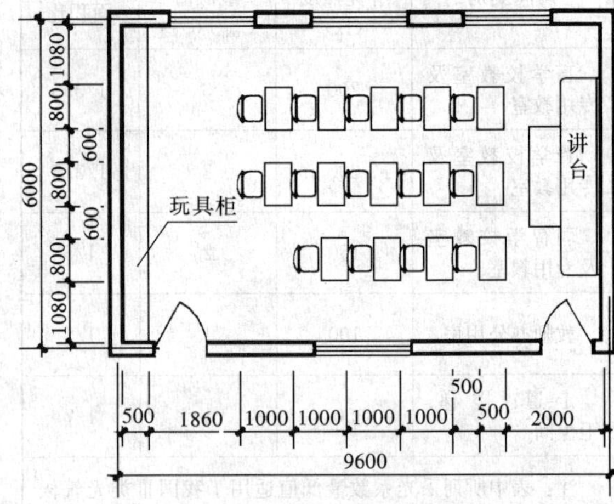

图A.0.1-1 盲校普通教室平面布置

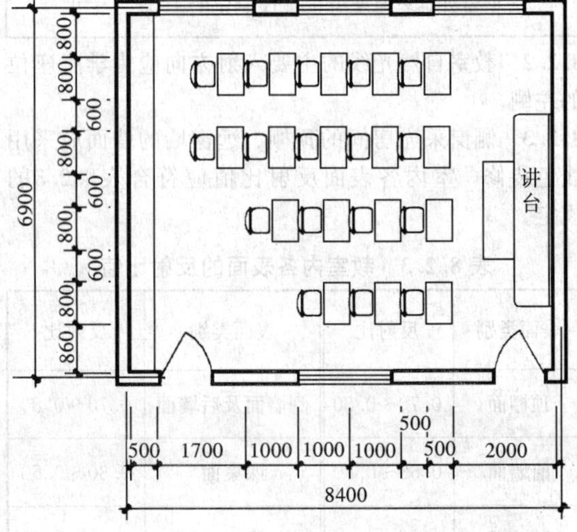

图A.0.1-2 盲校普通教室平面布置

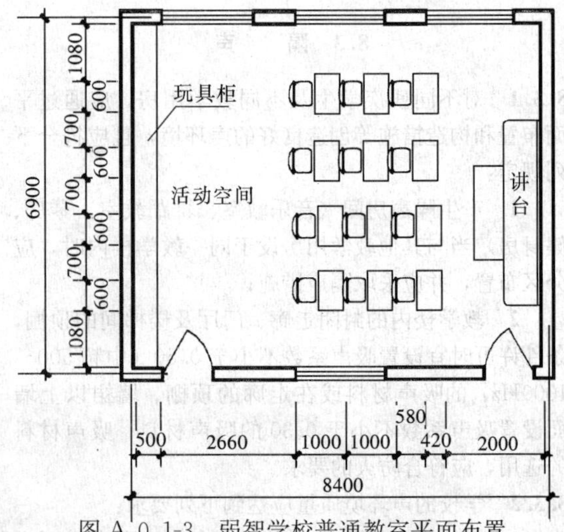

图A.0.1-3 弱智学校普通教室平面布置

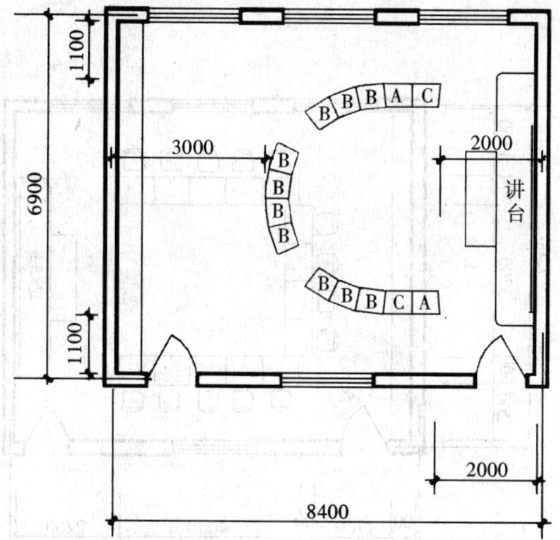

图 A.0.1-4　聋校普通教室平面布置

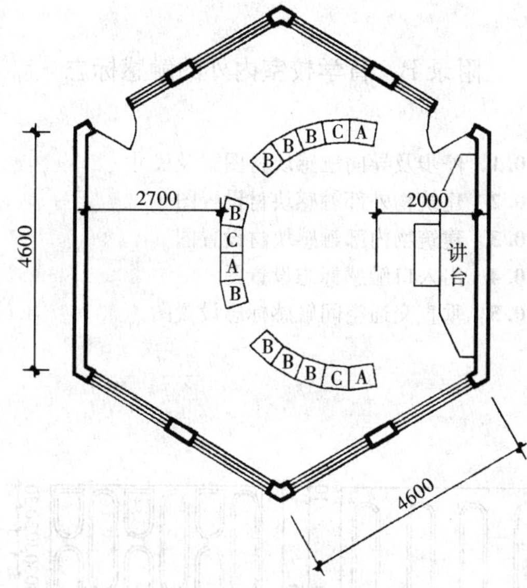

图 A.0.1-5　聋校普通教室平面布置

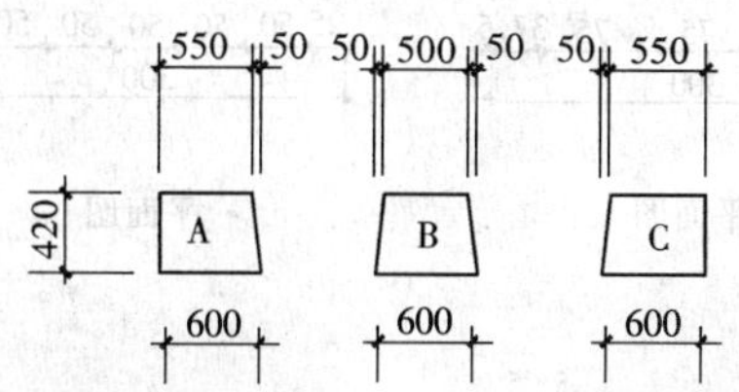

图 A.0.1-6　聋校普通教室课桌尺寸

A.0.2　专用教室的室内布置

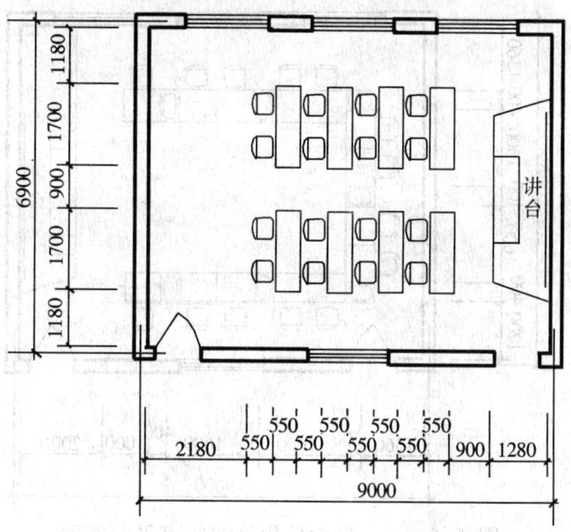

图 A.0.2-1　语言教室平面布置

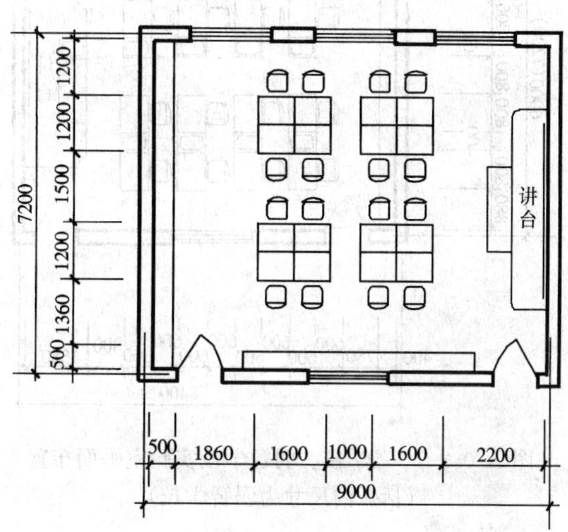

图 A.0.2-2　地理教室平面布置

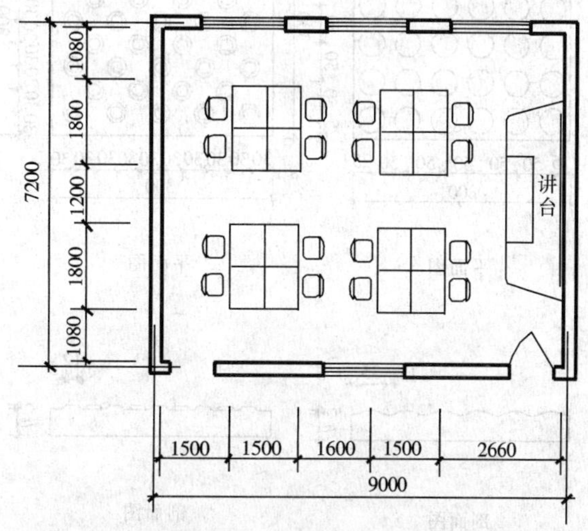

图 A.0.2-3　计算机教室平面布置

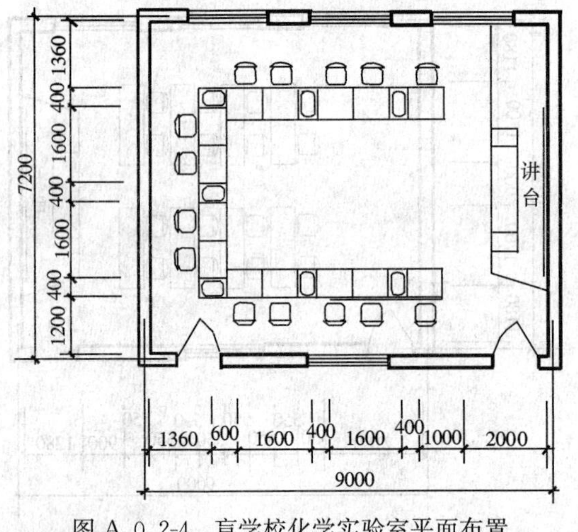

图 A.0.2-4　盲学校化学实验室平面布置

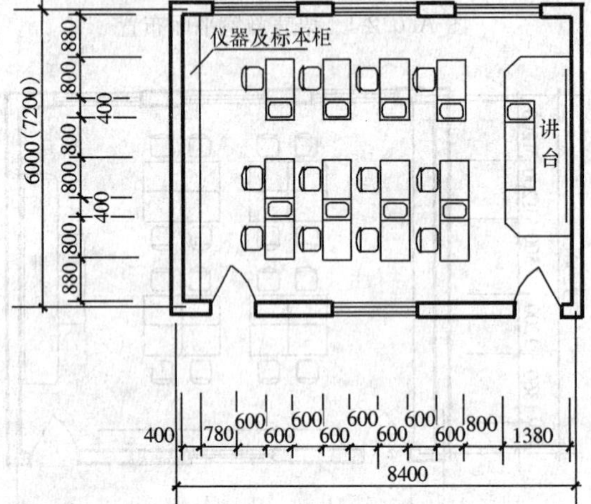

图 A.0.2-5　聋学校、弱智学校实验室平面布置
（括弧内尺寸为弱智学校）

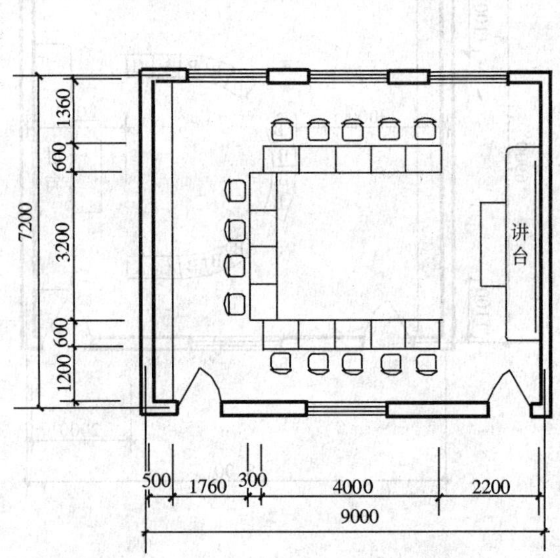

图 A.0.2-6　手工教室平面布置

附录 B　盲学校室内外的触感标志

B.0.1　停步及导向触感块材图案及尺寸

B.0.2　建筑物外部触感块材设置图

B.0.3　建筑物内部触感块材设置图

B.0.4　出入口触感标志设置图

B.0.5　垂直交通空间触感标志设置图

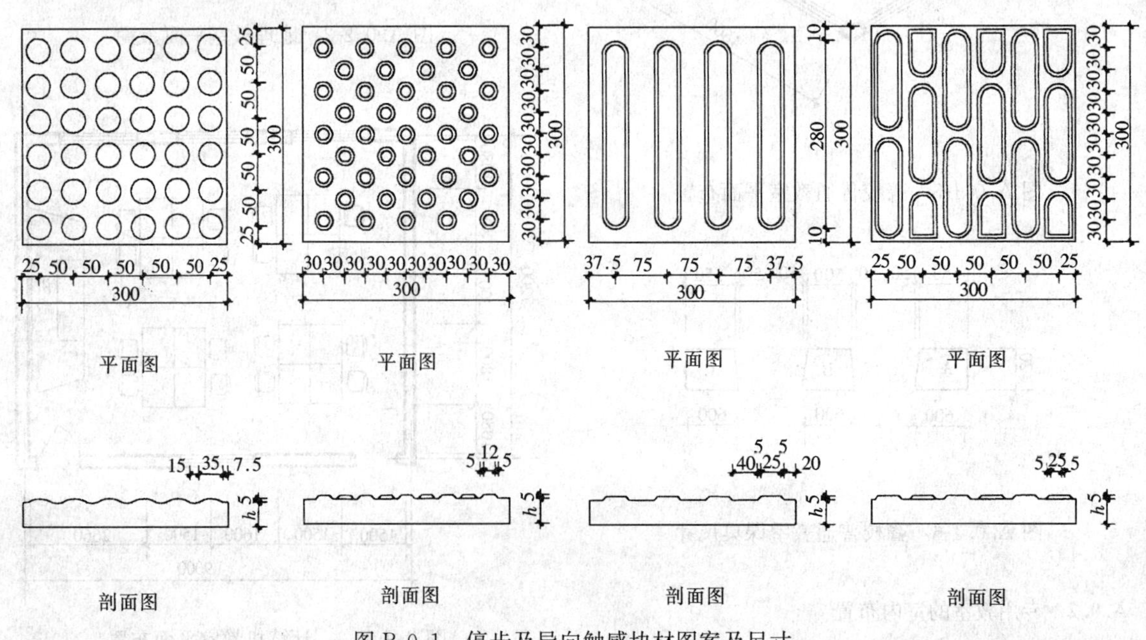

图 B.0.1　停步及导向触感块材图案及尺寸

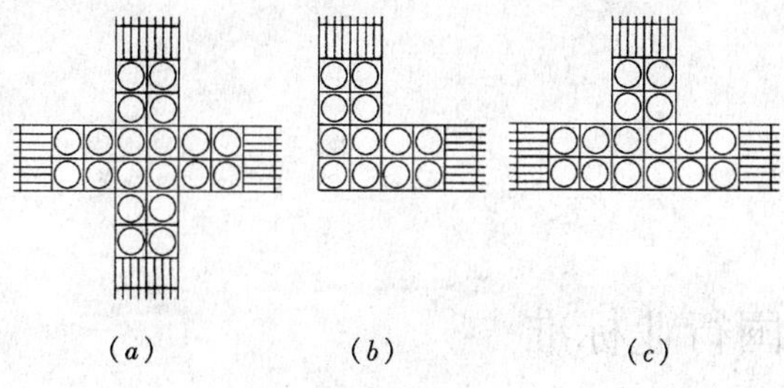

图 B.0.2　建筑物外部触感块材设置图

（a）十字型路；（b）L 型路；（c）T 型路

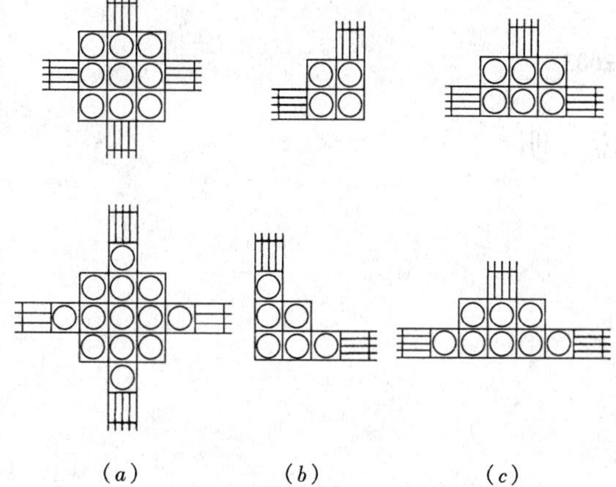

图 B.0.3　建筑物内部触感块材设置图

（a）十字型路；（b）L 型路；（c）T 型路

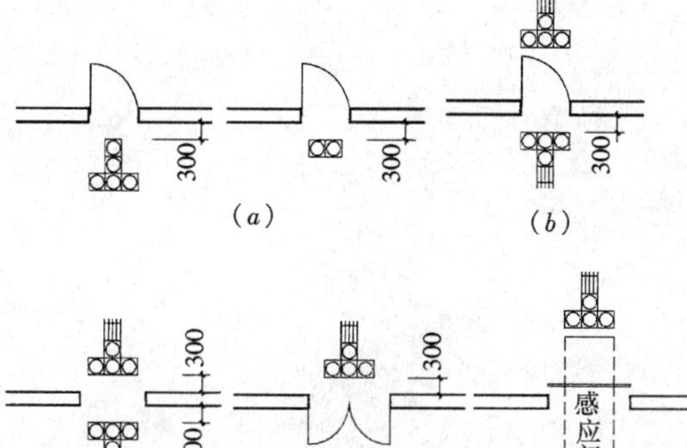

图 B.0.4　建筑物内部触感块材设置图

（a）房间出入口平开门外；（b）通道门及门洞两侧；（c）通道出入口平开门内外；（d）自动门出入口内外

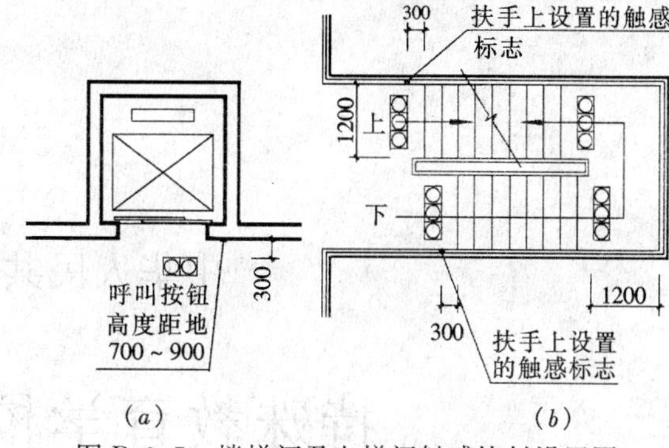

图 B.0.5　楼梯间及电梯间触感块材设置图

（a）楼梯间；（b）电梯间

本规范用词说明

1　为便于在执行本规范条文时区别对待，对于要求严格程度不同的用词说明如下：

1） 表示很严格，非这样做不可的：
正面词采用“必须”；
反面词采用“严禁”。

2） 表示严格，在正常情况下均应这样做的：
正面词采用“应”；
反面词采用“不应”或“不得”。

3） 表示允许稍有选择，在条件许可时首先应这样做的：
正面词采用“宜”；
反面词采用“不宜”。
表示有选择，在一定条件下可以这样做的，采用“可”。

2　条文中指明应按其他有关标准执行的写法为“应按……执行”或“应符合……要求或规定”。

中华人民共和国行业标准

特殊教育学校建筑设计规范

JGJ 76—2003

条 文 说 明

前　言

《特殊教育学校建筑设计规范》JGJ 76—2003 经建设部 2003 年 12 月 18 日以第 204 号公告发布。

为便于广大勘察、规划、设计、施工、管理及科研院校等单位的有关人员，在使用本规范时能正确理解和执行条文规定，《特殊教育学校建筑设计规范》编制组按章、节、条顺序编制了本规范的条文说明，供使用者参考。在使用中如发现本条文说明有不妥之处，请将意见函寄西安建筑科技大学建筑学院（陕西省西安市雁塔路 13 号 西安建筑科技大学建筑学院，邮编 710055）。

目　次

1 总 则

1.0.1 发展特殊教育事业是提高全民素质的重要组成部分，使残疾人平等参与社会生活，是社会主义、人道主义的体现，是国家文明进步的标志。因此，全社会应为残疾儿童的学习、生活、康复训练，为培养残疾儿童的生活自理和将来的生活自立创造良好的环境。

我国现有的各类特殊教育学校建筑，在某些方面虽然考虑了残疾儿童的特殊要求，但从学校总体而言，在对特殊教育学校设计原则的掌握、对其特殊要求以及对功能使用的理解等诸方面还存在诸多不足。

我国按 1987 年全国人口抽样调查，在 10.5 亿人口中就有残疾人 5540 万人，占总人口的 1/20，全国按 4 口之家推算，每 5 户人家就有 1 个残疾人。0～14 岁残疾儿童 817 万人，视力残疾占 2.1％，听力语言残疾占 14.2％，弱智者占 65.9％。平均入学率还不足 5％。

在 1987 年全国人口抽样调查统计数据的基础上，根据目前我国总人口数推算得出全国现有各类残疾人总数约 6000 万人。截止到 2001 年底，全国未入学适龄残疾儿童、少年总数为 386113 人，其中视力残疾 50180 人，听力残疾 71231 人，智力残疾 115246 人，肢体残疾 86204 人，精神残疾 20607 人，多重残疾 4 万余人。

建国以来，我国还未专门制定过特殊教育建筑设计的统一技术规范，因而有很多特殊教育学校建筑设施不全或布局不合理，在使用上没体现残疾儿童的特殊要求，极大地影响了残疾儿童的学习、生活、康复训练和健康成长，因此，为确保特殊教育学校的建筑设计质量，创造适合残疾儿童特殊需要的，在德育、智育、体育等方面得到全面发展的学校环境，编制本规范。

1.0.2 本规范主要作为新建特殊教育学校建筑规划与设计的依据，其适用范围也包括改建和扩建的特殊教育学校建筑。对于附设在普通中小学校及社会福利院中的特殊教育班的建筑设计也可参照此规范执行。

由于儿童残疾的类型与程度不同，对室内外建筑环境也有着各种不同的要求，为方便学生使用和学校管理，国外特殊教育学校均采用按类别设校，我国有的学校也如此，但由于生源和经济条件的制约，有些学校是混有不同残疾类别的学生，这时应按类别分设于不同区域加强教育，避免相互影响。

1.0.3 残疾儿童由于身体某些机能的丧失或残缺，其生理、心理及行为特征所表现的特殊性，要求建筑设计必须突出强调使用中的安全性，消除隐患，避免可能发生的伤害。要创造适合他们学习、生活、康复训练、健康成长的良好环境，提供参与社会和生活的平等条件，构成特殊教育学校建筑设计的重要依据。

残疾学生由于身体的缺陷、或视力、或听力、或智力等的不同程度的残疾，其心理、生理及行为对学校建筑有其不同的特殊需要。故应遵循有利于补偿其生理缺陷，康复其身心健康，帮助其自理、自立、回归社会和安全、适用、方便、舒适、卫生的设计原则进行特殊教育学校规划与设计。

实际上，还有许多重度残疾儿童和多重残疾儿童（如视力残疾者同时伴有肢体活动障碍，听力残疾同时伴有智力残疾等）未能入学。因此，特殊教育学校在进行规划与设计时，除考虑目前为轻度及中度残疾儿童青少年入学外，应在设计上考虑将来为重度及多重残疾儿童入学学习的趋势，创造无障碍活动环境。

1.0.4 特殊教育学校是各类学校教育的一个组成部分，它的校园规划及校舍建设都是为培养学生德、智、体等诸方面全面发展的，对于一般为正常儿童、青少年制定的《托幼建筑设计规范》、《城市幼儿园面积定额》、《中小学校建筑设计规范》、《城市普通中小学校建设标准》，特殊教育学校的规划与建筑设计有着极为重要的参考作用。因此，特殊教育学校建筑设计还应符合《特殊教育学校建设标准》，《中小学校建筑设计规范》、《民用建筑设计防火规范》及《民用建筑设计通则》等所规定的强制性标准。

3 选址及总平面布置

3.1 校 址 选 择

3.1.1 由于残疾学生身心发展的特殊性，环境对他们的影响作用十分突出，因此校址选择对于特殊教育学校尤为重要，必须谨慎从事，全面考察其所在地区环境、校园周边环境及校园内部环境，采取综合分析的科学方法予以确定。

3.1.2 本条文是为保证学校所在地区环境的安全、卫生和方便：

1 残疾学生对各种灾害的感知和避难能力较弱，故校址选择应避免发生自然灾害（如地震、滑坡、洪涝等）的可能性；

2 卫生、无污染的地区是创造有利于残疾学生身心健康的环境的基本前提。各种工矿企事业单位所排放的各类有害物是多种多样的：如化学、生物、物理等污染；学校与各类污染源的距离应符合国家有关防护距离的规定；

3 学校选址避免较为偏僻、闭塞的地区，不仅是正视特殊教育学校、尊重残疾学生的体现，同时也有利于学校利用各种公用设施获得社会各方面的支持，为残疾学生回归社会创造条件。

3.1.3 本条文是为保证有利于学生自身康复的校园周边环境，防止发生在选址时因不重视校园周边环境而妨碍学生全面发展的几种情况：

1 本条规定了校园周边环境的一般要求；

2 听觉是盲学校学生感知外部世界的最重要的方式，聋学校学生在噪声环境中易产生耳鸣等不适感，故噪声对残疾学生的学习和生活的影响程度大于正常学生，因此特殊学校的声环境应优于普通学校；本条文规定的校界处噪声允许标准取《城市区域环境噪声标准》中的居住、文教区的规范值；

3 本条规定有利于学生在接受学校康复教育过程中，方便使用文教、医疗、福利及公园绿地等设施；娱乐场所、集贸市场所发出的噪声为有情节的噪声，其对学校的干扰较一般噪声严重，医院的传染病房、太平间则有传染疾病等问题，故不应与学校毗邻；

4 如前所述，紧急疏散，安全避难在特殊教育学校有着重要意义，应引起重视；

5 本条是从学生出入学校的安全性考虑，避免外部频繁交通对学生人身安全造成威胁或损害；

6 本条规定为保证校园周边环境的安全性，避免造成不必要的伤害事故。

3.1.4 本条文是为保证学生具有必要的学习条件及有利于身心发展的校园内部环境：

1 较为规整的地形与较为平坦的地貌为学校建设及康复环境的创造提供基本前提条件；

2 在大城市中，建筑密度高，有时学校处于高层建筑的阴影遮挡之下，或密集建筑群包围的角落中，使学校无法保证起码的日照、通风条件；学校建设的投资额一般较少，有时拨地为湿洼地，排水不通畅，大量基建投资用于处理地基排水，以致无法进行建设，故就此做出规定；

3 良好的植物种植有利于学校创造绿地、生态环境，同时观察植物生长变化、增长自然知识也是特教学校中一个重要的实践性教学环节，因而学校用地的土壤条件不仅应满足建设要求，还应适合于植物生长；

4 不得将校址选在架空高压线影响范围内或城市热力管线穿越区，建校后亦不得在校园内敷设过境架空高压线或热力管线，以保障学生安全。

3.2 总平面布置及用地构成

3.2.1 本条文规定各类特殊教育学校在建设过程中，要以有关部门批准的规划总平面为依据，以保证总体布置框架的正确性，避免大方向或原则性错误。

3.2.2 本条文为一般的设计惯例。

3.2.3 学校应有明朗开阔的环境，教学用房及学生宿舍的阳光和自然通风是必须保证的；本条文采用了《民用建筑设计通则》中的日照标准即3h，以保证学生学习、生活场所良好的卫生条件。

3.2.4 在总体布置中，需考虑运动场作为噪声源对教室的噪声影响。根据测定和考虑到声音在空气中的自然衰减情况，及《中小学校建筑设计规范》的规定，教室面对运动场时，将窗与运动场之间的距离规定为25m，可满足教室噪声级不大于50dB（A）的要求。

3.2.5 学校运动场地的设置依据是特殊教育学校的体育课教学大纲，应充分考虑学校规模、特点及学生身体状况的差异性等因素，确保学生能安全地进行形式多样的体育活动。运动场地应包括必要的田径项目的练习场地和球类活动场地；游泳为促进全身发育的锻炼项目，及特殊情况下的自救手段，有条件的学校可设游泳池；此外还应设适合低年级学生学习活动的室外游戏活动场地等。

3.2.6 康复训练场地是为了帮助学生克服身体机能障碍、增强体能、培养生活自理能力的练习场地。在高年级作为职业技术培训的辅助设施，应设置室外职业训练场地。其设置内容应根据学生的不同康复训练目的及学校所开设的职业技术培训的内容而定，并规定了康复训练及职业技术训练用地的面积。

3.2.7 本条基于安全考虑强调人车分流，并主张交通形式主要以人行为主，车行限制在有限的范围之内。

3.2.8 校园的成片绿地指校前区成片绿地、集中绿地和宽度不小于10m的绿地地带。绿地可作植物种植园地、小动物饲养场等。

3.2.9 鼓励特殊教育学校有条件的对外开放，为当地残疾人提供康复、咨询指导服务。但应保证外来人员活动不影响学校正常的教学活动。

3.2.10 特殊教育的实行在我国有着重要意义和广泛发展前景，对其相应环境设施的需求在不断增长之中，同时特殊教育自身也处于不断研究、发展中。学校总平面布置应预留一定面积的发展用地，以利今后的发展建设需求。

4 建筑设计

4.1 一般规定

4.1.1 特殊教育学校校舍的组成，根据学校类型、规模、教学活动的要求和条件，为残疾学生的学习、生活、活动提供不同数量、不同尺寸、不同设施设备的用房，一般包括各类教学用房（普通教室、专用教学及公用学习用房）、生活训练用房、劳动技术用房、康复训练用房、行政办公及生活服务用房等。每所学校宜分别设置上述各类用房，每类用房的具体组成则视各校不同情况而定。

4.1.2 校舍各类用房进行组合应避免相互干扰，又要相互联系。

1 出于对残疾学生使用方便的考虑，相对紧凑集中型优于疏松分散型；同时也要注意功能分区，易于识别的要求；

2 应注意日常顺畅通行和紧急情况时的安全疏散；

3 由于视力残疾和智力残疾学生在辨向和行动上的困难，盲学校、弱智学校的校舍尤其应注意空间组合和流线组织的简洁明晰；弧形平面组合易造成方向迷失，寻找房间困难等因素，故禁止使用；

4 主要建筑之间有廊联系，可为残疾学生提供学习和生活方便；同时，盲学校学生雨天在外部行走不易辨别方向，故宜设廊。

4.1.3 目前教学用房的平面布置有中内廊、单内廊和外廊三种基本形式。其中内廊具有教室之间干扰较大、采光不足、通风不良的缺点。为使特殊教育学校有良好的教学环境，教学用房在炎热及温暖地区宜采用外廊布置形式，在寒冷及严寒地区宜布置成单内廊的形式。

4.1.4 各种学生用房，应提供适宜于残疾学生学习、生活、活动的安全和无障碍环境，并应根据学生的残疾类型创造补偿其生理缺陷的条件。

4.1.5 原国家教委规定特殊教育学校班级额定人数：盲学校、聋学校每班为12～14人，弱智学校每班为12人。各类学校各种教学用房的面积主要取决于班级额定人数、课桌椅尺寸、座位布置方式及功能要求等。

4.2 普 通 教 室

4.2.1 普通教室课桌椅的布置应考虑各类学校教学特点和要求，利于残疾学生使用：

1 为使残疾学生出入座位方便，各种类型学校的普通教室一律采用单人课桌椅；盲学校和弱智学校的课桌椅采用常规的面向黑板成排成行的布置，而聋学校教学中要求全班学生都能看到教师讲课及被提问同学回答时的口形和手势，因此课桌椅围成圆弧形最为有利；

2 参照国家标准《学校课桌椅卫生标准》GB7792—87，单人用桌面宽度0.55～0.60m，桌面深度0.38～0.42m，弱智学校课桌的平面尺寸取其上限，不宜小于0.60m×0.42m；由于盲文书籍较大，盲学校课桌的平面尺寸应适当放宽，不宜小于0.80m×0.50m，为便于视力残疾学生掌握放在桌面的书等用具，盲学校课桌左右及前缘应做成凸棱外缘；根据聋学校特殊教育标准，聋学校的课桌布置形式为圆弧形，桌面为梯形的平面有利于拼接，可采用上宽0.55m、下宽0.60m、深度0.40m的直角梯形与上宽0.50m、下宽0.60m、深度0.40m的等腰梯形进行拼接；

3 根据使用的功能要求，条文对课桌间前后距离、纵向走道及靠墙尺寸做了规定；

4 条文对课桌最前排与黑板的距离，最后排与后墙的距离做了相应的规定。

4.2.2 条文所规定的教室设施都是学生在教室学习和生活所必需的设施。为适应残疾学生的使用特点，在后墙面设置一块张贴通知和学生作业用的陈列板，盲学校陈列板宜用木制，以便于张贴盲文通知。考虑到残疾学生保持双手清洁的必要，临窗处宜设置洗手盆或水池。

4.2.3 由于盲生及弱智生小学低年级学生生理自控能力较差，教室宜附设卫生间，室内应设置较宽敞的空间和较完备的设施。

4.2.4 盲学校普通教室应符合下列特殊要求：

1 由于盲文书籍较大，一般为0.25m×0.32m（宽×高），高年级学生盲文书籍又很多，沿普通教室的后墙，必须设置一排书柜或书架，使每一位学生均有存放书籍的空间，其尺寸应能容纳盲文书籍；

2 为便于低视生阅读，其课桌面角度应可调节；并应设放大阅读设施，如低视力阅读机，其使用时室内应处于暗的环境，故应配备遮光设施，如暗色帷幕等。

4.2.5 为便于聋生加强理解教学内容，尽可能不擦掉课堂板书，故需增加黑板的容量。

4.2.6 为使智残学生能通过游戏活动开发智力，教室后面应放置一排存放玩具或模型的橱柜，同时应留出一部分游戏活动空间。

4.3 专用教学与公用学习用房

4.3.1 结合原国家教委《特殊教育学校建设标准》课程设置的规定，可自行选择各自专用教学及公用学习用房。

4.3.2 专用教室与公用学习用房同样有某种程度的共性，本条是基于常规布置方式做出的规定。

4.3.3 本条专用教室需使用专用仪器、设备，故规定了与相关辅助用房相连的门的宽度。

4.3.4 本条规定盲学校语言教室在平面布置、照明、隔声和防尘以及地板构造等方面的基本要求。

4.3.5 本条规定了地理教室课桌平面尺寸及桌面特殊构造、教室平面应考虑的展橱位置以及对其准备室的基本要求。课桌高度可根据适用班级的生源情况与课桌配套确定。

4.3.6 本条规定了计算机教室的空间组成为计算机教室及其准备室，并规定了计算机教室的平面布置。计算机教室的配备体现一人一机的方式。计算机教室的准备室可以一个教室设一间或两个教室共用一间。

4.3.7 本条强调模型和教具与学生直接接触（如盲生触摸）辅以教师的讲解，来达到直观教学的目的。了解这一教学特点，有助于我们创造更好的直观教学环境。

4.3.8 本条所谓唱游教室，是弱智学校特殊的教学用房。这是实现寓教于乐的教学场所。设计时应注意其位置适当，音乐教室准备室应满足电教器材和所用乐器、乐谱及谱架的存放，应满足音乐教材资料的制作与保管要求。

4.3.9 本条规定了学校设置的化学、物理、生物等实验室在设备、设施、规格、数量等的规定。

4.3.10 本条规定了盲学校手工教室（其功能是增强盲生触感能力）的基本要求，其他特殊学校不设置手工教室。

4.3.11 本条规定了美术教室或准备室应有足够的面积以满足学生作画、陈列模型、布置橱窗或展台等需要。要特别注意以北向为主要采光方向，其他朝向不易保持模型的光影效果，不利于学生捕捉写生对象的形象特征，并规定了其他相应的基本要求。

4.3.12 对聋生而言，律动课是通过其视觉、触觉、振动觉等感官进行音乐、舞蹈、体操、游戏、语言技巧等内容的学习与训练，发展其感知能力与动作机能。对弱智儿童而言，律动课是培养其听觉、节奏感和对音乐的感受能力，矫正弱智儿童动作不协调的缺陷，促进其身心和谐发展的训练课。通过训练弱智儿童各感官与身体各部位的协调动作，培养学生的动作机能，促进身心健康。因此，律动课对残疾儿童的感知能力、协调能力的培养是非常重要的。

根据课程内容的自身特点，在设计律动教室时，应考虑与普通教室的隔离问题以免对其他空间造成干扰。律动教室对空间高度的要求有突出的特点。4.00m净高要求主要是考虑到有些集体活动空间气氛的营造，以及某些游戏的安全等。设置吸顶灯是为了避免训练时碰坏灯具发生安全事故。楼（地）面为具有弹性的木地板，能更好地培养残疾儿童的感知能力和协调能力。窗台的高度既要保证防止发生坠落的危险又要满足采光的要求和视线通畅。

4.3.13 视听教室是利用现代化教学手段对残疾儿童进行形象化教学的场所。室内应配备较为齐全的电教器材，形成良好的视听环境，通过多媒体的配合为残疾儿童创造丰富多彩的学习空间。

本条规定了视听教室的设施、规模和使用投影仪时课桌面的最低照度要求。视听教室的其他设计要求可以参照普通中小学视听兼合班教室的设计进行。室内应保持良好的声环境，后墙及顶棚应设置吸声材料。由于视听教室内部可能有多种电教器材，应供应较充足的电源；在教室前端应设置多种插座，以便适应各种电教器械的使用。考虑到安全性，内部装修应尽量采用耐火或不燃材料，室内应设置消防器材。在平面布局时应将其安排在较为安全的位置。

4.3.14 本条规定了特殊学校图书室的基本要求。与普通图书室不同的是对于盲校盲文书尺寸较大（约0.30m×0.23m×0.05m）（高、宽、厚），因而要求阅览桌的尺寸也较大；并设盲生听音区、为满足低视力生的特殊阅读要求应设置有关设施；图书室的其他设计要求可参照普通中小学校图书室的设计进行。阅览室应设计为大空间，以便于室内灵活布置。图书阅览室如设于楼层上时，应考虑楼板的负荷问题。要注意建筑室内及设施的安全防火。

4.4 生活训练用房

4.4.1 大部分残疾儿童在入学时，缺乏基本的生活自理能力，为帮助他们走向自理、自立、回归社会，特殊教育学校应针对不同学生的生理障碍状况，设置相应的生活训练用房，其中生活训练教室（家政室）主要针对盲学校和弱智学校，烹调实习教室，适用于盲学校、聋学校和弱智学校，缝纫实习教室主要针对聋学校。

4.4.2 生活训练教室（家政室）的设置是帮助残疾学生熟悉家庭生活环境和日常起居生活，除提供一般家庭起居室具备的主要设置条件外，还应满足护理人员指导所需的空间要求。

4.4.3 烹调实习教室的设置帮助残疾学生提高生活自理能力，同时也起到一定职业技术教育的作用：

1～5 规定了学习烹调所要求的基本区域及各空间设施要求；

6～8 为保证学生在安全、卫生的条件下进行使用，条文做此规定；

9 为便于使用，对盲生使用的烹调教室做了特别规定。

4.4.4 缝纫与剪裁实习教室是为提高学生生活自理能力而设。条文规定了其内部的功能分区及各分区的设施要求。

4.5 劳动技术与职业技术训练用房

4.5.1 劳动技术与职业技术训练用房是对学生进行劳动与职业技术培训的场所，帮助他们学会一技之长，使其毕业后能生活自立、回归社会。不同类型的特殊学校，应设不同技能的职业训练课程及相应的用房。

4.5.2 本条文规定了劳动技术及职业训练用房必须进行合理分区及各分区空间设置，尤其应保证操作时用电、防火的安全性，同时应考虑室内采光、照明及卫生环境。木材加工是木工实习室主要作业，及时对加工所产生的木屑、刨花、锯末等进行真空吸附处理，既可维护室内环境，又消除发生火灾的隐患。

4.5.3 目前社会上，推拿按摩是盲人自立的一个非常重要的方面。推拿按摩教室既要满足上理论课，还应设置一定数量的按摩床以供学生临床实习使用，故应设常用的挂图与模型等；为支持盲学校进行勤工俭学活动，解决盲学校学生的出路，应考虑将实习教室设在底层并有独立的出入口，以便对外营业。

4.6 康复训练及检测用房

4.6.1 康复训练用房是针对不同类型的残疾学生进行康复训练，有助于补偿其生理缺陷、康复身心健康。聋学校及弱智学校应设语训教室，聋学校应设听力检测室，弱智学校应设智力检测室。

4.6.2 语言训练用房对聋生和弱智学生进行听觉、语言训练，本条文规定了语训教室宜设置的功能房间及相应设施。

4.6.3 听力检测是通过仪器检测聋生听力障碍情况，本条文规定了检测室应有良好的隔声性能及所需设备和设施。

4.7 办公与生活服务用房

4.7.1 各类特殊教育学校的办公与生活服务用房的设置，应结合学校的规模、类型、管理的方式等设定其组成的内容。各种办公用房在设计中应布局合理，功能分区明确，便于集中使用与管理，并应考虑办公自动化的需要。

4.7.2 卫生保健室是满足特殊教育学校师生日常的卫生保健要求而设的。一旦发生身体的伤害或危急病症，在未送医院之前，先在校进行相应的治疗，有条件的可设置简易的隔离室（或病房）。诊室的大小应满足设置日常诊疗设备及检查身体等医疗活动的要求，保健室入口的宽度应保证担架和轮椅的自由出入。

4.7.3 在对外联系较方便的位置设置对外咨询及接待室，便于家长与学校交流，同时应考虑有布置学校各种宣传资料的展示空间，便于学校的对外宣传，使其成为学生与社会的一个联系窗口。

4.7.4 学生宿舍的设计应满足残疾学生的基本起居要求，应设方便的盥洗室及卫生间，地板应考虑防滑。卧室内除床位外，还应留有面盆架和衣柜等的空间。聋学校应在学生枕下设置唤醒装置，出入口附近应设有紧急避难用的诱导示意图。

4.7.5 学生宜采用固定座位的形式就餐，学生用餐面积虽比教师用餐面积少，但由于残疾学生行动不便，每生就餐面积取教师同等指标。对于盲校及低年级的学生宜采用送餐到桌的方式，桌间走道宽度应满足送餐车的运行空间。餐具存放橱柜、洗碗池的设置位置，应结合学生的就餐流程来布置。采用窗口售饭方式时，窗口的设置宽度应照顾到轮椅学生的使用方便。食堂内应保证良好的通风条件，食堂兼作多功能厅使用时，应考虑餐桌的移动方便和餐桌的临时存放场所。

4.7.6 按每班设 1 个浴位，每个浴位 1.5m×1.2m 冲洗面积计算。

4.7.7 本条是指教学用房内厕所，教工厕所与学生厕所宜分开设置，学生厕所应满足无障碍的要求。在低学年厕所中应设置有护理人员使用的更衣台和清洗身体用水池。

5 室外空间

5.1 一般规定

5.1.1 特殊教育学校的校园空间除室内教育空间外，还应注重室外空间在学校教育上所发挥的重要作用，它是特殊教育学校硬件设施中一个重要组成部分。按功能由以下 4 种设施组成：

1 室外运动设施；

2 室外教育设施；

3 绿地设施；

4 室外其他设施。

5.1.2 特殊教育学校的室外空间应配合教学方式与方法、学生的学习特点而设置，以促进教育环境质量的提高。室外空间各部分的设置也应该考虑到学生残疾程度的差异、身体成长变化等因素而使其具有较为广泛的适用性。同时应该将使用上的安全性作为设计的一个重要条件。

5.1.3 室外空间的设置应结合校园总体环境规划、单体建筑的室内空间、半室外空间，并根据功能上和空间上的连续性，组织成多层次的室外空间。

5.1.4 校园的外部空间环境除了满足校内学生的使用之外，作为所在地域的文化教育设施，还应与学校的周边景观环境相协调，形成良好的地域景观环境。

5.2 室外运动设施

5.2.1 运动场地的设计在要求上有以下几点：

1 运动场及球类场地在邻近校舍或学校周边的位置时，应选定场地的长轴并应采用设置绿化带的方式来减少对校舍和周边居民产生的噪声干扰；

2 运动场中田径跑道部分的地面做到表面平滑，不易起灰尘；有条件的地区可选用具有一定弹性能防止学生跌倒受伤的地面材料；田径场跑道的断面设计应确保场地内具有良好的排水性；

3 盲学校运动场设置的田径跑道，在跑道的边线及弯道处应设置有触感标志，例如用地面铺装材料的变化来提示边界的位置等方法；弱智学校的运动场要满足借助轮椅来进行活动学生的使用要求；

4 为了提高学生身体机能与体能素质，可在运动场地内设置固定的运动器械；其数量应充分考虑到学生身体机能障碍的程度差异，满足学生身体成长发育阶段的要求，固定运动器械亦应集中设置在运动场内或不影响其他活动的位置上；

5 运动场周边以及运动场内各项活动场地之间应留有较大的空间设置草坪，起到一个安全保护和避免干扰的作用。

5.2.2 为了便于运动场的使用及维护管理，在邻近运动场的位置应设置体育器材管理库房；库房的大小及形式应结合运动场的规模、利用状况来决定。

5.2.3 为了方便学生的使用要求，运动场周边应设卫生设施，可根据运动场周边的具体情况进行独立设置，也可以结合在邻近运动场的其他建筑中。

5.2.4 建筑屋顶作为运动场时应采用防止振动所产生噪声干扰的构造；如果对相邻建筑产生噪声干扰时，应设置隔声板。

5.2.5 游泳池的设计应满足以下要求：

1 游泳池应选择在具有良好自然通风的位置；为了保护学生的个人隐私及安全管理上的需要，应在游泳池的周边采用灌木丛或围墙等形式设置遮挡视线及安全围护的屏障；

2 游泳池的水面面积大小应结合学校的规模以及建设经济条件来决定；在考虑向周边社会开放时，可适当增大游泳池的水面面积；游泳池的水深深度的确定应结合学校学生身体特征及安全性考虑；当水深有变化时，应采用较为缓和的变化方式，并应在深度变化差值每超过 0.1m 的位置处设置表示水深的标识；

3 游泳池的池底和四个侧壁的表面材料可采用瓷砖或马赛克等建筑材料，亦可采用无毒、安全的建筑防水涂料。在池底排水孔塞的外部设置安全防护罩，防止孔塞的脱落所造成的排水口对人体吸引事故的发生。

5.2.6 游泳池长方向两个端部的地面，应设置较为宽敞的活动空间。游泳池周边的地面应选用具有防滑性能的铺面材料。

5.2.7 盲学校的游泳池在泳池地面周边应设置防止学生不慎掉入泳池的防护措施，如设置不同的地面触感材料等。为便于使用轮椅的学生出入泳池，坡道的低端处应设置使轮椅停止下滑的装置。坡道的两侧应设置扶手。

5.2.8 考虑到安全监护，条文做了规定。

5.2.9 游泳池的入口、更衣室、淋浴室以及卫生间等辅助设施的大小、位置等应结合各部分之间的相互关系及使用流程，并尽可能达到路线简捷，便于盲生的认知。

5.3 室外教育设施

5.3.1 为了满足特教学校多样化的教学需要，除必需的室内教育空间外还应设置相应的室外学习活动园地，可集中布置或分散设置在与教室相邻的地方，便于学生使用。其要求是：

1 为了活跃低年级学生的学习生活，配合多种教学方法，应尽可能开设独立的室外游戏场地及职业训练场地；场地应选择在日照和通风良好的场所，同时也应采取防止噪声对周围环境产生干扰的措施；

2 低年级的游戏场应包括能开展游戏活动的游戏区和设置固定游戏器具的玩具活动区；游戏器具的设置应确保使用上的安全性，盲学校游戏场的周边为了防止学生在活动中误跑出场外，应留出宽度不小于 1.50m 的草坪作为缓冲地带；

3 为了避免学生游戏中跌倒而不至于受伤，游戏场的地面以铺设塑胶或橡胶砖为佳；场地的断面设计应保证有良好的排水性；

4 职业训练场地的大小、形状应以开设的职业技术培训内容而决定；从使用方式上应是培训教室向室外的延伸，因此训练场地应邻近职业培训教室，便于使用和管理；

5 根据职业训练内容的需要可以划分出准备、训练空间以及训练器材的存放场所；场地内所建的简易、临时性设施应与周边空间环境相协调并确保其安全性；

6 为便于场地的清洗应有良好的排水设施，培训用房的入口附近应设置洗手、洗脚水池。

5.3.2 康复训练场地设计的要求：

1 康复训练场地是为了帮助学生克服身体机能障碍，增强体能，培养生活自理能力的练习场地；场地的大小、形状以及所设置的健身器械类型应结合学校的规模、学生的身体特征等要素而定；

2 为了使场地内的训练不致受到其他活动的影响，并给训练间隙的学生有一定停留休息的地方，场地的周边应设置高度为 0.90m 的扶手栏杆以及一定数量的休息座椅；

3 盲学校室外定向行走训练场地应留有较大的缓冲空间；即场地的边缘内 1.00m 处应设置有触感的边界标志；

4 场地的地面应结合特教学校学生的不同训练内容，设置具有一定保护性，跌倒后不易受伤的铺面材料。

5.3.3 动、植物园地应符合下列要求：

1 特殊教育学校中设置动、植物园地是为了帮助学生通过观察植物在一年四季中的生长变化来增强对自然的认识；观察对小动物的饲养来了解动物的成长过程，这是特殊教育学校中一个重要的实践教学场所；小动物饲养舍的设计应考虑所饲养动物的生活习性等特殊要求，以及饲料的收藏和排泄物的暂时存放场所等；

2 植物园中如有水生植物或饲养水生动物时，应采用池底水深不大于 0.40m 的浅水池；

3 植物园种植的植物应选择适合当地生长条件的树种为主，可选择四季有不同变化、灌木、乔木相互组合、形态各异、无刺、无毒、易于管理的树木进行种植；盲校应考虑到学生主要是靠触觉和嗅觉来识别植物，在植物类别的选择上应以冠部低矮便于触摸，便于靠嗅觉识别的树木为主。

5.4 绿 地 设 施

5.4.1 绿地设施应符合下列要求：

1 各类学校应做到校园整体的绿地规划与设计，为残疾学生创造良好的校园环境。校园内的绿地必须结合学校所在地区的气候土壤条件，选择易于管理的品种；灌木、花草应选择无刺、无毒、不产生寄生虫的品种；

2 校舍周边种植的树木，不宜选择高大的乔木，避免对教室的采光和通风产生影响；

3 校园中的树木应根据树形、高低、体量的不同，在校园空间中进行点、线、面相结合的立体配置，形成丰富的校园生态空间环境。

5.4.2～5.4.3 为满足校园内的草坪及花坛的设计与管理，条文做了相应的规定。

5.5 其 他 室 外 设 施

5.5.1 校门的设计应符合下列要求：

1 校门的大小尺度应以人流、车辆的通过量，以及校门与城市干道之间的环境特征为设计依据，校门的形式应体现出学校的精神风貌；车行与人行的出入口应分别设置；

2 为了确保学生出入校门时的人身安全，校门应退后城市干道红线 5.00m 以上形成一定的缓冲空间；

3 校门外设置提示过往车辆应注意在学校出入口附近慢行的标示牌；

4 应选择安全性能高的门及其开闭形式，防止夹伤、碰伤事故的发生；

5 盲校校门人行出入口设置的盲道应与校内盲道系统以及城市人行干道设置的盲道相连接。

5.5.2 前庭广场的设计应符合下列要求：

1 前庭广场应规划好人流与车流的行走路线，防止流线的交叉；对有校车接送学生的学校，在前庭广场内还应设置全天候的学生上、下车场所，并达到无障碍设计要求；

2 在前庭广场内合理地设置自行车存放处和机动车辆的停车场；

3 前庭广场是对外体现学校校园风貌的一个重要空间，因此要结合多种方式和方法，创造出一个良好的广场环境，表现以人为本的设计思想；应设置盲校校区标识向导图，向导图应设置为触摸式。

5.5.3 道路的设计应符合下列要求：

1 应科学地组织好校内的道路系统，保障消防通道的便捷畅通；

2 道路的宽度、断面形式及路面铺装材料应根据学校的规模及本校学生的身体残疾特征来决定；应采用透水或排水性良好的铺面材料；

3 盲学校校园内学生生活、学习通行的主要道路都应设置有盲道；

4 道路有高差变化时，应设有坡道，其具体尺寸如正文所述。

6 各类用房面积指标、层数、净高和建筑构造

6.1 各类用房面积指标

6.1.1 学校各种用房的使用面积指标对原国家教委颁布的《特殊教育学校建设标准》进行了适当调整。原《特殊教育学校建设标准》各种用房面积的制定，主要参照 1993 年前国内特殊教育学校现状制定的，面积偏低，以普通教室为例，残疾学生应有较宽松的活动余地，原有 44m^2 的指标，在座位布置后，所剩空间不多；教室中配备一定的电教（或多媒体教学）设施将是一个未来发展的趋势，这要求预留一定空间；教室本身应为学生提供一定的休息活动空间。根据对特教学校的调研及意见反馈，现有普通教室多存在面积过小的情况，另外，选择和中国教育及教学环境极为相似的日本特教学校实例进行对比分析，日本特殊教育学校的普通教室平均面积为 47.5m^2，按每班 6 个学生计则平均面积为 7.9m^2/生；我国《特殊教育学校建设标准》指标为 44m^2，按每班 14 人则平均面积为 3.14m^2/生，本条文规定教室面积为 54m^2，平均面积为 3.86m^2，此值为日本普通教室平均面积的 49%，其他用房的面积指标按照同样考虑，即对于《特殊教育学校建设标准》分别做了适当程度的提高，见表 6.1.1。总之，为特殊教育学校学生创造适用、安全和舒适的环境是特教学校设计的基本原则。

6.1.2 由于聋学校学生宿舍设双层床，故每生使用面积小于盲学校、弱智学校学生宿舍的使用面积。

6.2 层数、净高

6.2.1 为节约用地，教学及生活用房应建造楼房。从残疾学生的使用方便和尽量多地进行户外活动、接受阳光的角度考虑，层数不宜超过三层，弱智学校的层数不宜超过二层，当然教工用房可不受此限；从物资运送、人流活动考虑，食堂、厨房、多功能活动室等用房宜建成平房，亦可组合成二、三层建筑。总之，有条件的地区还是以低一些为好。

6.2.2 房间的净高指房间地面至顶棚的距离，考虑到不同结构层及装修饰面的影响，即使层高相同的房间也可能有不同的净高，从实际功能要求考虑，本条文以净高而不是层高作为各种用房空间高度的低限，为避免因净高过低影响正常使用或净高偏高造成浪费的现象，本条文仅规定了各种用房净高的低限，某些地区为了改善通风、散热，可以适当提高净高；面积较大的多功能活动室、餐厅及厨房等也可适当提高净高。

6.3 建筑构造

6.3.1 教学用房门的设计应符合下列要求：

1 从维护学生的安全和良好的教学秩序考虑，普通教室、专用教室靠后墙的门宜设观察孔，以便于教学管理人员进行检查、督导；

2 一般上课时，教室的门是关闭的，而设可开启的上亮可满足通风要求；

3 考虑到学生出入的方便和安全，盲校、弱智学校各类学生学习生活、活动用房宜采用自动门、悬挂式轨道的推拉门，避免残疾学生进出房间时被开闭的门扇碰撞；门槛易造成磕绊，故禁止使用；

4 盲学校为便于学生的辨识，根据不同房间名称，应统一设置房间名称标牌，标牌高度应便于盲生用手触摸；

5 从门的使用安全和耐久的角度考虑，条文做了相应的要求。

6.3.2 教学用房窗的设计应符合下列要求：

1 窗台高度，由于桌面对采光的需要，窗台过去经常设计为 0.90～1.00m 高，窗台高了，临窗一排的桌面往往处于阴影区内，而窗台下还要放散热器，故做了窗台高度不宜低于 0.80m 和不宜高于 1.00m 的规定；

2 为了保证教室采光均匀，本条规定教室靠外廊、单内廊一侧应开低窗，外廊、单内廊地面以上 2.00m 高度范围内，窗的开启形式不得影响教室使用，而且开启的窗缩小了外廊、单内廊的宽度，不利于交通疏散和行人安全；因此，宜采用推拉或其他形式；又因开低窗外廊、单内廊行人往来，会干扰学生学习，设计时，应考虑遮挡视线的措施，如安装磨砂玻璃、控光玻璃或压花玻璃等；

3 当窗间墙宽度过大，教室采光不均匀，且不易达到玻地比的要求；因而本条规定不应大于 1.20m；

4 对风沙较大的地区应设置防风纱窗；

5 教室和实验室的二层以上的教学楼向外开启的窗，应考虑擦洗玻璃的方便与安全，应设一定的防护设施，如悬挑的围栏等；也可以采用方便擦洗的双向推拉窗；

6 为保证通风要求，条文做了规定。

6.3.3 在严寒地区为了防止因学生久坐，地面过冷而引起关节炎等症，宜采用热工性能好的地面材料。

7 交通与疏散

7.0.1 校园及校舍应采用无障碍设计，以便伴有肢残的学生使用轮椅车通行。

7.0.2 校舍入口的设计在要求上；

1 入口处应设置轮椅通行坡道；

2 考虑到残疾学生（包括伴有肢残的学生）出入的方便和安全，盲学校、弱智学校不应设置弹簧门或旋转门，避免残疾学生被门扇碰撞，阻碍平时人流及紧急疏散。

7.0.3 教学楼的门厅和走廊设计在要求上：

1 门厅的主要功能是交通枢纽，内廊式建筑必须有门厅作为通向室外的过渡空间，外廊式建筑虽可直接通到室外，但宜设置门厅；在寒冷或风沙大的地区，门厅入口为了避免雨雪、风沙吹入楼内，加强楼内的保温、节能并保证清洁卫生，故均应设置挡风间或双道门；关于挡风间或双道门的深度，应以前后双扇门能正常开启并应留有一定空间，同时考虑肢残学生使用轮椅车出入，不阻碍平时人流交通及紧急疏散为准；因此，该深度定为最小 2.40m；

2 残疾学生行动不便，交通疏散空间中的踏步由于人员众多、情况复杂很容易使人摔跤，造成事故；为保障残疾学生通行与活动安全及轮椅生的通行，因而条文做了规定；

3 为便于视力残疾学生交通与疏散，条文做了规定；位于走廊中心线位置的触感标志及沿墙踢脚线颜色与地面区别，是便于低视生辨识，引导低视生左右分行，避免碰撞；

4 残疾学生行动不便，大部分学生课间休息时，多利用走廊活动；故本条文对走廊的净宽度考虑了适当空间；对于盲学校，内廊净宽指沿内墙两侧的扶手间净距离；走廊净宽不应小于条文规定，有条件的可将走廊适当放宽，以利于学生课间休息和活动；行政教师办公用房的走廊，使用人数较少，以疏散为主，这样其宽度满足防火规范即可，不必增加；

5 为便于视力残疾学生交通与疏散，盲学校的走廊沿内墙应设置与墙牢固连接的连续扶手，扶手距地面高度和收头处理应保障使用的方便和安全；

6 条文中规定了室内坡道的长度和宽度；

7 条文中规定了兼作轮椅使用的坡道与扶手尺寸。

7.0.4 楼梯的设计有以下要求：

1 教学楼的楼梯间应有直接天然采光，改善交通环境，以满足残疾学生的交通与疏散；

2 在各种楼梯形式中，双跑楼梯在使用上较为方便、安全，宜采用；视力残疾和智力残疾学生行动不便，为防止不慎摔倒而造成较大伤害，故盲学校、弱智学校不得采用直跑楼梯；

3 楼梯踏步采用螺旋形、扇形或正常楼梯坡度大于 30°时，残疾学生平时使用既不舒适也不安全，紧急疏散时会造成更大伤害，应禁止采用；踏板边缘突出踢脚板，容易造成上楼梯时的磕绊，故不得采用；

4 为避免学生从楼梯井处坠下，楼梯一般不宜设楼梯井；有时由于消防或其他方面的需要，楼梯栏杆与栏杆之间须留一条缝隙；在这种情况下，缝隙（即楼梯井）的宽度就必须加以限制，才有可能防止学生坠下；故本条做了"楼梯井的宽度不应大于0.20m"的具体规定；在具体设计中，如果楼梯井的宽度大于0.20m时，就必须在楼梯井处采用十分坚固可靠的安全保护措施；

5 为避免学生攀登楼梯扶手而造成危险，条文对楼梯扶手高度做了规定；室外楼梯无墙遮拦，故规定楼梯扶手的高度较室内楼梯高，以免疏散时冲出而发生危险；

6 为避免视力残疾学生上下楼梯时发生相互碰撞，楼梯梯段应保证一定净宽（指扶手间的净距离），条文定为最小1.80m；

7 考虑到视力残疾学生上下楼梯时的安全，应和走廊的扶手相连，本条做了相应规定；

8 为便于视力残疾学生清楚所在楼层数，本条做了相应规定。

7.0.5 为保证学生安全，本条规定了对阳台、外廊、上人屋面等临空处防护栏杆的要求。

8 室内环境与建筑设备

8.1 一般规定

8.1.1 残疾学生由于各自的残疾部位不同，对外界信息的感知渠道有所区别，良好的室内物理环境和卫生条件有利于他们更好地学习科学知识和生活技能。

8.1.2 残疾学生的户外活动时间大大少于正常同龄孩子，最大限度地利用天然采光和自然通风，可保证良好的室内环境，有利于儿童的身心发展。

8.1.3 特殊教育学校在保证正常教学的基础上注意节能、方便与安全。

8.1.4 对于盲校和弱智学校要特别注意各种设备、管线的安全性，例如电源插座及电源开关的安全性。

8.2 采光

8.2.1 特殊教育学校的光环境应优于普通中小学校，采光标准也应相应提高，因此本标准中规定特殊教育学校的采光标准较普通中小学校同类房间相应有所提高，弱智学校的课桌面上的天然光照度标准可取与普通中小学校同类房间一样的标准。根据聋学校教学特点，应增设对教师面部的局部照明，以便于学生清晰地识别教师口形的变化。

据调查，80%以上的盲人有光感，并且由于盲校有一部分低视力生，因此，盲校在满足了采光标准的基础上，应在其课桌上设局部照明。

8.2.2 根据学生课桌采光面决定座位的位置。

8.2.3 特教学校每班人数较少，通常为12～14人，故教室面积较小，通常在54m² 左右，内表面做浅色处理更有利于提高采光效率。

8.3 隔声

8.3.1 听觉是盲学生感知外部世界的最重要的感知方式；聋学生在噪声环境中易产生耳鸣等不适感，噪声易使弱智学生分散注意力。噪声对残疾学生的学习和生活的影响程度大于正常学生，因此特教学校的声环境应优于普通中小学，校园内的声环境可通过合理的平面设计来实现。

8.3.2 学校的声环境质量要求：

1 特殊教育学校教室内噪声允许标准40dB（A）；有特殊要求的用房不高于35dB（A）；

2 聋学生对振动的敏感性高于普通人，同时聋学校传统的教学方法中包括教师踏地面产生振动以传达信息等方式；盲学生的听力是获知外界信息的重要渠道，通常又较常人灵敏，因此对教室的楼板隔振，采用一级标准，即隔绝撞击声指数不高于75dB（A）。

8.4 采暖、通风与换气

8.4.1 特教学校的学生大多数为住校生，应采用集中热水采暖，对于严寒及寒冷地区学生宿舍与教室的供暖应分区，以免造成锅炉运行时耗能量过多。

8.4.2 盲学生和弱智学生的活动量较小，平均身体产热量小于聋学生和普通人，供暖室内温度应取上限18℃，并应根据需要延长供暖天数。

8.4.3 为避免盲学生、弱智学生因不慎发生暖气散热器烫伤事件，应对其散热器采取相应的防护措施。

8.4.4 若采用吊扇应注意与灯具的位置，以免对灯具的照明产生影响。如设置空调应选择合理的位置。

8.4.5 特教学校每班人数较少，每学生所占教室容积可达10～12m³，约为普通学校每生容积的3倍，故教室换气次数可取1次/h。

8.4.6 各种用房的通风及换气的具体做法，条文做了相应的规定。

8.5 给水与排水

8.5.1 特教学校的学生，尤其是盲学生和弱智生面临灾害时逃生能力较普通学校的学生差，因此校区的消防给水系统及相应的设施与设备应齐全。

8.5.2 严寒及寒冷地区，寒假期间，学校用房停止使用，为防止管道冻裂以及管内存水变质，在给水进户管上，应设泄水装置。

8.5.3～8.5.4 条文中对蓄水池，饮用水做了相应规定。

8.6 电气与照明

8.6.1 康复训练与职业技术用房的用电应特别注意安全。

8.6.2 特殊教育学校的照明条件应优于普通中小学，

日本规定前者的照度标准是后者的2倍，参照这一规定，根据我国普通中小学的标准，得出了表 8.6.2。该表仅是一般照明照度标准值，针对学生的残疾特点，还需设局部照明设施。

8.6.3 本条对盲校普通教室设置的开关、插座及用电安全做了规定。

8.6.4 考虑到80%以上的盲生有光感，为保证盲学生视听方位感统一，并为减小聋、弱智学生看黑板时的识别时间，应设黑板灯，使其垂直照度达到500lx，照度均匀度不小于0.7。

8.6.5 荧光灯具有光效高、寿命长、无直接眩光等优点，且光色偏冷，有利于学生集中注意力。特教学校的课桌排列与普通学校略有不同，聋学校采用面向教师的弧形、盲学校则采用面向教师的U形布置。教室灯具应与普通学校一样，一律用长轴垂直于黑板的排列。

8.6.6 低视力生课桌面的局部照明，宜采用可调光的灯具，以便适应于不同的天气状况。

8.6.7 聋学校的教学特点之一是看话，即通过辨别教师口形判断讲课内容，因此教师唇部应有较高的垂直照度和立体感。

8.7 电教、信息网络设备

8.7.1 为便于低视力生阅读，聋学生做看话练习等，学校应分别设置不同的电教设备，如前者可设放大投影装置。

8.7.2 对接受共用天线等设备的各教室，应做出合理设计。例如明亮的窗户、灯具在显示屏上形成亮度高于屏幕的影像，造成反射眩光或光幕反射，严重影响学生视看，应设法避免。

8.7.3 盲生、弱智生可利用广播系统报警，使学生迅速逃离灾区，聋学校除设广播系统外（告知教师），还应在每层设置影像的警报装置，以通知学生及时逃生，做到学生除从教师和管理人员能获知灾害警报信息外，也能直接感受警报信息。

中华人民共和国行业标准

汽车库建筑设计规范

Design Code for Garage

JGJ 100—98

主编单位：北 京 建 筑 工 程 学 院
批准部门：中华人民共和国建设部
施行日期：1 9 9 8 年 9 月 1 日

关于发布行业标准《汽车库建筑设计规范》的通知

建标［1998］48号

根据建设部建标［1991］413号文的要求，由北京建筑工程学院主编的《汽车库建筑设计规范》，业经审查，现批准为行业标准，编号JGJ100—98，自1998年9月1日起施行。

本规范由建设部建筑设计标准技术归口单位中国建筑技术研究院（建筑标准设计研究所）负责归口管理，具体解释等工作由主编单位负责。由建设部标准定额研究所组织出版。

中华人民共和国建设部

1998年3月18日

目　次

1 总　　则

1.0.1　为了适应城市建设发展需要，使汽车库建筑设计符合使用、安全、卫生等基本要求，制定本规范。

1.0.2　本规范适用于新建、扩建和改建汽车库建筑设计。

1.0.3　汽车库建筑设计应使用方便、技术先进、安全可靠、经济合理并符合城市交通现代化管理和符合城市环境保护的要求。

1.0.4　汽车库建筑规模宜按汽车类型和容量分为四类并应符合表1.0.4的规定。

汽车库建筑分类　　表1.0.4

规　　模	特大型	大　　型	中　　型	小　　型
停车数（辆）	＞500	301～500	51～300	＜50

注：此分类适用于中、小型车辆的坡道式汽车库及升降机式汽车库，并不适用其他机械式汽车库。

1.0.5　汽车库建筑设计除应符合本规范外，尚应符合国家现行的有关标准的规定。

2 术　　语

2.0.1　汽车库（Garage）

停放和储存汽车的建筑物。

2.0.2　汽车最小转弯半径（Minimumturn radius of car）

汽车回转时汽车的前轮外侧循圆曲线行走轨迹的半径。

2.0.3　地下汽车库（Underground garage）

停车间室内地坪面低于室外地坪面高度超过该层车库净高一半的汽车库。

2.0.4　坡道式汽车库（Ramp garage）

汽车库停车楼层之间，汽车沿坡道上、下行驶者为坡道式汽车库。坡道可以是直线型、曲线型或两者的组合。

2.0.5　敞开式汽车库（Open garage）

汽车库内停车楼层每层外墙敞开面积超过该层四周墙体总面积25%的汽车库。

2.0.6　缓坡段（Transition slpoe）

当坡道坡度大时，为了避免汽车在坡道两端擦地面设的缓和线段。

2.0.7　弯道超高（Ramp turn supperelcvation）

为了平衡汽车在弯道上行驶所产生的离心力所设置的弯道横向坡度而形成的高差称弯道超高。

2.0.8　机械式汽车库（Mechanical garage）

使用机械设备作为运送或运送且停放汽车的汽车库。

2.0.9　机械停车设备（Mechanical eguipment for parking automobile）

机械式汽车库中运送和停放汽车设备的总称。

2.0.10　运送器（Conveyer）

机械停车设备中承托和运送汽车的部件的总称，它包括托架、托板、台车等。

2.0.11　停车位（Parking space）

汽车库中为停放汽车而划分的停车空间或机械停车设备中停放汽车的部位，它由车辆本身的尺寸加四周必须的距离组成。

2.0.12　两层式机械汽车库（Two storey mechanical garage）

停车位按两层设置的机械汽车库，有两层升降横移式，两层循环式和两层坑下式等。

2.0.13　竖直循环式机械汽车库（Vertical circular garage）

停车位垂直布置且兼作运送器，作整体垂直循环运动的机械式汽车库。

3 库址和总平面

3.1 库　　址

3.1.1　汽车库库址选择应符合城市总体规划、城市道路交通规划、城市环境保护及防火等要求。

3.1.2　特大、大、中型汽车库库址，应临近城市道路。

3.1.3　城市公共设施集中地段，公用汽车库库址距主要服务对象不宜超过500m。

3.1.4　专用汽车库库址宜设在专用单位用地范围内。

3.1.5　地下汽车库库址宜结合城市人防工程设施选择，并与城市地下空间开发相结合。

3.1.6　汽车库库址，应避开地质断层及可能产生滑坡等不良地质地带。

3.2 总 平 面

3.2.1　特大、大、中型汽车库总平面应按功能分区，由管理区、车库区、辅助设施区及道路、绿化等组成，并应符合下列规定：

3.2.1.1　管理区应有行政管理室、调度室、门卫室及回车场。

3.2.1.2　车库区应有室外停车场及车轮清洗处等设施。

3.2.1.3　辅助设施区应有保养、洗车、配电、水泵等设施。

3.2.1.4　库址内车行道与人行道应严格分离，消防车道必须畅通。

3.2.1.5　库址绿化率不应低于30%，库址内噪声源周围应设隔声绿化带等绿化设施。

3.2.2　总平面布局的功能分区应合理，交通组织应安全短捷，环境应符合国家现行标准《城市容貌标准》CJ16的规定。

3.2.3　总平面布局、防火间距、消防车道、安全疏散、安全照明、消防给水及电气等规划建设，应符合现行国家标准《汽车库、修车库、停车场设计防火规范》(GB50067)的规定。

3.2.4　大中型汽车库的库址，车辆出入口不应少于2个；特大型汽车库库址，车辆出入口不应少于3个，并应设置人流专用出入口。各汽车出入口之间的净距应大于15m。出入口的宽度，双向行驶时不应小于7m，单向行驶时不应小于5m。

3.2.5　公用汽车库的库址，当需设置办理车辆出入手续的出入口时应设候车道。候车道的宽度不应小于3m，长度可按办理出入手续时需停留车辆的数量确定。但不应小于2辆，每辆车候车道长度应按5m计算。

3.2.6　附设于专用单位用地范围内的专用汽车库，其停车位数大于10个，且车辆出入必须通过主体建筑人流的主出入口时，该处应设置候车道，候车数量可按停车车位数的1/10计算。

3.2.7　特大、大、中型汽车库的库址出入口应设于城市次干道，不应直接与主干道连接。

3.2.8　汽车库库址的车辆出入口，距离城市道路的规划红线不应小于7.5m，并在距出入口边线内2m处作视点的120°范围内至边线外7.5m以上不应有遮挡视线障碍物（图3.2.8）。

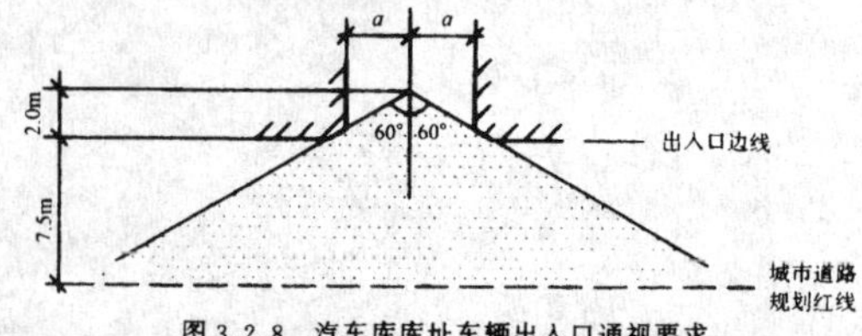

图3.2.8　汽车库库址车辆出入口通视要求
a—为视点至出口两侧的距离

3.2.9　库址车辆出入口与城市人行过街天桥、地道、桥梁或隧道等引道口的距离应大于50m；距离道路交叉口应大于80m。

3.2.10　汽车库周围的道路、广场地坪应采用刚性结构，并有良好的排水系统，地坪坡度不应小于0.5%。

3.2.11 地下汽车库的排风口应设于下风向，排风口不应朝向邻近建筑物和公共活动场所，排风口离室外地坪高度应大于2.5m，并应作消声处理。

3.2.12 根据汽车库性质及使用要求，应配置相应辅助设施。保养和车辆清洗设施，可按国家现行标准《城市公共交通站、场、厂设计规范》(CJJ15)的有关规定设置。水、电等设施应根据汽车库规模和使用要求等配置。

3.2.13 库址宜设高杆照明，并应符合现行的国家标准《城市公共交通标志——公共交通总标志》(GB5845.1)的规定，标明基地内通车道、车辆路线走向、停车场、交通安全设施等标志、标线。

4 坡道式汽车库

4.1 一般规定

4.1.1 公用汽车库中汽车设计车型的外廓尺寸可按表4.1.1的规定采用。

汽车设计车型外廓尺寸　　表4.1.1

车型 \ 尺寸 项目	外廓尺寸(m)		
	总长	总宽	总高
微型车	3.50	1.60	1.80
小型车	4.80	1.80	2.00
轻型车	7.00	2.10	2.60
中型车	9.00	2.50	3.20(4.00)
大型客车	12.00	2.50	3.20
铰接客车	18.00	2.50	3.20
大型货车	10.00	2.50	4.00
铰接货车	16.50	2.50	4.00

注：专用汽车库可按所停放的汽车外廓尺寸进行设计，括号内尺寸用于中型货车。

4.1.2 汽车库内停车方式应排列紧凑、通道短捷、出入迅速、保证安全和与柱网相协调，并应满足一次进出停车位要求。

4.1.3 汽车库内停车方式可采用平行式、斜列式（有倾角30°、45°、60°）和垂直式（图4.1.3），或混合采用此三种停车方式。

4.1.4 汽车库内汽车与汽车、墙、柱、护栏之间的最小净距应符合表4.1.4的规定。

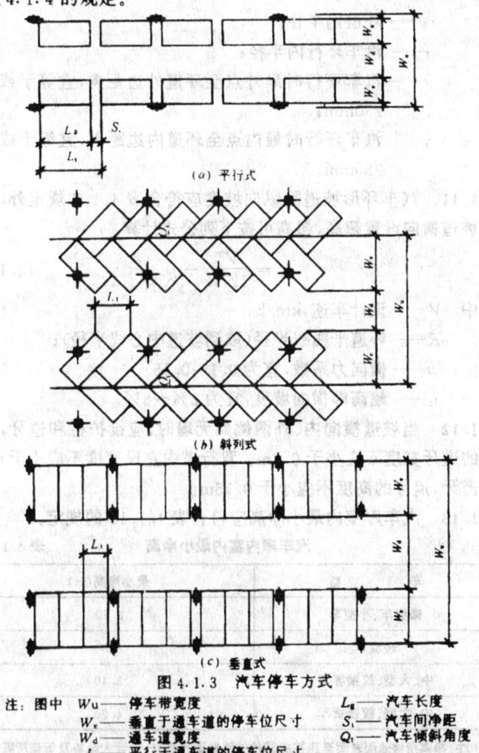

图4.1.3 汽车停车方式

注：图中 W_u——停车带宽度　　L_g——汽车长度
W_e——垂直于通车道的停车位尺寸　　S_i——汽车间净距
W_d——通车道宽度　　Q_i——汽车倾斜角度
L_t——平行于通车道的停车位尺寸

汽车与汽车、墙、柱、护栏之间最小净距　　表4.1.4

项目 \ 尺寸 车辆类型		微型汽车 小型汽车(m)	轻型汽车(m)	大、中、铰接型汽车(m)
平行式停车时汽车间纵向净距		1.20	1.20	2.40
垂直式、斜列式停车时汽车间纵向净距		0.50	0.70	0.80
汽车间横向净距		0.60	0.80	1.00
汽车与柱间净距		0.30	0.30	0.40
汽车与墙、护栏及其他构筑物间净距	纵向	0.50	0.50	0.50
	横向	0.60	0.80	1.00

注：纵向指汽车长度方向、横向指汽车宽度方向，净距是指最近距离，当墙、柱外有突出物时，应从其凸出部分外缘算起。

4.1.5 汽车库内的通车道宽度可按下列公式计算，但应等于或大于3.0m。

4.1.5.1 前进停车、后退开出停车方式（图4.1.5-1）。

$$W_d = R_e + Z - \sin\alpha[(r+b)\mathrm{ctg}\alpha + e - L_r] \quad (4.1.5\text{-}1)$$

$$L_r = e + \sqrt{(R+S)^2 - (r+b+c)^2} - (c+b)\mathrm{ctg}\alpha \quad (4.1.5\text{-}2)$$

$$R_e = \sqrt{(r+b)^2 + e^2} \quad (4.1.5\text{-}3)$$

式中 W_d——通车道宽度
S——出入口处与邻车的安全距离可取300mm
Z——行驶车与车或墙的安全距离可取500～1000mm
R_e——汽车回转中心至汽车后外角的水平距离
C——车与车的间距
r——汽车环行内半径
a——汽车长度
b——汽车宽度
e——汽车后悬尺寸
R——汽车环行外半径
α——汽车停车角

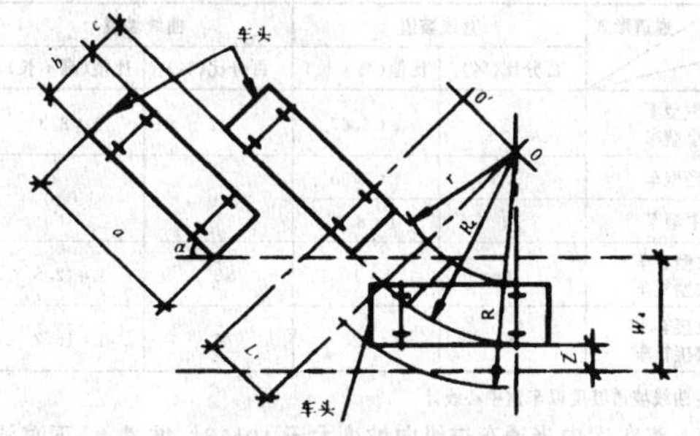

图4.1.5-1 前进停车平面

注：本公式适用于停车倾角60°～90°，45°及45°以下可用作图法

4.1.5.2 后退停车、前进开出停车方式（图4.1.5-2）

$$W_d = R + Z - \sin\alpha[(r+b)\mathrm{ctg}\alpha + (a-e) - L_r] \quad (4.1.5\text{-}4)$$

$$L_r = (a-e) - \sqrt{(r-s)^2 - (r-c)^2} + (c+b)\mathrm{ctg}\alpha \quad (4.1.5\text{-}5)$$

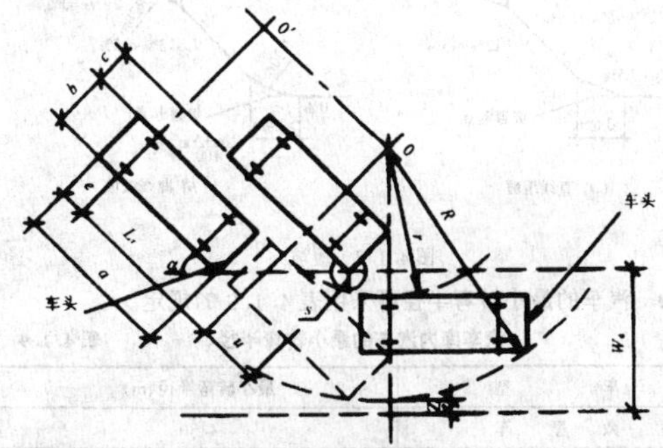

图4.1.5-2 后退停车平面

4.1.5.3 各车型的建筑设计中最小停车带、停车位、通车道宽度宜按表4.1.5采用。

各车型建筑设计最小停车带、停车位、通车道宽度　表4.1.5

停车方式		垂直通车道方向的最小停车带宽度 W_e(m) 微型车	小型车	轻型车	中型车	大货车	大客车	平行通车道方向的最小停车位宽度 L_t(m) 微型车	小型车	轻型车	中型车	大货车	大客车	通车道最小宽度 W_d(m) 微型车	小型车	轻型车	中型车	大货车	大客车
平行式	前进停车	2.2	2.4	3.0	3.5	3.5	3.5	0.7	6.0	8.2	11.4	12.4	14.4	3.0	3.8	4.1	4.5	5.0	5.0
斜列式 30°	前进停车	3.0	3.6	5.0	6.2	6.7	7.7	4.4	4.8	5.8	7.0	7.0	7.0	3.0	3.8	4.1	4.5	5.0	5.0
斜列式 45°	前进停车	3.8	4.4	6.2	7.8	8.5	9.9	3.1	3.4	4.1	5.0	5.0	5.0	3.0	3.8	4.6	5.6	6.6	8.0
斜列式 60°	前进停车	4.3	5.0	7.1	9.1	9.9	12	2.6	2.8	3.4	4.0	4.0	4.0	4.0	4.5	7.0	8.5	10	12
斜列式 60°	后退停车	4.3	5.0	7.1	9.1	9.9	12	2.6	2.8	3.4	4.0	4.0	4.0	3.6	4.2	5.5	6.3	7.3	8.2
垂直式	前进停车	4.0	5.3	7.7	9.4	10.4	12.4	2.2	2.4	2.9	3.5	3.5	3.5	7.0	9.0	13.5	15	17	19
垂直式	后退停车	4.0	5.3	7.7	9.4	10.4	12.4	2.2	2.4	2.9	3.5	3.5	3.5	4.5	5.5	8.0	9.0	10	11

4.1.6 汽车库内坡道可采用直线型、曲线型。可以采用单车道或双车道，其最小净宽应符合表4.1.6的规定。严禁将宽的单车道兼作双车道。

坡道最小宽度　表4.1.6

坡道型式	计算宽度(m)	最小宽度(m) 微型、小型车	中型、大型、绞接车
直线单行	单车宽+0.8	3.0	3.5
直线双行	双车宽+2.0	5.5	7.0
曲线单行	单车宽+1.0	3.8	5.0
曲线双行	双车宽+2.2	7.0	10.0

注：此宽度不包括道牙及其他分隔带宽度。

4.1.7 汽车库内通车道的最大纵向坡度应符合表4.1.7的规定。

汽车库内通车道的最大坡度　表4.1.7

车型	直线坡道 百分比(%)	比值(高：长)	曲线坡道 百分比(%)	比值(高：长)
微型车 小型车	15	1：6.67	12	1：8.3
轻型车	13.3	1：7.50	10	1：10
中型车	12	1：8.3		
大型客车 大型货车	10	1：10	8	1：12.5
绞接客车 绞接货车	8	1：12.5	6	1：16.7

注：曲线坡道坡度以车道中心线计。

4.1.8 汽车库内当通车道纵向坡度大于10%时，坡道上、下端均应设缓坡。其直线缓坡段的水平长度不应小于3.6m，缓坡坡度应为坡道坡度的1/2。曲线缓坡段的水平长度不应小于2.4m，曲线的半径不应小于20m，缓坡段的中点为坡道原起点或止点(图4.1.8)。

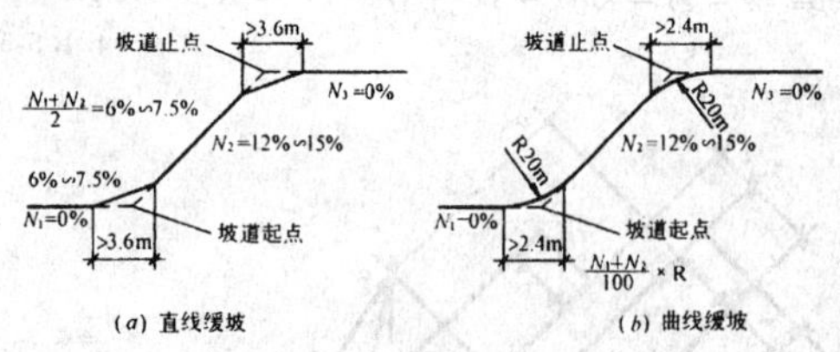

图4.1.8　缓坡

4.1.9 汽车的最小转弯半径可采用表4.1.9的规定。

汽车库内汽车的最小转弯半径　表4.1.9

车　　型	最小转弯半径(m)
微　型　车	4.50
小　型　车	6.00
轻　型　车	6.50～8.00
中　型　车	8.00～10.00
大　型　车	10.50～12.00
铰　接　车	10.50～12.50

4.1.10 汽车库内汽车环形道的最小内半径和外半径按下列公式进行计算(见图4.1.10)。

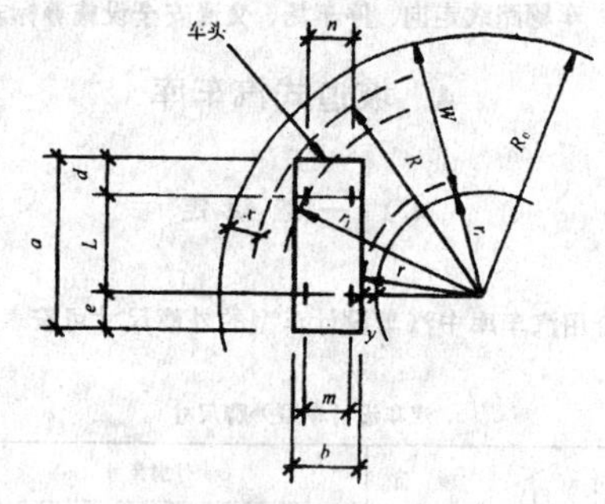

图4.1.10　汽车环道平面

a—汽车长度；d—前悬尺寸；b—汽车宽度；e—后悬尺寸；

L—轴距；m—后轮距；n—前轮距；

$$W = R_0 - r_2 \quad (4.1.10\text{-}1)$$

$$R_0 = R + x \quad (4.1.10\text{-}2)$$

$$R = \sqrt{(l + d)^2 + (r + b)^2} \quad (4.1.10\text{-}3)$$

$$r_2 = r - y \quad (4.1.10\text{-}4)$$

$$r = \sqrt{r_1^2 - l^2} - \frac{b + n}{2} \quad (4.1.10\text{-}5)$$

式中　W——环道最小宽度；

r_1——汽车最小转弯半径；

R_0——环道外半径；

R——汽车环行外半径；

r_2——环道内半径；

r——汽车环行内半径；

x——汽车环行时最外点至环道外边距离，宜等于或大于250mm；

y——汽车环行时最内点至环道内边距离，宜等于或大于250mm。

4.1.11 汽车环形坡道除纵向坡度应符合表4.1.7规定外，还应于坡道横向设置超高，超高可按下列公式计算。

$$i_c = \frac{V^2}{127R} - \mu \quad (4.1.11)$$

式中　V——设计车速，km/h；

R——环道平曲线半径(取到坡道中心线半径)；

μ——横向力系数，宜为0.1～0.15；

i_c——超高即横向坡度，宜为2%～6%。

4.1.12 当坡道横向内、外两侧如无墙时，应设护栏和道牙，单行道的道牙宽度不应小于0.3m。双行道中宜设宽度不应小于0.6m的道牙，道牙的高度不应小于0.15m。

4.1.13 汽车库室内最小净高应符合表4.1.13的规定。

汽车库内室内最小净高　表4.1.13

车　　型	最小净高(m)
微型车、小型车	2.20
轻型车	2.80
中、大型、绞接客车	3.40
中、大型、绞接货车	4.20

注：净高指楼地面表面至顶棚或其他构件底面的距离，未计入设备及管道所需空间。

4.1.14 汽车库的汽车出入口宽度，单车行驶时不宜小于3.50m，双车行驶时不宜小于6.00m。汽车库出入口处当为城市道路时，其与道路规划红线及通视条件应符合本规范第3.2.8条规定，并宜于出入口上方设防坠落物措施。

4.1.15 汽车库内当采用天然采光，其停车空间天然采光系数不宜小于0.5%或其窗地面积比宜大于1∶15。封闭式汽车库的坡道墙上不得开窗，并应采用漫射光照明。

4.1.16 汽车库内可按管理方式和停车位的数量设置相应的值班室、管理办公室、控制室、休息室、贮藏室、卫生间等辅助房间。

4.1.17 三层以上的多层汽车库或二层以下地下汽车库应设置供载人电梯。

4.1.18 汽车库的停车位的楼地面上应设车轮挡，车轮挡宜设于距停车位端线为汽车前悬或后悬的尺寸减200mm处，其高度宜为150～200mm，车轮挡不得阻碍楼地面排水。

4.1.19 汽车库的楼地面应采用强度高、具有耐磨防滑性能的非燃烧体材料，并应设不小于1%的排水坡度和相应的排水系统。

4.1.20 汽车库内坡道面层应采取防滑措施，并宜在柱子、墙阳角及凸出构件等部位设防撞措施。

4.1.21 汽车库内应在每层出入口的显著部位设置标明楼层和行驶方向的标志，宜在楼地面上用彩色线条标明行驶方向和用10～15cm宽线条标明停车位及车位号。在各层柱间及通车道尽端应设置安全指示灯。

4.2 坡道式汽车库设计

4.2.1 坡道式汽车库可根据工程的具体条件选用内直坡道式、库外和库内外直坡道式汽车库；单行螺旋坡道式、双行螺旋坡道式和跳层螺旋坡道式汽车库；二段式和三段式错层汽车库；以及直坡形斜楼板式和螺旋形斜楼板式等汽车库。

4.2.2 坡道式汽车库，除螺旋坡道式外，均应使其坡道系统在每层楼面上周转通车道畅通，形成上、下行连续不断的通路，并应防止上、下行车交叉。

4.2.3 严寒地区不应采用库外外直坡道式汽车库。

4.2.4 错层式汽车库内楼层间直坡道分为两段，该两段间水平距离应使车辆在停车层作180°转向，两段坡道中心线之间的距离不应小于14m。

4.2.5 三段错层式汽车库必须限定车辆行驶路线。

4.2.6 错层式汽车库内可以楼面空间叠交，但叠交尺寸不应大于1.5m。

4.2.7 双行螺旋坡道式汽车库上行应采用在外环的左转逆时针行驶，下行应采用内环行驶，外环道半径和宽度可按本规范第4.1.10条计算值适当加大，坡道宜布置在建筑主体的一端或不规则平面的凸出部位。

4.2.8 跳层螺旋坡道式汽车库时，其楼层上进口和出口应对直，其坡道宜靠近建筑平面中心。

4.2.9 斜楼板式汽车库其楼板坡度不应大于5%。

4.2.10 斜楼板式汽车库采用斜列式停车时，其停车位的长向中线与斜楼板的纵向中线之间的夹角不应小于60°。

4.2.11 平面为矩形的斜板式汽车库，必要时可设转向的中间通车道，为防止行车高峰堵车，可增设螺旋坡道。

4.2.12 附建式地下汽车库其停车位布置、坡道型式、通车道进出路线、人员疏散口的单独设置等均应与上部建筑的使用功能和结构选型、柱网布置相协调。

4.2.13 地下汽车库内不应设置修理车位，并不应设有使用易燃、易爆物品的房间或存放的库房。

4.2.14 地下汽车库在出人地面的坡道端应设置与坡道同宽的截流水沟和耐轮压的金属沟盖及闭合的挡水槛。

5 机械式汽车库

5.1 一般规定

5.1.1 机械式汽车库的建筑设计应根据总体布局需要，结合机械停车设备的运行特点和有关技术资料的规定进行设计，当条件不能满足时，应与供应设备的单位进行协调。

5.1.2 机械式汽车库中设计车型的外廓尺寸及重量可按表5.1.2规定采用。

汽车设计车型外廓尺寸及重量 表5.1.2

数值 \ 项目 车型		外廓尺寸(m)			重量(t)
		长	宽	高	
小轿车	小	4.80	1.70	1.60	1.50
	中	5.05	1.85	1.60	1.60
	大	5.60	2.05	1.65	2.20
轻型车		5.05	1.85	2.00	2.00

5.1.3 机械式汽车库的库区内候车车位不应少于2个，当出入口分设时，应至少设1个。

5.1.4 进出机械式汽车库的汽车需要调头而受场地限制时，可设置回转盘。

5.1.5 机械式汽车库的库门洞口宽度不应小于车宽加500mm，其高度不应小于车高加100mm，兼作人行通道时其高度不应小于1900mm。

5.1.6 机械式汽车库的出入口应设库门或栅栏。

5.1.7 火灾时自动封闭库门的机械式汽车库，应另设人员疏散的安全门、安全门应向室外开，从库外只能用钥匙开启，并设标志。

5.1.8 机械式汽车库的门应为闭锁，并应使人、车不受夹损。

5.1.9 机械停车设备的操作位置应能看到人、车的进出，当不能满足要求时，应设置反射镜、监控器等设施。

5.1.10 在机械式汽车库中，严禁设置或穿越与本车库无关的管道、电缆等管线。

5.2 机械式汽车库设计

5.2.1 机械式汽车库根据工程具体条件可选用升降机式、两层式、多层式(电梯式)、吊车式、多层循环式、水平循环式和竖直循环式等型式。

5.2.2 升降机式汽车库除升降机部位按本章规定设计外，其余均应符合本规范第4章的规定。

5.2.3 升降机式汽车库其升降机的数量应按每台不多于25个停车位计算确定，如无其他汽车出入口时，每个车库升降机数量不应少于2台。

5.2.4 升降机式汽车库，其升降机的位置应方便汽车的进出。

5.2.5 两层升降横移式汽车库，宜用于地下汽车库和单层汽车库，并可与坡道组合使用。

5.2.6 竖直循环式汽车库或多层式汽车库可设在主体建筑物内，其支承结构宜与主体建筑的结构分开，否则应采取减振、隔声措施。

5.2.7 竖直循环式汽车库或多层式汽车库可贴建于主体建筑外，紧贴的主体建筑墙面不得开设洞口，并应符合防火要求及采取隔声措施。

5.2.8 竖直循环汽车库或多层式汽车库可以多套并联设置，但必须按现行的国家标准《汽车库、修车库、停车场设计防火规范》(GB 50067)进行防火分区，和进行防火设计。

6 建筑设备

6.1 一般规定

6.1.1 汽车库内设备管道应明设，各类管道应排列整齐，宜用不同颜色和符号标明管理种类和介质流向。

6.2 给水排水

6.2.1 汽车库内应分设生产给水、生活给水和消防给水系统，其生产、生活用水量，应符合现行的国家标准《建筑给水排水设计规范》(GBJ15)的规定。

6.2.2 汽车库消防用水及其设备和设施应符合现行的国家标准《汽车库、修车库、停车场设计防火规范》(GB 50067)的规定。

6.2.3 敞开式汽车库在有可能产生冰冻的地段，其管道应采取防冻措施。

6.2.4 汽车库应按停车层设置楼地面排水系统，其排水方式不宜采用明沟。

6.2.5 地下汽车库宜设置带隔油措施的集水坑和排水泵。

6.2.6 机械式汽车库内应设置排除其内部积水的设施。

6.2.7 汽车库内当附设汽车清洗职能时，小型汽车每辆日用水量宜为250～400L；大、中型汽车每辆日用水量宜为400～600L，库容量50辆及以下，其车辆数宜按全部汽车计算，50辆以上，宜按全部汽车的70%～80%计算。当设置汽车清洗机时应设在底层。

6.3 采暖通风

6.3.1 严寒地区和寒冷地区的汽车库内应设集中采暖系统，其室内计算温度应符合表6.3.1规定。

汽车库内各房间采暖室内计算温度　　表6.3.1

房间名称	室内计算温度(℃)
停车间	5～10
汽车保修间	12～15
管理办公室、值班室、卫生间	18～20

6.3.2 严寒地区的地下汽车库应在坡道出入口处设热风幕。

6.3.3 汽车库内自然通风达不到稀释废气标准时应设机械排风系统；并应符合现行国家标准《工业企业设计卫生标准》(TJ36)的规定。

6.3.4 地下汽车库宜设置独立的送风、排风系统。其风量应按允许的废气标准量计算，且换气次数每小时不应小于6次，其排风机宜选用变速风机。

6.3.5 地下汽车库的排风宜按室内空间上、下两部分设置，上部地带按排出风量的1/2～1/3计算，下部地带按排出风量的1/2～2/3计算。送入新鲜空气的进风口宜设在主要通道上。

6.4 电　气

6.4.1 汽车库内应设照明供电系统和电力供电系统，机械式汽车库内宜设双电源供电系统，并应符合国家现行的行业标准《民用建筑电气设计规范》(JGJ37)的规定。库内应设配电室，配电室位置要便于管理和进出方便，均应符合现行的有关规范的规定。

6.4.2 汽车库内照明应亮度分布均匀，避免眩光，其各房间照度标准应符合表6.4.2规定。

6.4.3 汽车库内汽车出入通道、人员疏散通道、配电室、值班室均应设置应急照明，在弯道处宜增加照明量。

6.4.4 汽车库内应根据行车需要设置标志灯、导向灯，汽车库的出入口宜设置指示汽车出入的信号灯和停车位指示灯。

6.4.5 坡道式地下汽车库出入口处应设过渡照明，其设计应符合国家现行标准《地下建筑照明设计标准》的要求，白天入口处亮度变化可按10：1到15：1，夜间室内外亮度变化可按2：1到4：1取值。

照度标准值　　表6.4.2

房间名称		规定照度作业面	照度标准值(lx) 低	中	高
停车间	行车道	地面	20	25	30
	停车位		10	15	20
保修间		地面	30	50	75
管理办公室、值班室		距地0.75m	75	100	150
卫生间		地面	10	15	20

6.4.6 机械式汽车库内，无天然采光部位应设检修灯或灯插座。

6.4.7 汽车库内按保修工艺的要求可设置36V，220V，380V电源插座。

6.4.8 汽车库内火灾自动报警装置、自动灭火装置、消防控制室和其他电气设备的设置，均应符合现行国家标准《汽车库、修车库、停车场设计防火规范》(GB 50067)的规定。

6.4.9 汽车库应根据库容量和其使用要求设置通讯系统和广播系统。

6.4.10 新建大型及以上汽车库在经济条件允许下，经技术经济比较可设置生产管理和建筑物管理的智能化系统。

6.4.11 在智能化汽车库内可设置中央控制室，并宜设于汽车库中心或出入口附近。

附录A　本规范用词说明

A.0.1 为便于在执行本规范条文时区别对待，对于要求不同的用词说明如下：

1. 表示很严格，非这样做不可的：
   正面词采用"必须"；
   反面词采用"严禁"。
2. 表示严格，在正常情况下均应这样做的：
   正面词采用"应"；
   反面词采用"不应"或"不得"。
3. 表示允许稍有选择，在条件许可时，首先应这样做的：
   正面词采用"宜"或"可"；
   反面词采用"不宜"。

A.0.2 条文中指明必须按其他有关标准执行的写法为："应按……执行"或应"符合……的要求(或规定)"。非必须按所指定的标准执行的写法为"可参照……的要求(或规定)"。

附加说明

本规范主编单位、参加单位和主要起草人名单

主编单位　北京建筑工程学院

参加单位　浙江省城乡规划设计研究院
苏州城建环保学院
北京恩菲停车设备集团
上海建筑设计研究院
北京首汽集团公司

主要起草人　沈运柱　许家珍　史奉羔
姜　勇　李运保　张安益

中华人民共和国行业标准

汽车库建筑设计规范

JGJ 100—98

条 文 说 明

前　言

根据建设部建标［1991］413号文要求，由北京建筑工程学院主编，浙江省城乡规划设计研究院、苏州城建环保学院、北京恩菲停车设备集团、上海建筑设计研究院、北京首汽集团公司等单位参加共同编制的《汽车库建筑设计规范》（JGJ 100—98），经建设部1998年3月18日以建标［1998］48号文批准，业已发布。

为了便于广大设计、施工、科研、学校等单位的有关人员在使用本规范时能正确理解和执行条文规定，《汽车库建筑设计规范》编制组按章、节、条的顺序编制了本条文说明，供国内使用者参考，在使用中如发现本条文说明有欠妥之处，请将意见函寄北京建筑工程学院建筑系（地址：北京展览路一号，邮政编码：100044）。

本条文说明由建设部标准定额研究所组织出版。

目　次

1 总 则

1.0.1 汽车是现代化主要交通和运输工具之一，随着社会经济的发展已大量进入城市。在我国除了大力发展公共交通事业以外，汽车已开始进入家庭，这不以人们的意志为转移，1995年的汽车产量大约是100万辆，到2000年将增长到300万辆以上。目前全国汽车保有量达1000万辆，其中客用车约100万辆，而小轿车约占70万辆，私人保有量约4万辆。1995年初北京城乡贸易中心开展销售小轿车的业务，试销国产小轿车2000辆，不出一个月已订购完。国家正在有计划地组织三大、三小、二微的大产量汽车制造基地。据有关部门预计，2010年保有量约4000万辆，未来十到十五年内汽车有可能大规模进入家庭。

目前汽车在机关和企事业单位保有量较大，反映出在城市的公用停车场已比较拥挤，尤其是市中心，停车已开始成为问题，阻碍了城市建设的发展和城市交通的现代化管理，汽车大量进入家庭以后，问题会更加严重，将会反映到城市的各地区和乡镇，尤其是城市住宅区。

为了适应城市建设的高科技化和城市交通管理的现代化，为了解决群众性的大容量停车、存车问题，将修建大量汽车库，为此编制本规范。

1.0.2 本规范汽车库停放的汽车为轿车、客车和货车，并侧重于城镇中大量性的汽车库建筑，即营业性的公用汽车库和非营业性的专用汽车库。工厂和村镇的小型汽车库不作重点，而专业型和特殊型汽车库不在其内，可作参考。

1.0.3 汽车库建筑除了适用、经济以外，在安全、技术先进和环境保护等方面都有独特的要求，不仅进出车运行要安全，对油、气的防火、防灾还有较高安全要求，同时还要防止尾气污染环境。采用先进的管理技术，既可节省运行成本，还可以使车辆运行迅速、合理，又可保证建筑物的安全。

1.0.4 汽车库的建筑规模按车型、容量和面积三者来划分，考虑到目前国家标准《汽车库、修车库、停车场设计防火规范》不分车型，仅以小型车车容量来分，而且中、小型车库使用面广，故本表以中、小型车的容量来分，不适用于大型车车库。

我国除台湾、港澳地区以外，汽车还未大量进入家庭，而港澳地区汽车已大量进入家庭，其汽车库容量显示得比较充分，如九龙新世界中心，其高层汽车库容量已大于1000辆，九龙火车站上部亦为高层汽车库，其容量大于800辆，与新世界中心相邻的某高层汽车库，其容量亦达800辆以上。在汽车还未大量进入家庭的北京、上海已出现500辆和500辆以上的汽车库，如北京饭店的地上汽车库，上海友谊汽车公司吴中路多层汽车库等。以800万人口的大城市测算，五口之家有150万户，如果1/3家庭拥有汽车，则达50万辆，要建500辆容量车库1000个，因此，市中心和商业区的停车位需求量将是一个巨大数字。既从现状出发，又预计到未来，所以把特大型定在500辆以上；大型定在301～500辆；中型定在51～300辆；小型定在50辆以下，这样与防火规范中300辆和50辆两个界限相协调，是兼顾了现在、未来和防火规范三者的产物，是比较稳妥的。

1.0.5 是根据建设部司发文（91）建标技字第32号《工程建设技术标准编写暂行办法》第十条第二项规定，引用的典型用语。与本规范有较大联系的规范有：1.民用建筑设计通则；2.汽车库、修车库、停车场设计防火规范；3.停车场规划设计规则；4.城市公共交通站、场、厂设计规范等。因有专门的防火规范，故本规范不再在防火方面作规定。

2 术 语

2.0.1 汽车库的英语为garage，其含义是以停放和储存汽车为主体，带有少量修车位的建筑物；停车场英语为“parking lot”，美国英语为“parking area”；修理汽车的建筑英语为“motor repair shop”；这三者是各有其含义。中文“库”的含义为“贮存东西的房屋或地方”；而露天的地方，中文更有确切的词为“场”。目前已有《停车场规划设计规划》专为露天停车用。而保养和修理汽车的房屋，属于生产性车间或厂房，中文中用保养和修理汽车楼、车间或厂更为确切。因为从国内的传统语言和国外的专用词来看，本规范在术语中限定为停放和储存汽车的建筑物比较确切、稳妥。

汽车库有单建式、合建式和附建式，这三者均属于汽车库的定义之内。

汽车库一词虽然在美国英语的用词中有用“parking Building，parking structer”等，但在字典中仅为garge，故采用garage。

2.0.2 汽车最小转弯半径是计算通车道最小回转半径的重要数据，是汽车回转中心至前轮外侧的水平距离。由汽车制造厂在产品样本中提供，不是汽车通车道的最小回转内径。

2.0.12 下图为两层式机械汽车库。(*a*) 为二层升降横移式，上层可以升降，下层（与地面平）可平移，下层有一个空位，靠空位的移动，可使上层任一辆车调出。(*b*) 为两层循环式机械汽车库，汽车停于升降机的托板上，自动降下并转运到沿水平方向配置的循环运动的停车位上。(*c*) 为两层坑下式机械汽车库，上、下两个车位固联成为一个升降体，平时卧于地坑，上层可停车，升起后可存取下层车。

2.0.13 下图为竖直循环机械汽车库

停车位沿竖直方向布置，由传动机构带动作升降循环运动，其出入口可设在下部、中部、上部。

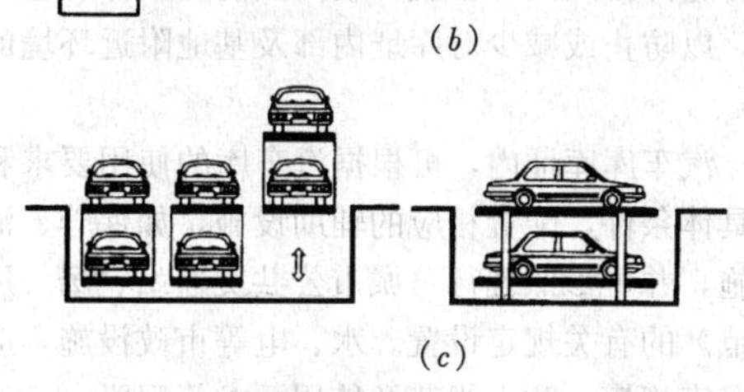

(a)

(b)

(c)

图 2-1

(a) 二层升降横移式汽车库；(b) 二层循环式汽车库；(c) 坑下式汽车库

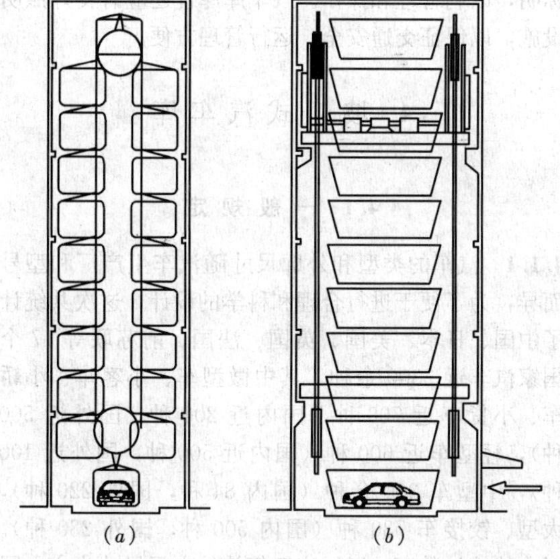

(a)　(b)

图 2-2　竖直循环式机械汽车库

注：本说明中机械汽车库简图均由北京恩菲停车设备集团提供。

3　库址和总平面

汽车库因停放汽车而形成一定规模车流集散，不仅成为城市交通的重要组成部分，而且是城市中主要交通源之一，因而对其周围环境产生相应影响。同时，汽车库停放车辆，需要提供管理、保养、配电、水泵等设施。本章主要从上述各方面，结合现行有关规范，对汽车库选址和总平面规划设计提出具体规定。

3.1　库　　址

3.1.1　汽车库库址包括公用和专用两类，它们都具有静态和动态交通，是城市交通所不可缺少的部分。同时，汽车库库址对周围环境有相当影响，所以，选址必须符合城市总体规划、城市道路交通规划、城市环境保护规划及防火等要求。

3.1.2　城市中道路分级，大城市一般分快、主、次、支四级，中等城市分主、次、支三级，小城市分干、支两级。此外，城市中还有工业区、居住区等功能分区内道路。按上述划分，总的可分为城市道路和功能分区道路两类，中型及中型以上汽车库库址，出入车流量大，应临近城市道路，有利于减少对功能分区内环境干扰和影响。

3.1.3　城市公共设施集中地区，如行政中心、商业区、车站、码头等，应设公用停车库，库址距主要服务对象（如百货商店、行政机关等）不宜过远，距离太近也不易实施，本条例规定为不宜超过 500m。

3.1.4　专用汽车库库址应设在专用单位的用地范围内，如专用单位已无用地可作汽车库库址，应尽可能采用地下或机械式汽车库，或设在附近场地。

3.1.5　为贯彻“平战结合”，城市原有人防工程设施已广泛与城市建设相结合，如改作停车库、仓库等，新建汽车库应充分利用现有城市人防工程设施。同时，还应与城市规划中拟建的人防工程设施相结合，并与城市地下空间开发相结合。可根据《人防建设与城市建设相结合规划编制办法》中所规定“城市总体规划已经审批，未编制人防建设与城市建设相结合规划的城市，应补充编制。”

3.1.6　汽车库选址，尤其是多层汽车库和地下汽车库，由于荷载大，并有大量可燃材料，应严格注意承载层条件，除确保工程质量和节省投资外，还应防止在发生灾害时发生次生灾害。

3.2　总　平　面

3.2.1　汽车库库址的使用功能，主要有汽车出入、停放、汽车保养、清洗、加油、充电等，以及库址内交通和绿化等。根据库址规模的大小，规模大的可以按功能分区，如库址小或汽车库规模小的不必严格分区，但在总平面布局或建筑平面布局中应全面考虑各使用功能的需要。

大规模的汽车库库址，根据功能分区应由管理区、车库区、辅助设施区及道路、绿化等组成。

3.2.1.1　管理区主要对车辆出入、调度、生产经营及行政等实施管理，区内应设置与上述管理有关设施，如行政办公、调度、警卫、收费等。

3.2.1.2　车库区是停放车辆的区域，车辆停放方式有室内、室外、地上、地下、单层、多层等，应根据不同停放和运行方式，布置相应设施，如停车位管理，车流管理等。

车辆入库前，车轮需经清洗，以保持库内清洁，库前宜设车轮清洗处。

3.2.1.3 辅助设施区主要为车辆保养、清洗以及工作人员的生活服务，本区需根据辅助内容设置相应设施。

3.2.1.4 库址内道路除沟通各功能分区外，并应符合消防、候车等要求。

3.2.1.5 汽车库库址绿化过去往往重视不够，建设部根据《城市绿化条例》制定了《城市绿化规划建设指标的规定》，其中要求单位附属绿地面积占单位总用地面积的比率不低于30%。

汽车库库址应设置隔声绿化带，以减少对周围环境的噪声污染。同时在室外停车场应设林荫带，改善车辆停放环境，减少停放车辆受曝晒时间，既加强了基地绿化，又美化了城市市容。

3.2.2 库址总平面布局，应该使停放汽车的各种使用功能得到充分有效的发挥，成为结构严密的有机整体。同时，基地环境也应符合现行《城市容貌标准》规定。

3.2.3 汽车库库址内有大量可燃材料，为汽车库设计还制定了专门的防火规范，库址总平面布局必须严格执行现行的《汽车库、修车库、停车场设计防火规范》的规定。本条文所列各项内容，该规范均有明确规定。

3.2.4 汽车库库址，出入车辆数，与基地停车位数成正比，车位数越多，出入口数量也相应增加。本条文规定的出入口数量与现行《停车场规划设计规则》相一致，但汽车出入口之间净距，从安全和有利城市道路车流疏散考虑，已从10m增至15m，并规定单向出入口宽度为不小于5m，与上海市《停车场（库）设置标准》一致。

3.2.5 公用汽车库停放车辆需要办理收费等手续，由于车辆减速或停靠，在办理手续的出入口处应设置候车道。

3.2.6 专用汽车库库址的车辆出入与人流交叉措施，系采用上海市《停车场（库）设置标准》第3、1、4条规定。

3.2.7 由于特大、大、中型汽车库库址出入车辆多，而城市主干道交通流量也大，如出入口设于主干道往往容易造成主干道交通阻塞，所以特大、大、中型的汽车库基地出入口应尽量不设在城市主干道上。如必须设在主干道上应有必要的安全措施、严禁堵塞主干道交通。

3.2.8 在库址出入口，车辆出入容易堵塞，所以出入口必须退出城市道路规划红线，否则容易造成城市道路的车流堵塞。

通视要求以上海市《停车场（库）设置标准》第3、1、3条为基础，按出入口退出道路规划红线7.5m确定（图示为7m宽出入口）。

3.2.9 汽车库库址出入口距离城市道路交叉口及人行过街天桥、地道、桥梁或隧道等引道口，应有一定距离，以保证交通安全畅通。本条所采用距离值与现行国家标准《停车场规划设计规则》一致。

3.2.10 汽车库建筑周围道路、广场应符合车辆行驶要求，并有排雨水、污水设施，地坪排水坡度所采用0.5%数值，符合排水技术要求。

3.2.11 地下汽车库排风口对周围环境有相当影响，需要妥善选择排风出口位置、朝向及高度，并设置必要设施，以防止或减少对库址内部及基地附近环境的影响。

3.2.12 汽车库库址内，可根据汽车库的使用要求和库址的具体条件，配置相应的辅助设施，如保养、清洗等设施，并可参照现行《城市公共交通站、场、厂设计规范》的有关规定设置。水、电等市政设施，应根据汽车库规模、防火规范及使用要求等配置。

3.2.13 汽车库库址应有明显标志，便于识别。库址内各种设施及通车道路线走向等，应按现行国家标准《城市公共交通标志——公共交通总标志》规定清楚标明，以利管理和操作。汽车库库址还应有良好照明设施，以保证交通安全，运行管理方便。

4 坡道式汽车库

4.1 一般规定

4.1.1 汽车的类型和外廓尺寸随汽车生产厂和型号而异，为了便于进行合理和科学的设计，这次共统计了中国、日本、美国、英国、法国、前苏联等17个国家汽车近2300余种，其中微型车、小客车、小轿车、小货车近700种（国内近200种，国外近500种），轻型车近600种（国内近500种，国外近100种），中型车300余种（国内84种，国外220种），大型、铰接车730种（国内500种，国外230种）。对上述统计数字，以国产车停放的空间尺寸为主，国外车为辅，结合我国现有的经济水平，进行归纳和分类，按中国汽车工业总公司和中国汽车技术研究中心编制的中国汽车车型手册1993年版的车名为据，除专用汽车、矿用车、摩托车外分成八型，如下：

1. 微型车：包括微型客车、微型货车、超微型轿车。

2. 小型车：小轿车、6400系列以下的轻型客车和1040系列以下的轻型货车。

3. 轻型车：包括6500～6700系列的轻型客车和1040～1060系列的轻型货车。

4. 中型车：6800系列中型客车、中型货车和长9000mm以下的重型货车。

5. 大型客车：包括6900系列的中型客车、大型客车。

6. 大型货车：长 9000mm 以上的重型载货车，大型货车。

7. 铰接客车：铰接客车，特大铰接客车。

8. 铰接货车：铰接货车、列车（半挂、全挂）。

据此八型可以将统计数字中 95%以上的车辆概括进去，还有小部分车可利用大、小车搭开停放及局部使用通车道予以停放，将它们作为公用汽车库设计车型的外廓尺寸。专用汽车库可按实际存放车型的外廓尺寸进行设计。

4.1.3 倾斜式可以按具体情况选择角度，30°、45°、60°既是常用的又具有代表性。由于汽车与汽车之净距大于汽车与柱子之净距，所以柱子有可能进入停车空间内而不影响停车。

4.1.4 汽车与汽车、墙、柱、扶栏之间的净距是按三种停车方式均满足一次出车和防火要求确定。当平行停车时将汽车间纵向间距定为 1200mm 和 2400mm，是为了满足一次出车要求。汽车间横向间距主要考虑到驾驶员开门进出的需求，实测国产车上海桑塔纳 600mm 时可以进入，500mm 就感紧张，所以定为 600、800 和 1000，与防火规范不一致但不会发生矛盾，后者是防火角度的最小值，其他尺寸都是行车安全要求的最小尺寸。

4.1.5 表 4.1.5 根据列出的计算公式，在各车型中选用比较典型的汽车的有关参数进行计算而得，当计算出的通车道宽小于汽车宽加两侧的安全距离（500～1000mm）时，取后者，且不小于 3.0m，每辆车的停车面积按通道两侧均停车计算，但未计算坡道等建筑面积。

根据本规范表 4.1.5 算出最小每停车位的面积如下：

表 4-1

参数值 / 停车方式 \ 车型分类 \ 项目		最小每停车位面积（m^2/辆）					
		微型车	小型车	轻型车	中型车	大货车	大客车
平行式	前进停车	17.4	25.8	41.6	65.6	74.4	86.4
斜列式 30°	前进停车	19.8	26.4	40.9	59.2	64.4	71.4
斜列式 45°	前进停车	16.4	21.4	34.9	53	59	69.5
斜列式 60°	前进停车	16.4	20.3	40.3	53.4	59.6	72
斜列式 60°	后退停车	15.9	19.9	33.5	49	54.2	64.4
垂直式	前进停车	16.5	23.5	41.9	59.2	59.2	76.7
垂直式	后退停车	13.8	19.3	33.9	48.7	53.9	62.7

注：此面积只包括停车和紧邻车位的通车的面积，不是每停车位的建筑面积。

小型车汽车库的所需建面积，国内外实例中已有比较接近的指标，大约每车位从 27m^2～35m^2（包括坡道面积），结合国情，控制每车位在 33m^2 以下是完全可行的。

4.1.6 表 4.1.6 中坡道上通车道最小宽度，美国资料较大，单车道 3.6m，双车道 6.7m，环形坡道单车道为 3.82m，双车道 7.86m（内含 0.6m 中间道牙），而苏联最小，为 2.5m、5.0m 和 3.5m、7.45m，我们按国情、结合中国车型取两者之间值，接近日本值。

4.1.7 最大坡度首先取决于安全和驾驶员的心理影响，其次是汽车爬坡能力和刹车能力，所以一般不宜在 15%（1：6.7）以上，但如果汽车库内有专职司机进出车辆，则轻型车、小型车最大坡度可达 20%。

4.1.8 为了防止汽车上、下坡时汽车头、尾和车底擦地，可根据汽车设定的前进角、退出角和坡道转折角的角度等进行计算，当坡道坡度超过 10%时应设缓坡。

4.1.9 汽车最小转弯半径从已知的统计数字中取合理的偏大值，如小型车中奥迪为 5.8m；上海桑塔纳为 5.6m，取 6m。轻型车以下数值差大，故取一个范围。

4.1.10 环行通车道的计算以此公式比较合理，故推荐采用。

4.1.11 汽车环行时会产生离心力，因此，将环道内倾构成横向坡度，用汽车重力的水平分力来平衡离心力，一般情况下最急转弯处每米坡道宽度抬高 4cm，接近楼面处略少一些。

4.1.12 为了行车安全和驾驶员的心态平衡，坡道两侧如无墙体应设护栏，护栏高度除保证行车安全外，还应遮挡驾驶者对车库外四周建筑物的视线。为了行车安全，双行道中宜设道牙。

4.1.13 室内净高除车高外还应考虑行车的安全高度、行人和设备及管道的空间。表中值是未考虑设备和管道空间的最小值。

4.1.14 为了保证出入口的畅通和安全，加大了出入口宽度，出入口对着城市道路时应留 1.5 个车位长即 7.5m 以上的安全距离，并在车道出口朝城市道路内侧 2.0m 的 60°角内不准有遮挡，否则达不到应有的通视条件。

4.1.15 坡道墙上如开窗，会产生眩光影响司机的视觉。同样人工采光应采用漫射光照明，否则亦会影响司机视觉。漫射光定义见《天然采光设计标准》。

4.1.16 目前国内已有的汽车库管理水平较低，且管理方式不一，辅助面积和人员编制均偏高，参考有关资料，辅助面积宜控制在总面积的 10%以下，以 500 辆规模的小型车车库为例，总建筑面积约 15000m^2，10%为 1500m^2，作为管理和辅用房应该是可以的。由于目前车库还不多，管理方式落后和管理水平较低，所以仅提出可设的房间，不提出具体指标较妥，至于附设住宿和餐饮等用房可按有关规范规定。

4.1.17 美国建筑师设计手册建议三层以上设电梯，考虑到有利于提高车库使用效率。规定地上三层以上多、高层汽车库、地下二层以下汽车库应设供人使用的电梯。

4.1.18 为了在停车位内安全停车，宜设车轮挡，其位置与汽车前悬或后悬的尺寸有关，可取较典型存放汽车的上述尺寸。如果车轮挡在每一个车位内通长时会阻碍地面排水，故应断开或下部漏空。

4.1.19 为经久耐用和易于清洗楼地面，对楼地面面层材料有所要求，并应作排水设计。

4.1.20 为了防止汽车在坡道上滑坡，坡道面层应有防滑措施。柱子、扶栏等必要时应有防撞措施，以免影响行车安全和结构安全，由于方法较多，不作更具体的规定。

4.1.21 为了行车安全和便于管理，设必要的行车标志和指示灯及划定每车位的位置和对停车位编号。

4.2 坡道式汽车库设计

上节是对汽车库设计中各种局部问题加以规定，本节是在上一节的基础上对汽车库整体设计中的一些问题加以规定。

4.2.1 汽车库有单层、多层、高层和地上、地下之分。单层车库相对来讲比较简单。多层车库因坡道设置方式不一，变化较多。总结国内外已有的成熟设计，可分成直坡道式、错层式、螺旋坡道式和斜楼板式四大类，每一类中又有所差异而分数种，则构成4类，10余种，这10余种中各有优缺点，适用于不同场合，故可根据基地形状和尺寸及停车要求和特点，由设计人员选用。其部分定义和简图如下：下图为坡道式汽车库中外直坡道汽车库和内直坡道式汽车库(Ramp garage)。

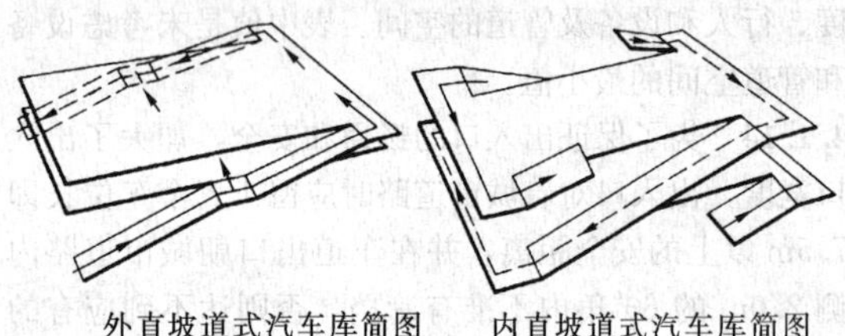

外直坡道式汽车库简图　　内直坡道式汽车库简图

图 4-1　直坡道式汽车库

错层式汽车库（Staggered-Floor garage）　将各停车层楼板标高垂直错开半层，形成两部分停车空间坡道式汽车库，它又可分二段式和三段式。下图为错层式汽车库，是坡道式汽车库的一种异型，(*a*) 为二段式，(*b*) 为三段式。

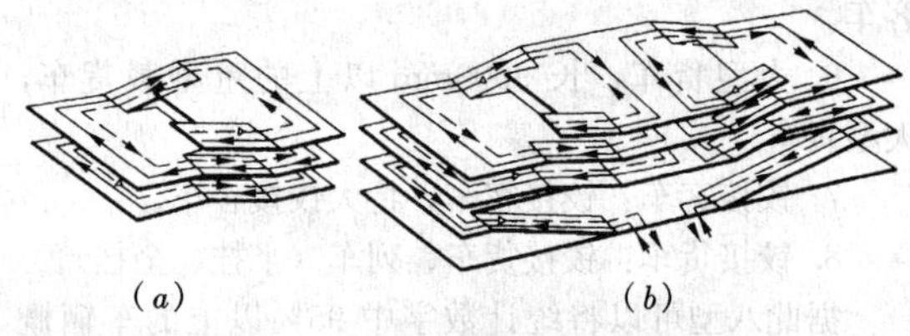

(*a*)　　(*b*)

图 4-2　错层式汽车库

(*a*) 二段式；(*b*) 三段式

螺旋坡道式汽车库（Helical-ramp garage）　汽车在停车楼层之间，沿着一条连续的螺旋车道行驶者，为螺旋坡道汽车库。图 4-3 为螺旋坡道式汽车库的一种。

双行螺旋坡道汽车库（Two way helical-ramp garage）上、下楼层螺旋坡道设于同一双行线螺旋坡道内的螺旋坡道汽车库。

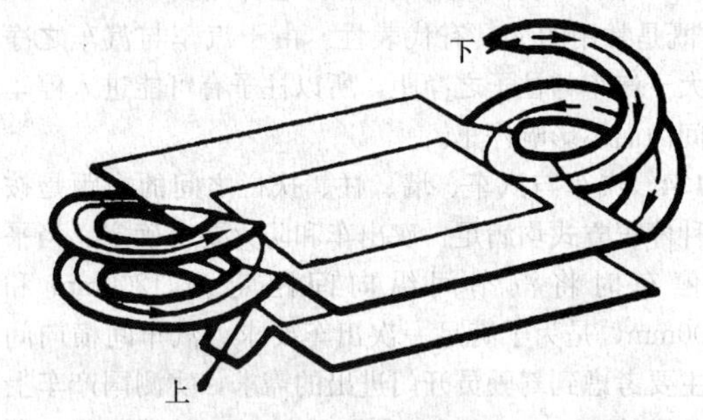

图 4-3　单螺旋坡道式汽车库

跳层螺旋坡道式汽车库（Concentric-Spiral garage）　上、下楼层螺旋坡道重叠错开设置，为同一圆心，亦称同心圆螺旋坡道式汽车库。

下图为双行螺旋坡道和跳层螺旋坡道式汽车库的螺旋坡道，大多是圆形，亦可以是其他形状。

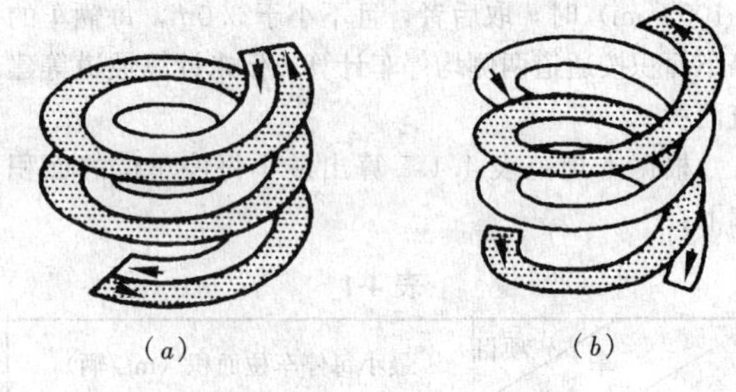

(*a*)　　(*b*)

图 4-4　双行和跳层螺旋坡道

(*a*) 双行螺旋坡道；(*b*) 跳层螺旋坡道

斜楼板式汽车库（Sloping-floor garage）　各停车层楼面倾斜，并兼作楼层间行驶坡道者为斜楼板式汽车库。图 4-5 为斜楼板式汽车库的一种。

4.2.2 直坡道式、错层式及斜楼板式车库，都以各层楼面通车道兼作回转的通道，因此必须连续畅通无阻。

4.2.3 严寒地区累计最冷月平均温度低于或等于-10℃，采暖日期往往在年130日以上。外直坡道式汽车库，由于坡道易于冰冻，影响到行车安全，故不应采用。

4.2.4 两坡道间中心距不小于13.7m，取14m，为的是汽车在楼层上作180°转向，这里指的是小型车，

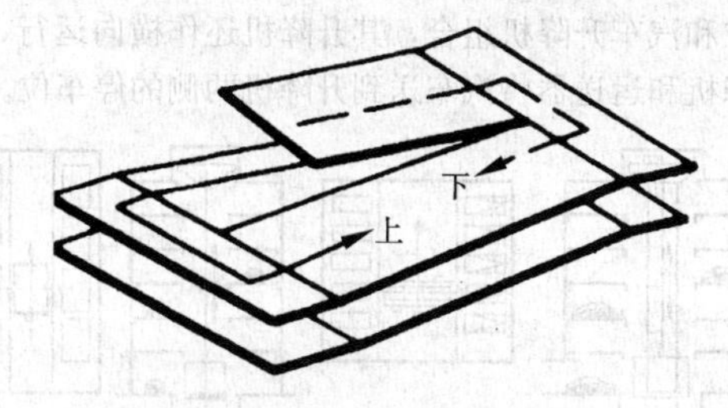

图 4-5 斜楼板式汽车库

中、大型车还应按车型加大。

4.2.5 三段错层式汽车库，因中段与左、右段均有坡道，通车道较多，行车易于出错，故应严加限制，除设行车标志外还应有具体措施。

4.2.6 为了节省有效建筑空间，允许楼面叠交，因小轿车头、尾要求空间高度较小，故可采用，但不宜超过 1.5m，如停方形面包车则不适用。

4.2.7 双行螺旋坡道，上车道宜设在外侧，且宜适当加大。因为能让进车时转弯角度比较平缓，易于司机适应。且以左转逆时针行驶适应我国驾驶位在左侧的车型。由于坡道所占面积较大，在规则平面中宜置于规则平面的一端，这样会使布置更合理，若在不规则基地内，应充分利用基地形状的变化，如为曲尺形基地，则可将环布置于曲尺的突出部位。

4.2.8 跳层螺旋坡道式汽车库，亦叫同心圆式螺旋坡道车库，其构思精巧，用地经济。由于上、下螺旋坡道同一圆心，因而上、下坡在同一竖向空间，而上、下车道分开。为了保持上、下坡道的净空始终一致，故在每层楼面上的进、出车口位置应对直，设计时要有较强的空间概念。它是螺旋形坡道中较经济者。为了停车和行车的合理，坡道空间宜设于停车楼的中心部位，由于它占地相对较少，往往适用于市中心用地紧张地段的高层车库。

4.2.9 斜楼板既可以是直坡道式亦可以是螺旋坡道式，国内已有后者实例。当楼板坡道大于 5%时不宜停车。

4.2.10 由于楼地面已为斜坡，为了防止停车后车滑行，应使停车位与通车道成 60°或 60°以上的夹角。

4.2.11 斜楼板式汽车库由于楼面兼作坡道，所以比较经济，但在库内进出车行驶距离较长。当为大型车库时往往设转向中间通道，当行车高峰有堵车现象时则可设螺旋式坡道，供快速出口用。

4.2.12 很多地下汽车库建于大型公共建筑的地下部分，尤其是高层建筑。由于抗倾覆要求有较多的地下空间。可作为停车之用，其单独出入口的设置、柱网的平面参数取值、坡道型式的选用、防火分区的划分等都受到上层公共建筑的功能和结构布置的制约，同时上层建筑的设备和管网走向亦受到汽车库的限制，因此在设计该类地下汽车库时应与上部建筑设计取得协调。

4.2.13 地下汽车库的通风、采光以及事故发生后的营救、灭火，与地上建筑相比都较困难，因而对有灾害气体浓度的控制和对明火出现的控制均较严，不允许设置修车位和使用及储存易燃易爆物品的房间。

4.2.14 为了防止地面水进入地下车库，必须采取严格的防排水措施，其方法有设与坡道同宽的排水沟、反坡和闭合挡水槛等，在有暴雨和有洪水的地区则还应有防洪设施。

5 机械式汽车库

机械式汽车库由于机械设备型式较多，因而库型亦不一，国际上以日本和欧洲等地较为广泛采用，国内近年来北京等几个城市出现了此类车库。由北京有色冶金设计研究总院恩菲停车设备集团开发，本章以国内近期开发的和有可能开发的几种机械式车库为主，作了一些规定，推荐为汽车库设计所用。

5.1 一般规定

5.1.1 机械式汽车库的设计车型较多，因此应根据建筑总布局和各种机械停车设备的运行特点来进行选择，并在选用机械设备时应十分慎重，并必须选用合格产品。由于机械停车设备对建筑等有一定要求，如建筑空间的大小、荷载大小、如何连接、荷载的作用位置、留沟、埋管等等，而这些条件都要从机械设备的设计或生产者那里取得，是建筑设计的主要依据。当需要更改这些条件时，建筑设计者必须与机械设备的设计或生产者进行充分的协商，不得自行更改。同时还应充分注意到更改后是否符合现行的有关规范的规定。

5.1.2 机械式汽车库的设计车型与坡道式汽车库有所不同，因为既要考虑到汽车的各种型式、尺寸和重量，还要考虑到汽车的发展趋势和没有其他空间（如通车道等）可以借用。从经济、适用出发，考虑了日本几家主要机械停车设备制造厂家的分类，结合目前国内常用车型、尺寸和重量，制订出表 5.1.2，使绝大部分小轿车均能适用。

5.1.3 由于机械式车库往往用于城市中心部位，与城市交通干道有密切的关系，进出车时机械设备需要一定的运行时间，所以参考了使用中有一定经验的日本资料，要求库门前与城市道路间必须有二辆或二辆以上停车位，让汽车有在库外等候的条件，否则可能引起城市道路交通的阻塞。只有当进出口分开设置时，可以减为一辆停车位。

5.1.4 当城市中心地区用地十分紧张时，会出现汽车库无充足的场地回车，那时，允许采用回车盘，就地回转。

5.1.5 库门洞净尺寸按经验及参考国外有关规定，洞宽应比设计车型宽加 0.5m 以上，洞高应比设计车型高加 0.1m 以上，如果人亦进出于该门时高应不小于 1.9m。

5.1.6 机械式汽车库的出入口一般不允许闲杂人员进入，如果出入口为敞开时，从安全运行出发，必须在出入口设库门或可以开启的栏栅以替代库门。

5.1.7 机械式汽车库设计中为了配合二氧化碳等气体灭火措施，往往库门会自动封闭。为防止把人关入库内，则必须设停电时人能出库的安全门，该门除必须外开外，门上应有明显标志，易于在紧急状态下辨认，同时为防止闲杂人员进入库内，从外部必须用钥匙，门才能开启，而从内部则不需钥匙随时都可以开启。

5.1.8 这是必要的安全措施，为避免事故，因而在此作规定。

5.1.9 机械停车设备一般都有保证安全运转的机电闭锁系统，尽管如此，为确保安全运转，操作人员在起动设备前，还必须确认车是否停好，人员是否已退出，故操作位置应设于使操作人员能观察到人及车的进出之处，如实在满足不了这一要求，应采取补救措施。

5.1.10 与车库无关的管线如设于库内，对保证车库的安全十分不利，也给这些管线的安装和维修带来困难，因此严禁设置或穿越与车库无关的管线。

5.2 机械式汽车库设计

5.2.1 机械式汽车库型式很多，本条推荐目前国内已开发的、正在开发的和较为成熟的品种，供工程设计者根据工程的具体条件选用。

多层式（电梯式）机械汽车库（Lift park garage） 停车位沿升降机垂直方向布置，用特制的转运装置，将汽车从升降机上转运到停车位或反之，因停车位设置不同分纵式、横式和回转式。

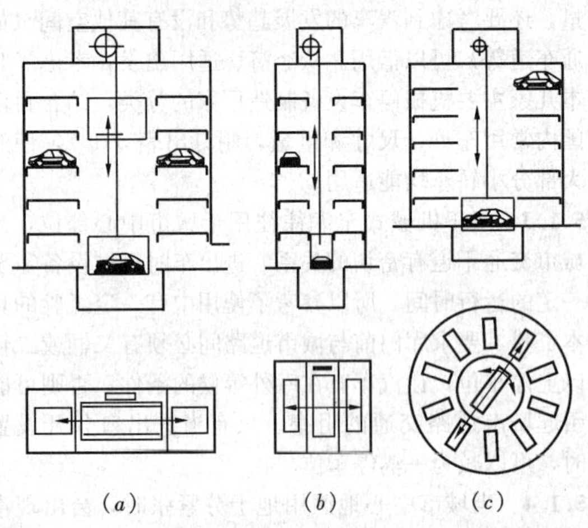

图 5-1 多层式汽车库

（*a*）纵式；（*b*）横式；（*c*）回转式

吊车式机械汽车库（Slide elevator garage） 停车位和汽车升降机组合，其升降机还作横向运行，由升降机和运送器将汽车送到升降机两侧的停车位。

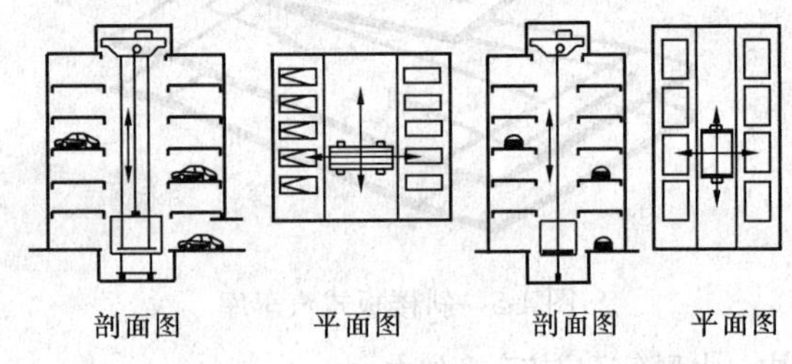

图 5-2 吊车式机械汽车库

多层循环式机械汽车库（Multl-storey circular garage） 运送器呈多层配置，并作循环移动，在任意两层运送器两端之间，由运送器的升降形成层间循环运行，按升降方式不同分圆形循环式和箱形循环式。

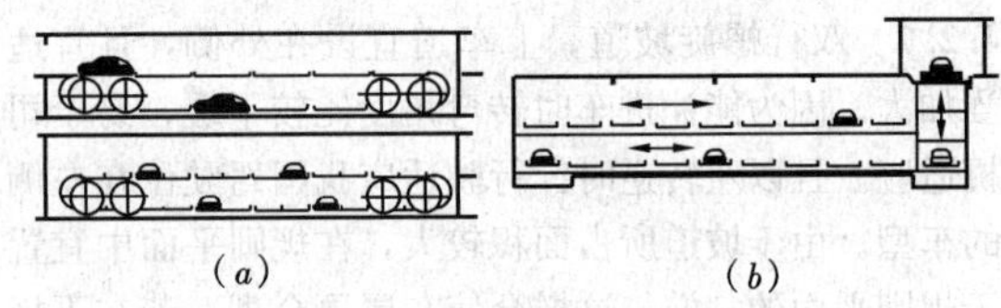

图 5-3 多层循环式汽车库

（*a*）圆形循环式；（*b*）箱形循环式

水平循环式机械汽车库（Level cicular garage） 运送器呈多列配置，在平面上作循环运行，汽车可以直接驶入运送器，亦可以与升降机结合使用，由循环方式不同分圆形循环式和箱形循环式。

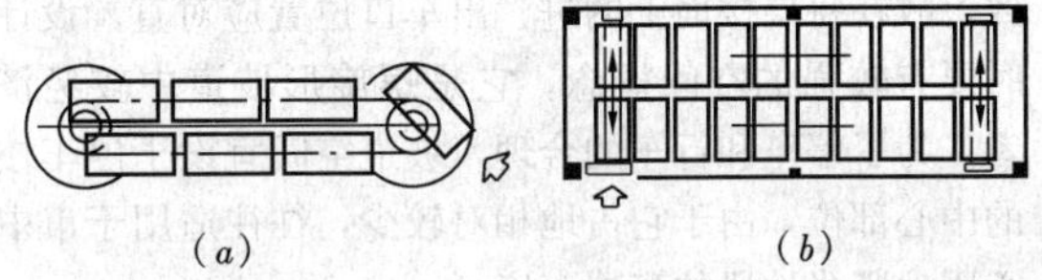

图 5-4 水平循环式机械汽车库

（*a*）圆形循环式；（*b*）箱形循环式

5.2.2 此种汽车库仅以汽车电梯替代坡道，所以除此机械部分应按本章规定设计外，其余均按本规范第四章坡道式汽车库规定设计。

5.2.3 根据防火规范规定。从受灾以后汽车疏散的要求，每台汽车电梯只允许供 26 辆以下，台湾规定还要少，且每个车库升降机不应少于 2 台。

5.2.5 两层式机械汽车库，目前国内在地下车库中已有应用，亦适宜于单层汽车库或停车场，三层情况相仿。

5.2.6 为了防止振动和噪声波及建筑而影响主体建筑的室内环境，要求其支承结构与主体结构分开。

5.2.7 封闭的外墙面应不会因贴建建筑而影响主体建筑的采光和通风，并为了保证车库的安全，除不得在紧贴主体建筑墙面开洞外，该墙面还应符合防火要求。

5.2.8 多套并联的竖直循环式汽车库允许不设内隔墙，但加大了库容量，应按联通后的汽车容量计算汽车库的防火分区和设防。

6 建筑设备

6.1 一般规定

6.1.1 汽车库主要是为停车服务，故对室内装修要求较低，但水、暖、电等的专业管道却不少，管道应外露，因而为了创造良好的室内环境，应对各专业的管道进行协调，务使走向一致，排列整齐，有条不紊，且用不同颜色标明管道种类，用符号标明管道介质走向，以利于管理和维修。

6.2 给水排水

6.2.1 汽车库内给水主要用于生产、生活和消防，后者和前两者因功能差异较大，应分开设计成两个系统；消防用水在任何情况下不允许停止并有较高的水压要求，故应接入城市消防用水环形网，而生产和生活用水没有那么高要求，生产、生活用水主要是擦洗汽车、冲洗楼地面和管理人员及存车人员的生活用水，其用量可根据现行的国家标准《建筑给水排水设计规范》确定。

6.2.2 汽车库消防用水，消防设备和设施在《汽车库、修车库、停车场设计防火规范》（GB 50067）中有具体规定，设计时可根据该规范进行设计。

6.2.3 敞开式汽车库往往用于非采暖区的温暖区，虽然冬季最冷月的平均温度大于0℃，但最冷时仍会有冰冻，如果管道不作抗冻措施，就会出现大批管道冻裂现象，华东某市敞开式汽车库就发生过水管大批冻裂，由于涉及到防火自动喷洒系统，必须即刻修理，给管理和维修带来很大不便。

6.2.4 为了保持库内洁净，库内地面要经常用水冲洗和排除消防喷淋水，因此，停车层每层必须设冲洗楼地面的给水和排水系统。不应让冲洗和消防水通过坡道进入下层才排出，并应及时排出。由于地面水中易于带油，明沟排水不利于防火，故不宜采用。

6.2.5 地下汽车库往往由于标高底，不能直接排入城市下水道而设集水坑，再用泵送入城市下水道，由于水中有油，故应在集水坑中采取隔油措施。

6.2.6 机械汽车库内，虽无经常冲洗机械存车位板面的要求，但是有时亦会有水进入库内，因此应有排除积水的措施。

6.2.7 汽车库内为了顾客或为了增加收入而附设汽车清洗的职能，宜设在库内底层，或库外停车场上，此时给水设计应计入洗车用水量，且按汽车库容量大小折算洗车量。如设置汽车清洗机，此时可参照大、中城市污水排放和公共建筑节水等规定执行。

6.3 采暖通风

6.3.1 特大、大、中型汽车库在严寒及寒冷地区应设集中采暖系统，但库内不同空间可采用不同温度。停车空间以冬季易于启动汽车和不冰冻为准，故仅取5℃。小型汽车库当有明显经济效益时可采用分散采暖，但不得明火采暖。

6.3.2 地下汽车库由于土层保温易于满足要求，如北京地区通常在10℃左右，但在车库的坡道进出口，室外冷风渗透会低于要求的温度，尤其是在严寒地区，故宜在该处设热风幕，以保证车库温度符合要求。

6.3.3 汽车库内稀释废气的标准是一氧化碳、甲醛和铅等的浓度，但以一氧化碳为主，如其稀释到了安全浓度，其他有害成份一般亦到了安全浓度。美国工业卫生局许可一氧化碳浓度平均等于小于50PPM，最大等于小于100PPM（不超过1h）即125mg/m^3。我国《工业企业设计卫生标准》（TT36—79）规定车间内最高一氧化碳允许浓度为30mg/m^3，但作业时半小时内允许最大浓度为100mg/m^3。

机械式汽车库内，有时有积留废气和汽油蒸气，该处应设局部排风予以排除。

6.3.4 地下汽车库由于自然通风差，应设送、排风系统。由于库内含有可燃、可爆、有害气体，故应与上部主体建筑的通风系统分开，单独设置，以免一旦有灾从通风系统引入上部主体部分。设计时应进行计算，根据经验应每小时换气达6次以上。但汽车出入不频繁时，实际换气量可以减少，故宜选用变速风机以作调整。

6.3.5 由于汽车排出的废气大部分比重较空气大，大都分布在建筑空间的下部，地下车库的排风系统为了充分发挥效益和安全，可分上、下两部分排放，下部分2/3是因为排出的气体大部分比重大于空气。但是下部分布置风道往往占用停车空间，且易于受汽车碰撞，故必要时亦可以用上、下各排放1/2。而新鲜空气的送风口宜设在主通道上，以利于空气的良性循环。

6.4 电　　气

6.4.1 汽车库内除照明用电系统外，随时有可能对汽车进行小的保养和维修，故还需设电力用电系统，机械式汽车库其机械用电不能中断，故应设双电源供电系统。为了有利于管理和安全应设配电室，并应符合现行国家标准《民用建筑电气设计规范》规定。

6.4.2 亮度均匀和避免眩光是汽车库照明的必要条件，但库内各空间的标准不一，其主要使用空间的照度标准值列于表6.4.2。

6.4.3 为了在事故状态下顺利疏散人和车，在有关部位应设应急照明。

6.4.4 根据行车、停车、疏散要求设标志灯、导向灯、安全灯、信号灯和停车位指示灯等，具体数量和部位可根据单体工程来定。

6.4.5 地下的坡道式汽车库的出、入口处，因从亮到暗和从暗到亮，人的视觉系统需要一个适应过程，因此需要一个过渡照明，可根据《地下建筑照明设计标准》（CECS45：92）的有关规定来进行过渡照明设计。

6.4.6 机械式汽车库内，常有没有天然采光的部位，为了检查和小修应设相应的灯或插座。

6.4.7 为了在汽车库内进行一些小的保养，可根据业主从工艺上提出的要求，配置36V、220V、380V电源插座。

6.4.8 汽车库内常设自动报警和灭火系统，特别是特大、大、中型车库，为利于管理，应设消防控制中心，中心的设置和其他电气设备的设置应严格遵守《汽车库、修车库、停车场设计防火规范》的规定。

6.4.9 汽车库应设通讯系统，现代化通讯的手段比较多，有线电话有库内系统和与城市的通信系统，无线的有近距离和远距离之分等，根据汽车库库容量和汽车库的职能设置必要的通讯和广播系统。

6.4.10 汽车库建筑的智能化是现代化特大，大型汽车库的发展方向，其内容除建筑本身管理智能化与其他建筑相仿外，其特点是汽车库运营管理的智能化，计有自动引导系统、进出车的监控系统、计费收费系统、机械停车设备的自控系统等。智能化将给汽车库节省大量人力，提高运行效率，保证正常运转和安全，目前国内还比较落后，但已有比较先进的管理自动化系统在试运行。

6.4.11 在智能化汽车库内，防火设计中的自动化报警、自动灭火和监控安全、通信自动化系统、采暖通风的自控系统等与生产运营的自动化管理系统，可以合成一个中央控制室，既节省面积，又节省人力，目前不少智能建筑已如此做了，取得了良好的效果。中央控制室宜设于建筑物底层中心或进出口附近，使便于布线、管理和与外界取得较便捷联系。

中华人民共和国行业标准

老年人建筑设计规范

Code for design of buildings for elderly persons

JGJ 122—99

主编单位：哈 尔 滨 建 筑 大 学
批准部门：中华人民共和国建设部
　　　　　中华人民共和国民政部
施行日期：1 9 9 9 年 1 0 月 1 日

关于发布行业标准《老年人建筑设计规范》的通知

建标［1999］131号

根据建设部《关于印发一九九五年城建、建工工程建设行业标准制订、修订项目计划（第二批）的通知》（建标［1995］661号）的要求，由哈尔滨建筑大学主编的《老年人建筑设计规范》，经审查，批准为强制性行业标准，编号JGJ122—99，自1999年10月1日起施行。

本标准由建设部建筑设计标准技术归口单位中国建筑技术研究院负责管理，哈尔滨建筑大学负责具体解释，建设部标准定额研究所组织中国建筑工业出版社出版。

中华人民共和国建设部

中华人民共和国民政部

1999年5月14日

前　言

根据建设部建标［1995］661号文的要求，规范编制组在广泛调查研究，认真总结实践经验，参考有关国际标准和国外先进标准，并广泛征求意见基础上，制定了本规范。

本规范的主要技术内容是：1. 总则；2. 术语；3. 基地环境设计；4. 建筑设计；5. 建筑设备与室内设施。

本规范由建设部建筑设计标准技术归口单位中国建筑技术研究院建筑标准设计研究所归口管理，授权由主编单位负责具体解释。

本规范主编单位是：哈尔滨建筑大学（地址：哈尔滨市南岗区西大直街66号哈尔滨建筑大学510信箱；邮政编码：150006）。

本规范参加单位是：青岛建筑工程学院、大连理工大学、新艺华室内设计公司、吉林建筑工程学院、建设部居住建筑与设备研究所、中国城市规划设计研究院。

本规范主要起草人员是：常怀生、李健红、王　镛、陆　伟、麦裕新、王　亮、开　彦、王玮华、张　安、林文杰、刘学贤、白小鹏、吴冬梅。

目　次

1 总 则

1.0.1 为适应我国社会人口结构老龄化，使建筑设计符合老年人体能心态特征对建筑物的安全、卫生、适用等基本要求，制定本规范。

1.0.2 本规范适用于城镇新建、扩建和改建的专供老年人使用的居住建筑及公共建筑设计。

1.0.3 专供老年人使用的居住建筑和公共建筑，应为老年人使用提供方便设施和服务。具备方便残疾人使用的无障碍设施，可兼为老年人使用。

1.0.4 老年人建筑设计除应符合本规范外，尚应符合国家现行有关强制性标准的规定。

2 术 语

2.0.1 老龄阶段 The Aged Phase

60周岁及以上人口年龄段。

2.0.2 自理老人 Self-helping Aged People

生活行为完全自理，不依赖他人帮助的老年人。

2.0.3 介助老人 Device-helping Aged People

生活行为依赖扶手、拐杖、轮椅和升降设施等帮助的老年人。

2.0.4 介护老人 Under Nursing Aged People

生活行为依赖他人护理的老年人。

2.0.5 老年住宅 House for the Aged

专供老年人居住,符合老年体能心态特征的住宅。

2.0.6 老年公寓 Apartment for the Aged

专供老年人集中居住，符合老年体能心态特征的公寓式老年住宅，具备餐饮、清洁卫生、文化娱乐、医疗保健服务体系，是综合管理的住宅类型。

2.0.7 老人院（养老院） Home for the Aged

专为接待老年人安度晚年而设置的社会养老服务机构,设有起居生活、文化娱乐、医疗保健等多项服务设施。

2.0.8 托老所 Nursery for the Aged

为短期接待老年人托管服务的社区养老服务场所，设有起居生活、文化娱乐、医疗保健等多项服务设施，可分日托和全托两种。

2.0.9 走道净宽 Net Width of Corridor

通行走道两侧墙面凸出物内缘之间的水平宽度,当墙面设置扶手时,为双侧扶手内缘之间的水平距离。

2.0.10 楼梯段净宽 Net Width of Stairway

楼梯段墙面凸出物与楼梯扶手内缘之间，或楼梯段双面扶手内缘之间的水平距离。

2.0.11 门口净宽 Net Width of Doorway

门扇开启后，门框内缘与开启门扇内侧边缘之间的水平距离。

3 基地环境设计

3.0.1 老年人建筑基地环境设计，应符合城市规划要求。

3.0.2 老年人居住建筑宜设于居住区，与社区医疗急救、体育健身、文化娱乐、供应服务、管理设施组成健全的生活保障网络系统。

3.0.3 专为老年人服务的公共建筑，如老年文化休闲活动中心、老年大学、老年疗养院、干休所、老年医疗急救康复中心等，宜选择临近居住区，交通进出方便，安静，卫生、无污染的周边环境。

3.0.4 老年人建筑基地应阳光充足，通风良好，视野开阔，与庭院结合绿化、造园，宜组合成若干个户外活动中心，备设坐椅和活动设施。

4 建 筑 设 计

4.1 一 般 规 定

4.1.1 老年人居住建筑应按老龄阶段从自理、介助到介护变化全程的不同需要进行设计。

4.1.2 老年人公共建筑应按老龄阶段介助老人的体能心态特征进行设计。

4.1.3 老年人公共建筑，其出入口、老年所经由的水平通道和垂直交通设施，以及卫生间和休息室等部位，应为老年人提供方便设施和服务条件。

4.1.4 老年人建筑层数宜为三层及三层以下；四层及四层以上应设电梯。

4.2 出 入 口

4.2.1 老年人居住建筑出入口，宜采取阳面开门。出入口内外应留有不小于1.50m×1.50m的轮椅回旋面积。

4.2.2 老年人居住建筑出入口造型设计，应标志鲜明，易于辨认。

4.2.3 老年人建筑出入口门前平台与室外地面高差不宜大于0.40m，并应采用缓坡台阶和坡道过渡。

4.2.4 缓坡台阶踏步踢面高不宜大于120mm，踏面宽不宜小于380mm，坡道坡度不宜大于1/12。台阶与坡道两侧应设栏杆扶手。

4.2.5 当室内外高差较大设坡道有困难时，出入口前可设升降平台。

4.2.6 出入口顶部应设雨篷；出入口平台、台阶踏步和坡道应选用坚固、耐磨、防滑的材料。

4.3 过 厅 和 走 道

4.3.1 老年人居住建筑过厅应具备轮椅、担架回旋条件，并应符合下列要求：

1 户室内门厅部位应具备设置更衣、换鞋用橱柜和椅凳的空间。

2 户室内面对走道的门与门、门与邻墙之间的距离，不应小于 0.50m，应保证轮椅回旋和门扇开启空间。

3 户室内通过式走道净宽不应小于 1.20m。

4.3.2 老年人公共建筑，通过式走道净宽不宜小于 1.80m。

4.3.3 老年人出入经由的过厅、走道、房间不得设门坎，地面不宜有高差。

4.3.4 通过式走道两侧墙面 0.90m 和 0.65m 高处宜设 φ40～50mm 的圆杆横向扶手，扶手离墙表面间距 40mm；走道两侧墙面下部应设 0.35m 高的护墙板。

4.4 楼梯、坡道和电梯

4.4.1 老年人居住建筑和老年人公共建筑，应设符合老年体能心态特征的缓坡楼梯。

4.4.2 老年人使用的楼梯间，其楼梯段净宽不得小于 1.20m，不得采用扇形踏步，不得在平台区内设踏步。

4.4.3 缓坡楼梯踏步踏面宽度，居住建筑不应小于 300mm，公共建筑不应小于 320mm；踏面高度，居住建筑不应大于 150mm，公共建筑不应大于 130mm。踏面前缘宜设高度不大于 3mm 的异色防滑警示条，踏面前缘前凸不宜大于 10mm。

4.4.4 不设电梯的三层及三层以下老年人建筑宜兼设坡道，坡道净宽不宜小于 1.50m，坡道长度不宜大于 12.00m，坡度不宜大于 1/12。坡道设计应符合现行行业标准《方便残疾人使用的城市道路和建筑物设计规范》JGJ50 的有关规定。并应符合下列要求：

1 坡道转弯时应设休息平台，休息平台净深度不得小于 1.50m。

2 在坡道的起点及终点，应留有深度不小于 1.50m 的轮椅缓冲地带。

3 坡道侧面凌空时，在栏杆下端宜设高度不小于 50mm 的安全档台。

4.4.5 楼梯与坡道两侧离地高 0.90m 和 0.65m 处应设连续的栏杆与扶手，沿墙一侧扶手应水平延伸。扶手设计应符合本规范第 4.3.4 条的规定。扶手宜选用优质木料或手感较好的其他材料制作。

4.4.6 设电梯的老年人建筑，电梯厅及轿厢尺度必须保证轮椅和急救担架进出方便，轿厢沿周边离地 0.90m 和 0.65m 高处设介助安全扶手。电梯速度宜选用慢速度，梯门宜采用慢关闭，并内装电视监控系统。

4.5 居　室

4.5.1 老年人居住建筑的起居室、卧室，老年人公共建筑中的疗养室、病房，应有良好朝向、天然采光和自然通风，室外宜有开阔视野和优美环境。

4.5.2 老年住宅、老年公寓、家庭型老人院的起居室使用面积不宜小于 14m²，卧室使用面积不宜小于 10m²。矩形居室的短边净尺寸不宜小于 3.00m。老年人基础设施参数应符合附录 A 的规定。

4.5.3 老人院、老人疗养室、老人病房等合居型居室，每室不宜超过三人，每人使用面积不应小于 6m²。矩形居室短边净尺寸不宜小于 3.30m。

4.6 厨　房

4.6.1 老年住宅应设独用厨房；老年公寓除设公共餐厅外，还应设各户独用厨房；老人院除设公共餐厅外，宜设少量公用厨房。

4.6.2 供老年人自行操作和轮椅进出的独用厨房，使用面积不宜小于 6.00m²，其最小短边净尺寸不应小于 2.10m。

4.6.3 老人院公用小厨房应分层或分组设置，每间使用面积宜为 6.00～8.00m²。

4.6.4 厨房操作台面高不宜小于 0.75～0.80m，台面宽度不应小于 0.50m，台下净空高度不应小于 0.60m，台下净空前后进深不应小于 0.25m。

4.6.5 厨房宜设吊柜，柜底离地高度宜为 1.40～1.50m；轮椅操作厨房，柜底离地高度宜为 1.20m。吊柜深度比案台应退进 0.25m。

4.7 卫 生 间

4.7.1 老年住宅、老年公寓、老人院应设紧邻卧室的独用卫生间，配置三件卫生洁具，其面积不宜小于 5.00m²。

4.7.2 老人院、托老所应分别设公用卫生间、公用浴室和公用洗衣间。托老所备有全托时，全托者卧室宜设紧邻的卫生间。

4.7.3 老人疗养室、老人病房，宜设独用卫生间。

4.7.4 老年人公共建筑的卫生间，宜临近休息厅，并应设便于轮椅回旋的前室，男女各设一具轮椅进出的厕位小间，男卫生间应设一具立式小便器。

4.7.5 独用卫生间应设坐便器、洗面盆和浴盆淋浴器。坐便器高度不应大于 0.40m，浴盆及淋浴坐椅高度不应大于 0.40m。浴盆一端应设不小于 0.30m 宽度坐台。

4.7.6 公用卫生间厕位间平面尺寸不宜小于 1.20m ×2.00m，内设 0.40m 高的坐便器。

4.7.7 卫生间内与坐便器相邻墙面应设水平高 0.70m 的"L"形安全扶手或"Π"形落地式安全扶手。贴墙浴盆的墙面应设水平高度 0.60m 的"L"形安全扶手，入盆一侧贴墙设安全扶手。

4.7.8 卫生间宜选用白色卫生洁具，平底防滑式浅浴盆。冷、热水混合式龙头宜选用杠杆式或掀压式开关。

4.7.9 卫生间、厕位间宜设平开门，门扇向外开启，留有观察窗口，安装双向开启的插销。

4.8 阳　台

4.8.1 老年人居住建筑的起居室或卧室应设阳台，阳台净深度不宜小于1.50m。

4.8.2 老人疗养室、老人病房宜设净深度不小于1.50m的阳台。

4.8.3 阳台栏杆扶手高度不应小于1.10m，寒冷和严寒地区宜设封闭式阳台。顶层阳台应设雨篷。阳台板底或侧壁，应设可升降的晾晒衣物设施。

4.8.4 供老人活动的屋顶平台或屋顶花园，其屋顶女儿墙护栏高度不应小于1.10m；出平台的屋顶突出物，其高度不应小于0.60m。

4.9 门　窗

4.9.1 老年人建筑公用外门净宽不得小于1.10m。

4.9.2 老年人住宅户门和内门（含厨房门、卫生间门、阳台门）通行净宽不得小于0.80m。

4.9.3 起居室、卧室、疗养室、病房等门扇应采用可观察的门。

4.9.4 窗扇宜镶用无色透明玻璃。开启窗口应设防蚊蝇纱窗。

4.10 室内装修

4.10.1 老年人建筑内部墙体阳角部位,宜做成圆角或切角,且在1.80m高度以下做与墙体粉刷齐平的护角。

4.10.2 老年人居室不应采用易燃、易碎、化纤及散发有害有毒气味的装修材料。

4.10.3 老年人出入和通行的厅室、走道地面，应选用平整、防滑材料，并应符合下列要求：

1 老年人通行的楼梯踏步面应平整防滑无障碍，界限鲜明，不宜采用黑色、显深色面料。

2 老年人居室地面宜用硬质木料或富弹性的塑胶材料，寒冷地区不宜采用陶瓷材料。

4.10.4 老年人居室不宜设吊柜，应设贴壁式贮藏壁橱。每人应有1.00m³以上的贮藏空间。

5 建筑设备与室内设施

5.0.1 严寒和寒冷地区老年人居住建筑应供应热水和采暖。

5.0.2 炎热地区老年人居住建筑宜设空调降温设备。

5.0.3 老年人居住建筑居室之间应有良好隔声处理和噪声控制。允许噪声级不应大于45dB，空气隔声不应小于50dB，撞击声不应大于75dB。

5.0.4 建筑物出入口雨篷板底或门口侧墙应设灯光照明。阳台应设灯光照明。

5.0.5 老年人居室夜间通向卫生间的走道、上下楼梯平台与踏步联结部位，在其临墙离地高0.40m处宜设灯光照明。

5.0.6 起居室、卧室应设多用安全电源插座，每室宜设两组，插孔离地高度宜为0.60～0.80m；厨房、卫生间宜各设三组，插孔离地高度宜为0.80～1.00m。

5.0.7 起居室、卧室应设闭路电视插孔。

5.0.8 老年人专用厨房应设燃气泄漏报警装置；老年公寓、老人院等老年人专用厨房的燃气设备宜设总调控阀门。

5.0.9 电源开关应选用宽板防漏电式按键开关，高度离地宜为1.00～1.20m。

5.0.10 老年人居住建筑每户应设电话，居室及卫生间厕位旁应设紧急呼救按钮。

5.0.11 老人院床头应设呼叫对讲系统、床头照明灯和安全电源插座。

附录A 老年人设施基础参数

A.0.1 老年人用床尺寸应符合下列要求：

1 单人床：长度2.00m，宽度1.10m，高度0.40～0.45m；

2 双人床：长度2.00m，宽度1.60m，高度0.40～0.45m。

A.0.2 急救担架尺寸应为

长度2.30m，宽度0.56m。

A.0.3 轮椅应符合现行行业标准《方便残疾人使用的城市道路和建筑物设计规范》JGJ50有关规定。

A.0.4 家具应圆角圆棱、坚固稳定、尺度适宜、便于扶靠和使用。

本规范用词说明

1.0.1 为便于在执行本规范条文时区别对待，对于要求严格程度不同的用词说明如下：

1 表示很严格，非这样做不可的：
正面词采用“必须”；
反面词采用“严禁”。

2 表示严格，在正常情况下均应这样做的：
正面词采用“应”；
反面词采有“不应”或“不得”。

3 表示允许稍有选择，在条件许可时，首先应这样做的：
正面词采用“宜”；
反面词采用“不宜”。

表示有选择在一定条件下可以这样做的采用“可”。

1.0.2 条文中指明应按其他有关标准执行的写法为，“应按……执行”或“应符合……要求（或规定）”。

中华人民共和国行业标准

老年人建筑设计规范

JGJ 122—99

条 文 说 明

前　言

《老年人建筑设计规范》(JGJ 122—99)，经建设部、民政部一九九九年五月十四日以建标［1999］131号文批准，业已发布。

为便于广大设计、施工、科研、学校等单位的有关人员在使用本规范时能正确理解和执行条文规定，《老年人建筑设计规范》编制组按章、节、条顺序编制了本规范的条文说明，供国内使用者参考。在使用中如发现本条文说明有不妥之处，请将意见函寄哈尔滨建筑大学建筑系（环境心理学研究实验中心）。

目　次

1 总　　则

1.0.1 中华民族素有尊老扶幼的传统美德。我国现有老龄人口1.2亿，占全国人口的1/10，而这个比率在逐年增大。这就要求全社会都来关注这1/10人口的生活行为需求。这些人是“植树人”，是社会财富的创造者，今日社会的一切，都来自于昨天，来自于他们的双手。他们是社会功臣，今日社会理所当然地应怀着感激的心情关注他们，为他们提供参与社会生活安度晚年的一切方便。因此，所有建筑领域都应结合具体实际，为老年人参与行为，进行周密的规划、组织与设计，保证他们具有年轻人的平等参与机会。这不仅是老年族群的需要，也是社会文明建设的需要，这是本规范制定的原始依据。本规范是以方便老年人使用为目标的建筑设计规范。

由于年龄的变化，步人老年后人们的体能心态都会逐渐改变，形成老年特征。这种特征要求建筑设计必须突出强调使用中的安全性，消除隐患，避免可能发生的环境伤害，从而提高老年的生活质量。

人们随着年龄的增长，视力会衰退、眼花、色弱，甚至失明；步履蹒跚，行走障碍，抬腿困难，甚至需借助扶手、拐杖或轮椅；动作迟缓、准确度降低，常需要较宽松的空间环境；在心理上多有孤独感，更需关怀相互交往，提供参与社会的平等机会则十分必要。这些特征就构成了老年人建筑设计的前提。

1.0.2 专供老年人的居住建筑，包括老年住宅、老年公寓、干休所、老人院（养老院）和托老所等老年人长期生活的场所，这些建筑必须满足老年体能心态特征要求；

老年人的公共建筑，是以老年人为主要服务对象的建筑，如老年文化休闲活动中心、老年大学、老年疗养院和老年医疗急救康复中心等，这些建筑都应为老年人使用提供方便设施。

1.0.4 老年人建筑设计规范是着眼于方便老年这一特定目标的建筑设计规范，它不构成规范单一的建筑类型，它实质上是对现行建筑类型设计规范的补充，是仅以方便老年人为特定目标的特殊性规范。建筑设计的共性要求，按民用建筑设计通则（JGJ 37）；民用建筑热工设计规范（GB 50176）；民用建筑节能设计标准（采暖居住建筑部分）（JGJ 26）；建筑设计防火规范（GBJ 16）；住宅建筑设计规范（GBJ 96）以及相关建筑设计规范要求设计。

2 术　　语

2.0.9 走道净宽见图1。

2.0.10 楼梯段净宽见图2。

2.0.11 门口净宽见图3。

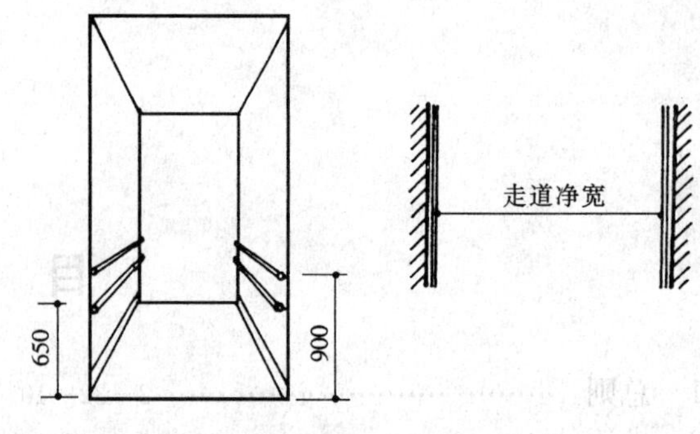

图1　走道净宽

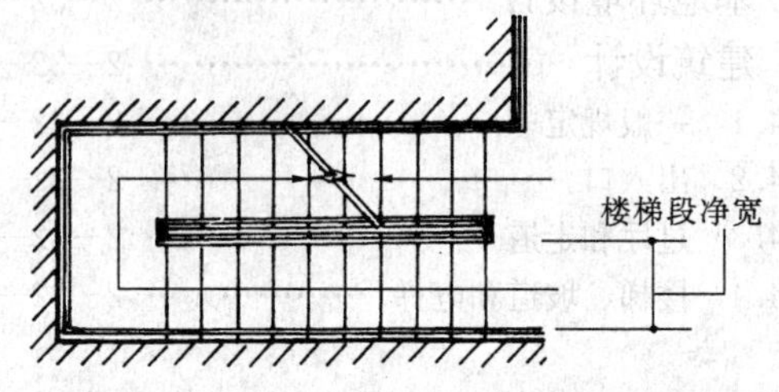

图2　楼梯段净宽

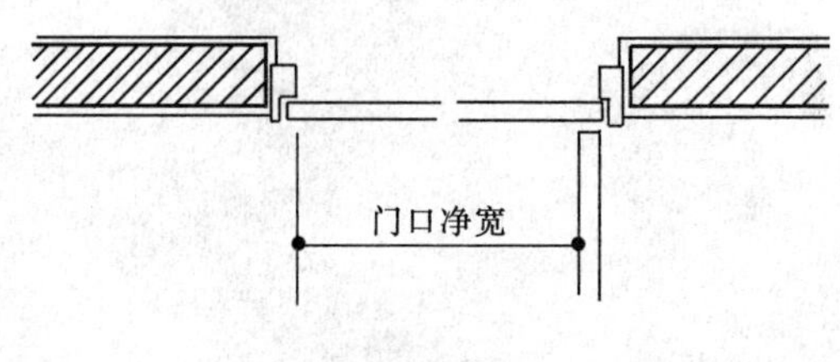

图3　门口净宽

3 基地环境设计

3.0.2 老年住宅、老年公寓、老人院都应设置于居民区，使老年人不脱离社区生活。同时组成相应的生活保障网络系统，使老年人得到良好的社区服务，真正获得安度晚年的生活环境。

3.0.3，3.0.4 老年文化休闲活动中心，亦称离退休职工活动中心，是新形势下产生的一种新的建筑类型，是专门为老年人提供的综合性文化休闲活动建筑。其中设有不同规模、不同内容的活动厅室，如游艺厅、健身厅、舞厅；音乐欣赏、戏曲欣赏、书画欣赏；休息厅、餐厅、茶室、小卖部；有的设有游泳池，还有咨询服务室等，与之相配合的还有衣帽间、卫生间、接待、管理办公室等辅助设施。

老年大学，是专门为老年人提供的陶冶心境交流逸趣的学习园地，是一种特殊类型的学校建筑。根据学员的爱好常设有文学、历史、书法、绘画、雕塑、园艺、戏曲、音乐、舞蹈、体育保健、烹饪、社会学、心理学、政治学、经济学、法学、现代科技等专题讲座，相应设不同规模的多功能教室，还设有图书资料阅览室、学员作品陈列观摩室、健身室、休息室、医疗急救室，有的还设餐厅、茶室、小卖部，还有卫生间以及管理办公等辅助设施。

老年疗养院、干休所是专门接待老年人疗养的疗养院、休养所，除了具备一般疗养院所应具备的基本设施之外，应针对老年的体能和常见病，提供相应的疗养设施和方便服务条件。

老年医疗急救康复中心，是专门接待老年患者的医疗急救康复医院，应具备对老年患者的医疗急救和康复所需要的设施和服务条件。

上述直接服务于老年人的公共建筑，应能临近居民区，交通进出方便，便于老年人利用；或者能兼顾几个服务区，形成服务辐射网络中心，应具有良好的安静卫生环境。

离退休后的老年人，对户外活动的需要较高，他们聚在一起山南海北无所不侃，是老年生活的一大乐趣，在这里他们驱散了孤独感。庭院设计应提供这种便利，备设坐椅和必要的活动设施。

4 建筑设计

4.1 一般规定

4.1.1 每一个家庭，每一位老年人都存在从健康自理，发展到需要借助扶手、拐杖、轮椅，甚至于借助护理的可能性。这种变化，一般是渐变的，但也有由于意外伤害而发生突变。其引发变化的原因，除了体能自然衰退因素之外，还有由于地面不平、楼梯过陡、缺少安全扶手、用材不当等环境因素造成跌伤、挫伤、骨折、脑出血等等导致突变。

老年住宅、老年公寓、老人院（护理院、安怀院）的设计应按老龄阶段老年人变化的全过程设计，其中既含自理老人，也含有介助老人生活行为所需要的设施，还应提供介护老人生活行为所需要的护理空间与设施条件。

4.1.2 老年人公共建筑仅考虑自理老人和介助老人参与活动，按介助老人体能心态需求进行设计，不考虑介护老人参与活动的可能性。

4.1.3 老年人由于体能衰退表现出与常人不同的特征，主要表现在水平与垂直交通行为上。而建筑物各个层面的高差是不可避免的，如何为老年人提供方便的设施则是设计者必须解决的课题。公共建筑都应为老年人提供方便进出的出入口、水平通道和楼梯间，还要为各种老年人使用卫生间提供便利。由于老年人体力衰弱，持续的站立行走都有困难，在公共建筑提供休息空间是必要的。

4.2 出 入 口

4.2.1 门前是老年人经常聚会的地方，为老年提供阳面出入口，对其心理健康有益。阴面设楼梯，阳面入口比较容易组织门内轮椅回旋空间。

4.2.2 出入口造型设计，并非仅从造型艺术考虑，主要着眼于老年记忆衰退，甚至迷路忘家，突出标志性特色，是老年人建筑功能上的特殊需要。

4.2.3 建筑物的出入口是老年人进出建筑物的第一道关口，出入口是否方便老年人进出，直接影响老年人生活质量。

老年人体能衰退是自然规律，进入老龄阶段或早或迟大都会出现腿脚不便，抬腿高程降低，有的老年人上下台阶甚至两脚同踏一个踏步面，常规台阶踏步尺度很难适应，因此将出入口门前台阶坡度调缓是必要的。

4.3 过厅和走道

4.3.1 户内通过式走道净宽略大于轮椅宽度，采取 1.20m。

4.3.2 老年人公共建筑通过式走道，按双排轮椅相并而行，总净宽 1.80m，且走道两侧墙面不应凸出障碍物。

4.3.4 通过式走道两侧墙面设介助扶手，对于年老体衰的老人或愈后康复的老人十分必要。在老年公寓、老人院、老年疗养院、老年医疗康复中心、综合医院老年病房等建筑的走道都应设置。在一般老年住宅，可预设安装介助扶手的基座，待实际需要时再装扶手。扶手以圆形断面最佳，可扶可抓握，成为老人行动依赖的可靠安全工具。

4.4 楼梯、坡道和电梯

4.4.3 体现老年人体能心态特征的方便老年人使用的建筑，最突出的一点就表现在楼梯设计上。楼梯设计是否合理，不仅直接影响老年人使用是否方便，而且直接关系到老年人的安全。每年都有老年人因楼梯不当，而跌倒摔伤致残，甚者致亡。现行的设计标准和设计实态对老年体能心态特征考虑不足，因而不尽合理。本规范作出新规定，直接为老年服务的建筑，应采用缓坡楼梯。

缓坡楼梯是依据自理老人体能逐渐衰退，抬腿高程降低，双脚共踏一步等现象而制定的。这种楼梯对借助拐杖的老人也比较适用。由于楼梯坡度较缓，使老人消除了向下俯视产生的倾覆恐惧感。

采用异色防滑条是基于老年人视力减弱后，对踏步边缘采取的警示性安全保护措施。

4.4.4 对于轮椅老人较多的老年公寓、老人院、老年疗养院，应设坡道；至于坡道设几层，应根据实际情况确定，若轮椅老人所居楼层可调性较大，可集中于底层，则不一定必须设层间坡道。

坡道宽度按双排轮椅并行确定。

4.5 居 室

4.5.1 起居室、卧室和疗养室是老年人久居的房间，其朝向直接影响居住者的健康，应力争保证良好朝向。室外景观对老年人的心理健康也有影响，充满阳光的卧室会增加人们的生活信心与活力。应为老年人创造优美的室外景观，使老人心理获取环境的强力支持。

4.5.2 老年人居住建筑久居人数比较稳定，或者双人或者单身。双人老年户常将起居室与卧室分设，而单身户经常是起居兼卧室合而为一。老年人几乎整日生活在居室中，他们的生活空间局限于居室之内。据实态调查对现行老人居室普遍嫌小，特别是对文化层次越来越高的老人，生活空间不宜太小。老年居住建筑一般房间数量不会太多，因而空间规模不能太小，否则会使老人如居斗室生活不快。老年人动作迟缓，准确度降低，也需要较宽松的空间环境。鉴于上述多方面因素，本规范规定最低面积指标。

就老年居住建筑而言，人口构成单一明确，因而套型组合也较简单。这里仅提供居室控制面积，具体组合构成应参照普通住宅设计规范要求。对于老年人集中居住的老年公寓和老人院的户型设计，应注意人口变化的可调性，采用近似标准尺度的房间，有利于互换和调整。根据居住者的经济条件，提供不同的面积选择自由度。

矩形卧室对短边净尺寸的限制，是考虑到在床端允许轮椅自由通过的必要空间，还稍有余地，不宜小于3.00m。

4.5.3 老人疗养室和老人病房尚应按相关规范进行设计，其房间开间净宽在床端应具备轮椅回旋条件，不宜小于3.30m。

4.6 厨 房

4.6.1 老年公寓每户设置的独用厨房，规模可适当缩小，不一定普遍要求轮椅进出。身居公寓的老人，当操作困难时，多依赖公共餐厅供餐。

老人院的公用厨房，主要是为个别人特殊需要而设置的，供需用者共同使用的厨房，可同时设几组灶具共同使用。

4.6.2 自行操作轮椅进出的独用厨房，其净空宽度仅限轮椅回旋空间，考虑操作台所占空间，厨房开间应在1.50m之外再加0.50～0.60m，宜有2.10m以上。

4.7 卫 生 间

4.7.1 老年人身患泌尿系统病症较普遍，卫生间位置离卧室越近越方便。

4.7.2 托老所的公用卫生间，应设置于老人居住活动区中心部位，能够使周边的老人都能方便地利用。

4.7.6 公用卫生间厕位间平面尺寸在考虑轮椅老人进出的同时，还要考虑可能有护理者协助操作，因此空间应加大到1.20m×2.00m。

4.7.7 卫生间是老年事故多发地，设置尺度合适、安装牢靠的安全扶手十分必要。安全扶手是否牢固可靠，关键在于扶手基座是否坚固，必须先在墙内或地面预埋坚固的基座再装扶手（图4、图5）。

4.7.8 卫生间卫生洁具白色最佳，不宜用黄色或红色。白色不仅感觉清洁而且易于随时发现老年人的某些病变，黄色或红色还会产生不愉快的联想。

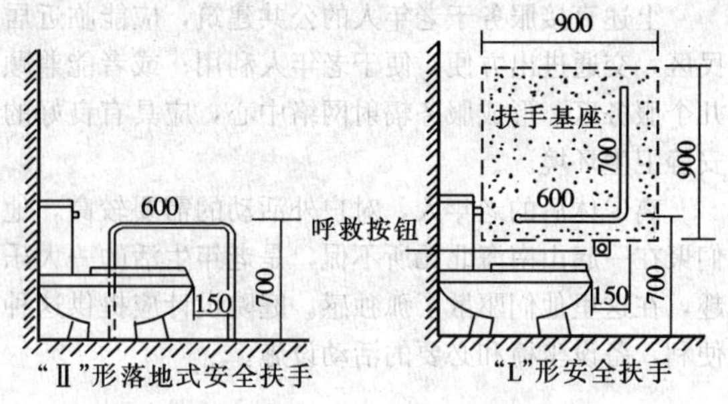

图4

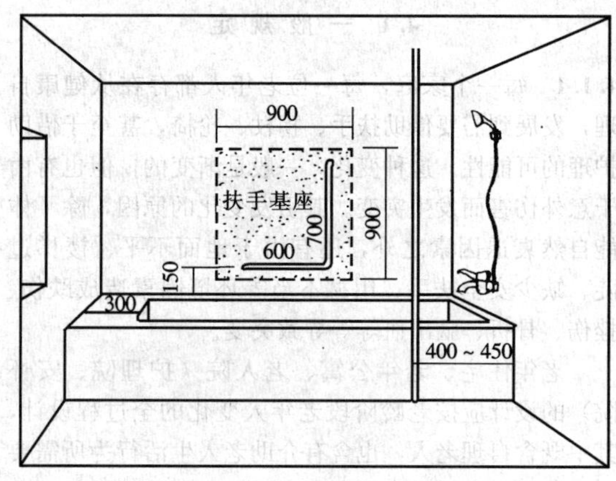

图5 "L"形安全扶手，落地式立杆安全扶手

条件允许时安装温水净身风干式坐便器，对自理操作困难的老人比较方便。

杠杆式或掀压式龙头开关比较适用于老年人，一般老年人手的握力降低，圆形旋拧式开关使用不便。

4.8 阳 台

4.8.3 阳台栏杆高度适当加高，老年人随着年龄增长，恐高心理也趋增强，随着楼层增高，恐高心理越发严重，所以高层居住建筑的阳台，其栏杆高度还需相应提高。

4.9 门 窗

4.9.2 老年住宅户内各门都应按轮椅进出要求设计，

厨房、卫生间用门亦应如此，不能缩小。

4.9.4 老年视力普遍渐弱，不应选用有色玻璃，无色透明最受欢迎。

4.10 室 内 装 修

4.10.2 容易造成视觉误导、眼花缭乱、碎裂伤人的玻璃质装修不宜用于老年人居住建筑，和老年人公共建筑楼梯间、休息厅等地。

老年居室更不宜采用纤维质软装修，特别是散发有毒有害气味的装修材料，应禁用。

4.10.3 硬质光滑材料，如磨光石材，不宜用于老年通行的通道、楼梯面料。生活中由于地面、楼梯面光滑导致老年滑倒摔伤事故时有发生，在这里必须把安全置于首位，美观居次。

地面，特别是楼梯踏步、平台，不宜选用黑色或显深色面料。黑色在视觉上属退后色，特别是对于老年人会产生如临深渊之感，小心翼翼不敢投足。一般来说楼梯间采光普遍较暗，老年人从亮处进入暗处，对暗适应的调节速度较慢，会使眼睛难以适应，更增加了投足恐惧心理。另外，黑色也是淹没色，藏污纳垢，难辨脏洁。黑色与黑暗相联，是一种失去希望丧失信心的色彩，对老年人不利。

4.10.4 有的养老院设备简陋，利用床下设简易柜橱，老年取用十分困难；吊柜也不可取，取用不安全。北方气候寒冷备用御寒衣物鞋帽较多，每人提供 $1.00m^3$ 的贮藏空间是必要的，南方相应可适当缩小。

5 建筑设备与室内设施

5.0.1 各地能源条件不尽相同，难以做到普遍供应冷热水，但对于老年居住建筑应力争创造供热水条件。厨房、卫生间、厕所都应采暖，特别是卫生间应具备更衣洗浴所要求的温度条件。

5.0.3 老年人睡眠较轻，微小的响动都会影响熟睡；而老年人睡眠又常伴有鼾声，所以良好的隔声处理和噪声控制，应格外予以注意。对于老年公寓、老人院等应尽量提供单人居室或双人居室，多人同居会相互影响、有碍健康。

5.0.4 出入口照明对于老年人安全是必须的，灯光照明还有增强入口标志性的作用。阳台照明便于生活，特别是南方炎热，晚上多在阳台乘凉，照明是很需要的。

5.0.5 在非单人居室，为了防止由于某个人开灯上厕所，妨碍他人睡眠，在墙下设低位照明灯，是合适的。

在走道、楼梯平台与踏步联结部位设低位照明灯，有利于对老年人视力渐弱者示警，保证安全，又减少高灯亮度对周围造成的干扰（图6）。

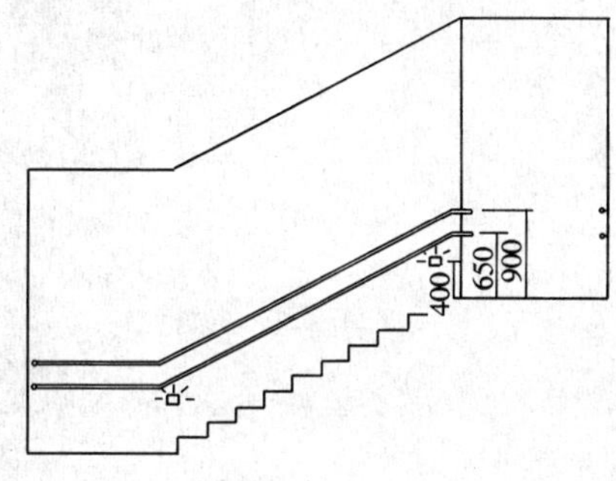

图6 足光照明

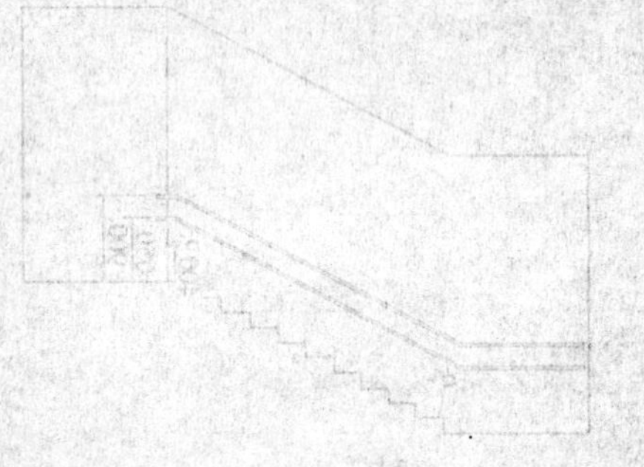

中华人民共和国行业标准

殡仪馆建筑设计规范

Code for Design of Funeral Parlor's Buildings

JGJ 124—99

主编单位：民 政 部 1 0 1 研 究 所
批准部门：中华人民共和国建设部
　　　　　中华人民共和国民政部
施行日期：2 0 0 2 年 2 月 1 日

关于发布行业标准《殡仪馆建筑设计规范》的通知

建标［1999］257号

根据建设部《关于印发一九九八年工程建设城建、建工行业标准制订、修订项目计划的通知》（建标［1998］59号）的要求，由民政部101研究所主编的《殡仪馆建筑设计规范》，经审查，批准为强制性行业标准，编号JGJ124—99，自2000年2月1日起施行。

本标准由建设部建筑设计标准技术归口单位中国建筑技术研究院负责管理，民政部101研究所负责具体解释，建设部标准定额研究所组织中国建筑工业出版社出版。

中华人民共和国建设部

中华人民共和国民政部

1999年10月28日

前　言

根据建设部建标［1998］59号文的要求，编制组在广泛调查研究，认真总结实践经验，并广泛征求意见的基础上，制定了本规范。

本规范的主要技术内容是：1. 总则；2. 术语；3. 选址；4. 总平面设计；5. 建筑设计；6. 防护；7. 防火设计；8. 建筑设备。

本规范由建设部建筑设计标准技术归口单位中国建筑技术研究院归口管理，授权由主编单位负责具体解释。

本规范主编单位是：民政部101研究所（地址：黑龙江省哈尔滨市南岗区学府路科研街22号；邮政编码：150086）。

本规范参加单位是：哈尔滨建筑大学

本规范主要起草人是：陈雨梅、李桂文、冯中梅、高月玲、蔡山涛、朴文伯、肖成龙、王久安、宋宏升

目　次

1 总　　则

1.0.1 为提高殡仪馆的建筑设计质量，创造良好的殡仪活动条件，符合适用、经济、安全、卫生等要求，制定本规范。

1.0.2 本规范适用于我国城镇殡仪馆新建、改建和扩建工程的建筑设计。

1.0.3 殡仪馆的建筑设计应以当地丧葬习俗为前提，并保证有安静肃穆的活动空间。

1.0.4 殡仪馆建筑设计除应符合本规范外，尚应符合国家现行的有关强制性标准的规定。

2 术　　语

2.0.1 殡仪馆　funeral parlor

提供遗体处置、火化、悼念和骨灰寄存等部分或全部殡仪服务活动的场所。

2.0.2 业务区　division for business

洽谈并办理丧葬事宜的区域。

2.0.3 殡仪区　division for funeral service

进行遗体处置及举行悼念活动的区域。

2.0.4 遗体处置　disposal of corpse

葬前对遗体进行清洗、消毒、防腐、整容、整形、解剖、冷藏等处理的统称。

2.0.5 悼念厅　mourning hall

举行告别仪式或追悼会的场所。

2.0.6 火化间　crematory house

火化遗体的专用房间。

2.0.7 骨灰寄存区　division for depositing ashes of the dead

寄存骨灰并提供有关服务的区域。

2.0.8 祭悼场所　place for mourning

殡仪馆内祭悼逝者的场所。

2.0.9 殡仪车　hearse

运送遗体的专用车辆。

3 选　　址

3.0.1 殡仪馆的选址应符合国家的土地使用原则和当地总体规划的要求。

3.0.2 设有火化间的殡仪馆宜建在当地常年主导风向的下风侧，并应有利于排水和空气扩散。

3.0.3 殡仪馆应选在交通方便，水、电供应有保障的地方。

3.0.4 殡仪馆在选址时应留有发展余地。

4 总 平 面 设 计

4.1 总平面布局

4.1.1 总平面布局应根据功能分设业务区、殡仪区、火化区、骨灰寄存区、行政办公区和停车场等。

4.1.2 总平面设计应符合下列要求：

1 以殡仪区为中心进行合理的功能分区规划，做到联系方便、互不干扰。

2 建筑布局紧凑，交通便捷，车辆和人员的分流有序。

3 殡仪区与火化区相邻设置，并设廊道连通。

4 骨灰寄存区内宜设置祭悼场所。

5 行政办公用房朝向良好。

6 有改扩建余地和绿化用地，绿化率不应小于35%。

7 有集中处理垃圾的场地。

8 应设置室外公共活动场地和公共厕所。室外公共厕所的设计应符合现行行业标准《城市公共厕所规划和设计标准》(CJJ 14) 的规定。

4.1.3 殡仪馆不应少于2个出入通道，其中1个专供殡仪车通行。

4.1.4 停车场设计除宜符合国家现行行业标准《城市公共交通站、场、厂设计规范》等有关标准的规定外，尚应符合下列要求：

1 应做好交通组织。

2 在停车场出入最方便的地段，应设残疾人的停车车位，并设醒目的“无障碍标志”。

3 内部车辆应单独设置停车场。

4.1.5 殡仪馆入口附近宜设馆前广场。

4.2 室外环境设计

4.2.1 室外环境设计应包括公共活动场地、道路和绿化等设计。

4.2.2 室外环境设计宜根据用地的自然条件，结合各功能区的特点，对景观、植物配置及山石水面等作出综合设计。

4.2.3 道路设计应根据建筑布局和周围环境条件，选择方便、安全的方案，并满足消防车通行的需要。

4.2.4 各功能区均应设置醒目标志。

5 建 筑 设 计

5.1 一 般 规 定

5.1.1 殡仪馆建筑设计应根据规模和功能，配置业务、殡仪、火化、骨灰寄存、办公和辅助用房。

5.1.2 各类用房应按殡仪流程布局，做到功能明确、流程便捷。

5.1.3 有供暖和中央空调的房间宜集中布置。

5.1.4 殡仪馆建筑应有良好的天然采光。各用房的采光标准应符合表5.1.4的规定。

各用房采光标准　　表5.1.4

房间名称	窗地面积比 A_w/A_f
骨灰寄存用房	1/6
悼念厅	1/7
火化间	1/7
遗体处置用房	1/6

注：A_w 为直接采光的侧窗采光口面积，A_f 为地板面积。

5.1.5 殡仪馆内各用房应有自然通风，其通风开口面积不应小于各用房地面面积的1/20。

5.1.6 遗体处置用房、火化间和骨灰寄存用房等宜分别设置竖向通风道及与其配套的排风装置。

5.2 业务区用房

5.2.1 业务区用房通常由业务、丧葬用品销售、挽联书写和洗手间等房间组成。

5.2.2 业务厅宜设置咨询处、业务洽谈处、收款处和休息处，其设计应符合下列要求：

1 业务厅的使用面积不宜小于80m²。

2 业务厅内各业务洽谈处或业务洽谈间的使用面积不宜小于8m²。

3 休息处的使用面积不宜小于30m²。

4 为办公自动化预留条件。

5 有自然通风和天然采光。

5.2.3 丧葬用品销售处的使用面积不应小于30m²。

5.3 殡仪区用房

5.3.1 殡仪区用房应根据殡仪馆的使用要求和丧葬习俗设置，并宜包括悼念厅、音响室、休息室、遗体接收间、遗体处置用房、更衣室、殡仪车库和洗手间等。

5.3.2 悼念厅的设计应符合下列要求：

1 悼念厅的使用面积不应小于42m²。

2 悼念厅的出入口应设方便轮椅通行的坡道。

3 悼念厅的出入口不应少于2个。

5.3.3 音响室的使用面积不应小于10m²。

5.3.4 遗体接收间的最小边长不应小于4.0m，其入口处应设机动车停靠的平台和雨棚。

5.3.5 遗体运送通道净宽不宜小于3.0m。

5.3.6 遗体处置用房的设计应符合下列要求：

1 各功能用房内应设通风口。

2 各功能用房的门宽度不应小于1.4m，且不应设门槛。

3 各功能用房宜设准备间。

4 冷藏室应根据冷藏设备的规格、冷藏量和操作空间进行设计。

5 消毒室、防腐室和整容室的使用面积均不宜小于18m²。

6 防腐室、整容室与冷藏室宜设内门相通。

5.3.7 殡仪馆如需单独设置解剖室时，其使用面积不应小于30m²。

5.3.8 汽车库的设计应符合现行行业标准《汽车库建筑设计规范》（JGJ100）的有关规定，殡仪车库与其他车库应分开设置。

5.4 火化区用房

5.4.1 火化区用房应包括遗体停放间、火化间、火化工休息室、更衣室、配电室、风机室、工具室、骨灰整理室、取灰室和洗手间等

5.4.2 火化间的平面布置应按火化设备的数量和规格分前后厅设计，并符合下列要求：

1 前厅净宽不宜小于8.0m。

2 后厅净宽不宜小于7.0m。

3 火化机与侧墙净距不宜小于1.5m。

4 火化间净高不应低于7.0m。

5 烟道应按照火化设备的要求进行设计，并应采取防水措施。

6 烟囱的断面内壁应保证排烟通畅，并应防止产生阻滞、涡流、串烟、漏气和倒灌现象。

5.4.3 风机房的使用面积应根据火化设备要求确定。

5.4.4 遗体停放间使用面积应按每具遗体占地2.5m²确定。宜有自然通风和天然采光，

5.4.5 骨灰整理室使用面积不宜小于8m²。

5.5 骨灰寄存区用房

5.5.1 骨灰寄存区用房应包括骨灰寄存用房、管理人员办公用房和洗手间等。

5.5.2 骨灰寄存用房应根据骨灰寄存容量、骨灰寄存架的材质及排列方式等确定。

5.5.3 骨灰寄存架之间的通道宽度不应小于1.2m。

5.5.4 骨灰寄存室的净高不宜低于3.3m。

5.5.5 管理人员办公用房应设在骨灰寄存区的入口处，并为自动化办公提供条件。

5.5.6 骨灰寄存用房应有通风换气设施。

6 防　护

6.1 卫生防护

6.1.1 殡仪区中的遗体停放、消毒、防腐、整容、解剖和更衣等用房均应进行卫生防护。

6.1.2 遗体处置用房、火化间与其他建筑之间应设卫生防护带，防护带内宜绿化。

6.1.3 消毒室、防腐室、整容室和解剖室应单独为工作人员设自动消毒装置。

6.1.4 遗体消毒、防腐、整容、解剖各用房内的洗池和操作台应阻燃、耐腐蚀、易冲洗。

6.1.5 火化间的空气质量应符合现行国家标准《燃油式火化机污染物排放限值及监测方法》(GB 13801)中有关规定。

6.1.6 火化机的引风机和鼓风机等应选择低噪声设备，并应设消声减振装置，风机室的四壁和顶棚应作吸声处理。

6.1.7 火化区内应设置集中处理火化间废弃物的专用设施。

6.1.8 遗体处置用房、火化间的内墙面、地面应平整、光滑，易于清洗。

6.1.9 休息室、业务办公室和悼念厅等用房室内最大允许噪声级（A 声级）应符合表 6.1.9 的规定。

各用房内最大允许噪声级（dB）　　表 6.1.9

房间名称	允许噪声级（A 声级）
休息室	50
业务办公室	50
悼念厅	55

6.1.10 悼念厅隔墙和楼板的空气声隔声标准为：计权隔声量不应小于 45dB；楼板的计权标准化撞击声压级不应大于 75dB。

6.1.11 业务厅及馆内走廊的顶棚应作吸声处理。顶棚的吸声系数宜为 0.3～0.4。

6.1.12 火化间的允许噪声级应符合现行国家标准《燃油式火化机污染物排放限值及监测方法》(GB 13801)的有关规定。

6.2 骨灰寄存防护

6.2.1 骨灰寄存防护应包括外围结构防水、隔热，室内湿度控制，骨灰盒防潮、防直射光照、防尘、防虫、防鼠、防盗等。

6.2.2 骨灰寄存室内应防止地面返潮。

6.2.3 骨灰寄存室屋面宜采用外排水，严禁渗漏。

6.2.4 骨灰寄存室地面应坚实耐磨，墙面和顶棚应表面光洁。其窗扇应采取防尘和密闭措施。

6.2.5 骨灰寄存区中的祭悼场所应设封闭的废弃物堆放装置。

7 防火设计

7.1 一般规定

7.1.1 殡仪馆建筑的耐火等级不应低于二级。

7.1.2 殡仪馆建筑的防火分区应依据建筑功能合理划分。

7.1.3 悼念用房应设消防水龙、水喉等设施。

7.1.4 殡仪馆内建筑灭火器设置应符合现行国家标准《建筑灭火器配置设计规范》(GBJ 140) 的规定。

7.1.5 殡仪区的防火分区安全出口数目应按每个防火分区不少于 2 个设置，且每个安全出口的平均疏散人数不应超过 250 人；室内任何一点至最近安全出口最大距离不宜超过 20.0m。

7.1.6 悼念厅楼梯和走道的疏散总宽度应分别按每百人不少于 0.65m 计算。但最小净宽不宜小于 1.8m。

7.1.7 悼念厅的疏散内门和疏散外门净宽度不应小于 1.4m，并不应设置门槛和踏步。

7.1.8 室外应设消火栓灭火系统。

7.1.9 殡仪馆建筑内部装修防火设计应符合现行国家标准《建筑内部装修设计防火规范》(GB 50222) 的有关规定。

7.2 骨灰寄存区

7.2.1 骨灰寄存用房的储存物品的火灾危险性分类应按现行国家标准《建筑设计防火规范》(GBJ 16) 中的储存物品类型丙类第 2 项划分。

7.2.2 骨灰寄存用房不得采用水灭火设施，应按规模在明显位置设气体或干粉灭火设施，并设火灾探测器。

7.2.3 骨灰寄存用房的防火分区隔间最大允许建筑面积，当为单层时不应大于 800m²；当建筑高度在 24.0m 以下时，每层不应大于 500m²；当建筑高度大于 24.0m 时，每层不应大于 300m²。

7.2.4 骨灰寄存室与毗邻的其他用房之间的隔墙应为防火墙。

7.2.5 每个防火分区的安全出口不应少于 2 个，其中 1 个出口应直通室外。

7.2.6 骨灰寄存用房防火墙上的门，应为甲级防火门。骨灰寄存室防火门应向外开启，其净宽不应小于 1.4m，且不应设置门槛。

7.2.7 骨灰寄存室内通道不应设置踏步。

7.2.8 骨灰寄存楼垂直连通的条形窗不应跨越上下防火隔层，水平连通的带形窗不应跨越相邻防火分区。

7.2.9 骨灰寄存室内的寄存架应采用阻燃材料。

7.2.10 骨灰寄存室内的装修材料应采用燃烧性能等级为 A 级的阻燃材料。

7.2.11 骨灰寄存用房与祭悼场所的防火间距不宜小于 15.0m。

7.3 火化区

7.3.1 火化间应符合现行国家标准《建筑设计防火

规范》(GBJ 16) 中丁类设防的规定。

7.3.2 火化间安全出口不应少于2个。

7.3.3 油库设计应符合现行国家标准《建筑设计防火规范》(GBJ 16) 的规定，寒冷地区应采取防冻措施。

7.3.4 火化间内储油箱与火化机之间的防火距离应符合现行国家标准《建筑设计防火规范》(GBJ 16) 的有关规定。

7.3.5 采用燃气式火化设备的火化间在建筑物外应设置气源紧急切断阀。

8 建筑设备

8.1 一般规定

8.1.1 管网系统的总平面设计应统一规划，合理安排。

8.1.2 殡仪馆内各用房的建筑设备应选低噪声、节能、节水型，并应进行整体综合设计。管线宜集中隐蔽、暗设。

8.2 给水、排水

8.2.1 殡仪馆建筑应设给水、排水及消防给水系统。

8.2.2 殡仪馆内各区生活用水量不应低于表8.2.2的规定。

生活用水量　表8.2.2

用水房间名称	单位	生活用水定额(最高日)(L)	小时变化系数
业务区、殡仪区和火化区用房	每人每班	60(其中热水30)	2.0～2.5
职工食堂	每人每次	15	1.5～2.0
办公用房	每人每班	60	2.0～2.5
浴池	每人每次	170(其中热水110)	2.0
办公区(饮用水)	每人每班	2	1.5
殡仪区(饮用水)	每人每次	0.3	1.0

注：上述生活用水量中，热水水温为60℃，饮水水温为100℃

8.2.3 殡仪馆建筑给水的水质应符合现行国家标准《生活饮用水卫生标准》(GB 5749) 的规定。

8.2.4 遗体处置用房应设给水、排水设施。

8.2.5 遗体处置用房和火化间的洗涤池均应采用非手动开关，并应防止污水外溅。

8.2.6 遗体处置用房和火化间应采用防腐蚀排水管道，排水管内径不应小于75mm。上述用房内均应设置地漏。

8.2.7 遗体处置用房和火化间等的污水排放应符合现行国家标准《医院污水排放标准》(GBJ 48) 的规定。

8.2.8 殡仪馆绿地应设洒水栓。

8.3 采暖、通风、空调

8.3.1 采暖地区殡仪馆的建筑供暖宜利用当地城镇集中供热系统。因条件限制无法利用城镇集中供热时，应采用单独的供暖系统。业务区、殡仪区、火化区和行政办公区宜设置可单独调控的供暖系统。

8.3.2 骨灰寄存用房不应设采暖装置。

8.3.3 殡仪馆内各类用房的采暖室内计算温度不应低于表8.3.3的规定。

采暖室内计算温度　表8.3.3

房间名称	室内计算温度(℃)
火化间	10
遗体处置用房	16
取灰室	16
冷藏室	5

8.3.4 设置机械通风的房间换气次数不应低于表8.3.4的规定。

换气次数　表8.3.4

序号	房间名称	换气次数(次/h)	序号	房间名称	换气次数(次/h)
1	消毒室	8	6	悼念厅	6
2	防腐室	8	7	休息室	4
3	整容室	8	8	火化间	8
4	解剖室	8	9	骨灰寄存室	3
5	冷藏室	6			

8.3.5 火化机烟囱的设计应符合下列规定：

1 应设置在殡仪馆最大风频风向的下风侧或最小风频风向的上风侧。

2 应符合火化设备要求。

3 烟囱应留有烟道污染物排放测试孔，孔径尺寸和位置应符合现行国家标准《燃油式火化机污染物排放限值及监测方法》(GB 13801) 的有关规定。

8.3.6 殡仪馆各区用房可根据需要，按不同功能分系统设置空调，而不同功能区的空调可按需集中设置。

8.3.7 遗体处置用房和火化间当采用空调时，应采用直流式空调系统，排风应经处理后再排入大气。

8.3.8 空调房间的夏季室内计算温度宜为25～26℃，相对湿度宜为60%～65%。

8.3.9 骨灰寄存室相对湿度不宜大于60%。

8.4 电气、照明

8.4.1 殡仪馆电气负荷不宜低于二级。当无条件二路供电时，其殡仪区用房和火化间应设备用电源。

8.4.2 殡仪馆内应按不同用电场所划分回路。

8.4.3 悼念厅应配置告别棺专用局部定向照明。

8.4.4 业务办公台、收款台以及骨灰整理室、遗体处置用房的操作台应设局部照明设备，其照度值不应低于150lx。

8.4.5 建筑物的疏散走道和公共出口处应设紧急疏散照明，其地面水平照度不应低于50lx。重要地段宜设置应急照明灯，照明时间不应少于20min。

8.4.6 消防控制室、空调机房，殡仪区、火化区和骨灰寄存区用房等均应设置应急照明。

8.4.7 各类用房照度标准值应符合表8.4.7的规定。

各用房照度标准　　表8.4.7

房间名称	参考平面及其高度	照度标准值（lx）		
		低	中	高
悼念厅	地面	100	150	200
休息室	地面	75	100	150
防腐室、整容室、解剖室	0.75m水平面	150	200	300
消毒室	0.75m水平面	75	100	150
火化间	地面	100	150	200
骨灰整理室	0.75m水平面	100	150	200
骨灰寄存室	地面	100	200	300
停尸间	地面	50	75	100

8.4.8 殡仪馆应设有防雷保护设施。骨灰寄存用房应为二类防雷建筑。

8.4.9 业务厅、悼念厅和骨灰寄存室应根据需要分别设置广播音响设施。

8.4.10 殡仪馆内应配备通讯设施。

8.4.11 骨灰寄存室的照明线路应采用铜芯导线穿金属管或采用护套为阻燃材料的铜芯电缆配线，并单独设置回路控制开关。

8.4.12 殡仪馆内宜对计算机系统、监控系统和通讯系统综合布线，暗管敷设。

8.4.13 骨灰寄存用房应设火灾自动报警装置。

8.4.14 殡仪馆宜设置自动监控系统。

本规范用词说明

1.0.1 为便于在执行本规范条文时区别对待，对于要求严格程度不同的用词说明如下：

1　表示很严格，非这样做不可的：

正面词采用“必须”；

反面词采用“严禁”。

2　表示严格，在正常情况下均应这样做的：

正面词采用“应”；

反面词采用“不应”或“不得”。

3　表示允许稍有选择，在条件许可时首先应这样做的：

正面词采用“宜”；

反面词采用“不宜”；

表示有选择，在一定条件下可以这样做的，采用“可”。

1.0.2 条文中指明应按其他有关标准执行的写法为：“应按……执行”或“符合……规定（或要求）”。

中华人民共和国行业标准

殡仪馆建筑设计规范

Code for design of funeral parlor's buildings

JGJ 124—99

条 文 说 明

前　言

《殡仪馆建筑设计规范》(JGJ 124—99)，经建设部 1999 年 10 月 28 日以建标［1999］257 号文批准，业已发布。

为便于广大设计、施工、科研、学校等单位的有关人员在使用本规范时能正确理解和执行条文规定，《殡仪馆建筑设计规范》编制组按章、节、条顺序编制了本规范的条文说明，供国内使用者参考。在使用中如发现本条文说明有不妥之处，请将意见函寄民政部 101 研究所。

目　次

1 总 则

1.0.1 随着改革开放的不断深入，人们对殡仪馆的服务环境要求越来越高。从80年代开始，特别是进入90年代以后，每年有几百家殡仪馆进行改扩建，同时，又有部分新建殡仪馆投入使用。但由于缺乏相应的技术标准，设计人员既没有可参考的技术规范，又缺乏对殡仪服务流程的了解，有的建筑设计与殡仪服务要求差距很大，致使投入使用后出现了许多问题，给我国殡仪馆的管理和服务带来不便。

人们丧葬观念的更新和生活水平的提高，对遗体的处置、悼念、骨灰的安置等殡仪服务的条件提出了更高的要求，人们在较宽松舒适的空间环境中进行殡仪活动，有利于人们在心理上得到慰藉。因此，总结国内外殡仪馆建设的经验，制定出适合我国国情的建筑设计规范，对提高殡仪馆的建筑设计质量，创建良好的殡仪活动条件具有重要意义。

1.0.2 新建殡仪馆具有基本统一的设计前提，可按统一的要求进行建筑设计。改建殡仪馆与新建殡仪馆对殡仪服务的要求没有区别，因此，本规范的规定同样适用于殡仪馆的改、扩建设计。

1.0.3 殡仪馆的建筑设计是在一定的基地范围内进行，由于其工作的特殊性，丧葬习俗对建筑设计有一定的影响。我国是一个地域辽阔的多民族国家，不同地区和不同民族的丧葬习俗各不相同，而不同的丧葬习俗对建筑设计也有不同的要求。因此，殡仪馆的建筑设计必须将丧葬习俗考虑在内。

3 选 址

殡仪馆选址应考虑国家的土地使用原则、环境保护和生态保护要求、殡仪馆服务内容、当地的丧葬习俗、经济和人口发展状况等因素。

3.0.1 选择殡仪馆建设用地时必须遵守国家《土地管理法》的有关规定，合理利用土地和切实保护耕地，根据建设的实际需要，严格按照当地土地利用总体规划确定的用途来使用土地。

3.0.2 对于设有火化间的殡仪馆，由于火化设备在焚烧遗体的过程中可能会产生危害人体健康的大气污染物，如建在上风侧则会造成馆区下风侧的环境污染。从保护环境、改善人们生活环境质量的角度出发，选择殡仪馆建设位置时应考虑当地的常年主导风向。

殡仪馆不应建在地势低洼的场所，一方面天降暴雨时积水难排，给殡仪活动和馆内业务的开展带来不便。另一方面不利于空气中污染物的扩散，导致馆区空气质量下降，影响工作人员和丧主的身心健康，因此殡仪馆应建在地势开阔的地段。

3.0.3 为方便丧主前来办理丧事和参加祭悼活动，拟选址处应能保证交通畅通。许多殡仪馆为方便群众、提高服务质量自己出资铺设馆区与城镇公路相通的道路。有些地区还在殡仪馆附近建有公交车站。电力供应和安全卫生的水源是保证殡仪馆开展正常业务和生产，并满足职工工作期间生活需求的必要条件。

3.0.4 随着殡仪馆所在地经济的发展和人口的增长，现有规模和设施可能满足不了将来变化的要求，在选址征地时应综合考虑当地总体发展状况，为殡仪馆的改、扩建创造条件。

4 总平面设计

4.1 总平面布局

4.1.1 根据对全国一百余家殡仪馆的调查，殡仪馆的功能区按业务内容可分为业务区、殡仪区、火化区、骨灰寄存区、行政办公区和停车场等。

土葬殡仪馆、火葬场、殡仪服务站或中心可根据实际情况参照此条分区。

4.1.2 殡仪馆的总平面布局对于殡仪馆的近期使用和远期发展有着重要的意义，而千篇一律、不分南北、脱离实际的设计又是建设失败的根源。因此，殡仪馆的总平面布局应根据殡仪馆的具体情况进行设计。

1 殡仪区是丧主的主要活动区，将殡仪区定为殡仪馆的活动中心，其余各功能区分散在四周，是为了使丧主能够准确地到达各个功能区，并且各区之间既要联系方便，又达到互不干扰的目的。

2 殡仪馆内的每个功能区都有其截然不同的工作性质，对布置方式、朝向、间距要求也不同，因此在总平面布局中的位置将直接影响到殡仪馆的业务管理质量。在殡仪馆内人员和车辆短时间内相对比较集中，合理的功能分区将会有效地实现人员与车辆分流，既方便丧主，又便于管理。殡仪馆人流最集中的时节是清明节前后，每当这一时节，各殡仪馆均存在人满为患的现象，因此，总平面布局设计应充分考虑这方面因素。

3 遗体经过处置以后，有的需要供丧主告别；有的则需要直接进行火化，因此为缩短遗体在馆内的运输距离，殡仪区与火化区相邻设计是合理的。遗体露天运输是不文明的，也违背我国传统的丧葬习俗。因此殡仪区和火化区之间应设专用通道。

4 祭悼场所是殡仪馆专门为丧主提供的向逝者举行祭悼活动的场所。据我们调查了解到，现今我国50%以上的殡仪馆设立了祭悼场所。逢忌日，丧主将把骨灰从寄存室取出，集中到祭悼场所按照各自的方式进行凭吊。特别是清明节时成千上万的人群集中来到殡仪馆，若分散在各处很难避免火灾的发生。统一设立祭悼场所对于防灾和管理提供了有利的环境条件。

6 我国殡仪馆的建设起步较晚，由于受资金等诸多因素的影响，边发展边建设比较适合我国国情。因此，总平面设计要预留改扩建余地。园林化是我国殡仪馆的建设在近几年内赶上和超过世界先进水平的指标之一，要实现这一目标必须有足够的绿化用地。园林景观设计相当重要，在殡仪馆整体景观协调统一的前提下，尽量使每个功能区有一个独特的景观风格，以提高整体环境效果。据调查，大多数殡仪馆的夏季绿化率保持在30%～40%，部分殡仪馆达到50%以上，因此，本规范关于殡仪馆绿化率的规定是符合国情的。

7 丧主在治丧活动中，有一定量的垃圾，集中处理将有利于殡仪馆的经营和管理，有利于人们的身心健康。

4.1.3 为了适应现代化管理方式，殡仪车专用出入通道可以减轻人们的畏惧心理，为文明经营创造条件。

4.1.4 由于残疾人也可能在亲人的陪同下来到殡仪馆对故人作最后的诀别。这就对殡仪馆的建设提出了新的要求，停车场、道路与建筑物的设计都要方便残疾人。

4.1.5 由于来殡仪馆的人群和车辆比较杂乱，设置前广场的目的是方便丧主的集散。

4.2 室外环境设计

4.2.1 在等待向遗体告别和等待遗体火化的过程中，由于送葬的每个人与死者的关系远近不同，则参与殡仪活动的程度也不同，因此对相应活动环境的要求也不同，人们大多分散在业务区、殡仪区的休息室内和外部公共活动场地。那么，公共活动场地的设计在殡仪馆的环境设计中占有非常重要的位置，场所内服务设施的配置应以满足群众的基本需要为前提。起到调节和缓解人们悲痛情绪的作用。

4.2.2 殡仪馆的室外环境设计要充分利用用地的自然条件，重视和体现当地的特色，根据殡仪馆的整体构想，结合各功能区的特点作出综合设计，在空间层次、造型、色调等因素协调的前提下，追求自然朴实的风格。

殡仪馆各分区的特点不同，如业务区、火化区、骨灰寄存区主要是丧主与殡仪职工活动的区域；殡仪区人群身份相对比较复杂；对遗体处置的工作区基本上是殡仪职工活动区；行政办公区主要是职工活动区。根据上述特点确定设计内容就会避免杂乱无章的现象。

5 建筑设计

5.1 一般规定

5.1.1 调查资料表明：殡仪馆的规模不同，房屋的功能配置也不同，省会城市殡仪馆的房屋配置比较全面；中小城市殡仪馆视所在地区的经济发展程度在房屋配置上有着明显的差异。因此，在为殡仪馆进行房屋配置时，应视具体情况，合理地配置各类用房，特殊地区可将业务、办公用房集中设置。

5.1.2 按照我国传统的丧葬习俗，在殡仪馆进行的殡仪活动主要流程见下图：

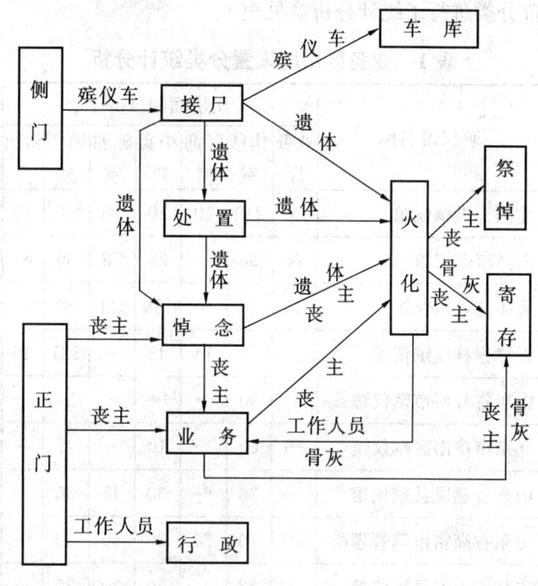

图1 殡仪服务流程图

建筑布局按照合理的流程可以减少人流的盲目集结，便于管理。

5.1.4 殡仪馆建筑设计中应尽量争取好朝向。各类房间的平面空间组合应有利于获取良好的天然采光，这样既可以保证卫生，又可以保障工作人员的身心健康。此外，具有良好天然采光的房间对于减少丧主悲哀心境，减少环境对人的心理压力有积极的作用。各类用房的采光标准应按现行国家标准《建筑采光设计标准》中有关规定执行。在方案设计阶段，应按表5.1.4的规定对各用房的窗地面积比指标进行采光估算，根据所确定的窗地面积比再进行采光系数最低值的计算，以保证各用房的内部具有良好的天然照度。

表5.1.4按Ⅲ类采光气候区单层普通玻璃钢窗为计算标准，其他采光气候区的采光系数最低值和窗地面积比按《建筑采光设计标准》执行。

本表规定适用于侧面窗户采光，其采光面积以有效采光面积为准。例如离地面高度低于0.5m的窗洞口面积不计入采光面积内。

5.1.5 在殡仪馆设计中，应合理布置各用房的外墙的开窗位置、窗口大小、开窗方向，有效地组织与室外空气直接流通的自然风，提高馆内各用房的空气质量。自然的空气流通有利于减少空气污染，减少丧主的心理压力，有利于提高工作效率。

当采用自然通风时，各用房的通风开口面积不应小于相应房间地面面积的 1/20，这是考虑各用房的窗洞口面积并不等于可开启的窗户面积，本条的作用是保证各用房可用来通风的开口面积，以满足通风要求。

5.2 业务区用房

5.2.1 根据部分殡仪馆的调查，对业务区用房的设置分类进行了统计分析，见表 1。

表 1 业务区用房设置分类统计分析

殡仪馆名称	用房面积（m²）						
	业务厅	休息室	咨询室	小卖部	陈列室	销售室	微机室
沈阳于洪殡仪馆	20	240	10	20	10	230	10
南昌市殡仪馆	70	30	—	28	78	30	64
天津北仓殡仪馆	43	30	—	110	30	80	—
天津程林庄殡仪馆	—	—	14	43	—	321	16
山东省日照市殡仪馆	—	90	—	—	—	54	—
北京市房山区殡仪馆	—	60	—	10	—	45	—
山东省惠民县殡仪馆	—	30	—	30	45	30	—
山东省高密市殡管理所	30	70	20	20	40	40	—
吉林省农安县殡仪馆	—	82	—	30	30	30	—
长沙市殡仪馆	32	88	30	30	20	100	—
北京市大兴县殡仪馆	60	50	50	50	60	204	50
江苏省锡山市殡仪馆	36	50	8	60	20	100	16
山东省诸城市殡仪馆	60	80	—	30	30	60	15
四川省广汉市殡仪馆	49	49	—	52	—	78	—
山东省济南市殡仪馆	71	108	54	—	21	21	—
山东平度第一殡仪馆	81	88	—	45	40	65	25
平均面积	42	76	26	39	30	93	19

注："—"表示未设置该用房。

经综合分析和我们对殡葬管理者的访谈结果，业务区用房主要设置业务厅（含业务洽谈室）、丧葬用品销售处和挽联书写室，其他用房数量可根据建设单位的实际需要确定。

5.2.2 业务厅是丧主办理丧葬事宜的集中区域，也是首先接待丧主的区域。随着殡葬改革的不断深入，人们对殡仪服务场所的环境与物质条件有了较高的要求，早已不满足于小客栈式的服务方式。在这一区域内应考虑设置咨询处、业务洽谈处、收款处和丧主休息处。殡仪服务人员在向丧主介绍殡仪馆服务项目的同时，接待并洽谈关于治丧活动的相关事宜和时间安排，因此，整洁、舒适的服务环境，才能满足人们日益增长的需求。在本条中对业务厅的设计作出相应的规定。

按照中小城市殡仪馆的营业情况计算，应设两个业务洽谈处，每处 8m²，一个咨询处 8m²，丧主休息处 24m²，丧主和工作人员的活动用地以及预留发展用地 30m²，合计 80m² 并且以日平均人流量的使用需求面积为设置营业厅面积的依据。

省会城市人们的文化素质和生活水平比较高，对殡仪服务场所环境的要求也相对较高。据我们对全国 100 余家殡仪馆的调查结果，业务厅内设置小型洽谈室和丧主休息室受到普遍欢迎。所以，在进行业务厅的设计时可根据实际需要将各功能用房分室设置。

5.2.3 丧葬用品销售处的设计应将陈列和销售分开布置，以利于人员的分流。理由是：前来这个区域办理业务的人们，其心情比较压抑，情绪易被激化。如果空间狭小，人群集中，容易产生摩擦。根据表 1 的数据分析，以 30m² 作为下限设计，是比较经济的。

5.3 殡仪区用房

5.3.1 我国各地殡仪服务方式和丧葬习俗不同，但殡仪服务业务全部交由殡仪馆进行是发展趋势。因此，本条根据殡仪服务内容，列出用房名称，并对殡仪馆进行了调查，调查结果表明：表 2 所列用房在被调查殡仪馆中的平均设置率为 90.6%以上，其中消毒室的设置率偏低，但在规模较大的殡仪馆设置非常必要，符合国情。

5.3.2 我国地域辽阔，各地的悼念仪式各不相同，对悼念厅的要求也不一样。而殡仪馆的建设规模决定着对悼念活动档次的划分。

1 按调查结果，我国殡仪馆悼念厅的数量与各地的丧葬习俗关系密切。广州市殡仪馆悼念厅总数 20 多间，而规模相当的天津程林庄殡仪馆只有 3 间，就可以满足使用要求。因此，本规范不对悼念厅的数量进行限制，只将最小悼念厅的使用面积规定为 42m²，其中长度为：前区 1.5m（布置横幅和摆放花圈）+告别棺 2.5m+悼念区（参加悼念人群站立区）3.0m，合计 7.0m。宽度为两侧摆放花圈 1.0m+停灵区（告别棺宽）1.0m+告别人群流动宽度 4.0m，合计 6.0m。

3 本着文明服务的精神，按照殡仪服务流程，遗体运行路线和丧主进入悼念厅的路线是分开的。因此悼念厅最少应设两个门。

5.3.4 接尸间是将遗体从殡仪车上转入殡仪馆的中介场所，也是室内外的过渡场所。其空间应允许一台运尸车自由操作（运尸车的操作直径为 4.0m）和两台运尸车并列运行，单台运尸车的规格为：2.0m×0.50m，因此将接尸间的最小边长定为 4.0m，是比较经济合理的。

表 2　殡仪区用房设置分类统计分析

殡仪馆名称	用房名称						
	防腐室	整容室	悼念厅	解剖室	冷藏室	接尸间	消毒室
沈阳于洪殡仪馆	+	+	+	+	+	+	—
南昌市殡仪馆	+	+	+	+	+	+	+
天津北仓殡仪馆	+	+	+	+	+	+	—
天津程林庄殡仪馆	+	+	+	+	+	+	—
山东省日照市殡仪馆	+	+	+	+	+	+	+
北京市房山区殡仪馆	+	+	+	—	—	—	—
山东省惠民县殡仪馆	+	+	+	—	+	+	+
山东省高密市殡管理所	+	+	+	+	+	+	+
昌邑市殡葬管理所	+	+	+	—	+	+	—
吉林省农安县殡仪馆	+	+	+	+	+	—	—
长沙市殡仪馆	+	+	+	+	+	+	+
北京市大兴县殡仪馆	+	+	+	+	+	+	+
江苏省锡山市殡仪馆	+	+	+	+	+	+	+
山东省诸城市殡仪馆	+	+	+	+	+	+	+
四川省广汉市殡仪馆	+	+	+	+	+	+	+
山东省济南市殡仪馆	+	+	+	+	+	+	+
山东平度第一殡仪馆	+	+	+	+	+	+	+
湖南省湘潭市殡仪馆	+	+	+	+	+	+	+
湖南省郴州市殡仪馆	+	+	+	+	+	+	—
湖南省荆州市殡仪馆	+	+	+	+	+	+	—
吉林省梅河口市殡仪馆	+	+	+	+	+	+	—
上海市闵行区殡仪馆	+	+	+	+	+	+	+
遵义市红花岗区殡管处	+	+	+	+	+	+	—
山东省禹城市殡仪馆	+	+	+	+	+	+	+
沈阳市回龙岗革命公墓	+	+	+	—	+	+	—
湖北省当阳市殡仪馆	+	+	+	+	+	+	+
镇江市殡葬管理所	+	+	+	+	+	+	—
山东省高唐县殡仪馆	+	+	+	+	+	+	+
山东省蓬莱市殡仪馆	+	+	+	—	+	+	—
山东省莒南县殡仪馆	+	+	+	+	+	+	+
奉贤县殡仪馆	+	+	+	+	+	+	—
大丰市殡仪馆	+	+	+	+	+	+	—
江苏省金坛市殡仪馆	+	+	+	+	+	+	—
山东省泰安市泰山区馆	+	+	+	+	+	+	—
凌海市殡仪馆	+	+	+	+	+	+	—
海阳市殡仪馆	+	+	+	+	+	+	+
山东省龙口市殡葬管理所	+	+	+	+	+	+	+
设置率（%）	100.0	100.0	100.0	86.5	97.3	94.6	51.4

注：“—”表示没有设该用房；“+”表示设有该用房。

5.3.5　殡仪馆内的运尸通道净宽的确定依据是：两台运尸车并排运行所需的宽度要求。

5.3.6　遗体处置用房的设计依据：

1　为了保证殡仪职工的身心健康和消毒室、防腐室、整容室、解剖室、冷藏室等用房内的空气质量，在上述用房内要保持良好的通风。

2　消毒室、防腐室、整容室、解剖室、冷藏室等用房是专门为遗体服务的，而运送遗体的车辆的规格为 2.0m×0.50m，且运尸车进门时有一个旋转角度，所以将门宽定为 1.4m。同时为方便运尸车的出入方便，不应设门槛。

3　为保证殡仪职工的工作环境，便于使用器械的分类和保管，设置准备间是合理的。

5　消毒室、防腐室、整容室的使用面积不宜小于 $18m^2$ 的理由是：上述用房内要考虑操作台周围应允许工作人员的正常活动，一般宽度包括操作台约 1.0m、操作台两侧各 1.0m，长度包括操作台长度约 2.5m、内门宽约 1.4m、殡仪活动空间 2.0m、使用面积约为 $18m^2$。

5.3.7　根据调查了解到，在殡仪馆设置解剖室，要满足公安部门对设施的基本要求，如器械柜、洗池、解剖台、准备间等等。因此，使用面积不小于 $30m^2$ 比较经济。

5.3.8　由于殡仪车的特殊性能，为防止对其他车辆的影响，为殡仪车单独设置库房较为合理。

5.4　火化区用房

5.4.2　火化间的主要设备是火化机，由于火化间是以炉门为界，分为前厅（炉前区）——进尸区，后厅（炉后区）——火化操作区，因此，为设计方便，将火化间分两部分是合理的。本条的设计参数是按照火化机单排安装设置的。

1　前厅内设有进尸车，其长度不小于 3.0m；若采用履带式进尸车，其长度不小于 5.0m，殡仪馆内运尸车的操作长度为 3.0m，因此，将前厅的净宽定为不宜小于 8.0m，是比较经济合理的。

2　后厅内主要包括：火化机长度 3.0m，火化工具的操作长度 4.0m。

3　火化机与侧墙的空隙一般作为前、后厅的通道或维修空间。

4　火化间的净高包括：火化机的高度和设备维修高度。根据我们对近 70 家殡仪馆火化间的调查，火化间净高超过 7.0m 的占 91.4%，最高达 12.0m，因此，本款所定参数为火化间净高的下限。

5　火化间的烟道设计，是随设备的种类而定的。因此，在火化间确定之前，必须先确定火化设备种类，然后，将烟道与火化间一并进行设计。

5.4.3　风机房的设计与火化设备的布置方式关系密切，有在地下设置的；有在山墙一侧设置的；也有有特殊要求的等等。

5.4.4 停尸间的作用是避免待火化遗体滞留在火化间内的现象发生，为保证工人操作方便，每台运尸车的占地面积可按2.5m^2计算。

5.4.5 据调查了解到，目前我国大多数殡仪馆内没有设置骨灰整理室，使得这项工作或在露天、或在火化间进行。既不文明，也对殡仪职工的工作环境产生影响。因此，在本条中，对骨灰整理室提出了要求。

5.5 骨灰寄存区用房

5.5.2 表3是各地的骨灰寄存情况，由此看出，骨灰寄存室应根据殡仪馆的骨灰寄存量与增长率的情况进行设计，同时，骨灰寄存架的排列方式也影响着骨灰寄存量。调查说明，我国多数地区的骨灰寄存室较大，采用框架结构也较多。因此，当采用框架结构设计时，应特别注意设计任务书中对空间尺寸的要求。

5.5.3 骨灰寄存室的通道应满足丧主下蹲取骨灰盒与转身的空间尺寸要求。

5.5.4 骨灰寄存室的净高应考虑表4骨灰寄存架的外形尺寸。

表3 骨灰寄存情况分析

序号	殡仪馆名称	年火化量（具）	允许存放盒位（个）	现存盒位（个）	年增长率（%）	年增长量（个）
1	天津北仓殡仪馆	15000	160000	135000	—	10000
2	天津程林庄殡仪馆	12000	95972	14000	—	8000
3	山东平度第一殡仪馆	9500	3000	1500	—	—
4	南昌市殡仪馆	8600	5000	2600	0	0
5	沈阳于洪殡仪馆	8500	73872	34920	—	5000
6	山东省济南市殡仪馆	8000	13627	8600	—	—
7	山东省诸城市殡仪馆	7480	2000	1000	10	—
8	长沙市殡仪馆	6011	17000	7000	—	—
9	山东省日照市殡仪馆	6000	500	250	—	±30
10	江苏省锡山市殡仪馆	6000	700	250	5	—
11	吉林省农安县殡仪馆	5956	3625	3229	15	—
12	四川省广汉市殡仪馆	5823	1584	303	—	—
13	昌邑市殡葬管理所	5569	500	350	—	15
14	山东省高密市殡葬管理所	5543	452	161	—	—
15	北京市房山区殡仪馆	5000	—	2680	10	—
16	北京市大兴县殡仪馆	5000	7000	5000	—	—
17	天津武清县殡仪馆	5000	1700	1127	—	±100
18	临朐县殡葬管理所	4957	50	30	—	—
19	海阳市殡仪馆	4600	1000	200	10	—
20	山东省惠民县殡仪馆	4310	950	765	5	—
21	山东省龙口市殡葬管理所	4000	1720	1400	—	—
22	奉贤县殡仪馆	3800	820	510	—	0
23	大丰市殡仪馆	3800	455	363	8	—
24	江苏省金坛市殡仪馆	3800	480	260	—	—
25	天津宝坻县殡仪馆	3600	2000	1300	10	—
26	天津大港区殡仪馆	3600	2982	2051	25	—
27	山东省泰安市泰山区馆	3600	4560	3600	—	—
28	山东省蓬莱市殡仪馆	3500	3000	1600	—	200
29	湖北省当阳市殡仪馆	3301	450	304	—	—
30	山东省莒南县殡仪馆	3300	300	230	—	50
31	凌海市殡仪馆	3100	1500	1300	10	—
32	山东省禹城市殡仪馆	3000	1800	520	—	40
33	山东省高唐县殡仪馆	3000	880	520	—	—
34	遵义市红花岗区殡管处	2900	6433	2500	—	—
35	天津市塘沽区殡仪馆	2800	50000	23000	—	1000
36	天津静海县殡仪馆	2650	4600	1980	11	—
37	吉林省梅河口市殡仪馆	2600	5000	3600	—	500
38	湖南省郴州市殡仪馆	2300	1150	100	5	—
39	上海市闵行区殡仪馆	2040	1118	753	—	—
40	湖南省湘潭市殡仪馆	2016	1000	800	—	负增长
41	天津西城殡仪馆	2000	6062	4705	±2	—

表4 骨灰寄存架的外形尺寸

名称	外形尺寸（mm）			每间尺寸（mm）			每架寄存数量（盒）	备注
	长	深	高	长	宽	高		
单面架	2070	340	1630	420	340	310	5×5	铝合金单盒寄存
双面架	2070	680	1630	420	340	310	5×10	铝合金单盒寄存

骨灰寄存架竖向每两架为一组，因此将净高定为3.3m是合理的。

6 防　　护

6.1 卫生防护

本节各项规定是针对殡仪馆对丧主和工作人员产生危害的主要污染源（来自遗体的运送、处置和火化）进行的防护。

6.1.1 本条要求殡仪区中遗体运送和处置自成一区，避免丧主与遗体接触。

6.1.2 殡仪区的遗体处置用房和火化间是殡仪馆内主要污染源，可能产生物理、化学和生物性污染，为防止这些污染扩散，影响馆区环境质量，应采取措施将污染限制在最小范围内。绿化防护带既可阻挡污染的扩散传播，降低污染的浓度或强度，又可美化环境。

6.1.5 火化机在火化过程中所排放的污染物是影响火化间空气质量的主要因素，而火化间的空气质量标准在国家现行标准《燃油式火化机污染物排放限值及监测方法》（GB13801）中表2已有明确规定，故直接引用。

6.1.6 风机启动后噪声级可超过90dB，如果长期工作于这样的环境中，对工人的身体健康极为不利，而且设备噪声也会对其他区域造成干扰。

6.1.7 火化间废弃物是指因炉膛容量有限，为保证燃烧质量，不能随遗体同时焚烧，必须单独处理的死者遗物。此外，还有一些无名尸的骨灰。

6.1.9 殡仪馆建筑中的丧主休息室、业务办公室和悼念厅等各殡仪活动用房，其特征之一就是噪声比较大，而此时丧主对噪声的容忍程度也比较大，所以殡仪馆中殡仪活动用房的室内允许噪声级（A声级）比其他民用建筑的值要高。

6.1.12 火化间的噪声强度应满足国家现行标准《燃油式火化机污染物排放限值及监测方法》(GB 13801) 中第3.1.5条的规定，考虑目前我国各地殡仪馆的火化设备是以燃油式为主，为此，燃油式火化机产生的噪声强度限值可作为火化间控制限值。

7 防火设计

7.2 骨灰寄存区

7.2.1 按照《建筑设计防火规范》(GBJ 16) 中第4.1.1条的规定，骨灰寄存用房的储存物品火灾危险性应属丙类之第2项。这是由于骨灰寄存用房的功能是寄存骨灰，在某种程度上相当于仓库，库存物品为骨灰，盛放骨灰的骨灰盒又以木质盒为主，属可燃固体，因此，骨灰寄存用房的建筑防火设计应按现行国家规范《建筑设计防火规范》（GBJ 16）中第四章相关规定设计。

7.2.2 骨灰及死者照片是丧主的珍贵怀念物，具有特殊的珍藏意义，按照《建筑设计防火规范》（GBJ 16）中第10.3.1条规定，骨灰寄存楼相应于该条中的"贵重物品库房"，水灭火设施的使用将对骨灰盒造成浸蚀。因此，除应设火灾探测器外，还应在明显位置设置气体或干粉灭火设施。

7.2.3 该条文是考虑如下二方面：其一是殡仪馆一般设置在远离市区和市消防中心的地方，一旦发生火灾，消防车到达火灾发生地所需的时间要长，为减少消防车到达之前火灾蔓延的面积，有必要适当缩小其防护面积。其二是骨灰是丧主的怀念物和珍藏物，不像档案和图书，可留有备份，骨灰没有备份，也不可能留有备份。所以提高防护标准是合理的。

7.2.11 祭悼场所属于发生明火和散生火花的地点。为防止因祭悼活动诱发火灾造成对骨灰寄存用房的威胁，参照《建筑设计防火规范》（GBJ 16）第4.3.4条规定，取防火间距不宜小于15.0m。

7.3 火 化 区

7.3.1 火化间内设置若干台火化机，遗体火化全过程在火化机内进行。因此，火化间生产的火灾危险性参照《建筑设计防火规范》（GBJ 16）中第三章第一节表3.1.1中第7款中规定：火灾危险性特征"在密闭设备内操作温度等于或超过物质本身自燃点的生产"的定为丁类生产类别。

7.3.3 燃油式火化机的燃料多为柴油，这些燃料是由油库通过油泵打入火化间内的储油箱，再供给火化机。这样，火化间附近应设油库。油库可在地上，也可修建在地下。

8 建筑设备

8.1 一 般 规 定

8.1.1 殡仪馆建筑宜选在城镇边缘地区，城镇的市政工程有的难于到达。为了保证殡仪馆的使用和环境质量，馆区内各类供应管网系统应进行统一规划，合理安排。

8.1.2 考虑殡仪馆内各用房的建筑设备日趋完备，设备管线供应能力和配置标准越来越高，从设备管线来讲，殡仪馆内设有给水排水管网、消防给水系统、采暖系统（寒地）、电力系统、通讯系统、空调系统和燃气系统等。在各类用房设计中各专业应按设计目标对设备及管线进行综合统筹选型、配套和管线综合设计，做到各种设备及管线合理就位，相对集中设置，管线性能可靠，隐蔽暗设，供给良好，少占有效空间。

8.2 给 水 、 排 水

8.2.2 殡仪馆的生活用水量参照修订后的国家标准《建筑给水排水设计规范》（GB 1588）确定。考虑殡仪馆工作性质的特殊性，用水量取用规范中同类建筑物用水量的上限。热水供应的范围也有所扩大，比如业务后勤用房是以办公为主，但考虑工作性质，也增加了热水供应。

8.3 采暖、通风、空调

8.3.1 考虑城市集中供暖的诸多优点，本条首肯了城镇集中供热系统。但根据殡仪馆距城市较远的实际，增加了"因条件限制无法利用城市集中供热时，可采用单独的集中供热系统。"条款"单独的"是指独立于城镇集中供热系统，"集中供热"指殡仪馆全部建筑统一设置的供暖系统。

考虑到殡仪馆各不同功能区建筑的区别，对供暖时间和温度的要求的差异，各不同功能区最好采取可单独调控的供暖系统，以利于节能。比如办公区和业务区，供暖时间较长，而火化区在没有遗体火化时则可以减少供热量。

8.3.3 采暖房间的室内计算温度主要是参考现行国家标准《采暖通风与空气调节设计规范》(GBJ 19)的相关房间确定的。

8.3.4 鉴于国家有关规范中没有明确对殡仪馆建筑的通风换气次数提出具体规定，本条只能参考相关的建筑（医院建筑）来确定通风换气次数，考虑到殡仪馆建筑的特殊性，在原医院建筑通风换气次数的基础上普遍增大了换气次数。

8.3.5 烟囱的设计应遵守下列原则：

1 减少烟囱排出的有害物对馆内环境的污染是制定本款的目的。

2 火化设备的种类决定着烟囱的性质，火化设备按排烟方式主要分上排烟式火化机和下排烟式火化机两种。在殡葬行业，烟囱一般由火化机生产厂家制作，建筑方面应根据建设单位提供的火化设备要求配合设计。

8.3.6 不同功能区分系统设置空调，主要是为调节控制（参考 8.3.1 说明最后一段）。而同一功能区的空调系统适当集中设置，可以方便管理。

8.3.7 为减少殡仪区和火化区内空气中异味，以及某些药物对室外空气的污染，必须先经过滤后再排入大气。

8.4 电气、照明

8.4.1 殡仪馆因工作性质要求不能中断供电，随着经济发展，殡仪馆的规模越大，对供电可靠性的要求也越高，所以把殡仪馆的电气负荷定为二级。殡仪馆选址时要考虑多种因素，当所选的地段可能无法提供双电源，为了满足供电系统发生故障时不中断供电（或中断后能迅速恢复）的要求，需设置备用电源。

8.4.4 本条提到的各部位照度要求都较高，设局部照明既能满足工作的要求又能节省电能。

8.4.5 殡仪馆在重要地段设置带有蓄电池的应急灯，断电后可以继续照明 20min。也可用于发电机组投入运行前的过渡期间使用。

8.4.7 本条文规定的各用房照度值是参照现行国家标准《民用建筑照明标准》(GBJ 133) 制定的。

8.4.8 殡仪馆建筑物高度可能未达到二级防雷的规定，但考虑到殡仪馆多建于郊外，而且这样的地区易受雷击。所以将殡仪馆定为二级防雷。

8.4.9 殡仪馆各用房较分散，为了便于工作和相互间的联系，一些房间应设广播音响设施。

8.4.13 本条文主要考虑防火要求。

中华人民共和国行业标准

镇(乡)村文化中心建筑设计规范

Code for design of cultural center buildings
in towns and villages

JGJ 156—2008
J 797—2008

批准部门：中华人民共和国住房和城乡建设部
施行日期：2 0 0 8 年 1 0 月 1 日

中华人民共和国住房和城乡建设部
公　　告

第50号

关于发布行业标准《镇（乡）村文化中心建筑设计规范》的公告

现批准《镇（乡）村文化中心建筑设计规范》为行业标准，编号为JGJ 156－2008，自2008年10月1日起实施。其中，第3.1.2、7.0.2、7.0.6条为强制性条文，必须严格执行。

本规范由我部标准定额研究所组织中国建筑工业出版社出版发行。

中华人民共和国住房和城乡建设部

2008年6月13日

前　　言

根据建设部《关于印发〈二〇〇四年度工程建设城建、建工行业标准制订、修订计划〉的通知》（建标［2004］66号）的要求，规范编制组经广泛调查研究，认真总结实践经验，参考有关国际及国外先进标准，并在广泛征求意见的基础上，制订了本规范。

本规范主要技术内容：1. 总则；2. 术语；3. 建设场地选定和环境设计；4. 基本项目配置；5. 建筑物设计；6. 文体活动场地设计；7. 防火和疏散；8. 室内声、光、热环境；9. 建筑设备。

本规范以黑体标志的条文为强制性条文，必须严格执行。

本规范由住房和城乡建设部负责管理和对强制性条文的解释，由中国建筑设计研究院负责具体技术内容的解释。

本规范主编单位：中国建筑设计研究院（地址：北京市西城区车公庄大街19号；邮政编码：100044）

本规范参加单位：长安大学
吉林省城乡规划设计研究院
河北农业大学城乡建设学院

本规范主要起草人员：方　明　董艳芳　白小羽　赵柏年　刘乃齐　胡　桃　乔　兵　丁再励　赵保中　赵东坤　杨　涛　宗羽飞　邓竞成　王　宁　郭文霞　刘宝华

目　次

1 总 则

1.0.1 为满足广大镇（乡）村居民开展文化活动的基本要求，提高镇（乡）村文化中心建筑设计的质量，制定本规范。

1.0.2 本规范适用于新建、改建、扩建的县级人民政府驻地以外的镇和乡、村文化中心建筑设计。

1.0.3 镇(乡)村文化中心建筑设计，应符合下列要求：

1 应贯彻环境保护、安全卫生、节约用地、节约能源、节约用水、节约材料的有关规定；

2 应以人为本，适合不同人群，特别是儿童、老年人、残疾人文化活动的特点和要求；

3 应符合当地经济和社会发展水平；

4 应体现因地制宜、就地取材、地域风格、民族特色；

5 应在满足近期使用的同时，兼顾今后改造的可能。

1.0.4 镇（乡）村文化中心建筑设计除应符合本规范外，尚应符合国家现行有关标准的规定。

2 术 语

2.0.1 镇（乡）村文化中心 cultural center in towns and villages

镇(乡)村居民开展多种文化活动的综合性公共场所。

2.0.2 建设场地 construction site

为修建工程规定的建设用地。

2.0.3 地方性竞赛 contest of local activities

镇(乡)村举办的个体或团体参与的体育竞赛活动。

2.0.4 群众性竞赛 contest of mass activities

镇（乡）村广大群众参与的体育竞赛活动。

2.0.5 群众性健身活动 mass physical exercise

镇（乡）村广大群众参与的休闲健身活动。

2.0.6 竞赛区 arena

由观众区围合的运动场地及其辅助区域，包括竞技场地和缓冲区。

2.0.7 组装式表演台 movable combination stage

可拆除和组合的舞台。

3 建设场地选定和环境设计

3.1 场 地 选 定

3.1.1 镇（乡）村文化中心的建设场地选定，应符合下列规定：

1 应符合镇（乡）村规划的规定；

2 宜为独用的建设场地；

3 应有通往建设场地外围道路的独立出入口；

4 应选择交通方便，利于安全疏散的地段；

5 应避免与交通繁杂的地段和要求环境噪声小的建筑毗邻。

3.1.2 镇（乡）村文化中心的建设场地应远离易受污染、发生危险和灾害的地段。

3.2 场地布置和环境设计

3.2.1 镇（乡）村文化中心的场地布置，应符合下列规定：

1 应合理利用地形、地物；

2 应明确功能分区，喧闹与安静的区域或用地应进行隔离；

3 道路布置应符合人流、车流和安全疏散的要求，连接外围道路的出入口不应少于2处；

4 应考虑救灾避难的需要；

5 应利于改建和分期建设。

3.2.2 镇（乡）村文化中心的环境设计，应符合下列规定：

1 应在镇（乡）村统一的环境规划下，综合考虑建设场地内已有的树木、草地、山石、水面、桥涵等，结合新建的设施进行环境设计；

2 建设场地的环境设计可按现行行业标准《公园设计规范》CJJ 48的有关规定执行。

3.2.3 建设场地的文物古迹的保护和利用应符合现行国家标准《镇规划标准》GB 50188 和《历史文化名城保护规划规范》GB 50357 的有关规定。

3.2.4 建设场地宜设置无障碍道路、停车位、标志等，其设计应符合现行行业标准《城市道路和建筑物无障碍设计规范》JGJ 50的有关规定。

4 基本项目配置

4.0.1 镇（乡）村文化中心宜为开展文学、艺术、娱乐、体育、健身、科技、教育、展示和宣传等活动配置多种空间和设施。在进行设计时，其基本项目的配置可按表 4.0.1 选定。

表 4.0.1 文化中心基本项目配置

类型	基本项目	内 容
一、场地环境	1 环境设施	绿化、小品、道路、水域、线杆、灯饰、引导标志、警示标牌、休闲座椅、围墙等
二、建筑物	2 专业活动用房	① 普通讲授用房
		② 语言讲授用房
		③ 计算机用房
		④ 创作和排练用房——美术、书法创作室，舞蹈、戏剧排练室，器乐活动室
		⑤ 音像和摄影用房——音像室、摄影室

续表 4.0.1

类型	基本项目	内容
二、建筑物	3 展览、阅览用房	① 展览用房——展室、展廊、储藏室
		② 阅览用房——书刊阅览室、电子阅览室、储藏室、管理室
	4 娱乐活动用房	① 观演用房——观众厅、表演台、化妆室、放映室、储藏室、休息廊
		② 游艺用房——棋牌室、电子游艺室、管理室
		③ 交谊用房——歌舞厅、茶室、管理室、服务处
	5 健身活动用房	① 乒乓球活动用房
		② 台球活动用房
		③ 器械健身用房
	6 办公、管理用房	①办公用房——办公室，保健室，值班、传达室，售票处等
		② 管理用房——库房、维修室、配电室、水泵房、锅炉房等
	7 服务、附属用房	①服务用房——小卖部、饮水间（饮水处）、卫生间等
		②附属用房——运动员室、教练员室、裁判员室、更衣室、淋浴室、储藏室等
三、文体活动场地	8 放映和表演场	放映场、表演场
	9 篮球、排球、羽毛球、门球场	① 篮球场
		② 排球场
		③ 羽毛球场
		④ 门球场
	10 武术、举重、摔跤场	① 武术场
		② 举重场
		③ 摔跤场
	11 游泳、滑冰、轮滑场	① 游泳场——普通游泳场、儿童游泳场
		② 滑冰场——普通滑冰场、儿童滑冰场
		③ 轮滑场——普通轮滑场、儿童轮滑场
	12 服务、附属用房	① 服务用房——小卖部、饮水间（饮水处）、卫生间等
		② 附属用房——运动员室、教练员室、裁判员室、更衣室、淋浴室，救护站、储藏室等，游泳场更衣室、强制式淋浴室、消毒洗脚池，滑冰场和轮滑场存物处等

4.0.2 具有地域优势和民族特点的项目，可因地制宜设置。

5 建筑物设计

5.1 一般规定

5.1.1 镇（乡）村文化中心建筑物宜包括专业活动用房，展览、阅览用房，娱乐活动用房，健身活动用房，办公、管理用房，服务、附属用房等。

5.1.2 建筑物的使用空间设计，宜符合下列规定：

1 使用空间宜具有一室多用性或多室组合的灵活性以及经营管理的独立性；

2 功能空间组织，宜将喧闹和安静的用房分区布置；

3 儿童、老年人、残疾人参加活动的用房，宜布置在建筑物的首层或交通方便的部位。

5.1.3 建筑物的走廊、楼梯间和电梯间的设计，应符合下列规定：

1 建筑内的同一层走廊，宜采用同一标高；

2 楼梯间不得设一跑楼梯和扇形踏步；

3 建筑层数大于或等于4层的，宜设公众电梯；暂时不能安装电梯的，应预留电梯间。

5.1.4 建筑物应设置无障碍入口、走廊，并宜设置无障碍卫生间等，其设计应符合现行行业标准《城市道路和建筑物无障碍设计规范》JGJ 50 的有关规定；当受条件限制时，应预留无障碍设施的位置。

5.2 专业活动用房

5.2.1 专业活动用房宜包括普通讲授用房、语言讲授用房、计算机用房、创作和排练用房、音像和摄影用房等。

5.2.2 普通讲授、语言讲授、计算机用房的设计，宜符合下列规定：

1 宜布置在建筑中环境安静的部位；

2 普通讲授用房，每人使用面积不宜小于 1.4m²；

3 语言讲授用房，宜采用洁净地面，每人使用面积不宜小于 2.2m²；

4 计算机用房，宜采用防静电洁净地面，每人使用面积不宜小于 2.5m²；

5 宜符合现行国家标准《中小学校建筑设计规范》GBJ 99 的有关规定。

5.2.3 创作和排练用房的设计，宜符合下列规定：

1 美术创作室宜采用北向窗或屋顶采光；美术、书法创作室，每人使用面积不宜小于 2.8m²；

2 舞蹈、戏剧排练室：

1）地面宜铺设弹性木地板，每人使用面积不宜小于 6m²；

2）墙面宜安装练功设施；

3）室内净高不宜小于5m；

3 器乐活动室的墙面、吊顶、门窗，宜作吸声和隔声处理，每人使用面积宜为2～4m²。

5.2.4 音像和摄影室的设计，应符合下列规定：

1 音像室应具备隔声、照明和录放设施；

2 摄影室应附设暗室和制作室。

5.3 展览、阅览用房

5.3.1 展览用房的设计，宜符合下列规定：

1 宜设置展室、展廊、储藏室等；

2 展室的使用面积不宜小于50m²；

3 展室宜以自然采光为主，并辅以局部照明，宜避免眩光和直射光；

4 利用建筑走廊兼作展览时，其净宽不宜小于3.5m。

5.3.2 阅览用房的设计，宜符合下列规定：

1 宜设置书刊阅览室、电子阅览室、储藏室、管理室等；

2 阅览用房宜布置在建筑物中环境安静的部位；

3 宜符合现行行业标准《图书馆建筑设计规范》JGJ 38的有关规定。

5.4 娱乐活动用房

5.4.1 娱乐活动用房，宜包括观演用房、游艺用房、交谊用房等。

5.4.2 观演用房的设计，宜符合下列规定：

1 宜设置观众厅、表演台、化妆室、放映室、储藏室、声光控制设施和休息廊等；

2 观众厅：

1）宜采用多功能厅，容纳人数不宜超过300人；

2）宜采用平地面、移动式座椅和组装式表演台，表演台的高度不宜大于0.6m；

3）表演区的净高不宜小于5m；

4）宜符合现行行业标准《剧场建筑设计规范》JGJ 57的有关规定；

3 放映室宜符合现行行业标准《电影院建筑设计规范》JGJ 58的有关规定；

4 休息廊的净面积，可按每一观众0.1～0.15m²计算，其净宽不宜小3m。

5.4.3 游艺用房的设计，宜符合下列规定：

1 宜设置成年人、儿童、老年人棋牌室，电子游艺室，管理室等；

2 棋牌室的使用面积不宜小于20m²；

3 电子游艺室的使用面积不宜小于40m²。

5.4.4 交谊用房的设计，宜符合下列规定：

1 宜设置歌舞厅、茶室、管理室和服务处等；

2 歌舞厅：

1）宜设置舞池、桌椅、演奏台、服务处和声光控制台等；

2）宜满足音质和灯光要求；

3）每人使用面积不宜小于3m²；

3 茶室宜设桌椅、服务处，每人使用面积不宜小于1.2m²。

5.5 健身活动用房

5.5.1 健身活动用房，宜包括乒乓球、台球活动用房和器械健身用房等。

5.5.2 乒乓球、台球活动用房宜按地方性、群众性竞赛或群众性健身活动的要求设置。

5.5.3 乒乓球、台球活动的地方性、群众性竞赛区设计，宜符合下列规定：

1 乒乓球竞赛区：

1）竞技场地尺寸宜为14m×7m或12m×6m；

2）竞技台面上空的净高度不宜低于4m；

2 台球竞赛区：

1）竞技场地尺寸宜为7m×5m或6m×4m；

2）竞技台面上空的净高度不宜低于3m；

3 竞赛区的照明标准宜符合现行国家标准《建筑照明设计标准》GB 50034的有关规定。

5.5.4 乒乓球、台球活动的竞赛区外观众站位区的宽度宜分别为5m和4m，观众站位区也可按预测观众数量所需的面积划定。

5.5.5 乒乓球、台球的群众性健身活动用房的竞赛区设计可简化。

5.5.6 器械健身用房的设计，宜符合下列规定：

1 宜按不同使用人群的特点分设健身活动用房；

2 宜选用中、小型的健身器械，并宜按其规格、类型、分区布置；

3 每一用房的使用面积不宜小于40m²。

5.6 办公、管理用房

5.6.1 办公用房的设计，宜符合下列规定：

1 宜设置办公室，保健室，值班、传达室，售票处等；

2 宜设在文化中心对外联系和对内管理方便的地段；

3 宜设直接通往建筑物外部的出口。

5.6.2 管理用房的设计，应符合下列规定：

1 宜设置库房、维修室、配电室、水泵房和锅炉房等；

2 宜设在便于管理和操作的地段；

3 应安装防护围栏和警示牌。

5.7 服务、附属用房

5.7.1 服务用房的设计，应符合下列规定：

1 建筑物的各层和公众活动密集的部位，应设小卖部、饮水间（饮水处）；

2 建筑物的各层，应设男女卫生间。

5.7.2 附属用房宜设置乒乓球、台球运动员室，教练员室，裁判员室，更衣室、淋浴室和储藏室等。

6 文体活动场地设计

6.1 一般规定

6.1.1 镇（乡）村文化中心的文体活动场地，宜包括放映和表演场，篮球、排球、羽毛球和门球场，武术、举重和摔跤场，游泳、滑冰和轮滑场。

6.1.2 晚间使用的文体活动场地，应设照明设施，其照明标准宜符合现行国家标准《建筑照明设计标准》GB 50034 的有关规定。

6.1.3 建设场地主要道路通往文体活动场地的支路，宜设置无障碍道路、标志等，其设计应符合现行行业标准《城市道路和建筑物无障碍设计规范》JGJ 50 的有关规定。

6.2 放映和表演场

6.2.1 放映和表演场的设计，宜符合下列规定：

1 宜设计为多功能场地；

2 可利用球场、轮滑场等作为临时放映和表演场地；

3 表演场宜采用组装式表演台。

6.2.2 观众站位区的面积可按预测观众数量所需的面积划定，但不应占用绿地。

6.3 篮球、排球、羽毛球和门球场

6.3.1 篮球、排球、羽毛球和门球场，宜按地方性、群众性竞赛或群众性健身活动的要求设置。

6.3.2 地方性、群众性竞赛的竞赛区设计，应符合下列规定：

1 篮球竞赛区：

1）竞技场地的尺寸宜为 28m×15m 或 26m×14m；

2）竞技场地端线外的缓冲区宽度宜为 4～5m，边线外的缓冲区宽度宜为 3～4m；

2 排球竞赛区：

1）竞技场地的尺寸宜为 18m×9m；

2）竞技场地端线外的缓冲区宽度宜为 3～9m，边线外的缓冲区宽度宜为 3～6m；

3 羽毛球竞赛区：

1）竞技场地的尺寸，单打场地宜为 13.4m×5.18m；双打场地宜为 13.4m×6.1m；

2）竞技场地四周的缓冲区宽度不宜小于 3m；

4 门球竞赛区：

1）竞技场地的尺寸宜为 25m×20m 或 20m×15m；

2）竞技场地四周的缓冲区宽度不宜小于 3m；

5 一种球的运动场地可兼作其他球的活动场地；

6 球类竞技场地的长轴宜采用南北向。

6.3.3 篮球、排球、羽毛球、门球竞赛区周边的观众站位宽度，宜分别为 5m、5m、4m、2m，也可按预测观众数量所需的面积划定。

6.3.4 群众性健身活动的球类运动场地，可因地制宜地选定。

6.4 武术、举重和摔跤场

6.4.1 武术、举重和摔跤场，宜按地方性、群众性竞赛或群众性健身活动的要求设置。

6.4.2 地方性、群众性竞赛的竞赛区设计，应符合下列规定：

1 武术竞赛区：

1）竞技场地的尺寸不宜小于 16m×14m；

2）竞技场地四周应留有不小于 3m 宽的保护区；

3）保护区四周宜留有宽度不小于 5m 的运动员、教练员或裁判员和竞赛设施用地；

4）竞技场地宜平整，竞技时应铺设毡垫或棉垫；

2 举重竞赛区：

1）竞技场地的尺寸不宜小于 4m×4m；

2）竞技场地四周应留有不小于 2m 宽的保护区；

3）保护区四周宜设置宽度不小于 6m 的运动员、教练员或裁判员和竞技设施用地；

4）竞技场地应为平整的沙地或草地；

3 摔跤竞赛区：

1）竞技场地的尺寸不宜小于 8m×8m；

2）竞技场地四周应留有不小于 5m 宽的保护区；

3）竞技场地应平整，竞技时应铺设摔跤垫。

6.4.3 武术、举重、摔跤竞赛区周边的观众站位区宽度，宜分别为 5m、5m、4m，观众站位区的面积也可按预测观众数量所需的面积划定。

6.4.4 群众性健身活动的武术、举重和摔跤场地，可因地制宜地选定，并应具备保护性措施。

6.5 游泳、滑冰和轮滑场

6.5.1 游泳、滑冰和轮滑场，宜按群众性健身活动的要求设置。

6.5.2 游泳场的设计，应符合下列规定：

1 宜设置普通游泳池和儿童游泳池；

2 普通游泳池：

1）宜选用矩形，尺寸不宜小于 25m×21m；

2）池水深度应为0.90～1.35m；

3）池身内侧嵌入池壁的攀梯应均匀分布，不应少于4个，并不得突出池壁；

3 儿童游泳池：

1）宜选用圆形、椭圆形；

2）池水深度应为0.60～1.10m；

3）池身内侧嵌入池壁的攀梯应均匀分布，不应少于4个，并不得突出池壁；

4 池壁、池岸和池底应采用防滑材料砌筑；

5 池岸外的休息区宽度不宜小于6m，并宜设休息凳和遮阳设施。

6.5.3 滑冰场的设计，宜符合下列规定：

1 宜设置普通滑冰场和儿童滑冰场；

2 宜选用圆形、椭圆形或矩形，矩形的尺寸宜为60m×30m，并不宜小于40m×20m；

3 外缘冰面的宽度不宜小于5m；

4 外缘冰面外的休息区宽度不宜小于6m。

6.5.4 轮滑场的设计，应符合下列规定：

1 宜设普通轮滑场和儿童轮滑场；

2 宜选用圆形、椭圆形或矩形，矩形的尺寸宜为60m×30m，并不宜小于40m×20m；

3 应采用刚性和耐磨地面；

4 轮滑场外的休息区宽度不宜小于6m。

6.6 服务、附属用房

6.6.1 文体活动场地的服务用房，应包括小卖部、饮水间（饮水处）、卫生间等。

6.6.2 文体活动场地的附属用房设置，应符合下列规定：

1 宜设运动员室、教练员室、裁判员室、更衣室、淋浴室、救护站、储藏室等；

2 邻近游泳场应设男女更衣室、强制式淋浴室和消毒洗脚池；

3 邻近滑冰场和轮滑场宜设存物处。

7 防火和疏散

7.0.1 镇（乡）村文化中心的防火和疏散设计，应符合现行国家标准《建筑设计防火规范》GB 50016和《村镇建筑设计防火规范》GBJ 39的有关规定。

7.0.2 镇（乡）村文化中心建筑物的耐火等级不得低于二级。

7.0.3 观演、展览、乒乓球、台球等公众活动密集的用房的设置，应符合下列规定：

1 宜布置在建筑的首层；

2 宜设直接通往建筑外部的安全出口，安全出口的数量不应少于2个，每个安全出口的净宽度不应小于1.4m。

7.0.4 建筑内走廊的最小净宽度，应符合表7.0.4的规定。

表7.0.4 建筑内走廊的最小净宽度（m）

用房名称	双面布置房间	单面布置房间
展览、观演、交谊、乒乓球、台球	2.4	1.8
讲授、阅览、计算机、创作、排练、美术、书法、健身、游艺	2.1	1.5
办公	1.8	1.2

7.0.5 公众活动用房的房门应采用向疏散方向开启的平开门，不得采用旋转门、升降门、推拉门和设置门槛。

7.0.6 镇（乡）村文化中心建筑物的平屋顶作为公众活动场所时，应符合下列规定：

1 围墙高度不得低于1.2m，围墙外缘与建筑物檐口的距离不得小于1.0m；围墙内侧应设固定式金属栏杆，围墙与栏杆的水平距离不得小于0.3m；

2 直接通往室外地面的安全出口不得少于2个，楼梯的净宽度不应小于1.3m，楼梯的栏杆（栏板）高度不应低于1.1m。

7.0.7 镇（乡）村文化中心建设场地的主要道路和通往外围道路的出口宽度应具有疏散和消防车辆通行的能力，道路尽端应符合消防车辆转向和回车的规定。

8 室内声、光、热环境

8.1 隔　　声

8.1.1 镇（乡）村文化中心的建筑主要用房的隔声设计宜符合现行国家标准《民用建筑隔声设计规范》GBJ 118的有关规定。

8.1.2 建筑的主要用房昼间室内允许噪声级，宜符合表8.1.2的规定。

表8.1.2 昼间室内允许噪声级（A声级，dB）

用房名称	允许噪声级
语言讲授、计算机、音像	≤40
普通讲授、展览、阅览、美术、书法、摄影、办公	≤50
舞蹈、观演、游艺、交谊、器械健身、台球	≤55
戏剧、器乐、乒乓球	≤60

8.2 采　　光

8.2.1 镇（乡）村文化中心的建筑采光设计，宜符合现行国家标准《建筑采光设计标准》GB/T 50033

的有关规定。

8.2.2 在进行建筑方案设计时，单层侧窗采光窗洞口与房间地面面积比，宜符合表 8.2.2 窗地面积比的规定。

表 8.2.2 单层侧窗采光窗洞口与房间地面面积比

用房名称	窗地面积比
计算机、展览、阅览、美术、书法	1/4
讲授、语言、舞蹈、戏剧、器乐、乒乓球、台球、办公	1/5
游艺、交谊、音像、摄影、观演	1/6
门厅、公共通道、卫生间	1/10

8.3 保温、隔热和通风

8.3.1 镇（乡）村文化中心的建筑保温、隔热和通风设计，宜符合现行国家标准《公共建筑节能设计标准》GB 50189 的有关规定。

8.3.2 严寒、寒冷地区的建筑，应控制体形系数，减少外表面积。

8.3.3 严寒地区的建筑外门应设门斗；寒冷地区的建筑外门宜设门斗或采取减少冷风渗透的措施。

8.3.4 夏热冬暖、夏热冬冷地区的建筑，宜设置外部遮阳设施。

8.3.5 自然条件适宜地区的建筑，宜采用垂直绿化、屋顶绿化等隔热措施。

8.3.6 建筑的平面、剖面设计和门窗设置，应有利于组织自然通风。

9 建筑设备

9.1 给水和排水

9.1.1 镇（乡）村文化中心的给水和排水设计，宜符合现行国家标准《建筑给水排水设计规范》GB 50015、《室外给水设计规范》GB 50013 和《室外排水设计规范》GB 50014 的有关规定。

9.1.2 给水设计应符合下列规定：

1 给水系统宜根据镇（乡）村的供水能力设置，并宜优先采用分质供水和循环利用的给水系统；

2 公众饮用水和游泳池用水的水质，应符合现行国家标准《生活饮用水卫生标准》GB 5749 的有关规定；

3 用水处应采用节水型器具。

9.1.3 排水设计应符合下列规定：

1 排水系统宜根据镇（乡）村排水体制和环境保护等要求设置，并宜采用雨水、污水分流系统；

2 排水的水质达不到镇（乡）村排水管网或接纳水体的排放标准时，应进行水质处理，并达到排放标准；

3 建设场地和建筑屋面的雨水，宜采取有组织的排放，并宜采用暗管或明沟加盖排放；

4 水源紧缺地区宜收集利用雨水。

9.2 暖通和空调

9.2.1 镇（乡）村文化中心建筑的暖通和空调设计，宜符合现行国家标准《采暖通风与空气调节设计规范》GB 50019 和《公共建筑节能设计标准》GB 50189 的有关规定。

9.2.2 采暖地区的供暖设施，应符合下列规定：

1 宜采用地区热力网或设锅炉房供暖；

2 宜利用太阳能、风能、地热等供暖；

3 儿童、老年人活动用房的散热器应采取防护措施；

4 采暖系统应设置热计量装置。

9.2.3 建筑物的主要用房的采暖室内设计温度，宜符合表 9.2.3 的规定。

表 9.2.3 采暖室内设计温度

用房名称	采暖室内设计温度
表演台、化妆室，舞蹈、戏剧	20～22℃
讲授、计算机、阅览、美术、书法、音像、摄影、器乐、台球、行政	18～20℃
展览、观众厅、游艺、乒乓球、器械健身	16～18℃
门厅、公共通道、卫生间	12～15℃

9.2.4 通风系统应符合下列规定：

1 建筑内应充分利用自然通风；当自然通风不能满足要求时，宜设置机械通风系统；

2 进风口宜设在室外空气清新的位置；

3 通风管道应采用不燃材料。

9.2.5 空气调节系统应符合下列规定：

1 设置空调的房间宜集中布置；

2 围护结构和门窗应采取保温隔热措施。

9.3 电 气

9.3.1 镇（乡）村文化中心的电气设计，宜符合现行行业标准《民用建筑电气设计规范》JGJ 16 的有关规定。

9.3.2 供电电源应安全可靠，用电负荷等级不应低于二级。

9.3.3 文化中心的配电宜符合下列规定：

1 宜为低压配电；

2 具有动力用电负荷的，其动力和照明电源宜分别进户和分设配电箱（柜）；

3 配电箱（柜）宜设在隐蔽安全并接近负荷中

心的地方；

4 宜按不同的用电场所分别划分配电线路；

5 宜采用穿管暗敷设。

9.3.4 照明设计应符合下列规定：

1 宜采用高效节能光源、灯具和选择利于节能的控制方式；

2 建筑的出入口和公众密集场所的疏散通道等处应设应急照明；

3 宜采用集中蓄电池装置或带蓄电池的照明装置，其连续供电时间不应少于 20min。

9.3.5 防雷设计应符合现行国家标准《建筑物防雷设计规范》GB 50057 的有关规定。

9.3.6 通信、广播和电视的设置，宜符合下列规定：

1 宜与所在地区或县（市）和镇（乡）的通信、广播和电视系统的规划相协调；

2 宜设办公电话和公用电话；

3 宜设服务型广播和应急广播等有线广播；

4 宜设有线电视，公众活动的主要用房和文体活动场地宜设电视出线口；

5 线路宜采用穿管暗线敷设，并宜预留发展余地。

9.3.7 文化中心宜设置计算机网络系统，讲授、计算机和办公等用房宜预留网络出线口。

9.3.8 镇（乡）村文化中心的建筑和文体活动场地的重要部位，宜设视频监视器。

本规范用词说明

1 为便于在执行本规范条文时区别对待，对要求严格程度不同的用词说明如下：

1）表示很严格，非这样做不可的：
正面词采用“必须”，反面词采用“严禁”；

2）表示严格，在正常情况下均应这样做的：
正面词采用“应”，反面词采用“不应”或“不得”；

3）表示允许稍有选择，在条件许可时首先应这样做的：
正面词采用“宜”，反面词采用“不宜”；
表示有选择，在一定条件下可以这样做的，采用“可”。

2 条文中指明应按其他有关标准、规范执行时的写法为：“应符合……的规定”或“应按……执行”。

中华人民共和国行业标准

镇（乡）村文化中心建筑设计规范

JGJ 156—2008

条 文 说 明

前　言

《镇（乡）村文化中心建筑设计规范》JGJ 156－2008，经住房和城乡建设部2008年6月13日以第50号公告批准、发布。

为便于广大设计、施工、科研、学校等单位有关人员在使用本规范时能正确理解和执行条文规定，《镇（乡）村文化中心建筑设计规范》编制组按章、节、条顺序编制了本规范的条文说明，供使用者参考。在使用中如发现条文说明有不妥之处，请将意见函寄中国建筑设计研究院城镇规划设计研究院（地址：北京市西城区车公庄大街19号；邮政编码：100044）。

目　次

1 总 则

1.0.1 随着我国广大镇（乡）村居民生活水平的不断提高和文化活动的日益丰富，各类文化设施建设的数量在迅速增加，质量在逐步提高。为适应各地镇（乡）村文化设施建设形势发展的需要，提高建筑设计的质量，编制了这本综合文学、艺术、娱乐、体育、健身、科技、教育、展示、宣传等多种文化活动为一体的《镇（乡）村文化中心建筑设计规范》。

由于各地镇（乡）村公益性文化设施的内容和规模、管理和经营、传统和习俗等的差异，采用的文化设施名称也有所不同，各地仍可沿用已有的或公众喜闻乐见的名称，如文化大院、公共服务中心等，而不拘于统一使用“文化中心”这一名称。同时，各地镇（乡）村也可根据经济状况或实际需要，增设一些文化活动的设施。

1.0.2 本规范的适用范围是：全国的村、乡和县级人民政府驻地以外的镇的新建、改建和扩建的文化中心建筑设计。

1.0.3 对镇（乡）村文化中心设计的要求：一是，应贯彻执行国家和地方政府颁布的环境保护、安全卫生、节约用地、节约能源、节约用水、节约材料的规定；二是，应以人为本，适合不同人群，特别是儿童、老年人和残疾人等的特点和需求，如针对弱势人群设置无障碍设施等；三是，应适合当地经济和社会发展水平，避免超越现实条件进行建设；四是，应体现因地制宜，就地取材，创造具有地域风格、民族特色，群众喜闻乐见的建筑；五是，应在满足近期使用的同时，兼顾今后改造的可能，对暂时不能实现的，预留改造和扩建的余地。

1.0.4 本规范是一项综合性的建筑设计规范，内容涉及多种专业，针对这些专业都颁布了相应的设计标准、规范或规程。因此，在进行镇（乡）村文化中心建筑设计时，除应执行本规范的规定外，还应遵守国家现行的有关标准的规定。同时，本规范在有关条文中，也直接列出了一些应该遵守的国家现行标准的名称，并在本规范的条文说明中，也大都给出了需要遵守的该项标准的主要相关章节名称，以便于设计和建设者查找。

3 建设场地选定和环境设计

3.1 场 地 选 定

3.1.1 本条对镇（乡）村文化中心建设场地提出了选定和设计的条件。一是，建设场地的方位、用地界限、占地面积要求等应遵守经基本建设行政主管部门批准的镇（乡）村规划和设计的规定；二是，为便于组织管理和开展各项活动，宜有独用的建设场地；三是，当建设场地同某单位合用时，为便于公众使用和经营管理，独用或合用的建设场地均应有独自通往建设场地外围道路的出入口，特别是镇（乡）文化中心，由于参加活动的人数众多，尤为重要；四是，建设场地应选在交通方便、利于公众聚集和疏散的地段；五是，为免于干扰，建设场地应避免靠近集市、车站、桥头等交通繁杂的地方，也不应同环境要求噪声小的医院、学校等公共建筑相邻。

3.1.2 本条是强制性条文，建设场地应远离易受污染（如排放有害物的工厂）、产生危险（如邻近危险品仓库）和易于发生地质灾害等的地段。

3.2 场地布置和环境设计

3.2.1 本条提出了镇（乡）村文化中心建设场地布置应遵守的规定：一是，应合理利用建设场地内的地形和地面原有物；二是，功能分区明确，产生喧闹和需要安静的部分应分别相对集中，并采取隔离措施，以避免使用中的相互干扰；三是，道路布置应符合人流、车流和安全疏散的要求，连接外围道路的出入口不应少于2处，以利于安全疏散；四是，应考虑火灾、震灾、洪灾等群众临时避难的需要，而作为镇（乡）文化中心尤为必要；五是，在进行建设场地规划和建筑设计时应为改造和分期建设创造条件。

3.2.2 本条提出了镇（乡）村文化中心建设场地环境设计应遵守的规定：一是，镇（乡）村文化中心的环境设计应在统一的环境规划下，充分利用建设场地内的树木、草地、山石、水面、桥梁、涵洞等，结合新建的各项设施，对建设场地的环境进行统一规划设计。二是，建设场地环境设计，可按现行行业标准《公园设计规范》CJJ 48中有关“总体设计”、“地形设计”、“园路及铺装场地设计”、“建筑物及其他设施设计”等的规定执行。

3.2.3 本条规定了建设场地内文物古迹的保护，应符合现行国家标准《镇规划标准》GB 50188和《历史文化名城保护规划规范》GB 50357的有关规定。本条所指的文物古迹主要是指不可移动的历史文物，对于尚未确定为保护对象的不可移动的历史文物，也应先行保护，并提请文物行政主管部门审定。

3.2.4 本条规定了建设场地宜设置的无障碍设施，其设计应符合现行行业标准《城市道路和建筑物无障碍设计规范》JGJ 50中的有关“缘石坡道”、“盲道”、“停车车位”、“标志”等的规定。

4 基本项目配置

4.0.1 本条提出了镇（乡）村文化中心宜为开展文学、艺术、娱乐、体育、健身、科技、教育、展示和宣传等活动配置需要的多种空间和设施，分为3大类型、12种基本项目。表4.0.1列出的基本项目和内容，供进行文化中心设计时选用。

表4.0.1中所列的基本项目和内容是在总结各地镇（乡）村文化设施建设实践的基础上而提出的，具有普遍性和使用效率较高的特点，同时考虑了发展的需求。

表4.0.1中列出的基本项目和内容，未按镇（乡）村的等级和服务人口的规模等因素，分别规定适于建设的项目、内容、规模，原因是由于我国各地镇（乡）村情况千差万别，不宜进行具体设限，以避免在建设中导致脱离实际的现象。因此，要求每个镇（乡）村在建设文化中心时，可根据自身的具体条件，包括现状情况、服务范围、服务人口、经济条件和发展需求等因素，因地制宜地进行选定。

4.0.2 对于具有地域优势和民族特色的群众性和传统性的一些文化设施，考虑到我国农村幅员辽阔，各地文化活动的需求不一、种类繁多、形式各异，即使同一种活动内容，其表现形式、竞赛规则和场地要求等，也有所不同，本规范均未列入，也不设限。各地镇（乡）村可结合实际需求，因地制宜地进行设置。同时，建议对于一些大型的、占地多的和一些季节性的文化活动项目，仍在原有的竞赛和表演场地开展活动为宜。

5 建筑物设计

本规范的第5章“建筑物设计”、第6章“文体活动场地设计”和第7章“防火和疏散”中有关条文规定了包括使用面积、净高度、净宽度、竞技场地尺寸、容纳人数等多项具体指标的数值，其来源有五个方面：一是，各地文化设施采用的数据；二是，设计单位和专家建议的标准；三是，本规范编制组选定的数值；四是，国家现行标准规定的指标；五是，有关文化设施专著和文献的研究成果。这些指标和数据，通过整理、筛选、调整，被列入本规范的条文。其中有些直接引自国家现行标准，如第5.2.3条2款1项中的“6m²”引自现行行业标准《文化馆建筑设计规范》JGJ 41；又如第6.5.2条2款2项中的“0.90～1.35m”和3款2项中的“0.60～1.10m”，引自现行行业标准《体育建筑设计规范》JGJ 31。在规定的各项数据中，除了如一些竞技场地规定了标准尺寸外，其余大部分采用了低限值，或在限定的条件下，允许因地制宜地确定。

5.1 一般规定

5.1.2 本条提出了镇（乡）村文化中心建筑中使用空间设计的要求。

1 建筑的使用空间宜考虑一室多用性或多室组合使用的灵活性以及经营管理的独立性。如观演用房的观众厅宜设计为多功能厅，以满足演出、集会、庆典等多种用途的需要；又如，不同人群使用的棋牌室，可合并为较大的空间，作为大型游乐活动之用。在设计文化中心建筑时，对有大量公众参与的使用空间，如展览用房、观演用房、乒乓球活动等用房宜设在建筑的首层或独立的地段，为单独经营和管理提供便利条件。

2 建筑物的使用空间宜将喧闹的用房和安静的用房分别集中布置，以避免或减少干扰。如将舞蹈、戏剧排练和器乐活动等用房同讲授等用房分别集中隔离；为防止楼板的传声，交谊用房宜设在建筑的首层或独立地段等。

3 有儿童、老年人、残疾人活动的用房，如阅览用房，宜布置在建筑的首层或交通方便的部位。

5.1.4 本条规定的建筑物应设置的无障碍设施，其设计应符合现行行业标准《城市道路和建筑物无障碍设计规范》JGJ 50中有关“建筑物无障碍设计”、“建筑物无障碍标志和盲道”等的规定。如因条件限制，暂时不能设置时，应预留无障碍设施位置。

5.2 专业活动用房

5.2.2 普通讲授、语言讲授、计算机用房的设计，宜符合现行国家标准《中小学校建筑设计规范》GBJ 99中有关“普通教室”、“语言教室”、“微型电子计算机教室”等的规定。

普通讲授用房应满足普及知识、专业讲座和宣传教育等多种用途的使用。在设施配置上，宜适合多种讲授的需要，不仅设有一般的教具，还要具备播放录像、计算机投影等条件。

5.2.3 创作和排练活动形式多样，本规范仅就美术、书法、舞蹈、戏剧、器乐等活动用房作了规定，对于具有传统特色的一些文化活动内容，如泥塑、木雕、剪纸等地方传统工艺活动用房，各地可自行设置。

创作和排练用房中的喧闹部分应集中布置，并与阅览、讲授等需要安静的用房保持一定的距离，特别要处理好噪声的干扰。

5.2.4 音像室的设置要求较高，应具备良好的隔声、照明条件和录放等设备；摄影学习室应设置暗室和制作室，配备相应的拍照、洗印、复制等设备，满足遮光、照明等要求。

5.3 展览、阅览用房

5.3.1 展览用房宜包括展室或展廊和储藏室等。展览用房宜有较好的采光条件，展室首先应利用自然光，必要时辅以局部照明，宜避免眩光和直射光。

展廊可利用建筑物的走廊，也可利用开敞式走廊进行展出活动。利用建筑物的走廊进行展览活动时，不得影响正常的通行能力。考虑到展板、展柜和观众流动以及安全等情况，对展室面积和展廊的宽度都作了具体规定。

5.3.2 阅览用房宜设置书刊阅览室、电子阅览室、藏书室和管理室等。镇（乡）文化中心的阅览人数较多，可分设成人和儿童阅览室，并为残疾人设置专用阅览席位；书刊数量较大时，可分设图书、报刊阅览室。

阅览用房的设计宜符合现行行业标准《图书馆建筑设计规范》JGJ 38 中有关“阅览空间”等的规定。

5.4 娱乐活动用房

5.4.2 观演用房主要由观众厅、表演台、化妆室、放映室、储藏室、声光控制设施和休息廊等组成，其设计要求主要有以下几点：

1 观众厅宜设计为多功能厅，以满足演出、集会、联欢和庆典等多种使用要求。由于镇（乡）村文化中心是一个综合性的适合多种文化活动的公共场所，需要设置多种活动的用房，观众厅规模不宜过大，容纳人数以不超过 300 人为宜。如遇大、中型活动，可在镇（乡）村中的其他公共设施中进行。

观众厅为多功能厅时，宜采用移动式座椅，采用平地面和组装式表演台，以适应多种用途的需要。

观众厅的设计宜符合现行行业标准《剧场建筑设计规范》JGJ 57 中有关“座席”、“走道”等的规定。

2 放映室的设计宜符合现行行业标准《电影院建筑设计规范》JGJ 58 中有关“放映机房”等的规定。

3 储藏室的面积应依据存放物品和器材的情况确定，观众厅采用移动式座椅和组装式表演台时，宜考虑座椅等的储存面积。

4 为满足演出、集会等活动开始前和中间休息时公众活动的需要，观众厅宜附设休息廊，条文中对休息廊的面积和净宽度都作了规定。当观众厅设有直接通向建筑外部的出口时，可不设休息廊。

5.4.3 棋牌是我国广大群众普遍喜爱和参加活动人数多的一项文娱形式，宜按参加活动的人群情况和人数的多少确定分室或合室活动。

为避免参加活动的人数过多而相互干扰，每一棋牌室的面积不宜过大。小型棋牌室可按 3～4 组桌椅设置，包括竞赛人员和少量观众活动需要的面积，每一棋牌室的使用面积不宜小于 $20m^2$。

电子游艺室的面积宜按游戏机类型、布置方式和辅助设施（如动力配电柜）和通行等因素确定。每一游戏机室的最小使用面积不宜小于 $40m^2$。

5.4.4 歌舞厅的设施要求较高，投资较大，宜在镇（乡）文化中心中设置。为满足公众学习交谊舞的要求，可利用露天场地举办。

茶室主要是公众，特别是老年人群饮茶聚会和谈天的场所，也可兼作小型说唱表演之用。

5.5 健身活动用房

5.5.3、5.5.4 乒乓球、台球竞赛的地方性、群众性竞赛活动场地的设计规定，主要包括：

1 竞技场地尺寸、竞赛台面上空的净高度；

2 竞技台面上空的照明标准宜符合国家现行标准《建筑照明设计标准》GB 50034 中有关“照明标准值”等的规定；

3 观众站位区的宽度，观众站位区（含本规范第 6.3 节和 6.4 节规定的观众站位区）也可按每一观众 0.18～0.22m^2 或按 5 人/m^2 估算进行划定。

5.5.5 按群众性健身活动设置的乒乓球、台球竞赛区有关尺寸可以减小，也可在室外因地制宜地设置活动场地。

5.6 办公、管理用房

5.6.1、5.6.2 办公、管理用房主要规定了两部分用房的基本内容和要求，在进行设计时，应根据文化中心建设的内容、规模和管理的实际需要进行选定。

6 文体活动场地设计

6.1 一 般 规 定

6.1.2 本条规定了晚间演出和竞赛使用的文体活动场地应安装必要的声、光设施，其照明标准宜符合现行国家标准《建筑照明设计标准》GB 50034 中有关“照明标准值”等的规定。

6.1.3 本条规定通往文体活动场地的支路宜设置的无障碍设施，其设计应符合现行行业标准《城市道路和建筑物无障碍设计规范》JGJ 50 中有关“缘石坡道”、“标志”等的规定。

6.2 放映和表演场

6.2.2 放映和表演场地的观众站位区面积，可按每一观众 0.18～0.22m^2 或按 5 人/m^2 估算，划定站位区，但不应占用绿地。

6.3 篮球、排球、羽毛球和门球场

6.3.2、6.3.3 篮球、排球、羽毛球和门球竞赛的地方性、群众性竞赛活动场地的设计规定，主要包括：

1 竞技场地的尺寸、缓冲区的尺寸、观众站位区的最小宽度，后者也可按预测观众数量所需的面积确定（参见本规范第 5.5.3、5.5.4 条的条文说明）；

2 如受建设场地条件的限制，或为充分发挥场地使用效率，可考虑一种球的活动场地兼作其他球的活动使用；

3 为了避免眩目，球类竞技场地的长轴宜为南

北向，当不能满足这一要求时，根据镇（乡）村所处的地理纬度可略偏离南北向。

6.3.4 为适应广大群众健身活动的需要，根据建设场地的具体情况，可因地制宜地设置非标准尺寸的球类活动场地。

6.4 武术、举重和摔跤场

6.4.2、6.4.3 武术、举重和摔跤竞赛的地方性、群众性竞赛活动场地的设计规定，主要包括：

1 竞技场地尺寸、保护区宽度；

2 竞技设施用地，对竞技场地地面和铺设器材的要求；

3 观众站位区的宽度，观众站位区也可按预测观众数量所需的面积确定（参见本规范第 5.3.3、5.3.4 条的条文说明）。

6.4.4 群众性健身活动的场地，可因地制宜地进行设置。为确保安全，这类项目的活动场地，应具备保护性措施。

6.5 游泳、滑冰和轮滑场

6.5.1～6.5.4 游泳、滑冰和轮滑是日趋增多的公众运动项目。由于场地占地面积较大，设施比较复杂和投入较多等原因，本规范规定不按举办地方性、群众性竞赛的要求设置，而按群众性健身活动的要求提出了设置这类项目的一些规定。

游泳池、滑冰场的使用，具有季节性的特点。游泳池的建设还涉及大量用水、水质标准、水的回收利用和严格的组织管理等因素，建设这一设施需要慎重从事。

7 防火和疏散

7.0.1～7.0.7 文化中心是镇（乡）村居民比较密集的公共活动场所，为了确保公众活动的安全，对防火和安全疏散设计提出了严格的要求，包括建筑的耐火等级，建筑中公众活动密集用房设置的部位、安全出口的数量、走廊的宽度、房门的设置、平屋顶的使用，建设场地道路通行能力等，在进行设计时除应符合本规范的各项规定外，尚应符合现行国家标准《建筑设计防火规范》GB 50016 和《村镇建筑设计防火规范》GBJ 39 的有关规定。

规定镇（乡）村文化中心建筑物的耐火等级不得低于二级，并作为强制性条文，主要由于这类建筑是广大群众进行文体活动的场所，不仅要经常开放，还考虑到老年人、儿童、残疾人活动的特点（如动作迟缓），以及作为避难场所的安全要求。

对镇（乡）村文化中心建筑物的平屋顶作为公众活动场所作了强制性条文的规定，在设计时必须严格遵守。

8 室内声、光、热环境

8.1 隔　　声

8.1.1 建筑隔声设计宜符合现行国家标准《民用建筑隔声设计规范》GBJ 118 中有关“学校建筑”的“隔声标准”和“隔声减噪设计”等的规定。

8.1.2 本条提出了镇（乡）村文化中心建筑的主要用房昼间室内允许噪声级（dB），宜符合表 8.1.2 的规定。

8.2 采　　光

8.2.1 提出建筑采光设计宜符合现行国家标准《建筑采光设计标准》GB/T 50033 中有关“采光系数”和“采光计算”等的规定。

8.2.2 规定在进行建筑方案设计时，单层侧窗采光窗洞口的面积可先按窗地面积比进行估算，但最终确定主要用房（如展览、阅览、美术、讲授等）采光窗洞口面积时，仍需按本规范第 8.2.1 条的规定进行复核。

为便于建筑方案设计时估算采光窗洞口面积，表 8.2.2 提出了文化中心的建筑内主要用房采用单层侧窗时的窗地面积比的比值。当采用双层侧窗或其他形式的采光窗时，宜按本规范第 8.2.1 条的规定执行。

8.3 保温、隔热和通风

8.3.1 提出建筑保温、隔热和通风设计，宜符合现行国家标准《公共建筑节能设计标准》GB 50189 的有关规定。

8.3.2 严寒和寒冷地区的建筑体形直接影响采暖能耗的大小，体形系数越大，单位建筑面积对应的建筑外表面积越大，外围护结构传热损失越大。

对于夏热冬暖和夏热冬冷地区，体形系数对采暖能耗不如严寒和寒冷地区大，同时考虑夏季夜间散热问题，建筑体形宜根据具体情况确定。

8.3.3 门斗的设置可减少冷风的渗透，降低采暖能耗。门斗开启的方向应考虑风向的影响。

8.3.4 外部遮阳设施可降低夏季建筑物因日照产生的热量，也可利用地形、地物遮阳，如栽种高大落叶乔木等。

9 建 筑 设 备

9.1 给水和排水

9.1.2 本条提出了给水设计的要求。

1 分质供水和循环利用的给水系统有利节能和节水，宜优先考虑；

2 为保证公众的身体健康，公众饮用水和游泳池用水水质应符合现行国家标准《生活饮用水卫生标准》GB 5749 中有关“水质标准和卫生要求”等的规定；游泳池水质标准正在制订，待出版实施后尚应遵守该标准的有关规定。

9.1.3 本条提出了排水设计的要求。

1 雨水、污水分流系统有利于雨水回收利用及污水处理，宜优先采用分流系统；

2 组织屋面和场地雨水的排放，有利于雨水回收和利用，也有利于建设场地和环境的保护；

3 雨水的回收利用是国家大力提倡的节水措施，尤其是水源紧缺地区，宜结合实际情况对雨水进行回收利用。

9.2 暖通和空调

9.2.2 采暖地区供热设施应结合地区条件因地制宜地选定。根据国家节能政策的要求，集中采暖系统应设置热计量装置。

9.2.4、9.2.5 在自然通风不能满足要求时，宜设置机械通风或空气调节系统。

9.3 电 气

9.3.2 文化中心是公众密集的场所，在紧急情况下的安全疏散至关重要，因此强调了负荷等级的要求。

为满足二级负荷的供电要求，可采用蓄电池作为第二电源。

9.3.3 本条提出了文化中心的配电要求。

动力和照明用电的电源宜各自单独进户并计量，负荷容量较小或单独进户有困难时，可为一路电源进户，但应分别计量。

为安全和美观，线路宜用金属管或 PVC 管等穿管暗敷设。

9.3.4 本条提出了文化中心的照明要求。

为节约电能，在人工照明的光源、灯具和控制方式等方面体现节能降耗的措施。

文化中心宜采用集中蓄电池装置或带蓄电池的照明装置，其连续供电时间不应少于 20min。

9.3.5 文化中心是镇（乡）村中的重要建筑，应设防雷装置，并应按现行国家标准《建筑物防雷设计规范》GB 50057 中有关“建筑物的防雷分类”，确定文化中心的防雷类别进行设防。

9.3.7 计算机技术的快速发展，推动了网络的普及，文化中心宜设置计算机网络系统。

中华人民共和国行业标准

展览建筑设计规范

Design code for exhibition building

JGJ 218—2010

批准部门：中华人民共和国住房和城乡建设部
施行日期：2 0 1 1 年 2 月 1 日

中华人民共和国住房和城乡建设部
公　告

第 725 号

关于发布行业标准《展览建筑设计规范》的公告

现批准《展览建筑设计规范》为行业标准，编号为 JGJ 218－2010，自 2011 年 2 月 1 日起实施。其中，第 5.2.8、5.2.9 条为强制性条文，必须严格执行。

本规范由我部标准定额研究所组织中国建筑工业出版社出版发行。

中华人民共和国住房和城乡建设部

2010 年 8 月 3 日

前　言

根据原建设部《关于印发〈2005 年工程建设标准规范制订、修订计划〉（第一批）的通知》（建标函［2005］84 号）的要求，标准编制组经广泛调查研究，认真总结实践经验，参考有关国际标准和国外先进标准，并在广泛征求意见的基础上，制定了本规范。

本规范的主要技术内容是：1. 总则；2. 术语；3. 场地设计；4. 建筑设计；5. 防火设计；6. 室内环境；7. 建筑设备。

本规范中以黑体字标志的条文为强制性条文，必须严格执行。

本规范由住房和城乡建设部负责管理和对强制性条文的解释，由同济大学建筑设计研究院（集团）有限公司负责具体技术内容的解释。执行过程中如有意见或建议，请寄送同济大学建筑设计研究院（集团）有限公司（地址：上海市四平路 1239 号；邮政编码：200092）

本规范主编单位：同济大学建筑设计研究院（集团）有限公司

本规范参编单位：中国建筑设计研究院
现代设计集团华东建筑设计研究院有限公司
上海市消防局
上海世博（集团）有限公司

本规范主要起草人员：任力之　陈剑秋　张丽萍　王　健　夏　林　归谈纯　顾　均　徐　磊　丁　高　温伯银　朱　鸣　施建培　宁　风

本规范主要审查人员：时　匡　柴裴义　陈华宁　陶　郅　杜　霞　冯旭东　范存养　陈汉民　曹涵棻　龚维刚

目次

Contents

1 总 则

1.0.1 为使展览建筑设计符合安全、适用、卫生、经济及展览工艺等方面的基本要求，制定本规范。

1.0.2 本规范适用于新建、改建和扩建的展览建筑的设计。

1.0.3 展览建筑规模可按基地以内的总展览面积划分为特大型、大型、中型和小型，并应符合表1.0.3的规定。

表1.0.3 展览建筑规模

建筑规模	总展览面积 S（m^2）
特大型	$S>100000$
大型	$30000<S\leqslant100000$
中型	$10000<S\leqslant30000$
小型	$S\leqslant10000$

1.0.4 展厅的等级可按其展览面积划分为甲等、乙等和丙等，并应符合表1.0.4的规定。

表1.0.4 展厅的等级

展厅等级	展厅的展览面积 S（m^2）
甲等	$S>10000$
乙等	$5000<S\leqslant10000$
丙等	$S\leqslant5000$

1.0.5 展览建筑应结合我国国情，根据当地的气候条件和地理位置、经济和技术发展水平等因素，因地制宜地进行设计，并应反映当地建筑艺术、科学技术和文化发展等的先进水平。

1.0.6 展览建筑设计应根据展览建筑的性质、特点和发展趋势，与展览工艺设计相结合，并应遵循可持续发展的原则。

1.0.7 展览建筑设计除应符合本规范外，尚应符合国家现行有关标准的规定。

2 术 语

2.0.1 展览 exhibition

对临时展品或服务的展出进行组织，通过展示促进产品、服务的推广和信息、技术交流的社会活动。

2.0.2 展览建筑 exhibition building

进行展览活动的建筑物。

2.0.3 展览空间 exhibition space

展览建筑室内和室外所有用于展览的区域总称，包括展厅和展场。

2.0.4 展厅 exhibition hall

用于陈列展品或提供服务的室内空间。

2.0.5 展场 exhibition ground

用于陈列展品或提供服务的室外场地。

2.0.6 标准展位 standard exhibition booth

满足展览要求的标准展示单元，尺寸为3m×3m。

2.0.7 展位通道 exhibition passage

展位之间和四周的交通走道。

2.0.8 展览面积 exhibition area

展位与展位通道所占展览区域的面积。

2.0.9 公共服务空间 public service space

为观众提供商务、购物、休息、娱乐、交通等配套服务的区域。

2.0.10 仓储空间 storage space

储藏展品、用品及相关设施的区域。

2.0.11 展方库房 exhibiter's storeroom

供参展方存放展览用品的区域。

2.0.12 管理方库房 administrator's storeroom

供管理方存放非展览用品的区域。

2.0.13 辅助空间 auxiliary space

提供行政办公用房、临时办公用房、设备用房等的区域。

2.0.14 行政办公用房 administrative office

供管理方办理行政事务和从事各类业务活动的办公室。

2.0.15 临时办公用房 temporary office

供展览主办方工作人员使用的办公室。

3 场地设计

3.1 选 址

3.1.1 展览建筑的选址应符合城市总体规划的要求，并应结合城市经济、文化及相关产业的要求进行合理布局。

3.1.2 展览建筑的选址应符合下列规定：

1 交通应便捷，且应与航空港、港口、火车站、汽车站等交通设施联系方便；特大型展览建筑不应设在城市中心，其附近宜有配套的轨道交通设施；

2 特大型、大型展览建筑应充分利用附近的公共服务和基础设施；

3 不应选在有害气体和烟尘影响的区域内，且与噪声源及储存易燃、易爆物场所的距离应符合国家现行有关安全、卫生和环境保护等标准的规定；

4 宜选择地势平缓、场地干燥、排水通畅、空气流通、工程地质及水文地质条件较好的地段。

3.2 基 地

3.2.1 特大型展览建筑基地应至少有3面直接临接城市道路；大型、中型展览建筑基地应至少有2面直接临接城市道路；小型展览建筑基地应至少有1面直接临接城市道路。基地应至少有1面直接临接城市主要干道，且城市主要干道的宽度应满足布展、撤展或人员疏散的要求。

3.2.2 展览建筑的主要出入口及疏散口的位置应符合城市交通规划的要求。特大型、大型、中型展览建筑基地应至少有2个不同方向通向城市道路的出口。

3.2.3 基地应具有相应的市政配套条件。

3.3 总平面布置

3.3.1 总平面布置应根据近远期建设计划的要求进行整体规划，并宜留有改建和扩建的余地。

3.3.2 总平面布置应功能分区明确、总体布局合理，各部分联系方便、互不干扰。

3.3.3 交通应组织合理、流线清晰，道路布置应便于人员进出、展品运送、装卸，并应满足消防和人员疏散要求。

3.3.4 展览建筑应按不小于0.20m²/人配置集散用地。

3.3.5 室外场地的面积不宜少于展厅占地面积的50%。

3.3.6 展览建筑的建筑密度不宜大于35%。

3.3.7 除当地有统筹建设的停车场或停车库外，基地内应设置机动车和自行车的停放场地。

3.3.8 基地应做好绿化设计，绿地率应符合当地有关绿化指标的规定。栽种的树种应根据城市气候、土壤和能净化空气等条件确定。

3.3.9 总平面应设置无障碍设施，并应符合现行行业标准《城市道路和建筑物无障碍设计规范》JGJ 50的有关规定。

3.3.10 基地内应设有标识系统。

4 建筑设计

4.1 一般规定

4.1.1 展览建筑应根据其规模、展厅的等级和需要设置展览空间、公共服务空间、仓储空间和辅助空间。建筑布局应与规模和展厅的等级相适应。

4.1.2 展厅不应设置在建筑的地下二层及以下的楼层。

4.1.3 展厅中单位展览面积的最大使用人数宜按表4.1.3确定。

表4.1.3 展厅中单位展览面积的最大使用人数（人/m²）

楼层位置	地下一层	地上一层	地上二层	地上三层及三层以上各层
指标	0.65	0.70	0.65	0.50

4.1.4 展览建筑内部空间应考虑持票观展时的分区使用，特大型、大型展览建筑宜设置安检设施。

4.1.5 展览建筑宜在适当位置设置观众休息区。

4.1.6 当展览建筑的主要展览空间在二层或二层以上时，应设置自动扶梯或大型客梯运送人流，并应设置货梯或货运坡道。

4.1.7 展览建筑应设置无障碍设施，并应符合现行行业标准《城市道路和建筑物无障碍设计规范》JGJ 50的有关规定。

4.2 展览空间

4.2.1 展览空间应包括展厅和展场。

4.2.2 展厅和展场的空间组织应保证展览的系统性、灵活性和参观的可选择性，公众参观流线应便捷，并应避免迂回、交叉。

4.2.3 展品及工作人员流线应与公众参观流线分开。甲等、乙等展厅应能具备集装箱货车直接进入展厅装卸货物的条件，丙等展厅应有专用运货设施。

4.2.4 展厅设计应便于展品布置，并宜采用无柱大空间。当展厅有柱时，甲等、乙等展厅柱网尺寸不宜小于9m×9m。

4.2.5 展厅净高应满足展览使用要求。甲等展厅净高不宜小于12m，乙等展厅净高不宜小于8m，丙等展厅净高不宜小于6m。

4.2.6 展厅展位应按标准展位设计，并可按行、列或成组团布置。

4.2.7 展厅内展位通道尺寸除应满足安全疏散的要求外，尚应符合下列规定：

1 甲等、乙等展厅主要展位通道净宽不宜小于5m，次要展位通道净宽不宜小于3m；

2 丙等展厅展位通道净宽不宜小于3m。

4.2.8 展厅地面应满足展品存放、布置及运输要求，其荷载值应根据展览类型和使用要求确定。展厅平顶吊挂荷载应根据展览要求确定，且不宜小于0.3kN/m²。

4.2.9 展厅地面应根据展览使用要求布置综合设备管沟、管井或地面出线布点。管沟、管井及布点宜到达每个展位区域。

4.2.10 展场应满足展览存放、布置及运输要求，其荷载值应根据展览类型和使用要求确定。

4.3 公共服务空间

4.3.1 公共服务空间宜包括前厅、过厅、观众休息处（室）、贵宾休息室、新闻中心、会议空间、餐饮空间、厕所等，可根据展览建筑的规模、展厅的等级和实际需要确定。

4.3.2 展览建筑的前厅宜集中设置。前厅应分为外区和内区，并应符合下列规定：

1 前厅的面积可根据其服务的展览面积计算得

出，每 1000m² 展览面积宜设置 50m²～100m² 前厅；

2 前厅内外区之间应设置检票系统；

3 前厅外区应设置为展方服务的检录空间和设施，并宜在室外预留相关服务场地；

4 前厅外区应设置票务、咨询、寄存、监控、邮政、海关等，并宜设置观众休息、公共电话、饮水处等；

5 前厅外区应设置公共厕所；

6 前厅内应根据当地气候条件设置相应设施；多雨地区应设置雨具存放设施，严寒或寒冷地区宜设置门斗。

4.3.3 当展览建筑有多个展厅时，展厅与前厅之间应设置过厅。过厅可与前厅的内区结合，并应符合下列规定：

1 过厅应为展厅提供缓冲空间，其面积可根据其服务的展览面积计算得出，每 1000m² 展览面积宜设置 50m²～150m² 过厅；

2 当过厅兼作前厅使用时，过厅应设置前厅的功能设施；

3 过厅和前厅中设置的功能设施不应影响交通组织和人员疏散。

4.3.4 特大型、大型展览建筑应设置贵宾休息室，并应符合下列规定：

1 贵宾休息室宜设置单独门厅；

2 贵宾休息室应设置独立的厕所和服务间。

4.3.5 特大型、大型展览建筑宜设置新闻中心。新闻中心应具备新闻发布、媒体登录、记者服务等功能。新闻中心宜紧邻前厅或主入口区域。

4.3.6 特大型、大型、中型展览建筑应根据需要设置会议空间。会议空间可分为大型多功能厅、大中型会议空间、商务会议室、商务洽谈空间。当设置的大型多功能厅兼有展览功能时，应符合本规范第 4.2 节的规定。

4.3.7 特大型、大型、中型展览建筑应配备餐饮服务，并应符合下列规定：

1 特大型、大型、中型展览建筑宜配备独立的商务餐厅；当配备商务餐厅时，应根据需要设置厨房；餐厅和厨房的建筑设计应符合现行行业标准《饮食建筑设计规范》JGJ 64 的有关规定；

2 甲等、乙等展厅应就近设置快餐供应点，并应便于快餐的配送和垃圾的收集。

4.3.8 展览建筑的会议、办公、餐饮等空间宜设置厕所。展厅应设置公共厕所，并应符合下列规定：

1 甲等、乙等展厅宜设置 2 处以上公共厕所，位置应方便使用；

2 对于男厕所，每 1000m² 展览面积应至少设置 2 个大便器、2 个小便器、2 个洗手盆；

3 对于女厕所，每 1000m² 展览面积应至少设置 4 个大便器、2 个洗手盆；

4 展厅中宜设置一处以上无性别厕所；当未设无性别厕所时，每个厕所宜设置一个儿童厕位；

5 展厅和前厅的公共厕所应设置无障碍厕位；特大型、大型展览建筑宜设无障碍专用厕所；无障碍厕位和专用厕所的设计应符合现行行业标准《城市道路和建筑物无障碍设计规范》JGJ 50 的有关规定。

4.4 仓储空间

4.4.1 展览建筑仓储空间可分为室内库房及室外堆场两部分。室内库房可根据使用性质的不同，分为展方库房和管理方库房，并可根据使用要求另设装卸区。室外堆场应设置集装箱、包装箱、展览搭建用品等堆放空间和临时垃圾堆放空间。

4.4.2 展方库房和装卸区应采用大柱网设计，柱网尺寸不宜小于 9m×9m，净高不宜小于 4m。

4.4.3 库房地面荷载应满足货物存放要求，展方库房地面荷载不应小于相应展厅的荷载标准。

4.4.4 集装箱卡车应能直接到达装卸区。装卸区与展方库房之间交通联系应直接、便捷。

4.5 辅助空间

4.5.1 辅助空间宜包括行政办公用房、临时办公用房、设备用房等，并应符合下列规定：

1 辅助空间应根据展览建筑的规模、展厅的等级和实际需要设置用房；

2 用房的布局应满足展览要求，并应便于使用和管理。

4.5.2 行政办公用房宜包括行政管理用的办公室、会议室、文印室、值班室、员工休息室、员工卫生间和员工机动车、自行车停放处等，并应符合下列规定：

1 行政办公用房的位置及出入口不应造成内部员工流线与观众流线的交叉；

2 行政办公用房可设置在展览建筑内，也可单独设置；

3 行政办公用房的设计应符合现行行业标准《办公建筑设计规范》JGJ 67 的有关规定。

4.5.3 临时办公用房应符合下列规定：

1 每 10000m² 展览面积宜设置不小于 50m² 的临时办公用房；

2 临时办公用房宜设置在展厅附近，并宜与公共服务空间和仓储空间有便捷的联系；

3 临时办公用房可利用固定的房间，也可是在展览期间在展厅内辟出的专门区域。

4.5.4 设备用房可设置在展览建筑中，也可单独设置。设备用房的位置应接近服务负荷中心，并应避免其噪声和振动对公共区和展览区造成干扰。

5 防火设计

5.1 一般规定

5.1.1 展览建筑的耐火等级应符合现行国家标准《建筑设计防火规范》GB 50016 和《高层民用建筑设计防火规范》GB 50045 的规定，并不应低于二级。建筑构件的燃烧性能和耐火极限应符合现行国家标准《建筑设计防火规范》GB 50016 和《高层民用建筑设计防火规范》GB 50045 的有关规定。

5.1.2 展览建筑之间的防火间距、展览建筑与其他建筑的防火间距应符合现行国家标准《建筑设计防火规范》GB 50016 和《高层民用建筑设计防火规范》GB 50045 的有关规定。

5.1.3 仓储空间应与展厅分开布置，公共服务空间和辅助空间宜与展厅分开布置。仓储空间、公共服务空间和辅助空间的防火设计应符合现行国家标准《建筑设计防火规范》GB 50016 和《高层民用建筑设计防火规范》GB 50045 的有关规定。

5.1.4 展览建筑的内部装修设计应符合现行国家标准《建筑内部装修 设计防火规范》GB 50222 的有关规定。

5.2 防火分区和平面布置

5.2.1 对于设置在多层建筑内的地上展厅，防火分区的最大允许建筑面积应符合下列规定：

1 当展厅内未设置自动灭火系统时，防火分区的最大允许建筑面积不应大于 2500m²；

2 当展厅内设置自动灭火系统时，防火分区的最大允许建筑面积可增加 1.0 倍；

3 当展厅局部设置自动灭火系统时，防火分区增加的面积可按该局部面积的 1.0 倍计。

5.2.2 对于设置在单层建筑内或多层建筑首层的展厅，当设有自动灭火系统、排烟设施和火灾自动报警系统时，防火分区的最大允许建筑面积不应大于 10000m²。

5.2.3 对于设置在高层建筑内的地上展厅，防火分区的最大允许建筑面积不应大于 4000m²。

对于设置在多层或高层建筑内的地下展厅，防火分区的最大允许建筑面积不应大于 2000m²，并应设置自动灭火系统、排烟设施和火灾自动报警系统。

5.2.4 对于设置在高层建筑裙房的展厅，当裙房与高层建筑之间有防火分隔措施、未设置自动灭火系统时，展厅防火分区的最大允许建筑面积不应大于 2500m²；当裙房与高层建筑之间有防火分隔措施、且设有自动灭火系统时，防火分区的最大允许建筑面积可增加 1.0 倍。

5.2.5 当展厅的使用有特殊要求时，可采用性能化设计方法进行防火设计。

5.2.6 设有展厅的建筑内不得储存甲类和乙类属性的物品。室内库房、维修及加工用房与展厅之间，应采用耐火极限不低于 2.00h 的隔墙和 1.00h 的楼板进行分隔，隔墙上的门应采用乙级防火门。

5.2.7 供垂直运输物品的客货电梯宜设置独立的电梯厅，不应直接设置在展厅内。

5.2.8 展览建筑内的燃油或燃气锅炉房、油浸电力变压器室、充有可燃油的高压电容器和多油开关室等不应布置于人员密集场所的上一层、下一层或贴邻，并应采用耐火极限不低于 2.00h 的隔墙和 1.50h 的楼板进行分隔，隔墙上的门应采用甲级防火门。

5.2.9 使用燃油、燃气的厨房应靠展厅的外墙布置，并应采用耐火极限不低于 2.00h 的隔墙和乙级防火门窗与展厅分隔，展厅内临时设置的敞开式的食品加工区应采用电能加热设施。

5.2.10 展位内可燃物品的存放量不应超过 1d 展览时间的供应量，展位后部不得作为可燃物品的储藏空间。

5.3 安全疏散

5.3.1 展厅的疏散人数应根据本规范第 4.1.3 条经计算确定。

5.3.2 多层建筑内的地上展厅、地下展厅和其他空间的安全出口、疏散楼梯的各自总宽度，应符合下列规定：

1 每层安全出口、疏散楼梯的净宽应按表 5.3.2 的规定经计算确定；当每层人数不等时，疏散楼梯的总宽度可分层计算，下层楼梯的总宽度应按其上层人数最多一层的人数计算；

2 首层外门的总宽度应按人数最多的一层人数计算确定；不供楼上人员疏散的外门，可按本层人数计算确定。

表 5.3.2 安全出口、疏散楼梯和房间疏散门每 100 人的净宽度（m）

楼层位置	每 100 人的净宽度（m）
地上一、二层	≥0.65
地上三层	≥0.75
地上四层及四层以上各层	≥1.00
与地面出入口地坪的高差不超过 10m 的地下建筑	≥0.75
与地面出入口地坪的高差超过 10m 的地下建筑	≥1.00

5.3.3 高层建筑内的展厅和其他空间的安全出口、疏散楼梯间及其前室的门的各自总宽度，应符合下列规定：

1 疏散楼梯间及其前室的门的净宽应按通过人

数计算，每100人不应小1.00m，且最小净宽不应小于0.90m；

2 首层外门的总宽度应按人数最多的一层人数计算，每100人不应小于1.00m，且疏散外门的净宽不应小于1.20m。

5.3.4 展厅内任何一点至最近安全出口的直线距离不宜大于30m，当单、多层建筑物内全部设置自动灭火系统时，其展厅的安全疏散距离可增大25%。

5.3.5 展厅内的疏散走道应直达安全出口，不应穿过办公、厨房、储存间、休息间等区域。

5.3.6 建筑设置安全出口的形式应符合现行国家标准《建筑设计防火规范》GB 50016、《高层民用建筑设计防火规范》GB 50045的有关规定。

6 室内环境

6.1 室内材料

6.1.1 展览建筑所用建筑材料和装修材料应符合现行国家标准《民用建筑工程室内环境污染控制规范》GB 50325的规定。

6.1.2 展览建筑的展厅和人员通行的区域的地面、楼面面层材料应耐磨、防滑。

6.2 采光、照明

6.2.1 除特殊要求的展厅外，展览建筑应有自然采光。展厅的采光系数标准宜符合现行国家标准《建筑采光设计标准》GB/T 50033的有关规定。

6.2.2 展览建筑的展厅不宜采用大面积的透明幕墙或透明顶棚。

6.2.3 除展品的局部照明外，展览建筑展厅及展览建筑其他功能房间一般照明的照度值（E）、统一眩光值（UGR）和一般显色指数（Ra），应符合现行国家标准《建筑照明设计标准》GB 50034的有关规定。

6.2.4 展览建筑展厅内的展览区域的照明均匀度不应小于0.7，展厅内其他区域的照明均匀度不应小于0.5。

6.2.5 展览建筑照明应选用节能灯具。

6.3 空气质量

6.3.1 展览建筑室内应通风良好，展厅宜具有自然通风换气条件。

6.3.2 展览建筑室内空气环境污染物的控制应满足现行国家标准《民用建筑工程室内环境污染控制规范》GB 50325规定的Ⅱ类标准。

6.4 保温、隔热

6.4.1 展览建筑展厅的围护结构应根据当地气候条件采取保温、隔热的技术措施，并应符合现行国家标准《公共建筑节能设计标准》GB 50189的有关规定。

6.4.2 展览建筑展厅的东、西朝向采用大面积外窗、透明幕墙及屋顶采用大面积透明顶棚时，宜设置外部遮阳设施。

6.5 声学环境

6.5.1 对产生较大噪声的建筑设备、展项设施及室外环境的噪声应采取隔声和减噪措施。展厅空场时背景噪声的允许噪声级（A声级）不宜大于55dB。

6.5.2 展厅室内装修宜采取吸声措施。

6.5.3 对室内声音质量有较高要求的多功能展厅，应进行相应的声学设计。

7 建筑设备

7.1 给水排水

7.1.1 展览建筑工艺用水的用水定额、水压、水质、水温等条件，应按展览工艺确定，并应符合现行国家标准《建筑给水排水设计规范》GB 50015的有关规定。

7.1.2 展览建筑内应根据展览工艺要求设置供展品使用的给水及排水管。当展览工艺不确定时，应预留给水、排水接口，并应符合下列规定：

1 给水、排水预留管及预留接口应设置在综合设备管沟、管井内；

2 给水、排水预留接口宜每隔10m各设置一个；

3 给水预留管的管径宜为25mm、排水预留管的管径宜为50mm；

4 给水、排水预留管的接口形式应便于管道的拆装；

5 给水预留管的起端应有防回流污染措施，并应符合现行国家标准《建筑给水排水设计规范》GB 50015的有关规定；

6 给水预留接口的水压不宜小于0.10MPa，且不宜大于0.35MPa；

7 排水预留管与排水系统连接时应采用间接排水方式；

8 对于冬季可能有冰冻的地区，给水、排水预留管应采取防冻措施。

7.1.3 当生活饮用水水池（箱）内的储水48h内不能得到更新时，应设置水消毒处理装置。

7.1.4 公共卫生间宜采用感应式或自闭式龙头等节水型卫生器具。

7.1.5 展览建筑内的综合设备管沟应有排水措施，并应采用间接排水方式与排水系统连接。

7.1.6 面积较大的展场宜设置地面冲洗设施。

7.1.7 汇水面积较大的屋面、金属结构屋面宜采用虹吸式屋面雨水排水系统。

7.1.8 汇水面积较大的屋面、金属结构屋面雨水排水系统的设计重现期，应根据建筑的重要性和溢流造成的危害程度确定，并不宜小于10年。

7.1.9 屋面雨水排水系统应设溢流设施。溢流设施的排水能力应符合现行国家标准《建筑给水排水设计规范》GB 50015的有关规定。

7.1.10 展览建筑宜根据当地的降雨情况设置雨水收集、回用设施，并应符合现行国家标准《建筑与小区雨水利用工程技术规范》GB 50400的有关规定。

7.1.11 展览建筑消防给水和灭火设施的设计应符合现行国家标准《建筑设计防火规范》GB 50016、《高层民用建筑设计防火规范》GB 50045和《自动喷水灭火系统设计规范》GB 50084的有关规定。

7.1.12 室内消火栓的设置应符合下列规定：

1 室内消火栓宜设置在门厅、休息厅、展厅的主要出入口、疏散走道、楼梯间附近等明显且易于操作的部位；

2 展厅在主要出入口、疏散走道、楼梯间附近等处设置室内消火栓后，经计算仍不能保证有两支水枪的充实水柱能同时到达室内任何部位时，可沿疏散通道设置埋地型室内消火栓；

3 埋地型室内消火栓的井盖应设有明显的标志，并不应被遮挡。

7.1.13 当展览建筑内设置自动喷水灭火系统时，对于室内最大净空高度大于12m的展厅、大型多功能厅等人员密集场所，宜采用带雾化功能的自动水炮等灭火系统。

7.1.14 自动水炮灭火系统的设计应符合现行国家标准《固定消防炮灭火系统设计规范》GB 50338的规定。

7.1.15 设有自动水炮灭火系统的展厅、大型多功能厅、仓库宜设消防排水设施。

7.2 采暖、通风、空气调节

7.2.1 展览建筑的空气调节系统应根据展览建筑等级、当地的室外气象条件、室内温湿度要求以及经济水平等因素确定。

7.2.2 设有空气调节系统的展览建筑，其空调系统应为参观者和工作人员提供舒适的室内环境。未设空气调节系统的展览建筑应设置通风换气措施，并宜采取自然通风的措施，当自然通风无法满足室内设计参数时，应设置机械通风系统。

7.2.3 采暖地区未设空气调节系统的展览建筑应根据展览的需要，设置采暖系统或值班采暖系统。

7.2.4 设置采暖系统的展览建筑的各功能用房室内设计采暖温度宜按表7.2.4确定。

表7.2.4 各功能用房室内设计采暖温度

房间名称	室内设计采暖温度（℃）
展厅	14～18
门厅	12～16
办公室	18～20
会议室	18～20
餐厅	16～18

7.2.5 位于严寒和寒冷地区的展览建筑在非工作时间或中断使用时间内，室内温度应保持在4℃以上，当利用房间蓄热量不能满足要求时，应按5℃设置值班采暖系统。

7.2.6 位于严寒和寒冷地区的展览建筑有经常开启的外门，且不设门斗时，宜在外门处设置热空气幕。

7.2.7 设置空气调节系统的展览建筑各功能用房室内设计参数宜按表7.2.7确定。

表7.2.7 各功能用房空气调节室内设计参数

房间名称	夏季			冬季			最小新风量［m^3/(h·人)］
	温度（℃）	相对湿度（%）	气流速度（m/s）	温度（℃）	相对湿度（%）	气流速度（m/s）	
展厅	25～27	≤65	≤0.5	16～18	—	≤0.3	15
门厅	25～27	≤65	≤0.5	16～18	—	≤0.3	10
办公室	24～26	≤65	≤0.3	18～20	≥30	≤0.2	30
会议室	24～26	≤65	≤0.3	18～20	≥30	≤0.2	30
餐厅	24～26	≤65	≤0.3	16～18	≥30	≤0.2	20

7.2.8 展厅的气流组织应符合下列规定：

1 展厅的气流组织应保证展厅内的温湿度和风速满足参观者和工作人员的舒适要求；

2 当展厅的高度大于或等于10m，且体积大于10000m^3时，应按分层空调的形式进行气流组织设计，对展厅上部非空调区域，应采取自然或机械通风措施；

3 大空间展厅宜采用喷口侧送风的送风方式；室内气流组织应根据风口安装位置、出口风速等条件进行计算或模拟，并应根据噪声要求确定风口的特征参数；对于夏季送冷风、冬季送热风的空调系统，风口宜选用角度可调节的产品；

4 对于高度大于10m的空间，冬季应采取加速室内空气混合的技术措施。

7.2.9 空气调节和通风系统应采取过滤、消声、隔声和减振措施。

7.2.10 空调系统的用能、设计和相关设备的选择应满足节能的要求，并应符合下列规定：

1 根据实际情况，宜选用太阳能、地热能等可再生能源；

2 冷热源的选择应根据当地的气候条件、能源政策以及经济状况等因素，通过经济技术比较，采用适合当地的冷热源形式；

3 大空间展厅的空调系统宜设计成双风机系统；

4 空调系统的送风机和回（或排）风机宜根据空调负荷的变化进行变频调速控制；

5 冬夏季空调系统运行时，宜根据空调区域的CO_2浓度控制空调系统的新风量；

6 空调季时间较长的地区，当经济技术分析合理时，宜设置能量回收装置。

7.2.11 当展览建筑中设有吸烟室时，应为吸烟室设置独立的机械排风系统，并宜对排风作净化处理。

7.2.12 展览建筑中展厅、等候厅、储藏室等经常有人停留或可燃物较多的部位以及疏散走道等应设置排烟系统，排烟系统的设计应按现行国家标准《建筑设计防火规范》GB 50016 或《高层民用建筑设计防火规范》GB 50045 的有关规定执行。

7.3 动　力

7.3.1 压缩空气的用量应根据工艺要求进行计算，供气设备及管道的设计应符合现行国家标准《压缩空气站设计规范》GB 50029 的有关规定。

7.3.2 燃气用量应根据用气设备的相关参数进行统计计算，燃气设施和管道的设计应符合现行国家标准《城镇燃气设计规范》GB 50028 的有关规定。

7.4 建筑电气

7.4.1 供配电设计应按现行国家标准《供配电系统设计规范》GB 50052 的规定进行设计，且供电电源应符合下列规定：

1 特大型、大型展览建筑安全防范系统用电应按一级负荷中特别重要负荷供电；

2 甲等、乙等展厅备用照明应按一级负荷供电，丙等展厅备用照明应按二级负荷供电；

3 展览用电应按二级负荷供电。

7.4.2 消防用电设备应按现行国家标准《高层民用建筑设计防火规范》GB 50045 和《建筑设计防火规范》GB 50016 的规定进行设计。

7.4.3 展位的电源和电子信息系统应符合下列规定：

1 展厅应根据其展览功能要求分区设置满足展位需求的电源和电子信息系统综合设备管沟、管井或地面出线盒布点，展场应根据其展览功能要求分区设置满足展位需求的电源和电子信息系统地面出线井；

2 一个或多个标准展位应设置一组配电插座箱和语音、数据端口等；配电容量和语音、数据端口等数量应能满足其综合性、专业性布展需求；

3 展位配电应设置带剩余电流动作保护器的电源总开关，且剩余电流动作保护器的剩余动作电流不应超过 30mA；

4 电源线路和电子信息系统线路平行或交叉敷设时，其间距应符合现行国家标准《建筑物电子信息系统防雷技术规范》GB 50343 的规定；

5 地面出线盒布点、综合设备管沟、管井和室外地面出线井载荷能力应与周围地面的载荷能力一致，防护等级不应低于 IP54；其电源插座应采用安全型，室外布置时，电源插座的防护等级不应低于 IP54；

6 地面出线布点、综合设备管沟、管井和室外地面出线井内的电气装置和管线不应设于水管的正下方和热水管、蒸汽管的正上方，电气管线与其他管道之间的间距应符合现行国家标准《低压配电设计规范》GB 50054 的规定。

7.4.4 综合设备管沟、管井和室外地面出线井应设置局部等电位联结端子。

7.4.5 展厅应设置防火剩余电流动作报警系统。

7.4.6 展厅、疏散走道应设置灯光疏散指示标志，安全出口处应设置消防安全出口标志。

7.4.7 对于总建筑面积超过 $8000m^2$ 的展览建筑，其内部疏散走道和主要疏散路线的地面上应增设能保持视觉连续的灯光疏散指示标志或蓄光疏散指示标志，且指示标志的载荷能力应与周围地面的载荷能力一致，防护等级不应低于 IP54。

7.4.8 安全出口标志应设置在门的上部或门框边缘，并应符合下列规定：

1 设置在门的上部时，标志的下边缘距门框不宜大于 0.15m；

2 设置在门框侧边缘时，标志的下边缘距室内地坪不宜大于 2.0m。

7.4.9 展厅、疏散走道、疏散楼梯等部位应设置消防应急照明灯具。展厅备用照明的照度值不应低于一般照明照度值的 10%。

7.4.10 消防应急照明系统宜采用集中电源型的系统，并应按消防设备回路供电。当应急照明灯具数量较少、布置分散时，可自带备用电源供电。应急照明灯具产品应符合现行国家标准《消防安全标志》GB 13495 和《消防应急灯具》GB 17945 的有关规定。

7.4.11 展厅每层面积超过 $1500m^2$ 时，应设有备用照明。重要物品库房应设有警卫照明。

7.4.12 展厅和库房的照明线路应采用铜芯绝缘导线暗配线方式。库房的电源开关应统一设在库区内的库房总门外，并应装设防火剩余电流动作保护装置。

7.4.13 展场应采取必要的防雷措施。

7.5 建筑智能化

7.5.1 展览建筑的智能化设计应符合现行国家标准《智能建筑设计标准》GB/T 50314 的有关规定。

7.5.2 展览建筑应设置信息通信网络系统，并应符合下列规定：

1 信息通信网络系统应采用满足展览建筑业务需求的网络结构；

2 综合布线系统应符合现行国家标准《综合布线系统工程设计规范》GB 50311 的有关规定，并应满足布展实用、先进、灵活、可扩展的需求和语音、数据、图像等信息的传输要求，且应根据展位分布情况配置信息插座端口；

3 展厅等公共区域宜设置无线局域网络系统；

4 公共区域应配置公用电话和无障碍专用的公用电话；

5 应设置室内移动通信覆盖系统；

6 宜根据展位分布情况配置有线电视终端。

7.5.3 特大型、大型、中型展览建筑宜设置信息显示屏、多媒体触摸屏等信息查询导引及发布系统。

7.5.4 有多种语言讲解需求的展览建筑宜设置电子语音或多媒体信息导览系统。

7.5.5 特大型、大型展览建筑应设置信息化应用系统，并应符合下列规定：

1 应根据展览建筑的特点和具体应用要求，建立公共信息服务系统，并应满足展览、会议、信息交流、商贸洽谈、通信、广告、休闲娱乐和办公等需求；

2 宜配置展览事务管理系统、物业运营管理系统、公共服务管理系统、智能卡应用管理系统、办证与票务管理系统、信息网络安全管理系统和展览建筑需要的其他应用管理系统；

3 宜设置专用网站，并应能通过公用通信网发布展览信息、提供网上展览等网络服务。

7.5.6 特大型、大型、中型展览建筑应设置建筑设备管理系统，并应具有检测展厅空气质量和调节新风量的功能。

7.5.7 安全技术防范系统应根据展览建筑客流大、展厅分散、展位多且展品开放式陈列的特点，按不同的功能分区设置，并应采取合理的人防、技防配套措施，确保人员、财产安全和公共秩序得到保障。安全技术防范系统应符合现行国家标准《安全防范工程技术规范》GB 50348 的规定。

7.5.8 特大型、大型展览建筑宜设置防暴安检和检票安全技术防范系统。

7.5.9 火灾自动报警系统和消防控制室的设置应符合现行国家标准《高层民用建筑设计防火规范》GB 50045 和《建筑设计防火规范》GB 50016 的有关规定；火灾自动报警系统的设计应符合现行国家标准《火灾自动报警系统设计规范》GB 50116 的有关规定。

7.5.10 展厅宜选择智能型火灾探测器。在单一型火灾探测器不能有效探测火灾的场所，可采用复合型火灾探测器。展厅的高大空间场所应采取合适且有效的火灾探测手段。

7.5.11 特大型展览建筑宜设置公共安全应急联动系统。

7.5.12 广播系统应根据展厅空间合理选择和布置扬声器，宜配置背景噪声监测设备，并应根据背景噪声自动调节音量。广播系统与火灾应急广播系统合用时，广播系统应符合火灾应急广播的要求。

7.5.13 甲等、乙等展厅宜设置可根据布展要求设定工作场景模式的智能照明控制系统，并应具有分区域就地控制、中央集中控制等方式。

7.5.14 展览建筑宜设置时钟系统。

7.5.15 展览建筑宜设置客流统计与分析系统。

本规范用词说明

1 为便于在执行本规范条文时区别对待，对于要求严格程度不同的用词说明如下：

1）表示很严格，非这样做不可的：
正面词采用“必须”，反面词采用“严禁”；

2）表示严格，在正常情况下均应这样做的：
正面词采用“应”，反面词采用“不应”或“不得”；

3）表示允许稍有选择，在条件许可时首先应这样做的：
正面词采用“宜”，反面词采用“不宜”；

4）表示有选择，在一定条件下可以这样做的，采用“可”。

2 条文中指明应按其他有关标准执行的写法为：“应按……执行”或“应符合……规定”。

引用标准名录

1 《建筑给水排水设计规范》GB 50015

2 《建筑设计防火规范》GB 50016

3 《城镇燃气设计规范》GB 50028

4 《压缩空气站设计规范》GB 50029

5 《建筑采光设计标准》GB/T 50033

6 《建筑照明设计标准》GB 50034

7 《高层民用建筑设计防火规范》GB 50045

8 《供配电系统设计规范》GB 50052

9 《低压配电设计规范》GB 50054

10 《自动喷水灭火系统设计规范》GB 50084
11 《火灾自动报警系统设计规范》GB 50116
12 《公共建筑节能设计标准》GB 50189
13 《建筑内部装修设计防火规范》GB 50222
14 《综合布线系统工程设计规范》GB 50311
15 《智能建筑设计标准》GB/T 50314
16 《民用建筑工程室内环境污染控制规范》GB 50325
17 《固定消防炮灭火系统设计规范》GB 50338
18 《建筑物电子信息系统防雷技术规范》GB 50343
19 《安全防范工程技术规范》GB 50348
20 《建筑与小区雨水利用工程技术规范》GB 50400
21 《消防安全标志》GB 13495
22 《消防应急灯具》GB 17945
23 《城市道路和建筑物无障碍设计规范》JGJ 50
24 《饮食建筑设计规范》JGJ 64
25 《办公建筑设计规范》JGJ 67

中华人民共和国行业标准

展览建筑设计规范

JGJ 218—2010

条 文 说 明

制 订 说 明

《展览建筑设计规范》JGJ 218－2010，经住房和城乡建设部2010年8月3日以第725号公告批准、发布。

本规范制订过程中，编制组进行了国内外展览建筑的调查研究，总结了我国展览建筑工程建设的实践经验，同时参考了国外先进技术法规、技术标准。

为便于广大设计、施工、科研、学校等单位有关人员在使用本规范时能正确理解和执行条文规定，《展览建筑设计规范》编制组按章、节、条顺序编制了本规范的条文说明，对条文规定的目的、依据以及执行中需注意的有关事项进行了说明，还着重对强制性条文的强制性理由作了解释。但是，本条文说明不具备与规范正文同等的法律效力，仅供使用者作为理解和把握规范规定的参考。

目　次

1 总 则

1.0.1 随着我国经济持续发展，展览业在我国发展迅速，已逐步形成一个新兴产业。近年来，全国各省市不断兴建、筹建或扩建展览场地，先后建造了一批现代化的展览建筑。由于展览建筑的投资大，影响面广且技术难度高，针对功能、安全、卫生、经济及展览设施等方面标准的确定与执行，将直接关系展览建筑的质量和社会效益。本规范的各章内容，满足了展览工艺要求，并在适用、安全、卫生及技术合理方面提出最低限度的要求。

1.0.2 本条规定了本规范的适用范围。博物馆、美术馆、科技馆等不属于展览建筑的范畴。对于临时性展览建筑，也可以按照永久性展览建筑标准进行设计。

1.0.3 本条按展览建筑基地以内的总展览面积确定展览建筑的规模。将展览建筑规模定为四个类型是根据展览业行业约定的数据，与实际情况也相符合。

1.0.4 展览建筑的展厅划分为甲、乙、丙三个等级，便于区别对待，保证最低限度的技术要求，便于设计。

1.0.5 本条对展览建筑设计的指导思想作原则性规定，即强调展览建筑设计应结合展览建筑的性质、特点及发展趋势，为运用先进的管理方式提供灵活性强、适应性高的空间，并力求造型美观，环境协调。由于我国地域辽阔，民族众多，自然气候、地理条件有很大差异，如气温和温差、地质条件和抗震、雨雪、施工技术和管理水平等，在设计中需因地制宜，不能一概而论。

1.0.6 展览建筑设计需满足展览工艺的要求，为了使展览建筑设计更合理、更经济，需要根据展览工艺所提出的各种条件和要求进行设计。同时要给水、电气、智能化等技术支持需求的不断发展预留设施和空间。

1.0.7 展览建筑设计涉及建筑、结构、防火、热工、节能、隔声、采光、照明、给水排水、暖通空调、电气、智能化、环保等各专业，各专业已有规范规定的除必要的予以重申外，其他不再重复。

2 术 语

本章列出的术语是本规范专用的，有些在其他规范中未出现过，有些虽在学术界出现但定义不统一或不全面。考虑到本规范使用对象的特点，术语解释侧重于与建筑设计有关的方面。

3 场 地 设 计

3.1 选 址

3.1.1 展览业的发展，应当以区域经济为依托。展览建筑的建设，需充分考虑当地的产业结构、市场需求和区位因素。不考虑当地和周边城市展览市场的需求，就会带来很大的盲目性。

3.1.2 展览建筑的选址需要考虑交通便利性。在交通设施上，最好有城市轨道交通和方便快捷的公路网络。目前国内外特大型、大型展览建筑的选址多位于城郊结合部或城市中心区的边缘。特大型、大型展览建筑通常带来大量的人员、货物集散，对城市的交通结构布局和市民生活本身有着至关重要的影响。

国外展览建筑的建设多将交通条件列为选址的首要条件，一般要求选择交通便利的位置，靠近国际机场，并有两条以上的高速公路从周围通过，许多与市中心保持步行距离。因为便利的条件是承办大型展览最大的竞争力。

展览建筑选址还要充分考虑利用周围现有基础配套设施的可能性，使其具备最佳使用条件，另外，随着人们对地震、水患等各种自然灾害的深入了解，对展览建筑的选址标准有了更深入的认识，因此提出选址应综合各种因素，选择位置适中、交通方便、工程地质及水文地质条件较好的地段。

目前环境污染已成为一个十分突出的问题，除了水质、大气以外，还有噪声等都给环境带来一定程度的污染。展览建筑是人流集中的场所，不容许发生爆炸或受到粉尘、大气污染、噪声等干扰。因此，选址中还应远离各种污染源。

3.2 基 地

3.2.1 本条规定是为了保证展览建筑有疏散的道路，并保证疏散道路有足够的宽度，以维系基地的对外交通、疏散、消防以及组织不同功能出入口的要素，减少布展、撤展或人员疏散时对城市正常交通的影响。

3.2.3 本条规定是为了保证展览建筑基地周边的道路、水、电、动力等市政管线的配套条件，有利于展览建筑的设计、建设、使用。

3.3 总平面布置

3.3.1 按照建设步骤，多数展览建筑属于一次建成的永久性场馆，还有一些属于分步建成的场馆。例如上海某展览中心借鉴国外的规划设计理念，采取“三部曲”规划步骤，针对未来展览市场发展需要逐步实施扩建工程。以可持续发展原则来指导展览建筑的规划建设、改建、扩建及后续利用是应该普遍遵从的理念。一个成功的展览建筑在设计之初就应该考虑为日后的发展留有足够的余地，实行“一次规划、预留充分、逐步实施”。

3.3.2 功能分区合理，是总平面布置的一项基本原则。展览建筑不但有集中且大量的人流，还有集中且大量的货运，要求在总平面内处理好内部人流、车流的关系，功能分区明确，互不干扰。

3.3.3 本条是针对总平面布置中的交通组织而定的。安排各种出入口和场地内部的交通组织是总平面布置的主要工作内容之一，重要的原则是应做到人车分流，道路布置应便于人员进出、展品运送、装卸和消防疏散。

3.3.4、3.3.5 对于展览建筑前面集散用地的规定，目的在保证平时观众等候、集散以及在有灾情时迅速撤出的观众对城市交通不致影响，可以充分利用道路、广场等空地。条文中人数指展览建筑总人数，可以按照本规范第4.1.3条的规定计算。

展览建筑通常有集中且大量的货运装卸要求，还有室外展出的需要，总平面应留有充足室外场地。第3.3.5条规定室外场地面积不宜低于展厅占地面积的50%，其中不包括社会停车场的用地。

3.3.6 展览建筑要求有较大的室外场地以满足卸货、堆场、展出、人员集散等要求，同时还要有足够的绿化面积，因此建筑密度不宜过高，最好控制建筑密度在35%以下。例如，上海某展览中心建筑密度约24%，南京某展览中心建筑密度约12%，东莞某展览中心建筑密度约20%。

3.3.7 停车场的设置需根据展览建筑的规模、使用特点、用地位置、交通状况等内容确定。因我国各地公安交通管理部门对停车指标要求不尽相同，故此处不再列出。机动车停车场，如当地主管部门没有明确规定，可按0.6停车位/100m^{2}建筑面积确定停车数量，考虑到单个基地大量停车位对城市交通总量的较大影响，因此停车数量还应与周边公共交通能力相对应，提倡尽量利用公共交通，因此在选址时应充分考虑交通便利的条件。

停车场的位置应合理布局，做到停车便利、人车分流，避免场地内行走距离过长。

3.3.8 提高环境质量，重视绿化，已成为当前建筑设计界共同关心的问题。因实际建设用地情况各不相同，且各地对绿地率计算方法也分别有所规定，故不另列出。

3.3.9 展览建筑内观众众多，行动不便的伤残人士以及老年人和妇女儿童也是其中的重要部分，本条规定体现了社会文明程度和社会对伤残人士以及弱势群体的关怀和关爱。当前我国展览建筑能完全满足这方面要求的还较少，故专门列出本条加以强调。

3.3.10 展览建筑的规划设计，涵盖了各种公共服务设施、活动场地、若干展览场馆和道路，应对各个设施加以明显标识。

4 建筑设计

4.1 一般规定

4.1.1 近年来展览建筑在我国的建设速度很快，从国际型大都市、省会城市，到地区级城市，甚至发达地区的县级市都开始建设展览建筑。在我国的展览建筑的现状和发展趋势上存在以下几个特点：

1 规模及展览内容差异较大。大型城市的主要展览建筑规模较大，展览类型综合。中小型城市的规模较小，展览类型多依托当地的主要支柱产业，有一定的专业展览倾向。

2 展览建筑使用频率差异较大。大型城市的展览建筑大都饱满运行，一年的展会排期在50个左右。在中小型城市中，目前往往一年中只有几次大型展会，会有长时间的不饱满运行和空置期。

3 城市期望不同。大型城市中展览建筑更多承担展览经济本身的职能，对城市和城市外周边地区的总体经济产生较大的正面影响力。中小型城市展览建筑除展览经济本身外，往往承担提高城市形象，促进城市内周边区域的发展，提供多功能集会，商业等功能。

4 参展商和观众的范围不同。

5 地区发展趋势不同。

因此，在考虑展览建筑的主要功能和设备设施的配置上，需要根据城市的具体情况和发展预期，合理配置，以保证节约资源和可持续发展。

展览建筑的基本布局可以展厅与前厅、过厅的关系来划分。可分为集中式、串联式、并串联式、环绕式、庭院式、混合式等。可根据规模、用地、内容等选择合适的方式，其他功能空间则在此框架上进行合理配置。展览建筑中最主要的流线是参观流线、工作人员和参展商流线以及货运流线。由于展览建筑的上述几种流线在使用中都对相应空间带来集中而且高强度的压力，但同时又存在不同流线的时间差，因此在设计中应根据实际情况，合理布置流线，既要保证使用，又要节约用地。

4.1.2 由于展览建筑使用人数众多，若展厅设置在地下二层或更低的楼层，不利于安全疏散。实际设计时，地下一层周边如有大面积和本地下一层相接的室外下沉广场，并有足够宽度的疏散门可以不经楼梯直接疏散到此室外安全区，可以视作一层考虑。

4.1.3 本条中“人数”指最大同时在场人数。计算方法为：根据实际经验，在饱和使用情况时，每3m×3m标准展位，参展商可按3人计算，观众可按与参展商4：1计算，因此得出每展位人数3×(1+4)＝15人。通常每展位含通道等需占面积20m^2，这样计算人均面积约为1.34m^2。例如深圳某会展中心展览面积10.5万m^2，实际使用中控制最大在场人数为70000～75000人，人均面积为1.32m^2～1.5m^2，已达到饱和状态。上海某展览中心展厅面积10.8万m^2，车展时最多每天接待10万～12万人，考虑到通常参观的滞留时间为半天或更多，实际的同时在场人数和这种计算方法也是吻合的。另外，参考美国标准建筑规范，展览区域人员荷载系数为每人1.394m^2；新加坡建筑防火规范，展览区域人员荷载系数为每人1.5m^2，取值和本规范的规定是统一的。其他楼层的展厅在实际使用过程中的最大使用人数按表4.1.3确定。

4.1.4 目前大多数展览需要持票参观，专业展览在使用中也需要识别身份。因此需要考虑划分持票空间和非持票空间，并且应考虑不同展览同时使用的情况。

4.2 展览空间

4.2.1 展览业在不断地发展，使用方式已由过去相对固定的展示区、存储区、会议洽谈区、办公区、观众服务区模式转向强调灵活多样的综合性展览建筑方向，各个展厅可分可合，每个展厅均可满足展示、搭建、洽谈、服务等一系列要求，单元式展厅已成为适应现代展览业的重要模式。与此同时，展场与展厅一起，构成了展览的主要空间。

4.2.2、**4.2.3** 展览建筑是功能性较强的公共建筑之一，它具有观众流量大，流动性强的特点。与此同时，现代展览建筑由于使用功能的多样化及灵活性，会造成不同展厅使用时间上的差异性，因而在设计上必须有一个好的流线，从使用功能上确定先进的管理方式和采用现代化的服务手段，通过合理安排各部门的关系和日常工作流程，最大程度上满足观众的参观流线要求。

4.2.4 展厅的结构形式有多样性，但近期新建的展览建筑的展厅结构形式多为钢结构及钢筋混凝土框架结构，其中：单层无柱展厅以钢结构为主；双层展厅的上层结构形式亦多为钢结构，其下层结构则较多采用钢筋混凝土框架系统。采用钢筋混凝土框架结构时，其柱网多为9m×9m和12m×12m，本条规定甲等、乙等展厅柱网尺寸不宜小于9m×9m，这种尺寸兼顾了结构经济性和展位布置的便捷性。

4.2.5 展厅净高度应满足布展展品的高度要求(考虑两层搭台的布展方式)、屋架悬挂宣传画幅的高度要求，同时应考虑在展品布置的情况下大空间空调风送达的净空高度要求，参照国内近期新建的大型展览建筑的使用情况，提出相应的净高设计标准。

4.2.6 标准展位是展厅布置的基本方式，根据需要可将若干标准展位合并使用。展位设计时需要充分考虑布展的灵活可变性，不宜局限于某种固定的模式。

4.2.7 展厅内展位通道尺寸的规定主要是考虑了展位前观众的聚集，由于聚集情况具有不确定性，为了不影响主、次通道的人流组织，提出了相应的宽度要求。同时，展位通道尺寸还应满足消防疏散要求。

4.2.8 根根据我国国家标准《建筑结构荷载规范》GB 50009－2001中第4.1.1条表4.1.1民用建筑楼面均布活荷载标准值及其组合值、频遇值和准永久值系数，展览厅荷载标准值为3.5kN/m^2。在国内调查中了解到各地建设时对展厅的荷载确定很不统一，少则3.5kN/m^2，多则30kN/m^2。由于展览业的发展，及各地对展览要求的差异，对其荷载都有特定要求，故应根据展览种类和具体使用要求区别确定。

考虑到展厅布展时常需吊挂彩旗等吊挂物，在展厅设计时需考虑平顶吊挂荷载。在国内调查中了解到各地建设时对平顶吊挂荷载确定很不统一，少则0.3kN/m^2，多则0.7kN/m^2，从实际使用出发，为了使用方便及避免浪费，本规范提出展厅平顶吊挂荷载不宜 小于0.3kN/m^2。为了便于布展吊挂，在条件许可的情况下，建议按间距6m设置固定吊点。

4.2.9 根据近期新建的国内外展览建筑的经验，展厅内设备管沟、管井或地面出线布点宜到达每个展位区域。结合标准展位尺寸要求，可以采取每隔6m设置设备管沟、管井或地面出线布点的办法。展厅内设备管沟需预留活动盖板，以方便使用。

4.3 公共服务空间

4.3.1 在前厅或过厅中根据不同展览情况，可以提供观众休息空间，布置小卖部、饮水、医疗等服务设施。

4.3.2 本条中的外区是指前厅入口与检票口之间的区域，内区是指前厅中检票口内与过厅或展厅之间的缓冲区域。

4.3.3 此面积可根据实际情况与前厅面积统一分配。在气候条件允许的情况下，过厅可以采取半室外的形式。

4.3.6 200人以上大中型会议室最好相对独立分区布置，并相应配置厕所、服务间等设施，配备多媒体会议设施。每10000m^2展厅可以临近设置200人以下商务会议室，并考虑灵活分隔的可能性。条件许可时，会议区和展厅附近最好能设置商务洽谈空间，也可和灵活分隔的商务信息发布厅结合布置。

4.3.8 本条是根据使用人数，实际使用情况，并参照《城市公共厕所设计标准》CJJ 14－2005和其他类似场馆推导得到。但在表达上，为方便设计取值，采用1000m^2的展览面积作为取值基数。

根据条文说明4.1.3所述，每1000m^2展览面积极限使用人数为700人，适用人数为300人～500人。除特定有明确内容的展示外，男女比例通常为3∶1左右，因此取值人数可设定为男性300人左右，女性100左右。参照行业标准《城市公共厕所设计标准》CJJ 14-2005 中公共文体活动场所以及机场、火车站等大量人流集聚的单位卫生设施的规定，男厕每个大便器使用人数可控制在150人～250人，小便器可控制在75人～100人。女厕每个大便器使用人数可控制在25人～40人。另外，根据调研情况，通常10000m²的展览面积，男厕大便器配置数量在25个左右，小便器也在25个左右。女厕大便器在35个左右，通常能满足基本要求。但是鉴于展览建筑在不同展示内容时，参观者性别比例有较大的不同，对会发生特定展示内容的展览建筑，需要考虑特殊男女比例时的情况。

4.4 仓储空间

4.4.2、4.4.3 展方库房主要存放展览备用品，其空间要求灵活，柱网尺寸及荷载原则上应与展厅相同，考虑到其没有布展要求，净高要求放低至4m。

4.5 辅助空间

4.5.1 本条介绍了辅助空间的组成，有关房间的设置可结合需要确定。

4.5.2 除值班保卫工作用房外，行政办公用房都不宜设在观众活动的交通线上。在大型展览建筑中可占用一翼或一角，单独设门便利出入，也可在建筑外独立建造。行政办公用房的设计要求和使用面积需要符合现行行业标准《办公建筑设计规范》JGJ 67 的有关规定。

4.5.3 临时办公用房是供展览主办方工作人员使用，与参展商联系最为频繁，因此宜在展厅附近设置。

4.5.4 设备用房为展览建筑的正常运营提供动力，可以在大型展览建筑中占据一隅或一角，也可以在建筑外独立建造。某些特殊展览所需的通信设备、空气压缩机等可以临时设置在室外。

5 防火设计

5.1 一般规定

5.1.1 展览建筑中人员密集，发生火灾后如不能尽快恢复或为火灾扑救提供足够的安全时间，则可能造成严重后果，故本条规定采用一、二级耐火等级的建筑。

5.2 防火分区和平面布置

5.2.1、5.2.2 根据目前国际、国内大型展览建筑建设的发展情况，展厅由于使用需要，往往要求较大面积和较高空间，其防火分区面积可以适当扩大。但这涉及建筑的综合防火设计问题，不能单纯考虑防火分区，为确保防火安全，减少火灾隐患，提高建筑的消防安全水平，在扩大时需要进行充分论证。

5.2.6 设有展厅的建筑需要为布展提供加工、维修的场所，以及放置运输参展物品和展品包装箱的仓库等，这些场所需与展厅进行有效的防火分隔。

5.2.7 因为普通客货梯不防烟、不防火，火灾时电梯井将可能成为加速火势蔓延扩大的通道，因此需避免将电梯直接设置在展览厅内以减少火灾影响。

5.2.8 展厅、前厅、过厅、会议中心等场所聚集人员较多，属于人员密集场所。燃油、燃气锅炉房，可燃油油浸电力变压器，充有可燃油的高压电容器和多油开关等设备在运行时如安全保护设备失灵或操作不慎会引起火灾、爆炸等事故，因此宜独立建造，不宜布置在主体建筑内。但近年来由于受用地紧张等条件的限制，较多的将这些设备用房布置在主体建筑内，在这种情况下，应采取相应的安全措施，除设备的选用应符合安全要求外，设置的位置不应在人员密集场所的上一层、下一层或贴邻，与相邻部位采取防火分隔的措施。

5.2.9 厨房火灾时有发生，主要原因是燃气泄漏、排油烟管道着火等引起，对于容易发生火灾的场所应与展厅等部位进行专门的防火分隔，以保证人民生命财产安全。

5.2.10 展厅不能作为库房使用，所以需要限制可燃物品(包括可燃展品)的存放量。

5.3 安全疏散

5.3.1 经过查阅国内外有关资料和规范，并在征求了设计单位和使用单位的意见的情况下，确定展览厅室的计算面积和疏散人数之间的换算关系，考虑到国内展厅内容纳人数与国外相比相对较多，以及设施和管理上也存在一定差距，规范中规定的换算系数较国外标准略高一些。

5.3.5 为确保大量人员安全疏散，疏散走道需要独立设置，不能穿过其他区域，特提出此要求。

6 室内环境

6.1 室内材料

6.1.1 条文中所指的装修材料包括室内装修所用的材料及布置展览、展位所用的材料。设计及施工时应选用有害物质含量在国家相关标准控制之内、环保效果好的建筑材料。有关控制建筑材料、装修材料中有害物质含量的国家标准有许多，民用建筑工程常用的标准为《民用建筑工程室内环境污染控制规范》GB 50325。另外从GB 18580～GB 18588及《建筑材料放射性核素限量》GB 6566也都对于建筑材料的控制有具体的规定。

6.2 采光、照明

6.2.1 《建筑采光设计标准》GB/T 50033-2001中的

第3.2.7条是为博物馆和美术馆设置的，不同于展览建筑的是博物馆和美术馆的展品对光线较为敏感。但在第3.2.7条下面的注释中对光线不甚敏感的展品展厅的采光等级也有规定。故本规范规定展厅的采光系数标准宜按《建筑采光设计标准》GB/T 50033－2001中第3.2.7条执行。

6.2.2 现在一些展览建筑采用大面积玻璃幕墙或玻璃顶棚作为建筑的表现形式，而实际上展厅并不需要过多的自然光线，室内自然光过于明亮给展览带来一定的困难。经调查采用大面积透明幕墙的展厅在室内装修时，不是用非透明材料将幕墙遮挡起来，就是挂起厚厚的窗帘。展厅一般为大跨建筑，屋顶设置一些天窗可改善室内的光环境、空气质量，且节约能源。但若采用大面积玻璃顶棚则会适得其反，过度的光照会影响展厅的正常使用。因此本规范从使用功能方面考虑设立此条。

6.2.3 展览建筑是以展厅为主的多功能综合建筑，各功能部分有各自的照明要求。现行国家标准《建筑照明设计标准》GB 50034－2004中相关条文基本涵盖了展览建筑各功能部分，其中第5.2.9条专为展览馆展厅设置，规定了展厅地面的照度标准值为200lx～300lx，统一眩光值(UGR)为22，一般显色指数(Ra)为80，高于6m的展厅可降低到60。故本规范规定展览建筑的照明设计应按《建筑采光设计标准》GB/T 50033中相关条文执行。

6.2.4 本条参照现行国家标准《建筑照明设计标准》GB 50034－2004中第4.2.1条制定。

6.2.5 展览建筑一般的照明应选用节能灯具，但有些展品的特殊照明可根据功能需求选择特殊的照明方式和灯具。

6.3 空 气 质 量

6.3.1 展览建筑通常观众较多，为保证室内的空气质量应有良好的通风。从节约能源考虑，在设计上应优先采用自然通风的方式，自然通风有困难或仅靠自然通风达不到换气要求时，应采用机械通风或辅以机械通风的方式。采用人工空气调节的展览建筑应有足够的新风量。

6.3.2 现行国家标准《民用建筑工程室内环境污染控制规范》GB 50325对建筑材料和装修材料的选用、室内环境污染控制均有明确的规定，并将民用建筑按室内环境污染控制的不同要求划分为两类，展览建筑为Ⅱ类。因此设计时要按此规范对室内环境污染物进行控制，以保证室内空气质量。

6.4 保温、隔热

6.4.1 空间体量大、间歇式使用是展览建筑展厅的主要特点，应根据这些特点和建设所在地的具体气候条件，从保证室内热环境质量及节能的目的对展览建筑展厅的围护结构采取保温、隔热的技术措施。

6.4.2 展厅在东、西朝向采用大面积外窗、透明幕墙及屋顶采用大面积透明顶棚使得夏季强烈阳光直射室内，造成室内热环境质量下降且不利节能，内置窗帘对减少由阳光直射室内而产生的空调负荷作用不大，而外部遮阳设施，特别是可调节角度的外部遮阳设施有明显的节能作用，因此设置外部遮阳设施，防止夏季强烈阳光直射室内，是提高此类展厅室内热环境质量、节约能源的有效措施。

6.5 声 学 环 境

6.5.1 室内背景噪声水平直接影响室内声学环境质量，因此对展览建筑有影响的噪声源要采取隔声、减噪的措施，以保证展览建筑的室内环境质量。其中展览建筑的展厅属于无标定人数建筑，观众数量因不同展览而异，观众活动产生的噪声也难做到预先确定和控制，故本规范对展厅空场时的背景噪声水平进行控制。由于展厅空间较大，且空调一般采用喷口送风的方式，本身也有一定噪声，参照现行国家标准《民用建筑隔声设计规范》GB 50118中规定旅馆建筑中餐厅、宴会厅室内允许噪声级的二级标准应小于或等于55dB(A声级)，因此本规范亦规定展厅允许噪声级的标准不宜大于55dB。

6.5.2 展厅在展览期间有许多不同的用于展览宣传和展会广播的声源，混合大量观众所产生的声源形成室内的主要噪声，使室内声学环境质量下降，因此在展厅室内装修时采取一定的吸声措施，可降低室内噪声改善展览期间展厅室内的声学环境质量，提高观众的观展舒适度。展厅也可通过设置能根据背景噪声自动调节广播音量的系统来达到较佳的声学效果。

6.5.3 展厅有时也兼作其他功能使用，如大型集会、招待酒会、运动会、甚至音乐会等。而展厅容积一般都很大，易产生较长的混响时间，如果混响时间没有控制，展厅的声学环境质量就无法保证，因此应对多功能用途的展厅进行相应的声学设计。在为较高档次或对声学环境质量有较高要求的展厅进行设计时，设计师应根据不同展厅的空间特点和功能需要，对混响时间等声学指标进行控制，以达到高质量的声学要求。

7 建 筑 设 备

7.1 给 水 排 水

7.1.1 应根据展览工艺确定用水定额、水压等用水条件。当展览建筑的展览工艺不确定时，根据对上海、江苏、广东等地展览建筑的设计用水量定额调查，其观众、工作人员的生活用水定额与现行《建筑给水排水设计规范》GB 50015中的数据基本吻合。因此在缺乏其他可靠的用水量定额实测数据时，应按

《建筑给水排水设计规范》GB 50015 选用。

7.1.2 许多展览建筑的展厅由于展览工艺不确定，通常采用设置给水排水预留管，供布展时从这些预留管上临时接管使用。本条文对给水排水管道或预留管的设置作了规定：

1 根据对国内外一些展览建筑调研，给水、排水预留接口的间隔通常在 6m～15m，条文规定宜按 10m 间隔设置；

2 给水、排水预留接口及预留管应设置在综合设备管沟、管井内，便于布展时按需取用；

3 给水、排水预留管的接口形式常采用快装接口；

4 由于展品用水通常直接从预留管上接水使用，为防止产生回流污染，应有措施，并符合《建筑给水排水设计规范》GB 50015 的规定；

5 由于排水预留管每次使用的间隔长短不一，为防止水封干涸，有害气体从排水系统溢出，本条文要求采用间接排水方式。

7.1.3 本条参照《建筑给水排水设计规范》GB 50015 的规定。展览建筑在布展期间和展览期间的用水量差异大，本条文强调应复核生活饮用水池(箱)内储水的更新周期，当更新周期不能满足本条文要求时，应设置水消毒处理装置。

7.1.5 展览建筑内的综合设备管沟应有排水措施，用于排除管沟内可能的积水。

7.1.7 大型屋面因汇水面积大，采用重力雨水排水系统时管道数量多、管径大，管道设置困难，本条文建议采用虹吸式屋面雨水排水系统。

7.1.8 汇水面积较大的屋面、金属结构屋面积水，会影响屋面承重结构或造成室内进水。同时这些屋面常设计成虹吸式屋面雨水排水系统，雨水排水系统的设计重现期，应根据建筑的重要性和溢流造成的危害程度确定，取值不宜过小。

7.1.9 为排除超设计重现期的屋面雨水，应设溢流设施。

7.1.10 展览建筑占地面积大、屋面汇水面积大，适合于雨水的收集、利用。宜根据当地的降雨情况和有关规定，合理设置雨水收集、回用设施。

7.1.12 室内消火栓宜设置在门厅、休息厅、展厅的主要出入口、疏散走道、楼梯间附近等明显且易于操作的部位。应避免将消火栓设置在展览区域等宜被展品遮挡的部位。展厅尤其是无柱展厅，按上述要求设置室内消火栓后，经计算仍不能保证有两支水枪的充实水柱同时到达室内任何部位时，本条文借鉴国内外展览建筑的工程经验，推荐沿疏散通道设埋地型室内消火栓。埋地型室内消火栓宜设置在专用消火栓井内，消火栓井的尺寸应便于器材的取用，并应设直接启动消防水泵的按钮。消火栓井的净尺寸为 1m×1m×1m，井内设有室内消火栓、水枪、水带、消防卷盘和直接启动消防水泵的按钮。

7.1.13 对于室内净空高度大于 12m 的展厅、大型多功能厅等，其灭火系统和装置主要有扩大作用面积的自动喷水灭火系统、雨淋系统、大空间洒水灭火装置、大空间扫描射水灭火装置、自动消防水炮灭火系统等。鉴于部分系统或装置国家尚无相应的工程技术规程，系统选择应符合当地地方规范或消防主管部门的技术规定。为保证人员安全，在人员密集场所使用的自动消防水炮应具有射水雾化功能。

7.2 采暖、通风、空气调节

7.2.1 由于空气调节系统的初投资和运行费用较高，因此，展览建筑是否设置全年使用的空气调节系统应从多个方面进行综合分析。建筑物等级、建筑物所在地的室外气象条件、建筑物室内温湿度要求以及投资者和经营者的经济能力是影响空调系统设置与否的主要因素，设计人员应充分考虑。

7.2.2 本条规定了展览建筑内的空调系统的基本功能。当不设空调系统时，为消除展览建筑物内的余热、余湿，必须设置通风系统。展览建筑多由高大空间的展厅组成，自然通风的条件较好，应优先采用这种通风方式，节约初投资、运行费用和能耗，当自然通风无法满足室内设计参数要求时，应设置机械通风系统。

7.2.3 采暖地区的展览建筑，冬季有展览需求时应设置舒适性采暖系统；冬季无展览需求时应设置值班采暖系统。当室内有冻裂危险的管道较少时，通过经济比较也可以采用其他防冻措施。

7.2.4 本条参照《采暖通风与空气调节设计规范》GB 50019 以及《公共建筑节能设计标准》GB 50189 中的相关条款制定。本条款给出的室内设计采暖温度是一温度范围，应根据室外气象条件及工程投资状况选择合理的室内设计采暖温度。

7.2.5 本条参照《采暖通风与空气调节设计规范》GB 50019 中的相关条款制定。目的是防止在非工作时间，水管及其他水设备等发生冻裂。

7.2.6 由于展览建筑人流频繁，参观者入口大门无法关闭，为防止大量的冷风侵入，降低室内温度，增加能耗，在本条款规定的条件下应设置热空气幕。热空气幕送风方式及送风温度应按照《采暖通风与空气调节设计规范》GB 50019 中的相关条款执行。

7.2.7 参照《采暖通风与空气调节设计规范》GB 50019、《全国民用建筑工程设计技术措施·暖通空调·动力》、《剧场建筑设计规范》JGJ 57、《体育建筑设计规范》JGJ 31 以及《公共建筑节能设计标准》GB 50189 中的相关条款，本条规定了展览建筑内各功能用房空气调节室内设计参数。

《采暖通风与空气调节设计规范》GB 50019 中规定，对于舒适性空调系统，夏季室内风速≤0.3m/s，冬季室内风速≤0.2m/s。展厅和门厅属于大空间区域，人员密集，适当提高室内气流速度有利于增强人体的热舒适感。因此，本条对展厅和门厅的冬夏室内风速作了特殊规定。

关于办公室、会议室和餐厅的最小新风量，《采暖通风与空气调节设计规范》GB 50019 和《公共建筑节能设计标准》GB 50189 中均有明确的规定，本规范沿用。

对展厅的最小新风量，《采暖通风与空气调节设计规范》GB 50019 未作规定，建议按国家现行卫生标准中 CO_2的允许浓度进行计算确定。按卫生部的规定：室内 CO_2的允许浓度为 0.1%，与此对应的新风量是 $30m^3/(h·人)$。鉴于展厅与体育馆、剧场等公共建筑一样，均属于人员密集场所，但室内人员停留时间较短，因此人均新风量可适当减少。参照《体育建筑设计规范》JGJ 31 和《剧场建筑设计规范》JGJ 57，并考虑到展厅内人员的活动强度应低于体育馆内的观众且高于剧场内的观众，故规定展厅的最小新风量为 $15m^3/(h·人)$。

门厅在短时间内同样为高人员密度场所，但其中人员逗留的时间更短，其最小新风量可参照旅馆大堂，定为 $10m^3/(h·人)$。

7.2.8 分层空调是一种仅对室内下部人员活动区域进行空调，而对室内上部非人员活动空间进行通风排热的特殊空调方式，与全室性空调方式相比，分层空调夏季可节省冷量 30%左右，因此，可以节省运行能耗和初投资。

分层空调适用于大空间建筑，《采暖通风与空气调节设计规范》GB 50019、《公共建筑节能设计标准》GB 50189 以及《实用供热空调设计手册》均推荐对建筑空间高度大于或等于 10m、且体积大于 $10000m^3$的大空间建筑物采用分层空调。展览建筑中的展厅通常为大空间的建筑形式，理应按分层空调的概念来设计其空调系统。

分层空调气流将整个建筑空间分隔成下部空调区和上部非空调区，热空气聚集在上部非空调区内，若不及时排出，将导致非空调区向空调区过量的热转移，影响空调区的空调效果。因此，在非空调区域应采取自然和机械通风措施，消除非空调区的散热量，减少非空调区向空调区的热转移。

喷口的射程是影响室内空调效果的重要因素之一，确定喷口的射程一方面要使其满足空调区域气流组织的需要，另外一方面还需要将送风的噪声水平控制在要求的范围内。所以，应该依据气流组织计算的结果并综合考虑噪声的要求来确定喷口射程。采用可调节角度的喷口是为了满足冬季送热风、夏季送冷风时的不同要求。

7.2.10 空调采暖系统在公共建筑中是能耗大户，而空调冷热源机组的能耗又占整个空调、采暖系统的大部分。因此，在条件许可时，应充分考虑天然能源的利用。当前冷热源设备的品种繁多，电制冷机组（风冷和水冷）、溴化锂吸收式机组及蓄冷蓄热设备等各具特色。但采用这些机组和设备时都受到气候、能源、政策、环境、工程经济状况等多种因素的影响和制约，为此必须客观全面地对冷热源方案进行分析比较后合理确定。当条件许可时，可考虑采用蓄冷蓄热技术，平衡电网的用电峰谷差。

空调系统设计时不仅要考虑到设计工况，而且应考虑全年运行模式。在过渡季，空调系统采用全新风或增大新风比运行，都可以有效地改善空调区内的空气品质，大量节省空气处理所需消耗的能量。要实现全新风运行，设计时必须采取一定的措施，保证室内风量平衡，双风机系统可以较好地实现过渡季空调系统的全新风运行，推荐采用。

建筑物的空调负荷始终处于不断变化的状态，空调系统要适应这种变化就必须采取一定的调控措施。目前的调控手段可分为水侧调控和风侧调控两类，为大型展厅服务的空调箱的风机功率往往较大，对风机进行变频调速控制具有很好的节能效果。

大空间展厅内的人员密度较大，而且变化比较频繁，如果一直按照设计工况的较大的人员密度供应新风，将浪费较多的新风处理能耗。因此，对这类人员活动区域宜采用新风需求控制，即根据室内 CO_2浓度检测值来调节新风量，节约新风处理用能，并使 CO_2浓度始终能满足人体卫生要求。上海浦东国际机场候机大厅的空调系统已采用了这项技术。

空调区域排风中所含的能量十分可观，加以回收利用可以取得很好的节能效益和环境效益，设计时应充分考虑。空调季的时间长短是影响排风热回收量的重要因素，空调季时间越长，相对来说全年回收的冷、热量越多，故本条推荐在空调季时间较长的地区，当经济技术分析合理时，设置排风热回收装置。

7.2.11 为防止吸烟室的烟气外泄，污染非吸烟区，应设置机械排风系统，保持吸烟室为负压区，设计合理的气流组织形式；由于使用的间歇性，为防止烟气及气味的互串，要求设置独立的排风系统；为防止对室外环境的污染应设置净化装置。

7.3 动　力

7.3.1 根据展览类型的不同，有些参展者有压缩空气的需求，在设计时应予以考虑，主要应明确压缩空气的需求量和压力值等参数。

7.3.2 当空调系统的冷热源、展览建筑内的厨房以及参展者有使用燃气的需求时，应根据用气量、用气压力等参数按现行国家标准《城镇燃气设计规范》GB 50028 中的要求进行设计。

7.4 建 筑 电 气

7.4.1 本条规定了展览建筑的负荷分级。

7.4.3 本条规定了展位电源和电子信息系统的设置要求。

1 展览建筑的展厅展览空间大，布展内容丰富、展品种类多样，为适应布展工艺对展位电源、通信和有线及卫星电视接收等需求，应按一个或多个标准展位设置地面出线盒布点或与其他动力、给水排水管道共同敷设和出线的综合设备管沟、管井，也有沿柱设置的出线方式，上述出线方式应按布展的功能分区布置，可以是各类出线的组合；大型展览建筑设置展场，应根据布展工艺要求设置室外地面出线井。

2 本条规定展位应提供电源和智能化系统设施，配置数量应满足该类展览建筑的展览工艺要求。

3 展位电源配出通常为插座和临时敷设的电缆，为保障人身和财产安全，防止触电事故的发生，应设置剩余动作电流不超过 30mA 的剩余电流动作保护器。

4 为保证线路的运行安全，避免电源线路对电子信息系统线路的干扰，方便维护管理作此规定。

7.4.5 由于展览建筑具有人员密集、火灾危险性大等特点，设置防火剩余电流动作报警系统能准确监控电气线路的故障和异常状态，能发现电气火灾的火灾隐患，及时报警提醒维护人员消除隐患。该条符合现行的国家标准《高层民用建筑设计防火规范》GB 50045 和《建筑设计防火规范》GB 50016 的有关规定。

7.4.7 由于展览建筑人员密集，疏散难度高，应在其内的疏散走道和主要疏散路线的地面上增设能保持视觉连续的疏散指示标志，该标志是辅助疏散指示标志。

7.4.10 本条规定消防疏散指示标志的供电要求，集中供电方式便于集中维护管理，提高整体性能和使用寿命，不易损坏，可靠性高，且容量大，电压稳定，适用于配置数量多的场所。自带电源供电方式线路简单，安装、调试方便，但维护管理不方便，使用寿命短，适用于配置数量少的场所。

7.4.13 展场设有大量的露天展览设备，容易遭受雷击，应采取必要的防直击雷和防雷击电磁脉冲措施。防直击雷措施受建筑环境的限制，设置手段有限，设计应会同当地防雷职能部门共同协商，采取有效且必要的防范措施，如：利用展场高杆路灯设置避雷针，建立雷电预警机制，及时切断展场电源，及时通知展场人员疏散等措施。

7.5 建筑智能化

7.5.2 信息通信网络系统包括通信接入系统、电话交换系统、信息网络系统、综合布线系统、室内移动通信覆盖系统、卫星通信系统、有线电视及卫星电视接收系统、广播系统、会议系统、信息导引及发布系统、时钟系统和其他相关的信息通信系统。

7.5.5 信息化应用系统应能建立展览综合业务的信息处理、运行、技术平台支持。

1 公共信息服务系统应具有展览业务信息的接入、采集、分类和汇总，并建立数据库，满足向公众提供信息检索、查询、发布、导引等功能；

2 展览事务管理系统应满足参展商的检录和展览工作职能管理的需求；物业运营管理系统应建立和满足展览建筑各类设施的运行数据、资料、维护、成本核算等综合管理；公共服务管理系统应能满足各类公共服务的计费管理和人员管理；智能卡应用管理系统应具有身份识别、门匙，并支持各类增值服务，如：消费、资料借阅、会议签到、寄存等管理功能；办证与票务管理系统包含名片、资料和图像采集录入、制证制票以及检票功能，票证可以采用一维或二维条码、磁卡或 IC 卡等制卡方式制作；信息网络安全管理系统应能确保信息网络的运行和信息安全。

7.5.10 展览建筑布展灵活、展品多样，一般的火灾探测器性能单一，根据展品特点采用智能型、复合型火灾探测器将能更准确、更有效探测火灾隐患；高大空间场所点型火灾探测器的使用受到局限，可采用红外光束感烟探测器、空气管式线型差温探测器、线性光纤感温探测器、空气采样烟雾探测器、图像式光截面与双波段火灾探测器等合适且有效的火灾探测系统。

7.5.11 特大型展览建筑通常由多个大型展厅组成，人员密集，发生突发事件容易引起公共秩序混乱，造成更大的损失，宜设置公共安全应急联动系统，以应对火灾、非法侵入、自然灾害、重大安全事故和公共卫生事故等危害生命财产安全的各种突发事件，建立应急及长效的应急联动和安全可靠的技术防范保障体系；公共安全应急联动系统包括火灾自动报警系统、安全防范系统和应急联动指挥控制等系统，配置相应的应急指挥、调度、应急通信体系，建立完善的应急决策和分析技术平台。

7.5.12 应根据各类展厅的广播要求、建筑声学环境、展厅面积、空间高度、客流分布等因素，合理选择扬声器的类型、功率和布置，通过对广播区域背景噪声的监测，自动调节该区域的广播音量，以满足最佳电声效果；根据展览的分区广播要求，广播区域宜按最小广播区域划分。

7.5.13 甲等、乙等展厅面积较大、照明灯具数量多，为满足展厅布展方式灵活、功能形式多样等特点，一般具有展览、大型会议、综合表演、清洁、闭馆警卫照明等工作场景模式，采用计算机照明控制系统即能满足功能需求，又能显著节约电能。

7.5.15 客流统计与分析系统通过对监测区域的出入口和客流密度监测、分析、纪录，确保客流量不超过限定值，并预警提示进行客流疏导，当发生事故时及时反馈现场情况。

中华人民共和国国家标准

电子信息系统机房设计规范

Code for design of electronic information system room

GB 50174—2008

主编部门：中华人民共和国工业和信息化部
批准部门：中华人民共和国住房和城乡建设部
施行日期：2 0 0 9 年 6 月 1 日

中华人民共和国住房和城乡建设部
公　　告

第161号

关于发布国家标准《电子信息系统机房设计规范》的公告

现批准《电子信息系统机房设计规范》为国家标准，编号为GB 50174—2008，自2009年6月1日起实施。其中，第6.3.2、6.3.3、8.3.4、13.2.1、13.3.1条为强制性条文，必须严格执行。原《电子计算机机房设计规范》GB 50174—93同时废止。

本规范由我部标准定额研究所组织中国计划出版社出版发行。

中华人民共和国住房和城乡建设部

二〇〇八年十一月十二日

前　　言

本规范是根据建设部《关于印发"2005年工程建设标准规范制订、修订计划（第二批）"的通知》（建标函〔2005〕124号）的要求，由中国电子工程设计院会同有关单位对原国家标准《电子计算机机房设计规范》GB 50174—93进行修订的基础上编制完成的。

本规范共分13章和1个附录，主要内容有：总则、术语、机房分级与性能要求、机房位置及设备布置、环境要求、建筑与结构、空气调节、电气、电磁屏蔽、机房布线、机房监控与安全防范、给水排水、消防。

本规范修订的主要内容有：1. 根据各行业对电子信息系统机房的要求和规模差别较大的现状，本规范将电子信息系统机房分为A、B、C三级，以满足不同的设计要求。2. 比原规范增加了术语、机房分级与性能要求、电磁屏蔽、机房布线、机房监控与安全防范等章节。

本规范中以黑体字标志的条文为强制性条文，必须严格执行。

本规范由住房和城乡建设部负责管理和对强制性条文的解释，由工业和信息化部负责日常管理，由中国电子工程设计院负责具体技术内容的解释。本规范在执行过程中，请各单位结合工程实践，认真总结经验，如发现需要修改或补充之处，请将意见和建议寄至中国电子工程设计院《电子信息系统机房设计规范》管理组（地址：北京市海淀区万寿路27号；邮政编码：100840；传真：010－68217842；E-mail：ceedi@ceedi.com.cn），以供今后修订时参考。

本规范主编单位、参编单位和主要起草人：

主 编 单 位： 中国电子工程设计院

参 编 单 位： 中国航空工业规划设计研究院
中国建筑设计研究院
上海电子工程设计研究院有限公司
信息产业电子第十一设计研究院有限公司
中国机房设施工程有限公司
北京长城电子工程技术有限公司
北京科计通电子工程有限公司
梅兰日兰电子（中国）有限公司
艾默生网络能源有限公司
常州市长城屏蔽机房设备有限公司
上海华宇电子工程有限公司
太极计算机股份有限公司
华为技术有限公司

主要起草人： 娄　宇　钟景华　薛长立　姬倡文
张文才　丁　杰　朱利伟　黄群骥
晁　阳　张　旭　徐宗弘　王元光
余　雷　周乐乐　韩　林　高大鹏
白桂华　王　鹏　朱浩南　宋彦哲
姚一波　谭　玲　余小辉

目　次

1 总 则

1.0.1 为规范电子信息系统机房设计，确保电子信息系统安全、稳定、可靠地运行，做到技术先进、经济合理、安全适用、节能环保，制定本规范。

1.0.2 本规范适用于建筑中新建、改建和扩建的电子信息系统机房的设计。

1.0.3 电子信息系统机房的设计应遵循近期建设规模与远期发展规划协调一致的原则。

1.0.4 电子信息系统机房设计除应符合本规范外，尚应符合国家现行有关标准、规范的规定。

2 术 语

2.0.1 电子信息系统 electronic information system

由计算机、通信设备、处理设备、控制设备及其相关的配套设施构成，按照一定的应用目的和规则，对信息进行采集、加工、存储、传输、检索等处理的人机系统。

2.0.2 电子信息系统机房 electronic information system room

主要为电子信息设备提供运行环境的场所，可以是一幢建筑物或建筑物的一部分，包括主机房、辅助区、支持区和行政管理区等。

2.0.3 主机房 computer room

主要用于电子信息处理、存储、交换和传输设备的安装和运行的建筑空间，包括服务器机房、网络机房、存储机房等功能区域。

2.0.4 辅助区 auxiliary area

用于电子信息设备和软件的安装、调试、维护、运行监控和管理的场所，包括进线间、测试机房、监控中心、备件库、打印室、维修室等。

2.0.5 支持区 support area

支持并保障完成信息处理过程和必要的技术作业的场所，包括变配电室、柴油发电机房、不间断电源系统室、电池室、空调机房、动力站房、消防设施用房、消防和安防控制室等。

2.0.6 行政管理区 administrative area

用于日常行政管理及客户对托管设备进行管理的场所，包括工作人员办公室、门厅、值班室、盥洗室、更衣间和用户工作室等。

2.0.7 场地设施 infrastructure

电子信息系统机房内，为电子信息系统提供运行保障的设施。

2.0.8 电磁干扰（EMI） electromagnetic interference

经辐射或传导的电磁能量对设备或信号传输造成的不良影响。

2.0.9 电磁屏蔽 electromagnetic shielding

用导电材料减少交变电磁场向指定区域的穿透。

2.0.10 电磁屏蔽室 electromagnetic shielding enclosure

专门用于衰减、隔离来自内部或外部电场、磁场能量的建筑空间体。

2.0.11 截止波导通风窗 cut-off waveguide vent

截止波导与通风口结合为一体的装置，该装置既允许空气流通，又能够衰减一定频率范围内的电磁波。

2.0.12 可拆卸式电磁屏蔽室 modular electromagnetic shielding enclosure

按照设计要求，由预先加工成型的屏蔽壳体模块板、结构件、屏蔽部件等，经过施工现场装配，组建成具有可拆卸结构的电磁屏蔽室。

2.0.13 焊接式电磁屏蔽室 welded electromagnetic shielding enclosure

主体结构采用现场焊接方式建造的具有固定结构的电磁屏蔽室。

2.0.14 冗余 redundancy

重复配置系统的一些或全部部件，当系统发生故障时，冗余配置的部件介入并承担故障部件的工作，由此减少系统的故障时间。

2.0.15 N——基本需求 base requirement

系统满足基本需求，没有冗余。

2.0.16 N+X 冗余 N+X redundancy

系统满足基本需求外，增加了 X 个单元、X 个模块或 X 个路径。任何 X 个单元、模块或路径的故障或维护不会导致系统运行中断。（X=1～N）

2.0.17 容错 fault tolerant

具有两套或两套以上相同配置的系统，在同一时刻，至少有两套系统在工作。按容错系统配置的场地设备，至少能经受住一次严重的突发设备故障或人为操作失误事件而不影响系统的运行。

2.0.18 列头柜 array cabinet

为成行排列或按功能区划分的机柜提供网络布线传输服务或配电管理的设备，一般位于一列机柜的端头。

2.0.19 实时智能管理系统 real-time intelligent patch cord management system

采用计算机技术及电子配线设备对机房布线中的接插软线进行实时管理的系统。

2.0.20 信息点（TO） telecommunications outlet

各类电缆或光缆终接的信息插座模块。

2.0.21 集合点（CP） consolidation point

配线设备与工作区信息点之间缆线路由中的连接点。

2.0.22 水平配线设备（HD） horizontal distributor

终接水平电缆、水平光缆和其他布线子系统缆线的配线设备。

2.0.23 CP链路 CP link

配线设备与CP之间，包括各端的连接器件在内的永久性的链路。

2.0.24 永久链路 permanent link

信息点与配线设备之间的传输线路。它不包括工作区缆线和连接配线设备的设备缆线、跳线，但可以包括一个CP链路。

2.0.25 静态条件 static state condition

主机房的空调系统处于正常运行状态，电子信息设备已安装，室内没有人员的情况。

2.0.26 停机条件 stop condition

主机房的空调系统和不间断供电电源系统处于正常运行状态，电子信息设备处于不工作状态。

2.0.27 静电泄放 electrostatic leakage

带电体上的静电电荷通过带电体内部或其表面等途径，部分或全部消失的现象。

2.0.28 体积电阻 volume resistance

在材料相对的两个表面上放置的两个电极间所加直流电压与流过两个电极间的稳态电流（不包括沿材料表面的电流）之商。

2.0.29 保护性接地 protective earthing

以保护人身和设备安全为目的的接地。

2.0.30 功能性接地 functional earthing

用于保证设备（系统）正常运行，正确地实现设备（系统）功能的接地。

2.0.31 接地线 earthing conductor

从接地端子或接地汇集排至接地极的连接导体。

2.0.32 等电位联结带 bonding bar

将等电位联结网格、设备的金属外壳、金属管道、金属线槽、建筑物金属结构等连接其上形成等电位联结的金属带。

2.0.33 等电位联结导体 bonding conductor

将分开的诸导电性物体连接到接地汇集排、等电位联结带或等电位联结网格的导体。

3 机房分级与性能要求

3.1 机房分级

3.1.1 电子信息系统机房应划分为A、B、C三级。设计时应根据机房的使用性质、管理要求及其在经济和社会中的重要性确定所属级别。

3.1.2 符合下列情况之一的电子信息系统机房应为A级：

1 电子信息系统运行中断将造成重大的经济损失；

2 电子信息系统运行中断将造成公共场所秩序严重混乱。

3.1.3 符合下列情况之一的电子信息系统机房应为B级：

1 电子信息系统运行中断将造成较大的经济损失；

2 电子信息系统运行中断将造成公共场所秩序混乱。

3.1.4 不属于A级或B级的电子信息系统机房应为C级。

3.1.5 在异地建立的备份机房，设计时应与主用机房等级相同。

3.1.6 同一个机房内的不同部分可根据实际情况，按不同的标准进行设计。

3.2 性能要求

3.2.1 A级电子信息系统机房内的场地设施应按容错系统配置，在电子信息系统运行期间，场地设施不应因操作失误、设备故障、外电源中断、维护和检修而导致电子信息系统运行中断。

3.2.2 B级电子信息系统机房内的场地设施应按冗余要求配置，在系统运行期间，场地设施在冗余能力范围内，不应因设备故障而导致电子信息系统运行中断。

3.2.3 C级电子信息系统机房内的场地设施应按基本需求配置，在场地设施正常运行情况下，应保证电子信息系统运行不中断。

4 机房位置及设备布置

4.1 机房位置选择

4.1.1 电子信息系统机房位置选择应符合下列要求：

1 电力供给应稳定可靠，交通、通信应便捷，自然环境应清洁；

2 应远离产生粉尘、油烟、有害气体以及生产或贮存具有腐蚀性、易燃、易爆物品的场所；

3 应远离水灾和火灾隐患区域；

4 应远离强振源和强噪声源；

5 应避开强电磁场干扰。

4.1.2 对于多层或高层建筑物内的电子信息系统机房，在确定主机房的位置时，应对设备运输、管线敷设、雷电感应和结构荷载等问题进行综合分析和经济比较；采用机房专用空调的主机房，应具备安装空调室外机的建筑条件。

4.2 机房组成

4.2.1 电子信息系统机房的组成应根据系统运行特点及设备具体要求确定，宜由主机房、辅助区、支持区、行政管理区等功能区组成。

4.2.2 主机房的使用面积应根据电子信息设备的数量、外形尺寸和布置方式确定，并应预留今后业务发展需要的使用面积。在对电子信息设备外形尺寸不完全掌握的情况下，主机房的使用面积可按下式确定：

1 当电子信息设备已确定规格时，可按下式计算：

$$A=K\sum S \qquad (4.2.2\text{-}1)$$

式中 A——主机房使用面积（m^2）；

K——系数，可取5～7；

S——电子信息设备的投影面积（m^2）。

2 当电子信息设备尚未确定规格时，可按下式计算：

$$A=FN \qquad (4.2.2\text{-}2)$$

式中 F——单台设备占用面积，可取3.5～5.5（m^2/台）；

N——主机房内所有设备（机柜）的总台数。

4.2.3 辅助区的面积宜为主机房面积的0.2～1倍。

4.2.4 用户工作室的面积可按3.5～4m^2/人计算；硬件及软件人员办公室等有人长期工作的房间面积，可按5～7m^2/人计算。

4.3 设备布置

4.3.1 电子信息系统机房的设备布置应满足机房管理、人员操作和安全、设备和物料运输、设备散热、安装和维护的要求。

4.3.2 产生尘埃及废物的设备应远离对尘埃敏感的设备，并宜布置在有隔断的单独区域内。

4.3.3 当机柜内或机架上的设备为前进风/后出风方式冷却时，机柜或机架的布置宜采用面对面、背对背方式。

4.3.4 主机房内通道与设备间的距离应符合下列规定：

1 用于搬运设备的通道净宽不应小于1.5m；

2 面对面布置的机柜或机架正面之间的距离不宜小于1.2m；

3 背对背布置的机柜或机架背面之间的距离不宜小于1m；

4 当需要在机柜侧面维修测试时，机柜与机柜、机柜与墙之间的距离不宜小于1.2m；

5 成行排列的机柜，其长度超过6m时，两端应设有出口通道；当两个出口通道之间的距离超过15m时，在两个出口通道之间还应增加出口通道。出口通道的宽度不宜小于1m，局部可为0.8m。

5 环境要求

5.1 温度、相对湿度及空气含尘浓度

5.1.1 主机房和辅助区内的温度、相对湿度应满足电子信息设备的使用要求；无特殊要求时，应根据电子信息系统机房的等级，按本规范附录A的要求执行。

5.1.2 A级和B级主机房的空气含尘浓度，在静态条件下测试，每升空气中大于或等于0.5μm的尘粒数应少于18000粒。

5.2 噪声、电磁干扰、振动及静电

5.2.1 有人值守的主机房和辅助区，在电子信息设备停机时，在主操作员位置测量的噪声值应小于65dB（A）。

5.2.2 当无线电干扰频率为0.15～1000MHz时，主机房和辅助区内的无线电干扰场强不应大于126dB。

5.2.3 主机房和辅助区内磁场干扰环境场强不应大于800A/m。

5.2.4 在电子信息设备停机条件下，主机房地板表面垂直及水平向的振动加速度不应大于500mm/s^2。

5.2.5 主机房和辅助区内绝缘体的静电电位不应大于1kV。

6 建筑与结构

6.1 一般规定

6.1.1 建筑和结构设计应根据电子信息系统机房的等级，按本规范附录A的要求执行。

6.1.2 建筑平面和空间布局应具有灵活性，并应满足电子信息系统机房的工艺要求。

6.1.3 主机房净高应根据机柜高度及通风要求确定，且不宜小于2.6m。

6.1.4 变形缝不应穿过主机房。

6.1.5 主机房和辅助区不应布置在用水区域的垂直下方，不应与振动和电磁干扰源为邻。围护结构的材料选型应满足保温、隔热、防火、防潮、少产尘等要求。

6.1.6 设有技术夹层和技术夹道的电子信息系统机房，建筑设计应满足各种设备和管线的安装和维护要求。当管线需穿越楼层时，宜设置技术竖井。

6.1.7 改建的电子信息系统机房应根据荷载要求采取加固措施，并应符合国家现行标准《混凝土结构加固设计规范》GB 50367、《建筑抗震加固技术规程》JGJ 116和《混凝土结构后锚固技术规程》JGJ 145的有关规定。

6.2 人流、物流及出入口

6.2.1 主机房宜设置单独出入口，当与其他功能用房共用出入口时，应避免人流和物流的交叉。

6.2.2 有人操作区域和无人操作区域宜分开布置。

6.2.3 电子信息系统机房内通道的宽度及门的尺寸

应满足设备和材料的运输要求，建筑入口至主机房的通道净宽不应小于1.5m。

6.2.4 电子信息系统机房可设置门厅、休息室、值班室和更衣间。更衣间使用面积可按最大班人数的$1\sim3m^2$/人计算。

6.3 防火和疏散

6.3.1 电子信息系统机房的建筑防火设计，除应符合本规范的规定外，尚应符合现行国家标准《建筑设计防火规范》GB 50016 的有关规定。

6.3.2 电子信息系统机房的耐火等级不应低于二级。

6.3.3 当A级或B级电子信息系统机房位于其他建筑物内时，在主机房与其他部位之间应设置耐火极限不低于2h的隔墙，隔墙上的门应采用甲级防火门。

6.3.4 面积大于$100m^2$的主机房，安全出口不应少于两个，且应分散布置。面积不大于$100m^2$的主机房，可设置一个安全出口，并可通过其他相邻房间的门进行疏散。门应向疏散方向开启，且应自动关闭，并应保证在任何情况下均能从机房内开启。走廊、楼梯间应畅通，并应有明显的疏散指示标志。

6.3.5 主机房的顶棚、壁板（包括夹芯材料）和隔断应为不燃烧体。

6.4 室内装修

6.4.1 室内装修设计选用材料的燃烧性能除应符合本规范的规定外，尚应符合现行国家标准《建筑内部装修设计防火规范》GB 50222的有关规定。

6.4.2 主机房室内装修，应选用气密性好、不起尘、易清洁、符合环保要求、在温度和湿度变化作用下变形小、具有表面静电耗散性能的材料，不得使用强吸湿性材料及未经表面改性处理的高分子绝缘材料作为面层。

6.4.3 主机房内墙壁和顶棚的装修应满足使用功能要求，表面应平整、光滑、不起尘、避免眩光，并应减少凹凸面。

6.4.4 主机房地面设计应满足使用功能要求，当铺设防静电活动地板时，活动地板的高度应根据电缆布线和空调送风要求确定，并应符合下列规定：

1 活动地板下的空间只作为电缆布线使用时，地板高度不宜小于250mm；活动地板下的地面和四壁装饰，可采用水泥砂浆抹灰；地面材料应平整、耐磨；

2 活动地板下的空间既作为电缆布线，又作为空调静压箱时，地板高度不宜小于400mm；活动地板下的地面和四壁装饰应采用不起尘、不易积灰、易于清洁的材料；楼板或地面应采取保温、防潮措施，地面垫层宜配筋，维护结构宜采取防结露措施。

6.4.5 技术夹层的墙壁和顶棚表面应平整、光滑。当采用轻质构造顶棚做技术夹层时，宜设置检修通道或检修口。

6.4.6 A级和B级电子信息系统机房的主机房不宜设置外窗。当主机房设有外窗时，应采用双层固定窗，并应有良好的气密性。不间断电源系统的电池室设有外窗时，应避免阳光直射。

6.4.7 当主机房内设有用水设备时，应采取防止水漫溢和渗漏措施。

6.4.8 门窗、墙壁、地（楼）面的构造和施工缝隙，均应采取密闭措施。

7 空气调节

7.1 一般规定

7.1.1 主机房和辅助区的空气调节系统应根据电子信息系统机房的等级，按本规范附录A的要求执行。

7.1.2 与其他功能用房共建于同一建筑内的电子信息系统机房，宜设置独立的空调系统。

7.1.3 主机房与其他房间的空调参数不同时，宜分别设置空调系统。

7.1.4 电子信息系统机房的空调设计，除应符合本规范的规定外，尚应符合现行国家标准《采暖通风与空气调节设计规范》GB 50019和《建筑设计防火规范》GB 50016 的有关规定。

7.2 负荷计算

7.2.1 电子信息设备和其他设备的散热量应按产品的技术数据进行计算。

7.2.2 空调系统夏季冷负荷应包括下列内容：

1 机房内设备的散热；

2 建筑围护结构得热；

3 通过外窗进入的太阳辐射热；

4 人体散热；

5 照明装置散热；

6 新风负荷；

7 伴随各种散湿过程产生的潜热。

7.2.3 空调系统湿负荷应包括下列内容：

1 人体散湿；

2 新风负荷。

7.3 气流组织

7.3.1 主机房空调系统的气流组织形式，应根据电子信息设备本身的冷却方式、设备布置方式、布置密度、设备散热量、室内风速、防尘、噪声等要求，并结合建筑条件综合确定。当电子信息设备对气流组织形式未提出要求时，主机房气流组织形式、风口及送回风温差可按表7.3.1选用。

表 7.3.1 主机房气流组织形式、风口及送回风温差

气流组织形式	下送上回	上送上回（或侧回）	侧送侧回
送风口	1. 带可调多叶阀的格栅风口 2. 条形风口（带有条形风口的活动地板） 3. 孔板	1. 散流器 2. 带扩散板风口 3. 孔板 4. 百叶风口 5. 格栅风口	1. 百叶风口 2. 格栅风口
回风口	1. 格栅风口 2. 百叶风口 3. 网板风口 4. 其他风口		
送回风温差	4～6℃送风温度应高于室内空气露点温度	4～6℃	6～8℃

7.3.2 对机柜或机架高度大于 1.8m、设备热密度大、设备发热量大或热负荷大的主机房，宜采用活动地板下送风、上回风的方式。

7.3.3 在有人操作的机房内，送风气流不宜直对工作人员。

7.4 系统设计

7.4.1 要求有空调的房间宜集中布置；室内温、湿度参数相同或相近的房间，宜相邻布置。

7.4.2 主机房采暖散热器的设置应根据电子信息系统机房的等级，按本规范附录 A 的要求执行。设置采暖散热器时，应设有漏水检测报警装置，并应在管道入口处装设切断阀，漏水时应自动切断给水，且宜装设温度调节装置。

7.4.3 电子信息系统机房的风管及管道的保温、消声材料和黏结剂，应选用不燃烧材料或难燃 B1 级材料。冷表面应作隔气、保温处理。

7.4.4 采用活动地板下送风时，断面风速应按地板下的有效断面积计算。

7.4.5 风管不宜穿过防火墙和变形缝。必需穿过时，应在穿过防火墙和变形缝处设置防火阀。防火阀应具有手动和自动功能。

7.4.6 空调系统的噪声值超过本规范第 5.2.1 条的规定时，应采取降噪措施。

7.4.7 主机房应维持正压。主机房与其他房间、走廊的压差不宜小于 5Pa，与室外静压差不宜小于 10Pa。

7.4.8 空调系统的新风量应取下列两项中的最大值：

1 按工作人员计算，每人 $40m^3/h$；

2 维持室内正压所需风量。

7.4.9 主机房内空调系统用循环机组宜设置初效过滤器或中效过滤器。新风系统或全空气系统应设置初效和中效空气过滤器，也可设置亚高效空气过滤器。末级过滤装置宜设置在正压端。

7.4.10 设有新风系统的主机房，在保证室内外一定压差的情况下，送排风应保持平衡。

7.4.11 打印室等易对空气造成二次污染的房间，对空调系统应采取防止污染物随气流进入其他房间的措施。

7.4.12 分体式空调机的室内机组可安装在靠近主机房的专用空调机房内，也可安装在主机房内。

7.4.13 空调设计应根据当地气候条件采取下列节能措施：

1 大型机房宜采用水冷冷水机组空调系统；

2 北方地区采用水冷冷水机组的机房，冬季可利用室外冷却塔作为冷源，并应通过热交换器对空调冷冻水进行降温；

3 空调系统可采用电制冷与自然冷却相结合的方式。

7.5 设备选择

7.5.1 空调和制冷设备的选用应符合运行可靠、经济适用、节能和环保的要求。

7.5.2 空调系统和设备应根据电子信息系统机房的等级、机房的建筑条件、设备的发热量等进行选择，并应按本规范附录 A 的要求执行。

7.5.3 空调系统无备份设备时，单台空调制冷设备的制冷能力应留有 15%～20%的余量。

7.5.4 选用机房专用空调时，空调机应带有通信接口，通信协议应满足机房监控系统的要求，显示屏宜有汉字显示。

7.5.5 空调设备的空气过滤器和加湿器应便于清洗和更换，设备安装应留有相应的维修空间。

8 电　气

8.1 供配电

8.1.1 电子信息系统机房用电负荷等级及供电要求应根据机房的等级，按现行国家标准《供配电系统设计规范》GB 50052 及本规范附录 A 的要求执行。

8.1.2 电子信息设备供电电源质量应根据电子信息系统机房的等级，按本规范附录 A 的要求执行。

8.1.3 供配电系统应为电子信息系统的可扩展性预留备用容量。

8.1.4 户外供电线路不宜采用架空方式敷设。当户外供电线路采用具有金属外护套的电缆时，在电缆进出建筑物处应将金属外护套接地。

8.1.5 电子信息系统机房应由专用配电变压器或专用回路供电，变压器宜采用干式变压器。

8.1.6 电子信息系统机房内的低压配电系统不应采用 TN-C 系统。电子信息设备的配电应按设备要求

确定。

8.1.7 电子信息设备应由不间断电源系统供电。不间断电源系统应有自动和手动旁路装置。确定不间断电源系统的基本容量时应留有余量。不间断电源系统的基本容量可按下式计算：

$$E \geqslant 1.2P \tag{8.1.7}$$

式中 E——不间断电源系统的基本容量（不包含备份不间断电源系统设备）[（kW/kV·A)]；

P——电子信息设备的计算负荷 [（kW/kV·A)]。

8.1.8 用于电子信息系统机房内的动力设备与电子信息设备的不间断电源系统应由不同回路配电。

8.1.9 电子信息设备的配电应采用专用配电箱（柜），专用配电箱（柜）应靠近用电设备安装。

8.1.10 电子信息设备专用配电箱（柜）宜配备浪涌保护器、电源监测和报警装置，并应提供远程通信接口。当输出端中性线与 PE 线之间的电位差不能满足电子信息设备使用要求时，宜配备隔离变压器。

8.1.11 电子信息设备的电源连接点应与其他设备的电源连接点严格区别，并应有明显标识。

8.1.12 A 级电子信息系统机房应配置后备柴油发电机系统，当市电发生故障时，后备柴油发电机应能承担全部负荷的需要。

8.1.13 后备柴油发电机的容量应包括不间断电源系统、空调和制冷设备的基本容量及应急照明和关系到生命安全等需要的负荷容量。

8.1.14 并列运行的柴油发电机，应具备自动和手动并网功能。

8.1.15 柴油发电机周围应设置检修用照明和维修电源，电源宜由不间断电源系统供电。

8.1.16 市电与柴油发电机的切换应采用具有旁路功能的自动转换开关。自动转换开关检修时，不应影响电源的切换。

8.1.17 敷设在隐蔽通风空间的低压配电线路应采用阻燃铜芯电缆，电缆应沿线槽、桥架或局部穿管敷设；当配电电缆线槽（桥架）与通信缆线线槽（桥架）并列或交叉敷设时，配电电缆线槽（桥架）应敷设在通信缆线线槽（桥架）的下方。活动地板下作为空调静压箱时，电缆线槽（桥架）的布置不应阻断气流通路。

8.1.18 配电线路的中性线截面积不应小于相线截面积；单相负荷应均匀地分配在三相线路上。

8.2 照　明

8.2.1 主机房和辅助区一般照明的照度标准值宜符合表 8.2.1 的规定。

表 8.2.1　主机房和辅助区一般照明照度标准值

房间名称		照度标准值 lx	统一眩光值 UGR	一般显色指数 Ra
主机房	服务器设备区	500	22	80
	网络设备区	500	22	
	存储设备区	500	22	
辅助区	进线间	300	25	
	监控中心	500	19	
	测试区	500	19	
	打印室	500	19	
	备件库	300	22	

8.2.2 支持区和行政管理区的照度标准值应按现行国家标准《建筑照明设计标准》GB 50034 的有关规定执行。

8.2.3 主机房和辅助区内的主要照明光源应采用高效节能荧光灯，荧光灯镇流器的谐波限值应符合现行国家标准《电磁兼容 限值 谐波电流发射限值》GB 17625.1 的有关规定，灯具应采取分区、分组的控制措施。

8.2.4 辅助区的视觉作业宜采取下列保护措施：

1　视觉作业不宜处在照明光源与眼睛形成的镜面反射角上；

2　辅助区宜采用发光表面积大、亮度低、光扩散性能好的灯具；

3　视觉作业环境内宜采用低光泽的表面材料。

8.2.5 工作区域内一般照明的照明均匀度不应小于 0.7，非工作区域内的一般照明照度值不宜低于工作区域内一般照明照度值的 1/3。

8.2.6 主机房和辅助区应设置备用照明，备用照明的照度值不应低于一般照明照度值的 10%；有人值守的房间，备用照明的照度值不应低于一般照明照度值的 50%；备用照明可为一般照明的一部分。

8.2.7 电子信息系统机房应设置通道疏散照明及疏散指示标志灯，主机房通道疏散照明的照度值不应低于 5 lx，其他区域通道疏散照明的照度值不应低于 0.5 lx。

8.2.8 电子信息系统机房内不应采用 0 类灯具；当采用Ⅰ类灯具时，灯具的供电线路应有保护线，保护线应与金属灯具外壳做电气连接。

8.2.9 电子信息系统机房内的照明线路宜穿钢管暗敷或在吊顶内穿钢管明敷。

8.2.10 技术夹层内宜设置照明，并应采用单独支路或专用配电箱（柜）供电。

8.3 静电防护

8.3.1 主机房和辅助区的地板或地面应有静电泄放措施和接地构造，防静电地板、地面的表面电阻或体

积电阻值应为 $2.5\times10^4\sim1.0\times10^9\Omega$，且应具有防火、环保、耐污耐磨性能。

8.3.2 主机房和辅助区中不使用防静电活动地板的房间，可铺设防静电地面，其静电耗散性能应长期稳定，且不应起尘。

8.3.3 主机房和辅助区内的工作台面宜采用导静电或静电耗散材料，其静电性能指标应符合本规范第8.3.1条的规定。

8.3.4 电子信息系统机房内所有设备的金属外壳、各类金属管道、金属线槽、建筑物金属结构等必须进行等电位联结并接地。

8.3.5 静电接地的连接线应有足够的机械强度和化学稳定性，宜采用焊接或压接。当采用导电胶与接地导体粘接时，其接触面积不宜小于 $20cm^2$。

8.4 防雷与接地

8.4.1 电子信息系统机房的防雷和接地设计，应满足人身安全及电子信息系统正常运行的要求，并应符合现行国家标准《建筑物防雷设计规范》GB 50057和《建筑物电子信息系统防雷技术规范》GB 50343的有关规定。

8.4.2 保护性接地和功能性接地宜共用一组接地装置，其接地电阻应按其中最小值确定。

8.4.3 对功能性接地有特殊要求需单独设置接地线的电子信息设备，接地线应与其他接地线绝缘；供电线路与接地线宜同路径敷设。

8.4.4 电子信息系统机房内的电子信息设备应进行等电位联结，等电位联结方式应根据电子信息设备易受干扰的频率及电子信息系统机房的等级和规模确定，可采用S型、M型或SM混合型。

8.4.5 采用M型或SM混合型等电位联结方式时，主机房应设置等电位联结网格，网格四周应设置等电位联结带，并应通过等电位联结导体将等电位联结带就近与接地汇流排、各类金属管道、金属线槽、建筑物金属结构等进行连接。每台电子信息设备（机柜）应采用两根不同长度的等电位联结导体就近与等电位联结网格连接。

8.4.6 等电位联结网格应采用截面积不小于 $25mm^2$ 的铜带或裸铜线，并应在防静电活动地板下构成边长为0.6～3m的矩形网格。

8.4.7 等电位联结带、接地线和等电位联结导体的材料和最小截面积，应符合表8.4.7的要求。

表8.4.7 等电位联结带、接地线和等电位联结导体的材料和最小截面积

名　称	材料	最小截面积（mm^2）
等电位联结带	铜	50
利用建筑内的钢筋做接地线	铁	50
单独设置的接地线	铜	25
等电位联结导体（从等电位联结带至接地汇集排或至其他等电位联结带；各接地汇集排之间）	铜	16
等电位联结导体（从机房内各金属装置至等电位联结带或接地汇集排；从机柜至等电位联结网格）	铜	6

9 电磁屏蔽

9.1 一般规定

9.1.1 对涉及国家秘密或企业对商业信息有保密要求的电子信息系统机房，应设置电磁屏蔽室或采取其他电磁泄漏防护措施，电磁屏蔽室的性能指标应按国家现行有关标准执行。

9.1.2 对于环境要求达不到本规范第5.2.2条和第5.2.3条要求的电子信息系统机房，应采取电磁屏蔽措施。

9.1.3 电磁屏蔽室的结构形式和相关的屏蔽件应根据电磁屏蔽室的性能指标和规模选择。

9.1.4 设有电磁屏蔽室的电子信息系统机房，建筑结构应满足屏蔽结构对荷载的要求。

9.1.5 电磁屏蔽室与建筑（结构）墙之间宜预留维修通道或维修口。

9.1.6 电磁屏蔽室的接地宜采用共用接地装置和单独接地线的型式。

9.2 结构型式

9.2.1 用于保密目的的电磁屏蔽室，其结构型式可分为可拆卸式和焊接式。焊接式可分为自撑式和直贴式。

9.2.2 建筑面积小于 $50m^2$、日后需搬迁的电磁屏蔽室，结构型式宜采用可拆卸式。

9.2.3 电场屏蔽衰减指标大于120dB、建筑面积大于 $50m^2$ 的屏蔽室，结构型式宜采用自撑式。

9.2.4 电场屏蔽衰减指标大于60dB的屏蔽室，结构型式宜采用直贴式，屏蔽材料可选择镀锌钢板，钢板的厚度应根据屏蔽性能指标确定。

9.2.5 电场屏蔽衰减指标大于25dB的屏蔽室，结构型式宜采用直贴式，屏蔽材料可选择金属丝网，金属丝网的目数应根据被屏蔽信号的波长确定。

9.3 屏蔽件

9.3.1 屏蔽门、滤波器、波导管、截止波导通风窗等屏蔽件，其性能指标不应低于电磁屏蔽室的性能要求，安装位置应便于检修。

9.3.2 屏蔽门可分为旋转式和移动式。一般情况下，宜采用旋转式屏蔽门。当场地条件受到限制时，可采用移动式屏蔽门。

9.3.3 所有进入电磁屏蔽室的电源线缆应通过电源滤波器进行处理。电源滤波器的规格、供电方式和数量应根据电磁屏蔽室内设备的用电情况确定。

9.3.4 所有进入电磁屏蔽室的信号电缆应通过信号滤波器或进行其他屏蔽处理。

9.3.5 进出电磁屏蔽室的网络线宜采用光缆或屏蔽缆线，光缆不应带有金属加强芯。

9.3.6 截止波导通风窗内的波导管宜采用等边六角形，通风窗的截面积应根据室内换气次数进行计算。

9.3.7 非金属材料穿过屏蔽层时应采用波导管，波导管的截面尺寸和长度应满足电磁屏蔽的性能要求。

10 机房布线

10.0.1 主机房、辅助区、支持区和行政管理区应根据功能要求划分成若干工作区，工作区内信息点的数量应根据机房等级和用户需求进行配置。

10.0.2 承担信息业务的传输介质应采用光缆或六类及以上等级的对绞电缆，传输介质各组成部分的等级应保持一致，并应采用冗余配置。

10.0.3 当主机房内的机柜或机架成行排列或按功能区域划分时，宜在主配线架和机柜或机架之间设置配线列头柜。

10.0.4 A级电子信息系统机房宜采用电子配线设备对布线系统进行实时智能管理。

10.0.5 电子信息系统机房存在下列情况之一时，应采用屏蔽布线系统、光缆布线系统或采取其他相应的防护措施：

1 环境要求未达到本规范第5.2.2条和第5.2.3条的要求时；

2 网络有安全保密要求时；

3 安装场地不能满足非屏蔽布线系统与其他系统管线或设备的间距要求时。

10.0.6 敷设在隐蔽通风空间的缆线应根据电子信息系统机房的等级，按本规范附录A的要求执行。

10.0.7 机房布线系统与公用电信业务网络互联时，接口配线设备的端口数量和缆线的敷设路由应根据电子信息系统机房的等级，并在保证网络出口安全的前提下确定。

10.0.8 缆线采用线槽或桥架敷设时，线槽或桥架的高度不宜大于150mm，线槽或桥架的安装位置应与建筑装饰、电气、空调、消防等协调一致。

10.0.9 电子信息系统机房的网络布线系统设计，除应符合本规范的规定外，尚应符合现行国家标准《综合布线系统工程设计规范》GB 50311的有关规定。

11 机房监控与安全防范

11.1 一般规定

11.1.1 电子信息系统机房应设置环境和设备监控系统及安全防范系统，各系统的设计应根据机房的等级，按现行国家标准《安全防范工程技术规范》GB 50348和《智能建筑设计标准》GB/T 50314以及本规范附录A的要求执行。

11.1.2 环境和设备监控系统宜采用集散或分布式网络结构。系统应易于扩展和维护，并应具备显示、记录、控制、报警、分析和提示功能。

11.1.3 环境和设备监控系统、安全防范系统可设置在同一个监控中心内，各系统供电电源应可靠，宜采用独立不间断电源系统电源供电，当采用集中不间断电源系统电源供电时，应单独回路配电。

11.2 环境和设备监控系统

11.2.1 环境和设备监控系统宜符合下列要求：

1 监测和控制主机房和辅助区的空气质量，应确保环境满足电子信息设备的运行要求；

2 主机房和辅助区内有可能发生水患的部位应设置漏水检测和报警装置；强制排水设备的运行状态应纳入监控系统；进入主机房的水管应分别加装电动和手动阀门。

11.2.2 机房专用空调、柴油发电机、不间断电源系统等设备自身应配带监控系统，监控的主要参数宜纳入设备监控系统，通信协议应满足设备监控系统的要求。

11.2.3 A级和B级电子信息系统机房主机的集中控制和管理宜采用KVM切换系统。

11.3 安全防范系统

11.3.1 安全防范系统宜由视频安防监控系统、入侵报警系统和出入口控制系统组成，各系统之间应具备联动控制功能。

11.3.2 紧急情况时，出入口控制系统应能接受相关系统的联动控制而自动释放电子锁。

11.3.3 室外安装的安全防范系统设备应采取防雷电保护措施，电源线、信号线应采用屏蔽电缆，避雷装置和电缆屏蔽层应接地，且接地电阻不应大于10Ω。

12 给水排水

12.1 一般规定

12.1.1 给水排水系统应根据电子信息系统机房的等级，按本规范附录A的要求执行。

12.1.2 电子信息系统机房内安装有自动喷水灭火系统、空调机和加湿器的房间，地面应设置挡水和排水设施。

12.2 管道敷设

12.2.1 电子信息系统机房内的给水排水管道应采取防渗漏和防结露措施。

12.2.2 穿越主机房的给水排水管道应暗敷或采取防漏保护的套管。管道穿过主机房墙壁和楼板处应设置套管，管道与套管之间应采取密封措施。

12.2.3 主机房和辅助区设有地漏时，应采用洁净室专用地漏或自闭式地漏，地漏下应加设水封装置，并应采取防止水封损坏和反溢措施。

12.2.4 电子信息机房内的给排水管道及其保温材料均应采用难燃材料。

13 消防

13.1 一般规定

13.1.1 电子信息系统机房应根据机房的等级设置相应的灭火系统，并应按现行国家标准《建筑设计防火规范》GB 50016、《高层民用建筑设计防火规范》GB 50045和《气体灭火系统设计规范》GB 50370，以及本规范附录A的要求执行。

13.1.2 A级电子信息系统机房的主机房应设置洁净气体灭火系统。B级电子信息系统机房的主机房，以及A级和B级机房中的变配电、不间断电源系统和电池室，宜设置洁净气体灭火系统，也可设置高压细水雾灭火系统。

13.1.3 C级电子信息系统机房以及本规范第13.1.2条和第13.1.3条中规定区域以外的其他区域，可设置高压细水雾灭火系统或自动喷水灭火系统。自动喷水灭火系统宜采用预作用系统。

13.1.4 电子信息系统机房应设置火灾自动报警系统，并应符合现行国家标准《火灾自动报警系统设计规范》GB 50116的有关规定。

13.2 消防设施

13.2.1 采用管网式洁净气体灭火系统或高压细水雾灭火系统的主机房，应同时设置两种火灾探测器，且火灾报警系统应与灭火系统联动。

13.2.2 灭火系统控制器应在灭火设备动作之前，联动控制关闭机房内的风门、风阀，并应停止空调机和排风机、切断非消防电源等。

13.2.3 机房内应设置警笛，机房门口上方应设置灭火显示灯。灭火系统的控制箱（柜）应设置在机房外便于操作的地方，且应有防止误操作的保护装置。

13.2.4 气体灭火系统的灭火剂及设施应采用经消防检测部门检测合格的产品。

13.2.5 自动喷水灭火系统的喷水强度、作用面积等设计参数，应按现行国家标准《自动喷水灭火系统设计规范》GB 50084的有关规定执行。

13.2.6 电子信息系统机房内的自动喷水灭火系统，应设置单独的报警阀组。

13.2.7 电子信息系统机房内，手提灭火器的设置应符合现行国家标准《建筑灭火器配置设计规范》GB 50140的有关规定。灭火剂不应对电子信息设备造成污渍损害。

13.3 安全措施

13.3.1 凡设置洁净气体灭火系统的主机房，应配置专用空气呼吸器或氧气呼吸器。

13.3.2 电子信息系统机房应采取防鼠害和防虫害措施。

附录A 各级电子信息系统机房技术要求

表A 各级电子信息系统机房技术要求

项目	技术要求			备注
	A级	B级	C级	
机房位置选择				
距离停车场	不宜小于20m	不宜小于10m	—	—
距离铁路或高速公路的距离	不宜小于800m	不宜小于100m	—	不包括各场所自身使用的机房

续表 A

<table>
<tr><td rowspan="2">项　目</td><td colspan="3">技术要求</td><td rowspan="2">备注</td></tr>
<tr><td>A级</td><td>B级</td><td>C级</td></tr>
<tr><td>距离飞机场</td><td>不宜小于 8000m</td><td>不宜小于 1600m</td><td>—</td><td>不包括机场自身使用的机房</td></tr>
<tr><td>距离化学工厂中的危险区域、垃圾填埋场</td><td colspan="2">不应小于 400m</td><td>—</td><td>不包括化学工厂自身使用的机房</td></tr>
<tr><td>距离军火库</td><td colspan="2">不应小于 1600m</td><td>不宜小于 1600m</td><td>不包括军火库自身使用的机房</td></tr>
<tr><td>距离核电站的危险区域</td><td colspan="2">不应小于 1600m</td><td>不宜小于 1600m</td><td>不包括核电站自身使用的机房</td></tr>
<tr><td>有可能发生洪水的地区</td><td colspan="2">不应设置机房</td><td>不宜设置机房</td><td>—</td></tr>
<tr><td>地震断层附近或有滑坡危险区域</td><td colspan="2">不应设置机房</td><td>不宜设置机房</td><td>—</td></tr>
<tr><td>高犯罪率的地区</td><td>不应设置机房</td><td>不宜设置机房</td><td>—</td><td>—</td></tr>
<tr><td colspan="5">环境要求</td></tr>
<tr><td>主机房温度(开机时)</td><td colspan="2">23℃±1℃</td><td>18～28℃</td><td rowspan="8">不得结露</td></tr>
<tr><td>主机房相对湿度(开机时)</td><td colspan="2">40%～ 55%</td><td>35%～75%</td></tr>
<tr><td>主机房温度(停机时)</td><td colspan="3">5～35℃</td></tr>
<tr><td>主机房相对湿度(停机时)</td><td colspan="2">40%～ 70%</td><td>20%～ 80%</td></tr>
<tr><td>主机房和辅助区温度变化率(开、停机时)</td><td colspan="2"><5℃/h</td><td><10℃/h</td></tr>
<tr><td>辅助区温度、相对湿度(开机时)</td><td colspan="3">18～28℃、35%～75%</td></tr>
<tr><td>辅助区温度、相对湿度(停机时)</td><td colspan="3">5～35℃、20%～80%</td></tr>
<tr><td>不间断电源系统电池室温度</td><td colspan="3">15～25℃</td></tr>
<tr><td colspan="5">建筑与结构</td></tr>
<tr><td>抗震设防分类</td><td>不应低于乙类</td><td>不应低于丙类</td><td>不宜低于丙类</td><td>—</td></tr>
<tr><td>主机房活荷载标准值(kN/m²)</td><td colspan="3">8～10　组合值系数 $\Psi_c=0.9$
频遇值系数 $\Psi_f=0.9$
准永久值系数 $\Psi_q=0.8$</td><td>根据机柜的摆放密度确定荷载值</td></tr>
<tr><td>主机房吊挂荷载(kN/m²)</td><td colspan="3">1.2</td><td>—</td></tr>
<tr><td>不间断电源系统室活荷载标准值(kN/m²)</td><td colspan="3">8～10</td><td>—</td></tr>
<tr><td>电池室活荷载标准值(kN/m²)</td><td colspan="3">16</td><td>蓄电池组双列 4 层摆放</td></tr>
<tr><td>监控中心活荷载标准值(kN/m²)</td><td colspan="3">6</td><td>—</td></tr>
<tr><td>钢瓶间活荷载标准值(kN/m²)</td><td colspan="3">8</td><td>—</td></tr>
<tr><td>电磁屏蔽室活荷载标准值(kN/m²)</td><td colspan="3">8～10</td><td>—</td></tr>
<tr><td>主机房外墙设采光窗</td><td colspan="2">不宜</td><td>—</td><td>—</td></tr>
<tr><td>防静电活动地板的高度</td><td colspan="3">不宜小于 400mm</td><td>作为空调静压箱时</td></tr>
</table>

续表 A

项目	技术要求			备注
	A级	B级	C级	
防静电活动地板的高度	不宜小于 250mm			仅作为电缆布线使用时
屋面的防水等级	Ⅰ	Ⅰ	Ⅱ	—
空气调节				
主机房和辅助区设置空气调节系统	应		可	—
不间断电源系统电池室设置空调降温系统	宜		可	—
主机房保持正压	应		可	—
冷冻机组、冷冻和冷却水泵	N+X 冗余(X=1～N)	N+1 冗余	N	—
机房专用空调	N+X 冗余(X=1～N) 主机房中每个区域冗余 X 台	N+1 冗余 主机房中每个区域冗余一台	N	—
主机房设置采暖散热器	不应	不宜	允许，但不建议	—
电气技术				
供电电源	两个电源供电两个电源不应同时受到损坏		两回线路供电	—
变压器	M(1+1)冗余(M=1、2、3……)		N	用电容量较大时设置专用电力变压器供电
后备柴油发电机系统	N 或(N+X)冗余(X=1～N)	N 供电电源不能满足要求时	不间断电源系统的供电时间满足信息存储要求时，可不设置柴油发电机	
后备柴油发电机的基本容量	应包括不间断电源系统的基本容量、空调和制冷设备的基本容量、应急照明和消防等涉及生命安全的负荷容量		—	
柴油发电机燃料存储量	72h	24h	—	
不间断电源系统配置	2N 或 M(N+1)冗余(M=2、3、4……)	N+X 冗余(X=1～N)	N	
不间断电源系统电池备用时间	15min 柴油发电机作为后备电源时		根据实际需要确定	
空调系统配电	双路电源(其中至少一路为应急电源)，末端切换。采用放射式配电系统	双路电源，末端切换。采用放射式配电系统	采用放射式配电系统	
电子信息设备供电电源质量要求				
稳态电压偏移范围(%)	±3		±5	—
稳态频率偏移范围(Hz)	±0.5			电池逆变工作方式
输入电压波形失真度(%)	≤5			电子信息设备正常工作时
零地电压(V)	<2			应满足设备使用要求
允许断电持续时间(ms)	0～4	0～10	—	—
不间断电源系统输入端 THDI 含量(%)	<15			3～39 次谐波

续表A

项目	技术要求			备注
	A级	B级	C级	
机房布线				
承担信息业务的传输介质	光缆或六类及以上对绞电缆采用1+1冗余	光缆或六类及以上对绞电缆采用3+1冗余	—	—
主机房信息点配置	不少于12个信息点，其中冗余信息点为总信息点的1/2	不少于8个信息点，其中冗余信息点不少于总信息点的1/4	不少于6个信息点	表中所列为一个工作区的信息点
支持区信息点配置	不少于4个信息点		不少于2个信息点	表中所列为一个工作区的信息点
采用实时智能管理系统	宜	可	—	—
线缆标识系统	应在线缆两端打上标签			配电电缆也应采用线缆标识系统
通信缆线防火等级	应采用CMP级电缆，OFNP或OFCP级光缆	宜采用CMP级电缆，OFNP或OFCP级光缆	—	也可采用同等级的其他电缆或光缆
公用电信配线网络接口	2个以上	2个	1个	—
环境和设备监控系统				
空气质量	含尘浓度			离线定期检测
空气质量	温度、相对湿度、压差		温度、相对湿度	在线检测或通过数据接口将参数接入机房环境和设备监控系统中
漏水检测报警	装设漏水感应器			
强制排水设备	设备的运行状态			
集中空调和新风系统、动力系统	设备运行状态、滤网压差			
机房专用空调	状态参数： 开关、制冷、加热、加湿、除湿 报警参数： 温度、相对湿度、传感器故障、压缩机压力、加湿器水位、风量		—	
供配电系统（电能质量）	开关状态、电流、电压、有功功率、功率因数、谐波含量		根据需要选择	
不间断电源系统	输入和输出功率、电压、频率、电流、功率因数、负荷率； 电池输入电压、电流、容量； 同步/不同步状态、不间断电源系统/旁路供电状态、市电故障、不间断电源系统故障		根据需要选择	
电池	监控每一个蓄电池的电压、阻抗和故障	监控每一组蓄电池的电压、阻抗和故障	—	
柴油发电机系统	油箱(罐)油位、柴油机转速、输出功率、频率、电压、功率因数		—	

续表 A

项　目	技术要求			备注
	A 级	B 级	C 级	
主机集中控制和管理	采用 KVM 切换系统			— —
安全防范系统				
发电机房、变配电室、不间断电源系统室、动力站房	出入控制（识读设备采用读卡器）、视频监视	入侵探测器	机械锁	—
紧急出口	推杆锁、视频监视监控中心连锁报警		推杆锁	—
监控中心	出入控制（识读设备采用读卡器）、视频监视		机械锁	—
安防设备间	出入控制（识读设备采用读卡器）	入侵探测器	机械锁	—
主机房出入口	出入控制（识读设备采用读卡器）或人体生物特征识别、视频监视	出入控制（识读设备采用读卡器）、视频监视	机械锁 入侵探测器	—
主机房内	视频监视		—	—
建筑物周围和停车场	视频监视		—	适用于独立建筑的机房
给水排水				
与主机房无关的给排水管道穿越主机房	不应		不宜	—
主机房地面设置排水系统	应			用于冷凝水排水、空调加湿器排水、消防喷洒排水、管道漏水
消防				
主机房设置洁净气体灭火系统	应	宜	—	采用洁净灭火剂
变配电、不间断电源系统和电池室设置洁净气体灭火系统	宜	宜	—	—
主机房设置高压细水雾灭火系统	—	可	可	—
变配电、不间断电源系统和电池室设置高压细水雾灭火系统	可	可	可	—
主机房、变配电、不间断电源系统和电池室设置自动喷水灭火系统	—	—	可	采用预作用系统
采用吸气式烟雾探测火灾报警系统	宜		—	作为早期报警

本规范用词说明

1 为便于在执行本规范条文时区别对待，对要求严格程度不同的用词说明如下：

1）表示很严格，非这样做不可的用词：

正面词采用“必须”，反面词采用“严禁”。

2）表示严格，在正常情况下均应这样做的用词：

正面词采用“应”，反面词采用“不应”或“不得”。

3）表示允许稍有选择，在条件许可时首先应这样做的用词：

正面词采用“宜”，反面词采用“不宜”；

表示有选择，在一定条件下可以这样做的用词，采用“可”。

2 本规范中指明应按其他有关标准、规范执行的写法为“应符合……的规定”或“应按……执行”。

中华人民共和国国家标准

电子信息系统机房设计规范

GB 50174—2008

条 文 说 明

目　　次

1 总　　则

1.0.1 电子信息系统机房工程属于多学科技术，涉及到机房工艺、建筑结构、空气调节、电气技术、电磁屏蔽、网络布线、机房监控与安全防范、给水排水、消防等多种专业。近年来，随着电子信息技术的快速发展，机房建设日新月异，为了规范电子信息系统机房的工程设计，确保电子信息设备稳定可靠地运行，保证设计和工程质量，特制定本规范。

1.0.3 为了适应机房用户对电子信息业务发展和机房节能的需要，电子信息系统机房的设计可以采用标准化、模块化的设计方法，使机房的近期建设规模与远期发展规划协调一致。

2 术　　语

2.0.3 主机房除可按服务器机房、网络机房、存储机房等划分外，对于面积较大的机房，还可按不同功能或不同用户的设备进行区域划分。如服务器设备区、网络设备区、存储设备区、甲用户设备区、乙用户设备区等。

2.0.18 用于网络布线传输服务的列头柜称为配线列头柜，用于配电管理的列头柜称为配电列头柜。

2.0.21 在主机房内，当布线采用列头柜（内装无源设备）时，该列头柜就具有CP点的功能。

2.0.22 在主机房内，当布线采用列头柜（内装有源设备，如网络交换机、网络存储交换机、KVM等）时，该列头柜就具有HD的功能。HD与综合布线系统中楼层配线设备的功能相近。

3 机房分级与性能要求

3.1 机 房 分 级

3.1.1 随着电子信息技术的发展，各行各业对机房的建设提出了不同的要求，根据调研、归纳和总结，并参考国外相关标准，本规范从机房的使用性质、管理要求及重要数据丢失或网络中断在经济或社会上造成的损失或影响程度，将电子信息系统机房划分为A、B、C三级。

机房的使用性质主要是指机房所处行业或领域的重要性；管理要求是指机房使用单位对机房各系统的保障和维护能力。最主要的衡量标准是由于场地设施故障造成网络信息中断或重要数据丢失在经济和社会上造成的损失或影响程度。各单位的机房按照哪个等级标准进行建设，应由建设单位根据数据丢失或网络中断在经济或社会上造成的损失或影响程度确定，同时还应综合考虑建设投资。等级高的机房可靠性提高，但投资也相应增加。

3.1.2 A级电子信息系统机房举例：国家气象台；国家级信息中心、计算中心；重要的军事指挥部门；大中城市的机场、广播电台、电视台、应急指挥中心；银行总行；国家和区域电力调度中心等的电子信息系统机房和重要的控制室。

3.1.3 B级电子信息系统机房举例：科研院所；高等院校；三级医院；大中城市的气象台、信息中心、疾病预防与控制中心、电力调度中心、交通（铁路、公路、水运）指挥调度中心；国际会议中心；大型博物馆、档案馆、会展中心、国际体育比赛场馆；省部级以上政府办公楼；大型工矿企业等的电子信息系统机房和重要的控制室。

以上为A级和B级电子信息系统机房举例，在中国境内的其他企事业单位、国际公司、国内公司应按照机房分级与性能要求，结合自身需求与投资能力确定本单位电子信息系统机房的建设等级和技术要求。

3.1.6 本条是指当机房的某项外部或内部条件较好或较差时，此项的设计标准可以降低或提高。例如某个B级机房，其两路供电电源分别来自两个不同的变电站，两路电源不会同时中断，则此机房就可以考虑不配置柴油发电机。再如，另一个B级机房，其所处气候环境非常恶劣，常有沙尘天气，则此机房的空调循环机组就不仅需要初效和中效过滤器，还应该增加亚高效或高效过滤器。总之，机房应在满足电子信息系统运行要求的前提下，根据具体条件进行设计。

4 机房位置及设备布置

4.1 机房位置选择

4.1.1 电子信息系统受粉尘、有害气体、振动冲击、电磁场干扰等因素影响时，将导致运算差错、误动作、机械部件磨损、缩短使用寿命等。机房位置选择应尽可能远离产生粉尘、有害气体、强振源、强噪声源等场所，避开强电磁场干扰。

水灾隐患区域主要是指江、河、湖、海岸边，A级机房的选址应考虑百年一遇的洪水，不应受百年一遇洪水的影响；B级机房的选址应考虑50年一遇的洪水，不应受50年一遇洪水的影响。其次，机房不宜设置在地下室的最底层。当设置在地下室的最底层时，应采取措施，防止管道泄漏、消防排水等水渍损失。

对机房选址地区的电磁场干扰强度不能确定时，需作实地测量，测量值超过本规范第5章规定的电磁场干扰强度时，应采取屏蔽措施。

选择机房位置时，如不能满足本条和附录A的要求，应采取相应防护措施，保证机房安全。

4.1.2 在多层或高层建筑物内设电子信息系统机房时，有以下因素影响主机房位置的确定：

1 设备运输：主要是考虑为机房服务的冷冻、空调、UPS等大型设备的运输，运输线路应尽量短；

2 管线敷设：管线主要有电缆和冷媒管，敷设线路应尽量短；

3 雷电感应：为减少雷击造成的电磁感应侵害，主机房宜选择在建筑物低层中心部位，并尽量远离建筑物外墙结构柱子（其柱内钢筋作为防雷引下线）；

4 结构荷载：由于主机房的活荷载标准值远远大于建筑的其他部分，从经济角度考虑，主机房宜选择在建筑物的低层部位；

5 机房专用空调的主机与室外机在高差和距离上均有使用要求，因此在确定主机房位置时，应考虑机房专用空调室外机的安装位置。

4.2 机房组成

4.2.1 电子信息系统机房的组成应根据具体情况确定，可在各类房间中选择组合。对于受到条件限制，且为一般使用的普通机房时，也可以一室多用。

4.2.2～4.2.4 机房各组成部分的使用面积应根据工艺布置确定，在对电子信息设备的具体情况不完全掌握时，可按此方法计算面积。

4.3 设备布置

4.3.2 产生尘埃及废物的设备主要是指各类以纸为记录介质的设备，如静电喷墨打印机、复印机等设备。对尘埃敏感的设备主要是指磁记录设备。

4.3.3 对于前进风/后出风方式冷却的设备，要求设备的前面为冷区，后面为热区，这样有利于设备散热和节能。当机柜或机架成行布置时，要求机柜或机架采用面对面、背对背的方式。机柜或机架面对面布置形成冷风通道，背对背布置形成热风通道。如果采用其他的布置方式，有可能造成气流短路，不利于设备散热。

4.3.4 本条规定的各种间距，主要是从人员安全、设备运输、检修、通风散热等方面考虑的。对于成行排列的机柜，考虑到实际中会遇到柱子等的影响，出口通道的宽度局部可为0.8m。

5 环境要求

5.1 温度、相对湿度及空气含尘浓度

5.1.1 本条按照不同级别的电子信息系统机房，对主机房和辅助区的温湿度控制值做了规定。由于电子信息设备在停机检修或作为备件存储时，对环境的温湿度也有要求，故在附录A中关于环境要求部分，分别提出了电子信息系统“开机时”和“停机时”的两个温湿度控制值。

支持区（除UPS电池室外）和办公区的温湿度控制值，应按现行国家标准《采暖通风与空气调节设计规范》GB 50019的有关规定执行。

5.1.2 由于电子信息设备的制造精度越来越高，导致其对环境的要求也越来越严格，空气中的灰尘粒子有可能导致电子信息设备内部发生短路等故障。为了保障重要的电子信息系统运行安全，本规范对A、B级机房在静态条件下的空气含尘浓度做出了规定。

5.2 噪声、电磁干扰、振动及静电

5.2.1 噪声测量方法应符合现行国家标准《工业企业噪声测量规范》GBJ 122的有关规定。

5.2.2、5.2.3 指外界的无线电干扰场强和磁场对主机房的辐射干扰。即在主机房内，电子信息设备不工作条件下所测得的外界的无线电干扰场强（0.15～1000MHz时）和干扰磁场的上限值。

5.2.4 本条采纳了原规范第3.2.4条的振动加速度值。

5.2.5 据有关资料记载，静电电压达到2kV时，人会有电击感觉，容易引起恐慌，严重时能造成事故及设备故障。故本规范规定主机房和辅助区内绝缘体的静电电位不应大于1kV。

6 建筑与结构

6.1 一般规定

6.1.1 A级电子信息系统机房的抗震设计分类一般按乙类考虑；B级电子信息系统机房除有特殊要求外，一般按丙级考虑；C级电子信息系统机房按丙类考虑。

电子信息系统机房的荷载应根据机柜的重量和机柜的布置，按照现行国家标准《建筑结构荷载规范》GB 50009—2001附录B计算确定，但不宜小于本规范附录A中所列的标准值。

6.1.2 为满足电子信息系统机房摆放工艺设备的要求，主机房的结构宜采用大空间及大跨度柱网。

6.1.3 常用的机柜高度一般为1.8～2.2m，气流组织所需机柜顶面至吊顶的距离一般为400～800mm，故机房净高不宜小于2.6m。在满足电子信息设备使用要求的前提下，还应综合考虑室内建筑空间比例的合理性以及对建设投资和日常运行费用的影响。

6.1.4 规定变形缝不应穿过主机房的目的是为了避免因主体结构的不均匀沉降破坏电子信息系统的运行安全。当由于主机房面积太大而无法保证变形缝不穿过主机房时，则必须控制变形缝两边主体结构的沉降差。

6.1.5 本条是为保证电子信息设备安全运行制定的。

用水和振动区域主要有卫生间、厨房、实验室、动力站等。电磁干扰源有电动机、电焊机、整流器、变频器、电梯等。当主机房在建筑布局上无法避免上述环境时，建筑设计应采取相应的保护措施。

6.1.6 技术夹层包括吊顶上和活动地板下，当主机房中各类管线暗敷于技术夹层内时，建筑设计应为各类管线的安装和日常维护留有出入口。技术夹道主要用于安装设备（如精密空调）及各种管线，建筑设计应为设备的安装和维护留有空间。

6.2 人流、物流及出入口

6.2.1 空气污染和尘埃积聚可能造成电子部件的漏电和机械部件的磨损，因此主机房的防尘处理应引起足够重视。主机房设单独出入口的目的是为了避免与其他人流物流的交叉，减少灰尘被带入主机房的几率。

6.2.2 主机房一般属于无人操作区，辅助区一般含有测试机房、监控中心、备件库、打印室、维修室、工作室等，属于有人操作区。设计规划时宜将有人操作区和无人操作区分开布置，以减少人员将灰尘带入无人操作区的机会。但从操作便利角度考虑，主机房和辅助区宜相邻布置。

6.2.3 主机房门的尺寸不宜小于1.2m（宽）×2.2m（高）。当电子信息系统机房内通道的宽度及门的尺寸不能满足设备和材料的运输要求时，应设置设备搬入口。

6.2.4 在主机房入口处设换鞋更衣间，其目的是为了减少人员将灰尘带入主机房。是否设置换鞋更衣间，应根据项目的具体情况确定。条件不允许时，可将换鞋改为穿鞋套，将更衣间改为更衣柜。换鞋更衣间的面积应根据最大班时操作人员的数量确定。

6.3 防火和疏散

6.3.2 电子信息系统机房内的设备和系统属于贵重和重要物品，一旦发生火灾，将给国家和企业造成重大的经济损失和社会影响。因此，严格控制建筑物耐火等级十分必要。

6.3.3 考虑A级或B级电子信息系统机房的重要性，当与其他功能用房合建时，应提高机房与其他部位相邻隔墙的耐火时间，以防止火灾蔓延。当测试机房、监控中心等辅助区与主机房相邻时，隔墙应将这些部分包括在内。

6.3.4 本条以100m² 为界规定主机房安全出口数量的原因如下：

1 进入主机房内的人员很少（一般没有人员），且为固定的内部工作人员，他们熟知周边环境和疏散路线，因此对于100m² 及以下的主机房，即使只有一个安全出口，内部工作人员也可以安全疏散；

2 从建筑布局考虑，当主机房面积小于100m² 时，设置两个安全出口有一定困难；

3 机房内设置有火灾自动报警系统，可及时通知机房内的工作人员疏散。

基于以上原因，本条对主机房的安全出口做出了规定。分散布置的安全出口宜设于机房的两端。

6.3.5 顶棚和壁板选用可燃烧材料易使火势增强，增加扑救困难，故本规范规定主机房的顶棚、壁板、隔断（包括壁板和隔断的夹芯材料）应采用不燃烧体。

6.4 室内装修

6.4.2 高分子绝缘材料是现代工程中广泛使用的材料，常用的工程塑料、聚酯包装材料、高分子聚合物涂料都是这类物质。其电气特性是典型的绝缘材料，有很高的阻抗，易聚集静电，因此在未经表面改性处理时，不得用于机房的表面装饰工程。但如果表面经过改性处理，如掺入碳粉等手段，使其表面电阻减小，从而不容易积聚静电，则可用于机房的表面装饰工程。

6.4.4 防静电活动地板的铺设高度，应根据实际需要确定（在有条件的情况下，应尽量提高活动地板的铺设高度），当仅敷设电缆时，其高度一般为250mm左右；当既作为电缆布线，又作为空调静压箱时，可根据风量计算其高度，并应考虑布线所占空间，一般不宜小于400mm。当机房面积较大、线缆较多时，应适当提高活动地板的高度。

当电缆敷设在活动地板下时，为避免电缆移动导致地面起尘或划破电缆，地面和四壁应平整而耐磨；当同时兼作空调静压箱时，为减少空气的含尘浓度，地面和四壁应选用不易起尘和积灰、易于清洁、且具有表面静电耗散性能的饰面涂料。

6.4.6 本条是从安全、节能和防尘的角度考虑。A级或B级电子信息系统机房中的服务器机房、网络机房、存储机房等日常无人工作区域不宜设置外窗；监控中心、打印室等有人工作区域以及C级电子信息系统机房可以设置外窗，但应保证外窗有安全措施，有良好的气密性，防止空气渗漏和结露，满足热工要求。

7 空气调节

7.1 一般规定

7.1.1 支持区和办公区是否设置空调系统，应根据设备要求和当地的气候条件确定。

7.1.2 电子信息系统机房与其他功能用房共建于同一建筑内时，设置独立空调系统的原因如下：

1 机房环境要求与其他功能用房的环境要求不同；

2 空调运行时间不同；

3 避免建筑物内其他部分发生事故（如火灾）时影响机房安全。

7.1.3 通常情况下，主机房的空调参数较高，而支持区和辅助区的空调参数较低，根据不同的空调参数，可分别设置不同的空调系统。但是否将主机房、支持区和辅助区的空调系统分开设置，还应根据机房规模大小、各房间所处位置、气流组织形式等综合考虑。

7.1.4 本规范只对电子信息系统机房空调设计的特殊性作出规定。因此，电子信息系统机房的空调设计除应符合本规范外，还应执行现行国家标准《采暖通风与空气调节设计规范》GB 50019 的有关规定。

7.2 负荷计算

7.2.1 电子信息系统机房内设备的散热量，应以产品说明书或设备手册提供的设备散热量为准。对主机房内的电子信息设备的散热量不能完全掌握时，可参考所选 UPS 电源的容量和冗余量来计算设备的散热量。

7.2.2 空调系统的冷负荷主要是服务器等电子信息设备的散热。电子信息设备发热量大（耗电量中的97%都转化为热量），热密度高，因此电子信息系统机房的空调设计主要考虑夏季冷负荷。对于寒冷地区，还应考虑冬季热负荷，可按照《采暖通风与空气调节设计规范》GB 50019 的有关规定进行计算。

7.3 气流组织

7.3.1 气流组织形式选用的原则是：有利于电子信息设备的散热、建筑条件能够满足设备安装要求。电子信息设备的冷却方式有风冷、水冷等，风冷有上部进风、下部进风、前进风后排风等。影响气流组织形式的因素还有建筑条件，包括层高、面积、室外机的安装条件等。因此，气流组织形式应根据设备对空调系统的要求，结合建筑条件综合考虑。

本条推荐了主机房常用的气流组织形式、送回风口的形式以及相应的送回风温差。由于机房空调主要是为电子信息设备散热服务的，适当减小温差的目的是为了适当加大风量，这样有利于机柜散热。

7.3.2 本条推荐了几种活动地板下送风、上回风的情况：

1 热密度大：单台机柜的发热量大于 3kW；

2 热负荷大：单位面积的设备发热量大于 300W/m²；

3 机柜过高：单台机柜的高度大于 1.8m。

对于热密度大、热负荷大的机房，采用下送风，上回风的方式，有利于设备的散热；对于高度超过 1.8m 的机柜，采用下送风，上回风的方式，可以减少机柜对气流的影响。

随着电子信息技术的发展，机柜的容量不断提高，设备的发热量将随容量的增加而加大，为了保证电子信息系统的正常运行，对设备的降温也将出现多种方式，各种方式之间可以相互补充。

7.3.3 本条是为了保证机房内操作人员身体健康规定的。

7.4 系统设计

7.4.1 有空调的房间集中布置，有利于空调系统的设计；室内温、湿度参数相同或相近的房间相邻，有利于风管和风口的布置。

7.4.2 主机房设置采暖散热器的要求在附录 A 中有规定，A 级机房不应设置采暖散热器，B 级机房不宜设置采暖散热器，C 级机房可以设置采暖散热器，但不建议设置。如果设置了采暖散热器，应采取措施，防止管道或采暖散热器漏水。装设温度调节装置的目的是可以调节房间内的温度，以利于节能。

7.4.4 主机房内的线缆数量很多，一般采用线槽或桥架敷设，当线槽或桥架敷设在高架活动地板下时，线槽占据了活动地板下的部分空间。当活动地板下作为空调静压箱时，应考虑线槽及消防管线等所占用的空间，空调断面风速应按地板下的有效断面积进行计算。

7.4.5 风管穿过防火墙时，应在防火墙的一侧设置防火阀。风管穿过变形缝时，有下列三种情况：

1 变形缝两侧有隔墙时，应在两侧设置防火阀；

2 变形缝一侧有隔墙时，应在一侧设置防火阀；

3 变形缝处无隔墙时，可不设置防火阀。

7.4.7 本规范对 A、B 级电子信息系统机房的主机房有含尘浓度的要求，对 C 级电子信息系统机房没有含尘浓度的要求，因此，A、B 级电子信息系统机房的主机房应维持正压，C 级电子信息系统机房应根据具体情况而定。

7.4.9 本条将空调系统的空气过滤要求分成两部分，主机房内空调系统的循环机组（或专用空调的室内机）宜设初效过滤器，有条件时可以增加中效过滤器，而新风系统应设初、中效过滤器，环境条件不好时，可以增加亚高效过滤器。

7.4.10 设有新风系统的主机房，应进行风量平衡计算，以保证室内外的差压要求，当差压过大时，应设置排风口，避免造成新风无法正常进入主机房的情况。

7.4.11 打印室内的喷墨打印机、静电复印机等设备以及纸张等物品易产生尘埃粒子，对除尘后的空气将造成二次污染，因此应对含有污染源的房间（如打印室）采取措施，防止污染物随气流进入其他房间。如对含有污染源的房间不设置回风口，直接排放；与相邻房间形成负压，减少污染物向其他房间扩散；对于大型的电子信息系统机房，还可考虑为含有污染源的房间单独设置空调系统。

7.4.12 分体式空调机的室内机组可以安装在靠近主机房的专用空调机房内，也可以直接安装在主机房内，不单独建空调机房。这两种空调室内机的布置方式，从空调效果来讲，没有明显区别，但将室内机组安装在专用空调机房内，可以降低主机房内的噪声。

7.4.13 调查资料表明，电子信息系统机房内空调系统的用电量约占机房总用电量的20%～50%，因此空调系统的节能措施是机房节能设计中的重要环节。

大型机房通常是指面积数千至数万平方米的机房。在这类机房中，安装的设备多、发热量大、空调负荷大，而水冷冷水机组的能效比高，可节约能源，提高空调制冷效果。

中国地域辽阔，各地自然条件各不相同，在执行本条规范时，应根据当地的气候条件和机房的负荷情况综合考虑，选择合理的空调方案，达到节约能源，降低运行费用的目的。

7.5 设备选择

7.5.1 空调对于电子信息设备的安全运行至关重要，因此机房空调设备的选用原则首先是高可靠性，其次是运行费用低、高效节能、低噪声和低振动。

7.5.2 不同等级的电子信息系统机房，对空调系统和设备的可靠性要求也不同，应根据机房的热湿负荷、气流组织型式、空调制冷方式、风量、系统阻力等参数及附录A的相关技术要求执行。建筑条件主要是指空调机房的位置、层高、楼板荷载等，如果选用风冷式空调机，还应考虑室外机的安装位置。

7.5.3 空调系统无备份设备时，为了提高空调制冷设备的运行可靠性及满足将来电子信息设备的少量扩充，要求单台空调制冷设备的制冷能力预留15%～20%的余量。

7.5.4 要求机房专用空调机带有通信接口，通信协议满足机房监控系统要求的目的是为了便于空调设备与机房监控系统联网，实现集中管理。

7.5.5 空调设备常需更换的部件是空气过滤器和加湿器，设计时应考虑为空调设备留有一定的维修空间。

8 电　气

8.1 供配电

8.1.1 A级电子信息系统机房的供电电源应按一级负荷中特别重要的负荷考虑，除应由两个电源供电（一个电源发生故障时，另一个电源不应同时受到损坏）外，还应配置柴油发电机作为备用电源。B级电子信息系统机房的供电电源按一级负荷考虑，当不能满足两个电源供电时，应配置备用柴油发电机系统。C级电子信息系统机房的供电电源应按二级负荷考虑。

8.1.2 本规范第8.1.7条规定"电子信息设备应由不间断电源系统供电"，因此UPS电源的输出质量决定了电子信息设备的供电电源质量，本规范采纳了现行行业标准《通信用不间断电源—UPS》YD/T 1095—2000中有关电源质量的指标。

8.1.4 规定引入机房的户外供电线路不宜采用架空方式敷设的目的是为了保证户外供电线路的安全，保证机房供电的可靠性。户外架空线路宜受到自然因素（如台风、雷电、洪水等）和人为因素（如交通事故）的破坏，导致供电中断，故户外供电线路宜采用直接埋地、排管埋地或电缆沟敷设的方式。当采用具有金属外护套的电缆时，在进出建筑物处应将电缆的金属外护套与接地装置连接。当户外供电线路采用埋地敷设有困难，只能采用架空敷设时，应采取措施，保证线路安全。

8.1.5 由于电子信息系统机房供电可靠性要求较高，为防止其他负荷的干扰，当机房用电容量较大时，应设置专用配电变压器供电；机房用电容量较小时，可由专用低压馈电线路供电。

采用干式变压器是从防火安全角度考虑的。美国NFPA 75（信息设备的保护）要求为信息设备供电的变压器应采用干式或不含可燃物的变压器。

8.1.6 低压配电不应采用TN-C系统的主要原因有两个，一是干扰问题，二是安全问题。

8.1.7 为保证电源质量，电子信息设备应由UPS供电。辅助区宜单独设置UPS系统，以避免辅助区的人员误操作而影响主机房电子信息设备的正常运行。

采用具有自动和手动旁路装置的UPS，其目的是为了避免在UPS设备发生故障或进行维修时中断电源。

确定UPS容量时需要留有余量，其目的有两个：一是使UPS不超负荷工作，保证供电的可靠性；二是为了以后少量增加电子信息设备时，UPS的容量仍然可以满足使用要求。按照公式$E \geqslant 1.2P$计算出的UPS容量只能满足电子信息设备的基本需求，未包含冗余或容错系统中备份UPS的容量。

8.1.8 电子信息系统机房内的空调、水泵、冷冻机等动力设备及照明等其他用电设备应与电子信息设备用的UPS分开不同回路配电，以减少对电子信息设备的干扰。

8.1.9 专用配电箱（柜）的主要作用是对使用UPS电源的电子信息设备进行配电、保护和监测。要求专用配电单元靠近用电设备安装的主要目的是使配电线路尽量短，从而降低中性线与PE线之间的电位差。

8.1.10 中性线与PE线之间的电位差称为"零地电压"，当"零地电压"高于电子信息设备的允许值时，将引起硬件故障、烧毁设备；引发控制信号的误动作；影响通信质量，延误或阻止通信的正常进行。因此，当“零地电压”不满足负载的使用要求时（一般“零地电压”应小于2V），应采取措施，降低“零地电压”。对于TN系统，在UPS的输出端配备隔离变压器是降低“零地电压”的有效方法。选择隔离变压器的保护开关时，应考虑隔离变压器投入时的励磁涌流。

专用配电箱（柜）配置远程通信接口的目的是为了将配电箱（柜）内各路电源的运行状况反映到机房设备监控系统中，便于工作人员掌握设备运行状况。

8.1.11 电源连接点主要是指插座、接线柱、工业连接器等，电子信息设备的电源连接点应在颜色或外观上明显区别于其他设备的电源连接点，以防止其他设备误连接后，导致电子信息设备供电中断。

8.1.12 由于柴油发电机系统是作为A级电子信息系统机房两个供电电源的后备电源，其作用是实现“容错”功能，故A级电子信息系统机房后备柴油发电机系统的结构型式为N或N+X（X=1～N）。

8.1.13 由于A级和B级电子信息系统机房的UPS、空调和制冷设备除满足基本需求外，均含有冗余量或冗余设备，从经济角度考虑，后备柴油发电机的容量不应包括这些设备的冗余量（但应考虑负荷率），故柴油发电机的容量只包括UPS、空调和制冷设备的基本容量及应急照明和消防等关系到生命安全需要的负荷容量。由于UPS是柴油发电机的主要负载，故在选择柴油发电机时，应考虑UPS输出的谐波电流对柴油发电机输出电压的影响。

8.1.14 本条主要是从供电可靠性考虑的，从目前的技术发展来讲，“并机”设备可以实现自动同步控制出现故障时，手动控制同步的功能。

8.1.15 本条主要考虑当市电和柴油发电机都出现故障时，检修柴油发电机需要电源，故只能采用UPS或EPS。为了不影响电子信息设备的安全运行，检修用UPS电源不应由电子信息设备用UPS电源引来。

8.1.16 本条主要是从供电可靠性考虑的，市电与柴油发电机之间的自动转换开关应具有手动旁路功能，检修自动转换开关时，不会影响市电与柴油发电机的切换。

8.1.17 机房内的隐蔽通风空间主要是指作为空调静压箱的活动地板下空间及用于空调回风的吊顶上空间。从安全的角度出发，在活动地板下及吊顶上敷设的低压配电线路应采用阻燃铜芯电缆；从方便安装和维护的角度考虑，配电电缆线槽（桥架）应敷设在通信缆线线槽（桥架）的下方。当活动地板下作为空调静压箱或吊顶上作为回风通道时，电缆线槽的布置应留出适当的空间，保证气流通畅。

8.1.18 电子信息设备属于单相非线性负荷，易产生谐波电流及三相负荷不平衡现象，根据实测，UPS输出的谐波电流一般不大于基波电流的10%，故不必加大相线截面积，而中性线含三相谐波电流的叠加及三相负荷不平衡电流，实测往往等于或大于相线电流，故中性线截面积不应小于相线截面积。此外，将单相负荷均匀地分配在三相线路上，可以减小中性线电流，减小由三相负荷不平衡引起的电压不平衡度。

8.2 照　　明

8.2.1 照度标准值的参考平面为0.75m水平面。

8.2.3 本条主要是从照明节能角度考虑，高效节能荧光灯主要是指光效大于80 lm/W的荧光灯。对于大面积照明场所及平时无人职守的房间，照明光源应采用分区、分组的控制措施。

8.2.4 本条针对视觉作业所采取的措施是为了减少作业面上的光幕反射和反射眩光。现行国家标准《建筑照明设计标准》GB 50034等同采用CIE标准《室内工作场所照明》S008/E—2001中有关限制视觉显示终端眩光的规定，本规范参照执行。

8.2.5 根据对机房现场的重点调查，机房内的照明均匀度一般都大于0.7，特别是对有视觉显示终端的工作场所，人的眼睛对照明均匀度要求更高，只有当照明均匀度大于0.7时，人的眼睛才不容易疲劳。

由于人的眼睛对亮度差别较大的环境有一个适应期，因此相邻的不同环境照度差别不宜太大，非工作区域内的一般照明照度值不宜低于工作区域内一般照明照度值的1/3的规定是参照CIE标准《室内照明指南》（1986）制订的。

8.2.6 主机房和辅助区是电子信息交流和控制的重要场所，照明熄灭将造成机房内的人员停止工作，设备运转出现异常，从而造成很大影响或经济损失。因此，主机房和辅助区内应设置保证人员正常工作的备用照明。备用照明与一般照明的电源应由不同回路引来，火灾时切除。通过普查和重点调查，以及对电子信息系统机房重要性的普遍认同，规定备用照明的照度值不低于一般照明照度值的10%；有人值守的房间（主要是辅助区），备用照明的照度值不应低于一般照明照度值的50%。

8.2.7 主机房一般为密闭空间（A级和B级主机房一般不设外窗），从安全角度出发，规定通道疏散照明的照度值（地面）不低于5 lx。

8.2.8 0类灯具的防触电保护主要依靠其自身的基本绝缘，而Ⅰ类灯具的防触电保护除依靠其自身的基本绝缘外，还包括附加的安全措施，即把易触及的导电部件与线路中的保护线连接，使易触及的导电部件在基本绝缘失效时不致带电。电子信息系统机房内应采用Ⅰ类灯具，其供电线路无论是明敷还是暗敷，灯具的金属外壳均应与保护线（PE线）做电气连接。

8.2.10 技术夹层包括吊顶上和活动地板下，需要设置照明的地方主要是人员可以进入的夹层。

8.3 静电防护

8.3.1 “地板”是指铺设了高架防静电活动地板的区域，“地面”是指未铺设防静电活动地板的区域。地板或地面是室内环境静电控制的重点部位，其防静电的功能主要取决于静电泄放措施和接地构造，即地板或地面应选择导静电或静电耗散材料，并应做好接地。

本规范采用静电工程中通常使用的“表面电阻”和“体积电阻”来表征地板或地面的静电泄放性能，其阻值是依据国内行业规范并参考国外相关标准确定的，涵盖了导静电型和静电耗散型两大地面类型。

8.3.2 采用涂料敷设方式的防静电地面，涂料多为现场配置或采用复合材料铺设，静电性能不容易达到一致或存在时效衰减，因此要求长期稳定。该项指标可以由供方承诺，也可经具有相应资质的测试部门，通过加速老化试验，进行功能性评定和寿命预测。

8.3.3 主机房内的工作台面是人员操作的主要工作面，从保证电子信息系统的可靠性角度考虑，推荐采用与地面同级别的防静电措施。

8.3.4 等电位联结是静电防护的必要措施，是接地构造的重要环节，对于机房环境的静电净化和人员设备的防护至关重要，在电子信息系统机房内不应存在对地绝缘的孤立导体。

8.4 防雷与接地

8.4.1 本规范仅对电子信息系统机房接地的特殊性作出规定，在进行机房防雷和接地设计时，除应符合本规范的相关规定外，尚应符合现行国家标准《建筑物防雷设计规范》GB 50057 和《建筑物电子信息系统防雷技术规范》GB 50343 的有关规定。如电子信息系统机房内各级配电系统浪涌保护器的设计应按照现行国家标准《建筑物电子信息系统防雷技术规范》GB 50343 的有关规定执行。

8.4.2 保护性接地包括：防雷接地、防电击接地、防静电接地、屏蔽接地等；功能性接地包括：交流工作接地、直流工作接地、信号接地等。

关于电子信息设备信号接地的电阻值，IEC 有关标准及等同或等效采用 IEC 标准的国家标准均未规定接地电阻值的要求，只要实现了高频条件下的低阻抗接地（不一定是接大地）和等电位联结即可。当与其他接地系统联合接地时，按其他接地系统接地电阻的最小值确定。

若防雷接地单独设置接地装置时，其余几种接地宜共用一组接地装置，其接地电阻不应大于其中最小值，并应按现行国家标准《建筑物防雷设计规范》GB 50057 要求采取防止反击措施。

8.4.3 为了减小环路中的感应电压，单独设置接地线的电子信息设备的供电线路与接地线应尽可能地同路径敷设；同时为了防止干扰，接地线应与其他接地线绝缘。

8.4.4 对电子信息设备进行等电位联结是保障人身安全、保证电子信息系统正常运行、避免电磁干扰的基本要求。

电子信息设备有两个接地：一个是为电气安全而设置的保护接地，另一个是为实现其功能性而设置的信号接地。按 IEC 标准规定，除个别特殊情况外，一个建筑物电气装置内只允许存在一个共用的接地装置，并应实施等电位联结，这样才能消除或减少电位差。对电子信息设备也不例外，其保护接地和信号接地只能共用一个接地装置，不能分接不同的接地装置。在 TN-S 系统中，设备外壳的保护接地和信号接地是通过连接 PE 线实现接地的。

S 型（星形结构、单点接地）等电位联结方式适用于易受干扰的频率在 0～30kHz（也可高至 300kHz）的电子信息设备的信号接地。从配电箱 PE 母排放射引出的 PE 线兼做设备的信号接地线，同时实现保护接地和信号接地。对于 C 级电子信息系统机房中规模较小（建筑面积 $100m^2$ 以下）的机房，电子信息设备可以采用 S 型等电位联结方式。

M 型（网形结构、多点接地）等电位联结方式适用于易受干扰的频率大于 300kHz（也可低至 30kHz）的电子信息设备的信号接地。电子信息设备除连接 PE 线作为保护接地外，还采用两条（或多条）不同长度的导线尽量短直地与设备下方的等电位联结网格连接，大多数电子信息设备应采用此方案实现保护接地和信号接地。

SM 混合型等电位联结方式是单点接地和多点接地的组合，可以同时满足高频和低频信号接地的要求。具体做法为设置一个等电位联结网格，以满足高频信号接地的要求；再以单点接地方式连接到同一接地装置，以满足低频信号接地要求。

8.4.5 要求每台电子信息设备有两根不同长度的连接导体与等电位联结网格连接的原因是：当连接导体的长度为干扰频率波长的 1/4 或其奇数倍时，其阻抗为无穷大，相当于一根天线，可接收或辐射干扰信号，而采用两根不同长度的连接导体，可以避免其长度为干扰频率波长的 1/4 或其奇数倍，为高频干扰信号提供一个低阻抗的泄放通道。

8.4.6 等电位联结网格的尺寸取决于电子信息设备的摆放密度，机柜等设备布置密集时（成行布置，且行与行之间的距离为规范规定的最小值时），网格尺寸宜取小值（600 mm×600mm）；设备布置宽松时，网格尺寸可视具体情况加大，目的是节省铜材（参见图 1）。

以采用屏蔽缆线，缆线的屏蔽层应与屏蔽壳体可靠连接。

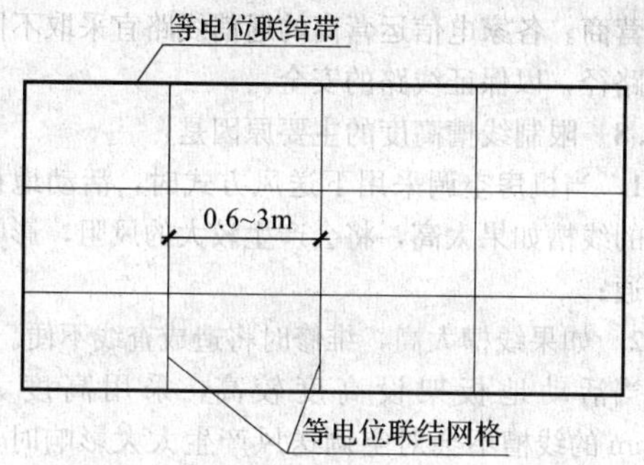

图1 等电位联结带与等电位联结网格

9 电磁屏蔽

9.1 一般规定

9.1.1 其他电磁泄漏防护措施主要是指采用信号干扰仪、电磁泄漏防护插座、屏蔽缆线和屏蔽接线模块等。

9.1.4 设有电磁屏蔽室的电子信息系统机房，结构荷载除应满足电子信息设备的要求外，还应考虑金属屏蔽结构需要增加的荷载值。根据调研，需要增加的结构荷载与屏蔽结构形式及屏蔽室的面积有关，一般在1.2～2.5kN/m²范围内。

9.1.5 滤波器、波导管等屏蔽件一般安装在电磁屏蔽室金属壳体的外侧，考虑到以后的维修，需要在安装有屏蔽件的金属壳体侧与建筑（结构）墙之间预留维修通道或维修口，通道宽度不宜小于600mm。

9.1.6 电磁屏蔽室的接地采用单独引下线的目的是为了防止屏蔽信号干扰电子信息设备，引下线一般采用截面积不小于25mm²的多股铜芯电缆，并采取屏蔽措施。

9.3 屏蔽件

9.3.1 屏蔽件的性能指标主要是指衰减参数和截止频率等。选择屏蔽件时，其性能指标不应低于电磁屏蔽室的屏蔽要求。根据调研，屏蔽件的性能指标适当提高一些，屏蔽效果会更好。

9.3.3 滤波器分为电源滤波器和信号滤波器，电源滤波器主要对供电电源进行滤波。电源滤波器的规格主要是指电源频率（50Hz、400Hz等）和额定电流值；电源滤波器的供电方式有单相和三相。

9.3.4 当信号频率太高（如射频信号），无法采用滤波器进行滤波时，应对进入电磁屏蔽室的信号电缆采取其他的屏蔽措施，如使用屏蔽暗箱或信号传输板等。

9.3.5 采用光缆的目的是为了减少电磁泄漏，保证信息安全。光缆中的加强芯一般采用钢丝，在光缆进入波导管之前应去掉钢丝，以保证电磁屏蔽效果。对于电场屏蔽衰减指标低于60dB的屏蔽室，网络线可以采用屏蔽缆线，缆线的屏蔽层应与屏蔽壳体可靠连接。

9.3.6 根据调研，截止波导通风窗内的波导管采用等边六角形时，电磁屏蔽和通风效果最好。

9.3.7 非金属材料主要是指光纤、气体和液体（如空调制冷剂、消防用水或气体灭火剂等）。波导管的截面尺寸和长度应根据截止频率和衰减参数，通过计算确定。

10 机房布线

本章适用于电子信息系统机房内及同一建筑物内数个机房之间连接的网络布线系统设计，不包括建筑物其他部分的综合布线，具体如图2所示：

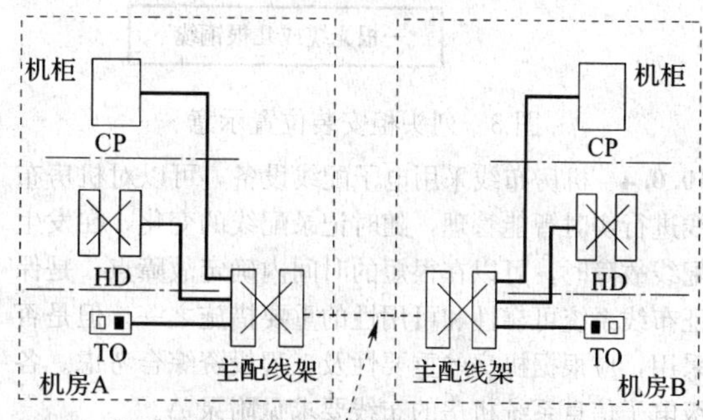

图2 机房及机房之间布线范围

10.0.1 主机房以一个机柜为一个工作区，暂时无法确定机柜数量的，以3～5m²为一个工作区；辅助区以3～9 m²为一个工作区；支持区以不同的功能用房为一个工作区，如UPS室、空调机房等。工作区信息点数量配置见附录A的技术要求。行政管理区按现行国家标准《综合布线系统工程设计规范》GB 50311的有关规定执行。

10.0.2 此条规定是为保证网络系统运行稳定可靠。传输介质主要是指设备缆线、跳线和配线设备。冗余配置的要求主要针对A级和B级电子信息系统机房的布线，对于C级电子信息系统机房的布线，可根据具体情况确定。

10.0.3 当主机房内机柜或机架成行排列超过5个或按照不同功能区域布置时，为便于施工、管理和维护，可以在主配线设备（BD）和成行排列的机柜（或按照功能区域布置的机柜）或机架之间增加一个列头柜，同一功能区域或同一排机柜或机架的对绞电缆、光缆均汇聚到列头柜。当列头柜内不安装有源网络设备时，它就是一个线缆集合点（CP）；而当列头柜内安装有源网络设备时，它就是一个水平配线设备（HD）。列头柜一般设置在成行排列的机柜端头。

在网络布线设计中，应根据工程造价、管理要求、场地条件等因素，决定列头柜是采用（CP）方式，还是（HD）方式。采用（CP）方式时，管理方便、维护简单，但线路施工量大，造价高；而采用（HD）方式时，由于有源网络设备分布在各个列头柜内，因此与主配线柜的连接可以使用一根多芯光缆或几根铜缆，减少了光缆或铜缆的数量，减少了线路施工和维护工作量，但由于网络设备分散，给管理造成了不便。图3是列头柜安装位置示意图。

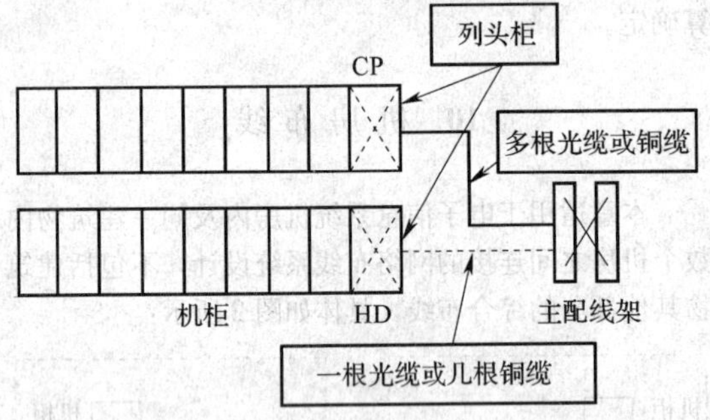

图3 列头柜安装位置示意

10.0.4 机房布线采用电子配线设备，可以对机房布线进行实时智能管理，随时记录配线的变化，在发生配线故障时，可以在很短的时间内确定故障点，是保证布线系统可靠性和可用性的重要措施之一。但是否采用，应根据机房的重要性及工程投资综合考虑。各级电子信息系统机房的布线要求见附录A。

10.0.5 为防止电磁场对布线系统的干扰，避免通过布线系统对外泄露重要信息，应采用屏蔽布线系统、光缆布线系统或采取其他电磁干扰防护措施（如建筑屏蔽）。当采用屏蔽布线系统时，应保证链路或信道的全程屏蔽和屏蔽层可靠接地。

10.0.6 当缆线敷设在隐蔽通风空间（如吊顶内或地板下）时，缆线易受到火灾的威胁或成为火灾的助燃物，且不易察觉，故在此情况下，应对缆线采取防火措施。采用具有阻燃性能的缆线是防止缆线火灾的有效方法之一。各级电子信息系统机房的布线要求见附录A，北美通信缆线防火分级见表1，也可以按照现行国家标准《综合布线系统工程设计规范》GB 50311的相关规定，按照欧洲缆线防火分级标准设计。

表1 北美通信缆线防火分级

线缆的防火等级	北美通信电缆分级	北美通信光缆分级
阻燃级	CMP	OFNP或OFCP
主干级	CMR	OFNR或OFCR
通用级	CM,CMG	OFN(G)或OFC(G)

10.0.7 在设计机房布线系统与本地公用电信网络互联互通时，主要考虑对不同电信运营商的选择和系统出口的安全。对于重要的电子信息系统机房，设置的网络与配线端口数量应至少满足两家以上电信运营商互联的需要，使得用户可以根据业务需求自由选择电信运营商。各家电信运营商的通信线路宜采取不同的敷设路径，以保证线路的安全。

10.0.8 限制线槽高度的主要原因是：

1 当机房空调采用下送风方式时，活动地板下敷设的线槽如果太高，将会产生较大的风阻，影响气流流通；

2 如果线槽太高，维修时将造成查线不便。

当活动地板架设高度较高，采用高度大于150mm的线槽不会对空调送风产生太大影响时，可以适当增加线槽的高度，也可以采用多层线槽，尤其是采用上走线方式时，线槽可安装2～3层，最下层用于配电线路，上层用于网络布线。

布置线槽时需要综合考虑相关专业对空间的要求。活动地板下敷设线槽时，应考虑与配电线路的间距及是否阻碍了空调气流的流通；采用上走线方式时，线槽的位置应与灯具、风口和消防喷头的位置相协调。

为了减少采用线槽带来的以上问题，近年来，在欧洲和北美地区已普遍采用网格式桥架。网格式桥架在活动地板下敷设或采用上走线方式敷设时，可以减少对气流的阻碍，便于维修、查线和及时发现隐患。

11 机房监控与安全防范

11.1 一般规定

11.1.2 环境和设备监控系统采用集散或分布式网络结构，能够体现集中管理，分散控制的原则，可以实现本地或远程监视和操作。

11.1.3 环境和设备监控系统、安全防范系统的主机和人机界面一般设置在同一个监控中心内（安全防范系统也可设置在消防控制室），为了提高供电电源的可靠性，各系统宜采用独立的UPS电源。当采用集中UPS电源供电时，应采用单独回路为各系统配电。A级和B级电子信息系统机房，应为UPS提供双路供电电源。

11.2 环境和设备监控系统

11.2.1 当主机房使用恒温恒湿的机房专用空调时，空调的给排水管将穿越主机房，管道的连接处有可能漏水，空调机本身也会产生少量的冷凝水，这些都是有可能发生水患的部位，应设置漏水检测、报警装置。强制排水设备的运行、停止和故障状态应反馈到监控系统。为机房专用空调提供冷冻水的水管，在进入主机房时应分别加装电动和手动阀门，以便在紧急情况下切断水源，保证电子信息设备安全。

11.2.3 KVM（keyboard 键盘、video 显示器、mouse 鼠标的缩写）切换系统是利用一套或多套终端设备在多个不同操作系统的多平台主机之间进行切换，实现一个或多个用户使用一套或多套终端去访问和操作一台或多台主机。

11.3 安全防范系统

11.3.2 门禁系统正常工作时，室内人员出门一般需要采用IC卡或按动释放按钮，而在紧急情况时，上述操作不符合人员逃生的要求，需自动释放，保证人员直接推门而出，及时离开火灾现场。

11.3.3 室外安装的安全防范系统设备主要指室外摄影机及配件、周界防护探测器等，防雷措施包括安装避雷装置、采取隔离等。

12 给水排水

12.1 一般规定

12.1.2 挡水和排水设施用于自动喷水灭火系统动作后的排水、空调冷凝水及加湿器的排水，防止积水。

12.2 管道敷设

12.2.1、12.2.2 这两条都是为了保证机房的给水排水管道不影响机房的正常使用而制定的，主要是三个方面：

1 保证管道不渗不漏，主要是选择优质耐高压、连接可靠的管道及配件。例如，焊接连接的不锈钢阀件；

2 管道结露滴水会破坏机房工作环境，因此要求有可靠的防结露措施，应根据管内水温及室内环境温度计算确定。

3 减小管道敷设对环境的影响，给排水干管一般敷设在管道竖井（或地沟）内，引入主机房的支管采用暗敷或采用防漏保护套管敷设；管道穿墙或穿楼板处应设置套管，以防止室内环境受到外界干扰。

12.2.3 地漏易集污、返臭，破坏室内环境，因此当主机房和辅助区设置地漏时规定了两项措施：

1 使用洁净室专用地漏或自闭式地漏。洁净室专用地漏的特点是用不锈钢制造，易清污，深水封，带密封盖，有效地保障了不让下水道的臭气、细菌通过地漏进入室内；自闭式地漏的特点是存水腔内设置自动启闭阀，下水时启闭阀自动打开，使水直接排向管道；下水停止时，启闭阀自动关闭，达到防溢、防虫、防臭的功能；

2 加强地漏的水封保护。由于地漏自带水封能力有限，地漏箅子上又不可能经常有水补充，因此当必须设置地漏时，为防室外污水管道臭气倒灌，应在地漏下加设可靠的防止水封破坏的措施。

12.2.4 为防止给排水管道结露，管道应采取保温措施，保温材料应选择难燃烧的、非窒息性的材料。

13 消防

13.1 一般规定

13.1.1 电子信息系统机房的规模和重要性差异较大，有几万平方米的机房，也有几十平方米的机房；有有人值守的机房，也有无人值守的机房；有设备数量很多的机房，也有设备数量很少的机房；有火灾造成的损失和影响很严重的机房，也有损失和影响较轻的机房；因此应根据机房的等级确定设置相应的灭火系统。

13.1.2、13.1.3 目前用于电子信息系统机房的洁净气体灭火系统主要有七氟丙烷（HFC-227ea，FM-200®为HFC-227ea的进口产品）、烟烙尽（IG-541，Inergen®为IG-541的进口产品）、二氧化碳。气体灭火系统自动化程度高、灭火速度快，对于局部火灾有非常强的抑制作用，但由于造价高，因此应选择火灾对机房影响最大的部分设置气体灭火系统。

对于空间较大，且只有部分设备需要重点保护的房间（如变配电室），为进一步降低工程造价，可仅对设备（如配电柜）采取局部保护措施，如可采用“火探”自动灭火装置。

细水雾灭火系统可实现灭火和控制火情的效果，具有冷却与窒息的双重作用。对于水渍和导电性敏感的电子信息设备，应选用平均体积直径（$DV_{0.5}$）50～100μm的细水雾，这种细水雾具有气体的特性。

实践证明，自动喷水灭火系统是非常有效的灭火手段，特别是在抑制早期火灾方面，且造价相对较低。考虑到湿式自动喷水灭火系统存在水渍损失及误动作的可能，因而要求采用相对安全的预作用系统。

13.1.4 任何电子信息系统机房发生火灾，其后果都很严重，因此必须设置火灾探测报警系统，便于早期发现火灾，及时扑救，使损失减到最小。现行国家标准《火灾自动报警系统设计规范》GB 50116对火灾探测和联动控制有详细的要求。

13.2 消防设施

13.2.1 主机房是电子信息系统的核心，在确定消防措施时，应同时保证人员和设备的安全，避免灭火系统误动作造成损失。只有当两种火灾探测器同时发出报警后，才能确认为真正的灭火信号。两种火灾探测器可采用感烟和感温、感烟和离子或感烟和光电探测器的组合，也可采用两种不同灵敏度的感烟探测器。对于含有可燃物的技术夹层（吊顶内和活动地板下），也应同时设置两种火灾探测器。

对于空气高速流动的主机房，由于烟雾被气流稀释，致使一般感烟探测器的灵敏度降低；此外，烟雾可导致电子信息设备损坏，如能及早发现火灾，可减少设备损失，因此主机房宜采用吸气式烟雾探测火灾报警系统作为感烟探测器。

13.2.2 气体灭火需要保证在所灭火的场所形成一个封闭的空间，以达到灭火的效果。而大量的机房均独立设置空调、排风系统，在灭火时，这些系统应停止运行。此外，为了保证消防人员的安全，根据现行国家标准《火灾自动报警系统设计规范》GB 50116的要求，火灾时应切断有关部位的非消防电源。

13.2.3 这是在实施灭火过程中，提示机房内的人员尽快离开火灾现场以及提醒外部人员不要进入火灾现场而设置的，主要是从保证人员人身安全出发考虑的。

13.2.4 由于1991年通过了《蒙特利尔议定书（修正案）》，故不再使用卤代烷（1211、1301）作为灭火剂。二氧化碳灭火系统以现行国家标准《二氧化碳灭火系统设计规范》GB 50193作为设计依据；烟烙尽和七氟丙烷灭火系统以现行国家标准《气体灭火系统设计规范》GB 50370作为设计依据。随着科学技术的进步，将会有更多的新产品应用于电子信息系统机房。由于生产厂家众多，产品质量参差不齐，为保障电子信息系统运行和人员生命安全，故增加“经消防检测部门检测合格的产品”的条款。

13.2.6 采用单独的报警阀组可以避免因为其他区域动作而给机房带来的影响。

13.2.7 电子信息设备属于重要和精密设备，使用手提灭火器对局部火灾进行灭火后，不应使电子信息设备受到污渍损害。而干粉灭火器、泡沫灭火器灭火后，其残留物对电子信息设备有腐蚀作用，且不易清洁，将造成电子信息设备损坏，故应采用气体灭火器灭火。

13.3 安全措施

13.3.1 气体灭火的机理是降低火灾现场的氧气含量，这对人员不利，本条是为了防止在灭火剂释放时有人来不及疏散以及防止营救人员窒息而规定的。

中华人民共和国国家标准

铁路车站及枢纽设计规范

Code for design of railway station and terminal

GB 50091—2006

主编部门：中华人民共和国铁道部
批准部门：中华人民共和国建设部
施行日期：2 0 0 6 年 6 月 1 日

中华人民共和国建设部
公　　告

第 419 号

建设部关于发布国家标准《铁路车站及枢纽设计规范》的公告

现批准《铁路车站及枢纽设计规范》为国家标准，编号为 GB 50091—2006，自 2006 年 6 月 1 日起实施。其中，第 3.1.1、3.1.3、3.1.9、3.1.18、13.2.4、13.5.2、13.5.7 条（款）为强制性条文，必须严格执行。原《铁路车站及枢纽设计规范》GB 50091—99同时废止。

本规范由建设部标准定额研究所组织中国计划出版社出版发行。

中华人民共和国建设部

二〇〇六年三月十四日

前　　言

本规范是根据建设部建标［2003］102 号文件《关于印发“二〇〇二～二〇〇三年工程建设国家标准制定、修订计划”的通知》的要求，由铁道第四勘察设计院会同有关单位对原国家标准《铁路车站及枢纽设计规范》GB 50091—99 进行修订的基础上编制完成的。

本规范共分 13 章，主要内容包括：总则，术语，车站设计的基本规定，会让站、越行站，中间站，区段站，编组站，驼峰，客运站、客运设备和客车整备所，货运站、货场和货运设备，工业站、港湾站，枢纽，站线轨道。

本规范根据铁路实现跨越式发展的总体要求，遵循以人为本、服务运输、强本简末、系统优化、着眼发展的原则，坚持依靠科技进步，改革运输管理体制，并按照调整生产力布局的要求，合理确定设计标准、站段布局及规模，使车站及枢纽设计符合安全适用、技术先进、经济合理的要求，努力提高铁路投产后的竞争能力和建设项目的投资效益。在修订过程中，吸纳了原规范执行以来铁路设计、施工、运营的成功经验和科研成果，广泛征求有关单位和专家的意见。补充、删减、修订的主要内容有：

1. 本规范所适用的旅客列车设计行车速度由 140km/h 提高到 160km/h。

2. 修订了新建和改建铁路车站及枢纽设计年度的划分标准。

3. 增加和修订了有关环境保护、实现车流快速移动和货运组织集中化、坚持以人为本、改革运输管理体制、调整生产力布局、树立综合成本观念以及加强设计总体性等新的设计理念和原则内容。

4. 修订了旅客高站台高度的标准。

5. 修订了部分线间距的标准。

6. 修订了在铁路区段内选定会让、越行超限货物列车车站个数的规定。

7. 修订了安全线的设置原则。

8. 修订了站内平过道的设置原则。

9. 修订了站内道路系统的布置原则。

10. 增加了路段设计速度较高地段采取安全防护措施的规定。

11. 修订了进出站线路和站内线路的平面、纵断面的部分标准。

12. 增加了Ⅰ、Ⅱ级铁路的站场路基和排水的设计标准。

13. 修订了越行站两端正线间渡线的设置原则。

14. 修订了中间站的图型和其两端正线间渡线的设置原则。

15. 修订了区段站的图型和计算到发线数量的参数。

16. 修订了客运站的图型。

17. 修订了客运设备的标准。

18. 修订了普通货物站台顶面与相邻线轨面高差的规定。

本规范由建设部负责管理和对强制性条文的解释，由铁道第四勘察设计院负责具体内容解释。本规范在执行过程中，请各单位结合工程实践，认真总结经验，积累资料，如发现需要修改或补充之处，请及时将意见和有关资料寄交铁道第四勘察设计院（地址：湖北省武汉市武昌和平大道 745 号，邮编：430063），并抄送铁路工程技术标准所（地址：北京市羊坊店路甲 8 号，邮编：100038），供修订时参考。

本规范主编单位、参编单位和主要起草人：

主编单位：铁道第四勘察设计院

参编单位：铁道第一勘察设计院

主要起草人：崔庆生　刘守忠　刘佐治　汤文漪　万福英

目　次

1 总 则

1.0.1 为贯彻国家有关的法规和铁路技术政策，统一铁路车站及枢纽设计的技术标准，使铁路车站及枢纽设计符合安全适用、技术先进、经济合理的要求，制定本规范。

1.0.2 本规范适用于铁路网中客货列车共线运行、旅客列车设计行车速度等于或小于 160 km/h、货物列车设计行车速度等于或小于 120km/h 的Ⅰ、Ⅱ级标准轨距铁路车站及枢纽的设计。本规范中凡与行车速度和铁路等级无直接关系的规定，也适用于其他客货列车共线运行的铁路车站及枢纽设计。

1.0.3 铁路车站及枢纽的设计年度应分为近、远两期。近期为交付运营后第 10 年，远期为交付运营后第 20 年。近、远期均采用预测运量。

对于不易改、扩建的建筑物和基础设施，应按远期运量和运输性质设计；对于易改、扩建的建筑物和基础设施，可按近期运量和运输性质设计，并预留远期发展条件；对于可随运输需求变化而增减的运营设备，可按交付运营后第 3 年或第 5 年的运量设计。

枢纽总布置图尚应根据 20 年以上远景规划，预留长远发展条件。

1.0.4 铁路车站及枢纽设计应坚持以人为本，按规定配置保障人身和行车安全，方便旅客旅行的设施设备。

1.0.5 铁路车站及枢纽建设应与城市建设总体规划相互配合和协调，并应高度重视环境保护、水土保持、防灾减灾、文物保护、节约能源和土地。

1.0.6 编组站、区段站应按照减少车流改编次数，实现车流快速移动的原则设置。

货运站的设置应有利于实现货运组织集中化和专业化，客、货运量较小时不应设置中间站。

1.0.7 铁路车站及枢纽设计应根据运输需要，系统、经济、合理地确定站段布局及规模。

1.0.8 铁路枢纽和复杂车站的设计方案，必须经过技术经济比较确定。

在满足设计年度要求能力的前提下，铁路车站及枢纽的改、扩建应充分利用既有建筑物和设备。

复杂的车站改、扩建工程应有指导性施工过渡设计。

1.0.9 开行双层集装箱列车的车站及枢纽设计应满足有关规定的要求。

1.0.10 铁路车站及枢纽设计除应符合本规范外，尚应符合国家现行的有关标准、规范的规定。

2 术 语

2.0.1 会让站、越行站 passing station

为满足区间通过能力，必要时可兼办少量旅客乘降的车站。在单线上称会让站，在双线上称越行站。

2.0.2 中间站 intermediate station

办理列车通过、交会、越行和客货运业务的车站。

2.0.3 区段站 districk station

为货物列车本务机车牵引交路和办理区段、摘挂列车解编作业而设置的车站。

2.0.4 编组站 marshalling station

在枢纽内，办理大量货物列车解编作业的车站。

2.0.5 客运站 passenger station

主要办理客运业务的车站。

2.0.6 货运站 freight station

主要办理货运业务的车站。

2.0.7 工业站、港湾站 industrial station、water-front station

主要为厂、矿企业或港口外部运输服务的车站。前者称工业站，后者称港湾站。

2.0.8 铁路枢纽 railway terminal

在铁路网结点或网端，由客运站、编组站和其他车站，以及各种为运输服务的设施和连接线等所组成的整体。

2.0.9 进出站线路 approach line

进出枢纽或车站的单独线路的统称。

2.0.10 进出站线路疏解 untwining for approach line

为消除或减少进出站线路上列车或机车运行的进路交叉所采取的措施。

2.0.11 疏解线路 untwining line

对进出站线路进行疏解布置而修建的线路的简称。

3 车站设计的基本规定

3.1 一 般 规 定

3.1.1 在铁路车站线路的直线地段上，主要建筑物和设备至线路中心线的距离应符合表 3.1.1 的规定。

表 3.1.1 主要建筑物和设备至线路中心线距离(mm)

序号	建筑物和设备名称			高出轨面的距离	至线路中心线的距离
1	跨线桥柱、天桥柱、雨棚柱和接触网、电力照明等杆柱边缘	位于正线或站线一侧		1100 及以上	≥2440
		其中雨棚柱	位于正线或通行超限货物列车的到发线一侧	1100 及以上	≥2440
			位于不通行超限货物列车的到发线一侧	1100 及以上	≥2150
		位于站场最外站线的外侧		1100 及以上	≥3000
		位于最外梯线或牵出线一侧		1100 及以上	≥3500
2	高柱信号机边缘	位于正线或通行超限货物列车的到发线一侧	一般	1100 及以上	≥2440
			改建困难	1100 及以上	2100(保留)
		位于不通行超限货物列车的到发线一侧	一般	1100 及以上	≥2150
			改建困难	1100 及以上	1950(保留)
3	货物站台边缘	普通站台		1100	1750
		高站台		≤4800	1850
4	旅客站台边缘	高站台		1250	1750
		普通站台		500	1750
		低站台	位于正线或通行超限货物列车的到发线一侧	300	1750
5	车库门、转车盘、洗车架和洗罐线、加冰线、机车走行线上的建筑物边缘			1120 及以上	≥ 2000
6	清扫或扳道房和围墙边缘	一般		1100 及以上	≥3500
		改建困难		1100 及以上	3000(保留)
7	起吊机械固定杆柱或走行部分附属设备边缘至货物装卸线			1100 及以上	≥2440

注：表列序号 1，第 1～2 栏数值，当有大型养路机械作业时，各类建筑物至线路中心线的距离不应小于 3100mm。

3.1.2 在车站线路的曲线地段上，各类建筑物和设备至线路中心的距离及线间距应按现行国家标准《标准轨距铁路建筑限界》GB 146.2 的有关规定加宽。位于曲线内侧的旅客站台，如线路有外轨超高时，应降低站台高度，降低的数值为 0.6 倍外轨超高度。

3.1.3 在线路的直线地段上，站内两相邻线路中心线的线间距应符合表 3.1.3 的规定。

表 3.1.3 车站线间距(mm)

序号	名 称				线间距
1	正线间				5000
	正线与到发线间	无列检作业			5000
		有列检作业	$v \leq 120$km/h	一般	5500
				改建特别困难	5000(保留)
			$v > 120$km/h	一般	6000
				改建特别困难	5500(保留)

续表 3.1.3

序号	名 称		线间距
2	到发线间、调车线间	一般	5000
		铺设列检小车通道	5500
		改建特别困难	4600(保留)
3	次要站线间		4600
4	装有高柱信号机的线间	相邻两线均通行超限货物列车	5300
		相邻两线只一线通行超限货物列车	5000
5	客车车底停留线间、备用客车存放线间	一般	5000
		改建特别困难	4600
6	客车整备线间	线间无照明和通信等电杆	6000
		线间有照明和通信等电杆	7000
7	货物直接换装的线路间		3600
8	牵出线与其相邻线间	区段站、编组站及其他调车作业频繁者	6500
		中间站及其他仅办理摘挂取送作业者	5000
9	调车场各线束间		6500
10	调车场设有制动员室的线束间		7000
11	梯线与其相邻线间		5000
12	中间有或预留有电力机车接触网支柱的线间		6500

注:1 表列序号 1,在有列检作业的区段站上,路段设计速度 140km/h 及以上时,运营中必须采取保证列检人员人身安全的措施。

2 表列序号 2,列检小车通道不宜设在通行超限货物列车的到发线间;新建Ⅰ级铁路列检所所在车站,线间铺设机动小车通道的相邻到发线间距不应小于 6000mm。

3 在区段站、编组站及其他大站上,最多每隔 8 条线路应设置一处不小于 6500mm 的线间距,此线间距宜设在两个车场或线束之间。

4 照明和通信电杆等设备,在站线较多的大站上应集中设置在有较宽线间距的线路间;在中间站宜设在站线之外。

3.1.4 电气化铁路上,应根据下列要求确定站内线路架设接触网的范围:

1 电力机车进入的到达线、到发线、安全线、机车走行线和电力机车需要通行的其他线路,均应架设接触网。出发线和编发线有发车作业端的 100～200m 有效长度范围内及其出发通路上应架设接触网。

2 由本务机车进行调车作业的中间站的牵出线和货物线均应架设接触网;当有起吊或其他设备干扰时,可在干扰范围以外的一段线路上架设接触网。

3 在配备内燃调车机车的车站上,牵出线和货物线可不架设接触网。

4 车站的调车线、有大型起吊设备的装卸线、车辆段管线、站修线、内燃机车停留及整备线、轻油油库线、易燃易爆物品专用线路和其他不适宜电气化的线路,不应架设接触网。

5 区段站、编组站及其他大站当有几种牵引种类时,应合理确定架设接触网的范围。

3.1.5 在车站范围内,接触网软横跨跨越的线路数不应超过 8 条。接触网支柱的布置,应与其他设备布置和远期发展相配合。

接触网支柱不应设在站房、行包房、仓库、检票口、天桥及地道等的出、入口处。

在旅客基本站台上,接触网支柱不宜设在靠线路一侧的站台边缘;在货物站台上,接触网支柱边缘距站台边缘不宜小于 3.5m。改建车站在困难条件下,接触网支柱边缘距上述各站台边缘不应小于 2m。

3.1.6 跨越电气化铁路车站的跨线桥,其梁底距桥下线路轨面的高度在直线地段应符合下列规定:

1 在编组站、区段站或调车作业较多的其他车站上不应小于 6550mm,在困难条件下,不应小于 6200mm,在特别困难条件下,当有充分依据时,既有跨线桥不应小于 5800mm。

2 跨越机车走行线的驼峰跨线桥为 6000mm,在困难条件下,不应小于 5800mm。

3 在海拔 1000m 及以上地区,应根据国家现行标准《铁路电力牵引供电设计规范》TB 10009 的有关规定另行加高。

4 设置外轨超高的曲线地段,应根据计算另行加高。

3.1.7 货物列车到发线的有效长度,应根据输送能力的要求、机车类型及所牵引列车的长度,结合地形条件,并与相邻各铁路到发线有效长度的配合等因素确定。到发线有效长度应按 1050m、850m、750m 或 650m 系列选用;开行组合列车为主的铁路可采用大于 1050m 的到发线有效长度。

3.1.8 站内正线应保证通行超限货物列车。

换挂机车的车站及区段内选定的 3～5 个会让站、越行站或中间站应满足超限货物列车会让与越行的要求。上述车站除正线外,单线铁路应另有 1 条线路,双线铁路上、下行应各另有 1 条线路能通行超限货物列车。

3.1.9 线路接轨应满足下列要求:

1 新线与既有线接轨,应保证主要去向的列车不改变运行方向通过接轨点。

2 新线、新建岔线不应在区间内与正线接轨。当疏解线路在区间内与正线接轨时,在接轨地点应设置线路所或辅助所。

3 新线、岔线、段管线与站内正线、到发线接轨时,均应设置安全线;新线、岔线与站内到发线接轨,当站内有平行进路及隔开道岔并有联锁装置时,可不设安全线;机务段和客车整备所与到发线接轨时,也可不设安全线。

3.1.10 在平行运行图列车对数 18～24 对及 24 对以上的单线铁路上,应分别每隔 4～3 个及 3～2 个区间,选定 1 个车站设置同时接入或发接客、货列车的隔开设备。

3.1.11 当进站信号机外制动距离内进站方向为超过 6‰ 的下坡道时,在车站接车线末端应设置安全线。

3.1.12 安全线的设计应符合下列规定:

1 安全线的有效长度不应小于 50m。

2 安全线的纵坡应设计为平道或面向车挡的上坡道。

3 安全线上均应设置缓冲装置。

4 邻靠正线的安全线均应设置双侧护轮轨和止轮土基,有条件时,邻靠正线的安全线应采用曲线型布置。

5 安全线不应设在桥上和隧道内。

6 曲线型安全线末端与相邻线的间距应能确保机车、车辆侧翻时不影响相邻线的安全。

3.1.13 补机地段或加力牵引区段的车站到发线有效长度,应较规定的有效长度另增加加力机车的长度。

牵引机车与到发线有效长度关系按图 3.1.13 办理。

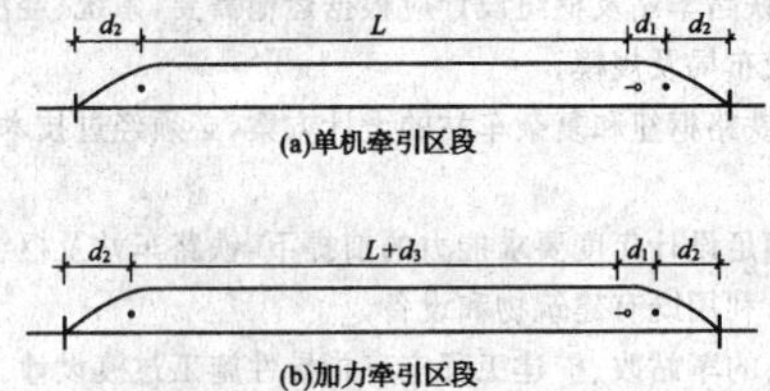

图 3.1.13 牵引机车与到发线有效长度关系图

L—货物列车到发线有效长度;d_1—警冲标至出站信号机的距离(有轨道电路时警冲标位置按绝缘节要求设置);d_2—岔心至警冲标的距离;d_3—加力机车长度

3.1.14 配属调机的车站可根据需要在适当地点设置调机整备设备。

3.1.15 平过道的设置应符合下列规定:

1 路段设计行车速度为 120km/h 及以下时,设有中间站台的车站,中间站台与基本站台间宜在车站中部设置一处平过道相连接;当设有旅客天桥时,可根据需要在车站中部设置一处平过道。路段设计速度大于 120km/h 时,车站内不应设置平过道,跨越线路应采用立体交叉。

2 客车整备所,应在整备线的两端或一端设置平过道。当设两处平过道时,其间的距离不应小于车底全长,在技术整备线上,尚应另加 10m 的拉钩检查距离。

3 有列检作业的到达场、到发场、出发场或编发线,可在车场端部或警冲标外方设置平过道。

4 在驼峰溜放部分车辆减速器前、后,小能力驼峰线束道岔前和调车线内车辆减速器前,可结合站内道路布置,在适当地点设置平过道。

5　其他场、段、所根据需要，可在适当地点设置平过道。

6　平过道宽度应根据其使用情况确定。专供车站工作人员走行时，可采用1.5m；通行非机动车辆时，可采用2.5m；通行机动车辆时，不应小于3.5m。

3.1.16　车站内应设置道路系统，区段站、编组站及其他大站应设置外包车场的道路，并应与城镇或地方道路有方便的联系。

线路跨越站内主要道路的跨线桥，其净空应满足消防和运输车辆通行的要求。

3.1.17　办理客运、货运和与运转作业直接有关的主要生产办公房屋的布置，应满足使用需要并保证值班人员作业安全、联系方便、便于瞭望现场和至室外作业行程最短。

3.1.18　路段设计行车速度120km/h及以上时，车站应设防护栅栏，并与区间防护栅栏相衔接。

3.1.19　铁路车站及枢纽设计应重视专业间的总体协调，有关构筑物、光电缆沟槽、给排水管、站场排水、防雷接地等设计应统筹考虑。

3.2　进出站线路和站线的平面、纵断面

Ⅰ　进出站线路和站线的平面

3.2.1　进出站线路的平面应符合相邻路段正线的规定。在困难条件下，有旅客列车通行的疏解线路的最小曲线半径不应小于400m，其他疏解线路的最小曲线半径不应小于300m，编组站环到、环发线的最小曲线半径不应小于250m。

3.2.2　编组站内的车场应设在直线上。在特别困难条件下，到达场、出发场和到发场可设在同向曲线上，其曲线半径不应小于800m。

3.2.3　牵出线应设在直线上。在困难条件下，可设在半径不小于1000m的曲线上，在特别困难条件下，曲线半径不应小于600m；仅办理摘挂、取送作业的货场或其他厂、段的牵出线，在特别困难条件下，曲线半径不应小于300m。

牵出线不应设在反向曲线上。改建车站，在特别困难条件下，调车作业量较小时，可设在反向曲线上，也可保留既有曲线半径。

3.2.4　货物装卸线应设在直线上。在困难条件下，可设在半径不小于600m的曲线上，在特别困难条件下，曲线半径不应小于500m。

3.2.5　客运站位于旅客高站台旁的线路应设在直线上。改建客运站或其他车站，在困难条件下，可设在半径不小于1000m的曲线上，在特别困难条件下，曲线半径不宜小于600m。

3.2.6　站内联络线、机车走行线和三角线的曲线半径不应小于200m，但编组站车场间联络线的曲线半径不应小于250m。

三角线尽头线的有效长度应按2台机车长度加10m安全距离，在困难条件下，每昼夜转向次数小于36次的单机牵引折返段，其有效长度可采用1台机车长度加10m的安全距离。

转车盘前应有长度不小于12.5m的直线段。

3.2.7　站线的曲线可不设缓和曲线。到发线上的曲线地段和连接曲线宜设曲线超高，曲线地段超高可采用20mm，连接曲线超高可采用15mm。其余站线可不设曲线超高。

3.2.8　通行列车的站线，两曲线间应设置不小于20m的直线段。不通行列车的站线，两曲线间应设置不小于15m的直线段，在困难条件下，可设置不小于10m的直线段。

3.2.9　在正线和站线上，道岔至曲线间的直线段长度应符合下列规定：

1　位于正线上的车站内每一咽喉区两端最外道岔及其他单独道岔直向至曲线超高顺坡终点之间，路段设计行车速度大于120km/h的线路不应小于40m，在困难条件下，不应小于25m，路段设计行车速度为120km/h及以下的线路不应小于20m。

2　站线上的道岔前后至曲线的直线段长度，应根据曲线半径、道岔结构、曲线轨距加宽和曲线超高等因素确定。道岔前后至圆曲线最小直线段长度应符合表3.2.9的规定。

表3.2.9　道岔前后至圆曲线最小直线段长度(m)

序号	道岔前后圆曲线半径 R(m)	轨距加宽(mm)	最小直线段长度					
			一般			困难		
			轨距加宽或曲线超高递减率2‰			轨距加宽递减率3‰		
			岔前	岔后		岔前	岔后	
			木、混凝土岔枕	木岔枕	混凝土岔枕	木、混凝土岔枕	木岔枕	混凝土岔枕
1	$R\geqslant350$	0	2	2	0	0	2	0
2	$350>R\geqslant300$	5	2.5	4.5	2.5	2	4	2
3	$R<300$	15	7.5	9.5	7.5	5	7	5

当道岔采用混凝土岔枕时，道岔后直线长度应为道岔跟端至末根岔枕的距离L'(困难时为$L'_{长}$)与表3.2.9所列最小直线段长度之和。

与道岔前后连接的曲线设有缓和曲线时，可不插入直线段。

道岔后的连接曲线，其半径应与相邻道岔规定的侧向通过速度相匹配。

3.2.10　正线上的道岔不宜设在Ⅰ级铁路路堤与桥台连接处的过渡段范围内，在困难条件下必需设置时，路基应采取加强措施或适当调整桥跨。

Ⅱ　进出站线路和站线的纵断面

3.2.11　进出站线路的纵断面，应符合相邻路段正线的规定。仅为列车单方向运行的疏解线路，可设在大于限制坡度的下坡道上，其最大坡度单机牵引不应大于12‰，在特别困难条件下，不应大于15‰；加力牵引电力不应大于30‰，内燃不应大于25‰。相邻坡段的坡度差应符合表3.2.11的规定。

表3.2.11　相邻坡段最大坡度差(‰)

地形条件	到发线有效长度(m)			
	1050	850	750	650
一般地段	8	10	12	15
困难地段	10	12	15	18

当需利用该线作反向运行时，应经牵引检算满足以不低于列车计算速度通过该线的要求。

3.2.12　编组站各车场和相关线路的纵断面应符合下列规定：

1　峰前到达场宜设在面向驼峰的下坡道上，在困难条件下，可设在上坡道上，其坡度均不应大于1‰，并应保证车列推峰和回牵的起动条件和解体时易于变速。

2　调车场纵断面，应根据所采用的调速工具及其控制方式、技术要求确定。

3　到发场和出发场宜设在平道上，在困难条件下，可设在不大于1‰的坡道上。

4　到发场、出发场和通过车场当需利用正线甩扣修车时，正线的纵断面应满足半个列车调车时的起动条件。

5　改建车站，到达场、到发场、出发场和通过车场采用上述标准引起较大工程时，经主管部门批准，可保留原有坡度，但应采取相应的防溜安全措施。

6　编组站车场间联络线的坡度应满足整列转场的需要。

3.2.13　办理解编作业的牵出线，宜设在不大于2.5‰的面向调车线的下坡道上或平道上，但坡度牵出线的坡度应按计算确定。平面调车的调车线，在咽喉区范围内应设在面向调车场的下坡道上，但坡度不应大于4‰。

办理摘挂、取送作业的货场或其他厂、段的牵出线，宜设在不大于1‰的坡道上。在困难条件下，可设在不大于6‰的坡道上。

3.2.14　货物装卸线应设在平道上，在困难条件下，可设在不大于1‰的坡道上，液体货物、危险货物装卸线和漏斗仓线应设在平道上。货物装卸线起讫点距离凸形竖曲线始、终点不应小于15m。

3.2.15　在客运站与客车整备所上，为旅客列车和个别客车停放的线路应设在平道上，在困难条件下，可设在不大于1‰的坡道上。

3.2.16 站修线、洗罐线和建筑物内的线路应设在平道上。

3.2.17 无机车连挂的车辆停放线和机车整备线宜设在平道上，在困难条件下，可设在不大于1‰的坡道上。

3.2.18 联络线可设在坡道上，其坡度应符合按机车牵引力所确定的车列重量要求，且不应大于20‰。

3.2.19 段外机车走行线的坡度宜放缓，在困难条件下，不应大于12‰；设立交时，内燃、电力机车走行线不应大于30‰。在站、段分界处，应有不小于2台机车长度加10m的机车停留位置，其坡度不应大于2.5‰。

在三角线曲线范围内，坡度不应大于12‰。在三角线尽头线范围内，应设计为平道或面向车挡不大于5‰的上坡道。

机待线的坡度可按三角线尽头线的规定办理。

转车盘前应有长度不小于50m的平坡段。

3.2.20 客车车底取送线的坡度宜放缓，在困难条件下，不应大于12‰，兼作牵出线时，不应大于6‰。

3.2.21 车辆段出、入段线的坡度，应满足车辆取送和段内转线调车的需要。

3.2.22 维修基地和维修工区内的线路，宜设在平道上。在困难条件下，可设在不大于1‰的坡道上。维修基地咽喉区可设在不大于2.5‰的坡道上，在困难条件下，可设在不大于6‰的坡道上。维修工区的咽喉区坡度宜采用与维修基地咽喉区相同的标准，在特别困难条件下，可设在不大于10‰的坡度上。

3.2.23 站线坡段长度及连接，应符合下列规定：

1 进出站线路的坡段长度，应采用相邻路段正线的规定，在困难条件下，疏解线路的坡段长度不应小于200m。

2 到发线的坡段长度不宜小于表3.2.23的规定，通行列车的站线，其坡段长度不应小于200m。不通行列车的站线和段管线，可采用不小于50m的坡段长度，但应保证竖曲线不相互重叠。

表3.2.23 坡段长度(m)

远期到发线有效长度	1050	850	750	650
坡段长度	400	350	300	250

注：路段设计行车速度160km/h地段，最小坡段长度不宜小于400m，且不宜连续使用2个以上。

3 进出站线路坡段连接应符合相邻路段正线的规定。到发线和通行列车的站线，相邻坡段的坡度差大于4‰时，可采用5000m半径的竖曲线，在困难条件下，其竖曲线半径不应小于3000m。不通行列车的站线，相邻坡段的坡度差大于5‰时，可采用3000m半径的竖曲线；设立交的机车走行线，在困难条件下，可采用半径不小于1500m的竖曲线；高架卸货线可采用半径不小于600m的竖曲线。

3.2.24 车站正线上的道岔不应布置在竖曲线范围内和变坡点上，在既有线改建困难条件下，路段设计行车速度不大于100km/h时，可设在半径不小于10000m的竖曲线上。站线上道岔不宜布置在竖曲线范围内，在困难条件下必须布置时，在通行列车的线路上，竖曲线半径不应小于10000m；在不通行列车的线路上，竖曲线半径不应小于5000m。

3.2.25 车站咽喉区范围内两相邻站线有轨面高差时，应根据正线限制坡度、站坪坡度、路基面横向坡度和道床厚度等因素设计站线的顺接坡道。顺接坡道范围宜为道岔岔枕后至警冲标或货物线装卸有效长度起点。顺接坡道的相邻坡段坡度差，到发线和通行列车的站线不宜大于4‰，其他站线不宜大于5‰，坡段长度不应小于50m。

顺接坡道落差不够时，根据车站的具体情况，可采用减缓路基面横向坡度、加厚道床、铺设双层道床和将顺接坡道适当伸入线路有效长度范围内等措施予以调整。

3.3 站场路基和排水

3.3.1 站线中心线至路基边缘的宽度应满足下列要求：车场最外侧线路不应小于3m；有列检作业的车场最外侧线路不应小于4m，困难条件下，采用挡碴墙时可不小于3m；最外侧梯线和平面调车牵出线有调车人员上、下车作业的一侧不应小于3.5m；驼峰推送线的车辆摘钩地段，有摘钩作业的一侧不应小于4.5m，另一侧不应小于4m。

3.3.2 站内联络线、机车走行线和三角线等单线的路基面宽度：土质路基不应小于5.6m；硬质岩石路基不应小于5m。

3.3.3 站内正线或进出站线路路基标准应与区间正线相同。站线路基的路基填料和压实度应按Ⅱ级铁路路基标准设计，路基基床表层厚度为0.3m，基床底层厚度为0.9m，基床总厚度为1.2m。

3.3.4 站线与正线共路基时，站场路基设计尚应符合下列规定：

1 当站线与相邻正线间无纵向排水槽或渗管、旅客站台等设施时，站线路基应采用与站内正线相同标准，正线的路基面应采用三角形，其坡率宜为3%。

2 当站线与相邻正线间设有纵向排水槽或渗管、旅客站台等设施且到发线数量较多时，自正线中心向外宽度为2m处、路基面以下1：1边坡范围内，路基按正线标准设计，正线的路基面应采用三角形，其坡率不应小于3%。其余站线的路基应按站线标准设计。

3 当站内道路与正线并行时，其路肩低于铁路路肩不应小于0.6m，在困难条件下，应在其间设置排水和安全防护设施。

3.3.5 铁路通信、信号、电力等各种光、电缆槽的设计应符合国家现行标准《铁路路基设计规范》TB 10001的有关规定。

3.3.6 车站路基面应设有倾向排水系统的横向坡度。根据车站路基面宽度、排水要求和路基填挖情况，可设计为一面坡、两面坡或锯齿形坡。路基面的横向坡度不宜倾向正线，外包车场的正线应按单独路基设计。

3.3.7 路基面横向坡度及一个坡面的最大线路数量，可按表3.3.7的规定确定。

表3.3.7 路基面横向坡度及一个坡面的最大线路数量

序号	基床表层岩土种类	地区年平均降水量(mm)	横向坡度(%)	一个坡面的最大线路数量(条)
1	块石类、碎石类、砾石类、砂类土(粉砂除外)等	<600	2	4
		≥600	2	3
2	细粒土、粉砂、改良土等	<600	2	3
		≥600	2～3	2

3.3.8 站场排水系统设计应有总体规划，并应与地方排灌和排污系统密切配合。改建车站宜利用既有的排水设备。

3.3.9 排水设备的数量应根据地区年平均降水量、站场汇水面积、基床表层填料类别、路基纵横断面和出水口等因素确定。

3.3.10 站场内应根据具体情况加强路基排水设计：

1 客运站和办理客车上水作业车站的到发线以及客车整备所的洗车机线和整备线。

2 机务段内各种洗车机线。

3 货场内设有站台的装卸线、车辆洗刷线、加冰线和牲畜装卸线。

4 车辆减速器和设有轨道电路的大站咽喉区。

5 驼峰立交桥下的线路和疏解线路所形成的低洼处。

6 改建车站时，改建部分的排水不良路基。

3.3.11 站场排水系统的设计，应使纵向和横向排水设备紧密结合，水流径路短而顺直。

3.3.12 横向排水设备宜利用站内桥涵；无桥涵可利用时，可采用横向排水槽或排水管。

3.3.13 纵向排水设备的坡度不应小于2‰，在困难条件下，不应小于1‰。穿越线路的横向排水设备的坡度不应小于5‰，在特别困难条件下，可根据具体情况设置。

3.3.14 站场内排水设备的横断面尺寸，应按1/50洪水频率的流量设计。当有充分依据时，可按当地采用的洪水频率进行设计。

纵、横向排水槽的底部宽度不应小于 0.4m，深度不宜大于 1.2m；当深度大于 1.2m 时，其底部宽度应适当加宽。

3.3.15 当排水设备位于调车作业区，列检作业区，装卸作业区和工作人员通行的地段时，排水沟或排水槽应加设盖板。

3.3.16 纵、横向排水槽、管的交汇点，排水管的转弯处和高程变化处，应设检查井或集水井。

4 会让站、越行站

4.1 会 让 站

4.1.1 会让站应采用横列式图型，可按图 4.1.1 布置。在特别困难条件下，可采用其他合理图型。

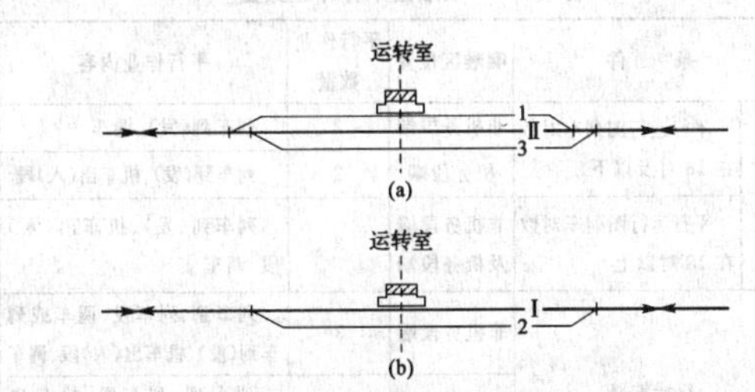

图 4.1.1 会让站图型

4.1.2 会让站的到发线应设 2 条；当行车量较少时可设 1 条，但不应连续设置。

4.1.3 当会让站设 1 条到发线时，其到发线宜布置在运转室对侧。

4.2 越 行 站

4.2.1 越行站应采用横列式图型，可按图 4.2.1(a)布置。在特别困难条件下，可按图 4.2.1(b)布置。

4.2.2 越行站的到发线应设 2 条。Ⅱ级铁路在特别困难条件下可设 1 条，但不应连续设置。

4.2.3 越行站两端咽喉的两正线间应各设 1 条渡线，有条件时每端可再预留 1 条渡线。必要时图 4.2.1(b)也可每端各设置或预留 1 条渡线。

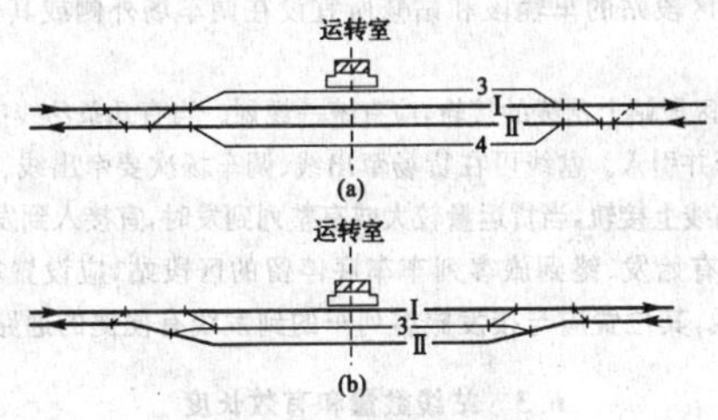

图 4.2.1 越行站图型

5 中 间 站

5.1 中间站图型

5.1.1 中间站应采用横列式图型。可按图 5.1.1-1 或 5.1.1-2布置。在特别困难条件下，单线铁路可采用其他合理图型。

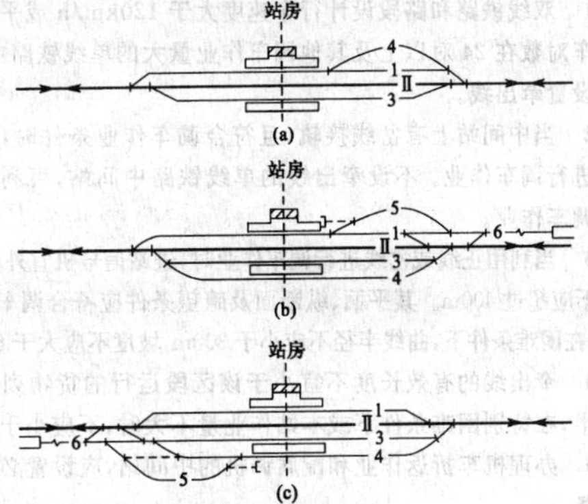

图 5.1.1-1 单线铁路中间站图型

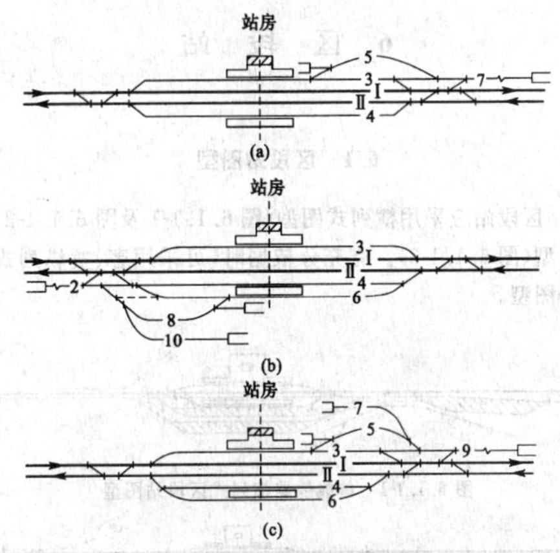

图 5.1.1-2 双线铁路中间站图型

5.2 到发线数量和主要设备配置

5.2.1 中间站的到发线应设 2 条，作业量较大时可设 3 条。下列中间站的到发线数量可较以上规定增加：

1 枢纽前方站、铁路局局界站、补机始终点站和长大下坡的列车技术检查站、机车乘务员换乘站，到发线数量可根据需要增加。

2 有两个方向以上的线路引入或岔线接轨的中间站，到发线数量可根据需要确定。

3 有摘挂列车进行整编作业的中间站，到发线数量可根据需要确定。

4 办理机车折返作业的中间站，到发线数量可根据需要确定。

当车站同时具备上述两项及以上作业时，其线路数量应综合考虑，不宜逐项增加。

5.2.2 单线铁路中间站宜设置中间站台，双线铁路中间站应设置中间站台；中间站台应设在站房对侧邻靠正线的到发线外侧。改建车站在困难条件下，可保留中间站台邻靠正线的布置。

5.2.3 双线铁路中间站两端咽喉的两正线间宜各设 2 条渡线，其中每端除应各设 1 条渡线外，其余 2 条渡线可根据调车作业等需要设置或预留。改建车站在特别困难条件下，路段设计行车速度小于 140km/h 时，可采用交叉渡线。

5.2.4 中间站的货场位置应结合主要货源、货流方向、环境保护、城市规划及地形、地质条件等选定。

1 货场宜设于主要货物集散方向的一侧，并宜设在Ⅰ、Ⅲ象限，必要时可设在Ⅱ、Ⅳ象限。

2 当有大量散堆装货物装卸时，可在站房对侧设置长货物线。

3 当受当地条件限制，货场位置与货源集散方向不一致时，应有安全方便的通货场道路。

5.2.5 牵出线的设置条件应符合下列规定：

1　双线铁路和路段设计行车速度大于120km/h或平行运行图列车对数在24对以上及其他调车作业量大的单线铁路中间站，均应设置牵出线。

2　当中间站上有岔线接轨，且符合调车作业条件时，应利用岔线进行调车作业。不设牵出线的单线铁路中间站，可利用正线进行调车作业。

3　当利用正线或岔线进行调车作业时，进站信号机宜外移，外移距离不应超过400m。其平面、纵断面及瞭望条件应符合调车作业的要求，在困难条件下，曲线半径不应小于300m，坡度不应大于6‰。

4　牵出线的有效长度不宜小于该区段运行的货物列车长度的一半，在特别困难条件下或本站作业量不大时，不应小于200m。

5.2.6　办理机车折返作业和配属调机的中间站，应设置必要的机务设备。

6　区　段　站

6.1　区段站图型

6.1.1　区段站应采用横列式图型(图6.1.1-1及图6.1.1-2)或纵列式图型(图6.1.1-3)。有充分依据时，可采用客、货纵列式或一级三场图型。

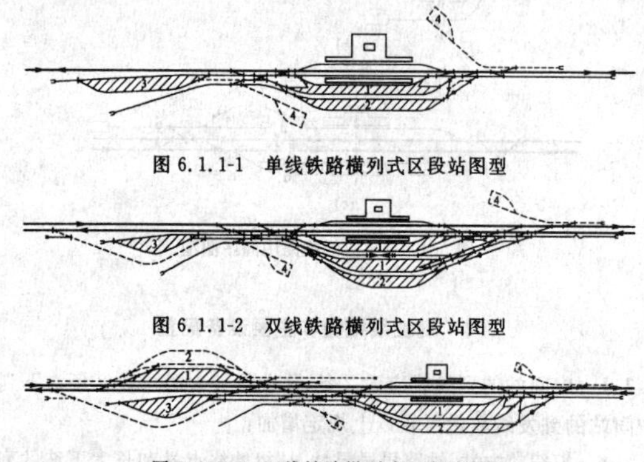

图6.1.1-1　单线铁路横列式区段站图型

图6.1.1-2　双线铁路横列式区段站图型

图6.1.1-3　双线铁路纵列式区段站图型

1—到发场；2—调车场；3—机务段；4—货场(方案)

6.1.2　区段站图型应根据引入线路数量、运量、运输性质、车站作业特点和客货机车交路，在满足运输需要及技术经济合理的条件下，结合城市规划和地形、地质条件予以选择，并应按下列要求办理：

1　单线铁路区段站应采用横列式图型。当有多方向线路引入且运量较大时，可预留或采用纵列式图型；有充分根据时，也可采用其他合理图型。

2　双线铁路区段站宜采用横列式图型。当有运量较大的线路引入，旅客列车较多及为客货机车交路始、终点，且地形条件适宜时，可采用或预留纵列式图型；有充分根据时，也可预留或采用一级三场或其他合理图型。

3　改建的区段站可采用图6.1.1-1～图6.1.1-3或客、货纵列式图型；当引起大量工程或当地条件不适宜时，经技术经济比较，也可采用其他合理图型。

6.2　主要设备配置

6.2.1　旅客站房应设在城市主要居民区一侧，站房的位置应与城市规划相配合。

中间站台的位置，应与旅客列车到发线的使用相配合，保证旅客上、下车的安全和方便。中间站台与基本站台之间：单线铁路宜夹3条线路，双线铁路宜夹4条线路，改建区段站，在困难条件下，可保留既有站台位置；仅办理机车乘务组换班的双线铁路横列式区段站，可在站房一侧增设到发线。

6.2.2　横列式和纵列式区段站接发旅客列车的到发线，应能接发货物列车。单线铁路横列式区段站的到发线，应采用双方向接发车进路。双线铁路区段站的到发线，可按上、下行方向分别设计为单进路；靠旅客站台的到发线及靠调车场的部分到发线宜设计为双进路；必要时可全部设计为双进路。

6.2.3　区段站宜设一个调车场。当为纵列式图型，双方向改编列车较多，交换车流较少，有充分根据时，也可上、下行分设调车场。

6.2.4　区段站的咽喉区应保证车站必需的通过能力、改编能力、作业安全和提高作业效率，并符合下列规定：

1　采用肩回式交路的区段站咽喉区，其进路不少于表6.2.4规定的主要平行作业数量。

2　调车场的部分线路应接通正线，在改编作业量大的车站，到发场的部分线路应有列车到发与调车转线的平行作业。

3　咽喉区布置应紧凑，宜减少敌对进路和正线上的道岔数，并使调车行程最短。

表6.2.4　咽喉区平行作业数量

图型	条件		咽喉区位置	平行作业数量	平行作业内容
横列式	单线铁路	平行运行图列车对数在18对及以下	非机务段端	2	列车到(发)、调车
			机务段端	2	列车到(发)、机车出(入)段
		平行运行图列车对数在18对以上	非机务段端及机务段端	3	列车到(发)、机车出(入)段、调车
	双线铁路		非机务段端	3	列车到、列车发、调车或列车到(发)、机车出(入)段、调车
			机务段端	4	列车到、列车发、机车出(入)段、调车或列车到(发)、机车出段、机车入段、调车
纵列式	双线铁路		中部	4	下行列车出发(通过)、上行列车发、机车出(入)段、调车

6.2.5　区段站的货场位置应结合城市规划、货源和货流方向、地形条件、地方运输能力、通货场道路与铁路交叉的方式、环境保护需要、货物品类以及装卸量等确定。货场与城市之间应有便捷的通路。位于站房同侧的货场，当装卸量较大且区间列车对数较多时，宜设货场牵出线。

6.2.6　新建机务段的位置应根据站和段的作业要求、段的规模、地形、地貌、地质、水文和排水等条件确定。当车站采用横列式图型时，宜设在旅客站房对侧右端，当不发展为纵列式图型或受其他条件限制时，也可设在站房对侧左端。

采用循环运转或采用长交路且有机车乘务组换班的区段站，根据需要可在到发线上或到发场附近设置必要的设备。

6.2.7　区段站的车辆段和站修所宜设在调车场外侧或其他适当地点。

6.2.8　区段站上岔线的接轨，应有统一规划。当有几条岔线接轨时，宜集中合并引入。岔线可在货场牵出线、调车场次要牵出线、调车场或其他站线上接轨，当货运量较大或有整列到发时，宜接入到发场。

6.2.9　有始发、终到旅客列车车底停留的区段站，应设置客车车底停留线，其位置应与接发旅客列车的到发线有便捷的通路。

6.3　站线数量和有效长度

6.3.1　区段站为客、货列车使用的到发线数量，应根据列车的种类、性质、数量和运行方式等确定，设计时可按表6.3.1选用。

表6.3.1　到发线数量

换算列车对数	双方向到发线数量(条)(正线及机车走行线除外)
≤12	3
13～18	4
19～24	5
25～36	6
37～48	6～8

续表 6.3.1

换算列车对数	双方向到发线数量(条)(正线及机车走行线除外)
49~72	8~10
73~96	10~12
>96	12~14

注:1 对表中到发线数量的幅度,可按换算对数的大小对应取值。
2 两个方向以上线路引入(包括按行车办理的铁路专用线)的区段站,考虑列车的同时到发,到发线数量可适当增加。
3 换算对数少于6对时,到发线数量可减为2条。
4 采用追踪运行图时,到发线数量增加1条。
5 区段站的尽头式正线按到发线计算。
6 客、货纵列式区段站的货物列车到发线数量应扣除旅客列车的换算对数后按本表采用,旅客列车到发线数量按本规范表9.1.8的规定取值。一级三场区段站的到发线数量按上、下行分场的换算列车对数分别按本表采用。
7 区段站某一方向的换算列车对数,等于该方向各类客、货列车对数(可按该方向接发的各类列车列数除以2求得)分别乘以相应的换算系数后相加的总数。当查表确定到发线数量时,尽端式区段站按接发车一端的各个方向相加后总的换算对数确定,但可适当减少;通过式区段站按各个方向相加后总的换算对数的1/2确定。列车对数的换算系数:直达、直通、小运转列车为1;有解编作业的直达、直通、区段、摘挂和快零货物列车为2;始发、终到的旅客列车为1,立即折返的小编组旅客列车为0.7,停站的旅客列车为0.5;机车乘务组换班不列检的货物列车为0.3;不停站的客、货列车不计。

6.3.2 每昼夜通过车场的机车在36次及以上的区段站应设1条机车走行线。

6.3.3 横列式区段站的非机务段端的咽喉区和纵列式区段站上机务段对侧到发场出发一端的咽喉区,应设机待线。在换挂机车较少或改建困难的单线铁路横列式区段站可缓设或不设机待线。

机待线宜为尽头式,必要时也可为贯通式。

机待线的有效长度:尽头式应采用45m,在困难条件下,不应小于牵引机车长度加10m;贯通式应采用55m,在困难条件下,不应小于牵引机车长度加20m。双机牵引时,上述有效长度应另加1台机车长度。

6.3.4 区段站调车线的数量和有效长度应根据衔接线路的方向数量、有调作业车数、调车作业方法和列车编组计划等确定,并应符合下列规定:

1 每一衔接方向不少于1条,车流大的方向可适当增加。其有效长度不应小于到发线的有效长度。

2 本站作业车停留线不少于1条;待修车和其他车辆停留线1条,车数不多可共用1条;有岔线接轨且车辆较多可增加1条;有危险品车辆时,应设危险品车辆停留线1条。上述调车线的有效长度应按该线所集结的最大车辆数确定。

6.3.5 区段站的调车场两端应各设1条牵出线。当每昼夜解编作业量各不超过7列时,可缓设次要的1条。主要牵出线的有效长度,不应小于到发线的有效长度,仅进行加减轴作业时可适当缩短。次要牵出线的有效长度不宜小于到发线有效长度,调车作业量不大时可为到发线有效长度的一半。当有运量较小的线路或岔线在该站接轨,其平、纵断面适合调车时,可利用其作为次要牵出线。

6.3.6 横列式区段站的机务段与到发场之间,应设机车出、入段线各1条,当出、入段机车每昼夜不足60次时可缓设或仅设1条。当采用其他图型时,机车出、入段线的数量应根据具体情况确定。

7 编 组 站

7.1 一 般 规 定

7.1.1 编组站分为路网性编组站、区域性编组站和地方性编组站。

路网性编组站应设计为大型编组站,区域性编组站宜设计为大、中型编组站,地方性编组站应设计为中、小型编组站。设计时应根据引入线路数量、作业量及其性质、工程条件和城市规划等要求,通过全面比较,选择合理的图型,并根据需要预留发展余地。

7.1.2 编组站应按运量增长需要分期修建。近期工程的设计,应方便运营,节约投资,并减少远期扩建时的拆改工程和运营干扰。

7.1.3 编组站的车场、调车设备和其他各项设备的相互配置,在满足需要的通过能力和改编能力、节省工程投资和运营支出的前提下,应符合下列要求:

1 车站各组成部分工作上协调。

2 车站作业具有流水性和灵活性。

3 减少进路交叉和作业干扰。

4 缩短机车、车辆和列车的走行距离及在站停留时间。

5 便于采用现代化技术装备。

7.2 编组站图型

7.2.1 编组站应根据双方向改编作业量和折角车流的大小、地形条件、进出站线路布置等因素,经技术经济比较,选择单向图型或双向图型。

新建编组站宜采用单向图型。单向编组站的驼峰方向,应根据改编车流量及其方向,结合地形和气象条件综合研究确定。双向编组站的两套系统的能力和布置形式可根据需要确定。

7.2.2 双方向共用一个到发场和一个调车场的横列式编组站图型(图6.1.1-1、图6.1.1-2),可适用于解编作业量小的小型编组站。如站房位置和地形条件允许,车场宜设在靠主要改编车流方向正线的一侧。

7.2.3 双方向的到发场分别并列在共用调车场两侧的横列式编组站图型(图7.2.3),可适用于双方向改编车流较均衡、解编作业量不大的编组站或地形条件困难、远期无大发展的中、小型编组站。当衔接线路的牵引定数较大时,应妥善处理向驼峰转线的联络线的平、纵断面条件。

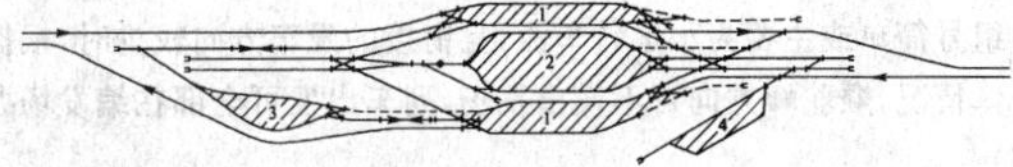

图 7.2.3 横列区编组站图型

1—到发及通过车场;2—调车场;3—机务段;4—车辆段

7.2.4 双方向共用的到达场和调车场纵列配置,而出发场分别并列在共用调车场两侧的单向混合式编组站图型(图7.2.4),可适用于解编作业量较大或解编作业量大而地形条件困难的大、中型编组站。

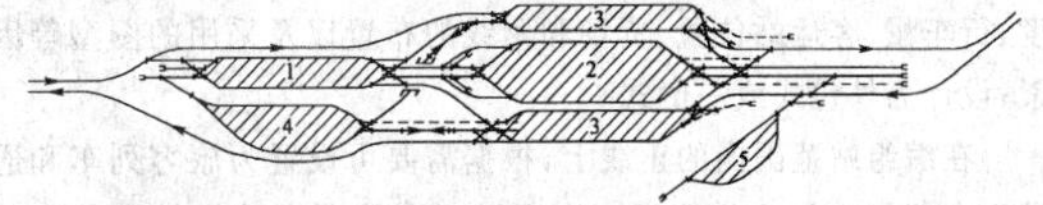

图 7.2.4 单向混合式编组站图型

1—到达场;2—调车场;3—出发及通过车场;4—机务段;5—车辆段

当顺驼峰方向改编车流的比重较大时,应采取必要的措施使调车场尾部两侧牵出线的作业负担均衡。

7.2.5 双方向共用的到达场、调车场和出发场纵列配置的单向纵列式编组站图型(图7.2.5),可适用于顺驼峰方向改编车流较强、解编作业量大的大型编组站。

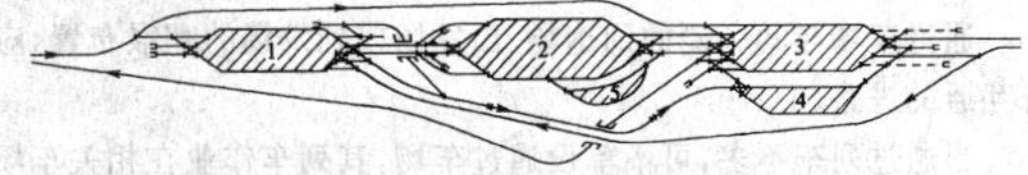

图 7.2.5 单向纵列式编组站图型

1—到达场;2—调车场;3—出发及通过车场;4—机务段;5—车辆段

反驼峰方向改编列车到达与出发的线路,宜设计为立体交叉。

反驼峰方向改编列车的到达与出发线路,宜按反到、反发设计,并预留有发展为环到、环发的条件。当近期有根据时也可设计为环到、环发。

当单向混合式编组站扩建为到达场、调车场与出发场纵列配置的单向编组站图型时,根据作业需要,也可保留反驼峰方向的出发及通过车场。

7.2.6　采用双溜放作业方式的单向编组站，宜将到达场、调车场与出发场纵列配置。根据折角车流的作业需要，调车场中部的部分线路可设计为两侧驼峰溜放线的共用线路。调车场尾部的布置形式及调车设备的配置，应保证其作业能力与驼峰能力相适应。

反驼峰方向改编列车的到达线路，宜设计为环到。反驼峰方向改编列车的出发进路宜设计为环发或反发。

7.2.7　双方向均为到达场与调车场纵列配置、出发场横列配置在调车场外侧的双向混合式编组站图型(图7.2.7)，可适用于双方向解编作业量均较大或解编作业量均大而地形条件受限制，且折角车流较小的大型编组站。

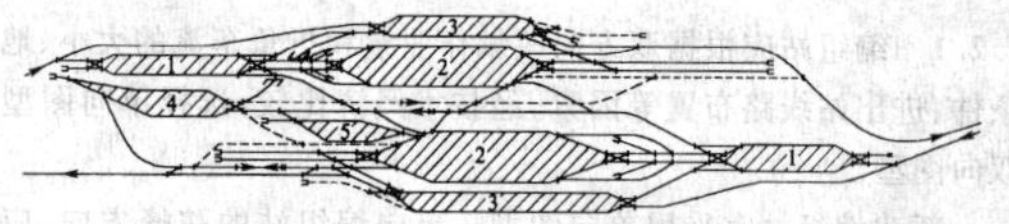

图7.2.7　双向混合式编组站图型

1—到达场；2—调车场(编发场)；3—出发及通过车场；4—机务段；5—车辆段

7.2.8　双方向均为到达场、调车场与出发场纵列配置的双向纵列式编组站图型(图7.2.8)，可适用于双方向解编作业量均大的大型编组站。

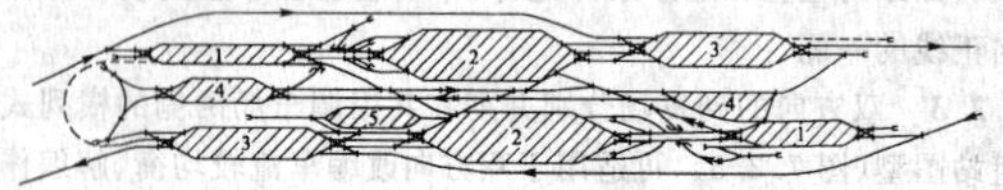

图7.2.8　双向纵列式编组站图型

1—到达场；2—调车场；3—出发及通过车场；4—机务段；5—车辆段

7.2.9　当到达场与调车场纵列配置，顺驼峰方向的改编车流较大而组号简单或主要为小运转车流，且衔接的发车方向较少时，根据具体情况，顺驼峰方向可不设出发场，列车出发可全部在编发场办理。

当到发场或出发场与调车场横列配置时，也可在调车场设计部分编发线。

7.3　主要设备配置

7.3.1　编组站内客、货共用的正线位置，应根据路段设计行车速度、行车量、客运站位置、货场和岔线的布置以及采用的图型等因素，设计为外包式或一侧式。

在编组站范围内的正线上，根据需要可设置为旅客列车和通勤列车停靠的旅客乘降所。当通勤列车需要在编组站内的有关场、段附近停靠时，可在适当地点设置站台。

7.3.2　通过车场的位置，应根据通过列车运行顺直，便于甩挂作业，机车出、入段便捷，对编组站作业干扰少，节省设备和定员等要求确定。

横列式编组站的通过车场宜设在到发场旁；混合式和纵列式编组站的通过车场宜设在出发场旁；当通过列车有甩无挂，也可设在邻近机务段的到达场旁。

通过车场与其旁侧的到达场、出发场或到发场的咽喉布置，应有互通的进路。

当通过列车不多，可不单设通过车场，其列车作业在相关车场办理。

7.3.3　编组站的调车场尾部，可根据作业需要采用调车进路集中控制。

当多组列车、摘挂列车和小运转列车的编组作业量大时，可根据编组能力的需要和具体条件，在调车场尾部设置小能力驼峰或辅助调车场，在调车场内或其头部附近设置箭翎线等设备。

7.3.4　各类编组站应根据具体情况，将调车场的部分线路接通正线。

7.3.5　编发线宜在调车场外侧的线路集中设置，其出场咽喉宜适当增加平行进路，并根据具体情况设置必要的安全防护设施。

7.3.6　调车场与出发场纵列配置的编组站，可在调车场每侧约半数线路的线束尾部道岔至出发场进场端最外道岔之间留出到发线有效长一半的长度，在困难条件下，可适当缩短。

7.3.7　为保证双向编组站的折角车流能便捷地从一套系统的调车场转至另一套系统的峰前场，宜在两套系统之间设置联络线，当折角车流较大时，可在两套系统之间设置回转线或交换场。

根据折角车流大小、编组站性质和具体条件，结合编组站进出站线路布置，宜使相应的系统能为主要的折角车流方向接入或发出反方向列车。

7.3.8　编组站机务设备的配置，应根据编组站图型、机车作业情况和当地条件，经技术经济比较确定。

横列式编组站的机务段应与车场纵列配置，当双方向的到发场分别并列在共用调车场两侧时，宜设在驼峰端；单向混合式编组站的机务段，宜设在到达场旁反驼峰方向的一侧；单向纵列式编组站的机务段，宜设在到发较集中的出发场或到达场旁反驼峰方向一侧，当采用环到环发时，宜设在调车场旁反驼峰方向一侧。

双向编组站的机务段，宜设在两套系统之间并靠近车流强大的出发场和通过车场的一端，必要时可在另一端设置整备设备。

当通过列车较多且机车不进段作业时，经技术经济比较，可在通过车场附近设置必要的整备和其他设施。

7.3.9　单向编组站的车辆段，宜设在调车场尾部附近或其正线外侧；双向编组站的车辆段应设在两套系统之间，并靠近主要空车方向系统的调车场尾部附近。

站修所宜设在调车场尾部附近。

当同时有车辆段和站修所且条件适当时，宜合设一处。

7.3.10　当编组站需要为中转的保温车加冰或加油时，应在适当地点设置加冰所或加油点。

单向编组站的加冰所位置，当以通过列车加冰为主时，宜设在主要加冰方向的通过车场外侧；当以改编车辆加冰为主时，宜设在调车场旁侧；双向编组站当双方向均有加冰时，加冰所宜设在两套系统之间。到达场、到发场或出发场的边线上，当有机械保温车加油时应在其外侧设汽车通道。

7.3.11　货物的整装、换装设备，宜设在编组站附近的货场内，当作业量较大或附近无货场时，可设在调车场旁有车辆检修设备的一侧。

7.3.12　有较大装卸量的货场和岔线，不宜直接衔接于解编作业量较大的编组站，当必需衔接时，宜在适当地点另设车场或车站集中接轨，该车场或车站与编组站接轨的位置，应能减少站内交叉和便利车辆取送。

7.3.13　当有装运鱼苗或牲畜的车辆在编组站有换水或上水作业时，应分别在相应车场的适当线路间设置给水栓。

7.3.14　编组站各车场之间，应根据作业需要，设置各种单据的传送设备。

7.4　站线数量和有效长度

7.4.1　编组站到达场、到发场和出发场的线路数量应根据办理的列车数、列车性质、列车密集到发和车站技术作业过程等因素确定，设计时可按表7.4.1选用。

表7.4.1　到达场、到发场和出发场线路数量

到发列车数(列)	线路数量(条)
≤18	3
19～30	3～4
31～42	4～5
43～54	5～6
55～66	6～7
67～78	7～8

续表 7.4.1

到发列车数(列)	线路数量(条)
79～90	8～9
91～102	9～10

注:1 表中的到发列车数,是指车场各方向到、发列车的总和。

2 对表中线路数量的幅度,可按列车数的大小对应取值。

3 有一定数量的小运转列车的到达场、到发场和出发场,其线路数量可按表中数值酌量减少。

4 办理无甩挂或有甩挂列车的通过车场,其线路数量可分别按表中数值(通过列车的到及发按1列计算)的下限或上限取值。

5 机车走行线可根据需要另行设置。

6 按本表选用时,如车场到达的衔接线路达到3个及以上,可再增加1条线路。对峰前到达场,尚应考虑每一衔接方向不少于2条线路,如办理的列车数较小,也可将到达场线路总数适当减少。

7.4.2 编组站调车场线路的数量和有效长度,应根据线路用途、列车编组计划的组号、每一组号每昼夜的车流量和到发线有效长度等因素确定。

调车场的线路数量和有效长度可按表7.4.2选用。

表 7.4.2 调车场线路数量和有效长度

序号	线路用途	线路数量	有效长度
1	集结编组直达、直通和区段列车用	按编组计划每一组号1条;当每昼夜的车流量超过200辆,可增设1条;当车流量较小,两个组号可合用1条	按到发线有效长度,部分线路可略小于上述长度
2	集结空车用	按空车车种和每昼夜车流量参照第1项规定确定,但集结空车的线路每站(或双向编组站的每一调车场)不少于1条	按到发线有效长度,部分线路可略小于上述长度
3	集结编组直达、直通和区段列车的编发线用	重车按组号,空车按车种,根据每昼夜的车流量分别确定。车流量150～350辆设2条,350辆以上可增设1条	按到发线有效长度
4	集结编组摘挂列车用	每一衔接方向设1条;开行重点摘挂列车可根据车流量大小适当增加	每一衔接方向有1条按其车列长度加80～100m
5	集结编组小运转列车(包括集结编发小运转列车的编发线)用	按编组计划每一组号每昼夜车流量大小分别确定: 250辆及以下设1条; 250辆以上设2条	按其车列长度加80～100m
6	交换车(需要重复解体的车辆)用	双向编组站每一调车场不少于1条;采用双溜放的单向编组站根据图型布置需要确定	根据车流量大小确定
7	本站作业车用	根据卸车地点(指货场、货区和岔线等)和卸车数确定	根据车流量大小确定
8	守车用	1条(无守车则取消)	可小于到发线有效长度
9	整装、换装车辆用	1条	可小于到发线有效长度
10	待修车辆用	1条	可小于到发线有效长度
11	装载超限货物的车辆和禁止过驼峰车辆用	1条	可小于到发线有效长度
12	装载危险货物车辆用	1条	可小于到发线有效长度

注:1 表列序号1、2,"有效长度"栏,"按到发线有效长度"的线路,可按集结编组单组列车的需要确定。

2 调车线有效长度的计算点为:调车线内进口第一制动位末端(或其后绝缘节)至调车线尾部警冲标(或编发线的出站信号机)。

3 当到发线的有效长度为1050m时,表列序号1、3、5,"线路数量"栏之车流量应再增加50辆。

4 表列序号8～12,根据实际需要可单独或合并设置。

7.4.3 编组站为列车解编作业用的牵出线数量应根据调车区的分工、作业量和作业方法确定。通过车场可根据需要设置为通过列车成组甩挂和为换重作业用的牵出线。

为列车解编作业用的牵出线有效长度,可按到发线有效长度加30m设计。当地形条件困难且作业量较小时,以编组为主的牵出线有效长度可根据所采用的作业方法确定,但不应小于到发线有效长度的2/3。

8 驼 峰

8.1 一般规定

8.1.1 驼峰按日解体能力的大小分为大能力驼峰、中能力驼峰和小能力驼峰,并应符合下列规定:

1 大能力驼峰,日解体能力在4000辆以上。应设30条及以上调车线和2条溜放线;应配有机车推峰速度、钩车溜放速度和溜放进路自动控制系统。

2 中能力驼峰,日解体能力为2000～4000辆。应设17～29条调车线,宜设2条溜放线;应配有溜放进路自动控制系统,宜配有机车推峰速度自动控制系统和钩车溜放速度自动或半自动控制系统。

3 小能力驼峰,日解体能力为2000辆以下。应设16条及以下调车线和1条溜放线;应配有溜放进路自动控制系统,宜配置机车信号和钩车溜放速度半自动控制系统,也可采用简易现代化或人工调速设备。

8.1.2 驼峰设计应根据近期解体作业量确定驼峰类型及技术设备,并应根据运量增长和技术设备条件预留远期发展的可能性。如分期过渡工程复杂,应编制分期过渡的设计方案。

既有驼峰的技术改造,应结合采用的调速系统改造线路平面和纵断面。

8.2 驼峰线路平面

8.2.1 驼峰溜放部分的线路平面应符合下列规定:

1 应采用线束形布置,每个线束的调车线数量宜为6～8条;应采用6号对称道岔和7号三开对称道岔。改建困难时,可保留6.5号对称道岔。当调车场外侧线路连接特别困难时,可个别采用9号单开道岔。

调车线数量较少的小能力驼峰,如采用6号对称道岔布置有困难,可采用9号单开道岔和复式梯线形平面布置。改建特别困难时,可保留原有梯线形平面布置。

2 曲线半径不宜小于200m,困难时可采用180m。

3 曲线可直接连接道岔基本轨或辙叉跟(第一分路道岔岔前除外),此时轨距加宽和外轨超高可在曲线范围内处理。

8.2.2 峰顶至第一分路道岔基本轨轨缝间的最小距离应为30～40m。当峰顶至第一分路道岔间设有道岔时,该距离可根据具体情况确定。

8.2.3 驼峰前设有到达场时,应设2条推送线,如采用双溜放作业方式,可设3～4条推送线;驼峰前不设到达场时,根据解体作业量的大小,可设1～2条推送线。

推送线经常提钩地段应设计成直线,靠峰顶端不宜采用对称道岔。两推送线的间距不应小于6.5m,其间不应设置房屋,当需设置有关设备时,不应妨碍调车人员的作业安全。在经常提钩地段的主提钩一侧的道岔范围内应铺设峰顶跨道岔铺面。

8.2.4 设有2条推送线,线束在4个及以上的驼峰,应设2条溜放线。

8.2.5 大、中能力驼峰宜设置2条禁溜线,有效长度可采用150m。如禁溜车较少,可与迂回线合设1条。小能力驼峰的禁溜线可根据需要设置。

禁溜线如从推送线出岔,应采用9号单开道岔。辙叉应设在峰顶平台上。

禁溜线应避开信号楼等建筑物,禁溜线上的停留车不应妨碍调车人员的瞭望。

8.2.6 驼峰前设有到达场时,应设绕过峰顶和车辆减速器的迂回线;驼峰前不设到达场时,可根据需要设置迂回线。

8.2.7 驼峰线路平面的设计，应合理布置车辆减速器和集中控制道岔需要的保护区段，并应根据作业要求，考虑驼峰信号楼、峰顶连结员室或调车员室和车辆减速器动力室等房屋的位置。

8.3 驼峰线路纵断面

8.3.1 大、中能力驼峰及溜放部分设调速设备的小能力驼峰峰高应保证在溜车不利条件下，以5km/h的推送速度解体车列时，难行车应溜至难行线的计算点。

计算点的位置应根据采用的驼峰调速系统确定。

溜放部分不设调速设备的小能力驼峰峰高应保证溜车有利条件下，以5km/h的推送速度解体车列时，易行车溜入调车场易行线警冲标的速度不应大于18km/h；调车线设车辆减速器时，易行车溜入车辆减速器处的速度不应大于其制动能高允许的速度。

8.3.2 驼峰溜放部分的线路纵断面，应设计为面向调车场的下坡，其坡段组成应符合下列要求：

1 加速坡：使用内燃机车不大于55‰，在困难条件下，不应小于35‰。

加速坡与中间坡的变坡点宜设在第一分路道岔基本轨前。

2 中间坡：可设计成多段坡或一段坡。设有车辆减速器地段的线路坡度不宜小于8‰。

3 道岔区坡：平均坡度不宜大于2.5‰；边缘线束不应大于3.5‰。

4 驼峰溜放部分的线路纵断面设计应根据采用的调速系统按下列要求进行检算：

1)以5km/h的推送速度连续溜放难—中—难单个车或采用调速顶时难行车组—单个易行车通过车辆减速器、各分路道岔和警冲标时，应有足够的间隔。

2)车辆进入车辆减速器的速度，不应超过规定值。

3)车辆通过各分路道岔的速度，不应大于计算保护区段长度所采用的速度。

8.3.3 驼峰推送部分的线路纵断面应保证在任何困难条件下，用1台调车机车能起动车列。

峰顶前应设一段不小于10‰且长度不小于50m的压钩坡。

8.3.4 连接驼峰线路各坡段的竖曲线半径，峰顶邻接压钩坡不应小于350m；邻接加速坡应为350m；其余溜放部分和迂回线分别不应小于250m和1500m。

8.3.5 峰顶净平台长度宜采用7.5～10m。

8.3.6 禁溜线的纵断面应为凹形，始端道岔至其警冲标附近应设计为下坡，中间停车部分宜设计为平坡，距车挡10m范围内应设计为10‰的上坡。

8.4 其 他 要 求

8.4.1 驼峰调速设备的制动能力应由计算确定，并应根据设备要求另加安全量。

大、中能力驼峰溜放部分的调速设备应采用车辆减速器。连接调车线16条及以上的驼峰，宜设两级或一级间隔制动位。设两级间隔制动位时，其总制动能力应使易行车在溜车有利条件下，以7km/h的推送速度解体车列时，经一、二间隔制动位全部制动后，溜入易行线警冲标处的速度不大于5km/h。

8.4.2 以铁鞋作为制动或防护设备的调车线，脱鞋器前应有不小于30m的直线段，同一线束的脱鞋器应基本在一个横断面上。

8.4.3 调车线内的车辆减速器前应有不小于14m的直线段，有效制动能高不宜小于1.3m。

8.4.4 峰顶及溜放部分变坡点的竖曲线起、终点处以及调车线内主要变坡点处应设线路水平标桩。

8.4.5 驼峰有关设备及生产房屋的设置应符合下列要求：

1 不应妨碍驼峰调车人员的作业安全和瞭望。

2 信号楼的数量和位置应根据作业需要确定。当设1座信号楼或设2座及以上信号楼的主信号楼应与峰顶连结员室设在主提钩人员作业地点同侧，其位置应保证作业人员自控制台能看清车辆在驼峰峰顶、溜放部分和间隔制动位车辆减速器上的运行情况。

9 客运站、客运设备和客车整备所

9.1 客 运 站

9.1.1 客运站的设置应根据所在城市的大小、意义、地区和中转客流量的多少，既有客运设备的情况，并结合城市规划及与城市交通系统的衔接等因素确定。客运站宜采用通过式图型（图9.1.1-1、图9.1.1-2、图9.1.1-3）。

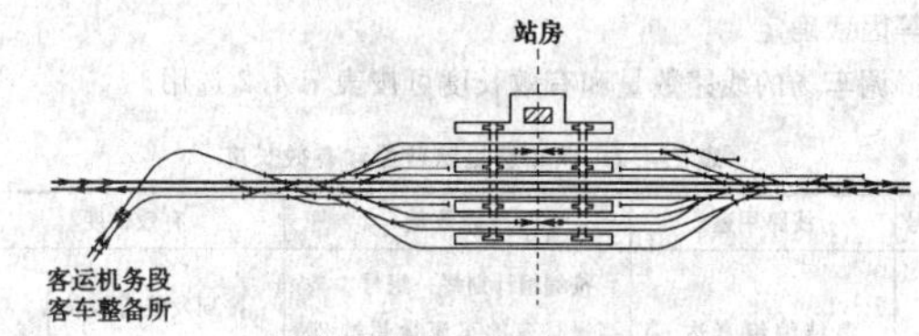

图 9.1.1-1 客车整备所与客运机务段在站房对侧正线中穿的通过式客运站图型

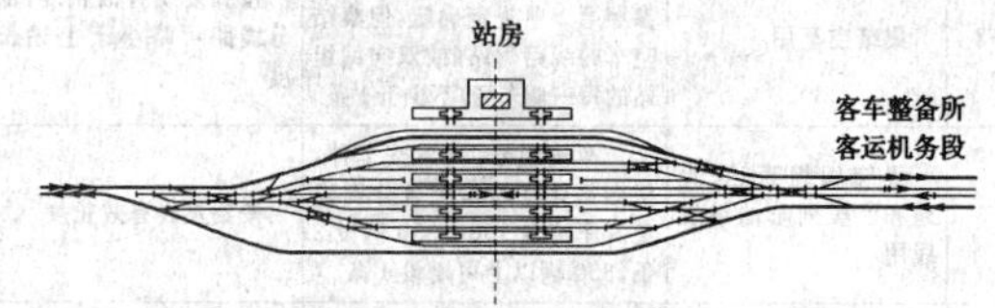

图 9.1.1-2 客车整备所与客运机务段在两正线间的通过式客运站图型

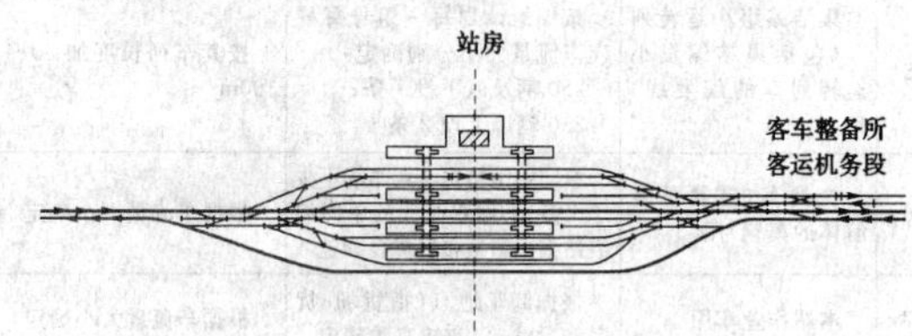

图 9.1.1-3 客车整备所与客运机务段在站房同侧的通过式客运站图型

以始发、终到列车为主的客运站，可采用通过式和部分尽头线的混合式图型。全部办理始发、终到列车并位于正线终端的客运站也可采用尽端式图型。

9.1.2 路段设计行车速度为120km/h及以上时，在双线铁路上，有旅客列车通过的客运站宜采用两正线并行中穿的图型（图9.1.1-1）。

9.1.3 有货物列车通过的客运站的正线位置应按下列规定设置：

1 双线铁路上的客运站，当客车整备所与客运站纵列配置于两正线之间，两正线应分别设在站房对面最外侧和第一、二站台之间（图9.1.1-2）；当客车整备所与客运站纵列配置且位于站房一侧，两正线应分别设在站房对面最外侧和第二、三站台之间（图9.1.1-3）。

2 单线铁路上的客运站，货物列车通过的正线宜设在站房对面最外侧。

3 位于大城市的主要客运站，宜将通过货物列车的正线外绕客运站或设联络线分流货物列车。

9.1.4 客运站咽喉区的平行作业数量，应与所衔接的正线和机车、车底取送走行线的数量相等。

9.1.5 客运站应设置或预留机车走行线和机待线。经常有车辆摘挂时，可设置摘挂车辆的停留线和站台。

9.1.6 客运站的站房，根据具体条件可设计为线平式、线上式或线下式；在大城市，结合城市规划和其他条件，经技术经济比较，可设计为多层立体式候车室。

9.1.7 旅客列车到发线有效长度应按旅客列车长度确定，其有效长度不应小于650m，接发短途、小编组旅客列车和节日代用旅客列车的到发线有效长度可适当缩短。客运站接发货物列车的正线和到发线，应按货物列车到发线有效长度设计。

9.1.8 旅客列车到发线的数量应根据旅客列车对数及其性质、引入线路数量和车站技术作业过程等因素确定，设计时可按表9.1.8选用。

表9.1.8 旅客列车到发线数量

始发、终到旅客列车对数	到发线数量（条）
≤12	3
13～24	3～5
25～36	5～7
37～50	7～9

注：1 表中到发线数量的幅度，可按列车对数的多少对应取值。

2 办理通过旅客列车的客运站到发线数量，可将通过旅客列车折合始发、终到列车后采用表中数值，每对通过旅客列车可按折合0.5对始发、终到列车计。

3 始发、终到旅客列车在50对以上时，到发线数量可按分析计算确定。

9.2 客运设备

9.2.1 办理客运业务的车站和旅客乘降所，应设置为旅客服务的设施，并视需要预留发展的条件。

旅客站房的布置应与城市规划相配合。通过式车站的旅客站房宜设于靠城市中心区一侧。尽端式车站的旅客站房宜设于站台端部或线路一侧。

9.2.2 办理客运业务的车站和旅客乘降所应设置旅客站台，并应符合下列规定：

1 旅客站台的数量和位置，应与旅客站房和旅客列车到发线的布置相配合。

2 客运站的旅客站台长度应按550m设置。改建客运站，在特别困难条件下，个别站台长度可采用400m。对接发短途和市郊旅客列车的长度，可按短途和市郊旅客列车的实际长度确定。采用尽头线的尽端式客运站的站台长度，应另加机车及供机车进出的必要长度。

其他车站的旅客站台长度，应按近期客流量和具体情况确定，但不宜小于300m。在人烟稀少地区或客流量较小的车站和乘降所，站台长度可适当缩短。

3 旅客站台的宽度应根据客流密度、行包搬运工具、站台上的建筑物和路段设计速度等情况确定。

1)旅客基本站台的宽度：在旅客站房和其他较大建筑物范围以内，由房屋突出部分的边缘至站台边缘，客运站宜采用20～25m；其他站宜采用8～20m；在困难条件下，中间站不应小于6m。在其他地段不宜小于中间站台的宽度；在困难条件下，中间站不应小于4m。

2)旅客中间站台的宽度：设有天桥、地道并采用双面斜道时，大型客运站不应小于11.5m，客运站不应小于10.5m；其他站不应小于8.5m，但采用单面斜道时不应小于9m；仅需设雨棚时不应小于6m。不设天桥、地道和雨棚时，单线和双线铁路中间站的中间站台宽度分别不应小于4和5m。路段设计行车速度为120km/h及以上时，邻靠有通过列车正线一侧的中间站台应按上述宽度再增加0.5m。当中间站台设于最外的到发线外侧时，其宽度可适当减小。改建车站，在特别困难条件下，可根据具体情况确定。

3)当旅客站台上设有天桥或地道的出入口、房屋和其他建筑物时，站台边缘至建筑物边缘的距离，客运站上不应小于3m；其他站不小于2.5m。改建车站，在困难条件下，其中一侧距离不应小于2m。路段设计行车速度为120km/h及以上时，邻靠有通过列车正线一侧应按上述数值再加宽0.5m。

4 旅客站台的高度：邻靠不通行超限货物列车的到发线一侧宜采用高出轨面1250mm，必要时也可采用500mm；邻靠正线或通行超限货物列车的到发线一侧应采用高出轨面300mm。

9.2.3 天桥和地道的设置应符合下列要求：

1 天桥、地道应设在旅客上、下车人数和行包、邮件较多且其通路经常被列车或调车所阻的车站上。

2 天桥、地道的设置，应优先选用地道。天桥和地道的设置应使旅客通行和行包、邮件搬运便利和减少交叉干扰。

3 天桥、地道的数量和宽度，应根据客流量和行包、邮件量确定。

1)天桥、地道的数量：当站房规模在3000人以下时不应少于1处，站房规模在3000人及以上至10000人以下时不应少于2处，站房规模在10000人及以上时不应少于3处；设有高架跨线候车室时，天桥或地道不应少于1处。如客流、行包和邮件数量都很大时，可设置行包、邮件地道1～2处。

2)天桥、地道的宽度：当站房规模为3000人及以上时，不应小于8m，当站房规模为3000人以下时不应小于6m，行包、邮件地道不应小于5.2m。

3)地道的净高：旅客地道不应小于2.5m；行包、邮件地道不应小于3m。

4 旅客天桥、地道通向各站台宜设双向出、入口，其宽度：大型客运站不应小于4m，客运站不应小于3.5m；其他站双向出、入口宽度不应小于2.5m，单向出、入口不应小于3m。

行包、邮件地道通向各站台应设单向出、入口，其宽度不应小于4.5m，当条件所限且出、入口处有交通指示保证时，其宽度不应小于3.5m。

9.2.4 客运站和其他客流量较大的车站，旅客站台应设置雨棚。地道的出、入口和位于多雨地区的天桥应设置雨棚。客运站应设置与站台等长的雨棚；其他站的雨棚长度可按200～300m设置。雨棚的宽度应与站台宽度一致。雨棚应与进、出站口相连接。

9.2.5 旅客列车上水车站，应在相关的到发线旁设置客车给水栓。

9.3 客车整备所

9.3.1 客运站设有客车整备所和客运机务设备时，其相互配置应满足车站的通过能力、减少咽喉交叉干扰、缩短机车和客车车底的走行距离，并结合地形、地质条件和城市规划，通过全面比较确定。

1 客车整备所应纵列配置于客运站到发列车较少一端的咽喉区外方正线的一侧或双线铁路的两正线间。

2 当始发、终到旅客列车对数较少，货物列车不经由客运站或为充分利用既有设备，且远期无大发展时，客运站与客车整备所也可横列配置。

3 客运机务设备与客车整备所宜配置在同一象限内；当始发、终到旅客列车较多，为均衡车站两端咽喉能力或结合其他条件，客运机务设备与客车整备所可分别配置在客运站的两端。

9.3.2 客车整备所的作业方式可采用定位作业或移位作业。当采用定位作业时，客车整备所应按横列布置（图9.3.2-1）。当采用移位作业时，客车整备所宜按纵列布置（图9.3.2-2）。

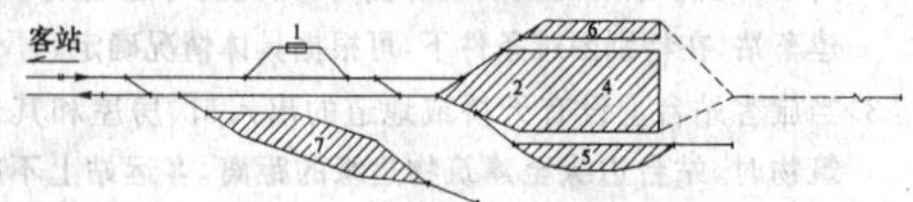

图 9.3.2-1　客车整备所横列布置图型

1—洗车机；2—客运整备场；4—车辆技术整备场；

5—车辆段；6—备用车停留线；7—机务段

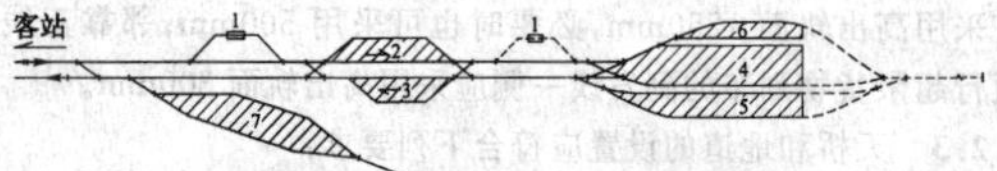

图 9.3.2-2　客车整备所纵列布置图型

1—洗车机；2—客运整备场；3—出发场；4—车辆技术整备场；

5—车辆段；6—备用车停留线；7—机务段

9.3.3　当客运站与客车整备所纵列配置时，站、所间联络线数量应根据出、入所整备车底列数，出、入段机车次数，整备所布置形式，调车工作量和站、所间距离等因素确定。

站、所间联络线应设1条；当能力不足时可设2条。

站、所间联络线宜满足整列车底调动和设置洗车机所需的长度。当洗车机设于客车整备所的客运整备场与技术整备场之间时，站、所间联络线长度可适当缩短。

9.3.4　当客运站与客车整备所横列配置时，应设牵出线1条。当客运站与客车整备所纵列配置时，可利用站、所间联络线或客运整备场线路作牵出线；当出、入所车底列数很多且站、所间联络线能力不足时，应设牵出线1～2条。

牵出线的有效长度不应小于旅客列车到发线有效长度。

10　货运站、货场和货运设备

10.1　货运站和货场

10.1.1　货运站和货场布置形式应根据作业量、货物品类、作业性质和当地条件等通过全面比较确定。货场布置应力求紧凑，充分利用场地，并根据远期作业量留有发展的可能。设计时可按下列规定布置：

1　货运站可设计为通过式或尽端式，车场与货场可采用横列或纵列配置。

2　大、中型货场宜设计为尽端式，其线路可采用平行布置或部分平行布置。

3　中间站货场可设计为贯通式或混合式线路。

10.1.2　货运站到发线数量应根据行车量、列车性质和技术作业过程等因素确定。

货运站到发线有效长度可根据小运转列车长度加30m的附加制动距离确定，但位于干线上或向干线开行始发、终到列车的货运站应满足衔接区段线路规定的到发线有效长度。

10.1.3　货运站调车线数量应根据装卸地点数、作业车数和调车作业方法等因素确定。

调车线的有效长度应满足车列取送时最大长度的需要，但最短不应小于200m。

10.1.4　货运站和货场的牵出线应根据行车量、调车作业繁忙程度和有无专用调车机车等条件设置。当行车量和调车作业量较小或可利用其他线路进行调车作业时，也可缓设或不设牵出线。

牵出线的有效长度应按列车或车组的长度确定。在困难条件下，货运站牵出线的有效长度不宜小于列车长度的一半，货场牵出线的有效长度不应小于200m。

10.1.5　货场应根据作业量、货物品类和作业性质设计为综合性货场或专业性货场。

综合性货场根据货物品类、作业量、作业性质和货物管理的需要，可划分为包装成件货区、长大笨重货区、集装箱货区、散堆装货区和粗杂货区等。在大型货场内，可按货物的到达、发送和中转划分作业区。办理水运、铁路联运业务的货场，水运货区和铁路货区应分开布置。

专业性货场包括整车货场、零担货场、危险货物货场、散堆装货物货场、液体货物货场和集装箱货场等。

10.1.6　综合性货场各货区的相互位置应根据货物品类等情况按下列要求布置：

1　包装成件货区应离开散堆装货区布置，并宜在两货区间布置长大笨重货区和粗杂货区。

2　集装箱货区宜布置在包装成件货区与长大笨重货区或粗杂货区之间。

3　散堆装货区宜布置在货场主导风向下方。

4　各货区的位置应符合国家消防、环保和卫生的有关规定。

10.1.7　新建及改建铁路应优先发展集装箱货场，不宜修建专业性零担货场。

10.2　货运设备

10.2.1　货运站和货场应根据货物品类、作业量和作业性质，结合生产需要和当地条件，设置铁路线路、仓库、货棚、站台、堆货场地、道路、围墙、大门、装卸机械、检斤、量载、装卸机械修理、篷布修理和生产用房等设备。

10.2.2　货物仓库、货棚和站台宜采用矩形布置，在多雨、雪地区且作业量较大的仓库或货棚可采用跨线布置。

站台与货物装卸线宜采用一台一线的布置形式。货运量较大，到、发货运量大致平衡，可采用两台夹一线的布置形式。办理大量零担中转和到发作业，可采用三台夹两线的布置形式。

10.2.3　货场仓库或货棚应在靠铁路一侧和靠场地一侧设置雨篷。

10.2.4　办理大量零担中转作业的站台，其长度和宽度应根据作业量、取送车长度、货物中转范围、装卸作业过程和采用的装卸机械类型确定。站台长度不宜大于280m。站台宽度根据具体情况可采用18m、28m、34m或44m。

10.2.5　仓库外墙轴线至站台边缘的距离，当使用叉车作业时，铁路一侧宜采用4m；场地一侧宜采用3.5m，但作业量大的零担仓库宜采用4m。当使用人力作业时，铁路一侧可采用3.5m，场地一侧可采用2.5m。

10.2.6　当有需装卸自行开动的机动车辆时，应设置尽端式站台。尽端式站台可与平行线路的站台联合设置，也可单独设置。

10.2.7　普通货物站台边缘顶面，靠铁路一侧应高出轨面1.1m，在有大量以敞车代棚车并在普通货物站台上进行装卸作业的地区，可高出轨面1m，靠场地一侧宜高出地面1.1～1.3m。

10.2.8　有大量散堆装货物装卸的货场可设置装卸机械，也可根据货场发展情况和结合地形条件设置高出轨面1.1m以上的高站台或滑坡仓、跨线漏斗仓等装车设备和栈桥式或路堤式卸车线。路堤式卸车线路基面的高度，宜采用1.5～2.5m，路基面的宽度宜采用3.2～3.6m。

10.2.9　货物装卸线的装卸有效长度和货物存放库或场的长度，应根据货运量、各类货物车辆平均净载重、单位面积堆货量、货物占用货位时间、每天取送车次数、货位排数和每排货位宽度等确定。常用的货物仓库可根据需要选用9m、12m、15m、18m或18m以上的跨度。

各类货物的货车平均净载重、单位面积堆货量、货位宽度和占用货位时间，设计时可按表10.2.9选用。

表 10.2.9 各类货物的货车平均净载重、单位面积堆货量、货位宽度和占用货位时间

序号	货物品类		货车平均净载重(t)	单位面积堆货量(t/m^2)	货位宽度(m)	占用货位时间(d)	
						到达	发送
1	整车怕湿货物		39	0.5	5.5	3	2
2	普通零担货物	到达	26	0.20	9.0	3	—
		发送	26	0.25	9.0	—	2
3	中转零担货物		23	0.15	11.0	1.5	
4	混合货物		34	0.30	8.0	3	2
5	整车危险货物		38	0.50	5.5	3	2
6	零担危险货物		25	0.15	12.0	3	2
7	整车笨重货物		48	1.00	4.0	4	2
8	零担笨重货物		36	0.40	6.5	4	2
9	散堆装货物		54	1.00	4.0	3	2
10	集装箱货物		25	0.26	7.0	3	2

注:求算单位面积堆货量的总面积时,库棚内包括纯堆货面积、叉车或人行通道、货盘间作业和堆货间隔等面积;笨重货物和散堆装货物场地包括纯堆货面积和堆货间隔的面积,但不包括汽车通道和辅助机械走行场地的面积。

10.2.10 当货场距车站较远,取送车次数较多时,通过技术经济比较,在货场进口附近可设置存车线。

10.2.11 集装箱、长大笨重货物和散堆装货物装卸线的线间距,应根据装卸机械类型、货位布置、道路和相邻线路的作业性质等确定。

中间站货物线与到发线的线间距,线间无装卸作业时不应小于6.5m,改建车站,在困难条件下,不宜小于5m;线间有装卸作业时不应小于15m。

10.2.12 货场内两站台间布置道路和停车场地,其宽度不宜小于20m。站台与围墙间布置道路和停车场地,其宽度不宜小于18m。

货场道路应根据搬运车辆和装卸机械类型、作业繁忙程度和作业要求等布置为单车道、双车道或三车道。货场根据装卸量可设1～3个大门,并应与城市道路有方便的联系。

10.2.13 货场内的道路、货物站台、各货区的货位和搬运车辆停留场地,应根据货物品类和搬运工具等情况采用不同标准的硬面处理。

10.2.14 发送大量易腐货物的车站应设置始发加冰所,其位置宜设在装车地点附近。通过大量加冰保温车的编组站应设置中途加冰所,其位置靠近保温车的主要车流方向并使取送车方便。

加冰所应设置制冰、贮冰和加冰设备。加冰站台或加冰线的长度应根据加冰作业车数和加冰作业方式确定。

根据机械冷藏列车的运行线路和作业需要,在适当地点应设置机械冷藏车车辆段和中途加油点。

10.2.15 办理大量危险货物、牲畜、畜产品、水产品和鲜货的卸车站或在排空货车较多的车站,可根据需要设置洗刷消毒所,其规模和设备应根据洗刷消毒车辆的作业量和性质确定。

洗刷消毒所的设置地点应远离其他铁路设备及居民区。

洗刷消毒所应设置处理污水、废渣设备,排出的污水、废渣的处理应符合国家现行有关标准的规定。

10.2.16 办理大量牲畜装卸的车站应设置牲畜站台、牲畜圈、饮水处和其他辅助设备。

当有运输牲畜需要时,在区段站、编组站或在距离100～200km的车站应设置供牲畜饮水的给水栓。

10.2.17 在危险货物比较集中的城市,应设置专业性危险货物货场。如危险货物较少,也可在综合性货场内设置危险货物专用仓库或货区。

专业性危险货物货场和爆炸品仓库的设置地点及危险货物运输设备的布置,应符合国家现行的防火、防爆、防毒、卫生和环保等有关规定。

11 工业站、港湾站

11.1 一般规定

11.1.1 有大量装卸作业的工矿企业、工业区或港口,根据需要可设置主要为其服务的铁路工业站或港湾站。

11.1.2 服务于同一企业或工业区的工业站数量,应根据企业的性质、生产规模、生产流程、企业或工业区的布局、原材料来源、产品流向和企业或工业区所在位置与铁路的相互关系等因素确定。

11.1.3 工业站、港湾站位置可按下列要求选择:

1 根据企业或港口所在位置及其总布置、经铁路的运量和交接方式,设在铁路上或靠近企业、港口处,其与铁路接轨应保证主要车流方向运行顺直。

2 工业站或港湾站对各作业站、分区车场和装卸点取送车有方便的条件。

3 与城市规划配合,兼顾地方客、货运输,并满足环境保护、消防和卫生等要求,有利于和其他运输方式的衔接、配合和办理联运。

11.1.4 工业站、港湾站的规模,应根据企业或港口经铁路的运量、运输性质、作业量、管理和交接方式以及该站在路网上的作用确定。设计时应按企业或港口规划作出相应的总布置,并按分期建设的原则确定近期工程。

11.1.5 铁路专用线运输的管理和交接方式、交接地点,应根据具体情况进行技术经济比较,并与企业或港口协商确定。

11.2 工业站、港湾站图型

11.2.1 当采用车辆交接,工业站、港湾站担当的路网中转作业量小,距企业站、港口站较近且地形条件适合时,工业站与企业站或港湾站与港口站宜采用联设,否则,宜采用分设。

11.2.2 工业站、港湾站的图型应根据交接方式、作业量、作业性质、该站在路网上所担当的作业分工和货物装卸地点等因素确定。设计时可按下列规定采用:

1 当采用货物交接时,宜采用横列式图型(图11.2.2-1)。

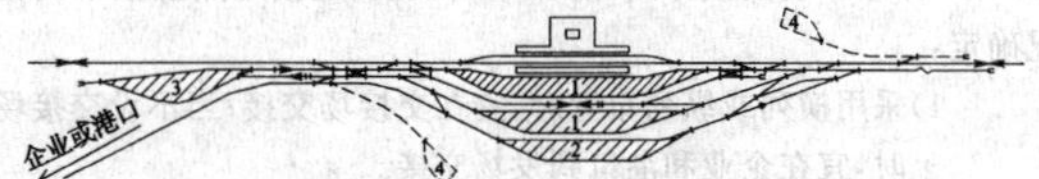

图 11.2.2-1 货物交接横列式工业站、港湾站图型

1—铁路到发场;2—铁路调车场;3—铁路机务段;4—货场(方案)

2 当采用车辆交接双方车站分设时,宜采用横列式图型(图11.2.2-2)。如作业量大,可采用其他合理图型。

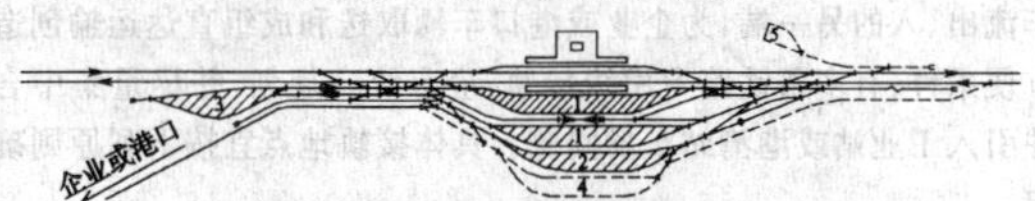

图 11.2.2-2 双方车站分设横列式工业站、港湾站图型

1—铁路到发场;2—铁路调车场;3—铁路机务段;4—交接场;5—货场

3 当采用车辆交接双方车站联设时,双方车场均采用横列式图型(图11.2.2-3)或纵列式图型(图11.2.2-4)。如作业量大可采用双方车站联设的双向混合式图型(图11.2.2-5)或其他合理图型。

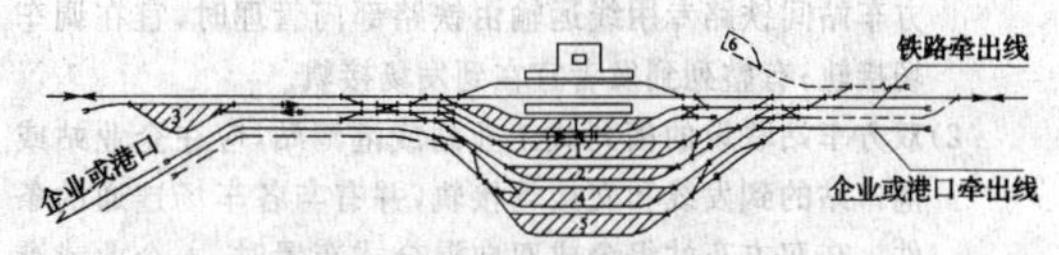

图 11.2.2-3 双方车站联设横列式图型

1—铁路到发场;2—铁路调车场;3—铁路机务段;4—企业或港口到发场兼交接场;5—企业或港口调车场;6—货场

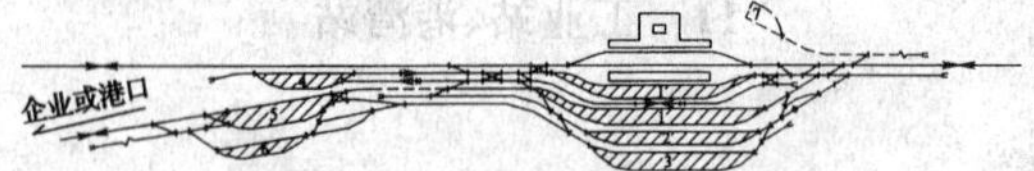

图 11.2.2-4　双方车站联设纵列式图型

1—铁路到发场；2—铁路调车场；3—交接场；4—铁路机务段；
5—企业或港口到发场；6—企业或港口调车场；7—货场

注：5场兼交接场时，采用图中虚线联络线，取消3场及其联络线。

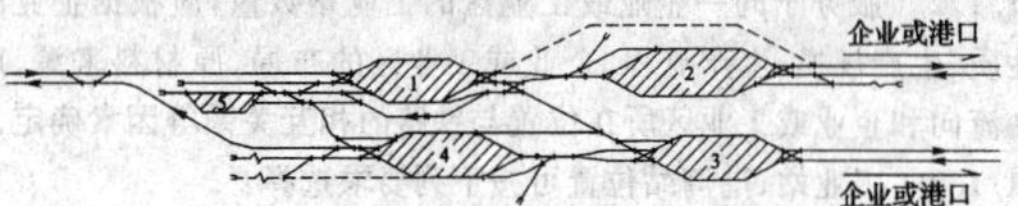

图 11.2.2-5　双方车站联设双向混合式图型

1—铁路到达场；2—企业或港口编发场；3—企业或港口到达场；
4—铁路编发场；5—铁路机务段

4　当在工业站、港湾站内设置专为企业或港口大宗货物使用的装卸设备时，车站图型应结合作业方式和地形条件确定。

11.3　主要设备配置

11.3.1　当采用车辆交接，工业站、港湾站设有交接场并与对方车站分设时，若为横列式布置，交接场宜设在调车场外侧或一端；若为其他布置形式，交接场宜设在调车场一侧。当工业站、港湾站与对方车站联设横列布置时，可在双方车场间设置交接场。

11.3.2　交接作业地点应根据所采用的交接及铁路专用线管理方式和车站布置形式分别确定。

1　采用货物交接方式，出入企业或港口的货物交接作业可在企业或港内的装卸线上办理。当企业或港口在工业站、港湾站上设有机械化装卸设备时，装车货物宜在装车线办理交接；卸车货物宜在卸车设备前的车场或卸车线办理交接。

2　采用车辆交接方式，双方车站分设，一般在工业站、港湾站设交接场办理交接；当双方车站间铁路专用线运输由铁路部门管理时，在工业站、港湾站不设交接场，宜在企业站或港口站到发场办理交接。

3　采用车辆交接方式，双方车站联设，交接地点宜按下列情况确定：

1)采用横列或纵列布置时，宜在交接场交接；当不设交接场时，宜在企业和港口到发场交接。

2)采用双向混合式布置时，可不设交接场，而在各自的到达场向对方交接；有条件时，也可在对方到达场交接。

11.3.3　铁路专用线在工业站或港湾站接轨，应避免与铁路行车和车站作业相互干扰，其接轨地点应设在工业站、港湾站铁路大量车流出、入的另一端，为企业或港口车辆取送和成组直达运输创造方便条件，有多条铁路专用线接轨，应有统一规划，并尽量集中合并引入工业站或港湾站车场同侧。具体接轨地点宜按下列原则确定：

1　采用货物交接时，有整列到发者宜与到发场接轨；有大量解编作业者宜与调车场或编发场接轨；运量较小者可在调车线、次要牵出线或其他站线接轨。

2　当采用车辆交接时，应符合下列规定：

1)双方车站分设的横列式工业站或港湾站上，当设有交接场时，应在交接场接轨，并有与各车场连通的条件；当双方车站间铁路专用线运输由铁路部门管理时，宜在调车场接轨，有整列到发者宜在到发场接轨。

2)双方车站联设的横列式工业站或港湾站，应在企业站或港口站的到发线和交接场接轨，并有与各车场连通的条件。在双方车站组合成双向混合式布置时，入企业或港口者在企业站或港口站的编发场接轨；出企业或港口者，当交接地点在各自到达场，与企业站或港口站的到达场接轨，当交接地点在对方到达场时，与铁路到达场接轨。

11.4　站线数量和有效长度

11.4.1　工业站、港湾站的到发线数量，应根据铁路列车对数、企业或港口小运转列车到发或取送车次数和路厂、矿、港的统一技术作业过程确定。

到发线有效长度应与衔接的铁路的到发线有效长度一致。对于只接发小运转列车的到发线有效长度，可根据实际需要确定。

11.4.2　工业站、港湾站用于集结发往路网车流的调车线数量和有效长度，应根据列车编组计划规定的组号、每一组号每昼夜的车流量和车流性质确定。

11.4.3　工业站、港湾站集结发往企业或港口车流的调车线数量和有效长度可按下列要求确定：

1　采用货物交接方式，宜按企业或港口各作业站、分区车场和装卸点数量，向各作业站、分区车场和装卸点每昼夜发送车数以及路厂、矿、港的统一技术作业过程确定。

2　采用车辆交接方式，当工业站与企业站或港湾站与港口站分设且交接场不设在工业站或港湾站时，调车线数量宜按在调车线集结发往企业或港口的车流量和路厂、矿、港的统一技术作业过程确定。当交接场设在工业站或港湾站且布置在铁路调车场一侧时，对解体后送入企业或港口的车辆，宜直接溜送入交接场，可不设集结发往企业或港口车流的调车线。

3　在有备用车的工业站和港湾站上，应按备用车数量适当设置备用车停留线。

4　调车线有效长度应根据发往企业或港口小运转列车长度和附加长度确定。

11.4.4　交接线的数量和有效长度可按下列要求确定：

当工业站与企业站或港湾站与港口站分设且交接场设在工业站或港湾站时，交接线数量应按每昼夜交接车数量，向交接场取送车次数和办理车辆交接作业时间确定。

交接线的有效长度应与工业站或港湾站的到发线有效长度一致。如发往企业或港内小运转列车长度与发往铁路列车长度相差较大时，部分交接线的有效长度可适当减短，但不应短于企业站或港口站的到发线有效长度。

12　枢　纽

12.1　一 般 规 定

12.1.1　枢纽设计必须从全局出发，综合分析枢纽的作用和规模、各引入线路的技术特征、客货运量的性质和流向、既有设备状况、地形和地质条件，并应配合城市规划和其他交通运输系统等全面地进行方案比选。

12.1.2　枢纽建设应根据枢纽总布置图分期实施，根据远景发展需要预留用地。近期工程应做到布局合理、规模适当、运营方便、工程节省和经济效益显著，并减少扩建过程中的废弃工程和施工对运营的干扰。

12.1.3　枢纽内车站和主要设备应根据各站的合理分工和作业需要进行配置。枢纽总布置图可结合当地条件按下列要求设计：

1　当引入线路少，客、货运量不大和城市规模较小时，可设计为客、货共用的一站枢纽。

2　当引入线路汇合于三处时，可根据各方向线路间的客、货运交流量，在汇合处分别设置客、货共用车站和其他车站或线路所形成三角形枢纽。

3　当有大量通过车流的新线与既有线交叉时，可在新线上修建必要的车站和连接既有线的疏解线路，使新线直接跨越既有线形成十字型枢纽。

4　当引入线路较多，客、货运量较大，结合城市规划和当地条件需要设置两个及以上专业站时，可设计为主要客运站和编组站成顺列或并列布置的枢纽。

对顺列式枢纽，除应处理好两端引入线路外，并应注意加强中部繁忙地段的通过能力，必要时可设置迂回线。

当城市被江河分割成区时，枢纽的主要客、货运设备应设在引入线汇合处的主要城区一侧，必要时可在各区分别设置客、货运设备。

5 衔接线路方向多，并位于大城市的枢纽，可结合线路走向、车站分布、为城市和工业区服务的联络线等情况，设计成环行或半环行枢纽。

其环线位置宜设在市区范围以外并使各方向引入线路有灵活便捷的通路；编组站应设在主要车流方向引入的线路上；客运站应设在主要城区附近，必要时可适当伸入市区。

特大城市的环行枢纽必要时可设直径线。

6 位于路网终端的港埠城市、矿区的尽端式枢纽，编组站宜设在出、入口处，并方便各地区之间的车辆交流。

7 当按一种类型枢纽布置不能满足运营需要时，可设计成与枢纽作业量和作业性质相适应的由几种类型枢纽组合而成的组合式枢纽。

12.1.4 引入枢纽的新线不宜过多地直接接轨于编组站，一般情况下，可在枢纽前方站或在枢纽内适当车站上接轨。

12.1.5 枢纽内具有一定规模的新建铁路专用线群应结合枢纽布置、工业区分布和城市建设等统一规划，合理选择接轨站。

12.1.6 枢纽内与服务城市无直接关系的编组站、机车车辆修理基地和材料厂等设施，宜设在市区以外。

与本车站作业无直接关系的铁路厂、段应设在车站发展用地范围以外。

12.2 主要设备配置

Ⅰ 编 组 站

12.2.1 枢纽内编组站的数量和配置，应根据车流量、车流性质及方向、引入线路情况和路网中编组站的分工，结合当地条件全面比选确定。

枢纽内编组站宜集中设置。新建枢纽或以路网中转车流为主的枢纽，应设置一个编组站。

在特殊情况下，经技术经济比较，符合下列条件之一者，枢纽内可设置两个及以上编组站：

1 有大量的路网中转改编车流，又有大量在工业区和港埠区集中到发的地方车流。

2 引入线路汇合在两处及以上，相距较远，汇合处又有一定数量的折角车流和地方车流，且改编作业分散办理有利。

3 枢纽范围大、引入线路多、工业企业布局分散和地方作业量大。

枢纽内有大量装卸车作业的车站，应根据组织直达运输的需要适当加强其设备。

12.2.2 当枢纽内设置两个及以上编组站时，每一编组站的作业量和作业性质应根据路网中编组站的分工、车流性质和机车交路等因素，结合下列情况，经技术经济比较确定：

1 全部中转改编作业集中在一个主要编组站上办理，与枢纽内其他编组站衔接线路的折角车流的改编作业分别由各该编组站办理。

2 编组站按运行方向分工，担任与编组站衔接各线路进入枢纽车流的改编作业。个别情况下，担任向衔接各线路发出车流的部分改编作业。

3 编组站按衔接的线路分工，担任与编组站衔接各线路进出枢纽车流的改编作业。

4 编组站综合分工，一般按衔接线路或运行方向分工，同时将大部分中转改编车流集中在主要编组站作业。

12.2.3 新建编组站的位置应按以下要求选定：

1 宜设在城市规划的市区以外。

2 应设在线路汇合处主要车流方向的线路上。

3 远近结合，满足各设计年度内引入线路作业的需要，并留有发展余地。

4 主要为中转改编作业服务的编组站，其位置应保证主要线路的车流以最短径路通过枢纽。兼顾中转与地方车流作业的编组站，其位置应考虑中转车流的顺直和折角车流的方便，并尽量缩短与所服务地区的小运转列车的走行距离。为地方车流改编作业服务的编组站，应设于线路交汇处，并应靠近主要工业区或港埠区。

12.2.4 通过列车的作业宜在编组站办理。如有大量通过列车不需进入编组站作业时，可单独设置车站，其位置宜靠近编组站以共用其机务设备。

Ⅱ 客运站和客车整备所

12.2.5 枢纽内客运站的数量、分工和配置，应从方便旅客运输出发，根据客运量、客流性质、既有设备情况、运营要求、城市规划和当地交通运输条件等因素比选确定。

一般情况下，枢纽内可设置一个为各衔接方向共用的客运站。在城市交通方便又能吸引一定客流的中间站上，可根据需要加强其客运设备。

客运量大的特大城市的枢纽，可设计两个及以上客运站。

12.2.6 枢纽内有两个及以上客运站时，宜按以下方式分工：

1 分别办理其中几条衔接线路的始发、终到旅客列车，有条件时尚宜相互办理通过本客运站的旅客列车。

2 当市郊客流大时，可按分别办理长短途和市郊旅客列车分工。

3 有适当根据时，也可按分别办理始发、终到和通过旅客列车分工或按分别办理始发、终到旅客快车和普通客车分工。

12.2.7 客运站宜设在市区范围内。位于中、小城市枢纽内的客运站，也可设在靠近市区的合适地点。如设置几个客运站，应避免集中在城市的一隅。客运站间和客运站与城市中心区及市区主要干道间应有便利的交通联系，并应考虑为发展旅客综合运输创造条件。

12.2.8 位于特大城市和城市布局分散的大城市的枢纽，应根据所承担的市郊旅客运输任务，加强有关市郊旅客运输的设备。

在枢纽内靠近大的工业区、居民点和市内交通主要换乘点的正线上，可设置旅客乘降所。

12.2.9 办理始发、终到旅客列车较多的客运站应设置客车整备所，其位置宜设在客运站附近。

Ⅲ 货运站和货场

12.2.10 枢纽内货运站和货场的数量、分工和配置，应在方便货物运输和相对集中的原则下，根据货运量、货物品类、作业性质、运营要求、既有设备情况、城市规划和当地交通运输条件等因素比选确定。

一般情况下，位于中、小城市的枢纽，可设置1～2个货场；当城市分散或枢纽范围较大，根据需要设置几个货运站和货场，对枢纽周边的居民集中点、工业区和卫星城市附近的车站上，必要时也可设置货场。

12.2.11 货场宜设计为综合性的。位于大城市的枢纽根据需要亦可设置专门办理大宗货物、集装箱和危险品等专业性货场。

12.2.12 货运站宜设在环线、迂回线或联络线上，必要时也可设在由编组站、中间站引出的线路上或中间站上。

货场在城市中的位置可按下列原则设置：

1 新建的综合性货场宜设在市区边缘或市郊。

2 大宗货物专业性货场及集装箱办理站宜设在市郊并靠近所服务的工业区或加工厂。

3 为转运物资服务的货场应设在市郊便于转运的地方。

4 危险品专业性货场设在市郊和城市主导风向的下方。

Ⅳ 机务设备和车辆设备

12.2.13 枢纽内机务设备应根据各衔接线路的客、货机车交路及机车技术作业性质的需要确定，其位置应靠近主要技术作业站。

客、货机车的检修和整备设备可按以下要求配置：

1 中、小型枢纽内客、货机车的检修设备应设于一处。大型枢纽内如机车检修任务繁重，可分别设置客、货运机车的检修设备。

2 编组站和办理旅客列车对数较多的客运站均应设置机务整备设备。当客车对数不多且条件适合时，可在客运站和编组站之间设置客、货共用的机务整备设备，并设置专用的机车走行线。

12.2.14 枢纽内车辆设备的配置应根据客、货车保有量及扣车条件等因素确定。货车车辆段应设在枢纽内有车辆解编作业，空车集结并便于扣车的编组站、工业站或港湾站所在地。客车车辆段应设在始发、终到旅客列车和配属客车较多的客运站上，并宜与客车整备所合设一处。

12.3 进出站线路布置和疏解

12.3.1 进出站线路布置应符合下列要求：

1 旅客列车由引入线路接到客运站，其中主要方向的旅客列车通过枢纽不得变更运行方向。

2 货物列车由引入线路接到编组站，主要车流方向应有通过枢纽的顺直通路。

3 对各不同方向引入的客、货列车的到达和出发线路，应分别单独接到客运站和编组站；但出发线路可根据各自区间的通过能力和车站各项作业能力以及工程情况，适当合并后分别引出上述车站。

4 各引入线路间和枢纽内各有关车站间应有满足运营要求的通路。

12.3.2 进出站线路疏解可根据行车量的大小、行车安全条件、列车按不同方向或不同种类分别运行的要求和当地条件，设计为立体疏解或平面疏解。

进出站线路疏解还应按线路平、纵断面的技术条件，配合城市规划，结合地形、地质等条件进行设计。

新建枢纽和引入线路不多且为单线汇合的枢纽，其进出站线路可按站内平面疏解设计。

12.3.3 进出站线路疏解宜按行车方向别疏解设计(图12.3.3-1)。

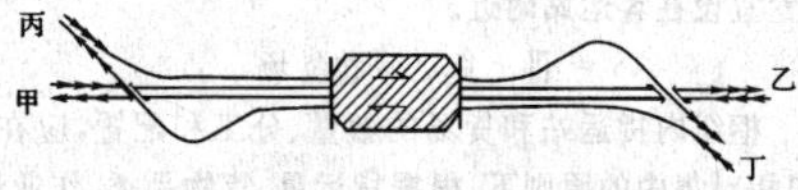

图 12.3.3-1 进出站线路按行车方向别疏解示意图

当有下列情况时，也可按其他疏解方式设计：

1 线路间列车交流量不大、单线铁路与双线铁路或两条单线铁路汇合的客、货共用站，其进出站线路可按线路别疏解设计(图12.3.3-2)，但应预留有改建为方向别疏解的可能。

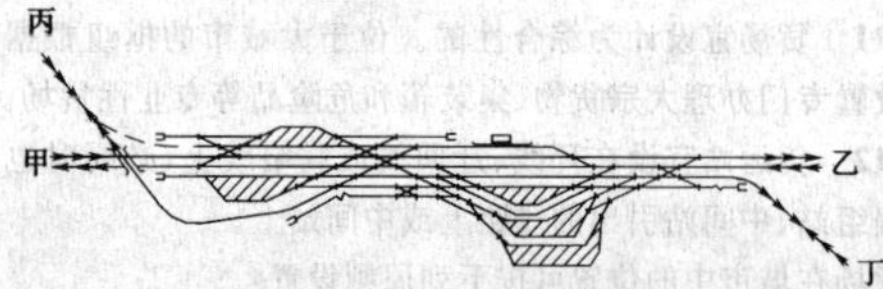

图 12.3.3-2 进出站线路按线路别疏解示意图

2 在枢纽内某些区间或进出站线路有必要为某种列车设专用正线的情况下，可按列车种类别疏解设计(图12.3.3-3)。当有两条及以上线路按列车种类别疏解设计时，其专用正线仍宜按方向别布置，对近期工程部分专用正线为单线引入并保留某些平面交叉时，该部分引入线可按线路别布置。

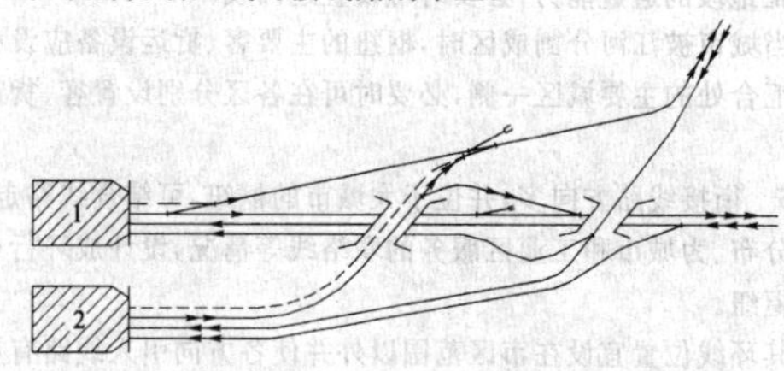

图 12.3.3-3 进出站线路按列车种类别疏解示意图

12.3.4 疏解线路布置型式应根据行车方向、列车运行条件、车站布置和减少站内交叉等因素，经技术经济比较确定。

12.3.5 按立体疏解设计的进出站线路，应预留新线引入和增建正线及联络线的位置和确定跨线桥的分期工程。

被进出站线路分隔的地区，应设置农田排灌与交通所需要的桥涵。

12.3.6 按站内平面疏解设计的进出站线路应满足下列要求：

1 进路布置灵活，进路交叉能分散在两端咽喉区。

2 站内有适当线路兼作列车待避用。

3 咽喉区布置应有适当的平行进路。

4 进站信号机前应有停车起动条件。

12.4 迂回线和联络线

12.4.1 在枢纽总布置图中可根据需要设置或预留迂回线和联络线：

1 在枢纽外围修建通过货物列车绕越城市的迂回线。

2 在枢纽内修建绕越某些车站的迂回线。

3 在枢纽内修建使货物列车绕越市区的迂回线。

4 消除折角车流多余走行的联络线。

必要时迂回线和联络线可通行旅客列车。

12.4.2 在枢纽外围修建迂回线时应充分研究相邻编组站的车流组织和机车交路的要求，妥善处理迂回线引入接轨点的交叉疏解。

迂回线的限制坡度和所设车站的到发线有效长度等应与衔接线路的标准相配合。

迂回线分界点的分布应满足要求的通过能力。

12.4.3 设计迂回线宜共用衔接线路的机务设备，必要时也可在迂回线的接轨站或前方站设置机务整备、列车检查和机车乘务组换班等设备。

12.4.4 联络线的技术标准应根据其所担负的任务、性质、行车量和地形、地质等条件确定。枢纽内引入线路间通行折角列车的联络线，其长度和平、纵断面应保证列车在联络线有停车起动的条件。

13 站线轨道

13.1 轨道类型

13.1.1 站线轨道类型应根据站线的用途按表13.1.1的规定选用。

表 13.1.1 站线轨道类型

项目			单位	到发线	驼峰溜放部分线路	其他站线及次要站线
钢轨			kg/m	60、50或43	50或43	50或43
轨枕	混凝土枕	型号	—	Ⅰ	Ⅰ	Ⅰ
		铺枕根数	根/km	1667～1520	1520	1440
	防腐木枕	型号	—	Ⅱ	Ⅱ	Ⅱ
		铺枕根数	根/km	1600	1600	1440

续表 13.1.1

<table>
<tr><th colspan="5">项　目</th><th>单位</th><th>到发线</th><th>驼峰溜放部分线路</th><th>其他站线及次要站线</th></tr>
<tr><td rowspan="15">道碴、道床厚度</td><td rowspan="10">土质路基</td><td rowspan="5">双层道碴</td><td rowspan="15">相应正线轨道类型</td><td>特重型</td><td rowspan="15">cm</td><td rowspan="3">表层道碴 20
底层道碴 20</td><td rowspan="5">表层道碴 25
底层道碴 20</td><td rowspan="5">—</td></tr>
<tr><td>重型</td></tr>
<tr><td>次重型</td></tr>
<tr><td>中型</td><td rowspan="2">表层道碴 15
底层道碴 15</td></tr>
<tr><td>轻型</td></tr>
<tr><td rowspan="5">单层道碴</td><td>特重型</td><td rowspan="3">35</td><td rowspan="5">35</td><td rowspan="5">其他站线 25
次要站线 20</td></tr>
<tr><td>重型</td></tr>
<tr><td>次重型</td></tr>
<tr><td>中型</td><td rowspan="2">25</td></tr>
<tr><td>轻型</td></tr>
<tr><td rowspan="5">硬质岩石、级配碎石、或级配砂砾石路基</td><td rowspan="5">单层道碴</td><td>特重型</td><td rowspan="3">25</td><td rowspan="5">30</td><td rowspan="5">20</td></tr>
<tr><td>重型</td></tr>
<tr><td>次重型</td></tr>
<tr><td>中型</td><td rowspan="2">20</td></tr>
<tr><td>轻型</td></tr>
</table>

注：1　钢轨系指新轨或再用轨。

2　到发线（含到达线、出发线和编发线，下同）的钢轨，当正线为 50kg/m 时，到发线采用 50kg/m 或 43kg/m 钢轨；当正线为 60kg/m 时，到发线应采用 50kg/m 及以上钢轨；到发线采用无缝线路轨道时，宜采用与到发线连接的道岔同类型钢轨。

3　驼峰溜放部分线路（系指自峰顶至调车线减速器或铁鞋脱鞋器出口的一段线路）及延伸一节的钢轨，宜采用 50kg/m，作业量较小的小能力驼峰也可采用 43kg/m 钢轨。

4　其他站线系指调车线、牵出线、机车走行线及站内联络线，次要站线系指除到发线及其他站线以外的站线。

5　采用 18 号单开道岔且铺设混凝土枕的线路上，应采用Ⅱ型混凝土枕。

13.2　钢轨及配件

13.2.1　新建和改建铁路的同一条站线应铺设同类型的钢轨。在困难条件下，除使用铁鞋制动的调车线外，其余站线可铺设两种不同类型的钢轨，并应采用异型钢轨连接。

13.2.2　到发线按有缝线路轨道设计时，宜采用 25m 标准长度的钢轨，其余站线可采用 12.5m 标准长度的钢轨。

13.2.3　钢轨接头螺栓应采用 8.8 级及以上高强度接头螺栓，螺母应采用 10 级高强度螺母，垫圈应采用单层弹簧垫圈。

13.2.4　下列位置不应有钢轨接头，如不可避免时，应将其焊接或胶接。

1　明桥面小桥的全桥范围内；

2　桥梁端部、拱桥温度伸缩缝和拱顶等处前后 2m 范围内；

3　设有钢轨伸缩调节器钢梁的温度跨度范围内；

4　钢梁的横梁顶上；

5　道口范围内。

13.3　轨枕及扣件

13.3.1　新建和改建铁路应根据不同轨道类型和线路条件选用不同类型的混凝土枕。下列地段宜铺设木枕：

1　明桥面桥的桥台挡碴墙范围内及两端各 15 根轨枕（有护轨时应延至梭头外不少于 5 根轨枕）；

2　铺设木岔枕的单独道岔前后两端各 15 根轨枕（其后端包括辙叉跟端以后的岔枕）；

3　脱轨器及铁鞋制动地段；

4　上列地段间长度不足 50m 的地段。

13.3.2　在路基（或基底）坚实、稳定、排水良好的大型客运站内，宜铺设混凝土宽枕。混凝土宽枕铺设根数应为 1760 根/km。

13.3.3　不同类型的轨枕不应混铺。当成段铺设的不同类型的轨枕分界处有钢轨接头时，应保持同类型轨枕延伸至钢轨接头外 5 根以上。

13.3.4　在木枕与混凝土枕宽枕、整体道床及其他新型轨下基础之间，宜用混凝土枕过渡，其长度不宜小于 10m，困难条件下，其他站线和次要站线可适当缩短。

13.3.5　站线混凝土枕轨道宜采用弹性扣件。木枕轨道宜采用分开式扣件，次要站线可采用普通道钉。

13.3.6　混凝土枕轨道的轨下橡胶垫板应与扣件配套使用，其型号宜按表 13.3.6 的规定选用。

表 13.3.6　轨下橡胶垫板型号

钢轨(kg/m)	60			50		43	
橡胶垫板型号	60-10-11	60-10-17	60-12-17	50-10-9	50-7-9	43-10-7	43-7-7
静刚度(kN/mm)	90～120	55～80	40～60	90～130	110～150	80～110	100～130

13.4　道　　床

13.4.1　碎石道床材料应符合国家现行标准的规定。到发线及设有轨道电路的其他线路轨道应采用碎石道碴道床，其余线路宜采用碎石道碴道床。站线轨道可采用二级碎石道碴。

13.4.2　站线道床厚度应按表 13.1.1 办理，其中土质路基的到发线、驼峰溜放部分线路的道床应采用双层道碴，在少雨地区，可采用单层道碴。

13.4.3　站线轨道的道床应按单线轨道设计，对下列轨道间及其外侧，应采用渗水材料填平至轨枕底下 3cm：

1　经常有调车和列检等作业的调车线、推送线、牵出线、到发线和客车整备线；

2　扳道和调车作业繁忙的咽喉区。

13.4.4　道岔区的道床厚度、肩宽、边坡应与连接的主要线路一致，混凝土岔枕引起的连接线路道床厚度差，应在道岔外 30m 顺坡。

13.4.5　Ⅱ、Ⅲ型混凝土枕地段的道床顶面应与轨枕中部顶面平齐，其他类型轨枕地段的道床顶面应低于轨枕承轨面 3cm；木枕地段应与轨枕顶面平齐。

13.4.6　站线轨道按有缝线路设计时，道床顶面宽度应符合下列规定：

1　道床顶面宽度应为 2.9m，曲线外侧不加宽。

2　推送线经常有摘钩作业一侧的道床肩宽应为 2m，另一侧应为 1.5m。

3　调车线、区段站及以上大站的牵出线和有列检作业的到发线、客车整备线轨道外侧的道床肩宽应为 1.5m。

13.4.7　混凝土宽枕轨道的道碴道床应由碎石道床和面碴带组成，其材质应符合国家现行标准《铁路碎石道碴》TB/T 2140 中一级道碴的规定。面碴带宽 95cm，厚 5cm，面碴带下应采用与混凝土枕道床相同的道床结构和道床厚度，枕端道碴埋深应为 8cm。粒径级配应符合表 13.4.7 的规定。

表 13.4.7　面碴带材料粒径级配

筛孔边长(mm)	35	30	25	20	15	10
过筛质量百分比(%)	100	95～100	55～75	25～40	5～15	0～5

13.4.8　站线道碴道床边坡应为 1∶1.5。

13.4.9　站场内由于作业、排水或其他需要的专用线路可铺设整体道床或其他新型轨下基础，并应根据地质条件进行设计。

13.5　道　　岔

13.5.1　正线上的道岔，其轨型应与正线轨型一致。站线上的道岔，其轨型不应低于该线路的轨型，当其高于该线路轨型时，则应在道岔前后各铺长度不小于 6.25m 与道岔同类型的钢轨或异型轨，在困难条件下不应小于 4.5m，并不应连续铺设。

跨区间无缝线路上的道岔应采用无缝的单开道岔。

13.5.2　道岔号数选择应符合下列规定：

1　正线道岔的列车直向通过速度不应小于路段设计行车速度。

2　列车直向通过速度为 100～160km/h 的路段内，正线道岔不应小于 12 号。在困难条件下，改建区段站及以上大站可采用 9 号。

3　列车直向通过速度小于 100km/h 的路段内，侧向接发列车的会让站、越行站、中间站的正线道岔不应小于 12 号，其他车站及线路可采用 9 号。

4　列车侧向通过速度大于 50km/h，但不大于 80km/h 的单开道岔，应采用 18 号。

5　列车侧向通过速度不大于 50km/h 的单开道岔，不应小于 12 号。

6　侧向接发旅客列车的道岔，不应小于 12 号，在困难条件下，非正线上接发旅客列车的道岔，可采用 9 号对称道岔。

7　正线不应采用复式交分道岔，在困难条件下需要采用时，不应小于 12 号。

8　其他线路的单开道岔或交分道岔不应小于 9 号。

9　驼峰溜放部分应采用 6 号对称道岔和 7 号对称三开道岔；改建困难时，可保留 6.5 号对称道岔。必要时到达场出口、调车场尾部、货场及段管线等站线上，可采用 6 号对称道岔。

13.5.3　列车直向通过速度为 160km/h 及以上的线路应采用可动心轨单开道岔。

13.5.4　道岔的扣件类型应与连接线路的扣件相同。

13.5.5　列车直向通过速度大于 120km/h 的道岔，应采用分动外锁闭装置。

13.5.6　路段设计行车速度大于 120km/h 的正线上应采用混凝土岔枕的道岔；路段设计行车速度 120km/h 及以下的正线和站线宜优先采用混凝土岔枕的道岔。

13.5.7　相邻单开道岔间插入的钢轨长度不应小于表 13.5.7-1 及表13.5.7-2 的规定。

表 13.5.7-1　两对向单开道岔间插入钢轨的最小长度（m）

道岔布置	线别		有列车同时通过两侧线时 f		无列车同时通过两侧线时 f
			一般情况	特殊情况	
	正线	直向通过速度 v>120km/h	12.5	12.5	12.5
		直向通过速度 v≤120km/h	12.5	6.25	6.25
	到发线		6.25	6.25	0
	其他站线和次要站线		—	—	0

表 13.5.7-2　两顺向单开道岔间插入钢轨的最小长度（m）

道岔布置	线别		木岔枕道岔	混凝土岔枕道岔
	正线	直向通过速度>120m/h	—	12.5
		直向通过速度≤120m/h	6.25	8.0
	到发线		4.50	
	其他站线和次要站线		0	
	到发线		4.50	
	其他站线和次要站线		0	

注：1　道岔间插入钢轨的最小长度除应符合表 13.5.7-1 及 13.5.7-2 的一般规定外，尚应按道岔结构的要求适当调整。

2　正线上两对向单开道岔有列车同时通过两侧线时，18 号单开道岔插入钢轨长度不应小于 25m。

3　到发线有旅客列车同时通过两侧线时，道岔间插入钢轨的最小长度一般情况应为 12.5m。

4　相邻两道岔轨型不同，插入钢轨应采用异型轨。

5　在其他站线和次要站线上，木岔枕与木岔枕相接时，如一组道岔后顺向并连两组 9 号单开或 6 号对称道岔时，其中至少一个分路的前后两组道岔间应插入不小于 4.5m 长的钢轨。站线上两组 9 号单开混凝土岔枕道岔顺向相接，两道岔间可插入 6.25m 长的钢轨。

6　客车整备所线路采用 6 号对称道岔连续布置时，插入钢轨长度不应小于 12.5m。

7　两道岔连接，在正线上应采用同种类岔枕，站线上宜采用同种类岔枕。当站线上采用不同种类岔枕时，两道岔顺向连接时，插入钢轨长度不应小于 12.5m；两道岔对向连接时，插入钢轨长度不应小于 6.25m。

8　列车是指编成的车列并挂有机车及规定的列车标志。不含未完全具备列车条件按列车办理的机车车辆。

本规范用词说明

1　为便于在执行本规范条文时区别对待，对要求严格程度不同的用词说明如下：

1）表示很严格，非这样做不可的用词：

正面词采用"必须"，反面词采用"严禁"。

2）表示严格，在正常情况下均应这样做的用词：

正面词采用"应"，反面词采用"不应"或"不得"。

3）表示允许稍有选择，在条件许可时首先应这样做的用词：

正面词采用"宜"，反面词采用"不宜"；

表示有选择，在一定条件下可以这样做的用词，采用"可"。

2　本规范中指明应按其他有关标准、规范执行的写法为"应符合……的规定"或"应按……执行"。

中华人民共和国国家标准

铁路车站及枢纽设计规范

GB 50091—2006

条 文 说 明

目　次

1 总　　则

1.0.2 1999年7月实施的《铁路车站及枢纽设计规范》GB 50091(以下简称原《站规》)和《铁路线路设计规范》GB 50090(以下简称原《线规》)规定的适用范围为客货列车共线运行,旅客列车最高行车速度为140km/h标准轨距铁路。提高列车速度始终是铁路交通运输技术发展的主要目标之一,是铁路先进技术水平的重要标志,也是人民生活水平迅速提高、时效观念增强的市场发展的需要,铁路科学技术的发展,技术装备的改善,以及广深、沪宁、京秦、沈大等线相继开行快速列车和铁路干线大提速的运营实践经验,为在客货共线运行的线路上,逐步提高以旅客列车速度为主要标志的改革提供了技术、物质和运营经验等的必要条件。因此,根据《铁路主要技术政策》和铁路实现跨越式发展要求,遵循强本简末和系统优化的原则,本次修订将客货列车共线运行铁路的旅客列车设计行车速度提高到160km/h。Ⅰ、Ⅱ级铁路路段旅客列车设计行车速度(以下简称路段设计速度)见表1。

表1　Ⅰ、Ⅱ级铁路路段设计速度(km/h)

铁路等级	Ⅰ级	Ⅱ级
路段设计速度	160、140、120	120、100、80

新建和改建车站及枢纽设计,应根据不同的行车速度和铁路等级选择相应的技术标准。对于路段设计速度高于本规范和铁路等级低于本规范的客货共线运行的其他铁路,凡与行车速度和铁路等级无直接关系的技术标准,也可参照本规范办理。

1.0.3 为使铁路车站及枢纽的建设能配合运量增长分阶段地进行,其设计年度应有合理的规定。分期的原则既要防止过早投资,把建设规模搞得过大;又要避免工程建成不久就满足不了运量增长的需要,造成改建频繁,影响运营;还必须具有前瞻性,使车站及枢纽的建设标准和规模能适应较长的时间。

关于铁路车站及枢纽的设计年度,原《站规》规定为近、远两期,近期为交付运营后第5年,远期为交付运营后第10年,新建铁路的车站设计年度也可增加初期,初期为交付运营后第3年。本规范规定"铁路设计年度分为近、远两期",但近、远期设计年度分别为交付运营后第10年和第20年,这是要求远期要具有前瞻性,能更好地从整体上把握住最终设备的标准和规模,使铁路建设有一个较长时期的相对稳定期。为避免近期工程过大,又规定"可随运输需求变化而增减的运营设备,可按交付运营后第3年或第5年的运量设计"。枢纽总布置图是枢纽发展规划的指导性文件,应能在较长的发展阶段中起作用。建国以来铁路枢纽建设的实践表明,一个枢纽最终规模的建成一般都经历了40年以上的时间。枢纽总布置图只考虑10年、20年是不够的。因此,枢纽总布置图应结合路网规划和城市规划,充分考虑远景规划,留有进一步发展的条件。

1.0.4 保证铁路运输安全,提高运输质量,方便旅客旅行是涉及国计民生、提高铁路竞争力的头等大事,特别是随着旅客列车行车速度的提高,更显其重要性。车站及枢纽设计中应坚持以人为本,根据各专业安全作业的规定和各种旅客的需求,正确确定保证安全的设计标准和合理配备方便旅客旅行的设施设备。

1.0.5 铁路车站及枢纽建设对所在城市的建设和发展起着重要作用,但由于铁路车站及枢纽一般规模较大,设备较多,不但需占用所在城市大量土地,对城市发展规划造成一定的影响,而且也会对市内交通运输和城市生态环境、防洪排灌、水土保持、文物保护、能源配置等带来一定的影响。为避免和减少相互影响,实现铁路和城市协调发展,规定车站及枢纽设计应与城市建设总体规划相互配合和协调,并应高度重视环境保护、水土保持、文物保护、节约能源和土地。

1.0.6 实现车流快速移动,对节约工程项目投资,减少运营支出,提高投资效益和铁路在市场的竞争能力具有重要意义。因此,优化车流组织、列车编组计划,减少编组站、区段站数目和车流在技术作业站的改编次数,是编组站、区段站规划和设计的重要原则。

随着货运市场对运输质量要求的不断提高,为充分利用铁路客、货运设施和设备能力,减少定员、提高效率、降低运输成本、提高铁路竞争力,货运站的设置应实施货运组织集中化、专业化和物流化,对客、货运量较小的车站不设计为中间站有利于集中作业和管理,可根据区间通过能力需要设置会让站、越行站。

1.0.7 目前铁路生产力布局主要存在以下问题:

1　编组站数量多,布局不合理,直达列车比重小,区段站数量多,中间站设置过密,车务管理范围小。

2　客运站缺乏总体规划。

3　机务段布点过密,修制落后;车辆段、客车整备所分散,修制不合理;工务段管辖范围小,养修不分;电务、水电段管辖范围小,分工过细。

由于存在以上问题,导致铁路设备分散和闲置,定员多、作业效率低、运输成本高、缺乏竞争力。要改变此现象,必须更新建设理念,设计要根据运输需要,调整生产力布局,系统优化、经济、合理地确定站段布局和规模。

1.0.8 铁路枢纽的线、站、场和设备众多,工程复杂,施工干扰和难度大,建成一个枢纽需要花费巨大的投资。由于影响枢纽布局的因素很多,为了寻求合理的设计方案,协调各方面的关系,取得最大的经济和社会效益,必须经过技术经济比较加以论证。

复杂车站一般指规模较大或虽然规模不大,但因地形、地质和线路条件比较复杂,或因有关方面提出某些要求,对车站位置或布置形式也需进行方案比较。

车站改建的设计,不能完全脱离原有的基础,充分利用既有设备,是节约投资的有效措施。对既有设备的利用,一方面要根据需要加以必要的改造,另一方面也要使改建的设计方案适应于利用既有设备的要求。

车站改建工程较复杂时,例如车站纵断面需要抬高或落低,既有车站的线路平面需要作较大的改动,以及站内大型建筑物和设备的施工需要封锁站内既有线路等,为了保证设计方案的顺利实施和投资的准确性,设计单位应作出指导性施工过渡设计。该设计应在保证施工期间满足最低限度能力需要的基础上,确保运营和施工安全,尽量减少施工对运营的干扰,并使过渡费用及造成的废弃工程最小。

3　车站设计的基本规定

3.1　一般规定

3.1.1 站内建筑限界应符合现行国家标准《标准轨距铁路建筑限界》GB 146.2的规定。表3.1.1中序号1、6、7的有关内容系按站场作业要求制定的。

高出轨面1250mm的旅客站台与客车底板面基本相平,为行动不便旅客乘车提供方便。

高出轨面500mm的旅客站台的站台面基本上与客车最低一级踏步相平,便于旅客乘降。

以上两种站台均不适用于正线或通行超限货物列车到发线一侧,因这两种站台不能满足轨面以上1100mm高度处下部超级超限列车装载宽度的要求。

高出轨面300mm的旅客站台面低于客车最低一级踏步,旅客乘降条件稍差,只适应于正线或通行超限货物列车的到发线一侧。

清扫或扳道房和围墙外缘距线路中心线不小于3500mm,系考虑调车和车站工作人员通行的需要。改建车站，在困难条件下，该距离可保留不小于3000mm。

3.1.2 在线路的曲线地段上，各类建筑物和设备至线路中心线的距离及线间距须按规定加宽。加宽公式为：

曲线内侧加宽(mm)：

$$W_1=\frac{40500}{R}+\frac{H}{1500}h \tag{1}$$

曲线外侧加宽(mm)：

$$W_2=\frac{44000}{R} \tag{2}$$

式中 R——曲线半径(m)；

H——计算点自轨面算起的高度(mm)；

h——外轨超高(mm)。

位于曲线内侧的旅客站台，如线路设有外轨超高时，须降低站台高度，降低站台的数值为0.6倍外轨超高度。其数值来源如下(见图1)：

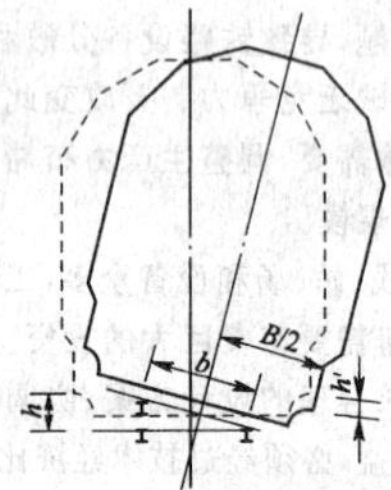

图1 超高示意图

$$h':h=\left\{\frac{B}{2}-\frac{b}{2}\right\}:b \tag{3}$$

$$h'=\frac{B-b}{2b}h\approx 0.6$$

3.1.3 站内两平行线路的中心线间须有一定距离，这一距离一方面须满足建筑限界或机车车辆限界的要求，另一方面还须满足在两线间装设行车设备或进行作业活动的需要。本条文表3.1.3中各项规定的说明见表2。

表2 车站线间距要求说明表(mm)

项目序号	线间距	直线建筑接近限界		超级超限货物装载限界或机车车辆限界	作业或建筑物宽度要求	余量	附注
		左	右				
1	5000			2350×2		300	相邻两线均通行超限货物列车
	5000			2350+1700	$v\geqslant$140km/h时人员不通行 人员通行950		
	5500			2350+1700	列检人员作业1450		
	5000			2350+1700	列检人员作业950		
	6000			2350+1700	列检人员作业1950		
	5500			2350+1700	列检人员作业1450		
2	5000			1700×2	列检作业及人员通行1600		
	5500			1700×2	列检小车宽要求800，运行最小间隙2×650		
	4600			1700×2	列检作业及人员通行1200		
3	4600			1700×2	人员通行1200		
4	5300	2440	2440		信号机宽380	40	
	5000	2440	2150		信号机宽380	30	信号机应偏置
5	5000			1700×2	人员通行1600		
	4600			1700×2	人员通行1200		
6	6000			1700×2	通行机动小车和作业要求2600		线路间无杆柱
	7000			1700×2	通行机动小车设杆柱和作业要求3600		线路间有杆柱
7	3600			1700×2		200	
8	6500			2350×2	调车作业要求1800 区段站在牵出线外侧调车		
	5000			2350+1700		950	在牵出线外侧调车
9	6500	2440	2440		设杆柱和作业要求1500	120	
10	7000	2440	2440		设制动员室要求2100	20	
11	5000			2350+1700	人员通行950		
12	6500	2440	2440		设支柱宽度要求1500	120	

注：1 根据《铁路超限货物运输规则》[(79)铁运字1900号]第7条和第26条有关规定，按建筑接近限界允许的超级超限货物装载宽度1600mm+750mm=2350mm，其运行速度为15km/h。

2 项目序号1，$v>$120km/h的6000mm及5500mm两栏中，根据铁道部2002年8月颁发的《时速160公里新建铁路桥隧站设计暂行规定》的条文说明，按人体能承受的列车对人体气动作用力的安全值100N为限，当时速160km钝形列车通过时，经铁科院现场实测结果距正线中心约4.7m。为保证列检人员的安全，故规定当时速为140km及以上时，运营中必须采取安全措施才能在两线路间进行列检作业。

3.1.4 本条说明如下：

1 电力机车及由电力机车牵引的列车或车组通行的线路应架设接触网。出发线、编发线在发车作业端架设接触网的范围，根据保证电力机车能与出发车列顺利连挂、尽量缩短悬挂接触网的长度、接触网支柱排列整齐合理、技术经济效果好和保证调车作业安全等因素确定。在有效长度范围内，接触网架设范围，单机牵引时不短于100m；双机或三机牵引时应不超过200m。

2 为了便于摘挂列车的本务机车进行调车作业，中间站的货物线和牵出线均应架设接触网。当装卸线有起吊设备，架设接触网后不能保证作业安全时，在起吊设备工作区域内不应架设接触网。本务机车进行调车时可以根据线路条件，采用附挂车组的方式，对不能架设接触网的线路进行取送车作业。

3 有些车站的牵出线、货物线、段管线或岔线，经过技术经济比较，认为不能或不宜架设接触网时，应在该区段范围内统一考虑配备内燃调机和小运转机车；并在适当的车站内设置调车机车停留线和必要的机车整备设备，有些整备点也可以与附近机务段合并考虑。

4 调车线不架设接触网的主要原因是保证调车作业安全。接触网导线为25kV高压交流电，按现行《铁路技术管理规程》(以下简称《技规》)规定，调车人员站在车辆脚踏板(闸台)操作手闸制动时带电接触导线距人体应不小于2000mm。因此，车辆闸台高度不得高于2200mm。计算公式如下：

$$H_台=H_D-h-S \tag{4}$$

式中 $H_台$——车辆闸台高度(mm)；

H_D——接触导线距轨面高度，采用6200mm；

h——人体高度，采用2000mm；

S——接触导线与人体的最小安全距离，规定为2000mm。

由于P50及P60型棚车闸台离轨顶高度分别为3.4m和3.2m，都超过2.2m高度，危及调车作业人员安全。所以，凡有手闸制动的调车作业的调车线或调车线路，均不架设接触网。

有大型起吊设备的装卸线、货场、车辆段段管线和站修线，因有起重机械、架空管线和修车台等设备，与接触网有干扰；且工作人员在高处作业，对人身及设备均不安全，故不应架设接触网。

内燃机车停留线及其整备线上，因经常有人在机车上进行日常擦车、检查维修保养等作业，为保证人身安全，不应架设接触网。

电力机车受电弓与接触导线滑动磨擦容易发生电弧，对挥发性很强的轻油、汽油、液化石油气有引燃、引爆危险，故储存这类货物的油库和仓库专用线路，不应架设接触网。这类专用线路和架设接触网的线路接轨时，在接轨处的道岔后第一节钢轨轨缝，应设置良好的绝缘节，以避免感应电流通向专用线路。

5 区段站、编组站和其他大型车站内，当有几个方向的线路引入并有几种牵引种类时，到发线往往需要分方向别或线路别使用。此时，到发线架设接触网的范围确定，应充分考虑电力机车的走行条件、到发线利用率和使用的机动灵活性。

3.1.5 站内沿线路方向的接触网支柱间距直线地段通常为50m左右，软横跨跨越线路数规定不应超过8条，支柱横跨距离也是

50m左右。在站内一般采用角钢焊接成桁架式的钢柱。承受较大力矩的大容量钢柱其混凝土基础帽较大，约为1.5m×1.2m，露出地面0.1～0.2m，对站台上的客、货运设备和道路有一定妨碍，故应全面考虑对站内各项设备的影响，适当确定接触网支柱位置，使支柱纵横布置协调合理。

站内凡是先做土石方但暂缓铺轨的线路及道岔或咽喉区，属于将来有可能发展的范围，在布置接触网支柱时，宜全面考虑近远期结合、经济合理和信号通视条件良好等因素，为将来增加或延长预留的线路和道岔时，尽量少拆少改接触网支柱，减少改建时对行车的干扰。

支柱边缘至货物站台边缘距离，要考虑与本规范10.2.5条规定协调一致。使机动车在站台上行驶通顺安全，并有利于货位码齐，充分利用站台面有效面积。

既有车站进行电气化改建确有困难时，接触网支柱边缘距离站台边缘在任何情况下不应小于2m，以便车门对准支柱时不致影响旅客上、下车或货物装卸作业。

3.1.6 本条说明如下：

1 按直线建筑接近限界，电力机车牵引的线路的跨线桥在困难条件下的最小高度为6200mm。当既有梁底至桥下线路轨面的净高为不小于5800mm时，为了充分利用既有设备，节省改建工程量，则应根据具体情况认真进行检算，并采取限制通过的超限货物的等级、限制行车速度或采取停电通过等措施，规定特定使用条件，并有足够根据的情况下，方可使用。

2 驼峰跨线桥下机车走行线轨面高程，一般受地下水位影响，且控制车站有关车场的高程，影响全站土石方数量较大，故应压缩驼峰跨线桥净高。机车走行线不考虑通行超限货物车辆。机车走行线的接触网导线至轨面的最小高度采用5250mm，再考虑跨线桥下接触导线弛度，带电体距固定接地体最小空间隙和包括接触导线体高度、施工误差、工务起落道等因素。梁底至机车走行线轨面净高可以采用6000mm，在困难情况下可以采用不小于5800mm。

确定跨线桥下梁底至桥下站线轨面最小高度5800mm考虑因素如下：

$$H_0=H_D+f+\Delta h+\Delta S \quad (5)$$

式中 H_0——跨线桥下梁底至线路轨面净高(mm)；

H_D——接触导线距轨面高度；机车走行线的最低高度可采用5250mm；

f——接触导线弛度，随两悬挂点间距离、导线重量和张力而变化，梁底不设承力索结构，最大按200mm考虑；

Δh——包括接触导线体高度、施工误差、工务起落道等因素，按不超过60mm考虑；

ΔS——带电体距固定接地体最小空间隙采用困难值240mm(重雷区及距海岸线10km以内的区段采用此值时，须相应采用防雷措施，并留余量50mm)。

曲线地段当设置外轨超高时，应根据计算另行加高。接触导线通过桥下以后，按3‰(困难时不大于5‰)的变坡率，逐步调整到桥外的正常高度。此变坡率不是对水平面，而是对轨面而言，例如线路坡度为10‰时，导线可用10‰+3‰=13‰的变坡率。

3.1.7 选择货物列车到发线有效长度，应综合考虑输送能力、牵引重量，地形条件和相邻线路统一牵引等四个因素。

输送能力是客观要求，是四个因素中的主要因素。到发线有效长度所能适应的输送能力，视设计的最大通过能力而定。

货物列车到发线有效长度与牵引重量大小的关系，在蒸汽牵引年代，由于动力的发展受到限制，货物列车到发线有效长度主要是以采用的机车类型所牵引的列车长度作为确定的依据。由于内燃、电力牵引的大力采用，可以多机并联，为增加牵引力，提高列车重量，创造了条件。在这种情况下，货物列车到发线有效长度又反过来控制牵引重量。

关于货物列车到发线有效长度与地形条件的关系。我国幅员辽阔，有平原、丘陵和地势陡峻的山岳地区，地形较为复杂。现有铁路，基本形成以平原、丘陵地区6‰和山岳地区12‰的两种限坡系统。在限坡与地形条件基本适应这一前提下，增加有效长度对工程的影响主要是桥隧和土石方数量的增加。在不同地形条件和桥隧比重的情况下，有效长度从850m增加到1050m，对工程的影响见表3所列数值(供参考)。如有效长度从1050m再增加到1250m，比表中情况增加的工程还将增加一倍。这说明有效长度标准越高，对工程影响越大。因此有效长度与工程量的关系是：有效长度的增长，将使工程量增加；有效长度越大，增加的比重越大；地形困难程度越大，增加的比重也越大。

表3 地形条件、桥隧比重和到发线有效长度对工程的影响

地形困难程度	限坡	有无展线	桥隧比重(%)	增加桥隧工程的车站		增加土石方工程的车站	
				占车站总数的(%)	一个车站增加的桥隧工程(m)	占车站总数的(%)	一个车站增加的土石方数量(1000m³)
特殊困难	≥12‰	有	>40	>40	>200	>60	>60
困难	6‰～12‰	微量	30～40	20～40	≈200	40～60	30～60
较平缓	6‰	无	<30	<20	<200	<40	<30

货物列车到发线有效长度和相邻线路的统一牵引配合问题，由于铁路货运量中有很大部分需经过几次中转才能到达目的地，相邻线路到发线有效长度不一致时，就会产生列车的换重作业，增加列车在中转站的作业和停留时间。目前我国东北、华北、中南、华东的几条主要长大铁路，基本形成牵引重量为3000～3500t、有效长度为850m的系统，电气化后将形成有效长度1050m的系统，为大宗货物组织远程直达运输创造了有利条件。

货物列车到发线有效长度过长或过短对运营都会产生不利的影响。在满足一定运量的条件下，采用较长的有效长度，可以提高列车牵引重量，相对减少列车对数及和对数有关的费用，对单线铁路还可减少会车次数，提高旅行速度，从而提高运营效率；但有效长度过长，会增加车辆集结时间和费用，为更多的组织直达运输带来不便，相反，有效长度过短，则会因列车对数和会车次数多，而降低旅行速度和运营指标。目前在国内铁路网中，沿海几条主要长大铁路基本形成850m有效长度或即将形成1050m有效长度的双线系统，而内地几条主要铁路基本形成650m或850m有效长度的单线系统，这和国内铁路运能要求基本上是相适应的。货物列车到发线有效长度的上限是以双线铁路为基础制定的，下限是以单线铁路为基础制定的。

近期由于运能要求低，可采用较远期为短的有效长度，以减少近期工程和延缓土地占用。根据有关资料统计分析，在平坦地区修建铁路所占用的土地几乎全部为耕地；丘陵地区约为70%耕地，30%可垦地；山岳地区约为30%可垦地。修建1km铁路平均需占用30～65亩土地，故即使延缓占用也具有很大意义。

重载运输是指担负煤炭、矿石等大宗散装货物的长、大、重列车运输。根据铁路运输发展需要，运输量强大的煤炭、矿石可由专用铁路把矿山基地与港埠或工业企业连接起来，使重载列车越过编组站直接运行。这种列车采用多机牵引，列车重量超过万吨，车列长度达1500m以上，单线年输送能力可达30～40Mt。因此，担负重载运输专用铁路的到发线有效长度，应根据需要，在可行性研究报告中另行规定。

既有车站改建增铺到发线时，如因增加少量线路而需拆铺大部分道岔区、增加大量土石方工程或改建桥隧建筑物，对个别到发线的有效长度可适当缩短，但不应超过20m。由于到发线有效长度包括了停车附加制动距离30m在内，故比规定有效长度减短了20m的到发线，仍能接入规定长度的列车。但是附加制动距离不足30m时，列车进站需一度停车，再以缓慢的速度进入车站，延长了列车到站时间。因此，在特殊情况下经铁道部批准，方可采用上述措施。

3.1.8 在单线或双线区段内选定3～5个会让站、越行站或中间站能保证超限货物列车在站办理会让和越行，其主要目的是为调整列车运行。为了让行动不便的旅客能使用高站台，设计中尽量选定在设有低站台的会让站、越行站、中间站(客运量较小中间站可设低站台)或到发线数量较多并设有高站台的中间站，该中间站的到发线数量除了邻靠基本站台和中间站台的到发线外，单线铁路另有1条到发线和双线铁路另有2条到发线(可设在正线的一侧或两侧)满足上、下行超限货物列车的会让和越行的要求，且区段内选定的车站较均匀分布。在换挂机车的区段站及编组站等大站上，也应按规定有通行装载宽度为2350mm超级超限货物列车的线路。指定通行超限货物列车的到发线与相邻正线或到发线的线间距应按本章第3.1.3条的有关规定采用。

除选定的车站外，当到发线与正线的间距为5m，线间装有高柱信号机时，到发线仍可通行一级和二级超限货物列车，只对通行最大级超限货物列车受到一定的限制。因此，一般的超限货物列车，实际上仍可在区段内任何车站上办理会让或越行待避，对线路通过能力影响不大。个别线路行车密度很大而且开行最大级超限货物列车较多时，如果机车装有连续式机车自动信号设备，正线上设置矮型信号机，则到发线与正线的间距为5m亦能通行最大级超限货物列车。此时，在区段内的中间站办理超限货物列车的会让或越行待避就不受限制。

3.1.9 本条及以后条文中凡用“岔线”一词，系根据现行《技规》中“岔线是指在区间或站内接轨，通向路内外单位的专用线路”的规定采用，其意为路内的各种专用线路和路外的铁路专用线。

1 新线与既有线的接轨布置应保证主要方向的列车能不改变运行方向通过接轨点，其优点是可使接轨线路上的大部分列车不产生折角运行，以减少接轨点车站作业量和交叉干扰。

2 新线、新建岔线如在区间与正线接轨，除影响区间通过能力外，还增加了不安全因素，所以新线、新建岔线不应在区间与正线接轨。在枢纽和车站范围内，为调整列车到发的运行线路、提高车站的咽喉和作业能力等设计的进出站疏解线路，其行车速度不高，为节省工程而在区间正线上接轨，此时，为保证行车安全，应在接轨地点设置线路所或辅助所。

3 路段设计行车速度120km/h及以上的线路上，岔线、段管线不宜在站内正线接轨，以保证正线的行车安全。当站内有平行进路或隔开道岔并有联锁装置时，能保证车站接发列车的安全，可不另设安全线。机务段和客车整备所一般均与车站纵列布置，由于机务段与车站有明确的站、段分区，出段机车必须在分界处(即机务段的闸楼)停留，经车站调度同意后才能出段；客车整备所出所的客车车底必须在进站信号机或调车信号机前停车，待信号开放后才能进站；另外尚有平行进路或隔开道岔并有联锁装置，能保证行车安全，因此，均可不设置安全线。当机务段和客车整备所与车站为横列布置时，则根据具体情况研究设置机待线或牵出线。

3.1.10 目前我国客货列车共线运行的Ⅰ、Ⅱ级单线铁路平行运行图列车对数多在20对以上，客运列车又占相当大比重。为提高客车的安全度，铁道部铁鉴[1988]637号文关于为保证客运列车与客运列车或与其他列车同时接发设置隔开设备的条件中规定：“设计年度通过能力要求在平行运行图18对以上至24对的客、货混跑单线铁路，考虑满足客运列车与客运列车或与其他列车的同时接发条件的车站占其车站总数的20%～30%”；“设计年度通过能力要求在平行运行图24对以上的客、货混跑单线铁路，考虑满足客运列车与客运列车或与其他列车的同时接发条件的车站，占其车站总数的30%～40%，当单线能力利用率超过75%及以上时，可适当增加前述百分数”。根据该规定匡算，单线铁路区段中每隔4～3个及3～2个区间，选定1个车站设置客运列车与客运列车或与其他列车同时接入(或发接)客、货列车的隔开设备。

设置条件还规定：应结合车站性质在单复线的过渡站、限制区间两端站、给水和凉闸技术作业站、枢纽前方站、局界站，按均衡分布合理选择；双线铁路除到发线偏侧设置、站台偏侧设置等情况外，一般可不考虑设置隔开设备。

设置要求规定：考虑双方向同时接车，可仅考虑每方向有一股到发线按单方向使用，在对角象限设置一对隔开设备；一般按单方向左侧行车设置隔开设备，若车站Ⅱ、Ⅳ象限设有牵出线等站线可利用或可明显节省工程时，则可按右侧行车设置隔开设备；有第三方向引入的车站，一般按其中两个方向考虑设置隔开设备。

3.1.11 本条是引用现行《技规》的有关规定。但设计中在接车线末端能利用其他站线、次要站线或岔线作隔开设备时，如图2所示，在接车线末端可不另设安全线。

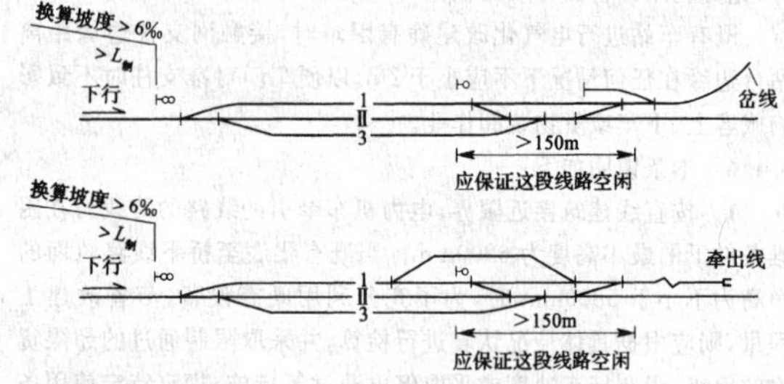

图2 接车线末端利用其他站线、次要站线或岔线作隔开设备

按现行《技规》规定，列车在任何线路坡道上的紧急制动距离限值：运行速度不超过90km/h的货物列车为800m；运行速度90km/h以上至120km/h的快运货物列车为1100m；运行速度不超过120km/h的旅客列车为800m；运行速度120km/h以上至140km/h的旅客列车为1100m；运行速度140km/h以上至160km/h的旅客列车为1400m；运行速度160km/h以上至200km/h的旅客列车为2000m。

3.1.12 本条说明如下：

1 安全线有效长度的规定，是根据一台救援吊车吊起脱轨机车作业所需的长度，并使该作业不影响其他线路列车运行的原则确定的。

2 设置安全线纵坡，是为了提高进入安全线车辆的安全性。由于其纵坡大小往往受相邻线路纵坡及线间距的控制，故不能具体规定其坡率，设计时应尽量采取较大的上坡道。

3 各种线路上的安全线都应设置缓冲装置，如挡车器、车挡等。

4 为使事故列车不影响正线的运行，设置了防止事故列车不脱轨或不侧翻的护轮轨，护轮轨应由道岔末根岔枕起，用混凝土桥枕铺至车挡，其进口处按道岔内护轮轨开口尺寸办理。采用土堆式车挡，其后的止轮土基长15m，顶宽4.5m，用粘性土夯填至轨面下1m，均以草皮防护。安全线有条件时设计为曲线，是为了使列车头部的侧翻车辆倒向正线时不致影响正线。

5 安全线不应设在桥上，是为了避免发生事故的列车翻于桥下或毁坏桥梁；安全线不应设在隧道内，是为了使事故列车施救的工作面大些，以尽快恢复运营。因此，在采取各种措施(如：调整进站信号机前方的纵坡，使制动距离内的进站下坡不超过6‰；不选定该车站为能同时接入或发接客、货列车的车站；在桥隧前或延伸至桥隧后适当地点设置安全线等)后仍不能避免在桥上和隧道内设安全线时，则设在桥上和隧道内的安全线，其车挡后的路基设计应按本条第4款的规定办理。

6 曲线型安全线末端与相邻线的间距是根据安全线的布置形式、车辆高度等条件确定的，其值应能保证机车、车辆侧翻时不影响相邻线的行车安全。

3.1.14 在配属调机的区段站、编组站、货运站、工业站、港湾站和调车作业量大的中间站上，如使用内燃机车作调机时，应在调车区附近设调机整备设备，以减少调机的非生产时间，提高作业效率。目前在这些站上设有调机整备设备已很普遍，设计时可根据车站作业的需要和距机务段的远近，在作业区附近设置调机整备设备。

3.1.15 1 当行车速度不高时，可设置一处平过道供车站工作人员和旅客使用，平过道宜设在站房附近，便于车站工作人员照顾旅客；当站内设置旅客天桥时，也可在车站中部设一处平过道。当行车速度较高，行车密度较大时，为保证人身安全，车站内不应设置平过道。

2 在客车整备所，由于整备线上的客车车底需要供应食品、备品材料、配件及工具等，故应在整备线上设置平过道。当整备线为贯通式时，应设两处平过道；当整备线为尽头式时，只需在头部设一处平过道，尾部则利用所内道路。

3 对有列检作业的到达场、出发场、到发场或编发场，为便利装运检修机具和运输配件的小车通行，可根据需要在车场设置横跨线路且与车站道路相连接的平过道。平过道宜设在车场端部或警冲标外，具体设置位置以能减少对车站的作业干扰，便利运输小车跨越线路而又与列检人员休息室或车辆段、列检所联系方便为原则。

4 在设有车辆减速器或道岔采用集中控制的驼峰上，减速器制动夹板、电动转辙机及各种零部件较重，需要用运输工具运到现场或备料场地；同时还要考虑在必要条件下，消防车能开到驼峰溜放部分附近，因此，通往这些地方的道路在跨越驼峰线路的适当地点应设平过道。

5 车站内其他场、段、所指客运整备场、机务段、车辆段、乘降所、站修所等，如作业需要可设平过道。

3.1.16 以往由于对站内道路的设计重视不够，有的车站没有道路系统，有的与城镇或地方道路不连通，有的由于车站的改建占用了道路，因此，给车站的消防、交通和作业联系造成很大困难。有几个编组站曾因火警时消防汽车开不进来，造成了损失。

为满足消防、救护和站内设备检修的需要，便于车站内场、段、所材料及生活物资的供应和各场、段、所之间的联系，在站内应设有道路系统；区段站及以上大站由于线路和设备多，配置主要为消防服务外包车场的道路就显得更为重要，该道路尽量靠近车场便于对由车场内紧急调至车场边线或牵出线等的失火车列进行施救，并宜成环形且应与地方道路系统有方便的联系。

站内道路包括三类：通往站房、车场、货场、机务段、车辆段以及其他场、段的道路；各场、段之间的道路；各场、段内部的道路。

站内铁路跨越主要道路的跨线桥，其净高和净宽应能通过消防和运输车辆。按现行国家标准《建筑设计防火规范》的规定，穿过建筑物的消防车通道，其净高和净宽不应少于4m。消防车道的宽度不应小于3.5m，道路上部遇有管架，栈桥等障碍物时，其净高不应小于4m，尽端式消防车道应设回车道或面积不小于12m×12m的回车场。行人密度很大的道路，当与行车次数较多或有大量调车作业的铁路交叉时，也应设立体交叉设备。

3.1.19 铁路车站及枢纽设计的涉及面较广，是一项总体性较强的系统工程，设计文件系由诸多专业协同完成的，因此各专业应紧密配合、相互协调，共同研究和确定设计标准、规模和方案，以保证设计文件质量。

区段站及以上大站范围内的驼峰至调车场地段，各车场、机务段内及旅客站房前的基本站台等处往往建有由各相关专业设计的各类构筑物，如地下电(光)缆沟(槽)、给排水管、站场排水沟(槽)、防雷接地等设施，这些设施(含预留发展的设施)纵横交错，对其平面位置和高程应进行综合考虑，统一规划，以避免设计的相互干扰和施工的重复返工。

3.2 进出站线路和站线的平面、纵断面

Ⅰ 进出站线路和站线的平面

3.2.1 进出站线路因与区间线路直接连接，为使在该线上运行的客、货列车的速度与正线路段设计速度相匹配，故其平面设计标准应与所衔接的正线的平面标准一致。为提高进出站线路的设计行车速度，平面设计时应取较大的曲线半径；该线与正线衔接处的分路道岔可根据设计行车速度的要求采用较大号码的道岔。但位于枢纽范围内的车站的进出站疏解线路，大多处在城市附近，其客、货列车设计行车速度一般难以达到衔接正线的标准。为避免引起大量工程，减少用地和拆迁，减轻对城市建设的干扰，规定了在困难条件下，有旅客列车运行的疏解线路的最小曲线半径不应小于400m，与18号道岔侧向通过速度相匹配；其他疏解线路不应小于300m。

编组站的环到、环发线只运行货物列车，进出站速度较低，在困难条件下，为了减少用地、拆迁和工程量，可采用不小于250m的曲线半径。

3.2.2 编组站由到达场、到发场、出发场、调车场和编发场等车场组成，各种作业复杂而量大。为改善运营条件，提高作业效率，要求编组站各车场应设在直线上。如果条件困难，为了节省工程量，可允许利用咽喉区的道岔布置及其连接曲线，在车场咽喉部分设置较小的转角以适应地形的需要，但在线路有效长度范围内，仍应保持直线。

在特别困难条件下，如有充分依据，允许将到达场、出发场和到发场设在曲线上，其曲线半径不应小于800m。但调车场不得设在曲线上，因为设在曲线上的调车场影响车辆溜放及调速和止挡设备的安装。

3.2.3 牵出线如设在曲线上会造成调车机车司机瞭望信号困难，调车机车司机与调车人员联系不便，调车速度不易控制，给作业带来困难，不仅降低了调车效率，而且作业也不安全，容易发生事故。因此，规定了牵出线应设在直线上，在困难条件下，根据不同的调车方式而规定了不同的标准。

对于办理解编作业的调车牵出线，因调车工作量大，作业较繁忙，在困难条件下，为了节省工程量，可将牵出线设在半径不小于1000m的同向曲线上；在特别困难条件下，半径不应小于600m。

对于仅办理摘挂、取送作业的货场或其他厂、段的牵出线，因调车作业量小，调车方式简单，当受到正线、地形或其他条件的限制时，可采用低于上述标准，但曲线半径不应小于300m，其视距长度可达200m。

牵出线如设在反向曲线上，在进行调车作业时，信号瞭望更加困难，对司机和调车员的联系极为不利，影响作业安全；此外，车列受到的外力复杂，不易掌握调车速度。因此，牵出线不应设在反向曲线上，但在咽喉区附近为调整线间距而设置的转线走行地段的反向曲线除外。

改建车站由于受到地形、建筑物的限制，施工中又对运营产生干扰，故经过技术经济比较并有充分依据，作为特殊情况可保留既有牵出线的曲线半径。

3.2.4 货物装卸线如设在小半径曲线上时，由于车辆距站台的空隙较大，装卸不便，又不安全；同时，相邻车辆的车钩中心线相互错开，车辆的摘挂作业困难。因此，货物装卸线应设在直线上；在困难条件下，可设在半径不小于600m的曲线上，在特别困难条件下，曲线半径不应小于500m。

3.2.5 在到发线有效长度为650m的客运站上，其平面布置往往受550m站台长度控制，为了方便旅客乘降和保证作业安全，高站台旁的线路应设在直线上。在直线地段，线路中心线至站台边缘的距离为1750mm，客车半宽最小为1502mm，车体边至站台边的距离最大248mm；在1000m半径的曲线上时，内侧加宽为40mm，外侧加宽为45mm，则在车厢端部的车体边至曲线外侧站台边的距离或在车厢中部的车体边至曲线内侧站台边的距离皆为1750+40+45−1502=333(mm)。如果半径600m，这个距离就加大到393mm。为了避免车门与站台边缘之间空隙过大，不致对旅客(特别是老人和小孩)上、下车和行包装卸作业造成不便，故规定在

改建客运站或其他车站，旅客高站台旁的线路困难条件下设在曲线上时，其半径不应小于1000m；特别困难条件下，也不宜小于600m；由于线路连接的需要或受地形限制，道岔后的连接曲线可能伸入旅客高站台端部，当必须采用400m半径的连接曲线时，其伸入站台的长度也不宜超过20m，因为按列车编挂20辆计算，此段长度位于机车、行包车、邮政车或最后一节车处，不影响旅客安全。其他车站的站台应避开连接曲线。

3.2.6 在站内联络线、机车走行线和三角线的曲线上，由于机车、车列运行的速度较低，可以采用较小的半径，但其最小值必须保证机车、车辆的安全运行。根据理论计算，我国的机车、车辆低速通过的最小曲线半径为150m，但为了按规定的正常速度运行以及尽量减少线路的养护维修工作量，规定站内联络线、机车走行线和三角线的曲线半径不应小于200m。

编组站车场间联络线因受车场布置的控制，为缩小咽喉区长度，使道岔布置紧凑并减少工程量，在困难条件下，曲线半径可采用250m。

考虑到连挂无火机车或附挂待修机车转向的情况，三角线尽头线的有效长度一般应保证2台机车重联时转向的需要，因此该长度按2台机车长度加10m安全距离确定。机车长度应根据在该三角线上进行转向的机车类型，采用其中的最大值。每昼夜转向次数少于36次的单机牵引折返站，往往不配属机车，一般为单机转向，又无连挂无火机车转向的情况，其有效长度可采用1台机车长度加10m安全距离。

为了保证机车在转头时的作业安全及避免机车进入转车盘时产生冲击力而影响转车盘的机械构造，规定机车在进入转车盘前的线路应有12.5m的直线段。

3.2.7 站线上由于行车速度较低，一般不超过50km/h，因此站线的曲线可不设缓和曲线。但有时为了节省工程量，改善运营条件，也可设置缓和曲线。

为了平衡部分离心力的侧压力，保证行车安全，减轻钢轨偏磨，防止曲线反超高，利于维修养护，并考虑列车进入曲线的平顺性和旅客的舒适度，所以规定到发线上的曲线地段和连接曲线宜设曲线超高。道岔后连接曲线的外轨超高值规定为15mm，系根据现行《铁路线路维修规则》(以下简称《维规》)要求确定。到发线曲线地段的外轨超高值按下式计算分析确定。

$$h=\frac{7.6V^2}{R} \tag{6}$$

式中 h——曲线超高(mm)；

V——列车侧向通过12号单开道岔的允许速度(km/h)，按50计；

R——曲线半径(m)。

按曲线车站其曲线半径为600～3000m计算，采用略高于平均值的20mm，是考虑便于设计、施工及养护，并与现行《维规》关于超高顺坡坡度按2‰设置的规定一致。

3.2.8 通行列车的站线上，两曲线间的直线段长度不应小于20m的规定，其根据如下：

1 为满足曲线轨距加宽递减的需要，按轨距最大加宽至1450mm，递减率等于小于2‰计算，两曲线间的直线段应大于等于15m。

2 两曲线间的直线段应大于一辆车的转向架心盘中心距，以平衡车辆绕纵轴的旋转，客车转向架心盘中心距采用18m，所以直线段取20m。

对于不通行列车的站线，可仅考虑曲线轨距加宽递减的需要，故两曲线间的直线段最小为15m；在困难条件下，为避免工程量增加和节约用地，曲线轨距加宽递减率可按3‰考虑，因此，两曲线间的直线段长度规定为不小于10m。

3.2.9 本条文说明如下：

1 车站内每一咽喉区两端的最外道岔及其他单独道岔(如编组站列车到达及出发线上的道岔或线路所处的道岔等)前后衔接正线，由于正线上道岔直向行车速度较高，道岔(直向)至曲线超高顺坡终点(系指当缓和曲线长度不足或无缓和曲线时)之间设有一定长度的直线段过渡，可减少列车通过时产生的震动和摇晃。此过渡段最小长度，当路段设计速度大于120km/h时，不得短于二节客车两转向架间的距离。按25K型客车计算，需要的最小长度为2×18+7.6=43.6m，减去12号道岔尖轨尖端前基本轨长2.85～2.92m后，该最小长度为43.6m－2.85m或2.92m＝40.75～40.68m，进整后取40m，岔后含辙叉跟距。困难条件下，按一节客车全长考虑，故规定为25m。当路段设计速度等于或小于120km/h时，不得短于一节客车两转向架间的距离，以避免两转向架同时分别处于曲线和道岔上。

2 一般情况下，道岔前后直线段长度按不同半径的曲线轨距加宽值，轨距加宽递减率为2‰所需长度考虑的，当曲线需设超高时，其顺坡率也不应大于2‰。有条件时可按曲线最大加宽值15mm设置直线段。

困难条件下，当道岔前后直线长度较短时，其直线段长度按不同半径的曲线轨距加宽值，轨距加宽递减率为3‰所需长度考虑的，当曲线需设超高时，其顺坡率仍不应大于2‰。

与站线上道岔前后连接的曲线设有缓和曲线时，曲线加宽、超高均可在缓和曲线内完成。

木岔枕道岔辙叉跟端处系按其轨下桥式垫板向外延伸的2m内不应设置曲线加宽和超高，因此，表3.2.9中，木岔枕岔后的直线段长度除了满足2‰、3‰曲线轨距加宽递减率的要求外，还增加了2m的规定。一般情况下的道岔前端增加2m是为养护方便。

道岔采用混凝土枕道岔时，道岔后，由于$L'_{长}$范围内的轨枕承轨槽与螺栓孔是按道岔结构固定设计的，故困难时，其曲线轨距加宽和超高可进入$L'_{短}$范围内，当曲线需进入时，其半径应不小于350m。

当道岔前后均设置曲线轨距加宽和超高时，应按两者的最大值，在同一直线段范围内进行。

由于目前9号、12号、18号单开道岔的导曲线型式和半径多样，故改写条文，设计中道岔后连接曲线最小半径仍可分别采用200m、350m、800m。

3.2.10 根据国家现行标准《铁路路基设计规范》TB 1001—2005第7.5.1条规定，在“一次铺设无缝线路的Ⅰ级铁路，路堤与桥台连接处应设置路桥过渡段”。故本条规定，正线上的道岔不宜设在路堤与桥台连接的过渡段内，主要考虑路堤与桥台连接地段易产生路基沉降和由于两者刚性不同，会给道岔的平稳性带来不利影响，甚至造成安全隐患和行车事故。故在困难条件下，必需设置时，应采取路基加强措施，有条件时可调整桥跨，使道岔让出台尾或将道岔设在桥上。

Ⅱ 进出站线路和站线的纵断面

3.2.11 进出站线路与区间线路直接连接，其性质与区间线路相同，为使客、货列车进入站内保持正常速度运行，故其纵断面设计应与所衔接正线的规定相一致。

对于单机牵引的单方向下坡的最大坡度基本上沿用原《站规》数值，而将Ⅲ级铁路的15‰改为“特别困难条件下”采用；对于加力牵引坡度是两种机车的最大值，视需要尽量减缓(均可不考虑曲线折减)。本条表3.2.11所列相邻坡段最大坡度差的数值，是沿用原《线规》的规定。根据目前在繁忙干线和电气化铁路的设计情况，在工务和接触网维修期间，如利用该线作反向运行时，则需做动能闯坡的检算。

3.2.12 本条说明如下：

1 峰前到达场的纵断面，主要考虑有利于进行列车接发、列检、调车和推峰等作业，设在面向驼峰的下坡道上，可提高驼峰解体效率。根据实际情况，如设在平道上更有利时，也可设在平道上。

目前我国滚动轴承车辆不断增加，在站坪坡度采用1.5‰的既有车站上，车辆连挂时仍有溜逸现象。因此，设计中应尽量放缓，有条件时可采用凹形坡，以防止车辆溜逸，保证作业安全。所以本条规定无论峰前到达场设在面向驼峰的下坡道还是上坡道上，其坡度都不应大于1‰，修改原《站规》1.5‰的规定。

2 驼峰调车场线路坡度直接影响到驼峰的解体效率和作业安全，应根据调车场采用的不同调速制式和调速工具分别设计。

近些年来，随着科学技术的进步，调车场内调速工具不断更新，减速顶、加速顶、微机可控顶等调速工具与减速器、铁鞋相互组合成多种多样的调速制式，每一种调速制式对调车场内的线路坡度都有不同的设计要求，无法用统一的规定概括这些要求(从近些年驼峰调车场设计的实际情况来看，由于各种因素不同，各驼峰设计也不尽相同)。因此，本条规定调车场内的线路纵断面应根据所采用的调速工具及其控制方式、技术要求和当地具体情况经计算确定。

3 到发场和出发场的纵断面，主要考虑有利于进行列车接发、列检、调车及转场等作业，为照顾顺、反方向接发车和车列转线作业的方便，宜设在平道上；在困难条件下也可设在不大于1‰的坡道上，修改原《站规》1.5‰的规定，理由同前。

4 到发场、出发场和通过车场在办理出发列车技术检查时，可能要甩扣修车。如未设牵出线或无可供调车之用的岔线时，则需利用正线甩扣修车。当正线出站方向为较陡的下坡时，将影响调车作业的进行，故规定正线的纵断面在列车长度一半的范围内应能保证调车时起动。由于甩扣修车不能完全避免，所以正线纵断面满足了上述要求后，同时也满足了通过列车成组甩挂的要求。

5 既有编组站各车场的坡度大于1.5‰的情况较多，改建既有站时，如将其坡度均改为不大于1‰，有可能造成较大的工程量或出现很大的困难。在实际使用中，有些坡度较大的车场，采取相应的防溜措施后，也能保证作业安全。为避免改建中出现较大的工程，所以在本条补充这一款规定。

6 编组站车场间联络线的坡度，应满足整列转场的需要，以免造成分部转场，影响作业效率。场间联络线坡度不宜大于衔接线路等级规定的最大限制坡度值。

3.2.13 牵出线的纵断面根据不同的调车方式采用不同的标准。办理解编作业的调车牵出线，如编组站、区段站、工业站等有大量解编作业的牵出线，往往采用溜放或大组车调车，为确保解体作业的安全和效率，牵出线应设在不大于2.5‰的面向调车线的下坡道上或平道上。坡度牵出线系以机车推力为主、车辆重力为辅来解体车列的调车设备，其坡度可根据设计需要计算确定。

车站调车使用的机车，要求动作灵活方便，但其牵引力一般较区段使用的本务机车为小，由于调车通过咽喉区时增加道岔及曲线阻力，为使调车方便，利于整列转线，故咽喉区坡度规定不应大于4‰。平面调车的调车线在咽喉区范围内应尽可能设在面向调车场的下坡道上，这样能使调机进行多组连续溜放，提高调车效率。

货场或其他厂、段的牵出线一般采用摘挂、取送调车，牵引辆数不多，作业量也少，但为考虑有利用牵出线存放车辆的可能，牵出线的坡度不宜大于1‰，修改原《站规》1.5‰的规定。如为了节省较大工程，在困难条件下，允许将牵出线设在不大于6‰的坡道上。

3.2.14 货物装卸线如设在坡道上时，车辆受外力影响易于溜动，很不安全，因此，货物装卸线应设在平道上。在困难条件下，可设在不大于1‰的坡道上，修改原《站规》1.5‰的规定。

液体货物装卸线：考虑到车辆测重和测量容积以及停车安全的需要，应设在平道上。

危险货物装卸线：主要装卸易燃、易爆、放射等危险货物，因此要特别注意防止车辆受外力影响而溜走，造成事故，故应设在平道上。

漏斗仓线：为使装卸作业时车辆不致因受外力影响而溜走，保证作业效率和安全，简化漏斗仓的设计和施工，因此，应设在平道上。

货物装卸线起讫点距凸形竖曲线始、终点不应小于15m，相当于留出1辆货车的长度，目的是使车辆不易溜走，保证作业安全。

3.2.15 旅客列车和个别客车停放的线路，因为客车采用滚动轴承，为防止自行溜走，确保安全，应设在平道上，困难条件下，方可设在不大于1‰的坡道上，修改原《站规》1.5‰的规定。

3.2.16 建筑物内的线路系指库内的机车、车辆检修线和库、棚内的货物装卸线和洗罐线等。这些线路一般都有检修作业或装卸作业，由于检修和装卸作业对车体各部位都有产生附加外力的可能，如设在坡道上，就容易造成车辆溜动，危及检修和装卸作业人员的人身安全以及设备安全，因此应设在平道上。

3.2.17 无机车连挂的车辆停放线和机车整备线的坡度，主要是考虑防止机车、车辆的溜动。修改原《站规》1.5‰的规定。

3.2.18 联络线，是指站内各场、段、所之间的联络线，不包括编组站车场间的转场联络线。

联络线的坡度规定最大为20‰，是在符合机车所能牵引车列重量要求的前提下，综合考虑取送车作业的方便与安全以及尽量减少工程量等因素。

3.2.19 段外机车走行线的坡度，考虑到机车乘务员回段时，较疲乏，又忙于进行入段整备前的准备工作，如果出(入)段坡度太大，容易发生事故，因此，其坡度应尽量放缓。但地形困难时，为节省工程量和减少占地，最大坡度放宽到12‰。设立交时，内燃、电力机车不应大于30‰。内燃、电力机车最大坡度的规定，主要考虑安全、防止事故。

机车出(入)段需在机务段出(入)段值班室签点，故在站、段分界处都要一度停车。作为机车停留，此段线路长度应为2台机车长度加10m的安全距离。上述长度能满足双机牵引的一般要求，也照顾到单机回送无火机车时的特殊需要，此段线路的坡度，为了安全停留，不应大于2.5‰。

三角线的坡度如太大，机车操作不慎时容易发生事故。为此规定其坡度不应大于12‰。三角线尽头线的坡度，由于机车常在尽头线起停、调头，如坡度过大，机车因制动不慎易造成冲出车挡的事故，因此，应设计为平道或面向车挡不大于5‰的上坡。

3.2.20 客运站至客车整备所的车底取送走行线，为了作业安全，应尽量放缓，困难时为减少工程量不应大于12‰。当该取送线的一段兼作牵出线进行调车作业时，为了减少工程量，则按设置牵出线的困难情况将该段的坡度减缓至不大于6‰。

3.2.21 根据调查，现场有些车辆段的出(入)段线坡度较大，不能满足转线需要，造成作业困难，因此，规定车辆出(入)段线的坡度，应满足车辆取送和段内转线调车的需要。

3.2.22 维修基地(工区)内的线路坡度，应满足车辆不会自行溜逸和便于进行检修作业的要求，宜设在平道上。困难条件下，需设在坡道上时，考虑到便于机具设备的装卸，规定为不大于1‰。

维修基地(工区)咽喉区坡度的规定，主要是考虑作业安全的需要。

3.2.23 本条说明如下：

1 进出站线路与区间线路直接连接，其性质与区间线路相同，为使客、货列车进出车站保持正常速度运行，其坡段长度应与所衔接正线的规定一致。在困难条件下，疏解线路的坡段长度不应小于200m。

2 车站到发线是接发客、货列车的线路，列车在到发线上要进行制动减速和起动加速。路段设计速度为160km/h地段的坡段长度不宜小于400m，且不宜连续使用2个以上的规定，系按现行《线规》办理，主要是为减少线路的变坡点，提高列车运行的平顺性。

行驶列车的站线(例如有列车到达经过的场间联络线)，考虑到其长度较短，为了坡段连接方便，同时使列车长度范围内的变坡点不增加过多，故纵断面坡段长度规定不小于200m。

站内不行驶列车的站线、联络线、机车走行线、三角线和段管线，仅行驶单机或车组，因行车速度低，车钩附加应力小，采用了较小的竖曲线半径。为了配合地形条件，尽量减少工程量，其坡段长度可减少到50m，但应保证竖曲线不重叠，以免给行车及养护造成困难。

3 进出站线路与区间线路直接连接，故其坡段连接应与相邻正线的标准一致。

到发线和行驶正规列车的站线，相邻坡段的坡度差的规定说明如下：

当相邻坡度差超过一定数值时，应以竖曲线连接，主要是从保证列车通过变坡点时不脱轨、不脱钩和行车平稳等条件来考虑的。设置竖曲线时的坡度差以及竖曲线半径的大小，系根据以下因素确定：

1)到发线竖曲线半径为5000m，当相邻坡段的坡度差为4‰时，变坡点在竖曲线的中点的高度差为1cm；困难条件下的到发线和不行驶列车的站线，竖曲线半径为3000m，当相邻坡段的坡度差为5‰时，上述高度差为0.9cm，所差均甚小，对行车安全和施工养护无实际意义，即坡度差等于上述数值时，均可不设竖曲线。因此，分别规定了设置竖曲线时相邻坡段的坡度差。

2)竖曲线半径大小的采用，主要取决于线路的等级和性质。列车通过变坡点时，由于相邻车辆的相对倾斜，使相邻车钩的中心水平线上下移动，如竖曲线半径过小，车钩中心水平线上下移动超过一定数值时，就可能使车辆脱钩。

按现行《技规》的规定，车钩中心水平线距轨顶高度，货车最大为890mm，最小为815mm(重车)及835mm(空车)；客车最大为890mm，最小为830mm。即相邻两辆货车车钩的最大允许错动量，当空、重货车相邻时为75mm；当空货车相邻时为55mm，这个数字留有20mm的余量，当其中1辆空车成为重车后，仍有条件满足不超过75mm的要求。对于客车来说，相邻车钩的最大错动量为60mm。

在日常运行中，可能产生的错动因素和错动量为：

踏面允许磨耗，货车9mm，客车8mm。

轴颈允许磨耗为10mm。

轴瓦、瓦垫、转向架、上下心盘允许磨耗为24mm。

因轨道水平养护误差引起的车钩上下位移，货车约为1mm，客车约为2mm。

最不利情况时，相邻车辆一为新车，一为磨耗接近极限的旧车，且轨道水平养护误差也最大，则车钩上下错动量客、货车都为44mm。最大允许错动量货车为55mm，客车为60mm。故变坡点处因相邻车辆相对倾斜引起的车钩上下错动的允许值为$f_{货}=55-44=11(mm)$，$f_{客}=60-44=16(mm)$。

竖曲线半径($R_{竖}$)可根据下式计算：

$$R_{竖}=\frac{(L+d)d}{2f} \tag{7}$$

式中 L——车辆两转向架中心的距离(m)；

d——车钩至转向架中心的距离(m)；

f——车钩上下错动的允许值(m)。

以我国货车和客车中最长的L、d代入上式计算(D_{10}100t凹型车和RW_{22}软卧车)，竖曲线半径分别为2122m和2494m。

根据以上计算结果，竖曲线半径采用3000m，即可满足不脱钩的要求，故规定不行驶列车的站线，可采用3000m半径的竖曲线。到发线和行驶正规列车的站线，考虑到留有余地并结合现有铁路竖曲线标准的现状，采用5000m的竖曲线半径，困难时可采用3000m的竖曲线半径。设置立交的机车走行线(含峰下机走线)一般要尽快起降坡，考虑到此线以单机走行为主，即使带车(煤车或槽车)走行，比照高架卸货线，将该线竖曲线半径定为1500m，也是无问题的，且按相邻两变坡点相邻坡段的坡度差30‰考虑，其坡段长度正好为50m，所以本次沿用原《站规》规定在困难条件下，可采用不小于1500m的竖曲线半径。

由于高架卸货线供卸车用，不会在车列中同时出现空车和重车的情况，因此对空车与重车车钩最小的允许错动量留有20mm的余量可不考虑，最大错动量可以用75mm控制，则在变坡点处，因相邻车辆倾斜引起车钩上下错动允许值为31mm。以M_{13}60t煤车和C_{60}60t敞车的L、d值分别代入上式计算，竖曲线半径分别为453m和522m。为有利于争取高架线的长度，故竖曲线最小半径允许采用600m。

3.2.24 道岔是轨道薄弱环节之一，结构较复杂，为使列车经过道岔时保持较好的平稳性和减少对道岔的冲击力，故正线上的道岔应离开纵断面的竖曲线和变坡点(无竖曲线时)，对既有线改建困难时的规定，与《线规》一致，以减少对运营的干扰和降低工程造价。

以往规范规定的列车行车速度为120km/h的情况下，允许正线上的道岔设在竖曲线范围内，本次规定，站线上的道岔，在困难情况下，可设在竖曲线范围内，较原《站规》提高了标准，对行车安全和养护维修有利。

3.2.25 咽喉区两相邻线路由于受路基面横向坡度和不同的道床厚度的影响，会造成两相邻线路的轨面不等高。当用道岔连接该两线路时，应设计道碴顺接坡道予以连接。顺接坡道的坡度及范围应根据正线限制坡度、站坪坡度、路基面横向坡度和道床厚度等因素决定。顺接坡道的范围为道岔终端后普通轨枕至警冲标或至货物装卸有效长度起点，并要求在道岔的全长范围内，其直股线路和侧股线路的轨面高度和坡度保持一致。

到发线及行驶列车的站线，坡度差不大于4‰，不行驶列车的其他线路不大于5‰，主要考虑避免道岔的侧股上出现竖曲线，产生道岔的直股和侧股的轨面不等高，有利于运营和养护；同时，可争取尽快变坡。顺坡坡段长度在咽喉区范围内不应小于50m，较原《站规》延长了20m是为了统一站内的最短坡长。

当顺接坡道落差不够时，可根据车站设计的具体情况，采用以下办法调整：

1 减缓路基面横向坡度。在干旱的地区，路基面横向坡度，可采用平坡，以减少相邻两线路之间的高差，从而节省道碴。

2 加厚道床，要增加投资。

3 铺设双层道床。当该地道床垫层材料较为丰富，而碎石、卵石较少时，采用双层道床可节省工程费。

4 顺接坡道可伸入到发线有效长度范围内30m左右。取消原《站规》伸入到发线有效长度范围内要符合车站站坪坡度的规定，因为到发线有效长度中包括有30m的附加制动距离可以伸入。

3.3 站场路基和排水

3.3.1 站线中心线至路基边缘的宽度，车场最外侧线路不应小于3m，是为满足规定的路肩宽度及保证车站工作人员行走安全的最小宽度。最外侧梯线是车站调车作业的区域，为保证调车人员的作业安全不应小于3.5m，实践证明是合适的；有列检作业的车场最外侧线路不应小于4m是因为最外侧为列检人员进行车辆检修的作业场地。为便于检修人员的检修作业及安全，路基面至轨枕底应以道碴填平，故其宽度需加宽至4m。需增加路基支挡建筑，或拆迁工程量较大等的困难条件下，采用挡碴墙时可不小于3m。

牵出线有作业一侧的路基面宽度不应小于3.5m，是根据其作业特点，为保证调车人员的安全。同样，利用正线、岔线进行调车作业的中间站，为了调车人员作业安全，在有作业一侧的路基宽度也不应小于3.5m。根据调查，中间站加宽路基的范围从最外道岔基本轨接缝(顺向道岔为警冲标)算起，一般为50～100m。当有桥、路肩挡土墙或高填方时，还应在有作业一侧加设防护栏杆。驼峰推送线自压钩坡起点至峰顶约7～8个车长范围内的路基宽度，在有作业一侧不应小于4.5m，另一侧不应小于4m的规定，是因为在这段距离内有连接员进行摘钩和作业人员来回交叉走动，作业繁忙，为保证作业人员的安全，故应加宽。

3.3.3 以往对站线路基无明确规定。由于站线的行车速度低，故本次规定站线路基的填料和压实度按Ⅱ级铁路路基标准设计，对提高站线路基质量有利，路基基床表层厚度的规定对站场内纵横向排水设施的工程处理有利。

3.3.4 由于Ⅰ、Ⅱ级铁路正线路基的基床标准为路基面以下2.5m，其中表层为0.6m，底层为1.9m，表层须采用渗水性较强的填料。站内正线要采用与区间正线相同的基床标准，关键是在正、站线共路基时要设法排出正线路基基床表层底部的水。因此，本条文规定了既节省投资又方便施工的处理办法。

1 当车站站线较少(一般为中小站)时，正、站线间不设隔离设施，为了施工方便，与正线相邻的站线路基基床均按正线的标准。此时路基面的横坡应采用由正线中心(双线时为两正线间)向两侧排水的双面坡，其坡度宜采用3%。

2 当车站站线较多(含正线的两侧或一侧)时，在站线较多的一侧，宜在正、站线间设置纵向排水槽，即由正线向外2m处、路基面以下1∶1边坡范围内按正线标准。站线较少的一侧则按第1款或本款办法酌情处理。此时，路基面横坡的分坡点及坡率，应按本款规定处理，当正线两侧均设有排水槽或正线另一侧无站线时，正线横断面形式应与区间相同。

3 本条规定主要是考虑铁路和道路的安全，也为了铁路正线路基基床表层底部的水能排向道路路面，而不提高道路路基的标准。在困难条件下，当道路的路面高度高于条文规定值时，则应在铁路与道路之间设置排水沟(槽)和防护桩等安全防护措施。

3.3.6 由于车站路基面一般比较宽阔，有一定的汇水面积，如没有横向坡度易积水。为使站内地面水能及时排除，保持路基干燥，防止路基沉陷、翻浆冒泥和冻害，提高线路养护质量保持线路稳定，车站路基面应设有倾向排水系统的横向坡度。

车站路基横断面形状应根据路基宽度、排水要求、路基填挖情况和线路坡度连接等条件设计。中间站、会让站和越行站宜采用单面坡或双面坡的横断面；站线数量较多的编组站、区段站和工业站等，宜采用锯齿形坡的横断面。

由于站内正线上的列车行车速度高，行车量大，且因其与相邻站线在同一路基面上，排水条件不如区间正线顺畅，因此，规定站场路基面的横向排水坡不宜倾向正线，外包车场的正线应按单独路基设计，困难条件下，外包正线必须与站线共路基面时，应在外包正线与相邻站线间设置纵向排水沟(槽)等，都是为了保证正线路基的干燥，以减少其病害。路段设计速度140km/h及以上，外包正线至到达场、到发场和出发场最外线路的距离，一般不小于8.7m(即4.7m安全距离＋4m路肩宽)，困难时不小于7.7m，以保证列检人员的安全。

3.3.7 本条表3.3.7中地区年平均降水量的划分，主要是根据全国六个片区调查资料分析得出。资料表明，不同的降雨量，对路基横向坡度有着不同的要求。本次为加强站场排水，较原《站规》提高了标准：将降水量划为两档，取消了1%的排水坡，一个坡面的线路数改为4～2条，将路基土种类改按路基基床表层岩土类型，以与现行《路规》一致。

3.3.8 设计站场排水系统时，应有总体规划。站场排水是指站场范围内地面水的排除。地面水包括天然雨水、融化雪水、机车和客车上水时的漏水、废汽水等。在车站范围内，铁路内部尚有地下水、生产废水和生活污水的排除，设计时虽按专业分别处理，但为避免出现矛盾，做到总体布置合理，故应统筹安排，相互配合。

车站当设在城市和厂矿附近，除应了解农田水利排灌系统的情况外，还应了解城市、厂矿、乡镇排水系统的布置及对铁路排水的要求，处理好相互间的关系。车站排水系统排污系统的出水口位置和标高应与地方排水和排污系统密切配合，使站场排水和排污系统做到顺畅而又经济合理。

改建站场，为节约投资，充分发挥原有排水系统的作用，应尽量利用既有的排水设备。如原有排水系统排水不良，对设备应进行相应的改善。

3.3.9 排水设备的数量，应根据地区年平均降水量和条文所列的情况确定。

降水量不超过600mm地区的站、段，一般需在重点地方设置适当的排水设备。

降水量超过600mm地区的站、段，一般需设置纵、横向排水设备，其数量及位置可参考下列意见办理：

1 编组站、区段站和线路数量较多的车站，车场内的纵向排水槽可根据不同情况，按本章表3.3.6规定的相邻两个坡面线路数量来布置。

2 客运站和办理客车上水作业的车站，一般在两站台之间设1条纵向排水槽，其位置应与客车上水管路结合设置，排水槽宽度可采用0.6m，并将给水管支托在排水槽内。

为加强客运站的路基面排水和保持清洁卫生，便于清扫和减少线路维修工作，在较大客运站上宜铺设混凝土宽枕。

3 客车整备场内，一般每隔2条线路设1条纵向排水槽。

4 货场排水应与货区场地和路面的硬面化相结合。

货物站台的站台墙边不应设排水槽。因站台墙边距线路近，当站台上装卸散装货物时，漏下的货物和垃圾将排水槽堵塞后，清淤不便，起不到排水作用。

货位下面不应设置排水槽，以免堵塞泄水孔和影响排水槽的清淤。排水槽应布置在货位外侧，按货位、排水槽、道路的排列顺序设置。

两站台间设汽车道路时，可在汽车道路的一侧或两侧设置公路排水槽。

两站台夹2条装卸线时，可在两线路间设置纵向排水槽。

两站台夹1条装卸线时，可有4种做法：①路基面用浆砌片石铺砌；②封闭道床；③铺设混凝土宽枕或整体道床；④修建跨线雨棚。当采用浆砌片石或封闭道床时，可沿站台墙边一侧设小明沟，以便排除雨棚上的雨水。

牲畜装卸线和散堆装场地货位的外侧应修建排水沟。

3.3.10 根据调查，排水问题最突出的地方，就是条文列出的应加强的部位。这些部位，为了及时排除积水，应适当加强排水。

1 设有给水栓和有车辆洗刷作业的客车到发线、整备线，由于上水和给水栓使用管理不善或洗刷车辆时产生漏水和废水，如不及时排除，站内路基的稳定将受到严重影响，由于客车车厢和站台上的垃圾经常扫在线路上，容易造成道床排水不良和路基翻浆冒泥。到发线两侧如有站台时，水从横向无法排出。因此，在设有给水栓的线路间，不论地区降雨量多少，都需设置纵向排水槽。

2 设洗车机的线路，产生大量废水，因此在这些地点应加强排水。

3 仓库站台线的路基标高低于仓库、站台和道路，雨水易流入线路内。仓库内和站台上的垃圾亦经常扫入线路内，使道床排水不畅。两站台夹1条装卸线，因雨水从横向无法排出，积水比较严重。车辆洗刷线、加冰线和牲畜装卸线有大量生产废水需要排除。因此，这些部位应适当加强路基排水。

4 车辆减速器电气集中的咽喉区，应有良好的排水设备，以免影响设备的正常动作和信号的正确显示。

5 驼峰立交桥下线路的路基及进出站线路布置所形成的低洼处，排水较困难，根据需要可设置涵洞或其他排水设备，以排除积水。

6 改建站、段时，应消除原路基病害，以免病害发展扩大，影响新路基。利用施工机会，一次处理病害，人力、物力不需重新调配和组织，对运营干扰也可大大减少。

3.3.11 纵向和横向排水设备的主要作用：前者是汇集线路间的积水；后者是把纵向沟内的水排出站外。规划站场排水系统时，纵向、横向排水设备应紧密结合。为了使站内积水迅速、畅通地排出站外，应使水流径路最短，并尽量顺直。

横向排水设备的距离，除满足排出纵向排水设备的汇水流量外，还应满足排出汇入横向排水设备的总流量，并应结合有效长度、车场纵坡、出水口位置和纵、横向排水设备的深度来确定。一般情况下，在一个车场范围内，主要横向排水设备的数量可设1～2条最多不应超过3条。

3.3.12 根据我国近年来的设计经验，利用站内桥涵兼作横向排水，例如在桥台、涵顶或涵壁留出泄水洞，取得了很好的效果。而且具有工程简单、减少造价、排水效果好、清淤养护方便等优点。

横向排水槽为碴底式，穿越线路时道碴直接铺在盖板上。由于排水槽不深，而且线路间盖板可以揭开，清淤养护比较方便，排水效果较好。

横向排水槽属小型箱涵类型，要求地质条件较好，基底比较稳定。在一般情况下，新建铁路的挖方或填方较低（2m左右）的地段和既有线路路基比较稳定的情况下，可以广泛采用。

横向排水管与横向排水槽比较，由于管径小，清淤困难，当路基填方较高，设置横向排水槽基础工程较大时，方可考虑采用。根据对南方地区的调查，为了清淤方便，当圆管全长不超过15m时，其管径不小于0.75m；大于15m时，其管径应不小于1m。

3.3.13 纵向排水设备的坡度应使水能顺畅排出。由于站内排水设备内的泥沙和杂物比较多，为避免淤塞，一般情况下，水流的平均速度不应小于0.5m/s。为满足上述要求，排水设备的纵向坡度不应小于2‰，最好采用3‰～5‰。大站的站场纵向坡度，一般都不超过1.5‰，故排水设备的坡度，也不宜过大。为了使下游不发生夹带物沉积，保证水能及时排出站外，必须使水流速度由上游至出水口逐渐增大。因此排水设备的设计坡度，应从上游至下游逐渐增大。位于平坦、沼泽和河滩地区的站场，当排水系统出水有困难或采用2‰的纵向坡度将引起大量工程时，纵向排水设备的坡度可减至1‰。排水设备在分水点处的深度可为0.2m。为了使穿越站线的横向排水设备内的水能迅速排出，同时不使泥沙淤积，横向排水设备的坡度应不小于5‰；有条件者，可适当增至8‰或以上。特别困难条件是指平坦地区和改建站场的横向排水设备坡度不小于5‰，往往不易做到，有的出口标高难以衔接，故可按具体情况设置。

3.3.14 本规范采用1/50洪水频率的流量设计。如有充分根据，例如当客运站、货运站（或货场）等位于城市范围内或厂矿附近，其水流汇入城市或厂矿管道时，这些车站的排水设备，也可按当地城市或厂矿采用的频率进行设计，但要注意防止站场积水。

由于站内各条纵向排水设备吸引的汇水面积比较小，流量一般不大，故决定其断面尺寸的主要因素往往不是流量，而是养护维修清淤的需要。横向排水设备是将各条纵向排水设备内的水汇集排出站外，故应根据所通过的总流量来决定其断面尺寸。

排水槽宽度小于0.4m时，不便于清淤养护，同时也容易堵塞。宽度等于0.4m，深度大于1.2m的排水槽，清淤也困难。因此槽深大于1.2m时，应将宽度加宽至0.5～0.6m，以便养护人员维修清理。

对于只排除局部积水的次要排水槽、管，其宽度或管径可根据具体情况设计。

3.3.16 纵向和横向排水槽、管的交汇点，排水管的转弯处和高程变化处，容易淤积、堵塞，在这些地方应设置检查井或集水井，便于清淤，此外，降水量的大小及路基土壤的种类对排水管的淤积有直接关系。一般情况下，降水量大或为土质路基时，排水管比较容易淤积，检查井间距应小些；降水量小或为渗水土路基时，排水管淤积少些，检查井间距可大些。检查井间的线路数量、不宜超过条文表3.3.7的规定。检查井的间距以40m左右为宜。设计时可参考图3的布置。

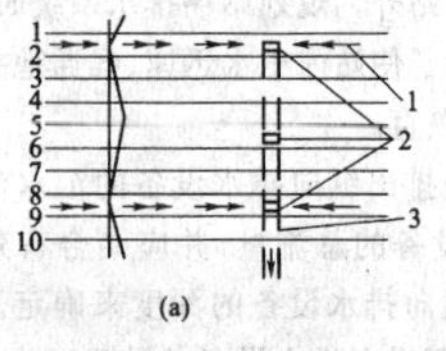

（a）一个坡面3条线路时

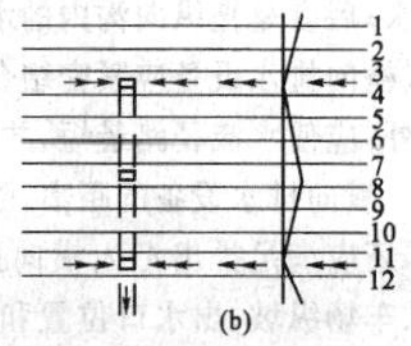

（b）一个坡面4条线路时

图3 检查井间距示意图

1—纵向排水槽；2—检查井或集水井；3—排水管

4 会让站、越行站

4.1 会 让 站

4.1.1 会让站为单线铁路上办理列车通过、会车、越行必要时可兼办少量旅客乘降的车站。会让站图型分横列式、纵列式和半纵列式。横列式具有：站坪长度短、站场布置紧凑、便于集中管理、定员少和到发线使用灵活等优点，因此会让站应采用横列式图型。

只有当线路通过地势陡峻狭窄地段，车站按横列式布置引起巨大工程，且对运营不利（如地形条件限制，运转室不能设在适宜位置等）或遇有双线插入段，以及处于控制区间需提高区间通过能力等困难条件时，可采用纵列式、半纵列式图型。

本条文图4.1.1图型除具有上述横列式图型的优点外，并具有车站工作人员方便的优点。可供采用。

本条文图4.1.1(a)适用于行车量较大的会让站。

4.1.2 会让站的到发线主要是供办理列车的会车、让车（越行）等作业之用，设2条到发线、使车站有三交会的条件，同时也能适应水槽车、机械化养路的工程车和轨道车等特殊车辆停留需要。当平行运行图列车对数不超过12对时，可设1条。

在等级较高和行车密度较大的Ⅰ、Ⅱ级铁路上，为使运输秩序出现不正常情况时影响范围不致过大，行车调度有分段调整的可能，因此设置1条到发线的会让站，由原《站规》规定的不应连续超过2个站改为不应连续设置。

4.1.3 本节图4.1.1(b)为设1条到发线的会让站图型，适用于行车量小，远期也无发展，仅为提高区间通过能力办理列车会让的车站，其到发线宜设在行车室对侧，有利车站值班员办理通过列车的作业。

4.2 越 行 站

4.2.1 越行站为双线铁路上办理同方向列车越行必要时可兼办少量旅客乘降的车站。由于横列式图型具有站坪长度短、站场布置紧凑、便于集中管理和定员少等主要优点，因此越行站应采用横列式图型。

本条文图4.2.1(a)适用于上、下行均有同时待避列车的越行站。

本条文图4.2.1(b)适用于地形特别困难或受其他条件限制的越行站。

4.2.2 由于双线铁路行车密度大，车站应具备双方向列车同时待避的条件，因此越行站应设2条到发线。当地形特别困难或受其他条件限制时，行车速度不高线路上的个别越行站或枢纽内的闸站，可设1条。

4.2.3 在越行站上为满足到发线使用的灵活性和因区间线路的大型养路机械作业、电气化接触导线检修、维修施工、线路临时发生故障以及其他情况下采取运行调整措施，必须使一条线路上运行的列车转入另一条线路上运行，因此在车站两端咽喉区的正线间应设渡线。本次规定车站两端应各设1条互成“八”字（即大“八”字）的渡线，另一组大八字渡线的设置，主要是为避免已停站列车前方区间突发事故停运，该列车要反向出站的渡线朝向又不对，必须退行至尾部的渡线后，再转线运行的情况，由于其机遇极少，故本次规定，较原《站规》每端可少设1条渡线，当站坪长度等条件允许时，也可预留该组渡线，以提高使用的灵活性。

由于考虑到图4.2.1(b)已有的1条到发线已被占用时，仍能办理列车的反向运行，因此在站坪长度允许且行车密度很大时，也可每端各设置或预留1条渡线。

两正线间设置交叉渡线，现场反映养护很困难，由于本次规定可少一套渡线，因此，取消了原《站规》“当站坪长度受限制时，可采用交叉渡线”的规定。

5 中间站

5.1 中间站图型

5.1.1 中间站除办理列车的通过、会让和越行外，还办理日常客、货运输和调车及列车技术检查等作业。

由于横列式图型具有站坪长度短、站场布置紧凑、工程投资省、便于集中管理、到发线使用灵活和定员少等主要优点，因此，中间站应采用横列式布置。当在山区修建单线铁路时，遇地形陡峻狭窄，设置横列式中间站其站房或站台需设在桥上、隧道内等困难条件下，也可采用其他形式的图型。

设计中间站时，应按条文推荐的图型选用。

本条文图5.1.1-1及图5.1.1-2具有保证旅客安全、摘挂列车作业方便、列车待避条件好、有利于工务养护和方便改建等优点。

本条文图5.1.1-1(a)适用于货运量不很大摘挂列车在站的调车作业时间不长且行车密度不大、行车速度不高的单线中间站。图5.1.1-2(a)适用于货运量不很大的双线铁路中间站。货场设在站房同侧或对侧，应根据货源、货流方向，结合当地条件确定。采用此种布置时，可视需要预留铺设牵出线的条件。

本条文图5.1.1-1(b)、(c)及图5.1.1-2(b)、(c)适用于地方作业量大(地、县所在地或较大的物资集散地)，摘挂列车在站的调车作业时间长，或有其他技术作业的中间站。货场位置应根据货源、货流方向，结合当地条件确定。当货场的集散方向虽在站房同侧，但因条件不宜设置货场时，也可将货场布置在站房对侧。

在双线铁路上，由于快速客车多、行车速度高、停站少，将产生较低等级的客车和货物列车的待避增多，为确保停站列车(特别是客车)的安全，故本次推荐设有贯通式货物线在到发线上的腰岔处加设了安全线，以避免货物线的车辆(或调车时)进入到发线；在行车速度较高、行车密度较大(特别是客车较多)、调车作业量较大的单线铁路中间站也宜设置安全线或采取其他安全防护措施(如加设铁鞋等)。

5.2 到发线数量和主要设备配置

5.2.1 单线铁路中间站应设2条到发线，主要是使车站有三交会的条件，这样可以保持良好的运行秩序，对提高作业效率和加速车辆周转都是必要的；另外，也能适应某些特殊车辆如水槽车、机械化养路的工程车和轨道车以及不能继续运行而必须摘下的车辆等停留的需要。

双线铁路中间站应设2条到发线，使双方向列车有同时待避的机会。

对作业量大(地、县所在地或较大的物资集散地)的单、双线车站，摘挂列车的作业时间一般较长，可采用3条。

1 枢纽前方站、铁路局局界站是调度区的分界处，列车易产生不均衡到达。为利于列车运行秩序的调整，并能更好地协调两调度区的工作，因此在枢纽前方站和局界站上，于进入枢纽和进入邻局方向的一侧，可增设到发线。

在补机的始、终点站和长大下坡的列车技术检查站上，由于列车需要进行摘挂补机和凉闸及列车自动制动机的试验等技术作业，停站时间较长，列车交会机会较多，到发线数量可增加。

在机车乘务员换乘站，由于乘务组要进行交接班，每列换乘的列车要停站15min左右，列车交会因此增多，故需增加到发线。

2 有两个方向以上的线路引入或有岔线接轨并有大量本站作业的中间站，由于各方向列车交会的需要，而且作业复杂、停留车辆多、线路被占用时间长，故应根据引入线路和岔线的作业量及作业性质，增设到发线。

3 机车交路较长的区段，因摘挂列车经过一段时间运行并进行甩挂作业后，原编组好的站顺已经打乱，需要在中途的中间站进行整编作业。因上述列车占用到发线时间长，所以这些中间站应根据整编作业量的大小增加到发线。

4 在办理机务折返作业的中间站上，由于列车占用到发线时间较长、机车出、入所需占用到发线，故其到发线数量要根据需要确定。

5.2.2 为了在列车会让、作业时便于旅客安全的上、下车，需设置中间站台。

在单线铁路上，当旅客列车和摘挂列车对数合计在7对以上时，列车交会的机会就多。在客流量较大的中间站，宜设置中间站台。

在双线铁路上，列车分上、下行运行，且列车行车速度高、行车密度大，在客流量较大的中间站应设置中间站台。

中间站台的位置，原《站规》图型推荐中间站台设在站房对侧的正线与到发线之间，本次推荐设在与正线相邻的到发线的外侧。主要理由如下：

1 由于正线的行车速度越来越高，对旅客乘降的人身安全不利。

2 中间站台设在正线与到发线之间时，靠正线一侧的站台高度只能为0.3m，另一侧的站台高度也只有0.5m，对旅客乘降不太方便。

3 中间站台设于与正线相邻的到发线的外侧，可修建高站台，这样虽然对车站的平面布置和工程造价有一定影响，但对旅客乘降有利，特别是对弱势群体旅客乘降方便。

5.2.3 中间站车站两端渡线的设置，除本规范第4.2.3条说明的理由外，尚有调车作业、大型养路机械作业驻在站、有岔线接轨及有机务设备等的要求，故仍按原《站规》各设2条渡线，仅将原《站规》的“应”改为“宜”。根据对中间站图型的分析，调车作业对渡线数量要求共只需3条。因此，规定其余2条渡线，可根据调车作业等的要求设置或预留。由于交叉渡线的养护维修困难，目前尚无较高速度要求的可动心轨交叉渡线，故本次对交叉渡线的采用作了较严格的限制。

5.2.4 货场是联系产、运、销的重要环节，是促进工农业生产，为地方服务的重要设施。因此，中间站的货场位置应结合主要货源、货流方向、环境保护、城市规划及地形、地质条件选定。货场位置与主要货源、货流方向一致时，应选择地方搬运距离短且无需跨越铁路，有利于消除货场堵塞和加速物资周转、缩短装卸车辆在站停留时间的位置。

当货源在站房同侧，货场位置应结合站房位置一并考虑。中间站的定员少，货场设在站房同侧，客、货运业务可兼办、便于管理和联系。

当本站作业量很大而货物品种复杂时，倒钩、对货位及挑选车种的调车作业量较大，为避免站房同侧的地形等条件的限制和对站房旁的环境影响，可将货场设于站房对侧。

中间站货场的设置位置系以象限来表示，如图4所示。

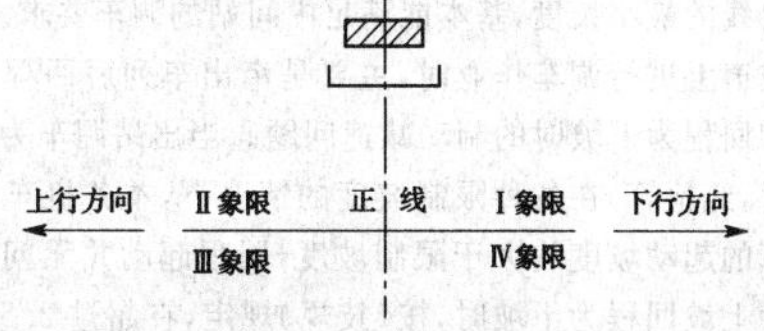

图4 中间站的象限划分

1 中间站货场位置可按下列条件选择：

当货物集散在站房同侧，主要到发车流方向为下行方向且货运量小时，宜设在Ⅰ象限，使货场接近货物集散一侧，并照顾主要到发车流方向的调车作业方便；货运量大时，可设在Ⅳ象限，主要到发车流方向的调车作业可利用牵出线进行，作业方便。

当货物集散在站房同侧，主要到发车流方向为上行方向。当货运量小时，可设在Ⅰ象限，使货场接近货物集散一侧，对次要车流方向的调车也方便，至于主要车流方向的调车，应在站房一侧的到发线上进行，无须占用正线；当货运量大时，应设在Ⅲ象限，使主要到发车流方向调车方便。

当货物集散在站房对侧，主要到发车流方向为下行方向，货运量小时，应设在Ⅲ象限，使货场接近货物集散一侧，对次要车流方向的调车也方便。至于主要车流方向的调车，可在站房对侧的到发线上进行，无须占用正线；当货运量大时，宜设在Ⅳ象限，其优点是货场接近货物集散一侧，而且站房对侧一般设2条到发线，并设有牵出线，下行摘挂列车可反方向接入站房对侧的到发线，主要到发车流方向可用牵出线调车，作业方便，次要方向调车亦不需占用正线。

货物集散在站房对侧，主要到发车流方向为上行方向，不论货运量大小，货场均应设在Ⅲ象限，这样既有利于地方搬运，又方便调车作业。

从上述分析看出，货场位置以设在Ⅰ、Ⅲ象限为好，必要时可设在Ⅱ、Ⅳ象限。

2 在有矿建、煤等大宗散堆装货物或其他季节性货物装卸并经常组织整列或成组到发的车站上，可在站房对侧设置长货物线，以满足装卸作业的要求，可以避免站房同侧的基本站台上经常堆放货物或货物线外包站房，影响站内秩序、安全和环境卫生。长货物线布置在站房对侧并连通两端咽喉区，既方便整列到发；又可兼作存车线使用。对于季节性货物到发量大的车站，也可在站房对侧设置与到发线共用的长货物线，平时作到发线使用，有季节性货物到发时，可兼作货物线使用。

3 货场应有安全、方便的通道，特别是当货物集散在站房同侧，而货物设在Ⅲ、Ⅳ象限时，必须设置安全、方便的通货场道路，便于地方搬运。

5.2.5 本条说明如下：

1 行车速度高，行车密度大的线路，能利用正线调车的可能性极小，为确保行车安全，故不论调车作业量大小均应设置牵出线；对行车速度不高或行车密度不大，而调车作业量大的单线铁路车站，也应设置牵出线。

2 当中间站上有岔线接轨而又符合调车条件时，应利用岔线调车。这样既能节省工程投资，又能满足调车作业需要。当利用岔线一段线路调车时，除其平、纵断面和视线条件应适应调车作业的要求并符合本规范中设置牵出线的有关规定外，尚应满足岔线的行车和调车作业的需求，当岔线较短且有自备机车时，应采取确保安全作业的措施，如岔线的安全线外移等。对行车速度不高、行车量不大的单线铁路中间站，利用正线调车是可行的。

3 当利用正线、岔线的一段线路进行调车时，在困难条件下，对平、纵断面条件可适当降低。

在曲线上调车的缺点主要是视线不良，影响彼此间的联系，延长调车时间。利用正线、岔线进行调车，经过检算，在路堑内300m半径的曲线上调车，其弓弦视距长度可达200m左右，等于条文规定的牵出线的最小长度，基本能满足中间站的调车要求。

在坡道上进行调车作业时，主要是牵出车列后回程为上坡时的起动和回程为下坡时的制动减速问题。当出站调车为下坡回程为上坡时，经检算，在各种限制坡度的情况下，本务机车推送半个车列计算的起动坡度均大于限制坡度，回程起动并无问题。当出站调车为上坡回程为下坡时，按《技规》规定，在超过2.5‰的线路上进行调车时，是否需要连结风管和连接风管的数量由车站和机务段根据车列情况共同确定，纳入《车站行车工作细则》(以下简称《站细》)。经检算，在各种限制坡度的情况下，本务机车牵出半个车列在下坡道上调车，不考虑机车制动力，所需连结风管的车辆数仅占牵出车辆数的1/5～2/5就能满足调车要求，制动减速和停轮均无问题。因为摘挂列车的调车作业系在头部进行，机车带车辆作业时已连结风管。停在货物线上的待挂车辆一般也已预先接好风管，因此甩车时是接好风管的。挂车时也只需接一次风管，即可保证安全。以上情况说明，在中间站上利用坡度大于2.5‰的正线和岔线的一段线路进行调车是可行的，为了减少调车作业的困难，当利用正线或岔线调车时，其纵断面坡度仍不宜过大，故本条文规定在困难条件下坡度不应大于6‰。

4 牵出线的有效长度，应满足摘挂列车一次牵出的车列长度的需要。牵出线过短，调车时必须分部牵出，增加调车钩数，延长作业时间。目前由于中间站的车流组织加强，成组集中到达显著增多，在站作业常牵引20辆以上，因此，中间站牵出线的有效长度原则上不应短于该区段运行货物列车长度的一半。在困难条件下，当受地形限制或本站作业量小时，至少应满足每次能牵10辆，故牵出线有效长度不应小于200m。

5.2.6 在有机务折返所和整备所的中间站上，机车需要进行技术检查、停留、整备和待班等技术作业，故应根据实际需要设置整备设备。

6 区 段 站

6.1 区段站图型

6.1.1 我国铁路区段站的基本图型分为横列式、纵列式两种。这两种图型通过长期运营和基本建设实践，证明优点较多，可满足不同情况下的需要。因此本章第6.2节“主要设备的配置”中所述内容多针对此两种图型。

客运车场和货运车场按纵向排列的客、货纵列式图型，多为改建区段站时形成的。货运车场一般有以下三种布置形式：正线在货运车场一侧；正线中穿，一个方向的到发场设在正线的另一侧；正线中穿，在正线两侧分别设到发、调车场。

当设计中采用与横列式编组站图型类似的一级三场图型时，要根据具体条件妥善处理客运设施。

6.1.2 区段站图型的选择，是一项重要而复杂的工作。图型选择应讲求经济效益，满足运输需要，节省工程投资，便于管理，有利于铁路、城市和工农业生产等的发展。选择图型应从全局出发，正确处理各方面的关系。

1 单线铁路横列式图型具有站坪短，占地少，设备集中，定员少，管理方便，对地形条件适应性较强和有利于将来发展等优点，当引入线路方向不多时，完全可以满足运量的需要。横列式图型的缺点是：有一个方向的机车出(入)段走行距离远；在站房同侧接轨的岔线向调车场取送车不方便。

引入线路方向为4个及以上的单线铁路区段站，当各方向的客、货列车对数较多，采用横列式图型两端咽喉区的交叉干扰均较大时，进出站线路应进行疏解。若地形条件适宜，可预留或采用纵列式。有充分根据时，也可采用其他合理图型。

2 双线铁路横列式图型除具有与单线铁路横列式图型基本相同的优缺点外，还存在一个主要缺点，即一个方向的旅客列车到达(出发)与相反方向货物列车出发(到达)的交叉，如为客机及全部货机交路的始终点，则交叉更严重。因此，选择双线铁路区段站的图型时，如无其他条件限制，旅客列车对数的多少及是否机车交路的始终点就成为采用横列式、纵列式或客、货纵列式图型的主要条件。

据以往调查的双线铁路上的17个区段站中，横列式站型约占调查站总数的60%。同时，运量较大的双线铁路横列式区段站，每昼夜实际接发客、货列车对数可达50～60对，其中旅客列车对数约为12～15对。由此可见旅客列车对数不多，运量不很大的双线铁路区段站一般采用横列式图型可以满足铁路客、货运输的需要。

双线铁路纵列式图型基本上解决了双线铁路横列式图型客、货列车到发的交叉(本章图6.1.1-3中下行方向到达有解编作业的列车除外)；并且还具有两个方向的货物列车机车出(入)段走行距离均较短的优点(图中下行方向到达有解编作业的列车机车除外)。但是，却有一个方向货物列车机车出(入)段与正线交叉和两方向各设调车场而上、下行转场车多时，干扰中部咽喉，降低正线通过能力以及一个方向不设调车场时，有解编列车在反方向到发场到(发)与另一方向的客、货列车发(到)交叉等的缺点；此外，与横列式相比，纵列式图型还有站坪长、占地多、设备分散、定员较多和管理不便等缺点。

在双线铁路横列式或纵列式区段站上，若经机务段端咽喉出发的货物列车和出(入)段机车次数均较多，且地形条件适合，可根据需要预留或设置绕过机务段的另一正线(如本章图 6.1.1-2 和图 6.1.1-3 左下方的虚线所示)。

当双线区段站客、货列车对数均较多，并有运量较大的线路(或岔线)引入，解编列车较多，且当地条件适宜，可采用正线外包的一级三场图型。它可以克服上述其他图型站内作业交叉严重的缺点，即避免部分客、货列车到与发、货物列车到(发)与调车转线以及货物列车发(到)与机车出(入)段等的交叉。其缺点是解编车列转线较横列式布置走行距离远；折角列车如不需转场，可在到发线设双进路，但要增设联络线解决反向发(接)车问题。设置客运设备除客运站距本站较远而单独设站外，一般有三种形式：客运车场与货运车场纵向布置；为集中办理旅客列车到发而将客运设备设在外包正线一侧(需增设反方向旅客列车的通路)；客运设备分设于外包正线两侧(需增设旅客立交长通道以解决站房对侧旅客上、下车问题)。

3 区段站的改建，应在满足运输需要的前提下，充分利用既有设备，尽量减少拆迁工程和施工过渡工程，少占农田，节省工程投资和运营费用。

客、货纵列式图型，一般是因运量增长或新线引入，既有的横列式区段站横向发展受到限制或客、货运量大，站内作业交叉严重，为疏解咽喉而将原站改为客运车场，并沿正线的适当距离另设货运车场而形成的。货运车场内的上、下行场，双线铁路时可位于正线一侧或两侧横列布置，个别为纵列布置；单线铁路时可位于正线一侧横列布置。目前在我国铁路区段站总数中，客、货纵列式站型已占有一定比重，在以往调查的双线线路区段站总数中约为1/6强，且都是改建车站采用。

客、货纵列式图型的优点是：客、货运两场分设，作业干扰较少，客、货运设备分别集中，管理方便；当在城市同侧接轨的岔线较多时，调车场可布置在城市一侧，对城市发展和地方运输适应性较强等。其缺点是：客、货运两场分设，需要增加设备和定员；既有岔线和货场取送车作业不方便；客、货运两场间距离较近时，靠客运场一端的牵出线，其长度往往不能满足整列调车的需要或位于曲线上；既有机务段与货运场间机车走行距离增加，还可能产生折角走行，甚至需另设出(入)段线；有一个方向的列车机车出(入)段需横切正线等。此外对区间通过能力也可能有所影响。

改建区段站时，可采用或参照本章图 6.1.1 进行设计；如横向发展受到限制时，也可因地制宜地采用客、货纵列式图型，并应留足牵出线的长度。如参照上述各种图型进行改建将引起大量工程(包括废弃及拆迁工程)或地形条件不适宜，经技术经济比较，有充分根据时，也可采用其他合理图型。

6.2 主要设备配置

6.2.1 旅客站房是直接为旅客服务的主要设备。站房、站前广场和通站道路应结合城市规划合理布置。旅客站房应设在城市主要居民区一侧，并与城市干道相通，这样便于旅客集散、行包托运和提取，从而减少旅客横跨车站。

中间站台的位置，原《站规》推荐中间站台设在站房对侧的正线与到发线之间，从使用和工程上都有优点。本次推荐将中间站台改设在与正线相邻的到发线的外侧，主要理由如下：

1 随着旅客列车及货物列车的行车速度不断提高，区段站的正线一般都有较高级别的快速旅客列车通过，加上区段站的客流量一般都较大，就是修建了旅客跨线设备，但站台靠正线仍然对旅客的人身安全不利，站台移出后，可使旅客更安全。

2 原图型的中间站台有一侧靠正线，当正线的行车密度较大和停站(或始发、终到)的旅客列车较多时，该侧的主站台面得不到充分的利用，有时会使旅客列车的三交会受到限制，本次推荐的中间站台位置有完整的三个站台面就解决了这个问题，现场已有将中间站台改在两条到发线之间的实例。

3 中间站台设在正线与到发线之间使站台高度受到限制，只能一侧为 0.3m，另一侧为 0.5m，对旅客乘降也不方便，将站台移出后，就可以修建高站台，这对行动不便的旅客乘降更方便。

根据上述情况，该图型推荐的中间站台位置更适合于正线通过列车的速度高、车站的客流量大，甚至有始发、终到旅客列车的双线铁路区段站，必须修建旅客天桥、地道。其他新建铁路的区段站宜采用推荐的中间站台位置，改建铁路，在困难条件下，可保留原中间站台位置。

仅办理机车乘务组换班的双线铁路区段站，即直达、直通列车不在本站换挂本务机车，列车也不需横穿正线进入到发场和机务段，而直接进入本运行方向站房一侧的到发线，当此种列车较多时，则可在站房同侧适当增加到发线。

6.2.2 在我国的既有横列式和纵列式区段站上，接发旅客列车的到发线也接发货物列车，故其有效长度应按货物列车到发线的有效长度确定，以便提高到发线的使用率。

单线铁路横列式区段站的到发线，为了能接发上、下行的客、货列车，以增加到发线使用的灵活性和提高使用率，应采用双方向接发车进路。

各种图型的双线铁路区段站，均按上、下行方向分设到发场，以保证列车到发的平行作业，故其到发线也应按上、下行方向分别设计为单进路；靠旅客基本站台和中间站台的到发线，是供接发各方向旅客列车和某些需停靠旅客站台的列车之用，故应设计为双进路；双线铁路横列式和纵列式区段站只设一个调车场时，靠近调车场的部分到发线一般均固定用于接发各方向有作业列车，以减少有作业列车调车时与其他作业的交叉和缩短车列转线的走行距离，故该部分到发线宜设计为双进路；根据调查和对列车运行时刻表相应的图解分析可知，正常情况下每昼夜一般出现两次列车密集到达，为增加正常情况下分方向使用的线路的灵活性，充分发挥其潜力，不间断地接发列车，到发线根据需要，可全部设计为双进路。从发展考虑，站场改建往往滞后于运输发展需要，双进路到发线在一定程度上可以调整列流与设备的暂时的不相适应。从调查的 13 个双线区段站(见表 4)可以看出，无论横列式、纵列式和客货纵列式站型或有、无第三方向线路引入，绝大部分双线区段站到发线为双方向进路。当有第三方向及以上的线路引入，有直通折角车流时，折角直通列车能反向发车，避免列车转场造成交叉干扰和增加走行距离。对位于铁路局交界口和电气化铁路或引入线按线路别设计的区段站，为了提高适应列车密集到达和应付运输异常的能力和列车反向运行的需要，均应将有关到发场的部分或全部到发线设计为双进路。当进站信号机外制动距离内进站方向为超过 6‰的下坡道时，为了简化咽喉布置和保证安全，到发线不宜全部采用双进路。

表 4　区段站到发线双方向进路调查表

顺号	站名	单线	双线	站型	到发线单、双方向情况	方向数
1	烟筒山	单线	—	横列式	全部为双进路	3 个
2	嫩江	单线	—	横列式	全部为双进路	3 个
3	勃利	单线	—	横列式	5 条到发线，全部为双进路	3 个
4	辽源	单线	—	横列式	6 条到发线，全部为双进路	2 个
5	宝丰	单线	—	横列式	9 条到发线，全部为双进路	3 个
6	桂林北	单线	—	横列式	7 条到发线，全部为双进路	2 个
7	扎兰屯	—	双线	横列式	全部为双进路	2 个

续表 4

顺号	站名	单线	双线	站型	到发线单、双方向情况	方向数
8	安达	—	双线	纵列式	客货场全部为双进路，北场（上行场）2条双进路，2条单进路	2个
9	南岔	—	双线	横列式	1条到发线，2条编发线为单进路，其余10条为双进路	3个
10	一面坡	—	双线	横列式	9条到发线全部为双进路	2个
11	林口	密山端单线	图们端双线	横列式	8条到发线全部为双进路	3个
12	大虎山	—	双线	横列式	客、货横列一级三场，下行5条到发线单进路，上行5条到发线全部为双进路	3个
13	绥化	—	双线	横列式	13条（含2条正线）全部为双进路	3个
14	漯河	—	双线	客货纵列式	货车场17条到发线，全部为双进路	3个
15	岳阳北	—	双线	横列式	1条编发线和上下行正线为单进路，其余10条到发线全部为双进路	2个
16	安阳	—	双线	纵列式	客货场1条单进路，7条双进路，直通场11条（含正线）全部为双进路	2个
17	洛阳东		双线	客货纵列式	货车场12条到发线，全部为双进路	4个
18	晋城北	太原端单线	月山端双线	横列式	8条到发线，全部为双进路	3个
19	新乡	—	双线	客货纵列式	2条编发线单进路，其余14条到发线全部为双进路	3个

6.2.3 区段站设一个调车场，使有调车辆集中在一处作业，能充分发挥设备的能力，对调车作业有利。如设两个调车场，两场之间的交换车流转场时与正线交叉干扰，且增加牵出线的数量。故只有当正线两侧分别布置上、下行到发场的纵列式或客、货纵列式图型的双方向改编列车较多，交换车流较少，且站房两侧接轨的岔线较多，地形又适合时，才可按上、下行分设调车场。

6.2.4 区段站咽喉区的能力应与区间和站内其他设备的能力相协调，同时应保证作业安全和提高效率。

1 横列式图型的端部咽喉区和双线铁路纵列式图型的中部咽喉区的布置及作业均较复杂，应保证其进路能满足本条文表6.2.4所列的平行作业内容。当有其他线路接轨时，需相应地增加平行作业数量。当平行运行图列车对数在18对以上，但非机务段端咽喉实际出（入）段机车次数不足36次时，该咽喉的平行作业数量可减少机车出（入）段的平行作业要求。咽喉区平行线的数量应与平行作业数相适应。

2 调车线设置接通正线的进路，可增加车站作业的机动性，以便必要时迅速疏散车辆或从调车场直接发车（非电气化铁路方向）。调车场宜有不小于1/3的线路接通正线，当线路较少或有条件时也可全部接通。在改编作业量大的车站，为了提高车站作业效率，到发场的部分线路应有列车到发与转线调车的平行作业。

3 咽喉区的布置应力求紧凑，尽量减少敌对进路及交叉，特别要避免到达进路交叉，同时也应尽量减少正线上的道岔数。因地制宜地采用交叉渡线、交分道岔及其组合布置和对称道岔是缩短咽喉区长度和调车行程的有效措施，但新建区段站时，应尽量少用或不用，以便为改建留有余地。对那些横切咽喉次数多，占用咽喉时间长的作业，其径路应尽量缩短。在设有轨道电路的咽喉区的钢轨轨型变换处，应留出足够长度，以设置钢轨绝缘接头和异型鱼尾板或异型轨接头。

采用小能力驼峰调车且调车线不少于5条时，调车场头部可采用线束型布置。其优点是调车场头部道岔区短，各线路的阻力较均衡。当采用对称道岔时，宜集中控制。

6.2.5 区段站货场直接为工农业生产和城市生活供应服务，其位置选择合理与否，对城市交通和铁路运输均有较大影响。据统计，调查站的货场在站房同侧的占64%，在站房对侧的占25%，两侧均有的占11%。货场在站房同侧的区段站，绝大多数位于中小城市，由于货场靠近主要货源和居民区，搬运距离近，不必跨越铁路，如装卸量不大，对铁路的影响也较小，故对地方和企业是有利的。但是，当货场规模较大或发展较快时，则货场位置往往与城市发展规划有矛盾，特别是以矿建材料、农药等容易污染环境卫生的货物为主的货场不宜设在站房同侧，这是造成既有站在站房对侧另设第二货场的主要原因。因此，货场位置应综合本条条文所列诸因素合理确定。当正线列车对数较多，货场装卸量较大，在站房同侧设货场时，应设货场牵出线，以减少货场取送调车时与正线行车的干扰。在调车场同侧的货场，当调车场的有关牵出线较忙时，也可预留或设置货场牵出线。货场牵出线不应短于200m。

当货场不在城市同一侧，且正线行车量、车站调车作业量和货场装卸作业量均较大时，城市通货场道路应与铁路采用立体交叉。

货场应预留适当的发展余地，以免将来扩建困难。货场内外应有良好的排水和便捷的道路，避免因积水或通路不良，影响货场的使用。

6.2.6 据调查统计，横列式区段站上机务段的位置，在站对右的占41%，站对左的占21%，站对并（即在调车场外侧）的占15%，其他（包括站同左、站同右、站对偏）占23%。经分析，新建的横列式区段站机务段大部分设在站对右的位置，其次是站对左和站对并的位置，其他位置大多为旧有车站。

在单、双线铁路横列式区段站上，当机务段的位置设在站对右时，一个方向的机车出（入）段与另一个方向列车的发车进路交叉。当设在站对左时，则变为与接车进路交叉。两者交叉的性质不同，而后者较差。当横列式区段站发展为纵列式图型时，机务段设在站对右的位置较站对左的位置有利。当不发展为纵列式图型或受其他条件限制时，机务段也可设在站对左。

机务段设在站对并的位置，机务段两端均有出（入）口，机车从车场两端出（入）段，走行距离较短，这是站对并的优点。缺点是机车从车场两端出（入）段干扰牵出线作业；同时机务段设在调车场的外侧，有碍车站的横向发展。因此，只有在无解编作业和无发展的区段站上且为折返段，又受地形条件限制时，方可将机务段设在站对并的位置。

在横列式区段站上，机务段的位置不应设在站房同侧，因设在站房同侧机车出（入）段必然横切正线，在双线铁路上这个缺点更为严重。

改建区段站应尽量利用既有设备，当有充分根据时，方可废弃原有的机务段。

选择机务段场地时，应考虑地形地质条件，尽量避免修建复杂的基础；并为排除地下水、地表水和处理生产废水创造有利条件。

当采用循环（或半循环）和长交路时可根据需要，在到发场附近设置整备和其他设施。

6.2.7 车辆段和站修所设在调车场外侧均便于从调车场取送车，如受地形限制，也可设在其他适当地点。站修所应设在调车场远期发展范围以外的适当地点，列检所则应设在运转室附近，以便列检值班员或车站值班员的工作联系。

6.2.8 岔线是为路内和路外服务的主要设备之一，其接轨点是否合理，直接影响铁路车站各项作业的效率。若布局分散，接轨位置不当，将使车辆取送不及时，也增加取送车作业对车站其他作业如正线行车、列车到发、调车、货场取送车和机车出（入）段等作业的交叉干扰。所以当有多条岔线接轨时，应尽可能集中在一个区域内合并引入。所以设计时应全面考虑，统一规划，选定合理的接轨位置，以保证主要方向的车流安全、迅速、便捷地通过接轨站。

岔线的车辆一般需由调车机车取送，并在接轨站集结，停留时间较长，故不宜接入到发场。一般情况下，可在货场牵出线、调车场次要牵出线或调车场接轨，这既便于车辆取送又不影响到发场接发列车。货运量较大或有整列到发的岔线，为了缩短进出岔线的车辆在接轨站的停留时间，除可以直接接入调车线外，也可接入到发场，以便能在到发场直接接发进出岔线的列车及集结大组车。考虑与铁路接轨位置合理和取送车作业方便，岔线也可在适合的其他站线上接轨。

6.2.9 当区段站有始发、终到旅客列车车底停留时，应设客车车底停留线，以免占用到发线或调车线，并造成站内通视不良影响到发线或调车线的使用。若个别终到旅客列车立即折返，且停留时间较短，确定到发线数量已考虑该因素时，也可不设客车车底停留线。

6.3 站线数量和有效长度

6.3.1 区段站的到发线除客、货分设外，一般均接发客、货列车。所以，区段站上供客、货列车使用的到发线数量，主要根据客、货列车种类、对数、作业性质和占用到发线时间的长短以及有、无列车追踪运行等主要因素确定。

关于电力牵引区段的到发线数量问题，由于电力牵引区段需设接触网维修"天窗"，在"天窗"时间内（非V形天窗），维修区间和相关车站的部分到发线停止运行，既增加了部分列车停站站分，也延缓了部分列车到站时分；另据对列车运行时刻表的图解表明，每个区段站一般每天都有1～2个密集到达时间段，到发线的数量必须适应密集到达的需要。因此，在确定到发线数量时不必考虑"天窗"的影响，而在计算到发线的能力时，需将到发线按固定作业扣除"天窗"时间。

本条文表6.3.1注3根据调查资料和设计经验，对近期换算列车对数少于6对，且发展缓慢的区段站到发线数量可减为2条。

本条文表6.3.1注4采用追踪运行图时，对列车运行时刻表进行图解分析，所需要的到发线数量与查表对比，一般采用追踪运行要多1条。

本条文表6.3.1注7据对11条铁路18个大小区段站《站细》规定的列车停站指标的统计，求出各种列车的每到（或发）一次加权平均占用到发线时间，再按平均每次到（或发）停站时间的大小，将货物列车按停站时间较大的摘挂、快零、区段，有解编作业的直达及直通列车与停站时间较短的直通、直达（无调中转）列车、部分改编列车（即仅进行增减轴和成组甩挂等的列车）、小运转列车分成两类，并把后一类平均时间作为确定客、货列车换算系数的基准停站时间，即换算系数为1，前一类列车按对数相应的平均停站时间与基准停站时间之比确定其换算系数为2。旅客列车：始发、终到为1（介于始发、终到与停站通过列车之间的立即折返列车为0.7），停站的通过列车按计算换算系数要小些，考虑旅客列车到发线空费时间长，并能与本规范第9.1.8条规定的客运站换算系数同一标准，故采用0.5。机车乘务组换班而不进行列检的货物列车为0.3。按以上的列车换算系数确定换算列车对数查本条文表6.3.1确定客、货列车到发线数量后，经用1993年被调查站《站细》上采用的运量，结合到发线利用率检查对照按本次确定的到发线数量符合现场实际的占64.3%。

6.3.2 机务段位于车站一端的横列式及一级三场区段站，远离机务段一端的列车机车和其他机车，需要通过车场出（入）段。为了使机车及时入段整备和出段挂头，保证按运行图行车和作业安全，在一定运量的条件下，应设置机车走行线。

关于设置机车走行线机车走行次数的界限问题，设通过机车走行线的机车36次全部为列车机车时，货物列车对数为18对。以1993年调查的哈尔滨局嫩江区段站为例，其货物列车为18对，通过机车走行线的机车为36次；旅客列车8对，其中通过6对，始发、终到2对，通过机车走行线的机车为4次，总计40次；另有19次单机到发。为使该站与所研究的问题相接近，故取消19次单机到发。按1993年货物列车时刻表图解后表明，每昼夜有5次合计有81min站内没有空闲到发线，机车不能出（入）段到车站另一端。由此可见，将通过到发场36次机车走行作为机车走行线设与不设的分界值是较合理的。

每昼夜通过机车走行线的机车在36次以下时，因列车对数少，到发线较空闲，可不设机车走行线，利用空闲的到发线出（入）段。

在本次调查的18个区段站中，设有专用机车走行线的有3个站，占16.7%，机车走行线兼到发线的有2个站，占11.1%，其余13个站均无机车走行线，占73.2%。其中过去曾有机车走行线的车站，随着运量的发展和既有站增加到发线的困难，大部分取消了机车走行线，有的变成机车走行线兼到发线。

对是否设专用机车走行线，行车人员和机务人员反应不一。行车人员大部分认为机车走行线与到发线混用好或机车走行线兼作到发线。在线路紧张情况下多1条到发线其作用总比专设1条机车走行线显得重要；而机务人员则关心及时出（入）段和超劳问题。

分析上述车站的机车走行线从有到无的变化，其原因是站场的改建赶不上运量增长的需要，是迫不得已的，并非一定不要。故设计仍宜设专用机车走行线，这样也可免去到发线混用情况下车站要设专人对机车出段签点，填写《出段机车走行径路通知书》，减少定员。但为了运营的灵活性，机车走行线宜按到发线的要求进行设计。

6.3.3 横列式区段站应设机待线。机待线的作用是便于出（入）段机车的停留与交会；机待线与机车走行线相配合可以使机车出（入）段与其他作业平行；当机务段位于站房同侧或与车场并列时可以增加出（入）段机车穿越与正线或牵出线交叉点的机会和减少占用交叉点的时间；旅客列车停站的时间短，在旅客列车换挂机车比较多的区段站，可使机车争取时间和避免受其他作业干扰，保证列车正点；区段站直通货物列车的比重占70%左右，在采用肩回交路的站上，使换挂机车的直通列车保证正点。因此，只有行车量很小，换挂机车较少（通过车场的机车在36次以下）或改建困难的单线铁路区段站可缓设或不设机待线。

机待线可采用尽头式或贯通式，以尽头式较安全。机待线的有效长度应根据牵引机车长度和相应的安全距离确定，并应不少于两者相加的数值。参照现行《技规》规定，在尽头线上调车时，距线路终端应有10m的安全距离。贯通式机待线的安全距离，考虑到机车万一越过信号机，事故后果严重，故采用20m。为使机车在机待线上停车方便，并保证机车后部的轮对不影响有关信号和道岔的开通，应尽量在机车后部留出5m机动距离。此外，考虑到我国采用内燃或电力牵引的铁路，往往需要与蒸汽牵引混合使用或以蒸汽牵引临时过渡，所以牵引机车长度按目前最长的蒸汽机车控制，即单机采用30m适应性较强。综上所述，单机牵引时机待线的有效长度：尽头式的应采用45m；贯通式的应采用55m。特别困难时也不应少于牵引机车长度加相应的安全距离，即尽头式的不应少于40m，贯通式的不应少于50m。当采用SS_4电力机车牵引时，两节机车长度按33m考虑。

6.3.4 区段站调车作业的主要内容是解编各方向的摘挂和区段列车。调车线的数量，主要决定于区段站的衔接方向数及车流的大小。一般情况下，每一衔接方向不少于1条调车线，其有效长度不短于到发线的有效长度，以便集结各方向的车流。当车流较大，1条调车线不够时，可根据需要相应增加。区段站调车场的容车量，应比同时集结车流的最大辆数大1/4～1/3，这样可保证调车场不致因满线而妨碍调车作业的进行。

6.3.5 影响区段站牵出线设置的因素很多，如有调车作业的多少，解编列车的性质和数量，调车作业方法，货场、岔线的位置和作业量的大小，站内调机的台数和作业分工等，对牵出线的数量和长度都有影响。

为了便利调车作业和不影响其他作业的进行，区段站的调车场两端应各设1条牵出线。其中主要牵出线的有效长度，如按货物列车长度设置，调机牵引整列转线时，因附加制动距离不够，速度受限制，故不应小于到发线有效长度；并应满足调车作业通视良好的要求，以保证整列转线的安全和提高作业效率。次要牵出线的有效长度不宜小于到发线有效长度，当调车作业量不大时，可为到发线有效长度的一半，以免多次转线。

根据以往对设置一条牵出线的42个区段站的统计，无解编作业的有7站，占调查总站数的16.7%；有解编作业，改编列数有5列及以下的有14站，占总站数的33.3%，改编列数为5列以上至

7列的有5站，占总站数的11.9%。以上3项共计26站，占总站数的61.9%，改编列数为7列以上至12列的有14站，占总站数的33.3%，超过12列的有2站，占总站数的4.8%。因此，规定以7列作为缓设1条牵出线(即只设1条牵出线)的界限，与现场反映的情况是相符的，并且留有余地。

6.3.6 横列式区段站各运行方向到发列车的机车出(入)段都集中在到发场和机务段的一端，且为相对方向的列车到发，机车同时出(入)段当60次及以上时的机遇较多，如一旦被阻，则影响全站的正常运营。由于该图型为区段站采用的主要图型，故对其作了具体规定。机车出(入)段线有三个作用：主要是为连接车站和机务段机车出(入)段走行或与其他作业建立平行作业；其次，在站段分界处提供为出(入)段机车一度停车办理登记机车出(入)段时间，无专用机车走行线时，车站需派专人对机车出段填写《出段机车走行径路通知书》；第三，机车在站、段分界处还要排队等待信号出段。常有排在前边的机车，由于列车晚点而让后边的机车先出段的情况出现，此时前边的机车就需进入入段线停留让后边的机车先出段，如只有1条出(入)段线，就缺少这种灵活性。

机车同时出(入)段次数与运行图的结构(到、发密度和列车密集到达程度)、单双线以及线路方向数有关。据以往对部分横列式区段站机车同时出(入)段次数统计见表5。

表5 车站列车对数与机车同时出(入)段次数统计表

站名	列车对数					机车同时出(入)段次数				可以错开的次数	延误次数	本务机车出(入)段次数	机务段象限	线路方向数	说明
	直通无作业	区段	零摘	小计	客车	出出	出入	入入	小计						
邵武	5	0	2	7	3	0	2	2	4	4	0	28	站对右	2	不含客机
博克图	9	0	2	11	4	2	6	2	10	3	7	44	站同右	2	不含客机
敦化	3	4	4	11	2	4	4	2	10	1	9	54	站对右	2	不含客机
蛟河	3	6	3	12	4	0	4	2	6	3	3	48	站对左	—	客机不入段
扎兰屯	9	0	2	11	4	1	8	1	10	3	7	44	站同左	2	不含客机
浑江	1	14	2	17	4	1	3	0	4	1	3	68	站对并	3	客机不入段
免渡河	11	0	4	15	5	1	5	2	8	4	4	60	站同右	2	客机不入段

表5中，博克图和敦化两站货物列车各11对，机车同时出(入)段次数各10次，而浑江、免渡河货物列车对数分别为17对和15对，机车同时出(入)段次数分别为4和8次。货物列车对数少的博克图、敦化比货物列车对数多的浑江、免渡河站，机车同时出(入)段次数还多，这主要是列车密集到达等原因造成的。从表5中可以看出，货物列车对数从11～17对，机车同时出(入)段次数为4～10次，除去可以错开的次数以外，还有3～9次。上述情况说明，区段站在换挂机车的客、货列车达到一定对数后，机车同时出(入)段是难以避免的，故站、段间应设机车出(入)段线各1条，但有一定数量的机车同时出(入)段次数也不一定必须设2条机车出(入)段线。表5除浑江站机务段在站对并位置，邵武站为2条机车出(入)段线外，其余5个站当时均为1条机车出(入)段线就是例证。但是又考虑机车走行还受到1条机车走行线的限制和由于站场布置原因受列车到、发次数的干扰，缓设1条机车出(入)段线的机车次数也不宜过多。自1975年以来的运营证明，站段间出(入)段机车每昼夜不足60次，可缓设1条出(入)段线是比较合理的。当缓设1条机车出(入)段线时，站段间仍能保证车站靠机务段端咽喉区规定的平行作业数量，不影响咽喉区的通过能力。但是，缓设的1条出(入)段线的位置及进路必须预留，以免出(入)段机车次数超过60次时，增设困难；但当远期机车出(入)段次数很少时也可仅设1条。计算上述出(入)段机车次数不包括调车机车在内。另外，出(入)段机车按每昼夜的次数计算，对单机、双机及单机附挂无火机车均能适应。

采用其他图型的机车出(入)段数量可按下列原则确定：一般情况下，客、货纵列式图型可比照横列式图型办理；纵列式图型的到发、调车场一侧，由于列车以相同方向的到发为主，如无第三方向引入时，机车同时出(入)段的机遇相对较少，则可适当提高缓设1条出、入段线的机车次数；对一级三场图型，比照横列式编组站图型办理。

7 编 组 站

7.1 一 般 规 定

7.1.1 编组站在路网中是组织车流的据点。为适应国民经济发展的需要，尽快提高铁路的运输效率和输送能力，圆满地完成运输任务，必须加快铁路编组站的建设。

根据编组站在路网中的位置、作用和所承担的作业量，可分为路网性编组站、区域性编组站和地方性编组站。

根据1992年统计资料，我国铁路货物平均运程已达758km，在铁路运量中，平均运程小于550km的约占64.1%，平均运程大于758km的约占31.6%。可见中、短程运输比重还是较大，但远程运输比重在逐步提高。所以在全路编组站中有相当多的数量是主要担任这部分中、短车流组织的区域性和地方性编组站。同时，由于远程车流的增加，而且又大部分集中在京沪、京广、京沈、哈大等主要干线上，为组织这部分车流就需设置一定数量的路网性编组站。

路网性编组站是位于路网、枢纽地区的重要地点，承担大量中转车流改编作业，编组大量技术直达和直通列车的大型编组站。它一般衔接3个及以上方向或编组3个及以上方向列车；编组2个及以上去向技术直达列车或技术直达和直通列车去向之和达到6个；日均有调中转车达6000辆；设有单向纵列式或双向混合式或纵列式的站场，其驼峰设有自动或半自动控制设备。

区域性编组站一般是位于铁路干线交会的重要地点，承担较多中转车流改编作业，编组较多的直通和技术直达列车的大中型编组站。它一般衔接3个及以上方向或编组3个及以上方向列车；编组3个及以上去向的技术直达和直通列车；日均有调中转车达4000辆；设有单向混合式、纵列式或双向混合式的站场，其驼峰设有半自动或自动控制设备。

地方性编组站一般是位于铁路干支线交会或铁路枢纽地区或大宗车流集散的港口、工业区，承担中转、地方车流改编作业的中小型编组站。它一般为编组2个及以上去向的直通和技术直达列车；日均有调车达2500辆；设有单向混合式、横列式布置的站场，其驼峰设有半自动或其他控制设备。少量位于枢纽地区的地方性编组站，起着辅助枢纽内主要编组站作用的，即辅助性编组站。

关于我国编组站在路网中的配置情况，铁道部经过多次调整，到1989年正式将编组站分为路网性、区域性和地方性三类至今，并于1990年核定全路共有编组站46个(即下列1990年31号文)，1997年10月及2001年7月核定全路编组站49个。根据铁道部运输局(1990)31号文颁发的各类编组站的统计如下：全路共46个编组站，其中路网性编组站13个(哈尔滨、沈阳西、苏家屯、石家庄、丰台西、山海关、济南西、徐州北、南京东、南翔、郑州北、株洲北、襄樊北)，区域性编组站16个(四平、三间房、南仓、大同、鹰潭东、江岸西、武昌南、衡阳北、广州北、成都东、重庆西、贵阳南、柳州南、兰州西、宝鸡东、西安东)和地方性编组站17个(长春、梅河口、通辽、牡丹江、太原北、包头东、蓝村西、艮山门、来舟、济南、新龙华、怀化南、昆明东、乌鲁木齐西、淮南西、武威南、安康东)。上述各类型编组站站型数量见表6。

表6 各种站型的编组站数量表

编组站类型	站型		数量(个)		比重(%)
			分计	合计	
路网性编组站	单向	纵列式	2	3	4.3
		混合式	1		3.2
	双向	纵列式	5	10	10.9
		混合式	5		10.9
区域性编组站	单向	纵列式	4	12	8.7
		混合式	5		10.9
		横列式	3		6.5
	双向	混合式	4	4	8.7
地方性编组站	单向	混合式	8	12	17.4
		横列式	4		8.7
	双向	混合式	2	5	4.3
		横列式	3		6.5

表6中,路网性编组站中有1个单向混合式站型现正在改造为纵列式站型,这个单向混合式站型的车站日均有调作业车少于6000辆,该站改造后将超过6000辆,亦属大型编组站。区域性编组站中横列式站型3个(其中2个应急工程后改成纵列式和混合式站型),上述这些车站中,日均有调作业车达到4000辆的有13个,3000~4000辆的有3个(其中2个在应急工程后,就超过4000辆),大部分均属大中型编组站。地方性编组站中日均有调作业车达到2500辆的有16个,不到2500辆的仅1个,大部分属中小型编组站。

从表6中可以看出,在全路编组站中单向纵列式、双向纵列式和混合式站型大型编组站有22个,占全路编组站总数的47.8%;单向混合式站型的中型编组站有14个,占全路编组站总数的30.4%;单向横列式和双向横列式站型等小型编组站有10个,占全路编组站总数的21.8%。大型编组站的数量已接近一半,承担了全路编组站总的改编作业的63%,在全路的车流组织中起着极为重要的作用,同时在路网的较大范围内也起到了一定的调节车流的作用。今后,根据国家经济建设要求,路网以及全路编组站的建设规划,还需有计划地新建或改建一些具有现代化装备的规模较大的编组站,以适应铁路运输发展的需要。

影响编组站图型的因素很多,除应考虑编组站在路网中的位置和作用外,尚应根据引入线路数量、作业量及作业性质、工程条件、占用农田和利用既有设备等情况进行选择。编组站从开始建设到基本成型,往往需要经历十多年或更长时间。因此,在决定编组站的规模和选择图型时,不应单纯地把设计年度的作业量及其性质等资料作为唯一的依据,更主要的是应具有前瞻性,充分研究铁路建设的发展趋势,编组站在路网中的地位和作用,力争做到规模适宜,适量储备,适度超前,留有足够的发展余地。

7.1.2 编组站的作业量是随着铁路运量的增长而逐年增长。以全路规模最大的路网性编组站郑州北站为例,1952年日均办理1900车,到1990年日均办理23050车,平均年增长率为6.79%,在这38年中,各个时期的增长速度是不同的。1952年到1961年,随着南北京广和西陇海双线的修建,郑州北站从横列式站型扩建成三级三场纵列式站型,作业量增长很快,办理车数从1900车增加到8700车,年增长率为18.4%;1961年到1971年,作业量则在稳步增长,办理车数从8700车增加到100车,年增长率为4%;从1971年到1979年,作业量增长很慢,办理车数从12900车增加到13950车,其中也有受车站能力限制的原因,年增长率只有1%;从1979年到1990年,随着国民经济迅速发展,车站改建成双向纵列式站型,作业量增长较快,办理车数从13950车增加到23050车,年增长率为4.7%。由此可见,郑州北站作为主要的路网性编组站,作业量增长也经过相当长的时间才达到较高的水平,其他区域性的中、小型编组站,担任的作业量较小,其增长规律也是相对地由小到大,而且同样需要经历一定的过程。

解放后修建的编组站,虽然建设的年限长短不同,但其共同规律都是从小到大、分阶段发展起来的。属于一次成型的也有,但其规律一般都较小。

编组站应根据运量增长和运营需要,做好分期工程的设计,近远结合,以近为主,统筹规划,分期修建,由于编组站在路网中所处的地位和当地工农业发展情况不同,根据运输需要,编组站本身发展也有快慢之分。因此,在确定分期工程时,要考虑到这些因素。既要避免近期工程完全按远期预留的架子拉开,造成运营不便和增加投资;也要避免单纯考虑近期需要,以致配置不当,造成将来改建时大量拆改和对运营的干扰。

从我国几个大型编组站的建设过程表明,设计时分期工程的安排,对指导编组站建设具有重要的意义。对于近期工程位置的选择,一般以先在调车场位置修建效果较好,位置选择不当,有的造成近期运营不便,以后又产生较大的拆迁和废弃;有的单纯照顾了近期工程而造成将来改建时施工过渡困难或者造成改建迁就既有设备,给运营带来损失;有的则在建成不久便适应不了需要,需再改建等等。因此,必须注意近远结合,使编组站的分阶段发展符合客观实际的需要。

7.1.3 编组站的主要工作是列车解体和编组作业。车辆经过编组站改编后,又重新组成各种列车开出,故编组站有"列车工厂"之称。建设一个编组站,要花费很大的投资和占用大量的土地。因此,首先应在满足通过能力和改编能力、节省工程投资和运营支出的前提下,使编组站有方便的作业过程和较高的作业效率。

1 车站各组成部分工作上协调,可使全站作业能力得到充分发挥,达到最有效地使用设备的目的。

2 车站作业应具有流水性和灵活性。前者主要指大型编组站主要车场宜根据需要按到、调、发纵向顺序配置,列车解编流水性好;此外,要求每项作业完成后不再重复。后者是考虑车流量会出现不平衡,车流性质在一定范围内还会有所变化,所以进路布置和设备分工等不能规定太死。

3 进路交叉包括列车通过、到发、解编和机车出(入)段等作业进路各自的交叉和相互的交叉。其中以列车到发的进路交叉对行车安全及通过能力的影响较大;列车到发进路与解编作业进路间的交叉,对解编作业也产生一定的延误。例如,由于车场正线的配置方式不同,客、货列车到发的进路交叉就不一样,一般情况,正线外包进路交叉较少,正线在一侧交叉较多。当正线采用一侧布置时,因场段等的配置不同,进路交叉也各异。故在配置上做到减少和均衡各咽喉进路交叉,对提高通过能力,推迟和减少疏解工程的投资,都有一定关系。除了减少进路交叉外,对站内各项作业,如列车到发、转线、解编、机车出(入)段、车辆取送等相互间的干扰,也要设法减少。例如在咽喉区,各项作业比较集中而繁忙,为了减少彼此的干扰,在布置上应保证一定数量的平行进路。

4 缩短机车、车辆和列车的走行距离和在站停留时间,对节省运营支出和加速机车、车辆周转具有重要意义。根据以往资料统计,车辆的全周转时间中,在途走行时间约占35%,在装卸站作业停留时间约占40%,在编组站和区段站中转停留时间约占25%。编组站的布置型式不同,对机车、车辆和列车的走行距离和在站停留时间也有不同影响。例如单向纵列式编组站,顺驼峰方向的改编车流在站内没有多余的走行距离,但反驼峰方向一般要多走行7~8km。双向纵列式编组站,双方向改编车流在站内都没有多余的走行,但折角车流由于重复作业增加了在站内的停留时间。小型编组站特别是一级二场的图型,因其布置紧凑,联系方便,作业效率并不低。一级三场图型因为比混合式和纵列式图型增加了转线过程,且转线距离又比一级二场图型长,故其作业指标比其他图型稍差。混合式和纵列式的指标一般差不多,但当混合式采用编发线布置时,效率就比较高。所以,当作业量较大,需采用大、中型编组站时，在布置上也应尽量缩短机车、车辆和列车的走行距离，为提高作业效率，加速机车、车辆周转创造必要的条件。

5 为了提高运营效率和安全程度，减轻作业人员的劳动强度，在编组站的建设中，对采用现代化技术装备应给予足够重视，并在布置上为采用先进的技术装备创造一定的条件。

7.2 编组站图型

7.2.1 编组站图型可分为单向和双向两类，按车场配列不同可分为横列式、混合式和纵列式三种。从本说明表6可以看出，我国目前共有编组站46个，其中单向编组站27个，占总数的58.7%，双向编组站19个，占总数的41.3%，双向编组站一般由单向编组站发展而成。

单向编组站与双向编组站相比，具有设备集中、便于管理、少占用地和节约投资等优点。随着现代化技术装备的发展，提高了单向编组站的作业能力，扩大了适应范围。因此，新建编组站，除工业编组站、港湾编组站等车流条件适合于采用双向图型外，一般因初期运量不大，引入线路不多，以采用单向单溜放编组站为宜。有时由于受地形和车流等条件的影响，也可以用路网上相邻的2个编组站或枢纽内2个单向编组站来代替1个双向编组站。

在既有双向编组站中有3个站(占编组站总数的6.5%)为一级四场站型，这些车站大都是从一级二场发展而成的。实践证明，这种正线中穿的双向站型，增加了折角车流的交换及重复作业，对牵出线解编能力造成浪费；此外，机车出(入)段、本站作业车的取送对正线客、货列车到发的干扰都比较大，咽喉能力也紧张，故不宜作为推荐图型采用。

双向编组站与单向编组站相比，主要优点是双方向改编列车和车辆没有多余的走行，但当折角车流量较大时，重复作业对驼峰解体能力的影响和工程投资的增多是其缺点。此外，双向编组站的维修管理费用和用地比单向编组站为大，但双向图型可节省列车公里运营支出和相应的机车、车辆购置费及货物滞留费。

编组站在一个系统的作业能力可以负担的情况下，采用单向图型还是双向图型有利，可通过技术经济比较决定。如果双向图型多支出的费用小于节省的费用时，则采用双向有利。以换算一次投资来表示如下式：

$$10(B''_{管}-B'_{管})+(A''-A')<10(B_{列}-B_{折})+(A'_{机辆费}-A''_{机辆费}) \quad (8)$$

式中 $B''_{管}$——双向图型增加的维修管理费，包括增加的站线和设备维修费以及定员的工资支出(元)；

$B'_{管}$——单向图型增加的维修管理费，包括增加的正线和设备维修费(元)；

A''——双向图型增加的工程费，包括增加的站线轨道、路基、设备和用地等投资(元)；

A'——单向图型增加的工程费，包括增加的正线轨道、路基、设备、用地和跨线桥等投资(元)；

$B_{列}$——单向图型多支出的列车公里运营费(元)；

$B_{折}$——双向图型折角车流重复作业多支出的运营费(元)；

$A'_{机辆费}$——单向图型多支出的机车、车辆购置费和货物滞留费(元)；

$A''_{机辆费}$——双向图型多支出的机车、车辆购置费和货物滞留费(元)。

上式右边所列项目的换算一次投资可用 $A_{换}$ 来表示，这个数值可以根据不同情况先行计算出来。如果所采用的双向图型增加的工程费和维修管理费小于这个数值时，表示从工程和运营的角度来衡量比采用单向有利。

经计算，在一般情况下，当双向与单向纵列反到、反发比较时，即使采用规模较小的双向对称式二级四场布置，其增加的工程费和维修管理费一般也会较大。因此，除了折角车流比重很小的情况下可以通过具体计算来衡量单、双向图型的采用外，如单向纵列反到、反发图型能满足能力需要，一般没有必要采用双向图型。

当单向纵列式编组站采用环到、环发时，由于正线线路展长，工程费与运营费都增加很多，因此，当反向车流比重较大，折角车流较小，地形和用地条件对采用规模较小的双向图型又有利时，经计算，其换算的一次投资($A_{换}$)可能大于双向图型增加的维修管理费和工程费。此时，选用编发场发车的双向对称二级式布置，可能会比采用单向纵列环到、环发图型有利。

单向纵列式图型采用双溜放作业时，由于反方向改编车流也大，为了对解编能力不致造成较大影响，反方向到发进路一般考虑环到、环发；同时单向双溜放也有一部分折角车流需要重复作业。因此，正线线路展长和重复作业造成的工程费和运营费支出也很大，如果采用双向纵列式图型，在现阶段的条件下，其增加的工程费和维修管理费可能较小，也就是说，采用双向图型可能比采用单向双溜放图型有利。但如果单、双向图型的驼峰均设有半自动化和自动化设备，而且地形和用地等条件对采用双向图型造成较大困难时，也可以通过具体的技术经济比较来决定是否采用单向双溜放图型。

因此，当双方向改编车流量大、折角车流少且地形条件允许时或单向编组站能力满足不了需要时，可采用双向编组站。目前在全路的编组站中，改编车流量大的路网性编组站也以双向站型为多。根据每方向改编车流量的大小，双向编组站两套系统的布置形式和能力可以设计成相同或不相同。当驼峰解体车数超过4500辆，且作业量的增长速度并不太快，经过技术经济比较，也可考虑按单向双溜放的作业方式设计。

确定单向编组站的驼峰方向时，改编车流量及其方向是主要因素。驼峰方向应符合主要改编车流方向，如上、下行方向改编车流量接近，则应照顾重车方向或车流组成比较复杂的方向；至于地形、气象等条件，有时也起一定的作用，故应综合考虑。

7.2.2 一级二场横列式图型的编组站在全路编组站中已很少，但在编组站的发展过程中，有不少是经过一级二场的过渡阶段，建站初期的贵阳南、江岸西、来舟等编组站都有过这样的历程。

考虑到上述的实际情况，故将一级二场图型列入编组站基本图型之内。

一级二场图型的优点是布置紧凑、用地少、工程省、作业灵活、两端牵出线易于协作、便于通过列车的甩挂作业和大组车进行坐编，对发展为其他图型的适应性较大。一级二场编组站的运营指标也较好，有调中时一般为4～6.3h，而其他图型为6.5～7.7h。一级二场图型的缺点是改编车辆在站内的作业行程较长，以有效长度为850m计，约为5.2km；一个方向的货物列车到发与相反方向的旅客列车到发有交叉；此外，解编车列转线与列车到发，机车出(入)段有部分交叉。

从图型上看，一级二场编组站与横列式区段站基本相同，当设备配置比较合理，一级二场按两端各设1条牵出线，主要牵出线设小能力驼峰考虑，其解编能力约为2700～3200辆。当牵引定数小或组号多，编组较复杂时，解编能力较低；当空车比重较大或组号少、作业较简单时，则解编能力较高。作为选择图型的条件，一级二场图型一般适用于解编作业量为2300～2700辆的小型编组站。

由于一级二场编组站改编列车的比重较横列式区段站大，因此，一个方向列车到发与另一方向改编列车转线的交叉机会也多一些。为了减少这种交叉，应将车场设在靠主要改编车流顺作业方向一侧。

7.2.3 木条所列的图型简称一级三场。一级三场图型一般是中、小型枢纽的唯一编组站或主要编组站，衔接线路方向多为单线。如果是在大型枢纽，则属于为地区车流服务的编组站。

一级三场图型的到发场分设于调车场两侧，可以使用3～4条牵出线，故能力较一级二场大，并消除了一个方向的货物列车到发与另一方向车列转线的交叉和一个方向的旅客列车通过与另一方向货物列车到发的交叉；与既有一些正线中穿的双向一级四场横列式编组站相比，由于正线外包和解编作业集中在一个共用的调车场，避免了折角车流的交替和机车出(入)段与正线的干扰，同时，可以减少设备投资和运营支出，当选用一级二场图型不能满足需要时，可根据具体条件，选用这种图型。

一级三场的优点是站坪长度较短，车场较少，管理方便；缺点是解编车列往返转线的距离长。当有效长为 850m 时，每一改编车在站内的作业行程约 5.8km，增加了车辆在站作业的中转时间。从现有一级三场编组站的运营指标看，其有调中时也比较大，约在 6.8～7.7h，个别达到 9.5h。此外，当牵引定数大时，向驼峰牵出线转线有时会出现困难。

因此，一级三场可适用于解编作业量不大或站坪长度受到限制，远期无大发展的中、小型编组站。

从解体的作业过程分析，解体和为前后两趟解体车列准备溜放进路及开放信号的总时间约 13～16min，这个时间与驼峰调机去到发场将待解车列牵出推上驼峰的总时间大致相等，故当采用 2 台调机担任解体作业时，驼峰一般不会出现空费时间。单从这方面看，一级三场的解体能力与二级式应无多大差别，但是，一级三场由于到发场分设两侧，到达两侧的解体列车，不可能做到完全均衡地交错解体，而且，顺方向列车到达和反方向列车出发以及机车出(入)段等作业，对驼峰调机去连挂车列及牵出转线的调车作业的干扰，比二级式图型要大，因此，一级三场的解编能力，实际上仍低于二级式图型。

一级三场编组站如配备小能力驼峰，当驼峰头部使用 1 台调机实行单推单溜，调车场尾部使用两台调机，解编能力主要受驼峰控制。如果本站作业车不太多，而中转解编作业量较大，为了充分发挥设备能力，尾部牵出线也可以担任一部分解体作业，则解编能力尚可适当提高。当头部和尾部都使用 2 台调机，实行双推单溜，头部和尾部能力基本上平衡。作为图型选择条件，一级三场可适用于解编作业量为 3200～4700 辆的编组站。

本条文对一级三场图型提出了双方向改编车流比较均衡的要求，对这点应予足够重视，由于改编列车分别在两侧到发场到发，解编作业分别由两侧相应的牵出线担任，两侧车流平衡，解编能力可以得到充分利用。一级三场编组站衔接方向为单线时，一般可按线路别布置使用，这样可以简化进出站线路布置及疏解。为了平衡两侧牵出线的解编作业量，设计时应结合各衔接方向线路的引入，合理安排两侧到发场的分工。当衔接方向为双线，应按方向别布置使用。按方向别设计时，考虑到阶段时间内可能出现一侧的密集到达或两侧到发的不均衡，为了保证两侧牵出线的作业能均衡地进行，每一方向的到发场和衔接方向的进出站线路，应有为相反方向列车到发使用的灵活性。一般可根据需要，在到发场设置一部分双方向使用的线路。

一级三场的改编列车到达后，需由调机向驼峰牵出线转线。由于调机的牵引力不如本务机车，而且启动后要克服较大的曲线阻力和坡道阻力，故向驼峰转线有时会发生困难。现场对这方面的意见反映不少。如果衔接方向的牵引定数较大，设计时对转线条件应予妥善处理。

7.2.4 本条所列的图型简称二级四场，是单向混合式编组站的代表性图型。二级四场图型与一级三场比较，主要是增加了共用的峰前到达场，调机连挂解体车列和推峰作业受改编列车到达和本务机车进段的干扰比一级三场的要少；故能力比一级三场大。由于二级四场图型的到达场与调车场纵列布置，顺驼峰方向改编车流在站内的行程比一级三场有较多的节省。以有效长度为 850m 计，顺驼峰方向行程可缩短 3.9km。虽然反驼峰方向改编车流的行程略有增加，但总的来看，运营效率仍高于一级三场。二级四场编组站的有调中时一般为 6.5～7.0h。

二级四场图型的优点是顺、反方向改编列车均在峰前场到达，避免了到达解体列车的转线作业和牵引定数大时转线的困难，与纵列式图型比较，站坪长度较短，可以减少工程量。缺点是编成车列转线的距离长，调车场尾部牵出线的能力受到一定限制。二级四场图型可适用于解编作业量较大或解编作业量大而地形条件困难的大、中型编组站。当顺方向改编车流较大或顺、反方向改编车流较均衡而顺方向为重车流时，在运营上都是有利的。

根据调查分析，当设置小能力驼峰，头部和尾部都使用 2 台调机，头部采用双推单溜，解编能力受尾部控制。如头部调机协助尾部担任一部分作业，使头尾能力大致平衡，解编能力尚可适当提高。二级四场图型解编作业量的适应范围，一般在 4500～5200 辆之间(未含驼峰半自动化、自动化和加强尾部编组能力所提高的作业量)。如果解编作业量比这个数字小，而其他条件适合于采用二级四场时，尾部可使用 2 台调机，头部可以使用 1 台调机，实行单推单溜。如果解编作业量较大，但地形条件困难，不能选用纵列式图型而采用二级四场时，为提高解编能力，头部可以设置中能力驼峰，此时二级四场的解体能力与纵列式相差不多，但编组能力不足。

为了提高二级四场尾部编组能力，可采取以下各种措施：

1 采用编发线布置，使部分列车直接从编发线出发，减少编成车列向出发场的转线作业，使尾部能力得到提高。

2 调车场尾部设置小能力驼峰。当摘挂列车和多组列车占有相当比重时，可以提高编组效率，必要时还可增设辅助调车场，以提高牵出线的能力。

3 将转场联络线至出发场前面一段设计成下坡，加速转场作业以节省转线时间。

4 增加调机台数。当某台调机进行整备或去货场、岔线取送车时，由顶替的调机担任编组作业，但调机的有效工作时间较短，效率较低。

5 增设牵出线，使用 3 台调机同时进行编组，但因出发场分设调车场两侧，中间牵出线编成车列的转线与外侧牵出线的编组作业相互干扰，中间牵出线的能力不能充分发挥。

6 将两侧出发场向调车场尾部靠拢布置，尽量缩短编成车列的转线距离，这种布置造成出发场部分线路设在曲线上，给车站作业带来不便。

7 调车场按燕尾型布置，使尾部分别与两侧出发场并拢，减少转线距离。这种布置由于每侧牵出线只连通调车场的半边，两侧作业出现不均衡时不能相互支援，作业上缺乏灵活性。此外，当货场及岔线在尾部一侧接轨，增加另一侧转送的麻烦。

在上述各项措施中，以采用编发线最为普遍，一般情况下，可以对顺向改编车流采用部分编发；如果条件合适，也可以采用全部编发。当多组列车和摘挂列车的编组作业量较大时，也可以考虑在调车场尾部设置小能力驼峰。

二级四场图型反驼峰方向改编列车到达按反接峰前场设计。反接时，在出发场出场咽喉对反发及机车出(入)段有干扰，在峰前场的推峰咽喉对反向列车推峰作业有干扰。为反方向列车修建接车环线虽可避免或减少上述干扰，但二级四场的能力受尾部牵出线控制，不受反向出发场咽喉和驼峰控制。修建接车环线须增加约 3km 的线路和 1 座跨线桥的工程费用，增加列车走行公里的运营支出及相应的机车、车辆购置费和货物滞留费，而所起的作用并不大。因此，一般不推荐修建接车环线，只有当反向改编车流量很大，对反向出发场和到达场推峰咽喉的交叉干扰严重，并造成对车站解编能力的限制时，方可考虑设置接车环线。

二级四场图型如担当较大的作业量，宜设置穿越驼峰的峰下机走线，以方便机务段对侧顺驼峰方向到发列车的机车进、出段。根据分析计算，机走线的最大通过能力可达 180 台次。按二级四场可担任的最大解编作业量另加一定比重的通过车流计算，通过机走线进、出段的机车不超过 100 台次，故一般情况下可设置 1 条机走线。当作业量较小或因地形及水文地质条件不合适，设置峰下机走线引起很大工程时，也可考虑不设峰下机走线。目前，我国既有的二级四场编组站设置峰下机走线的不多。不设峰下机走线时，机车进、出段采用与站内作业进路平交的方式解决。一般情况下，顺向到达解体列车的机车可切到达场推峰咽喉进段或利用到达场的线路从进场咽喉进段；出发列车的机车出段和通过列车的机车进、出段，可切到达场进场咽喉和经由正线。到达场进场咽喉的作业负担不重，顺向正线只走旅客列车和通过列车，行车量较小，故机车进、出段可利用正线。根据运营实践，如顺方向到达列车和出发列车都不超过20～25列时，对机车进、出段不会产生延误。

二级四场编组站的尾部一般设置2条牵出线，配备2台调机，分担调车场两侧的编组作业。当顺、反方向的改编车流比较均衡，牵出线的能力可得到充分利用。在采用分散作业的枢纽内，有些二级四场编组站主要担任顺驼峰方向车流的解编，如果作业量较大，顺向一侧牵出线的能力不足而反向一侧牵出线的能力不能充分发挥。在车流条件合适时，顺向采用部分编发线以提高尾部能力是一种措施。如果顺向一侧采用编发线后能力仍然不足，为了使尾部2台调机的作业量均衡，减少相互干扰，可以适当调整调车场线路的使用，使反方向一侧的牵出线分担一部分顺向编组作业，并将顺向一侧的编发线改设在反向一侧；如仍采用出发场，可按反向出发场也担任一部分顺向发车来设计。此时，应增设绕过牵出线的发车通路。

7.2.5 本条所列的图型简称三级三场，是单向纵列式编组站的代表性图型。目前我国中南、华东地区有鹰潭东、衡阳北、柳州南三个纵列式编组站，其中后者属于比较典型的三级三场编组站。

三级三场图型为各衔接方向设置共用的到达、调车和出发3个车场成纵列布置。与二级四场相比，编成车列转到出发场的调车行程较短，而且由于转场作业相互干扰少，调车场尾部根据需要可以多设牵出线，因此整个解编能力得到提高。

三级三场顺驼峰方向改编车流在站内没有多余的行程。以有效长度为850m计，顺驼峰方向改编车辆在站内的作业行程比二级四场约缩短3.9km；但反驼峰方向的改编车流，当采用反到、反发布置时，要往返多走行相当于到达场中心至出发场中心距离的两倍，约为7.2km，比二级四场约多走0.7km。因此，三级三场适用于顺驼峰方向改编车流较强，解编作业量大的大型编组站。

由于到达场与调车场纵列配置，驼峰机车由峰顶至到达场进场端连挂车列再推到峰顶这一段时间，少于车列解体时间，所以使用2台调机推峰解体时，除了准备溜放进路和开放信号的间隔时间外，驼峰不会出现空费时间；只有当1台调机进行整备时，另1台按单推作业，才产生空费时间。故一般情况使用2台驼峰调机已可满足能力需要，当解编作业量大，为了保持双推作业不间断，最大限度地发挥驼峰解体能力，可以使用3台调机。根据现场查定的资料分析，当设置中能力驼峰。配备2～3台调机实行双推单溜，调车场尾部使用2台调机时，头部能力大于尾部。由于中能力驼峰峰高较高，不便于协助编组，故解编能力受尾部控制，可担任的解编作业量约为6500～6700辆。当尾部使用3台调机，在编组作业不太复杂的情况下，尾部能力大于头部。故解编能力受头部控制，可担任的解编作业量约为7200～8000辆。作为图型的选择条件，三级三场担任的解编作业量一般以6500～8000辆为宜(未含驼峰半自动化、自动化提高的作业量)。

由于三级三场编组站能力较大，为使各部分通过能力协调一致和为行车安全创造条件，反驼峰方向改编列车的到发进路交叉，宜采用立交；当初期行车量不大或发展为双向编组站的时间比较短时，在保证行车安全的前提下(例如，有良好的线路平、纵断面技术条件，必要的安全设施和先进的信号设备等)，也可采用平交。

当平交点设在反向正线上并距峰前场较近时，为避免反到列车在信号机外停车后启动困难，需要提前开放信号，故每列反到列车占用平交点的时间较长；同时，由于发车的走行距离较长，每列反发列车占用平交点的时间也较长。因此，按交叉点的能力分析结果，反驼峰方向到发进路采用平交时适应的行车量一般为60列以下，如果布置上能将平交点移到出发场出口端咽喉，使反到和反发列车占用时间缩短，根据现场运营情况，适应的行车量可提高到70～80列。

反驼峰方向改编列车到发进路的引入方式，即采用反到、反发还是环到、环发，可根据反驼峰方向列车到发对驼峰和尾部牵出线能力影响的程度以及工程运营方面的因素，综合研究确定。

当采用反到进路时，为了尽量减少因反到与推峰交叉引起的延误，在咽喉平行进路布置方面，反到与推峰宜做到分线平行作业。关于反到对推峰产生的交叉延误，按一般的概率计算方法和常用的作业指标进行分析的结果，如反到和推峰都作为同等重要进路，即反到先到时推峰产生延误，推峰先开始时反到列车在信号机外停车等待，假使反到列车按最多达到40列计，反到一侧推峰被延误的全部时间也只有30min左右，故在容许反到列车在机外停车等待的情况下，反到对驼峰能力的影响是微小的。

如果将反到作为优先进路考虑，即每次交叉时，不论反到列车是先到或者后到，都应先接车，只能让推峰延误，则反到一侧推峰被延误的时间就稍多一些，其值根据反到所占比重的不同而异。若解体能力以不受反到影响时为80列计，则当反到比重为20%时，推峰被延误的全部时间约为15min，30%时约为40min，40%时约为75min，50%时约为135min。由于三级三场图型适用于顺向改编车流较强的编组站，要求反到比重一般在40%以下，所以，在保证任何情况下反到都优先接车的条件下，反到对驼峰能力的影响也是比较小的。

修建环线不仅增加工程投资，而且增加了列车到发的走行距离，所以一般情况下，当驼峰解体能力可以适应时，仍宜采用反到。当反驼峰方向衔接的线路方向及到发列车数较多时，也应根据驼峰和尾部牵出线的能力分别对待，如能力受驼峰控制，可先修建到达环线。

我国铁路编组站建设，大部分是在分期建设的过程中逐步发展起来的，其中二级四场图型改建为三级式图型为数不少，近年来我国中南地区的江岸西等几个编组站的建设都经历过这样的发展阶段，为此，在结合利用既有机务段和车场股道设备的情况下，根据作业需要也可采用保留原反驼峰方向的出发及通过车场，成三级四场图型。

7.2.6 车列双溜放是指驼峰在同一时间内平行解体2个车列的作业方式。这种作业方式在国外一些单向编组站上得到推广，我国某些编组站也有运用双溜放的经验。

单向编组站按双溜放的作业方式设计时，能大幅度提高驼峰作业能力及到达场通过能力，改善车站运营质量指标，压缩车列在到达场的待解停留时间，加快车辆周转和降低运输成本。由于全站作业集中在一个系统办理，可以减少车场和设备的工程投资和相应的维修管理费用，节约用地，并有利于实现车站作业的自动化。与双向图型相比，当衔接方向车流发生变化，顺反方向两套系统便于相互调剂使用。此外，单向双溜放编组站从到达场至出发场大体上要求设计在一面坡的下坡道上，较能适应自然地形坡度的变化。

采用单向双溜放的作业方式时，由于顺、反方向的改编车流都大，为了保证作业的流水性和连续性，并使解编能力有大幅度的提高，一般将到达场、调车场和出发场纵列配置；并将反驼峰方向改编列车的到达进路设计为环到，将出发进路设计为环发或反发。因此，反方向改编列车的行程比双向纵列式图型增加很多。如到发线有效长度为1050m并采用环到、环发，反方向每列改编列车的到发大约需要多走14.6km，同时要相应增加进出站正线和跨线桥的工程费。

在单向双溜放编组站上，折角车流需要交换。折角车流的重复作业会引起驼峰作业能力的损失和运营费用的增加。故采用双溜放作业方式是否比单溜放有利，很大程度取决于折角车流的多少。为了减少双溜放时折角车流的重复作业，首先要合理的设计驼峰咽喉。

按普通布置形式设计的驼峰，一般有 2 条推送线和 2 条溜放线，有条件进行双溜放，但在双溜放时，折角车辆都须先溜入本侧指定的交换线，然后再拉上驼峰重复解体，折角车流的重复作业对驼峰能力的影响较大。因此，解体能力比单溜放实际上提高不多，而且当折角车流比重较大时，其能力甚至还低于单溜放时的水平。

由于单向双溜放编组站的改编作业量大，其驼峰需要设计 3 条或以上的推送线。为了减少折角车流重复作业对驼峰能力的影响，当折角车流比重不大时，可考虑将调车场各半侧里线束相邻的边线作为交换线，并用联络线和中间推送线连通。此时，双溜放在两侧的溜放线办理，需溜入对侧调车场的折角车先溜进本侧交换线，再经联络线反拉上中间推送线的驼峰重复分解，这样，重复作业对两侧驼峰解体作业的影响就较小。

当折角车流数量较大，可根据折角车流的作业需要，将调车场中间的部分线路设计为两侧驼峰溜放线的共用线束，如图 5 所示。按这种示意图布置的驼峰，双溜放通常由两侧驼峰办理，对含有较多折角车流的车列，也可利用中间驼峰实行单溜放。由两侧驼峰同时溜放的 2 个车列中，到达对侧去向的折角车辆，可以直接溜入共用线束的对侧线路。对折角车流中车流强度较大的组号，在共用线束中宜固定线路；也可与对侧同一组号的车流合并在共用线束中使用。在双溜放连续作业过程中，同时溜往共同中间线束对侧去向的钩车在时间上不能错开时，前行的钩车可直接溜入该去向的线路，后行的钩车则先溜入设在本侧调车场外侧的交换线。在交换线集结一定数量的车辆后，再经迂回线转上驼峰重复解体。采用这种作业方法，溜放时敌对进路的保护要靠道岔自动控制装置中设置溜放线与共用中间线束必要的联锁来保证。由于绝大部分折角车辆都不会同时经由敌对进路溜行（根据概率乘法定理，如折角车流的比重为 20%，则折角钩车同时占用敌对进路溜放的概率为 4%），所以，车辆重复作业数量在这种驼峰布置图中将会大大减少。

设置共用中间线束除了能减少折角车流的重复作业外，当顺、反方向车流量出现较大的波动时，还可利用共用中间线束来调节调车场顺、反方向的线路使用。

单向编组站采用双溜放的作业方式，其解体能力与顺、反方向改编车流比例、折角车流比重和驼峰布置形式等因素都有关系。根据分析计算，当顺、反方向车流比例为 1：0.7～1：1，折角车流比重为 0.2～0.1，如采用较合理的双溜放布置形式，解体能力（不包括重复作业量）比单溜放约可提高 45%～80%，一般可担任的解体作业量约为 5800～7200 辆（驼峰自动化、半自动化还可提高部分作业量）。在这种情况下，要求尾部设置相应数量的牵出线以保证编组能力与解体能力相适应。至于调车场尾部的布置，例如，咽喉区是按线束连接呈梭形布置还是按分开式的燕尾形布置，是否增设辅助驼峰用于办理摘挂列车作业和部分或全部地分担交换车辆的重复作业，都应在满足驼峰能力要求的前提下，根据技术经济比较和当地条件来决定。

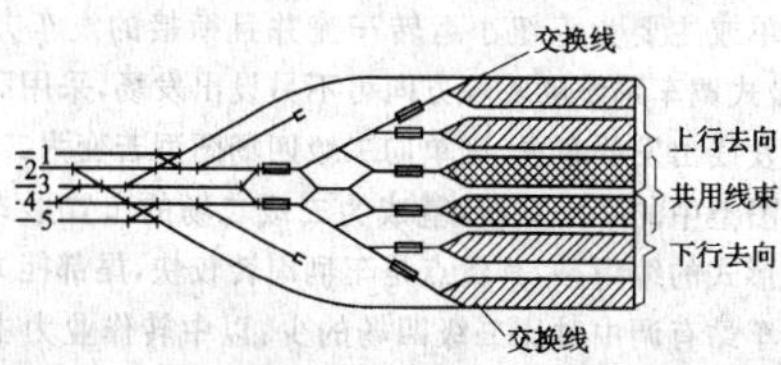

图 5　双溜放驼峰调车场头部布置方案示意图

7.2.7　本条所列的图型简称双向二级六场。双向二级六场是作为双向图型中两系统都采用二级式布置的代表性图型。目前全路 11 个双向二级式编组站中，两套系统都是二级式的有 8 个（其中二级六场站型 2 个）；一套系统为二级式，另一系统为一级式的 2 个；一套系统为二级式，另一系统为三级式的 1 个。其中 5 个属于路网性编组站，4 个属于区域性编组站，2 个属于地方性编组站。

双向二级六场是双方向均为到达场与调车场纵列、出发场及通过车场在调车场外侧横列的双向布置图。为了消除调车场尾部牵出线都向一侧转场造成对编组能力的影响，可在调车场内设置编发线群，使部分或全部自编列车能从调车场直接发车。在现有的双向编组站中，按二级式布置的调车系统，大多数都不设出发场而采用编发线发车，这对提高尾部编组能力、减少改编车辆在站内的作业行程和加速车辆周转，都有较明显的效果。因此，在选用这种图型时，如果车流条件合适，可按改编列车的出发全部或部分在编发线办理，即设计成双向二级四场或二级五场图型。

与单向纵列式图型相比，本图型的主要优点是解编能力较大，两方向的改编车流在站内的作业行程较短，通过列车的成组甩挂比较方便；主要缺点是增加工程投资和折角车流的重复作业以及维修管理方面的运营支出。

在设计中，当既有单向二级四场编组站解编作业量大幅度增加，上、下行改编车流的比例又较接近（例如为 4：6 或 5：5），折角车流在总改编车流中的比重较小（例如，不大于 15% 左右），经过相应的技术经济比较，认为发展成单向纵列式并不有利时，可采用本图型。此外，对于为大工业企业或港湾服务的工业、港湾编组站，其特点是双方向改编车流均较大，但折角车流甚小，车流性质有利于采用编发线发车；同时，一般多位于厂前区、港前区和城市边缘，站坪长度容易受到限制，采用本图型较为有利。

双向二级六场图型一般每套系统的驼峰均设有半自动、自动或机械化控制设备，采用双推单溜方式，尾部设 2 条牵出线，一般情况下可担任的解编作业量（包括折角车流的重复作业量）约为 9000～10000 辆，如果均采取编发等提高尾部编组能力的措施，担任的解编作业量约可提高至 12000～14000 辆（包括折角车流的重复作业量）。

因此，双向二级六场图型一般适用于双方向解编作业量均较大或解编作业量均大而地形条件受限制、且折角车流较小的大型编组站。

若一个方向的改编车流量较小，根据实际需要，次要的系统也可采用到发场与调车场横列的配置作为过渡。此时，到发场可设在调车场外侧，调车场头部设小能力驼峰，两套系统的调车场均按部分编发设计。如果次要系统通过列车很多，折角车流又极少时，也可将次要系统的调车场设在到发场外侧，这样布置，虽然折角车流交换的径路不太顺且产生与列车到发的进路交叉，但改善了本务机车出（入）段的条件。

当两系统均采用全部编发时，编发线宜固定在调车场靠外侧的线束。如有必要，也可以在调车场两侧的线束中设置编发线，使改编列车能从两侧发车，以减少对牵出线的作业干扰。如果通过列车较少，可不设单独的通过车场，通过列车的作业改在到达场办理。

双向二级六场图型如果是由单向二级四场发展而成，其机务段多位于原有到达场的一侧，车辆段则位于既有调车场的尾部。由于原有单向图型的驼峰方向多属重车方向，改建为双向图型后，将不利于照顾空车方向车辆的扣修，故如果原来未设车辆段的话，新建的车辆段可以布置在新增系统的调车场尾部，与原有的机务段都设在车站的一端。

7.2.8　本条所列的图型简称双向三级六场。双向三级六场是双向纵列式编组站的代表性图型，也是规模及能力最大的图型。目前，已建成双向纵列式编组站有 5 个，都属于路网性编组站。

本图型双方向均为到达场、调车场和出发场纵列配置，双方向改编车流在站内没有多余的作业行程。由于双方向各有一套独立的系统，可以减少相互间在列车到发、机车进（出）段以及调车作业的交叉干扰。如果双方向均装备有强大的调车设备时，具有很大的解编能力。当编组站衔接的线路方向较多，采用这种图型还有利于减少进出站线路的布置和疏解的复杂性。双向三级六场图型的主要优点是两个方向作业流水性都很好、进路交叉少、具有强大的通过能力和改编能力；主要缺点是工程费用高、占地面积大、车站定员多和折角车流需要重复作业。

本图型如每套系统的驼峰均设置自动化或半自动化控制设备，使用2～3台调机，按双推单溜作业，调车场尾部设置3条牵出线，一般情况下可担任的解编作业量(包括折角车流重复作业量)约为14000～20000辆。如果采取增设辅助调车场等提高尾部编组能力的措施，担任的解编作业量可提高至约20000～22000辆(包括折角车流的重复作业量)。

当路网性编组站按合理的编组分工需担负很大的解编作业量，而且上下行改编车流量比较均衡，其他图型又担当不了，地形条件又不受限制时，可采用双向三级六场图型。但是这种图型与其他双向图型一样折角车流需重复作业，因此，在设计车站和线路疏解布置时应尽量减少折角车流的数量，以利车站作业和提高实际的解编能力。

为了节省用地，必要时可将一套或两套系统的中轴线设在折线上，一般在车场的头部或尾部偏转一个角度，使布置尽量紧凑。采用双向三级六场图型的编组站，一般都是路网中组织远程车流的主要据点，在总图规划时，已按双向图型预留。因此，按比较合理的布置发展为最终的双向三级六场图型一般不会有什么困难。但如果既有编组站为三级三场并设有反到、反发的立交疏解线路，要扩建成双向纵列式图型就比较费事。此时，原有跨线桥可考虑改作转场联络线和机车进、出段走行线疏解之用。若跨线桥位置不合适或由于利用原有立交疏解设备造成整个车站占地过多，也可以废弃，使两套系统布置紧凑。

双向三级六场图型如果近期即按双向设计，机务段以设在重车方向的到达场一侧为宜，车辆段也有条件设在空车方向的调车场尾部。若由单向编组站改建而成，机务段一般是设在重车方向出发场的一端，车辆段往往也是设在重车方向调车场的尾部，这样对双向编组站图型来说，扣修车的取送不很方便。因此，在设计双向三级六场编组站时，如近期采用单向纵列式图型，且过渡时间较短，此时，机务段和车辆段的位置可按双向图型的合理位置来考虑。

7.2.9 编发线是指调车场内用于车流集结、编组又兼发车的线路。在条件适合时，采用编发线可以减轻牵出线的作业负担，加速车辆周转。目前，有许多横列式编组站在调车场内设有编发线，供一部分列车发车使用。混合式编组站设置编发线的更多，有的是部分列车从编发线发车，有的是全部。

根据以往调查资料，到达场和调车场纵列配置的编组站(包括双向编组站中的一套系统)，其中顺驼峰方向不设出发场，全部改编列车由编发线出发的，约占这种编组站总数的一半；部分由编发线出发的约占20%。

二级式编组站采用编发线布置较多的原因，主要是由于尾部牵出线的编组能力低于驼峰解体能力，设置编发线以后，免去了车列转线的调车作业，因而减轻了尾部牵出线的负担。按有效长度为850m计，当由出发场发车时，调机将车列牵出转到出发场再返回的时间共约15～17min；采用编发线时，挂本务机车及发车的时间共约10min，占用尾部咽喉的时间比转线发车占用尾部调机的时间要少。而且，挂本务机车及发车对尾部调机编组作业的干扰，不是每次都会出现。根据有关站的能力查定资料，对编组作业有干扰的挂机及发车次数，约占全部发车次数的30%。因此，尾部牵出线的能力得到提高。根据对5个顺驼峰方向全部编发的二级式编组站的调查，调车场尾部配1台调机，编组能力都在2000辆左右。

关于采用编发线的车流特点，根据对调查的4个顺向大运转出发全部在编发线办理的二级式编组站，其情况见表7。

表7中数字表明，顺向出发全部在编发线办理的二级式编组站，车流量在200辆以上的组号占大多数，而其中又以301～400辆的组号较多。在上述4个二级式编组站中，除了担任直货组号之外，有些还有排空列车的编发，空车车辆都达300～600辆。这些情况说明，在采用编发线的组号中，车流量大的组号占大多数。

表7 顺向出发全部在编发线办理的二级式编组站车流统计表

项　目	各种车流量的组号所占的比重				
	100辆以下	100～200辆	201～300辆	301～400辆	400辆以上
顺向出发全部在编发线办理的二级式编组站(4站18个顺向直货组号)	16%	16%	21%	37%	10%

此外，在部分采用编发线发车的编组站中，针对车流大的编组去向采用编发线就更为明显。如调查的几个编组站，按采用编发线的组号统计，车流量在400～500辆的组号约占1/3，500辆以上的约占2/3。

使用编发线作业的车流，很多是属于单组列车的车流。这些车流每个组号通常使用2条线路。由于列车的编组作业简单，编组时间短，虽然增加了出发技术作业时间，但线路总的占用时间不多。在编组和办理出发作业的时间内，续溜车可以进入另一线路继续集结，对线路使用影响不大，而可减少转场出发的作业，有利于加速车辆周转和提高尾部能力。如果多组列车占有较大比重，使用编发线虽然可以提高尾部能力，但因每一组号的车流量少，不能为每个组号配备2条线路使用，造成续溜车借线反钩作业增加，又降低了驼峰的能力。从提高整个解编能力的要求来看，其效果要差些。因此，提出车流较大而组号单一这个条件，此时既不降低驼峰能力，又使尾部能够协调。对双向编组站的二级式系统来说，车流条件合适时采用编发线最为有效。

此外，对到达枢纽的地方车流，因为是由编组站编开小运转列车，编组作业也比较简单，隔离车和关门车的编组要求也比较低，牵引定数和运行线的安排，可以根据车流集结情况，灵活掌握，而且一般不进行列检作业。所以，集结、编组和出发作业的时间也短，转场发车更无必要，故采用编发线能够适应小运转作业简单和车辆周转快的特点。

衔接线路去向的多少，对编发线的布置也有影响。去向多，为减少干扰，编发线须按去向加以固定，发车一端咽喉也要保证各方向编组和发车同时进行，必然使尾部布置复杂。相反，去向少，干扰也少，尾部布置也较简单。根据现有二级式编发场尾部的布置，大部分是衔接1条线路。因此，衔接线路少，也是考虑采用编发线的一个条件。

在编发场办理出发作业，虽然并不需要把所有线路都作为编发线使用，而只是固定其中部分线路，但给列检作业仍带来一定困难。为防止驼峰溜下的车辆误入车列编成的线路，在信号联锁方面虽可采取措施，但列检人员穿越线路仍感不便。所以，从作业安全出发，要求编发线最好集中设置，同时要求编发场内的调车作业简单，以减少对列检和出发作业的干扰。

当到达场和调车场采用纵列配置，顺驼峰方向改编车流较大而组号简单或主要为枢纽小运转车流并且衔接的发车方向较少时，则二级式调车系统顺驼峰方向可不另设出发场，采用顺向列车全部由编发线出发的布置，则单向二级四场图型若变为二级三场，如为双向图型中的某一系统，就成为二级二场的布置形式。采用这些布置形式的编组站，其优点是车辆周转较快，尾部能力得到提高。这些车站有调中时比二级四场的少：以中转作业为主的编组站，一般为5.8～6.4h；以地区小运转作业为主的调车系统，有调中时更少，一般为2.6～3h，而二级四场一般为6.5～7h。此外，顺向不设出发场的二级式编组站，工程投资和运营费用也比较节省，但其缺点是列检作业不方便，站线储备能力相对也小一些。由于采用编发线需要增加调车场的线路数量，相应加大调速设备的投资，故在编组站驼峰设置自动化、半自动化控制设备时，需经技术经济比较确定是否采用编发线。

至于反驼峰方向设置编发线的问题，由于驼峰溜放与发车同时作业，不仅安全性较差、影响解体效率，还由于溜车距离长而影响驼峰高度及调车场线路平面设计困难等缺点，故目前均不采用。

二级式编组站如果不适宜于将顺向列车的出发全部由编发线办理时，也可以根据需要仅为部分列车设置编发线。这些编发线一般是供开行单组列车的一、二个车流量大的组号使用或为开行小运转列车的车流使用。一级式编组站的改编作业量不大，两头牵出线的能力比较容易平衡，一般不设编发线，如为部分列车使用，采用编发线的车流条件和二级式编组站基本相同。

7.3 主要设备配置

7.3.1 编组站内客、货共用的正线，是指客、货列车共线进出编组站的运行线，当货物列车全部进入编组站后，则是指客车通过的运行线，不包括因枢纽布局形成的客、货列车分线运行时的客车运行正线，因该运行正线的位置与编组站无直接关系。

编组站内通过正线的布置形式，可分为一侧式、中穿式和外包式。正线布置对列车运行及编组站作业条件有着密切的关系。布置形式的选择，应根据客、货列车行车量、客运站位置、货场和岔线的衔接以及编组站采用的图型等因素确定。

一级二场编组站的正线均设在车场的一侧，不存在其他布置形式。一级四场编组站，其正线多为中穿式，两侧设到发场和调车场，这是由于利用既有设备而形成的，这种布置，正线虽然顺直，但上、下行两条正线的行车与两侧转场车的取送作业及机车出（入）段都存在交叉，设备使用方面的互换性和机动性差，对车站作业不利。因此，只有在改建时，在其作业能力允许的前提下，为充分利用既有设备，节省工程投资，方可采用。

在双线铁路上，对横列式、单向混合式或纵列式图型的编组站，当正线采用外包式时，主要优点是客车通过和站内作业完全分开，双方向客、货列车运行经路互不交叉，当客、货纵列配置时，不需要立体疏解布置。主要缺点是上、下行正线分开，需设单独路基，相对增加了工程量，正线的线型也不好，且不利于在编组站一侧并列设置客运设施，当编组站的一侧衔接有货场和岔线时，取送车作业与正线交叉。因此，如客、货纵列配置，且通过客车速度不高，只有作业量较少的货场和岔线衔接于编组站或货场和岔线不直接在编组站上接轨时，采用正线外包的布置方式较好。

在双线铁路上，正线设于一侧的布置形式的主要优点是正线的线型可较好，且有利于客运设备的集中设置和客运工作的管理。当正线对侧衔接有货场和岔线时，取送作业与正线行车无干扰，由于两正线共用路基，工程量较少。主要缺点是相对方向客、货列车到发进路有交叉，必要时需增设立体疏解。因此，当客运站与编组站并列配置，有较大作业量的货场和岔线在正线对侧衔接，通行快速旅客列车时，则以采用正线一侧式的布置较合适。

在编组站范围的正线上，根据旅客乘车和铁路职工通勤（通学）的需要，可设置供旅客列车和通勤列车停靠的旅客乘降所。在车场布置比较分散的大型编组站上，通勤列车尚可在上、下车职工较多的场、段附近停靠，并设置供职工上、下车用的站台。

7.3.2 通过车场主要供通过列车更换机车、车辆技术检查和成组甩挂作业之用。其位置应根据通过列车运行顺直，机车出（入）段便捷，甩挂作业方便，对编组站作业干扰少，保证车站作业灵活和节省列检定员及设备等要求，综合研究决定。

通过车场的位置，对于横列式编组站，只能设在到发场；对混合式和纵列式编组站，则有几个位置：如通过车场设在出发场，主要优点是甩挂作业比设在到达场便利，特别是加挂车组时，如通过车场设在峰前到达场，反拉上峰困难。混合式的通过车场设在出发场作业灵活，可以使用驼峰调机或尾部牵出线调机，互相协作；纵列式如驼峰能力较尾部小，通过车场设在出发场，可利用尾部调机作业，对驼峰能力无影响。此外，混合式编组站的机务设备一般设在到达场顺驼峰方向的右侧；纵列式编组站的机务设备，为照顾出段挂头方便，一般设在出发场一侧，对通过列车本务机车出（入）段都较便捷。

当通过列车不多时，可不单独设置通过车场。此时，通过列车作业可在上述的相应车场办理。这样可充分发挥到发线的使用效率，且可节省工程投资和列检定员及设备，行车人员也可相应减少。

当需要设置单独的通过车场时，为了适应车流性质的变化和列车到发出现不平衡，对通过车场与其旁侧的到达场、到发场或出发场应考虑其线路在互相调剂使用上具有较大的灵活性。在进路布置及咽喉设计方面，当通过车场位于到达场旁侧时，通过车场所有到发线应能通向驼峰，以便到达改编列车能够使用；在到达场内，应尽量做到有较多的线路能接发通过列车。当通过车场位于出发场旁侧时，通过车场所有到发线应能经编组牵出线通向该方向的调车线，以便自编列车能利用通过车场发车；在出发场内，也应做到有较多的线路能办理通过列车的到发。当通过车场位于到发场旁侧时，进路布置及咽喉设计可比照上述要求办理。

如通过列车有换重或车组交换等作业，根据需要可在通过车场设置附加线路和牵出线。

7.3.3 调车场尾部和驼峰之间设备能力的协调，是充分发挥编组站改编能力的关键。采用调车进路集中控制、设置带迂回线的小能力驼峰、设置箭翎线或修建辅助调车场等都是加强尾部能力的有效措施。

平面调车进路集中设备，具有能确保调车作业安全、提高平面调车效率（压缩钩分、减少作业联系时间、提高调机牵引速度和减少岔前折返时间）、节省行车定员、减轻劳动强度和便于集中管理等优点，但工程投资较大，故可根据需要采用这种设备。

在编组站编组的直达、直通和区段列车中，多数是单组列车和双组列车，也有小部分是3个或以上组号的多组列车；此外，编组站还编组摘挂列车和发往枢纽地区的小运转列车等，这些列车多属多组列车。列车性质不同，编组作业的方法也不同。单组列车的编组作业简单，尾部调机只需把集结满轴的车组连挂成列，即可转至出发场。双组列车也只需将集结在2条调车线的车组合并或分步转至出发场，编组作业也较简单。

摘挂列车和小运转列车的编组作业最为复杂。在编组过程中，需要把按区段去向或枢纽地区去向集结好的车列由尾部调机牵出重新解体，再将车组依站顺或各卸车地点逐一连挂，方能把一列车编完。这种列车的编组时间较长。

因此，当多组列车、摘挂列车和枢纽小运转列车的编组作业量较大时，为加速这些列车的编组，提高牵出线的作业效率，可在调车场尾部选择与相应线束连接的牵出线设置小能力驼峰；并在驼峰旁边设置迂回线，以避免编组时车列要经驼峰反牵的困难。

使用尾部牵出线设置的小能力驼峰来完成上述列车的编组作业，虽然可以提高尾部能力，但这种作业方法需利用一部分调车线的末端来临时存放和整理待编车辆，当摘挂列车较多时，经常占用多条调车线的末端来办理这种列车的编组作业，会影响调车线上集结的其他车列及时地向出发场转线。所以，当编组上述列车的调车作业量很大，尾部牵出线的能力仍不足、调车线数量受限制时，则可考虑增设辅助调车场或在调车线内或其头部附近设置箭翎线等设备。

7.3.4 为增加编组站作业的灵活性，应根据图型的具体条件使调车场的部分线路接通正线，这主要是考虑当停放装载危险货物的车辆发生重大事故危及车站安全时，可由调车线向站外转移这些车辆或在非电气化区段有从调车场直接发车的可能。

7.3.5 由于编发线是调车场内用于车流集结、编组，又兼作发车的线路，几项作业集中一处进行，因此，编发线应在调车场靠旁侧的线束集中设置，以避免行车和列检人员穿越调车线。在编发线的头部（最好是警冲标外方）设置为行车、列检人员和列检工具小车跨越线路的平过道。

调车线上采用铁鞋制动时，可在编发线出口端设置脱鞋器。必要时，可在相邻调车线的尾部加设止轮器，以防止编发线发车时，邻线溜放车辆撞入。

为减少编发线上本务机车连挂车列和列车出发与调车作业的干扰，故其出场咽喉可适当增加平行进路。

7.3.6 调车场尾部的作业，主要是按编组计划要求编组列车和向出发场转线，调车场与出发场间的连接线应和调车场线束或尾部调机数量相适应，通常为3～4条，以保证尾部的作业平行进行。

调车场尾部的调车作业，除编组摘挂列车时须整列牵出外，编组直达、直通和区段列车都无须整列牵出。在这些列车当中，以编组双组列车时牵出车组的长度较长，最长可达半个列车。据统计，在现有的纵列式编组站中，双组列车使用的调车线不超过总调车线数的一半，一般约占1/3。因此，调车场与出发场纵列配置时，可考虑调车场每侧约半数线路可按1个线束（择其最长者）尾部道岔至出发场进场咽喉最外道岔之间能具有到发线有效长度一半的长度，以满足一般调车作业的需要，并宜按近期工程规模设计。此时，除编组摘挂列车仍需占用出发场进场咽喉外，主要的列车编组作业及转线与出发场的列车到发都互不干扰。

另外，由于小组车向大组车并列牵出的车列长度较短，因此，在困难条件下，调车场与出发场的纵向间隔可适当缩短，直至由调车场尾部最外道岔至出发场进场端最外道岔之间留出50m的无岔区段。此时，编组牵出线要进入出发场，虽增加了出发场的宽度，但能减少反发列车的走行距离，因此，当编成的反发列车较多，站坪长度受限制而出发场的场地宽时也可采用。两场间隔50m是为编尾调机转线不进入出发场的保护区段。

7.3.7 由于双向编组站上、下行车流的解编作业是在两套系统中分别进行，折角车流需互相交换，故在设计时应设置折角车流从一套系统转到另一套系统的设备。当折角车流较少时，根据车场的配置，一般设置由一套系统的调车场（内侧部分线路）通到另一系统的到达场的联络线。在两套系统之间设置这种转场联络线，对折角车流的交换比较便捷。当某方向折角车流量较大时，为减轻对驼峰作业的干扰，根据需要可增设从相应系统的出发场转到另一系统到达场的回转线。根据具体条件，还可在两套系统之间设置交换场，以提高主调车线的使用效率。

为减少折角车流的交换，当日常运营工作考虑灵活接发车时，回转线与有关进路结合，用于反方向接车或反方向发车，此时，回转线既是折角车流的转场设备，又是接发车进路。

对于主要的折角车流方向，有条件时也可结合进出站线路布置，将某些线路改成双方向使用，以便相应方向的一套系统也能接进或发出反方向列车。这样仅在信号设备方面增加少量投资，而为减少折角车流的交换作业提供了条件。

当折角车流量较大且在车流组织中要求有关的一套系统有灵活接、发车的条件时，可在进出站线路布置方面，根据具体条件，适当增设疏解线，使相应的一套系统能接进反方向列车和将折角车流数量较大的组号单独集结，编组发往反方向。

对双向编组站，特别是重要的路网性编组站，采取上述灵活使用的进出站疏解线路来减少折角车流的重复作业，对提高编组站解编能力和作业效率有显著作用。因此，在设计中得到广泛运用。

7.3.8 机务段是为各方向到发列车的本务机车和站内调机进行整备与检修的基地。机务段位置应根据编组站主要车场的配置，结合地形、地质和风向等条件研究确定。在选择机务段位置时，尚应考虑机车出（入）段与站内作业的干扰少、机车走行距离短、少占农田、节约用地和不妨碍站段的发展。

一级二场横列式编组站的机务段位置，其选择要求与横列式区段站相同，一般设在站房对侧的右端，与到发场纵列配置。一级三场横列式编组站的机务段，宜设在列车到发较多的到发场一端。如两侧到发场的列车到发基本平衡，考虑到有利于发展为单向混合式，机务段以设在驼峰一端为好。

单向混合式编组站的机务段，通常有布置在到达场两侧或调车场尾部牵出线两侧这四种方案。前两方案的机车出（入）段走行距离较短，有利于利用驼峰标高较高的条件修建峰下机走线，以减少站内机车出（入）段进路与其他作业进路的交叉，机车走行线较短，工程费较省。后两方案的机务段位置，必然使机车走行线与调车场尾部和出发场之间的联络线交叉，对编成车列转线不利。因此，前面两种布置方案较优。

从机车出（入）段的走行距离来看，单向混合式图型的机务段设在到达场任何一侧大体上相同，但机车出（入）段与列车到发的交叉情况不一样。由于单向混合式图型的能力主要受尾部牵出线能力控制，并非由车场咽喉能力控制，所以对机务段的位置，还应结合其他条件在到达场两侧进行选择。考虑到反向通过列车一般较多，并有利于向纵列式图型发展，为了通过列车换挂本务机车的方便和符合将来纵列式图型对机务段位置的要求，机务段宜设在到达场旁反驼峰方向一侧。

单向纵列式图型的通过车场宜设于出发场旁侧，机务段设在出发场旁反驼峰方向的一侧时，根据分析计算，反方向进出站线路布置无论采用反到反发，环到反发或环到环发，在顺、反方向改编列车不同比例以及改编列车和通过列车不同组合的条件下，机车出（入）段的走行距离和对站内作业的交叉干扰都较小。如果通过车场位于到达场旁侧，机务段的位置则以设在到达场旁反驼峰方向的一侧为好，此位置还与发展为双向纵列式图型时机务段的有利位置相符。因此，单向纵列式编组站的机务段宜设在到发较为集中的出发场或到达场旁反驼峰方向一侧。

当单向纵列式图型按环到环发（或反发）布置时，如通过车场位于出发场旁侧，从机车出（入）段走行距离和对站内作业的交叉干扰来衡量，机务段设在调车场旁反驼峰方向一侧也是有利的，特别是对环到或环发，这个位置的机车出（入）段对站内作业的交叉干扰最少，但其缺点是占地过多，不利于发展为双向图型。因此，当单向纵列式编组站双方向的作业量虽大但不考虑发展为双向图型，而采用双溜放的布置时，可将机务段设于调车场旁反驼峰方向一侧。

在双向编组站上，一般将机务段设在两套系统之间，并避开线路较多的调车场，靠近车流较大的出发场及通过车场一端。机务段设在这一端，本务机车出（入）段总的走行距离最少；而且能照顾到主要方向通过列车机车换挂的方便。当双向纵列式编组站是由单向纵列式发展而成时，近期先上的单向系统，其驼峰方向一般与重车方向相同，顺驼峰方向的改编车流较大；而远期扩建的第二套系统，相应的属于轻车方向，改编车流较小，但通过车流的比重则比原有系统的大。当机务段位置按照发展为双向图型来考虑时，近期单向系统的机务段宜放在到达场一端。由于通过车场一般位于出发场一侧，机务段位置对近期图型来说是不利的。因此，对双向图型的机务段位置，还应结合近、远期发展的需要来考虑。为了减少编组站另一端到发列车的本务机车出（入）段走行距离，当另一端出（入）段机车数量较大或当作业能力需要时，可在另一端设第二套整备设备。

7.3.9 车辆段主要担负车辆的段修、较大修程的临修以及维修保养段管范围内的设备机具等任务。关于车辆段在编组站中的位置，根据对我国20多个单向编组站的调查，只有2个站的车辆段是夹在调车场尾部和到发场之间。这种布置尽管取送车距离比较近，但现场不受欢迎，其缺点是不利于站、段发展；妨碍尾部调车视线，影响调车作业；有的还因增宽了两场间距，造成转线距离加长并使到发场进口一端成为曲线形布置，给到发场的接发车作业带来不便。其余编组站的车辆段，都没有设在上述的位置。有的单向编组站车辆段设于调车场尾部牵出线旁边的正线外方，这种配置克服了上述布置的缺点。由于车辆段一般每天只有1～2次取送作业，正线行车与取送车的干扰并不大。

综上所述，编组站如有车辆段时，其位置应根据不妨碍站、段发展，方便编组站作业和车辆段取送车的要求设置。为便于车辆扣修，车辆段应设在编组站有较多空车方向的一侧，并与调车场有方便的联系。一般情况下，单向纵列式编组站的车辆段，可设在调车场尾部的一侧或调车场旁侧。单向混合式编组站和一级三场横列式编组站的车辆段，不宜夹在调车场与出发场或到发场之间，根据具体情况，可设在调车场尾部牵出线一侧或设在调车场尾部附近正线的外侧。双向编组站的车辆段，应设在两套系统之间，并靠近空车方向系统的调车场尾部。

站修所主要承担摘车临修、车辆制动检查、轴箱检查与车辆走行部分清扫注油等作业。站修线宜设在调车场尾部附近，并应与驼峰和车辆段有方便的通路。

当编组站上同时设有车辆段和站修所且有条件时，为便于部分设备的共用，可合设一处。

7.3.10 目前我国运送易腐货物的车辆有机械保温车和冰箱保温车两类。在运行途中，前者需进行加油，后者需进行加冰。在编组站上，如需要为中转的保温车加冰或加油时，应设置加冰所或加油点。加冰所或加油点的位置应保证与车站的相互发展不受限制，接发车和取送车时不致干扰站内主要作业，此外，还应结合地形、地质和水源等条件研究决定。

单向编组站当加冰作业以通过列车为主时，加冰所一般设在主要加冰方向的通过车场一侧，若需要加冰的保温车大部分要改编时，加冰所宜靠近调车场以方便取送作业。双向编组站双方向均有通过列车和改编车辆加冰时，加冰所应设于两套系统之间，以便上、下行共用。

机械保温车的中途加油作业，一般情况可根据编入列车的性质在相应的到达场、到发场或出发场的边线上办理，这样便于加油作业与列检作业同时进行。由于机械保温车组中只有柴油发电车需要加油，工作量不大，故目前多使用加油汽车进行加油。为方便加油汽车行驶，应在边线的外侧设置汽车通路。

至于专为始发保温车加冰的加冰所，应与装车地点有方便的联系，一般不设在编组站而设在易腐货物装车作业比较集中的货运站（或货场）上。

7.3.11 车辆在运行途中或在站作业造成技术状态或装载情况不良，经技术检查或商务检查不能继续运行而需进行整、换装时，应根据作业量和当地条件设置整、换装设备。

根据调查，编组站整、换装作业量比较小，而且并非每天都产生，如在编组站内设专门的设备和装卸定员，使用效率不高，故送往就近的货场办理比较适合。因此，一般情况下如作业量不超过10辆，就近又有货场设备可以利用时，在编组站可不设专用的整、换装设备。

对作业量大的车站，为加速车辆周转，在站内设置配有装卸机械的整、换装站台和配线比较合适。

整、换装设备在编组站内的设置位置，除考虑整、换装本身作业的方便外，尚需考虑车辆取送的方便。整、换装车辆主要是在到达列车中产生，从驼峰一端送达的占多数。由于需要换装的扣修车经换装后要送站修线修理，有些修好的空车也要送往换装线换装，为减少取送调车行程和便于设备共用，故整、换装线宜设于调车场外侧靠驼峰一端，并与靠尾部一端的站修线纵列配置。

7.3.12 根据调查，在办理中转车流作业为主的路网性和区域性编组站上，不宜衔接有较大装卸量的货场和岔线。其原因是：

1 当货场和岔线不能及时卸车时，本站作业车的取送将受到影响，容易造成站内待卸车积压，严重时，还要占用其他去向的线路，造成调车场堵塞。

2 由于编组站衔接有较大装卸量的货场和岔线，本站到发的作业车需要进行大量的调车作业，势必增加编组站的驼峰和尾部牵出线的作业负担，影响中转车流的解编。

3 当接轨点比较分散时，由于货场和岔线的车辆在站内到发和调车作业的经路与中转列车不一致，对编组站正常作业的交叉干扰也较多。

所以，有较大装卸量的货场和岔线不宜在办理中转作业为主的编组站上直接接轨。如必须在编组站上衔接时，宜在货区和工业区设置地区车场或车站集中接轨。该车场或车站至编组站的联络线在编组站内的接轨位置，应根据不同图型的作业特点和当地条件，便利车辆取送，减少站内作业交叉和咽喉区能力的均衡等因素确定。

7.3.13 编组站常有鱼苗或牲畜车辆的换水、上水等项作业，现场限于设备条件，作业地点往往不一。按调查分析，如在调车场办理则因线路多，设备难以全面照顾，对押运人员也不够安全。吸取现场经验，考虑改编车辆在到达场的停留时间一般要比出发场长，为使到达车辆能及时上水，故上水设备以设在到达场（或到发场）为宜。至于通过列车中上述车辆的作业，应在通过车场办理。

7.3.14 在办理编组站的技术作业过程中，各车场之间需要传递与车站作业有关的票据。例如：到达场车号员室至站调楼需传递到达解体列车的编组顺序单和货票；站调楼至出发场（或到发场）车号员室需传递自站编发列车的编组顺序单和货票；站调楼至驼峰线路值班员室和调车场尾部线路值班员室需传递调车作业计划通知单等。

上述传递作业的传送设备，应根据编组站综合装备情况，选用机械、电子设备和其他交通工具等。

7.4 站线数量和有效长度

7.4.1 编组站到发线数量的确定应满足衔接方向列车运行图和车站技术作业过程的需要。影响到发线数量的因素比较复杂，但反映在到发线所需数量上，最终仍然是由同时占用多少线路数来决定。

由于客车运行线的占用，阶段时间大量装卸车和跨局列车的接续，造成基本运行图货物列车运行线的密集，此外，日常列车运行的晚点或运行线的变更，也造成在某一阶段时间的密集到发。通过对43个到达场、到发场和出发场的调查，着重根据办理的到、发列车数和密集到发同时占用线路数的关系以及列车性质、车场性质和衔接方向等因素进行综合分析，提出本条文表7.4.1及相应的规定。

统计分析结果表明：无论是到达场、到发场或出发场，其列车占用到发线时间和到发线利用系数等差别均不大。在同一行车量的情况下，所需线路数量的差别较小，其差距最小为0.1条线，最大为1条线（到发场差数较大）。因此，到发线数量没有按不同性质的车场来划分。

对本条文表7.4.1的有关注说明如下：

1 使用本表时，到发列车数不应分方向选用，而应将车场各衔接线路的到、发列车加总后选用。

3 小运转列车一般不作技术检查，如作技术检查，时间也较少，其解体、编组和待解、待发时间较大运转少（但有时为接续好运行线，优先开行大运转，则小运转列车占用到发线时间就较长）。一般情况下，小运转列车占用到发线时间约比大运转少30%，相应地到发线办理小运转列车的能力要比办理大运转列车的能力高。因此，对办理有一定数量的小运转列车的车场，其线路数量可按表中数字酌量减少。

4 本表对无甩挂或有甩挂作业通过列车一到一发是按一列计算，故使用本表时，也应按此计算。由于无甩挂作业的通过列车占用到发线时间较少，因此线路数量宜采用表中的下限数值。当通过车场不单独设置而通过列车的比例较大时，也可采用表中的下限数值。由于有甩挂作业的通过列车需在车场内存放甩挂车辆，占用到发线时间较长，因此，线路数量宜采用表中上限数值。

6 衔接方向虽与密集到发占用线路数有一定关系，但办理的列车数一般也包含了衔接方向的因素，因此在表中未单独规定。考虑到衔接方向较多时，列车密集到达机会也相应增加的实际情况，故补充规定如车场到达的衔接方向达到3个及以上，线路数量可比表中增加1条。

对于峰前到达场，由于是全部用于接车，不像到发场的线路可以和发车相互调剂使用，故当列车密集到达时，尚需保证每一衔接方向有一定的线路数量，一般不少于2条；如办理的列车数较小，也可将到达场总线路数适当减少。衔接方向应按引入编组站且有正规列车到达的线路数量计算，如2条或2条以上的线路在编组站前方合并引入，则按合并后的实际引入线路数量计算。

总之，车站工作是一个不可分割的整体，各部分相互影响，如到达场的线路数量与驼峰利用率有关，驼峰利用率又与调车线数量有关；此外，到发线数量与设备的配置也有关系，故有充分依据时，也可根据需要，采用分析计算或图解方法确定。

另外，在峰前到达场的线路数量中，需另加推峰机车走行线，即当采用环到和单溜放作业时，可增加1条；当采用双溜放作业时，可在中轴线两侧各增加1条；当采用反到并设有本务机车入段走行线时，则可与同侧的推峰机共用。

在出发场，当其与调车场按条文第7.3.6条非困难情况的要求布置时，除编组区段和摘挂列车的牵出线需按加强尾部编组能力的设备布置情况决定是否计入出发线路外，其余的编组牵出线均可计入出发线路内。

7.4.2 根据以往在列车牵引定数为3500t及以下，驼峰调车场调速设备采用减速器加铁鞋的条件下，对调车线使用的调查情况归纳如下：

本条文表7.4.2序号1，集结编组直达、直通和区段列车用的线路。

根据对22个编组站的调查，共有159个组号，使用161条线路表明：1个组号使用1条线路约占73%；1个组号使用2条线路约占9%，且日均车流量在200辆以上才需要；1个组号使用3条线路的仅是个别情况（由于线路短造成）。

合用线路的情况是：2个组号合用1条线路（约占18%）并为同一方向可以编挂同一列车的为多数。合用的线路中，大部分是50辆以下的组号与大于50辆的组号合用；且大部分合用线路的2个组号车流量之和在100辆以下。如果车流量再大，则重复作业过多，不宜合用。

所以规定每1组号车流量在200辆以上时，可增设1条；2个组号车流量之和较小时，可合用1条。

本条文表7.4.2序号2，集结空车用的线路。

调查的22个编组站共有33条空车线，调查表明：空车线配置1条的车站占多数；但也有按空车车种分别设置存放线的（按编组计划要求），主要分空敞车和空棚车。在所调查的编组站中，没有一个不产生空车，只是数量多少不同，所以，规定每站至少设空车线1条，如空车较多时，应按空车车种，分别按第一项集结直达、直通和区段列车用的调车线数量的规定设置。

本条文表7.4.2序号3，集结编组直达、直通和区段列车的编发线。

调查表明：大运转列车用的编发线，车流量在150辆以下不出现需要2条线路的情况。集结约400辆配备2条线路的车站，现场线路使用紧张，实际往往需要占用3条线路。因此，规定集结编组大运转列车用的编发线每一组号车流量在150～350辆时设2条；350辆以上时，可增设1条。如若干个组号的车流量均较小时，其编发线总数可以酌情减少。由于编挂辆数随牵引定数而不同，因此在设计时还应考虑平均每条编发线编发列车不应少于2列，以提高编发线的效率。

小运转列车一般不受牵引定数限制，出发不作技检，且有专门小运转机车牵引，不额外地增加编发线的停留时间。因此集结编组小运转列车用的编发线数量可按本条文表7.4.2序号5“集结编组小运转列车用的线路”的规定采用。

本条文表7.4.2序号4，集结编组摘挂列车用的线路。

根据对24个编组站的调查，共有81条线路，其中59条用于摘挂列车，22条用于重点摘挂列车。前者有20条为合用线，合用线中绝大部分是摘挂组号与其他组号合用；而摘挂车流本身在50辆以下的有15条（占75.0%）。后者之中，1个重点站车流单独使用1条线路的有10条，2个重点站（包括衔接支线）车流合用1条线路的有12条，1个重点站或2个重点站车流之和在50辆以上或近于50辆的有16条（占73.8%）。因此，规定集结编组摘挂列车用的线路每一衔接方向设1条，如开行重点摘挂列车时，根据到站数和车流量大小可适当增设。

本条文表7.4.2序号5，集结编组小运转列车用的线路。

根据对编开小运转列车的21个编组站的调查，共开行61种小运转列车，计有70个组号。

调查表明：车流量在250辆及以下时，绝大多数组号均使用1条线路，故规定，当每一组号车流量在250辆及以下时设1条，250辆以上时设2条。

本条文表7.4.2序号6，交换车（需要重复解体的折角车流用的线路）。

双向编组站每一调车场不少于1条，采用双溜放的单向编组站根据图型布置需要确定。

本条文表7.4.2序号7，本站作业车用的线路。

根据对20个编组站（设有本站作业车用的调车线）的调查，有下述三种情况：

1)设有1条线路的有5个车站。

2)设有1条线路以上的有15个车站，占75%。主要因为本站作业车车流量大，货区分散，需按不同货区分别设置线路。

3)自货场、岔线取回的空、重车组，一般先接入到达场或到发场后再解体，但有些站因设备布置关系，需在调车场设本站车停留线，以存放由货场取回的空、重车组，然后再解体。

根据以上情况，规定本站作业车用的线路可根据装卸车地点（指货场、货区、岔线等）和装卸车数量确定。

本条文表7.4.2序号8～12，调车场的其他线路。

根据对26个编组站的调查，情况如下：

1)设有守车线的有20个车站，其中专用1条线路的有10个站，合用的有10个站。

2)设有整、换装车辆线的有9个车站，其中专用1条线路的有2个站，合用的有7个站。

3)设有待修车辆线的有20个车站，其中设有1条线路以上的有6个站（即按厂修、段修、临修分别设置），专用1条线路的有6个站，合用线路的有8个站。

4)设有超限货物车辆和禁止过驼峰车辆用的线路有11个车站，其中专用1条线路的有2个站，合用线路的有9个站。

5)设有装载爆炸品、剧毒气体、压缩气体、液化气体和放射性物品等车辆的线路有19个站，其中专用1条线路的有10个站，合用线路的有9个站（绝大部分与超限和禁止过峰车辆合用）。

根据以上情况，规定上述线路数量应视具体情况和需要单独设置或合并设置，中、小型编组站宜合并设置。

对本条文表7.4.2中各类线路的调查结果，经多年使用基本是合适的。但近年来因调车场调速设备和制式的不断发展，现代化设备的广泛运用，在提高驼峰解体能力（较减速器和铁鞋调速设备约提高15%）的同时，也可相应提高调车线的使用能力；另外，现繁忙干线的到发线有效长度为1050m者渐多，对编组站调车线的有效长度也要相应增长，因此，本次规定，当为上述情况时，应将本条文表7.4.2序号1、3、5项中调车线的容车量较以往调查结论再增加50辆。

本次对本条文表7.4.2序号1～3项关于调车线有效长度的规定沿用原《站规》：

1)在衔接线路的到发线有效长度和限制坡度相同的情况下，当分期采用不同的牵引种类和机车类型时，其牵引定数和列车长度也不尽相同，有可能产生其列车长度小于到发线最大容车量的有效长度。将调车线有效长度按到发线的有效长度匹配后，则不会产生因机车牵引力条件的变化而引起调车线需要延长的改造工程。

2)以到发线有效长度1050m为例，并按铁道部铁基[1987]498号文公布的2000年各型车辆组成等有关数据和资料计算：列车满长牵引5600t，编挂70辆，其车列长度为974m(目前用SS_4电力机车牵引5000t，编挂64辆，车列长度为895m)，则调车线的容车长度尚富余76m；另据对到发线有效长度为850m的有关调查资料，在驼峰调车场采用半自动化和自动化设备情况下，驼峰溜放车辆的连挂率可达95%左右，车列解体产生的平均“天窗”尚不足1个，其平均距离约40m。上述数据说明，调车线的有效长度按到发线的有效长度是能满足的。

3)关于对本条文表7.4.2序号4、5项中调车线有效长度规定，按各自列车的车列长度，并根据以往调查分析资料，驼峰溜放车辆与尾部编组车辆之间的安全隔离距离为40～60m，再加上“天窗”距离40m，故此种列车的调车线有效长度规定为车列长度加80～100m。

关于调车线有效长度计算起终点的规定：为考虑驼峰调车场采用半自动化和自动化设备溜放作业的特点，故规定调车线有效长度的计算起终点为调车线内进口第一制动位(即常称的第三制动位)末端(设有轨道电路时，为其后的轨道绝缘节)至调车线尾部警冲标，当尾部道岔为电气集中时，则为其内方的调车信号机或设有编发线时的出站信号机。

7.4.3 编组站上牵出线数目，应根据调车作业量和调车区的划分确定。调车区的划分与采用的布置图型和作业方法有关。由于分工和作业方法不同，能够担任的调车作业量也不一样。

为列车解编作业用的牵出线，是编组站的主要调车设备，应具有较好的条件。其有效长度按到发线有效长度加30m，包括以下因素：

调机长度：一般为25m。

调车时距车挡的安全距离：不少于10m。

调车附加制动距离：采用50m(在到发线上列车到达的附加制动距离规定为30m，但考虑牵出时使用调机，只有部分车辆连接风管，牵引力和制动力都不如正规列车，为保证能以较高的调车速度安全转线，故考虑比照上述制动距离适当增加)。

以上三项共计比列车计长增加85m，列车最大计长等于到发线有效长度减60m(本务机车长度和附加制动距离)，故牵出线有效长度进整设计为到发线有效长度加30m。

根据调查，各站的列车解体都是采用一次牵出，故为解体用的牵出线应满足整列牵出的作业要求。但如受地形限制或工程特别困难，在某些作业量较小的编组站，特别是在一级二场横列式编组站上，当到发场与调车场尾部咽喉区贴近，有时可结合编组作业，采用溜放转场的作业方法。这种方法一般分两次转场，第一次不超过半列；第二次再由调机带车连挂。在这种情况下，以编组为主的牵出线，其有效长度应满足分两次完成整列转场。考虑到第一次溜放时车辆不宜过多和制动距离等需要，故规定其有效长度不应小于到发线有效长度的2/3。

8 驼　峰

8.1 一般规定

8.1.1 驼峰按日解体能力分为大、中、小三类。

自20世纪80年代以来，我国广泛采用了先进的驼峰技术，一些调速设备、控制系统、检测系统、管理系统不断推广使用，提高了驼峰自动化和半自动化水平。一些大能力驼峰自动化水平居国际领先地位。

近几年来，根据铁道部技术政策的要求，对大量的中、小能力驼峰实施了不同程度的自动化改造，随之也研究出适合中、小能力驼峰的技术设备和控制系统。如山海关式的驼峰溜放进路控制系统、南仓式的驼峰微机进路储存、德州式的驼峰微机溜放速度控制系统、沈阳东式的驼峰微机全可控顶式控制系统。

原有机械化驼峰，经过技术改造，调车线内都安装了车辆减速器，形成了减速器—减速顶点连式调速系统，实现了车辆溜放速度自动或半自动控制，所以过去的机械化驼峰已不存在。

综上所述，必须改变驼峰分类方式，才能适应新形势的需要。

1 据调查统计的10个全路大型编组站14座驼峰，日均解体3255～3790辆。通过调查分析，由于多种原因，有些驼峰尚未达到设计能力。

上述14座大能力驼峰的调车线数量除郑州北站上、下行调车场分别为36、37条外，其余为30～32条。

大能力驼峰均设在路网性编组站上。驼峰是编组站的咽喉，为了提高驼峰解体效率，保证作业安全，应设有先进的自动化设备。

机车推峰速度自动控制系统，是指应用计算机或控制按钮遥控调车机车推峰速度的系统。

钩车溜放速度自动控制系统是指应用计算机自动控制钩车在第一、二、三制动位的出口速度、保证溜放间隔、迅速通过各分路道岔和各部位车辆减速器区段，达到溜放钩车在调车线安全连挂的目的。

钩车溜放进路控制系统是指应用计算机自动控制钩车溜放进路，并对控制过程进行监测，同时具备保证作业安全的措施。

2 中能力驼峰多设于区域性和地方性编组站上。在调查的18个编组站的22座驼峰中，日均解体作业量超过2000辆的有14座，占64%，其余都少于2000辆。有的驼峰虽调车线数量不多，但解体作业量较大。这种交错现象与大能力驼峰一样，也是由众多的影响驼峰解体能力的因素造成的。

中能力驼峰的解体能力与调车线数量的范围跨度较大(解体作业量2000～4000辆，线路17～29条)，所以它的峰高和平面布置形式差异也较大，一般可设2个峰顶和2条溜放线，调车线可设2～4个线束，当调车线和线束较少时，也可设1个峰顶和1条溜放线。

溜放进路自动控制系统是提高解体效率、保证作业安全的必要设施。因此中能力驼峰必须设有溜放进路自动控制系统。它可以采用与大能力驼峰相同的进路控制系统，也可选用驼峰微机进路自动控制系统和驼峰微机进路储存器与继电进路相结合的控制系统。

机车推峰速度自动控制系统可用于调车线24条以上的驼峰，24条以下的驼峰可选用机车遥控。

中能力驼峰可根据需要选用工业机控制的钩车溜放速度控制系统、驼峰车辆溜放速度微机控制系统(德州模式)或驼峰微机分线式调速系统(呼和模式)。也可以采用人工定速设备，根据雷达测得的溜放速度，自动控制减速器出口速度的半自动控制系统。

3 小能力驼峰多设在小型编组站或区段站上。在调查的25座驼峰中，调车线数量超过10条的22座，占88%。解体作业量200辆以上的占80%，个别调车线16条的驼峰日解体2000辆以上。

小能力驼峰调车线数量少，平面布置不规范，推峰速度不一定要求5km/h。因此，可因地制宜地选用自动化设备。驼峰微机进路控制系统和驼峰微机储存器与继电电路相结合的进路控制系统应优先采用，它能收到投资少，见效快的效果。溜放速度控制可采用全减速顶、股道全顶调速系统。当股道数量较多时，调车线内安装减速器，可采用驼峰车辆速度微机控制系统、驼峰微机分线式调速系统或驼峰微机全可控顶调速系统。

小能力驼峰一般推送线不顺直，瞭望条件差，应首先采用机车信号设备。

调车线内设有脱鞋器的小能力驼峰，应实现脱鞋器——减速顶简易点连式调速系统(点连式调速系统的过渡制式)。如调车线较多，脱鞋器可用减速器代替。

调车线数量少的驼峰可保留铁鞋进行目的制动。

8.1.2 合理的设计年度对发挥驼峰设备投资的效能有重要意义。由于设计、施工有一定周期，故设计时必须根据近期作业量确定其设备类型和技术装备，应预留远期发展，并处理好近、远期工程的衔接。特别是近期上小能力，预留大、中能力的驼峰，因平面预留减速器位置而造成溜放部分过长，加之近期不能按大、中能力驼峰峰高施工，使加速坡变缓车辆溜放间隔变小，驼峰难以设计合理，运营效果很不理想。

既有小能力驼峰，不少是在牵出线上平地起峰，平面仍保留原有的9号单开道岔梯线形布置，解体作业量不大，此类驼峰如上减速顶等设备既能满足解体能力要求，又能减轻调车作业人员的劳动强度和保证作业安全。当采用上述设备不能满足解体能力要求时，应结合采用的调速系统对不合理的驼峰平、纵断面进行改造，并安装有关调速设备(车辆减速器、减速顶)，从而达到提高驼峰解体效率，满足运输要求和保证作业安全的目的。

8.2 驼峰线路平面

8.2.1 车辆溜经驼峰溜放部分时，由于各种阻力的影响，动能不断消耗，其中基本阻力和风阻力所消耗的动能随驼峰溜放部分长度的增加而增加。曲线道岔阻力所消耗的动能随钩车溜经的曲线转角度数和道岔数的增加而增加。因此，设计驼峰平面时，应尽量减少车辆动能的消耗，以降低驼峰高度，减少工程费和运营费；同时，也有利于安全作业。车列解体时，前、后两钩车必有一定长度的共同溜行径路，由于车辆阻力不同，例如前行车为难行车，后行车为易行车，两钩车将产生走行时差，该项时差随着共同溜行径路的加长而增大，使两钩车间的时隔愈来愈小，容易出现道岔来不及转换和“尾追”等。因此，合理的驼峰线路平面设计，应符合下述三点要求：

1)峰顶至每一个调车线警冲标的距离尽量缩短并相接近。

2)车辆溜入每一条调车线所经过的道岔数和曲线转角(包括侧向通过道岔时的辙叉角)度数尽量减少并相接近。

3)尽量减少前、后两钩车共同溜行径路的长度，使钩车迅速分路。

为实现上述要求，驼峰溜放部分的线路平面应符合下列规定：

1 采用线束形布置可缩短前、后两钩车的共同溜行径路。驼峰平面各线束所含调车线的多少、直接影响间隔制动位的投资，因此，大、中能力驼峰平面，以每线束设6～8条调车线为宜。

采用长度短而辙叉角大的6号对称道岔和7号三开对称道岔，可缩短溜放部分的长度，以24条调车线、设有峰下交叉渡线的驼峰为例，采用6号对称道岔比用9号单开道岔约可缩短70m。此外，6号对称道岔较9号单开道岔的绝缘区段长度短3m左右，允许前、后两钩车间有较小的间隔，有利于提高推峰速度。

6.5号对称道岔在我国1986年前修建的驼峰上曾广泛采用，由于是非系列产品，新建驼峰不应再用。但当对原用6.5号对称道岔的驼峰进行改建困难时，为了充分利用旧有设备，减少废弃工程和对调车场作业的干扰，便于维修或施工过渡困难等，仍可继续采用。调车场最外侧线路，由于曲线转角大，如用对称道岔造成平面恶化时，可采用9号单开道岔。由于9号道岔绝缘区段长，警冲标距岔心距离远，因而延长了溜放钩车间隔，影响解体效率。因此，应尽量避免采用9号单开道岔。

设在区段站和类似区段站图型编组站的小能力驼峰，由于调车线设在到发线外侧，而牵出线往往正对到发线，这就形成了驼峰的“歪脖子”。当到发线数量多，调车线数量少，而牵出线外移将增加工程或有困难时，可根据具体条件采用6号对称或9号单开道岔。如采用6号对称道岔有困难时，可采用9号单开道岔和复式梯线形布置。当既有站改建确有困难时，可保留原有梯线形布置。

2 采用大于200m曲线半径不增加驼峰溜放部分长度时，应尽量采用大半径。驼峰溜放部分短轨多，而且是经过计算确定的(道岔保护区段长度)，并在短轨内还要设曲线，这些曲线的半径的选择都受到了很大限制。如7m长的短轨转2°角，半径采用200m，曲线长为6.98m，在此条件下，不应采用大于200m的半径。因此，为缩短驼峰溜放部分的长度，并满足工务养护维修的要求，驼峰溜放部分的曲线半径不宜小于200m。当驼峰平面连接困难时，可采用180m曲线半径。

3 允许曲线可直接连接道岔基本轨或辙叉跟(此时可用道岔导曲线的轨距加宽递减)，可以避免因设置曲线的轨距加宽而延长驼峰溜放部分长度。6号道岔基本轨轨距为1440m，与曲线直接连接还可以缩短曲线加宽所需长度。

驼峰第一分路道岔岔前曲线不允许直接与道岔基本轨相连是本条新补充的内容。因为溜经第一分路道岔的钩车最多，且是迅速加速区段，钩车溜经曲线时，由于离心力的作用向曲线外侧生产推力。道岔直接接曲线，车轮对曲线外侧尖轨产生很大撞击力，造成尖轨的损坏率加大。为便于道岔的养护维修，设计驼峰平面时，岔前应留出不短于一个转向架长的直线段；困难条件下留出0.5m长的直线段。

8.2.2 峰顶是指峰顶平台与加速坡的变坡点。

峰顶距第一分路道岔基本轨轨缝间的距离，为峰顶至第一分路道岔基本轨轨缝的最小距离应为30～40m。

该距离主要考虑以下因素：

1 以较高的推峰速度解体车列时，在溜车不利条件下，难、易行车在第一分路道岔有足够的间隔；

2 满足在加速坡与中间坡变坡点处设置竖曲线的要求；

3 保证驼峰溜放部分纵断面设计合理。

上述原因详细论述见中国铁路通信信号总公司的《驼峰峰顶距第一分路道岔距离的研究》研究报告及《铁路驼峰及调车场设计规范》(TB 10062—99)。

8.2.3 峰前设有到达场的驼峰，设1条推送线节约投资有限。当需再设第2条推送线时，必须改建到达场咽喉区及有关的信号设备，工程复杂，既增加投资又影响运营。因此，应设两条推送线。

驼峰推送线的数量与解体作业量和驼峰机车台数有关。配备1台机车时，只设1条推送线；配备2～3台机车时，设置2条推送线可进行预推作业，以缩短连续解体车列的间隔时间，提高驼峰的解体能力。根据分析计算，预推比不预推可提高解体能力约15%。

驼峰采用双溜放作业方式，可提高解体能力，但要有足够的调车线数量，使每一个驼峰能作为一个独立的调车系统而互不干扰。在此情况下，为创造预推条件，应设3～4条推送线。本条规定的双溜放作业方式是指经常按双溜放作业而言，不含由于车站临时组织双溜放作业的应急情况。

峰前不设到达场时，推送线(牵出线)是单独设置，增设第2条牵出线较为方便。因此，可根据解体作业量、调车机车台数和到发场的数量，确定推送线(牵出线)的数量。

为了从驼峰主信号楼能看到峰上提钩作业的情况，以便正确及时地显示驼峰信号。同时，为了使车辆经常提钩地段的推送线保持直线，两推送线间不应设置房屋。

推送线靠峰顶端不宜采用对称道岔，其理由有以下几点：

1 靠峰顶端采用对称道岔，推送车列上峰时，经常提钩地段的车辆位于曲线上，影响提钩员瞭望。

2 位于曲线上的车辆，钩身不正影响提钩，加之曲线引起的晃动，会使提起的车钩又落下，造成护钩距离长，增加提钩员的劳动强度。

3 由于曲线上提钩容易造成半开钩，影响调车线连挂作业，当调整钩位时又会影响连接员的安全。

采用单开道岔时，上述情况会有较大改善。

调车员室或连接员室应设在两推送线外侧并与主信号楼同侧，是为了便于调车人员互相联系。

设2条推送线时，1条推送线进行解体，另1条推送线有车列预推上峰。为了保证提钩人员在瞭望车辆提钩和走行情况以及提钩时需数车数等作业时的安全，在经常提钩地段，2条推送线中心距离不应小于6.5m。通话柱、信号按钮柱和道岔转辙机等设备要设在提钩人员作业时经常走行的通路以外，以免影响提钩人员的作业安全。

禁溜线、迂回线的道岔位置均靠近峰顶。为了保证作业和人身安全，在推送线主提钩一侧的禁溜线、迂回线的道岔上，应铺设峰顶跨道岔铺面。

8.2.4 设有2条推送线，线束有4个以上及作业量较大的驼峰，应设2个峰顶，使预推车列尽量接近峰顶，充分发挥预推效果。根据分析计算，设2个峰顶比设1个峰顶可提高解体能力10%左右。设2个峰顶时，峰下可设1条溜放线或2条溜放线（峰下设交叉渡线）。两种方式的驼峰溜放部分长度相差不大，且设2条溜放线者仅多2组道岔和1组菱形交叉，但具有作业灵活性强、使用方便、安全性好等优点，故应设2条溜放线。

8.2.5 在大、中能力的驼峰上，一般为整列解体。在解体过程中如将禁溜车经驼峰送入调车场后再将剩余车辆回牵上峰则比较困难，调车时间也长。因此，每个峰顶宜设置禁溜线。

有的车站禁溜车较少，不能过峰顶的车不多时，可将禁溜线与迂回线合设，该共用线可按迂回线要求设计，靠峰顶端设一段平坡，以供存禁溜车使用。

小能力驼峰进行解体作业时，如果是一列车分为两部分解体，由于峰高一般不超过2m，调机带半列车送禁溜车作业方便，不设禁溜线对作业影响不大。另外，有的小能力驼峰由于受地形条件限制，没有设禁溜线位置。因此，小能力驼峰的禁溜线应根据需要和可能设置。

禁溜线有效长过短，不仅增加向调车线送禁溜车次数，而且当调机带车多时往禁溜线送车不安全。根据驼峰平面布置，禁溜线一般设计150m长，可存放10辆车，能满足作业要求。

当禁溜线与迂回线合设一条时，其始端道岔必须设在压钩坡上，以满足设置迂回线竖曲线半径的要求。

设计禁溜线时，应尽量向远离溜放线方向转角，使其线路在峰顶与信号楼主控制台视线之外，当禁溜车停在此线上时，不影响峰顶连接员与信号楼作业员间的视线。

8.2.6 铁路货车中的大型（D型）车，由于下部限界低或跨装货物对装载的要求，不能通过峰顶或车辆减速器，为将这些车辆送入调车线，需要设置绕过峰顶和车辆减速器的迂回线。

峰前设有到达场的驼峰是整列解体，对不能过峰的车辆必须通过迂回线送往调车线。因此，峰前设有到达场的驼峰应设迂回线。

峰前不设到达场的驼峰，不能过峰顶和车辆减速器的车辆可采取分部解体、大型车座编、由尾部调机通过联络线送往指定的线路等措施解决。因此，峰前不设到达场的驼峰，是否设迂回线应根据站场布置和作业特点确定。

8.2.7 车辆减速器结构要求必须设在直线上，其设置位置应考虑维修作业人员的安全。车辆减速器范围内不得设变坡点，当采用自动或半自动控制时，其始端宜留有不短于4.5m长的短轨。

驼峰道岔采用集中控制时，岔前应留有必要的保护区段，以保证启动的转辙机在钩车压上尖轨之前能转换到使尖轨处于密贴状态。保护区段的长度应根据钩车溜经该区段的最大速度和道岔的转换时间计算确定。

保护区段不应短于计算的长度。因保护区段短，道岔绝缘区段可相应缩短，从而可缩小前、后两钩车通过道岔时所需的间隔，提高峰顶推送速度。但道岔绝缘区段不得短于经驼峰溜放的四轴车二、三轴间的最大距离，以避免车辆跨在道岔绝缘区段上而产生进路误传和道岔误动。

驼峰生产房屋（如信号楼、调车员室、车辆减速器动力室等）的位置是根据室内作业人员所控制的设备的地点、作业时的瞭望、安全和方便等条件确定的，因此其位置与驼峰线路平面特别是峰顶禁溜线和迂回线的布置有密切关系。因此，设计禁溜线和迂回线时，必须留有生产房屋的位置。

8.3 驼峰线路纵断面

8.3.1 驼峰峰高是指峰顶（峰顶平台与加速坡的变坡点）与计算点间的高差。难行车是指总重为30t的P50的车辆。溜车不利条件是指风向、风速和气温等外部环境不利于车辆溜放的（货车溜放总阻力最大）条件。

车辆溜经驼峰溜放部分（峰顶至计算点）受货车溜放基本阻力、风阻力、曲线阻力、道岔阻力的影响，能量不断消耗。为提高驼峰的解体效率，保证作业安全，车辆溜经驼峰溜放部分时，应有必要的速度，以迅速通过道岔和减速器，保证前、后钩车间有足够的间隔。另外还需满足钩车溜行远度的要求，保证难行车在溜车不利条件下能溜到难行线计算点。因此，驼峰应有一定的高度，使钩车脱钩后有一定位能，以克服各种阻力消耗的能量。

不同的驼峰调车场调速系统，计算点亦不相同，因而对峰高的要求也不相同。计算峰高的各种阻力参数可按铁道部技初83001号文鉴定的《铁路货车溜放基本阻力，道岔、曲线附加阻力》、86021号文审定的《铁路货车风阻力》、86020号文审定的《驼峰设计中气象资料的确定》等研究报告选取。点连式调速系统的峰高及调车场纵断面可按（92）铁道部技005号鉴定的《点连式驼峰计算机模拟设计研究》软件进行设计。

目前我国各类驼峰调车场调速系统的计算点位置见表8：

表8 驼峰调车场调速系统类型及计算点位置表

序号	类型		调速设备组成		计算点位置
			溜放部分	调车场	
1	点式		减速器	减速器	打靶区末端
2	点点式		减速器	减速器＋减速器	第二目的制动位出口
3	点连式	1	减速器	减速器＋减速顶	打靶区末端
		2	减速器	脱鞋器＋减速顶	打靶区末端
		3	无	减速器＋减速顶	减速器出口
		4	减速器	减速器＋推送小车	打靶区末端
4	连续式	1	可控减速顶	可控减速顶群＋减速顶	打靶区末端
		2	减速顶	减速顶群＋减速顶	减速顶群末端

溜放部分设间隔制动位的驼峰，在溜车不利条件下，难行车溜到计算点应有5km/h的溜放速度。

溜放部分不设间隔制动位的驼峰，峰高需满足下列要求：

1 保证以5km/h的推送速度解体车列时，难行车在溜车不利条件下能溜至难行线的计算点；当调车线始端设车辆减速器时，溜出车辆减速器有5km/h的溜放速度；不设调速设备时溜到警冲标内方50m处停车。以此条件计算的峰高称冬季需要峰高（H_{xu}）。

2 保证以5km/h的推送速度解体车列时，易行车在溜车有利条件下，溜至易行线减速器入口（设调车线车辆减速器时）不大于减速器制动能高允许的入口速度，该峰高称减速器的限制峰高（H_{jx}）；当调车线内不设车辆减速器时，易行车在溜车有利条件下，溜至易行线警冲标处的速度不大于18km/h，此峰高称限制峰高（H_x）。

当 $H_{jx}>H_{xu}$ 时，采用 H_{jx} 为设计峰高，在保证作业安全的条件下，能提高驼峰解体效率；若采用 H_{xu} 为设计峰高，可根据设计峰高要求确定减速器的用量，节省工程投资。

当 $H_{xu}>H_{jx}$ 时，采用 H_{jx} 为设计峰高不能满足难行车在溜车不利条件下溜出调车线车辆减速器的要求，则以 H_{xu} 作为设计峰高，因而需增加调车线车辆减速器的用量，提高车辆减速器允许的入口速度，保证作业安全，但当采用 7+7 节减速器仍不能满足要求时，应在驼峰溜放部分增设间隔制动位。

当 $H_x>H_{xu}$ 时，采用 H_x 为设计峰高。既能保证作业安全，溜车有利条件下易行车不超速，又能增加难行车的溜行远度，提高驼峰解体效率。

当 $H_{xu}>H_x$ 时，采用 H_x 为设计峰高，能满足冬季不利条件下，难行车以 5km/h 的推送速度解体车列时能溜入难行线警冲标（溜不到计算点），此峰高适用于作业量较少的驼峰。当 H_x 不能使难行车在溜车不利条件下溜入难行线警冲标时，应采用 H_{xu} 为设计峰高，在驼峰溜放部分增设间隔制动位。

条文中车辆减速器制动能高允许的速度，是指车辆减速器设计能高扣除安全量后的制动能高。

8.3.2 驼峰溜放部分纵断面应保证以较高的推送速度解体车列时，前、后两钩车间有足够的间隔，使驼峰溜放部分的分路道岔和车辆减速器能来得及转换或改变其工作状态。

决定前、后两钩车间隔大小的主要因素是：峰顶推送速度，线路坡度，前、后钩车的溜放阻力差，钩车长度以及溜行远度等。

前、后两钩车在峰顶的间隔一般指这两钩车的中心先后通过峰顶时的间隔时间 t_0(s)即：

$$t_0=\frac{L_{前}+L_{后}}{2v_0} \tag{9}$$

式中 $L_{前}$、$L_{后}$——前、后钩车的长度(m)；

v_0——峰顶推送速度(m/s)。

由上式可见，两钩车的长度一定时，v_0 愈高，t_0 越小；v_0 相同时，两钩车的长度愈长，t_0 愈大；反之 t_0 愈小，因此，连续溜放单个车时，t_0 最小。

为了保证道岔和车辆减速器在前、后两钩车间来得及转换或改变其工作状态，t_0 应符合下列条件。

$$t_0 \geqslant \Delta t+t_{占} \tag{10}$$

式中 Δt——前钩车与后钩车从峰顶溜到道岔或减速器的走行时间差(s)；

$t_{占}$——前钩车占用道岔或减速器的时间(s)。

由上式可见，如果减少 t_0，也就是提高 v_0，必须减少 Δt 和 $t_{占}$。其中 Δt 主要是由前、后两钩车的速度差即前、后钩车的阻力差引起的；$t_{占}$ 是由前钩车经过道岔绝缘区段或减速器的平均速度决定的。溜放钩车阻力、溜放区段坡度与溜放钩车速度的关系见下式：

$$v^2=v_0^2+2g'L(i-\omega)\times10^{-3} \tag{11}$$

式中 v——车辆由峰顶溜至任一计算点的速度(m/s)；

v_0——钩车脱钩时的初速度(m/s)；

g'——考虑车轮转动部分影响的重力加速度(m/s²)；

L——车辆由峰顶溜至任一计算点的走行距离(m)；

i——L 范围内的平均折算坡度(‰)；

ω——车辆单位溜放阻力(N/kN)。

当难、易行车确定后，其溜放阻力随之确定。式(11)表明：在难、易行车阻力差一定的条件下，坡度愈陡，阻力对溜放速度的影响愈小，因而难、易行车溜放速度也愈接近。故增大溜放区段的坡度可缩小 Δt。$t_{占}$ 大小决定于溜放钩车通过道岔绝缘区段或车辆减速器的平均速度。加速坡愈陡，溜放钩车通过道岔或车辆减速器的速度愈高，因而 $t_{占}$ 愈小。可见，提高驼峰推送速度的重要措施之一是加陡溜放部分的坡度。结合驼峰解体作业的实际需要，应设计成前陡后缓连续下坡的凹形纵断面，以提高车辆的溜放速度，这样有利于保持前、后钩车间隔和加快峰顶推送速度。例如，在这种断面上连续溜放两个单个车时，前钩车从峰顶脱钩后，在陡坡上很快加速，等后钩车开始下溜时，两车已有一定的间隔和速度差。前钩车快，后钩车慢，间隔愈来愈大，等到前钩车进入缓坡地段，加速度逐渐减小以至减速，而后钩车仍在较陡坡道上继续加速，当两车速度相等时，间隔最大。此后，后钩车的速度高于前钩车，间隔逐渐减少，一直到停车。

上述的间隔变化情况有利于驼峰解体作业。因为，前、后两钩车在靠近峰顶道岔分路的概率多，而在这些道岔处的间隔比较大，允许以较高的推送速度解体车列。因此，有利于提高解体能力。虽然后一段间隔逐渐减少，甚至有时需要降低推送速度，以加大间隔满足作业的需要，但在后面道岔分路的概率少，因此，对驼峰解体能力影响较小。所以，驼峰溜放部分的纵断面设计成尽量凹些，对提高驼峰解体能力是有利的。

1 根据《驼峰峰顶距第一分路道岔距离的研究》结论，该条文加速坡最大值为 55‰。该值的确定主要考虑以下因素：

1)内燃机车结构特点及车钩允许坡度差。

2)我国气候条件及峰高范围。

3)驼峰峰顶与第一间隔制动位间的最大高差及驼峰溜放部分纵断面的合理性。

4)加速坡的养护维修。

加速坡太缓，影响难、易行钩车在第一分路道岔的间隔，为保证正常作业时溜放钩车在第一分路道岔的必要间隔，加速坡最缓不应小于 35‰。

本条规定了加速坡与中间坡的变坡点宜设在第一分路道岔前（竖曲线可直接连接基本轨），其原因如下：

其一，驼峰第一分路道岔为 6 号对称或 7 号三开道岔。7 号三开道岔导曲线短，不宜设变坡点。6 号对称道岔尖轨与辙叉间短轨长 9.124m，如竖曲线侵入尖轨跟鱼尾板，容易引起尖轨不密贴；另一端也不能侵入连接辙叉的鱼尾板。按尖轨端扣除 1m，辙叉端扣除 0.5m（辙叉端较尖轨端安全性好些），道岔导曲线范围仅剩 7.624m 可设竖曲线。因此变坡点的坡度差最大为 30.5‰，它限制了加速坡、中间坡的取值。

其二，在道岔导曲线内变坡，由于平面曲线与竖曲线重叠且半径小，造成养护维修困难。例如，南翔下行驼峰设计加速坡为 40‰长 40m，中间坡为 8.5‰长 132m，实测加速坡是 48.6‰长 22m，中间坡是 36.3‰长 19m。其变形较大的根本原因是原设计是在第一分路道岔内变坡。该驼峰采用的 6.5 号对称道岔，同样也存在不好维修问题。维修单位对道岔导曲线内变坡也有很大意见，认为不仅增加维修工作量，还容易出事故。

2 中间坡是指加速坡末端至线束始端间的坡度。该坡度应保证易行车最大速度不超过车辆减速器和计算道岔保护区段的允许速度。驼峰溜放部分设有车辆减速器时，一般设计为前陡后缓的两段坡。在我国华北和南方地区，峰高一般不超过 3.3m，第二段中间坡一般采用 8‰，以利于难行车夹停在减速器上时，在减速器反复制动缓解撞击下重新起动，并溜出道岔区。因此，可以加陡第一段中间坡，以提高驼峰溜放部分钩车的平均溜放速度，同时还能节省土方工程。在我国东北地区，峰高一般高于 3.3m，冬季气温低，可适当加陡第二段中间陂，但不宜太陡，一般为 9‰～10‰。

驼峰溜放部分不设减速器的驼峰，为提高溜放钩车的速度，使其迅速通过溜放部分，中间坡应使大部分钩车不减速。因此，其坡度不宜小于 5‰。

3 道岔区坡是指线束道岔始端至计算点间的坡度。该段的平均坡度不宜太陡，当驼峰溜放部分设有间隔制动位时，可以提高溜放钩车溜出线束减速器的速度，以较高的速度通过道岔区，对溜放间隔有利；溜放部分不设间隔制动位的驼峰，减少道岔区坡度可适当加陡中间坡，以提高钩车溜经溜放部分的平均速度。但道岔区不宜太缓，避免溜放钩车减速太快，停在道岔区影响作业安全。因此，道岔区坡可分为两段，线束始端至最后分路道岔设较陡下坡，最后分路道岔至调车线调速设备间可设平坡或较小的反坡，但其坡度应保证不会出现钩车倒溜而影响作业安全。考虑到曲线和道岔阻力的影响，中间线束道岔区坡可适当小些，但道岔集中的区段，其坡度不宜小于1.5‰。

4 驼峰溜放部分安装可控减速顶、减速顶时除对单个车进行检算外还应对驼峰纵断面进行下列检算：

1)溜车不利条件下，难行车组(8辆空车)——单个易行车通过各分路道岔及调车线始端警冲标有足够的间隔。

2)夏季顺风时易行车溜入调车线不超速。

驼峰溜放部分设减速器或不设调速设备时，应按条文规定进行检算。如驼峰溜放部分不设间隔制动位，峰高较低，考虑最后分路道岔分路概率小，允许该间隔仅满足3.6km/h的推峰速度要求。

8.3.3 在解体过程中，处在任何困难条件下用1台调机能启动车列是指下列条件：

1)由满载大型车组成的满重车列以及既满重又满长的车列，从坡度陡、曲线和道岔多的线路向峰顶推送，当第一辆车位于峰顶停车后能再起动(解体预推车列时的情况)。

2)由满载大型车组成的部分车列，位于推送部分的最困难位置(坡度陡、曲线和道岔多且机车位于曲线地段)停车后，能再启动(在解体过程中可能出现的情况)。

3)由满载大型车组成的满重车列，当第一辆车是禁溜车，送入禁溜线停车后，能再启动牵出(主要是到达场或牵出线设在面向峰顶的下坡道上时)。

上述三个困难条件要用《列车牵引计算规程》(以下简称《牵规》)中的机车起动牵引力，机车车辆阻力和列车起动计算公式进行检算。《牵规》中的各项阻力参数是在各种类型机车牵引车列状态下实验所得，坡度大多是整列车停在一个坡段上，而驼峰调机是在推送状况下(车列在前，机车在后)作业，驼峰推送部分纵断面又由多段坡组成，完全用《牵规》的阻力参数来计算峰顶与到达场间的高差不一定合乎实际。特别在到达场为填方地段的驼峰上，为较合理地确定驼峰推送部分的纵断面，既满足推峰机车启动、推峰、解体和回牵等作业的要求，又不至增加牵出线或到达场以及进站线路的工程数量，在有条件时可做机车推峰试验。当采用蒸汽机车时，在我国华中地区，当车列第一辆车停在峰顶时，据计算在车列全长范围内的允许高差约0.6m(车列总量3500t，用1台解放型机车启动)，但在郑州北和南翔编组站的实际试验，该项高差可达1.2m，仍能满足启动等作业要求。

东风型内燃机车作为调车机车也有上述情况。1980年7月、1981年1月曾两次在兰州西编组站做试验。夏季车列总重为3.52kt，计算能启动的高差(车列首尾)为0.94m，实际启动车列头尾高差可达3.59m。冬季车列重3585t，计算能启动高差(车列头尾)为0.8m，实际启动高差(车列头尾)可达3.62m。试验均在车钩压紧的情况下进行的。最困难的情况下，松钩后退0.5m就能启动。由此证明，做推峰试验对合理确定峰顶与到达场间高差能起积极作用。而东风7型机车是否也有上述情况尚待试验证明。

压钩坡最短长度为50m，是按压钩坡最小为10‰，三辆车能压紧车钩确定，但其长度并非是越长越好，压钩坡太陡，钩车脱钩时重心向峰下移动，降低了驼峰高度(钩车重心下降)，特别对大组车影响突出。因此压钩坡不应小于10‰，但也不宜太陡，一般取10‰～20‰为宜。

8.3.4 峰顶两端的坡度差很大，车辆通过该处竖曲线时，由于相邻两车所在的坡度不同，相邻两车钩中心线将产生高差和夹角。该项高差和夹角与竖曲线半径和峰顶平台长度有关。

竖曲线半径小，车辆脱钩后加速快，有利于提高峰顶推送速度；但如果高差和夹角超过了车钩本身调节的范围，将产生"错钩"，甚至损坏钩托板、螺栓和钩舌销等部件。竖曲线半径大，虽可避免上述情况发生，但竖曲线长，车辆脱钩后加速慢，影响峰顶推送速度。根据分析，按C50型车辆和2号车钩计算，当竖曲线半径为350m时，由于通过竖曲线而引起相邻车钩中心线产生的高差和夹角，可由车钩钩身与钩框以及销与孔等处的间隙自行调节，不易损坏车钩的有关部件，峰顶推送速度也能满足要求。此外，实测了11处峰顶竖曲线半径，其中有9处接近350m，使用情况良好。因此，规定峰顶部分竖曲线半径为350m。

驼峰溜放部分其余竖曲线半径宜尽量采用350m，以便维修。加速坡末端与中间坡间的竖曲线半径直接影响峰顶距第一分路道岔的距离，当竖曲线采用350m影响峰顶距第一分路道岔合理取值时，可采用250m。

根据1994年8月铁道部建设司鉴定的《驼峰迂回线竖曲线半径的研究》报告，当大型车通过两相邻坡度形成凸型竖曲线时，是采用竖曲线的限制条件。当凸型竖曲线坡度差大于9‰，竖曲线半径为1500m时，仅有D8、D9(1)、D9(2)三种车型不能通过，其余大型车都能通过，竖曲线半径3000m时，所有大型车均能通过。

目前，D8、D9(1)、D9(2)三种车占全路大型车的3.9%(D8型车9辆，D9型车3辆)。此类车是1956年由德国进口的，根据调查，D8、D9型车运营多年，应该淘汰，但由于种种原因仍为运营车。D8型车每年运营次数很少，D9型车已有两年没有用过。在竖曲线半径采用1500m的车站上，如运营中有此类车时，可将其编入直通列车，不通过驼峰改编；在横列式编组站上还可采用尾部调车、坐编等调车作业方法，避免此类车通过驼峰迂回线。

8.3.5 峰顶净平台最小长度采用7.5m是根据下列条件确定：

1 尽量减少两相邻车钩中心线的高差与夹角，保证作业安全，减少钩舌销的损坏。根据理论分析，当净平台长度小于5m时，两相邻车钩中心线的高差和夹角增长率明显增大，大于5m时其值趋于平稳。

2 单个车脱钩时不降低峰高。单个车脱钩时，如后转向架处于压钩坡竖曲线上，会降低钩车重心高，相当于降低了峰高。经理论分析，保证易脱钩的易行车脱钩时后轮已位于净平台上，其最小长度为7.482m，因此取7.5m。

3 满足在净平台上设置禁溜线道岔辙叉的要求。

峰顶净平台长度过长，不仅增加工程数量还会造成车钩压不紧出现"钓鱼"，因此其长度不宜使一辆单个车两外轴同时在平台上。铁路货车数量多，长度短的车是C62A，其外轴距为10.45m。10m长的净平台能保证绝大多数车辆不会出现车钩压不紧的状态。

8.3.6 禁溜线的纵断面应为凹形。始端道岔至警冲标附近设一段下坡是为防止停留车辆溜回峰顶；中间部分设成平坡，是为防止车辆溜动；距车挡10m范围内设10‰的上坡，是为防止机车连挂禁溜车时，车钩未挂上，车辆受碰撞后冲击车挡。

8.4 其他要求

8.4.1 经计算确定的调速设备有车辆减速器、减速顶、可控顶等。考虑到由于计算参数选择、设备本身性能的误差等原因，设备数量计算完后，必须按设备技术条件要求，另加安全量，以保证驼峰溜放作业的安全。

大、中能力驼峰作业量大，要求解体效率高，钩车必须高速通过溜放部分。车辆减速器有允许入口速度高(7m/s)、单位制动能力大、制动缓解时间快等优点，适合于对高速溜放的钩车进行调速。因此，大、中能力驼峰溜放部分的调速设备应采用减速器。

调车线16条(南方地区20条)以上，若设4个及以上的线束，应设两个峰顶。上述条件下的驼峰一般溜放部分长度约350m，峰高约3.4m应设两级间隔制动位。设两级间隔制动位时，对钩车制动作业灵活，有利提高作业效率。同时，由于总制动能力要求，设两级间隔制动位并不增加减速器用量。例如，一座4个线束的驼峰，若总制动能力需要18节车辆减速器，当设一级间隔制动位时，应设在线束始端，共需减速器72节；当设两级制动位时，可将第一制动位设6节，第二制动位设12节，共需减速器60节，因而可以节省工程投资。当线束少于4个时，一般设1个峰顶，溜放部分长度在300m以内，峰高3m以下，可设一级间隔制动位。

间隔制动位的作用有以下两点：

1 调整溜放钩车的速度，保证钩车溜经各分路道岔、调车线始端警冲标或调速设备不超过允许的溜放速度。设两级间隔制动位时，一级间隔制动位保证溜放钩车溜入二级制动位时不超过减速器允许的入口速度。

2 调整难、易行车溜放间隔，使溜放钩车能迅速安全地通过间隔制动位、各分路道岔及调车线始端警冲标。

为满足上述两点要求，无论减速器采用自动或手动控制方式，其总制动能力应具备在溜车有利条件下，当以7km/h的推送速度解体车列时，使易行车经过间隔制动位全部制动后，溜至警冲标的速度不大于5km/h的制动能力。该条与峰高设计条件相关，也是作业安全的要求。

驼峰峰高应保证在溜车不利条件下，当以5km/h推送速度解体车列时，难行车应溜入难行线计算点。因此，不排除在警冲标附近，仅有5km/h的溜放速度。当在前难、后易的条件下，必须要求易行车以低速出清间隔制动位，保证易行车在警冲标处的间隔，因此，易行车在警冲标处的速度不应大于5km/h。

上述条件是把易行车的有利条件用到难行车的不利条件上，是否合理还要作进一步分析。在实际运营中，难行车是滑动轴承车辆，易行车是滚动轴承车辆，滚动轴承车辆阻力受气温影响变化小，低温下阻力增加不明显，用有利条件下确定总制动能力，适当增加间隔制动位的能力对作业安全有利。

另外，在正常作业时，也会出现运营状态不好的难行车，此时也需要间隔制动位对后钩易行车进行全力降速，以保证作业安全。

为提高钩车溜放速度，设两级间隔制动位时，第二级制动位的制动能力应大于第一级制动位，以保证二级制动位能使高速进入的溜放钩车调到必要的速度。

8.4.2 在曲线上使用铁鞋时容易"打鞋"，影响作业安全。因此，脱鞋器前应设一段不小于30m的直线段(此范围内不允许设平过道)。以18km/h的速度进入调车线的溜放车辆，经铁鞋制动，滑行30m可降到5km/h(铁鞋摩擦系数按0.17计算)。

8.4.3 减速器应设在直线上，是减速器结构的要求。调车线内安装减速器应尽量少影响调车线的有效长度，因此，减速器应尽量靠近头部警冲标，一般减速器前不停车。但减速器距警冲标太近，大组车进入减速器制动时，车组迅速减速，由于尾部还未出清警冲标而影响邻线溜车，降低驼峰作业效率。如减速器设在最外曲线后14m处，在大、中能力驼峰上，距警冲标55～65m。5辆车的车组长约70m，当进入减速器进行调速时，若采用放头拦尾的措施，不会影响邻线作业。目前溜放速度自动控制或半自动控制系统均具备放头拦尾功能。另外，减速器始端留14m直线段，不但安装雷达方便，而且保证一辆车进入减速器前已位于直线上，减少对减速器的横向撞冲，速度平稳，有利速度控制。

股道少的小能力驼峰，调车线始端最外曲线距警冲标距离较近时，可适当延长减速器始端的直线段长度，但减速器入口距警冲标的距离不应大于70m。

8.4.4 驼峰峰顶及溜放部分坡度陡、变化大，且竖曲线半径小，容易变形。为了便于养护维修，有必要在压钩坡、加速坡、中间坡及道岔区坡的变坡点竖曲线头、尾、中部设置线路水平标桩。实践证明，设有固定线路水平标桩的，维修较好，未设水平标桩的普遍较设计有较大的变形，特别是峰顶部分，加速坡和压钩坡容易变缓，影响车辆溜放和脱钩，降低驼峰解体效率。调车线内主要变坡点是指打靶区及布顶区始、终点。

为了使用方便，该项标桩应设在线路附近，其位置和高差不应妨碍调车人员的作业安全。

8.4.5 驼峰有关设备主要指峰顶信号机柱、信号按钮柱、道岔转辙机等。驼峰禁溜线、迂回线道岔设于峰顶附近，当转辙机必须设于主提钩作业一侧时，应采取防护措施。驼峰生产房屋除信号楼、峰顶连接员室外，还有动力室、维修工区等。

驼峰作业员需要经常观察车列推峰、钩车溜放、场内存车等作业情况，以便正确及时地显示信号，监视或控制车辆减速器。因此信号楼必须有良好的视线，其他生产房屋应设在信号楼瞭望范围之外，以保证作业安全。信号楼的数量应根据调车线数量和钩车溜放速度控制方式确定。钩车溜放速度采用自动控制时，驼峰作业员仅对减速器做监视工作。平面为4个线束及以下的驼峰，可设1座信号楼；平面在4个线束以上时，可设两座信号楼。当钩车溜放速度采用半自动或手动控制时，可分为上部和下部信号楼，根据调车线数量设2～3座信号楼。调车线减速器控制台与间隔制动位控制台同设在一座信号楼内。

主信号楼与峰顶连接员室由于作业的需要，其间应保证有良好的联系视线。因此主信号楼和连接员室均应设在驼峰主提钩一侧。

9 客运站、客运设备和客车整备所

9.1 客运站

9.1.1 客运站是铁路旅客运输的基本生产单位。它的主要任务是组织旅客安全、迅速、准确、方便地上下车和行包、邮件的装卸及搬运；组织旅客列车安全正点到发和客车车底的取送。

我国的客运站有专办客运或兼办少量货运的客运站；另有办理客运并兼办大量货运的客货运站。在兼办大量货运业务的客运站上，存在着驻站单位多，客货运业务互相干扰，车站秩序较难维持，车站能力、客运作业安全及客运服务质量受到影响，车站的发展受到限制等问题。因此，在客流较大的城市宜设置专用的客运站。

一般情况下，在省会或城市人口为100万以上的特大城市，客运量(最大月日均上下车总人数，下同)约13000人时，应设置客运站。

当位于交通枢纽的中、小城市或预计该城市工农业发展迅速或为较大的旅游点，客运量在8000～10000人时，也可设置客运站。当近期客、货运量不大，可根据具体情况先设置客、货运站，随着客运量增长再逐步发展为客运站。客运站站址选择要结合城市规划并与城市交通系统密切配合、与其主要站点相衔接，使客运站成为城市交通系统的重要组成部分(目前，有的超大城市地铁的起点站建在铁路站房的候车大厅内)。

通过式客运站是指有两个方向的正线贯穿车站且到发线为贯通线的客运站。该图型的两端均有列车到发的咽喉区，在引入线路方向相等的条件下，能分担列车接发、客车车底取送和机车出(入)段等作业，减少咽喉交叉干扰，通过能力较大，运营条件较好；到发线能接入和通过较多方向的列车，除折角列车外，无需变更列车运行方向；便于组织旅客列车进出站和行包搬运，相互干扰较小；旅客进、出站走行距离短；便于枢纽直径线和联络线的衔接，能缩短部分旅客列车的运行时间，有利枢纽内线路通过能力的调节等优点。虽然通过式客运站存在与城市道路干扰较大，一般不易伸入市区，增加城市交通负担；站坪较长；增加旅客跨线设备，旅客进、出站需克服高程等缺点，但通过式图型的优点较多，特别是该图型具有既能适应以始发、终到为主兼办通过作业的客运站，又能适应办理全部始发、终到作业的客运站的显著优点，故宜优先采用。

在通过式客运站的一侧设置部分尽端式线的客运站称为通过式与部分尽端式组成的混合式客运站。该尽端线可办理小编组的市郊和城际客车的始发、终到作业，为节省工程宜采用该图型。

尽端式客运站是指设在正线终端的客运站，它的到发线布置可为两种形式：一种是到发线的一端连接正线，另一端全部为尽头线并设有尽端站台；另一种是到发线为贯通线，一端连接正线，另一端连接机务段、客整所及客车车辆段等段管线。该图型可伸入城市中心附近，有方便旅客、减轻市内交通负担和减少与城市干扰等优点。因此，当采用通过式图型引起巨大工程或当地条件不允许时，则可采用该图型。

9.1.2 随着客运市场竞争更加激烈，对速度、舒适度等服务质量的要求更高，使铁路的客运业务发生较大变化。为适应客运快速化、公交化的要求，近几年铁路采取了大面积提高旅客列车的技术和旅行速度，开行"城际运输公交化"、"朝发夕归"" 夕发朝至"和"一日到达"等多品种的旅客列车等举措。这种高等级的快速旅客列车除停靠某些重点大型客运站外，其余客运站均不停站。即某些客运站在办理货物列车通过的同时，还要办理高等级快速旅客列车的通过作业，因此，对客运站的图型提出了新的要求。原《站规》推荐的外包正线的图型(即本规范图 9.1.1-2、图 9.1.1-3)，当速度提高到一定程度后，则会产生正线曲线多、难以选用大半径和长缓和曲线问题，这不仅降低了旅客的舒适度，且导致站场平面布置难、结构松散、站坪长度增加。故本次补充了路段设计速度为120km/h 及以上时，在双线铁路上宜采用两正线中穿的图型(本规范图9.1.1-1)。

9.1.3 有货物列车通过的客运站的正线位置，应根据旅客列车对数、客车到发线数量、车站咽喉区的交叉干扰情况、货物列车运行条件和对客运作业的影响等确定。

1 双线铁路上的客运站，根据对本规范图 9.1.1-2 咽喉和站、所间联络线通过能力的检算，其咽喉通过能力可通过旅客列车39 对及货物列车 60 对；当站、所间联络线设两条且客车整备所按横列尽端式布置时，联络线取送车底的能力可达 34 列；当客车整备所按横列贯通式布置并设牵出线时，联络线取送车底的能力可达 56 列。这样，本规范图 9.1.1-2 的到发线能力、咽喉通过能力与站、所间联络线取送车底的能力基本上是接近的。因此，当旅客列车对数在 37 对以上和客车到发线设 9 条及以上，为减少车站的咽喉交叉干扰，客车整备所与客运站宜纵列配置于两正线间，两正线应分别设在站房对面最外侧和第一、二站台之间。

当旅客列车在 36 对及以下和客车到发线设 7 条及以下且客车整备所与客运站纵列配置并位于站房同侧时，为减少通过货物列车与客车车底取送和机车出(入)段的交叉干扰，并使旅客上、下车及行包邮件搬运等作业较为安全，两正线应分别设在站房对面最外侧和第二、三站台之间，如本规范图 9.1.1-3 所示。

2 单线铁路上的客运站，为了使客车车底取送及客机出(入)段与货物列车经由正线通过不发生交叉干扰，其正线位置宜设在站房对面最外侧。

3 以办理始发、终到旅客列车为主的大城市枢纽内的主要客运站，因客运作业量大，为避免货物列车通过与客运作业的干扰、提高车站咽喉通过能力、保证站内作业安全、保持站内的清洁卫生、减少站内噪音，可根据货物列车对数和车站附近的工程条件，结合枢纽总体规划将通过货物列车的正线外绕客运站。既有客运站改、扩建受城市建筑物和地形条件的限制，也可设联络线分流主要铁路的货物列车，使其不经由客运站。

9.1.4 由于客运站作业存在着昼夜明显的不平衡性。为保证旅客列车集中到发时客运站行车作业的安全和方便及满足车站通过能力的需要，咽喉区布置应保证下列必要的平行作业：单线铁路客运站，在设有客车整备所和客运机务段一端的咽喉区应保证列车到达(或出发)与客车车底取送(或机车出(入)段)两个平行作业；当另一端设有机待线时，该端也应保证列车到达(或出发)与机车出(入)段两个平行作业。在双线铁路客运站，咽喉区应保证列车到达、出发与机车出(入)段(或客车车底取送)三个平行作业或列车到达、出发、机车出(入)段、客车车底取送四个平行作业。

9.1.5 在双线铁路客运站或客货列车对数较多的单线铁路客运站上，由于旅客列车集中早晚密集到发，为使机车能及时出(入)段，保证旅客列车安全正点运行，应设机走线和机待线；但在客、货列车对数不多，到发线能力有富余时，也可缓设机车走行线；在有其他线路供出(入)段机车停留交会时，也可不设机待线。

在尽端式客运站上，应设置机走线和机车经由相邻到发线入段的渡线。

在某些客运站上，由于各方向客流量不均衡或因满足团体客流以及其他的需要，对通过旅客列车常采用中途摘挂客车车辆的办法。为便于车辆摘挂和旅客进、出站，可在车站上设置摘挂车辆停留线和站台。从安全出发，公务车存放线宜设在客车整备所内。当通过旅客列车较多且有摘挂公务车作业的客运站，可设置公务车停留线。摘挂车辆停留线和公务车存放线可共用。

9.1.6 旅客站房地面高程与站台面高程的关系有下列 3 种形式：

线平式——站房地面高程与站台面高程相差很小或相同。

线上式——站房地面高程高于站台面高程。

线下式——站房地面高程低于站台面高程。

站房的设计高程应结合地形合理利用其高差，设计成线平式、线上式或线下式等布置形式。采用线上式或线下式布置，应使旅客从广场、站房经由天桥或地道到站台有最小的升降高度。

大城市的客运站，当受城市建筑物或用地的限制时，可结合当地的地形、地质和水文条件，经过对技术上的可能性、工程投资的大小和对城市的影响等比较后，可设计为站房在上层、线路在下层或线路在上层、站房在下层的多层立体式客运站。

9.1.7 旅客列车到发线有效长度主要根据旅客列车长度确定。目前主要线路的旅客列车编挂辆数已增加到 16～20 辆；为了适应旅客运输发展的需要，根据现行的《铁路主要技术政策》关于在繁忙干线上，旅客列车按 20 辆编挂的规定，经以下计算和分析，到发线有效长度应采用 650m。

今后几年内客车车型仍以 22 型和 23 型占多数，但根据铁道部规定，25 型车(长度 26.6m)将逐步取代其他各型客车，因此旅客列车到发线有效长度宜按编挂 20 辆 25 型车进行计算：20 辆车底长度为 20×26.6＝532(m)；客运机车长度按东风型为 21.1m；旅客列车进站停车附加距离为 30m，以上三项之和为 583.1m。故条文规定到发线有效长度为 650m。

由于短途、小编组旅客列车和节假日代用旅客列车的编挂辆数可根据需要计算确定，故部分旅客列车到发线有效长度可适当缩短。

有些客运站，因区间通过能力的需要或为接轨站，货物列车在客运站有交会、越行作业。因此，对有货物列车停留的正线和到发线，其有效长度应按货物列车到发线的有效长度设计。

9.1.8 旅客列车到发线数量应根据旅客列车对数及其性质、引入线路数量和车站技术作业过程等因素确定。由于旅客列车具有早、晚一段时间里密集到发的特点，旅客列车对数和引入线路数量愈多，旅客列车密集到发的量就越大，同时占用到发线的数量就愈多，因此，旅客列车到发线数量应根据旅客列车同时占用到发线所需要的数量和每条到发线平均办理的始发、终到旅客列车对数确定。

根据全国有代表性的客运站的统计资料分析，设 3 条客车到发线能办理始发、终到旅客列车 12～14.5 对，平均每条到发线能办理 4～4.8 对；设 5 条客车到发线能办理始发、终到旅客列车 20～28 对，平均每条到发线能办理 4～5.6 对；设 7 条客车到发线能办理始发、终到旅客列车 36～39 对，平均每条到发线能办理 5.2～5.6 对；设 9 条客车到发线能办理始发、终到旅客列车 54～58 对，平均每条到发线能办理 6～6.5 对。此外考虑旅客运输有一定的波动性以及调整运输秩序的需要，制订本条文表 9.1.8。

1 对始发、终到旅客列车占用到发线时间为 120min 左右，而 1 对通过旅客列车占用到发线的时间为 60min 左右，因此，对有办理通过旅客列车的客运站，选定到发线数量时可将通过旅客列车折合成始发、终到列车后选用本条文表 9.1.8 中的数值。

由于客运站具有旅客列车到发不均衡和到发线利用率低的特点，可利用旅客列车到发线空闲时间、节假日增开一定数量的旅客列车。当增开旅客列车对数很多时，可适当增加旅客列车到发线以适应需要。

对办理 50 对以上的客运站到发线数量，现有资料不足以概括成普遍规律，故本条文表 9.1.8 中，始发、终到旅客列车 50 对以上的到发线数量未列，可按分析计算确定。

9.2 客运设备

9.2.1 办理客运业务的车站和乘降所，应设置为旅客服务的设施。随着客运量的增长，客运设备也应做到逐步满足客运量增长的需要。客运设备的建设，应结合车站性质及城市总体规划，预留发展条件。

旅客站房位置应配合城市和方便旅客进出站。因此，旅客站房应与城市规划和车站总布置图相配合。为方便旅客集散，通过式车站的旅客站房宜设在靠城市中心区一侧。尽端式车站采用尽头线的旅客站房宜设在旅客列车到发线尽端，优点是可避免修建天桥和地道，旅客由站房至站台不跨越线路，缺点是旅客出、入与行包运输在分配站台上发生交叉干扰，因此，当客运量、行包量很大且条件允许时，站房也可设于靠城市中心区一侧；采用贯通线时，旅客站房应设于靠城市中心区一侧。

9.2.2 设置旅客站台可加快旅客上、下车和行包邮件装卸速度，缩短客车停站时间，并为行包、邮件搬运创造良好条件。因此在办理旅客上、下车的车站和旅客乘降所应设置旅客站台。

2 客运站的旅客站台长度应根据旅客列车编挂辆数确定，按以 25 型车扩大编组至 20 辆计算，车底长度为 532m。为使整列车能停靠站台，故客运站的旅客站台长度采用 550m。改建客运站在特殊困难条件下，个别站台长度可采用 400m，用以停靠较短的列车。接发短途小编组旅客列车和节假日代用旅客列车的站台长度可适当缩短，可按其实际列车长度确定。

除客运站外，其他办理客运业务车站的旅客站台长度应根据客流量确定，旅客上、下车人数较少和行包量不大的车站可适当缩短，但不宜短于 300m，约有 11 辆车厢能停靠站台。在人烟稀少地区或客流量很小的车站和乘降所，可采用与站房基坪等长的站台长度。

3 旅客站台宽度除应根据站台两侧同时停靠客车时的最大一次上下车人数、行包邮件、运输工具的类型、售货车和旅客购物时所需的宽度、车站绿化和站台上设置的天桥、地道、行车室、列检所、售货亭、行包邮件房等建筑物的尺寸确定外，还应根据站台位置、正线数目和路段设计速度等确定。

1)旅客基本站台的宽度：在旅客站房和其他较大建筑物范围以内，由房屋突出部分的外墙边缘至站台边缘，可参照表 9 办理。

表 9 站房范围以内基本站台宽度表

站房规模（人）	站台宽度（m）
50～400 以下	8～12
400～2000 以下	12～20
2000～10000 以上	20～25

在旅客站房和其他较大建筑物范围以内的旅客基本站台的最小宽度：位于省会城市、自治区首府和客流量较大的客运站，为安排较大规模的迎送活动，由房屋突出部分外墙边缘至站台边缘宜采用 20～25m；但为了减少旅客走行距离和节约用地，此宽度也不宜过大。在其他站上，为满足旅客上、下车和运输工具调头作业的需要或因站房一侧预留增加 1 条到发线的需要，此宽度按表 9 可选用 12～20m。在中间站上，如客运量不大且在站房一侧不预留增加到发线时，此宽度可选用 8～12m；当地形困难，旅客上、下车人数和行包件数不多时，此宽度可减少至 6m。这 6m 是考虑设置检票栅栏和工作人员的活动范围约需 2m，站台边安全距离 1m，旅客上、下车走行至检票口一段范围和临时在此堆放小量行包等约需 3m。在旅客站房和其他较大建筑物范围以外的基本站台宽度规定不宜小于中间站台的宽度，是考虑站台两端旅客活动人数较站台中部少；中间站台两边均设安全距离并有旅客上、下，基本站台一边设安全距离，而另一边设置绿化和栅栏，只一边有旅客上、下，故宜与中间站台同样的宽度。中间站上当旅客上、下车人数和行包邮件数不多，在地形困难和工程量很大时，其基本站台的宽度不应小于 4m。

2)旅客中间站台的最小宽度：当旅客站台上设有天桥、地道时，其尺寸由以下几项组成：双面斜道最小宽度，大型客运站为 4m，客运站为 3.5m，其他站为 2.5m，单面斜道最小宽度，其他站为 3m；斜道口边墙厚度 0.5m；边墙外缘至站台边缘宽度 3m，采用机动车搬运行包时的中间站台最小宽度为大型客运站 2×3（边墙外缘至站台边缘宽度）+2×0.5（边墙厚度）+4.5（行包斜道宽度）=11.5(m)，客运站为 2×3+2×0.5+3.5=10.5(m)，其他站 2×2.5+2×0.5+2.5=8.5(m)；采用单面斜道时，其他站为 2×2.5+2×0.5+3=9(m)，其他站站台上不设天桥、地道，但设雨棚时的中间站台最小宽度不应小于 6m，主要考虑站台一边按 20°～30°角度飘雨时，站台面受湿宽度为 2～3m，其另一边的站台面能保持 3～4m 不受湿的宽度，以便旅客在站台上临时候车及堆放行李。站台上不设天桥、地道和雨棚时的单线铁路中间站的中间站台最小宽度为 4m，是扣去站台边安全距离 2m，剩下 2m 用作旅客安全活动范围；但此项宽度只适于旅客上、下车人数和行包量都很小的车站上；双线铁路行车密度大、速度高，存在旅客快车越行慢车的情况，为保证慢车旅客上、下车的安全，故双线铁路中间站的中间站台最小宽度规定为 5m；当中间站台设在最外到发线外侧时，则可扣除站台边安全距离 1m。

根据现行《技规》关于：特快旅客列车通过的车站，通过线路的站台边缘安全线应设在距钢轨头部外侧 2.5m 处，跨越线路应尽可能采用立体交叉的规定，邻靠通行快速旅客列车的正线一侧的中间站台应加宽 0.5m，故本次规定，路段设计速度为 120km/h 及以上时，邻靠有通过列车正线一侧的中间站台，应加宽 0.5m。

3)站台上设有天桥、地道和其他房屋时，站台边缘至建筑物边缘应保证工作人员的作业安全和满足行包搬运的需要。利用电瓶车、三轮摩托车、吉普车等机动车搬运时，其装载宽度达 1.8～2m，故在客运量、行包量均较大的客运站上，此宽度不应小于 3m；在行包作业量较大的其他车站，此宽度不应小于 2.5m。其他站在既有线改造中，车站因受现状条件限制，加宽站台将增加很大工程费用时，天桥、地道出、入口边缘至站台边缘的距离其中一侧可减少，但不得小于按《标准铁路建筑限界》中规定的为保证站台上旅客安全的最小距离 2m。路段设计速度为 120km/h 及以上时，邻靠有通过列车正线一侧应再加宽 0.5m。

4 高出轨面 300mm 旅客站台，造价低廉，便于进行列检和不摘车检修作业，但旅客（尤其是老弱病残旅客）和行包装卸不便，影响旅客上、下车和行包装卸的速度。

目前我国多数客车车厢的车底板高出轨面约在 1300mm 左右，为方便老弱病残旅客上下车，故本次规定，非邻靠正线或不通行超限货物列车到发线的旅客站台高度宜采用 1250mm，取消了原《站规》1100mm 高站台的规定。

由于邻靠正线或通行超限货物列车到发线的站台应采用 300mm，考虑站台面的平顺和方便旅客乘降，故与其相邻的不通行超限货物列车的到发线所夹中间站台的高度可采用 500mm。

9.2.3 天桥、地道的设置应根据图型、客流量、客货列车对数等因素确定：

1 当日均上、下车人数在 2400 人及以上，且由站台至出站口的通路经常被通过列车、停站列车或调车车列所阻的通过式车站及站房设于线路一侧、客流量、旅客列车对数较多的尽端式客运站，应设置天桥或地道。

2 天桥造价低，受水文、地质条件影响较小，维修、扩建方便，排水、通风、采光条件较好；但天桥有升降高度较大、斜道占用站台面积较多和遮挡站内工作人员视线等显著缺点，而地道则相反。由于地道在使用上较天桥的优越性大，故应优先采用地道。

天桥和地道的出、入口位置应与站台、站房、(进)出站检票口和站前广场的位置相配合，以达到合理的组织流线，使旅客通行方便，减少站内作业干扰，保证行包、邮件装卸作业的安全便利。

3 天桥、地道的数量和宽度：

1)天桥和地道的数量应根据客流和行包、邮件量确定。据调查分析办理客运的车站，站房规模在3000人以下时，天桥、地道设置不少于1处；站房规模在3000人及以上至10000人以下的客运站，可不少于2处。站房规模在10000人及以上的大型客运站，当市郊旅客较多时，由于这部分旅客不需长时间候车，随到随走，为使市郊旅客进出站不致影响长途旅客的候车条件，应将市郊旅客进出站流线与长途旅客流线分开，另设置市郊旅客使用的跨线设备，全站跨线设备可不少于3处。设高架跨线候车室时，候车室起跨线设备的作用，为旅客进站乘车跨线用，此时应设出站地道或改建时保留既有天桥不少于1处。

在大型客运站上，为了消除行包、邮件运输与列车到发及客运作业的干扰，可设置行包、邮件专用地道。当站房规模在10000人及以上行包和邮件数量很大时，宜设行包、邮件地道1～2处。

2)天桥和地道的宽度应根据客流密度确定，旅客进出站的组织应避免在天桥和地道内有对流现象，上车应避免两次列车或多次列车的旅客同时检票进站，以消除拥挤和防止误乘。天桥和地道的宽度主要取决于一次下车或同时进站上车的旅客最大人数。

在始发、终到旅客列车对数较多的客运站上，因一次下车人数或同时检票进站上车的旅客人数较多，站房规模在3000人以下时不应小于6m；当站房规模在3000人及以上时，天桥、地道的宽度不应小于8m。行包、邮件地道的宽度5.2m是按最不利情况，2辆2m宽的供应车并行，加装载突出及行驶间隙的最小宽度。

3)旅客地道的净高，是根据国家现行标准《民用建筑设计通则》(JGJ 37)的规定，地下室及走道的最小净高2m，加地道上部的指示牌，照明灯具等所需空间，故规定为2.5m。行包、邮件地道净高是按行包拖车上载最大2m高的货物，加拖车本身高度0.674m及地道顶部的指示牌，照明灯具等所需空间规定为3m。

4 客运站由于上、下车的旅客人数较多，天桥、地道通向各站台宜设双向出、入口，天桥、地道出、入口因位置或其他原因，两个出、入口的客流量并非对等，一般按1/3和2/3向两个出、入口分流，出、入口最小宽度是按天桥、地道宽度的2/3计算，因此条文规定大型客运站的出、入口宽度不应小于4m，客运站不应小于3.5m；其他站双向出、入口宽度不应小于2.5m，单向出、入口的宽度由于要与中间站台宽度符合，故条文规定不应小于3m。

行包、邮件地道通向站台的出、入口，由于坡道较长，占用站台也长，故条文规定设单向出、入口。其宽度当按双向通行供应车设置时，则与行包邮件地道主通道5.2m等宽，需增加中间站台宽度，于工程不利。由于行包、邮件地道的主要通行车辆为行包邮件搬运车、每列车宽度1.7m，双向行驶两列宽度3.4m，两列间隙0.5m，距离两侧边墙各0.3m，故出、入口宽度不应小于$3.4+0.5+0.3\times2=4.5$(m)，当受到站台宽度限制，而出、入口处又具备可靠的交通信号指示保证时，则可按单向通行考虑，出、入口宽度不应小于3.5m。

9.2.4 客运站常年旅客上、下车人数较多，为保障旅客有良好的乘车条件和方便车站客运作业，车站站台应设雨棚。目前我国多数位于专、县以上办理客运的车站已设置雨棚，我国除东北、华北和西北的部分地区外，其余地区年降雨量在700～1000mm，雨季一般在4月至10月，降雨量比较集中，占全年的60%～70%，对这些多雨地区设置客运雨棚，可提前组织旅客进站保证旅客及时上车和加速行包邮件的装卸，保证旅客列车正点运行和防止行包、邮件受湿。因此，当车站位于年降雨量600～800mm的地区，日均一次上、下车旅客人数在400人左右或站房规模为600人及年降雨量800mm以上的地区，日均一次上、下车旅客人数在200人左右或站房规模为500人时，应设置雨棚，此外当停站旅客列车对数在3对以上时，也应设置雨棚。

雨棚长度应根据客运量和行包、邮件数量确定。在中、小型车站上，由于客运量和行包、邮件数量不多，一般可修建200～300m长的雨棚。

200m长是考虑能遮盖地道口并停靠约8节车厢，300m长是考虑停靠约11节车厢。在客运站、客运量和行包、邮件数量均较多时，应设置与站台等长的雨棚。

中、小型车站如设置雨棚，当位于单线铁路时，旅客列车多数均可组织接入靠基本站台的线路，可先在基本站台上设置；当位于双线铁路或位于单线铁路但有第三方向引入时，旅客列车一般按上、下行分开组织接发或因接入第三方向列车的会车需要，在基本站台与中间站台上均可设置雨棚。

9.3 客车整备所

9.3.1 本规范所述客车整备所是由客车车底的客运整备和技术整备设施两部分组成的统称。客运站与客车整备所和客运机务设备的相互配置，须在满足通过能力的前提下，减少咽喉交叉干扰，缩短机车和客车车底出(入)段、所的走行距离，并结合远期发展，根据地形、地质条件和城市规划等，通过方案比较确定。

1 为减少客车车底取送与客、货列车到发的交叉干扰并有利于发展，客车整备所应纵列配置于客运站到发列车较少的一端咽喉区外方正线的一侧，结合城市规划及其他条件，可设在站房同侧或对侧，对没有特快客车通过的双线铁路较大的客运站，宜将客车整备所设在旅客列车到发较少一端的两正线间。

2 当客运站与客车整备所横列配置时，由于车底取送与旅客列车到发和通过列车的交叉干扰较大，且影响客运站的发展，因此一般不宜采用。但横列配置与纵列配置的尽端式客车整备所相比较，具有调车行程短、作业方便等优点，故在始发、终到旅客列车对数较少，通过列车不经由客运站或改建工程中为充分利用既有设备，且远期无大发展时，也可以采用。

3 客运机务设备有条件时宜布置在与客车整备所同一地点，也可以分设于客运站的两端。设在同一地点比分设于客运站的两端具有以下优点：客车整备所可共用机务转向设备对单个车辆进行转向；用地集中，生活配套设施省，对城市影响较小；当客、货列车对数较多，客车整备所和客运机务设备需配置在通过列车两正线之间时，正线相对地较为顺直；当列车通过正线沿着站房对面最外侧外绕时，外绕正线布置条件较好，对城市影响亦较小等。虽然设在同一地点车站咽喉通过能力略小一些，但优点仍较多，故推荐这种配置。

9.3.2 客车车底从进入整备所到离开整备所，除调车作业和洗车机对车底进行外部洗刷作业外，客运整备与车辆技术整备均在同一条线路上进行作业的称定位作业。反之，称移位作业。定位作业与移位作业相比较，前者车底整备时间短、调车作业量少、铺轨和用地数量较小，但客运整备与车辆技术整备作业有干扰，取送车底与调车作业有干扰，站、所间联络线通过能力较小，并须增加管线和排水等设备。后者的优缺点与前者正相反。因此，客车整备所的作业方式和布置形式应根据入所整备车底列数、车底整备作业干扰情况、整备作业延续时间、联络线通过能力和工程量等因素进行比较确定。客车整备所的布置形式：采用定位作业时应按横列布置，采用移位作业时可按纵列布置。

9.3.3 客运站与客车整备所纵列配置时，站、所间联络线的使用，主要是取送车底、调车和本务机车出(入)段。因此,站、所间联络线数量应根据入所整备车底列数、调车作业量、出(入)段机车次数、联络线长度、洗车机设置位置和整备所布置形式等因素确定。

根据调查和分析计算,站、所间联络线数量和取送车底的能力因组合因素较多,并处于不固定的变化状态,要用一个具体数字来表明站、所间联络线的能力,比较困难。因此提出:如入所整备车底列数和出(入)段机车次数不多,站、所间联络线数量一般设1条(1台调机);如入所整备车底列数和出(入)段机车次数较多,站、所间联络线数量可设2条(2台调机),表10和表11所列的取送车底能力可供选定站、所间联络线数量时参考。

当客车整备所按纵列布置时,客运整备场与车辆技术整备场之间连接平行线的数量和调车作业能力应与表11列出的站、所间联络线的数量和取送车底能力相适应。场间调车作业能力与洗车机设置位置、场间连接平行线数量和调车作业配备的调机台数有关。根据分析计算,当调车作业配备的调机台数分别为1台、2台和3台时,场间连接平行线数量可分别为2条、3条和4条。其调车作业能力可参考表12所列数字。

当客运站与客车整备所纵列配置时,站、所间联络线长度应满足远期整列车底调动加上安装洗车机所需长度,其原因是整备所按横列布置时,洗车机一般设在整备所前方;当整备所按纵列布置时,洗车机有时也设在客运整备场前方。车底通过洗车机时的速度为3～5km/h,有了上述距离可尽快腾空客运站的咽喉。同时,按横列布置的客车整备所,其整备线按尽头线设计时需利用联络线作牵出线用。按纵列布置的客车整备所,如洗车机设于客运整备场与车辆技术整备场之间时,车底洗刷及调车作业是利用客运整备场和出发场线路进行,不占用站、所间联络线。因此,联络线长度可适当缩短。

表10　客车整备所横列布置时站、所间联络线取送车底能力表(列/d)

入所整备车底列数 ＼ 联络线数量(条) ＼ 出(入)段机车次数	设洗车机				不设洗车机			
	设机务设备		不设机务设备		设机务设备		不设机务设备	
	1	2	1	2	1	2	1	2
40	20	—	—	—	—	—	—	—
50	19	—	—	—	—	—	—	—
55	19	—	—	—	27	—	—	—
60	18	—	—	—	26	—	—	—
70	17	34			25	—		
80	16	33			23	—		
90	15	32			22	—		
100	14	31			20	47		
110	—	30	24	42	—	45	35	62
120	—	29			—	44		
130	—	28			—	42		
140	—	27			—	41		
150	—	26			—	39		
160	—	25			—	38		

表11　客车整备所纵列布置时站、所间联络线取送车底能力表(列/d)

入所整备车底列数 ＼ 联络线数量(条) ＼ 出(入)段机车次数	洗车机设于客运站与客运整备场间				洗车机设于客运整备场与车辆技术整备场间			
	设机务设备		不设机务设备		设机务设备		不设机务设备	
	1	2	1	2	1	2	1	2
58	29	—			—	—		
70	27	—			—	—		
80	25	—			—	—		
90	24	—			—	—		
100	22	50			53	—		
110	20	49			49	—		
120	—	47			45	—		
130	—	46	39	67	41	—	93	162
140	—	44			37	—		
150	—	42			33	—		
160	—	41			25	—		
170	—	39			29	—		

续表11

入所整备车底列数 ＼ 联络线数量(条) ＼ 出(入)段机车次数	洗车机设于客运站与客运整备场间				洗车机设于客运整备场与车辆技术整备场间			
	设机务设备		不设机务设备		设机务设备		不设机务设备	
	1	2	1	2	1	2	1	2
180	—	37			21	90		
190	—	36	39	67	17	86	93	162
200	—	34			13	82		

注:1　表内1条联络线和2条联络线是分别按1台调机和2台调机进行取送车底和改编作业计算。

2　表10中如1条联络线能力不够时,根据地形条件可考虑设2条联络线;2条联络线能力不够时,可考虑增设牵出线1条。

3　表内出(入)段机车次数超过入所整备车底列数1倍者,表示客运站有通过旅客列车。

4　改、扩建客车整备所,若图型与本节中图9.3.2-1和图9.3.2-2不同或站、所间联络线太长和太短时,均不能参考表10和本表选用。

表12　客运整备场及出发场与车辆技术整备场间调车作业能力表

洗车机位置	设于客运站与客运整备场间			设于客运整备场与车辆技术整备场间			
作业内容	车底转场和改编			车底转场和改编		车底转场	
平行线数量(条)	2	3	4	3	4	3	4
调机数量(台)	1	2	3	2	3	2	3
作业能力(列/d)	31	58	81	46	64	75	105

注:1　洗车机设于客运站与客运整备场间时,当参照站、所间联络线取送车底能力表11配置相应的调机数量担任车底转场和改编作业时,可不设牵出线。

2　洗车机设于客运整备场和出发场与车辆技术整备场间,当场间车底转场和改编作业能力与站、所间联络线取送车底能力表11不相适应时,应考虑在车辆技术整备场尾端设牵出线1～2条。

9.3.4　当客运站与客车整备所横列配置时,因车底取送与正线通过列车的交叉干扰较大,故这种配置,设1条牵出线可满足车底取送和调车作业的需要。

当客运站与客车整备所纵列配置时,从布置上应利用站、所间联络线或客运整备场和出发场线路进行调车作业,既方便作业又减少工程投资,故一般不设牵出线。当入所整备车底列数很多,站、所间联络线能力与客运整备场和车辆技术整备场间能力不适应时,可参照本说明表10、表11和表12所列数值,设置牵出线1～2条。

10　货运站、货场和货运设备

10.1　货运站和货场

10.1.1　本条说明如下:

1　货运站是以办理货运作业为主的车站。货运站的布置形式可分为:通过式和尽端式两种。通过式货运站可设于干线上成为中间站,也可设于其他线路上;尽端式货运站是在城市内为了运输的需要,将车站伸入市区或工业区而设于线路的终端,但车场的布置形式,可设计成贯通式。

货运站按车场与货场的相互配置分横列式与纵列式两种。横列式货运站的优点是设备集中、管理方便,但调车作业不利。纵列式货运站则反之。设计时可根据当地地形和作业条件选择。

2　大、中型货场宜采用尽端式布置,其优点是占地少,造价低,易于结合地形,利于与城市规划配合,货场内道路和货物线交叉干扰少,搬运车辆出入方便,货场改建时也比较容易。

大、中型货场的货物线布置大多为尽头式且是平行、部分平行和非平行布置等。采用平行或部分平行布置具有用地省、布置紧凑、便于货物装卸及搬运作业,特别是对发展装卸、搬运作业机械化有利,并便于排水和道路布置等优点。现场对这种布置反映较好,因此设计大、中型货场宜优先采用这种形式。

3　中间站小型货场由于货运量较小,取送车作业一般由摘挂列车的本务机车担当。为缩短调车作业时间及减少列车停站时分,中间站小型货场宜采用贯通式或混合式布置。

货运站和货场的布置应力求紧凑,充分利用有效面积,以节省用地,但同时要注意根据远期运量和发展规划留出必要的用地,以适应发展的需要。

10.1.2 货运站专为小运转列车到发作业使用的到发线，其作业量对到发线数量的影响甚大。如年运量在2Mt以上的货运站，每昼夜接发小运转列车对数一般在6对以上，车站取送车作业比较繁忙，此时有以下作业需要在到发线上办理：

1 调车机车将编组完毕的小运转列车牵引至到发线上待发。

2 办理小运转列车接车。

3 小运转列车到达后，机车迂回到另一到发线连挂待发的小运转列车准备出发。

因此，需要占用到发线2条，机走线1条，共3条。

如年运量在2Mt以下，则每昼夜接发小运转列车一般在6对以下，货运站的小运转列车的接车与待发的小运转列车作业可以不同时进行，此时仅需要到发线1条，机走线1条，共2条。当货运站的运量很大，如年运量在3Mt以上，相应的小运转列车对数在12对以上时，则应考虑小运转列车密集到发的可能性，此时可设置到发线3条，机走线1条，共4条。

货运站到发线数量(条)亦可参照以下公式计算：

$$m=\frac{Nt_{占}}{1440K-t_{固}} \tag{12}$$

式中 N——每昼夜办理小运转列车对数(对)；

$t_{占}$——办理每对列车占用到发线的时间(min)，$t_{占}=t_{接}+t_{解}+t_{编}+t_{发}$，一般为150～200min；

$t_{接}$——接车时间(min)，可采用8～15min；

$t_{解}$——待解及解体时间(min)，可采用65～120min；

$t_{编}$——编组时间(min)，可采用60～70min；

$t_{发}$——发车及待发时间(min)，可采用10～20min；

K——到发线利用系数，一般采用0.6；

$t_{固}$——其他作业固定占用到发线时间(min)，一般为120min。当$N=4\sim6$对时：

$$m=\frac{(4\sim6)\times(150\sim200)}{1440\times0.6-120}=0.81\sim1.61(条)$$

当$N=7\sim12$对时：

$$m=\frac{(7\sim12)\times(150\sim200)}{1440\times0.6-120}=1.41\sim3.23(条)$$

综上所述，当小运转列车对数等于或小于6对时，货运站的到发线数量(不包括机走线)为1～2条；7～12对时，为2～3条；大于12对时，可根据具体情况适当增加。

如该货运站，尚办理正规客货列车通过、到发作业和有引入线路时，应根据衔接线路的列车对数、列车性质和车站作业情况适当增加到发线数量。

货运站到发线有效长度可根据小运转列车长度加30m附加制动距离确定，但位于干线上或向干线开行始发、终到列车的货运站因衔接线路有正规客货列车到发或向其开行始发、终到列车，故到发线有效长度应满足衔接区段线路规定的到发线有效长度。

10.1.3 货运站的调车线是为解编小运转列车、摘挂列车和为货场各货区挑选车辆而设置的。货运站的调车线数量应根据装卸地点、作业车数和调车作业方式等因素确定。

货运站调车线的总有效长度L，可根据调车场平均每昼夜解编的车数并考虑到发不平衡系数按下式进行概略计算：

$$L=\frac{nTl\alpha}{24K} \tag{13}$$

式中 L——货运站调车线的总有效长度(m)；

n——调车场平均每昼夜解编的车辆数(辆)；

T——列车占用编组线的总时间，包括待送、集结和待解时间(h)。根据16个主要货运站的统计资料，一般可用4h；

l——车辆平均长度，可采用14m；

α——列车到发不平衡系数，可采用1.4；

K——线路长度有效利用率，可采用0.7。

根据以上公式计算各种解编车数的调车线总有效长度如表13所示。

表13 调车线总有效长度表

n(车/d)	50	100	150	200	250	300	400
L(m)	234	467	700	934	1167	1400	1868

由于作业车数和装卸地点的增加，需要挑选的车辆数和调车作业量也相应增加，对调车线数量的要求也就增加。一般情况下，当一个调车区或一个装卸地点的装卸车在50辆/d以上时，应考虑设1条调车线；如装卸车在50辆/d以下时，也可以两个或几个装卸地点(或调车区)合用1条。

调车线的有效长度应满足车列取送时最大长度的需要，但最短调车线的有效长度不宜小于200m，以满足每次取送两组共10辆(140m)加机车长(30m)和适当留有安全距离的要求。

当货运站的到发线和调车线混合使用时，其线路数量可参照上述到发线和调车线的确定原则综合确定。

10.1.4 货运站和货场的牵出线应根据行车量、调车作业量，有无专用调车机车和有无其他线路可以利用进行调车等因素确定。

为了不影响货运站正线的通过能力和提高调车作业效率，一般情况下，通过式货运站或中间站货场应按本规范第5.2.5条设置牵出线。

尽端式货运站由于小运转列车对数不多(一般小于24对)，在正线或其他线路的平、纵断面符合调车作业要求的情况下，可利用这些线路进行调车，不另设牵出线；但大型货运站由于调车作业繁忙应设置牵出线。

货运站和货场的牵出线以及需利用进行调车作业的正线或其他线路的平、纵断面标准，可分别按本规范第3.2.3条、第3.2.13条和第5.2.5条办理。

10.1.5 货场是铁路车站的组成部分，是铁路组织货物运输的基层单位，其主要任务是办理货物的承运、保管、装车、卸车和交付等作业。

综合性货场按运量可分为大、中、小型三种，年运量不满0.3Mt时为小型货场；年运量为0.3Mt及以上但不满1Mt时为中型货场；当年运量在1Mt及以上时为大型货场。

为了便于管理，综合性货场可以根据货物品类、作业量和作业性质划分为包装成件货区、集装箱货区、长大笨重货区、散堆装货区和粗杂货区等，在有的大型货场内还可按货物的到达、发送和中转划分作业区。在办理水运和铁路联运业务的货场，还划分为水运货区和铁路货区。

10.1.6 综合性货场内各货区的相互位置，应根据货物性质、作业量、办理货物作业的种类、地形、气候特点，城市规划的要求和装卸搬运机械的使用条件等进行合理布置，以利于货物作业。

1 包装成件货区一般以百货、食品、药物和仪器等较多，要求具有良好的卫生条件，以免污损货物。因此，宜远离散堆装货区。为了节省用地和起隔离作用，在上述两货区间布置长大笨重货区和粗杂货区是适宜的。

2 集装箱货物目前多是按零担货物办理，其货区宜与零担货区靠近，以利于作业和管理；如货运量较小，集装箱货区和长大笨重货区有时布置在一座门式或桥式起重机下，可使货场布置紧凑合理，装卸机械还可以共用，达到节省投资的目的。

3 散堆装货区宜设于货场的下风方向，以改善货物卫生条件，防止污染其他货物。

10.1.7 发展集装箱运输是国家运输政策之一，也是铁道部的一项重要改革。集装箱运输具有简化包装，保证安全，便于转运，能大幅度提高作业效率等特点，被各国广泛采用，成为运输现代化的重要标志。近几年来，随着改革开放的不断深化，我国集装箱运输的发展速度增快，但仍不适应国民经济增长的需要，不适应市场经济发展的需要，更不适应国际联运的需要，必须进一步加速发展进程。因此，规定“新建及改建铁路应优先发展集装箱货场，不宜修建专业性零担货场”。

10.2 货运设备

10.2.1 货运站和货场应根据货运作业量、作业性质和货物品类并结合生产需要和当地条件，设置必要的货运设备。

货运设备主要包括行车设备、货物装卸设备和其他设备以及生产房屋等。

行车设备包括接发列车、解编车列、装卸和停留车辆用的线路，在解编作业量大的货运站，还可设置小能力驼峰。

货物装卸设备包括为货物装卸作业服务的仓库、货棚、站台、堆货场地、栈桥线、滑坡仓、漏斗仓以及各种类型的装卸、搬运机械等。

其他设备包括集装箱及托盘的维修保养设备、货车消毒洗刷设备、加冰设备、货物检斤设备和量载设备等。

当货运站办理水铁联运时，尚应根据投资及分工情况设置码头和港池等。

在较大的货场内，应按货物品类、作业量及作业性质合理配备相应类型及性能的装卸机械。各类货物可参考表14选配装卸机械。

表14 各类货物配备装卸机械类型表

货物品类	装卸机械类型
包装成件货物	叉车(配托盘)、输送机、桥式起重机
集装箱	门(桥)式起重机、吊运机、叉车
长大笨重货物	门(桥)式起重机、吊运机
散堆装货物	链斗式装卸机、螺旋式卸车机、门(桥)式起重机、装载机、输送机、坑道输送机(配底开门车)
粉末颗粒状货物	气力装卸机
液体货物	鹤管、上卸及下卸装置

主要装卸机械的数量可参考以下的规定配备。

1 起重机台数：可参考表15的数值配备。

表15的数值按以下公式计算：

$$Z=\frac{0.0076Q_{年}\ \alpha T_{周}}{Q_{钩}\ TK_1K_2} \tag{14}$$

式中 Z——机械台数(台/10kt)；

$Q_{年}$——年装卸量(10kt)；

α——不平衡系数，采用1.3；

$T_{周}$——机械每装卸一钩的周期(s)；

$Q_{钩}$——每钩起重的额定载荷(t)；

T——每昼夜工作时间(h)，采用24；

K_1——时间利用系数；

K_2——额定载荷利用系数，可参照表16的数值采用，

$$K_2=\frac{Q_{均}}{Q_{额}}; \tag{15}$$

$Q_{均}$——每钩平均重量(t)；

$Q_{额}$——额定起重量(t)；

$0.0076=\frac{10000}{365\times3600}$的换算系数。

表15 每年装卸10kt货物所需起重机台数表

机械名称 \ 每装卸一钩的周期$T_{周}$(s) \ 时间利用系数K_1 \ $K_2Q_{钩}$(t)		3			4			5			10			附注
		K_1-a	K_1-b	K_1-c	K_1-a	K_1-b	K_1-c	K_1-a	K_1-b	K_1-c	K_1-a	K_1-b	K_1-c	
门(桥)式起重机	234	0.071	0.064	0.058	0.054	0.048	0.044	0.043	0.039	0.035	0.021	0.019	0.018	$K_1-a=0.45$
	294	0.090	0.081	0.073	0.067	0.061	0.055	0.054	0.048	0.044	0.027	0.024	0.022	$K_1-b=0.50$
	354	0.108	0.097	0.088	0.081	0.073	0.066	0.065	0.058	0.053	0.032	0.029	0.026	$K_1-c=0.55$
汽车(轮胎)起重机	296	0.162	0.135	0.116	0.122	0.102	0.087	0.097	0.081	0.070	—	—	—	$K_1-a=0.25$
	356	0.195	0.163	0.140	0.147	0.122	0.105	0.117	0.098	0.084	—	—	—	$K_1-b=0.30$
	416	0.228	0.190	0.163	0.171	0.143	0.122	0.137	0.114	0.098	—	—	—	$K_1-c=0.35$

续表15

机械名称 \ 每装卸一钩的周期$T_{周}$(s) \ 时间利用系数K_1 \ $K_2Q_{钩}$(t)		3			4			5			10			附注
		K_1-a	K_1-b	K_1-c	K_1-a	K_1-b	K_1-c	K_1-a	K_1-b	K_1-c	K_1-a	K_1-b	K_1-c	
履带起重机	376	0.172	0.147	0.129	0.129	0.111	0.097	0.103	0.088	0.077	—	—	—	$K_1-a=0.30$
	436	0.199	0.171	0.150	0.150	0.128	0.112	0.120	0.103	0.090	—	—	—	$K_1-b=0.35$
	496	0.227	0.194	0.170	0.170	0.146	0.128	0.136	0.117	0.102	—	—	—	$K_1-c=0.40$
轨道起重机	309	0.170	0.141	0.121	0.127	0.106	0.091	—	—	—	—	—	—	$K_1-a=0.25$
	369	0.203	0.169	0.145	0.152	0.127	0.109	—	—	—	—	—	—	$K_1-b=0.30$
	429	0.235	0.196	0.168	0.177	0.147	0.126	—	—	—	—	—	—	$K_1-c=0.35$
固定简易起重机	293	0.201	0.161	0.134	0.151	0.121	0.101	—	—	—	—	—	—	$K_1-a=0.20$
	353	0.242	0.194	0.161	0.182	0.145	0.121	—	—	—	—	—	—	$K_1-b=0.25$
	413	0.283	0.227	0.189	0.213	0.170	0.142	—	—	—	—	—	—	$K_1-c=0.30$
门座起重机	290	0.133	0.114	0.099	0.099	0.085	0.075	0.080	0.068	0.060	0.040	0.034	0.030	$K_1-a=0.30$
	350	0.160	0.137	0.120	0.120	0.103	0.090	0.096	0.082	0.072	0.048	0.041	0.036	$K_1-b=0.35$
	410	0.188	0.161	0.141	0.141	0.121	0.105	0.113	0.096	0.084	0.056	0.048	0.042	$K_1-c=0.40$
浮胎起重机	344	0.157	0.135	0.118	0.118	0.101	0.089	0.094	0.081	0.071	—	—	—	$K_1-a=0.30$
	404	0.185	0.158	0.139	0.139	0.119	0.104	0.111	0.095	0.083	—	—	—	$K_1-b=0.35$
	464	0.212	0.182	0.159	0.159	0.136	0.119	0.127	0.109	0.100	—	—	—	$K_1-c=0.40$

表16 额定载荷利用系数表

额定起重量$Q_{额}$(t)	零担货物		整车货物	
	$Q_{均}$(t)	K_2	$Q_{均}$(t)	K_2
10	3～5	0.30～0.50	5～10	0.50～1.00
20	3～5	0.15～0.25	5～10	0.25～0.50
30	3～5	0.10～0.17	5～10	0.17～0.33

2 叉车台数：可参考表17的数值配备。

表17 叉车每年装卸10kt货物所需机械台数表

机械及属具 \ 每作业一次的周期$T_{周}$(s) \ 机械台数Z(台/10kt) \ 时间利用系数K_1 \ $K_2Q_{钩}$(t)		0.4			0.5			0.6		
		0.4	0.5	0.6	0.4	0.5	0.6	0.4	0.5	0.6
1t内燃叉车托盘直接送达	72	0.185	0.148	0.123	0.148	0.119	0.099	0.123	0.099	0.082
	102	0.262	0.210	0.175	0.210	0.168	0.140	0.175	0.140	0.117
1t内燃叉车托盘在库内应用	102	0.262	0.210	0.175	0.210	0.168	0.140	0.175	0.140	0.117
	132	0.340	0.272	0.226	0.272	0.217	0.181	0.226	0.181	0.151
1t电瓶叉车托盘直接送达	103	0.265	0.212	0.177	0.212	0.170	0.141	0.177	0.141	0.118
	157	0.404	0.323	0.269	0.323	0.259	0.215	0.269	0.215	0.180
1t电瓶叉车托盘在库内应用	133	0.342	0.274	0.228	0.274	0.219	0.183	0.228	0.183	0.152
	187	0.481	0.385	0.321	0.385	0.308	0.257	0.321	0.257	0.214

表17数值按以下公式计算：

$$z=\frac{0.0076Q_{年}\ \alpha T_{周}}{Q_{钩}\ TK_1K_2} \tag{16}$$

式中 $T_{周}$——叉车每作业一次的周期(s)。

3 装载机台数：可参考表18的数值配备。

表18 装载机每年装卸10kt货物所需机械台数表

时间利用系数K_1 \ 装载机台数Z(台/10kt) \ 每作业一次的周期$T_{周}$(s) \ 货物类别	煤炭 $q=0.8$ $K_2=0.8$		焦炭 $q=0.5$ $K_2=0.8$		细碎石或卵石 $q=1.45$ $K_2=0.65$		干砂 $q=1.55$ $K_2=0.75$		湿砂 $q=1.65$ $K_2=0.75$	
	44	54	44	54	44	54	44	54	44	54
0.30	0.094	0.116	0.151	0.185	0.064	0.079	0.052	0.064	0.049	0.060
0.40	0.071	0.087	0.113	0.139	0.048	0.059	0.039	0.048	0.037	0.045
0.50	0.057	0.069	0.091	0.111	0.038	0.047	0.031	0.038	0.029	0.036

表18数值按以下公式计算：

$$z=\frac{0.0076Q_{周}\ \alpha T_{周}}{AqTK_1K_2} \tag{17}$$

式中 A——单斗容积(m^3),按1计;

q——货物单位容重(t/m^3);

$T_{周}$——每作业一次的周期(s)。

4 链斗式装卸机台数:可参考表19的数值配备。

表19 链斗式装卸机每年装卸10kt货物所需机械台数表

装载机台数Z(台/kt) 链条线速度v(m/min) 时间利用系数K_1	75	87.5	98.5
0.15	0.040	0.034	0.030
0.20	0.030	0.026	0.023
0.25	0.024	0.021	0.018
0.30	0.020	0.017	0.015

表19数值按以下公式计算:

$$Z=\frac{456.62S\alpha Q_{年}}{AqvTK_1K_2} \tag{18}$$

式中 A——链斗容积(m^3)采用43;

q——货物单位容重(t/m^3),采用0.8;

v——链条线速度(m/min);

S——料斗间距(m),采用0.5;

$456.62=\frac{10000}{0.06\times365}$的换算系数。

为使装卸机械正常运行,必须按照规定进行保养和维修。装卸机械的保养及维修应按照现行的《铁路装卸机械管理规则》办理。

铁路货场的露天站台和货位上存放的货物以及使用敞车运输的怕湿货物均需用防湿篷布遮盖。篷布在使用过程中常有破损,维修工作量甚大。为了做好篷布的维修工作,一般一个铁路局范围内可设置篷布修理所一处,以担任篷布的维修任务。其位置宜靠近篷布使用比较集中的大型货场附近。在其他大、中型货场内应设置篷布维修组,负责篷布的日常管理、检查小修和晾晒等工作。对破损较大的篷布则组织回送至篷布修理所进行修理。其他小型货场应指定兼职人员负责对篷布的日常管理工作。

10.2.2 货物仓库、货棚和站台的布置形式目前有矩形、阶梯形、锯齿形等,一般以矩形的布置形式较好。各种形式的优缺点如下:

1 矩形布置的装卸线较长,容车数较多,有利于成组装卸。当在同一线路上进行双重作业或由一仓库向另一仓库移动车辆时,走行距离较短。此外,矩形布置比较灵活,在1台1线的基础上,根据需要可以发展为2台夹1线或3台夹2线。

2 阶梯形布置比矩形布置的调车行程要短一些,各装卸线的取送车作业可以单独进行,互不干扰。这种布置仓库站台的突出部分影响汽车通道布置,又不利于站台上叉车走行。需要的道岔多,大部分装卸线只能一侧装卸,且每座仓库的尽头处不能充分利用。此外,这种布置的线路短,容车少,调车钩数多,容易发生车辆与站台端部相撞的事故,安全性较差。

3 锯齿形布置由于仓库前的站台宽窄不一,按最窄处控制站台要增加工程量和占地面积,还加大了搬运距离,其他缺点类似阶梯形布置。由于缺点较多,故不宜采用。

为了避免雨雪对成件包装等怕湿货物的损坏,并使货物装卸有较良好的作业条件,在作业量较大且多雨多雪的地区,可设置跨线货棚或仓库。

站台与装卸线宜采用1台1线的布置形式,特别是在货运量不大的中、小型货场和货区内,当货物到发量不很平衡,货源也不稳定时更宜采用,在大型货场内,当怕湿货物运量较大且到发大致平衡,货源又稳定时,可采用2台夹1线的布置形式,这样有利于组织双重作业,缩短车辆周转时间和调车作业量,提高装卸作业效率和货物运输效率。3台夹2线的布置形式有利于大型货场零担中转货物的座、过、落和与普零发送配装的作业,从而提高作业效率,减少运输成本。如郑州东、上海北郊、汉口西和西安西等零担中转货场均采用了这种布置形式,受到运营单位欢迎。

10.2.3 货物仓库或货棚,应在靠铁路侧和靠场地一侧设置雨棚,以免装卸车时湿损货物。

一般情况下,雨棚的宽度应伸至站台边缘。在多雨地区且作业繁忙的大、中型货场,往往需要在雨天不间断的进行装卸作业,因此仓库或货棚的雨棚宽度要宽一些,在铁路一侧可伸过棚车中心线,即由站台边缘起伸出2.05m;如装卸敞车,则宜将车辆全部遮盖,此时伸出宽度为3.75m。场地一侧可由站台边缘起伸出3.5m,使汽车停靠装卸货物时不受雨淋。

雨棚的净高:铁路一侧应满足现行国家标准《标准轨距铁路建筑限界》的要求,一般情况下距轨顶为5m(未考虑电化及超限);场地一侧应满足汽车满载货物时最大高度的规定,再加适当的作业安全距离,一般情况下距地面为4.5m。

10.2.4 办理大量零担中转作业的站台,其长度和宽度应根据作业量、取送车长度、货物中转范围、装卸作业方式和装卸机械类型等因素确定。一般情况下,中转站台的长度不宜大于280m(不包括站台斜墙,如为尽端式站台,应另加线路的制动安全距离10m)。据调查,零担中转货场每次取送车数一般为20~40辆。按3台夹2线跨线货棚考虑,每一站台线最大按20辆280m的长度设计是合适的。

零担中转货物一般采用叉车作业。为了减少叉车纵向运距,降低装卸成本,站台的长度和宽度除必须满足每次整零车、沿零车、加装二站车的作业长度要求外,尚应按照作业量大小、作业范围、中转口数量和货位布置的需要适当加宽。站台的长度要适度,这样,既能缩短运距,节省机力,叉车一次作业周转时间也快,辅助面积系数也小。如一次取送车数在40辆以上时,也可另行增加1条零担中转货物装卸线和相应的站台。

零担中转站台的宽度由货位宽度和装卸作业场地宽度两部分组成。一个货位一般为10m宽,辅助中转站可按1~2排货位设计,主要中转站可按2~3排货位设计。装卸作业场地靠站台边缘的宽度:辅助中转站可按4m设计,主要中转站可按7m设计,这是由于在作业过程中,坐过车货物需要在车门附近卸下盘货,临时存放清点和等待装车。另外,尚需考虑叉车走行和必要的作业安全距离。

主要中转站车门口需要考虑堆两排盘货和空、重叉车交会,装卸作业场地宽度为:

$$B_{外}=W+S_{货}+W+S_{货}+W+C+B+C \tag{19}$$

计算结果为$B_{外}=6.37m$,适当考虑作业安全富余取7m。

辅助中转站车门口可考虑只堆一排盘货和重叉车走行,装卸作业场地宽度为:

$$B_{外}=W+S_{货}+W+C \tag{20}$$

计算结果为$B_{外}=3.4m$,适当考虑作业安全富余取4m。

式中 W——盘货的计算宽度,采用1.35m;

$S_{货}$——盘货间清点核对标签等作业的宽度,采用0.5m;

C——作业安全间隙宽度,采用0.2m;

B——叉车全宽,采用0.92m。

按以上要求计算,零担中转站台的宽度根据具体情况可采用18m、28m、34m和44m。

10.2.5 仓库外墙轴线至站台边缘的宽度是进行货物装卸搬运作业的宽度,其中包括墙厚的一部分。为了统一起见,这一部分宽度可按0.5m考虑。

1 零担、整车和混合仓库铁路一侧的库外站台宽度应考虑以下作业的需要:

1)空重叉车交会,其需要宽度为:

$$B_{外}=C+W+C+B+T_{安} \tag{21}$$

计算结果为$B_{外}=3.17m$。

2)重叉车转弯(或调头)对车门或库门(如图8、图9)其需要宽度为:

$$B_{外}=C+R_1+A+W'\qquad(22)$$

计算结果为 $B_{外}=3.225\text{m}$。

3)空托盘在库外存放同时走行重叉车(多出现在到达库),其需要宽度为:

$$B_{外}=E_{侧}+W''+C+W+T_{安}\qquad(23)$$

计算结果为 $B_{外}=3.35\text{m}$。

以上最大宽度为3.35m,加0.5m墙厚,为3.85m,考虑一定富余量为4m。如仅为人力作业时,可采用3.5m。

2 整车货棚铁路一侧的棚外站台宽度:应考虑货棚内堆满货物且货位边线与柱子对齐,叉车开始作业时从最外边取盘货转180°,然后叉车垂直于车门(见图6),其需要宽度为:

$$B_{外}=2(A+W'+R_2)+B\qquad(24)$$

计算结果为 $B_{外}=3.83\text{m}$,考虑一定富余量为4m。

3 混合仓库和货运量小的零担仓库场地一侧的库外站台宽度应按以下情况考虑:

1)仓库使用人力和叉车装卸时,站台上应考虑空托盘的堆放和人员通行,这时需要的站台宽度为:

$$B_{外}=E_{侧}+W''+S_{通行}\qquad(25)$$

计算结果为 $B_{外}=1.9\text{m}$。

2)办理托运和交付时采用流水作业方式,办完一批再办另一批,在交接货件的同时不妨碍人员通行,这时需要的站台宽度为:

$$B_{外}=T_{台}+W'+S\qquad(26)$$

计算结果为 $B_{外}=2.03\text{m}$。

3)考虑空托盘堆放,在库外办理托运和交付,盘货左右横向各放一盘,此时宽度为:

$$B_{外}=E_{侧}+W''+C+W'+T_{台}\qquad(27)$$

计算结果为 $B_{外}=2.93\text{m}$。

以上最大宽度为2.93m,加部分墙厚为3.43m,考虑一定富余采用3.5m。如仅为人力作业时,可采用2.5m。

4 办理大量零担到发的仓库场地一侧的库外站台宽度应按以下情况考虑:

1)按流水作业方式办理托运和交付。站台上可以一前一后放两盘货。同时还能通行工作人员。其宽度为:

$$B_{外}=T_{台}+W'+S_{货}+W'+S_{通行}\qquad(28)$$

计算结果为 $B_{外}=3.46\text{m}$。

2)当货主多,办理货物出现高峰时,可考虑同时办理两批货物,交替进行,因叉车搬运快,装车拆盘码盘慢,可以争取时间,此时需要宽度为:

$$B_{外}=T_{台}+W'+S_{货}+W+C\qquad(29)$$

计算结果为 $B_{外}=3.48\text{m}$。

以上最大距离为3.48m,加部分墙厚0.5m,为3.98m,取4m。因此,办理大量零担作业仓库的场地一侧的站台宽度以采用4m为宜。

5 整车货棚道路一侧的棚外站台宽度:应考虑货主托运时在站台上纵向放置盘货,然后叉车转90°角放入货棚内,交付时与此相反。其宽度为:

$$B_{外}=W+A+R_2+\frac{B}{2}+\frac{W}{2}+T_{台}\qquad(30)$$

计算结果为 $B_{外}=3.095\text{m}$,取3m。

以上各公式的符号:

式中 W——盘货的计算宽度,采用1.35m;

W'——盘货的计算长度,采用0.93m;

B——叉车全宽,采用0.92m;

C——作业安全间隙宽,采用0.2m;

$S_{货}$——盘货间清点、对标签等作业的宽度,采用0.50m;

$T_{安}$——考虑叉车交会时,最外车轮距站台边缘的安全距离,采用0.5m;

$T_{台}$——站台帽的宽度(包括考虑人工装汽车拆盘用的宽度)采用0.5m;

R_1——叉车车体回转中心点至最外前轮侧面的距离,采用1.72m;

R_2——叉车车体回转中心点至最近前轮侧面的距离,采用0.15m;

A——叉车前轴中心至盘货边缘的距离,采用0.375m;

$E_{侧}$——空托盘堆放间隙,采用0.05m;

W''——空托盘宽度,采用1.25m;

$S_{通行}$——人员通行的宽度,采用0.6m。

10.2.6 为便于汽车、拖拉机、坦克等机动车辆需自行开动装卸车,在货场内应设置尽端式站台。

尽端式站台可根据站台、场地和线路的布置以及货物装卸作业情况单独设置,也可以与平行线路的站台联合设置。

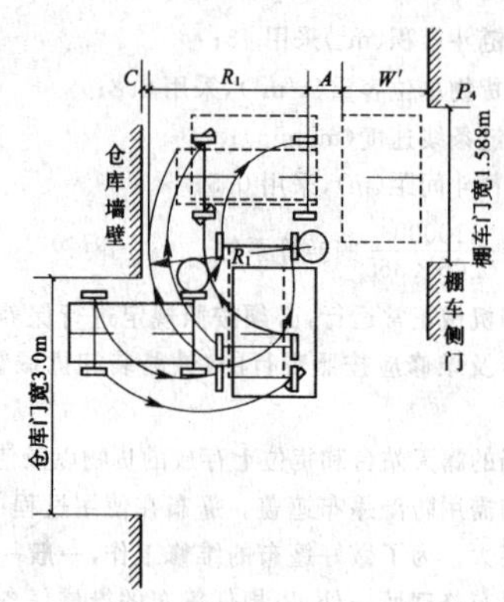

图6 铁路一侧库外站台叉车走S弯对车门作业图

10.2.7 普通货物站台边缘顶面,靠铁路一侧应高出轨面1.1m,在有大量以敞车代棚车并在普通货物站台上进行装卸作业的地区,可高出轨面1m;靠场地一侧宜高出地面1.1m~1.3m。

根据调查,以敞车代棚车在高度为1100mm的普通货物站台上装卸作业时,出现主型敞车C62A、C64由于车门低于1.1m使车厢侧门打不开的现象,很多车站不得已采取了敲掉站台帽或在站台外先打开车门的做法。因此,现场有提出将普通货物站台高度改为1m的要求。但棚车在普通货物站台上作业又以高度为1.1m为好。故仍规定普通货物站台高度为1.1m,有大量以敞车代棚车地区,普通货物站台高度可按1m设计。设计时可通过调查(征求使用单位的意见)确定。

场地一侧货物站台距地面的高度应考虑汽车和其他短途运输工具装卸作业的方便,以减轻劳动强度,提高作业效率。根据调查,我国现有汽车、如解放、东风、黄河等型号的空车底板高前端为1100~1200mm;中部为1150~1230mm,末端为1200~1320mm。重载汽车因受重力影响高度一般下降100~150mm。因此,实际汽车载重时,底板至地面高度前端为950~1100mm;中部为1000~1130mm,末端为1050~1220mm。同时,站台尚要考虑有使用小型汽车、兽力车和人力车的情况,这些车辆的底板高度仅为800~1100mm,故站台不宜过高;过高则对这些车辆不利,且要增大投资。此外,当办理托盘门对门运输或叉车要将托盘叉上汽车装卸时,如站台高于汽车底板,将无法进行。站台高度还与汽车停靠方式有关,汽车停靠站台的方式,一般为侧式停靠,但也有端式停靠的。侧式停靠的优点是作业面大,便于快装快卸、且利于汽车进出转弯,需要场地宽度小;缺点是需要场地较长。端式停靠则相反。因此,现场采用侧式停靠较多。根据以上分析,场地一侧站台距地面的高度宜采用1100~1300mm,此高度即使汽车采用端式停靠,也可基本满足要求。

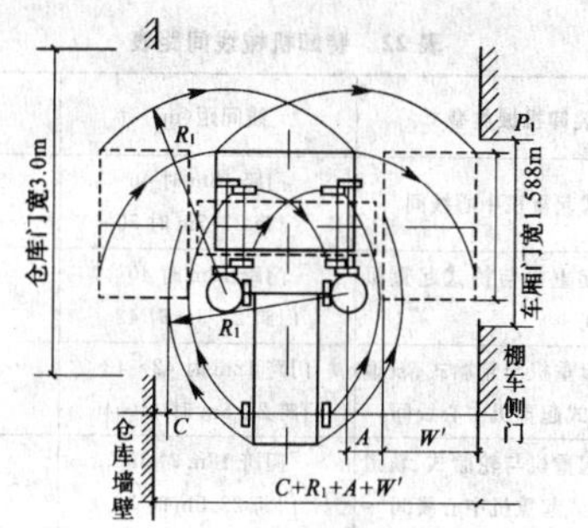

图 7 铁路一侧库外站台叉车调头对门作业图

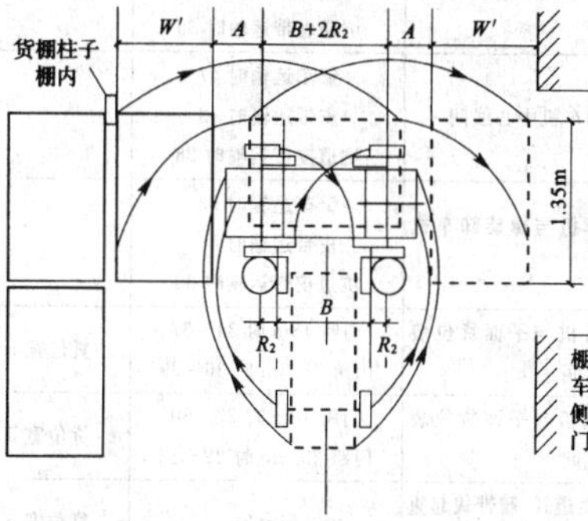

图 8 铁路一侧棚外重叉车作业宽度图

10.2.8 当有大量散堆装货物利用敞车装车时，采用高出轨面1100mm 以上的高站台装车，可以节省劳动力，减轻劳动强度，缩短装车时间，加速车辆周转；并有投资少、上马快等优点。故可结合地形，因地制宜的设置平顶式的高站台。此外，也可设置滑坡仓或跨线漏斗仓等装车设备，以加速货物装卸作业。

栈桥式或路堤式卸车线在我国煤炭、矿石、砂石等散堆装货物卸车比较集中的地区已得到普遍采用。它具有节省劳动力，减轻劳动强度，缩短装车时间，加速车辆周转等优点。

1 栈桥式或路堤式卸车线路基面的高度。

根据调查，栈桥式或路堤式卸车线路基面的高度为 1.5～2.5m的占 50%，大于 2.5m 和小于 1.5m 的各占 25%，故以 1.5～2.5m 的居多。利用栈桥式或路堤式卸车线卸车的货主大多是小单位，不同品类和不同货主的货物要按货位分开，多车重码的高度不会太高，因而栈桥式或路堤式卸车线的高度不宜太高，否则，反而使作业不便且增加工程投资。有大量散堆装货物卸车的大、中型货场和大企业单位如煤建公司、电厂等，一般多采用卸车机或翻斗车→卸煤坑→地下输送机；也有在栈桥式或路堤式卸车线上配置卸车机的。利用卸车机卸散堆装货物时重码的机会较多，最多有达 10 余车的。

经分析计算，当路堤式卸车线路基面宽度为 3.2m，边坡坡度为 1∶1，高度分别为 1.5m、2m 和 2.5m 时，在一个车长内，线路两侧能卸下 60t 煤车分别为 1.5 辆、2 辆和 2.5 辆，60t 砂石车分别为 2.5 辆、3.5 辆和 4.5 辆。因此，卸车线的高度一般采用 1.5～2.5m 已能满足堆货需要。设计时可根据散堆装货物的品类和运量大小，结合地形条件选用合适的高度。

2 栈桥式或路堤式卸车线的路基面宽度。

栈桥式或路堤式卸车线的路基面宽度应满足以下条件：

1)便于散堆装货物卸车，尽量不使货物存留在路肩上，以提高卸车效率。

2)便于装卸人员和调车人员上下、开关车门和摘钩等，并保证作业安全。

根据南昌铁路分局对既有栈桥式、路堤式卸车线的调查，其宽度为 2.7～3.2m 居多，占 70%，大于 3.2m 的占 30%。现场反映 3.2m 以下的路基面宽太窄，不利于作业。

从便于散堆装货物卸车考虑，路基面宽度以不大于车辆宽度为好，从调车人员和装卸人员作业方便考虑，则要比车辆宽度适当加宽为宜。但加宽太多，则会产生部分货物存留在路肩上过多，货物卸车破坏路肩、增加场地宽度和加大投资等缺点，因此不宜加宽过多。

我国装运散堆装货物常用敞车的宽度如表 20 所示。

表 20 常用敞车宽度表

车型	C1	C6	C13	C50	C60	C62	C65	M11	M12	M13	C7
载重(t)	30	40	60	50	60	60	65	60	60	60	40
车辆宽度(m)	3.030	3.128	3.160	3.160 3.140	3.160	3.180	3.180	3.214	3.132	3.180	3.120

从表 20 看，其中 M_{11} 60t 煤车的宽度最大，为 3.214m。为考虑装卸人员和调车人员的作业方便和安全，栈桥式或路堤式卸车线的路基面宽度每边宜比车辆宽度加宽 0.2m，则路基面需要宽度为 3.6m。由于散堆卸车时有一定的抛掷距离，采用这个宽度一般在路基上存留货物较少。

3 栈桥式或路堤式卸车线的长度。

卸车线的长度应根据车站每天向该线取送车的数量和次数而定，这样可以减少调车作业钩数并使调车作业和卸车工作密切配合。

10.2.9 货物装卸线的装卸有效长度和货物存放库或场(包括仓库、货棚、站台和长大笨重货物、散堆装货物、集装箱货物的场地)的长度，应根据货运量、各类货物车辆平均净载重、单位面积堆货量、货物占用货位时间、每天取送车次数和货位排数以及每排货位宽度等确定，一般情况可按下式计算：

$$L=\frac{Q\alpha lT}{365qn} \tag{31}$$

若取送车周期$\frac{1}{C}$大于货物占用货位周期$\frac{T}{n}$时，公式中的$\frac{T}{n}$应以$\frac{1}{C}$替代。

式中 L——货物装卸线的装卸有效长度(m)；

Q——年到发货运量(t)，当设备按到发分开使用时，分别为到达或发送货运量；零担中转货物的货运量应扣除坐过车的部分运量，该部分运量约为零担中转货物总运量的 30%，如有双重作业的线路，只按装或卸的最大运量计算；

α——货物到发不平衡系数，大、中型货场采用 1.1～1.5，小型货物采用 1.3～2；

l——货车平均长度(m)，采用 14m；

q——货车平均净载重(t)；

T——货物占用货位时间(d)；

n——货位排数，即一个车长范围内所容纳的货位个数(个)；

C——每天取送车次数(次)。

为考虑成组作业的需要，中间站仅设 1 条货物装卸线时，其装卸有效长度不少于 5 个车的长度即 70m。

仓库宽度(纵向两建筑轴线间距离)可根据各种货物的货位宽度和设计的货位排数，选用 9m、12m、15m 或 18m 及以上跨度。

仓库宽度加仓库建筑轴线至站台两边缘的距离即为站台宽度。如是露天站台，当作业量不大或采用人力作业，其宽度采用 12m；如作业量较大或采用机械作业时，其宽度可采用 20m。

采用门式、桥式、悬臂旋转式和简易式起重机进行装卸作业时的堆积场宽度，应按货位排数和各类货物的货位宽度确定。货位排数应按起重机的门跨、悬臂长度和最大回转半径等确定。

本条文表 10.2.9 中的货车平均净载重 q 值、单位面积堆货量 P 值、货位宽度 d 值是根据铁道部运输局 1995 年 9 月 26 日文修改意见的数值确定。

单位面积堆货量 P 值是按下述办法确定的：

1 用货车平均长度14m乘各类货物的货位宽度求得各类货物平均占用货位面积。

2 按公式：

$$P=\frac{货车平均净载重\times(1-辅助面积系数)}{每车平均占用货位面积} \quad (32)$$

求出整车怕湿、普通零担、中转零担、混合等各类货物的单位面积堆货量P值。

按公式

$$P=\frac{货车平均净载重}{每车平均占用货位面积} \quad (33)$$

求出整车笨重、零担笨重、散堆装、集装箱货物、整车危险、零担危险等各类货物的单位面积堆货量P值。

以上公式中的辅助面积系数采用表21所列数值：

表21 辅助面积系数表

整车怕湿货物	0.25
零担库棚货物	0.35～0.40
普零中转货物	0.35～0.40

表21中所列为经验证明的经验数据。这些数据是在铁科技运(90)138号文附件《货运设备使用能力计算与查定的公式和参数》中公布的。

货位宽度值d按下式计算确定：

$$d=\frac{q}{pl} \quad (34)$$

式中 q——货车平均净载重(t)；

P——单位面积堆货量(t/m^2)；

l——货车平均长度(m)。

10.2.10 为了加速车辆周转和节省机车小时，一般车站与货场之间的取送车作业应尽量按送空取重或送重取空办法；有条件时还应尽量组织双重作业，做到送重取重。为办理这一作业，在货场内应根据具体情况设置存车线，以便作为货场调车和临时停放车辆之用，使货场有节奏和不间断地组织装卸作业。

货场存车线的设置位置，一般可设在货场进口处与进入货场的联络线相连接，如图9所示。

存车线数量一般为1条，如因地形困难，设计成尽头线时可为2条，其有效长度可按取送车的最大长度确定。

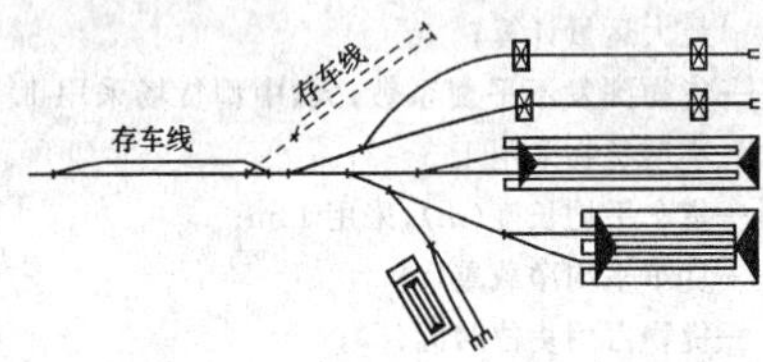

图9 货场存车线位置图

下述情况可以不设或缓设货场存车线：

1 货场距车站调车场较近(如3km左右)且取送调车作业方便时。

2 货场虽然距车站调车场较远，但有其他空闲线路如岔线及其他联络线或有条件利用货场咽喉附近一段引线供调车和临时存放车辆时。

3 货场虽然距车站调车场较远，但作业量不大，取送车次数不多(如2～3次)时。

10.2.11 目前铁路货场的装卸机械正处于发展阶段，由于所采用的装卸机械类型、规格、性能和作业要求不同，因而场地宽度的要求也不一致。集装箱、长大笨重货物和散堆货物装卸线的线间距，应根据选用的装卸机械类型、货位布置、道路宽度和相邻线的作业性质等因素确定。

表22的数据可供设计参考。

表22 装卸机械线间距表

序号	装卸机械类型	线间距(m)	附注
1	两门式起重机中心线间	门跨18m时46 门跨23.5m时50	
2	门式起重机与桥式起重机中心线间	门跨18m时40 门跨23.5m时42	
3	门式起重机与轮胎式、轨道式、履带式起重机中心线间	门跨18m时42～43 门跨23.5m时44～45	
4	桥式起重机与轮胎式、轨道式、履带式起重机中心线间	门跨18m时35 门跨23.5m时37	
5	两链斗卸车机中心线间	铲车运输时58 皮带运输时54 坑道皮带运输时39	
6	两螺旋卸车机中心线间	铲车运输时47 皮带运输时43 坑道皮带运输时28	
7	链斗卸车机与螺旋卸车机中心线间	铲车运输时52 皮带运输时48 坑道皮带运输时33	
8	门式起重机与平面货位装卸线中心线间	门跨18m时34～37 门跨23.5m时36～39	货位宽5～8m
9	桥式起重机与平面货位装卸线中心线间	门跨18m时27～30 门跨23.5m时29～32	货位宽5～8m
10	轮胎式、轨道式、履带式起重机与平面货位装卸线中心线间	31～36	货位宽5～8m
11	门式起重机与链斗式起重机中心线间	铲车运输时52～54 皮带运输时50～53 坑道皮带运输时42～44	
12	门式起重机与螺旋式起重机中心线间	铲车运输时47～49 皮带运输时45～47 坑道皮带运输时37～39	
13	门式起重机与栈桥线中心线间	铲车运输时44～47 皮带运输时42～45	门跨23.5m
14	桥式起重机与链斗式卸车机中心线间	铲车运输时46 皮带运输时44 坑道皮带运输时37	门跨23.5m
15	桥式起重机与螺旋式卸车机中心线间	铲车运输时41 皮带运输时39 坑道皮带运输时31	
16	桥式起重机与栈桥线中心线间	铲车运输时36～41 皮带运输时37～45	
17	两桥式起重机中心线间	门跨18m时32 门跨23.5m时34	
18	仓库站台线与门式起重机中心线间	61～66	仓库宽15～18m 门跨18m及23.5m
19	轮胎式、轨道式、履带式起重机与栈桥线中心线间	铲车运输时39～43 皮带运输时37～45	
20	仓库站台线与桥式起重机中心线间	56～59	仓库宽15～18m 门跨18m及23.5m

中间站货物线与到发线的线间距：当货物线设计为一侧装卸时，两线间虽无装卸作业，但考虑到设置照明电杆、接触网支柱和存放装卸工具以及调车人员和装卸人员作业安全的需要，结合现场经验，一般不应小于6.5m，改建既有车站，为了节省工程投资，困难条件下可不小于5m。如货物线设计为两侧装卸时，货物线与到发线间需要进行货物装卸作业，要有存放货物的货位，搬运机具的通道和必要的安全距离等，当使用人力和手推车作业时，线间最小距离应为2.3m(货位边缘距货物线中心的安全距离)+5.0m(一个货位宽度)+3.5m(一个汽车道宽度)+3.5m(车道边缘距到发线中心线的安全距离)=14.3m≈15m，如采用装卸机械作业时，应按装卸机械作业需要确定其线间距。

10.2.12 根据我国各种货运汽车外形尺寸资料分析，汽车端式停靠站台所需宽度为10.5m可用于大、中型货场，而小型货场则可采用8.5m。故货场内两站台间因要布置道路和停车场地，如站台一侧汽车为端式停靠，另一侧为侧式停靠时，两站台间的宽度为：

8.5m(汽车端式停靠宽度)＋7m(双车道宽度)＋4m(汽车侧式停靠宽度)≈20m

为了使一侧汽车转弯不干扰另一侧汽车的装卸作业，因此，两站台间的宽度可采用20m。

站台与围墙间如布置道路和停车场地时，其间的宽度为：

8.5m＋7m＋2m(水沟及绿化地带宽度)≈18m

货场内通向货区的道路：当作业繁忙和车辆交会多时可采用双车道，否则采用单车道。货场进出口的道路：大、中型货场可采用2～3个车道，小型货场可采用1～2个车道，货场内的其他道路一般为单车道。货场内的道路宜布置成环形。

靠近货场大门内应留有适当面积的场地，以便进出车辆作为临时停放和检查验交货物之用。

货场大门(出、入口)的设置：大、中货场可将出、入口分开或按货区将大门分开，一般宜设置2～3个大门；小型货场一般设置1个大门，以便于管理。

10.2.13 货场内的道路、站台和集装箱、长大笨重、散堆装货区的货位以及车站停留场地，均应分别视情况进行不同标准的硬面处理，以利于货场的正常作业和货物保管。根据调查，有的货场由于硬面处理不好，排水不良，使货物污染和湿损十分严重；有的货场由于没有进行硬面处理，造成刮风尘土满场，雨后泥泞难行，无法进出货，给货场的运营工作带来很大困难。

为了避免货物遭受湿损和减少污染，保证货物装卸与搬运作业的方便，使货场有一个清洁卫生的工作条件，故货场内的堆货场地、道路路面、站台面以及车辆停留场均应结合货场排水，分别视情况进行不同标准的硬面处理。硬面材料和结构类型应根据货场和货区的货物品类和采用的搬运工具，因地制宜选用。

货场道路一般采用混凝土路面，也可根据当地气候和材料情况采用沥青黑色碎石、沥青表面处治、石块路面、石灰炉渣土和砂夹石路面等。

站台面和集装箱、长大笨重、散堆装货区的货位以及搬运车辆停留场地的硬面处理，一般采用混凝土面，亦可根据当地气候和材料情况采用石块面、三合土面和泥灰结碎石面等。

货场道路和场地如是新筑路堤或填土较高且近期难于沉落压实，则一次修筑高、中级路面(如混凝土、沥青黑色碎石等)将会产生开裂和沉陷，使路面破坏，造成浪费。因此，应待路基沉落压实后再行铺筑路面或初期采用低级路面(如石灰炉碴土，砂夹石等)过渡。

10.2.14 我国目前冷藏运输采用加冰冷藏车和机械冷藏车，故在发送大量加冰冷藏车和在路网上适当地点的车站上，应设置加冰所和相应的加冰设备，以办理始发加冰和中途加冰作业。

始发加冰所的设置，应根据本站加冰冷藏车发送量，与邻近加冰所的距离和冷藏车的车流方向等因素综合考虑，加冰冷藏车装车站距相邻中途加冰所较近(不超过250km)，送来的空车又经由中途加冰所，则空冷藏车可在中途加冰所加冰，该站可不设加冰所。

在铁路网上配置中途加冰所时，应考虑保证易腐货物的完整、加冰作业便利和尽量减少加冰所的数量，以达到经济合理的目的。中途加冰所在路网上的分布，应根据加冰冷藏车内温度在一定时间内的变化情况而定。加冰所间的距离要保证加冰冷藏车在加冰所加冰后，运行到前方加冰所时车内温度不会升高到超过货物所要求的温度，因此要求加冰冷藏车冰箱内冰的融化量不应超过一定的百分数。例如，车端式冰箱冷藏车内冰的融化量不超过40%～50%，车顶式冰箱冷藏车不超过80%～85%。两中途加冰所的距离可用下式计算：

$$L=Zv_{旅} \tag{35}$$

式中 L——加冰所间的距离(km)；

Z——冰箱融化一定百分数的冰所需时间(h)；

$v_{旅}$——冷藏车的旅行速度(km/h)。

为了加速冷藏车在枢纽内的作业，使加冰所能够方便地为枢纽各衔接方向到达的冷藏车或本站始发加冰的冷藏车服务，中途加冰所在枢纽内应设在主要车流到达的编组站上；始发加冰所应设在装车作业集中的货运站或货场上；混合加冰所的位置应结合地方和中途加冰作业的需要综合考虑，一般首先考虑中途加冰作业，然后适当考虑始发加冰作业。加冰所的场地大小应根据加冰所的场地位置、加冰机类型、冰场贮冰量、加冰作业方式和线路配置等因素决定。

加冰所的主要设备有制冰、贮冰、贮盐、输送、加冰和加盐等设备。这些设备的规模应根据加冰所的性质和任务而定。始发加冰所需要的冰盐，一般由发货人自备。故仅设临时冰库和盐库即可。中途加冰所的制冰设备，应根据当地气候条件分别采用天然冻结法和机械制冰法制冰。天然冰结法制冰简便，设备少、成本低，比较经济，在我国北方寒冷地区应予推广，如附近有河道、水池，在冬季有条件利用天然冰备冰时，也可不另行设置制冰设备。

加冰所的加冰站台长度和加冰线应根据一次加冰作业车数和加冰作业方式确定。一般可采用半列冷藏车或一组冷藏车的长度，但始发加冰所如设有移动车辆的设备时，加冰站台长度，可按1辆保温车的长度考虑。

采用机械冷藏车装运易腐货物，为使机械冷藏列车正常运行，应在铁道部统一规划下，在有大量易腐货物装车的机械冷藏列车始发站设置机械冷藏车车辆段，担任该种列车车辆的检修、保养、整备和日常运用工作；在有机械冷藏列车运行的线路中途适当的大站(编组站、区段站)设置机械冷藏车加油点，担任中途加油作业。

10.2.15 根据铁道部《危险货物运输规则》的要求，凡装运过危险货物的车辆，卸完后必须彻底清扫；对装运过剧毒品的车辆，卸完后必须进行洗刷；如车辆受到有毒货物污染或有刺激、异臭时，必须进行洗刷和消毒；装过牲畜、活动物、畜产品、鲜鱼介类和污秽品等货物的车辆，也应根据具体情况，卸完后进行彻底清扫、洗刷和消毒。没有洗刷条件的车站，应将上述车辆向指定的洗刷消毒所回送，并在回送车辆上注明原装的危险货物和污秽货物名称，以便按规定进行洗刷消毒。

货车洗刷消毒所可设在危险货物、牲畜、活动物、畜产品、鲜鱼介类和污秽品等货物卸车量大而比较集中的货运站或货场附近。当卸车地点比较分散而各点的卸车量又不大时，应在能够吸引上述货物卸空回送车辆的编组站或区段站上集中设一个货车洗刷消毒所。卸车量不大，车辆不需消毒而只需用清水洗刷时，也可以在车站(货场)附近设置有供水管路、排水设施以及硬面处理的专用线路，进行清扫洗刷作业。

为了避免对铁路其他设备和居民区的污染，货车洗刷消毒所应远离居民区并与其他设备分开设置，对洗刷后排出的污水，应按国家现行《工业"三废"排放标准》要求进行处理。排泄处理的污水水质应符合原农林部、卫生部联合制订的《污水灌溉农田卫生管理办法》的要求。

10.2.16 由铁路运输的牲畜、大致可分为出口、军用、民用和供应城市4类。

出口方面：外贸部门设有专门的管理机构，有专业人员专用设备，运输管理比较完善。在装车时，按照牲畜的种类、数量、运输时间和牲畜饮食定量，一次配足饲料。为防止途中列车晚点或其他原因中断行车造成饲料不足，在某些区段站或编组站上还设有专人管理的饲料供应站。这类牲畜在其运输过程中，仅需铁路沿途供水。

军用方面：一般是随部队调运的牲畜运输，货源比较集中，饲料充足，除牲畜车内带有饲料外，列车还挂有专用的饲料车，途中仅需供水。

民用方面：为各省、自治区、直辖市和县相互调配及支援的牲畜运输。在运输前，被分配和支援的主管单位由专门人员组成调运和押运组。押运组负责途中上水和饲料，从组织接运到沿途运输主要是供水。

供应城市方面：为各省、市食品公司和冷藏库经营管理的猪、羊、鸡、鸭等牲畜的运输，货源一般来自本省，运输距离较短，饲料一次供足，故途中也只需要供水。

因此，为保证通过的牲畜运输需要，应在区段站和编组站的到发线旁设置供牲畜饮水的给水栓。

根据调查，牲畜在运输途中，一般是白天喂两次，在喂草料时饮水，两次饮水的间隔时间约为6h，货物列车的旅行速度大致为24～32km/h，故牲畜供水站（点）的分布距离，规定为100～200km。

10.2.17 随着化学工业、国防工业和现代科学技术的发展，铁路货物运输中的危险货物，不论在品种上或数量上都日益增多。这些货物在运输过程中受到摩擦、撞击、震动、接触火源、日光暴晒、遇水受潮、温度变化或者与其他性质抵触的物品相接触，往往会造成燃烧、爆炸、放毒、腐蚀和放射等严重事故。为了安全地完成危险货物的运输任务，铁路应根据危险物的运量、性质和危险程度等分别设置专业性货场、货区或仓库。

在化学工业比较发达、有大量整车和零担危险货物到达和发送的大、中城市，如年运量在0.1Mt及以上时，宜设置专业性危险货物货场。

在综合性货场内，如经常有整车危险货物到达、发送或有较多的零担危险货物列车到发，为了作业安全，宜单独设置危险货物货区。

综合性货场有零担危险货物到发和中转时，为了便于集中管理和搬运，可在成件包装货物仓库的一端设置危险货物仓库。中间站小型货场有零星危险货物作业时，也可在普通货物仓库内分隔出单间，专门保管危险货物。

综合性货场的危险货物区不应办理爆炸品及放射性货物装卸业务。这些货物应由铁路指定专门的车站办理，且应及时装车和出货。

专业性危险货物货场、综合性货场内的危险货物货区和爆炸品、放射性货物装卸车站的设置地点、位置和主要设备，应符合公安、防火、防爆、防毒和卫生等有关规定，并应征得当地有关部门同意。

为了满足防火、防爆等安全要求，根据危险货物的性质和现行国家标准《建筑设计防火规范》的有关规定，危险货物仓库、堆场、贮罐与邻近居民区、公共建筑物、其他工业企业铁路和道路等之间应保持必要的安全距离。

按1979年9月5日铁道部(79)科研二字139号文，由铁道部基建总局、货运局、科技委、公安局邀请公安部七局共同审议济南铁路局关于站内卸轻油车防火间距的研究报告，提出如下意见：

1 铁路中间站卸油时，罐口应用石棉被等覆盖，卸油地点距正线、到发线的防火间距不应小于30m，距其他线路不应小于20m。

2 开启油罐车入孔盖时或往车内注油时，有火机车和其他有火车辆距作业罐车不得小于200m。

3 现在中间站卸油地点与防火要求不符时应要求卸油单位搬迁，如立即搬迁有困难时，在卸油单位制订确保安全措施并征得当地公安部门同意的条件下，铁路可同意卸油单位在搬迁限期前继续使用。

另按《石油库设计规范》的有关规定，装卸油品作业线终端车位的末端至车挡的安全距离为20m。

11 工业站、港湾站

11.1 一般规定

11.1.1 钢铁、煤炭、石油和大型机械制造等企业，目前大都依靠铁路运输。这些厂矿企业的运输和装卸作业量均较大，而且由于装卸量极不平衡和某些原料及产品对车种的特殊要求，还产生大量重空车流的交换。对于这些企业，由于其运量和运输性质等因素决定，多数情况下应设置主要为办理该企业的列车到发、解编、车辆取送和交接等作业的铁路工业站。在城市内，由于城市规划、工业布局和企业综合利用的要求，较多行业的工厂，集中在一个工业区内，其中每一个工厂虽不如上述那些企业有大量的大宗货物运输和装卸作业，但也产生相当的运量。根据其作用、性质和工业区位置的要求，往往需要设置地区性的多企业共用的工业站，以便铁路专用线接轨，统一办理各企业车流的到发、解编、车辆取送和交接作业，并解决与编组站或区段站间在车流组织上的合理分工。

在我国大量沿海和内河港口中，其水陆联运货物经由铁路运输的占大多数。为了完成路港联运，可利用离港口最近的编组站或区段站办理对港区的取送车、调车和交接作业。但对于一些吞吐量较大的河海港口和离编组站或区段站较远的港口，往往需要另设主要为港口运输服务的港湾站。

工业站和港湾站多数位于企业或港口铁路与路网铁路的接轨点处。根据我国目前实际情况，单纯为厂矿企业或港口服务的工业站或港湾站为数很少，大多数工业站或港湾站除主要为厂矿企业或港口服务以外，还根据它们在路网中所处的地位，兼办路网上一定数量的中转或客、货运作业。

11.1.2 为同一企业和工业区服务的工业站，原则上以集中设置一个为宜，这有利于路网铁路的车流组织、机车交路的衔接、设备集中和车辆交接简单等。因此，只有在某些特定条件下，则可研究是否设置多个工业站。

11.1.3 当设置多个工业站时，如其位置能与货物流向和车流组织互相配合，则可避免车流的折角和迂回运输，这对加速机车、车辆周转和降低运输成本均有积极意义；但当企业运量不很大时，也会造成车流和设备过于分散，增加工程投资和运营开支。因此，对工业站的布局必须结合厂、矿总图规划通过全面衡量，并与企业部门共同确定工业站数量。

根据我国目前情况，年产量在1Mt及以下的钢铁厂，可设置一个工业站（当设置两个工业站并不增加大量工程而对运输显著有利时，也可考虑设置两个工业站）；年产量在1～2Mt的钢铁厂，当其原料和产品绝大部分通过铁路运输时，可根据条件设置一个或两个工业站。煤矿工业站的数量，应根据矿区大小、产量、矿井和装车点的分布及其与铁路网的相对关系、煤炭流向、空车来源，以及各个接轨点的铁路专用线修建长度和技术条件等因素进行综合比较，选择合理的设站和接轨方案后确定。对于大型矿区，当其位置与2条或2条以上铁路线相邻，或矿区沿铁路线带状分布，当地形条件许可时，可考虑在铁路线上适当增加工业站的数量，以利于各矿点的均衡生产和运输，缩短铁路专用线的修建长度，但必须考虑车流组织的合理性。对于石油开采和加工工业，可根据所在油田的开采和运输方案以及炼油厂的规划，设置一个或数个为原油或成品油装车服务的工业站。对于不设在油田的大型炼油厂，其原油如经铁路送达时，可结合炼油厂的总布置，设置一个为原油卸车和成品油装车共用的工业站。当原油经管道输入时，则可设置一个为成品油装车用的工业站。对为一个工业区多个企业服务的工业站，应根据所服务的工业区范围、各企业的性质、生产规模、运量及运输要求、工业区所在位置与铁路网的关系和铁路专用线接轨条件等因素，确定在该工业区设置一个或一个以上的工业站。

1 工业站、港湾站的位置可设在路网铁路上或靠近企业、港口。当企业、港口距路网铁路较近或该站需担当路网车流的作业等情况时，应设在路网铁路上，否则，应尽量靠近企业大量货流入口或出口的地点，并使原料或空车来源和产品去向适合于企业内部的总布置和生产流程，尽量避免车流的折角和迂回运输。例如，煤矿工业站应尽量设在矿区出口处产煤集中的地点；石油工业站应靠近油田或炼油厂的装卸点。对于钢铁厂，当仅设一个工业站时，应尽量使其靠近原料入口处或企业中部；当设置两个工业站时，一个可设于原料入口处，另一个靠近成品出口处。当铁路线上两个方向都有原料和成品出入时，则应根据企业总布置条件，考虑合理的车流组织方案，以确定工业站之间的分工。

港湾站应尽量设在靠近各码头的适中地点，以延长大运转列车的走行距离，减少小运转列车(或调车作业)的走行距离，从而提高运输效率和降低运输成本，但应注意不要贴近深水岸线，以免妨碍港口工程的建设。

2 在选择工业站或港湾站位置时，尚应考虑铁路专用线接轨方案的合理性，包括其修建长度，工程投资的大小，平剖面技术条件是否与企业或港口的运量和运输要求相适应，该线在工业站或港湾站内接轨是否干扰铁路正线行车和车站作业，至各作业站(分区车场)和装卸点(特别是作业量大的装卸点)取送车有无方便的条件，以及工业站或港湾站的位置在将来扩建时与企业或港口的生产运输和基建的发展有无矛盾等。

3 位于城市中的工业站和港湾站，其位置应与城市规划相互配合，尽量避免铁路车站与城市发展和对城市道路、居民区的干扰，减少房屋拆迁工程，满足城市的环保、公安、消防和卫生要求，并与其他运输方式密切配合。在确定港湾站位置时，尚应注意港口与路网铁路的相互关系，统一考虑路港客货联运的便利。

11.1.4 工业站或港湾站规模，主要取决于所服务的企业或港口的性质和规模，由铁路负担的运量和改编作业量的大小，大宗货物的运输性质及装卸作业特点，该站所担当路网上的作业量以及管理和交接方式等因素。工业站或港湾站的规划必须与企业或港口的规划密切配合。在考虑企业或港口规划的基础上，进行工业站或港湾站的远期布置，以适应将来的发展，并按分期建设的原则设计分期工程。由于一些大型企业和港口建设周期往往较长，从投产至达到远期产量(或吞吐量)需要一定时间，分期建设可以避免过早投资，提高投资效益。

11.1.5 铁路与企业或港口间的管理方式分为：由铁路统一管理的，简称“统管”；由铁路和企业、港口各自管理的，简称“分管”。交接方式分货物交接和车辆交接两种，前者即双方仅将到达及发送的货物交给对方；后者即双方将到达及发送的货物连同车辆(或空车)一起交给对方。

上述管理和交接方式的选择，主要取决于企业生产性质、企业内部是否主要采用铁路运输和复杂程度，以及企业生产流程和铁路运输是否紧密结合等因素，在考虑上述因素的基础上，经技术经济比较后与企业或港口协商确定。

11.2 工业站、港湾站图型

11.2.1 在实行车辆交接的情况下，较大企业或港口一般都设有企业站或港口站，以便向铁路工业站或港湾站办理车辆交接，并担负企业或港口内部各作业站或分区车场和装卸点的车辆取送及调车作业。因此，设计时应在考虑铁路运输与企业或港口内部运输合理衔接的基础上，对工业站与企业站或港湾站与港口站进行合理配置。

当工业站或港湾站担负路网中转车流的作业量较小，距企业站或港口站较近，且地形条件适宜，可将工业站与企业站或港湾站与港口站联合设置，使路厂(矿、港)双方便于联合调度指挥，为列车到发和取送车作业的衔接创造良好条件，以减少车辆在企业或港内的停留时间，加速车、船的周转。若因铁路线走向或城市客货运输要求使工业站或港湾站距企业或港口较远，当企业或港口内部运输要求企业站或港口站设在企业或港口，而兼负路网一定中转作业量的工业站或港湾站为了满足总体布置的要求和避免作业上的较大干扰宜将工业站与企业站或港湾站与港口站分设。

11.2.2 本条文中所附图型，货物交接采用统管方式，车辆交接按分管方式考虑。

1 采用货物交接时的交接作业是在货物装卸点办理，车辆的取送和调车作业均由路方承担。采用此种交接方式的作业量一般不会很大，因此，宜采用横列式图型(条文图 11.2.2-1)。

2 当采用车辆交接且工业站与企业站或港湾站与港口站分设时，工业站、港湾站宜采用横列式图型(条文图 11.2.2-2)。我国既有的这类车站多为横列式图型。由于到达工业站、港湾站的直达列车和大组车占一定比重，且部分发往路网的车流在企业或港口进行取送车时已照顾编组，有条件在交接线上坐编发车或者工业站、港湾站与编组站间只开行小运转列车，有些解编作业可在编组站办理。所以当工业站、港湾站的解编作业量较小时，宜采用横列式图型。它具有站坪长度短、占地少、定员少、设备集中和管理方便等优点。作业量大的工业站、港湾站，可根据需要和地形条件采用其他合理图型。

3 当采用车辆交接且工业站与企业站或港湾站与港口站联设时，双方车场均可采用横列式图型，根据作业情况和地形条件，可将双方车场横列配置(条文图 11.2.2-3)或纵列配置(条文图 11.2.2-4)。前者具有站坪长度短、车场布置紧凑和双方联系方便等优点；缺点是解编车流调车行程长，当作业量增多时进路交叉干扰多。后者的优点是各车场咽喉区布置简单，双方作业互不干扰，在密切配合的情况下，进入企业或港口车场的车列(组)可直接经由驼峰解体进入交接场，减少转场作业，缺点是双方车场相距稍远。当作业量大时，宜采用双方车站联设的双向混合式图型(条文图 11.2.2-5)或其他合理图型。

类似双向混合式图型，我国现有两种管理方式：一种是两套系统按横向管理，(条文图 11.2.2-5 所示)，即入企业或港口系统的到达场由路方管理，编发场由企业或港方管理；自企业或港口发出系统的到达场由企业或港方管理，编发场由路方管理。另一种是分别按系统纵向管理，即条文图 11.2.3-5 所示的 1、2 车场由企业或港方管理；3、4 车场由路方管理。

以上各款所述双向图型是代表性图型，设计中应根据各自的作业量、作业要求和地形条件等情况适当调整。

4 为特大型钢铁厂服务的工业站或为大宗散装货物专用码头服务的港湾站，当站内设置装卸设备时，应根据厂、港和车站作业流程的合理衔接，统一设计车站图型，以便减少工程投资、用地和定员，压缩车、船停留时间。

11.3 主要设备配置

11.3.1 采用车辆交接，当工业站、港湾站设有交接场并与对方车站分设时，若为横列式布置，交接场宜设在调车场外侧或一端。前者将交接场一端与调车场共同连通驼峰，另一端接岔线，进入企业或港口的零散车流可直接溜入交接场。后者将交接场与工业站、港湾站纵列配置，当工业站、港湾站横向受地形限制或因车站线路多而引起咽喉区布置复杂时，可采用这种配置方法。若采用其他图型时，交接场宜设在调车场一侧，以便集结和交接作业。

当工业站、港湾站与对方车站联设横列设置，可在双方车场间设交接场，以便利交接作业。也可将交接作业在企业或港口到发场办理，而不设置交接场。

11.3.2 交接作业地点应根据所采用的交接及铁路专用线管理方式和车站布置形式分别确定。

1 采用货物交接，铁路与企业或港口间仅将到达企业或港口以及从企业或港口发出的货物交给对方。到达企业或港口的重车由铁路机车送至卸车线，办理货物交接后卸车。自企业或港口发出的货物，也由铁路机车将空车送至装车线装车并交接。此外，在设有为大宗散装货物装卸用的漏斗仓、翻车机或卸车沟的工业站和港湾站上，按照作业程序要求，装车货物宜在装车线办理交接，卸车货物宜在卸车设备前的车场或卸车线办理交接。

2 采用车辆交接，铁路与企业或港口间在指定地点将货物连同车辆一并交给对方，即同时进行货物和车辆技术状态的交接。在工业站、港湾站与对方车站分设时，若在工业站、港湾站交接，一般在交接场办理，即直达列车、大组车和零散车辆均在交接场交接。当直达列车和大组车较多或工业站和港湾站上不宜设置交接场时，则双方车站间岔线运输宜由铁路管理，交接作业宜在企业站或港口站到发场办理。

3 采用车辆交接，双方车场联设时的交接地点。

1）当双方车场横列布置时，宜在双方车场间的交接场交接；双方车场纵列配置时，宜在工业站或港湾站的交接场交接。当路方车场无条件设置交接场或为减少车列转线次数而不设专用交接场时，双方车场横列或纵列布置，均宜在企业或港口到发场交接。

2）当双方车场采用双向二级混合式布置时，双方均可不另设交接场，而在到达场交接。当双方采用横向管理时，进入对方的列车均接入各自到达场向对方交接。再由对方的调机推向对方的编发场解体。当双方采用纵向管理时，进入对方的列车均接入对方的到达场向对方交接，再由各自的调机推向各自的编发场解体。

11.3.3 铁路专用线在工业站或港湾站接轨，应避免与路网铁路行车和车站作业相互干扰。经对工业站和港湾站的调查资料进行分析表明，到达工业站和港湾站的直达列车和大组车的比重一般较大，所以铁路专用线设在工业站、港湾站路网铁路大量车流出入的另一端，为直达列车直接进出企业或港口创造方便条件。有多条铁路专用线在工业站或港湾站接轨时，应有统一规划，并尽量接在工业站或港湾站车场同侧，以减少取送车对正线行车和车站作业的干扰。

1 采用货物交接，有较多整列、大组车出入的铁路专用线，宜在到发场接轨，以减少调车作业；当出入铁路专用线的车列需经调车场解编并集结时，为方便作业宜与调车场或编发场接轨；运量较少的铁路专用线可在调车线、次要牵出线或其他站线接轨，可以简化接轨布置。

2 采用车辆交接，铁路专用线的接轨。

1）在与企业站、港口站分设的横列式工业站或港湾站上，进出企业或港口的车辆一般要经过交接场，因而从技术作业过程的需要考虑，铁路专用线应与交接场接轨。但为了作业的灵活性，需要与各车场连通。

当双方车站间铁路专用线由铁路管理时，一般可在调车线接轨，但当出入铁路专用线的直达列车、大组车较多时，其车列在工业站、港湾站无须改编作业，则可直接接入到发场。

2）在双方车站联设的横列式工业站、港湾站上，铁路专用线在企业或港口到发场接轨，设有交接场的，同时与交接场接轨，并有与各车场连通的条件，是为了作业的灵活性。

在双方车站双向混合式布置时，入企业或港口铁路专用线在企业或港口编发场接轨。出企业或港口铁路专用线，当采用“各进自场”的作业方式时，交接地点在各自到达场，与企业或港口到达场接轨；当采用“各进它场”的作业方式时，交接地点在对方到达场，则与铁路到达场接轨。

11.4 站线数量和有效长度

11.4.1 工业站或港湾站到达场、到发场和出发场的线路数量，应根据路网铁路到发列车对数、企业或港口小运转列车（车组）到发或取送车次数和路厂（矿、港）的统一技术作业过程确定。具体设计时，可用分析法计算。各种列车（车组）占用到达场、到发场和出发场的时间指标，可对照类似车站的指标并结合具体情况确定。由于企业或港口进出工业站或港湾站车流的波动性较大，设计的到发线宜留有一定的机动能力。

到发线的有效长度应与衔接的路网铁路的车站到发线有效长度统一。对于只接发（取送）小运转列车或车组的到发线有效长度，可根据实际需要确定。

11.4.2 工业站或港湾站用于集结发往路网车流的调车线数量和有效长度，应根据列车编组计划规定的组号、每一组号每昼夜的车流量、车流性质和车站作业需要确定。设计时，对按列车编组计划规定的到站和去向进行车列解体、集结、编组或编发用的线路，可比照编组站的有关规定办理；供其他作业车辆（如待修车、返厂或返港车、守车、本站车、超限车、危险品车和倒装车等）停留用的线路，则可根据各种车辆每昼夜停留数量确定。停留车数量较小者，应与其他线路合用，以减少工程投资。

11.4.3 工业站、港湾站集结发往企业或港内车流的调车线数量，应按交接方式的不同分别确定：

1 采用货物交接时，对需要在调车线集结后送入企业或港口的车流，宜按企业或港口各作业站（分区车场）或装卸点数量、向各作业站（分区车场）或装卸点每昼夜编组车数、装卸线和装卸设备能力和路厂（矿、港）统一技术作业过程确定；也可按至各到站和装卸点每昼夜集结、发送的车组（列）数以及相应的作业时分，用分析法计算确定。

2 采用车辆交接时，如工业站与企业站或港湾站与港口站分设，双方的分工应为：工业站或港湾站担负自企业或港口发出车流的解编作业，企业站或港口站担当进入企业或港内车流的解编作业。因此，除直达列车和大组车宜在到发线上直接转入企业或港口外，是否需要另设调车线集结解体后进入企业或港口的车流，可按以下两种情况确定：

1）若交接线不设在工业站或港湾站内，可按在调车线集结发往企业或港口的车流量（可不分组）和车组（列）编组辆数等因素确定。

2）若交接线设在工业站或港湾站内且布置在调车场一侧，须解体后送入企业或港口的车辆宜直接溜（送）入交接线，故可不设集结发往企业或港口车流的调车线。

3 为满足大宗货物运输的需要，在原油装运站常备有罐车固定循环车底，成批装运汽车或拖拉机的车站，有时要备用一些平车，办理粮食或化肥转运的港湾站，常备有一定数量的棚车待用。有上述类似情况的工业站或港湾站，均应根据其备用车数量，适当设置备用车停留线。

4 集结发往企业或港口车流的调车线有效长度，应等于发往企业或港口小运转列车（车组）长度（按企业或港口线路的技术条件、牵引重量和作业站或分区车场的线路有效长度等因素确定）加附加长度。在设有驼峰的调车场，附加长度按驼峰溜放车辆与尾部编组车辆之间的安全距离40～60m加“天窗”距离40m之和计算为80～100m。

11.4.4 采用车辆交接时，若工业站与企业站或港湾站与港口站分设且交接线设在工业站或港湾站内时，交接线数量应按每昼夜交接车流量、向交接线取送车次数和办理车辆取送及交接等作业时间指标，用分析法计算确定。对大型钢铁厂、特大型煤矿和出入交接线车流大的企业或港口，尚应考虑出入企业或港口的交接线各不少于2条。若工业站与企业站或港湾站与港口站间取送车往返均采用牵引运行，且取送车次数较多，可根据需要设置机车走行线1条。

交接线的有效长度应与工业站或港湾站的到发线有效长度一致，以利于整列交接。如发往企业或港内小运转列车（车组）长度与发往路网铁路列车长度相差较大，为节省工程投资，部分交接线的有效长度可适当减短，但不应短于企业站或港口站的到发线有效长度。

12 枢 纽

12.1 一 般 规 定

12.1.1 铁路枢纽是位于路网的交汇点或端点，由客运站、编组站、其他车站和各种为运输服务的设施以及连接线路所组成的整体。其作用主要是汇集并交换各衔接线路的车流，为城镇、港埠和工矿企业的客、货运服务，是组织车流和调节列车运行的据点，为该地区铁路运输的中枢。铁路枢纽与工农业发展、城市建设、国防建设和其他交通运输系统有着密切联系。因此，无论在新建和改建枢纽设计时，应从全局出发，对影响枢纽设计的以下基本因素进行全面综合研究分析：

1 枢纽的规模和编组站的性质。

1)枢纽的规模分为大型、中型和小型，应根据引入线路的多少和引入方向，编组站、客运站的数量、规模和布局，城市的地理位置、规模和工业区的分布，地形和地质条件以及国防要求等选定。

2)枢纽所处地理位置的特征：所在地是首都、省会还是一般中、小城市，是国境还是腹地，是矿山、港口等路网起讫点还是铁路线汇集处，是主要铁路线还是一般铁路线汇集处等。由于各地情况不一，对枢纽设备布置要求便各不相同。

3)对枢纽内编组站所承担的任务性质要着重研究分析它是以通过车流为主还是中转改编车流为主或是以地方车流为主或通过车流与地方车流并重。因为任务的性质将决定编组站在路网中的性质(是路网性的、区域性的或地方性的编组站)和设备的配置。

4)与相邻枢纽编组站协作和分工：研究目的在于充分发挥设备潜力，进一步求得主要设备在路网中的合理布点。另外，调整分工、改变列车编组计划和机车、车辆检修任务等，也能缓和相邻枢纽编组站设备能力的不足，消除或减少枢纽内有两个及两个以上编组站的车流折角重复作业。根据相邻枢纽的协作分工修建联络线和迂回线，则可调整客货通过列车经路并消除折角运行。

2 各引入线路的技术特征。根据引入线路的技术特征，对枢纽的线路和设备应通盘考虑，合理安排。

1)枢纽内的线路、车站等的技术标准除必须与相应引线相配合外，还要适应枢纽内主要作业的统一性，但也不能强求全面统一，盲目追求高标准。

2)对枢纽内不同牵引种类(电力、内燃)、机车类型(客、货运机车)和作业性质(大运转和调小机车)的机务设备，要正确处理布点上的集中与分散，设备布置上的专业与综合，作业上的分工与协作等关系。

3)在各引入线路牵引重量不统一的情况下，要为简化作业和加速机车、车辆周转采取积极措施。

3 客、货运量的性质和流向。在确定设计原则和设备规模时，运量是主要因素之一，但不是唯一的依据，尚应考虑其他因素。

要分析客、货流的性质是属中转的、地区的还是综合的，是长途的、短途的还是综合的等等，使设备与之相适应，以提高运营效率。

客、货流向是选定车站位置和引线方案的重要因素之一。随着路网的逐渐形成和发展，资源的开发，会引起客、货流向的变化。因此，要求车站和引线的设计能适应这些变化。

4 既有设备状况。对既有设备要认真调查清楚，一般要充分利用，不可轻易废弃，但也要防止勉强迁就，以免造成日常运输的不合理和加大运营支出。

处理既有设备的利用、改造或拆迁是一个极其复杂的问题，要注意改善铁路运营条件，消除或减少对城市的干扰，还要适应发展需要，留有余地。

5 枢纽设计必须尽量利用地形、地质条件，在保证质量的前提下尽量减少工程量，节约投资。

6 铁路枢纽是构成城市交通运输设施的一个重要部分，因此应与城市发展规划密切配合，尽量做到：

1)铁路正线避免分割城市的重要区域；

2)客、货运车站位置与城市规划布局特别是与道路和其他交通运输系统相配合；

3)铁路房屋与城市建筑群体相协调；

4)岔线有计划地伸向工业区和仓库区；

5)灰末易扬和恶毒气味货物和危险品等货运设备的布置应符合环保、公安、卫生、消防要求并设在城市的下风方向和河道的下游。

7 铁路运输在某些情况下并不能直达物资单位的场库，因此要求与公路、水运以及其他交通运输系统能互相配合、衔接和联运，必要时应使它们的技术装备尽可能靠近，以便于组成当地的运输综合体。此外，还应考虑有调节由于自然条件或季节影响而引起的运输条件和运输方式变化的机动性。

8 铁路枢纽是交通运输体系中重要环节之一，必须与国防建设相配合。枢纽布局应符合战备要求，在设计过程中应与有关部门共同研究解决。

9 在铁路枢纽设计中，应重视采用先进技术和装备，以提高运营效率。

12.1.2 枢纽总布置图应确定枢纽近、远期及长远规划的总体布局，各方向线路的引入方式，枢纽内线路的配置和各主要站(段)的数量、位置、用途及其分工等。它是枢纽分期建设的重要依据。根据运营需要，城市建设和其他运输系统的要求，铁路枢纽应按总布置图方案分期修建。在考虑分期工程时，应尽量避免在下一期改建工程中有废弃多和严重干扰运营等情况发生，同时，还要考虑发展需要预留用地。

枢纽总布置图随着客观形势和事物的发展变化，必要时应进行修正。

12.1.3 铁路枢纽由于各线路引入的数量和方向不同，各枢纽担负任务不一，当地具体条件各异，因而枢纽内各专业车站和主要设备的配置以及各方向引线和联络线的设置都将随着影响总图布局各因素的差异而变化。本条文结合枢纽主要组成部分的布置原则提出下列几种一般性枢纽布置图型，作为枢纽总布置图设计的基本结构一般要求：

1 一站枢纽具有一个客、货共用车站，是枢纽最基本的图型。其特点是设备集中，管理方便，运营效率高，但客、货运作业互有干扰，能力较小。这种布置一般适用于改编作业量较小，城市规模不大的枢纽。客、货共用的车站可能构成枢纽以后扩建的一个组成部分。因此在设计这类枢纽时必须充分考虑其发展因素，预留发展用地。车站两端引入线路的平、纵断面宜尽量平顺，疏解布置应力求简单并适当远离车站。

2 三角形枢纽：引入线路汇合于三处，各方向间有较大客、货运量交流的枢纽，可在改编作业量大的线路上设置一个客、货共用车站。其他方向的通过列车可经由联络线通行，以缩短列车行程，避免折角列车在车站变更方向运行。如另有新线引入，可根据车流的发展变化将原有客、货共用车站改为客运站，并结合新增线路方向在车流集中的线路上新建编组站。如图 10 所示。

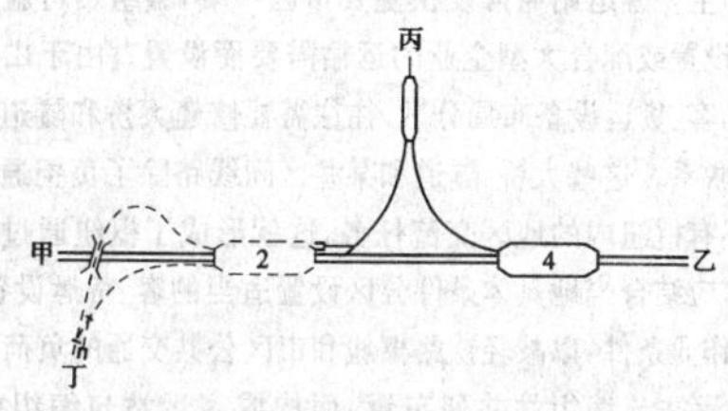

图 10 三角形枢纽布置示意图

2—编组站；4—客、货共用站

3　十字形枢纽：两条铁路线交叉，各自具有大量的通过车流而相互间车流交流甚少的枢纽，无需修建单独的编组站。此时，两线可作十字交叉布置，使无作业列车能顺直地通过本枢纽，以取得缩短运程、减少干扰和节省投资的经济效果。在路网较密和交叉点多的地区，如有大量通过车流的新线与既有线成近似正交，新线上不需另建编组站的，可修建必要的车站，联络线和立交线路，使新线与既有线上的编组站、专业站相衔接，构成如图11的十字形枢纽，以减少路网上的编组点。新建枢纽的运营初期，一般常在主要车流的运行线上先建一个客、货共用车站，以后再修建立交联络线和其他车站而形成十字形枢纽布局，如图12所示。

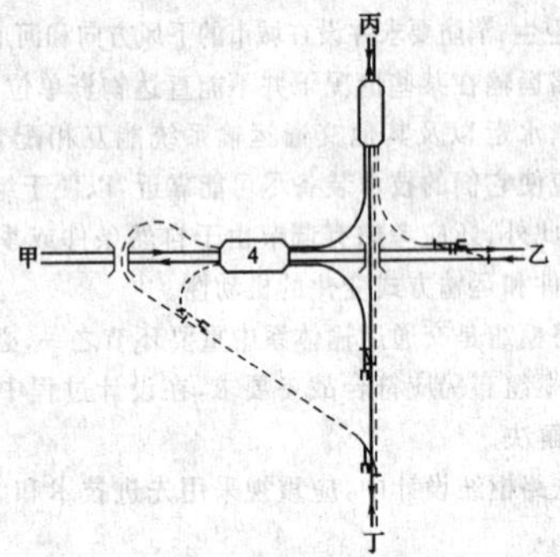

图11　近期形成的十字形枢纽布置示意图

4—客、货共用站

4　顺列式或并列式枢纽：如客运站与编组站顺列布置，即构成客、货列车运行于同一经路的顺列式或伸长式枢纽，如图13所示。其优点是进出站线路疏解布置简易，客、货运站和编组站布置方便，灵活性大，便于发展。缺点是客、货列车运行于同一主轴线上、随着行车量的增长，使区间通过能力不足，因此，在繁忙的干线上应预留修建加强线路的条件。

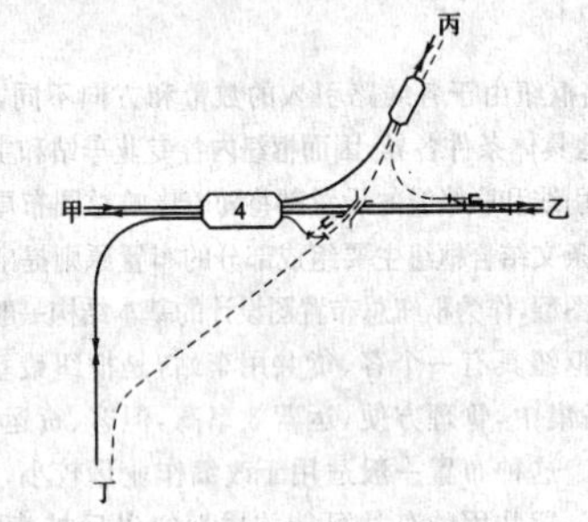

图12　远期形成的十字形枢纽布置示意图

4—客、货共用站

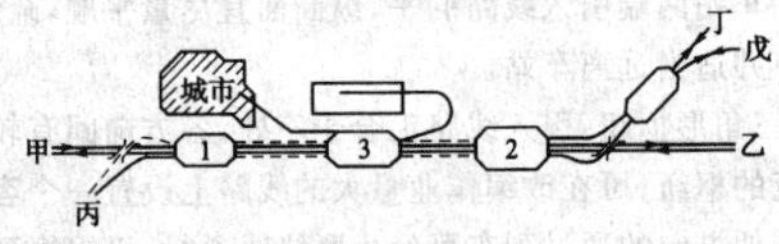

图13　客运站与编组站顺列的枢纽布置示意图

1—客运站；2—编组站；3—货运站

被江河分隔造成市区分散的城市，由于城市建设对枢纽布局的要求，枢纽的主要客运站通常设在主要市区一端，编组站可就近引入线路汇合处设置或配合大型企业的运输需要而设置。由于山河地形所限，枢纽的客、货运设备布局分散，往往需要修建大桥和隧道以沟通各区之间的联系。这些大桥、隧道和某些区间线路除了负担通过列车的运行外，还有枢纽内的地区交流任务，这就形成了枢纽通过能力的咽喉。因此，应结合当地具体条件分区设置适当的客、货运设备，使各区有独立的作业条件，以减轻铁路枢纽和市区公共交通的负荷。

如客运站与编组站并列布置，而构成客运站与编组站分设在并列的客、货列车分别运行的经路上的并列式枢纽，如图14所示。其优点是客、货列车运行互不干扰，通过能力大，在当地条件受限制时，客运站与编组站位置的选择有较多的活动余地。其缺点是进出站线路疏解布置较为复杂，分期过渡困难。这种布置形式通常用于客、货运量均大和当地条件合适的枢纽。

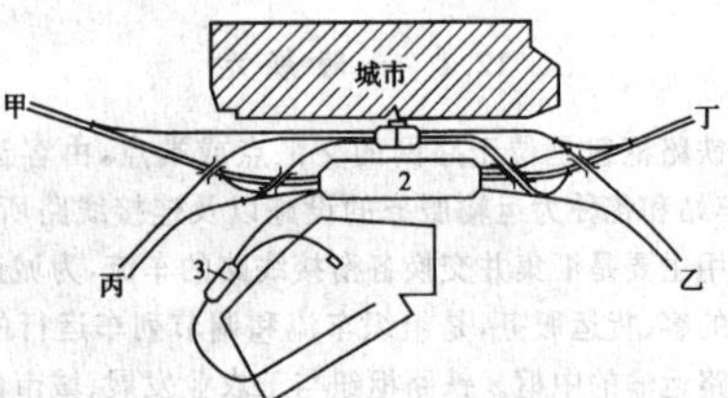

图14　客运站与编组站并列的枢纽布置示意图

1—客运站；2—编组站；3—货运站

5　环形枢纽：引入线路方向多时，为便于各方向间的客、货运输交流，避免各引入线路集中于少数汇合点，并为地区客、货运业务提供较好的服务条件，可采用环形和联络线连接各方向引入线形成环形枢纽，如图15所示。在运营上环形枢纽通路灵活。环线对运行通路能起平衡和调节作用，缺点主要是经路迂回。

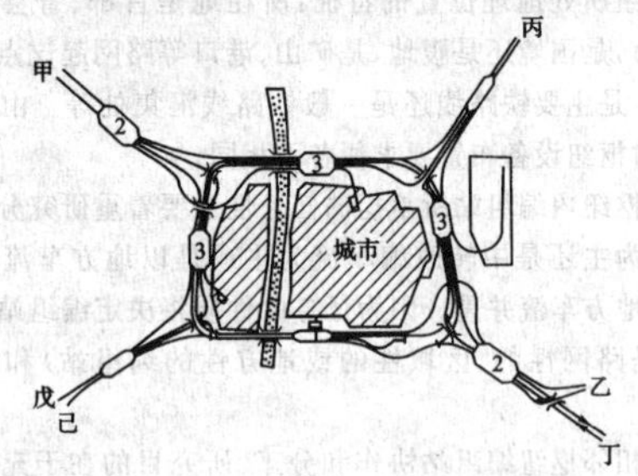

图15　环形枢纽布置示意图

1—客运站；2—编组站；3—货运站

大城市的枢纽城区范围大，工业区分散、服务城市和工业区的铁路线、联络线较多。在改建既有枢纽时，可结合上述线路的分布，考虑发展为环形枢纽布局的可能性。

在改建特大城市的环形枢纽中，鉴于枢纽环线外绕市区运行经路过于迂回，不利于铁路车站和设备深入市区为城市服务，必要时可修建地面（包括高架）或地下直径线，使长（短）途客车、市郊客车以及为市内货运站开行的枢纽小运转列车能进入市区，以改善铁路对城市客、货运输的服务条件，减少部分客、货列车的迂回绕行，相应增大枢纽环线的通过能力。

环形枢纽的编组站宜设在与环线会合处的引入线上，如设在环线上，应保证环线通畅和必要的通过能力。

环形枢纽的客运站可设在环线上，也可采用尽端式客运站或在直径线上设置客运站使之伸入市区。

新建环线应设在市区范围以外。如客运站设在环线上，则该段环线应尽量靠近市区。为近郊市镇和工业企业服务的环线，应结合其布点选线并注意与农田水利方面的要求配合。

当特大城市的环形枢纽各线路间有强大车流交流时为减轻枢纽负担，缩短运输行程，可在市区远郊修建枢纽外环线，使通过列车能在枢纽外围通行。

6　尽端式枢纽：位于港埠城市、矿区等处的尽端式枢纽，如图16和图17所示，是路网上线路的起讫点或衔接各方向线路集中于枢纽一端，编组站设在其引线出入口处能有效地控制车流。这种枢纽除办理各引入线路的列车接发和向枢纽地区装卸点取送车外，还有枢纽地区之间的车辆交流。当枢纽作业繁忙，为了减轻出、入口咽喉的负荷，使各区之间的车辆交流避免干扰编组站作业，应设置必要的联络线和为直达运输服务绕越编组站的通过线。

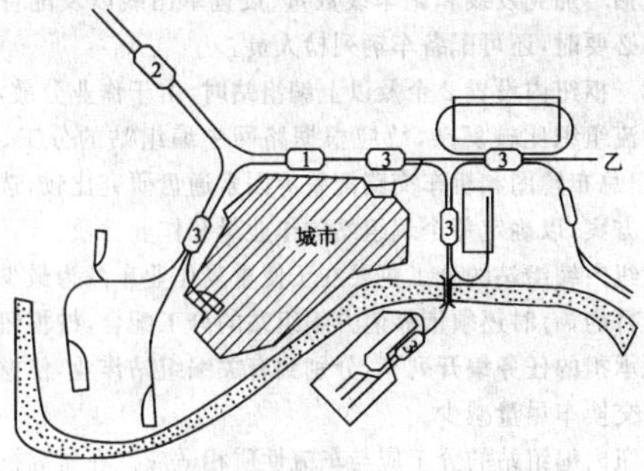

图 16　尽端式港埠城市枢纽布置示意图

1—客运站;2—编组站;3—货运站

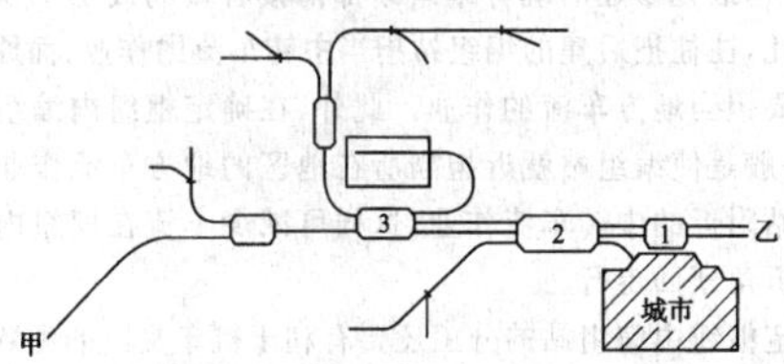

图 17　尽端式矿区枢纽布置示意图

1—客运站;2—编组站;3—货运站

7　组合式枢纽:特大城市铁路枢纽的特点是城市组成庞大,人口众多,工业企业布局分散,客、货运量大,引入线路多,地方和中转运输繁重,往往需要设置一处及以上的客运站、编组站和众多的工业站、货运站和货场,由于影响枢纽布局的因素和条件多种多样,如按前述某一类型枢纽布置修建枢纽各项设备,不能满足运营需要时,可设计成与枢纽所担负的作业量和作业性质相适应的几种类型枢纽组合而成的组合式枢纽。如图 18 是由顺列式、三角形和环形等图型所组成。

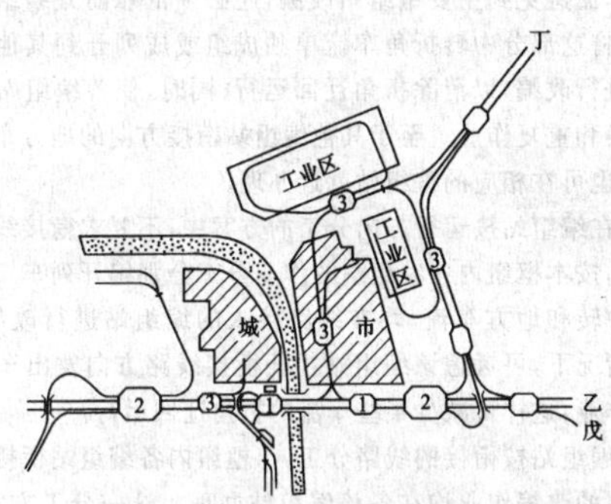

图 18　组合式枢纽布置示意图

1—客运站;2—编组站;3—货运站

12.1.4　新线直接引入编组站有处理折角车流便利、机车运用经济灵活和增减轴作业方便等优点。但从全国现有编组站引入线路的情况来看,一般每端只有一、二个引入方向,当车站一端有三个引入方向时,便会产生进出站线路疏解布置复杂、铺轨长、工程大、占地多,站内咽喉区长和交叉干扰多等问题。若再增接一个方向,按最简单的行车方向顺序排列计算交叉量,要比三个方向多一倍以上。若各方向线路的引入位置在排列上有限制,并需再区分有作业和无作业(通过)列车经路时,则交叉量更多。故接入线路方向越多,作业要求越不一,进出站线路疏解布置越困难,车站咽喉区结构越复杂。因此,新线不宜直接接轨于引入线路方向较多的编组站上,一般情况可在枢纽前方站或枢纽内客、货经路合适,衔接工程简易的车站上接轨。

12.1.5　具有一定规模的新建铁路专用线群一般运量大且流向不一,其作业较为复杂,直接影响枢纽的运营工作,故应结合枢纽布置、工业区分布和城市建设等进行全面合理的规划,既要更好地服务于工业区,又要减少对城市的干扰,并有利于枢纽车流的组织和运营调节。

枢纽内的铁路专用线担负着大量货物装卸任务,是枢纽不可分割的组成部分。因此,应充分利用这一有利条件,组织重点装卸点的直达运输,以减轻编组站的负担,加速车辆周转。

对铁路专用线进行全面规划的工作,可参照下列几点原则进行:

1　与枢纽总布置图统一规划。在枢纽总布置图中,应对铁路专用线进行统一规划,在经济合理的前提下,使各企业得到方便的服务。在枢纽总图规划阶段,不宜把铁路专用线单独划出来作为独立项目进行,否则会出现局部经济合理而与枢纽发展和技术条件不相配合的情况。当然,在枢纽总布置图确定后,铁路专用线可以作为单独项目进行设计。

2　实行分区连接。在统一规划的基础上,要尽量把需要修建铁路专用线的企业分成几个区,把附近的铁路专用线汇集起来。较大的企业可考虑从工业站单独出岔,各中、小企业的铁路专用线可合并引入工业站。其优点是作业方便,有利于运输组织,减少铁路专用线的铺轨长度以及对城市的干扰。对近期尚不能形成分区的铁路专用线,应从有利于铁路车辆取送作业和方便物资单位出发,与城市规划部门共同研究进行全面安排,为将来发展留有余地。在规划设计时,还要考虑对各种情况变化的适应性。

3　合理选定限制坡度和有效长度。限制坡度和有效长度是决定铁路专用线能力和机动性的重要因素之一。对有开行直达列车条件的工业区,其线路限制坡度和工业站站线及装卸地点的线路有效长度应与路网线路的标准统一。对无条件开行直达列车的应尽量考虑有利于行车组织和车辆取送的方便。

12.1.6　枢纽内与城市客、货运无直接关系的设备如新建编组站、换装站、机车车辆修理基地和材料厂等,应设在市区以外,以利于城市建设和环境保护,并利于这类站、厂今后的发展。

12.2　主要设备配置

Ⅰ　编　组　站

12.2.1　编组站是枢纽的重要组成部分,不但占地面积多,而且工程量也大,在枢纽建设中投资占较大的比重。因此,在枢纽内合理配置编组站,对减少工程、节省投资、达到最快的集散和改编进出枢纽的大量车流、加速机车、车辆周转和节省日常运营支出都有重要意义。

车流量和车流性质往往是联系在一起的。车流性质有地方车流和中转车流,结合车流量的大小,在一定程度上决定着编组站的性质和作用。目前我国各枢纽内的编组站,大部分兼为中转与地方服务,仅有少量为路网中转或地方运输服务。选定编组站位置时既要控制主要车流方向,也要有利于折角车流的中转。

根据调查资料分析,枢纽内线路引入情况一般有四种:即直接引入编组站、通过进出站线路疏解使货物列车进入编组站、引入与编组站相邻的客运站和引入中间站。

线路引入采用前两种方式,可以使编组站位于线路汇合处,便于控制各方向车流。采用第三种方式,编组站基本上仍位于线路汇合处。采用后一种方式,可简化枢纽疏解布置,便于编组站的发展,但由于编组站离开了线路汇合处,对处理折角车流带来不便。当线路汇合在两处以上且相隔一定距离时,为照顾折角车流和地方车流的作业,会要求枢纽内编组站分散设置。因此,枢纽内编组站位置的选定与线路引入位置有密切关系。编组站既要设于线路汇合处,又要避免线路过多的直接引入编组站。

研究路网中编组站的分工,必须从全局出发,结合车流集散规律和路网中有关编组站的设备能力,确定列车编组计划及担当的任务。根据分工和任务的需要,枢纽内编组站可集中设置或分散设置,可设在控制进口、出口或其他适当地点的不同位置。当枢纽内设有几个编组站时,相邻枢纽编组站开行的列车编组计划必须与这几个编组站的分工相协调，才能使这些编组站发挥各自的作用。故路网中编组站的分工对枢纽内编组站数量和设置位置有一定影响。

根据上述分析，枢纽内编组站配置和数量，应根据车流量、车流性质及方向、引入线路情况和路网中编组站的分工等主要因素全面比选确定。

一般情况下，集中作业效率高，成本低，可以消除分散作业时产生的交换车重复作业和集结时间，消除机车交路配置带来的两编组站单机往返走行和在设备配置上造成的浪费。因此，新形成的枢纽或以路网中转为主的枢纽，均应集中设置一个编组站。

枢纽内编组站集中或分散设置还要考虑枢纽内车流的集散规律。为不使本枢纽编组站承担过大的改编任务，首先应考虑从路网上分散车流，建设新线或迂回线，使车流不进入枢纽内作业；其次是加强铁路线上装车站的设备，在装车站组织始发直达列车或大力组织一站编开的技术直达列车和两站或数站合开的阶梯直达列车，以减少枢纽编组站的改编作业。

枢纽内地方车流的集中或分散到发与城市工业布点有关。地方车流量的大小与工业企业的生产规模、港口码头的吞吐量有关。如果工业区或港埠有大量集中的地方车流到发，就可以设置货运站、工业站、港湾站或工业编组站。另外，要把这些地方车流从路网车流中分出来直接发往上述这些车站，必须依靠路网中编组站的分工配合或由装车站组织始发直达列车。反之，上述这些车站应尽可能单独编开直达和直通列车，以减少枢纽内编组站的作业。由此看出，枢纽内的城市规划、工业布点、地方车流的大小、到发集中程度和路网中编组站的分工配合等决定着枢纽地方车流的集散规律。

枢纽内中转车流的集中和分散作业与引入线的位置和分流量也有关。单就中转车流的作业要求来看，编组站只宜集中，不宜分散。但如果枢纽内线路汇合位置在两处及以上，结合折角车流和地方车流量的条件，编组站就有分散设置的可能。此时，中转车流在枢纽内的作业是集中还是分散，要从有利于车流组织来考虑。枢纽内的编组站分散或集中设置，也可能是近、远期的不同形式。一般近期设一个编组站，可以集中作业。远期新线引入，枢纽结构变化，作业量加大，则需增设新的编组站。

在大、中型枢纽内，编组站分散设置一般具有以下条件：

1 有大量路网中转改编车流，又有大量在工业区和港埠区集中到发的地方车流。

将大量的地方车流和一些作业复杂的短途车流的改编由一个编组站担当，另一个编组站担当路网中转车流的改编，这样可以充分发挥编组站的作业效率。为大量的地方车流到发的工业区或港埠区分散设置为地方服务的编组站——工业编组站或港湾编组站，有利于地方车流的组织，可以减轻主要编组站的作业。枢纽内按这种方式分散设置编组站已有不少实例。

2 引入线路汇合在两处及以上，相距较远，汇合处又有一定数量的折角车流和地方车流。

有特大桥渡的枢纽或受地形限制狭长布置的枢纽，线路汇合往往分散在桥渡的两岸或狭长地带的两端，当两岸或两端有工业布点产生地方车流，汇合点上又有一定数量折角车流时，为减少车流迂回，也可考虑分散设置编组站。

3 范围大、引入线路多、工业企业布局分散和地方作业量大的枢纽。

在这类枢纽中，中转车流的流向比较复杂，地方车流也大而分散，都不易做到集中作业。因此，编组站必然要分散设置才能适应需要。

目前在一些枢纽内，有大量装卸作业的车站承担了一定的解编作业量，有的还组织了成组直达运输，这对分散编组站作业起到较好的作用。因此，今后设计这类车站时应注意适当加强有关设备，以满足作业要求和加速车辆周转。适当加强装卸作业车站的设备包括增加到发线和调车线数量、设置牵出线以及配备调车机车等。必要时，还可配备车辆列检人员。

12.2.2 枢纽内设置2个及以上编组站时，由于作业分散，进出枢纽的车流组织比较复杂，故应根据路网中编组站的分工、车流性质、枢纽总布置图和机车交路配置等因素通盘研究比较，选用合理的分工方案，以确定每个编组站的作业量和作业性质。

枢纽内编组站的分工主要在于使重复作业车减为最少。为达到这个目的，有时还须依靠前方编组站的分工配合，按枢纽内各编组站所承担的任务编开列车，分别到有关编组站作业，使枢纽内各站间的交换车尽量减少。

枢纽内编组站的分工应与车流性质相适应。在研究枢纽布局和编组站的合理分工时，必须兼顾中转车流和地方车流的作业，一般情况下，最先修建的既有编组站都衔接着货场或不少铁路专用线。因此，往往把后建的编组站担当中转车流的作业，而原先的编组站主要担当地方车流的作业。此外，在确定枢纽内编组站的分工时，一般是使编组站就近担当所在地区的地方车流作业和汇合于编组站附近的中转车流作业，这样可减少车流在枢纽内的往返交流和折角迂回走行。

确定枢纽内编组站的分工还要有利于机车交路的配置。当然交路配置有从属于编组站分工的情况，但要防止枢纽内编组站间单机往返走行频繁，要方便乘务员的上、下班。

枢纽内各编组站的分工有下列主要方案：

1 大型铁路枢纽的衔接线路多，工业企业布点分散，地方和中转改编车流均大，往往要设置2个及以上的编组站才能完成运输任务。在扩建的枢纽中，一般新建的编组站地位比较适中，技术装备先进，能承担大的改编作业量，有条件集中作业，枢纽的大部分作业应尽量集中在这样的主要编组站上办理。

在全部中转改编作业(不包括部分折角车流的中转改编)集中在一个主要编组站办理的方案中，为了使其他编组站衔接方向间的中转车流避免到主要编组站改编，还必须依靠前方编组站的分工配合，将这部分中转折角车流单独成组或成列开到其他就近的编组站进行改编，以消除折角迂回运行；同时，使各编组站间减少车流交换和重复作业。至于其他编组站衔接方向的地方车流的改编，同样也可在相应的编组站就近办理。

2 在编组站按运行方向分工的方案中，不要求衔接线路的前方编组站按本枢纽内各编组站的作业分工分别编开列车。凡进入枢纽的中转和地方车流，均在线路接入的编组站进行改编作业。在个别情况下，可考虑该编组站担任衔接线路方向发出车流的部分改编作业，这样可减少某些车流的折角迂回运行。

3 编组站按衔接的线路分工，与枢纽内各编组站衔接各线路进出枢纽的改编作业均在各该编组站办理。这一分工方案，对折角车流和地方车流作业方便。适用于枢纽内编组站间有强大的地方车流时采用。如某一车流强大方向的前方编组站能按本枢纽内各编组站承担的编解任务分别编开列车，则可减少一部分小运转列车的开行。

4 枢纽内各编组站担负的任务采用综合分工。各引入线路的大部分中转改编车流集中在一个主要编组站作业；而另一部分中转、地方和折角车流的改编作业则按衔接线路或运行方向分工，分别由其余的编组站承担。这种作业分工方案，一般在扩建枢纽时，可为充分利用既有编组站设备提供有利条件。

12.2.3 新建编组站的位置应按下列要求选定：

1 编组站不是直接服务于城市的铁路设备。由于各种图型的编组站占地都很大，一般还有复杂的进出站线路，如设在城市内，不但多占市区用地，还会影响城市道路的合理安排或增加立体交叉。因此，一般将编组站设在规划市区边缘以外。在具体设计中，需要密切与城市有关部门联系，结合城市规划，协商确定。至于小型枢纽，一般位于中、小城市，如采用客、货顺列布置，编组站位置已在市区边缘以外。但当采用客、货并列布置时，初期可能设在市区范围以内。因此，应注意远期发展有在城市边缘设置编组站的余地。

2 编组站应设在各引入线路的汇合处，并位于主要车流的经路上，以便各引入线路的车流能便捷地集中到编组站进行作业，同时也有利于折角车流的中转。

3 在确定编组站的位置时，尚应近、远结合，考虑到各设计年度内引入线路作业的需要。例如，在以往调查的24个编组站中，不适应新线接轨要求的就占50%。这当然有多方面的原因，如路网规划的调整，新线引入计划的变化或战备要求不宜在枢纽内接轨等，以致形成目前某些枢纽的新线引入时接轨点远离编组站，造成作业困难；有的甚至不得不另建新编组站来适应需要。故在研究编组站位置时，必须结合考虑各设计年度新线引入作业的需要，否则对枢纽建设和日常的运输组织工作都带来十分不利的影响。

选定编组站还要注意留有发展余地。根据调查，我国编组站多数需要发展，但部分编组站发展困难。其主要原因，就是注意发展不够。例如，有的编组站过于靠近了工业区，接引了许多铁路专用线，使编组站发展受到很大限制，甚至逐步为城市或工业区所包围；有的因地形困难，又未留出足够的发展余地，使日后改建困难，即使稍有改建，也是工程艰巨，严重影响运营；有的缺乏总体规划或有总体规划而由于执行不严，不适当地在编组站附近修建了许多建筑物，使编组站无法发展。由此可见，在选定编组站位置时，应注意为今后的发展留有余地。

4 主要为中转改编车流服务的编组站，其位置应在主要车流顺直通行的径路上。兼顾中转车流改编作业与地方车流改编作业的编组站，车站位置既要有利于主要车流及各引入线路间折角车流的作业需要而设在线路汇合处，又要为地方车流作业提供方便的条件。因此，在研究这类编组站的位置时，应从两种车流的数量大小和地方车流的来（去）向等因素加以考虑。当中转折角车流量大和地方车流的来（去）向与主要线路车流方向一致时，编组站可设在线路汇合处附近；如地方车流量大于中转折角车流量，为缩短小运转走行距离，可以适当离开线路汇合处而移向所服务的地区，但也不宜靠得太近；并应避免编组站直接而频繁地向货场或铁路专用线取送车，以充分发挥编组站的作业能力。

为地方车流作业服务的编组站，主要服务对象为有大量地方车流的城市、港湾或工业企业中心，因此其位置应靠近所服务的地区（工业区、港湾区），又不应相互妨碍发展。如为工业编组站，还要根据工业企业的生产流程需要和开设的出、入口来选定位置。一般以设在主要车流的出、入口和便于铁路专用线衔接的地点。

12.2.4 在现有枢纽中，绝大部分的通过列车都在编组站上办理，这样可以和编组站共用到发线和列检设备，也有利于机车的换挂。

为消除一定数量通过列车的折角运行（折角运行要调换列车头尾）或当通过列车的数量很多，为减轻编组站作业或缩短列车走行公里修建迂回线或联络线时，可设置单独的为通过列车使用的车站。由于改编列车与通过列车的机车往往是套跑的，而上、下行通过列车数量一般又不会平衡，要固定机车专跑通过列车的交路会造成机车使用上的浪费。因此，为了有利于机车交路的配置和节省使用机车台数，在选定此类车站位置时，宜靠近编组站使通过列车机车能使用编组站的机务设备，必要时可设置单独的机务整备设备。

Ⅱ 客运站和客车整备所

12.2.5 为了合理地确定枢纽内客运站的数量、分工和配置，应尽量以方便旅客为前提，综合研究本条文中所列各种因素，做到对旅客有良好的服务质量，使旅客列车能以最短经路通过或进出枢纽；并能充分利用既有设备、配合城市规划、节省工程投资和降低运输费用。

当客运量不很大时，枢纽内设置一个为各衔接方向共用的客运站，既能节省工程费用，便于管理，又能方便旅客中转。目前全国除位于特大城市的几个枢纽已经设置和要求设置两个或两个以上客运站外，其他均设置一个客运站。

由于城市的布局是一个面，而铁路是一条线，因此，在距客运站较远的一些城区的旅客感到不便。为了方便这部分旅客，如设中间站位于这些交通较方便、又能吸引一定客流的城区时，可根据需要加强该站上的客运设备。这样既能节省旅客的旅行时间和费用，又能减轻客运站和市内运输的负担。在节假日客运繁忙时，还可以起到一定的调节作用。

在上述车站吸引的大部分客流一般是往某一、两个方向的，有时还可能是城市大部分往该方向的短途旅客。这种车站一般要有一定数量的旅客列车通过，必要时，也可考虑把少量旅客列车延长到该站始发、终到。

目前有不少枢纽都有这种类型的车站。

根据调查，设置两个客运站和要求设置两个客运站的枢纽，均位于200万人口以上的超大城市。在这些枢纽中，如客运量很大，仅设置一个客运站会带来下面一些问题：

早晚客流集中时，会使车站作业复杂，站内及广场拥挤不堪。人流、车流、行包流之间交叉干扰严重，车站秩序不易维持。

城市范围大，特别是市区较分散时，会使部分旅客来往车站行程较远，乘车不便；而且目前这些城市在上、下班时间交流都较紧张，更增加旅客搭乘市内交通工具的困难。

大城市枢纽节假日客流波动很大，当运量与运能不相适应时，无调节余地。

引入线路较多时，由于线路位置受城市规划的限制，一般都沿着市郊边缘走行，设置一个客运站，仅能照顾部分线路的旅客列车径路顺直，其他线路的列车必然要绕行城市，增加了走行距离和时间。

所以，在客运量大的特大城市的枢纽内，根据需要可设计两个及以上客运站。

12.2.6 枢纽内有两个及以上客运站时，宜按以下方式分工：

1 该分工方式，前者指尽端式客运站，后者指通过式客运站，后者无论对始发、终到旅客还是中转旅客都是较方便的，它使旅客能就近上、下车和在原站转车，并能减轻市内交通的负担。采用这种分工方式时，要注意两客运站间的线路通过能力。在江河分隔的城市，两客运站分设在江、河两侧时，要注意加强大桥的通过能力。在环形枢纽中，应通过技术经济比较，确定是否设置直径线来连接客运站。

2 当市郊客流量较大时，考虑到市郊旅客运输与普通旅客运输有不同的要求，可单独设置市郊客运站，这样可根据长短途和市郊旅客运输的特点分别进行设计来适应各自的需要。随着市郊旅客运输的不断发展，采用按办理长短途和市郊旅客列车分工方式的可能性将会增加。

3 由于城市规划和枢纽布局等原因，在一个客运站上仅办理通过旅客列车的作业，而在另一个客运站上设客车整备所，办理始发、终到旅客列车的作业。这种分工方式有可能造成部分客车多余的走行或折角行程。因此，设计时应考虑这一因素。

目前有的枢纽的客运站是按分别办理始发、终到旅客列车和慢车分工。这种方式不利于旅客的换乘，并增加市内交通负担。随着人民生活水平的提高和旅行习惯的改变，除有足够的理由外，采用这种分工方式是不多的。

12.2.7 根据我国铁路多年运营经验，客运站的位置除应满足铁路本身的运营要求外，宜设在距市中心2～4km的地方。这样既能方便旅客，又易于做到与城市规划配合，并能减少市内交通运输的负担。若客运站位置距市中心太远，虽然能减少铁路对城市的干扰，但给旅客带来不便，并增加城市的交通负担。若客运站距市中心太近，与城市的干扰就不易解决。

对上述距离具体说明如下：

1 尽端式客运站由于对城市干扰较小，因此，车站可伸入市区，尽量方便旅客。我国的尽端式客运站一般都位于距市中心

2km 左右的地方，各方面反映均较好。

2 位于小城市(人口在 20 万以下)的枢纽，由于市内交通条件相对来说较差。因此，宜把客运站设在距市中心 2km 左右的地方，这个位置已处在市区边缘或市区范围之外，不仅能方便旅客，而且对城市的干扰也不大。但当城市规模有较大发展时，也可根据具体情况将客运站位置适当外移。

3 位于大城市(人口为 50 万～100 万)和特大城市(人口为 100 万～200 万)及超大城市的枢纽，由于城市范围大，市内交通也较方便，客运站宜设在距市中心 3～4km 的地方，这个位置一般处于城市的市区边缘或市中心区范围之外，既能方便旅客，对城市的干扰也不大。

有些城市的市中心偏在城市一侧，客运站的位置可能既是市中心区边缘，又是城市市区边缘时，虽然距市中心较近，但对城市的干扰不大，这种位置也属合适。

位于大城市和特大城市的枢纽改建时，由于城市逐步发展的结果，既有客运站一般距市中心较近，为城市所包围，虽然干扰较大，但它有方便旅客的特点，一般情况下，宜尽量利用既有客运站，但要研究尽量减少铁路与城市的干扰。

4 位于中等城市(人口为 20 万～50 万)的客运站，距市中心的距离可根据具体情况加以选择。城市范围不大时，可设在距市中心 2～3km 处，此时，客运站一般已处在城市边缘或靠近市中心区的地方，对城市干扰不大，并能方便旅客。当城市发展迅速或城市范围较分散，且市内交通也较方便时，也可将客运站设在距市中心 3～4km 的城市边缘或距市区约 1km 的市郊。

位于特大城市的枢纽需设两个及以上客运站时，应注意它们各自的客流吸引范围。第二客运站距市中心的距离可比上述的数字稍大，但仍宜设在市区范围之内，否则大部分客流仍被第一客运站所吸引，起不到应有的作用。如果硬性规定某些旅客列车由该客运站办理，势必给旅客带来不便，并增加市内交通负担。此外，也要避免将客运站集中设在城市一隅，以照顾其他城区的旅客并使城市交通不过分集中。

为了减少旅客的旅途时间，除了把客运站设在距市中心不太远的位置外，还应使旅客能方便地换乘市内地铁和其他运输工具。在水陆联运量较大的城市，有条件时可将客运站设在码头附近。在特大城市中配置客运站时，应考虑为发展综合运输创造条件。例如，利用地下铁道能无干扰地经过市中心区的特点，实行铁路和地铁互相接轨，使市郊列车可直接行驶至市中心区，地铁也可行驶至市郊。又如，在客运站的同一断面的不同层次上设置地铁车站和市内交通的车站等，使旅客换乘距离可缩短至最小。国外一些城市已陆续实行这种运输，取得了良好的效果。在我国一些特大城市的枢纽中，应根据需要配合城市规划进行研究。

在我国，随着工业、农业的现代化和卫星城镇的建设，市内和市郊客流量将随之不断增长，这样就需要铁路、地铁和汽车等运输工具相互配合，共同完成旅客运输任务。

此外，客运站距市中心的距离，除宜按上述原则考虑外，因客运站是城市“窗口”，尚应与城市规划密切配合。

12.2.8 目前，有些特大城市已提出希望加强铁路市郊运输和多开市效列车的要求，但由于铁路和城市建设方面的原因而受到限制。

为了使铁路能承担大量市郊旅客运输任务，需要具备以下一些条件：卫星城镇位于铁路附近；卫星城镇具有一定规模，能集中客流便于组织市郊运输；铁路、地铁和市内交通工具之间换乘方便，能扩大市郊运输的吸引范围；与开行市郊列车有关的铁路线路、车站和客车整备所等有足够的能力。

在枢纽内设置乘降所，有下列几种情况：主要为铁路职工上、下班开行的通勤列车而设置，短途客车也有停点，可以兼顾城市部分短途旅客或机关和企业职工上、下班乘车的需要；利用早晚的短途客车，为便利城市职工上、下班而设置；专为市郊列车而设置。

12.2.9 根据一定数量的始发、终到旅客列车对数设置客车整备所，当列车对数不够时，应设客运整备场。

客车整备所的位置既要避免远离客运站，以尽量缩短客车车底的取送距离和时间，并减少工程投资；但又不能太靠近客运站，以免客车车底的取送和改编占用客运站的咽喉，影响客运站的能力和机车及时地出(入)段。客车整备所距客运站的距离，应保证客运站最外道岔通往客车整备所洗车机前的距离不小于车列长度加调机长度再加减速距离；同时，应与城市规划密切配合。由于客车整备所与城市无直接关系，为尽量减少对城市的影响，尤其应避免对城市环境的污染，客车整备所宜设在靠近客运站的市郊或市区边缘。

Ⅲ 货运站和货场

12.2.10 在确定枢纽中货运站和货场的数量、分工和配置时，应在方便货物运输和相对集中设置的原则下综合研究本条文中所列的各项因素，做到充分发挥装卸机械的能力，减少短途运输，使货物列车能以最短径路进出枢纽，减少小运转列车(或往货场取送车)的走行距离，加速货物和车辆的周转，减少对区间正线、编组站、客运站等的能力影响，减轻对城市的干扰；并能充分利用既有设备，减少用地，节省工程投资和降低运营费用。

根据运营经济分析，位于小城市的枢纽，由于地方货运量小，除去铁路专用线的运量后，货场运量很小，货物装卸作业集中在一个货场办理，有利于货场设备的利用，缩短货物集结时间，减少编组站的改编和车辆取送作业，缩短货物和车辆的周转时间；并可节省工程投资，减少用地。因此，位于小城市的枢纽宜设一个货场。位于中等城市的枢纽，地方运量一般也较小，除去铁路专用线运量后，根据货场运量设置 1～2 个货场能满足需要。

位于大城市或特大城市的枢纽，地方运量都较大，而且城市范围也较大。设一个货场不但给城市交通带来很大压力，还要增加货物运距，给货主带来不便。此外，货场规模太大而城市交通配合不上会给铁路本身管理带来不便，造成货场的堵塞甚至影响编组站的正常作业。因此，位于大城市或特大城市的枢纽，一般设置两个及以上货运站或货场。

当城市较分散或枢纽范围较大时，为了方便枢纽周边的卫星城镇、工业区或大的居民点的货物运输，可在其附近的车站上设置一定规模的货场。对此类货场的数目也应加以控制，使之相对集中，避免增加铁路运输组织的困难。

12.2.11 在我国城市各区内，一般均设有很多中小工厂和街道工厂。它们不按行业集中，而与商业区、居民区混杂在一起。因此，城市的货物品种繁多而且运量分散。为了减少市内短途运输的距离及其对城市的干扰，货场宜设计成综合性的。

位于大城市的枢纽，除设置综合性货场外，对一些运量大、品种单纯和作业性质相同的散堆装货物或大宗货物，可根据货物集散情况及短途运输能力，结合城市规划，设置专业性货场。这种货场能充分发挥装卸机械及货运设备的效率，有利于货运站组织成组和直达运输，加速货物和机车、车辆周转，有利集中管理，降低运输成本，设置办理散、堆装货物的专业性货场，还可减少对城市的污染。

对于危险品货物，由于装卸保管有特殊要求，当达到一定数量时，可以集中单独设站，以利于保障城市的安全。

集装箱运输有很多优点。它能节省包装材料和费用，防止货物破损，便于转运，加快货物送达和加速车辆周转，减少货物仓库等设备；在条件适合时，能做到提高劳动生产率和降低运输成本。集装箱运输在国外已有迅速发展。我国也应为发展集装箱运输积极创造条件。

根据铁道部关于发展集装箱运输的措施和规划，今后凡新建铁路或旧线改造项目都要大力发展集装箱货物运输，开行集装箱专列，修建大型集装箱中心站和办理站，积极开展对外合作，拓展外运业务。

12.2.12 在环线、迂回线或联络线上设置货运站或货场具有对枢纽内主要线路通过能力影响小、不需另修单独线路和投资较省等优点。因此,宜尽量在这些线路上设置,同时,还应注意所设置的货运站或货场能方便地为城市服务。为了使货运站能尽量设在环线、迂回线或联络线上,需要在总图规划时与城市密切配合使枢纽内的部分环线、迂回线或联络线沿市郊通过,而城市在这些线路附近设置工业区。

如果环线、迂回线或联络线远离城市或无合适位置设置货运站时,为方便城市,可从枢纽内的编组站或中间站引出线路伸向工业区及所服务地区以设置货运站。

如果条件合适时,也可在枢纽主要铁路线上设置中间站兼作货运站。

如果货场设在编组站或客运站上,紧靠编组站设置货场会带来下列缺点:编组站以改编作业为主,若货场作业量大,加上铁路专用线引入,必然干扰编组站作业,也不利于管理;一旦城市短途搬运能力与货场设备能力失调,就会造成货物堵塞,影响编组站的正常作业,甚至打乱整个枢纽的运输秩序;货场及其周围形成的城市工业区可能影响编组站的发展,反之,城市工业区的发展也可能受到限制。因此,若要在编组站附近设置货场,其规模不应过大,与编组站宜有一定距离;同时应根据需要加强货场的作业能力。

目前,位于大城市的枢纽把货场设在客运站的已较少。由于客运站是城市的"窗口",在外观和环境卫生上有一定要求,因此,在客运站上更不宜设置货场。位于中、小城市枢纽的客运站,根据具体情况可办理一些货物作业,但在枢纽总图规划时,应根据城市的发展前景规划新货场的位置,需要时可将货场从客运站迁至合适地点。

各种类型货场在城市中的设置位置,可按下列情况考虑:

1 新建的综合性货场。根据目前情况,大部分综合性货场设在城市边缘或市郊,也有一些位于市内。对于设在市内的货场,虽有对城市方便的一面,但对城市干扰太大。随着城市交通运输能力的提高,货场的服务半径也将加大,这样就有条件、也有必要把新建的综合性货场设于城市边缘或市郊,以减轻对城市的干扰。

2 大宗货物专业性货场。大宗货物(指煤、砂石、木材以及矿石等)专业性货场及集装箱办理站设在市郊并靠近所服务的工业区或加工厂,这样可减少对城市的干扰和污染,并可缩短地方搬运距离。

为了减少大宗货物的铁路运输距离,应与城市协商,尽可能配合铁路运输组织,把有关工业区或加工厂设在靠近这些货流的入口处。

3 为转运物资服务的货场。经由枢纽转运至外地各专县的物资与本枢纽所在的城市无关。因此,将这种货场设在市郊便于转运的地方,可以分散枢纽的设备、减轻对城市交通的干扰和对其他货场的压力。例如,有的枢纽把为转运物资服务的货场由岔线上引出,设在市郊,各方面反映较好。但这样设置,要有一定的作业量为前提,否则会造成货运设备使用率不高的情况。

4 危险品专业性货场。危险品货场如位于市内或虽在市郊但在城市上风方向,对城市污染严重,甚至发生事故。所以危险品货场应按防爆、防火、卫生、防毒等安全要求设在市郊。具体位置的选定应注意设在城市的下风方向和河流的下游地区,以防止发生公害。

Ⅳ 机务设备和车辆设备

12.2.13 为使枢纽的机务设备布局合理,以取得投资省、运营效率高的效果,必须合理安排各衔接方向和编组站间的机车交路。

从过去设计的机车交路和现场实际运用的机车交路情况来看,基本上有三种类型:

枢纽内设担负各方向交路的机务段。这种配置方式,使枢纽内机务段成为机务运转和检修任务的中心,虽有利于设备的利用,但当线路引入方向多、行车密度大时,就造成机务段规模过大,设备过分集中。在日常运营中,一旦发生事故,容易造成机务段的堵塞,也不利于战备。

枢纽内设担负各方向折返交路的机务折返段。这种配置方式在枢纽内只设机务运转设备而无检修设备。过去曾认为,这是分散枢纽设备的有效措施,但运营实践证明不符合机务工作的生产要求。有的枢纽对各方向都是折返交路,由于段内无检修设备,本务机车发生故障时无法检修,调小机车和段内日常生产使用的抓煤机的检修,也得送往邻段去处理,严重影响正常的运输生产。

枢纽内设担负部分交路和部分折返交路的机务段。采用这种配置方式在运营中都取得了较好的效果,既使枢纽内的机务检修设备有条件地得到分散,又保证了运输生产的实际需要。

综上所述,枢纽内机务设备以对邻接枢纽各方向的机车交路采用第三种类型来配置,才能达到机车正常运转和检修的作业要求。

1 引入线路少和客、货列车以及小运转列车对数不多和调小机车配置数量少时,枢纽客、货运机务设备应集中设置于一处,以减少投资、占地和定员。在引入线路多、枢纽范围大、客、货运繁忙和配属机车多的大型枢纽,不仅铁路本身客、货运机车的检修任务大,而且还要承担就近工矿企业自备机车的委托修理任务,故有根据时,客、货运机车检修设备可分开设置。

2 编组站是货物列车集中到发、解编的车站,也是牵引区段的分界点。因此,在编组站上应设有机务整备设备,如枢纽内有几个编组站时,各编组站均应设置机务整备设备。

在客运站设置单独的客机整备设备,主要取决于办理旅客列车数量的多少和客机交路的距离。根据以往设计具有单独设置客机整备设置的枢纽中,有的是配合新建客运站同时配套建成客机整备设备的,但大部分是利用客、货混合使用时建成的机务整备设备,由于货机迁至他段作业后,形成专为客机使用的客机段。这些客运站办理的客车对数,一般在12~46对。

新形成的枢纽,由于客车对数不多,一般都是与货机共用机务整备设备。机务段的位置应结合编组站图型、有利于编组站货机出(入)段和减少交叉干扰来加以确定。如果条件合适,当客运站与编组站紧相邻接或在邻近的区间,且机务段可设在编组站上靠客运站的一端时,就可以形成机务段设在客运站与编组站之间的布局。但具体位置,仍宜靠近编组站。此时为减少客、货机车出入对正线的干扰,宜设置专用的走行线。在枢纽内,凡机务段设在客运站与编组站之间的,都设有专用走行线,机车可以两头进出,使用方便,也有一些段的客运机车出入需通过正线,有些干扰。在客车对数不多时,采用客、货共用机务段,可以减少近期投资,方便管理。

12.2.14 车辆设备的配置,应根据客、货车保有量和扣车条件确定。

枢纽内一般都设有车辆段。建段必须全面规划,统一布点,合理确定其规模。

在具体研究货车车辆段的布点时,必须注意要有一定数量的空车便于扣修为基本条件。这个条件,不仅要满足按生产能力(台位)能扣到所需的段修车辆,还要为保证不间断生产留有的一部分扣修富余量,以免台位空废。

枢纽内编组站是大量车流集散的地点,一般具有扣修空车的条件,因此有不少车辆段设在编组站上;如条件合适,也可设在岔线较多且有大量装卸作业的工业站或港湾站上。

对于设在编组站上的车辆段的具体位置,在过去设计中,往往从强调向车辆段取送作业的方便和不切正线这一观点出发,将车辆段设在调车场尾部或至少也要设在外包正线以内,但经过对很多车辆段调查情况以后的事实证明,这种观点带有一定的片面性。在使用的车辆段中,取送车切正线或切货物列车到达线的还是占大部分,不切的还是少数。由于车辆段实行常日班8h工作制,一昼夜平均取送车仅1~2次;而在上述编组站,一般在正线外侧都设有货场，一昼夜24h装卸，取送车则有5～6次，但这些货场并没有发生因切正线而影响及时取送车的反映。显然，在车辆段取送车切正线只及货场取送车切正线的1/5～1/3的情况下，是不可能产生什么困难的。

关于车辆段设在编组站尾部或外包正线以内的问题，这种布局，不仅由于段址恶化了车场的位置，且调车瞭望不好，影响作业效率；又相互妨碍发展，同时车辆段为正线车场所包围，上、下班人流进出不安全。因此，站、段双方都一致认为缺点较多。

当然在可能条件下应尽量争取将车辆段设在外包正线以内，但一般情况，外包正线以内的场地已十分紧凑和有限，再选择一个车辆段的位置，不是造成站、段发展互相矛盾，就是必须拉开外包正线，多占用地。因此，车辆段的位置，也可选择在正线外侧地形平坦、少占农田(或良田)，有利于发展的合适地点。

枢纽内当有始发、终到客车时，为了使客车车底得到及时的洗刷清扫，整备检修，可根据始发、终到的客车对数和配属客车辆数设置客车整备所。为技术作业和管理等的方便，客车车辆段宜与客车整备所设在一起。

12.3 进出站线路布置和疏解

12.3.1 进出站线路布置应符合下列要求：

1 使旅客列车便捷地由各引入线路接到客运站，其中主要方向的旅客列车通过枢纽可不变更运行方向。从现有各个枢纽来看，大多数枢纽内的客运站，都能做到这一点，而只有次要方向才有折角调头运行的情况。当长途客车前后都编挂有隔离车时，调头运行一般没有什么困难。因此，客运站进出站线路的布置，一般无须为次要方向旅客列车不变更运行方向去增加其他线路而使布置复杂化。

2 货物列车由各引入线路接到编组站，主要车流方向有通过枢纽的顺直径路，这与编组站的设置要求是一致的，可参见12.2节有关说明。

3 由于不同方向的线路，由各自的列车调度指挥，枢纽内的客运站和编组站的站调不易掌握，如不能相互协调，则将打乱正常的运行秩序，因此，一般情况下，不论到达线路或出发线路都应分别单独接到站内，以保证到发列车能顺畅地进出枢纽，从而缩短列车在站停留时间，提高列车旅行速度和加速车辆周转；但由于出发的列车有条件由本站站调掌握，因此，对行车量不大的单线方向的线路，当条文所列的条件允许时，经全面比较，也可将其与其他线路合并共线分别引出客运站和编组站。

4 各引入线路间的通路，应根据通过列车的数量来决定。一般情况下，新形成的枢纽当折角通过列车不多时，可通过接轨站引入编组站折角运行；否则应在两线间修建联络线。关于编组站与枢纽内货运站、工业站、客货运站间的通路安排，在现有枢纽中，这些站间不少是安排折角运行通路，但是否要有顺直的通路，应根据运营要求和结合工程量的大小来考虑，成组直达车流量的大小是安排这些站间顺直通路的重要因素。另外，在安排枢纽进出站线路布置时，应注意客货并列配置时设置由客运站到编组站开行通勤列车的通路。

12.3.2 引入线路方向多少对枢纽进出站线路疏解布置的简单或复杂有一定影响，线路引入位置对疏解布置关系也大。引入线路方向虽多，如能适当分散在枢纽内的中间站上接轨，就会使进出站线路疏解布置简化；反之，多个方向直接引入编组站或集中更多的线路方向在枢纽的一端引入，其疏解布置就一定复杂。

枢纽总图设计中，铁路正线有单线、双线、多线区间之分，正线行车有单、双方向运行之别，某些线路还规定专门行驶某种类别列车(货运、客运、市郊客车等)。两方向线路引入车站即有行车进路交叉产生。为保证行车安全和车站作业能力，在两线路交叉处或两方向线路汇合处，需按通过能力要求设计为平面或立体疏解。

枢纽进出站线路的平、立交疏解选择与各该线路的行车量大小有直接关系。当两条单线在客、货共用车站交叉或单线铁路与双线铁路交叉于闸站或车站，且行车量小，列车等待延误时间不长，可以采用行车进路平面疏解，即行车进路的交叉用时间间隔来疏解。当两条双线铁路引入车站，各方向行车量均大，列车进出站进路交叉严重，引入线路应设计立体疏解。

两条引入线行车进路有交叉，且引入线路视线不良或该段线路纵断面面向车站为大下坡影响行车安全时，虽交叉线路的行车量较小，不确保交叉线路双方的运行安全，也可设计立体疏解。

地形条件直接影响着进出站线路的工程难易。若地形条件合适，工程量不大，线路通过能力以后也有立体疏解要求，那么，结合具体条件一次修建立体疏解对增大通过能力，提高运输效率及保证行车安全是有好处的。

一些单线汇合的枢纽，其进出站线路都采用平面疏解。它们的引入方向一般都只有3个(个别有4个)，各方向列车对数在20对以下，采用站内平面疏解没有通过能力紧张的反映。故新线与既有线接轨均为单线引入的新建枢纽，一般以采用站内平面疏解为宜。

进出站线路的疏解，应配合城市规划和节约用地。特别在城市范围内和市郊高产农田地区修建立体疏解时，更应重视。此外，进出站线路的疏解还应密切结合地形、地质条件以减少工程量，节省投资。

12.3.3 按行车方向别立体疏解。这种疏解布置是进出站线路疏解最常用的方式，如条文图12.3.3-1所示。它可使交叉线路汇合的车站两端的列车到发互不干扰，车站和区间的通过能力大，但交叉线路汇合处的两端均需修建立交桥，因此，引线的占地和工程量均较大。

1 按线路别立体疏解。这种交叉疏解布置的基本条件是两线间行车交流量小，也无大的改编作业，它适应于单线与单线或单线与双线交叉的客、货共用车站或其他车站。这种布置形式的特点是车站只需一端修建立交桥，引线占地省、工程量小；但车站通过能力较方向别立体疏解为小。为此，必须预留将来有发展为方向别疏解的可能性。如旅客列车量大时，尚需考虑修建条文图12.3.3-2中虚线所示的辅助联络线疏解客、货列车的交叉。

2 按列车种类别立体疏解。枢纽某一进出站线路有必要分出货车、客车、长途客车、市郊客车等单独运行的专用正线时，则有列车种类别的立体疏解布置，如条文图12.3.3-3所示。通常枢纽内客运站与编组站分设采用并列布置或长途客运与市郊客运车站分设时，均可按列车种类别作进出站线路的立体疏解布置。引入车站的每一专用正线一般按方向别布置，但在建设初期，如某些线路方向行车量小并保留某些平面交叉时，这部分进出站专用正线可先按线路别布置。

12.3.4 在进出站线路的疏解布置中，引入车站线路的方向数、每一方向的正线数目(单线、双线或多线)、每一引入线路的运行方向(单向或双向)以及车站布置图，对进出站线路的疏解布置都有直接关系，此外，还必须结合列车运行和当地条件具体分析研究，作出经济合理的布置。

编组站的图型，由于供列车到发的车场配列位置不同，对进出站线路的布置和疏解也有影响。一级二场图型各方向共用一个到发场，进出站线路布置简单。一级三场图型，如衔接方向均为单线，基本上按线路别使用到发场，一般不需要立体疏解，只有当车场按方向别使用时，才有立体疏解的必要。二级四场、三级三场图型，由于各衔接线路均须按方向别引入共同的到达场和出发场，进出站线路需作必要的立体疏解。如果引入线路方向较多，又要考虑分别按改编列车和通过列车来安排进路的话，则疏解布置将较复杂。

客运站的图型，一般多属通过式，也有少数是尽端式。通过式图型的进出站线路疏解比较简单，与一般线路在中间站接轨时的布置相类似。尽端式图型，由于线路集中在一端引入，进路交叉比通过式图型的多，如果车站的长短途和市郊客运尚需分区办理，疏解布置也较复杂。

在车站作业中，站内的进路交叉是常有的现象，有时为使各引入方向能灵活使用车场线路，站内作业交叉更不可避免。故在车站两端设计立体疏解时，应综合考虑车站的布置、站内的作业流程以及两端进出站线路交叉疏解的相互协调，务必使车站作业的进路交叉减至最小，引起站内不必要的交叉，无形中降低了设置立体疏解的作用。此外，也不能为消除站内某些次要的交叉，使进出站线路疏解复杂化。

从列车运行条件考虑，进出站线路采用立体疏解时，一般情况下，对牵引重量小、行车速度低、限制坡度大的运行线路可尽量设计为上线，列车通行时只需运行速度稍有降低即可取得节省工程投资的效果。对那些运输量大、限制坡度缓的线路，可安排在立交桥的下线通过，这对减少燃料消耗、节省运营支出和降低工程造价都具有重大意义。

12.3.5 进出站线路按立体疏解设计时，由于路基和跨线桥等工程复杂，各线路之间的平、纵断面条件相互制约，而且枢纽的疏解布置，一般都在城市范围，建成之后如再改动，将在技术、用地、拆迁和施工等方面造成严重困难。因此，在设计立交疏解时，应考虑到远期新线引入、增修正线及联络线的可能并留出其位置，然后，根据近期需要，确定分期工程。对立交疏解的跨线桥，也应综合各方面的因素，决定按近、远期分别建桥，还是按远期增线一次建成墩台或建成桥跨。

被进出站线路分隔的地区，由于铁路的修建影响其农田排灌或因铁路与地面的高差较大，不宜修建平交道时，为满足被分隔地区内的农业生产和居民交通的需要，应设置必要的桥涵。

12.3.6 进路交叉的平面疏解是枢纽进出站线路疏解布置中经常遇到的。一般有线路所、闸站和站内平面疏解三种形式，前一种是不设站线的平面疏解，后两种是有站线的平面疏解。

1 进路布置灵活，进路交叉能分散在两端咽喉区，可提高采用平面疏解的车站的通过能力和对行车不均衡现象的适应性。

2 站内平面疏解是将行车进路交叉疏解设在车站之内，它有站线数量较多、对调整列车运行有较多余地等优点，并可照顾地方客、货运的需要，是进路交叉平面疏解中普遍采用的一种形式。在现场，不少的这类车站都有双线与单线或双线与双线汇合的进路交叉。这些车站每昼夜通过的列车数量有的达到200列，最高的接近300列(包括小运转和单机)。

闸站站线是单纯为疏解行车进路交叉而设，在我国，仅为行车需要设闸站的情况很少。尤其是枢纽所在地区，既然设站，就应尽可能为城市服务，同时办理一些客、货运业务。因此，一般情况下，不宜采用闸站作为平面疏解。

3 平面疏解时，接轨车站应有足够的到发线数量，使接发车灵活，因此必须在咽喉区设置适当的平行进路，同时为保证接发列车的安全，慎重研究安全线的设置。

4 在进出站线路的分歧和汇合处，一般设线路所。当设计有行车进路交叉的线路所时，其线路平纵断面一定要保证列车有停车起动条件，使次要列车必要时可在正线上停车等待。但行车量大的平面交叉，如设计成线路所，缺少待避调整余地将增加行车调度的困难，一般应予避免。

关于站内平面疏解，通过现场实践总结出本条文所列四点设计要求。设计能符合这些要求，可提供较大的通过能力；设计平面疏解时少占农田、节约用地有一定的意义，但当交叉点行车量太大，站内平面疏解的通过能力不能适应时，还应设计成立体疏解。

12.4 迂回线和联络线

12.4.1 修建迂回线和联络线，是枢纽建设中的重要措施。迂回线和联络线最大的特点是能分散车流，而且其修建所受的限制条件少，易于与枢纽布局和城市规划相配合，因此可根据枢纽内主要设备的配置、分工和车流规律，配合城市规划修建各种形式的迂回线和联络线，以满足铁路运营、城市建设或国防的要求。

1 在枢纽外围修建使通过货物列车绕越整个城市的迂回线能对枢纽起分流和缓和通过能力的作用，一般还能缩短列车运程。此种迂回线往往成为路网线路组成的一部分，如图19所示。

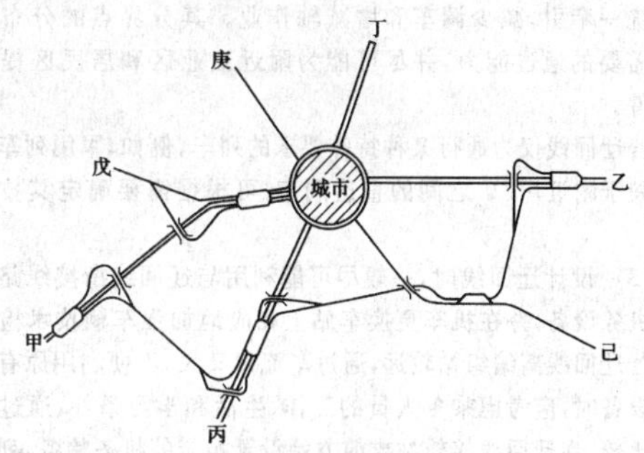

图19 枢纽外围迂回线示意图

2 在枢纽内修建绕越某些车站的迂回线，可减轻该段线路和车站的负担，加强枢纽的薄弱环节，疏解或转移复杂的进路干扰和交叉，如图20所示。

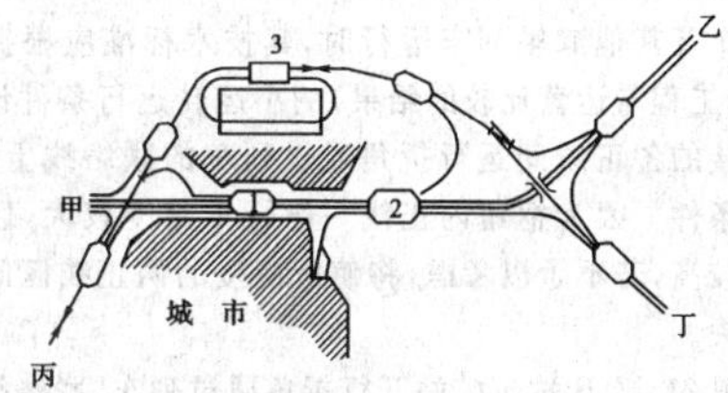

图20 枢纽内迂回和联络线示意图

1—客运站；2—编组站；3—货运站

3 在枢纽内修建使货物列车绕越市区的迂回线。为解决既有线路贯穿市区对城市造成的严重干扰，结合编组站设在市郊，可以修建这种迂回线。

4 消除折角车流多余走行的联络线。这种联络线有连接线路与线路、车站与车站、车站与线路3种形式。这些联络线有使列车运行顺直、缩短行程、减轻车站作业负担或缓和车站交叉干扰的作用。

为增加运行径路的灵活性，必要时迂回线或联络线要考虑旅客列车通行条件并参与城市公交系统的运营。

由于迂回线与联络线使货物列车不进入枢纽或绕过枢纽内的主要设备或车站，从而增加了枢纽运营工作的机动灵活性。故迂回线或联络线又可构成后备体系，适应国防要求，除满足平时运营要求外，还可适应特殊情况下的运输需要。战时，即使枢纽内线路或车站遭受破坏，仍然有经路保证不间断运输。

12.4.2 设计迂回线时，为了能与枢纽以外有关线路的作业协调配合，应考虑相邻编组站、邻接的线路区段和接轨站的运营工作，并对下列问题要充分研究，免使迂回线建成后不能发挥作用。

1 应考虑相邻编组站是否有条件组织经由迂回线运行的列车。如为了开行此种列车，需增加相邻编组站的作业而引起新建或扩建工程时，要经过详尽的技术经济比较确定迂回线的修建。

2 注意解决经由迂回线运行的列车的机车更换、整备和车辆技术检查等问题。我国实际运营经验证明，已建成并交付使用的几条迂回线(或称路网联络线)，由于机车交路、列车技检和乘务员换班等作业未作妥善安排，都未能收到分流枢纽车流的预期效果。

3 由于迂回线的修建，在接轨站或线路衔接处引起交叉干扰，复杂了接轨站的作业，则应根据接轨站的运营设备情况和地形、地质条件，选择疏解类型，采取加强措施，以适应新的运营工作组织。

迂回线在枢纽内能否起到应有的作用，主要看枢纽内各主要设备的相互配置和分工及车流组织等能否为迂回线的修建及运用创造条件。另外，迂回线技术标准的确定，在一定程度上与其在枢纽内所起的作用有关。

迂回线的技术标准在满足本身运营要求的条件下，其限制坡度、到发线有效长度等应与所衔接的线路的技术标准相配合，以便统一牵引，减少调车和增减轴作业。其分界点的分布应满足所需要的通过能力，并尽可能为附近工业区和居民区提供服务条件。

若迂回线仅为通行某种特殊要求的列车，例如，军用列车或固定行驶于附近厂、矿之间的直达列车，可根据需要确定其技术标准。

12.4.3 设计迂回线时，一般尽可能利用与迂回线衔接线路上的原有机务设备，并在机车更换车站上相应地加强车辆技术检查设备。若迂回线离编组站较远，通过车流量又大，不便利用原有机务整备设备时，应考虑乘务人员的工作、生活和学习条件，通过技术经济比较，在迂回线接轨站或前方站设置相应的机务整备，列车技术检查和乘务组换班休息设施。

12.4.4 联络线的技术标准，应从担负的任务性质、行车量和地形、地质条件等情况分析决定。通行正规列车的联络线，其技术标准应按正线标准。编组站与其他车站之间的联络线，在不考虑直达列车及其他满轴列车运行时，其技术标准应根据合理的牵引重量（工程与运营比较的结果）的小运转运行条件设计。在与枢纽衔接的各正线间运行折角通过列车的联络线上，应有停车起动的条件。因为枢纽内正线一般行车密度较大，区间通过能力要求较高，若不予以考虑，将使所衔接的两正线区间通过能力受到损失。

例如图 21，当 B 站向 C 站开行折角通过列车，联络线上如无停车启动条件，则 B 站发车时，A 站不能向 C 站方向接发列车，这不仅影响了区间通过能力，也增加了一部分列车在站停留时间。

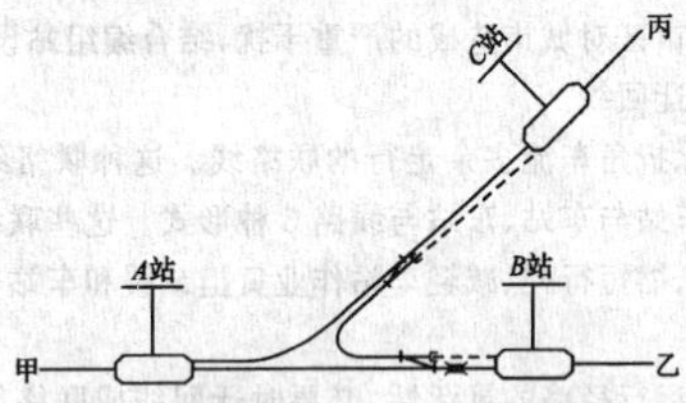

图 21 运行折角通过列车的联络线示意图

上述联络线的平、纵断面设计，应保证列车停车后能启动。其长度应保证列车在联络线上停车时，不致妨碍相邻线路上列车的运行，并符合下列要求：

1 不小于衔接线路上的到发线有效长度，当衔接线路牵引重量不相同时，以在联络线上运行的列车的长度确定；

2 满足在联络线上设置信号机的要求，同一方向前方信号机与后方信号机的距离不应小于列车制动距离，如图 22 所示。

$$L_{效}+L_{岔}+L_{信}\geqslant L_{制}$$

式中 $L_{效}$——到发线有效长度(m)；

$L_{岔}$——安全线道岔尖轨尖端基本轨接缝至分歧道岔中心的距离(m)；

$L_{信}$——信号机至分歧道岔中心的距离(m)；

$L_{制}$——列车制动距离(m)。

如达不到要求，还可将后方信号机距分歧道岔的距离适当外移，但外移距离不得太长，以免引起管理上的困难。

当地形、地质条件特别困难，按上述要求修建此种联络线将引起巨大工程时，如区间通过能力经检算能满足要求，联络线的长度及平、纵断面设计可不保证有停车的条件。

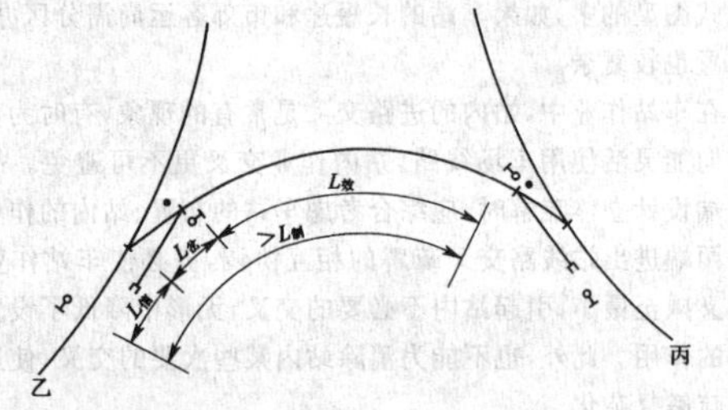

图 22 联络线长度示意图

13 站线轨道

13.1 轨道类型

13.1.1 站线轨道结构。

1 钢轨。

到发线一般只作接发列车之用，只有在个别情况下才办理通过列车。但列车速度因受所连接着道岔的侧向通过速度控制，都比正线通过列车速度低，因此，到发线所承受的列车动荷载比正线轨道低，同时到发线的年通过总重亦比正线少得多，所以，可采用比正线轻一级的钢轨，故规定到发线的轨道标准选用 50kg/m 或 43kg/m 新轨或再用轨。

对本条文表 13.1.1 有关附注说明如下：

1 再用轨是指不再需修理即可使用的钢轨。

2 当正线采用 60kg/m 及以下轨型时，到发线仍按轻一级，但当正线及到发线均为无缝线路时，到发线的钢轨和轨枕标准均宜与正线相同，正线为 50kg/m 时，到发线采用 50kg/m 或 43kg/m钢轨，是根据目前钢轨供货条件所限。

3 在驼峰溜放部分的线路，即自峰顶至调车线减速器或脱鞋器出口的这一段线路上，坡度陡，曲线半径小，作业量大，轨道受车轮的冲击力和摩擦力较大，钢轨磨耗严重。为了延长钢轨使用寿命，保证轨道强度和稳定，减少养护维修工作，故规定采用与到发线相同的钢轨。对作业量较小的驼峰可采用 43kg/m 钢轨。

4 其他站线及次要站线，只作机车、车辆走行、调动停留之用，轨道承受的动荷载更低，规定采用 50kg/m 或 43kg/m 钢轨，是根据目前钢轨供货条件所限。

2 轨枕。

普通木枕按截面尺寸分为Ⅰ、Ⅱ类。Ⅰ类适用于正线中型及以上轨道，Ⅱ类适用于轻型正线及站线。由于木枕易腐朽、劈裂，故必须注油防腐。

在到发线上的列车运行比较频繁，一般采用的Ⅱ类木枕，断面较小（高宽比Ⅰ类木枕约小 1/10），强度较低，加之道床薄，所以轨道状态难以经常保持良好，养护工作量大，而能进行养护的时间也不多，因此，到发线铺设木枕时，每千米规定为 1600 根。铺设混凝土枕时可比木枕低一级，其理由同正线。

驼峰溜放部分的线路坡度较陡，曲线半径较小，轨道爬行较严重，养护工作与解体作业干扰多。据南星桥养路工区统计，每天 8h 内，只有 138min 可以进行养护作业。为了加强轨道，减少维修，保证安全，故规定驼峰溜放部分铺设轨枕数量与到发线相同。

其他站线和次要站线，无列车通过，只是进行车辆的调动且速度较低，因此对轨道的破坏也较小，故不论铺设木枕或混凝土枕最少均规定为每千米 1440 根。

根据轨道应力分析，在到发线上铺设 50kg/m 或 43kg/m 新轨或旧轨，每千米采用Ⅱ类木枕 1600 根，行驶各种机车，速度为

40～50km/h 时，钢轨和轨枕均能满足强度要求。在其他站线和次要站线上铺设 43kg/m 旧轨，每千米使用Ⅱ类木枕 1440 根行驶不大于 21t(轴式为 1—4—1)轴重的机车，速度为 30～40km/h 时，钢轨和轨枕一般也能满足要求。

3 道碴道床厚度。

站线行车速度较低，行车量较小，故其道床可以薄些。经过多年运营实践证明，现行的各类站线的道床厚度基本上是合理的，故保留了原《站规》的规定。

考虑到驼峰溜放线作业比较繁忙，轨道爬行较严重，为此道床厚度可采用次重型正线轨道的标准。

13.2 钢轨及配件

13.2.2 普通轨道钢轨接头由夹板连接，是轨道的薄弱环节，不但加剧车辆振动，而且增加钢轨损伤及养护工作量。因此，钢轨应尽可能长些以减少接头数量。但由于运输制造等原因，现在铺设、生产的钢轨中，60kg/m 及以上钢轨有 25m、50m、100m 三种标准长度，而 50、43kg/m 钢轨的标准长度均有 25m 和 12.5m 两种。在年轨温差较大的地区，选用 25m 标准长度的钢轨时，应考虑钢轨接头受构造允许的最大轨缝限制。同时，还应考虑接头处两轨端不得顶紧受力。因此，选用时可按下式计算：

$$L \leqslant (a_{\max}+2C)/0.0118(T_{\max}-T_{\min}) \tag{36}$$

式中 L——钢轨长度(m)；

$a_{\max}$——钢轨接头最大构造轨缝(mm)；

C——接头阻力和钢轨基础阻力限制钢轨自由胀缩的长度(mm)，25m 钢轨采用高强度螺栓时 C 值按 7mm，使用普通螺栓暂按 3～4mm 计算；

$T_{\max}$——当地历年最高轨温(℃)(一般为当地历年最高气温加 20℃)；

$T_{\min}$——当地历年最低轨温(℃)。

根据上式计算，铺设 25m 钢轨最大轨温差为：

$(a_{\max}+2C)/0.0118\times 25$；$(16+2\times 7)/0.0118\times 25=102$(℃)

然而，根据观测资料表明，严寒地区在高温情况下轨温与气温最大差值小于 20℃，低温时轨温略低于气温，当最高或最低气温出现时，只要适当控制铺轨时的轨温，年最大轨温差仍能满足上述要求。因此，我国基本上都可铺设 25m 钢轨。

13.2.3 根据我国钢轨的接头构造，规定 50、43kg/m 钢轨最大构造轨缝为 16mm。25m 标准长度钢轨，轨温每升降 1℃时，钢轨的自由伸缩量为 0.3mm。如不考虑钢轨接头阻力的作用，在轨温差等于小于 53℃的地区，当轨温上升到最高轨温时，轨缝闭合，钢轨不受温度压力，当轨温下降到最低轨温时，轨缝达到最大构造轨缝而钢轨不受温度拉力。实际上，钢轨接头处存在着接头阻力，根据铁研院试验资料，使用高强度螺栓，扭矩为 600N·m 时，43kg/m 钢轨的最小接头阻力为 356kN，50kg/m 钢轨为 449kN。根据公式 $\Delta T=R/(\alpha EF)$(其中 R 为接头阻力，α 为钢轨的胀缩系数，E 为钢轨的弹性模量，F 为钢轨截面积)，可算得钢轨接头阻力所能克服的温度力的轨温差为 43kg/m 钢轨，使用普通螺栓时约为 9℃(按扭矩为 300N·m 时，最小接头阻力为 133kN)，这样，当轨温差超过 62℃的地区，25m 钢轨仍使用普通螺栓时，将造成不允许的连续瞎缝或拉弯螺栓等轨道变形。为了使轨道有足够的稳定性，以确保行车安全，故 25m 钢轨应根据轨道类型采用 8.8 级高强度螺栓。

13.2.4 为了减少建筑物的附加动荷载引起的冲击力，增加建筑物的稳定性，所以条文规定建筑物的一定范围内不准有钢轨接头，否则应予焊接或胶接。

13.3 轨枕及扣件

13.3.1 轨枕的种类按材质可分为混凝土枕、木枕和钢枕三类，我国目前主要使用混凝土轨枕。钢枕使用寿命虽长，但耗钢量多，噪声大、铺设养护较困难，所以只是在提速道岔上，曾配合电务转换设备采用。

本规范规定，新建和改建铁路应根据不同轨道类型和线路条件选用不同类型的混凝土枕。这是考虑我国森林资源较少，采用它不仅可以节约大量优质木材，而且由于混凝土枕稳定性能好，不腐朽，使用寿命较长，可提高轨道的质量，减少养护维修费用。目前线路上使用的混凝土轨枕有Ⅰ型、Ⅱ型、Ⅲ型普通混凝土枕，有碴桥面用预应力混凝土枕(混凝土桥枕，下同)，混凝土宽枕，50kg/m 钢轨 9 号、12 号预应力混凝土岔枕(混凝土岔枕，下同)，60kg/m 9 号、12 号混凝土岔枕以及为提速线路研制的 60kg/m12 号单开、交叉渡线固定辙叉和 12 号、18 号单开可动心轨辙叉提速混凝土岔枕等。

原《站规》规定，半径为 300m 以下的曲线地段需铺设木枕。现行《铁路轨道设计规范》规定，正线曲线半径小于 300m 的地段，应铺设小半径曲线用混凝土枕。这是由于近年来，有关单位已进行了试验，取得了较好的效果，技术已较成熟，因此，为减少养护维修工作量，加强轨道结构，延长设备使用寿命，除木枕轨道地段外，站线也应采用小半径曲线用的混凝土枕，故取消了原《站规》的规定，但如受目前供货条件所限，仍可采用木枕。

由于混凝土枕轨道的结构强度与木枕轨道连接时的过渡段需要，所以下列地段宜铺设木枕。

1 铺设木枕的明桥面桥台挡碴墙范围内及其两端各 15 根轨枕，有护轮轨时应延至梭头不少于 5 根轨枕，铺木枕，是为了维持在这一段范围内轨道的弹性一致。

2 单独的木岔枕道岔两端各 15 根轨枕应铺成木枕主要是为了缓和车轮荷载对辙叉和岔尖的冲击作用而设的弹性过渡段，由于辙叉跟后的长枕也起了作用，因此，15 根木枕包括辙叉跟端以后的岔枕数。

3 转车盘、轨道衡、脱轨器及铁鞋制动地段暂不铺设混凝土枕，主要是受设备结构和使用条件的限制。

4 两铺设木枕长度小于 50m 的地段间应铺木枕，主要考虑轨道结构的均匀性，有利行车，施工和养护维修。

13.3.2 混凝土宽枕具有提高轨道的稳定性，外型整齐美观，可延长道床清筛周期以及减少日常维修工作等主要优点。但据近来有关调查表明，由于目前对其进行大修及维修机械未能配套，一些铺设在路基上的宽枕因基床翻浆冒泥无法整治而拆除。

对于大型客运站在尚无更好的既经济又能保持轨道整洁的方案之前仍采用了混凝土宽枕，因此，在今后设计和施工中应确保其基床(基底)坚实、稳定、排水良好。

13.3.3 不同类型的轨枕不应混铺，是为使列车运行平稳，简化铺轨作业以及方便养护维修工作。

13.3.4 刚性道床与弹性道床之间应有过渡段，并采用混凝土枕(也含道床厚度的纵坡过渡)，其长度以道床厚度纵坡过渡控制不宜小于 10m，其他站线和次要站线有时受出岔点或其他条件控制时可适当缩短。

13.3.5 扣件是联结钢轨与轨枕、轨下基础的重要部件，不仅应有足够的扣压力，保证联结可靠，阻止钢轨爬行；还应具有良好弹性，减缓列车对轨枕及轨下基础的冲击振动，这对混凝土轨枕及轨下基础来说尤为重要，因此需按轨道类型合理选用扣件。

1 弹条Ⅰ型扣件扣压力大，弹性好，防爬能力强，在混凝土枕轨道地段可采用弹条Ⅰ型扣件。

2 木枕地段的到发线及其他站线宜采用 K 型扣件(目前限 50kg/m 钢轨)或弹条扣件。

3 木枕扣件历来采用道钉加铁垫板的形式，虽有道钉易松动、浮起，防爬能力较差，铁垫板易切割木枕的缺点，但因其构造简单、零件少，铺设安装方便，投资省，次要站线行车速度更低，故可采用普通道钉。

4 混凝土宽枕与整体道床用扣件

混凝土宽枕扣件目前一般采用混凝土枕扣件。但弹条Ⅰ型调高量等于小于10mm,如要求调高量加大,可采用调高量等于小于20mm的弹条Ⅰ型调高扣件及调高量等于小于25mm的弹条Ⅰ型调高扣件。

整体道床扣件,在到发线上,可根据调高量的大小,选用与混凝土宽枕相同的扣件。在其他站线和次要站线上,可采用其他简易扣件。

13.4 道　　床

13.4.1 道床是轨枕的基础,有以松散道碴组成的道碴道床、用混凝土灌注的整体道床和用沥青等加工材料灌注的沥青道床等。目前我国铁路采用最多的是碎石道床。

部颁道碴材料有现行《铁路碎石道碴》TB/T 2140和筛选卵石道碴(铁70-59)、天然级配卵石道碴(铁71-59)、砂子道碴(铁72-59)及熔炉碴(铁73-59)五种。其技术性能以碎石道碴最好。

碎石道碴应用坚韧的花岗岩、玄武岩、砂岩等制成。其抗压强度约为天然级配卵石的1.7倍,抵抗轨道移动的阻力为砂子道碴的1.5倍。碎石道碴还有排水性能好,弹性好的特点,所以使用碎石道碴可以提高轨道的强度和稳定性,并可减少养护工作量。碎石道碴脏污的速度比其他道碴慢,所以清筛更换道碴的周期长。虽然初期投资较高,但由于它具有上述优点,故成为站线首选的道碴材料。到发线及设有轨道电路的线路必须采用碎石道碴外,其他线路当碎石道碴供应困难时,可采用筛选卵石道碴或就地选用各种道碴材料。

13.4.2 土质路基采用单层道碴,易造成各种路基病害,为防止路基病害发生,到发线、驼峰溜放部分线路的道床采用双层道碴。当年平均降水量为600mm以下,且不造成路基病害的情况下,可采用单层道碴。其他站线,次要站线道床较薄,不宜再做成双层,这是因为面碴太薄易与底碴混杂,而底碴太薄又易变形,失去反滤作用,因此应做成单层道碴。

13.4.3 站内各种线路的道床一般应分别按单线设计,以节省道碴。但在编组站、区段站上经常有调车作业和列检作业的调车线、到发线、牵出线、客车整备所的客运及技术整备线间及其外侧和扳道作业或调车作业繁忙的咽喉区范围内,为了作业的安全与便利,又不影响排水,应采用渗水性材料(最好采用与面层相同而粒径较小的材料)将线路道床间及最外线路外侧的洼坑填平,为抽换轨枕方便而填至轨枕底下3cm。

当采用双层道碴时,面碴采用碎石或筛选卵石道碴,底碴材料的选用应符合国家现行标准《铁路碎石道床底碴》TB/T 2897的规定。

13.4.5 混凝土枕为防止道床表面水分锈蚀钢轨和扣件,并避免传失轨道电路的电流,故道床顶面应比轨枕顶面稍低。

混凝土枕刚性较大,在列车动荷载的作用下,中间部分将承受道床的支承反作用力产生的负弯矩,从而引起顶面裂缝,所以在铺设时,Ⅰ型混凝土枕应将中部60cm范围的道碴掏空,Ⅱ型混凝土枕可不掏空,也不捣固。这样,可使混凝土枕中间部分的道床失去支承或垫起轨枕的作用,以改善混凝土枕的工作条件,延长使用寿命。

13.4.6 混凝土枕与木枕道床顶宽采用统一标准的理由:

道床的顶面宽度决定于其肩宽,道床肩的作用为:(1)阻止道碴从枕端下面挤出;(2)提高轨道的横向阻力,这对于保证无缝线路的稳定性有重要意义,增加肩宽有助于保证捣固效果和防止道床肩坍落。但对轨道横向阻力来说,由于主要依靠是轨枕底面与道碴的摩擦力(占全阻力的65%),增加肩宽虽可提高轨道横向阻力,但只是一个方面。从节约土石方数量来说,道床肩不宜太宽。多年来我国使用混凝土枕的实践证明,混凝土枕轨道的横向稳定性高于木枕。据长沙铁道学院和广州局在京广线所作的测定资料看,木枕和混凝土枕轨道的道床肩宽同为30cm,当轨枕横移0.2cm时,后者比前者的横向阻力大1倍左右。

站线道床顶面宽度,由于站线行车量小,速度低、横向力小,故道床顶宽不论是混凝土枕或木枕均规定为2.9m,曲线外侧道床可不予加宽;在驼峰调车场的推送部分,自摘钩地点至峰顶,调车人员经常在此地段来回走行,为了安全及作业方便,道床肩宽应予增加。根据现场经验,在有摘钩作业一侧的道床肩宽加宽到2.0m,另一侧为1.5m。

在有列检作业的车场最外侧线路外侧,为满足列检人员进行车辆检修,道床肩宽也为1.5m。

13.4.7 混凝土宽枕由于底面积大,道碴应力小,通过道床传到路基面的应力也小,而且均匀,又由于宽枕轨道刚性大,故要求轨下道碴均匀支承,避免应力集中。至于面层还用来调整混凝土宽枕轨道高低水平。

为使混凝土宽枕轨道的道床具有一定的密实性和均匀性,同时有良好的排水性能及在列车振动作用下不易被粉化,站线上的混凝土宽枕轨道的道床应由不低于二级碎石道碴道床加面碴带组成。

13.4.9 整体道床具有使站场整洁,改善劳动条件,作业安全,提高作业效率等优点。特别是在液态散粒粉状等危险品货物的装卸线上采用这种道床,可及时清扫回收,便于运输车辆、线路、场地的洗刷消毒,防止对环境的污染。在客车整备线、洗车线、散装货物线、车辆架修线、石油装卸线、电子轨道衡引线,车库线及危险品库线等专用设备线上,因地制宜地铺设一些整体道床,可取得良好的经济和社会效果,深受使用单位欢迎。

整体道床的结构型式,可根据水文地质、工程地质条件和技术作业特点,选用钢筋混凝土支承式和整体灌注式。

13.5 道　　岔

13.5.1 道岔是轨道的薄弱环节,其钢轨强度应不低于线路的标准。而正线上的道岔行车密度大,通过速度高,为了减少车轮对道岔的冲击,保证行车平稳以及延长道岔的使用寿命,应避免异形钢轨接头,所以规定正线上的道岔,其轨型应与线路轨型一致。

道岔转辙器尖轨尖端和辙叉有害空间易引起列车脱轨。因此,对道岔除结构上要求特别加强外,对钢轨强度亦应有一定要求。同时,由于正线和站线可采用不同类型的钢轨,在站线上常常出现异形钢轨接头,为了减少车轮对道岔的冲击,应避免道岔前后有异形接头,因此,本条规定,到发线、其他站线和次要站线的道岔,其轨型不应低于各该线路的轨型,如道岔轨型高于各该线路的轨型时,则需在道岔前后各铺长度不短于6.25m同型的钢轨或异型轨,在困难条件下不短于4.5m,使异形接头移至较远的地点,以保护道岔。

插入两根上述短轨,对轨道的强度和稳定性影响较大,故规定,不得连续铺设,但既有次要站线上,两相邻道岔间连续插有两根短轨者可保留。

13.5.2 道岔是控制行车速度的关键设备,道岔号数一旦确定,再要改变将会引起站场改造的巨大工程或严重影响正常运营。道岔号数的选择,一般根据列车的运行方式和路段旅客列车设计行车速度以及要求的道岔侧向允许通过速度来确定。

1 既有线提速以前,我国铁路的列车运行速度一般不超过120km/h,因此,各种道岔的直向容许通过速度一般也不超过120km/h,既有线提速以后,编制了系列提速道岔,将60kg/m钢轨的道岔的直向容许通过速度提高到了160～200km/h,考虑设备分级使用的原则,目前60kg/m钢轨的道岔已按120km/h、160km/h和200km/h的直向容许通过速度分级,因此道岔的选用应保证道岔的直向容许通过速度满足该路段旅客列车的设计行车速度,以确保列车运行安全,并达到经济合理。

2 根据现行《铁路道岔的容许通过速度》TB/T 2477,在列车直向通过速度等于或大于100km/h的路段内,9号单开道岔(9号提速道岔直向通过速度为 140km/h)均不能满足列车直向通过速度的需要,为此本规范规定在列车直向通过速度为100～160km/h的路段内,正线道岔不得小于 12 号。改扩建车站时,由于既有线区段站及以上的大站有些 9 号道岔改造困难,可以保留,也可采用 9 号提速道岔。

3 对于列车直向通过速度小于 100km/h 的路段内,有接发正规列车的会让站、越行站、中间站的正线道岔号数不得小于 12 号,区间出岔的线路所、编组站的列车到达或出发线的正线上的单开道岔,有条件的也应采用 12 号,没有条件的可采用 9 号,区段站、编组站及由正线出岔但无正规列车侧向进出的线路,在列车直向通过速度满足路段速度的条件下,可采用 9 号,以减少工程投资。

4 我国 18 号单开道岔的侧向容许通过速度原为 80km/h,但经过京秦线的提速试验和多年的运营实践,当列车侧向通过速度为 80km/h 时,晃车严重,旅客的旅行舒适度较差,因而《铁路道岔容许通过速度》TB/T 2477 中将 18 号道岔的侧向容许通过速度定为 75km/h。但由于现场多年以来一直按 80km/h 的速度执行,为此本规范将 18 号道岔的侧向容许通过速度重新修改为 80km/h,旅客的旅行舒适度可通过加大道岔的导曲线半径等方式解决。

5 我国 12 号道岔(AT 可弯尖轨,导曲线半径 350m)的侧向容许通过速度为 50km/h,因此规定侧向通过速度不超过 50km/h 的正线道岔应采用 12 号。

6 用于侧向接发旅客列车的道岔,为了适应旅客列车起停快并保证旅客的旅行舒适度,故规定不应小于 12 号。在条件可能时,非正线上出岔的旅客列车到发线上,可采用 9 号对称道岔。

7 一组复式交分道岔由于能同时开通四个方向进路,可代替两组单开道岔,故大站上采用复式交分道岔可缩短咽喉长度,节省工程费用,减少用地。但由于复式交分道岔结构复杂,稳定性差,养护维修工作量较大,其直向容许通过速度也难以达到连接线路的标准,因此规定正线上不宜采用。困难条件下,需要采用时,也应尽量加大道岔号数,满足正线最低行车速度的要求,因此规定不应小于 12 号。

8 由于我国标准轨距铁路单开道岔的号数系列中最小的号码为 9 号,同时由于其他站线的运量、速度均较低,因此规定其道岔号数不应小于 9 号。

9 对称道岔较同号数的单开道岔全长短,导曲线半径大,三开道岔能开通三个方向的进路。这两种道岔均可缩短咽喉长度,节省用地,提高作业效率,故本条规定驼峰溜放部分应采用 6 号对称道岔和 7 号三开道岔。

由于 6 号对称道岔较 6.5 号对称道岔全长短,辙叉角大,导曲线半径相同,因而在用地受限制的情况下更为适用,根据我国的道岔号数系列 GB/T 1246,应采用 6 号对称道岔。对于既有驼峰溜放部分的 6.5 号对称道岔,如全部更换成 6 号道岔,将引起站场的极大改造,增加建设投资,且对驼峰调车场的干扰较大,为此规定在改建时,可以保留 6.5 号对称道岔。

用对称道岔布置的站场咽喉区,因小半径曲线增多,养护维修困难,另外咽喉区布置紧凑将限制远期发展,因此其使用范围应加以限制,故规定"必要时到达场出口、调车场尾部、货场及段管线等站线上,可采用 6 号对称道岔"。

13.5.3 采用可动心轨辙叉,可以有效提高道岔的直向容许通过速度,延长道岔的使用寿命,改善旅客的旅行舒适度,根据国内的使用经验,12 号固定型辙叉的单开道岔,其直向通过速度最高可达 160km/h,但为了确保列车运行安全,且留有发展余地,特规定列车直向通过速度大于或等于 160km/h 的线路应采用可动心轨辙叉单开道岔。

13.5.4 我国的铁路道岔一般采用线路上的扣件,本条规定主要是为了保持轨道弹性的连续,并方便现场的养护维修。

13.5.5 道岔采用分动外锁闭装置,可以提高锁闭的可靠性,降低转换阻力。本条文主要是根据国家现行标准《铁路信号设计规范》TB 10007 的规定。

13.5.6 道岔采用混凝土岔枕,可以提高道岔的稳定性,延长道岔的使用寿命,减少现场的养护维修工作量,目前混凝土岔枕已比较成熟并大量推广使用,也取得了良好的使用效果。但混凝土岔枕道岔要求的道岔间插入钢轨的长度较长,在大站使用时,有可能增加站坪长度,加大站场的建设投资,同时当路基条件不好,出现病害时,整治也较困难,因此规定,设计行车速度超过 120km/h 的线路上应采用混凝土岔枕道岔,其他线路(包括站线)宜采用混凝土岔枕道岔。

13.5.7 相邻道岔间插入直线段的目的是为了减缓列车过岔时的冲击振动,以提高旅客的舒适度,有时也是道岔结构所限。正线上行车速度较高,其插入的直线段长度可长一些,到发线可短一些,其他站线和次要站线因无列车通过,且行车速度较低,一般可不插入钢轨。

两对向单开道岔间的插入钢轨长度,可不受道岔结构限制,主要考虑列车通过时的平稳性以及方便今后站场的改造和养护维修。路段设计速度大于 120km/h 的正线上插入钢轨长度均为 12.5m,路段设计速度 120km/h 及以下,一般仍为 12.5m,困难条件下为 6.25m,但 18 号道岔,当有列车同时通过两侧线时,由于列车运行速度较高,规定插入钢轨的长度为 25m。到发线有旅客列车同时通过两侧线时为 12.5m,困难情况下或无旅客列车时为 6.25m;无列车同时通过两侧线时可不插入钢轨,其他站线和次要站线也不插入钢轨。

两顺向单开道岔间的插入钢轨长度,对于木岔枕道岔,与原《站规》基本相同。对于混凝土岔枕道岔,根据目前的混凝土岔枕道岔结构要求,12 号道岔后最小插入钢轨长度一般为 8m,其中专线 4249、专线 4228 和专线 4257 道岔宜为 7.8m,以使钢轨接头悬空,可动心轨道岔为 6.25m,9 号道岔后最小插入钢轨长度为 6.25m。

相邻两道岔轨型不同,插入钢轨宜采用异型轨,可提高钢轨接头的强度,减少现场的养护维修工作量,延长设备的使用寿命。

在其他站线和次要站线上,如一组道岔后并列顺向连接两组 9 号单开或 6 号对称道岔时,由于第一组道岔辙叉后长岔枕与相邻的两组道岔转辙器的木枕布置不一致,并影响转辙设备的安装,因此必须至少在一个分路的前后两组道岔间插入不短于 4.5m 的短轨,才能满足基本铺设要求。

客车整备所在用 6 号对称道岔连续布置时,产生连续的反向曲线,由于客车车体较长,如插入钢轨太短,则相邻两车厢反向扭曲太大,至使其辅助风管开裂漏气,两风挡错位卡住不能复位,故规定插入钢轨长度不应小于 12.5m。

为方便设计、施工和现场的养护维修,保持轨道的弹性均匀,特规定正线上两道岔连接,应采用同种类岔枕,站线上如采用不同种类岔枕时,插入钢轨长度不应小于 12.5m,是为了铺设不同种类轨枕的过渡段之用。

中华人民共和国国家标准

铁路旅客车站建筑设计规范

Code for design of railway passenger station buildings

GB 50226—2007

(2011年版)

主编部门：中华人民共和国铁道部

批准部门：中华人民共和国建设部

施行日期：2007年12月1日

中华人民共和国住房和城乡建设部
公　　告

第1146号

关于发布国家标准《铁路旅客车站建筑设计规范》局部修订的公告

现批准《铁路旅客车站建筑设计规范》GB 50226—2007局部修订的条文，自发布之日起实施。经此次修改的原条文同时废止。

局部修订的条文及具体内容，将刊登在我部有关网站和近期出版的《工程建设标准化》刊物上。

中华人民共和国住房和城乡建设部

二〇一一年九月十六日

中华人民共和国建设部
公　　告

第665号

建设部关于发布国家标准《铁路旅客车站建筑设计规范》的公告

现批准《铁路旅客车站建筑设计规范》为国家标准，编号为GB 50226—2007，自2007年12月1日起实施。其中，第4.0.8、4.0.11、5.2.4、5.2.5、5.7.1、5.8.8、5.9.2、6.1.1、6.1.3、6.1.4(3)、6.1.7(1)(3)(7)、6.4.5、7.1.1、7.1.2、7.1.4、7.1.5、7.1.6、8.3.2(5)、8.3.4条(款)为强制性条文，必须严格执行。原《铁路旅客车站建筑设计规范》GB 50226—95同时废止。

本规范由建设部标准定额研究所组织中国计划出版社出版发行。

中华人民共和国建设部

二〇〇七年六月二十二日

前　　言

本规范是根据建设部建标〔2003〕102号文《关于印发“二〇〇二～二〇〇三年度工程建设国家标准制订、修订计划”的通知》的要求，由铁道第三勘察设计院集团有限公司在《铁路旅客车站建筑设计规范》GB 50226—95的基础上修订而成的。

本规范共分8章，其内容包括总则，术语，选址和总平面布置，车站广场，站房设计，站场客运建筑，消防与疏散，建筑设备等。另有1个附录。

本规范按照铁路要实现跨越式发展的总体要求，遵循“以人为本，服务运输，强本简末，系统优化，着眼发展”的原则，坚持依靠科技进步，改革运输管理体制，并依照调整生产力布局的要求，合理确定设计标准和站房规模，使铁路旅客车站建筑设计体现“功能性、系统性、先进性、文化性、经济性”的要求。在修订过程中，吸纳了原规范执行以来在铁路旅客车站建筑设计、运营等方面的成功经验和科研成果，并广泛征求了有关单位和专家的意见。

本次修订的主要内容有：

1. 修订了原规范按最高聚集人数确定车站建筑规模的内容，并根据客货共线铁路旅客车站与客运专线铁路旅客车站的不同特点，分别采用按最高聚集人数和高峰小时发送量划分车站建筑规模。

2. 将进站广厅改为集散厅，增加了出站集散厅并明确了进、出集散厅的概念。

3. 按客货共线和客运专线铁路分别确定候车面积和售票窗口数。

4. 根据行李、包裹不同性质，将原行包用房改为行李、包裹用房，按列车编组形式明确客运专线不设置行李、包裹用房。

5. 站房内的商业设施，限为旅客服务的小型商业设施。

6. 修改了男女旅客人数和厕所厕位比例，由原人数设定男占70%、女占30%，修改为男女旅客比例1∶1，厕位比由原接近1∶1改为1∶1.5。

7. 取消了原规范中第6章“特殊类型站房设计”中的“综合型站房”和“旅游站房”的内容。

8. 修订了大型及以上车站防火分区的规定。

9. 增加了地板采暖和空气调节等新技术应用内容，以及设置疏散照明和安全照明等规定。

本规范中以黑体字标志的条文为强制性条文，必须严格执行。

本规范由建设部负责管理和对强制性条文的解释。铁道部建设管理司负责具体技术内容的解释。

在执行本规范过程中，希望各单位结合工程实践，总结经验，积累资料。如发现需要修改和补充之处，请及时将意见及有关资料寄交铁道第三勘察设计院集团有限公司（天津市河北区中山路10号，邮政编码：300142），并抄送铁道部经济规划研究院（北京市海淀区羊坊店路甲8号，邮政编码：100038），以供今后修订时参考。

本规范主编单位和主要起草人：

主编单位：铁道第三勘察设计院集团有限公司

主要起草人：李　京　刘力进　王雪晴　孟　然　杜　爽　张国梁　李国富　于世平　赵树学　张　媛　张延翔

目　次

1 总 则

1.0.1 为统一铁路旅客车站建筑设计标准，使铁路旅客车站建筑设计符合“功能性、系统性、先进性、文化性、经济性”的要求，制定本规范。

1.0.2 本规范适用于新建铁路旅客车站建筑设计。

1.0.3 旅客车站布局应符合城镇发展和铁路运输要求，并根据当地经济、交通发展条件，合理确定建筑形式。

1.0.4 铁路旅客车站建筑设计应积极采用安全、节能和符合环境保护要求的先进技术。

1.0.5 客货共线和客运专线铁路旅客车站的建筑规模，应分别根据最高聚集人数和高峰小时发送量按表1.0.5-1和表1.0.5-2确定。

表 1.0.5-1 客货共线铁路旅客车站建筑规模

建筑规模	最高聚集人数 H(人)
特大型	$H \geqslant 10000$
大型	$3000 \leqslant H < 10000$
中型	$600 < H < 3000$
小型	$H \leqslant 600$

表 1.0.5-2 客运专线铁路旅客车站建筑规模

建筑规模	高峰小时发送量 pH（人）
特大型	$pH \geqslant 10000$
大型	$5000 \leqslant pH < 10000$
中型	$1000 \leqslant pH < 5000$
小型	$pH < 1000$

1.0.6 铁路旅客车站无障碍设计应符合国家现行标准《铁路旅客车站无障碍设计规范》TB 10083 和《城市道路和建筑物无障碍设计规范》JGJ 50 的有关规定。

1.0.7 铁路旅客车站建筑节能设计应符合现行国家标准《公共建筑节能设计标准》GB 50189 的有关规定。

1.0.8 铁路旅客车站建筑设计除应符合本规范外，尚应符合国家现行有关标准的规定。

2 术 语

2.0.1 铁路旅客车站 railway passenger station

为旅客办理客运业务，设有旅客乘降设施，并由车站广场、站房、站场客运建筑三部分组成整体的车站。

2.0.2 客货共线铁路旅客车站 mixed traffic railway line station

设在客货共线运行的铁路沿线，主要办理客运业务的车站。

2.0.3 客运专线铁路旅客车站 passenger dedicated railway line station

设在客运专线铁路沿线，专门办理客运业务的车站。

2.0.4 旅客最高聚集人数 maximum passengers in waiting room

旅客车站全年上车旅客最多月份中，一昼夜在候车室内瞬时（8～10min）出现的最大候车（含送客）人数的平均值。

2.0.5 高峰小时发送量 peak hour departing quantum

车站全年上车旅客最多月份中，日均高峰小时旅客发送量。

2.0.6 站房平台 platform for station building

由站房外墙向城市方向延伸一定宽度，连接站房各个部位及进出口的平台。

2.0.7 旅客车站专用场地 special area for passenger station

自站房平台外缘至相邻城市道路内缘和相邻建筑基地边缘范围内的区域，包括旅客活动地带、人行通道、车行道和停车场。

2.0.8 集散厅 concourse

用于旅客站房内疏导旅客，并设有安检、问询等服务设施的大厅。

2.0.9 线下式站房 low-lying station building

旅客车站站场线路的高程高于车站广场地面高程，站房首层地面低于站台面，且高差较大的站房。

2.0.10 高架候车室 elevated over-crossing waiting room

位于车站站台与线路上方，且与站房相连，主要为候车旅客使用的建筑物。

2.0.11 设计行包库存件数 designed capacity of luggage office

设计年度内最高月的日平均行包库存件数。

2.0.12 站场客运建筑 buildings for passenger traffic in station yard

在站场范围内，为客运服务的站台、雨篷、地道、天桥等建筑物，以及检票口、站台售货亭、站名牌等设施的统称。

2.0.13 旅客信息系统 passenger information system

向旅客通告事项、提供各类视听信息、组织客运作业、疏导客流、保证站车及旅客安全、有效地进行客运管理与服务的设施。

2.0.14 揭示牌 bulletin board

向旅客通告事项，提供运营、管理、安全、服务等视觉信息的告示牌。

3 选址和总平面布置

3.1 选　　址

3.1.1 铁路旅客车站的选址应符合下列规定：

1 旅客车站应设于方便旅客集散、换乘并符合城镇发展的区域。

2 有利于铁路和城镇多种交通形式的发展。

3 少占或不占耕地，减少拆迁及填挖方工程量。

4 符合国家安全、环境保护、节约能源等有关规定。

3.1.2 铁路旅客车站选址不应选择在地形低洼、易淹没以及不良地质地段。

3.2 总平面布置

3.2.1 铁路旅客车站的总平面布置应包括车站广场、站房和站场客运设施，并应统一规划，整体设计。

3.2.2 铁路旅客车站的总平面布置应符合下列规定：

1 符合城镇发展规划要求，结合城市轨道交通、公共交通枢纽、机场、码头等道路的发展，合理布局。

2 建筑功能多元化、用地集约化，并留有发展余地。

3 使用功能分区明确，各种流线简捷、顺畅。

4 车站广场交通组织方案遵循公共交通优先的原则，交通站点布局合理。

5 特大型、大型站的站房应设置经广场与城市交通直接相连的环形车道。

6 当站区有地下铁道车站或地下商业设施时，宜设置与旅客车站相连接的通道。

3.2.3 铁路旅客车站的流线设计应符合下列规定：

1 旅客、车辆、行李、包裹和邮件的流线应短捷，避免交叉。

2 进、出站旅客流线应在平面或空间上分开。

3 减少旅客进出站和换乘的步行距离。

3.2.4 特大型站站房宜采用多方向进、出站的布局。

3.2.5 特大型、大型站应设置垃圾收集设施和转运站。站内废水、废气的处理，应符合国家有关标准的规定。

3.2.6 车站的各种室外地下管线应进行总体综合布置，并应符合现行国家标准《城市工程管线综合规划规范》GB 50289 的有关规定。

4 车 站 广 场

4.0.1 车站广场宜由站房平台、旅客车站专用场地、公交站点及绿化与景观用地四部分组成。

4.0.2 车站广场设计应符合下列规定：

1 车站广场应与站房、站场布置密切结合，并符合城镇规划要求。

2 车站广场内的旅客、车辆、行李和包裹流线应短捷，避免交叉。

3 人行通道、车行通道应与城市道路互相衔接。

4 除绿化用地外，车站广场应采用刚性地面，并符合排水要求。

5 特大型和大型旅客车站宜采用立体车站广场。

6 受季节性或节假日影响客流大的车站，其车站广场应有设置临时候车设施的条件。

4.0.3 客货共线铁路旅客车站专用场地最小面积应按最高聚集人数确定，客运专线铁路旅客车站专用场地最小面积应按高峰小时发送量确定，其最小面积指标均不宜小于 $4.8m^2$/人。

4.0.4 站房平台设计应符合下列规定：

1 平台长度不应小于站房主体建筑的总长度。

2 平台宽度，特大型站不宜小于 30m，大型站不宜小于 20m，中型站不宜小于 10m，小型站不宜小于 6m。

3 立体车站广场的平台应分层设置，每层平台的宽度不宜小于 8m。

4.0.5 旅客活动地带与人行通道的设计应符合下列规定：

1 人行通道应与公交（含城市轨道交通）站点相通。

2 旅客活动地带与人行通道的地面应高出车行道，并且不应小于 0.12m。

4.0.6 客货共线铁路的特大型、大型和中型旅客车站的行李和包裹托取厅附近应设停放车辆的场地。

4.0.7 车站广场绿化率不宜小于 10%，绿化与景观设计应按功能和环境要求布置。

4.0.8 出境入境的旅客车站应设置升挂国旗的旗杆。

4.0.9 当城市轨道交通与铁路旅客车站衔接时，人员进出站流线应顺畅衔接。

4.0.10 城市公交、轨道交通站点设计应符合下列规定：

1 城市公交、轨道交通站点应设于安全部位，并应方便旅客乘降及换乘。

2 公交站点应设停车场地，停车场面积应符合当地公共交通规划的要求；当无规划要求时，公交停车场最小面积宜根据最高聚集人数或高峰小时发送量确定，且不宜小于 $1.0m^2$/人。

3 当铁路旅客车站站房的进站和出站集散厅与城市轨道交通站厅连接，且不在同一平面时，应设垂直交通设施。

4.0.11 广场内的各种揭示牌和引导系统应醒目，其结构、构造应设置安全。

4.0.12 车站广场应设置厕所，最小使用面积可根据最高聚集人数或高峰小时发送量按每千人不宜小于

25m² 或 4 个厕位确定。当车站广场面积较大时宜分散布置。

5 站房设计

5.1 一般规定

5.1.1 站房内应按功能划分为公共区、设备区和办公区，各区应划分合理，功能明确，便于管理，并应符合下列规定：

1 公共区应设置为开敞、明亮的大空间，旅客服务设施齐备，旅客流线清晰、组织有序。

2 设备区应远离公共区设置，并充分利用地下空间。

3 办公区宜集中设置于站房次要部位，并与公共区有良好的联系条件，与运营有关的用房应靠近站台。

5.1.2 站房设计应符合国家有关安全、节约能源、环境保护和防火等规定的要求。

5.1.3 当站房与城市轨道交通站点合建时，应整体规划，统一设计。

5.1.4 线侧式站房设置多层候车室时，应设置与站台相连的跨线设施。

5.1.5 站房的进出站通道、换乘通道、楼梯、天桥和检票口应满足旅客进出站高峰通过能力的需要，其净宽度不应小于 0.65m/100 人；地道净宽度不应小于 1.00m/100 人。

5.1.6 特大型、大型和中型站应有设置防爆及安全检测设备的位置。

5.1.7 旅客站房宜独立设置。当与其他建筑合建时，应保证铁路旅客车站功能的完整和安全。

5.1.8 站房内综合管线宜集中布置，并满足防火要求。

5.1.9 客运专线铁路旅客车站可不设行李、包裹用房。

5.2 集散厅

5.2.1 中型及以上的旅客车站宜设进站、出站集散厅。客货共线铁路车站应按最高聚集人数确定其使用面积，客运专线铁路车站应按高峰小时发送量确定其使用面积，且均不宜小于 0.2m²/人。

5.2.2 集散厅应有快速疏导客流的功能。

5.2.3 特大型、大型站的站房内应设置自动扶梯和电梯，中型站的站房宜设置自动扶梯和电梯。

5.2.4 进站集散厅内应设置问询、邮政、电信等服务设施。

5.2.5 大型及以上站的出站集散厅内应设置电信、厕所等服务设施。

5.3 候车区（室）

5.3.1 客货共线铁路旅客车站站房可根据车站规模设普通、软席、军人（团体）、无障碍候车区及贵宾候车室。各类候车区（室）候乘人数占最高聚集人数的比例可按表 5.3.1 确定。

表 5.3.1 各类候车区（室）人数比例（%）

建筑规模	候车区（室）				
	普通	软席	贵宾	军人（团体）	无障碍
特大型站	87.5	2.5	2.5	3.5	4.0
大型站	88.0	2.5	2.0	3.5	4.0
中型站	92.5	2.5	2.0	—	3.0
小型站	100.0	—	—	—	—

注：1 有始发列车的车站，其软席和其他候车室的比例可根据具体情况确定。

2 无障碍候车区（室）包含母婴候车区位，母婴候车区内宜设置母婴服务设施。

3 小型车站应在候车室内设置无障碍轮椅候车位。

5.3.2 客运专线铁路车站候车区总使用面积应根据高峰小时发送量，按不应小于 1.2m²/人确定。各类候车区（室）的设置可按具体情况确定。

5.3.3 客货共线铁路旅客车站候车区总使用面积应根据最高聚集人数，按不应小于 1.2m²/人确定。小型站候车区的使用面积宜增加 15%。

5.3.4 候车区（室）设计应符合下列规定：

1 普通、软席、军人（团体）和无障碍候车区宜布置在大空间下，并可采用低矮轻质隔断划分各类候车区。

2 利用自然采光和通风的候车区（室），其室内净高宜根据高跨比确定，并不宜小于 3.6m。

3 窗地比不应小于 1∶6，上下窗宜设开启扇，并应有开闭设施。

4 候车室座椅的排列方向应有利于旅客通向进站检票口。普通候车室的座椅间走道净宽度不得小于 1.3m。

5 候车区（室）应设进站检票口。

6 候车区应设饮水处，并应与盥洗间和厕所分开设置。

5.3.5 无障碍候车区设计应符合下列规定：

1 无障碍候车区可按本规范第 5.3.1 条确定其使用面积，并不宜小于 2m²/人。

2 无障碍候车区的位置宜邻近站台，并宜单独设置检票口。

3 在有多层候车区的站房，无障碍候车区宜设在首层或站台层，靠近检票口附近。

5.3.6 软席候车区可按本规范第 5.3.1 条确定其使

用面积，并不宜小于 2m²/人。

5.3.7 军人（团体）候车区应与普通候车区合设，其使用面积可按本规范第 5.3.1 条确定，并不宜小于 1.2m²/人。

5.3.8 贵宾候车室设计应符合下列规定：

1 中型及以上站宜设贵宾候车室。

2 特大型站宜设两个贵宾候车室，每个使用面积不宜小于 150m²；大型站宜设一个贵宾候车室，使用面积不宜小于 120m²；中型站可设一个贵宾候车室，使用面积不宜小于 60m²。

3 贵宾候车室应设置单独出入口和直通车站广场的车行道。

4 贵宾候车室内应设厕所、盥洗间、服务员室和备品间。

5.4 售票用房

5.4.1 售票用房的主要组成应符合表 5.4.1 的规定。

表 5.4.1 售票用房主要组成

房间名称	旅客车站建筑规模			
	特大型	大型	中型	小型
售票厅	应设	应设	应设	不设
售票室	应设	应设	应设	应设
票据室	应设	应设	应设	宜设
办公室	应设	应设	宜设	不设
进款室	应设	应设	应设	宜设
总账室	应设	应设	不设	不设
订、送票室	应设	宜设	不设	不设
微机室	应设	应设	应设	应设
自动售票机	宜设	宜设	宜设	不设

注：1 有始发车的车站应设订、送票室。
2 自动售票机宜设置在进站流线上。

5.4.2 售票处应按下列要求设置：

1 特大型、大型站的售票处除应设置在站房进站口附近外，还应在进站通道上设置售票点或自动售票机。

2 中型、小型站的售票处宜设置在站房内候车区附近。

3 当车站为多层站房时，售票处宜分层设置。

5.4.3 站房售票窗口的设置数量应符合下列规定：

1 客货共线铁路旅客车站售票窗口的设置数量应根据最高聚集人数经计算确定，并符合下列要求：

1）特大型站售票窗口的设置数量不宜少于 55 个；

2）大型站售票窗口的设置数量可为 25～50 个；

3）中型站售票窗口的设置数量可为 5～20 个；

4）小型站售票窗口的设置数量可为 2～4 个。

2 客运专线铁路旅客车站售票窗口的设置数量应根据高峰小时发送量经计算确定，并符合下列要求：

1）特大型站售票窗口的设置数量不宜少于 100 个；

2）大型站售票窗口的设置数量可为 50～100 个；

3）中型站售票窗口的设置数量可为 15～50 个；

4）小型站售票窗口的设置数量可为 2～4 个。

5.4.4 售票厅每个售票窗口的设置面积，特大型站不宜小于 24m²/窗口、大型站不宜小于 20m²/窗口，中型站和小型站均不宜小于 16m²/窗口。

5.4.5 售票厅应有良好的自然采光和自然通风条件。

5.4.6 售票室设计应符合下列规定：

1 每个售票窗口的使用面积不应小于 6m²。

2 售票室的最小使用面积不应小于 14m²。

3 售票室与售票厅之间不应设门。

4 售票室内工作区地面宜高出售票厅地面 0.3m。严寒和寒冷地区宜采用保暖材质地面。

5 售票室内采光和通风应良好，并应设置防盗设施。

5.4.7 售票窗口的设计应符合下列规定：

1 与相邻售票窗口之间的中心距离宜为 1.8m，靠墙售票窗口中心距墙边不宜小于 1.2m。

2 售票窗台面至售票厅地面的高度宜为 1.1m。

3 特大型、大型站应设置无障碍售票窗口，其设计应符合国家现行标准《铁路旅客车站无障碍设计规范》TB 10083 的有关规定。

5.4.8 自动售票机的最小使用面积可按 4m²/个确定。

5.4.9 票据室设计应符合下列规定：

1 票据室使用面积，中型和小型站不宜小于 15m²，特大型和大型站不应小于 30m²。

2 票据室应有防潮、防鼠、防盗和报警措施。

5.5 行李、包裹用房

5.5.1 客货共线铁路旅客车站宜设置行李托取处。特大型、大型站的行李托运和提取应分开设置，行李托运处的位置应靠近售票处，行李提取处宜设置在站房出站口附近。中型和小型站的行李托、取处可合并设置。

5.5.2 特大型、大型站房的行李和包裹库房，宜与跨越股道的行李、包裹地道相连。

5.5.3 包裹用房的主要组成应符合表 5.5.3 的规定。

表 5.5.3 包裹用房主要组成

房间名称	设计包裹库存件数 N（件）			
	N≥2000	1000≤N<2000	400≤N<1000	N<400
包裹库	应设	应设	应设	应设
包裹托取厅	应设	应设	应设	不设
办公室	应设	应设	应设	宜设
票据室	应设	应设	宜设	不设
总检室	应设	不设	不设	不设
装卸工休息室	应设	应设	宜设	不设
牵引车库	应设	应设	宜设	宜设
微机室	应设	应设	应设	应设
拖车存放处	应设	宜设	宜设	不设

注：1000 件以下包裹库的微机室宜与办公室合并设置。

5.5.4 包裹库、行李库的设计应符合下列规定：

1 各旅客车站的包裹库和行李库的位置应统一设置。

2 多层的特大型、大型站的站房和线下式站房的包裹库应设置垂直升降设施，升降机应能容纳一辆包裹拖车。

3 特大型站的包裹库各层之间应有供包裹车通行的坡道，其净宽度不应小于 3m。当坡道无栏杆时，其净宽度不应小于 4m，坡度不应大于 1：12。

4 特大型站的行李提取厅宜设置行李传送带。

5.5.5 包裹库的使用面积应按下列公式计算：

$$A=N\times 0.35 \tag{5.5.5}$$

式中 A——包裹库的使用面积（m^2）；

N——设计包裹库存件数（件），可根据本规范附录 A 计算；

0.35——每件包裹占用面积（m^2/件）。

当设计库存件数少于 400 件时，包裹库的使用面积应增加 $10m^2$。

5.5.6 设计包裹库存件数 2000 件及以上的站房宜预留室外堆放场地。

5.5.7 特大型、大型站宜设无主包裹存放间，其使用面积可按设计包裹库存件数的 1%设置，并不宜小于 $20m^2$。

5.5.8 办理运输鲜活货业务的站房，包裹库内宜设置专用存放间，并应设清洗、排水设施。

5.5.9 包裹库内净高度不应小于 3m。

5.5.10 有机械作业的包裹库，应满足机械作业的要求，其门的宽度和高度均不应小于 3m。

5.5.11 包裹库宜设高窗，并应加设防护设施。

5.5.12 包裹托取厅使用面积及托取窗口数不应小于表 5.5.12 的规定。

表 5.5.12 包裹托取厅使用面积及托取窗口数

名称	设计行包库存件数 N（件）					
	N<600	600≤N<1000	1000≤N<2000	2000≤N<4000	4000≤N<10000	N≥10000
托取窗口（个）	1	1	2	4	7	10
托取厅（m^2）	—	25	30	60	150	300

注：表中所列数值为设计包裹库存件数下限的最小数值，当采用上限时，其数值应适当提高。

5.5.13 包裹托取柜台面高度不宜大于 0.6m，柜台面宽度不宜小于 0.6m。当包裹库与托取厅之间采用柜台分隔时，应留有不小于 1.5m 宽的通道。

5.6 旅客服务设施

5.6.1 站房内宜设置问询处，小件寄存处，邮政、电信、商业服务设施，医务室，自助存包柜，自动取款机，时钟等，并应设置饮水设施和导向标志。

5.6.2 特大型、大型和中型站应设有人值守问询处。

5.6.3 特大型、大型和中型站应设置小件寄存处，并宜设自助存包柜。小件寄存处使用面积可根据最高聚集人数或高峰小时发送量按 $0.05m^2$/人确定。

小型站的小件寄存处可与问询处合并设置。

5.6.4 特大型、大型站应设置吸烟处。

5.6.5 特大型、大型和中型旅客车站宜设旅客医务室。

5.6.6 旅客车站的广场、站房出入口、集散厅、候车区（室）、旅客通道、站台等处均应设置导向标志。

5.6.7 旅客车站宜设置为旅客服务的小型商业设施。

5.7 旅客用厕所、盥洗间

5.7.1 旅客站房应设厕所和盥洗间。

5.7.2 旅客站房厕所和盥洗间的设计应符合下列规定：

1 设置位置明显，标志易于识别。

2 厕位数宜按最高聚集人数或高峰小时发送量 2 个/100 人确定，男女人数比例应按 1：1、厕位按 1：1.5确定，且男、女厕所大便器数量均不应少于 2 个，男厕应布置与大便器数量相同的小便器。

3 厕位间应设隔板和挂钩。

4 男女厕所宜分设盥洗间，盥洗间应设面镜，水龙头应采用卫生、节水型，数量宜按最高聚集人数或高峰小时发送量 1 个/150 人设置，并不得少于 2 个。

5 候车室内最远地点距厕所距离不宜大于 50m。

6 厕所应有采光和良好通风。

7 厕所或盥洗间应设污水池。

5.7.3 特大型、大型站的厕所应分散布置。

5.8 客运管理、生活和设备用房

5.8.1 客运管理用房应根据旅客车站建筑规模及使用需要集中设置，其用房宜包括客运值班室、交接班室、服务员室、补票室、公安值班室、广播室、上水工室、开水间、清扫工具间以及生产用车停车场地等。

5.8.2 服务员室应设在候车区（室）或旅客站台附近，其使用面积应根据最大班人数，按不宜小于$2m^2$/人确定，并不得小于$8m^2$。

5.8.3 检票员室应设在检票口附近，其使用面积应根据最大班人数，按不宜小于$2m^2$/人确定，并不得小于$8m^2$。

5.8.4 特大型、大型和中型站在站房出口处宜设补票室，其使用面积不宜小于$10m^2$，并应有防盗设施。

5.8.5 特大型、大型和中型站应设交接班室，其使用面积应根据最大班人数，按$1m^2$/人确定，并不宜小于$30m^2$。

5.8.6 旅客车站应设广播室，其使用面积不宜小于$10m^2$。广播室应有符合运输组织工作要求的设施。

5.8.7 有客车给水设施的车站应设上水工室，其位置宜设在旅客站台上，使用面积应根据最大班人数，按不宜小于$3m^2$/人确定，且不得小于$8m^2$。

5.8.8 旅客车站均应有饮用水供应设施。

5.8.9 特大型、大型和中型站的集散厅、候车区（室）、售票厅附近宜设清扫工具间。采用机械清扫时，应设置存放间。

5.8.10 站房内在旅客相对集中处，应设置公安值班室，其使用面积不宜小于$25m^2$。

5.8.11 旅客车站可根据需要设置通信、供电、供水、供气和暖通等设备的技术作业用房。各类技术作业房屋应集中设置。

5.8.12 客运办公用房应根据车站规模确定，使用面积不宜小于$3m^2$/人。办公用房宜采用大开间、集中办公的模式。

5.8.13 旅客车站宜设间休室、更衣室和职工厕所等职工生活用房，并应符合下列规定：

1 客运服务人员，售票与行李、包裹工作人员间休室的使用面积应按最大班人数的2/3且不宜小于$2m^2$/人确定，并不得小于$8m^2$。

2 客运服务人员，售票与行李、包裹工作人员更衣室的使用面积应根据最大班人数，按不宜小于$1m^2$/人确定。

3 特大型、大型和中型站应在售票、行李、包裹及职工工作场地附近设置厕所和盥洗间。

4 特大型、大型和中型站宜设置职工活动室、浴室、就餐间和会议室等生活用房。

5.9 国境（口岸）站房

5.9.1 国境（口岸）站房应设客运和联检设施。

5.9.2 国境（口岸）站房应设置标志牌、揭示牌、导向牌，其标志内容及有关文字的使用应符合国家有关规定。

5.9.3 国境（口岸）站房的客运设施应符合下列规定：

1 客运设施应设出入境和境内两套设施。

2 出入境候车室宜按中型和小型分室设置。

3 出入境候车室及行李、包裹托运处应布置于联检后的监护区内。

4 站房、站台和旅客通道等应设置出入境旅客与境内旅客分开或隔离的设施。

5.9.4 国境（口岸）站房的联检设施应符合下列规定：

1 联检设施应包括车站边防检查站、海关办事处、出入境检验检疫机构、国家安全检查站和口岸联检办公业务用房及查验设施。

2 出入境旅客的联检可按卫生检疫、边防检查、海关检查、动植物检疫的流程布置。

3 联检设施宜分为相互分离、完全封闭的出境和入境两套设施。

5.9.5 出入境旅客服务设施可设免税商店、货币兑换处、邮政、电信及世界时钟等，并宜设旅游咨询、接待服务和小型餐饮等设施。

6 站场客运建筑

6.1 站台、雨篷

6.1.1 客货共线铁路车站站台的长度、宽度、高度应符合现行国家标准《铁路车站及枢纽设计规范》GB 50091的有关规定。客运专线铁路车站站台的设置应符合国家及铁路主管部门的有关规定。

6.1.2 铁路站房或建筑物最外凸出部分外缘至基本站台边缘的距离，特大型站宜为20～25m；大型站宜为15～20m；中型站宜为8～12m；小型站宜为8m，困难条件下不应小于6m。

6.1.3 当旅客站台上设有天桥或地道出入口、房屋等建筑物时，其边缘至站台边缘的距离应符合下列规定：

1 特大型和大型站不应小于3m。

2 中型和小型站不应小于2.5m。

3 改建车站受条件限制时，天桥或地道出入口其中一侧的距离不得小于2m。

4 当路段设计速度在120km/h及以上时，靠近有正线一侧的站台应按本条1～3款的数值加宽0.5m。

6.1.4 旅客站台设计应符合下列规定：

1 站台应采用刚性防滑地面，并满足行李、包裹车荷载的要求，通行消防车的站台还应满足消防车荷载的要求。

2 站台地面应有排水措施。

3 旅客列车停靠的站台应在全长范围内，距站台边缘1m处的站台面上设置宽度为0.06m的黄色安全警戒线，安全警戒线可与提示盲道结合设计。当有速度超过120 km/h的列车临近站台通过时，安全警戒线和防护设施应符合铁路主管部门的有关规定。

6.1.5 当中间站台上需要设置房屋时，宜集中设置。

6.1.6 客运专线铁路旅客车站应设置与站台同等长度的站台雨篷。客货共线铁路的特大型、大型旅客车站应设置与站台同等长度的站台雨篷。根据所在地的气候特点，中型及以下车站宜设置与站台同等长度的站台雨篷或在站台局部设置雨篷，其长度可为200～300m。

6.1.7 旅客站台雨篷设置应符合下列规定：

1 雨篷各部分构件与轨道的间距应符合现行国家标准《标准轨距铁路建筑限界》GB 146.2的有关规定。

2 中间站台雨篷的宽度不应小于站台宽度。

3 通行消防车的站台，雨篷悬挂物下缘至站台面的高度不应小于4m。

4 基本站台上的旅客进站口、出站口应设置雨篷并应与基本站台雨篷相连。

5 地道出入口处无站台雨篷时应单独设置雨篷，并宜为封闭式雨篷，其覆盖范围应大于地道出入口，且不应小于4m。

6 特大型旅客车站基本站台，根据需要可设置无站台柱雨棚。

7 采用无站台柱雨篷时，铁路正线两侧不得设置雨篷立柱，在两条客车到发线之间的雨篷柱，其柱边最突出部分距线路中心的间距，应符合铁路主管部门的有关规定。

8 无站台柱雨篷除应满足采光、排气和排水等要求外，还应考虑吸音和隔音效果。

6.1.8 设无站台柱雨篷的车站，站台上不宜设置厕所。

6.2 站场跨线设施

6.2.1 旅客车站的地道、天桥设置数量应符合下列规定：

1 旅客用地道或天桥，特大型站不应少于3处，大型站不应少于2处，中型和小型站不应少于1处。当设有高架候车室时，出站地道或天桥不应少于1处。

2 特大型站可设2处行李或包裹地道，1处地上或地下联络通道；大型站可设1处行李或包裹地道。

6.2.2 旅客用地道、天桥的宽度和高度应通过计算确定，最小净宽度和最小净高度应符合表6.2.2的规定。

表6.2.2 地道、天桥的最小净宽度和最小净高度（m）

<table>
<tr><th rowspan="2">项目</th><th colspan="2">旅客用地道、天桥</th><th rowspan="2">行李、包裹地道</th></tr>
<tr><th>特大型、大型站</th><th>中型、小型站</th></tr>
<tr><td>最小净宽度</td><td>8.0</td><td>6.0</td><td>5.2</td></tr>
<tr><td>最小净高度</td><td colspan="2">2.5（3.0）</td><td>3.0</td></tr>
</table>

注：表中括号内的数值为封闭式天桥的尺寸。

6.2.3 设置在站台上通向地道、天桥的出入口应符合下列规定：

1 旅客用地道、天桥宜设双向出入口，其宽度特大型站不应小于4m，大型站不应小于3.5m，中型、小型站不应小于2.5m。当为单向出入口时，其宽度不应小于3m。

2 特大型、大型站应设自动扶梯，中型站宜设自动扶梯。

3 旅客用地道设双向出入口时，宜设阶梯和坡道各1处。

4 客货共线铁路旅客车站行李、包裹地道通向各站台时，应设单向出入口，其宽度不宜小于4.5m。当受条件限制且出入口处有交通指示时，其宽度不应小于3.5m。

6.2.4 地道、天桥的阶梯或坡道设计应符合下列规定：

1 旅客用地道、天桥的阶梯踏步高度不宜大于0.14m，踏步宽度不宜小于0.32m，每个梯段的踏步不应大于18级，直跑阶梯平台宽度不宜小于1.5m，踏步应采取防滑措施。

2 旅客用地道、天桥采用坡道时应有防滑措施，坡度不宜大于1∶8。

3 行李、包裹地道出入口坡道的坡度不宜大于1∶12，起坡点距主通道的水平距离不宜小于10m。

6.2.5 地道设计应符合下列规定：

1 地道出入口的地面应高出站台面0.1m，并采用缓坡与站台面相接。

2 地道应设置防水及排水设施。

3 出站地道的出口宜直对站房的出站口。

6.2.6 旅客用天桥设计应符合下列规定：

1 天桥应设有顶棚，严寒及寒冷地区应采用封闭式，非寒冷地区天桥两侧宜设置安全、通透的金属栏杆或玻璃隔断。

2 天桥栏杆或隔断的净高度不应小于1.4m。

6.3 站台客运设施

6.3.1 特大型、大型站可设站台售货亭，其位置宜设在站台中心两侧各 90～100m 处。客运专线的站台宜设旅客候车座椅。

6.3.2 站名牌、导向牌的设置应符合下列规定：

1 有雨篷的站台每侧应设置不少于 2 个悬挂式站名牌，并可垂直于线路方向布置。

2 无雨篷的站台应设置不少于 2 块立柱式站名牌，并应平行于线路方向布置。

3 采用悬挂式站名牌的车站可根据需要，结合站台建筑设施，在站台上合理设置平行于线路的低位站名牌。

4 站名牌、站台号牌应醒目、坚固。

5 旅客站台上均应设车次、走向等导向牌，导向牌应设于地道、天桥出入口和旅客进出站主要通道处。

6.4 检 票 口

6.4.1 进站检票口的设置数量应符合下列规定：

1 客货共线铁路旅客车站进站检票口的设置数量不宜少于表 6.4.1 的规定。

表 6.4.1 客货共线车站检票口设置数量

最高聚集人数(人)	进站检票口(个)
≥8000	28
4000～7000	15～24
2000～3000	9～12
1000～1800	5～8
600～800	6
300～500	4
100～200	2

注：1 当普通旅客进站检票口分散设置时，其数量可根据候车室设置情况适当增加。

2 有始发终到业务的车站，其检票口应满足始发终到作业要求，并应通过计算确定其数量。

2 客运专线铁路旅客车站的检票口数量应根据高峰小时发送量，按每个检票口 1500 人/h 的通过能力和 15min 的检票时间计算确定。

6.4.2 检票口应采用柔性或可移动栏杆，其通道应顺直，净宽度不应小于 0.75m。

6.4.3 出站行李车辆通道净宽度不宜小于 1.5m。

6.4.4 在楼层候车室设进站检票口时，检票口距进站楼梯踏步的净距离不得小于 4m。

6.4.5 旅客进站检票口和出站口必须具备安全疏散功能，并应符合现行国家标准《建筑设计防火规范》GB 50016 的有关规定。

7 消防与疏散

7.1 建 筑 防 火

7.1.1 旅客车站的站房及地道、天桥的耐火等级均不应低于二级。站台雨篷的防火等级应符合国家现行标准《铁路工程设计防火规范》TB 10063 的有关规定。

7.1.2 其他建筑与旅客车站合建时必须划分防火分区。

7.1.3 旅客车站集散厅、候车区（室）防火分区的划分应符合国家现行标准《铁路工程设计防火规范》TB 10063 的有关规定。

7.1.4 特大型、大型和中型站内的集散厅、候车区(室)、售票厅和办公区、设备区、行李与包裹库，应分别设置防火分区。集散厅、候车区（室）、售票厅不应与行李及包裹库上下组合布置。

7.1.5 疏散安全出口、走道和楼梯的净宽度除应符合现行国家标准《建筑设计防火规范》GB 50016 的有关规定外，尚应符合下列要求：

1 站房楼梯净宽度不得小于 1.6m；

2 安全出口和走道净宽度不得小于 3m。

7.1.6 旅客车站消防安全标志和站房内采用的装修材料应分别符合现行国家标准《消防安全标志设置要求》GB 15630 和《建筑内部装修设计防火规范》GB 50222 的有关规定。

7.2 消 防 设 施

7.2.1 旅客车站站台消火栓的设置应符合国家现行标准《铁路工程设计防火规范》TB 10063 的有关规定。

7.2.2 旅客车站站房的室内消防管网应设消防水泵接合器，其数量应根据室内消防用水量计算确定。

7.2.3 特大型、大型、国境（口岸）站的贵宾候车室和综合机房、票据库、配电室，国境（口岸）站的联检和易发生火灾危险的房屋，应设置火灾自动报警系统。设有火灾自动报警系统的车站应设置消防控制室。

7.2.4 建筑面积大于 $500m^2$ 的地下包裹库，应设置自动喷水灭火系统；建筑面积大于 $300m^2$ 且独立设置的行李或包裹库，应设室内消火栓。

8 建 筑 设 备

8.1 给水、排水

8.1.1 旅客车站应设室内给水、排水系统。严寒地区的特大型、大型站内的盥洗间宜设热水供应设备。

8.1.2 旅客生活用水定额及小时变化系数应符合表8.1.2的规定。

表 8.1.2 旅客生活用水定额及小时变化系数

建筑性质	生活用水定额（最高日）（L/d·人）	小时变化系数
客货共线	15～20	3.0～2.0
客运专线	3～4	3.0～2.5

注：旅客计算人数和用水量计算应符合国家现行标准《铁路给水排水设计规范》TB 10010 的有关规定。

8.1.3 客货共线铁路旅客车站内宜按 1～2L/d·人设置饮水供应设备，客运专线铁路旅客车站内宜按0.2～0.4L/d·人设置饮水供应设备。饮水供应时间内的小时变化系数宜取为1。

8.1.4 站房内公共场所的生活污水排水管径应比计算管径加大一级。

8.2 采暖、通风和空气调节

8.2.1 站房各主要房间的采暖计算温度应符合表8.2.1的规定。

表 8.2.1 站房各主要房间采暖计算温度

房间名称	室内采暖计算温度（℃）
进站集散厅	12～14
售票厅、行李和包裹托取处、小件寄存处	14～16
候车区（室）、售票室、车站办公室、旅客信息系统设备机房	18
票据室	10
行李、包裹库（有消防管道）	5
行李和包裹库（无消防管道）、旅客地道	不采暖

注：1 采用低温地板辐射采暖时，室内采暖计算温度应比表中规定温度低 2℃。

2 当出站集散厅设于室内时，其采暖温度与进站集散厅相同，当设于室外时不设采暖。

8.2.2 严寒地区的特大型、大型站站房的主要出入口应设热风幕；中型站当候车室热负荷较大时，其站房的主要出入口宜设热风幕；寒冷地区的特大型、大型站站房的主要出入口宜设热风幕。

8.2.3 夏热冬冷地区及夏热冬暖地区的特大型、大型、中型站和国境（口岸）站的候车室及售票厅宜设空气调节系统。

8.2.4 空气调节的室内计算温度，冬季宜为 18～20℃，相对湿度不小于 40%；夏季宜为 26～28℃，相对湿度宜为 40%～65%。

8.2.5 站房内各主要房间空气调节系统的新风量和计算冷负荷应符合表 8.2.5 的规定。

表 8.2.5 主要房间空气调节系统的新风量和计算冷负荷

房间名称	最大人员密度（人/m^2）		最小新风量（m^3/h·人）	
	客货共线	客运专线	客货共线	客运专线
普通候车区	0.91	0.67	8	10
军人（团体）候车区	0.91	0.67	8	10
软席候车区	0.50	0.67	20	10
无障碍候车区	0.50	0.67	20	10
贵宾候车室	0.25	0.25	20	20
售票厅	0.91	0.91	10	10
售票室	每个窗口1人		25	25
乘务员公寓、候乘人员待班室	—		30	30

8.2.6 空调系统应采用节能型设备和置换通风、热泵、蓄冷（热）等技术，并应满足使用功能要求；对有共享空间的多层候车区，应考虑温度梯度对多层候车区的影响。

8.2.7 候车室、售票厅等房间应以自然通风为主，辅以机械通风；厕所、吸烟室应设机械通风。其换气次数宜符合表 8.2.7 的规定。

表 8.2.7 换气次数

房间名称	换气次数
候车区、售票厅	2～3(次/h)
旅客厕所大便器	40m^3/h·厕位
旅客厕所小便器	20m^3/h·厕位
吸烟室	10(次/h)

8.3 电气、照明

8.3.1 铁路旅客车站的用电负荷等级应符合国家现行标准《铁路电力设计规范》TB 10008 的有关规定。

8.3.2 旅客车站主要场所的照明除应符合现行国家标准《建筑照明设计标准》GB 50034 的有关规定外，尚应符合下列要求：

1　照明灯具的选择应与建筑物的形式、室内装修的色彩及风格相协调。

2　车站广场、站台、天桥等室外场所及较高的室内场所的照明，宜采用高压钠灯、金属卤化物灯等高光强气体放电光源或由上述光源组成的混光灯；安装高度较低的室内场所的照明，宜采用节能型荧光灯、紧凑型荧光灯。

3　检票口、售票工作台、结账交班台、海关验证处等场所宜增设局部照明。

4　候车室、售票厅、集散厅、旅客地道、天桥、行李和包裹托取厅及行李和包裹库等场所的照明，应设置不少于两种均匀照度的控制模式，特大型、大型站的照明宜采用智能化控制装置。

5　旅客站台所采用的光源不应与站内的黄色信号灯的颜色相混。

6　特大型、大型和中型站的广场宜采用升降式高杆灯照明。

8.3.3　除正常照明外，站房应设有疏散照明和安全照明系统。

8.3.4　旅客车站疏散和安全照明应有自动投入使用的功能，并应符合下列规定：

1　各候车区（室）、售票厅（室）、集散厅应设疏散和安全照明；重要的设备房间应设安全照明。

2　各出入口、楼梯、走道、天桥、地道应设疏散照明。

8.3.5　设有火灾自动报警系统及消防控制室的车站，当正常照明出现故障时，其设有疏散照明和安全照明的场所，应有自动开启和由消防控制室集中强行开启的功能。

8.3.6　特大型、大型站的站房应为第二类防雷建筑物；中型和小型站的站房应为第三类防雷建筑物。建筑物的防雷措施应符合现行国家标准《建筑物防雷设计规范》GB 50057 的有关规定。

8.3.7　站房应按自然分区采取可靠的总等电位联接；金属物体或金属构件集中的场所应增设局部或辅助等电位联接。

8.4　旅客信息系统

8.4.1　旅客车站的信息设备应根据车站的建筑规模、总体布局和客运作业综合管理现代化的需要配置，并应符合国家现行标准《铁路车站客运信息设计规范》TB 10074 的有关规定。

8.4.2　客运及行李、包裹无线通信系统的设置应符合国家现行标准《铁路运输通信设计规范》TB 10006 的有关规定。

8.4.3　旅客车站安全防范系统的设计应符合现行国家标准《安全防范工程技术规范》GB 50348 的有关规定。

8.4.4　特大型、大型旅客车站应设置通告显示网。列车到发通告系统主机可作为网络服务器；客运广播系统主机、旅客引导显示系统主机、旅客查询系统主机及综合显示屏系统主机可作为网络工作站与网络服务器进行行车信息交换。

8.4.5　旅客车站客运广播系统应作分区设计。

8.4.6　车站旅客信息系统的配线应采用综合布线，并宜采取暗敷方式。

8.4.7　车站旅客信息系统的电源应采用交流直供方式。

8.4.8　车站旅客信息系统机房宜按综合机房设计。

8.4.9　车站旅客信息系统应设接地装置。

附录A　设计包裹库存件数计算

A.0.1　改建铁路旅客车站的设计包裹库存件数可按下式计算确定：

$$N=M\cdot P\cdot S \tag{A.0.1-1}$$

$$P=(1+g)^{n} \tag{A.0.1-2}$$

式中　N——设计包裹库存件数，可按发送、中转、到达作业分别计算；

M——距设计最近统计年度的最高月日均包裹作业件数（由所在站统计资料提供），可按发送、中转、到达作业分别计算；

P——发展系数；

g——设计前十年实际最高月日均包裹作业件数的平均递增率（%）；

n——统计年度至设计年度（远期）间的年数；

S——周转系数，可按表A.0.1选取：

表A.0.1　周转系数

作业分类	周转系数
发送	0.5～0.8
中转	0.8～1.5
到达	1.5～2.5

注：在按式（A.0.1-1）计算时，周转系数宜根据所在站实际统计资料分析调整取值。

A.0.2　新建旅客车站设计包裹库存件数应根据车站所在区域的产业性质和经济发展因素，在调查分析和类比既有车站包裹运输资料作出评估后确定。

本规范用词说明

1　为便于在执行本规范条文时区别对待，对要求严格程度不同的用词说明如下：

1）表示很严格，非这样做不可的用词：

正面词采用“必须”，反面词采用“严禁”。

2）表示严格，在正常情况下均应这样做的用词：
正面词采用“应”，反面词采用“不应”或“不得”。

3）表示允许稍有选择，在条件许可时首先应这样做的用词：
正面词采用“宜”，反面词采用“不宜”；

表示有选择，在一定条件下可以这样做的用词，采用“可”。

2 本规范中指明应按其他有关标准、规范执行的写法为“应符合……的规定”或“应按……执行”。

中华人民共和国国家标准

铁路旅客车站建筑设计规范

GB 50226—2007

条 文 说 明

目　次

1 总 则

1.0.1 本规范是在原国家标准《铁路旅客车站建筑设计规范》GB 50226—95的基础上修订的。本条明确规定了铁路旅客车站建筑设计应遵循的功能性、系统性、先进性、文化性、经济性的原则。其中，功能性主要是“以人为本”，即以旅客为本，以方便旅客使用为前提，并将这一观念贯穿始终，落实到每一细节，强调站区内各种流线在动态中的合理性。系统性强调通过局部设计的集成，使整个铁路车站达到整体优化。如对铁路车站与城市、各种交通方式的组合、客站内各功能的组成、流线的布置、各专业系统的综合能力、设计近（远）期以及与运营等各方面关系，进行系统的、动态的综合考虑，处理好局部与整体的关系。先进性是要求铁路旅客车站体现社会经济发展进程，符合时代特征，满足旅客对旅行生活品质的需要。在旅客车站设计中要具有前瞻的、发展的观念，要博采众长、与时俱进，采用先进的设计理念，推广新技术、新材料、新工艺、新设备，充分落实安全、节能、环保的要求，设计出经得起时间考验的铁路旅客车站。文化性应体现铁路旅客车站的历史和现代价值，并具有引导时尚的作用，同时也表达了对地域性、民族性的深层次的理解。铁路旅客车站的文化性，重点在于追求现代铁路旅客车站的交通内涵与地域文化完美结合，依据地方特点，遵循科学规律，尊重地方特征与环境风格，做到总体谋划、有序发展、多元共处、显示特色，设计出具有不同风格的旅客车站。经济性应体现在铁路旅客车站的建设投入、建成品质、使用效果全过程内，达到运营维护最优化以及效益最大化。建设具有良好经济性的铁路旅客车站，应以全面落实科学发展观、建立节约型社会理念为先导，以合理的旅客车站规模及适宜的技术标准为基础，以先进的节能技术措施和手段为保障，在实现铁路旅客车站功能性、文化性、先进性的前提下，对旅客车站的经济性进行有效延展。

1.0.2 新建铁路旅客车站包括了近年发展较快的客运专线铁路旅客车站，虽然其基本功能与客货共线铁路旅客车站基本相同，但在客运组织方式和运营管理方面还是存在较大差异，所以对客运专线铁路旅客车站做了相应的规定。

1.0.3 铁路旅客车站的布局应兼顾铁路和城镇二者的发展要求，在实现铁路运输功能的同时，还要符合和满足城市发展和整个区域交通网络及城市景观等方面的需求。因此，根据城市土地资源和城市交通条件，合理确定铁路车站规模、布局、站型，使之符合铁路行车组织管理规定，以适应铁路运输长期发展要求。

1.0.5 铁路旅客站房建筑规模由所在地的城市规模和经济发达程度、客运量、客车到发线及站台数量、列车开行模式、运营管理模式以及地理位置等多种因素决定。

目前，我国铁路旅客车站客流存在“等候式”、“通过式”、“等候与通过混合式”三种旅客流线模式。“等候式”旅客需在车站滞留，对候车和相应服务设施的空间有一定的要求，车站的规模主要为最高聚集人数所控制。我国现有铁路大部分采用客货共线运行模式，因此，与其相适应的旅客车站均为“等候式”，原规范也是以“等候式”车站为基础，用最高聚集人数来确定铁路旅客车站的规模。本次规范保留了采用最高聚集人数确定铁路旅客车站规模的方法。根据近年客流量迅速增长的状况，在原规范基础上，对铁路旅客车站规模的最高聚集人数进行了适当的调整。“通过式”是客运专线旅客车站采用的旅客流线模式，特点是旅客以直接通过站房的形式到达站台上车。这种形式对集散空间需求大，对候车空间要求小，车站的规模主要受旅客流量控制。因此，本次修编增加了以高峰小时发送量确定客运专线旅客车站规模。“等候与通过混合式”为“等候”与“通过”同时存在于一个车站的形式，在其功能设置和空间布局上具有双重性和复杂性，与等候式和通过式站房都有所不同，此种站型应结合实际情况进行设计。

3 选址和总平面布置

3.1 选 址

3.1.1 铁路旅客车站选址在铁路站场与枢纽的总体布局范围内，对铁路和城市发展都有一定的影响。

1 铁路旅客车站一方面是国家铁路交通网络的交汇点，它的设置应满足铁路路网规划的要求，另一方面它也是城市综合运输网络中的重要环节，具有客流集散、运输组织与管理、中转换乘和辅助服务等多项功能，因此应正确、合理的选择铁路旅客车站位置，既方便旅客提高旅行效率，又满足城市发展要求。

2 铁路旅客车站是城镇综合运输网络中的重要节点。布设合理的铁路旅客车站、对未来城市建设的格局，城市其他交通干线的设置，以及站场周边的经济、政治、文化和生活会产生重要的影响。对改善城镇和区域交通系统功能，提高运营效率和解决出行换乘问题都具有重要意义。

3 铁路旅客车站的选址，除应根据车站工程项目的使用功能要求，还要结合使用场地的自然地形的特点、平面布局与施工技术条件，研究建筑物、构筑物与其他设施之间的高程关系，充分利用地形，节约用地，尤其是少占耕地。正确合理的车站选址关系到国家经济可持续发展和社会稳定。铁路工程建设要贯彻国家《土地管理法》的规定，坚持依法用地、合理用地和节约用地的原则。

减少工程填挖土方量，因地制宜合理确定建筑、道路的竖向位置，合理组织用地范围内的场地排水和管线敷设，以保证合理性、经济性，达到降低成本实现加快建设速度的目的。

4 建设节能型、环境友好型铁路旅客车站，是社会发展的必然趋势。应通过综合考虑自然气候条件、各种传热方式、建筑装修、材料性能以及采暖、通风、制冷等各种建筑设备的选择和使用等因素，以周密合理的设计，较好地改善建筑耗能状况。在室内为旅客提供清新空气和适宜的声、光、热环境，并通过解决热岛效应、列车噪声、雨水收集与再利用等问题，通透空间光效应以及高大空间环境的控制等，为旅客提供舒适的候车环境。当代建筑发展已呈现多元化的态势，应按可持续发展的战略目标将铁路旅客车站功能定位在综合功能、多能转换、立体用地、立体绿化、生态平衡、面向未来与持续发展的构想上，将铁路旅客车站建筑融入历史与地域的人文环境中，适应城市、社会、经济发展的需要。

3.1.2 不良地质会对铁路旅客车站构成安全隐患，甚至影响车站的使用。我国不少铁路依山傍水修建，因地形、地质条件复杂或受河流水域等不稳定因素影响，造成铁路线路中断，车站受损，影响铁路运输安全和畅通。

3.2 总平面布置

3.2.1 车站广场、站房和站场客运设施为铁路旅客车站的三大组成部分，尽管功能各有区别，但相互之间联系紧密，休戚相关，形成了有机统一的整体。在平面位置上，现代铁路旅客车站由于站型多样化，各种交通形式的引入等因素，改变了以往单一、简单的平面布局，在平面位置、空间关系上相互重叠交融。因此，铁路旅客车站的总平面布置应以功能为核心，进行整体统一规划和设计，以达到资源共享，体现功能最优化。

3.2.2 总平面布置要求。

1 城市规划工作包括城镇体系规划、城市总体规划、分区规划和详细规划等阶段，而详细规划又分为控制性详细规划和修建性规划，其中控制性详细规划对铁路工程设计的控制最为具体，它以总体或分区规划为依据，详细规定建设用地的各项控制指标和其他规划管理要求，或直接对建设作出指导性意见和规划设计。因此，铁路旅客车站的总平面布置应在城市规划指导性意见的指导下，采用适应性设计，不断调整铁路旅客车站自身各个构成要素，达到车站功能与城市规划的协调统一。铁路旅客车站与城市轨道交通、公共交通枢纽、机场、码头等道路的发展相结合，是体现铁路旅客车站系统性发展的一项基本要求。现代旅客车站设计应积极体现综合交通枢纽的理念，既有效地整合和利用了资源，合理确定了建设用地，又为广大旅客提供了方便快捷的交通条件。

2 新时期的铁路旅客车站尤其是大型站房，已不仅是作为城市大门形象出现，围绕车站迅速发展起来的商业设施，带动了城市区域经济发展，公交、轻轨、地铁等多种交通方式在车站默契配合、有机衔接，使铁路旅客车站成为城市交通换乘枢纽和现代化客运中心，车站已经越来越多地和整个城市、区域交通规划融为一体。因此，铁路旅客车站的定位应向功能多元化和开放的“综合交通换乘枢纽”转化。

新时期的铁路旅客车站总平面布置的另一特点是广场、站房和站场互相关联、互相影响，已不再像以往那样可以截然分开，而趋于互相融合，成为一个满足旅客乘降和换乘的综合体。在土地利用上，应根据这一特点，采用集约化的原则，合理利用地形，少占土地，最大限度利用好有限的空间、有限的环境、有限的资源，重视与周边环境的协调统一。

3 使用功能分区明确，即要求旅客车站各部分功能划分合理，服务内容、使用目的明确。流线简捷即要求旅客车站对客流、车流整体规划中实现合理流动，减少各流线之间相互影响，特别是对旅客流线要做到简单、快捷，使之顺利到达目的地。

4 公共交通优先是铁路旅客车站建设系统化的具体体现。城市公共交通与铁路旅客车站的驳接一般体现在车站广场上，所以铁路车站广场实质上是一种多功能广场。目前出现的新站型，从使用方便出发将驳接的位置引入地上高架或地下层，与旅客进出站位置贴近。公共交通优先即首先考虑公交车的流线以及上下车的位置，占用较好、较近的道路和广场资源，并注意把公交车与小汽车的进站通路有效分开，提高公交车辆的运行效率。明确划分各类车的停车区域，尽量使其贴近旅客进出站的位置，减少旅客步行距离。

5 设置环形车道，其作用是为了满足消防使用需要。一般线上式的大型、特大型站房，可在广场设置经站房的地道进入基本站台，线下式站房可利用站前坡道进入基本站台。多层高架站房，应根据站房平面与站台布置，与防火设计共同采取有效措施，解决车道设置问题。

6 铁路旅客车站是城市的重要组成部分，车站的设计应该系统整合车站与城市的关系，以开放的理念融入城市，使铁路旅客车站功能与城市发展互补、互动、互相促进。车站设置地下通道，使进出站流线与地下铁道车站、地下商业设施连通，在为旅客提供安全、便捷换乘和购物条件的同时，也为车站的畅通和流线布局、增加集散能力以及完善综合交通枢纽作用，提供了条件。

3.2.3 各种流线短捷、避免互相交叉干扰，是建筑流线设计的一般要求。在铁路旅客车站设计中，在方便、安全使用的前提下，对车站各种流线，尤其是进、出站旅客流线实现平面或空间上分流，集中体现了铁路旅客车站功能设计以人为本，方便旅客的原则。目前旅客车站结合站型采用的平进下出、上进下出等旅客流线形式，取得了良好的效果。

3.2.4 特大型、大型站所在的城市，一般是直辖市、省会所在地和重要的交通枢纽所在地，其客流量较大也比较密集，采用多向进出的站房布局形式比单向进出有许多优点。第一，可以使旅客能方便地进、出站，避免了单向进出站布局旅客必须绕行，增加行程的缺点；第二，可以较快地疏散旅客并且相应缩小主要广场的范围；第三，有利于改变车站切割城市，造成车站两侧城市不均衡发展的现象。

3.2.6 铁路旅客车站作为一个集合众多设备体系的综合系统，管道工程非常复杂。应通过管线综合设计合理布局、有序排列，合理利用高程与平面，方便施工和检修，尽量少占空间，达到便于管理、节约工程投资的目的。

4 车 站 广 场

4.0.1 车站广场是铁路与城市联系的节点，换乘场所，不仅具有解决旅客、车辆集散的功能，还兼有景观、环境、综合开发等多种功能。在形式上，现已由单一的平面形式发展为广场与站房、站场等互相融合的多层立体空间，在利用空间、节省土地、顺利的交通转换等方面取得了良好的效果。

车站广场一般由下列四部分组成：

站房平台。各型站房建筑的室外部分均设有向城市方向延伸一定宽度的平台，此平台具有联系站房各个部位、方便旅客办理各项旅行手续的功能，并与进出站口和旅客活动地带及人行通道连接，起到连接站房与车站广场的作用。

旅客车站专用场地。旅客车站由于人员流动、车辆流动的密集程度及频率远高于其他公共建筑，为便于使用及管理，维护车站良好秩序以保障旅客及车辆安全，需要有专用的室外集散场地，此专用场地由旅客活动地带、人行通道、车行道、停车场组成。

公共交通站点。多数旅客到站、离站均以各类公共交通车辆为主要代步工具，此类站点通常主要根据公交线路的设置情况，以起、终点站的形式常设于车站广场。

绿化与景观用地。绿化与景观除美化车站环境外，绿化还能减轻广场噪声及太阳辐射，改善环境。结合车站环境设置的建筑小品、座椅、风雨亭、廊道等可以为旅客提供方便。本次修订将这部分内容单独列出，是考虑车站广场虽然以交通功能为主，但同时也体现城市的形象，各地对于景观问题都比较重视，同时广场本身也需要一定的绿化率来保证环境质量。

绿化与景观用地可以单独设置，也可以与广场的其他内容相结合。

4.0.2 车站广场设计。

1 车站广场与站房、站场布局密切结合，在平面位置和空间关系上达到广场、站房、站场设施及流线互相融合，实现以铁路旅客车站功能为中心，车站建筑、客运设施及与相关设备等多项内容形成统一规划下的综合体，以达到资源的最佳利用和功能最大限度发挥。

旅客车站是城镇建设的组成部分，广场则是车站与城市连接的纽带，其设计应符合城镇规划的要求。广场设计应与城市环境相协调，并以其自身优势吸引商业设施，带动经济繁荣，促进城市发展。

2 车站广场、站房、站场客运设施等铁路客站各组成部分，构成了旅客出行及换乘的基础。合理的流线设置利于构成高效、快捷、便利的出行路线，以满足铁路旅客车站的功能要求。车站广场交通设施规划应与站房旅客进出站流线以及售票、行李、包裹、商业服务设施的布局相适应。合理布置旅客、车辆、行李和包裹三种主要流线，并要求其短捷，无交叉，提高交通效率。

3 车站广场上的人行通道布置主要为进站和出站旅客提供简捷、短直的通道，使旅客更方便的转换各种交通。合理布置各种停车场和车行道的位置，使车站广场与城市道路互相衔接顺畅。布置车行通道要遵循公交优先的原则，首先考虑公交车的流线设计以及停车位置。布置时注意把公交车与小型汽车的进站通道有效分开，这样可提高车辆运行效率和广场的使用效率。

4 旅客车站广场客流密集，流动性大，地面任何损坏都将给旅客的行动和安全带来影响。刚性地面平整坚实，可根据车站的性质，选择美观、实用、经济、耐久的刚性地面材料。

旅客车站广场面积大，地面积水难以自然排除，可借助于设在广场上的暗沟排除积水。

5 大型旅客车站采用立体车站广场时，常用的方法有设置高架车道和地下停车场等。

目前，我国很多铁路旅客车站的广场采用了立体方式，为了减少占地，更好地解决旅客集散和换乘问题，大型及以上车站应该有效利用车站内的空间位置关系，解决车辆停放、旅客换乘和进出站问题，这样不仅可解决平面布置流线的交叉和互相干扰，还可缩短旅客步行距离，提高整个车站的使用效率。

目前正在设计阶段的大型旅客车站也增加了此部分内容，从当前各旅客车站客流增长的具体情况看，无论新建还是改、扩建，立体广场设计方案均已经提到日程。

6 由于季节性或节假日客流量远大于本规范规定的最高聚集人数或高峰小时流量，车站规模不可能按此进行设计，所以在有季节性和节假日客流量大的旅客车站只能通过在广场上增加临时设施解决旅客候车问题。

4.0.3 车站专用场地最小用地面积指标的计算随着城市发展和车辆不断增加，停车场地也在逐步增加和扩大，所以车站专用场地的面积也应随之发生变化。经调查，目前大多数出行旅客一般采用公共交通。考虑车站长远发展及民众生活水平的提高，参考比较发达国家的交通水平，按出行旅客40%乘坐出租车，40%乘坐公交车辆，20%使用社会其他车辆到达或离开车站，如其中送站车辆约20%进入停车场，接站车辆约80%进入停车场，按每辆出租车平均载客1.5人，每辆社会车辆平均载客3.5人计，各种车辆在停车场的停留时间平均以0.5h计。

现以最高聚集人数4000人的车站为例(其日发送量、日到达量均为20000人)。

一昼夜出租车、社会车辆到达车站量为：

(20000＋20000)×0.4÷1.5＋(20000＋20000)×0.2÷3.5≈12953(辆)

每小时出租车、社会车辆到达车站量为：

$$12953\div24\times1.5\approx810(\text{辆})$$

式中，1.5为超高峰小时系数。

按送站车约20%进入停车场，接站车约80%进入停车场，每辆车在停车场的停留时间以0.5h计的停车数量为：

$$(810\times0.5\times0.2+810\times0.5\times0.8)\times0.5\approx203(\text{辆})$$

各类车辆的平均停放面积计算：小轿车$27m^2$/辆，大客车$68m^2$/辆，行包卡车$52m^2$/辆；取小轿车数量占70%，大客车占5%，行包卡车占25%，得出三者平均停放面积为$35m^2$/辆。根据对部分旅客车站设计的统计分析，停车场面积约占停车场与车行道总面积的60%，所以得出停车场面积为：

$$203\times35\div0.6\approx11841(m^2)$$

停车场地部分的每人面积指标为：

$$11841\div4000\approx2.96(m^2/\text{人})$$

旅客活动地带的每人面积指标仍沿用原规范《铁路旅客车站建筑设计规范》GB 50226—95中$1.83m^2$/人的标准。

$$2.96+1.83=4.79(m^2/\text{人})\approx4.8m^2/\text{人}$$

即得出旅客车站专用场地的最小面积指标。

本次修订将原指标按最高聚集人数不小于$4.5m^2$/人的规定修改为$4.8m^2$/人，并将原混杂在其中的部分绿化面积分离出来单独计列，扩大了专用场地的面积。修改后的人均面积指标基本可以同时满足客流量、车流量的使用要求。

4.0.4 平台具有一定的宽度，可以避免人群拥挤，保证旅客行走畅通。平台宽度的确定，主要决定于客流量。本条规定是根据对现有站房平台宽度的调查(见表1)，经分析而提出的。

表1 现有站房平台宽度

旅客车站名称	最高聚集人数（人）	平台宽度（m）
北京	10000	40
西安	7000	30
广州	6800	30
兰州	4000	27
乌鲁木齐	2000	40
西宁	2000	10
银川	2000	60
保定	2000	7
大同	1200	15
昆明	4000	11
无锡	6500	25
苏州	2500	25
赤峰	1000	5.5
泊镇	600	3.6
通辽	1200	6
胶县	800	5

一般立体广场与多层站房相接，所以也应该在每层设置站房平台。

4.0.5 车站广场人行通道设计除应首先保证进出站旅客流线畅通，还要有足够的宽度和避免相互交叉，引导旅客到达和离开车站，人行通道的设计应短捷，方便旅客通往公交站点。

旅客活动地带与人行通道高出车行道不应小于0.12m，是为使两者高程有区别，防止车辆穿越，发生危险。另外，0.12m的高度也是人跨越台阶比较舒适的高度，同时还可以起到避免雨水汇集的作用。

4.0.6 本条规定主要是为了方便旅客托取行李、包裹，停放车辆场地的规模要视站房规模大小而定，但应满足托取行李、包裹车辆的停放要求。

4.0.7 车站广场绿化及景观的功能除美化车站改善环境外，还能起到功能分区及导向作用。本条提出10%指标，主要是考虑到目前各地的广场绿化水平程度不同，在有条件的情况下可以相应提高车站广场绿化程度。

4.0.8 本条依据《中华人民共和国国旗法》第五条和第七条制定。

4.0.9 城市轨道交通具有大运量、快速、准时等优点，我国许多大城市总体规划都将城市轨道交通作为城市发展的重要建设项目。铁路车站作为重要的交通枢纽，应该与城市的交通共同发展和繁荣，这就需要在前期规划设计阶段进行有效整合，做到功能互补，流线衔接顺畅，工程实施合理，使铁路与城市轨道交通在未来的运营中能够最大限度地方便乘客。

4.0.10 城市公交、轨道交通站点的设计：

1 城市公共交通与轨道交通是大型和特大型铁路旅客车站旅客集散的主要交通工具，处理好相互之间的位置关系，是体现铁路旅客车站系统性的一项基本要求。在一些特大型和大型站房的设计中，公交车经常将首末车站设于车站广场，所以在广场总平面设计时应考虑与其站房进出站口的位置关系，给旅客创造较好的换乘条件。如可将公交站设置在专用场地边缘及出站口附近，或将站房平台设计为半岛形式。这样可减少公交流线与客流的交叉。

2 公交停车场的主要功能是为公交线路营运车辆提供合理的停放场地和必要的设施，车站广场合理布置公交停车场是完善车站集散功能、提高广场效率的重要措施。

由于公交车场的面积受公交线路数量、运营里程及车辆数量影响，特别是在发展中的小城市，交通规划尚不能准确提供这方面的数据，为解决公交车辆的停车问题，根据《城市道路交通规划设计规范》GB 50220 的规定，运用当量换算的方法，得知公交车的运输能力为小型车辆的 2 倍，而公交车场面积仅相当于社会停车场面积或出租车场面积的一半。

现仍以最高聚集人数 4000 人的站房为例，公交车建议停车场面积为旅客专用场地的 1/3。根据本规范第 4.0.3 条条文说明得出：

公交车场的面积：$11841\div3=3947(m^2)$

人均指标：$3947\div4000=0.98675(m^2/人)\approx1.0m^2/人$

根据以上计算结果，公交停车场面积指标宜按最高聚集人数 $1.0m^2$/人确定。

4.0.11 揭示引导系统是车站设施的重要组成部分，在视觉上起到确认环境并引导旅客行动的作用。引导标识醒目、通用、连续，可以有效地引导旅客到达目的地。

4.0.12 车站广场是人员密集的场所，应按需要设置厕所。车站广场厕所的建设应纳入城市总体规划和旅客车站建设规划，使其规划、设计、建设和管理符合市容环境卫生要求，更好地为出行旅客服务。根据《城市公共厕所设计标准》CJJ 14 的有关要求，本条规定按 $25m^2$/千人或 4 个厕位/千人设置厕所。

5 站房设计

5.1 一般规定

5.1.1 铁路旅客车站是一个多功能集成的综合系统，铁路客运效率和服务质量往往取决于组成综合系统的各部门之间的协同工作、默契配合。对铁路旅客车站内按使用性质特点划分区域，目的在于根据站房功能要求，对各专业的系统方案、设备选型、运营管理方式等统一规划，精心设计，加强专业配合，通过各专业之间的有效互动、配合，处理好局部与整体的关系，力求在铁路客运效率和服务质量上，达到最优。

公共区为向旅客开放使用的区域，进出站集散厅，候车厅（室），售票厅，行李、包裹托取厅，旅客服务设施（问讯、邮电、商业、卫生）以及进站通廊等从属于这个区域。公共区内还可按“已检票”和“未检票”分别划分付费区和非付费区。旅客主要活动的公共区，在空间上要开敞、明亮。对区域内需分割的部位如候车区，可通过低矮的护栏或轻巧安全透明的隔断进行灵活划分，以增加视觉上的通透性和旅客的方位感。公共区内保证旅客流线通畅，引导旅客合理有序的流动，是旅客车站规划设计和运营管理水平的具体体现。

设备区包括水、暖、电设备、设施及其用房。其作用是向站房提供清新的空气，适宜的声、光、热环境和有效的安全防范措施。为旅客创造舒适、安全的旅客车站室内环境。

办公区由行政、技术管理及其辅助用房组成，担负着站内运营与管理。管理及辅助用房应设在站房内非主要部位，与运营有关的办公用房靠近站台，具有较好的联系、瞭望条件，便于管理人员使用。

5.1.5 本条是根据现行国家标准《建筑设计防火规范》GB 50016 的有关要求制定的。

5.1.7 铁路旅客车站有独特的功能性，当与其他建筑合建时，不但平面布局复杂，也给车站管理带来困难，影响其使用功能。尤其是在合建部分设有大型餐饮、娱乐和商业设施时，将造成火灾隐患，这种教训在现实中已有先例。当铁路车站需要与其他建筑合建时，合建部分及与站房的衔接应符合现行国家标准《建筑设计防火规范》GB 50016 的有关规定。

5.2 集 散 厅

5.2.1 本次规范修订将原“进站广厅”改为“集散厅”，原因是：近年来，随着城市交通建设的发展，大型站尤其是特大型站所在城市的地铁、轻轨、地下过站通道、商场通道等的引入，使得原进站广厅集散功能更为突出，从原有站内旅客经入口进入广厅后简单分流，到多种交通形式的人员互动，形成了多种流线的聚集与分散功能。“集散厅”比“进站广厅”更为确切，因此，本条把“进站广厅”改为“集散厅”。

集散厅为旅客站房的主要组成部分，尽管站房规模不同，但作为旅客进入站内或离开车站集散的功能却是共同的。因此，本次修订除将原规范关于特大型、大型站可设进站广厅改为中型及以上车站宜设集散厅外，还增加了设置出站集散厅的规定。对客货共线和客运专线铁路旅客车站，分别采用最高聚集人数和高峰小时发送量确定集散厅面积，但人均使用面积仍采用原规范不宜小于0.2m²/人的规定。

5.2.2 集散厅是旅客进入客站首到之处，厅内人员密度大，集散厅应有尽快疏导客流的功能，帮助旅客迅速到达目标。在发挥疏导客流功能上，集散厅要求开敞明亮、视线通透、引导设施齐全和服务及时，这应借助于设计上开放的平面布局、结构采用大空间、设置高效的楼梯、电梯和扶梯、完善的引导系统以及齐全的旅客服务设施（问询、小件寄存、邮电、电信及小型商业设施等）来完成。安全防范设施的设置对旅客安全起着重要保证作用，因此，集散厅内还应设置必要的安全检测设备。

5.2.3 我国大型，特大型站的站房大多已设置了自动扶梯和电梯。由于自动扶梯和电梯是一种既方便又安全的提升交通工具，在当今的公共建筑中已广为应用，很受使用者欢迎。对于人员密度大、时间性要求强、携带包裹的旅客站房更为适用。

5.3 候 车 区（室）

5.3.1 客货共线铁路旅客车站客流以“等候式”模式为主，站房应根据不同旅客的特点，设置候车区域满足其等候的需要。

不同类别的旅客对候车的环境和条件有不同的要求，因此车站内设置了普通、软席、贵宾、军人（团体）及无障碍候车区（室）。

另外本次修订增加了表注，规定有始发列车的车站，其软席和其他候车室的比例可具体考虑。这有利于今后车站根据列车的开行情况重新进行面积调整。

母婴候车区，是为方便妇女携带婴儿专门设置的候车区域。中型尤其是大型和特大型车站，母婴旅客较多，此类车站除考虑妇女携带婴儿所需候车面积外，有条件时还应该考虑母婴服务设施的面积。母婴候车区面积一般可以按照无障碍候车区（室）面积的3/4考虑。

母婴服务设施一般包括婴儿床、婴儿车以及在母婴候车区（室）附近厕所内设置的婴儿换尿布平台等。

各类候车区的计算如下：

软席候车仍采用原规范2.5%的比例。该比例是按每列车容载旅客1200人，一般挂1节软卧车厢，软席旅客以32人计算，软席旅客约占容载旅客的2.5%计算出的。现到站车次和种类变化较多，软席列车编挂的数量也不统一，可采用提高和改善普通候车区的质量解决软席旅客候车问题。

军人（团体）候车区仍采用原规范3.5%的比例，分析计算如表2所列。

表2 军人(团体)候车区规模调查分析

旅客车站名称	旅客最高聚集人数（人）	军人(团体)候车区使用面积(m²)	按1.2m²/人计算规模人数（人）	占最高聚集人数百分率（%）
上海	10000	129	108	1.08
天津	10000	505	421	4.21
沈阳北	10000	792	660	6.60
郑州	16000	607	506	3.16
平 均				3.76

综合上述情况，规定军人（团体）候车室计算人数按最高聚集人数的3.5%设置。考虑军人（团体）候车室使用频率较低，在实际设计中一般不单独设置，而是与普通候车室合并设置。本次修订将原指标改为1.2m²/人，与普通候车室相同。

5.3.4 本条主要针对各种候车区（室）的共性而制定。

1 大空间开敞明亮、视线通透，候车区设置在环境宜人的大空间，符合车站旅客在生活水平和审美观不断提高基础上对候车环境的要求。大空间的设计须以功能需要为前提，充分重视并积极运用当代科学技术的成果，包括新型的材料、结构，以及为其创造良好声、光、热环境的设施设备。

近年来，软席候车需要量不断增加，越来越多的旅客乘坐软席列车，因此，将软席与普通候车共同设在候车区大空间中，以解决软席候车不足问题。另外，军人（团体）候车存在时间上的不定因素。利用轻质低矮隔断和易移动的特点，对候车空间按候车需要进行分割，可起到灵活调整候车区面积的作用。

乘坐客运专线旅客列车的客流基本为“通过式”模式，旅客多采用通过客站直接进入站台。对客站空间的要求应与其逗留时间短、通过迅速的特点相适应，此外，车次多、发车频率高，客站集聚人数受高峰小时发送量影响，客运专线铁路车站候车厅应为集售票、候车、进站通道、服务设施为一体的综合性大空间。

2 自然采光可节约能源，并让人在视觉上更为习惯和舒适，心理上更能与自然接近、协调，有利健康。自然通风（或机械辅助式自然通风）是当今生态建筑中广泛采用的一项技术措施，其能耗小、污染少，有利于人的生理和心理健康。自然采光和自然通风应为设计候车区（室）首选光源、风源。

站房属于公共建筑，候车室聚集较多的旅客，从观瞻及通风的要求出发，需要有适合的净高。经查阅多项近年设计的小型站房净高绝大部分为4m以上，也有旅客站房净高为3.2m，但通风效果不好，故本条规定最小净高为3.6m。

3 为旅客候车时有舒适、卫生的室内环境，并节约能源，候车室应有较好的天然采光及自然通风。采用一般公共建筑的标准，窗地比不应小于1∶6。有些既有站房的上部侧窗采用固定窗扇，只能达到采光的目的，不利于空气流通，因此规定上下窗宜设开启窗，并应有开闭的设施。

玻璃幕墙有很好的透光、借景效果。但构造复杂、投资大，宜在采用集中空调的特大型、大型旅客车站采用。采用时应按有关规范进行构造、安全、防火设计，并按要求设置一定数量的开启扇，以保证自然通风的利用。

4 为保持候车室候车秩序，我国多数较大规模站房候车室，在进站检票排队位置的两侧设置候车座椅，使旅客能按进站顺序就座候车休息，检票时起立顺序排队，达到休息与排队相结合的目的。因此本规范规定设计候车室的座椅排列应有利于旅客通向检票口。座椅之间的距离应有排队及放置物件的水平空间。经过实测一些候车室的实际情况，旅客就座后，1.3m的间距可满足基本需要，因此将其定为最小间距。

5 我国部分既有站房的候车室入口不设检票口，当进站检票开始时，候车室的出口处易出现拥挤、交叉等混乱现象，故本条规定候车区设进站检票口。

6 本款根据《中华人民共和国铁路法》的规定，铁路应为旅客供应饮水，因此候车室内应设饮水处。

5.3.5 本次修订、增加了对无障碍候车区设计的相关规定。由于无障碍候车区需要考虑儿童休息和活动的空间，另外残疾人轮椅活动也需要一定的空间，根据对部分旅客车站调查，认为每人1.5～2.0m^{2}比较合适，为此本条规定将使用面积定为不宜小于2.0m^2/人。

5.3.6 本次修订时对部分车站征询了意见（见表3）。

表3 软席候车区使用面积指标分析

旅客车站名称	使用面积（m^2/人）	旅客车站名称	使用面积（m^2/人）
沈阳	3.00	合肥	2.00
长春	2.50	青岛	4.00
锦州	2.00	徐州	3.00
北京	3.60	武昌	1.70
天津	2.50	西安	4.00
上海	4.60	成都	3.00
无锡	3.30	厦门	1.60

从上表分析得知，软席候车区每人使用面积指标平均值大于2.5m^2。结合天津站软席候车区的实测，其每人使用面积为2m^2，但活动空间并不狭小，因此本条仍采用每人使用面积的最低限值为2m^2。

5.3.7 考虑军人（团体）旅客携带物品与普通旅客相似，所以本条规定军人（团体）候车区的每人使用面积不宜小于1.2m^2。

5.4 售票用房

5.4.1 由于目前售票一般为电脑现制车票，原有的打号室可以取消，票据库的规模可以大幅度削减。订票室和送票室合一，主要是考虑城市内增设了许多售票处和售票点，这样不仅方便了广大旅客，同时减少了车站售票的压力。

随着车次的增加，客运专线的增多，给售票工作带来比较大的压力，所以应大力发展自动售票系统和采用多点售票的方法，给广大旅客提供更为快捷和便利的购票方式。

5.4.2 售票处的设置。

随着联网电子售票的普及，大量设置售票窗口的集中售票方式，已不是客站售票的主要形式，但客站仍是预售车票的当然场所，尤其是大城市的客站，设置规模相当的售票厅预售车票、办理中转签证和退票等业务仍有必要。

中型、小型站旅客少、面积小，在靠近候车区或在候车室内布置售票窗口既方便旅客又有效利用了面积。

售票处在站房内占有一定的空间，客流高峰期尤其是在大型及以上站房，旅客购票排队长度都较长，为避免混乱和干扰进出站客流，应在进站口附近单独设置售票处。

随着客站延伸服务的不断完善，车站的运营管理模式逐步从封闭的形式向开放转变，在集中售票的基础上，可以采用分散售票或分散与集中相结合的布置方式，即在广场、集散厅、候车区以及进站通道增设人工或自动售票点，售票点与流线相结合，使旅客购票更加灵活、方便。

发展多种售票方式，可以缓解车站内的售票压力。如特大型、大型站位于大城市，信息和交通比较发达，车站可办理订送票业务，可在市内设售票网点，车站设置自动售票机、增设流动售票、在出站口设中转售票口等。这样可以从很大程度上避免客流的过度集中。

近几年设计的新型站房改变了原有站房单面进出站的布局形式，大型站的站房结合出入口的变化，采用了分散布置售票处的办法。最新设计的北京南站，整个站房为一圆形建筑，垂直股道的两个方向有十多个入口。上海南站，客流可以从四个方向进入站房，这样增加了售票口布置的灵活性。

5.4.3 本次规范修编根据客货共线和客运专线铁路旅客车站旅客购票不同特点，对站房的售票窗口设置数量分别进行了调整和规定。

本次修订售票窗口数量，是根据客货共线铁路站房的“等候式”和客运专线站房的“通过式”不同客流特点，分别对售票窗口设置提出了不同的规定。

关于售票窗口的数量，本次修编先从调查分析国内现有部分旅客车站设置售票窗口开始，再按各型旅客车站每天上车人数，结合建筑规模进行核证后确定。

1 客货共线铁路站房售票窗口数量的确定。

目前国内部分既有站房售票窗口设置数量见表4。

表4 部分客货共线铁路特大型、大型站售票窗口数量统计

站房	日平均发送量（人）	日最高发送量（人）	最高聚集人数（人）	售票窗口数量（个）	使用情况
上海	85427	129000	14000	原设计34个 现为160个	合适
天津	51800	81000	10000	38	较拥挤
济南	51000	65000	11000	48（不含市内设流动售票点）	合适
长春	28600	50000	9000	42	合适
杭州	52600	65000	7000	36	拥挤
成都	31600	40000	7000	28	—
广州	53000	196000	6800	28	拥挤
无锡	25000	—	6500	15	—
大连	—	25000	6000	固定17个 临时4个	富裕
青岛	20000	30000	4000	16	基本合适
大石桥	—	—	1400	6	合适
汉中	—	—	800	3	合适

由表中可看出，售票口数量较原规范指标有很大变化。

1）特大型站设计售票口数量一般为34～40个，大型站售票窗口15～28个。多年前这些站的售票口基本能够满足使用要求，但随着客流量的增加，多数车站售票都出现拥挤的情况，特别是节假日，一些城市车站增加了售票口数量或采取了多种售票方式缓解售票压力。以杭州站为例，杭州站设计售票口为30个（老站为16个），目前实际使用需求增设到74个，最多达79个。其中：广场上4个；进站集散厅3个；出站口8个（中转售票口）；软席2个；另外在市内设10个联网售票点，并在周边城市慈溪、宁波、温州等地增设售票点。因此增加售票口，重新调整售票窗口数量指标是必要的。

2）同一规模车站（最高聚集人数相同的车站）日发送量也有很大区别，所需售票口数量也不同。如上海和沈阳北站同为最高聚集人数10000人以上的特大型站房，上海站的日发送量是沈阳北站的2.7倍。设计34个售票口的上海站显然不能满足要求，上海站目前增至160个售票窗口。从这里也可以看出单靠最高聚集人数确定售票口显然不科学。

3）中型、小型站售票口在16个以下基本满足要求，但应考虑备用售票口，以利高峰期使用。而类似大连站这种尽端站，都是始发车和终到车。按规定的方式计算确定的窗口数量，显得比较富裕，所以在确定售票窗口数量时可根据实际情况考虑设置数量。

4）大型以上车站设置单一集中售票方式弊端较大。主要表现为：售票口集中，服务半径过大、旅客步行距离长、中转旅客更为不便。售票口数量越多，购票旅客越集中，一是室内温度不易控制，空气质量不能保证，不利于提高站房服务质量；二是节假日购票拥挤。旅客大量聚集在售票厅，秩序不易维持，存在安全隐患。

5）每个窗口的售票能力：长途为80～100张/h；中转为100～140张/h；短途为150～180张/h。按两班一天工作约16个小时，人工售票速度平均在110～140张/h。原规范中1000张/h的规定偏于保守，但考虑售票员班组的替换，不一定每个窗口都按平均速度发售车票，考虑平时与高峰期的相互关系，此指标可以继续使用。

综上所述，按下列原则及具体情况定出客货共线各型旅客车站设置售票窗口数量：

1）特大型、大型站除比照已建成车站的售票口数量，还考虑了为方便特殊旅客购票需要增设的售票专口。本规范将售票口最小数量定为特大型站55个，大型站25～50个，这样特大型、大型站较原规范售票口数量有所增加。

2）中型站定为5～20个之间，小型站按至少2个设置。中型站低限值和小型站，由于铁路提速后旅客列车停靠次数少，相比之下与原规范接近。

3）关于售票窗口的数量与C值（最高聚集人数占一昼夜上车人数的百分率）之间的关系，根据对北京等车站的调查：一般车站最高聚集人数与日发送量之间的关系基本是1∶5的关系（高峰小时发送量与日发送量之间的关系基本是1∶10的关系）。C值按原规范：特大型、大型站取18%；中型站取20%；小型站取22%。但对于较发达的大城市，比如上海、杭州，其比值会大一些（客运专线则更大）。C值概括性分为三种比值，基本符合我国铁路运输现状。因此本次修订依然采用这个比值。

4）售票窗口数量计算仍采用原规范计算公式，

计算如下：

售票窗口数＝一昼夜售票总数÷

每个售票口一昼夜平均售票量

式中，一昼夜售票总数(售票总数量)＝最高聚集人数÷C 每个售票口一昼夜平均售票能力按 1000 张计

计算结果列入对照表(见表 5)，可看出：特大型、大型站和大多数中、小型站售票窗口数量基本满足实际需要。

表 5 售票窗口计算数量和实际需要与原规范售票口数量对照

售票窗口计算数量与实际需要对照					原规范售票口数量				
旅客车站建筑规模		计算售票窗口数（个）	实际售票窗口数（个）	B/A (%)	旅客车站建筑规模		计算售票窗口数（个）	规定售票窗口数（个）	B/A (%)
车站类型	最高聚集人数（人）	A	B		车站类型	最高聚集人数（人）	A	B	
特大型	10000	55	54	98	特大型	10000	56	38	68
	9000	50	50	100		9000	50	36	72
	8000	44	44	100		8000	44	33	75
	7000	39	39	100		7000	39	30	77
大型	6000	33	33	100		6000	33	26	79
	5000	28	28	100	大型	5000	28	22	79
	4000	22	22	100		4000	22	18	82
	3000	17	17	100		3000	17	14	82
	2000	11	11	100		2000	11	10	91
	1800	9	9	100		1800	9	9	100
	1500	8	8	100		1500	8	8	100
中型	1200	6	7	117		1200	6	7	117
	1000	5	6	120	中型	1000	5	6	120
	800	4	5	125		800	4	5	125
	600	3	4	133		600	3	4	133
	500	3	4	133		500	3	4	133
	400	2	3	150		400	2	3	150
小型	300	2	3	150		300	2	3	150
	200	1	2	200	小型	200	1	2	200
	100	1	2	200		100	1	2	200
						50	1	1	100

季节性和传统节假日客运高峰所需增设的售票窗口未计在内。

2 客运专线铁路站房售票窗口数量的确定。

由于目前国内已建成的客运专线为数不多，尚缺乏比较成熟的资料，因此，有关售票窗口的设置数量是参考设计中的部分客运专线铁路站房并经计算和分析后得出的结果（见表 6)。

表 6 京沪客运专线各站售票口设计数量

车站	日发送量（人）	最高聚集人数（人）	经公式计算售票窗口数量（个）	自动售票机数量（个）	售票窗口、售票机数量总和（个）
北京南	150000	10000	84	40	124
天津西	50000	4000	28	20	48
华苑	20000	2000	12	10	22
沧州	20000	1100	12	6	18
德州	20000	1200	12	2	14
济南	50000	11000	28	20	48
泰山	20000	1200	12	6	18
曲阜	20000	1300	12	7	19
枣庄	20000	1000	12	5	17

5.4.4 按相邻售票口中心距 1.8m 计，结合进深及建筑模数考虑，并根据售票口前排队不超过 20 人，每售一张票时间不超过 20s 的要求，对售票厅进深做以下几个方面的考虑：

特大型站售票厅进深 13m（计算依据：20×0.45＋4＝13，每个售票口前按 20 人排队，每人站立长度 0.45m 计，并留有 4m 宽的人行通道)。

大型站售票厅进深 11m（计算依据：15×0.45＋4＝11，每个售票口前按 15 人排队，每人站立长度 0.45m 计，并留有 4m 宽的人行通道)。

中型站售票厅进深 9m（计算依据：10×0.45＋4＝9，每个售票口前按 10 人排队，每人站立长度 0.45m 计，并留有 4m 宽的人行通道)。

小型站可以根据具体情况设置。

售票厅开间＝1.8m（售票口中心距）×售票口数量＋1.2m（靠墙售票口距墙距离)。

由以上数据可得出售票厅最小使用面积（见表 7)：

表 7 售票厅最小使用面积

旅客车站建筑规模		售票厅最小使用面积指标（m^2/1 个售票窗口）
型级	最高聚集人数（人）	
特大型	10000	24
大型	3000～9000	20
中型	800～2000	16
小型	100～600	

通过以上计算可以看出特大型、大型站房售票厅面积比原规范均有所减少，中、小型站没有变化。这种变化的出现主要是售票口数量的增加、售票方式的

多样化引起的。

5.4.6 售票室设计。

1、2 售票室最小使用面积指标的确定主要考虑售票室进深，除了布置售票台、通道外，还要放置办公桌椅等，所以其进深尺寸不宜小于 3.3m；按每个售票窗口宽 1.8m 计算，故规定其最小使用面积为每窗口 6m²。最少设置两个售票口的售票室，室内除办公桌椅外还设有票据柜，所以规定使用面积不应小于 14m²。

3 售票室是专为旅客办理乘车证的地方，现金及有价证券较多，为避免外来干扰，并确保室内安全，售票室的门不应直接向旅客用厅（房）开设。

4 售票室内地面高出售票厅地面 0.3m，主要是考虑售票人员与旅客合适的售、购票高度。另外，售票人员工作时间长，严寒和寒冷地区采用保暖材质地面主要起防寒保护作用。

5.4.9 票据室设计。

1 票据室的使用面积较原规范有所减少，原因是改为电脑现制软票后，票据存储量有所减少，所以其票据室的面积也相应核减。

2 票据为有价票证，所以应重视防潮、防鼠、防盗和报警措施。

5.5 行李、包裹用房

5.5.1 行李为随旅客出行物品，为方便旅客，托运位置宜靠近进站口，提取位置宜布置在出站口，这样符合旅客流线的要求。

5.5.2 特大型站的行李和包裹量大、作业频率高且物品复杂，行李、包裹库房与跨越股道地道相连，将大大减少拖车在站台、站内作业时对站内流线形成的干扰，并可提高作业效率。

5.5.3 包裹库的规模主要取决于包裹的储存量，由于行李、包裹分开后对其业务性质影响不大，故本次规范修订其用房组成仍按包裹库存件数分四个档次配置房间。原规定包裹用房中计划室、行包主任室、安全室等用房在本次修订中划入办公室范畴，因为各站行包部门下属组织分工名称不统一，因此房间名称以办公室统列，不再按具体分工机构单列。

5.5.4 有关包裹库、行李库设计的规定。

各旅客车站包裹库的设置位置统一，主要是考虑列车编组和车站组织货物流线，同时包裹库设置位置应考虑缩短包裹流线，避免与旅客流线相互干扰。

特大型、大型站建设用地受到限制，不能满足要求，所以在这些车站一般设多层包裹库房，层间设垂直升降机和包裹运输坡道以保证运输通道的畅通。

5.5.5 每件包裹占地面积 0.35m²，是根据下列分析计算确定：

发送及中转包裹：

$$\frac{0.40(\text{堆放面积占使用面积的比重})}{0.45(\text{每件包裹平均占地面积})}\times 3.5(\text{堆放层数})$$

=3.11(每平方米使用面积可堆放包裹件数)

平均每件包裹折合占地面积：1÷3.11=0.322(m²)

到达包裹：

$$\frac{0.42(\text{堆放面积占使用面积的比重})}{0.45(\text{每件包裹平均占地面积})}\times 3.0(\text{堆放层})$$

=2.8(每平方米使用面积可堆放包裹件数)

平均每件包裹折合占地面积：1÷2.8=0.357(m²)

上述计算中，堆放面积占使用面积的比重（发送及中转包裹采用 0.40，到达包裹采用 0.42）及每件包裹平均占地面积为0.45m²，均根据 1990 年铁道科学研究院对包裹运输设备能力查定研究课题成果确定。

发送、中转、到达包裹平均每件包裹折合占地面积：

$$(0.322+0.357)\div 2=0.34(m^2)$$

为使包裹库具有一定余地，规定为 0.35m²/件。

每件包裹折合占地面积按 0.35m² 确定已使用多年，按此指标计算仍然满足使用要求。

5.5.6 设计包裹库存件数 2000 件及以上旅客车站所在地区，一般工矿企业单位比较集中，发送及到达包裹件数较多，有的企业单位与车站签订合同，到达包裹由站台直接装车出站，不需进库存放。为便于这些包裹临时在室外停放，在新建或改扩建包裹库时，宜考虑预留室外堆放场地。该室外场地指位于包裹库侧面或站台方向的位置，为便于管理，不宜设于站房平台方向，以免影响车站环境及旅客通行。

5.5.12 表 5.5.12 列出的包裹托取窗口数量是根据发送、到达包裹库存件数提出的，按每 600～1000 件设一个托取窗口，相当于每日每一窗口管理包裹作业量 400～600 件左右。

关于包裹托取厅的面积，主要为方便货主排队取票、交付款项、填写标签、安全检查及取送货物的通道等必要的活动场地。每一托取窗口最小宽度一般为 4～6m、进深约 6m，即一个托取窗口最小面积约为 25～30m²。

5.5.13 有的包裹体大、物重，托取柜台高度要适宜，通过调查及征询运营部门意见，将托取柜台高度及柜台面宽度定为 0.6m。为便于笨重包裹托取及平板车进出，托取柜台应留出 1.5m 宽的运输通道。

5.6 旅客服务设施

5.6.6 旅客在车站内的活动受时间的制约，设置导向标志的目的是帮助旅客完成连贯、完整的活动过程，并帮助旅客在视觉上迅速确定环境，引导行动。

5.6.7 本条规定的商业服务设施仅指设在旅客站房

范围内，专为候车旅客服务的小型零售、餐饮、书报杂志等设施。车站内不应设置大型的商业设施，包括大型的零售、餐饮、住宿、娱乐等，因这些设施易发生火灾。车站为人员密集的场所，一旦发生安全事故，将危及整个车站的安全。旅客到达车站的目的不是为了购物，而是购置一些路途上使用的食品、用品、书报杂志等。所以设置一些小型商业设施可以基本满足旅客需求。

5.7 旅客用厕所、盥洗间

5.7.2 厕所、盥洗间设计。

根据对部分已建成车站厕所的调查（见表8），从中可以感到车站厕所的设置数量不足，男女厕位比例不当。本次修订将旅客男女人数比例修改为1∶1，厕位比例修改为1∶1.5，当按最高聚集人数或高峰小时发送量设置厕所时，按2个/100人可以满足使用要求。

表8 厕所厕位调查

站名	最高聚集人数	男厕位	面积(m^2)	女厕位	面积(m^2)	调查结论	厕位/百人(个)
丹东	2000	12	—	18	—	合适	1.50
满洲里	1000	3	12	2	10	拥挤	0.50
昆明	4000	—	30	—	22	拥挤	1.30
无锡	6500	21	84	21	84	—	0.64
兰州	4000	48	200	12	68	—	1.25
西宁	2000	22	62	24	58	富裕	2.30
银川	2000	10	36	6	16	富裕	0.80
乌鲁木齐	2000	20	39	20	48	合适	2.00
苏州	2500	14	100	14	78	稍挤	1.12
重庆	7000	28	140	28	140	拥挤	0.80

5.7.3 大型站使用面积较大，旅客分散，流线复杂，如果集中设置过大的厕所，因服务半径不合理，达不到方便旅客的要求，而且在卫生、管理等方面都有所不便。所以，特大型、大型旅客车站的厕所应酌情合理分散设置。

5.8 客运管理、生活和设备用房

5.8.1 与原规范相比，本条的变化主要是增加了公安值班室和生产用车停车场地。

5.8.2 服务员室是供服务员在接、发客车空隙时间内临时休息的地方，室内仅设有桌椅等，因此，按每人$2m^2$的使用面积是可以满足使用要求的。由于小型（或部分中型）站的客运服务人员很少，所以仅设一间服务员室，但也要有合理空间，故规定最小使用面积不应小于$8m^2$。特大型、大型站旅客流量大，服务员接发列车的业务量也大，故在站台附近设服务员室以方便使用。

5.8.3 检票员室是供检票员工作间歇休息的房间，其使用面积与服务员室相同，为方便工作故规定应位于检票口附近。

5.8.4 补票室位于出站口，其室内一般设有办公桌、椅及票据柜等，故规定房间最小使用面积不应小于$10m^2$。由于室内存有票据及现金，故其门窗应有防盗设施。

5.8.5 客运服务人员一般采用多班制工作，在上班前先在交接班室进行点名，传达有关事项。交接班室的使用情况相当于一般的会议室，故规定其使用面积不宜小于$1m^2$/人，并不宜小于$30m^2$。

5.8.6 由于广播室设有播音机、扩音机以及必要的通信设备，所以本条规定最小使用面积不宜小于$10m^2$。

5.8.10 站房内公安值班室的位置应根据安全保卫工作需要设置。其使用面积是根据公安部门有关规定确定的。

5.8.12 客运办公用房使用面积按$3m^2$/人，系根据《办公建筑设计规范》JGJ 67的有关规定确定的。

5.8.13 旅客车站生活用房主要由间休室、更衣室、职工厕所等用房组成，上述用房根据车站建筑规模不同及需要予以设置。

1 客运服务人员，售票及行李、包裹作业人员按照作息制度，允许值班期间轮流休息，因此各型旅客车站均设置间休室。

由于使用间休室的只是部分当班人员，本规范规定其使用面积按最大班人数的2/3计算。使用面积是参照《宿舍建筑设计规范》JGJ 36的规定确定的。最低面积指标定为双层床每人使用面积$3m^2$，考虑间休室仅供职工轮流休息用，无需存放诸多生活用品，故规定每人使用面积$2m^2$。

4 为改善铁路旅客车站职工的工作条件，本规范提出设置职工活动室、洗澡间、就餐间等设施的要求，设置方式可采用车站单独设置或与其他铁路单位联合设置。

5.9 国境（口岸）站房

5.9.1 客运设施指售票、候车、检票、行李、服务和管理等与一般旅客车站相同的厅室，联检设施见本规范第5.9.4条条文说明。

5.9.3 国境（口岸）站房的客运设施。

国境（口岸）站一般也是国内终端站，要同时办理境内外客运业务。由于口岸联检的要求，出入境旅客进站后必须接受联检和监护。因此，境内和出入境旅客使用的客运设施包括站房、通道、站台等要分开，并使两者的旅客流线严格隔离。

出入境旅客的成分复杂，信仰不同、习俗各异，故出入境候车室宜作多室布置，以利于灵活安排不同组团的旅客。同时出入境旅客中的贵宾也较多，分室接待也有利于安全。

出境旅客和行李经联检后方许进入候车室和行李厅，故出入境候车室和行李托运处都应布置在监护区内。

5.9.4 国境（口岸）站房的联检设施。

1 车站边防检查站、海关办事处、出入境检验检疫机构和国家安全检查站是国境联检的基本组成部门，他们的任务是对出入境旅客实行查验，代表国家在车站行使权力，以维护国家安全与主权。口岸联检办公室则是各驻站联检部门的统管、协调机构，各部门都需要在车站设置一定的旅客检查厅室、工作间、值班室和检验设备，可视各站的实际需要进行设置。

2 目前我国采用的联检方式主要有两种：一为全部旅客携带随身物品进入联检厅进行联检，流程为卫生检疫→边防检查→海关检查→动植物检疫，主要适用于始发、终到站，如广九站；二为当国际联运列车通过国境站时，列车到站后由联检小组上车观察初检，而后将重点对象监护下车，进入有关的联检厅室进行复检，其余旅客可不携物下车进站候车或购物、餐饮、娱乐等活动，而后再上车继续旅行。第二种联检方式对联检厅室的排列顺序要求不严，多用于国际列车中间通过的国境站，如丹东站、满洲里站等。设计中应采取哪一种方式可视各站的实际情况而定。

5.9.5 出入境旅客在站内须完成联检流程，逗留的时间较长，有较充分的时间在站内进行活动，因此站内应有比较齐全、良好的服务设施，各站可视实际需要进行设置。

6 站场客运建筑

6.1 站台、雨篷

6.1.2、6.1.3 系根据《铁路车站及枢纽设计规范》GB 50091 制定。

6.1.4 旅客站台设计。

1、2 旅客站台承受客流、行李和包裹搬运、迎宾、消防车辆等通行时的磨压，故站台应采用刚性地面，以满足耐磨和较大荷载使用的要求。站台面应防滑并应做好排水，以保证旅客的行走、行李和包裹搬运车辆通行安全。

3 列车进站时车速较快，会危及靠近站台边缘的旅客，据铁道科学研究院测试和国外有关资料，在距站台边缘1m处，列车以120km/h时速通过站台所产生的气动作用，不足以威胁旅客安全，我国铁路车站站台沿用多年的1m安全退避距离，实践证明也是安全的。因此，本条保留了原规范在站台全长范围内距站台边缘1m处应设置明显安全标记的规定。并以国际上通常用来表明环境变化的黄颜色定为警戒线的颜色，其宽度定为0.06m以加强标记的确认程度。

1m警戒线的位置适用于停靠站台的客货共线和客运专线旅客列车，一般旅客列车停靠站台时的进站速度小于120km/h。

6.1.6 旅客站台设置雨篷目的在于避免旅客和行李、包裹、邮件受雨雪侵袭和烈日照晒。客运专线、客货共线铁路的特大及大型站旅客多，行李、包裹、邮件量大，故宜设置与列车同长的站台雨篷。客货共线铁路的中型站及以下的站房，旅客相对较少，行李、包裹、邮件的作业量也不大，可以根据车站所在地气候特点考虑雨篷的设置长度。

6.1.7 旅客站台雨篷设置。

"铁路建筑接近限界"是站台雨篷设计的重要依据，站台雨篷任何部位侵入限界都将危及行车和旅客的安全。

无站台柱雨篷覆盖面大，在设计时除结构本身的问题外，还要考虑安全因素，所以本条规定铁路正线两侧不得设置无站台柱雨篷立柱，在顶棚设计上可以采用一些吸音材料，减少声音的反射，避免产生混响效果。另外还应考虑车体产生的烟气、噪声、振动，以及采光、排水、通风等一系列环境问题。

目前，特大型旅客车站主要为副省会级及以上车站，该类车站大多为始发终到车站，客流相对集中，为更好的体现旅客车站基本站台的客运功能，同时考虑到无站台柱雨棚工程设计的技术经济合理性，因此规定了特大型旅客车站基本站台，根据需要可设置无站台柱雨棚。

6.2 站场跨线设施

6.2.1 本条系根据《铁路车站及枢纽设计规范》GB 50091 制定。

6.2.2 近年来由于列车提速，车次增加，旅客进出地道、天桥人数也相应增多，原规范规定的地道、天桥的最小宽度已不能满足旅客流量变化和快速疏散的要求，故对原规范旅客车站地道、天桥最小宽度进行了修订。

6.2.3 旅客地道、天桥的出入口设计。

1 站台上疏导旅客进入、离开站台的能力取决于旅客地道和天桥的出入口的数量和宽度。由于地道和天桥的出入口的宽度受站台宽度的限制，为增加通过能力，应尽量设计为双向出入口，这对旅客人数较多的特大型、大型站尤为重要。

2 自动扶梯具有输送快捷、平稳、安全的性能，尤其符合客运专线对客流高效率通过的要求。故应在客流量较大的特大型、大型和部分中型旅客车站设置自动扶梯。

3 旅客地道出入口全部采用阶梯式，对行动不便人员形成障碍，故本条规定设双向出入口时，宜设阶梯和坡道各1处。由于天桥距站台面高度较大，如采用坡道代替阶梯，则会长度过大，所以本款规定只限于地道，不包括天桥。

4 客货共线铁路的行李、包裹地道通向站台出入口的坡道较长，为减少占用旅客站台，应设单向出入口。行李、包裹地道的主要通行车辆为行李包裹搬运车辆，每列行李包裹车辆宽度为1.7m，并列时车辆宽度为3.4m，上下行时如车辆间隙为0.5m，靠墙一侧的间隙为0.3m，因此行李、包裹地道出入口最小宽度为：3.4＋0.5＋0.3 × 2＝4.5m。当站台宽度受到限制时，行李、包裹地道可按单向通行设计，并在出入口处设置标明地道使用情况的警示通行标志。

6.2.4 地道、天桥的阶梯及坡道设计。

1 阶梯踏步高度定为不宜大于0.14m，宽度不宜小于0.32m，有利于旅客在楼梯上平稳通行。

3 行李、包裹出入口坡道坡度为1∶12，既考虑了安全和经济的因素，也符合国际上采用的惯例。在坡道与主通道转弯处，为使车辆便于上、下坡，避免碰撞，自起坡点至主通道需要一段水平距离，按3辆行李拖车计，每辆车长3.25m，加牵引车总长约为11m，所以规定该段水平距离为10m可满足使用要求。

6.4 检 票 口

6.4.1 设置足够数量的检票口是快速疏导客流的重要环节。规定检票口的最少设置数量是结合现状调查，以计算结果为依据，并适当预留高峰期和发展备用而考虑的。检票口的设置数量系根据以下计算确定：

有始发车业务的车站其检票口的数量按每列车编组14节1200人计，其中普通旅客进站按90％计算，出站按100％计算。

每个进站检票口通过能力按1800人/h计（每分钟每个口的通过能力30人）。

进站检票计算时间取15min。

预留备用进站检票口数：中、小型站各2个；大型站3个；特大型站4个。

计算如下：

现以最高聚集人数为例：

1）最高聚集人数等于或大于8000人的站房进站检票口最少数量：

始发车时一列车人数：1200×90％＝1080(人)

一列车人同时进站需要检票口数：1080÷30÷15＝2.4，需要3个检票口。

有始发业务的车站当最高聚集人数达到8000人时，需要候车室数量：8000÷1080＝7.4，需要8个候车室。

检票口最少设置数量：3×8＝24(个)

2）最高聚集人数4000～7000人的站房需要候车室数量：

4000÷1080＝3.7，需要4个候车室。

7000÷1080＝6.5，需要7个候车室。

检票口最少数量：3×4＝12(个)

3×7＝21(个)

3）最高聚集人数2000～3000人的站房需要候车室数量：

2000÷1080＝1.9，需要2个候车室。

3000÷1080＝2.8，需要3个候车室。

检票口最少数量：3×2＝6(个)

3×3＝9(个)

4）最高聚集人数1000～1800的站房需要候车室数量：

1000÷1080＝0.93，需要1个候车室。

1800÷1080＝1.7，需要2个候车室。

检票口最少数量：3×1＝3(个)

3×2＝6(个)

将原规范和现在修订的规范进站检票口设置数量进行对比（见表9、表10）：

表9 原规范进站检票口设置最少数量

最高聚集人数(人)	进站检票口(个)
≥8000	18
4000～7000	14
2000～3000	12
1000～1800	8

表10 现在修订规范进站检票口设置最少数量

最高聚集人数(人)	进站检票口(个)
≥8000	28
4000～7000	15～24
2000～3000	9～12
1000～1800	5～8

通过对比得知，特大型、大型站进站检票口需要量远大于原规范规定。

6.4.2 检票口采用柔性或可移动栏杆是出于安全方面的问题，在发生意外情况时，可迅速拆除和移动栏杆，形成疏散通道。

8 建 筑 设 备

8.1 给水、排水

8.1.1 本着经济适用的原则，对严寒地区特大型、大型站内的旅客用盥洗间作了宜设热水供应的规定。

8.2 采暖、通风和空气调节

8.2.2 《采暖通风与空气调节设计规范》GB 50019

中明确规定："位于严寒地区、寒冷地区的公共建筑和工业建筑，对经常开启的外门，且不设门斗和前室时，宜设置热空气幕"。因此本条对特大型和大型站的热风幕设置作了明确的规定。

站房建筑空间较高，门窗尺寸大，室内采暖设备布置数量与热负荷数值存在较大缺口，故本条规定中型站的候车室，如热负荷较大，可设热风幕以补充热量的不足。

8.2.3 特大型、大型站中的普通候车区，目前常设计为高架或高大空间的新型建筑，维护结构的热工性能指标较低，人员聚集，致使室内温度升高，而且盛夏的七、八月又是客运负荷的高峰，因此，客运部门和广大旅客迫切需要设置空调设备。为体现以人为本的原则，同时考虑到国家能源仍很紧张，财力有限，故本条对特大型、大型、中型站和国境（口岸）站人员聚集的候车区、售票厅作了宜设空气调节系统的明确规定。

8.2.4 舒适性空气调节的室内计算参数，主要是根据《采暖通风与空气调节设计规范》GB 50019 中的有关规定制定的。

8.2.6 本条为新增条文。置换通风是一种新的通风方式，与传统的混合通风方式相比较，室内工作区可得到较高的空气品质和舒适性，并具有较高的通风效率。传统的混合通风是以稀释原理为基础的，而置换通风以浮力控制为动力。传统的混合通风是以建筑空间为主，而置换通风是以人群为主。由此在通风动力源、通风技术措施、气流分布等方面及最终的通风效果发生了一系列变化，这也是一种节能的有效通风方式。

冷热源设计方案是空气调节设计的首要问题，应根据各城市供电、供热、供气的不同情况而确定。可采用空气源热泵、水源（地源）热泵。蓄冷（热）空气调节系统可均衡用电负荷，缩小峰谷用电差，经过技术经济比较，宜采用蓄冷（热）空气调节系统。

8.3 电气、照明

8.3.2 照明设计。

2 候车室、售票厅、集散厅、行李和包裹托取厅、包裹库等高大空间场所的一般照明采用高压钠灯、金属卤化物灯等高光强气体放电光源或混光光源，不仅节电而且照明效果好。由于节能型荧光灯的光电参数较白炽灯的光电参数提高了发光效率，因此，一般场所宜采用节能型荧光灯。

3 本条所列场所，其工作特点对照度要求较高，一般照明满足不了功能要求，需增设局部照明设备。例如，检票口、售票工作台等处，要求迅速无误地辨认票面最小文字，以提高工作效率，减少旅客等候时间，所以需具有良好的照明。

4 本条所列场所昼夜客流量差别较大，根据对特大型站照明使用的调查及从节能的角度出发，在不影响安全的前提下适当设置照明控制模式，节电效果显著。

5 根据对运营单位实际情况的调查，站台采用高压钠灯，由于点燃后呈现橙黄色，极易与黄色信号灯的颜色相混，特作出规定，以引起注意。

6 车站广场应根据广场面积和客流量情况设置照明。在广场面积大时，宜采用高杆照明，面积小时，宜采用灯杆照明。但无论采用何种形式均宜选用高强气体放电光源，以利节能。为维修方便，高杆灯宜采用升降式，灯杆宜采用折杆式。

8.4 旅客信息系统

8.4.4 特大型、大型旅客车站客运工作繁忙，各系统工作业务量大，随着计算机网络的发展，同时也为了适应旅客车站综合管理现代化的要求，迅速、准确地向旅客传达列车行车信息，站内应设通告显示网。旅客车站服务的基础是列车到发时刻，因此，列车到发通告系统主机可作为网络服务器，其他子系统实时共享网络服务器上的列车运行计划和到发时刻信息，并及时、准确通过子系统向旅客传达。

8.4.8 旅客车站信息系统机房相对较多，设置综合机房可节省房屋面积，同时也便于系统联网及运营维护管理。

中华人民共和国国家标准

生物安全实验室建筑技术规范

Architectural and technical code for biosafety laboratories

GB 50346—2011

主编部门：中华人民共和国住房和城乡建设部
批准部门：中华人民共和国住房和城乡建设部
施行日期：2 0 1 2 年 5 月 1 日

中华人民共和国住房和城乡建设部
公　　告

第1214号

关于发布国家标准《生物安全实验室建筑技术规范》的公告

现批准《生物安全实验室建筑技术规范》为国家标准，编号为GB 50346－2011，自2012年5月1日起实施。其中，第4.2.4、4.2.7、5.1.6、5.1.9、5.2.4、5.3.1（3）、5.3.2、5.3.5、6.2.1、6.3.2、6.3.3、7.1.2、7.1.3、7.3.3、7.4.3、8.0.2、8.0.3、8.0.5条（款）为强制性条文，必须严格执行。原《生物安全实验室建筑技术规范》GB 50346－2004同时废止。

本规范由我部标准定额研究所组织中国建筑工业出版社出版发行。

中华人民共和国住房和城乡建设部

2011年12月5日

前　　言

本规范是根据住房和城乡建设部《关于印发〈2010年工程建设标准规范制订、修订计划〉的通知》（建标［2010］43号）的要求，由中国建筑科学研究院和江苏双楼建设集团有限公司会同有关单位，在原国家标准《生物安全实验室建筑技术规范》GB 50346－2004的基础上修订而成。

在本规范修订过程中，修订组经广泛调查研究，认真总结实践经验，吸取了近年来有关的科研成果，借鉴了有关国际标准和国外先进标准，对其中一些重要问题开展了专题研究，对具体内容进行了反复讨论，并在广泛征求意见的基础上，最后经审查定稿。

本规范共分10章和4个附录，主要技术内容是：总则；术语；生物安全实验室的分级、分类和技术指标；建筑、装修和结构；空调、通风和净化；给水排水与气体供应；电气；消防；施工要求；检测和验收。

本规范修订的主要技术内容有：1. 增加了生物安全实验室的分类：a类指操作非经空气传播生物因子的实验室，b类指操作经空气传播生物因子的实验室；2. 增加了ABSL-2中的b2类主实验室的技术指标；3. 三级生物安全实验室的选址和建筑间距修订为满足排风间距要求；4. 增加了三级和四级生物安全实验室防护区应能对排风高效空气过滤器进行原位消毒和检漏；5. 增加了四级生物安全实验室防护区应能对送风高效空气过滤器进行原位消毒和检漏；6. 增加了三级和四级生物安全实验室防护区设置存水弯和地漏的水封深度的要求；7. 将ABSL-3中的b2类实验室的供电提高到必须按一级负荷供电；8. 增加了三级和四级生物安全实验室吊顶材料的燃烧性能和耐火极限不应低于所在区域隔墙的要求；9. 增加了独立于其他建筑的三级和四级生物安全实验室的送排风系统可不设置防火阀；10. 增加了三级和四级生物安全实验室的围护结构的严密性检测；11. 增加了活毒废水处理设备、高压灭菌锅、动物尸体处理设备等带有高效过滤器的设备应进行高效过滤器的检漏；12. 增加了活毒废水处理设备、动物尸体处理设备等进行污染物消毒灭菌效果的验证。

本规范中以黑体字标志的条文为强制性条文，必须严格执行。

本规范由住房和城乡建设部负责管理和对强制性条文的解释，由中国建筑科学研究院负责具体技术内容的解释。本规范在执行过程中如有意见或建议，请寄送中国建筑科学研究院（地址：北京市北三环东路30号，邮编：100013）。

本规范主编单位：中国建筑科学研究院
　　　　　　　　江苏双楼建设集团有限公司

本规范参编单位：中国医学科学院
　　　　　　　　中国疾病预防控制中心
　　　　　　　　中国合格评定国家认可中心
　　　　　　　　农业部兽医局

中国建筑技术集团有限公司
中国中元国际工程公司
中国农业科学院哈尔滨兽医研究所
中国科学院武汉病毒研究所
北京瑞事达科技发展中心有限责任公司

本规范主要起草人员：王清勤　赵　力　郭文山　许钟麟　秦　川　卢金星　王　荣　张彦国　陈国胜　邓曙光　王　虹　张亦静　吴新洲　汤　斌　张益昭　曹国庆　李宏文　刘建华　曾　宇　张　明　俞詠霆　袁志明　于　鑫　宋冬林　葛家君　陈乐端

本规范主要审查人员：吴德绳　许文发　田克恭　关文吉　任元会　张道茹　车　伍　张　冰　王贵杰　李根平　魏　强

目　次

Contents

1 总 则

1.0.1 为使生物安全实验室在设计、施工和验收方面满足实验室生物安全防护要求，制定本规范。

1.0.2 本规范适用于新建、改建和扩建的生物安全实验室的设计、施工和验收。

1.0.3 生物安全实验室的建设应切实遵循物理隔离的建筑技术原则，以生物安全为核心，确保实验人员的安全和实验室周围环境的安全，并应满足实验对象对环境的要求，做到实用、经济。生物安全实验室所用设备和材料应有符合要求的合格证、检验报告，并在有效期之内。属于新开发的产品、工艺，应有鉴定证书或试验证明材料。

1.0.4 生物安全实验室的设计、施工和验收除应执行本规范的规定外，尚应符合国家现行有关标准的规定。

2 术 语

2.0.1 一级屏障 primary barrier

操作者和被操作对象之间的隔离，也称一级隔离。

2.0.2 二级屏障 secondary barrier

生物安全实验室和外部环境的隔离，也称二级隔离。

2.0.3 生物安全实验室 biosafety laboratory

通过防护屏障和管理措施，达到生物安全要求的微生物实验室和动物实验室。包括主实验室及其辅助用房。

2.0.4 实验室防护区 laboratory containment area

是指生物风险相对较大的区域，对围护结构的严密性、气流流向等有要求的区域。

2.0.5 实验室辅助工作区 non-contamination zone

实验室辅助工作区指生物风险相对较小的区域，也指生物安全实验室中防护区以外的区域。

2.0.6 主实验室 main room

是生物安全实验室中污染风险最高的房间，包括实验操作间、动物饲养间、动物解剖间等，主实验室也称核心工作间。

2.0.7 缓冲间 buffer room

设置在被污染概率不同的实验室区域间的密闭室。需要时，可设置机械通风系统，其门具有互锁功能，不能同时处于开启状态。

2.0.8 独立通风笼具 individually ventilated cage (IVC)

一种以饲养盒为单位的独立通风的屏障设备，洁净空气分别送入各独立笼盒使饲养环境保持一定压力和洁净度，用以避免环境污染动物（正压）或动物污染环境（负压），一切实验操作均需要在生物安全柜等设备中进行。该设备用于饲养清洁、无特定病原体或感染（负压）动物。

2.0.9 动物隔离设备 animal isolated equipment

是指动物生物安全实验室内饲育动物采用的隔离装置的统称。该设备的动物饲育内环境为负压和单向气流，以防止病原体外泄至环境并能有效防止动物逃逸。常用的动物隔离设备有隔离器、层流柜等。

2.0.10 气密门 airtight door

气密门为密闭门的一种，气密门通常具有一体化的门扇和门框，采用机械压紧装置或充气密封圈等方法密闭缝隙。

2.0.11 活毒废水 waste water of biohazard

被有害生物因子污染了的有害废水。

2.0.12 洁净度 7 级 cleanliness class 7

空气中大于等于 0.5μm 的尘粒数大于 35200 粒/m^3 到小于等于 352000 粒/m^3，大于等于 1μm 的尘粒数大于 8320 粒/m^3 到小于等于 83200 粒/m^3，大于等于 5μm 的尘粒数大于 293 粒/m^3 到小于等于 2930 粒/m^3。

2.0.13 洁净度 8 级 cleanliness Class 8

空气中大于等于 0.5μm 的尘粒数大于 352000 粒/m^3 到小于等于 3520000 粒/m^3，大于等于 1μm 的尘粒数大于 83200 粒/m^3 到小于等于 832000 粒/m^3，大于等于 5μm 的尘粒数大于 2930 粒/m^3 到小于等于 29300 粒/m^3。

2.0.14 静态 at-rest

实验室内的设施已经建成，工艺设备已经安装，通风空调系统和设备正常运行，但无工作人员操作且实验对象尚未进入时的状态。

2.0.15 综合性能评定 comprehensive performance judgment

对已竣工验收的生物安全实验室的工程技术指标进行综合检测和评定。

3 生物安全实验室的分级、分类和技术指标

3.1 生物安全实验室的分级

3.1.1 生物安全实验室可由防护区和辅助工作区组成。

3.1.2 根据实验室所处理对象的生物危害程度和采取的防护措施，生物安全实验室分为四级。微生物生物安全实验室可采用 BSL-1、BSL-2、BSL-3、BSL-4 表示相应级别的实验室；动物生物安全实验室可采用 ABSL-1、ABSL-2、ABSL-3、ABSL-4 表示相应级别的实验室。生物安全实验室应按表 3.1.1 进行分级。

表 3.1.1 生物安全实验室的分级

分级	生物危害程度	操作对象
一级	低个体危害，低群体危害	对人体、动植物或环境危害较低，不具有对健康成人、动植物致病的致病因子
二级	中等个体危害，有限群体危害	对人体、动植物或环境具有中等危害或具有潜在危险的致病因子，对健康成人、动物和环境不会造成严重危害。有效的预防和治疗措施
三级	高个体危害，低群体危害	对人体、动植物或环境具有高度危害性，通过直接接触或气溶胶使人传染上严重的甚至是致命疾病，或对动植物和环境具有高度危害的致病因子。通常有预防和治疗措施
四级	高个体危害，高群体危害	对人体、动植物或环境具有高度危害性，通过气溶胶途径传播或传播途径不明，或未知的、高度危险的致病因子。没有预防和治疗措施

3.2 生物安全实验室的分类

3.2.1 生物安全实验室根据所操作致病性生物因子的传播途径可分为a类和b类。a类指操作非经空气传播生物因子的实验室；b类指操作经空气传播生物因子的实验室。b1类生物安全实验室指可有效利用安全隔离装置进行操作的实验室；b2类生物安全实验室指不能有效利用安全隔离装置进行操作的实验室。

3.2.2 四级生物安全实验室根据使用生物安全柜的类型和穿着防护服的不同，可分为生物安全柜型和正压服型两类，并可符合表3.2.2的规定。

表 3.2.2 四级生物安全实验室的分类

类　型	特　点
生物安全柜型	使用Ⅲ级生物安全柜
正压服型	使用Ⅱ级生物安全柜和具有生命支持供气系统的正压防护服

3.3 生物安全实验室的技术指标

3.3.1 二级生物安全实验室宜实施一级屏障和二级屏障，三级、四级生物安全实验室应实施一级屏障和二级屏障。

3.3.2 生物安全主实验室二级屏障的主要技术指标应符合表3.3.2的规定。

3.3.3 三级和四级生物安全实验室其他房间的主要技术指标应符合表3.3.3的规定。

3.3.4 当房间处于值班运行时，在各房间压差保持不变的前提下，值班换气次数可低于本规范表3.3.2和表3.3.3中规定的数值。

表 3.3.2 生物安全主实验室二级屏障的主要技术指标

<table>
<tr><th>级　别</th><th>相对于大气的最小负压</th><th>与室外方向上相邻相通房间的最小负压差（Pa）</th><th>洁净度级别</th><th>最小换气次数（次/h）</th><th>温度（℃）</th><th>相对湿度（%）</th><th>噪声［dB(A)］</th><th>平均照度（lx）</th><th>围护结构严密性（包括主实验室及相邻缓冲间）</th></tr>
<tr><td>BSL-1/ABSL-1</td><td>—</td><td>—</td><td>—</td><td>可开窗</td><td>18～28</td><td>≤70</td><td>≤60</td><td>200</td><td>—</td></tr>
<tr><td>BSL-2/ABSL-2中的a类和b1类</td><td>—</td><td>—</td><td>—</td><td>可开窗</td><td>18～27</td><td>30～70</td><td>≤60</td><td>300</td><td>—</td></tr>
<tr><td>ABSL-2中的b2类</td><td>−30</td><td>−10</td><td>8</td><td>12</td><td>18～27</td><td>30～70</td><td>≤60</td><td>300</td><td>—</td></tr>
<tr><td>BSL-3中的a类</td><td>−30</td><td>−10</td><td rowspan="6">7或8</td><td rowspan="6">15或12</td><td rowspan="6">18～25</td><td rowspan="6">30～70</td><td rowspan="6">≤60</td><td rowspan="6">300</td><td rowspan="3">所有缝隙应无可见泄漏</td></tr>
<tr><td>BSL-3中的b1类</td><td>−40</td><td>−15</td></tr>
<tr><td>ABSL-3中的a类和b1类</td><td>−60</td><td>−15</td></tr>
<tr><td>ABSL-3中的b2类</td><td>−80</td><td>−25</td><td>房间相对负压值维持在−250Pa时，房间内每小时泄漏的空气量不应超过受测房间净容积的10%</td></tr>
<tr><td>BSL-4</td><td>−60</td><td>−25</td><td rowspan="2">房间相对负压值达到−500Pa，经20min自然衰减后，其相对负压值不应高于−250Pa</td></tr>
<tr><td>ABSL-4</td><td>−100</td><td>−25</td></tr>
</table>

注：1 三级和四级动物生物安全实验室的解剖间应比主实验室低10Pa。

2 本表中的噪声不包括生物安全柜、动物隔离设备等的噪声，当包括生物安全柜、动物隔离设备的噪声时，最大不应超过68dB(A)。

3 动物生物安全实验室内的参数尚应符合现行国家标准《实验动物设施建筑技术规范》GB 50447的有关规定。

3.3.5 对有特殊要求的生物安全实验室，空气洁净度级别可高于本规范表3.3.2和表3.3.3的规定，换气次数也应随之提高。

表3.3.3 三级和四级生物安全实验室其他房间的主要技术指标

房间名称	洁净度级别	最小换气次数(次/h)	与室外方向上相邻相通房间的最小负压差(Pa)	温度(℃)	相对湿度(%)	噪声[dB(A)]	平均照度(lx)
主实验室的缓冲间	7或8	15或12	−10	18~27	30~70	≤60	200
隔离走廊	7或8	15或12	−10	18~27	30~70	≤60	200
准备间	7或8	15或12	−10	18~27	30~70	≤60	200
防护服更换间	8	10	−10	18~26	—	≤60	200
防护区内的淋浴间	—	10	−10	18~26	—	≤60	150
非防护区内的淋浴间	—	—	—	18~26	—	≤60	75
化学淋浴间	—	4	−10	18~28	—	≤60	150
ABSL-4的动物尸体处理设备间和防护区污水处理设备间	—	4	−10	18~28	—	—	200
清洁衣物更换间	—	—	—	18~26	—	≤60	150

注：当在准备间安装生物安全柜时，最大噪声不应超过68dB(A)。

4 建筑、装修和结构

4.1 建 筑 要 求

4.1.1 生物安全实验室的位置要求应符合表4.1.1的规定。

表4.1.1 生物安全实验室的位置要求

实验室级别	平 面 位 置	选址和建筑间距
一级	可共用建筑物，实验室有可控制进出的门	无要求
二级	可共用建筑物，与建筑物其他部分可相通，但应设可自动关闭的带锁的门	无要求
三级	与其他实验室可共用建筑物，但应自成一区，宜设在其一端或一侧	满足排风间距要求
四级	独立建筑物，或与其他级别的生物安全实验室共用建筑物，但应在建筑物中独立的隔离区域内	宜远离市区。主实验室所在建筑物离相邻建筑物或构筑物的距离不应小于相邻建筑物或构筑物高度的1.5倍

4.1.2 生物安全实验室应在入口处设置更衣室或更衣柜。

4.1.3 BSL-3中a类实验室防护区应包括主实验室、缓冲间等，缓冲间可兼作防护服更换间；辅助工作区应包括清洁衣物更换间、监控室、洗消间、淋浴间等；BSL-3中b1类实验室防护区应包括主实验室、缓冲间、防护服更换间等。辅助工作区应包括清洁衣物更换间、监控室、洗消间、淋浴间等。主实验室不宜直接与其他公共区域相邻。

4.1.4 ABSL-3实验室防护区应包括主实验室、缓冲间、防护服更换间等，辅助工作区应包括清洁衣物更换间、监控室、洗消间等。

4.1.5 四级生物安全实验室防护区应包括主实验室、缓冲间、外防护服更换间等，辅助工作区应包括监控室、清洁衣物更换间等；设有生命支持系统四级生物安全实验室的防护区应包括主实验室、化学淋浴间、外防护服更换间等，化学淋浴间可兼作缓冲间。

4.1.6 ABSL-3中的b2类实验室和四级生物安全实验室宜独立于其他建筑。

4.1.7 三级和四级生物安全实验室的室内净高不宜低于2.6m。三级和四级生物安全实验室设备层净高不宜低于2.2m。

4.1.8 三级和四级生物安全实验室人流路线的设置，应符合空气洁净技术关于污染控制和物理隔离的原则。

4.1.9 ABSL-4的动物尸体处理设备间和防护区污水处理设备间应设缓冲间。

4.1.10 设置生命支持系统的生物安全实验室，应紧邻主实验室设化学淋浴间。

4.1.11 三级和四级生物安全实验室的防护区应设置安全通道和紧急出口，并有明显的标志。

4.1.12 三级和四级生物安全实验室防护区的围护结构宜远离建筑外墙；主实验室宜设置在防护区的中部。四级生物安全实验室建筑外墙不宜作为主实验室的围护结构。

4.1.13 三级和四级生物安全实验室相邻区域和相邻房间之间应根据需要设置传递窗，传递窗两门应互锁，并应设有消毒灭菌装置，其结构承压力及严密性应符合所在区域的要求；当传递不能灭活的样本出防护区时，应采用具有熏蒸消毒功能的传递窗或药液传递箱。

4.1.14 二级生物安全实验室应在实验室或实验室所在建筑内配备高压灭菌器或其他消毒灭菌设备；三级生物安全实验室应在防护区内设置生物安全型双扉高压灭菌器，主体一侧应有维护空间；四级生物安全实验室主实验室应设置生物安全型双扉高压灭菌器，主体所在房间应为负压。

4.1.15 三级和四级生物安全实验室的生物安全柜和负压解剖台应布置于排风口附近，并应远离房间门。

4.1.16 ABSL-3、ABSL-4产生大动物尸体或数量较多的小动物尸体时，宜设置动物尸体处理设备。动物尸体处理设备的投放口宜设置在产生动物尸体的区域。动物尸体处理设备的投放口宜高出地面或设置防护栏杆。

4.2 装修要求

4.2.1 三级和四级生物安全实验室应采用无缝的防滑耐腐蚀地面，踢脚宜与墙面齐平或略缩进不大于2mm～3mm。地面与墙面的相交位置及其他围护结构的相交位置，宜作半径不小于30mm的圆弧处理。

4.2.2 三级和四级生物安全实验室墙面、顶棚的材料应易于清洁消毒、耐腐蚀、不起尘、不开裂、光滑防水，表面涂层宜具有抗静电性能。

4.2.3 一级生物安全实验室可设带纱窗的外窗；没有机械通风系统时，ABSL-2中的a类、b1类和BSL-2生物安全实验室可设外窗进行自然通风，且外窗应设置防虫纱窗；ABSL-2中b2类、三级和四级生物安全实验室的防护区不应设外窗，但可在内墙上设密闭观察窗，观察窗应采用安全的材料制作。

4.2.4 生物安全实验室应有防止节肢动物和啮齿动物进入和外逃的措施。

4.2.5 二级、三级、四级生物安全实验室主入口的门和动物饲养间的门、放置生物安全柜实验间的门应能自动关闭，实验室门应设置观察窗，并应设置门锁。当实验室有压力要求时，实验室的门宜开向相对压力要求高的房间侧。缓冲间的门应能单向锁定。ABSL-3中b2类主实验室及其缓冲间和四级生物安全实验室主实验室及其缓冲间应采用气密门。

4.2.6 生物安全实验室的设计应充分考虑生物安全柜、动物隔离设备、高压灭菌器、动物尸体处理设备、污水处理设备等设备的尺寸和要求，必要时应留有足够的搬运孔洞，以及设置局部隔离、防振、排热、排湿设施。

4.2.7 三级和四级生物安全实验室防护区内的顶棚上不得设置检修口。

4.2.8 二级、三级、四级生物安全实验室的入口，应明确标示出生物防护级别、操作的致病性生物因子、实验室负责人姓名、紧急联络方式等，并应标示出国际通用生物危险符号（图4.2.8）。生物危险符号应按图4.2.8绘制，颜色应为黑色，背景为黄色。

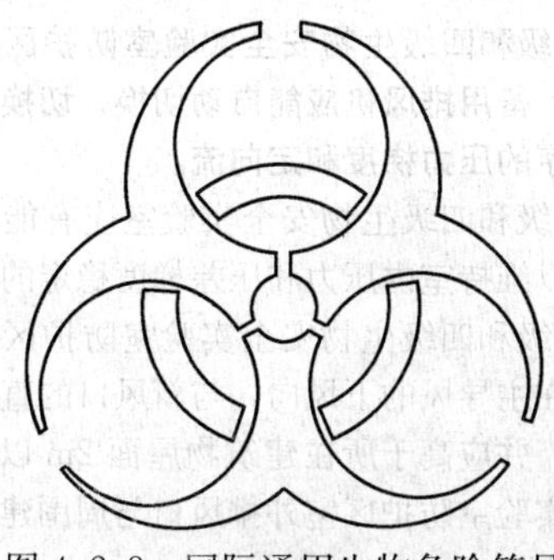

图4.2.8 国际通用生物危险符号

4.3 结构要求

4.3.1 生物安全实验室的结构设计应符合现行国家标准《建筑结构可靠度设计统一标准》GB 50068的有关规定。三级生物安全实验室的结构安全等级不宜低于一级，四级生物安全实验室的结构安全等级不应低于一级。

4.3.2 生物安全实验室的抗震设计应符合现行国家标准《建筑抗震设防分类标准》GB 50223的有关规定。三级生物安全实验室抗震设防类别宜按特殊设防类，四级生物安全实验室抗震设防类别应按特殊设防类。

4.3.3 生物安全实验室的地基基础设计应符合现行国家标准《建筑地基基础设计规范》GB 50007的有关规定。三级生物安全实验室的地基基础宜按甲级设计，四级生物安全实验室的地基基础应按甲级设计。

4.3.4 三级和四级生物安全实验室的主体结构宜采用混凝土结构或砌体结构体系。

4.3.5 三级和四级生物安全实验室的吊顶作为技术维修夹层时，其吊顶的活荷载不应小于0.75kN/m²，对于吊顶内特别重要的设备宜做单独的维修通道。

5 空调、通风和净化

5.1 一般规定

5.1.1 生物安全实验室空调净化系统的划分应根据操作对象的危害程度、平面布置等情况经技术经济比较后确定，并应采取有效措施避免污染和交叉污染。空调净化系统的划分应有利于实验室消毒灭菌、自动控制系统的设置和节能运行。

5.1.2 生物安全实验室空调净化系统的设计应考虑各种设备的热湿负荷。

5.1.3 生物安全实验室送、排风系统的设计应考虑所用生物安全柜、动物隔离设备等的使用条件。

5.1.4 生物安全实验室可按表5.1.4的原则选用生物安全柜。

表5.1.4 生物安全实验室选用生物安全柜的原则

防护类型	选用生物安全柜类型
保护人员，一级、二级、三级生物安全防护水平	Ⅰ级、Ⅱ级、Ⅲ级
保护人员，四级生物安全防护水平，生物安全柜型	Ⅲ级
保护人员，四级生物安全防护水平，正压服型	Ⅱ级
保护实验对象	Ⅱ级、带层流的Ⅲ级
少量的、挥发性的放射和化学防护	Ⅱ级B1，排风到室外的Ⅱ级A2
挥发性的放射和化学防护	Ⅰ级、Ⅱ级B2、Ⅲ级

5.1.5　二级生物安全实验室中的 a 类和 b1 类实验室可采用带循环风的空调系统。二级生物安全实验室中的 b2 类实验室宜采用全新风系统，防护区的排风应根据风险评估来确定是否需经高效空气过滤器过滤后排出。

5.1.6　三级和四级生物安全实验室应采用全新风系统。

5.1.7　三级和四级生物安全实验室主实验室的送风、排风支管和排风机前应安装耐腐蚀的密闭阀，阀门严密性应与所在管道严密性要求相适应。

5.1.8　三级和四级生物安全实验室防护区内不应安装普通的风机盘管机组或房间空调器。

5.1.9　三级和四级生物安全实验室防护区应能对排风高效空气过滤器进行原位消毒和检漏。四级生物安全实验室防护区应能对送风高效空气过滤器进行原位消毒和检漏。

5.1.10　生物安全实验室的防护区宜临近空调机房。

5.1.11　生物安全实验室空调净化系统和高效排风系统所用风机应选用风压变化较大时风量变化较小的类型。

5.2　送风系统

5.2.1　空气净化系统至少应设置粗、中、高三级空气过滤，并应符合下列规定：

1　第一级是粗效过滤器，全新风系统的粗效过滤器可设在空调箱内；对于带回风的空调系统，粗效过滤器宜设置在新风口或紧靠新风口处。

2　第二级是中效过滤器，宜设置在空气处理机组的正压段。

3　第三级是高效过滤器，应设置在系统的末端或紧靠末端，不应设在空调箱内。

4　全新风系统宜在表冷器前设置一道保护用的中效过滤器。

5.2.2　送风系统新风口的设置应符合下列规定：

1　新风口应采取有效的防雨措施。

2　新风口处应安装防鼠、防昆虫、阻挡绒毛等的保护网，且易于拆装。

3　新风口应高于室外地面 2.5m 以上，并应远离污染源。

5.2.3　BSL-3 实验室宜设置备用送风机。

5.2.4　ABSL-3 实验室和四级生物安全实验室应设置备用送风机。

5.3　排风系统

5.3.1　三级和四级生物安全实验室排风系统的设置应符合下列规定：

1　排风必须与送风连锁，排风先于送风开启，后于送风关闭。

2　主实验室必须设置室内排风口，不得只利用生物安全柜或其他负压隔离装置作为房间排风出口。

3　b1 类实验室中可能产生污染物外泄的设备必须设置带高效空气过滤器的局部负压排风装置，负压排风装置应具有原位检漏功能。

4　不同级别、种类生物安全柜与排风系统的连接方式应按表 5.3.1 选用。

表 5.3.1　不同级别、种类生物安全柜与排风系统的连接方式

生物安全柜级别		工作口平均进风速度（m/s）	循环风比例（%）	排风比例（%）	连接方式
Ⅰ级		0.38	0	100	密闭连接
Ⅱ级	A1	0.38～0.50	70	30	可排到房间或套管连接
	A2	0.50	70	30	可排到房间或套管连接或密闭连接
	B1	0.50	30	70	密闭连接
	B2	0.50	0	100	密闭连接
Ⅲ级		—	0	100	密闭连接

5　动物隔离设备与排风系统的连接应采用密闭连接或设置局部排风罩。

6　排风机应设平衡基座，并应采取有效的减振降噪措施。

5.3.2　三级和四级生物安全实验室防护区的排风必须经过高效过滤器过滤后排放。

5.3.3　三级和四级生物安全实验室排风高效过滤器宜设置在室内排风口处或紧邻排风口处，三级生物安全实验室防护区有特殊要求时可设两道高效过滤器。四级生物安全实验室防护区除在室内排风口处设第一道高效过滤器外，还应在其后串联第二道高效过滤器。防护区高效过滤器的位置与排风口结构应易于对过滤器进行安全更换和检漏。

5.3.4　三级和四级生物安全实验室防护区排风管道的正压段不应穿越房间，排风机宜设置于室外排风口附近。

5.3.5　三级和四级生物安全实验室防护区应设置备用排风机，备用排风机应能自动切换，切换过程中应能保持有序的压力梯度和定向流。

5.3.6　三级和四级生物安全实验室应有能够调节排风或送风以维持室内压力和压差梯度稳定的措施。

5.3.7　三级和四级生物安全实验室防护区室外排风口应设置在主导风的下风向，与新风口的直线距离应大于 12m，并应高于所在建筑物屋面 2m 以上。三级生物安全实验室防护区室外排风口与周围建筑的水平距离不应小于 20m。

5.3.8 ABSL-4 的动物尸体处理设备间和防护区污水处理设备间的排风应经过高效过滤器过滤。

5.4 气 流 组 织

5.4.1 三级和四级生物安全实验室各区之间的气流方向应保证由辅助工作区流向防护区，辅助工作区与室外之间宜设一间正压缓冲室。

5.4.2 三级和四级生物安全实验室内各种设备的位置应有利于气流由被污染风险低的空间向被污染风险高的空间流动，最大限度减少室内回流与涡流。

5.4.3 生物安全实验室气流组织宜采用上送下排方式，送风口和排风口布置应有利于室内可能被污染空气的排出。饲养大动物生物安全实验室的气流组织可采用上送上排方式。

5.4.4 在生物安全柜操作面或其他有气溶胶产生地点的上方附近不应设送风口。

5.4.5 高效过滤器排风口应设在室内被污染风险最高的区域，不应有障碍。

5.4.6 气流组织上送下排时，高效过滤器排风口下边沿离地面不宜低于 0.1m，且不宜高于 0.15m；上边沿高度不宜超过地面之上 0.6m。排风口排风速度不宜大于 1m/s。

5.5 空调净化系统的部件与材料

5.5.1 送、排风高效过滤器均不得使用木制框架。三级和四级生物安全实验室防护区的高效过滤器应耐消毒气体的侵蚀，防护区内淋浴间、化学淋浴间的高效过滤器应防潮。三级和四级生物安全实验室高效过滤器的效率不应低于现行国家标准《高效空气过滤器》GB/T 13554 中的 B 类。

5.5.2 需要消毒的通风管道应采用耐腐蚀、耐老化、不吸水、易消毒灭菌的材料制作，并应为整体焊接。

5.5.3 排风机外侧的排风管上室外排风口处应安装保护网和防雨罩。

5.5.4 空调设备的选用应满足下列要求：

1 不应采用淋水式空气处理机组。当采用表面冷却器时，通过盘管所在截面的气流速度不宜大于 2.0m/s。

2 各级空气过滤器前后应安装压差计，测量接管应通畅，安装严密。

3 宜选用干蒸汽加湿器。

4 加湿设备与其后的过滤段之间应有足够的距离。

5 在空调机组内保持 1000Pa 的静压值时，箱体漏风率不应大于 2%。

6 消声器或消声部件的材料应能耐腐蚀、不产尘和不易附着灰尘。

7 送、排风系统中的中效、高效过滤器不应重复使用。

6 给水排水与气体供应

6.1 一 般 规 定

6.1.1 生物安全实验室的给水排水干管、气体管道的干管，应敷设在技术夹层内。生物安全实验室防护区应少敷设管道，与本区域无关管道不应穿越。引入三级和四级生物安全实验室防护区内的管道宜明敷。

6.1.2 给水排水管道穿越生物安全实验室防护区围护结构处应设可靠的密封装置，密封装置的严密性应能满足所在区域的严密性要求。

6.1.3 进出生物安全实验室防护区的给水排水和气体管道系统应不渗漏、耐压、耐温、耐腐蚀。实验室内应有足够的清洁、维护和维修明露管道的空间。

6.1.4 生物安全实验室使用的高压气体或可燃气体，应有相应的安全措施。

6.1.5 化学淋浴系统中的化学药剂加压泵应一用一备，并应设置紧急化学淋浴设备，在紧急情况下或设备发生故障时使用。

6.2 给 水

6.2.1 生物安全实验室防护区的给水管道应采取设置倒流防止器或其他有效的防止回流污染的装置，并且这些装置应设置在辅助工作区。

6.2.2 ABSL-3 和四级生物安全实验室宜设置断流水箱，水箱容积宜按一天的用水量进行计算。

6.2.3 三级和四级生物安全实验室防护区的给水管路应以主实验室为单元设置检修阀门和止回阀。

6.2.4 一级和二级生物安全实验室应设洗手装置，并宜设置在靠近实验室的出口处。三级和四级生物安全实验室的洗手装置应设置在主实验室出口处，对于用水的洗手装置的供水应采用非手动开关。

6.2.5 二级、三级和四级生物安全实验室应设紧急冲眼装置。一级生物安全实验室内操作刺激或腐蚀性物质时，应在 30m 内设紧急冲眼装置，必要时应设紧急淋浴装置。

6.2.6 ABSL-3 和四级生物安全实验室防护区的淋浴间应根据工艺要求设置强制淋浴装置。

6.2.7 大动物生物安全实验室和需要对笼具、架进行冲洗的动物实验室应设必要的冲洗设备。

6.2.8 三级和四级生物安全实验室的给水管路应涂上区别于一般水管的醒目的颜色。

6.2.9 室内给水管材宜采用不锈钢管、铜管或无毒塑料管等，管道应可靠连接。

6.3 排 水

6.3.1 三级和四级生物安全实验室可在防护区内有排水功能要求的地面设置地漏，其他地方不宜设地漏。大动物房和解剖间等处的密闭型地漏内应带活动网框，活动网框应易于取放及清理。

6.3.2 三级和四级生物安全实验室防护区应根据压差要求设置存水弯和地漏的水封深度；构造内无存水弯的卫生器具与排水管道连接时，必须在排水口以下设存水弯；排水管道水封处必须保证充满水或消毒液。

6.3.3 三级和四级生物安全实验室防护区的排水应进行消毒灭菌处理。

6.3.4 三级和四级生物安全实验室的主实验室应设独立的排水支管，并应安装阀门。

6.3.5 活毒废水处理设备宜设在最低处，便于污水收集和检修。

6.3.6 ABSL-2 防护区污水的处理装置可采用化学消毒或高温灭菌方式。三级和四级生物安全实验室防护区活毒废水的处理装置应采用高温灭菌方式。应在适当位置预留采样口和采样操作空间。

6.3.7 生物安全实验室防护区排水系统上的通气管口应单独设置，不应接入空调通风系统的排风管道。三级和四级生物安全实验室防护区通气管口应设高效过滤器或其他可靠的消毒装置，同时应使通气管口四周的通风良好。

6.3.8 三级和四级生物安全实验室辅助工作区的排水，应进行监测，并应采取适当处理措施，以确保排放到市政管网之前达到排放要求。

6.3.9 三级和四级生物安全实验室防护区排水管线宜明设，并与墙壁保持一定距离便于检查维修。

6.3.10 三级和四级生物安全实验室防护区的排水管道宜采用不锈钢或其他合适的管材、管件。排水管材、管件应满足强度、温度、耐腐蚀等性能要求。

6.3.11 四级生物安全实验室双扉高压灭菌器的排水应接入防护区废水排放系统。

6.4 气体供应

6.4.1 生物安全实验室的专用气体宜由高压气瓶供给，气瓶宜设置于辅助工作区，通过管道输送到各个用气点，并应对供气系统进行监测。

6.4.2 所有供气管穿越防护区处应安装防回流装置，用气点应根据工艺要求设置过滤器。

6.4.3 三级和四级生物安全实验室防护区设置的真空装置，应有防止真空装置内部被污染的措施；应将真空装置安装在实验室内。

6.4.4 正压服型生物安全实验室应同时配备紧急支援气罐，紧急支援气罐的供气时间不应少于 60 min/人。

6.4.5 供操作人员呼吸使用的气体的压力、流量、含氧量、温度、湿度、有害物质的含量等应符合职业安全的要求。

6.4.6 充气式气密门的压缩空气供应系统的压缩机应备用，并应保证供气压力和稳定性符合气密门供气要求。

7 电 气

7.1 配 电

7.1.1 生物安全实验室应保证用电的可靠性。二级生物安全实验室的用电负荷不宜低于二级。

7.1.2 BSL-3 实验室和 ABSL-3 中的 a 类和 b1 类实验室应按一级负荷供电，当按一级负荷供电有困难时，应采用一个独立供电电源，且特别重要负荷应设置应急电源；应急电源采用不间断电源的方式时，不间断电源的供电时间不应小于 30min；应急电源采用不间断电源加自备发电机的方式时，不间断电源应能确保自备发电设备启动前的电力供应。

7.1.3 ABSL-3 中的 b2 类实验室和四级生物安全实验室必须按一级负荷供电，特别重要负荷应同时设置不间断电源和自备发电设备作为应急电源，不间断电源应能确保自备发电设备启动前的电力供应。

7.1.4 生物安全实验室应设专用配电箱。三级和四级生物安全实验室的专用配电箱应设在该实验室的防护区外。

7.1.5 生物安全实验室内应设置足够数量的固定电源插座，重要设备应单独回路配电，且应设置漏电保护装置。

7.1.6 管线密封措施应满足生物安全实验室严密性要求。三级和四级生物安全实验室配电管线应采用金属管敷设，穿过墙和楼板的电线管应加套管或采用专用电缆穿墙装置，套管内用不收缩、不燃材料密封。

7.2 照 明

7.2.1 三级和四级生物安全实验室室内照明灯具宜采用吸顶式密闭洁净灯，并宜具有防水功能。

7.2.2 三级和四级生物安全实验室应设置不少于30min 的应急照明及紧急发光疏散指示标志。

7.2.3 三级和四级生物安全实验室的入口和主实验室缓冲间入口处应设置主实验室工作状态的显示装置。

7.3 自动控制

7.3.1 空调净化自动控制系统应能保证各房间之间定向流方向的正确及压差的稳定。

7.3.2 三级和四级生物安全实验室的自控系统应具有压力梯度、温湿度、连锁控制、报警等参数的历史数据存储显示功能，自控系统控制箱应设于防护区外。

7.3.3 三级和四级生物安全实验室自控系统报警信号应分为重要参数报警和一般参数报警。重要参数报警应为声光报警和显示报警，一般参数报警应为显示

报警。三级和四级生物安全实验室应在主实验室内设置紧急报警按钮。

7.3.4 三级和四级生物安全实验室应在有负压控制要求的房间入口的显著位置，安装显示房间负压状况的压力显示装置。

7.3.5 自控系统应预留接口。

7.3.6 三级和四级生物安全实验室空调净化系统启动和停机过程应采取措施防止实验室内负压值超出围护结构和有关设备的安全范围。

7.3.7 三级和四级生物安全实验室防护区的送风机和排风机应设置保护装置，并应将保护装置报警信号接入控制系统。

7.3.8 三级和四级生物安全实验室防护区的送风机和排风机宜设置风压差检测装置，当压差低于正常值时发出声光报警。

7.3.9 三级和四级生物安全实验室防护区应设送排风系统正常运转的标志，当排风系统运转不正常时应能报警。备用排风机组应能自动投入运行，同时应发出报警信号。

7.3.10 三级和四级生物安全实验室防护区的送风和排风系统必须可靠连锁，空调通风系统开机顺序应符合本规范第5.3.1条的要求。

7.3.11 当空调机组设置电加热装置时应设置送风机有风检测装置，并在电加热段设置监测温度的传感器，有风信号及温度信号应与电加热连锁。

7.3.12 三级和四级生物安全实验室的空调通风设备应能自动和手动控制，应急手动应有优先控制权，且应具备硬件连锁功能。

7.3.13 四级生物安全实验室防护区室内外压差传感器采样管应配备与排风高效过滤器过滤效率相当的过滤装置。

7.3.14 三级和四级生物安全实验室应设置监测送风、排风高效过滤器阻力的压差传感器。

7.3.15 在空调通风系统未运行时，防护区送风、排风管上的密闭阀应处于常闭状态。

7.4 安全防范

7.4.1 四级生物安全实验室的建筑周围应设置安防系统。三级和四级生物安全实验室应设门禁控制系统。

7.4.2 三级和四级生物安全实验室防护区内的缓冲间、化学淋浴间等房间的门应采取互锁措施。

7.4.3 三级和四级生物安全实验室应在互锁门附近设置紧急手动解除互锁开关。中控系统应具有解除所有门或指定门互锁的功能。

7.4.4 三级和四级生物安全实验室应设闭路电视监视系统。

7.4.5 生物安全实验室的关键部位应设置监视器，需要时，可实时监视并录制生物安全实验室活动情况和生物安全实验室周围情况。监视设备应有足够的分辨率，影像存储介质应有足够的数据存储容量。

7.5 通 信

7.5.1 三级和四级生物安全实验室防护区内应设置必要的通信设备。

7.5.2 三级和四级生物安全实验室内与实验室外应有内部电话或对讲系统。安装对讲系统时，宜采用向内通话受控、向外通话非受控的选择性通话方式。

8 消 防

8.0.1 二级生物安全实验室的耐火等级不宜低于二级。

8.0.2 三级生物安全实验室的耐火等级不应低于二级。四级生物安全实验室的耐火等级应为一级。

8.0.3 四级生物安全实验室应为独立防火分区。三级和四级生物安全实验室共用一个防火分区时，其耐火等级应为一级。

8.0.4 生物安全实验室的所有疏散出口都应有消防疏散指示标志和消防应急照明措施。

8.0.5 三级和四级生物安全实验室吊顶材料的燃烧性能和耐火极限不应低于所在区域隔墙的要求。三级和四级生物安全实验室与其他部位隔开的防火门应为甲级防火门。

8.0.6 生物安全实验室应设置火灾自动报警装置和合适的灭火器材。

8.0.7 三级和四级生物安全实验室防护区不应设置自动喷水灭火系统和机械排烟系统，但应根据需要采取其他灭火措施。

8.0.8 独立于其他建筑的三级和四级生物安全实验室的送风、排风系统可不设置防火阀。

8.0.9 三级和四级生物安全实验室的防火设计应以保证人员能尽快安全疏散、防止病原微生物扩散为原则，火灾必须能从实验室的外部进行控制，使之不会蔓延。

9 施工要求

9.1 一般规定

9.1.1 生物安全实验室的施工应以生物安全防护为核心。三级和四级生物安全实验室施工应同时满足洁净室施工要求。

9.1.2 生物安全实验室施工应编制施工方案。

9.1.3 各道施工程序均应进行记录，验收合格后方可进行下道工序施工。

9.1.4 施工安装完成后，应进行单机试运转和系统的联合试运转及调试，作好调试记录，并应编写调试报告。

9.2 建筑装修

9.2.1 建筑装修施工应做到墙面平滑、地面平整、不易附着灰尘。

9.2.2 三级和四级生物安全实验室围护结构表面的所有缝隙应采取可靠的措施密封。

9.2.3 三级和四级生物安全实验室有压差梯度要求的房间应在合适位置设测压孔，平时应有密封措施。

9.2.4 生物安全实验室中各种台、架、设备应采取防倾倒措施，相互之间应保持一定距离。当靠地靠墙放置时，应用密封胶将靠地靠墙的边缝密封。

9.2.5 气密门宜直接与土建墙连接固定，与强度较差的围护结构连接固定时，应在围护结构上安装加强构件。

9.2.6 气密门两侧、顶部与围护结构的距离不宜小于 200mm。

9.2.7 气密门门体和门框宜采用整体焊接结构，门体开闭机构宜设置有可调的铰链和锁扣。

9.3 空调净化

9.3.1 空调机组的基础对地面的高度不宜低于200mm。

9.3.2 空调机组安装时应调平，并作减振处理。各检查门应平整，密封条应严密。正压段的门宜向内开，负压段的门宜向外开。表冷段的冷凝水排水管上应设置水封和阀门。

9.3.3 送、排风管道的材料应符合设计要求，加工前应进行清洁处理，去掉表面油污和灰尘。

9.3.4 风管加工完毕后，应擦拭干净，并应采用薄膜把两端封住，安装前不得去掉或损坏。

9.3.5 技术夹层里的任何管道和设备穿过防护区时，贯穿部位应可靠密封。灯具箱与吊顶之间的孔洞应密封不漏。

9.3.6 送、排风管道宜隐蔽安装。

9.3.7 送、排风管道咬口连接的咬口缝均应用胶密封。

9.3.8 各类调节装置应严密，调节灵活，操作方便。

9.3.9 三级和四级生物安全实验室的排风高效过滤装置，应符合国家现行有关标准的规定，直到现场安装时方可打开包装。排风高效过滤装置的室内侧应有保护高效过滤器的措施。

9.4 实验室设备

9.4.1 生物安全柜、负压解剖台等设备在搬运过程中，不应横倒放置和拆卸，宜在搬入安装现场后拆开包装。

9.4.2 生物安全柜和负压解剖台背面、侧面与墙的距离不宜小于 300mm，顶部与吊顶的距离不应小于 300mm。

9.4.3 传递窗、双扉高压灭菌器、化学淋浴间等设施与实验室围护结构连接时，应保证箱体的严密性。

9.4.4 传递窗、双扉高压灭菌器等设备与轻体墙连接时，应在连接部位采取加固措施。

9.4.5 三级和四级生物安全实验室防护区内的传递窗和药液传递箱的腔体或门扇应整体焊接成型。

9.4.6 具有熏蒸消毒功能的传递窗和药液传递箱的内表面不应使用有机材料。

9.4.7 生物安全实验室内配备的实验台面应光滑、不透水、耐腐蚀、耐热和易于清洗。

9.4.8 生物安全实验室的实验台、架、设备的边角应以圆弧过渡，不应有突出的尖角、锐边、沟槽。

10 检测和验收

10.1 工程检测

10.1.1 三级和四级生物安全实验室工程应进行工程综合性能全面检测和评定，并应在施工单位对整个工程进行调整和测试后进行。对于压差、洁净度等环境参数有严格要求的二级生物安全实验室也应进行综合性能全面检测和评定。

10.1.2 有下列情况之一时，应对生物安全实验室进行综合性能全面检测并按本规范附录 A 进行记录：

1 竣工后，投入使用前。

2 停止使用半年以上重新投入使用。

3 进行大修或更换高效过滤器后。

4 一年一度的常规检测。

10.1.3 有生物安全柜、隔离设备等的实验室，首先应进行生物安全柜、动物隔离设备等的现场检测，确认性能符合要求后方可进行实验室性能的检测。

10.1.4 检测前应对全部送、排风管道的严密性进行确认。对于 b2 类的三级生物安全实验室和四级生物安全实验室的通风空调系统，应根据对不同管段和设备的要求，按现行国家标准《洁净室施工及验收规范》GB 50591 的方法和规定进行严密性试验。

10.1.5 三级和四级生物安全实验室工程静态检测的必测项目应按表 10.1.5 的规定进行。

表 10.1.5 三级和四级生物安全实验室工程静态检测的必测项目

项目	工况	执行条款
围护结构的严密性	送风、排风系统正常运行或将被测房间封闭	本规范第 10.1.6 条
防护区排风高效过滤器原位检漏——全检	大气尘或发人工尘	本规范第 10.1.7 条

续表 10.1.5

项　目	工　况	执行条款
送风高效过滤器检漏	送风、排风系统正常运行(包括生物安全柜)	本规范第10.1.8条
静压差	所有房门关闭，送风、排风系统正常运行	本规范第3.3.2、3.3.3和10.1.10条
气流流向	所有房门关闭，送风、排风系统正常运行	本规范第5.4.2和10.1.9条
室内送风量	所有房门关闭，送风、排风系统正常运行	本规范第3.3.2、3.3.3和10.1.10条
洁净度级别	所有房门关闭，送风、排风系统正常运行	本规范第3.3.2、3.3.3和10.1.10条
温度	所有房门关闭，送风、排风系统正常运行	本规范第3.3.2、3.3.3和10.1.10条
相对湿度	所有房门关闭，送风、排风系统正常运行	本规范第3.3.2、3.3.3和10.1.10条
噪声	所有房门关闭，送风、排风系统正常运行	本规范第3.3.2、3.3.3和10.1.10条
照度	无自然光下	本规范第3.3.2、3.3.3和10.1.10条
应用于防护区外的排风高效过滤器单元严密性	关闭高效过滤器单元所有通路并维持测试环境温度稳定	本规范第10.1.11条
工况验证	工况转换、系统启停、备用机组切换、备用电源切换以及电气、自控和故障报警系统的可靠性	本规范第10.1.12条

10.1.6 围护结构的严密性检测和评价应符合下列规定：

1 围护结构严密性检测方法应按现行国家标准《洁净室施工及验收规范》GB 50591和《实验室 生物安全通用要求》GB 19489的有关规定进行，围护结构的严密性应符合本规范表3.3.2的要求。

2 ABSL-3中b2类的主实验室应采用恒压法检测。

3 四级生物安全实验室的主实验室应采用压力衰减法检测，有条件的进行正、负压两种工况的检测。

4 对于BSL-3和ABSL-3中a类、b1类实验室可采用目测及烟雾法检测。

10.1.7 排风高效过滤器检漏的检测和评价应符合下列规定：

1 对于三级和四级生物安全实验室防护区内使用的所有排风高效过滤器应进行原位扫描法检漏。检漏用气溶胶可采用大气尘或人工尘，检漏采用的仪器包括粒子计数器或光度计。

2 对于既有实验室以及异型高效过滤器，现场确实无法扫描时，可进行高效过滤器效率法检漏。

3 检漏时应同时检测并记录过滤器风量，风量不应低于实际正常运行工况下的风量。

4 采用大气尘以及粒子计数器对排风过滤器直接扫描检漏时，过滤器上游粒径大于或等于0.5μm的含尘浓度不应小于4000pc/L，可采用的方法包括开启实验室各房门，保证实验室与室外相通，并关闭送风，只开排风；或关闭送排风系统，局部采用正压检漏风机。此时对于第一道过滤器，超过3pc/L，即判断为泄漏。具体方法应符合现行国家标准《洁净室施工及验收规范》GB 50591的有关规定。

5 当大气尘浓度不能满足要求时，可采用人工尘，过滤器上游采用人工尘作为检漏气溶胶时，应采取措施保证过滤器上游人工尘气溶胶的均匀和稳定，并应进行验证，具体验证方法应符合本规范附录D的规定。

6 采用人工尘光度计扫描法检漏时，应按现行国家标准《洁净室施工及验收规范》GB 50591的有关规定执行。且当采样探头对准被测过滤器出风面某一点静止检测时，测得透过率高于0.01%，即认为该点为漏点。

7 进行高效过滤器效率法检漏时，在过滤器上游引入人工尘，在下游进行测试，过滤器下游采样点所处断面应实现气溶胶均匀混合，过滤效率不应低于99.99%。具体方法应符合本规范附录D的规定。

10.1.8 送风高效过滤器检漏的检测和评价应符合下列规定：

1 三级生物安全实验中的b2类实验室和四级生物安全实验室所有防护区内使用的送风高效过滤器应

进行原位检漏，其余类型实验室的送风高效过滤器采用抽检。

2 检漏方法和评价标准应符合现行国家标准《洁净室施工及验收规范》GB 50591 的有关规定，并宜采用大气尘和粒子计数器直接扫描法。

10.1.9 气流方向检测和评价应符合下列规定：

1 可采用目测法，在关键位置采用单丝线或用发烟装置测定气流流向。

2 评价标准：气流流向应符合本规范第 5.4.2 条的要求。

10.1.10 静压差、送风量、洁净度级别、温度、相对湿度、噪声、照度等室内环境参数的检测方法和要求应符合现行国家标准《洁净室施工及验收规范》GB 50591 的有关规定。

10.1.11 在生物安全实验室防护区使用的排风高效过滤器单元的严密性应符合现行国家标准《实验室 生物安全通用要求》GB 19489 的有关规定，并应采用压力衰减法进行检测。

10.1.12 生物安全实验室应进行工况验证检测，有多个运行工况时，应分别对每个工况进行工程检测，并应验证工况转换时系统的安全性，除此之外还包括系统启停、备用机组切换、备用电源切换以及电气、自控和故障报警系统的可靠性验证。

10.1.13 竣工验收的检测可由施工单位完成，但不得以竣工验收阶段的调整测试结果代替综合性能全面评定。

10.1.14 三级和四级生物安全实验室投入使用后，应按本章要求进行每年例行的常规检测。

10.2 生物安全设备的现场检测

10.2.1 需要现场进行安装调试的生物安全设备包括生物安全柜、动物隔离设备、IVC、负压解剖台等。有下列情况之一时，应对该设备进行现场检测并按本规范附录 B 进行记录：

1 生物安全实验室竣工后，投入使用前，生物安全柜、动物隔离设备等已安装完毕。

2 生物安全柜、动物隔离设备等被移动位置后。

3 生物安全柜、动物隔离设备等进行检修后。

4 生物安全柜、动物隔离设备等更换高效过滤器后。

5 生物安全柜、动物隔离设备等一年一度的常规检测。

10.2.2 新安装的生物安全柜、动物隔离设备等，应具有合格的出厂检测报告，并应现场检测合格且出具检测报告后才可使用。

10.2.3 生物安全柜、动物隔离设备等的现场检测项目应符合表 10.2.3 的要求，其中第 1 项～5 项中有一项不合格的不应使用。对现场具备检测条件的、从事高风险操作的生物安全柜和动物隔离设备应进行高效过滤器的检漏，检漏方法应按生物安全实验室高效过滤器的检漏方法执行。

表 10.2.3 生物安全柜、动物隔离设备等的现场检测项目

项 目	工 况	执行条款	适用范围
垂直气流平均速度	正常运转状态	本规范第 10.2.4 条	Ⅱ级生物安全柜、单向流解剖台
工作窗口气流流向		本规范第 10.2.5 条	Ⅰ、Ⅱ级生物安全柜、开敞式解剖台
工作窗口气流平均速度		本规范第 10.2.6 条	
工作区洁净度		本规范第 10.2.7 条	Ⅱ级和Ⅲ级生物安全柜、动物隔离设备、解剖台
高效过滤器的检漏		本规范第 10.2.10 条	三级和四级生物安全实验室内使用的各级生物安全柜、动物隔离设备等必检，其余建议检测
噪声		本规范第 10.2.8 条	各类生物安全柜、动物隔离设备等
照度		本规范第 10.2.9 条	
箱体送风量		本规范第 10.2.11 条	Ⅲ级生物安全柜、动物隔离设备、IVC、手套箱式解剖台
箱体静压差		本规范第 10.2.12 条	Ⅲ级生物安全柜和动物隔离设备
箱体严密性		本规范第 10.2.13 条	Ⅲ级生物安全柜、动物隔离设备、手套箱式解剖台
手套口风速	人为摘除一只手套	本规范第 10.2.14 条	

10.2.4 垂直气流平均风速检测应符合下列规定：

检测方法：对于Ⅱ级生物安全柜等具备单向流的设备，在送风高效过滤器以下 0.15m 处的截面上，采用风速仪均匀布点测量截面风速。测点间距不大于 0.15m，侧面距离侧壁不大于 0.1m，每列至少测量 3 点，每行至少测量 5 点。

评价标准：平均风速不低于产品标准要求。

10.2.5 工作窗口的气流流向检测应符合下列规定：

检测方法：可采用发烟法或丝线法在工作窗口断面检测，检测位置包括工作窗口的四周边缘和中间区域。

评价标准：工作窗口断面所有位置的气流均明显向内，无外逸，且从工作窗口吸入的气流应直接吸入窗口外侧下部的导流格栅内，无气流穿越工作区。

10.2.6 工作窗口的气流平均风速检测应符合下列规定：

检测方法：1 风量罩直接检测法：采用风量罩测出工作窗口风量，再计算出气流平均风速。2 风速仪直接检测法：宜在工作窗口外接等尺寸辅助风管，用风速仪测量辅助风管断面风速，或采用风速仪直接测量工作窗口断面风速，采用风速仪直接测量时，每列至少测量 3 点，至少测量 5 列，每列间距不大于 0.15m。3 风速仪间接检测法：将工作窗口高度调整为 8cm 高，在窗口中间高度均匀布点，每点间距不大于 0.15m，计算工作窗口风量，计算出工作窗口正常高度（通常为 20cm 或 25cm）下的平均风速。

评价标准：工作窗口断面上的平均风速值不低于产品标准要求。

10.2.7 工作区洁净度检测应符合下列规定：

检测方法：采用粒子计数器在工作区检测。粒子计数器的采样口置于工作台面向上 0.2m 高度位置对角线布置，至少测量 5 点。

评价标准：工作区洁净度应达到 5 级。

10.2.8 噪声检测应符合下列规定：

检测方法：对于生物安全柜、动物隔离设备等应在前面板中心向外 0.3m，地面以上 1.1m 处用声级计测量噪声。对于必须和实验室通风系统同时开启的生物安全柜和动物隔离设备等，有条件的，应检测实验室通风系统的背景噪声，必要时进行检测值修正。

评价标准：噪声不应高于产品标准要求。

10.2.9 照度检测应符合下列规定：

检测方法：沿工作台面长度方向中心线每隔 0.3m 设置一个测量点。与内壁表面距离小于 0.15m 时，不再设置测点。

评价标准：平均照度不低于产品标准要求。

10.2.10 高效过滤器的检漏应符合下列规定：

检测方法：在高效过滤器上游引入大气尘或发人工尘，在过滤器下游采用光度计或粒子计数器进行检漏，具备扫描检漏条件的，应进行扫描检漏，无法扫描检漏的，应检测高效过滤器效率。

评价标准：对于采用扫描检漏高效过滤器的评价标准同生物安全实验室高效过滤器的检漏；对于不能进行扫描检漏，而采用检测高效过滤器过滤效率的，其整体透过率不应超过 0.005%。

10.2.11 Ⅲ级生物安全柜和动物隔离设备等非单向流送风设备的送风量检测应符合下列规定：

检测方法：在送风高效过滤器出风面 10cm～15cm 处或在进风口处测风速，计算风量。

评价标准：不低于产品设计值。

10.2.12 Ⅲ级生物安全柜和动物隔离设备箱体静压差检测应符合下列规定：

检测方法：测量正常运转状态下，箱体对所在实验室的相对负压。

评价标准：不低于产品设计值。

10.2.13 Ⅲ级生物安全柜和动物隔离设备严密性检测应符合下列规定：

检测方法：采用压力衰减法，将箱体抽真空或打正压，观察一定时间内的压差衰减，记录温度和大气压变化，计算衰减率。

评价标准：严密性不低于产品设计值。

10.2.14 Ⅲ级生物安全柜、动物隔离设备、手套箱式解剖台的手套口风速检测应符合下列规定：

检测方法：人为摘除一只手套，在手套口中心检测风速。

评价标准：手套口中心风速不低于 0.7m/s。

10.2.15 生物安全柜在有条件时，宜在现场进行箱体的漏泄检测，生物安全柜漏电检测，接地电阻检测。

10.2.16 生物安全柜的安装位置应符合本规范第 9.4.2 条中的相关要求。

10.2.17 有下列情况之一时，需要对活毒废水处理设备、高压灭菌锅、动物尸体处理设备等进行检测。

1 实验室竣工后，投入使用前，设备安装完毕。

2 设备经过检修后。

3 设备更换阀门、安全阀后。

4 设备年度常规检测。

10.2.18 活毒废水处理设备、高压灭菌锅、动物尸体处理设备等带有高效过滤器的设备应进行高效过滤器的检漏，且检测方法应符合本规范第 10.1.7 条的规定。

10.2.19 活毒废水处理设备、动物尸体处理设备等产生活毒废水的设备应进行活毒废水消毒灭菌效果的验证。

10.2.20 活毒废水处理设备、高压灭菌锅、动物尸体处理设备等产生固体污染物的设备应进行固体污染物消毒灭菌效果的验证。

10.3 工 程 验 收

10.3.1 生物安全实验室的工程验收是实验室启用验收的基础，根据国家相关规定，生物安全实验室须由建筑主管部门进行工程验收合格，再进行实验室认可验收，生物安全实验室工程验收评价项目应符合附录 C 的规定。

10.3.2 工程验收的内容应包括建设与设计文件、施工文件和综合性能的评定文件等。

10.3.3 在工程验收前，应首先委托有资质的工程质检部门进行工程检测。

10.3.4 工程验收应出具工程验收报告。生物安全实验室应按本规范附录 C 规定的验收项目逐项验收，并应根据下列规定作出验收结论：

1 对于符合规范要求的，判定为合格；

2 对于存在问题，但经过整改后能符合规范要求的，判定为限期整改；

3 对于不符合规范要求，又不具备整改条件的，判定为不合格。

附录 A 生物安全实验室检测记录用表

A.0.1 生物安全实验室施工方自检情况、施工文件检查情况、生物安全柜检测情况、围护结构严密性检测情况应按表 A.0.1 进行记录。

A.0.2 生物安全实验室送风、排风高效过滤器检漏情况应按表 A.0.2 进行记录。

A.0.3 生物安全实验室房间静压差和气流流向的检测应按表 A.0.3 进行记录。

A.0.4 生物安全实验室风口风速或风量的检测应按表 A.0.4 进行记录。

A.0.5 生物安全实验室房间含尘浓度的检测应按表 A.0.5 进行记录。

A.0.6 生物安全实验室房间温度、相对湿度的检测应按表 A.0.6 进行记录。

A.0.7 生物安全实验室房间噪声的检测应按表 A.0.7 进行记录。

A.0.8 生物安全实验室房间照度的检测应按表 A.0.8 进行记录。

A.0.9 生物安全实验室配电和自控系统的检测应按表 A.0.9 进行记录。

表 A.0.1 生物安全实验室检测记录（一）

第　页 共　页

委托单位					
实验室名称					
施工单位					
监理单位					
检测单位					
检测日期		记录编号		检测状态	
检测依据					
施工单位自检情况					
施工文件检查情况					
生物安全设备检测情况					
三级和四级生物安全实验室围护结构严密性检查情况					

校核　　　　　　　　　　　　　记录　　　　　　　　　　　　　检验

表 A. 0. 2　生物安全实验室检测记录（二）

第　页　共　页

高效过滤器的检漏					
检测仪器名称		规格型号		编号	
检测前设备状况			检测后设备状况		
送风高效过滤器的检漏					
排风高效过滤器的检漏					

校核　　　　记录　　　　检验

表 A. 0. 3　生物安全实验室检测记录(三)

第　页　共　页

静压差检测					
检测仪器名称		规格型号		编号	
检测前设备状况	正常(　)　不正常(　)		检测后设备状况	正常(　)　不正常(　)	
检测位置			压差值(Pa)		备　注
气流流向检测					
方法					

校核　　　　记录　　　　检验

表 A.0.4 生物安全实验室检测记录（四）

第 页 共 页

风口风速或风量						
检测仪器名称		规格型号		编号		
检测前设备状况	正常（ ）不正常（ ）		检测后设备状况		正常（ ）不正常（ ）	
位置	风口	测点	风速(m/s)或风量(m^3/h)		备注	

校核 记录 检验

表 A.0.5 生物安全实验室检测记录（五）

第 页 共 页

含尘浓度						
检测仪器名称		规格型号		编号		
检测前设备状况	正常（ ）不正常（ ）		检测后设备状况		正常（ ）不正常（ ）	
位置	测点	粒径	含尘浓度(pc/)		备注	

校核 记录 检验

表 A.0.6 生物安全实验室检测记录（六）

第 页 共 页

温度、相对湿度						
检测仪器名称		规格型号		编号		
检测前设备状况	正常（ ）不正常（ ）		检测后设备状况	正常（ ）不正常（ ）		

房间名称	温度(℃)	相对湿度(%)	备注
室外			

校核　　记录　　检验

表 A.0.7 生物安全实验室检测记录（七）

第 页 共 页

噪　声					
检测仪器名称		规格型号		编号	
检测前设备状况	正常（ ）不正常（ ）		检测后设备状况	正常（ ）不正常（ ）	

房间名称	测点	噪声［dB（A）］	备注

校核　　记录　　检验

表 A.0.8 生物安全实验室检测记录（八）

第 页 共 页

<table>
<tr><td colspan="8">照　度</td></tr>
<tr><td>检测仪器名称</td><td></td><td colspan="2">规格型号</td><td colspan="2"></td><td>编号</td><td></td></tr>
<tr><td>检测前设备状况</td><td colspan="3">正常（ ）不正常（ ）</td><td colspan="2">检测后设备状况</td><td colspan="2">正常（ ）不正常（ ）</td></tr>
<tr><td>房间名称</td><td>测点</td><td colspan="4">照度（lx）</td><td colspan="2">备注</td></tr>
<tr><td></td><td></td><td colspan="4"></td><td colspan="2"></td></tr>
</table>

校核　　　　　　　　　　记录　　　　　　　　　　检验

表 A.0.9 生物安全实验室检测记录（九）

第 页 共 页

不同工况转换时系统安全性验证
备用电源可靠性验证
压差报警系统可靠性验证
送、排风系统连锁可靠性验证
备用排风系统自动切换可靠性验证

校核　　　　　　　　　　记录　　　　　　　　　　检验

附录B 生物安全设备现场检测记录用表

B.0.1 厂家自检情况、安装情况的检测应按表B.0.1进行记录。

B.0.2 工作窗口气流流向情况、风速（或风量）的检测应按表B.0.2进行记录。

B.0.3 工作区含尘浓度、噪声、照度的检测应按表B.0.3进行记录。

B.0.4 排风高效过滤器的检漏、生物安全柜箱体的检漏、生物安全柜漏电检测、接地电阻检测等的检测应按表B.0.4进行记录。

B.0.5 Ⅲ级生物安全柜或动物隔离设备的压差、风量、手套口风速的检测应按表B.0.5进行记录。

B.0.6 Ⅲ级生物安全柜或动物隔离设备箱体密封性的检测应按表B.0.6进行记录。

表B.0.1 设备现场检测记录（一）

第 页 共 页

委托单位			
实验室名称			
检测单位			
检测日期		记录编号	
设备位置		生产厂家	
级别		型号	
出厂日期		序列号	
检测依据			
生产厂家自检情况			
安装情况			

校核　　　　记录　　　　检验

表 B.0.2 设备现场检测记录（二）

工作窗口气流流向										
检测方法										
风速（ ）风量（ ）										
检测仪器名称		规格型号					编号			
检测前设备状况	正常（ ）不正常（ ）			检测后设备状况			正常（ ）不正常（ ）			
工作窗口气流平均风速										
窗口上沿										
测点	1	4	7	10	13	16	19	22	25	28
风速（m/s）										
测点	2	5	8	11	14	17	20	23	26	29
风速（m/s）										
测点	3	6	9	12	15	18	21	24	27	30
风速（m/s）										
窗口下沿										
工作窗口风量				工作窗口尺寸						
工作区垂直气流平均风速										
工作区里侧										
测点	1	4	7	10	13	16	19	22	25	28
风速（m/s）										
测点	2	5	8	11	14	17	20	23	26	29
风速（m/s）										
测点	3	6	9	12	15	18	21	24	27	30
风速（m/s）										
工作区外侧										

校核　　　　　　　　　　记录　　　　　　　　　　检验

表 B.0.3 设备现场检测记录（三）

第 页 共 页

<table>
<tr><td colspan="6">工作区含尘浓度</td></tr>
<tr><td>检测仪器名称</td><td></td><td>规格型号</td><td></td><td>编号</td><td></td></tr>
<tr><td>检测前设备状况</td><td colspan="2">正常（ ）不正常（ ）</td><td>检测后设备状况</td><td colspan="2">正常（ ）不正常（ ）</td></tr>
<tr><td>测点</td><td>粒径</td><td colspan="3">含尘浓度（pc/ ）</td><td>备注</td></tr>
<tr><td rowspan="2">1</td><td>≥0.5μm</td><td colspan="3"></td><td rowspan="11"></td></tr>
<tr><td>≥5μm</td><td colspan="3"></td></tr>
<tr><td rowspan="2">2</td><td>≥0.5μm</td><td colspan="3"></td></tr>
<tr><td>≥5μm</td><td colspan="3"></td></tr>
<tr><td rowspan="2">3</td><td>≥0.5μm</td><td colspan="3"></td></tr>
<tr><td>≥5μm</td><td colspan="3"></td></tr>
<tr><td rowspan="2">4</td><td>≥0.5μm</td><td colspan="3"></td></tr>
<tr><td>≥5μm</td><td colspan="3"></td></tr>
<tr><td rowspan="2">5</td><td>≥0.5μm</td><td colspan="3"></td></tr>
<tr><td>≥5μm</td><td colspan="3"></td></tr>
<tr><td></td><td colspan="4"></td></tr>
</table>

<table>
<tr><td colspan="6">噪　声</td></tr>
<tr><td>检测仪器名称</td><td></td><td>规格型号</td><td></td><td>编号</td><td></td></tr>
<tr><td>检测前设备状况</td><td colspan="2">正常（ ）不正常（ ）</td><td>检测后设备状况</td><td colspan="2">正常（ ）不正常（ ）</td></tr>
<tr><td>噪声［dB（A)］</td><td colspan="2"></td><td colspan="2">背景噪声［dB（A)］</td><td></td></tr>
</table>

<table>
<tr><td colspan="7">照　度</td></tr>
<tr><td>检测仪器名称</td><td></td><td>规格型号</td><td colspan="2"></td><td>编号</td><td></td></tr>
<tr><td>检测前设备状况</td><td colspan="2"></td><td colspan="2">检测后设备状况</td><td colspan="2"></td></tr>
<tr><td>测点</td><td>1</td><td>2</td><td>3</td><td>4</td><td>5</td><td>6</td></tr>
<tr><td>照度（lx）</td><td></td><td></td><td></td><td></td><td></td><td></td></tr>
<tr><td colspan="7"></td></tr>
</table>

校核　　　　　　　　　　记录　　　　　　　　　　检验

表 B.0.4 设备现场检测记录（四）

第 页 共 页

高效过滤器和箱体的检漏
漏电检测
接地电阻检测
其他

校核　　　　记录　　　　检验

表 B.0.5　设备现场检测记录（五）

第　页　共　页

<table>
<tr><td colspan="11">Ⅲ级生物安全柜或动物隔离设备压差</td></tr>
<tr><td>检测仪器名称</td><td colspan="2"></td><td colspan="2">规格型号</td><td colspan="3"></td><td>编号</td><td colspan="2"></td></tr>
<tr><td>检测前设备状况</td><td colspan="4">正常（　）不正常（　）</td><td colspan="3">检测后设备状况</td><td colspan="3">正常（　）不正常（　）</td></tr>
<tr><td>压差值</td><td colspan="10"></td></tr>
<tr><td colspan="11">Ⅲ级生物安全柜或动物隔离设备风量</td></tr>
<tr><td>检测仪器名称</td><td colspan="2"></td><td colspan="2">规格型号</td><td colspan="3"></td><td>编号</td><td colspan="2"></td></tr>
<tr><td>检测前设备状况</td><td colspan="4">正常（　）不正常（　）</td><td colspan="3">检测后设备状况</td><td colspan="3">正常（　）不正常（　）</td></tr>
<tr><td colspan="11">送风过滤器平均风速</td></tr>
<tr><td>测点</td><td>1</td><td>2</td><td>3</td><td>4</td><td>5</td><td>6</td><td>7</td><td>8</td><td>9</td><td>10</td></tr>
<tr><td>风速（m/s）</td><td></td><td></td><td></td><td></td><td></td><td></td><td></td><td></td><td></td><td></td></tr>
<tr><td>测点</td><td>11</td><td>12</td><td>13</td><td>14</td><td>15</td><td>16</td><td>17</td><td>18</td><td>19</td><td>20</td></tr>
<tr><td>风速（m/s）</td><td></td><td></td><td></td><td></td><td></td><td></td><td></td><td></td><td></td><td></td></tr>
<tr><td>过滤器尺寸</td><td colspan="4"></td><td colspan="2">风量</td><td colspan="4"></td></tr>
<tr><td>箱体尺寸</td><td colspan="4"></td><td colspan="2">换气次数</td><td colspan="4"></td></tr>
<tr><td colspan="11">Ⅲ级生物安全柜或动物隔离设备手套口风速</td></tr>
<tr><td>检测仪器名称</td><td colspan="2"></td><td colspan="3">规格型号</td><td colspan="2"></td><td colspan="3">编号</td></tr>
<tr><td>检测前设备状况</td><td colspan="4">正常（　）不正常（　）</td><td colspan="3">检测后设备状况</td><td colspan="3">正常（　）不正常（　）</td></tr>
<tr><td>手套口位置</td><td colspan="10"></td></tr>
<tr><td>中心风速（m/s）</td><td colspan="10"></td></tr>
</table>

校核　　　　　　　　　　　　记录　　　　　　　　　　　　检验

表 B.0.6 设备现场检测记录（六）

Ⅲ级生物安全柜或动物隔离设备箱体严密性：压力衰减法								
检测仪器名称			规格型号			编号		
检测前设备状况	正常（ ）不正常（ ）			检测后设备状况		正常（ ）不正常（ ）		
测点	1	2	3	4	5	6	7	8
时间								
压力（Pa）								
大气压								
温度								
测点	9	10	11	12	13	14	15	16
时间								
压力（Pa）								
大气压								
温度								
测点	17	18	19	20	21	22	23	24
时间								
压力（Pa）								
大气压								
温度								
测点	25	26	27	28	29	30	31	32
时间								
压力（Pa）								
大气压								
温度								
泄漏率计算								

校核　　　　　　　　　　记录　　　　　　　　　　检验

附录C 生物安全实验室工程验收评价项目

C.0.1 生物安全实验室建成后，必须由工程验收专家组到现场验收，并应按本规范列出的验收项目，逐项验收。

C.0.2 生物安全实验室工程验收评价标准应符合表C.0.2的规定。

表 C.0.2 生物安全实验室工程验收评价标准

<table>
<tr><th>标准类别</th><th>严重缺陷数</th><th>一般缺陷数</th></tr>
<tr><td>合格</td><td>0</td><td><20%</td></tr>
<tr><td rowspan="2">限期整改</td><td>1～3</td><td><20%</td></tr>
<tr><td>0</td><td>≥20%</td></tr>
<tr><td rowspan="2">不合格</td><td>>3</td><td>0</td></tr>
<tr><td colspan="2">一次整改后仍未通过者</td></tr>
</table>

注：表中的百分数是缺陷数相对于应被检查项目总数的比例。

C.0.3 生物安全实验室工程现场检查项目应符合表C.0.3的规定。

表 C.0.3 生物安全实验室工程现场检查项目

章	序号	检查出的问题	评价		适用范围		
			严重缺陷	一般缺陷	二级	三级	四级
建筑、装修和结构	1	与建筑物其他部分相通，但未设可自动关闭的带锁的门		√	√		
	2	不满足排风间距要求：防护区室外排风口与周围建筑的水平距离小于20m	√			√	
	3	未在建筑物中独立的隔离区域内	√				√
	4	未远离市区		√			√
	5	主实验室所在建筑物离相邻建筑物或构筑物的距离小于相邻建筑物或构筑物高度的1.5倍		√			√
	6	未在入口处设置更衣室或更衣柜		√	√	√	√
	7	防护区的房间设置不满足工艺要求	√		√	√	√
	8	辅助区的房间设置不满足工艺要求		√	√	√	√
	9	ABSL-3中的b2类实验室和四级生物安全实验室未独立于其他建筑		√		√	√
	10	室内净高低于2.6m或设备层净高低于2.2m		√		√	√
	11	ABSL-4的动物尸体处理设备间和防护区污水处理设备间未设缓冲间		√			√
	12	设置生命支持系统的生物安全实验室，紧邻主实验室未设化学淋浴间	√			√	√
	13	防护区未设置安全通道和紧急出口或没有明显的标志	√			√	√
	14	防护区的围护结构未远离建筑外墙或主实验室未设置在防护区的中部		√		√	√
	15	建筑外墙作为主实验室的围护结构		√			√
	16	相邻区域和相邻房间之间未根据需要设置传递窗；传递窗两门未互锁或未设有消毒灭菌装置；其结构承压力及严密性不符合所在区域的要求；传递不能灭活的样本出防护区时，未采用具有熏蒸消毒功能的传递窗或药液传递箱	√			√	√

续表 C.0.3

章	序号	检查出的问题	评价		适用范围		
			严重缺陷	一般缺陷	二级	三级	四级
建筑、装修和结构	17	未在实验室或实验室所在建筑内配备高压灭菌器或其他消毒灭菌设备	√		√		
	18	防护区内未设置生物安全型双扉高压灭菌器	√			√	√
	19	生物安全型双扉高压灭菌器未考虑主体一侧的维护空间		√		√	√
	20	生物安全型双扉高压灭菌器主体所在房间为非负压		√			√
	21	生物安全柜和负压解剖台未布置于排风口附近或未远离房间门		√		√	√
	22	产生大动物尸体或数量较多的小动物尸体时，未设置动物尸体处理设备。动物尸体处理设备的投放口未设置在产生动物尸体的区域；动物尸体处理设备的投放口未高出地面或未设置防护栏杆		√		√	√
	23	未采用无缝的防滑耐腐蚀地面；踢脚未与墙面齐平或略缩进大于 2 mm～3mm；地面与墙面的相交位置及其他围护结构的相交位置，未作半径不小于 30mm 的圆弧处理		√		√	√
	24	墙面、顶棚的材料不易于清洁消毒、不耐腐蚀、起尘、开裂、不光滑防水，表面涂层不具有抗静电性能		√		√	√
	25	没有机械通风系统时，ABSL-2 中的 a 类、b1 类和 BSL-2 生物安全实验室未设置外窗进行自然通风或外窗未设置防虫纱窗；ABSL-2 中 b2 类实验室设外窗或观察窗未采用安全的材料制作		√	√		
	26	防护区设外窗或观察窗未采用安全的材料制作	√			√	√
	27	没有防止节肢动物和啮齿动物进入和外逃的措施	√			√	√
	28	ABSL-3 中 b2 类主实验室及其缓冲间和四级生物安全实验室主实验室及其缓冲间应采用气密门	√			√	√
	29	防护区内的顶棚上设置检修口	√			√	√
	30	实验室的入口，未明确标示出生物防护级别、操作的致病性生物因子等标识		√	√	√	√
	31	结构安全等级低于一级		√		√	
	32	结构安全等级低于一级	√				√
	33	抗震设防类别未按特殊设防类		√		√	
	34	抗震设防类别未按特殊设防类	√				√

续表 C.0.3

章	序号	检查出的问题	评价		适用范围		
			严重缺陷	一般缺陷	二级	三级	四级
建筑、装修和结构	35	地基基础未按甲级设计		√		√	
	36	地基基础未按甲级设计	√				√
	37	主体结构未采用混凝土结构或砌体结构体系		√		√	√
	38	吊顶作为技术维修夹层时，其吊顶的活荷载小于 0.75kN/m^2	√			√	√
	39	对于吊顶内特别重要的设备未作单独的维修通道		√		√	√
空调、通风和净化	40	空调净化系统的划分不利于实验室消毒灭菌、自动控制系统的设置和节能运行		√	√	√	√
	41	空调净化系统的设计未考虑各种设备的热湿负荷		√	√	√	√
	42	送、排风系统的设计未考虑所用生物安全柜、动物隔离设备等的使用条件	√		√	√	√
	43	选用生物安全柜不符合要求	√		√	√	√
	44	b2 类实验室未采用全新风系统		√	√		
	45	未采用全新风系统	√			√	√
	46	主实验室的送、排风支管或排风机前未安装耐腐蚀的密闭阀或阀门严密性与所在管道严密性要求不相适应	√			√	√
	47	防护区内安装普通的风机盘管机组或房间空调器	√			√	√
	48	防护区不能对排风高效空气过滤器进行原位消毒和检漏	√			√	√
	49	防护区不能对送风高效空气过滤器进行原位消毒和检漏	√				√
	50	防护区远离空调机房		√	√	√	√
	51	空调净化系统和高效排风系统所用风机未选用风压变化较大时风量变化较小的类型		√	√	√	√
	52	空气净化系统送风过滤器的设置不符合本规范第 5.2.1 条的要求		√	√	√	√
	53	送风系统新风口的设置不符合本规范第 5.2.2 条的要求		√	√	√	√
	54	BSL-3 实验室未设置备用送风机		√		√	
	55	ABSL-3 实验室和四级生物安全实验室未设置备用送风机	√			√	√
	56	排风系统的设置不符合本规范第 5.3.1 条中第 1 款～第 5 款的规定	√			√	√
	57	排风未经过高效过滤器过滤后排放	√			√	√

续表 C.0.3

章	序号	检查出的问题	评价		适用范围		
			严重缺陷	一般缺陷	二级	三级	四级
空调、通风和净化	58	排风高效过滤器未设在室内排风口处或紧邻排风口处；排风高效过滤器的位置与排风口结构不易于对过滤器进行安全更换和检漏		√		√	√
	59	防护区除在室内排风口处设第一道高效过滤器外，未在其后串联第二道高效过滤器	√				√
	60	防护区排风管道的正压段穿越房间或排风机未设于室外排风口附近		√		√	√
	61	防护区未设置备用排风机或备用排风机不能自动切换或切换过程中不能保持有序的压力梯度和定向流	√			√	√
	62	排风口未设置在主导风的下风向		√		√	√
	63	排风口与新风口的直线距离不大于12m；排风口不高于所在建筑物屋面2m以上	√			√	√
	64	ABSL-4的动物尸体处理设备间和防护区污水处理设备间的排风未经过高效过滤器过滤		√			√
	65	辅助工作区与室外之间未设一间正压缓冲室		√		√	√
	66	实验室内各种设备的位置不利于气流由被污染风险低的空间向被污染风险高的空间流动，不利于最大限度减少室内回流与涡流	√			√	√
	67	送风口和排风口布置不利于室内可能被污染空气的排出		√	√	√	√
	68	在生物安全柜操作面或其他有气溶胶产生地点的上方附近设送风口	√		√	√	√
	69	气流组织上送下排时，高效过滤器排风口下边沿离地面低于0.1m或高于0.15m或上边沿高度超过地面之上0.6m；排风口排风速度大于1m/s		√	√	√	√
	70	送、排风高效过滤器使用木制框架	√		√	√	√
	71	高效过滤器不耐消毒气体的侵蚀，防护区内淋浴间、化学淋浴间的高效过滤器不防潮；高效过滤器的效率低于现行国家标准《高效空气过滤器》GB/T 13554中的B类	√			√	√
	72	需要消毒的通风管道未采用耐腐蚀、耐老化、不吸水、易消毒灭菌的材料制作，未整体焊接	√			√	√
	73	排风密闭阀未设置在排风高效过滤器和排风机之间；排风机外侧的排风管上室外排风口处未安装保护网和防雨罩		√	√	√	√
	74	空调设备的选用不满足本规范第5.5.4条的要求		√	√	√	√

续表 C.0.3

章	序号	检查出的问题	评价		适用范围		
			严重缺陷	一般缺陷	二级	三级	四级
给水排水与气体供给	75	给水、排水干管、气体管道的干管，未敷设在技术夹层内；防护区内与本区域无关管道穿越防护区		√	√	√	√
	76	引入防护区内的管道未明敷		√		√	√
	77	防护区给水排水管道穿越生物安全实验室围护结构处未设可靠的密封装置或密封装置的严密性不能满足所在区域的严密性要求	√		√	√	√
	78	防护区管道系统渗漏、不耐压、不耐温、不耐腐蚀；实验室内没有足够的清洁、维护和维修明露管道的空间	√		√	√	√
	79	使用的高压气体或可燃气体，没有相应的安全措施	√		√	√	√
	80	防护区给水管道未采取设置倒流防止器或其他有效的防止回流污染的装置或这些装置未设置在辅助工作区	√		√	√	√
	81	ABSL-3 和四级生物安全实验室未设置断流水箱		√		√	√
	82	化学淋浴系统中的化学药剂加压泵未设置备用泵或未设置紧急化学淋浴设备	√			√	√
	83	防护区的给水管路未以主实验室为单元设置检修阀门和止回阀		√		√	√
	84	实验室未设洗手装置或洗手装置未设置在靠近实验室的出口处		√	√		
	85	洗手装置未设在主实验室出口处或对于用水的洗手装置的供水未采用非手动开关		√		√	√
	86	未设紧急冲眼装置	√		√	√	√
	87	ABSL-3 和四级生物安全实验室防护区的淋浴间未根据工艺要求设置强制淋浴装置	√			√	√
	88	大动物生物安全实验室和需要对笼具、架进行冲洗的动物实验室未设必要的冲洗设备		√	√	√	√
	89	给水管路未涂上区别于一般水管的醒目的颜色		√		√	√
	90	室内给水管材未采用不锈钢管、铜管或无毒塑料管等材料或管道未采用可靠的方式连接		√	√	√	√
	91	大动物房和解剖间等处的密闭型地漏不带活动网框或活动网框不易于取放及清理		√		√	√
	92	防护区未根据压差要求设置存水弯和地漏的水封深度；构造内无存水弯的卫生器具与排水管道连接时，未在排水口以下设存水弯；排水管道水封处不能保证充满水或消毒液	√			√	√

续表 C.0.3

章	序号	检查出的问题	评价		适用范围		
			严重缺陷	一般缺陷	二级	三级	四级
给水排水与气体供给	93	防护区的排水未进行消毒灭菌处理	√			√	√
	94	主实验室未设独立的排水支管或独立的排水支管上未安装阀门		√		√	√
	95	活毒废水处理设备未设在最低处		√		√	√
	96	ABSL-2 防护区污水的灭菌装置未采用化学消毒或高温灭菌方式		√	√		
	97	防护区活毒废水的灭菌装置未采用高温灭菌方式；未在适当位置预留采样口和采样操作空间	√			√	√
	98	防护区排水系统上的通气管口未单独设置或接入空调通风系统的排风管道	√			√	√
	99	通气管口未设高效过滤器或其他可靠的消毒装置	√			√	√
	100	辅助工作区的排水，未进行监测，未采取适当处理装置		√		√	√
	101	防护区内排水管线未明设，未与墙壁保持一定距离		√		√	√
	102	防护区排水管道未采用不锈钢或其他合适的管材、管件；排水管材、管件不满足强度、温度、耐腐蚀等性能要求	√			√	√
	103	双扉高压灭菌器的排水未接入防护区废水排放系统	√				√
	104	气瓶未设在辅助工作区；未对供气系统进行监测		√	√	√	√
	105	所有供气管穿越防护区处未安装防回流装置，未根据工艺要求设置过滤器	√		√	√	√
	106	防护区设置的真空装置，没有防止真空装置内部被污染的措施；未将真空装置安装在实验室内	√			√	√
	107	正压服型生物安全实验室未同时配备紧急支援气罐或紧急支援气罐的供气时间少于 60 min/人	√			√	√
	108	供操作人员呼吸使用的气体的压力、流量、含氧量、温度、湿度、有害物质的含量等不符合职业安全的要求	√		√	√	√
	109	充气式气密门的压缩空气供应系统的压缩机未备用或供气压力和稳定性不符合气密门的供气要求	√			√	√

续表 C.0.3

章	序号	检查出的问题	评价		适用范围		
			严重缺陷	一般缺陷	二级	三级	四级
电气	110	用电负荷低于二级		√	√		
	111	BSL-3 实验室和 ABSL-3 中的 a 类和 b1 类实验室未按一级负荷供电时，未采用一个独立供电电源；特别重要负荷未设置应急电源；应急电源采用不间断电源的方式时，不间断电源的供电时间小于 30min；应急电源采用不间断电源加自备发电机的方式时，不间断电源不能确保自备发电设备启动前的电力供应	√			√	
	112	ABSL-3 中的 b2 类实验室和四级生物安全实验室未按一级负荷供电；特别重要负荷未同时设置不间断电源和自备发电设备作为应急电源；不间断电源不能确保自备发电设备启动前的电力供应	√			√	√
	113	未设有专用配电箱		√	√	√	√
	114	专用配电箱未设在该实验室的防护区外		√		√	√
	115	未设置足够数量的固定电源插座；重要设备未单独回路配电，未设置漏电保护装置		√	√	√	√
	116	配电管线未采用金属管敷设；穿过墙和楼板的电线管未加套管且未采用专用电缆穿墙装置；套管内未用不收缩、不燃材料密封		√		√	√
	117	室内照明灯具未采用吸顶式密闭洁净灯；灯具不具有防水功能		√		√	√
	118	未设置不少于 30min 的应急照明及紧急发光疏散指示标志	√			√	√
	119	实验室的入口和主实验室缓冲间入口处未设置主实验室工作状态的显示装置		√		√	√
	120	空调净化自动控制系统不能保证各房间之间定向流方向的正确及压差的稳定	√		√	√	√
	121	自控系统不具有压力梯度、温湿度、连锁控制、报警等参数的历史数据存储显示功能；自控系统控制箱未设于防护区外		√		√	√
	122	自控系统报警信号未分为重要参数报警和一般参数报警。重要参数报警为非声光报警和显示报警，一般参数报警为非显示报警。未在主实验室内设置紧急报警按钮	√			√	√
	123	有负压控制要求的房间入口位置，未安装显示房间负压状况的压力显示装置		√		√	√
	124	自控系统未预留接口		√	√	√	√

续表 C.0.3

章	序号	检查出的问题	评价		适用范围		
			严重缺陷	一般缺陷	二级	三级	四级
电气	125	空调净化系统启动和停机过程未采取措施防止实验室内负压值超出围护结构和有关设备的安全范围	√			√	√
	126	送风机和排风机未设置保护装置；送风机和排风机保护装置未将报警信号接入控制系统		√		√	√
	127	送风机和排风机未设置风压差检测装置；当压差低于正常值时不能发出声光报警		√		√	√
	128	防护区未设送风、排风系统正常运转的标志；当排风系统运转不正常时不能报警；备用排风机组不能自动投入运行，不能发出报警信号	√			√	√
	129	送风和排风系统未可靠连锁，空调通风系统开机顺序不符合第 5.3.1 条的要求	√			√	√
	130	当空调机组设置电加热装置时未设置送风机有风检测装置；在电加热段未设置监测温度的传感器；有风信号及温度信号未与电加热连锁	√		√	√	√
	131	空调通风设备不能自动和手动控制，应急手动没有优先控制权，不具备硬件连锁功能		√		√	√
	132	防护区室内外压差传感器采样管未配备与排风高效过滤器过滤效率相当的过滤装置		√			√
	133	未设置监测送风、排风高效过滤器阻力的压差传感器		√		√	√
	134	在空调通风系统未运行时，防护区送、排风管上的密闭阀未处于常闭状态		√		√	√
	135	实验室的建筑周围未设置安防系统		√			√
	136	未设门禁控制系统	√			√	√
	137	防护区内的缓冲间、化学淋浴间等房间的门未采取互锁措施	√			√	√
	138	在互锁门附近未设置紧急手动解除互锁开关。中控系统不具有解除所有门或指定门互锁的功能	√			√	√
	139	未设闭路电视监视系统		√		√	√
	140	未在生物安全实验室的关键部位设置监视器		√		√	√
	141	防护区内未设置必要的通信设备		√		√	√
	142	实验室内与实验室外没有内部电话或对讲系统		√		√	√

续表 C.0.3

章	序号	检查出的问题	评价		适用范围		
			严重缺陷	一般缺陷	二级	三级	四级
消防	143	耐火等级低于二级		✓	✓		
	144	耐火等级低于二级	✓			✓	
	145	耐火等级不为一级	✓				✓
	146	不是独立防火分区；三级和四级生物安全实验室共用一个防火分区，其耐火等级不为一级	✓				✓
	147	疏散出口没有消防疏散指示标志和消防应急照明措施		✓	✓	✓	✓
	148	吊顶材料的燃烧性能和耐火极限应低于所在区域隔墙的要求；与其他部位隔开的防火门不是甲级防火门	✓			✓	✓
	149	生物安全实验室未设置火灾自动报警装置和合适的灭火器材	✓			✓	✓
	150	防护区设置自动喷水灭火系统和机械排烟系统；未根据需要采取其他灭火措施	✓			✓	✓
施工要求	151	围护结构表面的所有缝隙未采取可靠的措施密封	✓			✓	✓
	152	有压差梯度要求的房间未在合适位置设测压孔；测压孔平时没有密封措施		✓		✓	✓
	153	各种台、架、设备未采取防倾倒措施。当靠地靠墙放置时，未用密封胶将靠地靠墙的边缝密封		✓	✓	✓	✓
	154	与强度较差的围护结构连接固定时，未在围护结构上安装加强构件		✓		✓	✓
	155	气密门两侧、顶部与围护结构的距离小于200mm		✓		✓	✓
	156	气密门门体和门框未采用整体焊接结构，门体开闭机构没有可调的铰链和锁扣		✓		✓	✓
	157	空调机组的基础对地面的高度低于200mm		✓		✓	✓
	158	空调机组安装时未调平，未作减振处理；各检查门不平整，密封条不严密；正压段的门未向内开，负压段的门未向外开；表冷段的冷凝水排水管上未设置水封和阀门		✓	✓	✓	✓
	159	送风、排风管道的材料不符合设计要求，加工前未进行清洁处理，未去掉表面油污和灰尘		✓	✓	✓	✓
	160	风管加工完毕后，未擦拭干净，未用薄膜把两端封住，安装前去掉或损坏		✓	✓	✓	✓
	161	技术夹层里的任何管道和设备穿过防护区时，贯穿部位未可靠密封。灯具箱与吊顶之间的孔洞未密封不漏		✓	✓	✓	✓

续表 C.0.3

章	序号	检查出的问题	评价		适用范围		
			严重缺陷	一般缺陷	二级	三级	四级
施工要求	162	送、排风管道未隐蔽安装		✓	✓	✓	✓
	163	送、排风管道咬口连接的咬口缝未用胶密封		✓		✓	✓
	164	各类调节装置不严密，调节不灵活，操作不方便		✓	✓	✓	✓
	165	排风高效过滤装置，不符合国家现行有关标准的规定。排风高效过滤装置的室内侧没有保护高效过滤器的措施	✓			✓	✓
	166	生物安全柜、负压解剖台等设备在搬运过程中，横倒放置和拆卸		✓	✓	✓	✓
	167	生物安全柜和负压解剖台背面、侧面与墙的距离小于 300mm，顶部与吊顶的距离小于 300mm		✓	✓	✓	✓
	168	传递窗、双扉高压灭菌器、化学淋浴间等设施与实验室围护结构连接时，未保证箱体的严密性	✓		✓	✓	✓
	169	传递窗、双扉高压灭菌器等设备与轻体墙连接时，未在连接部位采取加固措施		✓	✓	✓	✓
	170	防护区内的传递窗和药液传递箱的腔体或门扇未整体焊接成型		✓		✓	✓
	171	具有熏蒸消毒功能的传递窗和药液传递箱的内表面使用有机材料		✓	✓	✓	✓
	172	实验台面不光滑、透水、不耐腐蚀、不耐热和不易于清洗	✓		✓	✓	✓
	173	防护区配备的实验台未采用整体台面		✓		✓	✓
	174	实验台、架、设备的边角未以圆弧过渡，有突出的尖角、锐边、沟槽		✓	✓	✓	✓
工程检测	175	围护结构的严密性不符合要求	✓			✓	✓
	176	防护区排风高效过滤器原位检漏不符合要求	✓			✓	✓
	177	送风高效过滤器检漏不符合要求		✓		✓	✓
	178	静压差不符合要求	✓			✓	✓
	179	气流流向不符合要求	✓			✓	✓
	180	室内送风量不符合要求		✓		✓	✓
	181	洁净度级别不符合要求		✓		✓	✓

续表 C.0.3

章	序号	检查出的问题	评价		适用范围		
			严重缺陷	一般缺陷	二级	三级	四级
工程检测	182	温度不符合要求		√		√	√
	183	相对湿度不符合要求		√		√	√
	184	噪声不符合要求		√		√	√
	185	照度不符合要求		√		√	√
	186	应用于防护区外的排风高效过滤器单元严密性不符合要求	√			√	√
	187	工况验证不符合要求	√			√	√
	188	生物安全柜、动物隔离设备、IVC、负压解剖台等的检测不符合要求	√			√	√
	189	活毒废水处理设备、高压灭菌锅、动物尸体处理设备等检测不符合要求	√			√	√

附录D　高效过滤器现场效率法检漏

D.1　所需仪器、条件及要求

D.1.1　测试仪器应采用气溶胶光度计或最小检测粒径为 0.3μm 的激光粒子计数器。

D.1.2　测试气溶胶应采用邻苯二甲酸二辛酯（DOP）、癸二酸二辛酯（DOS）、聚 α 烯烃（PAO）油性气溶胶物质等。

D.1.3　测试气溶胶发生器应采用单个或多个 Laskin（拉斯金）喷嘴压缩空气加压喷雾形式。

D.2　上游气溶胶验证

D.2.1　上游气溶胶均匀性验证应符合下列要求：

1　应在过滤器上游测试段内，距过滤上游端面 30cm 距离内选择一断面，并在该断面上平均布置 9 个测试点（图 D.2.1）；

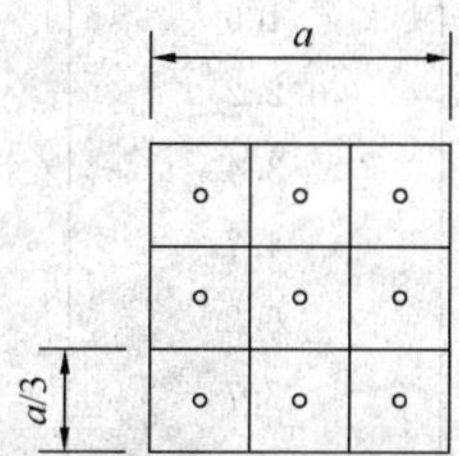

图 D.2.1　上游气溶胶均匀性测点布置图

2　应在气溶胶发生器稳定工作后，对每个测点依次进行至少连续 3 次采样，每次采样时间不应低于 1min，并应取三次采样的平均值作为该点的气溶胶浓度检测结果；

3　当所有 9 个测点的气溶胶浓度测试结果与各测点测试结果算术平均值偏差均小于±20%时，可判定过滤器上游气溶胶浓度均匀性满足测试需要。

D.2.2　上游气溶胶浓度测点应布置在浓度均匀性满足上述要求断面的中心点。

D.2.3　在上游气溶胶测试段中心点，连续进行 5 次，每次 1min 的上游测试气溶胶浓度采样，所有 5 个测试结果与算术平均值的偏差不超过 10%时，可判定上游气溶胶浓度稳定性合格。

D.3　下游气溶胶均匀性验证

D.3.1　下游气溶胶均匀性验证可按下列两种方法之一进行：

1　可在过滤器背风面尽量接近过滤器处预留至少 4 个大小相同的发尘管，发尘管为直径不大于 10mm 的刚性金属管，孔口开向应与气流方向一致，发尘管的位置应位于过滤器边角处。应使用稳定工作的气溶胶发生器，分别依次对各发尘管注入气溶胶，而后在下游测试孔位置进行测试。所有 4 次测试结果均不超过 4 次测定结果算术平均值的±20%时，可认定过滤器下游气溶胶浓度均匀性满足测试需要。

2　可在过滤器下游（或混匀装置下游）适当距离处，选择一断面，在该断面上至少布置 9 个采样管，采样管为开口迎向气流流动方向的刚性金属管，管径应尽量符合常规采样仪器的等动力采样要求，其中 5 个采样管在中心和对角线上均匀布置，4 个采样管分别布置于矩形风道各边中心、距风道壁面25mm处（图D.3.1a）。圆形风道采样管布置采用类似原则进行（图D.3.1b）。应在气溶胶发生器稳定工作后（此时被测过滤器上游气溶胶浓度至少应为进行效率测试试验时下限浓度的2倍以上），对每个测点依次进行至少连续3次采样，每次采样时间不应少于1min，并取其平均值作为该点的气溶胶浓度检测结果。当所有9个测点的气溶胶浓度测试结果与各测点测试结果算术平均值偏差均小于±20%时，可认为过滤器下游气溶胶浓度均匀性满足测试需要。

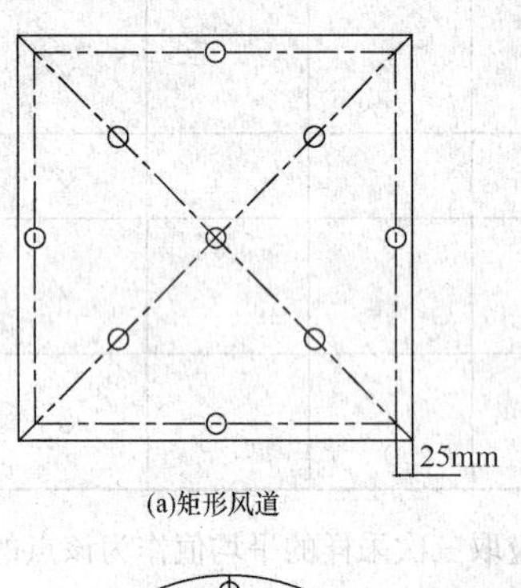

(a)矩形风道

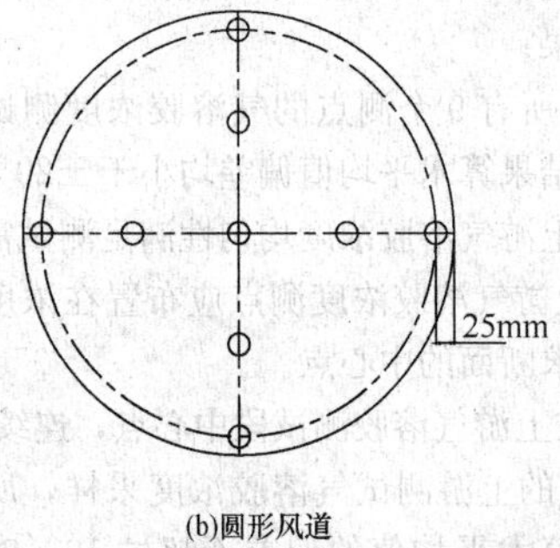

(b)圆形风道

图D.3.1 下游气溶胶均匀性测点布置图

D.4 采用粒子计数器检测高效过滤器效率

D.4.1 应采用粒径为0.3μm～0.5μm的测试粒子。

D.4.2 测试过程应保证足够的下游气溶胶测试计数。下游气溶胶测试计数不宜小于20粒。上游气溶胶最小测试浓度应根据预先确认的下游最小气溶胶浓度和过滤器最大允许透过率计算得出，且上游气溶胶最小测试计数不宜低于200000粒。

D.4.3 采用粒子计数器检测高效过滤器效率可按下列步骤进行测试：

1 连接系统并运行：应将测试段严密连接至被测排风高效过滤风口，将气溶胶发生器及激光粒子计数器分别连接至相应的气溶胶注入口及采样口，但不开启。然后开启排风系统风机，调整并测试确认被测过滤器风量，使其风量在正常运行状态下且不得超过其额定风量，稳定运行一段时间。

2 背景浓度测试：不得开启气溶胶发生器，应采用激光粒子计数器测量此时过滤器下游背景浓度。背景浓度超过35粒/L时，则应检查管道密封性，直至背景浓度满足要求。

3 上下游气溶胶浓度测试：应开启气溶胶发生器，采用激光粒子计数器分别测量此时过滤器上游气溶胶浓度 C_u 及下游气溶胶浓度 C_d，并应至少检测3次。

D.4.4 试验数据处理应符合下列规定：

1 过滤效率测试结果的平均值应根据3次实测结果按下式计算：

$$\overline{E}=\left(1-\frac{\overline{C_d}}{\overline{C_u}}\right)\times 100\% \tag{D.4.4-1}$$

式中：$\overline{E}$ ——过滤效率测试结果的平均值；

$\overline{C_u}$ ——上游浓度的平均值；

$\overline{C_d}$ ——下游浓度平均值。

2 置信度为95%的过滤效率下限值 $\overline{E}_{95\%\min}$ 可按下式计算：

$$\overline{E}_{95\%\min}=\left(1-\frac{\overline{C}_{d,95\%\max}}{\overline{C}_{u,95\%\min}}\right)\times 100\% \tag{D.4.4-2}$$

式中：$\overline{E}_{95\%\min}$ ——置信度为95%的过滤效率下限值；

$\overline{C}_{u,95\%\min}$ ——上游平均浓度95%置信下限，可根据上游浓度的平均值 $\overline{C_u}$ 查表D.4.4取值，也可计算得出；

$\overline{C}_{d,95\%\max}$ ——下游平均浓度95%置信上限，可根据下游浓度平均值 $\overline{C_d}$，查表D.4.4取值，也可计算得出。

表D.4.4 置信度为95%的粒子计数置信区间

粒子数（浓度） C	置信下限 95%min	置信上限 95%max
0	0.0	3.7
1	0.1	5.6
2	0.2	7.2
3	0.6	8.8
4	1.0	10.2
5	1.6	11.7
6	2.2	13.1
8	3.4	15.8
10	4.7	18.4
12	6.2	21.0
14	7.7	23.5
16	9.4	26.0
18	10.7	28.4
20	12.2	30.8
25	16.2	36.8
30	20.2	42.8

续表 D.4.4

粒子数（浓度） C	置信下限 95%min	置信上限 95%max
35	24.4	48.7
40	28.6	54.5
45	32.8	60.2
50	37.1	65.9
55	41.4	71.6
60	45.8	77.2
65	50.2	82.9
70	54.6	88.4
75	59.0	94.0
80	63.4	99.6
85	67.9	105.1
90	72.4	110.6
95	76.9	116.1
100	81.4	121.6
n（n>100）	$n-1.96\sqrt{n}$	$n+1.96\sqrt{n}$

注：本表为依据泊松分布，置信度为95%的粒子计数置信区间。

D.4.5 被测高效空气过滤器在0.3μm～0.5μm间实测计数效率的平均值$\overline{E}$以及置信度为95%的下限效率$\overline{E}_{95\%\min}$均不低于99.99%时，应评定为符合标准。

D.4.6 过滤器下游浓度无法达到20粒时，可采用下列方法：

1 首先应测试过滤器上游气溶胶浓度C_u，并应根据表D.4.4计算上游95%置信下限的粒子浓度$C_{u,95\%\min}$。

2 应根据上游95%置信下限的粒子浓度$C_{u,95\%\min}$和过滤器最大允许透过率（0.01%），计算下游允许最大浓度，再根据表D.4.4查得或计算下游允许最大浓度的95%置信下限浓度$C_{d,95\%\min}$。

3 测试过滤器下游气溶胶浓度C_d时，可适当延长采样时间，并应至少检测3次，计算平均值$\overline{C_d}$。

4 $\overline{C_d} < C_{d,95\%\min}$时，则应认为过滤器无泄漏，符合要求，反之则不符合要求。

D.5 采用光度计检测高效过滤器效率

D.5.1 上游气溶胶应符合下列要求：

1 上游气溶胶喷雾量不应低于50mg/min；

2 计数中值粒径可为约0.4μm，质量中值粒径可为0.7μm，浓度可为10μg/L～90μg/L。

D.5.2 采用光度计检测高效过滤器效率可按下列步骤进行测试：

1 连接系统并运行：应将测试段严密连接至被测排风高效过滤风口，将气溶胶发生器及光度计分别连接至相应的气溶胶注入口及采样口，但不开启。然后开启排风系统风机，调整并测试确认被测过滤器风量，使其风量在正常运行状态下且不得超过其额定风量，稳定运行一段时间。

2 上、下游气溶胶浓度测试：应开启气溶胶发生器，测定此时的上游气溶胶浓度，气溶胶浓度满足测试需要时，则应将此时的气溶胶浓度设定为100%，测量此时过滤器下游与上游气溶胶浓度之比。应至少检测3min，读取每分钟内的平均读数。

D.5.3 应将下游各测点实测过滤效率计算平均值，作为被测过滤器的过滤效率测试结果。

D.5.4 被测高效空气过滤器实测光度计法过滤效率不低于99.99%时，应评定为符合标准。

本规范用词说明

1 为便于在执行本规范条文时区别对待，对要求严格程度不同的用词说明如下：

1）表示很严格，非这样做不可的：
正面词采用“必须”，反面词采用“严禁”；

2）表示严格，在正常情况下均应这样做的：
正面词采用“应”，反面词采用“不应”或“不得”；

3）表示允许稍有选择，在条件许可时首先应这样做的：
正面词采用“宜”，反面词采用“不宜”；

4）表示有选择，在一定条件下可以这样做的，采用“可”。

2 条文中指明应按其他有关标准执行的写法为：“应符合……的规定”或“应按……执行”。

引用标准名录

1 《建筑地基基础设计规范》GB 50007
2 《建筑结构可靠度设计统一标准》GB 50068
3 《建筑抗震设防分类标准》GB 50223
4 《实验动物设施建筑技术规范》GB 50447
5 《洁净室施工及验收规范》GB 50591
6 《高效空气过滤器》GB/T 13554
7 《实验室　生物安全通用要求》GB 19489

中华人民共和国国家标准

生物安全实验室建筑技术规范

GB 50346—2011

条 文 说 明

修 订 说 明

《生物安全实验室建筑技术规范》GB 50346－2011经住房和城乡建设部2011年12月5日以第1214号公告批准、发布。

本规范是在原国家标准《生物安全实验室建筑技术规范》GB 50346－2004的基础上修订而成的，上一版的主编单位是中国建筑科学研究院，参编单位是中国疾病预防控制中心、中国医学科学院、农业部全国畜牧兽医总站、中国建筑技术集团有限公司、北京市环境保护科学研究院、同济大学、公安部天津消防科学研究所、上海特莱仕千思板制造有限公司，主要起草人员是王清勤、许钟麟、卢金星、秦川、陈国胜、张益昭、张彦国、蒋岩、何星海、邓曙光、沈晋明、余詠霆、倪照鹏、姚伟毅。本次修订的主要技术内容是：1. 增加了生物安全实验室的分类：a类指操作非经空气传播生物因子的实验室，b类指操作经空气传播生物因子的实验室；2. 增加了ABSL-2中的b2类主实验室的技术指标；3. 三级生物安全实验室的选址和建筑间距修订为满足排风间距要求；4. 增加了三级和四级生物安全实验室防护区应能对排风高效空气过滤器进行原位消毒和检漏；5. 增加了四级生物安全实验室防护区应能对送风高效空气过滤器进行原位消毒和检漏；6. 增加了三级和四级生物安全实验室防护区设置存水弯和地漏的水封深度的要求；7. 将ABSL-3中的b2类实验室的供电提高到必须按一级负荷供电；8. 增加了三级和四级生物安全实验室吊顶材料的燃烧性能和耐火极限不应低于所在区域隔墙的要求；9. 增加了独立于其他建筑的三级和四级生物安全实验室的送排风系统可不设置防火阀；10. 增加了三级和四级生物安全实验室的围护结构的严密性检测；11. 增加了活毒废水处理设备、高压灭菌锅、动物尸体处理设备等带有高效过滤器的设备应进行高效过滤器的检漏；12. 增加了活毒废水处理设备、动物尸体处理设备等进行污染物消毒灭菌效果的验证。

本规范修订过程中，编制组进行了广泛的调查研究，总结了生物安全实验室工程建设的实践经验，同时参考了国外先进技术法规、技术标准，通过试验取得了重要技术参数。

为便于广大设计、施工、科研、学校等单位有关人员在使用本规范时能正确理解和执行条文规定，《生物安全实验室建筑技术规范》编制组按章、节、条顺序编制了本规范的条文说明，对条文规定的目的、依据以及执行中需注意的有关事项进行了说明，还着重对强制性条文的强制性理由作了解释。但是，本条文说明不具备与规范正文同等的法律效力，仅供使用者作为理解和把握规范规定的参考。

目　次

1 总 则

1.0.1 《生物安全实验室建筑技术规范》GB 50346自2004年发布以来，对于我国生物安全实验室的建设起到了重大的推动作用。经过几年的发展，我国在生物安全实验室建设方面已取得很多自己的科技成果，因此，如何参照国外先进标准，结合国内外先进经验和理论成果，使我国的生物安全实验室建设符合我国的实际情况，真正做到安全、规范、经济、实用，是制定和修订本规范的根本目的。

1.0.2 本条规定了本规范的适用范围。对于进行放射性和化学实验的生物安全实验室的建设还应遵循相应规范的规定。

1.0.3 设计和建设生物安全实验室，既要考虑初投资，也要考虑运行费用。针对具体项目，应进行详细的技术经济分析。生物安全实验室保护对象，包括实验人员、周围环境和操作对象三个方面。目前国内已建成的生物安全实验室中，出现施工方现场制作的不合格产品、采用无质量合格证的风机、高效过滤器也有采用非正规厂家生产的产品等，生物安全难以保证。因此，对生物安全实验室中采用的设备、材料必须严格把关，不得迁就，必须采用绝对可靠的设备、材料和施工工艺。

本规范的规定是生物安全实验室设计、施工和检测的最低标准。实际工程各项指标可高于本规范要求，但不得低于本规范要求。

1.0.4 生物安全实验室工程建筑条件复杂，综合性强，涉及面广。由于国家有关部门对工程施工和验收制定了很多国家和行业标准，本规范不可能包括所有的规定。因此在进行生物安全实验室建设时，要将本规范和其他有关现行国家和行业标准配合使用。例如：

《实验动物设施建筑技术规范》GB 50447

《实验动物　环境与设施》GB 14925

《洁净室施工及验收规范》GB 50591

《大气污染物综合排放标准》GB 16297

《建筑工程施工质量验收统一标准》GB 50300

《建筑装饰装修工程质量验收规范》GB 50210

《洁净厂房设计规范》GB 50073

《公共建筑节能设计标准》GB 50189

《建筑节能工程施工质量验收规范》GB 50411

《医院洁净手术部建筑技术规范》GB 50333

《医院消毒卫生标准》GB 15982

《建筑结构可靠度设计统一标准》GB 50068

《建筑抗震设防分类标准》GB 50223

《建筑地基基础设计规范》GB 50007

《建筑给水排水设计规范》GB 50015

《建筑给水排水及采暖工程施工质量验收规范》GB 50242

《污水综合排放标准》GB 8978

《医院消毒卫生标准》GB 15982

《医疗机构水污染物排放要求》GB 18466

《压缩空气站设计规范》GB 50029

《通风与空调工程施工质量验收规范》GB 50243

《采暖通风与空气调节设计规范》GB 50019

《民用建筑工程室内环境污染控制规范》GB 50325

《建筑电气工程施工质量验收规范》GB 50303

《供配电系统设计规范》GB 50052

《低压配电设计规范》GB 50054

《建筑照明设计标准》GB 50034

《智能建筑工程质量验收规范》GB 50339

《建筑内部装修设计防火规范》GB 50222

《高层民用建筑设计防火规范》GB 50045

《建筑设计防火规范》GB 50016

《火灾自动报警系统设计规范》GB 50116

《建筑灭火器配置设计规范》GB 50140

《实验室　生物安全通用要求》GB 19489

《高效空气过滤器性能实验方法　效率和阻力》GB/T 6165

《高效空气过滤器》GB/T 13554

《空气过滤器》GB/T 14295

《民用建筑电气设计规范》JGJ 16

《医院中心吸引系统通用技术条件》YY/T 0186

《生物安全柜》JG 170

2 术 语

2.0.1 一级屏障主要包括各级生物安全柜、动物隔离设备和个人防护装备等。

2.0.2 二级屏障主要包括建筑结构、通风空调、给水排水、电气和控制系统。

2.0.3 辅助用房包括空调机房、洗消间、更衣间、淋浴间、走廊、缓冲间等。

2.0.6 实验操作间通常有生物安全柜、IVC、动物隔离设备、解剖台等。主实验室的概念是为了区别经常提到的“生物安全实验室”、“P3实验室”等。本规范中提到的“生物安全实验室”是包含主实验室及其必需的辅助用房的总称。主实验室在《实验室　生物安全通用要求》GB 19489标准中也称核心工作间。

2.0.7 三级和四级生物安全实验室防护区的缓冲间一般设置空调净化系统，一级和二级生物安全实验室根据工艺需求来确定，不一定设置空调净化系统。

2.0.10 对于三级和四级生物安全实验室对于围护结构严密性需要打压的房间一般采用气密门，防护区内的其他房间可采用密封要求相对低的密闭门。

2.0.11 生物安全实验室一般包括防护区内的排水。

2.0.12、2.0.13 关于空气洁净度等级的规定采用与国际接轨的命名方式，7级相当于1万级，8级相当于10万级。根据《洁净厂房设计规范》GB 50073的规定，洁净度等级可选择两种控制粒径。对于生物安全实验室，应选择0.5μm和5μm作为控制粒径。

2.0.14 生物安全实验室在进行设计建造时，根据不同的使用需要，会有不同设计的运行状态，如生物安全柜、动物隔离设备等常开或间歇运行，多台设备随机启停等。实验对象包括实验动物、实验微生物样本等。

3 生物安全实验室的分级、分类和技术指标

3.1 生物安全实验室的分级

3.1.1 生物安全实验室区域划分由本规范2004版的三个区域（清洁区、半污染区和污染区）改为两个区（防护区和辅助工作区），本版中的防护区相当于本规范2004版的污染区和半污染区；辅助工作区基本等同于清洁区。本规范的主实验室相当于《实验室　生物安全通用要求》GB 19489－2008的核心工作间。防护区包括主实验室、主实验室的缓冲间等；辅助工作区包括自控室、洗消间、洁净衣物更换间等。

3.1.2 参照世界卫生组织的规定以及其他国内外的有关规定，同时结合我国的实际情况，把生物安全实验室分为四级。为了表示方便，以BSL（英文Biosafety Level的缩写）表示生物安全等级；以ABSL（A是Animal的缩写）表示动物生物安全等级。一级生物安全实验室对生物安全防护的要求最低，四级生物安全实验室对生物安全防护的要求最高。

3.2 生物安全实验室的分类

3.2.1 生物安全实验室分类是本次修订的重要内容。针对实验活动差异、采用的个体防护装备和基础隔离设施不同，对实验室加以分类，使实验室的分类更加清晰。

a类型实验室相当于《实验室　生物安全通用要求》GB 19489－2008中4.4.1规定的类型；b1相当于《实验室　生物安全通用要求》GB 19489－2008中4.4.2规定的类型；b2相当于《实验室　生物安全通用要求》GB 19489－2008中4.4.3规定的类型。《实验室　生物安全通用要求》GB 19489－2008中4.4.4类型为使用生命支持系统的正压服操作常规量经空气传播致病性生物因子的实验室，在b1类或b2类型实验室中均有可能使用到，本规范中没有作为一类单独列出。

3.2.2 本条对四级生物安全实验室又进行了详细划分，即细分为生物安全柜型、正压服型两种，对每种的特点进行了描述。

3.3 生物安全实验室的技术指标

3.3.2 本条规定了生物安全主实验室二级屏障的主要技术指标。由于动物实验产生致病因子更多，故对压差的要求也高于微生物实验室。对于三级和四级生物安全实验室，由于工作人员身穿防护服，夏季室内设计温度不宜太高。

表3.3.2和表3.3.3中的负压值、围护结构严密性参数要求指实际运行的最低值，设计或调试时应考虑余量。

表中对温度的要求为夏季不超过高限，冬季不低于低限。

另外对于二级生物安全实验室，为保护实验环境，延长生物安全柜的使用寿命，可采用机械通风，并加装过滤装置的方式。二级生物安全实验室如果采用机械通风系统，应保证主实验室及其缓冲间相对大气为负压，并保证气流从辅助区流向防护区，主实验室相对大气压力最低。

本条款中主实验室的主要技术指标增加了围护结构严密性要求，这主要来源于《实验室　生物安全通用要求》GB 19489－2008。

3.3.3 本条规定了三级和四级生物安全实验室其他房间的主要技术指标。三级和四级生物安全实验室，从防护区到辅助工作区每相邻房间或区域的压力梯度应达到规范要求，主要是为了保证不同区域之间的气流流向。

3.3.4 本条主要针对动物生物安全实验室，为了节约运行费用，设计时一般应考虑值班运行状态。值班运行状态也应保证各房间之间的压差数值和梯度保持不变。值班换气次数可以低于表3.3.2和表3.3.3中规定的数值，但应通过计算确定。

3.3.5 有些生物安全实验室，根据操作对象和实验工艺的要求，对空气洁净度级别会有特殊要求，相应地空气换气次数也应随之变化。

4 建筑、装修和结构

4.1 建筑要求

4.1.1 本条对生物安全实验室的平面位置和选址作出了规定。

三级生物安全实验室与公共场所和居住建筑距离的确定，是根据污染物扩散并稀释的距离计算得来。本条款对三级生物安全实验室具体要求由原规范“距离公共场所和居住建筑至少20m”改为本规范“防护区室外排风口与公共场所和居住建筑的水平距离不应小于20m”，即满足了生物安全的要求，便于一些改造项目的实施。

为防止相邻建筑物或构筑物倒塌、火灾或其他意

外对生物安全实验室造成威胁，或妨碍实施保护、救援等作业，故要求四级生物安全实验室需要与相邻建筑物或构筑物保持一定距离。

4.1.2 生物安全实验室应在入口处设置更衣室或更衣柜是为了便于将个人服装和实验室工作服分开。三、四级生物实验室通常在清洁衣物更换间内设置更衣柜，放置个人衣服。

4.1.3 BSL-3 中 a 类实验室是操作非经气溶胶传染的微生物实验，相对 b1 类实验室风险较低。所以对 BSL-3 中 a 类实验室中主实验室的缓冲间和防护服更换间可共用。

4.1.4 ABSL-3 实验室还要考虑动物、饲料垫料等物品的进出。

如果动物饲养间同时设置进口和出口，应分别设置缓冲间。动物入口根据需要可在辅助工作间设置动物检疫隔离室，用于对进入防护区前动物的检疫隔离。洁净物品入口的高压灭菌器可以不单独设置，和污物出口的共用，根据实验室管理和经济条件设置。污物暂存间根据工艺要求可不设置。

4.1.5 四级实验室是生物风险级别最高的实验室，对二级屏障要求最严格。

4.1.6 本条是考虑使用的安全性和使用功能的要求。与 ABSL-3 中的 b2 类实验室和四级生物安全可以与二级、三级生物安全实验室等直接相关用房设在同一建筑内，但不应和其他功能的房间合在一个建筑中。

4.1.7 三级和四级生物安全实验室的室内净高规定是为了满足生物安全柜等设备的安装高度和检测、检修要求，以及已经发生的因层高不够而卸掉设备脚轮的情况，对实验室高度作出了规定。

三级和四级生物安全实验室应考虑各种通风空调管道、污水管道、空调机房、污水处理设备间的空间和高度，实验室上、下设备层层高规定不宜低于 2.2m。目前国外大部分三、四级实验室都是设计为“三层”结构，即实验室上层设备层包括通风空调管道、通风空调设备、空调机房等，下层设备层包括污水管道、污水处理设备间等。国内已建成的三级实验室中大多没有考虑设备层空间，一方面是利用旧建筑改造没有条件；另一方面由于层高超过 2.2m 的设备层计入建筑面积，部分实验室设备层低于 2.2m，导致目前国内已建成实验室设备维护和管理困难的局面。所以，在本规范中增加本条，希望建筑主管部门审批生物安全实验室这种特殊建筑时，可以进行特殊考虑。

4.1.8 本条款规定了三级和四级生物安全实验室人流路线的设置的原则。例如：不同区域（防护区或辅助工作区）的淋浴间的压力要求和排水处理要求不同。BSL-3 实验室淋浴间属于辅助工作区。

4.1.9 ABSL-4 的动物尸体处理设备间和防护区污水处理设备间在正常使用情况下是安全的，但设备间排水管道和阀门较多，出现故障泄漏的可能性加大，加上 ABSL-4 的高危险性，所以要求设置缓冲间。

4.1.10 设置生命支持系统的生物安全实验室，操作人员工作时穿着正压防护服。设置化学淋浴间是为了操作人员离开时，对正压防护服表面进行消毒，消毒后才能脱去。

4.1.13 药液传递箱俗称渡槽。本条对传递窗性能作出了要求，但对是否设置传递窗不作强制要求。三级和四级生物安全实验室的双扉高压灭菌器对活体组织、微生物和某些材料制造的物品具有灭活或破坏作用，在这种情况下就只能使用具有熏蒸消毒功能的传递窗或者带有药液传递箱来传递。带有消毒功能的传递窗需要连接消毒设备，在对实验室整体设计时，应考虑到消毒设备的空间要求。药液传递箱要考虑消毒剂更换的操作空间要求。

4.1.14 本条解释了生物安全实验室配备高压灭菌器的原则。三级生物安全实验室防护区内设置的生物安全型双扉高压灭菌器，其主体所在房间一般位于为清洁区。四级生物安全实验室主实验室内设置生物安全型高压灭菌器，主体置于污染风险较低的一侧。

4.1.15 三级和四级生物安全实验室的生物安全柜和负压解剖台布置于排风口附近即室内空气气流方向的下游，有利于室内污染物的排除。不布置在房间门附近是为了减少开关门和人员走动对气流的影响。

4.1.16 双扉高压灭菌器等消毒灭菌设备并非为处理大量动物尸体而设计，除了处理能力有限外，处理后的动物尸体的体积、重量没有缩减，后续的处理工作仍非常不便。当实验室日常活动产生较多数量的带有病原微生物的动物尸体时，应考虑设置专用的动物尸体处理设备。

动物尸体处理设备一般具有消毒灭菌措施、清洗消毒措施、减量排放和密闭隔离功能。动物尸体处理设备最重要的功能是能够对动物尸体消毒灭菌，采用的方式有焚烧、湿热灭菌等。设备应尽量避免固液混合排放，以减轻动物尸体残渣二次处理的难度。设备应具有清洗消毒功能，以便在设备维护或故障时，对设备本身进行无害化处理。

解剖后的动物尸体带有血液、暴露组织、器官等污染源，具有很高的生物危险物质扩散风险，因此将动物尸体处理设备的投放口直接设置在产生动物尸体的区域（如解剖间），对防止生物危险物质的传播、扩散具有重要作用。

动物尸体处理设备的投放口通常有较大的开口尺寸，在进行投料操作时为防止人员或者实验动物意外跌落，投放口宜高出地面一定高度，或者在投放口区域设置防护栏杆，栏杆高度不应低于 1.05m。

4.2 装修要求

4.2.1 三级和四级生物安全实验室属于高危险实验

室，地面应采用无缝的防滑耐腐蚀材料，保证人员不被滑倒。踢脚宜与墙面齐平或略缩进，围护结构的相交位置采取圆弧处理，减少卫生死角，便于清洁和消毒处理。

4.2.2 墙面、顶棚常用的材料有彩钢板、钢板、铝板、各种非金属板等。为保证生物安全实验室地面防滑、无缝隙、耐压、易清洁，常用的材料有：PVC卷材、环氧自流坪、水磨石现浇等，也可用环氧树脂涂层。

4.2.3 本条规定了生物安全实验室窗的设置原则。对于二级生物安全实验室，如果有条件，宜设置机械通风系统，并保持一定的负压。三级和四级生物安全实验室的观察窗应采用安全的材料制作，防止因意外破碎而造成安全事故。

4.2.4 昆虫、鼠等动物身上极易沾染和携带致病因子，应采取防护措施，如窗户应设置纱窗，新风口、排风口处应设置保护网，门口处也应采取措施。

4.2.5 生物安全实验室的门上应有可视窗，不必进入室内便可方便地对实验进行观察。由于生物安全实验室非常封闭，风险大、安全性要求高，设置可视窗可便于外界随时了解室内各种情况，同时也有助于提高实验操作人员的心理安全感。本条款还规定了门开启的方向，主要考虑了工艺的要求。

4.2.6 本条主要提醒设计人员要充分考虑实验室内体积比较大的设备的安装尺寸。

4.2.7 人孔、管道检修口等不易密封，所以不应设在三级和四级生物安全实验室的防护区。

4.2.8 二级、三级、四级生物安全实验室的操作对象都不同程度地对人员和环境有危害性，因此根据国际相关标准，生物安全实验室入口处必须明确标示出国际通用生物危险符号。生物危险符号可参照图1绘制。在生物危险符号的下方应同时标明实验室名称、预防措施负责人、紧急联络方式等有关信息，可参照图2。

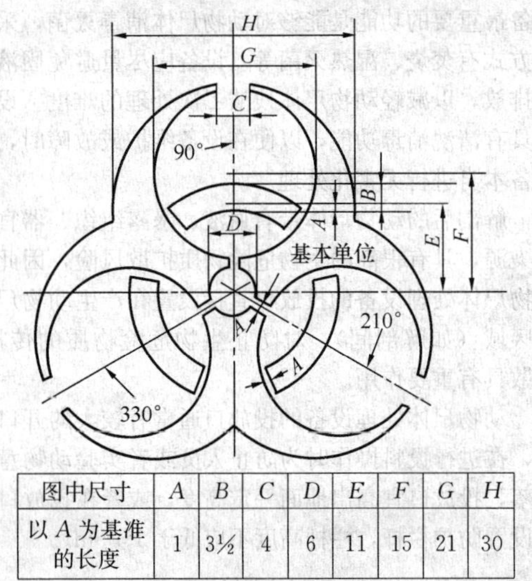

图中尺寸	A	B	C	D	E	F	G	H
以A为基准的长度	1	3½	4	6	11	15	21	30

图1 生物危险符号的绘制方法

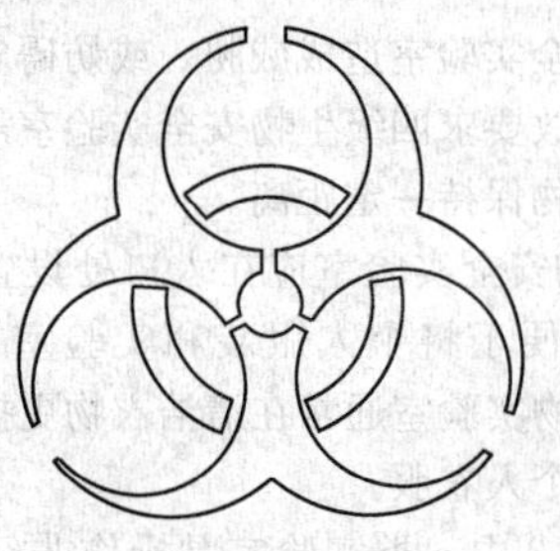

生物危险

非工作人员严禁入内

实验室名称			
病原体名称		预防措施负责人	
生物危害等级		紧急联络方式	

图2 生物危险符号及实验室相关信息

4.3 结构要求

4.3.1 我国三级生物安全实验室很多是在既有建筑物的基础上改建而成的，而我国大量的建筑物结构安全等级为二级；根据具体情况，可对改建成三级生物安全实验室的局部建筑结构进行加固。对新建的三级生物安全实验室，其结构安全等级应尽可能采用一级。

4.3.2 根据《建筑抗震设防分类标准》GB 50223的规定，研究、中试生产和存放剧毒生物制品和天然人工细菌与病毒的建筑，其抗震设防类别应按特殊设防类。因此，在条件允许的情况下，新建的三级生物安全实验室抗震设防类别按特殊设防类，既有建筑物改建为三级生物安全实验室，必要时应进行抗震加固。

4.3.3 既有建筑物改建为三级生物安全实验室时，根据地基基础核算结果及实际情况，确定是否需要加固处理。新建的三级生物安全实验室，其地基基础设计等级应为甲级。

4.3.5 三级和四级生物安全实验室技术维修夹层的设备、管线较多，维修的工作量大，故对吊顶规定必要的荷载要求，当实际施工或检修荷载较大时，应参照《建筑结构荷载规范》GB 50009进行取值。吊顶内特别重要的设备指风机、排风高效过滤装置等。

5 空调、通风和净化

5.1 一般规定

5.1.1 空调净化系统的划分要考虑多方面的因素，如实验对象的危害程度、自动控制系统的可靠性、系统的节能运行、防止各个房间交叉污染、实验室密闭消毒等问题。

5.1.2 生物安全实验室设备较多，包括生物安全柜、离心机、CO_2培养箱、摇床、冰箱、高压灭菌器、真空泵等，在设计时要考虑各种设备的负荷。

5.1.3 生物安全实验室的排风量应进行详细的设计计算。总排风量应包括房间排风量、围护结构漏风量、生物安全柜、离心机和真空泵等设备的排风量等。传递窗如果带送排风或自净化功能，排风应经过高效过滤器过滤后排出。

5.1.4 本条规定的生物安全柜选用原则是最低要求，各使用单位可根据自己的实际使用情况选用适用的生物安全柜。对于放射性的防护，由于可能有累积作用，即使是少量的，建议也采用全排型生物安全柜。

5.1.5 二级生物安全实验室可采用自然通风、空调通风系统，也可根据需要设置空调净化系统。当操作涉及有毒有害溶媒等强刺激性、强致敏性材料的操作时，一般应在通风橱、生物安全柜等能有效控制气体外泄的设备中进行，否则应采用全新风系统。二级生物安全实验室中的 b2 类实验室防护区的排风应分析所操作对象的危害程度，经过风险评估来确定是否需经高效空气过滤器过滤后排出。

5.1.6 对于三级和四级生物安全实验室，为了保证安全，而采用全新风系统，不能使用循环风。

5.1.7 三、四级生物安全实验室的主实验室需要进行单独消毒，因此在主实验室风管的支管上安装密闭阀。由于三级和四级生物安全实验室围护结构有严密性要求，尤其是 ABSL-3 及四级生物安全实验室的主实验室应进行围护结构的严密性实验，故对风管支管上密闭阀的严密性要求与所在风管的严密性要求一致。三级和四级生物安全实验室排风机前、紧邻排风机上的密闭阀是备用风机切换之用。

5.1.8 由于普通风机盘管或空调器的进、出风口没有高效过滤器，当室内空气含有致病因子时，极易进入其内部，而其内部在夏季停机期间，温湿度均升高，适合微生物繁殖，当再次开机时会造成污染，所以不应在防护区内使用。

5.1.9 对高效过滤器进行原位消毒可以通过高效过滤单元产品本身实现，也可以通过对送排风系统增加消毒回路设计来实现。

原位检漏指排风高效过滤器在安装后具有检漏条件。检漏方式尽量采用扫描检漏，如果没有扫描检漏条件，可以采用全效率检漏方法进行排风高效过滤器完整性验证。排风高效过滤器新安装后或者更换后需要进行现场检漏，检漏范围应该包括高效过滤器及其安装边框。

5.1.10 生物安全实验室的防护区临近空调机房会缩短送、排风管道，降低初投资和运行费用，减少污染风险。

5.1.11 生物安全实验室空调净化系统和高效排风系统的过滤器的阻力变化较大，所需风机的风压变化也较大。为了保持风量的相对稳定，所以选用风压变化较大时风量变化较小的风机，即风机性能曲线陡的风机。

5.2 送 风 系 统

5.2.1 空气净化系统设置三级过滤，末端设高效过滤器，这是空调净化系统的通用要求。粗效和中效过滤器起到预过滤的作用，从而延长高效过滤器的使用寿命。粗效过滤器设置在新风口或紧靠新风口处是为了尽量减少新风污染风管的长度。中效过滤器设置在空气处理机组的正压段是为了防止经过中效过滤器的送风再受到污染。高效过滤器设置在系统的末端或紧靠末端是为了防止经过高效过滤器的送风再被污染。在表冷器前加一道中效预过滤，可有效防止表冷器在夏季时孳生细菌和延长表冷器的使用寿命。

5.2.2 空调系统的新风口要采取必要的防雨、防杂物、防昆虫及其他动物的措施。此外还应远离污染源，包括远离排风口。新风口高于地面 2.5m 以上是为了防止室外地面的灰尘进入系统，延长过滤器使用寿命。

5.2.3 对于 BSL-3 实验室的送风机没有要求一定设置备用送风机，主要是考虑在送风机出现故障时，排风机已经备用了，可以维持相对压力梯度和定向流，从而有时间进行致病因子的处理。

5.2.4 对于 ABSL-3 实验室和四级生物安全实验室应设置备用送风机，主要是考虑致病因子的危险性和动物实验室的长期运行要求。

5.3 排 风 系 统

5.3.1 对本条说明如下：

1 为了保证实验室要求的负压，排风和送风系统必须可靠连锁，通过“排风先于送风开启，后于送风关闭”，力求始终保证排风量大于送风量，维持室内负压状态。

2 房间排风口是房间内安全的保障，如房间不设独立排风口，而是利用室内生物安全柜、通风柜之类的排风代替室内排风口，则由于这些“柜”类设备操作不当、发生故障等情况下，房间正压或气流逆转，是非常危险的。

3 操作过程中可能产生污染的设备包括离心机、真空泵等。

4 不同类型生物安全柜的结构不同，连接方式要求也不同，本条对此作了规定。

5.3.2 三级生物安全实验室防护区的排风至少需要一道高效过滤器过滤，四级生物安全实验室防护区的排风至少需要两道高效过滤器过滤，国外相关标准也都有此要求。

5.3.3 当室内有致病因子泄漏时，排风口是污染最集中的地区，所以为了把排风口处污染降至最低，尽量减少污染管壁等其他地方，排风高效过滤器应就近安装在排风口处，不应安装在墙内或管道内很深的地方，以免对管道内部等不易消毒的部位造成污染。此外，过滤器的安装结构要便于对过滤器进行消毒和密闭更换。国外有的规范中推荐可用高温空气灭菌装置代替第二道高效过滤器，但考虑到高温空气灭菌装置能耗高、价格贵，同时存在消防隐患，因此本规范没有采用。

5.3.4 为了使排风管道保持负压状态，排风机宜设置于最靠近室外排风口的地方，万一泄漏不致污染房间。

5.3.5 生物安全实验室安全的核心措施，是通过排风保持负压，所以排风机是最关键的设备之一，应有备用。为了保证正在工作的排风机出故障时，室内负压状态不被破坏，备用排风机应能自动启动，使系统不间断正常运行。保持有序的压力梯度和定向流是指整个切换过程气流从辅助工作区至防护区，由外向内保持定向流动，并且整个防护区对大气不能出现正压。

5.3.6 生物安全柜等设备的启停、过滤器阻力的变化等运行工况的改变都有可能对空调通风系统的平衡造成影响。因此，系统设计时应考虑相应的措施来保证压力稳定。保持系统压力稳定的方法可以调节送风也可以调节排风，在某些情况下，调节送风更快捷，在设计时要充分考虑。

5.3.7 排风口设置在主导风的下风向有利于排风的排出。与新风口的直线距离要求，是为了避免排风污染新风。排风口高出所在建筑的屋面一定距离，可使排风尽快在大气中扩散稀释。

5.3.8 ABSL-4的动物尸体处理设备间和防护区污水处理设备间的管道和阀门较多，在出现事故时防止病原微生物泄漏到大气中。

5.4 气流组织

5.4.1 生物安全实验室需要适度洁净，这主要考虑对实验对象的保护、过滤器寿命的延长、对精密仪器的保护等，特别是针对我国大气尘浓度比发达国家高的情况，所以本规范对生物安全实验室有洁净度级别要求。但是在我国大气尘浓度条件下，当由室外向内一路负压时，实践已证明很难保证内部需要的洁净度。即使对于一般实验室来说，也很难保证内部的清洁，特别是在多风季节或交通频繁的地区。如果在辅助工作区与室外之间设一间正压洁净房间，就可以花不多的投资而解决上述问题，既降低了系统的造价，又能节约运行费用。该正压洁净房间可以是辅助区的更衣室、换鞋室或其他房间，如果有条件，也可单独设正压洁净缓冲室。正压洁净房间由于是在辅助工作区，不会造成污染物外流。正压洁净室的压力只要对外保持微正压即可。

5.4.2 生物安全实验室内的"污染"空间，主要在生物安全柜、动物隔离设备等操作位置，而"清洁"空间主要在靠门一侧。一般把房间的排风口布置在生物安全柜及其他排风设备同一侧。

5.4.3 本规范对生物安全实验室上送下排的气流组织形式的要求由"应"改为"宜"，这主要是考虑一些大动物实验室，房间下部卫生条件较差，需要经常清洗，不具备下排风的条件，并不是说上送下排这种气流组织形式不好，理论及实验研究结果均表明上送下排气流组织对污染物的控制远优于上送上排气流组织形式，因此在进行高级别生物安全实验室防护区气流组织设计时仍应优先采用上送下排方式，当不具备条件时可采用上送上排。在进行通风空调系统设计时，对送风口和排风口的位置要精心布置，使室内气流合理，有利于室内可能被污染空气的排出。

5.4.4 送风口有一定的送风速度，如果直接吹向生物安全柜或其他可能产生气溶胶的操作地点上方，有可能破坏生物安全柜工作面的进风气流，或把带有致病因子的气溶胶吹散到其他地方而造成污染。送风口的布置应避开这些地点。

5.4.5 排风口布置主要是为了满足生物安全实验室内气流由"清洁"空间流向"污染"空间的要求。

5.4.6 室内排风口高度低于工作面，这是一般洁净室的通用要求，如洁净手术室即要求回风口上侧离地不超过0.5m，为的是不使污染的回（排）风气流从工作面上（手术台上）通过。考虑到生物安全实验室排风量大，而且工作面也仅在排风口一侧，所以排风口上边的高度放松到距地0.6m。

5.5 空调净化系统的部件与材料

5.5.1 凡是生物洁净室都不允许用木框过滤器，是为了防止长霉菌，生物安全实验室也应如此。三级和四级生物安全实验室防护区经常消毒，故高效过滤器应耐消毒气体的侵蚀，高效过滤器的外框及其紧固件均应耐消毒气体侵蚀。化学淋浴间内部经常处于高湿状态，并且消毒药剂也具有一定的腐蚀性，故与化学淋浴间相连接的送排风高效过滤器应防潮、耐腐蚀。

5.5.2 排风管道是负压管道，有可能被致病因子污染，需要定期进行消毒处理，室内也要常消毒排风，因此需要具有耐腐蚀、耐老化、不吸水特性。对强度也应有一定要求。

5.5.3 为了保护排风管道和排风机，要求排风机外侧还应设防护网和防雨罩。

5.5.4 本条对生物安全实验室空调设备的选用作了规定。

1 淋水式空气处理因其有繁殖微生物的条件，不能用在生物洁净室系统，生物安全实验室更是如此。由于盘管表面有水滴，风速太大易使气流带水。

2 为了随时监测过滤器阻力，应设压差计。

3 从湿度控制和不给微生物创造孳生的条件方

面考虑，如果有条件，推荐使用干蒸汽加湿装置加湿，如干蒸汽加湿器、电极式加湿器、电热式加湿器等。

4 为防止过滤器受潮而有细菌繁殖，并保证加湿效果，加湿设备应和过滤段保持足够距离。

5 由于清洗、再生会影响过滤器的阻力和过滤效率，所以对于生物安全实验室的空调通风系统送风用过滤器用完后不应清洗、再生和再用，而应按有关规定直接处理。对于北方地区，春天飞絮很多，考虑到实际的使用，对于新风口处设置的新风过滤网采用可清洗材料时除外。

6 给水排水与气体供应

6.1 一般规定

6.1.1 生物安全实验室的楼层布置通常由下至上可分为下设备层、下技术夹层、实验室工作层、上技术夹层、上设备层。为了便于维护管理、检修，干管应敷设在上下技术夹层内，同时最大限度地减少生物安全实验室防护区内的管道。为了便于对三级和四级生物安全实验室内的给水排水和气体管道进行清洁、维护和维修，引入三级和四级生物安全实验室防护区内的管道宜明敷。一级和二级生物安全实验室摆放的实验室台柜较多，水平管道可敷设在实验台柜内，立管可暗装布置在墙板、管槽、壁柜或管道井内。暗装敷设管道可使实验室使用方便、清洁美观。

6.1.2 给水排水管道穿越生物安全实验室防护区的密封装置是保证实验室达到生物安全要求的重要措施，本条主要是指通过采用可靠密封装置的措施保证围护结构的严密性，即维护实验室正常负压、定向气流和洁净度，防止气溶胶向外扩散。如：1 防止化学熏蒸时未灭活的气溶胶和化学气体泄漏，并保证气体浓度不因气体逸出而降低。2 异常状态下防止气溶胶泄漏。实践证明三级、四级生物安全实验室采用密封元件或套管等方式是行之有效的。

6.1.3 管道泄漏是生物安全实验室最可能发生的风险之一，须特别重视。管道材料可分为金属和非金属两类。常用的非金属管道包括无规共聚聚丙烯（PP-R）、耐冲击共聚聚丙烯（PP-B）、氯化聚氯乙烯（CPVC）等，非金属管道一般可以耐消毒剂的腐蚀，但其耐热性不如金属管道。常用的金属管道包括 304 不锈钢管，316L 不锈钢管道等，304 不锈钢管不耐氯和腐蚀性消毒剂，316L 不锈钢的耐腐蚀能力较强。管道的类型包括单层和双层，如输送液氮等低温液体的管道为真空套管式。真空套管为双层结构，两层管道之间保持真空状态，以提供良好的隔热性能。

6.1.4 本条要求使用高压气体或可燃气体的实验室应有相应的安全保障措施。可燃气体易燃易爆，危害性大，可能发生燃烧爆炸事故，且发生事故时波及面广，危害性大，造成的损失严重。为此根据实验室的工艺要求，设置高压气体或可燃气体时，必须满足国家、地方的相关规定。

例如，应满足《深度冷冻法生产氧气及相关气体安全技术规程》GB 16912、《气瓶安全监察规定》（国家质量监督检验检疫总局令第 46 号）等标准和法规的要求。高压气体和可燃气体钢瓶的安全使用要求主要有以下几点：1 应该安全地固定在墙上或坚固的实验台上，以确保钢瓶不会因为自然灾害而移动。2 运输时必须戴好安全帽，并用手推车运送。3 大储量钢瓶应存放在与实验室有一定距离的适当设施内，存放地点应上锁并适当标识；在存放可燃气体的地方，电气设备、灯具、开关等均应符合防爆要求。4 不应放置在散热器、明火或其他热源或会产生电火花的电器附近，也不应置于阳光下直晒。5 气瓶必须连接压力调节器，经降压后，再流出使用，不要直接连接气瓶阀门使用气体。6 易燃气体气瓶，经压力调节后，应装单向阀门，防止回火。7 每瓶气体在使用到尾气时，应保留瓶内余压在 0.5MPa，最小不得低于 0.25MPa 余压，应将瓶阀关闭，以保证气体质量和使用安全。应尽量使用专用的气瓶安全柜和固定的送气管道。需要时，应安装气体浓度监测和报警装置。

6.1.5 化学淋浴是人员安全离开防护区和避免生物危险物质外泄的重要屏障，因此化学淋浴要求具有较高的可靠性，在化学淋浴系统中将化学药剂加压泵设计为一用一备是被广泛采用的提高系统可靠性的有效手段。在紧急情况下（包括化学淋浴系统失去电力供应的情况下），可能来不及按标准程序进行化学淋浴或者化学淋浴发生严重故障丧失功能，因此要求设置紧急化学淋浴设备，这一系统应尽量简单可靠，在极端情况下能够满足正压服表面消毒的最低要求。

6.2 给　水

6.2.1 本条是为了防止生物安全实验室在给水供应时可能对其他区域造成回流污染。防回流装置是在给水、热水、纯水供水系统中能自动防止因背压回流或虹吸回流而产生的不期望的水流倒流的装置。防回流污染产生的技术措施一般可采用空气隔断、倒流防止器、真空破坏器等措施和装置。

6.2.2 一级、二级和 BSL-3 实验室工作人员在停水的情况下可完成实验安全退出，故不考虑市政停水对实验室的影响。对于 ABSL-3 实验室和四级生物安全实验室，在城市供水可靠性不高、市政供水管网检修等情况下，设置断流水箱储存一定容积的实验区用水可满足实验人员和实验动物用水，同时断流水箱的空气隔断也能防止对其他区域造成回流污染。

6.2.3 以主实验室为单元设置检修阀门，是为了满足检修时不影响其他实验室的正常使用。因为三级和四级生物安全实验室防护区内的各实验室实验性质和实验周期不同，为防止各实验室给水管道之间串流，应以主实验室为单元设置止回阀。

6.2.4 实验人员在离开实验室前应洗手，从合理布局的角度考虑，宜将洗手设施设置在实验室的出口处。如有条件尽可能采用流动水洗手，洗手装置应采用非手动开关，如：感应式、肘开式或脚踏式，这样可使实验人员不和水龙头直接接触。洗手池的排水与主实验室的其他排水通过专用管道收集至污水处理设备，集中消毒灭菌达标后排放。如实验室不具备供水条件，可用免接触感应式手消毒器作为替代的装置。

6.2.5 本条是考虑到二级、三级和四级生物安全实验室中有酸、苛性碱、腐蚀性、刺激性等危险化学品溅到眼中的可能性，如发生意外能就近、及时进行紧急救治，故在以上区域的实验室内应设紧急冲眼装置。冲眼装置应是符合要求的固定设施或是有软管连接于给水管道的简易装置。在特定条件下，如实验仅使用刺激较小的物质，洗眼瓶也是可接受的替代装置。

一级生物安全实验室应保证每个使用危险化学品地点的30m内有可供使用的紧急冲眼装置。是否需要设紧急淋浴装置应根据风险评估的结果确定。

6.2.6 本条是为了保证实验人员的职业安全，同时也保护实验室外环境的安全。设计时，根据风险评估和工艺要求，确定是否需设置强制淋浴。该强制淋浴装置设置在靠近主实验室的外防护服更换间和内防护服更换间之间的淋浴间内，由自控软件实现其强制要求。

6.2.7 如牛、马等动物是开放饲养在大动物实验室内的，故需要对实验室的墙壁及地面进行清洁。对于中、小动物实验室，应有装置和技术对动物的笼具、架及地面进行清洁。采用高压冲洗水枪及卷盘是清洁动物实验室有效的冲洗设备，国外的动物实验室通常都配备。但设计中应考虑使用高压冲洗水枪存在虹吸回流的可能，可设真空破坏器避免回流污染。

6.2.8 为了防止与其他管道混淆，除了管道上涂醒目的颜色外，还可以同时采用挂牌的做法，注明管道内流体的种类、用途、流向等。

6.2.9 本条对室内给水管的材质提出了要求。管道泄漏是生物安全实验室最可能出现的问题之一，应特别重视。管道材料可分为金属和非金属两类，设计时需要特别注意管材的壁厚、承压能力、工作温度、膨胀系数、耐腐蚀性等参数。从生物安全的角度考虑，对管道连接有更高的要求，除了要求连接方便，还应该要求连接的严密性和耐久性。

6.3 排　　水

6.3.1 三级和四级生物安全实验室防护区内有排水功能要求的地面如：淋浴间、动物房、解剖间、大动物停留的走廊处可设置地漏。

密闭型地漏带有密闭盖板，排水时其盖板可人工打开，不排水时可密闭，可以内部不带水封而在地漏下设存水弯。当排水中挟有易于堵塞的杂物时，如大动物房、解剖间的排水，应采用内部带有活动网框的密闭型地漏拦截杂物，排水完毕后取出网框清理。

6.3.2 本条规定是对生物安全的重要保证，必须严格执行。存水弯、水封盒等能有效地隔断排水管道内的有毒有害气体外窜，从而保证了实验室的生物安全。存水弯水封必须保证一定深度，考虑到实验室压差要求、水封蒸发损失、自虹吸损失以及管道内气压变化等因素，国外规范推荐水封深度为150mm。严禁采用活动机械密封代替水封。实验室后勤人员需要根据使用地漏排水和不使用地漏排水的时间间隔和当地气候条件，主要是根据空气干湿度、水封深度确定水封蒸发量是否使存水弯水封干涸，定期对存水弯进行补水或补消毒液。

6.3.3 三级和四级生物安全实验室防护区废水的污染风险是最高的，故必须集中收集进行有效的消毒灭菌处理。

6.3.4 每个主实验室进行的实验性质不同，实验周期不一致，按主实验室设置排水支管及阀门可保证在某一主实验室进行维修和清洁时，其他主实验室可正常使用。安装阀门可隔离需要消毒的管道以便实现原位消毒，其管道、阀门应耐热和耐化学消毒剂腐蚀。

6.3.5 本条是关于活毒废水处理设备安装位置的要求。目的在于防护区活毒废水能通过重力自流排至实验建筑的最低处，同时尽可能减少废水管道的长度。

6.3.6 本条是对生物安全实验室排水处理的要求。生物安全实验室应以风险评估为依据，确定实验室排水的处理方法。应对处理效果进行监测并保存记录，确保每次处理安全可靠。处理后的污水排放应达到环保的要求，需要监测相关的排放指标，如化学污染物、有机物含量等。

6.3.7 本条是为了防止排水系统和空调通风系统互相影响。排风系统的负压会破坏排水系统的水封，排水系统的气体也有可能污染排风系统。通气管应配备与排风高效过滤器相当的高效过滤器，且耐水性能好。高效过滤器可实现原位消毒，其设置位置应便于操作及检修，宜与管道垂直对接，便于冷凝液回流。

6.3.8 本条是关于生物安全实验室辅助工作区排水的要求。辅助区虽属于相对清洁区，但仍需在风险评估的基础上确定是否需要进行处理。通常这类水可归为普通污废水，可直接排入室外，进综合污水处理站处理。综合污水处理站的处理工艺可根据源水的水质不同采用不同的处理方式，但必须有化学消毒的设施，消毒剂宜采用次氯酸钠、二氧化氯、二氯异氰尿酸钠或其他消毒剂。当处理站规模较大并采取严格的安全措施时，可采用液氯作为消毒剂，但必须使用加氯机。

综合污水处理主要是控制理化和病原微生物指标达到排放标准的要求，生物安全实验室应监测相关指标。

6.3.9 排水管道明设或设透明套管，是为了更容易发现泄漏等问题。

6.3.11 对于四级生物安全实验室，为防范意外事故时的排水带菌、病毒的风险，要求将其排水按防护区废水排放要求管理，接入防护区废水管道经高温高压灭菌后排放。对于三级生物安全实验室，考虑到现有的一些实验室防护区内没有排水，仅因为双扉高压灭菌器而设置污水处理设备没有必要，而本规范规定采用生物安全型双扉高压灭菌器，基本上满足了生物安全要求。

6.4 气体供应

6.4.1 气瓶设置于辅助工作区便于维护管理，避免了放在防护区搬出时要消毒的麻烦。

6.4.2 本条是为了防止气体管路被污染，同时也使供气洁净度达到一定要求。

6.4.3 本条是关于防止真空装置内部污染和安装位置的要求。真空装置是实验室常用的设备，当用于三级、四级生物安全实验室时，应采取措施防止真空装置的内部被污染，如在真空管道上安装相当于高效过滤器效率的过滤装置，防止气体污染；加装缓冲瓶防止液体污染。要求将真空装置安装在从事实验活动的房间内，是为了避免将可能的污染物抽出实验区域外。

6.4.4 具有生命支持系统的正压服是一套高度复杂和要求极为严格的系统装置，如果安装和使用不当，存在着使人窒息等重大危险。为防意外，实验室还应配备紧急支援气罐，作为生命支持供气系统发生故障时的备用气源，供气时间不少于60min/人。实验室需要通过评估确定总备用量，通常可按实验室发生紧急情况时可能涉及的人数进行设计。

6.4.5 本条是为了保证操作人员的职业安全。

6.4.6 充气式气密门的工作原理是向空心的密封圈中充入一定压强的压缩空气使密封圈膨胀密闭门缝，为此实验室应提供压力和稳定性符合要求的压缩空气源，适用时还需在供气管路上设置高效空气过滤器，以防生物危险物质外泄。

7 电　气

7.1 配　电

7.1.1 生物安全实验室保证用电的可靠性对防止致病因子的扩散具有至关重要的作用。二级生物安全实验室供电的情况较多，应根据实际情况确定用电负荷，本条未作出太严格的要求。

7.1.2 四级生物安全实验室一般是独立建筑，而三级生物安全实验室可能不是独立建筑。无论实验室是独立建筑还是非独立建筑，因为建筑中的生物安全实验室的存在，这类建筑均要求按生物安全实验室的负荷等级供电。

BSL-3实验室和ABSL-3中的b1类实验室特别重要负荷包括防护区的送风机、排风机、生物安全柜、动物隔离设备、照明系统、自控系统、监视和报警系统等供电。

7.1.3 一级负荷供电要求由两个电源供电，当一个电源发生故障时，另一个电源不应同时受到破坏，同时特别重要负荷应设置应急电源。两个电源可以采用不同变电所引来的两路电源，虽然它不是严格意义上的独立电源，但长期的运行经验表明，一个电源发生故障或检修的同时另一电源又同时发生事故的情况较少，且这种事故多数是由于误操作造成的，可以通过增设应急电源、加强维护管理、健全必要的规章制度来保证用电可靠性。

ABSL-3中的b2类实验室考虑到其风险性，将其供电标准提高。ABSL-3中的b2类实验室和四级生物安全实验室，考虑到对安全要求更高，强调必须按一级负荷供电，并要求特别重要负荷同时设置不间断电源和备用发电设备。ABSL-3中的b2类实验室和四级生物安全实验室特别重要负荷包括防护区的生命支持系统、化学淋浴系统、气密门充气系统、生物安全柜、动物隔离设备、送风机、排风机、照明系统、自控系统、监视和报警系统等供电。

7.1.4 配电箱是电力供应系统的关键节点，对保障电力供应的安全至关重要。实验室的配电箱应专用，应设置在实验室防护区外，其放置位置应考虑人员误操作的风险、恶意破坏的风险及受潮湿、水灾侵害等的风险，可参照《供配电系统设计规范》GB 50052的相关要求。

7.1.5 生物安全实验室内固定电源插座数量一定要多于使用设备，避免多台设备共用1个电源插座。

7.1.6 施工要求，密封是为了保证穿墙电线管与实验室以外区域物理隔离，实验室内有压力要求的区域不会因为电线管的穿过造成致病因子的泄漏。

7.2 照　明

7.2.1 为了满足工作的需要，实验室应具备适宜的照度。吸顶式防水洁净照明灯表面光洁、不易积尘、耐消毒，适于在生物安全实验室中使用。

7.2.2 为了满足应急之需应设置应急照明系统，紧急情况发生时工作人员需要对未完成的实验进行处理，需要维持一定时间正常工作照明。当处理工作完成后，人员需要安全撤离，其出口、通道应设置疏散照明。

7.2.3 在进入实验室的入口和主实验室缓冲间入口的显示装置可以采用文字显示或指示灯。

7.3 自动控制

7.3.1 自动控制系统最根本的任务就是需要任何时刻均能自动调节以保证生物安全实验室关键参数的正确性，生物安全实验室进行的实验都有危险，因此无论控制系统采用何种设备，何种控制方式，前提是要保证实验环境不会威胁到实验人员，不会将病原微生物泄漏到外部环境中。

7.3.2 本条是为了保证各个区域在不同工况时的压差及压力梯度稳定，方便管理人员随时查看实验室参数历史数据。

7.3.3 报警方案的设计异常重要，原则是不漏报、不误报、分轻重缓急、传达到位。人员正常进出实验室导致的压力波动等不应立即报警，可将此报警响应时间延迟（人员开门、关门通过所需的时间），延迟后压力梯度持续丧失才应判断为故障而报警。一般参数报警指暂时不影响安全，实验活动可持续进行的报警，如过滤器阻力的增大、风机正常切换、温湿度偏离正常值等；重要参数报警指对安全有影响，需要考虑是否让实验活动终止的报警，如实验室出现正压、压力梯度持续丧失、风机切换失败、停电、火灾等。

出现无论何种异常，中控系统应有即时提醒，不同级别的报警信号要易区分。紧急报警应设置为声光报警，声光报警为声音和警示灯闪烁相结合的报警方式。报警声音信号不宜过响，以能提醒工作人员而又不惊扰工作人员为宜。监控室和主实验室内应安装声光报警装置，报警显示应始终处于监控人员可见和易见的状态。主实验室内应设置紧急报警按钮，以便需要时实验人员可向监控室发出紧急报警。

7.3.4 应在有负压控制要求的房间入口的显著位置，安装压力显示装置，如液柱式压差计等，既直观又可靠，目的是使人员在进入房间前再次确认房间之间的压差情况，做好思想准备和执行相应的方案。

7.3.5 自控系统预留的接口包括安全防范系统、火灾报警系统、机电设备自备的控制系统（如空调机组）等的接口。因为一旦其他弱电系统发生报警如入侵报警、火灾报警等，自控系统能及时有效地将此信息通知设备管理人员，及时采取有效措施。

7.3.6 实验室排风系统是维持室内负压的关键环节，其运行要可靠。空调净化系统在启动备用风机的过程中，应可保持实验室的压力梯度有序，不影响定向气流。

当送风系统出现故障时，如无避免实验室负压值过大的措施，实验室的负压值将显著增大，甚至会使围护结构开裂，破坏围护结构的完整性，所以需控制实验室内的负压程度。

实验室应识别哪些设备或装置的启停、运行等会造成实验室压力波动，设计时应予以考虑。

7.3.7 由于三级和四级生物安全实验室防护区要求使得送风机和排风机需要稳定运行，以保障实验室的压力梯度要求，因此当送风、排风机设置的保护装置，如运行电流超出热保护继电器设定值时，热保护继电器会动作等，常规做法是将此动作用于切断风机电源使之停转，但如果有很严格的压力要求时，风机停转会造成很严重的后果。

热保护继电器、变频器等报警信号接入自控系统后，发生故障后自控系统应自动转入相应处理程序。转入保护程序后应立即发出声光报警，提示实验人员安全撤离。

7.3.8 在空调机组的送风段及排风箱的排风段设置压差传感器，设置压差报警是为了实时监测风机是否正常运转，有时风机皮带轮长期磨损造成风机丢转现象，虽然风机没有停转但送风、排风量已不足，风压不稳直接导致房间压力梯度震荡，监视风机压差能有效防止故障的发生。

7.3.9 送风、排风系统正常运转标志可以在送排风机控制柜上设置指示灯及在中控室监视计算机上设置显示灯，当其运行不正常时应能发出声光报警，在中控室的设备管理人员能及时得到报警。

7.3.10 实验室出现正压和气流反向是严重的故障，可能导致实验室内有害气溶胶的外溢，危害人员健康及环境。实验室应建立有效的控制机制，合理安排送风、排风机启动和关闭时的顺序和时差，同时考虑生物安全柜等安全隔离装置及密闭阀的启、关顺序，有效避免实验室和安全隔离装置内出现正压和倒流的情况发生。为避免人员误操作，应建立自动连锁控制机制，尽量避免完全采取手动方式操作。

7.3.11 本条要求是对使用电加热的双重保护，当送风机无风时或温度超出设定值时均应立即切断电加热电源，保证设备安全性。

7.3.12 应急手动是用于立即停止空调通风系统的，应由监控系统的管理人员操作，因此宜设置在中控室，当发生紧急情况时，管理人员可以根据情况判断是否立即停止系统运行。

7.3.13 压差传感器测管之间一般是不会相通的，高效过滤器是以防万一。

7.3.14 高效过滤器是生物安全实验室最重要的二级防护设备，阻止致病因子进入环境，应保证其性能正常。通过连续监测送排风系统高效过滤器的阻力，可实时观察高效过滤器阻力的变化情况，便于及时更换高效过滤器。当过滤器的阻力显著下降时，应考虑高效过滤器破损的可能。对于实验室设计者而言，重点需要考虑的是阻力监测方案，因为每个实验室高效过滤器的安装方案不同。例如在主实验室挑选一组送排风高效过滤器安装压差传感器，其信号接入自控系统，或采用安装带有指示的压差仪表，人工巡视监视等，不管采用何种监视方案，其压差监视应能反应高效过滤器阻力的变化。

7.3.15 未运行时要求密闭阀处于关闭状态时为了保持房间的洁净以及方便房间的消毒作业。

7.4 安全防范

7.4.1 无论四级生物安全实验室是独立建筑还是建在建筑之中，其重要性使得其建筑周围都设有安防系统，防止有意或无意接近建筑。生物安全实验室门禁指生物安全实验室的总入口处，对一些功能复杂的生物安全实验室，也可根据需要安装二级门禁系统。常用的门禁有电子信息识别、数码识别、指纹识别和虹膜识别等方式，生物安全实验室应选用安全可靠、不易破解、信息不易泄露的门禁系统，保证只有获得授权的人员才能进入生物安全实验室。门禁系统应可记录进出人员的信息和出入时间等。

7.4.2 互锁是为了减少污染物的外泄、保持压力梯度和要求实验人员需完成某项工作而设置的。缓冲间互锁是为了减少污染物的外泄、保持压力梯度，互锁后能够保证不同压力房间的门不同时打开，保护压力梯度从而使气流不会相互影响。化学淋浴间的互锁还有保证实验人员必须进行化学淋浴才能离开的作用。

7.4.3 生物安全实验室互锁的门会影响人员的通过速度，应有解除互锁的控制机制。当人员需要紧急撤离时，可通过中控系统解除所有门或指定门的互锁。此外，还应在每扇互锁门的附近设置紧急手动解除互锁开关，使工作人员可以手动解除互锁。

7.4.4 由于生物安全实验室的特殊性，对实验室内和实验室周边均有安全监视的需要。一是应监视实验室活动情况，包括所有风险较大的、关键的实验室活动；二是应监视实验室周围情况，这是实验室生物安保的需要，应根据实验室的地理位置和周边情况按需要设置。

7.4.5 我国《病原微生物实验室生物安全管理条例》规定，实验室从事高致病性病原微生物相关实验活动的实验档案保存期不得少于20年。实验室活动的数据及影像资料是实验室的重要档案资料，实验室应及时转存、分析和整理录制的实验室活动的数据及影像资料，并归档保存。监视设备的性能和数据存储容量应满足要求。

7.5 通　　信

7.5.1 生物安全实验室通信系统的形式包括语音通信、视频通信和数据通信等，目的主要有两个：安全方面的信息交流和实验室数据传输。

为避免污染扩散的风险，应通过在生物安全实验室防护区内（通常为主实验室）设置的传真机或计算机网络系统，将实验数据、实验报告、数码照片等资料和数据向实验室外传递。

适用的通信设备设施包括电话、传真机、对讲机、选择性通话系统、计算机网络系统、视频系统等，应根据生物安全实验室的规模和复杂程度选配以上通信设备设施，并合理设置通信点的位置和数量。

7.5.2 在实验室内从事的高致病性病原微生物相关的实验活动，是一项复杂、精细、高风险和高压力的活动，需要工作人员高度集中精神，始终处于紧张状态。为尽量减少外部因素对实验室内工作人员的影响，监控室内的通话器宜为开关式。在实验间内宜采用免接触式通话器，使实验操作人员随时可方便地与监控室人员通话。

8 消　　防

8.0.2 我国现行的《建筑设计防火规范》GB 50016只提到厂房、仓库和民用建筑的防火设计，没有提到生物安全建筑的耐火等级问题。生物安全实验室内的设备、仪器一般比较贵重，但生物安全实验室不仅仅是考虑仪器的问题，更重要的是保护实验人员免受感染和防止致病因子的外泄。本条根据生物安全实验室致病因子的危害程度，同时考虑实验设备的贵重程度，作了规定。

8.0.3 四级生物安全实验室实验的对象是危害性大的致病因子，采用独立的防火分区主要是为了防止危害性大的致病因子扩散到其他区域，将火灾控制在一定范围内。由于一些工艺上的要求，三级和四级生物安全实验室有时置于一个防火分区，但为了同时满足防火要求，此种情况三级生物安全实验室的耐火等级应等同于四级生物安全实验室。

8.0.5 我国现行的《建筑设计防火规范》GB 50016对吊顶材料的燃烧性能和耐火极限要求比较低，这主要是考虑人员疏散，而三级和四级生物安全实验室不仅仅是考虑人员的疏散问题，更要考虑防止危害性大的致病因子的外泄。为了有更多的时间进行火灾初期的灭火和尽可能地将火灾控制在一定的范围内，故规定吊顶材料的燃烧性能和耐火极限不应低于所在区域墙体的要求。

8.0.6 本条中所称的合适的灭火器材，是指对生物安全实验室不会造成大的损坏，不会导致致病因子扩散的灭火器材，如气体灭火装置等。

8.0.7 如果自动喷水灭火系统在三级和四级生物安全实验室中启动，极有可能造成有害因子泄漏。规模较小的生物安全实验室，建议设置手提灭火器等简便灵活的消防用具。

8.0.8 三级和四级生物安全实验室的送排风系统如设置防火阀，其误操作容易引起实验室压力梯度和定向气流的破坏，从而造成致病因子泄漏的风险加大。单体建筑三级和四级生物安全实验室，考虑到主体建筑为单体建筑，并且外围护结构具有很高的耐火要求，可以把单体建筑的生物安全实验室和上、下设备层看成一个整体的防火分区，实验室的送排风系统可以不设置防火阀。

8.0.9 三级和四级生物安全实验室的消防设计原则与一般建筑物有所不同，尤其是四级生物安全实验室，除了首先考虑人员安全外，必须还要考虑尽可能防止有害致病因子外泄。因此，首先强调的是火灾的控制。除了合理的消防设计外，在实验室操作规程中，建立一套完善严格的应急事件处理程序，对处理火灾等突发事件，减少人员伤亡和污染物外泄是十分重要的。

9 施工要求

9.1 一般规定

9.1.1 三级和四级生物安全实验室是有负压要求的洁净室，除了在结构上要比一般洁净室更坚固、更严密外，在施工方面，其他要求与空调净化工程是基本一致的，为达到安全防护的要求，施工时一定要严格按照洁净室施工程序进行，洁净室主要施工程序参考图3。

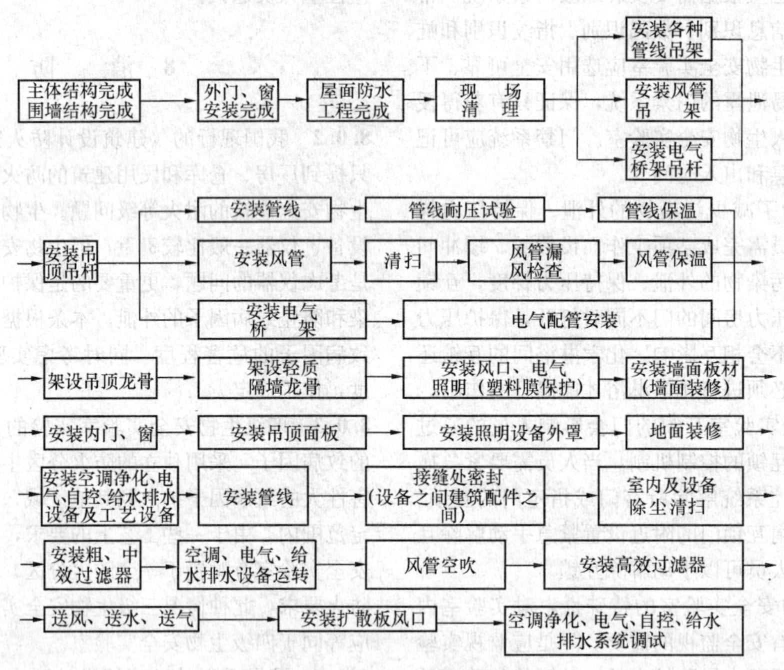

图3 洁净室主要施工程序

9.1.2 生物安全实验室施工应根据不同的专业编制详细的施工方案，特别注意生物安全的特殊要求，如活毒废水处理设备、高压灭菌锅、排风高效过滤器、气密门、化学淋浴设备等涉及生物安全的施工方案。

9.1.3 各道施工程序均进行记录并验收合格后再进行下道工序施工，可有效地保证整体工程的质量。如出现问题，也便于查找原因。

9.1.4 生物安全实验室活毒废水处理设备、高压灭菌锅、排风高效过滤器、气密门、化学淋浴等设备的特殊性决定了各种设备单机试运转和系统的联合试运转及调试的重要性。

9.2 建筑装修

9.2.1 应以严密、易于清洁为主要目的。采用水磨石现浇地面时，应严格遵守《洁净室施工及验收规范》GB 50591中的施工规定。

9.2.2 生物安全实验室围护结构表面的所有缝隙（拼接缝、传线孔、配管穿墙处、钉孔以及其他所有开口处密封盖边缘）都需要填实和密封。由于是负压房间，同时又有洁净度要求，对缝隙的严密性要求远远高于正压房间，必须高度重视。应特别提醒注意的是：插座、开关穿过隔墙安装时，线孔一定要严格密封，应用软性不易老化的材料，将线孔堵严。

9.2.3 除可设压差计外，还设测压孔是为了方便抽检、年检和校验检测，平时应有密封措施保证房间的密闭。

9.2.4 靠地靠墙放置时，用密封胶将靠地靠墙的边缝密封可有效防止边缝处不能清洁消毒。

9.2.5 气密门主体采用较厚的金属材料制造，质量较大，在生物安全实验室压差梯度的作用下其开闭阻力也往往较高，如果围护结构采用洁净彩板等轻体材料制造可能难以承受气密门的质量负荷和气密门开闭时的运动负荷，造成连接结构损坏或者密闭结构损坏。在与混凝土墙连接时，可以采用预留门洞的方式，将门框与混凝土墙固定后再作密封处理，如果与轻体材料制造的围护结构连接，应适当地加强围护结构的局部强度（如采用预埋子门框）。

9.2.6 气密门安装后需进行泄漏检测（如示踪气体法、超声波穿透法等），检测仪器有一定的操作空间要求，为此提出气密门与围护结构的距离要求。

9.2.7 气密门门体和门框建议选用整体焊接结构形式，拼接结构形式的门体和门框需要大量使用密封材料，耐化学消毒剂腐蚀性和耐老化性能不理想；为克服建筑施工误差和气密门安装误差以及长时间使用后气密门运动机构间隙变化等问题，宜设置可调整的铰链和锁扣，以便适时对气密门进行调整，保证生物安全实验室具有优良的严密性。

9.3 空调净化

9.3.1 空调机组内外的压差可达到 1000Pa～1600Pa，基础对地面的高度最低要不低于 200mm，以保证冷凝水管所需要的存水弯高度，防止空调机组内空气泄漏。

9.3.2 正压段的门宜向内开，负压段的门宜向外开，压差越大，严密性越好。表冷段的冷凝水排水管上设置水封和阀门，夏季用水封密封，冬季阀门关闭，保证空调机组内空气不泄漏。

9.3.4 对加工完毕的风管进行清洁处理和保护，是对系统正常运行的保证。

9.3.5 管道穿过顶棚和灯具箱与吊顶之间的缝隙是容易产生泄漏的地方，对负压房间，泄漏是对保持负压的重大威胁，在此加以强调。

9.3.6 送风、排风管道隐蔽安装，既为了管道的安全也有利于整洁，送风、排风管道一般暗装。对于生物安全室内的设备排风管道、阀门，为了检修的方便可采用明装。

9.3.9 三级和四级生物安全实验室防护区的排风高效过滤装置，要求具有原位检漏的功能，对于防止病原微生物的外泄具有至关重要的作用。排风高效过滤装置的室内侧应有措施，防止高效过滤器损坏。

9.4 实验室设备

9.4.1 生物安全柜、负压解剖台等设备在出厂前都经过了严格的检测，在搬运过程中不应拆卸。生物安全柜本身带有高效过滤器，要求放在清洁环境中，所以应在搬入安装现场后拆开包装，尽可能减少污染。

9.4.2 生物安全柜和负压解剖台背面、侧面与墙体表面之间应有一定的检修距离，顶部与吊顶之间也应有检测和检修空间，这样也有利于卫生清洁工作。

9.4.3 传递窗、双扉高压灭菌器、化学淋浴间等设施应按照厂家提供的安装方法操作。不宜有在设备箱体上钻孔等破坏箱体结构的操作，当必须进行钻孔等操作时，对操作的部位应采取可靠的措施进行密封。化学淋浴通常以成套设备的形式提供给用户，需要现场组装，装配时应考虑化学淋浴间与墙体、地面、顶棚的配合关系，特别要注意严密性、水密性要求，尽量避免在化学淋浴间箱体上开孔，防止破坏化学淋浴间的密闭层和水密层。

9.4.4 传递窗、双扉高压灭菌器等设备与轻体墙连接时，在轻体墙上开洞较大，一般可采用加方钢或加铝型材等措施。

9.4.5 三级和四级生物安全实验室防护区内的传递窗和药液传递箱的腔体或门扇应整体焊接成型是为了保证设备的严密性和使用的耐久性。三级和四级生物安全实验室的传递窗安装后，与其他设施和围护结构共同构成防护区密闭壳体，为保证传递窗自身的严密性和密封结构的耐久性，应采用整体焊接结构，这一要求在工艺上也是不难实现的。

9.4.6 具有熏蒸消毒功能的传递窗和药液传递箱的内表面，经常要接触消毒剂，这些消毒剂会加快有机密封材料的老化，因此传递窗的内表面应尽量避免使用有机密封材料。

9.4.7 三级和四级生物安全实验室防护区配备实验台的要求是为了满足消毒和清洁要求。

9.4.8 本条的要求是为了防止意外危害实验人员的防护装备。

10 检测和验收

10.1 工程检测

10.1.1 生物安全实验室在投入使用之前，必须进行综合性能全面检测和评定，应由建设方组织委托，施工方配合。检测前，施工方应提供合格的竣工调试报告。

10.1.2 在《洁净室及相关受控环境》ISO 14644 中，对于 7 级、8 级洁净室的洁净度、风量、压差的最长检测时间间隔为 12 个月，对于生物安全实验室，除日常检测外，每年至少进行一次各项综合性能的全面检测是有必要的。另外，更换了送风、排风高效过滤器后，由于系统阻力的变化，会对房间风量、压差产生影响，必须重新进行调整，经检测确认符合要求后，方可使用。

10.1.3 生物安全柜、动物隔离设备、IVC、解剖台等设备是保证生物安全的一级屏障，因此十分关键，其安全作用高于生物安全实验室建筑的二级屏障，应首先检测，严格对待。另外其运行状态也会影响实验室通风系统，因此应首先确认其运行状态符合要求后，再进行实验室系统的检测。

10.1.4 施工单位在管道安装前应对全部送风、排风管道的严密性进行检测确认，并要求有监理单位或建设单位签署的管道严密性自检报告，尤其是三级和四级生物安全实验室的送风、排风系统密闭阀与生物安全实验室防护区相通的送风、排风管道的严密性。

生物安全实验室排风管道如果密闭不严，会增加污染因子泄漏风险，此外由于实验室要进行密闭消毒等操作，因此要保证整个系统的严密性。管道严密性的验证属于施工过程中的一道程序，应在管道安装前进行。对于安装好的管道，其严密性检测有一定难度。

10.1.5 本次修订增加了两项必测内容，即应用于防护区外的排风高效过滤器单元严密性和实验室工况验证。一些生物安全实验室采用在防护区外设置排风高效过滤单元，因此除实验室和送排风管道的严密性需要验证外，还需进行高效过滤单元的严密性验证。此外，实验室各工况的平稳安全是实验室安全性的组成部分，应作为必检项目进行验证。

10.1.6 由于温度变化对压力的影响，采用恒压法和压力衰减法进行检测时，要注意保持实验室及环境的温度稳定，并随时检测记录大气的绝对压力、环境温度、实验室温度，进行结果计算时，应根据温度和大气压力的变化进行修正。

10.1.7 高效过滤器检漏最直接、精准的方法是进行逐点扫描，光度计和计数器均可，在保证安全的前提下，扫描检漏有几个基本原则：首先应保证过滤器上游有均匀稳定且能达到一定浓度的气溶胶，再就是下游气流稳定且能排除外界干扰。优先使用大气尘和计数器，具有污染小、简便易行的优点。早先一些资料推荐采用人工尘、光度计进行效率法检漏，其中一个主要原因是某些现场无法引入具有一定浓度的大气尘，如高级别电子厂房的吊顶内等。

对于使用过的生物安全实验室、生物安全柜的排风高效过滤器的检漏，人工扫描操作可能会增加操作人员的风险，因此应首选机械扫描装置，进行逐点扫描检漏。如果无法安装机械扫描装置，可采用人工扫描检漏，但须注意安全防护。如果早期建造的生物安全实验室空间有限，确实无法设置机械扫描装置且无法实现人工扫描操作的，可在过滤器上游预留发尘位置，在过滤器下游预留测浓度的检漏位置，进行过滤器效率法检漏。

采用计数器或光度计进行效率法检漏的评价依据，在《洁净室及相关受控环境——第三部分 测试方法》ISO 14644-3 的 B.6.4 中，当采用粒子计数器进行测试时，所测得效率不应超过过滤器标示的最易穿透粒径效率的 5 倍，当采用光度计进行测试时，整体透过率不应超过 0.01%，本规范均采用效率不低于 99.99%的统一标准。

10.1.9 气流流向的概念有两种：首先是指在不同房间之间因压差的不同，只能产生单一方向的气流流动，另一方面是指同一房间之内，由于送、排风口位置的不同，总体上有一定的方向性。事实上对于第一方面，主要是检测各房间的压差，对于第二方面，尤其对于较大的乱流房间，送排（回）风口之间通常没有明显的有规律性的气流，定向流的作用不明显，检测时主要是注意生物安全实验室的整体布局、生物安全柜及风口位置等是否符合规律，关键位置，如生物安全柜窗口等处，有无干扰气流等。

10.1.10 《洁净室施工及验收规范》GB 50591 中，对洁净室的各项参数的检测方法和要求作了详细的规定，其 2010 版的修订，来源于课题实验、大量的检测实践以及最新的国际相关标准。

10.1.11 在《实验室 生物安全通用要求》GB 19489－2008 中的 6.3.3.9 条，对防护区使用的高效过滤单元的严密性提出了要求，此类的单元一般指排风处理用的专业产品，如“袋进袋出”（Bagin Bagout）装置等。

10.1.12 生物安全实验室为了节能，可采用分区运行、值班风机、生物安全柜分时运行等方式，除在各个运行方式下应保证系统运行符合要求外，还应最大程度地保证各工况切换过程中防护区房间不出现正压，房间间气流流向无逆转。

10.2 生物安全设备的现场检测

10.2.1 生物安全柜、动物隔离设备、IVC、负压解剖台等设备的运行通常与生物安全实验室的系统相关联，是第一道、也是最关键的安全屏障，这些设备的各项参数都是需要安装后进行现场调整的，因此，当出现可能影响其性能的情况后，一定要对其性能进行检测验证。

10.2.2 除必须进行出厂前的合格检测以外，还要在现场安装完毕后，进行调试和检测，并提供现场检测合格报告。

10.2.3 对于生物安全柜的检测，本次修订增加了高效过滤器的检漏以及适用于Ⅲ级生物安全柜、动物隔离设备等的部分项目。在生物安全实验室建设工作中，应重视生物安全柜的检测，生物安全柜高效过滤器的检漏包括送风、排风高效过滤器。

10.2.4 一般生物安全柜、单向流解剖台的垂直气流平均风速不应低于 0.25m/s，风速过高可能会对实验室操作产生影响，也不适宜。上一版的规范中规定检测点间距不大于 0.2m，根据大量检测实践证明，生物安全柜的风速大体规律、均匀，因此，0.2m 间距应足以达到测点要求，但一些相关标准和厂家的检测要求中，规定间距为 0.15m，因此，本次修订时将要求统一。

10.2.5 工作窗口的气流，最容易发生外逸的位置是窗口两侧和上沿，应重点检查。

10.2.6 采用风速仪直接测量时，通常窗口上沿风速很低，小于 0.2m/s，中间位置大约 0.5m/s，窗口下沿风速最高，大约 1m/s，窗口平均风速大于 0.5m/

s，经过大量实践，虽然窗口风速差异大，但同样可以准确得出检测结果，且检测效率高于其他方法。在风速仪间接检测法中，通过实验确认，将生物安全柜窗口降低到 8cm 左右时，窗口风速的均匀性增加，其中心位置的风速近似等于平均风速。因阻力变化引起的风量变化忽略不计。

10.2.7 检测工作区洁净度时，对于开敞式的生物安全柜或动物隔离设备等，靠近窗口的测点不宜太向外，以避免吸入气流对洁净度检测的影响，对于封闭式的设备，应将检验仪器置于被测设备内，将检测仪器设为自动状态，封闭设备后，进行检测。

10.2.8 噪声检测位置，是人员坐着操作时耳朵的位置。噪声检测时应保持检测环境安静，对于背景噪声的修正方法可参考《洁净室施工及验收规范》GB 50591。

10.2.9 对于生物安全柜通常要求平均照度不低于 650lx，检测时应注意规避日光或实验室照明的影响。

10.2.10 部分生物安全柜和动物隔离设备已经预留了发尘和检测位置，对于没有预留位置的生物安全柜和动物隔离设备，可在操作区发人工尘，在排风过滤器出风面检漏，或在排风管开孔，进行检漏。

10.2.11 检测时应将风速仪置于生物安全柜或动物隔离设备内，重新封闭生物安全柜或动物隔离设备，利用操作手套进行检测。

10.2.12 通常利用设备本身压差显示装置的测孔进行检测。

10.2.13 由于生物安全柜和动物隔离设备的体积小，温度波动引起的压力变化更加明显，因此检测过程中必须同时精确测量设备内部和环境的温度，以便修正。通常测试周期（1h 内），箱体内的温度变化不得超过 0.3℃，环境温度不超过 1℃，大气压变化不超过 100Pa。检测压力通常设备验收时采用 1000Pa，运行检查验收采用 250Pa，或根据需要和委托方协商确定。

10.2.14 手套口风速的检测目的是防止万一手套脱落时，设备内的空气不会外逸。

10.2.15 生物安全柜箱体漏泄检测、漏电检测、接地电阻检测的方法可参照《生物安全柜》JG 170 的规定。

10.2.16 对于一些建造时间较早的实验室，由于条件所限，生物安全柜的安装通常达不到要求，生物安全柜安装过于紧凑，会造成生物安全柜维护的不便。

10.2.17 活毒废水处理设备一般具有固液分离装置、过压保护装置、清洗消毒装置、冷却装置等功能。活毒废水处理设备、高压灭菌器、动物尸体处理设备等需验证温度、压力、时间等运行参数对灭活微生物的有效性。高温灭菌是处理生物安全实验室活毒废水最常用到的方法之一，固液分离装置可以避免固体渣滓进入到设备中引起堵塞以保证设备连续正常运行；选用过压保护装置时应采取措施避免排放气体可能引起的生物危险物质外泄；当设备处于检修或故障状态时如果需要拆卸污染部位，应先对系统进行清洗和消毒；灭菌后的废水处于高温状态，排放前要先冷却。灭菌效果与温度、压力、时间等参数有关，应采取措施（如在设备上设置孢子检测口）对参数适用性进行验证。在管路连接与阀门布局上要考虑到废水能有效自流收集到灭活罐中，并且要采取必要措施保证罐体内的废水在灭菌时温度梯度均匀，严防未经灭菌或灭菌不彻底的废水排放到市政污水管网中。

10.2.18 活毒废水处理设备、高压灭菌锅、动物尸体处理设备等的高效过滤器在设备上是很难检测的，可将高效过滤器检测不漏后再进行安装。

10.2.19 活毒废水处理设备、高压灭菌锅、动物尸体处理设备等产生固体污染物的设备一般在设备上预留了检测口，可进行现场检测。

10.2.20 活毒废水处理设备、高压灭菌锅、动物尸体处理设备等产生固体污染物的设备一般设备上预留了检测口，可进行现场检测。

10.3 工程验收

10.3.1 根据《病原微生物实验室生物安全管理条例》（国务院 424 号令）中的十九、二十、二十一条规定：“新建、改建、扩建三级、四级生物安全实验室或者生产、进口移动式三级、四级生物安全实验室”应“符合国家生物安全实验室建筑技术规范”，“三级、四级实验室应当通过实验室国家认可。”“三级、四级生物安全实验室从事高致病性病原微生物实验活动”，“工程质量经建筑主管部门依法检测验收合格”。国家相关主管部门对生物安全实验室的建造、验收和启用都作了严格的规定，必须严格执行。

10.3.2 工程验收涉及的内容广泛，应包括各个专业，综合性能的检测仅是其中的一部分内容，此外还包括工程前期、施工过程中的相关文件和过程的审核验收。

10.3.3 工程检测必须由具有资质的质检部门进行，无资质认可的部门出具的报告不具备任何效力。

10.3.4 工程验收的结论应由验收小组得出，验收小组的组成应包括涉及生物安全实验室建设的各个技术专业。

中华人民共和国国家标准

实验动物设施建筑技术规范

Architectural and technical code for laboratory animal facility

GB 50447—2008

主编部门：中华人民共和国住房和城乡建设部
批准部门：中华人民共和国住房和城乡建设部
施行日期：2 0 0 8 年 1 2 月 1 日

中华人民共和国住房和城乡建设部
公　　告

第96号

关于发布国家标准《实验动物设施建筑技术规范》的公告

现批准《实验动物设施建筑技术规范》为国家标准，编号为GB 50447－2008，自2008年12月1日起实施。其中，第4.2.11、4.3.18、6.1.3、7.3.3、7.3.7、7.3.8、8.0.6、8.0.10条为强制性条文，必须严格执行。

本规范由我部标准定额研究所组织中国建筑工业出版社出版发行。

中华人民共和国住房和城乡建设部

2008年8月13日

前　　言

本规范是根据建设部《关于印发〈2005年工程建设标准规范制订、修订计划（第一批）〉的通知》（建标函［2005］84号）的要求，由中国建筑科学研究院会同有关科研、设计、施工、检测和管理单位共同编制而成。

在编制过程中，规范编制组进行了广泛、深入的调查研究，认真总结多年来实验动物设施建设的实践经验，积极采纳科研成果，参照有关国际和国内的技术标准，并在广泛征求意见的基础上，通过反复讨论、修改和完善，最后经审查定稿。

本规范包括10章和2个附录。主要内容是：规定了实验动物设施分类和技术指标；实验动物设施建筑和结构的技术要求；对作为规范核心内容的空调、通风和空气净化部分，则详尽地规定了气流组织、系统构成及系统部件和材料的选择方案、构造和设计要求；还规定了实验动物设施的给水排水、电气、自控和消防设施配置的原则；最后对施工、检测和验收的原则、方法做了必要的规定。

本规范中以黑体字标志的条文为强制性条文，必须严格执行。

本规范由住房和城乡建设部负责管理和对强制性条文的解释，中国建筑科学研究院负责具体技术内容的解释。

为了提高规范质量，请各单位和个人在执行本规范的过程中，认真总结经验，积累资料，如发现需要修改或补充之处，请将意见和建议反馈给中国建筑科学研究院（地址：北京市北三环东路30号；邮政编码：100013；电话：84278378；传真84283555、84273077；电子邮件：qqwang@263.net，iac99@sina.com），以供今后修订时参考。

本规范主编单位、参编单位和主要起草人：

主 编 单 位：中国建筑科学研究院

参 编 单 位：中国医学科学院实验动物研究所
北京市实验动物管理办公室
浙江省实验动物质量监督检测站
中国动物疫病预防控制中心
中国建筑技术集团有限公司
暨南大学医学院实验动物中心
军事医学科学院实验动物中心
北京森宁工程技术发展有限责任公司

主要起草人：王清勤　赵　力　秦　川　李根平
张益昭　许钟麟　萨晓婴　李引擎
曾　宇　王　荣　田克恭　田小虎
傅江南　孙岩松　裴立人

目　次

1 总 则

1.0.1 为使实验动物设施在设计、施工、检测和验收方面满足环境保护和实验动物饲养环境的要求，做到技术先进、经济合理、使用安全、维护方便，制定本规范。

1.0.2 本规范适用于新建、改建、扩建的实验动物设施的设计、施工、工程检测和工程验收。

1.0.3 实验动物设施的建设应以实用、经济为原则。实验动物设施所用的设备和材料必须有符合要求的合格证、检验报告，并在有效期之内。属于新开发的产品、工艺，应有鉴定证书或试验证明材料。

1.0.4 实验动物生物安全实验室应同时满足现行国家标准《生物安全实验室建筑技术规范》GB 50346的规定。

1.0.5 实验动物设施的建设除应符合本规范的规定外，尚应符合国家现行有关标准的规定。

2 术 语

2.0.1 实验动物 laboratory animal

指经人工培育，对其携带微生物和寄生虫实行控制，遗传背景明确或者来源清楚，用于科学研究、教学、生产、检定以及其他科学实验的动物。

2.0.2 普通环境 conventional environment

符合动物居住的基本要求，控制人员和物品、动物出入，不能完全控制传染因子，但能控制野生动物的进入，适用于饲育基础级实验动物。

2.0.3 屏障环境 barrier environment

符合动物居住的要求，严格控制人员、物品和空气的进出，适用于饲育清洁实验动物及无特定病原体(specific pathogen free，简称 SPF）实验动物。

2.0.4 隔离环境 isolation environment

采用无菌隔离装置以保持装置内无菌状态或无外来污染物。隔离装置内的空气、饲料、水、垫料和设备应无菌，动物和物料的动态传递须经特殊的传递系统，该系统既能保证与环境的绝对隔离，又能满足转运动物、物品时保持与内环境一致。适用于饲育无特定病原体、悉生（gnotobiotic）及无菌（germ free）实验动物。

2.0.5 实验动物实验设施 experiment facility for laboratory animal

指以研究、试验、教学、生物制品、药品及相关产品生产、质控等为目的而进行实验动物实验的建筑物和设备的总和。

包括动物实验区、辅助实验区、辅助区。

2.0.6 实验动物生产设施 breeding facility for laboratory animal

指用于实验动物生产的建筑物和设备的总称。

包括动物生产区、辅助生产区、辅助区。

2.0.7 普通环境设施 conventional environment facility

符合普通环境要求的，用于实验动物生产或动物实验的建筑物和设备的总称。

2.0.8 屏障环境设施 barrier environment facility

符合屏障环境要求的，用于实验动物生产或动物实验的建筑物和设备的总称。

2.0.9 独立通风笼具 individually ventilated cage（缩写：IVC）

一种以饲养盒为单位的实验动物饲养设备，空气经过高效过滤器处理后分别送入各独立饲养盒使饲养环境保持一定压力和洁净度，用以避免环境污染动物或动物污染环境。该设备用于饲养清洁、无特定病原体或感染动物。

2.0.10 隔离器 isolator

一种与外界隔离的实验动物饲养设备，空气经过高效过滤器后送入，物品经过无菌处理后方能进出饲养空间，该设备既能保证动物与外界隔离，又能满足动物所需要的特定环境。该设备用于饲养无特定病原体、悉生、无菌或感染动物。

2.0.11 层流架 laminar flow cabinet

一种饲养动物的架式多层设备，洁净空气以定向流的方式使饲养环境保持一定压力和洁净度，避免环境污染动物或动物污染环境。该设备用于饲养清洁、无特定病原体动物。

2.0.12 洁净度 5 级 cleanliness class 5

空气中大于等于 0.5μm 的尘粒数大于 352pc/m³ 到小于等于 3520pc/m³，大于等于 1μm 的尘粒数大于 83pc/m³ 到小于等于 832pc/m³，大于等于 5μm 的尘粒数小于等于 29pc/m³。

2.0.13 洁净度 7 级 cleanliness class 7

空气中大于等于 0.5μm 的尘粒数大于 35200 pc/m³ 到小于等于 352000pc/m³，大于等于 1μm 的尘粒数大于 8320pc/m³ 到小于等于 83200pc/m³，大于等于 5μm 的尘粒数大于 293pc/m³ 到小于等于 2930pc/m³。

2.0.14 洁净度 8 级 cleanliness class 8

空气中大于等于 0.5μm 的尘粒数大于 352000 pc/m³ 到小于等于 3520000pc/m³，大于等于 1μm 的尘粒数大于 83200pc/m³ 到小于等于 832000pc/m³，大于等于 5μm 的尘粒数大于 2930pc/ m³ 到小于等于 29300pc/m³。

2.0.15 净化区 clean zone

指实验动物设施内空气悬浮粒子（包括生物粒子）浓度受控的限定空间。它的建造和使用应减少空间内诱入、产生和滞留粒子。空间内的其他参数如温度、湿度、压力等须按要求进行控制。

2.0.16 静态 at-rest

实验动物设施已经建成，空调净化系统和设备正常运行，工艺设备已经安装（运行或未运行），无工作人员和实验动物的状态。

2.0.17 综合性能评定 comprehensive performance judgment

对已竣工验收的实验动物设施的工程技术指标进行综合检测和评定。

3 分类和技术指标

3.1 实验动物环境设施的分类

3.1.1 按照空气净化的控制程度，实验动物环境设施可分为普通环境设施、屏障环境设施和隔离环境设施；按照设施的使用功能，可分为实验动物生产设施和实验动物实验设施。实验动物环境设施可按表3.1.1分类。

表 3.1.1 实验动物环境设施的分类

环境设施分类		使用功能	适用动物等级
普通环境		实验动物生产，动物实验，检疫	基础动物
屏障环境	正压	实验动物生产，动物实验，检疫	清洁动物、SPF 动物
	负压	动物实验，检疫	清洁动物、SPF 动物
隔离环境	正压	实验动物生产，动物实验，检疫	无菌动物、SPF 动物、悉生动物
	负压	动物实验，检疫	无菌动物、SPF 动物、悉生动物

3.2 实验动物设施的环境指标

3.2.1 实验动物生产设施动物生产区的环境指标应符合表3.2.1的要求。

表 3.2.1 动物生产区的环境指标

项 目	指 标						
	小鼠、大鼠、豚鼠、地鼠			犬、猴、猫、兔、小型猪			鸡
	普通环境	屏障环境	隔离环境	普通环境	屏障环境	隔离环境	屏障环境
温度，℃	18~29	20~26		16~28	20~26		16~28
最大日温差，℃	—	4		—	4		4
相对湿度，%	40~70						
最小换气次数，次/h	8	15	—	8	15	—	15
动物笼具周边处气流速度，m/s	≤0.2						
与相通房间的最小静压差，Pa	—	10	50	—	10	50	10
空气洁净度，级	—	7	—	—	7	—	7
沉降菌最大平均浓度，个/0.5h，ϕ90mm 平皿	—	3	无检出	—	3	无检出	3
氨浓度指标，mg/m³	≤14						
噪声，dB（A）	≤60						
照度，lx 最低工作照度	150						
照度，lx 动物照度	15~20			100~200			5~10
昼夜明暗交替时间，h	12/12 或 10/14						

注：1 表中氨浓度指标为有实验动物时的指标。
2 普通环境的温度、湿度和换气次数指标为参考值，可根据实际需要确定。
3 隔离环境与所在房间的最小静压差应满足设备的要求。
4 隔离环境的空气洁净度等级根据设备的要求确定参数。

3.2.2 实验动物实验设施动物实验区的环境指标应符合表3.2.2的要求。

表 3.2.2 动物实验区的环境指标

项 目	指 标						
	小鼠、大鼠、豚鼠、地鼠			犬、猴、猫、兔、小型猪			鸡
	普通环境	屏障环境	隔离环境	普通环境	屏障环境	隔离环境	隔离环境
温度，℃	19~26	20~26		16~26	20~26		16~26
最大日温差，℃	4	4		4	4		4
相对湿度，%	40~70						
最小换气次数，次/h	8	15	—	8	15	—	—
动物笼具周边处气流速度，m/s	≤0.2						
与相通房间的最小静压差，Pa	—	10	50	—	10	50	50
空气洁净度，级	—	7	—	—	7	—	—

续表 3.2.2

项目		指标						
		小鼠、大鼠、豚鼠、地鼠			犬、猴、猫、兔、小型猪			鸡
		普通环境	屏障环境	隔离环境	普通环境	屏障环境	隔离环境	隔离环境
沉降菌最大平均浓度，个/0.5h，ϕ90mm平皿		—	3	无检出	—	3	无检出	无检出
氨浓度指标，mg/m^3		≤14						
噪声，dB（A）		≤60						
照度，lx	最低工作照度	150						
	动物照度	15～20			100～200			5～10
昼夜明暗交替时间，h		12/12或10/14						

注：1 表中氨浓度指标为有实验动物时的指标。

2 普通环境的温度、湿度和换气次数指标为参考值，可根据实际需要确定。

3 隔离环境与所在房间的最小静压差应满足设备的要求。

4 隔离环境的空气洁净度等级根据设备的要求确定参数。

3.2.3 屏障环境设施的辅助生产区（辅助实验区）主要环境指标应符合表3.2.3的规定。

表3.2.3 屏障环境设施的辅助生产区（辅助实验区）主要环境指标

房间名称	洁净度级别	最小换气次数（次/h）	与室外方向上相通房间的最小压差（Pa）	温度（℃）	相对湿度（%）	噪声dB（A）	最低照度（lx）
洁物储存室	7	15	10	18～28	30～70	≤60	150
无害化消毒室	7或8	15或10	10	18～28	—	≤60	150
洁净走廊	7	15	10	18～28	30～70	≤60	150
污物走廊	7或8	15或10	10	18～28	—	≤60	150
缓冲间	7或8	15或10	10	18～28	—	≤60	150
二更	7	15	10	18～28	—	≤60	150
清洗消毒室	—	4	—	18～28	—	≤60	150
淋浴室	—	4	—	18～28	—	≤60	100
一更（脱、穿普通衣、工作服）	—	—	—	18～28	—	≤60	100

注：1 实验动物生产设施的待发室、检疫室和隔离观察室主要技术指标应符合表3.2.1的规定。

2 实验动物实验设施的待发室、检疫室和隔离观察室主要技术指标应符合表3.2.2的规定。

3 正压屏障环境的单走廊设施应保证动物生产区、动物实验区压力最高。正压屏障环境的双走廊或多走廊设施应保证洁净走廊的压力高于动物生产区、动物实验区；动物生产区、动物实验区的压力高于污物走廊。

4 建筑和结构

4.1 选址和总平面

4.1.1 实验动物设施的选址应符合下列要求：

1 应避开污染源。

2 宜选在环境空气质量及自然环境条件较好的区域。

3 宜远离有严重空气污染、振动或噪声干扰的铁路、码头、飞机场、交通要道、工厂、贮仓、堆场等区域。若不能远离上述区域则应布置在当地最大频率风向的上风侧或全年最小频率风向的下风侧。

4 应远离易燃、易爆物品的生产和储存区，并远离高压线路及其设施。

4.1.2 实验动物设施的总平面设计应符合下列要求：

1 基地的出入口不宜少于两处，人员出入口不宜兼做动物尸体和废弃物出口。

2 废弃物暂存处宜设置于隐蔽处。

3 周围不应种植影响实验动物生活环境的植物。

4.2 建筑布局

4.2.1 实验动物生产设施按功能可分为动物生产区、辅助生产区和辅助区。动物生产区、辅助生产区合称为生产区。

4.2.2 实验动物实验设施按功能可分为动物实验区、辅助实验区和辅助区。动物实验区、辅助实验区合称为实验区。

4.2.3 实验动物设施生产区（实验区）与辅助区宜有明确分区。屏障环境设施的净化区内不应设置卫生间；不宜设置楼梯、电梯。

4.2.4 不同级别的实验动物应分开饲养；不同种类的实验动物宜分开饲养。

4.2.5 发出较大噪声的动物和对噪声敏感的动物宜设置在不同的生产区（实验区）内。

4.2.6 实验动物设施生产区（实验区）的平面布局可根据需要采用单走廊、双走廊或多走廊等方式。

4.2.7 实验动物设施主体建筑物的出入口不宜少于两个，人员出入口、洁物入口、污物出口宜分设。

4.2.8 实验动物设施的人员流线之间、物品流线之间和动物流线之间应避免交叉污染。

4.2.9 屏障环境设施净化区的人员入口应设置二次更衣室，二更可兼做缓冲间。

4.2.10 动物进入生产区（实验区）宜设置单独的通道，犬、猴、猪等实验动物入口宜设置洗浴间。

4.2.11 负压屏障环境设施应设置无害化处理设施或设备，废弃物品、笼具、动物尸体应经无害化处理后才能运出实验区。

4.2.12 实验动物设施宜设置检疫室或隔离观察室，

或两者均设置。

4.2.13 辅助区应设置用于储藏动物饲料、动物垫料等物品的用房。

4.3 建筑构造

4.3.1 货物出入口宜设置坡道或卸货平台，坡道坡度不应大于1/10。

4.3.2 设置排水沟或地漏的房间，排水坡度不应小于1%，地面应做防水处理。

4.3.3 动物实验室内动物饲养间与实验操作间宜分开设置。

4.3.4 屏障环境设施的清洗消毒室与洁物储存室之间应设置高压灭菌器等消毒设备。

4.3.5 清洗消毒室应设置地漏或排水沟，地面应做防水处理，墙面宜做防水处理。

4.3.6 屏障环境设施的净化区内不宜设排水沟。屏障环境设施的洁物储存室不应设置地漏。

4.3.7 动物实验设施应满足空调机、通风机等设备的空间要求，并应对噪声和振动进行处理。

4.3.8 二层以上的实验动物设施宜设置电梯。

4.3.9 楼梯宽度不宜小于1.2m，走廊净宽不宜小于1.5m，门洞宽度不宜小于1.0m。

4.3.10 屏障环境设施生产区（实验区）的层高不宜小于4.2m。室内净高不宜低于2.4m，并应满足设备对净高的需求。

4.3.11 围护结构应选用无毒、无放射性材料。

4.3.12 空调风管和其他管线暗敷时，宜设置技术夹层。当采用轻质构造顶棚做技术夹层时，夹层内宜设检修通道。

4.3.13 墙面和顶棚的材料应易于清洗消毒、耐腐蚀、不起尘、不开裂、无反光、耐冲击、光滑防水。

4.3.14 屏障环境设施净化区内的门窗、墙壁、顶棚、楼（地）面应表面光洁，其构造和施工缝隙应采用可靠的密闭措施，墙面与地面相交位置应做半径不小于30mm的圆弧处理。

4.3.15 地面材料应防滑、耐磨、耐腐蚀、无渗漏，踢脚不应突出墙面。屏障环境设施的净化区内的地面垫层宜配筋，潮湿地区、经常用水冲洗的地面应做防水处理。

4.3.16 屏障环境设施净化区的门窗应有良好的密闭性。屏障环境设施的密闭门宜朝空气压力较高的房间开启，并宜能自动关闭，各房间门上宜设观察窗，缓冲室的门宜设互锁装置。

4.3.17 屏障环境设施净化区设置外窗时，应采用具有良好气密性的固定窗，不宜设窗台，宜与墙面齐平。啮齿类动物的实验动物设施的生产区（实验区）内不宜设外窗。

4.3.18 应有防止昆虫、野鼠等动物进入和实验动物外逃的措施。

4.3.19 实验动物设施应满足生物安全柜、动物隔离器、高压灭菌器等设备的尺寸要求，应留有足够的搬运孔洞和搬运通道，以及应满足设置局部隔离、防震、排热、排湿设施的需要。

4.3.20 屏障环境设施动物生产区（动物实验区）的房间和与其相通房间之间，以及不同净化级别房间之间宜设置压差显示装置。

4.4 结构要求

4.4.1 屏障环境设施的结构安全等级不宜低于二级。

4.4.2 屏障环境设施不宜低于丙类建筑抗震设防。

4.4.3 屏障环境设施应能承载吊顶内设备管线的荷载，以及高压灭菌器、空调设备、清洗池等设备的荷载。

4.4.4 变形缝不宜穿越屏障环境设施的净化区，如穿越应采取措施满足净化要求。

5 空调、通风和空气净化

5.1 一般规定

5.1.1 空调系统的划分和空调方式选择应经济合理，并应有利于实验动物设施的消毒、自动控制、节能运行，同时应避免交叉污染。

5.1.2 空调系统的设计应满足人员、动物、动物饲养设备、生物安全柜、高压灭菌器等的污染负荷及热湿负荷的要求。

5.1.3 送、排风系统的设计应满足所用动物饲养设备、生物安全柜等设备的使用条件。隔离器、动物解剖台、独立通风笼具等不应向室内排风。

5.1.4 实验动物设施的房间或区域需单独消毒时，其送、回（排）风支管应安装气密阀门。

5.1.5 空调净化系统宜选用特性曲线比较陡峭的风机。

5.1.6 屏障环境设施和隔离环境设施的动物生产区（动物实验区），应设置备用的送风机和排风机。当风机发生故障时，系统应能保证实验动物设施所需最小换气次数及温湿度要求。

5.1.7 实验动物设施的空调系统应采取节能措施。

5.1.8 实验动物设施过渡季节应满足温湿度要求。

5.2 送风系统

5.2.1 使用开放式笼架具的屏障环境设施动物生产区（动物实验区）的送风系统宜采用全新风系统。采用回风系统时，对可能产生交叉污染的不同区域，回风经处理后可在本区域内自循环，但不应与其他实验动物区域的回风混合。

5.2.2 使用独立通风笼具的实验动物设施室内可以采用回风，其空调系统的新风量应满足下列要求：

1 补充室内排风与保持室内压力梯度；

2 实验动物和工作人员所需新风量。

5.2.3 屏障环境设施生产区（实验区）的送风系统应设置粗效、中效、高效三级空气过滤器。中效空气过滤器宜设在空调机组的正压段。

5.2.4 对于全新风系统，可在表冷器前设置一道保护用中效过滤器。

5.2.5 空调机组的安装位置应满足日常检查、维修及过滤器更换等的要求。

5.2.6 对于寒冷地区和严寒地区，空气处理设备应采取冬季防冻措施。

5.2.7 送风系统新风口的设置应符合下列要求：

1 新风口应采取有效的防雨措施。

2 新风口处应安装防鼠、防昆虫、阻挡绒毛等的保护网，且易于拆装和清洗。

3 新风口应高于室外地面 2.5m 以上，并远离排风口和其他污染源。

5.3 排风系统

5.3.1 有正压要求的实验动物设施，排风系统的风机应与送风机连锁，送风机应先于排风机开启，后于排风机关闭。

5.3.2 有负压要求实验动物设施的排风机应与送风机连锁，排风机应先于送风机开启，后于送风机关闭。

5.3.3 有洁净度要求的相邻实验动物房间不应使用同一夹墙作为回（排）风道。

5.3.4 实验动物设施的排风不应影响周围环境的空气质量。当不能满足要求时，排风系统应设置消除污染的装置，且该装置应设在排风机的负压段。

5.3.5 屏障环境设施净化区的回（排）风口应有过滤功能，且宜有调节风量的措施。

5.3.6 清洗消毒间、淋浴室和卫生间的排风应单独设置。蒸汽高压灭菌器宜采用局部排风措施。

5.4 气流组织

5.4.1 屏障环境设施净化区的气流组织宜采用上送下回（排）方式。

5.4.2 屏障环境设施净化区的回（排）风口下边沿离地面不宜低于 0.1m；回（排）风口风速不宜大于 2m/s。

5.4.3 送、回（排）风口应合理布置。

5.5 部件与材料

5.5.1 高效空气过滤器不应使用木制框架。

5.5.2 风管适当位置上应设置风量测量孔。

5.5.3 采用热回收装置的实验动物设施排风不应污染新风。

5.5.4 粗效、中效空气过滤器宜采用一次抛弃型。

5.5.5 空气处理设备的选用应符合下列要求：

1 不应采用淋水式空气处理机组。当采用表冷器时，通过盘管所在截面的气流速度不宜大于 2.0m/s。

2 空气过滤器前后宜安装压差计，测量接管应通畅，安装严密。

3 宜选用蒸汽加湿器。

4 加湿设备与其后的过滤段之间应有足够的距离。

5 在空调机组内保持 1000Pa 的静压值时，箱体漏风率不应大于 2%。

6 净化空调送风系统的消声器或消声部件的材料应不产尘、不易附着灰尘，其填充材料不应使用玻璃纤维及其制品。

6 给水排水

6.1 给　水

6.1.1 实验动物的饮用水定额应满足实验动物的饮用水需要。

6.1.2 普通动物饮水应符合现行国家标准《生活饮用水卫生标准》GB 5749 的要求。

6.1.3 屏障环境设施的净化区和隔离环境设施的用水应达到无菌要求。

6.1.4 屏障环境设施生产区（实验区）的给水干管宜敷设在技术夹层内。

6.1.5 管道穿越净化区的壁面处应采取可靠的密封措施。

6.1.6 管道外表面可能结露时，应采取有效的防结露措施。

6.1.7 屏障环境设施净化区内的给水管道和管件，应选用不生锈、耐腐蚀和连接方便可靠的管材和管件。

6.2 排　水

6.2.1 大型实验动物设施的生产区和实验区的排水宜单独设置化粪池。

6.2.2 实验动物生产设施和实验动物实验设施的排水宜与其他生活排水分开设置。

6.2.3 兔、羊等实验动物设施的排水管道管径不宜小于 *DN*150。

6.2.4 屏障环境设施的净化区内不宜穿越排水立管。

6.2.5 排水管道应采用不易生锈、耐腐蚀的管材。

6.2.6 屏障环境设施净化区内的地漏应采用密闭型。

7 电气和自控

7.1 配　电

7.1.1 屏障环境设施的动物生产区（动物实验区）的用电负荷不宜低于 2 级。当供电负荷达不到要求时，宜设置备用电源。

7.1.2 屏障环境设施的生产区（实验区）宜设置专用配电柜，配电柜宜设置在辅助区。

7.1.3 屏障环境设施净化区内的配电设备，应选择不易积尘的暗装设备。

7.1.4 屏障环境设施净化区内的电气管线宜暗敷，设施内电气管线的管口，应采取可靠的密封措施。

7.1.5 实验动物设施的配电管线宜采用金属管，穿过墙和楼板的电线管应加套管，套管内应采用不收缩、不燃烧的材料密封。

7.2 照 明

7.2.1 屏障环境设施净化区内的照明灯具，应采用密闭洁净灯。照明灯具宜吸顶安装；当嵌入暗装时，其安装缝隙应有可靠的密封措施。灯罩应采用不易破损、透光好的材料。

7.2.2 鸡、鼠等实验动物的动物照度应可以调节。

7.2.3 宜设置工作照明总开关。

7.3 自 控

7.3.1 自控系统应遵循经济、安全、可靠、节能的原则，操作应简单明了。

7.3.2 屏障环境设施生产区（实验区）宜设门禁系统。缓冲间的门，宜采取互锁措施。

7.3.3 当出现紧急情况时，所有设置互锁功能的门应处于可开启状态。

7.3.4 屏障环境设施动物生产区（动物实验区）的送、排风机应设正常运转的指示，风机发生故障时应能报警，相应的备用风机应能自动或手动投入运行。

7.3.5 屏障环境设施动物生产区（动物实验区）的送风和排风机必须可靠连锁，风机的开机顺序应符合本规范第5.3.1条和第5.3.2条的要求。

7.3.6 屏障环境设施生产区（实验区）的净化空调系统的配电应设置自动和手动控制。

7.3.7 空气调节系统的电加热器应与送风机连锁，并应设无风断电、超温断电保护及报警装置。

7.3.8 电加热器的金属风管应接地。电加热器前后各800mm范围内的风管和穿过设有火源等容易起火部位的管道和保温材料，必须采用不燃材料。

7.3.9 屏障环境设施动物生产区（动物实验区）的温度、湿度、压差超过设定范围时，宜设置有效的声光报警装置。

7.3.10 自控系统应满足控制区域的温度、湿度要求。

7.3.11 屏障环境设施净化区的内外应有可靠的通信方式。

7.3.12 屏障环境设施生产区（实验区）内宜设必要的摄像监控装置。

8 消 防

8.0.1 新建实验动物设施的周边宜设置环行消防车道，或应沿建筑的两个长边设置消防车道。

8.0.2 屏障环境设施的耐火等级不应低于二级，或设置在不低于二级耐火等级的建筑中。

8.0.3 具有防火分隔作用且要求耐火极限值大于0.75h的隔墙，应砌至梁板底部，且不留缝隙。

8.0.4 屏障环境设施生产区（实验区）的吊顶空间较大的区域，其顶棚装修材料应为不燃材料且吊顶的耐火极限不应低于0.5h。

8.0.5 实验动物设施生产区（实验区）的吊顶内可不设消防设施。

8.0.6 屏障环境设施应设置火灾事故照明。屏障环境设施的疏散走道和疏散门，应设置灯光疏散指示标志。当火灾事故照明和疏散指示标志采用蓄电池作备用电源时，蓄电池的连续供电时间不应少于20min。

8.0.7 面积大于50m²的屏障环境设施净化区的安全出口的数目不应少于2个，其中1个安全出口可采用固定的钢化玻璃密闭。

8.0.8 屏障环境设施净化区疏散通道门的开启方向，可根据区域功能特点确定。

8.0.9 屏障环境设施宜设火灾自动报警装置。

8.0.10 屏障环境设施净化区内不应设置自动喷水灭火系统，应根据需要采取其他灭火措施。

8.0.11 实验动物设施内应设置消火栓系统且应保证两个水枪的充实水柱同时到达任何部位。

9 施工要求

9.1 一般规定

9.1.1 施工过程中应对每道工序制订具体的施工组织设计。

9.1.2 各道工序均应进行记录、检查，验收合格后方可进行下道工序施工。

9.1.3 施工安装完成后，应进行单机试运转和系统的联合试运转及调试，做好调试记录，并应编写调试报告。

9.2 建筑装饰

9.2.1 实验动物设施建筑装饰的施工应做到墙面平滑、地面平整、现场清洁。

9.2.2 实验动物设施有压差要求的房间的所有缝隙和孔洞都应填实，并在正压面采取可靠的密封措施。

9.2.3 有压差要求的房间宜在合适位置预留测压孔，测压孔未使用时应有密封措施。

9.2.4 屏障环境设施净化区内的墙面、顶棚材料的安装接缝应协调、美观，并应采取密封措施。

9.2.5 屏障环境设施净化区内的圆弧形阴阳角应采取密封措施。

9.3 空调净化

9.3.1 净化空调机组的基础对本层地面的高度不宜

低于200mm。

9.3.2 空调机组安装时设备底座应调平，并应做减振处理。检查门应平整，密封条应严密。正压段的门宜向内开，负压段的门宜向外开。表冷段的冷凝水水管上应设水封和阀门。粗效、中效空气过滤器的更换应方便。

9.3.3 送风、排风、新风管道的材料应符合设计要求，加工前应进行清洁处理，去掉表面油污和灰尘。

9.3.4 净化风管加工完毕后，应擦拭干净，并用塑料薄膜把两端封住，安装前不得去掉或损坏。

9.3.5 屏障环境设施净化区内的所有管道穿过顶棚和隔墙时，贯穿部位必须可靠密封。

9.3.6 屏障环境设施净化区内的送、排风管道宜暗装；明装时，应满足净化要求。

9.3.7 屏障环境设施净化区内的送、排风管道的咬口缝均应可靠密封。

9.3.8 调节装置应严密、调节灵活、操作方便。

9.3.9 采用除味装置时，应采取保护除味装置的过滤措施。

9.3.10 排风除味装置应有方便的现场更换条件。

10 检测和验收

10.1 工程检测

10.1.1 工程检测应包括建筑相关部门的工程质量检测和环境指标的检测。

10.1.2 工程检测应由有资质的工程质量检测部门进行。

10.1.3 工程检测的检测仪器应有计量单位的检定，并应在检定有效期内。

10.1.4 工程环境指标检测应在工艺设备已安装就绪，设施内无动物及工作人员，净化空调系统已连续运行24小时以上的静态下进行。

10.1.5 环境指标检测项目应满足表10.1.5的要求，检测结果应符合表3.2.1、表3.2.2、表3.2.3要求。

表10.1.5 工程环境指标检测项目

序号	项 目	单 位
1	换气次数	次/h
2	静压差	Pa
3	含尘浓度	粒/L
4	温度	℃
5	相对湿度	%
6	沉降菌浓度	个/(ϕ90培养皿，30min)
7	噪声	dB(A)
8	工作照度和动物照度	lx
9	动物笼具周边处气流速度	m/s
10	送、排风系统连锁可靠性验证	—
11	备用送、排风机自动切换可靠性验证	—

注：1 检测项目1～8的检测方法应执行现行行业标准《洁净室施工及验收规范》JGJ 71的相关规定。

2 检测项目9的检测方法应按本章第10.1.6条执行。

3 屏障环境设施必须做检测项目10，普通环境设施可选做。

4 屏障环境设施的送、排风机采用互为备用的方式时，应做检测项目11。

5 实验动物设施检测记录用表参见附录A。

10.1.6 动物笼具处气流速度的检测方法应符合以下要求：

检测方法：测量面为迎风面（图10.1.6），距动物笼具0.1m，均匀布置测点，测点间距不大于0.2m，周边测点距离动物笼具侧壁不大于0.1m，每行至少测量3点，每列至少测量2点。

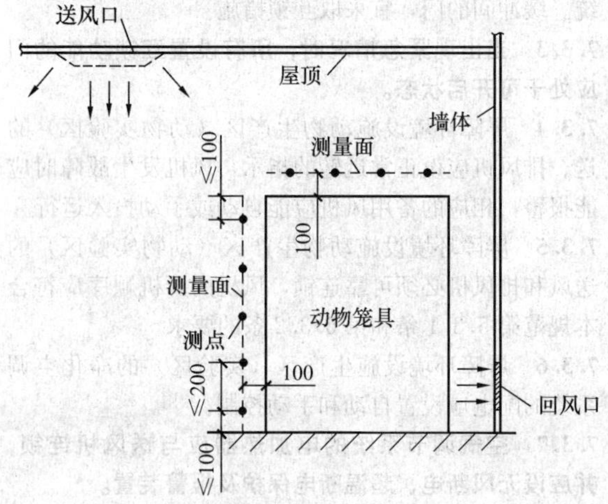

图10.1.6 测点布置

评价标准：平均风速应满足表3.2.1、表3.2.2的要求，超过标准的测点数不超过测点总数的10%。

10.2 工程验收

10.2.1 在工程验收前，应委托有资质的工程质检部门进行环境指标的检测。

10.2.2 工程验收的内容应包括建设与设计文件、施工文件、建筑相关部门的质检文件、环境指标检测文件等。

10.2.3 工程验收应出具工程验收报告。实验动物设施的验收结论可分为合格、限期整改和不合格三类。对于符合规范要求的，判定为合格；对于存在问题，但经过整改后能符合规范要求的，判定为限期整改；对于不符合规范要求，又不具备整改条件的，判定为不合格。验收项目应按附录B的规定执行。

附录A 实验动物设施检测记录用表

A.0.1 实验动物设施施工单位自检情况，施工文件检查情况，IVC、隔离器等设备检测情况，屏障环境设施围护结构严密性检测情况应按表A.0.1填写。

A.0.2 实验动物设施风速或风量的检测记录表应按表A.0.2填写。

A.0.3 实验动物设施静压差的检测记录表应按表A.0.3填写。

A.0.4 实验动物设施含尘浓度的检测记录表应按表A.0.4填写。

A.0.5 实验动物设施温度、相对湿度的检测记录表应按表A.0.5填写。

A.0.6 实验动物设施沉降菌浓度的检测记录表应按表A.0.6填写。

A.0.7 实验动物设施噪声的检测记录表应按表A.0.7填写。

A.0.8 实验动物设施工作照度和动物照度的检测记录表应按表A.0.8填写。

A.0.9 实验动物设施动物笼具周边处气流速度的检测记录表应按表A.0.9填写。

A.0.10 实验动物设施送、排风系统连锁可靠性验证和备用送、排风机自动切换可靠性验证的检测记录表应按表A.0.10填写。

表A.0.1 实验动物设施检测记录

第 页 共 页

委托单位					
设施名称					
施工单位					
监理单位					
检测单位					
检测日期		记录编号		检测状态	
检测依据					
1 施工单位自检情况					
2 施工文件检查情况					
3 IVC、隔离器等设备检测情况					
4 屏障环境设施围护结构严密性检测情况					

校核 记录 检验

表A.0.2 实验动物设施检测记录

第 页 共 页

5 风速或风量						
检测仪器名称		规格型号		编号		
检测前设备状况			检测后设备状况			
位置	风口	测点	风速(m/s)或风量(m^3/h)			备注

校核 记录 检验

表A.0.3 实验动物设施检测记录

第 页 共 页

6 静压差检测					
检测仪器名称		规格型号		编号	
检测前设备状况			检测后设备状况		
检测位置		压差值（Pa）		备注	

校核 记录 检验

表 A.0.4 实验动物设施检测记录

第　页　共　页

7　含尘浓度				
检测仪器名称		规格型号		编号
检测前设备状况		检测后设备状况		
位置	测点	粒径	含尘浓度（pc/　）	备注

校核　　　　记录　　　　检验

表 A.0.5 实验动物设施检测记录

第　页　共　页

8　温度、相对湿度			
检测仪器名称	规格型号		编号
检测前设备状况	检测后设备状况		
房间名称	温度（℃）	相对湿度（%）	备注
室外			

校核　　　　记录　　　　检验

表 A.0.6 实验动物设施检测记录

第　页　共　页

9　沉降菌浓度			
检测仪器名称	规格型号		编号
检测前设备状况	检测后设备状况		
房间名称	测点	沉降菌浓度　个/（ϕ90 培养皿，30min）	备注

校核　　　　记录　　　　检验

表 A.0.7 实验动物设施检测记录

第　页　共　页

10　噪　声			
检测仪器名称	规格型号		编号
检测前设备状况	检测后设备状况		
房间名称	测点	噪声 dB（A）	备注

校核　　　　记录　　　　检验

表 A.0.8 实验动物设施检测记录

第 页 共 页

11 照 度				
检测仪器名称		规格型号		编号
检测前设备状况		检测后设备状况		
房间名称	测点	工作照度(lx)	动物照度(lx)	备注

校核 记录 检验

表 A.0.9 实验动物设施检测记录

第 页 共 页

12 动物笼具周边处气流速度			
检测仪器名称		规格型号	编号
检测前设备状况		检测后设备状况	
房间名称	测点	动物笼具周边处气流速度(m/s)	备注

校核 记录 检验

表 A.0.10 实验动物设施检测记录

第 页 共 页

13 送、排风系统连锁可靠性验证
14 备用送、排风机自动切换可靠性验证

校核 记录 检验

附录 B 实验动物设施工程验收项目

B.0.1 实验动物设施建成后，应按照本附录列出的验收项目，逐项验收。

B.0.2 凡对工程质量有影响的项目有缺陷，属一般缺陷，其中对安全和工程质量有重大影响的项目有缺陷，属严重缺陷。根据两项缺陷的数量规定工程验收评价标准应按表 B.0.2 执行。

表 B.0.2 实验动物设施验收标准

标准类别	严重缺陷数	一般缺陷数
合格	0	＜20％
限期整改	1～3	＜20％
	0	≥20％
不合格	＞3	0
	一次整改后仍未通过者	

注：百分数是缺陷数相对于应被检查项目总数的比例。

B.0.3 实验动物设施工程现场检查项目应按表 B.0.3 执行。

表 B.0.3 实验动物设施工程现场检查项目

章	序号	检查出的问题	评价		适用范围		
			严重缺陷	一般缺陷	普通环境设施	屏障环境设施	隔离环境设备
实验动物设施的技术指标	1	动物生产区、动物实验区温度不符合要求	√		√	√	√
	2	其他房间温度不符合要求		√	√	√	
	3	日温差不符合要求	√		√	√	√
	4	相对湿度不符合要求		√	√	√	√
	5	换气次数不足	√		√	√	√
	6	动物笼具周边处气流速度超过 0.2m/s	√		√	√	√
	7	动物生产区、动物实验区压差反向	√			√	√
	8	压差不足		√		√	√
	9	洁净度级别不够	√			√	√
	10	沉降菌浓度超标	√			√	√
	11	实验动物饲养房间或设备噪声超标	√		√	√	√
	12	其他房间噪声超标		√	√	√	
	13	动物照度不满足要求	√		√	√	√
	14	工作照度不足		√	√	√	√
	15	动物生产区、动物实验区新风量不足	√		√	√	√
建筑	16	基地出入口只有一个，人员出入口兼做动物尸体和废弃物的出口		√	√	√	
	17	未设置动物尸体与废弃物暂存处		√		√	
	18	生产区（实验区）与辅助区未明确分设		√	√	√	
	19	屏障环境设施的卫生间置于净化区内	√			√	
	20	屏障环境设施的楼梯、电梯置于生产区（试验区）内		√		√	
	21	犬、猴、猪等实验动物入口未设置单独入口或洗浴间		√	√	√	
	22	负压屏障环境设施没有设置无害化消毒设施	√			√	
	23	动物实验室内动物饲养间与实验操作间未分开设置		√	√	√	
	24	屏障环境设施未设置高压灭菌器等消毒设施	√			√	
	25	清洗消毒间未设地漏或排水沟，地面未做防水处理	√		√	√	
	26	清洗消毒间的墙面未做防水处理		√	√	√	
	27	屏障环境设施的净化区内设置排水沟		√		√	
	28	屏障环境设施的洁物储存室设置地漏	√			√	
	29	墙面和顶棚为非易于清洗消毒、不耐腐蚀、起尘、开裂、反光、不光滑防水的材料		√	√	√	
	30	屏障环境设施净化区内地面与墙面相交位置未做半径不小于30mm的圆弧处理		√		√	
	31	地面材料不防滑、不耐磨、不耐腐蚀，有渗漏，踢脚突出墙面		√	√	√	
	32	屏障环境设施净化区的密封性未满足要求		√		√	
	33	没有防止昆虫、鼠等动物进入和外逃的措施	√		√	√	
	34	设备的安装空间不够	√		√	√	
	35	净化区变形缝的做法未满足洁净要求	√			√	
空气净化	36	实验动物生产设施和实验动物设施的空调系统未分开设置		√	√	√	
	37	动物隔离器、动物解剖台等其他产生污染气溶胶的设备向室内排风	√		√	√	√
	38	屏障环境设施的动物生产区（动物实验区）送风机和排风机未考虑备用或当风机故障时，不能维持实验动物设施所需最小换气次数及温度要求（甲方可承受风机故障时损失的除外）	√		√	√	

续表 B.0.3

章	序号	检查出的问题	评价		适用范围		
			严重缺陷	一般缺陷	普通环境设施	屏障环境设施	隔离环境设备
空气净化	39	屏障环境设施和隔离环境设施过渡季节不能满足温湿度要求	√			√	√
	40	采用了淋水式空气处理器		√	√	√	
	41	空调箱或过滤器箱内过滤器前后无压差计		√	√	√	
	42	选用易生菌的加湿方式（如湿膜、高压微雾加湿器）		√	√	√	
	43	加湿设备与其后的空气过滤段距离不够		√	√	√	
	44	有净化要求的消声器或消声部件的材料不符合要求		√		√	
	45	屏障环境设施净化区送风系统未按规定设三级过滤	√			√	
	46	对于寒冷地区和严寒地区，未考虑冬季换热设备的防冻问题	√		√	√	
	47	电加热器前后各800mm范围内的风管和穿过设有火源等容易起火部位的管道，未采用不燃保温材料	√		√	√	
	48	新风口没有有效的防雨措施。未安装防鼠、防昆虫、阻挡绒毛等的保护网	√		√	√	
	49	新风口未高出室外地面2.5m		√	√	√	
	50	新风口易受排风口及其他污染源的影响		√	√	√	
	51	送排风未连锁或连锁不当	√		√	√	
	52	有洁净度要求的相邻实验动物房间使用同一回风夹墙作为排风	√			√	
	53	屏障环境设施的动物生产区（动物实验区）未采用上送下排（回）方式		√		√	
	54	高效过滤器用木质框架	√		√	√	

续表 B.0.3

章	序号	检查出的问题	评价		适用范围		
			严重缺陷	一般缺陷	普通环境设施	屏障环境设施	隔离环境设备
空气净化	55	风管未设置风量测量孔		√	√	√	
	56	使用了可产生交叉污染的热回收装置	√		√	√	
给水、排水	57	实验动物饮水不符合生活饮用水标准	√		√	√	
	58	屏障环境设施和隔离环境设施净化区内的用水未经过灭菌	√			√	√
	59	管道穿越净化区的壁面处未采取可靠的密封措施		√		√	
	60	管道表面可能结露，未采取有效的防结露措施		√	√	√	
	61	屏障环境设施净化区内的给水管道，未选用不生锈、耐腐蚀和连接方便可靠的管材	√			√	
	62	大型的生产区（实验区）的排水未单独设置化粪池		√	√	√	
	63	动物生产或实验设施的排水与建筑生活排水未分开设置		√	√	√	
	64	小鼠等实验动物设施的排水管道管径小于 $DN75$		√	√	√	
	65	兔、羊等实验动物设施的排水管道管径小于 $DN150$		√	√	√	
	66	屏障环境设施净化区内穿过排水立管		√		√	
	67	排水管道未采用不易生锈、耐腐蚀的管材		√	√	√	
	68	屏障环境设施净化区内的地漏为非密闭型	√			√	

续表 B.0.3

章	序号	检查出的问题	评价		适用范围		
			严重缺陷	一般缺陷	普通环境设施	屏障环境设施	隔离环境设备
电气设备和自控要求	69	屏障环境设施、隔离环境设施达不到用电负荷要求	√			√	√
	70	屏障环境设施生产区（实验区）设施未设置独立配电柜		√		√	√
	71	屏障环境设施配电柜设置在洁净区		√		√	
	72	屏障环境设施净化区内的电气设备未满足净化要求		√		√	
	73	屏障环境设施净化区内电气管线管口未采取可靠的密封措施		√		√	
	74	配电管线采用非金属管		√	√	√	
	75	净化区内穿过墙和楼板的电线管未采取可靠的密封		√	√	√	
	76	屏障环境设施净化区内的照明灯具为非密闭洁净灯	√			√	
	77	洁净灯具嵌入顶棚暗装的安装缝隙未有可靠的密封措施		√		√	
	78	鼠、鸡等动物照度的照明开关不可调节		√		√	√
	79	屏障环境设施净化区缓冲间的门，未采取互锁措施		√		√	
	80	当出现紧急情况时，设置互锁功能的门不能处于开启状态	√			√	
	81	屏障环境设施的动物生产区（动物实验区）未设风机正常运转指示与报警		√		√	
	82	备用风机不能正常投入运行	√			√	
	83	电加热器没有可靠的连锁、保护装置、接地	√			√	
	84	温、湿度没有进行必要控制		√	√	√	√
	85	屏障环境设施净化区内外没有可靠的通信方式		√		√	

续表 B.0.3

章	序号	检查出的问题	评价		适用范围		
			严重缺陷	一般缺陷	普通环境设施	屏障环境设施	隔离环境设备
消防要求	86	新建实验动物建筑未设置环行消防车道，或未沿两个长边设置消防车道	√		√	√	
	87	实验动物建筑的耐火等级低于2级或设置在低于2级耐火等级的建筑中	√		√	√	
	88	具有防火分隔作用且要求耐火极限值大于0.75h的隔墙未砌至梁板底部、留有缝隙	√		√	√	
	89	屏障环境设施的生产区（实验区）顶棚装修材料为可燃材料	√			√	
	90	屏障环境设施的生产区（实验区）吊顶的耐火极限低于0.5h	√			√	
	91	面积大于$50m^2$的屏障环境设施净化区没有火灾事故照明或疏散指示标志	√			√	
	92	屏障环境设施安全出口的数目少于2个	√			√	
	93	屏障环境设施未设火灾自动报警装置		√		√	
	94	屏障环境设施设置自动喷水灭火系统		√		√	
	95	屏障环境设施未采取喷淋以外其他灭火措施	√			√	
	96	不能保证两个水枪的充实水柱同时到达任何部位	√		√	√	
工程检测结果	97	送风高效过滤器漏泄		√	√	√	
	98	设备无合格的出厂检测报告	√		√	√	
	99	无调试报告	√		√	√	√
	100	检测单位无资质	√		√	√	√

本规范用词说明

1 为便于在执行本规范条文时区别对待，对要求严格程度不同的用词说明如下：

1）表示很严格，非这样做不可的：

正面词采用“必须”，反面词采用“严禁”；

2）表示严格，在正常情况下均应这样做的：
正面词采用“应”，反面词采用“不应”或“不得”；

3）表示允许稍有选择，在条件许可时首先应这样做的：
正面词采用“宜”，反面词采用“不宜”；
表示有选择，在一定条件下可以这样做的，采用“可”。

2 条文中指明应按其他有关标准、规范执行的写法为：“应按……执行”或“应符合……的规定”。

中华人民共和国国家标准

实验动物设施建筑技术规范

GB 50447—2008

条　文　说　明

目　次

1 总　　则

1.0.1 我国实验动物设施的发展非常迅速，已建成了许多实验动物设施，积累了丰富的设计、施工经验。我国已制定了国家标准《实验动物　环境及设施》GB 14925，该规范规定了实验动物设施的环境要求。本规范是解决如何建设实验动物设施以满足实验动物设施的环境要求，包括建筑、结构、空调净化、消防、给排水、电气、工程检测与验收等。

1.0.2 本条规定了本规范的适用范围。

1.0.3 既要考虑到初投资，也要考虑运行费用。针对具体项目，应进行详细的技术经济分析。对实验动物设施中采用的设备、材料必须严格把关，不得迁就，必须采用合格的设备、材料和施工工艺。

1.0.5 下列标准规范所包含的条文，通过在本规范中引用而构成本规范的条文。使用本规范的各方应注意，研究是否可使用下列规范的最新版本。

《生活饮用水卫生标准》GB 5749-2006

《高效空气过滤器性能实验方法　透过率和阻力》GB 6165-85

《污水综合排放标准》GB 8978-1996

《高效空气过滤器》GB/T 13554-92

《组合式空调机组》GB/T 14294-1993

《空气过滤器》GB/T 14295-93

《实验动物　环境及设施》GB 14925

《医院消毒卫生标准》GB 15982-1995

《医疗机构水污染物排放标准》GB 18466-2005

《实验室生物安全通用要求》GB 19489-2004

《建筑给水排水设计规范》GB 50015-2003

《建筑设计防火规范》GB 50016-2006

《采暖通风与空气调节设计规范》GB 50019-2003

《压缩空气站设计规范》GB 50029-2003

《建筑照明设计标准》GB 50034-2004

《高层民用建筑设计防火规范》GB 50045-95（2005年版）

《供配电系统设计规范》GB 50052-95

《低压配电设计规范》GB 50054-95

《洁净厂房设计规范》GB 50073-2001

《火灾自动报警系统设计规范》GB 50116-98

《建筑灭火器配置设计规范》GB 50140-2005

《建筑装饰装修工程质量验收规范》GB 50210-2001

《通风与空调工程施工质量验收规范》GB 50243-2002

《生物安全实验室建筑技术规范》GB 50346-2004

《民用建筑电气设计规范》JGJ 16-2008

《洁净室施工及验收规范》JGJ 71-90

2 术　　语

2.0.2～2.0.4 普通环境、屏障环境、隔离环境是指实验动物直接接触的生活环境。

2.0.5、2.0.6 根据使用功能进行分类。

2.0.7、2.0.8 普通环境、屏障环境通过设施来实现，隔离环境通过隔离器等设备来实现。

2.0.12～2.0.14 关于实验动物设施空气洁净度等级的规定采用与国际接轨的命名方式。

2.0.15 净化区指实验动物设施内有空气洁净度要求的区域。

3 分类和技术指标

3.1 实验动物环境设施的分类

3.1.1 本条对实验动物环境设施进行分类，在建设实验动物设施时，应根据实验动物级别进行选择。

3.2 实验动物设施的环境指标

3.2.1、3.2.2 主要依据《实验动物 环境及设施》GB 14925 中的规定。

4 建筑和结构

4.1 选址和总平面

4.1.1 实验动物设施需要相对安静、无污染的环境，选址要尽量减小环境中的粉尘、噪声、电磁等其他有害因素对设施的影响；同时，实验动物设施会产生一定的污水、污物和废气，因此在选址中还要考虑实验动物设施对环境造成污染和影响。

4.1.2 在实验动物设施基地的总平面设计时，要考虑三种流线的组织：人员流线、动物流线、洁物流线和污物流线。尽可能做到人员流线与货物流线分开组织，尤其是运送动物尸体和废弃物的路线与人员进出基地的路线分开，如果能将洁物运入路线和污物运出路线分开则更佳。

设施的外围宜种植枝叶茂盛的常绿树种，不宜选用产生花絮、绒毛、粉尘等对大气有不良影响的树种，尤其不应种植对人和动物有毒、有害的树种。

4.2 建筑布局

4.2.1 动物生产区包括育种室、扩大群饲育室、生产群饲育室等；辅助生产区包括隔离观察室、检疫室、更衣室、缓冲间、清洗消毒室、洁物储存室、待发室、洁净走廊、污物走廊等；辅助区包括门厅、办公室、库房、机房、一般走廊、卫生间、楼梯等。

4.2.2 动物实验区包括饲育室和实验操作室、饲育室和实验操作室的前室或者后室、准备室（样品配制室）、手术室、解剖室（取材室）；辅助实验区包括更衣室、缓冲室、淋浴室、清洗消毒室、洁物储存室、检疫观察室、无害化消毒室、洁净走廊、污物走廊等；辅助区包括门厅、办公、库房、机房、一般走廊、厕所、楼梯等。

4.2.3 屏障环境设施净化区内设置卫生间容易造成污染，所以不应设置卫生间（采用特殊的卫生洁具，不造成污染的除外）。电梯的运行会产生噪声，同时造成屏障环境设施净化区内压力梯度的波动；如将电梯置于屏障环境设施净化区内，应采取有效的措施减小噪声干扰和压力梯度的波动。楼梯置于屏障环境设施净化区内，不利于清洁和洁净度要求，如将楼梯置于屏障环境设施净化区内，应满足空气净化的要求。

4.2.4 清洁级动物、SPF级动物和无菌级动物因其对环境要求各不相同，应分别饲养在不同的房间或不同区域里，条件困难的情况下可以在同一个房间内使用满足要求的不同的笼具进行饲养；不同种类动物的温度、湿度、照度等生存条件不同，因此宜分别饲养在不同房间或不同区域里。

4.2.5 本条是为了避免鸡、犬等产生较大噪声的动物对其他动物的影响，尤其是避免对胆小的鼠、兔等动物心理和生理的影响。

4.2.6 单走廊布局方式一般是指动物饲育室或实验室排列在走廊两侧，通过这一个走廊运入和运出物品；双走廊布局方式一般是指动物饲育室或实验室两侧分别设有洁净走廊和污物走廊，洁物通过洁净走廊运入，污物通过污物走廊运出；多走廊布局方式实际是多个双走廊方式的组合，例如将洁净走廊设于两排动物室的中间，外围两侧是污物走廊的三走廊方式。

双走廊或多走廊布局时，实验动物设施的实验准备室应与洁净走廊相通，并能方便地通向动物实验室；实验动物设施的手术室应与动物实验室相邻，或有便捷的路线相通；解剖、取样的负压屏障环境设施的解剖室应放在实验区内，并应与污物走廊相连或与无害化消毒室相邻。

4.2.8 本条中的避免交叉污染，包含了几个方面的意思：进入人流与出去人流尽量不交叉，以免出去人流污染进入人流；洁物进入与污物运出流线尽量不交叉，以免污物对洁物造成污染；动物进入与动物实验后运出的流线尽量不交叉，以免实验后的动物污染新进入的动物；不同人员之间、不同动物之间也应避免互相交叉污染。

单走廊的布局，流线上不可避免有交叉时，应通过管理尽量避免相互污染，如采取严格包装、分时控制、前室再次更衣等措施。

以双走廊布局的屏障环境实验动物设施为例，人员、动物、物品的工艺流线示意如下：

人员流线：一更⟶二更⟶洁净走廊⟶动物实验室⟶污物走廊⟶二更⟶淋浴（必要时）⟶一更

动物流线：动物接收⟶传递窗（消毒通道、动物洗浴）⟶洁净走廊⟶动物实验室⟶污物走廊⟶解剖室⟶（无害化消毒⟶）尸体暂存

物品流线：清洗消毒⟶高压灭菌器（传递窗、渡槽）⟶洁物储存间⟶洁净走廊⟶动物实验室⟶污物走廊⟶（解剖室⟶）（无害化消毒⟶）污物暂存

4.2.9 二次更衣室一般用于穿戴洁净衣物，同时可兼做缓冲间阻隔室外空气进入屏障环境设施。

4.2.10 动物进入宜与人员和物品进入通道分开，小型动物也可以和物品一样通过传递窗进入。动物洗浴间内应配备所需的设备，如热水器、电吹风等。

4.2.11 负压屏障环境设施内的动物实验一般在不同程度上对人员和环境有危害性，因此其所有物品必须经无害化处理后才能运出，无害化处理一般采用双扉高压灭菌器等设施。涉及放射性物质的负压屏障环境设施还要遵守放射性物质的相关规定处理后才能运出。

4.2.12 设置检疫室或隔离观察室是为了防止外来实验动物感染实验动物设施内已有的实验动物。

4.2.13 实验动物设施对各种库房的面积要求较大，设计时应加以充分考虑。

4.3 建筑构造

4.3.1 卸货平台高度一般为1m左右，便于从货车上直接卸货。

4.3.2 本条主要是指用水直接冲洗的房间，应考虑足够的排水坡度，并做好地面防水。

4.3.3 本条规定是从动物伦理出发，避免实验操作对其他动物产生心理和生理影响，同时避免由此影响实验结果的准确性。

4.3.4 屏障环境设施净化区内的所有物品必须经过高压灭菌器、传递窗、渡槽等设备消毒后才能进入。

4.3.5 清洗消毒室有大量的用水需求，且排水中杂物较多，因此必须有良好的排水措施和防水处理。

4.3.6 屏障环境设施的净化区内设排水沟会影响整个环境的洁净度，如采用排水沟时，应采取可靠的措施满足洁净要求；而洁物储存室是屏障环境设施内对洁净要求较高的房间，设置地漏会有孳生霉菌的危险，因而不应设置；如果将纯水点设于洁物储存室内，需设置收集溢流水的设施。

4.3.7 有洁净度要求或生物安全级别要求的实验动物设施需要较大面积的空调机房，应在设计时充分考虑，并避免其噪声和振动对动物和实验仪器的影响。

4.3.8 实验动物设施每天都要运入大量的饲料、动物和运出污物、尸体等货物，因此二层以上需要设置

方便运送货物的电梯。有条件的情况下货物电梯和人员电梯宜分开，洁物电梯与污物电梯宜分设。

4.3.9 本条是为了保证设施内运送货物的宽度，尤其是实验区内的走廊宽度要满足运送动物、饲料小车的需要。

4.3.10 屏障环境设施的生产区（实验区）内净高应满足所选笼架具（和生物安全柜）的高度和检测、检修要求，但不宜过高，因为实验室内的体积越大，空调要维持同样的换气次数，所需要的送风量就越大，不利于节能。

屏障环境设施的设备管道较多，需要很大的吊顶空间，因而应有足够的层高。

4.3.11 本条的围护结构包括屋顶、外墙、外窗、隔墙、隔断、楼板、梁柱等，都不应含有有毒、有放射性的物质。

4.3.12 本条所指技术夹层包括吊顶或设备夹层，主要用于布置设备管线，吊顶可以是有一定承重能力的可上人吊顶，也可以是不可上人的轻质吊顶；由于在生产区或实验区内的吊顶上留检修人孔会对生产或实验造成影响，因此在不上人轻质吊顶内需要设置检修通道，并在辅助区内留检修人孔或活动吊顶。

4.3.13 本条对墙面和顶棚材料提出了定性的要求。

4.3.14 屏障环境设施的净化区由于有洁净度要求，应尽量减少积尘面和孳生微生物的可能，所以要求围护材料应表面光洁；本条所指的密闭措施包括：密封胶嵌缝、压缝条压缝、纤维布条粘贴压缝、加穿墙套管等；地面与墙面相交位置做圆弧处理，是为了减少卫生死角，便于清洁和消毒。

4.3.15 地面材料应防止人员滑倒，以免人员受伤、破坏生产或实验设施；洁净区内应尽量减少积尘面(特别是水平凸凹面)，以免在室内气流作用下引起积尘的二次飞扬，因此踢脚应与墙面平齐或略缩进不大于3mm。屏障环境设施内因为有洁净度要求，地面混凝土层中宜配少量钢筋以防止地面开裂，从而避免裂缝中孳生微生物。潮湿地区应做好防潮处理，地面垫层中增加防潮层。

4.3.16 屏障环境设施的净化区，为了使门扇关闭紧密，密闭门一般开向压力较高的房间或走廊。

房间门上设密闭观察窗是为了使人不必进入室内便可方便地对动物进行观察，随时了解室内情况，观察窗应采用不易破碎的安全玻璃。缓冲室不宜有过多的门，宜设互锁装置使门不能同时打开，否则容易破坏压力平衡和气流方向，破坏洁净环境。

4.3.17 屏障环境设施净化区外窗的设置要求是为了满足洁净的要求。啮齿类动物是怕见光的，所以不宜设外窗，如果设外窗应有严格的遮光措施。普通环境设施如果没有机械通风系统，应有带防虫纱窗的窗户进行自然通风。

4.3.18 昆虫、野鼠等动物身上极易沾染和携带致病因子，应采取防护措施，如窗户应设纱窗，新风口、排风口处应设置保护网，门口处也应采取措施。

4.3.19 本条主要提醒设计人员要充分考虑实验室内体积比较大的设备的安装和检修尺寸，如生物安全柜、动物饲养设备、高压灭菌器等等，应留有足够的搬运孔洞和搬运通道；此外还应根据需要考虑采取局部隔离、防震、排热、排湿等措施。

4.3.20 设置压差显示装置是为了及时了解不同房间之间的空气压差，便于监督、管理和控制。

4.4 结构要求

4.4.1 目前大量的新建建筑结构安全等级为二级，但实验动物设施普遍规模较小，还有不少既有建筑改建的项目，有可能达到二级有一定困难，但新建的屏障环境设施应不低于二级。

4.4.2 目前大量的新建建筑为丙类抗震设防，但实验动物设施普遍规模较小，还有不少既有建筑改建的项目，有可能达到丙类抗震设防有一定困难，但新建的屏障环境设施应不低于丙类抗震设防，达不到要求的既有建筑改建应进行抗震加固。

4.4.3 屏障环境设施吊顶内的设备管线和检修通道一般吊在上层楼板上，楼板荷载应加以考虑。设施中的高压灭菌器、空调设备的荷载也非常大，设计时应特别注意，并尽可能将大型高压灭菌器放在结构梁上或跨度较小的楼板上。

4.4.4 屏障环境设施的净化区内的变形缝处理不好，容易孳生微生物，严重影响设施环境，因此设计中尽量避免变形缝穿越。

5 空调、通风和空气净化

5.1 一般规定

5.1.1 空调系统的划分和空调方式选择应根据工程的实际情况综合考虑。例如：实验动物实验设施中，根据不同实验内容来进行空调系统的划分，以利于节能。又如：实验动物生产设施和实验动物实验设施分别设置空调系统，这主要是因为这两种设施的使用时间不同，实验动物生产设施一般是连续工作的，而实验动物实验设施在未进行实验时，空调系统一般不运行的（除值班风机外）。

5.1.2 实验动物的热湿负荷比较大，应详细计算。实验动物的热负荷可参考表1：

表1 实验动物的热负荷

动物品种	个体重量(kg)	全热量(W/kg)
小 鼠	0.02	41.4
雏 鸡	0.05	17.2

续表1

动物品种	个体重量(kg)	全热量(W/kg)
地　鼠	0.11	20.6
鸽　子	0.28	23.3
大　鼠	0.30	21.1
豚　鼠	0.41	19.7
鸡(成熟)	0.91	9.2
兔　子	2.72	12.2
猫	3.18	11.7
猴　子	4.08	11.7
狗	15.88	6.1
山　羊	35.83	5.0
绵　羊	44.91	6.1
小型猪	11.34	5.6
猪	249.48	4.4
小　牛	136.08	3.1
母　牛	453.60	1.9
马	453.60	1.9
成　人	68.00	2.5

注：本表摘自加拿大实验动物管理委员会（CCAC）编著的《laboratory animal facilities - characteristics design and development》。

5.1.3 送、排风系统的设计应考虑所用设备的使用条件，包括设备的高度、安装间距、送排风方式等。产生污染气溶胶的设备不应向室内排风是为了防止污染室内环境。

5.1.4 安装气密阀门的作用是防止在消毒时，由于该房间或区域与其他房间共用空调净化系统而污染其他房间。

5.1.5 实验动物设施的空调净化系统，各级过滤器随着使用时间的增加，容尘量逐渐增加，系统阻力也逐渐增加，所需风机的风压也越大。选用风压变化较大时，风量变化较小的风机，可以使净化空调系统的风量变化较小，有利于空调净化系统的风量稳定在一定范围内。也可使用变频风机，保持系统风量的稳定，使风机的电机功率与所需风压相适应，可以降低风机的运行费用。

5.1.6 屏障环境设施动物生产区（动物实验区）的空调净化系统出现故障时，经济损失比较严重，所以送、排风机应考虑备用并满足温湿度要求。风机的备用方式一般采用空调机组中设置双风机，当送（排）风机出现故障时，备用风机立刻运行。若甲方运行管理到位，当风机出现故障时能及时修复，并且在修复期内，实验动物生产或动物实验基本不受影响的情况下，可不在空调系统中设置备用风机，而在机房备用同型号的风机或风机电机。如果甲方根据自己的实际情况，可以承受风机出现故障情况下的损失，可不备用。

5.1.7 实验动物设施已建工程中全新风系统居多，其能耗比普通空调系统高很多，运行费用巨大。因此，在空调设计时，必须把“节能”作为一个重要条件来考虑，在满足使用功能的条件下，尽可能降低运行费用。

5.1.8 屏障环境设施和隔离环境设施对温湿度的要求较高，如果没有冷热源，过渡季节温湿度很难满足要求，应根据工程实际情况考虑过渡季节冷热源问题。

5.2 送风系统

5.2.1 对于使用开放式笼架具的屏障环境设施的动物生产区（动物实验区），工作人员和实验动物所处的是同一个环境，人和实验动物对氨、硫化氢等气体的敏感程度是不一样的，屏障环境设施既应满足实验动物也应满足工作人员的环境要求。对于屏障环境设施动物生产区（动物实验区）的回风经过粗效、中效、高效三级过滤器是能够满足洁净度的要求的，但对于氨、硫化氢等有害气体靠普通过滤器是不能去除的。已建工程的常用方式是采用全新风的空调方式，用新风稀释来保证屏障环境设施的空气质量。

采用全新风系统会造成空调系统的初投资和运行费用的大幅度增加，不利于空调系统的节能。采用回风时，可以采用室内合理的气流组织，提高通风效率（如笼具处局部排风等），或回风经过可靠的措施进行处理，使屏障环境设施的环境指标达到要求。

5.2.2 使用独立通风笼具的实验动物设施，独立通风笼具的排风是排到室外的，提高了通风的效率，独立通风笼具内的实验动物对房间环境的影响不大，故只对新风量提出了要求，而并未规定新风与回风的比例。

5.2.3 中效空气过滤器设在空调机组的正压段是为防止经过中效空气过滤器的送风再被污染。

5.2.4 对于全新风系统，新风量比较大，新风经过粗效过滤后，其含尘量还是比较大的，容易造成表冷器的表面积尘、阻塞空气通道，影响换热效率。

5.2.6 对于空气处理设备的防冻问题着重考虑新风处理设备的防冻问题，可以采用设新风电动阀并与新风机连锁、设防冻开关、设置辅助电加热器等方式。

5.3 排风系统

5.3.1、5.3.2 送风机与排风机的启停顺序是为了保证室内所需要的压力梯度。

5.3.3 相邻房间使用同一夹墙作为回（排）风道容易造成交叉污染，同时压差也不易调节。

5.3.4 实验动物设施的排风含有氨、硫化氢等污染物，应采取有效措施进行处理以免影响周围人的生活、工作环境。

本条没有规定必须设置除味装置，主要是考虑到有些实验动物设施远离市区，或距周围建筑距离较远，或采用高空排放等措施，对周围人的生活、工作环境影响较小，这种情况下可以不设置除味装置。在不能满足要求时应设置除味装置，排风先除味再排放到大气中。除味装置设在负压段，是为了避免臭味通过排风管泄漏。

5.3.5 屏障环境设施净化区的回（排）风口安装粗效空气过滤器起预过滤的作用，在房间回（排）风口上设风量调节阀，可以方便地调节各房间的压差。

5.3.6 清洗消毒间、淋浴室和卫生间排风的湿度较高，如与其他房间共用排风管道可能污染其他房间。蒸汽高压灭菌器的局部排风是为了带走其所散发的热量。

5.4 气流组织

5.4.1 采用上送下回（排）的气流组织形式，对送风口和回（排）风口的位置要精心布置，使室内气流组织合理，尽可能减少气流停滞区域，确保室内可能被污染的空气以最快速度流向回（排）风口。洁净走廊、污物走廊可以上送上回。

5.4.2 回（排）风口下边太低容易将地面的灰尘卷起。

5.4.3 送、回（排）风口的布置应有利于污染物的排出，回（排）风口的布置应靠近污染源。

5.5 部件与材料

5.5.1 木制框架在高湿度的情况下容易孳生细菌。

5.5.2 测孔的作用有测量新风量、总风量、调节风量平衡等作用。测孔的位置和数量应满足需要。

5.5.3 实验动物设施排风的污染物浓度较高，使用的热回收装置不应污染新风。

5.5.4 高效空气过滤器都是一次抛弃型的。粗效、中效空气过滤器对送风起预过滤的作用，其过滤效果直接关系到高效空气过滤器的使用寿命，而高效空气过滤器的更换费用要比粗效、中效空气过滤器高得多。使用一次抛弃型粗效、中效过滤器才能更好保护高效过滤器。

5.5.5 本条对空气处理设备的选择作出了基本要求。

1 淋水式空气处理设备因其有繁殖微生物的条件，不适用生物洁净室系统。由于盘管表面有水滴，风速太大易使气流带水。

2 为了随时监测过滤器阻力，应设压差计。

3 从湿度控制和不给微生物创造孳生的条件方面考虑，如果有条件，推荐使用干蒸汽加湿装置加湿，如干蒸汽加湿器、电极式加湿器、电热式加湿器等。

4 为防止过滤器受潮而有细菌繁殖，并保证加湿效果，加湿设备应和过滤段保持足够距离。

6 设备材料的选择都应减少产尘、积尘的机会。

6 给水排水

6.1 给 水

6.1.1 实验动物日饮用水量可参考表2。

表2 实验动物日饮用水量

动物品种	饮用水需要量	单位
小鼠（成熟龄）	4～7	mL
大鼠（50g）	20～45	mL
豚鼠（成熟龄）	85～150	mL
兔（1.4～2.3kg）	60～140	mL/kg
金黄地鼠（成熟龄）	8～12	mL
小型猪（成熟龄）	1～1.9	L
狗（成熟龄）	25～35	mL/kg
猫（成熟龄）	100～200	mL
红毛猴（成熟龄）	200～950	mL
鸡（成熟龄）	70	mL

本表是国内工程设计常采用的实验动物日饮用水量，仅作为工程设计的参考。

6.1.3 屏障环境设施的净化区和隔离环境设施的用水包括动物饮用水和洗刷用水均应达到无菌要求，主要是保证实验动物生产设施中生产的动物达到相应的动物级别的要求，保证实验动物实验设施中的动物实验结果的准确性。

6.1.4 屏障环境设施生产区（实验区）的给水干管设在技术夹层内便于维修，同时便于屏障环境设施内的清洁和减少积尘。

6.1.5 防止非净化区污染净化区，保证净化区与非净化区的静压差，易于保证洁净区的洁净度。

6.1.6 防止凝结水对装饰材料、电气设备等的破坏。

6.1.7 屏障环境设施净化区内的给水管道和管件，应该是不易积尘、容易清洁的材料，以满足净化要求。

6.2 排 水

6.2.1 大型实验动物设施的生产区（实验区）的粪便量较大，同时粪便中含有的病原微生物较多，单独设置化粪池有利于集中处理。

6.2.2 有利于根据不同区域排水的特点分别进行处理。

6.2.3 实验动物设施中实验动物的饲养密度比较大，同时排水中有动物皮毛、粪便等杂物，为防止堵塞排水管道，实验动物设施的排水管径比一般民用建筑的管径大。

6.2.4 尽量减少积尘点，同时防止排水管道泄漏污染屏障环境。如排水立管穿越屏障环境设施的净化区，则其排水立管应暗装，并且屏障环境设施所在的楼层不应设置检修口。

6.2.5 排水管道可采用建筑排水塑料管、柔性接口机制排水铸铁管等。高压灭菌器排水管道采用金属排水管、耐热塑料管等。

6.2.6 防止不符合洁净要求的地漏污染室内环境。

7 电气和自控

7.1 配 电

7.1.1 本条对实验动物设施的用电负荷并没有规定太严，主要是考虑使用条件的不同和我国现有的条件。

对于实验动物数量比较大的屏障环境设施的动物生产区（动物实验区），出现故障时造成的损失也较大，用电负荷一般不应低于2级。

对于普通环境实验动物设施，实验动物数量较少（不包括生物安全实验室）时，可根据实际情况选择用电负荷的等级。当后果比较严重、经济损失较大时，用电负荷不应低于2级。

7.1.2 设置专用配电柜主要考虑方便检修与电源切换。配电柜宜设置在辅助区是为了方便操作与检修。

7.1.3、7.1.4 主要是减少屏障环境设施净化区内的积尘点，保证屏障环境设施净化区的密闭性，有利于维持屏障环境设施内的洁净度与静压差。

7.1.5 金属配管不容易损坏，也可采用其他不燃材料。配电管线穿过防火分区时的做法应满足防火要求。

7.2 照 明

7.2.1 用密闭洁净灯主要是为了减少屏障环境设施净化区内的积尘点和易于清洁；吸顶安装有利于保证施工质量；当选用嵌入暗装灯具时，施工过程中对建筑装修配合的要求较高，如密封不严，屏障环境设施净化区的压差、洁净度都不易满足。

7.2.2 考虑到鸡、鼠等实验动物的动物照度很低，不调节则难以满足标准要求，因此其动物照度应可以调节（如调光开关）。

7.2.3 为了便于照明系统的集中管理，通常设置照明总开关。

7.3 自 控

7.3.1 本条是对自控系统的基本要求。

7.3.2 屏障环境设施生产区（实验区）的门禁系统可以方便工作人员管理，防止外来人员误入屏障环境设施污染实验动物。缓冲间的门是不应同时开启的，为防止工作人员误操作，缓冲室的门宜设置互锁装置。

7.3.3 缓冲室是人员进出的通道，在紧急情况（如火灾）下，所有设置互锁功能的门都应处于开启状态，人员能方便地进出，以利于疏散与救助。

7.3.4 屏障环境设施动物生产区（动物实验区）的送、排风机是保证屏障环境洁净度指标的关键，在送、排风机出现故障时，备用风机应及时投入运行，以免实验动物受到污染。

7.3.5 屏障环境设施动物生产区（动物实验区）的送、排风机的连锁可以防止其压差超过所允许的范围。

7.3.6 自动控制主要是指备用风机的切换、温湿度的控制等，手动控制是为了便于净化空调系统故障时的检修。

7.3.7 要求电加热器与送风机连锁，是一种保护控制，可避免系统中因无风电加热器单独工作导致的火灾。为了进一步提高安全可靠性，还要求设无风断电、超温断电保护措施。例如，用监视风机运行的压差开关信号及在电加热器后面设超温断电信号与风机启停连锁等方式，来保证电加热器的安全运行。

7.3.8 联接电加热器的金属风管接地，可避免造成触电类的事故。电加热器前后各800mm范围内的风管和穿过设有火源等容易起火部位的管道，采用不燃材料是为了满足防火要求。

7.3.9 声光报警是为了提醒维修人员尽快处理故障。但温度、湿度、压差计只需在典型房间设置，而不需每个房间都设。

7.3.10 温湿度变化范围大，不能满足实验动物的环境要求，也不利于空调系统的节能。

7.3.11 屏障环境设施净化区的工作人员进出净化区需要更衣，为了方便屏障环境设施净化区内工作人员之间及其与外部的联系，屏障环境设施应设可靠的通讯方式（如内部电话、对讲电话等）。

7.3.12 根据工程实际情况，必要时设置摄像监控装置，随时监控特定环境内的实验、动物的活动情况等。

8 消 防

8.0.1 实验动物设施的周边设置环形消防车道有利于消防车靠近建筑实施灭火，故要求在实验动物设施的周边宜设置环形消防车道。如设置环形车道有困难，则要求在建筑的两个长边设置消防车道。

8.0.2 综合考虑，二级耐火等级基本适合屏障环境设施的耐火要求，故要求独立建设的该类设施其耐火等级不应低于二级。当该类设施设置在其他的建筑物中时，包容它的建筑物必须做到不低于二级耐火等级。

8.0.3 本条要求是为了确保墙体分隔的有效性。

8.0.4、8.0.5 由于功能需要，有些局部区域具有较大的吊顶空间，为了保证该空间的防火安全性，故要求吊顶的材料为不燃且具有较高的耐火极限值。在此前提下，可不要求在吊顶内设消防设施。

8.0.6 本条规定了必须设置事故照明和灯光指示标志的原则、部位和条件。强调设置灯光疏散指示标志是为了确保疏散的可靠性。

8.0.7 面积大于 $50m^2$ 的在屏障环境设施净化区中要求安全出口的数量不应少于 2 个，是一个基本的原则。但考虑到这类设施对封闭性的特殊要求，规定其中 1 个出口可采用在紧急时能被击碎的钢化玻璃封闭。安全出口处应设置疏散指示标志和应急照明灯具。

8.0.8 一般情况下，疏散门应开向人流出走方向，但鉴于屏障环境设施净化区内特殊的洁净要求，以及该设施中人员实际数量的情况，故特别规定门的开启方向可根据功能特点确定。

8.0.9 本条建议屏障环境设施中宜设置火灾自动报警装置。这里没有强调应设火灾自动报警装置，是因为有的实验动物设施为独立建筑，且面积较小，没有必要设置火灾自动报警装置。当实验动物设施所在的建筑需要设置火灾自动报警装置时，实验动物设施内也应按要求设置火灾自动报警装置。

8.0.10 如果屏障环境设施净化区内设置自动喷水灭火装置，一旦出现自动喷洒设备误喷会导致该设施出现严重的污染后果。另外，实验动物设施内的可燃物质较少，故不要求设置自动喷水灭火系统，但应考虑在生产区（实验区）设置灭火器、消火栓等灭火措施。

8.0.11 给出了设置消火栓的原则和条件。屏障环境设施的消火栓尽量布置在非洁净区，如布置在洁净区内，消火栓应满足净化要求，并应作密封处理。

9 施工要求

9.1 一般规定

9.1.1 施工组织设计是工程质量的重要保证。

9.1.2、9.1.3 实验动物设施的工程施工涉及到建筑施工的各个专业，因此对施工的每道工序都应制定科学合理的施工计划和相应施工工艺，这是保证工期、质量的必要条件，并按照建筑工程资料管理规程的要求编写必要的施工、检验、调试记录。

9.2 建筑装饰

9.2.1 为了保证施工质量达到设计要求，施工现场应做到清洁、有序。

9.2.2 如果实验动物设施有压差要求的房间密封不严，房间所要求的压差难以满足，同时房间泄漏的风量大，造成所需的新风量加大，不利于空调系统的节能。

9.2.3 很多工程中并未设置测压孔，而是通过门下的缝隙进行压差的测量。如果门的缝隙较大时，压差不容易满足；门的缝隙较小时（如负压屏障环境的密封门），容易将测压管压死，使测量不准确，所以建议预留测压孔。

9.2.4、9.2.5 条文主要是对装饰施工的美观、密封提出要求。

9.3 空调净化

9.3.1 净化空调机组的风压较大，对基础高度的要求主要是保证冷凝水的顺利排出。

9.3.2 空调机组安装前应先进行设备基础、空调设备等的现场检查，合格后方可进行安装。

9.3.3～9.3.7 对风管的制作加工、安装前的保护、安装等提出要求。

9.3.9、9.3.10 要求除味装置不仅安装方便，而且维修更换容易。

10 检测和验收

10.1 工程检测

10.1.4 本条规定了实验动物设施工程环境指标检测的状态。

10.1.5 表中所列的项目为必检项目。

10.1.6 室内气流速度对笼具内动物有影响是当此笼具具有和环境相通的孔、洞、格栅等，如果是密闭的笼具，这一风速就没有必要测。

10.2 工程验收

10.2.1 工程环境指标检测是工程验收的前提。

10.2.2 建设与设计文件、施工文件、建筑相关部门的质检文件、环境指标检测文件等是实验动物设施工程验收的基本文件，必须齐全。

10.2.3 本条规定了实验动物设施工程验收报告中验收结论的评价方法。

中华人民共和国行业标准

城市公共厕所设计标准

Standard for design of public toilets in city

CJJ 14—2005

J 476—2005

批准部门：中华人民共和国建设部

施行日期：2 0 0 5 年 1 2 月 1 日

中华人民共和国建设部
公　　告

第365号

建设部关于发布行业标准《城市公共厕所设计标准》的公告

现批准《城市公共厕所设计标准》为行业标准，编号为CJJ 14-2005，自2005年12月1日起实施。其中，第3.3.8、3.3.15、3.5.8、4.0.13、6.0.7、7.0.1条为强制性条文，必须严格执行。原行业标准《城市公共厕所规划和设计标准》CJJ 14-87同时废止。

本标准由建设部标准定额研究所组织中国建筑工业出版社出版发行。

中华人民共和国建设部

2005年9月16日

前　　言

根据建设部建标［2002］84号“关于印发《2001～2002年度工程建设城建、建工行业标准制定、修订》的通知”的要求，标准编制组经过广泛调研和认真总结，参考有关国际标准和国外先进标准，在充分征求意见的基础上，对《城市公共厕所规划和设计标准》CJJ 14-87进行了修订。

本标准的主要技术内容是：1. 总则；2. 术语；3. 设计规定；4. 独立式公共厕所的设计；5. 附属式公共厕所的设计；6. 活动式公共厕所的设计；7. 公共厕所无障碍设施设计。

修订的主要技术内容是：1. 增加了术语；2. 设计原则由“卫生、适用、经济”，改为“文明、卫生、方便、适用、节水、防臭”；3. 增加了卫生设施设置的具体要求；4. 增加了独立式公共厕所、附属式公共厕所和活动式公共厕所设计的要求；5. 增加了卫生洁具平面布置的要求；6. 增加了卫生设施的安装要求；7. 对男、女厕位设置比例作了调整；8. 增加了无障碍公共厕所设计的要求。

本标准由建设部负责管理和对强制性条文的解释，主编单位负责具体技术内容的解释。

本标准主编单位：北京市环境卫生设计科学研究所（地址：北京市朝阳区尚家楼甲48号，邮政编码：100028）。

本标准参编单位：北京市市政管理委员会
　　上海市环境卫生工程设计科学研究院

本标准主要起草人：俞锡弟　梁广生　马康丁
　　吴文伟　刘　竞　俞志进
　　刘建平　朱　桦　麦绍在
　　张海兵　张彦天　杜海涛
　　孟繁柱　邓义清　刘建东

目　次

1 总　　则

1.0.1 为使城市公共厕所的设计、建设和管理符合城市发展要求，满足城市居民和流动人口需要，制定本标准。

1.0.2 本标准适用于城市各种不同类型公共厕所的设计。

1.0.3 公共厕所的建设应按照城市总体规划和城市环境卫生设施规划要求纳入详细规划。

1.0.4 城市公共厕所应逐步建立以固定式公共厕所为主，活动式公共厕所为辅，沿街公共建筑内厕所对外开放的城市公共厕所布置格局；附属式公共厕所应为现代城市公共厕所建设的主要方向；环境卫生管理部门应贮备一定数量的活动厕所满足大型活动对辅助设施的需要。

1.0.5 公共厕所的设计除应符合本标准外，尚应符合国家现行有关标准的规定。

2 术　　语

2.0.1 公共厕所（公厕）　WC，public toilets，lavatory，restroom

在道路两旁或公共场所等处设置的厕所。

2.0.2 独立式公共厕所　independence public toilets

不依附于其他建筑物的公共厕所。

2.0.3 附属式公共厕所　dependence public toilets

依附于其他建筑物的公共厕所。

2.0.4 无障碍专用厕所　toilets for disable people

供老年人、残疾人和行动不方便的人使用的厕所。

2.0.5 活动式公共厕所（活动厕所）　mobile public toilets

能移动使用的公共厕所。

2.0.6 固定式公共厕所　fix up public toilets

不能移动使用的公共厕所。

2.0.7 单体厕所　monocase public toilets

只包含一套卫生器具的活动式公共厕所。

2.0.8 组装厕所　movable combination public toilets

由多个单体厕所组合在一起的活动式公共厕所。

2.0.9 拖动厕所　drag-movable public toilets

由其他车辆拉动至使用场所的活动式公共厕所。

2.0.10 汽车厕所　busses public toilets

能行驶至使用场所的活动式公共厕所。

2.0.11 水冲便器　water closet

用水冲洗的坐（蹲）便器。

2.0.12 卫生间　toilets，lavatory

用于大小便、洗漱并安装了相应卫生洁具的房间或建筑物。

2.0.13 公共卫生间　public toilets

供公众使用的卫生间。具有较完善的卫生设施。

2.0.14 盥洗室（洗手间）　washroom

具有洗漱功能的房间，一般可设置于卫生间内出入口与厕所间之间，也可单独设置。

2.0.15 厕位（蹲、坐位）　cubical

在厕所内安装一个蹲便器或一个坐便器的隔断间，高处开敞用于空气循环。

2.0.16 厕所间　compartment

安装了一个蹲便器或一个坐便器和洗手盆的独立的房间。

2.0.17 第三卫生间　third public toilets

专为协助行动不能自理的异性使用的厕所。如：女儿协助老父亲，儿子协助老母亲，母亲协助小男孩，父亲协助小女孩等。

3 设 计 规 定

3.1 一 般 规 定

3.1.1 公共厕所的设计应以人为本，符合文明、卫生、适用、方便、节水、防臭的原则。

3.1.2 公共厕所外观和色彩的设计应与环境协调，并应注意美观。

3.1.3 公共厕所的平面设计应合理布置卫生洁具和洁具的使用空间，并应充分考虑无障碍通道和无障碍设施的配置。

3.1.4 公共厕所应分为独立式、附属式和活动式公共厕所三种类型。公共厕所的设计和建设应根据公共厕所的位置和服务对象按相应类别的设计要求进行。

3.1.5 独立式公共厕所按建筑类别应分为三类。各类公共厕所的设置应符合下列规定：

1　商业区、重要公共设施、重要交通客运设施，公共绿地及其他环境要求高的区域应设置一类公共厕所；

2　城市主、次干路及行人交通量较大的道路沿线应设置二类公共厕所；

3　其他街道和区域应设置三类公共厕所。

3.1.6 附属式公共厕所按建筑类别应分为二类。各类公共厕所的设置应符合下列规定：

1　大型商场、饭店、展览馆、机场、火车站、影剧院、大型体育场馆、综合性商业大楼和省市级医院应设置一类公共厕所；

2　一般商场（含超市）、专业性服务机关单位、体育场馆、餐饮店、招待所和区县级医院应设置二类公共厕所。

3.1.7 活动式公共厕所按其结构特点和服务对象应分为组装厕所、单体厕所、汽车厕所、拖动厕所和无障碍厕所五种类别。

3.1.8 公共厕所应适当增加女厕的建筑面积和厕位数量。厕所男蹲（坐、站）位与女蹲（坐）位的比例宜为1∶1～2∶3。独立式公共厕所宜为1∶1，商业区域内公共厕所宜为2∶3。

3.2 卫生设施的设置

3.2.1 公共场所公共厕所卫生设施数量的确定应符合表3.2.1的规定：

表3.2.1 公共场所公共厕所每一卫生器具服务人数设置标准

卫生器具 设置位置	大便器		小便器
	男	女	
广场、街道	1000	700	1000
车站、码头	300	200	300
公　园	400	300	400
体育场外	300	200	300
海滨活动场所	70	50	60

注：1 洗手盆应按本标准第3.3.15的规定采用；
2 无障碍厕所卫生器具的设置应符合本标准第7章的规定。

3.2.2 商场、超市和商业街公共厕所卫生设施数量的确定应符合表3.2.2的规定：

表3.2.2 商场、超市和商业街为顾客服务的卫生设施

商店购物面积（m²）	设　施	男	女
1000～2000	大便器	1	2
	小便器	1	—
	洗手盆	1	1
	无障碍卫生间	1	
2001～4000	大便器	1	4
	小便器	2	—
	洗手盆	2	4
	无障碍卫生间	1	
≥4000	按照购物场所面积成比例增加		

注：1 该表推荐顾客使用的卫生设施是对净购物面积1000m² 以上的商场；
2 该表假设男、女顾客各为50%，当接纳性别比例不同时应进行调整；
3 商业街应按各商店的面积合并计算后，按上表比例配置；
4 商场和商业街卫生设施的设置应符合本标准第5章的规定；
5 商场和商业街无障碍卫生间的设置应符合本标准第7章的规定；
6 商店带饭馆的设施配置应按本标准表3.2.3的规定取值。

3.2.3 饭馆、咖啡店、小吃店、快餐店和茶艺馆公共厕所卫生设施的确定应符合表3.2.3的规定：

表3.2.3 饭馆、咖啡店、小吃店、茶艺馆、快餐店为顾客配置的卫生设施

设施	男	女
大便器	400人以下，每100人配1个；超过400人每增加250人增设1个	200人以下，每50人配1个，超过200人每增加250人增设1个
小便器	每50人1个	无
洗手盆	每个大便器配1个，每5个小便器增设1个	每个大便器配1个
清洗池	至少配1个	

注：1 一般情况下，男、女顾客按各为50%考虑；
2 有关无障碍卫生间的设置应符合本标准第7章的规定。

3.2.4 体育场馆、展览馆、影剧院、音乐厅等公共文体活动场所公共厕所卫生设施数量的确定应符合表3.2.4的规定：

表3.2.4 公共文体活动场所配置的卫生设施

设施	男	女
大便器	影院、剧场、音乐厅和相似活动的附属场所，250人以下设1个，每增加1～500人增设1个	影院、剧场、音乐厅和相似活动的附属场所： 不超过40人的设1个 41～70人设3个 71～100人设4个 每增1～40人增设1个
小便器	影院、剧场、音乐厅和相似活动的附属场所，100人以下设2个，每增加1～80人增设1个	无
洗手盆	每1个大便器1个，每1～5个小便器增设1个	每1个大便器1个，每增2个大便器增设1个
清洁池	不少于1个，用于保洁	

注：1 上述设置按男女各为50%计算，若男女比例有变化应进行调整；
2 若附有其他服务设施内容（如餐饮等），应按相应内容增加配置；
3 公共娱乐建筑、体育场馆和展览馆无障碍卫生设施配置应符合本标准第7章的规定；
4 有人员聚集场所的广场内，应增建馆外人员使用的附属或独立厕所。

3.2.5 饭店（宾馆）公共厕所卫生设施数量的确定应符合表3.2.5的规定：

表 3.2.5 饭店（宾馆）为顾客配置的卫生设施

招待类型	设备（设施）	数量	要求
附有整套卫生设施的饭店	整套卫生设施	每套客房1套	含澡盆（淋浴），坐便器和洗手盆
	公用卫生间	男女各1套	设置底层大厅附近
	职工洗澡间	每9名职员配1个	
	清洁池	每30个客房1个	每层至少1个
不带卫生套间的饭店和客房	大便器	每9人1个	
	公用卫生间	男女各1套	设置底层大厅附近
	洗澡间	每9位客人1个	含浴盆（淋浴）、洗手盆和大便器
	清洁池	每层1个	

3.2.6 机场、火车站、公共汽（电）车和长途汽车始末站、地下铁道的车站、城市轻轨车站、交通枢纽站、高速路休息区、综合性服务楼和服务性单位公共厕所卫生设施数量的确定应符合表3.2.6的规定：

表 3.2.6 机场、（火）车站、综合性服务楼和服务性单位为顾客配置的卫生设施

设施	男	女
大便器	每1～150人配1个	1～12人配1个；13～30人配2个；30人以上，每增加1～25人增设1个
小便器	75人以下配2个；75人以上每增加1～75人增设1个	无
洗手盆	每个大便器配1个，每1～5个小便器增设1个	每2个大便器配1个
清洁池	至少配1个，用于清洗设施和地面	

注：1 为职工提供的卫生间设施应按本标准第3.2.7条的规定取值；
2 机场、（火）车站、综合性服务楼和服务性单位无障碍卫生间要求应符合本标准第7章的规定；
3 综合性服务楼设饭馆的，饭馆的卫生设施应按本标准第3.2.3条的规定取值；
4 综合性服务楼设音乐、歌舞厅的，音乐、歌舞厅内部卫生设施应按本标准第3.2.4条的规定取值。

3.2.7 办公、商场、工厂和其他公用建筑为职工配置的卫生设施数量的确定应符合表3.2.7的规定：

表 3.2.7 办公、商场、工厂和其他公用建筑为职工配置的卫生设施

适合任何种类职工使用的卫生设施：		
数量（人）	大便器数量	洗手盆数量
1～5	1	1
6～25	2	2
26～50	3	3
51～75	4	4
76～100	5	5
>100	增建卫生间的数量或按每25人的比例增加设施	
其中男职工的卫生设施		
男性人数	大便器	小便器
1～15	1	1
16～30	2	1
31～45	2	2
46～60	3	2
61～75	3	3
76～90	4	3
91～100	4	4
>100	增建卫生间的数量或按每50人的比例增加设施	

注：1 洗手盆设置：50人以下，每10人配1个，50人以上每增加20人增配1个；
2 男女性别的厕所必需各设1个；
3 无障碍厕所应符合本标准第7章的规定；
4 该表卫生设施的配置适合任何种类职工使用；
5 该表如考虑外部人员使用，应按多少人可能使用一次的概率来计算。

3.3 设计规定

3.3.1 公共厕所的平面设计应将大便间、小便间和盥洗室分室设置，各室应具有独立功能。小便间不得露天设置。厕所的进门处应设置男、女通道，屏蔽墙或物。每个大便器应有一个独立的单元空间，划分单元空间的隔断板及门与地面距离应大于100mm，小于150mm。隔断板及门距离地坪的高度：一类二类公厕大于1.8m、三类公厕大于1.5m。独立小便器站位应有高度0.8m的隔断板。

3.3.2 公共厕所的大便器应以蹲便器为主，并应为老年人和残疾人设置一定比例的坐便器。大、小便的冲洗宜采用自动感应或脚踏开关冲便装置。厕所的洗手龙头、洗手液宜采用非接触式的器具，并应配置烘干机或用一次性纸巾。大门应能双向开启。

3.3.3 公共厕所服务范围内应有明显的指示牌。所需要的各项基本设施必须齐备。厕所平面布置宜将管

道、通风等附属设施集中在单独的夹道中。厕所设计应采用性能可靠、故障率低、维修方便的器具。

3.3.4 公共厕所内部空间布置应合理，应加大采光系数或增加人工照明。大便器应根据人体活动时所占的空间尺寸合理布置。通过调整冲水和下水管道的安装位置和方式，确保前后空间的设置符合本标准第3.4节的规定。一类公共厕所冬季应配置暖气、夏季应配置空调。

3.3.5 公共厕所应采用先进、可靠、使用方便的节水卫生设备。公共厕所卫生器具的节水功能应符合现行行业标准《节水型生活用水器具》CJ 164的规定。大便器宜采用每次用水量为6L的冲水系统。采用生物处理或化学处理污水，循环用水冲便的公共厕所，处理后的水质必须达到国家现行标准《城市污水再生利用城市杂用水水质》GB/T 18920的要求。

3.3.6 公共厕所应合理布置通风方式，每个厕位不应小于40m^3/h换气率，每个小便位不应小于20m^3/h的换气率，并应优先考虑自然通风。当换气量不足时，应增设机械通风。机械通风的换气频率应达到3次/h以上。设置机械通风时，通风口应设在蹲（坐、站）位上方1.75m以上。大便器应采用具有水封功能的前冲式蹲便器，小便器宜采用半挂式便斗。有条件时可采用单厕排风的空气交换方式。公共厕所在使用过程中的臭味应符合现行国家标准《城市公共厕所卫生标准》GB/T 17217和《恶臭污染物排放标准》GB 14554的要求。

3.3.7 厕所间平面优先尺寸（内表面尺寸）宜按表3.3.7选用。

表3.3.7 厕所间平面优先尺寸(内表面尺寸)（mm）

洁具数量	宽　度	深　度	备用尺寸
三件洁具	1200，1500，1800，2100	1500,1800,2100,2400，2700	$n\times100$（$n\geqslant9$）
二件洁具	1200，1500，1800	1500，1800，2100，2400	
一件洁具	900，1200	1200,1500,1800	

3.3.8 公共厕所墙面必须光滑，便于清洗。地面必须采用防渗、防滑材料铺设。

3.3.9 公共厕所的建筑通风、采光面积与地面面积比不应小于1∶8，外墙侧窗不能满足要求时可增设天窗。南方可增设地窗。

3.3.10 公共厕所室内净高宜为3.5～4.0m（设天窗时可适当降低）。室内地坪标高应高于室外地坪0.15m。化粪池建在室内地下的，地坪标高应以化粪池排水口而定。采用铸铁排水管时，其管道坡度应符合表3.3.10的规定。

表3.3.10 铸铁排水管道的标准坡度和最小坡度

管径（mm）	标准坡度	最小坡度	管径（mm）	标准坡度	最小坡度
50	0.035	0.025	125	0.015	0.010
75	0.025	0.015	150	0.010	0.007
100	0.020	0.012	200	0.008	0.005

3.3.11 每个大便厕位长应为1.00～1.50m、宽应为0.85～1.20m，每个小便站位（含小便池）深应为0.75m、宽应为0.70m。独立小便器间距应为0.70～0.80m。

3.3.12 厕内单排厕位外开门走道宽度宜为1.30m，不得小于1.00m；双排厕位外开门走道宽度宜为1.50～2.10m。

3.3.13 各类公共厕所厕位不应暴露于厕所外视线内，厕位之间应有隔板。

3.3.14 通槽式水冲厕所槽深不得小于0.40m，槽底宽不得小于0.15m，上宽宜为0.20～0.25m。

3.3.15 公共厕所必须设置洗手盆。公共厕所每个厕位应设置坚固、耐腐蚀挂物钩。

3.3.16 单层公共厕所窗台距室内地坪最小高度应为1.80m；双层公共厕所上层窗台距楼地面最小高度应为1.50m。

3.3.17 男、女厕所厕位分别超过20时，宜设双出入口。

3.3.18 厕所管理间面积宜为4～12m^2，工具间面积宜为1～2m^2。

3.3.19 通槽式公共厕所宜男、女厕分槽冲洗。合用冲水槽时，必须由男厕向女厕方向冲洗。

3.3.20 建多层公共厕所时，无障碍厕所间应设在底层。

3.3.21 公共厕所的男女进出口，必须设有明显的性别标志，标志应设置在固定的墙体上。

3.3.22 公共厕所应有防蝇、防蚊设施。

3.3.23 在要求比较高的场所，公共厕所可设置第三卫生间。第三卫生间应独立设置，并应有特殊标志和说明。

3.4 卫生洁具的平面布置

3.4.1 公共厕所应合理布置卫生洁具在使用过程中的各种空间尺寸，空间尺寸可用其在平面上的投影尺寸表示。公共厕所设计使用的图例应按图3.4.1采用。

3.4.2 公共厕所卫生洁具的使用空间应符合表3.4.2的规定。

3.4.3 公共厕所单体卫生洁具设计需要的使用空间应符合图3.4.3-1～图3.4.3-5的规定。

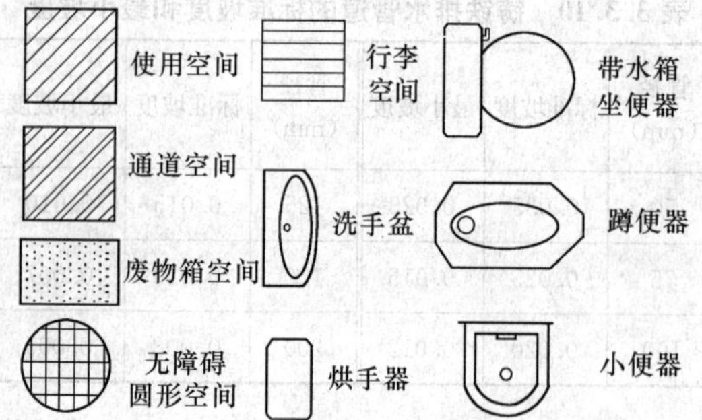

图 3.4.1 图例

表 3.4.2 常用卫生洁具平面尺寸和使用空间

洁 具	平面尺寸（mm）	使用空间（宽×进深 mm）
洗手盆	500×400	800×600
坐便器（低位、整体水箱）	700×500	800×600
蹲便器	800×500	800×600
卫生间便盆（靠墙式或悬挂式）	600×400	800×600
碗型小便器	400×400	700×500
水槽（桶/清洁工用）	500×400	800×800
擦手器（电动或毛巾）	400×300	650×600

注：使用空间是指除了洁具占用的空间，使用者在使用时所需空间及日常清洁和维护所需空间。使用空间与洁具尺寸是相互联系的。洁具的尺寸将决定使用空间的位置。

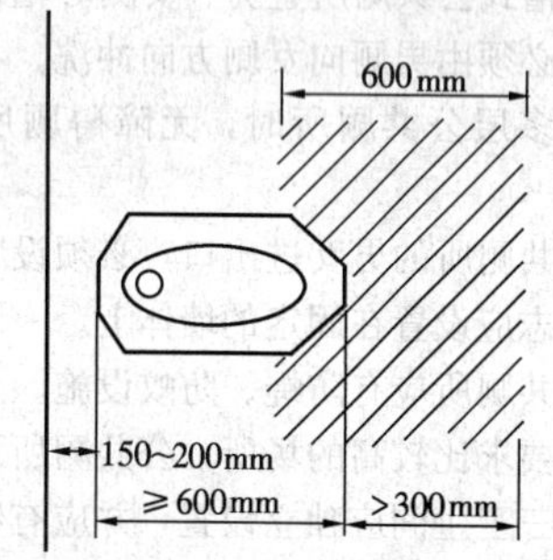

图 3.4.3-1 蹲便器人体使用空间

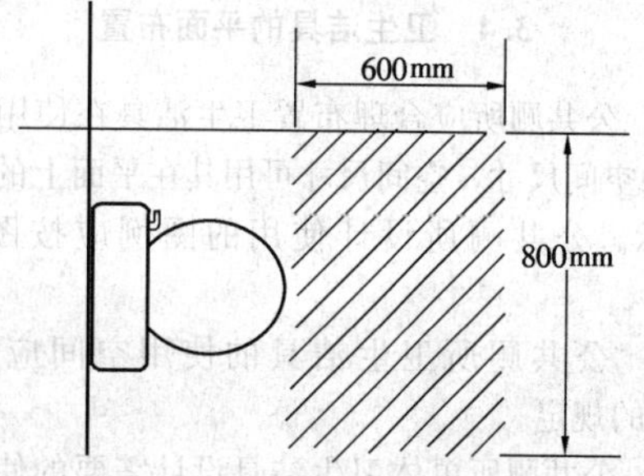

图 3.4.3-2 坐便器人体使用空间

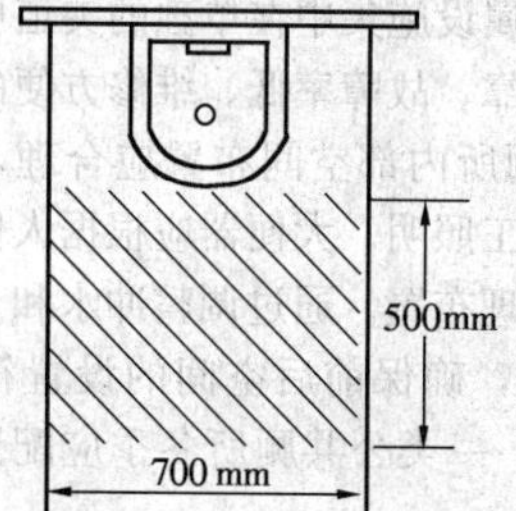

图 3.4.3-3 小便器人体使用空间

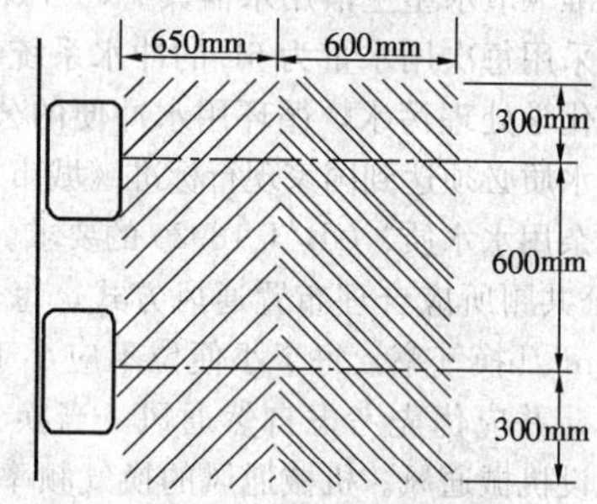

图 3.4.3-4 烘手器人体使用空间

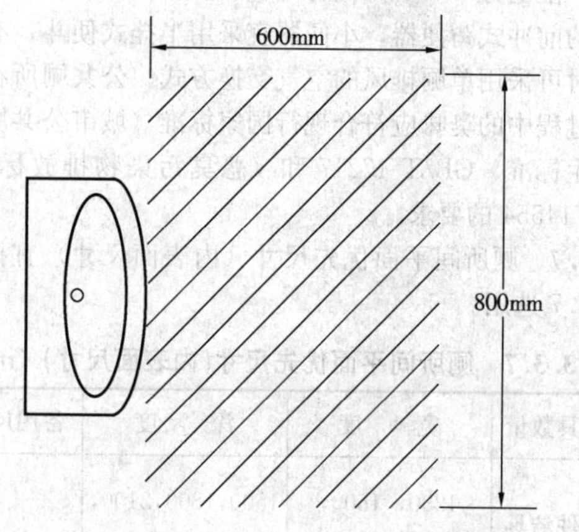

图 3.4.3-5 洗手盆人体使用空间

3.4.4 通道空间应是进入某一洁具而不影响其他洁具使用者所需要的空间。通道空间的宽度不应小于 600mm。

3.4.5 在厕所厕位隔间和厕所间内，应为人体的出入、转身提供必需的无障碍圆形空间，其空间直径应为 450mm（图 3.4.5）。无障碍圆形空间可用在坐便器、临近设施及门的开启范围内画出的最大的圆表示。

3.4.6 行李空间应设置在厕位隔间。其尺寸应与行李物品的式样相适应。火车站，机场和购物中心，宜在厕位隔间内提供 900mm×350mm 的行李放置区，并不应占据坐便器的使用空间。坐便器便盆宜安置在靠近门安装合页的一边，便盆轴线与较近的墙的距离不宜少于 400mm（图 3.4.6-1、3.4.6-2）。

3.4.7 相邻洁具间应提供不小于 65mm 的间隙，以

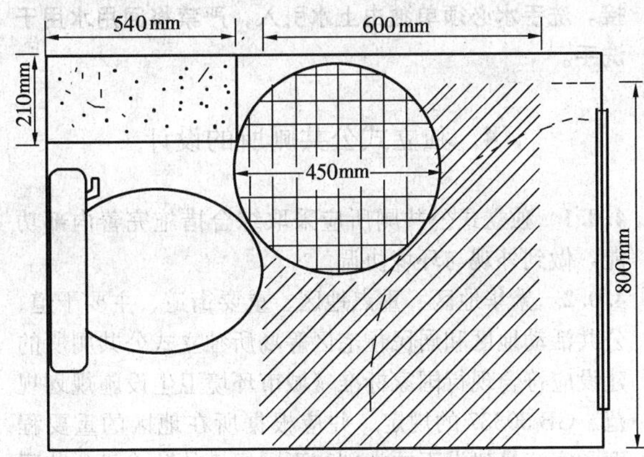

图 3.4.5　内开门坐便器厕所间人体活动空间图

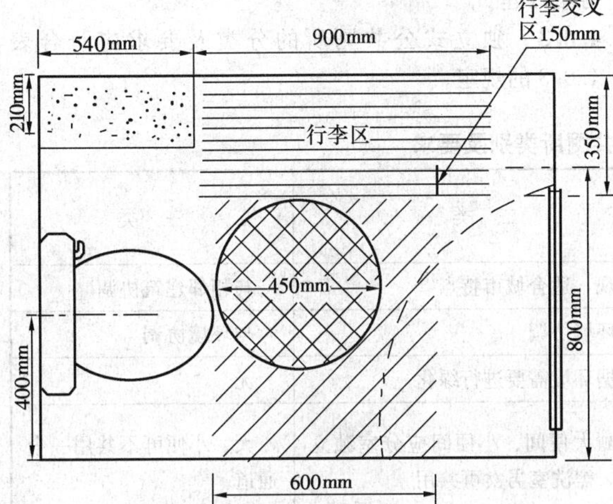

图 3.4.6-1　内开门坐便器厕所间人体活动空间图

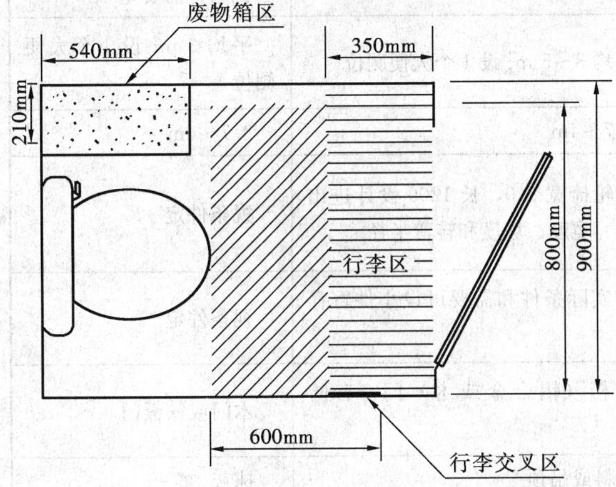

图 3.4.6-2　外开门坐便器带行李区厕所间人体活动空间图

利于清洗（图 3.4.7）。

3.4.8　在洁具可能出现的每种组合形式中，一个洁具占用另一相邻洁具的使用空间的最大部分可以增加到 100mm。平面组合可根据这一规定的数据设置（图 3.4.8）。

3.4.9　有坐便器的厕所间内应设置洗手盆。厕所间的尺寸应由洁具的安装，门的宽度和开启方向来决定。450mm 的无障碍圆形空间不应被重叠使用空间占据。洁具的轴线间和临近的墙面的距离不应小于 400mm。在有厕位隔间的地方应为坐便器和水箱设置宽 800mm、深 600mm 的使用空间，并应预备出安装厕纸架、衣物挂钩和废物处理箱的空间（图 3.4.8）。

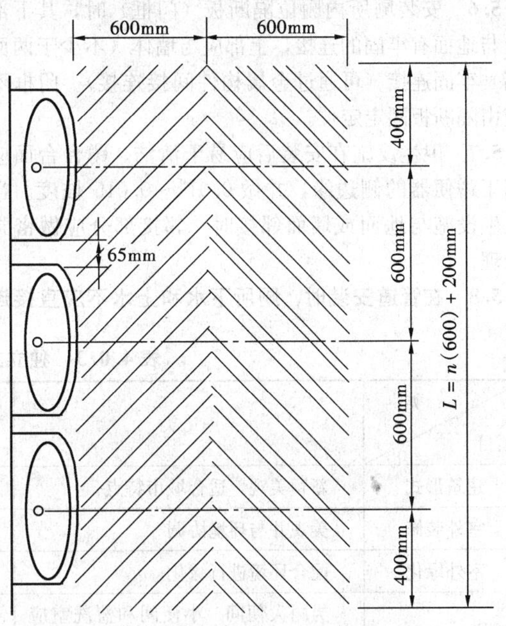

图 3.4.7　组合式洗手盆人体使用空间

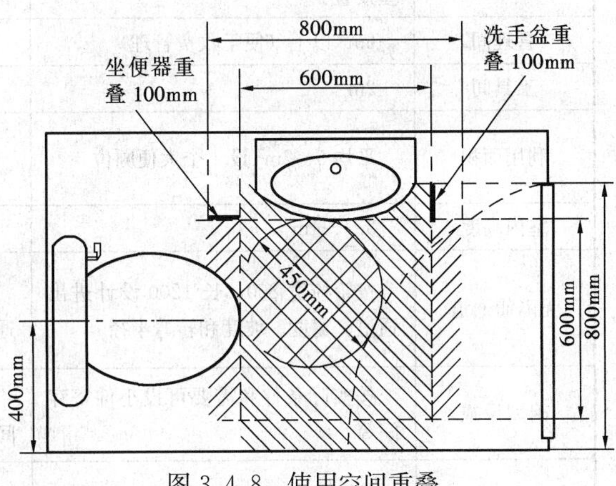

图 3.4.8　使用空间重叠

3.5　卫生设施的安装

3.5.1　卫生设施安装前应对所有的洞口位置和尺寸进行检查，确定管道和施工工艺之间的一致性。

3.5.2　在运送卫生设备前，应对存放场地进行清理，加围档，避免设备被损坏。运输过程中应确保所有设备和洁具的安全，并应对水龙头、管材、板材等进行检查。安装前的设备和洁具宜集中存放。

3.5.3　在安装时应对设备进行保护，应避免釉质及电镀表面损坏。

3.5.4 在安装设备前，应安装好上水和下水管道，并应确保上下水管道畅通无阻。

3.5.5 不应用管道和其他制品做支撑和固定卫生设施的附件。螺丝应使用金属材料或不锈钢，支架及支撑部件应做防腐、防锈处理。支架应安装牢固。当卫生设施被固定在地面时，被固定的地面部分应平整。在支架上的设施应与墙面固定。

3.5.6 安装厕所内厕位隔断板（门框）时，其下部应与地面有牢固的连接，上部应与墙体（不少于两面墙）牢固连接（可通过金属构件间接连接）。门框不应由隔断板固定定位。

3.5.7 卫生设施在安装后应易于清洁。蹲台台面应高于蹲便器的侧边缘，并做0.01°～0.015°坡度。当卫生设施与地面或墙面邻接时，邻接部分应做密封处理。

3.5.8 在管道安装时，厕所下水和上水不应直接连接。洗手水必须单独由上水引入，严禁将回用水用于洗手。

4 独立式公共厕所的设计

4.0.1 独立式公共厕所应采取综合措施完善内部功能，做到外观与环境协调。

4.0.2 繁华地区、重点地区、重要街道、主要干道、公共活动地区和居民住宅区等场所独立式公共厕所的建设应符合现行国家标准《城市环境卫生设施规划规范》GB 50337的规定。并应根据所在地区的重要程度和客流量建设不同类别和不同规模的独立式公共厕所。对不符合本标准要求的平房居住区公共厕所，应分批改建。

4.0.3 独立式公共厕所的分类及要求应符合表4.0.3的规定。

表4.0.3 独立式公共厕所类别及要求

项目＼类别	一类	二类	三类
建筑形式	新颖美观，适合城市特点	美观，适合城市特点	与相邻建筑协调
室外装修	美观并与环境协调	与环境协调	与环境协调
室外绿化	配合环境进行绿化	根据环境需要进行绿化	无
平面布置	男厕大便间、小便间和盥洗室应分室独立设置。女厕设盥洗室，分室设置	男厕大便间、小便间应分室独立设置。盥洗室男女可共用	大、小便可不共用一个通道
管理间	$6m^2$ 以上（便于收费管理）	$4m^2$ 以上（便于收费管理）	视条件需要定
工具间	$2m^2$	$2m^2$	视条件需要定
利用面积	平均 $5\sim7m^2$ 设1个大便厕位	平均 $3\sim5\ m^2$ 设1个大便厕位	平均 $3\ m^2$ 设1个大便厕位
室内高度	3.7～4m	3.7～4m	3.7～4m
无障碍通道	按轮椅宽800，长1200设计进出通道、宽度、坡度和转弯半径	按轮椅宽800，长1200设计进出通道、宽度、坡度和转弯半径	视条件定
附属设施	按实际条件和需要可设小件寄存间等	按实际条件和需要可设小件寄存间等	视条件定
厕所大门	优质高档门，有防蝇帘	中档（铝合金或木）门，有防蝇帘	木门或铁板门
室内顶棚	防潮耐腐蚀材料吊顶	涂料或吊顶	抹灰
室内墙面	贴高档面砖到顶	贴面砖到顶	抹灰
地面、蹲台	铺高级防滑地面砖	铺标准防滑地面砖	铺防腐地面砖
供水	管径50～75mm，室内不暴露	管径50～75mm，室内不暴露	管径25～50mm
地面排水	设水封地漏男女各一个	设水封地漏男女各一个	设排水孔入便槽
排水	排水管200mm以上，带水封	排水管200mm以上，带水封	通槽与粪井之间设水封
拖布池	有，不暴露	有，不暴露	有

续表 4.0.3

类别 项目	一 类	二 类	三 类
三格化粪池	有	有	有
采暖	有	视条件定	无
空调	有	视条件定	无
大便厕位面积（m^2）	（0.9～1.2）×（1.3～1.5）	（0.9～1.2）×（1.2～1.5）	0.85×（1.0～1.2）
大便厕位隔断板	防划、防画的材料，高 1.8m	防划、防画的材料，高 1.8m	水磨石等 1.5m
大便厕位门	防酸、碱、刻、划、烫的新材料，高 1.8m。门的安装宜采用升降式合页。门锁应能显示有、无人上厕，并能由管理人员从外开启	防酸、碱、刻、划、烫的新材料，高 1.8m。门的安装宜采用升降式合页。门锁应能显示有、无人上厕，并能由管理人员从外开启	木门 1.5m
大便器	高级坐、蹲（前冲式）式独立大便器（2∶8）。蹲式大便器长度不小于 600mm，其前沿离门不小于 400mm	标准坐、蹲（前冲式）式独立大便器（1∶9）。蹲式大便器长度不小于 600mm，其前沿离门不小于 400mm	隔臭便器或带尿挡无底便器，其前沿离门不小于 300mm
大便冲水设备	蹲式大便器采用红外感应自动冲水或脚踏式冲水	蹲式大便器采用红外感应自动冲水或脚踏式冲水	节水手动阀，集中水箱自控冲水
残疾人大便器	带扶手架高级坐便器，男女各一个	带扶手架标准坐便器，男女各一个	带扶手架坐便器，男女各一个
老年人大便器	带扶手架高级坐便器，男女各一个（视情况与残疾人分设）	带扶手架标准坐便器，男女各一个	带扶手架坐便器，男女各一个
小便站位间距	0.8m	0.7m	通槽
小便站位隔板	宽 0.4m，高 0.8m	宽 0.4m，高 0.8m	视需要定
小便冲洗设备	红外感应自动冲水	红外感应自动冲水或脚踏式冲水	脚踏式手动节水阀
小便器	高级大半挂，设有儿童用小便器	标准大半挂，设有儿童用小便器	无站台瓷砖小便槽
残疾人小便器	带不锈钢扶手架的小便站位，男厕设一个	带扶手架的小便站位，男厕设一个	带扶手架的小便站位，男厕设一个
应叫器	残疾和老年人厕位设置	残疾和老年人厕位设置	不设置，厕位不设锁
挂衣钩	每个厕位设一个美观、坚固挂衣钩	每个厕位设一个标准挂衣钩	每个厕位设一个坚固挂衣钩
手纸架	有	有	无
废纸容器	男、女厕每厕位设一个	男、女厕每厕位设一个	无
洗手盆	落地式带红外感应豪华洗手盆	带感应或延时水龙头标准洗手盆	洗手盆或洗手池
洗手液机	有（手动式），男女厕各设 1 个	洗手液或香皂	无
烘手机	有，根据厕位数量男女厕各设 1～2 个或提供纸巾	视需要定	无
面镜	通片式	通片式或镜箱	收费厕所设
除臭装置	有	有	无
指路牌	有	有	有
灯光厕所标牌	有	有	有
厕门男女标牌	有	有	有
坐蹲器形状牌	有	有	无

4.0.4 独立式公共厕所的外部宜进行绿化屏蔽，美化环境。

4.0.5 独立式公共厕所的无障碍设计的走道和门等设计参数，一类和二类公共厕所应按轮椅长1200mm、宽800mm进行设计。无障碍厕所间内应有1500mm×1500mm面积的轮椅回转空间。独立式公共厕所无障碍设计要求应符合现行行业标准《城市道路和建筑物无障碍设计规范》(JGJ 50)的有关规定。

4.0.6 三类公共厕所小便槽不宜设站台，应将小便槽做在室内地坪以下，并应做好地面坡度，在小便的站位应铺设垂直方向（相对便槽走向）的防滑盲道砖。

4.0.7 粪便排出口应设ϕ150～ϕ300mm的防水弯头或设隔气连接井，地漏必须有水封和阻气防臭装置，洗手盆应设置水封弯头。化粪池应设置排气管，宜将管道直接引到墙内的独立管道向室外高空排放。管道不应漏气，并应做防腐处理。三类公厕宜使用隔臭便器，在大便通槽后方宜设置垂直排气通道，把恶臭气引向高空排放。

4.0.8 地下厕所的设计和建设，应充分了解场址地下构筑物及市政管线的现状，并应注意粪液抽吸、排（除）臭和自然采光。当污水不能直接排入市政管线时，必须设置贮粪池，并配备污泵提升设备，提升设备应有备件。地下厕所的设计外观不得影响整体景观。

4.0.9 公共厕所地面、蹲台、小便池及墙裙，均应采用不透水材料做成。地面应有0.01°～0.015°坡度，并应安设水沟或地漏。坡度方向不应使洗刷废水流出室外。

4.0.10 独立式公共厕所的通风设计应符合下列要求：

1 厕所的纵轴应垂直于夏季主导风向，并应综合考虑太阳辐射以及夏季暴雨的袭击等；

2 门窗开启角度应增大，改善厕所的通风效果；

3 挑檐宽度应加大，导风入室；

4 开设天窗时，宜在天窗外侧加设挡风板，以保证通风效果；

5 宜增设引气排风道。

4.0.11 寒冷地区独立式公共厕所应采取保温防寒措施。

4.0.12 窗和冷桥、对外围传热异常部位和构件应采取保温措施：

1 在满足采光通风等要求下，应减少窗口面积，并改善窗的保温性能。在寒冷地区可采用双层窗甚至三层窗；

2 围护结构中，应在冷桥构件外侧附加保温材料。

4.0.13 化粪池（贮粪池）四壁和池底应做防水处理，池盖必须坚固（特别是可能行车的位置）、严密合缝，检查井、吸粪口不宜设在低洼处，以防雨水浸入。化粪池（贮粪池）的位置应设置在人们不经常停留、活动之处，并应靠近道路以方便清洁车抽吸。化粪池与地下水源、取水构筑物的距离不得小于30m，化粪池壁与其他建筑物的距离不得小于5m。

4.0.14 化粪池容积应符合表4.0.14的规定。

表4.0.14 各型号化粪池容积

化粪池型号	有效容积（m³）	实际使用人数
1	3.75	120
2	6.25	120～200
3	12.50	200～400
4	20.0	400～600
5	30.0	600～800
6	40.0	800～1100
7	50.0	1100～1400

注：表中的实际人数是按每人每日污水量25L，污泥量0.4L，污水停留时间12h，清掏周期120d计算。如与以上基本参数不同时，应按比例相应改变。

4.0.15 粪便不能通入市政排水系统的公共厕所，应设贮粪池。贮粪池的容积应按下式计算：

$$W=\frac{1.3a_nN+365V}{C_n} \quad (4.0.15)$$

式中 W——贮粪池容积（m³）；

a_n——人一年粪尿积蓄量（m³）；

N——每日使用该厕所的人数；

1.3——贮粪池的预备容积系数（防备掏运延误）；

C_n——年中贮粪池清除次数；

V——每日用水量。

4.0.16 公共厕所粪水排放方式应优先考虑采用直接排入市政污水管道的方式，其次考虑采用经化粪池发酵沉淀后排入市政污水管道的方式。当不具备排入市政污水管道条件时，应采用设贮粪池用抽粪车抽吸排放方式。

4.0.17 通风孔及排水沟等通至厕外的开口处，应设防鼠铁算。

5 附属式公共厕所的设计

5.0.1 商场（含超市）、饭店、展览馆、影剧院、体育场馆、机场、火车站、地铁和公共设施等服务性部门，必须根据其客流量，建设相应规模和数量的附属式公共厕所。

5.0.2 附属式公共厕所不应影响主体建筑的功能，并应设置直接通至室外的单独出入口。

5.0.3 已建成的主要商业区和主要大街的公共服务单位应改建足够数量的对顾客开放的附属式厕所。

5.0.4 附属式公共厕所的分类及要求应符合表5.0.4的规定。

表 5.0.4 附属式公共厕所类别及要求

项目 \ 类别	一 类	二 类
平面布置	男厕大便间、小便间和盥洗室应分室独立设置。女厕分二室	男厕大便间、小便间应分室独立设置。盥洗室男女可共用
利用面积	平均 4～5m² 设1个大便厕位	平均 3～5m² 设1个大便厕位
室内高度	同主体建筑的高度	同主体建筑的高度
无障碍通道	按轮椅宽800mm，长1200mm设计进出通道、宽度、坡度和转弯半径	按轮椅宽 800mm，长 1200mm 设计进出通道、宽度、坡度和转弯半径
厕所大门	优质高档门，或无门但有屏蔽通道	中档门，或无门但有屏蔽通道
室内顶棚	防潮耐腐蚀材料吊顶	涂料或吊顶
室内墙面	贴高档面砖到顶	贴面砖到顶
地面、蹲台	铺高级防滑地面砖	铺标准防滑地面砖
供水	管径 50～75mm，室内不暴露	管径 50～75mm
地面排水	设水封地漏男女厕各一个	设水封地漏男女厕各一个
排水	排水管 150mm 以上，带水封	排水管 150mm 以上，带水封
拖布池	有，不暴露	有
三格化粪池	有或直排污水管道	有或直排污水管道
采暖	北方地区应有	视条件定
空调	有	视条件定
排风	设机械排风孔和风扇	设机械排风孔和风扇
大便厕位面积（m²）	0.9×（1.2～1.5）	（0.85～0.9）×（1.1～1.4）
大便厕位隔断板	防划、防画的新材料，高 1.8m	防划、防画的新材料，高 1.8m

续表 5.0.4

项目 \ 类别	一 类	二 类
大便厕位门	防划、防画的新材料，高 1.8m。合页采用自动回位式。门锁应能显示有、无人上厕，并能由管理人员从外开启	防划、防画的新材料，高 1.8m。合页采用自动回位式。门锁应能由管理人员从外开启
大便器	高级坐、蹲（前冲式）式独立大便器 2∶8。蹲式大便器长度不小于600mm，其前沿离门不小于 400mm	标准坐、蹲（前冲式）式独立大便器 1∶9。蹲式大便器长度不小于 600mm，其前沿离门不小于400mm
大便冲水设备	蹲式大便器采用红外感应自动冲水或脚踏冲水开关	蹲式大便器采用红外感应自动冲水或脚踏冲水开关
残疾人大便器	带扶手架高级型坐便器，男女各一个	带扶手架标准坐便器，男女各一个
老年人大便器	带扶手架高级坐便器，男女各一个（视情况与残疾人分设）	带扶手架标准坐便器，男女各一个
小便站位间距	0.8m	0.7m
小便站位隔板	防划、防画的新材料，宽 0.4m，高 0.8m	防划、防画的新材料，宽 0.4m，高 0.8m
小便冲洗设备	红外感应自动冲水或手动节水阀	红外感应自动冲水或手动节水阀
小便器	高级大半挂，设有儿童用小便器	标准半挂
残疾人小便器	带不锈钢扶手架的小便站位，男厕设一个	带扶手架的小便站位，男厕设一个
应叫器	残疾和老年人厕位设置	残疾和老年人厕位设置
挂衣钩	每个厕位设一个美观、坚固挂衣钩	每个厕位设一个标准挂衣钩
手纸架	有	有
废纸容器	每位厕位设一个	每位厕位设一个
洗手盆	落地式带红外感应豪华洗手盆	延时水龙头，标准洗手盆

续表 5.0.4

类别 项目	一　类	二　类
洗手液机	有（手动式），男女厕各设1个	洗手液或香皂
烘手机	有，根据厕位数量男女厕各设1～2个	视需要定
面镜	通片式带镜灯	通片式或镜箱
除臭装置	有，物理除臭	有，物理除臭
指路牌	有	有
厕所标牌	有	有
厕门男女标牌	有	有
坐蹲器形状牌	有	有

5.0.5　宾馆、饭店、大型购物场所、机场、火车站、长途汽车始末站等涉外窗口单位的附属式公共厕所的设置应符合一类公共厕所标准。

5.0.6　体育场馆内附属式公共厕所应按二类及二类以上标准进行建设或改造。

5.0.7　附属式公共厕所应易于被人找到。厕所的入口不应设置在人流集中处和楼梯间内，避免相互干扰。商场的厕所宜设置在入口层，大型商场可选择其他楼层设置，超大型商场厕所的布局应使各部分的购物者都能方便的使用。

5.0.8　附属式公共厕所应根据建筑物的使用性质，配置卫生设施。卫生设施的配置应符合本标准表3.2.2～表3.2.7的规定。商场内女厕建筑面积宜为男厕建筑面积的2倍，女性厕位的数量宜为男性厕位的1.5倍。

6　活动式公共厕所的设计

6.0.1　活动式公共厕所的设计应符合下列要求：

1　应便于移动存储和便于安装拆卸；

2　应有通用或专用的运输工具和粪便收运车辆；

3　与外部设施的连接应快速、简便；

4　色彩和外观应能与多种环境协调；

5　使用功能应做到卫生、节水和防臭。

6.0.2　活动式公共厕所的类别及要求应符合表6.0.2的规定。

表 6.0.2　活动式公共厕所类别及要求

类别 项目	组装厕所	单体厕所	汽车厕所	拖动厕所	无障碍厕所
适用范围	体育、集会、节日等临时活动场所，建筑工地	体育、集会、节日等临时活动场所，建筑工地	体育、集会、节日等临时活动场所	体育、集会、节日等临时活动场所	残疾人运动会，大型社会活动和其他无障碍活动场所
外部形式	新颖美观，适合吊装	新颖美观，组装方便，适合吊装	轿车形式	轮式拖带集装箱形式	箱形，适合吊装
外装修	保温夹心板	保温夹心板，塑料板等	车窗屏蔽，车箱喷（烤）漆	保温夹心板	保温夹心板
无障碍	视条件定	无	视需要可设升降式平台	视条件定	按轮椅宽800mm，长1200mm设计进出通道、宽度、坡度和转弯半径
管理间	$2m^2$ 以下	无	$2m^2$ 以下	无	无
工具间	$1m^2$ 以下	无	$2m^2$ 以下	$1m^2$ 以下	无
粪箱	$1\sim2m^3$	有	有	有	有
采暖	视要求定	无	有	无	视要求定
排风	百叶窗和风扇	百叶窗和风扇	车窗留通风缝，设风扇	百叶窗和风扇	百叶窗和风扇

续表 6.0.2

类别 项目	组装厕所	单体厕所	汽车厕所	拖动厕所	无障碍厕所
厕所门	铝合金框门	铝合金框门或塑料框门	汽车门	铝合金框门	宽大于 900mm
室内高度	2.0～2.2m	2.0～2.2m	1.8～2.2m	2.0～2.2m	1.8～2.0m
厕窗	采光系数 8～10∶1,塑钢或铝合金有机玻璃窗	采光系数 8～10∶1,塑钢或铝合金有机玻璃窗	采光系数 8～10∶1,玻璃窗	塑钢或铝合金有机玻璃窗	采光系数 8～10∶1,塑钢或铝合金有机玻璃窗
室内美化	可设壁画，盆花	无	可设壁画，盆花	无	无
利用面积	平均 $3～4m^2$ 设 1 个大便厕位	平均 $1.5～2m^2$ 设 1 个大便厕位	平均 $5～7m^2$ 设 1 个大便厕位	平均 $3～4m^2$ 设 1 个大便厕位	宽 1.5～2.0m、长 2.0～3.0m 设一个厕位
供水口	直径 50～100mm	直径 50～75mm	直径 50～75mm	直径 50～75mm	直径 50～75mm
供水管	管径 25mm	管径 25mm	管径 25mm	管径 25mm	管径 25mm
排水	排水管 75mm 以上	排水管 75mm 以上	排水管 75mm 以上	排水管 75mm 以上	排水管 75mm 以上
拖布池	视条件定	无	视条件定	无	无
室内顶棚	同墙体	同墙体	车顶结构	同墙体	同墙体
室内墙面	与外墙共用	与外墙共用	原车不变	与外墙共用	与外墙共用
地面、蹲台	铺防滑塑板或橡胶板	铺防滑橡胶板	铺色彩淡雅防滑塑板或橡胶板	铺防滑塑板或橡胶板	铺防滑橡胶板
地面排水	设水封地漏男女各一个	无	设水封地漏男女各一个	设水封地漏男女各一个	设水封地漏一个
大便器	坐、蹲（前冲式）式独立大便器（1∶5～7）	坐，蹲（前冲式）式独立大便器	豪华型坐、蹲(前冲式)式独立大便器(1∶5～7)	坐、蹲（前冲式）式独立大便器（1∶5～7）	专用带扶手架坐式独立大便器，男女共用一个
老年人大便器	带扶手架豪华型坐便器，男女各一个（与残疾人分设）	组合放置时，视需要设置	带扶手架标准坐便器，男女各一个	带扶手架坐便器，男女各一个	无
大便冲水设备	脚踏式冲水设备	脚踏式冲水设备	脚踏式冲水设备	脚踏式冲水设备	手动式冲水设备
大便厕位面积（m^2）	0.9×(1.2～1.4)	0.9×(1.2～1.4)	0.9×(1.2～1.4)	0.85×(1.0～1.2)	$3m^2$ 以上
大便厕位隔断板（门）高度	防划、防画的新材料,高 1.8m 以上	无	防划、防画的新材料,高 1.8m 以上	防划、防画的新材料,高 1.5m	无
大便厕门显示器	有（有人，无人）	有	有	有	有
挂衣钩	每个厕位设一个挂衣钩	设一个挂衣钩	每个厕位设一个挂衣钩	每个厕位设一个挂衣钩	设在 1.4～1.6m 高度

续表 6.0.2

项目 \ 类别	组装厕所	单体厕所	汽车厕所	拖动厕所	无障碍厕所
手纸架	有	有	有	有	有
手纸容器	女厕每厕位设一个	女厕设一个	女厕每厕位设一个	女厕每厕位设一个	有
小便器	半挂式	无	豪华大半挂	半挂式	带扶手架的专用小便器
小便冲洗设备	脚踏式冲水设备	无	脚踏式冲水设备	脚踏式冲水设备	手动
小便站位间距	0.7m 以上	无	0.8m 以上	0.7m 以上	站位宽度 0.8～1.0m
小便站位隔板	防划、防画的新材料，宽 0.4m，高 0.8m	无	防划、防画的新材料，宽 0.4m，高 0.8m	防划、防画的新材料，宽 0.4m，高 0.8m	无
洗手盆	不少于 1 个洗手盆	1 个洗手盆	不少于 1 个玛瑙大理石台架豪华洗手盆	1 个洗手盆	低位专用洗手盆
洗手液机	有（手动式），男女厕各设 1 个	有（手动式），设 1 个	有(挂式)，配擦手纸巾	有(手动式)，设 1 个	有(挂式)，配擦手纸巾
烘手机	有，男女厕各设 1 个	视需要定	有，男女厕各设 1 个	有，男女厕各设 1 个	有，设 1 个
面镜	有（防振式）	可不设	镜箱（防振式）	有（防振式）	有（防振式）
烟灰缸	免水冲厕所禁烟（不设）	免水冲厕所禁烟（不设）	无	无	无
除臭装置	有，喷药除臭	有，喷药除臭	有，喷药除臭	无	有，喷药除臭
指路牌	可有	可有	可有	可有	可有
厕所标牌	有	有	有	有	有
厕门男女标牌	有	有	有	有	有
坐蹲器形状牌	有	有	有	有	有

6.0.3 组装厕所的总宽度不得大于运载车辆底盘的宽度，箱体高度不宜大于 2.5m，运载时的总高度不宜大于 4.0m，以保证装载后运输过程中具有较好的通过性能。

6.0.4 活动厕所的粪箱宜采用耐腐蚀的不锈钢、塑料等材料制成。采用钢板制作，应使用沥青油等做防腐处理。粪箱应设置便于抽吸粪便的抽粪口，其孔径应大于 ϕ160mm；并应设置排粪口，孔径应大于 ϕ75mm。粪箱应设置排气管，直接通向高处向室外排放。

6.0.5 活动厕所的水箱应设置便于加水的加水口或加水管，加水管的内径应为 ϕ25mm。

6.0.6 活动厕所洗手盆的下水管应有水封装置。

6.0.7 **免水冲公共厕所在使用中应做好粪便配套运输、消纳和处理，严禁将粪便倒入垃圾清洁站内。**

7 公共厕所无障碍设施设计

7.0.1 **公共厕所无障碍设施应与公共厕所同步设计、同步建设。**

7.0.2 在现有的建筑中，应建造无障碍厕位或无障碍专用厕所。

7.0.3 无障碍厕位或无障碍专用厕所的设计应符合现行行业标准《城市道路和建筑物无障碍设计规范》

JGJ 50 的规定。

本标准用词说明

1 为便于在执行本标准条文时区别对待，对要求严格程度不同的用词说明如下：

1） 表示很严格，非这样做不可的：
正面词采用"必须"，
反面词采用"严禁"；

2） 表示严格，在正常情况下均应这样做的：
正面词采用"应"，
反面词采用"不应"或"不得"；

3） 表示允许稍有选择，在条件许可时首先应这样做的：
正面词采用"宜"，
反面词采用"不宜"；
表示有选择，在一定条件下可以这样做的，采用"可"。

2 条文中指定应按其他有关标准、规范执行的，写法为"应符合……的规定"或"应按……执行"。

中华人民共和国行业标准

城市公共厕所设计标准

CJJ 14—2005

条 文 说 明

前　　言

《城市公共厕所设计标准》CJJ 14－2005 经建设部 2005 年 9 月 16 日以 365 号公告批准发布。

为便于广大设计、施工、管理等单位的有关人员在使用本标准时能正确理解和执行条文规定，《城市公共厕所设计标准》编制组按章、节、条顺序编制了本标准的条文说明，供使用者参考。在使用中如发现条文说明有不妥之处，请将意见函寄北京市环境卫生设计科学研究所。

目　次

1 总 则

1.0.1 原《城市公共厕所规划和设计标准》CJJ 14-87（以下简称原标准）是1987年制定完成的，十多年来原标准是我国公共厕所规划、建设和管理的重要依据，在公共厕所设计和全国卫生城评比中发挥了重要作用。随着城市的发展和对外开放的需要，原有的公厕标准的部分内容，已不能适应城市发展和与国际接轨的要求，有必要对原标准进行修改补充。

原标准主要由公共厕所的规划和公共厕所的设计二部分内容组成。其中公共厕所规划的内容已在《城市环境卫生设施规划规范》GB 50337-2003中对各类城市用地公共厕所设置标准和建筑标准作了规定。在原标准的修订过程中，删除了原标准中关于公共厕所规划部分的内容。同时，标准的名称也相应改为《城市公共厕所设计标准》。

该标准制定的目的，是为了使公共厕所的建设符合城市建设发展的需要，更加体现以人为本、为人服务的理念。在新城市建设和老城市改造过程中，随着城市的发展，公共厕所的建设也要同步发展。所以，该标准提出的各项要求对公厕的规划、设计、建设和管理均有重要指导作用。

1.0.2 本标准适用于城市各种不同类型公共厕所的设计、建设和管理，县、镇、独立工矿区、风景名胜区及经济技术开发区公共厕所的设计、建设和管理，亦可参照执行。

1.0.3 公共厕所的规划是城市公共设施和卫生设施的一项重要内容。公共厕所的建设往往是一项容易在规划中，特别是在详细规划制定过程中被忽略的内容。在规划设计过程中公厕也是一项较难安置、但又急需的公共设施。为增加对公共厕所规划的重视，城市公共厕所规划要求已在国家强制性标准《城市环境卫生设施规划规范》GB 50337-2003中作了规定。公共厕所是城市文明的重要组成部分，对城市的经济活动和社会活动具有重要影响，特别对旅游业和对外开放影响更大。首先各级规划部门在土地使用上给以规划安置，主管单位也应积极配合公共厕所规划的落实和建设。特别在制定城市新建改建扩建区的详细规划时，城市规划部门要将公共厕所的建设同时列入规划，以避免有钱无处建或随意在不需要的地方建设的现象发生。

1.0.4 逐步建立以固定式公共厕所为主，活动式公共厕所为辅，沿街公共建筑内厕所对外开放的城市公共厕所布置格局。为使我国城市公共厕所的布置格局与国外现代化城市接轨，根据国外经验和实践提出了逐步发展附属式公共厕所的方向。附属式公共厕所是现代城市公共厕所建设的主要方向。只有大力发展附属式厕所才能满足日益发展的城市商业活动，并逐步减少独立式公共厕所。这也是我国公共厕所发展的方向。活动式公共厕所是为特定场所和特定时期对城市公共厕所的需要而配置的。为满足大型活动（如大型体育活动、节日庆典、集会）对辅助设施的需要，大、中型城市应贮备一定数量的活动厕所。这些活动的场所，环境开扩，平时活动人员较少，在举行大型活动时，人员拥挤，历时较短，使用活动厕所是一种比较经济、有效的方法。

1.0.5 公共厕所的设计除应符合本标准外，尚应符合国家现行的有关强制性标准的规定。

2 术 语

2.0.1 公共厕所（公厕） WC，public toilets，lavatory，restroom

厕所是大小便的场所，在其中至少有一个便器。厕所在英国标准中称为 toilets，这是一个雅称，俗称为 WC，在英国标准中 WC 是便器。在美国 toilets 是便器，WC 才是厕所。公共厕所是供公众使用的厕所。在英国叫 public toilets，在美国叫 restroom。二个国家都能用的叫法是 WC。

2.0.2 独立式公共厕所 independence public toilets

独立式公共厕所是不依附于其他建筑物的公共厕所，它的周边不与其他建筑物在结构上相连接。

2.0.3 附属式公共厕所 dependence public toilets

附属式公共厕所是依附于其他建筑物的公共厕所，一般是其他建筑物的一部分，可以在建筑物的内部，也可以在建筑物的邻街一边。

2.0.4 无障碍专用厕所 toilets for disable peaple

供老年人、残疾人和行动不方便的人使用的厕所。一般均按坐轮椅的人的要求设计，它的进出口和设施按无障碍建筑设计要求进行设计和建设。

2.0.5 活动式公共厕所（活动厕所） movable public toilets

活动式公共厕所是能移动使用的公共厕所。它是一种临时或短期使用的厕所，能快速进行安置和使用，其主体一般由板材装配而成。

2.0.6 固定式公共厕所 fixup public toilets

固定式公共厕所是不能移动使用的公共厕所，是一种需要长期使用的厕所，它是一个正规的建筑物，独立和附属公共厕所属于固定式公共厕所范畴。

2.0.7 单体厕所 monocase public toilets

单体厕所是只包含一套卫生器具的活动式公共厕所，每次只能供一人使用。

2.0.8 组装厕所 movable combination public toilets

组装厕所是由多个单体厕所组合在一起的活动式公共厕所，洗手盆、烘干器可共用。

2.0.9 拖动厕所 drag-movble public toilets

拖动厕所是由其他车辆拉动至使用场所的活动式公共厕所，一般含多个相隔的 WC 坑位。

2.0.10 汽车厕所 busses public toilets

汽车厕所是能自行行驶至使用场所的活动式公共厕所，一般由大轿车改装而成。

2.0.11 水冲便器 water closet

用水冲洗的坐（蹲）便器。

2.0.12 卫生间 toilets，lavatory

用于大小便、洗漱并安装了相应卫生洁具的房间或建筑物。在有住宿功能的建筑物内，卫生间配置洗浴设施。

2.0.13 公共卫生间 public toilets

供公众使用的卫生间。由于各城市使用公共卫生间来标注公共厕所的情况比较多，所以，本标准对公共卫生间也作了定义，但要求具有较完善的卫生设施，以避免滥用，造成不良影响。

2.0.14 盥洗室（洗手间） washroom

用于洗漱功能的房间，可设于卫生间内，一般设置在出入口与厕所间之间，宜单独设置。

2.0.15 厕位（蹲、坐位） cubical

在厕所内安装了一个蹲便器或一个坐便器的隔断间，高处开敞用于空气循环，即蹲（坐）位的通称。

2.0.16 厕所间 compartment

安装了一个蹲便器或一个坐便器和洗手盆的独立的房间。

2.0.17 第三卫生间 third public toilets

此概念的提出是为解决一部分特殊对象（不同性别的家庭成员共同外出，其中一人的行动不能自理）上厕不便的问题，主要是指女儿协助老父亲，儿子协助老母亲，母亲协助小男孩，父亲协助小女孩等。

3 设计规定

3.1 一般规定

3.1.1 公共厕所的设计应以人为本，其原则是文明、卫生、适用、方便、节水、防臭。

3.1.2 在进行公共厕所外观设计时，应把与环境协调放在第一，美观放在第二。

3.1.3 公共厕所的平面设计应合理布置卫生洁具和洁具的使用空间，并充分考虑无障碍通道和无障碍设施的配置。

3.1.4 公共厕所应分为独立式、附属式和活动式公共厕所三种类型。公共厕所的设计和建设应根据公共厕所的位置和服务对象按相应类别的设计要求进行。

3.1.5 独立式公共厕所按建筑类别应分为三类。各类公共厕所的设置应符合本条规定。这些规定符合国家标准《城市环境卫生设施规划规范》GB 50337－2003的要求。

1 商业区，重要公共设施，重要交通客运设施，公共绿地及其他环境要求高的区域应设置一类公共厕所。

2 城市主、次干路及行人交通量较大的道路沿线应设置二类公共厕所。

3 其他街道和区域应设置三类公共厕所。

3.1.6 附属式公共厕所按建筑类别应分为二类。一般均设置在公共服务类的建筑物内。二类公共厕所的设置应符合本条规定。

1 大型商场、饭店、展览馆、机场、火车站、影剧院、大型体育场馆、综合性商业大楼和省市级医院应设置一类公共厕所。

2 一般商场（含超市）、专业性服务机关单位、体育场馆、餐饮店、招待所和区县级医院应设置二类公共厕所。

3.1.7 活动式公共厕所按其结构特点和服务对象分为组装厕所、单体厕所、汽车厕所、拖动厕所和无障碍厕所五种类别。该五类厕所在流动特性、运输方式和服务对象等方面各有特点，应根据城市特点进行配置。

3.1.8 本标准修改后，根据女性上厕时间长、占用空间大的特点，增加了女厕的建筑面积和蹲（坐）位数。厕所男蹲（坐、站）位与女蹲（坐）位的比例以1∶1～2∶3为宜。独立式公共厕所以1∶1为宜，商业区以2∶3为宜。

3.2 卫生设施的设置

3.2.1 公共厕所单个便器的服务人数，在不同公共场所是不同的。这主要取决于人员在该场所的平均停留时间。街道的单个便器服务的人数远大于海滨活动场所。

3.2.2 商场、超市和商业街公共厕所卫生设施应有一定的配置。根据国内外的经验，按面积进行卫生洁具的配置是一种有效的方法。

3.2.3 饭馆、咖啡店、小吃店、快餐店公共厕所卫生设施的数量配置是按照服务人数来进行的。

3.2.4 体育场馆、展览馆、影剧院、音乐厅等公共文体活动场所公共厕所卫生设施数量配置也是按照服务人数来进行的。

3.2.5 饭店、宾馆公共厕所卫生设施数量配置应按客房数量来进行。

3.2.6 机场、火车站、公汽和长途汽车始末站、地下铁道的车站、城市轻轨车站、交通枢纽站、高速路休息区、综合性服务楼和服务性单位公共厕所卫生设施数量配置应根据服务人数来进行。

3.2.7 对内外共用的附属厕所应按照内外不同的人数分别计算对卫生设施的需求量，不能按同一方法进行计算。这是因为内部职工是按一天使用多次来计算，而外部人员是按多少人可能使用一次的概率来计算。二者的参数有极大的差异。

3.3 设计规定

3.3.1 公共厕所设计时应满足精神文明方面的要求，在进行公共厕所的平面布置设计时应将大便间、小便间（不准露天）和盥洗室分室设置。厕所的进门处应设置男、女通道或屏蔽墙或物。每个大便器应有一个独立的单元空间。独立小便器站位之间应有隔断板。

3.3.2 公共厕所设计从卫生上要求，应以蹲便器为主。在使用坐便器时，应提供一次性垫纸；为避免交叉感染，宜采用自动感应或脚踏开关冲便装置；厕所的洗手龙头、洗手液也宜采用非接触式的器具。洗手后应使用烘干机进行干燥，大门应能双向开启。

3.3.3 公共厕所设计时应让使用者有方便感，应在厕所服务范围内设置明显的指示牌。上厕时所需要的各项基本设施必须齐备，设计、建设应采用性能可靠、故障率低、维修方便的器具；厕所的平面布置宜将附属设施（管道、通风设施等）集中在单独的夹道中，以便集中检修不影响使用。

3.3.4 合理的空间布置是保障使用者的舒适感和适用性的重要条件。如加大采光系数，大便器前后均有一定的空间。公共厕所内配置暖气、空调等。

3.3.5 用水量的控制是公共厕所设计的重要方面，不仅有利于节省水资源，也是减少运行成本的重要措施。应尽量采用先进、可靠、使用方便的节水卫生设备。宜采用喷射（或旋涡）虹吸式坐便器。应推广使用每个便器用水量为6L的冲水系统。有条件的地方，可采用生物处理或化学处理污水。公共厕所卫生器具的节水功能应达到《节水型生活用水器具》CJ 164标准。

3.3.6 厕所内臭味的产生来自于两方面，大、小便时产生和粪池内的粪液发酵产生恶臭。应分别采取设计措施进行防治。应合理的布置通风方式，以增加厕所的换气量。应优先考虑自然通风，换气量不足时，应增设机械通风。大便器应采用具有水封功能的前冲式蹲便器，小便器宜采用半挂式便斗。有条件时可采用单坑排风的空气交换方式。

3.3.7 在公厕设计时，应尽可能采用建筑模数尺寸。

3.3.8 墙面必须光滑，不易污染，便于清洗。地面必须采用防渗、防滑材料铺设，免于污水下渗。墙和地面宜采用陶瓷制品。

3.3.9 公共厕所的建筑通风、采光面积与地面面积比应不小于1：8，如外墙侧窗不能满足要求时可增设天窗。南方可增设地窗。

3.3.10 公共厕所室内净高以3.5～4.0m为宜，主要是有利于空气的净化。

3.3.11 每个大便厕位尺寸为长1.00～1.50m、宽0.85～1.20m，每个小便站位尺寸（含小便池）为深0.75m、宽0.70m。独立小便器间距为0.70～0.80m。在设计时不能小于规定中的最小尺寸，否则将难以正常使用。

3.3.12 厕内单排厕位外开门走道宽度以1.30m为宜，不得小于1.00m；双排厕位外开门走道宽度以1.50～2.10m为宜。门的最小宽度为0.5m，走道的最小宽度为0.5m，因此，外开门走道宽度不能小于1.00m。

3.3.13 各类公共厕所厕位不应暴露于厕所外视线内，厕位之间应有隔板，隔板高度自台面算起，应不低于1.50m。这些都是从文明角度提出的要求。

3.3.14 通槽式水冲厕所槽深不得小于0.40m，槽底宽不得小于0.15m，上宽为0.20～0.25m。深度要求是为防止污水溅起来对人体造成污染。

3.3.15 公共厕所应配置洗手盆，以每二个蹲（坐）位数设一个洗手盆为宜。公共厕所每个厕位应设置坚固、耐腐蚀挂物钩。

3.3.16 公共厕所窗台应有一定的高度，以保障上厕人的隐私。单层公共厕所窗台下沿距室内地坪最小高度为1.80m；双层公共厕所上层窗台距楼地面最小高度为1.50m。

3.3.17 为方便出入，男、女厕大便蹲（坐）位分别超过20时，宜设双出入口。

3.3.18 厕所管理间和工具间应根据管理方式和要求来设置，厕所管理间的面积一般为4～12m²，工具间面积为1～2m²。

3.3.19 通槽式公共厕所以男、女厕分槽冲洗为宜。如合用冲水槽时，从文明角度考虑，必须由男厕向女厕方向冲洗。

3.3.20 建多层公共厕所时，为方便使用，无障碍厕所间应设在底层。

3.3.21 公共厕所的进出口处，必须设有明显标志，包括图形符号和中文（一、二类厕所应加英文）。图形符号应符合《公共信息标志用图形符号》GB 10001.1标准的要求。标志应设置在固定的墙体上，不能设置在门上，以免开门后无法见到标志。

3.3.22 公共厕所应有纱窗和纱门等防蝇、防蚊设施。

3.3.23 在要求比较高的场所，在条件许可的情况下公共厕所可设置第三卫生间。第三卫生间应独立设置，并应有特殊标志和说明，以明确其服务对象。

3.4 卫生洁具的平面布置

3.4.1 卫生洁具使用的空间尺寸

公共厕所设计的实质内容是一系列卫生洁具在一定的空间内的有机组合，以满足人群中各个个体对洁具的使用要求。所以应合理布置卫生洁具在使用过程中的各种空间尺寸。空间尺寸在本标准中是用其在平面上的投影尺寸来表示的。本标准主要涉及的公共厕所设计的空间尺寸主要有洁具空间、使用空间、通道空间、行李空间和无障碍圆形空间共五种空间尺寸。

3.4.2 表 3.4.2 中列出了有代表性的卫生洁具的平面尺寸和使用空间。洁具平面尺寸应根据设计实际使用的洁具的尺寸进行调整。洁具的使用空间应按表 3.4.2 的规定执行。

3.4.3 公共厕所单体卫生洁具设计需要的使用空间应符合图 3.4.3-1～图 3.4.3-5 的规定。

3.4.4 通道空间应是进入某一洁具而不影响其他洁具使用者所需要的空间。通道空间的宽度不应小于 600mm。

3.4.5 在厕所厕位隔间和厕所间内，应为人体的出入、转身提供必需的无障碍圆形空间，其空间直径为 450mm。无障碍圆形空间可用在坐便器、临近设施及门的开启范围内画出的最大的圆表示。

3.4.6 行李空间应设置在厕位隔间。其尺寸应与行李物品的式样相适应。火车站，机场和购物中心，宜在厕位隔间内提供 900mm×350mm 的行李放置区，并不应占据坐便器的使用空间。坐便器便盆宜安置在靠近门安装合页的一边，便盆轴线与较近的墙的距离不宜少于 400mm。在进行厕所间功能区设计时主要涉及到洁具空间、使用空间、行李空间和无障碍圆形空间四个方面。在进行小便间功能区设计时主要涉及到洁具空间和使用空间二个方面。在进行洗手间功能区设计时也只涉及到洁具空间和使用空间二个方面。在进行总的平面设计时主要应考虑的是上述各功能区之间的通道空间。本标准所描绘的空间图样，是常见的布置方式的空间安置要求。在实际设计时，应与选用洁具的具体尺寸和产品的安装说明要求相一致。

3.4.7 安置在同一平面上的相邻洁具之间应提供≥65mm 的间隙，以利于清洗。

3.4.8 单个洁具包含二个空间（洁具空间和使用空间），可以满足单个人体的使用要求。每个人一般只占用一个使用空间。当几个洁具同时服务于单个人体时，不仅使用空间可以互相占用，而且，洁具空间也可占用另一洁具的使用空间。这种占用可以达到 100mm，并不会引起任何不便，同时利于节省空间。

3.4.9 在进行厕所间设计时，同时应提供便器和洗手洁具。厕所间的尺寸由洁具的安装，门的宽度和开启方向来决定。尽管使用空间可以重叠，450mm 的无障碍圆形空间不应被占据，这是供进入厕所间后，转身关门所留的活动空间。洁具的轴线间和临近墙面的距离至少应为 400mm。在进行厕位隔间设计时，应在便盆前提供 800mm 宽 600mm 深的使用空间，这样就不会影响门的开启。应预备出安装手纸架，衣物挂钩和废物处理箱的空间，并且不能占用圆形无障碍空间。

3.5 卫生设施的安装

3.5.1 应对所有的洞口位置和尺寸进行检查，以确定管道与施工工艺之间的一致性。这项工作应在基础施工阶段就进行，但在设备安装阶段还应进行核实检查。

3.5.2 被安装的产品必须是合格产品。在运送、存放和安装过程中均有可能造成设备损坏。所以在安装前，必须妥善地对设备进行维护和保养。确保每件产品安装前的质量。

3.5.3 在安装时也应非常仔细地对设备进行保护，避免因粗心将釉质及电镀表面损坏。

3.5.4 在安装设备前应先安装好上水和下水管道。并确保上下水管道畅通无阻，以利于对设备的可靠性进行检查。设施和其连接件应成套供应或易于采用标准件进行更换。

3.5.5 产品的安装应按照相应的标准和说明书进行。各个卫生设施和支撑件均应牢固安装，并进行防腐、防锈处理，确保产品的使用寿命和稳定性。

3.5.6 厕所内厕位隔断板特别是厕位门是反复被使用和振动的部件，极易在使用过程中损坏和移动。常出现门框移位，难以启闭的故障。所以安装时，要特别注意牢固性。

3.5.7 卫生设施在安装后应易于清洗保洁。蹲台台面应高于蹲便器的侧边缘，并做适当坡度（0.01～0.015），使洗刷废水能自行流入便器。厕所其他地面也应有较好坡度，确保地面保洁后，不积存污水。

3.5.8 在管道安装时，禁止厕所下水和上水的直接连接。以避免下水进入上水管道。对下水进行二次回用的，其洗手水必须单独由上水引入，严禁将回用水用于洗手。

4 独立式公共厕所的设计

4.0.1 独立式公共厕所在我国仍是行人和城市居民主要的上厕场所。应按照《城市环境卫生设施规划规范》GB 50337－2003 的规划要求建设符合标准的独立式厕所。应根据所在地区的重要程度和客流量建设不同类别和不同规模的独立式公共厕所，并应根据城市发展的需要，分批改建平房居住区的厕所，以改善居民的上厕条件。在建厕困难的重点地区和重要街道在征得主管部门同意后可占用少量绿地或建设地下厕所。

4.0.2 独立式公共厕所的设计应将重点放在内部功能的各项技术要求上。应使厕所首先在文明、卫生、方便、适用、节水、防臭六个方面有较成熟设计技术措施，并在外观与环境协调的基础上，再考虑适当美观。

4.0.3 独立式公共厕所的设计和建设应符合表 4.0.3 中规定的要求。表 4.0.3 规定了独立式公共厕所的三种等级类别和相应的建设要求。一类厕所要求最高，二类厕所要求适中，三类厕所是标准中要求最低的。

4.0.4 在条件许可的情况下，独立式公共厕所的外部应进行绿化屏蔽，美化环境。

4.0.5 独立式公共厕所的无障碍设计的走道和门等设计参数的选定，一类和二类公共厕所按轮椅长1200mm、宽800mm进行设计。三类公共厕所如有条件也应设置。设计应符合《城市道路和建筑物无障碍设计规范》JGJ 50－2001的要求。

4.0.6 三类公共厕所小便槽不设站台，将小便槽做在室内地坪以下，这样做有利于节省面积并减少污染。但应做好地面坡度，并在小便的站位铺设垂直方向（相对便槽走向）的防滑盲道砖，以利积水自然排入便槽。

4.0.7 据测定，粪井中的硫化氢浓度一般能达到2000ppm，而室内允许的硫化氢浓度为0.02ppm。所以，少量的粪井内恶臭气体进到厕所内，也会引起人的极大不适。因此，粪便排出口应设$\phi150\sim\phi300$mm的防水弯头或设隔气连接井；地漏必须有水封和阻气防臭装置；洗手盆也应设置水封弯头；化粪池应设置排气管直接引到墙内的管道向室外高空排放。三类公厕应尽可能使用隔臭便坑，在大便通槽后方设置垂直排气通道，把恶臭气引向高空排放。

4.0.8 地下厕所的设计和建设，重点应注意的是粪液的贮存、排放和室内的防臭。由于厕所内的地面较深，污水一般不能直接排入市政管线，而要设置更低标高的贮粪池，通过污泵提升设备，将粪液输送到标高较高的另一贮粪池，再由抽车吸走或排入市政管线。

4.0.9 为防止对地下水造成污染，并便于洗刷厕所，地面、蹲台、小便池及墙裙，均须采用不透水材料做成。

4.0.10 为改善独立式公共厕所的通风效果，应注意建筑朝向、门窗的开启角度、挑檐宽度等参数，考虑设置天窗和排风通道等措施。

4.0.11 寒冷地区厕所应采取保温防寒措施，防止设施和管道被冻坏。

4.0.12 对外围传热异常部位和构件也应采取保温措施。

4.0.13 为防止粪液对地下水和周围环境造成污染，设计化粪池（贮粪池）其四壁和池底应做防水处理，池盖必须坚固（特别是可能行车的位置）、严密合缝，检查井、吸粪口不宜设在低洼处，以防雨水浸入。化粪池（贮粪池）宜设置在人们不经常停留、活动之处。化粪池应远离地下取水构筑物。

4.0.14 化粪池应根据使用人数和清掏周期选择设计合适的容积。

4.0.15 粪便不能通入市政排水系统的公共厕所，应设贮粪池。贮粪池的容积应计算后，再进行设计。

4.0.16 公共厕所设计应考虑到粪水的排放方式。首先应考虑采用直接排入市政污水管道的方式，其次考虑采用经化粪池发酵沉淀后排入市政污水管道的方式，最后采用设贮粪池用抽粪车抽吸排放方式。采用何种方式排放与周围市政管线的布置和管道的尺寸等因素有关。

4.0.17 通风孔及排水沟等通至厕外的开口处，需加设铁箅防鼠。

5 附属式公共厕所的设计

5.0.1 商场（含超市）、饭店、展览馆、影剧院、体育场馆、机场、火车站、地铁和公共设施等服务性部门，必须根据其客流量，建设一定规模和数量的附属式公共厕所。客流量由二部分人员组成：一部分是主要服务对象，如旅客和顾客；别一部分是次要服务对象，如送客者、购票者和司机等，这部分人往往不在主要服务区，是设计和规划中往往易被忽视的部分，需认真加以对待。

5.0.2 附属式公共厕所应不影响主体建筑的功能，并设置直接通至室外的单独出入口。这主要是有利于营业时间前后也能得到公厕的服务。

5.0.3 由于我国公厕的数量总体上还不能满足需要，所以，应根据城市的特点和现状，在已建成的主要商业区和主要大街的公共服务单位改建足够数量的对顾客开放的附属式厕所。

5.0.4 附属式公共厕所的设计和建设应符合表5.0.4中规定的要求。表5.0.4规定了附属式公共厕所的二种等级类别和相应的建设要求。一类厕所要求最高，二类厕所是建设附属式公共厕所的基本要求。

5.0.5 宾馆、饭店、大型购物场所、机场、火车站、长途汽车始末站等涉外窗口单位的公共厕所应达一类公共厕所的标准。

5.0.6 体育场馆应根据其重要程度建设或改建成二类及二类以上公共厕所。

5.0.7 附属式厕所应易于被人找到。厕所的入口不应设置在人流集中处和楼梯间内，避免相互干扰。商场的厕所宜设置在入口层，大型商场可选择其他楼层设置，超大型商场厕所的布局应使各部分的购物者都能方便的使用。

5.0.8 附属式厕所针对不同的建筑物有不同的配置要求，有的按面积配置，有的按客流量配置，有的按顾客数量配置，应根据建筑物的使用性质，按本标准表3.2.2～表3.2.7的要求配置卫生设施。商场内一般女顾客较多，女性厕位的数量宜为男性的1.5倍，这样女厕建筑面积经计算应为男厕建筑面积的2倍。

6 活动式公共厕所的设计

6.0.1 活动式公共厕所是固定式公共厕所的重要补充，是在需要使用公共厕所，又不能及时修建固定式公共厕所的地段或在组织各种大型社会活动、贵宾活动等场所临时摆放的厕所。活动式公共厕所具有占地面积小，移动灵活，可不设固定上下水配置等优点。在进行活动式公共厕所设计时，应符合本条提出的五项基本要求。

6.0.2 活动式公共厕所由于其种类多，所以，它的适用范围广。一般可根据建造特性分为组装厕所、单体厕所、汽车厕所、拖动厕所和无障碍厕所五种类型。五种类型厕所的建造应符合表 6.0.2 的要求。

6.0.3 由于组装厕所的体积较大，又需要运输，所以，其总宽度不得大于运载车辆底盘的宽度。而城市过街天桥、立交桥限高为 4.2m，所以箱体高度不宜大于 2.5m，运载时的总高度不宜大于 4.0m，以保证装载后运输过程中具有较好的通过性能。在实际运输过程中，应针对城市的交通限高情况，对具体通过的道路的天桥等设施，作实际的测量，以决定行走路线。

6.0.4 由于粪液具有较强的腐蚀性，活动厕所的粪箱宜采用耐腐蚀的（如不锈钢、塑料等）材料制成。如用钢板制作，应使用沥青油等做防腐处理，以保证具有足够的使用寿命。粪箱应设置便于抽吸粪便的抽粪口，其孔径应大于 ϕ160mm；并应设置排粪口，以利于向下水道直接排放，孔径大于 ϕ75mm。粪箱应设置排气管，直接通向高处向室外排放。

6.0.5 活动厕所的水箱应设置便于加水的加水口或加水管，加水管的内径为 ϕ25mm。一般在使用过程中，应同时配置一部加水水车，以保障能及时补充用水。

6.0.6 活动厕所洗手盆的下水管应有水封装置，以避免臭味通过下水管进入室内。

6.0.7 免水冲公共厕所在使用中应做好粪便配套运输、消纳和处理方式的准备，禁止将粪便倒入垃圾清洁站内。

7 公共厕所无障碍设施设计

7.0.1 无障碍设施是残疾人走出家门、参与社会生活的基本条件，也是方便老年人、妇女、儿童和其他社会成员的重要措施。建设无障碍环境，是物质文明和精神文明的集中体现，是社会进步的重要标志。所有公共厕所均应考虑无障碍设施的建设。应在设计和建设公共厕所的同时设计建设无障碍设施。

7.0.2 在现有的建筑中，如果可行，也应建造无障碍厕位或无障碍专用厕所。

7.0.3 无障碍厕位或无障碍专用厕所应按照《城市道路和建筑物无障碍设计规范》JGJ 50－2001 中的相关规定进行设计。

中华人民共和国行业标准

城市道路公共交通站、场、厂工程设计规范

Code for design of urban road public transportation stop, terminus and depot engineering

CJJ/T 15—2011

批准部门：中华人民共和国住房和城乡建设部
施行日期：2 0 1 2 年 6 月 1 日

中华人民共和国住房和城乡建设部
公　　告

第1182号

关于发布行业标准《城市道路公共交通站、场、厂工程设计规范》的公告

现批准《城市道路公共交通站、场、厂工程设计规范》为行业标准，编号为 CJJ/T 15－2011，自2012年6月1日起实施。原行业标准《城市公共交通站、场、厂设计规范》CJJ 15－87同时废止。

本规范由我部标准定额研究所组织中国建筑工业出版社出版发行。

中华人民共和国住房和城乡建设部

2011年11月22日

前　　言

根据原建设部《关于印发〈2005年工程建设标准规范制订、修订计划（第一批）〉的通知》（建标[2005] 84号）的要求，规范编制组经广泛调查研究，认真总结实践经验，参考有关国际标准和国外的先进标准，广泛征求了各方意见，在原行业标准《城市公共交通站、场、厂设计规范》CJJ 15－87的基础上，修订了本规范。

本规范主要技术内容：1 总则；2 车站；3 停车场；4 保养场；5 修理厂；6 调度中心。

本规范修订的主要内容：

1　新增公共交通枢纽站和调度中心的设计；

2　对站、场、厂设施的功能和基本要求进行了细化；

3　对停车场总用地规模等概念不清和已过时指标进行了重新界定和调整；

4　新增了公共交通站、场、厂电动汽车、智能交通（ITS）、信息化建设等；

5　删除了城市水上公共交通方面的内容。

本规范由住房和城乡建设部负责管理，由武汉市交通科学研究所负责具体技术内容的解释。在执行过程中，如有意见和建议请寄交武汉市交通科学研究所（地址：武汉市发展大道409号五洲大厦A座6楼；邮政编码：430015）。

本规范主编单位：武汉市交通科学研究所

本规范参编单位：重庆市公共交通控股（集团）有限公司
广州市交通站场建设管理中心公交站场管理公司
武汉市公共交通（集团）有限责任公司
武汉市客运出租汽车管理处
武汉市轮渡公司

本规范主要起草人员：李志强　王有元　夏　涌　霍　斌　杜逸纯　刘依群　王尔义　张　铭　刘　俊　王定坚　段庆秋　杨云海　蔡振辉　胡惠民　张江路　朱义祥　张四九　胡支元

本规范主要审查人员：林　正　黄志耀　李成玉　童荣华　胡天羽　林　群　赵　杰　崔新书　叶　青　杨新苗

目　次

Contents

1 总　则

1.0.1 为使城市道路公共交通站、场、厂等设施与城市发展相适应，做到因地制宜、布局合理、技术先进、经济适用，保障城市道路公共交通安全高效运营，制定本规范。

1.0.2 本规范适用于新建、扩建和改建城市道路公共交通的站、场、厂的工程设计。

1.0.3 城市道路公共交通站、场、厂应纳入城市总体规划和综合交通规划。

1.0.4 城市道路公共交通站、场、厂的设计应有利于保障城市道路公共交通畅通和安全，节约资源和用地。在需设置公共交通设施的用地紧张地带，宜以立体布置为主，并可进行土地的综合开发利用。

1.0.5 城市道路公共交通站、场、厂应与城市轨道交通、快速公交和对外交通系统进行一体化设计。

1.0.6 城市道路公共交通站、场、厂的设计除应符合本规范外，尚应符合国家现行有关标准的规定。

2 车　站

2.1 首 末 站

2.1.1 首末站应与旧城改造、新区开发、交通枢纽规划相结合，并应与公路长途客运站、火车站、客运码头、航空港以及其他城市公共交通方式相衔接。

2.1.2 首末站的设置应根据综合交通体系的道路网系统和用地布局，并应按下列原则确定：

1 首末站应选择在紧靠客流集散点和道路客流主要方向的同侧；

2 首末站应临近城市公共客运交通走廊，且应便于与其他客运交通方式换乘；

3 首末站宜设置在居住区、商业区或文体中心等主要客流集散点附近；

4 在火车站、客运码头、长途客运站、大型商业区、分区中心、公园、体育馆、剧院等活动集聚地多种交通方式的衔接点上，宜设置多条线路共用的首末站；

5 长途客运站、火车站、客运码头主要出入口100m范围内应设公共交通首末站；

6 0.7万人～3万人的居住小区宜设置首末站，3万人以上的居住区应设置首末站；

7 在设置无轨电车的首末站时，应根据电力供应的可能性和合理性将首末站设置在靠近整流站的地方。

2.1.3 首末站的规模应按线路所配运营的车辆总数确定，并应符合下列规定：

1 线路所配运营车辆的总数宜考虑线路的发展需要；

2 每辆标准车首末站用地面积应按100m²～120m²计算；其中回车道、行车道和候车亭用地应按每辆标准车20m²计算；办公用地含管理、调度、监控及职工休息、餐饮等，应按每辆标准车2m²～3m²计算；停车坪用地不应小于每辆标准车58m²；绿化用地不宜小于用地面积的20%。用地狭长或高低错落等情况下，首末站用地面积应乘以1.5倍以上的用地系数；

3 当首站不用作夜间停车时，用地面积应按该线路全部运营车辆的60%计算；当首站用作夜间停车时，用地面积应按该线路全部运营车辆计算。首站办公用地面积不宜小于35m²；

4 末站用地面积应按线路全部运营车辆的20%计算。末站办公用地面积不宜小于20m²；

5 当环线线路首末站共用时，其用地应按本条3、4款合并计算，办公用地面积不宜小于40m²；

6 首末站用地不宜小于1000m²。

2.1.4 对有存车换乘需求的首末站，应另外增加自行车、摩托车、小汽车的存车用地面积。

2.1.5 当首末站建有加油、加气设施时，其用地应按现行国家标准《汽车加油加气站设计与施工规范》GB 50156的要求另行核算面积后加入首末站总用地面积中。

2.1.6 在设置无轨电车的首末站时，用地面积应乘以1.2的系数，并应同时考虑车辆转弯时的偏线距和架设触线网的可能性。无轨电车首末站的折返能力，应与线路的通过能力相匹配；两条及两条线路以上无轨电车共用一对架空触线的路段，应使其发车频率与车站通过能力、交叉口架空触线的通过能力相协调。无轨电车整流站的规模应根据其所服务的车辆型号和车数确定。整流站的服务半径宜为1.0km～2.5km。一座整流站的用地面积不应大于100m²。

2.1.7 首末站设施应符合表2.1.7的要求。

表 2.1.7 首末站设施

设　施		配　置	
		首　站	末　站
信息设施	站　牌	✓	✓
	区域地图、公交线路图	○	○
信息设施	公交时刻表	○	○
	实时动态信息	○	○
便利设施	无障碍设施	✓	✓
	候车亭	✓	○
	站　台	✓	○
	座　椅	○	—
	非机动车存放	✓	○
	机动车停车换乘	○	—

续表 2.1.7

设施		配置	
		首站	末站
安全环保	候车廊	○	○
	照明	✓	✓
	监控	○	—
	消防	✓	○
	绿化	✓	○
运营管理	站场管理室	○	—
	线路调度室	✓	○
	智能监控室	○	—
	司机休息室	✓	—
	卫生间	✓	○
	餐饮间	○	○
	清洁用具杂务间	○	○
	停车坪	✓	○
	回车道	✓	✓
	小修和低保	✓	—

注："✓"表示应有的设施，"○"表示可选择的设施，"—"表示不设的设施。

2.1.8 首末站站内应按最大运营车辆的回转轨迹设置回车道，且道宽不应小于7m。

2.1.9 远离停车场、保养场或有较大早班客运需求的首末站应建供夜间停车的停车坪，停车坪内应有明显的车位标志、行驶方向标志及其他运营标志。停车坪的坡度宜为0.3%～0.5%。

2.1.10 首末站的入口和出口应分隔开，且必须设置明显的标志。出入口宽度应为7.5～10m。当站外道路的车行道宽度小于14m时，进出口宽度应增加20%～25%。在出入口后退2m的通道中心线两侧各60°范围内，应能目测到站内或站外的车辆和行人。

2.1.11 首站应建候车亭，候车亭的设计应符合下列规定：

1 候车亭设施必须防雨、抗震、防风、防雷；

2 候车亭内应设置夜间照明装置；

3 候车亭高度不宜低于2.5m，候车亭顶棚宽度不宜小于1.5m，且与站台边线竖向缩进距离不应小于0.25m；

4 候车亭的建筑式样、材料、颜色等可根据本地的建筑特点和特定环境特征设计，宜实用与外形美相结合。

2.1.12 站台长度不宜小于35m，宽度不宜小于2m，且应高出地面0.20m。首站站台应适量设置座椅。

2.1.13 首末站应在明显的位置设置站牌标志和发车显示装置。站牌设计应按现行国家标准《城市公共交通标志 第3部分：公共汽电车站牌和路牌》GB/T 5845.3的规定执行，并应符合下列规定：

1 普通站牌底边距地面不应小于1700mm；集合站牌最上面单元站牌的顶边距地面的距离不应大于2200mm，最下面单元站牌的底边距地面的距离不应小于400mm。

2 在站台设置站牌应符合站台的限界要求。在路边设置的站牌时，牌面应与车行道垂直，其侧边距路沿石的距离不应小于300mm；牌面面向车行道的站牌，其牌面距路沿石的距离不应小于500mm。

2.1.14 首站可设置候车廊，廊长宜为15m～20m。候车廊的隔离护栏应采用不易变形、防腐蚀性能好、易清洗的材料制作，隔离护栏与站台边线净距不得小于0.25m。

2.1.15 首末站停车区的道路宜采用混凝土路面结构，当采用沥青混凝土路面结构时，应作抗车辙增强处理。候车区宜设提示盲道和缘石坡道等无障碍设施。

2.1.16 首末站加油、加气合建站时，加油、加气站的设计应按现行国家标准《汽车加油加气站设计与施工规范》GB 50156的规定执行。

2.1.17 电动汽车首末站应设置充电设施，并应符合现行国家标准《电动车辆传导充电系统 电动车辆交流/直流充电机（站）》GB/T 18487.3的规定。

2.1.18 首末站的照明应符合现行行业标准《城市道路照明设计标准》CJJ 45的规定。

2.2 中途站

2.2.1 中途站应设置在公共交通线路沿途所经过的客流集散点处，并宜与人行过街设施、其他交通方式衔接。

2.2.2 中途站应沿街布置，站址宜选在能按要求完成运营车辆安全停靠、便捷通行、方便乘车三项主要功能的地方。

2.2.3 在路段上设置中途站时，同向换乘距离不应大于50m，异向换乘距离不应大于100m；对置设站，应在车辆前进方向迎面错开30m。

2.2.4 在道路平面交叉口和立体交叉口上设置的车站，换乘距离不宜大于150m，并不得大于200m。郊区站点与平交口的距离，一级公路宜设在160m以外，二级及以下公路宜设在110m以外。

2.2.5 几条公交线路重复经过同一路段时，其中途站宜合并设置。站的通行能力应与各条线路最大发车频率的总和相适应。中途站共站线路条数不宜超过6条或高峰小时最大通过车数不宜超过80辆，超过该规模时，宜分设车站。分设车站的距离不宜超过50m。当电、汽车并站时，应分设车站，其最小间距不应小于25m。具备条件的车站应增加车辆停靠通道。

2.2.6 中途站的站距宜为500m～800m。市中心区站距宜选择下限值；城市边缘地区和郊区的站距宜选择上限值。

2.2.7 中途站候车亭、站台、站牌及候车廊的设计应按本规范第2.1.11条～第2.1.14条的规定执行。客流较少的街道上设置中途站时，应适当缩短候车廊，且廊长不宜小于5m，也可不设候车廊。

2.2.8 中途站宜设置停靠区，并应符合下列规定：

1 在大城市和特大城市，线路行车间隔在3min以上时，停靠区长度宜为30m；线路行车间隔在3min以内时，停靠区长度宜为50m。若多线共站，停靠区长度宜为70m；

2 在中小城市，停靠区的长度可按所停主要车辆类型确定。通过该站的车型在两种以上时，应按最大一种车型的车长加安全间距计算停靠区的长度；

3 停靠区宽度不应小于3m。

2.2.9 中途站宜采用港湾式车站，快速路和主干路应采用港湾式车站。港湾式车站沿路缘向人行道侧呈等腰梯形状的凹进不应小于3m，长度应按本规程第2.2.8条计算，机动车应与非机动车隔离。

2.2.10 在车行道宽度为10m以下的道路上设置中途站时，宜建避车道。

2.2.11 中途站停车区、候车区应符合本规范第2.1.15条的规定。

2.2.12 中途站设施应符合表2.2.12的要求。

表2.2.12 中途站设施

设　施		配　置
信息设施	站　牌	✓
便利设施	无障碍设施	✓
	候车亭	○
	站　台	○
	座　椅	○
	自行车存放	○
安全设施	候车廊	○
	照　明	✓

注："✓"表示应有的设施，"○"表示可选择的设施。

2.3 枢　纽　站

2.3.1 多条道路公共交通线路共用首末站时应设置枢纽站，枢纽站可按到达和始发线路条数分类，2条～4条线为小型枢纽站，5条～7条线为中型枢纽站，8条线以上为大型枢纽站，多种交通方式之间换乘为综合枢纽站。

2.3.2 枢纽站设计应坚持人车分流、方便换乘、节约资源的基本原则。宜采用集中布置，统筹物理空间、信息服务和交通组织的一体化设计，且应与城市道路系统、轨道交通和对外交通有通畅便捷的通道连接。

2.3.3 枢纽站进出车道应分离，车辆宜右进右出。站内宜按停车区、小修区、发车区等功能分区设置，分区之间应有明显的标志和安全通道，回车道宽度不宜小于9m。

2.3.4 发车区不宜少于4个始发站，候车亭、站台、站牌、候车廊的设计应按本规范第2.1.11条～第2.1.14条的规定执行。

2.3.5 换乘人行通道设施建设根据需要和条件，可选择平面、架空、地下等设计形式。

2.3.6 枢纽站应设置适量的停车坪，其规模应根据用地条件确定。具备条件的，除应按本规范首末站用地标准计算外，还宜增加设置与换乘基本匹配的小汽车和非机动车停车设施用地。不具备条件的，停车坪应按每条线路2辆运营车辆折成标台后乘以200m²累计计算。

2.3.7 大型枢纽站和综合枢纽站应在显著位置设置公共信息导向系统，条件许可时宜建电子信息显示服务系统。公共信息导向系统应符合现行国家标准《公共信息导向系统设置原则与要求　第4部分：公共交通车站》GB/T 15566.4的规定。

2.3.8 当电、汽车共用枢纽站时，还应布置电车的避让线网和越车通道。

2.3.9 办公用地应根据枢纽站规模确定。小型枢纽站不宜小于45m²；中型枢纽站不宜小于90m²；大型枢纽站和综合枢纽站不宜小于120m²。

2.3.10 绿化用地应结合绿化建设进行生态化设计，面积不宜少于总用地面积的20%。

2.3.11 枢纽站的设施应符合表2.3.11的规定。

表2.3.11 枢纽站设施

设　施		配　置		
		大型枢纽站	中、小型枢纽站	综合枢纽站
信息设施	公共信息牌	✓	✓	✓
	站　牌	✓	✓	✓
	区域地图、公交线路图	✓	✓	✓
	公交时刻表	✓	✓	✓
	实时动态信息	✓	✓	✓
便利设施	无障碍设施	✓	✓	✓
	候车亭	✓	✓	✓
	站　台	✓	✓	✓
	座　椅	○	○	○
	人行通道	✓	✓	✓
	非机动车存放	✓	✓	✓
	机动车停车换乘	○	○	○

续表 2.3.11

设施		配置		
		大型枢纽站	中、小型枢纽站	综合枢纽站
安全环保	候车廊	○	○	○
	照明	√	√	√
	监控	√	√	√
	绿化	√	√	√
运营管理	站场管理室	√	√	√
	线路调度室	√	√	√
	智能监控室	√	√	√
	司机休息室	√	√	○
	卫生间	√	√	√
	餐饮间	√	○	○
	清洁用具杂务间	√	√	√
	停车坪	√	√	√
	回车道	√	√	√
	小修和低保	√	√	√

注："√"表示应有的设施，"○"表示可选择的设施。

2.4 出租汽车营业站

2.4.1 在火车站、客运码头、机场、公路客运站等对外交通枢纽和医院、大型宾馆、商业中心、文化娱乐和游览活动中心、大型居住区及市内交通枢纽等地方应设置出租汽车营业站或候客点、停靠点，并应根据出租车方式乘客流量的需求确定用地规模。

2.4.2 营业站应符合下列规定：

1 营业站应配套相应的服务设施，服务设施可包括营业室、司机休息室、餐饮间、卫生间等；

2 营业站用地宜按每辆车占地不小于 32m^2 计算。其中，停车场用地不宜小于每辆车 26m^2；

3 营业站建筑用地不宜小于每辆车 6m^2；

4 营业站的建筑式样、色彩、风格应具有出租汽车行业特点。

2.4.3 当出租汽车采用网点式营业服务时，营业站的服务半径不宜大于 1km，用地面积宜为 250m^2～500m^2。

2.4.4 出租汽车采用路抛制候客服务时，应在商业繁华地区、对外交通枢纽和人流活动频繁的集散地附近设置候客点，并应符合下列规定：

1 候客点宜设置在具备条件的道路两侧或街头巷尾；

2 候客点应划定车位，树立候客标牌；

3 候客点单向距离不宜大于 500m，每个候客点车位设置不宜少于 5 个。

2.4.5 出租汽车停靠点应符合下列规定：

1 在城市主要干道人流集中路段应设置出租汽车停靠点；

2 停靠点间距宜控制在 1km 以内；

3 每个停靠点宜设置 2 个～4 个车位。

3 停车场

3.1 功能与选址

3.1.1 停车场应具备为线路运营车辆下线后提供合理的停放空间、场地和必要设施等主要功能，并应能按规定对车辆进行低级保养和小修作业。停车场应包括停车坪（库）、洗车台（间）、试车道、场区道路以及运营管理、生活服务、安全环保等设施，其设施应符合表 3.1.1 的规定。

表 3.1.1 停车场设施

设施		配置
停车设施	停车坪（库）	√
	洗车台（间）	√
	试车道	√
	场区道路	√
	防冻防滑设施	√
运营管理设施	调度	○
	票务	√
	车队管理	√
	行政办公	√
	低保车库及附属工间	√
	库房	√
	配电室	√
	供热设施	○
	油气站	√
	劳保后勤库	√
生活服务设施	单身宿舍	○
	文娱室	√
	医务室	○
	食堂	√
	卫生间	√
安全环保设施	照明	√
	监控	√
	消防	√
	绿化	√

注：1 "√"表示应有的设施，"○"表示可选择的设施；

2 无轨电车停车场需增加停车场线网、馈线、整流站供电设施，不需要油气站。

3.1.2 停车场应均匀地布置在各个区域性线网的重心处，与线网内各线路的距离宜控制在1km～2km以内。

3.1.3 停车场宜分散布局，可与首末站、枢纽站合建。

3.1.4 停车场用地应安排在水、电供应、消防和市政设施条件齐备的地区。

3.1.5 停车场可通过综合开发利用，建地下停车场或立体停车场。

3.1.6 停车场的照明应符合现行行业标准《城市道路照明设计标准》CJJ 45的规定。

3.2 用地与布置

3.2.1 停车场用地面积应根据公交车辆在停放饱和的情况下，每辆车仍可自由出入（无轨电车应顺序出车）而不受周边所停车辆的影响确定。

3.2.2 停车场用地面积宜按每辆标准车150m²计算。在用地特别紧张的大城市，停车场用地面积不应小于每辆标准车120m²。首末站、停车场、保养场的综合用地面积不应小于每辆标准车200m²，无轨电车还应乘以1.2的系数。因用地条件限制，当停车场利用率不高时，可根据具体情况增加用地。在设计道路公共交通总用地规模时，已有夜间停车的首末站、枢纽站的停车面积不应在停车场用地中重复计算。

3.2.3 停车场的洗车间（台）、油库用地应按有关标准的规定单独计算后再加进停车场的用地中。

3.2.4 停车场用地按生产工艺和使用功能宜划分为运营管理、停车、生产和生活服务区。生产区的建筑密度宜为45%～50%，运营管理及生活服务区的建筑密度不宜低于28%。各部分平面设计应符合下列规定：

1 运营管理由调度室、车辆进出口、门卫、办公楼等机构和设施构成。

2 车辆进出应有安全、宽敞、视野开阔的进出口和通道。

3 停车坪应有良好的雨水、污水排放系统，并应符合现行国家标准《室外排水设计规范》GB 50014的规定。排水明沟与污水管线不得连通，停车坪的排水坡度（纵、横坡）不应大于0.5%。

4 停车坪应采用画线标志指示停车位置和通道宽度。

5 在寒冷地区，停车坪上应有热水加注装置，且宜建封闭式停车库。

6 停车场应建回车道和试车道。停车场的回车道、试车道用地宜为26m²～30m²/标准车，无轨电车可适当增加回车道、试车道用地。

7 生产区的平面布局应包括一、二级保养工间及其辅助工间和动力及能源供给工间两个部分。

8 生产车间按工艺要求，宜采取顺车进、顺车出的平面布局，并应按生产性质及工艺确定建筑层数与层高，辅助工间不宜高于三层。

9 生活服务区应包括文化娱乐、食堂、卫生间等。

3.2.5 停车场的车间必须符合安全生产要求，并应对地面和墙面进行耐油、耐碱、耐酸的防腐处理，地沟墙面应选用光洁的饰面材料。

3.2.6 停车场设施应达到抗震、消防、防雨、防风、防雷、防盗的要求，并必须配备安全照明设施。

3.2.7 室外停车场应确保场区的绿化用地，对全场绿化进行总体布局，可将种植树木、花卉、草坪和建水池、花坛、休息亭台结合起来，并宜适当地点缀反映公共交通特点的建筑小品。

3.2.8 靠近城市办公、生活、医院、学校、休闲区域的停车场，应结合实际用地形态和吸声隔声减噪设施布置绿化带。

3.2.9 停车场内应有良好的厂区环境和安全视距。在生产区和停车区应充分利用边角空地进行绿化，运营管理和生活服务区的绿地率不应低于20%。

3.3 进 出 口

3.3.1 停车场的进出口宜设置在停车坪一侧，其方向应朝向场外交通路线。

3.3.2 停车场内的交通路线应采用与进出口行驶方向相一致的单向行驶路线。停车场的进出口处必须安装限速、引导、警告、禁行和单行等交通标志。

3.3.3 停车场的车辆进出口和人员进出口应分开设置。

3.3.4 车辆的进出口应分开设置，停车场停放容量大于50辆时应另外设置一个备用进出口。

3.3.5 车辆进出口的宽度应符合本规范第2.1.10条的要求。

3.3.6 人员进出口可设置在车辆进出口的一侧或两侧，其使用宽度应大于1.6m。

3.3.7 无轨电车停车场内线网应统一按顺时针或逆时针行车方向布置。试车线在停车区域绕周设置。线网触线高度可为5.0m～5.5m。

3.4 建筑与设施

3.4.1 一、二级保养和小修作业应在停车场一并进行分管作业。进行作业的工位数，应根据每日所需一、二级保养车次和小修车次，按每工位数的日均一、二级保养车次和小修车次确定，且工位数不应少于2个。

3.4.2 每个工位面积可按下式核算，出租汽车可按单车的要求执行：

$$F=(L+H_1+H_2)\times(b+a_1+a_2) \tag{3.4.2}$$

式中：F——工位面积（m²）；

L——车辆全长（m）；

H_1——车前保留宽度（m），单车可按2.5m取值，铰接车可按 3.0m 取值；

H_2——车后保留宽度（m），单车可按 1.5m 取值，铰接车可按 2.0m 取值；

b——车辆全宽（m）；

a_1、a_2——分别为车辆两侧保留宽度（m），两侧保留总宽度可按 3.0m 取值。

3.4.3 主保修工间的建筑面积可根据工位面积、通道和保修作业区域计算，不宜小于全场保修工间面积的 50%～60%。

3.4.4 保修工间的修车地沟应根据工位数量确定。

3.4.5 通道式修车地沟的长度不应小于 2 倍车长；独立式修车地沟的长度不应小于 1 辆车长。修车地沟净宽不应小于 0.85m，有效深度不应小于 1m。并列修车地沟间的中心距不应小于 6.0m。地沟内墙应镶嵌瓷砖等光洁的饰面材料，墙内应设有照明灯具洞口和低压安全灯电源。

3.4.6 辅助工间宜采用卫星式、两翼式等排列整齐的布局，并应布置在主保修工间的周围或上层。

3.4.7 停车场应建室内洗车间或室外洗车台，北方地区宜建洗车间。洗车间或洗车台的用地面积宜为停车场用地的面积 1%～1.5%，也可单独计算。

3.4.8 洗车间内宜设置车辆远红外线干燥器。洗车间或洗车台宜设置水回收利用装置。

3.4.9 停车场办公及生活用建筑面积应为每标准车 $10m^2$～$15m^2$。

3.4.10 生活用建筑中应配备职工生活服务设施。

3.4.11 油气站应设置在停车场内安全的区域，并应按现行国家标准《汽车库、修车库、停车场设计防火规范》GB 50067 和《汽车加油加气站设计与施工规范》GB 50156 的规定执行。

3.4.12 油气站的储存能力应符合下列规定：

1 地下油罐的储油能力宜按 3d～4d 的用量确定；

2 液化石油气加气站储罐的储存能力宜按 2d～3d 的用量确定；

3 由管道天然气供气的加气站的储气能力不应超过 $18m^3$；由非管道供气的加气站的储气能力不应超过 $8m^3$；

4 车载储气瓶的总容积不应超过 $18m^3$。

3.4.13 加油加气站应有供管理人员值班休息的站房，其使用面积不应小于 $10m^2$。

3.4.14 加油加气站应设置加油加气的自动计量设施。

3.5 多层与地下停车库

3.5.1 在用地紧张的城市，停车场可向空间或向地下发展。

3.5.2 多层停车库的地质条件和基础工程必须符合多层建筑的设计要求，与周围易燃、易爆物体和高压电力设施的间距应符合现行国家标准《汽车库、修车库、停车场设计防火规范》GB 50067 的规定。

3.5.3 公共汽、电车多层停车库的建筑面积宜按 $100m^2$～$113m^2$/标准车确定，并应符合下列规定：

1 停车区的建筑面积宜为 $67m^2$～$73m^2$/标准车；

2 保修工间区的建筑面积宜为 $14m^2$～$17m^2$/标准车；

3 调度管理区的建筑面积宜为 $8m^2$～$10m^2$/标准车；

4 辅助区的建筑面积宜为 $6m^2$～$7m^2$/标准车；

5 机动和发展预留建筑面积宜为 $5m^2$～$6m^2$/标准车。

3.5.4 独立的多层停车库的布局可分为停车区、保修工间区、调度管理区和辅助区，并应符合下列规定：

1 停车区应包括停车位、车行道、人行道在内的停车部分，并应设置回车场地、坡道和升降机、车辆转盘、电梯等设施；

2 保修工间区应包括低保、小修、充电、更换轮胎等主辅修工间及洗车间；

3 调度管理区应包括办公室、调度室、场务司机室；

4 辅助区应包括储藏室、卫生间等。

3.5.5 多层停车库停车区车辆的停放形式可按平行式停放，成 30°、45°、60°的斜列式停放，成 90°的垂直式停放。停放形式应结合停放区的平面形状，选用进出车最方便、占用停放区建筑面积最小的停放形式。

3.5.6 地下停车库应选在水文地质条件好、出口周围宽敞处，且停车库的排风口不宜朝向建筑物、公园、广场等公共场所。

3.5.7 地下停车库宜主要用于停车，其他建筑均可安排在地面上。地下停车库的建筑面积应按 $70m^2$/标准车确定，其地面建筑应另行计算。

3.5.8 地下停车库的埋深应适当，当停车库顶部的地面种植树木时，土层的最小厚度不应小于 2m；种植草坪、花卉或蔬菜时，土层的最小厚度不应小于 0.6m。

3.5.9 多层或地下停车库应根据所停车型、停放形式、所需的安全间隔、车行道布置选择结构合理、经济实用的停车区柱网形式，且柱网宜采用同一尺寸，并应符合下列规定：

1 在选定柱网时应首先确定柱网的单元尺寸、车位和车行道所需的合理跨度，应避免为减少柱的数量而使跨度或地下车库埋深过大；

2 当车位和车行道所需跨度尺寸无法统一时，柱网可分别采用不同尺寸，但不应超过 2 种；

3 当停放无轨电车时，其柱网必须考虑电车线网的张力对柱网强度的影响。

3.5.10 停车区的层高应考虑建筑结构和各类管道等设

备的需要，但层高不应过大，停车区最小净高不应小于3.40m。

3.5.11 停车区内应采用单向行车，车行道宜保持直线形，通视距离应为50m～80m范围内。车行道的宽度和转弯半径应能满足车辆的安全通行。

3.5.12 多层停车库的坡道宜布置在主体建筑之外。当条件不允许时，可采取布置在建筑物的中部、两侧或者两端，但应与停车用的主体建筑的柱网和结构相协调。

3.5.13 公共汽车、无轨电车库的坡道宜为直线形，并应符合下列规定：

1 坡道的面层构造应采取防滑措施；

2 公共汽车库直线坡道的纵坡应小于10%，曲线形坡道的纵坡应小于8%；无轨电车库直线坡道纵坡应小于8%，曲线形坡道的纵坡应小于6%；出租汽车库直线坡道纵坡应小于15%，曲线形坡道的纵坡应小于12%；

3 坡道与行车交汇处、与平地相衔接的缓坡段的坡度应为正常坡度的1/2；其长度，标准车宜为6m、铰接车宜为10m、出租汽车宜为4m；

4 直线坡道应设置纵向排水沟和1%～2%的横向坡度；

5 当采用双行坡道时，公共汽车和无轨电车的直线双行坡道的最小宽度不应小于7.0m，曲线双行坡道的最小宽度不应小于10.0m；出租汽车的直线双行坡道最小宽度不应小于5.5m，曲线双行坡道最小宽度不应小于7.0m；

6 公共汽、电车的坡道可在一侧设立宽度为1m的人行道。

3.5.14 多层或地下停车库的进出口必须分开设置，并应有限速、禁停车辆、禁止鸣笛等日夜能显示的标志标线。

3.5.15 多层或地下停车库的照明应符合现行行业标准《汽车库建筑设计规范》JGJ 100的规定。

3.5.16 多层或地下车库必须有完善的消防和通风设施，并应符合现行国家标准《汽车库、修车库、停车场设计防火规范》GB 50067的规定。

3.5.17 多层和地下停车库应有交通监控、导向、指挥等管理系统。

3.5.18 出租汽车的多层及地下停车库的建筑面积可按公交标准车的0.5倍进行折算。

3.6 出租汽车停车场

3.6.1 出租汽车停车场的设置应以位于所辖营业站的重心处、空驶里程最少、调度方便、进出口面向交通流量较少的次干道为原则。

3.6.2 出租汽车停车场的规模宜为100辆，且最多不应超过200辆。大城市可根据所拥有的出租汽车数量，分别设立若干停车场。

3.6.3 出租汽车停车场的功能应包括停放车辆、低级保养和小修。

3.6.4 车辆不超过100辆的中小城市，可在停车场内另建一座担负二级保养以上任务的保修车间，不再另建保养场。

3.6.5 出租汽车停车场不宜采用露天停车坪停放车辆，宜建有防冻和防曝晒的停车库。在用地紧张的城市，应建多层停车库。

3.6.6 出租汽车停车场的平面布置应包括停车库、低级保养保修工间、办公及生活区、绿化、机动及预留发展用地等。停车场用地可按车（长×宽）4.8m×1.8m作为标准车，不应小于50m²/标准车。当采用多层停车库时，其设计按本规范第3.5节的规定执行。

3.6.7 出租汽车停车场的进出口的朝向、宽度、安全标志应按本规范第3.3节的规定执行。

4 保 养 场

4.1 功能与选址

4.1.1 保养场应具有承担运营车辆的各级保养任务，并应具有相应的配件加工、修制能力和修车材料及燃料的储存、发放等的功能。保养场应包括生产管理设施、生产辅助设施、生活服务设施和安全环保设施等，保养场的设施应符合表4.1.1的要求。

表4.1.1 保养场设施

设施		配置
生产辅助设施	保养车库	√
	修理工间	√
	车辆检测线	√
	材料仓库	√
	动力系统	√
	油气站	√
	劳保后勤库	√
生产管理设施	技术管理	√
	保修机务调度	√
	行政办公	√
	停车设施	○
	待保停车坪（库）	√
	洗车台（间）	√
	试车道	√
	场区道路	√
生活服务设施	文体、食堂、卫生间	√
	单身宿舍、医务保健	○
安全环保设施	照明	√
	监控	√
	消防	√
	绿化	√

注：1 无轨电车保养场需增加保养场线网、馈线、整流站供电设施，不需要油气站。

2 “√”表示应有，“○”表示可视具体情况选择。

4.1.2 城市建立保养场的数量应根据城市的发展规模和为其服务的公共交通的规模确定。

4.1.3 保养场应按企业运营车辆的保有量设置，并应符合下列规定：

1 当企业运营车辆保有量在600辆以下时，可建1个综合性停车保养场；保有量超过600辆，可建1个大型保养场；

2 中、小城市车辆较少，不应分散建保养场，可根据线网布置情况，适当集中车辆在合理位置建保养场。

4.1.4 中、小城市的保养场宜与停车场或修理厂合建；低级保养和小修设备较少时，保养场宜与停车场合建。

4.1.5 当停车场和保养场合建时，其设施应结合本规范表3.1.1和表4.1.1的规定进行综合设计；当停车场和修理厂合建时，应按本规范第5章的相关规定设置修理车间。

4.1.6 保养场应按下列原则进行选址：

1 大城市的保养场宜建在城市的每一个分区线网的重心处，中、小城市的保养场宜建在城市边缘；

2 保养场应距所属各条线路和该分区的各停车场均较近；

3 保养场应避免建在交通复杂的闹市区、居住小区和主干道旁。宜选择在交通流量较小，且有两条以上比较宽敞、进出方便的次干道附近；

4 保养场附近应具备齐备的城市电源、水源和污水排放管线系统；

5 保养场应避免建在工程和水文地质不良的滑坡、溶洞、活断层、流沙、淤泥、永冻土和具有腐蚀性特征的地段；

6 保养场应避免高填方或开凿难度大的石方地段；

7 保养场应处在居住区常年主导风的下风方向。

4.2 用地与布置

4.2.1 保养场的纵轴朝向宜与主导风向一致，或成一个影响不大的较小交角。其主要建筑物不宜处于西晒、正迎北风的不利方向。

4.2.2 保养场平面布置应有明显的功能分区，并应符合下列规定：

1 生产区与办公、生活区应分开布置；

2 生产功能或性质相近，动力需要、防火、卫生等要求类似的车间应布置在同一功能分区内；

3 保养车间及其附属的辅助车间应按工艺路线要求布置在相邻近的建筑物里，建筑物之间应既有防火等合理的间隔，又具有顺畅而方便的联系；

4 保养场的办公及生活性建筑宜布置在场前区，建筑式样、风格、色彩等应与所在街景的美学特点要相谐和。

4.2.3 保养场应根据保养能力设置符合城市公共汽车技术条件要求的回车道、试车道。回车道、试车道用地总指标应按停放车辆数26m²/标准车～30m²/标准车计算，分项建设时，回车道和试车道应按停放车辆数每标准车用地指标取12m²/标准车～13m²/标准车计算。

4.2.4 保养场应设置不小于50辆运营车辆的待保停车坪（库）。停车坪（库）用地应按停放车辆数65m²/标准车～80m²/标准车计算。

4.2.5 保养场区车行道路的宽度不应小于7m，人行道的宽度不应小于1m。

4.2.6 保养场应有供机动车进出的主大门，其宽度不应小于12m，主大门两边应有宽度不小于3m的人员出入门，同时还应在适当处设置车辆紧急出入门。

4.2.7 保养场的配电房、锅炉房、空压机房、乙炔发生站等动力设施应设置在全场的负荷中心处。锅炉房应位于全场的下风处，并应有就近便于堆放、装卸燃煤的场地。

4.2.8 保养场用地应按所承担的保养车辆数计算，并应符合表4.2.8的规定。

表4.2.8 保养场用地面积指标

保养能力（辆）	每辆车的保养用地面积（m²/辆）		
	单节公共汽车和电车	铰接式公共汽车和电车	出租小汽车
50	220	280	44
100	210	270	42
200	200	260	40
300	190	250	38
400	180	230	36

4.2.9 当保养场与停车场或修理厂合建时，其用地面积应在保养场的基础上，按本规范第3章中停车面积、修理厂中修理车间的用地要求增加所需面积。

4.2.10 保养场的油气站、变电房的用地应另行计算。

4.2.11 保养场应确保绿化用地规模，办公区和生活区的绿地率不应低于20%，有特殊要求的城市可另行增加用地。

4.3 建筑与设施

4.3.1 保养场的生产车间应按生产性质及工艺确定建筑层数与层高，辅助工间不宜高于3层。

4.3.2 保养场应根据保修生产的工艺要求，可由保养车间、发动机修理间、底盘修理间、轮胎修理间及喷烤漆间等构成保修厂房，由电工间、蓄电池间、设备维修间、材料配件工具库、动力站等构成辅助车间，并应符合下列要求：

1 各辅助车间应按工艺要求，紧凑地布置在主车间的四周；

2 发动机修理、动力站等有较大噪声的车间应单独布置，并应采取隔噪措施；

3　各类建筑、设施的防火设计应符合现行国家标准《汽车库、修车库、停车场设计防火规范》GB 50067 的规定。

4.3.3　保养场应有固定的车身保养工作场所，并应单独建立车身保养车间（工段、组）。

4.3.4　保养场的保修厂房应根据南北方城市的不同情况因地制宜，采取相适应的形式，并应符合下列规定：

1　保修厂房宜采用通过式，顺车进房，顺车出房，利用房外通道回车。

2　厂房长度可因地制宜，厂房宽度可按每日保修车辆的台次确定。

3　保养场生产性建筑用地宜按 $50m^2$/标准车计算。各车间的用地应根据工艺设计确定。

4.3.5　汽车保养场的保修工位可按每 100 辆标准车 9 个确定，其中车身 2 个、机电 7 个；电车保养场的保修工位可按每 100 辆标准车 11 个确定，其中车身 4 个、机电 7 个。

4.3.6　保养场的保养车间、发动机修理间、底盘修理间、蓄电池间等与油和腐蚀性介质接触的厂房地面，应采用高标号混凝土面和耐机油、耐酸、耐腐蚀的非刚性材料面层。各车间的地沟外表面应选用光洁的饰面材料。

4.3.7　保养场的生产和生活污水应分开，生产污水必须经净化设施处理后，方可排入市政管线。机油、蓄电池液等不得排入污水管道，应统一回收、处理。

4.3.8　生产垃圾和生活垃圾应分开。生产垃圾应分类收集，有毒、腐蚀性垃圾应由相关专业垃圾处理厂进行处理。

4.3.9　保修设备的配备应按现行国家标准《汽车维修业开业条件　第 1 部分：汽车整车维修企业》GB/T 16739.1 的规定执行。

4.3.10　保养场设施应具有相应的抗震、防雨、防风、防雷、防盗措施。

4.3.11　办公楼用地宜占生活性建筑用地的 13%。办公楼的设计应符合现行行业标准《办公建筑设计规范》JGJ 67 的规定。

4.3.12　保养场宜配职工生活服务设施。

4.3.13　保养场噪声值应符合现行国家标准《声环境质量标准》GB 3096 和《工业企业厂界环境噪声排放标准》GB 12348 的有关规定，当不能满足要求时，应采取隔声、隔振措施。

4.3.14　保养场油气站的设计应按本规范第 3.4.11 条～第 3.4.14 条执行。

5　修　理　厂

5.1　功能与选址

5.1.1　中小城市的修理厂宜与保养场合建。

5.1.2　修理厂宜建在距离城市各分区位置适中、交通方便、交通流量较小的主干道旁，周围有一定发展余地和方便接入的给排水、电力等市政设施的市区边缘。

5.1.3　修理厂的建设应进行环境评价，其内容应包括噪声、废气排放、污水排放和固体废物等。

5.2　用地与布置

5.2.1　修理厂应根据运营车辆的数量及其大、中修间隔年限确定修理厂的规模、厂房面积等。大、中修间隔年限应由各城市按本地具体情况确定。

5.2.2　修理厂用地应按所承担年修理车辆数计算，宜按 $250m^2$/标准车进行设计。

5.2.3　修理厂的平面布置应按生产区、辅助区、厂前区、生活区进行设置，并应符合下列规定：

1　修理厂的生产区应以生产厂房为中心区域，宜布置在全厂总平面的中间；

2　辅助区宜靠近主厂房，围绕着主厂房布置；

3　厂前区应包括办公楼、营业区；

4　生活区应包括食堂等为职工生活服务的区域，并应与生产分开。

5.2.4　修理厂的全厂性仓库应布置在营业区，专用仓库宜靠近所服务的车间，易燃物品的仓库应布置在下风处和厂区边缘，并应靠近工厂道路。仓库应确保消防车能自由接近库房。

5.2.5　修理厂内的道路应符合下列规定：

1　回车场最小面积应按铰接车计算。

2　行车道的转弯半径不应小于 12m。

3　行车道的横向坡度宜为 2%～3%，纵横向坡度不应大于 5%。

4　主要道路应人车分道，宽度不应小于 10m。

5　修理厂人与车出入的大门必须分开设置。车辆进出的主大门宽不应小于 12m，净高不应小于 3.6m。

6　修理厂应设置应急备用大门。

5.2.6　厂区消火栓的布置应符合现行国家标准《汽车库、修车库、停车场设计防火规范》GB 50067 的规定。

5.2.7　修理厂应确保绿化用地，厂前区和生活区的绿地率不应低于 20%，修理厂内四周宜建宽度为 2.0m～2.5m 的绿化带。

5.3　建筑与设施

5.3.1　修理厂厂房的方位应按照采光及主导风向确定，应利用自然采光和通风。厂房的建筑宜采用组合式，应采用有利于运输和降低建筑费用的式样。

5.3.2　各车间、工作间的布局应符合下列规定：

1　修理厂应按工艺路线、工作顺序和便于生产上相互联系的要求安排各车间、工作间的位置。

2　各主要通道的布局应整齐，应照顾到各种运输方式的衔接，避免生产运输线路迂回往复以及跨越生产线的现象。

3　各车间、工作间应有与主通道直接连通的大门，且经常开启的大门不宜朝北。各车间的大门应能使车间最大设备通过或另设置最大设备通过的备用大门，经常开启的大门与备用大门宜结合设置。

4　热加工、锻压、铸造、电镀、喷漆等有有害气体排放的车间，应置于全场常年主导风的下风向。

5　锻压、机加工等产生噪声的工艺应设置在单独的车间内，并应符合本规范第4.3.13条的规定。

6　车间办公室和生活间应就近布置在各车间内。

5.3.3　修理厂仓库的设计可按有关规范进行，占地面积可按下式计算：

$$S_{Q}=\frac{Q\times K\times n}{12P_{x}} \tag{5.3.3}$$

式中：S_Q——修理厂仓库占地面积（m^2）；

Q——该厂年生产量（修车数/年）；

K——物料入库量占年生产量的百分比（%）；

n——材料储备期（月）；

P_x——仓库总面积上的平均荷量（t/m^2）。

5.3.4　修理厂的污水、垃圾的设施及处理应符合本规范第4.3.7条、第4.3.8条的规定。

5.3.5　修理厂各类建筑、设施的防火设计应符合现行国家标准《汽车库、修车库、停车场设计防火规范》GB 50067的规定。

5.3.6　修理厂设施应具有相应的抗震、防雨、防风、防雷、防盗措施。

6　调度中心

6.0.1　调度中心应具备运营动态管理、调度、监控和公共信息服务等功能。应配置调度工作平台、通信设施、在线服务设施和救援车辆等设备，包括若干调度终端、视频显示系统及机房等，其监控及调度系统应符合下列基本规定：

1　应能实现各级调度实时监视所辖线路全部运营车辆的运行状态；

2　应能实现运营车辆的远程调度、实时调度和应急调度；

3　应实现多条线路的集中统一调度，并应能提高相关线路的衔接配合能力；

4　应能为乘客提供动态乘车信息服务；

5　应能自动生成行车记录，并按统计期自动生成运营统计数据；

6　应能根据动态运营数据，实时提出调整行车计划和运营排班计划的建议方案。

6.0.2　调度中心应与公交企业的调度体制相协调，可根据交通方式特征，按不同类型或不同隶属关系分别建设总调度中心和分调度中心。

6.0.3　总调度中心应为总公司系统的指挥中心，应能监视监控及调度系统的所有运营车辆和指挥各分调度中心、线路调度室，并应具有临时取代分调度中心或线路调度室的调度职能的功能。总调度中心宜选址在靠近其服务的线网中心处，用地面积不宜小于5000m²，设施建筑面积不宜小于5000m²。

6.0.4　分调度中心应为分公司系统的指挥中心，应接受并执行总调度中心的命令和指挥各线路调度室；应能监视所辖区域、线路的运营车辆，并应具有临时取代线路调度室的职能的功能。分调度中心的工作半径不应大于8km，每处用地面积可按500m²计算，且宜与大型枢纽站或停车场合建。

6.0.5　公交枢纽站、换乘站、停车场、保养场、首末站、中途站应配置通信调度设施设备和电子显示服务等装置。

6.0.6　中、小城市可根据需要配置调度中心及相关设施。

本规范用词说明

1　为便于在执行本规范条文时区别对待，对要求严格程度不同的用词说明如下：

1）表示很严格，非这样做不可的：
正面词采用“必须”，反面词采用“严禁”；

2）表示严格，在正常情况下均应这样做的：
正面词采用“应”，反面词采用“不应”或“不得”；

3）表示允许稍有选择，在条件许可时首先应这样做的：
正面词采用“宜”，反面词采用“不宜”；

4）表示有选择，在一定条件下可以这样做的，采用“可”。

2　条文中指明应按其他有关标准执行的写法为“应符合……的规定”或“应按……执行”。

引用标准名录

1　《室外排水设计规范》GB 50014

2　《汽车库、修车库、停车场设计防火规范》GB 50067

3　《汽车加油加气站设计与施工规范》GB 50156

4　《声环境质量标准》GB 3096

5　《城市公共交通标志　第3部分：公共汽电车站牌和路牌》GB/T 5845.3

6　《工业企业厂界环境噪声排放标准》GB 12348

7　《公共信息导向系统设置原则与要求　第4

部分：公共交通车站》GB/T 15566.4

8 《汽车维修业开业条件　第 1 部分：汽车整车维修企业》GB/T 16739.1

9 《电动车辆传导充电系统　电动车辆交流/直流充电机（站）》GB/T 18487.3

10 《城市道路照明设计标准》CJJ 45

11 《办公建筑设计规范》JGJ 67

12 《汽车库建筑设计规范》JGJ 100

中华人民共和国行业标准

城市道路公共交通站、场、厂工程设计规范

CJJ/T 15—2011

条 文 说 明

修 订 说 明

《城市道路公共交通站、场、厂工程设计规范》CJJ/T 15－2011，经住房和城乡建设部2011年11月22日以第1182号公告批准、发布。

本规范是在《城市公共交通站、场、厂设计规范》CJJ 15－87的基础上修订而成，上一版的主编单位是武汉市公用事业研究所（现武汉市交通科学研究所的前身），主要起草人员是胡润洲。

本次修订的主要技术内容是：新增公共交通枢纽站和调度中心的设计内容；对站、场、厂设施的功能和基本要求进行了细化；对停车场总用地规模等概念不清和已过时指标进行了重新界定和调整；新增了公共交通站、场、厂电动汽车、智能交通（ITS）、信息化建设等内容；删除了城市水上公共交通方面的内容。

本规范修订过程中，编制组进行了大量的调查研究，总结了我国城市道路公共交通站、场、厂的实践经验，同时参考了国外先进技术标准。

为便于广大设计、施工、科研、学校等单位有关人员在使用本规范时能正确理解和执行条文规定，《城市道路公共交通站、场、厂工程设计规范》编制组按章、节、条顺序编制了本规范的条文说明，对条文规定的目的、依据以及执行中需注意的有关事项进行了说明。但是，本条文说明不具备与规范正文同等的法律效力，仅供使用者作为理解和把握规范规定的参考。

目 次

1 总 则

1.0.1 本规范是在原《城市公共交通站、场、厂设计规范》CJJ 15－87的基础上修订的。修订本规范的目的主要体现四个方面：一是系统性，既要充分考虑城市道路公共交通子系统，又要考虑经济社会大系统，使道路公共交通的设计建设与城市总体规划、各专项规划相协调，适应经济社会发展要求，适应运营调度管理要求，适应乘客安全便捷出行需求；二是开放性，既要考虑服务区域范围的扩大，又要考虑与其他交通方式的整合，还要预留未来发展的余量，把功能放在十分突出的位置；三是应变性，体现产业发展政策取向和资源、环境约束，体现相关标准规范的新发展，体现安全环保新要求；四是创新性，国内外新技术、新材料、新工艺、新方式的研发和应用，在城市道路公共交通领域日趋成熟，吸纳最新发展成果拓展了新的发展空间。而旧版规范制定时间较早，且在这些方面存在较大缺陷，因此，为了使城市道路公共交通站、场、厂的设计建设符合新的发展要求，并指导未来一定时期的实践，本规范修订显得非常必要和及时。

1.0.2 本规范界定的适用范围为城市道路公共交通车站、停车场、保养场、修理厂的新建、扩建和改建设计和建设。快速公交、城市轨道交通、城市水上公共交通和城市其他公共交通的相应标准另行制定。

1.0.3 城市公共交通站、场、厂是保证城市公共交通运营生产能正常进行的重要后方设施，是城市基础设施的组成部分之一。因此，它不仅要符合城市总体规划和综合交通规划，与城市规划相互协调，与土地使用相互作用，合理布局，而且应纳入城市总体规划和综合交通规划，并在规划中占有相应的重要地位。

1.0.4 规定了城市道路公共交通站、场、厂设计的基本原则和要求。根据城市发展和土地利用实际，按照节约集约利用土地要求以及交通枢纽综合立体开发成功案例，提出了用地紧张地带道路公共交通设施设计建设模式，不局限于平面和单一功能，这样可以提高土地利用效率，同时解决公共交通用地无法落实问题。

特别强调在必须设置公共交通设施的用地紧张地带的土地开发模式，突破土地政策界限，鼓励综合开发利用，在这方面国内外有很好的案例。

1.0.5 本规范突出以人为本、无缝对接、零距离换乘理念，强调换乘枢纽的重要地位和作用，在综合交通枢纽设计时，更加注重交通设施和交通组织的一体化。一体化设计尤其要重视衔接换乘的物理设施、交通组织等。

1.0.6 在执行本规范条文时，不得与我国现行的其他有关标准和规范发生冲突。对引用的各有关标准的参数、计算方法和名词术语等一律不再作新的定义、解释或者重复叙述。

2 车 站

2.1 首 末 站

2.1.1 根据现代交通建设的要求，注重道路公共交通首末站设置、建设与城市土地利用及其他交通方式的相互关系，提出了随城市建设改造、大型客运交通枢纽设置与其他客运交通方式统一规划建设的模式及要求，主要目的是使城市公共交通与其他客运交通“无缝”衔接，方便换乘。

2.1.2 本条在总结城市公共汽、电车首末站设置经验的基础上，进一步明确了公共交通客运首末站在城市总体规划和综合交通体系网络中的优先设置理念。根据旧版设计规范的部分内容和大量实际车站设置的案例，以公共交通提供便捷、经济、舒适的客运服务为基本准则，界定了公共交通客运首末站的基本选址原则。并针对城市发展中大型居住区的规划建设模式，根据畅通工程、绿色交通示范城市考核标准说明或一般城市居住区域的公共交通出行发生率等，界定不同的居住规模等级相应的公共交通首末站设置要求。

对长途客运站、火车站、客运码头主要出入口内设置公共交通车站给出了范围控制指标。主要目的是使城市公共交通与对外交通资源整合共享、“无缝”衔接，方便换乘。在其他大型集散点附近设置首末站，也是快速疏散和提高效率的需要。

2.1.3 首末站规模主要指其建设用地规模，本次修编以运营车辆基准用地方法计算首末站建设用地规模，即按线路所配运营车辆总数及每标准车用地基数确定其规模。

随着经济社会发展，应逐步改善工作生活环境，并留有发展余地，同时，也便于规划设计人员准确把握使用尺度，提出首末站总用地规模和分项指标，适度增加办公、回车道面积。根据公共交通设施建设日益增长的环保要求和目前国内城市绿化的一般要求，城市绿化覆盖率要求一般不低于35%，结合《城市绿地分类标准》CJJ/T 85，将首末站绿化用地标准提高至20%。综合考虑城市公共交通首末站生产配套基础设施的实际需求，给出了首末站各项生产配套基础设施的基本用地规模控制指标。

首末站的占地面积按每辆标准车占地不应小于$100m^2$计算。这个指标是全国各大中城市从建站的经验中总结的实用数据。

首站有两种情况，一是不用作夜间停车，另一种是用作停车。在不用作夜间停车的情况下，站内停车坪主要用于高峰后调整下来的车辆停放和剩余运营车辆周转。根据各城市调查的资料，这两部分车辆同时在坪内周转停放的最大可能可达到50%以上。加上站内不能利用的死角和应留的车辆进出间距、通道，因而规定停车坪在不用作夜间停车的情况下，占地面积不应小于该线路全部运营车辆的60%所需用地规模。

依据《城市道路交通规划设计规范》GB 50220－95第3.3.7条，界定首末站用地的下限值。

为了改善运营调度管理和司乘人员生产生活条件，结合公共交通行业自身特点，必须高度重视基本的设施配置，体现以人为本。表1、表2列出了广州等城市公共交通站场建设经验数据。

表1　公交站场用地经验数据（不含智能监控）

站场分类		首末站	枢纽站	要　求
公交站场	总面积（m²）	1000～3000	3000以上	站场以长方形为佳，出入口位于站场两侧，并与场外道路衔接
	容纳线路数（条）	1～4	5以上	
办公用地	总面积（m²）	35以上	75以上	每增加3条公交线路需增加10m²
	站场管理室面积（m²）	5	15	
	线路调度室面积（m²）	15	30	每增加3条公交线路需增加10m²
办公用地	司机休息室面积（m²）	10	15	
	卫生间（m²）	2	10	
	茶水间面积（m²）	3	5	
	清洁用具杂务间面积（m²）	3	6	

表2　公交站场用地经验数据（含智能监控）

公交站场	总面积（m²）	1000～3000	3000以上	站场以长方形为佳，出入口位于站场两侧，并与场外道路衔接
	容纳线路数	1～4条	5条以上	
办公用地	总面积（m²）	43以上	91以上	每增加3条公交线路需增加20m²
	站场管理室面积（m²）	5	15	
	线路调度室面积（m²）	15	30	每增加3条公交线路需增加10m²
	智能监控室面积（m²）	8	16	每增加3条公交线路需增加10m²
	司机休息室面积（m²）	10	15	
	卫生间（m²）	2	10	
	茶水间面积（m²）	3	5	
	清洁用具杂务间面积（m²）	3	6	

依据表1和表2，界定首末站办公用地规模下限。末站一般不含站场管理室、司机休息室和智能监控室，若需要，则相应增加面积。

总结各地在末站规划用地和建设规模上的经验数据。末站按该路线全部车辆的20%安排用地是必要和适宜的。

2.1.4　为增强公共交通吸引力，方便市民出行，特别需要考虑各种方式存车换乘需要，提出对存车换乘需求量较大的首末站，配套存车换乘条件，并在首末站设计时另外增加用地面积。

2.1.5　本条根据现行的国家标准《汽车库、修车库、停车场设计防火规范》GB 50067和《汽车加油加气站设计与施工规范》GB 50156，确定公共交通首末站在设计建设加油、加气设施时的用地规模设计准则和安全要求。

2.1.6　根据无轨电车的机电运行装置的物理特性，界定无轨电车首末站的一般设置基准和设计要求，尤其是明确给出了对无轨电车电力供应的可行性和经济技术合理性的设计要求。同时，明确根据《城市道路交通规划设计规范》GB 50220－95第3.4.4条，确定无轨电车整流站的规模、服务半径以及折返能力。

2.1.7　根据国内实践经验，参照美国相关设计标准，给出首末站设计的具体内容。

2.1.8　本条给出了首末站站内回车道的主要设计参数。由于在早、晚高峰时进出车辆较多，常有2辆车同时回车，加上每辆车行驶时两侧应留的安全间距（各750mm），还要留出车辆摆动安全距离，因此，回车道宽规定不应小于7m。

2.1.9　出于节约资源能源、减少空驶里程和方便运营调度管理需要，远离停车场保养场或有较大早班客运需求的首末站必须设计供车辆下线停靠和部分或全部车辆夜间停车的停车坪。

为了便于雨水排放，不造成积水，保障停车安全，根据城市规划相关规定，对停车坪的坡度提出了要求。

2.1.10　参考日本道路设计规范规定，非铰接车的出入口宽不应小于7.5m。因此，在小城市运营车均为非铰接车的，出入口宽度也确定以这一数值为设计标准。

考虑很多城市还有一定规模的铰接车运营车辆，今后该类型车辆还有增加的趋势，为了保证首末站出入口的交通安全，出入口的宽度不应小于标准车宽的3倍～4倍（7.5m～10m）。而且应通视良好，在出入口后退2m的通道中心线两侧构成的120度范围内能清楚地看到站内车辆或者道路上的车辆和行人。

2.1.11～2.1.14　候车亭、候车廊、站台是改善乘客候车条件和保障乘客安全的需要，其设计总结了佛山、北京等国内城市的实践经验，在对全国各主要城市公共汽车、电车中途站的调查中，廊长一般没有超过 20m。站牌设计在国家标准《城市公共交通标志 第 3 部分：公共汽电车站牌和路牌》GB/T 5845.3 中作出了详细规定。

2.1.15 首末站停车区路面使用频率高，为了保障路面完好和行车安全，对道路强度提出增强处理要求。对盲人和残疾人候车人性化设施也提出了设计要求。

2.1.16 本条根据现行的国家标准《汽车库、修车库、停车场设计防火规范》GB 50067 和《汽车加油加气站设计与施工规范》GB 50156，确定了公共交通首末站建加油设施的设计准则。

2.1.17 电动汽车首末站是本次规范修编增加的重要内容，电动汽车首末站除应具备一般公共交通首末站的基本条件外，还应符合《电动车辆传导充电系统、电动车辆交流/直流充电机（站）》GB/T 18487.3 的规定。

2.2 中 途 站

2.2.1 在设置中途站时，以人性化设计理念为指导，增加了应在过街通道与站位之间留有足够安全距离的前提下，尽可能地与人行过街设施及其他交通方式近距离衔接的设计要求，以方便乘客换乘和过马路，尽可能"无缝"衔接。

2.2.2 设置中途站是专为公交车辆停靠，以方便让乘客上下。乘客上下完毕，车辆就应立即通过这个站，让后面的公共交通车辆停靠。因此，设置站址时，主要解决停和通的问题，同时避免非公交车辆的干扰。按照以人为本的原则，本条还增加了方便乘车的要求。

2.2.3 在路段上设置站点时，上、下行对称的站点宜在道路平面上错开，以免把车行道宽度缩小太多，造成瓶颈，影响道路畅通。如果路旁绿带较宽，则可采用港湾式停靠站。对称车站应错开的距离不宜太近，否则，对称车站同时停车和上下车乘客集中在车站就很容易造成瓶颈。

依据《城市道路交通规划设计规范》GB 50220－95 第 3.3.4 条，增加了对置设站、不同方向换乘距离的设计控制指标。

2.2.4 在交叉口附近设置站点时，应该考虑：使乘客乘车、换乘方便；不妨碍交叉口的交通和安全，即不阻挡交叉口视距三角形内的车辆和行人的视线，不影响停车线前车辆的停车候驶和通行能力；不影响站点本身的行车秩序和通行能力。路线的通行能力取决于站点的通行能力。保证站点能满足公共交通车辆通过的必要条件是 t 间$\geqslant t$ 停。如果站点太靠近交叉口停车线，车辆上完乘客后，常会遇到交叉口红灯而不能出站。被迫继续停在站上，有 t 阻的时间。这样，站点的通行能力（N 站）：

$$N\text{站} = \frac{60}{t\text{停} + t\text{阻}} \quad (\text{车次 / 小时})$$

因此，为了提高站点的通行能力，停靠站应与交叉口有一定的距离。使 t 阻＝0，最好是将停靠站设在过交叉口的 50m 以外。公安部从交通管理和交通安全出发，提出"公共汽、电车的中途站，应设在交叉路口的驶出段"。从提高公交站点的通行能力和交通安全出发，作了此条规定。

依据《城市道路交通规划设计规范》GB 50220－95 第 3.3.4 条，增加了交叉口（平面和立体）设置中途站的换乘距离设计控制指标。

郊区公路设公交站离平交路口距离也是从安全角度考虑的最低要求。

2.2.5 在道路上有几条路线重复经过时，它们的站点必然会发生联系，为了乘客换车方便，常常将几条路线的停靠站并在一起。这时，应该特别注意站点的通行能力是否与各条路线发车频率的总和相适应，否则容易产生站点堵塞，运送速度降低，车辆客运能力降低，站上秩序混乱。所以，在设置这类站点时，对于路线重复段较长的，除将几个乘客换车较多的站合在一起外，对其余换车较少的站，可以将站分设，前后间隔布置。只要站点通行能力允许，对于路线重复较短的交叉路线，其站址宜靠近或合并，以便乘客换车。对于无轨电车路线重复较多的站点，可在站上架设架空避让线，使后面不需要停站的车辆可以超越。

通过实地观察和测算，给出了中途站停靠线路条数和高峰小时通过车数的设计指标。站点设计理论和实践证明，停靠通道增加可以加快车辆快速进站和通过。

2.2.6 在市区道路上布置站距时，因受到道路系统、交叉口间距的影响，需要结合道路上的具体情况确定。因此在整条路线上，站距是不等的，市中心地区，客流密集，乘客上下频繁，站距宜小些；城市边缘地区和郊区人口分布相对分散，站距可适当增大。

随着优先发展城市公共交通战略的推进，合理的步行距离已经纳入公共交通服务质量管理范畴，绿色交通示范城市考核标准说明中也有类似要求。本条依据以上意见和各地的经验进行了总结。

《城市道路交通规划设计规范》GB 50220－95 第 3.3.1 条，对不同城市区域线路、各种常规公共交通运输方式的平均站距长度给出了控制标准。

2.2.7 在一些次要的线路和一些客流较少的中途站，由于车辆间隔长，候车的乘客也不多，实际执行情况一般没有候车廊，因此，设计时可以不设候车廊，如果为了规范站台秩序需要设置，廊长可以适当缩短，但不宜小于 5m。廊长的具体尺寸应根据车站的具体情况酌定。当共站停靠线路条数较多时，候车乘客量都很大，候车廊和站台设计时应适当加长。

2.2.8《法国城市内部的道路规则》关于公共交通车一章中对公共汽车站作了这样的规定："汽车站的停车带宽度为 3m"。"停车带的延长长度，每停放一辆公共汽车至少要保证30m。前后15m范围内禁止停车"。

美国《公共交通设施标准手册》对停车站的长度作了如下规定和论述：公共汽车停车站的长度应反映出：在20min～30min的各高峰时间内，一个车站能同时容纳的车辆数；公共汽车进出车站的行驶要求。公共汽车上下乘客位置的大小取决于：公共汽车进站率及其特点，停车站的乘客量。公共汽车停车站的容纳能量标准：乘客服务时间在20s或20s以内的地方，要给大约每60辆高峰车提供一个车位，这是典型放射形干道的情况；在平均30s到40s的地方，要给大约每30辆高峰车提供一个车位；乘客服务时间很大的地方，要给大约每20辆高峰车提供一个车位。一辆单车长40英尺（12.19m），那么对于较长的铰接车来说，停车站长度应相应作修正。当线路公共汽车运营次数极少时（即高峰时少于4辆，基本间隔为每小时两辆车）就需要使公共汽车同时使用一个停车站时，那么每增加一辆车，停车站的长度则增加45英尺（13.72m）。单车停站时，停车站的长度标准：在交叉口驶出部分的路段上设立的公共汽车停车站的长度应为80英尺～100英尺（24.38m～30.48m）；在交叉口驶入部分公共汽车停车站长度为90英尺～105英尺（27.43m～32m），停站公共汽车前部至前一停车位始端的距离。公共汽车停车站应用6英寸～8英寸（152mm～203mm）宽的白色车道实线作标志，将公共汽车的停车区间与相邻行车道清晰地区别开来，在车流量大的路段，可采取路面停车站标志。

同时，《公共交通设施标准手册》对公共汽车停车站停车位置的容纳能力给出了参考数据。

从以上所述可知：

1 为了确保车辆在中途站能迅速进出站和安全停靠必须要划定一个停车区。在这个停车区前后还要留一个安全距离，这样车辆进出站才能迅速，才能不会因前后有东西阻碍不能停车或发生事故。我国目前大多数没有这样做，停靠站前后，甚至就在站上有时都出现障碍物，使车辆不能安全停靠，影响车辆正常运行。

2 车辆的停站时间按下述公式计算：

t停$=t$减$+t$上下$+t$加（分钟）

t减$=2t$安$/b$ （t安≈ 5m，前车出站与后车进站的最小安全距离）

（$b \approx 1 \sim 1.5\text{m/s}^2$车辆减速度）

t上下——乘客上下车时间，约20s～40s；

t加——车辆驶出停靠站的时间（t加）$^2=2$车身$/a$，（$a \approx 0.8 \sim 1.2\text{m/s}^2$，车辆启动加速度）。

车辆停靠时间必须小于线路发车间隔时间，从而保证站点有较好的通行能力。这就必须根据停靠时间的长短和每一个车位在该停靠时间（服务时间）内的容纳能力确定停车区的长度，使两辆车在前后进站停靠的情况下都有停靠的地方。停靠时间在30s，150辆车也才需要3个车位。按我国情况，停车区长度最多不宜超过3辆车长加各5m的安全距离，这样，车辆进出站基本没有问题。

3 停车带宽度为3m，既能满足车辆停靠要求，也不影响其他机动车辆正常安全通行。

2.2.9 鉴于公共交通发展多年来的实际和中途调度的可能性，设中途调度站已经没有实际意义，随着信息化和智能化管理的进程，中途调度站的功能完全可以取代。

根据《城市道路交通规划设计规范》GB 50220－95第3.3.6条，增加了快速路、主干路及具备条件的次干路的公共交通停靠站设计准则和平面布置要求。对开凹长度，宽度规定了下限值，对上限值未加限制。

2.2.10 本条主要根据我国目前许多城市需要，并参照美国《公共交通设施标准手册》中对公共汽车避车道的规定。我国大城市的旧城区一般是商业、文娱活动中心，居民也多集中于此，交通流量因而较大，但道路又较窄，以至于一辆公共汽车停站，就要占去大半个车道，使后面的机动车、非机动车受阻，不仅影响通行能力，还容易造成交通事故。这样的道路如果能利用一点人行道，使车辆进入凹进的停车区，减少占据行车道的宽度，就能减少对城市道路交通的影响，保障交通畅通。

2.2.11 中途站停车区道路增强处理，理由见本规范第2.1.15条文说明。

2.3 枢 纽 站

本节为新增内容，主要突出枢纽站在城市公共交通系统中的重要功能、性质、地位和作用，它是公共交通线网和运营组织的核心，是客流转换和保障运输过程连续性的关键节点，是发挥多方式衔接联运和各自优势的重要环节，是车辆停放、低保、小修及调度的重要场所，其地位和作用不言而喻，因此，根据国内外实践经验，本章就枢纽站选址原则、内部功能布局及交通组织要求、与城市道路衔接、辅助设施以及用地需求等作出规定。基于当时的条件，枢纽站在旧版《规范》中第2.1.17条仅简要叙述，没有突出其应有的地位和作用，在认识上也未达到一定高度。《城市道路交通规划设计规范》GB 50220－95中第3.2.1条和绿色交通示范城市考核标准说明中涉及了枢纽站相关内容。

本节规定多条道路公共交通线路共用首末站形成换乘枢纽站的设计要求，明确了功能定位、分区、布局的原则和枢纽站内外交通组织必须考虑的因素，还包括提升服务质量的辅助设施配置。

随着城市范围的扩大，大量乘客的出行仅靠一种公共交通方式完成是不现实的，必然存在多方式换乘。为了发挥交通系统的整体效率，必须建立有效的交通衔接系统，将各种交通方式内部、各种交通方式之间、私人交通与公共交通、市内交通与对外交通有机衔接，这就是综合枢纽应起的作用，也是本规范新增相关内容的原因。通过枢纽设施和紧凑的站点设置，向公交乘客提供方便的换乘条件；通过"停车＋换乘"，实现公共交通与个体交通的有效转换；通过综合枢纽和连接市内的道路、轨道，将机场、港口、火车站和公路客运站等对外交通设施与市内交通紧密相连。

2.3.1 不同规模的枢纽站的配置和要求应视功能和具体情况有所不同，提出了枢纽站分类指标和设计建设规模依据。

2.3.2 枢纽换乘客流量大、多条线路汇集，需要在此设首末站，要求有良好的车辆进出站连通道，对城市主干道机动车流干扰最小。同时，枢纽是一个整体，属综合性设施，为了最大限度地整合土地、设施资源，各功能分区布局必须统筹安排、系统规划设计和建设。

2.3.3 枢纽站内进出车辆和行人流量大，为了保证通行安全，提出进出车道分开设置和右进右出设计要求，目的是避免进出车辆冲突，保证车流顺畅。同时，枢纽站兼具停车场的部分功能，承担该枢纽站服务的线路车辆停车周转、低级保养及小修任务，为了满足运营车辆的技术性能和调度管理要求，必须设置明显的标志，保障站内秩序和安全。因此，提出分区设置和安全要求，使站内功能分区配置相对独立，避免人车混行、运修混杂。

2.3.4 根据国内外经验，枢纽站的发车区始发站的数量取决于共站线路条数，一般一条线路用一个始发站，设一个发车位和一个候车位，随着线路条数的增加，一个始发站可以容纳两条线路发车，因此，考虑到需要与可能以及发展余地，始发站数量不宜少于4个。站台、雨阳篷、座椅等设施的配置主要是为了满足乘客候车的需要。

2.3.5 人行通道应尽量减少与机动车通道平面交织，与地下通道和人行天桥有机衔接整合，综合布局使用，保障行人安全。

2.3.6 枢纽站的首要功能是方便乘客换乘，但是，国内各城市道路公共交通枢纽实际用地都很紧张，特别是中心城区更加困难，因此，提出重点满足车辆周转，其次才是停车需求，依此原则考虑停车坪用地，并给出计算方法。为了发挥道路公共交通容量大、占地少的优势，吸引更多的出行转向公共交通方式，枢纽站宜根据站址用地可能性，另行配套安排自行车、摩托车、出租车、小汽车停车场，以方便存车换乘。

2.3.7 大型枢纽站运营线路多，客流量大，为了方便乘客辨识候车站台和乘车，应采用现代信息技术，在醒目的地方显示线路发车信息为乘客导乘。

2.3.8 在电、汽车共用枢纽站时，要充分考虑电车供电线网的特殊限制，合理安排行车运行通道。

2.3.9 为了满足枢纽站内车辆运营、调度、管理的需要，改善生产、生活条件，对办公用地面积作出了规定，详见条文说明2.1.3中的表1和表2。

2.3.11 对枢纽站和综合枢纽设施建设内容作出了规定，以满足乘客便捷换乘所需要的信息和服务，保障安全生产各项需要。

2.4 出租汽车营业站

2.4.1 为了方便乘客，实现"无缝"换乘，满足主要客流集散地各种乘车需求，根据《城市道路交通规划设计规范》GB 50220－95第3.3.8和第3.3.9条规定，增加了营业站设置要求，并根据乘客流量，确定建站规模。如流量集中且很大的火车站等，需要快速疏散，规模可能需要100辆～200辆，网点式服务需要的规模在10辆～20辆，一般停靠点的规模在5辆左右，而招手停靠点规模在2辆左右，就能满足驻车和候客需求。

2.4.2 出租汽车营业站的规划占地面积，以长4.8m，宽1.8m，车辆前留宽3.0m，后留宽0.5m，车辆两侧各留宽0.6m测算。

1 每一车位用地面积

全长 4.8＋3.0＋0.5＝8.3m

全宽 1.8＋0.6＋0.6＝3m

车位面积 8.3×3＝24.9≈25m²

2 停车场（或停车库）用地面积A_e

S_y——单车投影面积 $S_y=4.8\times1.8=8.46\text{m}^2$

H_1——停车面积系数 $K_t=3$

A_0——每车位面积 $A_0=8.64\times3=25.92\approx26\text{m}^2$

$$A_e=A_0\times n=S_y\cdot K_t\cdot n$$

3 停车数量30辆的营业站，其生产、生活所需建筑面积（包括调度室、乘客候车室、司机候车室、餐饮间、厕所）为120m²，停车面积为630m²，共计面积为750m²。

每辆车平均所需建筑面积为4m²，换成为占地面积等于6m²。

由以上所述知，每车位占地面积最大为26m²，本条归纳为营业站的占地面积宜按不小于32m²/辆出租车计算，其中建筑占地面积不宜小于6m²/辆出租车。

2.4.3 为了扩大出租汽车服务范围，若采用网点式服务，本条给出了服务半径和规模指标值，以10辆～20辆车、可达范围1km为宜。

2.4.4、2.4.5 我国出租汽车大部分在运行中载客，平均空驶率已达40%以上。为了充分体现出租汽车"门到门"的优势和方便乘客，体现定点载客和流动性载客，应给出租汽车运营创造良好的条件，设置营业站、网点服务、候客点、停靠点的目的就在于此，既方便了乘客，又可以让部分车辆停车候客，减少空驶，节约能源，降低尾气排放，符合节能减排的要求。

3 停 车 场

3.1 功能与选址

3.1.1～3.1.4 根据建设节约型社会和科学发展观的要求，增加了“停车场宜分散布局，可与首末站、枢纽站合建”、“综合开发利用”等内容，目前，很多城市已经成功地实施了这种模式。结合国内外相关经验，给出了停车场设施明细表。

从经济角度考虑，停车场到其服务的线路和分区保养场的距离不宜太远，否则，过高的空驶里程会造成巨大的浪费。

3.2 用地与布置

3.2.1、3.2.2 为了满足交通发展的需要。除应增加一定数量的道路用地外，还要有足够的用地供车辆停放。车辆若无固定地点停放，势必沿路到处停歇，既妨碍交通，又影响市容；或者侵占人行道，影响行人交通。所以要保证停车场用地，并提出了停车场规模。因各地情况不同，有的只有单车，增加标准车规模更直观明确。

增加了“在用地特别紧张的大城市，停车场用地不宜小于每辆标准车用地 120m²”等内容，一是考虑停车规模小型化、分散化特殊情况需要。二是主要考虑保修工间与办公及生活建筑立体叠加，综合开发利用。三是中心城区用地紧张的实际情况。

从节约集约利用土地角度，综合安排停车用地，避免重复安排，给出综合用地指标下限值。采用多层停车库时，也不应重复计算。

3.2.4～3.2.6 增加了停车场平面布局、建筑、交通组织和安全相关要求，以利安全生产和环境保护。

3.2.7～3.2.9 增加了利用绿化带减少场区噪声扰民要求，体现以人为本、与环境融和，并给出绿化率指标。

3.3 进 出 口

3.3.1～3.3.5 《汽车库、修车库、停车场设计防火规范》GB 50067“安全疏散”中从防火出发，为保证一般汽车库在发生火灾事故时人员和车辆能安全疏散，对疏散出口作了规定。结合公共交通车辆进出停车场的特殊情况，本规范作出了规定。

3.4 建筑与设施

3.4.1、3.4.2 根据现行行业标准《城市客运车辆保养通用技术条件》CJ/T 3052 规定，凡公交车行驶里程达到 3000km，必须进行一级保养，行驶 16000km，必须进行二级保养，结合国内多年来的实践经验数据，2 个工位可以保障 200 辆运营公交车的一、二级保养需求。按照停车场小型化、分散化原则，一般停车场不会超过停车 200 辆。此外，部分首站具备低保功能，也可完成一定量的低保任务。对于超过 200 辆车的情况，工位数也未定死。

3.4.3～3.4.5 修车地沟有通道式敞开地沟和独立式敞开地沟两种。沟的长度根据实践经验而得。保修工间占地面积一般为停车场总占地面积的 14%～17%。主保修工间建筑占地面积不应小于保修工间建筑占地面积的 50%～60%。

3.4.8 按照资源节约型、环境友好型社会建设要求，增加了水回收再利用新要求。

3.4.9、3.4.10 从办公用地不宜过大，生活性建筑用地保证够用出发，提出了办公及生活性建筑最低限界，即不应小于10m²～15m²/标准车。由于办公及生活都可以上接，因此，建筑面积可以依照需要和投资的可能从增加楼层上加以解决。由于我国已经停止福利分房以及生活服务设施社会化程度的提高，所以，职工住宅和生活服务设施应执行国家及地方相关政策和标准，不再作为必须配套设施规定。

3.4.11～3.4.14 参照上海、北京等城市公交企业建设和使用油库的经验数据，根据发展新型清洁能源的趋势和应用实际，液化石油气和天然气已广泛应用于城市公共交通领域，所以，将油库改为油气站，并执行最新版国家标准《汽车库、修车库、停车场设计防火规范》GB 50067 和《汽车加油加气站设计与施工规范》GB 50156（2006 年版）的要求。

3.5 多层与地下停车库

3.5.1～3.5.17 通过综合开发利用，建地下或地上立体停车场等立体形式，节约集约利用土地资源，已经成为国内外建设停车场成功的发展模式。主要参考美国、英国的多层停车场资料和我国《汽车库建筑设计规范》JGJ 100 中关于多层车库的论述，结合实际编制了多层与地下停车库一节的各条。具体设计建设时，应按《汽车库建筑设计规范》JGJ 100 执行。

为了提高安全性，增加了车辆进出多层和地下停车场的监控、导向、交通组织及消防设施要求，并执行相应国家标准规范规定。

3.6 出租汽车停车场

3.6.1～3.6.7 根据国家标准《城市道路交通规划设计规范》GB 50220－95 第 8.1.7 条机动车公共停车场用地面积，宜按当量小汽车停车位数计算。地面停车场用地面积，每个停车位宜为 25m²～30m²；停车楼和地下停车库的建筑面积，每个停车位宜为 30m²～35m²。

本规范提出出租汽车停车场用地面积不应小于 50m²/标准车，其中包括停车、维修、办公、绿化、发展预留和机动用地。当采用多层停车库时，用地面积不应重复计算。

4 保 养 场

4.1 功能与选址

4.1.1～4.1.5 保养场的功能主要是承担运营车辆的高保任务及相应的配件加工、修制和修车材料，燃料的储存，发放等。按工程标准要求，加强了保养场用地、安全环保及设计项目等内容要求。

为了节约集约用地，提高保养场使用效率，对保养场建设提出分建或合建要求。

4.1.6 对保养场的选址规定了相应的原则要求。

4.2 用地与布置

4.2.3、4.2.4 增加了建设保养场回车道、试车道和停车坪的具体指标。

4.2.8 《城市道路交通规划设计规范》GB 50220－95 中第 3.4.3 条对公共交通车辆保养场用地面积指标作出了设计界定。

4.2.9 充分考虑具体情况下，给出保养场与停车场或修理厂合建时，综合用地可合并和调剂使用。

4.3 建筑与设施

4.3.1～4.3.3 随着经济社会发展，乘客对公共交通服务质量和安全要求越来越高，公交车辆作为城市流动的风景线，应高度重视车身的保养和维修工作，有条件的企业，车身应单独进保进修，使车辆面貌和车况经常保持完好状况，延长车辆的使用寿命。

根据工艺特点，便于生产安全，给出建筑层数、层高一般要求。

4.3.4 依照各个城市的意见以及实践经验，规定为生产性房屋建筑占地以每标准车占地 50m^2 为计算指标。由于各城市的具体情况不同，各车间（包括库房、动力站）的用地不加限定，只规定根据工艺设计确定，从而使各地能因地制宜。

4.3.6 增加了地沟和墙面用材相关要求。

4.3.7～4.3.10 根据国家现行关于保修设备、安全消防和环境保护要求，增加了相应内容。

4.3.11～4.3.13 根据目前企业管理模式及有关建筑标准，合理安排生活性建筑用地。为落实环境保护相关要求，在设计时，应预先考虑周全，以改善生产、生活条件，减少对周边环境的影响。

5 修 理 厂

5.1 功能与选址

5.1.1～5.1.3 随着分工的社会化、专业化，车辆修理的小型化和分散化，以及节约资源的要求，城市道路公共交通车辆的修理要么与运营分离，交给专营企业，要么与保养场合并建设，这已经成为客观现实，因此，不主张单独建修理厂，特别是中小城市。

根据修理厂的特点，其选址应满足生产和环保要求。

5.2 用地与布置

5.2.1～5.2.7 根据国内实际经验数据，主要对修理厂厂区内布局、道路及安全生产和绿化等提出了要求。

5.3 建筑与设施

5.3.1～5.3.3 根据修理厂的生产工艺流程，对厂房、车间、工作间的布局提出相应规定和要求。

5.3.4～5.3.6 提出保障安全生产和环境保护方面的设计要求。

6 调 度 中 心

本章为新增内容，随着节约型社会建设和科技进步，最大限度地发挥资源效率不仅变得越来越紧迫和必须，而且变成了可能。公共交通已经从原来的单线调度发展成区域调度，从人工调度发展成智能调度。在城市交通越来越拥挤、各种大型活动越来越频繁、突发事件越来越多，而乘客对服务质量需求越来越高的态势下，调度中心的地位和作用也日益显现，新增道路公共交通调度中心的设计建设意义重大而深远。《城市道路交通规划设计规范》GB 50220－95 中第 3.4.1 条和第 3.4.6 条有所规定，即将颁布的《城市公共交通条例》和《公共汽电车行车监控及集中调度系统技术规程》中也有明确的要求。

6.0.1 城市公共交通设置调度中心，目的是通过运营组织和人员调度的快速反应，优化运力配置，处理突发事件发生时的客流疏散，保障安全，降低成本，提高经济效益和社会效益。为了保障运营调度快速、及时和有效，调度中心最关键环节是信息的准确、及时和通畅，现代化的通信手段为信息传递提供了便利，可为乘客提供出行信息服务，也为突发事件的紧急救援创造了指挥条件，因此，通信技术和设施至关重要，救援车辆及设备也非常必要。本条对调度中心的设施和基本功能要求作出了规定。

6.0.2 不同交通方式的特征不尽相同，隶属关系、管理模式和调度方式也有差别，根据条件许可，分别建设调度中心是必要和可行的。

6.0.3 在突发客流高峰或紧急情况发生时，要求以最短的时间到达现场指挥增援，因此，总调度中心选址在其服务的线网中心是最恰当的，其规模应能满足救援和工作车辆停放、信息处理交换、监控系统及工作人员办公基本要求。根据实践经验确定总调度中心用地面积和设施建筑面积均不小于 5000m²。

6.0.4 根据城市用地和公交线网覆盖范围大小合理设置分调度中心，在大城市，因为城市范围较大，一个调度中心难以满足适时快速调度要求，依据《城市道路交通规划设计规范》GB 50220－95 中第 3.4.6 条的规定，可适当设置分调度中心，而大型枢纽站或停车场一般也在分区或线网的重心，因此，分调度中心与大型枢纽站或停车场合建成为必要和可能。

6.0.5 为了实现信息化调度，建立信息网络及设施是基础，充分利用公交枢纽站、换乘站、停车场、保养场、首末站、中途站等在线网中的广覆盖来获取和反馈信息，能为科学调度提供最快捷的途径，为乘客提供准确的乘车信息服务，也为智能调度创造了条件。

6.0.6 因为中、小城市的人口、用地、公交线网、运力及客流规模有限，是否配置调度中心及相关设施，应根据需要与可能确定。

中华人民共和国行业标准

生活垃圾转运站技术规范

Technical code for transfer station of municipal solid waste

CJJ 47—2006

J 511—2006

批准部门：中华人民共和国建设部

施行日期：2 0 0 6 年 8 月 1 日

中华人民共和国建设部
公　　告

第420号

建设部关于发布行业标准《生活垃圾转运站技术规范》的公告

现批准《生活垃圾转运站技术规范》为行业标准，编号为CJJ 47—2006，自2006年8月1日起实施。其中第7.1.1、7.1.3、7.1.4、7.2.2、7.2.3、7.2.4条为强制性条文，必须严格执行。原行业标准《城市垃圾转运站设计规范》CJJ 47—91同时废止。

本标准由建设部标准定额研究所组织中国建筑工业出版社出版发行。

中华人民共和国建设部

2006年3月26日

前　　言

根据建设部建标［2004］66号文的要求，规范编制组经广泛调查研究，认真总结实践经验，参考有关国家标准和国外先进标准，并在广泛征求意见的基础上，对《城市垃圾转运站设计规范》CJJ 47—91进行了修订。

本规范的主要技术内容是：1. 总则；2. 选址与规模；3. 总体布置；4. 工艺、设备及技术要求；5. 建筑与结构；6. 配套设施；7. 环境保护与劳动卫生；8. 工程施工及验收。

修订的主要内容是：增加和细化了选址条件；重新划分了规模类别；增加了不同规模转运站的用地指标；调整了转运站服务半径；明确了转运站总规模与转运单元的关系；增加、细化了转运站总体布置的内容；增加了转运站关于绿地率的指标；增加、细化了有关工艺技术的要求；新增了“环境保护与劳动卫生”和“工程施工及验收”两个章节。

本规范由建设部负责管理和对强制性条文的解释，由主编单位负责具体技术内容的解释。

本规范主编单位：华中科技大学（地址：武汉市武昌珞喻路1037号；邮政编码：430074）

本规范参编单位：城市建设研究院
北京市环境卫生科学研究所
中国市政西南设计研究院
广西壮族自治区南宁专用汽车厂
珠海经济特区联谊机电工程有限公司
上海中荷环保有限公司
长沙中联重工科技发展有限公司
武汉华曦科技发展有限公司
北京航天长峰股份有限公司长峰弘华环保设备分公司

本规范主要起草人员：陈海滨　吴文伟　徐文龙
谭树生　汪立飞　张来辉
周治平　王元刚　王敬民
莫许钚　刘臻树　汪俊时
沈　磊　朱建军　熊　萍
秦建宁　李俊卿　赵树青
魏剑锋　王丽莉

目　次

1 总　　则

1.0.1 为规范生活垃圾转运站（以下简称“转运站”）的规划、设计、施工和验收，制定本规范。

1.0.2 本规范适用于新建、改建和扩建转运站工程的规划、设计、施工及验收。

1.0.3 转运站的规划、设计和施工、验收除应执行本规范外，尚应符合国家现行有关标准的规定。

2 选址与规模

2.1 选　　址

2.1.1 转运站选址应符合下列规定：

1 符合城市总体规划和环境卫生专业规划的要求。

2 综合考虑服务区域、转运能力、运输距离、污染控制、配套条件等因素的影响。

3 设在交通便利，易安排清运线路的地方。

4 满足供水、供电、污水排放的要求。

2.1.2 转运站不应设在下列地区：

1 立交桥或平交路口旁。

2 大型商场、影剧院出入口等繁华地段。若必须选址于此类地段时，应对转运站进出通道的结构与形式进行优化或完善。

3 邻近学校、餐饮店等群众日常生活聚集场所。

2.1.3 在运距较远，且具备铁路运输或水路运输条件时，宜设置铁路或水路运输转运站（码头）。

2.2 规　　模

2.2.1 转运站的设计日转运垃圾能力，可按其规模划分为大、中、小型三大类，或Ⅰ、Ⅱ、Ⅲ、Ⅳ、Ⅴ五小类。

新建的不同规模转运站的用地指标应符合表2.2.1的规定。

表 2.2.1　转运站主要用地指标

类　型		设计转运量（t/d）	用地面积（m²）	与相邻建筑间隔（m）	绿化隔离带宽度（m）
大型	Ⅰ类	1000～3000	≤20000	≥50	≥20
	Ⅱ类	450～1000	15000～20000	≥30	≥15
中型	Ⅲ类	150～450	4000～15000	≥15	≥8
小型	Ⅳ类	50～150	1000～4000	≥10	≥5
	Ⅴ类	≤50	≤1000	≥8	≥3

注：1 表内用地不含垃圾分类、资源回收等其他功能用地。
2 用地面积含转运站周边专门设置的绿化隔离带，但不含兼起绿化隔离作用的市政绿地和园林用地。
3 与相邻建筑间隔自转运站边界起计算。
4 对于邻近江河、湖泊、海洋和大型水面的城市生活垃圾转运码头，其陆上转运站用地指标可适当上浮。
5 以上规模类型Ⅱ、Ⅲ、Ⅳ含下限值不含上限值，Ⅰ类含上下限值。

2.2.2 转运站的设计规模和类型的确定应在一定的时间和一定的服务区域内，以转运站设计接受垃圾量为基础，并综合城市区域特征和社会经济发展中的各种变化因素来确定。

2.2.3 确定转运站的设计接受垃圾量（服务区内垃圾收集量），应考虑垃圾排放季节波动性。

2.2.4 转运站的设计规模可按下式计算：

$$Q_D = K_S \cdot Q_C \qquad (2.2.4)$$

式中 Q_D——转运站设计规模（日转运量），t/d；
Q_C——服务区垃圾收集量（年平均值），t/d；
K_S——垃圾排放季节性波动系数，应按当地实测值选用；无实测值时，可取1.3～1.5。

2.2.5 无实测值时，服务区垃圾收集量可按下式计算：

$$Q_C = \{n \cdot q/1000\} \qquad (2.2.5)$$

式中 n——服务区内实际服务人数；
q——服务区内，人均垃圾排放量［kg/（人·d)］，应按当地实测值选用；无实测值时，可取0.8～1.2。

2.2.6 当转运站由若干转运单元组成时，各单元的设计规模及配套设备应与总规模相匹配。转运站总规模可按下式计算：

$$Q_T = m \cdot Q_U \qquad (2.2.6\text{-}1)$$

$$m = [Q_D/Q_U] \qquad (2.2.6\text{-}2)$$

式中 Q_T——由若干转运单元组成的转运站的总设计规模（日转运量），t/d；
Q_U——单个转运单元的转运能力，t/d；
m——转运单元的数量；
［ ］——高斯取整函数符号；
Q_D——转运站设计规模（日转运量），t/d。

2.2.7 转运站服务半径与运距应符合下列规定：

1 采用人力方式进行垃圾收集时，收集服务半径宜为0.4km以内，最大不应超过1.0km。

2 采用小型机动车进行垃圾收集时，收集服务半径宜为3.0km以内，最大不应超过5.0km。

3 采用中型机动车进行垃圾收集运输时，可根据实际情况扩大服务半径。

4 当垃圾处理设施距垃圾收集服务区平均运距大于30km且垃圾收集量足够时，应设置大型转运站，必要时宜设置二级转运站（系统）。

3 总 体 布 置

3.0.1 转运站的总体布局应依据其规模、类型，综合工艺要求及技术路线确定。总平面布置应流程合理、布置紧凑，便于转运作业，能有效抑制污染。

3.0.2 对于分期建设的大型转运站，总体布局及平面布置应为后续建设留有发展空间。

3.0.3 转运站应利用地形、地貌等自然条件进行工艺布置。竖向设计应结合原有地形进行雨污水导排。

3.0.4 转运站的主体设施布置应满足下列要求：

1 转运车间及卸、装料工位宜布置在场区内远离邻近的建筑物的一侧。

2 转运车间内卸、装料工位应满足车辆回车要求。

3.0.5 转运站配套工程及辅助设施应满足下列要求：

1 计量设施应设在转运站车辆进出口处，并有良好的通视条件，与进口厂界距离不应小于一辆最大运输车的长度。

2 按各功能区内通行的最大规格车型确定道路转弯半径与作业场地面积。

3 站内宜设置车辆循环通道或采用双车道及回车场。

4 站内垃圾收集车与转运车的行车路线应避免交叉。因条件限制必须交叉时，应有相应的交通管理安全措施。

5 大型转运站应按转运车辆数设计停车场地，停车场的形式与面积应与回车场地综合平衡；其他转运站可根据实际需求进行设计。

6 转运站绿地率应为20%～30%，中型以上（含中型）转运站可取大值；当地处绿化隔离带区域时，绿地率指标可取下限。

3.0.6 转运站行政办公与生活服务设施应满足下列要求：

1 用地面积宜为总用地面积的5%～8%。

2 中小型转运站可根据需要设置附属式公厕，公厕应与转运设施有效隔离，互不干扰。站内单独建造公厕的用地面积应符合现行行业标准《城镇环境卫生设施设置标准》CJJ 27中的有关规定。

4 工艺、设备及技术要求

4.1 转运工艺

4.1.1 垃圾转运工艺应根据垃圾收集、运输、处理的要求及当地特点确定。

4.1.2 转运站的转运单元数不应小于2，以保持转运作业的连续性与事故状态下或出现突发事件时的转运能力。

4.1.3 转运站应采用机械填装垃圾的方式进料，并应符合下列要求：

1 有相应措施将装载容器填满垃圾并压实。压实程度应根据转运站后续环节（垃圾处理、处置）的要求和物料性状确定。

2 当转运站的后续环节是垃圾填埋场或转运混合垃圾时，应采用较大压实能力的填装/压实机械设备，装载容器内的垃圾密实度不应小于0.6t/m³。

3 应有联动或限位装置，保持卸料与填装压实动作协调。

4 应有锁紧或限位装置，保持填装压实机与受料容器结合部密封良好。

4.1.4 转运站在工艺技术上应满足下列要求：

1 应设置垃圾称重计量装置；大型转运站必须在垃圾收集车进出站口设置计量设施。计量设备宜选用动态汽车衡。

2 在运输车辆进站处或计量设施处应设置车号自动识别系统，并进行垃圾来源、运输单位及车辆型号、规格登记。

3 应设置进站垃圾运输车抽样检查停车检查区。

4 垃圾卸料、转运作业区应配置通风、降尘、除臭系统，并保持该系统与车辆卸料动作联动。

5 垃圾卸料、转运作业区应设置车辆作业指示标牌和安全警示标志。

6 垃圾卸料工位应设置倒车限位装置及报警装置。

4.2 机械设备

4.2.1 转运站应依据规模类型配置相应的压实设备。

4.2.2 多个同一工艺类型的转运单元的配套机械设备，应选用同一型号、规格。

4.2.3 转运站机械设备及配套车辆的工作能力应按日有效运行时间和高峰期垃圾量综合考虑，并应与转运站及转运单元的设计规模（t/d）相匹配，保证转运站可靠的转运能力并留有调整余地。

4.2.4 转运站配套运输车数应按下列公式计算：

$$n_V = \left[\frac{\eta \cdot Q}{n_T \cdot q_V}\right] \tag{4.2.4-1}$$

$$Q = m \cdot Q_U \tag{4.2.4-2}$$

式中 n_V——配备的运输车辆数量；

Q_U——单个转运单元的转运能力，t/d；

q_V——运输车实际载运能力，t；

m——转运单元数；

n_T——运输车日转运次数；

η——运输车备用系数，取η=1.1～1.3。若转运站配置了同型号规格的运输车辆时，η可取下限值。

4.2.5 对于装载容器与运输车辆可分离的转运单元，装载容器数量可按下式计算：

$$n_C = m + n_V - 1 \tag{4.2.5}$$

式中 n_C——转运容器数量；

m——转运单元数；

n_V——配备的运输车辆数量。

4.3 其他设施设备

4.3.1 大型转运站可设置专用加油站。专用加油站应符合现行国家标准《汽车加油加气站设计与施工规范》GB 50156的有关规定。

4.3.2 大型转运站宜设置机修车间，其他规模转运站可根据具体情况和实际需求考虑设置机修室。

5 建筑与结构

5.0.1 转运站的建筑风格、色调应与周边建筑和环境协调。

5.0.2 转运站的建筑结构形式应满足垃圾转运工艺及配套设备的安装、拆换与维护的要求。

5.0.3 转运站的建筑结构应符合下列要求：

1 保证垃圾转运作业对污染实施有效控制或在相对密闭的状态下进行。

2 垃圾转运车间应安装便于启闭的卷帘闸门，设置非敞开式通风口。

5.0.4 转运站地面（楼面）的设计，除应满足工艺要求外，尚应符合现行国家标准《建筑地面设计规范》GB 50037的有关规定。

5.0.5 转运站宜采用侧窗天然采光。采光设计应符合现行国家标准《建筑采光设计标准》GB 50033的有关规定。

5.0.6 转运站消防设计应符合现行国家标准《建筑设计防火规范》GBJ 16和《建筑灭火器配置设计规范》GB 50140的有关规定。

5.0.7 转运站防雷设计应符合现行国家标准《建筑物防雷设计规范》GB 50057的要求。

6 配套设施

6.0.1 转运站站内道路的设计应符合下列要求：

1 应满足站内各功能区最大规格的垃圾运输车辆的荷载和通行要求。

2 站内主要通道宽度不应小于4m，大型转运站站内主要通道宽度应适当加大。路面宜采用水泥混凝土或沥青混凝土，道路的荷载等级应符合现行国家标准《厂矿道路设计规范》GBJ 22的有关规定。

3 进站道路的设计应与其相连的站外市政道路协调。

6.0.2 转运站可依据本站及服务区的具体情况和要求配置备用电源。大型转运站在条件许可时应设置双回路电源或配备发电机；中、小型转运站可配备发电机。

6.0.3 转运站应按生产、生活与消防用水的要求确定供水方式与供水量。

6.0.4 转运站排水及污水处理应符合下列要求：

1 应按雨污分流原则进行转运站排水设计。

2 站内场地应平整，不滞留渍水；并设置污水导排沟（管）。

3 转运车间应设置收集和处理转运作业过程产生的垃圾渗沥液和场地冲洗等生产污水的积污坑（沉沙井）。积污坑的结构和容量必须与污水处理方案及工艺路线相匹配。

4 应采取有效的污水处理措施。

6.0.5 转运站应配置必要的通信设施。

6.0.6 中型以上规模的转运站应设置相对独立的管理办公设施；小型转运站行政办公设施可与站内主体设施合并建设。

6.0.7 转运站应配备监控设备；大型转运站应配备闭路监视系统、交通信号系统及电话/对讲系统等现场控制系统；有条件的可设置计算机中央控制系统。

7 环境保护与劳动卫生

7.1 环境保护

7.1.1 转运站的环境保护配套设施必须与转运站主体设施同时设计、同时建设、同时启用。

7.1.2 中型以上转运站应通过合理布局建（构）筑物、设置绿化隔离带、配备污染防治设施和设备等措施，对转运过程产生的污染进行有效防治。

7.1.3 转运站应结合垃圾转运单元的工艺设计，强化在卸装垃圾等关键位置的通风、降尘、除臭措施；大型转运站必须设置独立的抽排风/除臭系统。

7.1.4 配套的运输车辆必须有良好的整体密封性能。

7.1.5 转运作业过程产生的噪声控制应符合现行国家标准《城市区域噪声标准》GB 3096的规定。

7.1.6 转运站应根据所在地区水环境质量要求和污水收集、处理系统等具体条件，确定污水排放、处理形式，并应符合国家现行有关标准及当地环境保护部门的要求。

7.1.7 转运站的绿化隔离带应强化其隔声、降噪等环保功能。

7.2 安全与劳动卫生

7.2.1 转运站安全与劳动卫生应符合现行国家标准《生产过程安全卫生要求总则》GB 12801和《工业企业设计卫生标准》GBZ1的规定。

7.2.2 转运站应在相应位置设置交通管制指示、烟火管制提示等安全标志。

7.2.3 机械设备的旋转件、启闭装置等零部件应设置防护罩或警示标志。

7.2.4 填装、起吊、倒车等工序的相关设施、设备上应设置警示标志、警报装置。

7.2.5 转运作业现场应留有作业人员通道。

7.2.6 装卸料工位应根据转运车辆或装载容器的规格尺寸设置导向定位装置或限位预警装置。

7.2.7 大型转运站应设置专用的卫生设施，中小型转运站可设置综合性卫生设施。

7.2.8 垃圾转运现场作业人员应穿戴必要的劳保用品。

7.2.9 在转运站内应设置消毒、杀虫设施及装置。

8 工程施工及验收

8.1 工 程 施 工

8.1.1 转运站的各项建筑、安装工程施工应符合国家现行有关标准的规定。

8.1.2 在转运站施工前，施工单位应按设计文件和招标文件编制并向业主提交施工方案。

8.1.3 施工单位应按施工方案和设计文件进行施工准备，并结合施工进度计划和场地条件合理安排施工场地。

8.1.4 工程施工应按照施工进度计划和经审核批准的工程设计文件的要求进行。

8.1.5 转运站工程施工变更应按经批准的设计变更文件进行。

8.1.6 工程施工使用的各类材料应符合国家现行有关标准和设计文件的要求。

8.1.7 从国外引进的转运、运输设备及零部件或材料，应符合下列要求：

1 应与设计文件及有关合同要求一致；

2 应与供货商提供的供货清单及技术参数一致；

3 应按商务、商检等部门的规定履行必要的程序与手续；

4 应符合我国现行政策、法规和技术标准的有关规定。

8.2 工程竣工验收

8.2.1 转运站工程竣工验收应按设计文件和相应的国家现行标准的规定进行。

8.2.2 转运站工程竣工验收除应符合现行国家标准《机械设备安装施工验收通用规范》GB 50231 及现行有关标准的规定外，还应符合下列要求：

1 机械设备验收应符合本规范第 4 章的相关要求。

2 建筑工程验收应符合本规范第 5 章的相关要求。

3 配套设施验收应符合本规范第 6 章的相关要求。

4 环境保护工程验收应符合本规范第 7.1 节的相关要求。

5 安全与卫生工程验收应符合本规范第 7.2 节的相关要求。

8.2.3 转运站工程竣工验收前应准备下列文件、资料：

1 竣工验收工作计划；

2 开工报告、项目批复文件；

3 工程施工图等技术文件；

4 工程施工（重点是隐蔽工程、综合管线）记录和工程变更记录；

5 设备（重点是转运装置）安装、调试与试运行记录；

6 其他必要的文件、资料。

本规范用词说明

1 为便于在执行本规范条文时区别对待，对于要求严格程度不同的用词说明如下：

1）表示很严格，非这样做不可的：
正面词采用“必须”；反面词采用“严禁”；

2）表示严格，在正常情况下均应这样做的：
正面词采用“应”；反面词采用“不应”或“不得”；

3）表示允许稍有选择，在条件许可时首先应这样做的：
正面词采用“宜”；反面词采用“不宜”；

表示有选择，在一定条件下可以这样做的，采用“可”。

2 条文中指明应按其他有关标准执行的写法为：“应符合……的规定”或“应按……执行”。

中华人民共和国行业标准

生活垃圾转运站技术规范

CJJ 47—2006

条 文 说 明

前　言

《生活垃圾转运站技术规范》CJJ 47—2006 经建设部 2006 年 3 月 26 日以第 420 号公告批准，业已发布。

本规范第一版的主编单位是中国市政工程西南设计院。

为方便广大设计、施工、科研、学校等单位的有关人员在使用本规范时能正确理解和执行条文规定，《生活垃圾转运站技术规范》编制组按章、节、条顺序编制了本规范的条文说明，供使用者参考。在使用过程中如发现本条文说明有不妥之处，请将意见函寄华中科技大学（地址：武汉市武昌珞喻路 1037 号，邮政编码：430074）。

目　次

1 总 则

1.0.1 本条明确了制定本规范的目的。编制本规范的目的在于加强和规范生活垃圾转运站（以下简称"转运站"）的规划、设计、建设全过程的规范化管理，以提高投资效率，进而实现城镇生活垃圾处理减量化、资源化、无害化的目标。

1.0.2 本条明确了本规范的适用范围。

1.0.3 本条规定转运站的规划、设计、建设除应执行本规范外，还应执行国家现行有关标准的规定。

2 选址与规模

2.1 选 址

2.1.1 本条明确转运站选址应符合城市总体规划和环境卫生专业规划的基本要求。若转运站所在区域的城市总体规划未对转运站选址提出要求或尚未编制环境卫生专业规划，则其选址应由建设主管部门会同规划、土地、环保、交通等有关部门进行，或及时征求有关部门的意见。

2.1.2 本条明确了不适合转运站选址的地方。

转运站选址应避开立交桥或平交路口旁，以及影剧院、大型商场出入口等繁华地段，主要是避免造成交通混乱或拥挤。若必须选址于此类地段时，应对转运站进出通道的结构与形式进行优化或完善。

转运站选址避开邻近商场、餐饮店、学校等群众日常生活聚集场所，主要是避免垃圾转运作业时的二次污染影响甚至危害，以及潜在的环境污染所造成的社会或心理上的负面影响。若必须选址于此类地段时，应从建筑结构或建筑形式上采取措施进行改进或完善。

2.1.3 铁路运输或水路运输均适用于运距远、运量大的场合。在这种情况下，宜设置铁路或水路运输转运站（码头），其规模类型应是大型的，其设计建造必须服从特定设施的有关行业标准的规定与要求。

2.2 规 模

2.2.1 关于转运站的用地指标，改、扩建转运站可参照执行。

2.2.2 转运站的设计需综合考虑街区类型、道路交通状况、环境质量要求等城市区域特征和社会经济发展中的各种变化因素来确定。

关于转运站的类型：

1 转运站可按其填装、转载垃圾动作方式分为卧式和立式；可按是否将垃圾压实划分为压缩式和非压缩式；压缩式又可按填装压实装置方式分为刮板式和活塞式（推板式）等；还可按垃圾压实过程在装载容器内或外完成分为直接压缩（压装）式和预压式等等。

转运站可根据其服务区域环境卫生专业规划或其从属的垃圾处理系统的需求，在进行垃圾转运作业的基础上增加储存、分选、回收等项功能，成为综合性转运站。

上述各类转运站的基本工艺技术路线相似，如图1所示。

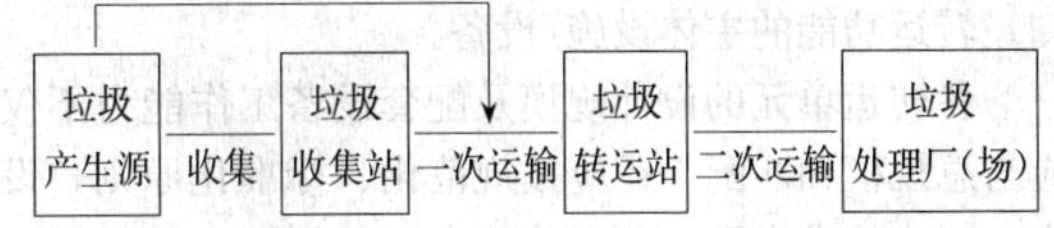

图1 常规（一级）垃圾转运系统工艺路线

通常把转运站之前的收集运输称为"一次运输"；而把转运站之后的转运输过程为"二次运输"。

2 转运站还可根据运距与运输量的需求，建成二级转运系统。在此系统中，垃圾经由两级功能、规模及主要技术经济指标不同的转运站的两次转运后，被运至较远（通常不小于30km）距离外的垃圾处理厂（场）。二级转运系统的基本工艺技术路线如图2所示。

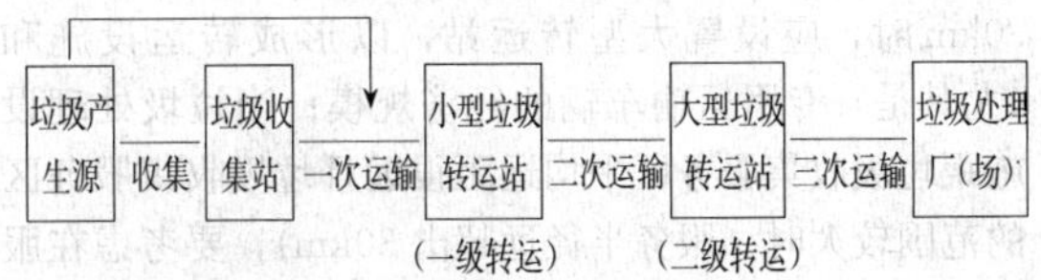

图2 二级垃圾转运系统工艺路线

通常，把一级转运之前的收集运输称为"一次运输"；把一级转运之后、二级转运之前即垃圾由中小型转运站运往大型转运站的运输过程称为"二次运输"；而把二级转运之后即垃圾由大型转运站运往垃圾处理厂（场）的运输过程称为"三次运输"。

3 一级或二级垃圾转运系统的确定

当垃圾收集服务区距垃圾处理（处置）设施较远（通常不小于30km），且垃圾收集服务区的垃圾量很大时，宜采用二级转运模式。

4 两种转运模式及转运设施、设备的主要特点和差别

常规（一级）的转运站的规模及有关指标可按表2.2.1选择，通常是Ⅱ、Ⅲ、Ⅳ类。其配套的二次运输车辆可以是中型、大型（有效载重从几吨到十几吨，箱体容积从几立方米到几十立方米）。但二级转运站必须是大型规模，与其配套的三次运输车辆通常是超大型集装箱式运输车（有效载重通常在15t以上，箱体容积大于24m³）。

一般情况下，可按平均服务半径1～3km的垃圾收集量设定转运站规模类型。若转运站上游主要采用人力收集方式时，其服务半径宜取偏小值；若转运站上游主要采用机械收集方式时，其服务半径宜取偏

大值。

2.2.4 垃圾排放季节性波动系数即一年中垃圾最大月排放量与平均月排放量的比值，依据调研及实测数据取1.3～1.5。

2.2.5 人均垃圾排放量亦可参照周边地区或城镇取值。

服务区内实际服务人数包括流动人口。

2.2.6 转运单元/转运线是指转运站内，具备垃圾装卸、转运功能的主体设施/设备。

各转运单元的设计规模及配套设备工作能力不仅应与总规模相匹配，还应按规范化、标准化原则，设定在同一技术水平，便于建造和运行维护，节省投资和运行成本。

2.2.7 采用人力方式进行垃圾收集运输主要是指三轮车、两轮板车等。

采用小型机动车进行垃圾收集运输主要指1～3t的收集车。

采用中型机动车进行垃圾收集运输主要是指采用5～8t后装式压缩运输车将逐点收集的垃圾直接运往处理厂（场）。

当垃圾处理设施距垃圾收集服务区平均运距大于30km时，应设置大型转运站，以形成转运设施和（尤其是）专用运输车辆的经济规模；当垃圾处理设施距垃圾收集服务区平均运距很远且垃圾收集服务区的范围较大时（服务半径远超出30km），要考虑在服务区外围靠近垃圾处理设施的一侧设置二级转运站（系统）。

无论从优化城镇市容环境和防治二次污染，还是从改善生产作业条件、保护现场工作人员考虑，人力收集、清运垃圾的方式都应逐步淘汰。因此，转运站的设计应能满足随着城市建设及旧城改造的进行而逐步实现垃圾收集、清运机械化的需要。

3 总 体 布 置

3.0.1 转运站的总体布局应依据其采用的转运工艺及技术路线确定，充分利用场地空间，保证转运作业，有效抑制二次污染并节约土地。

3.0.2 对于分期建设的大型转运站，总体布局及平面设计时应为后续建设内容留有足够的发展空间；分期建设预留场地必须能满足工艺布局的要求，应相对集中。

3.0.3 应充分利用站址地形、地貌等自然条件进行转运站的工艺布置。对于高位卸料、设置进站引桥的竖向工艺设计，充分利用地形和场地空间非常重要。

3.0.4 本条明确了平面布置中关于主体设施的要求。

将转运车间及卸、装料工位布置在场区内远离邻近建筑物的一侧，可增加中间过渡段及隔离粉尘、噪声的效果。

转运站内卸、装料工位的车辆回车场地应按照出现车辆集中抵达时的不利情况考虑。

3.0.5 本条明确了平面布置中关于配套工程与辅助设施的要求。

应按转运站内进出的最大规格车型（转运站下游的转弯半径最大的运输车中）的要求确定道路转弯半径与作业场地面积。

转运站内宜设置车辆循环通道或采用双车道及回车场解决站内车辆通行问题。

为保障进出的收集/运输车在站内畅通，转运站内应形成车辆循环通道；若条件限制不能设置循环行车线路或转运站规模较小、车辆较少时，可采用双向车道结合回车场的形式解决站内通行问题。

对中型及其以上规模的转运站提出较高的绿地率要求主要基于两点考虑：一是转运垃圾量较大，因而潜在的环境污染危害较大；二是其场地有效利用率较高，因而场地可用于绿化的比例更大。

3.0.6 本条明确了平面布置中关于行政办公与生活服务设施的要求。

小型（Ⅳ、Ⅴ类）转运站宜将行政办公或管理设施附属于主体设施一并建造。

根据需要在转运站内设置面向社会（或内外部共用）的附属式公厕，或者将公厕与转运站共建，可解决环境卫生设施征地困难，提高土地利用率。此类公厕应设置在转运站面路的一侧，并与站内的转运设施有效隔离，以免互相干扰（转运车辆通行可能导致交通事故、场地污染，等等）；站内单独建造公厕的用地面积可按现行行业标准《城镇环境卫生设施设置标准》CJJ 27的规定，另行计算。

大型转运站因转运繁忙及进出站车辆频繁，不宜建造面向社会的公共厕所。

4 工艺、设备及技术要求

4.1 转 运 工 艺

4.1.1 自20世纪90年代以来，我国的城市垃圾转运技术及设施水平有了很大的提高，但由于地区经济发展不平衡和生活垃圾处理系统本身的差异，导致垃圾转运能力和技术水平参差不齐。现行主要的垃圾转运技术（模式）可划分为以下几类：

1 敞开式转运：这是最早的一代垃圾转运技术。城市生活垃圾主要是通过人力车或小型机动车辆直接倒在某一指定地点，然后由其他车辆将其转运到处理场所。作业过程中，转运场所是敞开或半敞开（有顶棚），有时甚至在临时选定的露天空地进行垃圾转运作业。这种情况下，与之配套的车辆通常也是敞开式的。

此种转运模式虽然一定程度上实现了垃圾的转移

和运输操作，但同时造成很大的二次污染。如垃圾散落、臭气散发、灰尘飞扬、污水泄漏等，尤其是在收集、转运场所的周围，污染现象十分严重。不仅转运现场作业环境十分恶劣，而且直接污染周边环境，危害居民的健康，严重影响城市的正常秩序。随着城市社会经济的发展和人民群众对环境质量要求的提高，这种原始转运模式的诸多缺陷和引发的矛盾日趋突出，因而大多数城市已经或正在将此淘汰，但在部分中小城市（城镇）及乡镇仍然使用。

2 封闭转运模式：为了克服敞开式转运的缺点，封闭式转运模式应运而生。其中“封闭”一词有两层含义及要求：一是指垃圾转移场所的封闭，二是指转运车上垃圾装载容器的封闭。转运场所的封闭减少了对周围环境的污染；转运容器的封闭减少了运输途中垃圾的散落、灰尘的飞扬和污水洒漏。

实践表明，封闭式转运站在很大程度上减少了其作业过程对外部环境的影响。但是，由于垃圾密度小，转运车辆不能满负荷运输，造成效率低下，转运成本高。这种弊端对于倾倒卸料直装式密封垃圾运输车更为突出。

3 机械填装/压缩转运模式（简称压缩转运）：此类转运模式在国内的规模化应用出现在20世纪90年代。近几年，随着垃圾成分的变化及中转技术的发展，机械填装/压缩转运技术开始应用并迅速普及。相对于前两种转运技术而言，压缩转运技术在有效防治二次污染的前提下，成功解决了运输车辆的载运能力亏损问题，提高了转运车的运输效率，体现了转运环节的经济性。

根据国内垃圾转运技术现状及发展趋势，转运技术及配套机械设备可按物料被装载、转运时的移动方向分为卧式或立式两大类；可按转运容器内的垃圾是否被压实及其压实程度，划分为填装式（兼压缩式）和压缩式两大类。

填装式：采用回转式刮板将物料送入装载容器。由于机械动作原理及作用力所限，其主要功能是将装载容器填满，兼有压实功能。此类填装设备过去通常与装载容器连为一体（如后装式垃圾收运车），现在为了提高单车运输效率，出现将填装/压缩装置与装载容器分离的趋势。填装式多用于中型及其以下转运站。

压缩式：采用往复式推板将物料压入装载容器。与刮板式填装作业相比，往复式推压技术对容器内的垃圾施加更大的挤压力。大中型转运站多采用压缩式。

还可进一步按垃圾被压实的不同工艺路线及机械动作程序，分为直接压缩（压装）式和预压式，等等。

（1）直接压缩工艺

工艺路线：接收垃圾→直接压装进入转运车厢→转运

作业过程为：首先连接转运容器（车厢）和压装设备，当受料器内接收垃圾达到一定数量后，启动压实设备，推压板将垃圾直接压入转运车厢。其间可根据需要调整压头压力大小或推压次数，车厢装满并压实后，与压装设备分离，由转运车辆运至目的地。

直接压缩式既有水平式也有垂直式的，相比较而言，国内转运站现以水平式较多。

（2）预先压缩工艺

工艺路线：接收垃圾→在受料器（或预压仓）内压实→推入转运车厢→转运

作业过程为：垃圾倾入受料容器，被压实成包；被推入转运容器（车厢）；由转运车辆运至目的地。车厢内可装入的垃圾包数量由其厢体容积和垃圾包体积等技术参数确定。

预压式多用于中型以上的转运站。

4.1.2 为了保证转运作业的连续性与事故状态下（如配套的填装机械发生故障）的转运能力，即使是小型转运站，其转运单元数不应小于2。当一个或一部分转运单元或其设备丧失工作能力时，剩余的转运单元或设备可以通过延长作业时间来完成转运站的全部转运任务。

4.1.3 本条明确提出转运站应采用机械填装垃圾并明确了相应要求。

机械填装垃圾不仅是提高转运效率，也是改善作业条件、保证安全文明生产的具体措施。因此，除了个别因经济条件限制或转运量很小或临时转运的情况之外，各类转运站均应采用机械填装垃圾的方式。

采取适当的填装措施可将装载容器填满垃圾并压实至必要的密实度，以提高转运作业及二次运输的效率。

应根据转运站下游（垃圾处理、处置环节的类型、工艺技术）的要求和转运物料（垃圾）的性状，确定装载容器中的物料是否需压实以及其被压实程度。

若转运站下游是垃圾焚烧、堆肥或分选设施或转运已分类垃圾时，过度压实会对后续设施及工艺环节造成负面影响，如将大块松散物压实不利于燃烧；含水量很大的易腐有机垃圾会挤压出水，且压实后不利于形成好氧发酵状态，等等。因此，类似场合不必强调垃圾填装机械的压实能力，只需将装载容器装满即可。

机械联动或限位装置是保持卸料和填装压实动作协调的简易又可靠的措施，从而避免进料垃圾洒落在推头或刮板上。

机械锁紧或限位装置是保持填装压实机与受料容器口密闭结合的可靠措施。

4.1.4 本条明确提出转运站在工艺技术方面的其他要求。

无论垃圾处理厂（场）等转运站的下游设施是否设置了计量设备，大型转运站都必须在垃圾收集/运输车进、出站口设置计量工位。

中型及其以下转运站可依照其从属的垃圾处理系统的总体规划或服务区环境卫生专业规划要求，确定配置计量设备的必要性和方式。若后续的垃圾处理厂（场）已配置了计量设备，则转运站可考虑省略计量程序；对于服务区范围较小，垃圾收集量变化不大的小型转运站，采用车吨位换算法也是经济可行的，但应通过实测确定换算系数。

配置必要的自动识别、登记装置是实现转运站科学化、规范化运营管理的保证措施。

进站车辆抽样检查停车区可以专设，也可以临时划定（对于小型转运站），但届时必须有相应的标示牌及调度管理。

垃圾卸料、转运作业区的各种指示标牌、警示标志，以及报警装置等不仅是安全环保的需要，对于规范化作业和提高生产效能也是非常重要的。

4.2 机械设备

4.2.1 目前我国转运机械压实设备主要可分为两类，一种是刮板式压实设备，一种是活塞式压实设备。前者的特点是整机体积小，操作简单，能够边装边压实。后者的特点是压缩效率高，物料的压实密度大。

4.2.2 同一工艺类型的转运单元的配套机械设备，应选用同一型号、规格，以提高站内机械设备的通用性和互换性，并便于转运站的建造和运行维护。如果可能，同一垃圾转运系统的多个转运站也应选用同一类型、规格的配套机械设备。这样做从局部看可能存在某单元的设备或零部件能力过大的资源浪费，但从系统或全局看，由于便于转运系统或转运站的建设、运行，提高了系统的整体可靠性与稳定性，因而综合效益更好。

4.2.3 虽然转运站服务范围内的垃圾收集作业时间可能全天候（从几小时到十几小时），但基于环境条件和交通条件的限制甚至制约（如垃圾转运与运输应避开上下班时间，也不宜安排在深夜），以及为了提高单位时间内的工作效率，转运站机械设备的转运工作量不能按常规的单班工作时间6～8h分摊，而应在较集中的时段内不大于4h。因此，与转运站及转运单元的设计日转运能力（t/d）相匹配的是配套机械设备的时转运能力（t/h）。

按集中时段设计配套机械设备转运能力的另一个好处是使转运站具有应对转运任务变化（如转运量增加）或事故状态（如某台机械设备出现故障而失去转运能力时）的能力，这时可适当延长其余转运设备工作时间，以完成总的转运量并维持系统的平稳运行。

4.2.5 考虑到不同转运工艺的实际情况，容器数量可适当增加。

4.3 其他设施设备

4.3.1 大型转运站可根据服务区及运输线路上的社会加油站的布局情况，考虑是否设置专用加油站。

4.3.2 应尽量使机械设备的修理工作社会化，转运站只要做好日常的维护保养，并视具体情况和实际需求承担部分专用设备、装置的小修任务。

5 建筑与结构

5.0.1 转运站的建设应重在实用，其建筑形式、风格、色调必须与周边建筑和环境协调，不宜太华丽、铺张。

5.0.2 在满足垃圾转运工艺布置及配套设备安装、拆换与维护要求的前提下，转运站的结构形式应尽可能简单。

5.0.3 为了保证垃圾转运作业对污染实施有效控制或在相对密闭的状态下进行，从建筑结构方面可采取的主要措施包括：给垃圾转运车间安装便于启闭的卷帘闸门，设置非敞开式通风口等。

6 配套设施

6.0.1 转运站站内（包括作业场地、平台）道路的结构形式及建造质量应满足最大规格的垃圾运输车辆的荷载要求和车辆通行要求。

转运站进站道路的结构形式及建造质量不仅要满足收集/运输车辆通行量和承载能力的要求，还应与其相连的站外市政道路的结构形式协调。

6.0.2 各类转运站都应有必要措施保证临时停电时能继续其垃圾转运功能。

6.0.3 转运站的生产用水主要指设备或设施冲洗用水。

6.0.4 雨水和生活污水按接入市政管网考虑，垃圾渗沥液及设备冲洗污水则依据转运站服务区水环境质量要求考虑处理途径与方式。

转运站的室内外场地都应平整并保持必要的坡度，以避免滞留渍水；转运车间内应按垃圾填装设备布局要求设置垃圾渗沥液导排沟（管）以便及时疏排污水。

转运车间应设置积污坑（井），用于收集转运作业过程产生的垃圾渗沥液和场地冲洗等生产污水。积污坑的结构和容量必须与污水处理方案及工艺路线相匹配。如采用将污水用罐车运送至处理厂的方案时，积污坑的容积必须满足两次运送间隔期收集、储存污水的需求。

6.0.5 转运站的控制室、转运作业现场、门房/计量站等关键环节必须配置必要的通信设施，以便于收集、转运车辆调度等生产运营管理。

6.0.6 小型转运站可在转运站主体建筑内或依附其设置管理办公室，必须保证安全与卫生方面的基本要求。

6.0.7 大型转运站应配备集中控制管理仪器设备，并设置中央控制和现场控制两套系统。其他类型转运站宜根据实际情况配置。

7 环境保护与劳动卫生

7.1 环 境 保 护

7.1.1 与其他建设项目一样，转运站建设同样必须遵循“三同时”原则。

7.1.2 转运站内的建（构）筑物应按生产和管理两大类相对集中，中间设置绿化隔离带，转运站的四周应设置由多种树种、花木合理搭配形成的环保隔离与绿化带。各生产车间应配备相应污染防治设施和设备，对转运过程产生的二次污染进行有效防治。

7.1.3 转运站对周边环境影响最大的主要污染源是转运作业时产生的粉尘和臭气。因此，强化卸装垃圾等关键位置的通风、降尘、除臭措施更显重要。大型转运站仅靠洒水降尘或喷药除臭是不够的，必须设置独立的抽排风/除臭系统。

7.1.4 运输车辆的整体密封性能，必须满足避免渗液滴漏和防止尘屑撒落、臭气散逸两方面的要求。对于前者，不仅要在运输车底部设置积液容器，还必须依据载运车规模、垃圾性状以及通行道路坡度等具体条件核准、调整其容积。

7.1.5 减振降噪措施主要应用于转运站各种机械设备的基础；隔声措施包括转运站密闭式结构、设置绿化隔离带或专用隔声栅栏等。

7.1.6 转运站生活污水排放应按国家现行标准的规定排入邻近市政排水管网；也可与生产污水合并处理，达标排放。

转运作业过程产生的垃圾渗沥液及清洗车辆、设备的生产污水，在获得有关主管部门同意后可排入邻近市政排水管网集中处理；否则，应将其预处理至达到国家现行标准的要求后再排入邻近市政排水管网或用车辆、管道等将渗沥液等输送到污水处理厂。

条件许可时，应优先考虑将转运站各类污水排入邻近的市政排水管网后进行集中处理。

7.1.7 应采用乔灌木合理搭配的形式，以强化其隔声、降噪等环保功能；绿化隔离带设置的重点地段是转运站的下风向，转运站的临街面，站内生产区与管理区之间。

绿化隔离带的设置还应考虑其与周边环境的协调。

7.2 安全与劳动卫生

7.2.1 转运站安全与劳动卫生应符合国家现行的有关技术标准的规定和要求。

7.2.2 应按照现行国家标准《安全标志》GB 2894、《安全色》GB 2893 的规定，在转运站的相应位置设置醒目的安全标志。

7.2.5 转运车间内，如填装压缩装置、车厢厢体举升装置等设备或装置旁均应留有足够空间的现场作业人员通道。

7.2.6 为了避免转运作业过程出现运输车辆及装载容器定位不准甚至碰撞，转运车间（工位）应根据转运车辆或装载容器的规格尺寸设置导向定位装置或限位预警装置。

7.2.7 专用卫生设施是指供员工洗浴、更衣、休息的单独专用设施。

8 工程施工及验收

8.1 工 程 施 工

8.1.1～8.1.7 明确了施工阶段有关各方应注意并遵循的要点，同时也是业主对施工进度与质量进行有效监督、控制的依据。

8.2 工程竣工验收

8.2.1、8.2.2 转运站工程竣工验收除了应满足《建设项目(工程)竣工验收办法》、《建设工程质量管理条例》、《机械设备安装施工验收通用规范》GB 50231、设计文件和相应的国家现行标准的规定和要求,还应符合本标准有关章节的相应要求。

8.2.3 转运站工程竣工验收前应做好必要的文件、资料的准备工作。

中华人民共和国行业标准

粪便处理厂设计规范

Code for design of night soil treatment plant

CJJ 64—2009

批准部门：中华人民共和国住房和城乡建设部
施行日期：2 0 1 0 年 3 月 1 日

中华人民共和国住房和城乡建设部
公　　告

第 392 号

关于发布行业标准《粪便处理厂设计规范》的公告

现批准《粪便处理厂设计规范》为行业标准，编号为 CJJ 64－2009，自 2010 年 3 月 1 日起实施。其中，第 4.0.2、8.0.1、11.0.6、11.0.7 条为强制性条文，必须严格执行。原《粪便处理厂（场）设计规范》CJJ 64－95 同时废止。

本规范由我部标准定额研究所组织中国建筑工业出版社出版发行。

中华人民共和国住房和城乡建设部

2009 年 9 月 15 日

前　　言

根据原建设部《关于印发〈2005 年工程建设标准规范制订、修订计划〉的通知》（建标［2005］84 号）的要求，规范编制组经广泛调查研究，认真总结实践经验，参考有关国际标准和国外先进标准，并在广泛征求意见的基础上，修订本规范。

本规范的主要技术内容是：1. 总则；2. 术语；3. 厂址选择与总体布置；4. 处理工艺；5. 预处理设施；6. 主处理设备与设施；7. 上清液处理；8. 污泥处理与处置；9. 除臭系统；10. 辅助与公用设施；11. 环境保护与劳动卫生。

本规范修订的主要技术内容是：1. 对原规范的章节次序和内容作了较大调整，增加了“术语”、“除臭系统”、“辅助与公用设施”等章，将原规范“净化处理工艺流程”、“后处理”、“污泥处理”等节调整为章，将原规范“粪便无害化卫生处理”一章调整为“主处理设备与设施”一章中的节；2. 增加了粪便絮凝脱水工艺及其相关内容；3. 增加了上清液运至城市污水处理厂或生活垃圾渗沥液处理设施进行合并处理的内容；4. 增加了除臭系统的内容；5. 对原规范各处理单元有关内容作出相应调整、补充和细化。

本规范中以黑体字标志的条文为强制性条文，必须严格执行。

本规范由住房和城乡建设部负责管理和对强制性条文的解释，由华中科技大学负责具体技术内容的解释。执行过程中如有意见或建议请寄送华中科技大学（地址：湖北省武汉市洪山区珞喻路 1037 号；邮政编码：430074）。

本规范主编单位：华中科技大学

本规范参编单位：武汉市环境卫生科学研究设计院
北京世纪国瑞环境工程技术有限公司
上海市环境工程设计科学研究院有限公司
郑州市环境卫生设计科学研究所
武汉科梦科技发展有限公司
中国市政工程中南设计研究院
镇江市规划设计院
广州协安建设工程有限公司
广州市环境卫生设计研究所

本规范主要起草人员：陈朱蕾　冯其林　王绍康　秦　峰　章　保　潘四红　罗继武　文志敏　赵　江　余建民　郭树波　谢文刚　康建雄　刘　勇　徐丽丽　梁林峰　杨　列　黄宏伟　文勉聪

本规范主要审查人员：吴文伟　潘顺昌　陶　华　张　范　俞觊觎　翟立新　李先旺　周昭阳　姜建生

目　次

Contents

1 总 则

1.0.1 依据《中华人民共和国固体废物污染环境防治法》、《中华人民共和国传染病防治法》，为使我国城镇的粪便处理工程设计符合国家的法律、法规要求，达到防治污染、保护环境、卫生防疫的目的，制定本规范。

1.0.2 本规范适用于城镇新建、扩建或改建的粪便处理厂的设计。

1.0.3 粪便处理厂设计应根据服务年限、粪便收集量和综合效益等，协调近期与远期、处理与利用、粪便处理与生活污水和生活垃圾处理之间的关系，通过论证，做到确能保护环境、安全适用、技术可靠、经济合理。

1.0.4 粪便处理厂设计应不断总结设计与运行经验，采用节约能源、节省用地的新工艺、新技术、新材料和新设备。

1.0.5 粪便处理厂的设计除应符合本规范外，尚应符合国家现行有关标准的规定。

2 术 语

2.0.1 上清液 night soil liquid

粪便经絮凝脱水或厌氧消化等工艺过程产生的液体。

2.0.2 接受设施 receiving facility

将粪便从真空吸粪车或其他专用运输工具卸入接受沉砂池的设施。

2.0.3 接受口 feeding inlet

从真空吸粪车或其他专用运输工具接受粪便的衔接口。

2.0.4 固液分离设施 solid-liquid separating facility

对粪便中固体杂物和液体部分进行分离的设施，主要去除纤维、竹木、塑料等固体杂物。

2.0.5 厌氧消化池 anaerobic digester

以厌氧状态，使粪便中有机物分解并使固液易于分离的设施。

2.0.6 粪便絮凝脱水 night soil coagulation and dehydration

通过向生粪便投加絮凝剂以利于固液分离，并对被分离的固体进行机械脱水的过程。

2.0.7 除臭系统 deodorizing system

对粪便处理过程产生的臭气进行收集处理的设施系统。

3 厂址选择与总体布置

3.1 厂 址 选 择

3.1.1 厂址选择应符合城市总体规划和城市环境卫生专项规划的要求，应进行选址方案比较并通过环境影响评价后确定。

3.1.2 厂址应优先选择在生活垃圾卫生填埋场、污水处理厂的用地范围内或附近。

3.2 总 体 布 置

3.2.1 厂区总体布置应根据各构筑物及建筑物的功能和流程要求，结合厂址地形、地质和气象条件，并考虑便于施工、维护和管理、降低运行成本等因素，经过技术经济分析比较确定。

3.2.2 厂区的竖向设计应充分利用原有地形，做到排水畅通、土方平衡和能耗降低。

3.2.3 处理构筑物的间距应紧凑、合理，符合现行国家标准《建筑设计防火规范》GB 50016 的要求，并应满足各构筑物的施工、设备安装和埋设各种管道，以及养护、维修和管理的要求。臭气集中处理设施、固体杂物及脱水污泥堆放间应布置在主导风向下风向。

3.2.4 处理构筑物间输送粪便、污泥、上清液和沼气的管线布置应全面安排，避免相互干扰，应使管渠长度短、水头损失小、流通顺畅、不易堵塞和便于清通。各种管线应用不同颜色加以区别。

3.2.5 各处理构筑物应有排空设施。

3.2.6 厂区应设置粪便、污泥、气体的计量装置，宜设置气体检测装置以及必要的仪表和控制装置。

3.2.7 厂区内各构筑物和建筑物应符合国家现行相关消防规范的要求。高架处理的构筑物应设置栏杆、防滑梯和避雷针等安全设施。

3.2.8 厂区应设置环境污染的监测装置以及必要的控制装置。

3.2.9 厂区应有堆放材料、备件、燃料等物料以及停车的场地。

3.2.10 附属建筑物宜集中布置，并应与生产设备和处理构筑物保持一定距离。附属建筑物的组成及其面积，应根据粪便处理厂的规模、工艺流程和管理体制等条件，按照国家现行有关标准的规定，本着节约资金的原则确定。宜在厂区适当地点设置配电箱、照明、消火栓、厕所等设施。

3.2.11 厂区道路的设计应符合下列规定：

1 主要车行道的宽度：单车道应为 3.5m～4.0m，双车道为 6.0m～7.0m，并应有回车道；车行道的转弯半径宜为6.0m～10.0m。

2 人行道的宽度应为 1.5m～2.0m。

3 天桥宽度不宜小于 1.0m，通向高架构筑物扶梯倾角宜采用 30°，应小于 45°。

4 车道、通道的布置应符合有关规范防火安全的要求。

3.2.12 厂区周围宜设围墙，其高度不宜小于 2m。

3.2.13 厂区的绿地面积不宜大于总面积的 30%。

4 处 理 工 艺

4.0.1 粪便处理厂接受的粪便应是吸粪车或其他专用运输工具清运和转运的人粪便。

4.0.2 粪便处理厂严禁混入有毒有害污泥。

4.0.3 粪便处理厂规模应根据近年粪便平均收集量及服务年限内预测量合理确定，规模不宜小于50t/d。

4.0.4 粪便性状的设计取值，应根据实际测定的结果来确定。如无当地测定数据时，可按表4.0.4粪便性状设计数据取值。

表4.0.4 粪便性状设计数据

项 目	浓 度		
	高	中	低
含水率（%）	95～97	97～98	>98
pH值	7～9	7～9	7～9
SS（g/L）	20～23	15～20	9～18
COD（g/L）	30～40	20～30	11～20
BOD_5（g/L）	15～25	8～15	3～10
灼烧减量（g/L）	10～20	7～17	4～14
氯离子（g/L）	—	4.0～6.5	3.5～5.0
氮（g/L）	—	3.5～6.0	2.3～4.5
磷（g/L）	—	0.5～1.0	0.2～0.8
钾（g/L）	—	1.0～2.0	0.5～1.5
细菌总数（个/mL）	10^8～10^{10}	10^7～10^8	10^4～10^7
粪大肠菌值	10^{-8}～10^{-10}	10^{-5}～10^{-8}	10^{-5}～10^{-7}
寄生虫卵（个/mL）	80～200	40～100	5～60

注：本表系根据粪便含水率为95%～99%范围三种浓度情况确定，当含水率不在此范围时，表列数值应相应调整。

4.0.5 粪便处理宜采用下列工艺之一：

1 当粪便处理厂址选择在生活垃圾卫生填埋场、污水处理厂的用地范围内或附近时宜采用粪便絮凝脱水主处理工艺（图4.0.5-1）或粪便厌氧消化主处理工艺（图4.0.5-2），也可采用粪便固液分离预处理工艺（图4.0.5-3）。

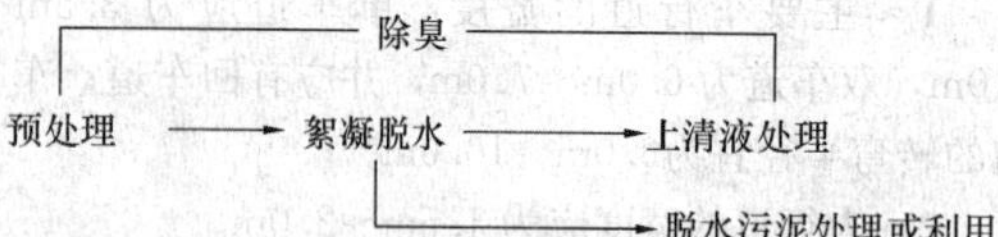

图4.0.5-1 粪便絮凝脱水主处理工艺示意

2 粪便农业利用时，无害化处理方法宜采用厌氧发酵法，也可采用密封储存池或大型三格化粪池进行处理。

4.0.6 预处理工艺宜采用接受设施、固液分离设施、

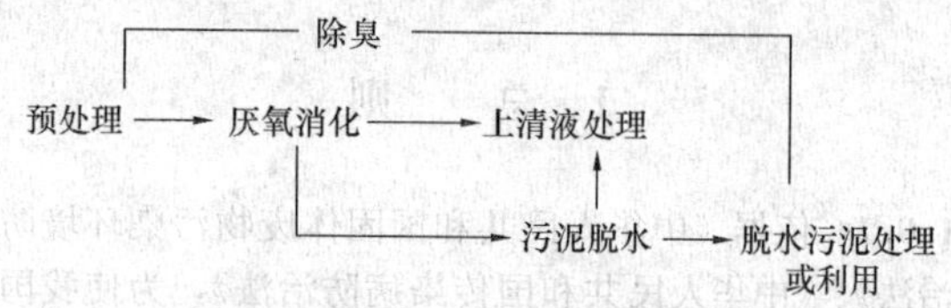

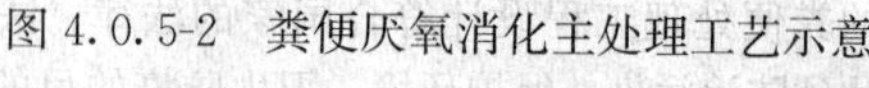

图4.0.5-2 粪便厌氧消化主处理工艺示意

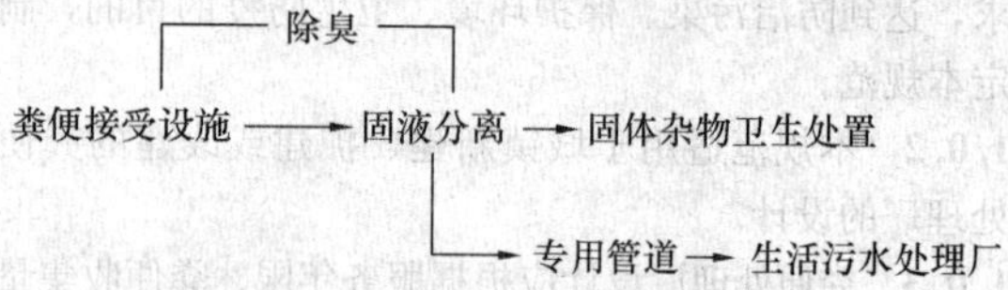

图4.0.5-3 粪便固液分离预处理工艺示意

储存调节池或调节罐、浓缩池或浓缩机等单元的不同组合。预处理中产生的固体杂物应进行卫生填埋或焚烧处理。

4.0.7 上清液处理应根据排放去向和排放标准采用相应处理措施，应优先考虑与城市污水处理厂（站）的污水或生活垃圾卫生填埋场的渗沥液合并处理。不具备合并处理条件时可建设独立的上清液处理设施，处理达标后排放。

4.0.8 脱水污泥处理处置，当用于农业时必须进行高温堆肥处理；也可送往生活垃圾处理设施进行卫生填埋或焚烧最终处置。填埋处置应符合现行国家标准《生活垃圾填埋场污染控制标准》GB 16889的有关规定，焚烧处置应符合现行国家标准《生活垃圾焚烧污染控制标准》GB 18485的有关规定。

4.0.9 粪便处理工艺中单元设施的设计应符合下列规定：

1 并联运行的处理单元设施间应设均匀配水装置，处理设施系统间宜设可切换的连通管渠。

2 处理单元设施的入口处和出口处宜采取整流措施。

3 处理构筑物、管渠和设备等，应采取防止渗漏的措施。无害化卫生处理构筑物应采取抹水泥砂浆防渗处理。

4 在可能产生臭气的处理单元，应设置收集臭气的吸风罩，经管道收集并集中进行除臭处理。

5 预处理设施

5.1 接 受 设 施

5.1.1 粪便处理厂应设置接受设施。

5.1.2 接受设施宜设若干个粪便接受口并应采取密封措施。应采用密闭对接方式卸粪。

5.1.3 粪便接受口个数可根据每小时最大粪便投入量按下式计算：

$$N_T = kQ_d t_v / (60 V_v t_p) \qquad (5.1.3)$$

式中 N_T——粪便接受口数；

Q_d——粪便设计处理量（m^3/d）；

t_v——吸粪车的粪便投入占位时间（min/车），可取5min/车～10min/车；

V_v——吸粪车的容量（m^3）/车；

t_p——每日粪便投入时间（h/d）；

k——最大投入系数，可取2～4。

5.1.4 选用接受沉砂池时，设计应符合下列规定：

1 接受沉砂设施的容积不应小于粪便最大日清运量。接受沉砂设施的容积，可按下式计算：

$$V=(1/60)N_vV_vt_sN_T \quad (5.1.4\text{-}1)$$

式中 V——接受沉砂池的容积（m^3）；

N_v——每小时投入车数（车/h）；

t_s——粪便的停留时间（min），宜为10min～20min。

2 砂斗的有效深度宜采用1m～1.5m；砂斗的有效容积，可按下式计算：

$$V_{sb}=(Q_d\rho T_s) \quad (5.1.4\text{-}2)$$

式中 V_{sb}——砂斗的有效容积（m^3）；

ρ——粪便的含砂量（%），可按0.1%～0.2%计算；

T_s——排砂周期（d），不宜大于7d。

3 除砂宜采用机械方法，排砂管应考虑防堵塞措施。

5.2 固液分离设施

5.2.1 格栅的设计应符合下列规定：

1 采用机械清除时，格栅栅条间隙宽度宜为7mm～10mm，格栅倾角宜为30°～90°，筛孔宜为10mm～16mm；采用人工清除时，格栅栅条间隙宽度宜为25mm～40mm，格栅倾角宜采用30°～60°。粪便过栅流速宜为0.6m/s～1.0m/s。

2 格栅拦截固体杂物的量可按粪便设计处理量的1%～2%计算。固体杂物的清除宜采用机械清除，对所清除的固体杂物应进行卫生填埋或焚烧处置。

3 格栅机、输送机宜采用密封形式。根据周围环境情况，宜设置除臭处理装置。

4 格栅处应设置工作平台，其上应有安全和冲洗设施。格栅机的设置宜符合设备说明书的要求。

5 格栅设于室内时，应设置通风设施，当用人工清除时，其进风口必须设于工作台下面。格栅室应设置有毒有害气体的检测与报警装置。

5.2.2 固液分离机的设计应符合下列规定：

1 固液分离机宜为一体化设备，宜具有大块重物分拣、除砂、过滤、传输、压榨五个功能。

2 固液分离机应能截留粪便中粒径在15mm以上的固体杂物，并应将栅滤后液体中的细砂高效分离和排出。

3 排砂螺杆螺旋片的厚度不宜小于8mm。栅筐宜成圆柱状，栅条或筛孔板厚度不宜小于4mm。

4 格栅上端应设置自动清洗装置。

5 控制系统宜为全自动操作系统。

6 固液分离过程宜在密闭的条件下进行。

7 固液分离机宜设置在室内。机壳上应设置收集臭气的吸风罩，应保证臭气收集系统与其连接形成负压运行。

8 产生的固体杂物应打包后再进行卫生填埋或焚烧处置。

5.3 储存调节池（调节罐）

5.3.1 粪便主处理系统前，应设置储存调节池或调节罐。

5.3.2 储存调节池（调节罐）的容量不应小于设计的粪便日处理量。

5.3.3 储存调节池（调节罐）应设置高低液位装置。

5.3.4 储存调节池（调节罐）内应设置循环泵、应急排放管线和清空管线。

5.4 浓缩池（浓缩机）

5.4.1 当粪便主处理工艺为厌氧消化时，可设置浓缩池作为预处理设施，浓缩池宜用于含水率大于98%的粪便；当粪便主处理工艺为粪便絮凝脱水时，可设置浓缩机作为预处理设施。

5.4.2 浓缩池设计应符合下列规定：

1 固体负荷应由试验或参照相似粪便处理厂的实际运行资料确定。

2 浓缩时间宜为3h～6h。

3 有效水深宜为4m。

4 浓缩后污泥含水率宜小于96%。

5 应设置清除浮渣的装置。

6 当采用间歇式重力浓缩池时，应在浓缩池的不同高度设上清液排出管。

5.4.3 浓缩机设计应符合下列规定：

1 浓缩机宜采用螺压式污泥浓缩装置。

2 应采用低转速、全封闭、可连续运行装置。

3 装置应有限制和调节排泥浓度的功能。

4 浓缩后污泥含水率宜小于94%。

5 装置宜采用自动化控制。

6 浓缩机宜设置在室内。机壳上应设置收集臭气的吸风罩，应保证臭气收集系统与其连接形成负压运行。

6 主处理设备与设施

6.1 絮凝脱水设备

6.1.1 脱水设备的选型应根据粪便的特性和脱水要求，经技术经济比较后选用。当采用螺压式脱水机时应符合下列规定：

1 脱水机应低转速、全封闭、可连续地运行。

2 脱水机应有限制和调节泥层厚度的功能。

3 脱水机应备有单独的滤网自动冲洗系统，滤网应选用强度高的不锈钢材料。

4 压榨螺杆的转速应可调节。

5 脱水后泥饼含水率宜小于80%。

6.1.2 脱水机的絮凝剂制备及投加系统应符合下列规定：

1 絮凝剂制备及投加系统宜包括储药、投药、溶药、稀释、投加等过程，系统能力应与脱水机配套。

2 絮凝剂种类应根据粪便性质、固体浓度和污泥最终出路等因素选用，宜采用有机高分子絮凝剂。

3 絮凝剂投加量的设计只宜确定范围，适宜的投药量应进行投药量试验确定。

4 絮凝剂的制备及投加宜采用自动化控制。

5 絮凝剂进料泵应采用机械密封或填料密封，轴封处应设泄漏回收装置。泵的流量、出口压力应满足脱水机的使用要求，应配置运行保护和过载保护装置。

6 絮凝剂制备及投加系统中所有与药液接触的零部件均应使用耐腐蚀材料。

7 絮凝剂与粪便的混合位置应设在脱水机进料泵入口。

6.1.3 絮凝脱水间的设计，应符合下列规定：

1 絮凝脱水间应靠近粪便浓缩单元设施。

2 絮凝脱水间应考虑泥饼运输通道。

3 应设置通风设施，每小时换气次数不应小于6次。

4 应设置除臭设施、降噪设施和环境监测设施。

5 应设冲洗水排放系统。

6.2 厌氧消化设施

6.2.1 粪便厌氧消化宜采用完全混合式二级消化。

6.2.2 厌氧消化工艺设计应符合下列规定：

1 二级厌氧消化主要设计参数宜符合表6.2.2的规定。

表6.2.2 二级厌氧消化主要设计参数

项　目	一级消化池	二级消化池
温度(℃)	中温发酵35±2 常温发酵宜≥10	不加热
消化时间(d)	15～20	10～15
投配率(%)	5～7	—
COD容积负荷[kg/(m³·d)]	3～8	—
BOD_5处理效率(%)	—	≥80%
理论产气量(m³/kgCOD)	0.6	

2 总消化时间不应少于30d。当确保BOD_5处理效率在80%以上时，总消化时间可缩短，但一级消化时间仍应大于15d。常温发酵时间应大于30d，冬季应适当延长。

3 进料化学需氧量（COD）高时投配率宜用下限值，进料COD低时投配率宜用上限值。

4 一级消化池应加热。加热宜采用池外热交换，也可采用池内热交换或蒸汽直接加热，大型消化池可将两种加热方式结合使用。选择加热设备应考虑10%～20%富余能力。

5 一级消化池应设搅拌装置。搅拌宜采用消化气体循环，也可采用螺旋桨搅拌器、水力提升器等，大型消化池也可将两种搅拌方式结合使用。搅拌可采用连续的，也可采用间歇的。消化液从一级消化池输送到二级消化池之前，应至少停止搅拌4h。二级消化池不应搅拌。

6 上清液排出设施的溢流管出口不得置于室内，必须设置水封。

6.2.3 厌氧消化池的总有效容积，可按下列公式计算：

1 按消化时间计算：

$$V_d = K_s Q_d T_d \quad (6.2.3\text{-}1)$$

式中 V_d——厌氧消化池的总有效容积（m³）；

K_s——消化污泥储留系数，取$K_s=1.10\sim1.15$；

Q_d——粪便设计处理量（m³/d）；

T_d——消化时间（d）。

2 按投配率计算：

$$V_d = (Q_d/\eta)\times100 \quad (6.2.3\text{-}2)$$

式中 η——粪便投配率（%/d）。

3 按容积负荷计算：

$$V_d = (S_o - S_e)Q_d/U_v \quad (6.2.3\text{-}3)$$

式中 S_o——进水化学需氧量（kg/m³）；

S_e——出水化学需氧量（kg/m³）；

U_v——COD容积负荷[kgCOD/(m³·d)]。

6.2.4 厌氧消化池、储气罐、配气管等设施设备的设计应符合现行国家标准《室外排水设计规范》GB 50014的有关规定。

6.2.5 厌氧消化池、储气罐、配气管等设施设备及其辅助构筑物易燃易爆性强，其安全设计应符合现行国家标准《建筑设计防火规范》GB 50016和《城镇燃气设计规范》GB 50028中的相应规定。

6.2.6 用于粪便投配、循环、加热、切换控制的设备和阀门宜集中布置。室内必须设置强制通风和除臭设施。

6.2.7 消化气体收集净化设施宜由脱硫装置、储气装置、余气燃烧装置、配气管等组成。沼气净化的程度及系统组成应根据最终用途确定。

6.2.8 脱硫技术方案应根据条件采用干式或湿式脱

硫。当气体中硫化氢含量大于 $2g/m^3$ 时，宜采用二级干式脱硫法。室外设置的脱硫装置在冬期或寒冷地区应有保温措施。

6.3 密封储存池

6.3.1 密封储存池的无害化处理基本要求应符合现行国家标准《粪便无害化卫生标准》GB 7959 的有关规定。

6.3.2 密封储存池的平面形状宜采用圆形。

6.3.3 密封储存池的总有效容积应根据密封储存期确定。密封储存期应大于 30d，冬期应适当延长。

6.3.4 密封储存池应采用不透水材料建造，进出料口应高出地面并应有水封措施。

6.3.5 密封储存池宜配置泵。

6.4 三格化粪池

6.4.1 三格化粪池的无害化处理基本要求应符合现行国家标准《粪便无害化卫生标准》GB 7959 的有关规定。

6.4.2 三格化粪池的总有效容积应根据粪便处理量和停留时间确定。停留时间宜为 30d～40d。

6.4.3 三格化粪池的第一、二、三格的容积比，可采用 2∶1∶3，其中第一格的粪便停留时间不应小于 10d。

6.4.4 三格化粪池格与格之间的粪液出口应上下错开，第一格的出口距池底宜为 40cm～50cm，第二格的出口应采用溢流。

6.4.5 三格化粪池的第一、二格应各设浮渣、沉渣清掏口。浮渣、沉渣的清掏周期宜为 1～4 个月，清除的浮渣和沉渣应进行卫生填埋处置，也可经进一步无害化卫生处理后用作农肥。

7 上清液处理

7.0.1 上清液采用与城市生活污水或垃圾渗沥液合并处理时，处理工艺上应符合下列规定：

1 上清液水质、水量、流速等不应影响污水（渗沥液）处理设施的运行、出水水质及污泥的排放和利用，且应符合有关标准规定。

2 上清液宜经吸粪车或专用管道输送至城市污水处理厂或垃圾渗沥液处理设施。

3 上清液采用管道输送时，管道和构筑物设计应符合现行国家标准《室外排水设计规范》GB 50014 的有关规定。

7.0.2 上清液处理采用达标排放时，处理工艺上应符合下列规定：

1 排入市政污水管网的处理工艺应结合国家及地方的相关排放标准，通过技术经济比较后确定。

2 排入水体的处理工艺应结合排放水体状况和国家及地方的相关排放标准，通过技术经济比较后确定，其设计应符合现行国家标准《室外排水设计规范》GB 50014 的有关规定。

3 上清液经处理后必须进行消毒，消毒宜采用加氯法或紫外线消毒法。加氯量应通过试验或类似生产运行经验确定，无试验资料时，出水可采用 6mg/L～15mg/L，二氧化氯或氯接触时间不应小于 30min；紫外线剂量宜通过试验确定，也可参照类似生产运行经验确定。

4 消毒设施和有关建筑物的设计应符合现行国家标准《室外排水设计规范》GB 50014 的有关规定。

8 污泥处理与处置

8.0.1 粪便厌氧消化和粪便絮凝脱水过程中产生的污泥必须进行无害化处理或处置。

8.0.2 污泥处理量应以粪便设计处理量为基础，根据有关处理设施的 SS 浓度及去除率、BOD_5 浓度及去除率、污泥生长量以及污泥含水率进行计算确定，也可按下列数据采用：

1 主处理工艺采用絮凝脱水时，絮凝脱水设备产生的脱水污泥量按粪便设计处理量的 10%～25% 取值。

2 主处理工艺采用厌氧消化时，厌氧消化池产生的消化污泥量按粪便设计处理量的 15%～20% 取值。

3 上清液处理采用活性污泥法时，剩余活性污泥量按上清液量的 30% 取值。

8.0.3 污泥浓缩和污泥脱水的设计应符合现行国家标准《室外排水设计规范》GB 50014 的有关规定。

8.0.4 脱水污泥的高温堆肥设计，除可按现行行业标准《城市生活垃圾好氧静态堆肥处理技术规程》CJJ/T 52 和现行国家标准《粪便无害化卫生标准》GB 7959 的有关规定执行外，尚应符合下列规定：

1 高温堆肥工艺宜采用：水分调整设施→主发酵设施→次级发酵设施（场）。

2 水分调整方法可采用添加水分调整材料或返回腐熟堆肥。

3 主发酵设施的总有效容积，应根据日进料量和发酵时间确定。发酵温度保持在 55℃ 以上的发酵时间不得少于 5d，当发酵温度在 65℃ 以上时，发酵时间可缩短为 4d。

4 主发酵设施的供氧应采取强制通风或机械翻堆方式，应设置渗沥水和气体收集系统以及测试温度、氧浓度和其他工艺参数的装置，并应具有保温、防雨、防渗的性能。

5 次级发酵设施（场）的有效容积（面积），应根据主发酵设施的出料量和堆肥的腐熟时间确定。次级发酵时间不宜少于 10d。

6 污泥与生活垃圾混合高温堆肥时，混合物含水率应为40%～60%，碳氮比（C/N）宜为20：1～30：1，有机物含量宜为20%～60%。

8.0.5 脱水污泥的最终处置选择与生活垃圾混合卫生填埋工艺时，脱水后的泥饼应选用密封垃圾车运往垃圾填埋场。设计中应提出不同于常规垃圾卫生填埋的特别防护操作方式，减少及防止脱水污泥进入卫生填埋场产生的臭味、卫生及安全等问题。

9 除 臭 系 统

9.0.1 接受间、固液分离间、浓缩间、絮凝脱水间及堆肥车间等建筑物内，除应设置换气装置外，还应在室内的处理设备上部采取负压运行方式收集臭气，经管道收集并集中进行除臭处理。粪便接受口及固液分离设备等高浓度臭气产生处，应设置冲洗装置和操作密封盖，并宜设喷淋除臭剂的装置。

9.0.2 除臭集中处理方法的选择应结合臭气浓度、去除程度等因素，通过技术经济比较后确定。宜采用生物滤床除臭与除臭剂雾化除臭结合的综合除臭法。

9.0.3 除臭系统应做到处理效率高、设备噪声低、材质防腐蚀。

9.0.4 除臭系统应保证粪便处理厂周边地区的环境空气符合《大气污染物综合排放标准》GB 16297的有关规定；厂界的污染控制值应符合现行国家标准《恶臭污染物排放标准》GB 14554的有关规定。

10 辅助与公用设施

10.0.1 粪便处理厂应设置计量设施，对进厂粪便量进行计量记录。宜采用进出双向称重方式。应根据运输工具合理选择地磅（汽车衡）、重量传感器和电子皮带秤等计量设施。

10.0.2 粪便处理厂应对进厂粪便性状、处理过程的工艺参数、污泥性状及出水水质等进行检测，并配备相应的检测仪器和设施。

10.0.3 下列各处应设置相关监测仪表及报警装置：

1 接受间、絮凝脱水间：监测氨气(NH_3)、硫化氢(H_2S)浓度。

2 消化池：监测沼气（CH_4）、硫化氢（H_2S）浓度。

3 加氯间：监测泄漏氯气（Cl_2）浓度。

10.0.4 粪便处理厂各处理单元宜设置生产控制、运行管理所需的检测仪表。自动化仪表与控制系统应保证处理过程中系统的安全、可靠，便于运行，改善劳动条件。

10.0.5 粪便处理厂控制室的设计应符合下列规定：

1 控制室应保持良好视角，以便观察控制有关工序及设备运行状况。

2 控制室宜采用微机处理主要技术参数并进行自动化管理。

3 控制室应就近设置电源箱，供电电源应为双回路；直流电源设备应安全可靠。

4 控制室应设置紧急状态报警装置。

5 由控制室控制的单元工序应同时具备各工序独立控制功能，控制管理系统应有信息收集、处理、控制、管理及安全保护功能。

11 环境保护与劳动卫生

11.0.1 粪便处理厂的环境保护配套设施必须与主体设施同时设计、同时建设、同时启用。

11.0.2 对于车辆行驶、粪便处理、除臭等各个环节产生的噪声，应按其产生的状况，分别采取有效的控制措施。噪声控制应符合现行国家标准《声环境质量标准》GB 3096和《工业企业厂界环境噪声排放标准》GB 12348的有关规定。

11.0.3 绿化隔离带应强化其隔声、降噪等环保功能。

11.0.4 粪便处理厂的安全卫生应符合现行国家标准《生产过程安全卫生要求总则》GB 12801的有关规定。

11.0.5 粪便处理厂设计应符合《工业企业设计卫生标准》GBZ 1的工作环境和条件要求，应设置浴室、更衣间、卫生间等建筑物。建筑物内应设置必要的洒水、排水、洗手盆、遮盖、通风等卫生设施。

11.0.6 粪便处理厂必须在醒目位置设置禁烟、防火、限速等警示标志，并应有可靠的防护设施设备。

11.0.7 与处理设施相关的封闭建、构筑物内必须设置强制通风设施和自动报警装置。

11.0.8 应为职工配备必要的劳动安全卫生设施和劳动防护用品。

11.0.9 厂区内应设置消防设施和器材。

11.0.10 厂区内应设置必要的蚊蝇密度监测点和喷药灭蚊蝇设施。

本规范用词说明

1 为便于在执行本规范条文时区别对待，对于要求严格程度不同的用词说明如下：

1）表示很严格，非这样做不可的：

正面词采用“必须”，反面词采用“严禁”；

2）表示严格，在正常情况下均应这样做的：

正面词采用“应”，反面词采用“不应”或“不得”；

3）表示允许稍有选择，在条件许可时首先

应这样做的：

正面词采用“宜”，反面词采用“不宜”；

表示有选择，在一定条件下可以这样做的，采用“可”。

2 条文中指明应按其他有关标准执行的写法为：“应符合……的规定（要求）”或“应按……执行”。

引用标准名录

1 《室外排水设计规范》GB 50014
2 《建筑设计防火规范》GB 50016
3 《城镇燃气设计规范》GB 50028
4 《工业企业设计卫生标准》GBZ 1
5 《声环境质量标准》GB 3096
6 《粪便无害化卫生标准》GB 7959
7 《工业企业厂界环境噪声排放标准》GB 12348
8 《生产过程安全卫生要求总则》GB 12801
9 《恶臭污染物排放标准》GB 14554
10 《大气污染物综合排放标准》GB 16297
11 《生活垃圾填埋场污染控制标准》GB 16889
12 《生活垃圾焚烧污染控制标准》GB 18485
13 《城市生活垃圾好氧静态堆肥处理技术规程》CJJ/T 52

中华人民共和国行业标准

粪便处理厂设计规范

JGJ 64—2009

条　文　说　明

制 订 说 明

《粪便处理厂设计规范》CJJ 64－2009，经住房和城乡建设部2009年9月15日以第392号公告批准、发布。

本规范修订过程中，编制组对国内粪便处理厂的现状进行了调查研究，总结了我国粪便处理厂工程建设的实践经验，同时参考了国外先进技术法规、技术标准，通过工艺参数的实验取得了二级厌氧消化主要设计参数。

为便于广大设计、施工、科研、学校等单位的有关人员在使用本规范时能正确理解和执行条文规定，《粪便处理厂设计规范》编制组按章、节、条顺序编制了本规范的条文说明，对条文规定的目的、依据以及需注意的有关事项进行了说明，还着重对强制性条文的强制性理由作了解释。但是，本条文说明不具备与标准正文同等的法律效力，仅供使用者作为理解和把握标准规定的参考。在使用中如发现本条文说明有不妥之处，请将意见函寄华中科技大学（地址：湖北省武汉市洪山区珞喻路1037号；邮政编码：430074）。

目　次

1 总 则

1.0.1 本条说明制定本规范的目的：

1 保证城市粪便处理能达到防止粪便污染和卫生防疫的目的；

2 使粪便处理厂能根据规定的要求进行合理设计，做到确保质量。

1.0.2 本规范适用于城镇新建、扩建和改建的集中式粪便处理厂的设计。本规范不适用于连接公厕和楼房的分散小型粪便处理设施设计。

1.0.3 本条规定粪便处理厂设计的主要依据和基本任务。

粪便处理厂是城市环境卫生基础设施之一，环境卫生专项规划是城市总体规划的组成部分。《城市规划法》规定，中华人民共和国的一切城市，都必须制定城市规划，按照规划实施管理。城市总体规划为各行业的专业规划提供了指南和依据。城市总体规划和专项规划批准后，必须严格执行。

国家发改委颁发的《基本建设设计工作管理暂行办法》规定，设计工作的基本任务是，要做出体现国家有关方针、政策，切合实际，安全适用，技术先进，社会效益、经济效益好的设计，为我国社会主义现代化建设服务。本条结合粪便处理工程的特点，规定了基本任务和应正确处理的有关方面的关系。

1.0.4 随着科学技术的发展和环境卫生要求的提高，今后粪便处理新技术会不断涌现。《城市市容和环境卫生管理条例》规定，国家鼓励推广先进技术，提高城市市容和环境卫生水平。作为规范，不应阻碍或抑制新技术的发展，为此，本条鼓励应不断总结设计与运行经验，采用节约能源、节省用地的新技术、新工艺、新材料和新设备。粪便处理厂往往空气质量较差，有条件时应积极采用机械化、自动化设备。

1.0.5 规定粪便处理厂设计除应执行本规范外，尚应执行有关标准和规范。本规范涉及的主要标准有：《建筑设计防火规范》GB 50016、《建筑灭火器配置设计规范》GB 50140、《生活垃圾填埋场污染控制标准》GB 16889、《生活垃圾焚烧污染控制标准》GB 18485、《室外排水设计规范》GB 50014、《城镇燃气设计规范》GB 50028、《粪便无害化卫生标准》GB 7959、《城市生活垃圾好氧静态堆肥处理技术规程》CJJ/T 52、《大气污染物综合排放标准》GB 16297、《恶臭污染物排放标准》GB 14554、《声环境质量标准》GB 3096、《工业企业厂界环境噪声排放标准》GB 12348、《生产过程安全卫生要求总则》GB 12801 等。

3 厂址选择与总体布置

3.1 厂 址 选 择

3.1.1 粪便处理厂厂址选择应符合城市总体规划要求及城市环境卫生专项规划要求，以保证总体的社会效益、环境效益和经济效益。应选择不少于 1 个备选厂址。综合考虑工程地质与水文地质、环境保护、生态资源，以及城市交通、基础设施等因素，由有关部门参与选址工作，或及时征求有关部门意见，经过多方案比较和环境影响评价后确定。

3.1.2 粪便处理厂处理过程产生的上清液可选择合并处理工艺，应优先考虑与生活垃圾填埋场的渗沥液或城市污水处理厂(站)的污水合并处理，产生的污泥也可选择与生活垃圾填埋场的垃圾或城市污水处理厂(站)的污泥合并处理。因此条文规定粪便处理厂应优先选择在生活垃圾处理设施或城市污水处理厂用地范围内或附近。

3.2 总 体 布 置

3.2.1 粪便处理厂总体布置应在满足功能要求前提下，做到经济合理、施工和维护管理方便。

3.2.2 对粪便处理厂竖向设计的主要考虑因素作了规定。在排水畅通的条件下，应尽量做到土方平衡和降低能耗。

3.2.3 紧凑、合理的布置，既节约土地又便于施工和投产后的维护管理。臭气集中处理设施、固体杂物及脱水污泥堆放间应布置在夏季主导风向下风向，以减少对厂区环境质量的影响。

3.2.4 粪便处理厂内管线较多，主要应作地下管道综合和高程设计。

3.2.5 设置排空装置，目的是便于检修与清理。

3.2.6 为了有效地进行运行管理和成本核算，应设置粪便、污泥和气体的计量装置；对于仪表和控制装置，由于国内有关仪表和控制装置的特性不一定完全适合粪便处理厂运行管理的要求，因此条文只规定设置必要的仪表和控制装置，不作全面设置的要求。

3.2.7 厌氧消化池、储气罐、锅炉房及相关管道等都是易燃易爆构筑物，故粪便处理厂消防设计应符合现行的消防规范，即现行国家标准《建筑设计防火规范》GB 50016 和《建筑灭火器配置设计规范》GB 50140 的有关规定。为防止出现工作人员从无防护设施的高架处理构筑物滑倒跌落的事故，故条文规定应设置栏杆等设施。

3.2.8 为防止粪便处理过程中造成环境的二次污染，厂内应设置环境污染的相关监测和控制装置。

3.2.9 一般材料、备件应靠近机修车间，燃料应靠近锅炉房，固体杂物等废渣则宜利用较偏僻的空地堆放。

3.2.10 集中布置并与处理构筑物保持一定距离，目的是保证生产管理人员有良好的工作条件和环境。处理厂的附属建筑物分为生产性和生活性两大类，在规划设计时，其组成与面积大小，应因厂因地制宜考虑确定，本规范不作统一的规定。

3.2.11 厂区道路有两大功能：物料的运输和工作人员的活动。由于粪便处理厂中的原料、燃料及污泥或堆肥成品运输量较大，故对道路设计应有一定的要求。

3.2.12 考虑粪便处理厂的安全和卫生防疫要求，周围宜设有围墙。

3.2.13 绿化对粪便处理厂有着十分重要的意义。绿化不仅可以防止厂区的尘土飞扬，还可以减少噪声干扰，减少太阳辐射热，从而改善生产条件。但是考虑到粪便处理厂的特点和节约用地原则，规定绿化面积不宜大于厂区总面积的30%。

4 处 理 工 艺

4.0.1 本条规定粪便进厂的方式、种类。粪便来源一般包括：

1 倒粪池：无卫生设备住户的粪便。

2 公共旱厕：旧城区无水冲的厕所粪便。

3 公共水厕储粪池：无排水管渠地区水冲厕所粪便。

4 公共水厕化粪池：化粪池粪渣。

5 楼房化粪池：化粪池粪渣。

6 粪便转运站（码头）：上述1～5类粪便和粪渣。

4.0.2 本条规定严禁混入有毒有害污泥是强制性条文。

4.0.3 关于服务区域内粪便量，日本的《粪便处理设施构造指南》规定是根据粪便收集人口数、每人每日平均排除粪便量、使用净化池人口数及其每人每日平均污水量，再考虑波动系数计算所得。我国与日本情况不同，因为下水道普及率不是按服务人口计算所得，而是按区域内排水管道的服务面积占区域面积的比重计算所得，因此粪便的收集人口数无法统计，相应的波动系数也难以确定。为此，本规范规定粪便量按服务区域内平均日清运量及服务年限内预测量合理确定。规定最小规模不宜小于50t/d是基于设备能力的经济性考虑的。

4.0.4 表4.0.4所列数值，系根据国内调查资料、主编单位实验测定及参照国外规范综合后推荐。

4.0.5 本条规定二大类不同粪便处理工艺的适用性和选择条件。

1 规定当粪便处理厂厂址选择在生活垃圾处理设施或污水处理厂的用地范围内或附近时，宜采用的粪便处理工艺。

推荐的粪便处理工艺流程通常分为三个阶段：第一阶段为预处理，其任务主要是去除粪便中的沙土和固体杂物，同时混合和调节流量，以保证后续工序的稳定进行。第二阶段为主处理，以前常规处理方法是采用厌氧消化，目的是使固体物变成易于分离的状态，同时使大部分有机物分解，国外也有采用湿式氧化反应池的；近年来出现絮凝机械脱水的新型粪便处理工艺，被广泛应用（表1）。第三阶段为上清液和污泥的后处理，其处理方式主要取决于粪便处理厂选址及最终出路要求。三个阶段中都应考虑有臭气收集处理系统与之配套。

表1 粪便絮凝脱水主处理工艺在国内的应用情况

编号	项目名称	所属城市	建设地点	处理规模(t/d)	投资额(万元)	处理工艺	竣工时间
1	高碑店粪便处理厂	北京	高碑店污水处理厂路东南侧	800	1650	固液分离＋絮凝脱水	1997年5月
2	方庄粪便消纳站	北京	宣武区玉蜓桥东北角	400	680	固液分离＋絮凝脱水	2001年7月
3	衙门口粪便消纳站	北京	石景山区衙门口村	800	924	固液分离＋絮凝脱水	2001年7月
4	田村粪便消纳站	北京	四季青乡田村	800	945	固液分离	2002年9月
5	巴沟粪便消纳站	北京	火器营桥东侧	400	1084	固液分离＋絮凝脱水	2002年9月
6	通州绿环生物处理站	北京	通州区东仓路1号	300	1500	固液分离＋絮凝脱水＋深化处理	2003年5月
7	北护城河粪便消纳站	北京	北小河污水处理厂南侧	400	11008	固液分离＋絮凝脱水	2003年6月
8	黄土岗粪便消纳站	北京	丰台区四环路马家楼桥西	400	1032	固液分离＋絮凝脱水＋深化处理	2003年10月
9	西道口粪便消纳站	北京	丰台区西道口	400	1005	固液分离＋絮凝脱水＋深化处理	2003年11月
10	四季青粪便消纳站	北京	海淀区四季青乡田村	800	1733	絮凝脱水＋深化处理	2003年11月
11	酒仙桥粪便消纳站	北京	酒仙桥污水处理厂西北角	400	1133	固液分离＋絮凝脱水	2003年12月
12	苏州市粪便处理厂	苏州	福星污水厂北侧	260	800	固液分离＋絮凝脱水	2003年9月
13	镇江市粪便处理厂	镇江	城东垃圾填埋场内	50	360	固液分离＋絮凝脱水	2004年2月
14	郑州市粪便处理厂	郑州	垃圾卫生填埋场内	200	600	固液分离＋絮凝脱水	2005年2月

粪便最后出路为专用管道排入污水处理厂时，处理方法宜采用固液分离预处理工艺，其具有占地小、投资少、能耗低等优点。

2 规定粪便农业利用时的无害化卫生处理方法。当粪便最后出路为农业利用时，应采用无害化卫生处理。粪便无害化卫生处理的要求是基本杀灭粪便中的病原体(病毒、细菌和寄生虫等)，完全杀灭苍蝇的幼虫并有效地控制苍蝇孳生和繁殖，同时促使粪便中含氮有机物的分解，防止肥效损失，从而使粪便达到无害化、稳定化。粪便是我国农业广泛使用的有机肥源，但从卫生角度看具有极大的危害性。

本条推荐的几种卫生利用粪便的处理方法，经我国农村粪便处理的多年实践证明是切实可行的，能适用于不同施肥习惯的地区。

为避免重复规定和考虑处理方法的适用原料要求，粪便无害化处理方法中的沼气发酵设计要求在厌氧消化工艺一节规定，高温堆肥法设计要求在污泥处理一章规定，密封储存池和大型三格化粪池设计要求在主处理一章规定。

4.0.6 本条规定粪便絮凝脱水主处理工艺(图 4.0.5-1)和粪便厌氧消化主处理工艺(图 4.0.5-2)流程中的预处理工艺设施组合。

进厂的粪便中，由于收运时间的影响和来源不同，造成进料不连续和形状不均匀，此外还含有相当数量的沙土(0.2%～0.4%)和卫生巾、纤维类、橡胶类、塑料类及竹木类等大小不一的固体杂物(3%～4%)。因此预处理工艺应设置接受沉砂池预先去除沙土，设置格栅去除固体杂物，设置储存调节池混合和调节流量，以保证后续工序的有效进行。

对于高含水率的粪便，预处理工艺还可考虑设置重力浓缩池(浓缩机)。

这些预处理中产生的固体杂物均应进行卫生填埋或焚烧处理。

4.0.7 本条规定粪便絮凝脱水主处理工艺(图 4.0.5-1)或粪便厌氧消化主处理工艺(图 4.0.5-2)流程中的上清液处理工艺的选择原则。

上清液处理工艺的选择应根据具体情况进行分析。当具备合并处理条件时，为节约处理成本，充分利用污水处理设施资源，上清液处理应优先考虑与城市污水处理厂(站)的污水或生活垃圾处理设施的渗沥液合并处理。当不具备合并处理条件时，可建设独立的上清液处理设施。独立的上清液处理设施的设计可视排放去向和排放标准而定。

4.0.8 本条规定粪便絮凝脱水主处理工艺(图 4.0.5-1)或粪便厌氧消化主处理工艺(图 4.0.5-2)流程中的脱水污泥处理和处置的原则要求。

脱水处理后的污泥固含量可达 20%左右，根据不同条件和市场需求等因素可进一步加工用作农肥，也可送至垃圾填埋场填埋或进行焚烧处置。

粪便脱水污泥用于农田，既可增加土壤肥效，还可以改良土壤，在我国广大地区受到农民欢迎。但是粪便污泥中都含有病原体，为防止其传染疾病，条文规定必须进行污泥处理如高温堆肥处理，不得直接用作农田肥料。

4.0.9 本条规定粪便单元处理设施的设计要求。

1 并联运行的处理构筑物，若配水不均匀，各池负担就不一样，有的可能出现超负荷，而有的则又没有充分发挥其作用，所以应设置配水装置。配水装置一般采用堰或配水井等方式。为灵活组合构筑物运行系列并便于观察、调节和维护，设计时应在构筑物之间设置可切换的连通管渠。

2 处理构筑物的入口和出口处设置整流措施，既可使整个断面布水均匀，又能保持稳定的吃水面，以保证处理效率。

3 本条规定的目的是保护水源和周围环境不受污染。无害化卫生处理构筑物一般应采取抹水泥砂浆防渗处理。

4 在系统中可能产生臭气的处理单元，如接受池、固液分离装置、脱水机等，应设置臭气管道，将臭气收集后送到除臭系统集中进行除臭处理。

5 预处理设施

5.1 接 受 设 施

5.1.1 接受沉砂池接受从真空抽粪车等运输工具卸入的粪便，并同时能够沉砂。接受池中设置沉砂设施去除大部分沙土，可避免后续处理构筑物的机械设备磨损和改善重力排泥堵塞情况，故作本条规定。

5.1.2 卸粪过程中应采用密闭对接的方式，以防止操作不当而导致遗洒，造成二次污染；接受口应采取密封措施。

5.1.3 本条规定系根据日本《粪便处理设施构造指南》而制定。

5.1.4 接受池容积的计算公式，引用日本《粪便处理设施构造指南》的规定。砂斗的有效深度及砂斗容积计算，结合我国实际情况而定。条文中的粪便含砂率，是按实际含砂量的 50%沉降率考虑的。

5.2 固液分离设施

5.2.1 本条规定格栅的设计要求。

1 格栅栅条间空隙宽度及格栅倾角系根据国内粪便处理厂运行经验，同时参考城市污水处理厂的设计而规定。为了更有效地去除固体杂物，可按格栅栅条间空隙由宽到窄设多级格栅。

2 为防止机械设备被缠绕、磨损以及泵、阀被堵塞，以保证后续工艺的正常运行，故作本条规定。

3 一般情况下粪便预处理时，散发的臭味较大，格栅除污机、输送机的进出料口宜采用密封形式。根据粪便处理厂的实际操作情况和周围环境，来确定是否需要设置除臭装置。

4 为便于清除固体杂物和养护格栅，作本条规定。

5 格栅设于室内时，为改善室内的操作条件和确保操作人员安全与健康，应设置通风设施。

5.2.2 本条规定固液分离机设计的要求。

粪便通过接受池后，其中仍含有大量的固体杂物，为防止后续机械设备被缠绕，水泵、阀门被堵塞，可采用固液分离装置去除粪便中大部分的固体杂物和砂粒。

粪便固液分离机宜为一体化设备，由栅筐、旋转耙、清渣梳、螺旋传输器、排砂螺杆和螺旋压榨器以及驱动装置等主要部件组成。固液分离机应具有固液分离以及宜将分离出的固体进行压榨脱水等功能，即大块重物分拣、除砂、过滤、传输、压榨功能。

经调查，国内部分用于粪便处理的固液分离机的可靠技术参数如表2所示。

表2 固液分离机技术参数

项　目	技　术　参　数
工作环境	室内
环境温度(℃)	0～38
介质	粪便
滤栅间隙(mm)	10
栅筐直径(mm)	780
螺杆直径(mm)	≥273
压榨出料含固率(%)	≥35
排砂出料含固率(%)	≥20
工作制(h/d)	8～16
供电电源	三相380V，50Hz

5.3 储存调节池(调节罐)

5.3.1 由于收集、运输的影响，进入粪便处理厂的粪便量是不连续的，而且粪便性状随来源不同其浓度变化很大。为保证处理系统量的连续性和成分的均匀性，作本条规定。

5.3.2 储存调节池(调节罐)容积一般可按设计的粪便日处理量考虑，但根据实际情况可以适当增大。

5.3.3 为掌握投入量和储存量，应设置液面计或其他计量装置。

5.3.4 本条规定设置循环泵、应急排放管线和清空管线的设计要求。设置循环泵的目的之一是可以减少储存调节池(调节罐)出流中的浮渣。

5.4 浓缩池(浓缩机)

5.4.1 是否设置浓缩池或浓缩机的预处理设施，一般可根据粪便含水率及后续主处理工艺要求，经技术经济比较后确定。条文分别用了"可"和"宜"字，表示有很大程度的选择性。

5.4.2 本条规定的设计数据系参考国内一些污泥浓缩池的设计数据，结合国内粪便处理厂的实践经验确定。根据调查研究，污泥浓缩的设计参数大多适用于粪便浓缩，但粪便的浓缩时间不宜太长，否则部分粪便浮起形成过多的浮渣。由于浓缩池经常形成浮渣，如不及时排除，浮渣会随粪便水出流，所以规定应设去除浮渣的装置。

间歇式重力浓缩池为静置沉降，一般情况下粪便水在上层，浓缩的粪便污泥在下层。但对于储存时间较长的粪便或预处理时固体杂物去除率不高时，容易形成粪皮浮渣，此时中间是粪便水。为此，本条规定应在不同高度设置粪便水排出管。

5.4.3 本条规定的设计数据系参考国内一些运行较稳定的粪便浓缩机的技术参数确定的。

6 主处理设备与设施

6.1 絮凝脱水设备

6.1.1 一般的脱水设备主要用于消化污泥的脱水。国内自20世纪80年代起，新建的城市污水处理厂(如天津、杭州、桂林、深圳、珠海、北京、邯郸、成都、青岛、济南、上海、武汉、厦门等)纷纷从国外(如法国、英国、日本、丹麦、奥地利、芬兰、德国等)引进真空过滤机、带式压滤机及离心脱水机。但这类脱水设备基本上没有在国内直接进行生粪渣污泥脱水处理的实践。当处理对象为生粪便时，应根据粪便的特性和脱水要求，经技术经济比较后选用。当采用螺压式脱水机时，条文作了设计规定。

6.1.2 通过投加絮凝剂对粪便进行预处理，可改善其脱水性能，提高脱水机的生产能力。絮凝剂分为无机混凝剂和有机絮凝剂，目前国内粪便处理厂主要采用聚丙烯酰胺等有机絮凝剂。具体到某一粪便处理厂来说，应根据本厂的具体情况选择药剂种类。

投药量与粪便本身的性质、环境因素以及脱水机的种类有关。要综合以上因素确定既满足要求又降低加药费用的最佳投药量，所以规定应进行投药量的试验。

6.1.3 本条规定絮凝脱水间的布置和通风的设计要求。

根据絮凝脱水间机组与泵房机组布置相似的特点，絮凝脱水间的布置可按国家现行标准《室外排水设计规范》GB 50014中关于泵房的有关规定执行，但应考虑泥饼运输设施和通道。

絮凝脱水间内一般臭气较大，为改善工作环境，脱水间应有通风设施。脱水间的臭气因粪便性质、混凝剂种类和脱水机不同而异。条文规定每小时换气次数一般不应小于6次，但脱水机上设有抽气罩的脱水机房可适当减少换气次数。

6.2 厌氧消化设施

6.2.1 传统的消化池为单级消化。近20年来，二级消化在国外被广泛采用，其优点是工程造价和运行能耗都较少。本规范规定的粪便厌氧消化定义为：使粪便中有机物分解并使固液易于分离的过程，二级消化有利于固液分离和污泥脱水。广州进行粪便二级消化的实践，证明效果良好。因此本条作出二级消化的规定。

6.2.2 本条规定厌氧中温消化池设计参数和加热、搅拌装置的设计原则。

厌氧消化池设计参数系参考国外规范参数并结合国内粪便处理厂的运行实践确定。

消化温度推荐采用中温和常温消化。虽然高温消化的卫生效果较好，如20世纪70年代在青岛应用，有一定的运行经验，但高温消化池的进料含水率必须控制在95%以下，并且出料全部用于农业灌溉。另外根据日本经验，粪便的高温消化与中温消化相比，通常消化污泥分离差，BOD_5去除率低，产气量反而少，故日本《粪便处理设施构造指南》未将高温消化列入。我国的污泥消化，因其高温方式消耗热能很大，相应的规范也未列入高温消化。

常温沼气发酵在我国农村长期广泛应用，积累了较多的经验。近年来常温厌氧消化开始在城市应用，如烟台粪便处理采用此法效果良好。

一级消化池所采用的三种加热方法国内外都有采用，其中池外热交换采用较多。二级消化池主要是利用余热进一步消化，并兼作浓缩池进行固液分离，故本条规定了不加热、不搅拌。

一级消化池所采用的三种搅拌的方法国内外都有采用，近年来消化气体循环采用较多。为保证固液分离的效果，消化液从一级消化池输送到二级消化池之前，应停止搅拌4h以上，此时间系根据日本《粪便处理设施构造指南》而定。

6.2.3 本条规定厌氧消化池总有效容积的三种计算方法。

6.2.4 由于粪便厌氧消化池、储气罐、配气管等设施设备与城市生活污水处理厂的污泥消化相应设施设备的设计要求基本相同，设计可按现行国家标准《室外排水设计规范》GB 50014中关于厌氧消化池的有关规定执行。

6.2.5 厌氧消化池及其辅助构筑物是易燃易爆构筑物，根据我国消防条例规定，应符合现行国家标准《建筑设计防火规范》GB 50016和《城镇燃气设计规范》GB 50028的有关规定。

关于构筑物的防火防爆等级，消化池属于甲类生产建筑物，耐火等级为二级。储气罐属可燃性气体储罐。

6.2.6 本条规定用于粪便投配、循环、加热、切换控制的设备和阀门设施的布置原则。

6.2.7 据测定，粪便厌氧消化产生的气体中硫化氢约占0.5%～1.0%。硫化氢除对人体有毒外，还腐蚀金属和混凝土等材料，影响储气罐、锅炉及管道的耐用性。因此，强调了脱硫装置的规定。

6.3 密封储存池

6.3.1 本条规定密封储存池无害化处理基本要求应执行的有关标准。

6.3.2～6.3.4 规定密封储存池平面形状、总有效容积、材料和进出料口的设计要求。

6.3.5 配置泵的目的是为了粪便的抽吸，并可对池内粪便进行搅拌以破碎粪块，使病原体分离出来，增强杀菌灭卵效果。

6.4 三格化粪池

6.4.1 本条规定三格化粪池无害化处理基本要求应执行的标准。

6.4.2、6.4.3 规定三格化粪池总有效容积和三格容积比的设计要求。

6.4.4 规定两个出口上下错开，目的是为防止第二格的粪液达不到停留时间就很快注入第三格。规定第一格的出口距池底为40cm～50cm，主要是隔断第一格粪渣随粪液出流。

6.4.5 三格化粪池的第一、二格有较多的浮渣和沉渣，条文规定应设清掏口。为保证密封和防止臭气外逸，清掏口应有水封措施。池底沉渣的清掏周期，主要与气候条件有关，一般粪便污泥腐化发酵时间为1～4个月，如当地气温较高时，可取低值；冬期低温应取高值。浮渣、沉渣的进一步无害化卫生处理，可以进行高温堆肥后用作农肥或采用卫生填埋方法处置。

7 上清液处理

7.0.1 本条规定上清液处理采用与城市污水或垃圾渗沥液合并处理时的工艺技术要求。

7.0.2 本条规定上清液处理采用达标排放时的工艺技术要求。

为保证公共卫生安全，防止传染性疾病传播，重点规定了粪便处理厂上清液消毒的方法、加氯量、接触时间以及加氯设施和有关建筑物的设计要求。

本条推荐消毒采用加氯法或紫外线消毒法。由于氯的货源充足、价格低、消毒效果好，国内已广泛应用于生活污水和医院污水的消毒，国外对粪便水的消毒一般也采用加氯法；紫外线消毒不产生副产物，上清液的紫外线剂量应为生物体吸收至足量的紫外线剂量(以往用理论公式计算)，由于上清液的成分复杂且变化大，实践表明理论值比实际需要值低很多，因此规定宜通过试验确定，也可参照类似生产运行经验确定。

8 污泥处理与处置

8.0.1 本条是粪便处理过程中产生的污泥处理与处置的强制性条文规定。

粪便处理过程中产生的污泥富集了较多的污染物，尤其是厌氧消化过程沉降的寄生虫卵，若不经进一步无害化卫生处理直接利用，势必造成危害。因此条文规定必须进行污泥处理与处置，不得直接用作农田肥料。

8.0.2 污泥产生量主要取决于粪便的 SS 和 BOD_5 浓度及其去除率。本条所列污泥量的参考数值主要来源于日本《粪便处理设施构造指南》的规定和国内粪便处理厂的实测值。

8.0.3 本条规定污泥浓缩和污泥脱水设计的要求。

8.0.4 本条规定脱水污泥高温堆肥的设计要求。

由于《城市生活垃圾好氧静态堆肥处理技术规程》CJJ/T 52 的适用范围是城市生活垃圾，本规范则以粪便处理为主，因此条文用语为“可按”。

水分调整材料一般可采用锯木屑、糠壳等物质。

主发酵设施容积主要与进料量和发酵时间有关，世界银行编著的《粪便堆肥》一书建议发酵时间为 7d～14d。一般而言箱式、筒式发酵设施的发酵时间长于多级立式、旋转筒式发酵设施。条文规定的“发酵温度保持在 55℃以上的发酵持续时间不得少于 5d”，其依据主要是现行国家标准《粪便无害化卫生标准》GB 7959，其中规定无害化时间必须是发酵温度在55℃以上，持续时间为5d～7d。

条文规定的次级发酵时间不宜少于 10d，主要是根据腐熟度的要求，结合国内外堆肥实践制定的。

混合比计算应以混合后符合堆肥原料的含水率、碳氮比、有机物含量等要求为基础。

8.0.5 本条规定脱水污泥卫生填埋的设计要求。

脱水污泥一般臭味很大，为了防止运输过程中沿途洒落，而造成环境污染，运输过程中应选用密封垃圾车运往垃圾卫生填埋场。

我国长期以来脱水污泥和城市生活垃圾混合填埋，经常会出现渗沥液收集管堵塞、垃圾堆体滑坡(污泥的横向剪切强度很小)、作业车辆打滑(污泥含水率过高)等问题，故应采取特别防护操作方式。条文规定的特别防护操作方式的设计要求，主要是指脱水污泥含水率应调整到小于或等于 60%，与垃圾的混合比应小于 8%和及时覆盖等。

9 除 臭 系 统

9.0.1 本条规定各臭气产生单元除臭的设计要求。

9.0.2 粪便处理过程中产生的臭气物质主要是硫化氢、甲烷等，为防止污染空气和保持良好的工作环境，应根据设施的现场条件、周围环境条件和臭气浓度等采取相应的除臭措施。厂区臭气一般采用嗅觉监测法进行检测和评价。生物滤床除臭与植物液雾化除臭是目前国内粪便处理厂常用的除臭法，效果良好。

9.0.3 本条规定除臭系统的处理效率、噪声防护及材质的原则性要求。

9.0.4 本条规定除臭系统的达标要求。

10 辅助与公用设施

10.0.1 规定计量设施应采用进出双向称重方式，主要是为了满足贸易结算需求。

10.0.2 粪便处理厂工艺物流过程检测内容应根据国家现行排放标准要求和工艺流程，结合当地生产管理运行要求等因素来确定。有条件时，工艺参数可优先采用综合控制管理系统。

10.0.3 接受间和絮凝脱水间应配置硫化氢监测仪，以监测可能产生的有害气体，并采取相应防范措施。可采用移动式硫化氢监测仪，有条件时，也可安装在线硫化氢监测仪及报警装置。

消化池控制室必须设置沼气泄漏浓度监测及报警装置，并采取相应防范措施。

根据现行国家标准《工业企业设计卫生标准》CBZ 1 规定，室内空气中氯气允许浓度不得超过 $1mg/m^3$，故加氯间必须设置氯气泄漏浓度监测及报警装置，并采取相应防范措施。

10.0.4 本条规定粪便处理厂生产控制、运行管理所需仪表的设置要求。

10.0.5 本条规定控制室的设计及控制工序功能的要求。

11 环境保护与劳动卫生

11.0.1 本条规定粪便处理厂建设必须遵循“三同时”原则。

11.0.2 本条规定噪声污染控制及应执行的相关标准。

11.0.3 绿化植物的种类选择应考虑合理搭配，强化其隔声、降噪等环保功能，同时应考虑与周边环境的协调。绿化隔离带设置的重点地段是粪便处理厂的下风向、临街面及厂内生产区与管理区之间。

11.0.4 本条规定安全与劳动卫生应执行的相关标准。

11.0.5 本条是根据《工业企业设计卫生标准》GBZ 1，对粪便处理厂应设置必要的劳动卫生防护设施作出了规定。

“符合《工业企业设计卫生标准》GBZ 1 的工作环

境和条件要求”，指厂内可设置值班宿舍，应设置浴室、更衣间、卫生间等建筑物。建筑物内应设置必要的洒水、排水、洗手盆、遮盖、通风等卫生设施。当采用可能对劳动者健康有害的技术、设备时，在有关的设备醒目位置设置警示标识，并应有可靠的防护措施。

11.0.6 本条是在有关的设备醒目位置设置警示标志，并应有可靠的防护措施的强制性规定。

11.0.7 本条是对粪便处理厂的封闭建、构筑物内必须设置强制通风设施和自动报警装置的强制性规定。

11.0.8～11.0.10 规定配备职工劳动卫生和防护用品，设置消防设施及器材、蚊蝇密度监测点及喷药灭蚊蝇设施等的基本要求。

中华人民共和国国家标准

调幅收音台和调频电视转播台与公路的防护间距标准

Standard for protection distance from highway to AM, FM and TV rebroadcasting stations

GB 50285—98

主编部门：中华人民共和国广播电影电视部
批准部门：中 华 人 民 共 和 国 建 设 部
施行日期：1 9 9 9 年 2 月 1 日

关于发布国家标准《调幅收音台和调频电视转播台与公路的防护间距标准》的通知

建标[1998]15号

根据国家计委计综[1991]290号文的要求，由原广播电影电视部会同有关部门共同制订的《调幅收音台和调频电视转播台与公路的防护间距标准》已经有关部门会审，现批准《调幅收音台和调频电视转播台与公路的防护间距标准》GB50285—98为强制性国家标准，自一九九九年二月一日起施行。

本标准由广播电影电视总局负责管理，具体解释等工作由广播电影电视总局标准化规划研究所负责，出版发行由建设部标准定额研究所负责组织。

中华人民共和国建设部

一九九八年九月三日

目　　次

1 总 则

1.0.1 为了使调幅收音台和调频电视转播（包括差转）台（以下统称为“接收台”）与附近高速公路、一级和二级汽车专用公路之间保持一定的距离，做到经济合理、正常工作，制定本标准。

1.0.2 本标准适用于接收信号的频率为526.5 kHz～26.1 MHz的调幅收音台和频率为48.5 MHz～223 MHz的调频电视转播台以及高速公路、一级和二级汽车专用公路（以下统称为“公路”）的新建、改建和扩建工程。

1.0.3 接收台和公路建设除应符合本标准外，尚应符合国家现行有关的强制性标准的规定。

2 防护间距

2.0.1 接收台与公路的防护间距，不应小于表2.0.1的规定。

接收台与公路的防护间距（m） 表2.0.1

接收台类别 / 公路级别	调幅收音台	调频转播台	电视转播台
高速公路	120	250	350
一、二级汽车专用公路	120	300	400

注：防护间距是指从靠近接收台一侧公路的路肩外缘到接收台最近接收天线的水平距离。

2.0.2 当调频电视转播台的防护间距不满足表2.0.1的规定时，可通过测量，并按照本标准附录A“防护间距的计算方法”进行计算确定。仍不满足要求时，可选取下列防护措施，以减低干扰：

2.0.2.1 在靠近接收台一侧公路的外缘，可采用屏蔽措施，抑制干扰辐射；

2.0.2.2 公路经过接收台附近时，宜从接收台非主要接收信号方向一侧通过；

2.0.2.3 宜采用架高天线或选用方向性强的天线等方法，改进接收台的接收天线；

2.0.2.4 可采用微波或卫星传输信号等方法，改变信号的传输方式。

附录A 防护间距的计算方法

A.0.1 调频电视转播台的防护间距应按下式计算：

$$D=10\times 2^{\frac{N_{10}-S+R}{B}} \quad (A.0.1)$$

式中 D——防护间距（m）；

N_{10}——距公路10 m处，给定置信水平和时间概率的无线电干扰统计场强值，可按表A.0.1取值；

S——调频电视收转信号场强值（dBμV/m）；

R——调频（包括立体声）转播所需信噪比应按27 dB计算，电视转播所需信噪比应按39 dB计算；

B——每倍程距离干扰场强衰减量，应按6 dB计算。

N_{10}的实测统计场强值（dBμV/m） 表A.0.1

接收台类别 / 公路级别	调频转播台	电视转播台	
		VHF（Ⅰ）	VHF（Ⅲ）
高速公路	36	35.5	39.5
一、二级汽车专用公路	41.8	40	41

附录B 本标准用词说明

B.0.1 执行本标准条文时，对于要求严格程度的用词说明如下，以便在执行中区别对待：

B.0.1.1 表示很严格，非这样做不可的用词：

正面词采用“必须”；

反面词采用“严禁”。

B.0.1.2 表示严格，在正常情况下均应这样做的用词：

正面词采用“应”；

反面词采用“不应”或“不得”。

B.0.1.3 表示允许稍有选择，在条件许可时，首先应这样做的用词：

正面词采用“宜”或“可”；

反面词采用“不宜”。

B.0.2 条文中指明应按其他有关标准、规范的规定执行的写法为“应按……执行”或“应符合……的要求或规定”。

附加说明

本标准主编单位、参加单位和主要起草人名单

主编单位：广播电影电视部标准化规划研究所

参加单位：交通部公路规划设计院

主要起草人：常 戈 孙贵安 韦世修 任 仪 刘星宇

中华人民共和国国家标准

调幅收音台和调频电视转播台与公路的防护间距标准

GB 50285—98

条 文 说 明

制 订 说 明

根据国家计委计综[1991]290号文的要求，由广播电影电视部标准化规划研究所与交通部公路规划设计院共同制定的国家标准《调幅收音台和调频电视转播台与公路的防护间距标准》GB 50285—98，经中华人民共和国建设部以建标[1998]15号文批准，并会同国家质量技术监督局联合发布。

本标准编制的目的是为了保护调幅收音台和调频电视转播台避免公路汽车带来的无线电干扰，根据实际测量的结果提出接收台与公路应保持的防护间距。

在本标准编制过程中，标准编制组首先进行了广泛的资料收集，对不同地区、不同等级的公路的无线电干扰进行了测试验证，并广泛征求了全国有关单位的意见，最后由我部会同有关部门审查定稿。

鉴于本标准系初次编制，在执行过程中，希望各单位结合工程实践和科学研究，认真总结经验，注意积累资料，如发现需要修改和补充之处，请将意见和有关资料寄交广播电影电视部标准化规划研究所(邮政编码：100866)，并抄送广播电影电视部，以供今后修订时参考。

广播电影电视部

1998年9月

目　次

1 总　则

1.0.1 公路定义、公路分级按照《公路工程技术标准》JTJ 01—88 的规定执行。

1.0.2 本标准对调幅收音台和调频电视转播(包括差转)台(以下统称为"接收台")与高速公路、一级和二级汽车专用公路(以下统称为"公路")之间规定了防护间距。

2 防 护 间 距

2.0.1 防护间距的选取原则是既要达到对广播业务的保护，又要符合实际干扰情况。以前广电部(原中央广播事业局)、邮电部、总参通信部的联合通知中对收信台技术区边缘与行车繁忙的汽车公路的距离要求为 1km。通过对公路上行驶汽车产生的无线电干扰测试，得出 1km 防护间距对满足广播电视覆盖网转播要求的调幅收音台和调频电视转播台可以减小，根据实测结果和广播电视所需信噪比综合考虑得出该防护间距。

2.0.2 公路上行驶的汽车对接收台产生的无线电干扰可采取措施进行抑制。在防护间距不能满足的情况下，应根据技术经济等各方面因素的比较，合理选取防护措施。

附录 A　防护间距的计算方法

A.0.1 防护间距的参数选用原则：

N_{10} 的干扰统计值在实测时应根据接收台的特点，给定置信水平和时间概率；

B 的选取参阅了国外有关文献中的计算公式并通过测试验证；

R 的选取依据主观评价实验结论，调频信号信噪比采用 27dB，电视信号信噪比采用 39dB。中短波调幅收音台的接收频率低，实测和理论都表明汽车火花点火发动机产生的辐射干扰较小，公路对中短波频段的干扰在 100m 以内，因此对中短波调幅收音台只规定与公路的防护间距，不再单独给出中短波频段的防护间距的计算公式。

中华人民共和国国家标准

人民防空地下室设计规范

Code for design of civil air defence basement

GB 50038—2005

主编部门：国家人民防空办公室
批准部门：中华人民共和国建设部
施行日期：2006年3月1日

中华人民共和国建设部
公　　告

第390号

建设部关于发布国家标准《人民防空地下室设计规范》的公告

现批准《人民防空地下室设计规范》为国家标准，编号为GB 50038—2005，自2006年3月1日起实施。其中，第3.1.3、3.2.13、3.2.15、3.3.1(1)、3.3.6(1、2)、3.3.18、3.3.26、3.6.6(2、3)、3.7.2、4.1.3、4.1.7、4.9.1、4.11.7、4.11.17、5.2.16、5.3.3、5.4.1、6.2.6、6.2.13(1、2、3)、6.5.9、7.2.9、7.2.10、7.2.11、7.3.4、7.6.6条(款)为强制性条文，必须严格执行。原《人民防空地下室设计规范》GB 50038—94同时废止。

中华人民共和国建设部

2005年11月30日

前　　言

本规范是根据建设部《2005年工程建设标准规范制订、修订计划(第一批)》和国家人民防空办公室《人民防空科学技术研究第十个五年计划》的要求，由中国建筑设计研究院会同有关设计、科研和高等院校等单位对国家标准《人民防空地下室设计规范》(GB 50038—94)进行全面修订而成。

本规范共分七章和八个附录，其主要技术内容有：1　总则；2　术语和符号；3　建筑；4　结构；5　采暖通风与空气调节；6　给水、排水；7　电气。

本规范修订的主要内容有：依据现行《人民防空工程战术技术要求》，本规范将防空地下室划分为甲、乙两类，对有关战时防御的武器以及防护要求、平战结合等方面的条款进行了全面地修改和补充；并且根据有关的现行国家强制性标准的规定，对本规范中的相关标准和要求进行了修改。

本规范以黑体字标志的条文为强制性条文，必须严格执行。

本规范由建设部负责管理和对强制性条文的解释，由国家人民防空办公室负责日常管理，由中国建筑设计研究院负责具体技术内容的解释。

本规范在执行过程中，如发现需要修改和补充之处，请将意见和有关资料寄送中国建筑设计研究院(集团)中国建筑标准设计研究院(地址：北京市车公庄大街19号，邮政编码：100044)，以便今后修订时参考。

本规范的主编单位、参编单位和主要起草人：

主 编 单 位：中国建筑设计研究院

参 编 单 位：解放军理工大学工程兵大程学院
上海市地下建筑设计研究院
总参工程兵第四设计研究院
北京市建筑设计研究院
天津市人民防空办公室
总参工程兵科研三所

主要起草人：王焕东　张瑞龙　郭海林　丁志斌　葛洪元　陈志龙　姚长庆　范仲兴　柳锦春　曹培椿　夏弘正　于晓音　邵　筠　梁敏芬　王安宝　陆饮方　宋孝春　肖泉生　贾　苇　朱林华　方　磊　孙　兰　程伯轩

目　次

1 总 则

1.0.1 为使人民防空地下室（以下简称防空地下室）设计符合战时及平时的功能要求，做到安全、适用、经济、合理，依据现行的《人民防空工程战术技术要求》制定本规范。

1.0.2 本规范适用于新建或改建的属于下列抗力级别范围内的甲、乙类防空地下室以及居住小区内的结合民用建筑易地修建的甲、乙类单建掘开式人防工程设计。

1 防常规武器抗力级别5级和6级（以下分别简称为常5级和常6级）；

2 防核武器抗力级别4级、4B级、5级、6级和6B级（以下分别简称为核4级、核4B级、核5级、核6级和核6B级）。

注：本规范中对"防空地下室"的各项要求和规定，除注明者外均适用于居住小区内的结合民用建筑易地修建的单建掘开式人防工程。

1.0.3 防空地下室设计必须贯彻"长期准备、重点建设、平战结合"的方针，并应坚持人防建设与经济建设协调发展、与城市建设相结合的原则。在平面布置、结构选型、通风防潮、给水排水和供电照明等方面，应采取相应措施使其在确保战备效益的前提下，充分发挥社会效益和经济效益。

1.0.4 甲类防空地下室设计必须满足其预定的战时对核武器、常规武器和生化武器的各项防护要求。乙类防空地下室设计必须满足其预定的战时对常规武器和生化武器的各项防护要求。

1.0.5 防空地下室设计除应符合本规范外，尚应符合国家现行有关标准的规定。

2 术语和符号

2.1 术 语

2.1.1 平时 peacetime

和平时期的简称。国家或地区既无战争又无明显战争威胁的时期。

2.1.2 战时 wartime

战争时期的简称。国家或地区自开始转入战争状态直至战争结束的时期。

2.1.3 临战时 imminence of war

临战时期的简称。国家或地区自明确进入战前准备状态直至战争开始之前的时期。

2.1.4 防空地下室 air defence basement

具有预定战时防空功能的地下室。在房屋中室内地平面低于室外地平面的高度超过该房间净高1/2的为地下室。

2.1.5 指挥工程 command works

保障人防指挥机关战时工作的人防工程（包括防空地下室）。

2.1.6 医疗救护工程 works of medical treatment and rescue

战时对伤员独立进行早期救治工作的人防工程（包括防空地下室）。按照医疗分级和任务的不同，医疗救护工程可分为中心医院、急救医院和救护站等。

2.1.7 防空专业队工程 works of service team for civil air defence

保障防空专业队掩蔽和执行某些勤务的人防工程（包括防空地下室），一般称防空专业队掩蔽所。一个完整的防空专业队掩蔽所一般包括专业队队员掩蔽部和专业队装备（车辆）掩蔽部两个部分。但在目前的人防工程建设中，也可以将两个部分分开单独修建。

防空专业队系指按专业组成的担负人民防空勤务的组织，其中包括抢险抢修、医疗救护、消防、防化防疫、通信、运输、治安等专业队。

2.1.8 人员掩蔽工程 personnel shelter

主要用于保障人员掩蔽的人防工程（包括防空地下室）。按照战时掩蔽人员的作用，人员掩蔽工程共分为两等：一等人员掩蔽所，指供战时坚持工作的政府机关、城市生活重要保障部门（电信、供电、供气、供水、食品等）、重要厂矿企业和其它战时有人员进出要求的人员掩蔽工程；二等人员掩蔽所，指战时留城的普通居民掩蔽所。

2.1.9 配套工程 indemnificatory works

系指战时的保障性人防工程（即指挥工程、医疗救护工程、防空专业队工程和人员掩蔽工程以外的人防工程总合），主要包括区域电站、区域供水站、人防物资库、人防汽车库、食品站、生产车间、人防交通干（支）道、警报站、核生化监测中心等工程。

2.1.10 冲击波 shock wave

空气冲击波的简称。武器爆炸在空气中形成的具有空气参数强间断面的纵波。

2.1.11 冲击波超压 positive pressure of shock wave

冲击波压缩区内超过周围大气压的压力值。

2.1.12 地面超压 surface positive pressure

系指防空地下室室外地面的冲击波超压峰值。

2.1.13 土中压缩波 compressive wave in soil

武器爆炸作用下，在土中传播并使其受到压缩的波。

2.1.14 主体 main part

防空地下室中能满足战时防护及其主要功能要求的部分。对于有防毒要求的防空地下室，其主体指最里面一道密闭门以内的部分。

2.1.15 清洁区 airtight space

防空地下室中能抵御预定的爆炸动荷载作用，且满足防毒要求的区域。

2.1.16 染毒区 airtightless space

防空地下室中能抵御预定的爆炸动荷载作用，但允许染毒的区域。

2.1.17 防护单元 protective unit

在防空地下室中，其防护设施和内部设备均能自成体系的使用空间。

2.1.18 抗爆单元 anti-bomb unit

在防空地下室（或防护单元）中，用抗爆隔墙分隔的使用空间。

2.1.19 单元间平时通行口 peacetime connected entrance

为满足平时使用需要，在防护单元隔墙上开设的供平时通行、战时封堵的孔口。

2.1.20 人防围护结构 surrounding structure for civil air defence

防空地下室中承受空气冲击波或土中压缩波直接作用的顶板、墙体和底板的总称。

2.1.21 外墙 periphery partition wall

防空地下室中一侧与室外岩土接触，直接承受土中压缩波作用的墙体。

2.1.22 临空墙 blastproof partition wall

一侧直接受空气冲击波作用，另一侧为防空地下室内部的墙体。

2.1.23 口部 gateway

防空地下室的主体与地表面，或与其它地下建筑的连接部分。对于有防毒要求的防空地下室，其口部指最里面一道密闭门以外的部分，如扩散室、密闭通道、防毒通道、洗消间（简易洗消间）、除尘室、滤毒室和竖井、防护密闭门以外的通道等。

2.1.24 室外出入口 outside entrance

通道的出地面段（无防护顶盖段）位于防空地下室上部建筑投影范围以外的出入口。

2.1.25 室内出入口 indoor entrance

通道的出地面段（无防护顶盖段）位于防空地下室上部建筑投影范围以内的出入口。

2.1.26 连通口 connected entrance

在地面以下与其它人防工程（包括防空地下室）相连通的出入口。

2.1.27 主要出入口 main entrance

战时空袭前、空袭后，人员或车辆进出较有保障，且使用较为方便的出入口。

2.1.28 次要出入口 secondary entrance

战时主要供空袭前使用，当空袭使地面建筑遭破坏后可不使用的出入口。

2.1.29 备用出入口 alternate exit

战时一般情况下不使用，当其它出入口遭破坏或堵塞时应急使用的出入口。

2.1.30 直通式出入口 straight entrance

防护密闭门外的通道在水平方向上没有转折通至地面的出入口。

2.1.31 单向式出入口 entrance with one turning

防护密闭门外的通道在水平方向上有垂直转折，并从一个方向通至地面的出入口。

2.1.32 穿廊式出入口 porch entrance

防护密闭门外的通道出入端从两个方向通至地面的出入口。

2.1.33 竖井式出入口 vertical entrance

防护密闭门外的通道出入端从竖井通至地面的出入口。

2.1.34 楼梯式出入口 entrance with stairs

防护密闭门外的通道出入端从楼梯通至地面的出入口。

2.1.35 防护密闭门 airtight blast door

既能阻挡冲击波又能阻挡毒剂通过的门。

2.1.36 密闭门 airtight door

能够阻挡毒剂通过的门。

2.1.37 消波设施 attenuating shock wave equipment

设在进风口、排风口、柴油机排烟口处用来削弱冲击波压力的防护设施。消波设施一般包括，冲击波到来时即能自动关闭的防爆波活门和利用空间扩散作用削弱冲击波压力的扩散室或扩散箱等。

2.1.38 滤毒室 gas-filtering room

装有通风滤毒设备的专用房间。

2.1.39 密闭通道 airtight passage

由防护密闭门与密闭门之间或两道密闭门之间所构成的，并仅依靠密闭隔绝作用阻挡毒剂侵入室内的密闭空间。在室外染毒情况下，通道不允许人员出入。

2.1.40 防毒通道 air-lock

由防护密闭门与密闭门之间或两道密闭门之间所构成的，具有通风换气条件，依靠超压排风阻挡毒剂侵入室内的空间。在室外染毒情况下，通道允许人员出入。

2.1.41 洗消间 decontamination room

供染毒人员通过和全身清除有害物的房间。通常由脱衣室、淋浴室和检查穿衣室组成。

2.1.42 简易洗消间 simple decontamination room

供染毒人员清除局部皮肤上有害物的房间。

2.1.43 口部建筑 gateway building

口部地面建筑物的简称。在防空地下室室外出入口通道出地面段上方建造的小型地面建筑物。

2.1.44 防倒塌棚架 collapse-proof shed

设置在出入口通道出地面段上方，用于防止口部堵塞的棚架。棚架能在预定的冲击波和地面建筑物倒塌荷载作用下不致坍塌。

2.1.45 人防有效面积 effective floor area for civil air defence

能供人员、设备使用的面积。其值为防空地下室建筑面积与结构面积之差。

2.1.46 掩蔽面积 sheltering area

供掩蔽人员、物资、车辆使用的有效面积。其值为与防护密闭门（和防爆波活门）相连接的临空墙、外墙外边缘形成的建筑面积扣除结构面积和下列各部分面积后的面积：

①口部房间、防毒通道、密闭通道面积；

②通风、给排水、供电、防化、通信等专业设备房间面积；

③厕所、盥洗室面积。

2.1.47 平时通风 ventilation in peacetime

保障防空地下室平时功能的通风。

2.1.48 战时通风 war time ventilation

保障防空地下室战时功能的通风。包括清洁通风、滤毒通风、隔绝通风三种方式。

2.1.49 清洁通风 clean ventilation

室外空气未受毒剂等物污染时的通风。

2.1.50 滤毒通风 gas filtration ventilation

室外空气受毒剂等物污染，需经特殊处理时的通风。

2.1.51 隔绝通风 isolated ventilation

室内外停止空气交换，由通风机使室内空气实施内循环的通风。

2.1.52 超压排风 overpressure exhaust

靠室内正压排除其室内废气的排风方式。有全室超压排风和室内局部超压排风两种。

2.1.53 密闭阀门 airtight valve

保障通风系统密闭防毒的专用阀门。包括手动式和手、电动两用式密闭阀门。

2.1.54 过滤吸收器 gas particulate filter

装有滤烟和吸毒材料，能同时消除空气中的有害气体、蒸汽及气溶胶微粒的过滤器。是精滤器与滤毒器合为一体的过滤器。

2.1.55 自动排气活门 automatic exhaust valve

超压自动排气活门的简称。靠活门两侧空气压差作用自动启闭的具有抗冲击波余压功能的排风活门。能直接抗冲击波作用压力的自动排气活门，称防爆自动排气活门。

2.1.56 防化通信值班室 CBR protection and communication duty room

防空地下室内用作防化、通信人员值班的工作房间。

2.1.57 防爆地漏 blastproof floor drain

战时能防止冲击波和毒剂等进入防空地下室室内的地漏。

2.1.58 防爆波化粪池 blastproof septic tank

能防止冲击波和毒剂等由排水管道进入防空地下室室内的化粪池。

2.1.59 防爆波电缆井 anti-explosion cable pit

能防止冲击波沿电缆侵入防空地下室室内的电缆井。

2.1.60 内部电源 internal power source

设置在防空地下室内部，具有防护功能的电源。通常为柴油发电机组或蓄电池组。按其与用电工程的相互关系可分为区域电源和自备电源。

2.1.61 区域电源 regional internal power source

能供给在供电半径范围内多个用电防空地下室的内部电源。

2.1.62 自备电源 self-reserve power source

设置在防空地下室内部的电源。

2.1.63 内部电站 internal power station

设置在防空地下室内部的柴油电站。按其设置的机组情况，可分为固定电站和移动电站。

2.1.64 区域电站 regional power station

独立设置或设置在某个防空地下室内，能供给多个防空地下室电源而设置的柴油电站，并具有与所供防空地下室抗力一致的防护功能。

2.1.65 固定电站 immobile power station

发电机组固定设置，且具有独立的通风、排烟、贮油等系统的柴油电站。

2.1.66 移动电站 mobile power station

具有运输条件，发电机组可方便设置就位，且具有专用通风、排烟系统的柴油电站。

2.2 符 号

ΔP_{cm}——常规武器地面爆炸空气冲击波最大超压；

P_{ch}——常规武器地面爆炸空气冲击波感生的土中压缩波最大压力；

σ_0——常规武器地面爆炸直接产生的土中压缩波最大压力；

$\overline{p}_c$——常规武器地面爆炸作用在土中结构上的均布动荷载最大压力；

q_{ce}——常规武器地面爆炸作用在结构构件上的均布等效静荷载；

K_r——常规武器地面爆炸产生的土中压缩波作用于结构上的综合反射系数；

C_e——常规武器地面爆炸作用于结构上的动荷载均布化系数；

t_0——常规武器地面爆炸空气冲击波按等冲量简化的等效作用时间；

t_r——常规武器地面爆炸土中压缩波的升压时间；

t_d——常规武器地面爆炸土中压缩波按等冲量简化的等效作用时间；

ΔP_m——核武器爆炸地面空气冲击波最大超压；

P_h——核武器爆炸土中 h 深处压缩波的最大压力；

P_c——核武器爆炸地面冲击波作用在结构上的动荷载；

q_e——核武器爆炸地面冲击波作用在结构构件上的均布等效静荷载；

q_i——钢筋混凝土平板门门扇传给门框墙的压力；

t_{0h}——核武器爆炸土中压缩波升压时间；

t_1——核武器爆炸地面空气冲击波按切线简化的等效正压作用时间；

t_2——核武器爆炸地面空气冲击波按等冲量简化的等效正压作用时间；

v_0——土的起始压力波速；

v_1——土的峰值压力波速；

δ——土的应变恢复比；

γ_c——土的波速比；

K——核武器爆炸土中压缩波作用于结构顶板的综合反射系数；

ξ——动荷载作用下土的侧压系数；

η——动荷载作用下整体基础的底压系数；

K_d——结构构件的动力系数；

$[\beta]$——结构构件的允许延性比，系指结构构件允许出现的最大变位与弹性极限变位的比值；

γ_d——动荷载作用下材料强度综合调整系数；

α_1——饱和土的含气量。

3 建 筑

3.1 一 般 规 定

3.1.1 防空地下室的位置、规模、战时及平时的用途，应根据城市的人防工程规划以及地面建筑规划，地上与地下综合考虑，统筹安排。

3.1.2 人员掩蔽工程应布置在人员居住、工作的适中位置，其服务半径不宜大于200m。

3.1.3 防空地下室距生产、储存易燃易爆物品厂房、库房的距离不应小于50m；距有害液体、重毒气体的贮罐不应小于100m。

注："易燃易爆物品"系指国家标准《建筑设计防火规范》(GBJ 16) 中"生产、储存的火灾危险性分类举例"中的甲乙类物品。

3.1.4 根据战时及平时的使用需要，邻近的防空地下室之间以及防空地下室与邻近的城市地下建筑之间应在一定范围内连通。

3.1.5 防空地下室的室外出入口、进风口、排风口、柴油机排烟口和通风采光窗的布置，应符合战时及平时使用要求和地面建筑规划要求。

3.1.6 专供上部建筑使用的设备房间宜设置在防护密闭区之外。穿过人防围护结构的管道应符合下列规定：

1 与防空地下室无关的管道不宜穿过人防围护结构；上部建筑的生活污水管、雨水管、燃气管不得进入防空地下室；

2 穿过防空地下室顶板、临空墙和门框墙的管道，其公称直径不宜大于150mm；

3 凡进入防空地下室的管道及其穿过的人防围护结构，均应采取防护密闭措施。

注：无关管道系指防空地下室在战时及平时均不使用的管道。

3.1.7 医疗救护工程、专业队队员掩蔽部、人员掩蔽工程以及食品站、生产车间、区域供水站、电站控制室、物资库等主体有防毒要求的防空地下室设计，应根据其战时功能和防护要求划分染毒区与清洁区。其染毒区应包括下列房间、通道：

1 扩散室、密闭通道、防毒通道、除尘室、滤毒室、洗消间或简易洗消间；

2 医疗救护工程的分类厅及配套的急救室、抗休克室、诊察室、污物间、厕所等。

3.1.8 专业队装备掩蔽部、人防汽车库和电站发电机房等主体允许染毒的防空地下室，其主体和口部均可按染毒区设计。

3.1.9 防空地下室设计应满足战时的防护和使用要求，平战结合的防空地下室还应满足平时的使用要求。对于平战结合的乙类防空地下室和核5级、核6级、核6B级的甲类防空地下室设计，当其平时使用要求与战时防护要求不一致时，设计中可采取防护功能平战转换措施。采用的转换措施应符合本规范第3.7节的规定，且其临战时的转换工作量应与城市的战略地位相协调，并符合当地战时的人力、物力条件。

3.1.10 医疗救护工程、专业队队员掩蔽部、人员掩蔽工程和食品站、生产车间、区域供水站、柴油电站、物资库、警报站等战时室内有人员停留的防空地下室，其顶板、临空墙等应满足最小防护厚度的要求；战时室内有人员停留的甲类防空地下室还应满足防早期核辐射的相关要求。甲类防空地下室的室内早期核辐射剂量设计限值（以下简称剂量限值）应按表3.1.10确定。

表3.1.10　甲类防空地下室的剂量限值（Gy）

类　别	剂量限值
医疗救护工程、专业队队员掩蔽部	0.1
人员掩蔽工程和食品站、生产车间、区域供水站、柴油电站、物资库、警报站等配套工程中有人员停留的房间、通道	0.2

注：Gy为人员吸收放射性剂量的计量单位，称戈瑞。

3.2　主　体

3.2.1　医疗救护工程的规模可参照表3.2.1－1确定。防空专业队工程和人员掩蔽工程的面积标准应符合表3.2.1－2的规定。防空地下室的室内地平面至梁底和管底的净高不得小于2.00m；其中专业队装备掩蔽部和人防汽车库的室内地平面至梁底和管底的净高还应大于、等于车高加0.20m。防空地下室的室内地平面至顶板的结构板底面的净高不宜小于2.40m（专业队装备掩蔽部和人防汽车库除外）。

表3.2.1－1　医疗救护工程的规模

类　别	规　模		
	有效面积（m^2）	床位（个）	人数（含伤员）
中心医院	2500～3300	150～250	390～530
急救医院	1700～2000	50～100	210～280
救护站	900～950	15～25	140～150

注：中心医院、急救医院的有效面积中含电站，救护站不含电站。

表3.2.1－2　防空专业队工程、人员掩蔽工程的面积标准

项目名称	面　积　标　准		
防空专业队工程	装备掩蔽部	小型车	30～40m^2/台
		轻型车	40～50m^2/台
		中型车	50～80m^2/台
	队员掩蔽部	3m^2/人	
人员掩蔽工程	1m^2/人		

注：1　表中的面积标准均指掩蔽面积；
　　2　专业队装备掩蔽部宜按停放轻型车设计；人防汽车库可按停放小型车设计。

3.2.2　战时室内有人员停留的防空地下室，其钢筋混凝土顶板应符合下列规定：

1　乙类防空地下室的顶板防护厚度不应小于250mm。对于甲类防空地下室，当顶板上方有上部建筑时，其防护厚度应满足表3.2.2－1的最小防护厚度要求；当顶板上方没有上部建筑时，其防护厚度应满足表3.2.2－2的最小防护厚度要求；

表3.2.2－1　有上部建筑的顶板最小防护厚度（mm）

城市海拔（m）	剂量限值（Gy）	防核武器抗力级别			
		4	4B	5	6、6B
≤200	0.1	970	820	460	250
	0.2	860	710	360	
>200 ≤1200	0.1	1010	860	540	
	0.2	900	750	430	
>1200	0.1	1070	930	610	
	0.2	960	820	500	

表3.2.2－2　无上部建筑的顶板最小防护厚度（mm）

城市海拔（m）	剂量限值（Gy）	防核武器抗力级别			
		4	4B	5	6、6B
≤200	0.1	1150	1000	640	250
	0.2	1040	890	540	
>200 ≤1200	0.1	1190	1040	720	
	0.2	1080	930	610	
>1200	0.1	1250	1110	790	
	0.2	1140	1000	680	

注：甲类防空地下室的剂量限值按本规范表3.1.10确定。

2　顶板的防护厚度可计入顶板结构层上面的混凝土地面厚度；

3　不满足最小防护厚度要求的顶板，应在其上面覆土，覆土的厚度不应小于最小防护厚度与顶板防护厚度之差的1.4倍。

3.2.3　对于顶板防护厚度不满足本规范表3.2.2－1要求的核4级、核4B级和核5级的甲类防空地下室，若其上方设有管道层（或普通地下室），且符合下列各项要求时，其顶板上面可不覆土：

1　管道层（或普通地下室）的外墙，战时没有门窗等孔口；

2　管道层（或普通地下室）的顶板厚度与防空地下室顶板防护厚度之和不小于最小防护厚度。当管道层（或普通地下室）的顶板为空心楼板时，应以折算成实心板的厚度计算；

3　当管道层（或普通地下室）的顶板高出室外地平面时，其高出室外地平面的外墙折算厚度与防空地下室顶板防护厚度之和不小于顶板最小防护厚度。高出室外地平面的外墙折算厚度等于外墙的厚度乘以材料换算系数（材料换算系数：对混凝土、钢筋混凝土和石砌体可取1.0；对实心砖砌体可取0.7；对空心砖砌体可取0.4）。

3.2.4　战时室内有人员停留的顶板底面不高于室外地平面（即全埋式）的防空地下室，其外墙顶部应采用钢筋混凝土。乙类防空地下室外墙顶部的最小防护距离 t_s（图3.2.4）不应小于250mm；甲类防空地下室外墙顶部的最小防护距离 t_s 不应小于表3.2.2－1的最小防护厚度值。

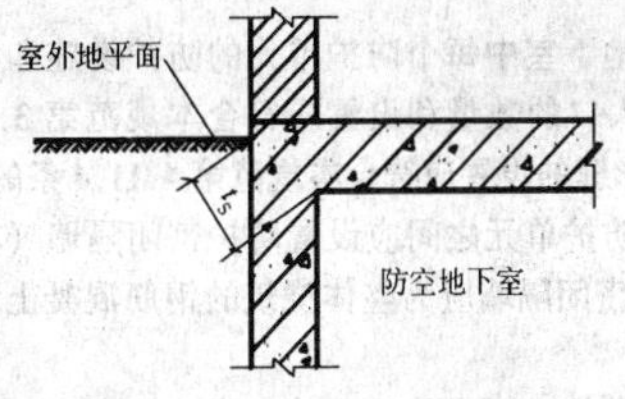

图3.2.4　甲类防空地下室外墙顶部最小防护距离 t_s

3.2.5　战时室内有人员停留的顶板底面高于室外地平面（即非全埋式）的乙类防空地下室和非全埋式的核6级、核6B级甲类防空地下室，其室外地平面以上的钢筋混凝土外墙厚度不应小于250mm。

3.2.6　医疗救护工程、防空专业队工程、人员掩蔽工程和配套工程应按下列规定划分防护单元和抗爆单元：

1　上部建筑层数为九层或不足九层（包括没有上部建筑）的防空地下室应按表3.2.6的要求划分防护单元和抗爆单元；

表3.2.6　防护单元、抗爆单元的建筑面积（m^2）

工程类型	医疗救护工程	防空专业队工程		人员掩蔽工程	配套工程
		队员掩蔽部	装备掩蔽部		
防护单元	≤1000		≤4000	≤2000	≤4000
抗爆单元	≤500		≤2000	≤500	≤2000

注：防空地下室内部为小房间布置时，可不划分抗爆单元。

2 上部建筑的层数为十层或多于十层（其中一部分上部建筑可不足十层或没有上部建筑，但其建筑面积不得大于200m²）的防空地下室，可不划分防护单元和抗爆单元（注：位于多层地下室底层的防空地下室，其上方的地下室层数可计入上部建筑的层数）；

3 对于多层的乙类防空地下室和多层的核5级、核6级、核6B级的甲类防空地下室，当其上下相邻楼层划分为不同防护单元时，位于下层及以下的各层可不再划分防护单元和抗爆单元。

3.2.7 相邻抗爆单元之间应设置抗爆隔墙。两相邻抗爆单元之间应至少设置一个连通口。在连通口处抗爆隔墙的一侧应设置抗爆挡墙（图3.2.7）。不影响平时使用的抗爆隔墙，宜采用厚度不小于120mm的现浇钢筋混凝土墙或厚度不小于250mm的现浇混凝土墙。不利于平时使用的抗爆隔墙和抗爆挡墙均可在临战时构筑。临战时构筑的抗爆隔墙和抗爆挡墙，其墙体的材料和厚度应符合下列规定：

1 采用预制钢筋混凝土构件组合墙时，其厚度不应小于120mm，并应与主体结构连接牢固；

2 采用砂袋堆垒时，墙体断面宜采用梯形，其高度不宜小于1.80m，最小厚度不宜小于500mm。

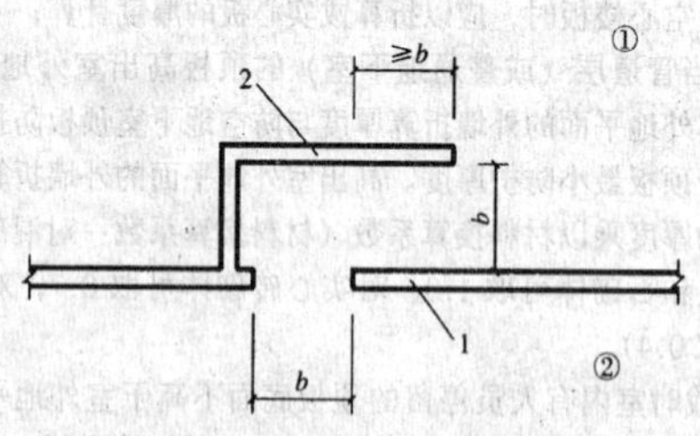

图3.2.7 抗爆墙示意

1—抗爆隔墙；2—抗爆挡墙；①甲抗爆单元；②乙抗爆单元

b—门洞净宽

3.2.8 防空地下室中每个防护单元的防护设施和内部设备应自成系统，出入口的数量和设置应符合本规范第3.3节的相关规定，且其变形缝的设置应符合本规范第4.11.4条的规定。

3.2.9 相邻防护单元之间应设置防护密闭隔墙（亦称防护单元隔墙）。防护密闭隔墙应为整体浇筑的钢筋混凝土墙，并应符合下列规定：

1 甲类防空地下室的防护单元隔墙应满足本规范第4章中有关防护单元隔墙的抗力要求；

2 乙类防空地下室防护单元隔墙的厚度常5级不得小于250mm，常6级不得小于200mm。

3.2.10 两相邻防护单元之间应至少设置一个连通口。防护单元之间连通口的设置应符合下列规定：

1 在连通口的防护单元隔墙两侧应各设置一道防护密闭门（图3.2.10）。墙两侧都设有防护密闭门的门框墙厚度不宜小于500mm；

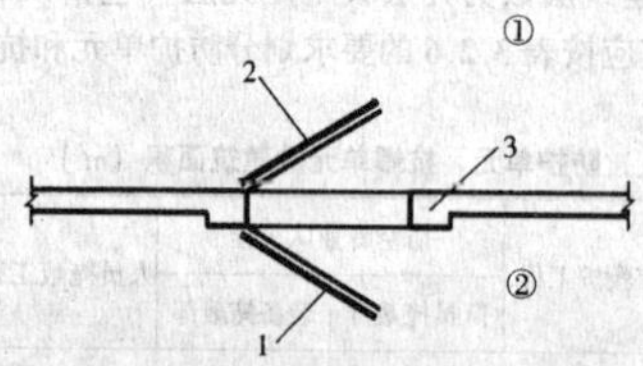

图3.2.10 防护单元之间连通口墙的两侧各设一道防护密闭门的做法

①高抗力防护单元；②低抗力防护单元；

1—高抗力防护密闭门；2—低抗力防护密闭门；3—防护密闭隔墙

2 选用设置在防护单元之间连通口的防护密闭门时，其设计压力值应符合下列规定：

1）乙类防空地下室的连通口防护密闭门设计压力值宜按0.03MPa；

2）甲类防空地下室的连通口防护密闭门设计压力值应符合下列规定：

（1）两相邻防护单元的防核武器抗力级别相同时，其连通口的防护密闭门设计压力值应按表3.2.10－1确定；

表3.2.10－1 抗力相同相邻单元的连通口防护密闭门设计压力值（MPa）

防核抗力级别	6B	6	5	4B	4
防护密闭门设计压力	0.03	0.05	0.10	0.20	0.30

（2）两相邻防护单元的防核武器抗力级别不同时，其连通口的防护密闭门设计压力值应按表3.2.10－2确定。

表3.2.10－2 抗力不同相邻单元的连通口防护密闭门设计压力值（MPa）

防核抗力级别	6B级与6级	6B级与5级	6级与5级	5级与4B级	5级与4级	4B级与4级
低抗力一侧设计压力	0.05	0.10	0.10	0.20	0.30	0.30
高抗力一侧设计压力	0.03	0.03	0.05	0.10	0.10	0.20

3.2.11 当两相邻防护单元之间设有伸缩缝或沉降缝，且需开设连通口时，其防护单元之间连通口的设置应符合下列规定：

1 在两道防护密闭隔墙上应分别设置防护密闭门（图3.2.11）。防护密闭门至变形缝的距离应满足门扇的开启要求；

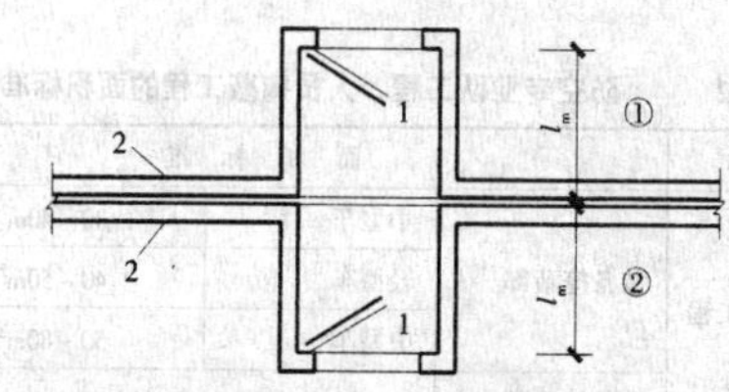

图3.2.11 变形缝两侧防护密闭门设置方式

1—防护密闭门；2—防护密闭隔墙；①甲防护单元；②乙防护单元

注：l_m——防护密闭门至变形缝的最小距离

2 选用分别设置在两道防护密闭隔墙的连通口（以及用连通道连接的两不相邻防护单元之间连通口）防护密闭门时，其设计压力值应符合下列规定：

1）乙类防空地下室宜按第3.2.10条第2款第1项的规定；

2）甲类防空地下室的连通口防护密闭门设计压力值应符合下列规定：

（1）两相邻防护单元的防核武器抗力级别相同时，应按表3.2.10－1确定；

（2）两相邻防护单元抗力级别不同时，其连通口的防护密闭门设计压力值应按表3.2.11确定。

表3.2.11 抗力不同不相邻单元的连通口防护密闭门设计压力值（MPa）

防核抗力级别	6B级与6级	6B级与5级	6级与5级	5级与4B级	5级与4级	4B级与4级
高抗力一侧设计压力	0.05	0.10	0.10	0.20	0.30	0.30
低抗力一侧设计压力	0.03	0.03	0.05	0.10	0.10	0.20

3.2.12 在多层防空地下室中，当上下相邻两楼层被划分为两个防护单元时，其相邻防护单元之间的楼板应为防护密闭楼板。其连通口的设置应符合下列规定：

1 当防护单元之间连通口设在上面楼层时，应在防护单元隔墙的两侧各设一道防护密闭门（图 3.2.12a）；

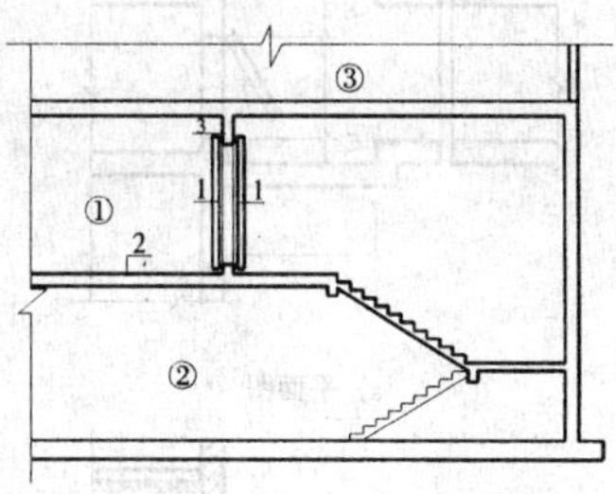

（a）防护单元之间连通口设在上面楼层的做法

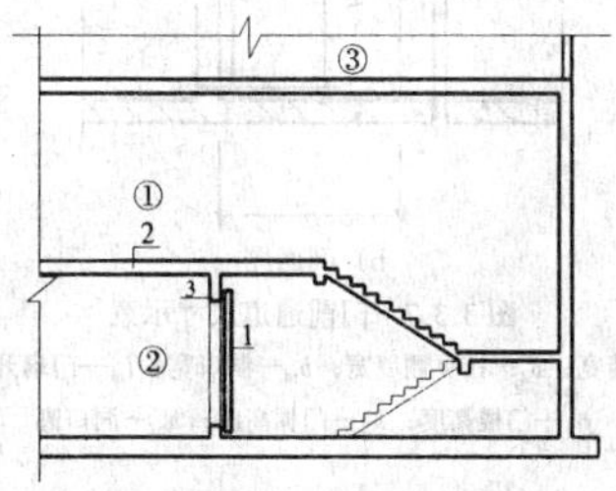

（b）防护单元之间连通口设在下面楼层的做法

图 3.2.12 多层防空地下室上下相邻防护单元之间连通口

①上层防护单元；②下层防护单元；③上部建筑；

1—防护密闭门；2—防护密闭楼板；3—门框墙

2 当防护单元之间连通口设在下面楼层时，应在防护单元隔墙的上层单元一侧设一道防护密闭门（图 3.2.12b）；

3 选用的防护密闭门，其设计压力值应符合本规范第 3.2.10 条的相关规定。

3.2.13 在染毒区与清洁区之间应设置整体浇筑的钢筋混凝土密闭隔墙，其厚度不应小于 200mm，并应在染毒区一侧墙面用水泥砂浆抹光。当密闭隔墙上有管道穿过时，应采取密闭措施。在密闭隔墙上开设门洞时，应设置密闭门。

3.2.14 防空专业队工程中的队员掩蔽部宜与装备掩蔽部相邻布置，队员掩蔽部与装备掩蔽部之间应设置连通口，且连通口处宜设置洗消间。

3.2.15 顶板底面高出室外地平面的防空地下室必须符合下列规定。

1 上部建筑为钢筋混凝土结构的甲类防空地下室，其顶板底面不得高出室外地平面；上部建筑为砌体结构的甲类防空地下室，其顶板底面可高出室外地平面，但必须符合下列规定：

1）当地具有取土条件的核 5 级甲类防空地下室，其顶板底面高出室外地平面的高度不得大于 0.50m，并应在临战时按下述要求在高出室外地平面的外墙外侧覆土，覆土的断面应为梯形，其上部水平段的宽度不得小于 1.0m，高度不得低于防空地下室顶板的上表面，其水平段外侧为斜坡，其坡度不得大于 1:3（高:宽）；

2）核 6 级、核 6B 级的甲类防空地下室，其顶板底面高出室外地平面的高度不得大于 1.00m，且其高出室外地平面的外墙必须满足战时防常规武器爆炸、防核武器爆炸、密闭和墙体防护厚度等各项防护要求；

2 乙类防空地下室的顶板底面高出室外地平面的高度不得大于该地下室净高的 1/2，且其高出室外地平面的外墙必须满足战时防常规武器爆炸、密闭和墙体防护厚度等各项防护要求。

3.2.16 战时为人防物资库的防空地下室，应按储存非易燃易爆战时必需品的综合物资库设计。

3.3 出 入 口

3.3.1 防空地下室战时使用的出入口，其设置应符合下列规定：

1 防空地下室的每个防护单元不应少于两个出入口（不包括竖井式出入口、防护单元之间的连通口），其中至少有一个室外出入口（竖井式除外）。战时主要出入口应设在室外出入口（符合第 3.3.2 条规定的防空地下室除外）；

2 消防专业队装备掩蔽部的室外车辆出入口不应少于两个；中心医院、急救医院和建筑面积大于 6000m^2 的物资库等防空地下室的室外出入口不宜少于两个。设置的两个室外出入口宜朝向不同方向，且宜保持最大距离；

3 符合下列条件之一的两个相邻防护单元，可在防护密闭门外共设一个室外出入口。相邻防护单元的抗力级别不同时，共设的室外出入口应按高抗力级别设计：

1）当两相邻防护单元均为人员掩蔽工程时或其中一侧为人员掩蔽工程另一侧为物资库时；

2）当两相邻防护单元均为物资库，且其建筑面积之和不大于 6000m^2 时；

4 室外出入口设计应采取防雨、防地表水措施。

3.3.2 符合下列规定的防空地下室，可不设室外出入口：

1 乙类防空地下室当符合下列条件之一时：

1）与具有可靠出入口（如室外出入口）的，且其抗力级别不低于该防空地下室的其它人防工程相连通；

2）上部地面建筑为钢筋混凝土结构（或钢结构）的常 6 级乙类防空地下室，当符合下列各项规定时：

（1）主要出入口的首层楼梯间直通室外地面，且其通往地下室的梯段上端至室外的距离不大于 5.00m；

（2）主要出入口与其中的一个次要出入口的防护密闭门之间的水平直线距离不小于 15.00m，且两个出入口楼梯结构均按主要出入口的要求设计；

2 因条件限制（主要指地下室已占满红线时）无法设置室外出入口的核 6 级、核 6B 级的甲类防空地下室，当符合下列条件之一时：

1）与具有可靠出入口（如室外出入口）的，且其抗力级别不低于该防空地下室的其它人防工程相连通；

2）当上部地面建筑为钢筋混凝土结构（或钢结构），且防空地下室的主要出入口满足下列各项条件时：

（1）首层楼梯间直通室外地面，且其通往地下室的梯段上端至室外的距离不大于 2.00m；

（2）在首层楼梯间由梯段至通向室外的门洞之间，设置有与地面建筑的结构脱开的防倒塌棚架；

（3）首层楼梯间直通室外的门洞外侧上方，设置有挑出长度不小于 1.00m 的防倒塌挑檐（当地面建筑的外墙为钢筋混凝土剪力墙结构时可不设）；

（4）主要出入口与其中的一个次要出入口的防护密闭门之间的水平直线距离不小于 15.00m。

3.3.3 甲类防空地下室中，其战时作为主要出入口的室外出入口通道的出地面段（即无防护顶盖段），宜布置在地面建筑的倒塌范围以外。甲类防空地下室设计中的地面建筑的倒塌范围，宜按表 3.3.3 确定。

表 3.3.3　　甲类防空地下室地面建筑倒塌范围

防核武器抗力级别	地面建筑结构类型	
	砌体结构	钢筋混凝土结构、钢结构
4、4B	建筑高度	建筑高度
5、6、6B	0.5倍建筑高度	5.00m

注：1　表内"建筑高度"系指室外地平面至地面建筑檐口或女儿墙顶部的高度；

2　核5级、核6级、核6B级的甲类防空地下室，当毗邻出地面段的地面建筑外墙为钢筋混凝土剪力墙结构时，可不考虑其倒塌影响。

3.3.4　在甲类防空地下室中，其战时作为主要出入口的室外出入口通道的出地面段（即无防护顶盖段）应符合下列规定：

1　当出地面段设置在地面建筑倒塌范围以外，且因平时使用需要设置口部建筑时，宜采用单层轻型建筑；

2　当出地面段设置在地面建筑倒塌范围以内时，应采取下列防堵塞措施：

1）核4级、核4B级的甲类防空地下室，其通道出地面段上方应设置防倒塌棚架；

2）核5级、核6级、核6B级的甲类防空地下室，平时设有口部建筑时，应按防倒塌棚架设计；平时不宜设置口部建筑的，其通道出地面段的上方可采用装配式防倒塌棚架临战时构筑，且其做法应符合本规范第3.7节的相关规定。

3.3.5　出入口通道、楼梯和门洞尺寸应根据战时及平时的使用要求，以及防护密闭门、密闭门的尺寸确定。并应符合下列规定：

1　防空地下室的战时人员出入口的最小尺寸应符合表3.3.5的规定；战时车辆出入口的最小尺寸应根据进出车辆的车型尺寸确定；

表 3.3.5　　战时人员出入口最小尺寸（m）

工程类别	门洞		通道		楼梯
	净宽	净高	净宽	净高	净宽
医疗救护工程、防空专业队工程	1.00	2.00	1.50	2.20	1.20
人员掩蔽工程、配套工程	0.80	2.00	1.50	2.20	1.00

注：战时备用出入口的门洞最小尺寸可按宽×高＝0.70m×1.60m；通道最小尺寸可按1.00m×2.00m。

2　人防物资库的主要出入口宜按物资进出口设计，建筑面积不大于2000m^{2}物资库的物资进出口门洞净宽不应小于1.50m、建筑面积大于2000m^{2}物资库的物资进出口门洞净宽不应小于2.00m；

3　出入口通道的净宽不应小于门洞净宽。

3.3.6　防空地下室出入口人防门的设置应符合下列规定：

1　人防门的设置数量应符合表3.3.6的规定，并按由外到内的顺序，设置防护密闭门、密闭门；

表 3.3.6　　出入口人防门设置数量

人防门	工程类别			
	医疗救护工程、专业队队员掩蔽部、一等人员掩蔽所、生产车间、食品站		二等人员掩蔽所、电站控制室、物资库、区域供水站	专业队装备掩蔽部、汽车库、电站发电机房
	主要口	次要口		
防护密闭门	1	1	1	1
密闭门	2	1	1	0

2　防护密闭门应向外开启；

3　密闭门宜向外开启。

注：人防门系防护密闭门和密闭门的统称。

3.3.7　防护密闭门和密闭门的门前通道，其净宽和净高应满足门扇的开启和安装要求。当通道尺寸小于规定的门前尺寸时，应采取通道局部加宽、加高的措施（图3.3.7）。

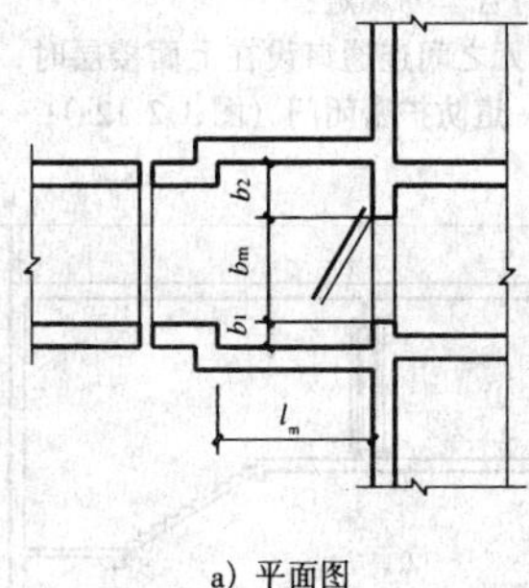

a）平面图

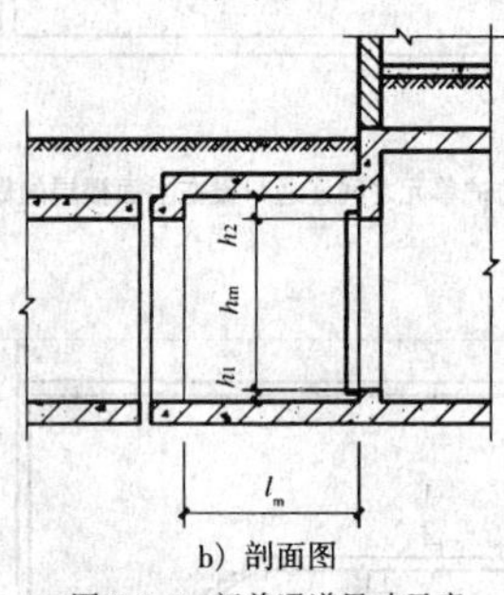

b）剖面图

图 3.3.7　门前通道尺寸示意

b_1—闭锁侧墙宽；b_2—铰页侧墙宽；b_m—洞口宽；l_m—门扇开启最小长度

h_1—门槛高度；h_2—门楣高度；h_m—洞口高

3.3.8　人员掩蔽工程战时出入口的门洞净宽之和，应按掩蔽人数每100人不小于0.30m计算确定。每樘门的通过人数不应超过700人，出入口通道和楼梯的净宽不应小于该门洞的净宽。两相邻防护单元共用的出入口通道和楼梯的净宽，应按两掩蔽入口通过总人数的每100人不小于0.30m计算确定。

注：门洞净宽之和不包括竖井式出入口、与其它人防工程的连通口和防护单元之间的连通口。

3.3.9　人员掩蔽工程的战时阶梯式出入口应符合下列规定：

1　踏步高不宜大于0.18m，宽不宜小于0.25m；

2　阶梯不宜采用扇形踏步，但踏步上下两级所形成的平面角小于10°，且每级离扶手0.25m处的踏步宽度大于0.22m时可不受此限；

3　出入口的梯段应至少在一侧设扶手，其净宽大于2.00m时应在两侧设扶手，其净宽大于2.50m时宜加设中间扶手。

3.3.10　乙类防空地下室和核5级、核6级、核6B级的甲类防空地下室，其独立式室外出入口不宜采用直通式；核4级、核4B级的甲类防空地下室的独立式室外出入口不得采用直通式。独立式室外出入口的防护密闭门外通道长度（其长度可按防护密闭门以外有防护顶盖段通道中心线的水平投影的折线长计，对于楼梯式、竖井式出入口可计人自室外地平面至防护密闭门洞口高1/2处的竖向距离，下同）不得小于5.00m。

战时室内有人员停留的核4级、核4B级、核5级的甲类防空地下室，其独立式室外出入口的防护密闭门外通道长度还应符合下列规定：

1　对于通道净宽不大于2m的室外出入口，核5级甲类防空地下室的直通式出入口通道的最小长度应符合表3.3.10－1的规定；单向式、穿廊式、楼梯式和竖井式的室外出入口通道的最小长度应符合表3.3.10－2的规定；

2　通道净宽大于2m的室外出入口，其通道最小长度应按表3.3.10－1和表3.3.10－2的通道最小长度值乘以修正系数ζ_X，其ζ_X值可按下式计算：

$$\zeta_X = 0.8b_T - 0.6 \qquad (3.3.10)$$

式中：ζ_X——通道长度修正系数；

b_T——通道净宽（m）。

表 3.3.10－1　核 5 级直通式室外出入口通道最小长度（m）

城市海拔（m）	剂量限值（Gy）	钢筋混凝土人防门	钢结构人防门
≤200	0.1	5.50	9.50
	0.2	5.00	7.00
＞200 ≤1200	0.1	7.00	12.00
	0.2	5.00	8.50
＞1200	0.1	9.00	15.50
	0.2	6.50	11.00

表 3.3.10－2　有 90°拐弯的室外出入口通道最小长度（m）

城市海拔（m）	剂量限值（Gy）	防核武器抗力级别					
		钢筋混凝土人防门			钢结构人防门		
		5	4B	4	5	4B	4
≤200	0.1	5.00	6.50	8.00	7.00	9.00	12.00
	0.2		6.00	7.00	6.00	8.00	10.00
＞200 ≤1200	0.1		7.00	9.00	8.00	10.00	14.00
	0.2		6.00	7.50	6.00	8.00	11.00
＞1200	0.1		7.50	10.00	9.00	11.00	16.00
	0.2		6.50	8.50	7.00	9.00	13.00

注：1　表中钢筋混凝土人防门系指钢筋混凝土防护密闭门和钢筋混凝土密闭门；钢结构人防门系指钢结构防护密闭门和钢结构密闭门；

2　甲类防空地下室的剂量限值按本规范表 3.1.10 确定。

3.3.11　对于符合本规范第 3.3.10 条规定的独立式室外出入口，乙类防空地下室的独立式室外出入口临空墙的厚度不应小于 250mm；甲类防空地下室的独立式室外出入口临空墙的厚度应符合表 3.3.11 的规定。

表 3.3.11　独立式室外出入口临空墙最小防护厚度（mm）

剂量限值（Gy）	防核武器抗力级别			
	4	4B	5	6、6B
0.1	400	350	250	—
0.2	300	250		250

注：1　表内厚度系按钢筋混凝土墙确定；

2　甲类防空地下室的剂量限值按本规范表 3.1.10 确定。

3.3.12　附壁式室外出入口的防护密闭门外通道长度（其长度可按防护密闭门以外有防护顶盖段通道中心线的水平投影折线长计）不得小于 5.00m。乙类防空地下室附壁式室外出入口的自防护密闭门至密闭门之间的通道（亦称内通道）最小长度，可按建筑需要确定；战时室内有人员停留的甲类防空地下室，其附壁式室外出入口的内通道最小长度应符合表 3.3.12 的规定（图 3.3.12）。

表 3.3.12　附壁式室外出入口的内通道最小长度（m）

城市海拔（m）	剂量限值（Gy）	防核武器抗力级别						
		钢筋混凝土人防门			钢结构人防门			
		4	4B	5、6、6B	4	4B	5	6、6B
≤200	0.1	5.00	3.50	按建筑需要定	8.50	6.00	4.00	按建筑需要定
	0.2	4.00	3.00		7.00	5.00	3.00	
＞200 ≤1200	0.1	6.00	4.00		10.50	7.00	5.00	
	0.2	4.50	3.00		8.00	5.00	3.00	
＞1200	0.1	7.00	4.50		12.00	8.00	6.00	
	0.2	5.50	3.50		10.00	6.00	4.00	

注：1　内通道长度可按自防护密闭门至最里面一道密闭门之间通道中心线的折线长确定；

2　表中钢筋混凝土人防门系指钢筋混凝土防护密闭门和钢筋混凝土密闭门；钢结构人防门系指钢结构防护密闭门和钢结构密闭门；

3　甲类防空地下室的剂量限值按本规范表 3.1.10 确定。

3.3.13　战时室内有人员停留的乙类防空地下室，其附壁式室外出入口临空墙厚度不应小于 250mm。战时室内有人员停留的甲类防空地下室，其附壁式室外出入口临空墙最小防护厚度应符合表 3.3.13 的规定（图 3.3.12）。

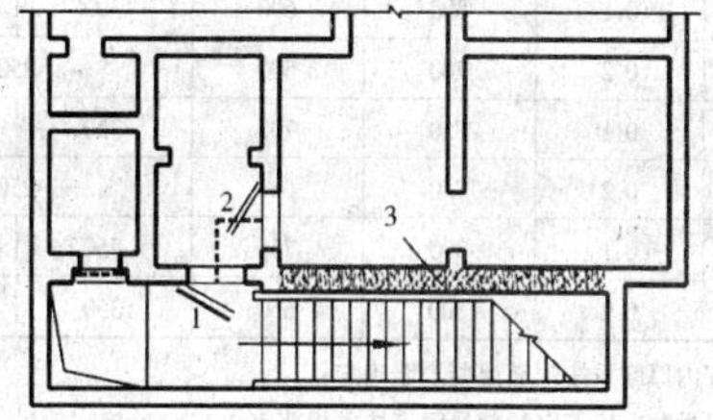

图 3.3.12　附壁式室外出入口

1—防护密闭门；2—密闭门；3—临空墙

表 3.3.13　甲类防空地下室室外临空墙最小防护厚度（mm）

城市海拔（m）	剂量限值（Gy）	防核武器抗力级别			
		4	4B	5	6、6B
≤200	0.1	1150	1000	650	—
	0.2	1050	900	550	250
＞200 ≤1200	0.1	1200	1050	700	—
	0.2	1100	950	600	250
＞1200	0.1	1250	1100	750	—
	0.2	1150	1000	650	250

注：1　表内厚度系按钢筋混凝土墙确定；

2　甲类防空地下室的剂量限值按本规范表 3.1.10 确定。

3.3.14　战时室内有人员停留的乙类防空地下室、核 6B 级甲类防空地下室和装有钢筋混凝土人防门的核 6 级甲类防空地下室，其室内出入口有、无 90°拐弯以及其防护密闭门与密闭门之间的通道（亦称内通道）长度均可按建筑需要确定；战时室内有人员停留的核 4 级、核 4B 级、核 5 级的甲类防空地下室和装有钢结构人防门的核 6 级甲类防空地下室的室内出入口不宜采用无拐弯形式（图 3.3.14），且其具有一个 90°拐弯的室内出入口内通道最小长度，应符合表 3.3.14 的规定。

表 3.3.14　具有一个 90°拐弯的室内出入口内通道最小长度（m）

城市海拔（m）	剂量限值（Gy）	防核武器抗力级别						
		钢筋混凝土门			钢结构门			
		5	4B	4	6	5	4B	4
≤200	0.1	2.00	3.00	4.00	2.00	4.00	6.00	8.00
	0.2	※	2.50	3.00	※	3.00	5.00	6.00
＞200 ≤1200	0.1	2.50	3.50	5.00	2.50	5.00	7.00	10.00
	0.2	2.00	3.00	3.50	2.00	4.00	6.00	7.00
＞1200	0.1	3.00	4.00	6.00	3.00	6.00	8.00	12.00
	0.2	2.50	3.50	4.50	2.50	5.00	7.00	9.00

注：1　内通道长度按自防护密闭门至密闭门之间的通道中心线的折线长确定；

2　“※”系指内通道长度可按建筑需要确定；

3　表中钢筋混凝土人防门系指钢筋混凝土防护密闭门和钢筋混凝土密闭门；钢结构人防门系指钢结构防护密闭门和钢结构密闭门；

4　甲类防空地下室的剂量限值按本规范表 3.1.10 确定。

3.3.15　战时室内有人员停留的乙类防空地下室的室内出入口临空墙厚度不应小于 250mm。战时室内有人员停留的甲类防空地下室的室内出入口临空墙最小防护厚度应符合表 3.3.15 的规定。

表 3.3.15　室内出入口临空墙最小防护厚度（mm）

城市海拔（m）	剂量限值（Gy）	防核武器抗力级别			
		4	4B	5	6、6B
≤200	0.1	800	600	300	—
	0.2	700	500	250	
>200 ≤1200	0.1	850	700	350	—
	0.2	750	600	250	
>1200	0.1	900	750	450	—
	0.2	800	650	350	250

注：1　表内厚度系按钢筋混凝土墙确定；

2　甲类防空地下室的剂量限值按本规范表 3.1.10 确定。

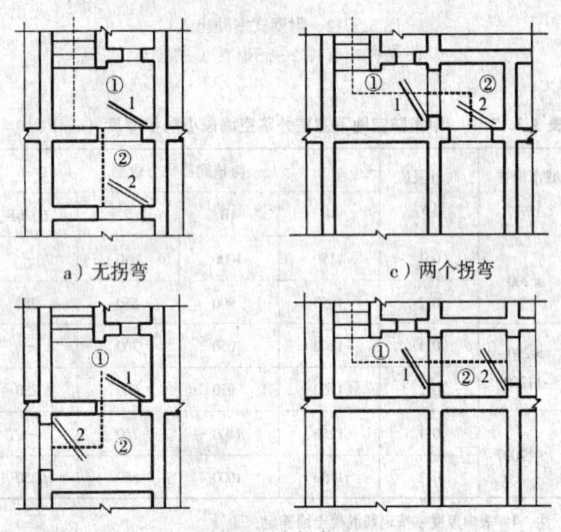

图 3.3.14　室内出入口有无拐弯示意

1—防护密闭门；2—密闭门；①楼梯间；②密闭通道

3.3.16　当甲类防空地下室的钢筋混凝土临空墙的厚度不能满足最小防护厚度要求时，可按下列方法之一进行处理：

1　采用砌砖加厚墙体。实心砖砌体的厚度不应小于最小防护厚度与临空墙厚度之差的 1.4 倍；空心砖砌体的厚度不应小于最小防护厚度与临空墙厚度之差的 2.5 倍；

2　对于不满足最小防护厚度要求的临空墙，其内侧只能作为防毒通道、密闭通道、洗消间（即脱衣室、淋浴室和检查穿衣室）和简易洗消间等战时无人员停留的房间、通道。

3.3.17　防护密闭门的设置应符合下列规定：

1　当防护密闭门设置在直通式坡道中时，应采取使防护密闭门不被常规武器（通道口外的）爆炸破片直接命中的措施（如适当弯曲或折转通道轴线等）；

2　当防护密闭门沿通道侧墙设置时，防护密闭门门扇应嵌入墙内设置，且门扇的外表面不得突出通道的内墙面；

3　当防护密闭门设置于竖井内时，其门扇的外表面不得突出竖井的内墙面。

3.3.18　**设置在出入口的防护密闭门和防爆波活门，其设计压力值应符合下列规定：**

1　乙类防空地下室应按表 3.3.18－1 确定；

表 3.3.18－1　乙类防空地下室出入口防护密闭门的设计压力值（MPa）

防常规武器抗力级别			常 5 级	常 6 级
室外出入口	直通式	通道长度≤15（m）	0.30	0.15
		通道长度＞15（m）	0.20	0.10
	单向式、穿廊式、楼梯式、竖井式			
室内出入口				

注：通道长度：直通式出入口按有防护顶盖段通道中心线在平面上的投影长计。

2　甲类防空地下室应按表 3.3.18－2 确定。

表 3.3.18－2　甲类防空地下室出入口防护密闭门的设计压力值（MPa）

防核武器抗力级别		核 4 级	核 4B 级	核 5 级	核 6 级	核 6B 级
室外出入口	直通式、单向式	0.90	0.60	0.30	0.15	0.10
	穿廊式、楼梯式、竖井式	0.60	0.40			
室内出入口						

3.3.19　备用出入口可采用竖井式，并宜与通风竖井合并设置。竖井的平面净尺寸不宜小于 1.0m×1.0m。与滤毒室相连接的竖井式出入口上方的顶板宜设置吊钩。当竖井设在地面建筑倒塌范围以内时，其高出室外地平面部分应采取防倒塌措施。

3.3.20　防空地下室的战时出入口应按表 3.3.20 的规定，设置密闭通道、防毒通道、洗消间或简易洗消。

表 3.3.20　战时出入口的防毒通道、洗消设施和密闭通道

工程类别	医疗救护工程、专业队队员掩蔽部、一等人员掩蔽所、生产车间、食品站		二等人员掩蔽所、电站控制室		物资库、区域供水站
	主要口	其它口	主要口	其它口	各出入口
密闭通道	—	1	—	1	1
防毒通道	2	—	1	—	—
洗消间	1	—	—	—	—
简易洗消	—	—	1	—	—

注：其它口包括战时的次要出入口、备用出入口和与非人防地下建筑的连通口等。

3.3.21　密闭通道的设置应符合下列规定：

1　当防护密闭门和密闭门均向外开启时，其通道的内部尺寸应满足密闭门的启闭和安装需要；

2　当防护密闭门向外开启，密闭门向内开启时，两门之间的内部空间不宜小于本条第 1 款规定的密闭通道内部尺寸。

3.3.22　防毒通道的设置应符合下列规定：

1　防毒通道宜设置在排风口附近，并应设有通风换气设施；

2　防毒通道的大小应满足本规范第 5.2.6 条中规定的滤毒通风条件下换气次数要求；

3　防毒通道的大小应满足战时的使用要求，并应符合下列规定：

1）当两道人防门均向外开启时，在密闭门门扇开启范围之外应设有人员（担架）停留区（图 3.3.22）。人员通过的防毒通道，其停留区的大小不应小于两个人站立的需要；担架通过的防毒通道，其停留区的大小应满足担架及相关人员停留的需要；

2）当外侧人防门向外开启，内侧人防门向内开启时，两门框墙之间的距离不宜小于人防门的门扇宽度，并应满足人员（担架）停留区的要求（停留区大小按本条第 3 款第 1 项的规定）。

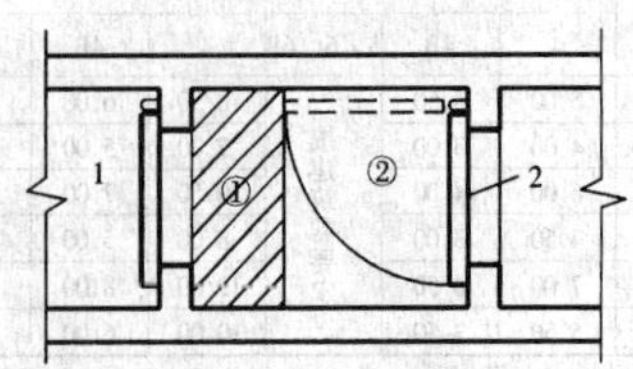

图 3.3.22　停留区示意

1—防护密闭门；2—密闭门；①停留区；②门扇开启范围

3.3.23　洗消间的设置应符合下列规定：

1 洗消间应设置在防毒通道的一侧（图 3.3.23）；

2 洗消间应由脱衣室、淋浴室和检查穿衣室组成：脱衣室的入口应设置在第一防毒通道内；淋浴室的入口应设置一道密闭门；检查穿衣室的出口应设置在第二防毒通道内；

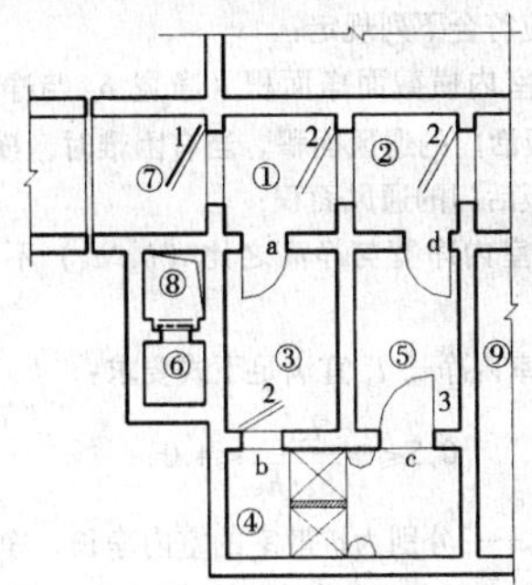

图 3.3.23 洗消间平面

①第一防毒通道；②第二防毒通道；③脱衣室；④淋浴室；⑤检查穿衣室；⑥扩散室；⑦室外通道；⑧排风竖井；⑨室内清洁区；

1—防护密闭门；2—密闭门；3—普通门

a 脱衣室入口；b 淋浴室入口；c 淋浴室出口；d 检查穿衣室出口

3 淋浴器和洗脸盆的数量可按下列规定确定：

1）医疗救护工程： 2 个；

2）专业队队员掩蔽部：

防护单元建筑面积≤400m² 2 个；

400m² < 防护单元建筑面积≤600m² 3 个；

防护单元建筑面积 > 600m² 4 个；

3）一等人员掩蔽所：

防护单元建筑面积≤500m² 1 个；

500m² < 防护单元建筑面积≤1000m² 2 个；

防护单元建筑面积 > 1000m² 3 个；

4）食品站、生产车间： 1～2 个；

4 淋浴器的布置应避免洗消前人员与洗消后人员的足迹交叉；

5 医疗救护工程的脱衣室、淋浴室和检查穿衣室的使用面积宜各按每一淋浴器 6m² 计；其它防空地下室的脱衣室、淋浴室和检查穿衣室的使用面积宜各按每一淋浴器 3m² 计。

3.3.24 简易洗消宜与防毒通道合并设置；当带简易洗消的防毒通道不能满足规定的换气次数要求时，可单独设置简易洗消间。简易洗消应符合下列规定：

1 带简易洗消的防毒通道应符合下列规定：

1）带简易洗消的防毒通道应满足本规范第 5.2.6 条规定的换气次数要求；

2）带简易洗消的防毒通道应由防护密闭门与密闭门之间的人行道和简易洗消区两部分组成。人行道的净宽不宜小于 1.30m；简易洗消区的面积不宜小于 2m²，且其宽度不宜小于 0.60m（图 3.3.24－1）。

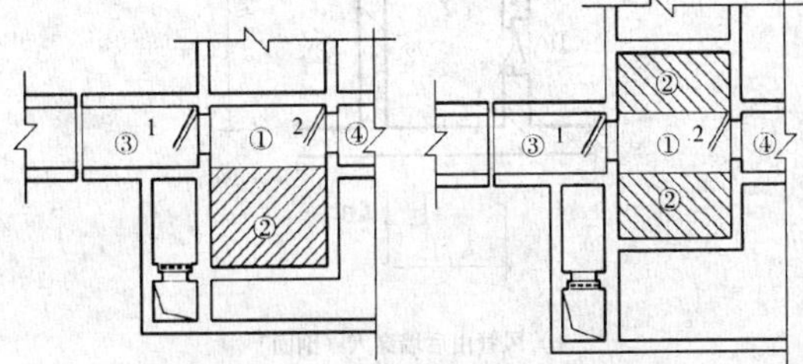

图 3.3.24－1 与简易洗消合并设置的防毒通道

①人行道；②简易洗消区；③室外通道；④室内清洁区；

1—防护密闭门；2—密闭门

2 单独设置的简易洗消间应位于防毒通道的一侧，其使用面积不宜小于 5m²。简易洗消间与防毒通道之间宜设一道普通门，简易洗消间与清洁区之间应设一道密闭门（图 3.3.24－2）。

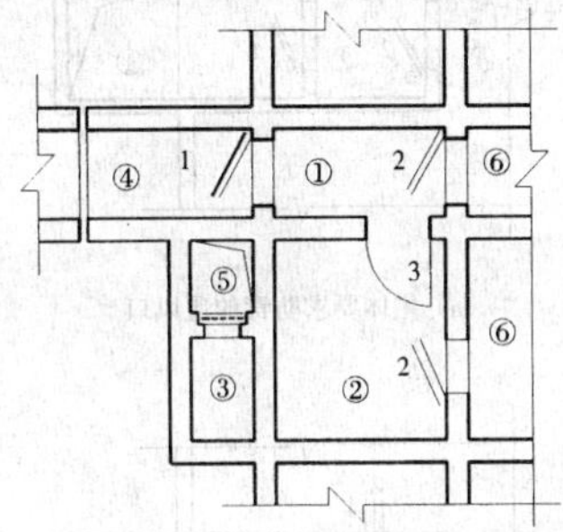

图 3.3.24－2 单独设置的简易洗消间

①防毒通道；②简易洗消间；③扩散室；④室外通道；⑤排风竖井；⑥室内清洁区

1—防护密闭门；2—密闭门；3—普通门

3.3.25 在医疗救护工程主要出入口的第一防毒通道与第二防毒通道之间，应设置分类厅及配套的急救室、抗休克室、诊察室、污物间、厕所等。

3.3.26 当电梯通至地下室时，电梯必须设置在防空地下室的防护密闭区以外。

3.4 通风口、水电口

3.4.1 柴油发电机组的排烟口（以下简称“柴油机排烟口”）应在室外单独设置。进风口、排风口宜在室外单独设置。供战时使用的及平战两用的进风口、排风口应采取防倒塌、防堵塞以及防雨、防地表水等措施。

3.4.2 室外进风口宜设置在排风口和柴油机排烟口的上风侧。进风口与排风口之间的水平距离不宜小于 10m；进风口与柴油机排烟口之间的水平距离不宜小于 15m，或高差不宜小于 6m。位于倒塌范围以外的室外进风口，其下缘距室外地平面的高度不宜小于 0.50m；位于倒塌范围以内的室外进风口，其下缘距室外地平面的高度不宜小于 1.00m。

3.4.3 医疗救护工程、专业队队员掩蔽部、人员掩蔽工程、食品站、生产车间以及柴油电站等战时要求不间断通风的防空地下室，其进风口、排风口、柴油机排烟口宜采用防爆波活门＋扩散室（或扩散箱）的消波设施（图 3.4.7 和图 A.0.2）。进、排风口和柴油机排烟口的防爆波活门、扩散室（扩散箱）等消波设施的设置，应符合本规范附录 F 的规定。防爆波活门的设计压力应按本规范第 3.3.18 条的规定确定。

3.4.4 人防物资库等战时要求防毒，但不设滤毒通风，且空袭时可暂停通风的防空地下室，其战时进、排风口或平战两用的进、排风口可采用“防护密闭门＋密闭通道＋密闭门”的防护做法（图 3.4.4a）；专业队装备掩蔽部、人防汽车库等战时允许染毒，且空袭时可暂停通风的防空地下室，其战时进、排风口或平战两用的进、排风口可采用“防护密闭门＋集气室＋普通门（防火门）”的防护做法（图 3.4.4b）。防护密闭门的设计压力应按本规范第 3.3.18 条确定。

3.4.5 医疗救护工程、专业队队员掩蔽部、人员掩蔽工程、食品站、生产车间以及电站控制室等战时有洗消要求的防空地下室，其战时排风口应设在主要出入口，其战时进风口宜在室外单独设置。对于用作二等人员掩蔽所的乙类防空地下室和核 5 级、核 6 级、核 6B 级的甲类防空地下室，当其室外确无单独设置进风口条件时，其进风口可结合室内出入口设置，但在防爆波活门的上方楼板结构宜按防倒塌设计，或在防爆波活门的外侧采取防堵塞措施（图 3.4.5）。

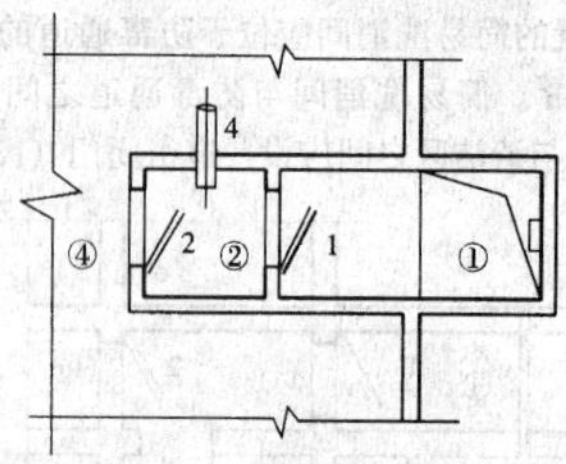

a）主体要求防毒的通风口

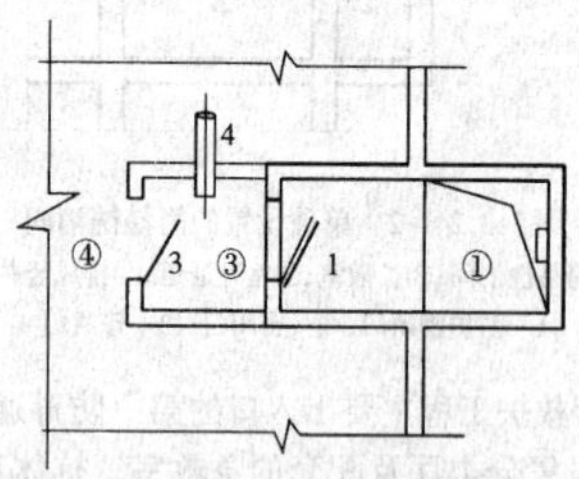

b）主体允许染毒的通风口

图 3.4.4　进、排风口防护做法

1—防护密闭门；2—密闭门；3—普通门＊；4—通风管；
①通风竖井；②密闭通道；③集气室；④室内

注：当为平战两用的通风口时，普通门＊应采用防火门，其开启方向需适应进、排风的需要。

3.4.6　采用悬板式防爆波活门（以下简称悬板活门）时，悬板活门应嵌入墙内（图 3.4.6）设置，其嵌入深度不应小于 300mm。

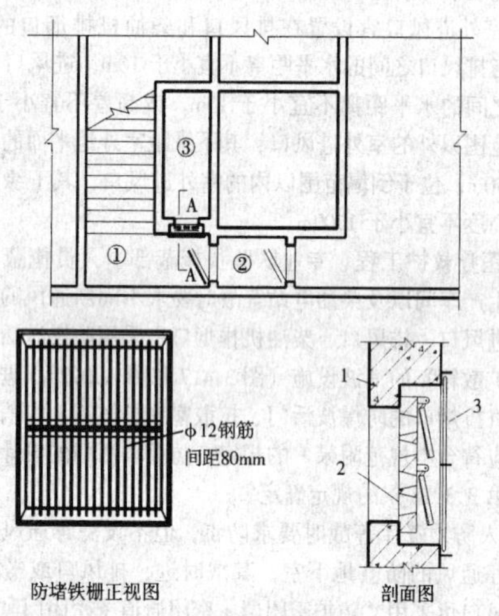

图 3.4.5　设在室内出入口的进风口防堵塞措施

①楼梯间；②密闭通道；③扩散室；1—活门墙；2—防爆波活门；3—防堵铁栅

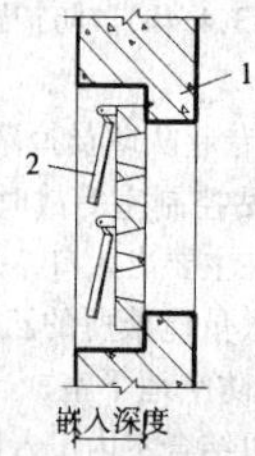

图 3.4.6　悬板活门嵌入墙内深度示意

1—设置悬板活门的临空墙；2—悬板活门

3.4.7　扩散室应采用钢筋混凝土整体浇筑，其室内平面宜采用正方形或矩形，并应符合下列规定：

1　乙类防空地下室扩散室的内部空间尺寸可根据施工要求确定。甲类防空地下室的扩散室的内部空间尺寸应符合本规范附录 F 的规定，并应符合下列规定：

1）扩散室室内横截面净面积（净宽 b_S 与净高 h_S 之积）不宜小于 9 倍悬板活门的通风面积。当有困难时，横截面净面积不得小于 7 倍悬板活门的通风面积；

2）扩散室室内净宽与净高之比（b_S/h_S）不宜小于 0.4，且不宜大于 2.5；

3）扩散室室内净长 l_S 宜满足下式要求：

$$0.5\leqslant\frac{l_S}{\sqrt{b_S\cdot h_S}}\leqslant4.0 \tag{3.4.7}$$

式中　l_S，b_S，h_S——分别为扩散室的室内净长，净宽，净高

2　与扩散室相连接的通风管位置应符合下列规定：

1）当通风管由扩散室侧墙穿入时，通风管的中心线应位于距后墙面的 1/3 扩散室净长处（图 3.4.7a）；

2）当通风管由扩散室后墙穿入时，通风管端部应设置向下的弯头，并使通风管端部的中心线位于距后墙面的 1/3 扩散室净长处（图 3.4.7b）；

3　扩散室内应设地漏或集水坑；

4　常用扩散室内部空间的最小尺寸，可按本规范附录 A 的表 A.0.1 确定。

3.4.8　乙类防空地下室和核 6 级、核 6B 级甲类防空地下室消波设施可采用扩散箱。扩散箱宜采用钢板制作，钢板厚度不宜小于 3mm，并应满足预定的抗力要求和密闭要求。扩散箱的箱体应设有泄水孔。扩散箱的内部空间最小尺寸，应符合本规范第 3.4.7 条第 1 款的规定。常用扩散箱的内部空间最小尺寸可按本规范附录 A 的表 A.0.2 确定。

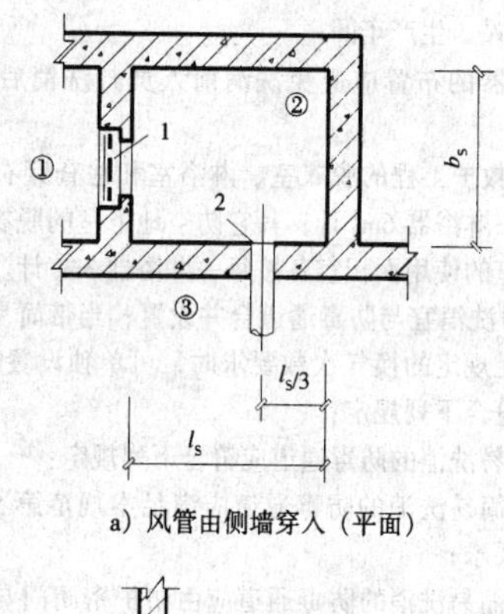

a）风管由侧墙穿入（平面）

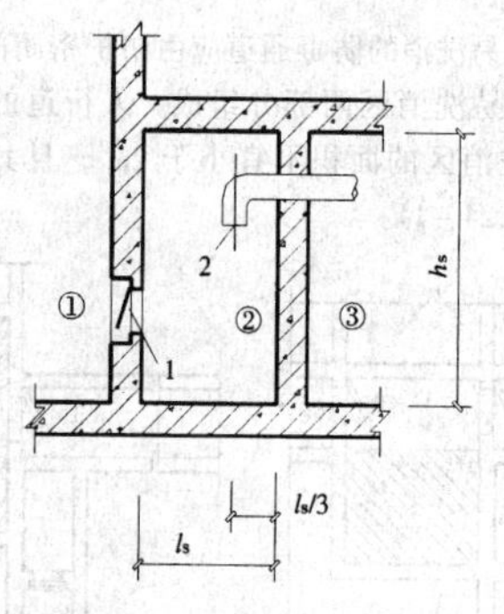

b）风管由后墙穿入（剖面）

图 3.4.7　扩散室的风管位置

1—悬板活门；2—通风管；①通风竖井；②扩散室；③室内

3.4.9　滤毒室与进风机室应分室布置。滤毒室应设在染毒区，

滤毒室的门应设置在直通地面和清洁区的密闭通道或防毒通道内（图3.4.9），并应设密闭门；进风机室应设在清洁区。

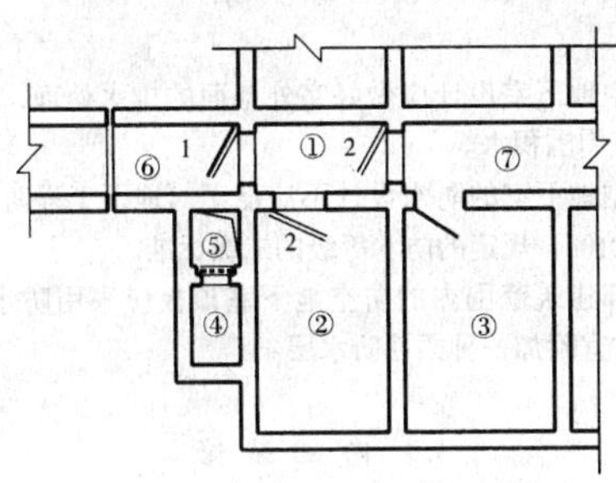

图3.4.9　滤毒室与进风机室布置

1—防护密闭门；2—密闭门

①密闭通道；②滤毒室；③进风机室；④扩散室；⑤进风竖井；⑥出入口通道；⑦室内清洁区

注："直通地面"系指可由主要出入口、次要出入口或备用出入口通往地面

3.4.10　防空地下室战时主要出入口的防护密闭门外通道内以及进风口的竖井或通道内，应设置洗消污水集水坑。洗消污水集水坑可按平时不使用，战时使用手动排水设备（或移动式电动排水设备）设计。坑深不宜小于0.60m；容积不宜小于0.50m³。

3.4.11　防爆波电缆井应设置在防空地下室室外的适当位置（如土中）。防爆波电缆井可与平时使用的电缆井合并设置，但其结构及井盖应满足相应的抗力要求。

3.5　辅 助 房 间

3.5.1　医疗救护工程宜设水冲厕所；人员掩蔽工程、专业队队员掩蔽部和人防物资库等宜设干厕（便桶）；专业队装备掩蔽部、电站机房和人防汽车库等战时可不设厕所；其它配套工程的厕所可根据实际需要确定。对于应设置干厕的防空地下室，当因平时使用需要已设置水冲厕所时，也应根据战时需要确定便桶的位置。干厕的建筑面积可按每个便桶1.00～1.40m² 确定。

厕所宜设在排风口附近，并宜单独设置局部排风设施。干厕可在临战时构筑。

3.5.2　每个防护单元的男女厕所应分别设置。厕所宜设前室。厕所的设置可按下列规定确定：

1　男女比例：二等人员掩蔽所可按1:1，其它防空地下室按具体情况确定；

2　大便器（便桶）设置数量：男每40～50人设一个；女每30～40人设一个；

3　水冲厕所小便器数量与男大便器同，若采用小便槽，按每0.5m长相当于一个小便器计。

3.5.3　中心医院、急救医院应设开水间。其它防空地下室当人员较多，且有条件时可设开水间。

3.5.4　开水间、盥洗室、贮水间等宜相对集中布置在排风口附近。

3.5.5　人员掩蔽工程和除食品加工站以外的配套工程，其清洁区内不宜设置厨房。其它防空地下室当在清洁区内设厨房时，宜按使用无明火加温设备设计。

3.5.6　医疗救护工程、专业队队员掩蔽部、人员掩蔽工程以及生产车间、食品站等在进风系统中设有滤毒通风的防空地下室，应在其清洁区内的进风口附近设置防化通信值班室。医疗救护工程、专业队队员掩蔽部、一等人员掩蔽所、生产车间和食品站等防空地下室的防化通信值班室的建筑面积可按10～12m² 确定；二等人员掩蔽所的防化通信值班室的建筑面积可按8～10m² 确定。

3.5.7　每个防护单元宜设一个配电室，配电室也可与防化通信值班室合并设置。

3.6　柴 油 电 站

3.6.1　柴油电站的位置，应根据防空地下室的用途和发电机组的容量等条件综合确定。柴油电站宜独立设置，并与主体连通。柴油电站宜靠近负荷中心，远离安静房间。

3.6.2　固定电站设计应符合下列规定：

1　固定电站的控制室宜与发电机房分室布置。其控制室和人员休息室、厕所等应设在清洁区；发电机房和贮水间、储油间、进、排风机室、机修间等应设在染毒区。当内部电站的控制室与主体相连通时，可不单独设休息室和厕所。控制室与发电机房之间应设置密闭隔墙、密闭观察窗和防毒通道；

2　发电机房的进、排风机室、储油间和贮水间等宜根据发电机组的需要确定；

3　固定电站设计应设有柴油发电机组在安装、检修时的吊装措施；

4　当发电机房确无条件设置直通室外地面的发电机组运输出入口时，可在非防护区设置吊装孔。

3.6.3　移动电站设计应符合下列规定：

1　移动电站应设有发电机房、储油间、进风、排风、排烟等设施。移动电站为染毒区。移动电站与主体清洁区连通时，应设置防毒通道；

2　根据发电机组的需要，发电机房宜设置进风机和排风机的位置；

3　发电机房应设有能够通至室外地面的发电机组运输出入口。

3.6.4　发电机房的机组运输出入口的门洞净宽不宜小于设备的宽度加0.30m。发电机房通往室外地面的出入口应设一道防护密闭门。

3.6.5　移动电站设置在人防汽车库内时，可不专设发电机房，但应有独立的进风、排风、排烟系统和扩散室。

3.6.6　柴油电站的贮油间应符合下列规定：

1　贮油间宜与发电机房分开布置；

2　贮油间应设置向外开启的防火门，其地面应低于与其相连接的房间（或走道）地面150～200mm或设门槛；

3　严禁柴油机排烟管、通风管、电线、电缆等穿过贮油间。

3.7　防护功能平战转换

3.7.1　防护功能平战转换措施仅适用于符合本规范第3.1.9条规定的平战结合防空地下室采用，并应符合下列各项规定：

1　采用的转换措施应能满足战时的各项防护要求，并应在规定的转换时限内完成；

2　平战转换设计应符合本规范第4.12节的有关规定；

3　当转换措施中采用预制构件时，应在设计中注明：预埋件、预留孔（槽）等应在工程施工中一次就位，预制构件应与工程施工同步做好，并应设置构件的存放位置；

4　平战转换设计应与工程设计同步完成。

3.7.2　平战结合的防空地下室中，下列各项应在工程施工、安装时一次完成：

——现浇的钢筋混凝土和混凝土结构、构件；

——战时使用的及平战两用的出入口、连通口的防护密闭门、密闭门；

——战时使用的及平战两用的通风口防护设施；

——战时使用的给水引入管、排水出户管和防爆波地漏。

3.7.3　对防护单元隔墙上开设的平时通行口以及平时通风管穿

墙孔，所采用的封堵措施应满足战时的抗力、密闭等防护要求，并应在15天转换时限内完成。对于临战时采用预制构件封堵的平时通行口，其洞口净宽不宜大于7.00m，净高不宜大于3.00m；且其净宽之和不宜大于应建防护单元隔墙总长度的1/2。

3.7.4 因平时使用的需要，在防空地下室顶板上或在多层防空地下室中的防护密闭楼板上开设的采光窗、平时风管穿板孔和设备吊装口，其净宽不宜大于3.00m，净长不宜大于6.00m，且在一个防护单元中合计不宜超过2个。在顶板上或在防护密闭楼板上采用的封堵措施应满足战时的抗力、密闭等防护要求。在顶板上采用的封堵措施应在3天转换时限内完成；在防护密闭楼板上采用的封堵措施应在15天转换时限内完成。专供平时使用的楼梯、自动扶梯以及净宽大于3m的穿板孔，宜将其设置在防护密闭区之外。

3.7.5 专供平时使用的出入口，其临战时采用的封堵措施，应满足战时的抗力、密闭等防护要求（甲类防空地下室还需满足防早期核辐射要求），并应在3天转换时限内完成。对临战时采用预制构件封堵的平时出入口，其洞口净宽不宜大于7.00m，净高不宜大于3.00m；且在一个防护单元中不宜超过2个。

3.7.6 大型设备安装口的设置及其封堵措施，应满足防空地下室的战时防护要求。若大型设备需在临战时安装，该设备安装口的封堵措施，应符合本节中相关的要求。

3.7.7 专供平时使用的进风口、排风口的临战封堵措施，应满足战时的抗力、密闭等防护要求（甲类防空地下室还需满足防早期核辐射要求）。

3.7.8 根据平时使用需要设置的通风采光窗，其临战时的转换工作量应符合本规范第3.1.9条的相关规定。通风采光窗的窗孔尺寸，应根据防空地下室的结构类型、平时的使用要求以及建筑物四周的环境条件等因素综合分析确定。承受战时动荷载的墙面，其窗孔的宽度不宜大于墙面宽度（指轴线之间距离）的1/3。窗井应采取相应的防雨和防地表水倒灌等措施。

3.7.9 通风采光窗的临战封堵措施，应满足战时的抗力、密闭等防护要求（甲类防空地下室还需满足防早期核辐射要求）。其临战时的封堵方式，设置窗井的可采用全填土式或半填土式；高出室外地平面的可采用挡板式（图3.7.9）。

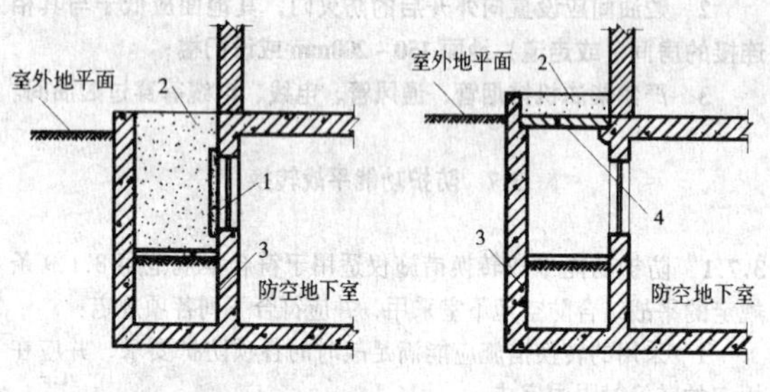

a）战时全填土窗井　　b）战时半填土窗井

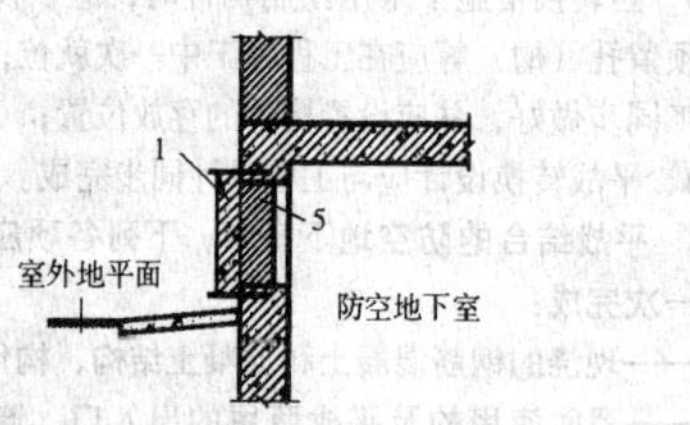

c）高出地平面的采光窗

图3.7.9 通风采光窗战时封堵

1—防护挡窗板；2—临战时填土；3—防护墙；4—防护盖板；5—临战时砌砖封堵

3.8 防　水

3.8.1 防空地下室设计应做好室外地面的排水处理，避免在上部地面建筑周围积水。

3.8.2 防空地下室的防水设计不应低于《地下工程防水技术规范》（GB 50108）规定的防水等级的二级标准。

3.8.3 上部建筑范围内的防空地下室顶板应采用防水混凝土，当有条件时宜附加一种柔性防水层。

3.9 内部装修

3.9.1 防空地下室的装修设计应根据战时及平时的功能需要，并按适用、经济、美观的原则确定。在灯光、色彩、饰面材料的处理上应有利于改善地下空间的环境条件。

3.9.2 室内装修应选用防火、防潮的材料，并满足防腐、抗震、环保及其它特殊功能的要求。平战结合的防空地下室，其内部装修应符合国家有关建筑内部装修设计防火规范的规定。

3.9.3 防空地下室的顶板不应抹灰。平时设置吊顶时，应采用轻质、坚固的龙骨，吊顶饰面材料应方便拆卸。密闭通道、防毒通道、洗消间、简易洗消间、滤毒室、扩散室等战时易染毒的房间、通道，其墙面、顶面、地面均应平整光洁，易于清洗。

3.9.4 设置地漏的房间和通道，其地面坡度不应小于0.5%，坡向地漏，且其地面应比相连的无地漏房间（或通道）的地面低20mm。

3.9.5 柴油发电机房、通风机室、水泵间及其它产生噪声和振动的房间，应根据其噪声强度和周围房间的使用要求，采取相应的隔声、吸声、减震等措施。

4 结　构

4.1 一般规定

4.1.1 防空地下室结构的选型，应根据防护要求、平时和战时使用要求、上部建筑结构类型、工程地质和水文地质条件以及材料供应和施工条件等因素综合分析确定。

4.1.2 防空地下室结构的设计使用年限应按50年采用。当上部建筑结构的设计使用年限大于50年时，防空地下室结构的设计使用年限应与上部建筑结构相同。

4.1.3 甲类防空地下室结构应能承受常规武器爆炸动荷载和核武器爆炸动荷载的分别作用，乙类防空地下室结构应能承受常规武器爆炸动荷载的作用。对常规武器爆炸动荷载和核武器爆炸动荷载，设计时均按一次作用。

4.1.4 防空地下室的结构设计，应根据防护要求和受力情况做到结构各个部位抗力相协调。

4.1.5 防空地下室结构在常规武器爆炸动荷载或核武器爆炸动荷载作用下，其动力分析均可采用等效静荷载法。

4.1.6 防空地下室结构在常规武器爆炸动荷载或核武器爆炸动荷载作用下，应验算结构承载力；对结构变形、裂缝开展以及地基承载力与地基变形可不进行验算。

4.1.7 对乙类防空地下室和核5级、核6级、核6B级甲类防空地下室结构，当采用平战转换设计时，应通过临战时实施平战转换达到战时防护要求。

4.1.8 防空地下室结构除按本规范设计外，尚应根据其上部建筑在平时使用条件下对防空地下室结构的要求进行设计，并应取其中控制条件作为防空地下室结构设计的依据。

4.2 材 料

4.2.1 防空地下室结构的材料选用，应在满足防护要求的前提下，做到因地制宜、就地取材。地下水位以下或有盐碱腐蚀时，外墙不宜采用砖砌体。当有侵蚀性地下水时，各种材料均应采取防侵蚀措施。

4.2.2 防空地下室钢筋混凝土结构构件，不得采用冷轧带肋钢筋、冷拉钢筋等经冷加工处理的钢筋。

4.2.3 在动荷载和静荷载同时作用或动荷载单独作用下，材料强度设计值可按下列公式计算确定：

$$f_d = \gamma_d f \tag{4.2.3}$$

表 4.2.3 材料强度综合调整系数 γ_d

材料种类		综合调整系数 γ_d
热轧钢筋（钢材）	HPB235 级（Q235 钢）	1.50
	HRB335 级（Q345 钢）	1.35
	HRB400 级（Q390 钢）	1.20 (1.25)
	RRB400 级（Q420 钢）	1.20
混凝土	C55 及以下	1.50
	C60～C80	1.40
砌体	料石	1.20
	混凝土砌块	1.30
	普通粘土砖	1.20

注：1 表中同一种材料或砌体的强度综合调整系数，可适用于受拉、受压、受剪和受扭等不同受力状态；

2 对于采用蒸气养护或掺入早强剂的混凝土，其强度综合调整系数应乘以 0.90 折减系数。

式中 f_d——动荷载作用下材料强度设计值（N/mm²）；

f——静荷载作用下材料强度设计值（N/mm²）；

γ_d——动荷载作用下材料强度综合调整系数，可按表 4.2.3 的规定采用。

4.2.4 在动荷载与静荷载同时作用或动荷载单独作用下，混凝土和砌体的弹性模量可取静荷载作用时的 1.2 倍；钢材的弹性模量可取静荷载作用时的数值。

4.2.5 在动荷载与静荷载同时作用或动荷载单独作用下，各种材料的泊松比均可取静荷载作用时的数值。

4.3 常规武器地面爆炸空气冲击波、土中压缩波参数

4.3.1 防空地下室防常规武器作用应按非直接命中的地面爆炸计算，且按常规武器地面爆炸的整体破坏效应进行设计。设计中采取的常规武器等效 TNT 装药量、爆心至主体结构外墙外侧的水平距离以及爆心至口部的水平距离，均应按国家现行有关规定取值。

4.3.2 在结构计算中，常规武器地面爆炸空气冲击波波形可取按等冲量简化的无升压时间的三角形（图 4.3.2）。

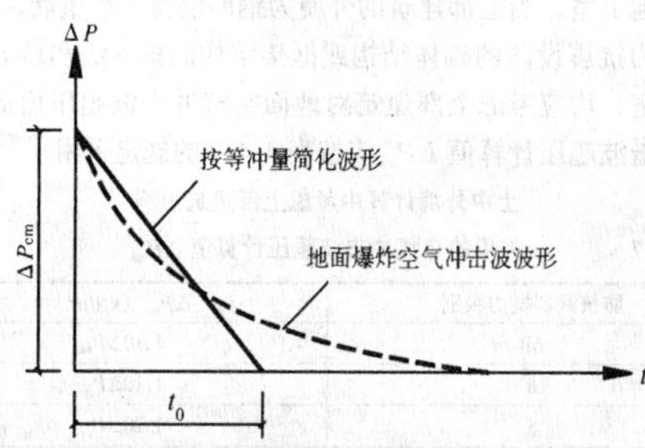

图 4.3.2 常规武器地面爆炸空气冲击波简化波形

ΔP_{cm}——常规武器地面爆炸空气冲击波最大超压（N/mm²），可按本规范附录 B 计算；

t_0——地面爆炸空气冲击波按等冲量简化的等效作用时间（s），可按本规范附录 B 计算。

4.3.3 在结构计算中，常规武器地面爆炸在土中产生的压缩波波形可取按等冲量简化的有升压时间的三角形（图 4.3.3）。

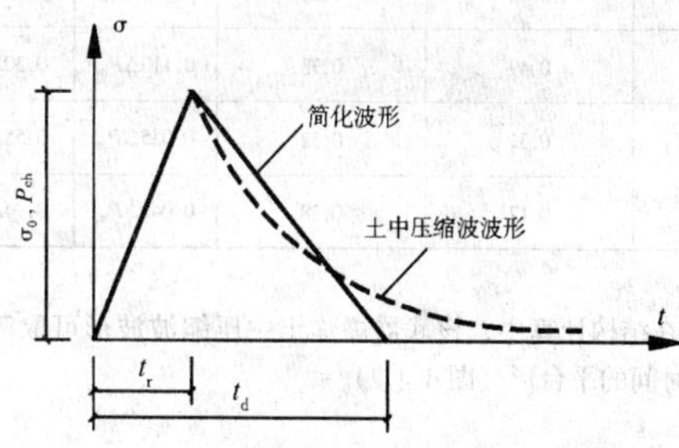

图 4.3.3 常规武器地面爆炸土中压缩波简化波形

P_{ch}——常规武器地面爆炸空气冲击波感生的土中压缩波最大压力（N/mm²），可按本规范附录 B 计算；

σ_0——常规武器地面爆炸直接产生的土中压缩波最大压力（N/mm²），可按本规范附录 B 计算；

t_r——土中压缩波的升压时间（s），可按本规范附录 B 计算；

t_d——土中压缩波按等冲量简化的等效作用时间（s），可按本规范附录 B 计算。

4.3.4 在结构顶板及室内出入口结构构件计算中，当符合下列条件之一时，可考虑上部建筑对常规武器地面爆炸空气冲击波超压作用的影响，将空气冲击波最大超压乘以 0.8 的折减系数。

1 上部建筑层数不少于二层，其底层外墙为钢筋混凝土或砌体承重墙，且任何一面外墙墙面开孔面积不大于该墙面面积的 50%；

2 上部为单层建筑，其承重外墙使用的材料和开孔比例符合上款规定，且屋顶为钢筋混凝土结构。

4.3.5 常规武器地面爆炸时，作用在防空地下室结构构件上的动荷载可按均布动荷载进行动力分析。常规武器地面爆炸作用在防空地下室结构各部位的动荷载可按本规范附录 B 计算。

4.4 核武器爆炸地面空气冲击波、土中压缩波参数

4.4.1 在结构计算中，核武器爆炸地面空气冲击波超压波形，可取在最大压力处按切线或按等冲量简化的无升压时间的三角形（图 4.4.1）。防空地下室结构设计采用的地面空气冲击波最大超压（简称地面超压）ΔP_m，应按国家现行有关规定取值。地面空气冲击波的其它主要设计参数可按表 4.4.1 采用。

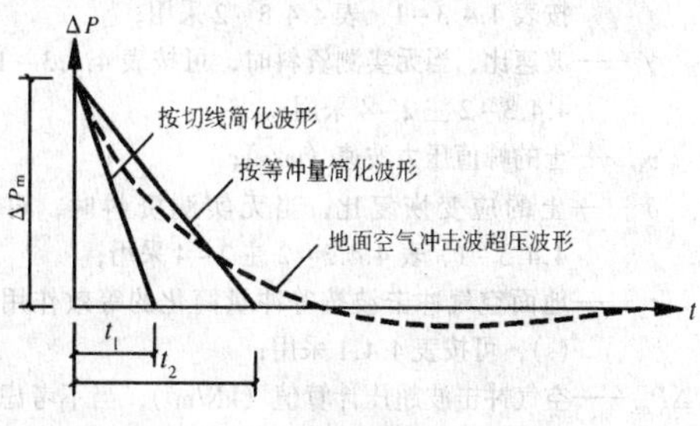

图 4.4.1 核武器爆炸地面空气冲击波简化波形

ΔP_m——核武器爆炸地面空气冲击波最大超压（N/mm²）；

t_1——地面空气冲击波按切线简化的等效作用时间（s）；

t_2——地面空气冲击波按等冲量简化的等效作用时间（s）。

表 4.4.1　　地面空气冲击波主要设计参数

防核武器抗力级别	按切线简化的等效作用时间 t_1（s）	按等冲量简化的等效作用时间 t_2（s）	负压值（kN/m²）	动压值（kN/m²）
6B	0.90	1.26	$0.300\Delta P_m$	$0.10\Delta P_m$
6	0.70	1.04	$0.200\Delta P_m$	$0.16\Delta P_m$
5	0.49	0.78	$0.110\Delta P_m$	$0.30\Delta P_m$
4B	0.31	0.52	$0.055\Delta P_m$	$0.55\Delta P_m$
4	0.17	0.38	$0.040\Delta P_m$	$0.74\Delta P_m$

4.4.2　在结构计算中，核武器爆炸土中压缩波波形可取简化为有升压时间的平台形（图 4.4.2）。

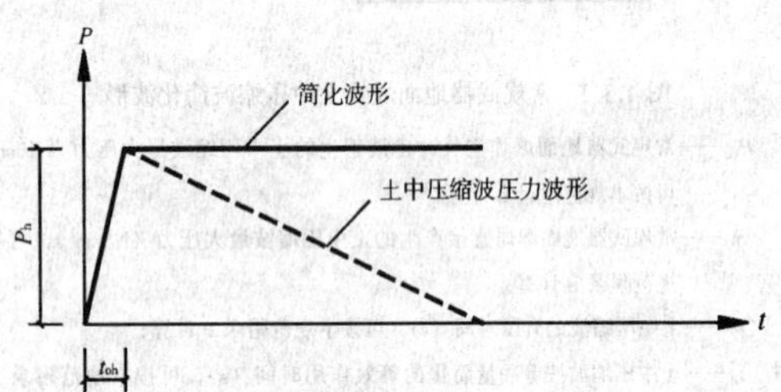

图 4.4.2　土中压缩波简化波形

P_h——土中压缩波最大压力（kN/m²）；

t_{0h}——土中压缩波升压时间（s）。

4.4.3　核武器爆炸土中压缩波的最大压力 P_h 及土中压缩波升压时间 t_{0h} 可按下列公式计算：

$$P_h = \left[1 - \frac{h}{v_1 t_2}(1-\delta)\right]\Delta P_{ms} \quad (4.4.3-1)$$

$$t_{0h} = (\gamma_c - 1)\frac{h}{v_0} \quad (4.4.3-2)$$

$$\gamma_c = v_0 / v_1 \quad (4.4.3-3)$$

式中　P_h——核武器爆炸土中压缩波的最大压力（kN/m²），当土的计算深度小于或等于 1.5m 时，P_h 可近似取 ΔP_{ms}；

t_{0h}——土中压缩波升压时间（s）；

h——土的计算深度（m），计算顶板时，取顶板的覆土厚度；计算外墙时，取防空地下室结构土中外墙中点至室外地面的深度；

v_0——土的起始压力波速（m/s），当无实测资料时，可按表 4.4.3-1、表 4.4.3-2 采用；

γ_c——波速比，当无实测资料时，可按表 4.4.3-1、表 4.4.3-2 注 2~4 采用；

v_1——土的峰值压力波速（m/s）；

δ——土的应变恢复比，当无实测资料时，可按表 4.4.3-1、表 4.4.3-2 注 2~4 采用；

t_2——地面空气冲击波按等冲量简化的等效作用时间（s），可按表 4.4.1 采用；

ΔP_{ms}——空气冲击波超压计算值（kN/m²），当不考虑上部建筑影响时，取地面超压值 ΔP_m；当考虑上部建筑影响时，计算结构顶板荷载应按本规范第 4.4.4 条～第 4.4.6 条的规定采用，计算结构外墙荷载应按本规范第 4.4.7 条的规定采用。

表 4.4.3-1　　非饱和土 v_0、γ_c、δ 值

土的类别		起始压力波速 v_0（m/s）	波速比 γ_c	应变恢复比 δ
碎石土	卵石、碎石	300~500	1.2~1.5	0.9
	圆砾、角砾	250~350	1.2~1.5	0.9
砂土	砾砂	350~450	1.2~1.5	0.9
	粗砂	350~450	1.2~1.5	0.8
	中砂	300~400	1.5	0.5
	细砂	250~350	2.0	0.4
	粉砂	200~300	2.0	0.3
粉土		200~300	2.0~2.5	0.2
粘性土（粉质粘土、粘土）	坚硬、硬塑	400~500	2.0~2.5	0.1
	可塑	300~400	2.0~2.5	0.1
	软塑、流塑	150~250	2.0~2.5	0.1
老粘性土		300~400	1.5~2.0	0.3
红粘土		150~250	2.0~2.5	0.2
湿陷性黄土		200~300	2.0~3.0	0.1
淤泥质土		120~150	2.0	0.1

注：1　粘性土坚硬、硬塑状态 v_0 取大值，软塑、流塑状态取小值；

2　抗力级别 4 级时，粘性土 γ_c 取大值；

3　碎石土、砂土土体密实时，v_0 取大值，γ_c 取小值。

表 4.4.3-2　　饱和土起始压力波速 v_0 值

含气量 α_1（%）	4	1	0.1	0.05	0.01	0.005	<0.001
起始压力波速 v_0（m/s）	150	200	370	640	910	1200	1500

注：1　α_1 为饱和土的含气量，可根据饱和度 S_r、孔隙比 e，按式 $\alpha_1 = e(1-S_r)/(1+e)$ 计算确定；当无实测资料时，可取 $\alpha_1 = 1\%$；

2　地面超压 ΔP_m(N/mm²)$\leqslant 16\alpha_1$ 时，γ_c 取 1.5，v_0 取表中值，δ 同非饱和土；

3　ΔP_m(N/mm²)$\geqslant 20\alpha_1$ 时，v_0 取 1500（m/s），γ_c 取 1.0，δ 取 1.0；

4　$16\alpha_1 < \Delta P_m$(N/mm²)$< 20\alpha_1$ 时，v_0、γ_c、δ 取线性内插值。

4.4.4　在计算结构顶板核武器爆炸动荷载时，对核 5 级、核 6 级和核 6B 级防空地下室，当符合下列条件之一时，可考虑上部建筑对地面空气冲击波超压作用的影响。

1　上部建筑层数不少于二层，其底层外墙为钢筋混凝土或砌体承重墙，且任何一面外墙墙面开孔面积不大于该墙面面积的 50%；

2　上部为单层建筑，其承重外墙使用的材料和开孔比例符合上款规定，且屋顶为钢筋混凝土结构。

4.4.5　对符合本规范第 4.4.4 条规定的核 6 级和核 6B 级防空地下室，作用在其上部建筑底层地面的空气冲击波超压波形可采用有升压时间的平台形（图 4.4.2），空气冲击波超压计算值可取 ΔP_m，升压时间可取 0.025s。

4.4.6　对符合本规范第 4.4.4 条规定的核 5 级防空地下室，作用在其上部建筑底层地面的空气冲击波超压波形可采用有升压时间的平台形（图 4.4.2），空气冲击波超压计算值可取 $0.95\Delta P_m$，升压时间可取 0.025s。

4.4.7　在计算土中外墙核武器爆炸动荷载时，对核 4B 级及以下的防空地下室，当上部建筑的外墙为钢筋混凝土承重墙，或对上部建筑为抗震设防的砌体结构或框架结构的核 6 级和核 6B 级防空地下室，均应考虑上部建筑对地面空气冲击波超压值的影响，空气冲击波超压计算值 ΔP_{ms} 应按表 4.4.7 的规定采用。

表 4.4.7　　土中外墙计算中考虑上部建筑影响采用的空气冲击波超压计算值 ΔP_{ms}

防核武器抗力级别	ΔP_{ms}（kN/m²）
6B	$1.10\Delta P_m$
6	$1.10\Delta P_m$
5	$1.20\Delta P_m$
4B	$1.25\Delta P_m$

4.5 核武器爆炸动荷载

4.5.1 全埋式防空地下室结构上的核武器爆炸动荷载，可按同时均匀作用在结构各部位进行受力分析（图4.5.1*a*）。

当核6级和核6B级防空地下室顶板底面高出室外地面时，尚应验算地面空气冲击波对高出地面外墙的单向作用（图4.5.1*b*）。

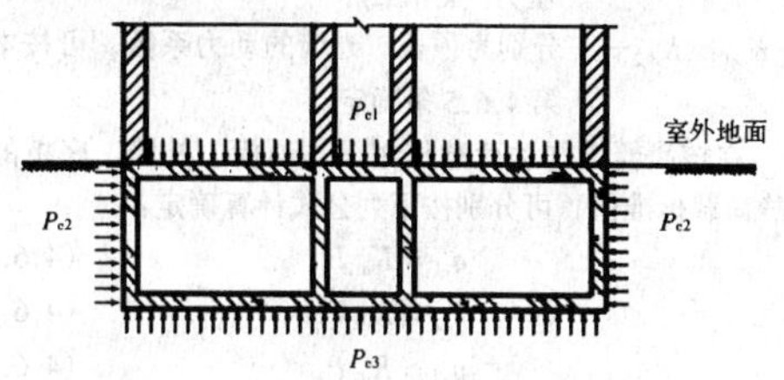

（*a*）全埋式防空地下室

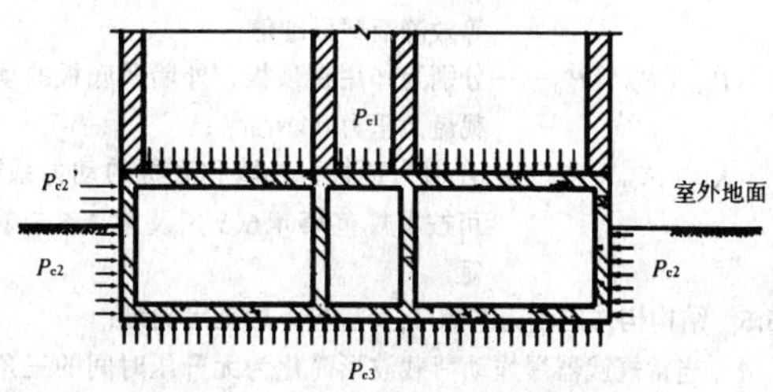

（*b*）顶板高出地面的防空地下室

图4.5.1 结构周边核武器爆炸动荷载作用方式

4.5.2 防空地下室结构顶板的核武器爆炸动荷载最大压力 P_{c1} 及升压时间 t_{0h} 可按下列公式计算：

1 顶板计算中不考虑上部建筑影响的防空地下室：

$$P_{c1}=KP_h \quad (4.5.2-1)$$

$$t_{0h}=(\gamma_c-1)\frac{h}{v_0} \quad (4.5.2-2)$$

式中 P_{c1}——防空地下室结构顶板的核武器爆炸动荷载最大压力（kN/m^2）；

K——顶板核武器爆炸动荷载综合反射系数，可按本规范第4.5.3条确定；

P_h——核武器爆炸土中压缩波的最大压力（kN/m^2），可按本规范第4.4.3条确定；

h——顶板的覆土厚度（m）；

v_0——土的起始压力波速（m/s），可按本规范第4.4.3条确定；

γ_c——波速比，可按本规范第4.4.3条确定；

2 顶板计算中考虑上部建筑影响的防空地下室：

$$P_{c1}=KP_h \quad (4.5.2-3)$$

$$t_{0h}=0.025+(\gamma_c-1)\frac{h}{v_0} \quad (4.5.2-4)$$

4.5.3 结构顶板核武器爆炸动荷载综合反射系数 K 可按下列规定确定：

1 覆土厚度 h 为0时，$K=1.0$；

2 覆土厚度 h 大于或等于结构不利覆土厚度 h_m 时，非饱和土的 K 值可按表4.5.3确定，饱和土的 K 值可按下列规定确定：

1）当 $\Delta P_m(N/mm^2)\geqslant 20\alpha_1$ 时，平顶结构 $K=2.0$，非平顶结构 $K=1.8$；

2）当 $\Delta P_m(N/mm^2)\leqslant 16\alpha_1$ 时，K 值按非饱和土确定；

3）当 $16\alpha_1<\Delta P_m(N/mm^2)<20\alpha_1$ 时，K 值按线性内插法确定；

3 结构顶板覆土厚度 h 小于结构不利覆土厚度 h_m 时，K 值可按线性内插法确定。对主体结构，当结构顶板覆土厚度 h 不大于0.5m时，综合反射系数 K 值可取1.0。

表4.5.3 $h\geqslant h_m$ 时非饱和土的综合反射系数 K 值

防核武器抗力级别	覆土厚度 h（m）						
	1	2	3	4	5	6	7
6B、6、5	1.45	1.40	1.35	1.30	1.25	1.22	1.20
4B、4	1.52	1.47	1.42	1.37	1.31	1.28	1.26

注：1 多层结构综合反射系数取表中数值的1.05倍；
2 非平顶结构综合反射系数取表中数值的0.9倍。

4.5.4 土中结构顶板的不利覆土厚度 h_m，可按表4.5.4-1、表4.5.4-2采用。

表4.5.4-1 核6B级、核6级、核5级防空地下室土中结构顶板不利覆土厚度

l_0（m）	≤2.0	2.5	3.0	3.5	4.0	4.5	5.0	5.5
h_m（m）	1.0	1.2	1.5	1.7	2.0	2.2	2.5	2.7
l_0（m）	6.0	6.5	7.0	7.5	8.0	8.5	≥9.0	
h_m（m）	2.9	3.0	3.2	3.4	3.6	3.8	4.0	

注：1 l_0 为顶板净跨，双向板取短边净跨；对多跨结构，取最大短边净跨；
2 h_m 为取顶板允许延性比 $[\beta]=3$ 时与 l_0 对应的土中结构不利覆土厚度。

表4.5.4-2 核4级、核4B级防空地下室土中结构顶板不利覆土厚度

l_0（m）	≤3.0	3.5	4.0	4.5	5.0	5.5	6.0	6.5
h_m（m）	1.0	1.2	1.4	1.6	1.8	1.9	2.1	2.3
l_0（m）	7.0	7.5	8.0	8.5	9.0	9.5	≥10.0	
h_m（m）	2.5	2.7	3.0	3.2	3.5	3.7	4.0	

注：1 l_0 为顶板净跨，双向板取短边净跨；对多跨结构，取最大短边净跨；
2 h_m 为取顶板允许延性比 $[\beta]=3$ 时与 l_0 对应的土中结构不利覆土厚度。

4.5.5 土中结构外墙上的水平均布核武器爆炸动荷载的最大压力 P_{c2} 及升压时间 t_{0h} 可按下列公式计算：

$$P_{c2}=\xi P_h \quad (4.5.5-1)$$

$$t_{0h}=(\gamma_c-1)\frac{h}{v_0} \quad (4.5.5-2)$$

式中 P_{c2}——土中结构外墙上的水平均布核武器爆炸动荷载的最大压力（kN/m^2）；

ξ——土的侧压系数。当无实测资料时，可按表4.5.5采用。

表4.5.5 核武器爆炸动荷载作用下土的侧压系数 ξ 值

土的类别		侧压系数 ξ
碎石土		0.15~0.25
砂土	地下水位以上	0.25~0.35
	地下水位以下	0.70~0.90
粉土		0.33~0.43
粘性土（粉质粘土、粘土）	坚硬、硬塑	0.20~0.40
	可塑	0.40~0.70
	软塑、流塑	0.70~1.00
老粘性土		0.20~0.33
红粘土		0.30~0.45
湿陷性黄土		0.25~0.40
淤泥质土		0.70~0.90

注：1 碎石土及非饱和砂土：密实、颗粒粗的取小值；
2 非饱和粘性土：液性指数低的取小值；
3 饱和粘性土、饱和砂土：含气量 $\alpha_1\leqslant 0.1\%$ 时取大值。

4.5.6 当核6级、核6B级防空地下室的顶板底面按本规范第3.2.15条规定高出室外地面，直接承受空气冲击波作用的外墙最

大水平均布压力 P_{c2}'可取 $2\Delta P_m$。

4.5.7 结构底板上核武器爆炸动荷载最大压力可按下列公式计算：

$$P_{c3} = \eta P_{c1} \tag{4.5.7}$$

式中 P_{c3}——结构底板上核武器爆炸动荷载最大压力（kN/m²）；

η——底压系数，当底板位于地下水位以上时取 0.7～0.8，其中核 4B 级及核 4 级时取小值；当底板位于地下水位以下时取 0.8～1.0，其中含气量 $\alpha_1 \leqslant$ 0.1%时取大值。

4.5.8 作用在防空地下室出入口通道内临空墙、门框墙上的核武器爆炸空气冲击波最大压力 P_c 值，可按表 4.5.8 确定。

表 4.5.8 出入口通道内临空墙、门框墙最大压力 P_c 值

出入口部位及形式		防核武器抗力级别				
		6B	6	5	4B	4
顶板荷载考虑上部建筑影响的室内出入口		$2.0\Delta P_m$	$2.0\Delta P_m$	$1.9\Delta P_m$	—	—
顶板荷载不考虑上部建筑影响的室内出入口，室外竖井、楼梯、穿廊出入口		$2.0\Delta P_m$	$2.0\Delta P_m$	$2.0\Delta P_m$	$2.0\Delta P_m$	$2.0\Delta P_m$
室外直通、单向出入口	$\zeta<30°$	$2.3\Delta P_m$	$2.4\Delta P_m$	$2.8\Delta P_m$	$3.0\Delta P_m$	$3.0\Delta P_m$
	$\zeta\geqslant30°$	$2.0\Delta P_m$	$2.0\Delta P_m$	$2.4\Delta P_m$		

注：ζ 为直通、单向出入口坡道的坡度角。

4.5.9 防空地下室战时非主要出入口，除临空墙外，其它与防空地下室无关的墙、楼梯踏步和休息平台等均不考虑核武器爆炸动荷载作用。

4.5.10 防空地下室室外出入口土中通道结构上的核武器爆炸动荷载，可按下列规定确定：

1 有顶盖段通道结构，按承受土中压缩波产生的核武器爆炸动荷载计算，其值可按本规范第 4.5.2～4.5.5 条及第 4.5.7 条确定；

2 无顶盖敞开段通道结构，可不验算核武器爆炸动荷载作用；

3 土中竖井结构，无论有无顶盖，均按由土中压缩波产生的法向均布动荷载计算，其值可按本规范第 4.5.5 条确定。

4.5.11 作用在扩散室与防空地下室内部房间相邻的临空墙上最大压力，可按消波系统的余压确定。作用在与土直接接触的扩散室顶板、外墙及底板上的核武器爆炸动荷载可按本规范第 4.5.2～4.5.7 条确定。

4.6 结构动力计算

4.6.1 当采用等效静荷载法进行结构动力计算时，宜将结构体系拆成顶板、外墙、底板等结构构件，分别按单独的等效单自由度体系进行动力分析。

4.6.2 在常规武器爆炸动荷载或核武器爆炸动荷载作用下，结构构件的工作状态均可用结构构件的允许延性比［β］表示。对砌体结构构件，允许延性比［β］值应取 1.0；对钢筋混凝土结构构件，允许延性比［β］可按表 4.6.2 取值。

表 4.6.2 钢筋混凝土结构构件的允许延性比［β］值

结构构件使用要求	动荷载类别	受力状态			
		受 弯	大偏心受压	小偏心受压	轴心受压
密闭、防水要求高	核武器爆炸动荷载	1.0	1.0	1.0	1.0
	常规武器爆炸动荷载	2.0	1.5	1.2	1.0
密闭、防水要求一般	核武器爆炸动荷载	3.0	2.0	1.5	1.2
	常规武器爆炸动荷载	4.0	3.0	1.5	1.2

4.6.3 在常规武器爆炸动荷载作用下，顶板、外墙的均布等效静荷载标准值，可分别按下列公式计算确定：

$$q_{ce1} = K_{dc1}\overline{p}_{c1} \tag{4.6.3-1}$$

$$q_{ce2} = K_{dc2}\overline{p}_{c2} \tag{4.6.3-2}$$

式中 q_{ce1}、q_{ce2}——分别为作用在顶板、外墙的均布等效静荷载标准值；

$\overline{p}_{c1}$、$\overline{p}_{c2}$——分别为作用在顶板、外墙的均布动荷载最大压力（kN/m²）；

K_{dc1}、K_{dc2}——分别为顶板、外墙的动力系数，可按本规范第 4.6.5 条确定。

4.6.4 在核武器爆炸动荷载作用下，顶板、外墙、底板的均布等效静荷载标准值，可分别按下列公式计算确定：

$$q_{e1} = K_{d1}P_{c1} \tag{4.6.4-1}$$

$$q_{e2} = K_{d2}P_{c2} \tag{4.6.4-2}$$

$$q_{e3} = K_{d3}P_{c3} \tag{4.6.4-3}$$

式中 q_{e1}、q_{e2}、q_{e3}——分别为作用在顶板、外墙及底板的均布等效静荷载标准值；

P_{c1}、P_{c2}、P_{c3}——分别为作用在顶板、外墙及底板的动荷载最大压力（kN/m²）；

K_{d1}、K_{d2}、K_{d3}——分别为顶板、外墙和底板的动力系数，可按本规范第 4.6.5 条及第 4.6.7 条确定。

4.6.5 结构构件的动力系数 K_d，应按下列规定确定：

1 当常规武器爆炸动荷载波形简化为无升压时间的三角形时，根据结构构件自振圆频率 ω、动荷载等效作用时间 t_0 及允许延性比［β］按下列公式计算确定：

$$K_d = \left[\frac{2}{\omega t_0}\sqrt{2[\beta]-1} + \frac{2[\beta]-1}{2[\beta]\left(1+\dfrac{4}{\omega t_0}\right)}\right]^{-1} \tag{4.6.5-1}$$

2 当常规武器爆炸动荷载的波形简化为有升压时间的三角形时，根据结构构件自振圆频率 ω、动荷载升压时间 t_r、动荷载等效作用时间 t_d 及允许延性比［β］按下列公式计算确定：

$$K_d = \overline{\xi}\,\overline{K_d} \tag{4.6.5-2}$$

$$\overline{\xi} = \frac{1}{2} + \frac{\sqrt{[\beta]}}{\omega t_r}\sin\left(\frac{\omega t_r}{2\sqrt{[\beta]}}\right) \tag{4.6.5-3}$$

式中 $\overline{\xi}$——动荷载升压时间对结构动力响应的影响系数；

$\overline{K}_d$——无升压时间的三角形动荷载作用下结构构件的动力系数，应按式（4.6.5-1）计算确定，此时式中 t_0 改用 t_d；

3 当核武器爆炸动荷载的波形简化为无升压时间的三角形时，根据结构构件的允许延性比［β］按下列公式计算确定：

$$K_d = \frac{2[\beta]}{2[\beta]-1} \tag{4.6.5-4}$$

4 当核武器爆炸动荷载的波形简化为有升压时间的平台形时，根据结构构件自振圆频率 ω、升压时间 t_{0h}及允许延性比［β］按表 4.6.5 确定。

表 4.6.5 动力系数 K_d

ωt_{0h}	允许延性比［β］				
	1.0	1.2	1.5	2.0	3.0
0	2.00	1.71	1.50	1.34	1.20
1	1.96	1.68	1.47	1.31	1.19
2	1.84	1.58	1.40	1.26	1.15
3	1.67	1.44	1.28	1.18	1.10

续表 4.6.5

ωt_{0h}	允许延性比［β］				
	1.0	1.2	1.5	2.0	3.0
4	1.50	1.30	1.18	1.11	1.06
5	1.40	1.22	1.13	1.07	1.05
6	1.33	1.17	1.09	1.05	1.05
7	1.29	1.14	1.07	1.05	1.05
8	1.25	1.11	1.06	1.05	1.05
9	1.22	1.09	1.05	1.05	1.05
10	1.20	1.08	1.05	1.05	1.05
15	1.13	1.05	1.05	1.05	1.05
20	1.10	1.05	1.05	1.05	1.05

4.6.6 按等效静荷载法进行结构动力分析时，宜取与动荷载分布规律相似的静荷载作用下产生的挠曲线作为基本振型。确定自振圆频率时，可不考虑土的附加质量影响。

4.6.7 在核武器爆炸动荷载作用下，结构底板的动力系数 K_{d3} 可取 1.0，扩散室与防空地下室内部房间相邻的临空墙动力系数可取 1.30。

4.7 常规武器爆炸动荷载作用下结构等效静荷载

4.7.1 常规武器地面爆炸作用在防空地下室结构各部位的等效静荷载标准值，除按本规范公式计算外，也可按本节规定直接选用。

4.7.2 防空地下室钢筋混凝土梁板结构顶板的等效静荷载标准值 q_{ce1} 可按下列规定采用：

1 当防空地下室设在地下一层时，顶板等效静荷载标准值 q_{ce1} 可按表 4.7.2 采用。对于常 5 级当顶板覆土厚度大于 2.5m，对于常 6 级大于 1.5m 时，顶板可不计入常规武器地面爆炸产生的等效静荷载，但顶板设计应符合本规范第 4.11 节规定的构造要求；

2 当防空地下室设在地下二层及以下各层时，顶板可不计入常规武器地面爆炸产生的等效静荷载，但顶板设计应符合本规范第 4.11 节规定的构造要求。

表 4.7.2　顶板等效静荷载标准值 q_{ce1}（kN/m²）

顶板覆土厚度 h（m）	防常规武器抗力级别	
	5	6
$0 \leqslant h \leqslant 0.5$	110～90（88～72）	50～40（40～32）
$0.5 < h \leqslant 1.0$	90～70（72～56）	40～30（32～24）
$1.0 < h \leqslant 1.5$	70～50（56～40）	30～15（24～12）
$1.5 < h \leqslant 2.0$	50～30（40～24）	－
$2.0 < h \leqslant 2.5$	30～15（24～12）	－

注：1　顶板按弹塑性工作阶段计算，允许延性比［β］取 4.0；
　　2　顶板覆土厚度 h 为小值时，q_{ce1} 取大值；
　　3　当符合本规范第 4.3.4 条规定考虑上部建筑影响时，可取用表中括号内数值。

4.7.3 防空地下室外墙的等效静荷载标准值 q_{ce2} 可按下列规定采用：

1 土中外墙的等效静荷载标准值 q_{ce2}，可按表 4.7.3－1、表 4.7.3－2 采用；

2 对按本规范第 3.2.15 条规定，顶板底面高出室外地面的常 5 级、常 6 级防空地下室，直接承受空气冲击波作用的钢筋混凝土外墙按弹塑性工作阶段设计时，其等效静荷载标准值 q_{ce2} 对常 5 级可取 400kN/m²，对常 6 级可取 180kN/m²。

表 4.7.3－1　非饱和土中外墙等效静荷载标准值 q_{ce2}（kN/m²）

顶板顶面埋置深度 h（m）	土的类别	防常规武器抗力级别			
		5		6	
		砌体	钢筋混凝土	砌体	钢筋混凝土
$0 < h \leqslant 1.5$	碎石土、粗砂、中砂	85～60	70～40	45～25	30～20
	细砂、粉砂	70～50	55～35	35～20	25～15
	粉土	70～55	60～40	40～20	30～15
	粘性土、红粘土	70～50	55～35	35～25	20～15
	老粘性土	80～60	65～40	40～25	30～15
	湿陷性黄土	70～50	55～35	35～20	25～15
	淤泥质土	50～40	35～25	25～15	15～10
$1.5 < h \leqslant 3.0$	碎石土、粗砂、中砂		40～30		20～15
	细砂、粉砂		35～25		15～10
	粉土		40～25		15～10
	粘性土、红粘土		35～25		15～10
	老粘性土		40～25		15～10
	湿陷性黄土		35～20		15～10
	淤泥质土		25～15		10～5

注：1　表内砌体外墙数值系按防空地下室净高≤3.0m，开间≤5.4m 计算确定；钢筋混凝土外墙数值系按计算高度≤5.0m 计算确定；
　　2　砌体外墙按弹性工作阶段计算；钢筋混凝土外墙按弹塑性工作阶段计算，［β］取 3.0；
　　3　顶板埋置深度 h 为小值时，q_{ce2} 取大值。

表 4.7.3－2　饱和土中外墙等效静荷载标准值 q_{ce2}（kN/m²）

顶板顶面埋置深度 h（m）	饱和土含气量 α_1（%）	防常规武器抗力级别	
		5	6
$0 < h \leqslant 1.5$	1	100～80	50～30
	≤0.05	140～100	70～50
$1.5 < h \leqslant 3.0$	1	80～60	30～25
	≤0.05	100～80	50～30

注：1　表内数值系按钢筋混凝土外墙计算高度≤5.0m，允许延性比［β］取 3.0 计算确定；
　　2　当含气量 $\alpha_1 > 1\%$ 时，按非饱和土取值；当 $0.05\% < \alpha_1 < 1\%$ 时，按线性内插法确定；
　　3　顶板埋置深度 h 为小值时，q_{ce2} 取大值。

4.7.4 防空地下室底板设计可不考虑常规武器地面爆炸作用，但底板设计应符合本规范第 4.11 节规定的构造要求。

4.7.5 防空地下室室外出入口支承钢筋混凝土平板防护密闭门的门框墙（图 4.7.5－1），其常规武器爆炸等效静荷载标准值可按下列规定确定：

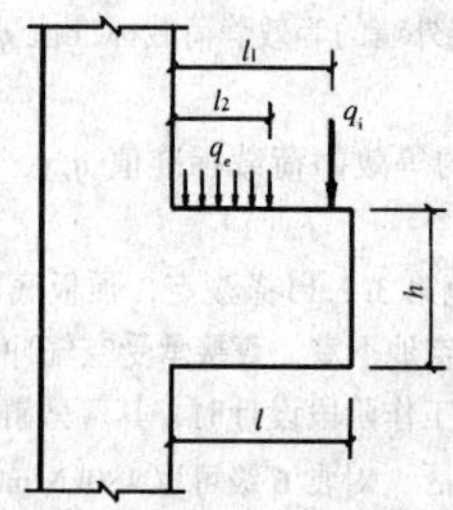

图 4.7.5-1 门框墙荷载分布

注：l——门框墙悬挑长度（mm）；

l_1——门扇传来的作用力至悬臂根部的距离（mm），其值为门框墙悬挑长度 l 减去 1/3 门扇搭接长度；

l_2——直接作用在门框墙上的等效静荷载标准值分布宽度（mm），其值为门框墙悬挑长度 l 减去门扇搭接长度。

1 直接作用在门框墙上的等效静荷载标准值 q_e，可按表 4.7.5-1 采用。当室外出入口通道净宽大于 3.0m 时，可将表中数值乘以 0.9 采用；

表 4.7.5-1 直接作用在门框墙上的等效静荷载标准值 q_e（kN/m²）

出入口部位及形式	距离 L（m）	防常规武器抗力级别 6	防常规武器抗力级别 5
室外直通出入口	5	290	580
	10	240	470
	≥15	210	400
室外单向出入口	5	270	530
	10	220	430
	≥15	190	370
室外竖井、楼梯、穿廊出入口	5	160	320
	10	130	260
	≥15	115	220

注：1 L 为室外出入口至防护密闭门的距离（图 4.7.5-2）；

2 当 $5m < L < 10m$ 及 $10m < L < 15m$ 时，可按线性内插法确定。

2 由钢筋混凝土门扇传来的等效静荷载标准值，可按下列公式计算确定：

$$q_{ia} = \gamma_a q_e a \tag{4.7.5-1}$$

$$q_{ib} = \gamma_b q_e a \tag{4.7.5-2}$$

式中 q_{ia}、q_{ib}——分别为沿上下门框和两侧门框单位长度作用力的标准值（kN/m）；

γ_a、γ_b——分别为沿上下门框和两侧门框的反力系数。单扇平板门可按表 4.7.5-2 采用，双扇平板门可按表 4.7.5-3 采用；

q_e——作用在防护密闭门上的等效静荷载标准值，可按表 4.7.5-1 采用；

a、b——分别为单个门扇的宽度和高度（m）。

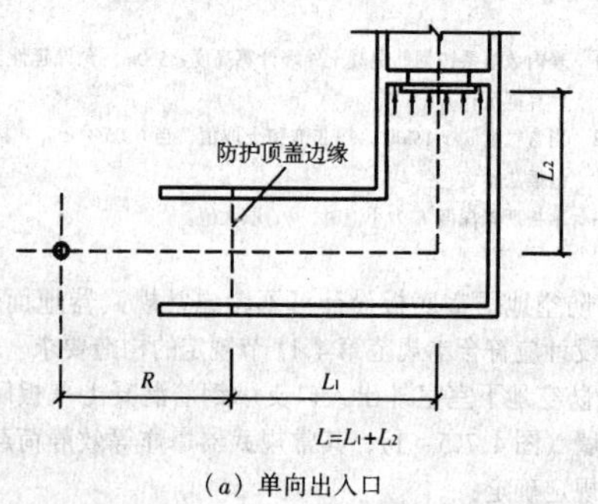

（a）单向出入口

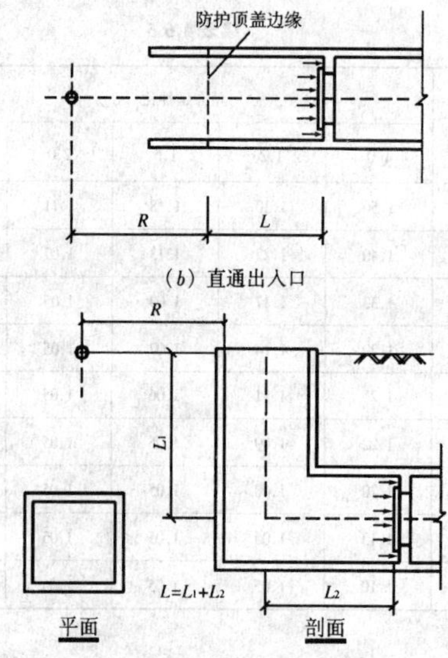

（b）直通出入口

（c）竖井出入口

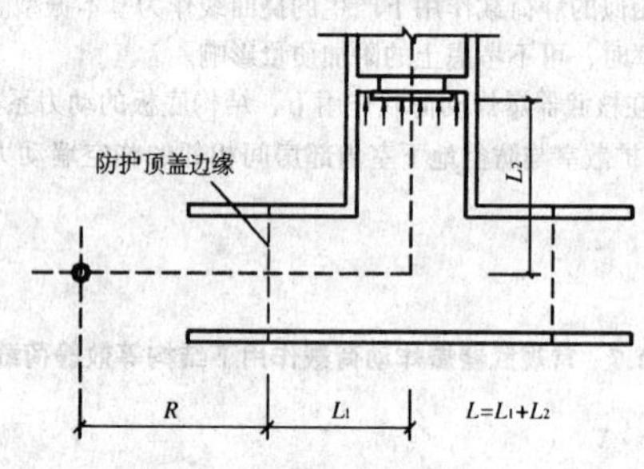

（d）穿廊出入口

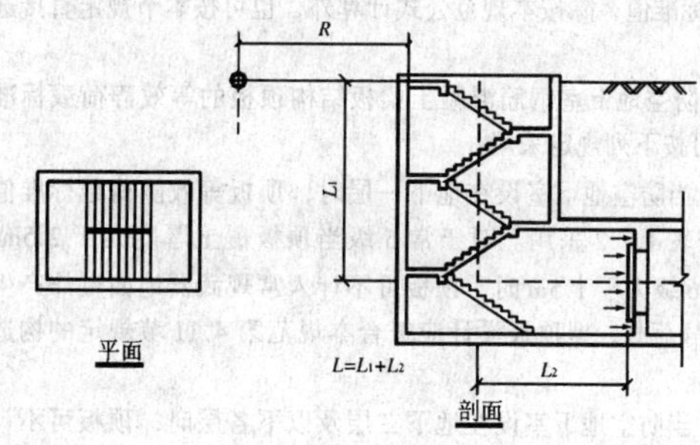

（e）楼梯出入口

图 4.7.5-2 室外出入口至防护密闭门的距离示意

注：R 为爆心至出入口的水平距离。

表 4.7.5-2 单扇平板门反力系数

a/b	0.40	0.50	0.60	0.70	0.80	0.90	1.00	1.25	1.50
γ_a	0.37	0.37	0.37	0.36	0.36	0.35	0.34	0.31	0.28
γ_b	0.48	0.47	0.44	0.42	0.39	0.36	0.34	0.29	0.24

表 4.7.5-3 双扇平板门反力系数

a/b	0.40	0.50	0.60	0.70	0.80	0.90	1.00	1.25	1.50
γ_a	0.51	0.50	0.48	0.47	0.44	0.42	0.40	0.35	0.31
γ_b	0.65	0.60	0.54	0.49	0.44	0.40	0.36	0.30	0.25

4.7.6 防空地下室室外出入口通道内的钢筋混凝土临空墙，其等效静荷载标准值可按表 4.7.6 采用。当室外出入口净宽大于

3.0m时，可将表中数值乘以0.9采用。

表4.7.6　出入口临空墙的等效静荷载标准值（kN/m^2）

出入口部位及形式	距离 L（m）	防常规武器抗力级别	
		6	5
室外直通出入口	5	200	390
	10	160	320
	≥15	140	280
室外单向出入口	5	180	360
	10	150	300
	≥15	130	260
室外竖井、楼梯、穿廊出入口	5	110	210
	10	90	170
	≥15	70	150

注：1　L 为室外出入口至防护密闭门的距离（图4.7.5-2）；

2　当 $5m < L < 10m$ 及 $10m < L < 15m$ 时，可按线性内插法确定。

4.7.7　防空地下室室内出入口支承防护密闭门的门框墙及临空墙的等效静荷载标准值，可按下列规定确定：

1　当防空地下室室内出入口侧壁内侧至外墙外侧的最小水平距离小于等于5.0m时，防空地下室室内出入口门框墙、临空墙的等效静荷载标准值可分别按表4.7.5-1、表4.7.6中室外竖井、楼梯、穿廊出入口项的数值乘以0.5采用；

2　当防空地下室室内出入口侧壁内侧至外墙外侧的最小水平距离大于5.0m时，防空地下室室内出入口门框墙、临空墙可不计入常规武器地面爆炸产生的等效静荷载，但门框墙、临空墙设计应符合本规范第4.11节规定的构造要求。

4.7.8　防空地下室相邻两个防护单元之间的隔墙以及防空地下室与普通地下室相邻的隔墙可不计入常规武器地面爆炸产生的等效静荷载，但常5级、常6级隔墙厚度应分别不小于250mm、200mm，配筋应符合本规范第4.11节规定的构造要求。

4.7.9　对多层防空地下室结构，当相邻楼层分别划分为上、下两个防护单元时，上、下两个防护单元之间楼板可不计入常规武器地面爆炸产生的等效静荷载，但楼板厚度应不小于200mm，配筋应符合本规范第4.11节规定的构造要求。

4.7.10　当防空地下室主要出入口采用楼梯式出入口时，作用在出入口内楼梯踏步与休息平台上的常规武器爆炸动荷载应按构件正面受荷计算。动荷载作用方向与构件表面垂直，其等效静荷载标准值可按下列规定确定：

1　当主要出入口为室外出入口时，对常5级可取 $110kN/m^2$，对常6级可取 $50kN/m^2$；

2　当主要出入口为室内出入口，且其侧壁内侧至外墙外侧的最小水平距离小于等于5.0m时，对常5级可取 $90kN/m^2$，对常6级可取 $40kN/m^2$；

3　当主要出入口为室内出入口，且其侧壁内侧至外墙外侧的最小水平距离大于5.0m时，可不计入等效静荷载。

4.7.11　作用在防空地下室室外出入口土中通道结构上的常规武器爆炸等效静荷载，可按下列规定确定：

1　有顶盖的通道结构，按承受土中压缩波产生的常规武器爆炸动荷载计算，其等效静荷载标准值可按本规范第4.7.2~4.7.4条确定；

2　无顶盖敞开段通道结构，可不考虑常规武器爆炸动荷载作用；

3　土中竖井结构，无论有无顶盖，均按由土中压缩波产生的法向均布动荷载计算，其等效静荷载标准值可按本规范第4.7.3条的规定确定。

4.7.12　作用在与土直接接触的扩散室顶板、外墙及底板上的常规武器爆炸等效静荷载可按本规范第4.7.2~4.7.4条确定。扩散室与防空地下室内部房间相邻的临空墙可不计入常规武器爆炸产生的等效静荷载，但临空墙设计应符合本规范第4.11节规定的构造要求。

4.8　核武器爆炸动荷载作用下常用结构等效静荷载

4.8.1　核武器爆炸作用在防空地下室结构各部位的等效静荷载标准值，除按本规范第4.4~4.6节的公式计算外，当条件符合时，也可按本节的规定直接选用。

4.8.2　当防空地下室的顶板为钢筋混凝土梁板结构，且按允许延性比［β］等于3.0计算时，顶板的等效静荷载标准值 q_{e1} 可按表4.8.2采用。

表4.8.2　顶板等效静荷载标准值 q_{e1}（kN/m^2）

顶板覆土厚度 h（m）	顶板区格最大短边净跨 l_0（m）	防核武器抗力级别				
		6B	6	5	4B	4
$h \leq 0.5$	$3.0 \leq l_0 \leq 9.0$	40（35）	60（55）	120（100）	240	360
$0.5 < h \leq 1.0$	$3.0 \leq l_0 \leq 4.5$	45（40）	70（65）	140（120）	310	460
	$4.5 < l_0 \leq 6.0$	45（40）	70（60）	135（115）	285	425
	$6.0 < l_0 \leq 7.5$	45（40）	65（60）	130（110）	275	410
	$7.5 < l_0 \leq 9.0$	45（40）	65（60）	130（110）	265	400
$1.0 < h \leq 1.5$	$3.0 \leq l_0 \leq 4.5$	50（45）	75（70）	145（135）	320	480
	$4.5 < l_0 \leq 6.0$	45（40）	70（65）	135（120）	300	450
	$6.0 < l_0 \leq 7.5$	40（35）	70（60）	135（115）	290	430
	$7.5 < l_0 \leq 9.0$	40（35）	70（60）	130（115）	280	415

注：表中括号内数值为考虑上部建筑影响的顶板等效静荷载标准值。

4.8.3　防空地下室土中外墙的等效静荷载标准值 q_{e2}，当不考虑上部建筑对外墙影响时，可按表4.8.3-1、表4.8.3-2采用；当按本规范第4.4.7条的规定考虑上部建筑影响时，应按表4.8.3-1、表4.8.3-2中规定数值乘以系数 λ 采用。核6B级、核6级时，$\lambda = 1.1$；核5级时，$\lambda = 1.2$；核4B级时，$\lambda = 1.25$。

表4.8.3-1　非饱和土中外墙等效静荷载标准值 q_{e2}（kN/m^2）

土的类别		防核武器抗力级别							
		6B		6		5		4B	4
		砌体	钢筋混凝土	砌体	钢筋混凝土	砌体	钢筋混凝土	钢筋混凝土	钢筋混凝土
碎石土		10~15	5~10	15~25	10~15	30~50	20~35	40~65	55~90
砂土	粗砂、中砂	10~20	10~15	25~35	15~25	50~70	35~45	65~90	90~125
	细砂、粉砂	10~15	10~15	25~30	15~20	40~60	30~40	55~75	80~110
粉土		10~20	10~15	30~40	20~25	55~65	35~50	70~90	100~130
粘性土	坚硬、硬塑	10~15	5~15	20~35	10~25	30~60	25~45	40~85	60~125
	可塑	15~25	15~25	35~55	25~40	60~100	45~75	85~145	125~215
	软塑、流塑	25~35	25~30	55~60	40~45	100~105	75~85	145~165	215~240
老粘性土		10~25	10~15	20~40	15~25	40~80	25~50	50~100	65~125
红粘土		20~30	10~20	30~45	15~30	45~90	35~50	60~100	90~140
湿陷性黄土		10~15	10~15	15~30	10~25	30~65	25~45	40~85	60~120
淤泥质土		30~35	25~30	50~55	40~45	90~100	70~80	140~160	210~240

注：1　表内砌体外墙数值系按防空地下室净高≤3m，开间≤5.4m计算确定；钢筋混凝土外墙数值系按构件计算高度≤5.0m计算确定；

2　砌体外墙按弹性工作阶段计算，钢筋混凝土外墙按弹塑性工作阶段计算，［β］取2.0；

3　碎石土及砂土，密实、颗粒粗的取小值；粘性土，液性指数低的取小值。

表 4.8.3-2 饱和土中钢筋混凝土外墙等效静荷载标准值 q_{e2}（kN/m²）

土的类别	防核武器抗力级别				
	6B	6	5	4B	4
碎石土、砂土	30～35	45～55	80～105	185～240	280～360
粉土、粘性土、老粘性土、红粘土、淤泥质土	30～35	45～60	80～115	185～265	280～400

注：1 表中数值系按外墙构件计算高度≤5.0m，允许延性比［β］取 2.0 确定；
2 含气量 $\alpha_1 \leqslant 0.1\%$ 时取大值。

4.8.4 对按本规范第 3.2.15 条规定，高出室外地面的核 6B 级及核 6 级防空地下室，直接承受空气冲击波单向作用的钢筋混凝土外墙按弹塑性工作阶段设计时，其等效静荷载标准值 q_{e2} 当核 6B 级时取 80kN/m²；当核 6 级时取 130kN/m²。

4.8.5 无桩基的防空地下室钢筋混凝土底板的等效静荷载标准值 q_{e3}，可按表 4.8.5 采用；带桩基的防空地下室钢筋混凝土底板的等效静荷载标准值可按本规范第 4.8.15 条采用。

表 4.8.5 钢筋混凝土底板等效静荷载标准值 q_{e3}（kN/m²）

顶板覆土厚度 h（m）	顶板短边净跨 l_0（m）	防核武器抗力级别						防核武器抗力级别			
		6B		6		5		4B		4	
		地下水位以上	地下水位以下	地下水位以上	地下水位以下	地下水位以上	地下水位以下	地下水位以上	地下水位以下	地下水位以上	地下水位以下
$h \leqslant 0.5$	$3.0 \leqslant l_0 \leqslant 9.0$	30	30～35	40	40～50	75	75～95	140	160～200	210	240～300
$0.5 < h \leqslant 1.0$	$3.0 \leqslant l_0 \leqslant 4.5$	30	35～40	50	50～60	90	90～115	190	215～270	280	320～400
	$4.5 < l_0 \leqslant 6.0$	30	30～35	45	45～55	85	85～110	170	195～245	255	290～365
	$6.0 < l_0 \leqslant 7.5$	30	30～35	45	45～55	85	85～105	160	185～230	245	280～350
	$7.5 < l_0 \leqslant 9.0$	30	30～35	45	45～55	80	80～100	155	180～225	235	265～335
$1.0 < h \leqslant 1.5$	$3.0 \leqslant l_0 \leqslant 4.5$	35	35～45	55	55～70	105	105～130	205	235～295	305	350～440
	$4.5 < l_0 \leqslant 6.0$	30	30～40	50	50～60	90	90～115	190	215～270	280	320～400
	$6.0 < l_0 \leqslant 7.5$	30	30～35	45	45～60	90	90～110	175	200～250	260	300～375
	$7.5 < l_0 \leqslant 9.0$	30	30～35	45	45～55	85	85～105	165	190～240	250	285～355

注：1 表中核 6 级及核 6B 级防空地下室底板的等效静荷载标准值对考虑或不考虑上部建筑影响均适用；
2 表中核 5 级防空地下室底板的等效静荷载标准值按考虑上部建筑影响计算，当按不考虑上部建筑影响计算时，可将表中数值除以 0.95 后采用；
3 位于地下水位以下的底板，含气量 $\alpha_1 \leqslant 0.1\%$ 时取大值。

4.8.6 防空地下室室外出入口土中有顶盖通道结构外墙的等效静荷载标准值可按表 4.8.3-1、表 4.8.3-2 采用。当通道净跨不小于 3m 时，钢筋混凝土顶、底板上等效静荷载标准值可分别按表 4.8.2、表 4.8.5 中不考虑上部建筑影响项采用；对核 5 级、核 6 级及核 6B 级防空地下室，当通道净跨小于 3m 时，钢筋混凝土顶、底板等效静荷载标准值可分别按表 4.8.6-1、表 4.8.6-2 采用。

表 4.8.6-1 通道顶板等效静荷载标准值 q_{e1}（kN/m²）

顶板覆土厚度 h（m）	防核武器抗力级别		
	6B	6	5
$h \leqslant 0.5$	40	65	135
$0.5 < h \leqslant 1.5$	45	75	150
$1.5 < h \leqslant 2.0$	40	70	145
$2.0 < h \leqslant 3.5$	40	70	140
$3.5 < h \leqslant 5.0$	40	65	135

表 4.8.6-2 通道底板等效静荷载标准值 q_{e3}（kN/m²）

顶板覆土厚度 h（m）	防核武器抗力级别					
	6B		6		5	
	地下水位以上	地下水位以下	地下水位以上	地下水位以下	地下水位以上	地下水位以下
$h \leqslant 0.5$	30	30～35	50	50～60	100	100～125
$0.5 < h \leqslant 1.5$	35	35～40	60	60～75	115	115～145
$1.5 < h \leqslant 2.0$	35	35～40	55	55～65	110	110～140
$2.0 < h \leqslant 3.5$	30	30～35	55	55～65	105	105～135
$3.5 < h \leqslant 5.0$	30	30～35	50	50～60	100	100～125

注：位于地下水位以下的底板，含气量 $\alpha_1 \leqslant 0.1\%$ 时取大值。

4.8.7 防空地下室支承钢筋混凝土平板防护密闭门的门框墙（图 4.7.5-1），其核武器爆炸等效静荷载标准值可按下列规定确定：

1 直接作用在门框墙上的等效静荷载标准值 q_e，可按表 4.8.7 确定；

2 由钢筋混凝土门扇传来的等效静荷载标准值，可按下列公式计算确定：

$$q_{ia} = \gamma_a q_e a \tag{4.8.7-1}$$

$$q_{ib} = \gamma_b q_e a \tag{4.8.7-2}$$

式中 q_{ia}、q_{ib}——分别为沿上下门框和两侧门框单位长度作用力的标准值（kN/m）；

γ_a、γ_b——分别为沿上下门框和两侧门框的反力系数；单扇平板门可按表 4.7.5-2 采用，双扇平板门可按表 4.7.5-3 采用；

q_e——作用在防护密闭门上的等效静荷载标准值，可按表 4.8.7 采用；

a、b——分别为单个门扇的宽度和高度（m）。

表 4.8.7 直接作用在门框墙上的等效静荷载标准值 q_e（kN/m²）

出入口部位及形式		防核武器抗力级别				
		6B	6	5	4B	4
顶板荷载考虑上部建筑影响的室内出入口		120	200	380	—	—
顶板荷载不考虑上部建筑影响的室内出入口，室外竖井、楼梯、穿廊出入口		120	200	400	800	1200
室外直通、单向出入口	ζ<30°	135	240	550	1200	1800
	ζ≥30°	120	200	480		

注：ζ 为直通、单向出入口坡道的坡度角。

4.8.8 防空地下室出入口通道内的钢筋混凝土临空墙，当按允许延性比［β］等于 2.0 计算时，其等效静荷载标准值可按表 4.8.8 采用。

表 4.8.8 临空墙的等效静荷载标准值（kN/m²）

出入口部位及形式		防核武器抗力级别				
		6B	6	5	4B	4
顶板荷载考虑上部建筑影响的室内出入口		65	110	210	—	—
顶板荷载不考虑上部建筑影响的室内出入口，室外竖井、楼梯、穿廊出入口		80	130	270	530	800
室外直通、单向出入口	ζ<30°	90	160	370	800	1200
	ζ≥30°	80	130	320		

注：ζ 为直通、单向出入口坡道的坡度角。

4.8.9 甲类防空地下室相邻两个防护单元之间的隔墙、门框墙水平等效静荷载标准值，可按表 4.8.9-1 或表 4.8.9-2 采用。

设计时，隔墙与门框墙两侧应分别按单侧受力计算配筋。

表 4.8.9-1 相邻防护单元抗力级别相同时，隔墙、门框墙的水平等效静荷载标准值

荷载部位	防核武器抗力级别				
	6B	6	5	4B	4
隔墙、门框墙水平等效静荷载标准值（kN/m^2）	30	50	100	200	300

表 4.8.9-2 相邻防护单元抗力级别不同时，隔墙、门框墙的水平等效静荷载标准值

防核武器抗力级别		荷载部位	
		隔墙水平等效静荷载标准值（kN/m^2）	门框墙水平等效静荷载标准值（kN/m^2）
6B级与6级相邻	6B级一侧	50	50
	6级一侧	30	30
6B级与5级相邻	6B级一侧	100	100
	5级一侧	30	30
6B级与普通地下室相邻	普通地下室一侧	55（70）	100
6级与5级相邻	6级一侧	100	100
	5级一侧	50	50
6级与普通地下室相邻	普通地下室一侧	90（110）	170
5级与4B级相邻	5级一侧	200	200
	4B级一侧	100	100
5级与普通地下室相邻	普通地下室一侧	180（230）	320（340）
4B级与4级相邻	4B级一侧	300	300
	4级一侧	200	200

注：当顶板荷载不考虑上部建筑影响时，普通地下室一侧荷载应取括号内数值。

4.8.10 甲类防空地下室室外开敞式防倒塌棚架，由空气冲击波动压产生的水平等效静荷载标准值及由房屋倒塌产生的垂直等效静荷载标准值可按表 4.8.10 采用，水平与垂直荷载二者应按不同时作用计算。

表 4.8.10 开敞式防倒塌棚架等效静荷载标准值（kN/m^2）

防核武器抗力级别	6B	6	5
水平等效静荷载标准值	6	15	55
垂直等效静荷载标准值	30	50	50

4.8.11 当核5级、核6级及核6B级防空地下室战时主要出入口采用室外楼梯出入口时，作用在出入口内楼梯踏步与休息平台上的核武器爆炸动荷载应按构件正面和反面不同时受力分别计算。核武器爆炸动荷载作用方向与构件表面垂直，其等效静荷载标准值可按表 4.8.11 采用。

表 4.8.11 楼梯踏步与休息平台等效静荷载标准值（kN/m^2）

荷载部位	防核武器抗力级别		
	6B	6	5
正面荷载	40	60	120
反面荷载	20	30	60

4.8.12 对多层地下室结构，当防空地下室未设在最下层时，宜在临战时对防空地下室以下各层采取临战封堵转换措施，确保空气冲击波不进入防空地下室以下各层。此时防空地下室顶板和防空地下室及其以下各层的内、外墙、柱以及最下层底板均应考虑核武器爆炸动荷载作用，防空地下室底板可不考虑核武器爆炸动荷载作用，按平时使用荷载计算，但该底板混凝土折算厚度应不小于 200mm，配筋应符合本规范第 4.11 节规定的构造要求。

4.8.13 当核5级、核6级及核6B级防空地下室的室外楼梯出入口大于等于二层时，作用在室外出入口内门框墙、临空墙上的等效静荷载标准值可分别按表 4.8.7、表 4.8.8 规定的数值乘以 0.9 后采用。

4.8.14 对多层的甲类防空地下室结构，当相邻楼层分别划分为上、下两个抗力级别相同或抗力级别不同且下层抗力级别大于上层的防护单元时，则上、下两个防护单元之间楼板的等效静荷载标准值应按防护单元隔墙上的等效静荷载标准值确定，但只计入作用在楼板上表面的等效静荷载标准值。

4.8.15 当甲类防空地下室基础采用桩基且按单桩承载力特征值设计时，除桩本身应按计入上部墙、柱传来的核武器爆炸动荷载的荷载组合验算承载力外，底板上的等效静荷载标准值可按表 4.8.15 采用。

表 4.8.15 有桩基钢筋混凝土底板等效静荷载标准值（kN/m^2）

底板下土的类型	防核武器抗力级别					
	6B		6		5	
	端承桩	非端承桩	端承桩	非端承桩	端承桩	非端承桩
非饱和土	—	7	—	12	—	25
饱和土	15	15	25	25	50	50

4.8.16 当甲类防空地下室基础采用条形基础或独立柱基加防水底板时，底板上的等效静荷载标准值，对核 6B 级可取 $15kN/m^2$，对核 6 级可取 $25kN/m^2$，对核 5 级可取 $50kN/m^2$。

4.8.17 当按本规范第 3.3.2 条规定将核 6 级及核 6B 级防空地下室室内出入口用做主要出入口时，作用在防空地下室至首层地面的楼梯踏步及休息平台上的等效静荷载标准值可按本规范第 4.8.11 条规定确定。

首层楼梯间直通室外的门洞外侧上方设置的防倒塌挑檐，其上表面与下表面应按不同时受荷分别计算，上表面等效静荷载标准值对核 6B 级可取 $30kN/m^2$，对核 6 级可取 $50kN/m^2$；下表面等效静荷载标准值对核 6B 级可取 $6kN/m^2$，对核 6 级可取 $15kN/m^2$。

4.9 荷载组合

4.9.1 甲类防空地下室结构应分别按下列第 1、2、3 款规定的荷载（效应）组合进行设计，乙类防空地下室结构应分别按下列第 1、2 款规定的荷载（效应）组合进行设计，并应取各自的最不利的效应组合作为设计依据。其中平时使用状态的荷载（效应）组合应按国家现行有关标准执行。

1 平时使用状态的结构设计荷载；

2 战时常规武器爆炸等效静荷载与静荷载同时作用；

3 战时核武器爆炸等效静荷载与静荷载同时作用。

4.9.2 常规武器爆炸等效静荷载与静荷载同时作用下，结构各部位的荷载组合可按表 4.9.2 的规定确定。各荷载的分项系数可按本规范第 4.10.2 条规定采用。

表 4.9.2 常规武器爆炸等效静荷载与静荷载同时作用的荷载组合

结构部位	荷载组合
顶板	顶板常规武器爆炸等效静荷载，顶板静荷载（包括覆土、战时不拆迁的固定设备、顶板自重及其它静荷载）
外墙	顶板传来的常规武器爆炸等效静荷载、静荷载，上部建筑自重，外墙自重；常规武器爆炸产生的水平等效静荷载，土压力、水压力
内承重墙（柱）	顶板传来的常规武器爆炸等效静荷载、静荷载，上部建筑自重，内承重墙（柱）自重

注：上部建筑自重系指防空地下室上部建筑的墙体（柱）和楼板传来的静荷载，即墙体（柱）、屋盖、楼盖自重及战时不拆迁的固定设备等。

4.9.3 核武器爆炸等效静荷载与静荷载同时作用下，结构各部位的荷载组合可按表 4.9.3 的规定确定。各荷载的分项系数可按本规范第 4.10.2 条规定采用。

表 4.9.3 核武器爆炸等效静荷载与静荷载同时作用的荷载组合

结构部位	防核武器抗力级别	荷 载 组 合
顶板	6B、6、5、4B、4	顶板核武器爆炸等效静荷载，顶板静荷载（包括覆土、战时不拆迁的固定设备、顶板自重及其它静荷载）
外墙	6B、6	顶板传来的核武器爆炸等效静荷载、静荷载，上部建筑自重，外墙自重；核武器爆炸产生的水平等效静荷载，土压力、水压力
	5	顶板传来的核武器爆炸等效静荷载、静荷载； 当上部建筑外墙为钢筋混凝土承重墙时，上部建筑自重取全部标准值；其它结构形式，上部建筑自重取标准值之半；外墙自重； 核武器爆炸产生的水平等效静荷载，土压力、水压力
	4B、4	顶板传来的核武器爆炸等效静荷载、静荷载； 当上部建筑外墙为钢筋混凝土承重墙时，上部建筑自重取全部标准值；其它结构形式，不计入上部建筑自重；外墙自重； 核武器爆炸产生的水平等效静荷载，土压力、水压力
内承重墙（柱）	6B、6	顶板传来的核武器爆炸等效静荷载、静荷载，上部建筑自重，内承重墙（柱）自重
	5	顶板传来的核武器爆炸等效静荷载、静荷载； 当上部建筑为砌体结构时，上部建筑自重取标准值之半；其它结构形式，上部建筑自重取全部标准值； 内承重墙（柱）自重
	4B	顶板传来的核武器爆炸等效静荷载、静荷载； 当上部建筑外墙为钢筋混凝土承重墙时，上部建筑自重取全部标准值；当上部建筑为砌体结构时，不计入上部建筑自重；其它结构形式，上部建筑自重取标准值之半； 内承重墙（柱）自重
	4	顶板传来的核武器爆炸等效静荷载、静荷载； 当上部建筑物外墙为钢筋混凝土承重墙时，上部建筑物自重取全部标准值；其它结构形式，不计入上部建筑物自重； 内承重墙（柱）自重
基础	6B、6	底板核武器爆炸等效静荷载（条、柱、桩基为墙柱传来的核武器爆炸等效静荷载）； 上部建筑物自重，顶板传来静荷载，防空地下室墙体（柱）自重
	5	底板核武器爆炸等效静荷载（条、柱、桩基为墙柱传来的核武器爆炸等效静荷载）； 当上部建筑为砌体结构时，上部建筑自重取标准值之半；其它结构形式，上部建筑自重取全部标准值； 顶板传来静荷载，防空地下室墙体（柱）自重
	4B	底板核武器爆炸等效静荷载（条、柱、桩基为墙柱传来的核武器爆炸等效静荷载）； 当上部建筑外墙为钢筋混凝土承重墙时，上部建筑自重取全部标准值；当上部建筑为砌体结构时，不计入上部建筑自重；其它结构形式，上部建筑自重取标准值之半； 顶板传来静荷载，防空地下室墙体（柱）自重
	4	底板核武器爆炸等效静荷载（条、柱、桩基为墙柱传来的核武器爆炸等效静荷载）； 当上部建筑外墙为钢筋混凝土承重墙时，上部建筑自重取全部标准值；其它结构形式，不计入上部建筑自重； 顶板传来静荷载，防空地下室墙体（柱）自重

注：上部建筑自重系指防空地下室上部建筑的墙体（柱）和楼板传来的静荷载，即墙体(柱)、屋盖、楼盖自重及战时不拆迁的固定设备等。

4.9.4 在确定核武器爆炸等效静荷载与静荷载同时作用下防空地下室基础荷载组合时，当地下水位以下无桩基防空地下室基础采用箱基或筏基，且按表 4.9.2 及表 4.9.3 规定的建筑物自重大于水的浮力，则地基反力按不计入浮力计算时，底板荷载组合中可不计入水压力；若地基反力按计入浮力计算时，底板荷载组合中应计入水压力。对地下水位以下带桩基的防空地下室，底板荷载组合中应计入水压力。

4.10 内力分析和截面设计

4.10.1 防空地下室结构在确定等效静荷载和静荷载后，可按静力计算方法进行结构内力分析。对于超静定的钢筋混凝土结构，可按由非弹性变形产生的塑性内力重分布计算内力。

4.10.2 防空地下室结构在确定等效静荷载标准值和永久荷载标准值后，其承载力设计应采用下列极限状态设计表达式：

$$\gamma_0(\gamma_G S_{Gk} + \gamma_Q S_{Qk}) \leqslant R \qquad (4.10.2-1)$$

$$R = R(f_{cd}, f_{yd}, a_k, \cdots\cdots) \qquad (4.10.2-2)$$

式中 γ_0——结构重要性系数，可取 1.0；

γ_G——永久荷载分项系数，当其效应对结构不利时可取 1.2，有利时可取 1.0；

S_{Gk}——永久荷载效应标准值；

γ_Q——等效静荷载分项系数，可取 1.0；

S_{Qk}——等效静荷载效应标准值；

R——结构构件承载力设计值；

$R(\cdot)$——结构构件承载力函数；

f_{cd}——混凝土动力强度设计值，可按本规范第 4.2.3 条确定；

f_{yd}——钢筋（钢材）动力强度设计值，可按本规范第 4.2.3 条确定；

a_k——几何参数标准值。

4.10.3 结构构件按弹塑性工作阶段设计时，受拉钢筋配筋率不宜大于 1.5%。当大于 1.5% 时，受弯构件或大偏心受压构件的允许延性比 $[\beta]$ 值应满足以下公式，且受拉钢筋最大配筋率不宜大于本规范表 4.11.8 的规定。

$$[\beta] \leqslant \frac{0.5}{x/h_0} \qquad (4.10.3-1)$$

$$x/h_0 = (\rho - \rho')f_{yd}/(\alpha_c f_{cd}) \qquad (4.10.3-2)$$

式中 x——混凝土受压区高度（mm）；

h_0——截面的有效高度（mm）；

ρ、ρ'——纵向受拉钢筋及纵向受压钢筋配筋率；

f_{yd}——钢筋抗拉动力强度设计值（N/mm^2）；

f_{cd}——混凝土轴心抗压动力强度设计值（N/mm^2）；

α_c——系数，应按表 4.10.3 取值。

表 4.10.3 α_c 值

混凝土强度等级	≤C50	C55	C60	C65	C70	C75	C80
α_c	1	0.99	0.98	0.97	0.96	0.95	0.94

4.10.4 当板的周边支座横向伸长受到约束时，其跨中截面的计算弯矩值对梁板结构可乘以折减系数 0.7，对无梁楼盖可乘以折减系数 0.9；若在板的计算中已计入轴力的作用，则不应乘以折减系数。

4.10.5 当按等效静荷载法分析得出的内力，进行墙、柱受压构件正截面承载力验算时，混凝土及砌体的轴心抗压动力强度设计值应乘以折减系数 0.8。

4.10.6 当按等效静荷载法分析得出的内力，进行梁、柱斜截面承载力验算时，混凝土及砌体的动力强度设计值应乘以折减系数 0.8。

4.10.7 对于均布荷载作用下的钢筋混凝土梁，当按等效静荷载法分析得出的内力进行斜截面承载力验算时，除应符合本规范第 4.10.6 条规定外，斜截面受剪承载力需作跨高比影响的修正。当仅配置箍筋时，斜截面受剪承载力应符合下列规定：

$$V \leqslant 0.7\psi_1 f_{td} bh_0 + 1.25 f_{yd}\frac{A_{sv}}{s}h_0 \qquad (4.10.7-1)$$

$$\psi_1 = 1 - (l/h_0 - 8)/15 \qquad (4.10.7-2)$$

式中 V——受弯构件斜截面上的最大剪力设计值（N）；

f_{td}——混凝土轴心抗拉动力强度设计值（N/mm^2）；

b ——梁截面宽度（mm）；

h_0——梁截面有效高度（mm）；

f_{yd} ——箍筋抗拉动力强度设计值（N/mm²）；

A_{sv} —— 配置在同一截面内箍筋各肢的全部截面面积（mm²），$A_{sv}=nA_{sv1}$。此处，n 为同一截面内箍筋的肢数，A_{sv1}为单肢箍筋的截面面积（mm²）；

s ——沿构件长度方向的箍筋间距（mm）；

l ——梁的计算跨度（mm）；

ψ_1——梁跨高比影响系数。当 $l/h_0\leqslant 8$ 时，取 $\psi_1=1$；当 $l/h_0>8$ 时，ψ_1 应按式（4.10.7-2）计算确定，当 $\psi_1<0.6$ 时，取 $\psi_1=0.6$。

4.10.8 当防空地下室采用钢筋混凝土无梁楼盖结构、钢筋混凝土反梁时，其设计尚应分别符合本规范附录 D、附录 E 的规定。

4.10.9 乙类防空地下室和核 5 级、核 6 级、核 6B 级甲类防空地下室结构顶板可采用叠合板，并可按下列规定进行设计：

1 预制板除按一般预制构件进行验算外，尚应按浇筑上层混凝土时的施工荷载（包括预制板、现浇板自重）校核预制板强度与挠度，其挠度不应大于 $l/200$（l 为板的计算跨度，双向板系指短边计算跨度）；

2 叠合板可按预制板与其上部的现浇板作为共同工作的整体进行设计。

4.10.10 砌体外墙的高度，当采用条形基础时，为顶板或圈梁下表面至室内地面的高度；当沿外墙下端设有管沟时，为顶板或圈梁下表面至管沟底面的高度；当采用整体基础时，为顶板或圈梁下表面至底板上表面的高度。

4.10.11 在动荷载与静荷载同时作用下，偏心受压砌体的轴向力偏心距 e_0 不宜大于 $0.95y$，y 为截面重心到轴向力所在偏心方向截面边缘的距离。当 e_0 小于或等于 $0.95y$ 时，结构构件可按受压承载力控制选择截面。

4.10.12 支承钢筋混凝土平板防护密闭门的门框墙，当门洞边墙体悬挑长度大于 1/2 倍该边边长时，宜在门洞边设梁或柱；当门洞边墙体悬挑长度小于或等于 1/2 倍该边边长时，可采用下列公式按悬臂构件进行设计（图 4.7.5-1）。

$$M=q_i l_1+q_e l_2^2/2 \qquad (4.10.12-1)$$

$$V=q_i+q_e l_2 \qquad (4.10.12-2)$$

式中 M ——门洞边单位长度悬臂根部的弯矩；

V ——门洞边单位长度悬臂根部的剪力；

l_1、l_2——见图 4.7.5-1。

4.11 构 造 规 定

4.11.1 防空地下室结构选用的材料强度等级不应低于表 4.11.1 的规定。

表 4.11.1 材料强度等级

构件类别	混凝土		砌体			
	现浇	预制	砖	料石	混凝土砌块	砂浆
基础	C25	—	—	—	—	—
梁、楼板	C25	C25	—	—	—	—
柱	C30	C30	—	—	—	—
内墙	C25	C25	MU10	MU30	MU15	M5
外墙	C25	C25	MU15	MU30	MU15	M7.5

注：1 防空地下室结构不得采用硅酸盐砖和硅酸盐砌块；

2 严寒地区，饱和土中砖的强度等级不应低于 MU20；

3 装配填缝砂浆的强度等级不应低于 M10；

4 防水混凝土基础底板的混凝土垫层，其强度等级不应低于 C15。

4.11.2 防空地下室钢筋混凝土结构构件当有防水要求时，其混凝土的强度等级不宜低于 C30。防水混凝土的设计抗渗等级应根据工程埋置深度按表 4.11.2 采用，且不应小于 P6。

表 4.11.2 防水混凝土的设计抗渗等级

工程埋置深度（m）	设计抗渗等级
<10	P6
10~20	P8
20~30	P10
30~40	P12

4.11.3 防空地下室结构构件最小厚度应符合表 4.11.3 规定。

表 4.11.3 结构构件最小厚度（mm）

构件类别	材料种类			
	钢筋混凝土	砖砌体	料石砌体	混凝土砌块
顶板、中间楼板	200	—	—	—
承重外墙	250	490（370）	300	250
承重内墙	200	370（240）	300	250
临空墙	250	—	—	—
防护密闭门门框墙	300	—	—	—
密闭门门框墙	250	—	—	—

注：1 表中最小厚度不包括甲类防空地下室防早期核辐射对结构厚度的要求；

2 表中顶板、中间楼板最小厚度系指实心截面。如为密肋板，其实心截面厚度不宜小于 100mm；如为现浇空心板，其板顶厚度不宜小于 100mm；且其折合厚度均不应小于 200mm；

3 砖砌体项括号内最小厚度仅适用于乙类防空地下室和核 6 级、核 6B 级甲类防空地下室；

4 砖砌体包括烧结普通砖、烧结多孔砖以及非粘土砖砌体。

4.11.4 防空地下室结构变形缝的设置应符合下列规定：

1 在防护单元内不宜设置沉降缝、伸缩缝；

2 上部地面建筑需设置伸缩缝、防震缝时，防空地下室可不设置；

3 室外出入口与主体结构连接处，宜设置沉降缝；

4 钢筋混凝土结构设置伸缩缝最大间距应按国家现行有关标准执行。

4.11.5 防空地下室钢筋混凝土结构的纵向受力钢筋，其混凝土保护层厚度（钢筋外边缘至混凝土表面的距离）不应小于钢筋的公称直径，且应符合表 4.11.5 的规定。

表 4.11.5 纵向受力钢筋的混凝土保护层厚度（mm）

外墙外侧		外墙内侧、内墙	板	梁	柱
直接防水	设防水层				
40	30	20	20	30	30

注：基础中纵向受力钢筋的混凝土保护层厚度不应小于 40mm，当基础板无垫层时不应小于 70mm。

4.11.6 防空地下室钢筋混凝土结构构件，其纵向受力钢筋的锚固和连接接头应符合下列要求：

1 纵向受拉钢筋的锚固长度 l_{aF}应按下列公式计算：

$$l_{aF}=1.05l_a \qquad (4.11.6-1)$$

式中 l_a——普通钢筋混凝土结构受拉钢筋的锚固长度；

2 当采用绑扎搭接接头时，纵向受拉钢筋搭接接头的搭接长度 l_{lF}应按下列公式计算：

$$l_{lF}=\zeta l_{aF} \qquad (4.11.6-2)$$

式中 ζ——纵向受拉钢筋搭接长度修正系数，可按表 4.11.6 采用；

3 钢筋混凝土结构构件的纵向受力钢筋的连接可分为两类：绑扎搭接，机械连接和焊接，宜按不同情况选用合适的连接方式；

4 纵向受力钢筋连接接头的位置宜避开梁端、柱端箍筋加密区；当无法避开时，应采用满足等强度要求的高质量机械连接接头，且钢筋接头面积百分率不应超过 50%。

表 4.11.6 纵向受拉钢筋搭接长度修正系数 ζ

纵向钢筋搭接接头面积百分率（%）	≤25	50	100
ζ	1.2	1.4	1.6

4.11.7 承受动荷载的钢筋混凝土结构构件，纵向受力钢筋的配筋百分率不应小于表4.11.7规定的数值。

表4.11.7 钢筋混凝土结构构件纵向受力钢筋的最小配筋百分率（%）

分类	混凝土强度等级		
	C25～C35	C40～C55	C60～C80
受压构件的全部纵向钢筋	0.60（0.40）	0.60（0.40）	0.70（0.40）
偏心受压及偏心受拉构件一侧的受压钢筋	0.20	0.20	0.20
受弯构件、偏心受压及偏心受拉构件一侧的受拉钢筋	0.25	0.30	0.35

注：1 受压构件的全部纵向钢筋最小配筋百分率，当采用HRB400级、RRB400级钢筋时，应按表中规定减小0.1；

2 当为墙体时，受压构件的全部纵向钢筋最小配筋百分率采用括号内数值；

3 受压构件的受压钢筋以及偏心受压、小偏心受拉构件的受拉钢筋的最小配筋百分率按构件的全截面面积计算，受弯构件、大偏心受拉构件的受拉钢筋的最小配筋百分率按全截面面积扣除位于受压边或受拉较小边翼缘面积后的截面面积计算；

4 受弯构件、偏心受压及偏心受拉构件一侧的受拉钢筋的最小配筋百分率不适用于HPB235级钢筋，当采用HPB235级钢筋时，应符合《混凝土结构设计规范》（GB50010）中有关规定；

5 对卧置于地基上的核5级、核6级和核6B级甲类防空地下室结构底板，当其内力系由平时设计荷载控制时，板中受拉钢筋最小配筋率可适当降低，但不应小于0.15%。

4.11.8 在动荷载作用下，钢筋混凝土受弯构件和大偏心受压构件的受拉钢筋的最大配筋百分率宜符合表4.11.8的规定。

表4.11.8 受拉钢筋的最大配筋百分率（%）

混凝土强度等级	C25	≥C30
HRB335级钢筋	2.2	2.5
HRB400级钢筋 RRB400级钢筋	2.0	2.4

4.11.9 钢筋混凝土受弯构件，宜在受压区配置构造钢筋，构造钢筋面积不宜小于受拉钢筋的最小配筋百分率；在连续梁支座和框架节点处，且不宜小于受拉主筋面积的1/3。

4.11.10 连续梁及框架梁在距支座边缘1.5倍梁的截面高度范围内，箍筋配筋百分率应不低于0.15%，箍筋间距不宜大于$h_0/4$（h_0为梁截面有效高度），且不宜大于主筋直径的5倍。在受拉钢筋搭接处，宜采用封闭箍筋，箍筋间距不应大于主筋直径的5倍，且不应大于100mm。

4.11.11 除截面内力由平时设计荷载控制，且受拉主筋配筋率小于表4.11.7规定的卧置于地基上的核5级、核6级、核6B级甲类防空地下室和乙类防空地下室结构底板外，双面配筋的钢筋混凝土板、墙体应设置梅花形排列的拉结钢筋，拉结钢筋长度应能拉住最外层受力钢筋。当拉结钢筋兼作受力箍筋时，其直径及间距应符合箍筋的计算和构造要求（图4.11.11）。

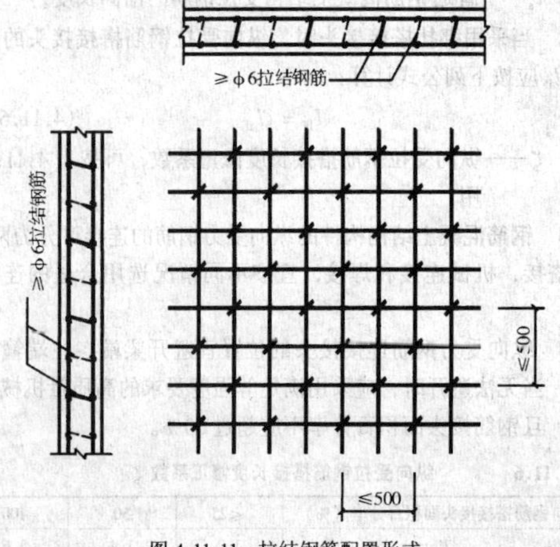

图4.11.11 拉结钢筋配置形式

4.11.12 钢筋混凝土平板防护密闭门、密闭门门框墙的构造应符合下列要求：

1 防护密闭门门框墙的受力钢筋直径不应小于12mm，间距不宜大于250mm，配筋率不宜小于0.25%（图4.11.12-1）；

2 防护密闭门门洞四角的内外侧，应配置两根直径16mm的斜向钢筋，其长度不应小于1000mm（图4.11.12-2）；

3 防护密闭门、密闭门的门框与门扇应紧密贴合；

4 防护密闭门、密闭门的钢制门框与门框墙之间应有足够的连接强度，相互连成整体。

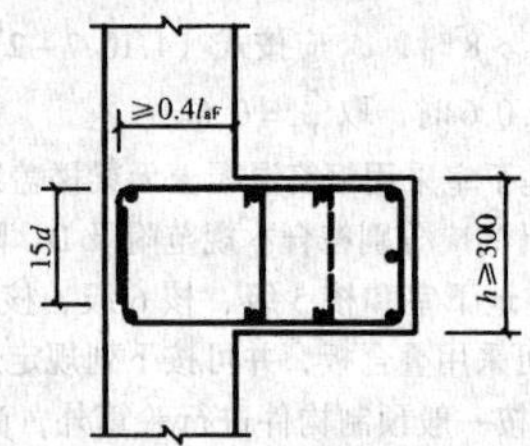

图4.11.12-1 防护密闭门门框墙配筋

注：l_{aF}——水平受力钢筋锚固长度（mm）；

d——受力钢筋直径（mm）。

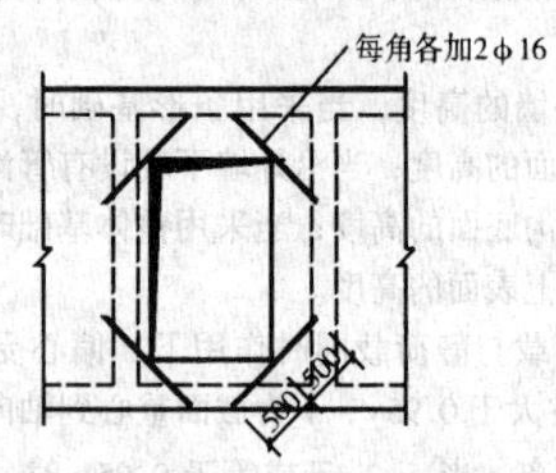

图4.11.12-2 门洞四角加强钢筋

4.11.13 叠合板的构造应符合下列规定：

1 叠合板的预制部分应作成实心板，板内主筋伸出板端不应小于130mm；

2 预制板上表面应做成凸凹不小于4mm的人工粗糙面；

3 叠合板的现浇部分厚度宜大于预制部分厚度；

4 位于中间墙两侧的两块预制板间，应留不小于150mm的空隙，空隙中应加1根直径12mm的通长钢筋，并与每块板内伸出的主筋相焊不少于3点；

5 叠合板不得用于核4B级及核4级防空地下室。

4.11.14 防空地下室非承重墙的构造应符合下列规定：

1 非承重墙宜采用轻质隔墙，当抗力级别为核4级、核4B级时，不宜采用砌体墙。轻质隔墙与结构的柱、墙及顶、底板应有可靠的连接措施；

2 非承重墙当采用砌体墙时，与钢筋混凝土柱（墙）交接处应沿柱（墙）全高每隔500mm设置2根直径为6mm的拉结钢筋，拉结钢筋伸入墙内长度不宜小于1000mm。非承重砌体墙的转角及交接处应咬槎砌筑，并应沿墙全高每隔500mm设置2根直径为6mm的拉结钢筋，拉结钢筋每边伸入墙内长度不宜小于1000mm。

4.11.15 防空地下室砌体结构应按下列规定设置圈梁和过梁：

1 当防空地下室顶板采用叠合板结构时，沿内、外墙顶应设置一道圈梁，圈梁应设置在同一水平面上，并应相互连通，不得断开。圈梁高度不宜小于180mm，宽度应同墙厚，上下应各配置3根直径为12mm的纵向钢筋。圈梁箍筋直径不宜小于6mm，间距不宜大于300mm。当圈梁兼作过梁时，应另行验算。顶板与圈梁的连接处（图4.11.15），应设置直径为8mm的锚固钢筋，其间距不应大于200mm，锚固钢筋伸入圈梁的锚固长度不应小于

240mm，伸入顶板内锚固长度不应小于 $l_0/6$（l_0 为板的净跨）；

2 当防空地下室顶板采用现浇钢筋混凝土结构时，沿外墙顶部应设置圈梁。在内隔墙上，圈梁可间隔设置，其间距不宜大于 12m，其配筋同本条第一款要求；

3 砌体结构的门洞处应设置钢筋混凝土过梁，过梁伸入墙内长度应不小于 500mm。

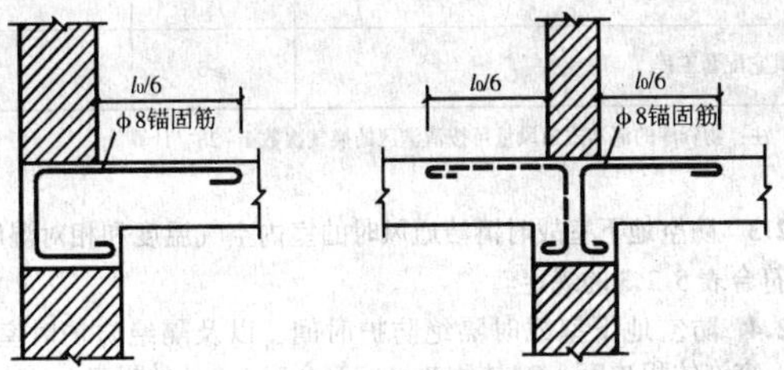

图 4.11.15 顶板与砌体墙锚固钢筋

4.11.16 防空地下室砌体结构墙体转角及交接处，当未设置构造柱时，应沿墙全高每隔 500mm 配置 2 根直径为 6mm 的拉结钢筋。当墙厚大于 360mm 时，墙厚每增加 120mm，应增设 1 根直径为 6mm 的拉结钢筋。拉结钢筋每边伸入墙内长度不宜小于 1000mm。

4.11.17 砌体结构的防空地下室，由防护密闭门至密闭门的防护密闭段，应采用整体现浇钢筋混凝土结构。

4.12 平战转换设计

4.12.1 采用平战转换的防空地下室，应进行一次性的平战转换设计。实施平战转换的结构构件在设计中应满足转换前、后两种不同受力状态的各项要求，并在设计图纸中说明转换部位、方法及具体实施要求。

4.12.2 平战转换措施应按不使用机械，不需要熟练工人能在规定的转换期限内完成。临战时实施平战转换不应采用现浇混凝土；对所需的预制构件应在工程施工时一次做好，并做好标志，就近存放。

4.12.3 常规武器爆炸动荷载作用下，防空地下室钢筋混凝土及钢材封堵构件的等效静荷载标准值可按下列规定确定：

1 防空地下室出入口通道内封堵构件的等效静荷载标准值，可按表 4.7.6 采用；

2 防空地下室防护单元之间隔墙上封堵构件的等效静荷载标准值，可取 30kN/m^2；

3 防空地下室顶板封堵构件的等效静荷载标准值，可按表 4.7.2 采用。

4.12.4 核武器爆炸动荷载作用下，防空地下室钢筋混凝土及钢材封堵构件的等效静荷载标准值可按下列规定确定：

1 防空地下室出入口通道内封堵构件的等效静荷载标准值可按表 4.12.4 采用；

2 防空地下室防护单元之间隔墙上封堵构件的等效静荷载标准值，可按表 4.8.9－1 或表 4.8.9－2 中隔墙水平等效静荷载标准值采用；

表 4.12.4 封堵构件等效静荷载标准值（kN/m^2）

出入口部位及形式		防核武器抗力级别		
		6B	6	5
顶板荷载考虑上部建筑影响的室内出入口		65	110	210
顶板荷载不考虑上部建筑影响的室内出入口，室外竖井、楼梯、穿廊出入口		70	120	240
室外直通、单向出入口	ζ＜30°	80	140	330
	ζ≥30°	70	120	290

注：ζ为直通、单向出入口坡道的坡度角。

3 防空地下室顶板封堵构件的等效静荷载标准值，可按表 4.8.2 或表 4.8.6－1 取与封堵构件跨度相同的顶板等效静荷载标准值；

4 当核 5 级、核 6 级及核 6B 级防空地下室的室外楼梯出入口大于等于 2 层时，作用在室外出入口内封堵构件上的等效静荷载标准值可按表 4.12.4 中的数值乘以 0.9 后采用。

4.12.5 对于室外出入口内封堵构件及其支座和联结件，应验算常规武器爆炸作用在其上的负向动反力（反弹力），负向动反力的水平等效静荷载标准值对常 5 级可取 130kN/m^2，对常 6 级可取 60kN/m^2。

4.12.6 在常规武器爆炸动荷载作用下，开设通风采光窗的防空地下室，其采光井处等效静荷载标准值，可按下列规定确定：

1 当战时采用挡窗板加覆土的防护方式（图 3.7.9*a*）时，挡窗板的水平等效静荷载标准值，可按表 4.7.2 中数值乘以 0.3 采用（此时表中 h 取挡窗板中心至室外地面的深度）；

2 当战时采用盖板加覆土防护方式（图 3.7.9*b*）时，采光井外墙的水平等效静荷载标准值，可按表 4.7.3－1、表 4.7.3－2 采用，盖板的垂直等效静荷载标准值可按表 4.7.2 采用；

3 当在高出地面外墙开设窗孔时（图 3.7.9*c*），挡窗板的水平等效静荷载标准值对常 5 级可取 400kN/m^2，对常 6 级可取 180kN/m^2。作用在挡窗板上的负向动反力取值同本规范第 4.12.5 条。

4.12.7 在核武器爆炸动荷载作用下，开设通风采光窗的防空地下室，其采光井处等效静荷载标准值，可按下列规定确定：

1 当战时采用挡窗板加覆土的防护方式（图 3.7.9*a*）时，挡窗板及采光井内墙的水平等效静荷载标准值，可按表 4.8.3－1 采用；

2 当战时采用盖板加覆土防护方式（图 3.7.9*b*）时，采光井外墙的水平等效静荷载标准值，可按表 4.8.3－1、表 4.8.3－2 采用，盖板的垂直等效静荷载标准值 q_e 可按下式计算：

$$q_e = 1.2K\Delta P_{ms} \qquad (4.12.7)$$

式中 K——盖板核武器爆炸动荷载综合反射系数，可按本规范第 4.5.3 条确定；

ΔP_{ms}——空气冲击波超压计算值（kN/m^2），应符合本规范第 4.4.7 条规定。

4.12.8 当战时采用挡窗板加覆土防护方式（图 3.7.9*a*）时，通风采光窗的洞口构造应符合下列规定：

1 对砌体外墙，在洞口两侧应设置钢筋混凝土柱，柱上端主筋应伸入顶板，并应满足钢筋锚固长度要求。当采用条形基础时，柱下端应嵌入室内地面以下 500mm（图 4.12.8*a*）；当采用钢筋混凝土整体基础时，主筋应伸入底板，并应满足钢筋锚固长度要求；柱断面尺寸不应小于 240mm×墙厚；

2 对砌体外墙，在洞口两侧每 300mm 高应加 3 根直径为 6mm 的拉结钢筋，伸入墙身长度不宜小于 500mm，另一端应与柱内钢筋扎结（图 4.12.8*b*）；

3 对钢筋混凝土外墙，在洞口两侧应设置钢筋混凝土柱，柱上、下端主筋应伸入顶、底板，并应满足钢筋锚固长度要求（图 4.12.8*c*），且应在洞口四角各设置 2 根直径为 12mm 的斜向构造钢筋，其长度为 800mm（图 4.12.8*d*）。

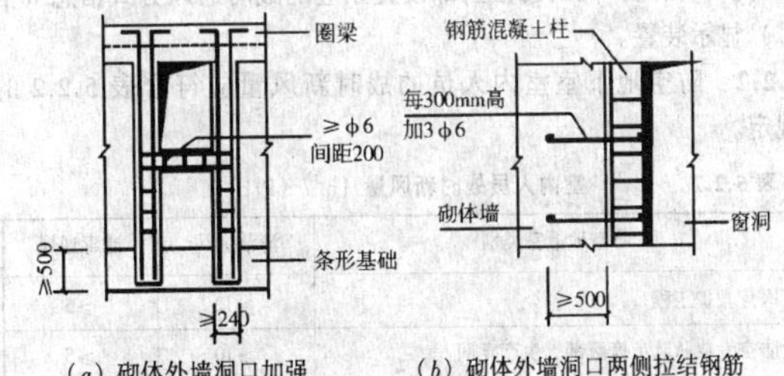

（*a*）砌体外墙洞口加强　（*b*）砌体外墙洞口两侧拉结钢筋

（c）钢筋混凝土墙洞口加强

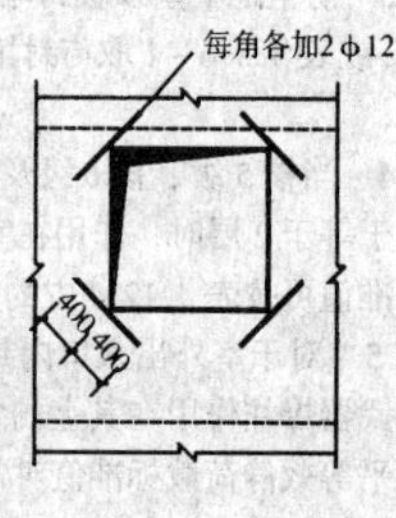

（d）钢筋混凝土墙洞口四角加筋

图 4.12.8 通风采光窗洞口构造

5 采暖通风与空气调节

5.1 一 般 规 定

5.1.1 防空地下室的采暖通风与空气调节设计，必须确保战时防护要求，并应满足战时及平时的使用要求。对于平战结合的乙类防空地下室和核5级、核6级、核6B级的甲类防空地下室设计，当平时使用要求与战时防护要求不一致时，应采取平战功能转换措施。

5.1.2 防空地下室的通风与空气调节系统设计，战时应按防护单元设置独立的系统，平时宜结合防火分区设置系统。

5.1.3 采暖通风与空气调节系统选用的设备及材料，除应满足防护和使用功能要求外，还应满足防潮、卫生及平时使用时的防火要求，且便于施工安装和维修。

5.1.4 防空地下室的采暖通风与空气调节室外空气计算参数，应按国家现行《采暖通风与空气调节设计规范》（GB 50019）中的有关条文执行。

5.1.5 防空地下室的采暖通风与空气调节设计，宜根据防空地下室的不同功能，分别对设备、设备房间及管道系统采取相应的减噪措施。

5.1.6 防空地下室的采暖通风与空气调节系统应分别与上部建筑的采暖通风与空气调节系统分开设置。专供上部建筑使用的采暖、通风、空气调节装置及其管道系统的设计，应符合本规范3.1节中有关条文的规定。

5.2 防 护 通 风

5.2.1 防空地下室的防护通风设计应符合下列要求：

1 战时为医疗救护工程、专业队队员掩蔽部、人员掩蔽工程以及食品站、生产车间和电站控制室、区域供水站的防空地下室，应设置清洁通风、滤毒通风和隔绝通风；

2 战时为物资库的防空地下室，应设置清洁通风和隔绝防护。滤毒通风的设置可根据实际需要确定；

3 设有清洁通风、滤毒通风和隔绝通风的防空地下室，应在防护（密闭）门的门框上部设置相应的战时通风方式信息（信号）显示装置。

5.2.2 防空地下室室内人员的战时新风量应符合表5.2.2的规定。

表 5.2.2 室内人员战时新风量（$m^3/(P\cdot h)$）

防空地下室类别	清洁通风	滤毒通风
医疗救护工程	≥12	≥5
防空专业队队员掩蔽部、生产车间	≥10	≥5
一等人员掩蔽所、食品站、区域供水站、电站控制室	≥10	≥3
二等人员掩蔽所	≥5	≥2
其它配套工程	≥3	—

续表 5.2.2

注：物资库的清洁式通风量可按清洁区的换气次数 $1\sim2h^{-1}$ 计算。

5.2.3 防空地下室战时清洁通风时的室内空气温度和相对湿度，宜符合表5.2.3的规定。

5.2.4 防空地下室战时隔绝防护时间，以及隔绝防护时室内 CO_2 容许体积浓度、O_2 体积浓度应符合表5.2.4的规定。

表 5.2.3 战时清洁通风时室内空气温度和相对湿度

防空地下室用途			夏季 温度（℃）	夏季 相对湿度（%）	冬季 温度（℃）	冬季 相对湿度（%）
医疗救护工程	手术室、急救室		22—28	50—60	20—28	30—60
	病房		≤28	≤70	≤16	≥30
柴油电站	机房	人员直接操作	≤35	—		
		人员间接操作	≤40	—		
	控制室		≤30	≤75		
专业队队员掩蔽部 人员掩蔽工程			自然温度及相对湿度			
配套工程			按工艺要求确定			

注：1. 医疗救护工程平时维护管理时的相对湿度不应大于70%；
2. 专业队队员掩蔽部平时维护时的相对湿度不应大于80%。

表 5.2.4 战时隔绝防护时间及 CO_2 容许体积浓度、O_2 体积浓度

防空地下室用途	隔绝防护时间（h）	CO_2 容许体积浓度（%）	O_2 体积浓度（%）
医疗救护工程、专业队队员掩蔽部、一等人员掩蔽所、食品站、生产车间、区域供水站	≥6	≤2.0	≥18.5
二等人员掩蔽所、电站控制室	≥3	≤2.5	≥18.0
物资库等其它配套工程	≥2	≤3.0	—

5.2.5 防空地下室战时的隔绝防护时间，应按下式进行校核。当计算出的隔绝防护时间不能满足表5.2.4的规定时，应采取生 O_2、吸收 CO_2 或减少战时掩蔽人数等措施。

$$\tau=\frac{1000\cdot V_0\ (C-C_0)}{n\cdot C_1} \tag{5.2.5}$$

式中 τ——隔绝防护时间（h）；

V_0——防空地下室清洁区内的容积（m^3）；

C——防空地下室室内 CO_2 容许体积浓度（%），应按表5.2.4确定；

C_0——隔绝防护前防空地下室室内 CO_2 初始浓度（%），宜按表5.2.5确定；

C_1——清洁区内每人每小时呼出的 CO_2 量（$L/(P\cdot h)$），掩蔽人员宜取20，工作人员宜取20~25；

n——室内的掩蔽人数（P）。

表 5.2.5　　C_0 值选用表

隔绝防护前的新风量（m^3/（P·h））	C_0（%）
25—30	0.13—0.11
20—25	0.15—0.13
15—20	0.18—0.15
10—15	0.25—0.18
7—10	0.34—0.25
5—7	0.45—0.34
3—5	0.72—0.45
2—3	1.05—0.72

5.2.6 设计滤毒通风时，防空地下室清洁区超压和最小防毒通道换气次数应符合表 5.2.6 的规定。

表 5.2.6　　滤毒通风时的防毒要求

防空地下室类别	最小防毒通道换气次数（h^{-1}）	清洁区超压（Pa）
医疗救护工程、专业队队员掩蔽部、一等人员掩蔽所、生产车间、食品站、区域供水站	≥50	≥50
二等人员掩蔽所、电站控制室	≥40	≥30

5.2.7 防空地下室滤毒通风时的新风量应按式（5.2.7－1）、式（5.2.7－2）计算，取其中的较大值。

$$L_R = L_2 \cdot n \qquad (5.2.7-1)$$

$$L_H = V_F \cdot K_H + L_f \qquad (5.2.7-2)$$

式中 L_R——按掩蔽人员计算所得的新风量（m^3/h）；

L_2——掩蔽人员新风量设计计算值（见表 5.2.2）（m^3/（P·h））；

n——室内的掩蔽人数（P）；

L_H——室内保持超压值所需的新风量（m^3/h）；

V_F——战时主要出入口最小防毒通道的有效容积（m^3）；

K_H——战时主要出入口最小防毒通道的设计换气次数（见表 5.2.6）（h^{-1}）；

L_f——室内保持超压时的漏风量（m^3/h），可按清洁区有效容积的 4%（每小时）计算。

5.2.8 防空地下室的战时进风系统，应符合下列要求：

1 设有清洁、滤毒、隔绝三种防护通风方式，且清洁进风、滤毒进风合用进风机时，进风系统应按原理图 5.2.8a 进行设计；

2 设有清洁、滤毒、隔绝三种防护通风方式，且清洁进风、滤毒进风分别设置进风机时，进风系统应按原理图 5.2.8b 进行设计；

3 设有清洁、隔绝两种防护通风方式，进风系统应按原理图 5.2.8c 进行设计；

4 滤毒通风进风管路上选用的通风设备，必须确保滤毒进风量不超过该管路上设置的过滤吸收器的额定风量。

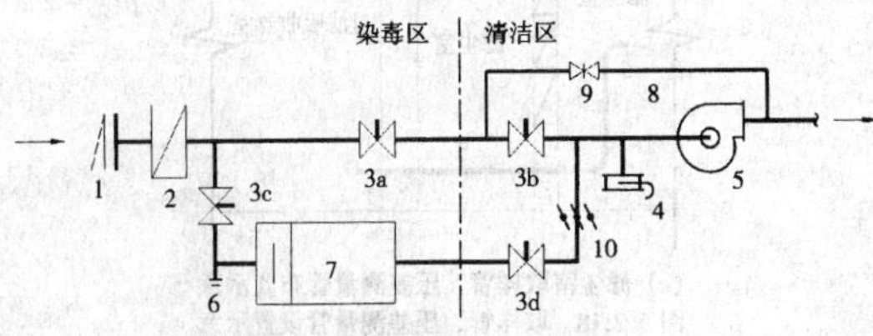

（a）——清洁通风与滤毒通风合用通风机的进风系统

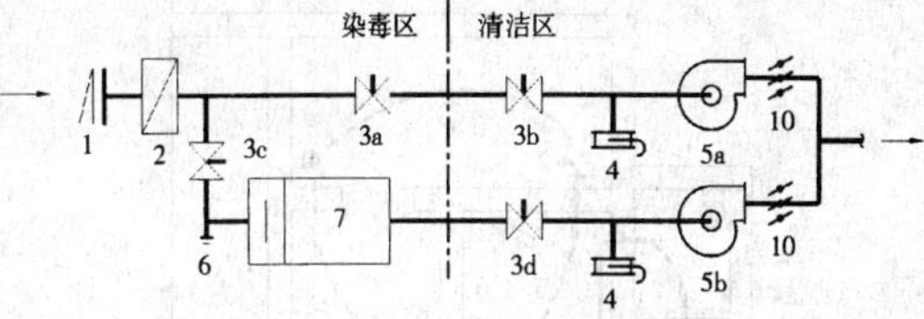

（b）——清洁通风与滤毒通风分别设置通风机的进风系统

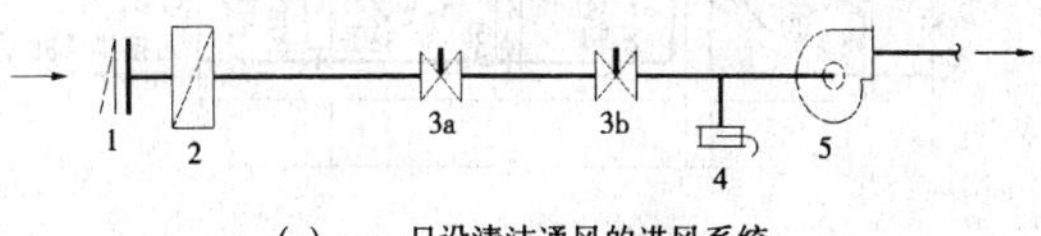

（c）——只设清洁通风的进风系统

图 5.2.8　防空地下室进风系统原理示意

1—消波设施；2—粗过滤器；3—密闭阀门；4—插板阀；5—通风机；6—换气堵头；7—过滤吸收器；8—增压管（DN25 热镀锌钢管）；9—球阀；10—风量调节阀

5.2.9 防空地下室的战时排风系统，应符合下列要求：

1 设有清洁、滤毒、隔绝三种防护通风方式时，排风系统可根据洗消间设置方式的不同，分别按平面示意图 5.2.9a、图 5.2.9b、图 5.2.9c 进行设计；

2 战时设清洁、隔绝通风方式时，排风系统应设防爆波设施和密闭设施。

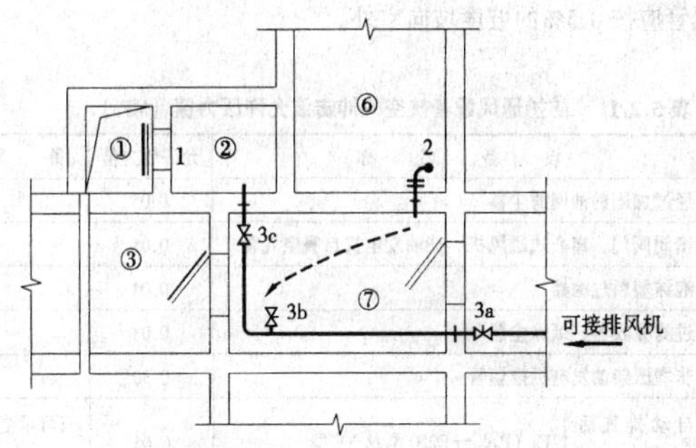

（a）简易洗消设施置于防毒通道内的排风系统

①排风竖井；②扩散室或扩散箱；③染毒通道；⑥室内；⑦设有简易洗消设施的防毒通道；

1—防爆波活门；2—自动排气活门；3—密闭阀门

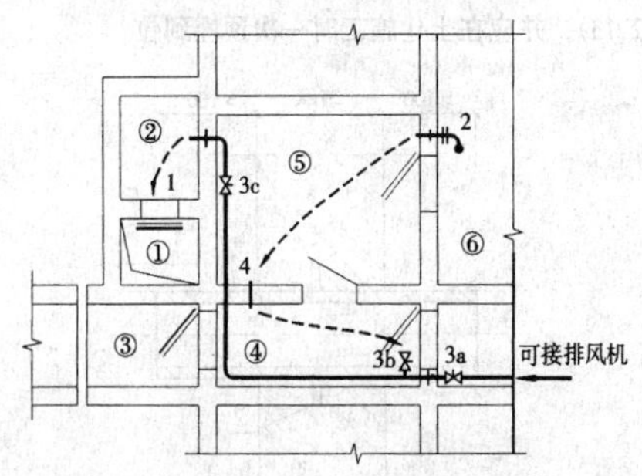

（b）设简易洗消间的排风系统

①排风竖井；②扩散室或扩散箱；③染毒通道；④防毒通道；⑤简易洗消间；⑥室内；

1—防爆波活门；2—自动排气活门；3—密闭阀门；4—通风短管

图 5.2.9

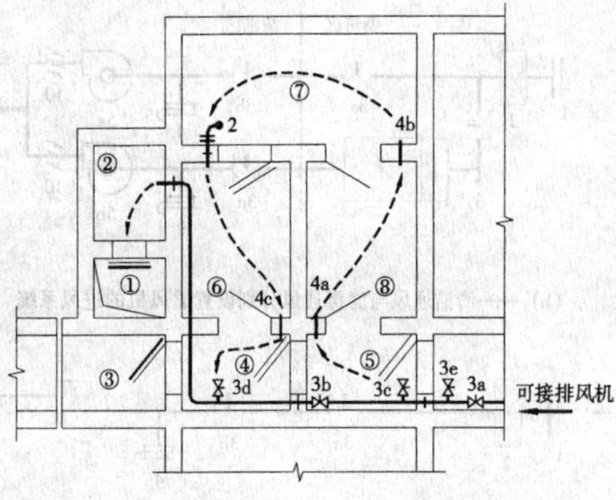

(c) 设洗消间的排风系统

①排风竖井；②扩散室或扩散箱；③染毒通道；④第一防毒通道；⑤第二防毒通道；⑥脱衣室；⑦淋浴室；⑧检查穿衣室；1—防爆波活门；2—自动排气活门；3—密闭阀门；4—通风短管

图 5.2.9 排风系统平面示意

5.2.10 防爆波活门的选择，应根据工程的抗力级别（按本规范第3.3.18条的相关规定确定）和清洁通风量等因素确定，所选用的防爆波活门的额定风量不得小于战时清洁通风量。

5.2.11 进、排风系统上防护通风设备的抗空气冲击波容许压力值，不应小于表5.2.11的规定。

5.2.12 设置在染毒区的进、排风管，应采用2～3mm厚的钢板焊接成型，其抗力和密闭防毒性能必须满足战时的防护需要，且风管应按0.5%的坡度坡向室外。

表 5.2.11 防护通风设备抗空气冲击波允许压力值（MPa）

设备名称		允许压力值	备注
经过加固的油网滤尘器		0.05	
密闭阀门、离心式通风机、柴油发电机自吸空气管		0.05	
泡沫塑料过滤器		0.04	
过滤吸收器、纸除尘器		0.03	
非增压柴油发电机排烟管		0.30	
自动排气活门	Ps（P_d）—D250型及YF型	0.05	只可承受冲击波余压
防爆超压自动排气活门	FCH—150（5）、FCH—200（5）、FCH—250（5）、FCH—300（5）型	0.30	可直接承受冲击波压力

5.2.13 穿过防护密闭墙的通风管，应采取可靠的防护密闭措施（图5.2.13），并应在土建施工时一次预埋到位。

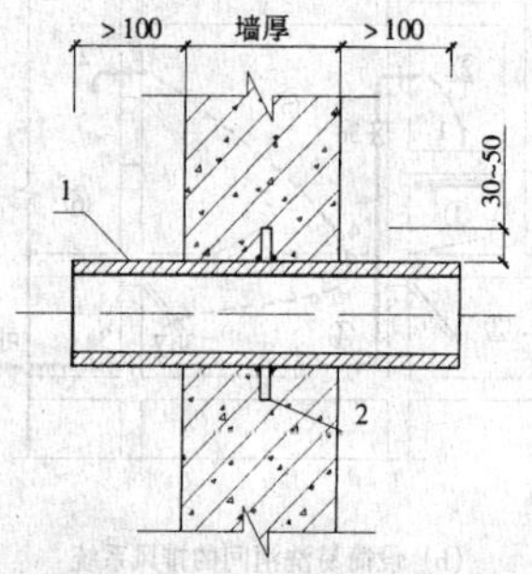

图 5.2.13 通风管穿过防护密闭墙做法示意

1—穿墙通风管；2—密闭翼环（2—3mm厚钢板）

图中尺寸单位：mm

5.2.14 防爆超压自动排气活门的选用，应符合下列要求：

1 防爆超压自动排气活门只能用于抗力不大于0.3MPa的排风消波系统；

2 根据排风口的设计压力值和滤毒通风时的排风量确定。

5.2.15 自动排气活门的选用和设置，应符合下列要求：

1 型号、规格和数量应根据滤毒通风时的排风量确定；

2 应与室内的通风短管（或密闭阀门）在垂直和水平方向错开布置；

3 不应设在密闭门的门扇上。

5.2.16 设计选用的过滤吸收器，其额定风量严禁小于通过该过滤吸收器的风量。

5.2.17 设有滤毒通风的防空地下室，应在防化通信值班室设置测压装置。该装置可由倾斜式微压计、连接软管、铜球阀和通至室外的测压管组成。测压管应采用DN15热镀锌钢管，其一端在防化通信值班室通过铜球阀、橡胶软管与倾斜式微压计连接，另一端则引至室外空气零点压力处，且管口向下（图5.2.17）。

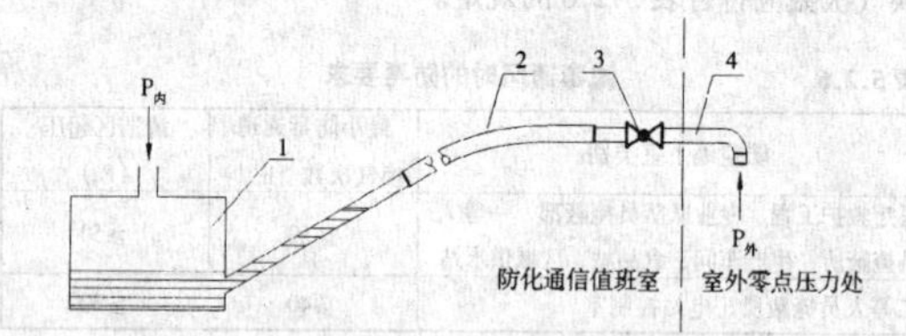

图 5.2.17 测压装置设置原理示意

1—倾斜式微压计；2—连接软管；3—球阀（或旋塞阀）；4—热镀锌钢管

5.2.18 设有滤毒通风的防空地下室，应在滤毒通风管路上设置取样管和测压管（图5.2.18）。

1 在滤毒室内进入风机的总进风管上和过滤吸收器的总出

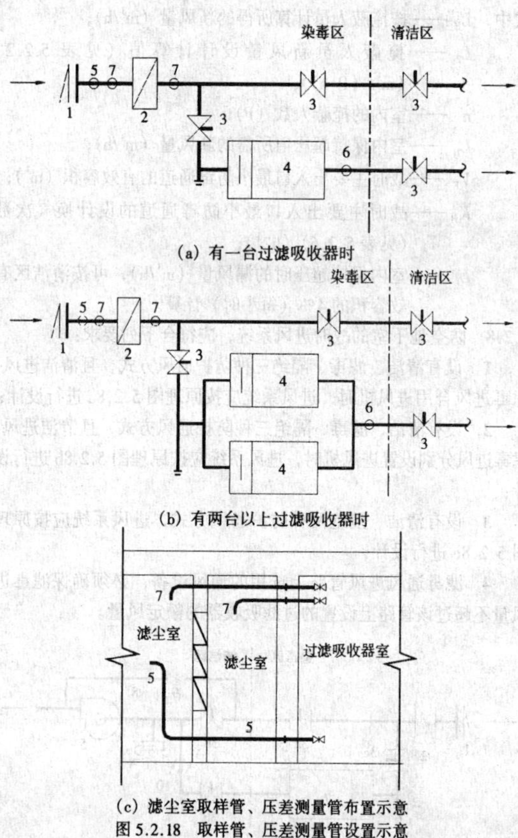

图 5.2.18 取样管、压差测量管设置示意

1—消波设施；2—粗过滤器；3—密闭阀门；4—过滤吸收器；5—放射性监测取样管；6—尾气监测取样管（长30mm～50mm）；7—滤尘器压差测量管

风口处设置 DN15（热镀锌钢管）的尾气监测取样管，该管末端应设截止阀；

2 在滤尘器进风管道上，设置 DN32（热镀锌钢管）的空气放射性监测取样管（乙类防空地下室可不设）。该取样管口应位于风管中心，取样管末端应设球阀；

3 在油网滤尘器的前后设置管径 DN15（热镀锌钢管）的压差测量管，其末端应设球阀。

5.2.19 防空地下室每个口部的防毒通道、密闭通道的防护密闭门门框墙、密闭门门框墙上宜设置 DN50（热镀锌钢管）的气密测量管，管的两端战时应有相应的防护、密闭措施。该管可与防护密闭门门框墙、密闭门门框墙上的电气预埋备用管合用。

5.2.20 设计选用的防护通风设备，必须是具有人防专用设备生产资质厂家生产的合格产品。

5.3 平战结合及平战功能转换

5.3.1 采暖通风与空调系统的平战结合设计，应符合下列要求：

1 平战功能转换措施必须满足防空地下室战时的防护要求和使用要求；

2 在规定的临战转换时限内完成战时功能转换；

3 专供平时使用的进风口、排风口和排烟口，战时采取的防护密闭措施，应符合本规范第 3.7 节及第 4.12 节中的有关规定。

5.3.2 防空地下室两个以上防护单元平时合并设置一套通风系统时，应符合下列要求：

1 必须确保战时每个防护单元有独立的通风系统；

2 临战转换时应保证两个防护单元之间密闭隔墙上的平时通风管、孔在规定时间内实施封堵，并符合战时的防护要求。

5.3.3 防空地下室平时和战时合用一个通风系统时，应按平时和战时工况分别计算系统的新风量，并按下列规定选用通风和防护设备。

1 按最大的计算新风量选用清洁通风管管径、粗过滤器、密闭阀门和通风机等设备；

2 按战时清洁通风的计算新风量选用门式防爆波活门，并按门扇开启时的平时通风量进行校核；

3 按战时滤毒通风的计算新风量选用滤毒进（排）风管路上的过滤吸收器、滤毒风机、滤毒通风管及密闭阀门。

5.3.4 防空地下室平时和战时分设通风系统时，应按平时和战时工况分别计算系统新风量，并按下列规定选用通风和防护设备：

1 平时使用的通风管、通风机及其它设备，按平时工况的计算新风量选用；

2 防爆波活门、战时通风管、密闭阀门、通风机及其它设备，按战时清洁通风的计算新风量选用。滤毒通风管路上的设备，则按滤毒通风量选用。

5.3.5 防空地下室战时的进（排）风口或竖井，宜结合平时的进（排）风口或竖井设置。平战结合的进风口宜选用门式防爆波活门。平时通过该活门的风量，宜按防爆波活门门扇全开时的风速不大于 10m/s 确定。

5.3.6 防空地下室内的厕所、盥洗室、污水泵房等排风房间，宜按防护单元单独设置排风系统，且宜平战两用。

5.3.7 防空地下室战时的通风管道及风口，应尽量利用平时的通风管道及风口，但应在接口处设置转换阀门。

5.3.8 战时的防护通风设计，必须有完整的施工设计图纸，标注相关的预埋件、预留孔位置。

5.3.9 防空地下室平时使用时的人员新风量，通风时不应小于 30（m^3/（P·h）），空调时宜符合表 5.3.9 规定。

表 5.3.9　平时使用时人员空调新风量（m^3/（P·h））

房 间 功 能	空调新风量
旅馆客房、会议室、医院病房、美容美发室、游艺厅、舞厅、办公室	≥30
餐厅、阅览室、图书馆、影剧院、商场（店）	≥20
酒吧、茶座、咖啡厅	≥10

注：过渡季采用全新风时，人员新风量不宜小于 30m^3/（P·h）。

5.3.10 平时使用的防空地下室，其室内空气温度和相对湿度，宜按表 5.3.10 确定。

表 5.3.10　平时使用时室内空气温度和相对湿度

工程及房间类别	夏季		冬季	
	温度（℃）	相对湿度（%）	温度（℃）	相对湿度（%）
旅馆客房、会议室、办公室、多功能厅、图书阅览室、文娱室、病房、商场、影剧院	≤28	≤75	≥16	≥30
舞厅	≤26	≤70	≥18	≥30
餐厅	≤28	≤80	≥16	≥30

注：冬季温度适用于集中采暖地区。

5.3.11 平时使用的防空地下室，空调送风房间的换气次数每小时不宜小于 5 次。部分房间的最小换气次数，宜按表 5.3.11 确定。

表 5.3.11　平时使用时部分房间的最小换气次数（h^{-1}）

房间名称	换气次数	房间名称	换气次数
水泵房、封闭蓄电池室	2	汽车库	4
污水泵间	8	吸烟室	10
盥洗室、浴室	3	发电机房贮油间	5
水冲厕所	10	物资库	1

注：贮水池、污水池按充满后的空间计。

5.3.12 平时为汽车库，战时为人员掩蔽所或物资库的防空地下室，其通风系统的设计应符合下列要求：

1 通风系统的战时通风方式应符合本规范第 5.2.1 条的规定；

2 战时通风系统的设置应符合本规范第 5.1.2 条的规定；

3 穿过防护单元隔墙的通风管道，必须在规定的临战转换时限内形成隔断，并在抗力和防毒性能方面与该防护单元的防护要求相适应。

5.4 采　　暖

5.4.1 引入防空地下室的采暖管道，在穿过人防围护结构处应采取可靠的防护密闭措施，并应在围护结构的内侧设置工作压力不小于 1.0MPa 的阀门。

5.4.2 防空地下室宜采用散热器采暖或热风采暖。

5.4.3 防空地下室的采暖热媒宜采用低温热水。

5.4.4 防空地下室的采暖热负荷应包括围护结构耗热量、加热新风耗热量，以及通过其它途径散失或获得的热量。

5.4.5 防空地下室围护结构的散热量，宜按下列规定确定。

1 土中围护结构的散热量 Q，按下式计算：

$$Q = k \cdot F\ (t_n - t_0) \tag{5.4.5}$$

式中　Q——围护结构的散热量（W）；

k——围护结构的平均传热系数（W/（m^2·℃）），宜按表 5.4.5 确定；

F——外墙及底板内表面面积（m^2）；

t_n——室内设计计算温度（℃），其取值与地面建筑相同；

t_0——土壤初始温度（℃），外墙取各层中心标高处的土壤温度；底板取其内表面标高处的土壤温度（℃）；

表 5.4.5　围护结构的平均传热系数 k 值 [W/（m²·℃）]

λ（W/（m·℃））	0.92	1.16	1.73	2.08	2.31	3.46
k（W/（m²·℃））	0.71	0.80	1.06	1.18	1.52	1.62

注：表中 λ 为土壤的导热系数，当 λ 值介于表列数值之间时，可用线性插入法确定。

2 有通风采光窗的防空地下室，窗井的外墙和窗的热损失，应按地面建筑的计算方法确定；

3 防空地下室外墙高出室外地面部分，其热损失应按地面建筑的计算方法确定。

5.5　自然通风和机械通风

5.5.1 防空地下室应充分利用当地自然条件，并结合地面建筑的实际情况，合理地组织、利用自然通风。采用自然通风的防空地下室，其平面布置应保证气流通畅，并应避免死角和短路，尽量减少风口和气流通路的阻力。

5.5.2 对于平战结合的乙类防空地下室和核 5 级、核 6 级、核 6B 级的甲类防空地下室设计，宜采用通风采光窗进行自然通风。通风采光窗宜在防空地下室两面的外墙分别设置。

5.5.3 战时使用的和平战两用的机械通风进风口、排风口，宜采用竖井分别设置在室外不同方向。进风口与排风口的水平距离、进风口下缘高出当地室外地面的高度应符合本规范第 3.4 节的规定。进风口应设在空气流畅、清洁处。

5.5.4 通风机应根据不同使用要求，选用节能和低噪声产品。战时电源无保障的防空地下室应采用电动、人力两用通风机。

5.5.5 通风管道应采用符合卫生标准的不燃材料制作。

5.6　空 气 调 节

5.6.1 防空地下室采用通风设计不能满足温、湿度要求时，应进行空气调节设计。

5.6.2 空调房间的计算得热量，应根据围护结构传热量、人体散热量、照明散热量、设备散热量以及伴随各种散湿过程产生的潜热量等各项因素确定。

5.6.3 空调房间的计算散湿量，应根据人体散湿量、围护结构散湿量、潮湿表面和液面的散湿量、设备散湿量以及其它散湿量等各项因素确定。

5.6.4 空调系统的冷负荷，应包括消除空调房间的计算得热量所需的冷负荷、新风冷负荷、以及由通风机、风管等温升引起的附加冷负荷。

5.6.5 空调系统的湿负荷，应包括空调房间的计算湿负荷与新风湿负荷。

5.6.6 防空地下室围护结构的平均散湿量，可按经验数据选取：0.5g/（h·m²）～1.0g/（h·m²）。由室内人员造成的人为散湿量（不含人体散湿量），应根据实际情况确定。对于全天在防空地下室内工作、生活人员（如医院、病房等）的人为散湿量，可取 30g/（P·h）。

5.6.7 围护结构传热量应根据埋深不同，按浅埋或深埋分别计算。

1 浅埋防空地下室（指防空地下室顶板底面至室外地面的垂直距离小于 6m 的防空地下室），宜按本规范附录 G 计算；

2 深埋防空地下室（指防空地下室顶板底面至室外地面的垂直距离大于或等于 6m 的防空地下室），宜按本规范附录 H 计算。

5.6.8 空气热湿处理设备宜根据下列原则选用：

1 以湿负荷为主的防空地下室，宜选用除湿机、调温除湿机、除湿空调机等空气处理设备；

2 以冷负荷为主的防空地下室，宜选用冷水机组加组合式空调器、冷风机等空气处理设备。

5.6.9 全年使用的集中式空调系统应满足下列要求：

1 冬、夏季在保证最小新风量的条件下，满足各送风房间所需的送风量；

2 过渡季节使用大量新风或全新风的空调系统，其进风和排风系统要适应新风量变化的需要。

5.6.10 新风系统和回风系统应设置符合卫生标准的空气过滤装置。

5.6.11 引入防空地下室的空调水管，应采取防护密闭措施，并应在其围护结构的内侧设置工作压力不小于 1.0MPa 的阀门。

5.7　柴油电站的通风

5.7.1 柴油发电机房宜设置独立的进、排风系统。

5.7.2 柴油发电机房采用清洁式通风时，应按下列规定计算进、排风量：

1 当柴油发电机房采用空气冷却时，按消除柴油发电机房内余热计算进风量；

2 当柴油发电机房采用水冷却时，按排除柴油发电机房内有害气体所需的通风量经计算确定。有害气体的容许含量取：CO 为 30mg/m³，丙烯醛为 0.3mg/m³，或按大于等于 20m³/(kW·h) 计算进风量；

3 排风量取进风量减去燃烧空气量。

5.7.3 柴油机燃烧空气量，可根据柴油机额定功率取经验数据计算：7m³/（kW·h）。清洁通风时，柴油机所需的燃烧空气直接取用发电机房室内的空气；隔绝防护时，应从机房的进风或排风管引入室外空气燃烧，但吸气系统的阻力不宜超过 1kPa。

5.7.4 柴油发电机房内的余热量应包括柴油机、发电机和排烟管道的散热量。

5.7.5 柴油发电机房的降温方式应符合下列要求：

1 当室内外空气温差较大时，宜利用室外空气降低发电机房温度；

2 当水量充足且水温能满足要求时，宜采用水冷方式降低发电机房温度；

3 当室内外空气温差较小且水量不足时，宜采用直接蒸发式冷风机组降低发电机房温度。

5.7.6 柴油电站控制室所需的新风，应按下述不同情况区别处理：

1 当柴油电站与防空地下室连成一体时，应从防空地下室内向电站控制室供给新风；

2 当柴油电站独立设置时，控制室应由柴油电站设置独立的通风系统供给新风，且应设滤毒通风装置。

5.7.7 柴油电站的贮油间应设排风装置，排风换气次数不应小于每小时 5 次，接至贮油间的排风管道上应设 70℃关闭的防火阀。

5.7.8 柴油机的排烟系统，应按下列规定设置：

1 柴油机排烟口与排烟管应采用柔性连接。当连接两台或两台以上机组时，排烟支管上应设置单向阀门；

2 排烟管的室内部分，应作隔热处理，其表面温度不应超过 60℃。

5.7.9 移动电站与有防毒要求的防空地下室设连通口时，应设防毒通道和滤毒通风时的超压排风设施。

6 给水、排水

6.1 一般规定

6.1.1 防空地下室上部建筑的管道穿过人防围护结构时，应符合本规范第3.1.6条的规定。

6.1.2 穿过人防围护结构的给水引入管、排水出户管、通气管、供油管的防护密闭措施应符合下列要求：

1 符合以下条件之一的管道，在其穿墙（穿板）处应设置刚性防水套管：

1）管径不大于DN150mm的管道穿过防空地下室的顶板、外墙、密闭隔墙及防护单元之间的防护密闭隔墙时；

2）管径不大于DN150mm的管道穿过乙类防空地下室临空墙或穿过核5级、核6级和核6B级的甲类防空地下室临空墙时。

2 符合以下条件之一的管道，在其穿墙（穿板）处应设置外侧加防护挡板的刚性防水套管：

1）管径大于DN150mm的管道穿过人防围护结构时；

2）管径不大于DN150mm的管道穿过核4级、核4B级的甲类防空地下室临空墙时。

6.2 给 水

6.2.1 防空地下室宜采用城市市政给水管网或防空地下室的区域水源供水。有条件时，可采用自备内水源或自备外水源供水。

防空地下室自备水源的取水构筑物宜用管井。自备内水源取水构筑物应设于清洁区内。在自备内水源与外部水源（如城市市政给水管网）的连接处，应设置有效的隔断措施。自备外水源取水构筑物的抗力级别应与其供水的防空地下室中抗力级别最高的相一致。

6.2.2 防空地下室平时用水量定额应符合现行国家标准《建筑给水排水设计规范》（GB 50015）的有关规定。

6.2.3 防空地下室战时人员用水量标准应按表6.2.3采用。

表6.2.3 战时人员生活饮用水量标准

工程类别			用水量（L/（人·d））	
			饮用水	生活用水
医疗救护工程	中心医院、急救医院	伤病员	4~5	60~80
		工作人员	3~6	30~40
	救护站	伤病员	4~5	30~50
		工作人员	3~6	25~35
专业队队员掩蔽部			5~6	9
人员掩蔽工程			3~6	4
配套工程			3~6	4

6.2.4 需供应开水的防空地下室，开水供水量标准为1~2L/（人·d），其水量已计入在饮用水量中。设置水冲厕所的医疗救护工程，水冲厕所的用水量已计入在伤病员和工作人员的生活用水量中。

6.2.5 战时人员生活用水、饮用水的贮水时间，应根据防空地下室的水源情况、工程类别，按表6.2.5采用。

表6.2.5 各类防空地下室的贮水时间

水源情况			工程类别			
			医疗救护工程	专业队队员掩蔽部	人员掩蔽工程	配套工程
有可靠内水源	饮用水（d）		2~3			
	生活用水（h）		10~12	4~8	0	
无可靠内水源	饮用水（d）		15			
	生活用水（d）	有防护外水源	3~7			
		无防护外水源	7~14			

6.2.6 在防空地下室的清洁区内，每个防护单元均应设置生活用水、饮用水贮水池（箱）。贮水池（箱）的有效容积应根据防空地下室战时的掩蔽人员数量、战时用水量标准及贮水时间计算确定。

6.2.7 生活饮用水的水质，平时应符合现行国家标准《生活饮用水卫生标准》（GB 5749）的要求，战时应符合表6.2.7的规定。

表6.2.7 战时生活饮用水水质标准

项目	单位	限量值
色	度	<15
浑浊度	度	<5
臭和味		不得有异臭、异味
总硬度（以$CaCO_3$计）	mg/L	600
硫酸盐（以SO_4^{-2}计）	mg/L	500
氯化物（以Cl^-计）	mg/L	600
细菌总数	个/ml	100
总大肠菌数	个/100ml	1
游离余氯	mg/L	与水接触30min后不应低于0.5mg/L（适用于加氯消毒）

6.2.8 机械、通信和空调等设备用水的水质、水量、水压和水温应按其工艺要求确定。

6.2.9 饮用水的贮水池（箱）宜单独设置。若与生活用水贮存在同一贮水池（箱）中，应有饮用水不被挪用的措施。

6.2.10 生活用水、饮用水、洗消用水的供给，可采用气压给水装置、变频给水设备或高位水池（箱）。战时电源无保证的防空地下室，应有保证战时供水的措施。

6.2.11 生活用水、饮用水、洗消用水以外的给水系统的选择，应根据防空地下室的各项用水对于水质、水量、水压和水温的要求，并根据战时的水源、电源等情况综合分析确定。在技术经济合理的条件下，设备用水宜采用循环或重复利用的给水系统，并应充分利用其余压。

6.2.12 防空地下室内部的给水管道，应根据平时装修要求及结构情况，可设于吊顶内、管沟内或沿墙明设。给水管道不应穿过通信、变配电设备房间。

6.2.13 防空地下室给水管道上防护阀门的设置及安装应符合下列要求：

1 当给水管道从出入口引入时，应在防护密闭门的内侧设置；当从人防围护结构引入时，应在人防围护结构的内侧设置；穿过防护单元之间的防护密闭隔墙时，应在防护密闭隔墙两侧的管道上设置；

2 防护阀门的公称压力不应小于1.0MPa；

3 防护阀门应采用阀芯为不锈钢或铜材质的闸阀或截止阀；

4 人防围护结构内侧距离阀门的近端面不宜大于200mm。阀门应有明显的启闭标志。

6.2.14 防空地下室的给水管管材应符合以下要求：

1 穿过人防围护结构的给水管道应采用钢塑复合管或热镀锌钢管；

2 防护阀门以后的管道可采用其它符合现行规范及产品标准要求的管材。

6.2.15 给水管道穿过人防围护结构时，宜采取防震、防不均匀沉降措施。

6.2.16 对于可能产生结露的贮水池（箱）和给水管道，应根据使用要求，采取相应的防结露措施。

6.2.17 平时需用水的防空地下室的给水入户管上应设水表。

6.2.18 防空地下室的水泵间宜设隔声、减振措施。

6.3 排 水

6.3.1 防空地下室的污废水宜采用机械排出。战时电源无保证的防空地下室，在战时需设电动排水泵时，应有备用的人力机械排水设施。

6.3.2 一般防空地下室应设有在隔绝防护时间内不向外部排水的措施。对于在隔绝防护时间内能连续均匀地向室内进水的防空地下室，方可连续向室外排水，但应设有使其排水量不大于进水量的措施。

6.3.3 医疗救护工程的污水处理设施宜设在防护区外。

6.3.4 在隔绝防护时间内，设备的冷却水可回流到原贮水池。当设备发热量较大，采用单格贮水池不能满足使用要求时，可采用双格或多格贮水池。多格贮水池的最后一格不应充水，其容积也不计入有效容积内。

6.3.5 战时生活污水集水池的有效容积应包括调节容积和贮备容积。调节容积不宜小于最大一台污水泵 5min 的出水量，且污水泵每小时启动次数不宜超过 6 次；贮备容积必须大于隔绝防护时间内产生的全部污水量的 1.25 倍；隔绝防护时间按本规范表 5.2.4 确定。集水池还应满足水泵设置、水位控制器等安装、检查的要求；设计的最低水位，应满足水泵吸水要求。贮备容积平时如需使用，其空间应有在临战时排空的措施。

6.3.6 防护单元清洁区内有供平时使用的生活污水集水池或消防废水集水池时，宜兼作战时生活污水集水池。其有效容积按本规范第 6.3.5 条进行校核。

6.3.7 当符合本规范第 6.3.2 条规定的排水条件时，生活污水集水池的贮备容积，可减去隔绝防护时间内向外排出的污水量。

6.3.8 通气管的设置应符合下列要求：

1 收集平时生活污水的集水池应设通气管，并接至室外、排风扩散室或排风竖井内；

2 收集平时消防排水、空调冷凝水、地面冲洗排水的集水池，按平时使用的卫生要求及地面排水收集方式确定通气管的设置方式；

3 收集战时生活污水的集水池，临战时应增设接至厕所排风口的通气管；

4 通气管的管径不宜小于污水泵出水管的管径，且不得小于 75mm；

5 通气管在穿过人防围护结构时，该段通气管应采用热镀锌钢管，并应在人防围护结构内侧设置公称压力不小于 1.0MPa 的铜芯闸阀。人防围护结构内侧距离阀门的近端面不宜大于 200mm。

6.3.9 设有多个防护单元的防空地下室，当需设置生活污水集水池时，应按每个防护单元单独设置。

6.3.10 生活污水集水池宜设于清洁区内厕所、盥洗室的下部。清洁区内用水房间、平时使用的空调机房等房间内宜设置地漏，地漏箅子的顶面应低于该处地面 5～10mm。

6.3.11 供防空地下室内平时使用的排水泵，宜采用自动启动方式；仅战时使用的排水泵可采用手动启动方式。生活污水泵间宜设有隔声、减振和排除地面积水的措施，并宜设置冲洗龙头。

6.3.12 污水泵出水管上应设置阀门和止回阀，管道在穿过人防围护结构时，应在人防围护结构内侧设置公称压力不小于 1.0MPa 的铜芯闸阀。人防围护结构内侧距离阀门的近端面不宜大于 200mm。

6.3.13 采用自流排水系统的防空地下室，应符合下列规定：

1 排出管上应采取设止回阀和公称压力不小于 1.0MPa 的铜芯闸阀等防倒灌措施；

2 核 5 级、核 6 级和核 6B 级的甲类防空地下室，对非生活污水，在防空地下室外部的适当位置设置水封井，水封深度不应小于 300mm；对生活污水，在防空地下室外部的适当位置设置防爆化粪池；

3 核 4 级和核 4B 级的甲类防空地下室，其排出管上应设置防毒消波槽，其大小不应小于图 6.3.13 所示的最小尺寸。对生活污水，防毒消波槽可兼作化粪池，但其尺寸应满足化粪池的要求；

4 乙类防空地下室，对非生活污水，在防空地下室外部的适当位置设置水封井，水封深度不应小于 300mm；对生活污水，在防空地下室外部的适当位置设置化粪池。

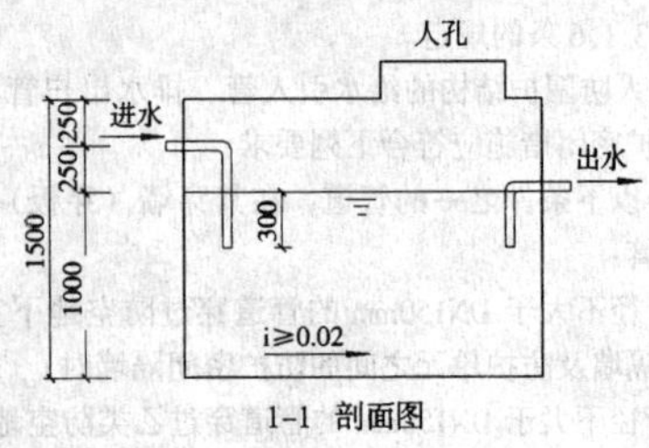

1-1 剖面图

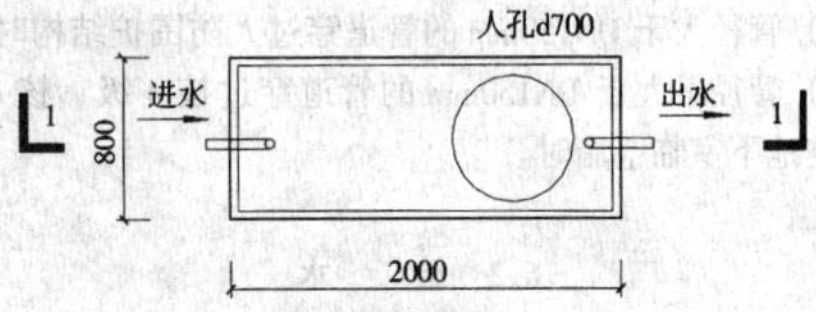

平面图

图 6.3.13 防毒消波槽构造尺寸

6.3.14 防空地下室的排水管管材应符合下列要求：

1 穿过人防围护结构的排水管道应采用钢塑复合管或其它经过可靠防腐处理的钢管；

2 人防围护结构以内的重力排水管道应采用机制排水铸铁管或建筑排水塑料管及管件；

3 在结构底板中及以下敷设的管道应采用机制排水铸铁管或热镀锌钢管。

6.3.15 对于乙类防空地下室和核 5 级、核 6 级、核 6B 级的甲类防空地下室，当收集上一层地面废水的排水管道需引入防空地下室时，其地漏应采用防爆地漏。

6.4 洗 消

6.4.1 人员洗消方式、洗消人员百分数应按表 6.4.1 确定：

表 6.4.1 人员洗消方式、洗消人员百分数

工程类别	人员洗消方式	洗消人员百分数（%）
医疗救护工程	淋浴洗消	5～10
专业队队员掩蔽部	淋浴洗消	20
一等人员掩蔽所、食品站、生产车间、区域供水站	淋浴洗消	2～3
二等人员掩蔽所	简易洗消	—

6.4.2 洗消间内淋浴器数量、人员洗消用水量、热水供应量应符合下列要求：

1 淋浴器和洗脸盆的数量应符合本规范第 3.3.23 条的要求；

2 淋浴洗消人数按防护单元内的掩蔽人数及洗消人员百分数确定；

3 人员洗消用水量标准宜按 40L/（人·次）计算；淋浴器和洗脸盆的热水供应量宜按 320～400L/套计算；当人员洗消用水量大于洗消器具热水供应量时，热水供应量仍按洗消器具的套数计算。

6.4.3 医疗救护工程人员淋浴洗消用热水温度宜按 37～40℃计算，其它工程人员淋浴洗消用热水温度可按 32～35℃计算。选用的加热设备应能在 3h 内将全部淋浴用水加热至设计温度。

6.4.4 淋浴洗消用水应贮存在清洁区内。人员简易洗消总贮水量宜按 0.6～0.8m^3 确定，可贮存在简易洗消间内。

6.4.5 防空地下室口部染毒区墙面、地面的冲洗应符合下列要求：

1 需冲洗的部位包括进风竖井、进风扩散室、除尘室、滤毒室（包括与滤毒室相连的密闭通道）和战时主要出入口的洗消间（简易洗消间）、防毒通道及其防护密闭门以外的通道，并应在这些部位设置收集洗消废水的地漏、清扫口或集水坑；

2 冲洗水量宜按 5～10L/m^2 冲洗一次计算；

3 应设置供墙面及地面冲洗用的冲洗栓或冲洗龙头，并配备冲洗软管，其服务半径不宜超过 25m，供水压力不宜小于 0.2MPa，供水管径不得小于 20mm；

4 口部洗消用水应贮存在清洁区内，冲洗水量超过 10m^3 时，可按 10m^3 计算。

注：不贮存专业队装备掩蔽部、汽车库以及柴油电站等主体允许染毒的防空地下室以及发电机房的洗消用水。

6.4.6 洗消废水集水池不得与清洁区内的集水池共用。

6.4.7 集水池的大小应满足水泵的安装及吸水的要求。防护密闭门外洗消废水集水池可采用移动式排水泵排水。

6.4.8 收集地面排水的排水管道，不受冲击波作用的排水管上可设带水封地漏，受冲击波作用的排水管上应设防爆地漏。仅供战时排洗消废水的排水管道，可采用符合防空地下室抗力级别要求的铜质或不锈钢清扫口替代防爆地漏。

6.5 柴油电站的给排水及供油

6.5.1 柴油电站的冷却方式（水冷方式或风冷方式）应根据所在地区的水源情况、气候条件、空调方式及柴油发电机型号等因素确定。

6.5.2 冷却水贮水池的容积应根据柴油发电机运行机组在额定功率下冷却水的消耗量和要求的贮水时间确定。贮水时间可按表 6.5.2 采用。

表 6.5.2 柴油发电机房贮水池贮水时间

水源条件	贮水时间
无可靠内、外水源	2～3（d）
有防护的外水源	12～24（h）
有可靠内水源	4～8（h）

6.5.3 柴油发电机冷却水的水温，可采用温度调节器或混合水池调节。当采用温度调节器由管路调节时，应充分利用柴油发电机自带的恒温器；当采用混合水池调节时，混合水池的容积，应按柴油发电机运行机组在额定功率下工作 5～15min 的冷却水量计算。柴油发电机进出水管上宜设短路管。柴油发电机的进、出水管上应设置温度计，出水管上应设置看水器，有存气可能的部位应设置排气阀。

6.5.4 移动电站或采用风冷方式的固定电站，其贮水量应根据柴油发电机样本中的小时耗水量及本规范表 6.5.2 要求的贮水时间计算。如无准确资料，贮水量可按 2m^3 设计。在柴油发电机房内宜单独设置冷却水贮水箱，并设置取水龙头。

6.5.5 柴油发电机房内的用水管线，宜设于管沟内，管沟内宜设排水措施。

6.5.6 在柴油发电机房内的适当位置宜设置拖布池。

6.5.7 电站控制室与发电机房之间设有防毒通道时，应在防毒通道内设置简易洗消设施。

6.5.8 柴油发电机的废热宜充分利用，可用作淋浴洗消、供应热水的热源等。

6.5.9 柴油发电机房的输油管当从出入口引入时，应在防护密闭门内设置油用阀门；当从围护结构引入时，应在外墙内侧或顶板内侧设置油用阀门，其公称压力不得小于 1.0MPa，该阀门应设置在便于操作处，并应有明显的启闭标志。在室外的适当位置应设置与防空地下室抗力级别相同的油管接头井。

6.5.10 燃油可用油箱、油罐或油池贮存，其数量不得少于两个。其贮油容积可根据柴油发电机额定功率时的耗油量及贮油时间确定。贮油时间可按 7～10d 计算。

6.5.11 油箱、油罐或油池宜用自流形式向柴油发电机供油。当不能自流供油，需设油泵供油时，应设日用油箱。

6.6 平战转换

6.6.1 设置在防空地下室清洁区内，供平时使用的生活水池（箱）、消防水池（箱）可兼作战时贮水池（箱），但应有能在 3d 内完成系统转换及充水的措施。

6.6.2 二等人员掩蔽所内的贮水池（箱）及增压设备，当平时不使用时，可在临战时构筑和安装。但必须一次完成施工图设计，并应注明在工程施工时的预留孔洞和预埋好进水、排水等管道的接口，且应设有明显标志。还应有可靠的技术措施，保证能在 15d 转换时限内施工完毕。

6.6.3 平时不使用的淋浴器和加热设备可暂不安装，但应预留管道接口和固定设备用的预埋件。

6.6.4 专供平时使用的管道，当需穿过防空地下室临战封堵墙或抗爆隔墙时，宜设置便于管道临时截断、封堵的措施。

6.6.5 临战转换的转换工作量应符合本规范第 3.7 节的规定。

7 电 气

7.1 一般规定

7.1.1 本章适用于供电电压为 10kV 及以下的防空地下室电气设计。

7.1.2 电气设计除应满足战时用电的需要外，还应满足平时用电的需要。

7.1.3 电气设备应选用防潮性能好的定型产品。

7.2 电 源

7.2.1 电力负荷应分别按平时和战时用电负荷的重要性、供电连续性及中断供电后可能造成的损失或影响程度分为一级负荷、二级负荷和三级负荷。

7.2.2 平时电力负荷分级，除执行本规范有关规定外，还应符合地面同类建筑国家现行有关标准的规定。

7.2.3 战时电力负荷分级，应符合下列规定：

1 一级负荷

1) 中断供电将危及人员生命安全；

2) 中断供电将严重影响通信、警报的正常工作；

3) 不允许中断供电的重要机械、设备；

4) 中断供电将造成人员秩序严重混乱或恐慌；

2 二级负荷

1) 中断供电将严重影响医疗救护工程、防空专业队工程、人员掩蔽工程和配套工程的正常工作；

2) 中断供电将影响生存环境；

3 三级负荷：除上述两款规定外的其它电力负荷。

7.2.4 战时常用设备电力负荷分级应符合表 7.2.4 的规定。

表 7.2.4 战时常用设备电力负荷分级

工程类别	设备名称	负荷等级
中心医院 急救医院	基本通信设备、应急通信设备 柴油电站配套的附属设备 三种通风方式装置系统 主要医疗救护房间内的设备和照明 应急照明	一级
	重要的风机、水泵 辅助医疗救护房间内的设备和照明 洗消用的电加热淋浴器 医疗救护必须的空调、电热设备 电动防护密闭门、电动密闭门和电动密闭阀门 正常照明	二级
	不属于一级和二级负荷的其它负荷	三级
救护站 防空专业队工程 一等人员掩蔽所	基本通信设备、应急通信设备 柴油电站配套的附属设备 应急照明	一级
	重要的风机、水泵 三种通风方式装置系统 洗消用的电加热淋浴器 完成防空专业队任务必须的用电设备 电动防护密闭门、电动密闭门和电动密闭阀门 正常照明	二级
	不属于一级和二级负荷的其它负荷	三级

续表 7.2.4 战时常用设备电力负荷分级

工程类别	设备名称	负荷等级
二等人员掩蔽所 生产车间 食品站 区域电站 区域供水站	基本通信设备、音响警报接收设备、应急通信设备 柴油电站配套的附属设备 应急照明	一级
	重要的风机、水泵 三种通风方式装置系统 正常照明 洗消用的电加热淋浴器 区域水源的用电设备 电动防护密闭门、电动密闭门和电动密闭阀门	二级
	不属于一级和二级负荷的其它负荷	三级
物资库 汽车库	基本通信设备、应急通信设备 柴油电站配套的附属设备 应急照明	一级
	重要的风机、水泵 正常照明 电动防护密闭门、电动密闭门和电动密闭阀门	二级
	不属于一级和二级负荷的其它负荷	三级

7.2.5 电力负荷应按平时和战时两种情况分别计算。

7.2.6 防空地下室应引接电力系统电源，并宜满足平时电力负荷等级的需要；当有两路电力系统电源引入时，两路电源宜同时工作，任一路电源均应满足平时一级负荷、消防负荷和不小于50%的正常照明负荷用电需要。电源容量应分别满足平时和战时总计算负荷的需要。

7.2.7 因地面建筑平时使用需要设置的柴油发电机组，宜按战时区域电源设置。所设置的柴油发电机组，宜设置在防护区内。

7.2.8 防空地下室的总计算负荷大于 200kVA 时，宜将电力变压器设置在清洁区靠近负荷中心处。单台变压器的容量不宜大于 1250kVA。

7.2.9 防空地下室内安装的变压器、断路器、电容器等高、低压电器设备，应采用无油、防潮设备。

7.2.10 内部电源的发电机组应采用柴油发电机组，严禁采用汽油发电机组。

7.2.11 下列工程应在工程内部设置柴油电站：

1 中心医院、急救医院；

2 救护站、防空专业队工程、人员掩蔽工程、配套工程等防空地下室，建筑面积之和大于 5000m^2。

7.2.12 中心医院、急救医院应按下列要求设置柴油发电机组：

1 战时供电容量必须满足本防空地下室战时一级、二级电力负荷的需要，并宜作为区域电站，以满足在低压供电范围内的邻近人防工程战时一级、二级负荷的需要；

2 柴油发电机组台数不应少于两台，其中每台机组的容量应能满足战时一级负荷的用电需要。

7.2.13 救护站、防空专业队工程、人员掩蔽工程、配套工程等应按下列要求设置柴油发电机组：

1 建筑面积之和大于 5000m^2 的防空地下室，设置柴油发电机组的台数不应少于 2 台，其容量应按下列规定的战时和平时供电容量的较大者确定：

1) 战时供电容量应满足战时一级、二级负荷的需要，还宜作为区域电站，以满足在低压供电范围内的邻近人防工程战时一级、二级负荷的需要；

2) 平时引接两路不同时停电的电力系统电源供电时，应按满足防空地下室平时一级负荷中特别重要的负荷确定；

3) 平时引接一路电力系统电源供电时，应按满足防空地下室平时一级、部分二级负荷（消防负荷、不小于 50% 的正常照明负荷等）之和确定；

2 建筑面积大于 $5000m^2$ 的防空地下室，当条件受到限制时，内部电源仅为本防空地下室供电时，柴油发电机组的台数可设1～2台，其容量应按下列规定的战时和平时供电容量的较大者确定：

1）战时供电容量，必须满足本防空地下室战时一级、二级负荷的用电需要；

2）平时供电容量应满足本条第1款第2、3项的规定；

3 在建筑小区或供电半径范围内各类分散布置的多个防空地下室，其建筑面积之和大于 $5000m^2$ 时，应在负荷中心处的防空地下室内设置内部电站或设置区域电站，其容量应满足本条第1款的要求；

4 建筑面积 $5000m^2$ 及以下的各类未设内部电站的防空地下室，战时供电应符合下列规定：

1）引接区域电源，战时一级负荷应设置蓄电池组电源；

2）无法引接区域电源的防空地下室，战时一级、二级负荷应在室内设置蓄电池组电源；

3）蓄电池组的连续供电时间不应小于隔绝防护时间（见表5.2.4）。

7.2.14 供电系统设计应符合下列要求：

1 每个防护单元应设置人防电源配电柜（箱），自成配电系统；

2 电力系统电源和柴油发电机组应分列运行；

3 通信、防灾报警、照明、动力等应分别设置独立回路；

4 不同等级的电力负荷应各有独立回路；

5 引接内部电源应有固定回路；

6 单相用电设备应均匀地分配在三相回路中。

7.2.15 防空地下室战时各级负荷的电源应符合下列要求：

1 战时一级负荷，应有两个独立的电源供电，其中一个独立电源应是该防空地下室的内部电源；

2 战时二级负荷，应引接区域电源，当引接区域电源有困难时，应在防空地下室内设置自备电源；

3 战时三级负荷，引接电力系统电源。

7.2.16 当条件许可时，战时防空地下室宜利用下列电源：

1 无防护的地面建筑自备电源；

2 设置在防空地下室地面附近的拖车电站、汽车电站等。

7.2.17 内部电源的蓄电池组不得采用非密封的蓄电池组。

7.2.18 为战时一级、二级负荷供电专设的EPS、UPS自备电源设备，应设计到位，平时可不安装，但应留有接线和安装位置。应在30d转换时限内完成安装和调试。

7.3 配　电

7.3.1 每个防护单元应引接电力系统电源和内部电源。电源回路均应设置进线总开关和内、外电源的转换开关。

7.3.2 每个防护单元内的人防电源配电柜（箱）宜设置在清洁区内，并靠近负荷中心和便于操作维护处，可设在值班室或防化通信值班室内。

7.3.3 一级、二级和大容量的三级负荷宜采用放射式配电，室内的低压配电级数不宜超过三级。

7.3.4 防空地下室内的各种动力配电箱、照明箱、控制箱，不得在外墙、临空墙、防护密闭隔墙、密闭隔墙上嵌墙暗装。若必须设置时，应采取挂墙式明装。

7.3.5 防空地下室内的各种电气设备当采用集中控制或自动控制时，必须设置就地控制装置、就地解除集中控制和自动控制的装置。

7.3.6 对染毒区内需要检测和控制的设备，除应就地检测、控制外，还应在清洁区实现检测、控制。

7.3.7 设有清洁式、滤毒式、隔绝式三种通风方式的防空地下室，应在每个防护单元内设置三种通风方式信号装置系统，并应符合下列规定：

1 三种通风方式信号控制箱宜设置在值班室或防化通信值班室内。灯光信号和音响应采用集中或自动控制；

2 在战时进风机室、排风机室、防化通信值班室、值班室、柴油发电机房、电站控制室、人员出入口（包括连通口）最里一道密闭门内侧和其它需要设置的地方，应设置显示三种通风方式的灯箱和音响装置，应采用红色灯光表示隔绝式，黄色灯光表示滤毒式、绿色灯光表示清洁式，并宜加注文字标识。

7.3.8 设有清洁式、滤毒式、隔绝式三种通风方式的防空地下室，每个防护单元战时人员主要出入口防护密闭门外侧，应设置有防护能力的音响信号按钮，音响信号应设置在值班室或防化通信值班室内。

7.3.9 中心医院、急救医院应设置火灾自动报警系统。

7.4 线 路 敷 设

7.4.1 进、出防空地下室的动力、照明线路，应采用电缆或护套线。

7.4.2 电缆和电线应采用铜芯电缆和电线。

7.4.3 穿过外墙、临空墙、防护密闭隔墙和密闭隔墙的各种电缆（包括动力、照明、通信、网络等）管线和预留备用管，应进行防护密闭或密闭处理，应选用管壁厚度不小于2.5mm的热镀锌钢管。

7.4.4 穿过外墙、临空墙、防护密闭隔墙、密闭隔墙的同类多根弱电线路可合穿在一根保护管内，但应采用暗管加密闭盒的方式进行防护密闭或密闭处理。保护管径不得大于25mm。

7.4.5 各人员出入口和连通口的防护密闭门门框墙、密闭门门框墙上均应预埋4～6根备用管，管径为50～80mm，管壁厚度不小于2.5mm的热镀锌钢管，并应符合防护密闭要求。

7.4.6 当防空地下室内的电缆或导线数量较多，且又集中敷设时，可采用电缆桥架敷设的方式。但电缆桥架不得直接穿过临空墙、防护密闭隔墙、密闭隔墙。当必须通过时应改为穿管敷设，并应符合防护密闭要求。

7.4.7 各类母线槽不得直接穿过临空墙、防护密闭隔墙、密闭隔墙，当必须通过时，需采用防护密闭母线，并应符合防护密闭要求。

7.4.8 由室外地下进、出防空地下室的强电或弱电线路，应分别设置强电或弱电防爆波电缆井。防爆波电缆井宜设置在紧靠外墙外侧。除留有设计需要的穿墙管数量外，还应符合第7.4.5条中预埋备用管的要求。

7.4.9 从低压配电室、电站控制室至每个防护单元的战时配电回路应各自独立。战时内部电源配电回路的电缆穿过其它防护单元或非防护区时，在穿过的其它防护单元或非防护区内，应采取与受电端防护单元等级相一致的防护措施。

7.4.10 电缆、护套线、弱电线路和备用预埋管穿过临空墙、防护密闭隔墙、密闭隔墙，除平时有要求外，可不作密闭处理，临战时应采取防护密闭或密闭封堵，在30d转换时限内完成。对于不符合一根电缆穿一根密闭管的平时设备的电缆，应在临战转换期限内拆除。

7.5 照　明

7.5.1 照明光源宜采用各种高效节能荧光灯和白炽灯。并应满足照明场所的照度、显色性和防眩光等要求。

7.5.2 防空地下室平时和战时的照明均应有正常照明和应急照明；平时照明还应设值班照明，出入口处宜设过渡照明。

7.5.3 平战结合的防空地下室平时照明，应按下列要求确定：

1 正常照明的照度，宜参照同类地面建筑照度标准确定。需长期坚持工作和对视觉要求较高的场所，可适当提高照度标准；

2 灯具及其布置，应与使用功能及建筑装修相协调；

3 值班照明宜利用正常照明中能单独控制的灯具或应急照明。

7.5.4 战时的应急照明宜利用平时的应急照明；战时的正常照明可与平时的部分正常照明或值班照明相结合。

7.5.5 应急照明应符合下列要求：

1 疏散照明应由疏散指示标志照明和疏散通道照明组成。疏散通道照明的地面最低照度值不低于 5 lx；

2 安全照明的照度值不低于正常照明照度值的 5%；

3 备用照明的照度值，(消防控制室、消防水泵房、收、发信机房、值班室、防化通信值班室、电站控制室、柴油发电机房、通道、配电室等场所) 不低于正常照明照度值的 10%。有特殊要求的房间，应满足最低工作需要的照度值；

4 战时应急照明的连续供电时间不应小于该防空地下室的隔绝防护时间 (见表 5.2.4)。

7.5.6 防空地下室口部的过渡照明宜采用自然光过渡，当采用自然过渡不能满足要求时，应采用人工照明过渡。过渡照明应能满足晴天、阴天和夜间人员进出地下室的需要。

7.5.7 防空地下室战时通用房间和战时医疗救护工程照明的照度标准值，可按表 7.5.7－1 和表 7.5.7－2 确定。

表 7.5.7－1　战时通用房间照明的照度标准值

类　别	参考平面及其高度	lx	UGR	Ra
办公室、总机室、广播室等	0.75m 水平面	200	19	80
值班室、电站控制室、配电室等		150	22	80
出入口	地　面	100	—	60
柴油发电机房、机修间		100	25	60
防空专业队队员掩蔽室		100	22	80
空调室、风机室、水泵间、储油间滤毒室、除尘室、洗消间		75	—	60
盥洗间、厕所		75	—	60
人员掩蔽室、通道		75	22	80
车库、物资库		50	28	60

注：lx：照度标准值　UGR：统一眩光值　Ra：显色指数

表 7.5.7－2　战时医疗救护工程照明的照度标准值

类　别	参考平面及其高度	lx	UGR	Ra
手术室、放射科治疗室	0.75m 水平面	500	19	90
诊查室、检验科、配方室、治疗室、医务办公室、急救室		300	19	80
候诊室、放射科诊断室、理疗室、分类厅		200	22	80
重症监护室		200	19	80
病　房	地　面	100	19	80

注：lx：照度标准值　UGR：统一眩光值　Ra：显色指数

7.5.8 每个照明单相分支回路的电流不宜超过 16A。

7.5.9 洗消间脱衣室和检查穿衣室内应设 AC220V10A 单相三孔带二孔防溅式插座各 2 个。

7.5.10 在滤毒室内每个过滤吸收器风口取样点附近距地面 1.5m 处，应设置 AC220V10A 单相三孔插座 1 个。

7.5.11 医疗救护工程、专业队队员掩蔽部、一等人员掩蔽所的防化通信值班室内应设置 AC380V16A 三相四孔插座、断路器各 1 个和 AC220V10A 单相三孔插座 7 个。

7.5.12 二等人员掩蔽所的防化通信值班室内应设置 AC380V16A 三相四孔插座、断路器各 1 个和 AC220V10A 单相三孔插座 5 个。

7.5.13 防化器材储藏室应设置 AC220V10A 单相三孔插座 1 个。

7.5.14 灯具的选择宜选用重量较轻的线吊或链吊灯具和卡口灯头。当室内净高较低或平时使用需要而选用吸顶灯时，应在临战时加设防掉落保护网。

7.5.15 通道、出入口、公用房间的照明与房间照明宜由不同回路供电。

7.5.16 从防护区内引到非防护区的照明电源回路，当防护区内和非防护区灯具共用一个电源回路时，应在防护密闭门内侧、临战封堵处内侧设置短路保护装置，或对非防护区的灯具设置单独回路供电。

7.5.17 战时主要出入口防护密闭门外直至地面的通道照明电源，宜由防护单元内人防电源柜 (箱) 供电，不宜只使用电力系统电源。

7.6 接　地

7.6.1 防空地下室的接地型式宜采用 TN－S、TN－C－S 接地保护系统。

7.6.2 除特殊要求外，防空地下室宜采用一个接地系统，其接地电阻值应符合表 7.6.2 中最小值的要求。

表 7.6.2　接地电阻允许值

接　地　装　置		接地电阻 (Ω)
并联运行发电机或变压器	总容量＞100kVA	≤4
	总容量≤100kVA	≤10
高压电力设备接地 (Δ/Y 变配电系统)		≤10
重复接地、防雷设备接地		≤10
防静电接地		≤100
火灾自动报警系统、综合布线系统、通信系统等	单独接地	＜4
	共用接地	＜1

7.6.3 防空地下室室内应将下列导电部分做等电位连接：

1 保护接地干线；

2 电气装置人工接地极的接地干线或总接地端子；

3 室内的公用金属管道，如通风管、给水管、排水管、电缆或电线的穿线管；

4 建筑物结构中的金属构件，如防护密闭门、密闭门、防爆波活门的金属门框等；

5 室内的电气设备金属外壳；

6 电缆金属外护层。

7.6.4 各防护单元的等电位连接，应相互连通成总等电位，并应与总接地体连接。

7.6.5 等电位连接的线路最小允许截面应符合表 7.6.5 的规定。

表 7.6.5　线路最小允许截面 (mm^2)

材　料	截　面	
	干线	支线
铜	16	6
钢	50	16

7.6.6 保护线 (PE) 上，严禁设置开关或熔断器。

7.6.7 接地装置的设置应符合下列要求：

1 应利用工程结构钢筋和桩基内钢筋做自然接地体。当接地电阻值不能满足要求时，宜在室外增设人工接地体装置；

2 利用结构钢筋网做接地体时，纵横钢筋交叉点宜采用焊接。所有接地装置必须连接成电气通路；所有接地装置的焊接必须牢固可靠；

3 保护线（PE）应与接地体相连，并应有完好的电气通路。宜采用不小于 $25 \times 4mm^2$ 热镀锌扁钢或直径不小于 12mm 的热镀锌圆钢作为保护线的干线；

4 设有消防控制室和通信设备的防空地下室应设专用接地干线引至总接地体；

5 当无特殊要求时，接地装置宜采用热镀锌钢材，最小允许规格、尺寸应符合表 7.6.7 的规定。

表 7.6.7 接地装置最小允许规格、尺寸

种类、规格及单位		敷设位置及使用类别	
		交流电流回路	直流电流回路
圆钢直径（mm）		10	12
扁钢	截面（mm^2）	100	100
	厚度（mm）	4	6
角钢厚度（mm）		4	6
钢管管壁厚度（mm）		3.5	4.5

7.6.8 照明灯具安装高度低于 2.4m 时，应增设 PE 保护线。

7.6.9 电源插座和潮湿场所的电气设备，应加设剩余电流保护器。医疗用电设备装设剩余电流保护器时，应只报警，不切断电源。

7.6.10 燃油设施防静电接地应符合下列要求：

1 金属油罐的金属外壳应做防静电接地；

2 非金属油罐应在罐内设置防静电导体引至罐外接地，并与金属管连接；

3 输油管的始末端、分支处、转弯处以及直线段每隔 200 ~ 300m 处，应做防静电接地；

4 输油管道接头井处应设置油罐车或油桶跨接的防静电接地装置。

7.7 柴油电站

7.7.1 防空地下室的柴油电站选址应符合下列要求：

1 靠近负荷中心；

2 交通运输、输油、取水比较方便；

3 管线进、出比较方便。

7.7.2 平战结合的防空地下室电站类型应符合下列要求：

1 中心医院、急救医院应设置固定电站；

2 救护站、防空专业队工程、人员掩蔽工程、配套工程的电站类型应符合下列要求：

1）当发电机组总容量大于 120kW 时，宜设置固定电站；当条件受到限制时，可设置 2 个或多个移动电站；

2）当发电机组总容量不大于 120kW 时宜设置移动电站；

3）固定电站内设置柴油发电机组不应少于 2 台，最多不宜超过 4 台；

4）移动电站内宜设置 1 ~ 2 台柴油发电机组；

3 柴油发电机组的总容量应符合本规范第 7.2.12 条、第 7.2.13 条的规定，并应留有 10% ~ 15% 的备用量，但不设备用机组；

4 柴油发电机组的单机容量不宜大于 300kW。

7.7.3 柴油发电机组设置 2 台及 2 台以上时，宜采用同容量、同型号。

7.7.4 电站采用的柴油发电机组应具有在机房内就地启动、调速、停机的功能。

7.7.5 设置自起动的柴油发电机组，应具有下列功能：

1 当电力系统电源中断时，单台机组应能自起动，并在 15s 内向负荷供电；

2 当电力系统电源恢复正常后，应能手动或自动切换至电力系统电源，并向负荷供电。

7.7.6 固定电站的柴油发电机房与控制室分开设置，应在控制室及每台柴油发电机组旁边设置联络信号，并具备以下功能：

1 控制室对柴油发电机房的联络信号，应设置“起动”、“停机”、“增速”、“减速”；

2 柴油发电机房对控制室的联络信号，应设置“运行异常”、“请求停机”、“故障停机”；

3 柴油发电机组旁的联络信号，宜设有该机组的输出电压表、频率表、电流表、功率表。

7.7.7 固定电站采用隔室操作控制方式时，在控制室内应能满足下列要求：

1 控制柴油发电机组起动、调速、并列和停机（含紧急停机）；

2 检测柴油机的油压、油温、水温、水压和转速；

3 控制和显示发电机房附属设备和通风方式的运行状态。

7.7.8 柴油电站平战转换要求：

1 中心医院、急救医院的柴油电站应平时全部安装到位；

2 甲类防空地下室的救护站、防空专业队工程、人员掩蔽工程、配套工程的柴油电站中除柴油发电机组平时可不安装外，其它附属设备及管线均应安装到位。柴油发电机组应在 15d 转换时限内完成安装和调试；

3 乙类防空地下室的救护站、防空专业队工程、人员掩蔽工程、配套工程柴油电站内的柴油发电机组、附属设备及管线平时均可不安装，但应设计到位，并应按设计要求预留好柴油发电机组及其附属设备的基础、吊钩、管架和预埋管等。在 30d 转换时限内完成安装和调试。

7.8 通信

7.8.1 医疗救护工程和防空专业队工程应设置与所在地人防指挥机关相互联络的直线或专线电话，并应设置应急通信设备。通信设备、电话可设置在值班室、防化通信值班室内。

7.8.2 人员掩蔽工程应设置电话分机和音响警报接收设备，并应设置应急通信设备。

7.8.3 配套工程应设置电话分机，并根据各类配套工程的特点和需要，可设置应急通信设备或其它通信设备。

7.8.4 中心医院、急救医院内应设置电话总机，并在办公、医疗、病房、值班室、防化通信值班室、配电间、电站、通风机室等各房间内设有电话分机。

7.8.5 救护站、防空专业队工程、人员掩蔽工程、配套工程中的值班室、防化通信值班室、通风机室、发电机房、电站控制室等房间应设置电话分机。

7.8.6 各类防空地下室中每个防护单元内的通信设备电源最小容量应符合表 7.8.6 中的要求。

7.8.7 战时通信设备线路的引入，应在各人员出入口预留防护密闭穿墙管，穿墙管可利用本章第 7.4.5 条中的预埋备用管。当需要设置通信防爆波电缆井时，除留有设计需要的穿墙管外，还应按第 7.4.5 条要求预埋备用管。

表 7.8.6 各类防空地下室中通信设备的电源最小容量

序号	工程类别	电源容量 kW
1	中心医院、急救医院	5
2	救护站	3
3	防空专业队工程	5
4	人员掩蔽工程	3
5	配套工程	3

附录 A 常用扩散室、扩散箱的内部空间最小尺寸

A.0.1 战时通风量不大于 14500（m^3/h）的乙类防空地下室和核

6B级甲类防空地下室，其扩散室内部空间的长×宽×高可按1.0m×1.0m×1.6m。核5级和核6级甲类防空地下室常用扩散室内部空间的最小尺寸，可按表A.0.1采用。

表A.0.1 甲类防空地下室常用扩散室的内部空间（长×宽×高）最小尺寸（m）

战时通风量（m^3/h）	5级		6级	
	悬板活门	扩散室内部尺寸	悬板活门	扩散室内部尺寸
2000	MH2000-3.0	1.0×1.0×1.6	MH2000-1.5	1.0×1.0×1.6
3600	MH3600-3.0	1.5×1.5×2.0	MH3600-1.5	1.2×1.2×1.8
5700	MH5700-3.0	1.8×1.8×2.2	MH5700-1.5	1.5×1.5×2.0
8000	MH8000-3.0	1.8×1.8×2.2	MH8000-1.5	1.5×1.5×2.0
11000	MH11000-3.0	2.0×2.0×2.4	MH11000-1.5	1.8×1.8×2.4
14500	MH14500-3.0	2.2×2.2×2.4	MH14500-1.5	2.0×2.0×2.4

注：本表适用于采用国家建筑标准设计《防空地下室建筑设计》（04FJ03）图集中的MH系列悬板活门。

A.0.2 战时通风量不大于14500（m^3/h）的乙类防空地下室和核6B级甲类防空地下室，其扩散箱内部空间的长×宽×高可按1.0m×1.0m×1.0m。核5级和核6级甲类防空地下室常用扩散箱的内部空间最小尺寸可按表A.0.2采用（图A.0.2）。

表A.0.2 甲类防空地下室常用扩散箱的内部空间（长×宽×高）最小尺寸（m）

战时通风量	5级		6级	
	悬板活门	扩散箱内部尺寸	悬板活门	扩散箱内部尺寸
2000	MH2000-3.0	1.2×1.2×1.2	MH2000-1.5	1.0×1.0×1.0
3600	MH3600-3.0	1.4×1.4×1.4	MH3600-1.5	1.2×1.2×1.2
5700	MH5700-3.0	1.6×1.6×1.6	MH5700-1.5	1.4×1.4×1.4
8000	MH8000-3.0	1.6×1.6×1.6	MH8000-1.5	1.4×1.4×1.4
11000	MH11000-3.0	1.8×1.8×1.8	MH11000-1.5	1.6×1.6×1.6
14500	MH14500-3.0	2.0×2.0×2.0	MH14500-1.5	1.8×1.8×1.8

注：本表适用于采用国家建筑标准设计《防空地下室建筑设计》（04FJ03）图集中的MH系列悬板活门。

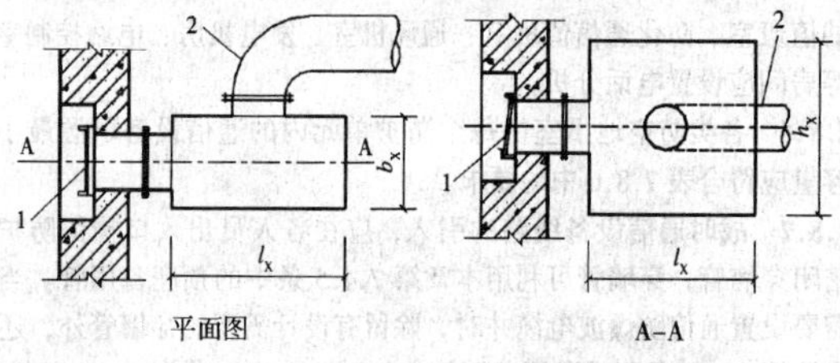

图A.0.2 扩散箱内部空间尺寸

1—悬板活门；2—通风管

l_X、b_X、h_X——分别为扩散箱的箱内净长、净宽、净高

附录B 常规武器地面爆炸动荷载

B.0.1 常规武器地面爆炸空气冲击波最大超压ΔP_{cm}及按等冲量简化的无升压时间三角形等效作用时间t_0，可按下列公式计算确定：

$$\Delta P_{cm} = 1.316\left(\frac{\sqrt[3]{C}}{R}\right)^3 + 0.369\left(\frac{\sqrt[3]{C}}{R}\right)^{1.5} \quad (B.0.1-1)$$

$$t_0 = 4.0\times10^{-4}\Delta P_{cm}^{-0.5}\sqrt[3]{C} \quad (B.0.1-2)$$

式中 C——等效TNT装药量（kg），应按国家现行有关规定取值；

R——爆心至作用点的距离（m），爆心至外墙外侧水平距离应按国家现行有关规定取值。

B.0.2 常规武器地面爆炸土中压缩波参数可按下列规定确定：

1 常规武器地面爆炸空气冲击波感生的土中压缩波参数可按下列公式计算确定：

$$P_{ch} = \Delta P_{cm}\left[1-(1-\delta)\frac{h}{2\eta v_1 t_0}\right] \quad (B.0.2-1)$$

$$t_r = \frac{h}{v_0}(\gamma_c - 1) \quad (B.0.2-2)$$

$$t_d = t_r + (1+0.4h)t_0 \quad (B.0.2-3)$$

$$\gamma_c = v_0/v_1 \quad (B.0.2-4)$$

式中 P_{ch}——地面空气冲击波在深度h(m)处感生的土中压缩波最大压力（N/mm^2）；

t_r——土中压缩波的升压时间（s）；

t_d——土中压缩波按等冲量简化的等效作用时间（s）；

v_0——土的起始压力波速（m/s），当无实测资料时，可按表4.4.3-1、表4.4.3-2采用；

γ_c——土的波速比，当无实测资料时，对非饱和土可按表4.4.3-1采用，对饱和土取$\gamma_c=1.5$；

v_1——土的峰值压力波速（m/s）；

δ——土的应变恢复比，当无实测资料时，对非饱和土和饱和土，均可按表4.4.3-1采用；

η——修正系数，$\eta=1.5\sim2.0$，非饱和土取大值。

2 常规武器地面爆炸直接产生的土中压缩波参数可按下列公式计算确定：

$$\sigma_0 = 6.82\times10^{-3}\rho c\left(\frac{5.4R}{W^{1/3}}\right)^{-n} \quad (B.0.2-5)$$

$$t_r = 0.1\frac{R}{c} \quad (B.0.2-6)$$

$$t_d = 2\frac{R}{c} \quad (B.0.2-7)$$

式中 σ_0——作用点处直接产生的土中压缩波最大压力（kN/m^2）；

t_r——土中压缩波的升压时间（s）；

t_d——土中压缩波按等冲量简化的等效作用时间（s）；

R——爆心至作用点的距离（m）；

ρ——土的质量密度（kg/m^3）；

c——土的地震波波速（m/s），当无实测资料时，可取用土的起始压力波速，按表B.0.2-1、表B.0.2-2采用；

W——常规武器的装药重量（N），$W=7.40C$；

n——土的衰减系数，可按表B.0.2-1、表B.0.2-2采用。

表B.0.2-1 非饱和土c、n值

土的类别		地震波波速c（m/s）	衰减系数n
碎石土	卵石、碎石	300~500	2.8~2.6
	圆砾、角砾	250~350	2.8~2.6
砂土	砾砂	350~450	2.7~2.6
	粗砂	350~450	2.7~2.6
	中砂	300~400	2.8~2.7
	细砂	250~350	2.9~2.8
	粉砂	200~300	2.9~2.8

续表 B.0.2-1

土的类别		地震波波速 c (m/s)	衰减系数 n
粉土		200~300	2.9~2.8
粘性土（粉质粘土、粘土）	坚硬、硬塑	400~500	2.7~2.6
	可塑	300~400	2.8~2.7
	软塑、流塑	150~250	3.0~2.9
老粘性土		300~400	2.8~2.7
红粘土		150~250	3.0~2.9
湿陷性黄土		200~300	2.9~2.8
淤泥质土		120~150	3.05

注：1 粘性土坚硬、硬塑状态 c 取大值，软塑、流塑状态 c 取小值；

2 碎石土、砂土土体密实时，c 取大值；

3 c 取大值时，n 取小值。

表 B.0.2-2　饱和土 c、n 值

含气量 α_1（%）	4	1	0.1	0.05	0.01	0.005	<0.001
地震波波速 c (m/s)	150	200	370	640	910	1200	1500
衰减系数 n	3.0	2.7	2.7	2.6	2.5	2.4	2.2~1.5

注：1 α_1 为饱和土的含气量，可根据饱和度 S_r、孔隙比 e，按式 $\alpha_1 = e(1-S_r)/(1+e)$ 计算确定；

2 当 α_1 介于表中数值之间时，可按线性内插法确定。

B.0.3 常规武器地面爆炸时，防空地下室土中结构顶板的均布动荷载最大压力可按下列公式计算确定（图 B.0.3）：

$$\overline{p}_{c1} = C_e K_r P_{ch} \quad (B.0.3)$$

式中 $\overline{p}_{c1}$——土中结构顶板计算板块的均布动荷载最大压力（N/mm²）；

P_{ch}——结构顶板计算板块中心处感生的土中压缩波最大压力（N/mm²）；

K_r——顶板综合反射系数，当顶板覆土厚度小于等于 0.5m 时，K_r 可取 1.0；当覆土厚度大于 0.5m 时，K_r 可取 1.5；

C_e——顶板荷载均布化系数。当顶板覆土厚度小于等于 0.5m 时，C_e 可取 1.0；当覆土厚度大于 0.5m 时，C_e 可取 0.9。

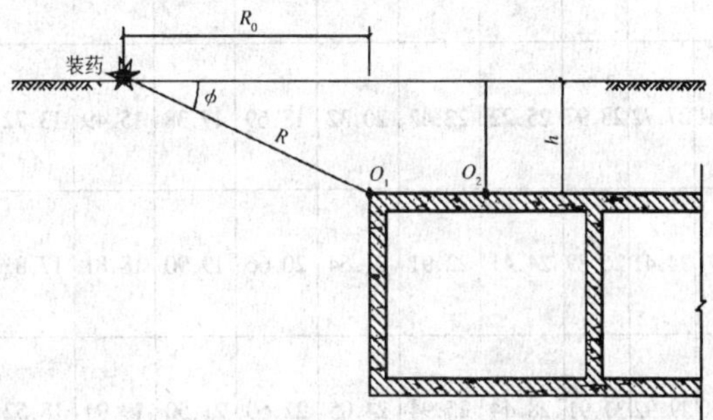

图 B.0.3　常规武器地面爆炸示意图

B.0.4 常规武器地面爆炸时，防空地下室土中外墙某处的法向动荷载最大压力可按下列公式计算确定：

$$p = K_r \sigma_0 [\xi + (1-\xi)\cos^2\phi] \quad (B.0.4-1)$$

$$\tan\phi = [(\frac{R}{R_0})^2 - 1]^{1/2} \quad (B.0.4-2)$$

式中 p——作用在土中外墙某处的法向动荷载最大压力（kN/m²）；

ξ——土的侧压系数，可按表 4.5.5 采用；

K_r——外墙综合反射系数，可取 1.5；

ϕ——土中压缩波传播方向与结构外墙法向的夹角（°）；

R_0——爆心至结构外墙平面的垂直距离（m）。

B.0.5 防空地下室土中结构外墙的均布动荷载最大压力 $\overline{p}_{c2}$ 及其升压时间 t_r、作用时间 t_d 可按下列公式计算确定：

$$\overline{p}_{c2} = C_e p_{o1} \quad (B.0.5-1)$$

$$t_r = 0.1\frac{R}{c} \quad (B.0.5-2)$$

$$t_d = 2\frac{R}{c} \quad (B.0.5-3)$$

式中 $\overline{p}_{c2}$——土中结构外墙均布动荷载最大压力（kN/m²）；

R——爆心到土中结构外墙顶点 O_1（图 B.0.3）的距离（m）；

p_{o1}——土中结构外墙顶点 O_1 处法向动荷载最大压力（kN/m²），可按式（B.0.4-1）计算；

C_e——外墙荷载均布化系数，可按表 B.0.5 采用；

t_r——土中结构外墙均布动荷载的升压时间（s）；

t_d——土中结构外墙均布动荷载的作用时间（s）。

表 B.0.5　土中结构外墙荷载均布化系数 C_e

顶板埋置深度 h (m)	外墙区格短跨 (m)	外墙区格长跨与短跨比		
		1	2	3
0<h≤1.5	3	0.92	0.89	0.83
	4	0.88	0.82	0.74
	5	0.82	0.74	0.65
1.5<h≤3.0	3	0.86	0.82	0.77
	4	0.80	0.74	0.68
	5	0.74	0.67	0.59
3.0<h≤5.0	3	0.80	0.78	0.73
	4	0.74	0.70	0.64
	5	0.68	0.62	0.55

B.0.6 当防空地下室顶板底面高出室外地面时，常规武器地面爆炸空气冲击波直接作用在外墙上的水平均布动荷载最大压力可按下列公式计算确定：

$$\overline{p}' = C_e \Delta\overline{P}_{cm} \quad (B.0.6-1)$$

$$\Delta\overline{P}_{cm} = 2\Delta P_{cm} + \frac{6\Delta P_{cm}^2}{\Delta P_{cm} + 0.7} \quad (B.0.6-2)$$

式中 $\overline{p}'$——空气冲击波作用下，外墙水平均布动荷载最大压力（N/mm²）；

$\Delta\overline{P}_{cm}$——空气冲击波直接作用在外墙上的最大正反射压力（N/mm²）；

ΔP_{cm}——外墙平面处入射空气冲击波最大超压（N/mm²），可按式（B.0.1-1）计算，此时 R 为爆心至外墙外侧的水平距离；

C_e——荷载均布化系数，可按表 B.0.6 采用。

表 B.0.6　高出室外地面外墙荷载均布化系数 C_e

外墙计算高度 h (m)	3	4	5	6	7	8
荷载均布化系数 C_e	0.969	0.958	0.945	0.930	0.914	0.897

附录 C　常用结构构件对称型基本自振圆频率计算

C.0.1 单跨和等跨的等截面梁挠曲型自振圆频率 ω（1/s），可按下列公式计算确定：

$$\omega = \frac{\Omega}{l^2}\sqrt{\frac{B}{\overline{m}}} \quad \text{(C.0.1-1)}$$

$$B = \psi E_d bh^3/12 \quad \text{(C.0.1-2)}$$

式中 Ω ——梁的频率系数，可按表 C.0.1-1 采用；

B ——梁的抗弯刚度；

ψ ——刚度折减系数，可按表 C.0.1-2 采用；

E_d ——动荷载作用下材料弹性模量（kN/m^2），按本规范第 4.2.4 条的规定确定；

h ——梁的高度（m）；

b ——梁的宽度（m）；

l ——梁的计算跨度（m）；

$\overline{m}$ ——梁的单位长度质量；

$\overline{m} = \gamma bh/g$

γ ——材料重力密度（kN/m^3）；

g ——重力加速度（m/s^2）。

表 C.0.1-1　单跨及等跨梁的频率系数 Ω

支承情况与振型	Ω	支承情况与振型	Ω
l	3.52	l　l	20.80
l	9.87	l　l	22.40
l	15.42	l　l　l	18.47
l	22.37	l　l　l	21.20

续表 C.0.1-1

支承情况与振型	Ω	支承情况与振型	Ω
l　l	15.40	l　l　l	22.40

表 C.0.1-2　刚 度 折 减 系 数 ψ

均质弹性材料（如钢材）构件	钢筋混凝土构件	砌 体 结 构
1.00	0.60	1.00

C.0.2　双向薄板挠曲型自振圆频率 ω（l/s），可按下列公式计算确定：

$$\text{当 } a/b \leqslant 1 \text{ 时，} \omega = \frac{\Omega_a}{a^2}\sqrt{\frac{D}{\overline{m}}} \quad \text{(C.0.2-1)}$$

$$\text{当 } a/b > 1 \text{ 时，} \omega = \frac{\Omega_b}{b^2}\sqrt{\frac{D}{\overline{m}}} \quad \text{(C.0.2-2)}$$

式中 a、b ——板的计算跨度（m）；

D ——板的抗弯刚度；

$$D = \psi \frac{E_d d^3}{12\ (1-\nu^2)}$$

d ——板的厚度（m）；

ν ——材料泊松比；

$\overline{m}$ ——板的单位面积质量；

$\overline{m} = \gamma d/g$

Ω_a、Ω_b ——频率系数，可按表 C.0.2 采用。

表 C.0.2　矩形薄板自振圆频率系数 Ω_a 或 Ω_b

板的边界条件	简 图	a/b								a/b						
		Ω_a								Ω_b						
		1/2	1/1.7	1/1.5	1/1.4	1/1.3	1/1.2	1/1.1	1	1.1	1.2	1.3	1.4	1.5	1.7	2
四边简支	a　b	12.40	13.33	14.29	14.93	15.73	16.74	18.04	19.75	18.04	16.74	15.73	14.93	14.29	13.33	12.40
四边固定	a　b	24.93	25.99	27.22	28.12	29.31	30.89	33.07	36.11	33.07	30.89	29.31	28.12	27.22	25.99	24.93
两对边简支，两对边固定	a　b	24.07	24.41	25.19	25.60	26.12	26.81	27.72	28.97	25.22	22.42	20.32	18.69	17.38	15.49	13.72
两邻边简支，两邻边固定	a　b	17.81	18.81	19.90	20.66	21.64	22.91	24.41	26.89	24.41	22.91	21.64	20.66	19.90	18.81	17.81
三边固定一边简支	a　b	24.46	25.21	26.06	26.66	27.45	28.50	29.92	31.91	28.44	25.94	24.05	22.60	21.50	19.94	18.52
三边简支一边固定	a　b	12.99	14.25	15.61	16.53	17.69	19.17	21.10	23.67	22.19	21.02	20.18	19.51	18.98	18.21	17.49

附录 D　无梁楼盖设计要点

D.1　一 般 规 定

D.1.1　无梁楼盖的柱网宜采用正方形或矩形，区格内长短跨之比不宜大于 1.5。

D.1.2　当无梁楼盖板的配筋符合本规范规定时，其允许延性比 [β] 可取 3.0。

D.2　承载力计算

D.2.1　在等效静荷载和静荷载共同作用下，当按弹性受力状态计算无梁楼盖内力时，宜按下列规定对板的内力值进行调整：

1　当用直接方法计算时，对中间区格的板，宜将支座负弯矩与跨中正弯矩之比从 2.0 调整到 1.3～1.5；对边跨板，宜相应降低负、正弯矩的比值；

2　当用等代框架方法计算时，宜将支座负弯矩下调 10%～15%，并应按平衡条件将跨中正弯矩相应上调；

3　支座负弯矩在柱上板带和跨中板带的分配可取 3:1 到 2:1；跨中正弯矩在柱上板带和跨中板带的分配可取 1:1 到 1.5:1；

4　当无梁楼盖的板与钢筋混凝土边墙整体浇筑时，边跨板支座负弯矩与跨中正弯矩之比，可按中间区格板进行调整。

D.2.2　沿柱边、柱帽边、托板边、板厚变化及抗冲切钢筋配筋率变化部位，应按下列规定进行抗冲切验算：

1　当板内不配置箍筋和弯起钢筋时，抗冲切可按下式验算：

$$F_l \leqslant 0.7\beta_h f_{td} u_m h_0 \quad (D.2.2-1)$$

式中　F_l——冲切荷载设计值（N），可取柱所承受的轴向力设计值减去柱顶冲切破坏锥体范围内的荷载设计值；

β_h——截面高度影响系数。当 $h<800$mm，取 $\beta_h=1.0$；当 $h \geqslant 2000$mm 时，取 $\beta_h=0.9$；其间按线性内插法取用；

f_{td}——混凝土在动荷载作用下抗拉强度设计值（N/mm²），应按本规范第 4.2.3 条规定取值；

u_m——冲切破坏锥体上、下周边的平均长度（mm），可取距冲切破坏锥体下周边 $h_0/2$ 处的周长；

h_0——冲切破坏锥体截面的有效高度（mm）；

2　当板内配有箍筋时，抗冲切可按下式验算：

$$F_l \leqslant 0.5 f_{td} u_m h_0 + f_{yd} A_{sv} \leqslant 1.05 f_{td} u_m h_0 \quad (D.2.2-2)$$

式中　f_{yd}——在动荷载作用下抗冲切箍筋或弯起钢筋的抗拉强度设计值，取 $f_{yd}=240\text{N/mm}^2$；

A_{sv}——与呈 45°冲切破坏锥体斜截面相交的全部箍筋截面面积（mm²）；

3　当板内配有弯起钢筋时，弯起钢筋根数不应少于 3 根，抗冲切可按下式验算：

$$F_l \leqslant 0.5 f_{td} u_m h_0 + f_{yd} A_{sb} \sin\alpha \leqslant 1.05 f_{td} u_m h_0 \quad (D.2.2-3)$$

式中　A_{sb}——与呈 45°冲切破坏锥体斜截面相交的全部弯起钢筋截面面积（mm²）；

α——弯起钢筋与板底面的夹角（°）。

D.2.3　当无梁楼盖的跨度大于 6m，或其相邻跨度不等时，冲切荷载设计值应取按等效静荷载和静荷载共同作用下求得冲切荷载的 1.1 倍；当无梁楼盖的相邻跨度不等，且长短跨之比超过 4:3，或柱两侧节点不平衡弯矩与冲切荷载设计值之比超过 0.05（$c+h_0$）（c 为柱边长或柱帽边长）时，应增设箍筋。

D.3　构 造 要 求

D.3.1　无梁楼盖的板内纵向受力钢筋的配筋率不应小于 0.3% 和 $0.45 f_{td}/f_{yd}$ 中的较大值。

D.3.2　无梁楼盖的板内纵向受力钢筋宜通长布置，间距不应大于 250mm，并应符合下列规定：

1　邻跨之间的纵向受力钢筋宜采用机械连接或焊接接头，或伸入邻跨内锚固；

2　底层钢筋宜全部拉通，不宜弯起；顶层钢筋不宜采用在跨中切断的分离式配筋；

3　当相邻两支座的负弯矩相差较大时，可将负弯矩较大支座处的顶层钢筋局部截断，但被截断的钢筋截面面积不应超过顶层受力钢筋总截面面积的 1/3，被截断的钢筋应延伸至按正截面受弯承载力计算不需设置钢筋处以外，延伸的长度不应小于 20 倍钢筋直径。

D.3.3　顶层钢筋网与底层钢筋网之间应设梅花形布置的拉结筋，其直径不应小于 6mm，间距不应大于 500mm，弯钩直线段长度不应小于 6 倍拉结筋的直径，且不应小于 50mm。

D.3.4　在离柱(帽)边 1.0 h_0 范围内，箍筋间距不应大于 $h_0/3$，箍筋面积 A_{sv} 不应小于 $0.2 u_m h_0 f_{td}/f_{yd}$，并应按相同的箍筋直径与间距向外延伸不小于 $0.5h_0$ 的范围。对厚度超过 350mm 的板，允许设置开口箍筋，并允许用拉结筋部分代替箍筋，但其截面积不得超过所需箍筋截面积 A_{sv} 的 25%。

D.3.5　板中抗冲切钢筋可按图 D.3.5 配置。

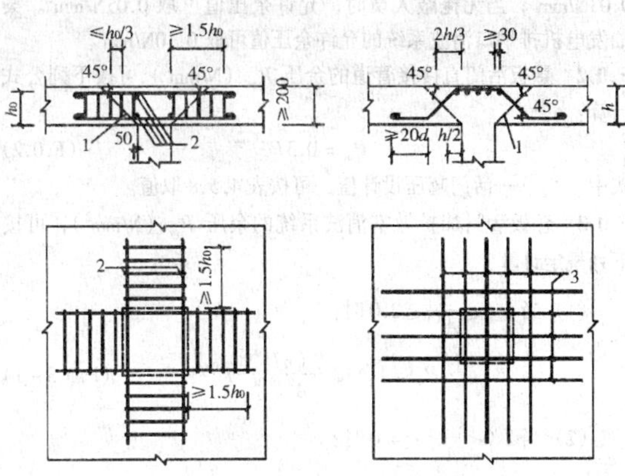

图 D.3.5　板中抗冲切钢筋布置

1—冲切破坏锥体斜截面；　2—架立钢筋；　3—弯起钢筋不少于三根

附录 E　钢筋混凝土反梁设计要点

E.1　承载力计算

E.1.1　钢筋混凝土反梁的正截面受弯承载能力的验算，可按正梁的计算方法进行。

E.1.2　反梁的斜截面受剪承载能力可按下式验算：

$$V \leqslant 0.4\psi_1 f_{td} b h_0 + f_{yd} h_0 A_{sv}/s \quad (E.1.2-1)$$

$$\psi_1 = 1 + 0.1 l_0/h_0 \quad (E.1.2-2)$$

式中　V——等效静荷载和静荷载共同作用下梁斜截面上最大剪力设计值（N）；

A_{sv}——配置在同一截面内箍筋各肢的全部截面面积（mm²）；

s——沿构件长度方向上箍筋间距（mm）；

h_0——梁截面的有效高度（mm）；

b——梁的宽度（mm）；

ψ_1——梁跨高比影响系数，当 $l_0/h_0>7.5$ 时，取 $l_0/h_0=7.5$；

f_{td}——混凝土动力抗拉强度设计值（N/mm²）；

f_{yd}——箍筋动力抗拉强度设计值（N/mm²）；

l_0——梁的计算跨度。

E.1.3　反梁的箍筋设置应符合下列要求：

$$V \leqslant 0.4 f_{yd} l_0 A_{sv}/s \quad (E.1.3)$$

E.1.4　当对只承受静荷载作用的反梁进行斜截面受剪承载能力验算时，可按式（E.1.2-1）、式（E.1.2-2）及式（E.1.3）计算，此时式中的最大剪力设计值和材料强度设计值，应取静荷载作用下的相应值。

E.2　构 造 要 求

E.2.1　反梁箍筋的配筋率应符合下式要求：

$$\rho_{sv} \leqslant 1.5 f_{td}/f_{yd} \quad (E.2.1)$$

式中　ρ_{sv}——梁中箍筋体积配筋率。

E.2.2　在动荷载作用下，反梁的构造要求应符合本规范的有关规定。

附录F 消 波 系 统

F.0.1 进风口、排风口的消波系统允许余压值应根据防空地下室内是否有掩蔽人员确定。当有掩蔽人员时，允许余压值可取0.03N/mm²；当无掩蔽人员时，允许余压值可取0.05N/mm²。柴油发电机排烟口消波系统的允许余压值可取0.10N/mm²。

F.0.2 悬板活门直接接管道的余压 P_{ov}（N/mm²）可按下列公式计算：

$$P_{ov} = 0.3P_c \quad (F.0.2)$$

式中 P_c——活门超压设计值，可按表4.5.8取值。

F.0.3 悬板活门加扩散室消波系统的余压 P_{ov}（N/mm²），可按下列规定计算：

（1）当 $0.5 \leqslant \frac{1}{A^{0.5}} \leqslant 2.0$ 时：

$$P_{ov} = 1.43\psi \frac{S\,(nJ)^{0.45}}{A^2 l^{0.24}} P_c^{0.66} \quad (F.0.3-1)$$

（2）当 $2.0 < \frac{1}{A^{0.5}} \leqslant 4.0$ 时：

$$P_{ov} = 1.08\psi \frac{S\,(nJ)^{0.45} l^{0.16}}{A^{2.2}} P_c^{0.66} \quad (F.0.3-2)$$

式中 A——扩散室横截面面积（m²）；

l——扩散室的长度（m）；

n——活门悬板的个数，可按表F.0.3-2采用；

J——活门悬板的转动惯量（kg·m²），可按表F.0.3-2采用；

S——活门的通风面积（m²），可按表F.0.3-2采用；

ψ——影响系数，可按表F.0.3-1采用。

表F.0.3-1 影响系数 ψ

扩散室宽高比 B/H	冲击波正向进入	冲击波侧向进入
0.4~1.0	$(B/H)^{-0.58}$	$0.8\,(B/H)^{-0.58}$
1.0~2.5	$(B/H)^{0.58}$	$0.8\,(B/H)^{0.58}$

表F.0.3-2 悬板活门参数表

产品型号	设计压力（N/mm²）	风 量（m³/h）	进风口面积 S(m²)	风管直径（mm）	悬板个数 n	悬板转动惯量 J（kg·m²）
MH900-6	0.15	900	0.0314	200	1	0.308
MH900-5	0.3	900	0.0314	200	1	0.308
MH900-4B	0.6	900	0.0314	200	1	0.320
MH900-4	0.9	900	0.0314	200	1	0.369
MH1800-4B	0.6	1800	0.0628	300	2	0.320
MH1800-4	0.9	1800	0.0628	300	2	0.369
MH2000-6*	0.15	2000	0.0628	300	2	0.323
MH2000-5*	0.3	2000	0.0628	300	2	0.323
MH3600-6*	0.15	3600	0.1260	400	2	0.477
MH3600-5*	0.3	3600	0.1260	400	2	0.477
MH3600-4B	0.6	3600	0.1260	400	2	0.638
MH3600-4	0.9	3600	0.1260	400	2	0.809
MH5700-6*	0.15	5700	0.2020	500	2	0.510
MH5700-5*	0.3	5700	0.2020	500	2	0.510
MH8000-6*	0.15	8000	0.3030	600	3	0.510
MH8000-5*	0.3	8000	0.3030	600	3	0.510
MH11000-6*	0.15	11000	0.3840	700	3	0.580
MH11000-5*	0.3	11000	0.3840	700	3	0.580
MH14500-6*	0.15	14500	0.5120	800	4	0.580
MH14500-5*	0.3	14500	0.5120	800	4	0.580

注：* 为按国家建筑标准设计《防空地下室建筑设计》图集（04FJ03）选用的悬板活门。

附录G 浅埋防空地下室围护结构传热量计算

G.0.1 有恒温要求的防空地下室围护结构的传热量，宜按下列公式计算：

$$Q = Q_1 + Q_2 \mp Q_3 \quad (G.0.1-1)$$

$$Q_1 = (t_{nc} - t_0)N \quad (G.0.1-2)$$

$$N = \alpha l(b+2h)(1-T_{pb}) \quad (G.0.1-3)$$

$$Q_2 = blK(t_{nc} - t'_{np}) \quad (G.0.1-4)$$

$$Q_3 = 2\alpha hl\theta_d \Theta_{db} \quad (G.0.1-5)$$

式中 Q——恒温浅埋防空地下室壁面传热量（W）；

Q_1——室内空气年平均温度与年平均地温之差引起的壁面传热量（W）；

Q_2——地面建筑与防空地下室温差引起的顶板传热量（W）；

Q_3——地表面温度年周期性波动通过地下室外墙传递的热量（W）；

t_{nc}——防空地下室内空气恒定温度（或年平均温度）（℃）；

t_0——地下室周围岩（土）体的年平均温度（℃）；

N——壁面年平均传热计算参数（W/℃）；

α——换热系数，一般取5.8~8.7（W/（m²·℃））；

l——地下建筑物长度（m）；

b——地下建筑物宽度（m）；

h——地下建筑物高度（m）；

T_{pb}——年平均温度参数，根据土壤的导热系数，建筑物的宽度 b 和高度 h 值，查表G.0.1-1确定；

K——楼板传热系数（W/（m²·℃））；

$$K = \frac{\alpha_b \lambda_b}{\alpha_b \delta + 2\lambda_b} \quad (G.0.1-6)$$

α_b——地下室与地面建筑的换热系数（W/（m²·℃））；

δ——地下室与地面建筑之间楼板的厚度（m）；

λ_b——楼板材料的导热系数（W/（m·℃））；

t'_{np}——地面建筑内空气日平均温度（℃）；

Θ_{db}——地表面温度年周期性波动引起的侧壁面温度参数，根据土壤的λ和 a（壁面导温系数）以及建筑物高度 h 查表G.0.1-2；

θ_d——地表面温度年周期性波动波幅（℃），计算时可查表G.0.1-3；

$\mp$——夏季取“-”，冬季取“+”。

G.0.2 无恒温要求的防空地下室围护结构的传热量，宜按下列公式计算：

$$Q = Q_1 + Q_2 \quad (G.0.2-1)$$

$$Q_2 = \pm\theta_{nl} M \quad (G.0.2-2)$$

$$M = \alpha l\left[(2h+b)(1-\Theta_{nb}) + \frac{bk_b}{\alpha}\right] \quad (G.0.2-3)$$

式中 Q——非恒温浅埋防空地下室壁面传热量（W）；

Q_1——恒温传热量（W），根据公式（G.0.1-2）计算；

Q_2——壁面年波动传热量（W）；

θ_{nl}——防空地下室内空气温度年波幅（℃）；

$$\theta_{nl} = t_{np} - t_{nc} \quad (G.0.2-4)$$

t_{np}——防空地下室夏季室内空气日平均温度（℃）；

t_{nc}——防空地下室夏季室内空气年平均温度（℃）；

M——壁面周期性波动传热计算参数（W/℃）；

Θ_{nb}——防空地下室室温年周期波动的温度参数，根据土壤的λ和 a 以及（$0.5b+h$）值查表 G.0.2；

±——夏季取"+"，冬季取"-"；

k_b——壁面传热系数（W/（m²·℃））；

其余符号意义同前。

表 G.0.1-1　　年平均温度参数 T_{pb}

λ（W/（m·℃））	b（m）	h（m）								
		2	3	4	5	6	7	8	9	10
1.163	18	0.9417	0.9433	0.9448	0.9464	0.9480	0.9495	0.9511	0.9526	0.9542
	12	0.9250	0.9292	0.9334	0.9375	0.9417	0.9458	0.9471	0.9490	0.9505
	8	0.9083	0.9167	0.9208	0.9267	0.9292	0.9333	0.9375	0.9417	0.9458
	6	0.8958	0.9071	0.9133	0.9208	0.9250	0.9293	0.9333	0.9375	0.9417
	4	0.8792	0.8933	0.9042	0.9125	0.9179	0.9238	0.9283	0.9325	0.9358
	2	0.8500	0.8729	0.8879	0.8958	0.9042	0.9125	0.9196	0.9250	0.9300
1.512	18	0.9467	0.9487	0.9507	0.9526	0.9546	0.9566	0.9586	0.9605	0.9625
	12	0.9333	0.9379	0.9421	0.9451	0.9492	0.9508	0.9521	0.9542	0.9562
	8	0.9196	0.9279	0.9329	0.9375	0.9417	0.9454	0.9478	0.9500	0.9521
	6	0.9083	0.9208	0.9248	0.9291	0.9333	0.9375	0.9415	0.9454	0.9492
	4	0.8917	0.9042	0.9125	0.9188	0.9250	0.9292	0.9342	0.9383	0.9440
	2	0.8667	0.8875	0.8992	0.9083	0.9167	0.9242	0.9292	0.9350	0.9396
1.744	18	0.9542	0.9563	0.9584	0.9604	0.9625	0.9646	0.9667	0.9687	0.9708
	12	0.9456	0.9478	0.9499	0.9521	0.9543	0.9564	0.9586	0.9607	0.9629
	8	0.9310	0.9375	0.9417	0.9458	0.9500	0.9529	0.9558	0.9588	0.9617
	6	0.9241	0.9300	0.9375	0.9417	0.9458	0.9500	0.9542	0.9584	0.9626
	4	0.9083	0.9208	0.9292	0.9333	0.9375	0.9417	0.9458	0.9500	0.9542
	2	0.8917	0.9042	0.9146	0.9221	0.9288	0.9333	0.9400	0.9450	0.9498

表 G.0.1-2　　Θ_{db} 值（外墙平均）

λ(W/(m·℃))	a(m²/h)	外墙高度 h（m）					
		1	2	3	4	5	6
1.163	0.0010	0.1395	0.0900	0.0623	0.0464	0.0365	0.0298
	0.0016	0.1435	0.0921	0.0659	0.0502	0.0398	0.0325
	0.0020	0.1457	0.0965	0.0700	0.0537	0.0430	0.0355
	0.0025	0.1466	0.0976	0.0716	0.0556	0.0447	0.0371
1.512	0.0010	0.1710	0.1111	0.0770	0.0574	0.0451	0.0369
	0.0016	0.1765	0.1173	0.0839	0.0638	0.0507	0.0416
	0.0020	0.1790	0.1196	0.0870	0.0670	0.0535	0.0443
	0.0025	0.1805	0.1211	0.0890	0.0693	0.0557	0.0462
1.744	0.0010	0.1910	0.1246	0.0865	0.0643	0.0506	0.0413
	0.0016	0.1965	0.1313	0.0940	0.0716	0.0569	0.0468
	0.0020	0.1990	0.1338	0.0975	0.0749	0.0598	0.0494
	0.0025	0.1992	0.1349	0.1030	0.0774	0.0622	0.0517

表 G.0.2　　Θ_{nb} 值

λ(W/(m·℃))	a(m²/h)	外墙高度 h（m）				
		8	12	18	20	24
1.163	0.0010	0.8899	0.8974	0.9014	0.9036	0.9050
	0.0016	0.9033	0.9116	0.9160	0.9188	0.9202
	0.0020	0.9112	0.9199	0.9247	0.9276	0.9292
	0.0025	0.9166	0.9255	0.9306	0.9337	0.9352
1.512	0.0010	0.8620	0.8703	0.8748	0.8772	0.8790
	0.0016	0.8791	0.8882	0.8934	0.8961	0.8981
	0.0020	0.8891	0.8988	0.9044	0.9073	0.9096
	0.0025	0.8960	0.9060	0.9119	0.9149	0.9173
1.744	0.0010	0.8443	0.8530	0.8576	0.8603	0.8621
	0.0016	0.8636	0.8732	0.8788	0.8816	0.8838
	0.0020	0.8751	0.8853	0.8913	0.8944	0.8968
	0.0025	0.8829	0.8934	0.8999	0.9031	0.9057

表 G.0.1-3　θ_d 值计算用表

地　　名	地表面温度（℃）		
	年平均	最热月平均	最冷月平均
北京市			
北京	13.7	-5.4	29.4
密云*	10.8	-7.0	25.7
天津市			
天津	14.1	-4.2	29.3
塘沽*	15.0	-4.1	30.7
河北省			
石家庄	15.1	-3.2	30.4
承德	10.4	-11.0	28.2
张家口	9.6	-10.6	27.3
邢台	15.1	-3.4	30.4
保定	14.4	-4.9	30.8
沧州	14.7	-3.4	29.8
唐山*	13.9	-5.8	29.9
秦皇岛*	13.1	-4.9	28.6
山西省			
太原	11.6	-6.2	26.9
阳泉	12.6	-4.9	27.7
大同	8.7	-11.4	25.7
介休	12.7	-4.7	27.9
运城	15.5	-1.3	30.6
内蒙古自治区			
呼和浩特	7.6	-13.3	26.0
海拉尔	0.7	-26.7	23.5
二连浩特	6.2	-18.5	28.1
锡林浩特	5.2	-19.5	25.8
通辽	8.6	-15.2	28.1
赤峰	9.1	-13.2	27.5
集宁	5.4	-14.5	23.1
包头*	10.4	-11.6	28.8
满洲里*	2.1	-24.5	25.7
辽宁省			
沈阳	9.5	-12.4	27.1
大连	12.9	-4.7	26.7
抚顺	8.1	-13.9	26.4
鞍山	10.1	-11.7	28.0
阜新	9.3	-12.0	27.8
辽阳	10.5	-12.9	29.0
朝阳	10.9	-11.2	28.4
锦州	11.0	-9.6	27.8
营口	10.7	-9.4	28.0
本溪	8.2	-12.1	25.2
丹东	10.3	-8.2	25.8
吉林省			
长春	7.1	-16.9	26.2
四平	7.8	-15.4	26.7
延吉	7.4	-14.7	25.6
通化	6.0	-17.3	24.7
黑龙江省			
哈尔滨	5.8	-19.8	26.4
齐齐哈尔	5.5	-20.5	26.3
安达	5.5	-20.0	26.2
鸡西	5.3	-18.0	24.9
牡丹江	5.8	-19.7	26.1
绥芬河	4.5	-17.6	23.7
鹤岗	3.6	-20.2	24.1
上海市			
上海	17.0	4.1	30.4
江苏省			
南京	17.0	3.1	30.9
徐州	15.9	0.3	29.9
连云港	16.4	0.6	30.2
常州	17.7	3.2	33.0
南通	17.0	3.0	30.9
浙江省			
杭州	17.7	4.5	31.6
宁波	18.5	4.8	34.2
金华	20.5	6.5	36.0
衢州	18.8	5.9	32.6
温州	20.0	8.7	32.2
安徽省			
合肥	17.7	3.1	32.3
芜湖	18.4	3.7	34.2
阜阳	17.4	1.6	32.3
亳县	16.2	0.6	30.8
蚌埠	17.2	2.1	31.3
安庆	18.6	4.3	33.3

续表 G.0.1-3

地　　名	地表面温度（℃）		
	年平均	最热月平均	最冷月平均
福建省			
福州	22.5	12.5	34.6
厦门	23.2	14.4	32.9
南平	21.9	10.9	33.8
永安	22.1	11.7	33.5
漳州	24.4	14.3	32.5
江西省			
南昌	19.7	6.0	34.2
九江	19.4	5.1	34.1
吉安	20.7	7.4	35.1
赣州	22.0	9.2	34.7
景德镇	19.1	5.9	33.1
山东省			
济南	16.5	-1.5	30.6
德州	14.7	-3.7	30.2
青岛	14.2	-1.8	28.1
兖州	15.5	-1.7	29.6
淄博	14.9	-3.0	30.3
潍坊	15.3	-2.6	29.2
荷泽	15.8	-0.8	30.0
威海*	15.0	-1.0	29.3
河南省			
郑州	16.0	0.1	30.6
开封	16.1	-0.3	31.2
洛阳	16.5	0.4	31.2
许昌	16.7	0.8	31.3
南阳	17.0	1.7	31.4
安阳	16.0	-1.6	30.8
驻马店	16.4	1.8	30.6
信阳	17.3	2.7	30.9
湖北省			
武汉	18.6	4.1	33.4
黄石	19.0	4.8	33.4
老河口	17.8	3.3	31.8
恩施	17.7	6.1	30.4
宜昌	18.4	5.3	32.0
荆州*	18.3	4.9	31.2
湖南省			
长沙	18.9	5.6	34.3
株州	20.3	6.5	35.5
衡阳	20.2	6.7	34.8
邵阳	19.4	6.2	33.1
岳阳	19.4	5.2	34.2
郴州	20.5	7.7	34.8
常德	18.3	5.3	32.5
芷江	18.5	5.7	31.6
零陵	19.3	6.6	32.4
广东省			
广州	24.6	15.6	31.4
深圳*	24.8	16.9	30.8
湛江	26.3	18.4	32.7
韶关	23.2	11.5	34.5
汕头	24.1	15.6	32.4
阳江	24.5	16.3	31.4
惠州*	24.6	15.9	31.1
河源*	23.4	14.3	30.6
肇庆*	24.1	15.5	31.0
梅州*	25.0	15.1	33.2
海南省			
海口	25.3	19.3	33.1
三亚*	30.6	25.7	34.1
琼海*	27.9	21.4	33.2
广西壮族自治区			
南宁	24.3	14.0	31.0
柳州	22.9	11.9	33.0
北海	27.0	17.2	33.5
桂林	27.3	8.6	32.0
百色	27.3	15.4	33.0
梧州	22.2	14.1	33.8
玉林*	24.5	15.6	31.5
重庆市			
重庆	19.4	8.0	31.9
万州	20.4	7.3	33.6
酉阳*	16.4	5.0	27.5
四川省			
成都	17.9	7.0	27.8
甘孜	8.9	-3.8	18.8

续表 G.0.1-3

地　　名	地表面温度（℃）		
	年平均	最热月平均	最冷月平均
自贡	20.1	8.5	30.7
泸州	20.6	8.8	32.1
内江	20.1	8.0	31.4
乐山	19.5	8.3	29.3
达县	18.9	6.7	30.8
绵阳	18.5	6.3	29.1
宜宾	19.3	9.0	29.2
西昌	20.4	11.0	27.2
南充	18.8	7.3	30.4
贵州省			
贵阳	17.3	6.4	27.6
遵义	16.8	5.4	28.4
毕节	15.6	4.8	25.9
兴仁	16.7	7.2	24.9
安顺	16.6	5.9	25.7
凯里*	18.5	6.3	29.2
铜仁*	18.3	6.0	29.8
云南省			
昆明	17.1	8.7	23.0
丽江	16.3	7.6	21.8
腾冲	17.0	8.9	22.0
思茅	21.4	15.2	24.8
蒙自	22.0	14.4	26.6
昭通*	15.6	5.1	23.5
大理*	16.7	9.0	23.0
西藏自治区			
拉萨	11.3	-1.4	19.7
日喀则	10.4	-3.4	22.7
阿里*	6.1	-11.0	23.0
陕西省			
西安	15.0	-0.4	29.8
宝鸡	14.9	-0.2	29.1
铜川	12.7	-2.6	27.0
榆林	10.4	-10.1	27.9
延安	11.6	-4.7	26.8
汉中	16.1	3.2	29.0
安康*	18.2	4.0	32.7
甘肃省			
兰州	11.9	-7.3	26.8
敦煌	12.4	-8.9	31.4
酒泉	9.6	-10.2	27.5
平凉	10.8	-4.1	24.1
武都	15.8	3.0	26.9
天水	12.8	-1.7	25.8
武威*	12.1	-7.0	28.9
青海省			
西宁	9.2	-7.4	21.9
格尔木	8.0	-9.9	24.2
都兰	5.4	-10.4	19.7
玉树	5.4	-8.4	16.8
玛多	0.2	-14.9	12.3
新疆维吾尔自治区			
乌鲁木齐	8.1	-14.7	28.6
阿勒泰	6.1	-18.0	28.0
克拉玛依	4.8		
伊宁	10.6	-10.8	28.3
吐鲁番	17.4	-8.9	39.8
喀什	15.1	-5.6	33.1
和田	15.6	-5.8	32.4
哈密	12.9	-11.0	33.6
塔城	7.6	-14.5	27.5
宁夏回族自治区			
银川	11.5	-7.7	28.8
盐池	10.3	-8.7	27.0
石嘴山	10.9	-9.0	29.0
固原*	9.0	-7.5	23.1

注：带*者为新增城市，其室外计算参数统计年份为1992年至2001年。

附录H　深埋防空地下室围护结构传热量计算

H.0.1　有恒温要求的防空地下室围护结构传热量，宜按下列公式计算：

$$Q = Q_1 + Q_2 \qquad (H.0.1-1)$$

$$Q_1 = \alpha m F(t_{nc} - t_d)[1 - f(F_0, B_i)] \qquad (H.0.1-2)$$

式中　Q——恒温深埋防空地下室壁面传热量（W）；

Q_1——室内空气年平均温度与年平均地温之差引起的壁面传热量（W）；

Q_2——地面建筑与防空地下室温差引起的顶板传热量（W），根据公式（G.0.1-4）计算确定；

t_{nc}——防空地下室内空气恒定温度（℃）；

t_d——当地地表面年平均温度（℃）；

$f(F_0, B_i)$——壁面恒温传热计算参数，根据准数 $F_0 = a\tau/r_0^2$、$B_i = \alpha r_0/\lambda$ 值，查表H.0.1-1或H.0.1-2确定。

a——壁面导温系数（m^2/h）；

τ——预热时间（h）；

α——换热系数（W/（m^2·℃））；

λ——导热系数（W/（m·℃））

r_0——防空地下室当量半径（m）；

体形为当量圆柱体的防空地下室：$r_0 = P/2\pi$（P为防空地下室横断面周长，m）

体形为当量球体的防空地下室：$r_0 = 0.62V^{1/3}$（V为防空地下室体积，m^3）

m——壁面传热修正系数：衬砌结构 $m=1$；衬套结构、岩石 $m=0.72$；土壤 $m=0.86$；

F——传热壁面面积（m^2）。

H.0.2　无恒温要求的防空地下室围护结构传热量，宜按下列公式计算：

$$Q = Q_1 + Q_2 \qquad (H.0.2-1)$$

$$Q_2 = \frac{1}{r_0}\theta_{n1}\lambda m F f(\xi, \eta)\cos[\omega_1\tau + \beta(\xi, \eta)] \qquad (H.0.2-2)$$

式中　Q——无恒温深埋防空地下室壁面传热量（W）；

Q_1——壁面恒温传热量（W），根据公式（H.0.1-2）计算；

Q_2——壁面年波动传热量（W）；

$f(\xi, \eta)$，$\beta(\xi, \eta)$——壁面年周期波动传热计算参数和壁面热流超前角度，根据准数 ξ，η 值查表H.0.2-1至H.0.2-4；

$$\xi = r_0\sqrt{\frac{\omega_1}{a}}$$

$$\eta = \frac{\lambda}{\alpha}\sqrt{\frac{\omega_1}{a}}$$

ω_1——温度年周期性波动频率（rad/h）；

$$\omega_1 = \frac{2\pi}{T} = \frac{2\pi}{8760} = 0.000717$$

τ——自防空地下室室内空气温度年波动出现最大值为起点的时间（h）。

其余符号意义同前。

表 H.0.1-1 当量圆柱体地下建筑壁面传热计算参数 f (F_0, B_i)

F_0	B_i												
	2.0	2.5	3.0	3.5	4.0	5.0	6.0	8.0	10	13	18	24	32
0.1	0.4178	0.4697	0.5500	0.5906	0.6267	0.6900	0.7233	0.7844	0.8269	0.8659	0.8997	0.8714	0.9429
0.2	0.5179	0.5750	0.6233	0.6627	0.6900	0.7472	0.7756	0.8308	0.8618	0.8888	0.9143	0.9357	0.9567
0.3	0.5625	0.6167	0.6600	0.6933	0.7250	0.7719	0.8000	0.8531	0.8765	0.9000	0.9250	0.9429	0.9633
0.5	0.6087	0.6633	0.7000	0.7321	0.7596	0.8000	0.8333	0.8708	0.8911	0.9144	0.9363	0.9547	0.9700
0.7	0.6367	0.6933	0.7250	0.7564	0.7813	0.8192	0.8462	0.8819	0.9000	0.9208	0.9410	0.9583	0.9722
1.0	0.6667	0.7143	0.7464	0.7756	0.7964	0.8368	0.8608	0.8910	0.9097	0.9292	0.9465	0.9646	0.9778
2.0	0.7179	0.7660	0.7872	0.8132	0.8331	0.8656	0.8831	0.9120	0.9273	0.9407	0.9576	0.9715	0.9840
5.0	0.7667	0.8000	0.8275	0.8479	0.8638	0.8925	0.9046	0.9309	0.9436	0.9521	0.9639	0.9778	0.9854
6.0	0.7756	0.8086	0.8357	0.8544	0.8688	0.8963	0.9100	0.9333	0.9453	0.9548	0.9664	0.9781	0.9863
8.0	0.7872	0.8179	0.8436	0.8619	0.8756	0.9019	0.9141	0.9385	0.9500	0.9575	0.9699	0.9788	0.9870
10	0.7962	0.8286	0.8538	0.8688	0.8813	0.9071	0.9192	0.9397	0.9514	0.9586	0.9707	0.9800	0.9893
20	0.8179	0.8464	0.8719	0.8769	0.8825	0.9192	0.9321	0.9481	0.9593	0.9664	0.9757	0.9843	0.9907
30	0.8317	0.8575	0.8750	0.8906	0.9026	0.9244	0.9370	0.9514	0.9636	0.9707	0.9785	0.9875	0.9921
40	0.8392	0.8631	0.8831	0.8963	0.9077	0.9269	0.9405	0.9529	0.9650	0.9721	0.9788	0.9880	0.9929
60	0.8465	0.8713	0.8894	0.9032	0.9135	0.9314	0.9423	0.9543	0.9664	0.9757	0.9814	0.9888	0.9936
80	0.8528	0.8750	0.8919	0.9064	0.9160	0.9333	0.9455	0.9557	0.9686	0.9786	0.9843	0.9921	0.9943
100	0.8564	0.8788	0.8938	0.9083	0.9185	0.9353	0.9474	0.9564	0.9707	0.9814	0.9850	0.9929	0.9950

表 H.0.1-2 当量球体地下建筑壁面传热计算参数 f (F_0, B_i)

F_0	B_i											
	4.0	5.0	6.0	7.0	8.0	10	13	17	24	32	45	60
0.1	0.5533	0.6110	0.6569	0.6906	0.7250	0.7721	0.8183	0.8575	0.8906	0.9150	0.9381	0.9539
0.2	0.6234	0.6644	0.7114	0.7414	0.7693	0.8091	0.8476	0.8813	0.9088	0.9313	0.9519	0.9636
0.3	0.6409	0.6909	0.7378	0.7664	0.7914	0.8256	0.8622	0.8919	0.9188	0.9381	0.9578	0.9695
0.5	0.6719	0.7250	0.7650	0.7986	0.8134	0.8427	0.8756	0.9031	0.9281	0.9462	0.9634	0.9740
0.8	0.6925	0.7443	0.7857	0.8091	0.8305	0.8575	0.8856	0.9113	0.9344	0.9506	0.9656	0.9760
1.0	0.7043	0.7571	0.7964	0.8229	0.8372	0.8631	0.8906	0.9137	0.9378	0.9545	0.9675	0.9772
2.0	0.7300	0.7871	0.8119	0.8311	0.8506	0.8769	0.8997	0.9231	0.9437	0.9565	0.9695	0.9792
3.0	0.7435	0.7924	0.8189	0.8394	0.8569	0.8825	0.9056	0.9256	0.9463	0.9610	0.9708	0.9811
4.0	0.7504	0.7964	0.8243	0.8427	0.8613	0.8869	0.9075	0.9288	0.9497	0.9623	0.9720	0.9818
6.0	0.7607	0.8043	0.8305	0.8497	0.8656	0.8900	0.9125	0.9313	0.9500	0.9630	0.9727	0.9825
8.0	0.7679	0.8079	0.8360	0.8525	0.8688	0.8931	0.9131	0.9319	0.9506	0.9636	0.9734	0.9827
10	0.7807	0.8122	0.8384	0.8563	0.8694	0.8938	0.9144	0.9325	0.9513	0.9640	0.9737	0.9830
20	0.7857	0.8195	0.8439	0.8619	0.8750	0.8963	0.9184	0.9350	0.9545	0.9656	0.9747	0.9832
30	0.7921	0.8244	0.8476	0.8650	0.8769	0.8981	0.9191	0.9359	0.9552	0.9662	0.9753	0.9834
40	0.7942	0.8256	0.8488	0.8663	0.8800	0.8986	0.9194	0.9363	0.9558	0.9666	0.9756	0.9838
50	0.7964	0.8280	0.8497	0.8675	0.8813	0.8991	0.9200	0.9369	0.9565	0.9669	0.9760	0.9840
80	0.7938	0.8311	0.8503	0.8681	0.8819	0.8994	0.9213	0.9375	0.9568	0.9673	0.9763	0.9844
100	0.8006	0.8335	0.8506	0.8688	0.8825	0.8997	0.9225	0.9394	0.9571	0.9676	0.9766	0.9847

表 H.0.2-1 当量圆柱体地下建筑年周期波动传热计算参数 f (ξ, η)

η	ξ							
	0.5	1.0	1.5	2.0	2.5	3.0	3.5	4.0
0.02	0.83	1.32	1.81	2.30	2.78	3.27	3.76	4.25
0.08	0.78	1.25	1.72	2.19	2.66	3.13	3.60	4.07
0.14	0.71	1.16	1.62	2.07	2.52	2.97	3.43	3.88

续表 H.0.2-1

η	ξ							
	0.5	1.0	1.5	2.0	2.5	3.0	3.5	4.0
0.20	0.65	1.09	1.53	1.97	2.42	2.88	3.30	3.74
0.28	0.60	1.01	1.43	1.84	2.25	2.66	3.07	3.49
0.36	0.55	0.94	1.34	1.73	2.12	2.51	2.91	3.30

表 H.0.2-2 当量圆柱体地下建筑年周期波动传热超前角度 β (ξ, η)

η	ξ							
	0.5	1.0	1.5	2.0	2.5	3.0	3.5	4.0
0.02	27.33	32.00	34.89	36.67	37.80	38.60	39.20	39.78
0.08	24.89	29.87	32.60	34.33	35.56	36.40	37.00	37.56
0.14	23.00	27.78	30.60	32.40	33.60	34.44	35.27	35.47
0.20	21.67	26.01	28.67	30.60	31.69	32.53	33.11	33.56
0.28	19.67	24.02	26.78	28.44	29.56	30.40	31.00	31.44
0.36	17.50	22.40	24.89	26.53	27.40	28.44	29.00	29.36

表 H.0.2-3 当量球体地下建筑年周期波动传热计算参数 f (ξ, η)

η	ξ								
	1	2	3	4	5	6	7	8	9
0.02	1.76	2.73	3.70	4.68	5.65	6.62	7.60	8.57	9.54
0.08	1.63	2.56	3.50	4.43	5.37	6.30	7.23	8.17	9.10
0.14	1.50	2.40	3.30	4.20	5.10	6.00	6.89	7.78	8.68
0.20	1.33	2.18	3.03	3.88	4.73	5.58	6.43	7.28	8.13
0.28	1.25	2.06	2.87	3.68	4.49	5.30	6.11	6.92	7.73
0.36	1.10	1.88	2.67	3.45	4.23	5.01	5.80	6.58	7.36

表 H.0.2-4 当量球体地下建筑年周期波动传热超前角度 β (ξ, η)

η	ξ							
	1	2	3	4	5	6	7	8
0.02	23.25	33.15	38.15	41.60	44.00	45.50	47.00	47.60
0.08	21.00	30.75	36.00	39.50	41.60	43.50	44.75	45.50
0.14	19.58	29.50	34.50	37.50	39.50	41.25	43.00	43.75
0.20	18.17	27.40	32.50	35.50	37.70	39.10	40.40	41.25
0.28	16.00	25.50	30.50	33.50	35.75	37.10	38.00	38.80
0.36	15.88	23.65	28.50	31.60	33.50	35.25	36.00	36.90

本规范用词说明

一、为便于在执行本规范条文时区别对待，对要求严格程度不同的用词说明如下：

1. 表示很严格，非这样做不可的用词：

正面词采用“必须”；反面词采用“严禁”；

2. 表示严格，在正常情况下均应这样做的用词：

正面词采用“应”；反面词采用“不应”或“不得”；

3. 表示允许稍有选择，在条件许可时，首先应该这样做的用词：

正面词采用“宜”，反面词采用“不宜”；

表示有选择，在一定条件下可以这样做的，采用“可”。

二、本规范条文中，指明应按其它有关标准、规范执行时，写法为“应符合……的规定”或“应按……执行”。

中华人民共和国国家标准

人民防空地下室设计规范

GB 50038—2005

条 文 说 明

目　次

1 总 则

1.0.1 由于冷战的结束和科学技术的发展，未来的战争模式发生了重大变化。为了适应未来战争的需要，经全面修订后国家国防动员委员会于2003年11月12日颁发了现行《人民防空工程战术技术要求》（以下简称现行《战技要求》）。与1998年颁发的《人民防空工程战术技术要求》相比较，在防御的武器以及防护要求、专业标准等诸多方面，现行《战技要求》都做了相应地修改和调整。《战技要求》是国家标准《人民防空地下室设计规范》（以下简称本规范）的编制依据。为此以现行《战技要求》为依据并结合近年来的科技成果，本规范进行了全面地修订。

1.0.2 按照《人民防空法》和国家的有关规定，结合新建民用建筑应该修建一定数量的防空地下室。但有时由于地质、地形、结构和施工等条件限制不宜修建防空地下室时，国家允许将应修建防空地下室的资金用于在居住小区内，易地建设单建掘开式人防工程。为了便于做好居住小区的人防工程规划和个体设计，更好地实现平战结合，为适应各地设计单位和主管部门的需要，本规范的适用范围做了适当地调整。

为此本条特别注明：本规范中对“防空地下室”的各项要求和规定，除注明者外均适用于居住小区内的结合民用建筑易地修建的掘开式人防工程。在本规范条文中凡只写明“防空地下室”，但未注明甲类或乙类时，系指甲、乙两类防空地下室均应遵守的规定；在本规范条文中只写明甲类防空地下室（或乙类防空地下室），未注明其抗力级别时，系指符合本条规定范围内的各抗力级别的甲类防空地下室（或乙类防空地下室）均应遵守的规定。

按照战时的功能区分防空地下室的工程类别与称谓如表1－1所示。

表1－1　防空地下室的工程类别及相关称谓

序号	工程类别	单体工程	分项名称
1	指挥通信工程	各级人防指挥所	
2	医疗救护工程	中心医院	
		急救医院	
		救护站	
3	防空专业队工程	专业队掩蔽所*	专业队队员掩蔽部
			专业队装备掩蔽部
4	人员掩蔽工程	一等人员掩蔽所	
		二等人员掩蔽所	
5	配套工程	核生化监测中心	
		食品站	
		生产车间	
		区域电站	
		区域供水站	
		物资库	
		汽车库	
		警报站	

“*”防空专业队是按专业组成的担负人民防空勤务的组织。包括：抢险抢修、医疗救护、消防、防化防疫、通信、运输、治安等专业队。

1.0.4 未来爆发核大战的可能性已经变小，但是核威胁依然存在。在我国的一些城市和城市中的一些地区，人防工程建设仍须考虑防御核武器。但是考虑到我国地域辽阔，城市（地区）之间的战略地位差异悬殊，威胁环境十分不同，本规范把防空地下室区分为甲、乙两类。甲类防空地下室战时需要防核武器、防常规武器、防生化武器等；乙类防空地下室不考虑防核武器，只防常规武器和防生化武器（详见本规范第1.0.4条的规定）。至于防空地下室是按甲类，还是按乙类修建，应由当地的人防主管部门根据国家的有关规定，结合该地区的具体情况确定。

1.0.5 本规范第1.0.2条对于防空地下室的战时用途并未做出限制，即本规范适用于战时用作指挥、医疗救护、防空专业队、人员掩蔽和配套工程等各种用途的防空地下室。但由于本规范的发行范围和保密要求方面的原因，本规范对有关指挥工程和涉及甲级防化等方面的具体规定做了回避。因此在从事以上工程设计时，尚须结合使用相关的国家标准和行业标准。

与本规范关系较为密切的规范，除一般民用建筑设计规范以外，尚有如下国家标准和行业标准：《人民防空工程设计规范》、《人民防空工程设计防火规范》、《地下工程防水技术规范》以及《人民防空工程防化设计规范》、《人民防空指挥工程设计标准》、《人民防空医疗救护工程设计标准》、《人民防空工程柴油电站设计标准》、《人民防空物资库工程设计标准》、《人防工程防早期核辐射设计规范》（此规范尚未正式发布）等等。

3 建 筑

3.1 一般规定

3.1.1 对于防空地下室的位置选择、战时及平时用途的确定，必须符合城市人防工程规划的要求。同时也应考虑平时为城市生产、生活服务的需要以及上部地面建筑的特点及其环境条件、地区特点、建筑标准、平战转换等问题，地下、地上综合考虑确定。防空地下室的位置选择和战时及平时用途的确定，是关系到战备、社会、经济三个效益能否全面充分地发挥的关键，必须认真对待。

3.1.2 为使掩蔽人员在听到警报后，能够及时地进入掩蔽状态，本条按照一般人员的行走速度，将规定的时间（包括下楼梯），折算成为服务半径。在做居住小区的人防工程规划时，应该注意使人员掩蔽工程的布局满足此项规定。

3.1.3 本条为强制性条文，为确保防空地下室的战时安全，尤其是考虑到防空地下室处于地下的不利条件下，在距危险目标的距离方面应该从严掌握。本条主要是参照了《建筑设计防火规范》以及《人民防空一、二等建筑物设计技术规范》等中的有关规定做出的规定。距危险目标的距离系指防空地下室各出入口（及通风口）的出地面段与危险目标的最不利直线距离。

3.1.5 防空地下室的室外出入口、通风口、柴油机排烟口和通风采光窗井等，其位置、尺寸及处理方式，不仅应该考虑战时及平时的要求，同时也要考虑与地面建筑四周环境的协调，以及对城市景观的影响等。特别是位于临街和重要建筑物、广场附近的室外出入口口部建筑的形式、色彩等，都应与周围环境相协调，增加城市景观的美感，而不应产生负面影响。

3.1.6 考虑到上部地面建筑战时容易遭到破坏，为了保证防空地下室的人防围护结构的整体强度及其密闭性，本条做了相应的规定。本条限制的对象主要是“无关管道”，无关管道系指防空地下室无论在战时还是在平时均不使用的管道。为此，在设计中应尽量把专供上部建筑平时使用的设备房间，设置在防空地下室的防护范围之外。对于穿过人防围护结构的管道，区别不同情况，分别做了“不宜”和“不得”的规定。对于上部建筑的粪便污水管等，一般都采取在适当集中后设置管道井，并将其置于防护范围以外的办法来处理。此次修订过程中针对这一问题专门进行了管道穿板的验证性模拟核爆炸试验。试验说明对量大面广的核5级及以下的甲类防空地下室，可以在原规定的基础上适当放大所限制的管径范围。此次规范修订对于穿过人防围护结构的允许管径和相应的防护密闭做法，均作了适当调整。并在本规范的第6章中增加了相关的条款。

3.1.7~3.1.8 一般来说，战时有人员停留的（如医疗救护工程、人员掩蔽工程和专业队队员掩蔽部等）或战时掩蔽的物品不允许染毒的（如储存粮食、食品、日用必需品等物资）防空地下室，均属于有防毒要求的防空地下室。在有防毒要求的防空地下室设计中，应该特别注意划分其清洁区和染毒区。在清洁区中人员、物资不仅可以免受爆炸荷载的作用，而且还能免受毒剂（包括化学毒剂、生物战剂和放射性沾染）的侵害；而在染毒区内虽然可以免受爆炸荷载的作用，但在一段时间内有可能会轻微染毒。因此，染毒区一般是没有人员停留区域。战时如果需要人员进入染毒区时（如发电机房），按照规定应该带防毒面具，并穿防护服。

3.1.9 防空地下室是为战时防空服务的，所以其设计必须满足预定级别的防护要求和战时使用要求。但为了充分发挥其投资效益，一般防空地下室均要求平战结合。平战结合的防空地下室设计不仅应该满足其战时要求，而且还需要满足平时生产、生活的要求。由于战时与平时的功能要求不同，且往往容易产生一些矛盾。此时对于量大面广的一般性防空地下室，规范允许采取一些转换措施，使防空地下室不仅能更好地满足平时的使用要求，而且可在临战时经过必要的改造（即防护功能平战转换措施），就能使其满足战时的防护要求和使用要求。为了使设计中所采用的转换措施在临战时能够实现，不仅对转换措施技术方面的可行性需要给出限定范围，而且对临战时的转换工作量也需要适当控制。因此此条中增加了“临战时的转换工作量应与城市的战略地位相协调，并符合当地战时的人力、物力条件”的要求，这样可以使当地的人防主管部门在审批转换措施时，依据当地的战略地位和当地的人力、物力条件综合研究确定。

3.1.10 为了方便设计人员使用，此次修订将甲类防空地下室的防早期核辐射方面的具体要求，分别放在相关的主体和口部的条款当中。与原规范比较，此次修订主要是增加了无上部建筑的顶板防护厚度、采用钢结构人防门的出入口通道长度以及附壁式室外出入口的内通道长度等相关内容。与原规范相同，本规范给出的各项要求都是在限定条件下适用的。对于在规定条件范围以外的工程，应按国家的有关标准进行设计。本规范的防早期核辐射方面的计算条件如下：

①核爆炸条件：按国家的有关规定。

②城市海拔与平均空气密度见表2。

表2-1　城市海拔与平均空气密度

城市海拔（m）	平均空气密度（kg/m^3）
$h\leqslant200$	$\geqslant1.2$
$200<h\leqslant1200$	$\geqslant1.1$
$1200<h\leqslant2250$	$\geqslant1.0$

③计算室外地面剂量时考虑地面建筑群的影响，并按建筑物间距与建筑高度之比不大于1.5。故取屏蔽因子为：$f_{\gamma q}=0.45$；$f_{nq}=0.40$。

④对于有上部建筑的顶板和室内出入口，在计算上部建筑底层的室内地面剂量时，考虑了上部建筑的影响。取屏蔽因子为：$f_{\gamma q}=0.45$；$f_{nq}=0.30$。

⑤在计算顶板厚度、墙体厚度、出入口通道长度等项时，取自防空地下室顶板进入室内和自口部进入室内的辐射剂量各占室内剂量限值的50%。

⑥在计算室外出入口的通道长度和室内出入口的内通道长度时，考虑了按本规范规定设置钢筋混凝土（及钢结构）防护密闭门和密闭门。

⑦其它计算条件见条文和条文注释。

3.2 主　体

3.2.1 表3.2.1-1中的医疗救护工程的规模和面积标准是按照现行《战技要求》给出的，但由于防空地下室的平面形状和大小直接受其上部建筑平面尺寸的限制，所以设计时可以根据工程的具体情况，参照上述规定，在征得当地人防主管部门意见的情况下，按照需要与可能合理确定为宜。

3.2.2~3.2.4 从近年来防空地下室工程建设情况来看，直接给出顶板的最小防护厚度，这种做法显得更加直观，也简化了计算，方便操作。虽然没有上部建筑的顶板大部分都有覆土，也采用了统一的以无覆土顶板为主的写法。此次修订增加了空心砖墙体的材料换算系数。须留意第3.2.2条、第3.2.3条、第3.2.4条是针对战时有人员停留的防空地下室规定的；对于战时无人员停留的（如专业队装备掩蔽部、人防汽车库等）防空地下室可根据结构的需要确定。

3.2.5 乙类防空地下室和核6级、核6B级甲类防空地下室的250mm厚度要求（包括顶板防护厚度、外墙顶部最小厚度等），是考虑防战时大火的要求做出的规定，也是暴露在空气中的人防围护结构（如顶板、室外地面以上的外墙等）的最小厚度要求。

3.2.6 在防空地下室主体中划分防护单元是一项降低炸弹命中概率，避免大范围杀伤的有效技术措施。为了便于平战结合，依据现行《战技要求》的规定对防护分区一是由按掩蔽面积改按建筑面积划分；二是将防护单元、抗爆单元的面积都作了适当的调整。当防空地下室上部建筑的层数为十层或多于十层时，由于楼板的遮挡，可以不考虑遭炸弹破坏，所以规定高层建筑下的防空地下室可以不划分防护单元和抗爆单元。但是如果对九层或不足九层的上部建筑不加限制，有的地方可能会对面积很大的防空地下室也不划分防护单元和抗爆单元，在未来战争中可能会带来严重问题。因此就不足十层建筑下的部分，对其所占面积作了适当限制，即其建筑面积不得大于$200m^2$。

3.2.7 设置抗爆单元的目的是为在防护单元一旦遭到炸弹击中时，尽可能减少人员（或物资）受伤害的数量。即当防护单元中的某抗爆单元遭到命中时，可以保护相邻抗爆单元的人员（物资）不受伤害。设计只考虑承受一次破坏，故在遭袭击之后该防护单元（包括两个抗爆单元）即应停止使用。抗爆单元内并不要求防护设备或内部设备自成体系。抗爆单元之间的隔墙是为防止炸弹气浪及碎片伤害掩蔽人员（物资）而设置的。因此，对于平时修建的和临战转换的抗爆隔墙（抗爆挡墙）的材质、强度、作法和尺寸等都做了相应的规定。

3.2.8 防空地下室划分防护单元，一是为了降低遭敌人炸弹命中的概率，二是为了减小遭破坏的范围，特别是对大型人员掩蔽所。因此，对防护单元面积提出一定的限制是合理的。每个防护单元是一个独立的防护空间（可把防护单元看作是一个独立的防空地下室），所以规范要求一个防护单元的防护设施和内部设备应该自成系统。每个防护单元的出入口也应该按照独立的防空地下室一样设置。

3.2.10、3.2.11 为便于相邻防护单元之间的战时联系，相邻防护单元之间应该设置连通口。因为遭炸弹命中是随机的，所以事先无法判定相邻单元中哪个单元先遭命中。因此在相邻防护单元之间的连通口处，应在防护密闭隔墙的两侧各设置一道防护密闭门。由于甲、乙两类防空地下室预定防御的武器不同，所以对它们的防护密闭门的抗力要求各有不同。对于乙类防空地下室比较简单，可按0.03MPa的设计压力值设置防护密闭门；而甲类防空地下室就要依据防护单元的抗力大小，而且要注意按照条文的规定设置在隔墙的哪一侧。

3.2.12 在多层防空地下室的上下楼层相邻防护单元之间连通口，其防护密闭门设置要看连通口设在了哪一层。如果设置在下层，只要将一道防护密闭门设在上层单元的一侧就可以了。

3.2.15 从战时防护安全的角度考虑，一般以修建全埋式防空地下室（即其顶板底面不高出室外地面）为宜。但考虑到由于水文地质条件或平时使用的需要，如果在设计和管理中都能满足本条规定的各项要求时，则可以允许防空地下室的顶板底面适当高出室外地面。甲类防空地下室如果上部地面建筑为钢筋混凝土结构时，在核爆地面冲击波的作用下，有可能造成防空地下室的倾覆。因此在顶板高出室外地面的问题方面，对钢筋混凝土地面建筑作了严格的限制。对高出室外地面的甲类防空地下室，规范仅适用于其上部建筑为砌体结构。由于乙类防空地下室设计不考虑防核武器，在高出室外地面的问题上，对其上部地面建筑的结构形式未作限制，即上部建筑为钢筋混凝土结构时乙类防空地下室的顶板底面也允许高出室外地面，而且就高于室外地面的高度也作了适度地放宽。

3.3 出 入 口

3.3.1 战时当城市遭到空袭后，尤其是遭核袭击之后，地面建筑物会遭到严重破坏，以至于倒塌，防空地下室的室内出入口极易被堵塞。因此，必须强调出入口的设置数量以及设置室外出入口的必要性。主要出入口是战时空袭后也要使用的出入口，为了尽量避免被堵塞，要求主要出入口应设在室外出入口。对于那些在空袭之后需要迅速投入工作的防空地下室，如消防车库、中心医院、急救医院和大型物资库等，更需要确保其战时出入口的可靠性，故规范要求这些工程要设置两个室外出入口。由于它们在空袭后需要立即使用的迫切程度有所不同，所以对其设置的严格程度，提法上有些不同。为了尽量避免一个炸弹同时破坏两个出入口，故要求出入口要设置在不同方向，并尽量保持最大距离。

3.3.2 在高技术常规武器的空袭条件下，一般量大面广的乙类防空地下室并非是敌人打击的目标，其上部地面建筑完全倒塌的可能性应属于小概率事件。因此与甲类工程相比较，对乙类防空地下室室外出入口的设置，在一定条件下可以适当放宽。对于低抗力的甲类防空地下室，各地反映由于有的地下室已经占满了红线，确实没有设置室外出入口的条件。鉴于此种特殊情况，对于核6级、核6B级的甲类防空地下室，规范允许用室内出入口代替室外出入口，但必须满足本条中规定的各项要求。这一做法是迫于上述情况做出的，对于甲类防空地下室而言，并非是十分合理的做法，因此各地的人防主管部门和设计人员对此需从严掌握。

3.3.3 在核爆冲击波作用下的地面建筑物是否倒塌，主要取决于冲击波的超压大小和建筑物的结构类型。根据有关资料，位于核5级、核6级及核6B级的甲类防空地下室附近的钢筋混凝土结构地面建筑物，虽然会遭到严重破坏，但其主结构还不会倒塌。由于钢筋混凝土结构的延性和整体性较好，即使命中一两枚炸弹，整个建筑物也不会彻底倒塌。所以对低抗力防空地下室，虽然钢筋混凝土结构地面建筑周围会有相当数量的倒塌物，但为方便设计，在选择室外出入口位置时，本条规定可不考虑其倒塌影响。对砌体结构的地面建筑物，从安全考虑出发，不管是否属抗震型结构均按将会产生倒塌考虑。

3.3.4 核武器爆炸所造成的地面建筑破坏范围很大，因此甲类防空地下室需要重视地面建筑倒塌的影响。作为战时的主要出入口的室外出入口在空袭之后也需保证能够正常的出入，因此要求尽可能的将通道的出地面段布置在倒塌范围之外，以免在核袭击之后被倒塌物堵塞。出地面段设在倒塌范围之外时，其口部建筑往往是因为平时使用、管理等需要而建造的。为了不会因口部建筑本身的坍塌，影响通行，从而要求口部建筑采用单层轻型建筑。这样若一旦遭核袭击时，口部建筑容易被冲击波“吹走”，即便未被“吹走”，也能便于清理。在密集的建筑群中，往往很难做到把出地面段设置在地面建筑的倒塌范围之外（或者远离地面建筑）。当出地面段位于倒塌范围之内时，为了保障在空袭后主要出入口不被堵塞，在出地面段的上方应该设有防倒塌棚架。因此规定，平时设有口部建筑的宜按防倒塌棚架设计；平时不宜设口部建筑的，可在临战时在出地面段上方采用装配式的防倒塌棚架，使出入口战时不会被堵塞。

3.3.5 目前人防工程口部（包括供人员进出和供车辆进出的出入口）防护设备特别是防护密闭门、密闭门已都有相应的标准和定型尺寸。设计时应考虑在满足平时和战时使用要求的前提下，应尽量选用标准的、定型的人防门（包括防护密闭门和密闭门）。表3.3.5给出的战时人员出入口最小尺寸是根据战时的基本要求确定的。平战结合的防空地下室，其出入口的尺寸还需结合平时的使用需要确定。

3.3.7 人防门（包括防护密闭门和密闭门）为了满足抗爆、密闭等方面的要求，与普通的建筑门有所不同。人防门不是镶嵌在洞口当中的，而是门扇的尺寸大于洞口，门扇与门框墙需要搭接一部分。因此设计中应该注意人防门门前通道的尺寸需满足人防门的安装和启闭的需要。

3.3.8 本条中的战时出入口系指在空袭警报之后，供地面上的待掩蔽人员能够直接进入掩蔽所的各个出入口（简称掩蔽入口）。为保障掩蔽人员能够由地面迅速、安全地进入防空地下室，掩蔽入口不能包括竖井式出入口和连通口（包括防护单元之间的和与其它人防工程之间的）。为使掩蔽人员能在规定的时间内全部进入室内，（与消防的安全出口相似）掩蔽入口的宽度应该满足一定要求。其实空袭警报之后的人员紧急进入的状态与火灾时人员紧急疏散的状态相类似，只是掩蔽进入的时间比消防疏散的时间长许多。另外考虑到现行《战技要求》把防护单元的规模放大到建筑面积2000m^2，使得掩蔽的人数大大增加，从需要与可能相结合，将百人掩蔽入口宽度确定为0.30m。为了避免人员过于集中，条文规定一樘门的通过人数不超过700人。因此即使门洞宽度大于2.10m，也认为只能通过700人。对于两相邻防护单元的共用通道、共用楼梯的净宽，可按两个掩蔽入口预定的通过人数之和确定，并未要求按两个掩蔽入口净宽之和确定。例如：甲防护单元入口虽然净宽1.0m，但预计此口通过人数250人；乙防护单元入口净宽1.0m，预计此口通过人数200人。因此，合计通过人数450人，需共用通道净宽$450\times0.01\times0.30\text{m}=1.35\text{m}$，此时通道净宽取为1.50m，即已满足要求；否则若按两门门洞宽度之和计算，则需2.00m宽。

3.3.9 人员掩蔽所是战时供人员掩蔽使用的公共场所，使用者男女老少都有，一旦使用，通过出入口的人员众多，非常集中，动作急促。所以，为保证各类人员在规定的时间内能够迅速地、安全地进入室内，不仅要对出入口的数量、宽度有一定要求，而且还需要对梯段的踏步尺寸、扶手的设置等提出必要的要求。

3.3.10、3.3.12 对室外出入口（包括独立式和附壁式）通道的防护掩盖段长度均规定不得小于5.00m。这是从防炸弹爆炸破坏提出的，是对甲类、乙类防空地下室，对战时有、无人员停留均适用的，也是通道长度的最基本要求。因此设计中必须满足，而且应该尽量避免采用直通式。战时室内有人员停留的防空地下室系指符合第3.1.10条规定的工程。

3.3.11 此条中规定的临空墙厚度指的是符合第3.3.10条要求的室外出入口。不满足第3.3.10条要求的室外出入口，不能按此条规定设计。

3.3.11、3.3.13、3.3.15 对于防空专业队装备掩蔽部、人防汽车库等战时室内无人员停留的防空地下室，其临空墙厚度可按结构要求确定。

3.3.16 此条的对象是指不满足防护厚度要求的临空墙。本条给出的措施主要是针对核4级、核4B级的甲类防空地下室以及核5级甲类防空地下室的附壁式出入口，对于其临空墙的厚度是在满足抗力要求的条件下提供的辅助办法。

3.3.17 此条的各项规定都是为了避免常规武器的爆炸破片对防护密闭门的破坏。第1款专指直通式坡道出入口，按其要求只要把通道的中心线适当弯曲或折转，当人员站在通道口的外侧，看不到防护密闭门时，就能够满足"不被（通道口外的）常规武器爆炸破片直接命中"的要求。

3.3.18 由于常规武器爆炸作用的特点，使得乙类防空地下室出入口处防护密闭门的设计压力值与其通道的形式（即指通道有无90°拐弯）和通道长度关系十分密切，因此将确定出入口防护密闭门设计压力值的有关内容，由结构章节转移到建筑的相关章节中（见第3.3.18条）。同时也将确定防护单元连通口的防护密闭门设计压力值的相关内容，由结构转移到建筑章节中。为了从防常规武器的安全考虑，对通道的最小长度作了规定。由于甲类防空地下室还需防核武器，所以防护密闭门的设计压力值受通道的长度影响变化不十分明显，但与通道的拐弯有一定的关系。

乙类防空地下室防护密闭门的设计压力值，是以作用在门上的等效静荷载值相等为原则，将常规武器爆炸产生的压力换算成相同效应的核武器爆炸产生的压力给出的。

常规武器爆炸作用在防护密闭门上的实际压力通常大于表中数值。这么做的目的主要是为了方便建筑设计人员正确选用防护密闭门，同时增强规范的连续性和可操作性。

3.3.21 由于原规范对密闭通道没有具体要求，近期发现有的设计，对战时使用的出入口采用了在一道门框墙的两侧各设一道人防门的做法。这一做法只适用于战时封堵的出入口，并不适用于战时使用的出入口。这一做法会使两道人防门之间的空间太小，形不成"气闸室"（即密闭通道）。而密闭通道的"空间作用"对于防空地下室在隔绝防护时是十分重要的。只有当密闭通道具有足够大的空间时，战时室外的毒剂只有经过"渗透－稀释－再渗透"的过程，才可能进入室内。这其中的一个重要环节是"空间的稀释作用"。当密闭通道具有足够大的空间时，才可能形成明显的稀释。在隔绝防护时间之内其稀释后毒剂的再渗漏，才会使室内的毒剂含量始终处于非致伤浓度之下。因此对密闭通道提出了具体要求。

3.3.22 防毒通道是具有通风换气功能的密闭通道，为了使防毒通道能够形成不断的向外排风，在设有防毒通道的出入口附近必须设有排风口。排风口应该包括扩散室和竖井（或通向室外的通道）。而且在室外染毒情况下有人员通过时，为了防止毒剂进入室内，通道两端的人防门是不允许同时开启的。但由于原规范对防毒通道缺乏明确的要求，近期发现有的工程设计忽视了功能方面的要求，片面地强调提高防毒通道的换气次数，将防毒通道的尺寸确定的过小，以至于通过通道的人员在开启密闭门时，必须同时打开防护密闭门。因此，为了在防护密闭门处于关闭状态条件下，使通道内的人员能够正常地开启密闭门，就需要在密闭门的开启范围之外留出人员的站立位置。

3.3.23 洗消间是用于室外染毒人员在进入室内清洁区之前，进行全身消毒（或清除放射性沾染）的专用房间，由脱衣室、淋浴室和检查穿衣室三个房间组成。其中，脱衣室是供染毒人员脱去防护服及各种染毒衣物的房间。为防止毒剂和放射性灰尘的扩散，染毒衣物需集中密闭存放，因此脱衣室应设有贮存染毒衣物的位置。战时脱衣室污染较严重，为了不影响淋浴人员的安全，本条规定在淋浴室入口（即脱衣室与淋浴室之间）设置一道密闭门。淋浴室是通过淋浴彻底清除有害物的房间。房间中不仅设有一定数量的淋浴器，而且设有同等数量的脸盆，尤其是应该特别注意淋浴器、脸盆的设置一定要避免洗前人员与洗后人员的足迹交叉。检查穿衣室是供洗后人员检查和穿衣的房间，检查穿衣室应设有放置检查设备和清洁衣物的位置。淋浴室的出口（即淋浴室与检查穿衣室之间）设普通门。虽然可能有个别洗消人员没能完全清洗干净，将微量毒剂带入检查穿衣室，但将会通过通风系统的不断向外排风，会将毒剂排到室外。因而在不断通风换气的条件下，虽然在淋浴室与检查穿衣室之间只设一道普通门，但也不会污染检查穿衣室。由于脱衣室染毒的可能性很大，所以其与淋浴室、检查穿衣室之间必须设置密闭隔墙。对于洗消间和两道防毒通道，虽然其各个房间的染毒浓度不同，但均属染毒区。为此要求其墙面、地面均应平整光滑，以利于清洗，而且应该设置地漏。淋浴器和洗脸盆的数量是按照防护单元的建筑面积给出的。

3.3.24 本次规范修订已将防护单元的建筑面积放大到$2000m^2$。目前最大的防护单元大致可以掩蔽1500人左右，其滤毒风量至少要$3000m^3/h$。即使按一个掩蔽300人的（二等人员掩蔽所）防护单元计算，其滤毒新风量应不小于$600m^3/h$。如果按防毒通道净高2.50m，换气次数≥40次/h计算，只要防毒通道面积$\leqslant 6m^2$即可满足换气次数要求。所以本条中"简易洗消宜与防毒通道合并设置"的提法是容易做到的。合并设置的做法更符合战时简易洗消的作业流程，而且也简化了口部设计，方便了施工。

关于简易洗消与防毒通道合并设置的具体要求：①防护密闭门与密闭门之间的人行道的宽度为1.30m，可以满足两个人的通行。②"宽度不小于0.60m"是在简易洗消区中放置洗消设施（如桌子、柜子、水桶等）的基本宽度要求，"面积不小于$2.0m^2$"是放置洗消设施的最小的面积要求。

3.3.26 电梯主要是为平时服务的，由于战时的供电不能保证，而且在空袭中电梯也容易遭到破坏，故防空地下室战时不考虑使用电梯。如因平时使用需要，地面建筑的电梯直通地下室时，为确保防空地下室的战时安全，故要求电梯间应设在防空地下室的防护区之外。

3.4 通风口、水电口

3.4.1 从各地工程实践可以证明，如果平时进风口放在出入口通道中（或楼梯间）时，容易形成通风短路，室内的新风量不易保证。实践经验还说明，在南方地区的夏季通风会使出入口通道产生结露，而在北方地区的冬季通风会使出入口通道（或楼梯间）的温度明显降低。目前所建的防空地下室已经比较重视平时的开发利用，往往其平时的通风量与战时的通风量相差较大，有的通风方式也有所不同，故平时进风口宜单独设置。另外，从各地使用情况看，平时排风口若与出入口结合设置，会严重影响出入口通道的空气质量。在战时通风中，由于清洁通风的时间最长，在室外未染毒的情况下，人员进出频繁，若门扇经常开启，室内新风量也不容易保证。所以不论是平时通风口，还是战时通风口，本条均提出"宜在室外单独设置"。

3.4.3 医疗救护工程、专业队队员掩蔽部、人员掩蔽工程、食品站、生产车间以及柴油电站等防空地下室的室内战时有大量的人员休息或工作，因此要求不间断通风，所以其进风口、排风口、柴油机排烟口一般都处于开启状态。为了防止核爆炸（或常规武器爆炸）冲击波的破坏作用，均应采用消波设施。

3.4.4 人防物资库和专业队装备掩蔽部、人防汽车库等防空地下室是战时以掩蔽物资、装备为主的工程，有的室内有少量值班人员，有的室内无人。因此此种工程在空袭时可暂停通风。其进风口、排风口可在空袭前采用关闭防护密闭门的防护措施。由于人防物资库和专业队装备掩蔽部、人防汽车库的防毒要求不同，所以设置的门的数量不同。

3.4.5 在室外染毒的情况下，洗消间、简易洗消间和防毒通道等都要求能够通风换气，并把污染空气排至室外。因而要求洗消间、简易洗消间和防毒通道要结合排风口设置。又因为洗消间，简易洗消间和防毒通道等应设在战时主要出入口，所以排风口要设在作为战时主要出入口的室外出入口。此时最好是在室外单独设置进风口。如确实没有条件，二等人员掩蔽所的战时进风口也可以设在室内出入口。正如第3.3.3条说明所述，在核5级及以下的防空地下室的附近，钢筋混凝土结构和抗震型砖混结构的上部建筑，其主结构一般不会完全倒塌，因此设在室内出入口的进风口还不至于完全被堵塞。但为安全起见，本条规定只要进风口设在室内，就应采取相应的防堵塞措施。

3.4.6 要求悬板活门嵌入墙内，是根据悬板活门的工作性能决定的。悬板活门是依靠冲击波的能量在短暂时间内自动关闭的设备。为了保证在冲击波到达时能使悬板活门迅速地关闭，从而要求悬板活门必须嵌入墙内，并应满足嵌入深度的要求。

3.4.7 为了方便设计人员的使用，按照本规范附录F的有关规定，经过大量计算和综合工作，规范附录A给出了可供直接选用的表格。但需说明原规范中规定的消波系统的允许余压值，是按照设备的允许余压确定的，并没有考虑室内人员能够承受的压力大小。在《核武器的杀伤破坏作用与防护》（1976年国防科委）一书第44页的冲击波损伤中写明："冲击波超压为0.02~0.03MPa时，会造成人员的轻度冲击伤，其中听器损伤（鼓膜破裂、穿孔）和体表擦伤，但不会影响战斗力；冲击波超压为0.03~0.06MPa时，会造成人员的中度冲击伤，其中明显听器损伤（听骨骨折、鼓室出血），肺轻度出血、水肿，脑振荡，软组织挫伤和单纯脱臼等，会明显影响战斗力"。另外在《核袭击民防手册》(1982年原子能出版社）一书的第29页写到"虽然鼓膜穿孔需要0.140MPa，但是在0.035MPa那样低的超压下也有过耳膜破坏的记录"。由此可见，按照低标准要求，超压0.03MPa是人员能够承受的明显界限。如果超过0.03MPa会给人员造成严重的伤害。于是人员的允许余压一般都小于设备的允许余压（如排风口和无滤毒通风的进风口按0.05MPa)。因此只考虑设备的允许余压，不考虑人员的允许余压是不妥当的。此次修订（附录E消波系统）的条文规定消波系统的允许余压值，不论进风口，还是排风口均按防空地下室的室内有、无人员确定。并规定室内有人员的（如医疗救护工程、人员掩蔽工程、专业队队员掩蔽部、物资库等）防空地下室各通风口的扩散室允许余压均按0.03Mpa；室内没有人员的（如电站发电机房）防空地下室各通风口的扩散室允许余压均按0.05Mpa。

3.4.8 在乙类防空地下室和核6级、核6B级甲类防空地下室设计中，为简化口部设计，节省空间，方便施工，降低造价，又能保证战时的防护安全，本条规定用钢板制作的扩散箱代替钢筋混凝土的扩散室。扩散箱的大小是根据本规范附录F的要求确定的。经过模爆试验和技术鉴定确认，钢制扩散箱是有效的、可靠的。为了方便平时使用，本条规定可以预留扩散箱位置，临战时再行安装。

3.4.9 战时因更换过滤吸收器，滤毒室可能染毒，所以滤毒室应该设在染毒区。为在更换过滤吸收器时不影响清洁区，而且方便操作人员进出，故要求滤毒室的门要设在既能通往地面，又能通往室内清洁区的密闭通道（或防毒通道）内。并应注意到：滤毒室应邻近进风口；滤毒室宜分别与扩散室、进风机室相邻。同样为了方便操作，进风机室应该设在清洁区。

3.4.10 在遭到化学袭击的一段时间过后，当室外染毒的浓度下降到允许浓度后，为了对主要出入口和进风口进行洗消，本条规定在主要出入口防护密闭门外以及进风口竖井内设置洗消污水集水坑，以便用来汇集洗消的污水。集水坑可按战时使用手动排水设施（或移动式电动排水设备）排水的标准设计。当因平时的需要口部已经设有集水坑时，战时可不再设置。

3.5 辅助房间

3.5.1 由于专业队队员掩蔽部、人员掩蔽工程和配套工程的战时用水，一般靠内部贮水（不设内部水源），而且战时一般也没有可靠的电源。按规定内部贮水只考虑饮用水和少量生活用水，不包括厕所用水。因此，本条规定上述两类工程宜设干厕。所以即使因平时使用需要，设置水冲厕所时，也应根据掩蔽人数或战时使用人数留出战时所需干厕（便桶）的位置。同时还应注意到，战时因人员较多，所需的便桶数量较平时的厕所蹲位数一般要多的情况。厕所位置靠近排风系统末端处，有利于厕所污秽气体的排除，以免使其外溢而影响室内空气清洁。一般来说，厕所蹲位多于三个时宜设前室或由盥洗室穿入。

3.6 柴油电站

3.6.3 移动电站采用的是移动式柴油发电机组，一般是在临战时才安装。所以移动电站应该设有一个能通往室外地面的机组运输口，此条只规定应设有"通至"室外地面的出入口。因此当设"直通"室外地面的出入口有困难时，可以由室内口运输柴油发电机组。

3.7 防护功能平战转换

3.7.3 本条是依据现行《战技要求》的有关规定，并参照《转换设计标准》中的相关规定，对于在防护密闭隔墙上开设平时通行口的问题作了较具体的规定。

3.7.4 在本次修订过程中，依据现行《战技要求》的有关规定，并参照《转换设计标准》中的规定，对由于平时需要在防护密闭楼板上开洞的问题作了较具体的规定。

3.7.5 在《转换设计标准》中对平时出入口的设置数量作了严格的限制。我们认为首先应该严格区分封堵方法，然后对不同的封堵方法作不同的限制。如对平时出入口采用预制构件进行封堵的做法，将会给临战时带来巨大的工作量，应该严格控制。但是，对平时出入口采用以防护密闭门为主进行封堵的做法，却不必作过于苛刻的限制。因为以防护密闭门为主进行封堵的做法，战时的防护容易落实，也不会给临战时造成太大的工作量。而在防空地下室设计中，情况往往十分复杂，由于消防的疏散距离等方面的要求，有时平时出入口的数量很难限制在2个以下。因此本条对采用预制构件封堵的平时出入口设置从严，而对以防护密闭门为主封堵的平时出入口采取从宽的规定。

3.8 防　水

3.8.3 上部建筑范围内的防空地下室顶板的防水一般是容易忽视的。为保证防空地下室的整体密闭性能，防空地下室顶板的防水十分重要。

3.9 内部装修

3.9.3 在冲击波作用下会引起防空地下室顶板的强烈振动，为了避免因振动使抹灰层脱落而砸伤室内人员，故本条规定顶板不应抹灰。平时设置吊顶时，龙骨应该固定牢固，饰面板应采用便于拆卸的，以便于临战时拆除吊顶饰面板。

4 结　　构

4.1 一 般 规 定

4.1.1 与普通地下室相比，防空地下室结构设计的主要特点是要考虑战时规定武器爆炸动荷载的作用。常规武器爆炸动荷载和核武器爆炸动荷载均属于偶然性荷载，具有量值大、作用时间短且不断衰减等特点。暴露于空气中的防空地下室结构构件，如高出地面不覆土的外墙、不覆土的顶板、口部防护密闭门及门框墙、临空墙等部位直接承受空气冲击波的作用。其它埋入土中的围护结构构件，如有覆土顶板、土中外墙及底板等，则直接承受土中压缩波的作用。此外，防空地下室内部的墙、柱等构件则间接承受围护结构及上部结构动荷载作用。

防空地下室的结构布置，必须考虑地面建筑结构体系。墙、柱等承重结构，应尽量与地面建筑物的承重结构相互对应，以使地面建筑物的荷载通过防空地下室的承重结构直接传递到地基上。

防空地下室的结构选型包括结构类别和结构体系的选择。结构类别一般可分为砌体结构和钢筋混凝土结构两种。当上部建筑为砌体结构，防空地下室抗力级别较低且地下水位也较低时，防空地下室可采用砌体结构。防空地下室钢筋混凝土结构体系常采用梁板结构、板柱结构以及箱型结构等，当柱网尺寸较大时，也可采用双向密肋楼盖结构、现浇空心楼盖结构。

目前在防空地下室中采用的预制装配整体式构件有叠合板、钢管混凝土柱及螺旋筋套管混凝土柱等。其它预制装配式构件，如有充分试验依据，也可逐步用于防空地下室。

4.1.2 设计使用年限是防空地下室结构设计的重要依据。设计使用年限是设计规定的一个时期，在这一规定的时期内，只需进行正常的维护而不需进行大修就能按预期目的使用，完成预定的功能，即建筑物在正常设计、正常施工、正常使用和维护下所应达到的使用年限。防空地下室结构在规定的设计使用年限内，除了满足平时使用功能要求外，甲类防空地下室应满足“能够承受常规武器爆炸动荷载和核武器爆炸动荷载的分别作用”的战时防护功能要求；乙类防空地下室应满足“能够承受常规武器爆炸动荷载作用”的战时防护功能要求。

4.1.3 现行《人民防空工程战术技术要求》将人民防空工程按可能受到的空袭威胁划分为甲、乙两类：甲类工程防核武器、常规武器、化学武器、生物武器袭击；乙类工程防常规武器、化学武器、生物武器的袭击。根据上述要求，本条提出甲类防空地下室结构应能承受常规武器爆炸动荷载和核武器爆炸动荷载的分别作用，乙类防空地下室结构应能承受常规武器爆炸动荷载的作用。另外，无论是常规武器，还是核武器，设计时均只考虑一次作用。对于甲类防空地下室结构，取其中最不利情况进行设计计算，不需叠加。

4.1.4 本条是在确定设计标准的前提下，考虑到防空地下室结构各部位作用的荷载值不同、破坏形态不同以及安全储备不同等因素，为防止由于存在个别薄弱环节致使整个结构抗力明显降低而提出的一条重要设计原则。所谓抗力相协调即在规定的动荷载作用下，保证结构各部位（如出入口和主体结构）都能正常地工作。

4.1.5 本条规定在常规武器爆炸动荷载或核武器爆炸动荷载作用下，结构动力分析一般采用等效静荷载法，是从防空地下室结构设计所需精度及尽可能简化设计考虑。

由于在动荷载作用下，结构构件振型与相应静荷载作用下挠曲线很相近，且动荷载作用下结构构件的破坏规律与相应静荷载作用下破坏规律基本一致，所以在动力分析时，可将结构构件简化为单自由度体系。运用结构动力学中对单自由度集中质量等效体系分析的结果，可获得相应的动力系数，用动力系数乘以动荷载峰值得到等效静荷载。等效静荷载法规定结构构件在等效静荷载作用下的各项内力（如弯矩、剪力、轴力）就是动荷载作用下相应内力最大值，这样即可把动荷载视为静荷载。由于等效静荷载法可以利用各种现成图表，按照结构静力分析计算的模式来代替动力分析，所以给防空地下室结构设计带来很大方便。

试验结果与理论分析表明，对于一般防空地下室结构在动力分析中采用等效静荷载法除了剪力（支座反力）误差相对较大外，不会造成设计上明显不合理，因而是能够保证战时防护功能要求的。对于特殊结构也可按有限自由度体系采用结构动力学方法，直接求出结构内力。

4.1.6 本条是针对动荷载特点，以及人防工程在遭受袭击后的使用要求提出的。

在动荷载作用下结构变形极限，本规范第4.6.2条规定用允许延性比控制。由于在确定各种结构构件允许延性比时，已考虑了对变形的限制和防护密闭要求，因而在结构计算中不必再单独进行结构变形和裂缝开展的验算。

由于在试验中，不论整体基础还是独立基础，均未发现其地基有剪切或滑动破坏的情况。因此，本条规定可不验算地基的承载力和变形。但对自防空地下室引出的各种刚性管道，应采取能适应由于地基瞬间变形引起结构位移的措施，如采用柔性接头。

4.1.7 由于防空地下室平时与战时的使用要求有时会出现矛盾，因此设计中如何既能满足战时要求又能满足平时要求，常会遇到困难。为较好地解决这一矛盾，本条提出可采用“平战转换设计”这一设计方法。其基本思路是：在设计中对防空地下室的某些部位（如专供平时使用的较大出入口），可以根据平时使用需要进行设计，但与此同时，设计中也考虑了满足战时防护要求所必需的平战转换措施（包括转换的部位，如何适应转换后结构支承条件的变化及如何在规定的转换时间内实施全部转换工作的具体措施）。通过这种设计，防空地下室既能充分地满足平时使用需要，又能通过临战时实施平战转换达到战时各项防护要求。但这种做法只能在抗力级别较低，防空地下室平时往往作为公共设施的情况下使用，故在本条规定中提出限于乙类防空地下室和核5级、核6级、核6B级甲类防空地下室采用。

4.1.8 多层或高层地面建筑的防空地下室结构，是整个建筑结构体系的一部分，其结构设计既要满足平时使用的结构要求，又要满足战时作为规定设防类别和级别的防护结构要求，即防空地下室结构设计应同时满足平时和战时二种不同荷载效应组合的要求。因此，规定在设计中应取其控制条件作为防空地下室结构设计的依据。

4.2 材　　料

4.2.1 防空地下室结构材料应根据使用要求、上部建筑结构类型和当地条件，采用坚固耐久、耐腐蚀和符合防火要求的建筑材料。

本条提出在地下水位以下或有盐碱腐蚀时外墙不宜采用砖砌体，是考虑到砖外墙长期在地下水位以下或有盐碱腐蚀的土中会造成表面剥落，腐蚀较快，不能保持应有的强度。但从调查中确也发现，在同样条件下，有少量工程由于材料及施工质量较好等原因，经过数十年时间考验至今仍然完好。因此在有可靠技术措施条件下，为降低造价外墙采用砖砌体也非绝对不可。但在一般情况下，为确保工程质量，还是尽可能不用砖砌体作外墙为好。

4.2.2 对防空地下室中钢筋混凝土结构构件来说，处于屈服后开裂状态仍属正常的工作状态，这点与静力作用下结构构件所处的状态有很大不同。冷轧带肋钢筋、冷拉钢筋等经冷加工处理的钢筋伸长率低，塑性变形能力差，延性不好，故本条规定不得采用。

4.2.3 表 4.2.3 给出的材料强度综合调整系数是考虑了普通工业与民用建筑规范中材料分项系数、材料在快速加载作用下的动力强度提高系数和对防空地下室结构构件进行可靠度分析后综合确定的，故称为材料强度综合调整系数。

本规范在确定材料动力强度提高系数时，取与结构构件达到最大弹性变形时间为 50ms 时对应的一组材料动力强度提高系数。

同一材料在不同受力状态下可取同一材料强度提高系数。试验表明：在快速变形下，受压钢筋强度提高系数与受拉钢筋相一致。混凝土受拉强度提高系数虽然比受压时大，但考虑龄期影响，混凝土后期受拉强度比受压强度提高的要少，二者综合考虑，混凝土受拉、受压可取同一材料强度提高系数。钢筋混凝土构件受弯时材料强度的提高，可看成混凝土受压和钢筋受拉强度的提高；受剪时材料强度的提高，可看成混凝土受拉或受压强度的提高。砌体材料因缺乏完整试验资料，近似参考砖砌体受压强度提高系数取值。钢材的材料强度提高系数是参照钢筋的材料强度提高系数给出。

由于混凝土强度提高系数中考虑了龄期效应的因素，其提高系数为 1.2～1.3，故对不应考虑后期强度提高的混凝土如蒸气养护或掺入早强剂的混凝土应乘以 0.9 折减系数。

根据对钢筋、混凝土及砖砌体的试验，材料或构件初始静应力即使高达屈服强度的 65%～70%，也不影响动荷载作用下材料动力强度提高的比值，因此在动荷载与静荷载同时作用下材料动力强度提高系数可取同一数值。

4.2.4 试验证明，动荷载作用下钢筋弹性模量与静荷载作用下相同；混凝土和砌体弹性模量是静荷载作用下的 1.2 倍。

4.3 常规武器地面爆炸空气冲击波、土中压缩波参数

4.3.1 根据现行《人民防空工程战术技术要求》，防常规武器抗力级别为 5、6 级的防空地下室按常规武器非直接命中的地面爆炸作用设计。由于常规武器爆心距防空地下室外墙及出入口有一定的距离，其爆炸对防空地下室结构主要产生整体破坏效应。因此，防空地下室防常规武器作用应按防常规武器的整体破坏效应进行设计，可不考虑常规武器的局部破坏作用。

4.3.2 常规武器地面爆炸产生的空气冲击波与核武器爆炸空气冲击波相比，其正相作用时间较短，一般仅数毫秒或数十毫秒，往往小于结构发生最大动变位所需的时间，且其升压时间极短。因此在结构计算时，可按等冲量原则将常规武器地面爆炸产生的空气冲击波波形简化为突加三角形，以方便进行结构动力分析。

4.3.3 常规武器地面爆炸在土中产生的压缩波在向地下传播时，随着传播距离的增加，陡峭的波阵面逐渐变成有一定升压时间的压力波，其作用时间也不断加大。因此，为便于计算，可将土中压缩波波形按等冲量原则简化为有升压时间的三角形。

4.3.4 对于防空地下室，由于上部建筑的存在，地面爆炸产生的空气冲击波需穿过上部建筑的外墙、门窗洞口作用到防空地下室顶板和室内出入口。在空气冲击波传播过程中，上部建筑外墙、门窗洞口对空气冲击波产生一定的削弱作用。故当符合条文中规定的条件时，可考虑上部建筑对作用在防空地下室顶板和室内出入口荷载的影响，将空气冲击波最大超压乘以 0.8 的折减系数。

4.3.5 防空地下室结构构件在常规武器爆炸动荷载作用下，动力分析采用等效静荷载法既保证了一定的设计精度，又简化了设计。一般来说，常规武器爆炸作用在防空地下室结构构件上的动荷载是不均匀的，而若采用等效静荷载法，必须是一均布荷载。因此，必须对作用在防空地下室结构构件上的常规武器爆炸动荷载进行均布化处理，具体的均布化处理和动荷载计算方法见本规范附录 B。

4.4 核武器爆炸地面空气冲击波、土中压缩波参数

4.4.1 为便于利用现成图表和公式进行动力分析，通常需要将荷载曲线简化成线性衰减等效波形。所谓等效，主要是保证将实际荷载曲线简化为线性衰减波形后能产生相等的最大位移。对于一次作用的脉冲荷载，只需对达到最大位移时间前那段荷载曲线作出简化，而在此以后的曲线变化并不重要。由于防空地下室结构在核武器爆炸冲击波荷载作用下，其最大变位往往发生在超压时程曲线早期，因此按与曲线面积大体相等，且形状也尽可能接近的原则，经推导简化后得出在峰值压力处按切线简化的三角形波形。

地面空气冲击波参数与核武器当量和爆炸高度有关。本次修订由于核武器当量和比例爆高作了适当调整，表 4.4.1 中设计参数与原规范有所差别。

4.4.2 土中压缩波可简化为有升压时间平台形荷载，是因为土中压缩波作用时间往往比结构达到最大变位时间长十几倍到几十倍，所以简化成有升压时间的平台形荷载后，其误差尚在允许范围内，且可明显简化计算。

4.4.3 由于岩土仅在很低压力下才呈弹性，加之塑性波速与众多因素有关而难以准确确定，因此在土性参数计算中采用起始压力波速和峰值压力波速。其值系通过土性试验作出土侧限应力—应变关系曲线，然后经计算确定自由场压缩波传播规律，最后综合考虑升压过程中应力起跳时间和峰值压力到达时间以及深度等因素后确定。

通过计算比较，当 $h \leqslant 1.5\text{m}$ 时峰值压力仅衰减 2% 左右，因此当 $h \leqslant 1.5\text{m}$ 时，可不考虑峰值压力的衰减。

4.4.4 关于墙体材料，按相当于一般砖砌体的强度作为考虑对冲击波波形影响的条件。故对采用石棉板、矿碴板等轻质材料的墙体以不考虑其对冲击波的影响为宜；对预制混凝土大板的墙体，一般可视同砖墙，可考虑其对冲击波波形的影响。

对核 4 级和核 4B 级防空地下室，由于缺乏试验资料，暂不考虑上部建筑对冲击波波形的影响。

4.4.7 根据国外资料，对上部建筑为钢筋混凝土承重墙结构，当地面超压为 0.2N/mm^2 以上时才倒塌；对抗震的砌体结构（包括框架结构中填充墙），当地面超压为 0.07N/mm^2 左右才倒塌。考虑到在预定冲击波地面超压作用下，上部建筑物不倒塌，或不立即倒塌，必然会使冲击波产生反射、环流等效应，因此对防空地下室迎爆面的土中外墙动荷载将有所影响。由于这方面试验资料不足，本条在参考国外有关规定的基础上，对于上述条件下的地面空气冲击波最大压力予以适当提高。

4.5 核武器爆炸动荷载

4.5.1 对全埋式防空地下室，考虑到空气冲击波的传播速度一般比土中压缩波传播速度快，因而土中压缩波的波阵面与地表之间夹角比较小，可近似将土中压缩波看成是垂直向下传播的一维波。又由于防空地下室尺寸相对于压缩波波长较小，因而可进一步假定按同时均匀作用于结构各部位设计。

对顶板底面高出室外地面的防空地下室，迎爆面高出地面的外墙将首先受到空气冲击波作用。考虑到从迎爆面的外墙开始受荷到背面墙受荷，会有一定的时间间隔，且背面墙上所受荷载要比迎爆面小，为简化计算，本条规定仅对高出地面的外墙考虑迎爆面单面受荷。另外由于空气冲击波的实际作用方向不确定，所

以设计时应考虑四周高出地面的外墙均可能成为迎爆面。

4.5.3 对于覆土厚度大于或等于不利覆土厚度的综合反射系数 K 值，主要是考虑了不动刚体反射系数、结构刚体位移影响系数以及结构变形影响系数后得出的。另外，研究结果表明：土中小变形结构的顶部荷载，一维效应起主导作用，二维效应影响甚微，即结构外轮廓尺寸的大小对 K 值的影响很小。故本规范不考虑二维效应这一影响因素。

关于饱和土中压缩波的传播及饱和土中结构动荷载作用规律的分析研究，目前可供应用的资料有限，现根据已进行过的少量核武器爆炸、化爆和室内模爆试验结果，提出了较为粗略的估算方法。

原苏联Γ.M. 梁霍夫的研究结果认为，当压力 P 小于某一压力值［P_0］时，饱和土的受力机制类似非饱和土（土骨架承力）；当压力 P 大于［P_0］时，饱和土呈现它特有的受力机制（主要是空气和水介质的压缩承力），［P_0］值取决于含气量 α_1，见表 4－1：

表 4－1　［P_0］与 α_1 关系表

α_1	0.05～0.04	0.03～0.02	0.01～0.005	<0.005
［P_0］（0.1N/mm²）	10～8	6～3	2～1	0

由此提出界限压力［P_0］$=20\alpha_1$（N/mm²）。

另外对含气量 $\alpha_1=4.4\%$ 的淤泥质饱和土进行的室内试验表明，在小于 0.6N/mm² 压力的作用下，土中压力随着深度的增加，升压时间增长，峰值压力减小，遇不动障碍有反射。由于结构位移较大，所以结构上的压力接近自由场压力，即综合反射系数较小，呈现出非饱和土性质。考虑到含气量 α_1 的量测有误差，所以规定地表超压峰值 $\Delta P_m \leqslant 16\alpha_1$ 时，综合反射系数按非饱和土考虑。

当含气量 $\alpha_1=3\%\sim4\%$，在相当于核 5 级时的饱和土侧限压缩试验中，应力-应变曲线呈应变硬化性质。为此，有关单位曾对应变硬化性的介质（密实粗砂）做过系统的一维波传播和遇不动刚体反射试验。试验结果表明：压缩波峰值压力不衰减，不动刚壁反射系数 $k=2.0\sim2.6$。Γ.M. 梁霍夫在其化爆试验中曾指出，当水中冲击波在湖泊底部反射且底部为不动障碍时，其 $k=2\sim2.04$。考虑到应变硬化介质中传播的是击波，所以结构按不动刚体考虑，土性按线弹性介质考虑，取综合反射系数 $K=2.0$。

4.5.4 由于土中压缩波随传播距离的增加峰值压力减小，升压时间增长，其效果是随深度的增加结构的动力作用逐渐降低。另一方面，当压缩波遇到结构顶板时，将会产生反射压缩波并朝反向传播，当它到达自由地表面时，因地表无阻挡面使土体趋向疏松，形成向下传播的拉伸波。拉伸波所到之处压力将迅速降低，当拉伸波传到顶板时，顶板压力也将随之减小。如果顶板埋置较深，拉伸波到达时间较晚，在此之前结构顶板可能已达到最大变形，因而拉伸波不能起到卸荷作用；如果顶板埋深很浅，由于拉伸波产生的卸荷作用，将会抵消大部分入射波在顶板上形成的反射作用。根据以上多种影响因素综合考虑，承受压缩波作用的土中浅埋结构，会有一个顶板不利覆土厚度。通过试验分析，其不利覆土厚度的大小，主要与地面超压值、结构自振频率以及结构允许延性比等因素有关。为便于使用，本条给出的不利覆土厚度，是经综合分析后简化得出的。

4.5.5 为与表 4.4.3－1 相对应，表 4.5.5 中增加了老粘性土、红粘土、湿陷性黄土、淤泥质土的侧压系数。

4.5.6 当防空地下室顶板底面高出室外地面时，高出地面的外墙将承受空气冲击波直接作用。考虑到地面建筑外墙一般开有孔洞，迎爆面冲击波将产生明显的环流效应，故可近似取反射系数的下限值 2.0。由此可取防空地下室高出室外地面外墙的最大水平均布压力为 $2\Delta P_m$。

4.5.7 作用在结构底板上的核武器爆炸动荷载主要是结构受到顶板动荷载后往下运动从而使地基产生的反力，即结构底部压力由地基反力构成。根据近年来对土中一维压缩波与结构相互作用理论及有限元法分析研究结果，地下水位以上的结构底板底压系数为 0.7～0.8；地下水位以下的结构底板底压系数为 0.8～1.0。

4.5.8 作用在防空地下室出入口通道内临空墙、门框墙上的最大压力值，是按下述考虑确定的。

对顶板荷载考虑上部建筑影响的室内出入口，其需符合的具体条件及入射冲击波参数均按本规范第 4.4.4～4.4.6 条规定确定。根据试验，当入射超压相当于核 5 级左右时，有升压时间的冲击波反射超压不会大于入射超压的二倍。因此，本条取反射系数值等于 2。

对室外竖井、楼梯、穿廊出入口以及顶板荷载不考虑上部建筑影响的室内出入口，其内部临空墙、门框墙的最大压力值均按 $1.98\Delta P_m$（近似取 $2.0\Delta P_m$）计算确定。

对量大面广的核 5 级、核 6 和核 6B 级防空地下室，其室外直通、单向出入口按出入口坡道坡度分为 $\zeta<30°$ 及 $\zeta\geqslant30°$ 两种情况分别确定临空墙最大压力，其中 $\zeta<30°$ 时按正反射公式计算确定，$\zeta\geqslant30°$ 时按激波管试验及有关公式计算后综合分析确定。对核 4 级和核 4B 级的防空地下室，按有一定夹角的有关公式计算确定。

4.5.9 室内出入口在遭受核袭击时，如何防止被上部建筑的倒塌物及邻近建筑的飞散物所堵塞是个很难解决的问题，故在本规范中规定，防空地下室一般以室外出入口作为战时使用的主要出入口。为此，如再考虑将室内出入口内与防空地下室无关的墙或楼梯进行防护加固，不仅加固范围难以确定，而且亦难以保证其不被堵塞，故无实际意义。所以本条规定，对于与防空地下室无关的部位不考虑核武器爆炸动荷载作用。

4.5.10 在核武器爆炸动荷载作用下，室外出入口通道结构既受土中压缩波外压，又受自口部直接进入的冲击波内压，由于二者作用时间不同，很难综合考虑。结合试验成果，本条在保证出入口不致倒塌（一般允许出现裂缝）的前提下，规定出入口结构的封闭段（有顶盖段）及竖井结构仅按外压考虑。这是因为虽然内压一般大于外压，但在内压作用下土中通道结构通常只出现裂缝，不致向通道内侧倒塌而使通道堵塞。对于无顶盖的敞开段通道，试验表明，仅按外部土压和地面堆积物超载设计的结构在核武器爆炸动荷载作用下，没有出现破坏堵塞的情况。因此本条规定敞开段通道不考虑核武器爆炸动荷载作用。

4.5.11 与土直接接触的扩散室顶板、外墙及底板与有顶盖的通道结构类似，既受土中压缩波外压，又受自消波系统口部进入的冲击波余压（内压）作用。由于外压和内压作用时间不同，且在内压作用下土中结构通常只出现裂缝，不致向内侧倒塌，故与土直接接触的扩散室顶板、外墙及底板只按承受外压作用考虑。

4.6 结构动力计算

4.6.1 等效静荷载法一般适用于单个构件。然而，防空地下室结构是个多构件体系，如有顶、底板、墙、梁、柱等构件，其中顶、底板与外墙直接受到不同峰值的外加动荷载，内墙、柱、梁等承受上部构件传来的动荷载。由于动荷载作用的时间有先后，动荷载的变化规律也不一致，因此对结构体系进行综合的精确分析是较为困难的，故一般均采用近似方法，将它拆成单个构件，每一个构件都按单独的等效体系进行动力分析。各构件之间支座条件应按近于实际支承情况来选取。例如对钢筋混凝土结构，顶板与外墙之间二者刚度相接近，可近似按固端与铰支之间的支座情况考虑。在底板与外墙之间，由于二者刚度相差较大，在计算外墙时可视作固定端。

对通道或其它简单、规则的结构，也可近似作为一个整体构件按等效静荷载法进行动力计算。

4.6.2 结构构件的允许延性比［β］，系指构件允许出现的最大变位与弹性极限变位的比值。显然，当［β］$\leqslant 1$时，结构处于弹性工作阶段；当［β］>1时，构件处于弹塑性工作阶段。因此允许延性比虽然不完全反映结构构件的强度、挠度及裂缝等情况，但与这三者都有密切的关系，且能直接表明结构构件所处极限状态。根据试验资料，用允许延性比表示结构构件的工作状态，既简单适用，又比较合理，故本次规范修订时仍沿用按允许延性比表示结构构件工作状态。

结构构件的允许延性比，主要与结构构件的材料、受力特征及使用要求有关。如结构构件具有较大的允许延性比，则能较多地吸收动能，对于抵抗动荷载是十分有利的。本条确定在核武器爆炸动荷载作用下结构构件允许延性比［β］值时，主要参考了以下资料：

1 试验研究成果：

1） 砖砌体和混凝土轴心受压构件的设计延性比可取1.1～1.3；

2） 钢筋混凝土构件的设计延性比，一般可按表4－2取用。

表4－2 **钢筋混凝土构件的设计延性比**

使用要求	构件受力状态			
	受弯	大偏压	小偏压	轴心受压
无明显残余变形	1.5	1.5	1.3～1.5	1.1～1.3
一般防水防毒要求	3	1.5～3	1.3～1.5	1.1～1.3
无密闭及变形控制要求	3～5	1.5～3	1.3～1.5	1.1～1.3

2 有关规定：

1） 当$\beta=1$时，钢筋应力不大于计算应力，结构无残余变形；

2） 当$\beta=2\sim3$时，受拉区混凝土出现微细裂缝，但观察不到穿透裂缝，仍保持结构的承载力和气密性；

3） 当$\beta=4\sim5$时，用于不要求保持气密性和密闭性的防护建筑外墙；

3 《人民防空工程设计资料》提出：

1） 对于不要求保持密闭性的人防工事取延性比为4～5；

2） 对于要求保持密闭性的人防工事取延性比为2～3；

4 《防护结构设计原理和方法》（《美国空军手册》）推荐使用延性系数值为：

1） 对于较脆性的结构，取1～3；

2） 对于中等脆性的结构，取2～3；

3） 对于完全柔性的结构，取10～20。

综合上述资料，本条规定在核武器爆炸动荷载作用下，结构构件的允许延性比［β］按表4.6.2取值。

由于防空地下室不考虑常规武器的直接命中，只按防非直接命中的地面爆炸作用设计，常规武器爆炸动荷载对结构构件往往只产生局部作用；又由于常规武器爆炸动荷载作用时间较短（相对于核武器爆炸动荷载），易使结构构件产生变形回弹，故本条规定在常规武器爆炸动荷载作用下，结构构件允许延性比可比核武器爆炸作用时取的大一些，以充分发挥结构材料的塑性性能，更多地吸收爆炸能量。

4.6.5 本条给出的动力系数计算公式是将结构构件简化为等效单自由度体系，进行无阻尼弹塑性体系强迫振动的动力分析得出的。

当核武器爆炸动荷载波形为无升压时间的三角形时，由于其有效正压作用时间远大于结构构件达到最大变位的时间，因此其等效作用时间可进一步近似取为无穷大，即可看成突加平台形荷载。在突加平台形荷载作用下，动力系数仅与结构构件允许延性比有关，而与结构的其它特性无关。

当核武器爆炸动荷载的波形为有升压时间平台形时，按下式进行计算，并取其包络线，得出对应各种不同［β］值的K_d值：

$$K_d=\frac{[\beta]\left\{1+\sqrt{1-\frac{1}{[\beta]^2}\left(2[\beta]-1\right)\left(1-\varepsilon^2\right)}\right\}}{2[\beta]-1}$$

式中 $\varepsilon=\dfrac{\sin\dfrac{\omega t_0}{2}}{\omega t_0/2}$

对于一般钢筋混凝土受弯或大偏心受压构件，按上式求得的K_d值可能小于1.05，从偏于安全考虑，取$K_d\geqslant1.05$。为方便设计，该动力系数以表格形式给出。

4.6.6 按等效单自由度体系进行结构动力分析时，较为重要的问题是正确选择振型。在强迫振动下哪一种主振型占主要成分与动载的分布形式有很大关系，一般来说与以动载作为静载作用时的挠曲线相接近的主振型起着主导作用，因此宜取将动载视作静载所产生的静挠曲线形状作为基本振型。通常即使振动形状稍有差别，对动力分析结果并不会产生明显影响。为了简化计算，也可挑选一个与静挠曲线形状相近的主振型作为假定基本振型，如对均布荷载下简支梁可取第一振型，对三跨等跨连续梁可取第三振型。

由于本规范在动荷载确定中已考虑了土与结构的相互作用影响，所以在计算土中结构自振频率时，不再考虑覆土附加质量的影响。

4.6.7 作用在结构底板上的动荷载主要是结构受到顶板动荷载后往下运动使地基产生的反力。由于底板动荷载升压时间较长，故其动力系数可取1.0。

扩散室与防空地下室内部房间相邻的临空墙只承受消波系统的余压作用，临空墙的允许延性比取1.5，按公式（4.6.5－4）计算动力系数为1.5。考虑到扩散室的扩散作用，动力效应降低，动力系数乘以0.85的折减系数后取1.3。

4.7 常规武器爆炸动荷载作用下结构等效静荷载

4.7.2 对于防空地下室顶板的等效静荷载标准值：

本条第1款及表4.7.2计算采用的有关条件为：顶板材料为钢筋混凝土，混凝土强度等级为C25；按弹塑性工作阶段计算，允许延性比［β］取4.0；顶板四边按固支考虑；板厚对常6级取200～300mm，对常5级取250～400mm；板短边净跨取4～5m。括号内的数值是根据本规范第4.3.4条的规定，考虑上部建筑影响乘以0.8的折减系数后得到的。

常规武器地面爆炸时，防空地下室顶板主要承受空气冲击波感生的地冲击作用。一般来说，距常规武器爆心越远，顶板上受到的动荷载越小。另外，结构顶板区格跨度不同时，其等效静荷载值也不一样。为便于设计，本规范对同一覆土厚度不同区格跨度顶板的等效静荷载取单一数值。

相关试验和数值模拟研究表明：常规武器爆炸空气冲击波在松散软土等非饱和土中传播时衰减非常快。根据本规范附录B的公式计算可以确定：当防空地下室顶板覆土厚度对于常5级、常6级分别大于2.5m、1.5m时，动荷载值相对较小，顶板设计通常由平时荷载效应组合控制，故此时顶板可不计入常规武器地面爆炸产生的等效静荷载。

当防空地下室设在地下二层及以下各层时，根据本条第1款的规定以及常规武器爆炸空气冲击波衰减快的特点，经综合分析，此时作用在防空地下室顶板上的常规武器地面爆炸产生的等效静荷载值很小，可忽略不计。

4.7.3 对于防空地下室外墙的等效静荷载标准值：

常规武器地面爆炸时，防空地下室土中外墙主要承受直接地冲击作用。表4.7.3计算中采用的有关条件如下：

砌体外墙：采用砖砌体，净高按2.6～3m，墙体厚度取490mm，允许延性比［β］取1.0。

钢筋混凝土外墙：考虑单向受力与双向受力二种情况；净高按h≤5.0m；墙厚对常6级取250～350mm，对常5级取300～400mm；混凝土强度等级取C25～C40；按弹塑性工作阶段计算，允许延性比［β］取3.0。

当常6级、常5级防空地下室顶板底面高出室外地面时，高出地面的外墙承受常规武器爆炸空气冲击波的直接作用。此时外墙按弹塑性工作阶段计算，允许延性比［β］取3.0。

4.7.4 作用到结构底板上的常规武器爆炸动荷载主要是结构顶板受到动荷载后向下运动所产生的地基反力。在常规武器非直接命中地面爆炸产生的压缩波作用下，防空地下室顶板的受爆区域通常是局部的，因此作用到防空地下室底板上的均布动荷载较小。对于常5级、常6级防空地下室，底板设计多不由常规武器爆炸动荷载作用组合控制，可不计入常规武器地面爆炸产生的等效静荷载。

4.7.5 常规武器地面爆炸直接作用在门框墙上的等效静荷载是由作用在其上的动荷载峰值乘以相应的动力系数后得出的。这里的动力系数按允许延性比［β］等于2.0计算确定。这是由于常规武器爆炸动荷载与核武器爆炸动荷载相比，其作用时间要短得多，结构构件在常规武器爆炸动荷载作用下的允许延性比可取的大一些。

直接作用在门框墙上的动荷载主要是根据现行《国防工程设计规范》中有关公式计算确定的。该组公式是依据现场化爆试验、室内击波管试验，并结合理论分析提出的。其考虑因素比较全面，如考虑了冲击波传播方向与通道轴线的夹角、坡道的坡度角、通道拐弯、通道长度以及通道截面尺寸等因素的影响。相对于核武器爆炸空气冲击波，常规武器爆炸产生的空气冲击波在通道中传播时衰减较快。无论是直通式，还是单向式，通道截面尺寸越大，防护密闭门前距离越长，作用在防护密闭门上的动荷载越小。

根据防空地下室室外出入口的特点，出入口通道等效直径往往难以确定，以致于无法按公式计算荷载，此时以出入口宽度来区分通道大小比较符合实际情况。一般车道宽度不小于3.0m，因此，以出入口宽度等于3.0m为分界线划分大小两种通道。根据上述公式可计算出直通式、单向式及竖井、楼梯、穿廊式出入口不同通道宽度、不同距离处门框墙上的等效静荷载标准值。直通式、单向式出入口按坡道坡度ζ分为$\zeta<30°$及$\zeta\geqslant30°$两种情况计算，其中$\zeta\geqslant30°$时按夹角等于30°的有关公式计算，$\zeta<30°$时按夹角等于0°的有关公式计算，竖井、楼梯、穿廊式出入口按夹角等于90°的有关公式计算。

表4.7.5－2、表4.7.5－3给出的单扇及双扇平板门反力系数，是门扇按双向平板受力模型经计算得出。由于钢结构门扇是由门扇中的肋梁将作用在门扇上的荷载传递到门框墙上，门扇受力模型明显不同于双向平板，其中钢结构双扇门近似于单向受力，若按本条公式进行门框墙设计偏于不安全。

4.7.6 常规武器爆炸作用到室外出入口临空墙上的等效静荷载标准值按弹塑性工作阶段计算，允许延性比［β］取3.0，计算方法参照门框墙荷载。

4.7.7 常规武器爆炸空气冲击波在传播过程中衰减较快，而室内出入口距爆心的距离相对较远，作用到室内出入口内临空墙、门框墙上的动荷载往往较小。室内出入口距外墙的距离以5.0m为界，是参照本规范第3.3.2条的规定确定的。距外墙的距离不大于5.0m的室内出入口可用作战时主要出入口，作用到出入口内临空墙、门框墙上的等效静荷载标准值经按现行《国防工程设计规范》中夹角等于90°的有关公式计算，且考虑上部建筑影响后得出。

4.7.10 为便于设计计算，本条在确定楼梯间休息平台和楼梯踏步板的等效静荷载时作了如下简化：楼梯休息平台和楼梯踏步板上等效静荷载取值相同，上下梯段取值相同，允许延性比［β］取3.0。

4.8 核武器爆炸动荷载作用下常用结构等效静荷载

4.8.2 表4.8.2计算中采用的有关条件如下：

混凝土强度等级为C25，起始压力波速v_0取200m/s，波速比γ_c取2。顶板四边按固定考虑，板厚按表4－3取值。

表4－3　顶板计算厚度（mm）

防核武器抗力级别	跨度 l_0（m）			
	3.0～4.5	4.5～6.0	6.0～7.5	7.5～9.0
6B	200	200	250	250
6	200	250	250	300
5	300	400	400	500
4B	400	500	500	600
4	400	500	600	700

注：跨度l_0为顶板短边净跨。

4.8.3 表4.8.3计算中采用的有关条件如下：

砌体外墙按砖砌体计算，其净高：核6B级、核6级按2.6～3.2m计算，核5级按2.6～3m计算；墙体厚度取490mm。

钢筋混凝土外墙考虑单向受力与双向受力二种情况。核6B级、核6级时，净高按$h\leqslant5.0$m计算：当$h\leqslant3.4$m时墙厚取250mm，当3.4m＜$h\leqslant4.2$m时墙厚取300mm，当$h>4.2$m时墙厚取350mm；核5级时，净高按$h\leqslant5.0$m计算：当$h<3$m时墙厚取300mm，当3.0m＜$h\leqslant4.0$m时墙厚取350mm，当$h>4.0$m时墙厚取400mm；核4B级时，净高按$h\leqslant3.6$m计算：当$h<2.8$m时墙厚取350mm，当2.8m＜$h\leqslant3.2$m时墙厚取400mm，$h>3.2$m时墙厚取450mm；核4级时，净高按$h\leqslant3.2$m计算：当$h<2.8$m时墙厚取400mm，当2.8m＜$h\leqslant3.2$m时墙厚取450mm。混凝土强度等级：核5级、核6级和核6B级，且$h\leqslant4.2$m时选用C25；其余情况选用C30。

4.8.4 高出地面的外墙承受空气冲击波的直接作用，当按弹塑性工作阶段设计时［β］取2.0，由式（4.6.5－4）可得动力系数$K_d=1.33$。

4.8.5 由于本规范第4.8.15条中已给出带桩基的防空地下室底板的等效静荷载值，故在条文中阐明，在确定防空地下室底板等效静荷载值时，应分清二类不同情况。

表中增加注2，是为了进一步明确无桩基的核5级防空地下室底板荷载的取值。

4.8.6 本条主要是明确防空地下室室外有顶盖的土中通道结构周边等效静荷载取值方法。当通道净跨小于3m时，由于不能直接套用主体结构顶、底板等效静荷载值，为方便使用，对核5级、核6级和核6B级防空地下室，给出表4.8.6－1及表4.8.6－2。表中数值的计算条件为：顶、底板厚250mm，混凝土强度等级C30。

4.8.7 表4.8.7与本规范表4.5.8相对应，由表4.5.8中动荷载值乘以相应的动力系数得出。本条第2款仅适用于钢筋混凝土平板防护密闭门，其理由同本规范第4.7.5条。

4.8.8 出入口临空墙上的等效静荷载标准值，是由作用在其上的最大压力值（见表4.5.8）乘以相应的动力系数后得出。动力系数按下述考虑确定：对核5级、核6级和核6B级防空地下室，其顶板荷载考虑上部建筑影响的室内出入口，超压波形按有升压时间的平台形，升压时间为0.025s，临空墙自振频率一般不小于$200s^{-1}$。对其它出入口，超压波形均按无升压时间波形考虑。

4.8.9 相邻防护单元之间隔墙上荷载的确定，是个比较复杂的问题。当相邻两个单元抗力级别相同时，应考虑某一单元遭受常规武器破坏后，爆炸气浪、弹片及其它飞散物不会波及相邻单元；当相邻两单元抗力级别不同时，还应考虑当低抗力级别防护单元遭受核袭击被破坏时，核武器爆炸冲击波余压对与其相邻的防护单元的影响。

本条取相应冲击波地面超压值作为作用在隔墙（含门框墙）上的等效静荷载值。当相邻两防护单元抗力级别相同时，取地面超压值作为作用在隔墙两侧的等效静荷载标准值；当相邻两防护单元抗力级别不相同时，高抗力级别一侧隔墙取低抗力级别的地面超压值作为等效静荷载标准值；低抗力级别一侧隔墙取高抗力级别的地面超压值作为等效静荷载标准值。

当防空地下室与普通地下室相邻时，冲击波将从普通地下室的楼梯间或窗孔处直接进入，考虑到普通地下室空间较大，冲击波进入后会有一定扩散作用，因此作用在防空地下室与普通地下室相邻隔墙上荷载值会小于室内出入口通道内临空墙上荷载值，本条按减少15%计入，并按此确定作用在毗邻普通地下室一侧隔墙上和门框墙上的等效静荷载值。

4.8.10 防空地下室室外开敞式防倒塌棚架，一般由现浇顶板、顶板梁、钢筋混凝土柱和非承重的脆性围护构件组成。在地面冲击波作用下，围护结构迅速遭受破坏被摧毁，仅剩下开敞式的承重结构。由于开敞式结构的梁、柱截面较小，因此在冲击波荷载作用下可按仅承受水平动压作用。

根据核5级防倒塌棚架试验，矩形截面形状系数可取1.5。又棚架梁、柱可按弹塑性工作阶段设计，允许延性比［β］取3.0可得$K_d=1.2$，根据表4.4.1中动压值可得表4.8.10中水平等效静荷载标准值。

4.8.11 本条主要参照工程兵三所对二层室外楼梯间按核5级人防荷载所作核武器爆炸动荷载模拟试验的总结报告编写。试验表明，无论对中间有支撑墙的封闭式楼梯间或中间无支撑墙的开敞式楼梯间，在楼梯休息平台或踏步板正面受冲击波荷载后，经过几毫秒时间冲击波就绕射到反面，使平台板或踏步板同时受到二个方向相反的动荷载，因而可用正面荷载与反面荷载的差，即净荷载来确定作用在构件上的动荷载值。在冲击波作用初期，由于冲击波和端墙相撞产生反射，使冲击波增强，因而使平台板和踏步板正面峰值压力增大，而在其反面，由于冲击波绕射和空间扩散作用，冲击波减弱，峰值压力减小，升压时间增长，因此在冲击波作用初期平台板和踏步板正面压力大于反面压力，即净荷载值方向向下。而在冲击波作用后期，由于正面压力衰减较快，使反面压力大于正面压力，即净荷载值方向向上，所以对楼梯休息平台和踏步板应按正面与反面不同时受荷分别计算。

依据上述试验资料，为便于设计计算，本条在确定楼梯休息平台和楼梯踏步板的等效静荷载时作了如下简化：楼梯休息平台和楼梯踏步板上等效静荷载取值相同；上层楼梯间与下层楼梯间取值相同；构件反面的核武器爆炸动荷载净反射系数取正面净反射系数的一半。构件正面净反射系数按略小于实测数据算术平均值采用，实测平均值为1.26，本条取值为1.2。考虑到楼梯休息平台与踏步板为非主要受力构件，动力系数可取1.05。由此可得出表中等效静荷载标准值。

4.8.12 对多层地下室结构，当防空地下室未设在最下层时，若在临战时不对防空地下室以下各层采取封堵加固措施，确保空气冲击波不进入以下各层，则防空地下室底板及防空地下室以下各层中间墙柱都要考虑核武器爆炸动荷载作用，这样不仅使计算复杂，也不经济，故不宜采用。

4.8.13 根据总参工程兵三所对二层室外多跑式楼梯间核武器爆炸模拟试验，在第二层地面处反射压力比一般竖井内反射压力约小13%。本条根据上述实测资料，取整给出相应部位荷载折减系数。

4.8.14 当相邻楼层划分为上、下两个防护单元时，上、下二层间楼板起了防护单元间隔墙的作用，故该楼板上荷载应按防护单元间隔墙上荷载取值。此时，若下层防护单元结构遭到破坏，上层防护单元也不能使用，故只计入作用在楼板上表面的等效静荷载标准值。

4.8.15 从静力荷载作用下桩基础的实测资料中可知，由于打桩后土体往往产生较大的固结压缩量，以致在平时荷载作用下，虽然建筑物有较大的沉降，但有的建筑物底板仍与土体相脱离。由于桩是基础的主要受力构件，为确保结构安全，在防空地下室结构设计中，不论何种情况桩本身都应按计入上部墙、柱传来的核武器爆炸动荷载的荷载效应组合值来验算构件的强度。

在非饱和土中，当平时按端承桩设计时，由于岩土的动力强度提高系数大于材料动力强度提高系数，只要桩本身能满足强度要求，桩端不会发生刺入变形，即仍可按端承桩考虑，所以防空地下室底板可不计入等效静荷载值。在非饱和土中，当平时按非端承桩设计时，在核武器爆炸动荷载作用下，防空地下室底板应按带桩基的地基反力确定等效静荷载值。静力实验与研究表明，在非饱和土中，当按单桩承载力特征值设计时，只要桩所承受的荷载值不超过其极限荷载时，承台（包括筏与基础）分担的荷载比例将会稳定在一定数值上，一般在非饱和土中约占20%，在饱和土中可达30%。本条在非饱和土中，底板荷载近似按20%顶板等效静荷载取值。

在饱和土中，当核武器爆炸动荷载产生的地基反力全部或绝大部分由桩来承担时，还应计入压缩波从侧面绕射到底板上荷载值。若底板不计入这一绕射的荷载值，则会引起底板破坏，造成渗漏水，影响防空地下室的使用。虽然确定压缩波从侧面绕射到底板上荷载值，目前还缺乏准确试验数据，但考虑到压缩波的侧压力基本上取决冲击波地面超压值与侧压系数相乘积，而绕射到底板上压力可以看成由侧压力产生的侧压力，因此对压缩波绕射到底板上的压力可以在原侧压力基础上再乘一侧压系数来取值，即可按冲击波地面超压值乘上侧压系数平方得出。本条对核5级、核6级和核6B级防空地下室饱和土中侧压系数平方取值为0.5，由此可得条文中数值。

为抵抗水浮力设置的抗拔桩不属于基础受力构件，其底板等效静荷载标准值应按无桩基底板取值。

4.8.16 在饱和土中，核武器爆炸动荷载产生的土中压缩波从侧面绕射到防水底板上，在板底产生向上的荷载值。该荷载值可看成由侧压力产生的侧压力，即可按冲击波地面超压值乘上侧压系数平方得出。

4.8.17 对核6级和核6B级防空地下室，当按本规范第3.3.2条规定将某一室内出入口用做室外出入口时，应加强防空地下室室内出入口楼梯间的防护以确保战时通行。

对防空地下室到首层地面的休息平台和踏步板，其所处的位置与本规范第4.8.11条多跑式室外出入口楼梯间相同，由于此时净反射系数是按平均值取用，故此处不再区分顶板荷载是否考虑上部建筑影响，统一按本规范第4.8.11条规定取值。

防倒塌挑檐上表面等效静荷载按倒塌荷载取值，下表面等效静荷载按动压作用取值。

4.9 荷载组合

4.9.2 不同于核武器爆炸冲击波，常规武器地面爆炸产生的空气冲击波为非平面一维波，且随着距爆心距离的加大，峰值压力迅速减小，对地面建筑物仅产生局部作用，不致造成建筑物的整体倒塌。在确定战时常规武器与静荷载同时作用的荷载组合时，可按上部建筑物不倒塌考虑。

在常规武器非直接命中地面爆炸产生的压缩波作用下，对于常5级、常6级防空地下室，底板设计一般不由常规武器与静荷载同时作用组合控制，防空地下室底板设计计算可不计入常规武器地面爆炸产生的等效静荷载。

4.9.3 对于战时核武器与静荷载同时作用的荷载组合，主要是解决在核武器爆炸动荷载作用下如何确定同时存在的静荷载的问题。防空地下室结构自重及土压力、水压力等均可取实际作用值，因此较容易确定。由于各种不同结构类型的上部建筑物在给定的核武器爆炸地面冲击波超压作用下有的倒塌，有的可能局部倒塌，有的可能不倒塌，反应不尽一致，因此在荷载组合中，主要的困难是如何确定上部建筑物自重。

在核武器爆炸动荷载作用下，本条以上部建筑物倒塌时间 t_w 与防空地下室结构构件达到最大变位时间 t_m 之间的相对关系来确定作用在防空地下室结构构件上的上部建筑物自重值。当 $t_w > t_m$ 时，计入整个上部建筑物自重；$t_w < t_m$ 时，不计入上部建筑物自重；t_m 与 t_w 相接近时，计入上部建筑物自重的一半。当上部建筑为砖混结构时，试验表明，核6级和核6B级时，$t_w > t_m$；核5级时，t_m 与 t_w 接近，故本条规定前者取整个自重，后者取自重的一半；核4级和核4B级时，不计入上部建筑物自重。由于对框架和剪力墙结构倒塌情况缺乏具体试验数据，本条在取值时作了近似考虑。据国外资料，当框架结构的填充墙与框架密贴时，300mm厚墙体可抵抗 $0.08N/mm^2$ 的超压；周边有空隙时，其抗力将下降到 $0.03N/mm^2$ 左右，而框架主体结构要到超压相当于核4B级左右才倒塌。从偏于安全考虑，本条在外墙荷载组合中规定：当核5级时取上部建筑物自重之半；核4级和核4B级时不计入上部建筑物自重，即对大偏压构件轴力取偏小值。在内墙及基础荷载组合中，核5级时取上部建筑物自重；核4B级时取上部建筑物自重之半；核4级时不计入上部建筑物自重，即在轴心受压或小偏压构件中轴力取偏大值。当外墙为钢筋混凝土承重墙时，根据国外资料，一般在超压相当于核4B级以上时方才倒塌，考虑到结构破坏后可能仍留在原处，因此荷载组合中取其全部自重。

4.9.4 本条是为了明确在甲类防空地下室底板荷载组合中是否应计入水压力的问题。由于核武器爆炸动荷载作用下防空地下室结构整体位移较大，为保证战时正常使用，对地下水位以下无桩基的防空地下室基础应采用箱基或筏基，使整块底板共同受力，因此上部建筑物自重是通过整块底板传给地基的。对上部为多层建筑的防空地下室而言，其计算自重一般都大于水浮力。由于在底板的荷载计算中，建筑物计入浮力所减少的荷载值与计入水压力所增加的荷载值可以相互抵消，因此提出当地基反力按不计入浮力确定时，底板荷载组合中可不计入水压力。

对地下水位以下带桩基的防空地下室，根据静力荷载作用下实测资料，上部建筑物自重全部或大部分由桩来承担，底板不承受或只承受一小部分反力，此时水浮力主要起到减轻桩所承担的荷载值作用，对减少底板承受的荷载值没有影响或影响较小，即对桩基底板而言水压力显然大于所受到的浮力，二者作用不可相互抵消。因此在地下水位以下，为确保安全，不论在计算建筑物自重时是否计入了水浮力，在带桩基的防空地下室底板荷载组合中均应计入水压力。

4.10 内力分析和截面设计

4.10.2 根据现行的《建筑结构可靠度设计统一标准》(GB50068) 的要求，结构设计采用可靠度理论为基础的概率极限状态设计方法，结构可靠度用可靠指标 β 度量，采用以分项系数表达的设计表达式进行设计。本条所列公式就是根据该标准并考虑了人防工程结构的特点提出的。

为提高本规范的标准化、统一化水平，从方便设计人员使用出发，本规范中的永久荷载分项系数、材料设计强度（不包括材料强度综合调整系数），均与相关规范取值一致。因为在防空地下室设计中，结构的重要性已完全体现在抗力级别上，故将结构重要性系数 γ_0 取为1.0。

取等效静荷载的分项系数 $\gamma_Q = 1.0$，其理由：

1 常规武器爆炸动荷载与核武器爆炸动荷载是结构设计基准期内的偶然荷载，根据《建筑结构可靠度设计统一标准》(GB50068) 中第7.0.2条规定：偶然作用的代表值不乘以分项系数，即 $\gamma_Q = 1.0$；

2 由于人防工程设计的结构构件可靠度水准比普通工业与民用建筑规范规定的低得多，故 γ_Q 值不宜大于1.0；

3 等效静荷载分项系数不宜小于1.0，它虽然是偶然荷载，但也是防护结构构件设计的重要荷载；

4 等效静荷载是设计中的规定值，不是随机变量的统计值，目前也无可能按统计样本来进行分析，因此按国家规定取值即可，不必规定一个设计值，再去乘以其它系数。

确定上述数值与系数后，按修订规范的可靠指标与原规范反算所得的可靠指标应基本吻合的原则，定出各种材料强度综合调整系数。

按修订规范设计的防空地下室结构，钢筋混凝土延性构件的可靠指标约1.55，其失效概率为6.1%；脆性构件的可靠指标约2.40，其失效概率为0.8%；砌体构件的可靠指标约2.58，其失效概率为0.5%。

4.10.3 当受拉钢筋配筋率大于1.5%时，按式 (4.10.3-1) 及式 (4.10.3-2) 的规定，只要增加受压钢筋的配筋率，受拉钢筋配筋率可不受限制，显然不够合理。为使按弹塑性工作阶段设计时，受拉钢筋不致配的过多，本条规定受拉钢筋最大配筋率不大于按弹性工作阶段设计时的配筋率，即表4.11.8。

4.10.5、4.10.6 试验表明，脆性破坏的安全储备小，延性破坏的安全储备大，为了使结构构件在最终破坏前有较好的延性，必须采用强柱弱梁与强剪弱弯的设计原则。

4.10.7 《混凝土结构设计规范》(GB50010) 中的抗剪计算公式，仅适用于普通工业与民用建筑中的构件，它的特点是较高的配筋率、较大的跨高比（跨高比大于14的较多）、中低混凝土强度等级以及适中的截面尺寸等，而人防工程中的构件特点是较低的配筋率、较小的跨高比（跨高比在8至14之间较多）、较高混凝土强度等级以及较大的截面尺寸。为弥补上述差异产生的不安全因素，根据清华大学分析研究结果，对此予以修正。

根据收集到的有关试验资料，在均布荷载作用下，当跨高比在8至14之间，考虑主筋屈服后剪切破坏这一不利影响，并参考国外设计规范中的有关规定，回归得出偏下限抗剪强度计算公式如下：

$$\frac{V}{bh_0 f_c^{1/2}} = \frac{8}{l/h_0}$$

该公式当 $V/(bh_0 f_c^{1/2}) = 0.92$ 时，相当于 $l/h_0 = 8.7$，与《混凝土结构设计规范》(GB50010) 中抗剪计算公式的第一项 (0.7) 一致，可视其为上限值；当 $V/(bh_0 f_c^{1/2}) > 0.92$，即 $l/h_0 < 8.7$ 时，

可不必进行修正；当 $V/(bh_0f_c^{1/2})=0.55$，相当于 $l/h_0\approx14.5$ 时，其值与美国 ACI 规范抗剪强度值相当，可视其为下限值；当 $V/(bh_0f_c^{1/2})<0.55$，即 $l/h_0>14.5$ 时，修正值不再随 l/h_0 变化。综上所述，可近似将修正系数 ψ_1 规定如下：

当 $l/h_0\leqslant8$ 时，$\psi_1=1$；

当 $l/h_0\geqslant14$ 时，$\psi_1=0.6$；

当 $8<l/h_0<14$ 时，线性插入。

由此得出公式为 $\psi_1=1-(l/h_0-8)/15\geqslant0.6$。

4.10.11 采用 e_0 值不宜大于 $0.95y$ 的依据为：

1 试验表明，按抗压强度设计的砖砌体结构，当 e_0 值超过 1.0 时，结构并未破坏或丧失承载能力；

2 苏联巴丹斯基著《掩蔽所结构计算》第五章指出：计算砖墙承受大偏心距的偏心受压动荷载时，偏心距的大小不受限制。

《砌体结构设计规范》（GB50003）第 5.1.5 条对原条文作出修改，要求 $e_0\leqslant0.6y$。该规范附录 D 有关表格中只给出 $e_0\leqslant0.6y$ 时的影响系数 ϕ 值。当 $e_0>0.6y$ 时，ϕ 值可按该规范附录 D 中给出的公式计算。

4.11 构造规定

4.11.1 本条根据《混凝土结构设计规范》(GB50010)、《砌体结构设计规范》(GB50003)、《地下工程防水技术规范》(GB50108) 等相关规范以及防空地下室结构选材的特点重新修订。

4.11.2 由于多本现行规范、规程对防水混凝土设计抗渗等级的取法不一致，易造成混乱，本条参照《地下工程防水技术规范》(GB50108) 进一步明确。

4.11.6 本条根据防空地下室结构受力特点，参考《混凝土结构设计规范》(GB50010) 和《建筑抗震设计规范》(GB50011) 的规定提出，与三级抗震要求一致。

4.11.7 由于《混凝土结构设计规范》(GB50010) 在构造要求中提高了纵向受力钢筋最小配筋百分率，为与其相适应，表 4.11.7 进行了调整。其中 C40～C80 受拉钢筋最小配筋百分率系按《混凝土结构设计规范》(GB50010) 中有关公式计算后取整给出，见表 4-4：

表 4-4　受拉钢筋最小配筋百分率计算表

混凝土强度等级	C40	C45	C50	C55	C60	C65	C70	C75	C80
HRB335 级	0.29	0.30	0.32	0.33	0.34	0.35	0.36	0.36	0.37
HRB400 级	0.27	0.28	0.30	0.31	0.32	0.33	0.33	0.34	0.35
平均值	0.28	0.29	0.31	0.32	0.33	0.34	0.35	0.35	0.36
取值	0.3				0.35				

由于防空地下室结构构件的截面尺寸通常较大，纵向受力钢筋很少采用 HPB235 级钢筋，故上表计算未予考虑。当采用 HPB235 级钢筋时，受弯构件、偏心受压及偏心受拉构件一侧的受拉钢筋的最小配筋百分率应符合《混凝土结构设计规范》(GB50010) 中有关规定。

由于卧置于地基上防空地下室底板在设计中既要满足平时作为整个建筑物基础的功能要求，又要满足战时作为防空地下室底板的防护要求，因此在上部建筑层数较多时，抗力级别 5 级及以下防空地下室底板设计往往由平时荷载起控制作用。考虑到防空地下室底板在核武器爆炸动荷载作用下，升压时间较长，动力系数可取 1.0，与顶板相比其工作状态相对有利，因此对由平时荷载起控制作用的底板截面，受拉主筋配筋率可参照《混凝土结构设计规范》(GB50010) 予以适当降低，但在受压区应配置与受拉钢筋等量的受压钢筋。

4.11.11 双面配筋的钢筋混凝土顶、底板及墙板，为保证振动环境中钢筋与受压区混凝土共同工作，在上、下层或内、外层钢筋之间设置一定数量的拉结筋是必要的。考虑到低抗力级别防空地下室卧置地基上底板若其截面设计由平时荷载控制，且其受拉钢筋配筋率小于本规范表 4.11.7 内规定的数值时，基本上已属于素混凝土工作范围，因此提出此时可不设置拉结筋。但对截面设计虽由平时荷载控制，其受拉钢筋配筋率不小于表 4.11.7 内数值的底板，仍需按本条规定设置拉结筋。

4.12 平战转换设计

4.12.4 本条主要是明确不同部位钢筋混凝土及钢材封堵构件上等效静荷载的取值，以方便使用。

虽然出入口通道内封堵构件与出入口通道内临空墙所处位置相同，考虑到出入口通道内封堵构件为受弯构件，而出入口通道内临空墙为大偏心受压构件，因此对无升压时间核武器爆炸动荷载作用下的封堵构件动力系数取值为 1.2，而不是大偏压时的 1.33，即相应部位封堵构件上的等效静荷载标准值，可比临空墙上的等效静荷载标准值小约 10%。在有升压时间核武器爆炸动荷载作用下，受弯构件与大偏压构件二者动力系数相差不大，故作用在封堵构件上等效静荷载标准值可按临空墙上等效静荷载标准值取用。

4.12.5 常规武器爆炸动荷载作用时间相对于核武器爆炸来讲，要小的多，一般仅数毫秒或几十毫秒。防护门及封堵构件在这样短的荷载作用下易发生反弹，造成支座处的联系破坏，例如防护门的闭锁和铰页等。本条采用了工程兵工程学院的科研报告《常规武器爆炸荷载作用下钢筋混凝土结构构件抗剪设计计算方法》中的研究成果，反弹荷载按弹塑性工作阶段计算，构件的允许延性比 $[\beta]$ 取 3.0。

4.12.6 当战时采用挡窗板加覆土的防护方式（图 3.7.9*a*）时，挡窗板受到常规武器爆炸空气冲击波感生的地冲击作用，其水平等效静荷载标准值应为该处的感生地冲击的等效静载值乘上侧压系数，一般战时覆土的侧压系数可取 0.3。

5 采暖通风与空气调节

5.1 一般规定

5.1.1 修订条文。本条规定了防空地下室的暖通空调设计应兼顾到平时和战时功能。为此，提出了设计中应遵循的原则：战时防护功能必须确保，平时使用要求也应满足，当两者出现矛盾时应采取平战功能转换措施。本次修订增加了工程级别和类别，设计人员在实际操作中，应注意在方案（或初步）设计阶段就能正确处理好这两者之间的关系，避免在日后的施工图设计（或施工）过程中出现不符合规范要求的现象。

5.1.2 本条强调通风及空调系统的区域划分原则：平时宜结合现行的《人民防空工程设计防火规范》有关防火分区的要求；战时应符合按防护单元分别设置独立的通风系统的要求，以免相邻单元遭受破坏而影响另一单元的正常使用。需要指出的是，设计时应尽可能使平时的防火分区能与战时的防护分区协调一致，以减少临战转换工作量，提高保障战时使用的可靠性。

5.1.3 修订条文。本条是在原规范 5.1.4 条的基础上，对“功能要求”作了进一步的明确：对选用的设备及材料的“要求”是指“防护和使用功能要求”；对于“防火要求”则进一步明确是“平时使用时的”要求。

5.1.4 修订条文。本条是将原规范5.1.12条条文中的“宜”改用“应”，提高了规定的要求。已有的工程建设实践表明，在防空地下室的暖通空调设计中，室外空气计算参数按现行的地面建筑用的暖通空调设计规范中的规定值是可行的，也是方便的。

5.1.5 修订条文。本条是在原规范5.1.13条的基础上，对防空地下室的减噪设计提出了更高的要求——应视其功能而异，对产生噪声的设备和设备房间，以及通风管道系统均应采取有效的减噪措施（同地面建筑暖通空调设计用的减噪措施）。

5.1.6 新增条文。本条明确地规定了：（1）防空地下室的暖通空调系统应与地面建筑用的系统分开设置；（2）与防空地下室无关的暖通空调设备和管道，能否置于防空地下室内和穿越防空地下室？本条作出了与本规范第3.1.6条相呼应的规定。如果用于地面建筑的设备系统必须置于防空地下室内时，首先应考虑将这部分空间设置为非防护区，即没有防护要求的地下室区域；其次才是采用符合规范要求的防护密闭措施、限制管道管径等设计规定。

5.2 防护通风

5.2.1 修订条文。本条是对原规范5.1.5条的修订。本条规定了设计防空地下室的通风系统时，应根据防空地下室的战时功能设置相应的防护通风方式。战时以掩蔽人员为主的防空地下室应设置三种防护通风方式，而以掩蔽物资为主的防空地下室，通常情况下设置清洁通风和隔绝防护就可以符合战时防护要求，但也不排除特殊情况：考虑到贮物的不同要求，保留了“滤毒通风的设置可根据实际需要确定”的规定（需要说明的是：隔绝防护包括实施内循环通风和不实施内循环通风两种情况）。本次修订时还增加了第三款：应设置战时防护通风（清洁通风、滤毒通风和隔绝通风）方式的信息（信号）装置。这也是《人民防空工程防化设计规范》所规定的内容。

5.2.2 修订条文。本条是将原规范5.1.5条条文中的新风量标准单列而成，并根据现行《战技要求》，对战时防空地下室内掩蔽人员的新风量标准进行了修订。其中，医疗救护、人员掩蔽，以及防空专业队工程内的人员新风量标准均有所变化。设计时通常不应取最小值作为工程的设计计算值。

5.2.3 修订条文。本条是在原规范5.1.7的基础上，根据现行《战技要求》，对医疗救护工程的室内空气设计值进行了修订，提高了标准，给出了范围。此外，对专业队队员掩蔽部、医疗救护工程平时维护时的空气湿度也提出了要求。设计时通常不应取上限值（或下限值）作为工程的设计计算值。

5.2.4 修订条文。本条是在原规范5.1.10条的基础上，根据现行《战技要求》进行了修订，增加了隔绝防护时防空地下室内氧气体积浓度的指标。规范了隔绝防护时间内二氧化碳容许体积浓度、氧气体积浓度之间的内在关系。

5.2.5 修订条文。本条是对原规范5.1.11条的修订。本次修正了原计算公式中单位换算上的不严密之处——在代入C、C_0值时未将“%”一并代人计算公式，因而，原计算公式中的单位换算系数是“10”，现行公式中为“1000”。设计人员在使用中请注意此变化。

5.2.6 修订条文。本条是对原规范5.1.10条的修订。是将原规范的5.2.9条、5.2.11条的内容合并到本条对应的表格中，并根据现行《战技要求》进行了修订。这样做一方面对防毒通道（对于二等人员掩蔽所是指简易洗消间）的换气次数、主体超压值等作了修正，使其符合现行《战技要求》的规定；另一方面，也有利于设计人员在设计滤毒通风时，能更全面、更准确、更方便地掌握防化方面的有关规定。设计时应根据防空地下室的功能不同，从表5.2.6中确定主体超压和最小防毒通道换气次数：医疗救护工程、防空专业队工程可取超压60Pa或70Pa，最小防毒通道换气次数可取60次以上。

5.2.7 修订条文。本条是在原规范5.2.12条的基础上，改写并完善了滤毒通风时如何确定新风量的规定。工程设计中应按条文所规定的公式计算，取两项计算值中的大值作为滤毒通风时的新风量，并按此值选用过滤吸收器等滤毒通风管路上的设备。

5.2.8 修订条文。本条是对原规范5.2.1条的修订。依据不同情况分设了条款，增加了内容，使内容表述更完整、准确、清晰，使用更方便。本次修订时图5.2.8a中的滤毒通风管路上增加了风量调节阀10，是为了更有效地控制通过过滤吸收器的风量。设计时，通风机出口是否设置风量调节阀，设计人员可根据常规自行确定。只有当战时进风和平时进风合用一个系统时，风机出口应设“防火调节阀”。图中密闭阀门操作如下：

清洁通风时：密闭阀门3a、3b开启，3c、3d关闭；

滤毒通风时：密闭阀门3c、3d开启，3a、3b关闭；

隔绝通风时：密闭阀门3a、3b、3c、3d全部关闭，实施内循环通风。

5.2.9 修订条文。本条是对原规范5.2.2条的修订。依据现行《战技要求》、《人民防空工程防化设计规范》对洗消间设置要求，对工程建设中常用的清洁排风和滤毒排风分别给出了平面示意图。对于选用了防爆超压自动排气活门代替排风防爆活门的防空地下室，其清洁排风时的防爆装置如何解决的问题，则需要经过技术经济比较后才能确定。一种办法是：增加防爆超压自动排气活门数量，满足清洁排风的需要；另一种办法是：改用悬板式防爆活门，以同时满足清洁、滤毒通风系统防冲击波的需要，此时，滤毒通风用的超压排风控制设备改用YF型（或P_S、P_D型）。

5.2.10 修订条文。本条是对原规范5.2.3条实行分解、修订后形成的新条文。

5.2.11 修订条文。本条是在原规范5.2.4条的基础上，对表内的部分数据进行了细分，增加了相关的说明而成。表中给出的FCH型防爆超压自动排气活门是FCS型的改进型产品。

5.2.12 修订条文。本条是对原规范5.2.5条的修订，是强制性条文。规定了防空地下室染毒区进、排风管的设计要求——为满足战时防护需要，在选材、施工安装方面应采取的措施。本次修订将原条文中“均应”改为“必须”，提高了要求等级。

5.2.13 修订条文。本条是对原规范5.2.6条的修订，是强制性条文。规定了通风管道穿越防护密闭墙（包括穿越防护单元之间的防护单元隔墙，非防护区与防护区之间的临空墙，染毒区与清洁区之间的密闭隔墙）的设计要求。给出了设计中符合防护要求的通常做法的示意图。

5.2.14 修订条文。本条是在原规范5.2.7条的基础上修订而成。修订后的条文更准确、清晰地规定了设计选用防爆超压自动排气活门时的两项要求。

5.2.15 修订条文。本条是在原规范5.2.8条的基础上修订而成。其中原第二款的规定在实际设计中往往不尽如人意！由于设备与通风短管在上、下、左、右的设置位置欠妥，从而形成换气死区！尤其是在防毒通道内的换气，这是设计中应特别注意的事。本次修订深化了这方面的要求。

5.2.16 新增强制性条文。保证所选用的过滤吸收器的额定风量必须大于滤毒通风时的进风量，是确保战时滤毒效果不可缺少的措施之一。

5.2.17 修订条文。本条是在原规范5.2.13条的基础上修订而成。本次修订了“示意”图。使其更准确、完整。设计时，如防空地下室内没有防化通信值班室，该装置可设在风机室。

5.2.18 新增条文。根据《人民防空工程防化设计规范》的有关规定，滤毒通风系统上，在连接过滤吸收器的进、出风管的适当位置应设置相应的取样管。所以，本次修订增加了该条文。

5.2.19 新增条文。根据《人民防空工程防化设计规范》的有关规定而增设该条文。在防空地下室口部的防毒（密闭）通道的密闭墙上设置气密测量管，是监测（或检测）工程密闭性能是否符合战时防护要求不可缺少的设施。

5.2.20 新增条文。本条主要是鉴于以往的建设经验，为了规范防护通风专用设备的选用质量而增加的内容。“合格产品”是指：1）防护通风专用设备生产用的图纸；2）按图纸生产的产品经有资质的人防内部设备检测机构检测合格（有书面检测报告）。

5.3 平战结合及平战功能转换

5.3.1 修订条文。本条是在原规范 5.1.3 条的基础上修订而成。新条文更清晰地将内容归类为三款要求，以方便设计者使用。条文中的转换时间，按目前的规定仍然是 15 天。对于专供平时使用而开设的各种风口，应保证战时防护的各项要求与平战功能转换的规定。平战功能转换主要指：凡属平时专用的风口，临战时要有可靠的封堵措施；对战时需要而在平时没有安装的设备，不仅在设计中要明确提出在修建时要一次做好各种预埋设施、预留设施外，而且要做到能在临战时的限定时间内，及时将设备安装就位并能正常运转，达到战时的功能要求。

5.3.2 新增条文。根据防空地下室多年来的建设经验，平时用的通风系统往往包括两个以上“防护单元”，为了使设计工作到位，也为了使战时的防护措施有保障，减少临战前的转换工作量，所以，增加了本条条文。

5.3.3 修订条文。本条是在原规范 5.3.5 条的基础上修订而成，是强制性条文。本条第二款中规定的“按平时通风量校核”是指平时通风时，将门式防爆活门的门扇打开后的通风量，能否满足平时的进风量要求。

5.3.5 修订条文。本条是在原规范 5.2.4 条的基础上修订而成。条文中增加了“宜选用门式防爆波活门”，以及通过活门门洞时风速的规定，有利于设计人员的设计工作。活门门扇全开时的通风量与通过门扇洞口时的风速有关（详见本规范条文说明中的表 5-1）。

表 5-1　常用门式防爆波活门的通风量值

型号		通风量值（m^3/h）				连接管直径（mm）	门孔尺寸（mm × mm）
		门扇关闭时	平时门扇全开时 v（m/s）				
		v（≤8m/s）	6	8	10		
门式悬板活门	MH2000	2000	8600	11500	14400	300	500 × 800
	MH3600	3600	8600	11500	14400	400	500 × 800
	MH5700	5700	8600	11500	14400	500	500 × 800
	MH8000	8000	13500	18000	22500	600	500 × 1250
	MH11000	11000	16200	21600	27000	700	600 × 1250
	MH14500	14500	22000	29300	36700	800	600 × 1700

5.3.6 新增条文。这是确保（或改善）平战结合防空地下室内空气环境条件，设计者应当给予重视的问题。产生污浊（不清洁）空气的房间应使其处于负压状态，不管是平时还是战时，都不应例外。

5.3.7 新增条文。本条规定了平战结合的防空地下室，战时用的通风管道和风口，应尽量利用平时的风管和风口，尤其是清洁区的风管和风口。但由于平时功能和战时功能不一定相同，因此，需设置必要的控制（或转换）装置。

5.3.8 修订条文。本条是在原规范 5.2.14 条基础上修订而成。本条规定的内容，着眼点是：设计者应完成的设计文件的准确和完整，至于仅战时使用而平时不使用的滤毒设备是否安装的问题，应是当地人防主管部门根据国家的有关规定，结合本地的实际情况作出的政策性规定，它不应是设计规范规定的内容。故本次修订时对原条文进行了修订。

5.3.9 修订条文。本条是在原规范 5.1.6 条的基础上修订而成。修订中参照了现行的地面建筑用的暖通空调设计规范。对于过渡季节采用全新风的防空地下室，其进风系统和排风系统的设计，应满足风量增大的需要。

5.3.10 修订条文。本条是在原规范 5.1.8 条的基础上修订而成。对原条文中“手术室、急救室”的温湿度参数，根据现行《医院洁净手术部建筑技术规范》（GB 50333）的规定进行了修订，对旅馆客房等功能房间的空气湿度标准有所提高。设计中通常不应取上、下限值作为工程的设计计算值。

5.3.11 修订条文。本条是在原规范 5.1.9 条的基础上修订而成。增加了空调房间换气次数的规定，对汽车库的换气次数，则给出了最小换气次数“4”次的规定。这是根据“全国民用建筑工程设计技术措施（防空地下室分册）”审查会上专家们的意见形成的。设计中应视工程的实际情况选用参数。

5.3.12 新增条文。此类工程甚多，本条规定了平时功能为汽车库，战时功能为人员掩蔽（或物资库）的防空地下室，在进行通风系统设计时应遵循的三条原则要求。

5.4 采　暖

5.4.1 修订条文。本条条文是对原规范 5.5.6 条的修订，是强制性条文。本次修订进一步规定了设置在围护结构内侧阀门的抗力要求。

5.4.4 修订条文。本条是对原规范 5.5.3 条的内容表述进行了修订。

5.4.5 本条提供的防空地下室围护结构散热量 Q 的计算公式中，F、t_n 均为已知值，关于 k 值的确定，其影响因素较多，其中主要包括预定加热时间、埋置深度和土壤的导热系数。此三个因素中，预定加热时间，根据有关资料按 600h 计算，可以满足要求；关于埋置深度，考虑到防空地下室埋深的变化幅度不大，故计算中对这一因素可忽略不计；其余只剩土壤导热系数一项。本公式即根据以上考虑，直接从不同的导热系数 λ 值给出相关的 k 值，不采用按深度进行分层计算。经计算比较，按本条给定的方法的计算结果，对防空地下室而言，所得围护结构总散热量与用分层法计算相差很少。但应指出，本条提供的计算方法不能适用于有恒温要求的房间。t_0 可根据当地气象台（站）近十年来不同深度的月平均地温数据，按下述方法确定：

土壤初始温度的确定，可根据当地或附近气象台（站）实测不同深度的土壤每月月平均温度，绘制成土壤初始温度曲线图，然后求出防空地下室的平均埋深处的土壤初始温度，即作为设计计算的土壤初始温度值（详见本规范说明中的“土壤初始温度确定举例”）。

5.5 自然通风和机械通风

5.5.1 为在平时能充分有效地利用自然通风，防空地下室的平面设计，应尽量适应自然通风的需要，减少通风阻力，平面布置应力求简单，尽量减少隔断和拐弯。当必须设置隔断墙时，宜在门下设通风百页，并在隔墙的适当位置开设通风孔。

工程实践证明，按以上方法设计的防空地下室，其自然通风效果尚好。但应指出，有些已建防空地下室由于开孔过多、位置不当（如将进、排风口设在同侧或相距很近），以致造成气流短路而未能流经新风需要的地方。故在设计中应注意根据上部建筑物的特点，合理地组织自然通风。

5.5.2 修订条文。本条条文是在原规范 5.5.2 条的基础上对工程类别作了修订。

5.5.3 修订条文。本条条文是对原规范 5.3.3 条修订后的呼应条文（修订条文已归到 3.4 节）。修订后的条文加大了进风口与排风口之间的水平距离，对进风口的下缘距离虽然没有提高规定值，但在条件容许时，可参照地面建筑的设计规范 1～2m 的规定做，这是考虑进风的清洁安全问题。

5.5.5 修订条文。本次修订将原条文中的“宜”改为“应”，提高了标准。对通风管道用材强调了符合卫生标准和不燃材料两个方面。

5.6 空 气 调 节

5.6.1 鉴于防空地下室平时使用功能的需要，本条特别规定了进行空调设计的原则是采用一般的通风方法不能满足室内温、湿度要求时实施。本条是本节的导引。执行本条规定时，应注意到防空地下室的当前需要，并考虑其发展需要。

5.6.2 本条明确规定了空调房间内计算得热量的各项确定因素，以免设计计算中漏项。除围护结构传热量计算不同于地面空调建筑外，其它各项确定因素的散热量计算方法均与地面同类空调建筑相同。

5.6.3 本条明确规定了空调房间内计算散湿量应包括的各项因素。其中围护结构散湿量因有别于地面空调建筑需另作规定，其它各项散湿量计算方法均与地面同类空调建筑相同。

5.6.4 本条所指的“空调冷负荷”，在概念上与地面空调建筑中所引入的概念虽基本相同，但在具体计算方法上则不能直接套用。因为地面建筑中所采用的“空调冷负荷系数法”中关于外墙传热的冷负荷系数不适用于防空地下室围护结构的传热计算，而防空地下室围护结构传热的冷负荷系数尚无可靠的科学依据。为此，本规范另规定了传热计算方法（第 5.6.7 条），并建议以此计算得热量作为外墙冷负荷，虽不尽合理，但现阶段还无其它更好的方法。至于其它内部热源的计算得热量造成的空调冷负荷，原则上也不能采用地面同类的空调冷负荷系数，因为防空地下室围护结构的蓄热和放热特征有别于地面建筑，为此，在这部分得热形成的冷负荷计算中，可暂时采用下述方法：

（1）取该部分的计算得热量作为相应的空调冷负荷；

（2）取同类地面建筑的空调冷负荷系数来计算相应的防空地下室的冷负荷。

无论方法（1）或方法（2）均是近似方法，尚不尽人意，但目前别无他法。对于新风冷负荷、通风机及风管温升新形成的附加冷负荷计算则可采用地面同类空调建筑的方法。

5.6.5 条文中所指的湿负荷可采用地面同类空调建筑的计算方法。

5.6.6 根据人防工程衬砌散湿量实验计算结果，防水性能较好的工程，散湿量可按 0.5g/（m²·h）计算，对于全天在人防工程中生活者，平均人为散湿量为每人 30g/h。

5.6.7 修订条文。本条明确规定了应按不稳定传热法计算围护结构传热量，并分两种情况给出了围护结构传热量的计算公式。本次修订时增加了 θ_d 计算用的参数，这些参数引自国家标准《人民防空工程设计规范》（GB50225）。

5.6.8 修订条文。本条条文是对原规范 5.4.8 条的修订。取消了原一、二款，将原第三款作了少量改动后形成新的一、二款。以方便设计人员根据负荷特点选用空气处理设备。

5.6.9 修订条文。本条条文是对原规范 5.4.9 条的修订。仅对条文的第一款作了修订。需要指出的是：设计人员在执行第二款时，往往存在着设计不到位的现象。如：进、排风管太小，选用的通风机也小，不能满足过度季节全新风通风的需要。

5.6.10 空调房间一般都有一定的清洁度要求，因此，送入房间的空气应是清洁的。为防止表面式换热器积尘后影响其热、湿交换性能，通常均应设置滤尘器，使空调房间的空气品质符合卫生标准。

5.6.11 新增条文。根据多年来防空地下室建设和使用经验，平战结合的防空地下室使用空调设备的较多，自室外向室内引入空调水管（冷冻水管）的情况时有发生，为保障防空地下室的安全，特作出相应的规定。

5.7 柴油电站的通风

5.7.2 机房采用水冷冷却方式时，通风换气量较小，达不到消除机房内有害气体的目的，故本条规定“当发电机房采用水冷却时，按排除有害气体所需的通风量经计算确定”。

5.7.3 修订条文。本条条文是对原规范 5.6.3 条的修订。补充规定了染毒、隔绝情况下，柴油机的燃烧空气应从机房的进（或排）风管系统引入。

5.7.4 修订条文。本条条文是对原规范 5.6.4 条的修订。进一步明确了机房内的计算余热量范围。

5.7.5 修订条文。本条条文是对原规范 5.6.5 条的修订。柴油机房的降温措施，应视所在地区的气候条件、工程内外的水源情况、工程建设投资等多种因素，经技术经济比较后决定。本条规定的三款内容，可供设计人员选用。从当前建设的情况看，随着经济的发展和技术的进步，采用直接蒸发式冷风机组已越来越多。所以，本次修订时对第三款进行了修订。

5.7.6 修订条文。本次修订时对有柴油电站控制室供给新风的方式，区分两种情况作了更明确的规定：一种情况是防空地下室内向其供新风，此时，柴油电站只设清洁通风和隔绝防护两种防护方式；另一种是独立设置的柴油电站控制室的新风供给，需有电站自设的通风系统给予保证，当室外染毒条件下需保证控制室的新风时，应设滤毒通风设备和相应的密闭阀门。

5.7.7 修订条文。本条条文是对原规范 5.6.7 条的修订。补充规定了最小换气次数、应设 70℃关闭的防火阀的要求。

5.7.8 修订条文。本条条文是对原规范 5.6.8 条的修订。关于柴油机排烟系统设计。应注意排烟口与排烟管的柔性接头必须采用耐高温材料，不应采用橡胶或帆布接头，一般可采用不锈钢的波纹软管，并应带有法兰。本次修订时取消了排烟出口处应设消声装置的规定，主要是考虑柴油机已自带了消声器。

5.7.9 新增条文。柴油电站与防空地下室之间有连通道时，为保证滤毒通风时操作人员的出入安全和工程安全，应设防毒通道和超压排风设施。

土壤初始温度确定举例

（1）将某地气象站实测每月份 ±0.00、－0.40、－0.80、－1.60 和－3.20m 深处的土壤月平均温度列于表 5－2。

（2）根据表 5－2 数据，分别找出不同深度的土壤月平均最高和最低温度，列于表 5－3。

（3）按表 5－3 数据绘制出土壤初始温度曲线图（图 5－1）。根据防空地下室的平均埋深，（可按防空地下室外墙中心标高至室外地面距离计，即图 5－1 中的－2.20m），在初始温度曲线上沿箭头所指方向查出：某地冬季和夏季－2.20m 深处，土壤初始温度分别为 6.2℃和 19℃。

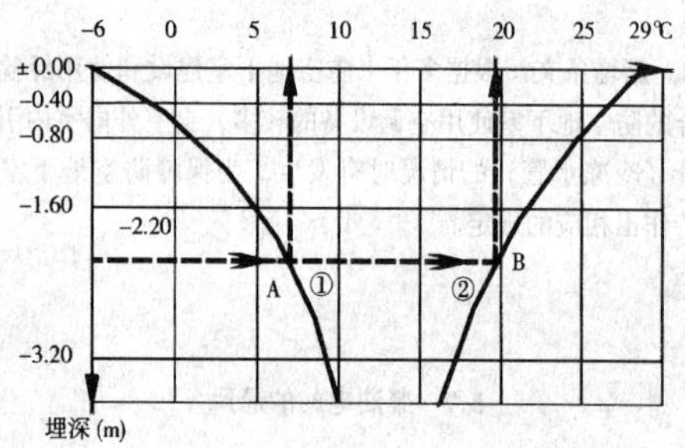

图5-1 土壤初始温度曲线图
①月平均最低温度值（℃） ②月平均最高温度值（℃）

表5-2 某地不同深度的土壤实测月平均温度（℃）

月 份	深 度（m）				
	±0.00	-0.40	-0.80	-1.60	-3.20
1	-5.3	-0.3	2.6	7.4	12.7
2	-1.5	-0.3	1.7	5.6	11.0
3	5.8	3.2	3.6	5.4	9.8
4	16.1	11.2	9.4	8.0	9.5
5	23.7	17.6	15.1	11.9	10.4
6	28.2	22.6	20.6	15.6	12.1
7	29.1	25.2	22.8	18.6	13.9
8	27.0	25.0	23.9	21.0	16.3
9	21.5	21.3	21.5	20.6	17.3
10	13.1	15.4	16.9	18.3	17.3
11	3.5	8.3	11.2	14.7	16.3
12	-3.6	2.2	5.6	10.6	14.8

表5-3 不同深度土壤初始温度统计表

深 度（m）	月平均最低温度（℃）	月平均最高温度（℃）
±0.00	-5.3	29.1
-0.40	-0.3	25.2
-0.80	1.7	23.9
-1.60	5.4	21.0
-3.20	9.5	17.3

6 给水、排水

6.1 一 般 规 定

6.1.1 上部建筑的管道能否进入防空地下室，与管道输送介质的性质、管径及防空地下室的抗力级别等因素有关。如将上部建筑的生活污水管道引入防空地下室，目前还没有可靠的临战封堵转换措施，所以这类管道不允许引入防空地下室。设计中应避免与防空地下室无关的管道穿过人防围护结构。

6.1.2 管道穿越防空地下室围护结构（如顶板、外墙、临空墙、防护单元隔墙）处，要采取一定的防护密闭措施。要求能抗一定压力的冲击波作用，并防止毒剂（指核生化战剂）由穿管处渗入。

根据为本次规范修订所进行的“管道穿板做法模拟核爆炸实验”的结果，国标图集02S404中的刚性防水套管的施工方法，可以满足核4级与核4B级防空地下室小于或等于DN150mm管道穿顶板时的防护及密闭要求。对穿临空墙的管道，在管径大于DN150mm或抗力级别较高时，要求在刚性防水套管受冲击波作用的一侧加焊一道防护挡板。

根据防空地下室的防护要求，管道穿防空地下室防护单元之间的防护密闭隔墙的受力与穿顶板相同，不按穿临空墙设计。

6.2 给 水

6.2.1 防空地下室的自备内水源是指设于防空地下室人防围护结构以内的水源；自备外水源则指具有一定防护能力，为单个防空地下室服务的独立外水源或为多个防空地下室服务的区域性外水源。

防空地下室自备内水源的设计应与防空地下室同时规划、同时设计、统一安排施工。

柴油发电机房为染毒区，设置在柴油发电机房内专为电站提供冷却用水的内水源，是可能被染毒的水源。

平时使用城市自来水，同时又设置有自备内水源的防空地下室，需采取防止两个水源串通的隔断措施。

内部设置的贮水池（箱）在本规范中不属于内水源。

6.2.2 防空地下室平时用水量根据平时使用功能，按现行《建筑给水排水设计规范》的用水定额计算。

6.2.3 人员掩蔽工程、专业队队员掩蔽部、配套工程的生活用水量，仅包括盥洗用水量，不包括水冲厕所用水量。如工程所在地人防主管部门要求为该类工程设供战时使用的水冲厕所，其水冲厕所用水量标准由当地人防主管部门确定。

6.2.4 防空地下室是否供应开水，由建筑专业根据工程性质、抗力级别及当地的具体条件等因素确定，给排水专业负责开水器选择及其给排水管道的设计。人员的饮用水量标准内已包含开水，不另增加水量。医疗救护工程需设置供战时使用的水冲厕所，应使用节水型的卫生器具。

6.2.5 在平时，防空地下室的生活给水宜采用城市自来水直接供水。在战时，城市自来水系统容易遭破坏，修复的周期较长，城市自来水停水期间，必须由防空地下室内部生活饮用水池（箱）供水。因此，战时防空地下室必须根据水源情况，贮存饮用水及生活用水。由于战时饮用水、生活用水要求的保障时间不同，所以表6.2.5中饮用水与生活用水的贮水时间不同。城市自来水水源为无防护外水源。贮水时间的上下限值宜根据工程的等级及贮水条件等因素确定。

6.2.6 饮用水及生活用水贮水量分别计算，洗消用水应按本规范6.4节中的有关条文计算；柴油电站用水应按本规范6.5节中的有关规定计算。

6.2.7 战时生活饮用水的水质以满足生存为目的，表中数据参照了军队《战时生活饮用水卫生标准》及现行的国家《生活饮用水卫生标准》。由于人防工程内贮水为临战前贮存，防空地下室清洁区为密闭空间，生活饮用水贮存在清洁区内不会沾染核生化战剂。同时防空地下室未配备对水质进行核生化战剂检测的仪器设备，所以该标准中未设核生化战剂指标。战时水质的主要控制指标是细菌学指标。临战时前，除使用防空地下室内设置的水池（箱）贮水外，鼓励利用其它各种符合卫生要求的容器增加贮水量。

6.2.9 饮用水单独贮存的目的是：避免饮用水被挪用；防止饮用水被污染；有利于长期贮存水的再次消毒。

6.2.10 战时电源无保障的防空地下室，战时供水宜采用高位水箱供人员洗消用水，架高水箱供饮用水，使用干厕所，口部洗消采用手摇泵供水。战时的给水泵被列入二级供电负荷，如防空地下室设有自备电站或有人防区域电站，其战时的供电是有保障的，可不设手摇泵。

6.2.13 防护阀门是指为防冲击波及核生化战剂由管道进入工程内部而设置的阀门。根据试验，使用公称压力不小于 1.0MPa 的阀门，能满足防空地下室给排水管道的防护要求。目前的防爆波阀门只有防冲击波的作用，而该阀门无法防止核生化战剂由室外经管道渗入工程内。所以在进出防空地下室的管道上单独使用防爆波阀门时，不能同时满足防冲击波和核生化战剂的防护要求。由于防空地下室战时内部贮水能保障 7～15 天用水，可以在空袭报警时将给水引入管上的防护阀门关闭，截断与外界的连通，以防止冲击波和核生化战剂由管道进入工程内部。

6.2.14 防空地下室内防护阀门以后的管道，不受冲击波作用，宜采用与上部建筑相同材质的给水管材。

6.2.15 按本规范 6.1.2 的要求，已能满足管道穿防空地下室围护结构处的密闭和防水的要求。是否采取防震、防不均匀沉降的措施，宜根据地面建筑的体量及具体的地质条件等因素确定。

6.3 排　　水

6.3.1 为防止雨水倒灌等事故的发生，防空地下室宜采用机械排水。战时的排水泵被列入二级供电负荷，如防空地下室设有自备电站或有人防区域电站，其战时的供电是有保障的，可不设排水手摇泵。

6.3.2 在隔绝防护期间，为防止毒剂从人防围护结构可能存在的各种缝隙渗入，需维持室内空气比室外有一定的正压差。如果在此期间向外排水，会使防空地下室内部空间增大，空气密度减小，不利于维持超压，甚至形成负压，使毒剂渗入。故隔绝防护时间内，不允许向外排水。如防空地下室清洁区设自备内水源，在隔绝防护时间内能连续均匀向清洁区供水，在保证均匀排水量小于进水量的条件下，可向外排水，这时不会因排水而影响室内的超压。

6.3.5 隔绝防护时间内产生的生活污水量按战时掩蔽人员数、隔绝防护时间及战时生活饮用水量标准折算的平均小时用水量这三项的乘积计算。隔绝防护时间内产生的设备废水量按设备的小时补水量计算。

调节容积指水泵最低吸水水位与水泵启动水位之间的容积。贮备容积指水泵启动水位与水池最高水位之间的容积。在隔绝防护时间内，生活污废水贮存在贮备容积内。

6.3.8 由于战时生活污水集水池容积小，生活污水在池中停留时间短，战时污水池只要有通气管，污水池中产生的有害气体就不致累积至影响安全的浓度。该通气管不直接至室外的目的是为了在满足一定的卫生与安全要求下，便于临战时的施工及管理，提高防护的安全性。收集平时消防排水、地面冲洗排水等非生活污水的集水坑，如采用地沟方式集水时，可不需要设置通气管。防空地下室内通气管防护阀门以后的管段，在防护方面对管材无特殊要求。

6.3.9 各防护单元要求内部设备系统独立，排水系统也必须独立。

6.3.11 冲洗龙头供冲洗污水泵间使用，如附近有其它给水龙头可供使用，也可不设该冲洗龙头。

6.3.13 本条文是指有地形高差可以利用、不需设排水泵、全部依靠重力排出室内污废水的情况。在自流排水系统中，防爆化粪池、防毒消波槽起防毒、防冲击波的作用。而采用机械排水时，压力排水管上的阀门起防冲击波、防毒的作用。

对乙类防空地下室，不考虑防核爆冲击波的问题，自流排水的防毒主要靠水封措施，故不需要设防爆化粪池。

6.3.14 防空地下室围护结构以内的重力排水管道指敷设在结构底板以上回填层内的重力排水管或围护结构内明装的重力排水管。不允许塑料排水管敷设在结构底板中。

6.3.15 本条规定目的是减少集水池、污水泵的设置数量，降低造价。所指地面废水是特指平时排放的消防废水或地面冲洗废水。经过为本次规范修订进行的“管道穿板做法模拟核爆炸实验”结果，防爆地漏能满足本条文设定的防护及密闭要求，临战前也能方便地转换。接防爆地漏的排水管上，可以不设置阀门。

为防止有毒废水的污染，上层防护单元的战时洗消废水，不允许排入下层非同一防护单元的防空地下室。目前尚没有可靠的生活污水管道的临战转换措施，上一层的生活污水不允许排入下一层防空地下室。

6.4 洗　　消

6.4.1 人员洗消分淋浴洗消与简易洗消两种方式。简易洗消不需设淋浴龙头，可设 1～2 个洗脸盆，供进入防空地下室内的人员局部擦洗。本条中的人员洗消方式、洗消人员百分比是根据现行《战技要求》的规定制定的。

6.4.2 淋浴洗消时，淋浴器和洗脸盆成套设置。人员洗消用水贮水量按需洗消的人数及洗消用水量标准计算，不是按卫生器具计算的。热水供应量按卫生器具套数计算，一只淋浴器和一只洗脸盆计为一套。当计算的人员洗消用水量大于热水供应量时，热水供应量按淋浴器热水供水量计算，热水供应不够的部分只保证冷水供应。当计算的人员洗消用水量小于热水供应量时，热水供应量按人员洗消用水量计算，

6.4.5 当防空地下室战时主要出入口很长，口部染毒的墙面、地面需冲洗面积很大，计算的贮水量大于 $10m^3$ 时，按 $10m^3$ 计算，冲洗不到的部分，由防空专业队负责。洗消冲洗一次指水箱中只贮存 1 次冲洗的用水，如需要第二次冲洗，需要再次向水箱内补水。

6.4.8 无冲击波余压作用的排水管上，宜采用普通地漏，以节约造价。

6.5 柴油电站的给排水及供油

6.5.1 柴油发电机房采用水冷方式是指通过水喷雾或水冷风机等方式，降低柴油机房空气的温度，同时柴油发电机通过直流或循环供水方式进行冷却的方式。风冷方式是指通过大量进、排风来降低机房内温度，并对柴油机机头散热器进行冷却的冷却方式。

6.5.2 条文中规定的贮水时间是根据现行《战技要求》的规定制定的。如采用水冷方式，冷却水消耗量包括柴油发电机房冷却用水量及柴油发电机运行机组的冷却用水量。

6.5.3 柴油发电机冷却水出水管上设看水器的目的是为了观察管内是否有水流。常用的有滴水观测器和各种水流监视器。

6.5.4 移动式电站一般采用风冷却方式。冷却水箱内的贮水用于在柴油发电机组循环冷却水的水温过高时做补充。其冷却水单独贮存的目的是保证冷却水不被挪用，便于取用。如所选柴油发电机采用专用冷却液冷却，可不设柴油发电机冷却水补水箱。

6.5.7 柴油发电机房为染毒区、电站控制室为清洁区。

6.5.10 电站内贮油时间是根据现行《战技要求》的规定制定的。

6.6 平 战 转 换

6.6.1 生活饮用水在 3 天转换时限内充满的要求是依据现行《战技要求》制定的。在防空地下室清洁区内设置的供平时使用的消防水池，如使用的是钢筋混凝土水池，在战时也允许作为生

活饮用水水池使用。本规定的目的是降低工程造价及便于临战转换。由于战时掩蔽人员只是在短时间内饮用混凝土水池内的水，从混凝土生活饮用水水池在我国长期使用的历史分析，战时短时间内使用不会对人体健康造成影响。在临战前需要对水池进行必要的清洗、消毒，补充新鲜的城市自来水。该水池的用水可作为战时生活饮用水或洗消用水。

是否将消防水池设置在防空地下室内，还需根据具体工程消防系统的复杂程度、造价等因素综合考虑。如消防系统很复杂，需穿越防空地下室的管道多，则宜将消防水池放在非防护区。

6.6.2 二等人员掩蔽所中平时不使用的生活饮用水贮水箱，允许平时预留位置。可在临战时构筑的规定是出于如下考虑：首先是拼装式钢板水箱和玻璃钢水箱的技术，目前已经成熟、可靠，而且拼装的周期较短，货源又易于解决；二是战时使用的水箱一般容量较大，占用有效面积较多，如果平时不建水箱，可以提高平时面积使用率，具有明显的经济效益。但为使战时使用得以落实，故要求"必须一次完成施工图设计"；要求水箱进水管必须接到贮水间，溢流、放空排水有排放处。转换时限15天的要求是根据现行《战技要求》的规定制定的。

6.6.4 本条规定是为了便于临战转换及战后管道系统的恢复。

7 电 气

7.1 一 般 规 定

7.1.1 防空地下室内用电设备使用电压绝大多数在10kV以下，其中动力设备一般为380V，照明220V。较多的情况是直接引接220/380V低压电源，所以本条作此规定。

7.1.3 一般情况下，防空地下室比地面建筑容易潮湿。而且全国各地的气候温湿度差异很大，特别是沿海地区，若忽视防潮问题，就会影响人身安全和电气设备的寿命，所以本条规定了电气设备"应选用防潮性能好的定型产品"。

7.2 电 源

7.2.1 防空地下室平时和战时用途不同，故负荷区分为平时负荷和战时负荷，分别定为一级、二级和三级。

平时电力负荷等级主要用于对城市电力系统电源提出的供电要求。

战时电力负荷等级主要用于对内部电源提出的供电要求。

7.2.2 平时使用的防空地下室，若用电设备的用途与地面同类建筑相同时，其负荷分级除个别在本规范中另有规定外，其它均应遵照国家现行有关规定执行。

7.2.3 战时电力负荷分级的意义在于正确地反映出各等级负荷对供电可靠性要求的界限，以便选择符合战时的供电方式，满足战时各种用电设备的供电需要。

7.2.4 根据各类防空地下室战时各种用电设备的重要性，确定其战时电力负荷等级，表7.2.4战时常用设备电力负荷分级中：

1 应急照明包括疏散照明、安全照明和备用照明。

2 各类工程一级负荷中的"基本通信设备、应急通信设备、音响警报接收设备"一般指与外界进行联络所必不可少的通信联络报警设备。如与指挥工程、防空专业队工程、医疗救护工程之间的通信、报警设备。设备的用电量按本规范第7.8.6条要求。

3 各类工程二级负荷中"重要的风机、水泵"，一般指战时必不可缺少的进风机、排风机、循环风机、污水泵、废水泵、敞开式出入口的雨水泵等。

4 三种通风方式装置系统，指的是三种通风方式控制箱、指示灯箱等设备。

7.2.5 电力负荷分别按平时和战时两种情况计算，是为了分别确定平时和战时的供电电源容量。分别作为平时向供电部门申请供电电源容量和战时确定区域电站供给的用电量，同时又是区域电站选择柴油发电机组容量的依据。

7.2.7 地面建筑因平时使用需要而设置柴油发电机组作为平时的供电电源或应急电源使用，而平时使用需要的自备电源，无防护能力就可满足要求。但为了使其在战时也能发挥设备的作用，有条件时宜设置在防护区内，按战时区域内部电源设置。它除了供本工程用电外，在供电半径范围内还可供给周围防空地下室用电。当平时使用所需的柴油发电机组功率很大，与防空地下室所需用电量较小不相匹配时，或者当设置在防护区内因防护、通风、冷却、排烟等技术要求难于符合人防要求时，或经技术、经济比较不合理时，则柴油发电机组仍可按平时要求设置。

7.2.8 电力系统电源主要用于平时，为了降低防空地下室的造价，变压器一般设在室外。但对于用电负荷较大的大型防空地下室，变压器则宜设在室内，并靠近负荷中心。经计算分析，当容量在200kVA以上的变压器若设在室外时，则电压损失较大，或供电电缆截面过大，在经济上和技术上均不合理，故本条作此规定。

7.2.9 选用无油设备是为了符合消防要求。

7.2.10 汽油具有较大的挥发性，在防空地下室内使用汽油发电机组，极易发生火灾，所以从安全考虑，本条规定了"严禁使用汽油发电机组"。

7.2.11 本条是依据现行《战技要求》的有关规定制定的。

其中第2款建筑面积大于5000m² 应指以下几种情况：

1 新建单个防空地下室的建筑面积大于5000m²；

2 新建建筑小区各种类型的（救护站、防空专业队工程、人员掩蔽工程、配套工程等）多个单体防空地下室的建筑面积之和大于5000m²；

3 新建防空地下室与已建而又未引接内部电源的防空地下室的建筑面积之和大于5000m² 时。例如：某建筑小区一、二期人防工程的建筑面积小于5000m² 未设置电站，当建造第三期人防工程时，它的建筑面积与一、二期之和大于5000m² 时，应设置电站；

现在设置内部电站的要求相当明确，电站设在工程内部，靠近负荷中心；简化了供电系统，节省了电气设备投资，供电安全可靠，维修管理便捷。扩大了防空地下室设置电站的覆盖率，平战结合更为紧密。

7.2.12 中心医院，急救医院的建筑规模较大，内部医疗设备、设施较多，供电电源质量要求也较高，因此应在工程内部设置柴油发电机组。电站除保证本工程战时一级、二级负荷供电外，还宜作为区域电站，向邻近防空地下室一级、二级负荷供电。可减少城市中设置区域电站的数量，充分利用内部电站的作用。

为了提高内部电源的可靠性，本条还作了机组台数不应少于两台的规定，且对保证一级负荷供电有100%的备用量。

7.2.13 救护站、防空专业队工程、量大面广的人员掩蔽工程、配套工程，由于工程所处的环境和条件的不同，情况错综复杂，千变万化，针对此类工程，根据不同的条件，对电站的设置作出不同的配置模式，供设计时配套选择。

1 建筑面积大于5000m² 的防空地下室应设置内部电站，除供本工程供电还需兼作区域电站向邻近防空地下室一级、二级负荷供电，柴油发电机组总功率大于120kW时应设置固定电站，柴油发电机组的台数不应少于2台。对于大型人防工程也可按防护单元组合，设置若干个移动电站，分别给防护单元供电；

2 建筑面积大于5000m² 的防空地下室，因受到外界条件限制，只供本工程战时一级、二级负荷的内部电站，柴油发电机组总功率不大于120kW时，可设置移动电站，柴油发电机组的台数可设1～2台；

3 在同一建筑小区（一般指房产公司开发的一个规划小区）内建造多个防空地下室，或在低压供电半径范围内的多个防空地下室，其建筑面积之和大于5000m²时，也应设置内部电站或区域电站来保证战时一级、二级负荷供电，柴油发电机组总功率大于120kW时应设置固定电站，不大于120kW时可设置移动电站。

低压供电半径范围：220/380V的半径一般取500m左右；

4 对于建筑面积5000m²及以下的分散布置的防空地下室，可不设内部电站，但应对战时一级负荷需设置蓄电池组（UPS、EPS）自备电源，同时要引接区域电源来保证战时二级负荷的供电。确无区域电源的防空地下室，应设置蓄电池组（UPS、EPS）自备电源，供给一级、二级负荷用电，同时也可采用一些应急辅助措施，如采用手提式应急灯和手电筒等简易照明器材，和采用手摇、脚踏电动风机及手摇、电动水泵等，这是在困难情况下的一种应急辅助措施。

7.2.14 第1款是为保障每个防护单元在战时有相对的独立性，当相邻防护单元被破坏时，仍能独立使用；

第2款是为保障电力系统电源和内部电源能保证相互独立，互不影响而提出的，供电部门也有此要求；

第5款是为了保障防空地下室战时引接区域内部电源时方便、快速。

7.2.15 战时一级负荷必须应有二个独立的电源供电，但应以内部电源供电为主，电力系统的电源保证战时用电可靠性较差，失电的可能性极大。一级负荷容量较小时宜设置EPS、UPS蓄电池组电源。

战时二级负荷应引接区域电站电源或周围防空地下室的内部电站电源。无法引接时，应设置EPS、UPS蓄电池组电源。

战时的三级负荷相当于平时负荷，战时电力系统电源失去就不供电，如电热、空调等设备可不运转，只是使环境的条件有所下降，并不影响整个工程的战备功能。

7.2.16 防空地下室具有利用地面建筑自备电源设施的有利条件时，可作为战时人防辅助电源，如作为平时应急电源而设置的应急柴油发电机组，移动式拖车电站。只要地面建筑使用这些电源，防空地下室就应尽量利用这些电源，但只能作为电力系统的备用电源，不能作为人防内部电源。

7.2.17 封闭型的蓄电池组产品，密封性好，无有害气体泄出，对环境不会造成污染，对人员身体健康无影响。

7.2.18 防空地下室内设置EPS、UPS蓄电池组作为自备电源，其供电时间不应小于隔绝防护时间，因此电池的容量较大，这样产品的价格也较高，平时又无此用电要求，所以可不安装。平时应急电源的供电时间只要能满足消防要求即可。根据蓄电池组体积的大小，可设置在人防电源配电柜（箱）内，也可单独设柜。

7.3 配　电

7.3.1 内、外电源的转换开关一般应选用手动转换开关。

7.3.2 每个防护单元有独立的防护能力和使用功能。配电箱设置在清洁区的值班室或防化通信值班室内是为了管理、安全、操作、控制、使用方便。专业队装备掩蔽部、汽车库等室内无清洁区，配电箱可设置在染毒区内。

7.3.4 防空地下室的外墙、临空墙、防护密闭隔墙、密闭隔墙等，具有防护密闭功能，各类动力配电箱、照明箱、控制箱嵌墙暗装时，使墙体厚度减薄，会影响到防护密闭功能。所以在此类墙体上应采取挂墙明装。

7.3.5 各种电气设备必须保留就地控制的目的是：

1 集中控制或自动控制失灵时，仍可就地操作；

2 检修和维护的需要。在就地有解除集中和自动控制的措施，其目的是在检修设备时，防止设备运行，保障检修人员的安全。

7.3.6 在染毒情况下，人员要穿戴防毒器具才能到染毒区去操作，很不方便。因此对在战时需要检测、控制的设备，要求在清洁区内应能进行设备的检测、控制和操作。既安全又方便。

7.3.7 第1款：为了保证战时室内的人员安全，设置显示三种通风方式信号指示的独立系统。在不同的通风方式情况下，在重要的各地点均能及时显示工况，可起到控制人员出入防空地下室，转换操作有关通风机、密闭阀门等设备，实施通风方式转换，迅速、及时告知掩蔽人员。这些信号指示，通常以灯光和音响来显示。通风方式转换的指令应由上级指挥所发来或由本工程防化通信值班室实际检测后作出决定。

7.3.8 在防护密闭门外设置呼唤音响按钮，是指在滤毒式通风时，要实施控制人员出入，不同类型的防空地下室有不同的人数比例。当外部人员要进入防空地下室内之前，首先要得到内部值班管理人员的允许才能进入。而且还要经过洗消间或简易洗消间的洗消处理。为此需设置联络信号。

7.3.9 该条是根据现行《战技要求》中要求制定的。

7.4 线路敷设

7.4.1 进、出防空地下室的电气线路，动力回路选用电缆，口部照明回路选用护套线，主要是考虑其穿管时防护密闭措施比较容易，密闭效果好。

7.4.3 防空地下室有“防核武器、常规武器、生化武器”等要求，电气管线进出防空地下室的处理一定要与工程防护、密闭功能相一致，这些部位的防护、密闭相当重要，当管道密封不严密时，会造成漏气、漏毒等现象，甚至滤毒通风时室内形不成超压。

在防护密闭隔墙上的预埋管应根据工程抗力级别的不同，采取相应的防护密闭措施。在密闭墙上的预埋管采取密闭封堵措施。

穿过外墙、临空墙、防护密闭隔墙和密闭隔墙的电气预埋管线应选用管壁厚度不小于2.5mm的热镀锌钢管。在其它部位的管线可按有关地面建筑的设计规范或规定选用管材。

7.4.4 弱电线路一般选用多根导线穿管通过外墙、临空墙、防护密闭隔墙和密闭隔墙，由于多根导线在一起，会有空隙，就不易作密闭封堵处理。为了达到同样的密闭效果，因此采用密闭盒的模式，为了保证密闭效果，又规定了管径不得超过25mm，目的是控制管内穿线根数，如果管内穿线过多，会影响密闭效果。暗管密闭方式见图7-1。

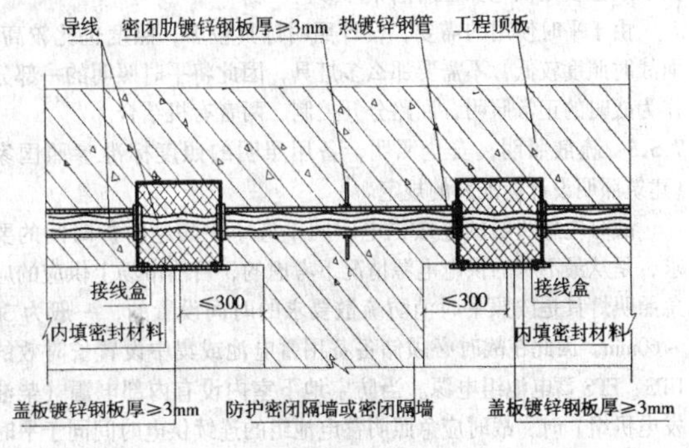

图7-1　暗管密闭方式

7.4.5 预留备用穿线钢管是为了供平时和战时可能增加的各种

动力、照明、内部电源、通信、自动检测等所需要。防止工程竣工后，因增加各种管线，在密闭隔墙上随便钻洞、打孔，影响到防空地下室的密闭和结构强度。

7.4.6 如果电缆桥架直接穿过临空墙、防护密闭隔墙和密闭隔墙，多根电缆穿在一个孔内，防空地下室的防护、密闭性能均被破坏。所以在此处位置穿墙时，必须改为电缆穿管方式。应该一根电缆穿一根管，并应符合防护和密闭要求。

7.4.7 各类母线槽是由铜汇流排用绝缘材料包裹绑扎而制成的，每层间是不密闭的，它要穿过密闭隔墙其内芯会漏气。所以应在穿过密闭隔墙段处，选用防护密闭型母线，该母线的线芯经过密封处理，能达到密闭的要求。

7.4.8 强电和弱电电缆直接由室外地下进、出防空地下室时，应防止互相干扰，需分别设置强电、弱电防爆波电缆井，在室外宜紧靠外墙设置防爆波电缆井。由地面建筑上部直接引下至防空地下室内时，可不设置防爆波电缆井，但电缆穿管应采取防护密闭措施。设置防爆波电缆井是为了防止冲击波沿着电缆进入防空地下室室内。

7.4.9 电力系统电源进入防空地下室的低压配电室内，由它配至各个防护单元的配电回路应独立，同样电站控制室至各个防护单元的配电回路也应独立，均以放射式配电。目的是为了保证各防护单元电源的独立性，互不影响，自成系统。

电缆线路的保护措施应与工程抗力级别一致，是为了保证受电端的供电可靠。目的是防止电缆破坏受损，防护单元失电。一般根据环境条件和抗力级别可采取电缆穿钢管明敷或暗敷，采用铠装电缆、组合式钢板电缆桥架等保护措施。

7.4.10 由于电缆管线采取战时封堵措施后，不便于平时管线的维护、更换，也影响到战时的防护密闭效果，而且临战封堵的工作量不很大，在规定的转换时限30d内完全能够完成，因此规定封堵措施在临战时实施。

对于平时有封堵要求的管线，仍应按平时要求实施，如防火分区间的管线封堵。

7.5 照　明

7.5.1 防空地下室一般净高较低，宜选用高效节能光源和长寿命的日光灯管，对环境潮湿的房间如洗消间、开水间等和少数特殊场所可选用白炽灯。

7.5.2 照明种类按国家标准《建筑照明设计标准》（GB 50034）划分为六种照明，考虑到警卫照明，障碍照明和节日照明，在防空地下室中基本没有，所以分为正常照明，应急照明和值班照明。值班照明是非工作时间为值班所设置的照明。

7.5.4 战时应急照明利用平时的应急照明，主要是功能一致，其区别主要是供电保证时间不一致。

由于平时使用的需要，设计照明灯具较多，照度也比较高，而战时照度较低，不需要那么多灯具，因此将平时照明的一部分作为战时的正常照明，回路分开控制，两者有机结合。

7.5.5 疏散照明，安全照明，备用照明的照度标准参照国家《建筑照明设计标准》的规定。

战时应急照明的连续供电时间不应小于隔绝防护时间的要求，是从最不利的供电电源情况下考虑的，目前市场上供应的应急照明灯具是按照平时消防疏散要求的时间设置的，一般为30～60min。因此在战时必须储备备用蓄电池或集中设置长时效的UPS、EPS蓄电池组电源。当防空地下室内设有内部电源（柴油发电机组）时，战时应急照明蓄电池组的连续供电时间同于平时消防疏散时间。

7.5.7 战时照度标准参照《建筑照明设计标准》中的规定，该标准对原有国家照度标准作了较大幅度的提高。本规范中的照度标准也作了适当的提高，但仍低于平时标准。

7.5.9～7.5.13 按照《人民防空工程防化设计规范》中要求。

7.5.14 选用重量较轻的灯具、卡口灯头、线吊或链吊灯头，是为了防止战时遭受袭击时，结构产生剧烈震动，造成灯具掉落伤人。

7.5.15 便于管理和使用，公共部分与房间分开，这样公共部分的灯具回路在节假日，下班后兼作值班照明。

7.5.16 当非防护区与防护区内照明灯具合用同一回路时，非防护区的照明灯具、线路战时一旦被破坏，发生短路会影响到防护区内的照明。

7.5.17 战时人员主要出入口是战时人员在三种通风方式时均能进、出的出入口，特别是在滤毒式通风时，人员只能从这个出入口进出，所以由防护密闭门以外直至地面的通道照明灯具电源应由防空地下室内部电源来保证。特别是位于地下多层的防空地下室，主要出入口至地面所通过的路径更长，更需要保证照明电源。

7.6 接　地

7.6.1 采用TN－S、TN－C－S接地保护系统，在防空地下室内部配电系统中，电源中性线（N）和保护线（PE）是分开的。保护线在正常情况下无电流通过，能使电气设备金属外壳近于零电位。对于潮湿环境的防空地下室，这种接地方式是适宜的。大多数防空地下室也是这样做的。

内部电源设有柴油发电机组应采用TN－S系统，引接区域电源宜采用TN－C－S系统。

考虑到各地区供电系统采用的接地型式不同，当电力系统电源和内部电源接地型式不一致时，应采取转换措施。

7.6.3 总等电位连接是接地故障保护的一项基本措施，它可以在发生接地故障时显著降低电气装置外露导电部分的预期接触电压，减少保护电器动作不可靠的危险性，消除或降低从建筑物蹿入电气装置外露导电部分上的危险电压的影响。

7.6.5 表7.6.5摘自《建筑电气工程施工质量验收规范》（GB50303）中表27.1.2线路最小允许截面（mm^2）。

7.6.7 第1款中接地装置“应利用防空地下室结构钢筋和桩基内钢筋”，这是实际使用中所取得的成功经验，它具有以下优点：

1 不需专设接地体、施工方便、节省投资；

2 钢筋在混凝土中不易腐蚀；

3 不会受到机械损伤，安全可靠，维护简单；

4 使用期限长，接地电阻比较稳定；

当接地电阻值不能满足要求时，由于在防空地下室内部能增设接地体的条件有限，所以需在防空地下室的外部增设接地体。室外接地体所处位置应设置在靠近地下室附近的潮湿地段，并考虑与室内接地体连接方便；

第2款中“纵横钢筋交叉点宜采用焊接”不是要求每个点都要焊接，而是间隔一定的距离，根据工程规模大小而定，一般宽度方向可取5～10m。长度方向可取10～20m。

7.6.9 由于防空地下室室内较为潮湿，空间小等原因，为保证人身安全和电气设备的正常工作，所以本条规定照明插座和潮湿场所的电气设备宜加设剩余电流保护器。

7.7 柴油电站

7.7.2 设置电站类型：

1 第1款：对于中心医院和急救医院要求设置固定电站，是由该工程在战时的重要性决定的；

2 第2款：救护站、防空专业队工程、人员掩蔽工程、配套工程等的电站类型是根据工程实际状况决定配置的，根据柴油发电机组容量决定电站类型。以柴油发电机组常用功率120kW为分界；当大于常用功率120kW时设固定电站，在120kW及以下时可设移动电站，固定电站比移动式电站的技术要求较高，通风冷却设施也较复杂，初投资和运行费用较移动电站高。移动电站较灵活，辅助设备也较简单，以风冷为主。另外对于规模大，用电量大的工程，为了提高供电可靠性，简化供电系统，减少建设初投资，可按防护单元组合，根据用电量设置多个移动电站。并尽可能构成供电网络，这更能提高供电的可靠性和安全性；

3 关于柴油电站机组的设置台数不宜超过4台和单机容量不宜超过300kW的规定，是因为机组台数过多，容量过大，对技术要求过高，管理复杂，目标过大，而且一旦受损涉及停电的范围过大；

4 移动电站的采用，主要是为解决防空地下室电站平时不安装机组，战时又必须设置自备电源而规定的，移动电站机动性大，用时牵引运进工程内部，不用时可拉出地面储存或另作他用。

7.7.3 同容量、同型号柴油发电机组便于布置、维护、操作和并联运行以及备品、备件的储存、替换等。

7.7.7 第2款、第3款，固定电站设有隔室操作功能，在控制室内需要全面了解和控制柴油发电机组的运行状况，而柴油发电机组是设置在染毒区，柴油发电机房与控制室设有密闭隔墙，因此按照现行《战技要求》中要求，需要在控制室（清洁区）内实现检测和控制。

7.7.8 柴油电站的设置是防空地下室的心脏设备，战时地面电力系统电源极不可靠，是遭受打击的目标，随时会造成局部或区域的大面积范围停电，而平时城市一般又不会发生停电，设置的柴油电站不需要经常运行，长期置于地下，维护管理不好，机组容易锈蚀损坏，不但没有经济效益，还要增加维护保养支出。为了协调这一矛盾，除中心医院、急救医院需平时安装到位外，其余类型工程的柴油电站均允许平战转换。由于甲、乙类工程的差异，所以甲、乙类工程柴油电站的转换内容也有区别。

条文中柴油电站的附属设备及管线，指设置在电站内的发电机组至各防护单元的人防电源总配电柜（箱）及由人防电源总配电柜（箱）引至各防护单元的电缆线路；通风、给排水的设备和管线。固定电站还需包括各种动力配电箱、信号联络箱等。

7.8 通 信

7.8.1～7.8.3 按照现行《战技要求》中要求，通信设备的配置由通信部门配置。

7.8.6 按表7.8.6中各类防空地下室中通信设备的电源最小容量要求，在人防电源配电箱中留有通信设备电源容量和专用配电回路，供战时通信引接。

7.8.7 战时通信设备线路引入的管线，应利用本规范第7.4.5条中在各人员出入口、连通口预埋的备用管，不需再增加预埋管，但通信防爆波电缆井中仍应预埋备用管。

附录B 常规武器地面爆炸动荷载

B.0.1 常规武器爆炸产生的空气冲击波最大超压、等冲量等效作用时间等参数，系根据相似理论由核武器爆炸空气冲击波的相应参数计算公式转换推导而来，部分系数由试验确定，该组公式在理论上和试验上均得到验证。

B.0.2 研究表明，顶板主要承受地面空气冲击波感生的地冲击作用，外墙主要承受直接地冲击作用。常规武器地面爆炸土中压缩波传播可简化为如图B-1所示。

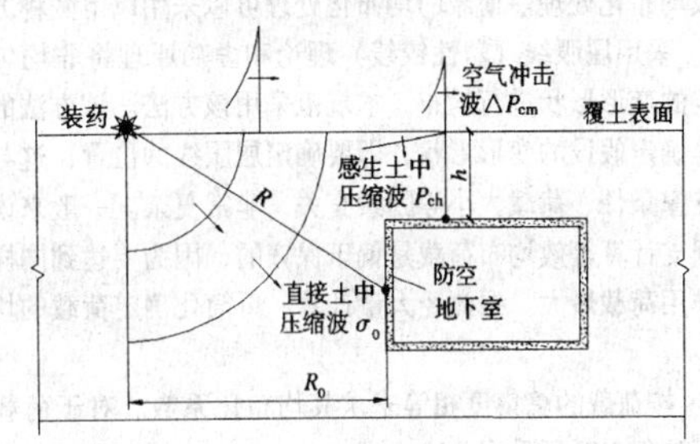

图B-1 常规武器地面爆炸土中压缩波传播示意图

1 感生地冲击

空气冲击波感生的地冲击荷载计算公式（B.0.2-1）是根据波传播理论及特征线解法推导而来，该公式既适用于作用时间较长的核武器爆炸土中压缩波最大压力计算，也适用于作用时间较短的常规武器地面爆炸土中压缩波最大压力计算。

考虑到该公式中的作用时间t_0为等冲量作用时间，与实际作用时间有所差别，因此结合试验数据与数值模拟对该公式进行了修正，即增加作用时间修正系数η，η可取1.5～2.0，非饱和土一般取大值，饱和土含气量小时取小值。

公式（B.0.2-1）反映了常规武器爆炸空气冲击波在松散软土（特别是非饱和土）中衰减非常快的特点，试验、数值模拟也基本反映了这一特点。对防常规武器5、6级的防空地下室来说，当顶板覆土达到一定厚度时，动荷载值相对较小，顶板设计通常由平时荷载组合控制，此时可不计入常规武器空气冲击波感生的土中压缩波荷载。

2 直接地冲击

公式（B.0.2-5）来自于《防常规武器设计原理》（美军TM5-585-1手册），并对其作了如下改进：

1 装药量应采用实际装药重量W，而不是等效TNT装药量。如果采用等效TNT装药量，必须进行转换，要除以1.35的当量系数；

2 关于波速c，TM5-855-1手册使用的是地震波速，公式（B.0.2-5）采用起始压力波速代替。一般来说，地震波速与弹性波速、起始压力波速接近，大于塑性波速。不采用塑性波速的主要原因在于常规武器爆炸作用下塑性波速随峰值压力、深度变化，不是一个定值，且很难测得准，而地震波速较易测得而且较准确。另外，大量研究表明，在计算地冲击荷载的到达时间或升压时间时，应使用起始压力波速；

3 关于衰减系数n，参考TM5-855-1手册并结合国内研究综合确定。一般来说，衰减系数n与起始压力波速（或声阻抗、含气量）有关，见表B-1。据此定出各类土壤的衰减系数，方便设计人员计算。

表B-1 衰减系数n

起始压力波速c(m/s)	声阻抗$\rho c\times10^6$（kg/(m^2·s)）	衰减系数n
180	0.27	3～3.25
300	0.50	2.75
490	1.0	2.5
550	1.08	2.5
1500	2.93	2.25～2.4
>1500	>3.4	1.5

B.0.3 由于常规武器地面爆炸空气冲击波随距离增大而迅速衰减，因此作用到顶板的感生地冲击荷载是一不均匀的荷载，需进行等效均布化处理。荷载的均布化处理可以采用以下两种方法：

1 采用屈服线（塑性铰线）理论和虚功原理将非均匀荷载按假定的变形形状进行均布，本规范采用该方法。该方法的首要任务是确定假设的变形形状，即要确定屈服线的位置，这与板的边界支撑条件、荷载大小等因素有关，非常复杂。一般来说，按四边固支计算等效均布荷载是偏于保守的，因为要达到同样的变形，作用荷载最大。据此经大量计算，可简化确定荷载的均布化系数；

2 按荷载的总集度相等来求其均布化系数。对于荷载分布差别不是很大时可采用此法。

经过计算可得：顶板荷载均布化系数 C_e，当顶板覆土厚度小于等于 0.5m 时，可取 1.0；当覆土厚度大于 0.5m 时，可取 0.9。

关于顶板综合反射系数 K_r：根据近年来国内外试验数据，当顶板覆土厚度较小时（≤0.5m），综合反射系数可取 1.0；当顶板覆土厚度大于 0.5m 时，此值大致在 1.5 左右。工程兵科研三所高强混凝土和钢纤维混凝土结构化爆试验以及工程兵工程学院的有关试验成果均证明了这一点。

B.0.4、B.0.5 首先根据弹性力学，将目标点处的自由场应力转换成沿结构平面的法向自由场应力，再计算作用到结构上的法向动荷载峰值。

由于直接地冲击荷载是一球面波荷载，因此作用到外墙上的荷载也是不均匀的，必须进行等效均布化处理。均布化处理方法与顶板相同。

关于外墙的综合反射系数 K_r，根据近年来国内外试验数据，如工程兵科研三所高强混凝土和钢纤维混凝土结构化爆试验以及工程兵工程学院的有关试验，此值大致在 1.5 左右。

B.0.6 当防空地下室顶板底面高出室外地面时，尚应计算常规武器地面爆炸空气冲击波对高出地面外墙的直接作用。常规武器地面爆炸空气冲击波直接作用在外墙上的水平均布动荷载峰值按正反射压力计算。

附录 D 无梁楼盖设计要点

D.2.2 原规范考虑到原《混凝土结构设计规范》（GBJ10－89）在抗冲切计算中过于保守，故把抗冲切承载力计算公式中系数由 0.6 提高到 0.65。现行《混凝土结构设计规范》（GB50010－2002）为提高构件抗冲切能力，将系数 0.6 提高到 0.7，并规定同时应计入二个折减系数 β_h 及 η。本条参考《混凝土结构设计规范》（GB50010－2002）对抗冲切计算公式进行了适当修改，以尽可能一致。

为使抗冲切钢筋不致配的过多，以确保抗冲切箍筋或弯起钢筋充分发挥作用，增加了板受冲切截面限制条件，相当于配置抗冲切钢筋后的抗冲切承载力不大于不配置抗冲切钢筋的抗冲切承载力的 1.5 倍。

D.3.4 按构造要求的最小配筋面积箍筋应配置在与 45°冲切破坏锥面相交范围内，且箍筋间距不应大于 $h_0/3$，再延长至 $1.5h_0$ 范围内。原规范提法不准确，故予以修改。

附录 E 钢筋混凝土反梁设计要点

根据清华大学的研究成果，反梁的正截面受弯承载能力与正梁相比没有变化，而斜截面受剪承载能力比正梁有明显下降，主要原因是反梁截面的剪应力分布与正梁有差异。

附录 F 消 波 系 统

为方便设计，本规范附录 A 给出了扩散室及扩散箱的内部空间最小尺寸。当按规定尺寸设计扩散室或选用扩散箱时，消波系统的余压均能满足允许余压要求，不需按本附录公式计算。

中华人民共和国国家标准

湿陷性黄土地区建筑规范

Code for building construction in collapsible loess regions

GB 50025—2004

主编部门：陕 西 省 计 划 委 员 会
批准部门：中华人民共和国建设部
施行日期：2 0 0 4 年 8 月 1 日

中华人民共和国建设部
公　　告

第 213 号

建设部关于发布国家标准《湿陷性黄土地区建筑规范》的公告

现批准《湿陷性黄土地区建筑规范》为国家标准，编号为：GB 50025—2004，自 2004 年 8 月 1 日起实施。其中，第 4.1.1、4.1.7、5.7.2、6.1.1、8.1.1、8.1.5、8.2.1、8.3.1（1）、8.3.2（1）、8.4.5、8.5.5、9.1.1 条(款)为强制性条文，必须严格执行。原《湿陷性黄土地区建筑规范》GBJ 25—90 同时废止。

本规范由建设部标准定额研究所组织中国建筑工业出版社出版发行。

中华人民共和国建设部

2004 年 3 月 1 日

前　　言

根据建设部建标[1998]94 号文下达的任务，由陕西省建筑科学研究设计院会同有关勘察、设计、科研和高校等 16 个单位组成修订组，对现行国家标准《湿陷性黄土地区建筑规范》GBJ 25—90(以下简称原规范)进行了全面修订。在修订期间，广泛征求了全国各有关单位的意见，经多次讨论和修改，最后由陕西省计划委员会组织审查定稿。

本次修订的《湿陷性黄土地区建筑规范》系统总结了我国湿陷性黄土地区四十多年来，特别是近十年来的科研成果和工程建设经验，并充分反映了实施原规范以来所取得的科研成果和建设经验。

原规范经修订后(以下简称本规范)分为总则、术语和符号、基本规定、勘察、设计、地基处理、既有建筑物的地基加固和纠倾、施工、使用与维护等 9 章、9 个附录，比原规范增加条文 3 章，减少附录 2 个。修改和增加的主要内容是：

1. 原规范附录一中的名词解释，通过修改和补充作为术语，列入本规范第 2 章；删除了饱和黄土，增加了压缩变形、湿陷变形、湿陷起始压力、湿陷系数、自重湿陷系数、自重湿陷量的实测值、自重湿陷量的计算值和湿陷量的计算值等术语。

2. 建筑物分类和建筑工程的设计措施等内容，经修改和补充后作为基本规定，独立为一章，放在勘察、设计的前面，体现了它在本规范中的重要性，并解决了各类建筑的名称出现在建筑物分类之后的问题。

3. 原规范中的附录六，通过修改和补充，将其放入本规范的第 4 章第 4 节“测定黄土湿陷性的试验”。

4. 将陕西关中地区的修正系数 β_0 由 0.70 改为 0.90，修改后自重湿陷量的计算值与实测值接近，对提高评定关中地区场地湿陷类型的准确性有实际意义。

5. 近年来，7、8 层的建筑不断增多，基底压力和地基压缩层深度相应增大，本次修订将非自重湿陷性黄土场地地基湿陷量的计算深度，由基底下 5m 改为累计至基底下 10m(或地基压缩层)深度止，并相应增大了勘探点的深度。

6. 划分场地湿陷类型和地基湿陷等级，采用现场试验的实测值和室内试验的计算值相结合的方法，在自重湿陷量的计算值和湿陷量的计算值分别引入修正系数 β_0 值和 β 值后，其计算值和实测值的差异显著缩小，从而进一步提高了湿陷性评价的准确性和可靠性。

7. 本规范取消了原规范在地基计算中规定的承载力的基本值、标准值和设计值以及附录十“黄土的承载力表”。

本规范在地基计算中规定的地基承载力特征值，可由勘察部门根据现场原位测试结果或结合当地经验与理论公式计算确定。

基础底面积，按正常使用极限状态下荷载效应的标准组合，并按修正后的地基承载力特征值确定。

8. 针对湿陷性黄土的特点，进一步明确了在湿陷性黄土场地采用桩基础的设计和计算等原则。

9. 根据场地湿陷类型、地基湿陷等级和建筑物类别，采取地基处理措施，符合因地因工程制宜，技术经济合理，对确保建筑物的安全使用有重要作用。

10. 增加了既有建筑物的地基加固和纠倾等内容，使今后开展这方面的工作有章可循。

11. 根据新搜集的资料，将原规范附录二中的“中国湿陷性黄土工程地质分区略图”及其附表 2-1 作了部分修改和补充。

原图经修改后，扩大了分区范围，填补了原规范分区图中未包括的有关省、区，便于勘察、设计人员进行场址选择或可行性研究时，对分区范围内黄土的厚度、湿陷性质、湿陷类型和分布情况有一个概括的了解和认识。

12. 在本规范附录 J 中，增加了检验或测定垫层、强夯和挤密等方法处理地基的承载力及有关变形参数的静载荷试验要点。

原规范通过全面修订，增加了一些新的内容，更加系统和完善，符合我国国情和湿陷性黄土地区的特点，体现了我国现行的建设政策和技术政策。本规范实施后对全面指导我国湿陷性黄土地区的建设，确保工程质量，防止和减少地基湿陷事故，都将产生显著的技术经济效益和社会效益。

本规范中以黑体字标志的条文为强制性条文，必须严格执行。本规范由建设部负责管理和对强制性条文的解释，陕西省建筑科学研究设计院负责具体技术内容的解释。在执行过程中，请各单位结合工程实践，认真总结经验，如发现需要修改或补充之处，请将意见和建议寄陕西省建筑科学研究设计院（地址：陕西省西安市环城西路 272 号，邮政编码：710082）。

本规范主编单位：陕西省建筑科学研究设计院

本规范参编单位：机械工业部勘察研究院
西北综合勘察设计研究院
甘肃省建筑科学研究院
山西省建筑设计研究院
国家电力公司西北勘测设计研究院
中国建筑西北设计研究院
西安建筑科技大学
山西省勘察设计研究院
甘肃省建筑设计研究院
山西省电力勘察设计研究院
兰州有色金属建筑研究院
国家电力公司西北电力设计院
新疆建筑设计研究院
陕西省建筑设计研究院
中国石化集团公司兰州设计院

主要起草人：罗宇生（以下按姓氏笔画排列）
文　君　田春显　刘厚健　朱武卫
任会明　汪国烈　张　敷　张苏民
沈励操　杨静玲　邵　平　张豫川
张　炜　李建春　林在贯　郑永强
武　力　赵祖禄　郭志勇　高永贵
高凤熙　程万平　滕文川　罗金林

目　次

1 总　　则

1.0.1 为确保湿陷性黄土地区建筑物(包括构筑物)的安全与正常使用，做到技术先进，经济合理，保护环境，制定本规范。

1.0.2 本规范适用于湿陷性黄土地区建筑工程的勘察、设计、地基处理、施工、使用与维护。

1.0.3 在湿陷性黄土地区进行建设，应根据湿陷性黄土的特点和工程要求，因地制宜，采取以地基处理为主的综合措施，防止地基湿陷对建筑物产生危害。

1.0.4 湿陷性黄土地区的建筑工程，除应执行本规范的规定外，尚应符合有关现行的国家强制性标准的规定。

2 术 语 和 符 号

2.1 术　　语

2.1.1 湿陷性黄土　collapsible loess

在一定压力下受水浸湿，土结构迅速破坏，并产生显著附加下沉的黄土。

2.1.2 非湿陷性黄土　noncollapsible loess

在一定压力下受水浸湿，无显著附加下沉的黄土。

2.1.3 自重湿陷性黄土　loess collapsible under overburden pressure

在上覆土的自重压力下受水浸湿，发生显著附加下沉的湿陷性黄土。

2.1.4 非自重湿陷性黄土　loess noncollapsible under overburden pressure

在上覆土的自重压力下受水浸湿，不发生显著附加下沉的湿陷性黄土。

2.1.5 新近堆积黄土　recently deposited loess

沉积年代短，具高压缩性，承载力低，均匀性差，在50～150kPa压力下变形较大的全新世(Q_4^2)黄土。

2.1.6 压缩变形　compression deformation

天然湿度和结构的黄土或其他土，在一定压力下所产生的下沉。

2.1.7 湿陷变形　collapse deformation

湿陷性黄土或具有湿陷性的其他土(如欠压实的素填土、杂填土等)，在一定压力下，下沉稳定后，受水浸湿所产生的附加下沉。

2.1.8 湿陷起始压力　initial collapse pressure

湿陷性黄土浸水饱和，开始出现湿陷时的压力。

2.1.9 湿陷系数　coefficient of collapsibility

单位厚度的环刀试样，在一定压力下，下沉稳定后，试样浸水饱和所产生的附加下沉。

2.1.10 自重湿陷系数　coefficient of collapsibility under overburden pressure

单位厚度的环刀试样，在上覆土的饱和自重压力下，下沉稳定后，试样浸水饱和所产生的附加下沉。

2.1.11 自重湿陷量的实测值　measured collapse under overburden pressure

在湿陷性黄土场地，采用试坑浸水试验，全部湿陷性黄土层浸水饱和所产生的自重湿陷量。

2.1.12 自重湿陷量的计算值　computed collapse under overburden pressure

采用室内压缩试验，根据不同深度的湿陷性黄土试样的自重湿陷系数，考虑现场条件计算而得的自重湿陷量的累计值。

2.1.13 湿陷量的计算值　computed collapse

采用室内压缩试验，根据不同深度的湿陷性黄土试样的湿陷系数，考虑现场条件计算而得的湿陷量的累计值。

2.1.14 剩余湿陷量　remnant collapse

将湿陷性黄土地基湿陷量的计算值，减去基底下拟处理土层的湿陷量。

2.1.15 防护距离　protection distance

防止建筑物地基受管道、水池等渗漏影响的最小距离。

2.1.16 防护范围　area of protection

建筑物周围防护距离以内的区域。

2.2 符　　号

A——基础底面积

a——压缩系数

b——基础底面的宽度

d——基础埋置深度，桩身(或桩孔)直径

E_s——压缩模量

e——孔隙比

f_a——修正后的地基承载力特征值

f_{ak}——地基承载力特征值

I_p——塑性指数

l——基础底面的长度，桩身长度

p_k——相应于荷载效应标准组合基础底面的平均压力值

p_0——基础底面的平均附加压力值

p_{sh}——湿陷起始压力值

q_{pa}——桩端土的承载力特征值

q_{sa}——桩周土的摩擦力特征值

R_a——单桩竖向承载力特征值

S_r——饱和度

w——含水量

w_L——液限

w_p——塑限

w_{op}——最优含水量

γ——土的重力密度，简称重度

γ_0——基础底面以上土的加权平均重度，地下水位以下取有效重度

θ——地基的压力扩散角

η_b——基础宽度的承载力修正系数

η_d——基础埋深的承载力修正系数

ψ_s——沉降计算经验系数

δ_s——湿陷系数

δ_{zs}——自重湿陷系数

Δ_{zs}——自重湿陷量的计算值

Δ'_{zs}——自重湿陷量的实测值

Δ_s——湿陷量的计算值

β_0——因地区土质而异的修正系数

β——考虑地基受水浸湿的可能性和基底下土的侧向挤出等因素的修正系数

3 基本规定

3.0.1 拟建在湿陷性黄土场地上的建筑物，应根据其重要性、地基受水浸湿可能性的大小和在使用期间对不均匀沉降限制的严格程度，分为甲、乙、丙、丁四类，并应符合表3.0.1的规定。

表3.0.1 建筑物分类

建筑物分类	各类建筑的划分
甲 类	高度大于60m和14层及14层以上体型复杂的建筑 高度大于50m的构筑物 高度大于100m的高耸结构 特别重要的建筑 地基受水浸湿可能性大的重要建筑 对不均匀沉降有严格限制的建筑
乙 类	高度为24～60m的建筑 高度为30～50m的构筑物 高度为50～100m的高耸结构 地基受水浸湿可能性较大的重要建筑 地基受水浸湿可能性大的一般建筑
丙 类	除乙类以外的一般建筑和构筑物
丁 类	次要建筑

当建筑物各单元的重要性不同时，可根据各单元的重要性划分为不同类别。甲、乙、丙、丁四类建筑的划分，可结合本规范附录E确定。

3.0.2 防止或减小建筑物地基浸水湿陷的设计措施，可分为下列三种：

1 地基处理措施

消除地基的全部或部分湿陷量，或采用桩基础穿透全部湿陷性黄土层，或将基础设置在非湿陷性黄土层上。

2 防水措施

1)基本防水措施：在建筑物布置、场地排水、屋面排水、地面防水、散水、排水沟、管道敷设、管道材料和接口等方面，应采取措施防止雨水或生产、生活用水的渗漏。

2)检漏防水措施：在基本防水措施的基础上，对防护范围内的地下管道，应增设检漏管沟和检漏井。

3)严格防水措施：在检漏防水措施的基础上，应提高防水地面、排水沟、检漏管沟和检漏井等设施的材料标准，如增设可靠的防水层、采用钢筋混凝土排水沟等。

3 结构措施

减小或调整建筑物的不均匀沉降，或使结构适应地基的变形。

3.0.3 对甲类建筑和乙类中的重要建筑，应在设计文件中注明沉降观测点的位置和观测要求，并应注明在施工和使用期间进行沉降观测。

3.0.4 对湿陷性黄土场地上的建筑物和管道，在设计文件中应附有使用与维护说明。建筑物交付使用后，有关方面必须按本规范第9章的有关规定进行维护和检修。

3.0.5 在湿陷性黄土地区的非湿陷性土场地上设计建筑地基基础，应按现行国家标准《建筑地基基础设计规范》GB 50007的有关规定执行。

4 勘 察

4.1 一般规定

4.1.1 在湿陷性黄土场地进行岩土工程勘察应查明下列内容，并应结合建筑物的特点和设计要求，对场地、地基作出评价，对地基处理措施提出建议。

1 黄土地层的时代、成因；

2 湿陷性黄土层的厚度；

3 湿陷系数、自重湿陷系数和湿陷起始压力随深度的变化；

4 场地湿陷类型和地基湿陷等级的平面分布；

5 变形参数和承载力；

6 地下水等环境水的变化趋势；

7 其他工程地质条件。

4.1.2 中国湿陷性黄土工程地质分区，可按本规范附录A划分。

4.1.3 勘察阶段可分为场址选择或可行性研究、初步勘察、详细勘察三个阶段。各阶段的勘察成果应符合各相应设计阶段的要求。

对场地面积不大，地质条件简单或有建筑经验的地区，可简化勘察阶段，但应符合初步勘察和详细勘

察两个阶段的要求。

对工程地质条件复杂或有特殊要求的建筑物，必要时应进行施工勘察或专门勘察。

4.1.4 编制勘察工作纲要，应按下列条件和要求进行：

1 不同的勘察阶段；

2 场地及其附近已有的工程地质资料和地区建筑经验；

3 场地工程地质条件的复杂程度，特别是黄土层的分布和湿陷性变化特点；

4 工程规模，建筑物的类别、特点，设计和施工要求。

4.1.5 场地工程地质条件的复杂程度，可分为以下三类：

1 简单场地：地形平缓，地貌、地层简单，场地湿陷类型单一，地基湿陷等级变化不大；

2 中等复杂场地：地形起伏较大，地貌、地层较复杂，局部有不良地质现象发育，场地湿陷类型、地基湿陷等级变化较复杂；

3 复杂场地：地形起伏很大，地貌、地层复杂，不良地质现象广泛发育，场地湿陷类型、地基湿陷等级分布复杂，地下水位变化幅度大或变化趋势不利。

4.1.6 工程地质测绘，除应符合一般要求外，还应包括下列内容：

1 研究地形的起伏和地面水的积聚、排泄条件，调查洪水淹没范围及其发生规律；

2 划分不同的地貌单元，确定其与黄土分布的关系，查明湿陷凹地、黄土溶洞、滑坡、崩坍、冲沟、泥石流及地裂缝等不良地质现象的分布、规模、发展趋势及其对建设的影响；

3 划分黄土地层或判别新近堆积黄土，应分别符合本规范附录B或附录C的规定；

4 调查地下水位的深度、季节性变化幅度、升降趋势及其与地表水体、灌溉情况和开采地下水强度的关系；

5 调查既有建筑物的现状；

6 了解场地内有无地下坑穴，如古墓、井、坑、穴、地道、砂井和砂巷等。

4.1.7 采取不扰动土样，必须保持其天然的湿度、密度和结构，并应符合Ⅰ级土样质量的要求。

在探井中取样，竖向间距宜为1m，土样直径不宜小于120mm；在钻孔中取样，应严格按本规范附录D的要求执行。

取土勘探点中，应有足够数量的探井，其数量应为取土勘探点总数的1/3～1/2，并不宜少于3个。探井的深度宜穿透湿陷性黄土层。

4.1.8 勘探点使用完毕后，应立即用原土分层回填夯实，并不应小于该场地天然黄土的密度。

4.1.9 对黄土工程性质的评价，宜采用室内试验和原位测试成果相结合的方法。

4.1.10 对地下水位变化幅度较大或变化趋势不利的地段，应从初步勘察阶段开始进行地下水位动态的长期观测。

4.2 现 场 勘 察

4.2.1 场址选择或可行性研究勘察阶段，应进行下列工作：

1 搜集拟建场地有关的工程地质、水文地质资料及地区的建筑经验；

2 在搜集资料和研究的基础上进行现场调查，了解拟建场地的地形地貌和黄土层的地质时代、成因、厚度、湿陷性，有无影响场地稳定的不良地质现象和地质环境等问题；

3 对工程地质条件复杂，已有资料不能满足要求时，应进行必要的工程地质测绘、勘察和试验等工作；

4 本阶段的勘察成果，应对拟建场地的稳定性和适宜性作出初步评价。

4.2.2 初步勘察阶段，应进行下列工作：

1 初步查明场地内各土层的物理力学性质、场地湿陷类型、地基湿陷等级及其分布，预估地下水位的季节性变化幅度和升降的可能性；

2 初步查明不良地质现象和地质环境等问题的成因、分布范围，对场地稳定性的影响程度及其发展趋势；

3 当工程地质条件复杂，已有资料不符合要求时，应进行工程地质测绘，其比例尺可采用1∶1000～1∶5000。

4.2.3 初步勘察勘探点、线、网的布置，应符合下列要求：

1 勘探线应按地貌单元的纵、横线方向布置，在微地貌变化较大的地段予以加密，在平缓地段可按网格布置。初步勘察勘探点的间距，宜按表4.2.3确定。

表 4.2.3 初步勘察勘探点的间距(m)

场 地 类 别	勘探点间距	场 地 类 别	勘探点间距
简单场地	120～200	复杂场地	50～80
中等复杂场地	80～120		

2 取土和原位测试的勘探点，应按地貌单元和控制性地段布置，其数量不得少于全部勘探点的1/2。

3 勘探点的深度应根据湿陷性黄土层的厚度和地基压缩层深度的预估值确定，控制性勘探点应有一定数量的取土勘探点穿透湿陷性黄土层。

4 对新建地区的甲类建筑和乙类中的重要建筑，应按本规范4.3.8条进行现场试坑浸水试验，并应按自重湿陷量的实测值判定场地湿陷类型。

5 本阶段的勘察成果，应查明场地湿陷类型，为确定建筑物总平面的合理布置提供依据，对地基基础方案、不良地质现象和地质环境的防治提供参数与建议。

4.2.4 详细勘察阶段，应进行下列工作：

1 详细查明地基土层及其物理力学性质指标，确定场地湿陷类型、地基湿陷等级的平面分布和承载力。

2 勘探点的布置，应根据总平面和本规范3.0.1条划分的建筑物类别以及工程地质条件的复杂程度等因素确定。详细勘察勘探点的间距，宜按表4.2.4-1确定。

表 4.2.4-1 详细勘察勘探点的间距(m)

场地类别 \ 建筑类别	甲	乙	丙	丁
简单场地	30～40	40～50	50～80	80～100
中等复杂场地	20～30	30～40	40～50	50～80
复杂场地	10～20	20～30	30～40	40～50

3 在单独的甲、乙类建筑场地内，勘探点不应少于4个。

4 采取不扰动土样和原位测试的勘探点不得少于全部勘探点的2/3，其中采取不扰动土样的勘探点不宜少于1/2。

5 勘探点的深度应大于地基压缩层的深度，并应符合表4.2.4-2的规定或穿透湿陷性黄土层。

表 4.2.4-2 勘探点的深度(m)

湿陷类型	非自重湿陷性黄土场地	自重湿陷性黄土场地	
		陇西、陇东—陕北—晋西地区	其他地区
勘探点深度(自基础底面算起)	>10	>15	>10

4.2.5 详细勘察阶段的勘察成果，应符合下列要求：

1 按建筑物或建筑群提供详细的岩土工程资料和设计所需的岩土技术参数，当场地地下水位有可能上升至地基压缩层的深度以内时，宜提供饱和状态下的强度和变形参数。

2 对地基作出分析评价，并对地基处理、不良地质现象和地质环境的防治等方案作出论证和建议。

3 对深基坑应提供坑壁稳定性和抽、降水等所需的计算参数，并分析对邻近建筑物的影响。

4 对桩基工程的桩型、桩的长度和桩端持力层深度提出合理建议，并提供设计所需的技术参数及单桩竖向承载力的预估值。

5 提出施工和监测的建议。

4.3 测定黄土湿陷性的试验

4.3.1 测定黄土湿陷性的试验，可分为室内压缩试验、现场静载荷试验和现场试坑浸水试验三种。

（Ⅰ）室内压缩试验

4.3.2 采用室内压缩试验测定黄土的湿陷系数 δ_s、自重湿陷系数 δ_{zs} 和湿陷起始压力 p_{sh}，均应符合下列要求：

1 土样的质量等级应为Ⅰ级不扰动土样；

2 环刀面积不应小于5000mm²，使用前应将环刀洗净风干，透水石应烘干冷却；

3 加荷前，应将环刀试样保持天然湿度；

4 试样浸水宜用蒸馏水；

5 试样浸水前和浸水后的稳定标准，应为每小时的下沉量不大于0.01mm。

4.3.3 测定湿陷系数除应符合4.3.2条的规定外，还应符合下列要求：

1 分级加荷至试样的规定压力，下沉稳定后，试样浸水饱和，附加下沉稳定，试验终止。

2 在0～200kPa压力以内，每级增量宜为50kPa；大于200kPa压力，每级增量宜为100kPa。

3 湿陷系数 δ_s 值，应按下式计算：

$$\delta_s = \frac{h_p - h'_p}{h_0} \tag{4.3.3}$$

式中 h_p——保持天然湿度和结构的试样，加至一定压力时，下沉稳定后的高度(mm)；

h'_p——上述加压稳定后的试样，在浸水(饱和)作用下，附加下沉稳定后的高度(mm)；

h_0——试样的原始高度(mm)。

4 测定湿陷系数 δ_s 的试验压力，应自基础底面(如基底标高不确定时，自地面下1.5m)算起：

1)基底下10m以内的土层应用200kPa，10m以下至非湿陷性黄土层顶面，应用其上覆土的饱和自重压力(当大于300kPa压力时，仍应用300kPa)；

2)当基底压力大于300kPa时，宜用实际压力；

3)对压缩性较高的新近堆积黄土，基底下5m以内的土层宜用100～150kPa压力，5～10m和10m以下至非湿陷性黄土层顶面，应分别用200kPa和上覆土的饱和自重压力。

4.3.4 测定自重湿陷系数除应符合4.3.2条的规定外，还应符合下列要求：

1 分级加荷，加至试样上覆土的饱和自重压力，下沉稳定后，试样浸水饱和，附加下沉稳定，试验终止；

2　试样上覆土的饱和密度，可按下式计算：

$$\rho_s=\rho_d\left(1+\frac{S_r e}{d_s}\right) \quad (4.3.4\text{-}1)$$

式中　ρ_s——土的饱和密度(g/cm³)；

ρ_d——土的干密度(g/cm³)；

S_r——土的饱和度，可取 $S_r=85\%$；

e——土的孔隙比；

d_s——土粒相对密度；

3　自重湿陷系数 δ_{zs} 值，可按下式计算：

$$\delta_{zs}=\frac{h_z-h'_z}{h_0} \quad (4.3.4\text{-}2)$$

式中　h_z——保持天然湿度和结构的试样，加压至该试样上覆土的饱和自重压力时，下沉稳定后的高度(mm)；

h'_z——上述加压稳定后的试样，在浸水(饱和)作用下，附加下沉稳定后的高度(mm)；

h_0——试样的原始高度(mm)。

4.3.5　测定湿陷起始压力除应符合 4.3.2 条的规定外，还应符合下列要求：

1　可选用单线法压缩试验或双线法压缩试验。

2　从同一土样中所取环刀试样，其密度差值不得大于 0.03g/cm³。

3　在 0～150kPa 压力以内，每级增量宜为 25～50kPa，大于 150kPa 压力每级增量宜为 50～100kPa。

4　单线法压缩试验不应少于 5 个环刀试样，均在天然湿度下分级加荷，分别加至不同的规定压力，下沉稳定后，各试样浸水饱和，附加下沉稳定，试验终止。

5　双线法压缩试验，应按下列步骤进行：

1)应取 2 个环刀试样，分别对其施加相同的第一级压力，下沉稳定后应将 2 个环刀试样的百分表读数调整一致，调整时并应考虑各仪器变形量的差值。

2)应将上述环刀试样中的一个试样保持在天然湿度下分级加荷，加至最后一级压力，下沉稳定后，试样浸水饱和，附加下沉稳定，试验终止。

3)应将上述环刀试样中的另一个试样浸水饱和，附加下沉稳定后，在浸水饱和状态下分级加荷，下沉稳定后继续加荷，加至最后一级压力，下沉稳定，试验终止。

4)当天然湿度的试样，在最后一级压力下浸水饱和，附加下沉稳定后的高度与浸水饱和试样在最后一级压力下的下沉稳定后的高度不一致，且相对差值不大于 20%时，应以前者的结果为准，对浸水饱和试样的试验结果进行修正；如相对差值大于 20%时，应重新试验。

(Ⅱ)现场静载荷试验

4.3.6　在现场测定湿陷性黄土的湿陷起始压力，可采用单线法静载荷试验或双线法静载荷试验，并应分别符合下列要求：

1　单线法静载荷试验：在同一场地的相邻地段和相同标高，应在天然湿度的土层上设 3 个或 3 个以上静载荷试验，分级加压，分别加至各自的规定压力，下沉稳定后，向试坑内浸水至饱和，附加下沉稳定后，试验终止；

2　双线法静载荷试验：在同一场地的相邻地段和相同标高，应设 2 个静载荷试验。其中 1 个应设在天然湿度的土层上分级加压，加至规定压力，下沉稳定后，试验终止；另 1 个应设在浸水饱和的土层上分级加压，加至规定压力，附加下沉稳定后，试验终止。

4.3.7　在现场采用静载荷试验测定湿陷性黄土的湿陷起始压力，尚应符合下列要求：

1　承压板的底面积宜为 0.50m²，试坑边长或直径应为承压板边长或直径的 3 倍，安装载荷试验设备时，应注意保持试验土层的天然湿度和原状结构，压板底面下宜用 10～15mm 厚的粗、中砂找平。

2　每级加压增量不宜大于 25kPa，试验终止压力不应小于 200kPa。

3　每级加压后，按每隔 15、15、15、15min 各测读 1 次下沉量，以后为每隔 30min 观测 1 次，当连续 2h 内，每 1h 的下沉量小于 0.10mm 时，认为压板下沉已趋稳定，即可加下一级压力。

4　试验结束后，应根据试验记录，绘制判定湿陷起始压力的 p-s_s 曲线图。

(Ⅲ)现场试坑浸水试验

4.3.8　在现场采用试坑浸水试验确定自重湿陷量的实测值，应符合下列要求：

1　试坑宜挖成圆(或方)形，其直径(或边长)不应小于湿陷性黄土层的厚度，并不应小于 10m；试坑深度宜为 0.50m，最深不应大于 0.80m。坑底宜铺 100mm 厚的砂、砾石。

2　在坑底中部及其他部位，应对称设置观测自重湿陷的深标点，设置深度及数量宜按各湿陷性黄土层顶面深度及分层数确定。在试坑底部，由中心向坑边以不少于 3 个方向，均匀设置观测自重湿陷的浅标点；在试坑外沿浅标点方向 10～20m 范围内设置地面观测标点，观测精度为±0.10mm。

3　试坑内的水头高度不宜小于 300mm，在浸水过程中，应观测湿陷量、耗水量、浸湿范围和地面裂缝。湿陷稳定可停止浸水，其稳定标准为最后 5d 的平均湿陷量小于 1mm/d。

4　设置观测标点前，可在坑底面打一定数量及深度的渗水孔，孔内应填满砂砾。

5　试坑内停止浸水后，应继续观测不少于 10d，且连续 5d 的平均下沉量不大于 1mm/d，试验终止。

4.4 黄土湿陷性评价

4.4.1 黄土的湿陷性，应按室内浸水(饱和)压缩试验，在一定压力下测定的湿陷系数 δ_s 进行判定，并应符合下列规定：

1 当湿陷系数 δ_s 值小于 0.015 时，应定为非湿陷性黄土；

2 当湿陷系数 δ_s 值等于或大于 0.015 时，应定为湿陷性黄土。

4.4.2 湿性黄土的湿陷程度，可根据湿陷系数 δ_s 值的大小分为下列三种：

1 当 $0.015 \leqslant \delta_s \leqslant 0.03$ 时，湿陷性轻微；

2 当 $0.03 < \delta_s \leqslant 0.07$ 时，湿陷性中等；

3 当 $\delta_s > 0.07$ 时，湿陷性强烈。

4.4.3 湿陷性黄土场地的湿陷类型，应按自重湿陷量的实测值 Δ'_{zs} 或计算值 Δ_{zs} 判定，并应符合下列规定：

1 当自重湿陷量的实测值 Δ'_{zs} 或计算值 Δ_{zs} 小于或等于 70mm 时，应定为非自重湿陷性黄土场地；

2 当自重湿陷量的实测值 Δ'_{zs} 或计算值 Δ_{zs} 大于 70mm 时，应定为自重湿陷性黄土场地；

3 当自重湿陷量的实测值和计算值出现矛盾时，应按自重湿陷量的实测值判定。

4.4.4 湿陷性黄土场地自重湿陷量的计算值 Δ_{zs}，应按下式计算：

$$\Delta_{zs} = \beta_0 \sum_{i=1}^{n} \delta_{zsi} h_i \tag{4.4.4}$$

式中 δ_{zsi}——第 i 层土的自重湿陷系数；

h_i——第 i 层土的厚度(mm)；

β_0——因地区土质而异的修正系数，在缺乏实测资料时，可按下列规定取值：

1)陇西地区取 1.50；

2)陇东—陕北—晋西地区取 1.20；

3)关中地区取 0.90；

4)其他地区取 0.50。

自重湿陷量的计算值 Δ_{zs}，应自天然地面(当挖、填方的厚度和面积较大时，应自设计地面)算起，至其下非湿陷性黄土层的顶面止，其中自重湿陷系数 δ_{zs} 值小于 0.015 的土层不累计。

4.4.5 湿陷性黄土地基受水浸湿饱和，其湿陷量的计算值 Δ_s 应符合下列规定：

1 湿陷量的计算值 Δ_s，应按下式计算：

$$\Delta_s = \sum_{i=1}^{n} \beta \delta_{si} h_i \tag{4.4.5}$$

式中 δ_{si}——第 i 层土的湿陷系数；

h_i——第 i 层土的厚度(mm)；

β——考虑基底下地基土的受水浸湿可能性和侧向挤出等因素的修正系数，在缺乏实测资料时，可按下列规定取值：

1)基底下 0～5m 深度内，取 $\beta=1.50$；

2)基底下 5～10m 深度内，取 $\beta=1$；

3)基底下 10m 以下至非湿陷性黄土层顶面，在自重湿陷性黄土场地，可取工程所在地区的 β_0 值。

2 湿陷量的计算值 Δ_s 的计算深度，应自基础底面(如基底标高不确定时，自地面下 1.50m)算起；在非自重湿陷性黄土场地，累计至基底下 10m(或地基压缩层)深度止；在自重湿陷性黄土场地，累计至非湿陷黄土层的顶面止。其中湿陷系数 δ_s(10m 以下为 δ_{zs})小于 0.015 的土层不累计。

4.4.6 湿陷性黄土的湿陷起始压力 p_{sh} 值，可按下列方法确定：

1 当按现场静载荷试验结果确定时，应在 p-s_s(压力与浸水下沉量)曲线上，取其转折点所对应的压力作为湿陷起始压力值。当曲线上的转折点不明显时，可取浸水下沉量(s_s)与承压板直径(d)或宽度(b)之比值等于 0.017 所对应的压力作为湿陷起始压力值。

2 当按室内压缩试验结果确定时，在 p-δ_s 曲线上宜取 $\delta_s=0.015$ 所对应的压力作为湿陷起始压力值。

4.4.7 湿陷性黄土地基的湿陷等级，应根据湿陷量的计算值和自重湿陷量的计算值等因素，按表 4.4.7 判定。

表 4.4.7 湿陷性黄土地基的湿陷等级

湿陷类型 / Δ_{zs}(mm) / Δ_s(mm)	非自重湿陷性场地	自重湿陷性场地	
	$\Delta_{zs} \leqslant 70$	$70 < \Delta_{zs} \leqslant 350$	$\Delta_{zs} > 350$
$\Delta_s \leqslant 300$	Ⅰ(轻微)	Ⅱ(中等)	—
$300 < \Delta_s \leqslant 700$	Ⅱ(中等)	*Ⅱ(中等)或Ⅲ(严重)	Ⅲ(严重)
$\Delta_s > 700$	Ⅱ(中等)	Ⅲ(严重)	Ⅳ(很严重)

*注：当湿陷量的计算值 $\Delta_s > 600$mm、自重湿陷量的计算值 $\Delta_{zs} > 300$mm 时，可判为Ⅲ级，其他情况可判为Ⅱ级。

5 设 计

5.1 一 般 规 定

5.1.1 对各类建筑采取设计措施，应根据场地湿陷类型、地基湿陷等级和地基处理后下部未处理湿陷性黄土层的湿陷起始压力值或剩余湿陷量，结合当地建筑经验和施工条件等综合因素确定，并应符合下列规定：

1 各级湿陷性黄土地基上的甲类建筑，其地基处理应符合本规范 6.1.1 条第 1 款和 6.1.3 条的要求，但防水措施和结构措施可按一般地区的规定设计。

2 各级湿陷性黄土地基上的乙类建筑，其地基处理应符合本规范 6.1.1 条第 2 款和 6.1.4 条的要求，并应采取结构措施和检漏防水措施。

3 Ⅰ级湿陷性黄土地基上的丙类建筑，应按本规范 6.1.5 条第 1 款的规定处理地基，并应采取结构措施和基本防水措施；Ⅱ、Ⅲ、Ⅳ级湿陷性黄土地基上的丙类建筑，其地基处理应符合本规范 6.1.1 条第 2 款和 6.1.5 条第 2、3 款的要求，并应采取结构措施和检漏防水措施。

4 各级湿陷性黄土地基上的丁类建筑，其地基可不处理。但在Ⅰ级湿陷性黄土地基上，应采取基本防水措施；在Ⅱ级湿陷性黄土地基上，应采取结构措施和基本防水措施；在Ⅲ、Ⅳ级湿陷性黄土地基上，应采取结构措施和检漏防水措施。

5 水池类构筑物的设计措施，应符合本规范附录 F 的规定。

6 在自重湿陷性黄土场地，如室内设备和地面有严格要求时，应采取检漏防水措施或严格防水措施，必要时应采取地基处理措施。

5.1.2 对各类建筑采取设计措施，除应符合 5.1.1 条的规定外，还可按下列情况确定：

1 在湿陷性黄土层很厚的场地上，当甲类建筑消除地基的全部湿陷量或穿透全部湿陷性黄土层确有困难时，应采取专门措施；

2 场地内的湿陷性黄土层厚度较薄和湿陷系数较大，经技术经济比较合理时，对乙类建筑和丙类建筑，也可采取措施消除地基的全部湿陷量或穿透全部湿陷性黄土层。

5.1.3 各类建筑物的地基符合下列中的任一款，均可按一般地区的规定设计。

1 地基湿陷量的计算值小于或等于 50mm。

2 在非自重湿陷性黄土场地，地基内各土层的湿陷起始压力值，均大于其附加压力与上覆土的饱和自重压力之和。

5.1.4 对设备基础应根据其重要性与使用要求和场地的湿陷类型、地基湿陷等级及其受水浸湿可能性的大小确定设计措施。

5.1.5 在新近堆积黄土场地上，乙、丙类建筑的地基处理厚度小于新近堆积黄土层的厚度时，应按本规范 6.1.7 条的规定验算下卧层的承载力，并应按本规范 5.6.2 条规定计算地基的压缩变形。

5.1.6 建筑物在使用期间，当湿陷性黄土场地的地下水位有可能上升至地基压缩层的深度以内时，各类建筑的设计措施除应符合本章的规定外，尚应符合本规范附录 G 的规定。

5.2 场址选择与总平面设计

5.2.1 场址选择应符合下列要求：

1 具有排水畅通或利于组织场地排水的地形条件；

2 避开洪水威胁的地段；

3 避开不良地质环境发育和地下坑穴集中的地段；

4 避开新建水库等可能引起地下水位上升的地段；

5 避免将重要建设项目布置在很严重的自重湿陷性黄土场地或厚度大的新近堆积黄土和高压缩性的饱和黄土等地段；

6 避开由于建设可能引起工程地质环境恶化的地段。

5.2.2 总平面设计应符合下列要求：

1 合理规划场地，做好竖向设计，保证场地、道路和铁路等地表排水畅通；

2 在同一建筑物范围内，地基土的压缩性和湿陷性变化不宜过大；

3 主要建筑物宜布置在地基湿陷等级低的地段；

4 在山前斜坡地带，建筑物宜沿等高线布置，填方厚度不宜过大；

5 水池类构筑物和有湿润生产工艺的厂房等，宜布置在地下水流向的下游地段或地形较低处。

5.2.3 山前地带的建筑场地，应整平成若干单独的台地，并应符合下列要求：

1 台地应具有稳定性；

2 避免雨水沿斜坡排泄；

3 边坡宜做护坡；

4 用陡槽沿边坡排泄雨水时，应保证使雨水由边坡底部沿排水沟平缓地流动，陡槽的结构应保证在暴雨时土不受冲刷。

5.2.4 埋地管道、排水沟、雨水明沟和水池等与建筑物之间的防护距离，不宜小于表 5.2.4 规定的数值。当不能满足要求时，应采取与建筑物相应的防水措施。

表 5.2.4 埋地管道、排水沟、雨水明沟和水池等与建筑物之间的防护距离（m）

建筑类别	地基湿陷等级			
	Ⅰ	Ⅱ	Ⅲ	Ⅳ
甲	—	—	8～9	11～12
乙	5	6～7	8～9	10～12
丙	4	5	6～7	8～9
丁	—	5	6	7

注：1 陇西地区和陇东—陕北—晋西地区，当湿陷性黄土层的厚度大于 12m 时，压力管道与各类建筑的防护距离，不宜小于湿陷性黄土层的厚度；

2 当湿陷性黄土层内有碎石土、砂土夹层时，防护距离可大于表中数值；

3 采用基本防水措施的建筑，其防护距离不得小于一般地区的规定。

5.2.5 防护距离的计算：对建筑物，应自外墙轴线算起；对高耸结构，应自基础外缘算起；对水池，应自池壁边缘（喷水池等应自回水坡边缘）算起；对管道、排水沟，应自其外壁算起。

5.2.6 各类建筑与新建水渠之间的距离，在非自重湿陷性黄土场地不得小于12m；在自重湿陷性黄土场地不得小于湿陷性黄土层厚度的3倍，并不应小于25m。

5.2.7 建筑场地平整后的坡度，在建筑物周围6m内不宜小于0.02，当为不透水地面时，可适当减小；在建筑物周围6m外不宜小于0.005。

当采用雨水明沟或路面排水时，其纵向坡度不应小于0.005。

5.2.8 在建筑物周围6m内应平整场地，当为填方时，应分层夯（或压）实，其压实系数不得小于0.95；当为挖方时，在自重湿陷性黄土场地，表面夯（或压）实后宜设置150～300mm厚的灰土面层，其压实系数不得小于0.95。

5.2.9 防护范围内的雨水明沟，不得漏水。在自重湿陷性黄土场地宜设混凝土雨水明沟，防护范围外的雨水明沟，宜做防水处理，沟底下均应设灰土（或土）垫层。

5.2.10 建筑物处于下列情况之一时，应采取畅通排除雨水的措施：

1 邻近有构筑物（包括露天装置）、露天吊车、堆场或其他露天作业场等；

2 邻近有铁路通过；

3 建筑物的平面为E、U、H、L、□等形状构成封闭或半封闭的场地。

5.2.11 山前斜坡上的建筑场地，应根据地形修筑雨水截水沟。

5.2.12 防洪设施的设计重现期，宜略高于一般地区。

5.2.13 冲沟发育的山区，应尽量利用现有排水沟排走山洪，建筑场地位于山洪威胁的地段，必须设置排洪沟。排洪沟和冲沟应平缓地连接，并应减少弯道，采用较大的坡度。在转弯及跌水处，应采取防护措施。

5.2.14 在建筑场地内，铁路的路基应有良好的排水系统，不得利用道渣排水。路基顶面的排水应引向远离建筑物的一侧。在暗道床处，应将基床表面翻松夯（或压）实，也可采用优质防水材料处理。道床内应设防止积水的排水措施。

5.3 建筑设计

5.3.1 建筑设计应符合下列要求：

1 建筑物的体型和纵横墙的布置，应利于加强其空间刚度，并具有适应或抵抗湿陷变形的能力。多层砌体承重结构的建筑，体型应简单，长高比不宜大于3。

2 妥善处理建筑物的雨水排水系统，多层建筑的室内地坪应高出室外地坪450mm。

3 用水设施宜集中设置，缩短地下管线并远离主要承重基础，其管道宜明装。

4 在防护范围内设置绿化带，应采取措施防止地基土受水浸湿。

5.3.2 单层和多层建筑物的屋面，宜采用外排水；当采用有组织外排水时，宜选用耐用材料的水落管，其末端距离散水面不应大于300mm，并不应设置在沉降缝处；集水面积大的外水落管，应接入专设的雨水明沟或管道。

5.3.3 建筑物的周围必须设置散水。其坡度不得小于0.05，散水外缘应略高于平整后的场地，散水的宽度应按下列规定采用。

1 当屋面为无组织排水时，檐口高度在8m以内宜为1.50m；檐口高度超过8m，每增高4m宜增宽250mm，但最宽不宜大于2.50m。

2 当屋面为有组织排水时，在非自重湿陷性黄土场地不得小于1m，在自重湿陷性黄土场地不得小于1.50m。

3 水池的散水宽度宜为1～3m，散水外缘超出水池基底边缘不应小于200mm，喷水池等的回水坡或散水的宽度宜为3～5m。

4 高耸结构的散水宜超出基础底边缘1m，并不得小于5m。

5.3.4 散水应用现浇混凝土浇筑，其下应设置150mm厚的灰土垫层或300mm厚的土垫层，并应超出散水和建筑物外墙基础底外缘500mm。

散水宜每隔6～10m设置一条伸缩缝。散水与外墙交接处和散水的伸缩缝，应用柔性防水材料填封，沿散水外缘不宜设置雨水明沟。

5.3.5 经常受水浸湿或可能积水的地面，应按防水地面设计。对采用严格防水措施的建筑，其防水地面应设可靠的防水层。地面坡向集水点的坡度不得小于0.01。地面与墙、柱、设备基础等交接处应做翻边，地面下应做300～500mm厚的灰土（或土）垫层。

管道穿过地坪应做好防水处理。排水沟与地面混凝土宜一次浇筑。

5.3.6 排水沟的材料和做法，应根据地基湿陷等级、建筑物类别和使用要求选定，并应设置灰土（或土）垫层。在防护范围内宜采用钢筋混凝土排水沟，但在非自重湿陷性黄土场地，室内小型排水沟可采用混凝土浇筑，并应做防水面层。对采用严格防水措施的建筑，其排水沟应增设可靠的防水层。

5.3.7 在基础梁底下预留空隙，应采取有效措施防止地面水渗入地基。对地下室内的采光井，应做好防、排水设施。

5.3.8 防护范围内的各种地沟和管沟（包括有可能

积水、积汽的沟）的做法，均应符合本规范5.5.5～5.5.12条的要求。

5.4 结构设计

5.4.1 当地基不处理或仅消除地基的部分湿陷量时，结构设计应根据建筑物类别、地基湿陷等级或地基处理后下部未处理湿陷性黄土层的湿陷起始压力值或剩余湿陷量以及建筑物的不均匀沉降、倾斜和构件等不利情况，采取下列结构措施：

1 选择适宜的结构体系和基础型式；

2 墙体宜选用轻质材料；

3 加强结构的整体性与空间刚度；

4 预留适应沉降的净空。

5.4.2 当建筑物的平面、立面布置复杂时，宜采用沉降缝将建筑物分成若干个简单、规则，并具有较大空间刚度的独立单元。沉降缝两侧，各单元应设置独立的承重结构体系。

5.4.3 高层建筑的设计，应优先选用轻质高强材料，并应加强上部结构刚度和基础刚度。当不设沉降缝时，宜采取下列措施：

1 调整上部结构荷载合力作用点与基础形心的位置，减小偏心；

2 采用桩基础或采用减小沉降的其他有效措施，控制建筑物的不均匀沉降或倾斜值在允许范围内；

3 当主楼与裙房采用不同的基础型式时，应考虑高、低不同部位沉降差的影响，并采取相应的措施。

5.4.4 丙类建筑的基础埋置深度，不应小于1m。

5.4.5 当有地下管道或管沟穿过建筑物的基础或墙时，应预留洞孔。洞顶与管道及管沟顶间的净空高度：对消除地基全部湿陷量的建筑物，不宜小于200mm；对消除地基部分湿陷量和未处理地基的建筑物，不宜小于300mm。洞边与管沟外壁必须脱离。洞边与承重外墙转角处外缘的距离不宜小于1m；当不能满足要求时，可采用钢筋混凝土框加强。洞底距基础底不应小于洞宽的1/2，并不宜小于400mm，当不能满足要求时，应局部加深基础或在洞底设置钢筋混凝土梁。

5.4.6 砌体承重结构建筑的现浇钢筋混凝土圈梁、构造柱或芯柱，应按下列要求设置：

1 乙、丙类建筑的基础内和屋面檐口处，均应设置钢筋混凝土圈梁。单层厂房与单层空旷房屋，当檐口高度大于6m时，宜适当增设钢筋混凝土圈梁。

乙、丙类中的多层建筑：当地基处理后的剩余湿陷量分别不大于150mm、200mm时，均应在基础内、屋面檐口处和第一层楼盖处设置钢筋混凝土圈梁，其他各层宜隔层设置；当地基处理后的剩余湿陷量分别大于150mm和200mm时，除在基础内应设置钢筋混凝土圈梁外，并应每层设置钢筋混凝土圈梁。

2 在Ⅱ级湿陷性黄土地基上的丁类建筑，应在基础内和屋面檐口处设置配筋砂浆带；在Ⅲ、Ⅳ级湿陷性黄土地基上的丁类建筑，应在基础内和屋面檐口处设置钢筋混凝土圈梁。

3 对采用严格防水措施的多层建筑，应每层设置钢筋混凝土圈梁。

4 各层圈梁均应设在外墙、内纵墙和对整体刚度起重要作用的内横墙上，横向圈梁的水平间距不宜大于16m。

圈梁应在同一标高处闭合，遇有洞口时应上下搭接，搭接长度不应小于其竖向间距的2倍，且不得小于1m。

5 在纵、横圈梁交接处的墙体内，宜设置钢筋混凝土构造柱或芯柱。

5.4.7 砌体承重结构建筑的窗间墙宽度，在承受主梁处或开间轴线处，不应小于主梁或开间轴线间距的1/3，并不应小于1m；在其他承重墙处，不应小于0.60m。门窗洞孔边缘至建筑物转角处（或变形缝）的距离不应小于1m。当不能满足上述要求时，应在洞孔周边采用钢筋混凝土框加强，或在转角及轴线处加设构造柱或芯柱。

对多层砌体承重结构建筑，不得采用空斗墙和无筋过梁。

5.4.8 当砌体承重结构建筑的门、窗洞或其他洞孔的宽度大于1m，且地基未经处理或未消除地基的全部湿陷量时，应采用钢筋混凝土过梁。

5.4.9 厂房内吊车上的净空高度：对消除地基全部湿陷量的建筑，不宜小于200mm；对消除地基部分湿陷量或地基未经处理的建筑，不宜小于300mm。

吊车梁应设计为简支。吊车梁与吊车轨之间应采用能调整的连接方式。

5.4.10 预制钢筋混凝土梁的支承长度，在砖墙、砖柱上不宜小于240mm；预制钢筋混凝土板的支承长度，在砖墙上不宜小于100mm，在梁上不应小于80mm。

5.5 给水排水、供热与通风设计

（Ⅰ）给水、排水管道

5.5.1 设计给水、排水管道，应符合下列要求：

1 室内管道宜明装。暗设管道必须设置便于检修的设施。

2 室外管道宜布置在防护范围外。布置在防护范围内的地下管道，应简捷并缩短其长度。

3 管道接口应严密不漏水，并具有柔性。

4 设置在地下管道的检漏管沟和检漏井，应便于检查和排水。

5.5.2 地下管道应结合具体情况，采用下列管材：

1　压力管道宜采用球墨铸铁管、给水铸铁管、给水塑料管、钢管、预应力钢筒混凝土管或预应力钢筋混凝土管等。

2　自流管道宜采用铸铁管、塑料管、离心成型钢筋混凝土管、耐酸陶瓷管等。

3　室内地下排水管道的存水弯、地漏等附件，宜采用铸铁制品。

5.5.3　对埋地铸铁管应做防腐处理。对埋地钢管及钢配件宜设加强防腐层。

5.5.4　屋面雨水悬吊管道引出外墙后，应接入室外雨水明沟或管道。

在建筑物的外墙上，不得设置洒水栓。

5.5.5　检漏管沟，应做防水处理。其材料与做法可根据不同防水措施的要求，按下列规定采用：

1　对检漏防水措施，应采用砖壁混凝土槽形底检漏管沟或砖壁钢筋混凝土槽形底检漏管沟。

2　对严格防水措施，应采用钢筋混凝土检漏管沟。在非自重湿陷性黄土场地可适当降低标准；在自重湿陷性黄土场地，对地基受水浸湿可能性大的建筑，宜增设可靠的防水层。防水层应做保护层。

3　对高层建筑或重要建筑，当有成熟经验时，可采用其他形式的检漏管沟或有电汛检漏系统的直埋管中管设施。

对直径较小的管道，当采用检漏管沟确有困难时，可采用金属或钢筋混凝土套管。

5.5.6　设计检漏管沟，除应符合本规范5.5.5条的要求外，还应符合下列规定：

1　检漏管沟的盖板不宜明设。当明设时或在人孔处，应采取防止地面水流入沟内的措施。

2　检漏管沟的沟底应设坡度，并应坡向检漏井。进、出户管的检漏管沟，沟底坡度宜大于0.02。

3　检漏管沟的截面，应根据管道安装与检修的要求确定。在使用和构造上需保持地面完整或当地下管道较多并需集中设置时，宜采用半通行或通行管沟。

4　不得利用建筑物和设备基础作为沟壁或井壁。

5　检漏管沟在穿过建筑物基础或墙处不得断开，并应加强其刚度。检漏管沟穿出外墙的施工缝，宜设在室外检漏井处或超出基础3m处。

5.5.7　对甲类建筑和自重湿陷性黄土场地上乙类中的重要建筑，室内地下管线宜敷设在地下或半地下室的设备层内。穿出外墙的进、出户管段，宜集中设置在半通行管沟内。

5.5.8　穿基础或穿墙的地下管道、管沟，在基础或墙内预留洞的尺寸，应符合本规范5.4.5条的规定。

5.5.9　设计检漏井，应符合下列规定：

1　检漏井应设置在管沟末端和管沟沿线的分段检漏处；

2　检漏井内宜设集水坑，其深度不得小于300mm；

3　当检漏井与排水系统接通时，应防止倒灌。

5.5.10　检漏井、阀门井和检查井等，应做防水处理，并应防止地面水、雨水流入检漏井或阀门井内。在防护范围内的检漏井、阀门井和检查井等，宜采用与检漏管沟相应的材料。

不得利用检查井、消火栓井、洒水栓井和阀门井等兼作检漏井。但检漏井可与检查井或阀门井共壁合建。

不宜采用闸阀套筒代替阀门井。

5.5.11　在湿陷性黄土场地，对地下管道及其附属构筑物，如检漏井、阀门井、检查井、管沟等的地基设计，应符合下列规定：

1　应设150～300mm厚的土垫层；对埋地的重要管道或大型压力管道及其附属构筑物，尚应在土垫层上设300mm厚的灰土垫层。

2　对埋地的非金属自流管道，除应符合上述地基处理要求外，还应设置混凝土条形基础。

5.5.12　当管道穿过井（或沟）时，应在井（或沟）壁处预留洞孔。管道与洞孔间的缝隙，应采用不透水的柔性材料填塞。

5.5.13　管道穿过水池的池壁处，宜设柔性防水套管或在管道上加设柔性接头。水池的溢水管和泄水管，应接入排水系统。

（Ⅱ）供热管道与风道

5.5.14　采用直埋敷设的供热管道，选用管材应符合国家有关标准的规定。对重点监测管段，宜设置报警系统。

5.5.15　采用管沟敷设的供热管道，在防护距离内，管沟的材料及做法，应符合本规范5.5.5条和5.5.6条的要求；各种地下井、室，应采用与管沟相应的材料及做法；在防护距离外的管沟或采用基本防水措施，其管沟或井、室的材料和做法，可按一般地区的规定设计。阀门不宜设在沟内。

5.5.16　供热管沟的沟底坡度宜大于0.02，并应坡向室外检查井，检查井内应设集水坑，其深度不应小于300mm。

检查井可与检漏井合并设置。

在过门地沟的末端应设检漏孔，地沟内的管道应采取防冻措施。

5.5.17　直埋敷设的供热管道、管沟和各种地下井、室及构筑物等的地基处理，应符合本规范5.5.11条的要求。

5.5.18　地下风道和地下烟道的人孔或检查孔等，不得设在有可能积水的地方。当确有困难时，应采取措施防止地面水流入。

5.5.19　架空管道和室内外管网的泄水、凝结水，不得任意排放。

5.6 地 基 计 算

5.6.1 湿陷性黄土场地自重湿陷量的计算值和湿陷性黄土地基湿陷量的计算值，应按本规范 4.4.4 条和 4.4.5 条的规定分别进行计算。

5.6.2 当湿陷性黄土地基需要进行变形验算时，其变形计算和变形允许值，应符合现行国家标准《建筑地基基础设计规范》GB 50007 的有关规定。但其中沉降计算经验系数 ψ_s 可按表 5.6.2 取值。

表 5.6.2 沉降计算经验系数

$\overline{E}_s$（MPa）	3.30	5.00	7.50	10.00	12.50	15.00	17.50	20.00
ψ_s	1.80	1.22	0.82	0.62	0.50	0.40	0.35	0.30

$\overline{E}_s$ 为变形计算深度范围内压缩模量的当量值，应按下式计算：

$$\overline{E}_s = \frac{\Sigma A_i}{\Sigma \dfrac{A_i}{E_{si}}} \tag{5.6.2}$$

式中 A_i——第 i 层土附加应力系数曲线沿土层厚度的积分值；

E_{si}——第 i 层土的压缩模量值（MPa）。

5.6.3 湿陷性黄土地基承载力的确定，应符合下列规定：

1 地基承载力特征值，应保证地基在稳定的条件下，使建筑物的沉降量不超过允许值；

2 甲、乙类建筑的地基承载力特征值，可根据静载荷试验或其他原位测试、公式计算，并结合工程实践经验等方法综合确定；

3 当有充分依据时，对丙、丁类建筑，可根据当地经验确定；

4 对天然含水量小于塑限含水量的土，可按塑限含水量确定土的承载力。

5.6.4 基础底面积，应按正常使用极限状态下荷载效应的标准组合，并按修正后的地基承载力特征值确定。当偏心荷载作用时，相应于荷载效应标准组合，基础底面边缘的最大压力值，不应超过修正后的地基承载力特征值的 1.20 倍。

5.6.5 当基础宽度大于 3m 或埋置深度大于 1.50m 时，地基承载力特征值应按下式修正：

$$f_a = f_{ak} + \eta_b \gamma (b-3) + \eta_d \gamma_m (d-1.50) \tag{5.6.5}$$

式中 f_a——修正后的地基承载力特征值（kPa）；

f_{ak}——相应于 b=3m 和 d=1.50m 的地基承载力特征值（kPa），可按本规范 5.6.3 条的原则确定；

η_b、η_d——分别为基础宽度和基础埋深的地基承载力修正系数，可按基底下土的类别由表 5.6.5 查得；

γ——基础底面以下土的重度（kN/m³），地下水位以下取有效重度；

γ_m——基础底面以上土的加权平均重度（kN/m³），地下水位以下取有效重度；

b——基础底面宽度（m），当基础宽度小于 3m 或大于 6m 时，可分别按 3m 或 6m 计算；

d——基础埋置深度（m），一般可自室外地面标高算起；当为填方时，可自填土地面标高算起，但填方在上部结构施工后完成时，应自天然地面标高算起；对于地下室，如采用箱形基础或筏形基础时，基础埋置深度可自室外地面标高算起；在其他情况下，应自室内地面标高算起。

表 5.6.5 基础宽度和埋置深度的地基承载力修正系数

土的类别	有关物理指标	承载力修正系数 η_b	承载力修正系数 η_d
晚更新世（Q_3）、全新世（Q_4^1）湿陷性黄土	$w \leqslant 24\%$	0.20	1.25
	$w > 24\%$	0	1.10
新近堆积（Q_4^2）黄土	—	0	1.00
饱和黄土①②	e 及 I_L 都小于 0.85	0.20	1.25
	e 或 I_L 大于 0.85	0	1.10
	e 及 I_L 都不小于 1.00	0	1.00

注：①只适用于 $I_p > 10$ 的饱和黄土；

②饱和度 $S_r \geqslant 80\%$ 的晚更新世（Q_3）、全新世（Q_4^1）黄土。

5.6.6 湿陷性黄土地基的稳定性计算，除应符合现行国家标准《建筑地基基础设计规范》GB 50007 的有关规定外，尚应符合下列要求：

1 确定滑动面时，应考虑湿陷性黄土地基中可能存在的竖向节理和裂隙；

2 对有可能受水浸湿的湿陷性黄土地基，土的强度指标应按饱和状态的试验结果确定。

5.7 桩 基 础

5.7.1 在湿陷性黄土场地，符合下列中的任一款，均宜采用桩基础：

1 采用地基处理措施不能满足设计要求的建筑；

2 对整体倾斜有严格限制的高耸结构；

3 对不均匀沉降有严格限制的建筑和设备基础；

4 主要承受水平荷载和上拔力的建筑或基础；

5　经技术经济综合分析比较，采用地基处理不合理的建筑。

5.7.2　在湿陷性黄土场地采用桩基础，桩端必须穿透湿陷性黄土层，并应符合下列要求：

1　在非自重湿陷性黄土场地，桩端应支承在压缩性较低的非湿陷性黄土层中；

2　在自重湿陷性黄土场地，桩端应支承在可靠的岩（或土）层中。

5.7.3　在湿陷性黄土场地较常用的桩基础，可分为下列几种：

1　钻、挖孔（扩底）灌注桩；

2　挤土成孔灌注桩；

3　静压或打入的预制钢筋混凝土桩。

选用时，应根据工程要求、场地湿陷类型、湿陷性黄土层厚度、桩端持力层的土质情况、施工条件和场地周围环境等因素确定。

5.7.4　在湿陷性黄土层厚度等于或大于10m的场地，对于采用桩基础的建筑，其单桩竖向承载力特征值，应按本规范附录H的试验要点，在现场通过单桩竖向承载力静载荷浸水试验测定的结果确定。

当单桩竖向承载力静载荷试验进行浸水确有困难时，其单桩竖向承载力特征值，可按有关经验公式和本规范5.7.5条的规定进行估算。

5.7.5　在非自重湿陷性黄土场地，当自重湿陷量的计算值小于70mm时，单桩竖向承载力的计算应计入湿陷性黄土层内的桩长按饱和状态下的正侧阻力。在自重湿陷性黄土场地，除不计自重湿陷性黄土层内的桩长按饱和状态下的正侧阻力外，尚应扣除桩侧的负摩擦力。对桩侧负摩擦力进行现场试验确有困难时，可按表5.7.5中的数值估算。

表5.7.5　桩侧平均负摩擦力特征值（kPa）

自重湿陷量的计算值（mm）	钻、挖孔灌注桩	预制桩
70～200	10	15
＞200	15	20

5.7.6　单桩水平承载力特征值，宜通过现场水平静载荷浸水试验的测试结果确定。

5.7.7　在Ⓘ、Ⓘ区的自重湿陷性黄土场地，桩的纵向钢筋长度应沿桩身通长配置。在其他地区的自重湿陷性黄土场地，桩的纵向钢筋长度，不应小于自重湿陷性黄土层的厚度。

5.7.8　为提高桩基的竖向承载力，在自重湿陷性黄土场地，可采取减小桩侧负摩擦力的措施。

5.7.9　在湿陷性黄土场地进行钻、挖孔及扩底施工过程中，应严防雨水和地表水流入桩孔内。当采用泥浆护壁钻孔施工时，应防止泥浆水对周围环境的不利影响。

5.7.10　湿陷性黄土场地的工程桩，应按有关现行国家标准的规定进行检测，并应按本规范5.7.5条的规定对其检测结果进行调整。

6　地基处理

6.1　一般规定

6.1.1　当地基的湿陷变形、压缩变形或承载力不能满足设计要求时，应针对不同土质条件和建筑物的类别，在地基压缩层内或湿陷性黄土层内采取处理措施，各类建筑的地基处理应符合下列要求：

1　甲类建筑应消除地基的全部湿陷量或采用桩基础穿透全部湿陷性黄土层，或将基础设置在非湿性黄土层上；

2　乙、丙类建筑应消除地基的部分湿陷量。

6.1.2　湿陷性黄土地基的平面处理范围，应符合下列规定：

1　当为局部处理时，其处理范围应大于基础底面的面积。在非自重湿陷性黄土场地，每边应超出基础底面宽度的1/4，并不应小于0.50m；在自重湿陷性黄土场地，每边应超出基础底面宽度的3/4，并不应小于1m。

2　当为整片处理时，其处理范围应大于建筑物底层平面的面积，超出建筑物外墙基础外缘的宽度，每边不宜小于处理土层厚度的1/2，并不应小于2m。

6.1.3　甲类建筑消除地基全部湿陷量的处理厚度，应符合下列要求：

1　在非自重湿陷性黄土场地，应将基础底面以下附加压力与上覆土的饱和自重压力之和大于湿陷起始压力的所有土层进行处理，或处理至地基压缩层的深度止。

2　在自重湿陷性黄土场地，应处理基础底面以下的全部湿陷性黄土层。

6.1.4　乙类建筑消除地基部分湿陷量的最小处理厚度，应符合下列要求：

1　在非自重湿陷性黄土场地，不应小于地基压缩层深度的2/3，且下部未处理湿陷性黄土层的湿陷起始压力值不应小于100kPa。

2　在自重湿陷性黄土场地，不应小于湿陷性土层深度的2/3，且下部未处理湿陷性黄土层的剩余湿陷量不应大于150mm。

3　如基础宽度大或湿陷性黄土层厚度大，处理地基压缩层深度的2/3或全部湿陷性黄土层深度的2/3确有困难时，在建筑物范围内应采用整片处理。其处理厚度：在非自重湿陷性黄土场地不应小于4m，且下部未处理湿陷性黄土层的湿陷起始压力值不宜小于100kPa；在自重湿陷性黄土场地不应小于6m，且下部未处理湿陷性黄土层的剩余湿陷量不宜大于150mm。

6.1.5 丙类建筑消除地基部分湿陷量的最小处理厚度，应符合下列要求：

1 当地基湿陷等级为Ⅰ级时：对单层建筑可不处理地基；对多层建筑，地基处理厚度不应小于1m，且下部未处理湿陷性黄土层的湿陷起始压力值不宜小于100kPa。

2 当地基湿陷等级为Ⅱ级时：在非自重湿陷性黄土场地，对单层建筑，地基处理厚度不应小于1m，且下部未处理湿陷性黄土层的湿陷起始压力值不宜小于80kPa；对多层建筑，地基处理厚度不宜小于2m，且下部未处理湿陷性黄土层的湿陷起始压力值不宜小于100kPa；在自重湿陷性黄土场地，地基处理厚度不应小于2.50m，且下部未处理湿陷性黄土层的剩余湿陷量，不应大于200mm。

3 当地基湿陷等级为Ⅲ级或Ⅳ级时，对多层建筑宜采用整片处理，地基处理厚度分别不应小于3m或4m，且下部未处理湿陷性黄土层的剩余湿陷量，单层及多层建筑均不应大于200mm。

6.1.6 地基压缩层的深度：对条形基础，可取其宽度的3倍；对独立基础，可取其宽度的2倍。如小于5m，可取5m，也可按下式估算：

$$p_z = 0.20 p_{cz} \tag{6.1.6}$$

式中 p_z——相应于荷载效应标准组合，在基础底面下 z 深度处土的附加压力值（kPa）；

p_{cz}——在基础底面下 z 深度处土的自重压力值（kPa）。

在 z 深度处以下，如有高压缩性土，可计算至 $p_z = 0.10 p_{cz}$ 深度处止。

对筏形和宽度大于10m的基础，可取其基础宽度的0.80～1.20倍，基础宽度大者取小值，反之取大值。

6.1.7 地基处理后的承载力，应在现场采用静载荷试验结果或结合当地建筑经验确定，其下卧层顶面的承载力特征值，应满足下式要求：

$$p_z + p_{cz} \leqslant f_{az} \tag{6.1.7}$$

式中 p_z——相应于荷载效应标准组合，下卧层顶面的附加压力值（kPa）；

p_{cz}——地基处理后，下卧层顶面上覆土的自重压力值（kPa）；

f_{az}——地基处理后，下卧层顶面经深度修正后土的承载力特征值（kPa）。

6.1.8 经处理后的地基，下卧层顶面的附加压力 p_z，对条形基础和矩形基础，可分别按下式计算：

条形基础

$$p_z = \frac{b(p_k - p_c)}{b + 2z\tan\theta} \tag{6.1.8-1}$$

矩形基础

$$p_z = \frac{lb(p_k - p_c)}{(b + 2z\tan\theta)(l + 2z\tan\theta)} \tag{6.1.8-2}$$

式中 b——条形或矩形基础底面的宽度（m）；

l——矩形基础底面的长度（m）；

p_k——相应于荷载效应标准组合，基础底面的平均压力值（kPa）；

p_c——基础底面土的自重压力值（kPa）；

z——基础底面至处理土层底面的距离（m）；

θ——地基压力扩散线与垂直线的夹角，一般为22°～30°，用素土处理宜取小值，用灰土处理宜取大值，当$z/b<0.25$时，可取$\theta=0°$。

6.1.9 当按处理后的地基承载力确定基础底面积及埋深时，应根据现场原位测试确定的承载力特征值进行修正，但基础宽度的地基承载力修正系数宜取零，基础埋深的地基承载力修正系数宜取1。

6.1.10 选择地基处理方法，应根据建筑物的类别和湿陷性黄土的特性，并考虑施工设备、施工进度、材料来源和当地环境等因素，经技术经济综合分析比较后确定。湿陷性黄土地基常用的处理方法，可按表6.1.10选择其中一种或多种相结合的最佳处理方法。

表 6.1.10 湿陷性黄土地基常用的处理方法

名 称	适 用 范 围	可处理的湿陷性黄土层厚度（m）
垫层法	地下水位以上，局部或整片处理	1～3
强夯法	地下水位以上，$S_r \leqslant$ 60%的湿陷性黄土，局部或整片处理	3～12
挤密法	地下水位以上，$S_r \leqslant$ 65%的湿陷性黄土	5～15
预浸水法	自重湿陷性黄土场地，地基湿陷等级为Ⅲ级或Ⅳ级，可消除地面下6m以下湿陷性黄土层的全部湿陷性	6m以上，尚应采用垫层或其他方法处理
其他方法	经试验研究或工程实践证明行之有效	

6.1.11 在雨期、冬期选择垫层法、强夯法和挤密法等处理地基时，施工期间应采取防雨和防冻措施，防止填料（土或灰土）受雨水淋湿或冻结，并应防止地面水流入已处理和未处理的基坑或基槽内。

选择垫层法和挤密法处理湿陷性黄土地基，不得使用盐渍土、膨胀土、冻土、有机质等不良土料和粗颗粒的透水性（如砂、石）材料作填料。

6.1.12 地基处理前，除应做好场地平整、道路畅通和接通水、电外，还应清除场地内影响地基处理施工的地上和地下管线及其他障碍物。

6.1.13 在地基处理施工进程中，应对地基处理的施工质量进行监理，地基处理施工结束后，应按有关现行国家标准进行工程质量检验和验收。

6.1.14 采用垫层、强夯和挤密等方法处理地基的承载力特征值，应按本规范附录J的静载荷试验要点，在现场通过试验测定结果确定。

试验点的数量，应根据建筑物类别和地基处理面积确定。但单独建筑物或在同一土层参加统计的试验点，不宜少于3点。

6.2 垫 层 法

6.2.1 垫层法包括土垫层和灰土垫层。当仅要求消除基底下1～3m湿陷性黄土的湿陷量时，宜采用局部（或整片）土垫层进行处理，当同时要求提高垫层土的承载力及增强水稳性时，宜采用整片灰土垫层进行处理。

6.2.2 土（或灰土）的最大干密度和最优含水量，应在工程现场采取有代表性的扰动土样采用轻型标准击实试验确定。

6.2.3 土（或灰土）垫层的施工质量，应用压实系数λ_c控制，并应符合下列规定：

1 小于或等于3m的土（或灰土）垫层，不应小于0.95；

2 大于3m的土（或灰土）垫层，其超过3m部分不应小于0.97。

垫层厚度宜从基础底面标高算起。压实系数λ_c可按下式计算：

$$\lambda_c = \frac{\rho_d}{\rho_{dmax}} \quad (6.2.3)$$

式中 λ_c——压实系数；

ρ_d——土（或灰土）垫层的控制（或设计）干密度(g/cm^3)；

ρ_{dmax}——轻型标准击实试验测得土（或灰土）的最大干密度（g/cm^3）。

6.2.4 土（或灰土）垫层的承载力特征值，应根据现场原位（静载荷或静力触探等）试验结果确定。当无试验资料时，对土垫层不宜超过180kPa，对灰土垫层不宜超过250kPa。

6.2.5 施工土（或灰土）垫层，应先将基底下拟处理的湿陷性黄土挖出，并利用基坑内的黄土或就地挖出的其他黏性土作填料，灰土应过筛和拌合均匀，然后根据所选用的夯（或压）实设备，在最优或接近最优含水量下分层回填、分层夯（或压）实至设计标高。

灰土垫层中的消石灰与土的体积配合比，宜为2∶8或3∶7。

当无试验资料时，土（或灰土）的最优含水量，宜取该场地天然土的塑限含水量为其填料的最优含水量。

6.2.6 在施工土（或灰土）垫层进程中，应分层取样检验，并应在每层表面以下的2/3厚度处取样检验土（或灰土）的干密度，然后换算为压实系数，取样的数量及位置应符合下列规定：

1 整片土（或灰土）垫层的面积每100～500m^2，每层3处；

2 独立基础下的土（或灰土）垫层，每层3处；

3 条形基础下的土（或灰土）垫层，每10m每层1处；

4 取样点位置宜在各层的中间及离边缘150～300mm。

6.3 强 夯 法

6.3.1 采用强夯法处理湿陷性黄土地基，应先在场地内选择有代表性的地段进行试夯或试验性施工，并应符合下列规定：

1 试夯点的数量，应根据建筑场地的复杂程度、土质的均匀性和建筑物的类别等综合因素确定。在同一场地内如土性基本相同，试夯或试验性施工可在一处进行；否则，应在土质差异明显的地段分别进行。

2 在试夯过程中，应测量每个夯点每夯击1次的下沉量（以下简称夯沉量）。

3 试夯结束后，应从夯击终止时的夯面起至其下6～12m深度内，每隔0.50～1.00m取土样进行室内试验，测定土的干密度、压缩系数和湿陷系数等指标，必要时，可进行静载荷试验或其他原位测试。

4 测试结果，当不满足设计要求时，可调整有关参数（如夯锤质量、落距、夯击次数等）重新进行试夯，也可修改地基处理方案。

6.3.2 夯点的夯击次数和最后2击的平均夯沉量，应按试夯结果或试夯记录绘制的夯击次数和夯沉量的关系曲线确定。

6.3.3 强夯的单位夯击能，应根据施工设备、黄土地层的时代、湿陷性黄土层的厚度和要求消除湿陷性黄土层的有效深度等因素确定。一般可取1000～4000kN·m/m^2，夯锤底面宜为圆形，锤底的静压力宜为25～60kPa。

6.3.4 采用强夯法处理湿陷性黄土地基，土的天然含水量宜低于塑限含水量1%～3%。在拟夯实的土层内，当土的天然含水量低于10%时，宜对其增湿至接近最优含水量；当土的天然含水量大于塑限含水量3%以上时，宜采用晾干或其他措施适当降低其含水量。

6.3.5 对湿陷性黄土地基进行强夯施工，夯锤的质量、落距、夯点布置、夯击次数和夯击遍数等参数，宜与试夯选定的相同，施工中应有专人监测和记录。

夯击遍数宜为2～3遍。最末一遍夯击后，再以低能量（落距4～6m）对表层松土满夯2～3击，也可将表层松土压实或清除，在强夯土表面以上并宜设置300～500mm厚的灰土垫层。

6.3.6 采用强夯法处理湿陷性黄土地基，消除湿陷性黄土层的有效深度，应根据试夯测试结果确定。在有效深度内，土的湿陷系数 δ_s 均应小于0.015。选择强夯方案处理地基或当缺乏试验资料时，消除湿陷性黄土层的有效深度，可按表6.3.6中所列的相应单击夯击能进行预估。

表6.3.6 采用强夯法消除湿陷性黄土层的有效深度预估值（m）

土的名称 / 单击夯击能（kN·m）	全新世（Q_4）黄土、晚更新世（Q_3）黄土	中更新世（Q_2）黄土
1000～2000	3～5	—
2000～3000	5～6	—
3000～4000	6～7	—
4000～5000	7～8	—
5000～6000	8～9	7～8
7000～8500	9～12	8～10

注：1 在同一栏内，单击夯击能小的取小值，单击夯击能大的取大值；

2 消除湿陷性黄土层的有效深度，从起夯面算起。

6.3.7 在强夯施工过程中或施工结束后，应按下列要求对强夯处理地基的质量进行检测：

1 检查强夯施工记录，基坑内每个夯点的累计夯沉量，不得小于试夯时各夯点平均夯沉量的95%；

2 隔7～10d，在每500～1000m² 面积内的各夯点之间任选一处，自夯击终止时的夯面起至其下5～12m深度内，每隔1m取1～2个土样进行室内试验，测定土的干密度、压缩系数和湿陷系数。

3 强夯土的承载力，宜在地基强夯结束30d左右，采用静载荷试验测定。

6.4 挤密法

6.4.1 采用挤密法时，对甲、乙类建筑或在缺乏建筑经验的地区，应于地基处理施工前，在现场选择有代表性的地段进行试验或试验性施工，试验结果应满足设计要求，并应取得必要的参数再进行地基处理施工。

6.4.2 挤密孔的孔位，宜按正三角形布置。孔心距可按下式计算：

$$S = 0.95\sqrt{\frac{\bar{\eta}_c \rho_{dmax} D^2 - \rho_{do} d^2}{\bar{\eta}_c \rho_{dmax} - \rho_{do}}} \qquad (6.4.2)$$

式中 S——孔心距（m）；

D——挤密填料孔直径（m）；

d——预钻孔直径（m）；

ρ_{do}——地基挤密前压缩层范围内各层土的平均干密度（g/cm³）；

ρ_{dmax}——击实试验确定的最大干密度（g/cm³）；

$\bar{\eta}_c$——挤密填孔（达到 D）后，3个孔之间土的平均挤密系数不宜小于0.93。

6.4.3 当挤密处理深度不超过12m时，不宜预钻孔，挤密孔直径宜为0.35～0.45m；当挤密处理深度超过12m时，可预钻孔，其直径（d）宜为0.25～0.30m，挤密填料孔直径（D）宜为0.50～0.60m。

6.4.4 挤密填孔后，3个孔之间土的最小挤密系数 η_{dmin}，可按下式计算：

$$\eta_{dmin} = \frac{\rho_{do}}{\rho_{dmax}} \qquad (6.4.4)$$

式中 η_{dmin}——土的最小挤密系数：甲、乙类建筑不宜小于0.88；丙类建筑不宜小于0.84；

ρ_{do}——挤密填孔后，3个孔之间形心点部位土的干密度（g/cm³）。

6.4.5 孔底在填料前必须夯实。孔内填料宜用素土或灰土，必要时可用强度高的填料如水泥土等。当防（隔）水时，宜填素土；当提高承载力或减小处理宽度时，宜填灰土、水泥土等。填料时，宜分层回填夯实，其压实系数不宜小于0.97。

6.4.6 成孔挤密，可选用沉管、冲击、夯扩、爆扩等方法。

6.4.7 成孔挤密，应间隔分批进行，孔成后应及时夯填。当为局部处理时，应由外向里施工。

6.4.8 预留松动层的厚度：机械挤密，宜为0.50～0.70m；爆扩挤密，宜为1～2m。冬季施工可适当增大预留松动层厚度。

6.4.9 挤密地基，在基底下宜设置0.50m厚的灰土（或土）垫层。

6.4.10 孔内填料的夯实质量，应及时抽样检查，其数量不得少于总孔数的2%，每台班不应少于1孔。在全部孔深内，宜每1m取土样测定干密度，检测点的位置应在距孔心2/3孔半径处。孔内填料的夯实质量，也可通过现场试验测定。

6.4.11 对重要或大型工程，除应按6.4.10条检测外，还应进行下列测试工作综合判定：

1 在处理深度内，分层取样测定挤密土及孔内填料的湿陷性及压缩性；

2 在现场进行静载荷试验或其他原位测试。

6.5 预浸水法

6.5.1 预浸水法宜用于处理湿陷性黄土层厚度大于10m，自重湿陷量的计算值不小于500mm的场地。浸水前宜通过现场试坑浸水试验确定浸水时间、耗水量和湿陷量等。

6.5.2 采用预浸水法处理地基，应符合下列规定：

1 浸水坑边缘至既有建筑物的距离不宜小于50m，并应防止由于浸水影响附近建筑物和场地边坡的稳定性；

2 浸水坑的边长不得小于湿陷性黄土层的厚度，当浸水坑的面积较大时，可分段进行浸水；

3 浸水坑内的水头高度不宜小于300mm，连续浸水时间以湿陷变形稳定为准，其稳定标准为最后5d的平均湿陷量小于1mm/d。

6.5.3 地基预浸水结束后，在基础施工前应进行补充勘察工作，重新评定地基土的湿陷性，并应采用垫层或其他方法处理上部湿陷性黄土层。

7 既有建筑物的地基加固和纠倾

7.1 单液硅化法和碱液加固法

7.1.1 单液硅化法和碱液加固法适用于加固地下水位以上、渗透系数为0.50～2.00m/d的湿陷性黄土地基。在自重湿陷性黄土场地，采用碱液加固法应通过现场试验确定其可行性。

7.1.2 对于下列建筑物，宜采用单液硅化法或碱液法加固地基：

1 沉降不均匀的既有建筑物和设备基础；

2 地基浸水引起湿陷，需要阻止湿陷继续发展的建筑物或设备基础；

3 拟建的设备基础和构筑物。

7.1.3 采用单液硅化法或碱液法加固湿陷性黄土地基，施工前应在拟加固的建筑物附近进行单孔或多孔灌注溶液试验，确定灌注溶液的速度、时间、数量或压力等参数。

7.1.4 灌注溶液试验结束后，隔10d左右，应在试验范围的加固深度内量测加固土的半径，取土样进行室内试验，测定加固土的压缩性和湿陷性等指标。必要时应进行沉降观测，至沉降稳定止，观测时间不应少于半年。

7.1.5 对酸性土和已渗入沥青、油脂及石油化合物的地基土，不宜采用单液硅化法或碱液法加固地基。

（Ⅰ）单液硅化法

7.1.6 单液硅化法按其灌注溶液的工艺，可分为压力灌注和溶液自渗两种。

1 压力灌注宜用于加固自重湿陷性黄土场地上拟建的设备基础和构筑物的地基，也可用于加固非自重湿陷性黄土场地上既有建筑物和设备基础的地基。

2 溶液自渗宜用于加固自重湿陷性黄土场地上既有建筑物和设备基础的地基。

7.1.7 单液硅化法应由浓度为10%～15%的硅酸钠（$Na_2O \cdot nSiO_2$）溶液掺入2.5%氯化钠组成，其相对密度宜为1.13～1.15，但不应小于1.10。

硅酸钠溶液的模数值宜为2.50～3.30，其杂质含量不应大于2%。

7.1.8 加固湿陷性黄土的溶液用量，可按下式计算：

$$X = \pi r^2 h \bar{n} d_N \alpha \tag{7.1.8}$$

式中 X——硅酸钠溶液的用量（t）；

r——溶液扩散半径（m）；

h——自基础底面算起的加固土深度（m）；

$\bar{n}$——地基加固前土的平均孔隙率（%）；

d_N——压力灌注或溶液自渗时硅酸钠溶液的相对密度；

α——溶液填充孔隙的系数，可取0.60～0.80。

7.1.9 采用单液硅化法加固湿陷性黄土地基，灌注孔的布置应符合下列要求：

1 灌注孔的间距：压力灌注宜为0.80～1.20m；溶液自渗宜为0.40～0.60m；

2 加固拟建的设备基础和建筑物的地基，应在基础底面下按正三角形满堂布置，超出基础底面外缘的宽度每边不应小于1m；

3 加固既有建筑物和设备基础的地基，应沿基础侧向布置，且每侧不宜少于2排。

7.1.10 压力灌注溶液的施工步骤，应符合下列要求：

1 向土中打入灌注管和灌注溶液，应自基础底面标高起向下分层进行；

2 加固既有建筑物地基时，在基础侧向应先施工外排，后施工内排；

3 灌注溶液的压力宜由小逐渐增大，但最大压力不宜超过200kPa。

7.1.11 溶液自渗的施工步骤，应符合下列要求：

1 在拟加固的基础底面或基础侧向将设计布置的灌注孔部分或全部打（或钻）至设计深度；

2 将配好的硅酸钠溶液注满各灌注孔，溶液面宜高出基础底面标高0.50m，使溶液自行渗入土中；

3 在溶液自渗过程中，每隔2～3h向孔内添加一次溶液，防止孔内溶液渗干。

7.1.12 采用单液硅化法加固既有建筑物或设备基础的地基时，在灌注硅酸钠溶液过程中，应进行沉降观测，当发现建筑物或设备基础的沉降突然增大或出现异常情况时，应立即停止灌注溶液，待查明原因后，再继续灌注。

7.1.13 硅酸钠溶液全部灌注结束后，隔10d左右，应按下列规定对已加固的地基土进行检测：

1 检查施工记录，各灌注孔的加固深度和注入土中的溶液量与设计规定应相同或接近；

2 应采用动力触探或其他原位测试，在已加固土的全部深度内进行检测，确定加固土的范围及其承载力。

（Ⅱ）碱液加固法

7.1.14 当土中可溶性和交换性的钙、镁离子含量大于10mg·eq/100g干土时，可采用氢氧化钠（NaOH）一种溶液注入土中加固地基。否则，应采用氢氧化钠和氯化钙两种溶液轮番注入土中加固地基。

7.1.15 碱液法加固地基的深度，自基础底面算起，一般为2～5m。但应根据湿陷性黄土层深度、基础宽度、基底压力与湿陷事故的严重程度等综合因素确定。

7.1.16 碱液可用固体烧碱或液体烧碱配制。加固$1m^3$黄土需氢氧化钠量约为干土质量的3%，即35～45kg。碱液浓度宜为100g/L，并宜将碱液加热至80～100℃再注入土中。采用双液加固时，氯化钙溶液的浓度宜为50～80g/L。

7.2 坑式静压桩托换法

7.2.1 坑式静压桩托换法适用于基础及地基需要加固补强的下列建筑物：

1 地基浸水湿陷，需要阻止不均匀沉降和墙体裂缝发展的多层或单层建筑；

2 部分墙体出现裂缝或严重裂缝，但主体结构的整体性完好，基础地基经采取补强措施后，仍可继续安全使用的多层和单层建筑；

3 地基土的承载力或变形不能满足使用要求的建筑。

7.2.2 坑式静压桩的桩位布置，应符合下列要求：

1 纵、横墙基础交接处；

2 承重墙基础的中间；

3 独立基础的中心或四角；

4 地基受水浸湿可能性大或较大的承重部位；

5 尽量避开门窗洞口等薄弱部位。

7.2.3 坑式静压桩宜采用预制钢筋混凝土方桩或钢管桩。方桩边长宜为150～200mm，混凝土的强度等级不宜低于C20；钢管桩直径宜为ϕ159mm，壁厚不得小于6mm。

7.2.4 坑式静压桩的入土深度自基础底面标高算起，桩尖应穿透湿陷性黄土层，并应支承在压缩性低（或较低）的非湿陷性黄土（或砂、石）层中，桩尖插入非湿陷性黄土中的深度不宜小于0.30m。

7.2.5 托换管安放结束后，应按下列要求对压桩完毕的托换坑内及时进行回填。

1 托换坑底面以上至桩顶面（即托换管底面）0.20m以下，桩的周围可用灰土分层回填夯实；

2 基础底面以下至灰土层顶面，桩及托换管的周围宜用C20混凝土浇筑密实，使其与原基础连成整体。

7.2.6 坑式静压桩的质量检验，应符合下列要求：

1 制桩前或制桩期间，必须分别抽样检测水泥、钢材和混凝土试块的安定性、抗拉或抗压强度，检验结果必须符合设计要求；

2 检查压桩施工记录，并作为验收的原始依据。

7.3 纠 倾 法

7.3.1 湿陷性黄土场地上的既有建筑物，其整体倾斜超过现行国家标准《建筑地基基础设计规范》GB 50007规定的允许倾斜值，并影响正常使用时，可采用下列方法进行纠倾：

1 湿法纠倾——主要为浸水法；

2 干法纠倾——包括横向或竖向掏土法、加压法和顶升法。

7.3.2 对既有建筑物进行纠倾设计，应根据建筑物倾斜的程度、原因、上部结构、基础类型、整体刚度、荷载特征、土质情况、施工条件和周围环境等因素综合分析。纠倾方案应安全可靠、经济合理。

7.3.3 在既有建筑物地基的压缩层内，当土的湿陷性较大、平均含水量小于塑限含水量时，宜采用浸水法或横向掏土法进行纠倾，并应符合下列规定：

1 纠倾施工前，应在现场进行渗水试验，测定土的渗透速度、渗透半径、渗水量等参数，确定土的渗透系数；

2 浸水法的注水孔（槽）至邻近建筑物的距离不宜小于20m；

3 根据拟纠倾建筑物的基础类型和地基土湿陷性的大小，预留浸水滞后的预估沉降量。

7.3.4 在既有建筑物地基的压缩层内，当土的平均含水量大于塑限含水量时，宜采用竖向掏土法或加压法纠倾。

7.3.5 当上部结构的自重较小或局部变形大，且需要使既有建筑物恢复到正常或接近正常位置时，宜采用顶升法纠倾。

7.3.6 当既有建筑物的倾斜较大，采用上述一种纠倾方法不易达到设计要求时，可将上述几种纠倾方法结合使用。

7.3.7 符合下列中的任意一款，不得采用浸水法纠倾：

1 距离拟纠倾建筑物20m内，有建筑物或有地下构筑物和管道；

2 靠近边坡地段；

3 靠近滑坡地段。

7.3.8 在纠倾过程中，必须进行现场监测工作，并应根据监测信息采取相应的安全措施，确保工程质量和施工安全。

7.3.9 为防止建筑物再次发生倾斜，经分析认为确有必要时，纠倾施工结束后，应对建筑物地基进行加固，并应继续进行沉降观测，连续观测时间不应少于半年。

8 施 工

8.1 一般规定

8.1.1 在湿陷性黄土场地，对建筑物及其附属工程进行施工，应根据湿陷性黄土的特点和设计要求采取措施防止施工用水和场地雨水流入建筑物地基（或基坑内）引起湿陷。

8.1.2 建筑施工的程序，宜符合下列要求：

1 统筹安排施工准备工作，根据施工组织设计的总平面布置和竖向设计的要求，平整场地，修通道路和排水设施，砌筑必要的护坡及挡土墙等；

2 先施工建筑物的地下工程，后施工地上工程。对体型复杂的建筑物，先施工深、重、高的部分，后施工浅、轻、低的部分；

3 敷设管道时，先施工排水管道，并保证其畅通。

8.1.3 在建筑物范围内填方整平或基坑、基槽开挖前，应对建筑物及其周围 3～5m 范围内的地下坑穴进行探查与处理，并绘图和详细记录其位置、大小、形状及填充情况等。

在重要管道和行驶重型车辆和施工机械的通道下，应对空虚的地下坑穴进行处理。

8.1.4 施工基础和地下管道时，宜缩短基坑或基槽的暴露时间。在雨季、冬季施工时，应采取专门措施，确保工程质量。

8.1.5 在建筑物邻近修建地下工程时，应采取有效措施，保证原有建筑物和管道系统的安全使用，并应保持场地排水畅通。

8.1.6 隐蔽工程完工时，应进行质量检验和验收，并应将有关资料及记录存入工程技术档案作为竣工验收文件。

8.2 现场防护

8.2.1 建筑场地的防洪工程应提前施工，并应在汛期前完成。

8.2.2 临时的防洪沟、水池、洗料场和淋灰池等至建筑物外墙的距离，在非自重湿陷性黄土场地，不宜小于 12m；在自重湿陷性黄土场地，不宜小于 25m。遇有碎石土、砂土等夹层时应采取有效措施，防止水渗入建筑物地基。

临时搅拌站至建筑物外墙的距离，不宜小于 10m，并应做好排水设施。

8.2.3 临时给、排水管道至建筑物外墙的距离，在非自重湿陷性黄土场地，不宜小于 7m；在自重湿陷性黄土场地，不应小于 10m。管道应敷设在地下，防止冻裂或压坏，并应通水检查，不漏水后方可使用。给水支管应装有阀门，在水龙头处，应设排水设施，将废水引至排水系统，所有临时给、排水管线，均应绘在施工总平面图上，施工完毕必须及时拆除。

8.2.4 取土坑至建筑物外墙的距离，在非自重湿陷性黄土场地，不应小于 12m；在自重湿陷性黄土场地，不应小于 25m。

8.2.5 制作和堆放预制构件或重型吊车行走的场地，必须整平夯实，保持场地排水畅通。如在建筑物内预制构件，应采取有效措施防止地基浸水湿陷。

8.2.6 在现场堆放材料和设备时，应采取有效措施保持场地排水畅通。对需要浇水的材料，宜堆放在距基坑或基槽边缘 5m 以外，浇水时必须有专人管理，严禁水流入基坑或基槽内。

8.2.7 对场地给水、排水和防洪等设施，应有专人负责管理，经常进行检修和维护。

8.3 基坑或基槽的施工

8.3.1 浅基坑或基槽的开挖与回填，应符合下列规定：

1 当基坑或基槽挖至设计深度或标高时，应进行验槽；

2 在大型基坑内的基础位置外，宜设不透水的排水沟和集水坑，如有积水应及时排除；

3 当大型基坑内的土挖至接近设计标高，而下一工序不能连续进行时，宜在设计标高以上保留 300～500mm 厚的土层，待继续施工时挖除；

4 从基坑或基槽内挖出的土，堆放距离基坑或基槽壁的边缘不宜小于 1m；

5 设置土（或灰土）垫层或施工基础前，应在基坑或基槽底面打底夯，同一夯点不宜少于 3 遍。当表层土的含水量过大或局部地段有松软土层时，应采取晾干或换土等措施；

6 基础施工完毕，其周围的灰、砂、砖等，应及时清除，并应用素土在基础周围分层回填夯实，至散水垫层底面或至室内地坪垫层底面止，其压实系数不宜小于 0.93。

8.3.2 深基坑的开挖与支护，应符合下列要求：

1 深基坑的开挖与支护，必须进行勘察与设计；

2 深基坑的支护与施工，应综合分析工程地质与水文地质条件、基础类型、基坑开挖深度、降排水条件、周边环境对基坑侧壁位移的要求，基坑周边荷载、施工季节、支护结构的使用期限等因素，做到因地制宜，合理设计、精心施工、严格监控；

3 湿陷性黄土场地的深基坑支护，尚应符合以下规定：

1）深基坑开挖前和深基坑施工期间，应对周围建筑物的状态、地下管线、地下构筑物等状况进行调查与监测，并应对基坑周边外宽度为1～2倍的开挖深度内进行土体垂直节理和裂缝调查，分析其对坑壁稳定性的影响，并及时采取措施，防止水流入裂缝内；

2）当基坑壁有可能受水浸湿时，宜采用饱和状态下黄土的物理力学指标进行设计与验算；

3）控制基坑内地下水所需的水文地质参数，宜根据现场试验确定。在基坑内或基坑附近采用降水措施时，应防止降水对周围环境产生不利影响。

8.4 建筑物的施工

8.4.1 水暖管沟穿过建筑物的基础时，不得留施工缝。当穿过外墙时，应一次做到室外的第一个检查井，或距基础3m以外。沟底应有向外排水的坡度。施工中应防止雨水或地面水流入地基，施工完毕，应及时清理、验收、加盖和回填。

8.4.2 地下工程施工超出设计地面后，应进行室内和室外填土，填土厚度在1m以内时，其压实系数不得小于0.93，填土厚度大于1m时，其压实系数不宜小于0.95。

8.4.3 屋面施工完毕，应及时安装天沟、水落管和雨水管道等，直接将雨水引至室外排水系统，散水的伸缩缝不得设在水落管处。

8.4.4 底层现浇钢筋混凝土结构，在浇筑混凝土与养护过程中，应随时检查，防止地面浸水湿陷。

8.4.5 当发现地基浸水湿陷和建筑物产生裂缝时，应暂时停止施工，切断有关水源，查明浸水的原因和范围，对建筑物的沉降和裂缝加强观测，并绘图记录，经处理后方可继续施工。

8.5 管道和水池的施工

8.5.1 各种管材及其配件进场时，必须按设计要求和有关现行国家标准进行检查。

8.5.2 施工管道及其附属构筑物的地基与基础时，应将基槽底夯实不少于3遍，并应采取快速分段流水作业，迅速完成各分段的全部工序。管道敷设完毕，应及时回填。

8.5.3 敷设管道时，管道应与管基（或支架）密合，管道接口应严密不漏水。金属管道的接口焊缝不得低于Ⅲ级。新、旧管道连接时，应先做好排水设施。当昼夜温差大或在负温度条件下施工时，管道敷设后，宜及时保温。

8.5.4 施工水池、检漏管沟、检漏井和检查井等，必须确保砌体砂浆饱满、混凝土浇捣密实、防水层严密不漏水。穿过池（或井、沟）壁的管道和预埋件，应预先设置，不得打洞。铺设盖板前，应将池（或井、沟）底清理干净。池（或井、沟）壁与基槽间，应用素土或灰土分层回填夯实，其压实系数不应小于0.95。

8.5.5 管道和水池等施工完毕，必须进行水压试验。不合格的应返修或加固，重做试验，直至合格为止。

清洗管道用水、水池用水和试验用水，应将其引至排水系统，不得任意排放。

8.5.6 埋地压力管道的水压试验，应符合下列规定：

1 管道试压应逐段进行，每段长度在场地内不宜超过400m，在场地外空旷地区不得超过1000m。分段试压合格后，两段之间管道连接处的接口，应通水检查，不漏水后方可回填。

2 在非自重湿陷性黄土场地，管基经检查合格，沟槽间填至管顶上方0.50m后（接口处暂不回填），应进行1次强度和严密性试验。

3 在自重湿陷性黄土场地，非金属管道的管基经检查合格后，应进行2次强度和严密性试验：沟槽回填前，应分段进行强度和严密性的预先试验；沟槽回填后，应进行强度和严密性的最后试验。对金属管道，应进行1次强度和严密性试验。

8.5.7 对城镇和建筑群（小区）的室外埋地压力管道，试验压力应符合表8.5.7规定的数值。

表8.5.7 管道水压的试验压力（MPa）

管材种类	工作压力 P	试验压力
钢管	P	P+0.50且不应小于0.90
铸铁管及球墨铸铁管	≤0.50	$2P$
	≥0.50	P+0.50
预应力钢筋混凝土管 预应力钢筒混凝土管	≤0.60	$1.50P$
	>0.60	P+0.30

压力管道强度和严密性试验的方法与质量标准，应符合现行国家标准《给水排水管道工程施工及验收规范》的有关规定。

8.5.8 建筑物内埋地压力管道的试验压力，不应小于0.60MPa；生活饮用水和生产、消防合用管道的试验压力应为工作压力的1.50倍。

强度试验，应先加压至试验压力，保持恒压10min，检查接口、管道和管道附件无破损及无漏水现象时，管道强度试验为合格。

严密性试验，应在强度试验合格后进行。对管道进行严密性试验时，宜将试验压力降至工作压力加0.10MPa，金属管道恒压2h不漏水，非金属管道恒压4h不漏水，可认为合格，并记录为保持试验压力所补充的水量。

在严密性的最后试验中，为保持试验压力所补充的水量，不应超过预先试验时各分段补充水量及阀件等渗水量的总和。

工业厂房内埋地压力管道的试验压力，应按有关专门规定执行。

8.5.9 埋地无压管道（包括检查井、雨水管）的水压试验，应符合下列规定：

1 水压试验采用闭水法进行；

2 试验应分段进行，宜以相邻两段检查井间的管段为一分段。对每一分段，均应进行2次严密性试验：沟槽回填前进行预先试验；沟槽回填至管顶上方0.50m以后，再进行复查试验。

8.5.10 室外埋地无压管道闭水试验的方法，应符合现行国家标准《给水排水管道工程施工及验收规范》的有关规定。

8.5.11 室内埋地无压管道闭水试验的水头应为一层楼的高度，并不应超过8m；对室内雨水管道闭水试验的水头，应为注满立管上部雨水斗的水位高度。

按上述试验水头进行闭水试验，经24h不漏水，可认为合格，并记录在试验时间内，为保持试验水头所补充的水量。

复查试验时，为保持试验水头所补充的水量不应超过预先试验的数值。

8.5.12 对水池应按设计水位进行满水试验。其方法与质量标准应符合现行国家标准《给水排水构筑物施工及验收规范》的有关规定。

8.5.13 对埋地管道的沟槽，应分层回填夯实。在管道外缘的上方0.50m范围内应仔细回填，压实系数不得小于0.90，其他部位回填土的压实系数不得小于0.93。

9 使用与维护

9.1 一般规定

9.1.1 在使用期间，对建筑物和管道应经常进行维护和检修，并应确保所有防水措施发挥有效作用，防止建筑物和管道的地基浸水湿陷。

9.1.2 有关管理部门应负责组织制订维护管理制度和检查维护管理工作。

9.1.3 对勘察、设计和施工中的各项技术资料，如勘察报告、设计图纸、地基处理的质量检验、地下管道的施工和竣工图等，必须整理归档。

9.1.4 在既有建筑物的防护范围内，增添或改变用水设施时，应按本规范有关规定采取相应的防水措施和其他措施。

9.2 维护和检修

9.2.1 在使用期间，给水、排水和供热管道系统（包括有水或有汽的所有管道、检查井、检漏井、阀门井等）应保持畅通，遇有漏水或故障，应立即断绝水源、汽源，故障排除后方可继续使用。

每隔3～5年，宜对埋地压力管道进行工作压力下的泄压检查，对埋地自流管道进行常压泄漏检查。发现泄漏，应及时检修。

9.2.2 必须定期检查检漏设施。对采用严格防水措施的建筑，宜每周检查1次；其他建筑，宜每半个月检查1次。发现有积水或堵塞物，应及时修复和清除，并作记录。

对化粪池和检查井，每半年应清理1次。

9.2.3 对防护范围内的防水地面、排水沟和雨水明沟，应经常检查，发现裂缝及时修补。每年应全面检修1次。

对散水的伸缩缝和散水与外墙交接处的填塞材料，应经常检查和填补。如散水发生倒坡时，必须及时修补和调整，并应保持原设计坡度。

建筑场地应经常保持原设计的排水坡度，发现积水地段，应及时用土填平夯实。

在建筑物周围6m以内的地面应保持排水畅通，不得堆放阻碍排水的物品和垃圾，严禁大量浇水。

9.2.4 每年雨季前和每次暴雨后，对防洪沟、缓洪调节池、排水沟、雨水明沟及雨水集水口等，应进行详细检查，清除淤积物，整理沟堤，保证排水畅通。

9.2.5 每年入冬以前，应对可能冻裂的水管采取保温措施，供暖前必须对供热管道进行系统检查（特别是过门管沟处）。

9.2.6 当发现建筑物突然下沉，墙、梁、柱或楼板、地面出现裂缝时，应立即检查附近的供热管道、水管和水池等。如有漏水（汽），必须迅速断绝水（汽）源，观测建筑物的沉降和裂缝及其发展情况，记录其部位和时间，并会同有关部门研究处理。

9.3 沉降观测和地下水位观测

9.3.1 维护管理部门在接管沉降观测和地下水位观测工作时，应根据设计文件、施工资料及移交清单，对水准基点、观测点、观测井及观测资料和记录，逐项检查、清点和验收。如有水准基点损坏、观测点不全或观测井填塞等情况，应由移交单位补齐或清理。

9.3.2 水准基点、沉降观测点及水位观测井，应妥善保护。每年应根据地区水准控制网，对水准基点校核1次。

9.3.3 建筑物的沉降观测，应按有关现行国家标准执行。

地下水位观测，应按设计要求进行。

观测记录，应及时整理，并存入工程技术档案。

9.3.4 当发现建筑物沉降和地下水位变化出现异常情况时，应及时将所发现的情况反馈给有关方面进行研究与处理。

表 A 湿陷性黄土的物理力学性质指标

分区	亚区	地貌	黄土层厚度（m）	湿陷性黄土层厚度（m）	地下水埋藏深度（m）	物理力学性质指标：含水量 w（%）	天然密度 ρ（g/cm³）	液限 w_L（%）	塑性指数	孔隙比 e	压缩系数 a（MPa^{-1}）	湿陷系数 δ_s	自重湿陷系数 δ_{zs}	特征简述
陇西地区 Ⅰ		低阶地	4～25	3～16	4～18	6～25	1.20～1.80	21～30	4～12	0.70～1.20	0.10～0.90	0.020～0.200	0.010～0.200	自重湿陷性黄土分布很广，湿陷性黄土层厚度通常大于10m，地基湿陷等级多为Ⅲ～Ⅳ级，湿陷性敏感
		高阶地	15～100	8～35	20～80	3～20	1.20～1.80	21～30	5～12	0.80～1.30	0.10～0.70	0.020～0.220	0.010～0.200	
陇东—陕北—晋西地区 Ⅱ		低阶地	3～30	4～11	4～14	10～24	1.40～1.70	20～30	7～13	0.97～1.18	0.26～0.67	0.019～0.079	0.005～0.041	自重湿陷性黄土分布广泛，湿陷性黄土层厚度通常大于10m，地基湿陷等级一般为Ⅲ～Ⅳ级，湿陷性较敏感
		高阶地	50～150	10～15	40～60	9～22	1.40～1.60	26～31	8～12	0.80～1.20	0.17～0.63	0.023～0.088	0.006～0.048	
关中地区 Ⅲ		低阶地	5～20	4～10	6～18	14～28	1.50～1.80	22～32	9～12	0.94～1.13	0.24～0.64	0.029～0.076	0.003～0.039	低阶地多属非自重湿陷性黄土，高阶地和黄土塬多属自重湿陷性黄土，湿陷性黄土层厚度：在渭北高原一般大于10m；在渭河流域两岸多为4～10m，秦岭北麓地带有的小于4m。地基湿陷等级一般为Ⅱ～Ⅲ级，自重湿陷性黄土层一般埋藏较深，湿陷发生较迟缓
		高阶地	50～100	6～23	14～40	11～21	1.40～1.70	27～32	10～13	0.95～1.21	0.17～0.63	0.030～0.080	0.005～0.042	
山西—冀北地区 Ⅳ	汾河流域区—冀北区 Ⅳ1	低阶地	5～15	2～10	4～8	6～19	1.40～1.70	25～29	8～12	0.58～1.10	0.24～0.87	0.030～0.070	—	低阶地多属非自重湿陷性黄土，高阶地（包括山麓堆积）多属自重湿陷性黄土。湿陷性黄土层厚度多为5～10m，个别地段小于5m或大于10m，地基湿陷等级一般为Ⅱ～Ⅲ级。在低阶地新近堆积（Q_4^2）黄土分布较普遍，土的结构松散，压缩性较高。冀北部分地区黄土含砂量大
		高阶地	30～100	5～20	50～60	11～24	1.50～1.60	27～31	10～13	0.97～1.31	0.12～0.62	0.015～0.089	0.007～0.040	
	晋东南区 Ⅳ2		30～53	2～12	4～7	18～23	1.50～1.80	27～33	10～13	0.85～1.02	0.29～1.00	0.030～0.070	0.015～0.052	
河南地区 Ⅴ			6～25	4～8	5～25	16～21	1.60～1.80	26～32	10～13	0.86～1.07	0.18～0.33	0.023～0.045	—	一般为非自重湿陷性黄土。湿陷性黄土层厚度一般为5m，土的结构较密实，压缩性较低。该区浅部分布新近堆积黄土，压缩性较高
冀鲁地区 Ⅵ	河北区 Ⅳ1		3～30	2～6	5～12	14～18	1.60～1.70	25～29	9～13	0.85～1.00	0.18～0.60	0.024～0.048	—	一般为非自重湿陷性黄土，湿陷性黄土层厚度一般小于5m，局部地段为5～10m，地基湿陷等级一般为Ⅱ级，土的结构密实，压缩性低。在黄土边缘地带及鲁山北麓的局部地段，湿陷性黄土层薄，含水量高，湿陷系数小，地基湿陷等级为Ⅰ级或不具湿陷性
	山东区 Ⅳ2		3～20	2～6	5～8	15～23	1.60～1.70	28～31	10～13	0.85～0.90	0.19～0.51	0.020～0.041	—	
边缘地区 Ⅶ	宁—陕区 Ⅶ1		5～30	1～10	5～25	7～13	1.40～1.60	22～27	7～10	1.02～1.14	0.22～0.57	0.032～0.059	—	为非自重湿陷性黄土，湿陷性黄土层厚度一般小于5m，地基湿陷等级一般为Ⅰ～Ⅱ级，土的压缩性低，土中含砂量较多，湿陷性黄土分布不连续
	河西走廊区 Ⅶ2		5～10	2～5	5～10	14～18	1.60～1.70	23～32	8～12	—	0.17～0.36	0.029～0.050	—	
	内蒙古中部—辽西区 Ⅶ3	低阶地	5～15	5～11	5～10	6～20	1.50～1.70	19～27	8～10	0.87～1.05	0.11～0.77	0.026～0.048	0.040	靠近山西、陕西的黄土地区，一般为非自重湿陷性黄土，地基湿陷等级一般为Ⅰ级，湿陷性黄土层厚度一般为5～10m。低阶地新近堆积（Q_4^2）黄土分布较广，土的结构松散，压缩性较高，高阶地土的结构较密实，压缩性较低
		高阶地	10～20	8～15	12	12～18	1.50～1.90	—	9～11	0.85～0.99	0.10～0.40	0.020～0.041	0.069	
	新疆—甘西—青海区 Ⅶ4		3～30	2～10	1～20	3～27	1.30～2.00	19～34	6～18	0.69～1.30	0.10～1.05	0.015～0.199	—	一般为非自重湿陷性黄土场地，地基湿陷等级为Ⅰ～Ⅱ级，局部为Ⅲ级，湿陷性黄土层厚度一般小于8m，天然含水量较低，黄土层厚度及湿陷性变化大。主要分布于沙漠边缘，冲、洪积扇中上部，河流阶地及山麓斜坡，北疆呈连续条状分布，南疆呈零星分布

附录B 黄土地层的划分

表 B

时代		地层的划分	说明
全新世(Q_4)黄土	新黄土	黄土状土	一般具湿陷性
晚更新世(Q_3)黄土	新黄土	马兰黄土	一般具湿陷性
中更新世(Q_2)黄土	老黄土	离石黄土	上部部分土层具湿陷性
早更新世(Q_1)黄土	老黄土	午城黄土	不具湿陷性

注:全新世(Q_4)黄土包括湿陷性(Q_4^1)黄土和新近堆积(Q_4^2)黄土。

附录C 判别新近堆积黄土的规定

C.0.1 在现场鉴定新近堆积黄土,应符合下列要求:

1 堆积环境:黄土塬、梁、峁的坡脚和斜坡后缘,冲沟两侧及沟口处的洪积扇和山前坡积地带,河道拐弯处的内侧,河漫滩及低阶地,山间或黄土梁、峁之间凹地的表部,平原上被淹埋的池沼洼地。

2 颜色:灰黄、黄褐、棕褐,常相杂或相间。

3 结构:土质不均、松散、大孔排列杂乱。常混有岩性不一的土块,多虫孔和植物根孔。铣挖容易。

4 包含物:常含有机质,斑状或条状氧化铁;有的混砂、砾或岩石碎屑;有的混有砖瓦陶瓷碎片或朽木片等人类活动的遗物,在大孔壁上常有白色钙质粉末。在深色土中,白色物呈现菌丝状或条纹状分布;在浅色土中,白色物呈星点状分布,有时混钙质结核,呈零星分布。

C.0.2 当现场鉴别不明确时,可按下列试验指标判定:

1 在50~150kPa压力段变形较大,小压力下具高压缩性。

2 利用判别式判定

$$R = -68.45e + 10.98a - 7.16\gamma + 1.18w$$

$$R_0 = -154.80$$

当 $R > R_0$ 时,可将该土判为新近堆积黄土。

式中 e——土的孔隙比;

a——压缩系数(MPa^{-1}),宜取50~150kPa或0~100kPa压力下的大值;

w——土的天然含水量(%);

γ——土的重度(kN/m^3)。

附录D 钻孔内采取不扰动土样的操作要点

D.0.1 在钻孔内采取不扰动土样,必须严格掌握钻进方法、取样方法,使用合适的清孔器,并应符合下列操作要点:

1 应采用回转钻进,应使用螺旋(纹)钻头,控制回次进尺的深度,并应根据土质情况,控制钻头的垂直进入速度和旋转速度,严格掌握"1米3钻"的操作顺序,即取土间距为1m时,其下部1m深度内仍按上述方法操作;

2 清孔时,不应加压或少许加压,慢速钻进,应使用薄壁取样器压入清孔,不得用小钻头钻进,大钻头清孔。

D.0.2 应用"压入法"取样,取样前应将取土器轻轻吊放至孔内预定深度处,然后以匀速连续压入,中途不得停顿,在压入过程中,钻杆应保持垂直不摇摆,压入深度以土样超过盛土段30~50mm为宜。当使用有内衬的取样器时,其内衬应与取样器内壁紧贴(塑料或酚醛压管)。

D.0.3 宜使用带内衬的黄土薄壁取样器,对结构较松散的黄土,不宜使用无内衬的黄土薄壁取样器,其内径不宜小于120mm,刃口壁的厚度不宜大于3mm,刃口角度为10°~12°,控制面积比为12%~15%,其尺寸规格可按表D-1采用,取样器的构造见附图D。

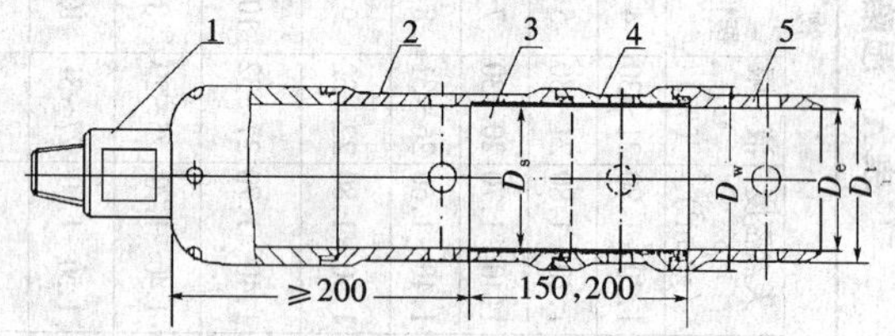

图 D-1 黄土薄壁取样器示意图

1—导径接头 2—废土筒 3—衬管 4—取样管 5—刃口 D_s—衬管内径 D_w—取样管外径 D_e—刃口内径 D_t—刃口外径

表 D-1 黄土薄壁取样器的尺寸

外径(mm)	刃口内径(mm)	放置内衬后内径(mm)	盛土筒长(mm)	盛土筒厚(mm)	余(废)土筒长(mm)	面积比(%)	切削刃口角度(°)
<129	120	122	150,200	2.00~2.50	200	<15	12

D.0.4 在钻进和取土样过程中,应遵守下列规定:

1 严禁向钻孔内注水;

2 在卸土过程中,不得敲打取土器;

3 土样取出后,应检查土样质量,如发现土样有受压、扰动、碎裂和变形等情况时,应将其废弃并重新采取土样；

4 应经常检查钻头、取土器的完好情况，当发现钻头、取土器有变形、刃口缺损时，应及时校正或更换；

5 对探井内和钻孔内的取样结果，应进行对比、检查，发现问题及时改进。

附录E 各类建筑的举例

表E

各类建筑	举 例
甲	高度大于60m的建筑；14层及14层以上的体型复杂的建筑；高度大于50m的筒仓；高度大于100m的电视塔；大型展览馆、博物馆；一级火车站主楼；6000人以上的体育馆；标准游泳馆；跨度不小于36m、吊车额定起重量不小于100t的机加工车间；不小于10000t的水压机车间；大型热处理车间；大型电镀车间；大型炼钢车间；大型轧钢压延车间，大型电解车间；大型煤气发生站；大型火力发电站主体建筑；大型选矿、选煤车间；煤矿主井多绳提升井塔；大型水厂；大型污水处理厂；大型游泳池；大型漂、染车间；大型屠宰车间；10000t以上的冷库；净化工房；有剧毒或有放射污染的建筑
乙	高度为24～60m的建筑；高度为30～50m的筒仓；高度为50～100m的烟囱；省（市）级影剧院、民航机场指挥及候机楼、铁路信号、通讯楼、铁路机务洗修库、高校试验楼；跨度等于或大于24m、小于36m和吊车额定起重量等于或大于30t、小于100t的机加工车间；小于10000t的水压机车间；中型轧钢车间；中型选矿车间、中型火力发电厂主体建筑；中型水厂；中型污水处理厂；中型漂、染车间；大中型浴室；中型屠宰车间
丙	7层及7层以下的多层建筑；高度不超过30m的筒仓、高度不超过50m的烟囱；跨度小于24m、吊车额定起重量小于30t的机加工车间，单台小于10t的锅炉房；一般浴室、食堂、县（区）影剧院、理化试验室；一般的工具、机修、木工车间、成品库
丁	1～2层的简易房屋、小型车间和小型库房

附录F 水池类构筑物的设计措施

F.0.1 水池类构筑物应根据其重要性、容量大小、地基湿陷等级，并结合当地建筑经验，采取设计措施。

埋地管道与水池之间或水池相互之间的防护距离：在自重湿陷性黄土场地，应与建筑物之间的防护距离的规定相同，当不能满足要求时，必须加强池体的防渗漏处理；在非自重湿陷性黄土场地，可按一般地区的规定设计。

F.0.2 建筑物防护范围内的水池类构筑物，当技术经济合理时，应架空明设于地面（包括地下室地面）以上。

F.0.3 水池类构筑物应采用防渗现浇钢筋混凝土结构。预埋件和穿池壁的套管，应在浇筑混凝土前埋设，不得事后钻孔、凿洞。不宜将爬梯嵌入水位以下的池壁中。

F.0.4 水池类构筑物的地基处理，应采用整片土（或灰土）垫层。在非自重湿陷性黄土场地，灰土垫层的厚度不宜小于0.30m，土垫层的厚度不应小于0.50m；在自重湿陷性黄土场地，对一般水池，应设1.00～2.50m厚的土（或灰土）垫层，对特别重要的水池，宜消除地基的全部湿陷量。

土（或灰土）垫层的压实系数不得小于0.97。

基槽侧向宜采用灰土回填，其压实系数不宜小于0.93。

附录G 湿陷性黄土场地地下水位上升时建筑物的设计措施

G.0.1 对未消除全部湿陷量的地基，应根据地下水位可能上升的幅度，采取防止增加不均匀沉降的有效措施。

G.0.2 建筑物的平面、立面布置，应力求简单、规则。当有困难时，宜将建筑物分成若干简单、规则的单元。单元之间拉开一定距离，设置能适应沉降的连接体或采取其他措施。

G.0.3 多层砌体承重结构房屋，应有较大的刚度，房屋的单元长高比，不宜大于3。

G.0.4 在同一单元内，各基础的荷载、型式、尺寸和埋置深度，应尽量接近。当门廊等附属建筑与主体建筑的荷载相差悬殊时，应采取有效措施，减少主体建筑下沉对门廊等附属建筑的影响。

G.0.5 在建筑物的同一单元内，不宜设置局部地下室。对有地下室的单元，应用沉降缝将其与相邻单元分开，并应采取有效措施。

G.0.6 建筑物沉降缝处的基底压力，应适当减小。

G.0.7 在建筑物的基础附近，堆放重物或堆放重型设备时，应采取有效措施，减小附加沉降对建筑物的影响。

G.0.8 对地下室和地下管沟，应根据地下水位上升的可能，采取防水措施。

G.0.9 在非自重湿陷性黄土场地，应根据填方厚度、地下水位可能上升的幅度，判断场地转化为自重湿陷性黄土场地的可能性，并采取相应的防治措施。

附录H 单桩竖向承载力静载荷浸水试验要点

H.0.1 单桩竖向承载力静载荷浸水试验，应符合下列规定：

1 当试桩进入湿陷性黄土层内的长度不小于10m时，宜对其桩周和桩端的土体进行浸水；

2 浸水坑的平面尺寸（边长或直径）：如只测定单桩竖向承载力特征值，不宜小于5m；如需要测定桩侧的摩擦力，不宜小于湿陷性黄土层的深度，并不应小于10m；

3 试坑深度不宜小于500mm，坑底面应铺100～150mm厚度的砂、石，在浸水期间，坑内水头高度不宜小于300mm。

H.0.2 单桩竖向承载力静载荷浸水试验，可选择下列方法中的任一款：

1 加载前向试坑内浸水，连续浸水时间不宜少于10d，当桩周湿陷性黄土层深度内的含水量达到饱和时，在继续浸水条件下，可对单桩进行分级加载，加至设计荷载值的1.00～1.50倍，或加至极限荷载止；

2 在土的天然湿度下分级加载，加至单桩竖向承载力的预估值，沉降稳定后向试坑内昼夜浸水，并观测在恒压下的附加下沉量，直至稳定，也可在继续浸水条件下，加至极限荷载止。

H.0.3 设置试桩和锚桩，应符合下列要求：

1 试桩数量不宜少于工程桩总数的1%，并不应少于3根；

2 为防止试桩在加载中桩头破坏，对其桩顶应适当加强；

3 设置锚桩，应根据锚桩的最大上拔力，纵向钢筋截面应按桩身轴力变化配置，如需利用工程桩作锚桩，应严格控制其上拔量；

4 灌注桩的桩身混凝土强度应达到设计要求，预制桩压（或打）入土中不得少于15d，方可进行加载试验。

H.0.4 试验装置、量测沉降用的仪表，分级加载额定量，加、卸载的沉降观测和单桩竖向承载力的确定等要求，应符合现行国家标准《建筑地基基础设计规范》GB50007的有关规定。

附录J 垫层、强夯和挤密等地基的静载荷试验要点

J.0.1 在现场采用静载荷试验检验或测定垫层、强夯和挤密等方法处理地基的承载力及有关变形参数，应符合下列规定：

1 承压板应为刚性，其底面宜为圆形或方形。

2 对土（或灰土）垫层和强夯地基，承压板的直径（d）或边长（b），不宜小于1m，当处理土层厚度较大时，宜分层进行试验。

3 对土（或灰土）挤密桩复合地基：

1）单桩和桩间土的承压板直径，宜分别为桩孔直径的1倍和1.50倍。

2）单桩复合地基的承压板面积，应为1根土（或灰土）挤密桩承担的处理地基面积。当桩孔按正三角形布置时，承压板直径（d）应为桩距的1.05倍，当桩孔按正方形布置时，承压板直径应为桩距的1.13倍。

3）多桩复合地基的承压板，宜为方形或矩形，其尺寸应按承压板下的实际桩数确定。

J.0.2 开挖试坑和安装载荷试验设备，应符合下列要求：

1 试坑底面的直径或边长，不应小于承压板直径或边长的3倍；

2 试坑底面标高，宜与拟建的建筑物基底标高相同或接近；

3 应注意保持试验土层的天然湿度和原状结构；

4 承压板底面下应铺10～20mm厚度的中、粗砂找平；

5 基准梁的支点，应设在压板直径或边长的3倍范围以外；

6 承压板的形心与荷载作用点应重合。

J.0.3 加荷等级不宜少于10级，总加载量不宜小于设计荷载值的2倍。

J.0.4 每加一级荷载的前、后，应分别测记1次压板的下沉量，以后每0.50h测记1次，当连续2h内，每1h的下沉量小于0.10mm时，认为压板下沉已趋稳定，即可加下一级荷载。且每级荷载的间隔时间不应少于2h。

J.0.5 当需要测定处理后的地基土是否消除湿陷性时，应进行浸水载荷试验，浸水前，宜加至1倍设计荷载，下沉稳定后向试坑内昼夜浸水，连续浸水时间不宜少于10d，坑内水头不应小于200mm，附加下沉稳定，试验终止。必要时，宜继续浸水，再加1倍设计荷载后，试验终止。

J.0.6 当出现下列情况之一时，可终止加载：

1 承压板周围的土，出现明显的侧向挤出；

2 沉降s急骤增大，压力-沉降（p-s）曲线出现陡降段；

3 在某一级荷载下，24h内沉降速率不能达到稳定标准；

4 s/b（或s/d）$\geqslant 0.06$。

当满足前三种情况之一时，其对应的前一级荷载可定为极限荷载。

J.0.7 卸荷可分为3～4级，每卸一级荷载测记回弹量，直至变形稳定。

J.0.8 处理后的地基承载力特征值，应根据压力（p）与承压板沉降量（s）的 p-s 曲线形态确定：

1 当 p-s 曲线上的比例界限明显时，可取比例界限所对应的压力；

2 当 p-s 曲线上的极限荷载小于比例界限的2倍时，可取极限荷载的一半；

3 当 p-s 曲线上的比例界限不明显时，可按压板沉降（s）与压板直径（d）或宽度（b）之比值即相对变形确定：

1）土垫层地基、强夯地基和桩间土，可取 s/d 或 s/b=0.010所对应的压力；

2）灰土垫层地基，可取 s/d 或 s/b=0.006所对应的压力；

3）灰土挤密桩复合地基，可取 s/d 或 s/b=0.006～0.008所对应的压力；

4）土挤密桩复合地基，可取 s/d 或 s/b=0.010所对应的压力。

按相对变形确定上述地基的承载力特征值，不应大于最大加载压力的1/2。

本规范用词说明

1 为了便于在执行本规范条文时区别对待，对要求严格程度不同的用词说明如下：

1）表示很严格，非这样做不可的用词
正面词采用“必须”，反面词采用“严禁”；

2）表示严格，在正常情况下均应这样做的用词
正面词采用“应”，反面词采用“不应”或“不得”；

3）表示允许稍有选择，在条件许可时首先应这样做的用词
正面词采用“宜”，反面词采用“不宜”。

表示有选择，在一定条件下可以这样做的，采用“可”。

2 条文中指定必须按其他有关标准执行时，写法为“应符合……的规定”。非必须按所指的标准或其他规定执行时，写法为“可参照……”。

中华人民共和国国家标准

湿陷性黄土地区建筑规范

GB 50025—2004

条 文 说 明

目　次

1 总 则

1.0.1 本规范总结了"GBJ25—90规范"发布以来的建设经验和科研成果，并对该规范进行了全面修订。它是湿陷性黄土地区从事建筑工程的技术法规，体现了我国现行的建设政策和技术政策。

在湿陷性黄土地区进行建设，防止地基湿陷，保证建筑工程质量和建（构）筑物的安全使用，做到技术先进、经济合理、保护环境，这是制订本规范的宗旨和指导思想。

在建设中必须全面贯彻国家的建设方针，坚持按正常的基建程序进行勘察、设计和施工。边勘察、边设计、边施工和不勘察进行设计和施工，应成为历史，不应继续出现。

1.0.2 我国湿陷性黄土主要分布在山西、陕西、甘肃的大部分地区，河南西部和宁夏、青海、河北的部分地区，此外，新疆维吾尔自治区、内蒙古自治区和山东、辽宁、黑龙江等省，局部地区亦分布有湿陷性黄土。

湿陷性黄土地区建筑工程（包括主体工程和附属工程）的勘察、设计、地基处理、施工、使用与维护，均应按本规范的规定执行。

1.0.3 湿陷性黄土是一种非饱和的欠压密土，具有大孔和垂直节理，在天然湿度下，其压缩性较低，强度较高，但遇水浸湿时，土的强度显著降低，在附加压力或在附加压力与土的自重压力下引起的湿陷变形，是一种下沉量大、下沉速度快的失稳性变形，对建筑物危害性大。为此本条仍按原规范规定，强调在湿陷性黄土地区进行建设，应根据湿陷性黄土的特点和工程要求，因地制宜，采取以地基处理为主的综合措施，防止地基浸水湿陷对建筑物产生危害。

防止湿陷性黄土地基湿陷的综合措施，可分为地基处理、防水措施和结构措施三种。其中地基处理措施主要用于改善土的物理力学性质，减小或消除地基的湿陷变形；防水措施主要用于防止或减少地基受水浸湿；结构措施主要用于减小和调整建筑物的不均匀沉降，或使上部结构适应地基的变形。

显然，上述三种措施的作用及功能各不相同，故本规范强调以地基处理为主的综合措施，即以治本为主，治标为辅，标、本兼治，突出重点，消除隐患。

1.0.4 本规范是根据我国湿陷性黄土的特征编制的，湿陷性黄土地区的建设工程除应执行本规范的规定外，对本规范未规定的有关内容，尚应执行有关现行的国家强制性标准的规定。

3 基 本 规 定

3.0.1 本次修订将建筑物分类适当修改后独立为一章，作为本规范的第3章，放在勘察、设计的前面，解决了各类建筑的名称出现在建筑物分类之前的问题。

建筑物的种类很多，使用功能不尽相同，对建筑物分类的目的是为设计采取措施区别对待，防止不论工程大小采取"一刀切"的措施。

原规范把地基受水浸湿可能性的大小作为建筑物分类原则的主要内容之一，反映了湿陷性黄土遇水湿陷的特点，工程界早已确认，本规范继续沿用。地基受水浸湿可能性的大小，可归纳为以下三种：

1 地基受水浸湿可能性大，是指建筑物内的地面经常有水或可能积水、排水沟较多或地下管道很多；

2 地基受水浸湿可能性较大，是指建筑物内局部有一般给水、排水或暖气管道；

3 地基受水浸湿可能性小，是指建筑物内无水暖管道。

原规范把高度大于40m的建筑划为甲类，把高度为24～40m的建筑划为乙类。鉴于高层建筑日益增多，而且高度越来越高，为此，本规范把高度大于60m和14层及14层以上体型复杂的建筑划为甲类，把高度为24～60m的建筑划为乙类。这样，甲类建筑的范围不致随部分建筑的高度增加而扩大。

凡是划为甲类建筑，地基处理均要求从严，不允许留剩余湿陷量，各类建筑的划分，可结合本规范附录E的建筑举例进行类比。

高层建筑的整体刚度大，具有较好的抵抗不均匀沉降的能力，但对倾斜控制要求较严。

埋地设置的室外水池，地基处于卸荷状态，本规范对水池类构筑物不按建筑物对待，未作分类，关于水池类构筑物的设计措施，详见本规范附录F。

3.0.2 原规范规定的三种设计措施，在湿陷性黄土地区的工程建设中已使用很广，对防治地基湿陷事故，确保建筑物安全使用具有重要意义，本规范继续使用。防止和减小建筑物地基浸水湿陷的设计措施，可分为地基处理、防水措施和结构措施三种。

在三种设计措施中，消除地基的全部湿陷量或采用桩基础穿透全部湿陷性黄土层，主要用于甲类建筑；消除地基的部分湿陷量，主要用于乙、丙类建筑；丁类属次要建筑，地基可不处理。

防水措施和结构措施，一般用于地基不处理或消除地基部分湿陷量的建筑，以弥补地基处理的不足。

3.0.3 原规范对沉降观测虽有规定，但尚未引起有关方面的重视，沉降观测资料寥寥无几，建筑物出了事故分析亦很困难，目前许多单位对此有不少反映，普遍认为通过沉降观测，可掌握计算与实测沉降量的关系，并可为发现事故提供信息，以便查明原因及时对事故进行处理。为此，本条继续规定对甲类建筑和乙类中的重要建筑应进行沉降观测，对其他建筑各单位可根据实际情况自行确定是否观测，但要避免观测项目太多，不能长期坚持而流于形式。

4 勘 察

4.1 一般规定

4.1.1 湿陷性黄土地区岩土勘察的任务，除应查明黄土层的时代、成因、厚度、湿陷性、地下水位深度及变化等工程地质条件外，尚应结合建筑物功能、荷载与结构等特点对场地与地基作出评价，并就防止、降低或消除地基的湿陷性提出可行的措施建议。

4.1.3 按国家的有关规定，一个工程建设项目的确定和批准立项，必须有可行性研究为依据；可行性研究报告中要求有必要的关于工程地质条件的内容，当工程项目的规模较大或地层、地质与岩土性质较复杂时，往往需进行少量必要的勘察工作，以掌握关于场地湿陷类型、湿陷量大小、湿陷性黄土层的分布与厚度变化、地下水位的深浅及有无影响场址安全使用的不良地质现象等的基本情况。有时，在可行性研究阶段会有不只一个场址方案，这时就有必要对它们分别做一定的勘察工作，以利场址的科学比选。

4.1.7 现行国家标准《岩土工程勘察规范》规定，土试样按扰动程度划分为四个质量等级，其中只有Ⅰ级土试样可用于进行土类定名、含水量、密度、强度、压缩性等试验，因此，显而易见，黄土土试样的质量等级必须是Ⅰ级。

正反两方面的经验一再证明，探井是保证取得Ⅰ级湿陷性黄土土样质量的主要手段，国内、国外都是如此。基于这一认识，本规范加强了对采取土试样的要求，要求探井数量宜为取土勘探点总数的 1/3～1/2，且不宜少于 3 个。

本规范允许在“有足够数量的探井”的前提下，用钻孔采取土试样。但是，仅仅依靠好的薄壁取土器，并不一定能取得不扰动的Ⅰ级土试样。前提是必须先有合理的钻井工艺，保证拟取的土试样不受钻进操作的影响，保持原状，不然，再好的取样工艺和科学的取土器也无济于事。为此，本规范要求在钻孔中取样时严格按附录 D 的规定执行。

4.1.9 近年来，原位测试技术在湿陷性黄土地区已有不同程度的使用，但是由于湿陷性黄土的主要岩土技术指标，必须能直接反映土湿陷性的大小，因此，除了浸水载荷试验和试坑浸水试验（这两种方法有较多应用）外，其他原位测试技术只能说有一定的应用，并发挥着相应的作用。例如，采用静力触探了解地层的均匀性，划分地层，确定地基承载力，计算单桩承载力等。除此，标准贯入试验、轻型动力触探、重型动力触探，乃至超重型动力触探等也有不同程度的应用，不过它们的对象一般是湿陷性黄土地基中的非湿陷性黄土层、砂砾层或碎石层，也常用于检测地基处理的效果。

4.2 现 场 勘 察

4.2.1 地质环境对拟建工程有明显的制约作用，在场址选择或可行性研究勘察阶段，增加对地质环境进行调查了解很有必要。例如，沉降尚未稳定的采空区，有毒、有害的废弃物等，在勘察期间必须详细调查了解和探查清楚。

不良地质现象，包括泥石流、滑坡、崩塌、湿陷凹地、黄土溶洞、岸边冲刷、地下潜蚀等内容。地质环境，包括地下采空区、地面沉降、地裂缝、地下水的水位上升、工业及生活废弃物的处置和存放、空气及水质的化学污染等内容。

4.2.2～4.2.3 对场地存在的不良地质现象和地质环境问题，应查明其分布范围、成因类型及对工程的影响。

1 建设和环境是互相制约的，人类活动可以改造环境，但环境也制约工程建设，据瑞典国际开发署和联合国的调查，由于环境恶化，在原有的居住环境中，已无法生存而不得不迁移的“环境难民”，全球达 2500 万人之多。因此工程建设尚应考虑是否会形成新的地质环境问题。

2 原规范第 6 款中，勘探点的深度“宜为 10～20m”，一般满足多层建（构）筑物的需要，随着建筑物向高、宽、大方向发展，本规范改为勘探点的深度，应根据湿陷性黄土层的厚度和地基压缩层深度的预估值确定。

3 原规范第 3 款“当按室内试验资料和地区建筑经验不能明确判定场地湿陷类型时，应进行现场试坑浸水试验，按实测自重湿陷量判定”。本规范 4.3.8 条改为“对新建地区的甲类和乙类中的重要建筑，应进行现场试坑浸水试验，按自重湿陷的实测值判定场地湿陷类型”。

由于人口的急剧增加，人类的居住空间已从冲洪积平原、低阶地，向黄土塬和高阶地发展，这些区域基本上无建筑经验，而按室内试验结果计算出的自重湿陷量与现场试坑浸水试验的实测值往往不完全一致，有些地区相差较大，故对上述情况，改为“按自重湿陷的实测值判定场地湿陷类型”。

4.2.4～4.2.5

1 原规范第 4 款，详细勘察勘探点的间距只考虑了场地的复杂程度，而未与建筑类别挂钩，本规范改为结合建筑类别确定勘探点的间距。

2 原规范第 5 款，勘探点的深度“除应大于地基压缩层的深度外，对非自重湿陷性黄土场地还应大于基础底面以下 5m”。随着多、高层建筑的发展，基础宽度的增大，地基压缩层的深度也相应增大，为此，本规范将原规定大于 5m 改为大于 10m。

3 湿陷系数、自重湿陷系数、湿陷起始压力均为黄土场地的主要岩土参数，详勘阶段宜将上述参数绘制在随深度变化的曲线图上，并宜进行相关分析。

4 当挖、填方厚度较大时，黄土场地的湿陷类型、湿陷等级可能发生变化，在这种情况下，应自挖（或填）方整平后的地面（或设计地面）标高算起。勘察时，设计地面标高如不确定，编制勘察方案宜与建设方紧密配合，使其尽量符合实际，以满足黄土湿陷性评价的需要。

5 针对工程建设的现状及今后发展方向，勘察成果增补了深基坑开挖与桩基工程的有关内容。

4.3 测定黄土湿陷性的试验

4.3.1 原规范中的黄土湿陷性试验放在附录六，本规范将其改为“测定黄土湿陷性的试验”放入第4章第3节，修改后，由附录变为正文，并分为室内压缩试验、现场静载荷试验和现场试坑浸水试验。

室内压缩试验主要用于测定黄土的湿陷系数、自重湿陷系数和湿陷起始压力；现场静载荷试验可测定黄土的湿陷性和湿陷起始压力，基于室内压缩试验测定黄土的湿陷性比较简便，而且可同时测定不同深度的黄土湿陷性，所以仅规定在现场测定湿陷起始压力；现场试坑浸水试验主要用于确定自重湿陷量的实测值，以判定场地湿陷类型。

（Ⅰ）室内压缩试验

4.3.2 采用室内压缩试验测定黄土的湿陷性应遵守有关统一的要求，以保证试验方法和过程的统一性及试验结果的可比性。这些要求包括试验土样、试验仪器、浸水水质、试验变形稳定标准等方面。

4.3.3～4.3.4 本条规定了室内压缩试验测定湿陷系数的试验程序，明确了不同试验压力范围内每级压力增量的允许数值，并列出了湿陷系数的计算式。

本条规定了室内压缩试验测定自重湿陷系数的试验程序，同时给出了计算试样上覆土的饱和自重压力所需饱和密度的计算公式。

4.3.5 在室内测定土样的湿陷起始压力有单线法和双线法两种。单线法试验较为复杂，双线法试验相对简单，已有的研究资料表明，只要对试样及试验过程控制得当，两种方法得到的湿陷起始压力试验结果基本一致。

但在双线法试验中，天然湿度试样在最后一级压力下浸水饱和附加下沉稳定高度与浸水饱和试样在最后一级压力下的下沉稳定高度通常不一致，如图4.3.5所示，h_0ABCC_1 曲线与 $h_0AA_1B_2C_2$ 曲线不闭合，因此在计算各级压力下的湿陷系数时，需要对试验结果进行修正。研究表明，单线法试验的物理意义更为明确，其结果更符合实际，对试验结果进行修正时以单线法为准来修正浸水饱和试样各级压力下的稳定高度，即将 $A_1B_2C_2$ 曲线修正至 $A_1B_1C_1$ 曲线，使饱和试样的终点 C_2 与单线法试验的终点 C_1 重合，以此来计算各级压力下的湿陷系数。

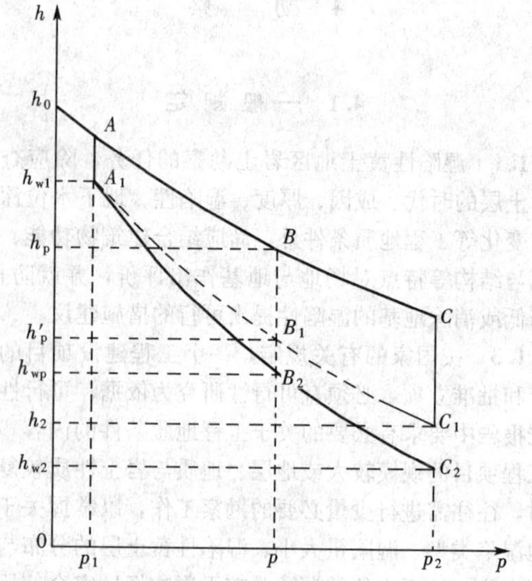

图 4.3.5 双线法压缩试验

在实际计算中，如需计算压力 p 下的湿陷系数 δ_s，则假定：

$$\frac{h_{w1}-h_2}{h_{w1}-h_{w2}}=\frac{h_{w1}-h'_p}{h_{w1}-h_{wp}}=k$$

有，$h'_p=h_{w1}-k(h_{w1}-h_{wp})$

得：$\delta_s=\dfrac{h_p-h'_p}{h_0}=\dfrac{h_p-[h_{w1}-k(h_{w1}-h_{wp})]}{h_0}$

其中，$k=\dfrac{h_{w1}-h_2}{h_{w1}-h_{w2}}$，它可作为判别试验结果是否可以采用的参考指标，其范围宜为 1.0±0.2，如超出此限，则应重新试验或舍弃试验结果。

计算实例：某一土样双线法试验结果及对试验结果的修正与计算见下表。

p(kPa)	25	50	75	100	150	200	浸 水
h_p(mm)	19.940	19.870	19.778	19.685	19.494	19.160	17.280
h_{wp}(mm)	19.855	19.260	19.006	18.440	17.605	17.075	
	$k=(19.855-17.280)\div(19.855-17.075)=0.926$						
h'_p	18.855	19.570	19.069	18.545	17.772	17.280	
δ_s	0.004	0.015	0.035	0.062	0.086	0.094	

绘制 $p\sim\delta_s$ 曲线，得 $\delta_s=0.015$ 对应的湿陷起始压力 p_{sh} 为 50kPa。

（Ⅱ）现场静载荷试验

4.3.6 现场静载荷试验主要用于测定非自重湿陷性黄土场地的湿陷起始压力，自重湿陷性黄土场地的湿陷起始压力值小，无使用意义，一般不在现场测定。

在现场测定湿陷起始压力与室内试验相同，也分为单线法和双线法。二者试验结果有的相同或接近，有的互有大小。一般认为，单线法试验结果较符合实际，但单线法的试验工作量较大，在同一场地的相同标高及相同土层，单线法需做 3 台以上静载荷试验，而双线法只需做 2 台静载荷试验（一个为天然湿度，一个为浸水饱和）。

本条对现场测定湿陷起始压力的方法与要求作了规定，可选择其中任一方法进行试验。

4.3.7 本条对现场静载荷试验的承压板面积、试坑尺寸、分级加压增量和加压后的观测时间及稳定标准等进行了规定。

承压板面积通常为 $0.25m^2$、$0.50m^2$ 和 $1m^2$ 三种。通过大量试验研究比较，测定黄土湿陷和湿陷起始压力，承压板面积宜为 $0.50m^2$，压板底面宜为方形或圆形，试坑深度宜与基础底面标高相同或接近。

（Ⅲ）现场试坑浸水试验

4.3.8 采用现场试坑浸水试验可确定自重湿陷量的实测值，用以判定场地湿陷类型比较准确可靠，但浸水试验时间较长，一般需要 1～2 个月，而且需要较多的用水。本规范规定，在缺乏经验的新建地区，对甲类和乙类中的重要建筑，应采用试坑浸水试验，乙类中的一般建筑和丙类建筑以及有建筑经验的地区，均可按自重湿陷量的计算值判定场地湿陷类型。

本条规定了浸水试验的试坑尺寸采用“双指标”控制，此外，还规定了观测自重湿陷量的深、浅标点的埋设方法和观测要求以及停止浸水的稳定标准等。上述规定，对确保试验数据的完整性和可靠性具有实际意义。

4.4 黄土湿陷性评价

黄土湿陷性评价，包括全新世 Q_4（Q_4^1 及 Q_4^2）黄土、晚更新世 Q_3 黄土、部分中更新世 Q_2 黄土的土层、场地和地基三个方面，湿陷性黄土包括非自重湿陷性黄土和自重湿陷性黄土。

4.4.1 本条规定了判定非湿陷性黄土和湿陷性黄土的界限值。

黄土的湿陷性通常是在现场采取不扰动土样，将其送至试验室用有侧限的固结仪测定，也可用三轴压缩仪测定。前者，试验操作较简便，我国自 20 世纪 50 年代至今，生产单位一直广泛使用；后者试样制备及操作较复杂，多为教学和科研使用。鉴于此，本条仍按“GBJ 25—90 规范”规定及各生产单位习惯采用的固结仪进行压缩试验，根据试验结果，以湿陷系数 $\delta_s < 0.015$ 定为非湿陷性黄土，湿陷系数 $\delta_s \geqslant 0.015$，定为湿陷性黄土。

4.4.2 本条是新增内容。多年来的试验研究资料和工程实践表明，湿陷系数 $\delta_s \leqslant 0.03$ 的湿陷性黄土，湿陷起始压力值较大，地基受水浸湿时，湿陷性轻微，对建筑物危害性较小；$0.03 < \delta_s \leqslant 0.07$ 的湿陷性黄土，湿陷性中等或较强烈，湿陷起始压力值小的具有自重湿陷性，地基受水浸湿时，下沉速度较快，附加下沉量较大，对建筑物有一定危害性；$\delta_s > 0.07$ 的湿陷性黄土，湿陷起始压力值小的具有自重湿陷性，地基受水浸湿时，湿陷性强烈，下沉速度快，附加下沉量大，对建筑物危害性大。勘察、设计，尤其地基处理，应根据上述湿陷系数的湿陷特点区别对待。

4.4.3 本条将判定场地湿陷类型的实测自重湿陷量和计算自重湿陷量分别改为自重湿陷量的实测值和计算值。

自重湿陷量的实测值是在现场采用试坑浸水试验测定，自重湿陷量的计算值是在现场采取不同深度的不扰动土样，通过室内浸水压缩试验在上覆土的饱和自重压力下测定。

4.4.4 自重湿陷量的计算值与起算地面有关。起算地面标高不同，场地湿陷类型往往不一致，以往在建设中整平场地，由于挖、填方的厚度和面积较大，致使场地湿陷类型发生变化。例如，山西某矿生活区，在勘察期间判定为非自重湿陷性黄土场地，后来整平场地，部分地段填方厚度达 3～4m，下部土层的压力增大至 50～80kPa，超过了该场地的湿陷起始压力值而成为自重湿陷性黄土场地。建筑物在使用期间，管道漏水浸湿地基引起湿陷事故，室外地面亦出现裂缝，后经补充勘察查明，上述事故是由于场地整平，填方厚度过大产生自重湿陷所致。由此可见，当场地的挖方或填方的厚度和面积较大时，测定自重湿陷系数的试验压力和自重湿陷量的计算值，均应自整平后的（或设计）地面算起，否则，计算和判定结果不符合现场实际情况。

此外，根据室内浸水压缩试验资料和现场试坑浸水试验资料分析，发现在同一场地，自重湿陷量的实测值和计算值相差较大，并与场地所在地区有关。例如：陇西地区和陇东—陕北—晋西地区，自重湿陷量的实测值大于计算值，实测值与计算值之比值均大于 1；陕西关中地区自重湿陷量的实测值与计算值有的接近或相同，有的互有大小，但总体上相差较小，实测值与计算值之比值接近 1；山西、河南、河北等地区，自重湿陷量的实测值通常小于计算值，实测值与计算值之比值均小于 1。

为使同一场地自重湿陷量的实测值与计算值接近或相同，对因地区土质而异的修正系数 β_0，根据不同地区，分别规定不同的修正值：陇西地区为 1.5；陇东—陕北—晋西地区为 1.2；关中地区为 0.9；其他地区为 0.5。

同一场地，自重湿陷量的实测值与计算值的比较见表 4.4.4。

表 4.4.4 同一场地自重湿陷量的实测值与计算值的比较

地区名称	试验地点	浸水试坑尺寸(m×m)	自重湿陷量的实测值(mm)	自重湿陷量的计算值(mm)	实测值/计算值
陇西	兰州砂井驿	10×10 14×14	185 155	104 91.20	1.78 1.70
	兰州龚家湾	11.75×12.10 12.70×13.00	567 635	360	1.57 1.77
	兰州连城铝厂	34×55 34×17	1151.50 1075	540	2.13 1.99
	兰州西固棉纺厂	15×15 *5×5	860 360	231.50*	δ_{zs}为在天然湿度的土自重压力下求得
	兰州东岗钢厂	ϕ10 10×10	959 870	501	1.91 1.74
	甘肃天水	16×28	586	405	1.45
	青海西宁	15×15	395	250	1.58
陇东—陕北—晋西	宁夏七营	ϕ15 20×5	1288 1172	935 855	1.38 1.38
	延安丝绸厂	9×9	357	229	1.56
	陕西合阳糖厂	10×10 *5×5	477 182	365	1.31
	河北张家口	ϕ11	105	88.75	1.10
陕西关中	陕西富平张桥	10×10	207	212	0.97
	陕西三原	10×10	338	292	1.16
	西安韩森寨	12×12 *6×6	364 25	308	1.19
	西安北郊 524 厂	ϕ12*	90	142	0.64
	陕西宝鸡二电	20×20	344	281.50	1.22
山西、河北等	山西榆次	ϕ10	86	126 202	0.68 0.43
	山西潞城化肥厂	ϕ15	66	120	0.55
	山西河津铝厂	15×15	92	171	0.53
	河北矾山	ϕ20	213.5	480	0.45

4.4.5 本条规定说明如下：

1 按本条规定求得的湿陷量是在最不利情况下的湿陷量，且是最大湿陷量，考虑采用不同含水量下的湿陷量，试验较复杂，不容易为生产单位接受，故本规范仍采用地基土受水浸湿达饱和时的湿陷量作为评定湿陷等级采取设计措施的依据。这样试验较简便，并容易推广使用，但本条规定，并不是指湿陷性黄土只在饱和含水量状态下才产生湿陷。

2 根据试验研究资料，基底下地基土的侧向挤出与基础宽度有关，宽度小的基础，侧向挤出大，宽度大的基础，侧向挤出小或无侧向挤出。鉴于基底下0～5m 深度内，地基土受水浸湿及侧向挤出的可能性大，为此本条规定，取 $\beta=1.5$；基底下 5～10m 深度内，取 $\beta=1$；基底下 10m 以下至非湿陷性黄土层顶面，在非自重湿陷性黄土场地可不计算，在自重湿陷性黄土场地，可取工程所在地区的 β_0 值。

3 湿陷性黄土地基的湿陷变形量大，下沉速度快，且影响因素复杂，按室内试验计算结果与现场试验结果往往有一定差异，故在湿陷量的计算公式中增加一项修正系数 β，以调整其差异，使湿陷量的计算值接近实测值。

4 原规范规定，在非自重湿陷性黄土场地，湿陷量的计算深度累计至基底下 5m 深度止，考虑近年来，7～8 层的建筑不断增多，基底压力和地基压缩层深度相应增大，为此，本条将其改为累计至基底下 10m（或压缩层）深度止。

5 一般建筑基底下 10m 内的附加压力与土的自重压力之和接近 200kPa，10m 以下附加压力很小，忽略不计，主要是上覆土层的自重压力。当以湿陷系数 δ_s 判定黄土湿陷性时，其试验压力应自基础底面（如基底标高不确定时，自地面下 1.5m）算起，10m 内的土层用 200kPa，10m 以下至非湿陷性黄土层顶面，直接用其上覆土的饱和自重压力（当大于 300kPa 时，仍用 300kPa），这样湿陷性黄土层深度的下限不致随土自重压力增加而增大，且勘察试验工作量也有所减少。

基底下 10m 以下至非湿陷性黄土层顶面，用其上覆土的饱和自重压力测定的自重湿陷系数值，既可用于自重湿陷量的计算，也可取代湿陷系数 δ_s 用于湿陷量的计算，从而解决了基底下 10m 以下，用 300kPa 测定湿陷系数与用上覆土的饱和自重压力的测定结果互不一致的矛盾。

4.4.6 湿陷起始压力是反映非自重湿陷性黄土特性的重要指标，并具有实用价值。本条规定了按现场静载荷试验结果和室内压缩试验结果确定湿陷起始压力的方法。前者根据 20 组静载荷试验资料，按湿陷系数 $\delta_s=0.015$ 所对应的压力，相当于在 p-s_s 曲线上的 s_s/b(或 s_s/d)$=0.017$。为此规定，如 p-s 曲线上的转折点不明显，可取浸水下沉量（s_s）与承压板直径（d）或宽度（b）之比值等于 0.017 所对应的压力作为湿陷起始压力值。

4.4.7 非自重湿陷性黄土场地湿陷量的计算深度，由基底下 5m 改为累计至基底下 10m 深度后，自重湿陷性黄土场地和非自重湿陷性黄土场地湿陷量的计算值均有所增大，为此将Ⅱ～Ⅲ级和Ⅲ～Ⅳ级的地基湿陷等级界限值作了相应调整。

5 设 计

5.1 一 般 规 定

5.1.1 设计措施的选取关系到建筑物的安全与技术经济的合理性，本条根据湿陷性黄土地区的建筑经验，对甲、乙、丙三类建筑采取以地基处理措施为主，对丁类建筑采取以防水措施为主的指导思想。

大量工程实践表明，在Ⅲ～Ⅳ级自重湿陷性黄土场地上，地基未经处理，建筑物在使用期间地基受水浸湿，湿陷事故难以避免。

例如：**1** 兰州白塔山上有一座古塔建筑，系砖木结构，距今约600余年，20世纪70年代前未发现该塔有任何破裂或倾斜，80年代为搞绿化引水上山，在塔周围种植了一些花草树木，浇水过程中水渗入地基引起湿陷，导致塔身倾斜，墙体裂缝。

2 兰州西固绵纺厂的染色车间，建筑面积超过10000m²，湿陷性黄土层的厚度约15m，按“BJG20—66规范”评定为Ⅲ级自重湿性黄土地基，基础下设置500mm厚度的灰土垫层，采取严格防水措施，投产十多年，维护管理工作搞得较好，防水措施发挥了有效作用，地基未受水浸湿，1974～1976年修订“BJG20—66规范”，在兰州召开征求意见会时，曾邀请该厂负责维护管理工作的同志在会上介绍经验。但以后由于人员变动，忽视维护管理工作，地下管道年久失修，过去采取的防水措施都失去作用，1987年在该厂调查时，由于地基受水浸湿引起严重湿陷事故的无粮上浆房已被拆去，而染色车间亦丧失使用价值，所有梁、柱和承重部位均已设置临时支撑，后来该车间也拆去。

类似上述情况的工程实例，其他地区也有不少，这里不一一例举。由这些实例不难看出，未处理或未彻底消除湿陷性的地基，所采取的防水措施一旦失效，地基就有可能浸水湿陷，影响建筑物的安全与正常使用。

本规范保留了原规范对各类建筑采取设计措施的同时，在非自重湿陷性黄土场地增加了地基处理后对下部未处理湿陷性黄土的湿陷起始压力值的要求。这些规定，对保证工程质量，减少湿陷事故，节约投资都是有益的。

3 通过对原规范多年使用，在总结经验的基础上，对原规定的防水措施进行了调整。有关地基处理的要求均按本规范第6章地基处理的规定执行。

4 本规范将丁类建筑地基一律不处理，改为对丁类建筑的地基可不处理。

5 近年来在实际工程中，乙、丙类建筑部分室内设备和地面也有严格要求，因此，本规范将该条单列，增加了必要时可采取地基处理措施的内容。

5.1.2 本条规定是在特殊情况下采取的措施，它是5.1.1条的补充。湿陷性黄土地基比较复杂，有些特殊情况，按一般规定选取设计措施，技术经济不一定合理，而补充规定比较符合实际。

5.1.3 本条规定，当地基内各层土的湿陷起始压力值均大于基础附加压力与上覆土的饱和自重压力之和时，地基即使充分浸水也不会产生湿陷，按湿陷起始压力设计基础尺寸的建筑，可采用天然地基，防水措施和结构措施均可按一般地区的规定设计，以降低工程造价，节约投资。

5.1.4 对承受较大荷载的设备基础，宜按建筑物对待，采取与建筑物相同的地基处理措施和防水措施。

5.1.5 新近堆积黄土的压缩性高、承载力低，当乙、丙类建筑的地基处理厚度小于新近堆积黄土层的厚度时，除应验算下卧层的承载力外，还应计算下卧层的压缩变形，以免因地基处理深度不够，导致建筑物产生有害变形。

5.1.6 据调查，建筑物建成后，由于生产、生活用水明显增加，以及周围环境水等影响，地下水位上升不仅非自重湿陷性黄土场地存在，近些年来某些自重湿陷性场地亦不例外，严重者影响建筑物的安全使用，故本条规定未区分非自重湿陷性黄土场地和自重湿陷性黄土场地，各类建筑的设计措施除应按本章的规定执行外，尚应符合本规范附录G的规定。

5.2 场址选择与总平面设计

5.2.1 近年来城乡建设发展较快，设计机构不断增加，设计人员的素质和水平很不一致，场址选择一旦失误，后果将难以设想，不是给工程建设造成浪费，就是不安全，为此本条将场址选择由宜符合改为应符合下列要求。

此外，地基湿陷等级高或厚度大的新近堆积黄土、高压缩性的饱和黄土等地段，地基处理的难度大，工程造价高，所以应避免将重要建设项目布置在上述地段。这一规定很有必要，值得场址选择和总平面设计引起重视。

5.2.2 山前斜坡地带，下伏基岩起伏变化大，土层厚薄不一，新近堆积黄土往往分布在这些地段，地基湿陷等级较复杂，填方厚度过大，下部土层的压力明显增大，土的湿陷类型就会发生变化，即由“非自重湿陷性黄土场地”变为“自重湿陷性黄土场地”。

挖方，下部土层一般处于卸荷状态，但挖方容易破坏或改变原有的地形、地貌和排水线路，有的引起边坡失稳，甚至影响建筑物的安全使用，故对挖方也应慎重对待，不可到处任意开挖。

考虑到水池类建筑物和有湿润生产过程的厂房，其地基容易受水浸湿，并容易影响邻近建筑物。因此，宜将上述建筑布置在地下水流向的下游地段或地形较低处。

5.2.3 将原规范中的山前地带的建筑场地，应整平成若干单独的台阶改为台地。近些年来，随着基本建设事业的发展和尽量少占耕地的原则，山前斜坡地带的利用比较突出，尤其在①～②区，自重湿陷性黄土分布较广泛，山前坡地，地质情况复杂，必须采取措施处理后方可使用。设计应根据山前斜坡地带的黄土特性和地层构造、地形、地貌、地下水位等情况，因地制宜地将斜坡地带划分成单独的台地，以保证边坡的稳定性。

边坡容易受地表水流的冲刷，在整平单独台地时，必须有组织地引导雨水排泄，此外，对边坡宜做护坡或在坡面种植草皮，防止坡面直接受雨水冲刷，导致边坡失稳或产生滑移。

5.2.4 本条表 5.2.4 规定的防护距离的数值，主要是针对消除部分湿陷量的乙、丙类建筑和不处理地基的丁类建筑所作的规定。

规范中有关防护距离，系根据编制 BJG 20—60 规范时，在西安、兰州等地区模拟的自渗管道试验结果，并结合建筑物调查资料而制定的。几十年的工程实践表明，原有表中规定的这些数值，基本上符合实际情况。通过在兰州、太原、西安等地区的进一步调查，并结合新的湿陷等级和建筑类别，本规范将防护距离的数值作了适当调整和修改，乙类建筑包括 24～60m 的高层建筑，在Ⅲ～Ⅳ级自重湿陷性黄土场地上，防护距离的数值比原规定增大 1～2m，丙类建筑一般为多层办公楼和多层住宅楼等，相当于原规范中的乙类和丙类建筑，由于Ⅰ～Ⅱ级非自重湿陷性黄土场地的湿陷起始压力值较大，湿陷事故较少，为此，将非自重湿陷性黄土场地的防护距离比原规范规定减少约 1m。

5.2.5 防护距离的计算，将宜自…算起，改为应自…算起。

5.2.6 据调查，当自重湿陷性黄土层厚度较大时，新建水渠与建筑物之间的防护距离仅用 25m 控制不够安全。

例如：**1** 青海有一新建工程，湿陷性黄土层厚度约 17m，采用预浸水法处理地基，浸水坑边缘距既有建筑物 37m，浸水过程中水渗透至既有建筑物地基引起湿陷，导致墙体开裂。

2 兰州东岗有一水渠远离既有建筑物 30m，由于水渠漏水，该建筑物发生裂缝。

上述实例说明，新建水渠距既有建筑物的距离 30m 偏小，本条规定在自重湿陷性黄土场地，新建水渠距既有建筑物的距离不得小于湿陷性黄土层厚度的 3 倍，并不应小于 25m，用“双指标”控制更为安全。

5.2.14 新型优质的防水材料日益增多，本条未做具体规定，设计时可结合工程的实际情况或使用功能等特点选用。

5.3 建筑设计

5.3.1 多层砌体承重结构建筑，其长高比不宜大于 3，室内地坪高出室外地坪不应小于 450mm。

上述规定的目的是：

1 前者在于加强建筑物的整体刚度，增强其抵抗不均匀沉降的能力。

2 后者为建筑物周围排水畅通创造有利条件，减少地基浸水湿陷的机率。

工程实践表明，长高比大于 3 的多层砌体房屋，地基不均匀下沉往往导致建筑物严重破坏。

例如：**1** 西安某厂有一幢四层宿舍楼，系砌体结构，内墙承重，尽管基础内和每层都设有钢筋混凝土圈梁，但由于房屋的长高比大于 3.5，整体刚度较差，地基不均匀下沉，内、外墙普遍出现裂缝，严重影响使用。

2 兰州化学公司有一幢三层试验楼，砌体承重结构，外墙厚 370mm，楼板和屋面板均为现浇钢筋混凝土，条形基础，埋深 1.50m，地基湿陷等级为Ⅲ级，具有自重湿陷性，且未采取处理措施，建筑物使用期间曾两次受水浸湿，建筑物的沉降最大值达 551mm，倾斜率最大值为 18‰，被迫停止使用。后来，对其地基和建筑采用浸水和纠倾措施，使该建筑物恢复原位，重新使用。

上述实例说明，长高比大于 3 的建筑物，其整体刚度和抵抗不均匀沉降的能力差，破坏后果严重，加固的难度大而且不一定有效，长高比小于 3 的建筑物，虽然严重倾斜，但整体刚度好，未导致破坏，易于修复和恢复使用功能。

此外，本条规定用水设施宜集中设置，缩短地下管线，使漏水限制在较小的范围内，便于发现和检修。

5.3.3 沿建筑物外墙周围设置散水，有利于屋面水、地面水顺利地排向雨水明沟或其他排水系统，以远离建筑物，避免雨水直接从外墙基础侧面渗入地基。

5.3.4 基础施工后，其侧向一般比较狭窄，回填夯实操作困难，而且不好检查，故规定回填土的干密度比土垫层的干密度小，否则，一方面难以达到，另一方面夯击过头影响基础。但为防止建筑物的屋面水、周围地面水从基础侧面渗入地基，增宽散水及其垫层的宽度较为有利，借以覆盖基础侧向的回填土，本条对散水垫层外缘和建筑物外墙基底外缘的宽度，由原规定 300mm 改为 500mm。

一般地区的散水伸缩缝间距为 6～12m，湿陷性黄土地区气候寒冷，昼夜温差大，气候对散水混凝土的影响也大，并容易使其产生冻胀和开裂，成为渗水的隐患，基于上述理由，便将散水伸缩缝改为每隔 6～10m 设置一条。

5.3.5 经常受水浸湿或可能积水的地面，建筑物地基容易受水浸湿，所以应按防水地面设计。

近年来，随着建材工业的发展，出现了不少新的优质可靠防水材料，使用效果良好，受到用户的重视和推广。为此，本条推荐采用优质可靠卷材防水层或其他行之有效的防水层。

5.3.7 为适应地基的变形，在基础梁底下往往需要预留一定高度的净空，但对此若不采取措施，地面水便可从梁底下的净空渗入地基。为此，本条规定应采取有效措施，防止地面水从梁底下的空隙渗入地基。

随着高层建筑的兴起，地下采光井日益增多，为防止雨水或其他水渗入建筑物地基引起湿陷，本条规定对地下室采光井应做好防、排水设施。

5.4 结构设计

5.4.1 **1** 增加建筑物类别条件

划分建筑物类别的目的，是为了针对不同情况采用严格程度不同的设计措施，以保证建筑物在使用期内满足承载能力及正常使用的要求。原规范未提建筑物类别的条件，本次修订予以增补。

2 取消原规范中"构件脱离支座"的条文。该条文是针对砌体结构为简支构件的情况，已不适应目前中、高层建筑结构型式多样化的要求，故予取消。

3 增加墙体宜采用轻质材料的要求

原规范仅对高层建筑建议采用轻质高强材料，而对多层砌体房屋则未提及。实际上，我国对多层砌体房屋的承重墙体，推广应用 KPI 型黏土多孔砖及混凝土小型空心砌块已积累不少经验，并已纳入相应的设计规范。本次修订增加了墙体改革的内容。当有条件时，对承重墙、隔墙及围护墙等，均提倡采用轻质材料，以减轻建筑物自重，减小地基附加压力，这对在非自重湿陷性黄土场地上按湿陷起始压力进行设计，有重要意义。

5.4.2 将原规范建筑物的"体型"一词，改为"平面、立面布置"。

因使用功能及建筑多样化的要求，有的建筑物平面布置复杂，凸凹较多；有的建筑物立面布置复杂，收进或外挑较多；有的建筑物则上述两种情况兼而有之。本次修订明确指出"建筑物平面、立面布置复杂"，比原规范的"体型复杂"更为简捷明了。

与平面、立面布置复杂相对应的是简单、规则。就考虑湿陷变形特点对建筑物平面、立面布置的要求而言，目前因无足够的工程经验，尚难提出量化指标。故本次修订只能从概念设计的角度，提出原则性的要求。

应注意到我国湿陷性黄土地区，大都属于抗震设防地区。在具体工程设计中，应根据地基条件、抗震设防要求与温度区段长度等因素，综合考虑设置沉降缝的问题。

原规范规定"砌体结构建筑物的沉降缝处，宜设置双墙"。就结构类型而言，仅指砌体结构；就承重构件而言，仅指墙体。以上提法均有涵盖面较窄之嫌。如砌体结构的单外廊式建筑，在沉降缝处则应设置双墙、双柱。

沉降缝处不宜采用牛腿搭梁的做法。一是结构单元要保证足够的空间刚度，不应形成三面围合，靠缝一侧开敞的形式；二是采用牛腿搭梁的"铰接"做法，构造上很难实现理想铰；一旦出现较大的沉降差时，由于沉降缝两侧的结构单元未能彻底脱开而互相牵扯、互相制约，将会导致沉降缝处局部损坏较严重的不良后果。

5.4.3 **1** 将原规范的"宜"均改为"应"，且加上"优先"二字，强调高层建筑减轻建筑物自重尤为重要。

2 增加了当不设沉降缝时，宜采取的措施：

1）高层建筑肯定属于甲、乙类建筑，均采取了地基处理措施——全部或部分消除地基湿陷量。本条建议是在上述地基处理的前提下考虑的。

2）第1款、第2款未明确区分主楼与裙房之间是否设置沉降缝，以与5.4.2条"平面、立面布置复杂"相呼应；第3款则指主楼与裙房之间未设沉降缝的情况。

5.4.4 甲、乙类建筑的基础埋置深度均大于1m，故只规定丙类建筑基础的埋置深度。

5.4.5 调整了原规范第2条"管沟"与"管道"的顺序，使之与该条第一行的词序相同。

5.4.6 **1** 在钢筋混凝土圈梁之前增加"现浇"二字（以下各款不再重复），即不提倡采用装配整体式圈梁，以利于加强砌体结构房屋的整体性。

2 增加了构造柱、芯柱的内容，以适应砌体结构块材多样性的要求。

3 原规范未包括单层厂房、单层空旷砖房的内容，参照现行国家标准《砌体结构设计规范》GB 50003中6.1.2条的精神予以增补。

4 在第2款中，将原"混凝土配筋带"改为"配筋砂浆带"，以方便施工。

5 在第4款中增加了横向圈梁水平间距限值的要求，主要是考虑增强砌体结构房屋的整体性和空间刚度。

纵、横向圈梁在平面内互相拉结（特别是当楼、屋盖采用预制板时）才能发挥其有效作用。横向圈梁水平间距不大于16m的限值，是按照现行国家标准《砌体结构设计规范》表3.2.1，房屋静力计算方案为刚性时对横墙间距的最严格要求而规定的。对于多层砌体房屋，实则规定了横墙的最大间距；对于单层厂房或单层空旷砖房，则要求将屋面承重构件与纵向圈梁能可靠拉结。

对整体刚度起重要作用的横墙系指大房间的横隔墙、楼梯间横墙及平面局部凸凹部位凹角处的横墙等。

6 增加了圈梁遇洞口时惯用的构造措施，应符合现行国家标准《砌体结构设计规范》GB 50003 和《建筑抗震设计规范》GB 50011 的有关规定。

7 增加了设置构造柱、芯柱的要求。

砌体结构由于所用材料及连接方式的特点决定了它的脆性性质，使其适应不均匀沉降的能力很差；而湿陷变形的特点是速度快、变形量大。为改善砌体房屋的变形能力以及当墙体出现较大裂缝后，仍能保持一定的承担竖向荷载的能力，为增强其整体性和空间刚度，应将圈梁与构造柱或芯柱协调配合设置。

5.4.7 增加了芯柱的内容。

5.4.8 增加了预制钢筋混凝土板在梁上支承长度的要求。

5.5 给水排水、供热与通风设计

（Ⅰ）给水、排水管道

5.5.1 在建筑物内、外布置给排水管道时，从方便维护和管理着眼，有条件的理应采取明设方式。但是，随着高层建筑日益增多，多层建筑已很普遍，管道集中敷设已成趋势，或由于建筑物的装修标准高，需要暗设管道。尤其在住宅和公用建筑物内的管道布置已趋隐蔽，再强调应尽量明装已不符合工程实际需要。目前，只有在厂房建筑内管道明装是适宜的，所以本条改为“室内管道宜明装。暗设管道必须设置便于检修的设施。”这样规定，既保证暗设管道的正常运行，又能满足一旦出现事故，也便于发现和检修，杜绝漏水浸入地基。

为了保证建筑物内、外合理设置给排水设施，对建筑物防护范围外和防护范围内的管道布置应有所区别。

“室外管道宜布置在防护范围外”，这主要指建筑物内无用水设施，仅是户外有外网管道或是其他建筑物的配水管道，此时就可以将管道远离该建筑物布置在防护距离外，该建筑物内的防水措施即可从简；若室内有用水设施，在防护范围内包括室内地下一定有管道敷设，在此情况下，则要求“应简捷，并缩短其长度”，再按本规范 5.1.1 条和 5.1.2 条的规定，采取综合设计措施。在防水措施方面，采用设有检漏防水的设施，使渗漏水的影响，控制在较小的、便于检查的范围内。

无论是明管、还是暗管，管道本身的强度及接口的严密性均是防止建筑物湿陷事故的第一道防线。据调查统计，由于管道接口和管材损坏发生渗漏而引起的湿陷事故率，仅次于场地积水引起的事故率。所以，本条规定“管道接口应严密不漏水，并具有柔性”。过去，在压力管道中，接口使用石棉水泥材料较多。此类接口仅能承受微量不均匀变形，实际仍属刚性接口，一旦断裂，由于压力水作用，事故发生迅速，且不易修复，还容易造成恶性循环。

近年来，国内外开展柔性管道系统的技术研究。这种系统有利于消除温差或施工误差引起的应力转移，增强管道系统及其与设备连接的安全性。这种系统采用的元件主要是柔性接口管，柔性接口阀门，柔性管接头，密封胶圈等。这类柔性管件的生产，促进了管道工程的发展。

湿陷性黄土地区，为防止因管道接口漏水，一直寻求理想的柔性接口。随着柔性管道系统的开发应用，这一问题相应得到解决。目前，在压力管道工程中，逐渐采用柔性接口，其形式有：卡箍式、松套式、避震喉、不锈钢波纹管，还有专用承插柔性接口管及管件。它们有的在管道系统全部接口安设，有的是在一定数量接口间隔安设，或者在管道转换方向（如三通、四通）的部分接口处安设。这对由于各种原因招致的不均匀沉降都有很好的抵御能力。

随着国家建设的发展，为“节约资源，保护环境”，湿陷性黄土地区对压力管道系统应逐渐推广采用相适应的柔性接口。

室内排水（无压）管道，建设部对住宅建筑有明确规定：淘汰砂模铸造铸铁排水管，推广柔性接口机制铸铁排水管；在《建筑给水排水设计规范》中，也要求建筑排水管道采用粘接连接的排水塑料管和柔性接口的排水铸铁管。这对高层建筑和地震区建筑的管道抵抗不均匀沉降、防震起到有效的作用。考虑到湿陷性黄土地区的地震烈度大都在 7 度以上（仅塔克拉玛干沙漠，陕北白干山与毛乌苏沙漠之间小于 6 度）。就是说，湿陷性黄土地区兼有湿陷、震陷双重危害性。在湿陷性黄土地区，理应明确在防护范围内的地上、地下敷设的管道须加强设防标准，以柔性接口连接，无论架设和埋设的管道，包括管沟内架设，均应考虑采用柔性接口。

室外地下直埋（即小区、市政管道）排水管，由调查得知，60%～70%的管线均因管材和接口损坏漏水，严重影响附近管线和线路的安全运行。此类管受交通和多种管线的相互干扰，很难理想布置，一旦漏水，修复工作量较大。基于此情况，应提高管材材质标准，且在适当部位和有条件的地方，均应做柔性接口，同时加强对管基的处理。对管道与构筑物（如井、沟、池壁）连接部位，因属受力不均匀的薄弱部位，也应加强管道接口的严密和柔韧性。

综上所述，在湿陷性黄土地区，应适当推广柔性管道接口，以形成柔性管道系统。

5.5.2 本条规定是管材选用的范围。

压力管道的材质，据调查，普遍反映球墨铸铁管的柔韧性好，造价适中，管径适用幅度大（在 DN200～DN2200 之间），而且具有胶圈承插柔性接口、防腐内衬、开孔技术易掌握，便于安装等优点。此类管

材，在湿陷性黄土地区应为首选管材。但在建筑小区内或建筑物内的进户管，因受管径限制，没有小口径球墨铸铁管，则在此部位只有采用塑料管、给水铸铁管，或者不锈钢管等。有的工程甚至采用铜管。

镀锌钢管材质低劣，使用过程中内壁锈蚀，易滋生细菌和微生物，对饮用水产生二次污染，危害人体健康。建设部在2000年颁发通知："在住宅建筑中禁止使用镀锌钢管。"工厂内的工业用水管道虽然无严格限制，但在生产、生活共用给水系统中，也不能采用镀锌钢管。

塑料管与传统管材相比，具有重量轻，耐腐蚀，水流阻力小，节约能源，安装简便、迅速，综合造价较低等优点，受到工程界的青睐。随着科学技术不断提高，原材料品质的改进，各种添加剂的问世，塑料管的质量已大幅度提高，并克服了噪声大的弱点。近十年来，塑料管开发的种类有硬质聚氯乙烯（UP-VC）管、氯化聚氯乙烯（CPVC）管、聚乙烯（PE）管、聚丙烯（PP—R）管、铝塑复合（PAP）管、钢塑复合（SP）管等20多种塑料管。其中品种不同，规格不同，分别适宜于各种不同的建筑给水、排水管材及管件和城市供水、排水管材及管件。规范中不一一列举。需要说明的是目前市场所见塑料管材质量参差不齐，规格系列不全，管材、管件配套不完善，甚至因质量监督不力，尚有伪劣产品充斥市场。鉴于国家已确定塑料管材为科技开发重点，并逐步完善质量管理措施，并制定相关塑料产品标准，塑料管材的推广应用将可得到有力的保证。工程中无论采用何种塑料管，必须按有关现行国家标准进行检验。凡符合国家标准并具有相应塑料管道工程的施工及验收规范的才可选用。

通过工程实践，在采用检漏、严格防水措施时，塑料管在防护范围内仍应设置在管沟内；在室外，防护范围外地下直埋敷设时，应采用市政用塑料管并尽量避开外界人为活动因素的影响和上部荷载的干扰，采取深埋方式，同时做好管基处理较为妥当。

预应力钢筋混凝土管是20世纪60～70年代发展起来的管材。近年来发现，大量地下钢筋混凝土管的保护层脱落，管身露筋引起锈蚀，管壁冒汗、渗水，管道承压降低，有的甚至发生爆管，地面大面积塌方，给就近的综合管线（如给水管、电缆管等）带来危害……实践证明，预应力钢筋混凝土管的使用年限约为20～30年，而且自身有难以修复的致命弱点。今后需加强研究改进，寻找替代产品，故本次修订，将其排序列后。

耐酸陶瓷管、陶土管，质脆易断，管节短、接口多，对防水不利，但因有一定的防腐蚀能力，经济适用，在管沟内敷设或者建筑物防护范围外深埋尚可，故保留。

本条新增加预应力钢筒混凝土管。

预应力钢筒混凝土管在国内尚属新型管材。制管工艺由美国引进，管道缩写为"PCCP"。目前，我国无锡、山东、深圳等地均有生产。管径大多在ϕ600～ϕ3000mm，工程应用已近1000km。各项工程都是一次通水成功，符合滴水不漏的要求。管材结构特点：混凝土层夹钢筒，外缠绕预应力钢丝并喷涂水泥砂浆层。管连接用橡胶圈承插口。该管同时生产有转换接口、弯头、三通、双橡胶圈承插口，极大地方便了管线施工。该管材接口严密不漏水，综合造价低、易维护、好管理，作为输水管线在湿陷性黄土地区是值得推荐的好管材，故本条特别列出。

自流管道的管材，据调查反映：人工成型或人工机械成型的钢筋混凝土管，基本属于土法振捣的钢筋混凝土管，因其质量不过关，故本规范不推荐采用，保留离心成型钢筋混凝土管。

5.5.5 以往在严格防水措施的检漏管沟中，仅采用油毡防水层。近年来，工程实践表明，新型的复合防水材料及高分子卷材均具有防水可靠、耐热、耐寒、耐久，施工方便，价格适中，是防水卷材的优良品种。涂膜防水层、水泥聚合物涂膜防水层、氰凝防水材料等，都是高效、优质防水材料。当今，技术发展快，产品种类繁多，不再一一列举。只要是可靠防水层，均可应用。为此，在本规范规定的严格防水措施中，对管沟的防水材料，将卷材防水层或塑料油膏防水改为可靠防水层。防水层并应做保护层。

自20世纪60年代起，检漏设施主要是检漏管沟和检漏井。这种设施占地多，显得陈旧落后，而且使用期间，务必经常维护和检修才能有效。近年来，由国外引进的高密度聚乙烯外护套管聚氨质泡沫塑料预制直埋保温管，具有较好的保温、防水、防潮作用。此管简称为"管中管"。某些工程，在管道上还装有渗漏水检测报警系统，增加了直埋管道的安全可靠性，可以代替管沟敷设。经技术经济分析，"管中管"的造价低于管沟。该技术在国内已大面积采用，取得丰富经验。至于有"电讯检漏系统"的报警装置，仅在少量工程中采用，尤其热力管道和高寒地带的输配水管道，取得丰富经验。现在建设部已颁发《高密度聚乙烯外护套管聚氨脂泡沫塑料预制直埋保温管》城建建工产品标准。这对采用此类直埋管提供了可靠保证。规范对高层建筑或重要建筑，明确规定可采用有电讯检漏系统的"直埋管中管"设施。

5.5.6 排水出户管道一般具有0.02的坡度，而给水进户管道管径小，坡度也小。在进出户管沟的沟底，往往忽略了排水方向，沟底多见积水长期聚集，对建筑物地基造成浸水隐患。本条除强调检漏管沟的沟底坡向外，并增加了进、出户管的管沟沟底坡度宜大于0.02的规定。

考虑到高层建筑或重要建筑大都设有地下室或半地下室。为方便检修，保护地基不受水浸湿，管道设计应充分利用地下部分的空间，设置管道设备层。为此，本条明确规定，对甲类建筑和自重湿陷性黄土场地上乙类中的重要建筑，室内地下管线宜敷设在地下室或半地下室的设备层内，穿出外墙的进出户管段，宜集中设置在半通行管沟内，这样有利于加强维护和检修，并便于排除积水。

5.5.11 非自重湿陷性黄土场地的管道工程，虽然管道、构筑物的基底压力小，一般不会超过湿陷起始压力，但管道是一线型工程；管道与附属构筑物连接部位是受力不均匀的薄弱部位。受这些因素影响，易造成管道损坏，接口开裂。据非自重湿陷性黄土场地的工程经验，在一些输配水管道及其附属构筑物基底做土垫层和灰土垫层，效果很好，故本条扩大了使用范围，凡是湿陷性黄土地区的管基和基底均这样做管基。

5.5.13 原规范要求管道穿水池池壁处设柔性防水套管，管道从套管伸出，环形壁缝用柔性填料封堵。据调查反映，多数施工难以保证质量，普遍有渗水现象。工程实践中，多改为在池壁处直接埋设带有止水环的管道，在管道外加设柔性接口，效果很好，故本条增加了此种做法。

(Ⅱ) 供热管道与风道

5.5.14 本条强调了在湿陷性黄土地区应重视选择质量可靠的直埋供热管道的管材。采用直埋敷设热力管道，目前技术已较成熟，国内广大采暖地区采用直埋敷设热力管道已占主流。近年来，经过工程技术人员的努力探索，直埋敷设热力管道技术被大量推广应用。国家并颁布有相应的行业标准，即：《城镇直埋供热管道工程技术规程》CJJ/T 81 及《聚氨酯泡沫塑料预制保温管》CJ/T 3002。但由于国内市场不规范，生产了大量的低标准管材，有关部门已注意到此种倾向。为保证湿陷性黄土地区直埋敷设供热管道总体质量，本规范不推荐采用玻璃钢保护壳，因其在现场施工条件下，质量难以保证。

5.5.15～5.5.16 热力管道的管沟遍布室内和室外，甚至防护范围外。室内暖气管沟较长，沟内一般有检漏井，检漏井可与检查井合并设置。所以本条规定，管沟的沟底应设坡向室外检漏井的坡度，以便将水引向室外。

据调查，暖气管道的过门沟，渗漏水引起地基湿陷的机率较高。尤其在自重湿陷性黄土强烈的Ⅰ、Ⅱ区，冬季较长，过门沟及其沟内装置一旦有渗漏水，如未及时发现和检修，管道往往被冻裂，为此增加在过门管沟的末端应采取防冻措施的规定，防止湿陷事故的发生或恶化。

5.5.17 本条增加了对“直埋敷设供热管道”地基处理的要求。直埋供热管道在运行时要承受较大的轴向应力，为细长不稳定压杆。管道是依靠覆土而保持稳定的，当敷设地点的管道地基发生湿陷时，有可能产生管道失稳，故应对“直埋供热管道”的管基进行处理，防止产生湿陷。

5.5.18～5.5.19 随着高层建筑的发展以及内装修标准的提高，室内空调系统日益增多，据调查，目前室内外管网的泄水、凝结水，任意引接和排放的现象较严重。为此，本条增加对室内、外管网的泄水、凝结水不得任意排放的规定，以便引起有关方面的重视，防止地基浸水湿陷。

5.6 地基计算

5.6.1 计算黄土地基的湿陷变形，主要目的在于：

1 根据自重湿陷量的计算值判定建筑场地的湿陷类型；

2 根据基底下各土层累计的湿陷量和自重湿陷量的计算值等因素，判定湿陷性黄土地基的湿陷等级；

3 对于湿陷性黄土地基上的乙、丙类建筑，根据地基处理后的剩余湿陷量并结合其他综合因素，确定设计措施的采取。

对于甲、乙类建筑或有特殊要求的建筑，由于荷载和压缩层深度比一般建筑物相对较大，所以在计算地基湿陷量或地基处理后的剩余湿陷量时，可考虑按实际压力相应的湿陷系数和压缩层深度的下限进行计算。

5.6.2 变形计算在地基计算中的重要性日益显著，对于湿陷性黄土地基，有以下几个特点需要考虑：

1 本规范明确规定在湿陷性黄土地区的建设中，采取以地基处理为主的综合措施，所以在计算地基土的压缩变形时，应考虑地基处理后压缩层范围内土的压缩性的变化，采用地基处理后的压缩模量作为计算依据；

2 湿陷性黄土在近期浸水饱和后，土的湿陷性消失并转化为高压缩性，对于这类饱和黄土地基，一般应进行地基变形计算；

3 对需要进行变形验算的黄土地基，其变形计算和变形允许值，应符合现行国家标准《建筑地基基础设计规范》的规定。考虑到黄土地区的特点，根据原机械工业部勘察研究院等单位多年来在黄土地区积累的建（构）筑物沉降观测资料，经分析整理后得到沉降计算经验系数（即沉降实测值与按分层总和法所得沉降计算值之比）与变形计算深度范围内压缩模量的当量值之间存在着一定的相关关系，如条文中的表 5.6.2。

4 计算地基变形时，传至基础底面上的荷载效应，应按正常使用极限状态准永久组合，不应计入风荷载和地震作用。

5.6.3 本条对黄土地基承载力明确了以下几点：

1 为了与现行国家标准《建筑地基基础设计规范》相适应，以地基承载力特征值作为地基计算的代表数值。其定义为在保证地基稳定的条件下，使建筑物或构筑物的沉降量不超过容许值的地基承载能力。

2 地基承载力特征值的确定，对甲、乙类建筑，可根据静载荷试验或其他原位测试、公式计算并结合工程实践经验等方法综合确定。当有充分根据时，对乙、丙、丁类建筑可根据当地经验确定。

本规范对地基承载力特征值的确定突出了两个重点：一是强调了载荷试验及其他原位测试的重要作用；二是强调了系统总结工程实践经验和当地经验（包括地区性规范）的重要性。

5.6.4 本条规定了确定基础底面积时计算荷载和抗力的相应规定。荷载效应应根据正常使用极限状态标准组合计算；相应的抗力应采用地基承载力特征值。当偏心作用时，基础底面边缘的最大压力值，不应超过修正后的地基承载力特征值的1.2倍。

5.6.5 本规范对地基承载力特征值的深、宽修正作如下规定：

1 深、宽修正计算公式及其符号意义与现行国家标准《建筑地基基础设计规范》相同；

2 深、宽修正系数取值与《湿陷性黄土地区建筑规范》GBJ 25—90相同，未作修改；

3 对饱和黄土的有关物理性质指标分档说明作了一些更改，分别改为e及I_L（两个指标）都小于0.85，e或I_L（其中只要有一个指标）大于0.85，e及I_L（两个指标）都不小于1三档。另外，还规定只适用于$I_p>10$的饱和黄土（粉质黏土）。

5.6.6 对于黄土地基的稳定性计算，除满足一般要求外，针对黄土地区的特点，还增加了两条要求。一条是在确定滑动面（或破裂面）时，应考虑黄土地基中可能存在的竖向节理和裂隙。这是因为在实际工程中，黄土地基（包括斜坡）的滑动面（或破裂面）与饱和软黏土和一般黏性土是不相同的；另一条是在可能被水浸湿的黄土地基，强度指标应根据饱和状态的试验结果求得。这是因为对于湿陷性黄土来说，含水量增加会使强度显著降低。

5.7 桩基础

5.7.1 湿陷性黄土场地，地基一旦浸水，便会引起湿陷给建筑物带来危害，特别是对于上部结构荷载大并集中的甲、乙类建筑；对整体倾斜有严格限制的高耸结构；对不均匀沉降有严格限制的甲类建筑和设备基础以及主要承受水平荷载和上拔力的建筑或基础等，均应从消除湿陷性的危害角度出发，针对建筑物的具体情况和场地条件，首先从经济技术条件上考虑采取可靠的地基处理措施，当采用地基处理措施不能满足设计要求或经济技术分析比较，采用地基处理不适宜的建筑，可采用桩基础。自20世纪70年代以来，陕西、甘肃、山西等湿陷性黄土地区，大量采用了桩基础，均取得了良好的经济技术效果。

5.7.2 在湿陷性黄土场地桩周浸水后，桩身尚有一定的正摩擦力，在充分发挥并利用桩周正摩擦力的前提下，要求桩端支承在压缩性较低的非湿陷性黄土层中。

自重湿陷性黄土场地建筑物地基浸水后，桩周土可能产生负摩擦力，为了避免由此产生下拉力，使桩的轴向力加大而产生较大沉降，桩端必须支承在可靠的持力层中。桩底端应坐落在基岩上，采用端承桩；或桩底端坐落在卵石、密实的砂类土和饱和状态下液性指数$I_L<0$的硬黏性土层上，采用以端承力为主的摩擦端承桩。

除此之外，对于混凝土灌注桩纵向受力钢筋的配置长度，虽然在规范中没有提出明确要求，但在设计中应有所考虑。对于在非自重湿陷性黄土层中的桩，虽然不会产生较大的负摩擦力，但一经浸水桩周土可能变软或产生一定量的负摩擦力，对桩产生不利影响。因此，建议桩的纵向钢筋除应自桩顶按1/3桩长配置外，配筋长度尚应超过湿陷性黄土层的厚度；对于在自重湿陷性黄土层中的端承桩，由于桩侧可能承受较大的负摩擦力，中性点截面处的轴向压力往往大于桩顶，全桩长的轴向压力均较大。因此，建议桩身纵向钢筋应通长配置。

5.7.3 在湿陷性黄土地区，采用的桩型主要有：钻、挖孔（扩底）灌注桩，沉管灌注桩，静压桩和打入式钢筋混凝土预制桩等。选用桩型时，应根据工程要求、场地湿陷类型、地基湿陷等级、岩土工程地质条件、施工条件及场地周围环境等综合因素确定。如在非自重湿陷性黄土场地，可采用钻、挖孔（扩底）灌注桩，近年来，陕西关中地区普遍采用锅锥钻、挖成孔的灌注桩施工工艺，获得较好的经济技术效果；在地基湿陷性等级较高的自重湿陷性黄土场地，宜采用干作业成孔（扩底）灌注桩；还可充分利用黄土能够维持较大直立边坡的特性，采用人工挖孔（扩底）灌注桩；在可能条件下，可采用钢筋混凝土预制桩，沉桩工艺有静力压桩法和打入法两种。但打入法因噪声大和污染严重，不宜在城市中采用。

5.7.4 本节规定了在湿陷性黄土层厚度等于或大于10m的场地，对于采用桩基础的甲类建筑和乙类中的重要建筑，其单桩竖向承载力特征值应通过静载荷浸水试验方法确定。

同时还规定，对于采用桩基础的其他建筑，其单桩竖向承载力特征值，可按有关规范的经验公式估算，即：

$$R_a = q_{pa} \cdot A_p + uq_{sa}(l-Z) - u\overline{q}_{sa}Z \tag{5.7.4-1}$$

式中 q_{pa}——桩端土的承载力特征值（kPa）；

A_p——桩端横截面的面积（m²）；

u——桩身周长（m）；

$\overline{q}_{sa}$——桩周土的平均摩擦力特征值（kPa）；

l——桩身长度（m）；

Z——桩在自重湿陷性黄土层的长度（m）。

对于上式中的 q_{pa} 和 q_{sa} 值，均应按饱和状态下的土性指标确定。饱和状态下的液性指数，可按下式计算：

$$I_l=\frac{S_r e/D_r-w_p}{w_L-w_p} \tag{5.7.4-2}$$

式中 S_r——土的饱和度，可取85%；

e——土的孔隙比；

D_r——土粒相对密度；

w_L，w_p——分别为土的液限和塑限含水量，以小数计。

上述规定的理由如下：

1 湿陷性黄土层的厚度越大，湿陷性可能越严重，由此产生的危害也可能越大，而采用地基处理方法从根本上消除其湿陷性，有效范围大多在10m以内，当湿陷性黄土层等于或大于10m的场地，往往要采用桩基础。

2 采用桩基础一般都是甲、乙类建筑。其中一部分是地基受水浸湿可能性大的重要建筑；一部分是高、重建筑，地基一旦浸水，便有可能引起湿陷给建筑物带来危害。因此，确定单桩竖向承载力特征值时，应按饱和状态考虑。

3 天然黄土的强度较高，当桩的长度和直径较大时，桩身的正摩擦力相当大。在这种情况下，即使桩端支承在湿陷性黄土层上，在进行载荷试验时如不浸水，桩的下沉量也往往不大。例如，20世纪70年代建成投产的甘肃刘家峡化肥厂碱洗塔工程，采用的井桩基础未穿透湿陷性黄土层，但由于载荷试验未进行浸水，荷载加至3000kN，下沉量仅6mm。井桩按单桩竖向承载力特征值为1500kN进行设计，当时认为安全系数取2已足够安全，但建成投产后不久，地基浸水产生了严重的湿陷事故，桩周土体的自重湿陷量达600mm，桩周土的正摩擦力完全丧失，并产生负摩擦力，使桩基产生了大量的下沉。由此可见，湿陷性黄土地区的桩基静载荷试验，必须在浸水条件下进行。

5.7.5 桩周的自重湿陷性黄土层浸水后发生自重湿陷时，将产生土层对桩的向下位移，桩将产生一个向下的作用力，即负摩擦力。但对于非自重湿陷性黄土场地和自重湿陷性黄土场地，负摩擦力将有不同程度的发挥。因此，在确定单桩竖向承载力特征值时，应分别采取如下措施：

1 在非自重湿陷性黄土场地，当自重湿陷量小于50mm时，桩侧由此产生的负摩擦力很小，可忽略不计，桩侧主要还是正摩擦力起作用。因此规定，此时"应计入湿陷性黄土层范围内饱和状态下的桩侧正摩擦力"。

2 在自重湿陷性黄土场地，确定单桩竖向承载力特征值时，除不计湿陷性黄土层范围内饱和状态下的桩侧正摩擦力外，尚应考虑桩侧的负摩擦力。

1）按浸水载荷试验确定单桩竖向承载力特征值时，由于浸水坑的面积较小，在试验过程中，桩周土体一般还未产生自重湿陷，因此应从试验结果中扣除湿陷性黄土层范围内的桩侧正、负摩擦力。

2）桩侧负摩擦力应通过现场浸水试验确定，但一般情况下不容易做到。因此，许多单位提出希望规范能给出具体数据或参考值。

自20世纪70年代开始，我国有关单位根据设计要求，在青海大通、兰州和西安等地，采用悬吊法实测桩侧负摩擦力，其结果见表5.7.5-1。

表5.7.5-1 用悬吊法实测的桩周负摩擦力

桩的类型	试验地点	自重湿陷量的实测值（mm）	桩侧平均负摩擦力（kPa）
挖孔灌注桩	兰　州	754	16.30
	青　海	60	15.00
预制桩	兰　州	754	27.40
	西　安	90	14.20

国外有关标准中规定桩侧负摩擦力可采用正摩擦力的数值，但符号相反。现行国家标准《建筑地基基础设计规范》对桩周正摩擦力特征值 q_{sa} 规定见表5.7.5-2。

表5.7.5-2 预制桩的桩侧正摩擦力的特征值

土的名称	土的状态	正摩擦力（kPa）
黏性土	$I_L>1$	10～17
	$0.75<I_L\leqslant1.00$	17～24
粉　土	$e>0.90$	10～20
	$0.70<e\leqslant0.90$	20～30

如黄土的液限 $w_L=28\%$，塑限 $w_p=18\%$，孔隙比 $e\geqslant0.90$，饱和度 $S_r\geqslant80\%$ 时，液性指数一般大于1，按照上述规定，饱和状态黄土层中预制桩桩侧的正摩擦力特征值为10～20kPa，与现场负摩擦力的实测结果大体上相符。

关于桩的类型对负摩擦力的影响

试验结果表明，预制桩的侧表面虽比灌注桩平滑，但其单位面积上的负摩擦力却比灌注桩为大。这主要是由于预制桩在打桩过程中将桩周土挤密，挤密土在桩周形成一层硬壳，牢固地粘附在桩侧表面上。桩周土体发生自重湿陷时不是沿桩身而是沿硬壳层滑移，增加了桩的侧表面面积，负摩擦力也随之增大。因此，对于具有挤密作用的预制桩与无挤密作用的钻、挖孔灌注桩，其桩侧负摩擦力应分别给出不同的数值。

关于自重湿陷量的大小对负摩擦力的影响

兰州钢厂两次负摩擦力的测试结果表明，经过8年之后，由于地下水位上升，地基土的含水量提高以及地面堆载的影响，场地土的湿陷性降低，负摩擦力值也明显减小，钻孔灌注桩两次的测试结果见表5.7.5-3。

表 5.7.5-3 兰州钢厂钻孔灌注桩负摩擦力的测试结果

时 间	自重湿陷量的实测值（mm）	桩身平均负摩擦力（kPa）
1975年	754	16.30
1988年	100	10.80

试验结果表明，桩侧负摩擦力与自重湿陷量的大小有关，土的自重湿陷性愈强，地面的沉降速度愈大，桩侧负摩擦力值也愈大。因此，对自重湿陷量 $\Delta_{zs}<$ 200mm 的弱自重湿陷性黄土与 $\Delta_{zs}\geqslant$200mm 较强的自重湿陷性黄土，桩侧负摩擦力的数值差异较大。

3）对桩侧负摩擦力进行现场试验确有困难时，GBJ 25—90 规范曾建议按表 5.7.5-4 中的数值估算：

表 5.7.5-4 桩侧平均负摩擦力（kPa）

自重湿陷量的计算值（mm）	钻、挖孔灌注桩	预制桩
70～100	10	15
≥200	15	20

鉴于目前自重湿陷性黄土场地桩侧负摩擦力的试验资料不多，本规范有关桩侧负摩擦力计算的规定，有待于今后通过不断积累资料逐步完善。

5.7.6 在水平荷载和弯矩作用下，桩身将产生挠曲变形，并挤压桩侧土体，土体则对桩产生水平抗力，其大小和分布与桩的变形以及土质条件、桩的入土深度等因素有关。设在湿陷性黄土层中的桩，在天然含水量条件下，桩侧土对桩往往可以提供较大的水平抗力；一旦浸水桩周土变软，强度显著降低，从而桩周土体对桩侧的水平抗力就会降低。

5.7.8 在自重湿陷性黄土层中的桩基，一经浸水桩侧产生的负摩擦力，将使桩基竖向承载力不同程度的降低。为了提高桩基的竖向承载力，设在自重湿陷性黄土场地的桩基，可采取减小桩侧负摩擦力的措施，如：

1 在自重湿陷性黄土层中，桩的负摩擦力试验资料表明，在同一类土中，挤土桩的负摩擦力大于非挤土桩的负摩擦力。因此，应尽量采用非挤土桩（如钻、挖孔灌注桩），以减小桩侧负摩擦力。

2 对位于中性点以上的桩侧表面进行处理，以减小负摩擦力的产生。

3 桩基施工前，可采用强夯、挤密土桩等进行处理，消除上部或全部土层的自重湿陷性。

4 采取其他有效而合理的措施。

5.7.9 本条规定的目的是：

1 防止雨水和地表水流入桩孔内，避免桩孔周围土产生自重湿陷；

2 防止泥浆护壁或钻孔法的泥浆循环液，渗入附近自重湿陷黄土地基引起自重湿陷。

6 地 基 处 理

6.1 一 般 规 定

6.1.1 当地基的变形（湿陷、压缩）或承载力不能满足设计要求时，直接在天然土层上进行建筑或仅采取防水措施和结构措施，往往不能保证建筑物的安全与正常使用，因此本条规定应针对不同土质条件和建筑物的类别，在地基压缩层内或湿陷性黄土层内采取处理措施，以改善土的物理力学性质，使土的压缩性降低、承载力提高、湿陷性消除。

湿陷变形是当地基的压缩变形还未稳定或稳定后，建筑物的荷载不改变，而是由于地基受水浸湿引起的附加变形（即湿陷）。此附加变形经常是局部和突然发生的，而且很不均匀，尤其是地基受水浸湿初期，一昼夜内往往可产生150～250mm的湿陷量，因而上部结构很难适应和抵抗量大、速率快及不均匀的地基变形，故对建筑物的破坏性大，危害性严重。

湿陷性黄土地基处理的主要目的：一是消除其全部湿陷量，使处理后的地基变为非湿陷性黄土地基，或采用桩基础穿透全部湿陷性黄土层，使上部荷载通过桩基础传递至压缩性低或较低的非湿陷性黄土（岩）层上，防止地基产生湿陷，当湿陷性黄土层厚度较薄时，也可直接将基础设置在非湿陷性黄土（岩）层上；二是消除地基的部分湿陷量，控制下部未处理湿陷性黄土层的剩余湿陷量或湿陷起始压力值符合本规范的规定数值。

鉴于甲类建筑的重要性、地基受水浸湿的可能性和使用上对不均匀沉降的严格限制等与乙、丙类建筑有所不同，地基一旦发生湿陷，后果很严重，在政治、经济等方面将会造成不良影响或重大损失，为此，不允许甲类建筑出现任何破坏性的变形，也不允许因地基变形影响建筑物正常使用，故对其处理从严，要求消除地基的全部湿陷量。

乙、丙类建筑涉及面广，地基处理过严，建设投资将明显增加，因此规定消除地基的部分湿陷量，然后根据地基处理的程度及下部未处理湿陷性黄土层的剩余湿陷量或湿陷起始压力值的大小，采取相应的防水措施和结构措施，以弥补地基处理的不足，防止建筑物产生有害变形，确保建筑物的整体稳定性和主体结构的安全。地基一旦浸水湿陷，非承重部位出现裂缝，修复容易，且不影响安全使用。

6.1.2 湿陷性黄土地基的处理，在平面上可分为局部处理与整片处理两种。

"BGJ 20—66"、"TJ 25—78"和"GBJ 25—90"等规范，对局部处理和整片处理的平面范围，在有关处理方法，如土（或灰土）垫层法、重夯法、强夯法和土（或灰土）挤密桩法等的条文中都有具体规定。

局部处理一般按应力扩散角（即 $B=b+2Z\tan\theta$）确定，每边超出基础的宽度，相当于处理土层厚度的1/3，且不小于400mm，但未按场地湿陷类型不同区别对待；整片处理每边超出建筑物外墙基础外缘的宽度，不小于处理土层厚度的1/2，且不小于2m。考虑在同一规范中，对相同性质的问题，在不同的地基处理方法中分别规定，显得分散和重复。为此本次修订将其统一放在地基处理第1节"一般规定"中的6.1.2条进行规定。

对局部处理的平面尺寸，根据场地湿陷类型的不同作了相应调整，增大了自重湿陷性黄土场地局部处理的宽度。局部处理是将大于基础底面下一定范围内的湿陷性黄土层进行处理，通过处理消除拟处理土层的湿陷性，改善地基应力扩散，增强地基的稳定性，防止地基受水浸湿产生侧向挤出，由于局部处理的平面范围较小，地沟和管道等漏水，仍可自其侧向渗入下部未处理的湿陷性黄土层引起湿陷，故采取局部处理措施，不考虑防水、隔水作用。

整片处理是将大于建（构）筑物底层平面范围内的湿陷性黄土层进行处理，通过整片处理消除拟处理土层的湿陷性，减小拟处理土层的渗透性，增强整片处理土层的防水作用，防止大气降水、生产及生活用水，从上向下或侧向渗入下部未处理的湿陷性黄土层引起湿陷。

6.1.3 试验研究成果表明，在非自重湿陷性黄土场地，仅在上覆土的自重压力下受水浸湿，往往不产生自重湿陷或自重湿陷量的实测值小于70mm，在附加压力与上覆土的饱和自重压力共同作用下，建筑物地基受水浸湿后的变形范围，通常发生在基础底面下地基的压缩层内，压缩层深度下限以下的湿陷性黄土层，由于附加应力很小，地基即使充分受水浸湿，也不产生湿陷变形，故对非自重湿陷性黄土地基，消除其全部湿陷量的处理厚度，规定为基础底面以下附加压力与上覆土的饱和自重压力之和大于或等于湿陷起始压力的全部湿陷性黄土层，或按地基压缩层的深度确定，处理至附加压力等于土自重压力20%（即 $p_z=0.20p_{cz}$）的土层深度止。

在自重湿陷性黄土场地，建筑物地基充分浸水时，基底下的全部湿陷性黄土层产生湿陷，处理基础底面下部分湿陷性黄土层只能减小地基的湿陷量，欲消除地基的全部湿陷量，应处理基础底面以下的全部湿陷性黄土层。

6.1.4 根据湿陷性黄土地基充分受水浸湿后的湿陷变形范围，消除地基部分湿陷量应主要处理基础底面以下湿陷性大（$\delta_s\geqslant0.07$、$\delta_{zs}\geqslant0.05$）及湿陷性较大（$\delta_s\geqslant0.05$、$\delta_{zs}\geqslant0.03$）的土层，因为贴近基底下的上述土层，附加应力大，并容易受管道和地沟等漏水引起湿陷，故对建筑物的危害性大。

大量工程实践表明，消除建筑物地基部分湿陷量的处理厚度太小时，一是地基处理后下部未处理湿陷性黄土层的剩余湿陷量大；二是防水效果不理想，难以做到阻止生产、生活用水以及大气降水，自上向下渗入下部未处理的湿陷性黄土层，潜在的危害性未全部消除，因而不能保证建筑物地基不发生湿陷事故。

乙类建筑包括高度为24～60m的建筑，其重要性仅次于甲类建筑，基础之间的沉降差亦不宜过大，避免建筑物产生不允许的倾斜或裂缝。

建筑物调查资料表明，地基处理后，当下部未处理湿陷性黄土层的剩余湿陷量大于220mm时，建筑物在使用期间地基受水浸湿，可产生严重及较严重的裂缝；当下部未处理湿陷性黄土层的剩余湿陷量大于130mm小于或等于220mm时，建筑物在使用期间地基受水浸湿，可产生轻微或较轻微的裂缝。

考虑地基处理后，特别是整片处理的土层，具有较好的防水、隔水作用，可保护下部未处理的湿陷性黄土层不受水或少受水浸湿，其剩余湿陷量则有可能不产生或不充分产生。

基于上述原因，本条对乙类建筑规定消除地基部分湿陷量的最小处理厚度，在非自重湿陷性黄土场地，不应小于地基压缩层深度的2/3，并控制下部未处理湿陷性黄土层的湿陷起始压力值不应小于100kPa；在自重湿陷性黄土场地，不应小于全部湿陷性黄土层深度的2/3，并控制下部未处理湿陷性黄土层的剩余湿陷量不应大于150mm。

对基础宽度大或湿陷性黄土层厚度大的地基，处理地基压缩层深度的2/3或处理全部湿陷性黄土层深度的2/3确有困难时，本条规定在建筑物范围内应采用整片处理。

6.1.5 丙类建筑包括多层办公楼、住宅楼和理化试验室等，建筑物的内外一般装有上、下水管道和供热管道，使用期间建筑物内局部范围内存在漏水的可能性，其地基处理的好坏，直接关系着城乡用户的财产和安全。

考虑在非自重湿陷性黄土场地，Ⅰ级湿陷性黄土地基，湿陷性轻微，湿陷起始压力值较大。单层建筑荷载较轻，基底压力较小，为发挥湿陷起始压力的作用，地基可不处理；而多层建筑的基底压力一般大于湿陷起始压力值，地基不处理，湿陷难以避免。为此本条规定，对多层丙类建筑，地基处理厚度不应小于1m，且下部未处理湿陷性黄土层的湿陷起始压力值不宜小于100kPa。

在非自重湿陷性黄土场地和自重湿陷性黄土场地都存在Ⅱ级湿陷性黄土地基，其自重湿陷量的计算值：前者不大于70mm，后者大于70mm，不大于300mm。地基浸水时，二者具有中等湿陷性。本条规定：在非自重湿陷性黄土场地，单层建筑的地基处理厚度不应小于1m，且下部未处理湿陷性黄土层的湿陷起始压力值不宜小于80kPa；多层建筑的地基处理厚度不应小于2m，且下部未处理湿陷性黄土层的湿陷起始压力值不宜小于100kPa。在自重湿陷性黄土场地湿陷起始压力值小，无使用意义，因此，不论单层或多层建筑，其地基处理厚度均不宜小于2.50m，且下部未处理湿陷性黄土层的剩余湿陷量不应大于200mm。

地基湿陷等级为Ⅲ级或Ⅳ级，均为自重湿陷性黄土场地，湿陷性黄土层厚度较大，湿陷性分别属于严重和很严重，地基受水浸湿，湿陷性敏感，湿陷速度快，湿陷量大。本条规定，对多层建筑宜采用整片处理，其目的是通过整片处理既可消除拟处理土层的湿陷性，又可减小拟处理土层的渗透性，增强整片处理土层的防水、隔水作用，以保护下部未处理的湿陷性黄土层难以受水浸湿，使其剩余湿陷量不产生或不全部产生，确保建筑物安全正常使用。

6.6.6 试验研究资料表明，在非自重湿陷性黄土场地，湿陷性黄土地基在附加压力和上覆土的饱和自重压力下的湿陷变形范围主要是在压缩层深度内。本条规定的地基压缩层深度：对条形基础，可取其宽度的3倍，对独立基础，可取其宽度的2倍。也可按附加压力等于土自重压力20%的深度处确定。

压缩层深度除可用于确定非自重湿陷性黄土地基湿陷量的计算深度和地基的处理厚度外，并可用于确定非自重湿陷性黄土场地上的勘探点深度。

6.1.7～6.1.9 在现场采用静载荷试验检验地基处理后的承载力比较准确可靠，但试验工作量较大，宜采取抽样检验。此外，静载荷试验的压板面积较小，地基处理厚度大时，如不分层进行检验，试验结果只能反映上部土层的情况，同时由于消除部分湿陷量的地基，下部未处理的湿陷性黄土层浸水时仍有可能产生湿陷。而地基湿陷是在水和压力的共同作用下产生的，基底压力大，对减小湿陷不利，故处理后的地基承载力不宜用得过大。

6.1.10 湿陷性黄土的干密度小，含水量较低，属于欠压密的非饱和土，其可压（或夯）实和可挤密的效果好，采取地基处理措施应根据湿陷性黄土的特点和工程要求，确定地基处理的厚度及平面尺寸。地基通过处理可改善土的物理力学性质，使拟处理土层的干密度增大、渗透性减小、压缩性降低、承载力提高、湿陷性消除。为此，本条规定了几种常用的成孔挤密或夯实挤密的地基处理方法及其适用范围。

6.1.11 雨期、冬期选择土（或灰土）垫层法、强夯法或挤密法处理湿陷性黄土地基，不利因素较多，尤其垫层法，挖、填土方量大，施工期长，基坑和填料（土及灰土）容易受雨水浸湿或冻结，施工质量不易保证。施工期间应合理安排地基处理的施工程序，加快施工进度，缩短地基处理及基坑（槽）的暴露时间。对面积大的场地，可分段进行处理，采取防雨措施确有困难时，应做好场地周围排水，防止地面水流入已处理和未处理的场地（或基坑）内。在雨天和负温度下，并应防止土料、灰土和土源受雨水浸泡或冻结，施工中土呈软塑状态或出现“橡皮土”时，说明土的含水量偏大，应采取措施减小其含水量，将“橡皮土”处理后方可继续施工。

6.1.12 条文内对做好场地平整、修通道路和接通水、电等工作进行了规定。上述工作是为完成地基处理施工必须具备的条件，以确保机械设备和材料进入现场。

6.1.13 目前从事地基处理施工的队伍较多、较杂，技术素质高低不一。为确保地基处理的质量，在地基处理施工进程中，应有专人或专门机构进行监理，地基处理施工结束后，应对其质量进行检验和验收。

6.1.14 土（或灰土）垫层、强夯和挤密等方法处理地基的承载力，在现场采用静载荷试验进行检验比较准确可靠。为了统一试验方法和试验要求，在本规范附录J中增加静载荷试验要点，将有章可循。

6.2 垫 层 法

6.2.1 本规范所指的垫层是素土或灰土垫层。

垫层法是一种浅层处理湿陷性黄土地基的传统方法，在湿陷性黄土地区使用较广泛，具有因地制宜、就地取材和施工简便等特点，处理厚度一般为1～3m，通过处理基底下部分湿陷性黄土层，可以减小地基的湿陷量。处理厚度超过3m，挖、填土方量大，施工期长，施工质量不易保证，选用时应通过技术经济比较。

6.2.3 垫层的施工质量，对其承载力和变形有直接影响。为确保垫层的施工质量，本条规定采用压实系数λ_c控制。

压实系数λ_c是控制（或设计要求）干密度ρ_d与室内击实试验求得土（或灰土）最大干密度ρ_{dmax}的比值$\left(即\lambda_c=\dfrac{\rho_d}{\rho_{dmax}}\right)$。

目前我国使用的击实设备分为轻型和重型两种。前者击锤质量为2.50kg，落距为305mm，单位体积的击实功为 591.60kJ/m³，后者击锤质量为 4.50kg，落距为 457mm，单位体积的击实功为 2682.70kJ/m³，前者的击实功是后者的 4.53 倍。

采用上述两种击实设备对同一场地的 3∶7 灰土进行击实试验，轻型击实设备得出的最大干密度为 1.56g/m³，最优含水量为 20.90%；重型击实设备得出的最大干密度为 1.71g/m³，最优含水量为 18.60%。击实试验结果表明，3∶7 灰土的最大干密度，后者是前者的 1.10 倍。

根据现场检验结果，将该场地 3∶7 灰土垫层的干密度与按上述两种击实设备得出的最大干密度的比值（即压实系数）汇总于表 6.2.2。

表 6.2.2　3∶7 灰土垫层的干密度与压实系数

检验点号	土样			压实系数	
	深度 (m)	含水量 (%)	干密度 (g/cm³)	轻　型	重　型
1号	0.10	17.10	1.56	1.000	0.914
	0.30	14.10	1.60	1.026	0.938
	0.50	17.80	1.65	1.058	0.967
2号	0.10	15.63	1.57	1.006	0.920
	0.30	14.93	1.61	1.032	0.944
	0.50	16.25	1.71	1.096	1.002
3号	0.10	19.89	1.57	1.006	0.920
	0.30	14.96	1.65	1.058	0.967
	0.50	15.64	1.67	1.071	0.979
4号	0.10	15.10	1.64	1.051	0.961
	0.30	16.94	1.68	1.077	0.985
	0.50	16.10	1.69	1.083	0.991
	0.70	15.74	1.67	1.091	0.979
5号	0.10	16.00	1.59	1.019	0.932
	0.30	16.68	1.74	1.115	1.020
	0.50	16.66	1.75	1.122	1.026
6号	0.10	18.40	1.55	0.994	0.909
	0.30	18.60	1.65	1.058	0.967
	0.50	18.10	1.64	1.051	0.961

上表中的压实系数是按现场检测的干密度与室内采用轻型和重型两种击实设备得出的最大干密度的比值，二者相差近 9%，前者大，后者小。由此可见，采用单位体积击实功不同的两种击实设备进行击实试验，以相同数值的压实系数作为控制垫层质量标准是不合适的，而应分别规定。

"GBJ 25—90 规范"在第四章第二节第 4.2.4 条中，对控制垫层质量的压实系数，按垫层厚度不大于 3m 和大于 3m，分别统一规定为 0.93 和 0.95，未区分轻型和重型两种击实设备单位体积击实功不同，得出的最大干密度也不同等因素。本次修订将压实系数按轻型标准击实试验进行了规定，而对重型标准击实试验未作规定。

基底下 1～3m 的土（或灰土）垫层是地基的主要持力层，附加应力大，且容易受生产及生活用水浸湿，本条规定的压实系数，现场通过精心施工是可以达到的。

当土（或灰土）垫层厚度大于 3m 时，其压实系数：3m 以内不应小于 0.95，大于 3m，超过 3m 部分不应小于 0.97。

6.2.4　设置土（或灰土）垫层主要在于消除拟处理土层的湿陷性，其承载力有较大提高，并可通过现场静载荷试验或动、静触探等试验确定。当无试验资料时，按本条规定取值可满足工程要求，并有一定的安全储备。总之，消除部分湿陷量的地基，其承载力不宜用得太高，否则，对减小湿陷不利。

6.2.5～6.2.6　垫层质量的好坏与施工因素有关，诸如土料或灰土的含水量、灰与土的配合比、灰土拌合的均匀程度、虚铺土（或灰土）的厚度、夯（或压）实次数等是否符合设计规定。

为了确保垫层的施工质量，施工中将土料过筛，在最优或接近最优含水量下，将土（或灰土）分层夯实至关重要。

在施工进程中应分层取样检验，检验点位置应每层错开，即：中间、边缘、四角等部位均应设置检验点。防止只集中检验中间，而不检验或少检验边缘及四角，并以每层表面下 2/3 厚度处的干密度换算的压实系数，符合本规范的规定为合格。

6.3　强　夯　法

6.3.1　采用强夯法处理湿陷性黄土地基，在现场选点进行试夯，可以确定在不同夯击能下消除湿陷性黄土层的有效深度，为设计、施工提供有关参数，并可验证强夯方案在技术上的可行性和经济上的合理性。

6.3.2　夯点的夯击次数以达到最佳次数为宜，超过最佳次数再夯击，容易将表层土夯松，消除湿陷性黄土层的有效深度并不增大。在强夯施工中，夯击次数既不是越少越好，也不是越多越好。最佳或合适的夯击次数可按试夯记录绘制的夯击次数与夯击下沉量（以下简称夯沉量）的关系曲线确定。

单击夯击能量不同，最后 2 击平均夯沉量也不同。单击夯击能量大，最后 2 击的平均夯沉量也大；反之，则小。最后 2 击平均夯沉量符合规定，表示夯击次数达到要求，可通过试夯确定。

6.3.3～6.3.4　本条表 6.3.3 中的数值，总结了黄土地区有关强夯试夯资料及工程实践经验，对选择强夯方案，预估消除湿陷性黄土层的有效深度有一定作用。

强夯法的单位夯击能，通常根据消除湿陷性黄土层的有效深度确定。单位夯击能大，消除湿陷性黄土层的深度也相应大，但设备的起吊能力增加太大往往不易解决。在工程实践中常用的单位夯击能多为1000～4000kN·m，消除湿陷性黄土层的有效深度一般为3～7m。

6.3.5 采用强夯法处理湿陷性黄土地基，土的含水量至关重要。天然含水量低于10%的土，呈坚硬状态，夯击时表层土容易松动，夯击能量消耗在表层土上，深部土层不易夯实，消除湿陷性黄土层的有效深度小；天然含水量大于塑限含水量3%以上的土，夯击时呈软塑状态，容易出现"橡皮土"；天然含水量相当于或接近最优含水量的土，夯击时土粒间阻力较小，颗粒易于互相挤密，夯击能量向纵深方向传递，在相应的夯击次数下，总夯沉量和消除湿陷性黄土层的有效深度均大。为方便施工，在工地可采用塑限含水量 w_p-（1%～3%）或 $0.6w_L$（液限含水量）作为最优含水量。

当天然土的平均含水量低于最优含水量5%以上时，宜对拟夯实的土层加水增湿，并可按下式计算：

$$Q=(w_{op}-\overline{w})\frac{\overline{\rho}}{1+0.01\overline{w}}h\cdot A \qquad (6.3.5)$$

式中 Q——增湿拟夯实土层的计算加水量（m^3）；

w_{op}——最优含水量（%）；

$\overline{w}$——在拟夯实层范围内，天然土的含水量加权平均值（%）；

$\overline{\rho}$——在拟夯实层范围内，天然土的密度加权平均值（g/cm^3）；

h——拟增湿的土层厚度（m）；

A——拟进行强夯的地基土面积（m^2）。强夯施工前3～5d，将计算加水量均匀地浸入拟增湿的土层内。

6.3.6 湿陷性黄土处于或略低于最优含水量，孔隙内一般不出现自由水，每夯完一遍不必等孔隙水压力消散，采取连续夯击，可减少吊车移位，提高强夯施工效率，对降低工程造价有一定意义。

夯点布置可结合工程具体情况确定，按正三角形布置，夯点之间的土夯实较均匀。第一遍夯点夯击完毕后，用推土机将高出夯坑周围的土推至夯坑内填平，再在第一遍夯点之间布置第二遍夯点，第二遍夯击是将第二遍夯点及第一遍填平的夯坑同时进行夯击，完毕后，用推土机平整场地；第三遍夯点通常满堂布置，夯击完毕后，用推土机再平整一次场地；最后一遍用轻锤、低落距（4～5m）连续满拍2～3击，将表层土夯实拍平，完毕后，经检验合格，在夯面以上宜及时铺设一定厚度的灰土垫层或混凝土垫层，并进行基础施工，防止强夯表层土晒裂或受雨水浸泡。

第一遍和第二遍夯击主要是将夯坑底面以下的土层进行夯实，第三遍和最后一遍拍夯主要是将夯坑底面以上的填土及表层松土夯实拍平。

6.3.7 为确保采用强夯法处理地基的质量符合设计要求，在强夯施工进程中和施工结束后，对强夯施工及其地基土的质量进行监督和检验至关重要。强夯施工过程中主要检查强夯施工记录，基础内各夯点的累计夯沉量应达到试夯或设计规定的数值。

强夯施工结束后，主要是在已夯实的场地内挖探井取土样进行室内试验，测定土的干密度、压缩系数和湿陷系数等指标。当需要在现场采用静载荷试验检验强夯土的承载力时，宜于强夯施工结束一个月左右进行。否则，由于时效因素，土的结构和强度尚未恢复，测试结果可能偏小。

6.4 挤 密 法

6.4.1 本条增加了挤密法适用范围的部分内容，对一般地区的建筑，特别是有一些经验的地区，只要掌握了建筑物的使用情况、要求和建筑物场地的岩土工程地质情况以及某些必要的土性参数（包括击实试验资料等），就可以按照本节的条文规定进行挤密地基的设计计算。工程实践及检验测试结果表明，设计计算的准确性能够满足一般地区和建筑的使用要求，这也是从原规范开始比过去显示出来的一种进步。对这类工程，只要求地基挤密结束后进行检验测试就可以了，它是对设计效果和施工质量的检验。

对某些比较重要的建筑和缺乏工程经验的地区，为慎重起见，可在地基处理施工前，在工程现场选择有代表性的地段进行试验或试验性施工，必要时应按实际的试验测试结果，对设计参数和施工要求进行调整。

当地基土的含水量略低于最优含水量（指击实试验结果）时，挤密的效果最好；当含水量过大或者过小时，挤密效果不好。

当地基土的含水量 $w\geqslant24\%$、饱和度 $S_r>65\%$ 时，一般不宜直接选用挤密法。但当工程需要时，在采取了必要的有效措施后，如对孔周围的土采取有效"吸湿"和加强孔填料强度，也可采用挤密法处理地基。

对含水量 $w<10\%$ 的地基土，特别是在整个处理深度范围内的含水量普遍很低，一般宜采取增湿措施，以达到提高挤密法的处理效果。

相比之下，爆扩挤密比其他方法挤密，对地基土含水量的要求要严格一些。

6.4.2 此条规定了挤密地基的布孔原则和孔心距的确定方法，原规范第4.4.2条和第4.4.3条的条文说明仍适合于本条规定。

本条的孔心距计算式与原规范计算式基本相同，仅在式中增加了"预钻孔直径"项。对无预钻孔的挤密法，计算式中的预钻孔直径为"0"，此时的计算式与原规范完全一样。

此条与原规范比较，除包括原规范的内容外，还增加了预钻孔的选用条件和有关的孔径规定。

6.4.3 当挤密法处理深度较大时，才能够充分体现出预钻孔的优势。当处理深度不太大的情况下，采用不预钻孔的挤密法，将比采用预钻孔的挤密法更加优越，因为此时在处理效果相同的条件下，前者的孔心距将大于后者（指与挤密填料孔直径的相对比值），后者需要增加孔内的取土量和填料量，而前者没有取土量，孔内填料量比后者少。在孔心距相同的情况下，预钻孔挤密比不预钻孔挤密，多预钻孔体积的取土量和相当于预钻孔体积的夯填量。为此，在本条中作了挤密法处理深度小于12m时，不宜预钻孔，当处理深度大于12m时可预钻孔的规定。

6.4.4 此条与原规范的第4.4.3条相同，仅将原规范的“成孔后”改为“挤密填孔后”，以适合包括“预钻孔挤密”在内的各种挤密法。

6.4.5 此条包括了原规范第4.4.4条的全部内容，为帮助人们正确、合理、经济的选用孔内填料，增加了如何选用孔内填料的条文规定。

根据大量的试验研究和工程实践，符合施工质量要求的夯实灰土，其防水、隔水性明显不如素土（指符合一般施工质量要求的素填土），孔内夯填灰土及其他强度高的材料，有提高复合地基承载力或减小地基处理宽度的作用。

6.4.6 原规范条文中提出了挤密法的几种具体方法，如沉管、爆扩、冲击等。虽说冲击法挤密中涵盖了“夯扩法”的内容，但鉴于近10年在西安、兰州等地工程中，采用了比较多的挤密，其中包括一些“土法”与“洋法”预钻孔后的夯扩挤密，特别在处理深度比较大或挤密机械不便进入的情况下，比较多的选用了夯扩挤密或采用了一些特制的挤密机械（如小型挤密机等）。

为此，在本条中将“夯扩”法单独列出，以区别以往冲击法中包含的不够明确的内容。

6.4.7 为提高地基的挤密效果，要求成孔挤密应间隔分批、及时夯填，这样可以使挤密地基达到有效、均匀、处理效果好。在局部处理时，必须强调由外向里施工，否则挤密不好，影响到地基处理效果。而在整片处理时，应首先从边缘开始、分行、分点、分批，在整个处理场地平面范围内均匀分布，逐步加密进行施工，不宜像局部处理时那样，过分强调由外向里的施工原则，整片处理应强调“从边缘开始、均匀分布、逐步加密、及时夯填”的施工顺序和施工要求。

6.4.8 规定了不同挤密方法的预留松动层厚度，与原规范规定基本相同，仅对个别数字进行了调整，以更加适合工程实际。

6.4.11 为确保工程质量，避免设计、施工中可能出现的问题，增加了这一条规定。

对重要或大型工程，除应按6.4.11条检测外，还应进行下列测试工作，综合判定实际的地基处理效果。

1 在处理深度内应分层取样，测定孔间挤密土和孔内填料的湿陷性、压缩性、渗透性等；

2 对挤密地基进行现场载荷试验、局部浸水与大面积浸水试验、其他原位测试等。

通过上述试验测试，所取得的结果和试验中所揭示的现象，将是进一步验证设计内容和施工要求是否合理、全面，也是调整补充设计内容和施工要求的重要依据，以保证这些重要或大型工程的安全可靠及经济合理。

6.5 预浸水法

6.5.1 本条规定了预浸水法的适用范围。工程实践表明，采用预浸水法处理湿陷性黄土层厚度大于10m和自重湿陷量的计算值大于500mm的自重湿陷性黄土场地，可消除地面下6m以下土层的全部湿陷性，地面下6m以上土层的湿陷性也可大幅度减小。

6.5.2 采用预浸水法处理自重湿陷性黄土地基，为防止在浸水过程中影响周边邻近建筑物或其他工程的安全使用以及场地边坡的稳定性，要求浸水坑边缘至邻近建筑物的距离不宜小于50m，其理由如下：

1 青海省地质局物探队的拟建工程，位于西宁市西郊西川河南岸Ⅲ级阶地，该场地的湿陷性黄土层厚度为13～17m。青海省建筑勘察设计院于1977年在该场地进行勘察，为确定场地的湿陷类型，曾在现场采用15m×15m的试坑进行浸水试验。

2 为消除拟建住宅楼地基土的湿陷性，该院于1979年又在同一场地采用预浸法进行处理，浸水坑的尺寸为53m×33m。

试坑浸水试验和预浸水法的实测结果以及地表开裂范围等，详见表6.5.2。

青海省物探队拟建场地

表6.5.2 试坑浸水试验和预浸水法的实测结果

时间	浸水		自重湿陷量的实测值(mm)		地表开裂范围(m)	
	试坑尺寸(m×m)	时间(昼夜)	一般	最大	一般	最大
1977年	15×15	64	300	400	14	18
1979年	53×33	120	650	904	30	37

从表6.5.2的实测结果可以看出，试坑浸水试验和预浸水法，二者除试坑尺寸（或面积）及浸水时间有所不同外，其他条件基本相同，但自重湿陷量的实

测值与地表开裂范围相差较大。说明浸水影响范围与浸水试坑面积的大小有关。为此，本条规定采用预浸水法处理地基，其试坑边缘至周边邻近建筑物的距离不宜小于50m。

6.5.3 采用预浸水法处理地基，土的湿陷性及其他物理力学性质指标有很大变化和改善，本条规定浸水结束后，在基础施工前应进行补充勘察，重新评定场地或地基土的湿陷性，并应采用垫层法或其他方法对上部湿陷性黄土层进行处理。

7 既有建筑物的地基加固和纠倾

7.1 单液硅化法和碱液加固法

7.1.1 碱液加固法在自重湿陷性黄土场地使用较少，为防止采用碱液加固法加固既有建筑物地基产生附加沉降，本条规定加固自重湿陷性黄土地基应通过试验确定其可行性，取得必要的试验数据，再扩大其应用范围。

7.1.2 当既有建筑物和设备基础出现不均匀沉降，或地基受水浸湿产生湿陷时，采用单液硅化法或碱液加固法对其地基进行加固，可阻止其沉降和裂缝继续发展。

采用上述方法加固拟建的构筑物或设备基础的地基，由于上部荷载还未施加，在灌注溶液过程中，地基不致产生附加下沉，经加固的地基，土的湿陷性消除，比天然土的承载力可提高1倍以上。

7.1.3 地基加固施工前，在拟加固地基的建筑物附近进行单孔或多孔灌注溶液试验，主要目的为确定设计施工所需的有关参数，并可查明单液硅化法或碱液加固法加固地基的质量及效果。

7.1.4～7.1.5 地基加固完毕后，通过一定时间的沉降观测，可取得建筑物或设备基础的沉降有无稳定或发展的信息，用以评定加固效果。

（Ⅰ）单液硅化法

7.1.6 单液硅化加固湿陷性黄土地基的灌注工艺，分为压力灌注和溶液自渗两种。

压力灌注溶液的速度快，渗透范围大。试验研究资料表明，在灌注溶液过程中，溶液与土接触初期，尚未产生化学反应，被浸湿的土体强度不但未提高，并有所降低，在自重湿陷严重的场地，采用此法加固既有建筑物地基时，其附加沉降可达300mm以上，既有建筑物显然是不允许的。故本条规定，压力单液硅化宜用于加固自重湿陷性黄土场地上拟建工程的地基，也可用于加固非自重湿陷性黄土场地上的既有建筑物地基。非自重湿陷性黄土的湿陷起始压力值较大，当基底压力不大于湿陷起始压力时，不致出现附加沉降，并已为工程实践和试验研究资料所证明。

压力灌注需要加压设备（如空压机）和金属灌注管等，加固费用较高，其优点是水平向的加固范围较大，基础底面以下的部分土层也能得到加固。

溶液自渗的速度慢，扩散范围小，溶液与土接触初期，被浸湿的土体小，既有建筑物和设备基础的附加沉降很小（一般约10mm)，对建筑物无不良影响。

溶液自渗的灌注孔可用钻机或洛阳铲完成，不要用灌注管和加压等设备，加固费用比压力灌注的费用低，饱和度不大于60%的湿陷性黄土，采用溶液自渗，技术上可行，经济上合理。

7.1.7 湿陷性黄土的天然含水量较小，孔隙中不出现自由水，采用低浓度（10%～15%）的硅酸钠溶液注入土中，不致被孔隙中的水稀释。

此外，低浓度的硅酸钠溶液，粘滞度小，类似水一样，溶液自渗较畅通。

水玻璃（即硅酸钠）的模数值是二氧化硅与氧化钠（百分率）之比，水玻璃的模数值越大，表明SiO_2的成分越多。因为硅化加固主要是由SiO_2对土的胶结作用，水玻璃模数值的大小对加固土的强度有明显关系。试验研究资料表明，模数值为$\frac{SiO_2\%}{Na_2O\%}=1$的纯偏硅酸钠溶液，加固土的强度很小，完全不适合加固土的要求，模数值在2.50～3.30范围内的水玻璃溶液，加固土的强度可达最大值。当模数值超过3.30以上时，随着模数值的增大，加固土的强度反而降低。说明SiO_2过多，对加固土的强度有不良影响，因此，本条规定采用单液硅化加固湿陷性黄土地基，水玻璃的模数值宜为2.50～3.30。

7.1.8 加固湿陷性黄土的溶液用量与土的孔隙率（或渗透性）、土颗粒表面等因素有关，计算溶液量可作为采购材料（水玻璃）和控制工程总预算的主要参数。注入土中的溶液量与计算溶液量相同，说明加固土的质量符合设计要求。

7.1.9 为使加固土体联成整体，按现场灌注溶液试验确定的间距布置灌注孔较合适。

加固既有建筑物和设备基础的地基，只能在基础侧向（或周边）布置灌注孔，以加固基础侧向土层，防止地基产生侧向挤出。但对宽度大的基础，仅加固基础侧向土层，有时难以满足工程要求。此时，可结合工程具体情况在基础侧向布置斜向基础底面中心以下的灌注孔，或在其台阶布置穿透基础的灌注孔，使基础底面下的土层获得加固。

7.1.10 采用压力灌注，溶液有可能冒出地面。为防止在灌注溶液过程中，溶液出现上冒，灌注管打入土中后，在连接胶皮管时，不得摇动灌注管，以免灌注管外壁与土脱离产生缝隙，灌注溶液前，并应将灌注管周围的表层土夯实或采取其他措施进行处理。灌注压力由小逐渐增大，剩余溶液不多时，可适当提高其压力，但最大压力不宜超过200kPa。

7.1.11 溶液自渗，不需要分层打灌注管和分层灌注溶液。设计布置的灌注孔，可用钻机或洛阳铲一次钻（或打）至设计深度。孔成后，将配好的溶液注满灌注孔，溶液面宜高出基础底面标高 0.50m，借助孔内水头高度使溶液自行渗入土中。

灌注孔数量不多时，钻（或打）孔和灌溶液，可全部一次施工，否则，可采取分批施工。

7.1.12 灌注溶液前，对拟加固地基的建筑物进行沉降和裂缝观测，并可同加固结束后的观测情况进行比较。

在灌注溶液过程中，自始至终进行沉降观测，有利于及时发现问题并及时采取措施进行处理。

7.1.13 加固地基的施工记录和检验结果，是验收和评定地基加固质量好坏的重要依据。通过精心施工，才能确保地基的加固质量。

硅化加固土的承载力较高，检验时，采用静力触探或开挖取样有一定难度，以检查施工记录为主，抽样检验为辅。

（Ⅱ）碱液加固法

7.1.14 碱液加固法分为单液和双液两种。当土中可溶性和交换性的钙、镁离子含量大于本条规定值时，以氢氧化钠一种溶液注入土中可获得较好的加固效果。如土中的钙、镁离子含量较低，采用氢氧化钠和氯化钙两种溶液先后分别注入土中，也可获得较好的加固效果。

7.1.15 在非自重湿性黄土场地，碱液加固地基的深度可为基础宽度的 2～3 倍，或根据基底压力和湿陷性黄土层深度等因素确定。已有工程采用碱液加固地基的深度大都为 2～5m。

7.1.16 将碱液加热至 80～100℃再注入土中，可提高碱液加固地基的早期强度，并对减小拟加固建筑物的附加沉降有利。

7.2 坑式静压桩托换法

7.2.1 既有建筑物的沉降未稳定或还在发展，但尚未丧失使用价值，采用坑式静压桩托换法对其基础地基进行加固补强，可阻止该建筑物的沉降、裂缝或倾斜继续发展，以恢复使用功能。托换法适用于钢筋混凝土基础或基础内设有地（或圈）梁的多层及单层建筑。

7.2.2 坑式静压桩托换法与硅化、碱液或其他加固方法有所不同，它主要是通过托换桩将原有基础的部分荷载传给较好的下部土层中。

桩位通常沿纵、横墙的基础交接处、承重墙基础的中间、独立基础的四角等部位布置，以减小基底压力，阻止建筑物沉降不再继续发展为主要目的。

7.2.3 坑式静压桩主要是在基础底面以下进行施工，预制桩或金属管桩的尺寸都要按本条规定制作或加工。尺寸过大，搬运及操作都很困难。

7.2.4 静压桩的边长较小，将其压入土中对桩周的土挤密作用较小，在湿陷性黄土地基中，采用坑式静压桩，可不考虑消除土的湿陷性，桩尖应穿透湿陷性黄土层，并应支承在压缩性低或较低的非湿陷性黄土层中。桩身在自重湿陷性黄土层中，尚应考虑扣去桩侧的负摩擦力。

7.2.5 托换管的两端，应分别与基础底面及桩顶面牢固连接，当有缝隙时，应用铁片塞严实，基础的上部荷载通过托换管传给桩及桩端下部土层。为防止托换管腐蚀生锈，在托换管外壁宜涂刷防锈油漆，托换管安放结束后，其周围宜浇注 C20 混凝土，混凝土内并可加适量膨胀剂，也可采用膨胀水泥，使混凝土与原基础接触紧密，连成整体。

7.2.6 坑式静压桩属于隐蔽工程，将其压入土中后，不便进行检验，桩的质量与砂、石、水泥、钢材等原材料以及施工因素有关。施工验收，应侧重检验制桩的原材料化验结果以及钢材、水泥出厂合格证、混凝土试块的试验报告和压桩记录等内容。

7.3 纠 倾 法

7.3.1 某些已经建成并投入使用的建筑物，甚至某些正在建造中的建筑物，由于场地地基土的湿陷性及压缩性较高，雨水、场地水、管网水、施工用水、环境水管理不好，使地基土发生湿陷变形及压缩变形，造成建筑物倾斜和其他形式的不均匀下沉、建筑物裂缝和构件断裂等，影响建筑物的使用和安全。在这种情况下，解决工程事故的方法之一，就是采取必要的有效措施，使地基过大的不均匀变形减小到符合建筑物的允许值，满足建筑物的使用要求，本规范称此法为纠倾法。

湿陷性黄土浸水湿陷，这是湿陷性黄土地区有别于其他地区的一个特点。由此出发，本条将纠倾法分为湿法和干法两种。

浸水湿陷是一种有害的因素，但可以变有害为有利，利用湿陷性黄土浸水湿陷这一特性，对建筑物地基相对下沉较小的部位进行浸水，强迫其下沉，使既有建筑物的倾斜得以纠正，本法称为湿法纠倾。兰化有机厂生产楼地基下沉停产事故、窑街水泥厂烟囱倾斜事故等工程中，采用了湿法纠倾，使生产楼恢复生产、烟囱扶正，并恢复了它们的使用功能，节省了大量资金。

对某些建、构筑物，由于邻近范围内有建、构筑物或有大量的地下构筑物等，采用湿法纠倾，将会威胁到邻近地上或地下建、构筑物的安全，在这种情况下，对地基应选择不浸水或少浸水的方法，对不浸水的方法，称为干法纠倾，如掏土法、加压法、顶升法等。早在 20 世纪 70 年代，甘肃省建筑科学研究院用加压法处理了当时影响很大的天水军民两用机场跑道下沉全工程停工的特大事故，使整个工程复工，经过近 30 年的使用考验，证明处理效果很好。

又如甘肃省建筑科学研究院对兰化烟囱的纠倾，采用了小切口竖向调整和局部横向扇形掏土法；西北铁科院对兰州白塔山的纠倾，采用了横向掏土和竖向顶升法，都取得了明显的技术、经济和社会效益。

7.3.2 在湿陷性黄土场地对既有建筑物进行纠倾时，必须全面掌握原设计与施工的情况、场地的岩土工程地质情况、事故的现状、产生事故的原因及影响因素、地基的变形性质与规律、下沉的数量与特点、建筑物本身的重要性和使用上的要求、邻近建筑物及地下构筑物的情况、周围环境等各方面的资料，当某些重要资料缺少时，应先进行必要的补充工作，精心做好纠倾前的准备。纠倾方案，应充分考虑到实施过程中可能出现的不利情况，做到有对策、留余地，安全可靠、经济合理。

7.3.3～7.3.6 规定了纠倾法的适用范围和有关要求。

采用浸水法时，一定要注意控制浸水范围、浸水量和浸水速率。地基下沉的速率以5～10mm/d为宜，当达到预估的浸水滞后沉降量时，应及时停水，防止产生相反方向的新的不均匀变形，并防止建筑物产生新的损坏。

采用浸水法对既有建筑物进行纠倾，必须考虑到对邻近建筑物的不利影响，应有一定的安全防护距离。一般情况下，浸水点与邻近建筑物的距离，不宜小于1.5倍湿陷性黄土层深度的下限，并不宜小于20m；当土层中有碎石类土和砂土夹层时，还应考虑到这些夹层的水平向串水的不利影响，此时防护距离宜取大值；在土体水平向渗透性小于垂直向和湿陷性黄土层深度较小（如小于10m）的情况下，防护距离也可适当减小。

当采用浸水法纠倾难于达到目的时，可将两种或两种以上的方法因地、因工程制宜地结合使用，或将几种干法纠倾结合使用，也可以将干、湿两种方法合用。

7.3.7 本条从安全角度出发，规定了不得采用浸水法的有关情况。

靠近边坡地段，如果采用浸水法，可能会使本来稳定的边坡成为不稳定的边坡，或使原来不太稳定的边坡进一步恶化。

靠近滑坡地段，如果采用浸水法，可能会使土体含水量增大，滑坡体的重量加大，土的抗剪强度减小，滑动面的阻滑作用减小，滑坡体的滑动作用增大，甚至会触发滑坡体的滑动。

所以在这些地段，不得采用浸水法纠倾。

附近有建、构筑物和地下管网时，采用浸水法，可能顾此失彼，不但会损害附近地面、地下的建、构筑物及管网，还可能由于管道断裂，建筑物本身有可能产生新的次生灾害，所以在这种情况下，不宜采用浸水法。

7.3.8 在纠倾过程中，必须对拟纠倾的建筑物和周围情况进行监控，并采取有效的安全措施，这是确保工程质量和施工安全的关键。一旦出现异常，应及时处理，不得拖延时间。

纠倾过程中，监测工作一般包括下列内容：

1 建筑物沉降、倾斜和裂缝的观测；

2 地面沉降和裂缝的观测；

3 地下水位的观测；

4 附近建筑物、道路和管道的监测。

7.3.9 建筑物纠倾后，如果在使用过程中还可能出现新的事故，经分析认为确实存在潜在的不利因素时，应对该建筑物进行地基加固并采取其他有效措施，防止事故再次发生。

对纠倾后的建筑物，开始宜缩短观测的间隔时间，沉降趋于稳定后，间隔时间可适当延长，一旦发现沉降异常，应及时分析原因，采取相应措施增加观测次数。

8 施 工

8.1 一 般 规 定

8.1.1～8.1.2 合理安排施工程序，关系着保证工程质量和施工进度及顺利完成湿陷性黄土地区建设任务的关键。以往在建设中，有些单位不是针对湿陷性黄土的特点安排施工，而是违反基建程序和施工程序，如只图早开工，忽视施工准备，只顾房屋建筑，不重视附属工程；只抓主体工程，不重视收尾竣工……因而往往造成施工质量低劣、返工浪费、拖延进度以及地基浸水湿陷等事故，使国家财产遭受不应有的损失，施工程序的主要内容是：

1 强调做好施工准备工作和修通道路、排水设施及必要的护坡、挡土墙等工程，可为施工主体工程创造条件；

2 强调“先地下后地上”的施工程序，可使施工人员重视并抓紧地下工程的施工，避免场地积水浸入地基引起湿陷，并防止由于施工程序不当，导致建筑物产生局部倾斜或裂缝；

3 强调先修通排水管道，并先完成其下游，可使排水畅通，消除不良后果。

8.1.3 本条规定的地下坑穴，包括古墓、古井和砂井、砂巷。这些地下坑穴都埋藏在地表下不同深度内，是危害建筑物安全使用的隐患，在地基处理或基础施工前，必须将地下坑穴探查清楚与处理妥善，并应绘图、记录。

目前对地下坑穴的探查和处理，没有统一规定。如：有的由建设部门或施工单位负责，也有的由文物部门负责。由于各地情况不同，故本条仅规定应探查和处理的范围，而未规定完成这项任务的具体部门或单位，各地可根据实际情况确定。

8.1.4 在湿陷性黄土地区，雨季和冬季约占全年时间的1/3以上，对保证施工质量，加快施工进度的不利因素较多，采取防雨、防冻措施需要增加一定的工程造价，但绝不能因此而不采取有效的防雨、防冻措施。

基坑（或槽）暴露时间过长，基坑（槽）内容易积水，基坑（槽）壁容易崩塌，在开挖基坑（槽）或大型土方前，应充分做好准备工作，组织分段、分批流水作业，快速施工，各工序之间紧密配合，尽快完成地基基础和地下管道等的施工与回填，只有这样，才能缩短基坑（槽）的暴露时间。

8.1.5 近些年来，城市建设和高层建筑发展较迅速，地下管网及其他地下工程日益增多，房屋越来越密集，在既有建筑物的邻近修建地下工程时，不仅要保证地下工程自身的安全，而且还应采取有效措施确保原有建筑物和管道系统的安全使用。否则，后果不堪设想。

8.2 现场防护

8.2.1 湿陷性黄土地区气候比较干燥，年降雨量较少，一般为300～500mm，而且多集中在7～9三个月，因此暴雨较多，危害性较大，建筑场地的防洪工程不但应提前施工，并应在雨季到来之前完成，防止洪水淹没现场引起灾害。

8.2.2 施工期间用的临时防洪沟、水池、洗料场、淋灰池等，其设施都很简易，渗漏水的可能性大，应尽可能将这些临时设施布置在施工现场的地形较低处或地下水流向的下游地段，使其远离主要建筑物，以防止或减少上述临时设施的渗漏水渗入建筑物地基。

据调查，在非自重湿陷性黄土场地，水渠漏水的横向浸湿范围约为10～12m，淋灰池漏水的横向浸湿范围与上述数值基本相同，而在自重湿陷性黄土场地，水渠漏水的横向浸湿范围一般为20m左右。为此，本条对上述设施距建筑物外墙的距离，按非自重湿陷性黄土场地和自重湿陷性黄土场地，分别规定为不宜小于12m和25m。

8.2.3 临时给水管是为施工用水而装设的临时管道，施工结束后务必及时拆除，避免将临时给水管道，长期埋在地下腐蚀漏水。例如，兰州某办公楼的墙体严重裂缝，就是由于竣工后未及时拆除临时给水管道而被埋在地下腐蚀漏水所造成的湿陷事故。总结已有经验教训，本条规定，对所有临时给水管道，均应在施工期间将其绘在施工总平图上，以便检查和发现，施工完毕，不再使用时，应立即拆除。

8.2.4 已有经验说明，不少取土坑成为积水坑，影响建筑物安全使用，为此本条规定，在建筑物周围20m范围内不得设置取土坑。当确有必要设置时，应设在现场的地形较低处，取土完毕后，应用其他土将取土坑回填夯实。

8.3 基坑或基槽的施工

8.3.3 随着建设的发展，湿陷性黄土地区的基坑开挖深度越来越大，有的已超过10m，原来认为湿陷性黄土地区基坑开挖不需要采取支护措施，现在已经不能满足工程建设的要求，而黄土地区基坑事故却屡有发生。因而有必要在本规范内新增有关湿陷性黄土地区深基坑开挖与支护的内容。

除了应符合现行国家标准《岩土工程勘察规范》和国家行业标准《建筑基坑支护技术规程》的有关规定外，湿陷性黄土地区的深基坑开挖与支护还有其特殊的要求，其中最为突出的有：

1 要对基坑周边外宽度为1～2倍开挖深度的范围内进行土体裂隙调查，并分析其对坑壁稳定性的影响。一些工程实例表明，黄土坑壁的失稳或破坏，常常呈现坍落或坍滑的形式，滑动面或破坏面的后壁常呈现直立或近似直立，与土体中的垂直节理或裂隙有关。

2 湿陷性黄土遇水增湿后，其强度将显著降低导致坑壁失稳。不少工程实例都表明，黄土地区的基坑事故大都与黄土坑壁浸水增湿软化有关。所以对黄土基坑来说，严格的防水措施是至关重要的。当基坑壁有可能受水浸湿时，宜采用饱和状态下黄土的物理力学性质指标进行设计与验算。

3 在需要对基坑进行降低地下水位时，所需的水文地质参数特别是渗透系数，宜根据现场试验确定，而不应根据室内渗透试验确定。实践经验表明，现场测定的渗透系数将比室内测定结果要大得多。

8.4 建筑物的施工

8.4.1 各种施工缝和管道接口质量不好，是造成管沟和管道渗漏水的隐患，对建筑物危害极大。为此，本条规定，各种管沟应整体穿过建筑物基础。对穿过外墙的管沟要求一次做到室外的第一个检查井或距基础3m以外，防止在基础内或基础附近接头，以保证接头质量。

8.5 管道和水池的施工

8.5.1 管材质量的优、劣，不仅影响其使用寿命，更重要的是关系到是否漏水渗入地基。近些年，由于市场管理不规范，产品鉴定不严格，一些不符合国家标准的劣质产品流入施工现场，给工程带来危害。为把好质量关，本条规定，对各种管材及其配件进场时，必须按设计要求和有关现行国家标准进行检查。经检查不合格的不得使用。

8.5.2 根据工程实践经验，从管道基槽开挖至回填结束，施工时间越长，问题越多。本条规定，施工管道及其附属构筑物的地基与基础时，应采取分段、流水作业，或分段进行基槽开挖、检验和回填。即：完成一段，再施工另一段，以便缩短管道和沟槽的暴露时间，防止雨水和其他水流入基槽内。

8.5.6 对埋地压力管道试压次数的规定：

1 据调查，在非自重湿陷性黄土场地（如西安地区），大量埋地压力管道安装后，仅进行1次强度和严密性试验，在沟槽回填过程中，对管道基础和管道接口的质量影响不大。进行1次试压，基本上能反映出管道的施工质量。所以，在非自重湿陷性黄土场地，仍按原规范规定应进行1次强度和严密性试验。

2 在自重湿陷性黄土场地（如兰州地区），普遍反映，非金属管道进行2次强度和严密性试验是必要的。因为非金属管道各品种的加工、制作工艺不稳定，施工过程中易损易坏。从工程实例分析，管道接口处的事故发生率较高，接口处易产生环向裂缝，尤其在管基垫层质量较差的情况下，回填土时易造成隐患。管口在回填土后一旦产生裂缝，稍有渗漏，自重湿陷性黄土的湿陷很敏感，极易影响前、后管基下沉，管口拉裂，扩大破坏程度，甚至造成返工。所以，本规范要求做2次强度和严密性试验，而且是在沟槽回填前、后分别进行。

金属管道，因其管材质量相对稳定；大口径管道接口已普遍采用橡胶止水环的柔性材料；小口径管道接口施工质量有所提高；直埋管中管，管材材质好，接口质量严密……从金属管道整体而言，均有一定的抗不均匀沉陷的能力。调查中，普遍认为没有必要做2次试压。所以，本次修订明确指出，金属管道进行1次强度和严密性试验。

8.5.7 从压力管道的功能而言，有两种状况：在建筑物基础内外，基本是防护距离以内，为其建筑物的生产、生活直接服务的附属配水管道。这些管道的管径较小，但数量较多，很繁杂，可归为建筑物内的压力管道；还有的是穿越城镇或建筑群区域内（远离建筑物）的主体输水管道。此类管道虽然不在建筑物防护距离之内，但从管道自身的重要性和管道直接埋地的敷设环境看，对建筑群区域的安全存在不可忽视的威协。这些压力管道在本规范中基本属于构筑物的范畴，是建筑物的室外压力管道。

原规范中规定：埋地压力管道的强度试验压力应符合有关现行国家标准的规定；严密性试验的压力值为工作压力加100kPa。这种写法没有区分室内和室外压力管道，较为笼统。在工程实践中，一些单位反映，目前室内、室外压力管道的试压标准较混乱无统一标准遵循。

1998年建设部颁发实施的国家标准《给水排水管道工程施工及验收规范》（以下简称“管道规范”）解决了室外压力管道试压问题。该“管道规范”明确规定适用于城镇和工业区的室外给排水管道工程的施工及验收；在严密性试验中，“管道规范”的要求明显高于原规范，其试验方法与质量检测标准也较高。考虑到湿陷性黄土对防水有特殊要求，所以，室外压力管道的试压标准应符合现行国家标准“管道规范”的要求。

在本次修订中，明确规定了室外埋地压力管道的试验压力值，并强调强度和严密性的试验方法、质量检验标准，应符合现行国家标准《给水排水管道工程施工及验收规范》的有关规定，这是最基本的要求。

8.5.8 本条对室内管道，包括防护范围内的埋地压力管道进行水压试验，基本上仍按原规范规定，高于一般地区的要求。其中规定室内管道强度试验的试验压力值，在严密性试验时，沿用原规范规定的工作压力加0.10MPa。测试时间：金属管道仍为2h，非金属管道为4h，并尽量使试验工作在一个工作日内完成。

建筑物内的工业埋地压力给水管道，因随工艺要求不同，有其不同的要求，所以本条另写，按有关专门规定执行。

塑料管品种繁多，又不断更新，国家标准正陆续制定，尚未系列化，所以，本规范对塑料管的试压要求未作规定。在塑料管道工程中，对塑料管的试压要求，只有参照非金属管的要求试压或者按相应现行国家标准执行。

8.5.9 据调查，雨水管道漏水引起的湿陷事故率仅次于污水管。雨水汇集在管道内的时间虽短暂，但量大，来得猛、管道又易受外界因素影响。如：小区内雨水管距建筑物基础近；有的屋面水落管入地后直埋于柱基附近，再与地下雨水管相接，本身就处于不均匀沉降敏感部位；小区和市政雨水管防渗漏效果的好坏将直接影响交通和环境……所以，在湿陷性黄土地区，提高了对雨水管的施工和试验检验的标准，与污水管同等对待，当作埋地无压管道进行水压试验，同时明确要求采用闭水法试验。

8.5.10 本条将室外埋地无压管道单独规定，采用闭水试验方法，具体实施应按“管道规范”规定，比原规范规定的试验标准有所提高。

8.5.11 本条与8.5.10条相对应，将室内埋地无压管道的水压试验单独规定。至于采用闭水法试验，注水水头，室内雨水管道闭水试验水头的取值都与原规范一致。因合理、适用，则未作修订。

8.5.12 现行国家标准《给水排水构筑物施工验收规范》，对水池满水试验的充水水位观测，蒸发量测定，渗水量计算等都有详细规定和严格要求。本次修订，本规范仅将原规范条文改写为对水池应按设计水位进行满水试验。其方法与质量标准应符合《给水排水构筑物施工及验收规范》的规定和要求。

8.5.13 工程实例说明，埋地管道沟槽回填质量不规范，有的甚至凹陷有隐患。为此，本次修订，明确在0.50m范围内，压实系数按0.90控制，其他部位按0.95控制。基本等同于池（沟）壁与基槽间的标准，保护管道，也便于定量检验。

9 使用与维护

9.1 一般规定

9.1.1～9.1.2 设计、施工所采取的防水措施，在使用期间能否发挥有效作用，关键在于是否经常坚持维护和检修。工程实践和调查资料表明，凡是对建筑物和管道重视维护和检修的使用单位，由于建筑物周围场地积水、管道漏水引起的湿陷事故就少，否则，湿陷事故就多。

为了防止和减少湿陷事故的发生，保证建筑物和管道的安全使用，总结已有的经验教训，本章规定，在使用期间，应对建筑物和管道经常进行维护和检修，以确保设计、施工所采取的防水措施发挥有效作用。

用户部门应根据本章规定，结合本部门或本单位的实际，安排或指定有关人员负责组织制订使用与维护管理细则，督促检查维护管理工作，使其落到实处，并成为制度化、经常化，避免维护管理流于形式。

9.1.4 据调查，在建筑物使用期间，有些单位为了改建或扩建，在原有建筑物的防护范围内随意增加或改变用水设备，如增设开水房、淋浴室等，但没有按规范规定和原设计意图采取相应的防水措施和排水设施，以至造成许多湿陷事故。本条规定，有利于引起使用部门的重视，防止有章不循。

9.2 维护和检修

9.2.1～9.2.6 本节各条都是维护和检修的一些要求和做法，其规定比较具体，故未作逐条说明，使用单位只要认真按本规范规定执行，建筑物的湿陷事故有可能杜绝或减到最少。

埋地管道未设检漏设施，其渗漏水无法检查和发现。尽管埋地管道大都是设在防护范围外，但如果长期漏水，不仅使大量水浪费，而且还可能引起场地地下水位上升，甚至影响建筑物安全使用，为此，9.2.1条规定，每隔3～5年，对埋地压力管道进行工作压力下的泄漏检查，以便发现问题及时采取措施进行检修。

9.3 沉降观测和地下水位观测

9.3.3～9.3.4 在使用期间，对建筑物进行沉降观测和地下水位观测的目的是：

1 通过沉降观测可及时发现建筑物地基的湿陷变形。因为地基浸水湿陷往往需要一定的时间，只要按规范规定坚持经常对建筑物和地下水位进行观测，即可为发现建筑物的不正常沉降情况提供信息，从而可以采取措施，切断水源，制止湿陷变形的发展。

2 根据沉降观测和地下水位观测的资料，可以分析判断地基变形的原因和发展趋势，为是否需要加固地基提供依据。

附录A 中国湿陷性黄土工程地质分区略图

本附录A说明为新增内容。随着城市高层建筑的发展，岩土工程勘探的深度也在不断加深，人们对黄土的认识进一步深入，因此，本次修订过程中，除了对原版面的清晰度进行改观，主要收集和整理了山西、陕西、甘肃、内蒙古和新疆等地区有关单位近年来的勘察资料。对原图中的湿陷性黄土层厚度、湿陷系数等数据进行了部分修改和补充，共计27个城镇点，涉及到陕西、甘肃、山西等省、区。在边缘地区Ⓥ︎Ⅶ区新增内蒙古中部—辽西区Ⅶ3和新疆—甘西—青海区Ⅶ4；同时根据最新收集的张家口地区的勘察资料，据其湿陷类型和湿陷等级将该区划分在山西—冀北地区即汾河流域—冀北区Ⅳ1。本次修订共新增代表性城镇点19个，受资料所限，略图中未涉及的地区还有待于进一步补充和完善。

湿陷性黄土在我国分布很广，主要分布在山西、陕西、甘肃大部分地区以及河南的西部。此外，新疆、山东、辽宁、宁夏、青海、河北以及内蒙古的部分地区也有分布，但不连续。本图为湿陷性黄土工程地质分区略图，它使人们对全国范围内的湿陷性黄土性质和分布有一个概括的认识和了解，图中所标明的湿陷性黄土层厚度和高、低价地湿陷系数平均值，大多数资料的收集和整理源于建筑物集中的城镇区，而对于该区的台塬、大的冲积扇、河漫滩等地貌单元的资料或湿陷性黄土层厚度与湿陷系数值，则应查阅当地的工程地质资料或分区详图。

附录C 判别新近堆积黄土的规定

C.0.1 新近堆积黄土的鉴别方法，可分为现场鉴别和按室内试验的指标鉴别。现场鉴别是根据场地所处地貌部位、土的外观特征进行。通过现场鉴别可以知道哪些地段和地层，有可能属于新近堆积黄土，在现场鉴别把握性不大时，可以根据土的物理力学性质指标作出判别分析，也可按两者综合分析判定。

新近堆积黄土的主要特点是，土的固结成岩作用差，在小压力下变形较大，其所反映的压缩曲线与晚更新世（Q_3）黄土有明显差别。新近堆积黄土是在小压力下（0～100kPa或50～150kPa）呈现高压缩性，而晚更新世（Q_3）黄土是在100～200kPa压力段压缩性的变化增大，在小压力下变形不大。

C.0.2 为对新近堆积黄土进行定量判别，并利用土的物理力学性质指标进行了判别函数计算分析，将新近堆积黄土和晚更新世（Q_3）黄土的两组样品作判别分析，可以得到以下四组判别式：

$R=-6.82e+9.72a$ (C.0.2-1)

$R_0=-2.59$，判别成功率为 79.90%

$R=-10.86e+9.77a-0.48\gamma$ (C.0.2-2)

$R_0=-12.27$，判别成功率为 80.50%

$R=-68.45e+10.98a-7.16\gamma+1.18w$ (C.0.2-3)

$R_0=-154.80$，判别成功率为 81.80%

$R=-65.19e+10.67a-6.91\gamma+1.18w+1.79w_L$ (C.0.2-4)

$R_0=-152.80$，判别成功率为 81.80%

当有一半土样的 $R>R_0$ 时，所提供指标的土层为新近堆积黄土。式中 e 为土的孔隙比；a 为 0～100kPa，50～150kPa 压力段的压缩系数之大者，单位为 MPa^{-1}；γ 为土的重度，单位为 kN/m^3；w 为土的天然含水量（%）；w_L 为土的液限（%）。

判别实例：

陕北某场地新近堆积黄土，判别情况如下：

1 现场鉴定

拟建场地位于延河Ⅰ级阶地，部分地段位于河漫滩，在场地表面分布有 3～7m 厚黄褐～褐黄色的粉土，土质结构松散，孔隙发育，见较多虫孔及植物根孔，常混有粉质粘土土块及砂、砾或岩石碎屑，偶见陶瓷及朽木片。从现场土层分布及土性特征看，可初步定为新近堆积黄土。

2 按试验指标判定

根据该场地对应地层的土样室内试验结果，$w=16.80\%$，$\gamma=-14.90\ kN/m^3$，$e=1.070$，$a_{50-150}=0.68MPa^{-1}$，代入附（C.0.2-3）式，得 $R=-152.64>R_0=-154.80$，通过计算有一半以上土样的土性指标达到了上述标准。

由此可以判定该场地上部的黄土为新近堆积黄土。

附录 D 钻孔内采取不扰动土样的操作要点

D.0.1～D.0.2 为了使土样不受扰动，要注意掌握的因素很多，但主要有钻进方法，取样方法和取样器三个环节。

采用合理的钻进方法和清孔器是保证取得不扰动土样的第一个前提，即钻进方法与清孔器的选用，首先着眼于防止或减少孔底拟取土样的扰动，这对结构敏感的黄土显得更为重要。选择合理的取样器，是保证采取不扰动土样的关键。经过多年来的工程实践，以及西北综合勘察设计研究院、国家电力公司西北电力设计院、信息产业部电子综合勘察院等，通过对探井与钻孔取样的直接对比，其结果（见附表 D-2）证明：按附录 D 中的操作要点，使用回转钻进、薄壁清孔器清孔、压入法取样，能够保证取得不扰动土样。

目前使用的黄土薄壁取样器中，内衬大多使用镀锌薄钢板。由于薄钢板重复使用容易变形，内外壁易粘附残留的蜡和土等弊病，影响土样的质量，因此将逐步予以淘汰，并以塑料或酚醛层压纸管代替。

D.0.3 近年来，在湿陷性黄土地区勘察中，使用的黄土薄壁取样器的类型有：无内衬和有内衬两种。为了说明按操作要点以及使用两种取样器的取样效果，在同一勘探点处，对探井与两种类型三种不同规格、尺寸的取样器（见附表 D-1）的取土质量进行直接对比，其结果（见附表 D-2）说明：应根据土质结构、当地经验、选择合适的取样器。

当采用有内衬的黄土薄壁取样器取样时，内衬必须是完好、干净、无变形，且与取样器的内壁紧贴。当采用无内衬的取样器取样时，内壁必须均匀涂抹润滑油，取土样时，应使用专门的工具将取样器中的土样缓缓推出。但在结构松散的黄土层中，不宜使用无内衬的取样器。以免土样从取样器另装入盛土筒过程中，受到扰动。

钻孔内取样所使用的几种黄土薄壁取样器的规格，见附表 D-1。

同一勘探点处，在探井内与钻孔内的取样质量对比结果，见附表 D-2。

西安咸阳机场试验点，在探井内与钻孔内的取样质量对比，见附表 D-3。

附表 D-1 黄土薄壁取土器的尺寸、规格

取土器类型	最大外径（mm）	刃口内径（mm）	样筒内径（mm）		盛土筒长（mm）	盛土筒厚（mm）	余（废）土筒长（mm）	面积比（%）	切削刃口角度（℃）	生产单位
			无衬	有衬						
TU—127—1	127	118.5	—	120	150	3.00	200	14.86	10	西北综合勘察设计研究院
TU—127—2	127	120	121	—	200	2.25	200	7.57	10	
TU—127—3	127	116	118	—	185	2.00	264	6.90	12.50	信息产业部电子综勘院

附表 D-2　同一勘探点在探井内与钻孔内的取样质量对比表

对比指标 / 取样方法 / 试验场地	孔隙比（e）				湿陷系数（δ_s）				备注
	探井	TU127-1	TU127-2	TU127-3	探井	TU127-1	TU127-2	TU127-3	
咸阳机场	1.084	1.116	1.103	1.146	0.065	0.055	0.069	0.063	Q_3 黄土
平均差	—	0.032	0.019	0.062	—	0.001	0.004	0.002	
西安等驾坡	1.040	1.042	1.069	1.024	0.032	0.027	0.035	0.030	
平均差	—	0.002	0.029	0.016	—	0.005	0.003	0.002	
陕西蒲城	1.081	1.070	—	—	0.050	0.044	—	—	
平均差	—	0.011	—	—	—	0.006	—	—	
陕西永寿	0.942	—	—	0.964	0.056	—	—	0.073	
平均差	—	—	—	0.022	—	—	—	0.017	
湿陷等级	按钻孔试验结果评定的湿陷等级与探井完全吻合								

附表 D-3　西安咸阳机场在探井内与钻孔内的取土质量对比表

对比指标 / 取样方法 / 取土深度(m)	孔隙比（e）				湿陷系数（δ_s）			
	探井	钻孔 1	钻孔 2	钻孔 3	探井	钻孔 1	钻孔 2	钻孔 3
1.00～1.15	1.097	—	1.060	—	0.103	—	—	—
2.00～2.15	1.035	1.045	1.010	1.167	0.086	0.070	0.066	0.081
3.00～3.15	1.152	1.118	0.991	1.184	0.067	0.058	0.039	0.087
4.00～4.15	1.222	1.336	1.316	1.106	0.069	0.075	0.077	0.050
5.00～5.15	1.174	1.251	1.249	1.323	0.071	0.060	0.061	0.080
6.00～6.15	1.173	1.264	1.256	1.192	0.083	0.089	0.085	0.068
7.00～7.15	1.258	1.209	1.238	1.194	0.083	0.079	0.084	0.065
8.00～8.15	1.770	1.202	1.217	1.205	0.102	0.091	0.079	0.079
9.00～9.15	1.103	1.057	1.117	1.152	0.046	0.029	0.057	0.066
10.00～10.15	1.018	1.040	1.121	1.131	0.026	0.016	0.036	0.038
11.00～11.15	0.776	0.926	0.888	0.993	0.002	0.018	0.006	0.010
12.00～12.15	0.824	0.830	0.770	0.963	0.040	0.020	0.009	0.016
说　明	钻孔 1 采用 TU127-1 型取土器；钻孔 2 采用 TU127-2 型取土器；钻孔 3 采用 TU127-3 型取土器							

附录 G　湿陷性黄土场地地下水位上升时建筑物的设计措施

湿陷性黄土地基土增湿和减湿，对其工程特性均有显著影响。本措施主要适用于建筑物在使用期内，由于环境条件恶化导致地下水位上升影响地基主要持力层的情况。

G.0.1　未消除地基全部湿陷量，是本附录的前提条件。

G.0.2～G.0.7　基本保持原规范条文的内容，仅在个别处作了文字修改，主要是为防止不均匀沉降采取的措施。

G.0.8　设计时应考虑建筑物在使用期间，因环境条件变化导致地下水位上升的可能，从而对地下室和地下管沟采取有效的防水措施。

G.0.9　本条是根据山西省引黄工程太原呼延水厂的工程实例编写的。该厂距汾河二库的直线距离仅7.8km，水头差高达50m。厂址内的工程地质条件很复杂，有非自重湿陷性黄土场地与自重湿陷性黄土场地，且有碎石地层露头。水厂设计地面分为三个台地，有填方，也有挖方。在方案论证时，与会专家均指出，设计应考虑原非自重湿陷性黄土场地转化为自重湿陷性黄土场地的可能性。这里，填方与地下水位上升是导致场地湿陷类型转化的外因。

附录H 单桩竖向承载力静载荷浸水试验要点

H.0.1～H.0.2 对单桩竖向承载力静载荷浸水试验提出了明确的要求和规定。其理由如下：

湿陷性黄土的天然含水量较小，其强度较高，但它遇水浸湿时，其强度显著降低。由于湿陷性黄土与其他黏性土的性质有所不同，所以在湿陷性黄土场地上进行单桩承载力静载荷试验时，要求加载前和加载至单桩竖向承载力的预估值后向试坑内昼夜浸水，以使桩身周围和桩底端持力层内的土均达到饱和状态，否则，单桩竖向静载荷试验测得的承载力偏大，不安全。

附录J 垫层、强夯和挤密等地基的静载荷试验要点

J.0.1 荷载的影响深度和荷载的作用面积密切相关。压板的直径越大，影响深度越深。所以本条对垫层地基和强夯地基上的载荷试验压板的最小尺寸作了规定，但当地基处理厚度大或较大时，可分层进行试验。

挤密桩复合地基静载荷试验，宜采用单桩或多桩复合地基静载荷试验。如因故不能采用复合地基静载荷试验，可在桩顶和桩间土上分别进行试验。

J.0.5 处理后的地基土密实度较高，水不易下渗，可预先在试坑底部打适量的浸水孔，再进行浸水载荷试验。

J.0.6 对本条规定的试验终止条件说明如下：

1 为地基处理设计（或方案）提供参数，宜加至极限荷载终止；

2 为检验处理地基的承载力，宜加至设计荷载值的2倍终止。

J.0.8 本条提供了三种地基承载力特征值的判定方法。大量资料表明，垫层的压力-沉降曲线一般呈直线或平滑的曲线，复合地基载荷试验的压力-沉降曲线大多是一条平滑的曲线，均不易找到明显的拐点。因此承载力按控制相对变形的原则确定较为适宜。本条首次对土（或灰土）垫层的相对变形值作了规定。

中华人民共和国国家标准

疾病预防控制中心建筑技术规范

Architectural and technical code for
center for disease control and prevention

GB 50881—2013

主编部门：中 华 人 民 共 和 国 卫 生 部
批准部门：中华人民共和国住房和城乡建设部
施行日期：2 0 1 3 年 5 月 1 日

中华人民共和国住房和城乡建设部
公　告

第 1585 号

住房城乡建设部关于发布国家标准《疾病预防控制中心建筑技术规范》的公告

现批准《疾病预防控制中心建筑技术规范》为国家标准，编号为 GB 50881－2013，自 2013 年 5 月 1 日起实施。其中，第 6.4.5、7.3.3、7.3.6、9.0.10 条为强制性条文，必须严格执行。

本标准由我部标准定额研究所组织中国建筑工业出版社出版发行。

中华人民共和国住房和城乡建设部

2012 年 12 月 25 日

前　言

根据原建设部《关于印发〈二〇〇四年工程建设国家标准制订、修订计划〉的通知》（建标［2004］67 号）的要求，规范编制组经广泛调查研究，认真总结实践经验，参考有关国家标准、行业标准和国外先进标准，并在广泛征求意见的基础上，编制本规范。

本规范包括 12 章和 4 个附录。主要技术内容是：总则、术语、选址和总平面、建筑、结构、给水排水、通风空调、电气、防火与疏散、特殊用途实验用房、施工要求、工程检测和验收。

本规范中以黑体字标志的条文为强制性条文，必须严格执行。

本规范由住房和城乡建设部负责管理和对强制性条文的解释，由中国建筑科学研究院负责具体技术内容的解释。执行过程中如有意见或建议，请寄送中国建筑科学研究院（地址：北京市北三环东路 30 号，邮政编码：100013），以便今后修订时参考。

本规范主编单位：中国建筑科学研究院

本规范参编单位：江苏省疾病预防控制中心
中国疾病预防控制中心
上海市嘉定区卫生局
中国中元国际工程公司
中国建筑技术集团有限公司
中国医院协会医院建筑系统研究分会

本规范主要起草人员：马立东　朱宁涛　刘　燕　杨金明　宋　维　李建琳　盛晓康　厉守生　吴　燕　谢景欣　卢金星　陈　政　王清勤　张道茹　许钟麟　张益昭　韩继云　邓曙光　路莹莹　郭　荣　于　冬

本规范主要审查人员：严建敏　施培武　于明珠　温新玲　杨海宇　尉广辉　吕鹊鸣　王　瑞　陈　萍　张明科　刘　巍

目　次

Contents

1 总 则

1.0.1 为适应我国疾病预防控制事业的发展，保证省、地（市）、县级疾病预防控制中心（以下简称“疾控中心”）建筑在设计、施工和验收方面符合使用功能、安全、卫生、节能、环保等的基本要求，制定本规范。

1.0.2 本规范适用于疾控中心建筑的新建、改建和扩建工程的建筑设计、施工和验收。本规范不适用于生物安全四级实验室。

1.0.3 疾控中心的建设，必须坚持科学、合理、实用、规范的原则，应正确处理现状与发展、需要与可能的关系。应在满足基本功能、实现工艺设计要求的同时，体现标准化、智能化、人性化的特点。

1.0.4 疾控中心的建设应符合国家现行有关疾病预防控制中心建设标准的规定。

1.0.5 有生物安全要求的实验室，应符合现行国家标准《生物安全实验室建筑技术规范》GB 50346、《实验室生物安全通用要求》GB 19489 的有关规定。动物实验室应符合现行国家标准《实验动物环境及设施》GB 14925 及《实验动物设施建筑技术规范》GB 50447 的有关规定。

1.0.6 疾控中心建筑的设计、施工和验收除应执行本规范外，尚应符合国家现行有关标准的规定。

2 术 语

2.0.1 实验用房 experimental department

实验室及其辅助用房的总称。实验室是指从事疾病预防控制及其相关业务与科学研究，进行样品分析、检验检测、毒理测试等实验的用房。辅助用房是指保证上述实验室工作正常进行所需的实验辅助用房，包括试剂制备及储藏、菌（毒）种室、样品室、洗涤消毒室等。

2.0.2 业务用房 vocational work department

从事疾病预防控制及其相关业务工作除实验用房部分之外所需的工作用房。

2.0.3 行政用房 administration department

负责疾控中心管理及日常行政事务的办公用房。

2.0.4 保障用房 supply department

辅助疾控中心日常工作正常运转的功能用房，包括实验用品库房、中心供应站、污水处理设施、配电房、泵房、消防设施及其他建筑设施用房等。

3 选址和总平面

3.1 选 址

3.1.1 疾控中心的选址，应符合所在城市的总体规划和布局要求。

3.1.2 疾控中心的选址应符合下列规定：

1 应具备较好的工程地质条件和水文地质条件；

2 周边宜有便利的水、电、路等公用基础设施；

3 地形宜规整，交通方便；

4 应避让饮用水源保护区；

5 应避开化学、生物、噪声、振动、强电磁场等污染源、干扰源及易燃易爆场所；

6 应避开地震断裂带、滑坡、泥石流、洪水、山洪等自然灾害地段。对建筑抗震不利地段，应提出避开要求或采取有效措施；严禁在抗震危险地段建造疾控中心的各类建筑。

3.2 总 平 面

3.2.1 总平面布局应符合下列规定：

1 应充分利用地形地貌；

2 功能分区应合理，科学布置各类建筑物，交通便捷，管理方便；

3 实验用房在基地内宜相对独立设置；

4 应合理组织人流、物流，避免交叉污染；

5 对生活和实验废弃物的处理，应符合有关环境保护法令、法规的规定；

6 在满足基本功能需要的同时，宜预留发展或改扩建用地。

3.2.2 基地内不应建设职工住宅；值班用房、职工集体宿舍、专家公寓、培训用房等在基地内建设时，应处于基地内当地最小风频下风向区，当它们与实验区用地毗邻时，应与实验区分隔，并设置独立出入口。

3.2.3 单独建设的实验用房（包括动物房）、污水处理站和垃圾处理站宜处在基地内全年最小风频的上风向区域。

3.2.4 用地内应设置足够数量的机动车、非机动车的停车场或停车库。传染病疫情现场采样和处置车辆应有相对独立的车辆消毒、处理、存放场地。

3.2.5 疾控中心用地的出入口不宜少于两处，人员出入口不宜兼作废弃物的出口。

3.2.6 疾控中心对外出入口处应设置安全保卫用房。

3.2.7 疾控中心基地的无障碍设计应符合现行国家标准《无障碍设计规范》GB 50763 的有关规定。

4 建 筑

4.1 一 般 规 定

4.1.1 疾控中心的建筑布局应与管理方式、功能要求、工艺流程相适应，合理安排实验、业务、保障、行政等用房，做到建筑功能分区明确。

4.1.2 疾控中心主体建筑应采用便于室内空间灵活

分隔的柱网布置，隔墙宜采用轻质材料。

4.1.3 各功能分区的人流、物流的运行路线应合理安排，避免交叉污染。

4.1.4 建筑物出入口的设置应符合下列规定：

1 实验用房的人员、实验物品的出入口宜分别设置；

2 实验污物宜有单独的出入口；

3 卫生应急救援、突发事件处置、疫苗运输等建筑出入口处，应有机动车停靠的平台和雨篷。当设置坡道时，坡度不得大于1/10。

4.1.5 疾控中心的各建筑物、各功能分区和房间，应在明显位置设置标识。

4.1.6 产生噪声和振动的设备机房，不宜与实验、业务、行政管理等用房相毗邻，并应采取有效的消声、隔声、减振措施。

4.1.7 无特殊要求的实验室，应利用自然采光和通风。

4.1.8 电梯设置应符合下列规定：

1 二层及以上实验用房宜安装电梯；

2 客梯和货梯宜分别设置，当货梯数量不小于两部时，宜设置独立的污物梯；

3 货梯规格应满足实验设备维修更换的要求。

4.1.9 楼梯设置应符合下列规定：

1 楼梯的位置，应满足功能分区、竖向交通及消防疏散的要求；

2 无货运电梯时，楼梯尺寸应满足各种实验设备安装、维修更换的要求。

4.2 实验用房

4.2.1 各类实验用房宜按不同功能和类型相对集中设置，实验辅助用房应邻近相关实验室设置。

4.2.2 实验室的柱网开间不应小于6.60m；进深不宜小于6.60m。

4.2.3 实验室净高宜为2.5m～2.8m，并应满足实验设备安装高度的要求。当实验室上空设备管道多，并需进人检修时，宜设技术维修夹层。

4.2.4 实验室建筑宜合理预留未来发展需要的风口、管道井等空间。

4.2.5 实验用房室内装修应符合下列规定：

1 地面应坚实耐磨、防水防滑、不起尘、不积尘；墙面、顶棚应光洁、无眩光、不起尘、不积尘；

2 使用强酸、强碱的实验室地面应具有耐酸、碱腐蚀的性能；

3 需要定期清洗、消毒或有洁净度要求的实验室，地面、墙面应做防水饰面；墙面与墙面之间、墙面与地面之间、墙面与顶棚之间宜做成半径不小于30mm的圆角。

4.2.6 实验室外窗不宜采用有色玻璃。有避光要求的实验室应采用遮光设施。

4.2.7 理化实验室设计应符合下列规定：

1 理化实验室标准单元组合设计应满足使用要求，并与通风柜、实验台及实验仪器设备的布置、结构选型以及管道空间布置紧密结合；

2 应满足仪器设备所需的洁净度、湿度、温度等环境要求；

3 有隔振要求的特殊仪器用房应远离振动源布置，且宜布置在建筑物的底层，并应采取有效的隔振措施；

4 有电离辐射的实验室所采用的材料、构造应采取可靠的辐射防护措施，并应符合现行国家标准《电离辐射防护与辐射源安全基本标准》GB 18871的有关规定；

5 应根据仪器设备的技术要求设置电磁屏蔽、接地装置。

4.2.8 洁净实验室的设计应符合下列规定：

1 洁净实验室宜设置缓冲间；

2 洁净实验室及其缓冲间门的开启方向应综合考虑相通房间的气压梯度和洁净级别确定；

3 缓冲间的设置应满足搬运设备的要求，确有困难时，应设置设备门。

4.2.9 洗涤消毒室的设计应符合下列规定：

1 为生物安全实验室服务的洗涤消毒室应设污染区和清洁区，宜设污物暂存间、洁物存放间，必要时增设无菌区；各区应分别设置人员出入口，清洁区和无菌区人员入口处应设更衣室；各区之间的物流通道应设置消毒设施；

2 洗涤消毒室应设置排水设施，地面应做防水处理；

3 洗涤消毒室室内装饰应采用易于清洁、不起尘、不开裂、光滑防水、防腐蚀的材料，地面应有防滑措施；

4 洗涤消毒室宜单独设置工作人员的淋浴设施。

4.2.10 实验辅助用房的设计应符合下列规定：

1 更衣室应在实验区的人员出入口处设置；

2 浴室应设置在清洁区，且宜设置在实验区的人员出入口附近；

3 应单独设置危险化学药品、菌（毒）种的储存间，并设置警示标志；同时应采取安全防盗措施。

4.3 业务用房和行政用房

4.3.1 疾控中心应根据业务需求和功能需要设置业务用房，可设置疾病防治、公共卫生、综合业务、培训、突发公共卫生事件应急处理等各类业务用房。

4.3.2 业务用房宜根据专业、职能类别与相关实验室邻近设置，并宜设相对独立的出入口。

4.3.3 疾控中心应设置应急办公室或应急指挥中心，并宜设置在首层。应急指挥中心应设置独立出入口，门前宜有足够的回车场地。

4.3.4 应为现场采样人员设置单独的消毒间、更衣间和服装处理间。

4.3.5 疾控中心应根据功能需求设置行政用房，设计应符合现行行业标准《办公建筑设计规范》JGJ 67的有关规定。

4.4 保障用房

4.4.1 疾控中心应根据业务需求和功能需要设置保障用房，可设置实验用品库房、一般化学试剂库房、化学危险品库房、应急物资储备库房、冷库、中心供应站、仪器设备维修用房、污水处理设施用房、通风空调设备机房、配电房、泵房、车库、消防设施用房等保障用房。

4.4.2 化学危险品库房应根据储存物品种类分别设置，并满足有关规定的要求。

4.4.3 菌（毒）种库的设计要求应符合现行行业标准《人间传染的病原微生物菌（毒）保藏机构设置技术规范》WS 315的有关规定。

4.4.4 中心供应站设计应满足下列要求：

1 中心供应站宜集中独立设置，位置临近实验区的物流出入口，并应有便捷的通道与各实验室相联系；

2 设在中心供应站内的洗涤消毒室设计应符合本规范第4.2.9条的要求。

5 结 构

5.1 一般规定

5.1.1 疾控中心的各类永久性建筑的结构设计使用年限不应少于50年，结构安全等级不应低于二级。其中三级生物安全实验室的结构安全等级不应低于一级。

5.1.2 各类建筑的抗震设防类别，应符合现行国家标准《建筑工程抗震设防分类标准》GB 50223关于“疾病预防与控制中心建筑”及“科学实验建筑”的规定。其中三级生物安全实验室（含地下室和技术夹层）应按特殊设防类建筑设防。

5.1.3 抗震设防类别为特殊设防类的实验室建筑，结构的地震作用应按批准的场地地震安全性评价结果确定，且应高于本地区抗震设防烈度的要求；抗震措施应符合本地区抗震设防烈度提高一度的要求。

5.1.4 结构应能承受在正常建造和正常使用过程中可能发生的各种作用和环境影响。在规定的结构设计使用年限内，结构必须满足安全性、适用性和耐久性要求。

5.2 材 料

5.2.1 结构材料应具有规定的物理力学性能、抗震性能及耐久性能，并应符合节约资源、保护环境的原则。

5.2.2 结构用混凝土的强度等级不应低于C20。结构混凝土的原材料、配合比等，应符合国家现行规范对混凝土耐久性的基本要求。

5.2.3 结构用钢材应具有抗拉强度、屈服强度、伸长率和硫、磷含量的合格保证；对焊接钢结构用钢材，尚应具有碳含量、冷弯试验的合格保证。抗震设防地区的结构用钢材应符合抗震性能要求。

5.3 地基基础

5.3.1 对拟建场地必须进行详细岩土工程勘察，并取得合格的岩土工程勘察报告。勘察报告除对场区工程地质、水文地质作出评价外，对位于山区（包括丘陵地带）的建设场地，应特别注意对场地和地基的稳定性、不良地质作用、特殊性岩土和地震效应作出全面评价。

5.3.2 地基基础应根据岩土工程勘察文件，综合考虑建筑所在的地域特点、结构类型、有无地下室、荷载大小、地基持力层埋置深度和施工条件等因素进行设计。

5.3.3 地基基础应满足地基承载力和稳定性要求，地基变形应满足国家及地方有关规定。

5.3.4 地基处理、复合地基及桩基础，应按现行行业标准《建筑地基处理技术规范》JGJ 79、《建筑桩基技术规范》JGJ 94等的有关规定，进行现场承载力检验。

5.3.5 邻近疾控中心各建筑的永久性边坡的设计使用年限及安全等级，不应低于受其影响的各建筑结构的设计使用年限及安全等级。

5.3.6 基坑开挖及其支护结构，应保证自身及其周边建筑、道路、市政设施等的安全与正常使用。

5.4 上部结构

5.4.1 抗震设防类别不同的疾控中心各类建筑用房，宜分别独立设置，或在地面以上设置防震缝分为相互独立的结构单元。

5.4.2 结构选型及平面布置应满足疾控中心各类建筑的功能要求。实验用房的结构形式宜采用钢筋混凝土框架结构、框架—剪力墙结构或钢结构体系。三级生物安全实验室的主体建筑不宜采用装配式混凝土结构。

5.4.3 对特殊设防类建筑，宜根据抗震设防烈度、场地条件、建筑使用功能、结构方案及经济合理性，采用隔震和消能减震技术。

5.4.4 结构布置应避免因局部构件破坏而导致整个结构丧失承载能力和稳定性。在抗震设防地区，结构的平面及竖向布置宜避免结构刚度或承载力突变，不宜采用特别不规则的建筑结构，不应采用严重不规则的建筑结构方案。

5.4.5 当实验用房的楼层间设有技术夹层，或采用错层结构时，结构计算模型应与实际相符。抗震设计时，应计入夹层或错层对结构抗震性能的不利影响，并对结构薄弱部位采取相应的加强措施。

5.4.6 实验用房的荷载取值除满足国家现行有关规范以外，对自重较大的仪器设备或特殊防护设施的荷载，以及较大的楼面活荷载或吊挂荷载等，应根据实际大小、平面位置及使用要求进行计算。

5.4.7 结构的地震作用、构件的截面抗震验算及结构的抗震变形验算，应根据各单体建筑的抗震设防类别、设防烈度或地震安全性评价报告提供的地震动参数，按照现行国家标准《建筑抗震设计规范》GB 50011 规定的计算方法分别进行计算。

5.4.8 结构的抗震措施，应根据各单体建筑的结构类型、房屋高度、抗震设防烈度及场地类别等因素，分别满足现行国家标准《建筑抗震设计规范》GB 50011 的有关要求。抗震薄弱部位应采取可靠的加强措施。

5.4.9 主体结构及结构构件在正常使用阶段不应产生超过规范及特殊使用要求的变形。混凝土构件不应产生影响正常使用及结构耐久性的裂缝。

5.4.10 混凝土结构构件中，钢筋的混凝土保护层厚度及配筋构造，应满足结构设计使用年限及相应环境类别的耐久性要求。

5.4.11 钢结构构件及其连接应采取有效的防火、防腐措施。

5.4.12 建筑围护墙、隔墙及特殊防护设施的布置，应避免形成结构平面抗侧刚度偏心、竖向刚度突变，或形成短柱。必要时，应根据对主体结构的影响程度，计入结构抗震计算，同时采取相应的抗震措施。

5.4.13 持久性的建筑非结构构件和支承于建筑结构的附属机电设备，与主体结构之间应采取可靠的连接措施，满足安全性和适用性要求。在抗震设防区，根据抗震设防烈度、非结构构件或机电设备的重要性及破坏后果的严重性，应进行相应的抗震设计，并采取合理的连接措施。

6 给水排水

6.1 一般规定

6.1.1 疾控中心建筑在新建、扩建和改建时，应对建设区域范围内的给水、排水和污水处理工程按现行国家标准《室外给水设计规范》GB 50013、《室外排水设计规范》GB 50014、《建筑给水排水设计规范》GB 50015 的有关规定统一规划设计。

6.1.2 有洁净及生物安全要求房间内的给水排水干管应敷设在技术夹层或技术夹道内，也可埋地敷设。洁净室内管道宜暗装，与本房间无关的管道不应穿过。

6.1.3 实验区与非实验区的污水宜分别排放，污水排放应满足现行国家标准要求。生物安全实验室污水必须经消毒灭菌处理。

6.2 给 水

6.2.1 疾控中心建筑给水、动物实验室中普通动物饮水水质应符合现行国家标准《生活饮用水卫生标准》GB 5749 的有关规定。

6.2.2 疾控中心建筑用水量定额应符合表 6.2.2 的规定。

表 6.2.2 疾控中心建筑用水量定额

项 目		单 位	最高用水量	小时变化系数
实验用水	物理	L/(人·班)	125	2.0
	化学		460	
	生物		310	
	药剂调制		310	
办公人员		L/(人·班)	30～50	1.5～1.2
后勤		L/(人·班)	80～100	2.5～2.0
食堂		L/(人·次)	10～20	2.5～1.5
洗衣		L/kg	60～80	1.5～1.0

注：道路浇洒和绿化用水应根据当地气候条件确定。

6.2.3 疾控中心锅炉用水和空调用水等应根据工艺确定。

6.2.4 三级生物安全实验室给水总入口应设倒流防止器或其他有效的防止倒流污染的装置，并应符合现行国家标准《建筑给水排水设计规范》GB 50015 及《生物安全实验室建筑技术规范》GB 50346 的有关要求。

6.2.5 凡进行强酸、强碱、剧毒液体的实验并有飞溅爆炸可能的实验室，应设洗眼设施和紧急冲淋器；生物安全实验室内用水设备的设置应符合现行国家标准《生物安全实验室建筑技术规范》GB 50346 的有关规定。

6.2.6 下列场所的用水点应采用非接触性或非手动开关，并应防止污水外溅：

1 卫生间的洗手盆、小便斗、大便器；

2 有无菌要求或需要防止交叉感染的场所的卫生器具。

6.3 热水、饮水及实验用水

6.3.1 当疾控中心建筑设置生活热水时，用水量定额及其计算温度应符合下列规定：

1 疾控中心建筑生活热水用水量定额应符合表

6.3.1 的规定；

2 热水水温按 60℃计；

3 寒冷地区实验室及洗消间宜设置热水供应。

表 6.3.1 疾控中心建筑生活热水用水量定额

项目		单位	最高用水量	小时变化系数
办公人员		L/(人·班)	5~10	2.5~2.0
后勤职工		L/(人·班)	30~45	2.5~2.0
后勤	食堂	L/(人·次)	7~10	2.5~1.5
	洗衣	L/kg	15~30	1.5~1.0
	浴室	L/(人·次)	100	2.0~1.5

6.3.2 当疾控中心建筑设置集中生活热水系统时，其热源应优先选择工业余热、废热和冷凝热，有条件时可利用地热和太阳能制备热水。当采用太阳能热水系统时，应设置辅助加热系统。

6.3.3 当采用集中热水系统时，热水制备设备不应少于 2 台，当一台检修时，其余设备应能供应 60%以上的设计用水量。

6.3.4 集中热水供应系统设计应符合下列规定：

1 冷、热水供水压力应平衡，当不平衡时应设置平衡阀等措施；

2 任何用水点在打开用水开关后，宜在 10s 内流出达到设计温度的热水。

6.3.5 疾控中心建筑饮用水可采用下列方式供给：

1 管道直饮水系统；

2 蒸汽间接加热的蒸汽开水炉；

3 电开水器；

4 罐装水饮水机。

6.3.6 当采用管道直饮水系统时，应满足下列要求：

1 管道直饮水的水质应符合国家现行标准《饮用净水水质标准》CJ 94 的有关规定；

2 管道直饮水系统应独立设置；

3 管道直饮水应设置循环系统，循环管网内水的停留时间不得超过 12h，循环回水应经消毒后再用；立管接至配水龙头的支管管段长度不得大于 3m；

4 应设水质检测装置。

6.3.7 饮用水设备和龙头应设置在便于取用、检修、清扫、通风良好的房间或场所内，不得设置在易污染的地点。

6.3.8 疾控中心建筑制剂和实验用水水质应符合工艺要求。制剂和实验用净水可采用下列方式供给：

1 设有机械循环的管道供应系统；

2 集中设置供水处理设备，配送桶装成品水；

3 用水点处设小型水处理装置。

6.4 排 水

6.4.1 疾控中心排水系统应采用污废水与雨水分流制排水。

6.4.2 实验区废水宜与生活区排水系统分开设置，并应满足环境影响评价报告的要求。

6.4.3 下列实验排水应单独设置排水系统：

1 含有病原微生物的实验废水应通过专门的管道收集；

2 含放射性元素超过排放标准的废水应单独收集处理；应将长寿命和短寿命的核素污水分流；污水流向，应从清洁区至污染区；

3 经常使用有机溶剂的实验室废水应设专用管道收集，并经过无害化处理后再排入室外污水管道；

4 含有酸、碱、氰、铬等无机污染物的实验废水应设置独立的排水管道收集；

5 混合后更为有害的实验废水应分别设管道收集；

6 动物实验用房的污水应设专用管道收集；

7 三级以上生物安全实验用房的废水应设专用管道收集，进行消毒灭菌处理后再排入室外污水管道。

6.4.4 实验废水处理应满足环境影响评价报告的要求，经处理后的实验废水排水管道上设置取样口，还应满足下列要求：

1 实验废水处理流程应根据废水性质、排放条件等因素确定；

2 含有放射性核素废水的处理应符合现行国家标准的相关规定，并应根据核素的半衰期长短，分为长寿命和短寿命两种放射性核素废水分别进行处理。低放射性短寿命污水可收集在衰减池中处理。

6.4.5 含致病微生物的污水应进行消毒灭菌处理。

6.4.6 水温超过 40℃的锅炉、加热器、高压灭菌器等设备排水应经降温处理后排放。

6.4.7 排水管道应根据排水水质选择适宜材料。

6.4.8 实验室专用排水管的通气管与卫生间通气管应分开设置。

6.4.9 排水地漏的通水能力应满足地面排水的要求并符合下列规定：

1 空气洁净等级高于 6 级的洁净实验室内不应设地漏，6 级及以下的洁净实验室内不宜设地漏；

2 有洁净要求和生物安全要求的实验室及昆虫饲养室宜设可开启式密闭地漏；

3 高压灭菌宜设排水设施。

6.4.10 用水器具存水弯及地漏的水封不得小于 50mm，且不得大于 100mm。

7 通 风 空 调

7.1 一 般 规 定

7.1.1 疾控中心建筑的冷热源应根据内部功能要求、

工程所在地的气候条件、能源状况，结合国家有关安全、环保、节能、卫生的相关规定确定，并应具有可靠性、安全性、经济性，方便维护、管理。

7.1.2　各实验室实验工艺过程、设备仪器、实验用品等对室内环境的要求，应通过详细和认真调研，进行充分了解，包括室内温度、湿度、洁净度、新风量、相对压差、气流速度等；实验工艺过程、设备仪器、实验用品等对室内环境的影响，包括设备、仪器和实验过程的散热量、异味、刺激性气体、微生物、病毒等。

7.1.3　除实验室环境和实验工艺有特殊要求的房间外，疾控中心建筑的设计应结合气候条件，充分利用自然通风。

7.1.4　设置散热器采暖的疾控中心建筑，散热器采暖热媒应以热水为介质，散热器应明装，散热器形式应便于清洗和消毒。

7.1.5　疾控中心实验室空调通风系统的设计，应根据实验室工艺和操作要求，结合室内实验通风设备的位置确定送排风口的位置，在保证实验人员、实验环境、实验对象安全的前提下提供满足实验工艺要求和人员舒适要求的室内环境和气流组织。

7.1.6　暖通空调系统设备、管道的抗震设计和措施应根据设防烈度、建筑使用功能、建筑高度、结构类型、变形特征、设备位置和运转要求等按照抗震设计标准和规范经综合分析后确定。

7.2　送 风 系 统

7.2.1　实验室的新风量应按同时满足下列要求的最大值确定：

1　实验室工作人员对新风量的卫生要求；

2　实验室所要求的房间压力或与邻室的压差要求；

3　各种实验条件下实验室房间的风量平衡要求。

7.2.2　当实验室采用全空气空调系统时，应避免不同实验室之间的空气交换。

7.2.3　除实验室排风有生物安全危险性、放射性、异味、刺激性、腐蚀性或爆炸危险性的情况外，应避免采用全新风式直流式空调系统。

7.2.4　实验室排风中含有生物安全危险、异味、腐蚀性、刺激性等气体的通风系统，不应设置对新风预冷或预热的排风能量回收装置。

7.3　排 风 系 统

7.3.1　凡在使用、操作、实验过程中有或者产生异嗅、生物安全危险气体、有害气体/蒸汽、霉菌、水汽和潮湿作业的用房应设置机械排风系统，并保持房间相对邻室或走廊的负压。当污染源相对集中、固定时，应优先采用通风柜、排气罩等局部排风措施；当污染源多点散发时，宜采取全面机械通风措施。

7.3.2　当排风污染物浓度高于环保部门的排放标准要求时，应按照生物污染或化学污染分类采取净化处理措施。排除生物安全危险、腐蚀性气体的管道材质应满足耐腐蚀、易清洗的要求，排风口至少应高出屋面2m，排风口宜向上并有防雨措施。

7.3.3　不同通风柜、负压排气罩等局部排风设备的排风应分别独立设置；当独立设置有困难时，应对共用排风系统气体的安全性进行评估。

7.3.4　不同的通风柜、负压罩、排风型的生物安全柜等局部排风设备宜按照生物污染或化学污染分类设置排风系统。当多台排风设备共用一套排风系统时，应按照排风设备的不同使用和运行要求，严格进行风量平衡和热平衡的计算与设计。房间的送、排风量和供冷量、供热量应满足实验室不同工况使用的要求。

7.3.5　放射化学实验室和放射性计量测试实验室不应采用带有回风的全空气空调系统。其房间排风和通风柜排风应独立、直接排出室外。

7.3.6　房间有严格正负压控制要求的空调通风系统，应设置通风系统启停次序的连锁控制装置。

7.4　空 调 系 统

7.4.1　除本规范附录B的特殊实验室外，疾控中心的理化实验室等房间的室内设计计算参数可根据工程所在地的气候条件按表7.4.1确定。其他无特殊要求的房间，暖通空调系统设计应符合现行国家标准《公共建筑节能设计标准》GB 50189的有关规定。

表7.4.1　疾控中心房间室内设计计算参数表

房间名称	冬季室内温度(℃)	冬季室内湿度(%)	夏季室内温度(℃)	夏季室内湿度(%)	换气次数
理化实验室	19～21	≥30	25～27	≤70	6～8
样品室	14～16	—	24～28	≤65	2～3
毒菌种室	14～16	—	24～28	≤65	2～3
洗涤消毒室	20～22	≥30	25～27	≤65	6～8
微生物实验室	19～21	≥30	25～27	≤75	根据风量平衡确定

7.4.2　实验室暖通空调用的冷、热水系统宜设计为变流量系统形式，适应系统冷、热负荷的变化。

7.4.3　实验室的暖通空调系统应具备较好的负荷调节能力，满足和适应实验室非满负荷使用时的要求。

7.4.4　凡有不同室内环境要求、不同生物安全等级要求、不同使用时间要求或使用中可能产生严重污染物气溶胶的房间，应分别设置独立的空调通风系统。

7.4.5 当实验室有散发热量的实验设备时，应按实验设备的使用时间将其发热量应计入房间空调负荷。实验设备散热量较大，且在冬季形成冷负荷的房间，应具有全年供冷措施。

7.4.6 等离子光谱仪/质谱仪检测室宜按照仪器要求的空气洁净度等级设置空调净化系统。

8 电 气

8.1 一 般 规 定

8.1.1 疾控中心的电气设计应遵循安全、可靠、经济、节能的原则。

8.1.2 实验室区域的配电和智能化系统设计应满足不同类型实验室相对独立运行的功能要求。

8.1.3 具有洁净等级、压力、腐蚀等要求的实验室所用的电气设备，除满足电气性能要求外，还应满足相关的洁净、压力、腐蚀等环境性能要求，并采用外露表面平滑、不易积尘、防静电、具有密闭隔离功能的产品。

8.1.4 疾控中心的智能化系统设计，应根据其规划、级别、业务内容以及建筑物的特性确定智能化系统规模和内容，不宜低于本规范附录A的规定。

8.2 供 配 电

8.2.1 疾控中心的电力负荷分级除应满足现行国家标准《供配电系统设计规范》GB 50052 的有关规定外，尚应符合下列规定：

1 符合下列情况之一时，应视为一级负荷：

1）三级及以上生物安全实验室用电；

2）有大型仪器设备、具有洁净要求的实验室用电；

3）保障三级及以上生物安全实验室、百级洁净室工作环境的用电；

4）重要冷库用电；

5）数据网络中心、通信中心、应急处理中心等场所的用电；上述用电场所的备用照明、疏散指示照明等。

2 在一级负荷中，符合下列情况之一时，应视为一级负荷中特别重要负荷：

1）数据网络中心、通信中心、应急处理中心的用电；

2）必须连续运行的大型仪器设备的用电。

3 符合下列情况之一时，应视为二级负荷：

1）应急办公室用电；

2）除一级负荷外的其他实验室用电；

3）危险化学药品库房、菌（毒）种室、毒害性物品库房、易燃易爆物品库房、应急物资储备库房、中心供应站等照明用电；

4）除一级负荷外的保障实验室工作环境的用电。

4 疾控中心的电梯用电、消防用电等其他用电的负荷等级应满足现行行业标准《民用建筑电气设计规范》JGJ 16 的有关规定。

8.2.2 在满足电能质量要求的前提下，疾控中心负荷的供电应满足现行国家标准《供配电系统设计规范》GB 50052 的有关规定。

8.2.3 当实验室供电中断可能造成实验成果报废或数据丢失等情况时，应增设不间断电源装置。

8.2.4 220/380V 配电系统设备和线路宜预留 20% 的备用容量。

8.2.5 220/380V 配电装置应布置在专用房间或竖井内，不应敞露布置在公共场所或具有正负压要求的实验区域内。

8.2.6 实验室与公共区用电不应共用配电回路，实验室照明和实验室其他用电不应共用配电支路。

8.2.7 独立配电装置的进线处应设置断开所有电源线的隔离电器。不同用电性质的配电装置应分别独立设置，且应有明显标志。

8.2.8 不同电源、不同用途的用电终端接口应具有防止误用的功能或明显标志。

8.2.9 实验室单相负荷支线宜采用单相双极开关配电。

8.2.10 实验室配电系统的二次控制系统宜采用安全低电压。

8.3 照 明

8.3.1 疾控中心建筑内各主要功能用房，一般照明的工作面照度标准值、统一眩光值、显色指数应符合表 8.3.1 的规定。

表 8.3.1 疾控中心一般照明照度值

房间或场所		参考平面及其高度	照度标准值 (lx)	统一眩光值	显色指数	备 注
理化实验室	一般	水平面，0.75m	300	19	80	宜设局部照明
	精细	水平面，0.75m	500	19	85	宜设局部照明
微生物/洁净实验室	一般	水平面，0.75m	300	19	80	宜设局部照明
	精细	水平面，0.75m	500	19	85	宜设局部照明
样品室		水平面，0.75m	300	22	80	可另加局部照明
菌（毒）种室		水平面，0.75m	300	22	80	可另加局部照明
业务用房		水平面，0.75m	300	19	80	—

续表 8.3.1

房间或场所		参考平面及其高度	照度标准值(lx)	统一眩光值	显色指数	备　注
实验用品库房		地面	200	22	60	—
一般化学试剂库房		地面	200	22	80	—
毒害性物品库房		地面	300	22	80	—
易燃易爆物品库房		地面	150	25	60	—
应急物资储备库房		地面	200	25	60	—
冷库		地面	50	—	60	—
中心供应站	试剂制备间	地面	300	22	80	—
	洗涤消毒室	地面	200	22	60	—
技术维修夹层		地面	150	—	—	—

注：特殊实验室相关要求应符合本规范附录 B 的规定。

8.3.2 疾控中心建筑内主要房间的一般照明的照度均匀度不应小于 0.7。

8.3.3 工作照明采用一般照明和局部照明合成照明时，一般照明的照度值不宜低于工作面总照度值的 1/3。

8.3.4 通道或非工作区域的一般照明的照度值不宜低于工作区域一般照明照度值的 1/3。

8.3.5 具有洁净等级要求及生物安全二级及以上要求的实验室应选用洁净密封型灯具，其他实验室灯具的选择应符合相关实验室环境条件的要求。

8.3.6 除有特殊要求的场所外，照明设计应选择高效照明光源、高效灯具及其节能附件。

8.3.7 紫外线消毒灯具的控制开关应设置在消毒区域之外，并带状态指示，且工作照明与紫外线消毒灯具不得同时开启。紫外线消毒灯具的开关形式或颜色应与普通照明开关相区别，且不得贴邻布置。

8.3.8 有严格正负压要求，或具有生物安全、毒性物质、放射性物质等危险的实验室的进出口处应设置实验工作状态标志灯，其室内照明开关不宜设在实验房间内，且宜采用带状态指示的大面板式开关。

8.3.9 照明控制的分组应利于节能，且应满足下列要求：

1 不同区域、不同使用目的、不同功能、不同使用时间、不同自然采光状况的照明，应能分别控制；

2 工作区与通道区划分明确的大空间照明，应采用分区控制方式；

3 具备自然采光条件的房间或场所装设有两列或多列灯具时，宜按平行窗户灯列分组控制，有条件时，可采用照度自动控制装置。

8.4 通　　信

8.4.1 疾控中心应配置快捷可靠的对内、对外的语音和数据通信系统，系统的规模应与其业务功能需要相适应，系统应便于扩展，且宜留有适当的冗余度。

8.4.2 用于内部业务需要的数据通信网络应具有防止外部侵入的措施。

8.4.3 实验室和业务用房宜配置数据终端和语音终端。

8.4.4 实验室智能化管理系统的建立宜安全可靠。

8.4.5 疾控中心宜设置远程电视电话会议系统。

8.5 建筑设备管理

8.5.1 疾控中心宜设置建筑设备管理系统，该系统应包括下列内容的环境条件保障设备监控系统：

1 实验室的温湿度监测与控制；

2 正负压区域的气压监测与控制；

3 实验功能需要监测的气体浓度与控制；

4 实验室环境条件保障设备的监测与控制；

5 非常状态的报警与紧急处理控制。

8.5.2 每个独立建筑物宜设置建筑设备管理分控室或分控系统设备，且宜与疾病预防控制中心的建筑设备管理系统联网。

8.5.3 环境条件保障设备应在使用现场设置操作装置和相关参数的显示装置。

8.6 安全技术防范

8.6.1 疾控中心的风险等级和防护级别的划分应根据国家有关规定，并应符合现行国家标准《安全防范工程技术规范》GB 50348 的有关规定。安全技术防范系统的防护级别应与防护对象的风险等级相适应。

8.6.2 疾控中心建筑内的风险部位应根据功能性质、危险性、危害性、可控性难易等确定，并按下列标准分为三级风险部位：

1 一级风险部位：三级及以上生物安全实验室及其辅助设施，菌（毒）种室/库、放射源、爆炸品、剧毒品、危险化学品库房及其辅助设施，六级以上洁净实验室及其辅助设施，极其贵重仪器实验室或库房及其辅助设施，信息数据中心，安防控制中心，档案室等；

2 二级风险部位：二级生物安全实验室及其辅助设施，重要仪器、设备库房；

3 三级风险部位：除一、二级风险部位以外的其他实验室及其辅助设施，重要业务办公室等。

8.6.3 疾控中心的安全技术防范系统设计应符合现行国家标准《安全防范工程技术规范》GB 50348 的有关规定。

8.6.4 疾控中心应设置工艺流程安全监控设施，并应满足下列要求：

1 送检实验工艺流程进行全程安全监控；

2 工艺流程过程中实验人员的每一步骤进行全程监视和记录；

3 全程监视的记录保存时间不应少于60d。

8.6.5 不同功能的安全技术防范系统应联网，组成统一的安全技术防范系统，相对独立的实验楼或实验区域宜设安防分控中心或分控系统。

8.6.6 安全技术防范系统宜配备与其他智能化系统联网的接口和软件，且应预留适当的余量。

8.7 紧急事故报警

8.7.1 疾控中心应建立紧急事故报警系统。

8.7.2 疾控中心紧急事故报警系统的功能应根据工程规模、管理体制及使用要求综合确定，并应符合下列规定：

1 省级疾控中心应设紧急报警中心，地（市）级疾控中心宜设紧急报警中心，县级疾控中心应设紧急报警站；

2 生物安全二级及以上的实验室门口应设紧急报警按钮，且每个实验区的出入口应至少设一个紧急报警按钮；

3 在发生故障区域的出入口及相关区域应设置明显的紧急灯光显示标识；

4 现场和紧急报警中心均应设有声光信号，其报警电器应便于操作，且应设置防止误操作措施；

5 紧急报警中心或紧急报警站应能对紧急事故采取应急处理措施，并应具有完善的通信功能；

6 紧急报警中心应能显示报警信息发生的场所，并应记录事故和储存历史数据；

7 紧急报警中心应具有巡检功能和恢复系统正常工作的功能；

8 紧急报警中心应具有与上、下级疾病预防控制中心联络的通信功能。

8.7.3 紧急事故报警系统装置应满足下列要求：

1 应简单、可靠、耐久、便于扩展；

2 宜与实验室环境条件保障设备监控系统联网；

3 应设置不间断电源装置，不间断供电时间不少于30min。

8.7.4 有生物安全要求的实验室或其辅助用房、危险品库房等应设紧急报警站。

8.8 线路敷设

8.8.1 无关管线不宜穿越正负压空间，当无法避免时，穿越的管线应作专门的密封隔离处理。

8.8.2 具有正负压要求的空间内不应设中间接线盒，其管线也不宜相互穿越。

8.8.3 除实验室或实验区专用的电气用房外，封闭式实验室区域内不得设置其他电气用房及管道井，且避免无关线路穿越该区域。若无关线路穿越无法避免时，应作密闭隔离处理。

8.9 接　地

8.9.1 接地和特殊场所的安全防护应满足现行行业标准《民用建筑电气设计规范》JGJ 16 的有关规定。

8.9.2 有洁净等级要求的场所应按现行国家标准《洁净厂房设计规范》GB 50037 的有关规定做静电接地。

9 防火与疏散

9.0.1 疾控中心建筑的防火设计应符合现行国家标准《建筑设计防火规范》GB 50016、《高层民用建筑设计防火规范》GB 50045、《自动喷水灭火系统设计规范》GB 50084、《气体灭火系统设计规范》GB 50370 和《建筑灭火器配置设计规范》GB 50140等的有关规定。

9.0.2 实验室应设在耐火等级不低于二级的建筑物内。

9.0.3 易发生火灾、爆炸、化学品伤害等事故的实验室的门应向疏散方向开启。

9.0.4 疾控中心建筑室内消火栓的布置应符合下列规定：

1 每一防火分区同层应有两支水枪的充实水柱同时到达任何部位，消火栓应布置在明显且易于操作的地点；

2 实验室的消火栓宜设置在清洁区域的楼梯出口附近或走廊，必须设置在洁净区域时，应满足洁净区域的卫生要求。

9.0.5 自动喷水灭火系统的设置应符合下列规定：

1 洁净室和清洁走廊宜采用隐蔽型喷头；

2 大型仪器室、洁净室宜采用预作用式自动喷水灭火系统。

9.0.6 三级及以上生物安全实验室、放射性实验室、动物实验室屏障环境设施不应设置自动灭火系统，但应根据需要采取设置灭火器等其他灭火措施。

9.0.7 疾控中心的贵重设备用房，档案室、信息中心、网络机房等特殊重要设备室应设置气体灭火系统。

9.0.8 当排风中含有异嗅、刺激性、腐蚀性、爆炸危险性或生物安全危险性气体时，排风系统不应与消防排烟系统合用管道和设备。

9.0.9 火灾自动报警的设计应满足现行国家标准

《火灾自动报警系统设计规范》GB 50116 的有关要求。

9.0.10 实验区域内走廊及出口应设置疏散指示标志和应急照明。

9.0.11 当实验过程有生物安全危险或实验工艺有严格正负压要求时，在火灾确认后，消防控制中心不应直接联动切断非火灾区域内的实验室正常电源和正常照明。

10 特殊用途实验用房

10.1 建 筑 要 求

10.1.1 二噁英实验室应设置预处理间和主仪器间，并在入口处设置缓冲间；平面布局应避免人流物流的往返交叉。

10.1.2 昆虫饲养室应有防止昆虫逃逸的措施；宜设置可封闭地漏，地面应做找坡、防水处理。

10.1.3 冷室、暖室可根据实验具体需求设置，不应开设外窗；入口处宜设前室；墙体维护结构应满足保温隔热、防潮隔汽的要求；应采用有保温功能的密闭门。

10.1.4 环境测试仓标准体积应为 $30m^3$，形状宜接近正立方体；内墙表面、地面、顶面均应平整、光滑、不易吸附、耐腐蚀、易清洗、无挥发有机物产生，所有围护结构的相交位置，宜做半径不小于 30mm 的圆弧处理；环境测试仓门、墙壁、顶棚、楼（地）面的构造和施工缝隙，均应采取可靠的密封措施，漏气量应小于 $0.05m^3/h$。

10.1.5 模拟现场测试室、实验室药效测试室的操作室与实验室间宜设缓冲间；实验室宜成对设置，并设置观察窗；应采取防止昆虫逃逸的措施；门、墙壁、顶棚、楼（地）面的构造和施工缝隙，均应采取可靠的密封措施；室内墙表面、地面、顶面均应平整、光滑、防水、耐腐蚀、易清洗；所有围护结构的相交位置，宜做半径不小于 30mm 的圆弧处理。

10.1.6 组合型基因扩增（PCR）实验室应设置试剂配制室、样品处理室、核酸扩增室及产物分析室。各室应在入口处分别设置缓冲间。

10.1.7 放射性同位素实验室的设计应符合现行国家标准《操作开放型放射性物质的辐射防护规定》GB 11930 的有关规定。

10.1.8 放射化学实验室内墙表面、地面、顶面均应采用耐酸碱腐蚀的材料。

10.1.9 放射源照射场的设计应符合现行国家标准《钴-60 辐照装置的辐射防护与安全标准》GB 10252 的有关规定。

10.1.10 电子显微镜室、全自动微生物仪实验室等精密仪器室应满足仪器设备对洁净度、防振、防磁等方面的要求。当实验涉及致病微生物时，尚应符合现行国家标准《生物安全实验室建筑技术规范》GB 50346 的有关规定。

10.2 机电系统要求

10.2.1 特殊用途实验用房的主要环境设计参数和基本设施，应分别按照本规范附录 B 和附录 C 的要求确定；当实验工艺有特殊要求时，可根据实验工艺要求另行确定。

10.2.2 昆虫饲养室应设置独立的空调设备或系统，根据饲养昆虫的种类不同而进行温湿度调节。昆虫饲养室宜维持相对邻室或缓冲间的负压。当昆虫饲养房间采用带有温湿度调节功能的昆虫饲养箱时，房间可按照人员舒适性要求进行暖通空调设计。

10.2.3 环境测试实验室、操作室、准备室房间可利用疾控中心的集中空调系统，环境测试仓本体应设置独立的空调系统。实验过程中环境测试仓应能隔绝与仓外的气体交换，待实验过程结束后能够通过排风系统排除仓内空气。

10.2.4 环境测试仓围护结构防止结露的热工验算应按照环境测试仓内外最不利的温度条件进行。

10.2.5 消毒产品消毒效果检测实验室应设置独立的机械通风系统。

10.2.6 组合型 PCR 实验室的试剂配制室、样品处理室、核酸扩增室及产物分析室之间的空气，应通过缓冲间隔绝，上述房间不应共用空调回风系统。核酸扩增室及产物分析室应维持相对邻室或缓冲间的微负压。

10.2.7 模拟现场测试室应按照实验要求的室内温湿度范围设置能够独立调控的空调系统。

10.2.8 凡进行强酸、强碱、剧毒液体的实验并有飞溅爆炸可能的实验室，应就近设置应急洗眼器及喷淋设施。

10.2.9 谱仪间内不宜设给排水设施、卫生器具（水盆）。

10.2.10 含有放射性物质的废水处理应符合现行国家标准《电离辐射防护与辐射源安全基本标准》GB 18871 的有关规定。

10.2.11 等离子光谱仪/γ 质谱仪等特殊仪器用房应设置工作接地装置。

11 施 工 要 求

11.1 一 般 规 定

11.1.1 疾控中心的土建、安装及装饰等施工应满足设计图纸、现行施工及验收规范的要求。生物安全实验室的土建、安装及装饰等施工尚应满足现行国家标准《生物安全实验室建筑技术规范》GB 50346 的有关要求。

11.1.2 施工过程中应对每道工序制订具体施工方案。

11.1.3 各道施工程序均应进行记录，验收合格后方可进行下道工序施工。

11.1.4 施工安装完成后，应进行单机试运转和系统的联合试运转及调试，做好调试记录，并编写调试报告。

11.2 建筑装饰

11.2.1 室内装饰工程中，门窗、各种设备及管线与建筑部件结合部位的缝隙密封作业，应满足设计及相关规范要求。

11.2.2 建筑装饰施工应做到墙面平滑、地面防滑耐磨，容易清洁、耐消毒剂侵蚀、不吸湿、不透湿、不易附着灰尘。

11.2.3 有压差要求的实验室所有缝隙和穿孔都应填实，并采取可靠的密封措施。

11.2.4 建筑装饰施工除应符合现行国家标准《建筑装饰装修工程质量验收规范》GB 50210 和《建筑地面工程施工质量验收规范》GB 50209 的有关规定外，有洁净要求时，应符合现行国家标准《洁净室施工及验收规范》GB 50591 的规定；有防腐蚀要求时，尚应符合现行国家标准《建筑防腐蚀工程施工及验收规范》GB 50212 的有关规定。

11.2.5 建筑装饰施工应保证施工现场的整洁，减少施工作业产生的粉尘。

11.3 空调净化

11.3.1 空调机组的基础相对地面的高度不宜低于 200mm。

11.3.2 空调机组安装时应调平，并做减振处理。各检查门应平整，密封条应严密。正压段的门宜向内开，负压段的门宜向外开。表冷段的冷凝水排水管上应设水封和阀门。粗、中效过滤器的更换应方便。

11.3.3 送风、排风、新风管道的材料应符合设计要求，加工前应进行清洁处理，去掉表面油污和灰尘。

11.3.4 净化风管加工完毕后，应擦拭干净，并用塑料薄膜把两端封住，安装前不得去掉或损坏。

11.3.5 所有管道穿过顶棚和隔墙时，贯穿部位应可靠密封。

11.3.6 送、排风管道应隐蔽安装。

11.3.7 送、排风管道的咬口缝均应可靠密封。

11.3.8 各类调节装置应严密，调节灵活，操作方便。

11.3.9 采用除味装置时，室内应采取保护除味装置的过滤措施。

11.3.10 排风除味装置应有方便的现场更换条件。

12 工程检测和验收

12.1 工程检测

12.1.1 工程检测应包括建筑相关部门的工程质量检测和环境指标的检测。

12.1.2 工程检测应由有资质的工程质量检测部门进行。

12.1.3 工程检测的检测仪器应有计量单位的检定，并应在检定有效期内。

12.1.4 工程环境指标检测应在工艺设备已安装就绪，设施内无动物及工作人员，净化空调系统已连续运行 24h 以上的静态下进行。

12.1.5 特殊用途实验用房工程验收评价项目应符合本规范附录 D 的规定。检测检查结果应对本规范表 D.0.4 中的全部项目检测后做出综合性能全面评价。

12.1.6 实验室检测应符合现行国家标准《实验动物设施建筑技术规范》GB 50447、《生物安全实验室建筑技术规范》GB 50346 及其他现行有效的涉及工程检验的相关规范的有关规定。

12.2 工程验收

12.2.1 在工程验收前，应委托有资质的工程质检部门进行环境指标的检测。

12.2.2 工程验收的内容应包括建设与设计文件、施工文件和综合性能的评定文件等。

12.2.3 工程验收应出具工程验收报告。疾控中心的验收结论分为合格、不合格两类。对于符合规范要求的，判定为合格；对于存在问题数量超出规定标准的，判定为不合格。

12.2.4 实验用房施工验收应符合现行国家标准《实验动物设施建筑技术规范》GB 50447、《生物安全实验室建筑技术规范》GB 50346及其他现行有效的涉及实验用房工程验收的相关规范的有关规定。

附录 A 疾控中心建筑的智能化系统配置

表 A 疾控中心智能化系统配置选项表

智能化系统		省级	地（市）级	县级
智能化集成系统		○	○	○
信息设施系统	通信接入系统	●	●	●
	电话交换系统	●	●	○
	信息网络系统	●	●	●
	综合布线系统	●	●	○

续表 A

智能化系统		省级	地(市)级	县级
信息设施系统	室内移动通信覆盖系统	●	●	○
	卫星通信系统	●	○	○
	有线电视及卫星电视接收系统	●	●	○
	会议系统	●	○	○
	信息导引及发布系统	●	●	○
	时钟系统	●	●	○
	其他相关的信息通信系统	○	○	○
信息化应用系统	疾病预防控制中心信息管理系统	●	●	○
	实验信息管理系统	●	●	○
	物业运用管理系统	●	○	○
	办公和服务管理系统	●	●	○
	公共信息服务系统	●	●	○
	智能卡应用系统	●	●	○
	信息网络安全管理系统	●	●	●
	其他业务功能所需的应用系统	●	○	○
建筑设备管理系统		●	●	●
建筑能量监控系统		●	●	●

续表 A

智能化系统			省级	地(市)级	县级
公共安全系统	火灾自动报警系统		●	●	○
	安全技术防范系统	安全防范综合管理系统	●	●	○
		入侵报警系统	●	●	●
		视频安防监控系统	●	●	●
		出入口控制系统	●	●	○
		电子巡查管理系统	●	●	○
		汽车库(场)管理系统	●	●	○
		其他特殊要求技术防范系统	○	○	○
	紧急事故报警系统		●	●	●
机房工程	信息中心机房		●	●	●
	数字程控电话交换机系统设备机房		●	●	○
	通信系统总配线设备机房		●	●	●
	智能化系统设备总控室		●	○	○
	消防监控中心机房		●	●	○
	安防监控中心机房		●	●	○
	通信接入设备机房		●	●	●
	有线电视前端设备机房		●	●	○
	弱电间(电信间)		●	●	○
	紧急事故报警系统中心机房		●	○	○
	其他智能化系统设备机房		●	○	○

注：上表中“○”表示宜设置；“●”表示应设置。

附录 B 特殊用途实验用房主要环境设计参数

表 B 特殊用途实验用房主要环境设计参数表

项目名称		项目功能	室内气压	冬季室内温度(℃)	冬季室内湿度(%)	夏季室内温度(℃)	夏季室内湿度(%)	洁净度等级	照度(lx)	显色指数	色温	备注
PCR实验室	试剂配置室	聚合酶链反应实验	微正压	18～20	40～60	25～27	45～65	—	500	85	中	单向流
	样品处理室		—	18～20	40～60	25～27	45～65	—	500	85	中	单向流
	核酸扩增室		微负压	18～20	40～60	25～27	45～65	—	500	85	中	单向流
	产物分析室		微负压	18～20	40～60	25～27	45～65	—	500	85	中	单向流

续表 B

项目名称		项目功能	室内气压	冬季室内温度（℃）	冬季室内湿度（%）	夏季室内温度（℃）	夏季室内湿度（%）	洁净度等级	照度（lx）	显色指数	色温	备注
环境测试仓		建筑材料有毒有害物质释放量检测；空气净化产品效果检测	—	23±0.5	45±5	23±0.5	45±5	—	300	80	中	换气 1次/h
消毒产品消毒效果检测室	空气检测测室	消毒产品消毒效果检测	—	20～25	50～70	20～25	50～70	—	300	85	中	换气 0次/h
	百级洁净室	无菌检测	微正压	20～25	50～70	20～25	50～70	N5级	500	85	中	洁净度局部N5级，周边N7级
实验室药效测试室		卫生杀虫产品药效检测室	—	26±1	60±5	26±1	60±5	—	500	85	中	—
模拟现场测试室		卫生杀虫产品模拟现场药效检测	—	20～30	55～65	20～30	55～65	—	500	85	中	—
二噁英实验室		二噁英检测	微负压	20～25	40～60	25～27	45～65	N6或N7级	500	85	中	—
冷房		分子生物学实验及试剂存储	—	0～8	—	0～8	—	—	300	80	中	—
暖房		细菌培养	—	37±1	—	37±1	—	—	500	85	暖	—
放射性同位素实验室		检测放射性同位素	微负压	20～22	40～60	25～27	45～65	—	300	80	中	—
放射源照射场		防护器材性能测试、仪器校验	微负压	20～25	40～60	25～27	45～65		300	80	中	—
放射化学实验室		水、食品放射性测量	微负压	20～25	40～60	25～27	45～65		300	80	中	—
昆虫饲养室		饲养实验昆虫	微负压	*	*	*	*		0～200	85	暖	调光

注：1 上表中“—”表示不作要求。

2 上表中昆虫饲养室的“*”表示，当采用温湿度调节的饲养箱饲养昆虫时，房间宜维持人员舒适性温湿度环境要求；当不采用温湿度调节的饲养箱饲养昆虫时，应根据昆虫种类确定房间的温湿度环境要求。

附录 C 特殊用途实验用房基本设施

表 C 特殊用途实验用房基本设施表

项目名称		项目功能	电源箱（插座箱）	接地	信息点	视频监控	出入口控制	紫外线消毒灯	温度、湿度控制	工作状态指示	电器洁净型	电器密闭型	实验用净水	生活热水
PCR实验室	试剂配置室	聚合酶链反应实验	—	—	○	—	○	—	○	—	—	●	●	○
	样品处理室		—	—	○	—	○	—	○	—	—	●	○	—
	核酸扩增室		—	—	○	—	○	—	○	—	—	●	—	—
	产物分析室		—	—	○	—	○	—	○	—	—	●	—	—
环境测试仓		建筑材料有毒有害物质释放量检测；空气净化产品效果检测	—	—	○	○	○	○	●	●	—	●	—	—

续表 C

项目名称		项目功能	电源箱（插座箱）	接地	信息点	视频监控	出入口控制	紫外线消毒灯	温度、湿度控制	工作状态指示	电器洁净型	电器密闭型	实验用净水	生活热水
消毒产品消毒效果检测室	空气检测室	消毒产品消毒效果检测	—	—	○	○	○	●	●	●	—	—	—	—
	百级洁净室	无菌检测	—	●	○	○	○	●	●	●	●	●	—	—
实验室药效测试室		卫生杀虫产品药效检测室	—	—	○	●	○	○	●	●	—	—	—	—
模拟现场测试室		卫生杀虫产品模拟现场药效检测	—	—	○	●	○	○	●	●	—	—	—	—
二噁英实验室		二噁英检测	—	●	○	●	●	—	○	●	●	○	—	—
冷房		分子生物学实验及试剂存储	—	—	○	○	○	○	●	—	—	—	—	—
暖房		细菌培养	—	—	○	○	●	○	●	—	—	—	—	—
放射性同位素实验室		检测放射性同位素	—	—	○	○	○	—	○	●	—	○	—	○
放射源照射场		防护器材性能测试、仪器校验	○	—	○	●	○	—	○	●	—	○	—	—
放射化学实验室		水、食品放射性测量	—	—	○	—	○	—	○	○	—	●	—	○
昆虫饲养室		饲养实验昆虫	—	—	○	●	●	●	●	—	—	○	—	—

注：上表中“○”表示宜设置；“●”表示应设置；“—”表示不作要求。

附录 D 特殊用途实验用房工程验收评价项目

D.0.1 特殊用途实验用房建成后，必须由工程验收专家组到现场验收，按照本规定列出的验收项目，逐项验收。

D.0.2 凡对工程质量有影响的项目有缺陷，属一般缺陷，其中对安全和工程质量有重大影响的项目有缺陷，属严重缺陷。

D.0.3 每一个特殊用途实验用房的验收评价标准应根据两项缺陷的数量和比例确定，并应符合表 D.0.3 的规定。

表 D.0.3 特殊用途实验用房验收评价标准

标准类别	严重缺陷数	一般缺陷数比例
合格	0	<20%
不合格	≥1	<20%
	0	≥20%

注：表中的百分数，是一般缺陷数相对于该实验用房应被检查项目总数的比例。

D.0.4 特殊用途实验用房工程现场检查项目应符合表 D.0.4 的规定。

表 D.0.4 特殊用途实验用房工程现场检测及检查项目表

专业	序号	检查出的问题	适用范围									
			二噁英实验室	昆虫饲养室	环境测试仓	冷室/暖室	放射化学实验室	放射源照射场	放射性同位素实验室	消毒产品消毒效果检测室	药效测试室/模拟现场测试室	基因扩增（PCR）实验室
技术指标	1	实验区温度不符合要求	○	●	●	●	○	○	○	○	○	○
	2	相对湿度不符合要求	○	●	●	●	○	○	○	○	○	○
	3	实验区压差反向	○	●	●	—	—	○	○	●	●	●

续表 D.0.4

专业	序号	检查出的问题	适用范围									
			二噁英实验室	昆虫饲养室	环境测试仓	冷室/暖室	放射化学实验室	放射源照射场	放射性同位素实验室	消毒产品消毒效果检测室	药效测试室/模拟现场测试室	基因扩增（PCR）实验室
技术指标	4	洁净度级别不够	●	—	—	—	—	—	—	●	—	—
	5	照度值偏低超过30%	●	—	●	●	●	●	●	●	●	●
	6	照度值偏低15%～30%	○	○	○	○	○	○	○	○	○	○
	7	电源缺相或电压超允许范围	●	●	●	●	●	●	●	●	●	●
建筑	8	围护结构缝隙密封不好	○	○	●	●	○	○	○	●	●	○
	9	出入口未设电离辐射标志	—	—	—	—	—	●	●	—	—	—
	10	内墙表面、地面、顶面不耐酸碱腐蚀	○	○	○	○	●	—	—	○	○	○
	11	维护结构相交位置未做圆弧处理	○	○	●	○	○	○	○	○	●	○
	12	未采取可靠的屏蔽措施	—	—	—	—	○	●	●	—	—	—
	13	未在入口或压强变化处设置缓冲间	○	○	—	—	—	—	—	—	—	●
通风空调	14	空调通风管道的材料品种、规格、厚度不满足规范和设计的要求	●	●	●	●	●	●	●	●	●	●
	15	空调通风管道的连接方式、做法不满足规范和设计要求	●	●	●	●	●	●	●	●	●	●
	16	空调通风系统管道风阀的设置不满足设计要求，关闭方向、调节范围、开启角度指示与叶片开启角度不一致	●	●	●	●	○	○	○	●	●	●
	17	所有自控、电动风阀的驱动装置，动作不可靠，在最大工作压力下工作不正常	●	●	●	●	○	○	○	●	●	●
	18	净化空调系统的风阀材料、材质等未采取可靠防腐处理措施	●	●	●	○	○	○	○	●	●	○

续表 D.0.4

专业	序号	检查出的问题	适用范围									
			二噁英实验室	昆虫饲养室	环境测试仓	冷室/暖室	放射化学实验室	放射源照射场	放射性同位素实验室	消毒产品消毒效果检测室	药效测试室/模拟现场测试室	基因扩增（PCR）实验室
通风空调	19	消声器的材料、材质不满足设计规定和防火、防腐、防潮、防霉等卫生要求	●	●	●	○	○	○	○	●	●	○
	20	风口的规格形式、尺寸、位置、颜色未满足暖通空调设计和室内装修设计的要求	○	—	●	●	○	○	○	○	●	○
	21	净化空调系统的风管、静压箱及其他部件，未擦拭干净，没有做到无油污和浮沉	●	●	●	○	○	○	○	●	●	○
	22	净化空调通风系统的风管与吊顶、隔墙等围护结构的接缝处不严密	●	●	●	○	○	○	○	●	●	○
	23	风管系统的严密性未经过检验，没有形成记录，不满足设计和规范要求	●	●	●	●	○	○	○	●	●	○
	24	未对设计文件中有相对压差要求的房间压差进行测定	●	●	●	—	○	—	—	●	●	●
给水排水	25	未采用非接触式水龙头	—	—	—	—	●	●	●	—	—	●
	26	管道穿越净化区的壁面处未采取可靠的密封措施	—	—	—	—	—	—	—	○	○	○
	27	管道表面可能结露，未采取有效的防结露措施	—	—	—	—	—	—	—	○	○	○
	28	未采用密封地漏	—	●	●	—	—	—	—	—	●	—
电气	29	照度不可调	—	●	—	—	—	—	—	—	—	—
	30	电器元件不满足基本设施要求（附表 C）	○	○	○	○	○	○	○	○	○	○
	31	照明灯具不适合环境条件（光源显色指数、色温不合适或眩光偏大）	○	●	○	○	○	○	○	○	○	○

续表 D.0.4

专业	序号	检查出的问题	适用范围									
			二噁英实验室	昆虫饲养室	环境测试仓	冷室/暖室	放射化学实验室	放射源照射场	放射性同位素实验室	消毒产品消毒效果检测室	药效测试室/模拟现场测试室	基因扩增（PCR）实验室
电气	32	照明灯具嵌入顶棚暗装的安装缝隙未有可靠的密封措施	○	○	○	●	○	○	○	●	●	●
	33	照明开关、调光开关不正常	○	○	○	○	○	○	○	○	○	○
	34	工作状态指示不正常	●	—	—	—	●	○	○	○	○	—
	35	紫外线灯开显示不明显	—	○	○	○	—	—	—	○	○	—
	36	接地装置不正常	●	—	—	—	—	—	—	●	—	—
	37	温度、湿度、压差控制不满足要求	○	●	●	●	○	○	○	○	●	○
	38	视频监控有盲区，图像不清晰	○	○	○	○	○	○	○	○	○	—
	39	内外通信设施未接通	●	●	●	●	●	●	●	●	●	●
	40	未采用洁净型电器	●	—	—	—	—	—	—	—	●	—
	41	未采用密闭型电器	○	○	●	●	○	○	○	●	●	●

注：上表中“●”表示严重缺陷；“○”表示一般缺陷。

本规范用词说明

1　为便于在执行本规范条文时区别对待，对要求严格程度不同的用词说明如下：

1）表示很严格，非这样做不可的：
正面词采用“必须”，反面词采用“严禁”；

2）表示严格，在正常情况下均应这样做的：
正面词采用“应”，反面词采用“不应”或“不得”；

3）表示允许稍有选择，在条件许可时首先应这样做的：
正面词采用“宜”，反面词采用“不宜”；

4）表示有选择，在一定条件下可以这样做的，采用“可”。

2　条文中指明应按其他有关标准执行的写法为：“应符合……的规定”或“应按……执行”。

引用标准名录

1　《建筑抗震设计规范》GB 50011

2　《室外给水设计规范》GB 50013

3　《室外排水设计规范》GB 50014

4　《建筑给水排水设计规范》GB 50015

5　《建筑设计防火规范》GB 50016

6　《洁净厂房设计规范》GB 50037

7　《高层民用建筑设计防火规范》GB 50045

8　《供配电系统设计规范》GB 50052

9　《自动喷水灭火系统设计规范》GB 50084

10　《火灾自动报警系统设计规范》GB 50116

11　《建筑灭火器配置设计规范》GB 50140

12　《公共建筑节能设计标准》GB 50189

13　《建筑地面工程施工质量验收规范》GB 50209

14　《建筑装饰装修工程质量验收规范》GB 50210

15　《建筑防腐蚀工程施工及验收规范》GB 50212

16　《建筑工程抗震设防分类标准》GB 50223

17　《生物安全实验室建筑技术规范》GB 50346

18　《安全防范工程技术规范》GB 50348

19　《气体灭火系统设计规范》GB 50370

20　《实验动物设施建筑技术规范》GB 50447

21　《洁净室施工及验收规范》GB 50591

22 《无障碍设计规范》GB 50763

23 《生活饮用水卫生标准》GB 5749

24 《钴-60辐照装置的辐射防护与安全标准》GB 10252

25 《操作开放型放射性物质的辐射防护规定》GB 11930

26 《实验动物环境及设施》GB 14925

27 《电离辐射防护与辐射源安全基本标准》GB 18871

28 《实验室生物安全通用要求》GB 19489

29 《民用建筑电气设计规范》JGJ 16

30 《办公建筑设计规范》JGJ 67

31 《建筑地基处理技术规范》JGJ 79

32 《建筑桩基技术规范》JGJ 94

33 《饮用净水水质标准》CJ 94

34 《人间传染的病原微生物菌(毒)保藏机构设置技术规范》WS 315

中华人民共和国国家标准

疾病预防控制中心建筑技术规范

GB 50881—2013

条 文 说 明

制 订 说 明

《疾病预防控制中心建筑技术规范》GB 50881－2013经住房和城乡建设部2012年12月25日以第1585号公告批准、发布。

本规范编制过程中，编制组进行了广泛的调查研究，总结了我国疾病预防控制中心建筑的实践经验，同时参考了国外先进技术法规、技术标准。

为便于广大设计、施工、科研、学校等单位有关人员在使用本规范时能正确理解和执行条文规定，《疾病预防控制中心建筑技术规范》编制组按章、节、条顺序编制了本规范的条文说明，对条文规定的目的、依据以及执行中需注意的有关事项进行了说明。但是，本条文说明不具备与规范正文同等的法律效力，仅供使用者作为理解和把握规范规定的参考。

目　次

1 总　　则

1.0.1 为适应我国卫生事业发展和公共卫生体系建设的需要，加强和规范疾病预防控制体系建设，保证疾控中心有效实施疾病预防与控制、突发公共卫生事件应急处置、疫情及健康相关因素信息管理、健康危害因素监测与控制、实验室检测与评价、健康教育与健康促进和技术指导与应用研究等职能，制定本规范。本规范为疾控中心建筑的工程设计、施工、检测和验收等方面，提供了科学合理的依据。

1.0.2 本条明确了本规范的适用范围。除为省、地（市）、县级疾控中心的新建、改扩建提供依据外，本规范也为其他各类疾病预防控制机构，如独立设置的职业病及各种地方性疾病等预防控制机构相关功能用房建设提供了参照依据。

1.0.3 疾控中心的建设，应符合国家相关法律、法规和规定的要求，适应和满足社会对疾病预防控制和服务的需求，从我国基本国情出发，正确处理好需要与可能、现状与发展的关系，坚持科学、合理、适用、节约的建设原则，在保证基本设施建设的科学性和先进性的基础上，应充分考虑工艺的合理性和适用性，保障疾控中心的功能实现和节地、节水、节材、节能、保护环境的要求，结合运行管理模式，力求达到使用方便、实用美观、安静舒适、建筑内部空间可灵活变化，并可持续发展。工艺设计是疾控中心设计过程中重要的设计阶段，是疾控中心建筑工程设计的依据。工艺设计分为工艺方案设计和工艺技术条件设计两个阶段。工艺方案设计必须明确疾控中心的规模、基本功能定位和任务、实验室组成、主要流程等功能需求；是编制项目建议书、可行性研究报告、设计任务书及建筑方案设计的依据。工艺技术条件设计必须明确疾控中心的实验工艺条件、实验室工程技术指标和参数、实验家具技术指标和参数、实验检测设备仪器的技术指标和参数等技术需求；是疾控中心建筑初步设计及施工图设计的依据，应在建筑初步设计前完成。

1.0.5 生物安全实验室、动物实验室的建设要求已有专门的规范论述，本规范不另行规定。

1.0.6 本条明确了本规范与国家现行的有关工程建设强制性标准、规范的关系。

3 选址和总平面

3.1 选　　址

3.1.2 疾控中心的选址，应符合当地城市建设总体规划要求，在执行国家有关政策与节约投资的前提下，充分考虑便于服务社会，避免及防止外界不良干扰等要求合理选址。疾控中心的建设用地宜长宽比例适当，避免出现不规则的形状，场地内竖向高差变化不宜过大。另外，我国属于多地震的国家，实验建筑具有较高的危险性，在用地选择时要尽量选择对抗震有利的地段，远离对建筑物抗震不利的地质构造地段。选址应满足结构设计的要求，场地地震安全性评价报告应符合国家有关规范的规定。同时应进行环境影响评价，符合国家有关规范的规定，并经政府有关部门批准。

3.2 总　平　面

3.2.1 疾控中心的规划布局应充分利用地形地貌和环境条件，科学布置各类建筑物，正确处理功能分区以及各分区之间的相互联系与分隔的关系。由于实验用房专业性强，功能特殊，同时具有生物（如病毒、细菌）、化学（如各种有毒物品）、物理（如放射物）安全性，对建筑结构、通风、水电有特定要求，故实验用房宜在基地内相对独立设置。在总平面规划布局时，疾控中心建筑应优先考虑分散布局形式，以便于科学安排实验工艺以及合理地组织人流、物流。若受条件限制必须采取集中布局的，应明确功能分区，将实验用房置于楼宇上部，其他功能用房置于楼宇下部。并合理设置管线，处理好交通关系，建立完善的管理机制，避免不同类别的人流、物流相混杂。

疾控中心主要日常送检业务流程见图1～图3。

实验、检验样品业务流程

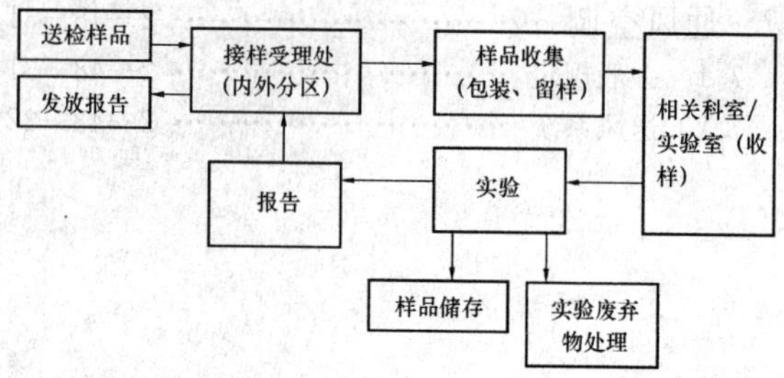

图1　样品送检流程图

寄送样品业务流程

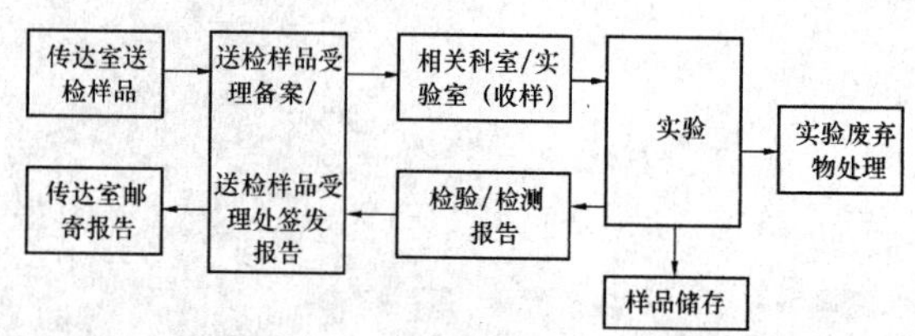

图2　寄送样品流程图

实验人员现场采集样品送检流程

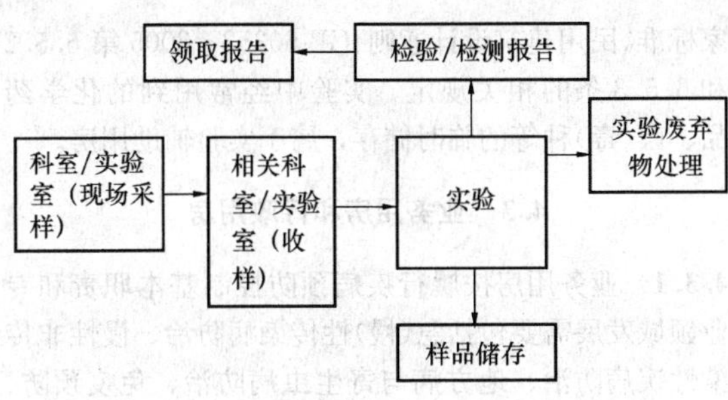

图3　实验人员现场采集样品送检流程图

3.2.2　生活区包括职工住宅、专家公寓、食堂和体育活动场地等，应与实验区保持最远距离。如有条件的，应布置于最小风频下风向，以便最大程度地避免遭受实验、污水污物处理区的污染，避免发生各类感染。

3.2.3　在总平面布局时，单独建设的实验用房(包括动物房)、污水、垃圾处理站等由于会产生气味等因素，应设置在基地内当地全年最小风频的上风向，以减少对业务、行政、保障用房区域产生影响。

3.2.4　疾控中心的停车位数量，可结合实际使用情况，在参照公共建筑的停车位基础上适当增加。

3.2.5　鉴于疾控中心建筑功能的复杂性，总平面规划设计应着眼全局，调整入口与人流、物流的关系，为避免各种流线的交叉，可设置多个出入口。考虑到实际建设用地设置出入口的局限性，至少人员出入口与废弃物的出口宜分开设置。

4　建　筑

4.1　一 般 规 定

4.1.1　疾控中心建设项目，由实验用房、业务用房、保障用房和行政用房等部分组成。疾控中心建设项目构成根据履行基本职能、完成基本任务的需要确定。各类工作用房建筑面积所占总建筑面积的比例应符合《疾病预防控制中心建设标准》(建标 127－2009)的规定。当采用分散布局时，实验用房与其他功能用房应分区明确，避免相互干扰，既注重实验室建筑特性的体现，也应科学安排实验工艺以及合理组织人流与物流。

4.1.2　疾控中心实验室具有针对性与多样性的特点，需根据实验的对象、内容与要求设计、建造。实验用房宜采用框架(剪)或钢结构，有利于提供大面积的敞开空间以便各种类型实验室和业务用房的布置与建造。同时，也能满足疾控中心由于业务需求造成的频繁变换使用功能、实验仪器设备的更新换代和实验室改造需求。

4.1.3　处理好人流、物流，建立完善的管理机制，避免流线混杂、相互干扰和交叉污染。

4.1.8　实验建筑物的电梯，按照用途可分为客梯和货梯；按照清洁要求可分为清洁梯和污物梯。根据我国现行的有关建筑标准与规范要求，高层建筑必须安装电梯，多层建筑可不设电梯。由于实验室建筑功能复杂，经常搬运实验物资和仪器设备，从实际工作需要出发，实验和业务用房楼宜安装电梯。无论是高层还是多层实验建筑物，至少应设有一部货梯或至少有一部客梯兼做货梯，以便实验用品，特别是大型仪器设备的垂直运输，有条件者，宜单独设置污物梯；无污物梯的，货梯可以兼做污物梯。货梯载重量、轿厢的内尺寸、开门尺寸等具体参数应考虑各种实验设备维修更换的要求。

4.1.9　无货运电梯时，至少有一部楼梯的梯段宽度及净高、休息平台宽度及净高应满足各种实验设备维修更换的要求。

4.2　实 验 用 房

4.2.1　实验室建筑物的平面布局应遵循以下原则：实验区与其他功能区域分区明确、流程顺畅，既相互隔离又使用方便。

4.2.2　实验室开间模数的确定以方便操作、减少浪费为原则。国内外相关实验室的开间模数多为 3.2m～4.0m之间。实验用房按模数的倍数组成。模数过大则实验室两侧实验边台的间距过大，不利于操作，同时建筑浪费也相应过大；模数过小，室内空间也相应过小，若放置中央实验台，实验操作空间则更为狭小，不利于实验的正常开展。我国通用实验室边台的宽度为 750mm，中央台的宽度为 1500mm。当实验室开间取 3000mm 时，实验台间的距离为 1500mm，便于 2 人操作；实验室开间取 3300mm 时，实验台间距为 1800mm，可供 3 人操作。所以，实验室两侧放边台及布置中央实验台时，实验室开间尺寸可取模数的 2 倍，即 6.6m，基本能够满足疾病预防控制机构微生物、理化、毒理等各类实验室的工作要求。实验室的柱网开间常用尺寸为 7.2m、7.5m、8m、8.4m。

实验室的进深宜在 6.0m～9.0m 之间。疾病预防控制机构实验室的布置以边台或结合中央台为主，冰箱、孵箱、试剂柜、生物安全柜等设备通常需沿墙放置，若进深过小，边台长度与设备空间也相应过小，实验室利用率较低。结合我国的实践经验，实验室进深宜采取 6.0m～9.0m，基本上能够满足疾病预防控制机构各类实验室的要求。

4.2.3　实验室的层高应具有较大的适应性和使用的灵活性。层高应根据净高需求结合设备夹层高度的要求来确定；净高过大会造成资源浪费，过小会降低自然通风与采光的效果，不利于生产性有害气体的扩散与稀释，同时给人体造成较大的压抑感；技术维修夹层的高度，则应满足暖通空调、水电管道等设备与构件的安装和检修的需求。根据《建筑工程建筑面积计算规范》GB/T 50352－2005 第 3.0.24 条第 2 款，建筑内的设备管道夹层不应计算面积。

4.2.5 实验室墙体材料可选用厚度薄、保温性好、施工方便的新型轻质材料，以便于合理布局、扩大使用面积以及改扩建。针对不同要求的室内环境，对室内装修也提出了不同要求。洁净实验室、生物安全实验室以及其他有特定要求的实验室地面材料除应满足坚实耐磨、防水防滑、不起尘、不积尘要求外，还应满足整体无缝隙的要求；室内不能有难以清洁的角落。

4.2.6 为避免在实验过程中因外窗玻璃的色彩造成色觉判断误差，本条对实验用房外窗玻璃的色彩，以及避光措施进行了规定。

4.2.7 理化实验室建设需遵循以下原则：

1 模块化原则：理化实验室一般采用标准单元组合设计，通常实验台与通风柜及实验仪器设备布置紧密结合，同时还需考虑预留未来发展需要的风口、管道井等位置；

2 通风性原则：理化实验过程中经常会产生一些有害、异嗅气体，造成空气污浊，为了防止可致病或毒性不明的化学物质和有机气体侵害人体健康，理化实验室应通过局部通风和全面通风等方式，结合局部排风装置如通风柜和排风罩等设施来保持良好的室内通风效果；

3 特色性原则：理化实验室有无机物分析和有机物分析，定量和定性分析、营养成分分析以及微量污染物分析，故理化实验室的布局应科学合理，满足使用要求；

4 理化实验室还应满足各种仪器设备所需的湿度、温度、抗振等环境要求。

4.2.8 洁净实验室是指对尘埃粒子及微生物污染规定需要进行控制的区域，其建筑结构、装备及使用均应具有减少该区域内污染的介入、滞留的功能。室内其他有关参数如温度、湿度、压差应按照相关要求进行控制。疾控中心的洁净实验室很多有负压要求，这类洁净实验室都应设缓冲间。当该实验室涉及生物安全要求时，门的开启方向一般根据房间压差确定；其他洁净实验室门的开启方向根据房间洁净度确定。

洁净实验室平面布局流线如下：

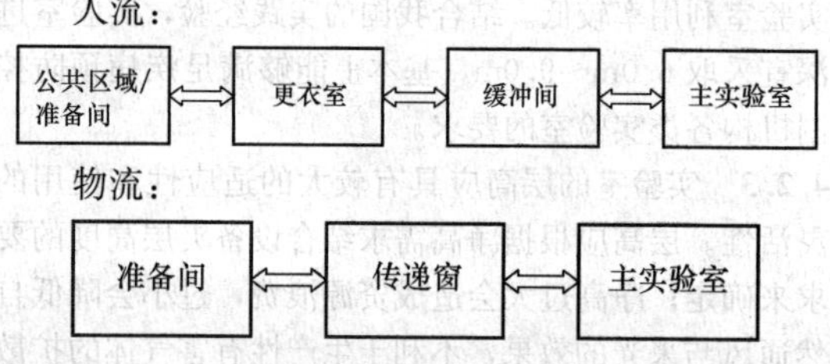

图 4 实验室平面布局流线图

4.2.10 本条是对实验建筑物的浴室、更衣室作出的规定。浴室隔间的低限尺寸及卫生设备间距应符合国家标准《民用建筑设计通则》GB 50352－2005 第 6.5.2 和 6.5.3 条的相关规定。实验中经常用到的化学药品、菌(毒)种等的临时储存，属于实验辅助用房。

4.3 业务用房和行政用房

4.3.1 业务用房按履行疾病预防控制基本职责和专业领域发展需要包括急(慢)性传染病防治、慢性非传染性疾病防治、地方病与寄生虫病防治、免疫预防、健康危害因素监测与干预(环境、职业、放射、食品营养、学校卫生等)、健康教育与促进、公共卫生事件应急、科研与质量管理、医学教育、图书与信息、学术交流等用房。其建设规模应根据完成基本业务工作任务的实际需要确定，建筑设计应满足相关设计规范的要求。

4.3.2 由于一部分业务科室的工作有实验、业务等多项内容，业务用房和相关实验用房的相对靠近，有利于便捷的工作联系。

4.3.3 本条是对疾控中心突发公共卫生事件应急处理所需设置作出的具体要求。

4.3.4 本条是对疾控中心的现场采样人员消毒设施的规定。

4.3.5 行政用房建设规模参照国家关于党政机关办公用房建设标准确定。其功能应能满足疾控工作与管理所需。

4.4 保障用房

4.4.1 保障用房，是指疾控中心正常开展工作不可缺少的，对疾病预防控制工作起辅助支持作用的功能用房。其建设规模应按完成基本工作任务、保障卫生防病工作正常进行所必须具备的功能确定。

4.4.2 化学危险品按《化学品分类和危险性公示通则》GB 13690－2009 第 4 章的规定分为八类：a. 爆炸品；b. 压缩气体和液化气体；c. 易燃液体；d. 易燃固体，自燃物品和遇湿易燃物品；e. 氧化剂和有机过氧化物；f. 毒害品；g. 放射性物品；h. 腐蚀品。疾控中心的工作有可能涉及其中多种化学危险品，不同类别的化学危险品应分别储存，并符合本类化学危险品的储存规定：现行国家标准《常用化学危险品贮存通则》GB 15603、《腐蚀性商品储藏养护技术条件》GB 17915 等。

4.4.4 中心供应站包括主要试剂制备间和洗涤消毒室，其建设要求应符合现行行业标准《医院消毒供应中心》WS310 中的有关规定。

5 结　　构

5.1 一 般 规 定

5.1.1 本条根据《工程结构可靠性设计统一标准》

GB50153－2008的有关条文制定。对新建的疾控中心三级生物安全实验室，其结构安全等级应尽可能采用一级。对改建成三级生物安全实验室的局部建筑结构宜根据具体情况进行补强加固。

5.1.2 《建筑工程抗震设防分类标准》GB 50223－2008的第4.0.6条及第6.0.9条，分别对各类疾控中心建筑及科学实验建筑的抗震设防类别作出了专门规定。本条对三级生物安全实验室的抗震设防类别再作明确规定。

5.1.3 本条强调特殊设防类建筑的抗震设计。要求场地地震安全性评价报告应符合国家有关规范的规定，并经政府有关部门批准。

5.1.4 本条根据现行国家标准《工程结构可靠性设计统一标准》GB 50153及《建筑结构可靠度设计统一标准》GB 50068的有关规定制定。结构设计中涉及的作用包括直接作用(或称荷载)和间接作用。直接作用如结构自重、楼屋面活荷载等重力荷载、风荷载、雪荷载等。间接作用如地震、温度变化、地基变形、混凝土收缩、徐变、焊接变形等引起的作用。环境影响如环境侵蚀和化学腐蚀等。

5.2 材 料

5.2.1 结构的材料性能直接影响到结构的可靠度。因此，材料的物理力学性能、抗震性能及耐久性能等，应符合国家现行有关标准的规定，并满足设计要求。同时，材料的选用应符合节约资源、保护环境的“绿色设计”原则。

5.2.2 结构混凝土包括基础、地下室、上部结构的混凝土，均应符合本条规定。混凝土的水胶比、水泥用量、混凝土强度等级、氯离子含量、碱含量等均应符合相应环境类别的要求。

5.2.3 本条根据现行国家标准《建筑抗震设计规范》GB 50011及《钢结构设计规范》GB 50017的有关条文制定。结构用钢材包括型钢、板材和钢筋。

5.3 地 基 基 础

5.3.1 本条强调对拟建场地进行岩土工程勘察的基本要求。

5.3.2 我国幅员辽阔，各地的岩土地质特性、水文地质条件差异较大。因此，应按本条文的要求，综合考虑各种因素合理进行地基基础的选型与设计。

5.3.3 地基基础设计除满足地基承载力和稳定性要求以外，本条强调地基变形的验算，其计算值应满足国家及地方有关地基基础规范的要求。

5.3.4 复合地基、桩基础均属于人工地基，全国各地类型较多。复合地基的承载力特征值，桩基础的单桩承载力特征值，均应以现场载荷试验结果为主要依据。

5.3.5 所谓邻近的永久性边坡，应以边坡破坏后是否影响到疾控中心各建筑的安全和正常使用作为判断标准。

5.4 上 部 结 构

5.4.1 疾控中心的各类建筑，包括实验用房、业务用房、保障用房及行政用房等，当其抗震设防类别不同时，结构设计中的地震作用计算及抗震措施也不同。对规模较大的疾控中心，此条容易满足；对规模较小的疾控中心，各类建筑宜设缝分开，否则整体结构应按其中较高的抗震设防类别进行设计。

5.4.2 关于实验用房的结构形式的要求，主要是为实验室平面布置提供一定的灵活性，以及今后在建筑结构设计使用年限内为实验用房的发展、改造提供便利。另外，三级生物安全实验室的建筑结构宜采用整体性较好的结构形式。纯装配式混凝土结构的整体性相对较差，故不宜采用。

5.4.3 对特殊设防类建筑，在进行方案比较的基础上，提倡采用隔震和消能减震技术。

5.4.4 本条对结构布置提出概念设计要求。对抗震设防地区，不宜采用结构平面或竖向布置很不规则的结构方案。“特别不规则”、“严重不规则”的具体判别条件，详见《建筑抗震设计规范》GB 50011－2010第3.4.1条的相关规定。

5.4.5 实验用房由于功能需要常在楼层间设置技术夹层，此时，因结构层高沿竖向变化较大而造成侧向刚度沿竖向突变；另一种情况是，大层高的实验用房与小层高的其他用房在同一结构单元内同层设置从而形成错层结构。这两种情况，均应采用符合实际的结构计算模型。有抗震设防要求时，还应对薄弱部位(如薄弱层、错层柱、短柱等)采取相应的抗震加强措施。

5.4.6 疾控中心实验室的有些仪器设备(如双扉高压锅等)、设置铅防护结构等自重较大的实验区域，均应按实际荷载进行计算。

5.4.7 本条是对抗震设防地区进行结构抗震计算的基本要求。对特殊设防类建筑，按规范要求，应采用时程分析法进行多遇地震下的补充计算，及在罕遇地震作用下薄弱层的弹塑性变形验算。

5.4.8 本条是对抗震设防地区结构采取抗震措施的基本要求。

5.4.9 结构构件的变形、裂缝验算，是结构正常使用极限状态验算的基本要求。有些实验用房对构件变形要求非常严格，或不允许出现裂缝，在设计时要予以重视。另外，混凝土构件的裂缝有直接作用(荷载)引起的，也有混凝土收缩、温度变化、地基变形等间接作用引起的，应分别采取相应的措施予以避免。

5.4.10 混凝土结构构件，都应满足基本的混凝土保护层厚度和配筋构造要求，以保证其基本受力性能和耐久性。

5.4.11 钢结构的防火、防腐措施是保证钢结构安全性、耐久性的基本要求。钢结构构件应根据设计使用年限、使用功能、使用环境以及维护计划，采取可靠的防火、防腐措施。

5.4.12 本条中的“特殊防护设施”，指特殊功能房间的铅防护或混凝土防护结构等(包括墙体及楼板)，虽属于非结构构件，但重量及刚度都很大，故应考虑对主体结构抗震的不利影响。

5.4.13 本条中“建筑非结构构件”主要包括非承重墙体(含各类建筑幕墙、采光顶等)，附着于楼面和屋面结构的构(部)件、装饰构件等。

在抗震设防地区，非结构构件或机电设备与主体结构之间，采用所谓“合理的连接措施”，主要是指除满足正常使用阶段及地震时的承载能力要求外，还应满足地震时的变形能力要求，如采用可靠的“柔性连接”等措施。

6 给水排水

6.1 一般规定

6.1.2 因洁净房间对空气品质的要求、生物安全对安全保障性的要求，在上述房间内不应出现明装的给排水管道，房间内的给水排水管道应暗装或设在技术夹层内，从而避免因管道表面落尘或管道穿越维护结构时封堵不严造成空气品质下降或生物安全事故。

6.1.3 疾控中心建筑的污水排放在满足国家相关的污水排放标准的同时，还必须满足该项目环境影响评价报告的要求。三级及以上的实验室污水应进行高温灭菌处理，其他生物安全实验室的污水可进行化学消毒灭菌处理。

6.2 给水

6.2.3 疾控中心因承担的工作内容不同，对实验室的设置要求也有所区别，因此为实验提供的锅炉及空调用水也不尽相同，这一部分的用水量及供水系统应根据实验的要求确定。

6.2.4 本条文明确了有一定生物安全要求的实验室用水，在与给水系统的连接处应设有防止水质污染的倒流防止器或其他有效的防止倒流污染的装置。为防止因生物安全实验室内可能受污染的水倒流，造成给水系统的水质安全无法保障，应在给水管进入半污染区、污染区之前设置有效防止倒流污染的装置；同时实验室给水管的检修阀门均应设在实验室外的安全区内，一般设置在设备管道层内。

6.2.5 条文中洗眼设施为洗眼器或洗眼瓶。对于二级以上生物安全实验用房，应按《实验室生物安全通用要求》GB 19489－2008设置洗眼设施和紧急冲淋装置。《生物安全实验室建筑技术规范》GB 50346－2004中规定生物安全实验室应设洗手装置，三级生物安全实验室的洗手装置应设在污染区和半污染区的出口处。对于用水的洗手装置的供水应采用非手动开关。

6.2.6 本条文明确了需采用非接触式开关的场所。卫生间来往人员较为复杂，为保证不因触摸卫生洁具而发生交叉感染，洗手盆、小便斗、大便器等应采用非接触式开关。对有无菌要求的场所，为防止因接触而使环境污染，破坏无菌环境，需对该场所的卫生器具设置非接触性或非手动开关。

6.3 热水、饮水及实验用水

6.3.1 热水供水温度以控制在55℃～60℃之间为宜，当温度高于60℃时，设备及管道的结垢及腐蚀加快、系统热损失加大、供水安全性降低；当温度低于55℃时，不易杀死滋生在水中的细菌，特别是军团菌。

在寒冷地区，冬季水温低，而实验室及洗消间用水量大、使用频繁，在这些地方的用水点设置热水供应，可以提高对工作人员的劳动保护。

6.3.2 本条对疾控中心的热源选择进行了规定。节约能源是我国的基本国策，也符合环境友好型建筑的设计理念，因此设计时应对建设项目所在地的自然条件、周边市政条件进行调查并综合考虑各种因素，选择技术经济合理的能源供应形式。

当有条件时优先考虑采用可再生能源，太阳能热水系统设计时应满足现行国家标准《民用建筑太阳能热水系统应用技术规范》GB 50364 的要求。

6.3.3 考虑到疾控中心的实验用水使用时间较为集中，当仅设置1台热水制备设备，一旦发生故障将无法保证热水供应，因此规定热水制备设备不应少于2台，当一台检修时，其余设备应能供应60%以上的设计用水量。

6.3.4 当主要用水器具为冷热水混合水嘴时，系统对冷热水的压力平衡要求较高，因此当系统压力不平衡时应设置平衡阀等措施。同时集中热水供应系统应注意节水节能的设计，节水措施主要有：保证用水点处冷、热水供水压力平衡的措施，冷、热水供水压力差不宜大于0.02MPa；宜设带调节压差功能的混合器、混合阀；为减少无效冷水量，合理设置热水循环系统，使任何用水点在打开用水开关后10s内流出达到设计温度的热水。

6.3.5 疾控中心饮用水的供应形式可根据建设项目的规模及项目要求决定，饮用水的供应主要分为集中供应方式和分散供应方式两种。当采用管道直饮水时，可在用水点处设置饮水器或水龙头；当项目内有蒸汽源时，可采用蒸汽开水锅炉，蒸汽开水炉宜集中设置；当采用电开水器时可在每层或每科室等需要位置设置；当采用罐装水饮水机时，可在用水点就近设置饮水机。

6.3.6 管道直饮水的水源通常为市政给水，其水质不能满足现行行业标准《饮用净水水质标准》CJ 94 的规定，因此应进行深度处理，处理工艺可根据原水水质条件、工作压力及产品水的回收率来确定。管道直饮水必须设置循环管网系统，并保证干管和立管的有效循环，其目的是防止因直饮水在管网中停留时间过长而产生水质污染和恶化，循环管网内水的停留时间不超过 12h，是《管道直饮水系统技术规程》CJJ 110－2006 的规定。为防止因各种因素引起的水质恶化，直饮水系统应设置水质检测装置进行水质分析。

6.3.7 饮用水的卫生要求较高，其用水点的设置位置应便于清洁整理，不应设置在卫生间或盥洗室内；设有饮用水设备的房间应有给水管、排污排水地漏，并设有通风及照明装置。

6.3.8 疾控中心制剂和实验用水可根据中心规模及用水量等情况采取集中或分散供应的方式。中心内设置制剂和实验用水的深度处理站，通过管道系统供应至各用水点，或灌装后配送至用水点；另外作为分散式供应的一种形式，也可在用水点设置小型的水处理装置供应实验用水。当设置集中的供水系统时，应设有机械循环系统，循环系统的设计应满足规范要求。

6.4 排　水

6.4.2 非实验区生活污水可经过化粪池等生活污水处理设施后排入城市污水排水管道。实验区污水应单独排水至水处理构筑物，根据污废水性质进行处理。

6.4.3 含有病原微生物的实验废水：宜设置专用排水管道，以便污水消毒。

含有放射性物质的实验废水：在小型实验用房，当废水量较小，放射性物质浓度不大时，可合成一个排水系统。当排出的废水量较小，但浓度高时，可采用特制的专用容器就地进行收集后，送往集中废水储存槽，然后送往外协废水处理厂。在大型实验用房，应根据排出的废水中放射性物质浓度和化学性质等，可设置一个或几个排水系统分流排出，需要处理的废水排至废水集中处理设施或外协的公共废水处理厂进行处理。

含有机溶剂的实验废水：由于有机溶剂往往不溶于水，不但有毒有害，而且多有强烈的异味，会随排水支管道进入其他实验用房的水封而散发至室内。因此，经常使用有机溶剂的实验用房，应尽量集中布置，并单独安装专用的排水管道。

含有酸、碱、氰、铬等无机污染物的实验废水：宜考虑设置独立的排水管道。

混合后更为有害的实验废水：当不同化学成分的废水混合后的反应对管道有损害或可能造成事故时应分流排出。

为了能够顺畅地排除实验动物粪便，需要设置较一般下水更大直径的排水管道，因此，宜单独安装专用排水系统。

三级生物安全实验室半污染和污染区的排水：按照《生物安全实验室建筑技术规范》GB 50346－2004，设置独立的排水系统。

6.4.5 本条为强制性条文。疾控中心实验室排出的污水有可能被污染而含有致病微生物，如不经消毒灭菌处理，会污染水源，传染疾病，危害很大。为了保护公共健康安全，含致病微生物的污水应集中收集，进行有效的消毒灭菌处理。经处理后的污水经过检测满足环境影响评价报告的要求，方能排放至水处理构筑物。

6.4.7 排水管材根据排水水质可选用机制排水铸铁管和塑料管：

1 排放含有放射性污水的管道应采用含铅机制铸铁管道，立管应安装在壁厚不小于 150mm 的混凝土管道井内；

2 排放含酸碱的实验废水应采用耐腐蚀的塑料或不锈钢管材；

3 锅炉、加热器、高温灭菌器等设备排水宜采用金属排水管。

7 通 风 空 调

7.1 一 般 规 定

7.1.1 疾控中心由于各类实验室和实验设备的存在，运行能耗通常较一般公共建筑高，所以选择合理、适宜的暖通空调冷热源形式显得更为主要。在满足工艺要求时，需要考虑冷热源的使用时间和可靠性，了解实验室及其设备对冷热源的常年需求，包括冷热源形式和冷热负荷的需要，而不能仅考虑冬夏季设计工况的情况。

7.1.2 疾控中心建筑各功能房间对室内温度、湿度、洁净度、相对压力等的使用要求各不相同，与一般民用建筑有很大差别。房间的设备使用引起的发热、排风对室内冷热负荷和风量平衡都有很大影响。实验过程可能产生的各种污染物也对通风系统有不同的要求，实验及其设备使用的时间不同，对暖通空调系统的影响也随之变化。只有通过认真、详细的调查研究，才能了解这些资料和要求并作为暖通空调系统设计的依据。

7.1.3 采取被动和主动通风方式，在过渡季节可以充分利用室外适宜的新风消除室内余热和污染物，提高室内空气品质，同时节约空调能耗。在没有洁净等级和特殊实验工艺要求的房间，应保证足够的可开启外窗面积和方便、灵活、可靠的开启方式；或者可以根据房间正负压的要求利用机械排风、自然补风或机械进风、自然排风的方式实现通风换气。

7.1.4 散热器暗装容易积灰、不易清扫、影响散热效率，所以在疾控中心建筑中应避免暗装。

7.1.5 实验室空调通风的目的：一要保护实验人员的安全，避免被实验对象污染；二要保证实验过程和实验结果的客观、科学和准确；三要为实验室工作人员提供相对舒适的室内环境。实验室空调通风风口位置的确定也应满足上述三个原则，如图5所示，污染物的排除应优先采用局部排风的方式，全面通风的气流组织应遵循使室内气流死角和涡流降至最小程度，并与局部通风的气流组织呈因势利导的关系，避免横向干扰的原则。

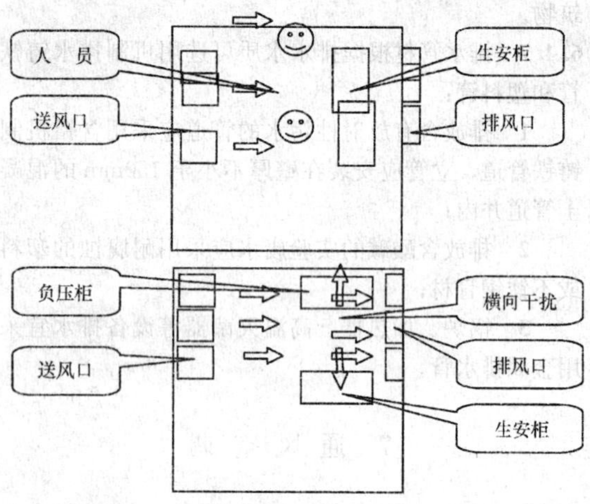

图5 房间气流对局部排风气流横向干扰平面示意图

7.1.6 对机电设备、管道采取抗震措施，可以减轻地震破坏、避免人员伤亡、减少经济损失和地震后引起的次生灾害。针对不同的设备管道负担房间的重要性、设备管道的安装位置及其在地震时造成破坏可能产生的次生灾害或损失的影响，在设计时应根据建筑机电工程抗震设计的相关规范采取相应的抗震设防和措施。

7.2 送风系统

7.2.1 舒适性空调系统设计的最小新风量是满足人们对卫生、健康的基本要求，实验室空调通风系统的新风量还应满足实验工艺对房间压力或与邻室的压差的要求，控制污染物流向，保证生物安全。由于实验室排风设备使用时间的不确定性，新风量应满足排风设备不运行、部分运行和全部运行各种情况下的适量补充，为实现上述要求必须进行各种使用情况下严格的风量平衡。

7.2.2 不同实验室是指室内环境要求不同、或进行不同性质的实验、或产生不同的污染物气溶胶。当不同实验室空调系统带有集中回风时，各实验室之间的空气交换，有可能造成污染物的扩散，影响实验结果，所以在设计时应予避免。

7.2.3 全新风直流系统，加热或冷却后送入室内的新风很快又随排风系统排除室外，新风能耗高。当实验室回风中不含有生物安全危险或异味、刺激性、腐蚀性、爆炸危险性气体时，回风的再循环处理利用，可以减少新风能耗。

7.2.4 一般民用公共建筑中的空调排风不含有生物安全危险、异味、腐蚀性、刺激性等气体，当室内外空气焓差或温差较大时，回收排风中的能量预热或预冷新风，可以减少新风能耗。但当排风中含有上述气体时，会污染热回收装置和新风、腐蚀热回收装置及排风设备。

7.3 排风系统

7.3.1 在一定的风压和热压作用下，自然通风能够排除某些实验过程产生的异嗅、有害气体、水汽等污染物和余热、余湿，但受室外气候、风向、风力和室内环境的影响，无法保证通风效果。为避免异嗅、有害气体、水汽和潮湿作业影响其他用房，不仅要通过通风消除上述污染，还需设置机械排风系统使产生污染的实验室与邻室或走廊保持一定的负压，避免污染物扩散。

7.3.2 排风出口的污染物浓度过高会影响室外环境的空气质量，所以应采取过滤、吸附等措施，保证排风出口的污染物浓度满足环境保护部门的要求。排风出口位置应避免受室外风压的影响，使排出的污染空气又部分被作为新风进入室内，或在房间开窗时直接进入室内。将排风机置于排风系统的末端出口处或安装在室外，可以保证室内部分的排风管道始终处于负压状态，即使管道不严密，污染气体也不会外溢到室内环境中。

7.3.3 本条为强制性条文。为不同的局部排风设备单独设置排风系统，安全性强，控制简单，使用方便、灵活。当受条件制约，分别单独设置排风系统有困难时，应对排风设备排出气体及其混合后的危险性进行评估。只有当确认不同排风设备排风混合后不会产生或加剧腐蚀性、毒性、燃烧爆炸危险性时，才可以合并设置排风系统，或一个排风系统负担多个不同的排风设备。当不能确认排风气体的性质时，无法保证不同排风的气体混合是否安全，特别是理化类实验室的排风，为了保证安全需要分别设置独立的排风系统。

7.3.4 当不同房间或局部排风设备采用同一排风系统时，存在不同时间、不同设备部分使用运行的问题，排风系统应能够改变排风能力与之适应。空调通风系统不仅应在设备容量上满足所有设备同时使用的最大风量、最大冷热负荷要求，还应该满足各种通风设备不同组合使用的各种情况。例如，房间有四台通风柜时，空调通风系统需要满足四台同时使用、三台使用、两台使用、一台使用、四台均不使用时的室内环境要求。设计文件应给出详细的、不同情况空调系统设备的运行控制要求和说明。随着排风量和补风量的变化，房间负荷也随之变化，空调设备系统的供热和供冷能力也需要随时与之适应。

7.3.6 本条为强制性条文。有严格正负压控制要求，是指如果房间应有的正负压得不到保证或在实验过程中房间正负压被破坏时，可能造成生物安全事故危险，或严重影响试验结果正确性或准确性。为了避免空调设备在启动和停止过程中，由于短时的气流和压力的改变而破坏房间的生物安全环境，必须认真设计设备系统的启动和停止程序，以保证空调通风系统在启动和停止过程中满足房间空气压差控制的要求。为每个实验室单独设置的空调通风系统，其控制措施宜就地设置在实验人员方便使用的地方，中央控制系统可对其进行监视。

7.4 空调系统

7.4.1 疾控中心建筑中，除涉及生物安全、实验工艺环境的特殊要求外，大部分房间或空间仅需要满足一般公共建筑的舒适性和节能要求。即在满足安全和使用的前提下，节省建筑物运行使用的能耗仍然是十分重要的。表中给出的房间在疾控中心建筑中有一定的通用性，可以供设计人员根据工程所在地的气候特征和人们生活的一般习惯、当地技术经济发展水平等参照确定室内环境设计参数。

7.4.2 由于实验室及其设备在使用的时间上和数量上随机性大，实际使用的冷热负荷变化幅度大，暖通空调水系统的形式一方面要适应、满足这种不确定性，另一方面还要满足节省运行能耗的要求。其水系统流量应能够随着冷热负荷需要而变化，以节省水系统的输送能耗。

7.4.3 实验室的室内环境应按照实验要求确定，当实验设备、局部通风设备停止或部分停止使用时，实验室空调负荷发生变化，对空调通风的需求或要求也发生了改变。空调通风系统应能够人工或自动改变运行状态适应不同的需要和变化。例如实验室不同数量通风柜的使用和停止，要求有不同的补风量，相应补风的加热量或冷却量也需要随之变化。空调系统的设置不仅需要满足全部通风柜使用时的最大负荷，也可选择性满足和适用不同数量通风柜运行时的要求。

7.4.4 当不同洁净度等级的实验室或不同生物安全等级的实验室使用同一套空调通风系统时，该空调系统需要按照洁净度等级和生物安全等级最高的实验要求设计，这样就造成设备系统投资和运行能耗的浪费，同时也不利于运行管理和维护。

7.4.5 有些实验室设备在使用时产生较大发热量，影响室内环境温度。其中部分设备是全天工作，例如毒菌种库和标本室的低温冰箱；还有一些设备仅在实验时使用。设计人员不仅应了解实验设备的发热功率，还要了解实验室设备的使用时间情况。当实验设备的发热量资料不全时，可参考其工作功率作为发热功率。条件许可时，应优先考虑通风措施消除实验室余热；当通风系统不能满足要求时，应设置空调系统排出其余热。

8 电 气

8.1 一般规定

8.1.1 这是疾控中心的电气设计必须遵循的基本原则和应达到的基本要求。

首先，安全是电气设计的首要原则。安全一般包括人身安全和财产、设备安全两方面，而人身安全又包括生命安全和人身伤害的安全，财产和设备安全也包括设备本身的运行安全和应具备保护对象财产以及设备运行或故障影响的财产安全。人身安全应通过采用对人身最安全的技术措施予以优先保证，财产安全可通过经济技术比较，采用技术合理的措施得以保证。

其次，可靠性是电气系统实现功能的保证，而减少故障率是电气系统最重要的指标之一。

第三，随着科技的飞速发展，各种高新技术层出不穷，故技术经济的合理有效也是设计中必须坚持的基本原则。

第四，节能是倡导低碳经济，也是当今世界发展的一大主题，因此，在电气设计中应采用合理有效的节能技术和设备，使节电技术合理有效。

8.1.2 除一般实验室外，本规范中的实验室还包括本规范第11章规定的各类特殊实验室、《生物安全实验室建设技术规范》GB 50346中的实验室、《实验动物设施建筑技术规范》GB 50447中的实验室等。一般情况下，疾控中心根据建筑规模、功能要求等设有一种或几种实验室，这些实验室或特殊实验室均要求可独立运行，故其配电和智能化系统也应相对独立，不应产生交叉影响。

8.1.3 为避免实验环境被污染，疾控中心内的部分实验室或实验区均有严格的正负压要求，常建成相对独立的封闭式实验区域，在此区域内，除专用的实验室/实验区电气用房外，各系统的电气用房和竖井均设在封闭式实验室区域外，由此也可大大减少无关线路穿越封闭式实验室区域。在某些特殊情况下，有个别线路无法避免要穿越时，则要求穿越线路密闭隔离，如用密封的混凝土封闭或在无缝钢管里通过。

8.1.4 本条规定了疾控中心智能化系统设计的规模、内容及设计标准。参照《智能建筑设计标准》GB/T 50314－2006附录F，本规范列出了附表A作为疾控中心智能化系统设计的配置选项表，以供设计人员参考。

8.2 供 配 电

8.2.1 本条根据疾控中心的用电负荷特性进行分类。重要冷库指供实验室保存样品等重要物品的冷库。

8.2.2 本条依据现行国家标准《供配电系统设计规范》GB 50052，提出了疾控中心各类负荷的供电要求。同时，考虑到疾控中心的特殊性，依据《疾病预防控制中心建设标准》(建标 127－2009)的相关要求，建议县级疾控中心采用双回路供电，地(市)级、省级疾控中心采用双路供电。当市政不具备双路供电条件时，县级以上的疾控中心内应设置自备电源。

自备电源可以是自备柴油发电机组、不间断电源装置(UPS)等，其备用电源供电时间，应按负荷的工艺要求时间确定。若用电负荷较大，100kW 及以上，则应采取不间断电源及备用发电机结合的方式，此时不间断电源的供电时间至少需满足备用发电机的可靠投入为原则，并建议不少于 15min。作为备用电源的备用发电机，其供电时间应能保证用电负荷连续供电的时间要求。若无特殊要求时，备用柴油发电机的储油量一级负荷可按 24h，二级负荷可按 12h 考虑。若没有备用发电机，不间断电源供电时间应按用电负荷的工艺要求时间确定，建议不少于 30min。

8.2.3 考虑到有些实验室的实验数据对供电连续性要求较高，因此当电源不太可靠时应增设不间断电源装置，不间断电源的供电时间应按工艺要求时间确定，并建议不少于 15min。

8.2.4 疾控中心一般设有实验室或实验楼，其用电负荷大且存在不确定性，一方面，实验室内设有各种仪器设备等特殊用电；另一方面，维持实验室特定的室内环境指标需要足够的电力供应；更为重要的是，疾控中心的供配电设计应充分考虑满足实验室未来发展的需要，因此要求配电系统至少拥有 20%的备用容量，同时也应避免备用容量过度，一般不超过 40%为宜。

8.2.5 主要考虑电源的安全和人身的安全。

8.2.6 实验室用电应具有相对独立性，因此实验室用电与公共区用电不能共用配电回路。为避免实验室其他用电发生短路等故障时影响照明支路，故要求实验室照明支路不得和实验室其他用电共用配电支路。

8.2.7 按照《民用建筑电气设计规范》JGJ 16－2008 第 7.5.1 条第 2 款要求："当维护测试和检修设备需要断开电源时，应设隔离电器。隔离电器应具有将电气装置从供电电源绝对隔开的功能，并应采用措施，防止任何设备无意地通电。"绝对隔离意味着应将所有电源线，包括 TN 系统中的 N 线，进行有效隔离。由于历史的原因，在当前许多电气设计中，隔离电源电器往往不切断 N 线，故本规范强调重复提出断开所有电源线的要求。

不同类的配电装置，一般指电压等级不同、电压种类不同、电源种类如不间断电源和间断电源不同等的配电装置。

8.2.8 通用用电终端接口一般指插座、接线端子、接线盒等，不同电源包括不同的电压、交流/直流、不间断电源、市电/蓄电池等。

8.2.9 采用双极开关作为单相配电，是为了保证在支路故障或断电时，能使 N 线也不带电。

8.2.10 本条是从安全的角度出发，提出了实验室配电系统的二次控制系统应采用安全低电压的要求，尤其针对实验室人员进行操作控制设备的二次线路。

8.3 照 明

8.3.1 本条主要参考《建筑照明设计标准》GB 50034－2004 和《科学实验建筑设计规范》JGJ 91－93 的相关要求，规定了疾病预防控制中心各主要功能房间的一般照明照度标准值、统一眩光值、一般显色指数。《建筑照明设计标准》GB 50034－2004 表 5.3.1 中规定试验室分为一般和精细两种，照度分别为 300 lx 和 500 lx，统一眩光值分别为 22 和 19，显色指数均为 80；《科学实验建筑设计规范》JGJ 91－93 第 9.2.1 条规定了通用实验室、生物培养室、天平室、电子显微镜室、谱仪分析室、放射性同位素实验室、管道技术层等用房的工作面平均照度标准，除管道技术层照度要求为 30-50-75 lx 外，其余为 100-150-200 lx。鉴于《科学实验建筑设计规范》JGJ 91－93 从 1993 年开始实施，故其照度标准值已相对偏低，综合以上两本规范，针对疾病预防控制中心特有的功能房间，特制定表 8.3.1 和附录 B。

8.3.2 本条与《建筑照明设计标准》GB 50034－2004 的第 4.2.1 条及《科学实验建筑设计规范》JGJ 91－93 的第 9.2.2 条相符。

8.3.3 本条与《科学实验建筑设计规范》JGJ 91－93 的第 9.2.4 条相符，也满足一般视觉对照度差异的适应要求。

8.3.4 本条与《建筑照明设计标准》GB 50034－2004 的第 4.2.2 条相符，也满足一般视觉对照度差异的适应要求。

8.3.5 关于实验室灯具选择的相关要求参见《科学实验建筑设计规范》JGJ 91－93 的第 9.2.6、9.2.10、9.2.12 及 9.2.13 条。

8.3.6 选用高效照明光源、高效灯具及其节能附件，不仅能在保证适当照明水平及照明质量时降低能耗，而且还减少了夏季空调冷负荷，从而进一步达到节能的目的。

8.3.7 本条参照《科学实验建筑设计规范》JGJ 91－93 的第 9.2.13 条所作规定，同时，由于紫外线灯具使用的安全问题日益严重，故提出了与正常工作照明的连锁要求，而且要求紫外线开关与正常照明开关应有显著的区别，以减少误操作造成的事故。

8.3.8 照明开关设在实验房外，一方面减少了该类实验室的不必要的设备，从而也减少了容易引起漏气的环节点；另一方面，进入实验室前可对实验的照明状况作预先检查，减少可能引起的不必要开门，从而也减少泄气、泄毒等可能。

8.3.9 本条参照《民用建筑电气设计规范》JGJ 16－2008 第 10.6 节和《建筑照明设计标准》GB 50034－2004 第 7.4 节相关内容，提出照明节能控制的一些基本原则和措施。除了满足各款的要求外，为了更好地实现行为节能，建议每个照明开关所控灯具数不超过 4 个。

8.4 通　信

8.4.1 本条提出了通信系统设计的基本要求。

8.4.2 考虑到疾控中心的特殊业务，其实验数据、实验信息等具有高度保密性，因此，本条要求用于内部业务需要的数据通信网络能有效阻止外来侵入，以防止泄密。防止外来侵入的最可靠方式是通过完全独立的内部网络等物理隔离方式，要求不高时也可通过软件设置的形式。

8.5 建筑设备管理

8.5.1 本条文是环境条件保障设备的基本控制要求，其中，非常状态的报警一般包括电源状况、环境条件保障设备、管道、环境参数以及其他非常状态的报警。报警应包括自动报警和手动紧急报警。

8.5.2 每个独立建筑物的分控室或分控系统管理设备可独立控制该区域内的设备，并具备该区域内的楼宇控制管理的所有功能。另外，该分控室或分控系统管理设备一般与该区域的其他监控系统控制设备合用房间，从而实现综合集中管理。

8.6 安全技术防范

8.6.1 根据疾控中心的工作职能，参照《安全防范工程技术规范》GB 50348－2004 中第 4.1 节制定。

8.6.2 划分不同等级的风险部位，可便于设计时对症下药，按不同风险等级采取不同的防范措施。一个风险单位可有不同的风险部位，即一级或二级风险单位都可能有一、二、三级风险部位。安全防范设施应满足每一个不同风险等级部位的防范要求。

8.6.3 考虑到疾控中心的特殊工作职能，显然它不同于一般的办公建筑或文化建筑，因此将它归类于高风险对象是合理的。参照《安全防范工程技术规范》GB 50348－2004 第 4.1.4 条，其高风险对象列出了 5 种，显而易见，疾控中心主要风险在于毒菌、病毒、生物、动物等和进行实验的仪器及化学品等，与重要物资储存库比较接近，故要求其安全技术防范系统工程设计按《安全防范工程技术规范》GB 50348－2004 第 4.4 节中有关规定实施。

8.6.4 疾控中心的样品送验过程是一个很重要的程序，故应采取相关安全监控设施进行全程监控和记录。

8.6.6 本条所指的预留余量包括接口、主机、矩阵等。

8.7 紧急事故报警

8.7.1 根据疾控中心的工作职能，它承担着突发公共卫生事件应急处理、疫情收集及报告、反生物与化学恐怖事件等重要任务，因此建立一套有效的紧急事故报警系统是非常有必要的。当发生紧急事故时，该系统应能及时报警，以便于管理人员能采取紧急事故的处理措施，从而防止紧急事件的进一步扩大，避免产生不必要的政治、经济等影响。

8.7.2 本条列出了紧急事故报警系统的基本功能要求。

8.8 线路敷设

8.8.2 由于管线的相互连接是引起空气泄漏的重要环节，故设计人员应通过合理设计线路连接点，避免相互隔离的正负压空间之间的管线进行相互连接。

9 防火与疏散

9.0.2 综合考虑，实验室建筑的耐火等级不低于二级才可基本满足实验用房的耐火要求。因此要求独立建设的实验室建筑耐火等级不应低于二级。但当实验室与其他用房设置在同一建筑内时，该建筑的耐火等级应首先考虑要满足实验室的防火要求。

9.0.5 当消火栓必须设于洁净区域时，穿过洁净区域墙壁和楼板的管道应设套管，套管内的管段不得有接头，管道与套管之间必须用不燃和不产尘的密封材料封闭。洁净区域内暗装消火栓的立管，安装位置必须与土建施工密切配合，不得外露。安装在洁净区域的消火栓，其水龙带和消火栓箱内外必须擦洗干净；明装的消火栓箱的箱背应紧贴墙面，并将缝隙用密封胶密封。

9.0.6 《生物安全实验室建筑技术规范》GB 50346－2004 第 8.2.8 条规定，为避免实验室内的危险物质随消防水溢出，三级及以上生物安全实验室、放射性实验室、动物实验室屏障环境设施不应设置自动灭火系统，但必须有其他的灭火措施，如设置灭火器等。

9.0.8 排风中含有异嗅、刺激性、腐蚀性、爆炸危险性或生物安全危险性气体时，可能对风道及其阀门部件等产生腐蚀，在消防排烟时影响阀门部件的动作灵活性，不能保证排烟系统的功能实现。在平时由于消防系统风口等的不严密，异嗅、刺激性、腐蚀性、爆炸危险性或生物安全危险性气体可能透过消防排烟系统管道、风口而污染其他房间。

9.0.10 本条为强制性条文。主要目的是在紧急情况（火灾、地震、断电等）下，避免引起恐慌、忙乱和无序，保证实验人员在方便地采取紧急处理措施后，能安全、顺利地撤离，保证人身安全。规定中的走廊及其出口，应包括存在内区时的内走廊和出口以及走廊中间的常闭门。

9.0.11 本条提出了在有生物安全危险或有严格正负压要求的实验区，消防控制中心在火灾发生时不应直接联动切断关闭实验室正常电源和正常照明的要求，主要考虑到有些实验室由于消防状态下被切断空调通风电源，可能造成生物安全风险或事故，其损失和危害比火灾更大。为了避免这种情况发生，本规范要求实验区不仅按第9.0.10条设置应急照明设施，而且不应直接切断正常电源和正常照明。这里的正常电源包括实验室的通风用电和实验室设备用电。这样便于实验人员采取相应的应急处理措施，迅速地结束或中止实验，并快速安全撤离，然后控制中心再有序关停环境保障设备、正常照明及其他实验用电。

10 特殊用途实验用房

10.1 建筑要求

10.1.1 二噁英实验室可根据需要设置以下区域：样品保管室、仪器分析室、操作与筛选室、采样仪器存放样室、废液保管室、试剂保管与存放室、数据处理中心。样品保管室、预处理间、仪器分析室、操作与筛选室、采样仪器存放室为洁净实验区；废液保管室、试剂保管与存放室为非洁净实验区；数据处理中心可设置在与实验室相邻的普通办公区。

实验室内人员应经过：控制办公室→更衣间→实验室洁净区。进入实验室人员必须穿洁净服。

实验室物料应经过：样品准备间→样品预处理间→样品间→仪器分析间。整个样品通道应设计为单向性，任何物料进入洁净区不得原路返回。

10.1.2 不同种类的昆虫对温湿度的要求不同，可分别设房间饲养，如规模较小可在同一房间内使用培养箱进行区分。昆虫饲养室应考虑采取防止昆虫飞出的措施，如应设置缓冲间，还可在缓冲间通往饲养室的口部加设风幕、外窗设置纱窗等。

10.1.4 环境测试仓基本设置为仓体、操作室与机房。有条件的可设置样品库。仓体面积约为12m²，操作室面积为10m²～20m²，操作界线宜长不宜短。测试仓按容积大小可分为小型测试仓和大型测试仓两种类型。小型测试仓体积范围为0.02m³～1m³，有定型品，可直接购买。大型测试仓体积范围为10m³～80m³，也称步入式测试仓，为提高仓内空气中被测物质的均匀性，在工程设计时应根据现场条件，尽量使测试仓趋向正方体。

10.1.5 模拟现场测试室/实验室药效测试一般由消毒实验室、操作室和机房组成。实验室宜成对设置，以便于进行对比实验。

10.1.6 PCR实验室应在入口处设缓冲间，以减少室内外空气交换。试剂配制室宜呈微正压，核酸扩增室及产物分析室应呈微负压。各实验室可不相邻布置，但应保证实验顺序不可逆，即下游实验步骤不影响上游及外环境。

10.2 机电系统要求

10.2.1 实验室室内环境参数的确定应与满足实验工艺要求为原则，同时兼顾实验人员的舒适要求，过于苛刻的室内环境会造成暖通空调能耗的显著增加。当实验工艺没有特殊要求时，应参照附录给出的室内环境参数范围，结合工程当地人们的舒适习惯分别确定冬夏季的室内设计计算参数。

10.2.2 昆虫饲养室的空调通风系统需要24h不间断运行，饲养昆虫种类不同，需要的房间温湿度环境不同，所以应设置独立的空调设备系统。通风和负压要求则是为了保证饲养过程的新风需要和避免异味外逸。

10.2.3 环境测试仓在实验室的温湿度要求通常不同于房间舒适性环境参数，而且不同的测试内容可能要求不同的环境测试仓内温湿度条件，所以要求环境测试仓设置单独的空调系统能够提供区别于房间的仓内温湿度环境满足实验要求。有些实验要求在实验过程中不能进行通风换气，通常采用仓壁通风空调的办法维持实验过程仓内温湿度环境的稳定，实验结束后能够开启通风系统排出仓内实验气体或清洗环境实验仓的气体。例如在进行挥发性有机物的测定与评价实验时，要求有1次/h的通风换气；而在进行空气净化器和空气杀毒剂等空气清洁产品的净化、杀毒效果实验时，则要求0次/h的通风换气，即隔绝空气交换。

10.2.4 当环境测试仓内的温湿度与房间温湿度存在较大差别时，仓内外壁存在结露的可能，此时应对仓壁的热工性能及其内外表面温度进行防结露验算。

10.2.5 设置单独的空调通风系统，能够在一定范围内根据实验要求调节实验室温湿度。由于消毒产品的消毒效果实验通常要求在实验过程中隔绝与外界的空气交换，所以要求其空调通风系统应能够单独关闭隔绝与实验空间外的空气交换。在实验结束后能够开启以排出实验中的有毒气体。

10.2.6 组合型PCR实验应保证试剂配制室、样品处理室、核酸扩增室及产物分析室房间的空气不相互流通，这一要求通常通过设置缓冲间实现。同时空调通风系统也不能造成不同房间空气的相混或流通。

10.2.7 不同卫生杀虫产品实验需要模拟的现场环境温度从20℃～30℃不同，所以要求其空调设备系统能够独立调控，并在全年任何时间达到20℃～30℃

任意不同的室内温度，满足不同卫生杀虫产品在不同的室内温度下的实验要求。

11 施工要求

11.1 一般规定

11.1.2 施工方案是工程质量的重要保证。

11.1.3 疾控中心的工程施工涉及建筑施工的各个专业，因此对施工的每道工序都应制定科学合理的施工计划和相应的施工工艺，这是保证工期、质量的必要条件，并要按照建筑工程资料管理规程的要求编写必要的施工、检验、调试记录。

11.2 建筑装饰

11.2.1 施工过程中应注重门窗安装以及各种管线、照明灯具、净化空调设备、工艺设备等与建筑的结合部分缝隙的密封作业。

11.2.3 如果有压差要求的实验室密封不严，房间所要求的压差难以满足，同时房间泄露的风量大，造成所需的新风量加大，不利于空调系统的节能。

12 工程检测和验收

12.1 工程检测

12.1.4 本条规定了实验室工程环境指标检测的状态。

12.2 工程验收

12.2.1 工程环境指标检测是工程验收的前提。

12.2.2 建设与设计文件、施工文件和综合性能的评定文件等是疾控中心工程验收的基本文件，必须齐全。

12.2.3 本条规定了疾控中心建筑工程验收报告中验收结论的评价方法。

总　目　录

第1册　通用标准·民用建筑

1　通用标准

2　民用建筑

第 2 册 建筑防火 · 建筑环境

3 建筑防火

4　建筑环境（热工·声学·采光与照明）

第3册　建筑设备·建筑节能

5　建筑设备（给水排水·电气·防雷·暖通·智能）

6　建筑节能

第4册　工业建筑

7　工业建筑